3　図形と方程式

□ 点の座標

点 A$(x_1,\ y_1)$，B$(x_2,\ y_2)$，C$(x_3,\ y_3)$ と

▶ 2 点間の距離

AB$=\sqrt{(x_2-x_1)^2+(y_2-y_1)^2}$

特に，原点 O と A の距離は　OA$=\sqrt{\ }$

▶内分点・外分点

線分 AB を $m:n$ に分ける点の座標は

内分 ……　$\left(\dfrac{nx_1+mx_2}{m+n},\ \dfrac{ny_1+my_2}{m+n}\right)$

外分 ……　$\left(\dfrac{-nx_1+mx_2}{m-n},\ \dfrac{-ny_1+my_2}{m-n}\right)$

▶重心の座標

△ABC の重心の座標は

$$\left(\frac{x_1+x_2+x_3}{3},\ \frac{y_1+y_2+y_3}{3}\right)$$

□ 直線

▶直線の方程式

・$ax+by+c=0$ ($a\neq0$ または $b\neq0$)

$\left[y=-\dfrac{a}{b}x-\dfrac{c}{b}\ (b\neq0),\ x=-\dfrac{c}{a}\ (b=0)\right]$

・点 $(x_1,\ y_1)$ を通り，傾きが m の直線の方程式は　　$y-y_1=m(x-x_1)$

・異なる 2 点 $(x_1,\ y_1)$，$(x_2,\ y_2)$ を通る直線の方程式は

$x_1\neq x_2$ のとき　$y-y_1=\dfrac{y_2-y_1}{x_2-x_1}(x-x_1)$

$x_1=x_2$ のとき　$x=x_1$

この 2 式をまとめると

$$(y_2-y_1)(x-x_1)-(x_2-x_1)(y-y_1)=0$$

▶ 2 直線の関係

	$\begin{cases} y=m_1x+n_1 \\ y=m_2x+n_2 \end{cases}$	$\begin{cases} a_1x+b_1y+c_1=0 \\ a_2x+b_2y+c_2=0 \end{cases}$
・交わる	$m_1\neq m_2$	$a_1b_2-a_2b_1\neq0$
・平行	$m_1=m_2$	$a_1b_2-a_2b_1=0$
・垂直	$m_1m_2=-1$	$a_1a_2+b_1b_2=0$

注意　一致は平行に含めるものとする。

▶点と直線の距離

直線 $ax+by+c=0$ と点 $(x_1,\ y_1)$ の距離は

$$\frac{|ax_1+by_1+c|}{\sqrt{a^2+b^2}}$$

▶三角形の面積　3 点 O$(0,\ 0)$，A$(x_1,\ y_1)$，B$(x_2,\ y_2)$ を頂点とする三角形の面積は

$$\frac{1}{2}|x_1y_2-x_2y_1|$$

□ 円

▶円の方程式

半径が r の円の方程

$b)^2=r^2$

場合　$x^2+y^2=r^2$

$y+n=0$

円 $x^2+y^2=r^2$ 上の点 $(x_1,\ y_1)$ におけるこの円の接線の方程式は　$x_1x+y_1y=r^2$

□ 軌跡と方程式

▶対称移動

・点対称　点 A に関して，点 P と点 Q が対称
$\Longleftrightarrow$ 線分 PQ の中点が A

・線対称　直線 ℓ に関して，点 P と点 Q が対称
$\Longleftrightarrow$ [1] PQ$\perp\ell$
　[2] 線分 PQ の中点が ℓ 上にある

□ 不等式の表す領域

▶不等式と領域

$y>f(x)$ …… 曲線 $y=f(x)$ の上側の部分
$y<f(x)$ …… 曲線 $y=f(x)$ の下側の部分
$x^2+y^2<r^2$ …… 円 $x^2+y^2=r^2$ の内部
$x^2+y^2>r^2$ …… 円 $x^2+y^2=r^2$ の外部

4　三角関数

□ 弧度法と三角関数

▶弧度法

・$1^\circ=\dfrac{\pi}{180}$ ラジアン，1 ラジアン$=\left(\dfrac{180}{\pi}\right)^\circ$

・半径 r，中心角が θ ラジアンの扇形の
弧の長さは $r\theta$，面積は $\dfrac{1}{2}r^2\theta$

▶三角関数の性質　n は整数，複号同順とする。

・$\sin(\theta+2n\pi)=\sin\theta$，$\cos(\theta+2n\pi)=\cos\theta$
$\tan(\theta+2n\pi)=\tan(\theta+n\pi)=\tan\theta$

・$\sin(-\theta)=-\sin\theta$，$\cos(-\theta)=\cos\theta$
$\tan(-\theta)=-\tan\theta$

・$\sin(\pi\pm\theta)=\mp\sin\theta$，$\cos(\pi\pm\theta)=-\cos\theta$
$\tan(\pi\pm\theta)=\pm\tan\theta$

・$\sin\left(\dfrac{\pi}{2}\pm\theta\right)=\cos\theta$，$\cos\left(\dfrac{\pi}{2}\pm\theta\right)=\mp\sin\theta$
$\tan\left(\dfrac{\pi}{2}\pm\theta\right)=\mp\dfrac{1}{\tan\theta}$

□ **周期**

▶**三角関数の周期**　k は正の定数とする。

・関数 $y=\sin k\theta$ の周期
・関数 $y=\cos k\theta$ の周期 } …… $\dfrac{2\pi}{k}$

・関数 $y=\tan k\theta$ の周期　…… $\dfrac{\pi}{k}$

□ **加法定理**

▶**加法定理**　複号同順とする。

$\sin(\alpha\pm\beta)=\sin\alpha\cos\beta\pm\cos\alpha\sin\beta$

$\cos(\alpha\pm\beta)=\cos\alpha\cos\beta\mp\sin\alpha\sin\beta$

$\tan(\alpha\pm\beta)=\dfrac{\tan\alpha\pm\tan\beta}{1\mp\tan\alpha\tan\beta}$

▶ **2 倍角，半角，3 倍角の公式**

・2 倍角の公式

$$\sin 2\alpha=2\sin\alpha\cos\alpha$$

$$\cos 2\alpha=\cos^2\alpha-\sin^2\alpha$$

$$=1-2\sin^2\alpha=2\cos^2\alpha-1$$

$$\tan 2\alpha=\frac{2\tan\alpha}{1-\tan^2\alpha}$$

・半角の公式

$$\sin^2\frac{\alpha}{2}=\frac{1-\cos\alpha}{2}$$

$$\cos^2\frac{\alpha}{2}=\frac{1+\cos\alpha}{2}$$

$$\tan^2\frac{\alpha}{2}=\frac{1-\cos\alpha}{1+\cos\alpha}$$

・3 倍角の公式

$$\sin 3\alpha=3\sin\alpha-4\sin^3\alpha$$

$$\cos 3\alpha=-3\cos\alpha+4\cos^3\alpha$$

□ **積 ⇄ 和の公式，合成**

▶**積 ⇄ 和の公式**

・$\sin\alpha\cos\beta=\dfrac{1}{2}\{\sin(\alpha+\beta)+\sin(\alpha-\beta)\}$

$\cos\alpha\sin\beta=\dfrac{1}{2}\{\sin(\alpha+\beta)-\sin(\alpha-\beta)\}$

$\cos\alpha\cos\beta=\dfrac{1}{2}\{\cos(\alpha+\beta)+\cos(\alpha-\beta)\}$

$\sin\alpha\sin\beta=-\dfrac{1}{2}\{\cos(\alpha+\beta)-\cos(\alpha-\beta)\}$

・$\sin A+\sin B=2\sin\dfrac{A+B}{2}\cos\dfrac{A-B}{2}$

$\sin A-\sin B=2\cos\dfrac{A+B}{2}\sin\dfrac{A-B}{2}$

$\cos A+\cos B=2\cos\dfrac{A+B}{2}\cos\dfrac{A-B}{2}$

$\cos A-\cos B=-2\sin\dfrac{A+B}{2}\sin\dfrac{A-B}{2}$

▶**三角関数の合成**　($a\neq0$ または $b\neq0$)

$a\sin\theta+b\cos\theta=\sqrt{a^2+b^2}\sin(\theta+\alpha)$

ただし　$\sin\alpha=\dfrac{b}{\sqrt{a^2+b^2}}$，$\cos\alpha=\dfrac{a}{\sqrt{a^2+b^2}}$

5　指数関数と対数関数

□ **指数の拡張**

▶**実数の指数**　$a>0$，$b>0$ で，n が正の整数，r，s が実数のとき

・定義　$a^0=1$，$a^{-n}=\dfrac{1}{a^n}$

・法則　$a^r a^s=a^{r+s}$，$(a^r)^s=a^{rs}$
　　　$(ab)^r=a^r b^r$

▶**累乗根**　m，n，p は正の整数とする。

・性質　$a>0$，$b>0$ とする。

$(\sqrt[n]{a})^n=a$，$\sqrt[n]{a}\sqrt[n]{b}=\sqrt[n]{ab}$

$\dfrac{\sqrt[n]{a}}{\sqrt[n]{b}}=\sqrt[n]{\dfrac{a}{b}}$，$(\sqrt[n]{a})^m=\sqrt[n]{a^m}$

$\sqrt[m]{\sqrt[n]{a}}=\sqrt[mn]{a}$，$\sqrt[n]{a^m}=\sqrt[np]{a^{mp}}$

□ **指数関数のグラフ**

▶**指数関数 $y=a^x$ とそのグラフ**　($a>0$，$a\neq1$)

・定義域は実数全体，値域は $y>0$

・$a>1$　　のとき　x が増加すると y も増加
　$0<a<1$ のとき　x が増加すると y は減少

・グラフは，点 $(0,\ 1)$ を通り，x 軸が漸近線

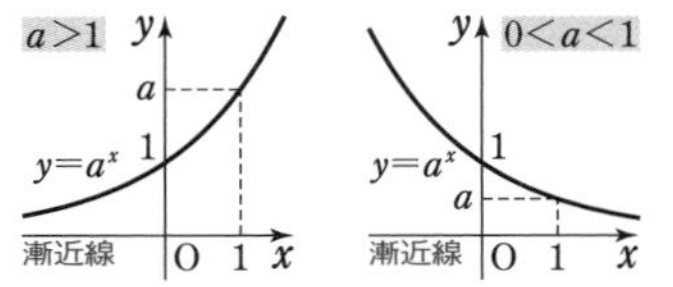

□ **対数とその性質**

▶**指数と対数の基本関係**

$a>0$，$a\neq1$，$M>0$ とする。

定義　$a^p=M \iff p=\log_a M$　$[\log_a a^p=p]$

特に　$\log_a a=1$，$\log_a 1=0$，$\log_a\dfrac{1}{a}=-1$

▶**対数の性質**　a，b，c は 1 でない正の数，$M>0$，$N>0$，k は実数とする。

$\log_a MN=\log_a M+\log_a N$

$\log_a\dfrac{M}{N}=\log_a M-\log_a N$　$\log_a M^k=k\log_a M$

$\log_a b=\dfrac{\log_c b}{\log_c a}$　　$\log_a b=\dfrac{1}{\log_b a}$

チャート式® 基礎からの 数学Ⅱ＋B

チャート研究所　編著

はじめに

CHART
（チャート）
とは 何？

C.O.D.（*The Concise Oxford Dictionary*）には，CHART—— Navigator's sea map, with coast outlines, rocks, shoals, *etc.* と説明してある。

海図——浪風荒き問題の海に船出する若き船人に捧げられた海図——問題海の全面をことごとく一眸の中に収め，もっとも安らかな航路を示し，あわせて乗り上げやすい暗礁や浅瀬を一目瞭然たらしめるCHART！　——昭和初年チャート式代数学巻頭言

本書では，このCHARTの意義に則り，下に示したチャート式編集方針で

問題の急所がどこにあるか，その解法をいかにして思いつくか

をわかりやすく示すことを主眼としています。

チャート式編集方針

1
基本となる事項を，定義や公式・定理という形で覚えるだけではなく，問題を解くうえで直接に役に立つ形でとらえるようにする。

▶

2
問題と基本となる事項の間につながりをつけることを考える——問題の条件を分析して既知の基本事項と結びつけて結論を導き出す。

▶

3
問題と基本となる事項を端的にわかりやすく示したものが CHART である。
CHART によって基本となる事項を問題に活かす。

問.

成長の軌跡を振り返ってみよう。

「自信」という、太く強い軌跡。

これまでの、数学の学びを振り返ってみよう。
どれだけの数の難しい問題と向き合い、
どんなに高い壁を乗り越えてきただろう。
同じスタートラインに立っていた仲間は、いまどこにいるだろう。
君の成長の軌跡は、あらゆる難題を乗り越えてきた
「自信」によって、太く強く描かれている。

現在地を把握しよう。

チャート式との学びの旅も、やがて中間地点。
1年前の自分と比べて、どれだけ成長して、
目標までの距離は、どれくらいあるだろう。
胸を張って得意だと言えること、誰かよりも苦手なことはなんだろう。
鉛筆を握る手を少し止めて、深呼吸して、いまの君と向き合ってみよう。
自分を知ることが、目標への近道になるはずだから。

「こうありたい」を描いてみよう。

1年後、どんな目標を達成していたいだろう?
仲間も、ライバルも、自分なりのゴールを目指して、前へ前へと進んでいる。
できるだけ遠くに、手が届かないような場所でもいいから、
君の目指すゴールに向かって、理想の軌跡を描いてみよう。
たとえ、厳しい道のりであったとしても、
どんな時もチャート式が君の背中を押し続けるから。

その答えが、
君の未来を前進させる解になる。

本書の構成

章トビラ　各章のはじめに，SELECT STUDY とその章で扱う例題の一覧を設けました。SELECT STUDY は，目的に応じ例題を精選して学習する際に活用できます。例題一覧は，各章で掲載している例題の全体像をつかむのに役立ちます。

基本事項のページ

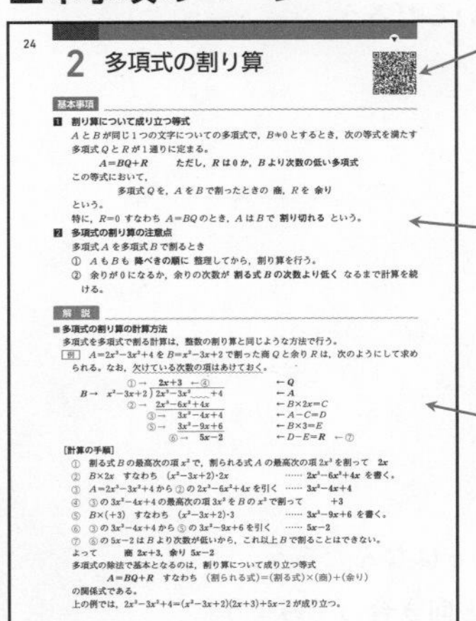
24

2　多項式の割り算

基本事項

1　割り算について成り立つ等式

A と B が同じ1つの文字についての多項式で，$B \neq 0$ とするとき，次の等式を満たす多項式 Q と R が1通りに定まる。

$A=BQ+R$　　ただし，R は0か，B より次数の低い多項式

この等式において，

多項式 Q を，A を B で割ったときの **商**，R を **余り**

という。

特に，$R=0$ すなわち $A=BQ$ のとき，A は B で **割り切れる** という。

2　多項式の割り算の注意点

多項式 A を多項式 B で割るとき

① A も B も **降べきの順に** 整理してから，割り算を行う。

② 余りが0になるか，余りの次数が **割る式 B の次数より低く** なるまで計算を続ける。

解　説

■多項式の割り算の計算方法

多項式を多項式で割る計算は，整数の割り算と同じような方法で行う。

例　$A=2x^3-3x^2+4$ を $B=x^2-3x+2$ で割った商 Q と余り R は，次のようにして求められる。なお，欠けている次数の項はあけておく。

①→ $2x+3$ ←④　　←Q
B→ x^2-3x+2) $2x^3-3x^2\quad+4$　　←A
②→ $2x^3-6x^2+4x$　　←$B\times 2x=C$
③→ $3x^2-4x+4$　　←$A-C=D$
⑤→ $3x^2-9x+6$　　←$B\times 3=E$
⑥→ $5x-2$　　←$D-E=R$ ←⑦

[計算の手順]

① 割る式 B の最高次の項 x^2 で，割られる式 A の最高次の項 $2x^3$ を割って　$2x$

② $B\times 2x$　すなわち　$(x^2-3x+2)\cdot 2x$　…… $2x^3-6x^2+4x$ を書く。

③ $A=2x^3-3x^2+4$ から②の $2x^3-6x^2+4x$ を引く　…… $3x^2-4x+4$

④ ③の $3x^2-4x+4$ の最高次の項 $3x^2$ を B の x^2 で割って　$+3$

⑤ $B\times(+3)$　すなわち　$(x^2-3x+2)\cdot 3$　…… $3x^2-9x+6$ を書く。

⑥ ③の $3x^2-4x+4$ から⑤の $3x^2-9x+6$ を引く　…… $5x-2$

⑦ ⑥の $5x-2$ は B より次数が低いから，これ以上 B で割ることはできない。

よって　　商 $2x+3$，余り $5x-2$

多項式の除法で基本となるのは，割り算について成り立つ等式

$A=BQ+R$　すなわち　(割られる式)=(割る式)×(商)+(余り)

の関係式である。

上の例では，$2x^3-3x^2+4=(x^2-3x+2)(2x+3)+5x-2$ が成り立つ。

デジタルコンテンツ

各節の例題解説動画や，学習を補助するコンテンツにアクセスできます（詳細は，$p.9$ を参照）。

基本事項

定理や公式など，問題を解く上で基本となるものをまとめています。

解説

用語の説明や，定理・公式の証明なども示してあり，教科書に扱いのないような事柄でも無理なく理解できるようになっています。

例題のページ　基本事項などで得た知識を，具体的な問題を通して身につけます。

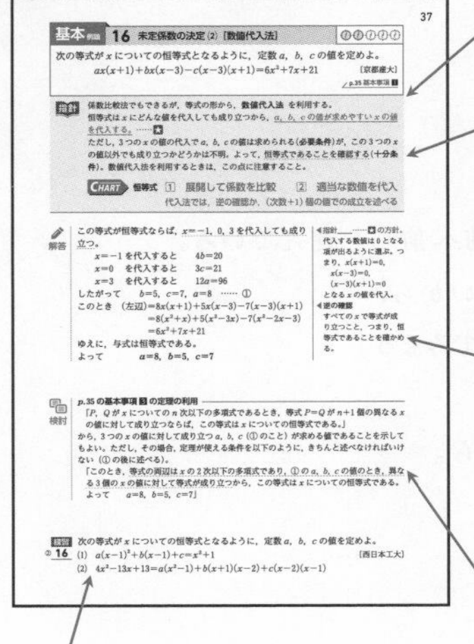
37

基本例題 16　未定係数の決定 (2)［数値代入法］

次の等式が x についての恒等式となるように，定数 a，b，c の値を定めよ。

$ax(x+1)+bx(x-3)-c(x-3)(x+1)=6x^2+7x+21$　［京都産大］

p.35 基本事項 3

指針　係数比較法でもできるが，等式の形から，**数値代入法** を利用する。
恒等式は x にどんな値を代入しても成り立つから，a，b，c の値が求めやすい x の値を代入する。……★
ただし，3つの x の値の代入で a，b，c の値は求められる(必要条件)が，この3つの x の値以外でも成り立つかどうかは不明。よって，恒等式であることを確認する(十分条件)。数値代入法を利用するときは，この点に注意すること。

CHART　恒等式　1　展開して係数を比較　2　適当な数値を代入
代入法では，逆の確認か，(次数+1)個の値での成立を述べる

解答　この等式が恒等式ならば，$x=-1$，0，3 を代入しても成り立つ。

$x=-1$ を代入すると　$4b=20$
$x=0$ を代入すると　$3c=21$
$x=3$ を代入すると　$12a=96$

したがって　$b=5$，$c=7$，$a=8$　…… ①

このとき　(左辺)$=8x(x+1)+5x(x-3)-7(x-3)(x+1)$
$=8(x^2+x)+5(x^2-3x)-7(x^2-2x-3)$
$=6x^2+7x+21$

ゆえに，与式は恒等式である。

よって　$a=8$，$b=5$，$c=7$

◀指針 ＿＿ ……★の方針。代入する数値は0となる項が出るように選ぶ。つまり，$x(x+1)=0$，$x(x-3)=0$，$(x-3)(x+1)=0$ となる x の値を代入。

◀逆の確認
すべての x で等式が成り立つこと，つまり，恒等式であることを確かめる。

検討　**p.35 の基本事項 3 の定理の利用**

「P，Q が x についての n 次以下の多項式であるとき，等式 $P=Q$ が $n+1$ 個の異なる x の値に対して成り立つならば，この等式は x についての恒等式である。」
から，3つの x の値に対して成り立つ a，b，c（①のこと）が求める値であることを示してもよい。ただし，その場合，定理が使える条件を以下のように，きちんと述べなければいけない（①の後に述べる）。
「このとき，等式の両辺は x の2次以下の多項式であり，①の a，b，c の値のとき，異なる3個の x の値に対して等式が成り立つから，この等式は x についての恒等式である。
よって　$a=8$，$b=5$，$c=7$」

練習 ② 16　次の等式が x についての恒等式となるように，定数 a，b，c の値を定めよ。
(1) $a(x-1)^2+b(x-1)+c=x^2+1$　［西日本工大］
(2) $4x^2-13x+13=a(x^2-1)+b(x+1)(x-2)+c(x-2)(x-1)$

フィードバック・フォワード

関連する例題の番号や基本事項のページを示しました。

指針

問題のポイントや急所がどこにあるか，問題解法の方針をいかにして立てるかを中心に示しました。この指針が本書の特色であるチャート式の真価を最も発揮しているところです。

解答

例題の模範解答例を示しました。側注には適宜解答を補足しています。特に重要な箇所には★を付け，指針の対応する部分にも★を付けています。解答の流れや考え方がつかみづらい場合には指針を振り返ってみてください。

検討

例題に関連する内容などを取り上げました。特に，発展的な内容を扱う検討には，PLUS ONE をつけています。学習の取捨選択の目安として使用できます。

POINT

重要な公式やポイントとなる式などを取り上げました。

練習

例題の反復問題を1問取り上げました。関連する EXERCISES の番号を示した箇所もあります。

基本例題 …… 基本事項で得た知識をもとに，基礎力をつけるための問題です。教科書で扱われているレベルの問題が中心です。(印は1個～3個)

重要例題 …… 基本例題を更に発展させた問題が中心です。入試対策に向けた，応用力の定着に適した問題がそろっています。(印は3個～5個)

演習例題 …… 他の単元の内容が絡んだ問題や，応用度がかなり高い問題を扱う例題です。「関連発展問題」としてまとめて掲載しています。(印は3個～5個)

コラム

まとめ …… いろいろな場所で学んできた事柄をみやすくまとめています。知識の確認・整理に有効です。

参考事項，補足事項 …… 学んだ事項を発展させた内容を紹介したり，わかりにくい事柄を掘り下げて説明したりしています。

ズーム UP …… 考える力を特に必要とする例題について，更に詳しく解説しています。重要な内容の理解を深めるとともに，**思考力**，**判断力**，**表現力**を高めるのに効果的です。

振り返り …… 複数の例題で学んだ解法の特徴を横断的に解説しています。解法を判断するときのポイントについて，理解を深めることができます。

EXERCISES

各単元末に，例題に関連する問題を取り上げました。

各問題には対応する例題番号を → で示してあり，適宜 **HINT** もついています(複数の単元に対して EXERCISES を1つのみ掲載，という構成になっている場合もあります)。

総合演習

巻末に，学習の総仕上げのための問題を，2部構成で掲載しています。

第1部 …… 例題で学んだことを振り返りながら，思考力を鍛えることができる問題，解説を掲載しています。大学入学共通テスト対策にも役立ちます。

第2部 …… 過去の大学入試問題の中から，入試実践力を高められる問題を掲載しています。

索　引

初めて習う数学の用語を五十音順に並べたもので，巻末にあります。

●難易度数について

例題，練習・EXERCISES の全問に，全5段階の難易度数がついています。

，① …… 教科書の例レベル

，② …… 教科書の例題レベル

，③ …… 教科書の節末，章末レベル

，④ …… 入試の基本～標準レベル

，⑤ …… 入試の標準～やや難レベル

目次

目次

数学B

コラムの一覧

まとめ … まとめ，参 … 参考事項，補 … 補足事項，ズ … ズームUP，振 … 振り返り　を表す。

※数学B第3章については，$p.573$ に掲載。

デジタルコンテンツの活用方法

本書では，QR コード*からアクセスできるデジタルコンテンツを豊富に用意しています。これらを活用することで，わかりにくいところの理解を補ったり，学習したことを更に深めたりすることができます。

■ 解説動画

本書に掲載している例題の解説動画を配信しています。

数学講師が丁寧に解説しているので，本書と解説動画をあわせて学習することで，例題のポイントを確実に理解することができます。

例えば，

- 例題を解いたあとに，その例題の理解を確認したいとき
- 例題が解けなかったときや，解説を読んでも理解できなかったとき

といった場面で活用できます。

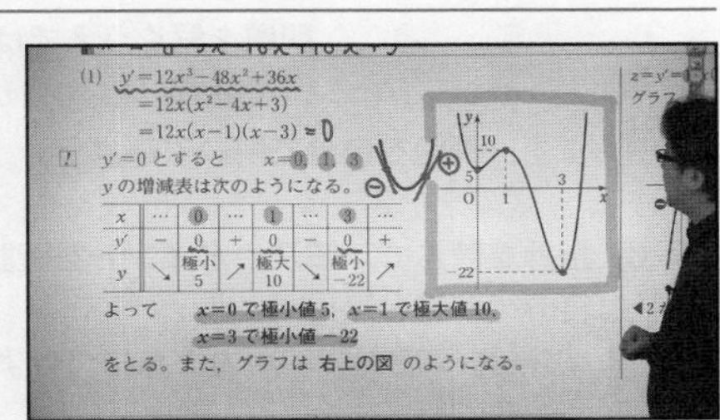

数学講師による解説を **いつでも，どこでも，何度でも** 視聴することができます。
解説動画も活用しながら，チャート式とともに数学力を高めていってください。

■ サポートコンテンツ

本書に掲載した問題や解説の理解を深めるための補助的なコンテンツも用意しています。例えば，関数のグラフや図形の動きを考察する例題において，画面上で実際にグラフや図形を動かしてみることで，視覚的なイメージと数式を結びつけて学習できるなど，より深い理解につなげることができます。

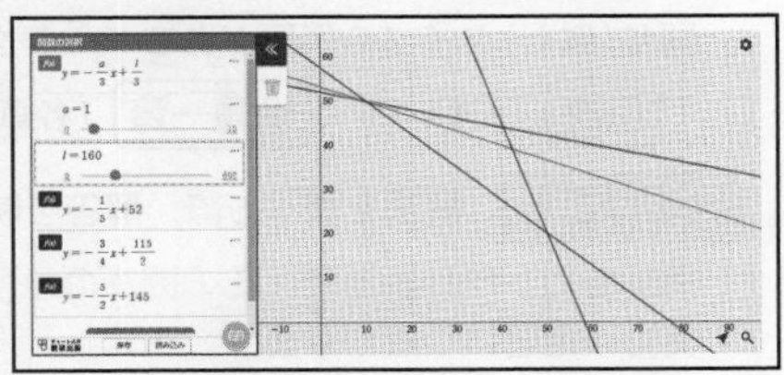

＜デジタルコンテンツのご利用について＞

デジタルコンテンツはインターネットに接続できるコンピュータやスマートフォン等でご利用いただけます。下記の URL，右の QR コード，もしくは「基本事項」のページにある QR コードからアクセスできます。

https://cds.chart.co.jp/books/7oq298gwkz

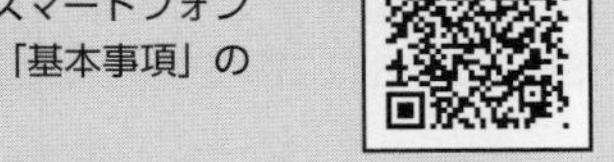

※追加費用なしにご利用いただけますが，通信料はお客様のご負担となります。Wi-Fi 環境でのご利用をおすすめいたします。学校や公共の場では，マナーを守ってスマートフォンなどをご利用ください。

---

* QR コードは，(株)デンソーウェーブの登録商標です。

本書の活用方法

■ 方法 1「自学自習のため」の活用例

週末・長期休暇などの時間のあるときや受験勉強などで，本書の各ページに順々に取り組む場合は，次のようにして学習を進めるとよいでしょう。

第１ステップ …… **基本事項のページを読み，重要事項を確認。**
問題を解くうえでは，知識を整理しておくことが大切。

⬇

第２ステップ …… **例題に取り組み解法を習得，練習を解いて理解の確認。**

① まず，**例題を自分で解いてみよう。**

➡何もわからなかったら，指針を読んで糸口をつかもう。

⬇

② 指針を読んで，**解法やポイントを確認** し，自分の解答と見比べよう。
〈$+\alpha$〉**検討** を読んで応用力を身につけよう。

➡ポイントを見抜く力をつけるために，指針は必ず読もう。また，解答の右の◀も理解の助けになる。

⬇

③ **練習** に取り組んで，そのページで学習したことを **再確認** しよう。

➡わからなかったら，指針をもう一度読み返そう。

⬇

第３ステップ …… **EXERCISES のページで腕試し。**
例題のページの勉強がひと通り終わったら取り組もう。

■ 方法 2「解法を調べるため」の活用例 （解法の辞書としての使い方）

どうやって解いたらいいかわからない問題が出てきたときは，同じ(似た)タイプの例題があるページを本書で探し，**解法をまねる** ことを考えてみましょう。

同じ(似た)タイプの例題があるページを見つけるには

目次 （$p.6$） や **例題一覧** （各章の始め） を利用するとよいでしょう。

大切なこと 解法を調べる際，解答を読むだけでは実力は定着しません。

指針もしっかり読んで，その問題の急所やポイントをつかんでおく ことを意識すると，実力の定着につながります。

■ 方法 3「目的に応じた学習のため」の活用例

短期間で取り組みたいときや，順々に取り組む時間がとれないときは，**目的に応じた例題を選んで学習する** ことも１つの方法です。例題の種類（基本，重要，演習）や章トビラの SELECT STUDY を参考に，目的に応じた問題に取り組むとよいでしょう。

問題数（数学Ⅱ）
1. 例題 262
（基本 192，重要 61，演習 9）
2. 練習 262　**3. EXERCISES 159**
4. 総合演習 第１部 5，第２部 38
［1.～4. の合計 726］

問題数（数学B）
1. 例題 94
（基本 73，重要 21）
2. 練習 94　**3. EXERCISES 63**
4. 総合演習 第１部 2，第２部 14
［1.～4. の合計 267］

数学Ⅱ 第1章

式と証明

1

—●— 基本定着コース……教科書の基本事項を確認したいきみに
—●— 精選速習コース……入試の基礎を短期間で身につけたいきみに
—●— 実力練成コース……入試に向け実力を高めたいきみに

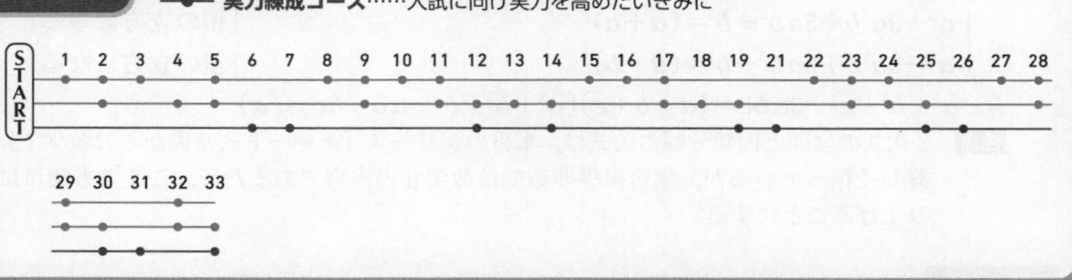

例題一覧

1　3次式の展開と因数分解，二項定理

基本事項

1　3次式の展開の公式

1 $\begin{cases}(a+b)(a^2-ab+b^2)=a^3+b^3\\(a-b)(a^2+ab+b^2)=a^3-b^3\end{cases}$

2 $\begin{cases}(a+b)^3=a^3+3a^2b+3ab^2+b^3\\(a-b)^3=a^3-3a^2b+3ab^2-b^3\end{cases}$

2　3次式の因数分解の公式

3 $\begin{cases}a^3+b^3=(a+b)(a^2-ab+b^2)\\a^3-b^3=(a-b)(a^2+ab+b^2)\end{cases}$　［立方の和］［立方の差］

4 $\begin{cases}a^3+3a^2b+3ab^2+b^3=(a+b)^3\\a^3-3a^2b+3ab^2-b^3=(a-b)^3\end{cases}$　［和の立方になる］［差の立方になる］

5　$a^3+b^3+c^3-3abc=(a+b+c)(a^2+b^2+c^2-ab-bc-ca)$

注意　3次式の展開と因数分解の公式は，本書のシリーズ『チャート式基礎からの数学Ⅰ』で詳しく扱っているが，学習指導要領では数学Ⅱの内容であるため，ここでも簡単に取り上げることにする。

解　説

■3次式の因数分解

3，4 では，符号を間違えないように注意する。例えば，3 について

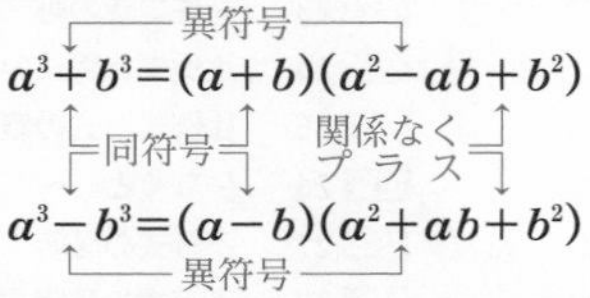

$$a^3+b^3=(a+b)(a^2-ab+b^2)$$

$$a^3-b^3=(a-b)(a^2+ab+b^2)$$

（符号の対応：a^3 と b^3 の間の符号と $(a\pm b)$ の符号は同符号，$a^3\pm b^3$ の符号と $(a^2\mp ab+b^2)$ の ab の前の符号は異符号，b^2 の前は関係なくプラス）

◀符号が正しいかどうかは，展開することで確かめることができる。

また，教科書では，5 の等式を公式として取り扱っていないが，3次式の値を求める問題などで，よく利用される式である。したがって，5 の等式も公式として記憶しておこう。なお，その証明は次のようになる。

証明　$a^3+b^3+c^3-3abc$

$=(a+b)^3-3ab(a+b)+c^3-3abc$

$=(a+b)^3+c^3-3ab\{(a+b)+c\}$

$=\{(a+b)+c\}\{(a+b)^2-(a+b)c+c^2\}-3ab(a+b+c)$

$=(a+b+c)(a^2+2ab+b^2-ca-bc+c^2-3ab)$

$=(a+b+c)(a^2+b^2+c^2-ab-bc-ca)$

◀$a^3+b^3=(a+b)^3-3ab(a+b)$ を利用する。

問　(1) の式を展開せよ。また，(2)～(5) の式を因数分解せよ。

(1)　$(x+y+z)^3$　　(2)　$27x^3+64$　　(3)　x^3-125y^3

(4)　$8x^3-12x^2+6x-1$　　(5)　$x^3-y^3-z^3-3xyz$

（＊）問 の解答は $p.638$ にある。

基本事項

3 パスカルの三角形

$(a+b)^2$，$(a+b)^3$，……，$(a+b)^6$，…… を展開した式の各項の係数を書き出すと，右の図のような三角形（**パスカルの三角形**）になる。

[1] 各行の **左右の両端の数は 1** である。

[2] 各行の両端以外の数は，その **左上の数と右上の数の和に等しい。**

[3] 各行の数は **中央に関して左右対称。**

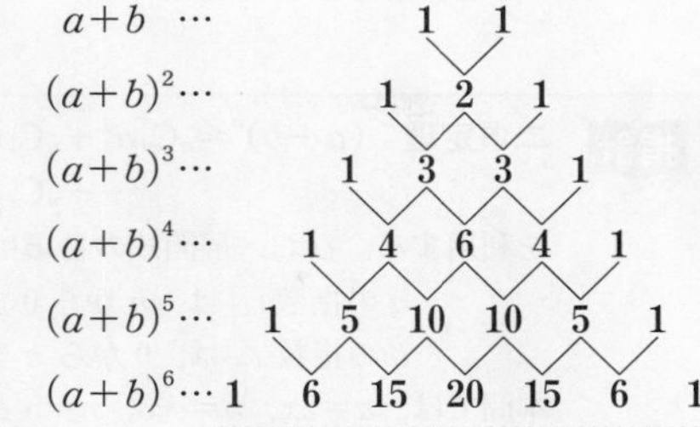

4 二項定理

$$(a+b)^n={}_n\mathrm{C}_0a^n+{}_n\mathrm{C}_1a^{n-1}b+{}_n\mathrm{C}_2a^{n-2}b^2+\cdots\cdots+{}_n\mathrm{C}_ra^{n-r}b^r+\cdots\cdots+{}_n\mathrm{C}_nb^n$$

一般項 （第 $r+1$ 項）　${}_n\mathrm{C}_ra^{n-r}b^r$

解　説

■パスカルの三角形

$(a+b)^2=a^2+2ab+b^2$ を用いて，$(a+b)^3$ を係数だけ取り出して縦書きで計算すると，左下のようになり，次に $(a+b)^3$ の展開式を用いて，$(a+b)^4$ を同様に計算すると，右下のようになる。

```
    1 2 1     ← (a+b)² の係数           1 3 3 1     ← (a+b)³ の係数
× ) 1 1       ← a+b の係数          × ) 1 1         ← a+b の係数
    1 2 1                               1 3 3 1
      1 2 1                               1 3 3 1
    1 3 3 1   ← (a+b)³ の係数           1 4 6 4 1   ← (a+b)⁴ の係数
```

$a+b$，$(a+b)^2$，$(a+b)^3$，…… の展開式の係数をまとめて，上の基本事項のように三角形にしたものを，**パスカルの三角形** という。なお，パスカルの三角形の性質（上の基本事項 3 [1]～[3]）は，組合せで学んだ ${}_n\mathrm{C}_r$ の性質から導かれる。

3 [1] ← ${}_n\mathrm{C}_0={}_n\mathrm{C}_n=1$　**3** [2] ← ${}_n\mathrm{C}_r={}_{n-1}\mathrm{C}_{r-1}+{}_{n-1}\mathrm{C}_r$　**3** [3] ← ${}_n\mathrm{C}_r={}_n\mathrm{C}_{n-r}$

■二項定理

$(a+b)^n=\underset{①}{(a+b)}\underset{②}{(a+b)}\cdots\cdots\underset{ⓝ}{(a+b)}$ の展開式における $a^{n-r}b^r$ の項は，n 個の因数 ①～ⓝ のうちから，a を $(n-r)$ 個，b を r 個取って，それらを掛け合わせて得られる項を，すべて加え合わせたものである。それらの項の数は ${}_n\mathrm{C}_{n-r}={}_n\mathrm{C}_r$（個）であるから，$a^{n-r}b^r$ の係数は ${}_n\mathrm{C}_r$ である。ここで，$a^0=1$，$b^0=1$ である。

すなわち，**$(a+b)^n$ の展開式における $a^{n-r}b^r$ の項の係数は ${}_n\mathrm{C}_r$** に等しいから

$$(a+b)^n={}_n\mathrm{C}_0a^n+{}_n\mathrm{C}_1a^{n-1}b+{}_n\mathrm{C}_2a^{n-2}b^2+\cdots\cdots+{}_n\mathrm{C}_ra^{n-r}b^r+\cdots\cdots+{}_n\mathrm{C}_nb^n$$

が成り立つ。これを **二項定理** という。

また，$(a+b)^n$ の展開式における **第 $(r+1)$ 項 ${}_n\mathrm{C}_ra^{n-r}b^r$** を $(a+b)^n$ の展開式の **一般項** という。なお，${}_n\mathrm{C}_r$ を **二項係数** ともいう。

注意 用語「一般項」は，数学Bで学ぶ数列においても出てくる。

基本 例題 1 二項展開式

$(2x-3)^5$ の展開式を求めよ。

p.13 基本事項 3, 4 重要 6

指針 二項定理 $(a+b)^n={}_n\mathrm{C}_0a^n+{}_n\mathrm{C}_1a^{n-1}b+{}_n\mathrm{C}_2a^{n-2}b^2+\cdots\cdots$
$+{}_n\mathrm{C}_ra^{n-r}b^r+\cdots\cdots+{}_n\mathrm{C}_{n-1}ab^{n-1}+{}_n\mathrm{C}_nb^n$

を利用する。なお，展開式の各項は，$\bigcirc a^{\square}b^{\triangle}$ の形で

a の指数 □ は，n から 0 まで 1 ずつ減っていく
b の指数 △ は，0 から n まで 1 ずつ増えていく
⟹ 常に □＋△＝n

本問では，$a=2x$，$b=-3$，$n=5$ とすればよい。

また，指数 n が大きくないときは，別解 のように **パスカルの三角形** を使ってもよい。

解答 二項定理から

$$(2x-3)^5={}_5\mathrm{C}_0(2x)^5+{}_5\mathrm{C}_1(2x)^4(-3)+{}_5\mathrm{C}_2(2x)^3(-3)^2+{}_5\mathrm{C}_3(2x)^2(-3)^3+{}_5\mathrm{C}_4(2x)(-3)^4+{}_5\mathrm{C}_5(-3)^5$$
$$=\mathbf{32x^5-240x^4+720x^3-1080x^2+810x-243}$$

◀ ${}_5\mathrm{C}_0={}_5\mathrm{C}_5=1$

別解 パスカルの三角形から

$$(2x-3)^5=1\times(2x)^5+5\times(2x)^4(-3)+10\times(2x)^3(-3)^2+10\times(2x)^2(-3)^3+5\times(2x)(-3)^4+1\times(-3)^5$$
$$=\mathbf{32x^5-240x^4+720x^3-1080x^2+810x-243}$$

1 1
1 2 1
1 3 3 1
1 4 6 4 1
1 5 10 10 5 1

検討 **パスカルの三角形と最短経路の問題**

右の図のように，座標平面上で碁盤の目のように道を作り，原点から出発して最短の道のりで点 A まで行く経路について考える。ここで，各点を通る経路の数を図に書き込んで(＊)いくと，直線 $x+y=5$ 上の点の数の並びは

1, 5, 10, 10, 5, 1

となり，ちょうどパスカルの三角形の上から 5 段目と同じである。

一般に，直線 $x+y=n$ 上の点を通る経路の数は，パスカルの三角形の上から n 段目と同じになる。

以上のことは，どちらも ${}_n\mathrm{C}_r$ の性質

$${}_n\mathrm{C}_r={}_{n-1}\mathrm{C}_{r-1}+{}_{n-1}\mathrm{C}_r \quad \cdots\cdots \text{①}$$

に基づいているからである。つまり，① は，パスカルの三角形とその作り方を，簡潔に表現した式といえる。

(＊) チャート式基礎からの数学 I＋A $p.388$ 参照。

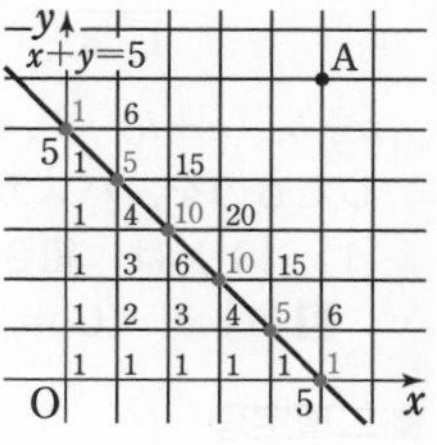

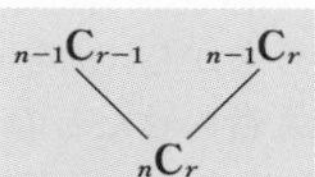

練習 次の式を展開せよ。

① **1** (1) $(a+2b)^7$ (2) $(2x-y)^6$ (3) $(3x-2)^5$ (4) $\left(2m+\dfrac{n}{3}\right)^6$

基本例題 2 二項展開式とその係数

$(a-2b)^6$ の展開式で，a^5b の項の係数は ア□，a^2b^4 の項の係数は イ□ である。また，$\left(x^2-\dfrac{2}{x}\right)^6$ の展開式で，x^6 の項の係数は ウ□，定数項は エ□ である。 ［京都産大］ 基本 1

指針 展開式の全体を書き出す必要はない。**求めたい項だけを取り出して** 考える。

$(a+b)^n$ **の展開式の一般項は** ${}_n\mathrm{C}_r a^{n-r}b^r$

まず，一般項を書き，指数部分に注目して r の値を求める。

(ウ)，(エ) 一般項は ${}_6\mathrm{C}_r(x^2)^{6-r}\left(-\dfrac{2}{x}\right)^r={}_6\mathrm{C}_r x^{12-2r}\cdot\dfrac{(-2)^r}{x^r}={}_6\mathrm{C}_r(-2)^r\cdot\dfrac{x^{12-2r}}{x^r}$

ここで，指数法則 $a^m\div a^n=a^{m-n}$ を利用すると $\dfrac{x^{12-2r}}{x^r}=x^{12-2r-r}=x^{12-3r}$

したがって，指数 $12-3r$ に関し，問題の条件に合わせた方程式を作り，それを解く。

解答

$(a-2b)^6$ の展開式の一般項は

$${}_6\mathrm{C}_r a^{6-r}(-2b)^r={}_6\mathrm{C}_r(-2)^r a^{6-r}b^r$$

a^5b の項は $r=1$ のときで，その係数は

$${}_6\mathrm{C}_1(-2)={}^{ア}\mathbf{-12}$$

◀ ${}_6\mathrm{C}_1=6$

a^2b^4 の項は $r=4$ のときで，その係数は

$${}_6\mathrm{C}_4(-2)^4={}^{イ}\mathbf{240}$$

◀ ${}_6\mathrm{C}_4={}_6\mathrm{C}_2=15$，$(-2)^4=16$

また，$\left(x^2-\dfrac{2}{x}\right)^6$ の展開式の一般項は

$${}_6\mathrm{C}_r(x^2)^{6-r}\left(-\frac{2}{x}\right)^r={}_6\mathrm{C}_r(-2)^r\cdot\frac{x^{12-2r}}{x^r}\quad\cdots\cdots\ (*)$$
$$={}_6\mathrm{C}_r(-2)^r\cdot x^{12-2r-r}$$
$$={}_6\mathrm{C}_r(-2)^r\cdot x^{12-3r}\quad\cdots\cdots\ ①$$

x^6 の項は，$12-3r=6$ より $r=2$ のときである。

その係数は，① から ${}_6\mathrm{C}_2(-2)^2={}^{ウ}\mathbf{60}$

定数項は，$12-3r=0$ より $r=4$ のときである。

したがって，① から ${}_6\mathrm{C}_4(-2)^4={}^{エ}\mathbf{240}$

◀ $(*)$ の形のままで考えると
(ウ) x^6 の項は $\dfrac{x^{12-2r}}{x^r}=x^6$
ゆえに $x^{12-2r}=x^6\cdot x^r$
よって $12-2r=6+r$
これを解いて $r=2$
(エ) 定数項は
$x^{12-2r}=x^r$ とすると
$12-2r=r$
これを解いて $r=4$

練習 ② **2** 次の式の展開式における，［ ］内に指定されたものを求めよ。

(1) $(x+2)^7$ ［x^4 の係数］ (2) $(x^2-1)^7$ ［x^4，x^3 の係数］

(3) $\left(x^2+\dfrac{1}{x}\right)^{10}$ ［x^{11} の係数］ (4) $\left(2x^4-\dfrac{1}{x}\right)^{10}$ ［定数項］

p.23 EX 6

基本事項

1 $(a+b+c)^n$ **の展開式（多項定理）**

$(a+b+c)^n$ の展開式の一般項は $\dfrac{n!}{p!q!r!}a^pb^qc^r$

（ただし，$p+q+r=n$，$p\geqq 0$，$q\geqq 0$，$r\geqq 0$　また，$0!=1$ と定める。）

2 **指数の拡張と指数法則**［第5章の学習内容］

① **定義**　$a\neq 0$ で，n が正の整数のとき

$$a^0=1,\ a^{-n}=\frac{1}{a^n}\qquad \text{特に}\quad a^{-1}=\frac{1}{a}$$

② **指数法則**　$a\neq 0$，$b\neq 0$，m，n が **整数** のとき

［1］ $a^ma^n=a^{m+n}$　［2］ $(a^m)^n=a^{mn}$　［3］ $(ab)^n=a^nb^n$

解　説

■ $(a+b+c)^n$ の展開式

$(a+b+c)^n$ の展開式における $a^pb^qc^r$ $(p+q+r=n,\ p\geqq 0,\ q\geqq 0,\ r\geqq 0)$ の項の係数が上の **1** のようになることを，次の2つの方法で示してみよう。

証明 **1.**（二項定理を用いる方法）

$(a+b+c)^n=\{(a+b)+c\}^n$ の展開式の一般項は ${}_n\mathrm{C}_r(a+b)^{n-r}c^r$，

また，$(a+b)^{n-r}$ の展開式の一般項は ${}_{n-r}\mathrm{C}_q a^{n-r-q}b^q$ である。

したがって，$n-r-q=p$ とおくと，$a^pb^qc^r$ の項の係数は

$${}_n\mathrm{C}_r\times{}_{n-r}\mathrm{C}_q=\frac{n!}{r!(n-r)!}\cdot\frac{(n-r)!}{q!(n-r-q)!}=\frac{n!}{p!q!r!}$$

証明 **2.**（二項定理の証明をまねる方法）

$(a+b+c)^n=\underset{①}{(a+b+c)}\times\underset{②}{(a+b+c)}\times\cdots\cdots\times\underset{ⓝ}{(a+b+c)}$ の展開式における

$a^pb^qc^r$ $(p+q+r=n)$ の項は，n 個の因数 ①～ⓝ のうちから，a を p 個，b を q 個，c を r 個取って，それらを掛け合わせて得られる項をすべて加え合わせたものである。それらの項の数は ①～ⓝ から，a を p 個，b を q 個，c を r 個選ぶ順列の総数であるから，$a^pb^qc^r$ の項の係数は，同じものを含む順列の考えにより

$$\frac{n!}{p!q!r!}$$

上の基本事項 **1** を **多項定理** という。

■ 指数の拡張と指数法則

m，n が正の整数のとき，$a^m\div a^n=\dfrac{a^m}{a^n}$ である。これから

（i） $m>n$ のとき　$a^m\div a^n=a^{m-n}$

（ii） $m=n$ のとき　$a^m\div a^n=1$　…… Ⓐ

（iii） $m<n$ のとき　$a^m\div a^n=\dfrac{1}{a^{n-m}}$　…… Ⓑ

であるが，（i）の法則が（ii），（iii）の場合でも成り立つとすると

Ⓐ から　$a^0=1$　　Ⓑ から　$a^{m-n}=\dfrac{1}{a^{n-m}}$　…… Ⓒ

Ⓒ において，$m=0$ とすると，$a^{-n}=\dfrac{1}{a^n}$ となる。

例

◀ $2^7\div 2^3=2^4$

◀ $2^3\div 2^3=1$

◀ $2^3\div 2^7=\dfrac{1}{2^4}$

◀ $2^{-4}=\dfrac{1}{2^4}$

基本例題 3 多項展開式とその係数 (1)

次の式の展開式における，[ ]内に指定された項の係数を求めよ。

(1) $(x+2y+3z)^4$ $[x^2yz]$ 〔武蔵大〕 (2) $(1+x+x^2)^8$ $[x^4]$ 〔愛知学院大〕

p.16 基本事項 1

指針 二項定理を 2 回用いる方針でも求められるが，**多項定理** を利用して求めてみよう。

$(a+b+c)^n$ の展開式の一般項は $\dfrac{n!}{p!q!r!}a^pb^qc^r$，$p+q+r=n$

(2) 上の一般項において，$a=1$，$b=x$，$c=x^2$ とおく。このとき，指数法則により $1^p\cdot x^q(x^2)^r=x^{q+2r}$ である。$q+2r=4$ となる 0 以上の整数 $(p,\ q,\ r)$ を求める。

解答

(1) $(x+2y+3z)^4$ の展開式の一般項は

$$\frac{4!}{p!q!r!}x^p(2y)^q(3z)^r=\left(\frac{4!}{p!q!r!}\cdot2^q\cdot3^r\right)x^py^qz^r$$

ただし $p+q+r=4$，$p\geqq0$，$q\geqq0$，$r\geqq0$

x^2yz の項は，$p=2$，$q=1$，$r=1$ のときであるから

$$\frac{4!}{2!1!1!}\cdot2\cdot3=\mathbf{72}$$

◀$(a+b+c)^4$ の一般項は $\dfrac{4!}{p!q!r!}a^pb^qc^r$ $(p+q+r=4,\ p\geqq0,\ q\geqq0,\ r\geqq0)$

別解 $\{(x+2y)+3z\}^4$ の展開式において，z を含む項は

$${}_4C_1(x+2y)^3\cdot3z=12(x+2y)^3z$$

また，$(x+2y)^3$ の展開式において，x^2y を含む項は

$${}_3C_1x^2\cdot2y=6x^2y$$

よって，x^2yz の項の係数は $12\times6=\mathbf{72}$

◀二項定理を 2 回用いる方針。まず $(\bullet+3z)^4$ の展開式に着目する。

(2) $(1+x+x^2)^8$ の展開式の一般項は

$$\frac{8!}{p!q!r!}\cdot1^p\cdot x^q\cdot(x^2)^r=\frac{8!}{p!q!r!}\cdot x^{q+2r}$$

◀$(a^m)^n=a^{mn}$

ただし $p+q+r=8$ …… ①，$p\geqq0$，$q\geqq0$，$r\geqq0$

◀$p,\ q,\ r$ は負でない整数。

x^4 の項は，$q+2r=4$ すなわち $q=4-2r$ …… ②

のときであり，①，② から $p=r+4$ …… ③

◀② を ① に代入すると $p+4-2r+r=8$

ここで，② と $q\geqq0$ から $4-2r\geqq0$

r は 0 以上の整数であるから $r=0,\ 1,\ 2$

◀$4-2r\geqq0$ から $r\leqq2$

②，③ から $r=0$ のとき $p=4$，$q=4$

$r=1$ のとき $p=5$，$q=2$ $r=2$ のとき $p=6$，$q=0$

よって，求める係数は

$$\frac{8!}{4!4!0!}+\frac{8!}{5!2!1!}+\frac{8!}{6!0!2!}=70+168+28=\mathbf{266}$$

◀$0!=1$

別解 $(1+x+x^2)^8=\{(1+x)+x^2\}^8$

$$=(1+x)^8+{}_8C_1(1+x)^7x^2+{}_8C_2(1+x)^6(x^2)^2+\cdots\cdots$$

この展開式の中で，x^4 を含む項は ${}_8C_4x^4$，${}_8C_1\cdot{}_7C_2x^2\cdot x^2$，${}_8C_2\cdot1\cdot x^4$

よって，求める係数は ${}_8C_4+{}_8C_1\cdot{}_7C_2+{}_8C_2=70+8\cdot21+28=\mathbf{266}$

◀…… 部分の次数は 6 以上。

練習 ② 3 次の展開式における，[ ]内に指定された項の係数を求めよ。

(1) $(1+2a-3b)^7$ $[a^2b^3]$ (2) $(x^2-3x+1)^{10}$ $[x^3]$

p.23 EX1

基本 例題 4 多項展開式とその係数 (2)

①①①①①

$\left(x+\dfrac{1}{x^2}+1\right)^5$ の展開式における定数項を求めよ。 〔大阪薬大〕

基本 3

指針 **多項定理** から，一般項は

$$\frac{5!}{p!q!r!}x^p\cdot\left(\frac{1}{x^2}\right)^q\cdot 1^r \quad (p+q+r=5,\ p\geqq 0,\ q\geqq 0,\ r\geqq 0)$$

この式を **指数法則** $\dfrac{1}{x^n}=x^{-n}$，$(x^m)^n=x^{mn}$，$x^m\cdot x^n=x^{m+n}$ (p.16 参照) を使って，

Ax^B の形に整理する。そして，定数項 $\Longleftrightarrow x^B=1 \Longleftrightarrow B=0$ であることから，$B=0$ (すなわち x の指数部分が 0) を満たす 0 以上の整数 $(p,\ q,\ r)$ の組を求める。

解答 展開式の一般項は

$$\frac{5!}{p!q!r!}x^p\cdot\left(\frac{1}{x^2}\right)^q\cdot 1^r=\frac{5!}{p!q!r!}x^p\cdot\frac{1}{x^{2q}}\cdot 1 \cdots\cdots (*)$$

$$=\frac{5!}{p!q!r!}x^{p-2q}$$

◀ $\dfrac{1}{x^{2q}}=x^{-2q}$

ただし $p+q+r=5$ …… ①，$p\geqq 0$，$q\geqq 0$，$r\geqq 0$ ◀この条件を活かす。

定数項は，$p-2q=0$ のときである。

$p-2q=0$ から　　$p=2q$ …… ②

これを ① に代入して　　$3q+r=5$

ゆえに　　$r=5-3q$

$r\geqq 0$ であるから　　$5-3q\geqq 0$

q は 0 以上の整数であるから　　$q=0,\ 1$ ◀ $5-3q\geqq 0$ から $q\leqq\dfrac{5}{3}$

$q=0$ のとき $r=5$　　$q=1$ のとき $r=2$ ◀ $r=5-3q$ から。

よって，② から　　$(p,\ q,\ r)=(0,\ 0,\ 5),\ (2,\ 1,\ 2)$

したがって，定数項は

$$\frac{5!}{0!0!5!}+\frac{5!}{2!1!2!}=1+30=\mathbf{31}$$

◀ $0!=1$

注意 $(*)$のままで考えてもよい。

定数項は，$\dfrac{x^p}{x^{2q}}=1$ とすると，$x^p=x^{2q}$ から　　$p=2q$

以後は，上の解答と同じになる。

練習 ② **4** 次の展開式における，[ ] 内に指定された項の係数を求めよ。

(1) $\left(x^2-x^3-\dfrac{3}{x}\right)^5$ $[x^7]$

(2) $\left(a+b+\dfrac{1}{a}+\dfrac{1}{b}\right)^7$ $[ab^2]$ 〔(2) 関西学院大〕

p.23 EX 2

基本例題 5 二項係数と等式の証明

(1) $k{}_n\mathrm{C}_k=n{}_{n-1}\mathrm{C}_{k-1}$ $(n\geqq 2,\ k=1,\ 2,\ \cdots\cdots,\ n)$ が成り立つことを証明せよ。

(2) $(1+x)^n$ の展開式を利用して，次の等式を証明せよ。

(ア) ${}_n\mathrm{C}_0+{}_n\mathrm{C}_1+{}_n\mathrm{C}_2+\cdots\cdots+{}_n\mathrm{C}_r+\cdots\cdots+{}_n\mathrm{C}_n=2^n$

(イ) ${}_n\mathrm{C}_0-{}_n\mathrm{C}_1+{}_n\mathrm{C}_2-\cdots\cdots+(-1)^r{}_n\mathrm{C}_r+\cdots\cdots+(-1)^n{}_n\mathrm{C}_n=0$

(ウ) ${}_n\mathrm{C}_0-2{}_n\mathrm{C}_1+2^2{}_n\mathrm{C}_2-\cdots\cdots+(-2)^r{}_n\mathrm{C}_r+\cdots\cdots+(-2)^n{}_n\mathrm{C}_n=(-1)^n$

p.13 基本事項 4

指針 (1) ${}_n\mathrm{C}_r=\dfrac{n!}{r!(n-r)!}$ を利用して，$k{}_n\mathrm{C}_k$，$n{}_{n-1}\mathrm{C}_{k-1}$ をそれぞれ変形する。

(2) (ア) 二項定理（p.13 基本事項 4）において，$a=1$，$b=x$ とおくと

$$(1+x)^n={}_n\mathrm{C}_0+{}_n\mathrm{C}_1x+{}_n\mathrm{C}_2x^2+\cdots\cdots+{}_n\mathrm{C}_rx^r+\cdots\cdots+{}_n\mathrm{C}_nx^n \quad \cdots\cdots ①$$

等式 ① と，与式の左辺を比べることにより，① の両辺で **$x=1$ とおけばよい**ことに気づく。同様にして，(イ)，(ウ) では **x に何を代入するか** を考える。

解答

(1) $k{}_n\mathrm{C}_k=k\cdot\dfrac{n!}{k!(n-k)!}=n\cdot\dfrac{(n-1)!}{(k-1)!(n-k)!}$ ◀$n!=n(n-1)!$

$n{}_{n-1}\mathrm{C}_{k-1}=n\cdot\dfrac{(n-1)!}{(k-1)!\{(n-1)-(k-1)\}!}=n\cdot\dfrac{(n-1)!}{(k-1)!(n-k)!}$

したがって　$k{}_n\mathrm{C}_k=n{}_{n-1}\mathrm{C}_{k-1}$

(2) 二項定理により，次の等式 ① が成り立つ。◀すべての x の値に対して成り立つ。

$$(1+x)^n={}_n\mathrm{C}_0+{}_n\mathrm{C}_1x+{}_n\mathrm{C}_2x^2+\cdots\cdots+{}_n\mathrm{C}_rx^r+\cdots\cdots+{}_n\mathrm{C}_nx^n \quad \cdots\cdots ①$$

(ア) 等式 ① で，$x=1$ とおくと

$$(1+1)^n={}_n\mathrm{C}_0+{}_n\mathrm{C}_1\cdot 1+{}_n\mathrm{C}_2\cdot 1^2+\cdots\cdots+{}_n\mathrm{C}_r\cdot 1^r+\cdots\cdots+{}_n\mathrm{C}_n\cdot 1^n$$

よって　${}_n\mathrm{C}_0+{}_n\mathrm{C}_1+{}_n\mathrm{C}_2+\cdots\cdots+{}_n\mathrm{C}_r+\cdots\cdots+{}_n\mathrm{C}_n=2^n$

(イ) 等式 ① で，$x=-1$ とおくと

$$(1-1)^n={}_n\mathrm{C}_0+{}_n\mathrm{C}_1\cdot(-1)+{}_n\mathrm{C}_2\cdot(-1)^2+\cdots\cdots+{}_n\mathrm{C}_r\cdot(-1)^r+\cdots\cdots+{}_n\mathrm{C}_n\cdot(-1)^n$$

よって　${}_n\mathrm{C}_0-{}_n\mathrm{C}_1+{}_n\mathrm{C}_2-\cdots\cdots+(-1)^r{}_n\mathrm{C}_r+\cdots\cdots+(-1)^n{}_n\mathrm{C}_n=0$

(ウ) 等式 ① で，$x=-2$ とおくと

$$(1-2)^n={}_n\mathrm{C}_0+{}_n\mathrm{C}_1\cdot(-2)+{}_n\mathrm{C}_2\cdot(-2)^2+\cdots\cdots+{}_n\mathrm{C}_r\cdot(-2)^r+\cdots\cdots+{}_n\mathrm{C}_n\cdot(-2)^n$$

よって　${}_n\mathrm{C}_0-2{}_n\mathrm{C}_1+2^2{}_n\mathrm{C}_2-\cdots\cdots+(-2)^r{}_n\mathrm{C}_r+\cdots\cdots+(-2)^n{}_n\mathrm{C}_n=(-1)^n$

参考 p を素数とするとき，(1) から　$k{}_p\mathrm{C}_k=p{}_{p-1}\mathrm{C}_{k-1}$ $(p\geqq 2\,;\ k=1,\ 2,\ \cdots\cdots,\ p-1)$
この式は ${}_p\mathrm{C}_k$ が必ず p で割り切れることを示している。

練習 ② **5** 次の等式が成り立つことを証明せよ。

(1) ${}_n\mathrm{C}_0-\dfrac{{}_n\mathrm{C}_1}{2}+\dfrac{{}_n\mathrm{C}_2}{2^2}-\cdots\cdots+(-1)^n\dfrac{{}_n\mathrm{C}_n}{2^n}=\dfrac{1}{2^n}$

(2) n が奇数のとき ${}_n\mathrm{C}_0+{}_n\mathrm{C}_2+\cdots\cdots+{}_n\mathrm{C}_{n-1}={}_n\mathrm{C}_1+{}_n\mathrm{C}_3+\cdots\cdots+{}_n\mathrm{C}_n=2^{n-1}$

(3) n が偶数のとき ${}_n\mathrm{C}_0+{}_n\mathrm{C}_2+\cdots\cdots+{}_n\mathrm{C}_n={}_n\mathrm{C}_1+{}_n\mathrm{C}_3+\cdots\cdots+{}_n\mathrm{C}_{n-1}=2^{n-1}$

p.23 EX3

参考事項　場合の数の考えの利用

本書で扱った二項係数に関する等式の中には，「場合の数」（数学 A）の考えを利用して証明できるものもあるので，紹介しておこう。

1 $\boldsymbol{k\,{}_n\mathrm{C}_k=n\,{}_{n-1}\mathrm{C}_{k-1}}$ $(n\geqq 2,\ k=1,\ 2,\ \cdots\cdots,\ n)$　← 基本例題 **5** (1)

n 人の中から k 人の委員と，委員の中から 1 人の委員長を選ぶ場合の数を，次の 2 通りの方法で考える。

［方法 1］ まず，n 人の中から k 人の委員を選び（${}_n\mathrm{C}_k$ 通り），
k 人の委員の中から 1 人の委員長を選ぶ（k 通り）。　$\longrightarrow$ ${}_n\mathrm{C}_k\times k$ 通り

［方法 2］ まず，n 人の中から 1 人の委員長を選び（n 通り），
残りの $n-1$ 人の中から $k-1$ 人の委員を選ぶ（${}_{n-1}\mathrm{C}_{k-1}$ 通り）。
$\longrightarrow$ $n\times{}_{n-1}\mathrm{C}_{k-1}$ 通り

［方法 1］と［方法 2］の場合の数は等しいから　$k\,{}_n\mathrm{C}_k=n\,{}_{n-1}\mathrm{C}_{k-1}$

2 $\boldsymbol{{}_n\mathrm{C}_0+{}_n\mathrm{C}_1+{}_n\mathrm{C}_2+\cdots\cdots+{}_n\mathrm{C}_r+\cdots\cdots+{}_n\mathrm{C}_n=2^n}$　← 基本例題 **5** (2)(ア)

要素の個数が n である集合の部分集合の個数を，次の 2 通りの方法で考える。

［方法 1］ n 個の要素それぞれについて，部分集合に属する，属さないの 2 通りがあるから　2^n 個　← 重複順列を利用。

［方法 2］ 要素が 0 個の部分集合は　${}_n\mathrm{C}_0$ 個　← 組合せを利用。要素が k 個の部分集合ならば，n 個の要素から部分集合に属する k 個を選ぶと考える。
要素が 1 個の部分集合は　${}_n\mathrm{C}_1$ 個
要素が 2 個の部分集合は　${}_n\mathrm{C}_2$ 個
………
要素が n 個の部分集合は　${}_n\mathrm{C}_n$ 個
よって　${}_n\mathrm{C}_0+{}_n\mathrm{C}_1+{}_n\mathrm{C}_2+\cdots\cdots+{}_n\mathrm{C}_r+\cdots\cdots+{}_n\mathrm{C}_n$ 通り

［方法 1］と［方法 2］から　${}_n\mathrm{C}_0+{}_n\mathrm{C}_1+{}_n\mathrm{C}_2+\cdots\cdots+{}_n\mathrm{C}_r+\cdots\cdots+{}_n\mathrm{C}_n=2^n$

3 $\boldsymbol{{}_n\mathrm{C}_0{}^2+{}_n\mathrm{C}_1{}^2+\cdots\cdots+{}_n\mathrm{C}_n{}^2={}_{2n}\mathrm{C}_n}$　← EXERCISES 3 (1)（$p.23$）

男子 n 人，女子 n 人の合計 $2n$ 人の中から n 人の委員を選ぶ場合の数について考える。

［方法 1］ 男女合計 $2n$ 人の中から n 人の委員を選ぶから　${}_{2n}\mathrm{C}_n$ 通り

［方法 2］ 男子を 0 人，女子を n 人選ぶ方法は　${}_n\mathrm{C}_0\times{}_n\mathrm{C}_n={}_n\mathrm{C}_0{}^2$　← ${}_n\mathrm{C}_n={}_n\mathrm{C}_0$
男子を 1 人，女子を $n-1$ 人選ぶ方法は　${}_n\mathrm{C}_1\times{}_n\mathrm{C}_{n-1}={}_n\mathrm{C}_1{}^2$　← ${}_n\mathrm{C}_{n-1}={}_n\mathrm{C}_1$
男子を 2 人，女子を $n-2$ 人選ぶ方法は　${}_n\mathrm{C}_2\times{}_n\mathrm{C}_{n-2}={}_n\mathrm{C}_2{}^2$　← ${}_n\mathrm{C}_{n-2}={}_n\mathrm{C}_2$
………
男子を n 人，女子を 0 人選ぶ方法は　${}_n\mathrm{C}_n\times{}_n\mathrm{C}_0={}_n\mathrm{C}_n{}^2$　← ${}_n\mathrm{C}_0={}_n\mathrm{C}_n$
よって　${}_n\mathrm{C}_0{}^2+{}_n\mathrm{C}_1{}^2+\cdots\cdots+{}_n\mathrm{C}_n{}^2$ 通り

［方法 1］と［方法 2］から　${}_n\mathrm{C}_0{}^2+{}_n\mathrm{C}_1{}^2+\cdots\cdots+{}_n\mathrm{C}_n{}^2={}_{2n}\mathrm{C}_n$

なお，$p.23$ の EXERCISES 3 (2)　${}_n\mathrm{C}_1+2\,{}_n\mathrm{C}_2+3\,{}_n\mathrm{C}_3+\cdots\cdots+n\,{}_n\mathrm{C}_n=n\cdot 2^{n-1}$ $(n\geqq 2)$　も次の場合の数を 2 通りの方法で求めることで証明できる。各自取り組んでみてほしい。

n 人から委員を選び（委員は 1 人以上 n 人以下），委員の中から 1 人の委員長を選ぶ。

重要例題 6 n 桁の数の決定と二項定理

(1) 次の数の下位5桁を求めよ。

(ア) 101^{100}　　(イ) 99^{100}　　〔類 お茶の水大〕

(2) 29^{51} を900で割ったときの余りを求めよ。

基本 1

指針 (1) これらをまともに計算することは手計算ではほとんど不可能であり，また，それを要求されてもいない。そこで，次のように **二項定理を利用** すると，必要とされる下位5桁を求めることができる。

(ア) $101^{100}=(1+100)^{100}=(1+10^2)^{100}$ 　これを二項定理により展開し，各項に含まれる $\mathbf{10^n}$（n は自然数）**に着目** して，下位5桁に関係のある範囲を調べる。

(イ) $99^{100}=(-1+100)^{100}=(-1+10^2)^{100}$ として，(1)と同様に考える。

(2) **(割られる数)＝(割る数)×(商)＋(余り)** であるから，29^{51} を900で割ったときの商を M，余りを r とすると，等式 $29^{51}=900M+r$（M は整数，$0\leqq r<900$）が成り立つ。$29^{51}=(30-1)^{51}$ であるから，二項定理を利用して，$(30-1)^{51}$ を $\mathbf{900M+r}$ **の形に変形** すればよい。

解答

(1) (ア) $101^{100}=(1+100)^{100}=(1+10^2)^{100}$

$=1+{}_{100}C_1\times10^2+{}_{100}C_2\times10^4+10^6\times N$

$=1+10000+495\times10^5+10^6\times N$

（N は自然数）

この計算結果の下位5桁は，第3項，第4項を除いても変わらない。

よって，下位5桁は　**10001**

◀展開式の第4項以下をまとめて表した。$10^n\times N$（N, n は自然数，$n\geqq5$）の項は下位5桁の計算では影響がない。

(イ) $99^{100}=(-1+100)^{100}=(-1+10^2)^{100}$

$=1-{}_{100}C_1\times10^2+{}_{100}C_2\times10^4+10^6\times M$

$=1-10000+49500000+10^6\times M$

$=49490001+10^6\times M$（M は自然数）

この計算結果の下位5桁は，第2項を除いても変わらない。

よって，下位5桁は　**90001**

◀展開式の第4項以下をまとめた。なお，99^{100} は100桁を超える非常に大きい自然数である。

(2) $29^{51}=(30-1)^{51}$

$=30^{51}-{}_{51}C_1\times30^{50}+\cdots\cdots-{}_{51}C_{49}\times30^2+{}_{51}C_{50}\times30-1$

$=30^2(30^{49}-{}_{51}C_1\times30^{48}+\cdots\cdots-{}_{51}C_{49})+51\times30-1$

$=900(30^{49}-{}_{51}C_1\times30^{48}+\cdots\cdots-{}_{51}C_{49})+1529$

$=900(30^{49}-{}_{51}C_1\times30^{48}+\cdots\cdots-{}_{51}C_{49}+1)+629$

ここで，$30^{49}-{}_{51}C_1\times30^{48}+\cdots\cdots-{}_{51}C_{49}+1$ は整数であるから，29^{51} を900で割った余りは **629** である。

◀$900=30^2$

◀$(-1)^r$ は
r が奇数のとき　-1
r が偶数のとき　1

◀$1529=900+629$

練習 6 ④ (1) 101^{15} の百万の位の数は □ である。　〔南山大〕

(2) 21^{21} を400で割ったときの余りを求めよ。　〔類 中央大〕

重要例題 7 整数の問題への二項定理の利用

k を自然数とする。2^k を 7 で割った余りが 4 であるとき，k を 3 で割った余りは 2 であることを示せ。

重要 6

指針 $2^k=7l+4$（l は自然数）とおいてもうまくいかない。ここでは，

k が $3q$，$3q+1$，$3q+2$ ←― 3 で割った余りが 0，1，2

（q は k を 3 で割ったときの商）のいずれかで表されることに注目し，$k=3q+2$ の場合だけ 2^k を 7 で割った余りが 4 となることを示す方針で進める。

例えば，$k=3q$ のときは，$2^k=2^{3q}=8^q$ であり，$8^q=(7+1)^q$ として **二項定理** を利用すると，2^k を 7 で割ったときの余りを求めることができる。

解答

k を 3 で割った商を q とすると，k は $3q$，$3q+1$，$3q+2$ のいずれかで表される。 …… Ⓐ

[1] $k=3q$ のとき，$q \geqq 1$ であるから

$$2^k=2^{3q}=(2^3)^q=8^q=(7+1)^q$$
$$={}_q\mathrm{C}_0 7^q+{}_q\mathrm{C}_1 7^{q-1}+\cdots\cdots+{}_q\mathrm{C}_{q-1}\cdot 7+{}_q\mathrm{C}_q$$
$$=7(\underline{{}_q\mathrm{C}_0 7^{q-1}+{}_q\mathrm{C}_1 7^{q-2}+\cdots\cdots+{}_q\mathrm{C}_{q-1}})+1$$

よって，2^k を 7 で割った余りは 1 である。

[2] $k=3q+1$ のとき，$q \geqq 0$ であり

$q=0$ すなわち $k=1$ のとき　$2^k=2=7\cdot 0+2$

$q \geqq 1$ のとき

$$2^k=2^{3q+1}=2\cdot 2^{3q}=2\cdot 8^q=2(7+1)^q$$
$$=7\cdot 2({}_q\mathrm{C}_0 7^{q-1}+{}_q\mathrm{C}_1 7^{q-2}+\cdots\cdots+{}_q\mathrm{C}_{q-1})+2^{(*)}$$

よって，2^k を 7 で割った余りは 2 である。

[3] $k=3q+2$ のとき，$q \geqq 0$ であり

$q=0$ すなわち $k=2$ のとき　$2^k=2^2=4=7\cdot 0+4$

$q \geqq 1$ のとき　$2^k=2^{3q+2}=2^2\cdot 2^{3q}=4\cdot 8^q=4(7+1)^q$

$$=7\cdot 4({}_q\mathrm{C}_0 7^{q-1}+{}_q\mathrm{C}_1 7^{q-2}+\cdots+{}_q\mathrm{C}_{q-1})+4$$

よって，2^k を 7 で割った余りは 4 である。

◀3 で割った余りは 0 か 1 か 2 である。
◀$k=3$，6，9，……
◀二項定理
◀＿＿は整数で，$2^k=7\times$(整数)$+1$ の形。
◀$k=1$，4，7，……
◀二項定理を適用する式の指数は自然数でなければならないから，$q=0$ と $q \geqq 1$ で分けて考える。
$(*)$ は [1] の式を利用して導いている。
◀$k=2$，5，8，……
◀[1] の式を利用。

[1]～[3] から，2^k を 7 で割った余りが 4 であるのは，$k=3q+2$ のときだけである。
したがって，2^k を 7 で割った余りが 4 であるとき，k を 3 で割った余りは 2 である。

別解 **合同式** の利用。 ← 合同式については，チャート式基礎からの数学 I＋A $p.544$～参照。

Ⓐまでは同じ。$8-1=7\cdot 1$ であるから　$8\equiv 1 \pmod 7$

[1] $k=3q\ (q \geqq 1)$ のとき　$2^k\equiv 2^{3q}\equiv 8^q\equiv 1^q\equiv 1 \pmod 7$

[2] $k=3q+1\ (q \geqq 0)$ のとき　$q=0$ の場合　$2^k=2=7\cdot 0+2$

$q \geqq 1$ の場合　$2^k\equiv 2^{3q+1}\equiv 8^q\cdot 2\equiv 1^q\cdot 2\equiv 2$

[3] $k=3q+2\ (q \geqq 0)$ のとき　$q=0$ の場合　$2^k=4=7\cdot 0+4$

$q \geqq 1$ の場合　$2^k\equiv 2^{3q+2}\equiv 8^q\cdot 2^2\equiv 1^q\cdot 4\equiv 4$

以上から，2^k を 7 で割った余りが 4 であるとき，k を 3 で割った余りは 2 である。

◀自然数 n に対し $a\equiv b \pmod m$ のとき $a^n\equiv b^n \pmod m$

練習 ④ 7 正の整数 n で n^n+1 が 3 で割り切れるものをすべて求めよ。〔類 一橋大〕

p.23 EX5

EXERCISES

③1　(1)　$(x^3+1)^{10}$ の展開式における x^{15} の係数を求めよ。

(2)　$(1+x)(1-2x)^5$ を展開した式における x^2，x^4，x^6 の各項の係数の和を求めよ。

(3)　$(x^2+2\sqrt{2}\,x+3)^5$ を展開したとき，x^6 の係数を求めよ。

[(1) 近畿大，(2) 芝浦工大，(3) 大同大]

→1～3

③2　(1)　正の整数 n について，$\left(x+\dfrac{1}{x}\right)^n$ の展開式に定数項が含まれるための n の条件を求めよ。

(2)　$\left(x+1+\dfrac{1}{x}\right)^7$ の展開式における定数項を求めよ。　　［大分大］

→4

③3　(1)　$(1+x)^n(1+x)^n=(1+x)^{2n}$ の展開式を利用して，等式 ${}_n\mathrm{C}_0{}^2+{}_n\mathrm{C}_1{}^2+\cdots\cdots+{}_n\mathrm{C}_n{}^2={}_{2n}\mathrm{C}_n$ が成り立つことを証明せよ。

(2)　$n\geqq 2$ のとき，等式 ${}_n\mathrm{C}_1+2{}_n\mathrm{C}_2+3{}_n\mathrm{C}_3+\cdots\cdots+n{}_n\mathrm{C}_n=n\cdot 2^{n-1}$ が成り立つことを証明せよ。

(3)　$\left(2x-\dfrac{1}{x}\right)^5$ を展開したとき，すべての項の係数の和は □ である。　［(3) 近畿大］

→5

③4　$n\geqq 2$ のとき，不等式 $\left(1+\dfrac{1}{n}\right)^n>2$ が成り立つことを示せ。　→1

④5　(1)　整数 n，r が $n\geqq 2$，$1\leqq r\leqq n$ を満たすとする。このとき，$r\cdot{}_n\mathrm{C}_r=n\cdot{}_{n-1}\mathrm{C}_{r-1}$ が成り立つことを示せ。

(2)　p を素数とし，整数 r が $1\leqq r\leqq p-1$ を満たすとする。このとき，${}_p\mathrm{C}_r$ が p で割り切れることを示せ。

(3)　p を3以上の素数とする。2^p を p で割った余りが2であることを示せ。

(4)　p を5以上の素数とする。3^p を p で割った余りを求めよ。　［佐賀大］

→5～7

④6　$(x+5)^{80}$ を展開したとき，x の何乗の係数が最大になるか答えよ。　［弘前大］

→2

2　(2)　多項定理を利用してもよいが，(1)を利用する方が早い。

3　(1)　x^n の項の係数を比べる。${}_n\mathrm{C}_k={}_n\mathrm{C}_{n-k}$ を利用。

(2)　等式 $k{}_n\mathrm{C}_k=n{}_{n-1}\mathrm{C}_{k-1}$ が成り立つことを利用する。

(3)　まず，$\left(2x-\dfrac{1}{x}\right)^5$ の展開式の一般項に注目。

4　$\left(1+\dfrac{1}{n}\right)^n$ の展開式を考える。

5　(2)　p は素数であるから　$p\geqq 2$　(1)で示した等式を利用する。

(3)，(4)　$(1+x)^p$ の展開式を利用。(3)は $x=1$，(4)は $x=2$ とおく。

6　$a_k={}_{80}\mathrm{C}_{80-k}\times 5^{80-k}$ として，$\dfrac{a_{k+1}}{a_k}$ と1の大小を比べる。

2 多項式の割り算

基本事項

1 割り算について成り立つ等式

A と B が同じ1つの文字についての多項式で，$B \neq 0$ とするとき，次の等式を満たす多項式 Q と R が1通りに定まる。

$\boldsymbol{A=BQ+R}$　　ただし，**R は0か，B より次数の低い多項式**

この等式において，

多項式 Q を，A を B で割ったときの **商**，R を **余り**

という。

特に，$R=0$ すなわち $A=BQ$ のとき，A は B で **割り切れる** という。

2 多項式の割り算の注意点

多項式 A を多項式 B で割るとき

① A も B も **降べきの順に** 整理してから，割り算を行う。

② 余りが0になるか，余りの次数が **割る式 B の次数より低く** なるまで計算を続ける。

解　説

■ 多項式の割り算の計算方法

多項式を多項式で割る計算は，整数の割り算と同じような方法で行う。

例　$A=2x^3-3x^2+4$ を $B=x^2-3x+2$ で割った商 Q と余り R は，次のようにして求められる。なお，欠けている次数の項はあけておく。

$$
\begin{array}{rrl}
 & ①\rightarrow \quad \mathbf{2x+3} \quad \leftarrow ④ & \leftarrow Q \\
B\rightarrow \quad x^2-3x+2 & \big)\, 2x^3-3x^2 \qquad +4 & \leftarrow A \\
 & ②\rightarrow \quad 2x^3-6x^2+4x & \leftarrow B\times 2x=C \\
 & ③\rightarrow \quad 3x^2-4x+4 & \leftarrow A-C=D \\
 & ⑤\rightarrow \quad 3x^2-9x+6 & \leftarrow B\times 3=E \\
 & ⑥\rightarrow \quad \mathbf{5x-2} & \leftarrow D-E=R \quad \leftarrow ⑦
\end{array}
$$

[計算の手順]

① 割る式 B の最高次の項 x^2 で，割られる式 A の最高次の項 $2x^3$ を割って　$\mathbf{2x}$

② $B\times 2x$　すなわち　$(x^2-3x+2)\cdot 2x$　……　$\mathbf{2x^3-6x^2+4x}$ を書く。

③ $A=2x^3-3x^2+4$ から ② の $2x^3-6x^2+4x$ を引く　……　$\mathbf{3x^2-4x+4}$

④ ③ の $3x^2-4x+4$ の最高次の項 $3x^2$ を B の x^2 で割って　$\mathbf{+3}$

⑤ $B\times(+3)$　すなわち　$(x^2-3x+2)\cdot 3$　……　$\mathbf{3x^2-9x+6}$ を書く。

⑥ ③ の $3x^2-4x+4$ から ⑤ の $3x^2-9x+6$ を引く　……　$\mathbf{5x-2}$

⑦ ⑥ の $5x-2$ は B より次数が低いから，これ以上 B で割ることはできない。

よって　　**商 $\mathbf{2x+3}$，余り $\mathbf{5x-2}$**

多項式の除法で基本となるのは，割り算について成り立つ等式

$\boldsymbol{A=BQ+R}$　すなわち　(割られる式)=(割る式)×(商)+(余り)

の関係式である。

上の例では，$2x^3-3x^2+4=(x^2-3x+2)(2x+3)+5x-2$ が成り立つ。

基本 例題 8 多項式の割り算

(1) 次の多項式 A を多項式 B で割った商と余りを求めよ。

$$A=2x^3-5x^2-5,\ B=2x-1$$

(2) 次の式 A, B を x についての多項式とみて，A を B で割った商と余りを求めよ。

$$A=2x^3+10y^3-3xy^2,\ B=x+2y$$

p.24 基本事項 2　基本 59

指針 多項式の割り算では

① **1つの文字について降べきの順に整理**

② **余りが0になるか，余りの次数が割る式の次数より低くなるまで計算**

なお，計算の際には次のことに注意する。

欠けている次数の項はあけておく（同類項を上下にそろえて計算）

(2) y を定数と考えて，x について降べきの順に整理し，A を B で割る。

CHART 文字式は 降べきの順 に整理

解答

(1)

$$\begin{array}{r}
x^2-2x\ -1\\
2x-1\,\big)\,\overline{2x^3-5x^2\qquad\ -5}\\
\underline{2x^3-\ x^2\qquad\qquad}\\
-4x^2\qquad\quad\\
\underline{-4x^2+2x\qquad}\\
-2x-5\\
\underline{-2x+1}\\
-6
\end{array}$$

商　x^2-2x-1，余り　-6

下のように，係数だけ取り出して計算してもよい。

$$\begin{array}{r}
1\quad -2\quad -1\\
2\ \ -1\,\big)\,\overline{2\quad -5\quad\ \ 0\quad -5}\\
\underline{2\quad -1\qquad\qquad\quad}\\
-4\quad\ \ 0\qquad\quad\\
\underline{-4\quad\ \ 2\qquad\quad}\\
-2\quad -5\\
\underline{-2\quad\ \ 1}\\
-6
\end{array}$$

◀欠けている次数の項は0とする。

(2)

$$\begin{array}{r}
2x^2-4xy\ +5y^2\\
x+2y\,\big)\,\overline{2x^3\qquad\quad -3xy^2+10y^3}\\
\underline{2x^3+4x^2y\qquad\qquad\qquad}\\
-4x^2y-3xy^2\qquad\quad\\
\underline{-4x^2y-8xy^2\qquad\quad}\\
5xy^2+10y^3\\
\underline{5xy^2+10y^3}\\
0
\end{array}$$

商　$2x^2-4xy+5y^2$，余り　0

(2) y について整理すると　$10y^3-3xy^2+2x^3$

これを $2y+x$ で割っても，結果は同じである。

商　$5y^2-4xy+2x^2$，余り　0

ただし，余りが0にならないときは，着目する文字によって，商も余りも異なる場合がある（p.34 EXERCISES 7）。

練習 ② **8**

(1) 次の多項式 A を多項式 B で割った商と余りを求めよ。

(ア) $A=3x^2+5x+4$，$B=x+1$　　(イ) $A=2x^4-6x^3+5x-3$，$B=2x^2-3$

(2) 次の式 A, B を x についての多項式とみて，A を B で割った商と余りを求めよ。

$$A=3x^3+4y^3-11x^2y,\ B=3x-2y$$

p.34 EX 7

基本 例題 9 多項式の割り算と多項式の決定

①①①①①

(1) $2x^2-x-1$ で割ると，商が $4x+5$，余りが $-2x+1$ である多項式 A を求めよ。

(2) $x^4+3x^3+2x^2-1$ を多項式 B で割ると，商が x^2+1，余りが $-3x-2$ である。多項式 B を求めよ。

p.24 基本事項 1，2　基本 18

指針 (1)，(2) とも，次の割り算の基本等式を利用する。

$$\underset{\text{(割られる式)}}{A} = \underset{\text{(割る式)}}{B} \times \underset{\text{(商)}}{Q} + \underset{\text{(余り)}}{R}, \quad (R\text{の次数})<(B\text{の次数})$$

条件をこの等式に代入し，残りの式を求める。

(1) $A=\underset{\text{割る式}}{(2x^2-x-1)}\times\underset{\text{商}}{(4x+5)}\underset{\text{余り}}{-2x+1}$　この右辺を計算すればよい。

(2) $x^4+3x^3+2x^2-1=B\times(x^2+1)-3x-2$ を満たす B を求めればよい。
$A-R=BQ$ として，$B=(A-R)\div Q$ を計算する。

解答

(1) 条件から，次の等式が成り立つ。

$$A=(2x^2-x-1)\times(4x+5)-2x+1$$

ゆえに

$$\begin{aligned} \boldsymbol{A} &=(8x^3+10x^2-4x^2-5x-4x-5)-2x+1 \\ &=8x^3+6x^2-9x-5-2x+1 \\ &=\boldsymbol{8x^3+6x^2-11x-4} \end{aligned}$$

◀ $A=BQ+R$ に $B=2x^2-x-1$，$Q=4x+5$，$R=-2x+1$ を代入。

(2) 条件から，次の等式が成り立つ。

$$x^4+3x^3+2x^2-1=B\times(x^2+1)-3x-2$$

すなわち　$x^4+3x^3+2x^2+3x+1=B\times(x^2+1)$

よって，$x^4+3x^3+2x^2+3x+1$ は x^2+1 で割り切れて，その商が B である。

◀(2) 割る式，割られる式を取り違えないように注意。

◀余り $-3x-2$ を左辺に移項する。

$$\begin{array}{r@{}l} & x^2+3x+1 \\ x^2+1\,\big) & x^4+3x^3+2x^2+3x+1 \\ & x^4+x^2 \\ \hline & 3x^3+x^2+3x \\ & 3x^3+3x \\ \hline & x^2+1 \\ & x^2+1 \\ \hline & 0 \end{array}$$

◀欠けている次数の項に気をつけて計算する。

上の計算により　$\boldsymbol{B=x^2+3x+1}$

練習 ② 9

(1) $2x^2+x-2$ で割ると，商が $-3x+5$，余りが $-2x+4$ である多項式 A を求めよ。

(2) $3x^3-2x^2+1$ をある多項式 B で割ると，商が $x+1$，余りが $x-3$ であるという。多項式 B を求めよ。

［(2) 摂南大］

p.34 EX8

3 分数式とその計算

基本事項

1 分数式の基本性質

$C \neq 0,\ D \neq 0$ のとき $\dfrac{A}{B}=\dfrac{A\times C}{B\times C},\ \dfrac{A}{B}=\dfrac{A\div D}{B\div D}$

2 分数式の四則計算

① **乗法** $\dfrac{A}{B}\times\dfrac{C}{D}=\dfrac{AC}{BD}$

② **除法** $\dfrac{A}{B}\div\dfrac{C}{D}=\dfrac{A}{B}\times\dfrac{D}{C}=\dfrac{AD}{BC}$

③ **加法，減法**

$$\frac{A}{C}+\frac{B}{C}=\frac{A+B}{C},\quad \frac{A}{C}-\frac{B}{C}=\frac{A-B}{C}$$

解説

■分数式

A，B を多項式とするとき，$\dfrac{A}{B}$ の形に表され，しかも B に必ず文字を含む式を **分数式** といい，B をその **分母**，A をその **分子** という。
また，多項式と分数式を合わせて **有理式** という。

なお，$\dfrac{x+1}{2}$ は，分母，分子ともに多項式であるから，有理式であるが，分母には文字を含んでいないので，分数式ではない。

$\dfrac{x+1}{2}=\dfrac{1}{2}x+\dfrac{1}{2}$ であるから，$\dfrac{x+1}{2}$ は係数が分数の多項式である。

例 $\dfrac{x}{2y}$，$\dfrac{1}{x+2}$，$\dfrac{a+b}{a^2+ab+b^2}$ などは分数式である。

■分数式の約分

分数式の分母と分子を，その共通因数で割ることを **約分する** といい，それ以上約分できない分数式を **既約分数式** という。

例 $\dfrac{2x}{x^2+x}=\dfrac{2x}{x(x+1)}=\dfrac{2}{x+1}$

■分数式の通分

2つ以上の分数式の分母を，分数式の基本性質を用いて，同じ多項式にすることを **通分する** という。

■分数式の四則計算

分数式の四則計算は，分数の場合と同じように行う。

① **乗法** 分母どうし・分子どうしを掛ける。

② **除法** 割る式の **逆数**（割る式の分母と分子を入れ替えたもの）を掛ける。

③ **加法，減法**
通分することにより，分子の和・差の計算になる。なお，結果は約分して既約分数式または多項式の形にしておく。

◀分数の割り算
$\dfrac{2}{3}\div\dfrac{4}{5}\longrightarrow\dfrac{2}{3}\times\dfrac{5}{4}$
と同じ要領。

基本 例題 10 分数式の乗法，除法 ①①①①①

(1) 次の分数式を約分して，既約分数式にせよ。

(ア) $\dfrac{9ax^2y}{18a^3xy^2}$　　(イ) $\dfrac{x^2-4x+3}{2x^2-2x-12}$

(2) 次の計算をせよ。

(ア) $\dfrac{2xy}{3ab}\times\dfrac{9a^2b^3}{8x^3y}$　　(イ) $\dfrac{x^2+2x}{x^2+4x+3}\times\dfrac{x+3}{x^2+x-2}\div\dfrac{x+1}{x-1}$

p.27 基本事項 1，2

指針 (1) 分数式を既約分数式に直すには，分母と分子の共通因数で割ればよい。

(イ) **分母，分子を因数分解** し，共通因数を見つけることから始める。

(2) 分数式の乗法，除法は，分数の場合と同様に次のように行う。

乗法：分母どうし，分子どうしを掛ける。

$$\frac{A}{B}\times\frac{C}{D}=\frac{AC}{BD}$$

除法：割る式の逆数を掛ける。
└ 分母・分子を入れ替えたもの

$$\frac{A}{B}\div\frac{C}{D}=\frac{A}{B}\times\frac{D}{C}=\frac{AD}{BC}$$

なお，分数式の場合，まず，**分母，分子を因数分解** しておくとよい。

CHART 分数式の計算　まず分母，分子を因数分解

解答

(1) (ア) $\dfrac{9ax^2y}{18a^3xy^2}=\boldsymbol{\dfrac{x}{2a^2y}}$

(イ) $\dfrac{x^2-4x+3}{2x^2-2x-12}=\dfrac{(x-1)(x-3)}{2(x+2)(x-3)}=\boldsymbol{\dfrac{x-1}{2(x+2)}}$

(2) (ア) $\dfrac{2xy}{3ab}\times\dfrac{9a^2b^3}{8x^3y}=\dfrac{2xy\times9a^2b^3}{3ab\times8x^3y}=\boldsymbol{\dfrac{3ab^2}{4x^2}}$

(イ) $\dfrac{x^2+2x}{x^2+4x+3}\times\dfrac{x+3}{x^2+x-2}\div\dfrac{x+1}{x-1}$

$=\dfrac{x(x+2)}{(x+1)(x+3)}\times\dfrac{x+3}{(x-1)(x+2)}\times\dfrac{x-1}{x+1}$

$=\boldsymbol{\dfrac{x}{(x+1)^2}}$

◀ $\dfrac{9axy\cdot x}{9axy\cdot2a^2y}$

◀分母，分子を因数分解。

◀ $\dfrac{2xy\times9a^2b^3}{3ab\times8x^3y}$（約分：$3\,a\,b^2$ ／ $4\,x^2$）

◀ $\div\dfrac{x+1}{x-1}\longrightarrow\times\dfrac{x-1}{x+1}$
割り算 ⟶ 掛け算

練習 ① **10** (1) 次の分数式を約分して，既約分数式にせよ。

(ア) $\dfrac{4a^2bc^3}{12ab^3c}$　(イ) $\dfrac{a^4+a^3-2a^2}{a^2-4}$　(ウ) $\dfrac{x^4-y^4}{(x-y)(x^3+y^3)}$

(2) 次の計算をせよ。

(ア) $\dfrac{8x^3z}{9bc^3}\times\dfrac{27abc}{4xyz^2}$　(イ) $\dfrac{a+b}{a^2+b^2}\times\dfrac{a^3+ab^2}{a^2-b^2}$　(ウ) $\dfrac{x^2+5x+4}{x^2+2x}\div\dfrac{x+4}{x}\times\dfrac{1}{x+1}$

基本例題 11 分数式の加法，減法

次の計算をせよ。

(1) $\dfrac{x+1}{x^2+2x-3}-\dfrac{x}{x^2-9}$　　(2) $\dfrac{4}{x^2+4}-\dfrac{1}{x-2}+\dfrac{1}{x+2}$

p.27 基本事項 2

指針 **分母が異なる分数式の加法，減法** では，分母・分子に適切な多項式を掛けて，分母を同じにする（通分）。

$$\frac{A}{B}+\frac{C}{D}=\frac{AD}{BD}+\frac{BC}{BD}$$

(1) 各項の分母を因数分解して，通分する。

(2) そのまま左から順に計算してもよいが，3つ以上の分数式の加減では，分数式をうまく組み合わせると，計算が簡単になる場合がある。この問題では，

(与式)$=\dfrac{4}{x^2+4}-\left(\dfrac{1}{x-2}-\dfrac{1}{x+2}\right)$とみて，(　)の部分を先に計算するとよい。

解答

(1) $\dfrac{x+1}{x^2+2x-3}-\dfrac{x}{x^2-9}$

$=\dfrac{x+1}{(x-1)(x+3)}-\dfrac{x}{(x+3)(x-3)}$

$=\dfrac{(x+1)(x-3)}{(x-1)(x+3)(x-3)}-\dfrac{x(x-1)}{(x-1)(x+3)(x-3)}$

$=\dfrac{(x+1)(x-3)-x(x-1)}{(x-1)(x+3)(x-3)}$

$=\dfrac{-(x+3)}{(x-1)(x+3)(x-3)}$

$=-\dfrac{1}{(x-1)(x-3)}$

(2) $\dfrac{4}{x^2+4}-\dfrac{1}{x-2}+\dfrac{1}{x+2}=\dfrac{4}{x^2+4}-\left(\dfrac{1}{x-2}-\dfrac{1}{x+2}\right)$

$=\dfrac{4}{x^2+4}-\dfrac{(x+2)-(x-2)}{(x-2)(x+2)}$

$=\dfrac{4}{x^2+4}-\dfrac{4}{x^2-4}$

$=\dfrac{4\{x^2-4-(x^2+4)\}}{(x^2+4)(x^2-4)}$

$=\dfrac{4\cdot(-8)}{(x^2)^2-4^2}$

$=-\dfrac{32}{x^4-16}$

◀分母を因数分解（通分するための準備）。

◀$(x-1)(x+3)(x-3)$ が共通の分母。

◀約分を忘れないように。

◀左から順に計算した場合，最初の2項は
$\dfrac{4(x-2)-(x^2+4)}{(x^2+4)(x-2)}$
$=\dfrac{-x^2+4x-12}{(x^2+4)(x-2)}$
となり，後の計算が複雑になる。

◎ 多くの式の和・差　組み合わせに注意

練習 ② 11 次の計算をせよ。

(1) $\dfrac{2x+7}{x^2+6x+8}-\dfrac{x-4}{x^2-4}$　　(2) $\dfrac{a+b}{a-b}+\dfrac{a-b}{a+b}-\dfrac{2(a^2-b^2)}{a^2+b^2}$

p.34 EX9

基本例題 12 部分分数に分解して計算 ①①①①①

次の計算をせよ。

(1) $\dfrac{1}{b-a}\left(\dfrac{1}{x+a}-\dfrac{1}{x+b}\right)$

(2) $\dfrac{1}{(x+1)(x+3)}+\dfrac{1}{(x+3)(x+5)}+\dfrac{1}{(x+5)(x+7)}$

基本 11

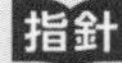

指針 (1) ( )の中を通分して計算する。この計算の結果は覚えておくとよい。

(2) 通分して計算することもできるが，(1)の結果を利用して，

1 つの分数式を 2 つの分数式に分解する

← 部分分数に分解する という。

と，計算がらくになる。

解答

(1) $\dfrac{1}{b-a}\left(\dfrac{1}{x+a}-\dfrac{1}{x+b}\right)=\dfrac{1}{b-a}\cdot\dfrac{(x+b)-(x+a)}{(x+a)(x+b)}$

$=\dfrac{1}{b-a}\cdot\dfrac{b-a}{(x+a)(x+b)}$

$=\boldsymbol{\dfrac{1}{(x+a)(x+b)}}$

◀まず，( ) 内を通分。

(2) $\dfrac{1}{(x+1)(x+3)}+\dfrac{1}{(x+3)(x+5)}+\dfrac{1}{(x+5)(x+7)}$

$=\dfrac{1}{2}\left(\dfrac{1}{x+1}-\dfrac{1}{x+3}\right)+\dfrac{1}{2}\left(\dfrac{1}{x+3}-\dfrac{1}{x+5}\right)$

$+\dfrac{1}{2}\left(\dfrac{1}{x+5}-\dfrac{1}{x+7}\right)$

$=\dfrac{1}{2}\left(\dfrac{1}{x+1}-\dfrac{1}{x+7}\right)=\dfrac{1}{2}\cdot\dfrac{x+7-(x+1)}{(x+1)(x+7)}$

$=\boldsymbol{\dfrac{3}{(x+1)(x+7)}}$

◀(1)の結果から $\dfrac{1}{(x+1)(x+3)}$ $=\dfrac{1}{3-1}\left(\dfrac{1}{x+1}-\dfrac{1}{x+3}\right)$ など。

検討

部分分数分解

分数式の **分子が定数，分母が 2 つの 1 次式の積，その差が一定** のときは，上の(1)の結果「$\boldsymbol{\dfrac{1}{(x+a)(x+b)}=\dfrac{1}{b-a}\left(\dfrac{1}{x+a}-\dfrac{1}{x+b}\right)}$ ただし，$a\neq b$」を利用して部分分数に分解すると，消える項が出てきて，計算がらくになる場合がある。この変形は，例題のような計算の他に，分数の数列の和（数学B），分数関数の積分（数学Ⅲ）で使われるから，しっかりマスターしておこう。

練習 ③ **12** 次の計算をせよ。

(1) $\dfrac{1}{(x-1)x}+\dfrac{1}{x(x+1)}+\dfrac{1}{(x+1)(x+2)}$

(2) $\dfrac{2}{(n-2)n}+\dfrac{2}{n(n+2)}+\dfrac{2}{(n+2)(n+4)}$

p.34 EX10

基本 例題 13 (分子の次数)<(分母の次数)にして計算

次の計算をせよ。

(1) $\dfrac{x^2+4x+5}{x+3}-\dfrac{x^2+5x+6}{x+4}$ (2) $\dfrac{x+4}{x+2}-\dfrac{x+5}{x+1}-\dfrac{x-5}{x-1}+\dfrac{x-4}{x-2}$

基本 11

指針 そのまま通分して計算すると，分子の次数が高くなって面倒である。
(分子 A の次数)≧(分母 B の次数) である分数式は，A を B で割ったときの商 Q と余り R を用いて，$\dfrac{A}{B}=Q+\dfrac{R}{B}$ [$A=BQ+R$ の両辺を B で割った式] の形に変形すると，分子の次数が分母の次数より低くなる。……★
このように変形しておくと計算がらくになる。

CHART 分数式の取り扱い (分子の次数)<(分母の次数) の形に

解答

(1) $\dfrac{x^2+4x+5}{x+3}-\dfrac{x^2+5x+6}{x+4}$

$=\dfrac{(x+3)(x+1)+2}{x+3}-\dfrac{(x+4)(x+1)+2}{x+4}$

$=\left(x+1+\dfrac{2}{x+3}\right)-\left(x+1+\dfrac{2}{x+4}\right)$

$=\dfrac{2}{x+3}-\dfrac{2}{x+4}=\dfrac{2\{(x+4)-(x+3)\}}{(x+3)(x+4)}$

$=\boldsymbol{\dfrac{2}{(x+3)(x+4)}}$

$$\begin{array}{r} x+1 \\ x+3\,\overline{)\,x^2+4x+5} \\ \underline{x^2+3x} \\ x+5 \\ \underline{x+3} \\ 2 \end{array} \qquad \begin{array}{r} x+1 \\ x+4\,\overline{)\,x^2+5x+6} \\ \underline{x^2+4x} \\ x+6 \\ \underline{x+4} \\ 2 \end{array}$$

◀指針____……★ の方針。分数式の分子の次数を下げてから計算する。

(2) $\dfrac{x+4}{x+2}-\dfrac{x+5}{x+1}-\dfrac{x-5}{x-1}+\dfrac{x-4}{x-2}$

$=\left(1+\dfrac{2}{x+2}\right)-\left(1+\dfrac{4}{x+1}\right)-\left(1-\dfrac{4}{x-1}\right)+\left(1-\dfrac{2}{x-2}\right)$

$=\dfrac{2}{x+2}-\dfrac{4}{x+1}+\dfrac{4}{x-1}-\dfrac{2}{x-2}$

$=2\left(\dfrac{1}{x+2}-\dfrac{1}{x-2}\right)-4\left(\dfrac{1}{x+1}-\dfrac{1}{x-1}\right)$

$=\dfrac{2\{(x-2)-(x+2)\}}{(x+2)(x-2)}-\dfrac{4\{(x-1)-(x+1)\}}{(x+1)(x-1)}$

$=\dfrac{-8}{(x+2)(x-2)}+\dfrac{8}{(x+1)(x-1)}$

$=\dfrac{8\{-(x+1)(x-1)+(x+2)(x-2)\}}{(x+2)(x-2)(x+1)(x-1)}$

$=\boldsymbol{-\dfrac{24}{(x+2)(x-2)(x+1)(x-1)}}$

◀次数がともに1なので，
$x+4=(x+2)+2$
$x+5=(x+1)+4$
$x-5=(x-1)-4$
$x-4=(x-2)-2$
と考える方がらく。

◀組み合わせ を工夫する。

◀(分子)
$=8\{-(x^2-1)+(x^2-4)\}$
$=8\cdot(-3)$

練習 ③ 13 次の計算をせよ。

(1) $\dfrac{x^2+2x+3}{x}-\dfrac{x^2+3x+5}{x+1}$ (2) $\dfrac{x+1}{x+2}-\dfrac{x+2}{x+3}-\dfrac{x+3}{x+4}+\dfrac{x+4}{x+5}$

基本例題 14 繁分数式の計算

次の式を簡単にせよ。

(1) $\dfrac{x-\dfrac{1}{x}}{\dfrac{2}{x+1}-\dfrac{1}{x}}$　　(2) $\dfrac{1}{1-\dfrac{1}{1-\dfrac{2}{2+a}}}$

基本 10

指針 A または B が分数式のとき，$\dfrac{A}{B}$ の形の式を **繁分数式** という。繁分数式を簡単にするには，次の方針で進めていけばよい。

$\dfrac{A}{B}=A\div B$ として計算　または　**$\dfrac{A}{B}=\dfrac{AC}{BC}$ として計算**

└ A，B に同じ式を掛ける

(2) 「$\dfrac{A}{B}=A\div B$ として計算」では複雑なので，「$\dfrac{A}{B}=\dfrac{AC}{BC}$ として計算」の方針でいく。下から順に計算していってもよい（(2)の 別解 参照）。

解答

(1) $\dfrac{2}{x+1}-\dfrac{1}{x}=\dfrac{2x-(x+1)}{x(x+1)}=\dfrac{x-1}{x(x+1)}$ であるから

(与式)$=\left(x-\dfrac{1}{x}\right)\div\left(\dfrac{2}{x+1}-\dfrac{1}{x}\right)=\dfrac{x^2-1}{x}\div\dfrac{x-1}{x(x+1)}$

$=\dfrac{(x+1)(x-1)}{x}\times\dfrac{x(x+1)}{x-1}=\boldsymbol{(x+1)^2}$

別解 分母・分子に $x(x+1)$ を掛けると

(与式)$=\dfrac{(x^2-1)(x+1)}{2x-(x+1)}=\dfrac{(x+1)^2(x-1)}{x-1}=\boldsymbol{(x+1)^2}$

◀$A\div B$ として計算。

◀$\div\dfrac{C}{D}$ は $\times\dfrac{D}{C}$ に。

◀$\dfrac{AC}{BC}$ として計算。

◀$\left(x-\dfrac{1}{x}\right)x=x^2-1$

(2) (与式)$\overset{1)}{=}\dfrac{1-\dfrac{2}{2+a}}{\left(1-\dfrac{2}{2+a}\right)-1}\overset{2)}{=}\dfrac{(2+a)-2}{(2+a-2)-(2+a)}=\boldsymbol{-\dfrac{a}{2}}$

別解 $\dfrac{1}{1-\dfrac{1}{1-\dfrac{2}{2+a}}}=\dfrac{1}{1-\dfrac{1}{\dfrac{a}{2+a}}}=\dfrac{1}{1-\dfrac{a+2}{a}}=\dfrac{1}{-\dfrac{2}{a}}=\boldsymbol{-\dfrac{a}{2}}$

1) 分母・分子に $1-\dfrac{2}{2+a}$ を掛ける。

2) 分母・分子に $2+a$ を掛ける。

練習 ③ 14 次の式を簡単にせよ。

(1) $\dfrac{x-1+\dfrac{2}{x+2}}{x+1-\dfrac{2}{x+2}}$　　(2) $\dfrac{\dfrac{1}{1-x}+\dfrac{1}{1+x}}{\dfrac{1}{1-x}-\dfrac{1}{1+x}}$　　(3) $\dfrac{1}{1+\dfrac{1}{1+\dfrac{1}{x+1}}}$

p.34 EX 11

参考事項　整式の最大公約数・最小公倍数

※整式（多項式）に関して，次のことが整数の場合と同様に成り立つ。高校数学の範囲外であるが，興味深い題材なので，参考事項として取り上げておく。なお，このページでは，多項式を整式と記している。

1.　最大公約数・最小公倍数

■整式 A が整式 B で割り切れるとき，整数と同様に，B を A の **約数**，A を B の **倍数** という。

■ 2 つ以上の整式に共通な約数をそれらの **公約数**，共通な倍数を **公倍数** という。

$$A = BQ$$

（B は A の約数，A は B の倍数）

■公約数のうち，次数の最も高いものを **最大公約数**（G.C.D. または G.C.M.）といい，公倍数のうち，次数の最も低いものを **最小公倍数**（L.C.M.）という。

G.C.D. は Greatest Common Divisor，G.C.M. は Greatest Common Measure，L.C.M. は Least Common Multiple の頭文字を並べたものである。

例　$x^3+3x^2+2x\ [=x(x+1)(x+2)]$ と $x^3+x^2\ [=x^2(x+1)]$ について

公約数は　1，x，$x+1$，$x(x+1)$ の 4 個ある。

そのうち，次数の最も高い $\boldsymbol{x(x+1)}$ **が最大公約数** である。

公倍数は　$x^2(x+1)(x+2)$，$x^3(x+1)(x+2)(x+3)$ など無数にある。

そのうち，次数の最も低い $\boldsymbol{x^2(x+1)(x+2)}$ **が最小公倍数** である。

2.　最大公約数・最小公倍数の求め方

整数では，例えば 45 と 105 について，右のように素因数分解を利用して，最大公約数と最小公倍数を求めることができる。

整式の場合も，これと同じように，因数分解を利用して，最大公約数と最小公倍数を求めることができる。

$45=3\times3\times5$
$105=3\times5\times7$
最大公約数　$3\times5=15$
最小公倍数　$3\times3\times5\times7=315$

$x^3+3x^2+2x=x\times(x+1)\times(x+2)$
$x^3+x^2=x\times x\times(x+1)$
最大公約数　$x\times(x+1)$
最小公倍数　$x\times x\times(x+1)\times(x+2)$

3.　最大公約数・最小公倍数の関係式

整式 A，B の最大公約数を G，最小公倍数を L とし，A，B を G で割ったときの商をそれぞれ A'，B' とすると，次のことが成り立つ。

① $\boldsymbol{A=GA'}$，$\boldsymbol{B=GB'}$

② $\boldsymbol{L=GA'B'}$

③ $\boldsymbol{LG=AB}$

$A=A'\times G$
$B=G\times B'$
$L=A'\times G\times B'$
$LG=\underbrace{A'\times G}_{A}\times\underbrace{B'\times G}_{B}$

例　上の **2.** の整式 $A=x(x+1)(x+2)$，$B=x^2(x+1)$ に対し

$G=x(x+1)$，$A'=x+2$，$B'=x$

であり，最小公倍数 L は

$L=x(x+1)\times(x+2)\times x=GA'B'$

②7　$4a^2+3ab+2b^2$ を $a+2b$ で割った商と余りを求めたい。
(1)　a の多項式とみて求めよ。　　(2)　b の多項式とみて求めよ。

→8

②8　(1)　x の多項式 x^3+4x^2+2x+k が $x+1$ で割り切れるとき，その商は x^2+ ア□ $x-1$ であり，$k=$ イ□ である。〔武蔵大〕
(2)　$f(x)=x^7+2x^6-2x^5-2x^4+x^3+x^2+2x+1$ に対して，$f(\sqrt{2}-1)$ はある整数になる。その整数を求めよ。〔東京電機大〕

→9

②9　次の計算をせよ。
(1)　$\dfrac{1}{x-1}-\dfrac{1}{x+1}-\dfrac{2}{x^2+1}-\dfrac{4}{x^4+1}$
(2)　$\dfrac{2}{1+2x}+\dfrac{2}{1-2x}+\dfrac{1}{(1+2x)(1+3x)}+\dfrac{1}{(1-2x)(1-3x)}$　〔(2) 大阪産大〕

→11

③10　次の計算をせよ。
(1)　$\dfrac{a^2}{(a-b)(a-c)}+\dfrac{b^2}{(b-c)(b-a)}+\dfrac{c^2}{(c-a)(c-b)}$
(2)　$\dfrac{b}{a(a+b)}+\dfrac{c}{(a+b)(a+b+c)}+\dfrac{d}{(a+b+c)(a+b+c+d)}+\dfrac{1}{a+b+c+d}$

→11, 12

③11　次の式を簡単にせよ。
(1)　$\dfrac{\dfrac{x^4-7x^2+12}{x^2-x-6}\times\dfrac{2x^2+7x+3}{2x+1}}{x^2+x-6}$
(2)　$\dfrac{3x-5}{1-\dfrac{1}{1-\dfrac{1}{x+1}}}-\dfrac{x(2x-3)}{1+\dfrac{1}{1-\dfrac{1}{x-1}}}$　〔武蔵大〕

→10, 14

HINT
7　1つの文字について降べきの順に整理する。
8　(1)　実際に割り算を行い，(余り)$=0$ とする。
(2)　$x=\sqrt{2}-1$ のとき，$(x+1)^2=(\sqrt{2})^2$ から　$x^2+2x-1=0$
これに注目し，$f(x)$ を x^2+2x-1 で割ったときの割り算の基本等式を利用する。
9　(1)　左から順に計算する。
(2)　分母の $1+2x$，$1-2x$ に注目して，式の組み合わせを考える。
10　(1)　$a-c=-(c-a)$，$b-a=-(a-b)$，$c-b=-(b-c)$ とみて通分する。
(2)　部分分数に分解する。
11　(1)　因数分解することにより，分子を約分して整理する。
(2)　下から順に計算していく方がらく。

4 恒　等　式

基本事項

1 恒等式

含まれている文字にどのような値を代入しても，その等式の両辺の値が存在する限り常に成り立つ等式を，その文字についての **恒等式** という。

2 恒等式の性質

P，Q が x についての多項式であるとき

① **$P=0$ が恒等式 $\Longleftrightarrow$ P の各項の係数はすべて 0 である。**

② **$P=Q$ が恒等式 $\Longleftrightarrow$ P と Q の次数は等しく，両辺の同じ次数の項の係数は，それぞれ等しい。**

3 x の恒等式に関する定理

一般に，P，Q が x についての n 次以下の多項式であるとき，等式 $P=Q$ が $n+1$ 個の異なる x の値に対して成り立つならば，この等式は x についての恒等式である。

解　説

■恒等式

展開や因数分解の公式，例えば，次の等式は恒等式である。

$(a+b)^2=a^2+2ab+b^2$，$a^3-b^3=(a-b)(a^2+ab+b^2)$，　◀ p.12 参照。

割り算の基本等式 $A=BQ+R$　◀ p.24 参照。

一般に，式の変形によって導かれる等式は恒等式である。　◀例えば，$\dfrac{1}{x-1}-\dfrac{1}{x+1}=\dfrac{2}{x^2-1}$

恒等式でない例としては「$x^2=x+2$」，「$2x+y=x+2y$」などがある。

「$x^2=x+2$」は特定の x の値 $(x=-1,\ 2)$ でしか成り立たないから，恒等式ではない。　◀ $x^2-x-2=0$ から $(x+1)(x-2)=0$

「$2x+y=x+2y$」を満たす x，y は無数にあるが，$(x,\ y)=(1,\ 0)$ のとき成り立たないから，恒等式ではない。　◀ 2 文字の恒等式は p.40 参照。

■ x の恒等式に関する定理　($n=2$ の場合の証明)

$ax^2+bx+c=0$ (a，b，c は定数) が異なる 3 つの値 $x=p$，q，r で成り立つとすると

$ap^2+bp+c=0$ …… ①，$aq^2+bq+c=0$ …… ②，$ar^2+br+c=0$ …… ③

①−② から　$(p-q)\{a(p+q)+b\}=0$

$p\neq q$ であるから　$a(p+q)+b=0$ …… ④　◀ $p-q\ (\neq 0)$ で割る。

①−③ から　$(p-r)\{a(p+r)+b\}=0$

$p\neq r$ であるから　$a(p+r)+b=0$ …… ⑤　◀ $p-r\ (\neq 0)$ で割る。

④−⑤ から　$a(q-r)=0$

$q\neq r$ であるから　$a=0$　◀ $q-r\ (\neq 0)$ で割る。

$a=0$ を ④ に代入して　$b=0$　　$a=b=0$ を ① に代入して　$c=0$

このことから，次のような同値関係が成り立つ。

$ax^2+bx+c=a'x^2+b'x+c'$ が異なる 3 個の x の値に対して成り立つ

$\Longleftrightarrow (a-a')x^2+(b-b')x+(c-c')=0$ が異なる 3 個の x の値に対して成り立つ

$\Longleftrightarrow a-a'=0,\ b-b'=0,\ c-c'=0 \Longleftrightarrow$ **$a=a'$，$b=b'$，$c=c'$**

基本 例題 15 未定係数の決定 (1) [係数比較法]

①①①①①

次の等式が x についての恒等式となるように，定数 a，b，c，d の値を定めよ。

$$-2x^3+8x^2+ax+b+10=(2x^2+3)(cx+d)$$

p.35 基本事項 2　重要 21

指針 恒等式の未知の係数（**未定係数**）を決定するには，恒等式の性質を利用した 2 通りの方法がある。

1 **両辺の同じ次数の項の係数が等しい。** ⟶ 係数比較法

2 **x にどんな値を代入しても成り立つ**（恒等式の定義）。⟶ 数値代入法

ここでは，1 **係数比較法** で a，b，c，d の値を定めてみよう。

解答

与式の右辺を展開して整理すると

$$-2x^3+8x^2+ax+b+10=2cx^3+2dx^2+3cx+3d$$

両辺の同じ次数の項の係数を比較して

$$-2=2c,\ 8=2d,\ a=3c,\ b+10=3d$$

この連立方程式を解いて

$$\boldsymbol{a=-3,\ b=2,\ c=-1,\ d=4}$$

◀降べきの順に整理。
◀両辺の同じ次数の項の係数は等しい。
◀まず，第 1 式，第 2 式を解いて，c，d を求める。

検討

係数比較法

係数比較法は，恒等式の性質（p.35 基本事項 2 ①：各項の係数はすべて 0）が根拠となる。
これを P が x の 3 次式の場合，$ax^3+bx^2+cx+d=0$ …… Ⓐ について証明してみよう。

証明　$ax^3+bx^2+cx+d=0$ …… Ⓐ が x についての恒等式とする。

$x=0$，1，-1，2 で等式が成り立つから
$x=0$ のとき $d=0$ …… ①
$x=1$ のとき $a+b+c+d=0$
$x=-1$ のとき $-a+b-c+d=0$
$x=2$ のとき $8a+4b+2c+d=0$
① から $a+b+c=0$ …… ②
$-a+b-c=0$ …… ③
$8a+4b+2c=0$ …… ④

②+③ から $2b=0$ ゆえに $b=0$
このとき，②，④ から
$a+c=0$，$8a+2c=0$
これを解いて $a=c=0$
よって $a=b=c=d=0$ …… Ⓑ
逆に，Ⓑ が成り立てば明らかに Ⓐ は
$0\cdot x^3+0\cdot x^2+0\cdot x+0=0$ となり，これは
x についての恒等式である。

すなわち　**$ax^3+bx^2+cx+d=0$ が x についての恒等式 ⟺ $a=b=c=d=0$**
$ax^3+bx^2+cx+d=a'x^3+b'x^2+c'x+d'$ が x についての恒等式
⟺ $(a-a')x^3+(b-b')x^2+(c-c')x+(d-d')=0$ が x についての恒等式

よって，その各項の係数はすべて 0 であるから　$a=a'$，$b=b'$，$c=c'$，$d=d'$
なお，上の証明では，次のように，2 つの部分を示していることに注意する。
Ⓐ が恒等式 ⟹ $x=0$，1，-1，2 で成立 ⟹ $a=b=c=d=0$（**必要条件**）
$a=b=c=d=0$ ⟹ Ⓐ が恒等式（**十分条件**）

練習 ② 15 次の等式が x についての恒等式となるように，定数 a，b，c，d の値を定めよ。

$$ax^3+25x^2+bx+6=(x+3)(cx+1)(3x+d)$$

p.49 EX12

基本例題 16 未定係数の決定 (2) [数値代入法]

次の等式が x についての恒等式となるように，定数 a，b，c の値を定めよ。

$$ax(x+1)+bx(x-3)-c(x-3)(x+1)=6x^2+7x+21$$

〔京都産大〕

p.35 基本事項 1

指針 係数比較法でもできるが，等式の形から，**数値代入法** を利用する。
恒等式は x にどんな値を代入しても成り立つから，a，b，c の値が求めやすい x の値を代入する。……★
ただし，3つの x の値の代入で a，b，c の値は求められる(**必要条件**)が，この3つの x の値以外でも成り立つかどうかは不明。よって，恒等式であることを確認する(**十分条件**)。数値代入法を利用するときは，この点に注意すること。

CHART 恒等式 1 展開して係数を比較　2 適当な数値を代入
代入法では，逆の確認か，(次数+1) 個の値での成立を述べる

解答

この等式が恒等式ならば，$x=-1$，0，3 を代入しても成り立つ。

$x=-1$ を代入すると　$4b=20$
$x=0$ を代入すると　$3c=21$
$x=3$ を代入すると　$12a=96$

したがって　$b=5$，$c=7$，$a=8$ …… ①

このとき　(左辺)$=8x(x+1)+5x(x-3)-7(x-3)(x+1)$
$=8(x^2+x)+5(x^2-3x)-7(x^2-2x-3)$
$=6x^2+7x+21$

ゆえに，与式は恒等式である。

よって　**$a=8$，$b=5$，$c=7$**

◀指針____……★ の方針。
代入する数値は0となる項が出るように選ぶ。つまり，$x(x+1)=0$，$x(x-3)=0$，$(x-3)(x+1)=0$ となる x の値を代入。

◀**逆の確認**
すべての x で等式が成り立つこと，つまり，恒等式であることを確かめる。

検討 *p.*35 の基本事項 3 の定理の利用

「P，Q が x についての n 次以下の多項式であるとき，等式 $P=Q$ が $n+1$ 個の異なる x の値に対して成り立つならば，この等式は x についての恒等式である。」

から，3つの x の値に対して成り立つ a，b，c (① のこと) が求める値であることを示してもよい。ただし，その場合，定理が使える条件を以下のように，きちんと述べなければいけない (① の後に述べる)。

「このとき，等式の両辺は x の2次以下の多項式であり，① の a，b，c の値のとき，異なる3個の x の値に対して等式が成り立つから，この等式は x についての恒等式である。
よって　$a=8$，$b=5$，$c=7$」

練習 ② **16** 次の等式が x についての恒等式となるように，定数 a，b，c の値を定めよ。

(1) $a(x-1)^2+b(x-1)+c=x^2+1$ 〔西日本工大〕

(2) $4x^2-13x+13=a(x^2-1)+b(x+1)(x-2)+c(x-2)(x-1)$

基本例題 17 分数式の恒等式

次の等式が x についての恒等式となるように，定数 a，b，c の値を定めよ。

$$\frac{-2x^2+6}{(x+1)(x-1)^2}=\frac{a}{x+1}-\frac{b}{x-1}+\frac{c}{(x-1)^2}$$

基本 15，16

指針 分数式でも，分母を0とする x の値（本問では -1，1）を除いて，すべての x について成り立つのが恒等式である。与式の右辺を通分して整理すると

$$\frac{-2x^2+6}{(x+1)(x-1)^2}=\frac{a(x-1)^2-b(x+1)(x-1)+c(x+1)}{(x+1)(x-1)^2}$$

両辺の分母が一致しているから，分子も等しくなるように，係数比較法または数値代入法で a，b，c の値を定める。このとき，**分母を払った** 多項式を考えるから，**分母を0にする値 $x=-1$，1も代入してよい**（下の 検討 参照）。

解答

両辺に $(x+1)(x-1)^2$ を掛けて得られる等式

$-2x^2+6=a(x-1)^2-b(x+1)(x-1)+c(x+1)$ …… ①

も x についての恒等式である。

◀(分母)$\neq 0$ から $(x+1)(x-1)^2\neq 0$

解答 1. (右辺)$=a(x^2-2x+1)-b(x^2-1)+cx+c$

$=(a-b)x^2+(-2a+c)x+a+b+c$

◀係数比較法による解答。

よって　$-2x^2+6=(a-b)x^2+(-2a+c)x+a+b+c$

両辺の同じ次数の項の係数は等しいから

$a-b=-2$，$-2a+c=0$，$a+b+c=6$

◀「両辺の係数を比較して」と書いてもよい。

この連立方程式を解いて

$\boldsymbol{a=1}$，$\boldsymbol{b=3}$，$\boldsymbol{c=2}$

解答 2. ① の両辺に $x=-1$，0，1を代入すると，それぞれ

$4=4a$，$6=a+b+c$，$4=2c$

◀数値代入法による解答。

この連立方程式を解いて

$a=1$，$b=3$，$c=2$

このとき，① の両辺は2次以下の多項式であり，異なる3個の x の値に対して成り立つから，① は x についての恒等式である。

したがって　$\boldsymbol{a=1}$，$\boldsymbol{b=3}$，$\boldsymbol{c=2}$

◀求めた a，b，c の値を ① の右辺に代入し，展開したものが ① の左辺と一致することを確かめてもよい。

検討 **分母を0にする値の代入**

分母を0にする値 $x=-1$，1を代入してよいかどうかが気になるところであるが，これは問題ない。なぜなら，値を代入した式 ① は，$x=-1$，1でも成り立つ多項式の等式だからである。

すなわち，**x にどんな値を代入してもよい。**

そして，この等式が恒等式となるように係数を定めれば，両辺を $(x+1)(x-1)^2$ で割って得られる分数式も恒等式である。ただし，これは $x=-1$，1を除いて成り立つ。

練習 ② 17 等式 $\dfrac{1}{(x+1)(x+2)(x+3)}=\dfrac{a}{x+1}+\dfrac{b}{x+2}+\dfrac{c}{x+3}$ が x についての恒等式となるように，定数 a，b，c の値を定めよ。〔類 静岡理工科大〕

p.49 EX 13

基本例題 18 割り算と恒等式

x の多項式 x^3+ax^2+3x+5 を多項式 x^2-x+2 で割ると，商が $bx+1$，余りが R であった。このとき，定数 a，b の値と R を求めよ。ただし，R は x の多項式または定数であるとする。

基本 9，15

指針 割り算の基本等式 $A=BQ+R$ が恒等式であることを利用する。
割る式 $B=x^2-x+2$ **が x の2次式であるから，余り R は1次式または定数**
したがって，$R=cx+d$ とおくことができる。
恒等式 $x^3+ax^2+3x+5=(x^2-x+2)(bx+1)+cx+d$ において，両辺は x の3次式で，未定係数は a，b，c，d の4個であるから，右辺を x について整理して，係数比較法を用いる。
また，別解 のように，直接割り算を実行してもよい。

CHART 割り算の問題 $A=BQ+R$ が恒等式

解答

2次式 x^2-x+2 で割ったときの余り R を $R=cx+d$ とおくと，条件から，次の等式が成り立つ。

$$x^3+ax^2+3x+5=(x^2-x+2)(bx+1)+cx+d$$

この等式は x についての恒等式である。
右辺を x について整理すると

$$x^3+ax^2+3x+5=bx^3+(-b+1)x^2+(2b+c-1)x+2+d$$

両辺の同じ次数の項の係数は等しいから

$$1=b,\ a=-b+1,\ 3=2b+c-1,\ 5=2+d$$

この連立方程式を解いて

$$a=0,\ b=1,\ c=2,\ d=3$$

したがって　$\boldsymbol{a=0,\ b=1,\ R=2x+3}$

◀(R の次数)<(B の次数)
つまり，R は1次式または定数である。
$c\neq0$ なら　1次式
$c=0$ なら　定数
となる。

◀係数比較法。

別解 x^3+ax^2+3x+5 を x^2-x+2 で割ったときの商と余りは，右の計算により
商 $x+a+1$，
余り $(a+2)x-2a+3$

$$\begin{array}{r} x+a+1 \\ x^2-x+2\,\big)\,\overline{x^3+ax^2+3x\qquad+5} \\ \underline{x^3-\ x^2+2x\qquad\qquad} \\ (a+1)x^2+\ x\qquad+5 \\ \underline{(a+1)x^2-(a+1)x+2(a+1)} \\ (a+2)x-2a+3 \end{array}$$

ゆえに，$bx+1=x+a+1$ が x についての恒等式であるから　$b=1$，$1=a+1$
よって　$\boldsymbol{a=0,\ b=1}$
$(a+2)x-2a+3$ に $a=0$ を代入して　$\boldsymbol{R=2x+3}$

◀係数比較法。

練習 ③ 18
(1) x の多項式 $2x^3+ax^2+x+1$ を多項式 x^2+x+1 で割ると，商が $bx-1$，余りが R であった。このとき，定数 a，b の値と R を求めよ。ただし，R は x の多項式または定数であるとする。
(2) x の多項式 x^3-x^2+ax+b が多項式 x^2+x+1 で割り切れて，商が x の多項式 Q であるという。このとき，定数 a，b の値と Q を求めよ。　[(2) 類 京都産大]

基本例題 19 2つの文字に関する恒等式 ①①①①①

次の等式が x, y についての恒等式となるように，定数 a, b, c の値を定めよ。

$$x^2+xy-12y^2-3x+23y+a=(x-3y+b)(x+4y+c)$$ 〔神戸国際大〕

基本 15

指針 **2つの文字 x, y の恒等式** であっても，x だけの場合と同様に考えればよい。

1 **係数比較法** ⟶ 両辺を整理して，**同類項の係数が等しい** とおく。

2 **数値代入法** ⟶ $(x,\ y)=(0,\ 0)$, $(1,\ 0)$, $(0,\ 1)$ などを代入して，a, b, c の値を求める。ただし，求めた後に，与式が恒等式であることを確認する。

解答

右辺を展開して整理すると

$$x^2+xy-12y^2-3x+23y+a$$
$$=x^2+xy-12y^2+(b+c)x+(4b-3c)y+bc$$

これが x, y についての恒等式であるための条件は，両辺の同類項の係数が等しいことであるから

$b+c=-3$ …… ①，$4b-3c=23$ …… ②，$a=bc$ …… ③

①，② から　$b=2$, $c=-5$

このとき，③ から　$a=2\cdot(-5)=-10$

したがって　$\boldsymbol{a=-10,\ b=2,\ c=-5}$

別解　等式が恒等式ならば，$(x,\ y)=(0,\ 0)$, $(1,\ 0)$, $(0,\ 1)$ を代入しても成り立つ。

$(x,\ y)=(0,\ 0)$ を代入すると　$a=bc$ …… ①

$(x,\ y)=(1,\ 0)$ を代入すると　$-2+a=(b+1)(c+1)$ … ②

$(x,\ y)=(0,\ 1)$ を代入すると　$11+a=(b-3)(c+4)$ … ③

②，③ に ① を代入して整理すると　$b+c=-3$, $4b-3c=23$

これを解いて　$b=2$, $c=-5$　よって，① から　$a=-10$

逆に，このとき　(左辺)$=x^2+xy-12y^2-3x+23y-10$

(右辺)$=(x-3y+2)(x+4y-5)$
$=x^2+xy-12y^2-3x+23y-10$

ゆえに，与式は恒等式である。よって　$\boldsymbol{a=-10,\ b=2,\ c=-5}$

◀1 係数比較法。

◀係数比較してよい理由については，検討 を参照。

◀まず，求めやすい b と c を求める。

◀2 数値代入法。未定係数は a, b, c の3個であるから，代入する値の組 $(x,\ y)$ も3個必要である。

◀**逆の確認**。つまり，恒等式であることを確かめる。

検討

係数比較をしてよい理由

$ax^2+bxy+cy^2+dx+ey+f=0$ …… Ⓐ が x, y についての恒等式であるとする。このとき，$a=b=c=d=e=f=0$ であることを確かめてみよう。

Ⓐ の左辺を x について整理すると　$ax^2+(by+d)x+(cy^2+ey+f)=0$

これが **x についての恒等式** であるから　$a=0$, $by+d=0$, $cy^2+ey+f=0$

これらがまた **y についての恒等式** であるから　$b=d=0$, $c=e=f=0$

よって，$a=b=c=d=e=f=0$ が得られる。

このことから，整理すると Ⓐ の形になる等式が多項式であれば，両辺の同類項の係数が等しいことがいえる。

練習 ③ 19　次の等式が x, y についての恒等式となるように，定数 a, b, c の値を定めよ。

$$6x^2+17xy+12y^2-11x-17y-7=(ax+3y+b)(cx+4y-7)$$

基本例題 20 条件式がある恒等式

$x+y-z=0$，$2x-2y+z+1=0$ を満たす x，y，z のすべての値に対して $ax^2+by^2+cz^2=1$ が成り立つという。〔類 東京薬大〕

(1) y，z を x の式で表せ。

(2) 定数 a，b，c の値を求めよ。

基本 15

指針 「すべての実数 x，y，z に対して成り立つ」とあるとき，x，y，z の間に関係がないなら x，y，z の3文字の恒等式。しかし，問題の x，y，z の間には次の関係がある。

$x+y-z=0$ …… ①　　$2x-2y+z+1=0$ …… ②

例えば，x の値を1つ定めると，①，② から，y，z の値が定まる。したがって，次の解答のように，**x だけの恒等式に直して考える。**

CHART 条件式　文字を減らす方針で，計算しやすいように

解答

(1) $x+y-z=0$ … ①，$2x-2y+z+1=0$ … ② とする。

①＋② から　$3x-y+1=0$

したがって　$\boldsymbol{y=3x+1}$

①×2＋② から　$4x-z+1=0$

したがって　$\boldsymbol{z=4x+1}$

(2) (1)の結果を $ax^2+by^2+cz^2=1$ に代入すると

$$ax^2+b(3x+1)^2+c(4x+1)^2=1$$

展開して x について整理すると

$$(a+9b+16c)x^2+(6b+8c)x+b+c-1=0$$

これが x についての恒等式であるから

$$a+9b+16c=0,\ 6b+8c=0,\ b+c-1=0$$

この連立方程式を解いて

$$\boldsymbol{a=12,\ b=4,\ c=-3}$$

x，z を y，または x，y を z で表すこともできる。ただし，その場合 $x=\dfrac{y-1}{3}$，$x=\dfrac{z-1}{4}$ のように，分数が出てきて計算が煩雑になる。

◀係数比較法。

◀まず，第2式，第3式を解いて，b，c を求める。

検討

条件式が与えられた場合

上の指針の等式 ①，② は，x，y，z の満たす **条件式** である。つまり，x，y，z は自由に動けるのではなく，①，② の条件のもとで動く。①，② から

$y=3x+1$，$z=4x+1$ …… ③

とすると，x は自由に動けて，x の値を1つ定めると，y，z の値は自動的に定まる。そこで，③ を用いて y，z を消去(文字を減らす)すると，x の恒等式となる。

練習 ③ 20 x，y，z に対して，$x-2y+z=4$ および $2x+y-3z=-7$ を満たすとき，$ax^2+2by^2+3cz^2=18$ が成立する。このとき，定数 a，b，c の値を求めよ。〔西南学院大〕

p.49 EX14

重要例題 21 等式を満たす多項式の決定 ④

多項式 $f(x)$ はすべての実数 x について $f(x+1)-f(x)=2x$ を満たし，$f(0)=1$ であるという。このとき，$f(x)$ を求めよ。

〔一橋大〕

基本 15

指針 例えば，$f(x)$ が 2 次式とわかっていれば，$f(x)=ax^2+bx+c$ とおいて進めることができるが，この問題では $f(x)$ が何次式か不明である。
⟶ $f(x)$ は n 次式であるとして，$f(x)=ax^n+bx^{n-1}+\cdots\cdots$ $(a\neq0,\ n\geqq1)$ とおいて進める。$f(x+1)-f(x)$ の **最高次の項はどうなるかを調べ，右辺 $2x$ と比較** することで次数 n と係数 a を求める。
なお，$f(x)=$(定数) の場合は別に考えておく。

解答

$f(x)=c$ （c は定数）とすると，$f(0)=1$ から　$f(x)=1$
これは $f(x+1)-f(x)=2x$ を満たさないから，不適。
よって，$f(x)=ax^n+bx^{n-1}+\cdots\cdots$ $(a\neq0,\ n\geqq1)^{(*)}$ とすると

$$f(x+1)-f(x)$$
$$=\underline{a(x+1)^n+b(x+1)^{n-1}+\cdots\cdots-(ax^n+bx^{n-1}+\cdots\cdots)}$$
$$=anx^{n-1}+g(x)$$

ただし，$g(x)$ は多項式で，次数は $n-1$ より小さい。
$f(x+1)-f(x)=2x$ は x についての恒等式であるから，最高次の項を比較して

$$n-1=1\ \cdots\cdots①,\quad an=2\ \cdots\cdots②$$

① から　$n=2$
ゆえに，② から　$a=1$
このとき，$f(x)=x^2+bx+c$ と表される。
$f(0)=1$ から　$c=1$
また　$f(x+1)-f(x)=(x+1)^2+b(x+1)+c-(x^2+bx+c)$
$=2x+b+1$
よって　$2x+b+1=2x$
この等式は x についての恒等式であるから　$b+1=0$
すなわち　$b=-1$
したがって　$\boldsymbol{f(x)=x^2-x+1}$

◀この場合は，$(*)$ に含まれないため，別に考えている。

◀$(x+1)^n=x^n+{}_nC_1x^{n-1}+{}_nC_2x^{n-2}+\cdots$
___ のうち，$a(x+1)^n-ax^n$ の最高次の項は anx^{n-1} で，残りの項は $n-2$ 次以下となる。

◀anx^{n-1} と $2x$ の **次数と係数を比較**。

◀$c=1$ としてもよいが，結果は同じ。

◀係数比較法。

POINT 次数が不明の多項式は，n 次と仮定して進めるのも有効

練習 ④ 21 $f(x)$ は最高次の係数が 1 である多項式であり，正の定数 a，b に対し，常に $f(x^2)=\{f(x)-ax-b\}(x^2-x+2)$ が成り立っている。このとき，$f(x)$ の次数および a，b の値を求めよ。

5 等式の証明

基本事項

1 恒等式 $A=B$ の証明

1 A か B の一方を変形して，他方を導く。[複雑な方の式を変形]

2 A, B をそれぞれ変形して，同じ式を導く。[$A=C$, $B=C \Longrightarrow A=B$]

3 $A-B=0$ であることを示す。[$A=B \Leftrightarrow A-B=0$]

2 条件つきの等式の証明

与えられた条件式を変形して，証明すべき等式に代入し，文字を減らして証明する。

3 比例式が条件式のときの等式の証明

例えば，条件式として，比例式 $\dfrac{a}{b}=\dfrac{c}{d}$ などが与えられた等式の証明においては，

$\dfrac{a}{b}=\dfrac{c}{d}=\boldsymbol{k}$ などとおき，$a=bk$, $c=dk$ と変形すると，文字を減らすことができるうえに，計算が容易になる。

解説

例 1. 等式 $(a^2+b^2)(c^2+d^2)=(ac+bd)^2+(ad-bc)^2$ の証明

上の **1** 1 の方針による証明

$$(ac+bd)^2+(ad-bc)^2=a^2c^2+2acbd+b^2d^2+a^2d^2-2adbc+b^2c^2$$
$$=a^2(c^2+d^2)+b^2(c^2+d^2)=(a^2+b^2)(c^2+d^2)$$

◀複雑な右辺を変形する。

1 2 の方針による証明

$$(a^2+b^2)(c^2+d^2)=a^2c^2+a^2d^2+b^2c^2+b^2d^2$$

◀左辺を変形。

$$(ac+bd)^2+(ad-bc)^2=a^2c^2+2acbd+b^2d^2+(a^2d^2-2adbc+b^2c^2)$$

◀右辺を変形。

$$=a^2c^2+b^2d^2+a^2d^2+b^2c^2$$

◀同じ式が導かれた。

ゆえに　$(a^2+b^2)(c^2+d^2)=(ac+bd)^2+(ad-bc)^2$

■比例式

比 $a:b$ に対して $\dfrac{a}{b}$ の値を **比の値** といい，$\dfrac{a}{b}=\dfrac{c}{d}$ のような，比の値が等しいことを示す式を **比例式** という。

また，3つ以上の比，例えば $a:b:c$ を a, b, c の **連比**（れんぴ） という。

◀$a:b:c=3:2:5$ を $\dfrac{a}{3}=\dfrac{b}{2}=\dfrac{c}{5}$ と書く。

例 2. $\dfrac{a}{b}=\dfrac{c}{d}$ のとき，$\dfrac{a^2+c^2}{b^2+d^2}=\dfrac{a^2-c^2}{b^2-d^2}$ が成り立つことの証明

$\dfrac{a}{b}=\dfrac{c}{d}=k$ とおくと　$a=bk$, $c=dk$

◀**1** 2の方針による証明。

よって　$$\frac{a^2+c^2}{b^2+d^2}=\frac{b^2k^2+d^2k^2}{b^2+d^2}=\frac{k^2(b^2+d^2)}{b^2+d^2}=k^2$$

$$\frac{a^2-c^2}{b^2-d^2}=\frac{b^2k^2-d^2k^2}{b^2-d^2}=\frac{k^2(b^2-d^2)}{b^2-d^2}=k^2$$

ゆえに　$$\frac{a^2+c^2}{b^2+d^2}=\frac{a^2-c^2}{b^2-d^2}$$

基本例題 22 等式の証明

次の等式を証明せよ。

(1) $a^5-b^5=(a-b)(a^4+a^3b+a^2b^2+ab^3+b^4)$

(2) $(a-b)^2+(b-c)^2+(c-a)^2=2(a+b+c)^2-6(ab+bc+ca)$

p.43 基本事項 1

指針 **恒等式 $A=B$ の証明** は，次のいずれかを利用する。

1 **A か B の一方を変形して，他方を導く。[複雑な方の式を変形]**
2 **A，B をそれぞれ変形して，同じ式を導く。**
3 **$A-B=0$ であることを示す。[$A=B \Longleftrightarrow A-B=0$]**

(1) 上の 1 の方針 [複雑な式を変形して 簡単な式へ] で証明してみよう。具体的には，複雑な右辺を展開して，簡単な式である左辺になることを示す。

(2) 両辺とも複雑な式であるから，両辺とも変形してみる（2 の方針）。

解答

(1) (右辺)$=a^5+a^4b+a^3b^2+a^2b^3+ab^4$
$\quad -a^4b-a^3b^2-a^2b^3-ab^4-b^5$
$=a^5-b^5$

よって，等式は証明された。

(2) (左辺)$=a^2-2ab+b^2+b^2-2bc+c^2+c^2-2ca+a^2$
$=2a^2+2b^2+2c^2-2ab-2bc-2ca$

(右辺)$=2(a^2+b^2+c^2+2ab+2bc+2ca)$
$\quad -6(ab+bc+ca)$
$=2a^2+2b^2+2c^2+4ab+4bc+4ca$
$\quad -6ab-6bc-6ca$
$=2a^2+2b^2+2c^2-2ab-2bc-2ca$ …… (＊)

左辺と右辺が同じ式になるから，等式は証明された。

別解 **[右辺を変形して，左辺を導く]**

上の解答の(＊)の変形の後

(右辺)$=a^2-2ab+b^2+b^2-2bc+c^2+c^2-2ca+a^2$
$=(a-b)^2+(b-c)^2+(c-a)^2=$(左辺)

◀右辺を変形して左辺の式を導く。
なお，証明する式が長いときは，左のように，(右辺)などと書いて記述を簡略化することが多い。

◀「よって (左辺)=(右辺)」のように書いてもよい。

◀指針 1 の方針による解答。

検討

a^n-b^n の因数分解

(1) に関連して，n を自然数とするとき，一般に，次の等式が成り立つ。

$$a^n-b^n=(a-b)(a^{n-1}+a^{n-2}b+a^{n-3}b^2+a^{n-4}b^3+\cdots\cdots+ab^{n-2}+b^{n-1})$$

この結果は覚えておくとよい。

練習 ② 22 次の等式を証明せよ。

(1) $(x-2)(x^5+2x^4+4x^3+8x^2+16x+32)=x^6-64$

(2) $(a^2+b^2+c^2)(x^2+y^2+z^2)-(ax+by+cz)^2$
$=(ay-bx)^2+(bz-cy)^2+(cx-az)^2$

基本例題 23 条件つきの等式の証明

$a+b+c=0$ のとき，次の等式が成り立つことを証明せよ。

(1) $a^2+2b^2-c^2+3ab+bc=0$

(2) $a^3+b^3+c^3=-3(a+b)(b+c)(c+a)$ 〔(2) 類 成城大〕

p.43 基本事項 2

$a+b+c=0$ は **条件式** であるから，**文字を減らす方針** で進める。
すなわち，$c=-a-b\,[=-(a+b)]$ として，c を減らす。
このとき，a，b は自由に動くことができて，この問題は，a，b，c の 3 文字から a，b の 2 文字についての等式の証明になる。
(2) 前ページ例題 **22** の指針 3 の方針。
$\boldsymbol{A=B \Longleftrightarrow A-B=0}$ から，$a^3+b^3+c^3+3(a+b)(b+c)(c+a)=0$ を証明する。

CHART 条件式 文字を減らす方針で使う

解答

(1) $a+b+c=0$ より，$c=-(a+b)$ であるから

$$\begin{aligned}&a^2+2b^2-c^2+3ab+bc\\&=a^2+2b^2-(a+b)^2+3ab-b(a+b)\\&=a^2+2b^2-(a^2+2ab+b^2)+3ab-ab-b^2\\&=0\end{aligned}$$

(2) $a+b+c=0$ より，$c=-(a+b)$ であるから

$$\begin{aligned}&a^3+b^3+c^3+3(a+b)(b+c)(c+a)\\&=a^3+b^3-(a+b)^3+3(a+b)(b-a-b)(-a-b+a)\\&=a^3+b^3-(a^3+3a^2b+3ab^2+b^3)+3ab(a+b)\\&=-3a^2b-3ab^2+3a^2b+3ab^2\\&=0\end{aligned}$$

したがって $a^3+b^3+c^3=-3(a+b)(b+c)(c+a)$

◀$c=-a-b=-(a+b)$

◀$\{-(a+b)\}^2=(a+b)^2$

◀$(a+b)^3$ を展開せずに，$a^3+b^3=(a+b)^3-3ab(a+b)$ を利用してもよい。

検討

条件式を丸ごと利用する

$a+b+c=0$ より，$a+b=-c$，$b+c=-a$，$c+a=-b$ であるから，(2) では $a^3+b^3+c^3=3abc$ すなわち $a^3+b^3+c^3-3abc=0$ を証明すればよい。ここで，$p.12$ で取り上げた因数分解の公式 5 を利用すると，次のように，条件式 $a+b+c=0$ を丸ごと代入できる。

$$a^3+b^3+c^3-3abc=\underbrace{(a+b+c)}_{=0}(a^2+b^2+c^2-ab-bc-ca)=0$$

練習 ② 23 $a+b+c=0$ のとき，次の等式が成り立つことを証明せよ。

$$\frac{a^2}{(a+b)(a+c)}+\frac{b^2}{(b+c)(b+a)}+\frac{c^2}{(c+a)(c+b)}=3$$ 〔倉敷芸科大〕

p.49 EX15

基本例題 24 比例式と等式の証明

(1) $\dfrac{a}{b}=\dfrac{c}{d}$ のとき，等式 $\dfrac{a^2+c^2}{a^2-c^2}=\dfrac{ab+cd}{ab-cd}$ が成り立つことを証明せよ。

(2) $\dfrac{a}{b}=\dfrac{c}{d}=\dfrac{e}{f}$ のとき，等式 $\dfrac{a+c}{b+d}=\dfrac{a+c+e}{b+d+f}$ が成り立つことを証明せよ。

p.43 基本事項 3

指針 (1) **比例式** $\dfrac{a}{b}=\dfrac{c}{d}$ も条件の式で，例えば $c=\dfrac{ad}{b}$ として消去できるが，**$=k$ とおく**と，$a=bk$，$c=dk$ となり，消去後の計算がらくになることが多い。

(2) も (1) と同じ方針で進める。

CHART 比例式は $=k$ とおく

解答

(1) $\dfrac{a}{b}=\dfrac{c}{d}=k$ とおくと　$a=bk$，$c=dk$

ゆえに　$\dfrac{a^2+c^2}{a^2-c^2}=\dfrac{b^2k^2+d^2k^2}{b^2k^2-d^2k^2}=\dfrac{k^2(b^2+d^2)}{k^2(b^2-d^2)}=\dfrac{b^2+d^2}{b^2-d^2}$　◀ k^2 で約分。

$\dfrac{ab+cd}{ab-cd}=\dfrac{b^2k+d^2k}{b^2k-d^2k}=\dfrac{k(b^2+d^2)}{k(b^2-d^2)}=\dfrac{b^2+d^2}{b^2-d^2}$　◀ k で約分。

よって　$\dfrac{a^2+c^2}{a^2-c^2}=\dfrac{ab+cd}{ab-cd}$　◀ $A=C$，$B=C$ $\Longrightarrow A=B$

(2) $\dfrac{a}{b}=\dfrac{c}{d}=\dfrac{e}{f}=k$ とおくと　$a=bk$，$c=dk$，$e=fk$

ゆえに　$\dfrac{a+c}{b+d}=\dfrac{bk+dk}{b+d}=\dfrac{k(b+d)}{b+d}=k$　◀ $b+d$ で約分。

$\dfrac{a+c+e}{b+d+f}=\dfrac{bk+dk+fk}{b+d+f}=\dfrac{k(b+d+f)}{b+d+f}=k$　◀ $b+d+f$ で約分。

よって　$\dfrac{a+c}{b+d}=\dfrac{a+c+e}{b+d+f}$　◀ $A=C$，$B=C$ $\Longrightarrow A=B$

検討

分母 $\neq 0$ で考える

この種の問題では，断りがなくても結論の式を含めて，**分母に出てくる式はすべて 0 でない** と考える。例えば，本問の (1) では，$b\neq 0$，$d\neq 0$，$a^2-c^2\neq 0$，$ab-cd\neq 0$　(2) では，$b\neq 0$，$d\neq 0$，$f\neq 0$，$b+d\neq 0$，$b+d+f\neq 0$ と考えてよい。

練習 ② 24

(1) $\dfrac{a}{b}=\dfrac{c}{d}$ のとき，等式 $ab(c^2+d^2)=cd(a^2+b^2)$ が成り立つことを証明せよ。

(2) $\dfrac{a}{b}=\dfrac{c}{d}=\dfrac{e}{f}$ のとき，等式 $\dfrac{a}{b}=\dfrac{pa+qc}{pb+qd}=\dfrac{pa+qc+re}{pb+qd+rf}$ が成り立つことを証明せよ（この等式の関係を **加比の理** という）。

基本例題 25 比例式と式の値

(1) $\dfrac{x+y}{5}=\dfrac{y+z}{6}=\dfrac{z+x}{7}\ (\neq 0)$ のとき，$\dfrac{xy+yz+zx}{x^2+y^2+z^2}$ の値を求めよ。

(2) $\dfrac{b+c}{a}=\dfrac{c+a}{b}=\dfrac{a+b}{c}$ のとき，この式の値を求めよ。

基本 24

指針 条件の式は比例式であるから，**比例式は $=k$ とおく** の方針で進める。

(1) $=k$ とおくと　$x+y=5k$，$y+z=6k$，$z+x=7k$ …… Ⓐ

これらの左辺は x，y，z が循環した形の式であるから，Ⓐ の辺々を加えてみる。

すると，$x+y+z$ を k で表すことができる。右下の 検討 参照。(2) も同様。

解答

(1) $\dfrac{x+y}{5}=\dfrac{y+z}{6}=\dfrac{z+x}{7}=k$ とおくと，$k\neq 0$ で

$x+y=5k$ … ①，$y+z=6k$ … ②，$z+x=7k$ … ③

①+②+③ から　$2(x+y+z)=18k$

したがって　$x+y+z=9k$ …… ④

④−②，④−③，④−① から，それぞれ

$x=3k,\quad y=2k,\quad z=4k$

よって　$\dfrac{xy+yz+zx}{x^2+y^2+z^2}=\dfrac{6k^2+8k^2+12k^2}{(3k)^2+(2k)^2+(4k)^2}$

$=\dfrac{26k^2}{29k^2}=\mathbf{\dfrac{26}{29}}$

(2) 分母は 0 でないから　$abc\neq 0$

$\dfrac{b+c}{a}=\dfrac{c+a}{b}=\dfrac{a+b}{c}=k$ とおくと

$b+c=ak$ … ①，$c+a=bk$ … ②，$a+b=ck$ … ③

①+②+③ から　$2(a+b+c)=(a+b+c)k$

よって　$(a+b+c)(k-2)=0$

ゆえに　$a+b+c=0$　または　$k=2$

[1] $a+b+c=0$ のとき　$b+c=-a$

よって　$k=\dfrac{b+c}{a}=\dfrac{-a}{a}=-1$

[2] $k=2$ のとき，①−② から　$a=b^{(*)}$

②−③ から　$b=c$

よって，$a=b=c$ が得られ，これは $abc\neq 0$ を満たすすべての実数 a，b，c について成り立つ。

[1]，[2] から，求める式の値は　**−1，2**

検討

①〜③ の左辺は，x，y，z の **循環形**（$x\to y\to z\to x$ とおくと次の式が得られる）になっている。循環形の式は，**辺々を加えたり，引いたり** すると，処理しやすくなることが多い。

◀ $x:y:z=3:2:4$ から $=\dfrac{3\cdot 2+2\cdot 4+4\cdot 3}{3^2+2^2+4^2}$ と計算することもできる。

◀ $abc\neq 0 \iff a\neq 0$ かつ $b\neq 0$ かつ $c\neq 0$

◀ 0 の可能性があるから，両辺を $a+b+c$ で割ってはいけない。

(＊) $k=2$ のとき，①，② から $b+c=2a$，$c+a=2b$ この 2 式の辺々を引いて $b-a=2(a-b)$ よって　$a=b$

◀ (分母) $\neq 0$ の確認。

練習 ③ 25

(1) $\dfrac{x+y}{6}=\dfrac{y+z}{7}=\dfrac{z+x}{8}\ (\neq 0)$ のとき，$\dfrac{x^2-y^2}{x^2+xz+yz-y^2}$ の値を求めよ。

(2) $\dfrac{a+1}{b+c+2}=\dfrac{b+1}{c+a+2}=\dfrac{c+1}{a+b+2}$ のとき，この式の値を求めよ。

[(2) 東北学院大]　p.49 EX16

重要例題 26 少なくとも～，すべての～の証明 ④④④④④

a，b，c は実数とする。

(1) $abc=1$，$a+b+c=ab+bc+ca$ のとき，a，b，c のうち少なくとも 1 つは 1 であることを証明せよ。

(2) $a+b+c=ab+bc+ca=3$ のとき，a，b，c はすべて 1 であることを証明せよ。

指針 まず，**結論を式で表す** ことを考えると，次のようになる。

(1) a，b，c のうち少なくとも 1 つは 1 である

$\iff a=1$ または $b=1$ または $c=1$

$\iff a-1=0$ または $b-1=0$ または $c-1=0$

$\iff (a-1)(b-1)(c-1)=0$ ……★

(2) a，b，c はすべて 1 である $\iff a=1$ かつ $b=1$ かつ $c=1$

$\iff a-1=0$ かつ $b-1=0$ かつ $c-1=0$

$\iff (a-1)^2+(b-1)^2+(c-1)^2=0$ ……★

よって，条件式から，これらの式を導くことを考える。

CHART 証明の問題 結論から お迎えに行く

解答

(1) $P=(a-1)(b-1)(c-1)$ とすると

$$P=abc-(ab+bc+ca)+(a+b+c)-1$$

$abc=1$ と $a+b+c=ab+bc+ca$ を代入すると

$$P=1-(a+b+c)+(a+b+c)-1=0$$

よって　$a-1=0$ または $b-1=0$ または $c-1=0$

したがって，a，b，c のうち少なくとも 1 つは 1 である。

(2) $Q=(a-1)^2+(b-1)^2+(c-1)^2$ とすると

$$Q=a^2+b^2+c^2-2(a+b+c)+3$$

ここで，$(a+b+c)^2=a^2+b^2+c^2+2(ab+bc+ca)$ であるから

$$a^2+b^2+c^2=(a+b+c)^2-2(ab+bc+ca)$$
$$=3^2-2\cdot3=3$$

ゆえに　$Q=3-2\cdot3+3=0$

よって　$a-1=0$ かつ $b-1=0$ かつ $c-1=0$

したがって，a，b，c はすべて 1 である。

◀指針(1)の___…★の方針。結論から方針を立てることは，多くの場面で有効な考え方である。

◀$ABC=0$ $\iff A=0$ または $B=0$ または $C=0$

◀指針(2)の___…★の方針。**実数 A に対し $A^2\geqq0$** [等号は $A=0$ のとき成り立つ。] これを利用した手法である。

◀$A^2+B^2+C^2=0$ $\iff A=B=C=0$

練習 ④ 26 a，b，c，d は実数とする。

(1) $\dfrac{1}{a}+\dfrac{1}{b}+\dfrac{1}{c}=\dfrac{1}{a+b+c}$ のとき，a，b，c のうち，どれか 2 つの和は 0 であることを証明せよ。

(2) $a^2+b^2+c^2+d^2=a+b+c+d=4$ のとき，$a=b=c=d=1$ であることを証明せよ。

p.49 EX 17

EXERCISES

②12 等式 $kx^2+(1-7k)x-(k+1)y+19k+4=0$ がどんな k の値についても成り立つように，x，y の値を定めよ。 ［類 京都産大］

→15

②13 (1) $x^4-4x^3+ax^2+x+b$ が，ある多項式の平方となるような定数 a，b の値を求めよ。 ［札幌大］

(2) $\dfrac{2x^3-7x^2+11x-16}{x(x-2)^3}=\dfrac{a}{x}+\dfrac{b}{x-2}+\dfrac{c}{(x-2)^2}+\dfrac{d}{(x-2)^3}$ が x についての恒等式となるように定数 a，b，c，d の値を定めると，$a=$ ア□，$b=$ イ□，$c=$ ウ□，$d=$ エ□ である。 ［関西学院大］

→15, 17

③14 $2x-4y+5z=3$，$3x+y+4z=1$ が成り立つとき，$px^2+qy^2+rz^2=2$ が x，y，z についての恒等式となるように，定数 p，q，r の値を定めよ。 ［武庫川女子大］

→20

③15 $a+b+c=0$ のとき，$a\left(\dfrac{1}{b}+\dfrac{1}{c}\right)+b\left(\dfrac{1}{c}+\dfrac{1}{a}\right)+c\left(\dfrac{1}{a}+\dfrac{1}{b}\right)+3=0$ が成り立つことを証明せよ。

→23

③16 x，y，z が $(x+y):(y+z):(z+x)=3:5:4$ かつ $x+y+z=12$ を満たすとき，$xy+yz+zx$ の値を求めよ。 ［埼玉工大］

→24, 25

④17 (1) $a+b+c\neq0$，$abc\neq0$ を満たす実数 a，b，c が，等式 $\dfrac{1}{a}+\dfrac{1}{b}+\dfrac{1}{c}=\dfrac{1}{a+b+c}$ を満たしている。このとき，任意の奇数 n に対して，等式 $\dfrac{1}{a^n}+\dfrac{1}{b^n}+\dfrac{1}{c^n}=\dfrac{1}{(a+b+c)^n}$ が成り立つことを示せ。 ［早稲田大］

(2) 0 以上である実数 x，y，z に対して，$x+y^2=y+z^2=z+x^2$ が成り立つとき，$x=y=z$ であることを証明せよ。 ［札幌医大］

→26

12 **「どんな k の値についても成り立つ」**とあるから，**k についての恒等式**の問題と考える。まず，左辺を k について降べきの順に整理する。

13 (1) $x^4-4x^3+ax^2+x+b=(x^2+px+q)^2$ が x についての恒等式。

14 **条件式 文字を減らす** ⟶ 条件式から y だけの恒等式となる。

15 **条件式 文字を減らす** ⟶ 条件式から $c=-a-b$ を導き，これを代入。

16 **比例式は $=k$ とおく** ⟶ x，y，z を k を用いて表す。

17 (1) 条件式は，練習 26 (1) と同じ形。$(a+b)(b+c)(c+a)=0$ を導き利用する。

(2) $x+y^2=y+z^2$ から $x-y=(z+y)(z-y)$ 同様に，$y+z^2=z+x^2$，$z+x^2=x+y^2$ から導かれる等式の各辺を掛けてみる。

6 不等式の証明

基本事項

1 実数の大小関係

2つの実数 a, b については $\boldsymbol{a>b}$, $\boldsymbol{a=b}$, $\boldsymbol{a<b}$ のうち，どれか1つの関係だけが成り立つ。

実数の大小関係の基本性質

以後，特に断らない限り，不等式に含まれる文字は実数を表すものとする。

1 $\boldsymbol{a>b,\ b>c \implies a>c}$ （不等式の推移律）

2 $\boldsymbol{a>b \implies a+c>b+c,\ a-c>b-c}$

3 $\boldsymbol{a>b,\ c>0 \implies ac>bc,\ \dfrac{a}{c}>\dfrac{b}{c}}$

4 $\boldsymbol{a>b,\ c<0 \implies ac<bc,\ \dfrac{a}{c}<\dfrac{b}{c}}$ 負の数の乗除で不等号の向きが変わる

上の基本性質から，次のことが成り立つ。

$\boldsymbol{a>0,\ b>0 \implies a+b>0}$　　$\boldsymbol{a>0,\ b>0 \implies ab>0}$

実数の大小関係と差の正負

5 $\boldsymbol{a>b \iff a-b>0}$　　6 $\boldsymbol{a<b \iff a-b<0}$

2 実数の平方と平方の和の符号

7 実数 a について　$\boldsymbol{a^2 \geqq 0}$　等号が成り立つのは，$\boldsymbol{a=0}$ のとき

8 実数 a, b について　$\boldsymbol{a^2+b^2 \geqq 0}$　等号が成り立つのは，$\boldsymbol{a=b=0}$ のとき

解説

■実数の大小関係と差の正負

$$a>b \iff a-b>0,\quad a=b \iff a-b=0,\quad a<b \iff a-b<0$$

であるから，a と b の大小は $a-b$ の符号によって定まる。

したがって，不等式 $A>B$ を証明するには，(左辺)－(右辺) を計算して正であること，すなわち，$A-B>0$ であることを示してもよい。

■実数の平方 [7 の証明]

実数 a について，$a>0$, $a=0$, $a<0$ のどれか1つが成り立つ。

$a>0$ の場合：$a^2>0$,　$a=0$ の場合：$a^2=0$,　$a<0$ の場合：$a^2>0$　である。

よって，実数 a について　$a^2 \geqq 0$ （等号は $a=0$ のとき成立）

■実数の平方の和の符号 [8 の証明]

実数 a, b について，次の4つの場合に分けることができる。

[1] $a \neq 0$, $b \neq 0$　[2] $a \neq 0$, $b=0$　[3] $a=0$, $b \neq 0$　[4] $a=0$, $b=0$

よって，a^2, b^2 について　[1] $a^2>0$, $b^2>0$　[2] $a^2>0$, $b^2=0$

[3] $a^2=0$, $b^2>0$　[4] $a^2=0$, $b^2=0$　である。

ゆえに，[1]～[3] では　$a^2+b^2>0$,　[4] のときのみ　$a^2+b^2=0$

したがって，実数 a, b について　$a^2+b^2 \geqq 0$ （等号は $a=b=0$ のとき成立）

基本事項

3 正の数の大小と平方の大小

$a>0$, $b>0$ のとき　$\boldsymbol{a^2>b^2 \iff a>b,\ a^2 \geqq b^2 \iff a \geqq b}$

4 絶対値と不等式

実数 a の絶対値 $|a|$　数直線上で，原点 O と点 A(a) の間の距離　$\boldsymbol{|a| \geqq 0}$

$a \geqq 0$ のとき　$\boldsymbol{|a|=a}$，　$a<0$ のとき　$\boldsymbol{|a|=-a}$

$\boldsymbol{|a|=|-a|}$，　$\boldsymbol{|a| \geqq a}$，　$\boldsymbol{|a| \geqq -a}$，　$\boldsymbol{|a|^2=a^2}$

$\boldsymbol{|ab|=|a||b|}$，　$\boldsymbol{b \neq 0}$ のとき　$\boldsymbol{\left|\dfrac{a}{b}\right|=\dfrac{|a|}{|b|}}$

5 相加平均と相乗平均の大小関係　(相加平均)≧(相乗平均)

$\boldsymbol{a>0,\ b>0}$ **のとき**　$\boldsymbol{\dfrac{a+b}{2} \geqq \sqrt{ab}}$　**(等号が成り立つのは $\boldsymbol{a=b}$ のとき)**

解　説

■ 正の数の大小と平方の大小

$a>0$, $b>0$ のとき，$a^2-b^2=(a+b)(a-b)$ において $a+b>0$ であるから　$a-b>0 \iff a^2-b^2>0$　すなわち　$a^2>b^2 \iff a>b$

◀ $a>0$, $b>0$ の条件が重要。

$a \geqq 0$, $b \geqq 0$ のときも同様にして，$a^2 \geqq b^2 \iff a \geqq b$ が成り立つ。

したがって，不等式 $A>B$ $(A \geqq B)$ を証明するとき

$\boldsymbol{A>0,\ B>0}$ **なら** $\boldsymbol{A^2>B^2}$ **(**$\boldsymbol{A \geqq 0,\ B \geqq 0}$ **なら** $\boldsymbol{A^2 \geqq B^2}$**)**

を示してもよい。

■ 絶対値と不等式

$a \geqq 0$ のとき　$|a|=a$，$|a| \geqq -a$，　$a<0$ のとき　$|a|=-a$，$|a|>a$

よって　$|a| \geqq a$，$|a| \geqq -a$　　また　$|a|^2=a^2$

◀ $|a|=\pm a$ であり $(\pm a)^2=a^2$

実数 a, b について　$|ab|^2=(ab)^2=a^2b^2=|a|^2|b|^2=(|a||b|)^2$

$|ab| \geqq 0$，$|a||b| \geqq 0$ であるから　$|ab|=|a||b|$

同様にして，$b \neq 0$ のとき　$\left|\dfrac{a}{b}\right|=\dfrac{|a|}{|b|}$

また，同値関係 $\boldsymbol{|A|<B \iff -B<A<B}$ も重要である。

◀ 数学 I 参照。

■ 相加平均と相乗平均の大小関係

2 つの実数 a, b について，$\dfrac{a+b}{2}$ を a と b の **相加平均** という。また，

$a>0$, $b>0$ のとき $\sqrt{ab}$ を a と b の **相乗平均** という。

◀ 相加平均，相乗平均をそれぞれ算術平均，幾何平均ともいう。

なお，相加・相乗平均の関係は下の(＊)の形で使われることも多い。

証明　$a>0$, $b>0$ のとき

$$a+b-2\sqrt{ab}=(\sqrt{a})^2-2\sqrt{a}\sqrt{b}+(\sqrt{b})^2$$
$$=(\sqrt{a}-\sqrt{b})^2 \geqq 0$$

◀ (実数)$^2 \geqq 0$ 基本事項 2 参照。

よって　$\boldsymbol{a+b \geqq 2\sqrt{ab}}$ ……（＊）

両辺を 2 で割って　$\dfrac{a+b}{2} \geqq \sqrt{ab}$

等号は，$(\sqrt{a}-\sqrt{b})^2=0$ から　$\sqrt{a}=\sqrt{b}$　すなわち $a=b$ のとき成り立つ。

基本例題 27 不等式の証明 [$A-B>0$ の利用など]

次のことを証明せよ。

(1) $a>b>0$, $c>d>0$ のとき　　$ac>bd$

(2) $a>b>0$ のとき　　$\dfrac{a}{1+a}>\dfrac{b}{1+b}$

(3) $a>1$, $b>2$ のとき　　$ab+2>2a+b$

p.50 基本事項 1

不等式 $A>B$ を証明するには，$\boldsymbol{A-B>0}$ であることを示す。

(2) (左辺)−(右辺) の式で通分する。

(3) (左辺)−(右辺) の式で因数分解する。

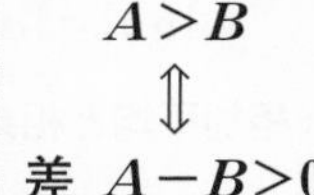

CHART 大小比較は 差を作る

解答

(1) $a>b$, $c>0$ から　　$ac>bc$

　$c>d$, $b>0$ から　　$bc>bd$

したがって　　$ac>bd$

◀(1) 差をとるよりも，大小関係の基本性質を利用した方が示しやすい。

◀$A>B$, $B>C \Longrightarrow A>C$

別解 $a>b$, $c>0$ から　　$ac>bc$

したがって　　$ac-bd>bc-bd=b(c-d)$

$b>0$ であり，$c>d$ より $c-d>0$ であるから

$$b(c-d)>0$$

◀正×正＝正

よって　　$ac-bd>0$　すなわち　$ac>bd$

(2) $\dfrac{a}{1+a}-\dfrac{b}{1+b}=\dfrac{a(1+b)-b(1+a)}{(1+a)(1+b)}=\dfrac{a-b}{(1+a)(1+b)}$

$a>b>0$ より，$a-b>0$, $1+a>0$, $1+b>0$ であるから

◀この説明を忘れずに。

$$\frac{a-b}{(1+a)(1+b)}>0$$

◀(左辺)−(右辺)>0

したがって　　$\dfrac{a}{1+a}>\dfrac{b}{1+b}$

(3) $ab+2-(2a+b)=a(b-2)-(b-2)=(a-1)(b-2)$

◀a に着目して整理する。

$a>1$, $b>2$ より，$a-1>0$, $b-2>0$ であるから

◀この説明を忘れずに。

$$(a-1)(b-2)>0$$

◀(左辺)−(右辺)>0

したがって　　$ab+2>2a+b$

練習 次のことを証明せよ。
① **27**

(1) $a \geqq b$, $x \geqq y$ のとき　　$(a+2b)(x+2y) \leqq 3(ax+2by)$

(2) $2a>b>0$ のとき　　$\dfrac{b}{a}<\dfrac{b+2}{a+1}$

(3) $x \geqq y \geqq z$ のとき　　$xy+yz \geqq zx+y^2$

p.64 EX18

基本例題 28 不等式の証明［(実数)$^2 \geqq 0$ の利用］

次の不等式を証明せよ。また，等号が成り立つのはどのようなときか。

(1) $x^2-6xy+10y^2 \geqq 4y-4$　　(2) $(a^2+b^2)(x^2+y^2) \geqq (ax+by)^2$

p.50 基本事項 2

指針　2 乗の項が多く現れる。このようなときは，(左辺)−(右辺) を変形し，次のことを利用するのが基本方針。

$A^2 \geqq 0$　　等号が成り立つのは $A=0$ のとき。

$A^2+B^2 \geqq 0$　　等号が成り立つのは $A=B=0$ のとき。

解答

(1) $(x^2-6xy+10y^2)-(4y-4)$

$=x^2-6yx+10y^2-4y+4$　　◀ x に着目して整理する。

$=\{x^2-6yx+(3y)^2\}-(3y)^2+10y^2-4y+4$　　◀ x について平方完成。

$=(x-3y)^2+y^2-4y+4$　　◀ y について平方完成。

$=(x-3y)^2+(y-2)^2 \geqq 0$　　◀ $(x-3y)^2 \geqq 0$, $(y-2)^2 \geqq 0$

ゆえに　$x^2-6xy+10y^2 \geqq 4y-4$

等号が成り立つのは　$x-3y=0$ かつ $y-2=0$　　◀ $A^2+B^2 \geqq 0$ 等号が成り立つのは $A=B=0$ のとき。

すなわち **$x=6$，$y=2$ のとき** である。

(2) $(a^2+b^2)(x^2+y^2)-(ax+by)^2$

$=(a^2x^2+a^2y^2+b^2x^2+b^2y^2)-(a^2x^2+2abxy+b^2y^2)$

$=a^2y^2-2abxy+b^2x^2$

$=(ay-bx)^2 \geqq 0$

ゆえに　$(a^2+b^2)(x^2+y^2) \geqq (ax+by)^2$

等号が成り立つのは $ay=bx$ のとき である。

検討

シュワルツの不等式

次の不等式が成り立つ。式の後の (　) 内は等号成立のとき［そのときに限る］である。

① $(a^2+b^2)(x^2+y^2) \geqq (ax+by)^2$　　$(ay=bx)$

② $(a^2+b^2+c^2)(x^2+y^2+z^2) \geqq (ax+by+cz)^2$　　$(ay=bx,\ bz=cy,\ cx=az)$

② の 証明

(左辺)−(右辺)$=a^2x^2+a^2y^2+a^2z^2+b^2x^2+b^2y^2+b^2z^2+c^2x^2+c^2y^2+c^2z^2$

$-(a^2x^2+b^2y^2+c^2z^2+2abxy+2bcyz+2cazx)$

$=a^2y^2+a^2z^2+b^2x^2+b^2z^2+c^2x^2+c^2y^2-2abxy-2bcyz-2cazx$

$=(a^2y^2-2abxy+b^2x^2)+(b^2z^2-2bcyz+c^2y^2)+(c^2x^2-2cazx+a^2z^2)$

$=(ay-bx)^2+(bz-cy)^2+(cx-az)^2 \geqq 0$

よって　$(a^2+b^2+c^2)(x^2+y^2+z^2) \geqq (ax+by+cz)^2$

等号成立は $ay=bx$，$bz=cy$，$cx=az$ のとき。

練習 ② 28　次の不等式を証明せよ。また，等号が成り立つのはどのようなときか。

(1) $a^2+ab+b^2 \geqq a-b-1$　　(2) $2(x^2+y^2) \geqq (x+y)^2$

参考事項 シュワルツの不等式

前ページの検討にまとめた **シュワルツの不等式** ①，② は，不等式に関する問題を解くのに有効なことがある。

例えば，①：$\boldsymbol{(a^2+b^2)(x^2+y^2) \geqq (ax+by)^2}$ （等号成立は $ay=bx$）

を利用して，練習 28 (2) を次のように解くこともできる。

① において，$a=b=1$ とすると　$(1^2+1^2)(x^2+y^2) \geqq (1\cdot x+1\cdot y)^2$

よって　$2(x^2+y^2) \geqq (x+y)^2$　等号が成り立つのは $1\cdot y=1\cdot x$ すなわち $x=y$ のとき。

このように，先に証明した不等式に値を代入したり，変形したりするとうまくいく場合もあるので，式の形を見て判断するようにしよう。⟶ $p.58$ 重要例題 **31** の方針。

なお，前ページの ①，② を拡張した次の不等式が成り立つ。

シュワルツの不等式（コーシー・シュワルツの不等式）

$$\boldsymbol{(a_1{}^2+a_2{}^2+\cdots\cdots+a_n{}^2)(x_1{}^2+x_2{}^2+\cdots\cdots+x_n{}^2) \geqq (a_1x_1+a_2x_2+\cdots\cdots+a_nx_n)^2}$$

この不等式の証明については，両辺の差を (実数)^2 の和の形に変形する方針の場合，計算が繁雑である。

自然数 n に関する数学的帰納法（数学B）によって証明する方法もあるが，2次不等式が常に成り立つ条件（数学Ⅰ）を用いた次の証明が簡便である。

証明　任意の実数 t に対して，次の不等式が成り立つ。

$$(a_1t+x_1)^2+(a_2t+x_2)^2+\cdots\cdots+(a_nt+x_n)^2 \geqq 0 \quad \cdots\cdots Ⓐ$$

すなわち

$$(a_1{}^2+a_2{}^2+\cdots\cdots+a_n{}^2)t^2+2(a_1x_1+a_2x_2+\cdots\cdots+a_nx_n)t + (x_1{}^2+x_2{}^2+\cdots\cdots+x_n{}^2) \geqq 0 \quad \cdots\cdots Ⓑ$$

[1]　$a_1{}^2+a_2{}^2+\cdots\cdots+a_n{}^2>0$ のとき

t の2次不等式 Ⓑ が任意の実数 t について成り立つための必要十分条件は，(Ⓑ の左辺)$=0$ とおいた2次方程式の判別式を D とすると　$\boldsymbol{D \leqq 0}$

$$\frac{D}{4}=(a_1x_1+a_2x_2+\cdots\cdots+a_nx_n)^2 -(a_1{}^2+a_2{}^2+\cdots\cdots+a_n{}^2)(x_1{}^2+x_2{}^2+\cdots\cdots+x_n{}^2)$$

であり，$D \leqq 0$ から

$$(a_1{}^2+a_2{}^2+\cdots\cdots+a_n{}^2)(x_1{}^2+x_2{}^2+\cdots\cdots+x_n{}^2) \geqq (a_1x_1+a_2x_2+\cdots\cdots+a_nx_n)^2$$

[2]　$a_1{}^2+a_2{}^2+\cdots\cdots+a_n{}^2=0$ のときは

$a_1=a_2=\cdots\cdots=a_n=0$ であるから，不等式の両辺はともに 0 となって成り立つ。

なお，$a_1{}^2+a_2{}^2+\cdots\cdots+a_n{}^2>0$ のときに等号が成り立つための条件は，上の証明において

$D=0 \iff$ (Ⓑ の左辺)$=0$ となる実数 t が存在する

$\iff$ (Ⓐ の左辺)$=0$ となる実数 t が存在する

$\iff$ $a_1t+x_1=a_2t+x_2=\cdots\cdots=a_nt+x_n=0$ を満たす t が存在する

ことであるが，特に $a_1 \neq 0$，$a_2 \neq 0$，……，$a_n \neq 0$ の場合，これは

$$\boldsymbol{\frac{x_1}{a_1}=\frac{x_2}{a_2}=\cdots\cdots=\frac{x_n}{a_n}} \quad (=-t)$$

と同値である。

基本 例題 29 不等式の証明［$A^2-B^2\geqq 0$ の利用］

次の不等式が成り立つことを証明せよ。また，等号が成り立つのはどのようなときか。

(1) $a\geqq 0$，$b\geqq 0$ のとき　$5\sqrt{a}+3\sqrt{b}\geqq\sqrt{25a+9b}$

(2) $a\geqq 0$，$b\geqq 0$ のとき　$\sqrt{a}+\sqrt{b}\leqq\sqrt{2(a+b)}$

p.51 基本事項 3

指針 (1)の差の式は $5\sqrt{a}+3\sqrt{b}-\sqrt{25a+9b}$ であり，これから $\geqq 0$ は示しにくい。
そこで，証明すべき不等式において，(左辺)$\geqq 0$，(右辺)$\geqq 0$ であることに着目し

$A\geqq 0$，$B\geqq 0$ のとき　$A\geqq B \Leftrightarrow A^2\geqq B^2$

の利用を考える。
すなわち，まず (左辺)$^2\geqq$(右辺)^2 を証明するために，平方の差 **(左辺)$^2-$(右辺)$^2\geqq 0$** を示す。

CHART 大小比較　差を作る　平方の差も利用

解答

(1) $(5\sqrt{a}+3\sqrt{b})^2-(\sqrt{25a+9b})^2$　◀平方の差。

$=(25a+30\sqrt{a}\sqrt{b}+9b)-(25a+9b)$

$=30\sqrt{a}\sqrt{b}$

$=30\sqrt{ab}\geqq 0$ …… ①　◀$A\geqq 0$，$B\geqq 0$ のとき $A\geqq B \Leftrightarrow A^2\geqq B^2$ $\Leftrightarrow A^2-B^2\geqq 0$

よって　$(5\sqrt{a}+3\sqrt{b})^2\geqq(\sqrt{25a+9b})^2$

$5\sqrt{a}+3\sqrt{b}\geqq 0$，$\sqrt{25a+9b}\geqq 0$ であるから　◀この確認を忘れずに。

$5\sqrt{a}+3\sqrt{b}\geqq\sqrt{25a+9b}$

等号が成り立つのは，① から $a=0$ または $b=0$ のとき である。　◀$\sqrt{ab}=0$

(2) $\{\sqrt{2(a+b)}\}^2-(\sqrt{a}+\sqrt{b})^2$　◀平方の差。

$=2(a+b)-(a+2\sqrt{ab}+b)$

$=a-2\sqrt{ab}+b$

$=(\sqrt{a}-\sqrt{b})^2\geqq 0$ …… ①　◀(実数)$^2\geqq 0$

よって　$\{\sqrt{2(a+b)}\}^2\geqq(\sqrt{a}+\sqrt{b})^2$

$\sqrt{2(a+b)}\geqq 0$，$\sqrt{a}+\sqrt{b}\geqq 0$ であるから　◀この確認を忘れずに。

$\sqrt{2(a+b)}\geqq\sqrt{a}+\sqrt{b}$

等号が成り立つのは，① から $a=b$ のとき である。　◀$\sqrt{a}=\sqrt{b}$

練習 ② 29 次の不等式が成り立つことを証明せよ。また，等号が成り立つのはどのようなときか。

(1) $a\geqq 0$，$b\geqq 0$ のとき　$7\sqrt{a}+2\sqrt{b}\geqq\sqrt{49a+4b}$

(2) $a\geqq b\geqq 0$ のとき　$\sqrt{a-b}\geqq\sqrt{a}-\sqrt{b}$

基本例題 30 絶対値と不等式

次の不等式を証明せよ。

(1) $|a+b| \leqq |a|+|b|$　(2) $|a|-|b| \leqq |a+b|$　(3) $|a+b+c| \leqq |a|+|b|+|c|$

基本 29　重要 31

指針 (1) 前ページの例題 **29** と同様に，(差の式)≧0 は示しにくい。
$|A|^2=A^2$ を利用すると，絶対値の処理が容易になる。そこで
$A \geqq 0$，$B \geqq 0$ のとき　$A \geqq B \iff A^2 \geqq B^2 \iff A^2-B^2 \geqq 0$
の方針で進める。また，絶対値の性質（次ページの ①～⑦）を利用して証明してもよい。

(2)，(3) (1) と似た形である。そこで，(1) の結果を利用することを考えるとよい。

CHART 似た問題　1 結果を利用　2 方法をまねる

解答

(1) $(|a|+|b|)^2-|a+b|^2=a^2+2|a||b|+b^2-(a^2+2ab+b^2)$
$=2(|ab|-ab) \geqq 0$ …… ㋐

よって　$|a+b|^2 \leqq (|a|+|b|)^2$

$|a+b| \geqq 0$，$|a|+|b| \geqq 0$ から　$|a+b| \leqq |a|+|b|$

別解　一般に，$-|a| \leqq a \leqq |a|$，$-|b| \leqq b \leqq |b|$ が成り立つ。
この不等式の辺々を加えて
$-(|a|+|b|) \leqq a+b \leqq |a|+|b|$
したがって　$|a+b| \leqq |a|+|b|$

(2) (1) の不等式で a の代わりに $a+b$，b の代わりに $-b$ とおくと　$|(a+b)+(-b)| \leqq |a+b|+|-b|$
よって　$|a| \leqq |a+b|+|b|$　ゆえに　$|a|-|b| \leqq |a+b|$

別解 [1] $|a|-|b|<0$ のとき
$|a+b| \geqq 0$ であるから，$|a|-|b|<|a+b|$ は成り立つ。
[2] $|a|-|b| \geqq 0$ のとき
$|a+b|^2-(|a|-|b|)^2=a^2+2ab+b^2-(a^2-2|a||b|+b^2)$
$=2(ab+|ab|) \geqq 0$
よって　$(|a|-|b|)^2 \leqq |a+b|^2$
$|a|-|b| \geqq 0$，$|a+b| \geqq 0$ であるから　$|a|-|b| \leqq |a+b|$
[1]，[2] から　$|a|-|b| \leqq |a+b|$

(3) (1) の不等式で b の代わりに $b+c$ とおくと
$|a+(b+c)| \leqq |a|+|b+c|$
$\leqq |a|+|b|+|c|$
よって　$|a+b+c| \leqq |a|+|b|+|c|$

◀$|A|^2=A^2$
◀$|ab|=|a||b|$
◀この確認を忘れずに。
◀$|A| \geqq A$，$|A| \geqq -A$ から $-|A| \leqq A \leqq |A|$
◀$-B \leqq A \leqq B \iff |A| \leqq B$
◀ズーム UP 参照。
◀$|a|-|b|<0 \leqq |a+b|$
◀[2] の場合は，(2) の左辺，右辺は 0 以上であるから，(右辺)^2−(左辺)$^2 \geqq 0$ を示す方針が使える。
◀(1) の結果を利用。
◀(1) の結果を再度利用。($|b+c| \leqq |b|+|c|$)

練習 ③ **30**
(1) 不等式 $\sqrt{a^2+b^2+1}\sqrt{x^2+y^2+1} \geqq |ax+by+1|$ を証明せよ。
(2) 不等式 $|a+b| \leqq |a|+|b|$ を利用して，次の不等式を証明せよ。
(ア) $|a-b| \leqq |a|+|b|$　(イ) $|a|-|b| \leqq |a-b|$

p.64 EX 19

絶対値を含む不等式の扱い

絶対値を含む式の扱いは，苦手な人も多いだろう。ここで詳しく説明しておこう。

● 絶対値を含む不等式の証明

数学Ⅰでは，絶対値を含む式の扱いについて　! 絶対値　場合に分ける　すなわち，右の ② を利用して場合分けし，絶対値をはずして進める方法を学んだが，例題 **30** はこの方法では対応が難しい（証明できなくはないが，場合分けの数が多く煩雑になる）。
そこで，次のように考えていく。

絶対値に関する性質

① $|a|\geqq 0$　② $|a|=\begin{cases} a\ (a\geqq 0\ のとき) \\ -a\ (a<0\ のとき) \end{cases}$

③ $|a|=|-a|$　④ $|a|\geqq a$，$|a|\geqq -a$

⑤ $|a|^2=a^2$　⑥ $|ab|=|a||b|$

⑦ $\left|\dfrac{a}{b}\right|=\dfrac{|a|}{|b|}$　$(b\neq 0)$

(1)　指針で書いたように，(右辺)−(左辺) を考えても，$\geqq 0$ を簡単に示すことができない。ここでは，$|●|\geqq 0$ から，(左辺)$\geqq 0$，(右辺)$\geqq 0$ であることに注目し，例題 **29** 同様に **(右辺)^2−(左辺)$^2\geqq 0$** を示す方針で進める。

(2)　左辺 $|a|-|b|$ は負の場合もある。そこで，別解 のように，$|a|-|b|<0$ と $|a|-|b|\geqq 0$ に分け，$|a|-|b|\geqq 0$ の場合は (右辺)^2−(左辺)$^2\geqq 0$ を示す方針でもよいが，次のように考えると (1) の結果を利用できて，手早く証明できる。

証明する不等式は　$|a|\leqq|b|+|a+b|$ …… Ⓐ　と同値で，これは (1) の

$|\quad|\leqq|\quad|+|\quad|$ と似た形。そこで，(1) の不等式を

$|○+□|\leqq|○|+|□|$ …… Ⓑ

とみて，$○+□=a$ となるように Ⓑ で $○=a+b$，$□=-b$ とおくと

$|a|\leqq|a+b|+|-b|$　…… Ⓒ

ここで，$|-b|=|b|$ であるから，Ⓒ の右辺は Ⓐ の右辺に一致し，うまくいく。

(3) は，(1) の結果を繰り返し 2 回使うことで，証明することができる。

参考　(1), (3) の不等式は **三角不等式** と呼ばれる，数学界では重要な不等式である。

● 例題 30 の不等式の等号成立条件について

(1)　等号が成り立つのは，解答の ㋐ で等号が成り立つときである。
すなわち $|ab|=ab$ から，$ab\geqq 0$ のときである。　← $ab<0$ のときは $|ab|>ab$

(2)　等号が成り立つのは，(1) の等号成立条件 $ab\geqq 0$ において，a の代わりに $a+b$，b の代わりに $-b$ とおいた，$(a+b)(-b)\geqq 0$ すなわち $b(a+b)\leqq 0$ のときである。

(3)　等号が成り立つのは，(1) の等号成立条件 $ab\geqq 0$ において，b の代わりに $b+c$ とおいた $a(b+c)\geqq 0$，かつ a の代わりに c とおいた $bc\geqq 0$ のときである。
$a(b+c)\geqq 0$ ならば　$(a\geqq 0$ かつ $b+c\geqq 0)$　または　$(a\leqq 0$ かつ $b+c\leqq 0)$
また，$bc\geqq 0$ ならば　$(b\geqq 0$ かつ $c\geqq 0)$　または　$(b\leqq 0$ かつ $c\leqq 0)$
よって，$a\geqq 0$，$b\geqq 0$，$c\geqq 0$　または　$a\leqq 0$，$b\leqq 0$，$c\leqq 0$ のときである。

重要例題 31 不等式の証明の拡張

次の不等式が成り立つことを証明せよ。

(1) $a \geqq b$, $x \geqq y$ のとき　$(a+b)(x+y) \leqq 2(ax+by)$

(2) $a \geqq b \geqq c$, $x \geqq y \geqq z$ のとき　$(a+b+c)(x+y+z) \leqq 3(ax+by+cz)$

基本 30

(1) 大小比較は差を作る　条件の $a \geqq b$, $x \geqq y$ を，それぞれ $a-b \geqq 0$, $x-y \geqq 0$ として証明に利用する。

(2) (1)と同じように大小比較をしてもよいが，(1)と(2)は文字数が違うだけで形は同じ。そこで，似た問題は 結果を利用　の方針でいく。

本問では，(2)を証明するために，(2)の簡単な場合の設問(1)がある。すなわち，(1)が(2)のヒントになっているともいえる。

解答

(1) $a \geqq b$, $x \geqq y$ であるから

$$2(ax+by)-(a+b)(x+y)$$
$$=ax+by-ay-bx=a(x-y)-b(x-y)$$
$$=(a-b)(x-y) \geqq 0$$

よって　$2(ax+by) \geqq (a+b)(x+y)$　…… ①

(2) (1)と同様にして，$a \geqq b \geqq c$, $x \geqq y \geqq z$ であるから

$b \geqq c$, $y \geqq z$ から　$2(by+cz) \geqq (b+c)(y+z)$　…… ②

$a \geqq c$, $x \geqq z$ から　$2(ax+cz) \geqq (a+c)(x+z)$　…… ③

①, ②, ③ の辺々を加えて

$$2(ax+by)+2(by+cz)+2(ax+cz)$$
$$\geqq (a+b)(x+y)+(b+c)(y+z)+(a+c)(x+z)$$
$$=(a+b)(x+y)+b(y+z)+c(y+z)+a(x+z)+c(x+z)$$
$$=(a+b)(x+y)+(a+b)z+c(x+y+z)+(ax+by+cz)$$
$$=(a+b)(x+y+z)+c(x+y+z)+(ax+by+cz)$$
$$=(a+b+c)(x+y+z)+(ax+by+cz)$$

よって

$$4(ax+by+cz) \geqq (a+b+c)(x+y+z)+(ax+by+cz)$$

すなわち　$(a+b+c)(x+y+z) \leqq 3(ax+by+cz)$

◀(右辺)−(左辺)≧0 を示す。

◀$a-b \geqq 0$, $x-y \geqq 0$

◀等号は $a=b$ または $x=y$ のとき成立。

(2) (右辺)−(左辺) の方針でいくと，差は $(a-b)(x-y)+(b-c)(y-z)+(c-a)(z-x)$ と変形でき，$\geqq 0$ がいえる。

注意
(2)の不等式について，「$a=b$ または $x=y$」かつ「$b=c$ または $y=z$」かつ「$c=a$ または $z=x$」のときに等号が成り立つ。よって，$a=b=c$ または $x=y=z$ が等号の成立条件。

練習 ③ 31
(1) 次の不等式を証明せよ。

(ア) $a^2+b^2+c^2 \geqq ab+bc+ca$　　(イ) $a^4+b^4+c^4 \geqq abc(a+b+c)$

(2) 次の不等式が成り立つことを証明せよ。

(ア) $x \geqq 0$, $y \geqq 0$ のとき　$\dfrac{x}{1+x}+\dfrac{y}{1+y} \geqq \dfrac{x+y}{1+x+y}$

(イ) $x \geqq 0$, $y \geqq 0$, $z \geqq 0$ のとき　$\dfrac{x}{1+x}+\dfrac{y}{1+y}+\dfrac{z}{1+z} \geqq \dfrac{x+y+z}{1+x+y+z}$

p.64 EX 20

基本 例題 32 (相加平均)≧(相乗平均)の利用

a, b は正の数とする。次の不等式が成り立つことを証明せよ。また，等号が成り立つのはどのようなときか。

(1) $a+\dfrac{4}{a}\geqq 4$ (2) $\left(a+\dfrac{1}{b}\right)\left(b+\dfrac{4}{a}\right)\geqq 9$

p.51 基本事項 5 重要 33

大小比較は差を作る の方針で証明してもよいが，次の **相加平均と相乗平均の大小関係** を利用することもできる。

$a>0$, $b>0$ のとき $\dfrac{a+b}{2}\geqq\sqrt{ab}$ 　**等号は $a=b$ のとき成り立つ**

（$a+b\geqq 2\sqrt{ab}$ の形がよく使われる。）

(2) 左辺を展開すると，(1) と似た部分が現れ，同様に処理できる。なお，$a+\dfrac{1}{b}\geqq 2\sqrt{\dfrac{a}{b}}$, $b+\dfrac{4}{a}\geqq 2\sqrt{\dfrac{4b}{a}}$ として，辺々掛け合わせると，うまくいかない（$p.60$ 参照）。

解答

(1) $a>0$, $\dfrac{4}{a}>0$ であるから，(相加平均)≧(相乗平均) により $a+\dfrac{4}{a}\geqq 2\sqrt{a\cdot\dfrac{4}{a}}=2\cdot 2=4$

よって $a+\dfrac{4}{a}\geqq 4$

等号が成り立つのは $a=\dfrac{4}{a}$ すなわち $a=2$ のとき。

別解 $\left(a+\dfrac{4}{a}\right)-4=\dfrac{a^2+4-4a}{a}=\dfrac{(a-2)^2}{a}\geqq 0$

したがって $a+\dfrac{4}{a}\geqq 4$

等号が成り立つのは，$a=2$ のとき である。

(2) (左辺)$=ab+4+1+\dfrac{4}{ab}=ab+\dfrac{4}{ab}+5$

$ab>0$, $\dfrac{4}{ab}>0$ であるから，(相加平均)≧(相乗平均) により $ab+\dfrac{4}{ab}\geqq 2\sqrt{ab\cdot\dfrac{4}{ab}}=2\cdot 2=4$

よって $\left(a+\dfrac{1}{b}\right)\left(b+\dfrac{4}{a}\right)=ab+\dfrac{4}{ab}+5\geqq 4+5=9$

等号が成り立つのは $ab=\dfrac{4}{ab}$ すなわち $ab=2$ のとき。

検討

文字が正，和に対し，積が定数 などの特徴をもつとき，(相加平均)≧(相乗平均) がよく使われる。

◀$a=\dfrac{4}{a}$ から $a^2=4$
$a>0$ であるから $a=2$
これは次のように考えてもよい。
等号が成り立つとき
$a=\dfrac{4}{a}$ かつ $a+\dfrac{4}{a}=4$
ゆえに $a+a=4$
よって $a=2$
(2) の場合も，等号が成り立つとき $ab=\dfrac{4}{ab}$ かつ
$ab+\dfrac{4}{ab}=4$
ゆえに $ab+ab=4$
よって $ab=2$

練習 ② 32 a, b は正の数とする。次の不等式が成り立つことを証明せよ。また，等号が成り立つのはどのようなときか。

(1) $a+2+\dfrac{9}{a+2}\geqq 6$ (2) $\left(a+\dfrac{2}{b}\right)\left(b+\dfrac{8}{a}\right)\geqq 18$

参考事項 相加平均と相乗平均の大小関係

1 等号付き不等式（≧ または ≦ が付いたもの）について

不等式 $x \geqq y$ は，「$\boldsymbol{x>y}$ または $\boldsymbol{x=y}$」という意味である。つまり，$x>y$ と $x=y$ のどちらか一方が成り立てばよい。例えば，$1 \geqq 1$ という式があっても，これは正しい不等式である。

また，$x^2+1 \geqq 0$ は正しい不等式であるが，等号が成り立つ x の値は存在しない。この意味では，等号が付いた不等式の証明問題で，問題で要求されていない限り，等号成立条件を言及する必要はないともいえる。

しかし，等号が成立する場合が意味をもつこともあるので，余裕があるときは必ずチェックするようにしたい。

2 （相加平均）≧（相乗平均）の等号成立条件

> $\boldsymbol{a>0}$，$\boldsymbol{b>0}$ **のとき** $\dfrac{\boldsymbol{a+b}}{\boldsymbol{2}} \geqq \sqrt{\boldsymbol{ab}}$ **等号は $\boldsymbol{a=b}$ のとき成り立つ。**

この大小関係を上手に使うと，不等式が容易に証明できることがあるが，**等号成立条件に注意** しないと，うまくいかないことがある。次の 2 つの例を見てみよう。
なお，$a>0$，$b>0$ とする。

例1 $\left(1+\dfrac{b}{a}\right)\left(1+\dfrac{a}{b}\right) \geqq 4$ の証明

（相加平均）≧（相乗平均）により

$1+\dfrac{b}{a} \geqq 2\sqrt{\dfrac{b}{a}}$ …… ①，$1+\dfrac{a}{b} \geqq 2\sqrt{\dfrac{a}{b}}$ …… ②

辺々掛けて $\left(1+\dfrac{b}{a}\right)\left(1+\dfrac{a}{b}\right) \geqq 4$ …… Ⓐ

例2 $\left(a+\dfrac{1}{b}\right)\left(b+\dfrac{4}{a}\right) \geqq 9$ の証明　←基本例題 32 (2) の不等式

（相加平均）≧（相乗平均）により

$a+\dfrac{1}{b} \geqq 2\sqrt{\dfrac{a}{b}}$ …… ③，$b+\dfrac{4}{a} \geqq 2\sqrt{\dfrac{4b}{a}}$ …… ④

辺々掛けて $\left(a+\dfrac{1}{b}\right)\left(b+\dfrac{4}{a}\right) \geqq 8$ …… Ⓑ

例1 の証明はうまくいったのに，例2 ではうまくいかない。この違いはどこにあるのだろうか？　その理由は，等号成立条件にある。

例1 の ①，② の等号はともに $a=b$ のときに成り立つから，不等式 Ⓐ の等号も $a=b$ のときに成り立つ。よって，証明もうまくいったのである。

一方，例2 で，③ の等号は $ab=1$ のときに成り立つのに対し，④ の等号は $ab=4$ のときに成り立つが，$ab=1$ と $ab=4$ を同時に満たす正の数 a，b は存在しない。
よって，Ⓑ は不等式としては正しいが，等号が成り立つ（$=8$ となる）ことはない。

3 図形による（相加平均）≧（相乗平均）の証明

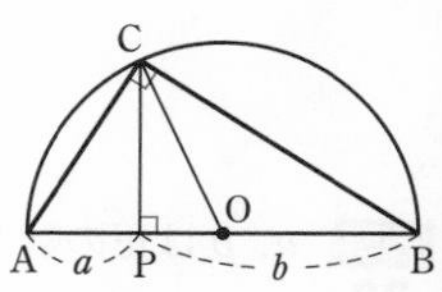

右の図で，$\mathrm{AP}=a$，$\mathrm{BP}=b$，半円の中心を O とする。
$\triangle \mathrm{APC} \backsim \triangle \mathrm{CPB}$ から　$\mathrm{AP}:\mathrm{PC}=\mathrm{CP}:\mathrm{PB}$
よって　$\mathrm{PC}^2=\mathrm{AP}\cdot\mathrm{PB}=ab$　ゆえに　$\mathrm{PC}=\sqrt{ab}$
（円の半径）≧PC であるから　$\dfrac{a+b}{2} \geqq \sqrt{ab}$
等号が成り立つのは，点 P と点 O が一致するとき，すなわち $a=b$ のときである。

重要例題 33 (相加平均)≧(相乗平均)と最大・最小

(1) $x>0$ のとき，$x+\dfrac{16}{x+2}$ の最小値を求めよ。 〔類 九州産大〕

(2) $x>0,\ y>0$ とする。$(3x+2y)\left(\dfrac{3}{x}+\dfrac{2}{y}\right)$ の最小値を求めよ。

基本 32

指針 最小値であるから，(1)であれば，$x+\dfrac{16}{x+2}\geqq\square$ … ① となる □ を求めることになる。

よって，例題 32 と同様に **(相加平均)≧(相乗平均)** を利用して，不等式 ① を証明するつもりで考える。

(1)では，2つの項の積が定数となるように，「$x+2$」の項を作り出す。

(2)では，式を展開すると，積が定数となる2つの項が現れる。

解答

(1) $x+\dfrac{16}{x+2}=x+2+\dfrac{16}{x+2}-2$

$x>0$ より $x+2>0$ であるから，(相加平均)≧(相乗平均)

により $x+2+\dfrac{16}{x+2}\geqq2\sqrt{(x+2)\cdot\dfrac{16}{x+2}}=2\cdot4=8$

ゆえに $x+\dfrac{16}{x+2}\geqq6$

等号が成り立つのは，$x+2=\dfrac{16}{x+2}$ のときである。

このとき $(x+2)^2=16$ $x+2>0$ であるから $x=2$

したがって **$x=2$ のとき最小値 6**

(2) $(3x+2y)\left(\dfrac{3}{x}+\dfrac{2}{y}\right)=9+\dfrac{6x}{y}+\dfrac{6y}{x}+4=13+6\left(\dfrac{x}{y}+\dfrac{y}{x}\right)$

$x>0,\ y>0$ より，$\dfrac{x}{y}>0,\ \dfrac{y}{x}>0$ であるから，

(相加平均)≧(相乗平均)により

$$\frac{x}{y}+\frac{y}{x}\geqq2\sqrt{\frac{x}{y}\cdot\frac{y}{x}}=2$$

よって $13+6\left(\dfrac{x}{y}+\dfrac{y}{x}\right)\geqq13+6\cdot2=25$

等号が成り立つのは，$\dfrac{x}{y}=\dfrac{y}{x}$ のときである。

このとき $x^2=y^2$ $x>0,\ y>0$ であるから $x=y$

したがって **$x=y$ のとき最小値 25**

◀ $x+2$ を作り出す。

◀ $x+2=\dfrac{16}{x+2}$ かつ $x+2+\dfrac{16}{x+2}=8$ ゆえに $2(x+2)=8$ として求めてもよい。

検討
$3x+2y\geqq2\sqrt{6xy}$ と $\dfrac{3}{x}+\dfrac{2}{y}\geqq2\sqrt{\dfrac{6}{xy}}$ の辺々を掛け合わせてもうまくいかない(p.60 参照)。

練習 ③ 33

(1) $a>0$ のとき，$a-2+\dfrac{2}{a+1}$ の最小値を求めよ。

(2) $a>0,\ b>0$ のとき，$(2a+3b)\left(\dfrac{8}{a}+\dfrac{3}{b}\right)$ の最小値を求めよ。 (2)〔大阪工大〕

p.64 EX21

基本 例題 34 多くの式の大小比較 ①①①①①

$a>0$, $b>0$, $a \neq b$ のとき，$\dfrac{a+b}{2}$, $\sqrt{ab}$, $\dfrac{2ab}{a+b}$, $\sqrt{\dfrac{a^2+b^2}{2}}$ の大小を比較せよ。

基本 27，29，32

指針 4つの式の大小を，2つずつ（${}_4C_2=$）6通り全部比較するのは面倒である。
そこで，$a>0$, $b>0$ を満たす数 $a=1$, $b=3$ を代入してみると

$$\frac{a+b}{2}=2,\ \sqrt{ab}=\sqrt{3},\ \frac{2ab}{a+b}=\frac{3}{2},\ \sqrt{\frac{a^2+b^2}{2}}=\sqrt{5}$$

よって，$\dfrac{2ab}{a+b}<\sqrt{ab}<\dfrac{a+b}{2}<\sqrt{\dfrac{a^2+b^2}{2}}$ であると **予想がつく。**
この予想をもとに，2つずつ大小関係を決めていく。

CHART 多くの式の大小比較　予想して証明する

解答

$$\sqrt{ab}-\frac{2ab}{a+b}=\frac{\sqrt{ab}(a+b)-2ab}{a+b}=\frac{\sqrt{ab}(a+b-2\sqrt{ab})}{a+b}$$

$$=\frac{\sqrt{ab}(\sqrt{a}-\sqrt{b})^2}{a+b}>0$$

よって　$\sqrt{ab}>\dfrac{2ab}{a+b}$ …… ①

$a \neq b$ と（相加平均）≧（相乗平均）により

$$\frac{a+b}{2}>\sqrt{ab} \quad \cdots\cdots ②$$

$$\left(\sqrt{\frac{a^2+b^2}{2}}\right)^2-\left(\frac{a+b}{2}\right)^2=\frac{a^2+b^2}{2}-\frac{(a+b)^2}{4}=\frac{(a-b)^2}{4}>0$$

$\sqrt{\dfrac{a^2+b^2}{2}}>0$, $\dfrac{a+b}{2}>0$ から　$\sqrt{\dfrac{a^2+b^2}{2}}>\dfrac{a+b}{2}$ … ③

①～③ から　$\boldsymbol{\dfrac{2ab}{a+b}<\sqrt{ab}<\dfrac{a+b}{2}<\sqrt{\dfrac{a^2+b^2}{2}}}$

◀ $ab=(\sqrt{ab})^2$

◀ $\sqrt{ab}>0$, $\sqrt{a}-\sqrt{b} \neq 0$ から　$(\sqrt{a}-\sqrt{b})^2>0$

◀ $a \neq b$ から，等号不成立。

◀ $\sqrt{\ }$ を含むから，**平方の差** を比較。$a-b \neq 0$

◀ **$a \neq b$ のとき。**

参考 上の例題において，$a=b$ のときは，①，②，③ それぞれで $>$ を $=$ におき換えた等式が成り立つ。すなわち　**$a=b$ のとき**　$\boldsymbol{\dfrac{2ab}{a+b}=\sqrt{ab}=\dfrac{a+b}{2}=\sqrt{\dfrac{a^2+b^2}{2}}}$ …… Ⓐ

また，$\dfrac{2ab}{a+b}=\dfrac{2}{\dfrac{1}{a}+\dfrac{1}{b}}$ は逆数の相加平均の逆数である。これを **調和平均** という。

上の例題の結果と Ⓐ から，一般に，$a>0$, $b>0$ に対して次のことが成り立つ。

（調和平均）≦（相乗平均）≦（相加平均）（等号が成り立つのは $a=b$ のとき）

練習 ③ 34

(1) $0<a<b$, $a+b=1$ のとき，$\dfrac{1}{2}$, a, b, $2ab$, a^2+b^2 の大小を比較せよ。

(2) $0<a<b<c<d$ のとき，$\dfrac{a}{d}$, $\dfrac{c}{b}$, $\dfrac{ac}{bd}$, $\dfrac{a+c}{b+d}$ の大小を比較せよ。

p.64 EX 22

参考事項 相加平均・相乗平均・調和平均について

相加平均，相乗平均，調和平均について，**(調和平均)≦(相乗平均)≦(相加平均)** が成り立つ。ここで，それぞれの平均の具体例などを見てみよう。

1 相加平均，相乗平均，調和平均の性質

$a>0$，$b>0$ として，a と b の相加平均を m_1，相乗平均を m_2，調和平均を m_3 とする。

	相加平均 m_1	相乗平均 m_2	調和平均 m_3
定義式	$m_1=\dfrac{a+b}{2}$	$m_2=\sqrt{ab}$	$m_3=\dfrac{2}{\dfrac{1}{a}+\dfrac{1}{b}}=\dfrac{2ab}{a+b}$
具体例	1回目のテストで60点，2回目のテストで40点をとったとき，平均点は $\dfrac{60+40}{2}=50$ (点)	ある選手の2年目の年俸が，1年目の年俸の4.5倍，3年目の年俸が2年目の年俸の2倍であったとき，1年当たりの平均倍率は $\sqrt{4.5\times2}=3$ (倍)	同じ道を行きは時速6 km，帰りは時速3 km で移動するとき，平均速度は時速 $\dfrac{2}{\dfrac{1}{6}+\dfrac{1}{3}}=4$ (km) … (*)
関係式	$m_1-a=b-m_1$ $[(m_1-a):(b-m_1)=1:1]$	$a:m_2=m_2:b$ $[(m_2-a):(b-m_2)=\sqrt{a}:\sqrt{b}]$	$\dfrac{1}{m_3}-\dfrac{1}{a}=\dfrac{1}{b}-\dfrac{1}{m_3}$ $[(m_3-a):(b-m_3)=a:b]$

(*) $\dfrac{6+3}{2}=4.5$ ではないことに注意。例えば1 km の道を，行きは $\dfrac{1}{6}$ 時間，帰りは $\dfrac{1}{3}$ 時間かかったとした場合，往復2 km で $\dfrac{1}{6}+\dfrac{1}{3}\left(=\dfrac{1}{2}\right)$ 時間かかったことになるから，平均速度は時速 $\dfrac{2}{\dfrac{1}{6}+\dfrac{1}{3}}$ km となる。

2 一般の相加平均・相乗平均とその関係式

一般に，正の数 a_1，a_2，……，a_n について，

$\dfrac{a_1+a_2+a_3+\cdots\cdots+a_n}{n}$ を **相加平均**，$\sqrt[n]{a_1a_2\cdots\cdots a_n}$ を **相乗平均**

という。ここで，$\sqrt[n]{a}$ は正の数 a に対し，n 乗して a になる正の実数を表す。

すなわち，$a>0$ のとき　$x=\sqrt[n]{a} \Longrightarrow x^n=a$　(詳しくは，第5章参照。)

このとき，すべての自然数 n に対して，**(相加平均)≧(相乗平均)** が成り立つ。また，この関係式で等号が成り立つのは $a_1=a_2=\cdots\cdots=a_n$ のときである。

例えば，**$n=2$ のときは**　$\dfrac{a_1+a_2}{2}\geqq\sqrt{a_1a_2}$　← これまで扱ってきた相加平均と相乗平均の関係式

$n=3$ のときは　$\dfrac{a_1+a_2+a_3}{3}\geqq\sqrt[3]{a_1a_2a_3}$　…… ①　となる。

なお，① については，$\sqrt[3]{a_1}=x$，$\sqrt[3]{a_2}=y$，$\sqrt[3]{a_3}=z$ $(x>0,\ y>0,\ z>0)$ とおき，等式 $x^3+y^3+z^3-3xyz=(x+y+z)(x^2+y^2+z^2-xy-yz-zx)$ で，(右辺)≧0 となることを示すことにより，証明することができる (各自示してみよ)。

EXERCISES

③18 (1) 0以上の実数 a, b, c が $a+b \geqq c$ を満たすとき, $\dfrac{a}{1+a}+\dfrac{b}{1+b} \geqq \dfrac{c}{1+c}$ が成り立つことを示せ。また, 等号が成り立つための条件を求めよ。

(2) 0以上の実数 a, b, c が $\dfrac{a}{1+a}+\dfrac{b}{1+b} \geqq \dfrac{c}{1+c}$ を満たすとき, $a+b \geqq c$ は成り立つか。成り立つならば証明し, 成り立たないならば反例をあげよ。

〔類 東北学院大〕

→27

③19 次の不等式が成り立つことを証明せよ。また, 等号が成り立つのはどのようなときか。

(1) $3(a^2+b^2+c^2) \geqq (a+b+c)^2$ 〔類 学習院大〕

(2) a, b, c が正の数のとき $\sqrt{\dfrac{a+b+c}{3}} \geqq \dfrac{\sqrt{a}+\sqrt{b}+\sqrt{c}}{3}$

(3) $a>0$, $b>0$ のとき $\left|\dfrac{a}{b}\sqrt{a}-\dfrac{b}{a}\sqrt{b}\right| \geqq |\sqrt{a}-\sqrt{b}|$ 〔愛媛大〕

→28〜30

③20 a, b, c, d は実数とする。次の不等式が成り立つことを証明せよ。

(1) $\dfrac{a^2+b^2}{2} \geqq \left(\dfrac{a+b}{2}\right)^2$ (2) $\dfrac{a^2+b^2+c^2+d^2}{4} \geqq \left(\dfrac{a+b+c+d}{4}\right)^2$ 〔類 富山県大〕

→31

④21 (1) 正の実数 x, y が $9x^2+16y^2=144$ を満たしているとき, xy の最大値は □ である。

(2) $x>1$ のとき, $4x^2+\dfrac{1}{(x+1)(x-1)}$ の最小値は ア□ で, そのときの x の値は イ□ である。

(3) $x>0$, $y>0$, $z>0$ とする。$\dfrac{1}{x}+\dfrac{2}{y}+\dfrac{3}{z}=\dfrac{1}{4}$ のとき, $x+2y+3z$ の最小値を求めよ。 〔(1), (2) 慶応大, (3) 神奈川大〕

→32, 33

③22 $a>\sqrt{2}$ を満たすとき, 次の3つの数を小さい方から順に並べよ。

$$\frac{a+2}{a+1},\quad \frac{a}{2}+\frac{1}{a},\quad \sqrt{2}$$

→34

HINT

18 (2) 反例をさがす場合は, (1)で(左辺)−(右辺)≧0 を導いたときの式に注目するとよい。

19 (1) (左辺)−(右辺)≧0 を示す。
(2) (左辺)>0, (右辺)>0 であるから, $(左辺)^2-(右辺)^2 \geqq 0$ を示す。

21 **(相加平均)≧(相乗平均)** を利用。 (2) $4x^2=4(x^2-1)+4$
(3) $(x+2y+3z)\left(\dfrac{1}{x}+\dfrac{2}{y}+\dfrac{3}{z}\right)$ を計算すると, $\dfrac{y}{x}+\dfrac{x}{y}$ などの形の式が現れる。

22 $a=2$ を代入してみると, 結果が予想できる。

数学Ⅱ 第2章

複素数と方程式

- 7 複　素　数
- 8 2次方程式の解と判別式
- 9 解と係数の関係，解の存在範囲
- 10 剰余の定理と因数定理
- 11 高次方程式

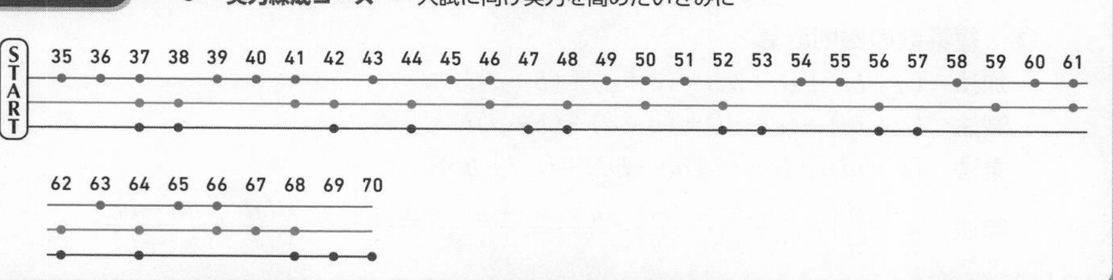

例題一覧

		番号	例題	難易度
7	基本	35	複素数の四則計算，負の数の平方根	①
	基本	36	複素数の相等条件	②
	基本	37	2乗して $6i$ になる複素数	③
	重要	38	i を含む複雑な式の計算	③
8	基本	39	2次方程式の解	①
	基本	40	2次方程式の解の判別	②
	基本	41	2つの2次方程式の解の判別	③
	重要	42	係数に虚数を含む2次方程式の解	④
9	基本	43	2次方程式の2解の対称式の値	②
	重要	44	解と係数の関係と式の値	③
	基本	45	2解の関係と係数の決定	②
	基本	46	2次・複2次式の因数分解	②
	重要	47	因数分解ができるための条件	④
	重要	48	2次方程式の解と係数の関係と式の値	③
	基本	49	2次方程式の作成 (1)	①
	基本	50	2次方程式の作成 (2)	②
	基本	51	2次方程式の実数解の符号	②
	基本	52	2次方程式の解の存在範囲	③
	重要	53	2次方程式の整数解と解と係数の関係	④
10	基本	54	割り算と係数の決定	②
	基本	55	剰余の定理利用による余りの問題 (1)	②
	基本	56	剰余の定理利用による余りの問題 (2)	③
	重要	57	高次式を割ったときの余り	⑤
	基本	58	高次式の因数分解	②
	基本	59	高次式の値	③
11	基本	60	高次方程式の解法 (1)	②
	基本	61	高次方程式の解法 (2)	②
	重要	62	4次の相反方程式	③
	基本	63	1の3乗根とその性質	②
	基本	64	x^2+x+1 で割ったときの余り	③
	基本	65	方程式の解から係数決定 (1)	②
	基本	66	方程式の解から係数決定 (2)	②
	基本	67	3次方程式が2重解をもつ条件	③
	重要	68	3次の対称式の値	③
	重要	69	3次方程式の作成	③
	重要	70	高次不等式の解法	④

7 複素数

基本事項

注意 以下，$a+bi$ や $c+di$ などでは，文字 a，b，c，d は実数を表す。

1 複素数

① 複素数 $a+bi\begin{cases}\text{実数 } a & (b=0)\\ \text{虚数 } a+bi & (b\neq 0)\end{cases}$ 特に 純虚数 bi $(a=0,\ b\neq 0)$

② 複素数の相等 $a+bi=c+di \iff a=c,\ b=d$

特に $a+bi=0 \iff a=0,\ b=0$

2 複素数の計算

① **共役な複素数** $a+bi$ と $a-bi$ を，互いに **共役な複素数** という。

互いに共役な複素数の和と積は実数である。

② **複素数の四則計算**

加法 $(a+bi)+(c+di)=(a+c)+(b+d)i$

減法 $(a+bi)-(c+di)=(a-c)+(b-d)i$

乗法 $(a+bi)(c+di)=(ac-bd)+(ad+bc)i$

除法 $\dfrac{c+di}{a+bi}\left[=\dfrac{(c+di)(a-bi)}{(a+bi)(a-bi)}=\dfrac{ac-bci+adi-bdi^2}{a^2-(bi)^2}\right]=\dfrac{ac+bd}{a^2+b^2}+\dfrac{ad-bc}{a^2+b^2}i$

α，β が複素数のとき $\alpha\beta=0 \iff \alpha=0$ または $\beta=0$

3 負の数の平方根

$a>0$ のとき $\sqrt{-a}=\sqrt{a}\,i$ 特に $\sqrt{-1}=i$

負の数 $-a$ の平方根は $\pm\sqrt{-a}$ すなわち $\pm\sqrt{a}\,i$

解説

■複素数

$i^2=-1$ を満たす1つの数 i を **虚数単位** といい，2つの実数 a，b を用いて $a+bi$ と表される数を **複素数** という。a をその **実部**，b を **虚部** という。

◀ i は英語 imaginary の頭文字である。

■複素数の計算

互いに **共役(きょうやく)な複素数** $a+bi$ と $a-bi$ の和，積はそれぞれ

$(a+bi)+(a-bi)=2a,\qquad (a+bi)(a-bi)=a^2-b^2i^2=a^2+b^2$

なお，複素数 α と共役な複素数を $\overline{\alpha}$ と表す。

◀ $2a$，a^2+b^2 はともに実数。

■複素数の四則計算

i を文字のように扱い，i^2 は -1 でおき換え，結果も $a+bi$ の形で表すことが多い。また，**2** の ② から，**2つの複素数の和・差・積・商はまた複素数である** ことがわかる。

■負の数の平方根

$\sqrt{-3}$ は2乗して -3 になる虚数 $\pm\sqrt{3}\,i$ のうち，$+\sqrt{3}\,i$ を表すことにする。一般に，$a>0$ のとき $\sqrt{-a}=\sqrt{a}\,i$ と定める。

$x^2=-a$ $(a>0)$ の解は $x=\pm\sqrt{a}\,i$

◀負の数 $-a$ の平方根は $\pm\sqrt{a}\,i$

基本例題 35 複素数の四則計算，負の数の平方根

次の計算をせよ。

(1) $(4+5i)-(3-2i)$　(2) $(2+i)^2$　(3) $(2+\sqrt{-5})(3-\sqrt{-5})$

(4) $\dfrac{2+5i}{3-2i}$　(5) $\dfrac{3+2i}{2+i}-\dfrac{i}{1-2i}$

p.66 基本事項 2，3　重要 38

指針 複素数の計算は，i を普通の文字のように考えて計算 して，i^2 が出てきたときは，$i^2=-1$ とおき換えればよい。

(3) $a>0$ のとき　$\sqrt{-a}=\sqrt{a}\,i$　に従って，$\sqrt{負の数}$ は i で表してから計算 する。

(4) 除法では，無理数の分母の有理化と同じように，**分母の実数化**を考える。それには，分母 $3-2i$ と共役な複素数 $3+2i$ を分母・分子に掛ければよい。

分母の実数化

$$\frac{1}{○+△i}=\frac{○-△i}{(○+△i)(○-△i)}$$

(5) まず，各分数の分母を実数化する。

解答

(1) $(4+5i)-(3-2i)=4+5i-3+2i=(4-3)+(5+2)i$
$=\mathbf{1+7i}$

◀ i を普通の文字と考えて計算する。

(2) $(2+i)^2=4+4i+i^2=4+4i+(-1)=\mathbf{3+4i}$

◀ $i^2=-1$

(3) $(2+\sqrt{-5})(3-\sqrt{-5})$
$=(2+\sqrt{5}\,i)(3-\sqrt{5}\,i)$
$=2\cdot3-2\sqrt{5}\,i+3\sqrt{5}\,i-(\sqrt{5})^2i^2$
$=6+\sqrt{5}\,i-5\cdot(-1)$
$=\mathbf{11+\sqrt{5}\,i}$

◀ $a>0$ のとき $\sqrt{-a}=\sqrt{a}\,i$

◀ $i^2=-1$

(4) $\dfrac{2+5i}{3-2i}=\dfrac{(2+5i)(3+2i)}{(3-2i)(3+2i)}=\dfrac{6+4i+15i+10i^2}{9-4i^2}$
$=\dfrac{6+19i+10\cdot(-1)}{9-4\cdot(-1)}=\dfrac{-4+19i}{13}=\mathbf{-\dfrac{4}{13}+\dfrac{19}{13}i}$

◀分母・分子に分母と共役な複素数を掛ける。

◀ $i^2=-1$

(5) $\dfrac{3+2i}{2+i}-\dfrac{i}{1-2i}=\dfrac{(3+2i)(2-i)}{(2+i)(2-i)}-\dfrac{i(1+2i)}{(1-2i)(1+2i)}$
$=\dfrac{6-3i+4i-2i^2}{4-i^2}-\dfrac{i+2i^2}{1-4i^2}$
$=\dfrac{6+i-2\cdot(-1)}{4-(-1)}-\dfrac{i+2\cdot(-1)}{1-4\cdot(-1)}$
$=\dfrac{8+i}{5}-\dfrac{i-2}{5}=\dfrac{10}{5}=\mathbf{2}$

◀まず，分母を実数化する。

◀ $i^2=-1$

練習 ① 35 次の計算をせよ。

(1) $(5-3i)-(3-2i)$　(2) $(3-i)^2$　(3) $(\sqrt{-3}+2)(\sqrt{-3}-3)$

(4) $\dfrac{1+2i}{2-i}$　(5) $\dfrac{2-i}{3+i}-\dfrac{5+10i}{1-3i}$

p.77 EX23

基本例題 36 複素数の相等条件

次の等式を満たす実数 x，y の値を，それぞれ求めよ。

(1) $(4+2i)x+(1+4i)y+7=0$　　(2) $(x+2yi)(1+i)=3-2i$

p.66 基本事項 1　重要 42

指針 複素数の相等条件を利用する。
すなわち，a，b，c，d が実数のとき，

$$a+bi=c+di \iff a=c,\ b=d$$

特に　$a+bi=0 \iff a=0,\ b=0$

$a+bi=c+di$
実部●どうし
虚部▲どうし が等しい

(2) 左辺を展開し，両辺の実部，虚部を比較して x，y を求めてもよいが（別解参照），ここでは $x+2yi=\dfrac{3-2i}{1+i}$ と変形して，右辺を $a+bi$ の形に直す。

CHART 複素数の相等　実部，虚部を比較

解答

(1) 等式を変形すると

$$4x+y+7+2(x+2y)i=0$$

x，y は実数であるから，$4x+y+7$ と $2(x+2y)$ も実数である。

◀ i について整理。
◀ この断り書きは重要。

よって　$4x+y+7=0$ …… ①，$x+2y=0$ …… ②

◀（実部）$=0$，（虚部）$=0$

①，② を連立して解くと　$\boldsymbol{x=-2,\ y=1}$

(2) 等式の両辺を $1+i$ で割ると　$x+2yi=\dfrac{3-2i}{1+i}$

$$\frac{3-2i}{1+i}=\frac{(3-2i)(1-i)}{(1+i)(1-i)}=\frac{3-5i+2i^2}{1-i^2}=\frac{3-5i-2}{1+1}$$

$$=\frac{1}{2}-\frac{5}{2}i$$

であるから　$x+2yi=\dfrac{1}{2}-\dfrac{5}{2}i$

x，$2y$ は実数であるから　$x=\dfrac{1}{2}$，$2y=-\dfrac{5}{2}$

よって　$\boldsymbol{x=\dfrac{1}{2},\ y=-\dfrac{5}{4}}$

別解 (2) 左辺を変形して
$x-2y+(x+2y)i=3-2i$
$x-2y$，$x+2y$ は実数であるから
$x-2y=3, x+2y=-2$
よって
$\boldsymbol{x=\dfrac{1}{2},\ y=-\dfrac{5}{4}}$

検討 **実数であることの断り書き（解答の ＿＿）が必要な理由**

「$a+bi=c+di \iff a=c$ かつ $b=d$」が成り立つのは「a，b，c，d が実数のとき」であり，この条件がないと成立しない。例えば，$a=0$，$b=i$，$c=-1$，$d=0$ のとき，$a \neq c$，$b \neq d$ であるが，$a+bi=c+di=-1$ となってしまう。したがって，a，b，c，d が実数であることを確認して，きちんと記述することが大切である。

練習 ② 36 (1) 次の等式を満たす実数 x，y の値を，それぞれ求めよ。

(ア) $(3+2i)x+2(1-i)y=17-2i$　　(イ) $(1+xi)(3-7i)=1+yi$

(2) $\dfrac{1+xi}{3+i}$ が (ア) 実数 (イ) 純虚数 となるように，実数 x の値を定めよ。

基本 例題 37 2 乗して $6i$ になる複素数

①①①①① (難易度)

2 乗すると $6i$ になるような複素数 z を求めよ。

基本 35, 36

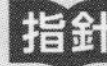

指針

1 $z=x+yi$（x, y は実数）とする。
2 $z^2=6i$ すなわち $(x+yi)^2=6i$ の左辺を展開し，i について整理する。
3 前ページと同じように，次の **複素数の相等条件** を利用して x, y の値を求める。

$$a+bi=c+di \iff a=c,\ b=d \quad (a,\ b,\ c,\ d \text{ は実数})$$

CHART i のある計算　$i^2=-1$ に気をつけて，i について整理

解答

$z=x+yi$（x, y は実数）とすると
$$z^2=(x+yi)^2=x^2+2xyi+y^2i^2$$
$$=x^2-y^2+2xyi$$
$z^2=6i$ のとき　$x^2-y^2+2xyi=6i$
x, y は実数であるから，x^2-y^2 と $2xy$ も実数である。
したがって　$x^2-y^2=0$ …… ①，$2xy=6$ …… ②
① から　$(x+y)(x-y)=0$
よって　$y=\pm x$ …… ③
[1]　$y=x$ のとき，② から　$x^2=3$
　すなわち　$x=\pm\sqrt{3}$
　$y=x$ であるから　$x=\sqrt{3}$ のとき　$y=\sqrt{3}$，
　$x=-\sqrt{3}$ のとき　$y=-\sqrt{3}$
[2]　$y=-x$ のとき，② から　$x^2=-3$
　これを満たす実数 x は存在しない。
以上から　$z=\sqrt{3}+\sqrt{3}\,i$, $-\sqrt{3}-\sqrt{3}\,i$

注意 ② で，$xy=3>0$ であるから，x と y は同符号である。ゆえに，③ において $y=-x$ となることはない。

◀___をきちんと書く。
◀$i^2=-1$
◀実部，虚部がそれぞれ等しい。
◀$x+y=0$ または $x-y=0$
◀（複号同順）を用いて，次のように書いてもよい。
$x=\pm\sqrt{3}$, $y=\pm\sqrt{3}$　（複号同順）
または
$(x,\ y)=(\pm\sqrt{3},\ \pm\sqrt{3})$　（複号同順）

検討

虚数では大小関係や，正・負は考えない

虚数にも，実数と同じような大小関係があると仮定し，例えば，$i>0$ とする。
この両辺に i を掛けると，$i\times i>0\times i$ すなわち $i^2>0$ となるが，実際には $i^2=-1$ であるから，これは矛盾である。一方，$i<0$ としても同じように，$i^2>0$ となって矛盾が生じる。
更に，$i\neq 0$ であることは明らかである。
よって，i を正の数，0，負の数のいずれかに分類することはできない。
したがって，正の数，負の数というときには，数は実数を意味する。
また，特に断りがない場合でも，設問で $2a+1>3b-2$ のような不等式が与えられたら，文字 a, b は実数であると考えてよい。

練習 ③ 37　2 乗すると i になるような複素数 z を求めよ。　［類　愛媛大］

p.77 EX24

重要例題 38　i を含む複雑な式の計算

次の計算をせよ。

(1)　$(1-i)^{10}$　　(2)　$i+i^2+i^3+\cdots\cdots+i^{35}$

基本 35

指針　(1)　二項定理やパスカルの三角形を使って展開することもできるが（$p.14$ 基本例題 1 参照），i を含む式の n 乗の式の計算は，**まず $n=2$，3，…… と順に計算し，結果が簡単になる場合を見つける** とよい。その結果や指数法則 $a^{mn}=(a^m)^n$ も利用して計算を進める。

(2)　i^2，i^3，i^4，…… と計算して，その結果に注目。$i+i^2+\cdots\cdots+i^{●}=0$ となる場合があるので，それを利用する。

CHART　i を含む式の累乗　順に計算し，簡単になる結果を利用

解答

(1)　$(1-i)^2=1-2i+i^2=1-2i-1=-2i$

よって　$(1-i)^{10}=\{(1-i)^2\}^5=(-2i)^5=(-2)^5i^5$

$=-32(i^2)^2i=-32(-1)^2i=\boldsymbol{-32i}$

◀ $i^5=i^4\cdot i$ として $i^4=1$ を利用してもよい。

別解　$(1-i)^4=\{(1-i)^2\}^2=(-2i)^2=4i^2=-4$

◀結果が実数になる。

ゆえに　$(1-i)^{10}=(1-i)^2(1-i)^8=-2i(-4)^2=\boldsymbol{-32i}$

◀ $(1-i)^8=\{(1-i)^4\}^2$

(2)　$i^2=-1$，$i^3=i^2\cdot i=-i$，$i^4=(i^2)^2=(-1)^2=1$ から

$i+i^2+i^3+i^4=i-1-i+1=0$

よって　$i+i^2+i^3+\cdots\cdots+i^{35}$

$=(i+i^2+i^3+i^4)+i^4(i+i^2+i^3+i^4)$

$+i^8(i+i^2+i^3+i^4)+\cdots\cdots$

$+i^{28}(i+i^2+i^3+i^4)+i^{33}+i^{34}+i^{35}$

$=i^{32}(i+i^2+i^3)=(i^4)^8(i-1-i)=1^8\cdot(-1)$

$=\boldsymbol{-1}$

◀4 項ずつ区切る。35 を 4 で割ると余りは 3 であるから，最後は 3 つの項の和 $i^{33}+i^{34}+i^{35}$ となる。

検討　**i^n の周期性**

i^n を $n=1$ から順に計算すると，次のようになる。

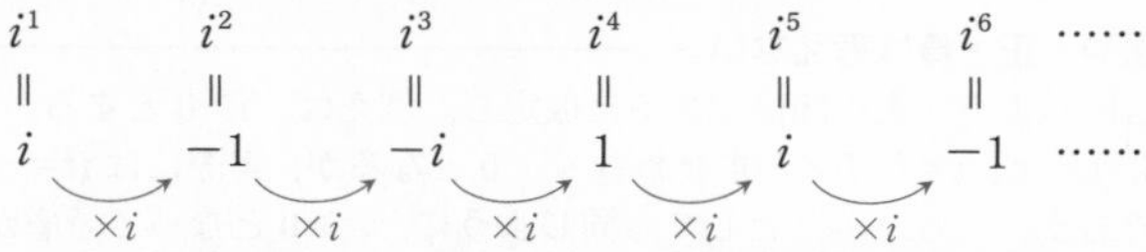

$i^4=1$ となり，i^5 以降は **i，-1，$-i$，1 の 4 数の組の繰り返し** になる。

また，$\boldsymbol{i+i^2+i^3+i^4=0}$ であるから，n を自然数とすると，次のように n の値に関係なく 4 項の和は 0 になる。

$$i^n+i^{n+1}+i^{n+2}+i^{n+3}=i^{n-1}(i+i^2+i^3+i^4)=i^{n-1}\cdot 0=0$$

◀ $n\geqq 2$（$n=1$ のときも結果は同じ）

$$\frac{1}{i^n}+\frac{1}{i^{n+1}}+\frac{1}{i^{n+2}}+\frac{1}{i^{n+3}}=\frac{i^3+i^2+i+1}{i^{n+3}}=\frac{0}{i^{n+3}}=0$$

◀ $1=i^4$

練習　③ **38**　次の計算をせよ。

(1)　$(\sqrt{3}+i)^8$　　(2)　$i-i^2+i^3-i^4+\cdots\cdots+i^{49}-i^{50}$

p.77 EX 25

8 2次方程式の解と判別式

基本事項

1 2次方程式の解の公式

2次方程式 $\boldsymbol{ax^2+bx+c=0}$ (a, b, c は実数) の解は　$\boldsymbol{x=\dfrac{-b\pm\sqrt{b^2-4ac}}{2a}}$

特に，$\boldsymbol{b=2b'}$ のとき　$\boldsymbol{x=\dfrac{-b'\pm\sqrt{b'^2-ac}}{a}}$

2 判別式

2次方程式 $ax^2+bx+c=0$ (a, b, c は実数) において，b^2-4ac を，この2次方程式の **判別式** といい，$\boldsymbol{D}$ で表す。すなわち　$\boldsymbol{D=b^2-4ac}$

2次方程式 $ax^2+bx+c=0$ の解と，その判別式 D について，次のことが成り立つ。

[2次方程式の解の種類の判別]

$\boldsymbol{D>0}$ ⟺ **異なる2つの実数解をもつ**

$\boldsymbol{D=0}$ ⟺ **重解をもつ**

$\boldsymbol{D<0}$ ⟺ **異なる2つの虚数解をもつ** (2つの虚数解は互いに共役な複素数)

解　説

2次方程式 $ax^2+bx+c=0$ …… ① とする。

■ **2次方程式の解の公式**

$ax^2+bx+c=a\left(x+\dfrac{b}{2a}\right)^2-\dfrac{b^2-4ac}{4a}$ から　$\left(x+\dfrac{b}{2a}\right)^2=\dfrac{b^2-4ac}{4a^2}$

数の範囲を複素数にまで広げて考えると，$b^2-4ac<0$ の場合も平方根が求められる。

ゆえに　$x+\dfrac{b}{2a}=\pm\dfrac{\sqrt{b^2-4ac}}{2a}$　　よって　$x=\dfrac{-b\pm\sqrt{b^2-4ac}}{2a}$

この式で $b=2b'$ とおくと　$x=\dfrac{-2b'\pm\sqrt{4(b'^2-ac)}}{2a}=\dfrac{-b'\pm\sqrt{b'^2-ac}}{a}$

■ **判別式**

方程式の解のうちで，実数であるものを **実数解**，虚数であるものを **虚数解** という。

$D=b^2-4ac$ であるから，2次方程式 ① の解は　$x=\dfrac{-b\pm\sqrt{D}}{2a}$　したがって

D の符号	$D>0$	$D=0$	$D<0$
解の種類	異なる2つの実数解	重解(実数解)	異なる2つの虚数解

注意　D は判別式を意味する discriminant の頭文字である。

また，$b=2b'$ のとき，$\boldsymbol{\dfrac{D}{4}=b'^2-ac}$ を用いても，解を判別できる。

(本書では，$\dfrac{D}{4}$ を $D/4$ と書くこともある。)

◀ $b^2-4ac=4b'^2-4ac$
$=4(b'^2-ac)$

なお，$b^2-4ac<0$ のとき，$\sqrt{b^2-4ac}=\sqrt{-(b^2-4ac)}\,i$ であり，① の2つの虚数解は互いに **共役な複素数** である。

◀ $-(b^2-4ac)>0$ となる。

基本 例題 39 2次方程式の解

次の2次方程式を解け。

(1) $3x^2+5x-2=0$　(2) $2x^2+5x+4=0$　(3) $\frac{1}{10}x^2-\frac{1}{5}x+\frac{1}{2}=0$

(4) $(\sqrt{3}-1)x^2+2x+(\sqrt{3}+1)=0$

p.71 基本事項 1

指針 2次方程式を解くには

[1] **因数分解**（たすき掛け） または [2] **解の公式**（必ず解ける）

による。

(3) 分母 10，5，2 の最小公倍数 10 を両辺に掛けて，**係数を整数** にする。

(4) 両辺に $\sqrt{3}+1$ を掛けて，x^2 の係数を整数にすると解きやすい。

解答

(1) 左辺を因数分解して　$(x+2)(3x-1)=0$

よって　$\boldsymbol{x=-2,\ \frac{1}{3}}$

(2) $x=\frac{-5\pm\sqrt{5^2-4\cdot2\cdot4}}{2\cdot2}=\frac{-5\pm\sqrt{-7}}{4}=\boldsymbol{\frac{-5\pm\sqrt{7}\,i}{4}}$

(3) 両辺に 10 を掛けて　$x^2-2x+5=0$

よって　$x=-(-1)\pm\sqrt{(-1)^2-1\cdot5}=1\pm\sqrt{-4}$

$\boldsymbol{=1\pm2i}$

(4) 両辺に $\sqrt{3}+1$ を掛けて

$2x^2+2(\sqrt{3}+1)x+(\sqrt{3}+1)^2=0$

よって　$x=\frac{-(\sqrt{3}+1)\pm\sqrt{(\sqrt{3}+1)^2-2(\sqrt{3}+1)^2}}{2}$

$=\frac{-(\sqrt{3}+1)\pm\sqrt{-(\sqrt{3}+1)^2}}{2}$

$\boldsymbol{=\frac{-(\sqrt{3}+1)\pm(\sqrt{3}+1)i}{2}}$

◀ 1 ╳ 2 → 6
3 ╳ −1 → −1
3　−2　5

◀解は **共役な複素数**。

(3), (4) では，$b=2b'$ の場合の解の公式を適用。

◀そのまま解の公式に代入すると，分母が $\sqrt{3}-1$ となるため煩雑になる。よって，x^2 の係数を整数にする。

◀$A>0$ のとき
$\sqrt{-A^2}=\sqrt{A^2}\,i=Ai$

検討

方程式の係数と解

2次方程式 $ax^2+bx+c=0$ において，上の例題の (4) のように，その係数 a，b，c が無理数の場合もあるが，多くの場合，2次方程式の係数として考えるのは実数までである。なお，今後，特に断りがない場合は，方程式の **係数はすべて実数とし**（虚数を係数とするものは考えない），方程式の **解は複素数の範囲で考える** ものとする。

練習 ① **39** 次の2次方程式を解け。

(1) $4x^2-8x+3=0$　(2) $3x^2-5x+4=0$　(3) $2x(3-x)=2x+3$

(4) $\frac{1}{2}x^2+\frac{1}{4}x-\frac{1}{3}=0$　(5) $(2+\sqrt{3})x^2+2(\sqrt{3}+1)x+2=0$

基本例題 40 2次方程式の解の判別

次の2次方程式の解の種類を判別せよ。ただし，k は定数とする。

(1) $3x^2-5x+3=0$ (2) $2x^2-(k+2)x+k-1=0$

(3) $x^2+2(k-1)x-k^2+4k-3=0$

p.71 基本事項 2

指針 2次方程式 $ax^2+bx+c=0$ の解の種類は，解を求めなくても，**判別式 D の符号** だけで判別できる。

2次方程式の解の判別
- $D>0 \iff$ 異なる2つの実数解
- $D=0 \iff$ 重　解 $\left(重解は\ x=-\dfrac{b}{2a}\right)$
- $D<0 \iff$ 異なる2つの虚数解

(2), (3) 文字係数の2次方程式の場合も，解の種類の判別方針は，(1)と変わらないが，D が k の2次式で表され，**k の値による場合分け** が必要となることがある。

解答

与えられた2次方程式の判別式を D とすると

(1) $D=(-5)^2-4\cdot3\cdot3=-11<0$

よって，**異なる2つの虚数解をもつ。**

(2) $D=\{-(k+2)\}^2-4\cdot2(k-1)$
$=k^2+4k+4-8(k-1)$
$=k^2-4k+12=(k-2)^2+8$

ゆえに，すべての実数 k について　$D>0$

よって，**異なる2つの実数解をもつ。**

◀ $\{-(k+2)\}^2$ の部分は，$(-1)^2=1$ なので，$(k+2)^2$ と書いてもよい。

(3) $\dfrac{D}{4}=(k-1)^2-1\cdot(-k^2+4k-3)=2k^2-6k+4$
$=2(k^2-3k+2)=2(k-1)(k-2)$

◀ $ax^2+2b'x+c=0$ では $\dfrac{D}{4}=b'^2-ac$ を利用する。

よって，方程式の解は次のようになる。

$D>0$ すなわち **$k<1$，$2<k$ のとき**
異なる2つの実数解

◀ $\alpha<\beta$ のとき $(x-\alpha)(x-\beta)>0 \iff x<\alpha,\ \beta<x$

$D=0$ すなわち **$k=1$，2 のとき**
重解

$D<0$ すなわち **$1<k<2$ のとき**
異なる2つの虚数解

◀ $\alpha<\beta$ のとき $(x-\alpha)(x-\beta)<0 \iff \alpha<x<\beta$

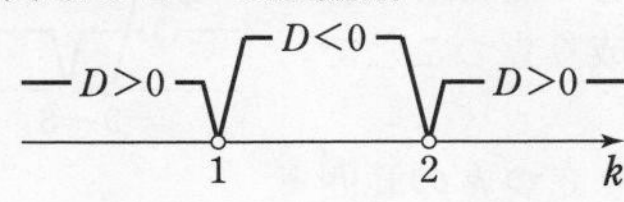

練習 40 ② 次の2次方程式の解の種類を判別せよ。ただし，k は定数とする。

(1) $x^2-3x+1=0$ (2) $4x^2-12x+9=0$ (3) $-13x^2+12x-3=0$

(4) $x^2-(k-3)x+k^2+4=0$ (5) $x^2-(k-2)x+\dfrac{k}{2}+5=0$

基本例題 41 2つの2次方程式の解の判別

①①①①①

k は定数とする。次の2つの2次方程式

$$x^2-kx+k^2-3k=0 \cdots\cdots ①,\quad (k+8)x^2-6x+k=0 \cdots\cdots ②$$

について，次の条件を満たす k の値の範囲をそれぞれ求めよ。

(1) ①，②のうち，少なくとも一方が虚数解をもつ。

(2) ①，②のうち，一方だけが虚数解をもつ。

基本 40

指針 ②については，2次方程式であるから，x^2 の係数について，$\boldsymbol{k+8 \neq 0}$ に注意。

①，②の判別式をそれぞれ D_1，D_2 とすると，求める条件は

(1) $D_1<0$ または $D_2<0$ ⟶ 解を 合わせた範囲（和集合）

(2) ($D_1<0$ かつ $D_2 \geqq 0$) または ($D_1 \geqq 0$ かつ $D_2<0$) であるが，数学Ⅰでも学習したように，$D_1<0$，$D_2<0$ の **一方だけが成り立つ** 範囲を求めた方が早い。

…… チャート式基礎からの数学Ⅰ＋A $p.200$ 参照。

CHART 連立不等式　解のまとめは数直線

解答

②の2次の係数は0でないから　$k+8 \neq 0$ すなわち $k \neq -8$

このとき，①，②の判別式をそれぞれ D_1，D_2 とすると

$$D_1=(-k)^2-4(k^2-3k)=-3k^2+12k=-3k(k-4)$$

$$\frac{D_2}{4}=(-3)^2-(k+8)k=-k^2-8k+9$$
$$=-(k+9)(k-1)$$

◀普通，2次方程式 $ax^2+bx+c=0$ というときは，特に断りがない限り，2次の係数 a は0でないと考える。

(1) 求める条件は，$k \neq -8$ のもとで

$D_1<0$ または $D_2<0$

$D_1<0$ から　$k(k-4)>0$　　ゆえに　$k<0$，$4<k$

$k \neq -8$ であるから

$k<-8$，$-8<k<0$，$4<k$ …… ③

$D_2<0$ から　$(k+9)(k-1)>0$

よって　$k<-9$，$1<k$ …… ④

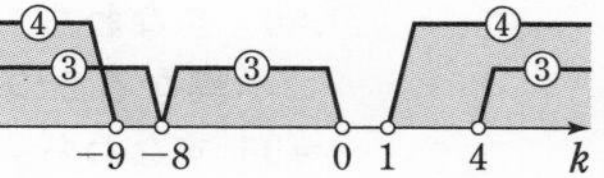

求める k の値の範囲は，③と④の範囲を合わせて　$\boldsymbol{k<-8,\ -8<k<0,\ 1<k}$

(2) ①，②の一方だけが虚数解をもつための条件は，$D_1<0$，$D_2<0$ の一方だけが成り立つことである。

ゆえに，③，④の一方だけが成り立つ k の範囲を求めて　$\boldsymbol{-9 \leqq k<-8,\ -8<k<0,\ 1<k \leqq 4}$

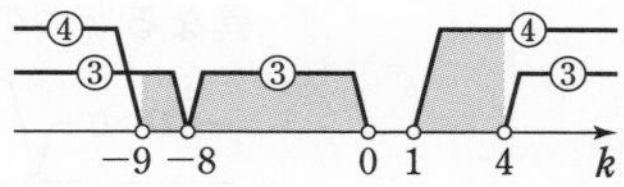

練習 ③ 41 2次方程式 $x^2+4ax+5-a=0$ …… ①，$x^2+3x+3a^2=0$ …… ② について，次の条件を満たす定数 a の値の範囲を求めよ。〔久留米大〕

(1) ①，②がどちらも実数解をもたない。

(2) ①，②の一方だけが虚数解をもつ。

p.77 EX 26, 27

重要例題 42 係数に虚数を含む2次方程式の解

x の方程式 $(i+1)x^2+(k+i)x+ki+1=0$ が実数解をもつとき，実数 k の値を求めよ。ただし，$i^2=-1$ とする。

〔類 専修大〕 基本 36

指針 実数解をもつことから，判別式 $D \geqq 0$ を利用したいところだが，判別式が使えるのは，**係数が実数のときに限る。**

そこで，実数解を α とすると　$(i+1)\alpha^2+(k+i)\alpha+ki+1=0$　……★

i について整理すると　$(\alpha^2+k\alpha+1)+(\alpha^2+\alpha+k)i=0$

ここで，**複素数の相等条件**　A，B が実数のとき　$A+Bi=0 \Longleftrightarrow A=0,\ B=0$

を利用する。

解答

方程式の実数解を $x=\alpha$ とすると

$$(i+1)\alpha^2+(k+i)\alpha+ki+1=0$$

i について整理すると　$(\alpha^2+k\alpha+1)+(\alpha^2+\alpha+k)i=0$

$\alpha^2+k\alpha+1$，$\alpha^2+\alpha+k$ は実数であるから

$$\alpha^2+k\alpha+1=0 \ \cdots\cdots\ ①,\quad \alpha^2+\alpha+k=0 \ \cdots\cdots\ ②$$

①−② から　$(k-1)\alpha+1-k=0$

よって　$(k-1)(\alpha-1)=0$　ゆえに　$k=1$ または $\alpha=1$

[1] $k=1$ のとき，①，② はともに　$\alpha^2+\alpha+1=0$

判別式を D とすると　$D=1^2-4\cdot1\cdot1=-3$

$D<0$ であるから，α は虚数解となり，条件に適さない。

[2] $\alpha=1$ のとき，② から　$k=-2$

これは ① も満たす。

したがって　$\boldsymbol{k=-2}$

別解 [①，② を導くところまでは同じ]

② から　$k=-\alpha^2-\alpha$ …… ③

① に代入して整理すると　$\alpha^3-1=0$

ゆえに　$(\alpha-1)(\alpha^2+\alpha+1)=0$

α は実数であるから　$\alpha^2+\alpha+1=\left(\alpha+\dfrac{1}{2}\right)^2+\dfrac{3}{4}>0$

よって　$\alpha-1=0$　すなわち　$\alpha=1$

このとき，③ から　$\boldsymbol{k=-2}$

◀指針___……★ の方針。係数に虚数を含む方程式で実数解に関する条件を調べるときは，実数解を α などとおいて進める。

◀A，B が実数のとき $A+Bi=0 \Longleftrightarrow A=0,\ B=0$

◀実数 α に対して $\left(\alpha+\dfrac{1}{2}\right)^2+\dfrac{3}{4}>0$ であることから示してもよい。

◀これは，高次方程式（α の3次方程式）。高次方程式の解法は，$p.101$ 以後を参照。

検討 判別式が使える条件

2次方程式 $ax^2+bx+c=0$ の解の種類を判別するときは，判別式 $D=b^2-4ac$ を利用して考えるが，そのとき，**係数 a，b，c が実数であるという条件を忘れてはいけない。**

例えば，方程式 $ix^2+x=0$ に対し，判別式を適用すると $D=1^2-4\cdot i\cdot 0=1>0$ であり，異なる2つの実数解をもつことになる。しかし，方程式を解くと $x=0,\ i$ で，実数解と虚数解をもつ。

練習 ④ 42 k を実数の定数，$i=\sqrt{-1}$ を虚数単位とする。x の2次方程式 $(1+i)x^2+(k+i)x+3-3ki=0$ が純虚数解をもつとき，k の値を求めよ。〔摂南大〕

p.77 EX 28

参考事項　複素数係数の 2 次方程式の解を求める

a, b, c を複素数，$a \neq 0$ とするとき，2 次方程式 $az^2+bz+c=0$ の解を求めることを考えてみよう。

例　2 次方程式 $z^2-2z-(1+2\sqrt{3}i)=0$ …… ① の解を求める。

仮に解の公式を使用してみると，次のようになる。

$$z=-(-1)\pm\sqrt{(-1)^2+(1+2\sqrt{3}i)}=1\pm\sqrt{2+2\sqrt{3}i}$$

$\sqrt{}$ 内は虚数になり，これ以上変形できない。

◀ $\sqrt{A}$ は A が実数の場合しか定義されていない。

しかし，平方完成による式変形を行うと，次のようにして解を求めることができる。

解答　① の左辺を平方完成すると　$(z-1)^2-1^2-(1+2\sqrt{3}i)=0$

よって　$(z-1)^2=2+2\sqrt{3}i$

$z-1=p+qi$（p, q は実数）とすると

◀ $p.69$ 基本例題 **37** と同様。

$(p+qi)^2=2+2\sqrt{3}i$

よって　$p^2-q^2+2pqi=2+2\sqrt{3}i$

p^2-q^2, pq は実数であるから　$p^2-q^2=2$, $pq=\sqrt{3}$ …… ②

変形すると　$p^2+(-q^2)=2$, $p^2(-q^2)=-3$

◀ $pq=\sqrt{3}$ の両辺を 2 乗して $p^2q^2=3 \Longleftrightarrow p^2(-q^2)=-3$

ゆえに，p^2, $-q^2$ は 2 次方程式 $t^2-2t-3=0$ の解である。

これを解くと，$(t+1)(t-3)=0$ から　$t=-1$, 3

$p^2 \geqq 0$, $-q^2 \leqq 0$ であるから　$p^2=3$, $-q^2=-1$　すなわち　$p^2=3$, $q^2=1$

更に，$pq=\sqrt{3}>0$ から，② を満たす p, q の値は　$p=\pm\sqrt{3}$, $q=\pm 1$（複号同順）

したがって，$z-1=\pm(\sqrt{3}+i)$ から，① の解は　$\boldsymbol{z=1\pm(\sqrt{3}+i)}$

[$z=1\pm(\sqrt{3}+i)$ を解にもつ 2 次方程式を作成し，それが ① と一致することを確かめてみよ。]

一般に，次の公式が成り立つ。この公式は，上の 解答 と同じようにして導くことができる。解答編 $p.39$, 40 の **検討** で説明したので，興味のある人は確認してほしい。

> 2 次方程式 $az^2+bz+c=0$（a, b, c は複素数，$a \neq 0$）の解は　$\boldsymbol{z=\dfrac{-b+(p+qi)}{2a}}$
>
> ただし，p, q は $D=b^2-4ac$ とするとき，$p^2-q^2=(D$ の実部$)$, $pq=\dfrac{(D \text{ の虚部})}{2}$
>
> を満たす実数とする。

この公式を使って，2 次方程式 ① の解を求めてみよう。

$D=(-2)^2-4\cdot1\cdot\{-(1+2\sqrt{3}i)\}=8+8\sqrt{3}i$ であるから，$p^2-q^2=8$, $pq=4\sqrt{3}$ とすると　$p^2+(-q^2)=8$, $p^2(-q^2)=-48$

よって，p^2, $-q^2$ は 2 次方程式 $t^2-8t-48=0$ の解である。

これを解くと，$(t+4)(t-12)=0$ から　$t=-4$, 12　ゆえに　$p^2=12$, $q^2=4$

$pq>0$ から　$(p, q)=(2\sqrt{3}, 2)$, $(-2\sqrt{3}, -2)$

したがって，① の解は　$z=\dfrac{-(-2)\pm(2\sqrt{3}+2i)}{2\cdot1}=\boldsymbol{1\pm(\sqrt{3}+i)}$　となり，確かに上の 解答 で求めた解と一致している。

③23　a，b を 0 でない実数とする。下の(1)，(2)の等式は $a>0$，$b>0$ の場合には成り立つが，それ以外の場合はどうか。次の各場合に分けて調べよ。

[1] $a>0$，$b<0$　　[2] $a<0$，$b>0$　　[3] $a<0$，$b<0$

(1) $\sqrt{a}\sqrt{b}=\sqrt{ab}$　　(2) $\dfrac{\sqrt{a}}{\sqrt{b}}=\sqrt{\dfrac{a}{b}}$　→35

③24　(1) $z^2=2+2\sqrt{3}\,i$ を満たす複素数 z を求めよ。［明治学院大］

(2) $z^3=65+142i$ を満たす複素数 z を求めよ。ただし，z の虚部，実部はともに自然数であるとする。→37

③25　(1) $(-1+\sqrt{3}\,i)^3$ の実部は ア□，虚部は イ□ である。

(2) n は自然数とする。$(-1+\sqrt{3}\,i)^n$ の実部と虚部がともに整数となるとき，n を 3 で割った余りは ウ□ である。→38

③26　(1) 2 つの 2 次方程式 $x^2+2ax+4a-3=0$，$5x^2-4ax+a=0$ のうち，少なくとも一方の 2 次方程式が実数解をもたないとき，定数 a の値の範囲を求めよ。

(2) 2 次方程式 $x^2-(8-a)x+12-ab=0$ が実数の定数 a の値にかかわらず実数解をもつときの定数 b の値の範囲を求めよ。［(1) 鹿児島経大，(2) 摂南大］

→41

③27　a，b，p，q を実数とする。3 つの 2 次方程式 $x^2+ax+b=0$ …… ①，$x^2+px+q=0$ …… ②，$2x^2+(a+p)x+b+q=0$ …… ③ について，次のことを証明せよ。

(1) ①，②，③ がすべて重解をもてば，$a=p$ かつ $b=q$ である。

(2) ①，② がともに虚数解をもてば，③ も虚数解をもつ。［東北学院大］→41

③28　i を虚数単位とする。a，b を実数とし，α を実数でない複素数とする。α が 2 次方程式 $x^2-2ax+b+1=0$ の解であり，$\alpha+1$ が 2 次方程式 $x^2-bx+5a+3=0$ の解であるという。このとき，a，b，α の値を求めよ。［法政大］→42

23　例えば，[1] の場合は $b=-b'$ $(b'>0)$ とおいて，a，b' で計算する。

24　**A，B が実数のとき　$A+Bi=0 \Longleftrightarrow A=0,\ B=0$**　を利用する。

(2) 整数 a，b，c について，$ab=c$ ならば，a は c の約数であることを利用。

25　(2) (1)の結果を利用。k を自然数とするとき，$n=3k$，$3k+1$，$3k+2$ のときの $(-1+\sqrt{3}\,i)^n$ を計算。

26　(2) 判別式 D は a の 2 次式 $f(a)$ で，$f(a)\geqq 0$ がすべての実数 a に対して成り立つ条件を求める。$a^2+pa+q\geqq 0$ がすべての実数 a に対して成り立つ条件は　$p^2-4q\leqq 0$

27　①，②，③ の判別式をそれぞれ D_1，D_2，D_3 とする。(1) $D_1=0$，$D_2=0$，$D_3=0$

(2) $D_1<0$，$D_2<0$　から導かれる等式・不等式を利用。

28　$x=\alpha$，$\alpha+1$ をそれぞれ方程式に代入。

9 解と係数の関係，解の存在範囲

基本事項

1，**2** では，2 次方程式 $ax^2+bx+c=0$ の 2 つの解を α，β とする。

1　2 次方程式の解と係数の関係　　$\boldsymbol{\alpha+\beta=-\dfrac{b}{a}}$，$\boldsymbol{\alpha\beta=\dfrac{c}{a}}$

2　2 次式の因数分解　　$\boldsymbol{ax^2+bx+c=a(x-\alpha)(x-\beta)}$

3　2 数を解とする 2 次方程式

2 数 α，β に対して，$\alpha+\beta=p$，$\alpha\beta=q$ とすると，α と β を解とする 2 次方程式の 1 つは　　$\boldsymbol{x^2-px+q=0}$

解　説

■ 2 次方程式の解と係数の関係

$D=b^2-4ac$ とすると，解の公式により，方程式の 2 つの解は

$\dfrac{-b+\sqrt{D}}{2a}$，$\dfrac{-b-\sqrt{D}}{2a}$ であるから

$$\alpha+\beta=\frac{-2b}{2a}=-\frac{b}{a},\quad \alpha\beta=\frac{(-b)^2-D}{4a^2}=\frac{4ac}{4a^2}=\frac{c}{a}$$

これを，2 次方程式の **解と係数の関係** という。

普通「2 次方程式の解 α，β」とか「2 次方程式の 2 つの解 α，β」と示した場合，$\alpha\neq\beta$ に限らず $\alpha=\beta$（重解）のときも含めるものとする。

◀解の公式から $x=\dfrac{-b\pm\sqrt{b^2-4ac}}{2a}$

◀解と係数の関係は，α，β が虚数のときも成り立つ。

■ 2 次式の因数分解

2 次方程式 $ax^2+bx+c=0$ の 2 つの解を α，β とするとき，解と係数の関係から　$\boldsymbol{ax^2+bx+c}=a\left(x^2+\dfrac{b}{a}x+\dfrac{c}{a}\right)=a\{x^2-(\alpha+\beta)x+\alpha\beta\}$

$$=\boldsymbol{a(x-\alpha)(x-\beta)}$$

この等式は，α，β が複素数の範囲で，常に成り立ち，x についての **恒等式** である。また，この恒等式から解と係数の関係を導くこともできる。

◀$\alpha+\beta=-\dfrac{b}{a}$，$\alpha\beta=\dfrac{c}{a}$

例　4 次式 x^4-9 を，次の数の範囲で因数分解すると

① **有理数の範囲** $\longrightarrow$ $x^4-9=(x^2)^2-3^2=\boldsymbol{(x^2+3)(x^2-3)}$

② **実数の範囲** $\longrightarrow$ $x^4-9=(x^2+3)\{x^2-(\sqrt{3})^2\}=\boldsymbol{(x^2+3)(x+\sqrt{3})(x-\sqrt{3})}$

③ **複素数の範囲** $\longrightarrow$ $x^4-9=\{x^2-(\sqrt{3}i)^2\}(x+\sqrt{3})(x-\sqrt{3})$

$$=\boldsymbol{(x+\sqrt{3}i)(x-\sqrt{3}i)(x+\sqrt{3})(x-\sqrt{3})}$$

■ 2 数を解とする 2 次方程式

2 数 α，β を解とする 2 次方程式は，x^2 の係数を 1 とすると

$$(x-\alpha)(x-\beta)=0 \quad すなわち \quad x^2-(\alpha+\beta)x+\alpha\beta=0$$

ここで，$\alpha+\beta=p$，$\alpha\beta=q$ とおくと　　$x^2-px+q=0$

よって，**和が p，積が q である 2 数を解とする 2 次方程式の 1 つは，$\boldsymbol{x^2-px+q=0}$** である。

◀$1\cdot(x-\alpha)(x-\beta)=0$（1 は x^2 の係数）

基本例題 43 2次方程式の2解の対称式の値

2次方程式 $x^2-2x+3=0$ の2つの解を α, β とする。次の式の値を求めよ。

(1) $(\alpha+1)(\beta+1)$　(2) $\alpha^2+\beta^2$　(3) $\alpha^3+\beta^3$　(4) $\dfrac{\beta}{\alpha-1}+\dfrac{\alpha}{\beta-1}$

p.78 基本事項 1

指針 (1)〜(4)の式はいずれも α, β の **対称式**（α, β を入れ替えても同じ式）である。
2次方程式の解 α, β と対称式の問題では，次のことが基本である。

基本対称式 $\alpha+\beta$, $\alpha\beta$ で表し，解と係数の関係を利用

(3) $\alpha^3+\beta^3=(\alpha+\beta)^3-3\alpha\beta(\alpha+\beta)$ を利用。
(4) 通分して，分母，分子を $\alpha+\beta$, $\alpha\beta$ で表す。

CHART α, β の対称式　$\alpha+\beta$, $\alpha\beta$ で表す

解答

解と係数の関係から　$\alpha+\beta=2$, $\alpha\beta=3$

(1) $(\alpha+1)(\beta+1)=\alpha\beta+(\alpha+\beta)+1=3+2+1=\mathbf{6}$

(2) $\alpha^2+\beta^2=(\alpha+\beta)^2-2\alpha\beta=2^2-2\cdot3=\mathbf{-2}$

(3) $\alpha^3+\beta^3=(\alpha+\beta)^3-3\alpha\beta(\alpha+\beta)=2^3-3\cdot3\cdot2=\mathbf{-10}$

(4) $$\frac{\beta}{\alpha-1}+\frac{\alpha}{\beta-1}=\frac{\beta(\beta-1)+\alpha(\alpha-1)}{(\alpha-1)(\beta-1)}=\frac{\alpha^2+\beta^2-(\alpha+\beta)}{\alpha\beta-(\alpha+\beta)+1}=\frac{-2-2}{3-2+1}=\mathbf{-2}$$

(1) 別解 α, β は方程式の解であるから
$x^2-2x+3=(x-\alpha)(x-\beta)$
$x=-1$ を両辺に代入すると　$6=(1+\alpha)(1+\beta)$

◀与式を通分する。

◀(2)から　$\alpha^2+\beta^2=-2$

検討 **次数を下げる**

α, β は方程式 $x^2-2x+3=0$ の解であるから

$\alpha^2-2\alpha+3=0$ …… ①,　$\beta^2-2\beta+3=0$ …… ②

ゆえに，α^2, β^2 はそれぞれ α, β の1次式で表す（**次数を下げる**）ことができるから，これを利用した(2), (3)の 別解 が考えられる。

(2) ①から　$\alpha^2=2\alpha-3$ …… ③,　②から　$\beta^2=2\beta-3$ …… ④
　よって　$\alpha^2+\beta^2=(2\alpha-3)+(2\beta-3)=2(\alpha+\beta)-6=2\cdot2-6=\mathbf{-2}$

(3) ③×α から　$\alpha^3=2\alpha^2-3\alpha$,　④×$\beta$ から　$\beta^3=2\beta^2-3\beta$
　よって　$\alpha^3+\beta^3=(2\alpha^2-3\alpha)+(2\beta^2-3\beta)=2(\alpha^2+\beta^2)-3(\alpha+\beta)$
　$=2\cdot(-2)-3\cdot2=\mathbf{-10}$

練習 ② 43 2次方程式 $2x^2+8x-3=0$ の2つの解を α, β とする。次の式の値を求めよ。

(1) $\alpha^2\beta+\alpha\beta^2$　(2) $2(3-\alpha)(3-\beta)$　(3) $\alpha^3+\beta^3$

(4) $\alpha^4+\beta^4$　(5) $\dfrac{1}{\alpha}+\dfrac{1}{\beta}$　(6) $\dfrac{\beta}{\alpha}+\dfrac{\alpha}{\beta}$

p.91 EX29〜31

重要例題 44 解と係数の関係と式の値 … 解のおき換えを利用 ③③③③

2 次方程式 $2x^2+4x+3=0$ の 2 つの解を α, β とする。このとき，
$(\alpha-1)(\beta-1)=$ ア□ であり，$(\alpha-1)^4+(\beta-1)^4=$ イ□ である。 〔慶応大〕

基本 43

指針 ③ $\alpha+\beta$, $\alpha\beta$ で表し，解と係数の関係の利用 の方針では，(イ) の計算が大変。
そこで，$\boldsymbol{\alpha-1=\gamma}$, $\boldsymbol{\beta-1=\delta}$（$\delta$ は「デルタ」と読む）…… ① **とおく** と，(ア) は $\gamma\delta$,
(イ) は $\gamma^4+\delta^4$ の値を求める問題となる。
ここで，① から　$\alpha=\gamma+1$, $\beta=\delta+1$ …… ②
また，α, β は $2x^2+4x+3=0$ …… ③ の解であるから，② を ③ に代入して整理すると　$2\gamma^2+8\gamma+9=0$,　$2\delta^2+8\delta+9=0$
すなわち，γ, δ は 2 次方程式 $2x^2+8x+9=0$ の解である。

解答

$\alpha-1=\gamma$, $\beta-1=\delta$ とおくと　$\alpha=\gamma+1$, $\beta=\delta+1$
α, β は $2x^2+4x+3=0$ の解であるから，γ, δ は 2 次方程式 $2(x+1)^2+4(x+1)+3=0$ …… ① の解である。
① の左辺を展開して整理すると

$$2x^2+8x+9=0$$

解と係数の関係から　$\gamma+\delta=-4$, $\gamma\delta=\dfrac{9}{2}$

(ア)　$(\alpha-1)(\beta-1)=\gamma\delta=\boldsymbol{\dfrac{9}{2}}$

(イ)　$(\alpha-1)^4+(\beta-1)^4=\gamma^4+\delta^4=(\gamma^2+\delta^2)^2-2\gamma^2\delta^2$

$$=\{(\gamma+\delta)^2-2\gamma\delta\}^2-2(\gamma\delta)^2$$

$$=\left\{(-4)^2-2\cdot\frac{9}{2}\right\}^2-2\left(\frac{9}{2}\right)^2$$

$$=(16-9)^2-\frac{81}{2}=\boldsymbol{\frac{17}{2}}$$

◀α, β に対し，$\alpha-1$, $\beta-1$ を解とする 2 次方程式を新たに作成する。そして，作成した方程式に対し，解と係数の関係を利用する。

◀$2x^2+4x+3$
$=2(x-\alpha)(x-\beta)$ の両辺に $x=1$ を代入して
$2\cdot1^2+4\cdot1+3$
$=2(1-\alpha)(1-\beta)$
これから求めてもよい。

検討 **おき換えないで解く**

上の解答のように，γ, δ とおき換えず，次のように答えてもよい。解と係数の関係より，
$\alpha+\beta=-2$, $\alpha\beta=\dfrac{3}{2}$ であるから　$(\alpha-1)(\beta-1)=\alpha\beta-(\alpha+\beta)+1=\dfrac{3}{2}-(-2)+1=\dfrac{9}{2}$
また　$(\alpha-1)+(\beta-1)=\alpha+\beta-2=-2-2=-4$
よって　$(\alpha-1)^2+(\beta-1)^2=\{(\alpha-1)+(\beta-1)\}^2-2(\alpha-1)(\beta-1)=(-4)^2-2\cdot\dfrac{9}{2}=7$
ゆえに　$(\alpha-1)^4+(\beta-1)^4=\{(\alpha-1)^2+(\beta-1)^2\}^2-2\{(\alpha-1)^2(\beta-1)^2\}=7^2-2\left(\dfrac{9}{2}\right)^2=\dfrac{17}{2}$
ここでも $\alpha-1$, $\beta-1$ を 1 つのかたまりとして見ることが大切である。

練習 ③ 44 2 次方程式 $x^2-3x+7=0$ の 2 つの解を α, β とする。このとき，
$(2-\alpha)(2-\beta)=$ ア□ であり，$(\alpha-2)^3+(\beta-2)^3=$ イ□ である。

基本例題 45 2解の関係と係数の決定

①①①①①

2次方程式 $x^2-6x+k=0$ について，次の条件を満たすように，定数 k の値を定めよ。

(1) 1つの解が他の解の2倍　　(2) 1つの解が他の解の2乗

p.78 基本事項 1

指針 解の公式から $x=3\pm\sqrt{9-k}$ として計算すると大変（特に(2)が面倒）。**解**の関係から**係数**（定数 k）の値を求めればよいのだから，**解と係数の関係** の利用を考える。

2つの解を α，β とすると　$\boldsymbol{\alpha+\beta=6,\ \alpha\beta=k}$ …… Ⓐ

(1) 1つの解が他の解の2倍であるから，$\beta=2\alpha$ とおいて Ⓐ に代入すると

$$\alpha+2\alpha=6,\ \alpha\cdot 2\alpha=k$$

よって，2つの解を α，β とせずに，最初から $\boldsymbol{\alpha}$，$\boldsymbol{2\alpha}$ と表せばよい。

(2)も同様で，最初から2つの解を $\boldsymbol{\alpha}$，$\boldsymbol{\alpha^2}$ と表して計算する。

CHART 解と係数の問題　**解と係数の関係を書き出す**

解答

(1) 2つの解は α，2α と表すことができる。

解と係数の関係から　$\alpha+2\alpha=6$，$\alpha\cdot 2\alpha=k$

すなわち　$3\alpha=6$，$2\alpha^2=k$

ゆえに　$\alpha=2$　このとき　$\boldsymbol{k=2\cdot 2^2=8}$

◀このとき，与式に $k=8$ を代入すると $x^2-6x+8=0$　$(x-2)(x-4)=0$ ゆえに　$x=2,\ 4$

(2) 2つの解は α，α^2 と表すことができる。

解と係数の関係から　$\alpha+\alpha^2=6$，　$\alpha\cdot\alpha^2=k$

すなわち　$\alpha^2+\alpha-6=0$ …… ①，　$\alpha^3=k$ …… ②

①から　$(\alpha-2)(\alpha+3)=0$　よって　$\alpha=2,\ -3$

②から　$\alpha=2$ のとき　$k=8$，$\alpha=-3$ のとき　$k=-27$

したがって　$\boldsymbol{k=8,\ -27}$

POINT 2解の表し方

1つが他の平方 $\longrightarrow \alpha,\ \alpha^2$

比が $p:q$ $\longrightarrow p\alpha,\ q\alpha\ (\alpha\neq 0)$

差が p $\longrightarrow \alpha,\ \alpha+p$

検討

検算

例えば，(2)において $k=-27$ のとき，$x^2-6x-27=0$ から　$(x+3)(x-9)=0$

ゆえに，$x=-3,\ 9$ となり，確かに1つの解9は他の解 -3 の2乗になる。

解答には書かなくてもよいが，このように検算して確認しておくとよい。

練習 ② 45

(1) 2次方程式 $x^2-(k-1)x+k=0$ の2つの解の比が $2:3$ となるとき，定数 k の値を求めよ。〔群馬大〕

(2) x の2次方程式 $x^2-2kx+k=0$（k は定数）が異なる2つの解 α，α^2 をもつとき，α の値を求めよ。〔千葉工大〕

p.91 EX32

基本例題 46 2次・複2次式の因数分解 ①①①①①

次の式を，複素数の範囲で因数分解せよ。

(1) $2x^2-3x+4$　　(2) x^4-64　　(3) x^4+4x^2+36

p.78 基本事項 2　重要 47, 48

指針 「複素数の範囲で」とは，「因数(1次式)の係数を複素数の範囲まで考えよ」ということ。

(1) 2次方程式 $ax^2+bx+c=0$ は，複素数の範囲で必ず解 α, β をもち

$$ax^2+bx+c=a(x-\alpha)(x-\beta)$$ と因数分解できる。

(2) $x^4=(x^2)^2$ とみる，(3) **平方の差に変形する** 方法で，**2次式×2次式** の形（係数は有理数または実数）に因数分解する。

後は，**2次式 =0 の解を利用** して，(1)と同じように因数分解すればよい。

CHART 2次・複2次式の因数分解　2次方程式の解 を利用

解答

(1) $2x^2-3x+4=0$ を解くと　　◀=0 とおいて解く。

$$x=\frac{3\pm\sqrt{(-3)^2-4\cdot2\cdot4}}{4}=\frac{3\pm\sqrt{23}\,i}{4}$$　　◀解の公式。

よって　$2x^2-3x+4=\mathbf{2\left(x-\frac{3+\sqrt{23}\,i}{4}\right)\left(x-\frac{3-\sqrt{23}\,i}{4}\right)}$　　◀括弧の前の2（x^2 の係数）を忘れないように。

(2) $x^4-64=(x^2)^2-8^2=(x^2+8)(x^2-8)$　　◀有理数の範囲の因数分解。

$x^2+8=0$ を解くと　$x=\pm2\sqrt{2}\,i$

$x^2-8=0$ を解くと　$x=\pm2\sqrt{2}$

よって　x^4-64

$$=\mathbf{(x+2\sqrt{2}\,i)(x-2\sqrt{2}\,i)(x+2\sqrt{2})(x-2\sqrt{2})}$$

(3) $x^4+4x^2+36=x^4+12x^2+36-8x^2$

$$=(x^2+6)^2-(2\sqrt{2}\,x)^2$$

$$=(x^2+2\sqrt{2}\,x+6)(x^2-2\sqrt{2}\,x+6)$$　　◀実数の範囲の因数分解。

$x^2+2\sqrt{2}\,x+6=0$ を解くと　$x=-\sqrt{2}\pm2i$　　◀解の公式による。

$x^2-2\sqrt{2}\,x+6=0$ を解くと　$x=\sqrt{2}\pm2i$

よって　x^4+4x^2+36

$$=\{x-(-\sqrt{2}+2i)\}\{x-(-\sqrt{2}-2i)\}$$　　◀符号を間違えないように。

$$\times\{x-(\sqrt{2}+2i)\}\{x-(\sqrt{2}-2i)\}$$

$$=\mathbf{(x+\sqrt{2}-2i)(x+\sqrt{2}+2i)(x-\sqrt{2}-2i)(x-\sqrt{2}+2i)}$$

検討

2次方程式は，複素数の範囲で常に解をもつ。したがって，複素数の範囲まで考えると，**2次式は常に1次式の積に因数分解できる** ことになる。なお，特に範囲が指定されていない場合，因数分解は普通有理数の範囲で行う。

練習 ② 46 次の式を，複素数の範囲で因数分解せよ。

(1) $\sqrt{3}\,x^2-2\sqrt{2}\,x+\sqrt{27}$　　(2) x^4-81　　(3) x^4+2x^2+49

重要例題 47 因数分解ができるための条件

$x^2+3xy+2y^2-3x-5y+k$ が x, y の1次式の積に因数分解できるとき，定数 k の値を求めよ。また，その場合に，この式を因数分解せよ。 ［東京薬大］

基本 46

指針 与式が x, y の1次式の積の形に因数分解できるということは，

$$(与式)=(ax+by+c)(px+qy+r)$$

の形に表されるということである。恒等式の性質を利用(検討 参照)してもよいが，ここでは，与式を **x の2次式** とみたとき，$=0$ とおいた x の2次方程式の **解が y の1次式** でなければならないと考えて，k の値を求めてみよう。

ポイントは，解が y の1次式であれば，解の公式における $\sqrt{\quad}$ 内が y についての **完全平方式** ［$(多項式)^2$ の形の多項式］ となることである。

解答

$P=x^2+3xy+2y^2-3x-5y+k$ とすると

$$P=x^2+3(y-1)x+2y^2-5y+k$$

◀ x^2 の係数が1であるから，x について整理した方がらくである。

$P=0$ を x についての2次方程式と考えると，解の公式から

$$x=\frac{-3(y-1)\pm\sqrt{9(y-1)^2-4(2y^2-5y+k)}}{2}$$

$$=\frac{-3(y-1)\pm\sqrt{y^2+2y+9-4k}}{2}$$

◀この2つの解を α, β とすると，複素数の範囲では $P=(x-\alpha)(x-\beta)$ と因数分解される。

P が x, y の1次式の積に因数分解できるためには，この解が y の1次式で表されなければならない。

よって，根号内の式 $y^2+2y+9-4k$ は完全平方式でなければならないから，$y^2+2y+9-4k=0$ の判別式を D とすると

$$\frac{D}{4}=1^2-(9-4k)=4k-8=0 \qquad ゆえに \qquad \boldsymbol{k=2}$$

◀**完全平方式**
$\Longleftrightarrow$ **$=0$ が重解をもつ**
$\Longleftrightarrow$ **判別式 $D=0$**

このとき $x=\dfrac{-3(y-1)\pm\sqrt{(y+1)^2}}{2}=\dfrac{-3y+3\pm(y+1)}{2}$

◀ $\sqrt{(y+1)^2}=|y+1|$ であるが，$\pm$ がついているから，$y+1$ の符号で分ける必要はない。

すなわち $x=-y+2,\ -2y+1$

よって $P=\{x-(-y+2)\}\{x-(-2y+1)\}$

$$=\boldsymbol{(x+y-2)(x+2y-1)}$$

検討 **恒等式の性質の利用**

$x^2+3xy+2y^2=(x+y)(x+2y)$ であるから，与式が x, y の1次式の積に因数分解できるとすると，$(与式)=(x+y+a)(x+2y+b)$ …… ① と表される。

① は，x と y の恒等式であり，右辺を展開して整理すると

$(与式)=x^2+3xy+2y^2+(a+b)x+(2a+b)y+ab$ となるから，両辺の係数を比較して

$a+b=-3,\ 2a+b=-5,\ ab=k$ 　　これから，k の値が求められる。

練習 47 ④ 次の2次式が x, y の1次式の積に因数分解できるように，定数 k の値を定めよ。また，その場合に，この式を因数分解せよ。

(1) $x^2+xy-6y^2-x+7y+k$ (2) $2x^2-xy-3y^2+5x-5y+k$

重要例題 48 2次方程式の解と係数の関係と式の値 ①①①①①

2次方程式 $x^2-mx+p=0$ の2つの解を α, β とし，2次方程式 $x^2-mx+q=0$ の2つの解を γ, δ（デルタと読む）とする。

(1) $(\gamma-\alpha)(\gamma-\beta)$ を p, q を用いて表せ。

(2) p, q が x の2次方程式 $x^2-(2n+1)x+n^2+n-1=0$ の解であるとき，$(\gamma-\alpha)(\gamma-\beta)(\delta-\alpha)(\delta-\beta)$ の値を求めよ。

基本 39, 46

指針 解と係数に関係した問題では，次の3つ（互いに同値）を使い分けることが重要。

1 **2次方程式 $ax^2+bx+c=0$ の2つの解が α, β**

2 $\alpha+\beta=-\dfrac{b}{a}$, $\alpha\beta=\dfrac{c}{a}$

3 $ax^2+bx+c=a(x-\alpha)(x-\beta)$

(1) $(\gamma-\alpha)(\gamma-\beta)$ の式を導きたいから，$x^2-mx+p=(x-\alpha)(x-\beta)$ であることを利用して考える。……★

(2) (1)と同様に，$(\delta-\alpha)(\delta-\beta)$ を p, q で表し，解と係数の関係を利用。

解答

(1) α, β は $x^2-mx+p=0$ の2つの解であるから

$$x^2-mx+p=(x-\alpha)(x-\beta)$$

この等式の両辺に $x=\gamma$ を代入して

$$\gamma^2-m\gamma+p=(\gamma-\alpha)(\gamma-\beta) \quad \cdots\cdots ①$$

また，γ は $x^2-mx+q=0$ の解であるから

$$\gamma^2-m\gamma+q=0$$

よって $\gamma^2-m\gamma=-q$

①に代入して $\boldsymbol{(\gamma-\alpha)(\gamma-\beta)=p-q}$

(2) δ も $x^2-mx+q=0$ の解であるから，(1)と同様にして

$$(\delta-\alpha)(\delta-\beta)=p-q$$

よって $(\gamma-\alpha)(\gamma-\beta)(\delta-\alpha)(\delta-\beta)=(p-q)^2$

ここで，p, q は $x^2-(2n+1)x+n^2+n-1=0$ の解であるから，解と係数の関係により

$$p+q=2n+1, \qquad pq=n^2+n-1$$

ゆえに
$$\begin{aligned}(p-q)^2&=(p+q)^2-4pq\\&=(2n+1)^2-4(n^2+n-1)\\&=5\end{aligned}$$

よって $\boldsymbol{(\gamma-\alpha)(\gamma-\beta)(\delta-\alpha)(\delta-\beta)=5}$

◀指針___……★ の方針。解の対称式の値では，この方針が役立つこともある。

◀$\gamma^2-m\gamma$ を消去。

◀(1)の γ を δ におき換えるだけで，まったく同じことがいえる。

◀指針の 2 を利用。

◀$(p-q)^2=p^2-2pq+q^2$
$=(p^2+2pq+q^2)-4pq$
$=(p+q)^2-4pq$

練習 ③ 48

(1) x の2次方程式 $(x-a)(x-b)-2x+1=0$ の解を α, β とする。このとき，$(x-\alpha)(x-\beta)+2x-1=0$ の解を求めよ。〔大阪経大〕

(2) 2次方程式 $(x-1)(x-2)+(x-2)x+x(x-1)=0$ の2つの解を α, β とするとき，$\dfrac{1}{\alpha\beta}+\dfrac{1}{(\alpha-1)(\beta-1)}+\dfrac{1}{(\alpha-2)(\beta-2)}$ の値を求めよ。

基本例題 49 2次方程式の作成 (1)

(1) $\dfrac{-1+\sqrt{5}\,i}{2}$, $\dfrac{-1-\sqrt{5}\,i}{2}$ を2つの解とする2次方程式を1つ作れ。

(2) 和が3, 積が3である2数を求めよ。

p.78 基本事項 3

指針 (1) **2次方程式の作成** 2数が与えられたら, まず2数の和・積を計算する。
2数 α, β を解とする2次方程式の1つは $(x-\alpha)(x-\beta)=0$

この左辺を展開すると $x^2-\underset{和}{(\alpha+\beta)}x+\underset{積}{\alpha\beta}=0$
↑マイナスに注意

(2) **和が p, 積が q** の2数を α, β とすると $\alpha+\beta=p$, $\alpha\beta=q$
したがって, 解と係数の関係から, 2次方程式 $x^2-\underset{和}{p}x+\underset{積}{q}=0$ の2つの解が求める2数となる。

解答

(1) 2数の和は $\dfrac{-1+\sqrt{5}\,i}{2}+\dfrac{-1-\sqrt{5}\,i}{2}=-1$,

2数の積は

$$\frac{-1+\sqrt{5}\,i}{2}\cdot\frac{-1-\sqrt{5}\,i}{2}=\frac{(-1)^2-(\sqrt{5}\,i)^2}{4}=\frac{3}{2}$$

よって, 求める2次方程式は $x^2+x+\dfrac{3}{2}=0$ …… ①

① の両辺を2倍して $\mathbf{2x^2+2x+3=0}$

(2) 2数を α, β とすると $\alpha+\beta=3$, $\alpha\beta=3$
したがって, α, β は2次方程式 $x^2-3x+3=0$ の2つの解である。

この2次方程式を解いて $x=\dfrac{3\pm\sqrt{3}\,i}{2}$

よって, 求める2数は $\mathbf{\dfrac{3+\sqrt{3}\,i}{2}}$, $\mathbf{\dfrac{3-\sqrt{3}\,i}{2}}$

◀ $\alpha=\dfrac{-1+\sqrt{5}\,i}{2}$, $\beta=\dfrac{-1-\sqrt{5}\,i}{2}$

◀これでも正解。

◀係数を整数にする。

◀ $x^2-(和)x+(積)=0$
$\alpha+\beta=3$, $\alpha\beta=3$ を連立して解くよりも早い。

検討 **2次方程式を作成する問題の答案**

(1) 解答の ① の両辺を4倍した $4x^2+4x+6=0$ なども誤りではないが, 2次方程式を求める問題では, その係数が最も簡単なものを考えるのが普通である。

(2) 上の解答では, 理解しやすくするために α, β を使ったが, 実際の答案では,
「和が3, 積が3である2数は2次方程式 $x^2-3x+3=0$ の解である」
としてもよい。

練習 ① **49** (1) 次の2数を解とする2次方程式を1つ作れ。

(ア) 3, -5 (イ) $2+\sqrt{5}$, $2-\sqrt{5}$ (ウ) $3+4i$, $3-4i$

(2) 和と積が次のようになる2数を求めよ。

(ア) 和が7, 積が3 (イ) 和が -1, 積が1

基本例題 50 2次方程式の作成(2)

(1) 2次方程式 $x^2-2x+3=0$ の2つの解を α, β とするとき，$\alpha+\dfrac{1}{\beta}$, $\beta+\dfrac{1}{\alpha}$ を解とする2次方程式を1つ作れ。 〔立教大〕

(2) 2次方程式 $x^2+px+q=0$ の2つの異なる実数解を α, β とするとき，2数 $\alpha+1$, $\beta+1$ が2次方程式 $x^2-3p^2x-2pq=0$ の解になっているという。このとき，実数の定数 p, q の値を求めよ。

基本 49

指針 解と係数の問題 **解と係数の関係を書き出す** に従って考える。

(1) まず，2次方程式 $x^2-2x+3=0$ について，解と係数の関係を書き出す。そして，2つの解の和と積を求め，$x^2-(\text{和})x+(\text{積})=0$ とする。

(2) 2つの2次方程式の解と係数の関係を書き出し，α, β, p, q についての連立方程式を解く。

解答

(1) 解と係数の関係から　$\alpha+\beta=2$, $\alpha\beta=3$　よって

$$\left(\alpha+\frac{1}{\beta}\right)+\left(\beta+\frac{1}{\alpha}\right)=\alpha+\beta+\frac{\alpha+\beta}{\alpha\beta}=2+\frac{2}{3}=\frac{8}{3}$$

$$\left(\alpha+\frac{1}{\beta}\right)\left(\beta+\frac{1}{\alpha}\right)=\alpha\beta+\frac{1}{\alpha\beta}+2=3+\frac{1}{3}+2=\frac{16}{3}$$

したがって，求める2次方程式の1つは

$$x^2-\frac{8}{3}x+\frac{16}{3}=0 \quad \text{すなわち} \quad \mathbf{3x^2-8x+16=0}$$

◀ $\alpha+\dfrac{1}{\beta}$, $\beta+\dfrac{1}{\alpha}$ の和と積は，α, β の対称式である。よって，基本対称式 $\alpha+\beta$, $\alpha\beta$ で表す。

◀ $x^2-(\text{和})x+(\text{積})=0$

(2) 実数解に関する条件から　$p^2-4q>0$ …… ①

2つの2次方程式において，解と係数の関係から

$\alpha+\beta=-p$ …… ②，$\alpha\beta=q$ …… ③，

$(\alpha+1)+(\beta+1)=3p^2$ …… ④，

$(\alpha+1)(\beta+1)=-2pq$ …… ⑤

② を ④ に代入して　$-p+2=3p^2$

よって　$(p+1)(3p-2)=0$　ゆえに　$p=-1,\ \dfrac{2}{3}$

⑤ から　$\alpha\beta+(\alpha+\beta)+1=-2pq$

②，③ を代入して　$q-p+1=-2pq$ …… (＊)

これから　$p=-1$ のとき $q=2$，$p=\dfrac{2}{3}$ のとき $q=-\dfrac{1}{7}$

① を満たすものを求めて　$\boldsymbol{p=\dfrac{2}{3},\ q=-\dfrac{1}{7}}$

◀ 1つ目の方程式の判別式 D について　$D>0$

◀ それぞれの方程式について，解と係数の関係を書き出す。

◀ $3p^2+p-2=0$

◀ (＊) に $p=-1,\ \dfrac{2}{3}$ を順に代入して解く。

練習 ② 50

(1) 2次方程式 $2x^2-4x+1=0$ の2つの解を α, β とするとき，$\alpha-\dfrac{1}{\alpha}$, $\beta-\dfrac{1}{\beta}$ を解とする2次方程式を1つ作れ。 〔類 立命館大〕

(2) 2次方程式 $x^2+px+q=0$ は，異なる2つの解 α, β をもつとする。2次方程式 $x^2+qx+p=0$ が2つの解 $\alpha(\beta-2)$, $\beta(\alpha-2)$ をもつとき，実数の定数 p, q の値を求めよ。 〔名城大〕

p.91 EX 33

基本事項

1 2次方程式の実数解の符号

2次方程式 $ax^2+bx+c=0$ の2つの解を α，β，判別式を $D=b^2-4ac$ とする。

① **$\alpha>0$ かつ $\beta>0 \Longleftrightarrow D\geqq0$ かつ $\alpha+\beta>0$ かつ $\alpha\beta>0$**

② **$\alpha<0$ かつ $\beta<0 \Longleftrightarrow D\geqq0$ かつ $\alpha+\beta<0$ かつ $\alpha\beta>0$**

③ **α と β が異符号 $\Longleftrightarrow \alpha\beta<0$**　　このとき，常に $D>0$ である。

2 2次方程式の実数解と実数 k の大小

2次方程式 $ax^2+bx+c=0$ の2つの解を α，β，判別式を D とする。

① **$\alpha>k$ かつ $\beta>k \Longleftrightarrow D\geqq0$ かつ $(\alpha-k)+(\beta-k)>0$ かつ $(\alpha-k)(\beta-k)>0$**

② **$\alpha<k$ かつ $\beta<k \Longleftrightarrow D\geqq0$ かつ $(\alpha-k)+(\beta-k)<0$ かつ $(\alpha-k)(\beta-k)>0$**

③ **k が α と β の間 $\Longleftrightarrow (\alpha-k)(\beta-k)<0$**

解　説

■2次方程式の実数解の符号

[①の証明]

($\Longrightarrow$)　α，β は正の数であるから，実数であり　$D\geqq0$

また，$\alpha>0$ かつ $\beta>0$ ならば　$\alpha+\beta>0$，$\alpha\beta>0$ は明らかに成り立つ。

($\Longleftarrow$)　$D\geqq0$ から，α，β は実数（正の数，0，負の数のいずれか）である。

$\alpha\beta>0$ より，α と β は同符号であり，$\alpha+\beta>0$ から　　$\alpha>0$，$\beta>0$

[②の証明]

①と同様にして証明できる（証明略）。

[③の証明]

($\Longrightarrow$)　α と β が異符号なら $\alpha\beta<0$ は明らかに成り立つ。

($\Longleftarrow$)　$\alpha\beta<0$ ならば，解と係数の関係より，$\alpha\beta=\dfrac{c}{a}$ であるから　$\dfrac{c}{a}<0$

$a^2\,(>0)$ を両辺に掛けて　$ac<0$　　また，$b^2\geqq0$ であるから　$D=b^2-4ac>0$

したがって，α と β は実数であり，$\alpha\beta<0$ から，α と β は異符号である。

注意　③の($\Longleftarrow$)では $\alpha\beta<0$ だけで条件 $D\geqq0$ も含み，$D\geqq0$ は不要である。

■2次方程式の実数解と実数 k の大小

$\alpha<k \Longleftrightarrow \alpha-k<0$，$\alpha=k \Longleftrightarrow \alpha-k=0$，$\alpha>k \Longleftrightarrow \alpha-k>0$ であるから，**1** の①～③と同様に考えて，$\alpha-k$，$\beta-k$ の符号を調べればよいことがわかる。

$a>0$ の場合，2次関数 $f(x)=ax^2+bx+c$ のグラフ（下図）から，次のことが成り立つ。

① $\alpha>k$，$\beta>k \Longleftrightarrow D\geqq0$，(軸の位置)$>k$，$f(k)>0$

② $\alpha<k$，$\beta<k \Longleftrightarrow D\geqq0$，(軸の位置)$<k$，$f(k)>0$

③ k が α と β の間 $\Longleftrightarrow f(k)<0$

$a<0$ の場合は，①，②，③で，それぞれ $f(k)$ の符号が逆になる。

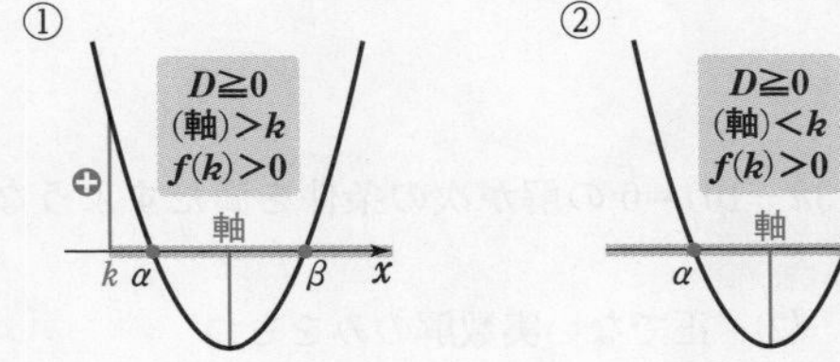

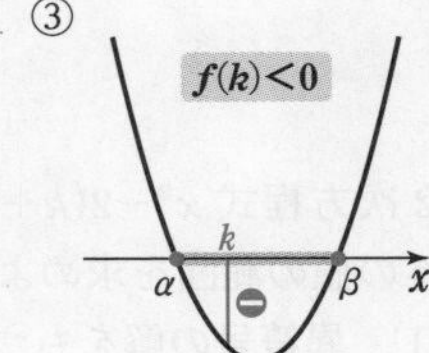

基本例題 51 2次方程式の実数解の符号

2次方程式 $x^2-(a-10)x+a+14=0$ が次のような解をもつように，定数 a の値の範囲を定めよ。

(1) 異なる2つの正の解　　(2) 異符号の解

p.87 基本事項 1

指針 与えられた方程式の解を α，β として，次の同値関係を利用する。

異なる2つの正の解 $\Longleftrightarrow$ $D>0$ かつ $\alpha+\beta>0$ かつ $\alpha\beta>0$

異なる2つの負の解 $\Longleftrightarrow$ $D>0$ かつ $\alpha+\beta<0$ かつ $\alpha\beta>0$

異符号の解 $\Longleftrightarrow$ $\alpha\beta<0$

解答

2次方程式 $x^2-(a-10)x+a+14=0$ の2つの解を α，β とし，判別式を D とする。

ここで　$D=\{-(a-10)\}^2-4(a+14)=a^2-24a+44$
$=(a-2)(a-22)$

解と係数の関係から　$\alpha+\beta=a-10$，$\alpha\beta=a+14$

(1) $\alpha\neq\beta$，$\alpha>0$，$\beta>0$ であるための条件は

$D>0$　かつ　$\alpha+\beta>0$　かつ　$\alpha\beta>0$

$D>0$ から　$(a-2)(a-22)>0$

ゆえに　$a<2$，$22<a$ …… ①

$\alpha+\beta>0$ から　$a-10>0$　よって　$a>10$ …… ②

$\alpha\beta>0$ から　$a+14>0$　よって　$a>-14$ …… ③

①，②，③ の共通範囲を求めて　$\boldsymbol{a>22}$

(2) α，β が異符号であるための条件は

$\alpha\beta<0$

ゆえに　$a+14<0$

よって　$\boldsymbol{a<-14}$

(1)，(2) ともに，数学Ⅰで学習した2次関数のグラフを利用して考えることができる。下の 検討 参照。

◀異なる2つの正の解とあるから，$\alpha\neq\beta$ で　$D>0$

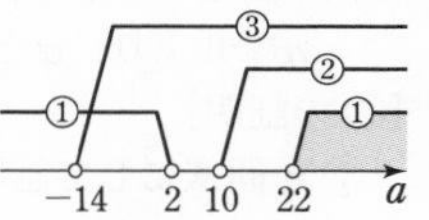

◀$\alpha\beta<0$ なら $D>0$ は常に成り立つ。

検討 グラフの利用

2次関数 $f(x)=x^2-(a-10)x+a+14$ のグラフを利用すると，$\alpha<\beta$ として

(1) $\boldsymbol{D=(a-2)(a-22)>0}$，

軸 について　$x=\dfrac{a-10}{2}>0$，

$\boldsymbol{f(0)=a+14>0}$

(2) $\boldsymbol{f(0)=a+14<0}$

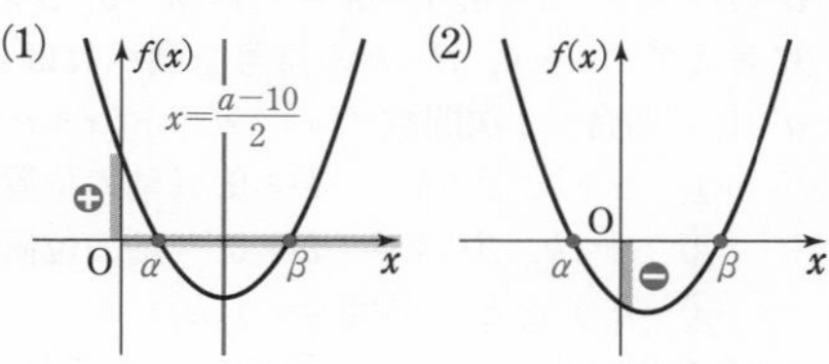

練習 51 ② 2次方程式 $x^2-2(k+1)x+2(k^2+3k-10)=0$ の解が次の条件を満たすような定数 k の値の範囲を求めよ。

(1) 異符号の解をもつ　　(2) 正でない実数解のみをもつ

基本例題 52 2次方程式の解の存在範囲

2次方程式 $x^2-2px+p+2=0$ が次の条件を満たす解をもつように，定数 p の値の範囲を定めよ。

(1) 2つの解がともに1より大きい。

(2) 1つの解は3より大きく，他の解は3より小さい。

p.87 基本事項 2

2次方程式 $x^2-2px+p+2=0$ の2つの解を α，β とする。

(1) 2つの解がともに1より大きい。⟶ **$\alpha-1>0$ かつ $\beta-1>0$**

(2) 1つの解は3より大きく，他の解は3より小さい。⟶ **$\alpha-3$ と $\beta-3$ が異符号**

以上のように考えると，例題 **51** と同じようにして解くことができる。なお，グラフを利用する解法（p.87 の解説）もある。これについては，解答副文の 別解 参照。

解答

2次方程式 $x^2-2px+p+2=0$ の2つの解を α，β とし，判別式を D とする。

$$\frac{D}{4}=(-p)^2-(p+2)=p^2-p-2=(p+1)(p-2)$$

解と係数の関係から　　$\alpha+\beta=2p$，$\alpha\beta=p+2$

(1) $\alpha>1$，$\beta>1$ であるための条件は

$D\geqq0$ かつ $(\alpha-1)+(\beta-1)>0$ かつ $(\alpha-1)(\beta-1)>0$

$D\geqq0$ から　　$(p+1)(p-2)\geqq0$

よって　　$p\leqq-1$，$2\leqq p$ …… ①

$(\alpha-1)+(\beta-1)>0$ すなわち $\alpha+\beta-2>0$ から

$2p-2>0$　　よって　　$p>1$ …… ②

$(\alpha-1)(\beta-1)>0$ すなわち　$\alpha\beta-(\alpha+\beta)+1>0$ から

$p+2-2p+1>0$

よって　　$p<3$ …… ③

求める p の値の範囲は，①，②，③の共通範囲をとって

$2\leqq p<3$

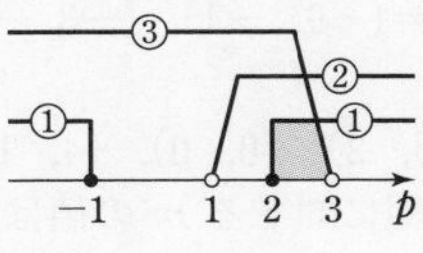

(2) $\alpha<\beta$ とすると，$\alpha<3<\beta$ であるための条件は

$(\alpha-3)(\beta-3)<0$

すなわち　$\alpha\beta-3(\alpha+\beta)+9<0$

ゆえに　$p+2-3\cdot2p+9<0$

よって　**$p>\dfrac{11}{5}$**

別解　2次関数 $f(x)=x^2-2px+p+2$ のグラフを利用する。

(1) $\dfrac{D}{4}=(p+1)(p-2)\geqq0$，

軸について　$x=p>1$，

$f(1)=3-p>0$

から　**$2\leqq p<3$**

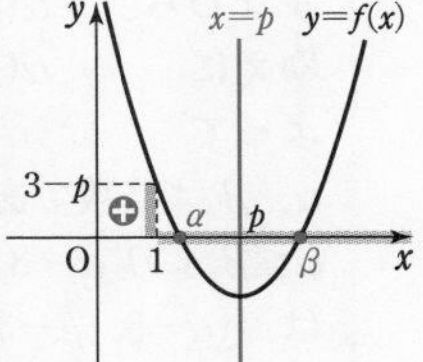

(2) $f(3)=11-5p<0$ から

$p>\dfrac{11}{5}$

◀題意から，$\alpha=\beta$ はありえない。

練習 52 ③ 2次方程式 $x^2-2(a-4)x+2a=0$ が次の条件を満たす解をもつように，定数 a の値の範囲を定めよ。

(1) 2つの解がともに2より大きい。

(2) 2つの解がともに2より小さい。

(3) 1つの解が4より大きく，他の解は4より小さい。

p.91 EX 34

重要例題 53　2次方程式の整数解と解と係数の関係

2次方程式 $x^2-mx+3m=0$ が整数解のみをもつような定数 m の値とそのときの整数の解をすべて求めよ。〔類　東京経大〕

数学A演習143

指針　**整数解は実数解** であるから，判別式について　$D=(-m)^2-12m=m(m-12)\geqq 0$

よって　$m\leqq 0$，$12\leqq m$　　しかし，この条件から m の値を絞り込むことはできない。

そこで，ここでは **「整数解のみ」** という特別な条件を手がかりとして進める。

2つの整数解を α，β $(\alpha\leqq\beta)$ とすると，解と係数の関係から

$$\alpha+\beta=m,\quad \alpha\beta=3m$$

この2式から m を消去して，(　)(　)=(整数) の形 を導く。

そして，次のことを利用する。

A，B，C が整数のとき，$AB=C$ ならば　A，B は C の約数

解答

2次方程式 $x^2-mx+3m=0$ が2つの整数解 α，β $(\alpha\leqq\beta)$ をもつとすると，解と係数の関係から

$$\alpha+\beta=m,\ \alpha\beta=3m \cdots\cdots ①$$

◀ m も整数である。

① から m を消去すると　$\alpha\beta=3(\alpha+\beta)$

よって　$\alpha\beta-3\alpha-3\beta=0$

すなわち　$\alpha(\beta-3)-3\beta=0$

ゆえに　$\alpha(\beta-3)-3(\beta-3)-9=0$

よって　$(\alpha-3)(\beta-3)=9$

◀一般に　$xy+ax+by=(x+b)(y+a)-ab$　左の変形では，$x=\alpha$，$y=\beta$，$a=-3$，$b=-3$ としている。

α，β は整数であるから，$\alpha-3$，$\beta-3$ も整数である。

$\alpha\leqq\beta$ より $\alpha-3\leqq\beta-3$ であるから，$\alpha-3$，$\beta-3$ の値の組は　$(\alpha-3,\ \beta-3)=(-9,\ -1)$，$(-3,\ -3)$，$(1,\ 9)$，$(3,\ 3)$

◀9の約数は　±1，±3，±9　負の数も忘れないように。

ゆえに

$$(\alpha,\ \beta)=(-6,\ 2),\ (0,\ 0),\ (4,\ 12),\ (6,\ 6)$$

この α，β の値の組に対する m の値は，① から

$$m=-4,\ 0,\ 16,\ 12$$

◀例えば，$(\alpha,\ \beta)=(-6,\ 2)$ のとき，① から　$m=-6+2=-4$

したがって，求める m の値とそのときの整数解は

$m=-4$ のとき　$x=-6$，2
$m=0$　のとき　$x=0$
$m=12$ のとき　$x=6$
$m=16$ のとき　$x=4$，12

◀ $m=0$，12 のとき，解は重解になる。

練習 ④ 53

(1)　2次方程式 $x^2-(k+6)x+6=0$ の解がすべて整数となるような定数 k の値とそのときの整数解をすべて求めよ。

(2)　p を正の定数とする。$x^2+px+2p=0$ の2つの解 α，β がともに整数となるとき，組 $(\alpha,\ \beta,\ p)$ をすべて求めよ。〔(2) 類　関西大〕

p.91 EX35

EXERCISES　　9 解と係数の関係，解の存在範囲

③**29** $x^2-3x+7=0$ の2つの解 α，β に対して，$\alpha^2+\beta^2$，$\alpha^4+\beta^4$ の値を求めよ。また，$(\alpha^2+3\alpha+7)(\beta^2-\beta+7)$ の値を求めよ。 →43

④**30** a は実数とし，x に関する2次方程式 $x^2+ax+(a-1)^2=0$ は異なる2つの実数解をもつ。2つの解の差が整数であるとき，a の値を求めよ。 →43

③**31** 実数の定数 p に対し，2次方程式 $x^2+px+p^2+p-1=0$ が異なる2つの実数解 α，β をもつとき，$t=(\alpha+1)(\beta+1)$ のとりうる値の範囲を求めよ。 〔法政大〕 →43

②**32** x についての2次方程式 $x^2-2(\cos\theta)x-\sin^2\theta=0$ の2つの解のうち，一方の解が他方の解の -3 倍である θ の値をすべて求めよ。ただし，$0°\leqq\theta\leqq180°$ とする。 〔類 京都産大〕 →45

②**33** a，b を実数とする。2次関数 $f(x)=x^2+ax+b$ について，次の問いに答えよ。

(1) 実数 α，β が $f(\alpha)=\beta$，$f(\beta)=\alpha$，$\alpha\neq\beta$ を満たすとき，$\alpha+\beta$ と $\alpha\beta$ を a，b を用いて表せ。

(2) $f(\alpha)=\beta$，$f(\beta)=\alpha$，$\alpha\neq\beta$ を満たす実数 α，β が存在するための，a，b についての条件を求めよ。 〔埼玉大〕 →50

③**34** 2次方程式 $x^2+ax+a=0$ が次の条件を満たす解をもつように，定数 a の値の範囲を定めよ。

(1) 2つの解がともに2以下である。

(2) 1つの解が a より大きく，他の解は a より小さい。 →52

④**35** a，b が素数であって，x の2次方程式 $3x^2-12ax+ab=0$ が2つの整数解をもつとき，a，b の値とその整数解を求めよ。 〔帝塚山大〕 →53

HINT

29 α，β の対称式 ⟶ 基本対称式 $\alpha+\beta$，$\alpha\beta$ で表す。
また，α，β は $x^2-3x+7=0$ の解であるから $\alpha^2-3\alpha+7=0$，$\beta^2-3\beta+7=0$

30 方程式の解を α，β として，$(\alpha-\beta)^2$ を a で表し，これが整数の平方となるような a の値を求める。

31 解と係数の関係を利用し，t を p の2次式で表す。

32 $\sin^2\theta+\cos^2\theta=1$ を利用。

33 (2) (1)の結果から，α，β を解にもつ2次方程式の，実数解条件を利用。

34 解を α，β とすると (1) $\alpha-2\leqq0$ かつ $\beta-2\leqq0$ (2) $\alpha-a$ と $\beta-a$ が異符号。

35 2つの整数解を α，β として，解と係数の関係を利用する。

10 剰余の定理と因数定理

基本事項

1 剰余の定理

① **多項式 $P(x)$ を1次式 $x-a$ で割ったときの余りは　$P(a)$　[剰余の定理]**

② **多項式 $P(x)$ を1次式 $ax+b$ で割ったときの余りは　$P\left(-\dfrac{b}{a}\right)$**

2 因数定理

① **1次式 $x-a$ が多項式 $P(x)$ の因数である $\Longleftrightarrow$ $P(a)=0$ [因数定理]**

② **1次式 $ax+b$ が多項式 $P(x)$ の因数である $\Longleftrightarrow$ $P\left(-\dfrac{b}{a}\right)=0$**

3 組立除法

多項式 $P(x)$ を1次式 $x-k$ で割ったときの，商 $Q(x)$，余り R を求める簡便法。

例えば，$P(x)=ax^3+bx^2+cx+d$ を $x-k$ で割ったときの商を $Q(x)=lx^2+mx+n$，余りを R とすると，l，m，n，R は右のようにして求められる。

a	b	c	d	$\underline{\lvert k}$
	lk	mk	nk	
l	m	n	R	

$l=a$，$m=b+lk$，$n=c+mk$，$R=d+nk$

この方法を **組立(くみたて)除法** という。

解　説

■ **剰余の定理・因数定理**

[1 ② の証明]　商を $Q(x)$ とし，余りを R とすると

$$P(x)=(ax+b)Q(x)+R$$

◀割り算の基本等式。

この等式の両辺に $x=-\dfrac{b}{a}$ を代入すると

$$P\left(-\frac{b}{a}\right)=\left\{a\left(-\frac{b}{a}\right)+b\right\}Q\left(-\frac{b}{a}\right)+R=R$$

◀$P\left(-\dfrac{b}{a}\right)=R$(余り) となる。

なお，剰余の定理において，余りが0の場合が因数定理である。

■ **組立除法**

割り算の基本等式から　$ax^3+bx^2+cx+d=(x-k)(lx^2+mx+n)+R$

ゆえに　$ax^3+bx^2+cx+d=lx^3+(m-lk)x^2+(n-mk)x+(R-nk)$

両辺の係数を比較して　$a=l$，$b=m-lk$，$c=n-mk$，$d=R-nk$

よって　$l=a$，$m=b+lk$，$n=c+mk$，$R=d+nk$　が得られる。

例　$2x^3-5x^2+8x-2$ を $2x-1$ で割る場合，次の計算により

$$2x^3-5x^2+8x-2=\left(x-\frac{1}{2}\right)(2x^2-4x+6)+1$$
$$=(2x-1)(x^2-2x+3)+1$$

2	−5	8	−2	$\underline{\lvert \frac{1}{2}}$
	1	−2	3	
2	−4	6	1	

よって　商 x^2-2x+3，余り1

このように，$ax+b$ での割り算は，まず $x+\dfrac{b}{a}$ で割った商 $Q(x)$ と余り R を求めれば，**$Q(x)\div a$ が求める商，R が求める余り** となる。

基本 例題 54 割り算と係数の決定 ①①①①①

次の条件を満たすように，定数 a，b の値をそれぞれ定めよ。

(1) 多項式 $P(x)=x^3+ax+6$ は $x+3$ で割り切れる。

(2) 多項式 $P(x)=4x^3+ax^2-5x+3$ を $2x+1$ で割ると 4 余る。

(3) 多項式 $P(x)=x^3+ax^2+bx-9$ は $x+3$ で割り切れ，$x-2$ で割ると -5 余る。

p.92 基本事項 1，2

指針 1 次式で割ったときの余りについての問題では，**剰余の定理** を利用する。

(1) $P(x)$ を $x+3$ で割ったときの余りが 0 になる条件を求める（**因数定理**）。

(2) $P(x)$ を $2x+1$ で割ったときの余りは $P\left(-\dfrac{1}{2}\right)$

(3) 余りに関する 2 つの条件から，a，b についての連立方程式を作る。

CHART 1 次式で割ったときの余り　**剰余の定理 を利用**

解答

(1) $P(x)$ が $x+3$ で割り切れるための条件は

$P(-3)=0$

すなわち　$(-3)^3+a(-3)+6=0$

よって　$-3a-21=0$　　ゆえに　$\boldsymbol{a=-7}$

◀ $x+3=0$ とおくと $x=-3$ これを代入する。

(2) $P(x)$ を $2x+1$ で割ったときの余りが 4 になるための条件は　$P\left(-\dfrac{1}{2}\right)=4$

すなわち　$4\left(-\dfrac{1}{2}\right)^3+a\left(-\dfrac{1}{2}\right)^2-5\left(-\dfrac{1}{2}\right)+3=4$

よって　$\dfrac{a}{4}+5=4$　　ゆえに　$\boldsymbol{a=-4}$

◀ $2x+1=0$ とおくと $x=-\dfrac{1}{2}$ これを代入する。

(3) $P(x)$ が $x+3$ で割り切れるための条件は

$P(-3)=0$

すなわち　$(-3)^3+a(-3)^2+b(-3)-9=0$

よって　$3a-b-12=0$ …… ①

◀ $x+3=0$ の解は　$x=-3$

$P(x)$ を $x-2$ で割ったときの余りが -5 となるための条件は　$P(2)=-5$

すなわち　$2^3+a\cdot2^2+b\cdot2-9=-5$

よって　$2a+b+2=0$ …… ②

◀ $x-2=0$ の解は　$x=2$

①，② を連立して解くと　$\boldsymbol{a=2,\ b=-6}$

練習 54 ②

(1) $2x^3+3ax^2-a^2+6$ が $x+1$ で割り切れるように，定数 a の値を定めよ。

(2) $2x^3+ax^2+bx-3$ は $x-3$ で割り切れ，$2x-1$ で割ると余りが 5 であるという。このとき，定数 a，b の値を求めよ。

基本例題 55 剰余の定理利用による余りの問題(1)

(1)　多項式 $P(x)$ を $x-1$ で割ると余りは 5，$x-2$ で割ると余りは 7 となる。このとき，$P(x)$ を x^2-3x+2 で割った余りを求めよ。〔近畿大〕

(2)　多項式 $P(x)$ を x^2-1 で割ると $4x-3$ 余り，x^2-4 で割ると $3x+5$ 余る。このとき，$P(x)$ を x^2+3x+2 で割った余りを求めよ。〔類 慶応大〕

基本 54　重要 57

$P(x)$ が具体的に与えられていないから，実際に割り算して余りを求めるわけにはいかない。このような場合，割り算の等式 $A=BQ+R$ を利用する。
特に，余り R の次数が割る式 B の次数より低い ことが重要なポイント！
2 次式で割ったときの余りは 1 次式または定数であるから，$R=ax+b$ とおける。
条件から，この a，b の値を決定したい。それには，割り算の等式 $A=BQ+R$ で，**$B=0$ となる x の値**（これを ● とする）**を考えて**，$P(●)$ の値を利用する。

CHART 割り算の問題　**基本等式 $A=BQ+R$**
1 R の次数に注意　2 $B=0$ を考える

解答

(1)　$P(x)$ を x^2-3x+2 すなわち $(x-1)(x-2)$ で割ったときの商を $Q(x)$，余りを $ax+b$ とすると，次の等式が成り立つ。

$$P(x)=(x-1)(x-2)Q(x)+ax+b \quad \cdots\cdots ㋐$$

条件から　$P(1)=5$　ゆえに　$a+b=5$ ……①
　　　　　$P(2)=7$　ゆえに　$2a+b=7$ ……②

①，② を連立して解くと　$a=2$，$b=3$
よって，求める余りは　$\boldsymbol{2x+3}$

◀2 次式で割った余りは，1 次式または定数。
◀$B=(x-1)(x-2)$
◀剰余の定理。また，㋐ の両辺に $x=1$ を代入すると $P(1)=a+b$

(2)　$P(x)$ を x^2+3x+2 すなわち $(x+1)(x+2)$ で割ったときの商を $Q(x)$，余りを $ax+b$ とすると，次の等式が成り立つ。

$$P(x)=(x+1)(x+2)Q(x)+ax+b \quad \cdots\cdots ㋑$$

また，$P(x)$ を x^2-1，x^2-4 すなわち $(x+1)(x-1)$，$(x+2)(x-2)$ で割ったときの商をそれぞれ $Q_1(x)$，$Q_2(x)$ とすると　$P(x)=(x+1)(x-1)Q_1(x)+4x-3$ ……①
　　$P(x)=(x+2)(x-2)Q_2(x)+3x+5$ ……②

① から　$P(-1)=-7$　これと ㋑ から　$-a+b=-7$ ……③
② から　$P(-2)=-1$　これと ㋑ から　$-2a+b=-1$ ……④
③，④ を連立して解くと　$a=-6$，$b=-13$　求める余りは　$\boldsymbol{-6x-13}$

◀2 次式で割った余りは，1 次式または定数。
◀$B=(x+1)(x+2)$
◀a，b の値を決定するためには，$P(-1)$，$P(-2)$ が必要。そこで，①，② にそれぞれ $x=-1$，$x=-2$ を代入。

練習 ② 55
(1)　多項式 $P(x)$ を $x+2$ で割った余りが 3，$x-3$ で割った余りが -1 のとき，$P(x)$ を x^2-x-6 で割った余りを求めよ。
(2)　多項式 $P(x)$ を x^2+5x+4 で割ると $2x+4$ 余り，x^2+x-2 で割ると $-x+2$ 余るという。このとき，$P(x)$ を x^2+6x+8 で割った余りを求めよ。
〔(1) 立教大，(2) 東京電機大〕　p.100 EX 36

余りを求める問題に関しての補足説明

多項式の割り算に関しての商や余りの条件が与えられた問題は，$p.26$ 例題 **9** でも学んだが，前ページの例題 **55** では，例題 **9** のように実際に割り算を計算して進めることはできない。このような場合は，割り算の等式の他に剰余の定理を活用することも考えよう。

割り算の等式　$A=BQ+R$　⟵（割られる式）=（割る式）×（商）+（余り）
　ここで　R（余り）の次数＜B（割る式）の次数　…… Ⓐ
剰余の定理　多項式 $P(x)$ を $x-a$ で割ったときの余りは　$P(a)$

まず，(1)，(2) とも，求めるのは $P(x)$ を 2 次式 [(1) は x^2-3x+2，(2) は x^2+3x+2] で割った余りであるから，Ⓐ に従って余りを $ax+b$（$a \neq 0$ なら 1 次式，$a=0$ なら定数）としている。

● 等式の x にどんな値を代入すればよいか

割り算の等式を利用して，(1) の等式 ㋐ や (2) の等式 ㋑ を作成するが，㋐ や ㋑ は x にどんな値を代入しても成り立つ等式（恒等式）である。そこで，㋐ や ㋑ の x に具体的な値を代入することで $P(●)=(a,\ b$ の式) を導き，剰余の定理から導かれる式 $P(●)$ の値も利用して a，b の連立方程式を作り，それを解く，というのが方針である。（ここで，未定係数は a，b の 2 つであるから，代入する x の値も 2 つ必要となる。）

　また，代入する x の値は B（割る式）が 0 となるようにとる ことがポイントである。

これは，$Q(x)$ も式が不明なために，ある値 ● に対する値 $Q(●)$ はわからないが，B（割る式）が 0 となるような x の値を代入すると，$Q(●)$ の部分を消し去って，簡単な a，b の連立方程式を導き出すことができるからである。

$A(x)=B(x)Q(x)+R(x)$
$B(●)=0$ なら
$A(●)=0\cdot Q(●)+R(●)$

● 余りの式のおき方の工夫

(1) に関して，次のような 別解 も考えられる。

㋐ を導くまでは同じ。㋐ の式より，$P(x)$ を $x-1$ で割ったときの余りは，$ax+b$ を $x-1$ で割ったときの余りに等しいから
$ax+b=a(x-1)+5$　と表される。ゆえに，㋐ は
$$P(x)=(x-1)(x-2)Q(x)+a(x-1)+5$$
よって　$P(2)=a(2-1)+5=a+5$
条件より，$P(2)=7$ であるから　$a+5=7$
これを解いて　$a=2$
ゆえに，求める余りは　$2(x-1)+5=\boldsymbol{2x+3}$

◀ $ax+b$ を $x-1$ で割ったときの余りを r とすると，商は a であるから　$ax+b=a(x-1)+r$
よって，㋐ から
$P(x)=(x-1)\{(x-2)Q(x)+a\}+r$
これから＿＿がわかる。

◀ a の値が決定。
⟶ 余りも決定。

この解答では，余りの式 $ax+b$ を $a(x-1)+5$ に変えることで，未定係数を 2 つ (a，b) から 1 つ (a) に減らす工夫をしている（一般に，求める未定係数が少なければ必要となる方程式の数も少なくてすむ）。このような余りの式の中の 文字を減らす 工夫は，例えば次ページの例題 **56** など，後々役立つ場合もあるので知っておきたい。

基本例題 56 剰余の定理利用による余りの問題 (2)

多項式 $P(x)$ を $x+1$ で割ると余りが -2, x^2-3x+2 で割ると余りが $-3x+7$ であるという。このとき, $P(x)$ を $(x+1)(x-1)(x-2)$ で割った余りを求めよ。

基本 55 重要 57

指針 例題 55 と同様に, 割り算の等式 $A=BQ+R$ を利用する。
3 次式で割ったときの余りは 2 次以下であるから, $R=\boldsymbol{ax^2+bx+c}$ とおける。
問題の条件から, この a, b, c の値を決定しようと考える。
別解 前ページの 別解 のように, **文字を減らす** 方針。$P(x)$ を $(x+1)(x-1)(x-2)$ で割ったときの余りを, 更に x^2-3x+2 すなわち $(x-1)(x-2)$ で割った余りを考える。

解答

$P(x)$ を $(x+1)(x-1)(x-2)$ で割ったときの商を $Q(x)$, 余りを ax^2+bx+c とすると, 次の等式が成り立つ。

$$P(x)=(x+1)(x-1)(x-2)Q(x)+ax^2+bx+c \quad \cdots\cdots ①$$

ここで, $P(x)$ を $x+1$ で割ると余りは -2 であるから

$$P(-1)=-2 \quad \cdots\cdots ②$$

また, $P(x)$ を x^2-3x+2 すなわち $(x-1)(x-2)$ で割ったときの商を $Q_1(x)$ とすると

$$P(x)=(x-1)(x-2)Q_1(x)-3x+7$$

ゆえに　$P(1)=4 \cdots\cdots ③$,　$P(2)=1 \cdots\cdots ④$

よって, ① と ②～④ より

$$a-b+c=-2,\ a+b+c=4,\ 4a+2b+c=1$$

この連立方程式を解くと　$a=-2$, $b=3$, $c=3$

したがって, 求める余りは　$\boldsymbol{-2x^2+3x+3}$

別解 **[上の解答の等式 ① までは同じ]**

$x^2-3x+2=\underline{(x-1)(x-2)}$ であるから,
$(x+1)\underline{(x-1)(x-2)}Q(x)$ は x^2-3x+2 で割り切れる。
ゆえに, $P(x)$ を x^2-3x+2 で割ったときの余りは, ax^2+bx+c を x^2-3x+2 で割ったときの余りと等しい。
$P(x)$ を x^2-3x+2 で割ると余りは $-3x+7$ であるから

$$ax^2+bx+c=a(x^2-3x+2)-3x+7$$

よって, 等式 ① は, 次のように表される。

$$P(x)=(x+1)(x-1)(x-2)Q(x)+a(x^2-3x+2)-3x+7$$

したがって　$P(-1)=6a+10$

$P(-1)=-2$ であるから　$6a+10=-2$

よって　$a=-2$

求める余りは　$-2(x^2-3x+2)-3x+7=\boldsymbol{-2x^2+3x+3}$

◀3 次式で割った余りは, 2 次以下の多項式または定数。

◀$B=0$ を考えて
$x=-1,\ 1,\ 2$
を代入し, a, b, c の値を求める手掛かりを見つける。

◀(第 2 式)−(第 1 式)から
$2b=6$　すなわち　$b=3$

◀この解法は, 下の練習 56 を解くときに有効。

◀ax^2+bx+c を x^2-3x+2 で割ったときの余りを $R(x)$ とすると, 商は a であるから
$P(x)$
$=(x+1)\underline{(x-1)(x-2)}Q(x)$
$\quad +a\underline{(x^2-3x+2)}+R(x)$
$=(x^2-3x+2)$
$\times\{(x+1)Q(x)+a\}+R(x)$

練習 ③ 56 多項式 $P(x)$ を $(x-1)(x+2)$ で割った余りが $7x$, $x-3$ で割った余りが 1 であるとき, $P(x)$ を $(x-1)(x+2)(x-3)$ で割った余りを求めよ。　〔千葉工大〕

p.100 EX 37, 38

重要例題 57 高次式を割ったときの余り

(1) n を 2 以上の自然数とするとき，x^n-1 を $(x-1)^2$ で割ったときの余りを求めよ。〔学習院大〕

(2) $3x^{100}+2x^{97}+1$ を x^2+1 で割ったときの余りを求めよ。

基本 55, 56

指針 実際に割り算して余りを求めるのは非現実的である。$p.94\sim96$ でも学習したように，

割り算の問題　等式 $A=BQ+R$ の利用
R の次数に注意，$B=0$ を考える

がポイント。

(1), (2) ともに割る式は 2 次式であるから，余りは $\boldsymbol{ax+b}$ とおける。

(1) 割り算の等式を書いて $x=1$ を代入することは思いつくが，それだけでは足りない。そこで，次の恒等式を利用する。ただし，n は 2 以上の自然数，$\boldsymbol{a^0=1}$，$\boldsymbol{b^0=1}$

$$a^n-b^n=(a-b)(a^{n-1}+a^{n-2}b+a^{n-3}b^2+\cdots\cdots+ab^{n-2}+b^{n-1})$$

(2) $x^2+1=0$ の解は　$x=\pm i$　　$x=i$ を割り算の等式に代入して，複素数の相等条件

A，B が実数のとき $A+Bi=0 \iff A=0,\ B=0$　　を利用。

解答

(1) x^n-1 を $(x-1)^2$ で割ったときの商を $Q(x)$，余りを $ax+b$ とすると，次の等式が成り立つ。

$$x^n-1=(x-1)^2Q(x)+ax+b \quad \cdots\cdots \text{①}$$

両辺に $x=1$ を代入すると

$$0=a+b \quad \text{すなわち} \quad b=-a$$

① に代入して　$x^n-1=(x-1)^2Q(x)+ax-a$

$$=(x-1)\{(x-1)Q(x)+a\}$$

ここで，$x^n-1=(x-1)(x^{n-1}+x^{n-2}+\cdots\cdots+1)$ であるから　$x^{n-1}+x^{n-2}+\cdots\cdots+1=(x-1)Q(x)+a$

この式の両辺に $x=1$ を代入すると

$$\underbrace{1+1+\cdots\cdots+1}_{n\text{個}}=a$$

よって　$a=n$　　$b=-a$ であるから　$b=-n$

ゆえに，求める余りは　$\boldsymbol{nx-n}$

(2) $3x^{100}+2x^{97}+1$ を x^2+1 で割ったときの商を $Q(x)$，余りを $ax+b$ (a，b は実数) とすると，次の等式が成り立つ。　$3x^{100}+2x^{97}+1=(x^2+1)Q(x)+ax+b$

両辺に $x=i$ を代入すると　$3i^{100}+2i^{97}+1=ai+b$

$i^{100}=(i^2)^{50}=(-1)^{50}=1$，$i^{97}=(i^2)^{48}i=(-1)^{48}i=i$ であるから　$3\cdot1+2i+1=ai+b$

すなわち　$4+2i=b+ai$

a，b は実数であるから　$a=2$，$b=4$

したがって，求める余りは　$\boldsymbol{2x+4}$

別解 (1) 二項定理の利用。
$x^n-1=\{(x-1)+1\}^n-1$
$={}_n\mathrm{C}_n(x-1)^n+\cdots+{}_n\mathrm{C}_2(x-1)^2+{}_n\mathrm{C}_1(x-1)+1-1$
$=(x-1)^2\times\{(x-1)^{n-2}+\cdots+{}_n\mathrm{C}_2\}+nx-n$
ゆえに，余りは　$\boldsymbol{nx-n}$
また，$(x-a)^2$ の割り算は微分法（第 6 章）を利用するのも有効である（$p.323$ 重要例題 **201** など）。微分法を学習する時期になったら，ぜひ参照してほしい。

◀ $x=-i$ は結果的に代入しなくてもよい。

◀ 実数係数の多項式の割り算であるから，余りの係数も当然実数である。

練習 ⑤ 57
(1) n を 2 以上の自然数とするとき，x^n を $(x-2)^2$ で割ったときの余りを求めよ。
(2) $x^{10}+x^5+1$ を x^2+4 で割ったときの余りを求めよ。

p.100 EX 39

基本例題 58 高次式の因数分解

①①①①①

次の式を因数分解せよ。

(1) $x^3-x^2-10x-8$　　(2) $2x^4-3x^3-x^2-3x+2$

p.92 基本事項 2, 3

指針 高次式（3次以上の多項式）$P(x)$ の因数分解

1 $P(\alpha)=0$ となる α を見つけて，$P(x)=(x-\alpha)Q(x)$ ［$Q(x)$ は多項式］とする。
なお，1次式による割り算には，**組立除法** が便利。

2 更に，$Q(x)$ を因数分解する。

CHART 高次式の因数分解　$P(\alpha)=0$ となる α を見つける

解答

(1) 与式を $P(x)$ とすると　$P(-1)=-1-1+10-8=0$

ゆえに，$P(x)$ は $x+1$ を因数にもつ。

よって　$P(x)=(x+1)(x^2-2x-8)$

$=\boldsymbol{(x+1)(x+2)(x-4)}$

◀組立除法。

1	−1	−10	−8	−1
	−1	2	8	
1	−2	−8	0	

(2) 与式を $P(x)$ とすると　$P(2)=32-24-4-6+2=0$

ゆえに，$P(x)$ は $x-2$ を因数にもつ。

よって　$P(x)=(x-2)(2x^3+x^2+x-1)$

◀組立除法。

2	−3	−1	−3	2	2
	4	2	2	−2	
2	1	1	−1	0	

$Q(x)=2x^3+x^2+x-1$ とすると

$$Q\left(\frac{1}{2}\right)=\frac{1}{4}+\frac{1}{4}+\frac{1}{2}-1=0$$

ゆえに，$Q(x)$ は $x-\dfrac{1}{2}$ を因数にもつ。

◀組立除法。

2	1	1	−1	$\frac{1}{2}$
	1	1	1	
2	2	2	0	

よって　$Q(x)=\left(x-\dfrac{1}{2}\right)(2x^2+2x+2)$

$=(2x-1)(x^2+x+1)$

したがって　$P(x)=\boldsymbol{(x-2)(2x-1)(x^2+x+1)}$

◀係数が有理数の範囲での因数分解はここまで。

検討 **$P(\alpha)=0$ となる α の見つけ方**

$P(x)=ax^3+bx^2+cx+d$ とする。

$P\left(\dfrac{q}{p}\right)=0$ のとき，$P(x)$ は $px-q$ で割り切れるから，商を lx^2+mx+n とすると，

$$ax^3+bx^2+cx+d=(px-q)(lx^2+mx+n)\quad［係数はすべて整数］$$

が成り立つ。両辺の x^3 の項と定数項を比較すると　$a=pl,\ d=-qn$

よって，**α の候補は**　$\alpha=\dfrac{q}{p}=\pm\dfrac{d\text{の約数}}{a\text{の約数}}$　$\left[\pm\dfrac{\text{定数項の約数}}{\text{最高次の項の係数の約数}}\right]$

最高次の項の係数が1のとき，α の候補は **定数項の正負の約数** でよいことになる。

練習 ② 58 次の式を因数分解せよ。

(1) x^3-x^2-4　(2) $2x^3-5x^2-x+6$　(3) x^4-4x+3

(4) $x^4-2x^3-x^2-4x-6$　(5) $12x^3-5x^2+1$

p.100 EX40

基本例題 59 高次式の値

$x=1+\sqrt{2}i$ のとき，次の式の値を求めよ。

$$P(x)=x^4-4x^3+2x^2+6x-7$$

基本 8

指針 $x=1+\sqrt{2}i$ をそのまま代入すると，計算が大変であるから，次の手順 1，2 で考える。

1 **根号と虚数単位 i をなくす。**

$x=1+\sqrt{2}i$ から　$x-1=\sqrt{2}i$　← 右辺は根号と i を含むものだけに。

この両辺を 2 乗すると　$(x-1)^2=-2$　← 根号と i が消える。

2 **求める式の次数を下げる。**

$(x-1)^2=-2$ を整理すると　$x^2-2x+3=0$

$P(x)$ すなわち $x^4-4x^3+2x^2+6x-7$ を x^2-2x+3 で割ったときの商 $Q(x)$，余り $R(x)$ を求めると，次の等式(恒等式)が導かれる。

$$\boldsymbol{P(x)=(x^2-2x+3)Q(x)+R(x)}$$

↑ $x=1+\sqrt{2}i$ のとき $=0$　↑ 1 次以下

よって，$P(1+\sqrt{2}i)=0\cdot Q(1+\sqrt{2}i)+R(1+\sqrt{2}i)$ となり，計算が簡単になる。

CHART 高次式の値　次数を下げる

解答

$x=1+\sqrt{2}i$ から　$x-1=\sqrt{2}i$

両辺を 2 乗して　$(x-1)^2=-2$

整理すると　$x^2-2x+3=0$ …… ①　◀ $x=1+\sqrt{2}i$ は ① の解。

$P(x)$ を x^2-2x+3 で割ると，右のようになり

商 x^2-2x-5，余り $2x+8$

である。よって

$P(x)=(x^2-2x+3)(x^2-2x-5)+2x+8$

$$\begin{array}{rrr|rrrrr} & & & 1 & -2 & -5 & & \\ \hline 1 & -2 & 3 & 1 & -4 & 2 & 6 & -7 \\ & & & 1 & -2 & 3 & & \\ \hline & & & & -2 & -1 & 6 & \\ & & & & -2 & 4 & -6 & \\ \hline & & & & & -5 & 12 & -7 \\ & & & & & -5 & 10 & -15 \\ \hline & & & & & & 2 & 8 \end{array}$$

$x=1+\sqrt{2}i$ のとき，① から　◀ 検討 参照。

$P(1+\sqrt{2}i)=0+2(1+\sqrt{2}i)+8=\boldsymbol{10+2\sqrt{2}i}$

別解　① まで同じ。① から　$x^2=2x-3$

よって　$x^3=x^2\cdot x=(2x-3)x=2x^2-3x=2(2x-3)-3x=x-6$　◀ x^3，x^4 を x の 1 次式に。

$x^4=x^3\cdot x=(x-6)x=x^2-6x=(2x-3)-6x=-4x-3$

ゆえに　$P(x)=(-4x-3)-4(x-6)+2(2x-3)+6x-7=2x+8$

よって　$P(1+\sqrt{2}i)=2(1+\sqrt{2}i)+8=\boldsymbol{10+2\sqrt{2}i}$

検討

恒等式は複素数でも成り立つ

複素数の和・差・積・商もまた複素数であり，実数と同じように，交換法則・結合法則・分配法則が成り立つ。よって，恒等式に複素数を代入してもよい。

したがって，$P(x)=(x^2-2x+3)(x^2-2x-5)+2x+8$ に $x=1+\sqrt{2}i$ を代入してもよい。

練習 ③ 59　$x=\dfrac{1-\sqrt{3}i}{2}$ のとき，$x^5+x^4-2x^3+x^2-3x+1$ の値を求めよ。

p.100 EX41

③**36** (1) n は3以上の自然数とする。x^n を x^2-4x+3 で割った余りを求めよ。〔茨城大〕

(2) 多項式 $P(x)$ を $x-3$, $(x+2)(x-1)(x-3)$ で割ったときの余りをそれぞれ a, $R(x)$ とする。$R(x)$ の x^2 の係数が2であり，更に $P(x)$ を $(x+2)(x-1)$ で割ったときの余りが $4x-5$ であるとき，a の値を求めよ。〔類 法政大〕

→54,55

③**37** 多項式 $P(x)$ を $x-1$ で割ると -1 余り，$x+1$ で割ると3余る。

(1) $P(x)$ を x^2-1 で割ったときの余りを求めよ。

(2) $P(x)$ を $(x-1)^2$ で割ったときの余りが定数であるとき，$P(x)$ を $(x-1)^2(x+1)$ で割ったときの余りを求めよ。〔東京女子大〕

→56

④**38** x^2+1 で割ると $3x+2$ 余り，x^2+x+1 で割ると $2x+3$ 余るような x の多項式のうちで，次数が最小のものを求めよ。→56

④**39** n を正の整数とし，多項式 $P(x)=x^{3n}+(3n-2)x^{2n}+(2n-3)x^n-n^2$ を考える。

(1) $P(x)$ を x^2-1 で割った余りを求めよ。

(2) $P(x)$ が x^2-1 で割り切れるような n の値をすべて求めよ。〔愛知教育大〕

→57

③**40** x の多項式 $P(x)=ax^4+bx^3+abx^2-(a+3b-4)x-(3a-2)$ が x^2-1 で割り切れるような定数 a, b の値の組を求めよ。また，求めた a, b の値の組に対し，$P(x)$ を実数の範囲で因数分解せよ。〔類 駒澤大〕

→58

③**41** n は2以上の自然数，i は虚数単位とする。$\alpha=1+\sqrt{3}i$, $\beta=1-\sqrt{3}i$ のとき，

$\left(\dfrac{\beta^2-4\beta+8}{\alpha^{n+2}-\alpha^{n+1}+2\alpha^n+4\alpha^{n-1}+\alpha^3-2\alpha^2+5\alpha-2}\right)^3$ の値を求めよ。〔防衛医大〕

→59

36 (1) 多項式を2次式で割った余りは1次式または定数となる。剰余の定理を利用。
(2) $R(x)=2x^2+bx+c$ とおく。$P(x)$ を2通りに表す。

37 (2) 求める余りを px^2+qx+r とすると，$P(x)$ を $(x-1)^2$ で割ったときの余りは，px^2+qx+r を $(x-1)^2$ で割ったときの余りに等しい。

38 x^2+1 で割ると $3x+2$ 余り，x^2+x+1 で割ると $2x+3$ 余るような x の多項式を $P(x)$ とし，「$P(x)$ を $(x^2+1)(x^2+x+1)Q(x)$ で割った余り $R(x)$」と $P(x)$ の関連性について考える。

39 (1) n が偶数のとき，奇数のときで場合分け。

40 x^2-1 で割り切れる $\Leftrightarrow$ $x+1$ および $x-1$ で割り切れる

41 まず，α, β を解とする2次方程式を求める。

11 高次方程式

基本事項

高次方程式　$P(x)$ が n 次の多項式のとき，方程式 $P(x)=0$ を **n 次方程式** という。また，3 次以上の方程式を **高次方程式** という。

注意　ここでは，実数を係数とする高次方程式を扱う。

1　高次方程式 $P(x)=0$ の解法の基本

① $P(x)$ が，$P(x)=A(x)B(x)$ と因数分解できるなら

$$P(x)=0 \iff A(x)=0 \text{ または } B(x)=0$$

となり，$P(x)$ より次数の低い方程式 $A(x)=0$，$B(x)=0$ を解くことで，解が求められる。

② 高次式 $P(x)$ を因数分解するには，**公式** や **おき換え**，**因数定理** を利用する。

2　3 次方程式の解と係数の関係

3 次方程式 $ax^3+bx^2+cx+d=0$ の 3 つの解を α，β，γ とすると

① **因数分解**　$ax^3+bx^2+cx+d=a(x-\alpha)(x-\beta)(x-\gamma)$

② **解と係数の関係**　$\alpha+\beta+\gamma=-\dfrac{b}{a}$，$\alpha\beta+\beta\gamma+\gamma\alpha=\dfrac{c}{a}$，$\alpha\beta\gamma=-\dfrac{d}{a}$

解　説

■高次方程式の解と因数定理

n 次方程式 $P(x)=0$ の 1 つの解を $x=\alpha$ とすると，$P(\alpha)=0$ であるから，因数定理により，$P(x)=(x-\alpha)Q(x)$ …… Ⓐ と表される。

◀ $P(x)$ は $x-\alpha$ を因数にもつ。

このとき，$Q(x)$ は $(n-1)$ 次式である。したがって

$$P(x)=0 \iff x-\alpha=0 \text{ または } Q(x)=0$$

となり，$Q(x)=0$ の解が求められれば，$P(x)=0$ の解を求めることができる。

■3 次方程式の解と係数の関係

3 次方程式 $ax^3+bx^2+cx+d=0$ の 1 つの解を $x=\alpha$ とすると，上の Ⓐ と同様に $ax^3+bx^2+cx+d=(x-\alpha)Q(x)$ と表され，$Q(x)$ は 2 次式である。

◀ (3 次式) ＝(1 次式)×(2 次式)

2 次方程式 $Q(x)=0$ の 2 つの解を β，γ とすると，$Q(x)$ は，k を定数として $Q(x)=k(x-\beta)(x-\gamma)$ と表されるから，次の等式が成り立つ。

◀ $p.78$ 参照。

$$ax^3+bx^2+cx+d=k(x-\alpha)(x-\beta)(x-\gamma) \quad \cdots\cdots \text{Ⓑ}$$

両辺の x^3 の項の係数を比較すると，$k=a$ であり，Ⓑ の右辺を展開して整理すると

$$ax^3+bx^2+cx+d=a\{x^3-(\alpha+\beta+\gamma)x^2+(\alpha\beta+\beta\gamma+\gamma\alpha)x-\alpha\beta\gamma\}$$

◀ $(x-\alpha)(x-\beta)(x-\gamma)$ $=\{x^2-(\alpha+\beta)x+\alpha\beta\}$ $\times(x-\gamma)$

両辺を a $(\neq 0)$ で割ると

$$x^3+\frac{b}{a}x^2+\frac{c}{a}x+\frac{d}{a}=x^3-(\alpha+\beta+\gamma)x^2+(\alpha\beta+\beta\gamma+\gamma\alpha)x-\alpha\beta\gamma$$

両辺の係数を比較すると，**2** の ② が導かれる。

基本例題 60 高次方程式の解法 (1)

①①①①①

次の方程式を解け。

(1) $x^3=27$　　(2) $x^4-x^2-6=0$　　(3) $x^4+x^2+4=0$

p.101 基本事項 1

指針 高次方程式の解法 ⟶ 因数分解して，1 次・2 次の方程式に帰着させる。

因数分解の手段は　1 公式利用　2 おき換え　3 因数定理の利用

(1) 与式から　$x^3-27=0$ ⟶ 左辺は 3 乗の差の形となり，公式が利用できる。

(2) 与式の左辺は **複 2 次式** であるから，$x^2=X$ とおいて，左辺を因数分解。

(3) $x^2=X$ とおいてもうまくいかないから，平方の差に変形する。

CHART 高次方程式　分解して 1 次・2 次へ

解答

(1) 与式から　$x^3-3^3=0$

ゆえに　$(x-3)(x^2+3x+9)=0$

よって　$x-3=0$　または　$x^2+3x+9=0$

$x-3=0$ から　$x=3$

$x^2+3x+9=0$ から　$x=\dfrac{-3\pm3\sqrt{3}\,i}{2}$

したがって　$\boldsymbol{x=3,\ \dfrac{-3\pm3\sqrt{3}\,i}{2}}$

◀公式 $a^3-b^3=(a-b)(a^2+ab+b^2)$

◀解の公式を利用。

(2) $x^2=X$ とおくと　$X^2-X-6=0$

ゆえに　$(X+2)(X-3)=0$

すなわち　$(x^2+2)(x^2-3)=0$

よって　$x^2+2=0$　または　$x^2-3=0$

$x^2+2=0$ から　$x=\pm\sqrt{2}\,i$

$x^2-3=0$ から　$x=\pm\sqrt{3}$

したがって　$\boldsymbol{x=\pm\sqrt{2}\,i,\ \pm\sqrt{3}}$

◀2 次方程式に帰着。

◀Xをもとに戻す。

◀$x=\pm\sqrt{-2}=\pm\sqrt{2}\,i$

(3) $x^4+x^2+4=(x^2+2)^2-3x^2$

$=(x^2+\sqrt{3}\,x+2)(x^2-\sqrt{3}\,x+2)$

よって，方程式は　$(x^2+\sqrt{3}\,x+2)(x^2-\sqrt{3}\,x+2)=0$

ゆえに　$x^2+\sqrt{3}\,x+2=0$　または　$x^2-\sqrt{3}\,x+2=0$

$x^2+\sqrt{3}\,x+2=0$ から　$x=\dfrac{-\sqrt{3}\pm\sqrt{5}\,i}{2}$

$x^2-\sqrt{3}\,x+2=0$ から　$x=\dfrac{\sqrt{3}\pm\sqrt{5}\,i}{2}$

したがって　$\boldsymbol{x=\dfrac{-\sqrt{3}\pm\sqrt{5}\,i}{2},\ \dfrac{\sqrt{3}\pm\sqrt{5}\,i}{2}}$

◀$3x^2=(\sqrt{3}\,x)^2$

◀$a^2-b^2=(a+b)(a-b)$ を利用。

◀$x=\dfrac{\pm\sqrt{3}\pm\sqrt{5}\,i}{2}$ (複号任意) でもよい。

練習 ② **60** 次の方程式を解け。

(1) $x^4=16$　　(2) $x^4-x^2-12=0$　　(3) $x^4-3x^2+9=0$

p.116 EX 42

基本例題 61 高次方程式の解法 (2)

次の方程式を解け。

(1) $x^3+3x^2+4x+4=0$　　(2) $2x^4+5x^3+5x^2-2=0$

p.101 基本事項 1

指針 前ページと同様に，左辺を因数分解し，**1 次，2 次の方程式に帰着させる。**
公式利用，おき換えでは因数分解しにくいから，**因数定理** を利用する。
なお，(1) の左辺の係数はすべて正であるから，x に正の数を代入しても $=0$ にはならない。よって，負の数を代入してみる。

解答

(1) $P(x)=x^3+3x^2+4x+4$ とすると

$P(-2)=(-2)^3+3(-2)^2+4(-2)+4=0$

よって，$P(x)$ は $x+2$ を因数にもつ。

ゆえに　$P(x)=(x+2)(x^2+x+2)^{(*)}$

$P(x)=0$ から　$x+2=0$　または　$x^2+x+2=0$

$x+2=0$ から　$x=-2$

$x^2+x+2=0$ から　$x=\dfrac{-1\pm\sqrt{7}\,i}{2}$

したがって　$\boldsymbol{x=-2,\ \dfrac{-1\pm\sqrt{7}\,i}{2}}$

(2) $P(x)=2x^4+5x^3+5x^2-2$ とすると

$P(-1)=2(-1)^4+5(-1)^3+5(-1)^2-2=0$

よって，$P(x)$ は $x+1$ を因数にもつ。

ゆえに　$P(x)=(x+1)(2x^3+3x^2+2x-2)$

また，$Q(x)=2x^3+3x^2+2x-2$ とすると

$Q\left(\dfrac{1}{2}\right)=2\left(\dfrac{1}{2}\right)^3+3\left(\dfrac{1}{2}\right)^2+2\cdot\dfrac{1}{2}-2=0$

よって，$Q(x)$ は $x-\dfrac{1}{2}$ を因数にもつ。

ゆえに　$Q(x)=\left(x-\dfrac{1}{2}\right)(2x^2+4x+4)$
$=(2x-1)(x^2+2x+2)$

よって　$(x+1)(2x-1)(x^2+2x+2)=0$

ゆえに　$x+1=0$ または $2x-1=0$
または $x^2+2x+2=0$

$x+1=0$ から　$x=-1$

$2x-1=0$ から　$x=\dfrac{1}{2}$

$x^2+2x+2=0$ から　$x=-1\pm i$

したがって　$\boldsymbol{x=-1,\ \dfrac{1}{2},\ -1\pm i}$

(＊) 組立除法

1	3	4	4	$\lfloor -2$
	−2	−2	−4	
1	1	2	0	

◀ $x+2$ を因数にもつことに着目し，割り算しないで
$P(x)=x^3+2x^2+(x^2+4x+4)$
$=x^2(x+2)+(x+2)^2$
$=(x+2)(x^2+x+2)$
と変形してもよい。

2	5	5	0	−2	$\lfloor -1$
	−2	−3	−2	2	
2	3	2	−2	0	

2	3	2	−2	$\lfloor \frac{1}{2}$
	1	2	2	
2	4	4	0	

練習 ② **61** 次の方程式を解け。

(1) $3x^3+4x^2-6x-7=0$　　(2) $x^4+6x^3-24x-16=0$

p.116 EX 43

重要例題 62　4 次の相反方程式　⑩⑩⑩⑩⑩

(1)　$t=x+\dfrac{1}{x}$ とおく。x の 4 次方程式 $2x^4-9x^3-x^2-9x+2=0$ から t の 2 次方程式を導け。

(2)　(1) を利用して，方程式 $2x^4-9x^3-x^2-9x+2=0$ を解け。　〔日本医大〕

$ax^4+bx^3+cx^2+bx+a=0$ のように，係数が左右対称な方程式を **相反方程式**（そうはん）という。このような 4 次方程式では，中央の項 x^2 で両辺を割り $t=x+\dfrac{1}{x}$ とおき換えると，t に関する 2 次方程式になる。下の 検討 も参照。

解答

(1)　$x=0$ は解ではないから，方程式の両辺を x^2 で割ると　$2x^2-9x-1-\dfrac{9}{x}+\dfrac{2}{x^2}=0$

◀下線部分を断ってから，両辺を x^2 で割る。なお，$x=0$ を方程式の左辺に代入すると，(左辺)$=2$ となる。

よって　$2\left(x^2+\dfrac{1}{x^2}\right)-9\left(x+\dfrac{1}{x}\right)-1=0$

$x^2+\dfrac{1}{x^2}=\left(x+\dfrac{1}{x}\right)^2-2=t^2-2$ であるから

◀$a^2+b^2=(a+b)^2-2ab$ を利用。

$2(t^2-2)-9t-1=0$

ゆえに　$\boldsymbol{2t^2-9t-5=0}$ …… ①

(2)　① から　$(t-5)(2t+1)=0$　よって　$t=5,\ -\dfrac{1}{2}$

[1]　$t=5$ のとき　$x+\dfrac{1}{x}=5$

◀両辺に x を掛けて整理。

$x^2-5x+1=0$ であるから　$x=\dfrac{5\pm\sqrt{21}}{2}$

[2]　$t=-\dfrac{1}{2}$ のとき　$x+\dfrac{1}{x}=-\dfrac{1}{2}$

◀両辺に $2x$ を掛けて整理。

$2x^2+x+2=0$ であるから　$x=\dfrac{-1\pm\sqrt{15}\,i}{4}$

したがって，解は　$\boldsymbol{x=\dfrac{5\pm\sqrt{21}}{2},\ \dfrac{-1\pm\sqrt{15}\,i}{4}}$

検討　**相反方程式**

次数が偶数の相反方程式は，例題と同様のおき換えによって，次数が半分の方程式に帰着できる。次数が奇数の相反方程式の場合，例えば $ax^5+bx^4+cx^3+cx^2+bx+a=0$ は $x=-1$ を解にもつ，すなわち，左辺は $x+1$ で割り切れるから，次のように因数分解できる。

$$(x+1)\{ax^4+(b-a)x^3+(c-b+a)x^2+(b-a)x+a\}=0$$

このとき，$\{\quad\}=0$ は，次数が偶数の相反方程式である。

練習 ③ 62　方程式 $x^4-7x^3+14x^2-7x+1=0$ を $t=x+\dfrac{1}{x}$ のおき換えを利用して解け。

〔類　順天堂大〕

基本例題 63 1の3乗根とその性質

(1) 1の3乗根を求めよ。

(2) 1の3乗根のうち，虚数であるものの1つをωとする。

(ア) ω^2も1の3乗根であることを示せ。

(イ) $\omega^7+\omega^8$，$\dfrac{1}{\omega}+\dfrac{1}{\omega^2}+1$，$(\omega+2\omega^2)^2+(2\omega+\omega^2)^2$ の値をそれぞれ求めよ。

基本 60

(1) 3乗してaになる数，すなわち，方程式$x^3=a$の解を，aの **3乗根** という。

(2) (ア) (1)で求めた方程式$x^3=1$の虚数解を2乗して確かめる。

(イ) ωは方程式$x^2+x+1=0$，$x^3=1$の解 ⟶ $\boldsymbol{\omega^2+\omega+1=0}$，$\boldsymbol{\omega^3=1}$

解答

(1) xを1の3乗根とすると　$x^3=1$

ゆえに　$x^3-1=0$　よって　$(x-1)(x^2+x+1)=0$

したがって　$x-1=0$　または　$x^2+x+1=0$

これを解いて，1の3乗根は　$\boldsymbol{1,\ \dfrac{-1\pm\sqrt{3}i}{2}}$

◀3次方程式の解は複素数の範囲で3個。

(2) (ア) $\omega=\dfrac{-1+\sqrt{3}i}{2}$ とすると

◀ωはギリシャ文字で，「オメガ」と読む。

$$\omega^2=\left(\frac{-1+\sqrt{3}i}{2}\right)^2=\frac{1-2\sqrt{3}i+3i^2}{4}=\frac{-1-\sqrt{3}i}{2}$$

$\omega=\dfrac{-1-\sqrt{3}i}{2}$ とすると

$$\omega^2=\left(\frac{-1-\sqrt{3}i}{2}\right)^2=\frac{1+2\sqrt{3}i+3i^2}{4}=\frac{-1+\sqrt{3}i}{2}$$

よって，ω^2も1の3乗根である。

検討

$x^3=1$の虚数解のうち，どちらをωとしても，他方がω^2となる。よって，1の3乗根は　**1，ω，ω^2**

(イ) ωは方程式$x^2+x+1=0$，$x^3=1$の解であるから

$\omega^2+\omega+1=0$，$\omega^3=1$

よって　$\boldsymbol{\omega^7+\omega^8}=(\omega^3)^2\cdot\omega+(\omega^3)^2\cdot\omega^2=\omega+\omega^2=\boldsymbol{-1}$

◀$\omega^3=1$を利用して，次数を下げる。

また　$\boldsymbol{\dfrac{1}{\omega}+\dfrac{1}{\omega^2}+1}=\dfrac{\omega+1+\omega^2}{\omega^2}=\boldsymbol{0}$

$\omega^2+\omega+1=0$から，$\omega^2=-\omega-1$となり

◀$\omega^2=-\omega-1$を利用して，次数を下げる。

$$\boldsymbol{(\omega+2\omega^2)^2+(2\omega+\omega^2)^2}$$
$$=\{\omega+2(-\omega-1)\}^2+(2\omega-\omega-1)^2$$
$$=(-\omega-2)^2+(\omega-1)^2=2\omega^2+2\omega+5$$
$$=2(-\omega-1)+2\omega+5=\boldsymbol{3}$$

◀$2(\omega^2+\omega+1)+3=2\cdot0+3$としてもよい。

POINT　1の虚数の3乗根ωの性質　①　$\omega^2+\omega+1=0$　②　$\omega^3=1$

練習 ② 63　ωが$x^2+x+1=0$の解の1つであるとき，次の式の値を求めよ。

(1) $\omega^{100}+\omega^{50}$　　(2) $\dfrac{1}{\omega^8}+\dfrac{1}{\omega^4}$

(3) $(\omega^{200}+1)^{100}+(\omega^{100}+1)^{10}+2$

基本例題 64 x^2+x+1 で割ったときの余り ②②②②②

$f(x)=x^{80}-3x^{40}+7$ とする。

(1) 方程式 $x^2+x+1=0$ の解の1つを ω とするとき，$f(\omega)$ の値を ω の1次式で表せ。

(2) $f(x)$ を x^2+x+1 で割ったときの余りを求めよ。

基本 55, 63，重要 57

指針 $f(x)$ は次数が高いので，値を代入した式を計算したり，割り算を実行したりするのは難しい。ここでは，これまでに学習した，次の方針に従って進める。

高次式の値　**条件式を用いて次数を下げる** →(1)

割り算の問題　**等式 $A=BQ+R$ の利用。$B=0$ を考える** →(2)

(1) ω は $x^2+x+1=0$ の解であるから　$\omega^2+\omega+1=0$

これを用いてまず ω^3 の値を求め，その値を利用して $f(\omega)$ の式の **次数を下げる。**

(2) 求める余りは $ax+b$ と表され　$f(x)=(x^2+x+1)Q(x)+ax+b$

これに $x=\omega$ を代入すると　$f(\omega)=a\omega+b$　（$Q(x)$ は商）

解答

(1) ω は $x^2+x+1=0$ の解であるから　$\omega^2+\omega+1=0$

よって　$\omega^2=-\omega-1$，$\omega^2+\omega=-1$

ゆえに　$\omega^3=\omega\cdot\omega^2=\omega(-\omega-1)=-(\omega^2+\omega)$

$=-(-1)=1^{(*)}$

また，$80=3\cdot26+2$，$40=3\cdot13+1$ であるから

$\boldsymbol{f(\omega)}=\omega^{80}-3\omega^{40}+7=(\omega^3)^{26}\cdot\omega^2-3(\omega^3)^{13}\cdot\omega+7$

$=1^{26}\cdot(-\omega-1)-3\cdot1^{13}\cdot\omega+7=\boldsymbol{-4\omega+6}$

(2) $f(x)$ を x^2+x+1 で割ったときの商を $Q(x)$，余りを $ax+b$（a，b は実数）とすると

$f(x)=(x^2+x+1)Q(x)+ax+b$

$\omega^2+\omega+1=0$ であるから　$f(\omega)=a\omega+b$

(1) から　$-4\omega+6=a\omega+b$

a，b は実数，ω は虚数であるから　$a=-4$，$b=6$

したがって，求める余りは　$\boldsymbol{-4x+6}$

(＊) $\omega^3-1=(\omega-1)(\omega^2+\omega+1)=0$ から $\omega^3=1$ としてもよい。ω は1の虚数の3乗根である。

◀次数を下げて1次式に。

◀$A=BQ+R$

◀割る式 $B=0$ を活用。

◀下の 参考 ② を利用。

参考 a，b，c，d が実数，z が虚数のとき

① $\boldsymbol{a+bz=0} \iff \boldsymbol{a=0}$ **かつ** $\boldsymbol{b=0}$

② $\boldsymbol{a+bz=c+dz} \iff \boldsymbol{a=c}$ **かつ** $\boldsymbol{b=d}$　が成り立つ。

証明 [① の証明]（$\Longleftarrow$）明らかに成り立つ。

（$\Longrightarrow$）$b\neq0$ と仮定すると　$z=-\dfrac{a}{b}$　左辺は虚数，右辺は実数となるから矛盾。

よって　$b=0$　このとき　$a=0$

② の証明は，$(a-c)+(b-d)z=0$ として上と同様に考えればよい。

なお，上の ①，② は，$p.66$ の **1** ② を一般の場合に拡張したものにあたる。

練習 ③ **64** x^{2024} を x^2+x+1 で割ったときの余りを求めよ。

p.116 EX 44

基本例題 65 方程式の解から係数決定 (1) [実数解]

①①①①①

3 次方程式 $x^3+x^2+ax+b=0$ の解のうち，2 つが -1 と -3 である。このとき，定数 a，b の値と他の解を求めよ。

基本 61

指針

$x=\alpha$ が方程式 $f(x)=0$ の解 $\iff f(\alpha)=0$　　[1]

$\iff f(x)$ は $x-\alpha$ を因数にもつ　　[2]

$f(x)=x^3+x^2+ax+b$ とすると，[1] により　$f(-1)=0$，$f(-3)=0$

これから，a，b の連立方程式が得られ，a，b の値が求められる。

次に，[2] により，$f(x)$ は **$x+1$ と $x+3$ を因数にもつ** から，$f(x)$ は $(x+1)(x+3)$ で割り切れる。ゆえに，$f(x)$ は $(x+1)(x+3)(x-c)$ と因数分解できる。

なお，別解 1〜3 の解法も考えられる。これについては $p.109$ ズーム UP も参照。

解答

-1 と -3 が解であるから

$$(-1)^3+(-1)^2+a(-1)+b=0$$

$$(-3)^3+(-3)^2+a(-3)+b=0$$

すなわち　$-a+b=0$，$-3a+b=18$

これを解いて　$\boldsymbol{a=-9}$，$\boldsymbol{b=-9}$

よって，方程式は　$x^3+x^2-9x-9=0$

左辺を因数分解して　$(x+1)(x+3)(x-3)=0$

したがって，他の解は　$\boldsymbol{x=3}$

◀ $f(-1)=0$

◀ $f(-3)=0$

◀ x^3+x^2-9x-9
$=x^2(x+1)-9(x+1)$
$=(x+1)(x^2-9)$
$=(x+1)(x+3)(x-3)$

別解 1.　$f(x)=x^3+x^2+ax+b$ とする。

$f(x)$ は $x+1$ と $x+3$ を因数にもつから，$f(x)$ は $(x+1)(x+3)$ すなわち x^2+4x+3 で割り切れる。　……(＊)

右の割り算において，(余り)$=0$ とすると

$a+9=0$，$b+9=0$

よって　$\boldsymbol{a=-9}$，$\boldsymbol{b=-9}$

このとき，方程式は　$(x+1)(x+3)(x-3)=0$

└ 割り算の商

したがって，他の解は　$\boldsymbol{x=3}$

$$\begin{array}{r|l} & x-3 \\ \hline x^2+4x+3 & x^3+x^2+ax+b \\ & x^3+4x^2+3x \\ \hline & -3x^2+(a-3)x+b \\ & -3x^2-12x-9 \\ \hline & (a+9)x+b+9 \end{array}$$

別解 2.　[(＊)までは同じ]　他の解を c とすると，$f(x)$ は $x-c$ も因数にもつから，次の x についての恒等式が成り立つ。

$$x^3+x^2+ax+b=(x+1)(x+3)(x-c)$$

右辺を展開して整理すると

$$x^3+x^2+ax+b=x^3+(4-c)x^2+(3-4c)x-3c$$

両辺の係数を比較して

$4-c=1$，$3-4c=a$，$-3c=b$

これを解いて　$\boldsymbol{a=-9}$，$\boldsymbol{b=-9}$；**他の解** $\boldsymbol{x=c=3}$

別解 **3. 3 次方程式の解と係数の関係**（$p.101$ 基本事項 **2**）の利用。他の解を c とすると

$-1+(-3)+c=-1$，
$(-1)(-3)+(-1)c+(-3)c=a$，
$(-1)(-3)c=-b$

これを解いて
$\boldsymbol{a=-9}$，$\boldsymbol{b=-9}$；
他の解 $\boldsymbol{x=c=3}$

練習 ② 65　3 次方程式 $x^3+ax^2-21x+b=0$ の解のうち，2 つが 1 と 3 である。このとき，定数 a，b の値と他の解を求めよ。

基本例題 66 方程式の解から係数決定(2) [虚数解]

3次方程式 $x^3+ax^2+bx+10=0$ の1つの解が $x=2+i$ であるとき，実数の定数 a，b の値と，他の解を求めよ。
〔山梨学院大〕

基本 65

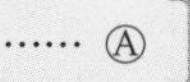

指針 係数の決定 ⟶ $x=\alpha$ が $f(x)=0$ の解 $\Longleftrightarrow f(\alpha)=0$ の利用。

1 わかっている解 $2+i$ を方程式に代入し，i について整理する。

2 複素数の相等条件より，a，b の連立方程式を導き，それを解く。

A，B が実数のとき $A+Bi=0 \Longleftrightarrow A=0,\ B=0$

3 求めた a，b の値を方程式に代入し，因数分解して他の解を求める。

これが基本手順である。また，次の性質を使う 別解 もある。

実数係数の n 次方程式が虚数解 $p+qi$ をもつならば，それと共役な複素数 $p-qi$ もこの方程式の解である。 …… Ⓐ

3次方程式の解と係数の関係($p.101$ 参照)を利用してもよい。

解答

$2+i$ が解であるから

$$(2+i)^3+a(2+i)^2+b(2+i)+10=0$$

整理すると $(3a+2b+12)+(4a+b+11)i=0$

a，b は実数であるから，$3a+2b+12$，$4a+b+11$ も実数で

$$3a+2b+12=0,\ 4a+b+11=0$$

これを解いて **$a=-2$，$b=-3$**

このとき，方程式は $x^3-2x^2-3x+10=0$

左辺を因数分解すると $(x+2)(x^2-4x+5)=0$

これを解いて $x=-2,\ 2\pm i$

したがって，**他の解は $x=-2,\ 2-i$**

◀ $(2+i)^3=2^3+3\cdot2^2i+3\cdot2i^2+i^3$
$(2+i)^2=2^2+2\cdot2i+i^2$

◀ 左辺に $x=-2$ を代入すると0になるから，左辺は $x+2$ を因数にもつ。

別解 1. 実数係数の3次方程式が虚数解 $x=2+i$ をもつから，それと共役な複素数 $2-i$ もこの方程式の解になる。 …… ㋐

◀ Ⓐ を利用。

よって，$x^3+ax^2+bx+10$ は

$$\{x-(2+i)\}\{x-(2-i)\}$$

すなわち x^2-4x+5 で割り切れる。 …… ㋑

$$\begin{array}{r} x+(a+4) \\ x^2-4x+5\,\overline{)\,x^3+ax^2+bx+10} \\ \underline{x^3-4x^2+5x} \\ (a+4)x^2+(b-5)x+10 \\ \underline{(a+4)x^2-4(a+4)x+5(a+4)} \\ (4a+b+11)x-5a-10 \end{array}$$

右の割り算において，(余り)$=0$ とすると

$$4a+b+11=0,\ -5a-10=0$$

これを解くと **$a=-2$，$b=-3$**

このとき，方程式は $(x^2-4x+5)(x+2)=0$

したがって，**他の解は $x=2-i,\ -2$**

◀ 商 $x+(a+4)$ に $a=-2$ を代入すると $x+2$

練習 ② 66 方程式 $x^4+ax^2+b=0$ が $2-i$ を解にもつとき，実数の定数 a，b の値と他の解を求めよ。
〔近畿大〕 p.116 EX45

「高次方程式の係数決定」問題の対応法

例題 **65**, **66** のような，解の条件から高次方程式の係数を求める問題では，次の [1], [2] が問題解決の基本となる。まず，この最重要ポイントを押さえておこう。

$x=\alpha$ が方程式 $f(x)=0$ の解 $\Longleftrightarrow$ $f(\alpha)=0$（代入すると成り立つ） ← [1]
$\Longleftrightarrow$ $f(x)$ は $x-\alpha$ を因数にもつ ← [2]

● 最もオーソドックスな解法は「解を代入」

例題 **65**, **66** のような問題では，[1] を利用する解法（**解を代入してまず係数を求める**）がまず思いつく。例題 **65**, **66** の解答では，この方針の解答を最初に示している。
例題 **65** のような，与えられた解が整数（有理数）などの場合は，この 解を代入 の方針が簡潔なことが多い。しかし，例題 **66** のように，与えられた解が虚数（○＋□i）の場合，解を代入 の方針では，代入した後の式の計算がやや複雑になる。
そこで，以下に示した 別解 も有効となるので，使えるようにしておきたい。

● 共役複素数解を利用した 別解

前ページの Ⓐ（これは方程式の解に関する重要な性質である）を利用すると，$2+i$ に加えて $2-i$ も解となる。よって，[2] により方程式の左辺が $x-(2+i)$, $x-(2-i)$ をともに因数にもつ，すなわち方程式の左辺が $\{x-(2+i)\}\{x-(2-i)\}=x^2-4x+5$ を**因数にもつ（＝割り切れる）**。このことを利用したのが 別解 1，2 である。

別解 1．割り算を実行し，**(余りの式)=0 から** 恒等式に帰着 させる（前ページ）

別解 2．**他の解を c として，割り算の等式 $A=BQ+R$ から恒等式に帰着** させる

別解 1 の ㋑ までは同じ。他の解を c とすると，次の恒等式が成り立つ。

$$x^3+ax^2+bx+10=(x^2-4x+5)(x-c)$$

展開して整理し，両辺の係数を比較すると　$a=-c-4$，$b=4c+5$，$10=-5c$
これを解いて　$\boldsymbol{a=-2}$，$\boldsymbol{b=-3}$，$c=-2$　　ゆえに，**他の解は**　$\boldsymbol{x=2-i,\ -2}$

また，例題 **66** の方程式は 3 次方程式であるから，次の 別解 3 のようにも解ける。

別解 3．**他の解を c として，3 次方程式の解と係数の関係 を利用する**

別解 1 の ㋐ までは同じ。他の解を c とすると，
3 次方程式の解と係数の関係から

$$c+(2+i)+(2-i)=-a,$$
$$c(2+i)+c(2-i)+(2+i)(2-i)=b,$$
$$c(2+i)(2-i)=-10$$

これを解いて　　$\boldsymbol{a=-2}$，$\boldsymbol{b=-3}$，$c=-2$
ゆえに，**他の解は**　　$\boldsymbol{x=2-i,\ -2}$

> 3 次方程式 $ax^3+bx^2+cx+d=0$ の解を α，β，γ とすると
> $$\alpha+\beta+\gamma=-\frac{b}{a},$$
> $$\alpha\beta+\beta\gamma+\gamma\alpha=\frac{c}{a},$$
> $$\alpha\beta\gamma=-\frac{d}{a}$$

なお，別解 3（3 次方程式の解と係数の関係）は最も計算がらくであるが，3 次方程式の場合しか使えない。4 次以上の方程式では，上の 別解 1，2 の有効性が高まってくる。

参考事項 n 次方程式の解と個数

2 次方程式が常に解をもつようにするために虚数を考え，実数と合わせて複素数とした。そして，**3 次以上の高次方程式でも，複素数の範囲で必ず解をもつ** ことがわかっている（このことを **代数学の基本定理**(*) という）。
この他，方程式の解に関する性質を紹介しておきたい。

(*) 証明は，高校数学の程度を超えるので，ここでは扱わない。
なお，方程式の係数が複素数であっても，代数学の基本定理は成り立つ。

1 n 次方程式は，ちょうど n 個の解をもつ。

複素数 α についても，次の因数定理が成り立つ。

多項式 $P(x)$ が $x-\alpha$ を因数にもつ $\iff P(\alpha)=0$

よって，$x=\alpha_1$ が n 次方程式 $P(x)=0$ の解であるとき

$$P(x)=(x-\alpha_1)Q(x) \quad [Q(x) \text{ は } n-1 \text{ 次の多項式}]$$

と表され，これを $Q(x)$ について，同じことを繰り返すと

$$P(x)=a(x-\alpha_1)(x-\alpha_2)\cdots\cdots(x-\alpha_n) \qquad (a \text{ は定数})$$

と因数分解できるはずである。ここで，例えば
$(x-1)^2(x+1)=0$ の $x=1$ のような **2 重解** を 2 個というように，$(x-\alpha)^k$ の形の k 重解を k 個の解と考えると，性質 1 がいえる。

◀複素数の和・差・積・商もまた複素数であるから，複素数を係数とする多項式について，割り算の等式が成り立つ。

◀$P(x)$ は n 次式。

2 実数係数の n 次方程式が虚数解 $p+qi$ をもつと，共役複素数 $p-qi$ も解である。

複素数 α と共役な複素数を $\overline{\alpha}$ で表すと，次の等式が成り立つ。

$$\overline{\alpha+\beta}=\overline{\alpha}+\overline{\beta}, \quad \overline{\alpha-\beta}=\overline{\alpha}-\overline{\beta},$$

$$\overline{\alpha\beta}=\overline{\alpha}\cdot\overline{\beta}, \quad \overline{\left(\frac{\alpha}{\beta}\right)}=\frac{\overline{\alpha}}{\overline{\beta}}$$

特に，実数 k に対し $\overline{k}=k$，$\overline{k\alpha}=k\overline{\alpha}$

◀$\alpha=a+bi$ に対し $\overline{\alpha}=a-bi$

◀$\alpha=a+bi$，$\beta=c+di$ として確かめてみよ。

これらの性質を使って性質 2 が証明できる。
例えば，実数係数の 3 次方程式 $ax^3+bx^2+cx+d=0$ が虚数解 α をもつとき，$a\alpha^3+b\alpha^2+c\alpha+d=0$ であるから

$$\overline{a\alpha^3+b\alpha^2+c\alpha+d}=\overline{0} \longrightarrow \overline{a\alpha^3}+\overline{b\alpha^2}+\overline{c\alpha}+\overline{d}=0$$

$$\longrightarrow a\overline{\alpha^3}+b\overline{\alpha^2}+c\overline{\alpha}+d=0 \longrightarrow a(\overline{\alpha})^3+b(\overline{\alpha})^2+c(\overline{\alpha})+d=0$$

よって，$\overline{\alpha}$ も $ax^3+bx^2+cx+d=0$ の解である。
$n\geqq4$ の場合でも，同じように考えることで示される。

◀実数 k について $\overline{k}=k$

3 実数係数の奇数次の方程式は，少なくとも 1 つの実数解をもつ。

2 により，虚数解は 2 個ずつ共役な複素数のペアになり，全部で偶数個ある。
1 により，解の総数は奇数個であるから，少なくとも 1 個は実数解である。

4 有理数係数の n 次方程式が $p+q\sqrt{r}$ を解にもつと，$p-q\sqrt{r}$ も解である。[ただし，p，q $(\neq0)$，r は有理数，$\sqrt{r}$ は無理数]

$p+q\sqrt{r}$ の形の解が与えられた場合は，前ページの 別解 1～3 のような解法を考えるとよい。

基本例題 67 3次方程式が2重解をもつ条件

3次方程式 $x^3+(a-2)x^2-4a=0$ が2重解をもつように，実数の定数 a の値を定めよ。〔類 東北学院大〕

基本 65

指針 方程式 $(x-3)^2(x+2)=0$ の解 $x=3$ を，この方程式の **2重解** という。また，方程式 $(x+2)^3(x-2)=0$ の解 $x=-2$ を，この方程式の **3重解** という。
まず，方程式の左辺を因数分解して，**(1次式)×(2次式)=0** の形に直す。
方程式が $(x-\alpha)(x^2+px+q)=0$ と分解されたなら，2重解をもつ条件は

[1] $x^2+px+q=0$ が重解をもち，その重解は $x\neq\alpha$

[2] $x^2+px+q=0$ が α と α 以外の解をもつ。 ⟶ 2重解は $x=\alpha$

であるが，一方の条件を見落とすことがあるので，注意が必要である。
なお，[1] は，2次方程式の重解条件と似ているが，重解が $x\neq\alpha$ である($x=\alpha$ が3重解ではない)ことを必ず確認するように。

解答

与えられた3次方程式の左辺を a について整理すると

$$(x^2-4)a+x^3-2x^2=0$$
$$(x+2)(x-2)a+x^2(x-2)=0$$
$$(x-2)\{x^2+(x+2)a\}=0$$
$$(x-2)(x^2+ax+2a)=0$$

よって　$x-2=0$　または　$x^2+ax+2a=0$

この3次方程式が2重解をもつのは，次の [1] または [2] の場合である。

[1] $x^2+ax+2a=0$ が $x\neq2$ の重解をもつ場合。

判別式を D とすると　$D=0$　かつ　$-\dfrac{a}{2\cdot1}\neq2$

$D=a^2-4\cdot1\cdot2a=a(a-8)$ であり，$D=0$ とすると

$$a=0,\ 8$$

ここで，$-\dfrac{a}{2\cdot1}\neq2$ から　$a\neq-4$

$a=0,\ 8$ は $a\neq-4$ を満たす。

[2] $x^2+ax+2a=0$ の解の1つが2で，他の解が2でない場合。2が解であるための条件は　$2^2+a\cdot2+2a=0$

これを解いて　$a=-1$

このとき，方程式は　$(x-2)(x^2-x-2)=0$

したがって　$(x-2)^2(x+1)=0$

ゆえに，$x=2$ は2重解である。

以上から　$\boldsymbol{a=-1,\ 0,\ 8}$

◀次数が最低の a について整理する。また
$P(x)=x^3+(a-2)x^2-4a$
とすると　$P(2)=0$
よって，$P(x)$ は $x-2$ を因数にもつ。
これを利用して因数分解してもよい。

◀2次方程式
$Ax^2+Bx+C=0$ の重解は　$x=-\dfrac{B}{2A}$

[2] 他の解が2でない，という条件を次のように考えてもよい。
他の解を β とすると，解と係数の関係から
$2\beta=2a$
$\beta\neq2$ から　$a\neq2$

練習 ③ 67 a を実数の定数とする。3次方程式 $x^3+(a+1)x^2-a=0$ …… ① について

(1) ① が2重解をもつように，a の値を定めよ。

(2) ① が異なる3つの実数解をもつように，a の値の範囲を定めよ。

重要例題 68 3次の対称式の値

3次方程式 $x^3-3x+5=0$ の3つの解を α, β, γ とするとき，$\alpha^2+\beta^2+\gamma^2$，$(\alpha-1)(\beta-1)(\gamma-1)$，$\alpha^3+\beta^3+\gamma^3$ の値をそれぞれ求めよ。

p.101 基本事項 2

指針 値を求める式はどれも α, β, γ の対称式。したがって，2次方程式の場合と同様に，次の方法で求めることができる。

解の対称式の値 3次方程式 $ax^3+bx^2+cx+d=0$ の解 α, β, γ

1. **基本対称式 $\alpha+\beta+\gamma$，$\alpha\beta+\beta\gamma+\gamma\alpha$，$\alpha\beta\gamma$ で表す。**
2. **$ax^3+bx^2+cx+d=a(x-\alpha)(x-\beta)(x-\gamma)$ の利用。**
3. **$a\alpha^3+b\alpha^2+c\alpha+d=0$ などの利用。**

解答

3次方程式の解と係数の関係から

$$\alpha+\beta+\gamma=0,\ \alpha\beta+\beta\gamma+\gamma\alpha=-3,\ \alpha\beta\gamma=-5$$

ゆえに $\boldsymbol{\alpha^2+\beta^2+\gamma^2}=(\alpha+\beta+\gamma)^2-2(\alpha\beta+\beta\gamma+\gamma\alpha)$ ◀1. の方法。

$$=0^2-2\cdot(-3)=\mathbf{6}$$

等式 $x^3-3x+5=(x-\alpha)(x-\beta)(x-\gamma)$ が成り立ち，この等式の両辺に $x=1$ を代入すると ◀2. の方法。

$$1^3-3\cdot1+5=(1-\alpha)(1-\beta)(1-\gamma)$$

よって $\boldsymbol{(\alpha-1)(\beta-1)(\gamma-1)=-3}$

α, β, γ はそれぞれ $x^3-3x+5=0$ の解であるから ◀3. の方法。

$\alpha^3-3\alpha+5=0$ ゆえに $\alpha^3=3\alpha-5$ …… ① ◀**次数を下げる。** この問題では，3次から1次に下げることができるので，有効である。

$\beta^3-3\beta+5=0$ ゆえに $\beta^3=3\beta-5$ …… ②

$\gamma^3-3\gamma+5=0$ ゆえに $\gamma^3=3\gamma-5$ …… ③

①，②，③ の辺々を加えて

$$\boldsymbol{\alpha^3+\beta^3+\gamma^3}=3(\alpha+\beta+\gamma)-15=\mathbf{-15}$$

別解 **[$(\alpha-1)(\beta-1)(\gamma-1)$ の値を求める際の別解]**

$\boldsymbol{(\alpha-1)(\beta-1)(\gamma-1)}$ ◀1. の方法。

$=\alpha\beta\gamma-(\alpha\beta+\beta\gamma+\gamma\alpha)+(\alpha+\beta+\gamma)-1$

$=-5-(-3)+0-1=\mathbf{-3}$

別解 **[$\alpha^3+\beta^3+\gamma^3$ の値を求める際の別解]**

$\alpha^3+\beta^3+\gamma^3-3\alpha\beta\gamma=(\alpha+\beta+\gamma)(\alpha^2+\beta^2+\gamma^2-\alpha\beta-\beta\gamma-\gamma\alpha)$ ◀この因数分解は重要。

であるから，$\alpha+\beta+\gamma=0$，$\alpha\beta\gamma=-5$ より

$$\alpha^3+\beta^3+\gamma^3-3\cdot(-5)=0$$ ◀1. の方法。

すなわち $\boldsymbol{\alpha^3+\beta^3+\gamma^3=-15}$

練習 ③ 68 $x^3-2x^2-4=0$ の3つの解を α, β, γ とする。次の式の値を求めよ。

(1) $\alpha^2+\beta^2+\gamma^2$　(2) $(\alpha+1)(\beta+1)(\gamma+1)$　(3) $\alpha^3+\beta^3+\gamma^3$

p.116 EX47

重要例題 69 3次方程式の作成

3次方程式 $x^3-2x^2-x+3=0$ の3つの解を α, β, γ とするとき, $\alpha+\beta$, $\beta+\gamma$, $\gamma+\alpha$ を解とする3次方程式を1つ作れ。 重要68

指針 似た問題 方法をまねる　2次方程式での類似の問題($p.86$ 基本例題 **50**)と同じように, **解と係数の関係** を利用することを考える。
$\alpha+\beta=A$, $\beta+\gamma=B$, $\gamma+\alpha=C$ とすると, A, B, C を解とする3次方程式は

$$(x-A)(x-B)(x-C)=0$$

すなわち　$x^3-(A+B+C)x^2+(AB+BC+CA)x-ABC=0$

よって, $A+B+C$, $AB+BC+CA$, ABC の値を求めることを考える。
なお, $p.80$ 重要例題 **44** で考えたような, 解のおき換えも有効である(下の 検討 参照)。

解答

3次方程式の解と係数の関係から

$$\alpha+\beta+\gamma=2,\ \alpha\beta+\beta\gamma+\gamma\alpha=-1,\ \alpha\beta\gamma=-3$$

ゆえに　$(\alpha+\beta)+(\beta+\gamma)+(\gamma+\alpha)=2(\alpha+\beta+\gamma)=2\cdot2$
$=4$ …… ①

ここで, $\alpha+\beta+\gamma=2$ から

$$\alpha+\beta=2-\gamma,\ \beta+\gamma=2-\alpha,\ \gamma+\alpha=2-\beta \quad \cdots\cdots (*)$$

よって　$(\alpha+\beta)(\beta+\gamma)+(\beta+\gamma)(\gamma+\alpha)+(\gamma+\alpha)(\alpha+\beta)$
$=(2-\gamma)(2-\alpha)+(2-\alpha)(2-\beta)+(2-\beta)(2-\gamma)$
$=4-2(\gamma+\alpha)+\gamma\alpha+4-2(\alpha+\beta)+\alpha\beta+4-2(\beta+\gamma)+\beta\gamma$
$=12-4(\alpha+\beta+\gamma)+\alpha\beta+\beta\gamma+\gamma\alpha$
$=12-4\cdot2-1=3$ …… ②

また　$(\alpha+\beta)(\beta+\gamma)(\gamma+\alpha)=(2-\gamma)(2-\alpha)(2-\beta)$
$=8-4(\alpha+\beta+\gamma)+2(\alpha\beta+\beta\gamma+\gamma\alpha)-\alpha\beta\gamma$
$=8-4\cdot2+2\cdot(-1)-(-3)=1$ …… ③

①～③ から, 求める3次方程式は　$\boldsymbol{x^3-4x^2+3x-1=0}$

◀ x^3-2x^2-x+3
$=(x-\alpha)(x-\beta)(x-\gamma)$
$=x^3-(\alpha+\beta+\gamma)x^2$
$+(\alpha\beta+\beta\gamma+\gamma\alpha)x$
$-\alpha\beta\gamma$

◀ これを展開してもよいが, 計算がやや煩雑。

◀ x^3-2x^2-x+3
$=(x-\alpha)(x-\beta)(x-\gamma)$
の両辺に $x=2$ を代入してもよい。

検討　**解をおき換えて考える(解の変換)**

解答の$(*)$より, $\alpha+\beta=2-\gamma$, $\beta+\gamma=2-\alpha$, $\gamma+\alpha=2-\beta$ であるから, 上の例題は, $2-\gamma$, $2-\alpha$, $2-\beta$ を解とする3次方程式を求めることと同じである。そこで, $x=\alpha$, β, γ に対して, **$2-x=X$ とおくと**, $x=2-X$ は $x^3-2x^2-x+3=0$ を満たすから

$$(2-X)^3-2(2-X)^2-(2-X)+3=0 \quad \cdots\cdots Ⓐ$$

$X=2-\gamma$, $2-\alpha$, $2-\beta$ は, 等式 Ⓐ を満たし, この等式 Ⓐ が求める方程式である。後は, X を x におき換え, 左辺を展開して整理すると, $x^3-4x^2+3x-1=0$ が得られる。

練習 ③ 69　3次方程式 $x^3-3x^2-5=0$ の3つの解を α, β, γ とする。次の3つの数を解とする3次方程式を求めよ。

(1) $\alpha-1$, $\beta-1$, $\gamma-1$　　(2) $\dfrac{\beta+\gamma}{\alpha}$, $\dfrac{\gamma+\alpha}{\beta}$, $\dfrac{\alpha+\beta}{\gamma}$

重要例題 70 高次不等式の解法 ④④④④④

次の不等式を解け。ただし，a は正の定数とする。

$$x^3-(a+1)x^2+(a-2)x+2a\leqq 0$$

指針 まず，不等式の左辺を因数分解する。因数定理を利用してもよいが，この問題では，最低次の文字 a について整理する方が早い。
$(x-\alpha)(x-\beta)(x-\gamma)\leqq 0$ の形に変形したら，後は各因数 $x-\alpha$，$x-\beta$，$x-\gamma$ の符号を調べて，$(x-\alpha)(x-\beta)(x-\gamma)$ の符号を判定する。
なお，α，β，γ に文字が含まれるときは，α，β，γ の大小関係に注意する。

解答 不等式の左辺を a について整理すると

$$(x^3-x^2-2x)-(x^2-x-2)a\leqq 0$$
$$x(x+1)(x-2)-(x+1)(x-2)a\leqq 0$$

よって $(x+1)(x-2)(x-a)\leqq 0$

◀ x^3-x^2-2x
$=x(x^2-x-2)$
$=x(x+1)(x-2)$

[1] $0<a<2$ のとき
右の表から，解は $x\leqq -1$，$a\leqq x\leqq 2$

[2] $a=2$ のとき
不等式は $(x+1)(x-2)^2\leqq 0$ となり，
$(x-2)^2\geqq 0$ であるから
$x-2=0$ または $x+1\leqq 0$
ゆえに，解は $x\leqq -1$，$x=2$

[3] $2<a$ のとき
右の表から，解は $x\leqq -1$，$2\leqq x\leqq a$

[1]～[3] から，求める解は

$0<a<2$ のとき $x\leqq -1$，$a\leqq x\leqq 2$
$a=2$ のとき $x\leqq -1$，$x=2$
$2<a$ のとき $x\leqq -1$，$2\leqq x\leqq a$

[1] $f(x)=(x+1)(x-2)(x-a)$

x	$\cdots$	-1	$\cdots$	a	$\cdots$	2	$\cdots$
$x+1$	$-$	0	$+$	$+$	$+$	$+$	$+$
$x-a$	$-$	$-$	$-$	0	$+$	$+$	$+$
$x-2$	$-$	$-$	$-$	$-$	$-$	0	$+$
$f(x)$	$-$	0	$+$	0	$-$	0	$+$

[3] $f(x)=(x+1)(x-2)(x-a)$

x	$\cdots$	-1	$\cdots$	2	$\cdots$	a	$\cdots$
$x+1$	$-$	0	$+$	$+$	$+$	$+$	$+$
$x-2$	$-$	$-$	$-$	0	$+$	$+$	$+$
$x-a$	$-$	$-$	$-$	$-$	$-$	0	$+$
$f(x)$	$-$	0	$+$	0	$-$	0	$+$

検討 **3 次不等式を 3 次関数のグラフで考える**

3 次関数 $y=f(x)$ のグラフについては，第 6 章の微分法で詳しく学習するが，グラフの概形は右の図のようになる。
このグラフから
$\alpha<\beta<\gamma$ のとき
$(x-\alpha)(x-\beta)(x-\gamma)\geqq 0$ の解は $\alpha\leqq x\leqq\beta$，$\gamma\leqq x$
$(x-\alpha)(x-\beta)(x-\gamma)\leqq 0$ の解は $x\leqq\alpha$，$\beta\leqq x\leqq\gamma$

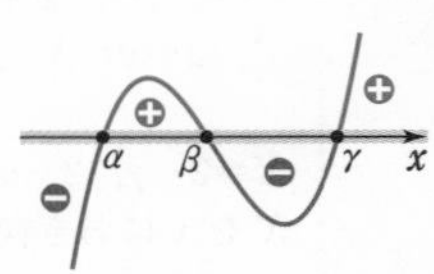

練習 ④ 70 次の不等式を解け。ただし，(2) の a は正の定数とする。
(1) $x^3-3x^2-10x+24\geqq 0$　　(2) $x^3-(a+1)x^2+ax\geqq 0$

参考事項 3次方程式の一般的解法

2次方程式に解の公式があるように，3次，4次方程式にも一般的な解法がある。

高校数学の範囲を超える内容であるが，ここでは **Cardano（カルダーノ）の解法** として知られる，3次方程式の一般的解法を紹介しよう。

3次方程式は，x^3 の係数 $(\neq 0)$ で両辺を割ると，次の形になる。

$$x^3+ax^2+bx+c=0 \quad \cdots\cdots ①$$

ここで，$x=y-\dfrac{a}{3}$ とおく解の変換により，y^2 の項が消えて次の形になる。

$$y^3+py+q=0 \quad \cdots\cdots ②$$

更に，$y=u+v$ とおいて ② に代入し，整理すると

$$u^3+v^3+q+(3uv+p)(u+v)=0 \quad \cdots\cdots ③$$

そこで，　$u^3+v^3+q=0,\ 3uv+p=0$ 　…… ④

◀ $(u+v)^3=u^3+v^3+3uv(u+v)$

を満たす u，v を求めれば，$y=u+v$ は ② を満たし，更に $x=y-\dfrac{a}{3}$ が ① を満たすことになる。ここで，④ より $u^3+v^3=-q$，$uv=-\dfrac{p}{3}$ すなわち $u^3v^3=-\dfrac{p^3}{27}$ であるから，u^3 と v^3 は2次方程式 $t^2+qt-\dfrac{p^3}{27}=0$ の解である。

これを解くと　$t=\dfrac{1}{2}\left\{-q\pm\sqrt{q^2-4\left(-\dfrac{p^3}{27}\right)}\right\}=-\dfrac{q}{2}\pm\sqrt{\left(\dfrac{p}{3}\right)^3+\left(\dfrac{q}{2}\right)^2}$　である。

$$u^3=-\frac{q}{2}+\sqrt{R},\ v^3=-\frac{q}{2}-\sqrt{R}\quad \left[R=\left(\frac{p}{3}\right)^3+\left(\frac{q}{2}\right)^2\right]$$

とおくと，それぞれ右辺の3乗根が3つずつ得られる。$uv=-\dfrac{p}{3}$ より，u が1つの値をとると v は1つに定まるから，$(u,\ v)$ の組は3組ある。ゆえに，② を満たす y（すなわち ① を満たす x）が3個得られる。

ここで，④ は ③ の十分条件で必要条件ではないが，3次方程式の解は3個であるから（p.110 [1] 参照），以上によって，3次方程式 ① が解けたことになる。

例えば，3次方程式 $(x-3)(x^2-2)=0$ すなわち $x^3-3x^2-2x+6=0$ を考えてみよう。

この方程式の解は $x=3,\ \pm\sqrt{2}$ で，実数解のみをもつが，この方程式を Cardano の解法によって解こうとすると

$a=-3$ から $x=y+1$ と変換すると

$(y+1)^3-3(y+1)^2-2(y+1)+6=0$　整理して　$y^3-5y+2=0$

$p=-5,\ q=2$ から　$R=\left(\dfrac{p}{3}\right)^3+\left(\dfrac{q}{2}\right)^2=\left(-\dfrac{5}{3}\right)^3+1=-\dfrac{98}{27}<0$

よって，u^3 と v^3 の値は虚数になってしまう。

すなわち，3次方程式を解くためには，たとえ実数解のみをもつ場合でも，解法の途中で虚数を扱う必要があることになる。

実はこれが，人々が虚数を認めるきっかけとなったのである。

EXERCISES

②**42** (1) 等式 $x^4-31x^2+20x+5=(x^2+a)^2-(bx-2)^2$ が x についての恒等式となるように，定数 a，b の値を定めよ。

(2) 方程式 $x^4-31x^2+20x+5=0$ を解け。 〔類 東北学院大〕 →60

③**43** 1辺が 5 cm の正方形の厚紙の四隅から合同な正方形を切り取った残りでふたのない直方体を作ったら，その容積が 8 cm^3 になった。切り取った正方形の1辺の長さを求めよ。 →61

③**44** 3で割った余りが1となる自然数 n に対し，$(x-1)(x^{3n}-1)$ が $(x^3-1)(x^n-1)$ で割り切れることを証明せよ。 〔慶応大〕 →64

④**45** n を整数とし，p を2以上の整数で素数とする。3次方程式 $x^3+nx^2+n^2x=p$ が正の整数 $x=\alpha$ を解にもつとき，次の問いに答えよ。 〔東北大〕

(1) $\alpha=1$ であることを示せ。

(2) 上の3次方程式が $k+\sqrt{2}\,i$ (k は実数，i は虚数単位) を解にもつとき，p の値を求めよ。 →66

④**46** 次数が n の多項式 $f(x)=x^n+a_{n-1}x^{n-1}+\cdots\cdots+a_1x+a_0$ が $f(x)=(x-\alpha)^n$ という形に因数分解できるとき，α を方程式 $f(x)=0$ の n 重解ということにする。

(1) 方程式 $x^2+ax+b=0$ が2重解 α をもつとする。a，b が整数のとき，α は整数であることを示せ。

(2) 方程式 $x^4+px^3+qx^2+rx+s=0$ が4重解 β をもつとする。p，q が整数のとき，β は整数であり，r，s も整数であることを示せ。 〔津田塾大〕

→p.110 参考事項

③**47** $a+b+c=2$，$ab+bc+ca=3$，$abc=2$ のとき，$a^2+b^2+c^2$，$a^5+b^5+c^5$ の値をそれぞれ求めよ。 〔類 名古屋市大〕 →68

43 求める長さを x cm として，条件より x の3次方程式を導く。x の値の範囲に注意。

44 $(x-1)(x^{3n}-1)=\underline{(x-1)(x^n-1)}(x^{2n}+x^n+1)$,
$(x^3-1)(x^n-1)=\underline{(x-1)}(x^2+x+1)\underline{(x^n-1)}$
よって，$x^{2n}+x^n+1$ が x^2+x+1 で割り切れることを示せばよい。

45 (1) 素数 p の正の約数は1と p だけであることに注目。

46 (1) a，b を α で表し，α を消去して a，b の関係式を導く。
(2) (方程式の左辺)$=(x-\beta)^4$ と表される。係数を比較して p，q，r，s を β で表し，p，q の関係式を導く。

47 (前半) $(a+b+c)^2=a^2+b^2+c^2+2ab+2bc+2ca$ を利用。
(後半) a，b，c を解とする3次方程式を作り，それを用いて次数を下げる。

数学Ⅱ 第3章

図形と方程式

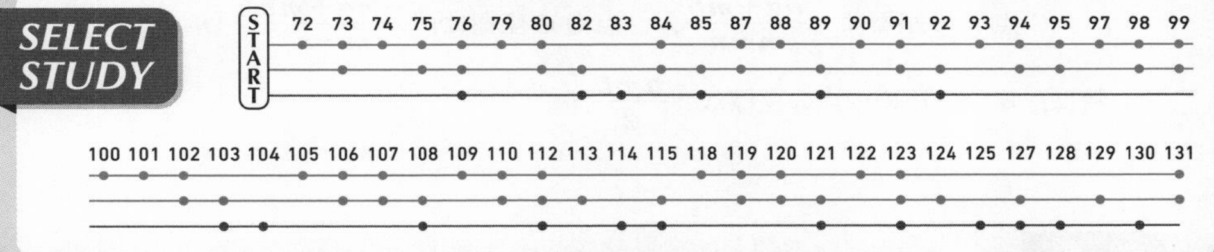

例題一覧

		番号	例題	難易度
12	基本	71	数直線上の線分と内分・外分	①
	基本	72	座標平面上の2点間の距離	②
	基本	73	三角形の形状	②
	基本	74	座標を利用した証明(1)	②
	基本	75	線分の内分点・外分点，重心	②
	基本	76	平行四辺形の頂点の座標	③
	基本	77	点に関する対称点	②
13	基本	78	直線の方程式	①
	基本	79	平行・垂直な直線	②
	基本	80	2直線の平行・垂直・一致の条件	②
	基本	81	2直線の交点を通る直線	③
	基本	82	定点を通る直線の方程式	③
	重要	83	直線と面積の等分	③
	基本	84	共線条件，共点条件	②
	重要	85	共点と共線の関係	③
	基本	86	三角形を作らない条件	③
	基本	87	座標を利用した証明(2)	②
14	基本	88	線対称の点，直線	②
	重要	89	折れ線の長さの最小	③
	基本	90	点と直線の距離	②
	基本	91	三角形の面積	②
	重要	92	曲線上の点と直線の距離	③
15	基本	93	円の方程式(1)	①
	基本	94	円の方程式(2)	②
	基本	95	方程式の表す図形	②
	基本	96	座標軸に接する，直線上に中心をもつ円	②
16	基本	97	円と直線の共有点の座標	②
	基本	98	円と直線の位置関係	②
	基本	99	円の弦の長さ	②
	基本	100	円周上の点における接線	②
	基本	101	接線から円の方程式を求めるなど	②
	基本	102	円外の点から円に引いた接線	②
	重要	103	円の2接点を通る直線	③
	重要	104	放物線と円の共有点・接点	④
17	基本	105	2つの円の位置関係	②
	基本	106	2円の交点を通る円	②
	基本	107	円と直線の交点を通る円	②
	重要	108	2円の共通接線	③
18	基本	109	定点からの距離の比が一定な点の軌跡	②
	基本	110	三角形の重心の軌跡（連動形）	②
	基本	111	角の二等分線・線対称な直線の方程式	③
	基本	112	媒介変数と軌跡	③
	重要	113	放物線の弦の中点の軌跡	③
	重要	114	接線に関する軌跡	④
	重要	115	2直線の交点の軌跡	④
	重要	116	反転 OP·OQ=(一定) の軌跡	④
19	基本	117	不等式の表す領域	①
	基本	118	連立不等式の表す領域	②
	基本	119	絶対値を含む不等式の表す領域	③
	基本	120	不等式 $AB>0$，$AB<0$ の表す領域	②
	重要	121	正領域・負領域の考え	③
	基本	122	領域と1次式の最大・最小(1)	②
	基本	123	線形計画法の文章題	③
	基本	124	領域と1次式の最大・最小(2)	③
	重要	125	領域と2次式の最大・最小	④
	重要	126	領域と分数式の最大・最小	④
	重要	127	図形の通過領域(1)	④
	重要	128	図形の通過領域(2)	⑤
	重要	129	領域の変換	③
	重要	130	点 $(x+y,\ xy)$ の動く領域	④
	基本	131	領域を利用した証明法	②

12 直線上の点，平面上の点

基本事項

1 数直線上の2点間の距離

① 原点Oと点P(a)の間の距離 $\mathbf{OP}=|\boldsymbol{a}|$

② 2点A(a)，B(b)間の距離 $\mathbf{AB}=|\boldsymbol{b}-\boldsymbol{a}|$

2 数直線上の線分の内分点・外分点

数直線上の2点A(a)，B(b)を結ぶ線分ABを $m:n$ に内分する点をP，外分する点をQとする。ただし，$m>0$，$n>0$ とする。

点Pの座標は $\dfrac{\boldsymbol{na+mb}}{\boldsymbol{m+n}}$，点Qの座標は $\dfrac{\boldsymbol{-na+mb}}{\boldsymbol{m-n}}$ $(m \neq n)$

特に，線分ABの中点の座標は $\dfrac{\boldsymbol{a+b}}{\boldsymbol{2}}$

解 説

■2点間の距離

数直線上で，**原点Oと点P(a)の距離**を，a の**絶対値**といい，$|a|$ で表す。

すなわち，2点O，P間の距離OPは $\mathbf{OP}=|\boldsymbol{a}|$

また，**数直線上の2点A(a)，B(b)間の距離AB**は，$a \leqq b$ のとき $\mathrm{AB}=b-a$，

$a>b$ のとき $\mathrm{AB}=-(b-a)$ であるから $\mathbf{AB}=|\boldsymbol{b}-\boldsymbol{a}|$ ◀AB$=|a-b|$でもよい。

■線分の内分点・外分点

数直線上の2点をA(a)，B(b)とする。

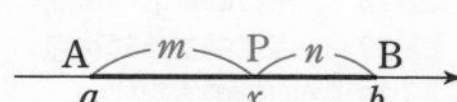

[1] 線分ABを $m:n$ に内分する点をP(x)とする。

$a<b$ のとき $\mathrm{AP}:\mathrm{PB}=(x-a):(b-x)=m:n$

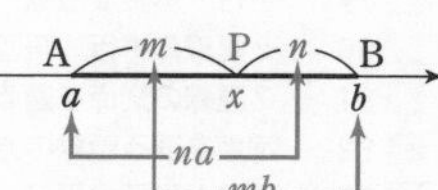

よって $n(x-a)=m(b-x)$

ゆえに $(m+n)x=na+mb$

よって，点Pの座標は $x=\dfrac{\boldsymbol{na+mb}}{\boldsymbol{m+n}}$ …… ①

$a>b$ のときも，同様にして①が成り立つ。

特に，$m=n=1$ のとき，点Pは線分ABの中点であり，その座標は $\dfrac{\boldsymbol{a+b}}{\boldsymbol{2}}$

[2] 線分ABを $m:n$ に外分する点をQ(x)とする。

例えば，$m>n$，$a<b$ のとき，$a<b<x$ であるから

$\mathrm{AQ}:\mathrm{QB}=(x-a):(x-b)=m:n$

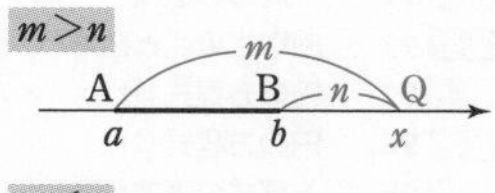

よって $m(x-b)=n(x-a)$

ゆえに $(m-n)x=-na+mb$

$m \neq n$ であるから $x=\dfrac{\boldsymbol{-na+mb}}{\boldsymbol{m-n}}$ …… ②

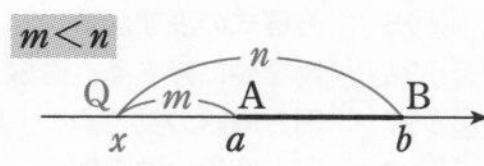

②は，m と n，a と b の大小に関係なく成り立つ。

基本事項

3 座標平面上の2点間の距離

座標平面上の2点 $A(x_1,\ y_1)$，$B(x_2,\ y_2)$ 間の距離は

$$\mathrm{AB}=\sqrt{\mathrm{AC}^2+\mathrm{BC}^2}=\sqrt{(x_2-x_1)^2+(y_2-y_1)^2}$$

特に，原点Oと点 $A(x_1,\ y_1)$ の距離は

$$\mathrm{OA}=\sqrt{x_1{}^2+y_1{}^2}$$

なお，x 軸，y 軸による座標平面のことを **xy 平面** ともいう。

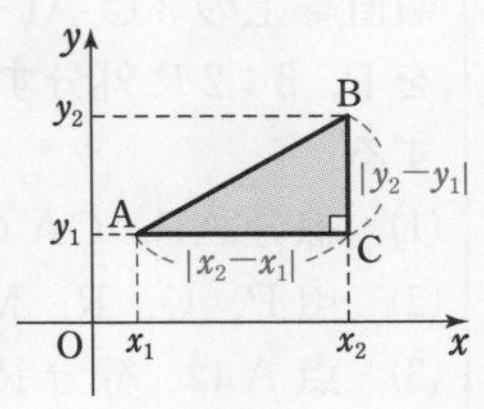

4 座標平面上の線分の内分点・外分点

2点 $A(x_1,\ y_1)$，$B(x_2,\ y_2)$ を結ぶ線分ABを $m:n$ に内分する点をP，外分する点をQとする。

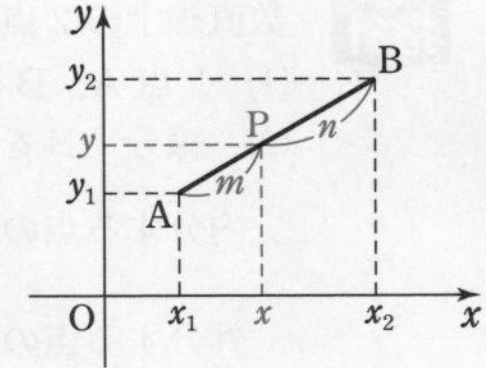

内分点Pの座標 は $\left(\dfrac{nx_1+mx_2}{m+n},\ \dfrac{ny_1+my_2}{m+n}\right)$

特に，線分ABの **中点の座標** は

$$\left(\frac{x_1+x_2}{2},\ \frac{y_1+y_2}{2}\right)$$

外分点Qの座標 は $\left(\dfrac{-nx_1+mx_2}{m-n},\ \dfrac{-ny_1+my_2}{m-n}\right)$

5 三角形の重心

3点 $A(x_1,\ y_1)$，$B(x_2,\ y_2)$，$C(x_3,\ y_3)$ を頂点とする△ABCの重心Gの座標は

$$\left(\frac{x_1+x_2+x_3}{3},\ \frac{y_1+y_2+y_3}{3}\right)$$

6 点に関して対称な点

点 $A(a,\ b)$ に関して，2点 $P(x_1,\ y_1)$，$Q(x_2,\ y_2)$ が対称であるとき　$a=\dfrac{x_1+x_2}{2}$，$b=\dfrac{y_1+y_2}{2}$

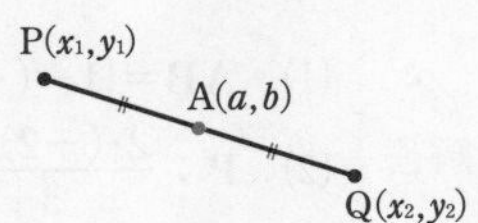

解　説

■三角形の重心

△ABCの重心は，3辺BC，CA，ABの中点を，それぞれD，E，Fとすると，3中線AD，BE，CFの交点で，それぞれの中線を頂点から **2:1に内分する点** である。

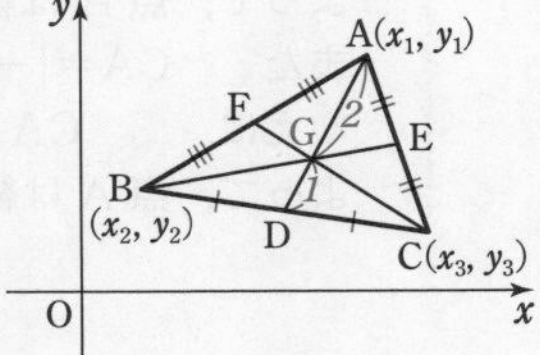

右の図において，点Dの座標は $\left(\dfrac{x_2+x_3}{2},\ \dfrac{y_2+y_3}{2}\right)$

であり，重心Gは，中線ADを2:1に内分する点であるから，$G(x,\ y)$ とすると

$$x=\frac{1\cdot x_1+2\cdot\dfrac{x_2+x_3}{2}}{2+1}=\frac{x_1+x_2+x_3}{3}$$

同様にして　$y=\dfrac{y_1+y_2+y_3}{3}$

基本例題 71 数直線上の線分と内分・外分 ①①①①①

数直線上の3点 A(−2), B(1), C(5) について，線分 AB を 3：2 に内分する点を P，3：2 に外分する点を Q，2：3 に外分する点を R，線分 AB の中点を M とする。

(1) 線分 AB，CA の長さを求めよ。

(2) 点 P，Q，R，M の座標を，それぞれ求めよ。

(3) 点 A は，線分 RB を ア□：イ□ に内分し，線分 CQ を ウ□：エ□ に外分する。

p.118 基本事項 1，2

指針 数直線上の2点 A(a)，B(b) について

(1) 2点 A，B 間の距離 AB は　$\mathrm{AB}=|b-a|$

(2) 線分 AB を $m：n$ に

内分する点の座標は $\dfrac{na+mb}{m+n}$，

外分する点の座標は $\dfrac{-na+mb}{m-n}$ ← $m：(-n)$ に内分すると考えて，内分点の公式を用いてもよい。

特に，中点の座標は $\dfrac{a+b}{2}$

線分 A(a) B(b) を $m：n$ に内分　$\dfrac{na+mb}{m+n}$

(3) (ア)(イ) RA：AB，(ウ)(エ) CA：AQ を求める。下のように，図をかくとよい。

CHART 内分点・外分点

内分点 $\dfrac{na+mb}{m+n}$ の n を $-n$ にすると　外分点 $\dfrac{-na+mb}{m-n}$

解答

(1) $\mathrm{AB}=|1-(-2)|=|3|=\mathbf{3}$，$\mathrm{CA}=|(-2)-5|=|-7|=\mathbf{7}$

(2) $\mathrm{P}：\dfrac{2\cdot(-2)+3\cdot1}{3+2}=-\dfrac{1}{5}$，　$\mathrm{Q}：\dfrac{-2\cdot(-2)+3\cdot1}{3-2}=7$

$\mathrm{R}：\dfrac{-3\cdot(-2)+2\cdot1}{2-3}=-8$，　$\mathrm{M}：\dfrac{(-2)+1}{2}=-\dfrac{1}{2}$

(3) $\mathrm{RA}=|-2-(-8)|=6$，$\mathrm{AB}=3$ から

$\mathrm{RA}：\mathrm{AB}=6：3=2：1$

よって，点 A は線分 RB を ア**2**：イ**1** に内分する。

また　$\mathrm{CA}=|-2-5|=7$，$\mathrm{AQ}=|7-(-2)|=9$

ゆえに　$\mathrm{CA}：\mathrm{AQ}=7：9$

よって，点 A は線分 CQ を ウ**7**：エ**9** に外分する。

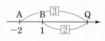

(図：数直線 A(−2) ③ P ② B(1)；A(−2) B(1) Q，③，②；R A(−2) B(1)，②，③；A(−2) C(5) Q(7)，ウ□，エ□)

練習 ① 71 数直線上に3点 A(−3)，B(5)，C(2) があり，線分 AB を 2：1 に内分する点を P，2：1 に外分する点を Q とする。

(1) 距離 AB と2点 P，Q の座標をそれぞれ求めよ。

(2) 点 C は線分 BQ を □：□ に外分する。

p.127 EX48

基本例題 72 座標平面上の2点間の距離 ①①①①①

(1) 2点A(3, −5), B(−1, 3)間の距離を求めよ。
(2) 2点A(1, −2), B(−3, 4)から等距離にあるx軸上の点Pの座標を求めよ。
(3) 3点A(8, 9), B(−6, 7), C(−8, 1)から等距離にある点Pの座標を求めよ。

p.119 基本事項 3

指針 $A(x_1, y_1)$, $B(x_2, y_2)$のとき，$AB=\sqrt{(x_2-x_1)^2+(y_2-y_1)^2}$ であるから
$$AB^2=(x_2-x_1)^2+(y_2-y_1)^2$$
(2) Pはx軸上の点であるから，その座標を$(x, 0)$とする。AP=BPの条件を
$AP^2=BP^2$ ⟵ 根号が出てこない
として，xの方程式を解く。
(3) P(x, y)とする。AP=BP=CPより
$AP^2=BP^2=CP^2$として，xとyの連立方程式を解く。

(距離 AP)=(距離 BP)
⇕
$(\text{距離 AP})^2=(\text{距離 BP})^2$

解答
(1) $AB=\sqrt{(-1-3)^2+\{3-(-5)\}^2}=\sqrt{80}=4\sqrt{5}$

(2) P$(x, 0)$とすると，AP=BP すなわち $AP^2=BP^2$
から　$(x-1)^2+\{0-(-2)\}^2=\{x-(-3)\}^2+(0-4)^2$
ゆえに　$x^2-2x+1+4=x^2+6x+9+16$
これを解いて　$x=-\dfrac{5}{2}$　　よって　$\mathrm{P}\left(-\dfrac{5}{2}, 0\right)$

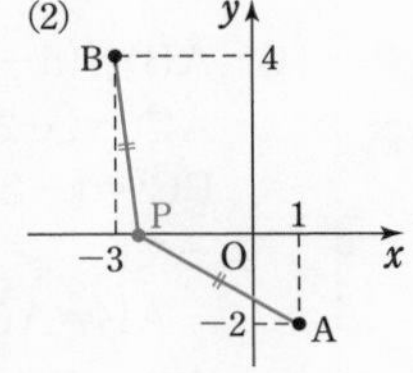

(3) P(x, y)とすると，AP=BP すなわち $AP^2=BP^2$から
$(x-8)^2+(y-9)^2=\{x-(-6)\}^2+(y-7)^2$
整理して　$7x+y-15=0$ …… ①
また，AP=CP すなわち $AP^2=CP^2$から
$(x-8)^2+(y-9)^2=\{x-(-8)\}^2+(y-1)^2$
整理して　$2x+y-5=0$ …… ②
①, ②を解くと　$x=2$, $y=1$　　よって　**P(2, 1)**

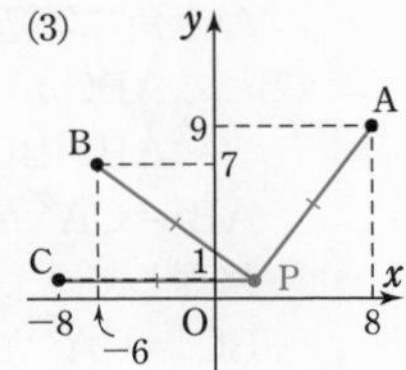

検討 **2定点から等距離にある点**
2点A，Bから等距離にある点は，線分ABの垂直二等分線上にある。よって，(3)の点Pは，線分ABの垂直二等分線と線分ACの垂直二等分線の交点である。
なお，点Pは3点A，B，Cから等距離にあるから，点Pは△ABCの外心である。

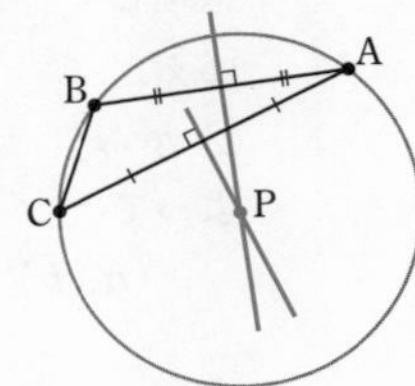

練習 ② 72
(1) 2点A(−4, 2), B(6, 7)間の距離を求めよ。
(2) 2点A(3, −4), B(8, 6)から等距離にあるy軸上の点Pの座標を求めよ。
(3) 3点A(3, 3), B(−4, 4), C(−1, 5)から等距離にある点Pの座標を求めよ。

p.127 EX49 (1)

基本例題 73 三角形の形状

(1) 3点 A(1, 3), B(5, 6), C(−2, 7) を頂点とする △ABC は直角二等辺三角形であることを示せ。

(2) 3点 A(4, 0), B(0, 2), C(a, b) について，△ABC が正三角形であるとき，a, b の値を求めよ。

基本 72

指針 本問のようなタイプの問題では，辺の長さ（または辺の長さの2乗）を計算した後に

1 **等しい辺はどれか**　2 **三平方の定理を満たすかどうか**

の2点に注目するとよい。

(1) AB^2, BC^2, AC^2 をそれぞれ求め，三平方の定理を満たすことを示す。

(2) △ABC が正三角形であるための条件は　AB=BC=CA

この条件を $AB^2=BC^2=CA^2$ として扱い，a, b の連立方程式を導く。

CHART 三角形の形状

等しい辺・三平方の定理を（辺の長さ）^{2} で判断

解答

(1) $AB^2=(5-1)^2+(6-3)^2=25$

$AC^2=(-2-1)^2+(7-3)^2=25$

$BC^2=(-2-5)^2+(7-6)^2=50$

よって

$AB=AC$, $AB^2+AC^2=BC^2$

したがって，△ABC は ∠A=90° の直角二等辺三角形である。

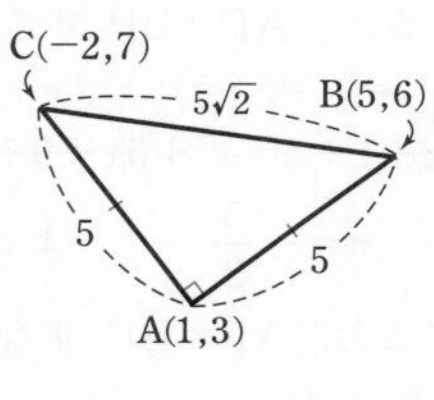

◀2点 A(x_1, y_1), B(x_2, y_2) に対し $AB^2=(x_2-x_1)^2+(y_2-y_1)^2$

◀単に「直角二等辺三角形」だけでは不十分。どの角が直角か，もしくはどの2辺が等しいかも明記する。

(2) △ABC が正三角形であるための条件は

AB=BC=CA　すなわち　$AB^2=BC^2=CA^2$

$AB^2=CA^2$ から　$(0-4)^2+(2-0)^2=(4-a)^2+(0-b)^2$

整理して　$(a-4)^2+b^2=20$ …… ①

$BC^2=CA^2$ から　$(a-0)^2+(b-2)^2=(4-a)^2+(0-b)^2$

整理して　$b=2a-3$ …… ②

② を ① に代入して　$(a-4)^2+(2a-3)^2=20$

整理して　$a^2-4a+1=0$

ゆえに　$a=-(-2)\pm\sqrt{(-2)^2-1\cdot 1}=2\pm\sqrt{3}$

② から　$b=2(2\pm\sqrt{3})-3=1\pm2\sqrt{3}$　（複号同順）

よって

$$(a,\ b)=(2+\sqrt{3},\ 1+2\sqrt{3}),\ (2-\sqrt{3},\ 1-2\sqrt{3})$$

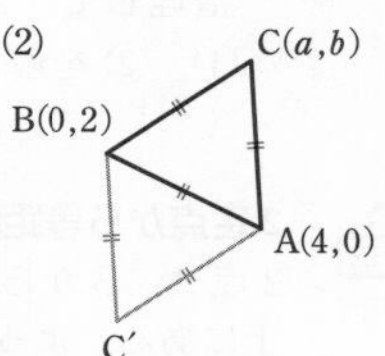

正三角形 ABC は，直線 AB の両側に1つずつできる。

練習 ② 73 (1) 3点 A(4, 5), B(1, 1), C(5, −2) を頂点とする △ABC は直角二等辺三角形であることを示せ。

(2) 3点 A(−1, −2), B(1, 2), C(a, b) について，△ABC が正三角形になるとき，a, b の値を求めよ。

基本例題 74 座標を利用した証明 (1)

(1) △ABC の重心を G とする。このとき，等式
$AB^2+BC^2+CA^2=3(GA^2+GB^2+GC^2)$ が成り立つことを証明せよ。

(2) △ABC において，辺 BC を 1：2 に内分する点を D とする。このとき，等式 $2AB^2+AC^2=3AD^2+6BD^2$ が成り立つことを証明せよ。 基本 73　基本 87

指針 座標を利用すると，図形の性質が簡単に証明できる場合がある。そのとき
座標軸をどこにとるか，　与えられた図形を座標を用いてどう表すか
がポイントになる。そこで後の計算がらくになるようにするため，問題の点がなるべく多く座標軸上にくるように —— 0 が多くなるようにとる。……★
(1) は $A(3a,\ 3b)$，$B(-c,\ 0)$，$C(c,\ 0)$ とすると，重心の性質から　$G(a,\ b)$
(2) は $A(a,\ b)$，$B(-c,\ 0)$，$C(2c,\ 0)$

CHART 座標の工夫　1　0 を多く　　2　対称に点をとる

解答

(1) 直線 BC を x 軸に，辺 BC の垂直二等分線を y 軸にとると，線分 BC の中点は原点 O になる。$A(3a,\ 3b)$，$B(-c,\ 0)$，$C(c,\ 0)$ とすると，G は重心であるから $G(a,\ b)$ と表される。
よって

$$AB^2+BC^2+CA^2$$
$$=(-c-3a)^2+9b^2+4c^2+(3a-c)^2+9b^2$$
$$=3(6a^2+6b^2+2c^2)\ \cdots\cdots\ ①$$
$$GA^2+GB^2+GC^2$$
$$=(3a-a)^2+(3b-b)^2+(-c-a)^2+b^2+(c-a)^2+b^2$$
$$=6a^2+6b^2+2c^2\ \cdots\cdots\ ②$$

①，② から　$AB^2+BC^2+CA^2=3(GA^2+GB^2+GC^2)$

(2) 直線 BC を x 軸に，点 D を通り直線 BC に垂直な直線を y 軸にとると，点 D は原点になり，$A(a,\ b)$，$B(-c,\ 0)$，$C(2c,\ 0)$ と表すことができる。
よって　$2AB^2+AC^2$

$$=2\{(-c-a)^2+(-b)^2\}+(2c-a)^2+(-b)^2$$
$$=2(c^2+2ca+a^2+b^2)+4c^2-4ca+a^2+b^2$$
$$=3a^2+3b^2+6c^2\ \cdots\cdots\ ①$$
$$3AD^2+6BD^2=3(a^2+b^2)+6c^2\ \cdots\cdots\ ②$$

①，② から　$2AB^2+AC^2=3AD^2+6BD^2$

◀指針 —— ……★ の方針。
0 が多くなるように座標軸を設定するだけでなく，$A(3a,\ 3b)$ とすることで，重心 G の座標を分数を使わずに表せる。

(1)
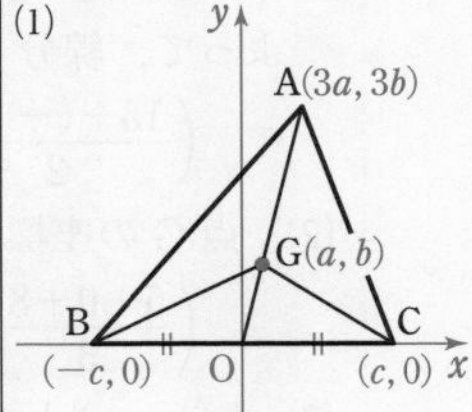

(2)
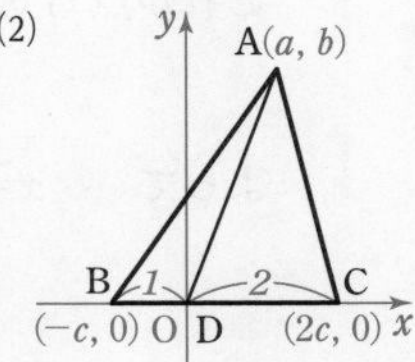

練習 ② **74**
(1) 長方形 ABCD と同じ平面上の任意の点を P とする。このとき，等式 $PA^2+PC^2=PB^2+PD^2$ が成り立つことを証明せよ。
(2) △ABC において，辺 BC を 1：3 に内分する点を D とする。このとき，等式 $3AB^2+AC^2=4AD^2+12BD^2$ が成り立つことを証明せよ。

p.127 EX50

基本例題 75 線分の内分点・外分点，重心

①①①①①

3 点 A(5, 4)，B(0, −1)，C(8, −2) について，線分 AB を 2：3 に外分する点を P，3：2 に外分する点を Q とし，△ABC の重心を G とする。

(1) 線分 PQ の中点 M の座標を求めよ。　(2) 点 G の座標を求めよ。

(3) △PQS の重心が点 G と一致するように，点 S の座標を定めよ。

p.119 基本事項 4，5　重要 83

指針 座標平面上の 3 点 $A(x_1,\ y_1)$，$B(x_2,\ y_2)$，$C(x_3,\ y_3)$ について

線分 AB の内分点 $\left(\dfrac{nx_1+mx_2}{m+n},\ \dfrac{ny_1+my_2}{m+n}\right)$

線分 AB の外分点 $\left(\dfrac{-nx_1+mx_2}{m-n},\ \dfrac{-ny_1+my_2}{m-n}\right)$ ← 内分点の公式で n を $-n$ におき換えた形

△ABC の重心 $\left(\dfrac{x_1+x_2+x_3}{3},\ \dfrac{y_1+y_2+y_3}{3}\right)$

(3) $S(x,\ y)$ として，△PQS の重心と点 G の x 座標，y 座標をそれぞれ一致させる。

解答

(1) 点 P の座標は

$\left(\dfrac{-3\cdot5+2\cdot0}{2-3},\ \dfrac{-3\cdot4+2\cdot(-1)}{2-3}\right)$ から　(15, 14)

点 Q の座標は

$\left(\dfrac{-2\cdot5+3\cdot0}{3-2},\ \dfrac{-2\cdot4+3\cdot(-1)}{3-2}\right)$ から　(−10, −11)

よって，線分 PQ の中点 M の座標は(*)

$\left(\dfrac{15+(-10)}{2},\ \dfrac{14+(-11)}{2}\right)$ すなわち $\left(\dfrac{5}{2},\ \dfrac{3}{2}\right)$

(2) 点 G の座標は

$\left(\dfrac{5+0+8}{3},\ \dfrac{4+(-1)+(-2)}{3}\right)$ すなわち $\left(\dfrac{13}{3},\ \dfrac{1}{3}\right)$

(3) $S(x,\ y)$ とすると，(1) から，△PQS の重心の座標は

$\left(\dfrac{15+(-10)+x}{3},\ \dfrac{14+(-11)+y}{3}\right)$ から $\left(\dfrac{5+x}{3},\ \dfrac{3+y}{3}\right)$

これが点 G の座標と一致するとき

$$\frac{5+x}{3}=\frac{13}{3},\quad \frac{3+y}{3}=\frac{1}{3}$$

よって　$x=8$，$y=-2$　すなわち　**S(8, −2)**

(＊) 2 点 $(x_1,\ y_1)$，$(x_2,\ y_2)$ を結ぶ線分の中点の座標は $\left(\dfrac{x_1+x_2}{2},\ \dfrac{y_1+y_2}{2}\right)$ …… 内分点の公式で，$m=n=1$ としたもの。

◀重心の座標は，3 点の平均とイメージしておけばよい。

練習 ② 75 (1) 3 点 A(1, 1)，B(3, 4)，C(−5, 7) について，線分 AB を 3：2 に内分する点を P，3：2 に外分する点を Q とし，△ABC の重心を G とする。このとき，3 点 P，Q，G の座標をそれぞれ求めよ。

(2) 2 点 A(−1, −3)，B を結ぶ線分 AB を 2：3 に内分する点 P の座標は (1, −1) であるという。このとき，点 B の座標を求めよ。　[(2) 八戸工大]

p.127 EX 49, 51, 52

基本例題 76 平行四辺形の頂点の座標

3 点 A(1, 2), B(5, 4), C(3, 6) を頂点とする平行四辺形の残りの頂点 D の座標を求めよ。 p.119 基本事項 4

指針 平行四辺形の対角線は，互いに他を 2 等分するから，次の性質を利用して点 D の座標を求める。

平行四辺形は，2 本の対角線の中点が一致する。

その際，平行四辺形 ABCD というように，頂点の順序が示されていないから，平行四辺形 ABCD，ABDC，ADBC の 3 つの場合を考える必要があることに注意。

解答 頂点 D の座標を $(x,\ y)$ とする。
平行四辺形の頂点の順序は，次の 3 つの場合がある。

[1] ABCD　[2] ABDC　[3] ADBC

[1] の場合，対角線は AC，BD であり，それぞれの中点を M，N とすると

$$\mathrm{M}\left(\frac{1+3}{2},\ \frac{2+6}{2}\right),\ \mathrm{N}\left(\frac{5+x}{2},\ \frac{4+y}{2}\right)$$

M，N の座標が一致するから

$$\frac{4}{2}=\frac{5+x}{2},\ \frac{8}{2}=\frac{4+y}{2}$$

これを解いて　$x=-1,\ y=4$

[2] の場合，対角線は AD，BC であり，同様にして

$$\frac{1+x}{2}=\frac{8}{2},\ \frac{2+y}{2}=\frac{10}{2}$$

これを解いて　$x=7,\ y=8$

[3] の場合，対角線は AB，CD であり，同様にして

$$\frac{6}{2}=\frac{3+x}{2},\ \frac{6}{2}=\frac{6+y}{2}$$

これを解いて　$x=3,\ y=0$

以上から，点 D の座標は

$(-1,\ 4),\ (7,\ 8),\ (3,\ 0)$

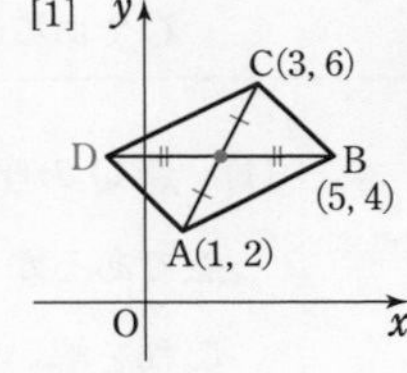

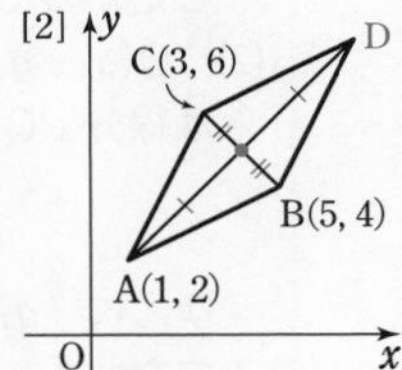

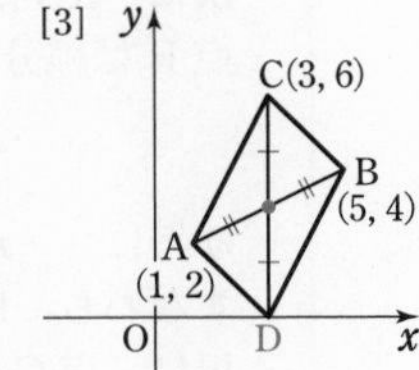

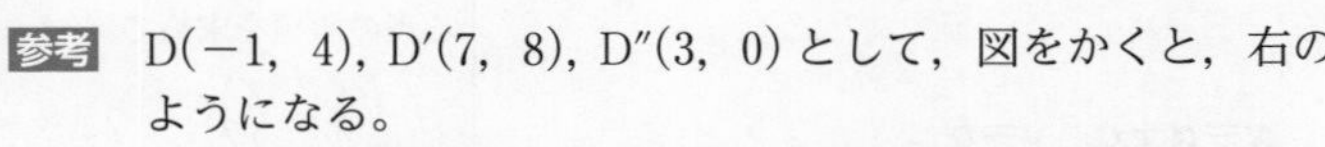

参考 D(−1, 4), D′(7, 8), D″(3, 0) として，図をかくと，右のようになる。
右の図で，線分 AD′，BD，CD″ の交点は △DD′D″ の重心であり，△ABC の重心でもある。

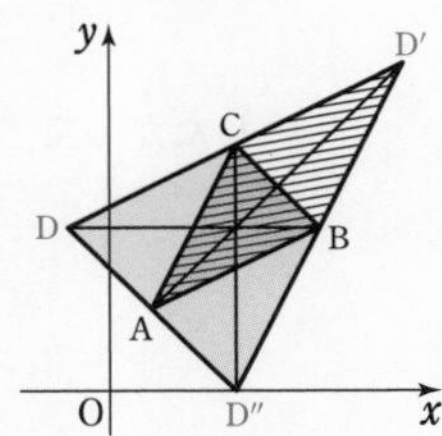

練習 ③ 76 3 点 A(3, −2), B(4, 1), C(1, 5) を頂点とする平行四辺形の残りの頂点 D の座標を求めよ。

基本 例題 77 点に関する対称点

(1) 点 A(2, −1) に関して，点 P(−1, 1) と対称な点 Q の座標を求めよ。

(2) 3 点 $A(a,\ b)$，B(0, 0)，$C(c,\ 0)$ と点 $P(x,\ y)$ がある。A に関して P と対称な点を Q とし，B に関して Q と対称な点を R とする。C に関して R と対称な点が P と一致するとき，x，y を a，b，c を用いて表せ。 p.119 基本事項 6

点 A に関して P と Q が対称 ⟺ A は線分 PQ の中点

であるから，右の図において

$$\frac{x_1+x_2}{2}=a,\quad \frac{y_1+y_2}{2}=b$$

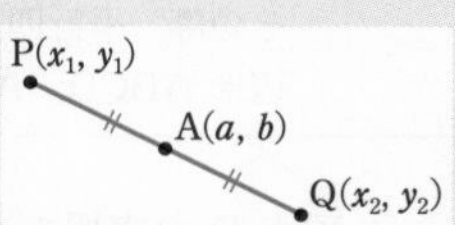

(2) Q，R の順に座標を求める。そして，線分 RP の中点が C であることから，方程式を作る。

解答

(1) 点 Q の座標を $(x,\ y)$ とすると，点 A は線分 PQ の中点であるから $\dfrac{-1+x}{2}=2,\quad \dfrac{1+y}{2}=-1$

これを解いて $x=5,\ y=-3$

したがって **Q(5, −3)**

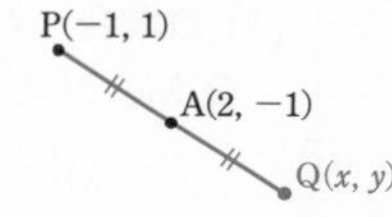

(2) $Q(q_1,\ q_2)$ とすると，点 A は線分 PQ の中点であるから

$$\frac{x+q_1}{2}=a,\quad \frac{y+q_2}{2}=b$$

ゆえに $q_1=2a-x,\ q_2=2b-y$

すなわち $Q(2a-x,\ 2b-y)$

次に，$R(r_1,\ r_2)$ とすると，

点 B は線分 QR の中点であるから

$$\frac{2a-x+r_1}{2}=0,\quad \frac{2b-y+r_2}{2}=0$$

ゆえに $r_1=-2a+x,\ r_2=-2b+y$

すなわち $R(-2a+x,\ -2b+y)$

更に，点 C は線分 RP の中点であるから

$$\frac{-2a+x+x}{2}=c,\quad \frac{-2b+y+y}{2}=0$$

したがって $\boldsymbol{x=a+c,\ y=b}$

検討

四角形 AQBC は平行四辺形となり，その対角線 AB と QC は，辺 AB の中点で交わる。□PABC，□ABRC についても同様であるから，△ABC と △PQR の重心は一致する。

△ABC の重心の座標は

$$\left(\frac{a+c}{3},\ \frac{b}{3}\right)$$

△PQR の重心の座標は，線分 PB を 2：1 に内分する点の座標を求めて

$$\left(\frac{x}{3},\ \frac{y}{3}\right)$$

よって $\boldsymbol{x=a+c,\ y=b}$

練習 ② 77

(1) 点 A(4, 5) に関して，点 P(10, 3) と対称な点 Q の座標を求めよ。

(2) A(1, 4)，B(−2, −1)，C(4, 0) とする。A，B，C の点 $P(a,\ b)$ に関する対称点をそれぞれ A′，B′，C′ とする。このとき，△A′B′C′ の重心 G′ は △ABC の重心 G の点 P に関する対称点であることを示せ。

EXERCISES

①48 数直線上において，2点 A$(a-1)$，B$(a+2)$ を結ぶ線分 AB を 2：1 に内分する点を C，外分する点を D とする。

(1) 2点 C，D 間の距離を求めよ。

(2) 点 E(-1) が線分 CD の中点となるような a の値を求めよ。 →71

③49 座標平面上の3点 A$(-2,\ 5)$，B$(-3,\ -2)$，C$(3,\ 0)$ がある。

(1) 線分 AB，BC の長さをそれぞれ求めよ。

(2) ∠ABC の二等分線と直線 AC との交点 P の座標を求めよ。 〔類 弘前大〕

→72，75

③50 (1) △ABC の3つの中線は1点で交わることを証明せよ。

(2) △ABC において，$2\mathrm{AB}^2<(2+\mathrm{AC}^2)(2+\mathrm{BC}^2)$ が成り立つことを示せ。

〔(2) 山形大〕

→74

③51 次の条件を満たす三角形の頂点の座標を求めよ。

(1) 各辺の中点の座標が $(1,\ -1)$，$(2,\ 4)$，$(3,\ 1)$

(2) 1辺の長さが2の正三角形で，1つの頂点が x 軸上にあり，その重心は原点に一致する。 →75

③52 3点 A$(a_1,\ a_2)$，B$(b_1,\ b_2)$，C$(c_1,\ c_2)$ を頂点とする △ABC において，辺 BC，CA，AB を $m:n$ に内分する点をそれぞれ D，E，F とする。ただし，$m>0$，$n>0$ とする。

(1) 3点 D，E，F の座標をそれぞれ求めよ。

(2) △DEF の重心と △ABC の重心は一致することを示せ。 →75

HINT

48 点 C，D の座標をそれぞれ a で表す。

49 (2) 角の二等分線の定理 AP：PC＝AB：BC を使う。

50 (1) 直線 BC を x 軸にとり，A$(a,\ b)$，B$(-c,\ 0)$，C$(c,\ 0)$ とする。次に，3つの中線をそれぞれ 2：1 に内分する点の座標を a，b，c で表す。

(2) 直線 AB を x 軸にとり，点 C を y 軸上にとると，計算がらく。

51 (2) 頂点の座標は，$(a,\ 0)$，$(b,\ 1)$，$(b,\ -1)$ とおける。

52 (1) 2点 A$(a_1,\ a_2)$，B$(b_1,\ b_2)$ を結ぶ線分 AB を $m:n$ に内分する点の座標は

$$\left(\frac{na_1+mb_1}{m+n},\ \frac{na_2+mb_2}{m+n}\right)$$

13 直線の方程式, 2直線の関係

基本事項

1 **傾き m, y 切片 n の直線**　　$y=mx+n$

2 **点 $(x_1,\ y_1)$ を通る直線**

① 傾き m　　$y-y_1=m(x-x_1)$　　　② x 軸に垂直　　$x=x_1$

3 **異なる 2 点 $(x_1,\ y_1)$, $(x_2,\ y_2)$ を通る直線**

① $x_1 \neq x_2$ **のとき**　$y-y_1=\dfrac{y_2-y_1}{x_2-x_1}(x-x_1)$　　② $x_1=x_2$ **のとき**　$x=x_1$

4 **2 点 $(a,\ 0)$, $(0,\ b)$ $[a\neq 0,\ b\neq 0]$ を通る直線**　　$\dfrac{x}{a}+\dfrac{y}{b}=1$

解　説

■ 傾き m, y 切片 n の直線

傾き (m) があるものでは　　$\dfrac{y\text{ の増加量}}{x\text{ の増加量}}=$一定（傾き）

直線上の点 $P(x,\ y)$ について，点 $A(0,\ n)$ に対する増加量

$y-n$, $x-0$ $(x\neq 0)$ を考えると　　$\dfrac{y-n}{x-0}=m$

したがって　　$y-n=mx$

よって　　$y=mx+n$ ($x=0$ のときも $y=n$ で成立) …… Ⓐ

また，傾きがない直線として，x 軸に垂直な直線がある。この直線の x 座標は一定であるから，点 $(p,\ 0)$ を通り x 軸に垂直な直線の方程式は　　$x=p$ …… Ⓑ

なお，Ⓐ は　$mx+(-1)y+n=0$, Ⓑ は　$x+0\cdot y+(-p)=0$　　と表される。

つまり，直線はすべて x, y の 1 次方程式 $\boldsymbol{ax+by+c=0}$ の形で表される。しかも

Ⓐ では　(y の係数)$\neq 0$,　　Ⓑ では　(x の係数)$\neq 0$ [y の係数は 0]

であるから，$\boldsymbol{a\neq 0}$ **または** $\boldsymbol{b\neq 0}$ である。

■ 点 $(x_1,\ y_1)$ を通る直線

2 ① について，傾きは $\dfrac{y-y_1}{x-x_1}$ で表されるから　$\dfrac{y-y_1}{x-x_1}=m$

すなわち　　$y-y_1=m(x-x_1)$

■ 異なる 2 点 $(x_1,\ y_1)$, $(x_2,\ y_2)$ を通る直線

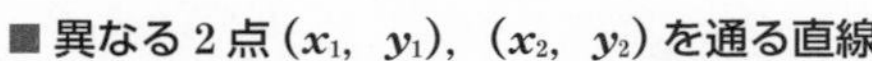

3 ① は **2** ① で $\dfrac{y_2-y_1}{x_2-x_1}=m$ の場合である。

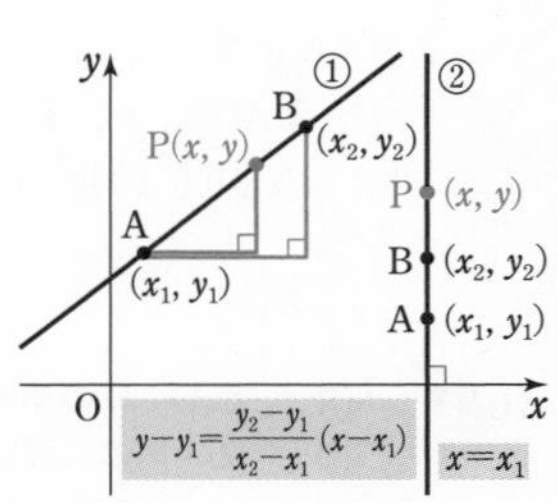

更に，**3** の ①, ② をまとめると

異なる 2 点 $(x_1,\ y_1)$, $(x_2,\ y_2)$ を通る直線の方程式は

$$(y_2-y_1)(x-x_1)-(x_2-x_1)(y-y_1)=0$$

■ 2 点 $(a,\ 0)$, $(0,\ b)$ を通る直線

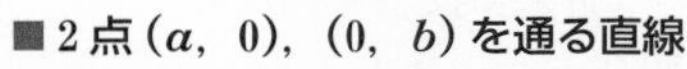

2 点 $(a,\ 0)$, $(0,\ b)$ $[a\neq 0,\ b\neq 0]$ を通るから，

$\dfrac{b-0}{0-a}=m$, $b=n$ であり　　$y=-\dfrac{b}{a}x+b$　すなわち　$\dfrac{x}{a}+\dfrac{y}{b}=1$

◀a, b をそれぞれこの直線の **x 切片, y 切片** という。

基本事項

5 2直線の平行・垂直　　平行条件には，一致する場合も含めている。

（Ⅰ）2直線 $\begin{cases} y=m_1x+n_1 \\ y=m_2x+n_2 \end{cases}$　**2直線が平行 $\Longleftrightarrow$ $m_1=m_2$**　**（平行条件）**
2直線が垂直 $\Longleftrightarrow$ $m_1m_2=-1$　**（垂直条件）**

（Ⅱ）2直線 $\begin{cases} a_1x+b_1y+c_1=0 \\ a_2x+b_2y+c_2=0 \end{cases}$　**2直線が平行 $\Longleftrightarrow$ $a_1b_2-a_2b_1=0$**　**（平行条件）**
2直線が垂直 $\Longleftrightarrow$ $a_1a_2+b_1b_2=0$　**（垂直条件）**

6 2直線の共有点と連立1次方程式の解

2直線 $\begin{cases} a_1x+b_1y+c_1=0 & \cdots\cdots ① \\ a_2x+b_2y+c_2=0 & \cdots\cdots ② \end{cases}$ について

2直線が1点で交わる $\Longleftrightarrow$ 連立方程式①，②は **ただ1組の解をもつ**
2直線が平行で異なる $\Longleftrightarrow$ 連立方程式①，②は **解をもたない**
2直線が一致する $\Longleftrightarrow$ 連立方程式①，②は **無数の解をもつ**

解　説

■平行条件

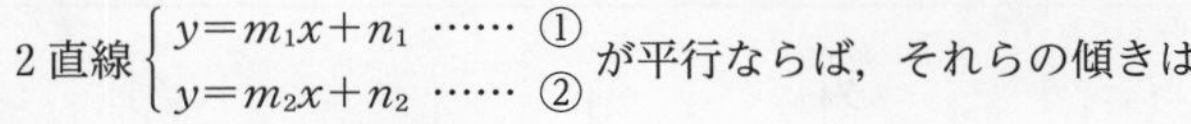

2直線 $\begin{cases} y=m_1x+n_1 & \cdots\cdots ① \\ y=m_2x+n_2 & \cdots\cdots ② \end{cases}$ が平行ならば，それらの傾きは

等しくなり　　$m_1=m_2$

また，この逆も成り立つ。

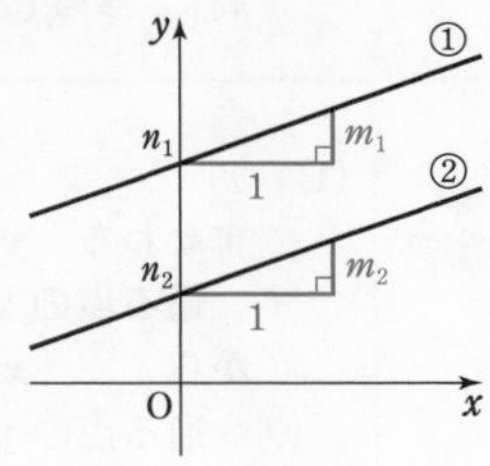

注意　$m_1=m_2$ かつ $n_1=n_2$ のときは2直線①，②は一致するが，この場合も含めて平行条件ということにする。

■垂直条件

原点Oを通り，直線 $y=m_1x+n_1$ …… ① に平行な直線 $y=m_1x$ 上に点 $P(1,\ m_1)$ をとる。原点Oを通り，直線 $y=m_2x+n_2$ …… ② に平行な直線 $y=m_2x$ 上に点 $Q(1,\ m_2)$ をとる。2直線①，②が直交するとき $OP\perp OQ$ であるから

$$OP^2+OQ^2=PQ^2$$

すなわち　　$1+m_1{}^2+1+m_2{}^2=(m_1-m_2)^2$

したがって　　$m_1m_2=-1$

また，この逆も成り立つ。

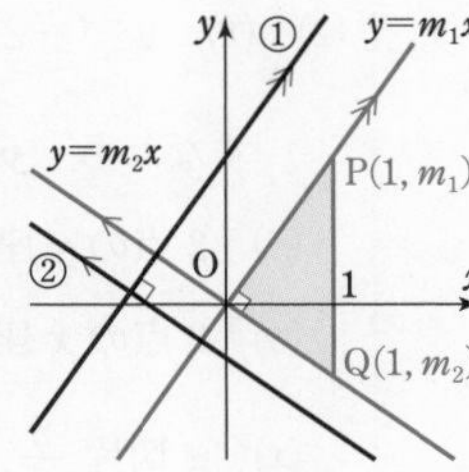

■直線の一般形に対する平行・垂直条件

2直線 $\begin{cases} a_1x+b_1y+c_1=0\ (a_1\neq 0 \text{ または } b_1\neq 0) & \cdots\cdots ① \\ a_2x+b_2y+c_2=0\ (a_2\neq 0 \text{ または } b_2\neq 0) & \cdots\cdots ② \end{cases}$

[1]　$b_1\neq 0$，$b_2\neq 0$ のとき　　①から　$y=-\dfrac{a_1}{b_1}x-\dfrac{c_1}{b_1}$，　②から　$y=-\dfrac{a_2}{b_2}x-\dfrac{c_2}{b_2}$

①，②が平行であるための条件は　　$-\dfrac{a_1}{b_1}=-\dfrac{a_2}{b_2} \Longleftrightarrow \boldsymbol{a_1b_2-a_2b_1=0}$ …… ③

垂直であるための条件は　$\left(-\dfrac{a_1}{b_1}\right)\left(-\dfrac{a_2}{b_2}\right)=-1 \Longleftrightarrow \boldsymbol{a_1a_2+b_1b_2=0}$ …… ④

[2]　$b_1=0$ のとき，①は $x=-\dfrac{c_1}{a_1}$ $(a_1\neq 0)$ で「平行条件：$b_2=0$」，「垂直条件：$a_2=0$」となり，③，④が成り立つ。$b_2=0$ のときも同様。

基本例題 78 直線の方程式 ①①①①①

(1) 次の直線の方程式を求めよ。

(ア) 点 $(-1,\ 3)$ を通り，傾きが -2　(イ) 点 $(4,\ 1)$ を通り，x 軸に垂直

(ウ) 点 $(5,\ 3)$ を通り，x 軸に平行

(2) 次の 2 点を通る直線の方程式を求めよ。

(ア) $(1,\ -2),\ (-3,\ 4)$　(イ) $(-5,\ 7),\ (6,\ 7)$

(ウ) $\left(\dfrac{3}{2},\ -\dfrac{1}{3}\right),\ \left(\dfrac{3}{2},\ -1\right)$　(エ) $\left(\dfrac{5}{2},\ 0\right),\ \left(0,\ -\dfrac{1}{3}\right)$

p.128 基本事項 1～4　重要 83

指針 (1) 点 $(x_1,\ y_1)$ を通り，傾き m の直線の方程式は　$\boldsymbol{y-y_1=m(x-x_1)}$

(2) $x_1 \neq x_2$ のとき，異なる 2 点 $(x_1,\ y_1),\ (x_2,\ y_2)$ を通る直線の方程式は

$$\boldsymbol{y-y_1=\frac{y_2-y_1}{x_2-x_1}(x-x_1)}$$

特に，2 点 $(a,\ 0),\ (0,\ b)$ を通る直線の方程式は　$\boldsymbol{\dfrac{x}{a}+\dfrac{y}{b}=1}\ (ab \neq 0)$ ← (エ) で使用。

解答

(1) (ア) $y-3=-2\{x-(-1)\}$

すなわち　$\boldsymbol{y=-2x+1}$

(イ) 通る点の x 座標が 4 であるから　$\boldsymbol{x=4}$

(ウ) 通る点の y 座標が 3 であるから　$\boldsymbol{y=3}$

◀ (イ) $x=4$ (ウ) $y=3$ と直ちに答えてもよい。

(2) (ア) $y-(-2)=\dfrac{4-(-2)}{-3-1}(x-1)$

◀ 傾き$=\dfrac{y\text{ 座標の差}}{x\text{ 座標の差}}$

すなわち　$\boldsymbol{y=-\dfrac{3}{2}x-\dfrac{1}{2}}$

◀ $3x+2y+1=0$ でもよい。

(イ) 2 点の y 座標がともに 7 であるから　$\boldsymbol{y=7}$

◀ 直線の傾きは 0 で x 軸に平行。

(ウ) 2 点の x 座標がともに $\dfrac{3}{2}$ であるから　$\boldsymbol{x=\dfrac{3}{2}}$

(エ) x 切片 $\dfrac{5}{2}$，y 切片 $-\dfrac{1}{3}$ であるから

$$\frac{x}{\frac{5}{2}}+\frac{y}{-\frac{1}{3}}=1 \qquad よって \qquad \frac{2}{5}x-3y=1$$

すなわち　$\boldsymbol{2x-15y=5}$

◀ 傾き $\dfrac{2}{15}$ を求め，y 切片が $-\dfrac{1}{3}$ であるから，$y=\dfrac{2}{15}x-\dfrac{1}{3}$ としてもよい。

練習 ① 78 次の直線の方程式を求めよ。

(1) 点 $(-2,\ 4)$ を通り，傾きが -3　(2) 点 $(5,\ 6)$ を通り，y 軸に平行

(3) 点 $(8,\ -7)$ を通り，y 軸に垂直　(4) 2 点 $(3,\ -5),\ (-7,\ 2)$ を通る

(5) 2 点 $(2,\ 3),\ (-1,\ 3)$ を通る　(6) 2 点 $(-2,\ 0),\ \left(0,\ \dfrac{3}{4}\right)$ を通る

p.140 EX54

基本例題 79 平行・垂直な直線

点 $(-3,\ 2)$ を通り，直線 $3x-4y-6=0$ に平行な直線 ℓ と垂直な直線 ℓ' の方程式をそれぞれ求めよ。

p.129 基本事項 5

2 直線 $y=m_1x+n_1$, $y=m_2x+n_2$ について **平行** $\Longleftrightarrow$ $\boldsymbol{m_1=m_2}$, **垂直** $\Longleftrightarrow$ $\boldsymbol{m_1m_2=-1}$

すなわち　**平行 $\Longleftrightarrow$ 傾きが一致**　　**垂直 $\Longleftrightarrow$ 傾きの積が -1**

このことを利用して，与えられた直線 $3x-4y-6=0$ の傾きから，平行・垂直な直線の傾きをそれぞれ求める。そして，$y-y_1=m(x-x_1)$ で解決。

解答

直線 $3x-4y-6=0$ の傾きは $\dfrac{3}{4}$ である。よって，直線 ℓ の傾きは $\dfrac{3}{4}$ であり，その方程式は

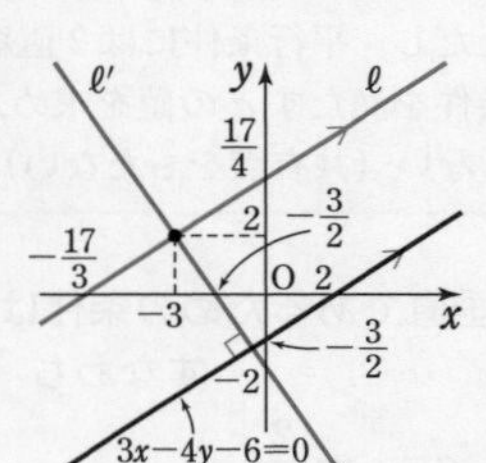

◀ $4y=3x-6$ から $y=\dfrac{3}{4}x-\dfrac{3}{2}$

$$y-2=\frac{3}{4}\{x-(-3)\}$$

すなわち　$\boldsymbol{3x-4y+17=0}$

◀ $y=\dfrac{3}{4}x+\dfrac{17}{4}$ でもよい。

直線 ℓ' の傾きを m とすると，$\dfrac{3}{4}m=-1$ から　$m=-\dfrac{4}{3}$

よって，直線 ℓ' の方程式は

$$y-2=-\frac{4}{3}\{x-(-3)\}$$ すなわち　$\boldsymbol{4x+3y+6=0}$

◀ $y=-\dfrac{4}{3}x-2$ でもよい。

検討

直線 $ax+by+c=0$ に平行・垂直な直線の方程式

2 直線 $a_1x+b_1y+c_1=0$, $a_2x+b_2y+c_2=0$ について

　2 直線が平行 $\Longleftrightarrow a_1b_2-a_2b_1=0 \Longleftrightarrow \boldsymbol{a_1b_2=a_2b_1} \Longleftrightarrow \boldsymbol{a_1 : b_1=a_2 : b_2}$

よって，直線 $ax+by+c=0$ に平行な直線の方程式は，$ax+by+c'=0$ と表される。

この直線が点 $(x_1,\ y_1)$ を通るとき，$ax_1+by_1+c'=0$ から　$c'=-ax_1-by_1$

$ax+by+c'=0$ に代入して　$ax+by-ax_1-by_1=0$

したがって　$\boldsymbol{a(x-x_1)+b(y-y_1)=0}$

次に，2 直線が垂直 $\Longleftrightarrow a_1a_2+b_1b_2=0 \Longleftrightarrow \boldsymbol{-a_1a_2=b_1b_2} \Longleftrightarrow \boldsymbol{a_1 : b_1=b_2 : (-a_2)}$

よって，直線 $ax+by+c=0$ に垂直な直線の方程式は，$bx-ay+c'=0$ と表される。

平行の場合と同様に考えると，この直線が点 $(x_1,\ y_1)$ を通るとき　$c'=-bx_1+ay_1$

$bx-ay+c'=0$ に代入して　$bx-ay-bx_1+ay_1=0$

したがって　$\boldsymbol{b(x-x_1)-a(y-y_1)=0}$

上の例題で，平行な直線の方程式は　$3(x+3)-4(y-2)=0$　すなわち　$3x-4y+17=0$

　　　　　　垂直な直線の方程式は　$4(x+3)+3(y-2)=0$　すなわち　$4x+3y+6=0$

練習 ② 79 次の直線の方程式を求めよ。

(1) 点 $(-1,\ 3)$ を通り，直線 $5x-2y-1=0$ に平行な直線

(2) 点 $(-7,\ 1)$ を通り，直線 $4x+6y-5=0$ に垂直な直線

p.140 EX 53

基本 例題 80　2 直線の平行・垂直・一致の条件

2 直線 $ax+2y-a=0$ …… ①，$x+(a+1)y-a-3=0$ …… ② は，$a=$ ア□ のとき垂直に交わる。また，$a=$ イ□ のとき，2 直線 ①，② は共有点をもたず，$a=$ ウ□ のとき，2 直線 ①，② は一致する。

p.129 基本事項 5，6

指針 2 直線の傾きを求めて考えてもよいが，係数に文字定数 a を含むので処理が面倒。
そこで，2 直線 $a_1x+b_1y+c_1=0$，$a_2x+b_2y+c_2=0$ について

2 直線が平行 $\Longleftrightarrow$ $a_1b_2-a_2b_1=0$（平行条件）

2 直線が垂直 $\Longleftrightarrow$ $a_1a_2+b_1b_2=0$（垂直条件）

を利用する。ただし，平行条件には 2 直線が一致する場合も含まれていることに注意。

(イ)，(ウ)　平行条件を満たす a の値を求め，その a の値について，2 直線が一致するか，平行で一致しない（共有点をもたない）かを調べる。

解答

2 直線 ①，② が垂直であるための条件は

$a\cdot1+2(a+1)=0$　すなわち　$3a+2=0$

これを解いて　$a=$ ア $-\dfrac{2}{3}$

次に，2 直線 ①，② が平行(一致も含む)であるための条件は　$a(a+1)-2\cdot1=0$　すなわち　$a^2+a-2=0$

ゆえに　$(a-1)(a+2)=0$

よって　$a=1,\ -2$

$a=1$ のとき

① は　$x+2y-1=0$，　② は　$x+2y-4=0$

よって，$a=1$ のとき，2 直線 ①，② は平行で一致しないから，共有点をもたない。

$a=-2$ のとき

① は　$-2x+2y+2=0$　すなわち　$x-y-1=0$

② は　$x-y-1=0$

よって，$a=-2$ のとき，2 直線 ①，② は一致する。

したがって　イ $\mathbf{1}$，ウ $\mathbf{-2}$

◀① は　$y=-\dfrac{a}{2}x+\dfrac{a}{2}$
② は　$a\neq-1$ のとき
$y=-\dfrac{1}{a+1}x+\dfrac{a+3}{a+1}$
$a=-1$ のとき　$x=2$
(傾きの積)$=-1$ を利用して解くときは，$a\neq-1$，$a=-1$ の場合に分けて考えなければならない。

◀$x+2y-1=0$ と $x+2y-4=0$ を同時に満たす x，y の値は存在しない。

◀① と ② は同じ方程式。

検討 PLUS ONE

2 直線の一致条件

a_1，b_1，c_1，a_2，b_2，c_2 がいずれも 0 でないとき，2 直線 $a_1x+b_1y+c_1=0$，$a_2x+b_2y+c_2=0$ の一致条件は $\boldsymbol{a_1:b_1:c_1=a_2:b_2:c_2}$ である。
ただし，これは係数に 0 を含まない場合に成り立つから，例題の (ウ) で，この一致条件を使うときは，係数が 0 の場合を別に考えなければならない。

練習 ② 80　直線 $(a-1)x-4y+2=0$ と直線 $x+(a-5)y+3=0$ は，$a=$ ア□ のとき垂直に交わり，$a=$ イ□ のとき平行となる。　〔名城大〕

p.140 EX55

基本 例題 81 2直線の交点を通る直線

①①①①①

2直線 $x+y-4=0$ …… ①，$2x-y+1=0$ …… ② の交点を通り，次の条件を満たす直線の方程式を，それぞれ求めよ。

(1) 点 $(-1,\ 2)$ を通る　　(2) 直線 $x+2y+2=0$ に平行

基本 80

指針 2直線 ①，② の交点を通る直線の方程式として，次の方程式 ③ を考える。

$$k(x+y-4)+2x-y+1=0 \ (k \text{ は定数})$$

(1) 直線 ③ が点 $(-1,\ 2)$ を通るとして，k の値を決定する。

(2) **平行条件 $a_1b_2-a_2b_1=0$** を利用するために，③ を x，y について整理する。

CHART 2直線 $f=0$，$g=0$ の交点を通る直線　$kf+g=0$ を利用

解答

k は定数とする。方程式

$k(x+y-4)+2x-y+1=0$ …… ③

は，2直線 ①，② の交点を通る直線を表す。

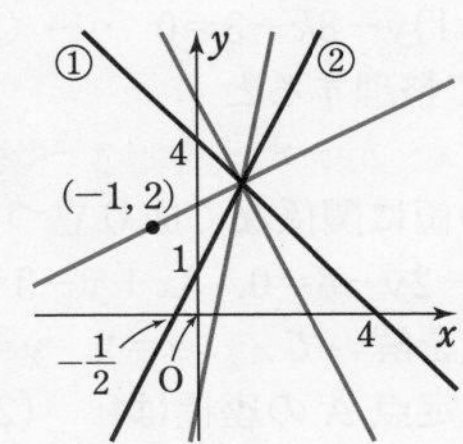

(1) 直線 ③ が点 $(-1,\ 2)$ を通るから　$-3k-3=0$

すなわち　$k=-1$

これを ③ に代入して

$-(x+y-4)+2x-y+1=0$

すなわち　$\boldsymbol{x-2y+5=0}$

(2) ③ を x，y について整理して

$(k+2)x+(k-1)y-4k+1=0$

直線 ③ が直線 $x+2y+2=0$ に平行であるための条件は

$(k+2)\cdot 2-(k-1)\cdot 1=0$　よって　$k=-5$

これを ③ に代入して　$-5(x+y-4)+2x-y+1=0$

すなわち　$\boldsymbol{x+2y-7=0}$

別解として，2直線の交点の座標を求める方法もあるが，左の解法は今後，重要な手法となる（$p.168$ 例題 **106** 参照）。

検討

与えられた2直線は平行でないことがすぐにわかるから，確かに交わる。しかし，交わるかどうかが不明である2直線 $f=0$，$g=0$ の場合，$kf+g=0$ の形から求めるには，2直線が交わる条件も必ず求めておかなければならない。

参考 ③ の表す図形が，[1] **2直線 ①，② の交点を通る**　[2] **直線である**　ことを示す。

[1] 2直線の傾きが異なるから，2直線は1点で交わる。その交点 $(x_0,\ y_0)$ は，$x_0+y_0-4=0$，$2x_0-y_0+1=0$ を同時に満たすから，k の値に関係なく，$k(x_0+y_0-4)+2x_0-y_0+1=0$ が成り立ち，③ は2直線 ①，② の交点を通る。

[2] ③ を x，y について整理すると　$(k+2)x+(k-1)y-4k+1=0$

$k+2=0$，$k-1=0$ を同時に満たす k の値は存在しないから，③ は直線である。

なお，③ は，k の値を変えることで，2直線 ①，② の交点を通るいろいろな直線を表すが，① だけは表さない。

練習 ③ 81 2直線 $x+5y-7=0$，$2x-y-4=0$ の交点を通り，次の条件を満たす直線の方程式を，それぞれ求めよ。

(1) 点 $(-3,\ 5)$ を通る　(2) 直線 $x+4y-6=0$ に　(ア) 平行　(イ) 垂直

基本例題 82 定点を通る直線の方程式

k は定数とする。直線 $(k+3)x-(2k-1)y-8k-3=0$ は，k の値に関係なく定点 A を通る。その定点 A の座標を求めよ。

基本 15，81

指針 **k の値に関係なく** 定点を通る。

⟶ k にどのような値を代入しても成り立つ ⟶ k についての **恒等式**

のように考える。そこで，直線の方程式を **k について整理** する。

$$k(x-2y-8)+3x+y-3=0$$

これは，前ページで学習したように，2 直線 $x-2y-8=0$，$3x+y-3=0$ の交点を通る直線を表す。

CHART どんな k に対しても…… **k についての恒等式と考える**

解答

$(k+3)x-(2k-1)y-8k-3=0$ …… ① とする。

① を k について整理すると

$$k(x-2y-8)+3x+y-3=0$$

この等式が k の値に関係なく成り立つための条件は

$$x-2y-8=0,\quad 3x+y-3=0$$

この連立方程式を解いて　　$x=2,\ y=-3$

よって，求める定点 A の座標は　　**(2, −3)**

◀**係数比較法。**
k についての恒等式とみる。
$kA+B=0$ が k についての恒等式
$\iff A=0,\ B=0$

検討 **数値代入法による求め方**

k の値に関係なく とあるから，① に適当な k の値を代入して定点の候補を求め，それが求める定点であることを確かめる方針で解いてもよい（**数値代入法**）。なお，代入する k の値は，x，y の係数をそれぞれ 0 にする値とすると計算がらく。

① に $k=-3$ を代入すると　　$7y+21=0$

すなわち　$y=-3$ …… ②

① に $k=\dfrac{1}{2}$ を代入すると　　$\dfrac{7}{2}x-7=0$

すなわち　$x=2$ …… ③

2 直線 ②，③ の交点の座標は　　$(2,\ -3)$　　← **必要条件。**

逆に，$x=2$，$y=-3$ を ① の左辺に代入すると

$$(k+3)\cdot2-(2k-1)\cdot(-3)-8k-3=0$$

となり，① は k の値に関係なく成り立つ。　　← **十分条件** の確認。

よって，求める定点 A の座標は　　**(2, −3)**

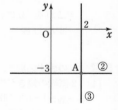

注意 「**k の値に関係なく**」は，「**すべての k** について」，「**任意の k** に対して」，「k に対して **常に**」…… などと表現されることもある。

練習 ③ 82 定数 k がどんな値をとっても，次の直線が通る定点の座標を求めよ。

(1) $kx-y+5k=0$　　(2) $(k+1)x+(k-1)y-2k=0$

重要例題 83 直線と面積の等分

3 点 A(6, 13), B(1, 2), C(9, 10) を頂点とする △ABC について
(1) 点 A を通り，△ABC の面積を 2 等分する直線の方程式を求めよ。
(2) 辺 BC を 1：3 に内分する点 P を通り，△ABC の面積を 2 等分する直線の方程式を求めよ。

基本 75, 78

指針 (1) **三角形の面積比　等高なら底辺の比** であるから，求める直線は，辺 BC を同じ比に分ける点，すなわち辺 BC の中点を通る。
(2) 求める直線は，点 P が辺 BC の中点より左にあるから，辺 AC と交わる。この交点を Q とすると，
等角 ⟶ 挟む辺の積の比（数学 A：図形の性質）
により $\dfrac{\triangle CPQ}{\triangle ABC}=\dfrac{CP\cdot CQ}{CB\cdot CA}=\dfrac{1}{2}$
これから，点 Q の位置がわかる。

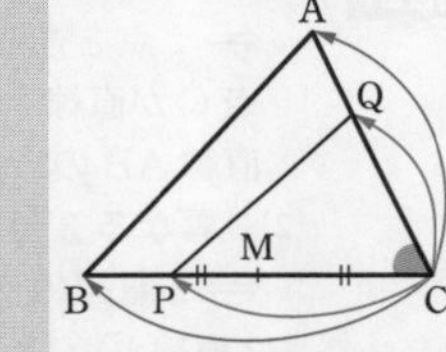

解答 (1) 求める直線は，辺 BC の中点を通る。この中点を M とすると，その座標は

$$\left(\frac{1+9}{2},\ \frac{2+10}{2}\right)$$

すなわち　(5, 6)
よって，求める直線の方程式は

$$y-13=\frac{6-13}{5-6}(x-6)$$

したがって　$y=7x-29$

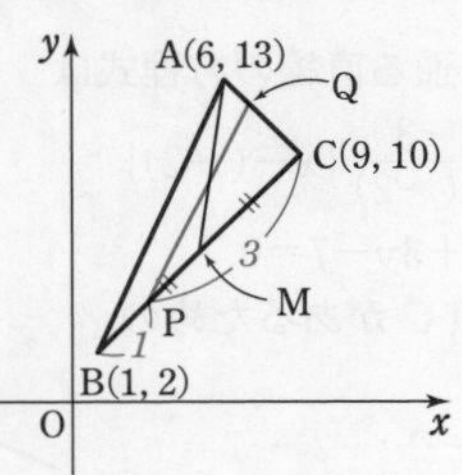

◀△ABM と △ACM の高さは等しい。

◀異なる 2 点 $(x_1,\ y_1)$, $(x_2,\ y_2)$ を通る直線の方程式は
$y-y_1=\dfrac{y_2-y_1}{x_2-x_1}(x-x_1)$

(2) 点 P の座標は　$\left(\dfrac{3\cdot1+1\cdot9}{1+3},\ \dfrac{3\cdot2+1\cdot10}{1+3}\right)$
すなわち　(3, 4)
辺 AC 上に点 Q をとると，直線 PQ が △ABC の面積を 2 等分するための条件は

$$\frac{\triangle CPQ}{\triangle ABC}=\frac{CP\cdot CQ}{CB\cdot CA}=\frac{3CQ}{4CA}=\frac{1}{2}$$

ゆえに　CQ：CA＝2：3
よって，点 Q は辺 CA を 2：1 に内分するから，その座標は $\left(\dfrac{1\cdot9+2\cdot6}{2+1},\ \dfrac{1\cdot10+2\cdot13}{2+1}\right)$ すなわち (7, 12)
したがって，2 点 P, Q を通る直線の方程式を求めると

$$y-4=\frac{12-4}{7-3}(x-3)\quad すなわち\quad y=2x-2$$

◀$\triangle ABC=\dfrac{1}{2}CA\cdot CB\sin C$,
$\triangle CPQ=\dfrac{1}{2}CP\cdot CQ\sin C$
から
$\dfrac{\triangle CPQ}{\triangle ABC}=\dfrac{CP\cdot CQ}{CB\cdot CA}$
また　BC：PC＝4：3

練習 83 ③ 3 点 A(20, 24), B(−4, −3), C(10, 4) を頂点とする △ABC について，辺 BC を 2：5 に内分する点 P を通り，△ABC の面積を 2 等分する直線の方程式を求めよ。

p.140 EX 56

基本 例題 84 共線条件，共点条件

(1) 3 点 A$(-2,\ 3)$，B$(1,\ 2)$，C$(3a+4,\ -2a+2)$ が一直線上にあるとき，定数 a の値を求めよ。

(2) 3 直線 $4x+3y-24=0$ …… ①，$x-2y+5=0$ …… ②，$ax+y+2=0$ …… ③ が 1 点で交わるとき，定数 a の値を求めよ。

基本 78　重要 85

指針 (1) 異なる 3 点が一直線上にある（共線）
⟺ 2 点を通る直線上に第 3 の点がある
点 C が直線 AB 上にあると考える。よって，まず，直線 AB の方程式を求める。
(2) 異なる 3 直線が 1 点で交わる（共点）
⟺ 2 直線の交点を第 3 の直線が通る
2 直線 ①，② の交点の座標を求め，これを ③ に代入する。

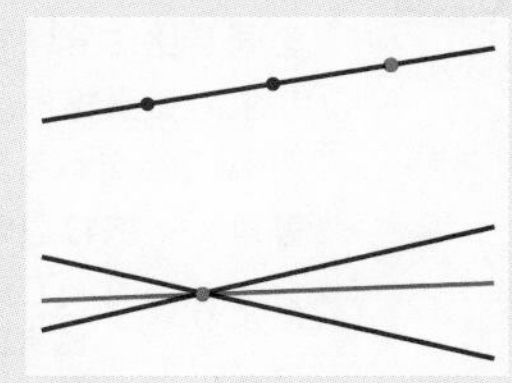

解答

(1) 2 点 A，B を通る直線の方程式は

$$y-3=\frac{2-3}{1-(-2)}\{x-(-2)\}$$

すなわち　$x+3y-7=0$

直線 AB 上に点 C があるための条件は

$$3a+4+3(-2a+2)-7=0$$

ゆえに　$-3a+3=0$

よって　$\boldsymbol{a=1}$

直線AB上にC

◀「BC 上に A がある」または「AC 上に B がある」でもよいが，計算がらくになる場合を選ぶ。

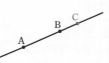

別解 $-2=3a+4$ すなわち $a=-2$ のとき，直線 AC の方程式は，$x=-2$ となる。
点 B は直線 $x=-2$ 上にないから，$a \neq -2$ である。
$a \neq -2$ として，3 点 A，B，C が一直線上にあるとき，直線 AB の傾きと直線 AC の傾きは等しいから

$$\frac{2-3}{1-(-2)}=\frac{-2a+2-3}{3a+4-(-2)} \quad \text{すなわち} \quad -\frac{1}{3}=-\frac{2a+1}{3a+6}$$

ゆえに　$3a+6=3(2a+1)$

よって　$\boldsymbol{a=1}$　　これは $a \neq -2$ を満たす。

◀ AB の傾き＝AC の傾き を利用する解法。ただし，この考え方は x 軸に垂直な直線には通用しないから，その吟味が必要。なお，似た考え方をベクトル（数学C）で学ぶ。

(2) ①，② を連立して解くと　$x=3,\ y=4$

2 直線 ①，② の交点の座標は　$(3,\ 4)$

点 $(3,\ 4)$ が直線 ③ 上にあるための条件は

$$a\cdot 3+4+2=0 \qquad \text{よって} \qquad \boldsymbol{a=-2}$$

◀交点の座標を求める 2 直線は，係数に文字を含まない ①，② を使用する。

練習 ② 84

(1) 異なる 3 点 $(1,\ 1)$，$(3,\ 4)$，$(a,\ a^2)$ が一直線上にあるとき，定数 a の値を求めよ。

(2) 3 直線 $5x-2y-3=0$，$3x+4y+19=0$，$a^2x-ay+12=0\ (a \neq 0)$ が 1 点で交わるとき，定数 a の値を求めよ。

重要例題 85 共点と共線の関係

異なる 3 直線

$x+y=1$ ……①, $3x+4y=1$ ……②, $ax+by=1$ ……③

が 1 点で交わるとき, 3 点 $(1,\ 1)$, $(3,\ 4)$, $(a,\ b)$ は一直線上にあることを示せ。

基本 84

指針 2 直線①, ②の交点の座標を求め, その交点が直線③上にあるための条件式を導く。そして, 2 点 $(1,\ 1)$, $(3,\ 4)$ を通る直線上に点 $(a,\ b)$ があることを示す。
また, 別解 のように, 次の性質を利用する方法もある。

点 $(p,\ q)$ が直線 $ax+by+c=0$ 上にある
$\iff ap+bq+c=0$
$\iff$ 点 $(a,\ b)$ が直線 $px+qy+c=0$ 上にある

3章 ⑬ 直線の方程式, 2直線の関係

解答 ①, ②を連立して解くと

$x=3,\ y=-2$

2 直線①, ②の交点の座標は

$(3,\ -2)$

点 $(3,\ -2)$ は直線③上にあるから

$3a-2b=1$ ……Ⓐ

また, 2 点 $(1,\ 1)$, $(3,\ 4)$ を通る直線の方程式は $y-1=\dfrac{4-1}{3-1}(x-1)$

すなわち $3x-2y=1$

Ⓐから, 点 $(a,\ b)$ は, 直線 $3x-2y=1$ 上にある。
よって, 3 点 $(1,\ 1)$, $(3,\ 4)$, $(a,\ b)$ は直線 $3x-2y=1$ 上にある。

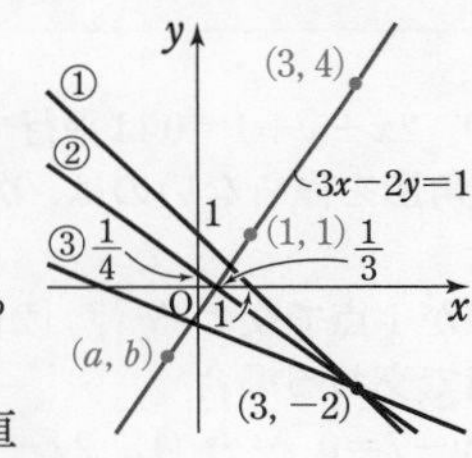

◀係数に文字を含まない①, ②を使用する。

◀$3a-2b=1$
$\iff$ 点 $(a,\ b)$ は直線 $3x-2y=1$ 上にある。

別解 原点を通らない 3 直線①, ②, ③が 1 点で交わるから, その点を $\mathrm{P}(p,\ q)$ とすると, P は原点にはならない。
3 直線①, ②, ③が, 点 P を通ることから

$p+q=1,\ 3p+4q=1,\ ap+bq=1$

つまり $p\cdot1+q\cdot1=1$ ……④

$p\cdot3+q\cdot4=1$ ……⑤

$p\cdot a+q\cdot b=1$ ……⑥

であり $p\neq0$ または $q\neq0$

ゆえに, 方程式 $px+qy=1$ …⑦ を考えると, ④～⑥から, 3 点 $(1,\ 1)$, $(3,\ 4)$, $(a,\ b)$ は直線⑦上にある。

◀$x=y=0$ のとき, ①, ②, ③はどれも不成立。

◀点 $(p,\ q)$ が直線 $x+y=1$ 上にある
$\iff$ **$p+q=1$**
$\iff$ 点 $(1,\ 1)$ が直線 $px+qy=1$ 上にある。

◀$p\neq0$ または $q\neq0$ であるから, ⑦は直線を表す。

練習 ③ 85 異なる 3 直線

$2x+y=5$ ……①, $4x+7y=5$ ……②, $ax+by=5$ ……③

が 1 点で交わるとき, 3 点 $(2,\ 1)$, $(4,\ 7)$, $(a,\ b)$ は一直線上にあることを示せ。

p.140 EX57

基本例題 86 三角形を作らない条件

3 直線 $x+y-7=0$, $2x-y+1=0$, $3x-ay+2a=0$ が三角形を作らないような定数 a の値を求めよ。

基本 80, 84

指針 3 直線が三角形を作らないのは，次の ① ～ ③ の 3 つの場合である。

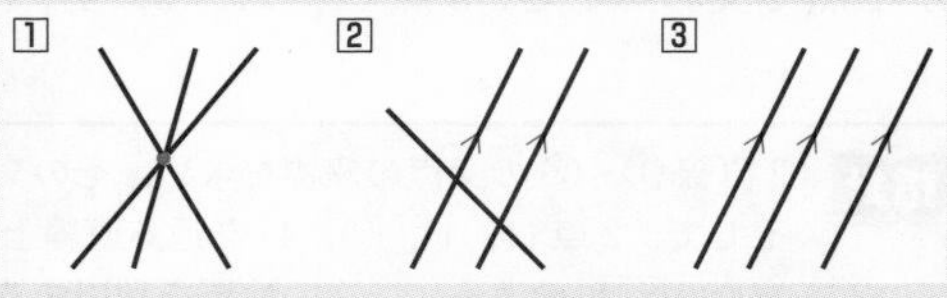

① **3 直線が 1 点で交わる**
② **2 直線が平行**
③ **3 直線が平行**

本問では，$x+y-7=0$ と $2x-y+1=0$ は平行でないから，③ の場合は起こりえない。
なお，② と ③ は，②′ **少なくとも 2 つの直線が平行** とまとめることもできる。

CHART 三角形を作らない条件
① 1 点で交わる　② 2 直線が平行　③ 3 直線が平行

解答

2 直線 $x+y-7=0$, $2x-y+1=0$ は平行でないから，与えられた 3 直線が三角形を作らないのは，次の [1], [2] の場合である。

◀ 指針の ③ の場合は，起こりえない。

[1] 3 直線が 1 点で交わる　[2] 2 直線が平行

◀ 指針の ①, ② の場合。

[1] 3 直線が 1 点で交わる場合

連立方程式 $x+y-7=0$ …… ①, $2x-y+1=0$ …… ② を解くと $x=2$, $y=5$

2 直線 ①, ② の交点の座標は $(2,\ 5)$ である。

直線 $3x-ay+2a=0$ が点 $(2,\ 5)$ を通るための条件は

$$3\cdot2-a\cdot5+2a=0$$

これを解いて　$a=2$

◀ **異なる 3 直線が 1 点で交わる ⟺ 2 直線の交点を第 3 の直線が通る**

[2] 2 直線が平行の場合

(i) 直線 $3x-ay+2a=0$ が直線 $x+y-7=0$ と平行になるための条件は　$3\cdot1-(-a)\cdot1=0$

これを解いて　$a=-3$

(ii) 直線 $3x-ay+2a=0$ が直線 $2x-y+1=0$ と平行になるための条件は　$3\cdot(-1)-(-a)\cdot2=0$

これを解いて　$a=\dfrac{3}{2}$

◀ 2 直線 $a_1x+b_1y+c_1=0$, $a_2x+b_2y+c_2=0$ が平行 ⟺ $a_1b_2-a_2b_1=0$

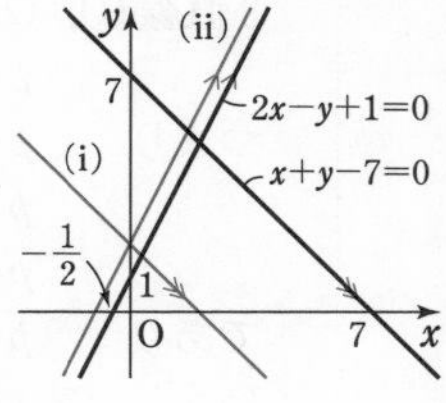

以上から，求める a の値は　$\boldsymbol{a=-3,\ \dfrac{3}{2},\ 2}$

練習 ③ 86 3 直線 x 軸，$y=x$，$(2a+1)x+(a-1)y+2-5a=0$ が三角形を作らないような定数 a の値を求めよ。

基本例題 87 座標を利用した証明 (2)

△ABC の各辺の垂直二等分線は1点で交わることを証明せよ。 基本 74

指針 $p.123$ 基本例題 **74** と同じように，**計算がらくになる** 工夫をする。

座標の工夫　[1] 座標に 0 を多く含む　[2] 対称に点をとる

この例題では，各辺の垂直二等分線の方程式を利用するから，各辺の中点の座標に分数が現れないように，$A(2a,\ 2b)$，$B(-2c,\ 0)$，$C(2c,\ 0)$ と設定する。

なお，本問は三角形の **外心** の存在の，座標を利用した証明にあたる。

解答

∠A を最大角としても一般性を失わない。このとき，$\angle B<90°$，$\angle C<90°$ である。

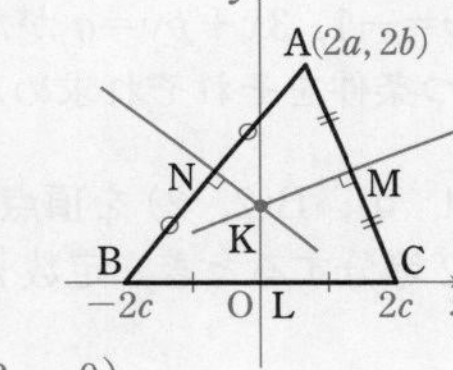

直線 BC を x 軸に，辺 BC の垂直二等分線を y 軸にとり，△ABC の頂点の座標を次のようにおく。

$A(2a,\ 2b)$，$B(-2c,\ 0)$，$C(2c,\ 0)$

ただし　$a \geqq 0$，$b>0$，$c>0$

また，$\angle B<90°$，$\angle C<90°$ から，$a \neq c$，$a \neq -c$ である。

更に，辺 BC，CA，AB の中点をそれぞれ L，M，N とすると，$L(0,\ 0)$，$M(a+c,\ b)$，$N(a-c,\ b)$ と表される。

辺 AB の垂直二等分線の傾きを m とすると，直線 AB の傾きは $\dfrac{b}{a+c}$ であるから，$m\cdot\dfrac{b}{a+c}=-1$ より

$$m=-\frac{a+c}{b}$$

よって，辺 AB の垂直二等分線の方程式は

$$y-b=-\frac{a+c}{b}(x-a+c)$$

すなわち　$y=-\dfrac{a+c}{b}x+\dfrac{a^2+b^2-c^2}{b}$ ……①

辺 AC の垂直二等分線の方程式は，① で c の代わりに $-c$ とおいて　$y=-\dfrac{a-c}{b}x+\dfrac{a^2+b^2-c^2}{b}$ ……②

2直線①，②の交点を K とすると，①，②の y 切片はともに $\dfrac{a^2+b^2-c^2}{b}$ であるから　$K\left(0,\ \dfrac{a^2+b^2-c^2}{b}\right)$

点 K は，y 軸すなわち辺 BC の垂直二等分線上にあるから，△ABC の各辺の垂直二等分線は1点で交わる。

注意　間違った座標設定
例えば，$A(0,\ b)$，$B(c,\ 0)$，$C(-c,\ 0)$ では，△ABC は二等辺三角形で，特別な三角形しか表さない。座標を設定するときは，**一般性を失わない** ようにしなければならない。

◀証明に直線の方程式を使用するから，(分母)$=0$ とならないように，この条件を記している。

◀$\dfrac{0-2b}{-2c-2a}=\dfrac{b}{a+c}$

◀点 $N(a-c,\ b)$ を通り，傾き $-\dfrac{a+c}{b}$ の直線。

◀辺 AC の垂直二等分線は，傾き $\dfrac{b}{a-c}$ の直線 AC に垂直で，点 $M(a+c,\ b)$ を通るから，① で c の代わりに $-c$ とおくと，その方程式が得られる。

練習 ② 87 △ABC の3つの頂点から，それぞれの対辺またはその延長に下ろした垂線は1点で交わることを証明せよ（この3つの垂線が交わる点を，三角形の **垂心** という）。

p.140 EX 58

EXERCISES　

③**53** 放物線 $y=x^2-x$ の頂点を P とする。点 Q はこの放物線上の点であり，原点 O(0, 0) とも点 P とも異なるとする。∠OPQ が直角であるとき，点 Q の座標を求めよ。〔長崎大〕 →78, 79

③**54** 座標平面の第 1 象限にある定点 $P(a,\ b)$ を通り，x 軸，y 軸と，それらの正の部分で交わる直線 ℓ を引くとき，ℓ と x 軸，y 軸で囲まれた部分の面積 S の最小値と，そのときの ℓ の方程式を求めよ。〔関西大〕 →78

③**55** 連立方程式 $2x+3y=-1$，$3x+py=q$ がただ 1 組の解をもつ条件，解をもたない条件，無数の解をもつ条件をそれぞれ求めよ。 →80

④**56** 3 点 O(0, 0)，A(4, 0)，B(2, 2) を頂点とする三角形 OAB の面積を，直線 ℓ：$y=mx+m+1$ が 2 等分するとき，定数 m の値を求めよ。〔早稲田大〕 →82, 83

④**57** xy 平面上で，原点以外の互いに異なる 3 点 $P_1(a_1,\ b_1)$，$P_2(a_2,\ b_2)$，$P_3(a_3,\ b_3)$ をとる。更に，3 直線 ℓ_1：$a_1x+b_1y=1$，ℓ_2：$a_2x+b_2y=1$，ℓ_3：$a_3x+b_3y=1$ をとる。

(1) 2 直線 ℓ_1，ℓ_2 が点 $A(p,\ q)$ で交わるとき，2 点 P_1，P_2 を通る直線の方程式が $px+qy=1$ であることを示せ。

(2) 3 直線 ℓ_1，ℓ_2，ℓ_3 が 1 点で交わるとき，3 点 P_1，P_2，P_3 が同一直線上にあることを示せ。

(3) 3 点 P_1，P_2，P_3 が同一直線 ℓ 上にあるとする。このとき，3 直線 ℓ_1，ℓ_2，ℓ_3 が 1 点で交わるならば直線 ℓ は原点を通らないことを示せ。〔類 佐賀大〕 →85

③**58** 曲線 K：$y=\dfrac{1}{x}$ 上に 3 つの頂点 A，B，C をもつ △ABC を考える。△ABC の垂心 H は，曲線 K 上にあることを示せ。〔類 岡山大〕 →87

HINT

53　$Q(t,\ t^2-t)\left(t \neq 0,\ t \neq \dfrac{1}{2}\right)$ とする。**垂直 ⟺ 傾きの積 $=-1$**

54　直線 ℓ と x 軸，y 軸との交点の座標をそれぞれ $(p,\ 0)$，$(0,\ q)$ として，面積 S を p と q で表す。

55　連立方程式 ①，② について

ただ 1 組の解をもつ ⟺ 2 直線 ①，② は平行でない
解をもたない ⟺ 2 直線 ①，② は平行で一致しない
無数の解をもつ ⟺ 2 直線 ①，② は一致する

56　三角形 OAB を図示して，どのような三角形かを考える。また，直線 ℓ が m の値に関係なく通る点（定点）を求める。

57　**点 $(p,\ q)$ が直線 $ax+by=1$ 上にある ⟺ $ap+bq=1$**
⟺ 点 $(a,\ b)$ が直線 $px+qy=1$ 上にある　を使う。

58　$A\left(a,\ \dfrac{1}{a}\right)$，$B\left(b,\ \dfrac{1}{b}\right)$，$C\left(c,\ \dfrac{1}{c}\right)$ とする。このとき，$a<b<c$ としても一般性を失わない。

14 線対称，点と直線の距離

基本事項

1 直線に関して対称な点

直線 ℓ に関して，点 P と点 Q が対称

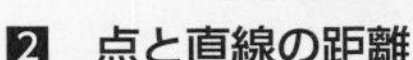

$\Longleftrightarrow \begin{cases} [1]\ \mathrm{PQ}\perp\ell \\ [2]\ \text{線分 PQ の中点が } \ell \text{ 上にある} \end{cases}$

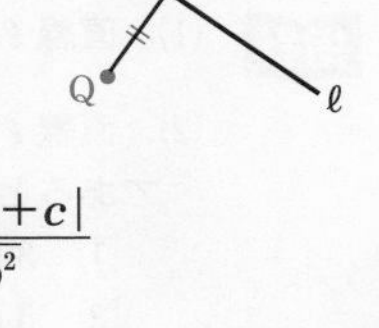

2 点と直線の距離

点 $(x_1,\ y_1)$ と直線 $ax+by+c=0$ の距離 d は　　$d=\dfrac{|ax_1+by_1+c|}{\sqrt{a^2+b^2}}$

解　説

直線に関して対称な点

例　直線 $2x-y+3=0$ に関して，点 $\mathrm{P}(3,\ 4)$ と対称な点 Q の座標を $(p,\ q)$ とする。

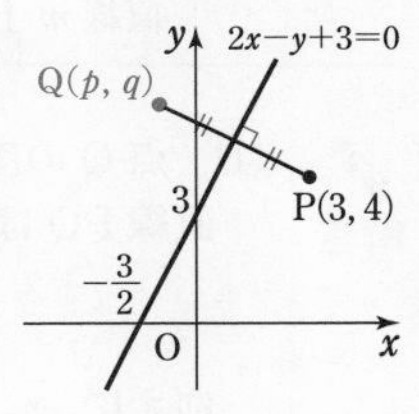

[1]　直線 PQ は直線 $2x-y+3=0$ に垂直である。

ゆえに　$\dfrac{q-4}{p-3}\cdot 2=-1$ …… ①

[2]　線分 PQ の中点は直線 $2x-y+3=0$ 上にある。

ゆえに　$2\cdot\dfrac{p+3}{2}-\dfrac{q+4}{2}+3=0$ …… ②

①，② を解いて　$p=-1,\ q=6$　　よって　$\mathrm{Q}(-1,\ 6)$

点と直線の距離

点 P から直線 ℓ に下ろした垂線を PH とすると，点 P と直線 ℓ の距離は線分 PH の長さで表される。

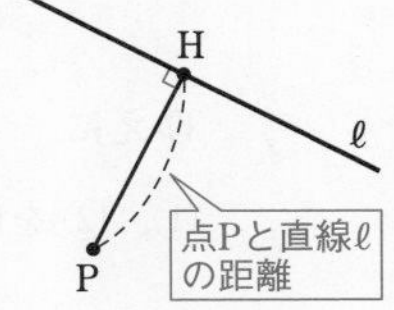

$\ell : ax+by+c=0$ …… ③　とするとき，原点 O から直線 ℓ に垂線 OH を下ろすと，直線 OH は原点を通って ℓ に垂直な直線であり，その方程式は　$bx-ay=0$ …… ④　となる。

H の座標を $(x_0,\ y_0)$ とすると，H は 2 直線 ③，④ の交点であるから　$x_0=-\dfrac{ac}{a^2+b^2},\ y_0=-\dfrac{bc}{a^2+b^2}$

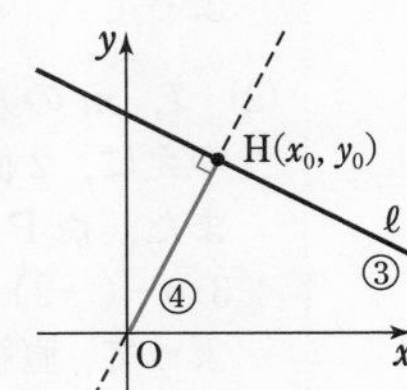

ゆえに　$\mathrm{OH}=\sqrt{x_0{}^2+y_0{}^2}=\sqrt{\dfrac{c^2(a^2+b^2)}{(a^2+b^2)^2}}=\dfrac{|c|}{\sqrt{a^2+b^2}}$

次に，点 $\mathrm{P}(x_1,\ y_1)$ と直線 ℓ の距離を d とする。

点 P と直線 ℓ を x 軸方向に $-x_1$，y 軸方向に $-y_1$ だけ平行移動すると，P は原点 O に，直線 ℓ はそれと平行な直線 ℓ' に移り，d は原点 O と直線 ℓ' の距離に等しい。

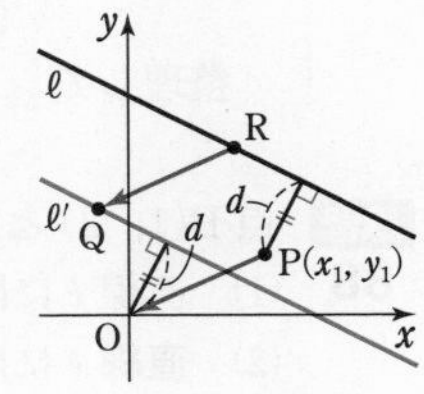

ℓ' の方程式は　$a\{x-(-x_1)\}+b\{y-(-y_1)\}+c=0$

すなわち　$ax+by+(ax_1+by_1+c)=0$

d は，原点 O と直線 ℓ' の距離に等しいから，点 $\mathrm{P}(x_1,\ y_1)$ と直線 $\ell : ax+by+c=0$ の距離 d は　$d=\dfrac{|ax_1+by_1+c|}{\sqrt{a^2+b^2}}$ である。

基本例題 88 線対称の点，直線

直線 $x+2y-3=0$ を ℓ とする。次のものを求めよ。

(1) 直線 ℓ に関して，点 P(0, -2) と対称な点 Q の座標

(2) 直線 ℓ に関して，直線 m：$3x-y-2=0$ と対称な直線 n の方程式

p.141 基本事項 1　重要 89，基本 111

指針 (1) **直線 ℓ に関して，点 P と点 Q が対称** ⟺ $\begin{cases} \text{PQ}\perp\ell \\ \text{線分 PQ の中点が } \ell \text{ 上にある} \end{cases}$

(2) 直線 ℓ に関して，直線 m と直線 n が対称であるとき，次の 2 つの場合が考えられる。

1 **3 直線が平行 ($m/\!/\ell/\!/n$)。**

2 **3 直線 ℓ，m，n が 1 点で交わる。**

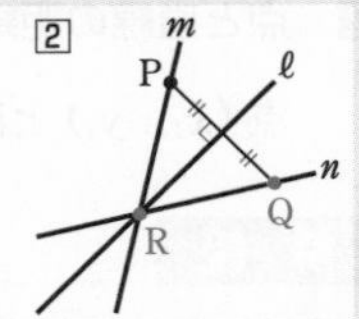

本問は，2 の場合である。右の図のように，2 直線 ℓ，m の交点を R とし，R と異なる直線 m 上の点 P の，直線 ℓ に関する対称点を Q とすると，直線 QR が直線 n となる。

解答

(1) 点 Q の座標を $(p,\ q)$ とする。

直線 PQ は ℓ に垂直であるから

$$\frac{q+2}{p}\cdot\left(-\frac{1}{2}\right)=-1$$

ゆえに　$2p-q-2=0$ …… ①

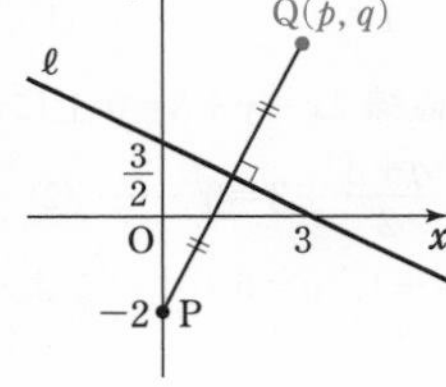

線分 PQ の中点 $\left(\frac{p}{2},\ \frac{q-2}{2}\right)$ は直線 ℓ 上にあるから

$$\frac{p}{2}+2\cdot\frac{q-2}{2}-3=0$$

ゆえに　$p+2q-10=0$ …… ②

①，② を解いて　$p=\frac{14}{5}$，$q=\frac{18}{5}$

よって　**$\text{Q}\left(\frac{14}{5},\ \frac{18}{5}\right)$**

◀直線 ℓ の方程式から

$$y=-\frac{1}{2}x+\frac{3}{2}$$

$p.131$ の 検討 の公式を利用すると，点 P を通り ℓ に垂直な直線の方程式は

$$2(x-0)-(y+2)=0$$

点 Q はこの直線上にあるから

$$2p-q-2=0$$

とすることもできる。

(2) ℓ，m の方程式を連立して解くと　$x=1$，$y=1$

ゆえに，2 直線 ℓ，m の交点 R の座標は　(1, 1)

また，点 P の座標を直線 m の方程式に代入すると，$3\cdot0-(-2)-2=0$ となるから，点 P は直線 m 上にある。

よって，直線 n は，2 点 Q, R を通るから，その方程式は

$$\left(\frac{18}{5}-1\right)(x-1)-\left(\frac{14}{5}-1\right)(y-1)=0$$

整理して　**$13x-9y-4=0$**

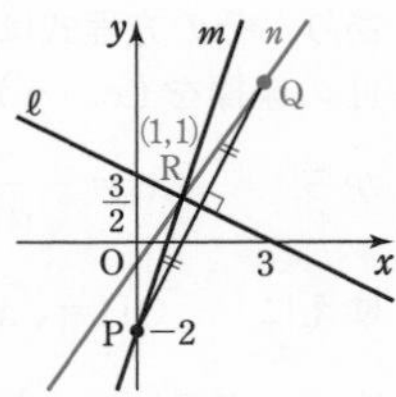

◀2 点 $(x_1,\ y_1)$，$(x_2,\ y_2)$ を通る直線の方程式は

$$(y_2-y_1)(x-x_1)-(x_2-x_1)(y-y_1)=0$$

練習 ② 88 点 P(1, 2) と，直線 ℓ：$3x+4y-15=0$，m：$x+2y-5=0$ がある。

(1) 直線 ℓ に関して，点 P と対称な点 Q の座標を求めよ。

(2) 直線 ℓ に関して，直線 m と対称な直線の方程式を求めよ。

p.147 EX 59

重要例題 89 折れ線の長さの最小

xy 平面上に2点 A(3, 2), B(8, 9) がある。点Pが直線 ℓ: $y=x-3$ 上を動くとき，AP+PB の最小値と，そのときの点Pの座標を求めよ。 基本 88

指針 直線 ℓ: $y=x-3$ 上の点 P(x, y) に対し　$\text{AP}=\sqrt{(x-3)^2+(y-2)^2}$
などとして AP+PB の最小値を求めるのは大変である。
そこで，見方を変えて，図形的に解決することを考える。
右の図で，**A, B が直線 ℓ に関して同じ側にある** ことに注意して，まず，点Aの，直線 ℓ に関する対称点 A′ をとると，AP=A′P であるから　AP+PB=A′P+PB
更に　**A′P+PB≧A′B**　この等号が成り立つのは，
3点 A′, P, B が一直線上にあるとき である。

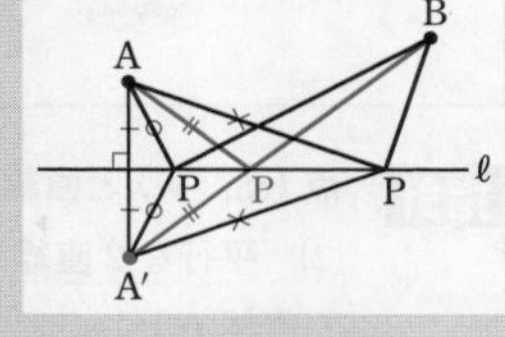

CHART 折れ線の問題　対称点をとって1本の線分にのばす

解答

図のように，2点 A, B は直線 ℓ に関して同じ側にある。
直線 ℓ に関して A と対称な点を A′(a, b) とする。
直線 AA′ は ℓ に垂直であるから　$\dfrac{b-2}{a-3}\cdot 1=-1$
ゆえに　$a+b=5$ …… ①
線分 AA′ の中点は直線 ℓ 上にあるから　$\dfrac{2+b}{2}=\dfrac{3+a}{2}-3$
ゆえに　$a-b=5$ …… ②
①, ② を解いて　$a=5$, $b=0$
よって　A′(5, 0)
ここで　AP+PB=A′P+PB≧A′B
よって，3点 A′, P, B が一直線上にあるとき，AP+PB は最小になり，その最小値は
$\text{A}'\text{B}=\sqrt{(8-5)^2+(9-0)^2}=3\sqrt{10}$
また，直線 A′B の方程式は　$y=3x-15$ …… ③
直線 ③ と ℓ の方程式を連立して解くと　$x=6$, $y=3$
したがって，求める点Pの座標は　**(6, 3)**

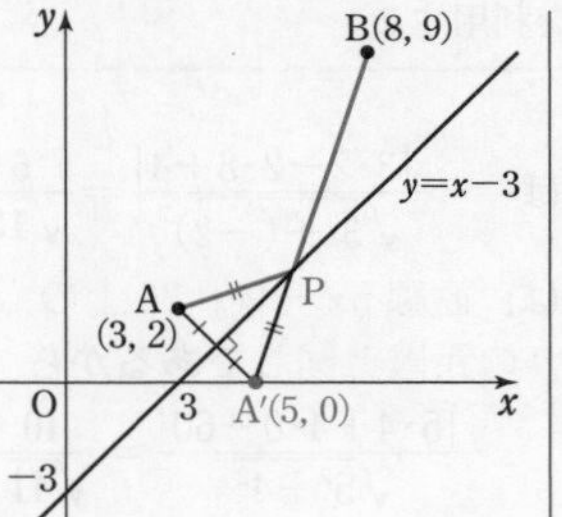

◀折れ線の問題では，線対称移動を考えるとよい。(数学A：図形の性質参照)

◀直線 ℓ の傾きは1で，明らかに　$a\neq 3$

◀線分 AA′ の中点の座標は　$\left(\dfrac{3+a}{2}, \dfrac{2+b}{2}\right)$

◀AP=A′P

◀**2点 A′, B 間の最短経路は，2点を結ぶ線分 A′B である。**

練習 89 ③ 平面上に2点 A(−1, 3), B(5, 11) がある。
(1) 直線 $y=2x$ について，点Aと対称な点Pの座標を求めよ。
(2) 点Qが直線 $y=2x$ 上にあるとき，QA+QB を最小にする点Qの座標を求めよ。
〔東京薬大〕 p.147 EX60

基本例題 90 点と直線の距離 ①①①①①

(1) 点 $(2,\ 8)$ と直線 $3x-2y+4=0$ の距離を求めよ。

(2) 平行な 2 直線 $5x+4y=20$, $5x+4y=60$ 間の距離を求めよ。

(3) 点 $(2,\ 1)$ から直線 $kx+y+1=0$ に下ろした垂線の長さが $\sqrt{3}$ であるとき，定数 k の値を求めよ。 ［(3) 中央大］

p.141 基本事項 2　重要 92

指針 点 $(x_1,\ y_1)$ と直線 $ax+by+c=0$ の距離 d は　$d=\dfrac{|ax_1+by_1+c|}{\sqrt{a^2+b^2}}$

(2) **平行な 2 直線 ℓ, m 間の距離**

直線 ℓ 上の点 P と直線 m の距離 d は，P のとり方によらず一定である。この距離 d を **2 直線 ℓ と m の距離** という。

よって，2 直線のうち，いずれかの上にある 1 点をうまく選び，これと他の直線の距離を求めればよい。

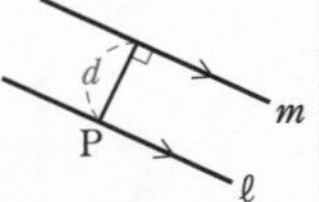

(3) **垂線の長さ** は，点 $(2,\ 1)$ と直線 $kx+y+1=0$ の **距離** であるから，点と直線の距離の公式を利用する。

解答

(1) 求める距離は　$\dfrac{|3\cdot2-2\cdot8+4|}{\sqrt{3^2+(-2)^2}}=\dfrac{6}{\sqrt{13}}$

◀有理化し $\dfrac{6\sqrt{13}}{13}$ としてもよい。

(2) 求める距離は，直線 $5x+4y=20$ 上の点 $(4,\ 0)$ と直線 $5x+4y-60=0$ の距離と同じであるから

$$\frac{|5\cdot4+4\cdot0-60|}{\sqrt{5^2+4^2}}=\frac{40}{\sqrt{41}}$$

◀計算に都合のよい点，例えば，座標が整数で，0 を含むものを選ぶ。

(3) 点 $(2,\ 1)$ と直線 $kx+y+1=0$ の距離が $\sqrt{3}$ であるから　$\dfrac{|k\cdot2+1+1|}{\sqrt{k^2+1^2}}=\sqrt{3}$

すなわち　$\dfrac{2|k+1|}{\sqrt{k^2+1}}=\sqrt{3}$

両辺を 2 乗して　$\dfrac{4(k+1)^2}{k^2+1}=3$

◀$A>0$, $B>0$ ならば $A=B \Longleftrightarrow A^2=B^2$

両辺に k^2+1 を掛けて整理すると

$$k^2+8k+1=0$$

これを解いて　$\boldsymbol{k=-4\pm\sqrt{15}}$

◀$k=-4\pm\sqrt{4^2-1\cdot1}$

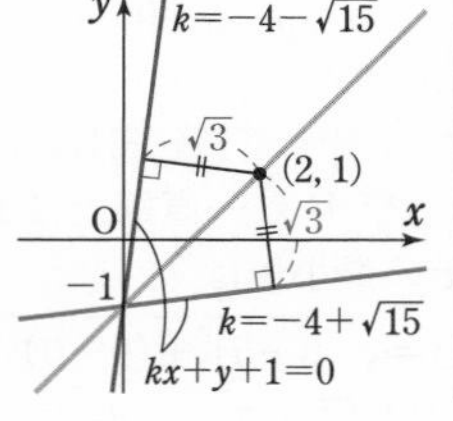

練習 ② 90

(1) 次の点と直線の距離を求めよ。

(ア) 原点，$4x+3y-12=0$　(イ) 点 $(2,\ -3)$, $2x-3y+5=0$

(ウ) 点 $(-1,\ 3)$, $x=2$　(エ) 点 $(5,\ 6)$, $y=3$

(2) 平行な 2 直線 $x-2y+3=0$, $x-2y-1=0$ 間の距離を求めよ。

(3) 点 $(1,\ 1)$ から直線 $ax-2y-1=0$ に下ろした垂線の長さが $\sqrt{2}$ であるとき，定数 a の値を求めよ。

p.147 EX61

基本例題 91 三角形の面積

3 点 A(3, 5), B(5, 2), C(1, 1) について, 次のものを求めよ。

(1) 直線 BC の方程式　　(2) 線分 BC の長さ

(3) 点 A と直線 BC の距離　　(4) △ABC の面積

基本 90

指針 この問題は, 3 つの頂点の座標が与えられた三角形の面積を求める手順を示したものである。底辺を線分 BC, 高さを点 A と直線 BC の距離とみて,

$$\text{三角形の面積}=\frac{1}{2}\times(\text{底辺の長さ})\times(\text{高さ})$$

に必要なものを, (1)~(3) の段階を踏んで求める。

解答

(1) 直線 BC の方程式は　$y-2=\frac{1-2}{1-5}(x-5)$

よって　$\boldsymbol{x-4y+3=0}$ …… ①

(2) 線分 BC の長さは

$\sqrt{(1-5)^2+(1-2)^2}=\boldsymbol{\sqrt{17}}$

◀2 点間の距離。

(3) 点 A と直線 BC の距離 h は, ① から

$h=\frac{|3-4\cdot5+3|}{\sqrt{1^2+(-4)^2}}=\boldsymbol{\frac{14}{\sqrt{17}}}$

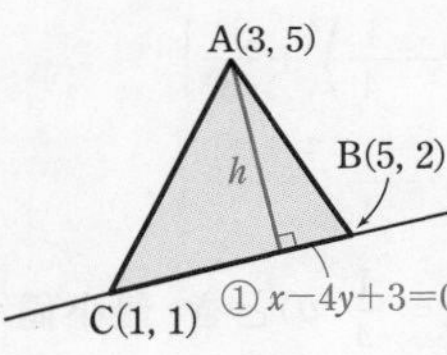

◀点 $(x_1,\ y_1)$ と直線 $ax+by+c=0$ の距離は $\frac{|ax_1+by_1+c|}{\sqrt{a^2+b^2}}$

(4) (2), (3) から, △ABC の面積 S は

$S=\frac{1}{2}\text{BC}\cdot h=\frac{1}{2}\cdot\sqrt{17}\cdot\frac{14}{\sqrt{17}}=\boldsymbol{7}$

検討

3 つの頂点の座標が与えられた場合の三角形の面積

3 点 O(0, 0), $\boldsymbol{A(x_1,\ y_1)}$, $\boldsymbol{B(x_2,\ y_2)}$ を頂点とする三角形の面積 $\boldsymbol{S}$ は

$$S=\frac{1}{2}|x_1y_2-x_2y_1| \quad \cdots\cdots \text{Ⓐ}$$

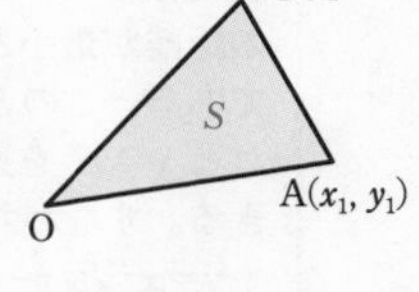

証明　直線 OA の方程式は　$y_1x-x_1y=0$

線分 OA の長さは　$\text{OA}=\sqrt{x_1{}^2+y_1{}^2}$

点 B と直線 OA の距離 h は　$h=\frac{|y_1x_2-x_1y_2|}{\sqrt{y_1{}^2+(-x_1)^2}}$

ゆえに　$S=\frac{1}{2}\text{OA}\cdot h=\frac{1}{2}\sqrt{x_1{}^2+y_1{}^2}\cdot\frac{|y_1x_2-x_1y_2|}{\sqrt{x_1{}^2+y_1{}^2}}=\frac{1}{2}|x_1y_2-x_2y_1|$

上の例題において, **C(1, 1) が原点 O にくるように △ABC を平行移動すると**, Ⓐ を適用できる。C(1, 1) ⟶ O(0, 0) より, A(3, 5) ⟶ A′(2, 4), B(5, 2) ⟶ B′(4, 1) となるから

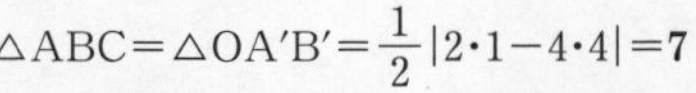

$$\triangle\text{ABC}=\triangle\text{OA}'\text{B}'=\frac{1}{2}|2\cdot1-4\cdot4|=7$$

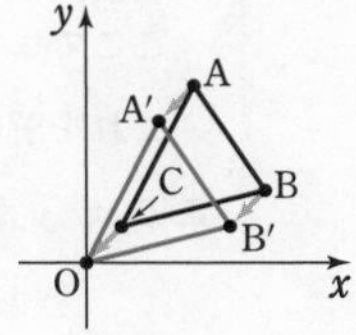

なお, 点 A や点 B が原点にくるような平行移動でもよい。

練習 ② 91 3 点 A(−4, 3), B(−1, 2), C(3, −1) について, 点 A と直線 BC の距離を求めよ。また, △ABC の面積を求めよ。　〔広島修道大〕

重要例題 92 曲線上の点と直線の距離 ①①①①①

放物線 $y=x^2$ 上の点Pと，直線 $x-2y-4=0$ 上の点との距離の最小値を求めよ。また，そのときの点Pの座標を求めよ。 基本 90

指針 放物線 $y=x^2$ 上の点Pの座標を $(t,\ t^2)$ とおいて，点Pと直線 $x-2y-4=0$ の距離 d を，t を用いて表す。
d は t の2次関数となるから，① **2次式 基本形に直す** の方針に従って考える。

解答 Pは放物線 $y=x^2$ 上の点であるから，その座標を $(t,\ t^2)$ と表す。
点 $P(t,\ t^2)$ と直線 $x-2y-4=0$ の距離 d は

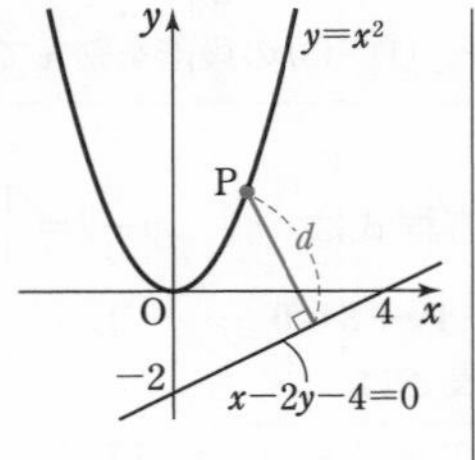

$$d=\frac{|t-2t^2-4|}{\sqrt{1^2+(-2)^2}}=\frac{|2t^2-t+4|}{\sqrt{5}}$$
$$=\frac{1}{\sqrt{5}}\left|2\left(t-\frac{1}{4}\right)^2+\frac{31}{8}\right|$$
$$=\frac{1}{\sqrt{5}}\left\{2\left(t-\frac{1}{4}\right)^2+\frac{31}{8}\right\}$$

よって，d は $t=\frac{1}{4}$ のとき **最小値** $\frac{1}{\sqrt{5}}\cdot\frac{31}{8}=\boldsymbol{\frac{31\sqrt{5}}{40}}$ をとる。このとき，**点Pの座標は** $\boldsymbol{\left(\frac{1}{4},\ \frac{1}{16}\right)}$

◀点 $(x_1,\ y_1)$ と直線 $ax+by+c=0$ の距離 d は $\boldsymbol{d=\frac{|ax_1+by_1+c|}{\sqrt{a^2+b^2}}}$

◀$2\left(t-\frac{1}{4}\right)^2+\frac{31}{8}>0$ であるから，絶対値記号をはずしてよい。

検討 **接線の利用**

上の例題において，直線 $x-2y-4=0$ に平行な直線が放物線 $y=x^2$ と接する場合を考える。
放物線 $y=x^2$ は下に凸であるから，動点Pと直線 $x-2y-4=0$ の距離が最小となるのは，Pがこの場合の接点と一致するときである。このとき，その接線の方程式を $x-2y+k=0$ とし，これと $y=x^2$ を連立してできる2次方程式の **重解条件** が利用できる。すなわち

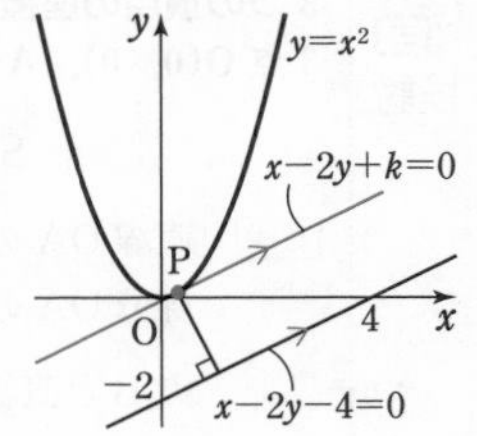

$y=x^2$ と $x-2y+k=0$ から，y を消去して整理すると
$$2x^2-x-k=0 \quad \cdots\cdots \text{①}$$
判別式を D とすると，求める条件は　$D=0$
ここで　$D=(-1)^2-4\cdot2(-k)=1+8k$　　$D=0$ から　$1+8k=0$
これを解いて　$k=-\frac{1}{8}$　　よって，① の解は　$x=\frac{1}{4}$　　ゆえに　$y=\left(\frac{1}{4}\right)^2=\frac{1}{16}$
この x，y が求める点Pの座標である。

練習 ③ 92 放物線 $y=-x^2+x+2$ 上の点Pと，直線 $y=-2x+6$ 上の点との距離は，Pの座標が ア□ のとき最小値 イ□ をとる。 〔芝浦工大〕

p.147 EX 62, 63

②**59** 点Aの点 $(2,\ 1)$ に関する対称点をBとし，点Bの直線 $y=2x-3$ に関する対称点Cの座標が $(-1,\ 3)$ であるとき，点Aの座標を求めよ。

→88

④**60** xy 平面上の点 $A(3,\ 1)$ と，x 軸上の点Bおよび直線 $y=x$ 上の点Cからなる△ABC全体からなる集合を S とする。S に属する△ABCで，周囲の長さ AB+BC+CA が最小になるのは，Bの x 座標が ${}^{ア}\square$，Cの x 座標が ${}^{イ}\square$ のときであり，そのときの周囲の長さは，AB+BC+CA$=$${}^{ウ}\square$ である。〔慶応大〕

→89

③**61** xy 平面上の原点Oと点 $A(2,\ 0)$ に対し，三角形OABが正三角形となるように点Bを第1象限にとる。更に，三角形OABの内部に点 $P(a,\ b)$ をとり，Pから辺OA，AB，BOにそれぞれ垂線PL，PM，PNを下ろす。

(1) 点Bの座標を求めよ。

(2) PL+PM+PNの値を求めよ。〔類 明治薬大〕

→90

③**62** $0<a<\sqrt{3}$ とする。3直線 $\ell：y=1-x$，$m：y=\sqrt{3}x+1$，$n：y=ax$ がある。ℓ と m の交点をA，m と n の交点をB，n と ℓ の交点をCとする。〔岡山県大〕

(1) 3点A，B，Cの座標を求めよ。

(2) △ABCの面積 S を a で表せ。

(3) △ABCの面積 S が最小となる a を求めよ。また，そのときの S を求めよ。

→91, 92

③**63** 傾きが m の直線 ℓ と放物線 $C：y=x^2-4x+3$ との交点をA，Bとし，その x 座標をそれぞれ α，$\beta\ (\alpha<\beta)$ とする。また，線分ABの中点Mの座標が $(5,\ 12)$ であるとする。点Mが直線 ℓ 上にあることより，α，β は，2次方程式 $x^2-(m+{}^{ア}\square)x+5m-{}^{イ}\square=0$ の2解であり，点Mが線分ABの中点であることより，$\alpha+\beta={}^{ウ}\square$ となる。したがって，$m={}^{エ}\square$，A$({}^{オ}\square,\ {}^{カ}\square)$，B$({}^{キ}\square,\ {}^{ク}\square)$ である。また，$\alpha<t<\beta$ の範囲で，C 上の点 $P(t,\ t^2-4t+3)$ が動くとき，△APBの面積は，P$({}^{ケ}\square,\ {}^{コ}\square)$ のとき最大となる。〔名城大〕

→92

59　2点A，Bの座標をそれぞれ $A(a,\ b)$，$B(c,\ d)$ として，a，b，c，d の関係式を導く。
60　x 軸，直線 $y=x$ のそれぞれに関して，点Aと対称な点A′，A″を考える。
61　線分PM，PNの長さは，それぞれ点Pと直線AB，OBの距離である。
62　(2) $S=\triangle OAB+\triangle OAC$　線分OAをそれぞれの三角形の底辺とみる。
63　直線 ℓ は点 $M(5,\ 12)$ を通ることを利用して ℓ の方程式を作り，C の方程式に代入。解と係数の関係も利用。また，△APBの面積については，点Pと直線 ℓ の距離を利用。

15 円の方程式

基本事項

円の方程式

1 **基本形**　点 $(a,\ b)$ を中心とし，半径が r の円の方程式は

$$(x-a)^2+(y-b)^2=r^2$$

特に，原点Oを中心とし，半径が r の円の方程式は　$x^2+y^2=r^2$

2 **一般形**　$x^2+y^2+lx+my+n=0$　$(l^2+m^2-4n>0)$

解　説

■円の方程式

中心がC，半径が r の円は，$\mathrm{CP}=r$ を満たす点P全体の集合である。座標平面上で，中心Cの座標を $(a,\ b)$，点Pの座標を $(x,\ y)$ とし，条件 $\mathrm{CP}=r$ を座標を用いて表すと

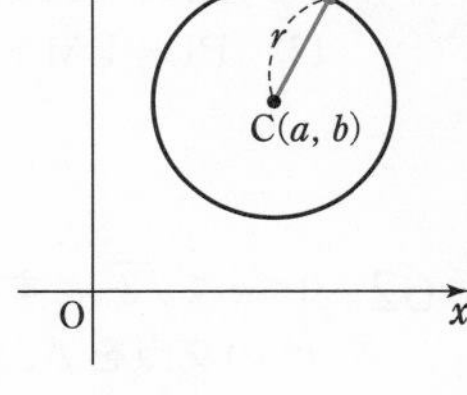

$$\sqrt{(x-a)^2+(y-b)^2}=r$$

すなわち　$(x-a)^2+(y-b)^2=r^2$ …… ①

① を，点 $(a,\ b)$ を中心とし，半径が r の円の方程式の **基本形** ということにする。

特に，原点Oを中心とし，半径が r の円の方程式は，① で $a=b=0$ とおいて

$$x^2+y^2=r^2$$

次に，円の方程式 $(x-a)^2+(y-b)^2=r^2$ を変形すると，次のようになる。

$$x^2+y^2-2ax-2by+a^2+b^2-r^2=0$$

一般に，円の方程式は $l,\ m,\ n$ を定数として，次の形に表される。

$$x^2+y^2+lx+my+n=0 \ \cdots\cdots \ ②$$

② を円の方程式の **一般形** ということにする。

② を変形すると　$x^2+2\cdot\frac{l}{2}x+\left(\frac{l}{2}\right)^2+y^2+2\cdot\frac{m}{2}y+\left(\frac{m}{2}\right)^2-\left(\frac{l}{2}\right)^2-\left(\frac{m}{2}\right)^2+n=0$

すなわち　$\left(x+\frac{l}{2}\right)^2+\left(y+\frac{m}{2}\right)^2=\frac{l^2+m^2-4n}{4}$

したがって　$l^2+m^2-4n>0$ のとき，② は円を表す。

$l^2+m^2-4n=0$ のとき，② は点 $\left(-\frac{l}{2},\ -\frac{m}{2}\right)$ を表す。

$l^2+m^2-4n<0$ のとき，② が表す図形は存在しない。

[一般形 ② で表される円の方程式の特徴]

[1]　**$x,\ y$ の2次方程式**　　[2]　**x^2 と y^2 の係数が等しい**

[3]　**xy の項がない**　　[4]　**$l^2+m^2-4n>0$（半径>0）**

なお，円は3点で決まるから，異なる3点の座標 $(x,\ y)$ に対して ② を満たす $l,\ m,\ n$ が存在すれば，② はその3点を通る円の方程式を表す（$l^2+m^2-4n>0$ は成立）。

基本例題 93 円の方程式(1) … 基本形の利用

次のような円の方程式を求めよ。

(1) 中心 $(4,\ -1)$，半径 6　　(2) 点 $(-3,\ 4)$ を中心とし，原点を通る

(3) 2 点 $(-3,\ 6)$，$(3,\ -2)$ を直径の両端とする

p.148 基本事項 1

指針 中心 $(a,\ b)$，半径 r の円の方程式は　$(x-a)^2+(y-b)^2=r^2$

(2) 半径は，中心 $(-3,\ 4)$ と原点の距離である。

(3) 中心は直径の中点で，半径は中心と端点の距離である。

CHART 円は中心と半径で決まる　基本は $(x-a)^2+(y-b)^2=r^2$ の形

解答

(1) 中心 $(4,\ -1)$，半径 6 の円であるから，その方程式は

$$(x-4)^2+\{y-(-1)\}^2=6^2$$

よって　$(x-4)^2+(y+1)^2=36$

(2) 円の半径 r は，中心 $(-3,\ 4)$ と原点の距離であるから

$$r^2=(-3)^2+4^2=25$$

よって，求める円の方程式は　$(x+3)^2+(y-4)^2=25$

◀ $(x+3)^2+(y-4)^2=r^2$ に $x=0$，$y=0$ を代入して，r^2 の値を求めてもよい。

(3) 円の中心は，2 点 $(-3,\ 6)$，$(3,\ -2)$ を結ぶ線分の中点で，その座標は

$$\left(\frac{-3+3}{2},\ \frac{6-2}{2}\right)\ \text{すなわち}\ (0,\ 2)$$

半径 r は中心 $(0,\ 2)$ と点 $(-3,\ 6)$ の距離で

$$r^2=(-3-0)^2+(6-2)^2=25$$

よって，求める円の方程式は　$x^2+(y-2)^2=25$

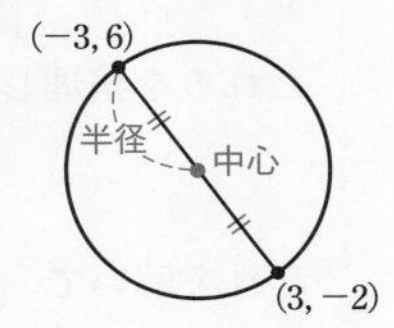

検討 **傾きを利用した求め方** …… 上の例題 (3) の別解

P$(x,\ y)$ を (3) の円周上の点とし，A$(-3,\ 6)$，B$(3,\ -2)$ とする。

点 P が 2 点 A，B と異なるとき　AP⊥BP

よって，AP の傾きと BP の傾きの積が -1 であるから，

$x \neq -3$，$x \neq 3$，$y \neq 6$，$y \neq -2$ のときは　$\dfrac{y-6}{x+3}\cdot\dfrac{y+2}{x-3}=-1$

したがって　$(x+3)(x-3)+(y-6)(y+2)=0$

この方程式は，$x=-3$，$x=3$，$y=6$，$y=-2$ のときも成り立つ。すなわち，点 $(-3,\ 6)$，$(-3,\ -2)$，$(3,\ 6)$，$(3,\ -2)$ も満たすから，求める円の方程式である。

なお，一般に，**2 点 $(x_1,\ y_1)$，$(x_2,\ y_2)$ を直径の両端とする円の方程式は**

$$(x-x_1)(x-x_2)+(y-y_1)(y-y_2)=0$$

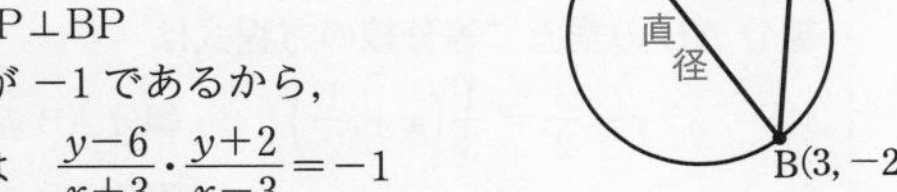

練習 ① 93 次のような円の方程式を求めよ。

(1) 中心が $(3,\ -2)$，半径が 4

(2) 点 $(0,\ 3)$ を中心とし，点 $(-1,\ 6)$ を通る

(3) 2 点 $(-3,\ -4)$，$(5,\ 8)$ を直径の両端とする

p.173 EX 64

基本例題 94 円の方程式 (2) … 一般形の利用

3 点 A$(-2,\ 6)$, B$(1,\ -3)$, C$(5,\ -1)$ を頂点とする △ABC の外接円の方程式を求めよ。

p.148 基本事項 2

指針 △ABC の外接円は 3 点 A, B, C を通るから，円が通る 3 点が与えられていることになる。通る 3 点が与えられているときは，一般形 $x^2+y^2+lx+my+n=0$ を利用し，次の手順に従って円の方程式を求める。

1. $x^2+y^2+lx+my+n=0$ に通る 3 点の座標を代入する。
2. $l,\ m,\ n$ の連立 3 元 1 次方程式を解く。

解答

求める円の方程式を
$x^2+y^2+lx+my+n=0$ とする。
この円が，A$(-2,\ 6)$ を通るから
$$(-2)^2+6^2-2l+6m+n=0$$
B$(1,\ -3)$ を通るから
$$1^2+(-3)^2+l-3m+n=0$$
C$(5,\ -1)$ を通るから
$$5^2+(-1)^2+5l-m+n=0$$
これらを整理して
$$\left.\begin{array}{l}2l-6m-n=40,\\ l-3m+n=-10,\\ 5l-m+n=-26\end{array}\right\} \cdots\cdots (*)$$
これを解いて　$l=-2,\ m=-4,\ n=-20$
よって　$\boldsymbol{x^2+y^2-2x-4y-20=0}$

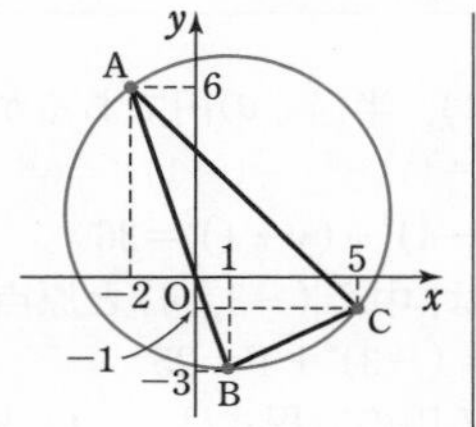

(＊)　(第 1 式)＋(第 2 式) から　$3l-9m=30$
すなわち　$l-3m=10$
(第 1 式)＋(第 3 式) から
$7l-7m=14$
すなわち　$l-m=2$
$l-3m=10,\ l-m=2$ から　$l=-2,\ m=-4$
よって，第 2 式から
$n=-20$

検討 **垂直二等分線の利用**

△ABC の外接円の中心（外心）は，線分 AB, BC のそれぞれの垂直二等分線の交点である。
（$p.139$ 基本例題 **87** でも証明。）

線分 AB の垂直二等分線の方程式は
$$y-\frac{3}{2}=\frac{1}{3}\left(x+\frac{1}{2}\right)$$ ⟵ 線分 AB の中点：$\left(-\frac{1}{2},\ \frac{3}{2}\right)$，直線 AB の傾き：$-3$ から。

線分 BC の垂直二等分線の方程式は
$$y+2=-2(x-3)$$ ⟵ 線分 BC の中点：$(3,\ -2)$，直線 BC の傾き：$\frac{1}{2}$ から。

$y=\frac{1}{3}x+\frac{5}{3}$，$y=-2x+4$ を連立して解くと　$x=1,\ y=2$

ゆえに，中心 D$(1,\ 2)$，半径 AD の円の方程式が，求めるものとなる。

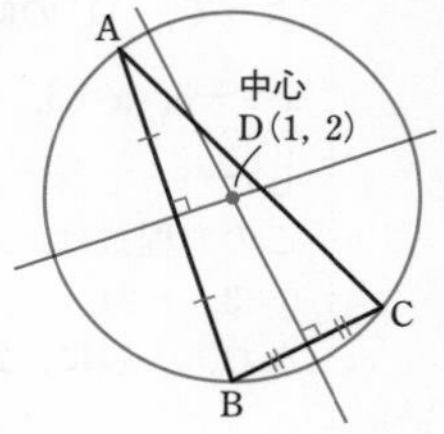

練習 ② **94**　3 点 $(-2,\ -1)$, $(4,\ -3)$, $(1,\ 2)$ を頂点とする三角形の外接円の方程式を求めよ。

基本 例題 95 方程式の表す図形

(1) 方程式 $x^2+y^2+5x-3y+6=0$ はどんな図形を表すか。

(2) 方程式 $x^2+y^2+2px+3py+13=0$ が円を表すとき，定数 p の値の範囲を求めよ。

p.148 基本事項 1, 2

指針 方程式 $x^2+y^2+lx+my+n=0$ の表す図形 ⟶ x，y について平方完成する

$\left\{x^2+2\cdot\frac{l}{2}x+\left(\frac{l}{2}\right)^2\right\}+\left\{y^2+2\cdot\frac{m}{2}y+\left(\frac{m}{2}\right)^2\right\}-\left(\frac{l}{2}\right)^2-\left(\frac{m}{2}\right)^2+n=0$ として，

$\left(x+\frac{l}{2}\right)^2+\left(y+\frac{m}{2}\right)^2=\frac{l^2+m^2-4n}{4}$ の形に変形する。

特に，$l^2+m^2-4n>0$ のとき，中心 $\left(-\frac{l}{2},\ -\frac{m}{2}\right)$，半径 $\frac{\sqrt{l^2+m^2-4n}}{2}$ の円を表す。

解答

(1) $\left\{x^2+5x+\left(\frac{5}{2}\right)^2\right\}+\left\{y^2-3y+\left(\frac{3}{2}\right)^2\right\}=-6+\left(\frac{5}{2}\right)^2+\left(\frac{3}{2}\right)^2$

◀両辺に，x，y の係数の半分の2乗をそれぞれ加える。

ゆえに　$\left(x+\frac{5}{2}\right)^2+\left(y-\frac{3}{2}\right)^2=\left(\frac{\sqrt{10}}{2}\right)^2$

よって　**中心 $\left(-\frac{5}{2},\ \frac{3}{2}\right)$，半径 $\frac{\sqrt{10}}{2}$ の円**

(2) $(x^2+2px+p^2)+\left\{y^2+3py+\left(\frac{3}{2}p\right)^2\right\}=-13+p^2+\left(\frac{3}{2}p\right)^2$

◀x，y について，それぞれ平方完成。

したがって　$(x+p)^2+\left(y+\frac{3}{2}p\right)^2=\frac{13}{4}p^2-13$

この方程式が円を表すための条件は　$\frac{13}{4}p^2-13>0$

◀$\frac{13}{4}p^2-13$ の値が0のときは1点を表し，負のときはどんな図形も表さない（下の検討 参照）。

ゆえに　$p^2-4>0$

よって　$(p+2)(p-2)>0$

したがって　$\boldsymbol{p<-2,\ 2<p}$

検討 **$l^2+m^2-4n\leqq 0$ のとき，$x^2+y^2+lx+my+n=0$ の表す図形**

例1 **方程式 $x^2+y^2+4x-6y+13=0$ の表す図形**

変形すると　$(x+2)^2+(y-3)^2=0$　⟵ 右辺が0

これを満たす実数 x，y は，$x=-2$，$y=3$ のみである。

よって，方程式が表す図形は　**点 $(-2,\ 3)$**

例2 **方程式 $x^2+y^2+4x-6y+15=0$ の表す図形**

変形すると　$(x+2)^2+(y-3)^2=-2$　⟵ 右辺が負

これを満たす実数 x，y は存在しない。

よって，方程式は **どんな図形も表さない。**

このように，方程式 $x^2+y^2+lx+my+n=0$ が円を表さない場合もあるので注意しよう。

実数の性質

A，B が実数のとき
$A^2+B^2\geqq 0$
等号は　$A=B=0$
のときに限り成立

練習 ② 95
(1) 方程式 $x^2+y^2-2x+6y-6=0$ はどんな図形を表すか。

(2) 方程式 $x^2+y^2-4ax+6ay+14a^2-4a+3=0$ が円を表すとき，定数 a の値の範囲を求めよ。

3章 ⑮ 円の方程式

基本例題 96 座標軸に接する，直線上に中心をもつ円

①①①①①

次の円の方程式を求めよ。

(1) x 軸と y 軸の両方に接し，点 A$(-4,\ 2)$ を通る。

(2) 点 A$(1,\ 1)$ を通り，y 軸に接し，中心が直線 $y=2x$ 上にある。

基本 93

指針 座標軸に接する円の方程式については，**中心と半径の表し方** がポイント。

(1) x 軸と y 軸の両方に接し，第 2 象限の点 A を通ることから，円は $x\leqq0$，$y\geqq0$ の範囲にある（解答の図参照）。

よって，$t>0$ として，**中心は $(-t,\ t)$，半径は t** とおける。

したがって，求める円の方程式は　　$(x+t)^2+(y-t)^2=t^2$

(2) [1] **中心は直線 $y=2x$ 上** にあるから，その座標は **$(t,\ 2t)$** と表される。

[2] **y 軸に接する** から，**円の半径は，中心の x 座標の絶対値 $|t|$** に等しい。

よって，求める円の方程式は，$(x-t)^2+(y-2t)^2=|t|^2$ と表される。

解答

(1) x 軸と y 軸の両方に接し，点 A$(-4,\ 2)$ を通るから，中心は $t>0$ として，$(-t,\ t)$ とおくことができる。

また，半径は t であるから，円の方程式は

$$(x+t)^2+(y-t)^2=t^2 \quad \cdots\cdots ①$$

点 A$(-4,\ 2)$ を通るから，$x=-4$，$y=2$ を代入して

$$(-4+t)^2+(2-t)^2=t^2$$

整理して　　$t^2-12t+20=0$

ゆえに　　$(t-2)(t-10)=0$

よって　　$t=2,\ 10$

これを ① に代入して，求める円の方程式は

$$\boldsymbol{(x+2)^2+(y-2)^2=4,\ (x+10)^2+(y-10)^2=100}$$

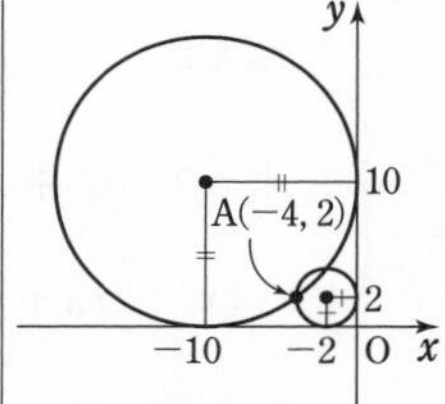

|**中心の x 座標**|
=|**中心の y 座標**|
= **半径** となる。

◀答えは 2 通り。

(2) 中心は直線 $y=2x$ 上にあるから，その座標は $(t,\ 2t)$ と表される。また，円は y 軸に接するから，円の半径は中心の x 座標の絶対値に等しい。

よって，円の方程式は

$$(x-t)^2+(y-2t)^2=|t|^2 \quad \cdots\cdots ①$$

点 A$(1,\ 1)$ を通るから，$x=1$，$y=1$ を代入して

$$(1-t)^2+(1-2t)^2=t^2 \qquad \longleftarrow |t|^2=t^2$$

整理して　　$2t^2-3t+1=0$

ゆえに　　$(t-1)(2t-1)=0$　　よって　　$t=1,\ \dfrac{1}{2}$

これを ① に代入して，求める円の方程式は

$$\boldsymbol{(x-1)^2+(y-2)^2=1,\ \left(x-\frac{1}{2}\right)^2+(y-1)^2=\frac{1}{4}}$$

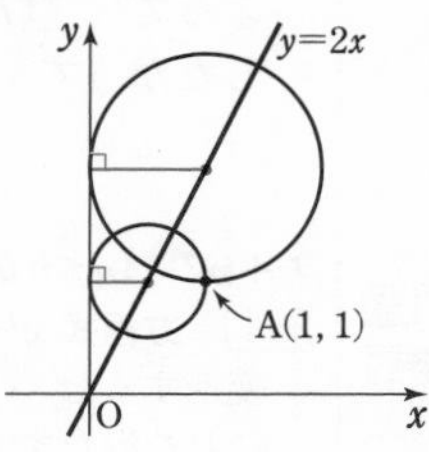

◀y 軸に接し，中心が直線 $y=2x$ 上にあり，かつ，第 1 象限の点 $(1,\ 1)$ を通るから，中心の x 座標，y 座標はともに正。

練習 ② **96**

(1) x 軸と y 軸の両方に接し，点 $(2,\ 1)$ を通る円の方程式を求めよ。

(2) 中心が直線 $2x-y-8=0$ 上にあり，2 点 $(0,\ 2)$，$(-1,\ 1)$ を通る円の方程式を求めよ。

p.173 EX65

16 円と直線

基本事項

半径 r の円 $(x-p)^2+(y-q)^2=r^2$ …… ① と直線 $lx+my+n=0$ …… ② について

1　円と直線の共有点

円 ① と直線 ② の共有点の座標は，方程式 ①，② を連立させた連立方程式の **実数解** として求めることができる。また，共有点が接点のときは，解は **重解** になる。

2　円と直線の位置関係

① と ② から y（または x）を消去して得られる 2 次方程式の判別式を D とし，円 ① の中心と直線 ② の距離を d とすると，次のことが成り立つ。

円と直線が
- **異なる 2 点で交わる** $\iff D>0 \iff d<r$
- **1 点で接する** $\iff D=0 \iff d=r$
- **共有点をもたない** $\iff D<0 \iff d>r$

解　説

■円と直線の位置関係

[1]　判別式の利用　円の方程式と直線の方程式から，例えば y を消去して得られる x の 2 次方程式を $ax^2+bx+c=0$ とすると，基本事項 **1** により，この 2 次方程式の実数解の個数と，円と直線の共有点の個数は一致する。

この 2 次方程式の判別式を D とすると，次の表のようにまとめられる。

$D=b^2-4ac$ の符号	$D>0$	$D=0$	$D<0$
$ax^2+bx+c=0$ の実数解	異なる 2 つの実数解	重解（1 つ）	なし
円と直線の位置関係	異なる 2 点で交わる	1 点で接する	共有点をもたない
共有点の個数	**2 個**	**1 個**	**0 個**

[2]　点と直線の距離の利用　円の半径を r，円の中心と直線 ℓ の距離を d とすると，r と d の大小関係で次の表のようにまとめられる。

d と r の大小	$d<r$	$d=r$	$d>r$
円と直線の位置関係	ℓ, r, d 異なる 2 点で交わる	ℓ, 接点, r, d 1 点で接する	ℓ, r, d 共有点をもたない
共有点の個数	**2 個**	**1 個**	**0 個**

基本事項

3 円の接線の方程式

① 円 $x^2+y^2=r^2$ 上の点 $(x_1,\ y_1)$ における接線の方程式は

$$\boldsymbol{x_1x+y_1y=r^2}$$

② 円 $(x-a)^2+(y-b)^2=r^2$ 上の点 $(x_1,\ y_1)$ における接線の方程式は

$$\boldsymbol{(x_1-a)(x-a)+(y_1-b)(y-b)=r^2}$$

解　説

■ 円の接線の方程式

(① の証明)　点 $\mathrm{P}(x_1,\ y_1)$ とする。

[1]　点Pが座標軸上にないとき，$x_1 \neq 0$，$y_1 \neq 0$ である。

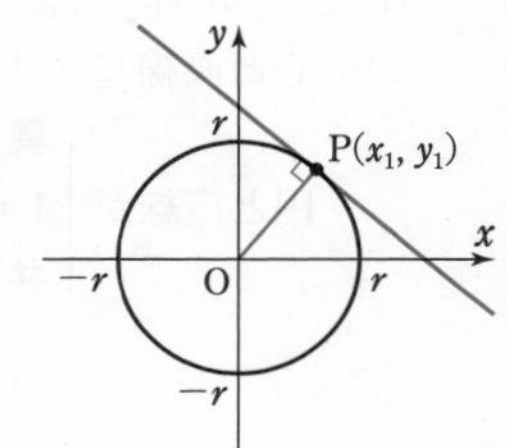

求める接線は，点Pを通り，半径OP$\left(傾き\ \dfrac{y_1}{x_1}\right)$に垂直$\left(傾き\ -\dfrac{x_1}{y_1}\right)$であるから，その方程式は

$$y-y_1=-\frac{x_1}{y_1}(x-x_1)$$

すなわち　$x_1x+y_1y=x_1{}^2+y_1{}^2$

ここで，点Pは円上にあるから　　$x_1{}^2+y_1{}^2=r^2$

よって，接線の方程式は　　$\boldsymbol{x_1x+y_1y=r^2}$ ……①

[2]　点Pが x 軸上にあるとき，接線の方程式は

$x=r$　または　$x=-r$

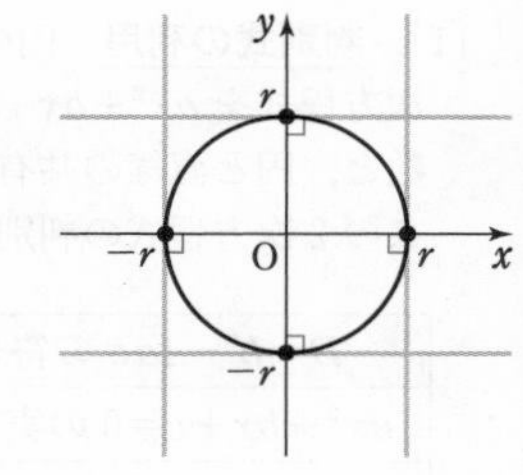

これは①でそれぞれ，次のようにおくと得られる。

$(x_1,\ y_1)=(r,\ 0)$　または　$(x_1,\ y_1)=(-r,\ 0)$

[3]　点Pが y 軸上にあるとき，接線の方程式は

$y=r$　または　$y=-r$

これは①でそれぞれ，次のようにおくと得られる。

$(x_1,\ y_1)=(0,\ r)$　または　$(x_1,\ y_1)=(0,\ -r)$

以上から，点Pにおける接線の方程式は，①で表される。

(② の証明)

円 $C:(x-a)^2+(y-b)^2=r^2$ を，中心 $(a,\ b)$ が原点 $\mathrm{O}(0,\ 0)$ にくるように平行移動すると

円 $C':x^2+y^2=r^2$

になる。

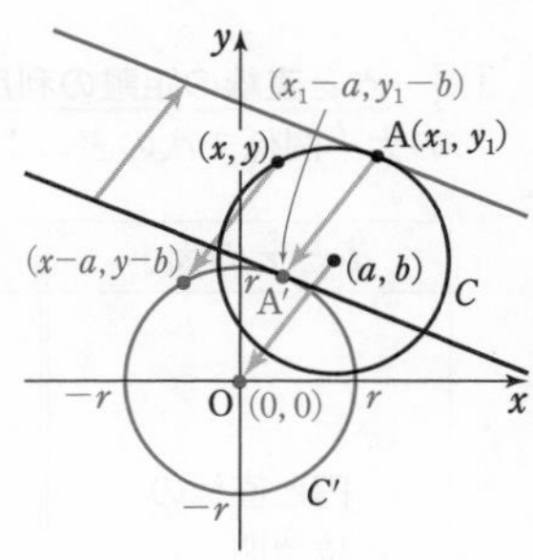

この平行移動により，円 C 上の点 $\mathrm{A}(x_1,\ y_1)$ は，円 C' 上の点 $\mathrm{A'}(x_1-a,\ y_1-b)$ に移る。

点 A′ における円 C' の接線の方程式は

$$(x_1-a)x+(y_1-b)y=r^2$$

であり，この接線を x 軸方向に a，y 軸方向に b だけ平行移動したものが，円 C の点Aにおける接線である。

よって，その方程式は　　$\boldsymbol{(x_1-a)(x-a)+(y_1-b)(y-b)=r^2}$

例　円 $(x-1)^2+(y-2)^2=25$ 上の点 $(4,\ -2)$ における接線の方程式は

$(4-1)(x-1)+(-2-2)(y-2)=25$　すなわち　$3x-4y=20$

基本例題 97 円と直線の共有点の座標

円 $x^2+y^2=50$ …… Ⓐ と次の直線は共有点をもつか。もつときはその座標を求めよ。

(1) $y=-3x+20$ (2) $y=x+10$ (3) $x-2y+20=0$

p.153 基本事項 1 重要 104

指針 円と直線の共有点の座標を求めるには，まず，直線の式（1 次式）を円の方程式に代入して，x または y の 2 次方程式を導く。

その 2 次方程式の解について

異なる 2 つの実数解 ⟺ 異なる 2 点で交わる
重解 ⟺ (1 点で) 接する
} **実数解 ⟺ 共有点をもつ**

実数解をもたない ⟺ 共有点をもたない

解答

(1) $y=-3x+20$ …… ①

を Ⓐ に代入すると

$x^2+(-3x+20)^2=50$

整理して $x^2-12x+35=0$ ◀ y を消去。

ゆえに $(x-5)(x-7)=0$

よって $x=5,\ 7$

① から ◀1 次である直線 ① の式を用いて，y の値を求める。

$x=5$ のとき $y=5$

$x=7$ のとき $y=-1$

したがって，共有点の座標は **$(5,\ 5)$，$(7,\ -1)$** ◀異なる 2 点で交わる。

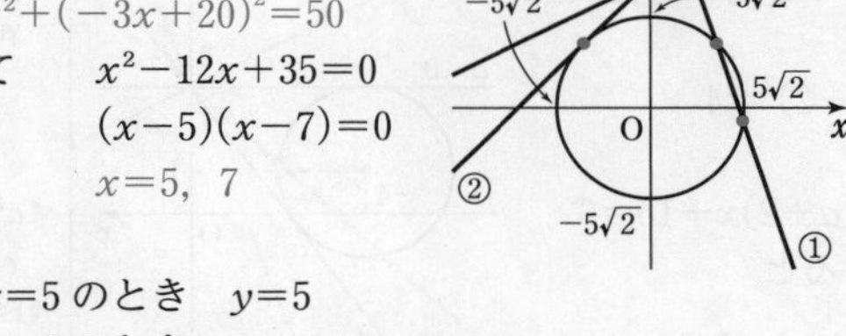

(2) $y=x+10$ …… ② を Ⓐ に代入すると ◀ y を消去。

$x^2+(x+10)^2=50$

整理して $x^2+10x+25=0$ ゆえに $(x+5)^2=0$

よって $x=-5$（重解）

このとき，② から $y=5$

したがって，共有点の座標は **$(-5,\ 5)$** ◀1 点で接する。

(3) $x-2y+20=0$ から $x=2y-20$ …… ③ ◀ $y=\frac{1}{2}x+10$ として y を消去すると，分数が出てくるので，x を消去した方が計算がらく。

③ を Ⓐ に代入すると $(2y-20)^2+y^2=50$

整理して $y^2-16y+70=0$

この 2 次方程式の判別式を D とすると

$$\frac{D}{4}=(-8)^2-1\cdot70=-6$$

よって $D<0$ ◀実数解をもたない。なお，$(y-8)^2+6>0$ から示してもよい。

したがって，円 Ⓐ と直線 ③ は **共有点をもたない。**

練習 ② 97 円 $x^2+y^2=5$ …… Ⓐ と次の直線は共有点をもつか。もつときはその座標を求めよ。

(1) $y=2x-5$ (2) $x+y-5=0$ (3) $x+2y=3$

基本例題 98 円と直線の位置関係 ①①①①①

円 $(x+4)^2+(y-1)^2=4$ と直線 $y=ax+3$ が異なる2点で交わるとき，定数 a の値の範囲を求めよ。

↗p.153 基本事項 1，2

指針 円と直線の位置関係を調べるには，次の2つの方法がある。

1. 円と直線の方程式から1文字を消去して得られる2次方程式の **判別式 D の符号** を調べる。
2. **円の中心と直線の距離 d と円の半径 r の大小関係** を調べる。

円と直線が
- **異なる2点で交わる** $\Longleftrightarrow D>0 \Longleftrightarrow d<r$
- **1点で接する** $\Longleftrightarrow D=0 \Longleftrightarrow d=r$
- **共有点をもたない** $\Longleftrightarrow D<0 \Longleftrightarrow d>r$

問題の条件は，1 $D>0$　2 $d<r$　これから a の値の範囲を求める。

CHART 円と直線の位置関係　1 判別式　2 中心と直線の距離

解答

[解法1]　$y=ax+3$ を円の方程式に代入して

$(x+4)^2+(ax+2)^2=4$

整理すると

$(a^2+1)x^2+4(a+2)x+16=0$

判別式を D とすると

$$\frac{D}{4}=\{2(a+2)\}^2-16(a^2+1)$$
$$=4\{a^2+4a+4-4(a^2+1)\}$$
$$=-4a(3a-4)$$

円と直線が異なる2点で交わるための条件は　$D>0$

ゆえに　$-4a(3a-4)>0$

よって　$\boldsymbol{0<a<\frac{4}{3}}$

[解法2]　円の半径は2である。円の中心 $(-4,\ 1)$ と直線の距離を d とすると，異なる2点で交わるための条件は

$d<2$

$d=\dfrac{|a\cdot(-4)-1+3|}{\sqrt{a^2+(-1)^2}}$ であるから　$\dfrac{|-4a+2|}{\sqrt{a^2+1}}<2$

両辺に正の数 $\sqrt{a^2+1}$ を掛けて　$|-4a+2|<2\sqrt{a^2+1}$

両辺は負でないから平方して　$(-4a+2)^2<4(a^2+1)$

整理して　$4a(3a-4)<0$　よって　$\boldsymbol{0<a<\frac{4}{3}}$

◀指針 1 の方法。判別式を利用する。

◀$a^2+1\neq0$ であるから，x の2次方程式である。

◀図で，直線 $y=ax+3$ は常に点 $(0,\ 3)$ を通る。

検討

円と直線の位置関係だけを考える場合は，次に示すように，指針 2 の方法が簡明である。

◀指針 2 の方法。中心と直線の距離を利用する。

◀$y=ax+3$ から $ax-y+3=0$

◀$|-4a+2|=2|-2a+1|$ であるから，両辺を2で割ってもよい。

練習 ② 98　円 $(x+2)^2+(y-3)^2=2$ と直線 $y=ax+5$ が異なる2点で交わるとき，定数 a の値の範囲を求めよ。

基本例題 99 円の弦の長さ

直線 $y=x+2$ が円 $x^2+y^2=5$ によって切り取られる弦の長さを求めよ。

p.153 基本事項 2

円の弦の問題では，次の性質を利用する。

中心から弦に下ろした垂線は，その弦を 2 等分する。

右の図のように，円の中心 O から弦 AB に垂線 OM を引くと，

M は線分 AB の中点，OM⊥AB

である。よって　$AB=2AM,\ AM=\sqrt{OA^2-OM^2}$

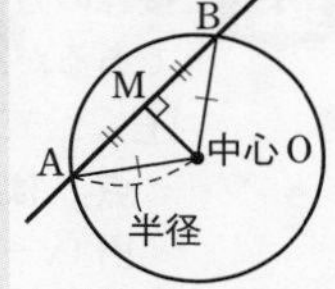

CHART 円の弦の長さ　中心から弦・直線に垂線を引く

円の中心 (0, 0) を O とする。
また，円と直線の交点を A，B とし，線分 AB の中点を M とすると

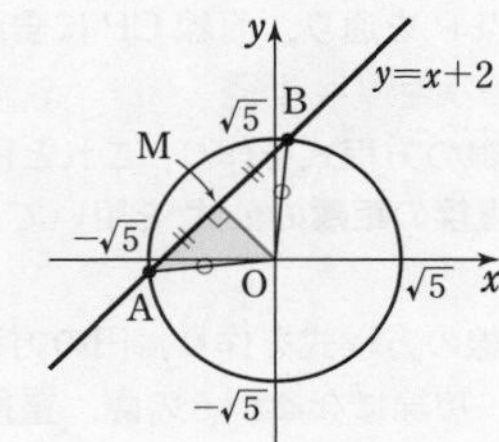

$$OM=\frac{|2|}{\sqrt{1^2+(-1)^2}}=\sqrt{2}$$

◀点 $(x_1,\ y_1)$ と直線 $ax+by+c=0$ の距離は $\dfrac{|ax_1+by_1+c|}{\sqrt{a^2+b^2}}$

$OA=\sqrt{5}$ であるから

$$AB=2AM=2\sqrt{OA^2-OM^2}$$
$$=2\sqrt{(\sqrt{5})^2-(\sqrt{2})^2}$$
$$=\mathbf{2\sqrt{3}}$$

◀三平方の定理。

別解　$y=x+2$，$x^2+y^2=5$ から y を消去して

$$x^2+(x+2)^2=5$$

整理すると　$2x^2+4x-1=0$ …… ①

円と直線の交点の座標を $(\alpha,\ \alpha+2)$，$(\beta,\ \beta+2)$ とすると，α，β は 2 次方程式 ① の解であるから，解と係数の関係より　$\alpha+\beta=-2,\ \alpha\beta=-\dfrac{1}{2}$

求める線分の長さを l とすると

$$l^2=(\beta-\alpha)^2+\{(\beta+2)-(\alpha+2)\}^2$$
$$=2(\beta-\alpha)^2$$
$$=2\{(\alpha+\beta)^2-4\alpha\beta\}$$
$$=2\left\{(-2)^2-4\left(-\frac{1}{2}\right)\right\}=12$$

したがって，求める線分の長さは　$l=\mathbf{2\sqrt{3}}$

円と直線の方程式を連立して解き，交点の座標を求めてもよい。
しかし，例えば，2 次方程式 ① の解は

$$x=\frac{-2\pm\sqrt{6}}{2}$$

で，計算が複雑になるから，解と係数の関係を利用した方がよい。

練習 ② 99　直線 $y=-x+1$ が円 $x^2+y^2-8x-6y=0$ によって切り取られる弦の長さを求めよ。

p.173 EX66

基本例題 100 円周上の点における接線 ①①①①①

円 $(x-1)^2+(y-2)^2=25$ 上の点 P(4, 6) における接線の方程式を求めよ。

p.153，p.154 基本事項 2，3

指針 接線の方程式を求める方法として，以下の 4 通りの方法がある。1 の解法が最も簡潔であるが，いろいろな解法を身につけておこう。

1 **公式利用**
点 P は円周上の点であるから，接線の公式を用いて直ちに求められる。
円 $(x-a)^2+(y-b)^2=r^2$ 上の点 $(x_1,\ y_1)$ における接線の方程式は

$$(x_1-a)(x-a)+(y_1-b)(y-b)=r^2$$

2 **接線⊥半径**
円の中心を C とすると，点 P における接線は半径 CP に垂直である。
したがって，点 P を通り，直線 CP に垂直な直線を求めればよい。

3 **中心と接線の距離＝半径**
点 P を通る直線の方程式を作り，これと円の中心 C の距離が半径に等しければ接線になる。**点と直線の距離の公式** を用いて，直線の方程式を決定すればよい。

4 **接点 ⟺ 重解**
点 P を通る直線の方程式を作り，円の方程式と連立させて得られる 2 次方程式が重解をもつとき，接線になる。その際，**重解 ⟺ 判別式 $D=0$** を用いる。

解答

1 $(4-1)(x-1)+(6-2)(y-2)=25$
よって　$\boldsymbol{3x+4y=36}$

2 円の中心を C(1, 2) とする。
求める接線は，点 P を通り，半径 CP に垂直な直線である。
直線 CP の傾きは $\dfrac{4}{3}$ であるから，求める接線の方程式は

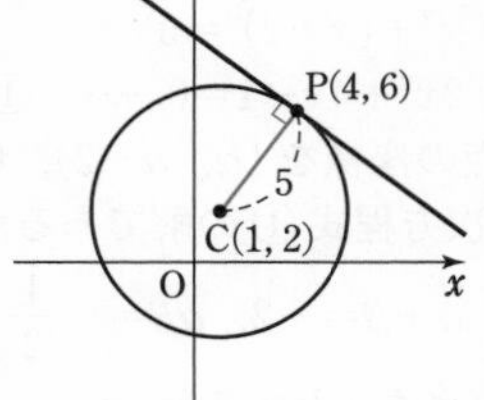

$$y-6=-\frac{3}{4}(x-4)$$

すなわち　$\boldsymbol{3x+4y=36}$

3 点 P における接線は x 軸に垂直でないから，傾きを m とすると，接線の方程式は

$$y-6=m(x-4)$$

すなわち　$mx-y-4m+6=0$ …… ①
と表される。
円の中心 (1, 2) と直線 ① の距離が円の半径 5 に等しいから

$$\frac{|m\cdot1-2-4m+6|}{\sqrt{m^2+(-1)^2}}=5$$

ゆえに　$|-3m+4|=5\sqrt{m^2+1}$
両辺を 2 乗して　$(-3m+4)^2=25(m^2+1)$

1 公式利用

2 接線⊥半径
◀この解法は，円の接線の公式を導くときに利用されるものである（$p.154$ 解説参照）。

◀垂直 ⟺ 傾きの積が -1

3 中心と接線の距離＝半径
◀x 軸に垂直な直線は $y=mx+n$ の形で表せないから，＿＿の確認をしている。

◀点 $(x_1,\ y_1)$ と直線 $ax+by+c=0$ の距離は $\dfrac{|ax_1+by_1+c|}{\sqrt{a^2+b^2}}$

整理すると　$(4m+3)^2=0$

よって　$m=-\dfrac{3}{4}$

これを ① に代入して整理すると　$\boldsymbol{3x+4y=36}$

[4] 点Pにおける接線は x 軸に垂直でないから，傾きを m とすると，接線の方程式は

$$y-6=m(x-4)$$

すなわち　$y=mx-4m+6$　…… ②

と表される。

② を円の方程式に代入して

$$(x-1)^2+(mx-4m+4)^2=25$$

整理すると

$$(m^2+1)x^2-2(4m^2-4m+1)x+8(2m^2-4m-1)=0$$

$m^2+1\neq0$ から，この2次方程式の判別式を D とすると

$$\begin{aligned}\frac{D}{4}&=(4m^2-4m+1)^2-8(m^2+1)(2m^2-4m-1)\\&=16m^4+16m^2+1-32m^3-8m+8m^2\\&\quad-8(2m^4-4m^3-m^2+2m^2-4m-1)\\&=16m^2+24m+9=(4m+3)^2\end{aligned}$$

直線 ② と円が接するための条件は　$D=0$

したがって　$(4m+3)^2=0$

よって　$m=-\dfrac{3}{4}$

これを ② に代入して整理すると　$\boldsymbol{y=-\dfrac{3}{4}x+9}$

[4] 接点 ⟺ 重解

◀[3] と同様に，x 軸に垂直でないことを確認。

◀[4] の方法は，計算がかなり大変。

◀$y=$…… の形で答えてもよい。

検討

円の接線の求め方

円の接線についてまとめると，次のようになる。問題に応じて使い分けるとよいが，この例題のように，円の中心の座標や接点の座標がわかっている場合は，[1] や [2] の方法を利用すると計算がらくになることが多い。次のCHARTとともに，それぞれの解法の特徴を確認しよう。
なお，p.162 の振り返りでも詳しく説明しているので，例題 **101**，**102** を学習した後で参照してほしい。

CHART　円周上の点における接線の方程式

[1] 公式利用　　[2] 接線⊥半径
[3] 中心と接線の距離＝半径　　[4] 接点 ⟺ 重解

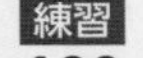
練習 ②100　次の円の，与えられた点における接線の方程式を求めよ。

(1) $x^2+y^2=4$，点 $(\sqrt{3},\ -1)$　　(2) $(x+4)^2+(y-4)^2=13$，点 $(-2,\ 1)$

基本例題 101 接線から円の方程式を求めるなど

(1) 点 $(2,\ 1)$ を中心とし，直線 $5x+12y+4=0$ に接する円の方程式を求めよ。

(2) 円 $x^2+y^2-2x-4y-4=0$ に接し，傾きが 2 の直線の方程式を求めよ。

p.153 基本事項 2

指針 円と直線が接するときは，次のことを利用するとよい。

中心と接線の距離 d＝半径 r …… (＊)

(1) 求める円の方程式は，$(x-2)^2+(y-1)^2=r^2$ と書けるから，(＊) を用いて，半径 r を求める。

(2) 傾きがわかっているから，求める接線の方程式を $y=2x+n$ とし，(＊) を利用して y 切片 n を求める。

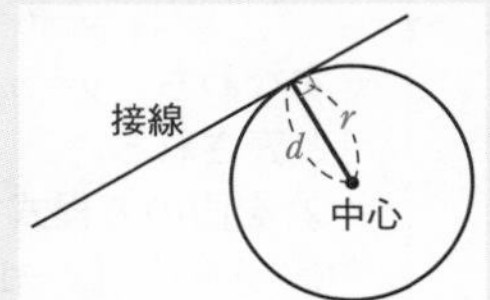

解答

(1) 求める円の方程式は，半径を r とすると

$$(x-2)^2+(y-1)^2=r^2 \quad \cdots\cdots ①$$

円 ① が直線 $5x+12y+4=0$ …… ② に接するための条件は，円の中心 $(2,\ 1)$ と直線 ② との距離が円の半径に等しいことであるから　$r=\dfrac{|5\cdot2+12\cdot1+4|}{\sqrt{5^2+12^2}}=2$

よって，求める円の方程式は

$$\boldsymbol{(x-2)^2+(y-1)^2=4}$$

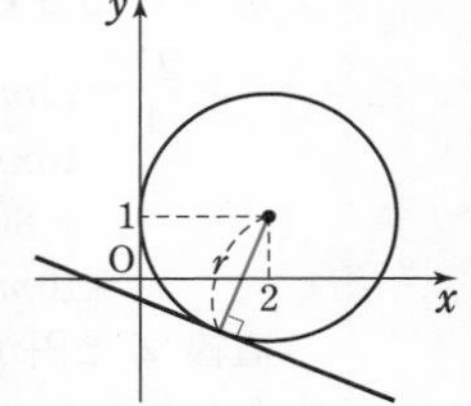

(2) 円の方程式を変形すると

$$(x-1)^2+(y-2)^2=3^2 \quad \cdots\cdots ①$$

また，求める直線の傾きは 2 であるから，その方程式を

$y=2x+n$ …… ②　すなわち，$2x-y+n=0$　とする。

直線 ② が円 ① に接するための条件は，円の中心 $(1,\ 2)$ と直線 ② の距離が円の半径 3 に等しいことである。

したがって　$\dfrac{|2\cdot1-2+n|}{\sqrt{2^2+(-1)^2}}=3$　⟵ $d=r$

よって　$|n|=3\sqrt{5}$　すなわち　$n=\pm3\sqrt{5}$

これを ② に代入して，求める直線の方程式は

$$\boldsymbol{y=2x\pm3\sqrt{5}}$$

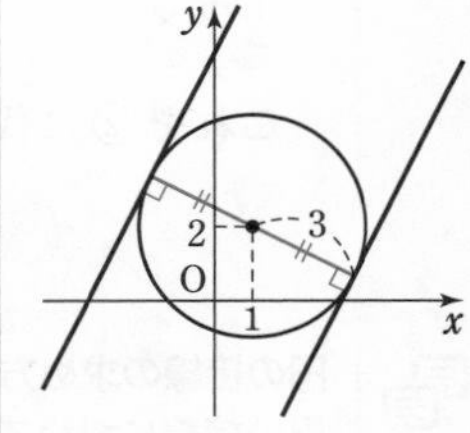

検討 **円の接線の問題では，中心からの距離＝半径　の考えが有効**

上の例題は，**接点 ⟺ 重解** に着目し，円と直線の方程式を連立して得られる 2 次方程式の判別式で $D=0$ として解くこともできる。しかし，この問題のように，接点の座標を求めなくてもよいときは，上の解答のような **中心と接線の距離＝半径** の方針の方が，計算がらくなことが多い。

練習 ②101

(1) 中心が直線 $y=x$ 上にあり，直線 $3x+4y=24$ と両座標軸に接する円の方程式を求めよ。

(2) 円 $x^2+2x+y^2-2y+1=0$ に接し，傾きが -1 の直線の方程式を求めよ。

基本 例題 102 円外の点から円に引いた接線

点 P$(-5,\ 10)$ を通り，円 $x^2+y^2=25$ に接する直線の方程式を求めよ。

基本 100　重要 103

指針　円 $x^2+y^2=r^2$ 上の点 $(x_1,\ y_1)$ における接線の方程式は　$x_1x+y_1y=r^2$
しかし，点 P は，円 $x^2+y^2=25$ 上の点ではないから，直ちに公式を使うことはできない。このようなときは，接点の座標を $(x_1,\ y_1)$ と設定し，「円 $x^2+y^2=25$ 上の点 $(x_1,\ y_1)$ における接線 $x_1x+y_1y=25$ が，点 P を通る」 ……★
として，x_1，y_1 の関係式を導く。

解答

接点を Q$(x_1,\ y_1)$ とすると

$x_1{}^2+y_1{}^2=25$ …… ①

点 Q における接線の方程式は

$x_1x+y_1y=25$ …… ②

この直線が点 P$(-5,\ 10)$ を通るから　$-5x_1+10y_1=25$

ゆえに　$x_1=2y_1-5$ …… ③

① に代入して　$(2y_1-5)^2+y_1{}^2=25$

整理して　$y_1{}^2-4y_1=0$

ゆえに　$y_1=0,\ 4$

③ から　$y_1=0$ のとき $x_1=-5$，　$y_1=4$ のとき $x_1=3$

よって，接線の方程式は，② から　$\boldsymbol{x=-5,\ 3x+4y=25}$

◀指針___……★ の方針。
接点を文字で表すことで，接線の公式が利用できる。
① は，接点が円周上の点であるという条件である。
また，接線 ② が点 P を通る条件と合わせ，x_1，y_1 の連立方程式を作る。

◀このことから，接点の座標は　$(-5,\ 0)$，$(3,\ 4)$

別解　[1]　点 P を通り，x 軸に垂直な直線 $x=-5$ は，円 $x^2+y^2=25$ の接線である。

[2]　点 P を通り，x 軸に垂直でない，傾き m の直線の方程式は　$y-10=m(x+5)$

すなわち　$mx-y+5m+10=0$ …… ①

直線 ① が円 $x^2+y^2=25$ に接するための条件は，円の中心 $(0,\ 0)$ と直線 ① の距離が円の半径 5 に等しいことである。よって　$\dfrac{|5m+10|}{\sqrt{m^2+(-1)^2}}=5$

すなわち　$\dfrac{|m+2|}{\sqrt{m^2+1}}=1$

分母を払って　$|m+2|=\sqrt{m^2+1}$

両辺を平方して　$(m+2)^2=m^2+1$

整理して　$4m+3=0$　　これを解いて　$m=-\dfrac{3}{4}$

これを ① に代入して整理すると　$3x+4y=25$

以上から，求める接線の方程式は　$\boldsymbol{x=-5,\ 3x+4y=25}$

◀接線の公式を利用しないで，一般の直線の方程式を利用する解き方。
しかし，この場合は x 軸に垂直な直線の扱いに注意が必要。

◀$y=mx+5m+10$ を $x^2+y^2=25$ に代入して x の 2 次方程式を作り，その判別式 $D=0$ から，m の値を求めてもよい。
つまり　**接点 ⟺ 重解**

練習 ② 102　点 P$(2,\ 1)$ を通り，円 $x^2+y^2=1$ に接する直線の方程式を求めよ。

3章 ⑯ 円と直線

振り返り 円の接線の求め方

例題 **100**～**102** では，円の接線に関する問題を扱った。円の接線を求めるいろいろな解法を学んだが，それぞれ特徴や利点を振り返りながら整理しておこう。

円 $C:(x-a)^2+(y-b)^2=r^2\ (r>0)$ 上の点 $P(x_1,\ y_1)$ における接線 ℓ の求め方

[1] 公式利用

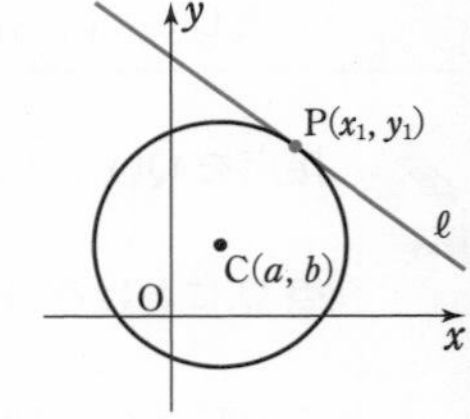

点 P は円周上の点であるから，接線の公式

$$(x_1-a)(x-a)+(y_1-b)(y-b)=r^2 \quad \cdots\cdots ①$$

に接点の座標を代入することによって，素早く簡単に求めることができる。

また，円外の点 P′ から引いた接線の方程式を求める場合も，接点の座標を $(x_1,\ y_1)$ とおくことで接線の方程式 ① が表され，これが点 P′ を通ることから求めることができる。（→ 基本例題 **102**）

[2] 接線⊥半径

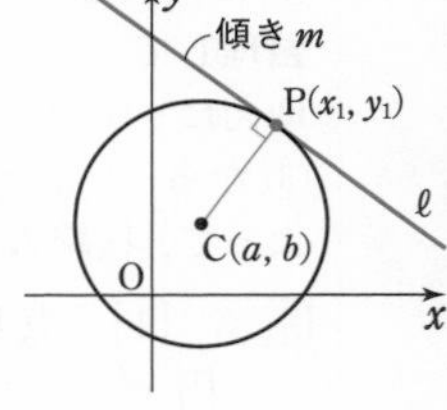

円周上の点 P における接線 ℓ と，円の中心を C としたときの半径 CP が垂直であるという，図形の性質を利用した求め方である。2 直線の垂直条件

$$\underline{(\text{直線 CP の傾き})}\times\underline{(\text{接線 } \ell \text{ の傾き})}=-1$$

から，接線 ℓ の傾き m が求まり，

$$y-y_1=m(x-x_1) \quad \cdots\cdots ②$$

によって接線の方程式が求められる。

ただし，直線 CP が x 軸または y 軸に平行な場合は，図形的に求めなければならない。

[3] 中心と接線の距離＝半径

点 P を通る直線の傾きを m とおいて，直線の方程式 $mx-y-mx_1+y_1=0$ を作る（上の ② を変形)。この直線と円の中心 $C(a,\ b)$ の距離が半径に等しいこと，すなわち，

$$\frac{|ma-b-mx_1+y_1|}{\sqrt{m^2+(-1)^2}}=r \quad \textbf{(点と直線の距離の公式)}$$

を解くことによって m の値が定まり，接線の方程式が求まる。ただし，絶対値記号と $\sqrt{\ }$ を含むため，計算が煩雑になることが多い。

この方法は，**接点以外の条件が与えられている場合に有効** である。（→ 基本例題 **101**）

[4] 接点 ⟺ 重解

点 P を通る直線の方程式 ② を作り，円の方程式と連立させて作られる 2 次方程式の 重解条件 $D=0$ から接線の傾き m の値を求める方法。これも計算が煩雑になることが多いが，放物線と直線など，**円と直線以外の問題にも用いることができる** 利点がある。

以上，4 つの解法を振り返ってみたが，それぞれの長所や短所を理解するためにも，1 つの問題をいろいろな解法で解いてみるとよい。

重要例題 103 円の2接点を通る直線

点 $(5,\ 6)$ から円 $x^2+y^2=9$ に引いた2つの接線の接点をP，Qとするとき，直線PQの方程式を求めよ。

基本 102

指針　円上にない点を通る，円 $x^2+y^2=r^2$ の接線であるから，基本方針は基本例題 **102** と同様。しかし，基本例題 **102** と同じようにP，Qの座標を求めるとなると，この問題ではかなりの手間。そこで，次の考え方による解き方を示しておこう（$p.137$ 重要例題 **85** の 別解 も参照）。

$\mathrm{P}(p,\ q)$，$\mathrm{Q}(p',\ q')$ について，$\boldsymbol{ap+bq+c=0}$，$\boldsymbol{ap'+bq'+c=0}$ を満たすとき，
2点P，Qは **直線 $\boldsymbol{ax+by+c=0}$ 上にある**
すなわち，直線PQの方程式は，$\boldsymbol{ax+by+c=0}$ である。

解答

$\mathrm{P}(p,\ q)$，$\mathrm{Q}(p',\ q')$ とすると，
接線の方程式はそれぞれ

$$px+qy=9,\quad p'x+q'y=9$$

点 $(5,\ 6)$ を通るから，それぞれ

$$5p+6q=9,\quad 5p'+6q'=9$$

を満たし，これは2点 $\mathrm{P}(p,\ q)$，$\mathrm{Q}(p',\ q')$ が直線 $5x+6y=9$ 上にあることを示している。
したがって，直線PQの方程式は

$$\boldsymbol{5x+6y=9}$$

接点の座標を $(x_1,\ y_1)$ として，連立方程式

$$\begin{cases} x_1{}^2+y_1{}^2=9 \\ 5x_1+6y_1=9 \end{cases}$$

を解くと

$$x_1=\frac{45\pm 36\sqrt{13}}{61}$$

$$y_1=\frac{54\mp 30\sqrt{13}}{61}$$

（複号同順）

検討 PLUS ONE

円の2接点を通る直線

この例題の内容を一般化すると，次のようになる。

円 $\boldsymbol{x^2+y^2=r^2}$ の外部の点 $\boldsymbol{(x',\ y')}$ からこの円に引いた2本の接線の接点をP，Qとすると，直線PQの方程式は $\boldsymbol{x'x+y'y=r^2}$ である。

このとき，直線PQを点 $(x',\ y')$ に関する円の **極線** といい，点 $(x',\ y')$ を **極** という（右の図を参照）。

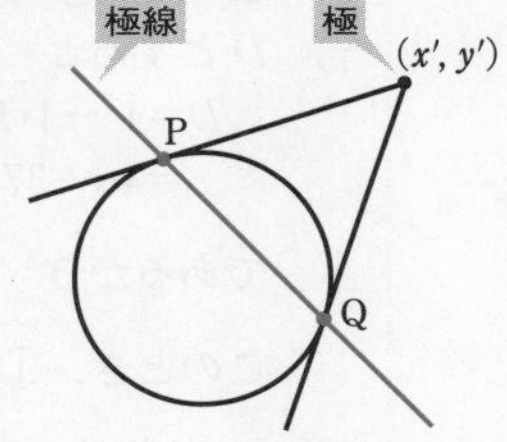

練習 ③103

(1) 点 $(2,\ -3)$ から円 $x^2+y^2=10$ に引いた2本の接線の2つの接点を結ぶ直線の方程式を求めよ。

(2) a は定数で，$a>1$ とする。直線 ℓ：$x=a$ 上の点 $\mathrm{P}(a,\ t)$（t は実数）を通り，円 C：$x^2+y^2=1$ に接する2本の接線の接点をそれぞれA，Bとするとき，直線ABは，点Pによらず，ある定点を通ることを示し，その定点の座標を求めよ。

［(2) 類 早稲田大］

p.173 EX67

重要例題 104 放物線と円の共有点・接点

放物線 $y=x^2+a$ と円 $x^2+y^2=9$ について，次のものを求めよ。

(1) この放物線と円が接するとき，定数 a の値

(2) 異なる 4 個の交点をもつような定数 a の値の範囲

基本 97

指針 放物線と円の共有点についても，これまで学習した方針

共有点 ⟺ 実数解　接点 ⟺ 重解

で考えればよい。

この問題では，x を消去して，y の 2 次方程式 $(y-a)+y^2=9$ の実数解，重解を考える。放物線の頂点は y 軸上にあることにも注意。

(1) 放物線と円が **接する** とは，円と放物線が共通の接線をもつことである。この問題では，右の図のように，2 点で接する場合と 1 点で接する場合がある。

(2) 放物線を上下に動かし，(1) の結果も利用して条件を満たす a の値の範囲を見極める。

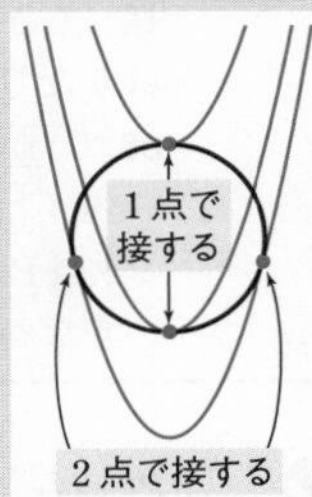

解答

(1) $y=x^2+a$ から　$x^2=y-a$

これを $x^2+y^2=9$ に代入して　$(y-a)+y^2=9$

よって　$y^2+y-a-9=0$ …… ①

ここで，$x^2+y^2=9$ から　$x^2=9-y^2 \geqq 0$　ゆえに　$-3 \leqq y \leqq 3$ …… ②

◀ x を消去すると，y の 2 次方程式が導かれる。

[1] 放物線と円が 2 点で接する場合

2 次方程式 ① は ② の範囲にある重解をもつ。

よって，① の判別式を D とすると　$D=0$

$D=1^2-4\cdot1\cdot(-a-9)$
$=4a+37$

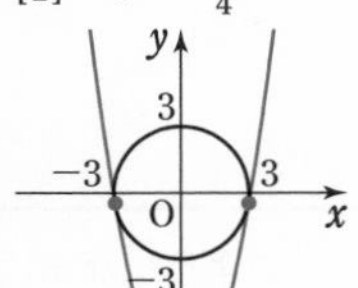

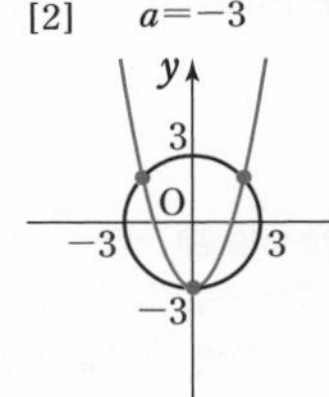

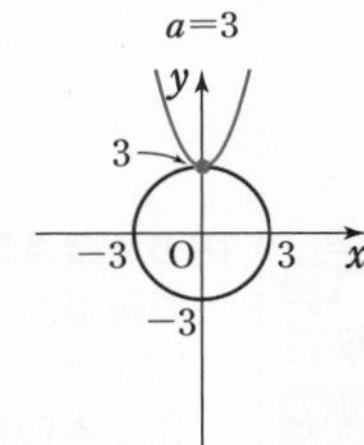

であるから　$4a+37=0$　すなわち　$a=-\dfrac{37}{4}$

このとき，① の解は $y=-\dfrac{1}{2}$ となり，② を満たす。

◀ 2 次方程式 $py^2+qy+r=0$ の重解は　$y=-\dfrac{q}{2p}$

[2] 放物線と円が 1 点で接する場合

図から，点 $(0,\ 3)$，$(0,\ -3)$ で接する場合で　$a=\pm3$

◀ 頂点の y 座標に注目。

以上から，求める a の値は　$\boldsymbol{a=-\dfrac{37}{4},\ \pm3}$

(2) 放物線と円が 4 個の共有点をもつのは，右の図から，放物線の頂点 $(0,\ a)$ が，点 $\left(0,\ -\dfrac{37}{4}\right)$ から点 $(0,\ -3)$ を結ぶ線分上（端点を除く）にあるときである。

したがって　$\boldsymbol{-\dfrac{37}{4}<a<-3}$

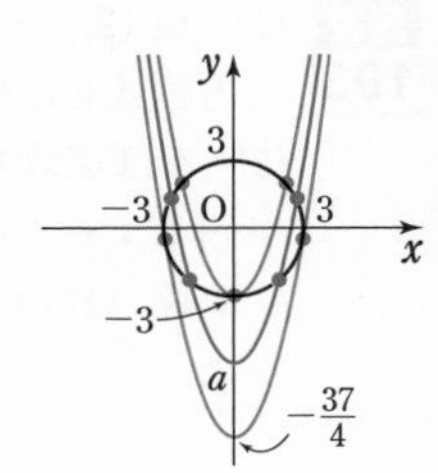

別解　$y=x^2+a$ と $x^2+y^2=9$ から x^2 を消去すると

$$y^2+y-a-9=0 \quad \cdots\cdots \text{①}$$

また，$x^2=9-y^2 \geqq 0$ から　　$-3 \leqq y \leqq 3$

ここで，$x^2+y^2=9$ から

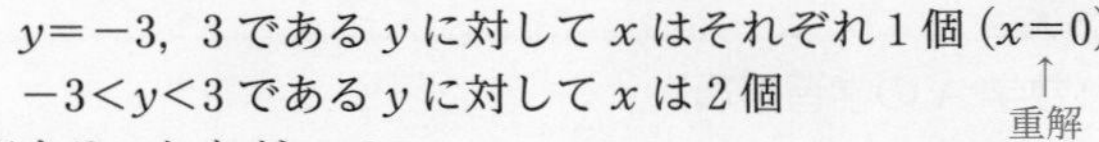

$y=-3,\ 3$ である y に対して x はそれぞれ1個 $(x=0)$ ← 重解

$-3<y<3$ である y に対して x は2個

定まる。したがって

(1)　放物線と円が接するのは，次のいずれかの場合である。

[1]　① が $y=3$ または $y=-3$ を解にもつ　　◀x について重解。

[2]　① が $-3<y<3$ の範囲に重解をもつ　　◀y について重解。

[1] のとき　　$3^2+3-a-9=0$ から　　$a=3$　　◀① に $y=3$ を代入。

$(-3)^2+(-3)-a-9=0$ から　　$a=-3$　　◀① に $y=-3$ を代入。

[2] のとき，前ページの解答 (1) [1] と同様にして　$a=-\dfrac{37}{4}$

したがって　　$\boldsymbol{a=\pm3,\ -\dfrac{37}{4}}$

(2)　放物線と円が異なる4個の交点をもつのは，① が $-3<y<3$ の範囲に異なる2つの実数解をもつときである。

よって，次の [1]～[3] を同時に満たす a の値の範囲を求める。

なお，$f(y)=y^2+y-a-9$ とする。

[1]　① の判別式を D とすると　　$D>0$

よって，$4a+37>0$ から　　$a>-\dfrac{37}{4}$ …… ②

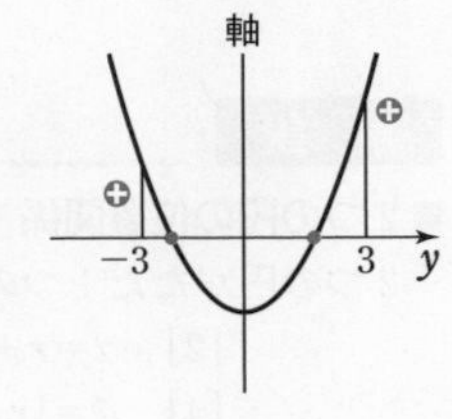

[2]　軸について　$-3<-\dfrac{1}{2}<3$　これは常に成り立つ。

[3]　$f(3)=3-a>0$ から　　$a<3$ …… ③

$f(-3)=-3-a>0$ から　　$a<-3$ …… ④

②～④ の共通範囲を求めて　　$\boldsymbol{-\dfrac{37}{4}<a<-3}$

参考　① から　　$y^2+y-9=a$　　◀定数 a を右辺へ移項。

ゆえに，$g(y)=y^2+y-9$ として，$-3 \leqq y \leqq 3$ における $z=g(y)$ のグラフと直線 $z=a$ の共有点を考えて解いてもよい。

$g(y)=\left(y+\dfrac{1}{2}\right)^2-\dfrac{37}{4}$ であるから，右の図より

(1)　$z=g(y)$ のグラフと直線 $z=a$ が接するか，共有点の y 座標が $y=\pm3$ となる場合を考えて　　$\boldsymbol{a=\pm3,\ -\dfrac{37}{4}}$

(2)　$z=g(y)$ のグラフと直線 $z=a$ が，$-3<y<3$ の範囲に異なる2つの共有点をもつ場合を考えて　　$\boldsymbol{-\dfrac{37}{4}<a<-3}$

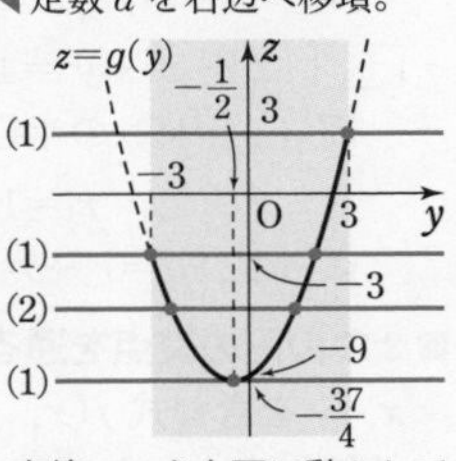

直線 $z=a$ を上下に動かして判断する。

練習 ④104　放物線 $y=2x^2+a$ と円 $x^2+(y-2)^2=1$ について，次のものを求めよ。

(1)　この放物線と円が接するとき，定数 a の値

(2)　異なる4個の交点をもつような定数 a の値の範囲

p.173 EX 68

17 2 つ の 円

基本事項

1 2つの円の位置関係（数学 A の学習事項）

半径がそれぞれ r，r' $(r>r')$ である 2 つの円の中心間の距離を d とする。

[1] 互いに外部にある	[2] 外接する	[3] 2 点で交わる	[4] 内接する	[5] 一方が他方の内部にある
r, r', d	接点 r, r', d	r, r', d 共通弦	r, r', d 接点	r, r', d
$d>r+r'$	$d=r+r'$	$r-r'<d<r+r'$	$d=r-r'$	$d<r-r'$

2 2つの円の交点を通る円，直線　2 点で交わる 2 つの円 $f(x,\ y)=0$ …… ①，$g(x,\ y)=0$ …… ② と定数 k について，$\boldsymbol{kf(x,\ y)+g(x,\ y)=0}$ …… ③ は

[1]　③ が **2 次方程式** なら，2 つの円 ①，② の交点を通る **円**（① は除く）を表す。

[2]　③ が **1 次方程式** なら，2 つの円 ①，② の交点を通る **直線** を表す。

解　説

■ 2 つの円の位置関係

2 つの円がただ 1 つの共有点をもつとき，この 2 つの円は互いに **接する** といい

[2]　$d=r+r'$ のとき，2 つの円は **外接する**

[4]　$d=|r-r'|$，$r\neq r'$ のとき，2 つの円は **内接する**

という。また，その共有点を **接点** という。更に，次のことがいえる。

2 つの円が接する（[2]，[4]）**とき，接点は 2 つの円の中心を結ぶ直線上にある。**

なお，2 つの円が一致するのは，[4] で $r=r'$ のときで，このとき，$d=0$ である。

例　2 円 $x^2+y^2=1$ …… ① と $(x-4)^2+(y-3)^2=16$ …… ② の位置関係

円 ①，円 ② の半径をそれぞれ r_1，r_2 とし，2 つの円の中心間の距離を d とすると

$$r_1=1,\quad r_2=4,\quad d=\sqrt{4^2+3^2}=5$$

よって，$d=r_1+r_2$ となるから，円 ① と円 ② は外接する。

■ 2 つの円の交点を通る円，直線

x，y を含む式 $f(x,\ y)$ があって，方程式 $f(x,\ y)=0$ が 1 つの曲線を表すとき，この曲線を **曲線 $f(x,\ y)=0$** といい，この方程式をこの **曲線の方程式** という。

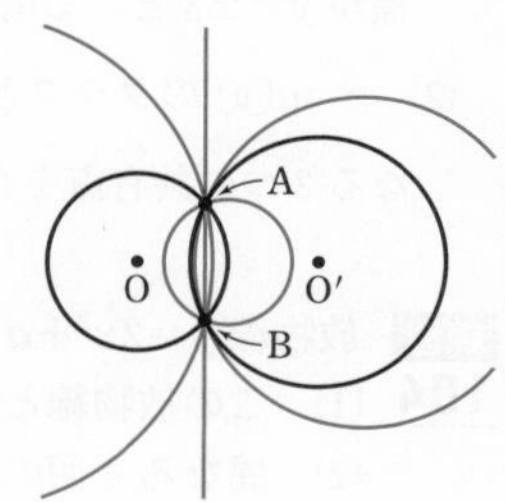

2 つの円 $f(x,\ y)=0$ と $g(x,\ y)=0$ が 2 つの交点 $\mathrm{A}(x_1,\ y_1)$，$\mathrm{B}(x_2,\ y_2)$ をもつとき，$f(x_1,\ y_1)=0$，$g(x_1,\ y_1)=0$ であるから，定数 k について　$kf(x_1,\ y_1)+g(x_1,\ y_1)=0$

同様に，$kf(x_2,\ y_2)+g(x_2,\ y_2)=0$ であるから，曲線 $kf(x,\ y)+g(x,\ y)=0$ は 2 点 A，B を通る。

基本例題 105 2つの円の位置関係

2円 $x^2+y^2=r^2$ $(r>0)$ …… ①, $x^2+y^2-8x-4y+4=0$ …… ② について

(1) 円①と円②が内接するとき，定数 r の値を求めよ。

(2) 円①と円②が異なる2点で交わるとき，定数 r の値の範囲を求めよ。

p.166 基本事項 1

指針 **2円の位置関係** は，**2円の半径と中心間の距離の関係** を調べる。
2円の半径を r, r', 中心間の距離を d とすると，求める条件は

(1) $d=|r-r'|$ (2) $|r-r'|<d<r+r'$

解答

円①の中心は点 $(0,\ 0)$, 半径は r である。
円②の方程式を変形すると $(x-4)^2+(y-2)^2=4^2$
ゆえに，円②の中心は点 $(4,\ 2)$, 半径は4である。

◀まず，2つの円の中心と半径を調べる。②は基本形に変形。

よって，2円①，②の中心間の距離は $\sqrt{4^2+2^2}=2\sqrt{5}$

(1) 円①と円②が内接するための条件は $|r-4|=2\sqrt{5}$
ゆえに $r-4=\pm2\sqrt{5}$
よって $r=4\pm2\sqrt{5}$
$r>0$ であるから $\boldsymbol{r=4+2\sqrt{5}}$

◀r と4の大小関係が不明なので，絶対値を用いて表している。

◀$\sqrt{5}=2.236\cdots$ から $4<2\sqrt{5}$
ゆえに $4-2\sqrt{5}<0$

注意 2円①，②が内接するとき
[1] 円①が円②の内部にある。
[2] 円②が円①の内部にある。
の2つの場合が考えられるが，この問題では，円①の中心 $(0,\ 0)$ は円②の外部にあるから，[1]の場合は起こりえない。

◀「円の外部」については，$p.187$ でも学習する。

(2) 円①と円②が異なる2点で交わるための条件は
$|r-4|<2\sqrt{5}<r+4$, $r>0$

◀$|r-r'|<d<r+r'$

$|r-4|<2\sqrt{5}$ から
$4-2\sqrt{5}<r<4+2\sqrt{5}$ …… Ⓐ

◀$B>0$ のとき
$|A|<B \Leftrightarrow -B<A<B$
であるから
$-2\sqrt{5}<r-4<2\sqrt{5}$

$2\sqrt{5}<r+4$ から
$2\sqrt{5}-4<r$ …… Ⓑ

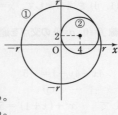

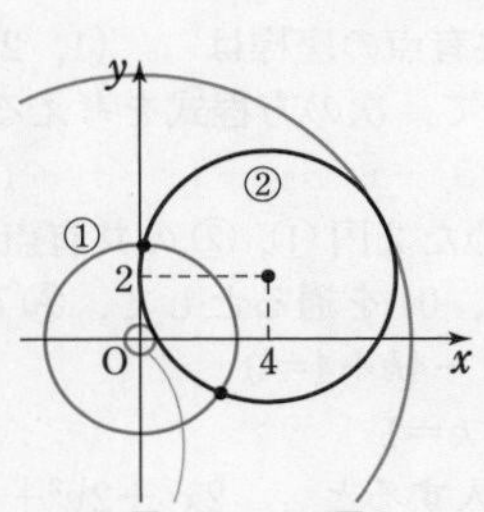

Ⓐ，Ⓑと $r>0$ の共通範囲を求めて
$\boldsymbol{2\sqrt{5}-4<r<2\sqrt{5}+4}$

練習 ②105
(1) 中心が点 $(7,\ -1)$ で，円 $x^2+y^2+10x-8y+16=0$ と接する円の方程式を求めよ。
(2) 2円 $C_1: x^2+y^2=r^2$ $(r>0)$, $C_2: x^2+y^2-6x+8y+16=0$ が共有点をもつとき，定数 r の値の範囲を求めよ。

基本例題 106 2円の交点を通る円

2つの円 $x^2+y^2=5$ …… ①, $x^2+y^2+4x-4y-1=0$ …… ② について

(1) 2円の共有点の座標を求めよ。

(2) 2円の共有点と点 $(1,\ 0)$ を通る円の中心と半径を求めよ。

p.166 基本事項 2

指針 (1) **2円の共有点の座標 ⟶ 連立方程式の実数解** を求める。本問のような2次と2次の連立方程式では，**1次の関係を引き出す** とよい。具体的には，① と ② を辺々引いて2次の項を消去し，x，y の1次方程式を導く。次に，その1次方程式と ① を連立させる。

(2) (1)で求めた2点と点 $(1,\ 0)$ を通ることから，円の方程式の一般形を使って解決できるが，ここでは，$p.166$ 基本事項 2 を利用してみよう。

2点で交わる2つの円 $f=0$，$g=0$ に対し　方程式 $kf+g=0$ (k は定数)（$f(x,\ y)$ を f と略記）

つまり，2円 ①，② の交点を通る図形として，次の方程式を考える。

$$k(x^2+y^2-5)+(x^2+y^2+4x-4y-1)=0$$

この図形が点 $(1,\ 0)$ を通るとして，$x=1$，$y=0$ を代入し，k の値を求める。

CHART 2曲線 $f=0$，$g=0$ の交点を通る図形　$kf+g=0$ (k は定数) を利用

解答

(1) ②−① から　　$4x-4y-1=-5$

よって　　$y=x+1$ …… ③

③ を ① に代入して　　$x^2+(x+1)^2=5$

整理して　　$x^2+x-2=0$

ゆえに　　$(x-1)(x+2)=0$　　よって　　$x=1,\ -2$

③ から　　$x=1$ のとき　$y=2$，　$x=-2$ のとき　$y=-1$

したがって，共有点の座標は　　**$(1,\ 2)$，$(-2,\ -1)$**

(2) k を定数として，次の方程式を考える。

$$k(x^2+y^2-5)+x^2+y^2+4x-4y-1=0 \quad \cdots\cdots \text{Ⓐ}$$

Ⓐ は，(1)で求めた2円 ①，② の共有点を通る図形(*)を表す。

図形 Ⓐ が点 $(1,\ 0)$ を通るとして，Ⓐ に $x=1$，$y=0$ を代入すると　　$-4k+4=0$

よって　　$k=1$

これを Ⓐ に代入すると　　$2x^2+2y^2+4x-4y-6=0$

ゆえに　　$x^2+y^2+2x-2y-3=0$

すなわち　　$(x+1)^2+(y-1)^2=5$

したがって　　**中心 $(-1,\ 1)$，半径 $\sqrt{5}$**

◀③ は，2円の共有点を通る直線の方程式である。これは，(2)の解答の Ⓐ に $k=-1$ を代入して得られる式と同じである。

(*) 図形 を円と書かないこと。$k=-1$ のとき，Ⓐ は直線を表す。

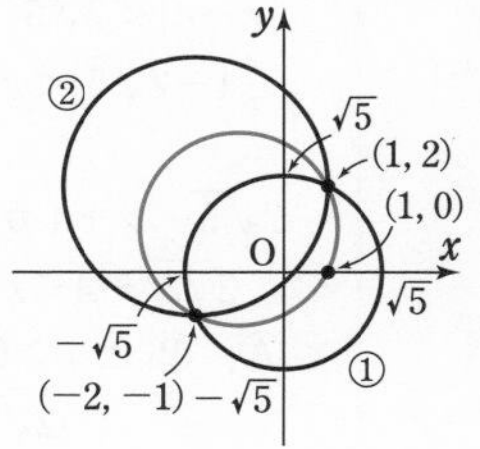

練習 ②106 2つの円 $x^2+y^2-10=0$，$x^2+y^2-2x-4y=0$ について

(1) 2つの円は異なる2点で交わることを示せ。

(2) 2円の2つの交点を通る直線の方程式を求めよ。

(3) 2円の2つの交点と点 $(2,\ 3)$ を通る円の中心と半径を求めよ。

p.173 EX 69

2曲線の交点を通る曲線の方程式(1)

一般に，次のことが成り立つ［曲線 $f(x,\ y)=0$ については，$p.166$ **2** の解説も参照］。

> 異なる2曲線 $f(x,\ y)=0$，$g(x,\ y)=0$ がいくつかの交点をもつとき，
> 方程式 $\boldsymbol{kf(x,\ y)+g(x,\ y)=0}$（$k$ は定数）…… Ⓐ　は，それらの交
> 点すべてを通る曲線を表す［ただし，曲線 $f(x,\ y)=0$ を除く］。　（＊）

● 例題 106 (2) で方程式 $kf+g=0$ を利用する理由

(1) で2円の共有点の座標が求められたので，$p.150$ 例題 **94** のように，円の方程式の一般形 $x^2+y^2+lx+my+n=0$ に通る3点 $(1,\ 2)$，$(-2,\ -1)$，$(1,\ 0)$ の座標を代入して l，m，n の3文字の連立方程式を解いてもよい。しかし，通る点の座標によっては計算が面倒になることもある。

これに対し，方程式 $kf+g=0$ を利用して進めると，通る点 $(1,\ 0)$ の座標を代入した後は k の1次方程式を解けばよいから，計算も簡単に進められて都合がよい。

補足 **1.**　ここで，上の（＊）が成り立つ理由について考えてみよう。

2曲線が n 個の交点 $\mathrm{A}_i(x_i,\ y_i)$ $(i=1,\ 2,\ \cdots\cdots,\ n)$ をもつとする。

2曲線はともに点 A_i を通るから，$f(x_i,\ y_i)=0$，$g(x_i,\ y_i)=0$ がともに成り立つ。よって，k の値に関係なく，

$kf(x_i,\ y_i)+g(x_i,\ y_i)=0$ が成り立つ。

◀ $f(x_i,\ y_i)$ は $f(x,\ y)$ に $x=x_i$，$y=y_i$ を代入したときの値。

すなわち，Ⓐ の表す曲線は点 A_i $(i=1,\ 2,\ \cdots\cdots,\ n)$ を通る。

しかし，曲線 $f(x,\ y)=0$ 上で交点以外の点を $\mathrm{P}(s,\ t)$ とすると，

$f(s,t)=0$ かつ $g(s,t)\neq 0$ であるから，$kf(s,t)+g(s,t)=0$ を満たす k は存在しない。

すなわち，方程式 Ⓐ が曲線 $f(x,\ y)=0$ を表すことはない。

補足 **2.**　方程式 $kf+g=0$ を利用する際は，次のことも意識するようにしておきたい。

・2曲線 $f(x,\ y)=0$，$g(x,\ y)=0$ が共有点をもつかどうか。　◀前提条件を忘れずに。

・2曲線の方程式のうち，形の簡単な方を $f(x,\ y)=0$ とする。

　⟶ 座標を代入した後の計算をらくにするための工夫。

ここで，2曲線 $f(x,\ y)=0$，$g(x,\ y)=0$ が，　[1] ともに直線　　[2] ともに円の場合を考えると，それぞれ次のようになる。

[1]　交わる2直線 $a_1x+b_1y+c_1=0$，$a_2x+b_2y+c_2=0$ に対し，方程式

$$\boldsymbol{k(a_1x+b_1y+c_1)+a_2x+b_2y+c_2=0}$$

は，2直線の交点を通る直線 を表す（直線 $a_1x+b_1y+c_1=0$ を除く）。

[2]　異なる2点で交わる2円 $x^2+y^2+l_1x+m_1y+n_1=0$，

$x^2+y^2+l_2x+m_2y+n_2=0$ に対し，方程式

$\boldsymbol{k(x^2+y^2+l_1x+m_1y+n_1)+x^2+y^2+l_2x+m_2y+n_2=0}$ …… Ⓑ　は，

　$\boldsymbol{k=-1}$ のとき　2つの交点を通る直線（2円の共通弦を含む直線）

　$\boldsymbol{k\neq -1}$ のとき　2つの交点を通る円（円 $x^2+y^2+l_1x+m_1y+n_1=0$ を除く）

を表す。

参考事項　2曲線の交点を通る曲線の方程式 (2)

まず，前ページの [1]，[2] について考えてみたい。[1]（ともに直線）の場合については，*p*.133 で説明しているので，ここでは [2]（ともに円）の場合について，例題 **106** の円 ①，② をもとに考えてみたい。

解答の Ⓐ：$k(x^2+y^2-5)+x^2+y^2+4x-4y-1=0$ を x，y について整理すると

$$(k+1)x^2+4x+(k+1)y^2-4y-5k-1=0$$

$k=-1$ のとき　$4x-4y+4=0$　すなわち　$x-y+1=0$

これは，x，y の 1 次方程式で，直線を表す。

$k \neq -1$ のとき　$x^2+\dfrac{4}{k+1}x+y^2-\dfrac{4}{k+1}y-\dfrac{5k+1}{k+1}=0$

変形すると　$\left(x+\dfrac{2}{k+1}\right)^2+\left(y-\dfrac{2}{k+1}\right)^2=\dfrac{5k^2+6k+9}{(k+1)^2}$

$5k^2+6k+9=5\left(k+\dfrac{3}{5}\right)^2+\dfrac{36}{5}>0$ であるから，これは円を表す（円 $x^2+y^2=5$ を除く）。

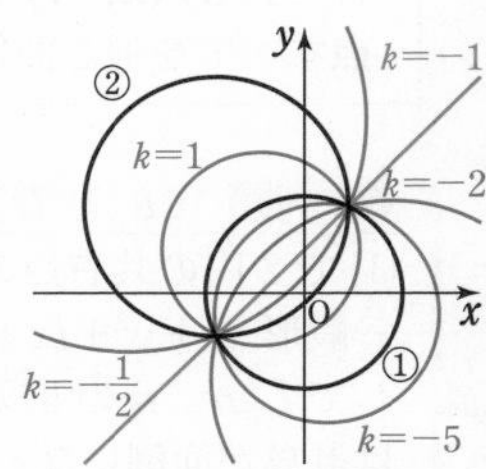

赤色または青色の曲線が，各 k の値に対する曲線 Ⓐ

また，直線や円以外でも $kf+g=0$ の利用が有効な場合がある。

● 2つの放物線の交点を通る直線

$f(x,\ y)=x^2+y$，$g(x,\ y)=-x^2+2x+y+2$ とすると

$f(x,\ y)=0$ は $y=-x^2$，$g(x,\ y)=0$ は $y=x^2-2x-2$

となり，ともに放物線を表す。

k を定数として，方程式 $kf(x,\ y)+g(x,\ y)=0$

つまり，$k(x^2+y)-x^2+2x+y+2=0$ を考えると，

$k=1$ のとき　$2x+2y+2=0$　すなわち　$x+y+1=0$

これは，2 つの放物線 $f(x,\ y)=0$，$g(x,\ y)=0$ の交点を通る直線の方程式を表す。

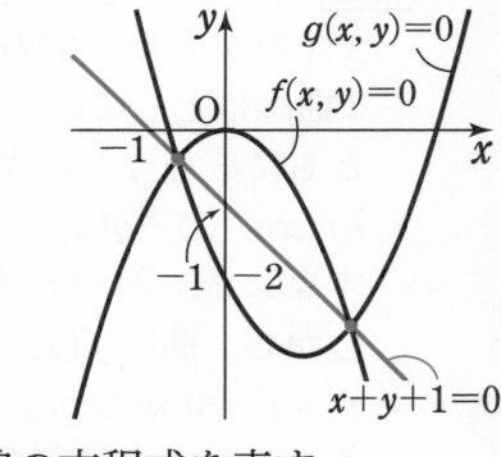

参考　交点をもたない2つの円の場合についての考察

$f(x,\ y)=x^2+y^2-9$，$g(x,\ y)=x^2+y^2-2x$ とすると，

$f(x,\ y)=0$，$g(x,\ y)=0$ は右の図のような 2 つの円を表す。

k を定数として，方程式 $kf(x,\ y)+g(x,\ y)=0$ を考えると，

$k=-1$ のとき $x=\dfrac{9}{2}$ …… Ⓑ が得られる。

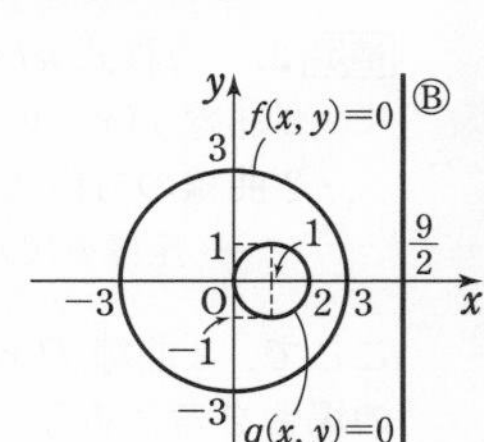

しかし，2 つの円は交わらないから，Ⓑ は 2 つの円の交点を通る直線ではない。

ここで，直線 Ⓑ は次のような意味をもつ。

$f(x,\ y)$，$g(x,\ y)$ に共通な数 t を加えて（例えば $t=-16$）

$$f'(x,\ y)=f(x,\ y)+t,\ g'(x,\ y)=g(x,\ y)+t$$

とすることで，交わる 2 円 $f'(x,\ y)=0$ … Ⓒ，$g'(x,\ y)=0$ … Ⓓ が得られる。ここで，k' を定数として，方程式 $k'f'(x,\ y)+g'(x,\ y)=0$ を考え，$k'=-1$ とすると

$$-f'(x,\ y)+g'(x,\ y)=-f(x,\ y)+g(x,\ y)=0$$

よって，Ⓑ は 2 円 Ⓒ，Ⓓ の交点を通る直線の方程式を表す（右図参照）。

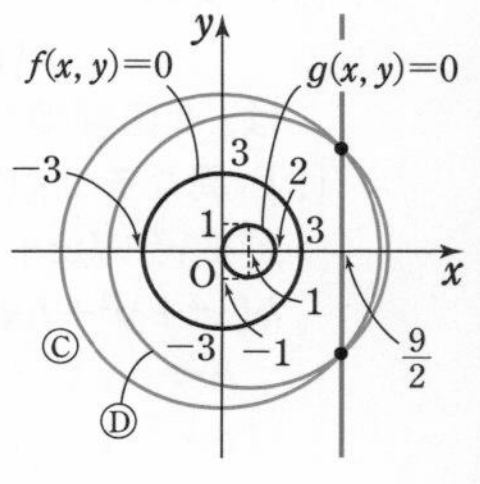

基本例題 107 円と直線の交点を通る円

(1) 円 $x^2+y^2=25$ と直線 $y=x+1$ の 2 つの交点と原点 O を通る円の方程式を求めよ。

(2) 円 $x^2+y^2-2kx-4ky+16k-16=0$ は定数 k の値にかかわらず 2 点を通る。この 2 点の座標を求めよ。

基本 106

指針 (1) 円と直線の交点を通る図形に関する問題でも，基本方針は基本例題 **106** と同じ。円と直線の交点を通る図形として，次の方程式を考える。

$$k(x-y+1)+x^2+y^2-25=0$$

(2) 「k の値にかかわらず…」とあるから，円は k の値に関係なく，ある 2 点を通る。よって，**k についての恒等式の問題** として考える。

解答

(1) k を定数として，次の方程式を考える。

$k(x-y+1)+x^2+y^2-25=0$ …… ①

①は，円と直線の 2 つの交点を通る図形を表す。

図形①が原点を通るとして，①に $x=0$，$y=0$ を代入すると

$k-25=0$ ゆえに $k=25$

①に代入して $25(x-y+1)+x^2+y^2-25=0$

整理すると $\boldsymbol{x^2+y^2+25x-25y=0}$ …… ㋐

これは円を表すから，求める方程式である。

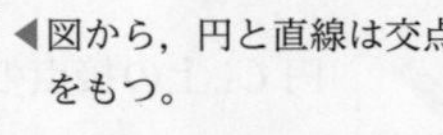

◀図から，円と直線は交点をもつ。

◀$x-y+1+p(x^2+y^2-25)=0$ とした場合，$x=0$，$y=0$ を代入すると $p=\frac{1}{25}$ が求められる。この値を最初の式に代入し，整理すると，左の解答と同じになるが，①の方が後の計算がらく。

◀$25^2+(-25)^2-4\cdot0>0$ （$p.148$ 参照）

(2) 円の方程式を k について整理すると

$-2(x+2y-8)k+x^2+y^2-16=0$

この等式が k の値に関係なく成り立つための条件は

$x+2y-8=0$ …… ①，$x^2+y^2-16=0$ …… ②

①，②から x を消去して $5y^2-32y+48=0$

ゆえに $(y-4)(5y-12)=0$

よって $y=4,\ \frac{12}{5}$

①から $y=4$ のとき $x=0$，$y=\frac{12}{5}$ のとき $x=\frac{16}{5}$

ゆえに，求める 2 点の座標は $\boldsymbol{(0,\ 4),\ \left(\frac{16}{5},\ \frac{12}{5}\right)}$

◀k についての恒等式とみる。

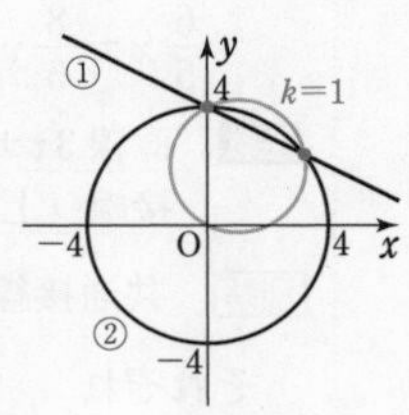

練習 ② 107 (1) 円 $x^2+y^2=50$ と直線 $3x+y=20$ の 2 つの交点と点 $(10,\ 0)$ を通る円の方程式を求めよ。

(2) 円 $C：x^2+y^2+(k-2)x-ky+2k-16=0$ は定数 k の値にかかわらず 2 点を通る。この 2 点の座標を求めよ。

重要例題 108 2円の共通接線

円 C_1：$x^2+y^2=4$ と円 C_2：$(x-5)^2+y^2=1$ の共通接線の方程式を求めよ。

基本 102

指針 1つの直線が2つの円に接するとき，この直線を2円の **共通接線** という。
共通接線の本数は，2円の位置関係によって変わるが，この問題のように，2円が互いに外部にあるときは，共通内接線 と 共通外接線 がそれぞれ2本の計4本がある。

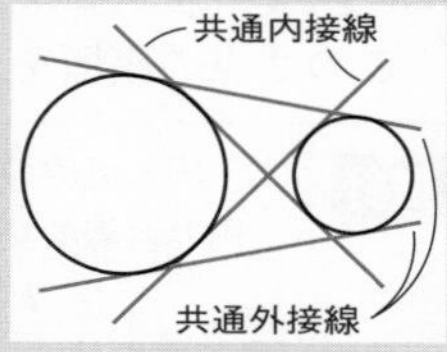

また，共通接線を求めるときは，

円 C_1 上の点 $(x_1,\ y_1)$ における接線 $x_1x+y_1y=4$ が円 C_2 にも接する

と考えて進めた方がらくなことが多い。

解答

円 C_1 上の接点の座標を $(x_1,\ y_1)$ とすると

$x_1{}^2+y_1{}^2=4$ …… ①

接線の方程式は　$x_1x+y_1y=4$ …… ②

直線②が円 C_2 に接するための条件は，円 C_2 の中心 $(5,\ 0)$ と直線②の距離が，円 C_2 の半径1に等しいことであるから

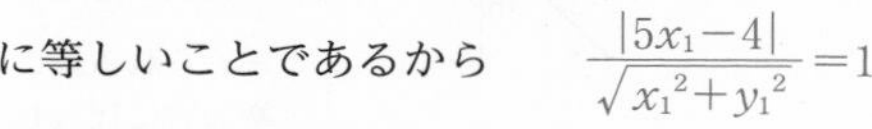

$\dfrac{|5x_1-4|}{\sqrt{x_1{}^2+y_1{}^2}}=1$

①を代入して整理すると　$|5x_1-4|=2$

よって　$5x_1-4=\pm 2$　　したがって　$x_1=\dfrac{6}{5},\ \dfrac{2}{5}$

$x_1=\dfrac{6}{5}$ のとき，①から　$y_1{}^2=\dfrac{64}{25}$　　ゆえに　$y_1=\pm\dfrac{8}{5}$

$x_1=\dfrac{2}{5}$ のとき，①から　$y_1{}^2=\dfrac{96}{25}$　　よって　$y_1=\pm\dfrac{4\sqrt{6}}{5}$

ゆえに，②から，求める接線の方程式は

$\dfrac{6}{5}x\pm\dfrac{8}{5}y=4,\ \dfrac{2}{5}x\pm\dfrac{4\sqrt{6}}{5}y=4$　すなわち　$\boldsymbol{3x\pm 4y=10,\ x\pm 2\sqrt{6}\,y=10}$

注意 直線 $3x\pm 4y=10$ は共通内接線（上の図のⒶ，Ⓑ），直線 $x\pm 2\sqrt{6}\,y=10$ は共通外接線（上の図のⒸ，Ⓓ）である。

別解 共通接線の方程式を $y=mx+n$ とすると，これが円 C_1，C_2 に接する条件は，

それぞれ　$\dfrac{|n|}{\sqrt{m^2+(-1)^2}}=2,\ \dfrac{|5m+n|}{\sqrt{m^2+(-1)^2}}=1$　← 中心と直線の距離＝半径

したがって　$|n|=2\sqrt{m^2+1},\ |5m+n|=\sqrt{m^2+1}$ …… ㋐

よって　$|n|=2|5m+n|$　　ゆえに　$n=-10m$　または　$3n=-10m$

このようにして，一方の文字を消去し，連立方程式㋐を解く。

練習 ③108 円 C_1：$x^2+y^2=9$ と円 C_2：$x^2+(y-2)^2=4$ の共通接線の方程式を求めよ。

p.173 EX 70

EXERCISES　15 円の方程式，16 円と直線，17 2つの円

③64 2点A(3, 0)，B(5, 4)を通り，点(2, 3)を中心とする円をC_1とする。円C_1の半径は ア□ である。直線ABに関して円C_1と対称な円をC_2とする。円C_2の中心の座標は イ□ である。また，点P，点Qをそれぞれ円C_1，円C_2上の点とするとき，点Pと点Qの距離の最大値は ウ□ である。〔北里大〕 →88, 93

③65 (1) 点A(8, 6)を通り，y軸と接する円のうちで，半径が最も小さい円の方程式を求めよ。

(2) 3直線$x=3$，$y=2$，$3x-4y+11=0$で囲まれる三角形の内接円の方程式を求めよ。〔(1) 湘南工科大，(2) 近畿大〕 →96

③66 点A(2, 1)を通る直線が円$C：x^2+y^2=2$と異なる2点PとQで交わり，線分PQの長さが2であるとき，直線の方程式を求めよ。〔類 東京理科大〕 →99

③67 $a>b>0$とする。円$x^2+y^2=a^2$上の点$(b,\ \sqrt{a^2-b^2})$における接線とx軸との交点をPとする。また，円の外部の点$(b,\ c)$からこの円に2本の接線を引き，接点をQ，Rとする。このとき，2点Q，Rを通る直線はPを通ることを示せ。〔大阪大〕 →103

③68 半径rの円が放物線$C：y=\dfrac{1}{2}x^2$と2点で接するとき，円の中心と2つの接点の座標をrを用いて表せ。〔類 香川大〕 →104

③69 rは正の定数とする。次の等式で定まる2つの円C_1とC_2を考える。

$$C_1：x^2+y^2=4,\quad C_2：x^2-6rx+y^2-8ry+16r^2=0$$

(1) C_2の中心の座標は ア□，半径は イ□ である。

(2) C_1とC_2が接するときのrの値は2つある。これらを求めると$r=$ ウ□，エ□ である。ただし，ウ□＜エ□ とする。

(3) 2つの円の半径が等しいとき，$r=$ オ□ である。このとき，C_1とC_2は2つの交点をもつが，これらの交点を通る直線の方程式は$y=$ カ□ $x+$ キ□ である。

〔関西大〕 →105, 106

④70 円$C：x^2+y^2-4x-2y+4=0$と，点$(-1,\ 1)$を中心とする円Dが外接している。

(1) 円Dの方程式を求めよ。

(2) 円C，Dの共通接線の方程式を求めよ。〔福島大〕 →105, 108

HINT

64 線分PQが2円の中心を通るとき，線分PQの長さが最大になる。

65 (1) 点Aからy軸に下ろした垂線とy軸との交点をBとすると，条件を満たす円は，線分ABを直径とする円である。

(2) 内接円の半径をrとして，中心の座標をrで表す。中心と直線$3x-4y+11=0$の距離がrに等しいことを利用して，rの値を求める。

66 円Cの中心から直線PQに垂線を下ろして考える。

67 点$(x_1,\ y_1)$における接線の方程式$x_1x+y_1y=r^2$を利用する。

68 放物線Cはy軸に関して対称であるから，円の中心はy軸上にある。

69 (3) $f(x,\ y)+kg(x,\ y)=0$（kは定数）は，2曲線$f(x,\ y)=0$，$g(x,\ y)=0$の共有点を通る図形を表す。

70 (2) 円C上の接点の座標を$(x_1,\ y_1)$とすると，接線の方程式は

$$(x_1-2)(x-2)+(y_1-1)(y-1)=1$$

18 軌跡と方程式

基本事項

1 軌跡

与えられた条件を満たす点が動いてできる図形を，その条件を満たす点の **軌跡** という。条件を満たす点Pの軌跡が図形Fであることを示すには，次の2つのことを証明する。

1　条件を満たす任意の点Pは，図形F上にある
2　図形F上の任意の点Pは，その条件を満たす

2 軌跡を求める手順

[1]　動点の座標を$(x,\ y)$とし，与えられた条件を$x,\ y$についての関係式で表す。
[2]　軌跡の方程式を導き，その方程式の表す図形を求める。
[3]　その図形上の任意の点が条件を満たしていることを確認する。
注意　その図形上の点のうち，条件を満たさないものがあれば除く。

3 基本的な軌跡

	条　件	軌　跡
①	定直線ℓからの距離が一定値dである点	ℓとの距離がdでℓと平行な2直線
②	2定点A，Bから等距離にある点	線分ABの垂直二等分線
③	交わる2直線から等距離にある点	2組の対頂角の二等分線
④	定点Oからの距離が一定値rである点	中心O，半径rの円
⑤	2定点A，Bを見込む角が一定値αである点	ABを弦としてαの角を含む弓形の弧。 特に，$\alpha=90°$のときは直径ABの円 (ただし，ともにA，Bを除く)

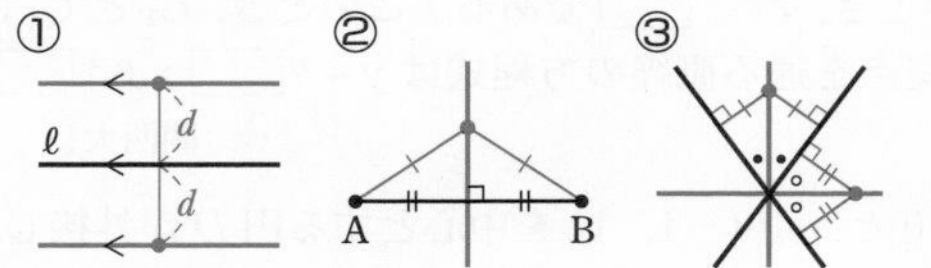

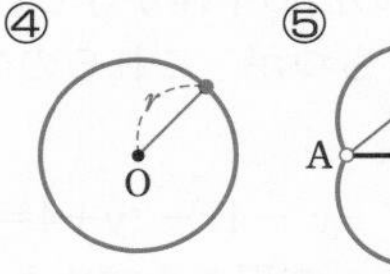

⑤ α A B

注意　上の表で，例えば①は，「定直線ℓからの距離が一定値dである点」の軌跡は，「ℓとの距離がdでℓと平行な2直線」である，ということである。

解　説

■軌跡

与えられた条件を満たす点Pが動いてできる図形(軌跡)がFであることを示すには，条件を満たす点全体の集合をAとすると，$A=F$であることを示せばよい。ゆえに，上の1，2の証明が必要となる。
ただし，1の証明の逆をたどることにより2が証明できる場合，普通，2の証明を具体的に行わずに，その旨を断るだけでよい。
なお，本書では，2の確認の断り書きを省略する場合がある。

移動することがない決まった点を **定点** という。定点に対し，ある条件に従って動く点を **動点** という。

基本例題 109 定点からの距離の比が一定な点の軌跡

2点 A$(-4,\ 0)$, B$(2,\ 0)$ からの距離の比が $2:1$ である点の軌跡を求めよ。

p.174 基本事項 1, 2

指針 **定点** は A$(-4,\ 0)$, B$(2,\ 0)$

条件を満たす任意の点を P$(x,\ y)$ とすると，**条件** は AP : BP$=2:1$

このままでは扱いにくいから，$a>0$, $b>0$ のとき，$\boldsymbol{a=b \Longleftrightarrow a^2=b^2}$ の関係を用いて

$$\mathrm{AP}:\mathrm{BP}=2:1 \Longleftrightarrow \mathrm{AP}=2\mathrm{BP} \Longleftrightarrow \mathbf{AP^2=4BP^2}$$

として扱う。これを x, y の式で表すと，軌跡が得られる。

軌跡である図形 F が求められたら，図形 F 上の任意の点 P は，条件を満たすことを確認する。

CHART 軌跡 軌跡上の動点 $(x,\ y)$ の関係式を導く

解答

条件を満たす点を P$(x,\ y)$ とすると　AP : BP$=2:1$

よって　AP$=2$BP

すなわち　AP$^2=4$BP^2

◀AP>0，BP>0 であるから平方しても同値。

したがって

$$(x+4)^2+y^2=4\{(x-2)^2+y^2\}$$

◀x, y の式で表す。
$\mathrm{AP}^2=\{x-(-4)\}^2+(y-0)^2$
$\mathrm{BP}^2=(x-2)^2+(y-0)^2$

整理して　$x^2+y^2-8x=0$

ゆえに　$x^2-8x+4^2+y^2=4^2$

すなわち　$(x-4)^2+y^2=4^2$ …… ①

よって，条件を満たす点は，円 ① 上にある。

逆に，円 ① 上の任意の点は，条件を満たす。

◀① の式を導くまでの式変形は，同値変形。

したがって，求める軌跡は

中心が点 (4, 0)，半径が 4 の円 …… Ⓐ

◀円 $(x-4)^2+y^2=4^2$ を答えとしてもよい。

注意 「軌跡の方程式を求めよ」なら，答えは ① のままでよいが，「軌跡を求めよ」なので，Ⓐ のように，答えに図形の形を示す。

検討 **アポロニウスの円**

上の例題の軌跡の円は，線分 AB を $2:1$ に内分する点 $(0,\ 0)$，外分する点 $(8,\ 0)$ を直径の両端とする円である。

一般に，2 定点 A，B からの距離の比が $m:n$ $(m>0,\ n>0,\ m\neq n)$ である点の軌跡は，線分 AB を **$m:n$ に内分する点と外分する点を直径の両端とする円** である。この円を **アポロニウスの円** という。

なお，$m=n$ のとき，軌跡は，線分 AB の **垂直二等分線** である。

練習 ②109 2点 A$(2,\ 3)$, B$(6,\ 1)$ から等距離にある点 P の軌跡を求めよ。また，距離の比が $1:3$ である点 Q の軌跡を求めよ。

p.186 EX 71 (1)

基本例題 110 三角形の重心の軌跡（連動形）

①①①①①

2 点 A(6, 0), B(3, 3) と円 $x^2+y^2=9$ 上を動く点 Q を 3 つの頂点とする三角形の重心 P の軌跡を求めよ。

p.174 基本事項 1, 2　重要 113, 114

指針 動点 Q が円周上を動くにつれて，重心 P が動く。このようなものを **連動形**（Q に連動して P が動く）ということにする。連動形の問題では，次の手順で考えるとよい。

1 **軌跡上の動点 P(x, y)** に対し，他の動点 Q の座標は，x, y 以外の文字で表す。例えば，s, t を使い，Q(s, t) とする。

2 点 Q に関する条件を s, t を用いて表す。

3 2 点 P, Q の関係から，s, t を x, y で表す。

4 2, 3 の式から s, t を消去 して，**x, y の関係式を導く。**

なお，上で用いた s, t を本書では つなぎの文字 とよぶことにする。

CHART **連動形の軌跡** つなぎの文字を消去して，x, y の関係式を導く

解答

P(x, y), Q(s, t) とする。

点 Q は円 $x^2+y^2=9$ 上を動くから　$s^2+t^2=9$ …… ①

◀点 Q の条件。

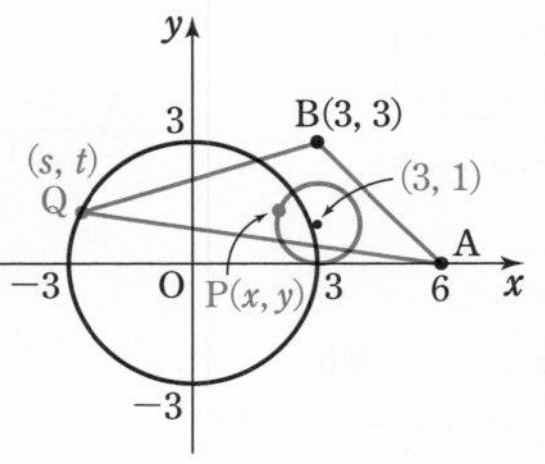

点 P は △ABQ の重心であるから

$$x=\frac{6+3+s}{3},\quad y=\frac{0+3+t}{3} \quad \cdots\cdots ②$$

◀点 P の条件。

② から　$s=3x-9$, $t=3y-3$

◀P, Q の関係から，s, t を x, y で表す。なお，Ⓐ は $\{3(x-3)\}^2+\{3(y-1)\}^2=9$ この両辺を 9 で割って ③ を導く。

① に代入して　$(3x-9)^2+(3y-3)^2=9$ …… Ⓐ

したがって　$(x-3)^2+(y-1)^2=1$ …… ③

ゆえに，点 P は円 ③ 上にある。

逆に，円 ③ 上の任意の点は，条件を満たす。

よって，求める軌跡は

中心が点 (3, 1)，半径が 1 の円(*)

(*) 円 $(x-3)^2+(y-1)^2=1$ でもよい。

注意 上の例題の直線 AB：$x+y-6=0$ と円 $x^2+y^2=9$ は共有点をもたないから，△ABQ を常に作ることができる。しかし，直線 AB と円が共有点をもつときは，その共有点を R とすると，図形 ABR は三角形ではなくなるから，そのときの点 P を軌跡から除外しなければならない。

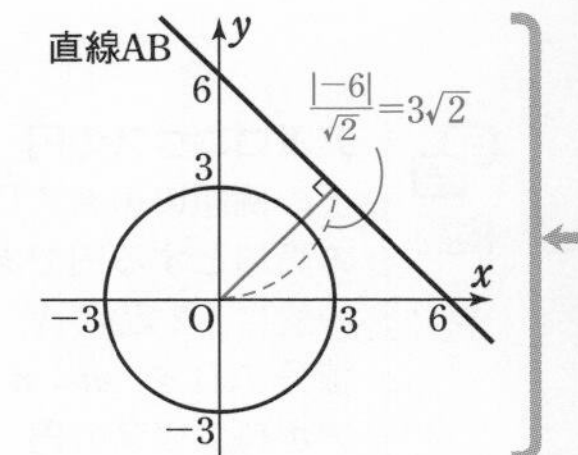

練習 ② 110 放物線 $y=x^2$ …… ① と A(1, 2), B(−1, −2), C(4, −1) がある。点 P が放物線 ① 上を動くとき，次の点 Q, R の軌跡を求めよ。

(1) 線分 AP を 2：1 に内分する点 Q

(2) △PBC の重心 R

軌跡の問題を解くうえで注意したいこと

● 軌跡を求めたい点の座標だけを $(x,\ y)$ と表す

軌跡を求める問題では，軌跡を求めたい点の座標を $(x,\ y)$ として，$x,\ y$ の関係式を導く ことが目標となる。例題 **110** は，動点が P，Q の 2 つある連動形の問題であるが，軌跡を求めたい点は P であるから，点 P の座標を $(x,\ y)$ とし，他の動点 Q は P と区別するために，$x,\ y$ 以外の文字（$s,\ t$ など）を用いて座標を表す必要がある。

また，2 点 P，Q の条件を式に表すと，解答の ①，② の式が得られるが，文字に注目すると，① は $s,\ t$ のみの式，② は（$s,\ x$ の 1 次式）と（$t,\ y$ の 1 次式）である。よって，② を $s=(x$ の式$)$，$t=(y$ の式$)$ として ① に代入することで，文字 $s,\ t$ を消去 することができ，目標としていた $x,\ y$ のみの関係式が得られる。

● 除外点（軌跡から除かれる点）の存在にも注意

例題 **110** で，点 A，B の座標を次のように変更した問題について考えてみよう。

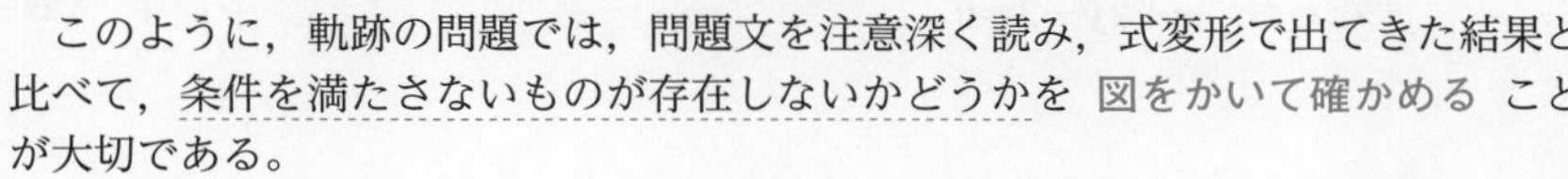
問題　2 点 A(3, 0)，B(0, 3) と円 $x^2+y^2=9$ 上を動く点 Q を 3 つの頂点とする三角形の重心 P の軌跡を求めよ。

例題 **110** の解答と同様に考えていくと，解答の概要は次のようになる。

$P(x,\ y)$，$Q(s,\ t)$ とする。

「点 Q が円 $x^2+y^2=9$ 上」の条件から　$s^2+t^2=9$

「点 P が △ABQ の重心」の条件から　$x=\dfrac{3+0+s}{3},\ y=\dfrac{0+3+t}{3}$ …… ㋐

$s,\ t$ を消去すると　$(x-1)^2+(y-1)^2=1$ …… ㋑

しかし，「点 P の軌跡は円 ㋑ である」ということにはならない！
なぜなら，右図のように，円と直線 AB は交点（この交点が A, B）をもつから，点 Q が点 A または点 B の位置にくるとき **△ABQ ができない** ことを考慮する必要がある。

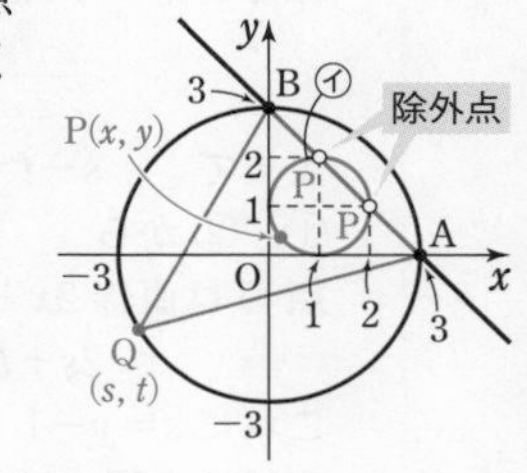

㋐ から　$s=3,\ t=0$ のとき　$x=2,\ y=1$
　　　　$s=0,\ t=3$ のとき　$x=1,\ y=2$

したがって，求める軌跡として正しい答えは
　中心が点 (1, 1)，半径が 1 の円。
　ただし，2 点 (2, 1)，(1, 2) は除く。
のように，除外点を示して答える 必要がある。

このように，軌跡の問題では，問題文を注意深く読み，式変形で出てきた結果と比べて，条件を満たさないものが存在しないかどうかを 図をかいて確かめる ことが大切である。

練習 110 に関し，「△PAB の重心 G の軌跡を求めよ。」という問題の場合は，除外点に注意する必要がある。各自取り組んでみてほしい（解答編 $p.94$ 参照）。

基本例題 111 角の二等分線・線対称な直線の方程式 ①①①①①

次の直線の方程式を求めよ。

(1) 2 直線 $4x+3y-8=0$, $5y+3=0$ のなす角の二等分線

(2) 直線 ℓ : $x-y+1=0$ に関して直線 $2x+y-2=0$ と対称な直線

基本 88, 110

指針 いろいろな解法があるが，ここでは軌跡の考え方を用いて解いてみよう。

(1) **角の二等分線 ⟶ 2 直線から等距離にある点の軌跡**

(2) 直線 $2x+y-2=0$ 上を動く点 Q に対し，
直線 ℓ に関して対称な点 P の軌跡 と考える。
なお，線対称な点については，次のことがポイント。

2 点 P, Q が直線 ℓ に関して対称 ⟺ $\begin{cases}\mathbf{PQ}\perp\ell \\ \textbf{線分 PQ の中点が } \ell \textbf{ 上}\end{cases}$

…… $p.142$ 基本例題 **88** 参照。

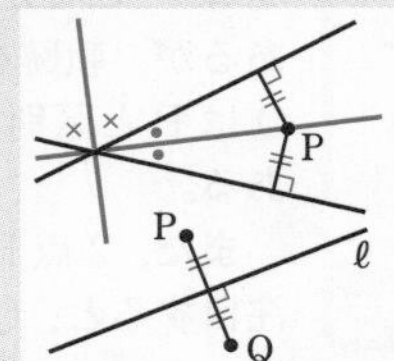

解答

(1) 求める二等分線上の点 $\mathrm{P}(x, y)$ は，2 直線
$4x+3y-8=0$, $5y+3=0$ から等距離にある。

ゆえに $\dfrac{|4x+3y-8|}{\sqrt{4^2+3^2}}=\dfrac{|0\cdot x+5y+3|}{\sqrt{0^2+5^2}}$

よって $4x+3y-8=\pm(5y+3)$ (*)

したがって，求める二等分線の方程式は

$4x+3y-8=5y+3$ から $\boldsymbol{4x-2y-11=0}$

$4x+3y-8=-5y-3$ から $\boldsymbol{4x+8y-5=0}$

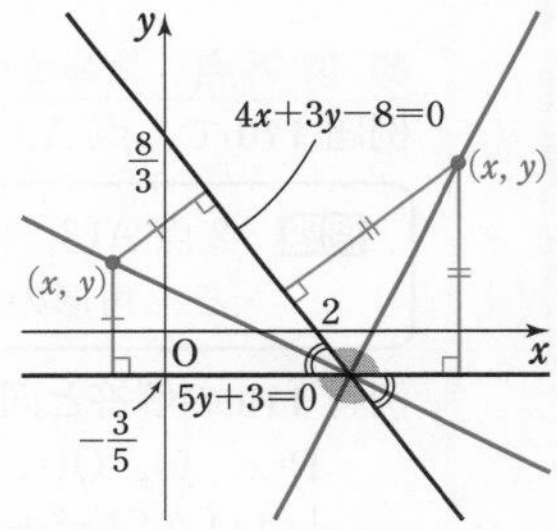

(*) $|A|=|B|$ のとき，両辺を 2 乗して $A^2=B^2$
すなわち
$(A-B)(A+B)=0$
ゆえに $A=\pm B$

(2) 直線 $2x+y-2=0$ 上の動点を $\mathrm{Q}(s, t)$ とし，直線 ℓ に関して点 Q と対称な点を $\mathrm{P}(x, y)$ とする。

直線 PQ は ℓ に垂直であるから $\dfrac{t-y}{s-x}\cdot 1=-1$

よって $s+t=x+y$ …… ①

線分 PQ の中点は直線 ℓ 上にあるから

$\dfrac{x+s}{2}-\dfrac{y+t}{2}+1=0$

よって $s-t=-x+y-2$ …… ②

①, ② から $s=y-1$, $t=x+1$

点 Q は直線 $2x+y-2=0$ 上を動くから

$2s+t-2=0$

これに $s=y-1$, $t=x+1$ を代入して，求める直線の方程式は $2(y-1)+(x+1)-2=0$

すなわち $\boldsymbol{x+2y-3=0}$

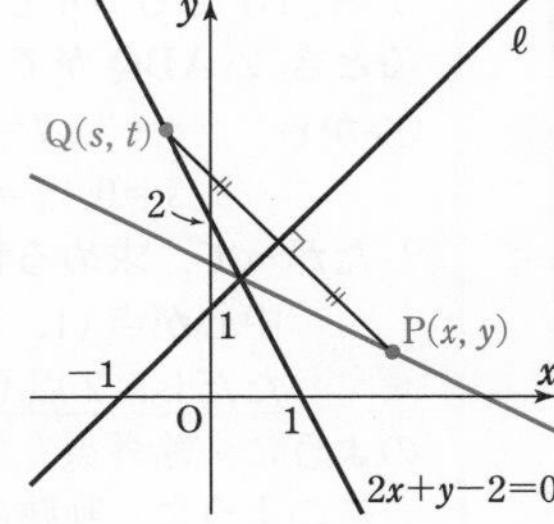

練習 ③**111** 次の直線の方程式を求めよ。

(1) 2 直線 $x-\sqrt{3}\,y-\sqrt{3}=0$, $\sqrt{3}\,x-y+1=0$ のなす角の二等分線

(2) 直線 ℓ : $2x+y+1=0$ に関して直線 $3x-y-2=0$ と対称な直線

p.186 EX 72

基本例題 112 媒介変数と軌跡 ③

放物線 $y=x^2+(2t-10)x-4t+16$ の頂点をPとする。t が0以上の値をとって変化するとき，頂点Pの軌跡を求めよ。

基本 110　重要 113

指針 t の値を1つ定めると放物線が決まり，頂点も定まる。
例えば

$t=0$ のとき ⟶ $y=x^2-10x+16$，頂点 $(5,\ -9)$
$t=1$ のとき ⟶ $y=x^2-8x+12$，頂点 $(4,\ -4)$
$t=2$ のとき ⟶ $y=x^2-6x+8$，頂点 $(3,\ -1)$
$t=3$ のとき ⟶ $y=x^2-4x+4$，頂点 $(2,\ 0)$
$t=4$ のとき ⟶ $y=x^2-2x$，頂点 $(1,\ -1)$
………

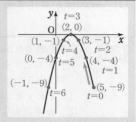

このように考えていくと，右図から頂点Pの軌跡は放物線の一部らしいことがわかる。
頂点Pの座標を $(x,\ y)$ とすると，$x=(t$ の式$)$，$y=(t$ の式$)$ と表される。
$x=(t$ の式$)$，$y=(t$ の式$)$ から 変数 t（$p.176$ で学習した つなぎの文字 と同じ）を消去して，x，y の関係式を導く。……★
なお，$t\geqq 0$ の条件に要注意。

解答

$y=x^2+(2t-10)x-4t+16$
$=\{x+(t-5)\}^2-(t-5)^2-4t+16$
$=\{x+(t-5)\}^2-t^2+6t-9$
$=\{x+(t-5)\}^2-(t-3)^2$

よって，放物線の頂点Pの座標を $(x,\ y)$ とすると

$x=-t+5$ ……①
$y=-(t-3)^2$ ……②

①から $t=5-x$
②に代入して

$y=-\{(5-x)-3\}^2$
$=-(x-2)^2$

また，$t\geqq 0$ であるから $5-x\geqq 0$
したがって $x\leqq 5$
よって，求める軌跡は
放物線 $y=-(x-2)^2$ の $x\leqq 5$ の部分

◀ 2次式は基本形に直す
放物線 $y=a(x-p)^2+q$ の頂点は 点 $(p,\ q)$

◀指針＿＿……★の方針。
x，y をそれぞれ つなぎの文字 t で表し，t を消去することによって x，y の関係式を導く。

◀ t の値に制限があるから，x，y の範囲にも制限がある。これを調べる。

検討 **媒介変数表示**

平面上の曲線 C が1つの変数，例えば t によって，$x=f(t)$，$y=g(t)$ の形に表されるとき，これを曲線 C の **媒介変数表示** といい，変数 t を **媒介変数**（パラメータ）という。
t が実数値をとると，$x=f(t)$，$y=g(t)$ により，$(x,\ y)$ の値が1つに決まり，t が変化すると点 $(x,\ y)$ は座標平面上を動き，図形を描く。

練習 ③112 円 $x^2+y^2+3ax-2a^2y+a^4+2a^2-1=0$ がある。a の値が変化するとき，円の中心の軌跡を求めよ。

p.186 EX 71 (2)

重要例題 113 放物線の弦の中点の軌跡 ③③③③③

放物線 $C: y=x^2$ と直線 $\ell: y=m(x-1)$ は異なる 2 点 A, B で交わっている。
(1) 定数 m の値の範囲を求めよ。
(2) m の値が変化するとき，線分 AB の中点の軌跡を求めよ。 〔北海学園大〕

基本 110

(1) 放物線と直線の方程式から y を消去した x の 2 次方程式（これを ① とする）の判別式を D とすると　**放物線と直線が異なる 2 点で交わる $\Longleftrightarrow$ $D>0$**

(2) 線分 AB の中点の座標を (x, y) として，次の方針で進める。

1. **x と y をつなぎの文字 m で表す。**…… 2 次方程式 ① で**解と係数の関係**を使う。
2. **m を消去して x, y だけの式を求める。**

このとき，(1) より **m に制限がつくから，軌跡は曲線の一部になる。**

解答

(1) $y=x^2$ と $y=m(x-1)$ から　$x^2=m(x-1)$

整理すると　$x^2-mx+m=0$ …… ①

C と ℓ は異なる 2 点で交わっているから，① の判別式 D について　$D>0$

$D=(-m)^2-4m=m(m-4)$ であるから　$m(m-4)>0$

よって　$m<0$, $4<m$

◀直線 $y=m(x-1)$ は，m の値にかかわらず，点 (1, 0) を通る。

(2) 2 点 A, B の x 座標は，2 次方程式 ① の異なる 2 つの実数解 α, β である。線分 AB の中点を $\mathrm{P}(x, y)$ とすると，解と係数の関係から

$$x=\frac{\alpha+\beta}{2}=\frac{m}{2} \quad \cdots\cdots ②$$

◀① を解いて 2 点 A, B の x 座標を求めることもできるが，解と係数の関係を利用する方がずっとらく。

また，P は直線 ℓ 上の点であるから

$$y=m(x-1)=m\left(\frac{m}{2}-1\right)=\frac{1}{2}m^2-m \quad \cdots\cdots ③$$

② から　$m=2x$ …… ②′

③ に代入して整理すると　$y=2x^2-2x$

◀つなぎの文字 m を消去。なお，②′ を $y=m(x-1)$ に代入してもよい。

また，(1) の結果と ②′ から　$2x<0$, $4<2x$

したがって　$x<0$, $2<x$　求める軌跡は

放物線 $y=2x^2-2x$ の $x<0$, $2<x$ の部分

参考　③ は　$y=\dfrac{\alpha^2+\beta^2}{2}=\dfrac{(\alpha+\beta)^2-2\alpha\beta}{2}=\dfrac{m^2-2m}{2}$ としてもよい。

◀A, B は放物線 C 上の点であることから。

練習 ③113 放物線 $C: y=x^2-x$ と直線 $\ell: y=m(x-1)-1$ は異なる 2 点 A, B で交わっている。
(1) 定数 m の値の範囲を求めよ。
(2) m の値が変化するとき，線分 AB の中点の軌跡を求めよ。

p.186 EX 73

重要例題 114 接線に関する軌跡

放物線 $y=x^2$ 上の異なる 2 点 $\mathrm{P}(p,\ p^2)$, $\mathrm{Q}(q,\ q^2)$ における接線をそれぞれ ℓ_1, ℓ_2 とし，その交点を R とする。ℓ_1 と ℓ_2 が直交するように 2 点 P, Q が動くとき，点 R の軌跡を求めよ。

基本 110

指針 2 点 P, Q における接線の方程式をそれぞれ求め，それらを連立方程式として解くと，交点 R の座標 $(x,\ y)$ が求められる。x, y は つなぎの文字 p, q の式で表されるから，p, q を消去する 方針で進める。
その際，**2 直線が垂直 $\Longleftrightarrow$ (傾きの積)$=-1$** を利用する。

解答

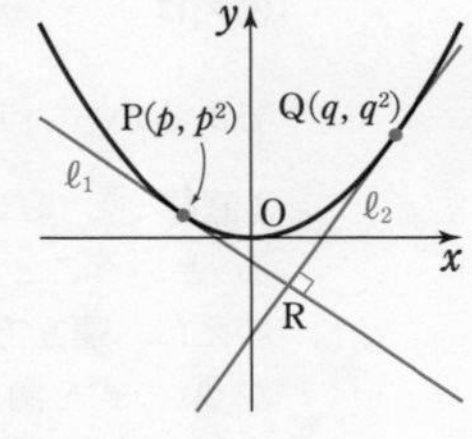

点 P における接線で x 軸に垂直なものはないから，
接線 ℓ_1 の傾きを m とすると，その方程式は
$y-p^2=m(x-p)$ すなわち $y=m(x-p)+p^2$
これと $y=x^2$ を連立して $x^2=m(x-p)+p^2$
整理すると $x^2-mx+mp-p^2=0$
この 2 次方程式の判別式を D とすると
$D=(-m)^2-4(mp-p^2)=(m-2p)^2$
接するとき，$D=0$ であるから $(m-2p)^2=0$
よって $m=2p$
したがって，ℓ_1 の方程式は $y=2p(x-p)+p^2$
すなわち $y=2px-p^2$ ...... ①
同様にして，ℓ_2 の方程式は $y=2qx-q^2$ ...... ②
交点 R の座標 $(x,\ y)$ は，連立方程式 ①，② の解である。
y を消去して整理すると $2(p-q)x=(p+q)(p-q)$
$p \neq q$ であるから $x=\dfrac{p+q}{2}$
これを ① に代入して $y=2p\cdot\dfrac{p+q}{2}-p^2=pq$
ここで，$\ell_1 \perp \ell_2$ から $2p\cdot 2q=-1$
よって，$pq=-\dfrac{1}{4}$ から $y=-\dfrac{1}{4}$ ...... ③
逆に，(*) ③ が成り立つとき，p, q を 2 解とする 2 次方程式 $t^2-2xt-\dfrac{1}{4}=0$ の判別式を D' とすると
$$\frac{D'}{4}=(-x)^2-1\cdot\left(-\frac{1}{4}\right)=x^2+\frac{1}{4} \quad \text{よって} \quad D'>0$$
ゆえに，任意の x に対して実数 p, q $(p \neq q)$ が存在する。
したがって，求める軌跡は **直線 $y=-\dfrac{1}{4}$**

◀① で p を q におき換える。

参考 後で学習する微分法 (第 6 章) を用いると，接線の方程式をより簡単に求めることができる (解答編 p.97 の 参考 を参照)。

(*) 逆の確認。
直線 $y=-\dfrac{1}{4}$ 上の任意の点から，必ず接線が 2 本引けることを確認している。ここで，p, q を 2 解とする 2 次方程式の 1 つは，$p+q=2x$, $pq=-\dfrac{1}{4}$ から
$t^2-2xt-\dfrac{1}{4}=0$

練習 ④114 放物線 $y=\dfrac{x^2}{4}$ 上の点 Q, R は，それぞれの点における接線が直交するように動く。この 2 本の接線の交点を P, 線分 QR の中点を M とする。 [類 岩手大]
(1) 点 P の軌跡を求めよ。 (2) 点 M の軌跡を求めよ。

p.186 EX 74

重要例題 115 2直線の交点の軌跡

m が実数全体を動くとき，次の 2 直線の交点 P はどんな図形を描くか。

$mx-y=0$ …… ①，　$x+my-m-2=0$ …… ②

基本 112

指針　交点 P の座標を求めようと考え，①，② を x，y の連立方程式とみて解くと

$$x=\frac{m+2}{m^2+1},\ y=\frac{m(m+2)}{m^2+1}$$　←① から　$y=mx$　これを ② に代入。

この 2 式から m を消去して x，y の関係式を求めようとすると，計算が大変。
そこで，交点 P が存在するための条件を考えてみよう。
m の値を 1 つ定めると，2 直線 ①，② が決まり，2 直線 ①，② の交点 P が定まる。

例えば　$m=0$ のとき　$x=2$，$y=0$　　$m=1$ のとき　$x=\frac{3}{2}$，$y=\frac{3}{2}$

であるから，点 $(2,\ 0)$，$\left(\frac{3}{2},\ \frac{3}{2}\right)$ は求める図形上にある。これを逆の視点で捉えると，

2 直線 ①，② の交点 P が存在するならば，①，② をともに満たす実数 m が存在する ということになる。

ゆえに，**連立方程式 ①，② の解が存在する条件** と捉える。すなわち，① を満たす m が ② の式を満たすと考え，①，② から **m を消去し x，y の関係式を導く**。
なお，m を消去するため，① を m について解くときに，$x \neq 0$ と $x=0$ の場合分けが必要となる。軌跡を答えるときは，除外点 にも注意が必要となる。

解答

$P(x,\ y)$ とすると，x，y は ①，② を同時に満たす。

[1]　$x \neq 0$ のとき

① から　$m=\frac{y}{x}$

◀ $m=\frac{y}{x}$ を利用することから，$x \neq 0$ と $x=0$ の場合に分けて考える。

② に代入して　$x+\frac{y^2}{x}-\frac{y}{x}-2=0$

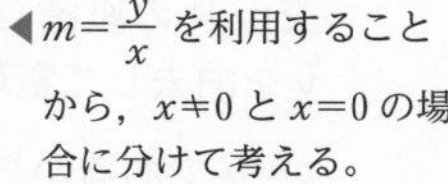

◀両辺に x を掛ける。

分母を払って　$x^2+y^2-2x-y=0$ …… ③

すなわち　$(x-1)^2+\left(y-\frac{1}{2}\right)^2=\frac{5}{4}$

◀中心 $\left(1,\ \frac{1}{2}\right)$，半径 $\frac{\sqrt{5}}{2}$ の円。

③ において，$x=0$ とすると　$y=0,\ 1$

ゆえに，$x \neq 0$ のとき，点 P は円 ③ から 2 点 $(0,\ 0)$，$(0,\ 1)$ を除いた図形上にある。

◀ $x \neq 0$ であるから，$x=0$ のときの点は，除外点となる。

[2]　$x=0$ のとき

① から　$y=0$

$x=0$，$y=0$ を ② に代入すると

$m=-2$

よって，点 $(0,\ 0)$ は $m=-2$ のときの 2 直線の交点である。

◀ $x=0$，$y=0$ のとき，①，② をともに満たす実数 m が存在する。

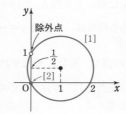

以上から，求める図形は

円 $(x-1)^2+\left(y-\frac{1}{2}\right)^2=\frac{5}{4}$

ただし，点 $(0,\ 1)$ を除く。

検討

軌跡の逆の確認と除外点について

重要例題 **115** の解答で得られた軌跡の方程式 $(x-1)^2+\left(y-\frac{1}{2}\right)^2=\frac{5}{4}$ ……（$*$）から，①，②を導いてみよう。

ここで，（$*$）は　$x^2+y^2-2x-y=0$ ……③　と同値である。

[1]　$x \neq 0$ のとき，③の両辺を x で割ると　　$x+\frac{y^2}{x}-\frac{y}{x}-2=0$

$\frac{y}{x}=m$ ……④ とおくと　$x+my-m-2=0$　となり，②の式が得られる。

また，④から　$mx-y=0$　となり，①の式が得られる。

以上のことと解答の [1] から，$x \neq 0$ のとき（①かつ②）$\Longleftrightarrow$（$*$）　が成り立つ。

[2]　$x=0$ のとき，③から　　$y^2-y=0$　　これを解くと　　$y=0,\ 1$

ゆえに，$x=0$ のとき　（$*$）$\Longleftrightarrow$ $(x,\ y)=(0,\ 0)$ または $(x,\ y)=(0,\ 1)$

ここで，$(x,\ y)=(0,\ 0)$ のとき，②から　　$m=-2$　　また，①も成り立つ。

$(x,\ y)=(0,\ 1)$ のとき，①が成り立たず，②から m の値を定めることもできない。

よって，　$(x,\ y)=(0,\ 0) \Longleftrightarrow m=-2 \Longleftrightarrow$（①かつ②）　であるが，

　　　　　$(x,\ y)=(0,\ 1) \Longrightarrow$（①かつ②）　は成り立たない。

ゆえに，$x=0$ のとき（①かつ②）$\Longrightarrow$（$*$）は成り立つが，（$*$）$\Longrightarrow$（①かつ②）は成り立たない。

したがって，（$*$）の表す図形から点 $(0,\ 1)$ を除外したものが，直線①，②の交点の軌跡と同じになる。

検討 PLUS ONE

図形的に考える

重要例題 **115** の直線①は常に原点Oを通る。

また，直線②は，その方程式を変形すると，

$$x-2+m(y-1)=0$$

となるから，常に点A(2, 1)を通る。

ここで，2直線①，②の係数について，

$$m\cdot 1+(-1)\cdot m=0$$

であるから，2直線①，②は垂直に交わり $\angle \mathrm{OPA}=90^\circ$

である。

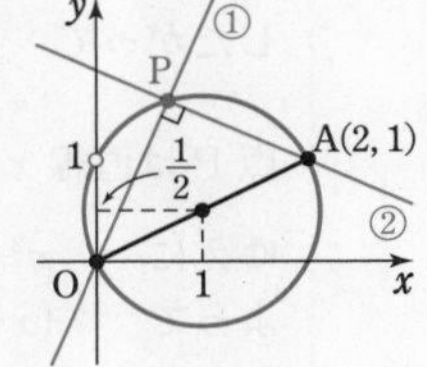

よって，求める図形は，線分OAを直径とする円である。

ただし，m がどんな実数値をとっても①は直線 $x=0$ を表さず，②は直線 $y=1$ を表すことはない。(★)

したがって，2直線 $x=0$，$y=1$ の交点 $(0,\ 1)$ に点Pが重なることはない。

[（★）：$p.169$ の（$*$）参照。]

練習 ④**115**　k が実数全体を動くとき，2つの直線 $\ell_1：ky+x-1=0$，$\ell_2：y-kx-k=0$ の交点はどんな図形を描くか。

［類　立教大］

重要例題 116 反転 OP・OQ=(一定) の軌跡

xy 平面の原点を O とする。xy 平面上の O と異なる点 P に対し，直線 OP 上の点 Q を，次の条件 (A)，(B) を満たすようにとる。

(A) OP・OQ=4

(B) Q は，O に関して P と同じ側にある。

点 P が直線 $x=1$ 上を動くとき，点 Q の軌跡を求めて，図示せよ。〔類 大阪市大〕

基本 110

指針 求めるのは，点 P に **連動** して動く点 Q の軌跡。

連動形の軌跡 つなぎの文字を消去して，x，y の関係式を導く

P$(X,\ Y)$，Q$(x,\ y)$ とすると，2 点 P，Q の関係は

点 Q が半直線 OP 上にある ⟺ $X=tx$，$Y=ty$ となる正の実数 t が存在する

このことと条件 (A) から，t を消去して，X，Y を x，y の式で表す。そして，点 P に関する条件 $X=1$ より，x，y の関係式が得られる。なお，除外点に注意。

解答

点 Q の座標を $(x,\ y)$ とし，点 P の座標を $(X,\ Y)$ とする。

Q は直線 OP 上の点であるから

$X=tx$，$Y=ty$ （t は実数）

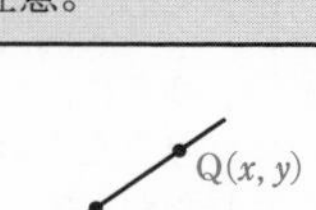

ただし，点 P は原点と異なるから $t\neq0$，$(x,\ y)\neq(0,\ 0)$

更に，(B) から，$t>0$ である。

(A) から $\sqrt{x^2+y^2}\sqrt{(tx)^2+(ty)^2}=4$

ゆえに $t(x^2+y^2)=4$ よって $t=\dfrac{4}{x^2+y^2}$

したがって $X=\dfrac{4x}{x^2+y^2}$，$Y=\dfrac{4y}{x^2+y^2}$ ◀t を消去する。

点 P は直線 $x=1$ 上を動くから $\dfrac{4x}{x^2+y^2}=1$ ◀$X=1$ に $X=\dfrac{4x}{x^2+y^2}$ を代入する。

ゆえに $x^2+y^2-4x=0$

よって $(x-2)^2+y^2=4$

したがって，求める軌跡は

中心が点 (2，0)，半径が 2 の円。

ただし，$(x,\ y)\neq(0,\ 0)$ であるから，**原点は除く。**

図示すると，**右図** のようになる。

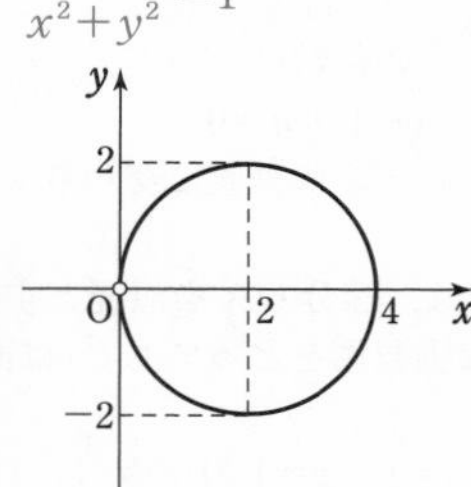

注意 本問は，反転の問題である。反転については，次ページ参照。

練習 ④116 xy 平面の原点を O とする。O を始点とする半直線上の 2 点 P，Q について，OP・OQ=4 が成立している。点 P が原点を除いた曲線 $(x-2)^2+(y-3)^2=13$，$(x,\ y)\neq(0,\ 0)$ 上を動くとき，点 Q の軌跡を求めよ。〔類 横浜市大〕

p.186 EX 75

参考事項　反転

※定点Oを中心とする半径 r $(r>0)$ の円がある。点Oを通る直線上に，Oと異なる点Pをとり，半直線OP上に点P′を $\mathrm{OP}\cdot\mathrm{OP}'=r^2$ によって定める。このとき，点Pに点P′を対応させることを **反転** といい，点Oを **反転の中心** という。

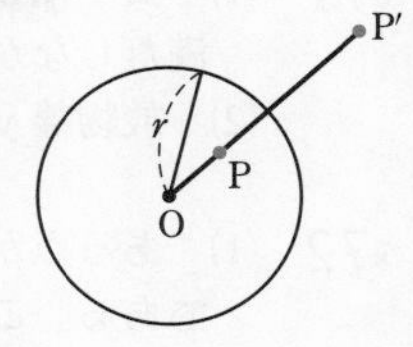

また，点Pが図形 F 上にあるとき，点P′が描く図形 F' を F の **反形** という。円や直線の反転に関しては，次のような性質がある。

> **(1)　定点Oを通らない直線の反形は，Oを通る円になる。** ←重要例題 **116**
> **(2)　定点Oを通る円の反形は，Oを通らない直線になる。** ←練習 **116**
> **(3)　定点Oを通らない円の反形は，Oを通らない円になる。**

[(1)の証明]　Oを通らない直線を ℓ とする。
Oから ℓ に下ろした垂線と ℓ との交点を $\mathrm{P_0}$ とし，$\mathrm{P_0}$ を反転した点を $\mathrm{P_0}'$ とする。
また，ℓ 上の $\mathrm{P_0}$ 以外の点をPとし，Pを反転した点をP′とする。
$\mathrm{OP_0}\cdot\mathrm{OP_0}'=\mathrm{OP}\cdot\mathrm{OP}'$ より，$\mathrm{OP_0}:\mathrm{OP}'=\mathrm{OP}:\mathrm{OP_0}'$ であるから，
2組の辺の比とその間の角がそれぞれ等しくなり

$\triangle\mathrm{OP_0P}\backsim\triangle\mathrm{OP'P_0'}$　　よって　$\angle\mathrm{OP'P_0'}=\angle\mathrm{OP_0P}=90°$

したがって，P′は線分 $\mathrm{OP_0}'$ を直径とする円を描く。
ただし，$\mathrm{OP}'>0$ であるから，点Oは除く。

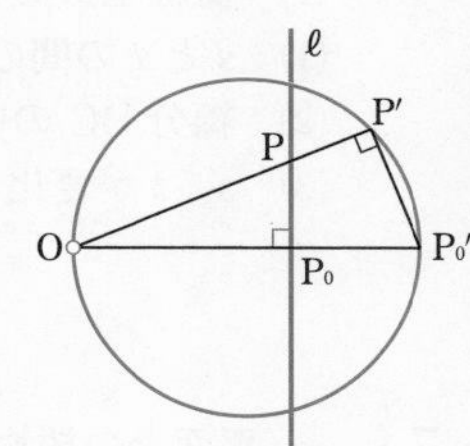
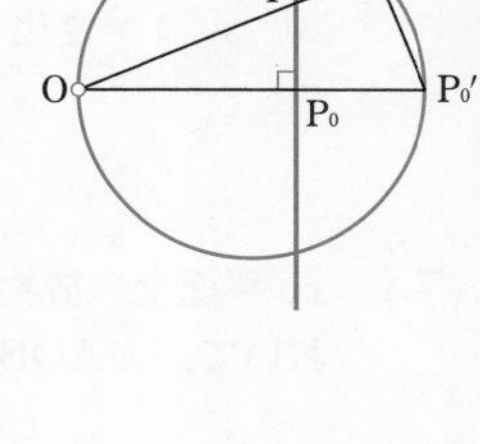

[(2)の証明]　線分 $\mathrm{OP_0}$ が円の直径となるように，点 $\mathrm{P_0}$ をとり，$\mathrm{P_0}$ を反転した点を $\mathrm{P_0}'$ とする。また，$\mathrm{P_0}$ 以外の点Pを反転した点をP′とすると，(1)と同様にして　　$\triangle\mathrm{OP_0P}\backsim\triangle\mathrm{OP'P_0'}$
線分 $\mathrm{OP_0}$ が直径であるから　　$\angle\mathrm{OPP_0}=90°$
よって，$\angle\mathrm{OP_0'P'}=90°$ から，点P′は，点 $\mathrm{P_0}'$ を通り $\mathrm{OP_0}'$ に垂直な直線上を動く。

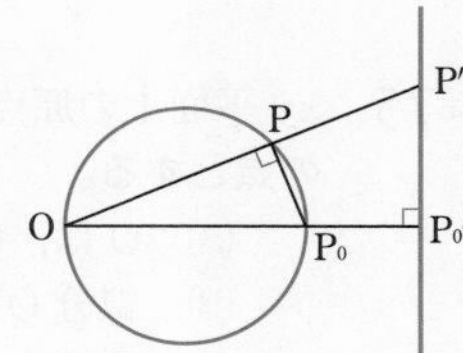

[(3)の証明]　右の図のように，線分 $\mathrm{P_0P_1}$ が円の直径となるように，点 $\mathrm{P_0}$，$\mathrm{P_1}$ をとり，$\mathrm{P_0}$，$\mathrm{P_1}$ を反転した点を，それぞれ $\mathrm{P_0}'$，$\mathrm{P_1}'$ とする。
また，$\mathrm{P_0}$，$\mathrm{P_1}$ とは異なる，Oを通る直線と円との交点をPとし，Pを反転した点をP′とする。
(1)と同様にして

$\triangle\mathrm{OP_0P}\backsim\triangle\mathrm{OP'P_0'}$　　∴　$\angle\mathrm{OPP_0}=\angle\mathrm{OP_0'P'}$

$\triangle\mathrm{OP_1P}\backsim\triangle\mathrm{OP'P_1'}$　　∴　$\angle\mathrm{OPP_1}=\angle\mathrm{OP_1'P'}$

また，線分 $\mathrm{P_0P_1}$ は直径であるから　　$\angle\mathrm{P_0PP_1}=90°$
以上から，$\angle\mathrm{P_0'P'P_1'}=90°$ となり，P′は線分 $\mathrm{P_1'P_0'}$ を直径とする円上にある。
したがって，P′は円を描く。

注意　・[(1)の証明]は重要例題 **116**，[(2)の証明]は練習 **116** の別解といえる。
・反転については，複素数平面（数学C）において関連した内容を扱う。

EXERCISES

②71 (1) 長さ4の線分ABがある。2点A，Bに対し点Pが，等式$2AP^2-BP^2=17$を満たしながら動くとき，点Pの軌跡を求めよ。

(2) 放物線$y=x^2+px+p\ (|p|\neq 2)$の頂点の軌跡を求めよ。 →109, 112

③72 (1) ある点から直線$x+y-1=0$への距離と直線$x-y-2=0$への距離の比が2：1である。このような点が作る軌跡の方程式を求めよ。 〔立教大〕

(2) 直線$\ell: y=-2x$に関して，点$A(a,\ b)$と対称な点をBとする。このとき，点Bの座標をa，bで表せ。また，点Aが直線$y=x$上を動くとき，点Bの軌跡の方程式を求めよ。 →111

③73 s，tを$s<t$を満たす実数とする。座標平面上の3点$A(1,\ 2)$，$B(s,\ s^2)$，$C(t,\ t^2)$が一直線上にあるとする。

(1) sとtの間の関係式を求めよ。

(2) 線分BCの中点を$M(u,\ v)$とする。uとvの間の関係式を求めよ。

(3) s，tが変化するとき，vの最小値と，そのときのu，s，tの値を求めよ。

〔神戸大〕

→113

③74 xy平面上の放物線$y=x^2$上を動く2点A，Bと原点Oを線分で結んだ△AOBにおいて，∠AOB＝90°である。このとき，△AOBの重心Gの軌跡を求めよ。

〔類 慶応大〕 →110, 114

④75 xy平面上の原点O以外の点$P(x,\ y)$に対して，点Qを次の条件を満たす平面上の点とする。

(A) Qは，Oを始点とする半直線OP上にある。

(B) 線分OPの長さと線分OQの長さの積は1である。

(1) Qの座標をx，yを用いて表せ。

(2) Pが円$(x-1)^2+(y-1)^2=2$上の原点以外の点を動くときのQの軌跡を求めよ。

(3) Pが円$(x-1)^2+(y-1)^2=4$上を動くときのQの軌跡を求めよ。 〔類 静岡大〕

→116

71 (1) AB＝4に注目し，A(0, 0)，B(4, 0)となるように座標軸を定めるとよい。

(2) $p=\pm 2$に対応する除外点に注意。

72 (1) 点$(x_1,\ y_1)$と直線$ax+by+c=0$の距離は $\dfrac{|ax_1+by_1+c|}{\sqrt{a^2+b^2}}$

(2) 2点A，Bが直線ℓに関して対称 ⟺ AB⊥ℓ，線分ABの中点がℓ上

73 (1) 直線BC上に点Aがあると考える。

(3) まず，uの値の範囲を調べる。それには，実数s，tが2次方程式$x^2-(s+t)x+st=0$の解であることを利用する。

74 2点A，Bの座標を文字でおき，それを用いて重心Gの座標を表す。∠AOB＝90°の条件は，(OAの傾き)×(OBの傾き)＝−1として考える。

75 点Qの座標を$(X,\ Y)$とすると，条件(A)から，$X=kx$，$Y=ky\ (k>0)$と表される。

19 不等式の表す領域

基本事項

1 直線と領域

直線 $y=mx+n$ を ℓ とする。

① 不等式 $\boldsymbol{y>mx+n}$ の表す領域は直線 ℓ の **上側の部分**

② 不等式 $\boldsymbol{y<mx+n}$ の表す領域は直線 ℓ の **下側の部分**

$y \geqq mx+n$ のように，等号を含むときは，直線 $y=mx+n$ 上の点を含む。

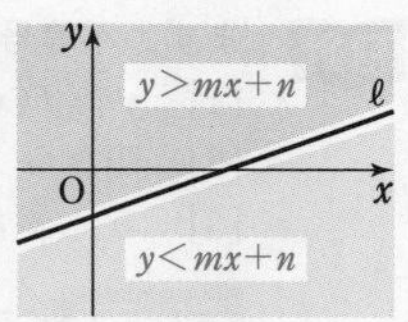

一般に　$\boldsymbol{y>f(x)}$　**曲線** $\boldsymbol{y=f(x)}$ **の上側の部分**

　　　　$\boldsymbol{y<f(x)}$　**曲線** $\boldsymbol{y=f(x)}$ **の下側の部分**

$y \geqq f(x)$ のように，等号を含むときは，曲線 $y=f(x)$ 上の点を含む。

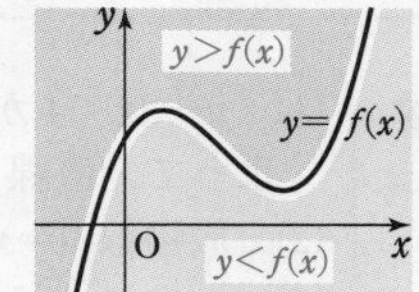

2 円と領域

円 $(x-a)^2+(y-b)^2=r^2$ を C とする。

① 不等式 $\boldsymbol{(x-a)^2+(y-b)^2<r^2}$ の表す領域は円 C の **内部**

② 不等式 $\boldsymbol{(x-a)^2+(y-b)^2>r^2}$ の表す領域は円 C の **外部**

等号を含むときは，円 C 上の点を含む。

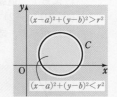

3 連立不等式の表す領域

x，y についての連立不等式の表す領域は，各不等式を同時に満たす点 $(x,\ y)$ 全体の集合で，各不等式の表す領域の共通部分である。

解　説

■不等式と領域

不等式 $f(x,\ y)>0$ を満たす点 $(x,\ y)$ 全体の集合を，この不等式の表す **領域** という。
また，$f(x,\ y)>0$ の表す領域を $f(x,\ y)$ の **正領域**，$f(x,\ y)<0$ の表す領域を $f(x,\ y)$ の **負領域** という。

■ $\boldsymbol{y>f(x)}$，$\boldsymbol{y<f(x)}$ の表す領域

x 軸に垂直な直線 $x=x_1$ と曲線 $y=f(x)$ の交点 $\mathrm{P_2}(x_1,\ y_2)$ では，$y_2=f(x_1)$ が成立する。
$\mathrm{P_2}$ より上側の点 $\mathrm{P_3}(x_1,\ y_3)$ では，$y_3>y_2$ から　$y_3>f(x_1)$
$\mathrm{P_2}$ より下側の点 $\mathrm{P_1}(x_1,\ y_1)$ では，$y_1<y_2$ から　$y_1<f(x_1)$
したがって，$y>f(x)$，$y<f(x)$ の表す領域は，曲線 $y=f(x)$ のそれぞれ **上側**，**下側** の部分である。

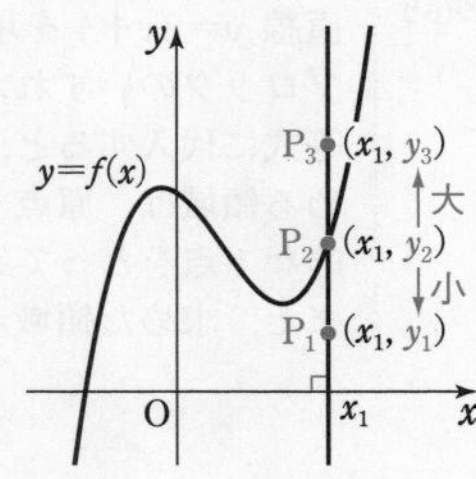

■円と領域

円 $(x-a)^2+(y-b)^2=r^2$ の中心 $\mathrm{C}(a,\ b)$ と点 $\mathrm{P}(x,\ y)$ の距離を考えて

$(x-a)^2+(y-b)^2<r^2 \iff \mathrm{CP}^2<r^2 \iff \mathrm{CP}<r$　よって，点 P は円の **内部** にある。

$(x-a)^2+(y-b)^2>r^2 \iff \mathrm{CP}^2>r^2 \iff \mathrm{CP}>r$　よって，点 P は円の **外部** にある。

基本 例題 117 不等式の表す領域

①①①①①

次の不等式の表す領域を図示せよ。

(1) $y-2x<4$　(2) $y \geqq x^2-3x+2$　(3) $|x|>4$　(4) $(x-2)^2+y^2 \geqq 4$

p.187 基本事項 1，2

指針 まず，不等号を等号におき換えた曲線，すなわち **境界線をかく。**

[1] $y>f(x)$ なら $y=f(x)$ の**上側**，　$y<f(x)$ なら $y=f(x)$ の**下側**

[2] 円なら $(x-a)^2+(y-b)^2<r^2$ は**内部**，$(x-a)^2+(y-b)^2>r^2$ は**外部**

[3] ≧，≦ なら = の曲線上の点も含む …… **境界線を含む，含まないを明示**

CHART 不等式の表す領域　**まず 不等号を等号に変えて 境界線をかく**

解答

(1) $y-2x<4$ から　$y<2x+4$
よって，直線 $y=2x+4$ の下側の部分。

(2) 放物線 $y=x^2-3x+2$ およびその上側の部分。

(3) $|x|>4$ から　$x<-4$，$4<x$
よって，直線 $x=-4$ の左側と直線 $x=4$ の右側の部分。

(4) 円 $(x-2)^2+y^2=2^2$ の周および外部。

したがって，求める領域は **下図の斜線部分** である。

(2) ≧ は「> または =」の意味なので，境界線 $y=x^2-3x+2$ 上の点も含まれる。(4) も同様。

(3) $c>0$ のとき
$|x|>c \iff$
$x<-c$，$c<x$

(1)
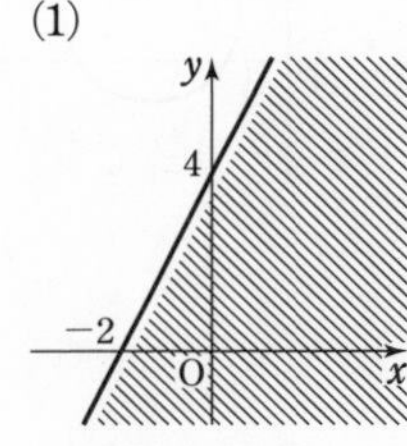

境界線を含まない

(2)
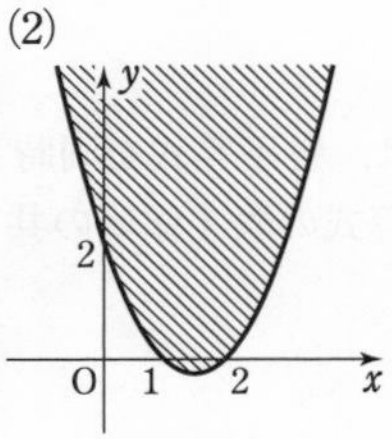

境界線を含む

(3)
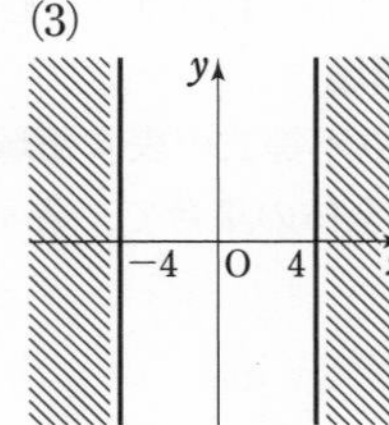

境界線を含まない

(4)
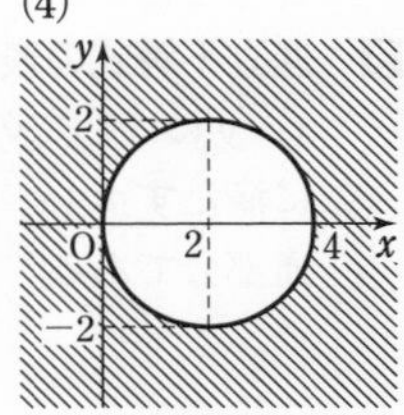

境界線を含む

検討

領域の確認方法

例題(1)の不等式 $y-2x<4$ すなわち $y<2x+4$ の表す領域は，直線 $y=2x+4$ を境界線として，座標平面が分けられる2つのブロックのいずれかである。ここで，例えば，$x=0$，$y=0$ を不等式に代入すると，$0<2\cdot 0+4$ となり，不等式を満たすから，求める領域は，原点 $(0,\ 0)$ を含む領域である。このように，代表的な1点をとって確認する とよい。
また，求めた領域が正しいかどうかの検算にも役立つ。

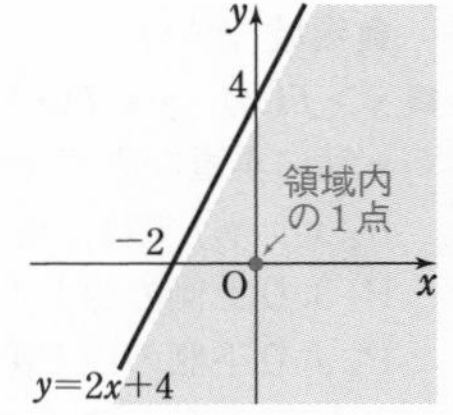

練習 ①117 次の不等式の表す領域を図示せよ。

(1) $2x-3y-6<0$　(2) $3x+2>0$　(3) $|y| \leqq 3$

(4) $y>x^2-2x$　(5) $y \leqq 4x-x^2$　(6) $(x-1)^2+(y-2)^2<9$

基本例題 118 連立不等式の表す領域

①①①①①

次の連立不等式の表す領域を図示せよ。

(1) $\begin{cases} x+y>0 \\ 2x-y+2>0 \end{cases}$　　(2) $\begin{cases} x+2y+2<0 \\ x^2+y^2 \geqq 4 \end{cases}$

p.187 基本事項 3

指針 x, y の連立不等式では，それぞれの不等式が同時に成り立つ x, y の値を考える。したがって，それぞれの不等式の表す領域の **共通部分** が求める領域である。

(2) 不等式の一部にのみ等号を含むときは注意が必要。つまり，直線 $x+2y+2=0$ と円 $x^2+y^2=4$ の交点は，求める領域に含まれない(図では，○を用いた)。

CHART 連立不等式の表す領域　**それぞれの領域の共通部分**

解答

(1) $x+y>0$ から　　$y>-x$

$2x-y+2>0$ から　　$y<2x+2$

よって，求める領域は，

直線 $y=-x$ の上側　…… Ⓐ

直線 $y=2x+2$ の下側　…… Ⓑ

の共通部分で，**右の図の斜線部分。**
ただし，境界線を含まない。

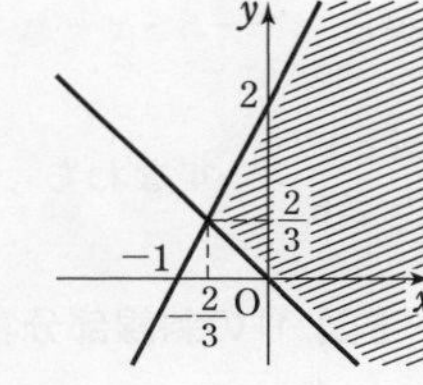

求める領域は，赤と青の斜線が重なった部分。

(1) 赤：Ⓐ　青：Ⓑ

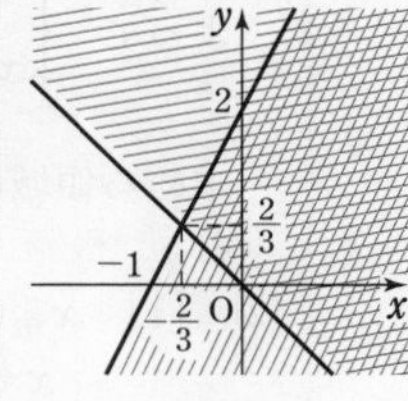

(2) $x+2y+2<0$ から　$y<-\frac{1}{2}x-1$

よって，求める領域は，

円 $x^2+y^2=2^2$ の周および外部　…… Ⓒ

直線 $y=-\frac{1}{2}x-1$ の下側　…… Ⓓ

の共通部分で，**右の図の斜線部分。**
ただし，境界線は，直線 $y=-\frac{1}{2}x-1$ は含まないで，他は含む。

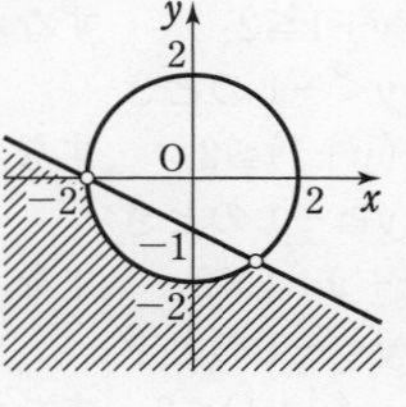

(2) 赤：Ⓒ　青：Ⓓ

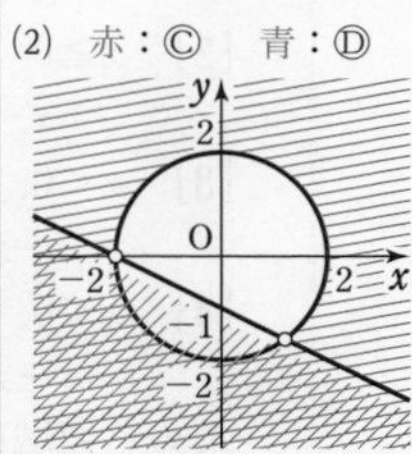

注意 (2) 境界線の交点の座標は，連立方程式 $\begin{cases} x+2y+2=0 \\ x^2+y^2=4 \end{cases}$ を解くことで，$(-2, 0)$, $\left(\frac{6}{5}, -\frac{8}{5}\right)$ と求められる。これらの座標は，$x^2+y^2 \geqq 4$ を満たすが，$x+2y+2<0$ は満たさない。

練習 ②118 次の不等式の表す領域を図示せよ。

(1) $\begin{cases} x-2y-2<0 \\ 3x+y-5<0 \end{cases}$　(2) $\begin{cases} x^2+y^2-4x-2y+3 \leqq 0 \\ x+3y-3 \geqq 0 \end{cases}$　(3) $-2x^2+1 \leqq y < x+4$

p.210 EX76

基本例題 119 絶対値を含む不等式の表す領域

次の不等式の表す領域を図示せよ。
(1) $|x+2y|\leqq 6$　　(2) $|x|+|y+1|\leqq 2$

基本 118

指針 絶対値　場合に分ける　に従い，記号| |をはずす。

① $A\geqq 0$ のとき $|A|=A$　**② $A<0$ のとき $|A|=-A$**

そのままはずす　　－をつけてはずす

(1) **| |≦正の数** の特別な形なので，次のことを利用すると早い。

$c>0$ のとき $|x|\leqq c \Longleftrightarrow -c\leqq x\leqq c$

(2) 上の①，②を利用して場合分け。場合分けのポイントとなるのは **| |内の式=0** となるとき。ここでは，x，$y+1$ の符号によって4通りの場合に分ける。

解答

(1) $|x+2y|\leqq 6$ から　$-6\leqq x+2y\leqq 6$

よって $\begin{cases}-6\leqq x+2y\\ x+2y\leqq 6\end{cases}$　すなわち $\begin{cases}y\geqq -\dfrac{1}{2}x-3\\ y\leqq -\dfrac{1}{2}x+3\end{cases}$

求める領域は，**下図(1)の斜線部分**。ただし，**境界線を含む**。

(2) [1] $x\geqq 0$，$y\geqq -1$ のとき
$x+y+1\leqq 2$　すなわち　$y\leqq -x+1$

[2] $x\geqq 0$，$y<-1$ のとき
$x-(y+1)\leqq 2$　すなわち　$y\geqq x-3$

[3] $x<0$，$y\geqq -1$ のとき
$-x+y+1\leqq 2$　すなわち　$y\leqq x+1$

[4] $x<0$，$y<-1$ のとき
$-x-(y+1)\leqq 2$　すなわち　$y\geqq -x-3$

求める領域は，**下図(2)の斜線部分**。ただし，**境界線を含む**。

(1)
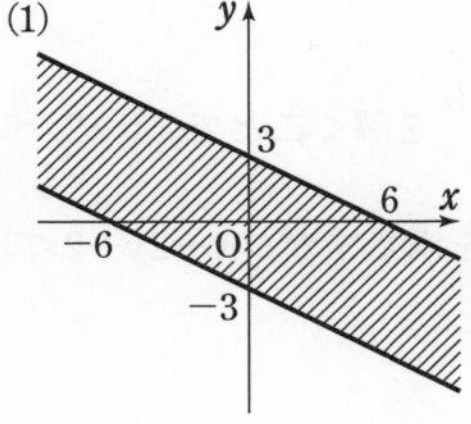

(2)
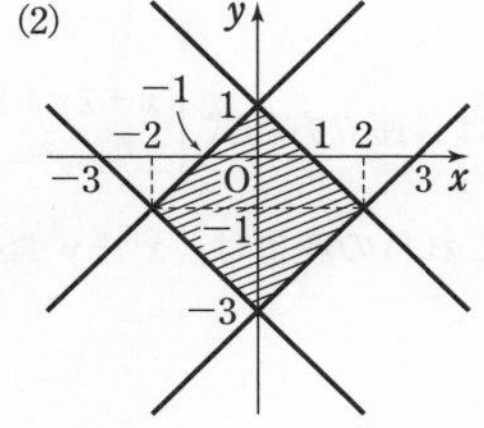

◀(1)では，場合分けをせずに記号| |をはずすことができる。

◀「不等式 $y\geqq -\dfrac{1}{2}x-3$ の表す領域」と「不等式 $y\leqq -\dfrac{1}{2}x+3$ の表す領域」の共通部分。

◀[1]，[2]，[3]，[4]の場合の領域を合わせたものが，求める領域となる。
[1]の場合の領域は次のようになる。

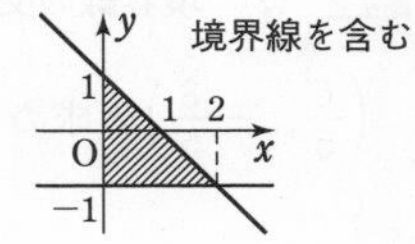

練習 ③119 次の不等式の表す領域を図示せよ。
(1) $|2x+5y|\leqq 4$　　(2) $|2x|+|y-1|\leqq 5$　　(3) $|x-2|\leqq y\leqq -|x-2|+4$

基本例題 120 不等式 $AB>0$，$AB<0$ の表す領域

次の不等式の表す領域を図示せよ。

(1) $(x+y-2)(y-x^2)>0$　　(2) $(x^2+y^2-4)(x^2+y^2+4x-5)\leqq 0$

基本 118　重要 121

指針 まず，与えられた不等式を，次のように 2 組の連立不等式で表す。

$$PQ>0 \iff Ⓐ\begin{cases}P>0\\Q>0\end{cases} \text{ または } Ⓑ\begin{cases}P<0\\Q<0\end{cases}$$ （P，Q が **同符号**）

$$PQ<0 \iff Ⓐ\begin{cases}P>0\\Q<0\end{cases} \text{ または } Ⓑ\begin{cases}P<0\\Q>0\end{cases}$$ （P，Q が **異符号**）

求める領域は，連立不等式 Ⓐ の表す領域 A と連立不等式 Ⓑ の表す領域 B の **和集合** $A\cup B$ である。

解答

(1) 与えられた不等式から

$$① \begin{cases}x+y-2>0\\y-x^2>0\end{cases} \text{ または } ② \begin{cases}x+y-2<0\\y-x^2<0\end{cases}$$

求める領域は，① の表す領域 A と，② の表す領域 B の和集合 $A\cup B$ で，**下図 (1) の斜線部分。**
ただし，境界線を含まない。

(2) 与えられた不等式を変形すると

$$(x^2+y^2-4)\{(x+2)^2+y^2-9\}\leqq 0$$

よって

$$① \begin{cases}x^2+y^2-4\geqq 0\\(x+2)^2+y^2-9\leqq 0\end{cases} \text{ または } ② \begin{cases}x^2+y^2-4\leqq 0\\(x+2)^2+y^2-9\geqq 0\end{cases}$$

求める領域は，① の表す領域 A と，② の表す領域 B の和集合 $A\cup B$ で，**下図 (2) の斜線部分。**
ただし，境界線を含む。

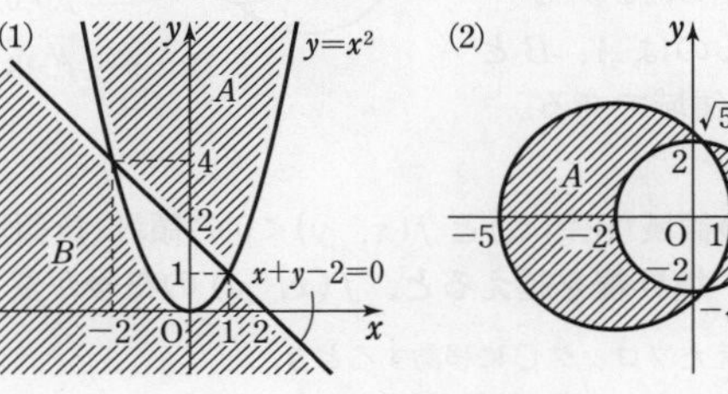

◀境界線を越えるごとに領域の正・負が変わる。
検算のために，例えば，点 $(1,\ 0)$ を選び，$x=1$，$y=0$ を与式に代入して，成立するかどうかを確かめてみるとよい（$p.192$ も参照）。

◀$x^2+y^2+4x-5=0$
$\iff x^2+4x+4+y^2=9$
$\iff (x+2)^2+y^2=3^2$

◀検算として，点 $(-3,\ 0)$ を選び，$x=-3$，$y=0$ を与式に代入すると
$\{(-3)^2+0-4\}\times$
$\{(-3)^2+0+4\cdot(-3)-5\}$
$=5\times(-8)=-40\leqq 0$
となり成立。

練習 ② 120 次の不等式の表す領域を図示せよ。

(1) $(y-x)(x+y-2)>0$　　(2) $(y-x^2)(x-y+2)\geqq 0$

(3) $(x+2y-4)(x^2+y^2-2x-8)<0$

参考事項 符号と領域

※一般に，曲線 $f(x,\ y)=0$ は座標平面を **いくつかの部分（ブロック）** に分ける。
そして，$f(x,\ y)$ が $x,\ y$ の多項式であるとき，
$f(x,\ y)$ の符号（正・負）は，分けられたブロック内で一定である。……（＊）

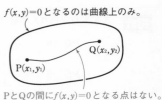

$f(x,y)=0$ となるのは曲線上のみ。
$Q(x_2,y_2)$
$P(x_1,y_1)$
PとQの間に $f(x,y)=0$ となる点はない。

解説　1つのブロック内に任意の2点 $P(x_1,\ y_1)$，$Q(x_2,\ y_2)$ をとり，PとQをブロックの中だけを通る曲線で結ぶ。
この曲線上に $f(x,\ y)=0$ となる点は存在しないから，PからQまで曲線上を動く間に $f(x,\ y)$ の符号は変化しない。
よって，$f(x_1,\ y_1)$ と $f(x_2,\ y_2)$ は同符号である。

上の（＊）を利用して，前ページの基本例題 **120** を考えてみよう。

(1)　$f(x,\ y)=(x+y-2)(y-x^2)$ とする。
境界線 $f(x,\ y)=0$ は，直線 $x+y-2=0$ と放物線 $y-x^2=0$ からなり，境界線によって，座標平面は右の図のような5つのブロック A，B，C，D，E に分けられる。
$f(x,\ y)$ の符号は各ブロック内で一定 であるから，各ブロックより $f(x,\ y)$ の値が計算しやすい点を選んで $f(x,\ y)$ の符号を調べ，領域を決定すればよい。
図の右側に示したように，$f(x,\ y)>0$ となるのは A，B で，これが求める領域である。

(1)
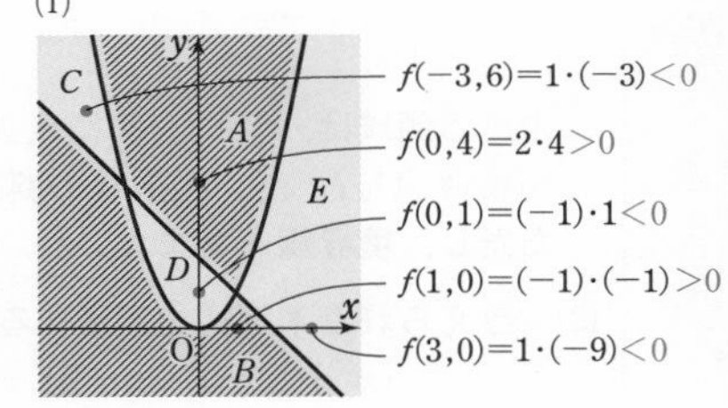

(2)　$f(x,\ y)=(x^2+y^2-4)(x^2+y^2+4x-5)$ とし，
(1)と同様にして，各ブロックの符号を調べ，領域を決定するとよい。　← 右の図を参照。
図のように，$f(x,\ y)\leqq 0$ となるのは A，B と境界線上の点で，これが求める領域である。

(2)
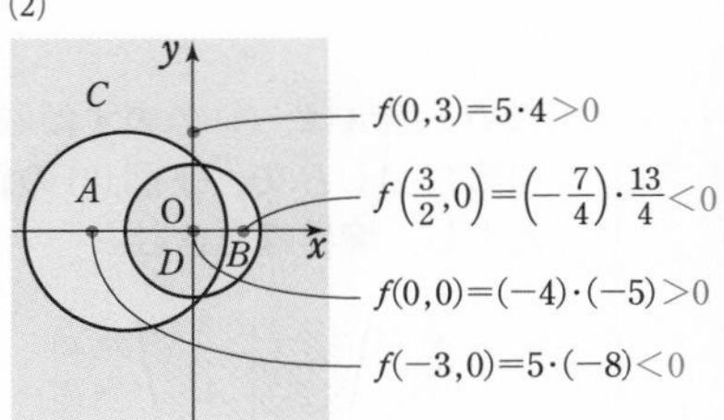

また，図のように，$f(x,\ y)>0$ の領域(正領域)と $f(x,\ y)<0$ の領域(負領域)は交互に並び，境界線の交点以外のところで **境界線を越えると，$f(x,\ y)$ の符号が変わっている。**

解説　(1)のブロック A から境界線を越えたブロック C に移動するとき，
　　放物線 $y-x^2=0$ を越える　　$\longrightarrow$ $y-x^2$ の符号が(正から負に)変わる
　　直線 $x+y-2=0$ を越えない　$\longrightarrow$ $x+y-2$ の符号は変わらない
よって，ブロック A では　$f(x,\ y)>0 \longrightarrow$ ブロック C では　$f(x,\ y)<0$
他のブロックに関しても，境界線を越えると $f(x,\ y)=(x+y-2)(y-x^2)$ の，$x+y-2$，$y-x^2$ の一方のみの符号が変わるから，$f(x,\ y)$ の符号が変わるのである。

つまり，基本例題 **120** では，1つのブロックの符号を調べ，その符号から境界線を越えるごとに他のブロックの符号を判定して領域を求めることもできる。

重要例題 121 正領域・負領域の考え

直線 $y=ax+b$ が，2点 A$(-3,\ 2)$，B$(2,\ -3)$ を結ぶ線分と共有点をもつような実数 a，b の条件を求め，それを ab 平面上の領域として表せ。

基本 120

指針 直線 $y=ax+b$ と線分 AB が1点で交わる（点 A，B を除く）とき，右の図からわかるように，2点 A，B は，直線 $y=ax+b$ に関して反対側にあるから，点 A，B の

一方が　$y>ax+b$ の表す領域，

他方が　$y<ax+b$ の表す領域

にある。このことから，A と B の座標を $y=ax+b$ の x，y に代入したものを考えるとよい。なお，点 A または点 B が $y=ax+b$ 上にある場合も含まれることに注意する。

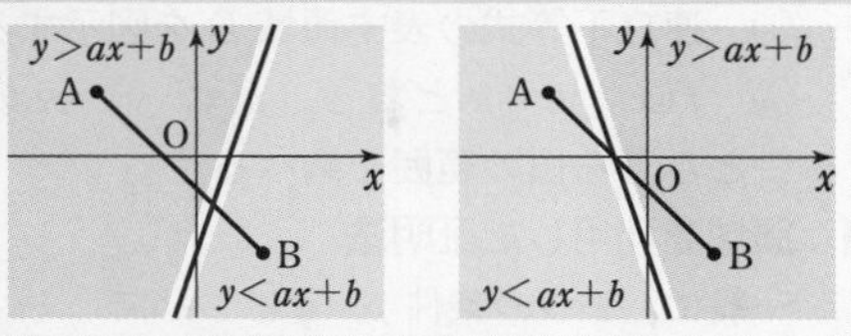

解答 直線 ℓ：$y=ax+b$ が線分 AB と共有点をもつのは，次の [1] または [2] の場合である。

[1] 点 A が直線 ℓ の上側か直線 ℓ 上にあり，点 B が直線 ℓ の下側か直線 ℓ 上にある。

その条件は　　$2\geqq -3a+b$ かつ $-3\leqq 2a+b$ …… ①

[2] 点 A が直線 ℓ の下側か直線 ℓ 上にあり，点 B が直線 ℓ の上側か直線 ℓ 上にある。

その条件は　　$2\leqq -3a+b$ かつ $-3\geqq 2a+b$ …… ②

求める a，b の条件は，①，② から，

$$\begin{cases} b\leqq 3a+2 \\ b\geqq -2a-3 \end{cases} \quad \text{または} \quad \begin{cases} b\geqq 3a+2 \\ b\leqq -2a-3 \end{cases} \quad \cdots\cdots (*)$$

と同値である。

よって，求める領域は **図の斜線部分。**

ただし，境界線を含む。

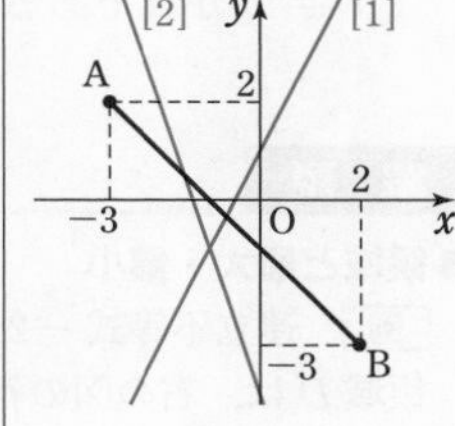

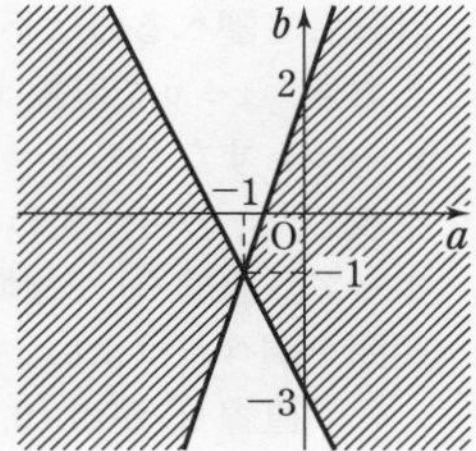

注意 ab 平面とは，横軸に a の値をとる a 軸，縦軸に b の値をとる b 軸による座標平面のことである。

検討 **$(*)$ の条件を $f(x,\ y)$ を用いて表す**

① より　　$-3a+b-2\leqq 0$　かつ　$2a+b+3\geqq 0$

② より　　$-3a+b-2\geqq 0$　かつ　$2a+b+3\leqq 0$

となるから，a，b の条件$(*)$は，$(-3a+b-2)(2a+b+3)\leqq 0$ と表すことができる。これは，$f(x,\ y)=ax+b-y$ とすると，$\boldsymbol{f(-3,\ 2)\cdot f(2,\ -3)\leqq 0}$ ということである。

練習 ③121 点 A，B を A$(-1,\ 5)$，B$(2,\ -1)$ とする。実数 a，b について，直線 $y=(b-a)x-(3b+a)$ が線分 AB と共有点をもつとする。点 P$(a,\ b)$ の存在する領域を図示せよ。　〔茨城大〕

基本事項

1 領域と最大・最小

x, y の条件 p が，x, y の連立不等式で表されるとき，条件 p を満たす x, y に対して，x, y の式 $f(x,\ y)$ がとりうる値の範囲(最大値，最小値)を求めるには，

① 連立不等式の表す領域 D を図示する。

② $f(x,\ y)=k$ とおき，$f(x,\ y)=k$ のグラフと領域 D が共有点をもつような k のとりうる値の範囲を調べる。

2 領域を利用した証明法

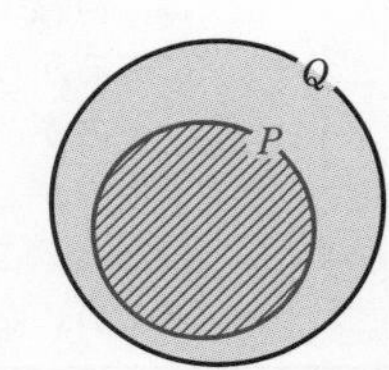

一般に，2 つの条件 p, q について

条件 p を満たすもの全体の集合を P

条件 q を満たすもの全体の集合を Q

とすると 「**$p \Longrightarrow q$ が真である**」$\Longleftrightarrow$ $P \subset Q$

条件 p, q が x, y の不等式で表される場合に，上のことを用いて $p \Longrightarrow q$ が真であることを証明することができる。

解　説

■領域と最大・最小

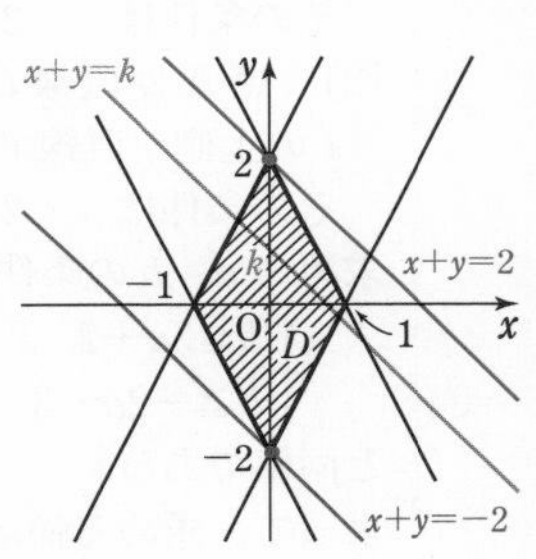

例　連立不等式 $-2 \leqq 2x+y \leqq 2$, $-2 \leqq 2x-y \leqq 2$ の表す領域 D は，右の図の斜線部分である(境界線を含む)。
領域 D における $x+y$ の最大値，最小値を調べてみよう。
領域 D に含まれるすべての $(x,\ y)$ に対して，$x+y$ の値を計算して調べるのは不可能であるから，$x+y=k$ …… ①
とおき，$x+y$ を直線 $x+y=k$ 上の点として扱う。
$x+y=k$ すなわち $y=-x+k$ は傾き -1, y 切片 k の直線を表し，k の値が変わると，この直線は平行に移動する。
よって，直線 ① が領域 D と共有点をもつような k の値の範囲を調べればよい。図から

直線 ① が点 $(0,\ 2)$ を通るとき，k の値は最大；

直線 ① が点 $(0,\ -2)$ を通るとき，k の値は最小

となる。したがって，$x+y$ は

$x=0$, $y=2$ のとき最大値 2；

$x=0$, $y=-2$ のとき最小値 -2 　をとる。

◀直線 ① の傾きと，境界線の傾きを比べて判断する。

■命題の真偽と集合

条件 p を満たすもの全体の集合を P，条件 q を満たすもの全体の集合を Q とすると，以下のことが成り立つ(数学 I)。

「**$p \Longrightarrow q$ が成り立つ**」$\Longleftrightarrow$ **$P \subset Q$**

$\Longleftrightarrow$ p は q の十分条件，q は p の必要条件

「**$p \Longleftrightarrow q$ が成り立つ**」$\Longleftrightarrow$ **$P=Q$**

$\Longleftrightarrow$ p と q は互いに他の必要十分条件

(p と q は同値)

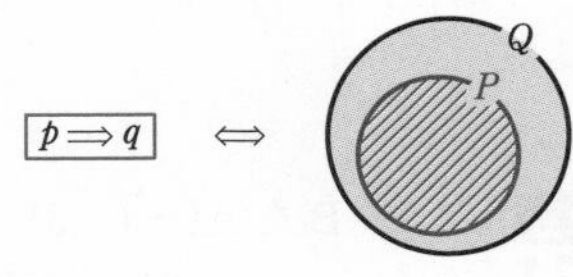

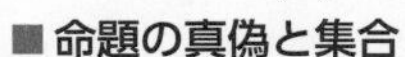

注意　p, q が x, y の不等式で表されるとき，P, Q は **領域** である。

基本例題 122 領域と1次式の最大・最小 (1)

x, y が 3 つの不等式 $3x-5y \geqq -16$, $3x-y \leqq 4$, $x+y \geqq 0$ を満たすとき, $2x+5y$ の最大値および最小値を求めよ。

p.194 基本事項 1　基本 124

指針 連立不等式を考えるときは, 図示が有効 である。まず, 条件の不等式の表す領域 D を図示し, $f(x, y)=k$ とおいて, 図形的に考える。

1. $2x+5y=k$ …… ① とおく。これは, 傾き $-\frac{2}{5}$, y 切片 $\frac{k}{5}$ の直線。
2. 直線 ① が領域 D と共有点をもつような k の値の範囲を調べる。
   ⟶ 直線 ① を平行移動させたときの y 切片の最大値・最小値を求める。

CHART 領域と最大・最小　図示して, $=k$ の直線 (曲線) の動きを追う

解答

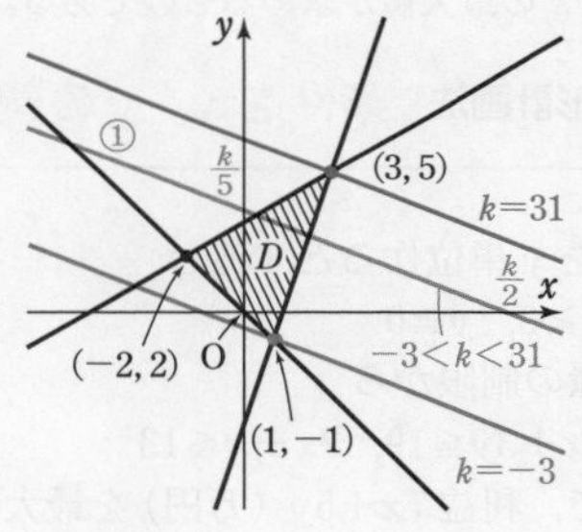

与えられた連立不等式の表す領域を D とすると, 領域 D は, 3 点
$(1, -1)$, $(-2, 2)$, $(3, 5)$
を頂点とする三角形の周および内部である。

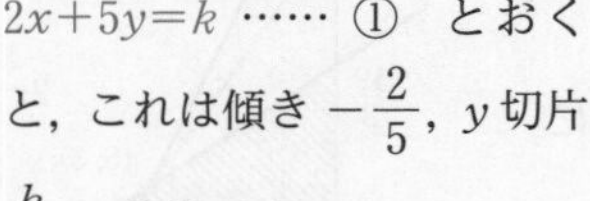

$2x+5y=k$ …… ① とおくと, これは傾き $-\frac{2}{5}$, y 切片

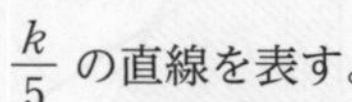

$\frac{k}{5}$ の直線を表す。

この直線 ① が領域 D と共有点をもつような k の値の最大値と最小値を求めればよい。

図から, k の値は, 直線 ① が点 $(3, 5)$ を通るとき最大になり, 点 $(1, -1)$ を通るとき最小になる。

よって, $2x+5y$ は

$x=3$, $y=5$ のとき最大値 $2\cdot3+5\cdot5=31$,

$x=1$, $y=-1$ のとき最小値 $2\cdot1+5\cdot(-1)=-3$

をとる。

◀境界線は
$3x-5y=-16$ から
$y=\frac{3}{5}x+\frac{16}{5}$
$3x-y=4$ から
$y=3x-4$
$x+y=0$ から　$y=-x$
境界線の交点の座標を求めておくこと。

◀① から　$y=-\frac{2}{5}x+\frac{k}{5}$

◀直線 ① の傾きと, D の境界線の傾きを比べる。直線 ① が D の三角形の頂点を通るときに注目。

検討 **線形計画法**

x, y がいくつかの 1 次不等式を満たすとき, x, y の 1 次式 $ax+by$ の最大値または最小値について考える問題を **線形計画法** の問題という。線形計画法の問題では, 1 次不等式の条件を図示すると, 多角形になるが, $ax+by$ は, 多角形のどれかの頂点で最大値または最小値をとることが多い。

練習 ② 122

(1) x, y が 4 つの不等式 $x \geqq 0$, $y \geqq 0$, $x+2y \leqq 6$, $2x+y \leqq 6$ を満たすとき, $x-y$ の最大値および最小値を求めよ。

(2) x, y が連立不等式 $x+y \geqq 1$, $2x+y \leqq 6$, $x+2y \leqq 4$ を満たすとき, $2x+3y$ の最大値および最小値を求めよ。

基本例題 123 線形計画法の文章題

ある会社が 2 種類の製品 A，B を 1 単位作るのに必要な電力量，ガスの量はそれぞれ A が 2 kWh，2 m^3；B が 3 kWh，1 m^3 である。また，使うことのできる総電力量は 19 kWh，ガスの総量は 13 m^3 であるとする。1 単位当たりの利益を A が 7 万円，B が 5 万円とするとき，A と B をそれぞれ何単位作ると，利益は最大となるか。

基本 122

指針 右のような表を作ると見通しがよくなる。
A を x 単位，B を y 単位として，式に表すと，

条件は x，y の 1 次不等式，
利益は $7x+5y$（万円）

条件の不等式が表す領域と直線 $7x+5y=k$ が共有点をもつような k の最大値が求めるものである。

	A 1 単位	B 1 単位	限度
電力	2	3	19
ガス	2	1	13
利益	7 万円	5 万円	

CHART 線形計画法　条件を x，y の連立不等式で表し，領域を図示

解答

A を x 単位，B を y 単位作るとすると

$$x \geqq 0,\ y \geqq 0$$

電力量，ガスの量の制限から

$$2x+3y \leqq 19,\ 2x+y \leqq 13$$

この条件のもとで，利益 $7x+5y$（万円）を最大にする x，y の値を求める。

連立不等式 $x \geqq 0$，$y \geqq 0$，$2x+3y \leqq 19$，$2x+y \leqq 13$ の表す領域 D は，右の図の斜線部分になる。ただし，境界線を含む。

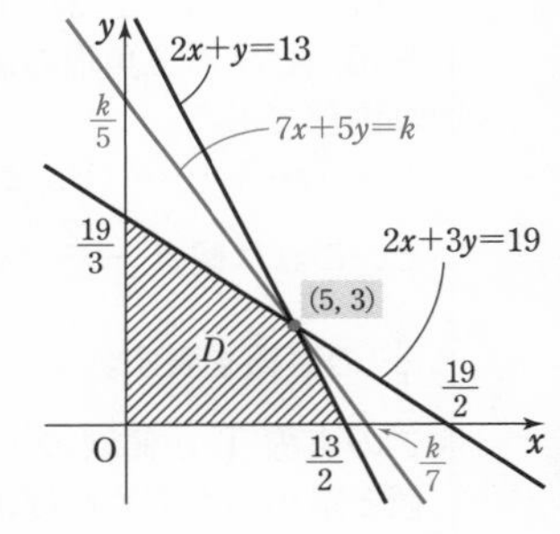

$7x+5y=k$ …… ① とおくと，この直線の傾きは $-\dfrac{7}{5}$ で，境界線 $2x+3y=19$，$2x+y=13$ の傾きについて $-2<-\dfrac{7}{5}<-\dfrac{2}{3}$ であるから，直線 ① が点 $(5,\ 3)$ を通るとき，k の値は最大となる。

よって，利益が最大になるのは **A を 5 単位，B を 3 単位作るときである。**

練習 ③123 ある工場で 2 種類の製品 A，B が，2 人の職人 M，W によって生産されている。製品 A については，1 台当たり組立作業に 6 時間，調整作業に 2 時間が必要である。また，製品 B については，組立作業に 3 時間，調整作業に 5 時間が必要である。いずれの作業も日をまたいで継続することができる。職人 M は組立作業のみに，職人 W は調整作業のみに従事し，かつ，これらの作業にかける時間は職人 M が 1 週間に 18 時間以内，職人 W が 1 週間に 10 時間以内と制限されている。4 週間での製品 A，B の合計生産台数を最大にしたい。その合計生産台数を求めよ。〔岩手大〕

線形計画法の解法

例題 **122**，**123** では，不等式の表す領域内の点 $(x,\ y)$ で 1 次式 $ax+by$ の最大値・最小値を求める問題を扱った。ここでは，例題 **123** を例に，もう少し詳しく見てみよう。

● なぜ "$=k$" とおくのか？

点 $(x,\ y)$ を領域 D 内の点としたときの $7x+5y$ の最大値を求めるが，領域 D 内の点は無数にあるから，その 1 つ 1 つに対して $7x+5y$ の値を計算して調べるのは不可能である。そこで，次のように考えてみよう。

例 1　$7x+5y=20$ となる $(x,\ y)$ は存在するか？

⟶ $7x+5y=20$ を変形すると　　$y=-\dfrac{7}{5}x+4$

よって，直線 $y=-\dfrac{7}{5}x+4$ 上にあり，かつ領域 D 内の点 $(x,\ y)$，例えば，$(0,\ 4)$，$\left(1,\ \dfrac{13}{5}\right)$，……，$\left(\dfrac{20}{7},\ 0\right)$ などはすべて，$7x+5y=20$ を満たす。

例 2　$7x+5y=60$ となる $(x,\ y)$ は存在するか？

⟶ $7x+5y=60$ を変形すると　　$y=-\dfrac{7}{5}x+12$

直線 $y=-\dfrac{7}{5}x+12$ と領域 D は共有点をもたないから，$7x+5y=60$ を満たす $(x,\ y)$ は存在しない。

直線 $y=-\frac{7}{5}x+4$ 上の点はすべて $7x+5y=20$ を満たす

y　$(0,\ 4)$　$\left(1,\ \frac{13}{5}\right)$　D　x　O　$\left(\frac{20}{7},\ 0\right)$

直線 $y=-\frac{7}{5}x+12$ は領域 D と共有点をもたない

このように考えると，$7x+5y=k$ とおき，直線 $y=-\dfrac{7}{5}x+\dfrac{k}{5}$ が領域 D と共有点をもつような k の値の範囲を調べることで，k の最大値を求めることができる。

● どのようなときに k が最大となるか？

この問題では，k の値が最大になるとき，直線 $y=-\dfrac{7}{5}x+\dfrac{k}{5}$ …… ① の y 切片 $\dfrac{k}{5}$ の値も最大になる。直線 ① と領域 D が共有点をもつように k の値を大きくしていくと，直線 ① は傾きが $-\dfrac{7}{5}$ のまま，y 軸の正の方向へ平行移動する。

境界線の直線の傾きを考慮すると，k の値を大きくしていったときに，直線 ① が領域 D から離れる直前，すなわち，点 $(5,\ 3)$ を通るとき，k の値が最大になる。

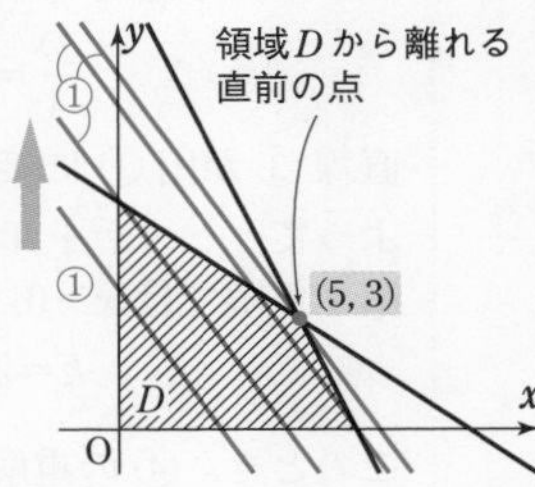

直線 $y=-\frac{7}{5}x+\frac{k}{5}$ を平行移動し，y 切片が最大となる領域内の点を見つける。

POINT　$f(x,\ y)$ の最大・最小

$f(x,\ y)=k$ とおいたグラフを，領域と共有点をもつように k を動かして，k の値が最大・最小となる点を見つける

基本例題 124 領域と1次式の最大・最小 (2)

x, y が2つの不等式 $x^2+y^2 \leqq 10$, $y \geqq -2x+5$ を満たすとき, $x+y$ の最大値および最小値を求めよ。

基本 122

指針 連立不等式の表す領域 A を図示し, $x+y=k$ とおいて, 直線 $x+y=k$ が領域 A と共有点をもつような k の値の範囲を調べる。境界線に円弧が現れるが, このような場合には, **領域の端の点** や **円弧との接点** で k の値が最大・最小になることが多い。

CHART 領域と最大・最小
多角形 ⟶ 頂点・境界線上の点
放物線・円 ⟶ 角(かど)の点, 接点
に注目

解答

$x^2+y^2=10$ …… ①, $y=-2x+5$ …… ② とする。
② を ① に代入すると $x^2+(-2x+5)^2=10$
整理して $x^2-4x+3=0$ よって $x=1, 3$
② から $x=1$ のとき $y=3$, $x=3$ のとき $y=-1$
ゆえに, 円 ① と直線 ② の共有点の座標は
$(1, 3)$, $(3, -1)$
連立不等式 $x^2+y^2 \leqq 10$, $y \geqq -2x+5$ の表す領域 A は図の斜線部分である。ただし, 境界線を含む。

$x+y=k$ …… ③
とおくと, これは傾き -1, y 切片 k の直線を表す。
図から, 直線 ③ が円 ① と第1象限で接するとき, k の値は最大になる。

◀直線 $y=-x+k$ を, 領域 A と共有点をもつように平行移動して, y 切片 k の値が最大となるところをさがす。

①, ③ を連立して $x^2+(k-x)^2=10$
整理して $2x^2-2kx+k^2-10=0$ …… ④
x の2次方程式 ④ の判別式を D とすると

$$\frac{D}{4}=(-k)^2-2(k^2-10)=-k^2+20$$

直線 ③ が円 ① に接するための条件は $D=0$
よって $-k^2+20=0$ ゆえに $k=\pm 2\sqrt{5}$
第1象限では $x>0$, $y>0$ であるから, ③ より $k>0$ で
$k=2\sqrt{5}$

このとき, ④ の重解は $x=-\dfrac{-2 \cdot 2\sqrt{5}}{2 \cdot 2}=\sqrt{5}$

◀2次方程式 $ax^2+bx+c=0$ が重解をもつとき, その重解は $x=-\dfrac{b}{2a}$

③ から $y=2\sqrt{5}-\sqrt{5}=\sqrt{5}$
次に, 直線 ② の傾きは -2, 直線 ③ の傾きは -1 で, $-2<-1$ であるから, 図より, k の値が最小となるのは, 直線 ③ が点 $(3, -1)$ を通るときである。

◀直線 ② と ③ の傾きを比較。

このとき, k の値は $3+(-1)=2$
したがって **$x=\sqrt{5}$, $y=\sqrt{5}$ のとき最大値 $2\sqrt{5}$;**
$x=3$, $y=-1$ のとき最小値 2

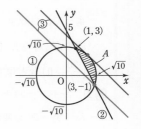

検討

“$=k$” とおいた直線と境界の直線や円の接線との傾きを比較

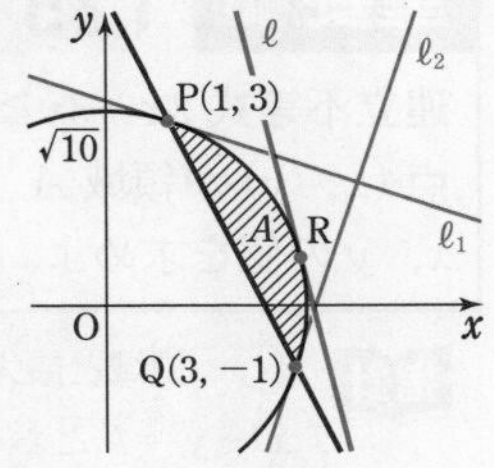

例題 **124** の領域 A と直線 ℓ：$y=mx+k$ が共有点をもつように，直線 ℓ を平行移動させたときの y 切片 k の値の最大値・最小値が，傾き m の値によってどのように変わるかを考えてみよう。

円 $x^2+y^2=10$ …… ① と直線 $y=-2x+5$ …… ② の共有点を P(1, 3), Q(3, −1) とする。また，直線 ℓ が弧 PQ 上で接するときの接点を R とする。

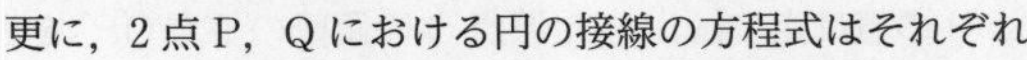

更に，2 点 P, Q における円の接線の方程式はそれぞれ

ℓ_1：$x+3y=10$, ℓ_2：$3x-y=10$

であるから，傾きはそれぞれ $-\dfrac{1}{3}$, 3 である。これと直線 PQ の傾き -2 を合わせた 3 つの傾きと，直線 ℓ の傾き m との大小関係によって，最大値・最小値を与える点は次のように分類される。

傾き m	[1] $m<-2$	[2] $m=-2$
	（図）	（図）
最大となる点	接点 R	接点 R
最小となる点	点 P	線分 PQ 上の点

◀[2] $m=-2$ のとき，k の値を最小にする点は，線分 PQ 上のすべての点である。

傾き m	[3] $-2<m<-\dfrac{1}{3}$	[4] $-\dfrac{1}{3}\leqq m\leqq 3$	[5] $3<m$
	（図）	（図）	（図）
最大となる点	接点 R	点 P	点 P
最小となる点	点 Q	点 Q	接点 R

練習 ③**124** 座標平面上で不等式 $x^2+y^2\leqq 2$, $x+y\geqq 0$ で表される領域を A とする。点 $(x,\ y)$ が A 上を動くとき，$4x+3y$ の最大値と最小値を求めよ。

p.210 EX77

重要例題 125 領域と 2 次式の最大・最小

連立不等式 $2x-3y \geqq -12$, $5x-y \leqq 9$, $x+5y \geqq 7$ の表す領域を A とする。点 $(x,\ y)$ が領域 A 上を動くとき，x^2+y^2 の最大値と最小値，およびそのときの x，y の値を求めよ。

基本 122

指針

領域と最大・最小　図示して，$=k$ の曲線の動きを追う

$x^2+y^2=k$ とおくと，$k\ (\geqq 0)$ の値は点 $\mathrm{P}(x,\ y)$ と原点 O の距離の平方 OP^2 を表す。よって，点 P は原点を中心とし，半径が $\sqrt{k}$ の円上にあると考えて，この円が領域 A と共有点をもつような半径 $\sqrt{k}$ の最大・最小を調べる。

ポイントとなるのは，**境界線の接点** と **領域の端の点** である。

解答

領域 A は，3 点 $(3,\ 6)$，$(2,\ 1)$，$(-3,\ 2)$ を頂点とする三角形の周および内部である。

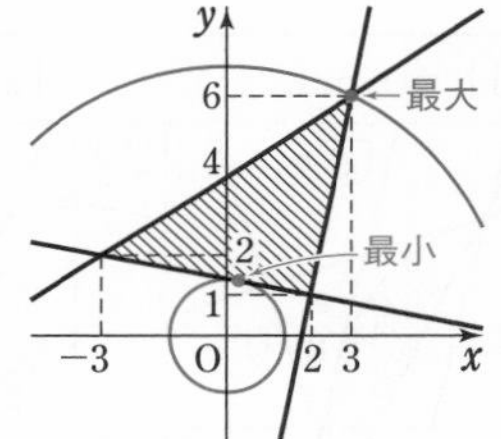

$x^2+y^2=k$ …… ① とおくと $k>0$ のとき，① は原点を中心とする半径 $\sqrt{k}$ の円を表す。

x^2+y^2 の値の範囲は，円 ① が領域 A と共有点をもつような k の値の範囲である。

図から，円 ① が点 $(3,\ 6)$ を通るとき，k の値は最大になり，その値は　　$k=3^2+6^2=45$

また，円 ① が直線 $x+5y=7$ …… ② に接するとき，k の値は最小になる。①，② から x を消去して整理すると

$$26y^2-70y+49-k=0 \quad \cdots\cdots ③$$

y の 2 次方程式 ③ の判別式を D とすると

$$\frac{D}{4}=(-35)^2-26\cdot(49-k)=26k-49$$

円 ① が直線 ② に接するための条件は　　$D=0$

よって，$26k-49=0$ から　　$k=\dfrac{49}{26}$

このとき，③ の重解は　　$y=-\dfrac{-70}{2\cdot 26}=\dfrac{35}{26}$

よって，② から　　$x=7-5\cdot\dfrac{35}{26}=\dfrac{7}{26}$

したがって　　**$x=3$，$y=6$ のとき最大値 45；**

$x=\dfrac{7}{26}$，$y=\dfrac{35}{26}$ のとき最小値 $\dfrac{49}{26}$

◀境界線の交点について
$2x-3y=-12$，
$5x-y=9$
の解は　$x=3$，$y=6$
$5x-y=9$，$x+5y=7$
の解は　$x=2$，$y=1$
$x+5y=7$，
$2x-3y=-12$
の解は　$x=-3$，$y=2$

◀半径が最大
$\Longleftrightarrow$ $(\text{半径})^2=k$ が最大

◀$(7-5y)^2+y^2=k$

◀**判別式を使わない方法。**
原点を通り，直線 ② に垂直な直線の方程式は
$5(x-0)-(y-0)=0$
ゆえに　$y=5x$
これと ② を連立して解くと　$x=\dfrac{7}{26}$，$y=\dfrac{35}{26}$
これが接点の座標である。
この値を ① に代入して，k の最小値が求められる。

練習 ④125　連立不等式 $y \leqq \dfrac{1}{2}x+3$，$y \leqq -5x+25$，$x \geqq 0$，$y \geqq 0$ の表す領域上を点 $(x,\ y)$ が動くとき，次の最大値と最小値を求めよ。　〔類 東京理科大〕

(1)　x^2+y^2　　　(2)　$x^2+(y-8)^2$

p.210 EX 78

重要例題 126 領域と分数式の最大・最小

x, y が 2 つの不等式 $x-2y+1\leqq 0$, $x^2-6x+2y+3\leqq 0$ を満たすとき, $\dfrac{y-2}{x+1}$ の最大値と最小値, およびそのときの x, y の値を求めよ。

基本 122

連立不等式の表す領域 A を図示し, $\dfrac{y-2}{x+1}=k$ とおいたグラフが領域 A と共有点をもつような k の値の範囲を調べる。この分母を払った $y-2=k(x+1)$ は, 点 $(-1,\ 2)$ を通り, 傾きが k の直線を表すから, 傾き k のとりうる値の範囲を考えればよい。

CHART 分数式 $\dfrac{y-b}{x-a}$ の最大・最小　$\dfrac{y-b}{x-a}=k$ とおき, 直線として扱う

解答

$x-2y+1=0$ …… ①, $x^2-6x+2y+3=0$ …… ②

とする。連立方程式 ①, ② を解くと

$$(x,\ y)=(1,\ 1),\ \left(4,\ \frac{5}{2}\right)$$

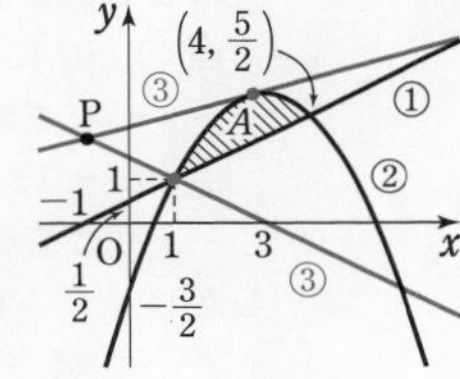

ゆえに, 連立不等式 $x-2y+1\leqq 0$, $x^2-6x+2y+3\leqq 0$ の表す領域 A は図の斜線部分である。ただし, 境界線を含む。

$\dfrac{y-2}{x+1}=k$ とおくと　$y-2=k(x+1)$

すなわち　$y=kx+k+2$ …… ③

③ は, 点 P$(-1,\ 2)$ を通り, 傾きが k の直線を表す。

◀ $k(x+1)-(y-2)=0$ は, $x=-1$, $y=2$ のとき k についての恒等式になる。 → k の値に関わらず定点 $(-1,\ 2)$ を通る。

図から, 直線 ③ が放物線 ② に第 1 象限で接するとき, k の値は最大となる。

②, ③ から y を消去して整理すると

$$x^2+2(k-3)x+2k+7=0$$

この x の 2 次方程式の判別式を D とすると

$$\frac{D}{4}=(k-3)^2-1\cdot(2k+7)=k^2-8k+2$$

直線 ③ が放物線 ② に接するための条件は $D=0$ であるから, $k^2-8k+2=0$ より　$k=4\pm\sqrt{14}$

第 1 象限で接するときの k の値は　$k=4-\sqrt{14}$

◀ $k=4+\sqrt{14}$ のときは, 第 3 象限で接する接線となる。

このとき, 接点の座標は　$(\sqrt{14}-1,\ 4\sqrt{14}-12)$

次に, 図から, 直線 ③ が点 $(1,\ 1)$ を通るとき, k の値は最小となる。このとき　$k=\dfrac{1-2}{1+1}=-\dfrac{1}{2}$

◀ $k=\dfrac{y-2}{x+1}$ に代入。

よって　**$x=\sqrt{14}-1$, $y=4\sqrt{14}-12$ のとき最大値 $4-\sqrt{14}$;**

$x=1$, $y=1$ のとき最小値 $-\dfrac{1}{2}$

練習 ④126 x, y が 2 つの不等式 $x+y-2\leqq 0$, $x^2+4x-y+2\leqq 0$ を満たすとき, $\dfrac{y-5}{x-2}$ の最大値と最小値, およびそのときの x, y の値を求めよ。

重要例題 127 図形の通過領域 (1)

直線 $y=2ax+a^2$ …… ① について，a がすべての実数値をとって変化するとき，直線 ① が通りうる領域を図示せよ。

指針 直線 ① の傾きは $2a$，y 切片は a^2 であり，a が実数値をとって変化すると，これらが同時に変化する。

例えば，　$a=0$ のとき　$y=0$，$a=1$ のとき　$y=2x+1$，

　　$a=2$ のとき　$y=4x+4$，$a=-1$ のとき　$y=-2x+1$

であるが，すべての a の値に対して直線 ① の方程式を調べることによって領域を求める，というのは不可能である。

そこで，見方を変える と，「直線 ① が点 $(x,\ y)$ を通る」とは，「点 $(x,\ y)$ を通る直線 ① がある」ということ。すなわち，「① が成り立つような実数 a がある」ということである。例えば，

点 $(0,\ 0)$ については，$0=2a\cdot 0+a^2$ とすると　$a=0$

　⟶ ① を成り立たせる実数 a があるから，点 $(0,\ 0)$ は求める領域に含まれる。

点 $(0,\ -1)$ については，$-1=2a\cdot 0+a^2$ とすると　$a^2=-1$

　⟶ ① を成り立たせる実数 a はないから，点 $(0,\ -1)$ は求める領域に含まれない。

しかし，すべての点に対して調べることはできないから，一般的には

　　直線 ① が点 $(x,\ y)$ を通る ⟺ ① を満たす実数 a が存在する

として文字 x，y のまま考える。すなわち，① を a について整理し，① が実数解をもつ条件を調べることで，**直線 ① が通る点 $(x,\ y)$ における x と y の関係式を導く。**

解答

① を a について整理すると

$$a^2+2x\cdot a-y=0 \quad \cdots\cdots ②$$

◀a の 2 次方程式と考える。

直線 ① が点 $(x,\ y)$ を通るための条件は，a の 2 次方程式 ② が実数解をもつことである。

よって，2 次方程式 ② の判別式を D とすると　$D\geqq 0$

◀実数解をもつ
⟺ 少なくとも 1 つの実数解をもつ
$D=0$ のとき 1 個
$D>0$ のとき 2 個

ここで　$\dfrac{D}{4}=x^2-1\cdot(-y)=x^2+y$

ゆえに，$x^2+y\geqq 0$ から　$y\geqq -x^2$

求める領域は，**右の図の斜線部分。ただし，境界線を含む。**

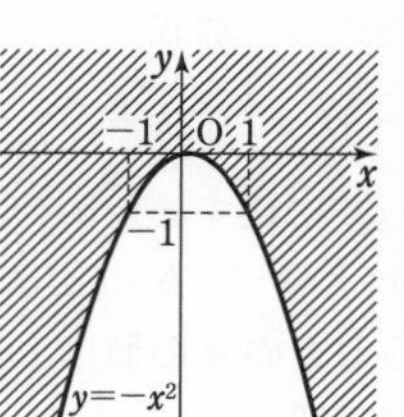

参考

・次ページの 別解 のように，まず **x を固定**，すなわち x をある定数と考え，$x=X$ とおいて進めていく解答も考えられる。

・解答の図の境界線 $y=-x^2$（これは，解答の D について $D=0$ として得られる式）は，a の値に関係なく直線 ① が常に接する曲線である。これを直線 ① の **包絡線** という。

練習 ④127 直線 $y=ax+\dfrac{1-a^2}{4}$ …… ① について，a がすべての実数値をとって変化するとき，直線 ① が通りうる領域を図示せよ。

参考事項 正像法と逆像法

次の簡単な問題をもとに説明しよう。

問題 関数 $y=-2x+1\ (-1\leqq x\leqq 2)$ の値域を求めよ。

解答 直線 $y=-2x+1$ は傾きが負（右下がり）の直線で
$x=-1$ のとき $y=3$，$x=2$ のとき $y=-3$ よって，値域は $\boldsymbol{-3\leqq y\leqq 3}$

この解答は，数学Ⅰで学習した解法である。ここで，集合の考えを導入すると，上の **問題** は，定義域の集合 $A=\{x|-1\leqq x\leqq 2\}$ の各要素 x に対して，$y=-2x+1$ という関係を満たす y 全体の集合 $B=\{y|-3\leqq y\leqq 3\}$（値域）を求める問題と捉えることができる。

上の **解答** は，（$y=-2x+1$ という関係をもとに）A の要素からそれに対応する B の要素を求めている。このようなアプローチ法を **正像法** と呼ぶことにする。

正像法
A
B
逆像法
定義域
値域

一方，逆に B の要素に焦点を当ててアプローチしていく方法（**逆像法** と呼ぶ）もある。逆像法の考えの根底にあるのは

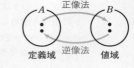

A の各要素について，対応する B の要素が定まるわけだから，
（逆に考えると）B の各要素には対応する A の要素が必ずある

ということである。上の **問題** を逆像法で解くと，次のようになる。

$y=k$ について，$k=-2x+1$ とすると $x=\dfrac{1-k}{2}$

この x の値が A に属するための条件は $-1\leqq\dfrac{1-k}{2}\leqq 2$

これを解いて $-3\leqq k\leqq 3$ …… ①

すなわち，k の値が ① の範囲にあるとき，対応する A の要素がある。

したがって，集合 B，すなわち求める値域は $\boldsymbol{-3\leqq y\leqq 3}$ である。 ◀k を y に戻す。

注意 最後は y の範囲として値域を答えるわけだから，$y=k$ とせずに文字 y のまま進めてもよい。

前ページの例題 **127** の解答は，逆像法によるものであるが，下の **別解** のように，まず **1文字 (x) を固定させる** 方法でも解答できる。なお，この方法は正像法にあたる。

例題 127 の 別解 ① において，$x=X$ のとき $y=2aX+a^2$
これを a の関数とみると $y=(a+X)^2-X^2$
y は $a=-X$ のとき最小値 $-X^2$ をとるから，a がすべての実数値をとって動くとき $y\geqq -X^2$
X はすべての実数値をとりうるから，X を x におき換えると $y\geqq -x^2$ となり，前ページの解答と同じ領域が得られる。

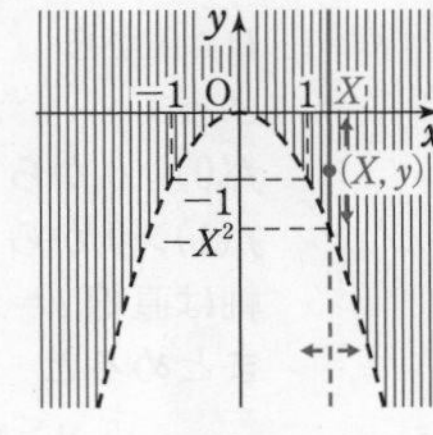

この **別解** の考え方の流れは，次のようになっている。

[1] **$x=X$ で固定** し，直線 $x=X$ 上で a を変化させて点 $(X,\ y)$ を動かすことで，y のとりうる値の範囲を求める ⟶ 点 $(X,\ y)$ 全体は半直線となる。

[2] 次に，**X を変化させて**，[1] の点 $(X,\ y)$ 全体からなる半直線を左右に移動させることによって，求める領域が得られる。

重要例題 128 図形の通過領域(2)

直線 $y=2tx-t^2+1$ …… ① について，t が $0\leqq t\leqq 1$ の範囲の値をとって変化するとき，直線 ① が通過する領域を図示せよ。

重要 127

指針 重要例題 **127** と同様，直線の通過領域を求める問題である。重要例題 **127** では，直線 $y=2ax+a^2$ の a がすべての実数値をとって変化するため，実数解条件 ($D\geqq 0$) だけで処理できたが，本問の t のとりうる値の範囲には制限 ($0\leqq t\leqq 1$) があるため，判別式だけで解くことはできない。

しかし，基本的な考え方は同じで，見方を変えて 考えればよい。つまり，逆像法で

直線 ① が点 $(x,\ y)$ を通る $\Longleftrightarrow$ ① を満たす実数 t ($0\leqq t\leqq 1$) が存在する

と考える。① を t について整理すると　$t^2-2xt+y-1=0$ …… ②

よって，t の 2 次方程式 ② が $0\leqq t\leqq 1$ を満たす解を（少なくとも 1 つ）もつような x，y の条件を求める。

$\longrightarrow$ $f(t)=t^2-2xt+y-1$ とし，放物線 $z=f(t)$ が $0\leqq t\leqq 1$ の範囲で t 軸と共有点をもつような条件を調べる（「チャート式基礎からの数学 I」の $p.214$ 重要例題 **130** 参照）。

なお，正像法による解答は，次ページの 別解 のようになる。別解 の方法では，2 次関数の最大・最小の問題として進められる分，考えやすいかもしれない。

解答

① を t について整理すると

$$t^2-2xt+y-1=0 \ \cdots\cdots \ ②$$

◀ t の 2 次方程式と考える。

直線 ① が点 $(x,\ y)$ を通るための条件は，t の 2 次方程式 ② が $0\leqq t\leqq 1$ の範囲に少なくとも 1 つの実数解をもつことである。

すなわち，次の [1]～[3] のいずれかの場合である。

② の判別式を D とし，$f(t)=t^2-2xt+y-1$ とする。

◀ 下に凸の放物線。軸は直線 $t=x$

(＊) 異なる 2 つの解または重解。

[1]　$0<t<1$ の範囲にすべての解(＊)をもつ場合

条件は　$D\geqq 0$，$f(0)>0$，$f(1)>0$，軸が $0<t<1$ の範囲にある

$D\geqq 0$ から　$(-x)^2-1\cdot(y-1)\geqq 0$

よって　$y\leqq x^2+1$

$f(0)>0$ から　$y-1>0$　　ゆえに　$y>1$

$f(1)>0$ から　$1-2x+y-1>0$　　よって　$y>2x$

軸は直線 $t=x$ であるから　$0<x<1$

まとめると

$$y\leqq x^2+1,\ y>1,\ y>2x,\ 0<x<1$$

[1]

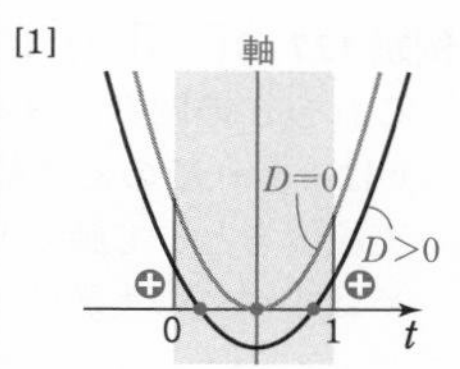

[2]　$0<t<1$ の範囲に解を 1 つ，$t<0$ または $1<t$ の範囲にもう 1 つの解をもつ場合

$f(0)f(1)<0$ から

$$(y-1)(y-2x)<0$$

ゆえに $\begin{cases} y>1 \\ y<2x \end{cases}$ または $\begin{cases} y<1 \\ y>2x \end{cases}$

[2]

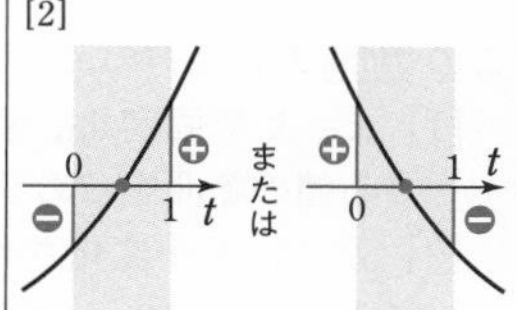

[3]　$t=0$ または $t=1$ を解にもつ場合　$f(0)f(1)=0$ から

$(y-1)(y-2x)=0$

よって　$y=1$ または $y=2x$

[1]～[3] から，求める領域は，**右の図の斜線部分。ただし，境界線を含む。**

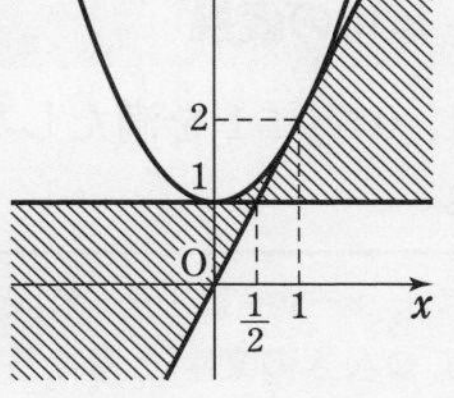

注意　$x^2+1=2x$ とすると，$(x-1)^2=0$ から　$x=1$（重解）　よって，放物線 $y=x^2+1$ と直線 $y=2x$ は点 $(1,\ 2)$ で接する。

別解　① において，$x=X$ のとき

$y=-t^2+2Xt+1=-(t-X)^2+X^2+1$ …… ㋐

$0\leqq t\leqq 1$ における t の関数 ㋐ のとりうる値の範囲を調べる。

◀ **$x=X$ で固定。**

◀ 上に凸の放物線。軸は直線 $t=X$

◀ **軸 $t=X$ の位置で場合分け** をする。

[1]　$X<0$ のとき

$t=0$ で最大値 1，
$t=1$ で最小値 $2X$

をとるから

$2X\leqq y\leqq 1$

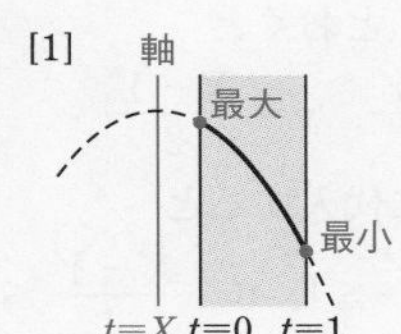

[1]　軸が区間 $0\leqq t\leqq 1$ の左外。

[2]　$0\leqq X<\frac{1}{2}$ のとき

$t=X$ で最大値 X^2+1，
$t=1$ で最小値 $2X$

をとるから

$2X\leqq y\leqq X^2+1$

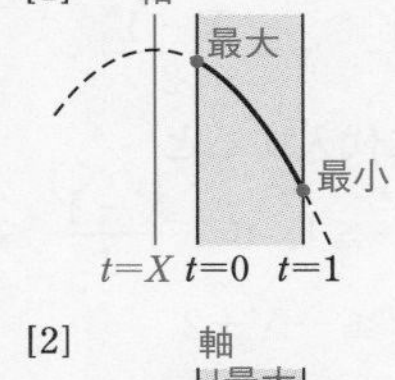

[2]　軸が区間 $0\leqq t\leqq 1$ の中央より左。
⟶ 軸から遠い方の端 $t=1$ で最小。

[3]　$\frac{1}{2}\leqq X\leqq 1$ のとき

$t=X$ で最大値 X^2+1，
$t=0$ で最小値 1

をとるから

$1\leqq y\leqq X^2+1$

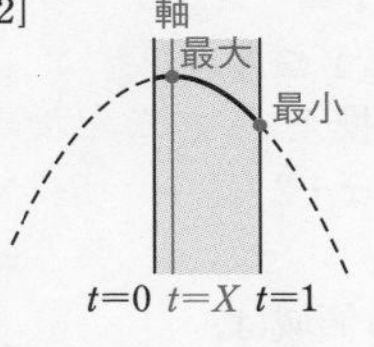

[3]　軸が区間 $0\leqq t\leqq 1$ の中央より右。
⟶ 軸から遠い方の端 $t=0$ で最小。

[4]　$1<X$ のとき

$t=1$ で最大値 $2X$，
$t=0$ で最小値 1

をとるから

$1\leqq y\leqq 2X$

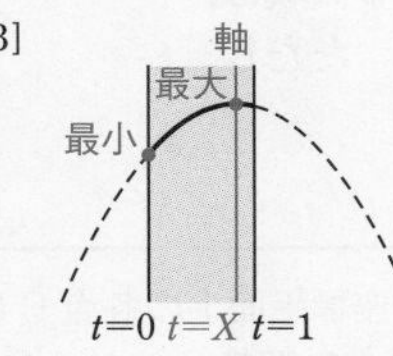

[4]　軸が区間 $0\leqq t\leqq 1$ の右外。

X はすべての実数値をとりうるから，求める領域は，上の [1]～[4] で X を x におき換えた不等式の表す領域を考えて，(*)
右の図の斜線部分。ただし，境界線を含む。

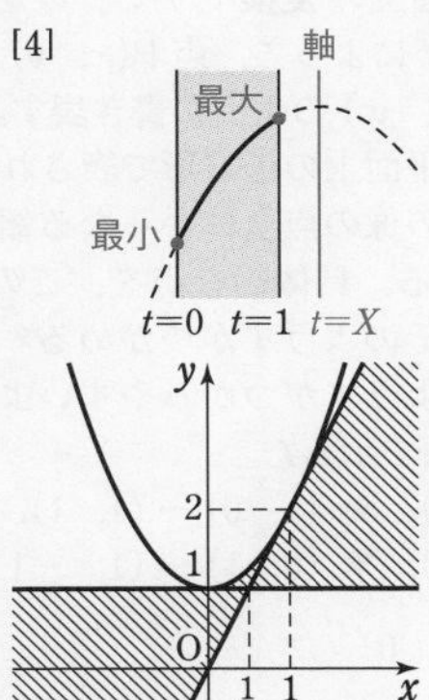

(*)最後に，**X を変化させる。**
$x<0$ のとき　$2x\leqq y\leqq 1$
$0\leqq x<\frac{1}{2}$ のとき
$2x\leqq y\leqq x^2+1$
$\frac{1}{2}\leqq x\leqq 1$ のとき
$1\leqq y\leqq x^2+1$
$1<x$ のとき　$1\leqq y\leqq 2x$

練習 ⑤128　直線 $y=-4tx+t^2-1$ …… ① について，t が $-1\leqq t\leqq 1$ の範囲の値をとって変化するとき，直線 ① が通過する領域を図示せよ。

p.210 EX79

重要例題 129 領域の変換

実数 x, y が $0 \leqq x \leqq 1$, $0 \leqq y \leqq 1$ を満たしながら変わるとき，点 $(x+y,\ x-y)$ の動く領域を図示せよ。

基本 110，118

指針 $x+y=X$ …… ①，$x-y=Y$ …… ② とおくと，求めるのは点 $(X,\ Y)$ の軌跡である。ここで，x, y は つなぎの文字 と考えられるから，**x, y を消去して，X, Y の関係式を導けばよい。**

CHART 領域の変換　つなぎの文字を消去して，X, Y の関係式を導く

解答

$x+y=X$, $x-y=Y$ とおくと

$$x=\frac{X+Y}{2},\quad y=\frac{X-Y}{2}$$

◀ x, y を X, Y で表す。

$0 \leqq x \leqq 1$, $0 \leqq y \leqq 1$ に代入すると

$$0 \leqq \frac{X+Y}{2} \leqq 1,\quad 0 \leqq \frac{X-Y}{2} \leqq 1$$

よって $\begin{cases} -X \leqq Y \leqq -X+2 \\ X-2 \leqq Y \leqq X \end{cases}$

◀ $0 \leqq X+Y \leqq 2$
$\iff -X \leqq Y \leqq -X+2$
$0 \leqq X-Y \leqq 2$
$\iff Y \leqq X$ かつ $X-2 \leqq Y$
$\iff X-2 \leqq Y \leqq X$

変数を x, y におき換えて

$$\begin{cases} -x \leqq y \leqq -x+2 \\ x-2 \leqq y \leqq x \end{cases}$$

◀ xy 平面上に図示するから，X, Y を x, y におき換える。

したがって，求める領域は，**右の図の斜線部分。ただし，境界線を含む。**

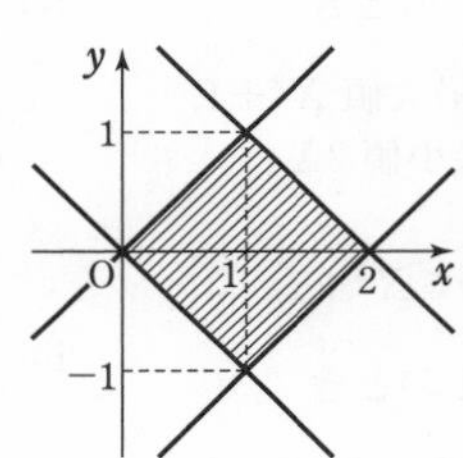

検討

領域の変換

ある対応によって，座標平面上の各点 P に，同じ平面上の点 Q がちょうど 1 つ定まるとき，この対応を座標平面上の **変換** といい，Q をこの変換による点 P の **像** という。

座標平面上の変換 f によって，点 $\mathrm{P}(x,\ y)$ が点 $\mathrm{Q}(x',\ y')$ に移るとき，この変換を **$f:(x,\ y) \longrightarrow (x',\ y')$** のように書き表す。

この例題は，座標平面上の正方形で表される領域内の点を $f:(x,\ y) \to (x+y,\ x-y)$ によって変換し，その像の点全体からなる領域を求める問題である。具体的な点を，この f で変換してみるとそのようすがつかめる。右の図では，変換のようすがつかみやすいように，2 つの座標平面で示した。

● $(0,\ 0) \to (0,\ 0)$，★ $(1,\ 0) \to (1,\ 1)$，
▲ $(1,\ 1) \to (2,\ 0)$，▼ $(0,\ 1) \to (1,\ -1)$，
◆ $\left(\dfrac{1}{2},\ \dfrac{1}{2}\right) \to (1,\ 0)$

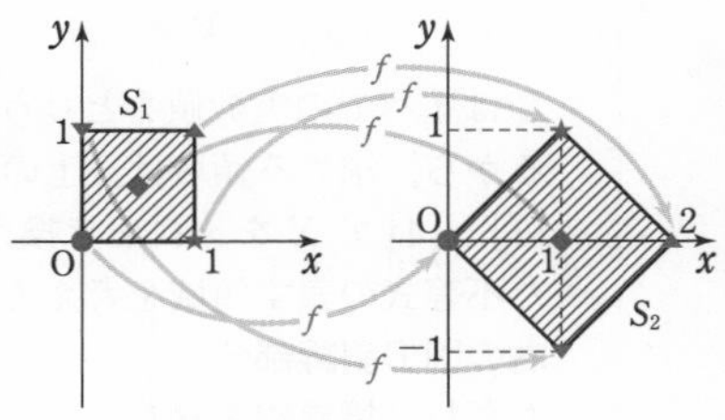

練習 ③129 実数 x, y が次の条件を満たしながら変わるとき，点 $(x+y,\ x-y)$ の動く領域を図示せよ。

(1) $-1 \leqq x \leqq 0$, $-1 \leqq y \leqq 1$　　(2) $x^2+y^2 \leqq 4$, $x \geqq 0$, $y \geqq 0$

重要例題 130 点 $(x+y,\ xy)$ の動く領域 ④④④④④

実数 x, y が $x^2+y^2 \leqq 1$ を満たしながら変わるとき，点 $(x+y,\ xy)$ の動く領域を図示せよ。

重要 129

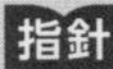

指針 $x+y=X$, $xy=Y$ とおいて，**X, Y の関係式** を導けばよい。

1. 条件式 $x^2+y^2 \leqq 1$ を X, Y で表す。
   → $x^2+y^2=(x+y)^2-2xy$ を使うと　　$X^2-2Y \leqq 1$
   しかし，これだけでは **誤り！**
2. x, y が実数として保証されるような X, Y の条件を求める。
   → x, y は 2 次方程式 $t^2-(x+y)t+xy=0$ すなわち $t^2-Xt+Y=0$ の 2 つの解であるから，その **実数条件** として
   判別式 $D=X^2-4Y \geqq 0$　　④ **実数条件に注意**

解答

$X=x+y$, $Y=xy$ とおく。

$x^2+y^2 \leqq 1$ から　　$(x+y)^2-2xy \leqq 1$　すなわち　$X^2-2Y \leqq 1$

したがって　　$Y \geqq \dfrac{X^2}{2}-\dfrac{1}{2}$ …… ①

また，x, y は 2 次方程式 $t^2-(x+y)t+xy=0$　すなわち $t^2-Xt+Y=0$ の 2 つの実数解であるから，判別式を D とすると　　$D \geqq 0$

◀ 2 数 α, β に対して $p=\alpha+\beta$, $q=\alpha\beta$ とすると，α, β を解とする 2 次方程式の 1 つは **$x^2-px+q=0$**

ここで　　$D=(-X)^2-4\cdot1\cdot Y=X^2-4Y$

よって，$X^2-4Y \geqq 0$ から

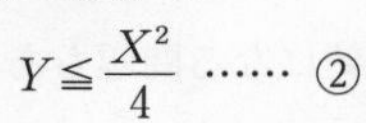

$$Y \leqq \frac{X^2}{4} \text{ …… ②}$$

①，② から　　$\dfrac{X^2}{2}-\dfrac{1}{2} \leqq Y \leqq \dfrac{X^2}{4}$

変数を x, y におき換えて

$$\frac{x^2}{2}-\frac{1}{2} \leqq y \leqq \frac{x^2}{4}$$

したがって，求める領域は，**右の図の斜線部分。ただし，境界線を含む。**

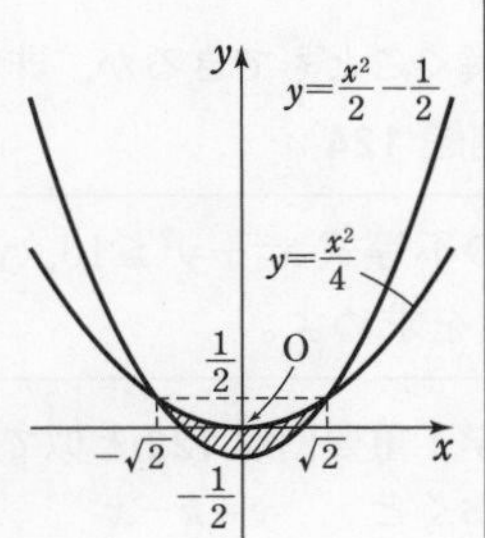

◀ $\dfrac{x^2}{2}-\dfrac{1}{2}=\dfrac{x^2}{4}$ とすると　$x=\pm\sqrt{2}$

検討

実数条件（上の指針の 2）が必要な理由

$x+y=X$, $xy=Y$ が実数であったとしても，それが $x^2+y^2 \leqq 1$ を満たす虚数 x, y に対応した X, Y の値という可能性がある。例えば，$x=\dfrac{1}{2}+\dfrac{1}{2}i$, $y=\dfrac{1}{2}-\dfrac{1}{2}i$ のとき $x+y=1$（実数），$xy=\dfrac{1}{2}$（実数）で，$x^2+y^2 \leqq 1$ を満たすが x, y は虚数である。このような $(x,\ y)$ を除外するために **実数条件** を考えているのである。

練習 ④130 座標平面上の点 $(p,\ q)$ は $x^2+y^2 \leqq 8$, $x \geqq 0$, $y \geqq 0$ で表される領域を動く。このとき，点 $(p+q,\ pq)$ の動く領域を図示せよ。

p.210 EX 80

参考事項 逆像法の考え方の使用例

$p.202$ 重要例題 **127**，および $p.203$ 参考事項で，逆像法の考え方を説明した。やや難しい問題ではあるが，$p.204$，205 重要例題 **128** の解答でも同様の考え方が用いられている。
また，$p.206$，207 の重要例題 **129**，**130** は領域の変換に関する問題であるが，変換後の座標を X，Y とおいて X，Y の存在範囲を求めていることから，これも逆像法の考え方が用いられているといえる。
実は，数学Ⅰで扱った問題でも逆像法の考え方を用いているものがあるので，解法とともに振り返ってみよう。

● **チャート式基礎からの数学Ⅰ $p.203$　重要例題 122**

> 実数 x，y が $x^2+y^2=2$ を満たすとき，$2x+y$ のとりうる値の最大値と最小値を求めよ。また，そのときの x，y の値を求めよ。

条件がある最大・最小問題では，**文字を減らす** 方針がまず思いつくが，条件式 $x^2+y^2=2$ から $y=\pm\sqrt{2-x^2}$ とし，$2x+y$ に代入して，$2x\pm\sqrt{2-x^2}$ の最大値，最小値を考えようとしても，行き詰まってしまう。
そこで，$2x+y=t$ とおいて，t のとりうる値の範囲を調べることで，最大値，最小値を求めた。まさに，逆像法の考え方が用いられている。
（t のとりうる値の範囲は，$y=t-2x$ を $x^2+y^2=2$ に代入し，得られた x についての 2 次方程式が実数解をもつ条件として，判別式 D が $D\geqq 0$ となる範囲として求める。）

一方で，逆像法で解くこともできるが，非常に煩雑になる問題もある。

● ***p*.198　基本例題 124**

> x，y が 2 つの不等式 $x^2+y^2\leqq 10$，$y\geqq -2x+5$ を満たすとき，$x+y$ の最大値および最小値を求めよ。

問題文は上の数学Ⅰ重要例題 **122** と似ているが，この問題を逆像法で解こうとすると

$x+y=k$ とおくと　　$y=k-x$

これを与えられた 2 つの不等式に代入して　$\begin{cases} x^2+(k-x)^2\leqq 10 \\ k-x\geqq -2x+5 \end{cases}$ ……（∗）

この x についての連立不等式（∗）の解が存在するための k の値の範囲を調べることになるが，非常に煩雑になることが予想できるだろう（解答編 $p.109$ の **検討** を参照）。

逆像法による解法は，計算を進めることで最大値や最小値を求めることができる有用な方法の 1 つではあるが，上の基本例題 **124** のような問題では，$p.198$ で示した領域の図示による解法が有効である。また，この解法は重要例題 **125**，**126** でも用いられているように，応用範囲の広い解法でもある。
以上，逆像法の考え方が使われている問題を振り返ったが，有用な場面がある一方で，処理が煩雑になる場合もあることが認識できただろうか？　1 つの解法にこだわらず，さまざまな解法の特徴や利点を把握し，解法を選択することが大切である。

基本例題 131 領域を利用した証明法 ②②②

x，y は実数とする。

(1) $x^2+y^2+2x<3$ ならば $x^2+y^2-2x<15$ であることを証明せよ。

(2) $x^2+y^2\leqq 5$ が $2x+y\geqq k$ の十分条件となる定数 k の値の範囲を求めよ。

p.194 基本事項 2

指針 (1) 与えられた命題は，式の変形だけでは証明しにくい。このようなときは，
領域を利用した証明法が有効。

この命題の仮定 p と結論 q の不等式を満たす点 $(x,\ y)$ 全体の集合を，それぞれ

$$P=\{(x,\ y)\,|\,x^2+y^2+2x<3\},\quad Q=\{(x,\ y)\,|\,x^2+y^2-2x<15\}$$

とすると「$p\Longrightarrow q$ が真である」$\Longleftrightarrow P\subset Q$ であるから，P，Q を図示することにより，らくに証明できる。

(2) 「$p\Longrightarrow q$ が真である」$\Longleftrightarrow$「p は q の十分条件」$\Longleftrightarrow P\subset Q$

したがって，ここでは，$\{(x,\ y)\,|\,x^2+y^2\leqq 5\}\subset\{(x,\ y)\,|\,2x+y\geqq k\}$ となるような k の値の範囲を，図をかいて求めればよい。

CHART x，y の不等式の証明　領域の包含関係利用 も有効

解答

(1) $x^2+y^2+2x<3 \Longleftrightarrow (x+1)^2+y^2<2^2$

$x^2+y^2-2x<15 \Longleftrightarrow (x-1)^2+y^2<4^2$

$P=\{(x,\ y)\,|\,(x+1)^2+y^2<2^2\}$，

$Q=\{(x,\ y)\,|\,(x-1)^2+y^2<4^2\}$

とすると，図から，$P\subset Q$ が成り立つ。

よって，$x^2+y^2+2x<3$ ならば

$x^2+y^2-2x<15$ が成り立つ。

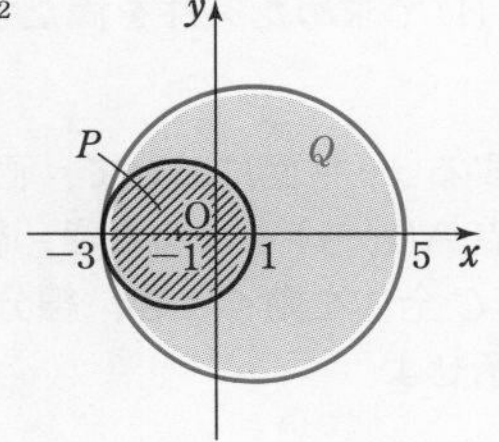

◀ P は円 $(x+1)^2+y^2=2^2$ の内部，Q は円 $(x-1)^2+y^2=4^2$ の内部。

(2) $P=\{(x,\ y)\,|\,x^2+y^2\leqq 5\}$，

$Q=\{(x,\ y)\,|\,2x+y\geqq k\}$ とすると

$x^2+y^2\leqq 5 \Longrightarrow 2x+y\geqq k$ が成り立つための条件は　$P\subset Q$

よって，図から

$k<0$　かつ　$\dfrac{|2\cdot 0+0-k|}{\sqrt{2^2+1^2}}\geqq\sqrt{5}$

ゆえに　$|-k|\geqq(\sqrt{5})^2$

よって　$k\leqq -5$，$5\leqq k$

$k<0$ との共通範囲をとって　**$k\leqq -5$**

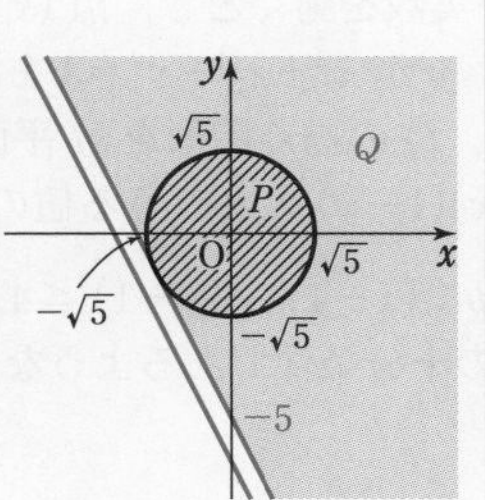

◀ $2x+y=k \Longleftrightarrow y=-2x+k$ 傾きが -2，y 切片が k の直線。

◀ (円の中心 $(0,\ 0)$ と直線の距離) $\geqq$ (円の半径)

◀ $|-k|=|k|$ であるから　$|k|\geqq 5$

練習 ② **131** x，y は実数とする。

(1) $x^2+y^2<4x-3$ ならば $x^2+y^2>1$ であることを証明せよ。

(2) $x^2+y^2\leqq 4$ が $x+3y\leqq k$ の十分条件となる定数 k の値の範囲を求めよ。

p.210 EX 81

EXERCISES

②76 右の(1), (2)の図の斜線の部分は，それぞれどのような連立不等式で表されるか。ただし，境界線はすべて含むものとする。 →118

(1)
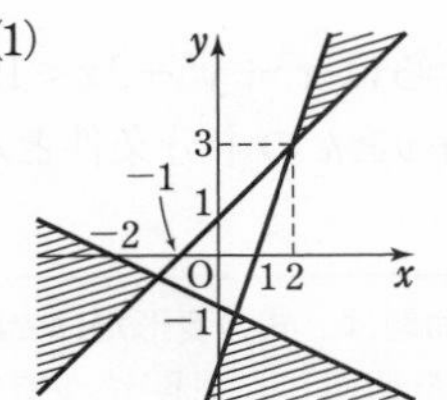

(2)
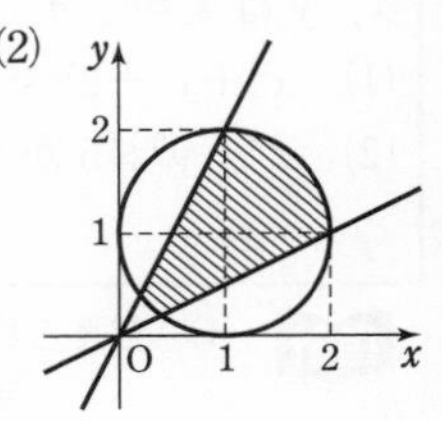

③77 連立不等式 $\begin{cases} x^2+y^2 \leqq 1 \\ (x-1)^2+(y-1)^2 \leqq 1 \end{cases}$ で表される領域を D とする。

(1) 領域 D を xy 平面上に図示せよ。また，その面積を求めよ。

(2) 点 $\mathrm{P}(x,\ y)$ が領域 D を動くとき，$\sqrt{3}\,x+y$ の最大値と最小値を求めよ。

〔類 岡山理科大〕 →124

③78 放物線 $y=x^2+ax+b$ により，xy 平面を 2 つの領域に分割する。

(1) 点 $(-1,\ 4)$ と点 $(2,\ 8)$ が放物線上にはなく別々の領域に属するような a，b の条件を求めよ。更に，その条件を満たす点 $(a,\ b)$ 全体が表す領域を ab 平面上に図示せよ。

(2) a，b が(1)で求めた条件を満たすとき，a^2+b^2 がとりうる値の範囲を求めよ。

〔愛知教育大〕 →121, 125

④79 O を原点とする xy 平面において，直線 $y=1$ の $|x| \geqq 1$ を満たす部分を C とする。

(1) C 上に点 $\mathrm{A}(t,\ 1)$ をとるとき，線分 OA の垂直二等分線の方程式を求めよ。

(2) 点 A が C 全体を動くとき，線分 OA の垂直二等分線が通過する範囲を求め，それを図示せよ。

〔筑波大〕 →128

④80 2 つの数 x，y に対し，$s=x+y$，$t=xy$ とおく。

(1) x，y が実数を動くとき，点 $(s,\ t)$ の存在範囲を st 平面上に図示せよ。

(2) 実数 x，y が $x^2+xy+y^2=3$ を満たしながら変化するとする。

(ア) 点 $(s,\ t)$ の描く図形を st 平面上に図示せよ。

(イ) $(1-x)(1-y)$ のとりうる値の範囲を求めよ。 →124, 130

③81 2 つの条件 $p：(x-1)^2+(y-1)^2 \leqq 4$，$q：|x|+|y| \leqq r$ を考える。ただし，$r>0$ とする。q が p の十分条件であるような定数 r の値の範囲を求めよ。 〔類 慶応大〕

→131

77 (2) $\sqrt{3}\,x+y=k$ とおいた直線が D と共有点をもつような k の値の範囲を調べる。

78 (1) $f(x,\ y)=x^2+ax+b-y$ とすると，$f(-1,\ 4)\cdot f(2,\ 8)<0$ が条件。

(2) $a^2+b^2=k$ とおき，この方程式が表す円の半径を考える。

79 (2) t の 2 次方程式が $|t| \geqq 1$ の範囲に実数解をもつための条件を求める。実数解をもつ条件を全体集合ととらえ，全体から $|t|<1$ の場合を除く，と考える。

80 (1) x，y は 2 次方程式 $u^2-su+t=0$ の解である。この方程式の判別式を利用。

(2) (ア) $x^2+xy+y^2=3$ を s，t で表す。(1)で求めた範囲にも注意。

(イ) $(1-x)(1-y)=k$ とおき，s，t，k の式で表す。これは st 平面上では直線を表す。

81 条件 p，q を満たす集合がそれぞれ P，Q であるとき，命題「$q \Longrightarrow p$」が真 $\Longleftrightarrow$ $Q \subset P$ である。

数学Ⅱ 第4章

三角関数

SELECT STUDY

- **基本定着コース**……教科書の基本事項を確認したいきみに
- **精選速習コース**……入試の基礎を短期間で身につけたいきみに
- **実力練成コース**……入試に向け実力を高めたいきみに

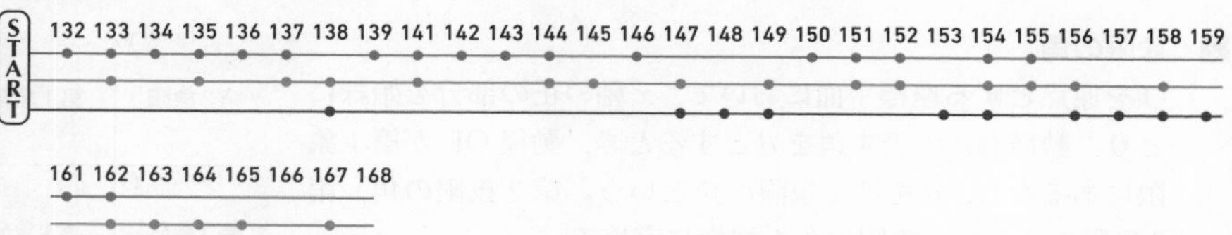

例題一覧

		番号	例題	難易度
20	基本	132	動径の表す角	①
	基本	133	弧度法，扇形の弧の長さと面積	①
21	基本	134	三角関数の値 (1)	①
	基本	135	三角関数の相互関係	②
	基本	136	三角関数の相互関係の利用	②
	基本	137	$\sin\theta$，$\cos\theta$ の対称式・交代式の値	②
	重要	138	解が三角関数で表される2次方程式	③
22	基本	139	三角関数の値 (2)	①
	基本	140	三角関数のグラフ (1)	①
	基本	141	三角関数のグラフ (2)	②
23	基本	142	三角方程式の解法	②
	基本	143	三角不等式の解法	②
	基本	144	三角方程式・不等式の解法 (1)	②
	基本	145	三角方程式・不等式の解法 (2)	③
	基本	146	三角関数の最大・最小 (1)	②
	基本	147	三角関数の最大・最小 (2)	③
	重要	148	三角方程式の解の存在条件	④
	重要	149	三角方程式の解の個数	④
24	基本	150	三角関数の加法定理	①
	基本	151	$\alpha\pm\beta$ の三角関数の値	②
	基本	152	2直線のなす角	②
	基本	153	点の回転	③
25	基本	154	2倍角，半角の公式	③
	基本	155	三角方程式・不等式の解法 (3)	②
	基本	156	3倍角の公式の利用	③
	重要	157	円周率 π に関する不等式の証明	④
26	基本	158	和と積の公式	③
	基本	159	三角方程式の解法 (和と積の公式の利用)	③
27	基本	160	三角関数の合成	①
	基本	161	三角方程式・不等式の解法 (4)	②
	基本	162	三角関数の最大・最小 (3)	②
	基本	163	三角関数の最大・最小 (4)	③
	基本	164	三角関数の最大・最小 (5)	③
	重要	165	2次同次式の最大・最小	④
	重要	166	三角関数に関する領域の図示	④
	重要	167	図形への応用 (1)	④
	重要	168	図形への応用 (2)	④

20 一般角と弧度法

基本事項

1 一般角

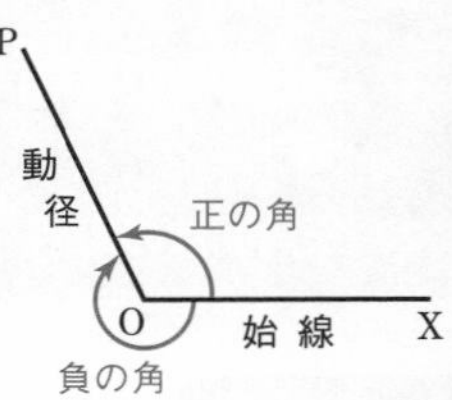

平面上で，点 O を中心として半直線 OP を回転させるとき，この半直線 OP を **動径** といい，その最初の位置を示す半直線 OX を **始線** という。

時計の針の回転と逆の向き（正の向き）に測った角を **正の角**，時計の針の回転と同じ向き（負の向き）に測った角を **負の角** という。

回転の向きと大きさを表す量として拡張した角を **一般角** という。また，一般角 θ に対して，始線 OX から角 θ だけ回転した位置にある動径 OP を，**θ の動径** という。

2 象限の角

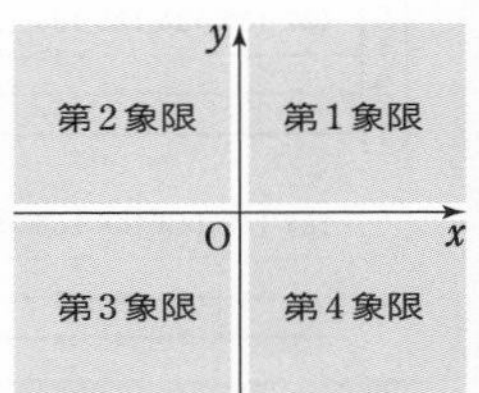

O を原点とする座標平面において，x 軸の正の部分を始線にとり，動径 OP の表す角を θ とするとき，動径 OP が第 1 象限にあるなら，θ を第 1 象限の角という。第 2 象限の角，第 3 象限の角，第 4 象限の角も同様に定める。

解　説

■ 動径の表す角

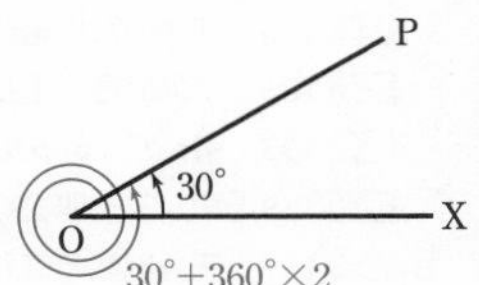

始線の位置を決めたとき，角が定まると動径の位置が決まる。しかし，動径の位置を定めても動径の位置を表す角は 1 つに決まらない。例えば，30° の動径 OP と 750° の動径は一致する。

一般に，動径 OP と始線 OX のなす角の 1 つを α とすると，動径 OP の表す角は，$\boldsymbol{\alpha+360^\circ\times n}$（**$n$ は整数**）と表される。

■ 象限の角

例えば，動径 OP が第 3 象限にあるとき，θ を第 3 象限の角という。

なお，動径 OP が座標軸に重なるときは，θ はどの象限の角でもないとする。

例　(1)　150°　　第 2 象限の角

(2)　$-480^\circ=-120^\circ+360^\circ\times(-1)=240^\circ+360^\circ\times(-2)$　　第 3 象限の角

(3)　$1000^\circ=-80^\circ+360^\circ\times3=280^\circ+360^\circ\times2$　　第 4 象限の角

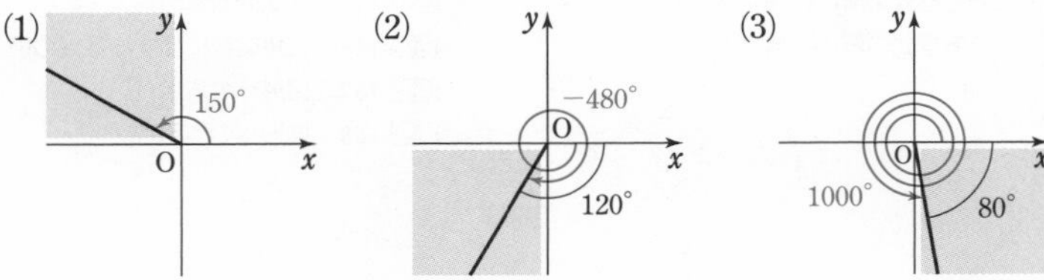

基本事項

3 弧度法

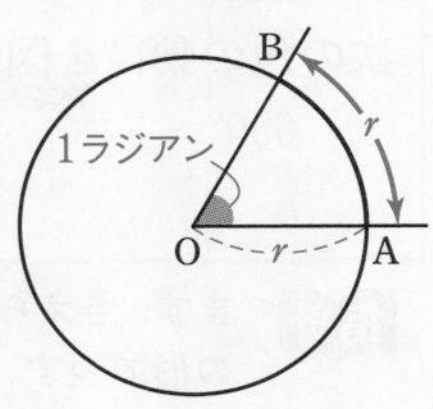

半径 r の円で，半径に等しい長さの弧 AB に対する中心角の大きさは，半径 r に関係なく一定である。この角の大きさを 1 ラジアン(1 弧度)といい，1 ラジアンを単位とする角の大きさの表し方を **弧度法** という。これに対し，直角を 90° とする角の大きさの表し方を **度数法** という。

4 扇形の弧の長さと面積

半径 r，中心角 θ (ラジアン) の扇形について

① 弧の長さ l 　$\boldsymbol{l=r\theta}$ 　　② 面積 S 　$\boldsymbol{S=\frac{1}{2}r^2\theta=\frac{1}{2}rl}$

解　説

■ 弧度法

半径 r の円で，長さが r である弧に対する中心角の大きさを a° とすると，弧の長さと中心角の大きさは比例するから $\frac{r}{2\pi r}=\frac{a^\circ}{360^\circ}$

◀円周 $2\pi r$，中心角 360°；弧の長さ r，中心角 a°

よって　$a^\circ=\frac{360^\circ}{2\pi}=\left(\frac{180}{\pi}\right)^\circ \fallingdotseq 57.3^\circ$

◀半径 r に関係なく一定。

つまり，　**1 ラジアン**$\boldsymbol{=\left(\frac{180}{\pi}\right)^\circ}$，$\boldsymbol{180^\circ=\pi}$ **ラジアン**　である。

一般に，$a^\circ=\frac{\pi}{180}\cdot a$ ラジアン，θ ラジアン $=\left(\frac{180}{\pi}\cdot\theta\right)^\circ$ が成り立つ。

なお，**角の大きさを弧度法で表すときは，普通，単位のラジアンを省略する。**

度数法	0°	30°	45°	60°	90°	120°	135°	150°	180°	270°	360°
弧度法	0	$\frac{\pi}{6}$	$\frac{\pi}{4}$	$\frac{\pi}{3}$	$\frac{\pi}{2}$	$\frac{2}{3}\pi$	$\frac{3}{4}\pi$	$\frac{5}{6}\pi$	π	$\frac{3}{2}\pi$	2π

■ 扇形の弧の長さ

弧の長さを l とすると，弧の長さは中心角の大きさに比例するから

$\frac{l}{2\pi r}=\frac{\theta}{2\pi}$ 　　よって　$\boldsymbol{l=r\theta}$

◀半径 r の円周は $2\pi r$，中心角は 2π

■ 扇形の面積

扇形の面積を S とすると，扇形の面積も中心角の大きさに比例するから　$\frac{S}{\pi r^2}=\frac{\theta}{2\pi}$

◀半径 r の円の面積は πr^2，中心角は 2π

よって　$\boldsymbol{S=\frac{1}{2}r^2\theta}$ $\left(l=r\theta\text{ から，}\boldsymbol{S=\frac{1}{2}r\cdot r\theta=\frac{1}{2}rl}\text{ とも表される}\right)$

例　半径 6，中心角 $\frac{2}{3}\pi$ の扇形の弧の長さと面積は

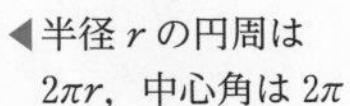
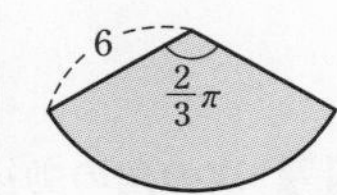

弧の長さ　$l=r\theta=6\times\frac{2}{3}\pi=\boldsymbol{4\pi}$

面積　$S=\frac{1}{2}r^2\theta=\frac{1}{2}\times6^2\times\frac{2}{3}\pi=\boldsymbol{12\pi}$

または　$S=\frac{1}{2}rl=\frac{1}{2}\times6\times4\pi=\boldsymbol{12\pi}$

基本 例題 132 動径の表す角

次の角の動径を図示せよ。また，第何象限の角か答えよ。

(1) 650°　　(2) 800°　　(3) −630°　　(4) −1280°

p.212 基本事項 1，2

指針 まず，与えられた角を $\alpha+360°\times n$ ($0°\leqq\alpha<360°$, n は整数）の形で表す。このとき，与えられた角を **360° で割った余り** を α として考えるとよい。
また，「第何象限の角か」とは，角を表す動径が第何象限にあるかということである。なお，動径が座標軸に重なるときは，どの象限の角でもない。

第2象限	第1象限
第3象限	第4象限

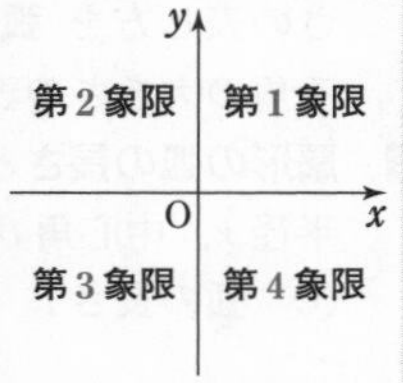

解答 動径を OP とする。

(1) $650°=290°+360°$　　〔図(1)〕 **第4象限**

(2) $800°=80°+360°\times2$　　〔図(2)〕 **第1象限**

(3) $-630°=90°+360°\times(-2)$
〔図(3)〕，**どの象限の角でもない**

(4) $-1280°=160°+360°\times(-4)$
〔図(4)〕，**第2象限**

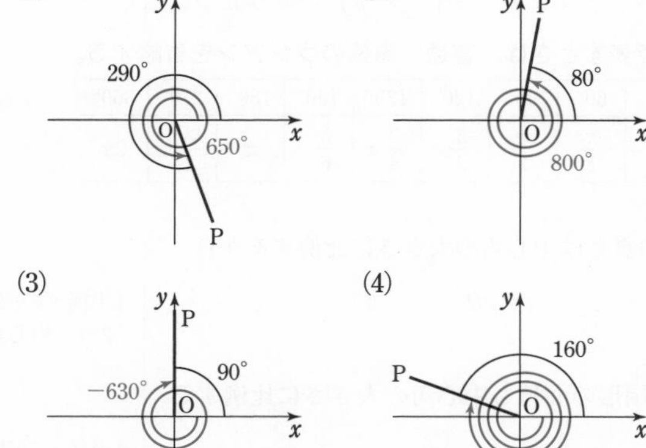

◀ $290°=90°\times3+20°$ から，第4象限。

◀ 動径は y 軸上。

◀ $160°=90°+70°$ から，第2象限。

動径 OP の表す角を，**$\alpha+360°\times n$ (n は整数)** の形に表すとき，α は $0°\leqq\alpha<360°$ の範囲にとることが多い。
また，回転の向きは
⟶ 正の角なら **左回り**（反時計回り）
⟶ 負の角なら **右回り**（時計回り）
である。なお，
(1) $-70°+360°\times2$
(3) $-270°+360°\times(-1)$
(4) $-200°+360°\times(-3)$
として，動径の位置を考えてもよい。

練習 ①132 次の角の動径を図示せよ。また，第何象限の角か答えよ。

(1) 580°　　(2) 1200°　　(3) −540°　　(4) −780°

p.223 EX 82

基本例題 133 弧度法，扇形の弧の長さと面積

(1) 次の角を，度数は弧度に，弧度は度数に，それぞれ書き直せ。

(ア) $72°$　(イ) $-320°$　(ウ) $\dfrac{4}{15}\pi$　(エ) $-\dfrac{13}{4}\pi$

(2) 半径 4，中心角 $150°$ の扇形の弧の長さと面積を求めよ。 p.213 基本事項 3，4

指針 (1) 1 ラジアン$=\left(\dfrac{180}{\pi}\right)^{\circ} \Longleftrightarrow 1°=\dfrac{\pi}{180}$ ラジアン であるから，換算式は

度数 ⟶ 弧度：$\alpha°=\dfrac{\pi}{180}\alpha$ ラジアン，　弧度 ⟶ 度数：θ ラジアン$=\left(\dfrac{180}{\pi}\cdot\theta\right)^{\circ}$

ただし，**弧度を度数に直すときは，$\pi=180°$ として計算する方が早い。**

(2) 半径 r，中心角 θ（ラジアン）の **扇形の弧の長さと面積は**

弧の長さ　$l=r\theta$　　**面積**　$S=\dfrac{1}{2}r^2\theta=\dfrac{1}{2}rl$

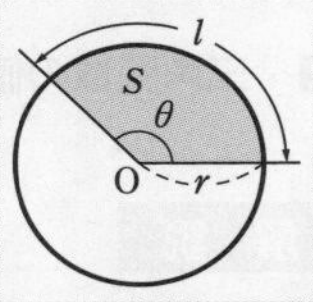

ただし，この公式の角は **弧度法** によるものであるから，まず，中心角 $150°$ を弧度に直してから，公式を利用する。

解答

(1) (ア) $72°=\dfrac{\pi}{180}\times72=\boldsymbol{\dfrac{2}{5}\pi}$

(イ) $-320°=\dfrac{\pi}{180}\times(-320)=\boldsymbol{-\dfrac{16}{9}\pi}$

(ウ) $\dfrac{4}{15}\pi=\dfrac{4}{15}\times180°=\boldsymbol{48°}$

(エ) $-\dfrac{13}{4}\pi=-\dfrac{13}{4}\times180°=\boldsymbol{-585°}$

(2) $150°$ を弧度法で表すと

$150°=\dfrac{\pi}{180}\times150=\dfrac{5}{6}\pi$

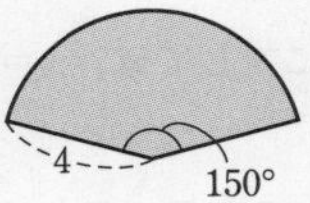

よって，**弧の長さは**

$4\times\dfrac{5}{6}\pi=\boldsymbol{\dfrac{10}{3}\pi}$

面積は　$\dfrac{1}{2}\times4^2\times\dfrac{5}{6}\pi=\boldsymbol{\dfrac{20}{3}\pi}$

◀換算式に当てはめて
$\dfrac{4}{15}\pi=\left(\dfrac{180}{\pi}\times\dfrac{4}{15}\pi\right)^{\circ}$
$=48°$
としてもよいが，
$\pi=180°$ を用いた方が，計算がらく。

◀$l=r\theta$

◀$S=\dfrac{1}{2}r^2\theta$
公式 $S=\dfrac{1}{2}rl$ を用いると
$S=\dfrac{1}{2}\times4\times\dfrac{10}{3}\pi=\dfrac{20}{3}\pi$

練習 ①133 (1) 次の角を，度数は弧度に，弧度は度数に，それぞれ書き直せ。

(ア) $84°$　(イ) $-750°$　(ウ) $\dfrac{7}{12}\pi$　(エ) $-\dfrac{56}{45}\pi$

(2) 半径 6，中心角 $108°$ の扇形の弧の長さ l と面積 S を求めよ。

21 三 角 関 数

基本事項

1 一般角の三角関数の定義

座標平面上で，x 軸の正の部分を始線にとり，一般角 θ の動径と，原点を中心とする半径 r の円との交点 P の座標を $(x,\ y)$ とするとき

正弦　$\boldsymbol{\sin\theta=\frac{y}{r}}$　　余弦　$\boldsymbol{\cos\theta=\frac{x}{r}}$　　正接　$\boldsymbol{\tan\theta=\frac{y}{x}}$

ただし，$\theta=\frac{\pi}{2}+n\pi$（$n$ は整数）に対しては，$\tan\theta$ の値を定義しない。

2 三角関数の値域　　$\boldsymbol{-1\leqq\sin\theta\leqq1}$，$\boldsymbol{-1\leqq\cos\theta\leqq1}$，**$\tan\theta$ は実数全体**

解 説

■ 一般角の三角関数

座標平面上で，x 軸の正の部分を始線にとり，一般角 θ の動径と，原点を中心とする半径 r の円との交点 P の座標を $(x,\ y)$ とすると，$\frac{y}{r}$，$\frac{x}{r}$，$\frac{y}{x}$ の各値は円の半径 r に無関係で，角 θ だけによって定まる。

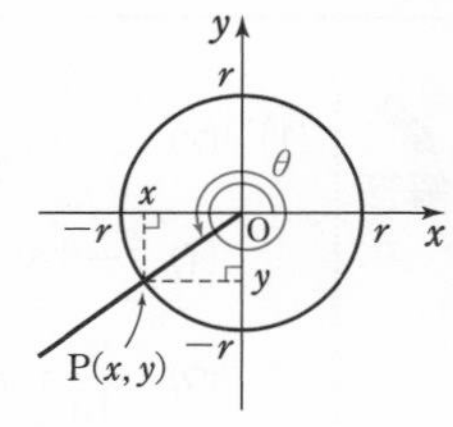

そこで，三角比の場合（数学 I で学習）と同様に

$\boldsymbol{\sin\theta=\frac{y}{r}}$，$\boldsymbol{\cos\theta=\frac{x}{r}}$，$\boldsymbol{\tan\theta=\frac{y}{x}}$ と定め，これらをそれぞれ，一般角 θ の **正弦，余弦，正接** という。

◀この定義から，$\boldsymbol{x=r\cos\theta}$，$\boldsymbol{y=r\sin\theta}$ が成り立つ。

なお，$\theta=\frac{\pi}{2}+n\pi$（$n$ は整数）に対しては，$x=0$ となるから，$\tan\theta$ の値を定義しない。

$\sin\theta$，$\cos\theta$，$\tan\theta$ は θ の関数である。これらをまとめて **三角関数** という。

三角関数の値の符号は，その角 θ の動径が，どの象限に含まれるかで決まる。これを図示すると，右のようになる。

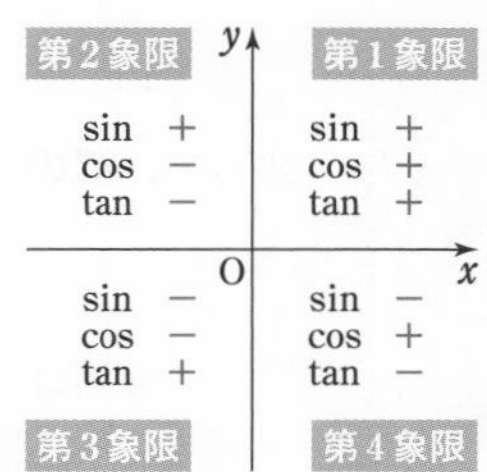

■ 三角関数の値域

原点を中心とする半径 1 の円を **単位円** という。

右の図のように，角 θ の動径と単位円の交点を $\mathrm{P}(x,\ y)$ とし，直線 OP と直線 $x=1$ の交点を $\mathrm{T}(1,\ m)$ とすると

$$\sin\theta=\frac{y}{1}=y,\ \cos\theta=\frac{x}{1}=x,\ \tan\theta=\frac{y}{x}=\frac{m}{1}=m$$

よって　　$\boldsymbol{y=\sin\theta}$，$\boldsymbol{x=\cos\theta}$，$\boldsymbol{m=\tan\theta}$

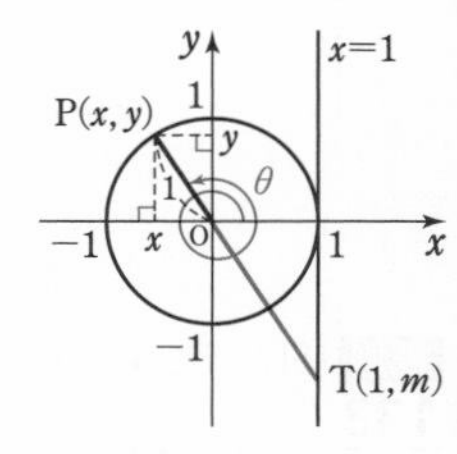

右の図において，点 $\mathrm{P}(x,\ y)$ が単位円の周上を動き，それに伴って，点 $\mathrm{T}(1,\ m)$ は直線 $x=1$ 上のすべての点を動くから

$-1\leqq x\leqq1$，$-1\leqq y\leqq1$，m は任意の実数値をとる。

ゆえに　　$\boldsymbol{-1\leqq\sin\theta\leqq1}$，$\boldsymbol{-1\leqq\cos\theta\leqq1}$，**$\tan\theta$ は任意の実数値をとる。**

基本事項

3 三角関数の相互関係

① $\tan\theta=\dfrac{\sin\theta}{\cos\theta}$　　② $\sin^2\theta+\cos^2\theta=1$　　③ $1+\tan^2\theta=\dfrac{1}{\cos^2\theta}$

解　説

■ 三角関数の相互関係

一般角 θ の動径と，原点を中心とする半径 r の円との交点を $\mathrm{P}(x,\ y)$ とすると　$\sin\theta=\dfrac{y}{r}$，$\cos\theta=\dfrac{x}{r}$，$\tan\theta=\dfrac{y}{x}$

であるから，$\cos\theta\neq 0$ のとき

① $\tan\theta=\dfrac{y}{x}=\left(\dfrac{y}{r}\right)\div\left(\dfrac{x}{r}\right)=\dfrac{\sin\theta}{\cos\theta}$

$\sin^2\theta+\cos^2\theta=\left(\dfrac{y}{r}\right)^2+\left(\dfrac{x}{r}\right)^2=\dfrac{x^2+y^2}{r^2}$

ここで，点Pは円 $x^2+y^2=r^2$ の周上の点であるから

② $\sin^2\theta+\cos^2\theta=\dfrac{r^2}{r^2}=1$ …… Ⓐ

また，$\cos\theta\neq 0$ のとき，Ⓐ の両辺を $\cos^2\theta$ で割ると

$\left(\dfrac{\sin\theta}{\cos\theta}\right)^2+1=\dfrac{1}{\cos^2\theta}$　すなわち　③ $1+\tan^2\theta=\dfrac{1}{\cos^2\theta}$

ゆえに，数学Ⅰで学んだ三角比の場合と同様に，一般角の三角関数についても，上の ①～③ の公式が成り立つ。

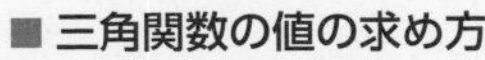

■ 三角関数の値の求め方

θ の属する象限と，$\sin\theta$, $\cos\theta$, $\tan\theta$ のうち 1 つの値が与えられれば，他の 2 つの値はただ 1 通りに定まる（p.219 基本例題 **135** で学習する）。

$\tan\theta=\dfrac{\sin\theta}{\cos\theta}$ …… ①，　$\sin^2\theta+\cos^2\theta=1$ …… ②，

$1+\tan^2\theta=\dfrac{1}{\cos^2\theta}$ …… ③

とすると，次のような順で他の 2 つの値を定めることができる。

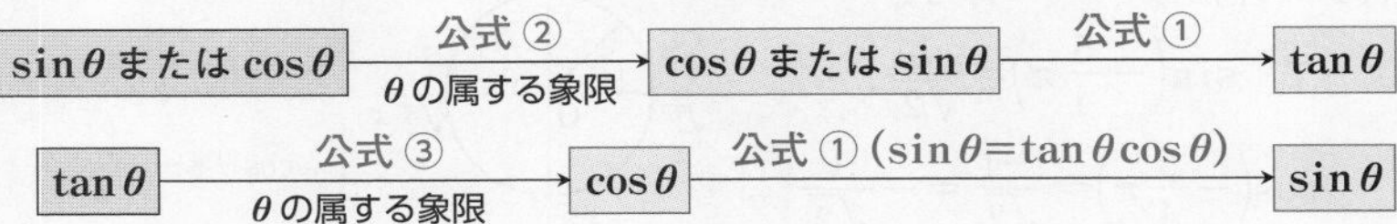

例　θ が第 2 象限の角で，$\sin\theta=\dfrac{4}{5}$ のとき，$\cos\theta$，$\tan\theta$ の値を求める。

$\sin^2\theta+\cos^2\theta=1$ から　$\cos^2\theta=1-\sin^2\theta=1-\left(\dfrac{4}{5}\right)^2=\dfrac{9}{25}$　← 公式 ②

θ は第 2 象限の角であるから　$\cos\theta<0$

よって　$\cos\theta=-\sqrt{\dfrac{9}{25}}=-\dfrac{3}{5}$

また　$\tan\theta=\dfrac{\sin\theta}{\cos\theta}=\dfrac{4}{5}\div\left(-\dfrac{3}{5}\right)=-\dfrac{4}{3}$

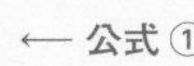

基本例題 134 三角関数の値 (1) … 定義から

①①①①①

θ が次の値のとき，$\sin\theta$，$\cos\theta$，$\tan\theta$ の値を求めよ。

(1) $\dfrac{23}{6}\pi$　　(2) $-\dfrac{5}{4}\pi$

p.216 基本事項 1

指針 角 θ の動径と，原点を中心とする半径 r の円との交点を $\mathrm{P}(x,\ y)$ とすると

三角関数の定義　$\sin\theta=\dfrac{y}{r}$，　$\cos\theta=\dfrac{x}{r}$，　$\tan\theta=\dfrac{y}{x}$

角 θ の動径と角 $\theta+2n\pi$（n は整数）の動径は一致するから，θ を $\alpha+2n\pi$ と表して，角 α の動径と半径 r の円の交点の座標を考える。

なお，このような問題では，普通，動径 OP と座標軸のなす角が　$\dfrac{\pi}{6}$，$\dfrac{\pi}{4}$，$\dfrac{\pi}{3}$ $\left(\text{特別の場合 } 0,\ \dfrac{\pi}{2},\ \pi\right)$

のいずれかになる。そこで，右図の直角三角形の角の大きさに応じて，**円の半径 r（動径 OP）を直角三角形の斜辺の長さとなるように決める** とよい。

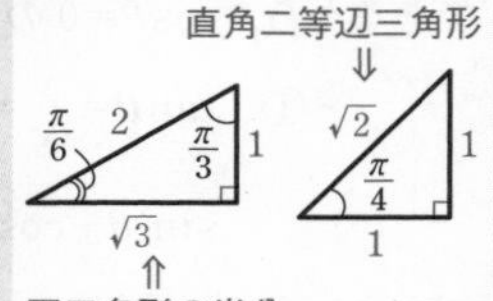

解答

(1) $\dfrac{23}{6}\pi=-\dfrac{\pi}{6}+2\cdot2\pi$

図で，円の半径が $r=2$ のとき，
点 P の座標は　$(\sqrt{3},\ -1)$

よって　$\sin\dfrac{23}{6}\pi=\dfrac{-1}{2}=-\dfrac{1}{2}$，

$\cos\dfrac{23}{6}\pi=\dfrac{\sqrt{3}}{2}$，

$\tan\dfrac{23}{6}\pi=\dfrac{-1}{\sqrt{3}}=-\dfrac{1}{\sqrt{3}}$

y
2
$-\frac{\pi}{6}$
−2　O　2　x
2
P
$(\sqrt{3},-1)$
−2

◀ $\dfrac{23}{6}\pi=\dfrac{11}{6}\pi+2\pi$ と考えてもよい。

◀ $r=2$，$x=\sqrt{3}$，$y=-1$

(2) $-\dfrac{5}{4}\pi=\dfrac{3}{4}\pi-2\pi$

図で，円の半径が $r=\sqrt{2}$ のとき，
点 P の座標は　$(-1,\ 1)$

よって　$\sin\left(-\dfrac{5}{4}\pi\right)=\dfrac{1}{\sqrt{2}}$，

$\cos\left(-\dfrac{5}{4}\pi\right)=\dfrac{-1}{\sqrt{2}}=-\dfrac{1}{\sqrt{2}}$，

$\tan\left(-\dfrac{5}{4}\pi\right)=\dfrac{1}{-1}=-1$

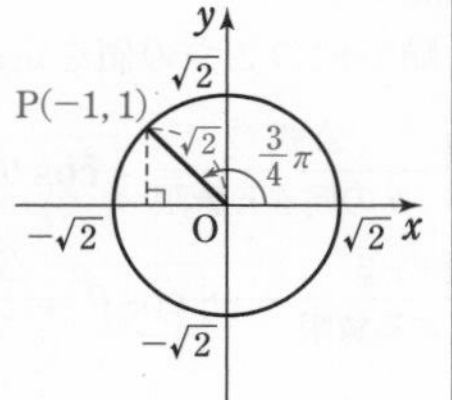

(2) OP=1（単位円）の場合，$\mathrm{P}\left(-\dfrac{1}{\sqrt{2}},\ \dfrac{1}{\sqrt{2}}\right)$ となるから，$\theta=-\dfrac{5}{4}\pi$ に対し

$\sin\theta=\dfrac{1}{\sqrt{2}}$，

$\cos\theta=-\dfrac{1}{\sqrt{2}}$，

$\tan\theta=\dfrac{1}{\sqrt{2}}\div\left(-\dfrac{1}{\sqrt{2}}\right)$
$=-1$

練習 ①134 θ が次の値のとき，$\sin\theta$，$\cos\theta$，$\tan\theta$ の値を求めよ。

(1) $\dfrac{7}{3}\pi$　　(2) $-\dfrac{13}{4}\pi$　　(3) $\dfrac{13}{2}\pi$　　(4) -7π

基本例題 135 三角関数の相互関係

(1) $\frac{3}{2}\pi<\theta<2\pi$ とする。$\cos\theta=\frac{5}{13}$ のとき，$\sin\theta$ と $\tan\theta$ の値を求めよ。

(2) $\tan\theta=7$ のとき，$\sin\theta$ と $\cos\theta$ の値を求めよ。

p.217 基本事項 3

指針 ① $\tan\theta=\frac{\sin\theta}{\cos\theta}$　② $\sin^2\theta+\cos^2\theta=1$　③ $1+\tan^2\theta=\frac{1}{\cos^2\theta}$

上の ①〜③ を利用して，$p.217$ 解説の図式で示したような手順で他の 2 つの値を定める。

解答

(1) $\frac{3}{2}\pi<\theta<2\pi$ であるから　$\sin\theta<0$

◀ θ は第 4 象限の角。
参考 図をかいて求めることもできる。検討 参照。

よって，$\sin^2\theta+\cos^2\theta=1$ から

$$\sin\theta=-\sqrt{1-\cos^2\theta}=-\sqrt{1-\left(\frac{5}{13}\right)^2}=-\frac{12}{13}$$

また　$\tan\theta=\frac{\sin\theta}{\cos\theta}=\left(-\frac{12}{13}\right)\div\frac{5}{13}=-\frac{12}{5}$

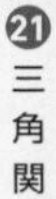

(2) $1+\tan^2\theta=\frac{1}{\cos^2\theta}$ から　$\cos^2\theta=\frac{1}{1+7^2}=\frac{1}{50}$

◀ $\cos^2\theta=\frac{1}{1+\tan^2\theta}$

ゆえに　$\cos\theta=\pm\sqrt{\frac{1}{50}}=\pm\frac{1}{5\sqrt{2}}=\pm\frac{\sqrt{2}}{10}$

◀ $\tan\theta>0$ であるから，θ は第 1 象限または第 3 象限の角である。

$\cos\theta=\frac{\sqrt{2}}{10}$ のとき　$\sin\theta=\tan\theta\cos\theta=7\cdot\frac{\sqrt{2}}{10}=\frac{7\sqrt{2}}{10}$

$\cos\theta=-\frac{\sqrt{2}}{10}$ のとき　$\sin\theta=\tan\theta\cos\theta=7\cdot\left(-\frac{\sqrt{2}}{10}\right)=-\frac{7\sqrt{2}}{10}$

検討 例題 135 を図を使って解く

(1) $\cos\theta=\frac{5}{13}$ であるから，$r=13$，$x=5$ である

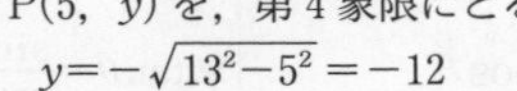

点 P$(5,\ y)$ を，第 4 象限にとると

$$y=-\sqrt{13^2-5^2}=-12$$

定義から

$$\sin\theta=\frac{-12}{13}=-\frac{12}{13},\quad \tan\theta=\frac{-12}{5}=-\frac{12}{5}$$

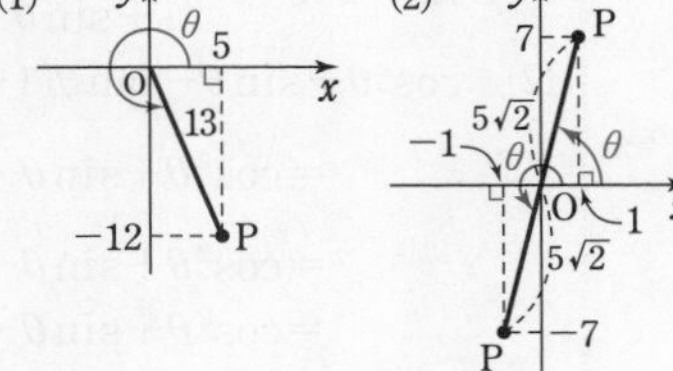

(2) $\tan\theta=7$ であるから，$(x,\ y)=(1,\ 7)$ または $(x,\ y)=(-1,\ -7)$ である点 P を，図のようにとると

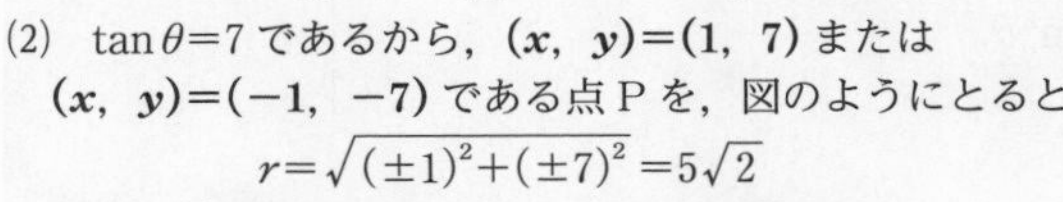

$$r=\sqrt{(\pm1)^2+(\pm7)^2}=5\sqrt{2}$$

後は，定義から，$\sin\theta$，$\cos\theta$ の値を求める。

練習 ② 135

(1) $\pi<\theta<\frac{3}{2}\pi$ とする。$\sin\theta=-\frac{1}{3}$ のとき，$\cos\theta$ と $\tan\theta$ の値を求めよ。

(2) $\tan\theta=-\frac{1}{2}$ のとき，$\sin\theta$ と $\cos\theta$ の値を求めよ。

p.223 EX 83

基本例題 136 三角関数の相互関係の利用

(1) 等式 $\dfrac{\cos\theta}{1+\sin\theta}+\tan\theta=\dfrac{1}{\cos\theta}$ を証明せよ。

(2) $\cos^2\theta+\sin\theta-\tan\theta(1-\sin\theta)\cos\theta$ を計算せよ。

基本 135

この問題のように，$\sin\theta$，$\cos\theta$，$\tan\theta$ が混在した式を扱うときは，**関数の種類を減らすことから取り掛かる**。その手段として，相互関係の公式

① $\tan\theta=\dfrac{\sin\theta}{\cos\theta}$　② $\sin^2\theta+\cos^2\theta=1$　③ $1+\tan^2\theta=\dfrac{1}{\cos^2\theta}$

を用いて式を変形する。変形の方針は **sin，cos で表す** のが基本で，上の公式 ① または ③ を利用して，まず，$\tan\theta$ を $\sin\theta$，$\cos\theta$ で表す。

(1) 等式 $A=B$ の証明の方法は，次のいずれかによる（$p.43$ 参照）。

1 **A か B の一方を変形して，他方を導く（複雑な方の式を変形）。**

2 **A，B をそれぞれ変形して，同じ式を導く。$[A=C,\ B=C \Longrightarrow A=B]$**

3 **$A-B=0$ であることを示す。$[A=B \Longleftrightarrow A-B=0]$**

ここでは，1 の方法で証明する。

解答

(1) $\dfrac{\cos\theta}{1+\sin\theta}+\tan\theta=\dfrac{\cos\theta}{1+\sin\theta}+\dfrac{\sin\theta}{\cos\theta}$

$=\dfrac{\cos^2\theta+\sin\theta(1+\sin\theta)}{(1+\sin\theta)\cos\theta}$

$=\dfrac{\cos^2\theta+\sin\theta+\sin^2\theta}{(1+\sin\theta)\cos\theta}$

$=\dfrac{1+\sin\theta}{(1+\sin\theta)\cos\theta}$

$=\dfrac{1}{\cos\theta}$

したがって　$\dfrac{\cos\theta}{1+\sin\theta}+\tan\theta=\dfrac{1}{\cos\theta}$

◀複雑な左辺を変形する。

$\tan\theta=\dfrac{\sin\theta}{\cos\theta}$

◀$\sin^2\theta+\cos^2\theta=1$

◀右辺の式が導かれた。

(2) $\cos^2\theta+\sin\theta-\tan\theta(1-\sin\theta)\cos\theta$

$=\cos^2\theta+\sin\theta-\dfrac{\sin\theta}{\cos\theta}(1-\sin\theta)\cos\theta$

$=\cos^2\theta+\sin\theta-\sin\theta(1-\sin\theta)$

$=\cos^2\theta+\sin\theta-\sin\theta+\sin^2\theta$

$=\cos^2\theta+\sin^2\theta$

$=\mathbf{1}$

◀$\tan\theta=\dfrac{\sin\theta}{\cos\theta}$

なお，$\tan\theta\cos\theta=\sin\theta$ としてもよい。

練習 ② 136

(1) 次の等式を証明せよ。

(ア) $\sin^4\theta-\cos^4\theta=1-2\cos^2\theta$　(イ) $\dfrac{\cos\theta}{1-\sin\theta}-\tan\theta=\dfrac{1}{\cos\theta}$

(2) 次の式を計算せよ。

(ア) $(\sin\theta+2\cos\theta)^2+(2\sin\theta-\cos\theta)^2$　(イ) $\dfrac{1+\sin\theta}{\cos\theta}+\dfrac{\cos\theta}{1+\sin\theta}$

p.223 EX 84

基本例題 137 $\sin\theta$, $\cos\theta$ の対称式・交代式の値

①①①①①

$\sin\theta+\cos\theta=\dfrac{\sqrt{3}}{2}$ とする。次の式の値を求めよ。

(1) $\sin\theta\cos\theta$, $\sin^3\theta+\cos^3\theta$　　(2) $\dfrac{\pi}{2}<\theta<\pi$ のとき, $\cos\theta-\sin\theta$

基本 136　重要 138

(1) の $\sin\theta\cos\theta$, $\sin^3\theta+\cos^3\theta$ はともに, $\sin\theta$, $\cos\theta$ の **対称式**。
→ **和 $\sin\theta+\cos\theta$, 積 $\sin\theta\cos\theta$ の値を利用** して, 式の値を求める。

(1) ($\sin\theta\cos\theta$) 条件の等式の **両辺を 2 乗** すると, $\sin^2\theta+\cos^2\theta$ と $\sin\theta\cos\theta$ が現れる。かくれた条件 $\sin^2\theta+\cos^2\theta=1$ を利用。
($\sin^3\theta+\cos^3\theta$) $a^3+b^3=(a+b)(a^2-ab+b^2)$ …… Ⓐ を利用。
なお, $a^3+b^3=(a+b)^3-3ab(a+b)$ の利用も考えられるが, Ⓐ の方が計算がらく。

(2) まず, $(\cos\theta-\sin\theta)^2$ の値を求める。ただし, これより $\cos\theta-\sin\theta=\pm$◎ を答えとしたら **誤り!** 条件 $\dfrac{\pi}{2}<\theta<\pi$ から, $\cos\theta-\sin\theta$ の **符号** がわかることに注意する。

CHART $\sin\theta$ と $\cos\theta$ の式の値　かくれた条件 $\sin^2\theta+\cos^2\theta=1$ を利用

解答

(1) $\sin\theta+\cos\theta=\dfrac{\sqrt{3}}{2}$ の両辺を 2 乗すると

$$\sin^2\theta+2\sin\theta\cos\theta+\cos^2\theta=\frac{3}{4}$$

ゆえに　$1+2\sin\theta\cos\theta=\dfrac{3}{4}$　　◀ $\sin^2\theta+\cos^2\theta=1$

よって　$\boldsymbol{\sin\theta\cos\theta}=\dfrac{1}{2}\left(\dfrac{3}{4}-1\right)=\boldsymbol{-\dfrac{1}{8}}$

ゆえに　$\boldsymbol{\sin^3\theta+\cos^3\theta}$

$=(\sin\theta+\cos\theta)(\sin^2\theta-\sin\theta\cos\theta+\cos^2\theta)$　　◀ $\boldsymbol{a^3+b^3=(a+b)(a^2-ab+b^2)}$ $\sin^2\theta+\cos^2\theta=1$ により, らくに計算できる。

$=\dfrac{\sqrt{3}}{2}\left\{1-\left(-\dfrac{1}{8}\right)\right\}=\boldsymbol{\dfrac{9\sqrt{3}}{16}}$

(2) (1) から　$(\cos\theta-\sin\theta)^2=\cos^2\theta-2\cos\theta\sin\theta+\sin^2\theta$

$=1-2\left(-\dfrac{1}{8}\right)=\dfrac{5}{4}$ …… ①　　◀ $\sin^2\theta+\cos^2\theta=1$

$\dfrac{\pi}{2}<\theta<\pi$ では, $\sin\theta>0$, $\cos\theta<0$ であり

$\cos\theta-\sin\theta<0$　　◀ (負)−(正)<0

よって, ① から　$\boldsymbol{\cos\theta-\sin\theta}=-\sqrt{\dfrac{5}{4}}=\boldsymbol{-\dfrac{\sqrt{5}}{2}}$

練習 ② 137 $\sin\theta+\cos\theta=\dfrac{1}{2}$ とする。次の式の値を求めよ。

(1) $\sin\theta\cos\theta$, $\sin^3\theta+\cos^3\theta$　　(2) $\dfrac{3}{2}\pi<\theta<2\pi$ のとき, $\sin\theta-\cos\theta$

p.223 EX85

重要例題 138 解が三角関数で表される2次方程式

⓪⓪⓪⓪⓪

a を正の定数とし，θ を $0\leqq\theta\leqq\pi$ を満たす角とする。2次方程式 $2x^2-2(2a-1)x-a=0$ の2つの解が $\sin\theta$，$\cos\theta$ であるとき，a，$\sin\theta$，$\cos\theta$ の値をそれぞれ求めよ。

基本 137

指針 2次方程式の解が2つ与えられているから，① 解を代入 の方針でなく 解と係数の関係を利用 するとよい。……★

解と係数の関係から

$$\sin\theta+\cos\theta=2a-1,\ \sin\theta\cos\theta=-\frac{a}{2}$$

しかし，未知数は3つ（a，$\sin\theta$，$\cos\theta$）であるから，式が1つ足りない。

そこで，**かくれた条件 $\sin^2\theta+\cos^2\theta=1$** も使って，$a$ についての2次方程式を導き，それを解く。なお，$\sin\theta$ または $\cos\theta$ の範囲に要注意！

解と係数の関係

2次方程式 $ax^2+bx+c=0$ の2つの解を α，β とすると

$$\alpha+\beta=-\frac{b}{a},\ \alpha\beta=\frac{c}{a}$$

解答

与えられた2次方程式に対し，解と係数の関係から

$$\sin\theta+\cos\theta=2a-1 \ \cdots\cdots ①,$$

$$\sin\theta\cos\theta=-\frac{a}{2} \ \cdots\cdots ②$$

① の両辺を2乗して

$$\sin^2\theta+2\sin\theta\cos\theta+\cos^2\theta=(2a-1)^2$$

$\sin^2\theta+\cos^2\theta=1$ であるから

$$1+2\sin\theta\cos\theta=(2a-1)^2$$

これに ② を代入して　$1+2\cdot\left(-\frac{a}{2}\right)=4a^2-4a+1$

よって　$4a^2-3a=0$　すなわち　$a(4a-3)=0$

$a>0$ であるから　$\boldsymbol{a=\frac{3}{4}}$

このとき，与えられた2次方程式は

$$2x^2-x-\frac{3}{4}=0 \quad すなわち \quad 8x^2-4x-3=0$$

これを解いて　$x=\frac{1\pm\sqrt{7}}{4}$

また　$\frac{1-\sqrt{7}}{4}<0<\frac{1+\sqrt{7}}{4}$

$0\leqq\theta\leqq\pi$ のとき，$\sin\theta\geqq0$ であるから

$$\boldsymbol{\sin\theta=\frac{1+\sqrt{7}}{4},\ \cos\theta=\frac{1-\sqrt{7}}{4}}$$

◀指針＿＿……★ の方針。2次方程式の解が与えられたときは，解と係数の関係も意識しよう。なお，$\sin\theta+\cos\theta$ $=-\frac{-2(2a-1)}{2}$

◀$8x^2-2\cdot2x-3=0$ であるから $x=\frac{2\pm\sqrt{(-2)^2+8\cdot3}}{8}$ $=\frac{2\pm2\sqrt{7}}{8}$ $=\frac{1\pm\sqrt{7}}{4}$

練習 ③138 k は定数とする。2次方程式 $25x^2-35x+4k=0$ の2つの解が $\sin\theta$，$\cos\theta$（$\cos\theta>\sin\theta$，$0<\theta<\pi$）で表されるとき，k の値と $\sin\theta$，$\cos\theta$ の値を求めよ。

［星薬大］

EXERCISES

③82 (1) 1ラジアンとは，□のことである。□に当てはまるものを，次の①～④のうちから1つ選べ。

① 半径が1，面積が1の扇形の中心角の大きさ
② 半径がπ，面積が1の扇形の中心角の大きさ
③ 半径が1，弧の長さが1の扇形の中心角の大きさ
④ 半径がπ，弧の長さが1の扇形の中心角の大きさ 〔類 センター試験〕

(2) $0<\alpha<\dfrac{\pi}{2}$ である角αを6倍して得られる角6αを表す動径が角αを表す動径と一致するという。角αの大きさを求めよ。 →p.213 基本事項，132

③83 (1) $\tan\theta=-\dfrac{2}{\sqrt{5}}$ のとき，$\cos\theta$，$\sin\theta$ の値を求めよ。ただし，$0\leqq\theta<2\pi$ とする。 〔類 久留米大〕

(2) $\begin{cases}2\sin\theta-\cos\theta=1\\ \sin\theta-\cos\theta=a\end{cases}$ のとき，a，$\sin\theta$，および$\cos\theta$の値を求めよ。 〔新潟工科大〕

→135

③84 (1) $\dfrac{1}{1+\tan^2\theta}\left(\dfrac{1}{1-\sin\theta}+\dfrac{1}{1+\sin\theta}\right)$ の値を求めよ。 〔奈良大〕

(2) $\dfrac{4-9\cos^2\theta-8\sin\theta\cos\theta}{7-\sin^2\theta+17\sin\theta\cos\theta}=\dfrac{{}^{ア}\square\tan\theta-{}^{イ}\square}{{}^{ウ}\square\tan\theta+{}^{エ}\square}$ である。 〔神戸国際大〕

(3) $2(\cos^6\theta+\sin^6\theta)-3(\cos^4\theta+\sin^4\theta)$ の値を求めよ。 〔広島文教女子大〕

→136

③85 $\sin\theta+\cos\theta=\dfrac{\sqrt{2}}{2}$ のとき，$\dfrac{5(\sin^5\theta+\cos^5\theta)}{\sin^3\theta+\cos^3\theta}-2(\sin^4\theta+\cos^4\theta)$ の値を求めよ。 〔自治医大〕

→137

82 (2) θとαの動径が一致するとは，$\theta=\alpha+2n\pi$（nは整数）が成り立つこと。

83 (2) 第1式から　$\cos\theta=2\sin\theta-1$　これを **かくれた条件 $\sin^2\theta+\cos^2\theta=1$** に代入して，$\sin\theta$についての2次方程式を導く。

84 (1) まず，(　)の中の式を通分する。
(2) $4=4\cdot1$，$7=7\cdot1$ とみて，$1=\sin^2\theta+\cos^2\theta$ を代入。
(3) $a^6+b^6=(a^2)^3+(b^2)^3=(a^2+b^2)(a^4-a^2b^2+b^4)$

85 **$\sin\theta$，$\cos\theta$の対称式　$\sin\theta+\cos\theta$，$\sin\theta\cos\theta$で表す**　に従い，まず$\sin\theta\cos\theta$の値を求める。

22 三角関数の性質，グラフ

基本事項

1 **$\theta+2n\pi$ の三角関数**　n は整数とする。

$\sin(\theta+2n\pi)=\sin\theta$,　$\cos(\theta+2n\pi)=\cos\theta$,　$\tan(\theta+2n\pi)=\tan\theta$

2 **$-\theta$ の三角関数**

$\sin(-\theta)=-\sin\theta$,　$\cos(-\theta)=\cos\theta$,　$\tan(-\theta)=-\tan\theta$

3 **$\theta+\pi$ の三角関数**

$\sin(\theta+\pi)=-\sin\theta$,　$\cos(\theta+\pi)=-\cos\theta$,　$\tan(\theta+\pi)=\tan\theta$

4 **$\theta+\dfrac{\pi}{2}$ の三角関数**

$\sin\left(\theta+\dfrac{\pi}{2}\right)=\cos\theta$,　$\cos\left(\theta+\dfrac{\pi}{2}\right)=-\sin\theta$,　$\tan\left(\theta+\dfrac{\pi}{2}\right)=-\dfrac{1}{\tan\theta}$

解　説

■ $\theta+2n\pi$ の三角関数

角 $\theta+2n\pi$（n は整数）の動径は，角 θ の動径と一致するから，**1** の各公式が成り立つ。

■ $-\theta$ の三角関数　（以下，単位円を用いて解説する）

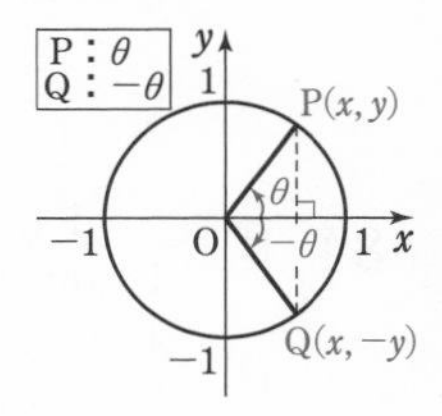

右の図のように2点P，Qを定めると，2点P，Qは x 軸に関して対称で，点P$(x,\ y)$ に対し，点Q$(x,\ -y)$ となる。

ゆえに　$\sin(-\theta)=-y=-\sin\theta$,　$\cos(-\theta)=x=\cos\theta$,

$\tan(-\theta)=\dfrac{-y}{x}=-\dfrac{y}{x}=-\tan\theta$　（p.216 基本事項）

■ $\theta+\pi$ の三角関数

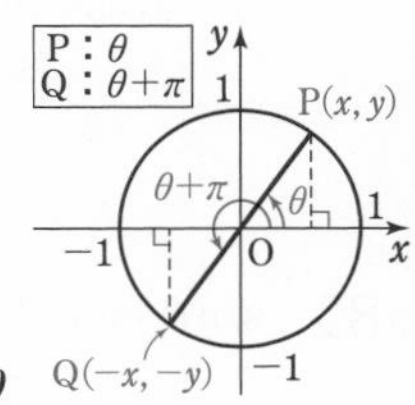

右の図のように2点P，Qを定めると，2点P，Qは原点Oに関して対称で，点P$(x,\ y)$ に対し，点Q$(-x,\ -y)$ となる。

ゆえに　$\sin(\theta+\pi)=-y=-\sin\theta$,　$\cos(\theta+\pi)=-x=-\cos\theta$,

$\tan(\theta+\pi)=\dfrac{-y}{-x}=\dfrac{y}{x}=\tan\theta$

この式の θ を $-\theta$ とおくと　$\sin(\pi-\theta)=-\sin(-\theta)=\sin\theta$,

$\cos(\pi-\theta)=-\cos(-\theta)=-\cos\theta$,　$\tan(\pi-\theta)=\tan(-\theta)=-\tan\theta$

■ $\theta+\dfrac{\pi}{2}$ の三角関数

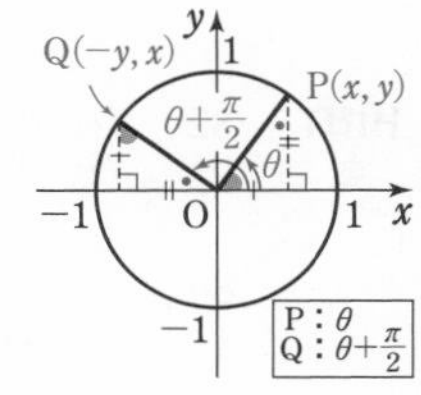

右の図のように2点P，Qを定めると，点P$(x,\ y)$ に対し，点Q$(-y,\ x)$ となる。　ゆえに　$\sin\left(\theta+\dfrac{\pi}{2}\right)=x=\cos\theta$,

$\cos\left(\theta+\dfrac{\pi}{2}\right)=-y=-\sin\theta$,　$\tan\left(\theta+\dfrac{\pi}{2}\right)=\dfrac{x}{-y}=-\dfrac{1}{\tan\theta}$

この式の θ を $-\theta$ とおくと　$\sin\left(\dfrac{\pi}{2}-\theta\right)=\cos(-\theta)=\cos\theta$,

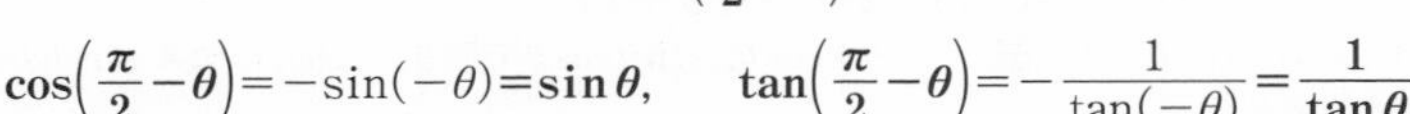

$\cos\left(\dfrac{\pi}{2}-\theta\right)=-\sin(-\theta)=\sin\theta$,　$\tan\left(\dfrac{\pi}{2}-\theta\right)=-\dfrac{1}{\tan(-\theta)}=\dfrac{1}{\tan\theta}$

基本例題 139 三角関数の値 (2) … 性質利用

次の値を求めよ。

(1) $\sin\frac{10}{3}\pi$ (2) $\cos\left(-\frac{4}{3}\pi\right)$ (3) $\tan\frac{13}{4}\pi$

(4) $\sin\frac{17}{18}\pi+\cos\frac{13}{18}\pi+\sin\frac{7}{9}\pi-\sin\frac{\pi}{18}$

p.224 基本事項 1～4

指針 一般角の三角関数は，次の手順により，鋭角の三角関数で表してから求めるとよい。

1 **負の角** は，$-\theta$ の公式で **正の角** に直す。

2 **2π 以上の角** は，$\theta+2n\pi$ の公式で **2π より小さい角** にする。

3 $\pi\pm\theta$，$\frac{\pi}{2}+\theta$ の公式を用いて **鋭角** にする。

(4) 各項1つずつの値を求めることができない。まずは1つずつ **鋭角の三角関数** に直してから考える。

CHART 一般角の三角関数 **鋭角の三角関数に直す**

解答

(1) $\sin\frac{10}{3}\pi=\sin\left(\frac{4}{3}\pi+2\pi\right)=\sin\frac{4}{3}\pi=\sin\left(\frac{\pi}{3}+\pi\right)$

$=-\sin\frac{\pi}{3}=\boldsymbol{-\frac{\sqrt{3}}{2}}$

◀$\sin(\theta+\pi)=-\sin\theta$

(2) $\cos\left(-\frac{4}{3}\pi\right)=\cos\frac{4}{3}\pi=\cos\left(\frac{\pi}{3}+\pi\right)$

$=-\cos\frac{\pi}{3}=\boldsymbol{-\frac{1}{2}}$

◀$\cos(\theta+\pi)=-\cos\theta$

(3) $\tan\frac{13}{4}\pi=\tan\left(\frac{5}{4}\pi+2\pi\right)=\tan\frac{5}{4}\pi=\tan\left(\frac{\pi}{4}+\pi\right)$

$=\tan\frac{\pi}{4}=\boldsymbol{1}$

◀$\tan(\theta+\pi)=\tan\theta$

別解 $\tan\frac{13}{4}\pi=\tan\left(\frac{\pi}{4}+3\pi\right)=\tan\frac{\pi}{4}=\boldsymbol{1}$

◀$\tan(\theta+n\pi)=\tan\theta$ （n は整数）

(4) $\sin\frac{17}{18}\pi+\cos\frac{13}{18}\pi+\sin\frac{7}{9}\pi-\sin\frac{\pi}{18}$

$=\sin\left(\pi-\frac{\pi}{18}\right)+\cos\left(\frac{2}{9}\pi+\frac{\pi}{2}\right)+\sin\left(\pi-\frac{2}{9}\pi\right)-\sin\frac{\pi}{18}$

$=\sin\frac{\pi}{18}-\sin\frac{2}{9}\pi+\sin\frac{2}{9}\pi-\sin\frac{\pi}{18}$

$=\boldsymbol{0}$

◀$\sin(\pi-\theta)=\sin\theta$

◀$\cos\left(\theta+\frac{\pi}{2}\right)=-\sin\theta$

練習 ①139 次の値を求めよ。

(1) $\sin\left(-\frac{7}{6}\pi\right)$ (2) $\cos\frac{17}{6}\pi$ (3) $\tan\left(-\frac{11}{6}\pi\right)$

(4) $\sin\left(-\frac{23}{6}\pi\right)+\tan\frac{13}{6}\pi+\cos\frac{11}{2}\pi+\tan\left(-\frac{25}{6}\pi\right)$

基本事項

1 三角関数のグラフ

① $y=\sin\theta$ のグラフ　下の図(1)
② $y=\cos\theta$ のグラフ　下の図(2)
} θ は実数全体，$-1\leqq y\leqq 1$

③ $y=\tan\theta$ のグラフ　下の図(3)　$\theta\neq\frac{\pi}{2}+n\pi$（$n$ は整数），

y はすべての実数値をとる。直線 $\theta=\frac{\pi}{2}+n\pi$（$n$ は整数）が漸近線。

解　説

$p.216$ で学んだように，単位円の周上の点を $\mathrm{P}(x,\ y)$ とし，直線 $x=1$ と直線 OP との交点を $\mathrm{T}(1,\ m)$ とする。
動径 OP を表す角を θ とすると
$\sin\theta=y,\ \cos\theta=x,$
$\tan\theta=m$

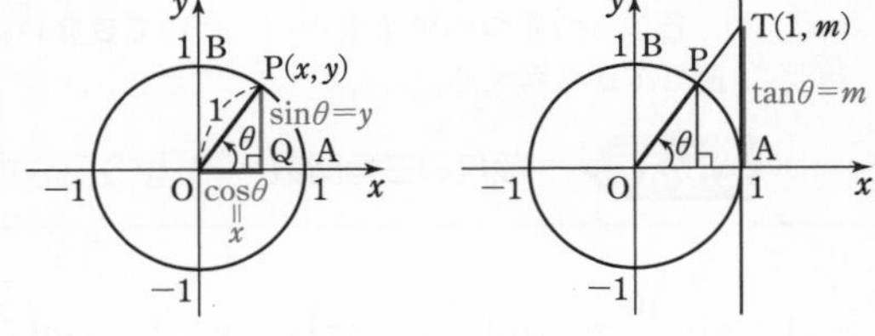

これを利用して，関数 $y=\sin\theta,\ y=\cos\theta,\ y=\tan\theta$ のグラフをかくことができる。
$y=\sin\theta,\ y=\cos\theta$ のグラフを **正弦曲線**，$y=\tan\theta$ のグラフを **正接曲線** という。なお，縦軸（y 軸）に対し，$y=f(\theta)$ のグラフでは横軸を **θ 軸** ということにする。
また，曲線が一定の直線に限りなく近づくとき，その直線を曲線の **漸近線** という。

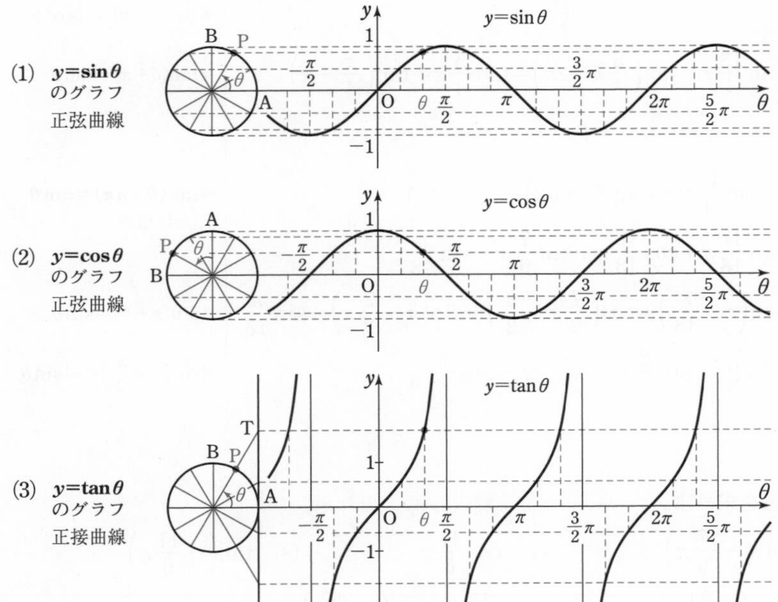

基本事項

2 奇関数・偶関数

常に $f(-x)=-f(x)$ が成り立つとき　$f(x)$ は **奇関数**

常に $f(-x)=\ \ f(x)$ が成り立つとき　$f(x)$ は **偶関数**

であるという。$y=\sin\theta$, $y=\tan\theta$ は奇関数，$y=\cos\theta$ は偶関数である。

3 いろいろな三角関数のグラフ

三角関数では，基本形 $y=\sin\theta$, $y=\cos\theta$, $y=\tan\theta$ との関係を考える。

一般に，関数 $y=f(x)$ のグラフに対し，次の関数のグラフは

$y=f(x-p)+q$ ⟶ x 軸方向に p, y 軸方向に q だけ平行移動

$y=af(x)$ ⟶ y 軸方向に a 倍に拡大または縮小　$(a>0)$

$y=f(kx)$ ⟶ x 軸方向に $\dfrac{1}{k}$ 倍に拡大または縮小　$(k>0)$

4 周期関数

関数 $f(x)$ において，0 でない定数 p があって，等式 $f(x+p)=f(x)$ が，x のどんな値に対しても成り立つとき，$f(x)$ は，p を **周期** とする **周期関数** であるという。

このとき，$f(x+2p)=f(x+3p)=\cdots\cdots=f(x)$ となるから，$2p$, $3p$, …… も周期で，周期関数の周期は無数にある。

普通，周期といえば，そのうちの正で最小のものを意味する。

$y=\sin\theta$, $y=\cos\theta$ は 2π を，$y=\tan\theta$ は π を周期とする周期関数である。

解　説

■奇関数・偶関数のグラフ

右の図のように

$f(-x)=-f(x)$ が成り立つ関数のグラフは **原点に関して対称。**

$f(-x)=f(x)$ が成り立つ関数のグラフは **y 軸に関して対称。**

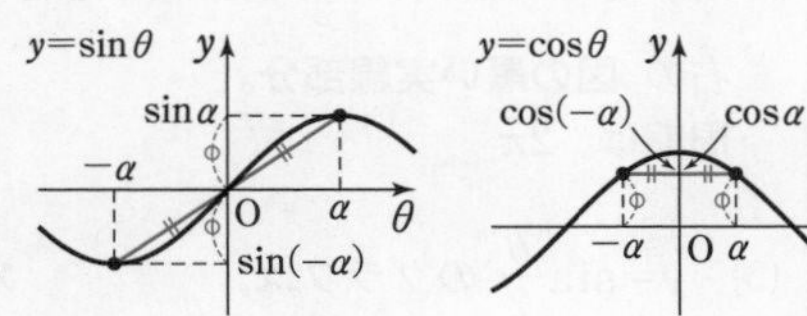

■三角関数の周期

$\sin(\theta+2\pi)=\sin\theta$, $\cos(\theta+2\pi)=\cos\theta$ であるから，$y=\sin\theta$, $y=\cos\theta$ の周期は 2π である。また，$\tan(\theta+\pi)=\tan\theta$ であるから，$y=\tan\theta$ の周期は π である。

$f(x)=\sin kx$ (k は定数) とすると

$$f\left(x+\frac{2\pi}{k}\right)=\sin k\left(x+\frac{2\pi}{k}\right)=\sin(kx+2\pi)=\sin kx=f(x)$$

よって　　**関数 $y=\sin k\theta$ の周期は** $\dfrac{2\pi}{|k|}$

同様に　　**関数 $y=\cos k\theta$ の周期は** $\dfrac{2\pi}{|k|}$,

　　　　　関数 $y=\tan k\theta$ の周期は $\dfrac{\pi}{|k|}$

また，周期が p $(p>0)$ の関数 $f(x)$ に対し，関数 $f(x+a)$ (a は定数，$a\neq0$) の周期も p である。

例　$y=\sin 4\theta$ の周期は　$\dfrac{2\pi}{4}=\dfrac{\pi}{2}$

$y=\cos 3\theta$ の周期は $\dfrac{2}{3}\pi$ であるから，$y=\cos(3\theta-a)$ の周期も $\dfrac{2}{3}\pi$ である。

基本例題 140 三角関数のグラフ (1)

$y=\sin\theta$ のグラフをもとに，次の関数のグラフをかけ。また，その周期をいえ。

(1) $y=\sin\left(\theta-\dfrac{\pi}{2}\right)$　(2) $y=\dfrac{1}{2}\sin\theta$　(3) $y=\sin\dfrac{\theta}{2}$

p.226 基本事項 1

指針 三角関数のグラフでは，$y=\sin\theta$，$y=\cos\theta$，$y=\tan\theta$ のグラフが基本。

(1) $y=\sin(\theta-p)+q$ ⟶ $y=\sin\theta$ のグラフを θ 軸方向に p，y 軸方向に q だけ平行移動（数学 I で学習）

(2) $y=a\sin\theta$ ⟶ $y=\sin\theta$ のグラフを y 軸方向に a 倍に拡大・縮小 $(a>0)$

(3) $y=\sin k\theta$ ⟶ θ 軸方向に $\dfrac{1}{k}$ 倍に拡大・縮小 …… **k 倍ではない！** $(k>0)$

最大，最小となる点，θ 軸との交点をいくつかとって，これらを結ぶ方法も考えられる。これらの点に注目することは，グラフが正しいかの点検としても有効である。

解答

(1) $y=\sin\left(\theta-\dfrac{\pi}{2}\right)$ のグラフは，$y=\sin\theta$ のグラフを θ 軸方向に $\dfrac{\pi}{2}$ だけ平行移動したもので，右の **図の黒い実線部分**。
周期は **2π**

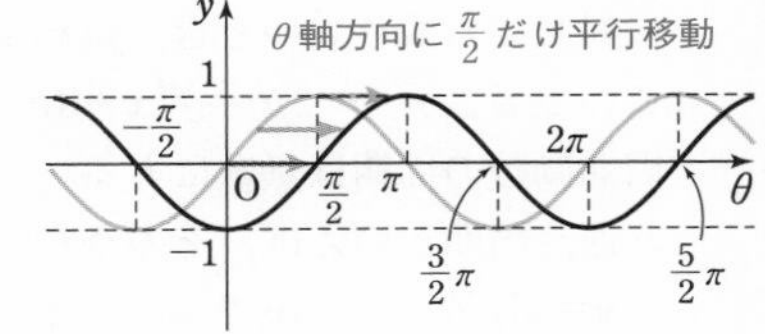

(2) $y=\dfrac{1}{2}\sin\theta$ のグラフは，$y=\sin\theta$ のグラフを y 軸方向に $\dfrac{1}{2}$ 倍に縮小したもので，右の **図の黒い実線部分**。
周期は **2π**

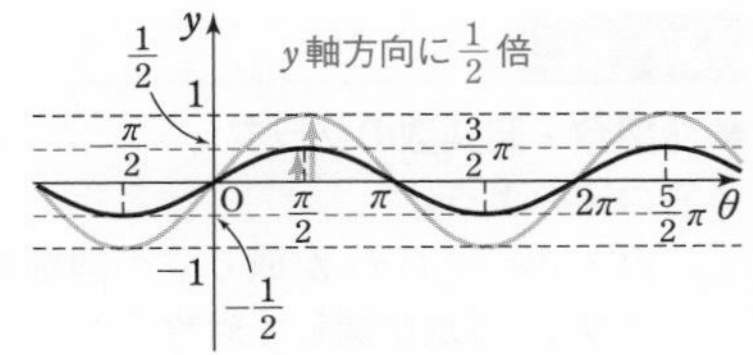

(3) $y=\sin\dfrac{\theta}{2}$ のグラフは，$y=\sin\theta$ のグラフを θ 軸方向に 2 倍に拡大したもので，右の **図の黒い実線部分**。
周期は $2\pi\div\dfrac{1}{2}=\boldsymbol{4\pi}$

p.227 解説参照。

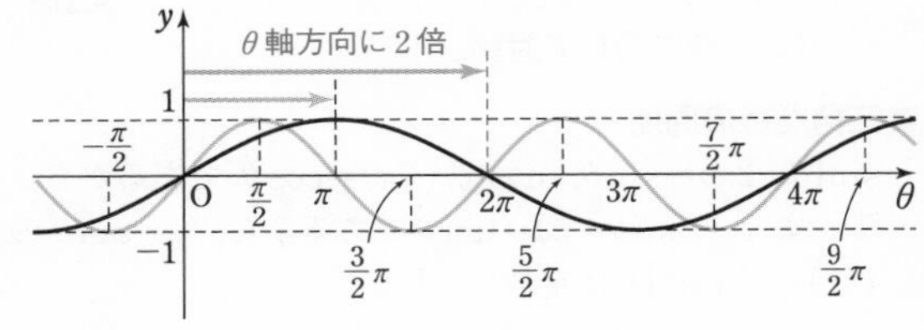

練習 ① 140 次の関数のグラフをかけ。また，その周期を求めよ。

(1) $y=\cos\left(\theta+\dfrac{\pi}{3}\right)$　(2) $y=\sin\theta+2$

(3) $y=2\tan\theta$　(4) $y=\cos 2\theta$

基本例題 141 三角関数のグラフ(2)

関数 $y=2\cos\left(\dfrac{\theta}{2}-\dfrac{\pi}{6}\right)$ のグラフをかけ。また，その周期を求めよ。 基本 140

指針 基本のグラフ $y=\cos\theta$ との関係（拡大・縮小，平行移動）を調べてかく。

$y=2\cos\left(\dfrac{\theta}{2}-\dfrac{\pi}{6}\right)$ より，$y=2\cos\dfrac{1}{2}\left(\theta-\dfrac{\pi}{3}\right)$ であるから，基本形 $y=\cos\theta$ をもとにしてグラフをかく要領は，次の通り。

1. $y=\cos\theta$ を y 軸方向に 2 倍に拡大 $\longrightarrow y=2\cos\theta$ …… ①
2. ① を θ 軸方向に 2 倍に拡大 $\left(\dfrac{1}{2}\right.$ 倍は誤り$\left.\right)$ $\longrightarrow y=2\cos\dfrac{\theta}{2}$ …… ②
3. ② を θ 軸方向に $\dfrac{\pi}{3}$ だけ平行移動 $\longrightarrow y=2\cos\dfrac{1}{2}\left(\theta-\dfrac{\pi}{3}\right)$ …… ③

注意 $y=2\cos\left(\dfrac{\theta}{2}-\dfrac{\pi}{6}\right)$ のグラフが $y=2\cos\dfrac{\theta}{2}$ のグラフを θ 軸方向に $\dfrac{\pi}{6}$ だけ平行移動したものと考えるのは誤りである。

CHART 三角関数のグラフ　基本形を拡大・縮小，平行移動

解答

$$y=2\cos\left(\frac{\theta}{2}-\frac{\pi}{6}\right)=2\cos\frac{1}{2}\left(\theta-\frac{\pi}{3}\right)$$

◀θ の係数でくくる。

よって，グラフは図の黒い実線部分。周期は $2\pi\div\dfrac{1}{2}=\mathbf{4\pi}$

◀$y=\cos\dfrac{\theta}{2}$ の周期と同じ。

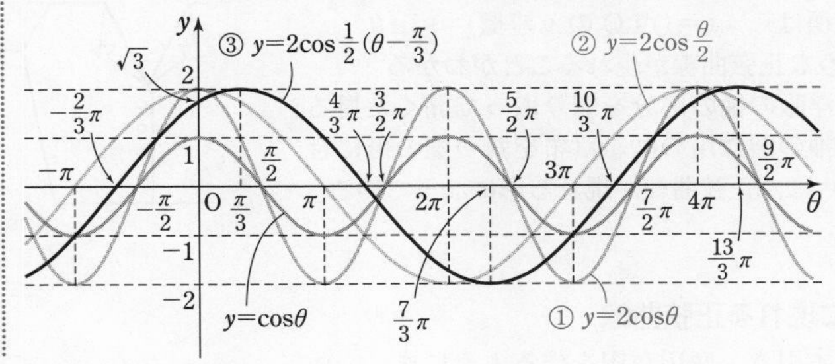

◀θ 軸との交点や最大・最小となる点の座標をチェック。
$\left(-\dfrac{2}{3}\pi,\ 0\right)$，$\left(\dfrac{\pi}{3},\ 2\right)$，$\left(\dfrac{4}{3}\pi,\ 0\right)$，$\left(\dfrac{7}{3}\pi,\ -2\right)$，$\left(\dfrac{10}{3}\pi,\ 0\right)$，$\left(\dfrac{13}{3}\pi,\ 2\right)$

注意 試験の答案などでは，上の図のように段階的にかく必要はない。
グラフが正弦曲線であることと周期が 4π であることを知った上で，あとは曲線上の主な点をとってなめらかな線で結んでかいてもよい。

練習 ②141 次の関数のグラフをかけ。また，その周期を求めよ。

(1) $y=2\cos(2\theta-\pi)$　　(2) $y=\dfrac{1}{2}\sin\left(\dfrac{\theta}{2}+\dfrac{\pi}{6}\right)$

p.240 EX 87

参考事項　日常生活の中に現れる正弦曲線

1　円柱を切り開いた図形に現れる正弦曲線

図 [1] のように，底面の半径が 1，高さが 2 の円柱を，底面とのなす角が 45° の平面で切断し，下側の立体を線分 AA′ (AA′=1) で縦に切って左右に開くと，正弦曲線が現れる。このことを確かめてみよう。

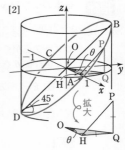

図 [2] で，線分 BD の中点を O，O を通り底面に平行な平面と切り口の曲線との交点の 1 つを A とし，半直線 OA が x 軸の正の向きになるように xy 平面を定める。切り口の曲線上の点を P とし，P から xy 平面上に垂線 PQ を下ろす。また，Q から x 軸上に垂線 QH を下ろす。このとき，動径 OQ が x 軸の正の向きとなす角を θ (θ は弧度法) とすると，OQ=1 から点 Q の y 座標は　　$\sin\theta$　　◀QH=$|\sin\theta|$

更に，O を通り，xy 平面に垂直に交わるように z 軸を定めると (z 軸の正の向きを xy 平面の上側にとる)，△HQP において，∠PQH=90°，∠PHQ=45° から　　PQ=QH

よって，点 P の z 座標は　　z=(点 Q の y 座標)$=\sin\theta$

となり，図 [3] のような正弦曲線が現れることがわかる。

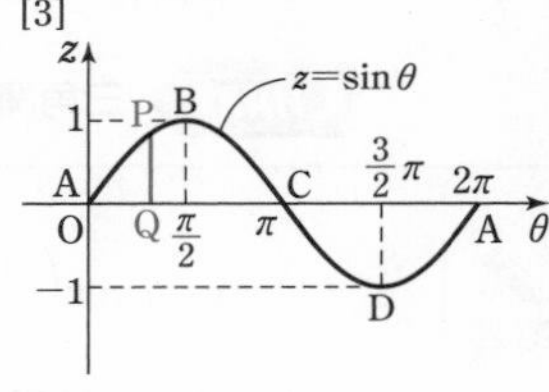

このような例は，洋服の袖の部分を切り取って開くと見ることができる。逆に袖の製作用の型紙（布を裁つ際の形に合わせて切り取った紙）は，正弦曲線が現れる形になっている。

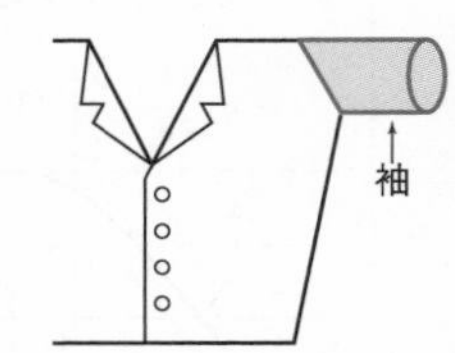

2　らせん（螺旋）に現れる正弦曲線

長方形に対角線を 1 本引き，底辺が円を作るようにまるめると，対角線は **らせん** を描く。そして，これを真横から見ると，正弦曲線の形に見える。

(らせんとは，簡単にいうと，回転しながら回転面に垂直な方向へ上昇する曲線のこと。)

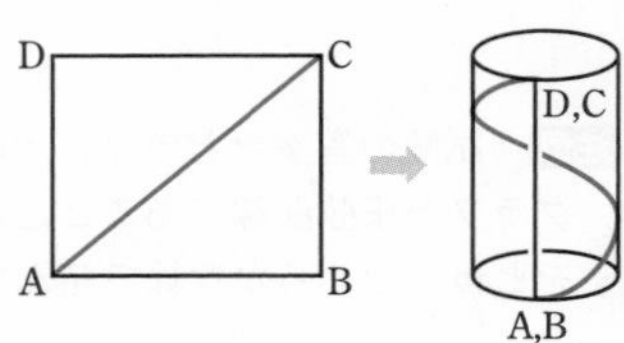

例えば，らせん階段の手すりの部分を真横から見ると正弦曲線の形に見える。このことは，らせん階段の下に単位円をかき，この単位円上を動く点が $p.226$ の図(1) の単位円上を動くと考え，真横から見たときの手すり上の点が $p.226$ の図(1) の正弦曲線上を動くと考えるとイメージしやすいだろう。

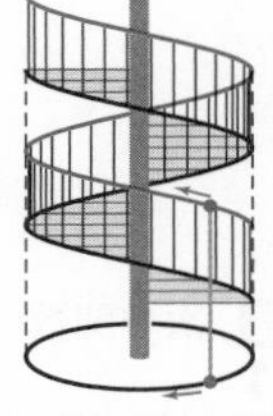

らせんは，他にもばねやねじ，理容店のサインポールなどいろいろなものに見られる。細胞の中の DNA にも現れる。

23 三角関数の応用

基本事項

1 三角方程式の解

三角関数を含む方程式を **三角方程式** といい，方程式を満たす角(解)を求めることを **三角方程式を解く** という。

また，一般角で表された解を三角方程式の **一般解** という。

単位円を利用して，次のように図 $(0 \leqq \theta < 2\pi$ の場合$)$ に表して解く。

① $\sin\theta = a \ (-1 \leqq a \leqq 1)$

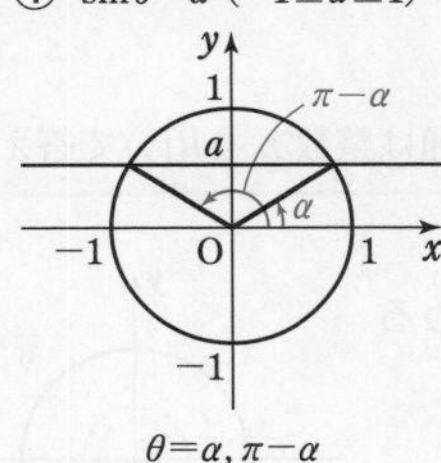

$\theta = \alpha, \pi - \alpha$

② $\cos\theta = a \ (-1 \leqq a \leqq 1)$

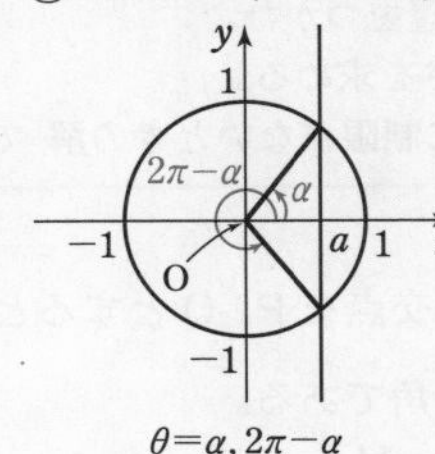

$\theta = \alpha, 2\pi - \alpha$

③ $\tan\theta = a$

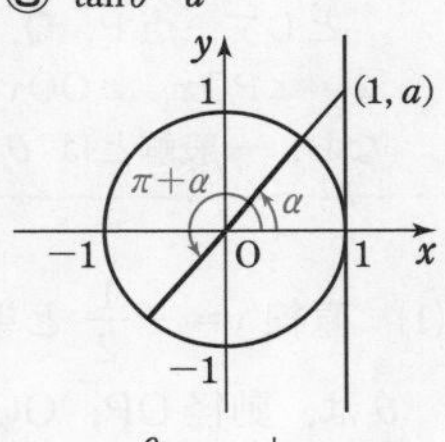

$\theta = \alpha, \pi + \alpha$

1つの解を α とすると，$\pi - \alpha$ も解である。

一般解は $\alpha + 2n\pi$, $(\pi - \alpha) + 2n\pi$ (n は整数)

1つの解を α とすると，$2\pi - \alpha$ も解である。

一般解は $\pm\alpha + 2n\pi$ (n は整数)

1つの解を α とすると

一般解は $\alpha + n\pi$ (n は整数)

2 三角不等式の解

三角関数を含む不等式を **三角不等式** といい，不等式を満たす角の範囲(解)を求めることを **三角不等式を解く** という。

三角不等式 $\sin\theta > a$，$\cos\theta \leqq a$，$\tan\theta > a$ などの解を求めるには

1 **不等号を＝とおいた三角方程式の解を求める。**

2 **その解を利用し，動径の存在範囲を調べて不等式の解を求める。**

解　説

■三角不等式の解法

$0 \leqq \theta < 2\pi$ の範囲で，不等式 $\sin\theta > \dfrac{1}{2}$ を解いてみよう。

右の図で，角 θ の動径が赤い部分にあるときで

$$\frac{\pi}{6} < \theta < \frac{5}{6}\pi$$

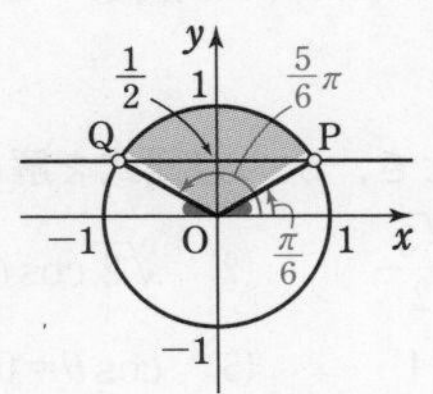

◀不等号を＝とおいた方程式 $\sin\theta = \dfrac{1}{2}$ の解は $\theta = \dfrac{\pi}{6}, \dfrac{5}{6}\pi$

基本例題 142 三角方程式の解法 … 基本 ①①①①①

$0 \leqq \theta < 2\pi$ のとき，次の方程式を解け。また，その一般解を求めよ。

(1) $\sin\theta = -\dfrac{1}{2}$　　(2) $\cos\theta = \dfrac{\sqrt{3}}{2}$　　(3) $\tan\theta = -\sqrt{3}$

p.231 基本事項 1

指針 **三角方程式** $\sin\theta = s$，$\cos\theta = c$，$\tan\theta = t$ は，**単位円を利用** して解く。

1 θ を図示する。…… 次のような直線と単位円の **図をかく。**

$\sin\theta = s$ なら，直線 $y = s$ と単位円の交点 P，Q

$\cos\theta = c$ なら，直線 $x = c$ と単位円の交点 P，Q

$\tan\theta = t$ なら，直線 $y = t$ と直線 $x = 1$ の交点 T（OT と単位円の交点が P，Q）

として，点 P，Q，T の位置をつかむ。

2 $\angle$POx，$\angle$QOx の大きさを求める。

なお，一般解とは **θ の範囲に制限がないときの解** で，普通は整数 n を用いて答える。

解答

(1) 直線 $y = -\dfrac{1}{2}$ と単位円の交点を P，Q とすると，求める θ は，動径 OP，OQ の表す角である。

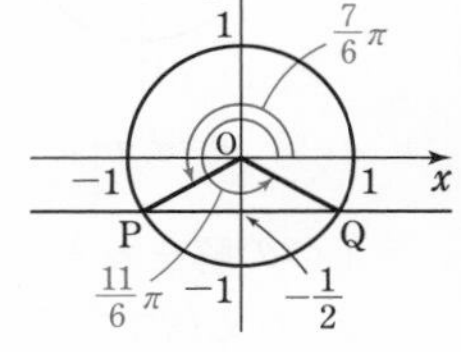

$0 \leqq \theta < 2\pi$ では　　$\theta = \dfrac{7}{6}\pi,\ \dfrac{11}{6}\pi$

一般解は　　$\theta = \dfrac{7}{6}\pi + 2n\pi,\ \dfrac{11}{6}\pi + 2n\pi$ **（n は整数）**

(2) 直線 $x = \dfrac{\sqrt{3}}{2}$ と単位円の交点を P，Q とすると，求める θ は，動径 OP，OQ の表す角である。

(*) $\theta = \pm\dfrac{\pi}{6} + 2n\pi$ と表してもよい。

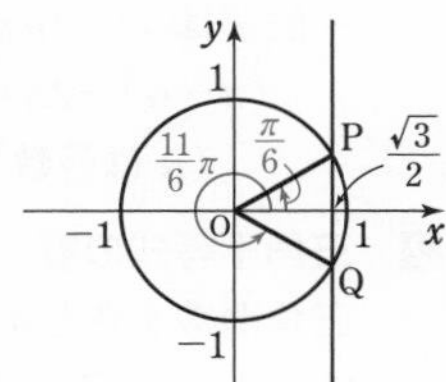

$0 \leqq \theta < 2\pi$ では　　$\theta = \dfrac{\pi}{6},\ \dfrac{11}{6}\pi$

一般解は　　$\theta = \dfrac{\pi}{6} + 2n\pi,\ \dfrac{11}{6}\pi + 2n\pi$ (*) **（n は整数）**

(3) 直線 $x = 1$ 上で $y = -\sqrt{3}$ となる点を T とする。
直線 OT と単位円の交点を P，Q とすると，求める θ は，動径 OP，OQ の表す角である。

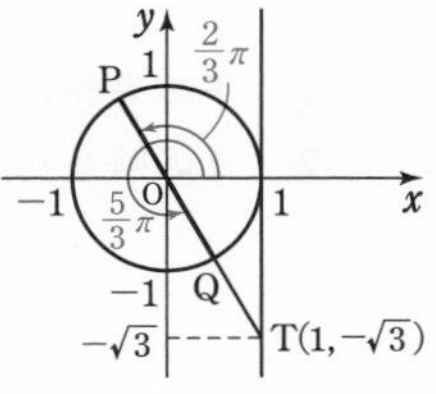

$0 \leqq \theta < 2\pi$ では　　$\theta = \dfrac{2}{3}\pi,\ \dfrac{5}{3}\pi$

一般解は　　$\theta = \dfrac{2}{3}\pi + n\pi$ **（n は整数）**　◀ $\dfrac{5}{3}\pi$ も含まれる。

参考 (1) の一般解は $\theta = \dfrac{7}{6}\pi + 2n\pi,\ -\dfrac{\pi}{6} + 2n\pi = -\dfrac{7}{6}\pi + (2n+1)\pi$ であるから，
$\theta = (-1)^n\dfrac{7}{6}\pi + n\pi$（$n$ は整数） と書くこともできる。

練習 ②142 $0 \leqq \theta < 2\pi$ のとき，次の方程式を解け。また，その一般解を求めよ。

(1) $\sin\theta = \dfrac{\sqrt{3}}{2}$　　(2) $\sqrt{2}\cos\theta - 1 = 0$　　(3) $\sqrt{3}\tan\theta = -1$

(4) $\sin\theta = -1$　　(5) $\cos\theta = 0$　　(6) $\tan\theta = 0$

p.240 EX 88

基本 例題 143 三角不等式の解法 … 基本

$0 \leqq \theta < 2\pi$ のとき，次の不等式を解け。

(1) $\sin\theta < -\dfrac{\sqrt{3}}{2}$　(2) $\dfrac{1}{2} \leqq \cos\theta \leqq \dfrac{1}{\sqrt{2}}$　(3) $\tan\theta \geqq \dfrac{1}{\sqrt{3}}$

p.231 基本事項 2

指針 三角関数を含む不等式(三角不等式)を満たす θ の範囲を求めるには，

まず ＝ とおいた三角方程式を解く

その際には，**単位円を利用** するか，**三角関数のグラフを利用** する。そして，不等式を満たす θ の範囲を図やグラフから読みとる(図の赤色部分)。

(3) $\tan\theta$ が定義されない場合に注意。$0 \leqq \theta < 2\pi$ では　$\theta \neq \dfrac{\pi}{2}$，$\theta \neq \dfrac{3}{2}\pi$

解答

(1) $0 \leqq \theta < 2\pi$ の範囲で，$\sin\theta = -\dfrac{\sqrt{3}}{2}$ を満たす θ の値は　$\theta = \dfrac{4}{3}\pi,\ \dfrac{5}{3}\pi$

よって，下の図から，不等式を満たす θ の範囲は　$\boldsymbol{\dfrac{4}{3}\pi < \theta < \dfrac{5}{3}\pi}$

(2) $0 \leqq \theta < 2\pi$ の範囲で，$\cos\theta = \dfrac{1}{2},\ \dfrac{1}{\sqrt{2}}$ を満たす θ の値は

$$\theta = \frac{\pi}{4},\ \frac{\pi}{3},\ \frac{5}{3}\pi,\ \frac{7}{4}\pi$$

よって，下の図から，不等式を満たす θ の範囲は　$\boldsymbol{\dfrac{\pi}{4} \leqq \theta \leqq \dfrac{\pi}{3},\ \dfrac{5}{3}\pi \leqq \theta \leqq \dfrac{7}{4}\pi}$

(3) $0 \leqq \theta < 2\pi$ の範囲で，$\tan\theta = \dfrac{1}{\sqrt{3}}$ を満たす θ の値は　$\theta = \dfrac{\pi}{6},\ \dfrac{7}{6}\pi$

よって，下の図から，不等式を満たす θ の範囲は　$\boldsymbol{\dfrac{\pi}{6} \leqq \theta < \dfrac{\pi}{2},\ \dfrac{7}{6}\pi \leqq \theta < \dfrac{3}{2}\pi}$

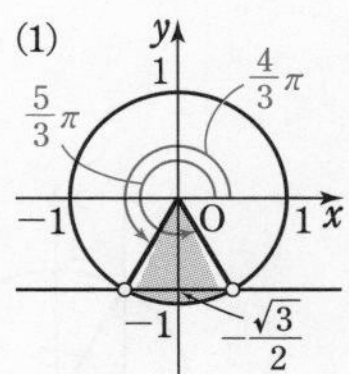

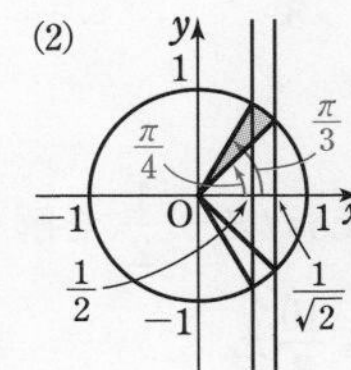

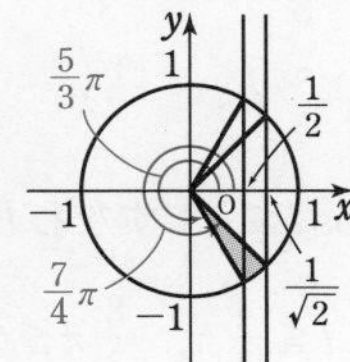

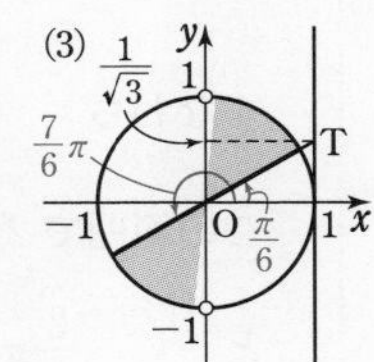

参考 グラフで考えると，次のようになる。
例えば，(1)では，$y=\sin\theta$ のグラフが，直線 $y=-\dfrac{\sqrt{3}}{2}$ より下側にある θ の値の範囲を求める。

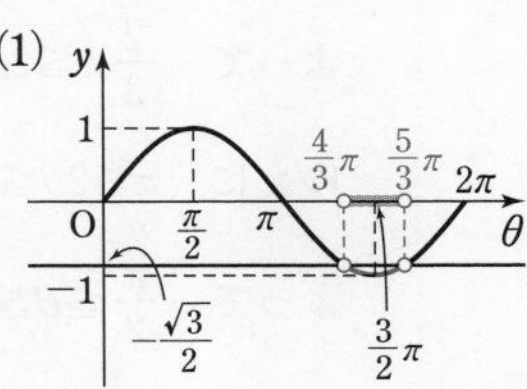

練習 143 $0 \leqq \theta < 2\pi$ のとき，次の不等式を解け。

(1) $\sqrt{2}\cos\theta > -1$　(2) $\dfrac{1}{2} \leqq \sin\theta \leqq \dfrac{\sqrt{3}}{2}$　(3) $\tan\theta \leqq \sqrt{3}$

基本例題 144 三角方程式・不等式の解法 (1) … おき換え

$0 \leqq \theta < 2\pi$ のとき，次の方程式，不等式を解け。

(1) $\sqrt{2}\sin\left(\theta+\dfrac{\pi}{6}\right)=1$　　(2) $2\cos\left(2\theta-\dfrac{\pi}{3}\right) \leqq -1$

基本 142，143

指針 (　) 内を t で**おき換え**ると (1) $\sqrt{2}\sin t=1$，(2) $2\cos t \leqq -1$ となるから，まず，これを解く。このとき，**t の変域に要注意！**

例えば，(2) なら　$0 \leqq \theta < 2\pi \longrightarrow 0 \leqq 2\theta < 2\cdot 2\pi \longrightarrow -\dfrac{\pi}{3} \leqq 2\theta-\dfrac{\pi}{3} < 4\pi-\dfrac{\pi}{3}$

つまり，$2\cos t \leqq -1$ を $-\dfrac{\pi}{3} \leqq t < 4\pi-\dfrac{\pi}{3}$ の範囲で解く。

CHART 変数のおき換え　変域が変わることに注意

解答

(1) $\theta+\dfrac{\pi}{6}=t$ …… ① とおく。$0 \leqq \theta < 2\pi$ であるから

$$\frac{\pi}{6} \leqq \theta+\frac{\pi}{6} < 2\pi+\frac{\pi}{6}$$

すなわち　$\dfrac{\pi}{6} \leqq t < \dfrac{13}{6}\pi$

この範囲で $\sqrt{2}\sin t=1$ すなわち $\sin t=\dfrac{1}{\sqrt{2}}$ を解くと　$t=\dfrac{\pi}{4}，\dfrac{3}{4}\pi$ …… ②

① から　$\theta=t-\dfrac{\pi}{6}$　　② を代入して　$\boldsymbol{\theta=\dfrac{\pi}{12}，\dfrac{7}{12}\pi}$

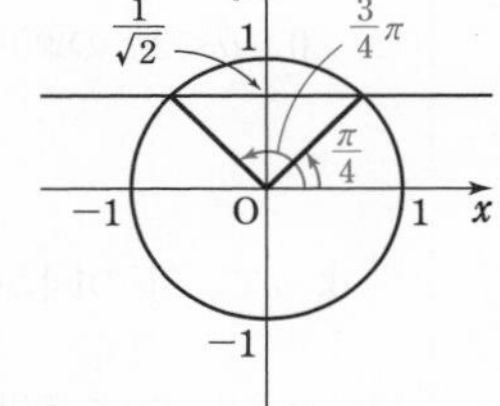

(2) $2\theta-\dfrac{\pi}{3}=t$ とおく。$0 \leqq \theta < 2\pi$ であるから

$$-\frac{\pi}{3} \leqq 2\theta-\frac{\pi}{3} < 4\pi-\frac{\pi}{3}$$

すなわち　$-\dfrac{\pi}{3} \leqq t < \dfrac{11}{3}\pi$

この範囲で $2\cos t \leqq -1$ すなわち $\cos t \leqq -\dfrac{1}{2}$ を解くと　$\dfrac{2}{3}\pi \leqq t \leqq \dfrac{4}{3}\pi，\dfrac{8}{3}\pi \leqq t \leqq \dfrac{10}{3}\pi$

よって　$\dfrac{2}{3}\pi \leqq 2\theta-\dfrac{\pi}{3} \leqq \dfrac{4}{3}\pi，\dfrac{8}{3}\pi \leqq 2\theta-\dfrac{\pi}{3} \leqq \dfrac{10}{3}\pi$

ゆえに　$\pi \leqq 2\theta \leqq \dfrac{5}{3}\pi，3\pi \leqq 2\theta \leqq \dfrac{11}{3}\pi$

よって　$\boldsymbol{\dfrac{\pi}{2} \leqq \theta \leqq \dfrac{5}{6}\pi，\dfrac{3}{2}\pi \leqq \theta \leqq \dfrac{11}{6}\pi}$

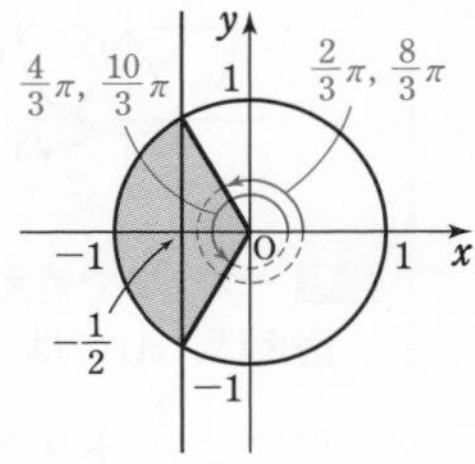

練習 ② 144 $0 \leqq \theta < 2\pi$ のとき，次の方程式，不等式を解け。

(1) $\tan\left(\theta+\dfrac{\pi}{4}\right)=-\sqrt{3}$　　(2) $\sin\left(\theta-\dfrac{\pi}{3}\right) < -\dfrac{1}{2}$　　(3) $\sqrt{2}\cos\left(2\theta+\dfrac{\pi}{4}\right) > 1$

基本例題 145 三角方程式・不等式の解法 (2) … $\sin^2\theta+\cos^2\theta=1$

$0 \leqq \theta < 2\pi$ のとき，次の方程式，不等式を解け。

(1) $2\cos^2\theta+\sin\theta-1=0$　　(2) $2\sin^2\theta+5\cos\theta-4>0$

基本 142，143　重要 148

指針 複数の種類の三角関数を含む式は，まず **1 種類の三角関数で表す。**

1 (1) $\cos^2\theta=1-\sin^2\theta$，(2) $\sin^2\theta=1-\cos^2\theta$ を代入。

2 (1) は $\sin\theta$ だけ，(2) は $\cos\theta$ だけの式になる。
このとき，$-1 \leqq \sin\theta \leqq 1$，$-1 \leqq \cos\theta \leqq 1$ に要注意！

3 2 で導いた式から，(1)：$\sin\theta$ の値，(2)：$\cos\theta$ の値の範囲を求め，それに対応する θ の値，θ の値の範囲を求める。

CHART sin ⟷ cos の変身自在に　$\sin^2\theta+\cos^2\theta=1$

解答

(1) 方程式から　$2(1-\sin^2\theta)+\sin\theta-1=0$　◀ $\cos^2\theta=1-\sin^2\theta$

整理すると　$2\sin^2\theta-\sin\theta-1=0$

ゆえに　$(\sin\theta-1)(2\sin\theta+1)=0$

よって　$\sin\theta=1,\ -\dfrac{1}{2}$

$0 \leqq \theta < 2\pi$ であるから

$\sin\theta=1$ より　$\theta=\dfrac{\pi}{2}$

$\sin\theta=-\dfrac{1}{2}$ より　$\theta=\dfrac{7}{6}\pi,\ \dfrac{11}{6}\pi$

したがって，解は　$\boldsymbol{\theta=\dfrac{\pi}{2},\ \dfrac{7}{6}\pi,\ \dfrac{11}{6}\pi}$

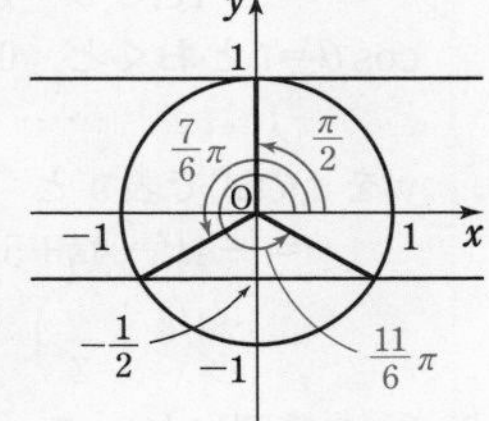

(2) 不等式から　$2(1-\cos^2\theta)+5\cos\theta-4>0$　◀ $\sin^2\theta=1-\cos^2\theta$

整理すると　$2\cos^2\theta-5\cos\theta+2<0$

よって　$(\cos\theta-2)(2\cos\theta-1)<0$

$0 \leqq \theta < 2\pi$ のとき，$-1 \leqq \cos\theta \leqq 1$ であるから，常に $\cos\theta-2<0$ である。

ゆえに　$2\cos\theta-1>0$　すなわち　$\cos\theta>\dfrac{1}{2}$

これを解いて　$\boldsymbol{0 \leqq \theta < \dfrac{\pi}{3},\ \dfrac{5}{3}\pi < \theta < 2\pi}$

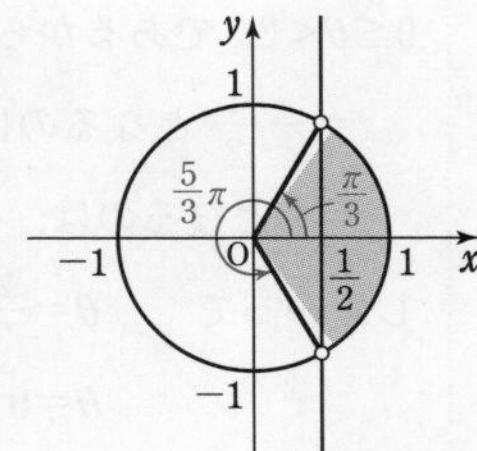

練習 ③145 $0 \leqq \theta < 2\pi$ のとき，次の方程式，不等式を解け。

(1) $2\cos^2\theta+\cos\theta-1=0$　　(2) $2\cos^2\theta+3\sin\theta-3=0$

(3) $2\cos^2\theta+\sin\theta-2 \leqq 0$　　(4) $2\sin\theta\tan\theta=-3$

p.240 EX 89

基本例題 146 三角関数の最大・最小 (1) … おき換え ①①①①①

関数 $y=4\sin^2\theta-4\cos\theta+1$ $(0\leqq\theta<2\pi)$ の最大値と最小値を求めよ。また，そのときの θ の値を求めよ。

基本 145　基本 163

指針 ① 複数の種類の三角関数を含む式は，まず **1 種類の三角関数で表す。**
かくれた条件 $\sin^2\theta+\cos^2\theta=1$ を用いて，y を $\cos\theta$ だけの式で表すと，y は $\cos\theta$ についての **2 次関数** となる。
② 処理しやすいように，$\cos\theta$ を **t でおき換える**。このとき，t の変域に注意！
③ t の 2 次関数の最大・最小問題 $(-1\leqq t\leqq1)$ となるから，後は
① **2 次式は基本形に直す** に従って処理する。

CHART 三角関数の式の扱い　1 種類で表す
$\sin\longleftrightarrow\cos$ の変身自在に　$\sin^2\theta+\cos^2\theta=1$

解答

$y=4\sin^2\theta-4\cos\theta+1$
$=4(1-\cos^2\theta)-4\cos\theta+1$　◀ $\sin^2\theta+\cos^2\theta=1$
$=-4\cos^2\theta-4\cos\theta+5$　◀ $\cos\theta$ だけで表す。

$\cos\theta=t$ とおくと，$0\leqq\theta<2\pi$ のとき
$-1\leqq t\leqq1$ …… ①　◀ t の変域に要注意！

y を t の式で表すと
$y=-4t^2-4t+5$
$=-4\left(t+\frac{1}{2}\right)^2+6$

◀ $-4t^2-4t+5$
$=-4\left(t^2+t+\frac{1}{4}\right)+1+5$
$=-4\left(t+\frac{1}{2}\right)^2+6$

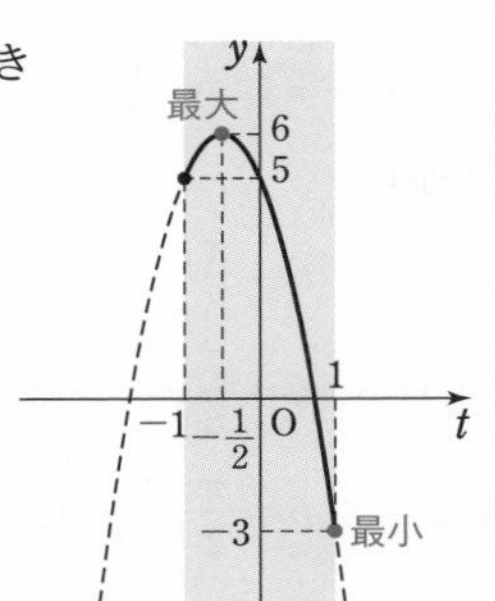

① の範囲において，y は
$t=-\frac{1}{2}$ で最大値 6，
$t=1$ で最小値 -3
をとる。

$0\leqq\theta<2\pi$ であるから
$t=-\frac{1}{2}$ となるのは，$\cos\theta=-\frac{1}{2}$ から　$\theta=\frac{2}{3}\pi,\ \frac{4}{3}\pi$
$t=1$ となるのは，$\cos\theta=1$ から　$\theta=0$

したがって　**$\theta=\frac{2}{3}\pi,\ \frac{4}{3}\pi$ のとき最大値 6；**
$\theta=0$ のとき最小値 -3

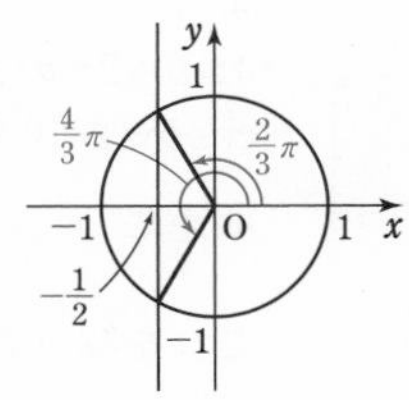

練習 ② 146 関数 $y=\cos^2\theta+\sin\theta-1$ $(0\leqq\theta<2\pi)$ の最大値と最小値を求めよ。また，そのときの θ の値を求めよ。

p.240 EX 90

 147 三角関数の最大・最小 (2) … 文字係数を含む

$y=2a\cos\theta+2-\sin^2\theta\left(-\dfrac{\pi}{2}\leqq\theta\leqq\dfrac{\pi}{2}\right)$ の最大値を a の式で表せ。

基本 146

指針 前ページの基本例題 **146** と同様に，2 次関数の最大・最小問題に帰着させる。

1. まず，**cos の 1 種類の式で表し**，$\cos\theta=x$ とおくと　$y=x^2+2ax+1$
2. **変数のおき換え　変域が変わる** に注意すると　$0\leqq x\leqq 1$

したがって，$0\leqq x\leqq 1$ における関数 $y=x^2+2ax+1$ の最大値を求める問題になる。
よって，軸 $x=-a$ と区間 $0\leqq x\leqq 1$ の位置関係で，次のように **場合を分ける。**
軸が区間の　[1] 中央より左側　[2] 中央と一致　[3] 中央より右側

 **三角関数の式の扱い**　**1 種類で表す**
sin ⟷ cos の変身自在に　$\sin^2\theta+\cos^2\theta=1$

解答

$y=2a\cos\theta+2-\sin^2\theta$
$=2a\cos\theta+2-(1-\cos^2\theta)$　◀ $\sin^2\theta+\cos^2\theta=1$
$=\cos^2\theta+2a\cos\theta+1$　◀ $\cos\theta$ だけで表す。

$\cos\theta=x$ とおくと　$y=x^2+2ax+1$

$-\dfrac{\pi}{2}\leqq\theta\leqq\dfrac{\pi}{2}$ であるから　$0\leqq x\leqq 1$ …… ①　◀ x の変域に要注意！

$f(x)=x^2+2ax+1$ とすると　$f(x)=(x+a)^2+1-a^2$　◀ ① の範囲における $y=x^2+2ax+1$ の最大値を求める。

$y=f(x)$ のグラフは下に凸の放物線で，軸は直線 $x=-a$

また，区間 ① の中央の値は $\dfrac{1}{2}$，

$f(0)=1,\ f(1)=2a+2$

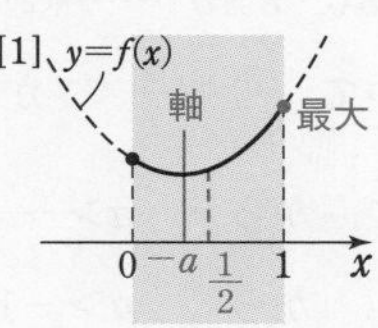

[1] $-a<\dfrac{1}{2}$ すなわち $a>-\dfrac{1}{2}$ のとき，最大値は　$f(1)=2a+2$　◀ 軸が，区間 ① の **中央より左側。**

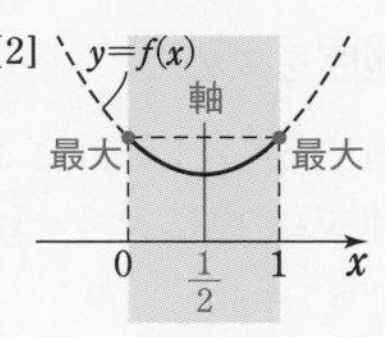

[2] $-a=\dfrac{1}{2}$ すなわち $a=-\dfrac{1}{2}$ のとき，最大値は
$f(0)=f(1)=1$　◀ 軸が，区間 ① の **中央と一致。**

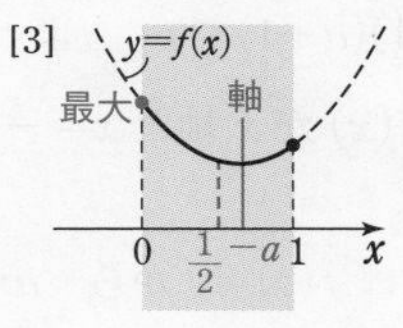

[3] $-a>\dfrac{1}{2}$ すなわち $a<-\dfrac{1}{2}$ のとき，最大値は　$f(0)=1$　◀ 軸が，区間 ① の **中央より右側。**

よって　**$a>-\dfrac{1}{2}$ のとき $2a+2$，**
$a\leqq-\dfrac{1}{2}$ のとき 1　◀ 答えでは，[2] と [3] をまとめた。

練習 ③147　$y=\cos^2\theta+a\sin\theta\left(-\dfrac{\pi}{3}\leqq\theta\leqq\dfrac{\pi}{4}\right)$ の最大値を a の式で表せ。

重要例題 148 三角方程式の解の存在条件 ④④④④④

θ の方程式 $\sin^2\theta+a\cos\theta-2a-1=0$ を満たす θ があるような定数 a の値の範囲を求めよ。

基本 145

指針 まず，1 種類の三角関数で表す ⟶ $\cos\theta=x$ とおくと，$-1\leqq x\leqq 1$ で，与式は

$(1-x^2)+ax-2a-1=0$ すなわち $x^2-ax+2a=0$ …… ①

よって，求める条件は，2 次方程式 ① が **$-1\leqq x\leqq 1$ の範囲に少なくとも 1 つの解をもつ** ことと同じである。次の CHART に従って，考えてみよう。

2 次方程式の解と数 k の大小 グラフ利用 D，軸，$f(k)$ に着目

解答

$\cos\theta=x$ とおくと，$-1\leqq x\leqq 1$ であり，方程式は

$(1-x^2)+ax-2a-1=0$ すなわち $x^2-ax+2a=0$ … ①

この左辺を $f(x)$ とすると，求める条件は方程式 $f(x)=0$ が $-1\leqq x\leqq 1$ の範囲に少なくとも 1 つの解をもつことである。

これは，放物線 $y=f(x)$ と x 軸の共有点について，次の [1] または [2] または [3] が成り立つことと同じである。

[1] 放物線 $y=f(x)$ が $-1<x<1$ の範囲で，x 軸と異なる 2 点で交わる，または接する。

このための条件は，① の判別式を D とすると $D\geqq 0$

$D=(-a)^2-4\cdot 2a=a(a-8)$ であるから $a(a-8)\geqq 0$

よって $a\leqq 0,\ 8\leqq a$ …… ②

軸 $x=\dfrac{a}{2}$ について $-1<\dfrac{a}{2}<1$ から $-2<a<2$ … ③

$f(-1)=1+3a>0$ から $a>-\dfrac{1}{3}$ …… ④

$f(1)=1+a>0$ から $a>-1$ …… ⑤

②～⑤ の共通範囲を求めて $-\dfrac{1}{3}<a\leqq 0$

[2] 放物線 $y=f(x)$ が $-1<x<1$ の範囲で，x 軸とただ 1 点で交わり，他の 1 点は $x<-1$，$1<x$ の範囲にある。

このための条件は $f(-1)f(1)<0$

ゆえに $(3a+1)(a+1)<0$ よって $-1<a<-\dfrac{1}{3}$

[3] 放物線 $y=f(x)$ が x 軸と $x=-1$ または $x=1$ で交わる。

$f(-1)=0$ または $f(1)=0$ から $a=-\dfrac{1}{3}$ または $a=-1$

[1]，[2]，[3] を合わせて $\boldsymbol{-1\leqq a\leqq 0}$

参考 [2] と [3] をまとめて，$f(-1)f(1)\leqq 0$ としてもよい。

検討

$x^2-ax+2a=0$ を a について整理すると

$x^2=a(x-2)$

よって，放物線 $y=x^2$ と直線 $y=a(x-2)$ の共有点の x 座標が $-1\leqq x\leqq 1$ の範囲にある条件を考えてもよい。解答編 $p.147$ を参照。

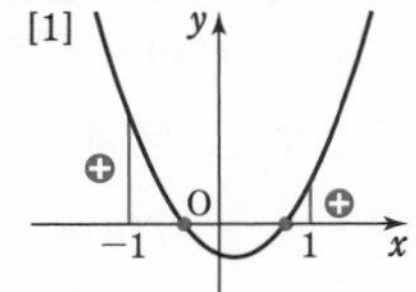

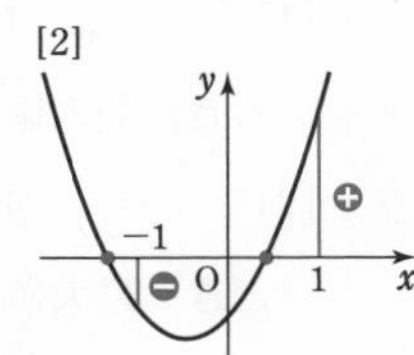

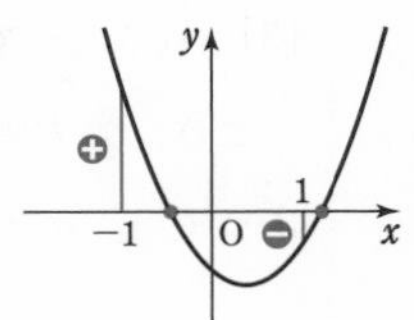

練習 ④148 θ の方程式 $2\cos^2\theta+2k\sin\theta+k-5=0$ を満たす θ があるような定数 k の値の範囲を求めよ。

重要例題 149 三角方程式の解の個数

a は定数とする。θ に関する方程式 $\sin^2\theta-\cos\theta+a=0$ について，次の問いに答えよ。ただし，$0\leqq\theta<2\pi$ とする。

(1) この方程式が解をもつための a の条件を求めよ。

(2) この方程式の解の個数を a の値の範囲によって調べよ。

重要 148

指針 $\cos\theta=x$ とおいて，方程式を整理すると　$x^2+x-1-a=0$ $(-1\leqq x\leqq1)$

前ページと同じように考えてもよいが，処理が煩雑に感じられる。そこで，

定数 a の入った方程式　$f(x)=a$ の形に直してから処理 に従い，定数 a を右辺に移項した $x^2+x-1=a$ の形で扱うと，**関数 $y=x^2+x-1$ $(-1\leqq x\leqq1)$ のグラフと直線 $y=a$ の共有点の問題に帰着** できる。

⟶ 直線 $y=a$ を平行移動して，グラフとの共有点を調べる。なお，(2) では

$x=-1$, 1 である x に対して θ は　それぞれ1個,

$-1<x<1$ である x に対して θ は　2個　あることに注意する。

解答

$\cos\theta=x$ とおくと，$0\leqq\theta<2\pi$ から　$-1\leqq x\leqq1$

方程式は　$(1-x^2)-x+a=0$

したがって　$x^2+x-1=a$

$f(x)=x^2+x-1$ とすると　$f(x)=\left(x+\dfrac{1}{2}\right)^2-\dfrac{5}{4}$

この解法の特長は，放物線を固定して，考えることができるところにある。

◀グラフをかくため基本形に。

(1) 求める条件は，$-1\leqq x\leqq1$ の範囲で，$y=f(x)$ のグラフと直線 $y=a$ が共有点をもつ条件と同じである。よって，右の図から　$-\dfrac{5}{4}\leqq a\leqq1$

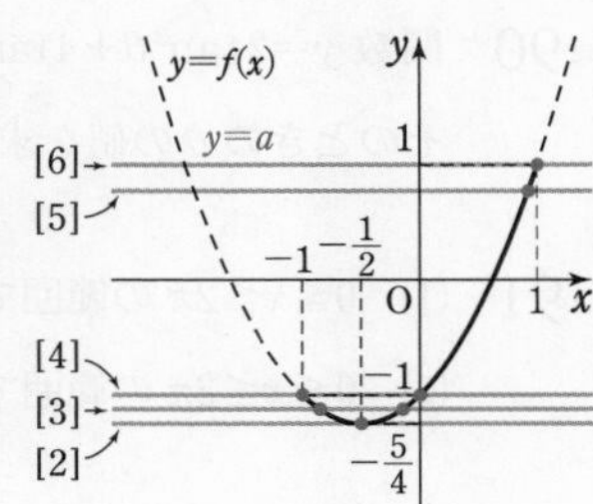

(2) $y=f(x)$ のグラフと直線 $y=a$ の共有点を考えて，求める解 θ の個数は次のようになる。

[1] $a<-\dfrac{5}{4}$, $1<a$ のとき

共有点はないから　**0個**

[2] $a=-\dfrac{5}{4}$ のとき，$x=-\dfrac{1}{2}$ から　**2個**

[3] $-\dfrac{5}{4}<a<-1$ のとき

$-1<x<-\dfrac{1}{2}$, $-\dfrac{1}{2}<x<0$ の範囲に共有点はそれぞれ1個ずつあるから　**4個**

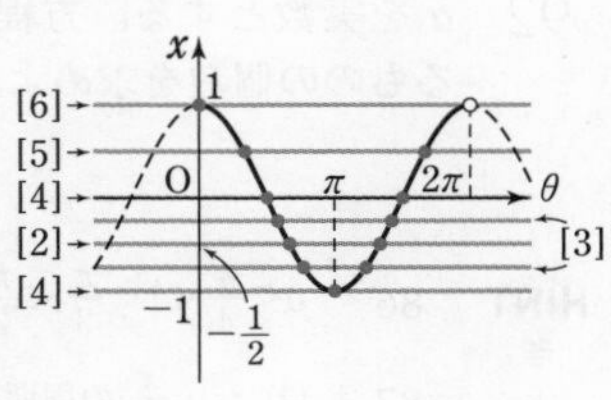

[4] $a=-1$ のとき，$x=-1$, 0 から　**3個**

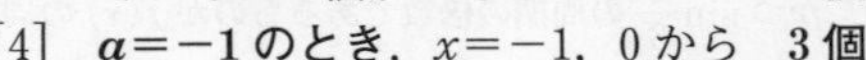

[5] $-1<a<1$ のとき，$0<x<1$ の範囲に共有点は1個あるから　**2個**

[6] $a=1$ のとき，$x=1$ から　**1個**

練習 ④149 θ に関する方程式 $2\cos^2\theta-\sin\theta-a-1=0$ の解の個数を，定数 a の値の範囲によって調べよ。ただし，$0\leqq\theta<2\pi$ とする。

p.240 EX91, 92

EXERCISES　22 三角関数の性質，グラフ，　23 三角関数の応用

③86 関数 $\sin x$ の増減を考えて，4 つの数 $\sin 0$, $\sin 1$, $\sin 2$, $\sin 3$ の大小関係を調べよ。

〔摂南大〕

→p.226 基本事項

②87 (1) 関数 $f(\theta)=2\sin 3\theta+1$ の周期は ア☐ であり，$f(\theta)$ の最大値は イ☐ である。

〔湘南工科大〕

(2) 関数 $f(x)=\sin\dfrac{x}{2}+\sin\dfrac{x}{3}$ の周期のうち，正で最小のものを求めよ。

〔工学院大〕

→140, 141

③88 $\dfrac{1}{2+\sin\alpha}+\dfrac{1}{2+\sin 2\beta}=2$ のとき，$|\alpha+\beta-8\pi|$ の最小値を求めよ。　〔早稲田大〕

→142

④89 $0\leqq\theta<2\pi$ のとき，次の方程式，不等式を解け。

(1) $(\sin\theta+\cos\theta)^2=1+\sin\theta$　〔福井工大〕

(2) $4\sqrt{3}\sin^2\theta+(6-2\sqrt{3})\cos\theta+3-4\sqrt{3}>0$

→145

②90 関数 $y=2\tan^2\theta+4\tan\theta+1$ $\left(-\dfrac{\pi}{2}<\theta<\dfrac{\pi}{2}\right)$ の最大値と最小値を求めよ。また，そのときの θ の値を求めよ。

→146

④91 (1) $0\leqq x\leqq 2\pi$ の範囲で $\cos(\pi\cos x)=\dfrac{1}{2}$ を満たす x の個数を求めよ。

(2) $0\leqq x\leqq 2\pi$ の範囲で $\cos(\pi\cos x)=\cos x$ を満たす x の個数を求めよ。〔東北大〕

→149

⑤92 a を実数とする。方程式 $\cos^2x-2a\sin x-a+3=0$ の解で $0\leqq x<2\pi$ の範囲にあるものの個数を求めよ。

〔学習院大〕

→148, 149

HINT

86　$0<\dfrac{\pi}{4}<1<\dfrac{\pi}{3}<\dfrac{\pi}{2}<2<\dfrac{2}{3}\pi<\dfrac{3}{4}\pi<3<\pi$

87　(2) $\sin\dfrac{x}{2}$ の周期の倍数で，かつ $\sin\dfrac{x}{3}$ の周期の倍数であるものが $f(x)$ の周期となる。

88　$2+\sin\alpha$, $2+\sin 2\beta$ のとりうる値の範囲を調べる。

89　(1) 与えられた方程式を (積)$=0$ の形に変形する。

90　$\tan\theta=t$ とおくと，t はすべての実数値をとりうる。

91　(2) $\pi\cos x=t$ とおくと，等式から　$\cos t=\dfrac{t}{\pi}$　　$y=\cos t$ のグラフと直線 $y=\dfrac{t}{\pi}$ の交点の個数を，図にかいて調べる。

92　$\sin x=t$ とおくと，与えられた方程式は t の 2 次方程式となる。t の値によって，$\sin x=t$ を満たす x の個数が異なるから，注意が必要。

24 加法定理

基本事項

1 加法定理 それぞれの公式について，複号同順とする。

1 $\sin(\alpha\pm\beta)=\sin\alpha\cos\beta\pm\cos\alpha\sin\beta$

2 $\cos(\alpha\pm\beta)=\cos\alpha\cos\beta\mp\sin\alpha\sin\beta$

3 $\tan(\alpha\pm\beta)=\dfrac{\tan\alpha\pm\tan\beta}{1\mp\tan\alpha\tan\beta}$

2 2直線のなす角

交わる2直線 $y=m_1x+n_1$，$y=m_2x+n_2$ が x 軸の正の向きとなす角をそれぞれ α，β とし，$0\leqq\beta<\alpha<\pi$ とする。

このとき，$\theta'=\alpha-\beta$ は2直線のなす角 $(0<\theta'<\pi)$ であり，特に2直線が垂直でないとき，2直線のなす鋭角を θ とすると，$\tan\theta=\left|\dfrac{m_1-m_2}{1+m_1m_2}\right|$ が成り立つ。

解説

1 2の $\cos(\alpha-\beta)=\cos\alpha\cos\beta+\sin\alpha\sin\beta$ の証明。

右の図で AB^2 を距離の公式と余弦定理で表すと

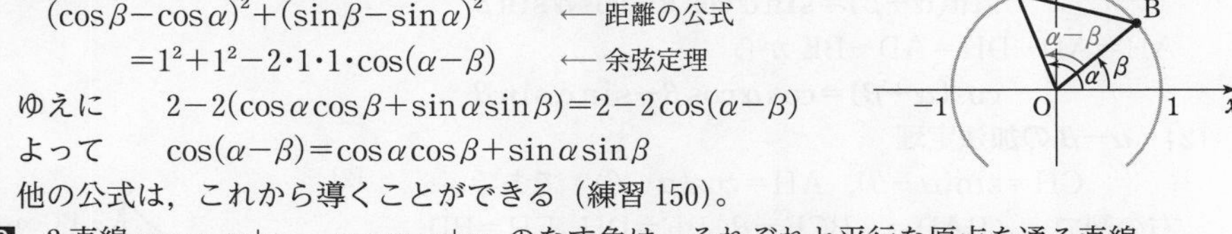

$(\cos\beta-\cos\alpha)^2+(\sin\beta-\sin\alpha)^2$ ←― 距離の公式

$=1^2+1^2-2\cdot1\cdot1\cdot\cos(\alpha-\beta)$ ←― 余弦定理

ゆえに $2-2(\cos\alpha\cos\beta+\sin\alpha\sin\beta)=2-2\cos(\alpha-\beta)$

よって $\cos(\alpha-\beta)=\cos\alpha\cos\beta+\sin\alpha\sin\beta$

他の公式は，これから導くことができる（練習 150）。

2 2直線 $y=m_1x+n_1$，$y=m_2x+n_2$ のなす角は，それぞれと平行な原点を通る直線 $y=m_1x$ …… ①，$y=m_2x$ …… ② のなす角に等しい。

$0\leqq\beta<\alpha<\pi$ であるから，$\theta'=\alpha-\beta$ $(0<\theta'<\pi)$ は，2直線①，②のなす角である。

2直線①，②が垂直でないとき　$m_1m_2\neq-1$

$$\tan\theta'=\tan(\alpha-\beta)=\frac{\tan\alpha-\tan\beta}{1+\tan\alpha\tan\beta}$$

$\tan\alpha=m_1$，$\tan\beta=m_2$ であるから

$$\tan\theta'=\frac{m_1-m_2}{1+m_1m_2}\ \cdots\cdots\ ③$$

$0<\theta'<\pi$ であるから

[1]（③の右辺）>0 のとき，θ' は鋭角である。

すなわち，2直線①，②のなす鋭角 θ に対し

$$\tan\theta=\frac{m_1-m_2}{1+m_1m_2}$$

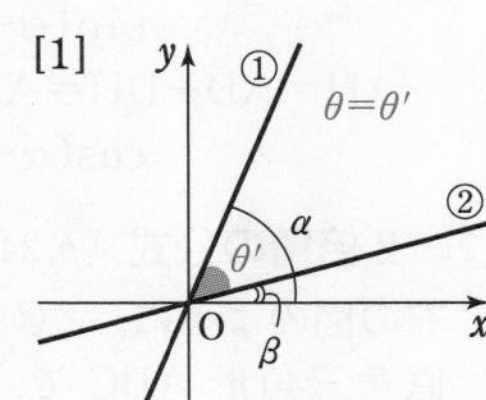

[2]（③の右辺）<0 のとき，θ' は鈍角である。

このとき，$\pi-\theta'=\theta$ は鋭角となる。

すなわち，2直線①，②のなす鋭角 $\theta\ (=\pi-\theta')$ に対し

$$\tan\theta=\tan(\pi-\theta')=-\tan\theta'=-\frac{m_1-m_2}{1+m_1m_2}$$

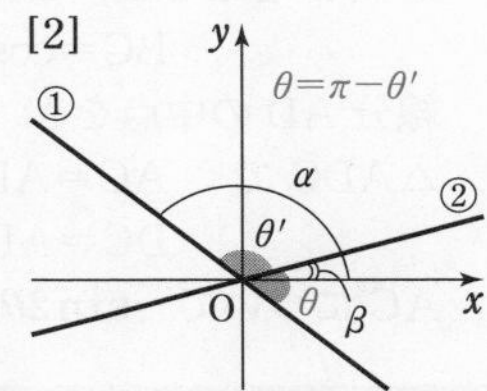

[1]，[2] をまとめると，上の基本事項の式が導かれる。

参考事項　加法定理の図形を利用した証明

図形を利用して，加法定理や 2 倍角の公式を証明する方法を考えてみよう。α, β, θ の範囲は制限されるが，加法定理の図形的な意味をみることができて，興味深いものがある。

① sin，cos の加法定理

$\angle$B を直角とし，$\angle A=\alpha$，AC$=1$ である直角三角形 ABC を考えると

$$\mathbf{AB=\cos\alpha,\qquad BC=\sin\alpha}$$

下の図 [1]，[2] のように，辺 AB となす角が β である直線を引き，その直線に頂点 B, C からそれぞれ垂線 BD, CH を下ろす。また，直線 CH に頂点 B から垂線 BE を下ろす。

[1]　$\alpha+\beta$ の加法定理

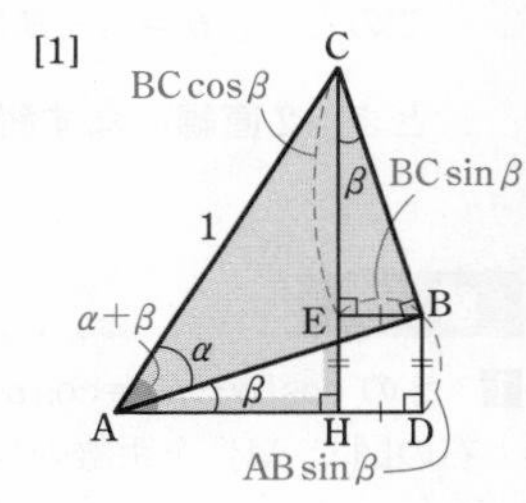

$\mathrm{CH}=\sin(\alpha+\beta)$，$\mathrm{AH}=\cos(\alpha+\beta)$　である。

右の図で　$\angle\mathrm{BAD}=\angle\mathrm{BCE}=\beta$，$\mathrm{BE}=\mathrm{DH}$，$\mathrm{EH}=\mathrm{BD}$

$\triangle$CEB で　$\mathrm{CE}=\mathrm{BC}\cos\beta=\sin\alpha\cos\beta$

$\mathrm{BE}=\mathrm{BC}\sin\beta=\sin\alpha\sin\beta$

$\triangle$ADB で　$\mathrm{AD}=\mathrm{AB}\cos\beta=\cos\alpha\cos\beta$

$\mathrm{BD}=\mathrm{AB}\sin\beta=\cos\alpha\sin\beta$

$\mathrm{CH}=\mathrm{CE}+\mathrm{EH}=\mathrm{CE}+\mathrm{BD}$ から

$$\boldsymbol{\sin(\alpha+\beta)=\sin\alpha\cos\beta+\cos\alpha\sin\beta}$$

$\mathrm{AH}=\mathrm{AD}-\mathrm{DH}=\mathrm{AD}-\mathrm{BE}$ から

$$\boldsymbol{\cos(\alpha+\beta)=\cos\alpha\cos\beta-\sin\alpha\sin\beta}$$

[2]　$\alpha-\beta$ の加法定理

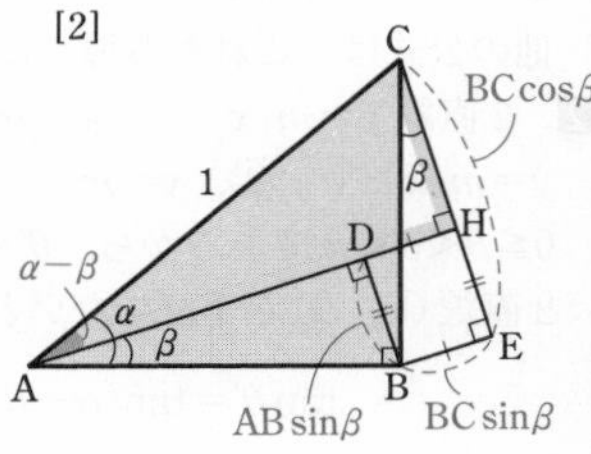

$\mathrm{CH}=\sin(\alpha-\beta)$，$\mathrm{AH}=\cos(\alpha-\beta)$　である。

右の図で　$\angle\mathrm{BAD}=\angle\mathrm{BCE}=\beta$, $\mathrm{BE}=\mathrm{DH}$，$\mathrm{EH}=\mathrm{BD}$

$\triangle$CEB で　$\mathrm{BE}=\mathrm{BC}\sin\beta=\sin\alpha\sin\beta$

$\mathrm{CE}=\mathrm{BC}\cos\beta=\sin\alpha\cos\beta$

$\triangle$ADB で　$\mathrm{AD}=\mathrm{AB}\cos\beta=\cos\alpha\cos\beta$

$\mathrm{BD}=\mathrm{AB}\sin\beta=\cos\alpha\sin\beta$

$\mathrm{CH}=\mathrm{CE}-\mathrm{EH}=\mathrm{CE}-\mathrm{BD}$ から

$$\boldsymbol{\sin(\alpha-\beta)=\sin\alpha\cos\beta-\cos\alpha\sin\beta}$$

$\mathrm{AH}=\mathrm{AD}+\mathrm{DH}=\mathrm{AD}+\mathrm{BE}$ から

$$\boldsymbol{\cos(\alpha-\beta)=\cos\alpha\cos\beta+\sin\alpha\sin\beta}$$

② 2 倍角の公式（$p.247$ で学習）

右の図のように，$\angle$C を直角とし，AB$=1$ である直角三角形 ABC で，$\angle\mathrm{BAD}=\angle\mathrm{BDA}=\theta$ となる点 D をとると，$\angle\mathrm{B}=2\theta$ から

$$\mathrm{BC}=\cos2\theta,\quad \mathrm{AC}=\sin2\theta$$

線分 AD の中点を M とすると　　$\mathrm{AM}=\cos\theta$

$\triangle$ADC で　$\mathrm{AC}=\mathrm{AD}\sin\theta=2\sin\theta\cos\theta$

$\mathrm{DC}=\mathrm{AD}\cos\theta=2\cos^2\theta$

AC について　$\boldsymbol{\sin2\theta=2\sin\theta\cos\theta}$　　$\mathrm{BC}=\mathrm{DC}-\mathrm{DB}$ から　$\boldsymbol{\cos2\theta=2\cos^2\theta-1}$

基本例題 150 三角関数の加法定理

加法定理を用いて，次の値を求めよ。

(1) $\sin 15°$　　(2) $\tan 75°$　　(3) $\cos\dfrac{\pi}{12}$

p.241 基本事項 1　重要 157

指針 数学Ⅰでは30°，45°，60°の三角比を学習したが，加法定理を使うと

$15°=60°-45°=45°-30°$，$75°=45°+30°$，$105°=60°+45°$

のように **30°，45°，60°の和・差で表される角の三角比の値** も求められる。

(3)の $\dfrac{\pi}{12}$ は15°であり，これも $\dfrac{\pi}{12}=\dfrac{\pi}{3}-\dfrac{\pi}{4}$ $\left(=\dfrac{\pi}{4}-\dfrac{\pi}{6}\right)$ として求められる。

なお，加法定理の公式は $\alpha+\beta$ の方だけしっかり覚えておけば，$\alpha-\beta$ の方は

$\alpha+\beta$ の公式の右辺の ＋ を － に，－ を ＋ に変える

ことによって導くことができるので，すべての公式を丸暗記しなくて済む。

$\sin(\alpha+\beta)=\sin\alpha\cos\beta+\cos\alpha\sin\beta$

$\cos(\alpha+\beta)=\cos\alpha\cos\beta-\sin\alpha\sin\beta$

$\tan(\alpha+\beta)=\dfrac{\tan\alpha+\tan\beta}{1-\tan\alpha\tan\beta}$

＋を－に
－を＋に

$\sin(\alpha-\beta)=\sin\alpha\cos\beta-\cos\alpha\sin\beta$

$\cos(\alpha-\beta)=\cos\alpha\cos\beta+\sin\alpha\sin\beta$

$\tan(\alpha-\beta)=\dfrac{\tan\alpha-\tan\beta}{1+\tan\alpha\tan\beta}$

解答

(1) $\sin 15°=\sin(60°-45°)=\sin 60°\cos 45°-\cos 60°\sin 45°$

$=\dfrac{\sqrt{3}}{2}\cdot\dfrac{1}{\sqrt{2}}-\dfrac{1}{2}\cdot\dfrac{1}{\sqrt{2}}=\dfrac{\sqrt{3}-1}{2\sqrt{2}}=\boldsymbol{\dfrac{\sqrt{6}-\sqrt{2}}{4}}$

別解 $\sin 15°=\sin(45°-30°)=\sin 45°\cos 30°-\cos 45°\sin 30°$

$=\dfrac{1}{\sqrt{2}}\cdot\dfrac{\sqrt{3}}{2}-\dfrac{1}{\sqrt{2}}\cdot\dfrac{1}{2}=\dfrac{\sqrt{3}-1}{2\sqrt{2}}=\boldsymbol{\dfrac{\sqrt{6}-\sqrt{2}}{4}}$

(2) $\tan 75°=\tan(45°+30°)=\dfrac{\tan 45°+\tan 30°}{1-\tan 45°\tan 30°}$

$=\left(1+\dfrac{1}{\sqrt{3}}\right)\div\left(1-1\cdot\dfrac{1}{\sqrt{3}}\right)=\dfrac{\sqrt{3}+1}{\sqrt{3}-1}=\boldsymbol{2+\sqrt{3}}$

(3) $\cos\dfrac{\pi}{12}=\cos\left(\dfrac{\pi}{3}-\dfrac{\pi}{4}\right)=\cos\dfrac{\pi}{3}\cos\dfrac{\pi}{4}+\sin\dfrac{\pi}{3}\sin\dfrac{\pi}{4}$　◀ $15°=60°-45°$

$=\dfrac{1}{2}\cdot\dfrac{1}{\sqrt{2}}+\dfrac{\sqrt{3}}{2}\cdot\dfrac{1}{\sqrt{2}}=\dfrac{1+\sqrt{3}}{2\sqrt{2}}=\boldsymbol{\dfrac{\sqrt{2}+\sqrt{6}}{4}}$

別解 $\cos\dfrac{\pi}{12}=\cos\left(\dfrac{\pi}{4}-\dfrac{\pi}{6}\right)=\cos\dfrac{\pi}{4}\cos\dfrac{\pi}{6}+\sin\dfrac{\pi}{4}\sin\dfrac{\pi}{6}$　◀ $15°=45°-30°$

$=\dfrac{1}{\sqrt{2}}\cdot\dfrac{\sqrt{3}}{2}+\dfrac{1}{\sqrt{2}}\cdot\dfrac{1}{2}=\dfrac{\sqrt{3}+1}{2\sqrt{2}}=\boldsymbol{\dfrac{\sqrt{6}+\sqrt{2}}{4}}$

検討

15°の三角比を覚えておけば，180°までなら75°，105°，165°の三角比も

$75°=90°-15°$
$105°=90°+15°$
$165°=180°-15°$

として，$90°\pm\theta$，$180°-\theta$ の三角比の公式から求めることができる。

練習 ①150

(1) $\cos(\alpha-\beta)=\cos\alpha\cos\beta+\sin\alpha\sin\beta$ を用いて，$p.241$ 1 の加法定理の他の公式が成り立つことを示せ。

(2) 加法定理を用いて，次の値を求めよ。

(ア) $\sin 105°$　　(イ) $\cos 165°$　　(ウ) $\tan\dfrac{7}{12}\pi$

基本 例題 151 $\alpha\pm\beta$ の三角関数の値

(1) $0<\alpha<\dfrac{\pi}{2}$，$\dfrac{\pi}{2}<\beta<\pi$，$\sin\alpha=\dfrac{4}{5}$，$\sin\beta=\dfrac{12}{13}$ のとき，$\sin(\alpha+\beta)$，$\cos(\alpha-\beta)$，$\tan(\alpha-\beta)$ の値をそれぞれ求めよ。

(2) $\sin\alpha-\sin\beta=\dfrac{5}{4}$，$\cos\alpha+\cos\beta=\dfrac{5}{4}$ のとき，$\cos(\alpha+\beta)$ の値を求めよ。

p.241 基本事項 1

指針 $\alpha\pm\beta$ の三角関数の値を求めるのだから，**加法定理** を利用する。

(1) $\cos\alpha$，$\cos\beta$ の値が必要。そこで，**かくれた条件 $\sin^2\theta+\cos^2\theta=1$** を利用して，この値を求める。

(2) 加法定理により $\cos(\alpha+\beta)=\cos\alpha\cos\beta-\sin\alpha\sin\beta$ であるが，$\cos\alpha\cos\beta$ と $\sin\alpha\sin\beta$ は，条件の式を 2 乗した式に現れることに注目。

解答

(1) $0<\alpha<\dfrac{\pi}{2}$，$\dfrac{\pi}{2}<\beta<\pi$ であるから　$\cos\alpha>0$，$\cos\beta<0$　◀角 α，β が属する象限に注意。

ゆえに　$\cos\alpha=\sqrt{1-\sin^2\alpha}=\sqrt{1-\left(\dfrac{4}{5}\right)^2}=\dfrac{3}{5}$　◀$\sin^2\alpha+\cos^2\alpha=1$

$\cos\beta=-\sqrt{1-\sin^2\beta}=-\sqrt{1-\left(\dfrac{12}{13}\right)^2}=-\dfrac{5}{13}$　◀$\sin^2\beta+\cos^2\beta=1$

よって　$\boldsymbol{\sin(\alpha+\beta)}=\sin\alpha\cos\beta+\cos\alpha\sin\beta=\dfrac{4}{5}\cdot\left(-\dfrac{5}{13}\right)+\dfrac{3}{5}\cdot\dfrac{12}{13}=\boldsymbol{\dfrac{16}{65}}$

$\boldsymbol{\cos(\alpha-\beta)}=\cos\alpha\cos\beta+\sin\alpha\sin\beta=\dfrac{3}{5}\cdot\left(-\dfrac{5}{13}\right)+\dfrac{4}{5}\cdot\dfrac{12}{13}=\boldsymbol{\dfrac{33}{65}}$

また　$\tan\alpha=\dfrac{\sin\alpha}{\cos\alpha}=\dfrac{4}{3}$，$\tan\beta=\dfrac{\sin\beta}{\cos\beta}=-\dfrac{12}{5}$

ゆえに　$\boldsymbol{\tan(\alpha-\beta)}=\dfrac{\tan\alpha-\tan\beta}{1+\tan\alpha\tan\beta}=\dfrac{\dfrac{4}{3}-\left(-\dfrac{12}{5}\right)}{1+\dfrac{4}{3}\cdot\left(-\dfrac{12}{5}\right)}=\boldsymbol{-\dfrac{56}{33}}$

◀$\sin(\alpha-\beta)$ の値を求め，$\dfrac{\sin(\alpha-\beta)}{\cos(\alpha-\beta)}$ を計算してもよい。

(2) 条件の式をそれぞれ 2 乗すると

$\sin^2\alpha-2\sin\alpha\sin\beta+\sin^2\beta=\dfrac{25}{16}$ …… ①

$\cos^2\alpha+2\cos\alpha\cos\beta+\cos^2\beta=\dfrac{25}{16}$ …… ②

①+② から　$2+2(\cos\alpha\cos\beta-\sin\alpha\sin\beta)=\dfrac{25}{8}$　◀$\sin^2\alpha+\cos^2\alpha=1$，$\sin^2\beta+\cos^2\beta=1$

ゆえに　$2+2\cos(\alpha+\beta)=\dfrac{25}{8}$　よって　$\cos(\alpha+\beta)=\boldsymbol{\dfrac{9}{16}}$

練習 ②151

(1) α は鋭角，β は鈍角とする。$\tan\alpha=1$，$\tan\beta=-2$ のとき，$\tan(\alpha-\beta)$，$\cos(\alpha-\beta)$，$\sin(\alpha-\beta)$ の値をそれぞれ求めよ。

(2) $2(\sin x-\cos y)=\sqrt{3}$，$\cos x-\sin y=\sqrt{2}$ のとき，$\sin(x+y)$ の値を求めよ。

p.254 EX93 (1), 94

基本例題 152 2直線のなす角 ①①①①①

(1) 2直線 $\sqrt{3}x-2y+2=0$, $3\sqrt{3}x+y-1=0$ のなす鋭角 θ を求めよ。

(2) 直線 $y=2x-1$ と $\dfrac{\pi}{4}$ の角をなす直線の傾きを求めよ。

p.241 基本事項 2

指針 2直線のなす角　まず，各直線と x 軸のなす角に注目

直線 $y=mx+n$ と x 軸の正の向きとのなす角を θ とすると

$$m=\tan\theta \quad \left(0\leqq\theta<\pi,\ \theta\neq\frac{\pi}{2}\right)$$

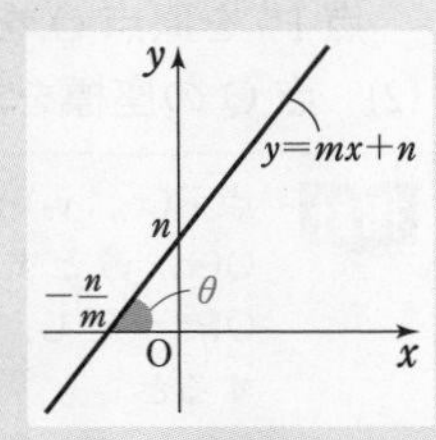

(1) 2直線と x 軸の正の向きとのなす角を α, β とすると，
2直線のなす鋭角 θ は，$\alpha<\beta$ なら **$\beta-\alpha$ または $\pi-(\beta-\alpha)$**
で表される。　　　　　←図から判断。
この問題では，$\tan\alpha$, $\tan\beta$ の値から具体的な角が得られないので，$\tan(\beta-\alpha)$ の計算に **加法定理** を利用する。

解答

(1) 2直線の方程式を変形すると

$y=\dfrac{\sqrt{3}}{2}x+1$, $y=-3\sqrt{3}x+1$

図のように，2直線と x 軸の正の向きとのなす角を，それぞれ α, β とすると，求める鋭角 θ は

$$\theta=\beta-\alpha$$

$\tan\alpha=\dfrac{\sqrt{3}}{2}$, $\tan\beta=-3\sqrt{3}$ で

$$\tan\theta=\tan(\beta-\alpha)=\frac{\tan\beta-\tan\alpha}{1+\tan\beta\tan\alpha}$$

$$=\left(-3\sqrt{3}-\frac{\sqrt{3}}{2}\right)\div\left\{1+(-3\sqrt{3})\cdot\frac{\sqrt{3}}{2}\right\}=\sqrt{3}$$

$0<\theta<\dfrac{\pi}{2}$ であるから　　$\boldsymbol{\theta=\dfrac{\pi}{3}}$

(2) 直線 $y=2x-1$ と x 軸の正の向きとのなす角を α とすると

$$\tan\alpha=2$$

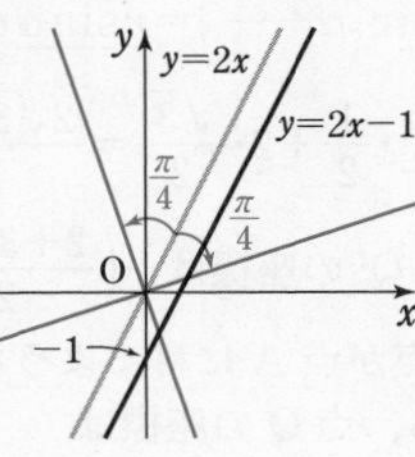

$$\tan\left(\alpha\pm\frac{\pi}{4}\right)=\frac{\tan\alpha\pm\tan\frac{\pi}{4}}{1\mp\tan\alpha\tan\frac{\pi}{4}}$$

$$=\frac{2\pm1}{1\mp2\cdot1}\ (\text{複号同順})$$

であるから，求める直線の傾きは　　$\boldsymbol{-3,\ \dfrac{1}{3}}$

単に2直線のなす角を求めるだけであれば，$p.241$ 基本事項 2 の公式利用が早い。

> 傾きが m_1, m_2 の2直線のなす鋭角を θ とすると
> $$\tan\theta=\left|\frac{m_1-m_2}{1+m_1m_2}\right|$$

別解　2直線は垂直でないから

$$\tan\theta=\left|\frac{\frac{\sqrt{3}}{2}-(-3\sqrt{3})}{1+\frac{\sqrt{3}}{2}\cdot(-3\sqrt{3})}\right|$$

$$=\frac{7\sqrt{3}}{2}\div\frac{7}{2}=\sqrt{3}$$

$0<\theta<\dfrac{\pi}{2}$ から　$\boldsymbol{\theta=\dfrac{\pi}{3}}$

◀2直線のなす角は，それぞれと平行で原点を通る2直線のなす角に等しい。そこで，直線 $y=2x-1$ を平行移動した直線 $y=2x$ をもとにした図をかくと，見通しがよくなる。

練習 ② 152

(1) 2直線 $x+3y-6=0$, $x-2y+2=0$ のなす鋭角 θ を求めよ。

(2) 直線 $y=-x+1$ と $\dfrac{\pi}{3}$ の角をなし，点 $(1,\ \sqrt{3})$ を通る直線の方程式を求めよ。

基本 例題 153 点の回転

点 P(3, 1) を，点 A(1, 4) を中心として $\frac{\pi}{3}$ だけ回転させた点を Q とする。

(1) 点 A が原点 O に移るような平行移動により，点 P が点 P′ に移るとする。

点 P′ を原点 O を中心として $\frac{\pi}{3}$ だけ回転させた点 Q′ の座標を求めよ。

(2) 点 Q の座標を求めよ。

p.241 基本事項 1

指針 点 $P(x_0,\ y_0)$ を，原点 O を中心として θ だけ回転させた点を $Q(x,\ y)$ とする。

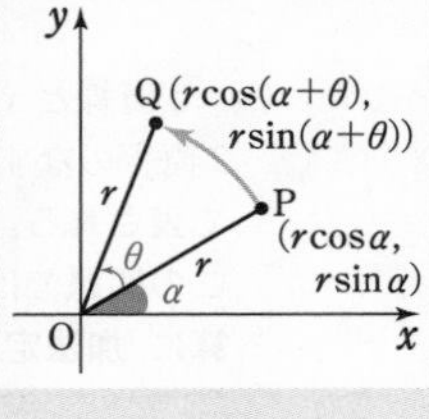

OP$=r$ とし，動径 OP と x 軸の正の向きとのなす角を α とすると　　$x_0=r\cos\alpha,\ y_0=r\sin\alpha$

OQ$=r$ で，動径 OQ と x 軸の正の向きとのなす角を考えると，**加法定理** により

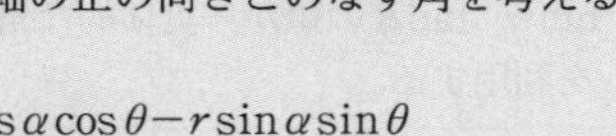

$$x=r\cos(\alpha+\theta)=r\cos\alpha\cos\theta-r\sin\alpha\sin\theta$$
$$=x_0\cos\theta-y_0\sin\theta$$
$$y=r\sin(\alpha+\theta)=r\sin\alpha\cos\theta+r\cos\alpha\sin\theta$$
$$=y_0\cos\theta+x_0\sin\theta$$

この問題では，回転の中心が原点ではないから，上のことを直接使うわけにはいかない。3 点 P，A，Q を，**回転の中心である点 A が原点に移るように平行移動** して考える。

解答

(1) 点 A が原点 O に移るような平行移動により，点 P は点 P′(2, −3) に移る。次に，点 Q′ の座標を $(x',\ y')$ とする。

◀x 軸方向に -1，y 軸方向に -4 だけ平行移動する。

また，OP′$=r$ とし，動径 OP′ と x 軸の正の向きとのなす角を α とすると　　$2=r\cos\alpha,\ -3=r\sin\alpha$

よって　$x'=r\cos\left(\alpha+\frac{\pi}{3}\right)=r\cos\alpha\cos\frac{\pi}{3}-r\sin\alpha\sin\frac{\pi}{3}$

◀r を計算する必要はない。

$$=2\cdot\frac{1}{2}-(-3)\cdot\frac{\sqrt{3}}{2}=\frac{2+3\sqrt{3}}{2}$$

$$y'=r\sin\left(\alpha+\frac{\pi}{3}\right)=r\sin\alpha\cos\frac{\pi}{3}+r\cos\alpha\sin\frac{\pi}{3}$$

$$=-3\cdot\frac{1}{2}+2\cdot\frac{\sqrt{3}}{2}=\frac{2\sqrt{3}-3}{2}$$

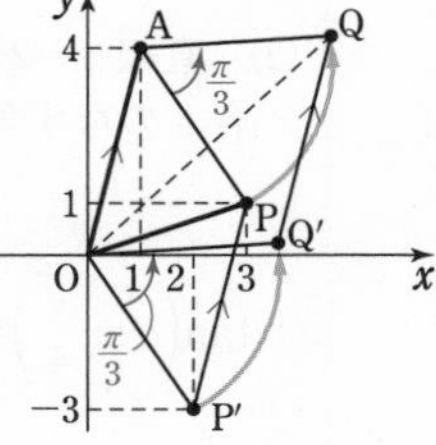

したがって，点 Q′ の座標は $\left(\frac{2+3\sqrt{3}}{2},\ \frac{2\sqrt{3}-3}{2}\right)$

(2) 点 Q′ は，原点が点 A に移るような平行移動によって，点 Q に移るから，点 Q の座標は

$\left(\frac{2+3\sqrt{3}}{2}+1,\ \frac{2\sqrt{3}-3}{2}+4\right)$ から　$\left(\frac{4+3\sqrt{3}}{2},\ \frac{2\sqrt{3}+5}{2}\right)$

練習 ③153

(1) 点 P(−2, 3) を，原点を中心として $\frac{5}{6}\pi$ だけ回転させた点 Q の座標を求めよ。

(2) 点 P(3, −1) を，点 A(−1, 2) を中心として $-\frac{\pi}{3}$ だけ回転させた点 Q の座標を求めよ。

p.254 EX93 (2)

25 加法定理の応用

基本事項

1 2倍角の公式 $\boldsymbol{\sin 2\alpha=2\sin\alpha\cos\alpha}$

$\boldsymbol{\cos 2\alpha=\cos^2\alpha-\sin^2\alpha=1-2\sin^2\alpha=2\cos^2\alpha-1}$

$\boldsymbol{\tan 2\alpha=\dfrac{2\tan\alpha}{1-\tan^2\alpha}}$

2 半角の公式 $\boldsymbol{\sin^2\dfrac{\alpha}{2}=\dfrac{1-\cos\alpha}{2},\ \cos^2\dfrac{\alpha}{2}=\dfrac{1+\cos\alpha}{2},\ \tan^2\dfrac{\alpha}{2}=\dfrac{1-\cos\alpha}{1+\cos\alpha}}$

3 3倍角の公式 $\boldsymbol{\sin 3\alpha=3\sin\alpha-4\sin^3\alpha,\quad \cos 3\alpha=-3\cos\alpha+4\cos^3\alpha}$

解説

■2倍角の公式

三角関数の加法定理（$p.241$）において，$\beta=\alpha$ とおくと

$\sin(\alpha+\alpha)=\sin\alpha\cos\alpha+\cos\alpha\sin\alpha$ から　$\boldsymbol{\sin 2\alpha=2\sin\alpha\cos\alpha}$

$\cos(\alpha+\alpha)=\cos\alpha\cos\alpha-\sin\alpha\sin\alpha$ から　$\boldsymbol{\cos 2\alpha=\cos^2\alpha-\sin^2\alpha}$

また，$\cos^2\alpha=1-\sin^2\alpha$，$\sin^2\alpha=1-\cos^2\alpha$ であるから

$$\boldsymbol{\cos 2\alpha}=(1-\sin^2\alpha)-\sin^2\alpha=\boldsymbol{1-2\sin^2\alpha}$$

$$\boldsymbol{\cos 2\alpha}=\cos^2\alpha-(1-\cos^2\alpha)=\boldsymbol{2\cos^2\alpha-1}$$

更に　$\boldsymbol{\tan 2\alpha}=\dfrac{\sin 2\alpha}{\cos 2\alpha}=\dfrac{2\sin\alpha\cos\alpha}{\cos^2\alpha-\sin^2\alpha}$

$$=\frac{2\cdot\dfrac{\sin\alpha}{\cos\alpha}}{1-\left(\dfrac{\sin\alpha}{\cos\alpha}\right)^2}=\boldsymbol{\frac{2\tan\alpha}{1-\tan^2\alpha}}$$

例　$\sin\theta=\dfrac{2}{3}$，$\cos\theta=-\dfrac{\sqrt{5}}{3}$ のとき

$\sin 2\theta=2\sin\theta\cos\theta=-\dfrac{4\sqrt{5}}{9}$

$\cos 2\theta=2\cos^2\theta-1=\dfrac{1}{9}$

$\tan 2\theta=\dfrac{\sin 2\theta}{\cos 2\theta}=-4\sqrt{5}$

■半角の公式

2倍角の公式 $\cos 2\alpha=1-2\sin^2\alpha=2\cos^2\alpha-1$ から

$$\sin^2\alpha=\frac{1-\cos 2\alpha}{2}\qquad \cos^2\alpha=\frac{1+\cos 2\alpha}{2}$$

ゆえに　$\tan^2\alpha=\dfrac{\sin^2\alpha}{\cos^2\alpha}=\dfrac{1-\cos 2\alpha}{1+\cos 2\alpha}$

それぞれ，α の代わりに $\dfrac{\alpha}{2}$ とおくと，$\sin^2\dfrac{\alpha}{2}$，$\cos^2\dfrac{\alpha}{2}$，$\tan^2\dfrac{\alpha}{2}$ の公式が得られる。

■3倍角の公式

$\boldsymbol{\sin 3\alpha}=\sin(2\alpha+\alpha)=\sin 2\alpha\cos\alpha+\cos 2\alpha\sin\alpha$　◀加法定理

$=2\sin\alpha\cos\alpha\cdot\cos\alpha+(1-2\sin^2\alpha)\sin\alpha$　◀2倍角の公式

$=2\sin\alpha(1-\sin^2\alpha)+\sin\alpha-2\sin^3\alpha$

$=\boldsymbol{3\sin\alpha-4\sin^3\alpha}$

$\boldsymbol{\cos 3\alpha}=\cos(2\alpha+\alpha)=\cos 2\alpha\cos\alpha-\sin 2\alpha\sin\alpha$　◀加法定理

$=(2\cos^2\alpha-1)\cos\alpha-2\sin\alpha\cos\alpha\cdot\sin\alpha$　◀2倍角の公式

$=2\cos^3\alpha-\cos\alpha-2(1-\cos^2\alpha)\cos\alpha$

$=\boldsymbol{-3\cos\alpha+4\cos^3\alpha}$

基本 例題 154 2倍角，半角の公式

(1) $\dfrac{\pi}{2}<\theta<\pi$，$\sin\theta=\dfrac{3}{5}$ のとき，$\cos 2\theta$，$\sin 2\theta$，$\tan\dfrac{\theta}{2}$ の値を求めよ。

(2) $t=\tan\dfrac{\theta}{2}$ $(t\neq\pm1)$ のとき，次の等式が成り立つことを証明せよ。

$$\sin\theta=\frac{2t}{1+t^2},\quad \cos\theta=\frac{1-t^2}{1+t^2},\quad \tan\theta=\frac{2t}{1-t^2}$$

p.247 基本事項 1，2

指針 (1) **2倍角，半角の公式** を利用する。また $\sin 2\theta$，$\tan\dfrac{\theta}{2}$ の値を求めるには，$\cos\theta$ の値が必要になるから，**かくれた条件 $\sin^2\theta+\cos^2\theta=1$** を利用して，この値も求めておく。

(2) $\theta=2\cdot\dfrac{\theta}{2}$ であるから，**2倍角の公式** を利用。$\tan\theta \longrightarrow \cos\theta \longrightarrow \sin\theta$ の順に証明する。$\tan\theta$ と $\cos\theta$ が示されれば，$\sin\theta$ は **$\sin\theta=\tan\theta\cos\theta$** により示される。

解答

(1) $\boldsymbol{\cos 2\theta}=1-2\sin^2\theta=1-2\cdot\left(\dfrac{3}{5}\right)^2=1-\dfrac{18}{25}=\boldsymbol{\dfrac{7}{25}}$

$\dfrac{\pi}{2}<\theta<\pi$ であるから

$$\cos\theta=-\sqrt{1-\sin^2\theta}=-\sqrt{1-\left(\frac{3}{5}\right)^2}=-\frac{4}{5}$$

◀θ は第2象限の角であるから　$\cos\theta<0$

ゆえに　$\boldsymbol{\sin 2\theta}=2\sin\theta\cos\theta=2\cdot\dfrac{3}{5}\cdot\left(-\dfrac{4}{5}\right)=\boldsymbol{-\dfrac{24}{25}}$

$\dfrac{\pi}{2}<\theta<\pi$ より $\dfrac{\pi}{4}<\dfrac{\theta}{2}<\dfrac{\pi}{2}$ であるから　$\tan\dfrac{\theta}{2}>0$

よって　$\boldsymbol{\tan\dfrac{\theta}{2}}=\sqrt{\dfrac{1-\cos\theta}{1+\cos\theta}}=\sqrt{\dfrac{5+4}{5-4}}=\boldsymbol{3}$

◀$\sqrt{\dfrac{1+\frac{4}{5}}{1-\frac{4}{5}}}=\sqrt{\dfrac{5+4}{5-4}}=\sqrt{9}$

(2) $\tan\theta=\tan 2\cdot\dfrac{\theta}{2}=\dfrac{2\tan\frac{\theta}{2}}{1-\tan^2\frac{\theta}{2}}=\dfrac{2t}{1-t^2}$ $(t\neq\pm1)$

$1+\tan^2\dfrac{\theta}{2}=\dfrac{1}{\cos^2\frac{\theta}{2}}$ から　$\cos^2\dfrac{\theta}{2}=\dfrac{1}{1+\tan^2\frac{\theta}{2}}=\dfrac{1}{1+t^2}$

よって　$\cos\theta=\cos 2\cdot\dfrac{\theta}{2}=2\cos^2\dfrac{\theta}{2}-1=\dfrac{2}{1+t^2}-1=\dfrac{1-t^2}{1+t^2}$

ゆえに　$\sin\theta=\tan\theta\cos\theta=\dfrac{2t}{1-t^2}\cdot\dfrac{1-t^2}{1+t^2}=\dfrac{2t}{1+t^2}$

検討
$\sin\dfrac{\theta}{2}=s$，$\cos\dfrac{\theta}{2}=c$ とおくと　$\tan\dfrac{\theta}{2}=t=\dfrac{s}{c}$
これを証明する等式の右辺に代入して $s^2+c^2=1$ などから，左辺を導くこともできる。

練習 ② 154
(1) $0<\alpha<\pi$，$\cos\alpha=\dfrac{5}{13}$ のとき，2α，$\dfrac{\alpha}{2}$ の正弦，余弦，正接の値を求めよ。

(2) $\tan\dfrac{\theta}{2}=\dfrac{1}{2}$ のとき，$\cos\theta$，$\tan\theta$，$\tan 2\theta$ の値を求めよ。

p.254 EX96, 97

基本 例題 155 三角方程式・不等式の解法 (3) … 倍角の公式

$0 \leqq \theta < 2\pi$ のとき，次の方程式，不等式を解け。

(1) $\sin 2\theta = \cos\theta$　　　(2) $\cos 2\theta - 3\cos\theta + 2 \geqq 0$

基本 154

指針

1 **2倍角の公式 $\sin 2\theta = 2\sin\theta\cos\theta$，$\cos 2\theta = 1 - 2\sin^2\theta = 2\cos^2\theta - 1$** を用いて，**関数の種類** と **角を θ に統一する**。

2 因数分解して，(1) なら $AB=0$，(2) なら $AB \geqq 0$ の形に変形する。

3 **$-1 \leqq \sin\theta \leqq 1$，$-1 \leqq \cos\theta \leqq 1$ に注意** して，方程式・不等式を解く。

CHART **θ と 2θ が混在した式　倍角の公式で角を統一する**

解答

(1) 方程式から

$$2\sin\theta\cos\theta = \cos\theta$$

ゆえに　$\cos\theta(2\sin\theta - 1) = 0$

よって　$\cos\theta = 0$，$\sin\theta = \dfrac{1}{2}$

$0 \leqq \theta < 2\pi$ であるから

$\cos\theta = 0$ より　$\theta = \dfrac{\pi}{2}$，$\dfrac{3}{2}\pi$

$\sin\theta = \dfrac{1}{2}$ より　$\theta = \dfrac{\pi}{6}$，$\dfrac{5}{6}\pi$

以上から，解は　$\boldsymbol{\theta = \dfrac{\pi}{6},\ \dfrac{\pi}{2},\ \dfrac{5}{6}\pi,\ \dfrac{3}{2}\pi}$

◀ $\sin 2\theta = 2\sin\theta\cos\theta$

◀ 種類の統一はできないが，積$=0$の形になるので，解決できる。
$AB=0 \iff$
$A=0$ または $B=0$

◀ $\sin\theta = \dfrac{1}{2}$ の参考図。
$\cos\theta = 0$ 程度は，図がなくても導けるように。

(2) 不等式から　$2\cos^2\theta - 1 - 3\cos\theta + 2 \geqq 0$

整理すると　$2\cos^2\theta - 3\cos\theta + 1 \geqq 0$

ゆえに　$(\cos\theta - 1)(2\cos\theta - 1) \geqq 0$

$0 \leqq \theta < 2\pi$ では，$\cos\theta - 1 \leqq 0$

であるから

$\cos\theta - 1 = 0$，$2\cos\theta - 1 \leqq 0$

よって　$\cos\theta = 1$，$\cos\theta \leqq \dfrac{1}{2}$

したがって，解は

$$\boldsymbol{\theta = 0,\ \dfrac{\pi}{3} \leqq \theta \leqq \dfrac{5}{3}\pi}$$

◀ $\cos 2\theta = 2\cos^2\theta - 1$

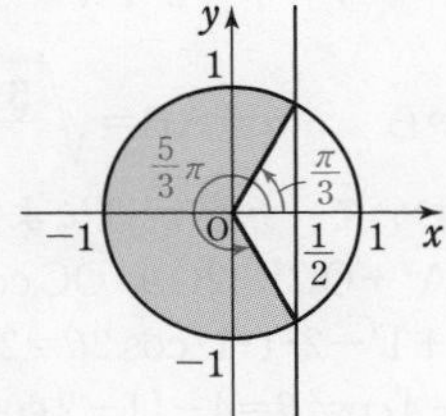

◀ $\cos\theta - 1 = 0$ を忘れないように注意。
なお，図は $\cos\theta \leqq \dfrac{1}{2}$ の参考図。

練習 ② 155 $0 \leqq \theta < 2\pi$ のとき，次の方程式，不等式を解け。

(1) $\sin 2\theta - \sqrt{2}\sin\theta = 0$　　　(2) $\cos 2\theta + \cos\theta + 1 = 0$

(3) $\cos 2\theta - \sin\theta \leqq 0$

p.254 EX98

基本 例題 156 3倍角の公式の利用

半径1の円に内接する正五角形ABCDEの1辺の長さをaとし，$\theta=\dfrac{2}{5}\pi$とする。
(1) 等式$\sin3\theta+\sin2\theta=0$が成り立つことを証明せよ。
(2) $\cos\theta$の値を求めよ。 (3) aの値を求めよ。
(4) 線分ACの長さを求めよ。 〔山形大〕

p.247 基本事項 3

指針
(1) $3\theta+2\theta=2\pi$であることに着目。なお，θを度数法で表すと72°である。
(2)  **(1)は(2)のヒント** (1)の等式を2倍角・3倍角の公式を用いて変形すると，$\cos\theta$の2次方程式を導くことができる。$0<\cos\theta<1$に注意して，その方程式を解く。
(3), (4) 余弦定理を利用する。(4)では，(2)の方程式も利用するとよい。

解答

(1) $\theta=\dfrac{2}{5}\pi$から $5\theta=2\pi$ よって $3\theta=2\pi-2\theta$

◀$5\theta=3\theta+2\theta$

このとき $\sin3\theta=\sin(2\pi-2\theta)=-\sin2\theta$
したがって $\sin3\theta+\sin2\theta=0$

(2) (1)の等式から $3\sin\theta-4\sin^3\theta+2\sin\theta\cos\theta=0$
$\sin\theta\neq0$であるから，両辺を$\sin\theta$で割って
$3-4\sin^2\theta+2\cos\theta=0$
ゆえに $3-4(1-\cos^2\theta)+2\cos\theta=0$
整理して $4\cos^2\theta+2\cos\theta-1=0$ ……（＊）
$0<\cos\theta<1$であるから $\boldsymbol{\cos\theta=\dfrac{-1+\sqrt{5}}{4}}$

◀**3倍角の公式**
$\sin3\theta=3\sin\theta-4\sin^3\theta$
忘れたら，$3\theta=2\theta+\theta$として，加法定理と2倍角の公式から導く。

(3) 円の中心をOとすると，△OABにおいて，余弦定理により
$AB^2=OA^2+OB^2-2OA\cdot OB\cos\theta$
$=1^2+1^2-2\cdot1\cdot1\cdot\dfrac{-1+\sqrt{5}}{4}=\dfrac{5-\sqrt{5}}{2}$
$a>0$であるから $\boldsymbol{a=AB=\sqrt{\dfrac{5-\sqrt{5}}{2}}}$

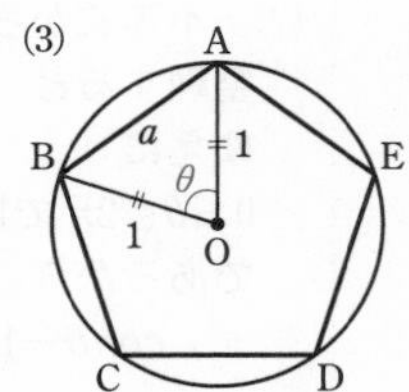

(4) △OACにおいて，余弦定理により
$AC^2=OA^2+OC^2-2OA\cdot OC\cos2\theta$
$=1^2+1^2-2\cdot1\cdot1\cdot\cos2\theta=2-2(2\cos^2\theta-1)$
$=4-\underline{4\cos^2\theta}=4-(\underline{1-2\cos\theta})=3+2\cos\theta$
└(2)の（＊）から。
AC>0であるから
$\boldsymbol{AC=\sqrt{3+2\cdot\dfrac{-1+\sqrt{5}}{4}}=\sqrt{\dfrac{5+\sqrt{5}}{2}}}$

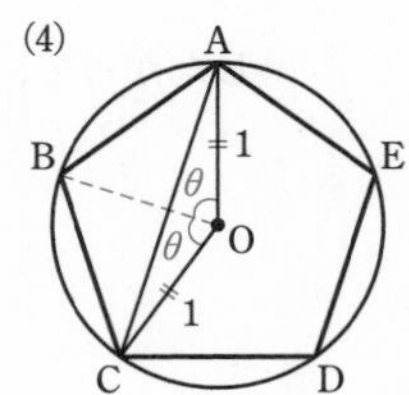

練習 ③156
(1) $\theta=36°$のとき，$\sin3\theta=\sin2\theta$が成り立つことを示し，$\cos36°$の値を求めよ。
(2) $\theta=18°$のとき，$\sin2\theta=\cos3\theta$が成り立つことを示し，$\sin18°$の値を求めよ。

p.254 EX99

まとめ　加法定理，倍角・半角の公式の覚え方

※加法定理をはじめとして多くの公式が出てきたが，それらをすべて丸暗記するのは得策ではない。むしろ，必要に応じて，その場で公式を作り出す力を養っておく方が重要である。作り方を中心に公式をまとめておこう。

加法定理

次の２つの公式は覚えておこう！

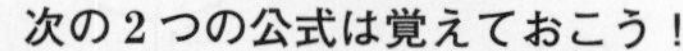
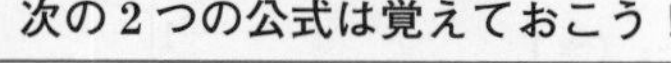

同符号

$$\sin(\alpha+\beta)=\sin\alpha\cos\beta+\cos\alpha\sin\beta$$

異符号

$$\cos(\alpha+\beta)=\cos\alpha\cos\beta-\sin\alpha\sin\beta$$

左の等式で β を $-\beta$ におき換える

同符号

$$\sin(\alpha-\beta)=\sin\alpha\cos\beta-\cos\alpha\sin\beta$$

異符号

$$\cos(\alpha-\beta)=\cos\alpha\cos\beta+\sin\alpha\sin\beta$$

$$\tan(\alpha+\beta)=\frac{\sin(\alpha+\beta)}{\cos(\alpha+\beta)}=\frac{\sin\alpha\cos\beta+\cos\alpha\sin\beta}{\cos\alpha\cos\beta-\sin\alpha\sin\beta}$$

分母・分子を $\cos\alpha\cos\beta$ で割ると

$$\tan(\alpha+\beta)=\frac{\tan\alpha+\tan\beta}{1-\tan\alpha\tan\beta}$$

負の角の三角関数

$\sin(-\beta)=-\sin\beta$

$\cos(-\beta)=\cos\beta$

$\tan(-\beta)=-\tan\beta$

$$\tan(\alpha-\beta)=\frac{\tan\alpha-\tan\beta}{1+\tan\alpha\tan\beta}$$

上の３つの加法定理で $\beta=\alpha$ とおくと

２倍角の公式

$$\sin2\alpha=2\sin\alpha\cos\alpha$$

$$\cos2\alpha=\cos^2\alpha-\sin^2\alpha=1-2\sin^2\alpha=2\cos^2\alpha-1$$

$$\tan2\alpha=\frac{2\tan\alpha}{1-\tan^2\alpha}$$

$3\alpha=2\alpha+\alpha$ として，加法定理と２倍角の公式を用いて変形する。

３倍角の公式

$$\sin3\alpha=3\sin\alpha-4\sin^3\alpha$$

（$\sin\alpha$ の３次式）

$$\cos3\alpha=-3\cos\alpha+4\cos^3\alpha$$

（$\cos\alpha$ の３次式）

$\sin^2\alpha=\dfrac{1-\cos2\alpha}{2}$，$\cos^2\alpha=\dfrac{1+\cos2\alpha}{2}$，$\tan^2\alpha=\dfrac{1-\cos2\alpha}{1+\cos2\alpha}$ で $\alpha=\dfrac{\theta}{2}$ とおくと

半角の公式

$$\sin^2\frac{\theta}{2}=\frac{1-\cos\theta}{2},\quad \cos^2\frac{\theta}{2}=\frac{1+\cos\theta}{2},\quad \tan^2\frac{\theta}{2}=\frac{1-\cos\theta}{1+\cos\theta}$$

参考事項 方程式 $\sin a\theta=\sin b\theta$，$\sin a\theta=\cos b\theta$ の解法

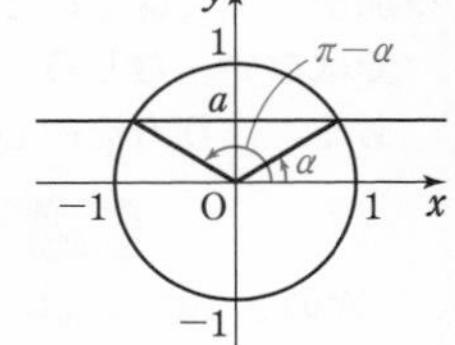

例題 **156** や練習 156 では，問題で出てくる $\sin 3\theta+\sin 2\theta=0$ などの等式を満たす θ の値が 1 つわかっているが，ここでは，等式を満たすすべての θ の値を求める方法を考えてみよう。
まず，$\sin\theta=\sin\alpha$ の一般解 は，$p.231$ 基本事項 **1** ① で学んだように

$$\theta=\alpha+2n\pi,\ (\pi-\alpha)+2n\pi\ (n\text{ は整数})\quad\cdots\cdots(*)$$

である。　　↑この解を忘れがちなので注意。
このことを用いて考えていく。

1　$\sin a\theta=\sin b\theta$ の一般解を求める

(＊) を用いると，$\sin 3\theta=\sin 2\theta$ ［練習 156 (1)］の一般解は，次のように求められる。

$3\theta=2\theta+2n\pi,\ (\pi-2\theta)+2n\pi$ (n は整数)　　これから　$\theta=2n\pi,\ \dfrac{2n+1}{5}\pi$ (n は整数)

$0\leqq\theta<2\pi$ のときの解は，この一般解の n に適する整数の値を代入して

$$\theta=0,\ \frac{\pi}{5}\ (=36^\circ),\ \frac{3}{5}\pi,\ \pi,\ \frac{7}{5}\pi,\ \frac{9}{5}\pi$$

の 6 個であることがわかる。
ここで，$y=\sin 3\theta$ と $y=\sin 2\theta$ のグラフをかいてみると，右図のようになり，$0\leqq\theta<2\pi$ の範囲に共有点が 6 個あることが確かめられる。

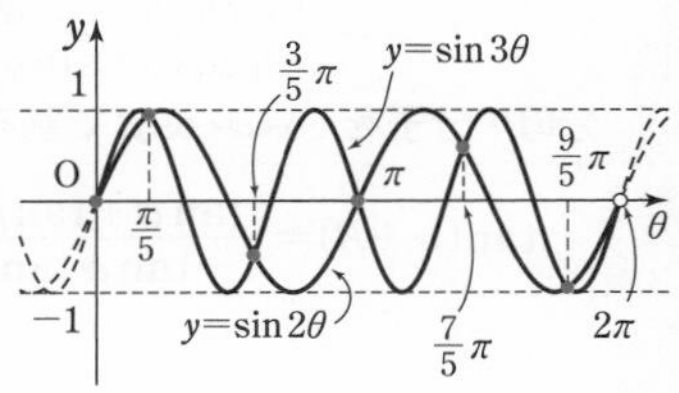

2　$\sin a\theta=\cos b\theta$，$\sin a\theta=-\sin b\theta$ を解くには？

$\cos\alpha=\sin\left(\dfrac{\pi}{2}-\alpha\right)$，$-\sin\alpha=\sin(-\alpha)$ を利用して，右辺の $\cos b\theta$，$-\sin b\theta$ を $\sin$● の形に変形し，(＊) を適用するとよい。

① $\sin 2\theta=\cos 3\theta$ ［練習 156 (2)］の一般解は
$\sin 2\theta=\sin\left(\dfrac{\pi}{2}-3\theta\right)$ と変形して

$$2\theta=\left(\frac{\pi}{2}-3\theta\right)+2n\pi,\ \left\{\pi-\left(\frac{\pi}{2}-3\theta\right)\right\}+2n\pi\ (n\text{ は整数})$$

すなわち　$\theta=\dfrac{4n+1}{10}\pi,\ -\dfrac{4n+1}{2}\pi$ (n は整数)　◀〰〰 で $n=0$ のとき $\theta=\dfrac{\pi}{10}$ $(=18^\circ)$

② $\sin 3\theta=-\sin 2\theta$ ［例題 **156**］の一般解は
$\sin 3\theta=\sin(-2\theta)$ と変形して　$3\theta=-2\theta+2n\pi,\ (\pi+2\theta)+2n\pi$ (n は整数)

すなわち　$\theta=\dfrac{2n}{5}\pi,\ (2n+1)\pi$ (n は整数)　◀〰〰 で $n=1$ のとき $\theta=\dfrac{2}{5}\pi$

参考　$\sin a\theta=\sin b\theta$ や $\sin a\theta=-\sin b\theta$ を解くには，$p.255$ で学ぶ 和 ⟶ 積の公式 を使う方法も考えられる (⟶ $p.257$ 基本例題 **159**)。

重要例題 157 円周率 π に関する不等式の証明 ④

円周率 π に関して，次の不等式が成り立つことを証明せよ。ただし，$\pi=3.14\cdots\cdots$ は使用しないこととする。〔大分大〕

$$3\sqrt{6}-3\sqrt{2}<\pi<24-12\sqrt{3}$$

基本 150

指針 各辺の差を考える方法では証明できそうにない。そこで，各辺に同じ数を掛けたり，各辺を同じ数で割ることを考えてみる。

各辺を 12 で割ると $\dfrac{\sqrt{6}-\sqrt{2}}{4}<\dfrac{\pi}{12}<2-\sqrt{3}$　ここで，$\dfrac{\sqrt{6}-\sqrt{2}}{4}$ は $p.243$ 基本例題 **150** (1) で求めた $\sin 15^\circ$ の値であることをヒントに，下の解答のような，中心角が $\dfrac{\pi}{12}$ の扇形に注目した，**図形の面積比較** が浮上する。

解答

点 O を中心とする半径 1 の円において，中心角が $\dfrac{\pi}{12}$ の扇形 OAB を考える。

点 A における円の接線と直線 OB の交点を C とすると，面積について

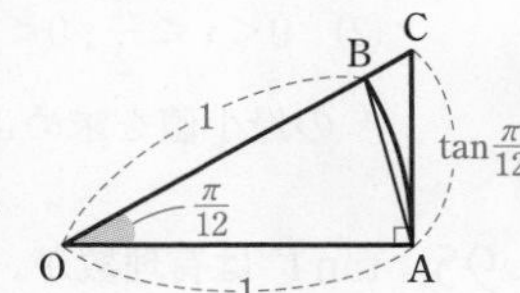

$$\triangle OAB<\text{扇形 } OAB<\triangle OAC$$

ゆえに $\dfrac{1}{2}\cdot 1^2\cdot\sin\dfrac{\pi}{12}<\dfrac{1}{2}\cdot 1^2\cdot\dfrac{\pi}{12}<\dfrac{1}{2}\cdot 1\cdot\tan\dfrac{\pi}{12}$

◀扇形の面積が π を含む数になることも，面積比較の方法が有効な理由の 1 つ。

よって $\sin\dfrac{\pi}{12}<\dfrac{\pi}{12}<\tan\dfrac{\pi}{12}$

ここで $\sin\dfrac{\pi}{12}=\sin\left(\dfrac{\pi}{4}-\dfrac{\pi}{6}\right)=\sin\dfrac{\pi}{4}\cos\dfrac{\pi}{6}-\cos\dfrac{\pi}{4}\sin\dfrac{\pi}{6}=\dfrac{\sqrt{6}-\sqrt{2}}{4}$ （↓加法定理）

$$\tan\frac{\pi}{12}=\tan\left(\frac{\pi}{4}-\frac{\pi}{6}\right)=\frac{\tan\frac{\pi}{4}-\tan\frac{\pi}{6}}{1+\tan\frac{\pi}{4}\tan\frac{\pi}{6}}=\frac{1-\frac{1}{\sqrt{3}}}{1+1\cdot\frac{1}{\sqrt{3}}}=\frac{\sqrt{3}-1}{\sqrt{3}+1}=2-\sqrt{3}$$

ゆえに $\dfrac{\sqrt{6}-\sqrt{2}}{4}<\dfrac{\pi}{12}<2-\sqrt{3}$　すなわち　$3\sqrt{6}-3\sqrt{2}<\pi<24-12\sqrt{3}$

（$3\sqrt{6}-3\sqrt{2}\fallingdotseq 3.106$，$24-12\sqrt{3}\fallingdotseq 3.215$）

検討 **求めにくい値を不等式を使って評価する**

値が具体的に求められないもの（P とする）については，上の解答のように，不等式 ●$<P<$■ を作ることができれば，おおよその値を調べられる。このような不等式を作って考える方法は，数学における重要な手法の 1 つである。特に，数学Ⅲではよく使われる。

練習 ④ 157 $\angle C$ を直角とする直角三角形 ABC に対して，$\angle A$ の二等分線と線分 BC の交点を D とする。また，AD$=5$，DC$=3$，CA$=4$ であるとき，$\angle A=\theta$ とおく。

(1) $\sin\theta$ の値を求めよ。

(2) $\theta<\dfrac{5}{12}\pi$ を示せ。ただし，$\sqrt{2}=1.414\cdots$，$\sqrt{3}=1.732\cdots$ を用いてもよい。

〔東北大〕

③**93** (1) α，β は実数，i は虚数単位とする。次の等式が成り立つことを証明せよ。

(ア) $(\cos\alpha+i\sin\alpha)(\cos\beta+i\sin\beta)=\cos(\alpha+\beta)+i\sin(\alpha+\beta)$

(イ) $\dfrac{\cos\alpha+i\sin\alpha}{\cos\beta+i\sin\beta}=\cos(\alpha-\beta)+i\sin(\alpha-\beta)$

(2) O を原点とする座標平面に点 A(2, 1) および第 1 象限の点 B があり，三角形 OAB は正三角形である。このとき，点 B の座標を求めよ。　〔(2) 類 名城大〕

→151，153

④**94** (1) 正の実数 α，β，γ が $\alpha+\beta+\gamma=\dfrac{\pi}{2}$ を満たすとき，

$\tan\alpha\tan\beta+\tan\beta\tan\gamma+\tan\gamma\tan\alpha$ の値は一定であることを示せ。

(2) $0<x<\dfrac{\pi}{2}$, $0<y<\dfrac{\pi}{2}$ とする。$\tan x\tan y=\dfrac{1}{2}$ のとき，$\tan(x+y)+\tan(x-y)$ の最小値を求めよ。　〔(1) 類 東京医歯大，(2) 類 愛知大〕 →151

③**95** $\tan 1^\circ$ は有理数か。　〔京都大〕 →p.247 基本事項 1

③**96** $\dfrac{1}{\tan\dfrac{\pi}{24}}-\sqrt{2}-\sqrt{3}-\sqrt{6}$ は整数である。その値を求めよ。　〔横浜市大〕 →154

④**97** ∠A が直角で，斜辺 BC の長さが l である直角三角形 ABC に内接する円の半径を r とする。　〔立命館大〕

(1) $\angle C=2\theta$ とするとき，$r=\dfrac{l\cos 2\theta\tan\theta}{1+\tan\theta}$ であることを示せ。

(2) l を一定に保ったまま θ を変化させる。$\tan\theta=t$ とおき，$\dfrac{r}{1+\cos 2\theta}$ を t の関数として表し，その最大値を求めよ。

→154

③**98** $0\leqq\theta<2\pi$ のとき，不等式 $\sin 2\theta-\cos\theta>0$ を解け。 →155

④**99** $-\dfrac{\pi}{2}<\theta<\dfrac{\pi}{2}$ のとき，θ の方程式 $m\cos\theta-3\cos 3\theta+n(1+\cos 2\theta)=0$ が解をもつような正の整数 m，n の組 $(m,\ n)$ を求めよ。また，そのときの解 θ を求めよ。

〔類 岐阜大〕 →156

HINT

94　(1) 加法定理，(2) (相加平均)≧(相乗平均) を利用。

95　有理数であると仮定して，$\tan 2\alpha$ の公式を繰り返し用いる。

96　$\dfrac{\pi}{24}=\theta$ としたときの $\sin 2\theta$，$\cos 2\theta$ の値を利用。

97　(1) 辺 AC の長さを 2 通りに表す。(2) $\cos 2\theta$ は t で表される。

99　3 倍角，2 倍角の公式を利用し，$\cos\theta$ の 3 次方程式に帰着させる。$-\dfrac{\pi}{2}<\theta<\dfrac{\pi}{2}$ から $0<\cos\theta\leqq 1$ であることに注意。

26 三角関数の和と積の公式

基本事項

1 積 ⟶ 和の公式

$$\sin\alpha\cos\beta=\frac{1}{2}\{\sin(\alpha+\beta)+\sin(\alpha-\beta)\}$$

$$\cos\alpha\sin\beta=\frac{1}{2}\{\sin(\alpha+\beta)-\sin(\alpha-\beta)\}$$

$$\cos\alpha\cos\beta=\frac{1}{2}\{\cos(\alpha+\beta)+\cos(\alpha-\beta)\}$$

$$\sin\alpha\sin\beta=-\frac{1}{2}\{\cos(\alpha+\beta)-\cos(\alpha-\beta)\}$$

2 和 ⟶ 積の公式

$$\sin A+\sin B=2\sin\frac{A+B}{2}\cos\frac{A-B}{2}$$

$$\sin A-\sin B=2\cos\frac{A+B}{2}\sin\frac{A-B}{2}$$

$$\cos A+\cos B=2\cos\frac{A+B}{2}\cos\frac{A-B}{2}$$

$$\cos A-\cos B=-2\sin\frac{A+B}{2}\sin\frac{A-B}{2}$$

解　説

■積 ⟶ 和の公式

加法定理から　$\sin(\alpha+\beta)=\sin\alpha\cos\beta+\cos\alpha\sin\beta$ …… ①

$\sin(\alpha-\beta)=\sin\alpha\cos\beta-\cos\alpha\sin\beta$ …… ②

①+② から　$\sin(\alpha+\beta)+\sin(\alpha-\beta)=2\sin\alpha\cos\beta$

したがって　$\sin\alpha\cos\beta=\frac{1}{2}\{\sin(\alpha+\beta)+\sin(\alpha-\beta)\}$ …… Ⓐ

また，①−② から同様に

$\cos\alpha\sin\beta=\frac{1}{2}\{\sin(\alpha+\beta)-\sin(\alpha-\beta)\}$ …… Ⓑ

次に，加法定理から　$\cos(\alpha+\beta)=\cos\alpha\cos\beta-\sin\alpha\sin\beta$ …… ③

$\cos(\alpha-\beta)=\cos\alpha\cos\beta+\sin\alpha\sin\beta$ …… ④

③+④ から　$\cos(\alpha+\beta)+\cos(\alpha-\beta)=2\cos\alpha\cos\beta$

したがって　$\cos\alpha\cos\beta=\frac{1}{2}\{\cos(\alpha+\beta)+\cos(\alpha-\beta)\}$ …… Ⓒ

また，③−④ から同様に

$\sin\alpha\sin\beta=-\frac{1}{2}\{\cos(\alpha+\beta)-\cos(\alpha-\beta)\}$ …… Ⓓ

■和 ⟶ 積の公式

$\alpha+\beta=A$，$\alpha-\beta=B$ とおくと　$\alpha=\frac{A+B}{2}$，$\beta=\frac{A-B}{2}$ …… ⑤

⑤ を Ⓐ に代入すると　$\sin A+\sin B=2\sin\frac{A+B}{2}\cos\frac{A-B}{2}$

⑤ を Ⓑ に代入すると　$\sin A-\sin B=2\cos\frac{A+B}{2}\sin\frac{A-B}{2}$

⑤ を Ⓒ に代入すると　$\cos A+\cos B=2\cos\frac{A+B}{2}\cos\frac{A-B}{2}$

⑤ を Ⓓ に代入すると　$\cos A-\cos B=-2\sin\frac{A+B}{2}\sin\frac{A-B}{2}$

基本例題 158 和と積の公式

①①①①①

(1) 積 ⟶ 和，和 ⟶ 積の公式を用いて，次の値を求めよ。

(ア) $\sin 75^\circ \cos 15^\circ$　　(イ) $\sin 75^\circ + \sin 15^\circ$　　(ウ) $\cos 20^\circ \cos 40^\circ \cos 80^\circ$

(2) △ABC において，次の等式が成り立つことを証明せよ。

$$\sin A + \sin B + \sin C = 4\cos\frac{A}{2}\cos\frac{B}{2}\cos\frac{C}{2}$$

p.255 基本事項 **1**，**2**　重要 167

指針 (2) △ABC の問題には，**$A+B+C=\pi$（内角の和は180°）** の条件がかくれている。
$A+B+C=\pi$ から，最初に C を消去して考える。
そして，左辺の $\sin A + \sin B$ に **和 ⟶ 積の公式** を適用。

解答

(1) (ア) $\sin 75^\circ \cos 15^\circ = \frac{1}{2}\{\sin(75^\circ+15^\circ)+\sin(75^\circ-15^\circ)\}$

$$=\frac{1}{2}(\sin 90^\circ + \sin 60^\circ) = \frac{1}{2}\left(1+\frac{\sqrt{3}}{2}\right) = \boldsymbol{\frac{2+\sqrt{3}}{4}}$$

(イ) $\sin 75^\circ + \sin 15^\circ = 2\sin\frac{75^\circ+15^\circ}{2}\cos\frac{75^\circ-15^\circ}{2}$

$$=2\sin 45^\circ \cos 30^\circ = 2\cdot\frac{\sqrt{2}}{2}\cdot\frac{\sqrt{3}}{2} = \boldsymbol{\frac{\sqrt{6}}{2}}$$

(ウ) $\cos 20^\circ \cos 40^\circ \cos 80^\circ = \frac{1}{2}\{\cos 60^\circ + \cos(-20^\circ)\}\cos 80^\circ$

$$=\frac{1}{2}\left(\frac{1}{2}+\cos 20^\circ\right)\cos 80^\circ = \frac{1}{4}\cos 80^\circ + \frac{1}{2}\cos 20^\circ \cos 80^\circ$$

$$=\frac{1}{4}\cos 80^\circ + \frac{1}{2}\cdot\frac{1}{2}\{\cos 100^\circ + \cos(-60^\circ)\} = \frac{1}{4}\cos 80^\circ + \frac{1}{4}\cos 100^\circ + \frac{1}{8}$$

$$=\frac{1}{4}\cos 80^\circ + \frac{1}{4}\cos(180^\circ-80^\circ) + \frac{1}{8} = \frac{1}{4}\cos 80^\circ - \frac{1}{4}\cos 80^\circ + \frac{1}{8} = \boldsymbol{\frac{1}{8}}$$

(2) $A+B+C=\pi$ から　　$C=\pi-(A+B)$

ゆえに　　$\sin C = \sin(A+B)$，$\cos\frac{C}{2} = \cos\left(\frac{\pi}{2}-\frac{A+B}{2}\right) = \sin\frac{A+B}{2}$

よって　　$\sin A + \sin B + \sin C = 2\sin\frac{A+B}{2}\cos\frac{A-B}{2} + \sin 2\cdot\frac{A+B}{2}$

$$=2\sin\frac{A+B}{2}\left(\cos\frac{A-B}{2}+\cos\frac{A+B}{2}\right)$$

$$=2\cos\frac{C}{2}\cdot 2\cos\frac{A}{2}\cos\left(-\frac{B}{2}\right)$$

$$=4\cos\frac{A}{2}\cos\frac{B}{2}\cos\frac{C}{2}$$

練習 ③158 (1) 積 ⟶ 和，和 ⟶ 積の公式を用いて，次の値を求めよ。

(ア) $\cos 45^\circ \sin 75^\circ$　　(イ) $\cos 105^\circ - \cos 15^\circ$　　(ウ) $\sin 20^\circ \sin 40^\circ \sin 80^\circ$

(2) △ABC において，次の等式が成り立つことを証明せよ。

$$\cos A + \cos B - \cos C = 4\cos\frac{A}{2}\cos\frac{B}{2}\sin\frac{C}{2} - 1$$

p.270 EX100

基本 例題 159 三角方程式の解法(和と積の公式の利用)

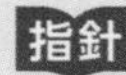

$0 \leqq \theta \leqq \pi$ のとき，次の方程式を解け。

$$\sin 2\theta + \sin 3\theta + \sin 4\theta = 0$$

基本 158

指針 2倍角，3倍角の公式を使う考え方では計算が大変。
そこで，**見方を変え**，3項のうち，2項を組み合わせると，和 ⟶ 積の公式

$$\sin A + \sin B = 2\sin\frac{A+B}{2}\cos\frac{A-B}{2}$$

により積の形に変わる。次に，第3の項との共通因数が見つかれば，方程式は，**積=0** の形となる。そのためには **$\sin 2\theta$ と $\sin 4\theta$ を組み合わせるとよい。**

CHART 三角関数の和や積　**1　2項ずつ組み合わせる**　**2　共通因数の発見**

解答

与式から　$(\sin 2\theta + \sin 4\theta) + \sin 3\theta = 0$

ここで

$$\sin 2\theta + \sin 4\theta = 2\sin\frac{2\theta+4\theta}{2}\cos\frac{2\theta-4\theta}{2}$$
$$= 2\sin 3\theta\cos(-\theta)$$
$$= 2\sin 3\theta\cos\theta$$

よって　$2\sin 3\theta\cos\theta + \sin 3\theta = 0$

すなわち　$\sin 3\theta(2\cos\theta + 1) = 0$

したがって　$\sin 3\theta = 0$ または $\cos\theta = -\dfrac{1}{2}$

$0 \leqq \theta \leqq \pi$ であるから　$0 \leqq 3\theta \leqq 3\pi$

この範囲で $\sin 3\theta = 0$ を解くと

$3\theta = 0,\ \pi,\ 2\pi,\ 3\pi$

よって　$\theta = 0,\ \dfrac{\pi}{3},\ \dfrac{2}{3}\pi,\ \pi$

$0 \leqq \theta \leqq \pi$ の範囲で $\cos\theta = -\dfrac{1}{2}$ を解くと　$\theta = \dfrac{2}{3}\pi$

したがって，解は　$\boldsymbol{\theta = 0,\ \dfrac{\pi}{3},\ \dfrac{2}{3}\pi,\ \pi}$

◀ $(2\theta + 4\theta) \div 2 = 3\theta$ であるから，$\sin 2\theta$ と $\sin 4\theta$ を組み合わせる。

◀積=0 の形に。

$\cos\theta = -\dfrac{1}{2}$ $(0 \leqq \theta \leqq \pi)$

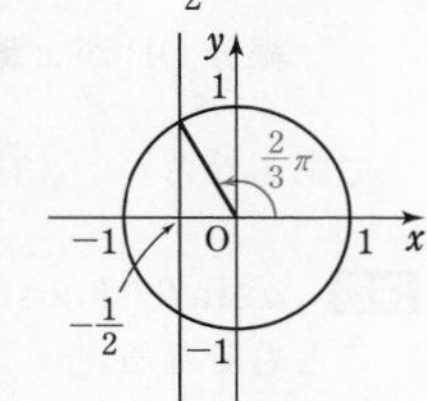

練習 ③159 $0 \leqq \theta \leqq \dfrac{\pi}{2}$ のとき，次の方程式を解け。

$$\cos\theta + \sqrt{3}\cos 4\theta + \cos 7\theta = 0$$

27 三角関数の合成

基本事項

1 三角関数の合成

$$\boldsymbol{a\sin\theta+b\cos\theta=\sqrt{a^2+b^2}\sin(\theta+\alpha)}$$

ただし　$\boldsymbol{\sin\alpha=\dfrac{b}{\sqrt{a^2+b^2}}}$，$\boldsymbol{\cos\alpha=\dfrac{a}{\sqrt{a^2+b^2}}}$

解　説

■三角関数の合成

三角関数の加法定理を利用して，$a\sin\theta+b\cos\theta$ の形の式を $\boldsymbol{r\sin(\theta+\alpha)}$ の形に変形することができる。そして，このような変形を **三角関数の合成** という。

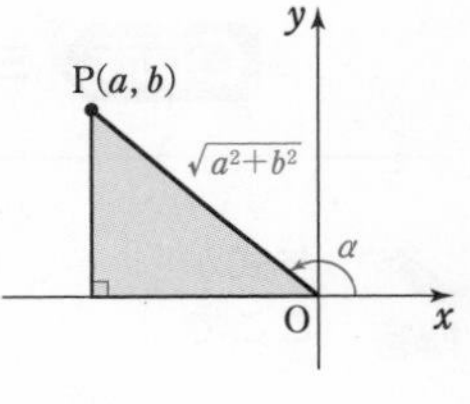

座標が $(a,\ b)$ である点をPとし，$\mathrm{OP}=r$ とする。

また，線分OPが x 軸の正の向きとなす角を α とすると

$$r=\sqrt{a^2+b^2},\qquad a=r\cos\alpha,\qquad b=r\sin\alpha$$

よって　$a\sin\theta+b\cos\theta=r\cos\alpha\sin\theta+r\sin\alpha\cos\theta$

$$=r(\sin\theta\cos\alpha+\cos\theta\sin\alpha)$$

$$=r\sin(\theta+\alpha)=\sqrt{a^2+b^2}\sin(\theta+\alpha)$$

ただし　$\sin\alpha=\dfrac{b}{r}=\dfrac{b}{\sqrt{a^2+b^2}}$，$\cos\alpha=\dfrac{a}{r}=\dfrac{a}{\sqrt{a^2+b^2}}$

なお，α は，普通 **$-\pi<\alpha\leqq\pi$　または　$0\leqq\alpha<2\pi$ の範囲** にとる。

例　$\sqrt{3}\sin\theta+\cos\theta$ を $r\sin(\theta+\alpha)$ の形に変形する。

$\mathrm{P}(\sqrt{3},\ 1)$ とすると

$$\mathrm{OP}=\sqrt{(\sqrt{3})^2+1^2}=2,$$

線分OPが x 軸の正の向きとなす角は $\dfrac{\pi}{6}$

であるから　$\sqrt{3}\sin\theta+\cos\theta=2\boldsymbol{\sin}\left(\theta+\dfrac{\pi}{6}\right)$

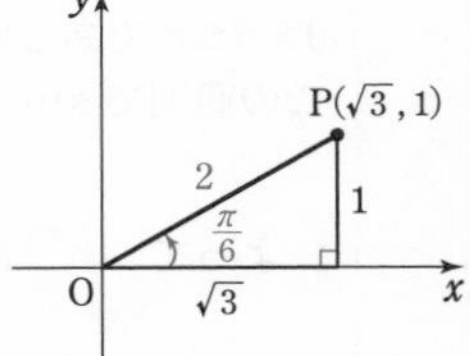

注意　$a\sin\theta+b\cos\theta$ の形の式は，**$r\cos(\theta-\beta)$ の形に変形**することもできる。

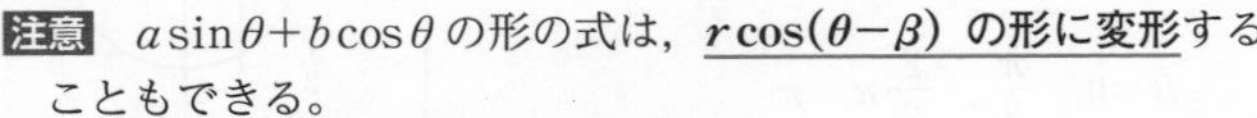

座標が $(b,\ a)$ である点をQとし，$\mathrm{OQ}=r$ とする。

また，線分OQが x 軸の正の向きとなす角を β とすると

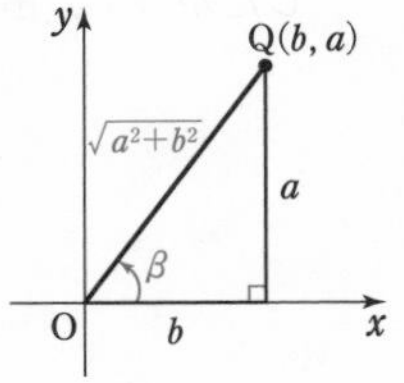

$$r=\sqrt{b^2+a^2},\qquad b=r\cos\beta,\qquad a=r\sin\beta$$

よって　$\boldsymbol{a\sin\theta+b\cos\theta}=b\cos\theta+a\sin\theta$

$$=r\cos\beta\cos\theta+r\sin\beta\sin\theta$$

$$=r(\cos\theta\cos\beta+\sin\theta\sin\beta)=\boldsymbol{r\cos(\theta-\beta)}$$

ただし　$\boldsymbol{\sin\beta=\dfrac{a}{r}=\dfrac{a}{\sqrt{a^2+b^2}}}$，$\boldsymbol{\cos\beta=\dfrac{b}{r}=\dfrac{b}{\sqrt{a^2+b^2}}}$

上の 例 について　$\sqrt{3}\sin\theta+\cos\theta=\sqrt{1^2+(\sqrt{3})^2}\left(\dfrac{1}{2}\cos\theta+\dfrac{\sqrt{3}}{2}\sin\theta\right)=2\cos\left(\theta-\dfrac{\pi}{3}\right)$

基本例題 160 三角関数の合成

次の式を $r\sin(\theta+\alpha)$ の形に変形せよ。ただし，$r>0$，$-\pi<\alpha\leqq\pi$ とする。

(1) $\sqrt{3}\cos\theta-\sin\theta$　(2) $\sin\theta-\cos\theta$　(3) $2\sin\theta+3\cos\theta$

p.258 基本事項 1

$a\sin\theta+b\cos\theta$ の変形の手順（右の図を参照）

1 座標平面上に点 $\mathrm{P}(a,\ b)$ をとる。

2 長さ $\mathrm{OP}(=\sqrt{a^2+b^2})$，なす角 α を定める。

3 1つの式にまとめる。

$$a\sin\theta+b\cos\theta=\sqrt{a^2+b^2}\sin(\theta+\alpha)$$

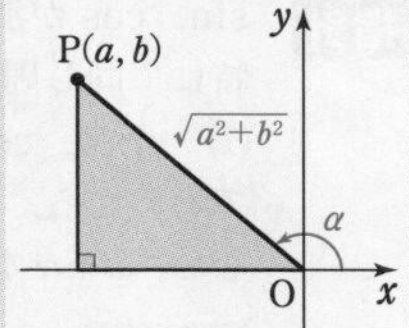

CHART **$a\sin\theta+b\cos\theta$ の変形（合成）** **点 $\mathrm{P}(a,\ b)$ をとって考える**

(1) $\sqrt{3}\cos\theta-\sin\theta=-\sin\theta+\sqrt{3}\cos\theta$

$\mathrm{P}(-1,\ \sqrt{3})$ とすると

$\mathrm{OP}=\sqrt{(-1)^2+(\sqrt{3})^2}=2$

線分 OP が x 軸の正の向きとなす角は $\frac{2}{3}\pi$

よって　$\sqrt{3}\cos\theta-\sin\theta=-\sin\theta+\sqrt{3}\cos\theta$

$$=\boldsymbol{2\sin\left(\theta+\frac{2}{3}\pi\right)}$$

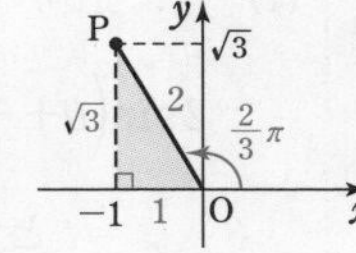

(2) $\mathrm{P}(1,\ -1)$ とすると

$\mathrm{OP}=\sqrt{1^2+(-1)^2}=\sqrt{2}$

線分 OP が x 軸の正の向きとなす角は $-\frac{\pi}{4}$

よって　$\sin\theta-\cos\theta=\boldsymbol{\sqrt{2}\sin\left(\theta-\frac{\pi}{4}\right)}$

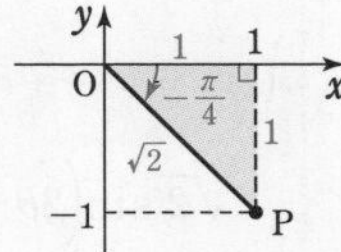

(3) $\mathrm{P}(2,\ 3)$ とすると

$\mathrm{OP}=\sqrt{2^2+3^2}=\sqrt{13}$

また，線分 OP が x 軸の正の向きとなす角を α とすると

$\sin\alpha=\frac{3}{\sqrt{13}}$，$\cos\alpha=\frac{2}{\sqrt{13}}$

よって　$2\sin\theta+3\cos\theta=\boldsymbol{\sqrt{13}\sin(\theta+\alpha)}$

ただし，$\sin\alpha=\frac{3}{\sqrt{13}}$，$\cos\alpha=\frac{2}{\sqrt{13}}$

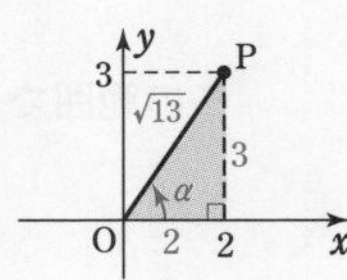

◀α を具体的に表すことができない場合は，左のように表す。

練習 ①160 次の式を $r\sin(\theta+\alpha)$ の形に変形せよ。ただし，$r>0$，$-\pi<\alpha\leqq\pi$ とする。

(1) $\cos\theta-\sqrt{3}\sin\theta$　(2) $\frac{1}{2}\sin\theta-\frac{\sqrt{3}}{2}\cos\theta$　(3) $4\sin\theta+7\cos\theta$

基本例題 161 三角方程式・不等式の解法 (4) … 合成利用 ①①①①①

$0 \leqq \theta \leqq \pi$ のとき，次の方程式，不等式を解け。

(1) $\sqrt{3}\sin\theta+\cos\theta+1=0$　　(2) $\cos 2\theta+\sin 2\theta+1>0$

基本 160　重要 166

指針 sin，cos が混在した式では，まず，**1 種類の三角関数で表す** のが基本。
特に，同じ周期の sin と cos の和では，**三角関数の合成** が有効。
(1) $\sin\theta$，$\cos\theta$ の周期は 2π　　(2) $\sin 2\theta$，$\cos 2\theta$ の周期は π
であるから，合成して，$\sin(\theta+\alpha)$ の方程式，$\sin(2\theta+\alpha)$ の不等式を解く。
なお，$\theta+\alpha$ など，**合成した後の角の変域に注意。**

CHART sin と cos の和　同周期なら合成

解答

(1) $\sqrt{3}\sin\theta+\cos\theta=2\sin\left(\theta+\dfrac{\pi}{6}\right)$ であるから，方程式は

$2\sin\left(\theta+\dfrac{\pi}{6}\right)+1=0$　　ゆえに　$\sin\left(\theta+\dfrac{\pi}{6}\right)=-\dfrac{1}{2}$

$\theta+\dfrac{\pi}{6}=t$ とおくと，$0 \leqq \theta \leqq \pi$ のとき　$\dfrac{\pi}{6} \leqq t \leqq \pi+\dfrac{\pi}{6}$

この範囲で $\sin t=-\dfrac{1}{2}$ を解くと　　$t=\dfrac{7}{6}\pi$

よって，解は　　$\boldsymbol{\theta=t-\dfrac{\pi}{6}=\pi}$

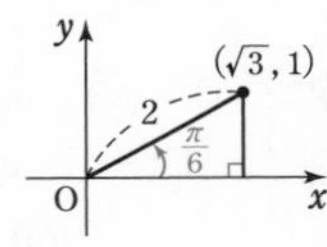

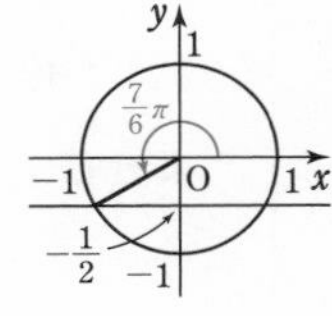

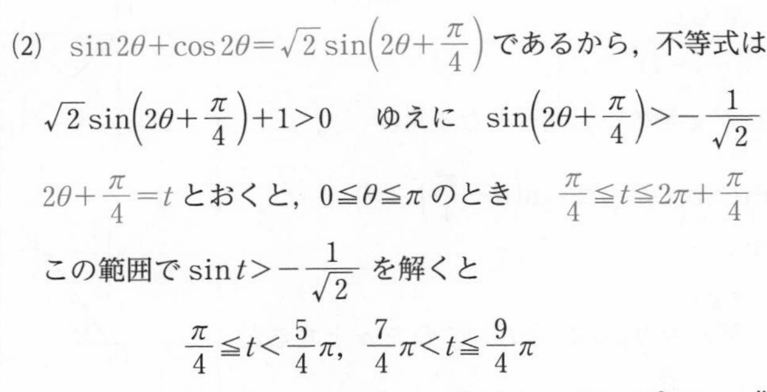
(2) $\sin 2\theta+\cos 2\theta=\sqrt{2}\sin\left(2\theta+\dfrac{\pi}{4}\right)$ であるから，不等式は

$\sqrt{2}\sin\left(2\theta+\dfrac{\pi}{4}\right)+1>0$　　ゆえに　$\sin\left(2\theta+\dfrac{\pi}{4}\right)>-\dfrac{1}{\sqrt{2}}$

$2\theta+\dfrac{\pi}{4}=t$ とおくと，$0 \leqq \theta \leqq \pi$ のとき　$\dfrac{\pi}{4} \leqq t \leqq 2\pi+\dfrac{\pi}{4}$

この範囲で $\sin t>-\dfrac{1}{\sqrt{2}}$ を解くと

$\dfrac{\pi}{4} \leqq t<\dfrac{5}{4}\pi$，$\dfrac{7}{4}\pi<t \leqq \dfrac{9}{4}\pi$

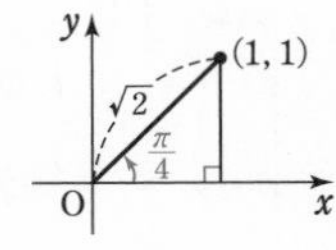

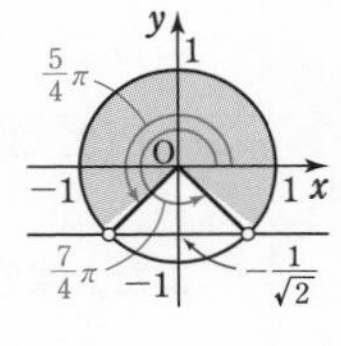

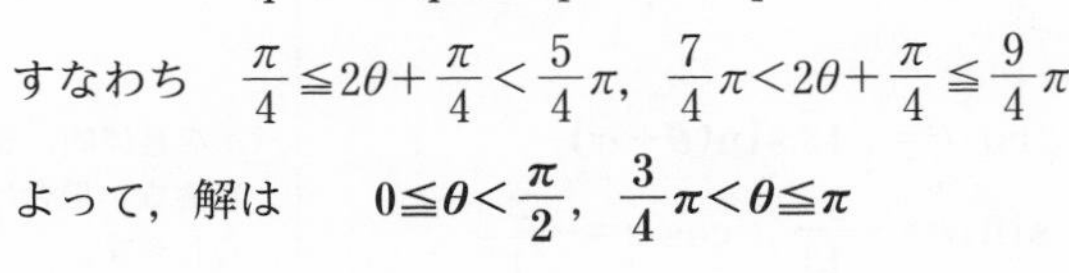
すなわち　$\dfrac{\pi}{4} \leqq 2\theta+\dfrac{\pi}{4}<\dfrac{5}{4}\pi$，$\dfrac{7}{4}\pi<2\theta+\dfrac{\pi}{4} \leqq \dfrac{9}{4}\pi$

よって，解は　　$\boldsymbol{0 \leqq \theta<\dfrac{\pi}{2}，\dfrac{3}{4}\pi<\theta \leqq \pi}$

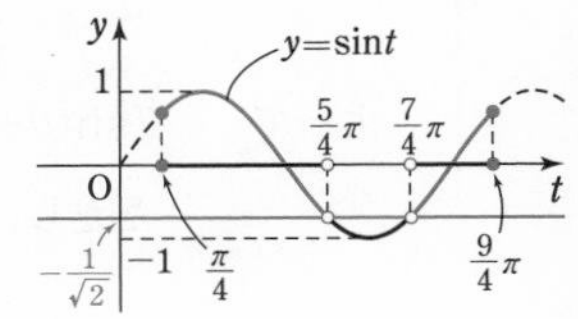

練習 ② 161 $0 \leqq \theta<2\pi$ のとき，次の方程式，不等式を解け。

(1) $\sin\theta+\sqrt{3}\cos\theta=\sqrt{3}$

(2) $\cos 2\theta-\sqrt{3}\sin 2\theta-1>0$

p.270 EX 101 (1), (2)

基本例題 162 三角関数の最大・最小 (3) … 合成利用 1

次の関数の最大値と最小値を求めよ。また，そのときの θ の値を求めよ。ただし，$0 \leqq \theta \leqq \pi$ とする。

(1) $y=\cos\theta-\sin\theta$　　(2) $y=\sin\left(\theta+\frac{5}{6}\pi\right)-\cos\theta$

基本 160

指針 前ページの例題と同様に，

同じ周期の sin と cos の和では，**三角関数の合成** が有効。

また，$\theta+\alpha$ など，**合成した後の角の変域に注意** する。

(2) $\sin\left(\theta+\frac{5}{6}\pi\right)$ のままでは，三角関数の合成が利用できない。そこで，加法定理を利用して，$\sin\left(\theta+\frac{5}{6}\pi\right)$ を $\sin\theta$ と $\cos\theta$ の式で表す。

解答

(1) $\cos\theta-\sin\theta=\sqrt{2}\sin\left(\theta+\frac{3}{4}\pi\right)$

$0\leqq\theta\leqq\pi$ であるから　$\frac{3}{4}\pi\leqq\theta+\frac{3}{4}\pi\leqq\frac{7}{4}\pi$

よって　$-1\leqq\sin\left(\theta+\frac{3}{4}\pi\right)\leqq\frac{1}{\sqrt{2}}$

ゆえに　$\theta+\frac{3}{4}\pi=\frac{3}{4}\pi$ すなわち **$\theta=0$ で最大値 1**

$\theta+\frac{3}{4}\pi=\frac{3}{2}\pi$ すなわち **$\theta=\frac{3}{4}\pi$ で最小値 $-\sqrt{2}$**

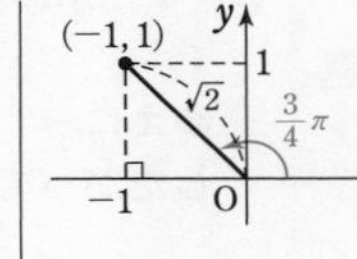

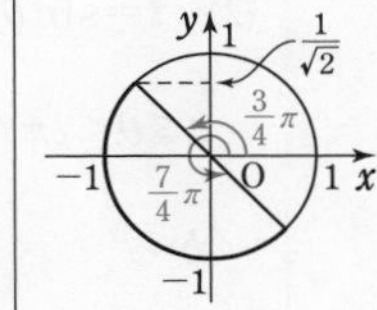

(2) $\sin\left(\theta+\frac{5}{6}\pi\right)-\cos\theta=\sin\theta\cos\frac{5}{6}\pi+\cos\theta\sin\frac{5}{6}\pi-\cos\theta$

$=-\frac{\sqrt{3}}{2}\sin\theta+\frac{1}{2}\cos\theta-\cos\theta$

$=-\frac{\sqrt{3}}{2}\sin\theta-\frac{1}{2}\cos\theta$

$=\sin\left(\theta+\frac{7}{6}\pi\right)$

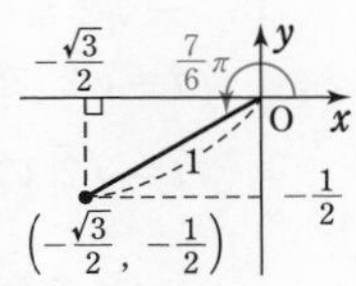

$0\leqq\theta\leqq\pi$ であるから　$\frac{7}{6}\pi\leqq\theta+\frac{7}{6}\pi\leqq\frac{13}{6}\pi$

よって　$-1\leqq\sin\left(\theta+\frac{7}{6}\pi\right)\leqq\frac{1}{2}$

ゆえに　$\theta+\frac{7}{6}\pi=\frac{13}{6}\pi$ すなわち **$\theta=\pi$ で最大値 $\frac{1}{2}$**

$\theta+\frac{7}{6}\pi=\frac{3}{2}\pi$ すなわち **$\theta=\frac{\pi}{3}$ で最小値 -1**

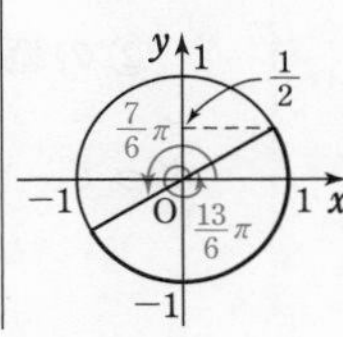

練習 ② 162 次の関数の最大値と最小値を求めよ。また，そのときの θ の値を求めよ。ただし，$0\leqq\theta\leqq\pi$ とする。

(1) $y=\sin\theta-\sqrt{3}\cos\theta$　　(2) $y=\sin\left(\theta-\frac{\pi}{3}\right)+\sin\theta$

基本 例題 163 三角関数の最大・最小 (4) … $t=\sin\theta+\cos\theta$

関数 $f(\theta)=\sin 2\theta+2(\sin\theta+\cos\theta)-1$ を考える。ただし，$0\leqq\theta<2\pi$ とする。

(1) $t=\sin\theta+\cos\theta$ とおくとき，$f(\theta)$ を t の式で表せ。

(2) t のとりうる値の範囲を求めよ。

(3) $f(\theta)$ の最大値と最小値を求め，そのときの θ の値を求めよ。〔類 秋田大〕

基本 144，146，162

指針

(1) $t=\sin\theta+\cos\theta$ の両辺を 2 乗すると，$2\sin\theta\cos\theta$ が現れる。

(2) $\sin\theta+\cos\theta$ の最大値，最小値を求めるのと同じ。

(3) (1)の結果から，t の 2 次関数の最大・最小問題（t の範囲に注意）となる。よって，基本例題 **146** と同様に **2 次式は基本形に直す** に従って処理する。

解答

(1) $t=\sin\theta+\cos\theta$ の両辺を 2 乗すると

$$t^2=\sin^2\theta+2\sin\theta\cos\theta+\cos^2\theta$$

ゆえに　$t^2=1+\sin 2\theta$　よって　$\sin 2\theta=t^2-1$

◀ $\sin^2\theta+\cos^2\theta=1$

したがって　$\boldsymbol{f(\theta)=t^2-1+2t-1=t^2+2t-2}$

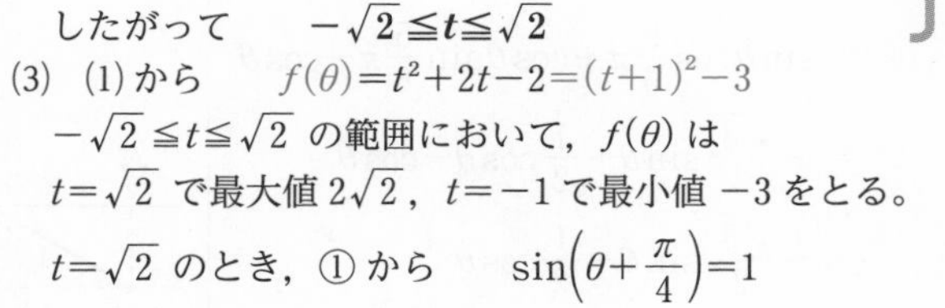

(2) $t=\sin\theta+\cos\theta=\sqrt{2}\sin\left(\theta+\dfrac{\pi}{4}\right)$ …… ①

$0\leqq\theta<2\pi$ のとき，$\dfrac{\pi}{4}\leqq\theta+\dfrac{\pi}{4}<\dfrac{9}{4}\pi$ …… ② である

から　$-1\leqq\sin\left(\theta+\dfrac{\pi}{4}\right)\leqq 1$

したがって　$\boldsymbol{-\sqrt{2}\leqq t\leqq\sqrt{2}}$

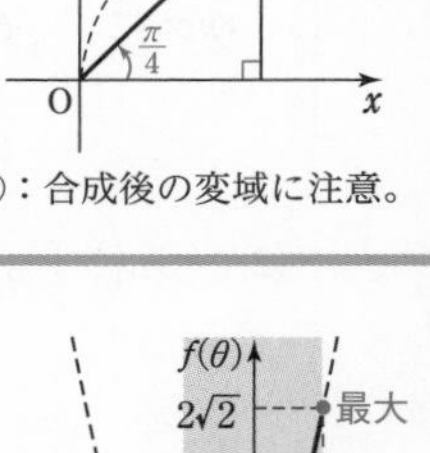

②：合成後の変域に注意。

(3) (1)から　$f(\theta)=t^2+2t-2=(t+1)^2-3$

$-\sqrt{2}\leqq t\leqq\sqrt{2}$ の範囲において，$f(\theta)$ は

$t=\sqrt{2}$ で最大値 $2\sqrt{2}$，$t=-1$ で最小値 -3 をとる。

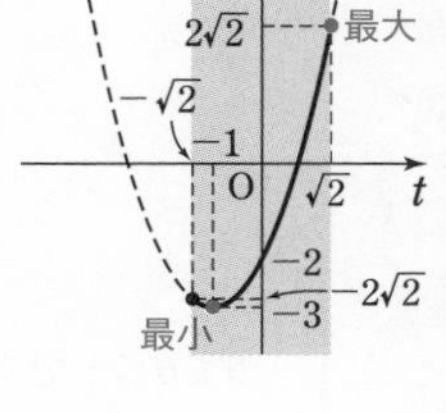

$t=\sqrt{2}$ のとき，① から　$\sin\left(\theta+\dfrac{\pi}{4}\right)=1$

② の範囲で解くと　$\theta+\dfrac{\pi}{4}=\dfrac{\pi}{2}$　すなわち　$\theta=\dfrac{\pi}{4}$

$t=-1$ のとき，① から　$\sin\left(\theta+\dfrac{\pi}{4}\right)=-\dfrac{1}{\sqrt{2}}$

② の範囲で解くと　$\theta+\dfrac{\pi}{4}=\dfrac{5}{4}\pi,\ \dfrac{7}{4}\pi$　すなわち　$\theta=\pi,\ \dfrac{3}{2}\pi$

よって　$\boldsymbol{\theta=\dfrac{\pi}{4}}$ **のとき最大値** $\boldsymbol{2\sqrt{2}}$；$\boldsymbol{\theta=\pi,\ \dfrac{3}{2}\pi}$ **のとき最小値** $\boldsymbol{-3}$

練習 ③ **163** $0\leqq\theta\leqq\pi$ のとき

(1) $t=\sin\theta-\cos\theta$ のとりうる値の範囲を求めよ。

(2) 関数 $y=\cos\theta-\sin 2\theta-\sin\theta+1$ の最大値と最小値を求めよ。〔佐賀大〕

p.270 EX 101 (3)

$t=\sin\theta+\cos\theta$ のおき換えの背景など

例題 **163** は，(1)，(2)，(3) の順に解き進めると，最大値・最小値が求められる。しかし，(1)，(2) がなく，「$f(\theta)$ の最大値と最小値を求めよ。」のみで出題された場合は戸惑うかもしれない。例題 **163** に関し，問題解決のカギとなる $\boldsymbol{t=\sin\theta+\cos\theta}$ **のおき換え**の背景（おき換えが有効な理由）と，その他の注意すべき点について解説しよう。

● $\sin\theta$，$\cos\theta$ の対称式には，$t=\sin\theta+\cos\theta$ のおき換えを利用

> x，y の **対称式**
> ……x と y を入れ替えてももとの式と同じになる多項式のこと。
> **x，y の対称式は，基本対称式 $x+y$，xy で表される。**

例題 **163** の $f(\theta)$ の式は，2 倍角の公式により
$f(\theta)=2\sin\theta\cos\theta+2(\sin\theta+\cos\theta)-1$ であるから，$\sin\theta$，$\cos\theta$ の対称式である。
ここで，$\sin\theta$，$\cos\theta$ の基本対称式の 1 つ
$t=\sin\theta+\cos\theta$ については，両辺を 2 乗し，

$\boldsymbol{\sin^2\theta+\cos^2\theta=1}$ を利用すると　$t^2=1+2\sin\theta\cos\theta$　ゆえに　$\sin\theta\cos\theta=\dfrac{t^2-1}{2}$

すなわち，もう 1 つの基本対称式 $\sin\theta\cos\theta$ を t の式（2 次式）で表すことができる。
よって，$\sin\theta$，$\cos\theta$ の対称式は，$t=\sin\theta+\cos\theta$ のおき換えによって，t の式に直すことができる。（↑基本対称式）
例題 **163** では，$f(\theta)$ を $f(\theta)=t^2+2t-2$ という t の 2 次式に直すことができるから，基本形 $a(t-p)^2+q$ に変形することで，最大値・最小値が求められるのである。

● 変数のおき換えでは，範囲に注意

$p.234$ でも学習したように，変数のおき換えをしたときは，新たな変数の範囲を確認することを常に意識しておきたい。
例題 **163** は，θ の関数 $f(\theta)$ を，（おき換え $t=\sin\theta+\cos\theta$ により）t の関数に直しているから，t の範囲，すなわち，最大値・最小値を求めるうえでの定義域を把握しておく必要がある。

θ の関数	**θ の範囲**
$f(\theta)=\sin2\theta+2(\sin\theta+\cos\theta)-1$	$0\leqq\theta<2\pi$
↓ $t=\sin\theta+\cos\theta$	↓ 範囲も変更
t の関数	**t の範囲**
$f(\theta)=t^2+2t-2$	$-\sqrt{2}\leqq t\leqq\sqrt{2}$

$t=\sin\theta+\cos\theta$ のおき換えの場合は，三角関数の合成を利用して，t の範囲を調べる。

参考　**例題 163 と似た対処法の例**

① 関数 $y=\sin^3\theta+\cos^3\theta$　［$p.368$ EXERCISES 143 (1)］
→ 右辺は $\sin\theta$，$\cos\theta$ の対称式。$t=\sin\theta+\cos\theta$ とおくと，y は t の 3 次関数となる。

$$y=(\sin\theta+\cos\theta)(\sin^2\theta-\sin\theta\cos\theta+\cos^2\theta)=t\left(1-\frac{t^2-1}{2}\right)=\frac{-t^3+3t}{2}$$

② 関数 $y=\cos\theta-\sin2\theta-\sin\theta+1$　［練習 163］
→ $y=-(\sin\theta-\cos\theta)-2\sin\theta\cos\theta+1$ である。$t=\sin\theta-\cos\theta$ のおき換えを利用すると，$t^2=(\sin\theta-\cos\theta)^2$ により $\sin\theta\cos\theta$ は t で表されるから，y は t の関数となる。

基本例題 164 三角関数の最大・最小 (5) … 合成利用 2 ②②②②②

$0 \leqq \theta \leqq \dfrac{\pi}{2}$ のとき，関数 $y=\sqrt{3}\sin\theta\cos\theta+\cos^2\theta$ の最大値と最小値を求めよ。
また，そのときの θ の値を求めよ。〔類 関西大〕

基本 162，163 重要 165

指針 前ページの基本例題 163 のように，**かくれた条件 $\sin^2\theta+\cos^2\theta=1$** を利用してもうまくいかない。ここでは，$\sin^2\theta$，$\sin\theta\cos\theta$，$\cos^2\theta$ のように $\sin\theta$ と $\cos\theta$ の 2 次の項だけの式(2 次の同次式)であるから，半角・倍角の公式により

$$\sin^2\theta=\frac{1-\cos2\theta}{2},\quad \sin\theta\cos\theta=\frac{\sin2\theta}{2},\quad \cos^2\theta=\frac{1+\cos2\theta}{2}\quad\cdots\cdots★$$

この関係式により，右辺は **$\sin2\theta$ と $\cos2\theta$ の和で表される**。そして，その和は三角関数の合成により，$p\sin(2\theta+\alpha)+q$ の形に変形できる。
すなわち **$\sin\theta$，$\cos\theta$ の 2 次の同次式は，2θ の三角関数で表される。**

CHART 同周期の $\sin$ と $\cos$ の和
1 1 次なら 合成
2 2 次なら 2θ に直して合成

解答

$y=\sqrt{3}\sin\theta\cos\theta+\cos^2\theta$

$=\dfrac{\sqrt{3}}{2}\sin2\theta+\dfrac{1}{2}(1+\cos2\theta)$

$=\dfrac{1}{2}(\sqrt{3}\sin2\theta+\cos2\theta)+\dfrac{1}{2}$

$=\sin\left(2\theta+\dfrac{\pi}{6}\right)+\dfrac{1}{2}$

$0 \leqq \theta \leqq \dfrac{\pi}{2}$ のとき，

$$\frac{\pi}{6} \leqq 2\theta+\frac{\pi}{6} \leqq 2\cdot\frac{\pi}{2}+\frac{\pi}{6}$$

すなわち $\dfrac{\pi}{6} \leqq 2\theta+\dfrac{\pi}{6} \leqq \dfrac{7}{6}\pi$ であるから，この範囲で y は

$2\theta+\dfrac{\pi}{6}=\dfrac{\pi}{2}$ つまり **$\theta=\dfrac{\pi}{6}$ のとき最大値 $1+\dfrac{1}{2}=\dfrac{3}{2}$**，

$2\theta+\dfrac{\pi}{6}=\dfrac{7}{6}\pi$ つまり **$\theta=\dfrac{\pi}{2}$ のとき最小値 $-\dfrac{1}{2}+\dfrac{1}{2}=0$**

をとる。

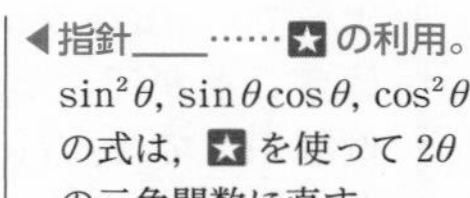

◀指針___……★の利用。
$\sin^2\theta$，$\sin\theta\cos\theta$，$\cos^2\theta$ の式は，★を使って 2θ の三角関数に直す。

◀$\sqrt{3}\sin2\theta+\cos2\theta$
$=2\sin\left(2\theta+\dfrac{\pi}{6}\right)$

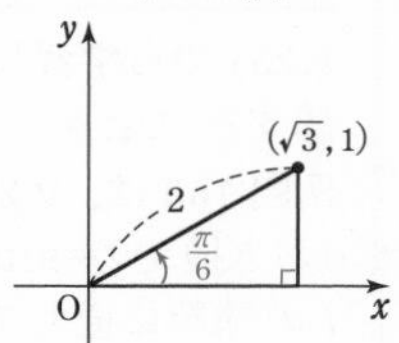

◀$\dfrac{\pi}{6} \leqq 2\theta+\dfrac{\pi}{6} \leqq \dfrac{7}{6}\pi$ では
$-\dfrac{1}{2} \leqq \sin\left(2\theta+\dfrac{\pi}{6}\right) \leqq 1$

練習 ③164 関数 $y=\cos^2\theta-2\sin\theta\cos\theta+3\sin^2\theta$ $\left(0 \leqq \theta \leqq \dfrac{\pi}{2}\right)$ の最大値と最小値を求めよ。
また，そのときの θ の値を求めよ。

p.270 EX 102, 103

重要例題 165 2次同次式の最大・最小

実数 x, y が $x^2+y^2=1$ を満たすとき, $3x^2+2xy+y^2$ の最大値は ^{ア}□, 最小値は ^{イ}□ である。

基本 164

1文字を消去, 実数解条件を利用する方針ではうまくいかない。そこで, 条件式 $x^2+y^2=1$ は, 原点を中心とする半径1の円を表すことに着目する。
⟶ 点 (x, y) は単位円上にあるから, $x=\cos\theta$, $y=\sin\theta$ とおける(検討 参照)。
これを $3x^2+2xy+y^2$ に代入すると, **$\sin\theta$, $\cos\theta$ の2次の同次式** となる。よって, 後は前ページの基本例題 **164** と同様に, **2θ に直して合成** の方針で進める。

解答

$x^2+y^2=1$ であるから, $x=\cos\theta$, $y=\sin\theta$ $(0\leqq\theta<2\pi)$ とおくことができる。

◀条件式が $x^2+y^2=r^2$ の形のときの最大・最小問題では, 左のようにおくと, 比較的らくに解答できることもあるので, 試してみるとよい。

$P=3x^2+2xy+y^2$ とすると

$$P=3\cos^2\theta+2\cos\theta\sin\theta+\sin^2\theta$$
$$=3\cdot\frac{1+\cos2\theta}{2}+\sin2\theta+\frac{1-\cos2\theta}{2}$$
$$=\sin2\theta+\cos2\theta+2=\sqrt{2}\sin\left(2\theta+\frac{\pi}{4}\right)+2$$

◀三角関数の合成。

$0\leqq\theta<2\pi$ のとき, $\frac{\pi}{4}\leqq2\theta+\frac{\pi}{4}<4\pi+\frac{\pi}{4}$ であるから

$$-1\leqq\sin\left(2\theta+\frac{\pi}{4}\right)\leqq1$$

ゆえに $-\sqrt{2}+2\leqq\sqrt{2}\sin\left(2\theta+\frac{\pi}{4}\right)+2\leqq\sqrt{2}+2$

よって, P の最大値は ^{ア}**$2+\sqrt{2}$**, 最小値は ^{イ}**$2-\sqrt{2}$** である。

参考 P が最大となるのは, $\sin\left(2\theta+\frac{\pi}{4}\right)=1$ の場合であり, このとき $2\theta+\frac{\pi}{4}=\frac{\pi}{2}$, $\frac{5}{2}\pi$

すなわち $\theta=\frac{\pi}{8}$, $\frac{9}{8}\pi$ である。これから, 半角の公式と $\theta+\pi$ の公式を用いて, 最大値を与える x, y の値が求められる(下の練習 165 参照)。

円の媒介変数表示

一般に, 原点を中心とする半径 r の円 $x^2+y^2=r^2$ 上の点を $\mathrm{P}(x, y)$ とし, 動径 OP の表す角を θ とすると

$$x=r\cos\theta,\qquad y=r\sin\theta$$

これを円の **媒介変数表示** という(数学Cの内容)。

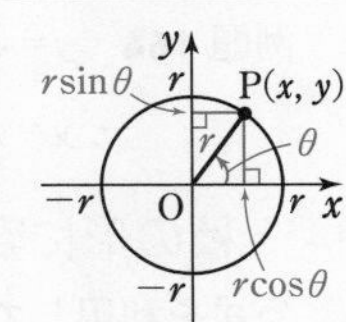

練習 ④**165** 平面上の点 $\mathrm{P}(x, y)$ が単位円周上を動くとき, $15x^2+10xy-9y^2$ の最大値と, 最大値を与える点Pの座標を求めよ。 [学習院大]

p.270 EX 104

振り返り　三角関数の式変形

三角方程式・不等式の問題や，三角関数で表された関数の最大値や最小値を求める問題では，何を目標に式変形するとよいのかを確認しておこう。公式等を利用して，既知の方程式・不等式，関数に帰着させることがポイントである。

1　1つの三角関数の式で表す

公式等を利用して，1つだけの三角関数の式に変形。おき換えを利用して進めるのもよい。なお，変数が変わると変域も変わることに注意する。

[1]　$\sin^2\theta+\cos^2\theta=1$ の利用

例題 **145** (1)
$2\cos^2\theta+\sin\theta-1=0$
→ $2(1-\sin^2\theta)+\sin\theta-1=0$
で $\sin\theta$ の2次方程式。

例題 **145** (2)
$2\sin^2\theta+5\cos\theta-4>0$
→ $2(1-\cos^2\theta)+5\cos\theta-4>0$
で $\cos\theta$ の2次不等式。

例題 **146**
$y=4\sin^2\theta-4\cos\theta+1$
→ $y=4(1-\cos^2\theta)-4\cos\theta+1$
で $\cos\theta$ の2次関数。

[2]　2倍角の公式 $\cos 2\theta=2\cos^2\theta-1=1-2\sin^2\theta$ の利用

例題 **155** (2)　$\cos 2\theta-3\cos\theta+2\geqq 0$ → $(2\cos^2\theta-1)-3\cos\theta+2\geqq 0$ で $\cos\theta$ の2次不等式。

[3]　合成 $a\sin\theta+b\cos\theta=\sqrt{a^2+b^2}\sin(\theta+\alpha)$ を利用し，1つの sin にまとめる

周期の同じ sin と cos の和の場合に有効。

例題 **161** (1)
$\sqrt{3}\sin\theta+\cos\theta+1=0$
→ $2\sin\left(\theta+\frac{\pi}{6}\right)+1=0$
で sin の1次方程式。

例題 **161** (2)
$\cos 2\theta+\sin 2\theta+1>0$
→ $\sqrt{2}\sin\left(2\theta+\frac{\pi}{4}\right)+1>0$
で sin の1次不等式。

例題 **162** (1)
$y=\cos\theta-\sin\theta$
→ $y=\sqrt{2}\sin\left(\theta+\frac{3}{4}\pi\right)$
で sin の1次関数。

2　$\sin\theta+\cos\theta=t$ のおき換え

$\sin\theta+\cos\theta=t$ とおくと $\sin 2\theta=t^2-1$ となる。ただし，$t=\sqrt{2}\sin\left(\theta+\frac{\pi}{4}\right)$ と θ の範囲から導かれる t のとりうる値の範囲に注意する。

例題 **163**　$y=\sin 2\theta+2(\sin\theta+\cos\theta)-1$ → $y=(t^2-1)+2t-1$ で t の2次関数。

3　倍角・半角の公式を利用して次数を下げる

$\sin\theta$，$\cos\theta$ の2次の項だけの場合は

$\sin^2\theta=\frac{1-\cos 2\theta}{2}$，$\sin\theta\cos\theta=\frac{\sin 2\theta}{2}$，$\cos^2\theta=\frac{1+\cos 2\theta}{2}$ を利用。

例題 **164**　$y=\sqrt{3}\sin\theta\cos\theta+\cos^2\theta$

→ $y=\sqrt{3}\cdot\frac{\sin 2\theta}{2}+\frac{1+\cos 2\theta}{2}=\frac{1}{2}(\sqrt{3}\sin 2\theta+\cos 2\theta)+\frac{1}{2}$ で 1 [3] へ。

4　積の形に変形

公式を利用して積の形にできれば，方程式や不等式を解くことができる場合がある。

[1]　2倍角の公式 $\sin 2\theta=2\sin\theta\cos\theta$ の利用

例題 **155** (1)　$\sin 2\theta=\cos\theta$ → $2\sin\theta\cos\theta=\cos\theta$ → $\cos\theta(2\sin\theta-1)=0$

[2]　和 ⟶ 積の公式の利用　sin どうし，cos どうしの和・差の場合に有効。

例題 **159**　$\sin 2\theta+\sin 3\theta+\sin 4\theta=0$ → $2\sin 3\theta\cos(-\theta)+\sin 3\theta=0$ → $\sin 3\theta(2\cos\theta+1)=0$

重要例題 166 三角関数に関する領域の図示

次の連立不等式の表す領域を図示せよ。

$$|x| \leqq \pi,\ |y| \leqq \pi,\ \sin(x+y)-\sqrt{3}\cos(x+y) \geqq 1$$

〔弘前大〕

基本 118，161

指針 三角不等式を解く要領で進める。
$\sin(x+y)-\sqrt{3}\cos(x+y) \geqq 1$ を角 $x+y$ に関する三角不等式とみると
sin と cos の和 同周期なら合成 の方針で解くことができる。
→ 得られる x，y の1次不等式が表す領域を図示する。

解答

$|x| \leqq \pi$ から $-\pi \leqq x \leqq \pi$ …… ①
$|y| \leqq \pi$ から $-\pi \leqq y \leqq \pi$ …… ②

◀①，②の表す領域は，4点 $(\pi,\ \pi)$，$(\pi,\ -\pi)$，$(-\pi,\ \pi)$，$(-\pi,\ -\pi)$ を結んでできる正方形の周および内部。

また，$\sin(x+y)-\sqrt{3}\cos(x+y) \geqq 1$ から

$$2\sin\left(x+y-\frac{\pi}{3}\right) \geqq 1$$

◀三角関数の合成。

ゆえに $\sin\left(x+y-\frac{\pi}{3}\right) \geqq \frac{1}{2}$ …… ③

①＋② から $-2\pi \leqq x+y \leqq 2\pi$

よって $-2\pi-\frac{\pi}{3} \leqq x+y-\frac{\pi}{3} \leqq 2\pi-\frac{\pi}{3}$

◀$x+y-\frac{\pi}{3}$ のとりうる値の範囲を求める。

すなわち $-\frac{7}{3}\pi \leqq x+y-\frac{\pi}{3} \leqq \frac{5}{3}\pi$

この範囲で不等式③を解くと

$-\frac{11}{6}\pi \leqq x+y-\frac{\pi}{3} \leqq -\frac{7}{6}\pi$

または $\frac{\pi}{6} \leqq x+y-\frac{\pi}{3} \leqq \frac{5}{6}\pi$

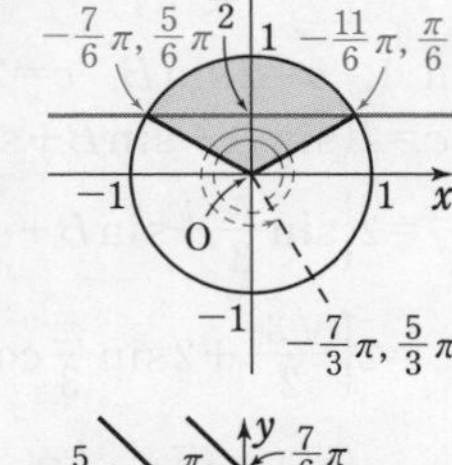

◀$x+y-\frac{\pi}{3}=\theta$ とおくと，③は $\sin\theta \geqq \frac{1}{2}$
これを $-\frac{7}{3}\pi \leqq \theta \leqq \frac{5}{3}\pi$ の範囲で解く。

したがって

$-\frac{3}{2}\pi \leqq x+y \leqq -\frac{5}{6}\pi$

または $\frac{\pi}{2} \leqq x+y \leqq \frac{7}{6}\pi$

ゆえに，求める領域は **右の図の斜線部分** である。
ただし，境界線を含む。

◀$-\frac{3}{2}\pi \leqq x+y \leqq -\frac{5}{6}\pi$ から「$y \geqq -x-\frac{3}{2}\pi$ かつ $y \leqq -x-\frac{5}{6}\pi$」

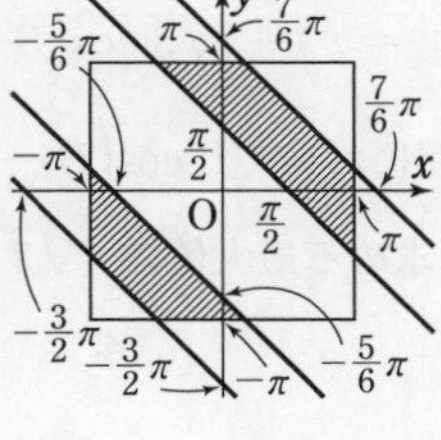

練習 ④166 次の等式または不等式を満たす点 $(x,\ y)$ 全体の集合を xy 平面上に図示せよ。ただし，$|x|<\pi$，$|y|<\pi$ とする。
(1) $\sin x+\sin y=0$ (2) $\sin(x-y)+\cos(x-y)>1$

重要例題 167 図形への応用 (1)

△ABC において，辺 BC，CA，AB の長さをそれぞれ a, b, c とする。△ABC が半径 1 の円に内接し，$\angle A=\dfrac{\pi}{3}$ であるとき，$a+b+c$ の最大値を求めよ。

基本 158

指針 条件は $\angle A=\dfrac{\pi}{3}$ だけで，辺に関する条件が与えられていない。したがって，$a+b+c$ を角で表し，角に関する最大値の問題に帰着させる。

⟶ △ABC は半径 1 の円に内接しているから，正弦定理が利用できる。

なお，**三角形の問題では，(内角の和)$=\pi$** の条件が大きな意味をもつ。まず，これを書き出して，扱う角を減らしていくとよい。

解答

$\angle A=A$, $\angle B=B$, $\angle C=C$ とする。

$A+B+C=\pi$ と $A=\dfrac{\pi}{3}$ から

$$C=\pi-(A+B)=\frac{2}{3}\pi-B$$

◀ C が消去できた形になる。よって，以後は B のみを考えればよい。

また　$0<B<\dfrac{2}{3}\pi$

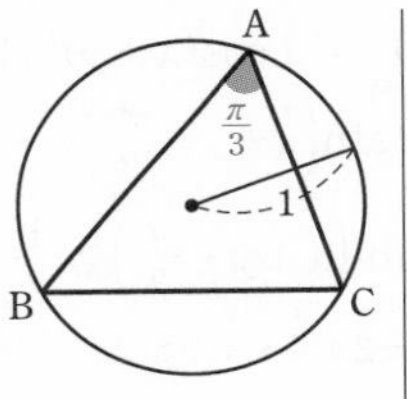

△ABC の外接円の半径は 1 であるから，正弦定理により

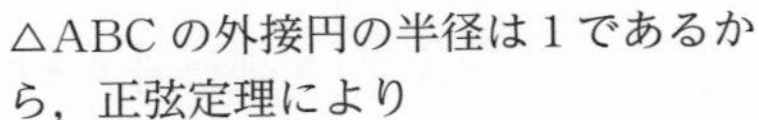

$$\frac{a}{\sin A}=\frac{b}{\sin B}=\frac{c}{\sin C}=2\cdot 1$$

◀ 正弦定理 $\dfrac{\text{辺}}{\sin\text{角}}=2\times$(外接円の半径)

ゆえに　$a=2\sin A$, $b=2\sin B$, $c=2\sin C$

よって　$a+b+c=2(\sin A+\sin B+\sin C)$

$$=2\left\{\sin\frac{\pi}{3}+\sin B+\sin\left(\frac{2}{3}\pi-B\right)\right\}$$

$$=2\left\{\frac{\sqrt{3}}{2}+2\sin\frac{\pi}{3}\cos\left(B-\frac{\pi}{3}\right)\right\}$$

$$=\sqrt{3}+2\sqrt{3}\cos\left(B-\frac{\pi}{3}\right)$$

◀ 和 ⟶ 積の公式を利用する。

$0<B<\dfrac{2}{3}\pi$ の範囲において，$\cos\left(B-\dfrac{\pi}{3}\right)$ は $B=\dfrac{\pi}{3}$ (*) のとき最大となり，求める最大値は　$\sqrt{3}+2\sqrt{3}\cdot 1=\mathbf{3\sqrt{3}}$

(*) $B=\dfrac{\pi}{3}$ のとき，$C=\dfrac{\pi}{3}$ $(=A)$ となるから，$a+b+c$ が最大となるのは，△ABC が正三角形のときである。

練習 ④167 △ABC において，辺 AB，AC の長さをそれぞれ c, b, ∠A，∠B，∠C の大きさをそれぞれ A, B, C で表す。　〔(1) 類 大阪大，(2)，(3) 類 関西大〕

(1) $C=3B$ であるとき，$c<3b$ であることを示せ。

(2) $\cos C=\sin^2\dfrac{A+B}{2}-\cos^2\dfrac{A+B}{2}$ であることを示せ。

(3) $A=B$ のとき，$\cos A+\cos B+\cos C$ の最大値を求めよ。また，そのときの A, B, C の値を求めよ。

p.270 EX 105

重要例題 168 図形への応用(2)

④④④④④

点Pは円 $x^2+y^2=4$ 上の第1象限を動く点であり，点Qは円 $x^2+y^2=16$ 上の第2象限を動く点である。ただし，原点Oに対して，常に $\angle POQ=90°$ であるとする。また，点Pから x 軸に垂線PHを下ろし，点Qから x 軸に垂線QKを下ろす。更に $\angle POH=\theta$ とする。このとき，△QKHの面積 S は $\tan\theta=$ ア□ のとき，最大値 イ□ をとる。 〔類 早稲田大〕

重要165

指針 △QKHの面積を求めるには，辺KH，QKの長さがわかればよい。そのためには，点Pと点Qの座標を式に表すことがポイント。
半径 r の円 $x^2+y^2=r^2$ 上の点 $A(x,\ y)$ は，$\boldsymbol{x=r\cos\alpha}$，$\boldsymbol{y=r\sin\alpha}$（$\alpha$ は動径OAの表す角）とおけることと，$\angle POQ=90°$ より，$\angle QOH=\angle POH+90°$ であることに着目。

解答

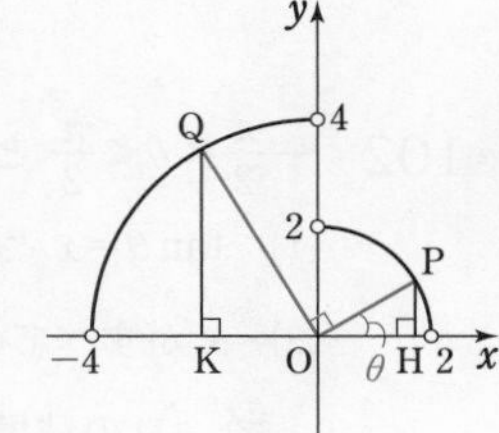

$OP=2$，$\angle POH=\theta$ であるから，Pの座標は
$(2\cos\theta,\ 2\sin\theta)$
$OQ=4$，$\angle QOH=\theta+90°$ であるから，Qの座標は
$(4\cos(\theta+90°),\ 4\sin(\theta+90°))$
すなわち　$(-4\sin\theta,\ 4\cos\theta)$　　ただし　$0°<\theta<90°$

ゆえに　$S=\dfrac{1}{2}KH\cdot QK=\dfrac{1}{2}(2\cos\theta+4\sin\theta)\cdot 4\cos\theta$
$=2(2\cos^2\theta+4\sin\theta\cos\theta)$
$=2(1+\cos 2\theta+2\sin 2\theta)=2\{\sqrt{5}\sin(2\theta+\alpha)+1\}$　◀三角関数の合成。

ただし，α は $\sin\alpha=\dfrac{1}{\sqrt{5}}$，$\cos\alpha=\dfrac{2}{\sqrt{5}}$，$0°<\alpha<90°$ を満たす角。　◀α は具体的な角として表すことはできない。

$0°<\theta<90°$ から　　$(0°<)\ \alpha<2\theta+\alpha<180°+\alpha\ (<270°)$
よって，S は $2\theta+\alpha=90°$ のとき最大値 イ $\boldsymbol{2(\sqrt{5}+1)}$ をとる。
$2\theta+\alpha=90°$ のとき

$$\tan 2\theta=\tan(90°-\alpha)=\frac{1}{\tan\alpha}=\frac{\cos\alpha}{\sin\alpha}=2$$

◀$\sin\alpha=\dfrac{1}{\sqrt{5}}$，$\cos\alpha=\dfrac{2}{\sqrt{5}}$

ゆえに　$\dfrac{2\tan\theta}{1-\tan^2\theta}=2$　　よって　$\tan^2\theta+\tan\theta-1=0$　◀$\tan\theta$ についての2次方程式とみて解く。

$0°<\theta<90°$ より $\tan\theta>0$ であるから　$\tan\theta=$ ア $\boldsymbol{\dfrac{-1+\sqrt{5}}{2}}$

練習 ④168 Oを原点とする座標平面上に点 $A(-3,\ 0)$ をとり，$0°<\theta<120°$ の範囲にある θ に対して，次の条件(a)，(b)を満たす2点B，Cを考える。
(a)　Bは $y>0$ の部分にあり，$OB=2$ かつ $\angle AOB=180°-\theta$ である。
(b)　Cは $y<0$ の部分にあり，$OC=1$ かつ $\angle BOC=120°$ である。ただし，△ABCはOを含むものとする。
(1)　△OABと△OACの面積が等しいとき，θ の値を求めよ。
(2)　θ を $0°<\theta<120°$ の範囲で動かすとき，△OABと△OACの面積の和の最大値と，そのときの $\sin\theta$ の値を求めよ。 〔東京大〕

EXERCISES　26 三角関数の和と積の公式，27 三角関数の合成

③100　n を自然数，θ を実数とするとき，次の問いに答えよ。〔信州大〕

(1) $\cos(n+2)\theta-2\cos\theta\cos(n+1)\theta+\cos n\theta=0$ を示せ。

(2) $\cos\theta=x$ とおくとき，$\cos 5\theta$ を x の式で表せ。

(3) $\cos^2\dfrac{\pi}{10}$ の値を求めよ。 →158

④101　(1) $0\leqq x\leqq\pi$ のとき，次の方程式を解け。

$\sin x+\sin 2x+\sin 3x=\cos x+\cos 2x+\cos 3x$ 〔(1) 宮崎大〕

(2) $0\leqq\theta<\dfrac{\pi}{2}$ とする。不等式 $0<\sqrt{3}\sin\theta\cos\theta+\cos^2\theta<1$ を解け。

(3) $0\leqq x<2\pi$ のとき，方程式 $\sin x\cos x+\sqrt{2}(\sin x+\cos x)=\dfrac{3}{4}$ を解け。

〔(3) 弘前大〕 →159, 161, 163

④102　$-\dfrac{\pi}{2}<\theta<\dfrac{\pi}{2}$ とするとき，次の問いに答えよ。〔類 立命館大〕

(1) $\tan\theta=x$ とするとき，$\sin 2\theta$，$\cos 2\theta$ を x で表せ。

(2) x がすべての実数値をとるとき，$P=\dfrac{7+6x-x^2}{1+x^2}$ とする。

(ア) (1) の結果を用いて，P を $\sin 2\theta$，$\cos 2\theta$ で表せ。

(イ) (ア) の結果を用いて，P の最大値とそのときの x の値を求めよ。 →154, 164

④103　x の方程式 $\sin x+2\cos x=k$ $\left(0\leqq x\leqq\dfrac{\pi}{2}\right)$ が異なる 2 個の解をもつとき，定数 k の値の範囲を求めよ。〔愛知工大〕 →164

④104　関数 $f(\theta)=a\cos^2\theta+(a-b)\sin\theta\cos\theta+b\sin^2\theta$ の最大値が $3+\sqrt{7}$，最小値が $3-\sqrt{7}$ となるように，定数 a，b の値を定めよ。〔信州大〕 →165

⑤105　平面上の点 O を中心とし，半径 1 の円周上に相異なる 3 点 A，B，C がある。$\triangle$ABC の内接円の半径 r は $\dfrac{1}{2}$ 以下であることを示せ。〔京都大〕 →167

HINT

100　(1) 左辺の $2\cos\theta\cos(n+1)\theta$ を，積 ⟶ 和の公式を利用して変形。

(3) $\cos\dfrac{\pi}{10}=x$ として，(2) の結果を利用。

101　(1) 三角関数の合成と，和 ⟶ 積の公式を用いて，積$=0$ の形に変形。

(2) $\sqrt{3}\sin\theta\cos\theta+\cos^2\theta$ は 2 次の同次式であるから，2θ の三角関数で表される。

(3) $\sin x+\cos x=t$ とおく。t の値の範囲に注意。

102　(1) $\cos^2\theta=\dfrac{1}{1+\tan^2\theta}=\dfrac{1}{1+x^2}$ …… ①　(2) (1) の結果と ① を利用。

103　三角関数の合成を利用。$f(x)=\sin x+2\cos x$ として，$y=f(x)$ のグラフと直線 $y=k$ が異なる 2 つの共有点をもつ条件を考える。

104　$f(\theta)$ の右辺は，2 次の同次式であるから，2θ の三角関数で表すことができる。

105　$\triangle$ABC の内心を I とすると　$r=\mathrm{IC}\sin\dfrac{C}{2}$

$\triangle$IBC において，正弦定理から得られる等式を利用して，r を $\dfrac{A}{2}$，$\dfrac{B}{2}$，$\dfrac{C}{2}$ で表す。

数学Ⅱ 第5章

指数関数と対数関数

SELECT STUDY

- **基本定着コース**……教科書の基本事項を確認したいきみに
- **精選速習コース**……入試の基礎を短期間で身につけたいきみに
- **実力練成コース**……入試に向け実力を高めたいきみに

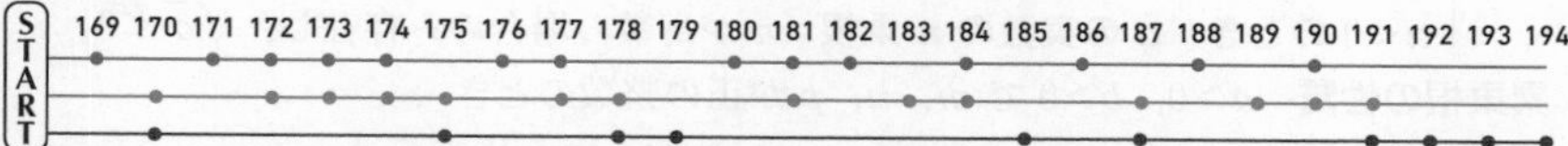

例題一覧

28 指数の拡張

基本事項

1 0や負の整数の指数

$a \neq 0$ で，n が正の整数のとき　　$\boldsymbol{a^0=1,\ a^{-n}=\dfrac{1}{a^n}}$

2 指数法則(1)　$a \neq 0,\ b \neq 0$ で，$m,\ n$ が整数のとき

1　$\boldsymbol{a^m a^n = a^{m+n}}$　　2　$\boldsymbol{(a^m)^n = a^{mn}}$　　3　$\boldsymbol{(ab)^n = a^n b^n}$

1′　$\boldsymbol{\dfrac{a^m}{a^n} = a^{m-n}}$　　3′　$\boldsymbol{\left(\dfrac{a}{b}\right)^n = \dfrac{a^n}{b^n}}$

3 累乗根の定義　a の n 乗根　n 乗すると a になる数（n は正の整数）

$$\sqrt[n]{a}\begin{cases} a>0 \text{ のとき　} a \text{ の実数の } n \text{ 乗根のうち正のもの} \\ a=0 \text{ のとき　} 0 \text{　すなわち　} \sqrt[n]{0}=0 \\ a<0 \text{ のとき　} a \text{ の実数の } n \text{ 乗根}（n \text{ が奇数の場合のみ存在し，} \sqrt[n]{a}<0） \end{cases}$$

4 累乗根の性質　$a>0,\ b>0$ で $m,\ n,\ p$ が正の整数のとき

$\boldsymbol{(\sqrt[n]{a})^n = a,\ \sqrt[n]{a}>0}$ であることから，次の性質が導かれる。

1　$\boldsymbol{\sqrt[n]{a}\sqrt[n]{b} = \sqrt[n]{ab}}$　　2　$\boldsymbol{\dfrac{\sqrt[n]{a}}{\sqrt[n]{b}} = \sqrt[n]{\dfrac{a}{b}}}$　　3　$\boldsymbol{(\sqrt[n]{a})^m = \sqrt[n]{a^m}}$

4　$\boldsymbol{\sqrt[m]{\sqrt[n]{a}} = \sqrt[mn]{a}}$　　5　$\boldsymbol{\sqrt[n]{a^m} = \sqrt[np]{a^{mp}}}$

5 有理数の指数　$a>0$ で，$m,\ n$ が正の整数，r が正の有理数のとき

$$\boldsymbol{a^{\frac{m}{n}} = \sqrt[n]{a^m},\ a^{-r} = \frac{1}{a^r}}$$

6 指数法則(2)　$a>0,\ b>0$ で，$r,\ s$ が有理数のとき

1　$\boldsymbol{a^r a^s = a^{r+s}}$　　2　$\boldsymbol{(a^r)^s = a^{rs}}$　　3　$\boldsymbol{(ab)^r = a^r b^r}$

1′　$\boldsymbol{\dfrac{a^r}{a^s} = a^{r-s}}$　　3′　$\boldsymbol{\left(\dfrac{a}{b}\right)^r = \dfrac{a^r}{b^r}}$

解　説

■ 0や負の整数の指数

a を n 個掛け合わせたものを a の **n 乗** といい，a^n と書く。ただし，$a^1=a$ とする。$a^1,\ a^2,\ a^3,\ \cdots\cdots,\ a^n,\ \cdots\cdots$ をまとめて，a の **累乗** といい，a^n に対して，n を累乗の **指数** という。

◀ $p.16$ でも取り上げた内容であるが，ここで詳しく学習する。

$m,\ n$ が正の整数のとき，次の指数法則が成り立つ。

◀数学 I で学習。

1　$a^m a^n = a^{m+n}$　　2　$(a^m)^n = a^{mn}$　　3　$(ab)^n = a^n b^n$

$a \neq 0$ として，整数の指数についても，1～3 の指数法則が成り立つとすると，$n=0$ のとき，1 から　$a^m a^0 = a^{m+0} = a^m$　　∴　$\boldsymbol{a^0=1}$

また，1 において，n が正の整数で $m=-n$ のとき

$$a^{-n}a^n = a^{-n+n} = a^0 = 1 \qquad \text{よって} \qquad \boldsymbol{a^{-n} = \frac{1}{a^n}}$$

ゆえに，指数法則 1～3 は $m,\ n$ が任意の整数のときも成り立つ。

例　$a^{-2} = \dfrac{1}{a^2}$

$2^{-3} = \dfrac{1}{2^3} = \dfrac{1}{8}$

$(-3)^{-2} = \dfrac{1}{(-3)^2} = \dfrac{1}{9}$

解 説

また $\dfrac{\boldsymbol{a^m}}{\boldsymbol{a^n}}=a^m\times\dfrac{1}{a^n}=a^m\times a^{-n}=\boldsymbol{a^{m-n}}$,

$$\left(\frac{\boldsymbol{a}}{\boldsymbol{b}}\right)^n=\left(a\times\frac{1}{b}\right)^n=(ab^{-1})^n=a^nb^{-n}=a^n\times\frac{1}{b^n}=\frac{\boldsymbol{a^n}}{\boldsymbol{b^n}}$$

よって，**2** 1′, 3′ が成り立つ。

注意 0^{-n} ($-n$ は負の整数) と 0^0 は考えない (定義しない)。

■ **累乗根**

n を正の整数とするとき，n 乗すると a になる数，すなわち $x^n=a$ となる数 x を a の **n 乗根** という。

例 $3^4=81$, $(-3)^4=81$ であるから，3 と -3 は 81 の 4 乗根である。$(-5)^3=-125$ であるから，-5 は -125 の 3 乗根である。

なお，2 乗根 (平方根)，3 乗根 (立方根)，4 乗根，…… をまとめて **累乗根** という。

◀数学Ⅰでは,「2 乗すると a になる数を a の平方根 (2 乗根) という」と学んだ。ここはこの考え方の拡張である。

■ **a の n 乗根 ($x^n=a$ の解) について**

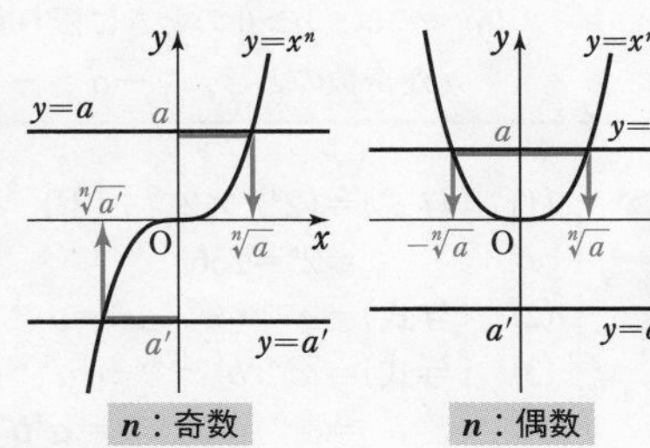

方程式 $x^n=a$ の実数解は，曲線 $y=x^n$ と直線 $y=a$ の共有点の x 座標であるから，実数 a の n 乗根について，次のことがわかる。

[1] **n が奇数の場合** 任意の実数 a に対してただ 1 つあり，これを $\boldsymbol{\sqrt[n]{a}}$ で表す。

[2] **n が偶数の場合**

$a>0$ のとき，正と負の 1 つずつあり，その正の方を $\boldsymbol{\sqrt[n]{a}}$ で表す。このとき，負の方は $-\sqrt[n]{a}$ である。

$a=0$ のとき，$\sqrt[n]{a}=0$ とする。

$a<0$ のとき，実数の範囲には存在しない。

◀n が偶数のとき，負の数の n 乗根は存在しない。

なお，$\boldsymbol{\sqrt[n]{a}}$ を **n 乗根 a** という。$\sqrt[n]{a}$ については，n が奇数の場合でも偶数の場合でも， $\boldsymbol{\sqrt[n]{0}=0}$, **$a>0$ のとき $\sqrt[n]{a}>0$** である。

注意 $\sqrt[2]{a}$ は今までと同様に $\sqrt{a}$ と書く。

ここで，**a の n 乗根** と **n 乗根 a** の違いをはっきりさせておこう。

例 16 の実数の 4 乗根は，4 乗して 16 になる実数で，**-2** と **2** の 2 つある。これに対し，4 乗根 16 すなわち $\sqrt[4]{16}$ は，4 乗して 16 になる正の数を意味するから，**2** だけである。

◀$\sqrt[4]{16}=2$

■ **累乗根の性質**

$\sqrt[n]{a}>0$, $\sqrt[n]{b}>0$ から $\sqrt[n]{a}\sqrt[n]{b}>0$

また $(\sqrt[n]{a}\sqrt[n]{b})^n=(\sqrt[n]{a})^n(\sqrt[n]{b})^n=ab$

よって，定義から $\sqrt[n]{a}\sqrt[n]{b}=\sqrt[n]{ab}$ ゆえに，**4** 1 が成り立つ。

◀**4** 2〜5 も同様に証明することができる。

◀n 乗して ab となる正の数は $\sqrt[n]{ab}$

■ **無理数の指数**

例えば，$\sqrt{3}=1.732\cdots\cdots$ に対して，

「$a^{1.7}$, $a^{1.73}$, $a^{1.732}$, ……」すなわち「$a^{\frac{17}{10}}$, $a^{\frac{173}{100}}$, $a^{\frac{1732}{1000}}$, ……」

が限りなく近づく 1 つの実数値を $a^{\sqrt{3}}$ の値と定義する。

◀指数が有理数である数の列。

一般に，**$a>0$ のとき，任意の実数 x に対して a^x の値を定めることができ**，**6** の指数法則 (2) が $a>0$, $b>0$ として，r, s が実数の場合でも成り立つ。

基本例題 169 指数法則と累乗根の計算

①①①①①

次の計算をせよ。ただし，$a>0$，$b>0$ とする。［(6) 西南学院大］

(1) $4^5\times2^{-8}\div8^{-2}$ (2) $(a^{-1})^3\times a^7\div a^2$ (3) $(a^2b^{-1})^3\div(ab^{-2})^2$

(4) $\sqrt[3]{9}\times\sqrt[3]{81}$ (5) $\sqrt[3]{5}\div\sqrt[12]{5}\times\sqrt[8]{25}$

(6) $\sqrt[3]{54}+\sqrt[3]{-250}-\sqrt[3]{-16}$ (7) $\dfrac{\sqrt[3]{a^4}}{\sqrt{b}}\times\dfrac{\sqrt[3]{b}}{\sqrt[3]{a^2}}\times\sqrt[3]{a\sqrt{b}}$

p.272 基本事項 2，4〜6

指針 次の **指数法則** を利用する。$a>0$，$b>0$ で，r，s が有理数のとき

1 $a^r\times a^s=a^{r+s}$，$a^r\div a^s=a^{r-s}$ 2 $(a^r)^s=a^{rs}$ 3 $(ab)^r=a^rb^r$

(4)，(5)，(7) 累乗根の形のものは，$\sqrt[n]{a^m}=a^{\frac{m}{n}}$（$m$，$n$ は整数）を用いて，a^r（r は有理数）の形に直してから計算するとよい。

(6) a^r は，$a>0$ のときに限り定義されるから，$\sqrt[3]{-16}=(-16)^{\frac{1}{3}}$ などとしてはダメ！ n が奇数のとき，$\sqrt[n]{-a}=-\sqrt[n]{a}$ であること（検討 参照）を利用して計算する。

解答

(1) $(与式)=(2^2)^5\times2^{-8}\div(2^3)^{-2}=2^{10}\times2^{-8}\div2^{-6}=2^{10+(-8)-(-6)}$
$=2^8=\mathbf{256}$

◀底を 2 にそろえる。

(2) $(与式)=a^{-3}\times a^7\div a^2=a^{-3+7-2}=\boldsymbol{a^2}$

(3) $(与式)=a^{2\times3}b^{(-1)\times3}\div\{a^{1\times2}b^{(-2)\times2}\}=a^6b^{-3}\div a^2b^{-4}$
$=a^{6-2}b^{-3-(-4)}=\boldsymbol{a^4b}$

(4) $(与式)=(3^2)^{\frac{1}{3}}\times(3^4)^{\frac{1}{3}}=3^{\frac{2}{3}+\frac{4}{3}}=3^2=\mathbf{9}$

◀a^r の形に直す。

別解 $(与式)=\sqrt[3]{9\cdot81}=\sqrt[3]{3^2\cdot3^4}=\sqrt[3]{3^{2+4}}=\sqrt[3]{3^6}=3^{\frac{6}{3}}=3^2=\mathbf{9}$

◀累乗根の性質を利用。

(5) $(与式)=5^{\frac{1}{3}}\div5^{\frac{1}{12}}\times(5^2)^{\frac{1}{8}}=5^{\frac{1}{3}-\frac{1}{12}+\frac{1}{4}}=5^{\frac{1}{2}}=\sqrt{5}$

◀結果は，問題に与えられた形（この問題の場合，根号の形）で表すことが多い。

(6) $(与式)=\sqrt[3]{54}-\sqrt[3]{250}-(-\sqrt[3]{16})$
$=\sqrt[3]{3^3\cdot2}-\sqrt[3]{5^3\cdot2}+\sqrt[3]{2^3\cdot2}$
$=3\sqrt[3]{2}-5\sqrt[3]{2}+2\sqrt[3]{2}=(3-5+2)\sqrt[3]{2}=\mathbf{0}$

(7) $(与式)=a^{\frac{4}{3}}b^{-\frac{1}{2}}\times a^{-\frac{2}{3}}b^{\frac{1}{3}}\times a^{\frac{1}{3}}b^{\frac{1}{6}}=a^{\frac{4}{3}-\frac{2}{3}+\frac{1}{3}}b^{-\frac{1}{2}+\frac{1}{3}+\frac{1}{6}}$
$=a^1b^0=\boldsymbol{a}$

◀$\sqrt[3]{a\sqrt{b}}=(ab^{\frac{1}{2}})^{\frac{1}{3}}=a^{\frac{1}{3}}b^{\frac{1}{6}}$

検討 **$\sqrt[n]{-a}=-\sqrt[n]{a}$ について**（n は奇数，$a>0$）

関数 $y=x^n$（n は奇数）のグラフは，$p.273$ の解説の左の図のように，原点に関して対称である。$a>0$ とするとき **$x^n=a$ の解は $x=\sqrt[n]{a}$**，**$x^n=-a$ の解は $x=\sqrt[n]{-a}$** であることから，グラフの対称性により，$\sqrt[n]{-a}=-\sqrt[n]{a}$ であることがわかる。

練習 ② 169 次の計算をせよ。［(4) 北海道薬大］

(1) $\left(\dfrac{27}{8}\right)^{-\frac{4}{3}}$ (2) $0.09^{1.5}$ (3) $\sqrt{\sqrt[3]{64}}$ (4) $\sqrt{2}\div\sqrt[4]{4}\times\sqrt[12]{32}\div\sqrt[6]{2}$

(5) $\dfrac{\sqrt[3]{2}\sqrt{3}}{\sqrt[6]{6}\sqrt[3]{1.5}}$ (6) $\sqrt[3]{24}+\dfrac{4}{3}\sqrt[6]{9}+\sqrt[3]{-\dfrac{1}{9}}$

基本例題 170 指数の計算，式の値 ①①①①①

(1) $a>0$，$b>0$ とする。次の式を計算せよ。

(ア) $(\sqrt[3]{a}+\sqrt[6]{b})(\sqrt[3]{a}-\sqrt[6]{b})(\sqrt[3]{a^4}+\sqrt[3]{a^2b}+\sqrt[3]{b^2})$

(イ) $(a^{\frac{1}{2}}+b^{-\frac{1}{2}})(a^{\frac{1}{4}}+b^{-\frac{1}{4}})(a^{\frac{1}{4}}-b^{-\frac{1}{4}})$

(2) $a>0$，$a^{\frac{1}{3}}+a^{-\frac{1}{3}}=\sqrt{7}$ のとき，$a+a^{-1}$ の値を求めよ。 〔(2) 東京経大〕

基本 169

指針 (1) おき換えを利用すると，**展開の公式** が使えることがわかる。

(ア) $\sqrt[3]{a}=A$，$\sqrt[6]{b}=B$ とおく と

$(A+B)(A-B)(A^4+A^2B^2+B^4)$

$=(A^2-B^2)(A^4+A^2B^2+B^4)$ ← 公式 $(x+y)(x-y)=x^2-y^2$

$=(A^2)^3-(B^2)^3$ ← 公式 $(x-y)(x^2+xy+y^2)=x^3-y^3$

(イ) $a^{\frac{1}{4}}=A$，$b^{-\frac{1}{4}}=B$ とおく と $(A^2+B^2)(A+B)(A-B)$

(2) $a^{\frac{1}{3}}=A$，$a^{-\frac{1}{3}}=B$ とおくと $a+a^{-1}=A^3+B^3$，$AB=a^{\frac{1}{3}}a^{-\frac{1}{3}}=a^{\frac{1}{3}-\frac{1}{3}}=a^0=1$

よって，$A+B=\sqrt{7}$，$AB=1$ のとき，A^3+B^3（**対称式**）の値を求める問題である。

→ $A^3+B^3=(A+B)^3-3AB(A+B)$ を利用して計算。

CHART $(a^r)^k+(a^{-r})^k$ の値 基本対称式の利用 $a^r\cdot a^{-r}=1$ がカギ

解答

(1) (ア) $(\sqrt[3]{a}+\sqrt[6]{b})(\sqrt[3]{a}-\sqrt[6]{b})(\sqrt[3]{a^4}+\sqrt[3]{a^2b}+\sqrt[3]{b^2})$

$=\{(\sqrt[3]{a})^2-(\sqrt[6]{b})^2\}(\sqrt[3]{a^4}+\sqrt[3]{a^2b}+\sqrt[3]{b^2})$

$=(\sqrt[3]{a^2}-\sqrt[3]{b})\{(\sqrt[3]{a^2})^2+\sqrt[3]{a^2}\cdot\sqrt[3]{b}+(\sqrt[3]{b})^2\}$

$=(\sqrt[3]{a^2})^3-(\sqrt[3]{b})^3=\boldsymbol{a^2-b}$

◀ $(A+B)(A-B)=A^2-B^2$

◀ $(\sqrt[3]{a})^2=\sqrt[3]{a^2}$，$(\sqrt[6]{b})^2=(\sqrt{\sqrt[3]{b}})^2=\sqrt[3]{b}$

(イ) $(a^{\frac{1}{2}}+b^{-\frac{1}{2}})(a^{\frac{1}{4}}+b^{-\frac{1}{4}})(a^{\frac{1}{4}}-b^{-\frac{1}{4}})$

$=(a^{\frac{1}{2}}+b^{-\frac{1}{2}})\{(a^{\frac{1}{4}})^2-(b^{-\frac{1}{4}})^2\}$

$=(a^{\frac{1}{2}}+b^{-\frac{1}{2}})(a^{\frac{1}{2}}-b^{-\frac{1}{2}})$

$=(a^{\frac{1}{2}})^2-(b^{-\frac{1}{2}})^2=\boldsymbol{a-b^{-1}}$

(イ) $(A^2+B^2)(A+B)(A-B)$
$=(A^2+B^2)(A^2-B^2)$
$=(A^2)^2-(B^2)^2$

◀ $a-\dfrac{1}{b}$ でもよい。

(2) $a+a^{-1}=(a^{\frac{1}{3}})^3+(a^{-\frac{1}{3}})^3$

$=(a^{\frac{1}{3}}+a^{-\frac{1}{3}})^3-3a^{\frac{1}{3}}\cdot a^{-\frac{1}{3}}(a^{\frac{1}{3}}+a^{-\frac{1}{3}})$

$=(\sqrt{7})^3-3\cdot1\cdot\sqrt{7}=\boldsymbol{4\sqrt{7}}$

◀ $A^3+B^3=(A+B)^3-3AB(A+B)$

練習 ③**170** (1) 次の式を計算せよ。ただし，$a>0$，$b>0$ とする。

(ア) $(\sqrt[4]{2}+\sqrt[4]{3})(\sqrt[4]{2}-\sqrt[4]{3})(\sqrt{2}+\sqrt{3})$ (イ) $(a^{\frac{1}{2}}+b^{\frac{1}{2}})^2+(a^{\frac{1}{2}}-b^{\frac{1}{2}})^2$

(ウ) $(a^{\frac{1}{6}}-b^{\frac{1}{6}})(a^{\frac{1}{6}}+b^{\frac{1}{6}})(a^{\frac{2}{3}}+a^{\frac{1}{3}}b^{\frac{1}{3}}+b^{\frac{2}{3}})$

(2) $x>0$，$x^{\frac{1}{2}}+x^{-\frac{1}{2}}=\sqrt{5}$ のとき，$x+x^{-1}$，$x^{\frac{3}{2}}+x^{-\frac{3}{2}}$ の値をそれぞれ求めよ。

p.288 EX 106，107

29 指数関数

基本事項

1 指数関数のグラフ

指数関数 $y=a^x$ のグラフ は，次のようになる。

1 点 $(0,\ 1)$，$(1,\ a)$ を通り，x 軸を漸近線とする曲線である。

2 $a>1$ のとき右上がりの曲線，$0<a<1$ のとき右下がりの曲線である。

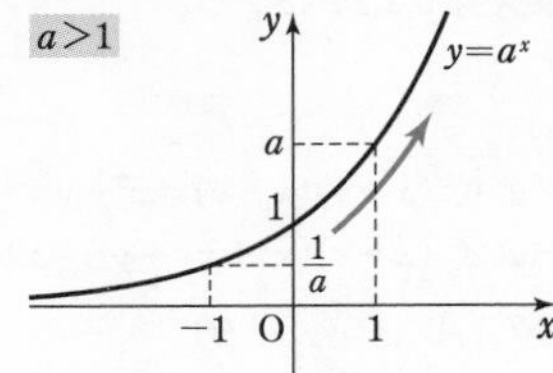

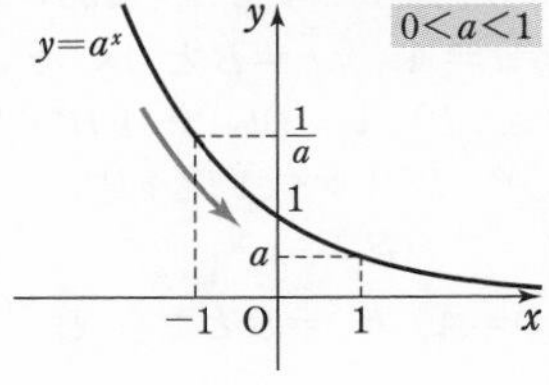

2 指数関数 $y=a^x$ の性質

1 定義域は実数全体，値域は正の数全体である。

2 $a>1$ のとき　x の値が増加すると y の値も増加する。

$$p<q \iff a^p<a^q$$

$0<a<1$ のとき　x の値が増加すると y の値は減少する。

$$p<q \iff a^p>a^q$$

注意　$a>0$，$a\neq1$ のとき「$p=q \iff a^p=a^q$」が成り立つ。

解　説

■指数関数

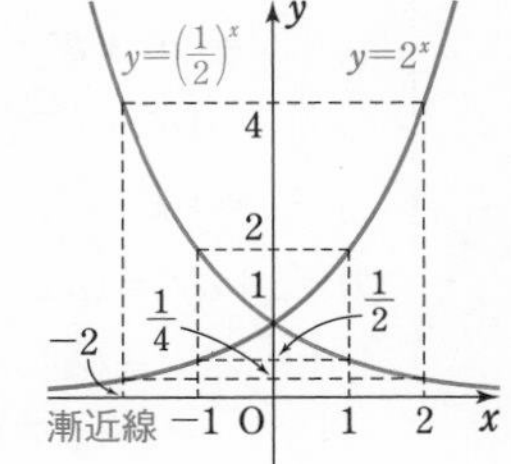

$a>0$，$a\neq1$ とする。$p.273$ で示したように，任意の実数 x に対して a^x の値を定めることができ，$y=a^x$ は x を変数とする関数である。このとき，$y=a^x$ を a を **底** とする x の **指数関数** という。

例えば，$y=2^x$ において，x のいろいろな値に対する y の値を求め，それらの値の組を座標にもつ点を座標平面上にとっていくと，それらの点は右図のような，右上がりの曲線上にある。この曲線が，$y=2^x$ のグラフである。

また，$y=\left(\frac{1}{2}\right)^x$ のグラフは，右図のような右下がりの曲線になる。

なお，$y=2^x$，$y=\left(\frac{1}{2}\right)^x$ のグラフは互いに y 軸に関して対称になっている。また，ともにグラフは x 軸に限りなく近づくから，**x 軸が漸近線** となる。

一般に，**指数関数 $y=a^x$ $(a>0,\ a\neq1)$** のグラフは

$a>1$ のとき右上がり，　$0<a<1$ のとき右下がり

の曲線であり，**x 軸はその漸近線** である。

◀**漸近線** とは，曲線が一定の直線に限りなく近づくときの，その直線のこと（$p.226$ で学習）。

基本 例題 171 指数関数のグラフ

①①①①①

次の関数のグラフをかけ。また，関数 $y=3^x$ のグラフとの位置関係をいえ。

(1) $y=9\cdot 3^x$　　(2) $y=3^{-x+1}$　　(3) $y=3-9^{\frac{x}{2}}$

p.276 基本事項 1

指針 $y=3^x$ のグラフの平行移動・対称移動を考える。$y=f(x)$ のグラフに対して

$y=f(x-p)+q$ …… x 軸方向に p，y 軸方向に q だけ平行移動したもの
$y=-f(x)$ …… x 軸に関して $y=f(x)$ のグラフと対称
$y=f(-x)$ …… y 軸に関して $y=f(x)$ のグラフと対称
$y=-f(-x)$ …… 原点に関して $y=f(x)$ のグラフと対称

(3) 底を 3 にする。

解答

(1) $y=9\cdot 3^x=3^2\cdot 3^x=3^{x+2}$
したがって，$y=9\cdot 3^x$ のグラフは，
$y=3^x$ のグラフを x 軸方向に -2 だけ平行移動したもの
である。よって，そのグラフは **下図(1)**

(2) $y=3^{-x+1}=3^{-(x-1)}$
したがって，$y=3^{-x+1}$ のグラフは，
$y=3^{-x}$ のグラフを x 軸方向に 1 だけ平行移動したもの，
すなわち **$y=3^x$ のグラフを y 軸に関して対称移動し，更に x 軸方向に 1 だけ平行移動したもの** である。
よって，そのグラフは **下図(2)**

(3) $y=3-9^{\frac{x}{2}}=-(3^2)^{\frac{x}{2}}+3=-3^x+3$
したがって，$y=3-9^{\frac{x}{2}}$ のグラフは，
$y=-3^x$ のグラフ(*)を y 軸方向に 3 だけ平行移動したもの，すなわち **$y=3^x$ のグラフを x 軸に関して対称移動し，更に y 軸方向に 3 だけ平行移動したもの** である。
よって，そのグラフは **下図(3)**

注意 (1) $y=3^x$ のグラフを y 軸方向に 9 倍したものでもある。

◀ $y=3^{-x}$ と $y=3^x$ のグラフは y 軸に関して対称。

(*) $y=-3^x$ と $y=3^x$ のグラフは x 軸に関して対称。

◀ x 軸との交点の x 座標は，$-3^x+3=0$ から $3^x=3^1$ よって $x=1$

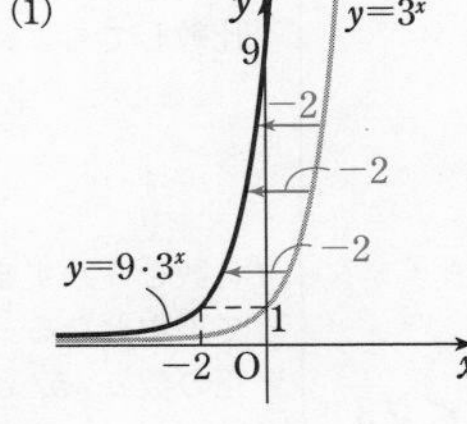

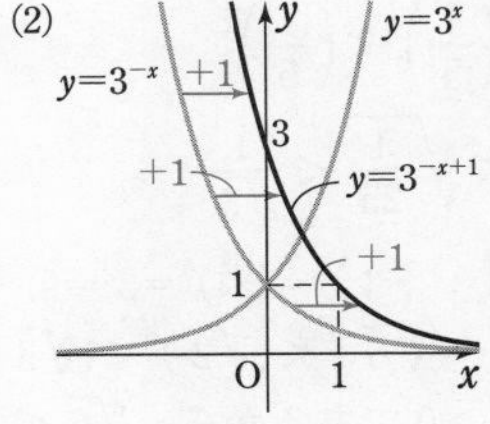

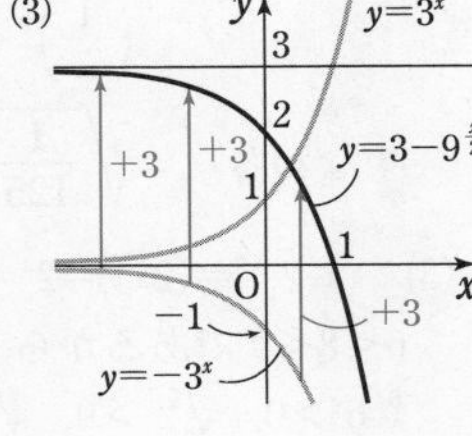

練習 ② 171 次の関数のグラフをかけ。また，関数 $y=2^x$ のグラフとの位置関係をいえ。

(1) $y=-2^x$　　(2) $y=\dfrac{2^x}{8}$　　(3) $y=4^{-\frac{x}{2}+1}$

基本例題 172 累乗，累乗根の大小比較

次の各組の数の大小を不等号を用いて表せ。

(1) $2^{\frac{1}{2}}$, $4^{\frac{1}{4}}$, $8^{\frac{1}{8}}$　(2) $\sqrt[3]{\dfrac{1}{25}}$, $\dfrac{1}{\sqrt{5}}$, $\sqrt[4]{\dfrac{1}{125}}$　(3) $\sqrt{2}$, $\sqrt[3]{3}$, $\sqrt[6]{6}$

p.276 基本事項 2

指針 (1), (2) は，それぞれ 2, $\frac{1}{5}$ を底とする形で表し，次の **指数関数の性質** を利用する。

$a>1$ のとき　$p<q \Leftrightarrow a^p<a^q$　大小一致

$0<a<1$ のとき　$p<q \Leftrightarrow a^p>a^q$　大小反対（不等号の向きが変わる）

(3) それぞれを同じ底で表すことができないから，**指数の部分を同じにする** ことを考える。

$\sqrt{2}=2^{\frac{1}{2}}$, $\sqrt[3]{3}=3^{\frac{1}{3}}$, $\sqrt[6]{6}=6^{\frac{1}{6}}$ であるから，各数を 6 乗すると，それぞれ 8, 9, 6（すべて整数）となって，指数の部分が同じ 1 となる。

そこで，関数 $y=x^n$ ($x>0$, n は自然数) の性質

$a>0$, $b>0$ のとき　$a<b \Leftrightarrow a^n<b^n$　を利用。

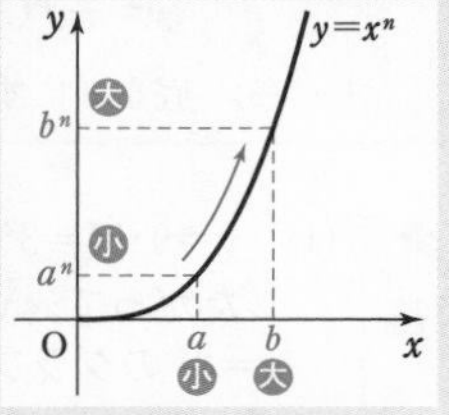

CHART 累乗根の大小比較　1 底をそろえて，指数の大小で比較　2 何乗かして，底の大小で比較

解答

(1) $2^{\frac{1}{2}}$, $4^{\frac{1}{4}}=(2^2)^{\frac{1}{4}}=2^{\frac{1}{2}}$, $8^{\frac{1}{8}}=(2^3)^{\frac{1}{8}}=2^{\frac{3}{8}}$

底 2 は 1 より大きいから，$\dfrac{1}{2}=\dfrac{1}{2}>\dfrac{3}{8}$ より　$\boldsymbol{8^{\frac{1}{8}}<2^{\frac{1}{2}}=4^{\frac{1}{4}}}$

(2) $\sqrt[3]{\dfrac{1}{25}}=\sqrt[3]{\left(\dfrac{1}{5}\right)^2}=\left(\dfrac{1}{5}\right)^{\frac{2}{3}}$, $\dfrac{1}{\sqrt{5}}=\sqrt{\dfrac{1}{5}}=\left(\dfrac{1}{5}\right)^{\frac{1}{2}}$,

$\sqrt[4]{\dfrac{1}{125}}=\sqrt[4]{\left(\dfrac{1}{5}\right)^3}=\left(\dfrac{1}{5}\right)^{\frac{3}{4}}$

底 $\dfrac{1}{5}$ は 1 より小さいから，$\dfrac{1}{2}<\dfrac{2}{3}<\dfrac{3}{4}$ より

$$\left(\frac{1}{5}\right)^{\frac{3}{4}}<\left(\frac{1}{5}\right)^{\frac{2}{3}}<\left(\frac{1}{5}\right)^{\frac{1}{2}}$$

すなわち　$\boldsymbol{\sqrt[4]{\dfrac{1}{125}}<\sqrt[3]{\dfrac{1}{25}}<\dfrac{1}{\sqrt{5}}}$

(3) $(\sqrt{2})^6=(2^{\frac{1}{2}})^6=2^3=8$, $(\sqrt[3]{3})^6=(3^{\frac{1}{3}})^6=3^2=9$, $(\sqrt[6]{6})^6=6$

$6<8<9$ であるから　$(\sqrt[6]{6})^6<(\sqrt{2})^6<(\sqrt[3]{3})^6$

$\sqrt[6]{6}>0$, $\sqrt{2}>0$, $\sqrt[3]{3}>0$ であるから　$\boldsymbol{\sqrt[6]{6}<\sqrt{2}<\sqrt[3]{3}}$

(1) 別解　各数を 8 乗すると　16, 16, 8
よって　$8^{\frac{1}{8}}<2^{\frac{1}{2}}=4^{\frac{1}{4}}$

(2) 別解　底を 5 として
$\sqrt[3]{\dfrac{1}{25}}=5^{-\frac{2}{3}}$, $\dfrac{1}{\sqrt{5}}=5^{-\frac{1}{2}}$
$\sqrt[4]{\dfrac{1}{125}}=5^{-\frac{3}{4}}$　底 5 (>1) から　$5^{-\frac{3}{4}}<5^{-\frac{2}{3}}<5^{-\frac{1}{2}}$
また，各数を 12 乗して比較してもよい。

◀各数を 6 乗すると，すべて整数となる。
正の数 a, b, c について
$a<b<c \Leftrightarrow a^6<b^6<c^6$

練習 ② 172 次の各組の数の大小を不等号を用いて表せ。

(1) 3, $\sqrt{\dfrac{1}{3}}$, $\sqrt[3]{3}$, $\sqrt[4]{27}$　(2) 2^{30}, 3^{20}, 10^{10}

p.288 EX 108

基本 例題 173 指数方程式の解法 ①①①①①

次の方程式，連立方程式を解け。

(1) $3^{x+2}=27$ (2) $4^x-2^{x+2}-32=0$ (3) $\begin{cases} 3^{2x}-3^y=-6 \\ 3^{2x+y}=27 \end{cases}$

p.276 基本事項 2 演習 192，193

指数方程式 では，まず 底をそろえて，$a^x=a^p$ の形を導く のが基本。……★
$a^x=a^p$ の形を導いたら，次のことを利用する。

$a>0$，$a\neq1$ のとき　$a^x=a^p$ ならば　$x=p$

(1) 底を 3 にそろえる。
(2) $4^x=(2^2)^x=(2^x)^2$，$2^{x+2}=2^x\cdot2^2$ であるから，$2^x=X$ とおくと，与えられた方程式は $X^2-2^2X-32=0$（X の 2 次方程式）となる。なお，**$X>0$ に注意**。
(3) $3^{2x}=X$，$3^y=Y$ とおき，まず X，Y の連立方程式を解く。

CHART 指数の問題
1 基本の形へ 底をそろえる $a^x=a^p \Longleftrightarrow x=p$
2 変数のおき換え 範囲に注意（$a^x>0$）

解答

(1) $3^{x+2}=27$ から　$3^{x+2}=3^3$
よって　$x+2=3$　ゆえに　$\boldsymbol{x=1}$

(2) 与式から　$(2^x)^2-2^2\cdot2^x-32=0$
$2^x=X$ とおくと　$X>0$
方程式は　$X^2-4X-32=0$
ゆえに　$(X+4)(X-8)=0$　よって　$X=-4,\ 8$
$X>0$ であるから　$X=8$　すなわち　$2^x=8$
ゆえに　$2^x=2^3$　よって　$\boldsymbol{x=3}$

(3) $3^{2x}=X$，$3^y=Y$ とおくと　$X>0$，$Y>0$
連立方程式は $\begin{cases} X-Y=-6 & \cdots\cdots ① \\ XY=27 & \cdots\cdots ② \end{cases}$
① から　$Y=X+6$ …… ③
③ を ② に代入して　$X(X+6)=27$
ゆえに　$X^2+6X-27=0$
よって　$(X-3)(X+9)=0$
$X>0$ であるから　$X=3$
これを ③ に代入して　$Y=9$（$Y>0$ を満たす）
$X=3$ から　$3^{2x}=3$　$Y=9$ から　$3^y=3^2$
したがって　$\boldsymbol{x=\frac{1}{2},\ y=2}$

◀指針___……★ の方針。底が異なるときは底をそろえることを考える。$27=3^3$

◀指数関数 $y=a^x$（$a>0$，$a\neq1$）の値域は，正の数全体である。よって　$2^x=X>0$
なお，おき換えないで，$(2^x+4)(2^x-8)=0$ と進めてもよい。

◀$3^{2x+y}=3^{2x}\cdot3^y=XY$

◀$X=Y-6$ として，X を消去してもよい。

◀$X=-9$ は不適。

◀$3^{2x}=3$ から　$2x=1$

練習 ② 173 次の方程式，連立方程式を解け。〔(1) 千葉工大，(2) 愛知大〕

(1) $16^{2-x}=8^x$ (2) $27^x-4\cdot9^x+3^{x+1}=0$ (3) $\begin{cases} 3^{y-1}-2^x=19 \\ 4^x+2^{x+1}-3^y=-1 \end{cases}$

p.288 EX109

基本 例題 174 指数不等式の解法 ①①①①①

次の不等式を解け。　　［(1) 大阪経大］

(1) $\left(\dfrac{1}{2}\right)^{2x+2}<\left(\dfrac{1}{16}\right)^{x-1}$　　(2) $2\cdot4^x-17\cdot2^x+8<0$　　(3) $25^x-3\cdot5^x-10\geqq0$

基本 172，173

指針 **指数不等式** でも方程式と同様に，まず **底をそろえて**，$a^p<a^q$ などの形を導く。その後

$a>1$ のとき　$p<q \Leftrightarrow a^p<a^q$　大小一致
$0<a<1$ のとき　$p<q \Leftrightarrow a^p>a^q$　大小反対

に注意して進める。

つまり，**底 a と 1 との大小によって，不等号の向きが変わる** ことに要注意。

(1) 底を $\dfrac{1}{2}$ にそろえる。$0<\dfrac{1}{2}$(底)<1 であるから，不等号の向きが変わる。

(2) $2^x=X$，(3) $5^x=X$ とおいて，X の 2 次不等式を導く。なお，

① **変数のおき換え** は **範囲に注意**　　つまり，$X>0$ に要注意。

CHART 指数不等式　**底と 1 の大小関係に注意**

解答

(1) $\left(\dfrac{1}{2}\right)^{2x+2}<\left(\dfrac{1}{16}\right)^{x-1}$ から　$\left(\dfrac{1}{2}\right)^{2x+2}<\left(\dfrac{1}{2}\right)^{4(x-1)}$

◀ $\dfrac{1}{16}=\dfrac{1}{2^4}=\left(\dfrac{1}{2}\right)^4$

底 $\dfrac{1}{2}$ は 1 より小さいから　$2x+2>4(x-1)$

◀不等号の向きが変わる。

これを解いて　$\boldsymbol{x<3}$

(1) 別解 **底を 2 にそろえる。** 与式から
$2^{-(2x+2)}<2^{-4(x-1)}$
底 2 は 1 より大きいから
$-(2x+2)<-4(x-1)$
よって　$\boldsymbol{x<3}$
底 $2>1$ であるから，不等号の向きが変わらない。
その意味では，左の解答より扱いやすい。

(2) 与式から　$2\cdot(2^x)^2-17\cdot2^x+8<0$

$2^x=X$ とおくと　$X>0$

不等式は　$2X^2-17X+8<0$

したがって　$(2X-1)(X-8)<0$

これを解いて　$\dfrac{1}{2}<X<8$　($X>0$ を満たす)

ゆえに　$\dfrac{1}{2}<2^x<8$　すなわち　$2^{-1}<2^x<2^3$

底 2 は 1 より大きいから　$\boldsymbol{-1<x<3}$

◀不等号の向きは不変。

(3) 与式から　$(5^x)^2-3\cdot5^x-10\geqq0$

$5^x=X$ とおくと　$X>0$　不等式は　$X^2-3X-10\geqq0$

したがって　$(X+2)(X-5)\geqq0$

$X+2>0$ であるから　$X-5\geqq0$　すなわち　$X\geqq5$

◀ $X>0$ から　$X+2>0$

ゆえに　$5^x\geqq5$

底 5 は 1 より大きいから　$\boldsymbol{x\geqq1}$

◀不等号の向きは不変。

練習 ② **174** 次の不等式を解け。

(1) $\dfrac{1}{\sqrt{3}}<\left(\dfrac{1}{3}\right)^x<9$　　(2) $2^{4x}-4^{x+1}>0$　　(3) $\left(\dfrac{1}{4}\right)^x-9\left(\dfrac{1}{2}\right)^{x-1}+32\leqq0$

p.288 EX 109

基本 例題 175 指数関数の最大・最小

(1) 関数 $y=4^{x+1}-2^{x+2}+2$ $(x \leqq 2)$ の最大値と最小値を求めよ。

(2) 関数 $y=6(2^x+2^{-x})-2(4^x+4^{-x})$ について，$2^x+2^{-x}=t$ とおくとき，y を t を用いて表せ。また，y の最大値を求めよ。

基本 173

指針 (1) **おき換え** を利用。$2^x=t$ とおくと，y は t の 2 次式になるから

2 次式は基本形 $a(t-p)^2+q$ に直す で解決！

なお，**変数のおき換え** は，その **とりうる値の範囲に要注意。**

(2) まず，$X^2+Y^2=(X+Y)^2-2XY$ を利用して，4^x+4^{-x} を t で表す。
y を t で表すと，t の 2 次式になる。なお，$t=2^x+2^{-x}$ の範囲を調べるには，$2^x>0$，$2^{-x}>0$ に対し，積 $2^x \cdot 2^{-x}=1$ (一定) であるから，**(相加平均)≧(相乗平均)** が利用できる。

解答

(1) $2^x=t$ とおくと　$t>0$　　$x \leqq 2$ であるから　$0<t \leqq 2^2$

したがって　$0<t \leqq 4$ ……①

y を t の式で表すと

$$y=4(2^x)^2-4\cdot2^x+2=4t^2-4t+2=4\left(t-\frac{1}{2}\right)^2+1$$

① の範囲において，y は $t=4$ で最大，$t=\frac{1}{2}$ で最小となる。$t=4$ のとき　$2^x=4$　ゆえに　$x=2$

$t=\frac{1}{2}$ のとき　$2^x=\frac{1}{2}$　ゆえに　$x=-1$

よって　**$x=2$ のとき最大値 50，$x=-1$ のとき最小値 1**

◀ $p \leqq q \Longleftrightarrow 2^p \leqq 2^q$

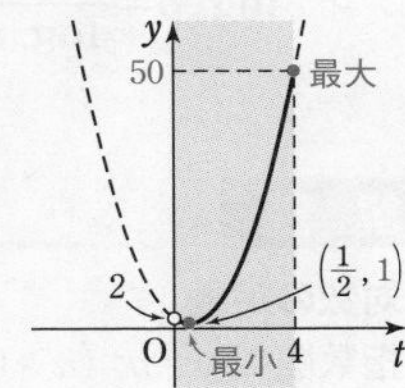

(2) $4^x+4^{-x}=(2^x)^2+(2^{-x})^2=(2^x+2^{-x})^2-2\cdot2^x\cdot2^{-x}=t^2-2$

ゆえに　**$y=6t-2(t^2-2)=-2t^2+6t+4$** ……①

$2^x>0$，$2^{-x}>0$ であるから，(相加平均)≧(相乗平均) より　(*) $2^x+2^{-x} \geqq 2\sqrt{2^x\cdot2^{-x}}=2$　すなわち　$t \geqq 2$ …②

ここで，等号は $2^x=2^{-x}$，すなわち $x=-x$ から $x=0$ のとき成り立つ。

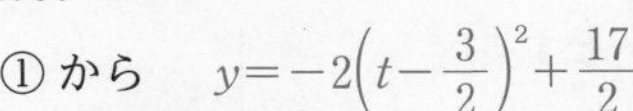

① から　$y=-2\left(t-\frac{3}{2}\right)^2+\frac{17}{2}$

② の範囲において，y は $t=2$ のとき最大値 8 をとる。

よって　**$x=0$ のとき最大値 8**

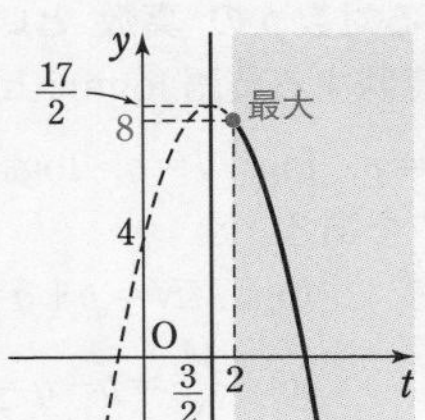

◀ $2^x\cdot2^{-x}=2^0=1$

相加平均と相乗平均の関係

$a>0$，$b>0$ のとき

$$\frac{a+b}{2} \geqq \sqrt{ab}$$

(等号は $a=b$ のとき成り立つ。)

◀ $t=2$ となるのは，(＊) で等号が成り立つときである。

練習 ③175 (1) 次の関数の最大値と最小値を求めよ。　［(イ) 大阪産大］

(ア) $y=\left(\frac{3}{4}\right)^x$ $(-1 \leqq x \leqq 2)$　　(イ) $y=4^x-2^{x+2}$ $(-1 \leqq x \leqq 3)$

(2) $a>0$，$a \neq 1$ とする。関数 $y=a^{2x}+a^{-2x}-2(a^x+a^{-x})+2$ について，$a^x+a^{-x}=t$ とおく。y を t を用いて表し，y の最小値を求めよ。

30 対数とその性質

基本事項

1 対数

指数と対数の関係　$a>0,\ a\neq1,\ M>0$ のとき

定義　$a^p=M \iff p=\log_a M$

定義により　$\log_a a^p=p$　特に　$\log_a a=1,\ \log_a 1=0,\ \log_a \dfrac{1}{a}=-1$

2 対数の性質　$a>0,\ a\neq1,\ M>0,\ N>0$ で，k が実数のとき

1　$\log_a MN=\log_a M+\log_a N$

2　$\log_a \dfrac{M}{N}=\log_a M-\log_a N$　　2′　$\log_a \dfrac{1}{N}=-\log_a N$

3　$\log_a M^k=k\log_a M$　　3′　$\log_a \sqrt[n]{M}=\dfrac{1}{n}\log_a M$

3 底の変換公式　$a,\ b,\ c$ は正の数で，$a\neq1,\ b\neq1,\ c\neq1$ とする。

4　$\log_a b=\dfrac{\log_c b}{\log_c a}$　　特に　$\log_a b=\dfrac{1}{\log_b a}$

解　説

■対数の定義

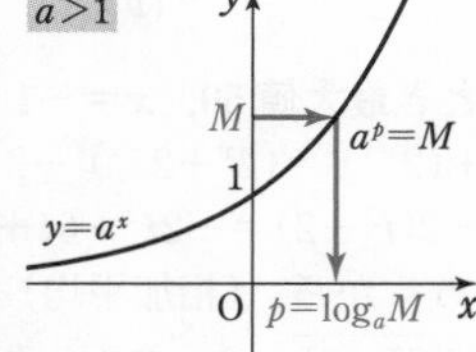

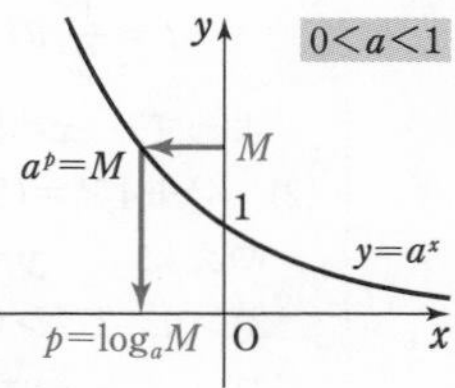

指数関数 $y=a^x\ (a>0,\ a\neq1)$ は，そのグラフからもわかるように，正の数 y の値を定めると，それに対応して $y=a^x$ を満たす x の値がただ1つ定まる。すなわち，$M>0$ のとき，$M=a^x$ を満たす x の値 p がただ1つ定まる。この p の値を，a を **底** とする M の **対数** といい，$\boldsymbol{p=\log_a M}$ と書く。また，M を a を底とする対数 p の **真数** という。対数の **真数は常に正である。**
なお，**log** は，対数を意味する英語 logarithm の略である。

■1～4の証明　($\log_a M=p,\ \log_a N=q,\ \log_a b=r$ とする)

$M=a^p,\ N=a^q,\ b=a^r$ である。

証明 1　$MN=a^{p+q}$ から　$\log_a MN=p+q=\log_a M+\log_a N$

証明 2　$\dfrac{M}{N}=a^{p-q}$ から　$\log_a \dfrac{M}{N}=p-q=\log_a M-\log_a N$

証明 3　$M=a^p$ の両辺を k 乗すると　$M^k=a^{kp}$

ゆえに　$\log_a M^k=kp$　よって　$\log_a M^k=k\log_a M$

証明 4　$a^r=b$ の両辺の c を底とする対数をとると

$$\log_c a^r=\log_c b$$

3から　$r\log_c a=\log_c b$　$a\neq1$ より，$\log_c a\neq0$ であるから

$$r=\frac{\log_c b}{\log_c a}\quad すなわち\quad \log_a b=\frac{\log_c b}{\log_c a}$$

◀指数法則 $a^p\cdot a^q=a^{p+q}$

◀指数法則 $\dfrac{a^p}{a^q}=a^{p-q}$

◀3′については，$\sqrt[n]{M}=M^{\frac{1}{n}}$ から。

◀$M=N$ のとき，$\log_a M=\log_a N$ を考えることを，両辺の**対数をとる**ということがある。

基本例題 176 対数の値と計算

(1) 次の対数の値を求めよ。

(ア) $\log_3 81$　(イ) $\log_{10}\dfrac{1}{1000}$　(ウ) $\log_{\frac{1}{3}}\sqrt{243}$

(2) 次の式を簡単にせよ。

(ア) $\log_2\dfrac{4}{5}+2\log_2\sqrt{10}$　(イ) $\log_3\sqrt{12}+\log_3\dfrac{3}{2}-\dfrac{3}{2}\log_3\sqrt[3]{3}$

p.282 基本事項 1, 2

指針

(1) 真数を(底)^p の形に変形して，$\log_a a^p=p$ の活用。

(2) 公式を用いて，次のどちらかの方針により計算する。

[1] **1つの対数に まとめる**

[2] **$\log_a 2$，$\log_a 3$ などに 分解する**

下の解答では，1つの対数にまとめる解法を示した。

真数 (>0) → $\log_a M$ ← 底 (>0, ≠1)

CHART 対数の計算 まとめる か 分解する

解答

(1) (ア) $\log_3 81=\log_3 3^4=\mathbf{4}$

(イ) $\log_{10}\dfrac{1}{1000}=\log_{10}10^{-3}=\mathbf{-3}$

(ウ) $\log_{\frac{1}{3}}\sqrt{243}=\log_{\frac{1}{3}}\left(\dfrac{1}{3}\right)^{-\frac{5}{2}}=\mathbf{-\dfrac{5}{2}}$

(2) (ア) $\log_2\dfrac{4}{5}+2\log_2\sqrt{10}=\log_2\left\{\dfrac{4}{5}\cdot(\sqrt{10})^2\right\}$

$=\log_2 8=\log_2 2^3$

$=\mathbf{3}$

(イ) $\log_3\sqrt{12}+\log_3\dfrac{3}{2}-\dfrac{3}{2}\log_3\sqrt[3]{3}$

$=\log_3\left\{\sqrt{12}\cdot\dfrac{3}{2}\cdot\dfrac{1}{(\sqrt[3]{3})^{\frac{3}{2}}}\right\}$

$=\log_3\left(2\sqrt{3}\cdot\dfrac{3}{2}\cdot\dfrac{1}{\sqrt{3}}\right)$

$=\log_3 3$

$=\mathbf{1}$

(ア) $\log_3 81=r$ とおくと

$3^r=81$　ゆえに　$3^r=3^4$

よって　$r=4$

(イ) (与式)$=-\log_{10}10^3=-3$

でもよい。

(ウ) $243=3^5=\left(\dfrac{1}{3}\right)^{-5}$

(2) 別解 **(分解する解法)**

(ア) (与式)$=\log_2 4-\log_2 5$

$+2\cdot\dfrac{1}{2}(\log_2 2+\log_2 5)$

$=2+1=3$

(イ) (与式)

$=\dfrac{1}{2}(2\log_3 2+\log_3 3)$

$+(\log_3 3-\log_3 2)$

$-\dfrac{3}{2}\cdot\dfrac{1}{3}\log_3 3$

$=1$

練習 ① 176

(1) 次の(ア)～(ウ)の対数の値を求めよ。また，(エ)の □ をうめよ。

(ア) $\log_2 64$　(イ) $\log_{\frac{1}{2}}8$

(ウ) $\log_{0.01}10\sqrt{10}$　(エ) $\log_{\sqrt{3}}\square=-4$

(2) 次の式を簡単にせよ。

(ア) $\log_{0.2}125$　(イ) $\log_6 12+\log_6 3$　(ウ) $\log_3 18-\log_3 2$

(エ) $6\log_2\sqrt[3]{10}-2\log_2 5$　(オ) $\dfrac{1}{2}\log_{10}\dfrac{5}{6}+\log_{10}\sqrt{7.5}+\dfrac{1}{2}\log_{10}1.6$

基本例題 177 底の変換公式を利用した式の変形

次の式を簡単にせよ。　〔(1) 駒澤大〕

(1)　$(\log_2 9+\log_4 3)\log_3 4$　　(2)　$(\log_3 25+\log_9 5)(\log_5 9+\log_{25} 3)$

p.282 基本事項 3

指針　底の変換公式　$\log_a b=\dfrac{\log_c b}{\log_c a}$　を利用して，底をそろえる。

(1)　底を 2，3，4 のどれにそろえるか？　$4=2^2$ に着目して，2 にそろえると計算しやすい。

(2)　$25=5^2$，$9=3^2$ に着目して，底を 3 または 5 にそろえて計算する。

CHART　対数の計算　異なる底は　そろえる

解答

(1)　$(\log_2 9+\log_4 3)\log_3 4=\left(2\log_2 3+\dfrac{\log_2 3}{\log_2 4}\right)\cdot\dfrac{\log_2 4}{\log_2 3}$

$=\left(2\log_2 3+\dfrac{1}{2}\log_2 3\right)\cdot\dfrac{2}{\log_2 3}$　◀ $\log_2 4=\log_2 2^2=2$

$=\dfrac{5}{2}\log_2 3\cdot\dfrac{2}{\log_2 3}=\mathbf{5}$

(2)　$(\log_3 25+\log_9 5)(\log_5 9+\log_{25} 3)$　◀底を 3 にそろえる解法。

$=\left(\log_3 25+\dfrac{\log_3 5}{\log_3 9}\right)\left(\dfrac{\log_3 9}{\log_3 5}+\dfrac{\log_3 3}{\log_3 25}\right)$

$=\left(\log_3 5^2+\dfrac{\log_3 5}{\log_3 3^2}\right)\left(\dfrac{\log_3 3^2}{\log_3 5}+\dfrac{\log_3 3}{\log_3 5^2}\right)$

$=\left(2\log_3 5+\dfrac{\log_3 5}{2}\right)\left(\dfrac{2}{\log_3 5}+\dfrac{1}{2\log_3 5}\right)$

$=\dfrac{5}{2}\log_3 5\cdot\dfrac{5}{2\log_3 5}=\mathbf{\dfrac{25}{4}}$

(2) 別解　（底を 5 にそろえる解法）（与式）

$=\left(\dfrac{\log_5 5^2}{\log_5 3}+\dfrac{\log_5 5}{\log_5 3^2}\right)\times\left(\log_5 3^2+\dfrac{\log_5 3}{\log_5 5^2}\right)$

$=\dfrac{5}{2}\cdot\dfrac{1}{\log_5 3}\times\dfrac{5}{2}\log_5 3$

$=\mathbf{\dfrac{25}{4}}$

検討　**底の変換公式から導かれる等式**

底の変換公式より，$\log_a b=\dfrac{\log_b b}{\log_b a}$ であるから，$\boldsymbol{\log_a b=\dfrac{1}{\log_b a}}$ が成り立つ（$\boldsymbol{\log_a b\log_b a=1}$ と見ることもできる）。この等式は利用価値が高いので，公式として役立てるとよい。

また，$\log_b c=\dfrac{\log_a c}{\log_a b}$ の分母を払った式 $\boldsymbol{\log_a b\log_b c=\log_a c}$ も公式として利用してよい。

練習 ②177　次の式を簡単にせよ。

(1)　$\log_2 27\cdot\log_3 64\cdot\log_{25}\sqrt{125}\cdot\log_{27} 81$　〔京都産大〕

(2)　$(\log_2 9+\log_8 3)(\log_3 16+\log_9 4)$　〔立教大〕

(3)　$(\log_5 3+\log_{25} 9)(\log_9 5-\log_3 25)$

基本例題 178 対数の表現 ②②②②②

(1) $\log_2 3=a$，$\log_3 5=b$ のとき，$\log_2 10$ と $\log_{15} 40$ を a，b で表せ。〔名城大〕

(2) $\log_x a=\dfrac{1}{3}$，$\log_x b=\dfrac{1}{8}$，$\log_x c=\dfrac{1}{24}$ のとき，$\log_{abc} x$ の値を求めよ。〔久留米大〕

(3) a，b，c を1でない正の数とし，$\log_a b=\alpha$，$\log_b c=\beta$，$\log_c a=\gamma$ とする。このとき，$\alpha\beta+\beta\gamma+\gamma\alpha=\dfrac{1}{\alpha}+\dfrac{1}{\beta}+\dfrac{1}{\gamma}$ が成り立つことを証明せよ。

基本 177

(1) 10，15，40 をそれぞれ **分解して**，2，3，5 の積で表すことを考える。
$\log_2 10=\log_2(2\cdot5)=1+\log_2 5$　底の変換公式を利用して，$\log_2 5$ を a，b で表す。
また，$\log_{15} 40$ は，真数 $40=5\cdot2^3$ に着目して，2 を底とする対数で表す。

(2) $\log_{abc} x=\dfrac{1}{\log_x abc}$ である。$\log_x abc$ の値を求める。

(3) 右辺を通分すると，分母に $\alpha\beta\gamma$ が現れる。これを計算してみる。

解答

(1) $\log_2 10=\log_2(2\cdot5)=\log_2 2+\log_2 5=1+\log_2 5$

ここで　$\log_2 5=\dfrac{\log_3 5}{\log_3 2}=\log_2 3\cdot\log_3 5=ab$

よって　$\boldsymbol{\log_2 10=1+ab}$

また　$\log_{15} 40=\dfrac{\log_2 40}{\log_2 15}=\dfrac{\log_2(5\cdot2^3)}{\log_2(3\cdot5)}=\dfrac{\log_2 5+3}{\log_2 3+\log_2 5}$

$=\dfrac{ab+3}{a+ab}=\boldsymbol{\dfrac{ab+3}{a(b+1)}}$

◀ $\log_3 2=\dfrac{1}{\log_2 3}$
前ページ 検討 も参照。

◀ $\log_2 5=ab$ (前半から)

(2) $\log_x abc=\log_x a+\log_x b+\log_x c=\dfrac{1}{3}+\dfrac{1}{8}+\dfrac{1}{24}=\dfrac{1}{2}$

よって　$\log_{abc} x=\dfrac{1}{\log_x abc}=\boldsymbol{2}$

◀ $\log_{●}■=\dfrac{1}{\log_{■}●}$

(3) $\dfrac{1}{\alpha}+\dfrac{1}{\beta}+\dfrac{1}{\gamma}=\dfrac{\alpha\beta+\beta\gamma+\gamma\alpha}{\alpha\beta\gamma}$ …… ①

$\alpha\beta\gamma=\log_a b\log_b c\log_c a=\log_a b\cdot\dfrac{\log_a c}{\log_a b}\cdot\dfrac{1}{\log_a c}=1$

であるから，① から $\dfrac{1}{\alpha}+\dfrac{1}{\beta}+\dfrac{1}{\gamma}=\alpha\beta+\beta\gamma+\gamma\alpha$ が成り立つ。
したがって，等式は証明された。

(3) 別解
$\alpha\beta=\log_a b\log_b c=\log_a c$
同様に　$\beta\gamma=\log_b a$
　　　　$\gamma\alpha=\log_c b$
したがって
(左辺)
$=\log_a c+\log_b a+\log_c b$
$=\dfrac{1}{\gamma}+\dfrac{1}{\alpha}+\dfrac{1}{\beta}$

練習 ③178

(1) $\log_3 2=a$，$\log_5 4=b$ とするとき，$\log_{15} 8$ を a，b を用いて表せ。

(2) a，b を1でない正の数とし，$A=\log_2 a$，$B=\log_2 b$ とする。a，b が $\log_a 2+\log_b 2=1$，$\log_{ab} 2=-1$，$ab\neq1$ を満たすとき，A，B の値を求めよ。

〔(1) 芝浦工大，(2) 類 京都産大〕 p.288 EX 111

基本例題 179 指数と対数が混じった式の値など

①①①①①

(1) $9^{\log_3 5}$ の値を求めよ。

(2) $2^x=3^y=6^z\ (xyz\neq 0)$ のとき，$\dfrac{1}{x}+\dfrac{1}{y}-\dfrac{1}{z}$ の値を求めよ。 ［(2) 近畿大］

p.282 基本事項 1，2

指針 (1) $9^{\log_3 5}=M$ とおいて，両辺の 3 を底とする **対数をとる。**

対数の定義 $a^p=M \Longleftrightarrow p=\log_a M$ を利用してもよい。

(2) $x,\ y,\ z$ の関係式を導こうとしても，指数のままでは扱いにくい。そこで，条件式 $2^x=3^y=6^z$ の各辺の 2 を底とする **対数をとる。**

CHART 指数の等式 各辺の対数をとる

解答

(1) $9^{\log_3 5}=M$ とおく。

左辺は正であるから，両辺の 3 を底とする対数をとると

$$\log_3 9^{\log_3 5}=\log_3 M$$

ゆえに $\log_3 5\log_3 9=\log_3 M$

すなわち $2\log_3 5=\log_3 M$

よって $M=5^2$ したがって $9^{\log_3 5}=\mathbf{25}$

◀9 を底とする対数をとると $\log_3 5=\log_9 M$ となり，底の変換が必要になる。

別解 $9^{\log_3 5}=(3^2)^{\log_3 5}=3^{2\log_3 5}=(3^{\log_3 5})^2=5^2=\mathbf{25}$

◀検討 参照。

(2) $2^x=3^y=6^z$ の各辺は正であるから，各辺の 2 を底とする対数をとると $x=y\log_2 3=z\log_2 6$

◀$\log_2 2^x=\log_2 3^y=\log_2 6^z$

ゆえに $y=\dfrac{x}{\log_2 3}$，$z=\dfrac{x}{\log_2 6}=\dfrac{x}{\log_2(2\cdot 3)}=\dfrac{x}{1+\log_2 3}$

◀$\log_2(2\cdot 3)=\log_2 2+\log_2 3$

$xyz\neq 0$ であるから $x\neq 0,\ y\neq 0,\ z\neq 0$

よって $\dfrac{1}{x}+\dfrac{1}{y}-\dfrac{1}{z}=\dfrac{1}{x}+\dfrac{\log_2 3}{x}-\dfrac{1+\log_2 3}{x}=\mathbf{0}$

別解 $2^x=3^y=6^z$ の各辺の 6 を底とする対数をとると

$x\log_6 2=y\log_6 3=z$ よって

$$\frac{1}{x}+\frac{1}{y}-\frac{1}{z}=\frac{\log_6 2}{z}+\frac{\log_6 3}{z}-\frac{1}{z}=\frac{\log_6 6-1}{z}=\mathbf{0}$$

◀$x=\dfrac{z}{\log_6 2}$，$y=\dfrac{z}{\log_6 3}$

検討

$a^{\log_a M}=M$ の証明

$a>0,\ a\neq 1$ のとき，$a^{\log_a M}=M$ が成り立つ。これは対数の定義

$$a^p=M \ \cdots\cdots Ⓐ \Longleftrightarrow p=\log_a M \ \cdots\cdots Ⓑ$$

において，Ⓑ を Ⓐ に代入することで成り立つ。

($a^{\log_a M}=x$ として，両辺の a を底とする対数をとることでも証明できる。各自示してみよ。)

練習 ③179

(1) 次の値を求めよ。 (ア) $16^{\log_2 3}$ (イ) $\left(\dfrac{1}{49}\right)^{\log_7 \frac{2}{3}}$

(2) $3^x=5^y=\sqrt{15}$ のとき，$\dfrac{1}{x}+\dfrac{1}{y}$ の値を求めよ。

［(1) (イ) 東京薬大，(2) 日本工大］ p.288 EX110, 112

補足事項 対数の計算について

① 対数の計算の注意点

対数の計算に不慣れなうちは，誤った方法で計算をしてしまうことがある。
下のような誤答例は特に注意しよう。

（誤答例）

(1) $\log_2 5+\log_2 3=\log_2(5+3)$ × $=\log_2 8=3$

(2) $\log_2 5-\log_2 3=\log_2(5-3)$ × $=\log_2 2=1$

(3) $\dfrac{\log_2 81}{\log_2 3}=\dfrac{81}{3}$ × $=27$

(4) $\log_2 4=\log_2 2^2=(\log_2 2)^2$ × $=1^2=1$

(5) $\log_2\dfrac{1}{4}=\dfrac{1}{\log_2 4}$ × $=\dfrac{1}{2}$

（正しい解答）

(1) $\log_2 5+\log_2 3=\log_2(5\times 3)$
$=\log_2 15$

(2) $\log_2 5-\log_2 3=\log_2\dfrac{5}{3}$

［対数の足し算 は 真数の掛け算］
［対数の引き算 は 真数の割り算］

(3) $\dfrac{\log_2 81}{\log_2 3}=\dfrac{\log_2 3^4}{\log_2 3}=\dfrac{4\log_2 3}{\log_2 3}=4$

［$\log_2$ で約分できない！ $\log_2 3$ で約分］

(4) $\log_2 4=\log_2 2^2=2\log_2 2$
$=2$ ［$\log_2 2^2\neq(\log_2 2)^2$］

(5) $\log_2\dfrac{1}{4}=\log_2 2^{-2}=-2\log_2 2$
$=-2$ $\left[\dfrac{1}{4}=2^{-2}\text{ に注意！}\right]$

② 等式 $a^{\log_a M}=M$（前ページの 検討 で証明）について

対数の定義　$a^p=M \iff p=\log_a M$　を文章で表すと

a を何乗すると M になるかを考え，そのときの指数を $\log_a M$ とする

ということであり，$a^{\log_a M}=M$ …… ① はこの定義そのものであるといえる。

また，① を利用して対数の性質を証明することもできる。
例えば，1　$\log_a MN=\log_a M+\log_a N$　については
$M=a^{\log_a M}$，$N=a^{\log_a N}$ が成り立つから　$MN=a^{\log_a M}\cdot a^{\log_a N}=a^{\log_a M+\log_a N}$（↑指数法則）
一方，$MN=a^{\log_a MN}$ が成り立つから，指数部分を比較して
$\log_a MN=\log_a M+\log_a N$

$p.282$ の対数の性質 2，3 についても同様に証明できるので，試みてほしい。

更に ① から，等式　$a^{\log_b c}=c^{\log_b a}$（$a$ と c は交換可能）が成り立つことも示される。

証明　a，b，c を正の数 $(b\neq 1)$ とすると，$a=b^{\log_b a}$ …… ②，$c=b^{\log_b c}$ …… ③ が成り立ち
② から　$a^{\log_b c}=(b^{\log_b a})^{\log_b c}=b^{(\log_b a)(\log_b c)}$
③ から　$c^{\log_b a}=(b^{\log_b c})^{\log_b a}=b^{(\log_b a)(\log_b c)}$　　よって　$a^{\log_b c}=c^{\log_b a}$

この等式を利用すると，例題 **179** (1) は　$9^{\log_3 5}=5^{\log_3 9}=5^2=25$　となる。

EXERCISES　28 指数の拡張，29 指数関数，30 対数とその性質

③106　$a>0$ とする。$9^a+9^{-a}=14$ のとき，次の式の値を求めよ。〔流通科学大〕

(1) 3^a+3^{-a}　(2) 3^a-3^{-a}　(3) 27^a+27^{-a}　(4) 27^a-27^{-a}　→170

③107　(1) $\dfrac{1}{\sqrt[3]{5}-\sqrt[3]{4}}=a\sqrt[3]{b}+\sqrt[3]{c}+\sqrt[3]{d}$ を満たす自然数 a，b，c，d の値を求めよ。ただし，$a>1$，$c>d$ とする。

(2) $x=\sqrt[3]{12+\sqrt{19}}+\sqrt[3]{12-\sqrt{19}}$ のとき，$\dfrac{x^3-24}{x}$ の値を求めよ。　→170

③108　次の各組の数の大小を不等号を用いて表せ。

(1) 4，$\sqrt[3]{3^4}$，$2^{\sqrt{3}}$，$3^{\sqrt{2}}$　〔県立広島大〕　(2) $10^{\frac{1}{3}}$，$3^{\frac{4}{7}}$，$9^{\frac{1}{5}}$　〔久留米大〕

→172

③109　次の方程式，不等式を解け。〔(1) 京都産大，(2) 自治医大，(3) 西南学院大〕

(1) $8^x-3\cdot4^x-3\cdot2^{x+1}+8=0$　(2) $2(3^x+3^{-x})-5(9^x+9^{-x})+6=0$

(3) $2^{x-4}<8^{1-2x}<4^{x+1}$　→173，174

③110　(1) $3\log_2 4-6\log_{\frac{1}{4}}8+9\log_8\dfrac{1}{2}$ を簡単にせよ。〔千葉工大〕

(2) $c=(1+\log_2 3)\left(\log_6 28-\dfrac{2}{1+2\log_4 3}\right)$ とするとき，2^c の値を求めよ。

→177，179

③111　(1) $(\log_3\sqrt{\sqrt[3]{64}}+\log_9\sqrt[3]{64})(\log_2\sqrt{81}+\log_4\sqrt[4]{81})$ を計算せよ。〔西南学院大〕

(2) $\log_2 3=a$，$\log_3 7=b$ のとき，$\log_2 7$ を a，b で表すと ア［　］である。

したがって，$\log_{21}56$，$\log_{\frac{2}{7}}\dfrac{49}{12}$ を a，b で表すと，それぞれ イ［　］，ウ［　］である。

〔広島修道大〕　→176～178

③112　0 でない実数 x，y，z，w と正の整数 a，b，c，d が，

$$a^x=b^y=c^z=d^w,\quad \frac{1}{x}+\frac{2}{y}+\frac{3}{z}=\frac{1}{w}$$

を満たすものとする。ただし，$a>b>c>1$，$d>1$ とする。〔日本女子大〕

(1) a，b，c を用いて d を表せ。

(2) $d\leqq1000$ かつ $\sqrt{d}$ が整数であるような d を 1 つ求めよ。　→179

HINT

107 (1) $(x-y)(x^2+xy+y^2)=x^3-y^3$ を利用して，分母を有理化する。

(2) $\sqrt[3]{12+\sqrt{19}}=\alpha$，$\sqrt[3]{12-\sqrt{19}}=\beta$ とおく。

108 (2) $3^{\frac{4}{7}}$ と $9^{\frac{1}{5}}$ は底をそろえて比較し，$3^{\frac{4}{7}}$ と $10^{\frac{1}{3}}$ は何乗かして比較する。

109 (2) $3^x+3^{-x}=t$ とおくと，t の 2 次方程式になる。t の最小値に注意。

110 (2) 底を 2 にそろえる方針で，c を簡単にする。

111 (1) まず，各対数の真数部分を簡単にする。

112 (1) $a^x=b^y=c^z=d^w$ の各辺の d を底とする対数をとる。

31 対数関数

基本事項

1 対数関数のグラフ　対数関数 $y=\log_a x$ のグラフ は，指数関数 $y=a^x$ のグラフと，直線 $y=x$ に関して対称で，次のようになる。

1　**点 $(1,\ 0)$，$(a,\ 1)$ を通り，y 軸を漸近線とする曲線である。**

2　**$a>1$ のとき右上がりの曲線，$0<a<1$ のとき右下がりの曲線である。**

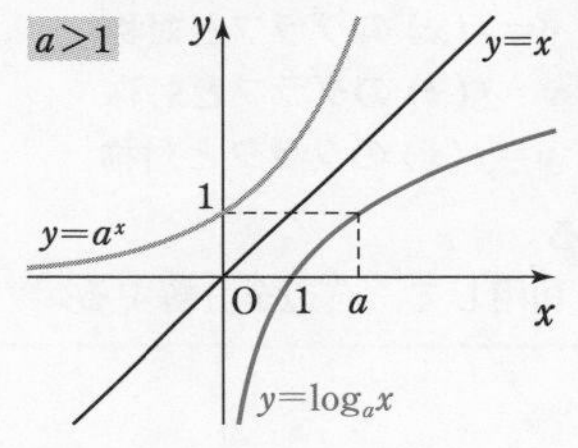

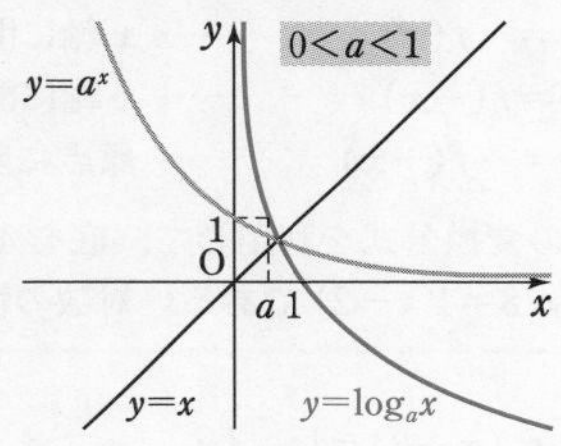

2 対数関数 $y=\log_a x$ の性質

1　定義域は正の数全体，値域は実数全体である。

2　$a>1$ のとき　x の値が増加すると y の値も増加する。

$$0<p<q \iff \log_a p<\log_a q$$

$0<a<1$ のとき　x の値が増加すると y の値は減少する。

$$0<p<q \iff \log_a p>\log_a q$$

注意　$a>0$，$a\neq1$，$p>0$，$q>0$ のとき　　$p=q \iff \log_a p=\log_a q$

解　説

■ 対数関数のグラフ

対数関数 $y=\log_2 x$ について考える。

a は実数で，$b>0$ のとき

$$b=2^a \iff a=\log_2 b$$

よって，点 $\mathrm{P}(a,\ b)$ が $y=2^x$ のグラフ上にあるとき，点 $\mathrm{Q}(b,\ a)$ は $y=\log_2 x$ のグラフ上にある。また，その逆も成り立つ。

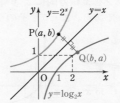

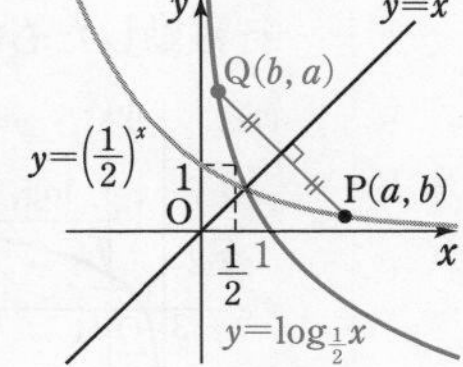

2 点 P，Q は直線 $y=x$ に関して対称であるから，$y=\log_2 x$ のグラフと $y=2^x$ のグラフは直線 $y=x$ に関して対称であり，上の左の図のようになる。また，$y=\log_{\frac{1}{2}} x$ のグラフは上の右の図のようになる。

一般に，$y=\log_a x$ のグラフは，点 $(1,\ 0)$，$(a,\ 1)$ を通り **y 軸を漸近線** とする曲線で

$a>1$ のとき右上がり，　$0<a<1$ のとき右下がり

となる。また，対数関数のグラフから，上の **2 対数関数の性質** が成り立つことは明らかである。

◀$y=\log_2 x$ のグラフは右上がりで，$y=\log_{\frac{1}{2}} x$ のグラフは右下がりである。また，両者は互いに x 軸に関して対称である。

基本 例題 180 対数関数のグラフ

次の関数のグラフをかけ。また，関数 $y=\log_4 x$ のグラフとの位置関係をいえ。

(1) $y=\log_4(x+3)$　　(2) $y=\log_{\frac{1}{4}}x$　　(3) $y=\log_4(4x-8)$

p.289 基本事項 1，基本 171

指針 $y=\log_4 x$ のグラフの平行移動・対称移動を考える。$p.277$ の基本例題 **171** 同様，$y=f(x)$ のグラフに対して次が成り立つことを利用する。

$y=f(x-p)+q$ …… x 軸方向に p，y 軸方向に q だけ平行移動したもの
$y=-f(x)$ …… x 軸に関して $y=f(x)$ のグラフと対称
$y=f(-x)$ …… y 軸に関して $y=f(x)$ のグラフと対称
$y=-f(-x)$ …… 原点に関して $y=f(x)$ のグラフと対称

(2) 底の変換公式を利用して，底を 4 にする。
(3) $4x-8=4(x-2)$ である。対数の性質を利用して，右辺を分解する。

解答

(1) $y=\log_4(x+3)=\log_4\{x-(-3)\}$

したがって，$y=\log_4(x+3)$ のグラフは，**$y=\log_4 x$ のグラフを x 軸方向に -3 だけ平行移動したもの** である。よって，そのグラフは **下図(1)**

◀ x 軸との交点の x 座標は（真数）$=1$ とすると，$x+3=1$ から　$x=-2$

(2) $y=\log_{\frac{1}{4}}x=\dfrac{\log_4 x}{\log_4\frac{1}{4}}=\dfrac{\log_4 x}{\log_4 4^{-1}}=-\log_4 x$

◀ $\log_a b=\dfrac{\log_c b}{\log_c a}$

したがって，$y=\log_{\frac{1}{4}}x$ のグラフは，**$y=\log_4 x$ のグラフを x 軸に関して対称に移動したもの** である。よって，そのグラフは **下図(2)**

(3) $y=\log_4(4x-8)=\log_4 4(x-2)=\log_4(x-2)+1$

◀ $\log_a MN=\log_a M+\log_a N$

したがって，$y=\log_4(4x-8)$ のグラフは，**$y=\log_4 x$ のグラフを x 軸方向に 2，y 軸方向に 1 だけ平行移動したもの** である。よって，そのグラフは **下図(3)**

◀ x 軸との交点の x 座標は，$4x-8=1$ から　$x=\dfrac{9}{4}$

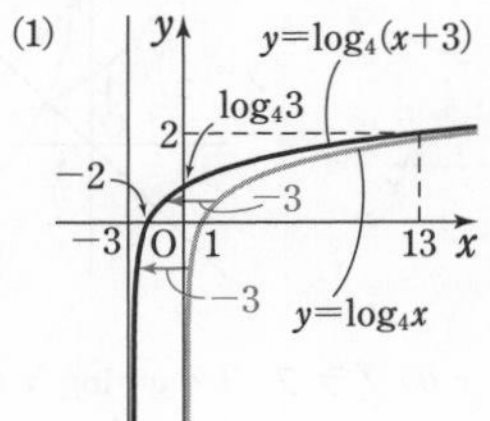

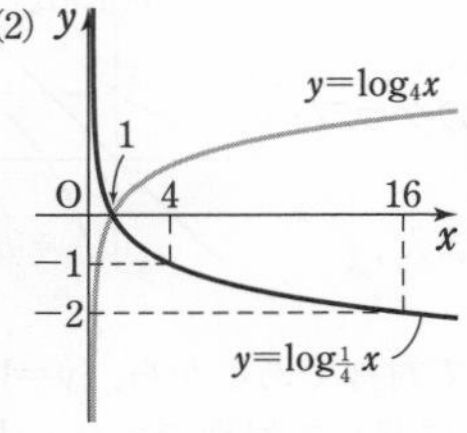

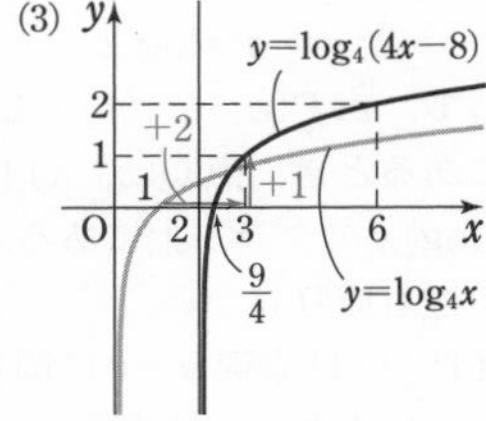

練習 ② 180 次の関数のグラフをかけ。また，関数 $y=\log_3 x$ のグラフとの位置関係をいえ。

(1) $y=\log_3(x-2)$　　(2) $y=\log_3\dfrac{1}{x}$　　(3) $y=\log_3\dfrac{x-1}{9}$

p.300 EX 113

基本 例題 181 対数の大小比較

次の各組の数の大小を不等号を用いて表せ。

(1) 1.5, $\log_3 5$　(2) 2, $\log_4 9$, $\log_2 5$　(3) $\log_{0.5} 3$, $\log_{0.5} 2$, $\log_3 2$, $\log_5 2$

p.289 基本事項 2

指針 対数の大小比較では，対数関数の性質を利用。

$a>1$ のとき　$0<p<q \Longleftrightarrow \log_a p<\log_a q$　大小一致

$0<a<1$ のとき　$0<p<q \Longleftrightarrow \log_a p>\log_a q$　大小反対（不等号の向きが変わる）

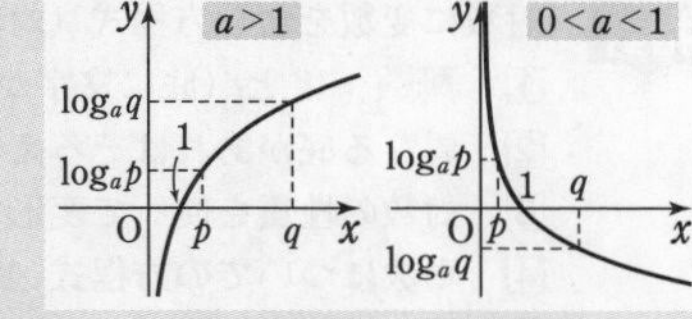

まず，**異なる底はそろえる** ことから始める。

(1) 小数 1.5 を分数に直し，底を 3 とする対数で表す。

(2) 2 と $\log_4 9$ を底を 2 とする対数で表す。

(3) 4 数を正の数と負の数に分けてから比較する。
また，$\log_3 2$, $\log_5 2$ の比較では，真数がともに 2 であるから，底を 2 にそろえると考えやすい。

CHART 対数の大小　底をそろえて 真数を比較

解答

(1) $1.5=\dfrac{3}{2}=\dfrac{3}{2}\log_3 3=\log_3 3^{\frac{3}{2}}$

また　$(3^{\frac{3}{2}})^2=3^3=27>5^2$

底 3 は 1 より大きく，$3^{\frac{3}{2}}>5$ であるから　$\log_3 3^{\frac{3}{2}}>\log_3 5$

したがって　**$1.5>\log_3 5$**

◀ $A>0$, $B>0$ ならば $A>B \Longleftrightarrow A^2>B^2$

(2) $2=2\log_2 2=\log_2 2^2=\log_2 4$, $\log_4 9=\dfrac{\log_2 3^2}{\log_2 2^2}=\log_2 3$

◀底の変換公式。

底 2 は 1 より大きく，$3<4<5$ であるから

$\log_2 3<\log_2 4<\log_2 5$　すなわち　**$\log_4 9<2<\log_2 5$**

(3) 底 0.5 は 1 より小さく，$3>2>1$ であるから

$\log_{0.5} 3<\log_{0.5} 2<0$

◀不等号の向きが変わる。

$\log_3 2=\dfrac{1}{\log_2 3}$, $\log_5 2=\dfrac{1}{\log_2 5}$ で，底 2 は 1 より大きく，

$1<3<5$ であるから　$0<\log_2 3<\log_2 5$

よって　$0<\dfrac{1}{\log_2 5}<\dfrac{1}{\log_2 3}$

すなわち　$0<\log_5 2<\log_3 2$

したがって　**$\log_{0.5} 3<\log_{0.5} 2<\log_5 2<\log_3 2$**

◀指針の $y=\log_a x$ のグラフから，
$a>1$ のとき
$0<x<1 \Longleftrightarrow \log_a x<0$
$x>1 \Longleftrightarrow \log_a x>0$
$0<a<1$ のとき
$0<x<1 \Longleftrightarrow \log_a x>0$
$x>1 \Longleftrightarrow \log_a x<0$

練習 ② 181 次の各組の数の大小を不等号を用いて表せ。

p.300 EX 114, 115

(1) $\log_2 3$, $\log_2 5$　(2) $\log_{0.3} 3$, $\log_{0.3} 5$　(3) $\log_{0.5} 4$, $\log_2 4$, $\log_3 4$

基本例題 182 対数方程式の解法 (1)

次の方程式を解け。

(1) $\log_3 x+\log_3(x-2)=1$　　(2) $\log_2(x^2+5x+2)-\log_2(2x+3)=2$

(3) $\log_2(x+2)=\log_4(5x+16)$

〔(3) 駒澤大〕

p.289 基本事項 2

指針 対数に変数を含む方程式(**対数方程式**)を解く一般的な手順は，次の通り。

1. 真数>0 と（底に文字があれば）底>0，底$\neq 1$ **の条件を確認** する。
2. 異なる底があればそろえる。
3. 対数の性質を使って変形し，$\log_a A=\log_a B$ の形を導く。
4. 真数についての方程式 $A=B$ を解く。
5. 4 で得られた解のうち，1 の条件を満たすものを求める解とする。

解答

(1) 真数は正であるから，$x>0$ かつ $x-2>0$ より　$x>2$

方程式から　$\log_3 x(x-2)=\log_3 3$

したがって　$x(x-2)=3$　整理して　$x^2-2x-3=0$　◀2 次方程式に帰着。

ゆえに　$(x+1)(x-3)=0$　よって　$x=-1,\ 3$

$x>2$ であるから，解は　$x=3$　◀真数条件を満たすもの。

(2) 真数は正であるから　$x^2+5x+2>0,\ 2x+3>0$ … ①

方程式から　$\log_2(x^2+5x+2)=\log_2 4+\log_2(2x+3)$

よって　$\log_2(x^2+5x+2)=\log_2 4(2x+3)$

したがって　$x^2+5x+2=4(2x+3)$

整理して　$x^2-3x-10=0$

ゆえに　$(x+2)(x-5)=0$

よって　$x=-2,\ 5$

このうち，① を満たすものが解であるから　$x=5$

(2) 真数>0 から，連立不等式 ① が導かれる。ここで，① を満たす x の値の範囲を求めてもよいが，式変形することにより導かれる x の値のうち，① を満たすものを求める解とした方がらく。

◀$x=-2$ のとき $2x+3<0$ となり，① を満たさない。$x=5$ のとき $x^2+5x+2>0,\ 2x+3>0$ となり，① を満たす。

(3) 真数は正であるから，$x+2>0$ かつ $5x+16>0$ より

$x>-2$

$\log_4(5x+16)=\dfrac{\log_2(5x+16)}{\log_2 4}=\dfrac{1}{2}\log_2(5x+16)$ である

から，方程式は　$\log_2(x+2)=\dfrac{1}{2}\log_2(5x+16)$　◀底をそろえる。

よって　$\log_2(x+2)^2=\log_2(5x+16)$

◀$x+2>0$ であるから $2\log_2(x+2)=\log_2(x+2)^2$

ゆえに　$(x+2)^2=5x+16$　整理して　$x^2-x-12=0$

よって　$(x+3)(x-4)=0$　ゆえに　$x=-3,\ 4$

$x>-2$ であるから，解は　$x=4$

練習 ② 182 次の方程式を解け。

(1) $\log_3(x-2)+\log_3(2x-7)=2$　　(2) $\log_2(x^2-x-18)-\log_2(x-1)=3$

(3) $\log_4(x+2)+\log_{\frac{1}{2}}x=0$

〔(2) 千葉工大〕

真数条件に関する補足説明

対数に変数を含む方程式・不等式では，最初に（真数部分）>0 となるための条件（真数条件）を調べることが必要なケースが多い。ここで，真数条件について補足しておきたい。

● 対数のルール（真数や底の条件）は，最初に確認しよう

対数 $\log_a M$ には，$\boldsymbol{M>0}$（真数>0）や $\boldsymbol{a>0,\ a \neq 1}$（底>0，底≠1）のルールがあるが，対数のさまざまな性質は，このルールのもとに成り立っていることに注意しよう。つまり，対数の性質を用いて式変形する前に，その前提となるルールを確認しておくことが欠かせない。例えば，例題 **182** (1) を次のように解いたら誤りである。

［誤答例］ $\log_3 x+\log_3(x-2)=1$ …… Ⓐ から $\log_3 x(x-2)=1$ …… Ⓑ
真数は正であるから $x(x-2)>0$ よって $x<0,\ 2<x$ …… ①
Ⓑ から $x(x-2)=3^1$ すなわち $x^2-2x-3=0$
これを解いて $x=-1,\ 3$ これは ① を満たすから解である。

この解答例のどこに誤りがあるのかを考えてみよう。
真数条件に関する箇所を比べてみると，前ページでは $x>2$ であるのに，上の［誤答例］では $x<0,\ 2<x$ である。これがもとで，最終の x の値も違ってきている。

真数条件にどうして違いが生じたのか？ それは，上の Ⓐ ⟶ Ⓑ の変形に，対数の性質 $\log_a M+\log_a N=\log_a MN$ を用いているが，この性質は $\boldsymbol{M>0}$ **かつ** $\boldsymbol{N>0}$ のもとでないと成り立たない。このルール（前提条件）を確認してから変形すべきなのである。
また，式 Ⓐ が意味をもつには，$\log_3 x$，$\log_3(x-2)$ それぞれについて（真数）>0 であること，すなわち $x>2$ であることが条件となる。
一方，式 Ⓑ は，（真数）>0 すなわち $x<0,\ 2<x$ のもとで意味をもつ式であるから，例えば，$x<0$ では式 Ⓐ と式 Ⓑ は同値ではない［式 Ⓑ しか定まらない］。

一般に，方程式や不等式を解くには，同値な関係を保ちながら式の変形を進めていかなくてはならない。特に対数では，種々の性質が成り立つためのルール（前提条件）があるので，同値な変形を進められるように，**真数条件を最初に確認しておく**とよい。

注意 「方程式 $\log_3 x(x-2)=1$ …… Ⓑ を解け」の場合は，上の誤答例の 2～4 行目のように真数条件を確認して解いてもよいが，**対数の定義** $\boldsymbol{a^p=M \iff p=\log_a M}$ に当てはめて解くと早い。

Ⓑ から $x(x-2)=3^1$ …… Ⓒ したがって $x=-1,\ 3$

対数の定義は同値な変形であるから，Ⓑ ⟶ Ⓒ の変形も同値な変形である。
よって，真数条件の確認をしていないが，問題はないのである。

● $\log_2 x^2=2\log_2 x$ と変形してよいのは $x>0$ のときだけ

対数の性質 $\log_a M^k=k\log_a M$ は，$M>0$ のもとで成り立つから，

$x>0$ のとき のみ $\log_2 x^2=2\log_2 x$ が成り立つ。

また，$x<0$ のとき は $\log_2 x^2=2\log_2(-x)$ が成り立つ。◀ $x^2=(-x)^2$ であり $-x>0$
よって，x の符号を考慮せずに，安易に $\log_2 x^2=2\log_2 x$ と変形してはいけないことに注意しよう。なお，$\boldsymbol{x \neq 0}$ **に対して** $\boldsymbol{\log_2 x^2=2\log_2|x|}$ が成り立つ。 ◀ $x^2=|x|^2$，$|x|>0$

5章 31 対数関数

基本例題 183 対数方程式の解法(2)

次の方程式を解け。

(1) $(\log_3 x)^2-2\log_3 x=3$　　(2) $\log_2 x+6\log_x 2=5$

基本 182　演習 194

指針 対数方程式には，基本例題 182 で扱ったタイプ以外に，(1)のような

$\log_a x$ に関する 2 次方程式になる

ものもある。また，(2)の方程式を変形していくと，(1)と同様の 2 次方程式が導かれる。なお，(2)では，底にも変数 x があるから，真数>0 だけでなく，「底>0，底$\neq 1$」の条件の確認も忘れずに！

解答

(1) 真数は正であるから　$x>0$ …… ①

方程式から　$(\log_3 x+1)(\log_3 x-3)=0$

よって　$\log_3 x=-1,\ 3$

$\log_3 x=-1$ から　$x=\dfrac{1}{3}$

$\log_3 x=3$ から　$x=27$

これらの x の値は ① を満たす。

ゆえに，解は　$x=\dfrac{1}{3},\ 27$

(2) 真数は正で，底は 1 でない正の数であるから

$0<x<1,\ 1<x$ …… ①

このとき，方程式の両辺に $\log_2 x$ を掛けて

$(\log_2 x)^2+6=5\log_2 x$ …… Ⓐ

整理して　$(\log_2 x)^2-5\log_2 x+6=0$ …… Ⓑ

ゆえに　$(\log_2 x-2)(\log_2 x-3)=0$

よって　$\log_2 x=2,\ 3$

$\log_2 x=2$ から　$x=4$　　$\log_2 x=3$ から　$x=8$

これらの x の値は ① を満たす。ゆえに，解は　$x=4,\ 8$

◀ $\log_3 x=t$ とおくと，方程式は　$t^2-2t-3=0$
よって　$(t+1)(t-3)=0$

◀ $\log_3 x=\log_3 \dfrac{1}{3}$ として
$x=\dfrac{1}{3}$ とするか，または
$x=3^{-1}=\dfrac{1}{3}$

◀ この問題では，底の条件は真数の条件を満たす。

◀ $x\neq 1$ から　$\log_2 x\neq 0$

◀ 底の変換公式により
$\log_x 2=\dfrac{\log_2 2}{\log_2 x}=\dfrac{1}{\log_2 x}$
よって　$\log_2 x\log_x 2=1$

Ⓑ $\log_2 x=t$ とおくと
$t^2-5t+6=0$
よって　$(t-2)(t-3)=0$

検討

(1), (2) の解答では，真数条件の確認は省略してもよい

(1) $(\log_3 x)^2-2\log_3 x=3 \iff (\log_3 x+1)(\log_3 x-3)=0 \iff \log_3 x=-1$ または $\log_3 x=3$

更に，$\log_3 x=-1$, $\log_3 x=3$ からそれぞれ $x=\dfrac{1}{3}$, $x=27$ …… Ⓒ を導くのに，対数の定義（同値な変形）を用いている。すなわち，Ⓒ を導くまでの議論はすべて同値な関係を保ったまま行われているため，真数条件の確認（解答の____）は省略しても問題ない。

(2) Ⓐ で $\log_x 2$ を底の変換公式で変形するため，その変形の前提となる底の条件の確認が必要となる。真数条件の確認は，(1)と同様の理由で省略してもよいが，この問題では底の文字と真数の文字が同じ x のため，底の条件の確認が真数条件の確認を兼ねていることになる。

練習 ②183 次の方程式を解け。　〔(2) 京都産大〕

(1) $2(\log_2 x)^2+3\log_2 x=2$　　(2) $\log_3 x-\log_x 81=3$

p.301 EX116

基本例題 184 対数不等式の解法 ①①①①①

次の不等式を解け。

(1) $\log_{0.3}(2-x) \geqq \log_{0.3}(3x+14)$　　(2) $\log_2(x-2) < 1+\log_{\frac{1}{2}}(x-4)$

(3) $(\log_2 x)^2 - \log_2 4x > 0$　　〔(2) 神戸薬大，(3) 福島大〕

基本 182，183　重要 185

指針 対数に変数を含む不等式（**対数不等式**）も，方程式と同じ方針で進める。
まず，真数>0 と，（底に文字があれば）底>0，底$\neq 1$ の条件を確認し，変形して
$\log_a A < \log_a B$ などの形を導く。しかし，その後は

$a>1$ のとき　$\log_a A < \log_a B \Longleftrightarrow A < B$　大小一致

$0<a<1$ のとき　$\log_a A < \log_a B \Longleftrightarrow A > B$　大小反対

のように，**底 a と 1 の大小によって，不等号の向きが変わる** ことに要注意。

(3) $\log_2 x$ についての 2 次不等式とみて解く。

解答

(1) 真数は正であるから，$2-x>0$ かつ $3x+14>0$ より

$$-\frac{14}{3} < x < 2 \quad \cdots\cdots ①$$

底 0.3 は 1 より小さいから，不等式より　$2-x \leqq 3x+14$

よって　$x \geqq -3$　……②

①，② の共通範囲を求めて　$\boldsymbol{-3 \leqq x < 2}$

◀$0<a<1$ のとき $\log_a A \leqq \log_a B \Longleftrightarrow A \geqq B$（不等号の向きが変わる。）

(2) 真数は正であるから，$x-2>0$ かつ $x-4>0$ より

$$x>4$$

$1=\log_2 2$，$\log_{\frac{1}{2}}(x-4) = -\log_2(x-4)$ であるから，

不等式は　$\log_2(x-2) < \log_2 2 - \log_2(x-4)$

ゆえに　$\log_2(x-2) + \log_2(x-4) < \log_2 2$

よって　$\log_2(x-2)(x-4) < \log_2 2$

底 2 は 1 より大きいから　$(x-2)(x-4) < 2$

ゆえに　$x^2-6x+6<0$　よって　$3-\sqrt{3} < x < 3+\sqrt{3}$

$x>4$ との共通範囲を求めて　$\boldsymbol{4 < x < 3+\sqrt{3}}$

◀これから，$x-2 < \dfrac{2}{x-4}$ が得られるが，煩雑になるので，x を含む項を左辺に移項する。

◀$x^2-6x+6=0$ を解くと $x=3\pm\sqrt{3}$
また　$\sqrt{3}+3 > 1+3 = 4$

(3) 真数は正であるから　$x>0$ …… ①

$\log_2 4x = 2+\log_2 x$ であるから，不等式は

$$(\log_2 x)^2 - \log_2 x - 2 > 0$$

ゆえに　$(\log_2 x + 1)(\log_2 x - 2) > 0$

よって　$\log_2 x < -1$，$2 < \log_2 x$

したがって　$\log_2 x < \log_2 \dfrac{1}{2}$，$\log_2 4 < \log_2 x$

底 2 は 1 より大きいことと，① から　$\boldsymbol{0 < x < \dfrac{1}{2}}$，$\boldsymbol{4 < x}$

◀$\log_2 x = t$ とおくと
$t^2-t-2>0$
よって　$(t+1)(t-2)>0$

練習 ② 184 次の不等式を解け。

(1) $\log_2(x-1) + \log_{\frac{1}{2}}(3-x) \leqq 0$　　(2) $\log_3(x-1) + \log_3(x+2) \leqq 2$

(3) $2 - \log_{\frac{1}{3}} x > (\log_3 x)^2$

p.301 EX 117

重要例題 185 対数不等式と領域の図示 ⓘⓘⓘⓘ

不等式 $2+\log_{\sqrt{y}}3<\log_y 81+2\log_y\left(1-\dfrac{x}{2}\right)$ の表す領域を図示せよ。

〔類 センター試験〕 基本 118, 184

指針 前ページで学んだ対数不等式を解く要領で進める。まず,

[1] 真数>0, 底>0, 底$\neq1$ の条件を確認。 [2] 底をそろえる。

底を y にそろえて, $\log_y A<\log_y B$ の形を導くとよい。そして,

$y>1$ のとき $\log_y A<\log_y B \Leftrightarrow A<B$ 大小一致

$0<y<1$ のとき $\log_y A<\log_y B \Leftrightarrow A>B$ 大小反対 (不等号の向きが変わる)

に注意し, x と y についての不等式を導く。

CHART 文字を含む対数 真数>0, 底>0, 底$\neq1$ に要注意

解答

真数は正であるから, $1-\dfrac{x}{2}>0$ より $x<2$ …… ①

底 y と $\sqrt{y}$ についての条件から $y>0$, $y\neq1$

$\log_{\sqrt{y}}3=\dfrac{\log_y 3}{\log_y\sqrt{y}}=2\log_y 3$ であるから, 与えられた不等式は $2+2\log_y 3<4\log_y 3+2\log_y\left(1-\dfrac{x}{2}\right)$

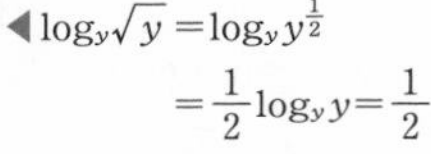

◀ $\log_y\sqrt{y}=\log_y y^{\frac{1}{2}}=\dfrac{1}{2}\log_y y=\dfrac{1}{2}$

整理すると $1<\log_y 3+\log_y\left(1-\dfrac{x}{2}\right)$

すなわち $\log_y y<\log_y 3\left(1-\dfrac{x}{2}\right)$

◀ $1=\log_y y$

[1] $y>1$ のとき

$y<3\left(1-\dfrac{x}{2}\right)$

◀大小一致

◀ $y<-\dfrac{3}{2}x+3$

[2] $0<y<1$ のとき

$y>3\left(1-\dfrac{x}{2}\right)$

◀大小反対

◀ $y>-\dfrac{3}{2}x+3$

これらと ① を同時に満たす不等式の表す領域は, **右の図の斜線部分。ただし, 境界線を含まない。**

◀① の条件を忘れずに!
②: $y>1$ かつ $y<3\left(1-\dfrac{x}{2}\right)$
③: $0<y<1$ かつ $y>3\left(1-\dfrac{x}{2}\right)$
とすると,
「① かつ (② または ③)」が図示する領域である。

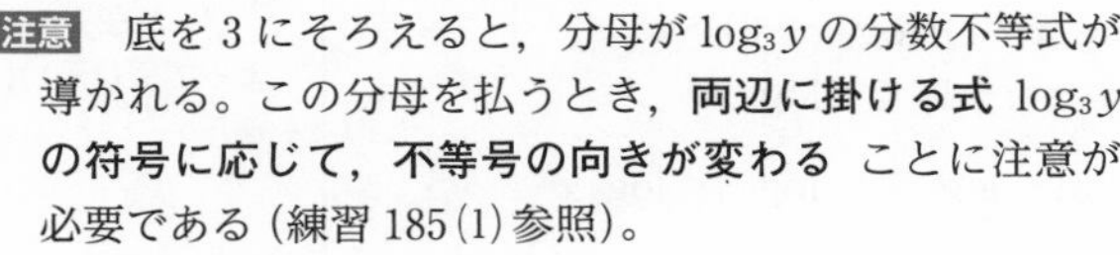

注意 底を 3 にそろえると, 分母が $\log_3 y$ の分数不等式が導かれる。この分母を払うとき, **両辺に掛ける式 $\log_3 y$ の符号に応じて, 不等号の向きが変わる** ことに注意が必要である (練習 185 (1) 参照)。

練習 ④185

(1) 不等式 $\log_4 x^2-\log_x 64\leqq1$ を解け。 〔類 愛知工大〕

(2) $0<x<1$, $0<y<1$ とする。不等式 $\log_x y+2\log_y x-3>0$ を満たす点 (x, y) の存在範囲を図示せよ。

p.301 EX 118

基本例題 186 対数関数の最大・最小 (1)

①①①①①

$1 \leqq x \leqq 8$ のとき，関数 $y=(\log_2 x)^2+8\log_{\frac{1}{4}} 2x+\log_2 32$ の最大値と最小値を求めよ。

〔東北学院大〕

基本 183

指針 対数関数の最大・最小問題では，$\log_2 x=t$ などの **おき換え** によって，t の **2 次関数の最大・最小問題に帰着** することが多い。

まず，底を 2 にそろえて $\log_2 x=t$ とおくと，y は t の 2 次式となる。

→ ① **2 次式は基本形 $a(t-p)^2+q$ に直す** で解決！

なお，**変数のおき換え** は，その **とりうる値の範囲に注意** が必要。

$\log_2 x$ の底 2 は 1 より大きいから，$1 \leqq x \leqq 8$ のとき　$\log_2 1 \leqq t \leqq \log_2 8$

CHART 対数関数の最大・最小　おき換えで 2 次関数の問題に

解答

$\log_2 x=t$ とおくと，$1 \leqq x \leqq 8$ であるから

$\log_2 1 \leqq t \leqq \log_2 8$　すなわち　$0 \leqq t \leqq 3$ …… ①

また　$\log_{\frac{1}{4}} 2x=\dfrac{\log_2 2x}{\log_2 \dfrac{1}{4}}=\dfrac{\log_2 2+\log_2 x}{-2}=-\dfrac{t+1}{2}$，

$\log_2 32=\log_2 2^5=5$

であるから，y を t の式で表すと

$$y=t^2+8\cdot\left(-\frac{t+1}{2}\right)+5$$
$$=t^2-4t+1$$
$$=(t-2)^2-3$$

① の範囲において，y は

$t=0$ で最大値 1，

$t=2$ で最小値 -3

をとる。

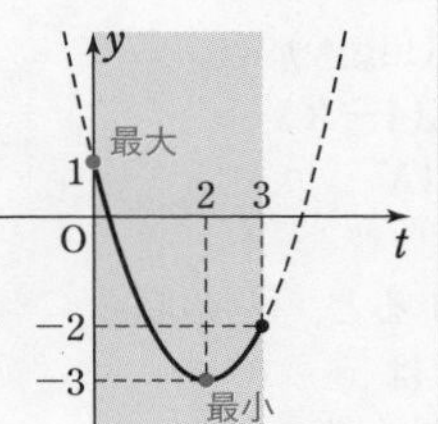

$t=\log_2 x$ より，$x=2^t$ であるから

$t=0$ のとき　$x=2^0=1$，　$t=2$ のとき　$x=2^2=4$

したがって，この関数は

$x=1$ で最大値 1，$x=4$ で最小値 -3

をとる。

◀底 2 は 1 より大きい。

◀$\log_2 8=\log_2 2^3=3$

◀底の変換公式を用いて，底を 2 にそろえる。

① 2 次式は基本形に直す
t^2-4t+1
$=(t^2-4t)+1$
$=(t-2)^2-2^2+1$

◀t の値から x の値を求める。対数の定義を利用。

練習 ② 186

(1) 関数 $y=\log_2(x-2)+2\log_4(3-x)$ の最大値を求めよ。

(2) $1 \leqq x \leqq 5$ のとき，関数 $y=2\log_5 x+(\log_5 x)^2$ の最大値と最小値を求めよ。

(3) $\dfrac{1}{3} \leqq x \leqq 27$ のとき，関数 $y=(\log_3 3x)\left(\log_3 \dfrac{x}{27}\right)$ の最大値と最小値を求めよ。

〔(1) 南山大，(2) 群馬大〕

p.301 EX 120

基本例題 187 対数関数の最大・最小 (2)

$x \geqq 2$, $y \geqq 2$, $xy=16$ のとき，$(\log_2 x)(\log_2 y)$ の最大値と最小値を求めよ。また，そのときの x, y の値を求めよ。

基本 186

指針 条件 $x \geqq 2$, $y \geqq 2$, $xy=16$ と，値を求める $(\log_2 x)(\log_2 y)$ の式の形が異なるから扱いにくい。したがって，**式の形を統一** することから始める。

このとき，$(\log_2 x)(\log_2 y)$ の log を取り外すことはできないから，条件式を対数の形で表す。条件式の各辺の 2 を底とする対数をとると

$\log_2 x \geqq \log_2 2$, $\log_2 y \geqq \log_2 2$, $\log_2 xy = \log_2 16$ $(\log_2 x + \log_2 y = 4)$

よって，$\log_2 x = X$, $\log_2 y = Y$ とおくと，この問題は

$X \geqq 1$, $Y \geqq 1$, $X+Y=4$ のとき，XY の最大値・最小値を求める問題 になる。

後は **条件の式　文字を減らす　変域に注意** の方針による。

CHART 多項式と対数が混在した問題　式の形をどちらかに統一

解答

$x \geqq 2$, $y \geqq 2$, $xy=16$ の各辺の 2 を底とする対数をとると

$\log_2 x \geqq 1$, $\log_2 y \geqq 1$, $\log_2 x + \log_2 y = 4$

$\log_2 x = X$, $\log_2 y = Y$ とおくと

$X \geqq 1$, $Y \geqq 1$, $X+Y=4$

$X+Y=4$ から　$Y=4-X$ ...... ①

$Y \geqq 1$ であるから　$4-X \geqq 1$　ゆえに　$X \leqq 3$

$X \geqq 1$ との共通範囲は　$1 \leqq X \leqq 3$ ...... ②

また　$(\log_2 x)(\log_2 y)$

$= XY = X(4-X)$

$= -X^2+4X$

$= -(X-2)^2+4$

これを $f(X)$ とすると，② の範囲において，$f(X)$ は

$X=2$ で最大値 4,

$X=1, 3$ で最小値 3 をとる。

① から　$X=2$ のとき $Y=2$,

$X=1$ のとき $Y=3$,

$X=3$ のとき $Y=1$

$\log_2 x = X$, $\log_2 y = Y$ より，$x=2^X$, $y=2^Y$ であるから

$(x, y)=(4, 4)$ のとき最大値 4,

$(x, y)=(2, 8), (8, 2)$ のとき最小値 3

◀ $\log_2 xy = \log_2 x + \log_2 y$　また　$\log_2 16 = \log_2 2^4$

◀ **消去する文字 Y の条件 ($Y \geqq 1$) を，残る文字 X の条件 ($X \leqq 3$) におき換える。これを忘れないように注意する。**

2 次式は基本形に直す
$-X^2+4X$
$=-(X^2-4X)$
$=-(X-2)^2+2^2$

◀ y の値は $y=\dfrac{16}{x}$ から求めてもよい。

練習 ③ 187 $x \geqq 3$, $y \geqq \dfrac{1}{3}$, $xy=27$ のとき，$(\log_3 x)(\log_3 y)$ の最大値と最小値を求めよ。

p.301 EX 119

参考事項　逆関数とそのグラフ

指数関数 $y=a^x$ と対数関数 $y=\log_a x$ の関係について，数学Ⅲで学習する **逆関数** の考えを用いて整理してみよう。

1　逆関数

1 次関数 $f(x)=2x$ …… ① において，q を任意の実数とすると　　$q=f(p)$　　すなわち　　$q=2p$

となる実数 p が $p=\dfrac{1}{2}q$ としてただ 1 つ定められる。

q に p を対応させるこの関係は，関数 $g(x)$ として

$g(x)=\dfrac{1}{2}x$ …… ② と表される。このように，関数 $y=f(x)$ において，y の値を定めると対応する x の値がただ 1 つに定まるとき，x は y の関数として，$x=g(y)$ の形で表される。

この変数 y を x に書き直した関数 $g(x)$ を $f(x)$ の **逆関数** といい，$\boldsymbol{f^{-1}(x)}$ で表す。

関数 ② は関数 ① の逆関数，すなわち $f(x)=2x$ に対して $f^{-1}(x)=\dfrac{1}{2}x$ である。
関数によっては逆関数をもたない場合もある。

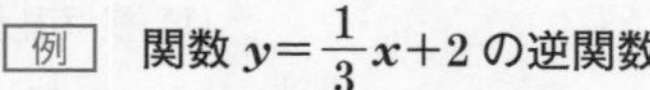

例　**関数 $\boldsymbol{y=\dfrac{1}{3}x+2}$ の逆関数**

$y=\dfrac{1}{3}x+2$ を x について解くと　　$x=3y-6$　　◀ y の各値に対して x の値がただ 1 つ定まる。

x と y を入れ替えて　　$\boldsymbol{y=3x-6}$

例　**関数 $\boldsymbol{y=x^2}$ の逆関数**　　◀ $x^2=y\ (y\geqq 0)$ を解くと　$x=\pm\sqrt{y}$

関数 $y=x^2$ は y の値を定めても x の値はただ 1 つに定まらないから，**逆関数をもたない**。ただし，定義域を制限した関数 $y=x^2\ (x\geqq 0)$ は逆関数 $y=\sqrt{x}$ をもつ。

点 $\mathrm{P}(a,\ b)$ が関数 $y=f(x)$ のグラフ上にあるとき，点 $\mathrm{Q}(b,\ a)$ は逆関数 $y=f^{-1}(x)$ のグラフ上にある。2 点 P，Q は直線 $y=x$ に関して対称であるから，$y=f(x)$ のグラフと $y=f^{-1}(x)$ のグラフは **直線 $\boldsymbol{y=x}$ に関して対称** である。

2　指数関数 $y=a^x$ と対数関数 $y=\log_a x$ について

1 を踏まえた上で，指数関数 $y=a^x$ と対数関数 $y=\log_a x$ を見てみよう。なお，a は $a>0$，$a\neq 1$ の定数とする。

対数の定義から　$y=a^x \iff x=\log_a y$　が成り立つ。

$x=\log_a y$ の x と y を入れ替えた $y=\log_a x$ は $y=a^x$ の逆関数である。よって，$y=a^x$ のグラフと $y=\log_a x$ のグラフは直線 $y=x$ に関して対称である。

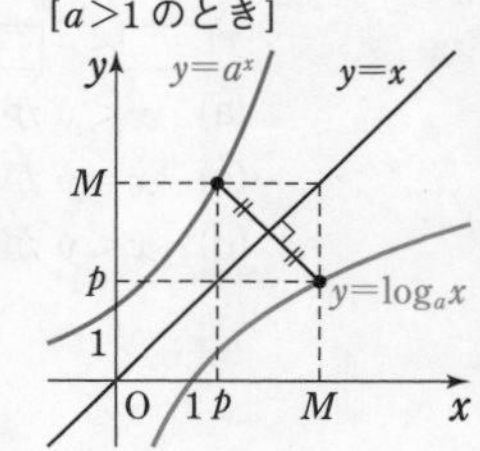

また，定義域，値域について

関数 $y=a^x$　　定義域：**すべての実数**，値域：$\boldsymbol{y>0}$

関数 $y=\log_a x$　　定義域：$\boldsymbol{x>0}$，値域：**すべての実数**

であり，定義域と値域が互いに入れ替わった形になっている。

②113 関数 $y=\log_4 x$ …… ① のグラフを ア□ 軸方向に イ□ だけ平行移動したグラフの方程式は $y=\log_4 16x$ である。また，関数 ① のグラフを x 軸方向に ウ□，y 軸方向に エ□ だけ平行移動したグラフの方程式は $y=\log_4 \dfrac{x+2}{64}$ である。

関数 $y=2^x$ のグラフを直線 $y=x$ に関して対称な位置に移動したグラフの方程式は $y=$ オ□ …… ② である。② のグラフを x 軸方向に a，y 軸方向に b だけ平行移動したグラフが 2 点 $(0,\ -1)$，$(4,\ 0)$ を通るとき，$a=$ カ□，$b=$ キ□ である。 〔立命館大〕

→180

③114 次の各組の数の大小を不等号で表せ。

(1) -1，$2\log_{0.1}3$，$\log_{0.1}\sqrt[3]{512}$ 〔九州東海大〕

(2) $\log_3 2$，$\log_6 4$，$\log_4 2$，0.6 〔神戸薬大〕

(3) $x>2$，$y>2$ のとき，$\log_a \dfrac{x+y}{2}$，$\dfrac{\log_a(x+y)}{2}$，$\dfrac{\log_a x+\log_a y}{2}$

〔類 横浜国大〕

→181

③115 実数 a，b が $0<a<b<\dfrac{1}{a}<b^2$ を満たすとき，ア□～エ□ に選択肢 (a)～(d) の中から正しいものを選んで答えよ。

(1) $x=\log_a b$，$y=\log_a b^2$ のとき，ア□。

(2) $x=\log_a ab$，$y=0$ のとき，イ□。

(3) $x=\log_a b^2$，$y=\log_{\frac{1}{a}} b$ のとき，ウ□。

(4) $x=\log_b \dfrac{b}{a}$，$y=\log_a \dfrac{a}{b}$ のとき，エ□。

ア□～エ□ の選択肢：

(a) $x<y$ が必ず成り立つ　　(b) $x>y$ が必ず成り立つ

(c) $x=y$ が必ず成り立つ

(d) $x<y$ が成り立つことも $x>y$ が成り立つこともありうる 〔上智大〕

→181

114 (2) 底を 2 にそろえて比較する。⟶ 逆数の比較になる。

(3) 第 2 式，第 3 式を $\log_a A$ の形に直し，真数の大小関係を調べる。

115 まず，a，b それぞれについて，1 との大小関係を調べる。

EXERCISES

③116 次の方程式，連立方程式を解け。ただし，(3) では $0<x<1$，$0<y<1$ とする。

(1) $3^{2-\log_2 x}+26\cdot 3^{-\log_4 x}-3=0$ ［早稲田大］

(2) $(x^{\log_2 x})^{\log_2 x}=64x^{6\log_2 x-11}$ ［関西大］

(3) $\begin{cases}\log_x y+\log_y x=2\\ 2\log_x\sin(x+y)=\log_x\sin y+\log_y\cos x\end{cases}$ ［芝浦工大］

→182, 183

③117 n を整数とするとき，次の問いに答えよ。

(1) $-\dfrac{1}{2}\leqq\log_2(\log_2 2^n)\leqq\dfrac{7}{2}$ を満たす n の中で最小のものは $n=$ ア□ であり，最大のものは $n=$ イ□ である。

(2) $n=$ ウ□ のとき，$\log_2(\log_2(\log_2(\log_2 2^n)))=1$ が成立する。［類 明治薬大］

→184

④118 xy 平面において，次の連立不等式の表す領域を D とする。

$$\begin{cases}\log_3\sqrt{-2x+6}-\log_9|2y|>\log_{\frac{1}{9}}(x+2)\ \cdots\cdots\ ①\\ 2^{x-2}<4^y\ \cdots\cdots\ ②\end{cases}$$

(1) ① を変形すると，$|y|<$ □ である。

(2) 領域 D に含まれる点 $(x,\ y)$ のうち，x，y がともに整数である点の個数を求めよ。

(3) (2) の点で，$\sqrt{3}x+y$ の値を最大にする点の座標を求めよ。［慶応大］

→185

③119 (1) $\log_2 x+\log_2 y=3$ のとき，x^2+y^2 の最小値を求めよ。

(2) 正の実数 x，y が $xy=100$ を満たすとき，$(\log_{10}x)^3+(\log_{10}y)^3$ の最小値と，そのときの x，y の値を求めよ。

→187

③120 $f(x)=\left(\log_2\dfrac{x}{a}\right)\left(\log_2\dfrac{x}{b}\right)$（ただし，$ab=8$，$a>b>0$）とする。$f(x)$ の最小値が -1 であるとき，a^2 の値を求めよ。［早稲田大］

→186

116 (2) (左辺)$=x^{(\log_2 x)^2}$ であり，次に両辺の 2 を底とする対数をとる。

117 (2) まず，真数条件から，n の値の範囲を調べる。

118 (3) $\sqrt{3}x+y=k$ とおき，この直線を領域 D と共有点をもつように動かして調べる。

119 **形を統一** してから処理する。(1) 条件の多項式化，(2) 条件の対数化 を考える。

32 常用対数

基本事項

1 常用対数（10 を底とする対数 $\log_{10}N$）

正の数 N は　$a\times10^n$（$1\leqq a<10$，n は整数）で表され

$$\boldsymbol{\log_{10}N=n+\log_{10}a \qquad 0\leqq\log_{10}a<1}$$

2 正の数の整数部分の桁数，小数首位　　N は正の数，k は正の整数

① **N の整数部分が k 桁** $\boldsymbol{\Longleftrightarrow 10^{k-1}\leqq N<10^k \Longleftrightarrow k-1\leqq\log_{10}N<k}$

② **N は小数第 k 位に初めて 0 でない数字が現れる**

$$\boldsymbol{\Longleftrightarrow \frac{1}{10^k}\leqq N<\frac{1}{10^{k-1}} \Longleftrightarrow 10^{-k}\leqq N<10^{-k+1} \Longleftrightarrow -k\leqq\log_{10}N<-k+1}$$

解　説

■常用対数

10 を底とする対数を **常用対数** という。

例えば，$\log_{10}7.31=0.8639$ がわかると，次のような，数字の並びに 731 を含む数の対数は，以下のようにして計算できる。

$$\log_{10}7310=\log_{10}(7.31\times10^3)=\log_{10}7.31+\log_{10}10^3$$
$$=\boldsymbol{\log_{10}7.31+3}$$
$$\log_{10}0.0731=\log_{10}(7.31\times10^{-2})=\log_{10}7.31+\log_{10}10^{-2}$$
$$=\boldsymbol{\log_{10}7.31-2}$$

◀$\log_aMN=\log_aM+\log_aN$，$\log_aa^p=p$

一般に，**常用対数表** には，1.00 から 9.99 までの数 a の常用対数 $\log_{10}a$ の値を，その小数第 5 位を四捨五入して，小数第 4 位まで示してある。それを用いて，正の数の常用対数が求められる。

■正の数の整数部分の桁数，小数首位

常用対数を用いると，正の数の整数部分の桁数や小数首位がわかる。

N	$\cdots\frac{1}{10^4}\cdots$	$\frac{1}{10^3}\cdots$	$\frac{1}{10^2}\cdots$	$\frac{1}{10}\cdots$	$1\cdots$	$10\cdots$	$10^2\cdots$	$10^3\cdots$	$10^4\cdots$
$\log_{10}N$	-4	-3	-2	-1	0	1	2	3	4

◀$\frac{1}{10^k}=10^{-k}$

例　正の数 N の整数部分が 3 桁の数 $\Longleftrightarrow 100\leqq N<1000$
$\Longleftrightarrow 10^2\leqq N<10^3$
$\Longleftrightarrow 2\leqq\log_{10}N<3$

◀各辺の常用対数をとる。

正の数 N は小数第 3 位に初めて 0 でない数字が現れる数
$\Longleftrightarrow 0.001\leqq N<0.01$
$\Longleftrightarrow 10^{-3}\leqq N<10^{-2}$
$\Longleftrightarrow -3\leqq\log_{10}N<-2$

◀各辺の常用対数をとる。

一般に，次のことが成り立つ。

正の数 N の整数部分が k 桁 $\Longleftrightarrow k-1\leqq\log_{10}N<k$

正の数 N は小数第 k 位に初めて 0 でない数字が現れる
$\Longleftrightarrow -k\leqq\log_{10}N<-k+1$

基本 例題 188 常用対数を利用した桁数，小数首位の判断 ①①①①①

$\log_{10}2=0.3010$，$\log_{10}3=0.4771$ とする。

(1) $\log_{10}5$，$\log_{10}0.006$，$\log_{10}\sqrt{72}$ の値をそれぞれ求めよ。

(2) 6^{50} は何桁の整数か。

(3) $\left(\dfrac{2}{3}\right)^{100}$ を小数で表すと，小数第何位に初めて 0 でない数字が現れるか。

p.302 基本事項 1，2

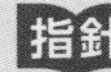

(1) 底は 10 で，$\log_{10}2$，$\log_{10}3$ の値が与えられているから，各対数の真数を 2，3，10 の累乗の積で表してみる。なお，$\log_{10}5$ の 5 は $5=10\div2$ と考える。

(2), (3) まず，$\log_{10}6^{50}$，$\log_{10}\left(\dfrac{2}{3}\right)^{100}$ を求める。別解 あり ⟶ 解答編 $p.190$ 検討 参照。

正の数 N の整数部分が k 桁 $\iff$ $k-1\leqq\log_{10}N<k$

正の数 N は小数第 k 位に初めて 0 でない数字が現れる $\iff$ $-k\leqq\log_{10}N<-k+1$

CHART 桁数，小数首位の問題 常用対数をとる

(1) $\log_{10}5=\log_{10}\dfrac{10}{2}=\log_{10}10-\log_{10}2=1-0.3010=\mathbf{0.6990}$

$\log_{10}0.006=\log_{10}(2\cdot3\cdot10^{-3})=\log_{10}2+\log_{10}3-3\log_{10}10$

$=0.3010+0.4771-3=\mathbf{-2.2219}$

$\log_{10}\sqrt{72}=\log_{10}(2^3\cdot3^2)^{\frac{1}{2}}=\dfrac{1}{2}(3\log_{10}2+2\log_{10}3)$

$=\dfrac{1}{2}(3\times0.3010+2\times0.4771)=\mathbf{0.9286}$

(2) $\log_{10}6^{50}=50\log_{10}6=50\log_{10}(2\cdot3)$

$=50(\log_{10}2+\log_{10}3)$

$=50(0.3010+0.4771)=38.905$

ゆえに　$38<\log_{10}6^{50}<39$　　よって　$10^{38}<6^{50}<10^{39}$

したがって，6^{50} は **39 桁** の整数である。

(3) $\log_{10}\left(\dfrac{2}{3}\right)^{100}=100(\log_{10}2-\log_{10}3)$

$=100(0.3010-0.4771)=-17.61$

ゆえに　$-18<\log_{10}\left(\dfrac{2}{3}\right)^{100}<-17$

よって　$10^{-18}<\left(\dfrac{2}{3}\right)^{100}<10^{-17}$

ゆえに，**小数第 18 位** に初めて 0 でない数字が現れる。

◀$\log_{10}10=1$

重要 $\log_{10}5=1-\log_{10}2$
この変形はよく用いられる。

◀$\sqrt{A}=A^{\frac{1}{2}}$

(2) $10^k\leqq N<10^{k+1}$ ならば，N の整数部分は $(k+1)$ 桁。

(3) $10^{-k}\leqq N<10^{-k+1}$ ならば，N は小数第 k 位に初めて 0 でない数字が現れる。

5章 32 常用対数

② 188 $\log_{10}2=0.3010$，$\log_{10}3=0.4771$ とする。15^{10} は ^{ア}□ 桁の整数であり，$\left(\dfrac{3}{5}\right)^{100}$ は小数第 ^{イ}□ 位に初めて 0 でない数字が現れる。

p.312 EX121

基本例題 189 常用対数と不等式

①①①①①

$\log_{10}3=0.4771$ とする。

(1) 3^n が 10 桁の数となる最小の自然数 n の値を求めよ。 〔類 福岡工大〕

(2) 3 進法で表すと 100 桁の自然数 N を，10 進法で表すと何桁の数になるか。

基本 188

(1) まず，3^n が 10 桁の数であるということを不等式で表す。

(2) **k 進数 N の桁数の問題　不等式 $k^{\text{桁数}-1}\leqq N<k^{\text{桁数}}$ の形に表す**

…… チャート式基礎からの数学 A 基本例題 **150** 参照。

に従って，問題の条件を不等式で表すと　$3^{100-1}\leqq N<3^{100}$ …… ①

10 進法で表したときの桁数を求めるには，不等式 ① から，$10^{n-1}\leqq N<10^n$ の形を導きたい。そこで，不等式 ① の各辺の **常用対数をとる**。

解答

(1) 3^n が 10 桁の数であるとき　$10^9\leqq 3^n<10^{10}$

各辺の常用対数をとると　$9\leqq n\log_{10}3<10$

ゆえに　$9\leqq 0.4771n<10$

よって　$\dfrac{9}{0.4771}\leqq n<\dfrac{10}{0.4771}$

したがって　$18.8\cdots\cdots\leqq n<20.9\cdots\cdots$

この不等式を満たす最小の自然数 n は　$\boldsymbol{n=19}$

(2) N は 3 進法で表すと 100 桁の自然数であるから

$3^{100-1}\leqq N<3^{100}$　すなわち　$3^{99}\leqq N<3^{100}$

各辺の常用対数をとると

$99\log_{10}3\leqq \log_{10}N<100\log_{10}3$

ゆえに　$99\times 0.4771\leqq \log_{10}N<100\times 0.4771$

すなわち　$47.2329\leqq \log_{10}N<47.71$

よって　$10^{47.2329}\leqq N<10^{47.71}$

ゆえに　$10^{47}<N<10^{48}$

したがって，N を 10 進法で表すと，**48 桁** の数となる。

別解　$\log_{10}3=0.4771$ から　$10^{0.4771}=3$

ゆえに，$3^{99}\leqq N<3^{100}$ から　$(10^{0.4771})^{99}\leqq N<(10^{0.4771})^{100}$

よって　$10^{47.2329}\leqq N<10^{47.71}$

ゆえに　$10^{47}<N<10^{48}$

したがって，N を 10 進法で表すと，**48 桁** の数となる。

◀N が n 桁の整数 $\longrightarrow 10^{n-1}\leqq N<10^n$

◀この不等式を満たす自然数は，$n=19$，20 であるが，「最小の」という条件があるので，$n=19$ が解。

◀$\boldsymbol{p=\log_a M \Longleftrightarrow a^p=M}$

練習 ② 189　$\log_{10}2=0.3010$，$\log_{10}3=0.4771$ とする。

(1) $\left(\dfrac{5}{8}\right)^n$ を小数で表すとき，小数第 3 位に初めて 0 でない数字が現れるような自然数 n は何個あるか。 〔類 北里大〕

(2) $\log_3 2$ の値を求めよ。ただし，小数第 3 位を四捨五入せよ。また，この結果を利用して，4^{10} を 9 進法で表すと何桁の数になるか求めよ。

基本例題 190 対数の文章題への利用

①①①①①

A 町の人口は近年減少傾向にある。現在のこの町の人口は前年同時期の人口と比べて 4 %減少したという。毎年この比率と同じ比率で減少すると仮定した場合，初めて人口が現在の半分以下になるのは何年後か。答えは整数で求めよ。ただし，$\log_{10}2=0.3010$，$\log_{10}3=0.4771$ とする。 〔立教大〕

基本 189

指針 文章題を解くときは，次の ①～④ の要領で行う。

① **文字の選定** …… 現在の人口を a とし，n 年後に人口が半分以下になるとする。

② **不等式を作る** …… 1 年後の人口は $a(1-0.04)=0.96a$

2 年後の人口は $0.96a\times(1-0.04)=(0.96)^2a$

以後，同じように考えて，n 年後の人口は $(0.96)^na$

③ **不等式を解く** …… ここでは，両辺の常用対数をとる。 ……★

④ **解を検討する** …… n は自然数であることに注意。

解答

現在の人口を a として，n 年後に人口が現在の半分以下になるとすると $(0.96)^na\leqq\dfrac{1}{2}a$ すなわち $\left(\dfrac{96}{100}\right)^n\leqq\dfrac{1}{2}$

両辺の常用対数をとると

$$n\log_{10}\frac{96}{100}\leqq\log_{10}\frac{1}{2} \quad \cdots\cdots ①$$

ここで $\log_{10}\dfrac{96}{100}=\log_{10}\dfrac{2^5\cdot3}{10^2}$

$=\log_{10}2^5+\log_{10}3-\log_{10}10^2$

$=5\log_{10}2+\log_{10}3-2$

$=5\times0.3010+0.4771-2=-0.0179$

$\log_{10}\dfrac{1}{2}=\log_{10}2^{-1}=-\log_{10}2=-0.3010$

よって，① から $-0.0179n\leqq-0.3010$

ゆえに $n\geqq\dfrac{0.3010}{0.0179}=16.8\cdots\cdots$

したがって，初めて人口が現在の半分以下になるのは

17 年後

◀現在の人口を 1 としてもよい。

◀指針___……★ の方針。複雑な累乗の式は，対数をとって検討を進めるとよい。

◀「初めて…」とあるから，$n\geqq16.8\cdots$ を満たす最小の自然数を求める。

練習 ② 190 光があるガラス板 1 枚を通過するごとに，その光の強さが $\dfrac{1}{9}$ だけ失われるものとする。当てた光の強さを 1 とし，この光が n 枚重ねたガラス板を通過してきたときの強さを x とする。

(1) x を n で表せ。

(2) x の値が当てた光の $\dfrac{1}{100}$ より小さくなるとき，最小の整数 n の値を求めよ。

ただし，$\log_{10}2=0.301$，$\log_{10}3=0.477$ とする。 〔北海道薬大〕

基本 例題 191 最高位の数と一の位の数 ⓘⓘⓘⓘⓘ

12^{60} は^{ア}□桁の整数である。また，その最高位の数は^{イ}□で，一の位の数は^{ウ}□である。ただし，$\log_{10}2=0.3010$，$\log_{10}3=0.4771$ とする。〔慶応大〕

基本 188

指針 (ア)，(イ) 正の数 N の **桁数は　　　　$\log_{10}N$ の整数部分**，

最高位の数は $\log_{10}N$ の小数部分 に注目。

なぜなら，N の桁数を k とし，最高位の数を a（a は整数，$1\leqq a\leqq 9$）とすると

$a\cdot 10^{k-1}\leqq N<(a+1)\cdot 10^{k-1}$ ⟵ $a00\cdots0$（0 が $k-1$ 個）から $a99\cdots9$（9 が $k-1$ 個）まで。

$\iff \log_{10}(a\cdot 10^{k-1})\leqq\log_{10}N<\log_{10}\{(a+1)\cdot 10^{k-1}\}$ ⟵ 各辺の常用対数をとる。

$\iff k-1+\log_{10}a\leqq\log_{10}N<k-1+\log_{10}(a+1)$ ⟵ $\log_{10}(a\cdot 10^{k-1})=\log_{10}a+\log_{10}10^{k-1}$

よって，$\log_{10}N$ の整数部分を p，小数部分を q とすると

$$p=k-1,\quad \log_{10}a\leqq q<\log_{10}(a+1)$$

(ウ) 12^1，12^2，12^3，…… を計算してみて，一の位の数の **規則性を見つける。**

解答

(ア) $\log_{10}12^{60}=60\log_{10}(2^2\cdot 3)=60(2\log_{10}2+\log_{10}3)$
$=60(2\times0.3010+0.4771)=64.746$

ゆえに　$64<\log_{10}12^{60}<65$

よって　$10^{64}<12^{60}<10^{65}$

したがって，12^{60} は **65** 桁の整数である。

(イ) (ア)から　$\log_{10}12^{60}=64+0.746$

ここで　$\log_{10}5=1-\log_{10}2$
$=1-0.3010=0.6990$

$\log_{10}6=\log_{10}2+\log_{10}3$
$=0.3010+0.4771=0.7781$

ゆえに　$\log_{10}5<0.746<\log_{10}6$

すなわち　$5<10^{0.746}<6$

よって　$5\cdot 10^{64}<10^{64.746}<6\cdot 10^{64}$

すなわち　$5\cdot 10^{64}<12^{60}<6\cdot 10^{64}$

したがって，12^{60} の最高位の数は　**5**

(ウ) 12^1，12^2，12^3，12^4，12^5，…… の一の位の数は，順に
2，4，8，6，2，……

となり，4つの数 2，4，8，6 を順に繰り返す。

$60=4\times15$ であるから，12^{60} の一の位の数は　**6**

◀$\log_{10}12^{60}=60\log_{10}12$，$12=2^2\cdot 3$

(イ)の 別解 (ア)から
$12^{60}=10^{64.746}=10^{64}\cdot 10^{0.746}$
$10^0<10^{0.746}<10^1$ であるから，$10^{0.746}$ の整数部分が 12^{60} の最高位の数である。
ここで，
$\log_{10}5=0.6990$ から
$10^{0.6990}=5$
$\log_{10}6=0.7781$ から
$10^{0.7781}=6$
$10^{0.6990}<10^{0.746}<10^{0.7781}$
から　$5<10^{0.746}<6$
よって，最高位の数は　**5**

◀$12\equiv2 \pmod{10}$ であるから，12^n の一の位の数は，2^n の一の位の数と同じ。

練習 ③191 自然数 n が不等式 $38\leqq\log_{10}8^n<39$ を満たすとする。このとき，8^n は^{ア}□桁の自然数で，n の値は $n=$^{イ}□である。また，8^n の一の位の数は^{ウ}□で，最高位の数は^{エ}□である。ただし，$\log_{10}2=0.3010$，$\log_{10}3=0.4771$，$\log_{10}7=0.8451$ とする。〔関西学院大〕

p.312 EX 122

参考事項　日常生活で用いられている常用対数

日常生活の中で，常用対数が関係している例をいくつか紹介しておこう。

1　音階（平均律音階）

弦をはじいたときの音は，弦の長さが半分になると1オクターブ高い音になる。ここで，ドと1オクターブ上のドの間を，隣り合う2つの音の弦の長さの比が等しくなるように12分割した音の並びを（十二）平均律音階という。これが日常的によく用いられている音階である。

音階	ド	ド$^\sharp$	レ	レ$^\sharp$	ミ	ファ	ファ$^\sharp$	ソ	ソ$^\sharp$	ラ	ラ$^\sharp$	シ	ド
弦の長さの比	$2^0=1$	$2^{-\frac{1}{12}}$	$2^{-\frac{2}{12}}$	$2^{-\frac{3}{12}}$	$2^{-\frac{4}{12}}$	$2^{-\frac{5}{12}}$	$2^{-\frac{6}{12}}$	$2^{-\frac{7}{12}}$	$2^{-\frac{8}{12}}$	$2^{-\frac{9}{12}}$	$2^{-\frac{10}{12}}$	$2^{-\frac{11}{12}}$	$2^{-\frac{12}{12}}=2^{-1}$

隣り合う2つの音の弦の長さの比をxとすると　　$x^{12}=2^{-1}$　すなわち　$x=2^{-\frac{1}{12}}$

両辺の常用対数をとると　　$\log_{10}x=-\dfrac{1}{12}\log_{10}2 \fallingdotseq -\dfrac{1}{12}\times 0.3010 \fallingdotseq -0.025$

よって　$\log_{10}\dfrac{1}{x}=0.025$　　常用対数表から　$\dfrac{1}{x}\fallingdotseq 1.06$　　ゆえに　$x=\dfrac{1}{1.06}\fallingdotseq 0.94$

よって，弦の長さを約0.94倍すると音は半音上がることがわかる。例えば，ドの音の弦の長さを約0.88倍（$\fallingdotseq 0.94^2$）にするとレの音になり，レの音の弦の長さを約0.78倍（$\fallingdotseq 0.94^4$）にするとファ$^\sharp$の音になる。

このことは，ギターのフレット（弦を押さえる部分）の間隔に利用されている。また，グランドピアノが左右対称でない形になっている理由にも関係している（ピアノの内部には，指数関数のグラフがみられる）。

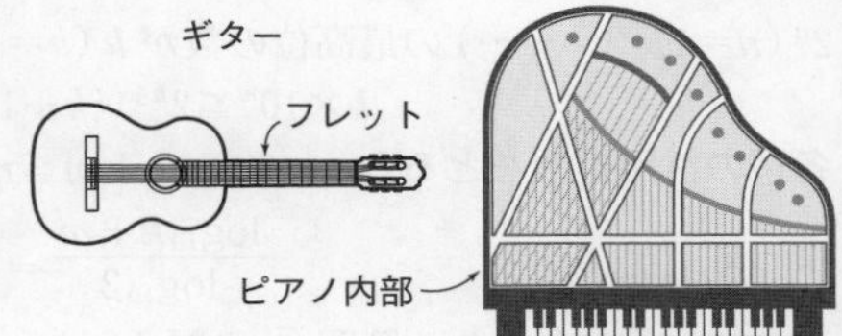

2　星の等級

星の明るさを示す指標として「等級」がある。等級の値は小さい程明るいことを示す。古代ギリシャの天文学者は，肉眼での観測によって星の見かけの明るさを1~6等星に分類した。これは，全くのところ人間の感覚に頼った分類法であった。しかし，19世紀になると，1等星の明るさは6等星の約100倍になっていることが発見された。

この事実をもとに，それまでは感覚的であった等級の分類を，天文学者ポグソンは次のように定義した。

1等星と6等星の等級の差は5であるから，1等級の明るさの比をxとすると

$x^5=100$　すなわち　$x^5=10^2$

等級	1	2	3	4	5	6
明るさの比	100	$100^{\frac{4}{5}}$	$100^{\frac{3}{5}}$	$100^{\frac{2}{5}}$	$100^{\frac{1}{5}}$	1

よって　　$x=10^{\frac{2}{5}}=10^{0.4}\fallingdotseq 2.512$　　つまり，1等級の明るさの比を2.512倍と定義したのである。この定義は現代でも用いられている。

他にも，酸性・アルカリ性のバロメーターとなるpH（ピーエイチ）や，音の大きさを表すdB（デシベル），地震の大きさを表すマグニチュードなどに常用対数が用いられている。

参考事項 ベンフォードの法則

「世の中の現象を表すデータ（数値）の最高位には，1 から 9 までの数字のどれが最も多く現れるだろうか？」
……実はどの数字も同じ割合で現れるわけではない。1 が最も多く現れ，2，3，…… と大きな数字になるほど出現率が減少する傾向がある。これを **ベンフォードの法則** という。
具体的には，最高位の数はおよそ次のような出現確率になることが知られている。

最高位の数	1	2	3	4	5	6	7	8	9
確率（%）	30.1	17.6	12.5	9.7	7.9	6.7	5.8	5.1	4.6

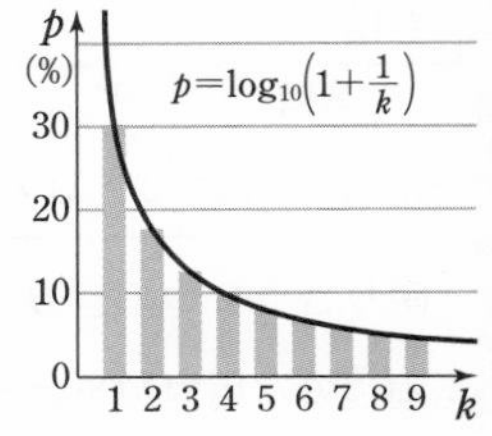

つまり，約半数のデータは，最高位が 1 か 2 になっていることになる。一般に，最高位が k となるおよその確率は

$$\log_{10}(k+1)-\log_{10}k=\log_{10}\frac{k+1}{k}=\log_{10}\left(1+\frac{1}{k}\right)\ \cdots\cdots\ ①$$

のように，対数を用いて表される。

では，具体的な事例をもとに，① を導いてみよう。
自然界では，細菌の増殖のように，一定の時間ごとに数が倍に増えていく事例も考えられる。そこで，2^1，2^2，2^3，……というデータ（公比 2 の等比数列）を例にして考えてみる。
2^n $(n=1,\ 2,\ \cdots\cdots)$ の最高位の数が k $(k=1,\ 2,\ \cdots\cdots,\ 9)$ となるための条件は

$$k\times10^m\leqq 2^n<(k+1)\times10^m\quad (m \text{ は自然数})$$

各辺の常用対数をとると　$\log_{10}k+m\leqq n\log_{10}2<\log_{10}(k+1)+m$

よって　$\dfrac{\log_{10}k+m}{\log_{10}2}\leqq n<\dfrac{\log_{10}(k+1)+m}{\log_{10}2}\ \cdots\cdots\ ②$

ここで，n が含まれる範囲 ② の幅 L_k は

$$L_k=\frac{\log_{10}(k+1)+m}{\log_{10}2}-\frac{\log_{10}k+m}{\log_{10}2}=\frac{\log_{10}(k+1)-\log_{10}k}{\log_{10}2}$$
← m に無関係

このとき　$L_1+L_2+\cdots\cdots+L_9$

$$=\frac{1}{\log_{10}2}\{(\log_{10}2-\log_{10}1)+(\log_{10}3-\log_{10}2)+\cdots\cdots+(\log_{10}10-\log_{10}9)\}$$

$$=\frac{1}{\log_{10}2}(-\log_{10}1+\log_{10}10)=\frac{1}{\log_{10}2}$$

ゆえに，最高位の数が k となる確率は次のようになると考えられ，① が導かれる。

$$\frac{L_k}{L_1+L_2+\cdots\cdots+L_9}=\frac{\log_{10}(k+1)-\log_{10}k}{\log_{10}2}\div\frac{1}{\log_{10}2}=\log_{10}(k+1)-\log_{10}k$$

ベンフォードの法則は，例えば，企業の会計データの適切性を調べるのに用いられることもある。数値の分布がベンフォードの法則に近くなるかどうかを調べることで，不正の有無がわかるのである。なお，数値の範囲が制限された場合や，電話番号や証明書類のように番号をつけるルールが決まっている場合などでは，ベンフォードの法則は成り立たない。

33 関連発展問題

演習 例題 192 指数方程式の有理数解

(1) $3^x=5$ を満たす x は無理数であることを示せ。

(2) $3^x5^{-2y}=5^x3^{y-6}$ を満たす有理数 x, y を求めよ。

基本 173

指針 実数において，$\frac{m}{n}$ (m, n は整数, $n\neq0$) と表される数を **有理数** といい，有理数でないものを **無理数** という。

(1) **無理数であること** の証明では，**有理数であると仮定して，矛盾を導く（背理法）。**

(2) 方程式1つに変数が x, y の2つ。有理数という条件で解くから，(1) が利用できそう。底が3，5であるから，$3^r=5$ [(1)] の形にはならないことを用いる。

CHART **無理数であることの証明** $\frac{m}{n}$（有理数）とおいて，背理法

解答

(1) $3^x=5$ を満たす x はただ1つ存在する。
その x が有理数であると仮定すると，$3^x=5>1$ であるから $x>0$ で，$x=\frac{m}{n}$ (m, n は正の整数) と表される。

よって $3^{\frac{m}{n}}=5$

両辺を n 乗すると $3^m=5^n$ …… ①

ここで，① の左辺は3の倍数であり，右辺は3の倍数ではないから，矛盾。

よって，x は有理数ではないから，無理数である。

(2) 等式から $3^{x-y+6}=5^{x+2y}$ …… ②

$x+2y\neq0$ と仮定すると，② から

$3^{\frac{x-y+6}{x+2y}}=5$ …… ③

x, y を有理数とすると，$x-y+6$, $x+2y$ はともに有理数で $\frac{x-y+6}{x+2y}$ も有理数となり，(1) により ③ は成り立たない。

ゆえに $x+2y=0$ …… ④

このとき，② から $3^{x-y+6}=1$

よって $x-y+6=0$ …… ⑤

④，⑤ を連立して解くと $x=-4$, $y=2$

背理法
事柄が成り立たないと仮定して矛盾を導き，それによって事柄が成り立つとする証明法（数学Ⅰ）。

◀3と5は1以外の公約数をもたない。⟶ 3と5は **互いに素**。

◀$3^x\div3^{y-6}=5^x\div5^{-2y}$
$3^{x-(y-6)}=5^{x-(-2y)}$

◀② から $(3^{x-y+6})^{\frac{1}{x+2y}}=(5^{x+2y})^{\frac{1}{x+2y}}$

◀(1) で $3^r=5$ を満たす r は無理数であることを証明している。

④：$x+2y\neq0$ と仮定して，矛盾が生じたから，$x+2y=0$ である。

練習 ④192 等式 $20^x=10^{y+1}$ を満たす有理数 x, y を求めよ。

p.312 EX 123, 124

演習 例題 193 指数方程式の解の個数

a は定数とする。x の方程式 $4^{x+1}-2^{x+4}+5a+6=0$ が異なる 2 つの正の解をもつような a の値の範囲を求めよ。〔日本女子大〕

基本 173

指針 $2^x=t$ とおくと，方程式は　$4t^2-16t+5a+6=0$ …… ①

このとき 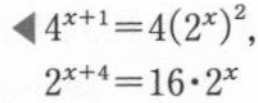

$x>0 \iff t=2^x>1$ で，$x_1 \neq x_2$ のとき $2^{x_1} \neq 2^{x_2}$ である。つまり，x の値が異なると t の値も異なるから，$x>0$ を満たす x の個数と $t>1$ を満たす t の個数は一致する。

よって，2 次方程式 ① が 1 より大きい 2 つの実数解をもつ条件を考えればよい。

解答

与式から　$4(2^x)^2-16\cdot 2^x+5a+6=0$

◀ $4^{x+1}=4(2^x)^2$，$2^{x+4}=16\cdot 2^x$

$2^x=t$ とおくと，方程式は

$$4t^2-16t+5a+6=0 \quad \cdots\cdots ①$$

$x>0$ のとき $t>1$ であるから，求める条件は，2 次方程式 ① が $t>1$ の範囲に異なる 2 つの実数解をもつことである。

すなわち，① の左辺を $f(t)$ とし，① の判別式を D とすると，次のことが同時に成り立つ。

[1] $D>0$　[2] 軸が $t>1$ の範囲にある　[3] $f(1)>0$

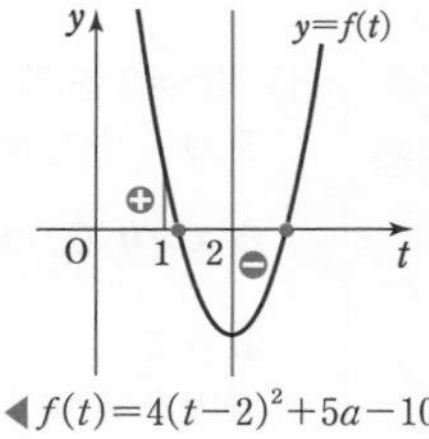

◀ $f(t)=4(t-2)^2+5a-10$

[1] $\dfrac{D}{4}=(-8)^2-4(5a+6)=40-20a=20(2-a)$

よって　$2-a>0$　　ゆえに　$a<2$ …… ②

[2] 軸は直線 $t=2$ で，$t>1$ の範囲にある。

[3] $f(1)=4\cdot 1^2-16\cdot 1+5a+6=5a-6$

よって　$5a-6>0$　　ゆえに　$a>\dfrac{6}{5}$ …… ③

②，③ の共通範囲を求めて　$\boldsymbol{\dfrac{6}{5}<a<2}$

検討　**解と係数の関係を利用する**

2 次方程式 ① の解を α，β とすると，解と係数の関係から　$\alpha+\beta=4$，$\alpha\beta=\dfrac{5a+6}{4}$

$\alpha>1$，$\beta>1 \iff \alpha-1>0$，$\beta-1>0$ であり

$(\alpha-1)+(\beta-1)=(\alpha+\beta)-2=4-2=2>0$（常に成り立つ）

$(\alpha-1)(\beta-1)=\alpha\beta-(\alpha+\beta)+1=\dfrac{5a+6}{4}-4+1=\dfrac{5a-6}{4}>0$

これと $\dfrac{D}{4}=20(2-a)>0$ を連立して解くと，上の解答と同じ結果が得られる。

練習 ④193　a は定数とする。x の方程式 $2\left(\dfrac{2}{3}\right)^x+3\left(\dfrac{3}{2}\right)^x+a-5=0$ が異なる 2 つの実数解をもつような a の値の範囲を求めよ。

演習 例題 194 対数方程式の解の個数

a は定数とする。x の方程式 $\{\log_2(x^2+\sqrt{2})\}^2-2\log_2(x^2+\sqrt{2})+a=0$ の実数解の個数を求めよ。

基本 183

指針 前ページの演習例題 **193** 同様，おき換え により，2次方程式の問題に直す。

変数のおき換え　範囲に注意

$\log_2(x^2+\sqrt{2})=t$ とおくと，方程式は　　$t^2-2t+a=0$ …… (＊)

$x^2+\sqrt{2}\geqq\sqrt{2}$ から，t の値の範囲を求め，その範囲における t の方程式 (＊) の解の個数を調べる。それには，$p.239$ 重要例題 **149** と同様，**グラフを利用** する。

なお，$\log_2(x^2+\sqrt{2})=t$ における x と t の対応に注意する。

解答

$\log_2(x^2+\sqrt{2})=t$ …… ① とおくと，方程式は

$$t^2-2t+a=0$$

$x^2\geqq0$ より，$x^2+\sqrt{2}\geqq\sqrt{2}$ であるから

$$\log_2(x^2+\sqrt{2})\geqq\log_2\sqrt{2}$$

したがって　　$t\geqq\dfrac{1}{2}$ …… ②

また，① を満たす x の個数は，次のようになる。

◀ $x^2+\sqrt{2}=2^t$ より，$x^2=2^t-\sqrt{2}$ であるから $t=\dfrac{1}{2}$ のとき　$x^2=0$ 　$t>\dfrac{1}{2}$ のとき　$x^2>0$ 　よって　$x=\pm\sqrt{2^t-\sqrt{2}}$

$t=\dfrac{1}{2}$ のとき $x=0$ の1個，

$t>\dfrac{1}{2}$ のとき $x^2>0$ であるから

2個

$t^2-2t+a=0$ から

$$-t^2+2t=a$$

よって，② の範囲における，放物線 $y=-t^2+2t$ と直線 $y=a$ の共有点の t 座標に注意して，方程式の実数解の個数を調べると，

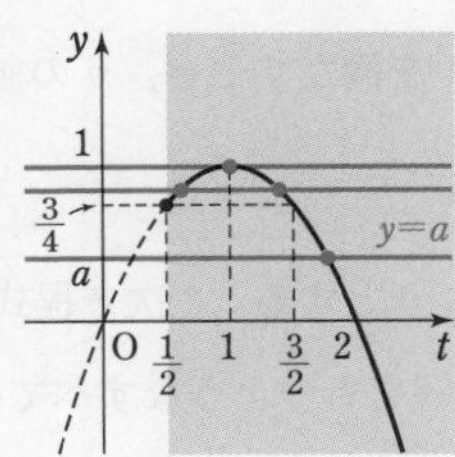

◀直線 $y=a$ を上下に動かして，共有点の個数を調べる。

$a>1$ のとき 0 個；　◀共有点なし。

$a=1$，$a<\dfrac{3}{4}$ のとき 2 個；　◀ $t>\dfrac{1}{2}$ である共有点1個。

$a=\dfrac{3}{4}$ のとき 3 個；　◀ $t=\dfrac{1}{2}$，$\dfrac{3}{2}$

$\dfrac{3}{4}<a<1$ のとき 4 個　◀ $t>\dfrac{1}{2}$ である共有点2個。

練習 ④194　a，b は定数とする。x の方程式 $\{\log_2(x^2+1)\}^2-a\log_2(x^2+1)+a+b=0$ が異なる2つの実数解をもつような点 $(a,\ b)$ 全体の集合を，座標平面上に図示せよ。

p.312 EX125

5章 33 関連発展問題

③**121** $\log_{10}2$ の近似値 0.3010 を使わずに以下の問いに答えよ。

(1) $\alpha=\log_{1000}2$ とおくとき，$p\alpha>1$ となるような最小の整数 p を求めよ。

(2) (1)で求めた p について，不等式 $0<p\alpha-1<\dfrac{1}{p}$ が成り立つことを示せ。

(3) 不等式 $0.3<\log_{10}2<0.33$ が成り立つことを示せ。〔愛知教育大〕

→188

⑤**122** 負でない実数 a に対し，$0\leqq r<1$ で，$a-r$ が整数となる実数 r を $\{a\}$ で表す。すなわち，$\{a\}$ は，a の小数部分を表す。

(1) $\{n\log_{10}2\}<0.02$ となる正の整数 n を1つ求めよ。

(2) 10進法による表示で 2^n の最高位の数字が7となる正の整数 n を1つ求めよ。

ただし，$0.3010<\log_{10}2<0.3011$，$0.8450<\log_{10}7<0.8451$ である。〔京都大〕

→191

④**123** 次の問いに答えよ。ただし，$\sqrt{3}$ は無理数とする。

(1) $\log_3 4$ は無理数であることを証明せよ。

(2) a，b は無理数で，a^b が有理数であるような実数の組 $(a,\ b)$ を1つ求めよ。〔大阪大〕

→192

④**124** n を自然数とする。5832を底とする n の対数 $\log_{5832}n$ が有理数であり，$\dfrac{1}{2}<\log_{5832}n<1$ を満たすとき，n の値を求めよ。〔群馬大〕

→192

④**125** $a>0$，$a\neq1$，$b>0$ とする。2次方程式 $4x^2+4x\log_a b+1=0$ が $0<x<\dfrac{1}{2}$ の範囲内にただ1つの解をもつようなすべての a，b を，座標平面上の点 $(a,\ b)$ として図示せよ。〔類 宮崎大〕

→194

121 (1) $p\alpha>1$ を $\log_{1000}$●$>\log_{1000}$■ の形に変形。

(2) $0<p\alpha-1$ は(1)で示したから，$p\alpha-1<\dfrac{1}{p}$ すなわち $p(p\alpha-1)-1<0$ を示せばよい。

(3) (2)の結果を利用。

122 (1) $0.3010<\log_{10}2<0.3011$ を利用する。

(2) 条件から　$\log_{10}7\leqq\{n\log_{10}2\}<\log_{10}8$

123 (2) (1)の結果を利用。

124 正の有理数は $\dfrac{p}{q}$ [p と q は互いに素な（1以外の公約数をもたない）自然数] とおくことができる。また，$5832=2^3\cdot3^6$ である。

125 $f(x)=4x^2+4x\log_a b+1$ として，放物線 $y=f(x)$ と x 軸の交点に注目する。$f(0)=1>0$ に注意。

数学Ⅱ 第6章

微　分　法

34 微分係数と導関数
35 接　　線
36 関数の増減と極大・極小
37 最大値・最小値，方程式・不等式
38 関連発展問題

基本定着コース……教科書の基本事項を確認したいきみに
精選速習コース……入試の基礎を短期間で身につけたいきみに
実力練成コース……入試に向け実力を高めたいきみに

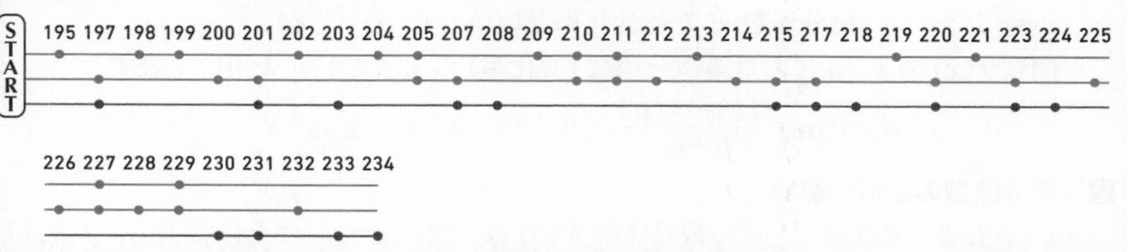

例題一覧

			難易度
34	基本 195	平均変化率と微分係数	①
	重要 196	関数の極限値 (1)	③
	重要 197	関数の極限値 (2)	③
	基本 198	導関数の計算 (1)	②
	基本 199	導関数の計算 (2)	②
	基本 200	導関数と微分係数	②
	重要 201	$(x-a)^2$ で割ったときの余り（微分利用）	③
	基本 202	変化率	②
	重要 203	関数方程式を満たす多項式の決定	④
35	基本 204	接線の方程式（基本）	②
	基本 205	曲線上にない点を通る接線	②
	基本 206	法線の方程式	③
	基本 207	2曲線に接する直線	③
	重要 208	2曲線が接する条件	③
36	基本 209	3次関数の増減，極値	②
	基本 210	3次関数のグラフ	②
	基本 211	4次関数の極値，グラフ	②
	基本 212	絶対値記号を含む関数のグラフ	③
	基本 213	3次関数の極値の条件から関数決定	②
	基本 214	3次関数が極値をもつ条件，もたない条件	③
	重要 215	3次関数のグラフの対称性	③
	基本 216	3次関数の極大値と極小値の和	③
	重要 217	3次関数の極大値と極小値の差	③
	重要 218	4次関数が極大値をもたない条件	④
37	基本 219	区間における関数の最大・最小 (1)	②
	重要 220	区間における関数の最大・最小 (2)	③
	基本 221	最大・最小の文章題（微分利用）	②
	基本 222	最大値・最小値から3次関数の決定	③
	基本 223	係数に文字を含む3次関数の最大・最小	③
	重要 224	区間に文字を含む3次関数の最大・最小	⑤
	基本 225	三角関数の最大・最小（微分利用）	③
	基本 226	指数関数・対数関数の最大・最小（微分利用）	③
	基本 227	3次方程式の実数解の個数 (1)	②
	基本 228	3次方程式の実数解の個数 (2)	③
	基本 229	不等式の証明（微分利用）	②
38	演習 230	x，y，z の条件式と最大・最小（微分利用）	④
	演習 231	4次関数のグラフと2点で接する直線	④
	演習 232	3本の接線が引けるための条件 (1)	④
	演習 233	3本の接線が引けるための条件 (2)	⑤
	演習 234	不等式が常に成り立つ条件（微分利用）	④

34 微分係数と導関数

基本事項

1 平均変化率と微分係数

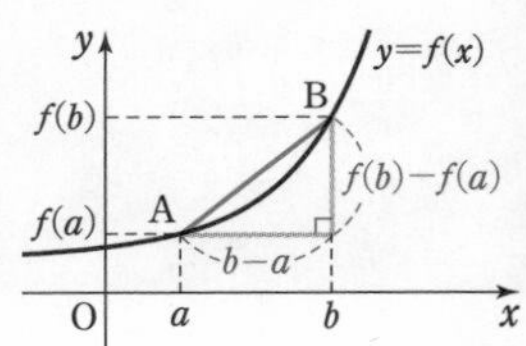

関数 $y=f(x)$ において，x の値が a から b まで変化するとき，y の変化量 $f(b)-f(a)$ の x の変化量 $b-a$ に対する割合 $\dfrac{f(b)-f(a)}{b-a}$ …… ① を，x が a から b まで変化するときの関数 $f(x)$ の **平均変化率** という。

右図において，平均変化率 ① は直線 AB の傾きを表す。

また，関数 $f(x)$ の平均変化率 ① において，a の値を定め，b を a に限りなく近づけるとき，① がある一定の値 α に限りなく近づく場合，この値 α を，関数 $f(x)$ の $x=a$ における **微分係数** または変化率といい，$f'(a)$ で表す。

関数 $f(x)$ の $x=a$ における微分係数（変化率）の定義を lim を用いて表すと

$$f'(a)=\lim_{b\to a}\frac{f(b)-f(a)}{b-a} \quad \text{または} \quad f'(a)=\lim_{h\to 0}\frac{f(a+h)-f(a)}{h}$$

2 微分係数の図形的意味

$x=a$ における関数 $f(x)$ の微分係数 $f'(a)$ は，曲線 $y=f(x)$ 上の点 $\mathrm{A}(a,\ f(a))$ における曲線の **接線の傾き** を表す。

3 導関数

関数 $f(x)$ の導関数 $\quad f'(x)=\lim_{h\to 0}\dfrac{f(x+h)-f(x)}{h}$ …… ②

4 関数 x^n と定数関数の導関数

関数 x^n の導関数は $\quad (x^n)'=nx^{n-1} \quad$ （n は正の整数）

定数関数 c の導関数は $\quad (c)'=0$

5 導関数の性質

k，l は定数とする。

1 $\{kf(x)\}'=kf'(x)$

2 $\{f(x)+g(x)\}'=f'(x)+g'(x)$

3 $\{kf(x)+lg(x)\}'=kf'(x)+lg'(x)$

解　説

■極限値

関数 $f(x)$ において，x が a と異なる値をとりながら a に限りなく近づくとき，$f(x)$ がある一定の値 α に限りなく近づく場合，この値 α を，$x \longrightarrow a$ のときの $f(x)$ の **極限値** という。これを，次のように表す。

$$\lim_{x\to a}f(x)=\alpha \quad \text{または} \quad x \longrightarrow a \text{ のとき } f(x) \longrightarrow \alpha$$

なお，$\lim_{x\to a}f(x)$ は $f(a)$ のことではない。x が a に限りなく近づくとき，$f(x)$ が限りなく近づく一定の値があるならば，それを $\lim_{x\to a}f(x)$ と表すのである。

参考　記号 lim は，極限を意味する英語 limit を略したものである。

■ 微分係数の図形的意味

一般に，曲線 $y=f(x)$ 上に定点 $\mathrm{A}(a,\ f(a))$ と動点Pがあって，Pが曲線上を移動しながらAに限りなく近づくとき，直線APは点Aを通る傾き $f'(a)$ の直線ATに限りなく近づく。この直線ATを，点Aにおける曲線 $y=f(x)$ の **接線** といい，Aをこの接線の **接点** という。

微分係数 $f'(a)$ …… 曲線 $y=f(x)$ 上の点 $\mathrm{A}(a,\ f(a))$ における曲線の接線の傾き

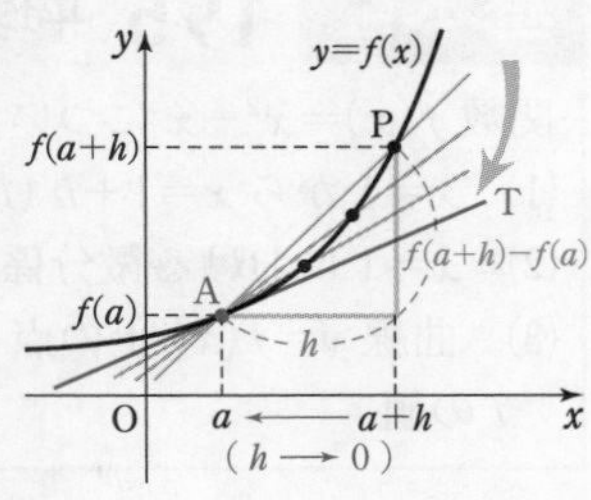

■ 導関数

関数 $y=f(x)$ において，x の各値 a に微分係数 $f'(a)$ を対応させて得られる新しい関数を，関数 $f(x)$ の **導関数** といい，$\boldsymbol{f'(x)}$ で表す。

前ページの **3** ② で，h は x の変化量を表している。h を **x の増分** といい，関数 $y=f(x)$ の変化量 $f(x+h)-f(x)$ を **y の増分** という。

なお，x と y の増分を，それぞれ $\boldsymbol{\varDelta x}$，$\boldsymbol{\varDelta y}$ で表すことがあり，この記号を用いると **3** ② は次のように表される。

$$f'(x)=\lim_{\varDelta x\to 0}\frac{\varDelta y}{\varDelta x}=\lim_{\varDelta x\to 0}\frac{f(x+\varDelta x)-f(x)}{\varDelta x}$$

関数 $f(x)$ から導関数 $f'(x)$ を求めることを，$f(x)$ を **微分する** という。

◀導関数を表す記号として，$f'(x)$ の他に y'，$\dfrac{dy}{dx}$，$\dfrac{d}{dx}f(x)$ などが用いられる。

◀$\varDelta$ はギリシア文字で，デルタと読む。また，$\varDelta x$ は $\varDelta$ と x の積ではなく，$\boxed{\varDelta x}$ で1つの文字と考える。

■ 関数 x^n の導関数 （n は正の整数）

関数 $y=x^n$ の導関数を，簡単に $(x^n)'$ と表すことがある。

二項定理により

$$(x+h)^n=x^n+{}_n\mathrm{C}_1x^{n-1}h+{}_n\mathrm{C}_2x^{n-2}h^2+\cdots\cdots+{}_n\mathrm{C}_nh^n$$

◀$p.13$ 参照。

ゆえに $\varDelta y=(x+h)^n-x^n$

$={}_n\mathrm{C}_1x^{n-1}h+({}_n\mathrm{C}_2x^{n-2}+\cdots\cdots+{}_n\mathrm{C}_nh^{n-2})h^2$

よって $(x^n)'=\displaystyle\lim_{h\to 0}\frac{(x+h)^n-x^n}{h}=\lim_{h\to 0}\{{}_n\mathrm{C}_1x^{n-1}+(\cdots\cdots)h\}$

$={}_n\mathrm{C}_1x^{n-1}=nx^{n-1}$

特に，**定数関数 $\boldsymbol{y=c}$ の導関数** は，$\varDelta y=c-c=0$ であるから　$\boldsymbol{y'=0}$

■ 導関数の性質

（**5** 1，2 の証明）　$y=kf(x)$ （k は定数）のとき

$$\varDelta y=kf(x+\varDelta x)-kf(x)=k\{f(x+\varDelta x)-f(x)\}$$

よって $y'=\displaystyle\lim_{\varDelta x\to 0}\frac{\varDelta y}{\varDelta x}=\lim_{\varDelta x\to 0}\left\{k\cdot\frac{f(x+\varDelta x)-f(x)}{\varDelta x}\right\}=kf'(x)$

また，$y=f(x)+g(x)$ のとき

$\varDelta y=\{f(x+\varDelta x)+g(x+\varDelta x)\}-\{f(x)+g(x)\}$

$=\{f(x+\varDelta x)-f(x)\}+\{g(x+\varDelta x)-g(x)\}$

ゆえに $y'=\displaystyle\lim_{\varDelta x\to 0}\frac{\varDelta y}{\varDelta x}=\lim_{\varDelta x\to 0}\left\{\frac{f(x+\varDelta x)-f(x)}{\varDelta x}+\frac{g(x+\varDelta x)-g(x)}{\varDelta x}\right\}$

$=f'(x)+g'(x)$

1，2 から　$\boldsymbol{\{kf(x)+lg(x)\}'}=\{kf(x)\}'+\{lg(x)\}'\boldsymbol{=kf'(x)+lg'(x)}$

なお，3 で $k=1$，$l=-1$ とすると，$\boldsymbol{\{f(x)-g(x)\}'=f'(x)-g'(x)}$ が導かれる。

◀左の証明では，次の関数の極限値の性質（数学Ⅲ）を利用する。
$\displaystyle\lim_{x\to a}f(x)=\alpha$，$\displaystyle\lim_{x\to a}g(x)=\beta$ のとき
$\displaystyle\lim_{x\to a}kf(x)=k\alpha$ （k は定数），
$\displaystyle\lim_{x\to a}\{f(x)+g(x)\}=\alpha+\beta$

基本例題 195 平均変化率と微分係数

関数 $f(x)=x^2-x$ について，次のものを求めよ。

(1) $x=1$ から $x=1+h\ (h\neq 0)$ まで変化するときの平均変化率

(2) $x=1$ における微分係数

(3) 曲線 $y=f(x)$ 上の点 $\mathrm{A}(t,\ f(t))$ における接線の傾きが -1 となるとき，t の値

p.314 基本事項 1，2　重要 196

(1) **平均変化率** は $\dfrac{f(b)-f(a)}{b-a}$

$a=1$，$b=1+h$ とする。

(2) $x=a$ における **微分係数** は

$$f'(a)=\lim_{b\to a}\frac{f(b)-f(a)}{b-a}$$

または $$f'(a)=\lim_{h\to 0}\frac{f(a+h)-f(a)}{h}$$

(3) 点 A における **接線の傾き** は，**微分係数 $f'(t)$ に等しい**。

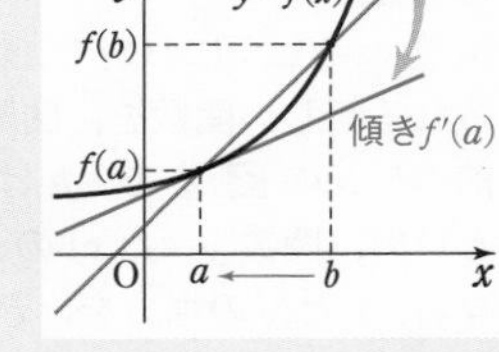

解答

(1) $\dfrac{f(1+h)-f(1)}{(1+h)-1}=\dfrac{(1+h)^2-(1+h)-0}{h}=\dfrac{h^2+h}{h}$
$=\boldsymbol{h+1}$

◀ $h\neq 0$ であるから，h で約分できる。

(2) (1) から $f'(1)=\lim\limits_{h\to 0}\dfrac{f(1+h)-f(1)}{(1+h)-1}=\lim\limits_{h\to 0}(h+1)=\mathbf{1}$

◀ $a=1$，$b=1+h$ で，$b\longrightarrow a$ と $h\longrightarrow 0$ は同値。

別解 $f'(1)=\lim\limits_{b\to 1}\dfrac{f(b)-f(1)}{b-1}=\lim\limits_{b\to 1}\dfrac{b^2-b}{b-1}=\lim\limits_{b\to 1}\dfrac{b(b-1)}{b-1}$
$=\lim\limits_{b\to 1}b=\mathbf{1}$

◀ $f(b)=b^2-b$，$f(1)=0$

(3) $f'(t)=\lim\limits_{h\to 0}\dfrac{f(t+h)-f(t)}{h}$

◀ 微分係数 $f'(t)$ を求める。

$=\lim\limits_{h\to 0}\dfrac{\{(t+h)^2-(t+h)\}-(t^2-t)}{h}$

◀ $2th+h^2-h=h(2t+h-1)$

$=\lim\limits_{h\to 0}\dfrac{2th+h^2-h}{h}=\lim\limits_{h\to 0}(2t+h-1)=2t-1$

◀ $h\neq 0$ であるから，h で約分できる。

点 A における接線の傾きが -1 であるから

$f'(t)=-1$

よって　$2t-1=-1$

ゆえに　$\boldsymbol{t=0}$

練習 ① 195 関数 $y=3x^2-5x$ について，次のものを求めよ。

(1) $x=3$ から $x=7$ まで変化するときの平均変化率

(2) $x=2$ から $x=2+h\ (h\neq 0)$ まで変化するときの平均変化率

(3) $x=2$ における微分係数

(4) 放物線 $y=3x^2-5x$ の $x=c$ における接線の傾きが，(1) で求めた平均変化率の値に等しいとき，c の値

重要例題 196 関数の極限値 (1)

①①①①①

次の極限値を求めよ。

(1) $\lim_{x\to2}(x^2-3x+4)$　(2) $\lim_{x\to1}\frac{x^2-1}{x-1}$　(3) $\lim_{x\to1}\frac{\sqrt{x}-1}{x-1}$

基本 195

指針 (1) x の多項式で表される関数 $f(x)$ については，a が関数の定義域に属するとき，$\lim_{x\to a}f(x)=f(a)$ が成り立つ。これは，極限値と関数の値が等しいということで，$x\longrightarrow2$ とすることは $x=2$ を代入するのと同じである。

(2), (3) 機械的に $x=1$ を代入すると，ともに $\frac{0}{0}$ の形（これを **不定形の極限** ということがある）となって，(1) のようにはいかない。このような場合は，関数の式を **極限値が求められる形に変形** する。

⟶ (2) では，分母・分子の式で $x=1$ を代入すると 0 になるから，$x-1$ を因数にもつ。よって，$x-1$ で **約分** すると，極限値が求められる形になる。

(3) では，分子の無理式を **有理化** すると，$x-1$ が現れるから，$x-1$ で **約分** できる。

解答

(1) $\lim_{x\to2}(x^2-3x+4)=2^2-3\cdot2+4=\mathbf{2}$

(2) $\lim_{x\to1}\frac{x^2-1}{x-1}=\lim_{x\to1}\frac{(x+1)(x-1)}{x-1}$

$=\lim_{x\to1}(x+1)=\mathbf{2}$

(3) $\lim_{x\to1}\frac{\sqrt{x}-1}{x-1}$

$=\lim_{x\to1}\frac{(\sqrt{x}-1)(\sqrt{x}+1)}{(x-1)(\sqrt{x}+1)}$

$=\lim_{x\to1}\frac{x-1}{(x-1)(\sqrt{x}+1)}$

$=\lim_{x\to1}\frac{1}{\sqrt{x}+1}=\frac{1}{1+1}=\mathbf{\frac{1}{2}}$

(2) $y=\frac{x^2-1}{x-1}$ は $x=1$ で定義されないが，$x\longrightarrow1$ とは，x が 1 とは異なる値をとりながら 1 に近づくことであるから（左図参照），$x\neq1$（すなわち $x-1\neq0$）として変形してよい。

参考 関数の極限値の性質（数学Ⅲの範囲）

$\lim_{x\to a}f(x)=\alpha$，$\lim_{x\to a}g(x)=\beta$，k，l は定数とする。

1 $\lim_{x\to a}kf(x)=k\alpha$　2 $\lim_{x\to a}\{f(x)+g(x)\}=\alpha+\beta$，$\lim_{x\to a}\{f(x)-g(x)\}=\alpha-\beta$

3 $\lim_{x\to a}\{kf(x)+lg(x)\}=k\alpha+l\beta$　4 $\lim_{x\to a}f(x)g(x)=\alpha\beta$　5 $\lim_{x\to a}\frac{f(x)}{g(x)}=\frac{\alpha}{\beta}$ $(\beta\neq0)$

練習 ③196 次の極限値を求めよ。

(1) $\lim_{x\to-1}(x^3-2x+3)$　(2) $\lim_{x\to3}\frac{x^2-x-6}{x^2+x-12}$

(3) $\lim_{x\to0}\frac{2}{x}\left(\frac{1}{x-1}+1\right)$　(4) $\lim_{x\to1}\frac{\sqrt{x+8}-3}{x-1}$

p.326 EX126

重要例題 197 関数の極限値 (2) … 係数決定・微分係数利用

(1) 等式 $\lim_{x\to1}\frac{x^2+ax+b}{x-1}=3$ を満たす定数 a，b の値を求めよ。

(2) $\lim_{h\to0}\frac{f(a-3h)-f(a)}{h}$ を $f'(a)$ を用いて表せ。

p.314 基本事項 1，基本 195

指針 (1) $x\longrightarrow1$ のとき，分母 $x-1\longrightarrow0$ であるから，極限値が存在するためには，分子 $x^2+ax+b\longrightarrow0$ でなければならない(数学Ⅲの内容)。一般に

$$\lim_{x\to c}\frac{f(x)}{g(x)}=\alpha \text{ かつ } \lim_{x\to c}g(x)=0 \text{ なら } \lim_{x\to c}f(x)=0$$

← 必要条件

$\frac{k}{0}$ $(k\neq0)$ ならば 極限値存在せず

まず，分子 $\longrightarrow0$ から，a と b の関係式を導く。

次に，極限値を計算して，それが $=3$ となる条件から，a，b の値を求める。

(2) **微分係数の定義** の式 $f'(a)=\lim_{h\to0}\frac{f(a+h)-f(a)}{h}$ が使えるように，**式を変形**する。

解答

(1) $\lim_{x\to1}(x-1)=0$ であるから $\lim_{x\to1}(x^2+ax+b)=0$

◀必要条件。

ゆえに $1+a+b=0$

よって $b=-a-1$ …… ①

このとき
$$\lim_{x\to1}\frac{x^2+ax+b}{x-1}=\lim_{x\to1}\frac{x^2+ax-a-1}{x-1}$$
$$=\lim_{x\to1}\frac{(x-1)(x+a+1)}{x-1}=\lim_{x\to1}(x+a+1)$$
$$=a+2$$

$a+2=3$ から $\boldsymbol{a=1}$

① から $\boldsymbol{b=-2}$

注意 必要条件である $b=-a-1$ を代入して (極限値)$=3$ が成り立つような a，b の値を求めているから $a=1$，$b=-2$ は必要十分条件である。

(2) $h\longrightarrow0$ のとき，$-3h\longrightarrow0$ であるから

$$\lim_{h\to0}\frac{f(a-3h)-f(a)}{h}=\lim_{h\to0}\frac{f(a+(-3h))-f(a)}{-3h}\cdot(-3)$$
$$=f'(a)\cdot(-3)$$
$$=\boldsymbol{-3f'(a)}$$

別解 $-3h=t$ とおくと，$h\longrightarrow0$ のとき $t\longrightarrow0$ であるから

$$(\text{与式})=\lim_{t\to0}\frac{f(a+t)-f(a)}{-\frac{t}{3}}=\lim_{t\to0}\frac{f(a+t)-f(a)}{t}\cdot(-3)$$
$$=\boldsymbol{-3f'(a)}$$

$$\lim_{h\to0}\frac{f(a+\square)-f(a)}{\square}=f'(a)$$
□は同じ式で，$h\longrightarrow0$ のとき □$\longrightarrow0$

□の部分を同じものにするために，〰のような変形をしている。$h\longrightarrow0$ のとき $3h\longrightarrow0$ だからといって，(与式)$=f'(a)$ としては 誤り！

練習 ③197

(1) 等式 $\lim_{x\to3}\frac{ax^2+bx+3}{x^2-2x-3}=\frac{5}{4}$ を満たす定数 a，b の値を求めよ。

(2) $\lim_{h\to0}\frac{f(a+2h)-f(a-h)}{h}$ を $f'(a)$ を用いて表せ。

p.326 EX127

基本 例題 198 導関数の計算(1) … 定義，$(x^n)'=nx^{n-1}$

①①①①①

次の関数を微分せよ。ただし，(1)，(2) は導関数の定義に従って微分せよ。

(1) $y=x^2+4x$　　(2) $y=\dfrac{1}{x}$

(3) $y=4x^3-x^2-3x+5$　　(4) $y=-3x^4+2x^3-5x^2+7$

p.314 基本事項 3～5

指針 (1)，(2)　**導関数の定義**　$f'(x)=\lim_{h\to 0}\dfrac{f(x+h)-f(x)}{h}$　を利用して計算。

(3)，(4)　次の公式や性質を使って，導関数を求める。(n は正の整数，k，l は定数)

$(x^n)'=nx^{n-1}$　　特に　(定数)$'=0$

$\{kf(x)+lg(x)\}'=kf'(x)+lg'(x)$

解答

(1) $y'=\lim_{h\to 0}\dfrac{\{(x+h)^2+4(x+h)\}-(x^2+4x)}{h}$

$=\lim_{h\to 0}\dfrac{(x+h)^2-x^2+4(x+h)-4x}{h}$

$=\lim_{h\to 0}\dfrac{2hx+h^2+4h}{h}=\lim_{h\to 0}(2x+h+4)$

$=\mathbf{2x+4}$

◀ $f(x)=x^2+4x$ とすると $f(x+h)=(x+h)^2+4(x+h)$

◀ 項をうまく組み合わせて，分子を計算する。

(2) $\dfrac{1}{x+h}-\dfrac{1}{x}=\dfrac{x-(x+h)}{(x+h)x}=\dfrac{-h}{(x+h)x}$ であるから

$y'=\lim_{h\to 0}\left\{\dfrac{-h}{(x+h)x}\cdot\dfrac{1}{h}\right\}=\lim_{h\to 0}\dfrac{-1}{(x+h)x}=\mathbf{-\dfrac{1}{x^2}}$

◀ 導関数の定義式の分子 $f(x+h)-f(x)$ を先に計算している。

(3) $y'=(4x^3-x^2-3x+5)'=4(x^3)'-(x^2)'-3(x)'+(5)'$

$=4\cdot 3x^2-2x-3\cdot 1=\mathbf{12x^2-2x-3}$

(4) $y'=(-3x^4+2x^3-5x^2+7)'$

$=-3(x^4)'+2(x^3)'-5(x^2)'+(7)'$

$=-3\cdot 4x^3+2\cdot 3x^2-5\cdot 2x=\mathbf{-12x^3+6x^2-10x}$

◀ $\{kf(x)+lg(x)\}'=kf'(x)+lg'(x)$

◀ $(x^n)'=nx^{n-1}$，(定数)$'=0$

検討

x^n の微分についての指数の拡張

p.314 基本事項 4 において，$(x^n)'=nx^{n-1}$ (**n は正の整数**) とあるが，n は正の整数に限らず，負の整数や有理数であっても，この公式は成り立つ (詳しくは数学Ⅲで学習する)。例えば，上の例題(2) については，$n=-1$ として，公式 $(x^n)'=nx^{n-1}$ を用いると

$$\left(\frac{1}{x}\right)'=(x^{-1})'=-1\cdot x^{-1-1}=-x^{-2}=-\frac{1}{x^2}$$

となり，上の結果と一致する。

練習 ②198 次の関数を微分せよ。ただし，(1)，(2) は導関数の定義に従って微分せよ。

(1) $y=x^2-3x+1$　　(2) $y=\sqrt{x}$

(3) $y=-x^3+5x^2-2x+1$　　(4) $y=2x^4-3x^2+7x-9$

基本例題 199 導関数の計算 (2) … 展開してから微分 ①①①①①

次の関数を微分せよ。

(1) $y=(x+1)(x^2-3)$　　(2) $y=(2x+1)^3$

(3) $y=(x^2-2x+3)^2$　　(4) $y=(4x-3)^2(2x+3)$

／基本 198

指針 積や累乗の形のものは，展開してから，公式を使って微分すればよい。

$(x^n)'=nx^{n-1}$ (n は正の整数)，$\{kf(x)+lg(x)\}'=kf'(x)+lg'(x)$ (k，l は定数)

別解 のように，次ページで紹介する，次の公式 ①，② を利用してもよい。

① $\{f(x)g(x)\}'=f'(x)g(x)+f(x)g'(x)$ （積の導関数の公式）

② $\{(ax+b)^n\}'=n(ax+b)^{n-1}(ax+b)'$

一般に $(\{f(x)\}^n)'=n\{f(x)\}^{n-1}f'(x)$ （n は自然数）

解答

(1) $y=x^3+x^2-3x-3$

よって　$y'=3x^2+2x-3\cdot1=\mathbf{3x^2+2x-3}$

(2) $y=(2x)^3+3(2x)^2\cdot1+3\cdot2x\cdot1^2+1^3=8x^3+12x^2+6x+1$

よって　$y'=8\cdot3x^2+12\cdot2x+6\cdot1=\mathbf{24x^2+24x+6}$

(3) $y=(x^2)^2+(-2x)^2+3^2+2\cdot x^2\cdot(-2x)+2\cdot(-2x)\cdot3+2\cdot3\cdot x^2$

$=x^4-4x^3+10x^2-12x+9$

よって　$y'=4x^3-4\cdot3x^2+10\cdot2x-12\cdot1=\mathbf{4x^3-12x^2+20x-12}$

(4) $y=(16x^2-24x+9)(2x+3)=32x^3-54x+27$

よって　$y'=32\cdot3x^2-54\cdot1=\mathbf{96x^2-54}$

別解 (1) $y'=(x+1)'(x^2-3)+(x+1)(x^2-3)'=1\cdot(x^2-3)+(x+1)\cdot2x$

$=\mathbf{3x^2+2x-3}$

(2) $y'=3(2x+1)^{3-1}(2x+1)'=3(2x+1)^2\cdot2=\mathbf{6(2x+1)^2}$

(3) $y'=2(x^2-2x+3)^{2-1}(x^2-2x+3)'=2(x^2-2x+3)\cdot(2x-2)$

$=\mathbf{4(x-1)(x^2-2x+3)}$

(4) $y'=\{(4x-3)^2\}'(2x+3)+(4x-3)^2(2x+3)'$　◀まず，積の導関数。

$=\{2(4x-3)^{2-1}(4x-3)'\}(2x+3)+(4x-3)^2\cdot2$

$=\{2(4x-3)\cdot4\}(2x+3)+2(4x-3)^2=2(4x-3)\{4(2x+3)+(4x-3)\}$

$=2(4x-3)(12x+9)=\mathbf{6(4x-3)(4x+3)}$

参考 別解 の (2)～(4) の結果は，展開すると上の解答と同じになる。

注意 公式 ① $\{f(x)g(x)\}'=f'(x)g(x)+f(x)g'(x)$，② $\{(ax+b)^n\}'=n(ax+b)^{n-1}(ax+b)'$ には，式を展開せずに計算できるメリットがある。ただし，便利な公式であるが，次のようなミスをしやすいので，正確に押さえておこう。

(1) $y'=(x+1)'(x^2-3)'$ ×　◀両方を同時に微分しない。

$y'=(x+1)'(x^2-3)+(x+1)'(x^2-3)'$ ×　◀後半の項の $x+1$ は微分しない。

(2) $y'=3(2x+1)^2$ ×　◀$(2x+1)'$ を掛け忘れない。

練習 ②**199** 次の関数を微分せよ。

(1) $y=(x-1)(2x+3)$　(2) $y=(x-1)(x^2+x-4)$　(3) $y=(-2x+1)^3$

(4) $y=(x^3-2x)^2$　(5) $y=(3x+2)^2(x-1)$

参考事項 積と累乗の微分

積の形や累乗の形で表された関数の微分には，次の公式が便利である。これらは，数学Ⅲで学習するものであるが，覚えておくとよい。なお，n は自然数とする。

① $\{f(x)g(x)\}'=f'(x)g(x)+f(x)g'(x)$ ⟵ 積の導関数の公式とよばれる。

② $\{(ax+b)^n\}'=n(ax+b)^{n-1}(ax+b)'$ 一般に $(\{f(x)\}^n)'=n\{f(x)\}^{n-1}f'(x)$

① の証明

$F(x)=f(x)g(x)$ とおくと，導関数の定義から

$$F'(x)=\lim_{h\to 0}\frac{F(x+h)-F(x)}{h}=\lim_{h\to 0}\frac{f(x+h)g(x+h)-f(x)g(x)}{h}$$

$$=\lim_{h\to 0}\frac{f(x+h)g(x+h)-f(x)g(x+h)+f(x)g(x+h)-f(x)g(x)}{h}$$

$$=\lim_{h\to 0}\left\{\frac{f(x+h)-f(x)}{h}\cdot g(x+h)+f(x)\cdot\frac{g(x+h)-g(x)}{h}\right\}$$

$$=f'(x)g(x)+f(x)g'(x)$$

重要例題 197 (2)，練習 197 (2) の式変形と同じように変形。

② の証明

$\{(ax+b)^n\}'=n(ax+b)^{n-1}(ax+b)'$ …… Ⓐ とし，数学的帰納法（下の 補足 参照）を利用して証明する。

[1] $n=1$ のとき　(左辺)$=(ax+b)'=a$，(右辺)$=1\cdot(ax+b)^0\cdot(ax+b)'=a$

ゆえに，$n=1$ のとき，等式 Ⓐ は成り立つ。

[2] $n=k$ のとき，等式 Ⓐ が成り立つ，すなわち

$$\{(ax+b)^k\}'=k(ax+b)^{k-1}(ax+b)'=ak(ax+b)^{k-1} \quad\cdots\cdots \text{Ⓑ}$$

と仮定する。$n=k+1$ のときについて

$$\{(ax+b)^{k+1}\}'=\{(ax+b)^k(ax+b)\}'$$
$$=\{(ax+b)^k\}'(ax+b)+(ax+b)^k(ax+b)' \quad ⟵ ①から。$$
$$=ak(ax+b)^{k-1}(ax+b)+(ax+b)^k\cdot a \quad ⟵ Ⓑから。$$
$$=a(ax+b)^k(k+1)$$
$$=(k+1)(ax+b)^{(k+1)-1}(ax+b)'$$

よって，$n=k+1$ のときにも等式 Ⓐ は成り立つ。

[1]，[2] により，等式 Ⓐ はすべての自然数 n について成り立つ。

注意 ② の公式を利用するときは，右の〰〰の部分を掛け忘れないように注意が必要である。

かたまりと見て微分 × 中身の微分

$$\{(ax+b)^n\}'=n(ax+b)^{n-1}\underbrace{(ax+b)'}$$

↑ 忘れないように注意

補足 **数学的帰納法**（数学Bで学習）

自然数 n に関する命題 P が，すべての自然数 n について成り立つことを数学的帰納法で証明するには，次の [1] と [2] を示す。

[1] **$n=1$ のとき P が成り立つ。**

[2] **$n=k$ のとき P が成り立つと仮定すると，$n=k+1$ のときにも P が成り立つ。**

基本例題 200 導関数と微分係数

①①①①①

(1) 関数 $f(x)=2x^3+3x^2-8x$ について，$x=-2$ における微分係数を求めよ。

(2) 2 次関数 $f(x)$ が次の条件を満たすとき，$f(x)$ を求めよ。

$$f(1)=-3,\quad f'(1)=-1,\quad f'(0)=3$$

(3) 2 次関数 $f(x)=x^2+ax+b$ が $2f(x)=(x+1)f'(x)+6$ を満たすとき，定数 a，b の値を求めよ。

基本 198　重要 203

指針

(1) $x=a$ における微分係数 $f'(a)$ は，導関数 $f'(x)$ を求めて，それに $x=a$ を代入すると，簡単に求められる。

(2) [1] $f(x)$ は 2 次関数であるから，$f(x)=ax^2+bx+c$ $(a\neq 0)$ とする。

[2] 導関数 $f'(x)$ を求め，条件を a，b，c で表す。

[3] a，b，c の連立方程式を解く。

(3) 導関数 $f'(x)$ を求め，条件の等式に代入する。

→ x についての恒等式である ことから，a，b の値が求められる。

解答

(1) $f'(x)=2\cdot 3x^2+3\cdot 2x-8\cdot 1=6x^2+6x-8$

したがって　$\boldsymbol{f'(-2)}=6\cdot(-2)^2+6\cdot(-2)-8$

$=\boldsymbol{4}$

(2) $f(x)=ax^2+bx+c$ $(a\neq 0)$ とすると

$$f'(x)=2ax+b$$

$f(1)=-3$ から　$a+b+c=-3$

$f'(1)=-1$ から　$2a+b=-1$

$f'(0)=3$ から　$b=3$

これを解いて　$a=-2$，$b=3$，$c=-4$

したがって　$\boldsymbol{f(x)=-2x^2+3x-4}$

(3) $f(x)=x^2+ax+b$ から　$f'(x)=2x+a$

与えられた等式に代入すると

$$2(x^2+ax+b)=(x+1)(2x+a)+6$$

整理して　$2x^2+2ax+2b=2x^2+(a+2)x+a+6$

これが x についての恒等式であるから，両辺の係数を比較すると　$2a=a+2$，$2b=a+6$

これを解いて　$\boldsymbol{a=2,\ b=4}$

微分係数 $f'(a)$ の求め方

[1] 定義（$p.314$ **1**）に従って求める。

[2] 導関数 $f'(x)$ を求めて，$x=a$ を代入する。

の 2 通りがある。例題 **200** (1) では [2] の方法の方が早い。なお，定義に従うなら

$$f'(-2)=\lim_{h\to 0}\frac{f(-2+h)-f(-2)}{h}$$

または

$$f'(-2)=\lim_{x\to -2}\frac{f(x)-f(-2)}{x-(-2)}$$

として計算。

◀係数比較法。

練習 ② 200

(1) 関数 $y=2x^3-3x^2-12x+5$ の $x=1$ における微分係数を求めよ。〔大阪工大〕

(2) $f(x)$ は 3 次の多項式で，x^3 の係数が 1，$f(1)=2$，$f(-1)=-2$，$f'(-1)=0$ である。このとき，$f(x)$ を求めよ。〔神奈川大〕

(3) 3 次関数 $f(x)=2x^3+ax^2+bx+c$ が $6f(x)=(2x-1)f'(x)+6$ を満たす。このとき，定数 a，b，c の値を求めよ。

p.326 EX128 (1)

重要例題 201 $(x-a)^2$ で割ったときの余り(微分利用)

x についての多項式 $f(x)$ を $(x-a)^2$ で割ったときの余りを，a，$f(a)$，$f'(a)$ を用いて表せ。 ［早稲田大］

p.321 参考事項，重要 57

指針 多項式の割り算の問題では，次の等式を利用する。

$$A = B \times Q + R$$

割られる式　割る式　商　余り

2 次式 $(x-a)^2$ で割ったときの余りは 1 次式または定数であるから

$$f(x)=(x-a)^2Q(x)+px+q \quad [Q(x) \text{ は商，} p,\ q \text{ は定数}]$$

が成り立つ。この **両辺を x で微分** して，商 $Q(x)$ が関係する部分の式が $=0$ となるような値を代入すると，余りが求められる。

解答

$f(x)$ を $(x-a)^2$ で割ったときの商を $Q(x)$ とし，余りを $px+q$ とすると，次の等式が成り立つ。

$$f(x)=(x-a)^2Q(x)+px+q \quad \cdots\cdots ①$$

両辺を x で微分すると

$$f'(x)=\{(x-a)^2\}'Q(x)+(x-a)^2Q'(x)+p$$
$$=2(x-a)Q(x)+(x-a)^2Q'(x)+p \quad \cdots\cdots ②$$

①，② の両辺に $x=a$ を代入すると，それぞれ

$$f(a)=pa+q \quad \cdots\cdots ③,\qquad f'(a)=p \quad \cdots\cdots ④$$

④ から　$p=f'(a)$

よって，③ から　$q=f(a)-pa=f(a)-af'(a)$

したがって，求める余りは

$$\boldsymbol{xf'(a)+f(a)-af'(a)}$$

◀余りの次数は，割る式の次数より低い。

◀$\{f(x)g(x)\}'$
$=f'(x)g(x)+f(x)g'(x)$
$\{(ax+b)^n\}'$
$=n(ax+b)^{n-1}(ax+b)'$
($p.321$ 参照。)

検討

$(x-a)^2$ で割り切れるための条件

$f(x)$ が $(x-a)^2$ で割り切れることは，上で求めた余り $xf'(a)+f(a)-af'(a)$ が恒等的に 0 になる，ということである。

$xf'(a)+f(a)-af'(a)=0$ が x についての恒等式となるための条件は

$$f'(a)=0 \text{ かつ } f(a)-af'(a)=0$$

これより，$f(a)=f'(a)=0$ が得られる。よって，次のことが成り立つ。

x の多項式 $f(x)$ が $(x-a)^2$ で割り切れるための必要十分条件は

$$\boldsymbol{f(a)=f'(a)=0}$$

このとき，方程式 $f(x)=0$ は $(x-a)^2Q(x)=0$ の形になる。

したがって，この条件は，方程式 $f(x)=0$ が **$x=a$ を重解にもつ条件** であるともいえる。

練習 ③201 x についての多項式 $f(x)$ について，$f(3)=2$，$f'(3)=1$ であるとき，$f(x)$ を $(x-3)^2$ で割ったときの余りを求めよ。

p.326 EX128 (2)

基本例題 202 変化率

(1) 地上から真上に初速度 49 m/s で投げ上げられた物体の t 秒後の高さ h は $h=49t-4.9t^2$ (m) で与えられる。この運動について次のものを求めよ。ただし，v m/s は秒速 v m を意味する。

(ア) 1 秒後から 2 秒後までの平均の速さ　　(イ) 2 秒後の瞬間の速さ

(2) 半径 10 cm の球がある。毎秒 1 cm の割合で球の半径が大きくなっていくとき，球の体積の 5 秒後における変化率を求めよ。

p.314 基本事項 1

指針 (1) 高さ h は時刻 t の関数と考えることができる。$h=f(t)=49t-4.9t^2$ とする。

(ア) **平均の速さ** とは，**平均変化率** と同じこと。(h の変化量)÷(t の変化量) を計算。

(イ) 2 秒後の瞬間の速さを求めるには，2 秒後から $2+b$ 秒後までの平均の速さ（平均変化率）を求め，$b \longrightarrow 0$ のときの極限値を求めればよい。つまり，**微分係数 $f'(2)$ が $t=2$ における瞬間の速さ** である。

(2) まず，体積 V を時刻 t の関数で表す。これを $V=f(t)$ とすると，5 秒後の変化率は $t=5$ における微分係数 $f'(5)$ である。

解答

(1) (ア) $\dfrac{(49\cdot2-4.9\cdot2^2)-(49\cdot1-4.9\cdot1^2)}{2-1}=\mathbf{34.3\ (m/s)}$

(イ) t 秒後の瞬間の速さは，h の時刻 t に対する変化率である。h を t で微分すると　$\dfrac{dh}{dt}=49-9.8t$

求める瞬間の速さは，$t=2$ として

$$49-9.8\cdot2=\mathbf{29.4\ (m/s)}$$

(2) t 秒後の球の半径は $(10+t)$ cm である。

t 秒後の球の体積を V cm^3 とすると　$V=\dfrac{4}{3}\pi(10+t)^3$

V を t で微分して　$\dfrac{dV}{dt}=\dfrac{4}{3}\pi\cdot3(10+t)^2\cdot1=4\pi(10+t)^2$

求める変化率は，$t=5$ として

$$4\pi(10+5)^2=\mathbf{900\pi\ (cm^3/s)}$$

◀ t が a から b まで変化するときの関数 $f(t)$ の平均変化率は $\dfrac{f(b)-f(a)}{b-a}$

◀ $\dfrac{dh}{dt}$ については，下の 注意 参照。$h'=49-9.8t$ と書いてもよいが，$\dfrac{dh}{dt}$ と書くと関数 h を t で微分していることが式から伝わる。

◀ $\{(ax+b)^n\}'=n(ax+b)^{n-1}(ax+b)'$

注意 変数が x，y 以外の文字で表されている場合にも，導関数は今までと同様に取り扱う。例えば，関数 $h=f(t)$ の導関数は $f'(t)$，$\dfrac{dh}{dt}$，$\dfrac{d}{dt}f(t)$ などで表す。また，この導関数を求めることを，変数を明示して h を t で微分するということがある。

練習 ② 202 (1) 地上から真上に初速度 29.4 m/s で投げ上げられた物体の t 秒後の高さ h は，$h=29.4t-4.9t^2$ (m) で与えられる。この運動について，3 秒後の瞬間の速さを求めよ。

(2) 球の半径が 1 m から毎秒 10 cm の割合で大きくなるとき，30 秒後における球の表面積の変化率を求めよ。

重要例題 203 関数方程式を満たす多項式の決定 ④④④④④

x の多項式 $f(x)$ が常に $(x-3)f'(x)=2f(x)-6$ を満たし，$f(0)=0$ であるとする。

(1) $f(x)$ は何次の多項式であるか。

(2) $f(x)$ を求めよ。

重要 21，基本 200

指針 (1) $f(x)$ の **最高次の項を** ax^n ($a\neq0$，n は自然数) として，

$(x-3)f'(x)=2f(x)-6$ …… ① の左辺と右辺の **最高次の項を比較** する。

n **次の多項式** $\xrightarrow{\text{微分}}$ $n-1$ **次の多項式**　となることに注意。

なお，$f(x)$ が定数の場合は別に検討する必要がある。

(2) (1)の結果と $f(0)=0$ から $f(x)$ の式を文字定数を用いて表し，① に代入。

$p.322$ 基本例題 **200** (3) と同様に，恒等式の係数比較の方針で解く。

解答

$(x-3)f'(x)=2f(x)-6$ …… ① とする。

(1) $f(x)=c$ (c は定数) とすると，$f(0)=0$ から　$c=0$

よって　$f(x)=0$

これは条件 ① を満たさないから，適さない。

◀まず，$f(x)$ が定数の場合について検討。

◀$f(x)=0$ のとき，① において，(左辺)$=0$，(右辺)$=-6$ となる。

ゆえに，$f(x)$ の最高次の項を ax^n ($a\neq0$，n は自然数) とすると，$(x-3)f'(x)$ の最高次の項は

$x\cdot nax^{n-1}$　すなわち　nax^n

$2f(x)-6$ の最高次の項は　$2ax^n$

よって　$na=2a$

$a\neq0$ であるから　$n=2$

◀① の左辺と右辺の最高次の項の係数を等しいとおく。

したがって，$f(x)$ は **2次** の多項式である。

(2) (1)の結果と $f(0)=0$ から，$f(x)=ax^2+bx$ と表される。$f'(x)=2ax+b$ であるから，① より

◀$f(0)=0$ から，$f(x)$ の定数項は 0

$(x-3)(2ax+b)=2(ax^2+bx)-6$

整理すると　$2ax^2+(-6a+b)x-3b=2ax^2+2bx-6$

これが x についての恒等式であるから，両辺の係数を比較すると　$-6a+b=2b$，$-3b=-6$

◀係数比較法。

これを解くと　$a=-\dfrac{1}{3}$，$b=2$

したがって　$\boldsymbol{f(x)=-\dfrac{1}{3}x^2+2x}$

練習 ④203 x の多項式 $f(x)$ の最高次の項の係数は 1 で，$(x-1)f'(x)=2f(x)+8$ という関係が常に成り立つ。

(1) $f(x)$ は何次の多項式であるか。

(2) $f(x)$ を求めよ。　〔類 南山大〕

p.326 EX129

EXERCISES

③126 次の極限値を求めよ。 〔(2) 東京電機大, (4) 京都産大〕

(1) $\lim_{x\to-1}(2x^2-5x-6)$ (2) $\lim_{h\to0}\frac{(a+3h)^3-(a+h)^3}{h}$

(3) $\lim_{x\to-4}\frac{x^3+4x^2+2x+8}{x^2+x-12}$ (4) $\lim_{x\to0}\frac{\sqrt{1+x}-\sqrt{1-2x}}{x}$ →196

③127 (1) 等式 $\lim_{x\to3}\frac{x^2+2x-15}{x^2+ax+b}=3$ が成り立つように，定数 a，b の値を定めよ。

(2) 関数 $y=f(x)$ は $x=a\ (a\neq0)$ における微分係数をもつとき，$\lim_{x\to a}\frac{a^2f(x)-x^2f(a)}{x-a}$ を a，$f(a)$，$f'(a)$ を用いて表せ。

(3) 関数 $f(x)=x^3-ax^2+bx+4b-2$ は，$\lim_{x\to4}\frac{f(x)}{x-2}=-5$ を満たす。また，x の値が 3 から 6 まで変化するときの関数 $f(x)$ の平均変化率が，関数 $f(x)$ の $x=2+\sqrt{7}$ における微分係数に等しい。このとき，定数 a，b の値を求めよ。

〔(1) 久留米大, (3) 類 慶応大〕 →195, 197

③128 (1) 次の条件を満たす 3 次関数 $f(x)$ を求めよ。

$$f'(1)=f'(-1)=1,\ f(1)=0,\ f(-1)=2$$

〔国士舘大〕

(2) $f(x)=ax^{n+1}+bx^n+1$ (n は自然数) が $(x-1)^2$ で割り切れるように，定数 a，b の値を定めよ。 →200, 201

④129 x の 2 次関数 $f(x)$ が，任意の実数 a に対し

$$f(x+a)=f(x)+f(a)+4ax-1$$

を満たすとき，$f(0)$ の値を求めよ。また，$f'(0)=3$ であるとき，$f'(x)$，$f(x)$ を求めよ。 〔星薬大〕 →203

HINT

126 (3) まず，分母・分子を因数分解する。 (4) 分子を有理化する。

127 (1) $\lim_{x\to3}(x^2+ax+b)=0$ であることが必要。

(2) 微分係数の定義 $f'(a)=\lim_{x\to a}\frac{f(x)-f(a)}{x-a}$ を利用。

(3) $\lim_{x\to4}\frac{f(x)}{x-2}=\frac{f(4)}{4-2}$ また，後半の条件を式で表すと $\frac{f(6)-f(3)}{6-3}=f'(2+\sqrt{7})$

128 (1) $f(x)=ax^3+bx^2+cx+d\ (a\neq0)$ として，各条件から a，b，c，d の連立方程式を導き，それを解く。

(2) x の多項式 $f(x)$ が $(x-1)^2$ で割り切れるための必要十分条件は

$f(1)=f'(1)=0$ ($p.323$ 検討 参照。)

129 等式の両辺に $x=0$ を代入。

35 接　線

基本事項

1 接線の方程式

曲線 $y=f(x)$ 上の点 $\mathrm{A}(a,\ f(a))$ における曲線の接線の方程式は

$$\boldsymbol{y-f(a)=f'(a)(x-a)}$$

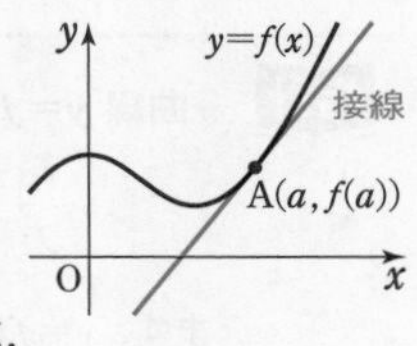

2 法線の方程式　[数学Ⅲで詳しく学習する]

曲線 $y=f(x)$ 上の点 $\mathrm{A}(a,\ f(a))$ における曲線の法線の方程式は,

$f'(a)\neq0$ のとき　$\boldsymbol{y-f(a)=-\dfrac{1}{f'(a)}(x-a)}$

解　説

■接線の方程式

p.315 で学習したように，関数 $f(x)$ の **微分係数** $f'(a)$ は，曲線 $y=f(x)$ 上の点 $\mathrm{A}(a,\ f(a))$ における **曲線の接線の傾き** を表している。

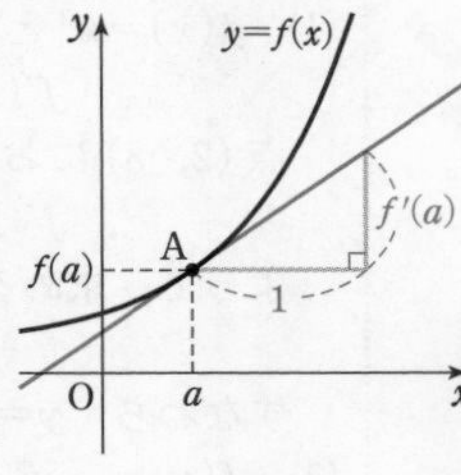

また，点 $(x_1,\ y_1)$ を通り，傾きが m の直線の方程式は

$$y-y_1=m(x-x_1)$$

よって，曲線 $y=f(x)$ 上の点 $\mathrm{A}(a,\ f(a))$ における接線の方程式は　$\boldsymbol{y-f(a)=f'(a)(x-a)}$　である。

なお，A はこの接線の **接点** である。

■法線の方程式

曲線 $y=f(x)$ 上の点 A を通り，A における接線と直交する直線を，点 A における曲線の **法線** という。

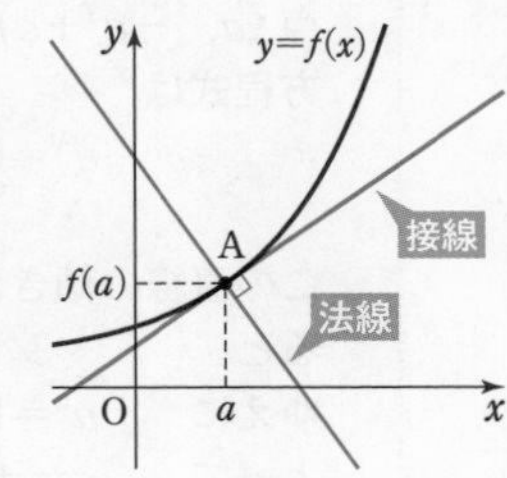

曲線 $y=f(x)$ 上の点 $\mathrm{A}(a,\ f(a))$ における接線の傾きが $f'(a)$ であるから，$f'(a)\neq0$ ならば，点 A における曲線の法線の傾きを m とすると　$mf'(a)=-1$　⟵ (傾きの積) $=-1$

ゆえに　$m=-\dfrac{1}{f'(a)}$

よって，曲線 $y=f(x)$ 上の点 $\mathrm{A}(a,\ f(a))$ における法線の方程式は　$\boldsymbol{y-f(a)=-\dfrac{1}{f'(a)}(x-a)}$　である。

例　放物線 $y=x^2-2x+3$ 上の点 $(3,\ 6)$ における接線と法線の方程式を求める。

$f(x)=x^2-2x+3$ とすると　$f'(x)=2x-2$

点 $(3,\ 6)$ における接線の傾きは　$f'(3)=2\cdot3-2=4$　⟵ (接線の傾き) $=$ (微分係数)

したがって，求める接線の方程式は　$y-6=4(x-3)$　すなわち　$y=4x-6$

また，点 $(3,\ 6)$ における法線の傾きは　$-\dfrac{1}{f'(3)}=-\dfrac{1}{4}$

したがって，求める法線の方程式は　$y-6=-\dfrac{1}{4}(x-3)$　すなわち　$y=-\dfrac{1}{4}x+\dfrac{27}{4}$

基本例題 204 接線の方程式(基本)

(1) 曲線 $y=x^3$ 上の点 $(2,\ 8)$ における接線の方程式を求めよ。

(2) 曲線 $y=-x^3+x$ に接し，傾きが -2 である直線の方程式を求めよ。

p.327 基本事項 1　重要 208

指針

曲線 $y=f(x)$ 上の点 $(a,\ f(a))$ における接線

傾き　$f'(a)$

方程式　$y-f(a)=f'(a)(x-a)$

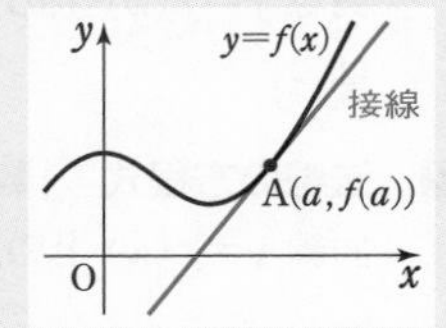

まず，$y=f(x)$ として，導関数 $f'(x)$ を求めることから始める。

(1) 点 $(2,\ 8)$ は曲線上の点であるから，公式が直ちに利用できる。

(2) 傾きは与えられているが，接点の座標が与えられていないから，まず，これを求める必要がある。
それには，$x=a$ の点における接線の傾きが -2 と考え，$f'(a)=-2$ を解く。

解答

(1) $f(x)=x^3$ とすると
$$f'(x)=3x^2$$
点 $(2,\ 8)$ における接線の傾きは
$$f'(2)=12$$
よって，求める接線の方程式は
$$y-8=12(x-2)$$
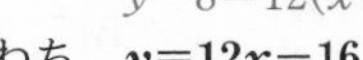
すなわち　$\boldsymbol{y=12x-16}$

(2) $f(x)=-x^3+x$ とすると
$$f'(x)=-3x^2+1$$
点 $(a,\ -a^3+a)$ における接線の方程式は
$$y-(-a^3+a)=(-3a^2+1)(x-a) \quad \cdots\cdots ①$$
この直線の傾きが -2 であるとすると　$-3a^2+1=-2$

ゆえに　$a^2=1$

よって　$a=\pm 1$

① から　$a=1$ のとき　$y=-2(x-1)$

　　　　$a=-1$ のとき　$y=-2(x+1)$

したがって　$\boldsymbol{y=-2x+2,\ y=-2x-2}$

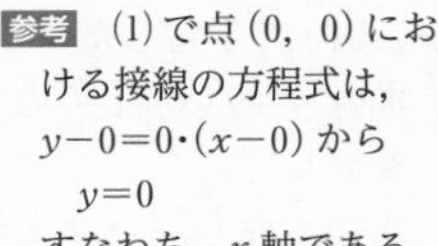

参考 (1) で点 $(0,\ 0)$ における接線の方程式は，$y-0=0\cdot(x-0)$ から $y=0$ すなわち，x 軸である。

◀点 $(x_1,\ y_1)$ を通り，傾きが m の直線の方程式は $\boldsymbol{y-y_1=m(x-x_1)}$

◀接点の座標が具体的に与えられていない。このような場合は，接点の x 座標を a とおいた接線の方程式と問題の条件から a の値を求める。

◀① を $y=●x+■$ の形に整理してから a の値を代入するより，① にそのまま a の値を代入する方が早い。

練習 ②204

(1) 曲線 $y=x^3-x^2-2x$ 上の点 $(3,\ 12)$ における接線の方程式を求めよ。

(2) 曲線 $y=x^3+3x^2$ に接し，傾きが 9 である直線の方程式を求めよ。

p.333 EX 130, 131

基本例題 205 曲線上にない点を通る接線

点 $(2,\ -2)$ から，曲線 $y=\dfrac{1}{3}x^3-x$ に引いた接線の方程式を求めよ。

基本 204

指針 点 $(2,\ -2)$ は曲線上にない。このようなときは，次の手順で接線を求める。

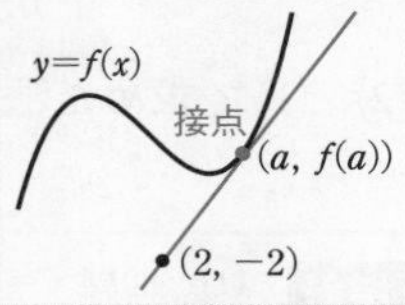

1 $y=f(x)$ とし，導関数 $f'(x)$ を求める。

2 接点の座標を $(a,\ f(a))$ として，接線の方程式を求める。

$$y-f(a)=f'(a)(x-a) \quad \cdots\cdots ★$$

3 接線が点 $(2,\ -2)$ を通る条件から a の値を求め，上の ★ の式に代入する。

CHART 曲線 C 上にない点 P から引いた接線　曲線 C の接線が点 P を通る と考える

解答

$f(x)=\dfrac{1}{3}x^3-x$ とすると

$f'(x)=x^2-1$

曲線 $y=f(x)$ 上の点 $(a,\ f(a))$ における接線の方程式は

$$y-\left(\frac{1}{3}a^3-a\right)=(a^2-1)(x-a)$$

すなわち

$$y=(a^2-1)x-\frac{2}{3}a^3 \quad \cdots\cdots ①$$

この直線が点 $(2,\ -2)$ を通るから

$$-2=(a^2-1)\cdot 2-\frac{2}{3}a^3$$

整理すると　$a^2(a-3)=0$　ゆえに　$a=0,\ 3$

求める接線の方程式は，この a の値を ① に代入して

$a=0$ のとき　$\boldsymbol{y=-x}$

$a=3$ のとき　$\boldsymbol{y=8x-18}$

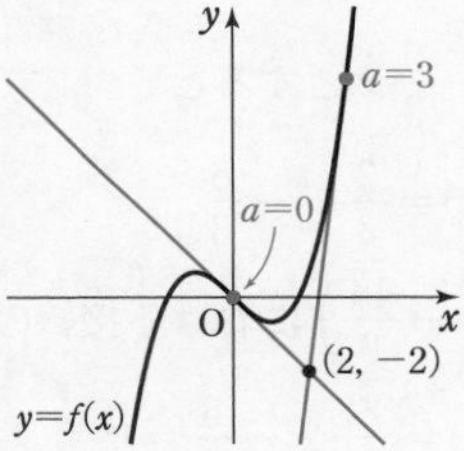

◀指針 ……★ の方針。曲線上の点 $(a,\ f(a))$ における接線が点 $(2,\ -2)$ を通る，と考え，a の方程式を解く。

◀$y-f(a)=f'(a)(x-a)$

検討

例題の接線 $y=-x$ の接点は原点で，$x<0$ では接線の下側に曲線があり，$x>0$ では接線の上側に曲線がある。このように，その接点で曲線を 2 つに分ける接線もある。

検討

「～における接線」，「～から引いた接線」の言葉の意味の違いに要注意

「点 A **における** 接線」という場合，**A は接点** であって，この接線は 1 本である。しかし，「点 B **から引いた** 接線」や「点 B **を通る** 接線」という場合，**B は接点であるとは限らない**（接線も 1 本であるとは限らない。練習 205 (2) 参照)。

このように，問題文の表現で状況が異なるから十分注意しよう。

練習 ② 205

(1) 点 $(3,\ 4)$ から，放物線 $y=-x^2+4x-3$ に引いた接線の方程式を求めよ。

(2) 点 $(2,\ 4)$ を通り，曲線 $y=x^3-3x+2$ に接する直線の方程式を求めよ。

p.333 EX 132

6章 35 接線

基本例題 206 法線の方程式

曲線 $y=\frac{2}{9}x^3-\frac{5}{3}x$ について，次のものを求めよ。

(1) 曲線上の点 $\left(2,\ -\frac{14}{9}\right)$ における法線の方程式

(2) (1)で求めた法線と曲線の共有点のうち，点 $\left(2,\ -\frac{14}{9}\right)$ 以外の点の座標

p.327 基本事項 2

指針 (1) 曲線 $y=f(x)$ 上の点 $\mathrm{A}(a,\ f(a))$ における **法線の方程式**

は $$y-f(a)=-\frac{1}{f'(a)}(x-a)$$

(2) (1)で求めた法線の方程式と曲線の方程式を連立させて，x の3次方程式を解く。

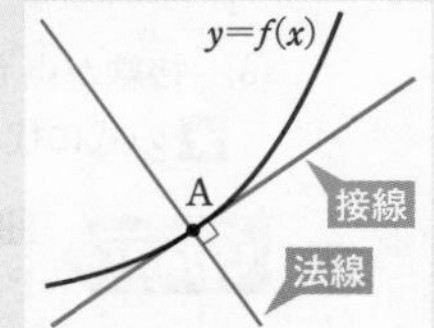

解答

(1) $f(x)=\frac{2}{9}x^3-\frac{5}{3}x$ とすると

$$f'(x)=\frac{2}{3}x^2-\frac{5}{3}$$

よって，点 $\left(2,\ -\frac{14}{9}\right)$ における接線の傾きは

$$f'(2)=\frac{2}{3}\cdot2^2-\frac{5}{3}=1$$

ゆえに，法線の傾きは -1 である。

したがって，求める法線の方程式は

$$y-\left(-\frac{14}{9}\right)=-1\cdot(x-2)$$

すなわち $\boldsymbol{y=-x+\frac{4}{9}}$

◀法線の傾きを m とすると $m\times f'(2)=-1$ よって $m=-\frac{1}{f'(2)}$

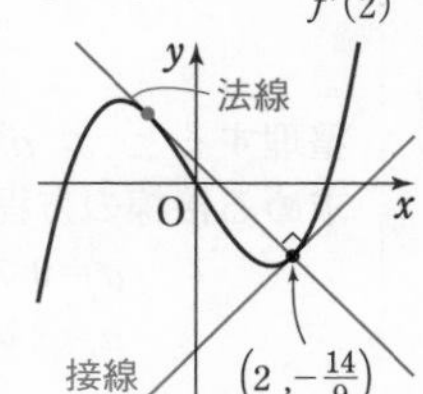

(2) 求める共有点の x 座標は，次の方程式の $x=2$ 以外の実数解である。

$$\frac{2}{9}x^3-\frac{5}{3}x=-x+\frac{4}{9}$$

整理して　$x^3-3x-2=0$

よって　$(x-2)(x+1)^2=0$

◀$x=2$ が1つの解となるから，左辺は $x-2$ を因数にもつ。

したがって，求める点の x 座標は，$x=-1$ であり，求める共有点の座標は $\boldsymbol{\left(-1,\ \frac{13}{9}\right)}$

◀$x=-1$ は重解であるから，この法線は曲線の接線でもある。

練習 ③206 曲線 $y=x^3-3x^2+2x+1$ について，次のものを求めよ。

(1) 曲線上の点 $(1,\ 1)$ における法線の方程式

(2) (1)で求めた法線と曲線の共有点のうち，点 $(1,\ 1)$ 以外の点の座標

基本 例題 207 2曲線に接する直線

2つの放物線 $y=-x^2$, $y=x^2-2x+5$ の共通接線の方程式を求めよ。

基本 204　重要 208, 演習 231

指針 1つの直線が2つの曲線に同時に接するとき，この直線を2つの曲線の **共通接線** という。

[1] 一方の曲線 $y=f(x)$ 上の点 $\mathrm{A}(a,\ f(a))$ における接線の方程式を求める。

[2] [1] で求めた接線が他方の曲線 $y=g(x)$ と接する条件から，a の値を求める。

接する ⟺ 重解 の利用。

他にも，検討 で示したような解法も考えられる。

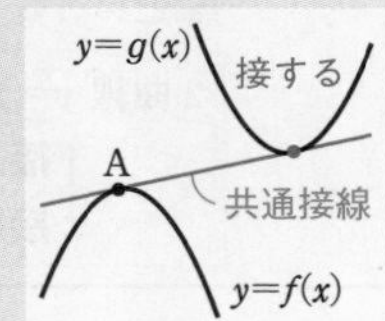

解答

$y=-x^2$ に対して　$y'=-2x$

よって，放物線 $y=-x^2$ 上の点 $(a,\ -a^2)$ における接線の方程式は

$y-(-a^2)=-2a(x-a)$

すなわち　$y=-2ax+a^2$ …… ①

この直線が放物線 $y=x^2-2x+5$ にも接するための条件は，2次方程式 $x^2-2x+5=-2ax+a^2$ すなわち $x^2+2(a-1)x-a^2+5=0$ …… ② が重解をもつことである。ゆえに，② の判別式を D とすると　$D=0$

$\dfrac{D}{4}=(a-1)^2-1\cdot(-a^2+5)=2a^2-2a-4=2(a+1)(a-2)$

よって　$(a+1)(a-2)=0$　ゆえに　$a=-1,\ 2$

この値を ① に代入して，求める共通接線の方程式は

$\boldsymbol{y=2x+1,\ y=-4x+4}$

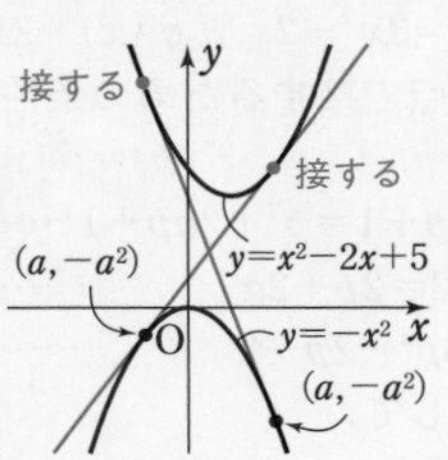

接線が求めやすい方の曲線を，指針の手順 [1] の $y=f(x)$ とするとよい。

◀ $y-f(a)=f'(a)(x-a)$

◀ $y=x^2-2x+5$ と $y=-2ax+a^2$ を連立。

◀ 接する ⟺ 重解

検討 **2つの曲線のそれぞれの接線を一致させて解く**

上の例題の別解　(恒等式の考えを利用する。)

$y=-x^2$ 上の点 $(a,\ -a^2)$ における接線の方程式は　$y=-2ax+a^2$ …… ①

$y=x^2-2x+5$ 上の点 $(b,\ b^2-2b+5)$ における接線の方程式は

$y-(b^2-2b+5)=(2b-2)(x-b)$　すなわち　$y=2(b-1)x-b^2+5$ …… ②

2直線 ①, ② が一致するとき，その直線は共通接線となる。

係数を比較して　$\begin{cases}-2a=2(b-1)\\ a^2=-b^2+5\end{cases}$　これを解いて　$(a,\ b)=(-1,\ 2),\ (2,\ -1)$

よって，求める共通接線の方程式は　$\boldsymbol{y=2x+1,\ y=-4x+4}$

練習 ③ **207** 2つの放物線 $y=x^2$ と $y=-(x-3)^2+4$ の共通接線の方程式を求めよ。

p.333 EX 133

重要例題 208 2曲線が接する条件

①①①①①

2曲線 $y=x^3-2x+1$ と $y=x^2+2ax+1$ が接するとき，定数 a の値を求めよ。また，その接点における共通の接線の方程式を求めよ。

基本 204，207

指針 「2曲線が **接する**」とは，2曲線が1点を共有し，かつ，共有点における接線が一致することである（この共有点を2曲線の **接点** という）。

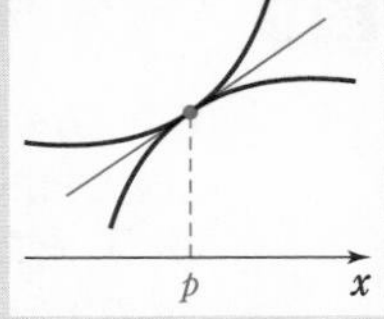

2曲線 $y=f(x)$，$y=g(x)$ が $x=p$ の点で接するための条件は

接点を共有する　$f(p)=g(p)$
接線の傾きが一致する　$f'(p)=g'(p)$

解答

$f(x)=x^3-2x+1$，$g(x)=x^2+2ax+1$ とすると

$$f'(x)=3x^2-2,\quad g'(x)=2x+2a$$

2曲線が $x=p$ の点で接するための条件は

$$f(p)=g(p),\quad f'(p)=g'(p)$$

よって　$p^3-2p+1=p^2+2ap+1$ ……①

$3p^2-2=2p+2a$ ……②

◀ $f(p)=g(p)$ …… 接点を共有する条件
$f'(p)=g'(p)$ …… 接線の傾きが一致する条件

②から　$2a=3p^2-2p-2$ ……③

これを①に代入して

$$p^3-2p+1=p^2+(3p^2-2p-2)p+1$$

◀ a を消去する。

ゆえに　$p^2(2p-1)=0$　よって　$p=0,\ \dfrac{1}{2}$

③から　$p=0$ のとき　$a=-1$，$p=\dfrac{1}{2}$ のとき　$a=-\dfrac{9}{8}$

曲線 $y=f(x)$ 上の点 $x=p$ における接線の方程式は

$$y-(p^3-2p+1)=(3p^2-2)(x-p)$$

すなわち　$y=(3p^2-2)x-2p^3+1$

ゆえに，求める接線の方程式は　**$a=-1$ ($p=0$) のとき**

$$\boldsymbol{y=-2x+1}$$

$a=-\dfrac{9}{8}\left(p=\dfrac{1}{2}\right)$ のとき

$$\boldsymbol{y=-\frac{5}{4}x+\frac{3}{4}}$$

グラフは，次のようになる。

$a=-1$ のとき

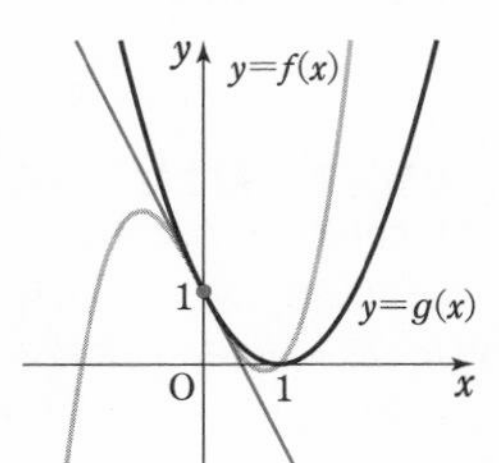

$a=-\dfrac{9}{8}$ のとき

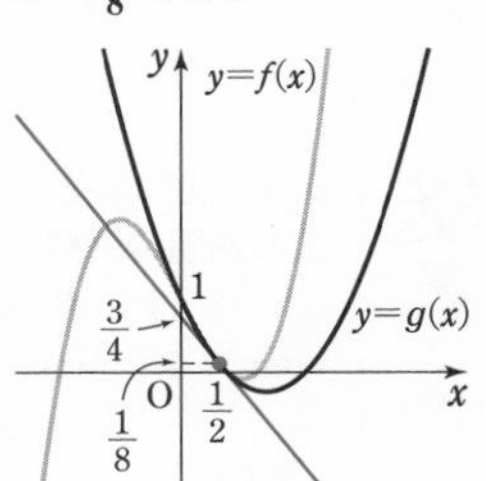

練習 ③208 (1) 2曲線 $y=x^3+ax$ と $y=bx^2+c$ がともに点 $(-1,\ 0)$ を通り，この点で共通な接線をもつとき，定数 a，b，c の値を求めよ。また，その接点における共通の接線の方程式を求めよ。〔湘南工科大〕

(2) 2曲線 $y=x^3-x^2-12x-1$，$y=-x^3+2x^2+a$ が接するとき，定数 a の値を求めよ。また，その接点における接線の方程式を求めよ。

p.333 EX134

EXERCISES

②**130** 曲線 $y=x^3-ax^2$（a は正の定数）において，接線の傾きが $-a$ となる点がただ1つしか存在しないとき，a の値を求めよ。また，このとき，この点における接線の方程式を求めよ。

〔北海道薬大〕

→204

③**131** 座標平面上の2つの曲線 $y=x^3-5x$ と $y=ax^2-5x$ は2つの共有点をもち，1つの共有点における各接線は直交している。このとき，a の値をすべて求めよ。

〔類　福島県医大〕

→204

③**132** 関数 $f(x)=x^3-6x^2+4x+9$ の表す曲線上に異なる2点 $\mathrm{A}(a,\ f(a))$，$\mathrm{B}(b,\ f(b))$ をとる。点Aにおける曲線の接線 ℓ と点Bにおける曲線の接線 m が平行になるとき，次の問いに答えよ。

〔類　北里大〕

(1) b を a を用いて表せ。また，線分ABの中点の座標を求めよ。

(2) 接線 ℓ が点 $(2,\ -1)$ を通るとき，実数 a の値を求めよ。

(3) a が(2)で求めた値をとるとき，2接線 ℓ，m 間の距離を求めよ。

→205

③**133** $f(x)=2x^2-4x+3$，$g(x)=-x^2-2x-2$ とする。放物線 $y=f(x)$ と放物線 $y=g(x)$ の両方に接する2本の直線の交点の座標を求めよ。

→207

④**134** $f(x)=(x-1)(x^2-5)$ とおく。2つの曲線 $y=f(x)$，$y=f(x-k)$ が共有点をもち，その共有点における $y=f(x)$ の接線と $y=f(x-k)$ の接線が一致するような0でない定数 k の値を求めよ。

〔日本女子大〕

→208

130　x の2次方程式 $y'=-a$ がただ1つの実数解(すなわち重解)をもつ条件を考える。

131　2つの曲線を $y=f(x)$，$y=g(x)$ とし，共有点Pの x 座標を p とすると
　点Pにおける各接線が直交する $\Longleftrightarrow f'(p)g'(p)=-1$

132　(1) $\ell /\!/ m$ であるから　$f'(a)=f'(b)$
　(3) 平行な2直線 ℓ，m 間の距離については，$p.144$ 指針参照。

133　放物線 $y=f(x)$ 上の点 $(p,\ f(p))$ における接線が，放物線 $y=g(x)$ に接する条件を考えると，接する $\Longleftrightarrow$ 重解 により，p の2次方程式が得られる。この2次方程式の2つの解を α，β として，解と係数の関係を利用する。

134　2つの曲線を，$y=f(x)$，$y=g(x)$ とし，共有点の x 座標を p とすると，求める条件は
$$f(p)=g(p),\ f'(p)=g'(p)$$
ここでは，$f(x-k)=g(x)$ とする。

36 関数の増減と極大・極小

基本事項

1 関数の増減

ある区間で　常に $\boldsymbol{f'(x)>0}$ ならば，$f(x)$ は その区間で **単調に増加** する。
　　　　　　常に $\boldsymbol{f'(x)<0}$ ならば，$f(x)$ は その区間で **単調に減少** する。
　　　　　　常に $\boldsymbol{f'(x)=0}$ ならば，$f(x)$ は その区間で **定数** である。

2 関数の極大・極小

① 関数 $f(x)$ が $x=a$ で極値をとるならば　$\boldsymbol{f'(a)=0}$

② 関数 $f(x)$ の極値を求めるには，$f'(x)=0$ となる x の値を求め，その前後における $f'(x)$ の符号を調べる。

③ $f'(x)$ の符号が，$x=a$ の前後で
正から負 に変わるとき $f(a)$ は **極大値**
負から正 に変わるとき $f(a)$ は **極小値**

極大値と極小値をまとめて **極値** という。

増減表

x	$\cdots$	a	$\cdots$
$f'(x)$	$+$	0	$-$
$f(x)$	↗	**極大**	↘

x	$\cdots$	a	$\cdots$
$f'(x)$	$-$	0	$+$
$f(x)$	↘	**極小**	↗

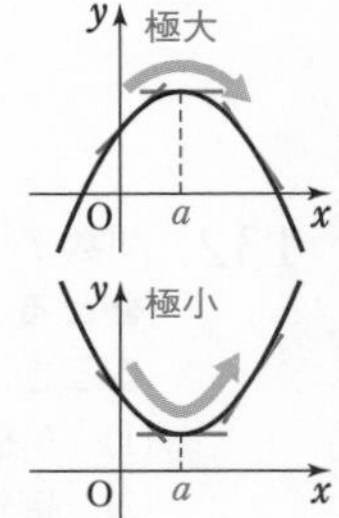

解　説

■ 単調に増加・減少

不等式 $1\leqq x\leqq 2$，$0<x$ などを満たす実数 x 全体の集合を **区間** という。
関数 $f(x)$ において，ある区間の任意の値 u，v について
$u<v$ ならば $f(u)<f(v)$ が成り立つとき，$f(x)$ はその区間で **単調に増加** する
$u<v$ ならば $f(u)>f(v)$ が成り立つとき，$f(x)$ はその区間で **単調に減少** するという。

■ 関数の増減

関数 $y=f(x)$ のグラフ上の1点 $\mathrm{P}(a,\ f(a))$ に近いところでは，関数のグラフはほとんど接線と一致しているものとみなすことができる。この接線の傾きは $f'(a)$ であるから，ある区間で
$\boldsymbol{f'(x)>0}$ **ならグラフは 右上がり**
$\boldsymbol{f'(x)<0}$ **ならグラフは 右下がり**
$\boldsymbol{f'(x)=0}$ **ならグラフは $\boldsymbol{x}$ 軸に平行**　である。

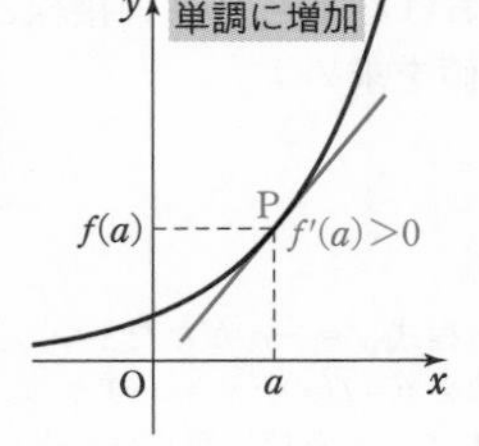

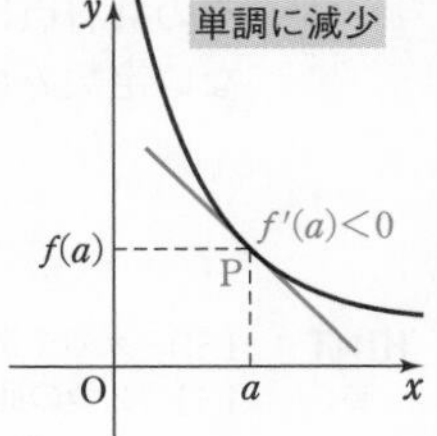

■ 関数の極値

$f(x)$ について，$x=a$ の近く $(x\neq a)$ で
$f(x)<f(a)$　すなわち　$f(a)$ が $f(x)$ の最大値ならば，
$f(x)$ は $x=a$ で **極大**，$f(a)$ を **極大値** という。
$f(x)>f(a)$　すなわち　$f(a)$ が $f(x)$ の最小値ならば，
$f(x)$ は $x=a$ で **極小**，$f(a)$ を **極小値** という。

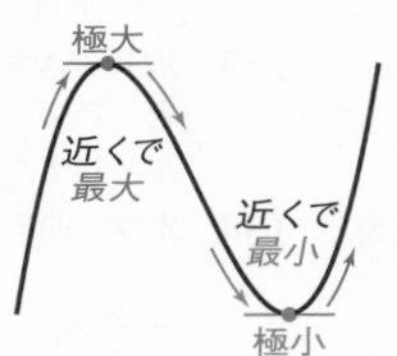

基本例題 209 3次関数の増減，極値

次の関数の増減を調べよ。また，極値を求めよ。

(1) $y=x^3+3x^2-9x$　　(2) $y=-\frac{1}{3}x^3+x^2-x+2$

p.334 基本事項 1，2　重要 215

指針 関数の増減・極値の問題では，y' の符号を調べる（**増減表** を作る）。

1 導関数 y' を求め，方程式 $y'=0$ の実数解を求める。

2 1 で求めた x の値の前後で，導関数 y' の符号の変化を調べる。

なお，増減表の作り方については，$p.337$ のズームUPも参照。

CHART 増減・極値　y' の符号の変化を調べる　増減表の作成

解答

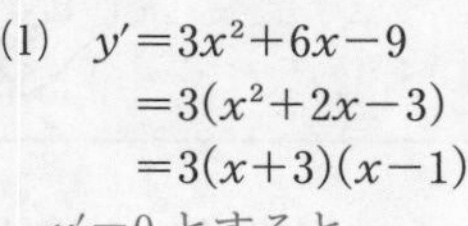

(1) $y'=3x^2+6x-9$

$=3(x^2+2x-3)$

$=3(x+3)(x-1)$

$y'=0$ とすると

$x=-3,\ 1$

x	$\cdots$	-3	$\cdots$	1	$\cdots$
y'	$+$	0	$-$	0	$+$
y	↗	極大 27	↘	極小 -5	↗

y の増減表は右のようになる。

よって　区間 $x\leqq-3$，$1\leqq x$ で単調に増加，
　　　区間 $-3\leqq x\leqq1$ で単調に減少　する。（＊）

また，$x=-3$ で極大値 27，$x=1$ で極小値 -5 をとる。

注意 （＊）増加・減少の x の値の範囲を答えるときは，区間に端点を含めて答えてよい。なぜなら，例えば $v=-3$ のとき，$u<v$ ならば $f(u)<f(v)$ の関係が成り立つからである。

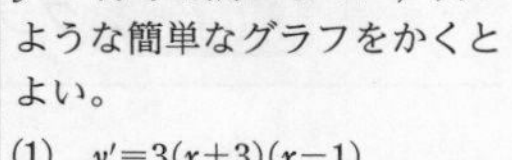

y' の符号を調べるのに，次のような簡単なグラフをかくとよい。

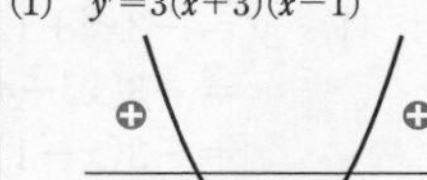

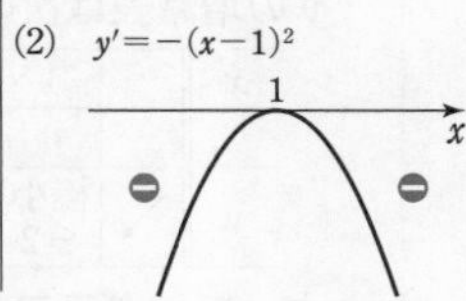

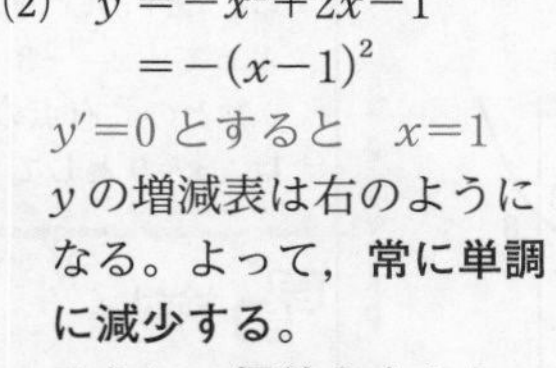

(2) $y'=-x^2+2x-1$

$=-(x-1)^2$

$y'=0$ とすると　$x=1$

x	$\cdots$	1	$\cdots$
y'	$-$	0	$-$
y	↘	$\frac{5}{3}$	↘

y の増減表は右のようになる。よって，常に単調に減少する。

ゆえに，極値をもたない。

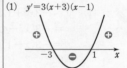

参考 y のグラフは次のようになる。

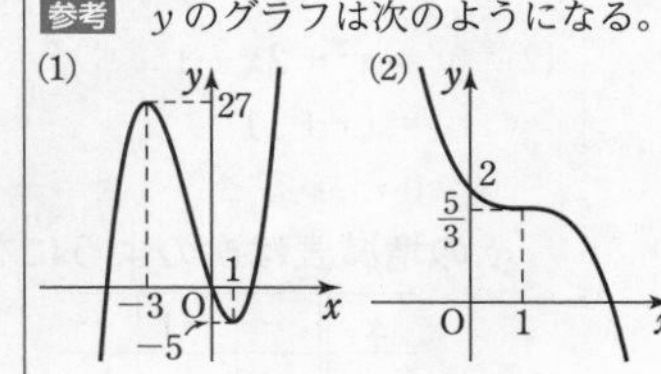

検討 **極値は増減表をかいてから判断するように！**

例題(1)，(2)の関数を $y=f(x)$ とすると，ともに $f'(1)=0$ であるが，(2)は $x=1$ で極値をとらない。このように関数 $f(x)$ は $f'(a)=0$ であっても $x=a$ で極値をとらないこともある。すなわち，一般に　**$f(x)$ が $x=a$ で極値をもつ $\Longrightarrow f'(a)=0$** は成り立つが，その逆は成り立たない。よって，極値を求めるときは，**$f'(x)=0$ の解を調べた後に増減表をかき，$f'(x)$ の符号の変化を確認してから判断する** 必要がある。

練習 ② 209 次の関数の増減を調べよ。また，極値を求めよ。

(1) $y=x^3+2x^2+x+1$　　(2) $y=6x^2-x^3$　　(3) $y=x^3-12x^2+48x+5$

基本 例題 210 3次関数のグラフ

次の関数のグラフをかけ。

(1) $y=-x^3+6x^2-9x+2$ (2) $y=\frac{1}{3}x^3+x^2+x+3$

基本 209 重要 215

指針 3次関数のグラフのかき方

1 前ページと同様に，$y'=0$ となる x の値を求め，増減表 を作る(増減，極値を調べる)。

2 グラフと座標軸との共有点の座標をわかる範囲で調べ，増減表をもとにグラフをかく。

x 軸との共有点の x 座標：$y=0$ としたときの，方程式の解。
y 軸との共有点の y 座標：$x=0$ としたときの，y の値。

CHART グラフの概形 増減表をもとにしてかく

解答

(1) $y'=-3x^2+12x-9$
$=-3(x^2-4x+3)$
$=-3(x-1)(x-3)$

$y'=0$ とすると $x=1,\ 3$

y の増減表は次のようになる。

x	$\cdots$	1	$\cdots$	3	$\cdots$
y'	$-$	0	$+$	0	$-$
y	↘	極小 -2	↗	極大 2	↘

よって，グラフは **右上の図** のようになる。

(2) $y'=x^2+2x+1$
$=(x+1)^2$

$y'=0$ とすると $x=-1$

y の増減表は次のようになる。

x	$\cdots$	-1	$\cdots$
y'	$+$	0	$+$
y	↗	$\frac{8}{3}$	↗

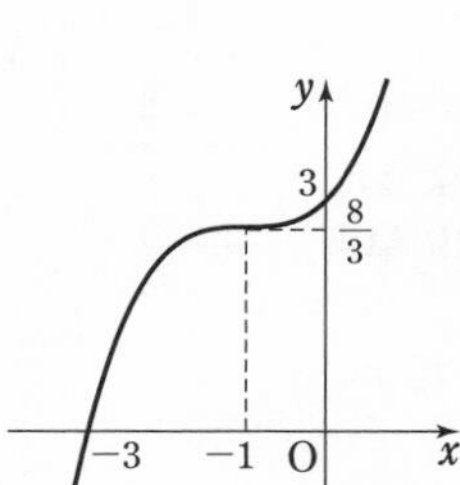

ゆえに，常に単調に増加する。
よって，グラフは **右上の図** のようになる。

(1) x 軸との共有点の x 座標は，$y=0$ として
$x^3-6x^2+9x-2=0$
$\therefore\ (x-2)(x^2-4x+1)=0$
これから $x=2$
y 軸との共有点の y 座標は，$x=0$ として $y=2$

(2) x 軸との共有点の x 座標は，$y=0$ として両辺を3倍すると
$x^3+3x^2+3x+9=0$
$\therefore\ (x+3)(x^2+3)=0$
よって $x=-3$
y 軸との共有点の y 座標は，$x=0$ として $y=3$

検討

(2) で，$x=-1$ のとき $y'=0$ であるが，極値はとらない。なお，グラフ上の x 座標が -1 である点における接線の傾きは0である。

練習 ②210 次の関数のグラフをかけ。

(1) $y=2x^3-6x-4$ (2) $y=\frac{2}{3}x^3+2x^2+2x-6$

p.348 EX 135 (3)

3次関数のグラフをかくうえでの注意点など

● 3次関数は，増減表を作ることで増減のようすをつかもう

まず，増減表の作り方のポイントを押さえておこう。

① 1行目は，$y'=0$ を満たす x の値を入れ，㋐のように列を設ける。

② 2行目は，y' の符号（＋，－）または0を記入する。その際，y' のグラフを簡単にかいて判断するとよい（右下の図のⒶ）。

③ 3行目には，y の増減（↗，↘）と1行目の x の値に対応する y の値を記入する。

			㋐			
①	x	…	1	…	3	…
②	y'	－	0	＋	0	－
③	y	↘	極小 -2	↗	極大 2	↘

例題 **210** (1)の場合

次に，増減表をもとにグラフをかく際は，y が極大，極小となる点や，y 軸との交点（$x=0$ のときの y の値に注目）を先にとっておくと，かきやすくなる。

なお，(2)のように，$y'=0$ であるが，その前後で y' の符号が変わらないような点がある場合，その点における接線が x 軸に平行となることを意識してグラフをかくようにしよう（下の図(ii)参照）。

● $f'(x)$ の符号と $f(x)$ の増減の関係

例題 **210** (1)について，$f(x)=-x^3+6x^2-9x+2$ とすると　$f'(x)=-3x^2+12x-9=-3(x-1)(x-3)$

よって，$y=f'(x)$ のグラフは右図のⒶのようになり，x 軸と $x=1$，3で交わる。また，$f'(x)$ の符号は $x=1$，3を境目として 負 → 正 → 負 と変わっている。これに対応して，$f(x)$ は $x=1$，3を境目として 減少 → 増加 → 減少 と変化している（右図のⒷ）。

なお，放物線 $y=f'(x)$ は軸 $x=2$ に関して対称であるが，$y=f(x)$ のグラフは点 $(2,\ f(2))$ に関して対称になっている（$p.343$ **検討** 参照）。3次関数のグラフは，この点対称性も意識してかくとよい。

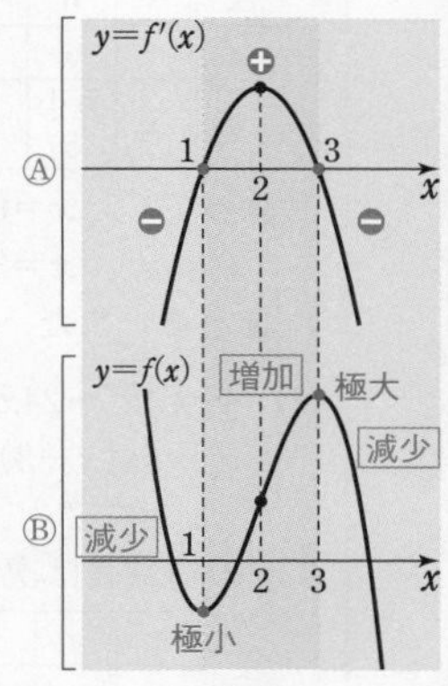

参考　一般に，3次関数 $f(x)=ax^3+bx^2+cx+d$ $(a>0)$ と，その導関数 $f'(x)=3ax^2+2bx+c$ のグラフは，次の(i)～(iii)の3パターンに分類される。

(i)

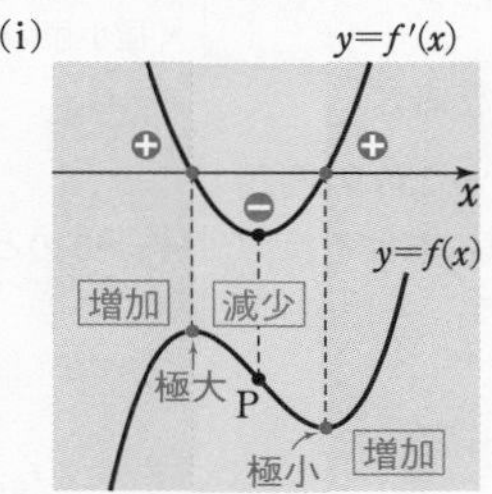

(ii)

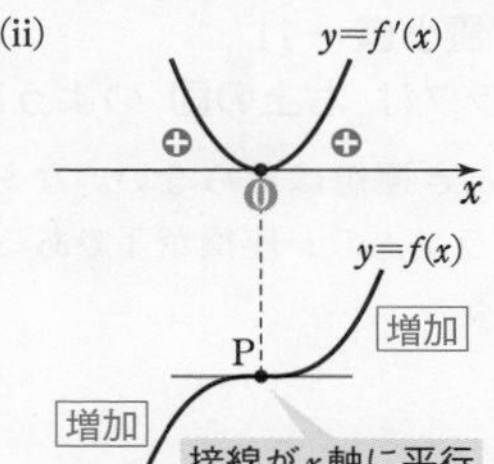

(iii)

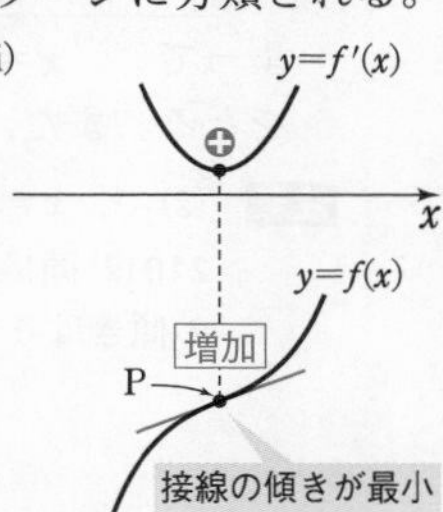

注意　(i)～(iii)それぞれについて，$y=f(x)$ のグラフは点Pに関して対称である。

基本例題 211 4次関数の極値，グラフ

次の関数の極値を求め，そのグラフの概形をかけ。

(1) $y=3x^4-16x^3+18x^2+5$　　(2) $y=x^4-8x^3+18x^2-11$

基本 209，210　重要 218

指針 4次関数であっても，$p.335\sim337$ で学習した3次関数の極値やグラフと同じ方針で進める。つまり，次の手順による。

1. y' を求め，まず，$y'=0$ となる x の値を求める。
2. y' の符号の変化を調べる(増減表 を作る)。
3. 作成した増減表をもとにしてグラフをかく。

CHART 関数の極値・グラフ　y' の符号の変化を調べて，増減表を作る

解答

(1) $y'=12x^3-48x^2+36x$
$=12x(x^2-4x+3)$
$=12x(x-1)(x-3)$

$y'=0$ とすると　$x=0,\ 1,\ 3$

y の増減表は次のようになる。

x	$\cdots$	0	$\cdots$	1	$\cdots$	3	$\cdots$
y'	$-$	0	$+$	0	$-$	0	$+$
y	↘	極小 5	↗	極大 10	↘	極小 -22	↗

よって　**$x=0$ で極小値 5，$x=1$ で極大値 10，**
$x=3$ で極小値 -22

をとる。また，グラフは **右上の図** のようになる。

$z=y'=12x(x-1)(x-3)$ のグラフ

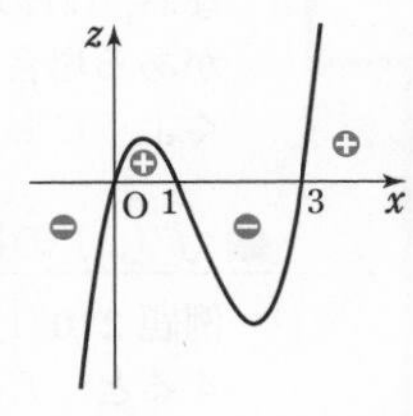

◀2か所で極小となる。

(2) $y'=4x^3-24x^2+36x=4x(x^2-6x+9)$
$=4x(x-3)^2$

$y'=0$ とすると　$x=0,\ 3$

y の増減表は次のようになる。

x	$\cdots$	0	$\cdots$	3	$\cdots$
y'	$-$	0	$+$	0	$+$
y	↘	極小 -11	↗	16	↗

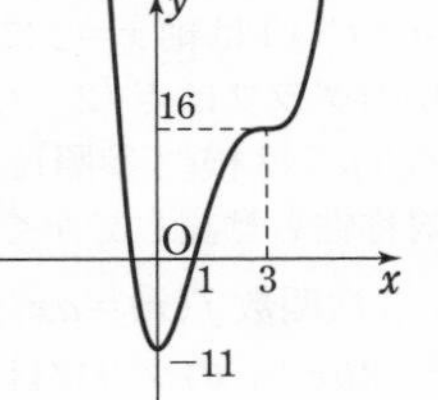

よって　**$x=0$ で極小値 -11**

をとる。また，グラフは **右上の図** のようになる。

$z=y'=4x(x-3)^2$ のグラフ

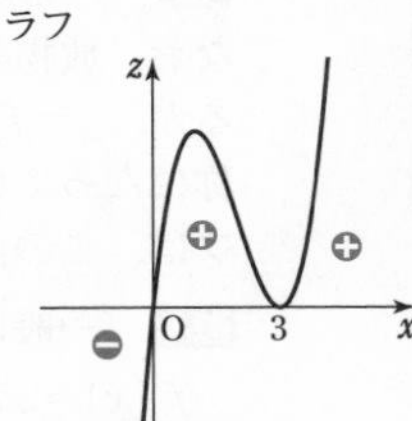

◀極小値のみをとる。

注意 (2)で，$x=3$ のとき極値はとらない。なお，$p.336$ の例題 **210**(2)同様，グラフ上の x 座標が3である点における接線の傾きは0である。

◀$x=3$ のとき　$y'=0$

練習 ②211 次の関数の極値を求め，そのグラフの概形をかけ。

(1) $y=x^4-8x^2+7$　　(2) $y=x^4-4x^3+1$

p.348 EX 135 (1), (2)

基本例題 212 絶対値記号を含む関数のグラフ

関数 $y=|x^3-x^2|$ のグラフをかけ。

基本 210

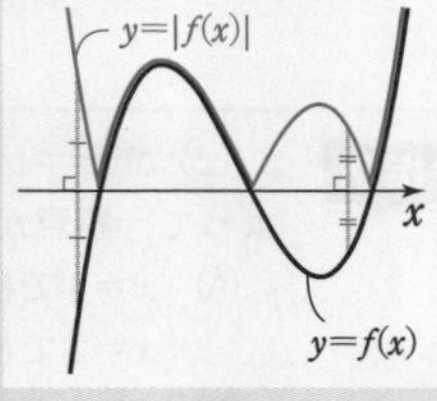

指針 $y=|f(x)|$ のグラフは次の手順でかく。

1 $y=f(x)$ のグラフを増減表を利用してかく。

2 $y=f(x)$ のグラフで x 軸より下側の部分を x 軸に関して対称に折り返したグラフをかく。

絶対値 場合に分ける の方針なら，下の 検討 参照。

解答

$y=x^3-x^2$ …… ① とする。

$y'=3x^2-2x$
$=x(3x-2)$

$y'=0$ とすると

$x=0,\ \dfrac{2}{3}$

① の増減表は右のようになる。

$y=|x^3-x^2|$ のグラフは，① のグラフの $y<0$ の部分を x 軸に関して対称に折り返したものである。

よって，グラフは **図の実線部分**。

x	…	0	…	$\frac{2}{3}$	…
y'	+	0	−	0	+
y	↗	極大 0	↘	極小 $-\frac{4}{27}$	↗

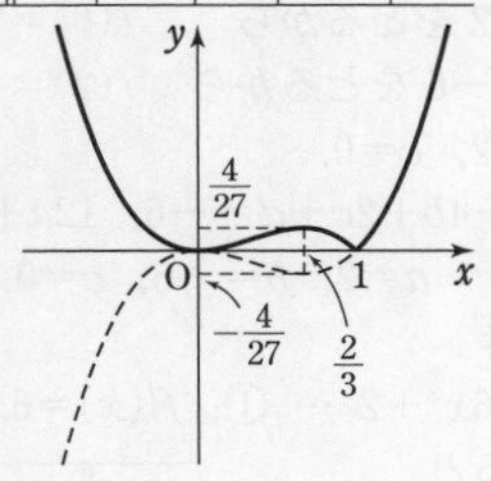

$y=x^3-x^2$ のグラフと x 軸の共有点の x 座標は，$y=0$ として

$x^3-x^2=0$

ゆえに $x^2(x-1)=0$

よって $x=0,\ 1$

検討 **y' が存在しない点の極値**

$x^3-x^2=x^2(x-1)$ であるから

[1] $x<1$ のとき $y=-(x^3-x^2)$

よって $y'=-3x^2+2x=-3x\left(x-\dfrac{2}{3}\right)$

$y'=0$ とすると $x=0,\ \dfrac{2}{3}$ ($x<1$ を満たす)

$x<1$ のとき，y の増減表は右のようになる。

x	…	0	…	$\frac{2}{3}$	…	1
y'	−	0	+	0	−	
y	↘	極小 0	↗	極大 $\frac{4}{27}$	↘	0

[2] $x\geqq1$ のとき $y=x^3-x^2$ よって $y'=3x^2-2x=3x\left(x-\dfrac{2}{3}\right)$

$x\geqq1$ のとき $y'>0$ であるから，$x\geqq1$ で y は単調に増加する。

[1]，[2] から，上の解答の図のようなグラフが得られる。

なお，数学Ⅲで学ぶ内容であるが，場合の分かれ目である $x=1$ では微分係数が存在しない。しかし，グラフからもわかるように，関数 $y=|x^3-x^2|$ は $x=1$ で極小値 0 をとる。

このように，**y' が存在しない点で極値をとることがある**。

練習 ③**212** 関数 $y=|-x^3+9x|$ のグラフをかけ。

p.348 EX 136

基本例題 213 3次関数の極値の条件から関数決定 ①①①①①

3次関数 $f(x)=ax^3+bx^2+cx+d$ が $x=0$ で極大値2をとり，$x=2$ で極小値 -6 をとるとき，定数 a，b，c，d の値を求めよ。 〔近畿大〕

基本 209

指針 $f(x)$ が $x=\alpha$ で極値をとる $\Longrightarrow f'(\alpha)=0$ であるが，この逆は成り立たない。
よって，題意が成り立つための必要十分条件は

(A) $x=0$ で極大値2 $\longrightarrow f(0)=2$，$f'(0)=0$
$x=2$ で極小値 -6 $\longrightarrow f(2)=-6$，$f'(2)=0$

(B) $x=0$ の前後で $f'(x)$ が正から負に，$x=2$ の前後で $f'(x)$ が負から正に変わる。

を同時に満たすことである。
ここでは，**必要条件**(A)から，まず a，b，c，d の値を求め，逆に，これらの値をもとの関数に代入し，増減表から題意の条件を満たす(**十分条件**)ことを確かめる。……★

解答

$f'(x)=3ax^2+2bx+c$

$x=0$ で極大値2をとるから $f(0)=2$，$f'(0)=0$
$x=2$ で極小値 -6 をとるから $f(2)=-6$，$f'(2)=0$ } (*)

◀必要条件（変数4個で条件式が4個であるから，係数は決定する）。

よって $d=2$，$c=0$，
$8a+4b+2c+d=-6$，$12a+4b+c=0$

これを解いて $a=2$，$b=-6$，$c=0$，$d=2$

逆に，このとき

$f(x)=2x^3-6x^2+2$ … ①，$f'(x)=6x^2-12x=6x(x-2)$

◀指針___……★の方針。
(*)の方程式から求めた条件では，$x=0$，2の前後で $f'(x)$ の符号が変化するか，つまり，実際に極値をとるかはわからない。実際に増減表を作り，極値の条件が満たされることを確かめる（十分条件の確認）。

$f'(x)=0$ とすると
$x=0$，2

関数①の増減表は右のようになり，条件を満たす。

x	…	0	…	2	…
$f'(x)$	+	0	−	0	+
$f(x)$	↗	極大 2	↘	極小 −6	↗

したがって **$a=2$，$b=-6$，$c=0$，$d=2$**

検討 **極値をとる x の値**

3次関数 $f(x)$ の極値をとる x の値は，2次方程式 $f'(x)=0$ の実数解であるから，上の例題では，2次方程式 $3ax^2+2bx+c=0$ の解が $x=0$，2である。したがって，**解と係数の関係**により $0+2=-\dfrac{2b}{3a}$，$0\cdot2=\dfrac{c}{3a}$ ゆえに $b=-3a$，$c=0$

このように，極値をとる x の値が2つ与えられたときには，解と係数の関係を利用すると，文字定数の値や関係式を導くことができる。

練習 ②213 3次関数 $f(x)=ax^3+bx^2+cx+d$ は $x=1$，$x=3$ で極値をとるという。また，その極大値は2で，極小値は -2 であるという。このとき，この条件を満たす関数 $f(x)$ をすべて求めよ。 〔埼玉大〕

p.348 EX137

基本例題 214 3次関数が極値をもつ条件，もたない条件

(1) 関数 $f(x)=x^3-6x^2+6ax$ が極大値と極小値をもつような定数 a の値の範囲を求めよ。

(2) 関数 $f(x)=x^3+ax^2+x+1$ が極値をもたないための必要十分条件を求めよ。ただし，a は定数とする。

基本 209，213　重要 218

指針 3次関数 $f(x)$ が **極値をもつ**

$\iff$ $f'(x)$ の **符号が変わる点がある**

$\iff$ $f'(x)=0$ が **異なる2つの実数解をもつ**

$\iff$ $f'(x)=0$ の **判別式 $D>0$**

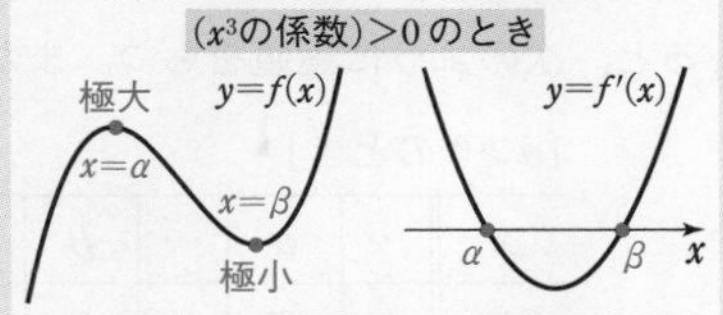

解答

(1) $f'(x)=3x^2-12x+6a=3(x^2-4x+2a)$

$f(x)$ が極大値と極小値をもつための条件は，$f'(x)=0$ が異なる2つの実数解をもつことである。

◀3次関数が極値をもつとき，極大値と極小値を1つずつもつ。

よって，$x^2-4x+2a=0$ の判別式を D とすると　$D>0$

ここで　$\dfrac{D}{4}=(-2)^2-1\cdot 2a=4-2a$

ゆえに　$4-2a>0$

よって　$\boldsymbol{a<2}$

(2) $f'(x)=3x^2+2ax+1$

$f(x)$ が極値をもたないための必要十分条件は，$f'(x)$ の符号が変わらないことである。

ゆえに，$f'(x)=0$ すなわち $3x^2+2ax+1=0$ …… ① は実数解を1つだけもつか，または実数解をもたない。

よって，① の判別式を D とすると　$D\leqq 0$ ……（＊）

ここで　$\dfrac{D}{4}=a^2-3\cdot 1=(a+\sqrt{3})(a-\sqrt{3})$

ゆえに　$(a+\sqrt{3})(a-\sqrt{3})\leqq 0$

よって　$\boldsymbol{-\sqrt{3}\leqq a\leqq\sqrt{3}}$

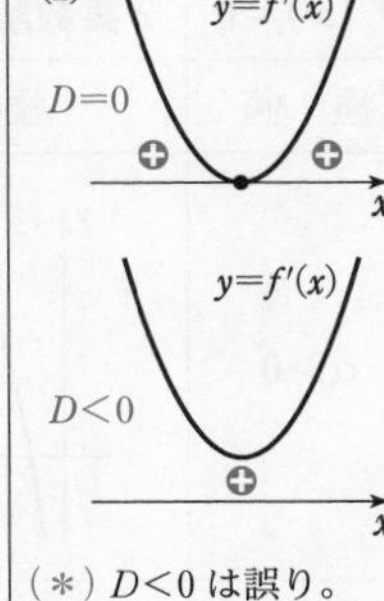

（＊）$D<0$ は誤り。

練習 ③214

(1) 関数 $f(x)=x^3+ax^2+(3a-6)x+5$ が極値をもつような定数 a の値の範囲を求めよ。〔類 名古屋大〕

(2) 関数 $f(x)=4x^3-3(2a+1)x^2+6ax$ が極大値と極小値をもつとき，定数 a が満たすべき条件を求めよ。〔類 工学院大〕

(3) 関数 $f(x)=2x^3+ax^2+ax+1$ が常に単調に増加するような定数 a の値の範囲を求めよ。〔類 千葉工大〕

p.348 EX138

まとめ 3次関数と極値

3次関数 $f(x)=ax^3+bx^2+cx+d$ について，その導関数は $f'(x)=3ax^2+2bx+c$

$f'(x)=0$ すなわち $3ax^2+2bx+c=0$ の判別式を D とすると $\dfrac{D}{4}=b^2-3ac$

[1] $D>0$ ならば，$f'(x)=0$ は異なる2つの実数解をもつ。その解を α，β $(\alpha<\beta)$ とすると，次のように極値をもつ。また $\alpha+\beta=-\dfrac{2b}{3a}$，$\alpha\beta=\dfrac{c}{3a}$ （解と係数の関係）

[$a>0$ のとき]

x	$\cdots$	α	$\cdots$	β	$\cdots$
$f'(x)$	$+$	0	$-$	0	$+$
$f(x)$	↗	極大	↘	極小	↗

[$a<0$ のとき]

x	$\cdots$	α	$\cdots$	β	$\cdots$
$f'(x)$	$-$	0	$+$	0	$-$
$f(x)$	↘	極小	↗	極大	↘

[2] $D=0$ ならば，$f'(x)=0$ は重解をもつ。その重解を α とすると $\alpha=-\dfrac{b}{3a}$

このとき，$f'(x)$ は a と同符号または0である。よって，極値をもたない。

[3] $D<0$ ならば，$f'(x)$ は常に a と同符号である。よって，極値をもたない。

[1]～[3] をまとめると，次の表のようになる。

D	$D>0$	$D=0$	$D<0$
$f'(x)=0$	2実数解 α，β $(\alpha<\beta)$	重　解　α	虚　数　解
極　値	極値がある	極値がない	極値がない
$a>0$	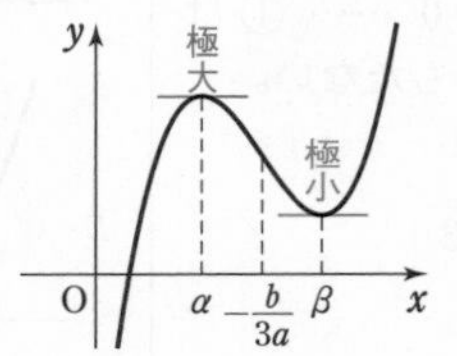 y, 極大, 極小, O, α, $-\dfrac{b}{3a}$, β, x	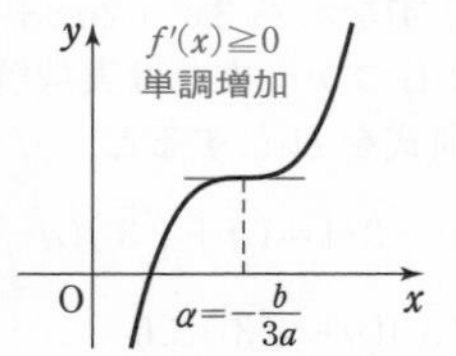 y, $f'(x)\geqq 0$ 単調増加, O, $\alpha=-\dfrac{b}{3a}$, x	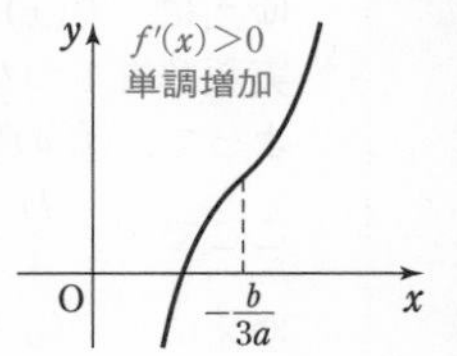 y, $f'(x)>0$ 単調増加, O, $-\dfrac{b}{3a}$, x
$a<0$	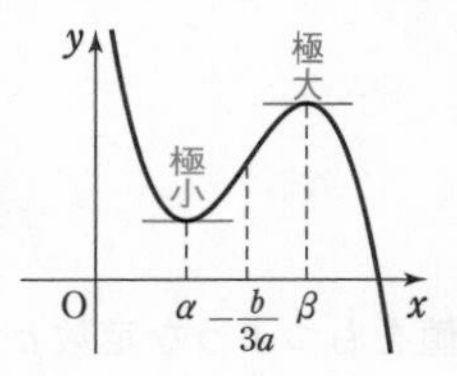 y, 極大, 極小, O, α, $-\dfrac{b}{3a}$, β, x	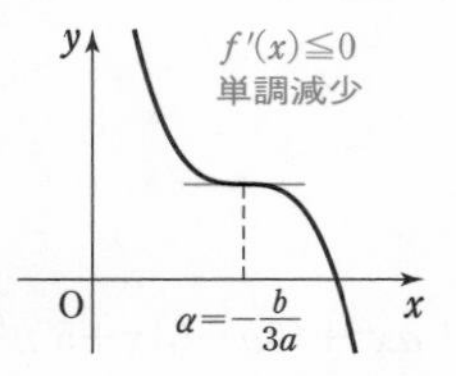 y, $f'(x)\leqq 0$ 単調減少, O, $\alpha=-\dfrac{b}{3a}$, x	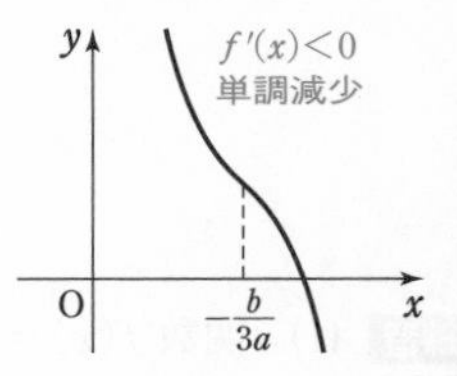 y, $f'(x)<0$ 単調減少, O, $-\dfrac{b}{3a}$, x

また，3次関数の性質として，次のことも重要である。

① **極値をもつ ⟺ $f'(x)=0$ が異なる2つの実数解をもつ**

② **極値をもつ ⟺ 極大値と極小値が1つずつ　　また　　(極大値)>(極小値)**

重要例題 215 3次関数のグラフの対称性 ①①①①①

$f(x)=x^3-9x^2+15x+7$ とする。

(1) 関数 $y=f(x)$ は $x=\alpha$ で極大値，$x=\beta$ で極小値をとる。2点 $(\alpha,\ f(\alpha))$，$(\beta,\ f(\beta))$ を結ぶ線分の中点Mは曲線 $y=f(x)$ 上にあることを示せ。

(2) 曲線 $y=f(x)$ は，点Mに関して対称であることを示せ。

基本 209，210，p.342 まとめ

曲線 $y=f(x)$ が点 $A(p,\ f(p))$ に関して対称であるための条件は，曲線上の **任意の点 $P(x,\ y)$ に対し**
A に関して点Pと対称な点 $P'(X,\ Y)$ が曲線上にある
ことである。

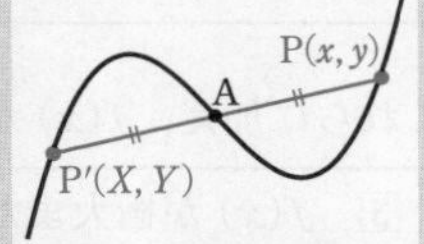

(1) $f'(x)=3x^2-18x+15$
$=3(x-1)(x-5)$

$f'(x)=0$ とすると
$x=1,\ 5$

x	$\cdots$	1	$\cdots$	5	$\cdots$
$f'(x)$	$+$	0	$-$	0	$+$
$f(x)$	↗	極大 14	↘	極小 -18	↗

増減表は右のようになる。

ゆえに，点Mの

x 座標は $\dfrac{1+5}{2}=3$，y 座標は $\dfrac{14-18}{2}=-2$

$f(3)=-2$ であるから，点Mは曲線 $y=f(x)$ 上にある。

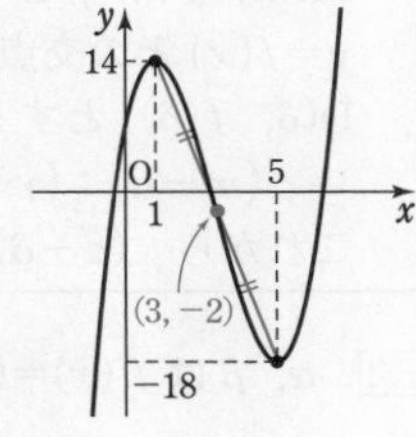

(2) 点Mに関して，曲線 $y=f(x)$ 上の点 $(x,\ y)$ と対称な点の座標を $(X,\ Y)$ とすると $\dfrac{x+X}{2}=3$，$\dfrac{y+Y}{2}=-2$

したがって　　$x=6-X$，$y=-4-Y$ …… ①

点 $(x,\ y)$ は曲線 $y=f(x)$ 上にあるから

$y=x^3-9x^2+15x+7$

① を代入して　$-4-Y=(6-X)^3-9(6-X)^2+15(6-X)+7$

整理すると　　$Y=X^3-9X^2+15X+7$

これは点 $(X,\ Y)$ が曲線 $y=f(x)$ 上にあることを示す。

ゆえに，曲線 $y=f(x)$ は，点Mに関して対称である。

この例題は，下の 検討 の [2] の場合にあたる。実際に $-\dfrac{b}{3a}=-\dfrac{-9}{3\cdot 1}=3$ であるから，点Mの x 座標は3となり，対称点の x 座標と一致している。

検討

3次関数のグラフの対称性

一般に，3次関数 $f(x)=ax^3+bx^2+cx+d$ について，次のことが成り立つ。

[1] $y=f(x)$ のグラフは，**グラフ上の点 $M\left(-\dfrac{b}{3a},\ f\left(-\dfrac{b}{3a}\right)\right)$ に関して対称** である。

[2] 極値をもつならば，極大・極小となる点を結んだ線分の中点がMである。

参考　点Mを曲線 $y=f(x)$ の **変曲点** という。変曲点については，数学Ⅲで詳しく学ぶ。

練習 ③215 $f(x)=-x^3-3x^2+4$ とする。

(1) 関数 $y=f(x)$ は $x=\alpha$ で極大値，$x=\beta$ で極小値をとる。2点 $(\alpha,\ f(\alpha))$，$(\beta,\ f(\beta))$ を結ぶ線分の中点Mは曲線 $y=f(x)$ 上にあることを示せ。

(2) 曲線 $y=f(x)$ は，点Mに関して対称であることを示せ。

p.348 EX139

参考事項 3次関数のグラフの対称性

前ページの 検討 において，3次関数 $f(x)=ax^3+bx^2+cx+d$ に関する，次の性質を紹介した。

> [1] $y=f(x)$ のグラフは **点 $\mathrm{M}\left(-\dfrac{b}{3a},\ f\left(-\dfrac{b}{3a}\right)\right)$ に関して対称** である（M は変曲点）。
> [2] 極値をもつならば，極大・極小となる点を結んだ線分の中点が M である。

これらに加え，$f(x)$ が極値をもつ場合において，次のような性質もある。

> [3] $f(x)$ が極大または極小となる点を $\mathrm{A}(\alpha,\ f(\alpha))$，$\mathrm{B}(\beta,\ f(\beta))$ $(\alpha<\beta)$ とする。線分 AB の中点を $\mathrm{M}(m,\ f(m))$ とし，点 A，B における接線と曲線 $y=f(x)$ との交点をそれぞれ $\mathrm{C}(\gamma,\ f(\gamma))$，$\mathrm{D}(\delta,\ f(\delta))$ とすると，次のことが成り立つ。
> $$(m-\alpha):(\gamma-m)=(\beta-m):(m-\delta)=1:2$$
> これから　$(\alpha-\delta)=(m-\alpha)=(\beta-m)=(\gamma-\beta)$

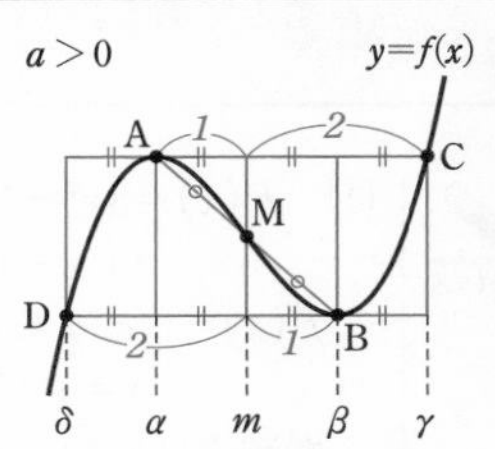

証明　α，β は $f'(x)=0$ すなわち $3ax^2+2bx+c=0$ の実数解であるから　$\alpha+\beta=-\dfrac{2b}{3a}$

よって　　$m=\dfrac{\alpha+\beta}{2}=-\dfrac{b}{3a}$ …… ①　　← これから [2] を導くこともできる。

点 A における接線の方程式を $y=k$（k は定数）とすると，この接線は曲線 $y=f(x)$ と点 C で交わるから，方程式 $ax^3+bx^2+cx+d=k$ すなわち $ax^3+bx^2+cx+d-k=0$ は重解 α と実数解 γ をもつ。よって，3次方程式の解と係数の関係により

$$\alpha+\alpha+\gamma=-\frac{b}{a}\quad \text{すなわち}\quad 2\alpha+\gamma=-\frac{b}{a}\ \cdots\cdots ②$$

①，② から　　$m=\dfrac{1}{3}\left(-\dfrac{b}{a}\right)=\dfrac{2\alpha+\gamma}{3}=\dfrac{2\cdot\alpha+1\cdot\gamma}{1+2}$

したがって　　$(m-\alpha):(\gamma-m)=1:2$　が成り立つ。

同様にして　　$(\beta-m):(m-\delta)=1:2$　が成り立つ。

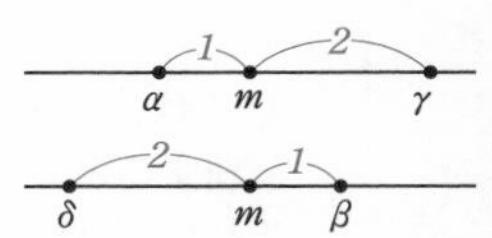

参考　更に，[3] を拡張した，次のような性質もある。

[4] 曲線 $y=f(x)$ 上の点 $\mathrm{P}(p,\ f(p))$ における接線 ℓ_1 と曲線 $y=f(x)$ の交点を $\mathrm{R}(r,\ f(r))$ とする。ℓ_1 と平行な曲線 $y=f(x)$ のもう1つの接線を ℓ_2 とし，ℓ_2 と曲線 $y=f(x)$ の接点を $\mathrm{Q}(q,\ f(q))$，交点を $\mathrm{S}(s,\ f(s))$ とする。右の図のようになるとき，次のことが成り立つ。
$$(p-s)=(m-p)=(q-m)=(r-q)$$

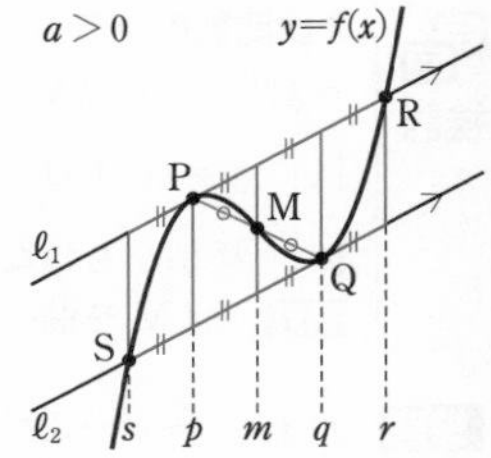

性質 [1]～[4] は，問題を解くうえで役立つ場合もある。

基本例題 216 3次関数の極大値と極小値の和 ⑦⑦⑦⑦⑦

a は定数とする。$f(x)=x^3+ax^2+ax+1$ が $x=\alpha,\ \beta\ (\alpha<\beta)$ で極値をとるとき，$f(\alpha)+f(\beta)=2$ ならば $a=$□ である。

基本 214

指針 3次関数 $f(x)$ が $x=\alpha,\ \beta$ で極値をとるから，$\alpha,\ \beta$ は2次方程式 $f'(x)=0$ の解である。
しかし，$f'(x)=0$ の解を求め，それを $f(\alpha)+f(\beta)=2$ に代入すると計算が面倒になる。
このようなときは，2次方程式の **解と係数の関係** を利用するのがセオリー。
$f(\alpha)+f(\beta)$ は $\alpha,\ \beta$ の対称式になるから，次の CHART に従って処理する。

⑦ $\alpha,\ \beta$ の対称式　基本対称式 $\alpha+\beta,\ \alpha\beta$ で表される

解答

$f'(x)=3x^2+2ax+a$

$f(x)$ は $x=\alpha,\ \beta$ で極値をとるから，$f'(x)=0$ すなわち
$3x^2+2ax+a=0$ …… ① は異なる2つの実数解 $\alpha,\ \beta$ をもつ。よって，① の判別式を D とすると　$D>0$

$\dfrac{D}{4}=a^2-3\cdot a=a(a-3)$ であるから　$a(a-3)>0$

したがって　$a<0,\ 3<a$ …… ②

また，① で，解と係数の関係により

$$\alpha+\beta=-\frac{2}{3}a,\ \alpha\beta=\frac{1}{3}a$$

ここで　
$$\begin{aligned}f(\alpha)+f(\beta)&=(\alpha^3+\beta^3)+a(\alpha^2+\beta^2)+a(\alpha+\beta)+2\\&=(\alpha+\beta)^3-3\alpha\beta(\alpha+\beta)+a\{(\alpha+\beta)^2-2\alpha\beta\}+a(\alpha+\beta)+2\\&=\left(-\frac{2}{3}a\right)^3-3\cdot\frac{1}{3}a\cdot\left(-\frac{2}{3}a\right)+a\left\{\left(-\frac{2}{3}a\right)^2-2\cdot\frac{1}{3}a\right\}+a\cdot\left(-\frac{2}{3}a\right)+2\\&=\frac{4}{27}a^3-\frac{2}{3}a^2+2\end{aligned}$$

$f(\alpha)+f(\beta)=2$ から　$\dfrac{4}{27}a^3-\dfrac{2}{3}a^2+2=2$

よって　$2a^3-9a^2=0$　すなわち　$a^2(2a-9)=0$

② を満たすものは　$a=\dfrac{9}{2}$

◀まず，$f(x)$ が極値をもつような a の値の範囲を求めておく（$p.341$ 基本例題 **214**(1) と同様）。

◀$f(\alpha)+f(\beta)=2$ は，関数 $f(x)$ の極値の和が2であるということ。

検討 **3次関数のグラフの対称性を利用する**

3次関数 $y=f(x)$ のグラフにおいて，極値をとる2点 $(\alpha,\ f(\alpha))$，$(\beta,\ f(\beta))$ を結ぶ線分の中点の座標は，$\left(\dfrac{\alpha+\beta}{2},\ \dfrac{f(\alpha)+f(\beta)}{2}\right)$ であり，$\alpha+\beta=-\dfrac{2}{3}a$ と $f(\alpha)+f(\beta)=2$ から　$\left(-\dfrac{1}{3}a,\ 1\right)$

この点は曲線 $y=f(x)$ 上にあるから　$-\dfrac{1}{27}a^3+\dfrac{1}{9}a^3-\dfrac{1}{3}a^2+1=1$

よって　$\dfrac{2}{27}a^3-\dfrac{1}{3}a^2=0$　これから a の値を求めることもできる。

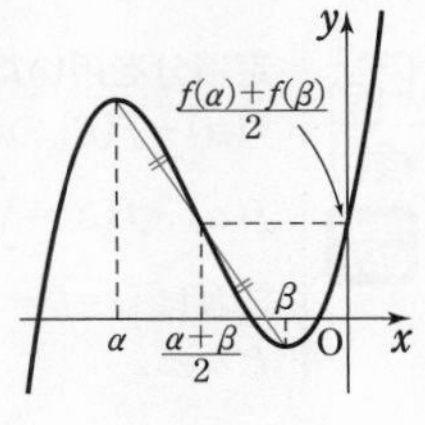

練習 ③ **216** 関数 $f(x)=2x^3+ax^2+(a-4)x+2$ の極大値と極小値の和が6であるとき，定数 a の値を求めよ。　［類　名城大］

p.348 EX 140

重要例題 217 3次関数の極大値と極小値の差 ①①①①①

関数 $f(x)=x^3-6x^2+3ax-4$ の極大値と極小値の差が4となるとき，定数 a の値を求めよ。

基本 216

指針 前ページの例題と同じ方針で進める。$x=\alpha$ で極大値，$x=\beta$ で極小値をとるとすると

$$\text{極大値と極小値の差が}4 \iff f(\alpha)-f(\beta)=4$$

$f(\alpha)$, $f(\beta)$ を実際に求めるのは面倒なので，$f(\alpha)-f(\beta)$ を $\boldsymbol{\alpha-\beta}$, $\boldsymbol{\alpha+\beta}$, $\boldsymbol{\alpha\beta}$ で表し，$\boldsymbol{(\alpha-\beta)^2=(\alpha+\beta)^2-4\alpha\beta}$ を利用することで，$\alpha+\beta$, $\alpha\beta$ のみで表すことができる。

解答

$f'(x)=3x^2-12x+3a$

$f(x)$ は極大値と極小値をとるから，2次方程式 $f'(x)=0$ すなわち $3x^2-12x+3a=0$ …… ① は異なる2つの実数解 α, β $(\alpha<\beta)$ をもつ。

◀今回は差を考えるので，$\alpha<\beta$ と定める。

x	$\cdots$	α	$\cdots$	β	$\cdots$
$f'(x)$	$+$	0	$-$	0	$+$
$f(x)$	↗	極大	↘	極小	↗

よって，① の判別式を D とすると　$D>0$

$\dfrac{D}{4}=(-6)^2-3\cdot(3a)=9(4-a)$ であるから　$4-a>0$

したがって　$a<4$ …… ②

$f(x)$ の x^3 の係数が正であるから，$f(x)$ は $x=\alpha$ で極大，$x=\beta$ で極小となる。

◀**3次関数が極値をもつとき 極大値＞極小値**

$$\begin{aligned} f(\alpha)-f(\beta)&=(\alpha^3-\beta^3)-6(\alpha^2-\beta^2)+3a(\alpha-\beta)\\ &=(\alpha-\beta)\{(\alpha^2+\alpha\beta+\beta^2)-6(\alpha+\beta)+3a\}\\ &=(\alpha-\beta)\{(\alpha+\beta)^2-\alpha\beta-6(\alpha+\beta)+3a\} \end{aligned}$$

① で，解と係数の関係より　$\alpha+\beta=4$, $\alpha\beta=a$

よって　$(\alpha-\beta)^2=(\alpha+\beta)^2-4\alpha\beta=4^2-4\cdot a=4(4-a)$

$\alpha<\beta$ より，$\alpha-\beta<0$ であるから　$\alpha-\beta=-2\sqrt{4-a}$

◀② から　$4-a>0$　よって　$\sqrt{4-a}>0$

ゆえに
$$\begin{aligned} f(\alpha)-f(\beta)&=-2\sqrt{4-a}\,(4^2-a-6\cdot4+3a)\\ &=-2\sqrt{4-a}\,\{-2(4-a)\}\\ &=4(\sqrt{4-a}\,)^3 \end{aligned}$$

◀$4-a=(\sqrt{4-a}\,)^2$

$f(\alpha)-f(\beta)=4$ であるから　$4(\sqrt{4-a}\,)^3=4$

すなわち　$(\sqrt{4-a}\,)^3=1$　　よって　$\sqrt{4-a}=1$

ゆえに，$4-a=1$ から　$\boldsymbol{a=3}$　これは ② を満たす。

◀$\sqrt{4-a}=1$ の両辺を2乗して解く。

検討 PLUS ONE

定積分を用いた計算方法

$f(\alpha)-f(\beta)$ の計算は，第7章で学習する積分法を利用すると，らくである。

$$f(\alpha)-f(\beta)=\int_\beta^\alpha f'(x)dx=\int_\beta^\alpha 3(x-\alpha)(x-\beta)dx=3\left\{-\frac{1}{6}(\alpha-\beta)^3\right\}$$

← p.377 基本例題 240 (1) の公式を利用。

これに $\alpha-\beta=-2\sqrt{4-a}$ を代入して，$f(\alpha)-f(\beta)=4(\sqrt{4-a}\,)^3$ となる。

練習 ③217 関数 $f(x)=x^3+ax^2+bx+c$ が $x=\alpha$ で極大値，$x=\beta$ で極小値をとるとき，$f(\alpha)-f(\beta)=\dfrac{1}{2}(\beta-\alpha)^3$ となることを示せ。　〔類 名古屋大〕

重要例題 218 4次関数が極大値をもたない条件 ④

関数 $f(x)=x^4-8x^3+18kx^2$ が極大値をもたないとき，定数 k の値の範囲を求めよ。 ［福島大］

基本 211，214

指針 **4次関数 $f(x)$ が $x=p$ で極大値をもつ**
$\Longleftrightarrow$ $x=p$ の前後で3次関数 $f'(x)$ の符号が正から負に変わる
であるから，$f'(x)$ の符号が「**正から負に変わらない**」条件を考える。3次関数 $f'(x)$ のグラフと x 軸の上下関係をイメージするとよい。なお，解答の右横の図は $y=x(x^2-6x+9k)$ のグラフである。

x	$\cdots$	p	$\cdots$
$f'(x)$	$+$	0	$-$
$f(x)$	↗	極大	↘

解答

$f'(x)=4x^3-24x^2+36kx=4x(x^2-6x+9k)$

$f(x)$ が極大値をもたないための条件は，$f'(x)=0$ の実数解の前後で $f'(x)$ の符号が正から負に変わらないことである。このことは，$f'(x)$ の x^3 の係数は正であるから，3次方程式 $f'(x)=0$ が異なる3つの実数解をもたないことと同じである。

$f'(x)=0$ とすると　　$x=0$　または　$x^2-6x+9k=0$

よって，求める条件は，$x^2-6x+9k=0$ が

　[1]　重解または虚数解をもつ　[2]　$x=0$ を解にもつ

[1]　$x^2-6x+9k=0$ の判別式を D とすると　　$D\leqq 0$

　$\dfrac{D}{4}=(-3)^2-9k=9(1-k)$ であるから　　$1-k\leqq 0$

　よって　　$k\geqq 1$

[2]　$x^2-6x+9k=0$ に $x=0$ を代入すると　　$k=0$

したがって　　**$k=0$，$k\geqq 1$**

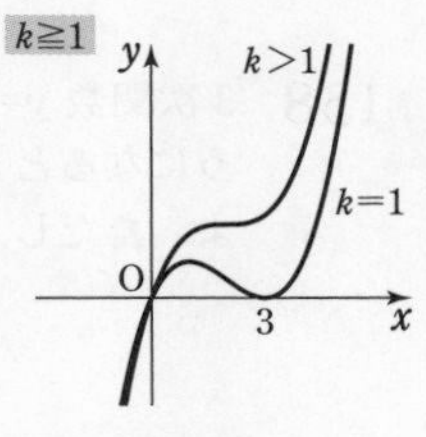

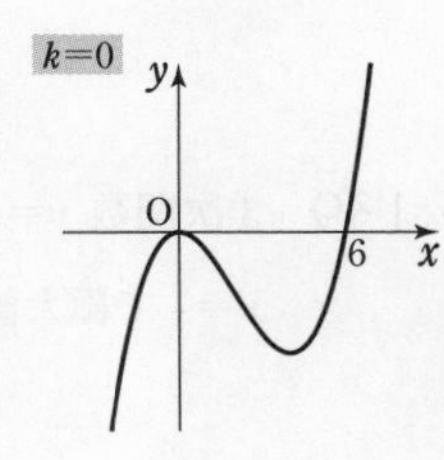

参考 ［4次関数の極値とグラフ］　一般に，4次関数 $f(x)$［4次の係数は正］に対し，$f'(x)=0$ は3次方程式で，少なくとも1つの 実数解 をもつ。その実数解を α とし，他の2つの解が実数であれば β, γ とする。このとき，$y=f(x)$ のグラフは，次のように分類できる。特に，極大値をとるのは ① の場合だけである。
（4次の係数が負のときは，図の上下が逆になり，極大と極小が入れ替わる。）

① 異なる3実数解（$\alpha<\beta<\gamma$ とする）

② 2重解ともう1つの実数解　$\alpha=\beta<\gamma$，$\alpha<\beta=\gamma$

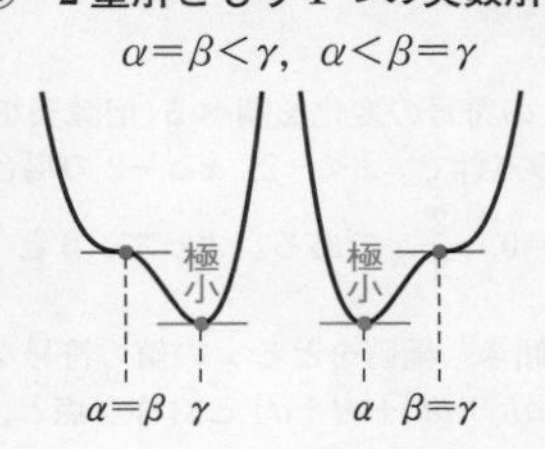

③ 1つの実数解と異なる2つの虚数解　または　3重解（$\alpha=\beta=\gamma$）

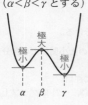

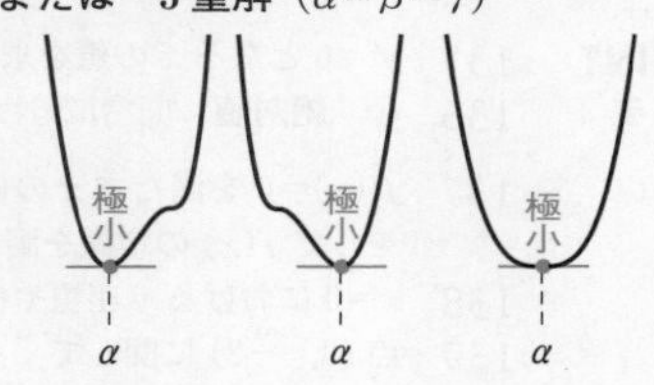

練習 ④ 218 $f(x)=x^4+4x^3+ax^2$ について，次の条件を満たす定数 a の値の範囲を求めよ。
(1) ただ1つの極値をもつ。　(2) 極大値と極小値をもつ。

p.348 EX 141

EXERCISES

③**135** 次の関数の極値を求め，そのグラフの概形をかけ。

(1) $y=-x^4+2x^2-1$ (2) $y=3x^4+8x^3-6x^2-24x$

(3) $y=x^3-3x^2-3x-2$

→210, 211

②**136** $y=|x+2|(x-1)^2$ のグラフをかけ。 →212

③**137** 関数 $f(x)=x^3-ax^2+b$ の極大値が 5，極小値が 1 となるとき，定数 a，b の値を求めよ。 〔岡山大〕 →213

③**138** 3 次関数 $y=ax^3+bx^2+cx+d$ のグラフが右の図のようになるとき，a，b，c，d の値の符号をそれぞれ求めよ。ただし，図中の黒丸は極値をとる点を表している。 →214

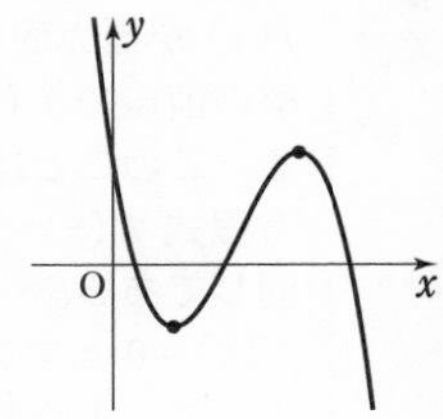

④**139** 3 次関数 $y=ax^3+bx^2+cx+d$ のグラフは，点 $(3,\ -2)$ に関して対称であり，$x=1$ で極大値 $\dfrac{2}{3}$ をとる。このとき，定数 a，b，c，d の値を求めよ。〔福島大〕

→215

③**140** a，b を実数とする。関数 $f(x)=x^3-ax^2+bx+1$ について，次の問いに答えよ。

(1) $f(x)$ が極大値と極小値をもつための a，b の条件を求めよ。

(2) $f(x)$ が極大値と極小値をもつとき，極大値と極小値の平均が 1 となるための a，b の条件式が表す図形を，ab 平面上に図示せよ。 〔類 茨城大〕

→216

③**141** 関数 $f(x)=3x^4+4(3-a)x^3+12(1-a)x^2$ $(a\geqq 0)$ について，$f(x)$ が極小となる x の値とそのときの極小値を求めよ。 →218

HINT

135 $y'=0$ となる x の値を求め，y' の符号の変化を調べる（増減表を作る）。

136 ① **絶対値 場合に分ける** の方針で。$x<-2$，$x\geqq -2$ の場合に分ける。

137 $f'(x)=0$ を満たす x の値は $x=0$，$\dfrac{2}{3}a$ である。よって，0 と $\dfrac{2}{3}a$ の大小関係で場合分けをして $f(x)$ の増減を調べる。

138 $x=0$ における y 座標や接線の傾き，極値をとる x の値の符号などに注目。

139 点 $(3,\ -2)$ に関して，点 $(t,\ at^3+bt^2+ct+d)$ と対称な点と，点 $(3,\ -2)$ はグラフ上にある。なお，3 次関数のグラフの対称性を利用するのもよい。

140 (2) 方程式 $f'(x)=0$ の異なる 2 つの解を α，β として，$\dfrac{f(\alpha)+f(\beta)}{2}$ を $\alpha+\beta$，$\alpha\beta$ で表す。解と係数の関係を利用。

141 **$f(x)$ が $x=p$ で極小値をもつ $\Longleftrightarrow$ $x=p$ の前後で $f'(x)$ の符号が負から正に変わる**

37 最大値・最小値，方程式・不等式

基本事項

1　区間における最大値・最小値

区間 $a \leqq x \leqq b$ における関数の最大値，最小値は，この区間での関数の極値と区間の両端での関数の値を比べて求める。

2　方程式の実数解の個数

① **$f(x)=0$ の実数解 $\Longleftrightarrow$ 曲線 $y=f(x)$ と直線 $y=0$ (x 軸) の共有点の x 座標**

② **$f(x)=g(x)$ の実数解 $\Longleftrightarrow$ 2 曲線 $y=f(x)$，$y=g(x)$ の共有点の x 座標**

③ グラフがつながっている関数 $f(x)$ において，$p<q$ のとき
$f(p)f(q)<0$ ならば，方程式 $f(x)=0$ は区間 $p<x<q$ に少なくとも 1 つの実数解をもつ。ただし，この逆は成り立たない。

3　不等式 $f(x)>g(x)$ の証明

$F(x)=f(x)-g(x)$ [差] とおき，$F'(x)$ を用いて $F(x)>0$ を証明する。

① [$F(x)$ の最小値]>0 を示すのが基本。

② $F(x)$ が $x \geqq a$ で単調に増加，$F(a) \geqq 0$ なら　$x>a$ で $F(x)>0$

解　説

■ 区間における最大値・最小値

最大値・最小値の求め方は，数学 I の 2 次関数でも学んだ。
3 次以上の関数 $f(x)$ については，導関数 $f'(x)$ を用いて関数の増減を調べるとよい。
つまり，増減表をかいて関数の極値を調べ，極値と区間の両端における関数の値を比べて最大値，最小値を決定する。

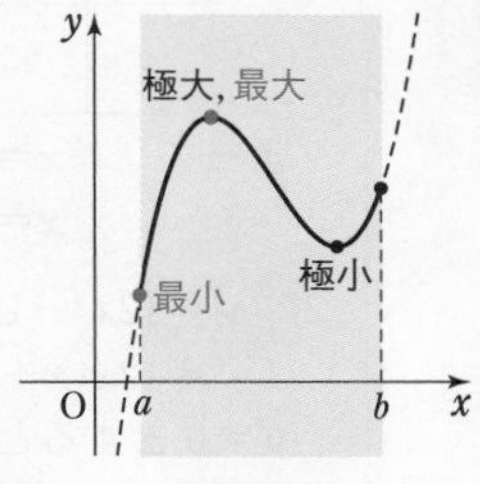

■ 最大・最小と極大・極小

両者は別のものであって，極大値は必ずしも最大値ではないし，また，極小値であっても最小値でない場合もある。極大値，極小値はそのごく近くでの最大値，最小値であり，区間全体における最大値，最小値と一致するとは限らない。

◀下線部分に注意。

区間 $a \leqq x \leqq b$ (これを **閉区間** という) においては常に最大値・最小値が存在するが，閉区間以外の区間については，最大値または最小値が存在しない場合がある。

◀詳しくは数学Ⅲで学習する。

■ 方程式の実数解の個数

2 ③ について，例えば $f(p)<0$，$f(q)>0$ とすると，$f(x)$ のグラフがつながっている場合，x が p から q まで変化するとき，$f(x)$ は負の値から正の値に移り，しかも $f(x)$ の値はとぎれることはないから，どこかで 0 になるはずである。その 0 になる x の値が，方程式 $f(x)=0$ の実数解である。
なお，逆が成り立たないことは，例えば $f(x)=x^2-1$ と区間 $-2<x<2$ で考えれば，明らかである。

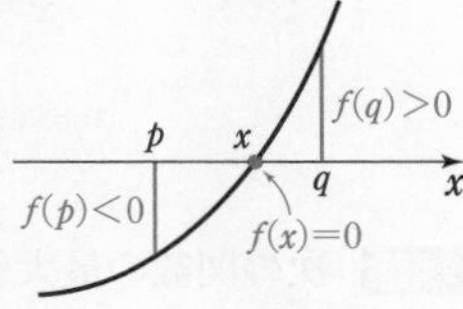

基本例題 219 区間における関数の最大・最小 (1)

次の関数の最大値と最小値を求めよ。また，そのときの x の値を求めよ。

(1) $y=x^3-6x^2+10\quad(-2\leqq x\leqq 3)$　　(2) $y=3x^4-4x^3-12x^2\quad(-1\leqq x\leqq 3)$

p.349 基本事項 1　重要 220，演習 230

指針 区間における最大・最小については，数学Ⅰでも学んだ。その要領は，まず，グラフをかいて　**最大・最小　端もチェック**　であった。

3次以上の関数についても要領は同じであるが，関数の増減を調べるのに，導関数を利用する。　**y' の符号の変化を調べる　増減表を作る**

増減表の極値および端点の値のうち，最も大きな値が最大値，最も小さな値が最小値である。なお，極大値・極小値が，必ずしも最大値・最小値ではないということに注意すること。

CHART 最大・最小　極値と端の値をチェック

解答

(1) $y'=3x^2-12x=3x(x-4)$

$y'=0$ とすると　$x=0,\ 4$

区間 $-2\leqq x\leqq 3$ における y の増減表は，次のようになる。

x	-2	$\cdots$	0	$\cdots$	3
y'		$+$	0	$-$	
y	-22	↗	極大 10	↘	-17

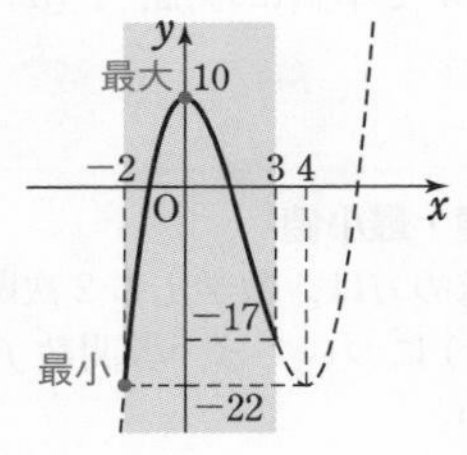

よって　**$x=0$ で最大値 10，**
$x=-2$ で最小値 -22

◀最小値は端の値 -22 と -17 を比較。

(2) $y'=12x^3-12x^2-24x=12x(x^2-x-2)$
$=12x(x+1)(x-2)$

$y'=0$ とすると　$x=-1,\ 0,\ 2$

区間 $-1\leqq x\leqq 3$ における y の増減表は，次のようになる。

x	-1	$\cdots$	0	$\cdots$	2	$\cdots$	3
y'		$+$	0	$-$	0	$+$	
y	-5	↗	極大 0	↘	極小 -32	↗	27

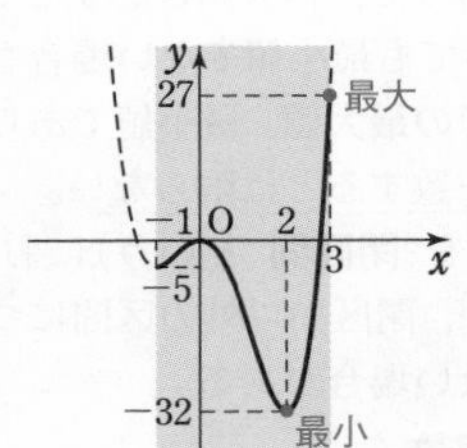

よって
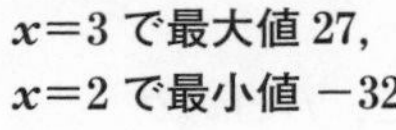
$x=3$ で最大値 27，
$x=2$ で最小値 -32

◀最大値は極大値 0 と端の値 27 を比較。
最小値は極小値 -32 と端の値 -5 を比較。

練習 ②219 次の関数の最大値と最小値を求めよ。また，そのときの x の値を求めよ。

(1) $y=-x^3+12x+15\quad(-3\leqq x\leqq 5)$

(2) $y=-x^4+4x^3+12x^2-32x\quad(-2\leqq x\leqq 4)$

重要例題 220 区間における関数の最大・最小 (2)

関数 $y=x^3-6x^2+3x+2$ $(-1 \leqq x \leqq 6)$ の最大値と最小値を求めよ。また，そのときの x の値を求めよ。

基本 219

指針 前ページと同様に，関数の増減を調べるのに導関数を利用するが，この問題では $y'=0$ の解が $x=p\pm\sqrt{q}$ の形になり，y の式にこの x の値を代入して極値を求める計算が面倒。そこで，**y の式を y' の式で割る割り算を行い，割り算の等式を利用** するとよい。

$$A \quad = \quad B \times Q + R$$

割られる式　割る式　商　余り

解答

$y'=3x^2-12x+3=3(x^2-4x+1)$

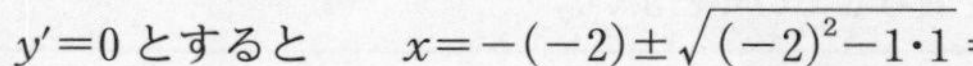

$y'=0$ とすると　　$x=-(-2)\pm\sqrt{(-2)^2-1\cdot 1}=2\pm\sqrt{3}$

◀解の公式。

$1<\sqrt{3}<2$ より，$-1<2-\sqrt{3}<2+\sqrt{3}<6$ であるから，

$-1 \leqq x \leqq 6$ における y の増減表は，次のようになる。

◀$x=2\pm\sqrt{3}$ が定義域に含まれることを確認。

x	-1	$\cdots$	$2-\sqrt{3}$	$\cdots$	$2+\sqrt{3}$	$\cdots$	6
y'		$+$	0	$-$	0	$+$	
y	-8	↗	極大	↘	極小	↗	20

$$\begin{array}{r} x-2 \\ x^2-4x+1 \overline{)\, x^3-6x^2+3x+2} \\ x^3-4x^2+\ x \\ \hline -2x^2+2x+2 \\ -2x^2+8x-2 \\ \hline -6x+4 \end{array}$$

ここで，$y=(x^2-4x+1)(x-2)-6x+4$ であり，

$x=2\pm\sqrt{3}$ のとき $y'=0$ すなわち $x^2-4x+1=0$ から

$x=2-\sqrt{3}$ のとき　　$y=-6(2-\sqrt{3})+4=-8+6\sqrt{3}$

$x=2+\sqrt{3}$ のとき　　$y=-6(2+\sqrt{3})+4=-8-6\sqrt{3}$

◀$x=2\pm\sqrt{3}$ のときは $y=-6x+4$ となる。このように，次数を下げた式を利用すると，らくに極値を計算できる。

$108<11^2$ より，$6\sqrt{3}<11$ であるから　$-8+6\sqrt{3}<20$

また　　$-8-6\sqrt{3}<-8$

よって　　**$x=6$ で最大値 20，**

　　　　　$x=2+\sqrt{3}$ で最小値 $-8-6\sqrt{3}$

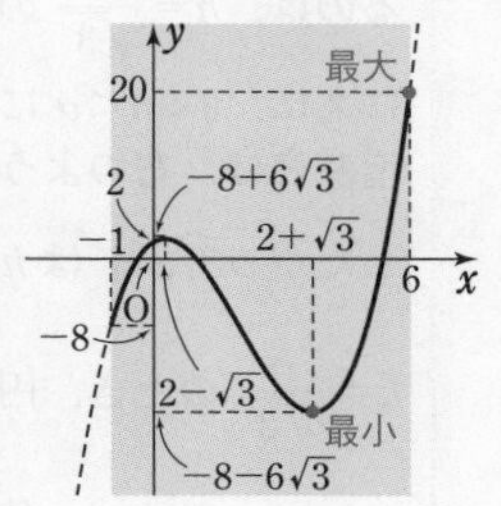

参考 次のようにして，$x=2\pm\sqrt{3}$ のとき $y=-6x+4$ となることを導いてもよい（$p.99$ 参照）。

$x=2\pm\sqrt{3}$ のとき，$x^2-4x+1=0$ から

$\qquad x^2=4x-1$

よって　　$x^3=x^2\cdot x=(4x-1)x=4x^2-x$

$\qquad =4(4x-1)-x=15x-4$

ゆえに　　$y=x^3-6x^2+3x+2$

$\qquad =(15x-4)-6(4x-1)+3x+2=-6x+4$

POINT **$y'=0$ の解が複雑なら，y を y' で割った式を利用して極値計算**（次数下げ）

練習 ③220 関数 $y=-2x^3-3x^2+6x+9$ $(-2 \leqq x \leqq 2)$ の最大値と最小値を求めよ。また，そのときの x の値を求めよ。

基本例題 221 最大・最小の文章題(微分利用)

半径 a の球に内接する円柱の体積の最大値を求めよ。また，そのときの円柱の高さを求めよ。〔類 群馬大〕

基本 219

指針 文章題では，**最大値・最小値を求めたい量を式で表す** ことがカギ。次の手順で進める。

1. 変数を決め，その変域を調べる。
2. 最大値を求める量(ここでは円柱の体積)を，変数の式で表す。
3. 2 の関数の最大値を求める。なお，この問題では，求める量が，変数の 3 次式で表されるから，最大値を求めるのに導関数を用いて増減を調べる。

なお，直ちに 1 つの文字で表すことは難しいから，わからないものは，とにかく文字を使って表し，条件から文字を減らしていくとよい。

解答

円柱の高さを $2h$ $(0<2h<2a)$ とし，底面の半径を r とすると

$$r^2=a^2-h^2$$

$0<2h<2a$ から　$0<h<a$

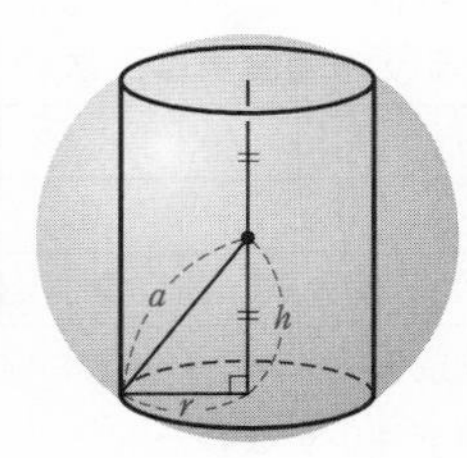

円柱の体積を V とすると

$$V=\pi r^2\cdot 2h=2\pi(a^2-h^2)h$$
$$=-2\pi(h^3-a^2h)$$

V を h で微分すると

$$V'=-2\pi(3h^2-a^2)$$
$$=-2\pi(\sqrt{3}h+a)(\sqrt{3}h-a)$$

$0<h<a$ において，$V'=0$ となるのは，$h=\dfrac{a}{\sqrt{3}}$ のときである。

ゆえに，$0<h<a$ における V の増減表は，右のようになる。

h	0	$\cdots$	$\dfrac{a}{\sqrt{3}}$	$\cdots$	a
V'		+	0	−	
V		↗	極大	↘	

したがって，V は $h=\dfrac{a}{\sqrt{3}}$ のとき最大となる。

$h=\dfrac{a}{\sqrt{3}}$ のとき，円柱の高さは　$2\cdot\dfrac{a}{\sqrt{3}}=\dfrac{2\sqrt{3}}{3}a$

体積は　$2\pi\left(a^2-\dfrac{a^2}{3}\right)\cdot\dfrac{a}{\sqrt{3}}=\dfrac{4\sqrt{3}}{9}\pi a^3$

よって　**体積の最大値 $\dfrac{4\sqrt{3}}{9}\pi a^3$，**

そのときの円柱の高さ $\dfrac{2\sqrt{3}}{3}a$

◀計算がらくになるように $2h$ とする。

◀三平方の定理。

◀変数の変域を確認。

◀(円柱の体積)＝(底面積)×(高さ)

◀$\dfrac{dV}{dh}$ を V' で表す。

◀$h=0$，a は変域に含まれていないから，変域の端の値に対する V の値は記入していない。今後，本書の増減表は，この方針で書く。

◀$2h$

◀$2\pi(a^2-h^2)h$

練習 ② 221 半径 1 の球に内接する直円錐で，その側面積が最大になるものに対し，その高さ，底面の半径，および側面積を求めよ。〔中央大〕

基本例題 222 最大値・最小値から3次関数の決定

$0<a<3$ とする。関数 $f(x)=2x^3-3ax^2+b$ $(0\leqq x\leqq 3)$ の最大値が 10，最小値が -18 のとき，定数 a，b の値を求めよ。

基本 219

指針

1 区間における増減表を作り，$f(x)$ の値の変化を調べる。

2 1 の増減表から最小値はわかるが，最大値は候補が 2 つ出てくる。よって，その**最大値の候補の 大小を比較** し，a の値で場合分けをして最大値を a，b で表す。

解答

$f'(x)=6x^2-6ax=6x(x-a)$

$f'(x)=0$ とすると　　$x=0$，a

$0<a<3$ であるから，$0\leqq x\leqq 3$ における $f(x)$ の増減表は次のようになる。

x	0	$\cdots$	a	$\cdots$	3
$f'(x)$		$-$	0	$+$	
$f(x)$	b	↘	極小 $b-a^3$	↗	$b-27a+54$

よって，最小値は $f(a)=b-a^3$ であり

$$b-a^3=-18 \quad \cdots\cdots ①$$

◀(最小値)$=-18$

また，　最大値は $f(0)=b$　または　$f(3)=b-27a+54$

◀ **最大・最小** 極値と端の値をチェック

$f(0)$ と $f(3)$ を比較すると

$$f(3)-f(0)=-27a+54=-27(a-2)$$

◀ **大小比較 は 差を作る**

ゆえに　$0<a<2$ のとき　$f(0)<f(3)$，

　　　　$2\leqq a<3$ のとき　$f(3)\leqq f(0)$

[1]　$0<a<2$ のとき，最大値は　$f(3)=b-27a+54$

　よって　$b-27a+54=10$　すなわち　$b=27a-44$

◀(最大値)$=10$

　これを ① に代入して整理すると

$$a^3-27a+26=0$$

　ゆえに　$(a-1)(a^2+a-26)=0$

　よって　$a=1$，$\dfrac{-1\pm\sqrt{105}}{2}$

$$\begin{array}{rrrr|l} 1 & 0 & -27 & 26 & 1 \\ & 1 & 1 & -26 & \\ \hline 1 & 1 & -26 & 0 & \end{array}$$

　$0<a<2$ を満たすものは　$a=1$

　このとき，① から　$b=-17$

◀場合分けの条件を満たすかどうかを確認。

[2]　$2\leqq a<3$ のとき，最大値は　$f(0)=b$

　よって　$b=10$

◀(最大値)$=10$

　これを ① に代入して整理すると　$a^3=28$

　$28>3^3$ であるから，$a=\sqrt[3]{28}>3$ となり，不適。

◀場合分けの条件を満たすかどうかを確認。

[1]，[2] から　　**$a=1$，$b=-17$**

練習 ③222　a，b は定数とし，$0<a<1$ とする。関数 $f(x)=x^3+3ax^2+b$ $(-2\leqq x\leqq 1)$ の最大値が 1，最小値が -5 となるような a，b の値を求めよ。

基本例題 223 係数に文字を含む3次関数の最大・最小

a を正の定数とする。3次関数 $f(x)=x^3-2ax^2+a^2x$ の $0 \leqq x \leqq 1$ における最大値 $M(a)$ を求めよ。 〔類 立命館大〕 基本 219 重要 224

指針 文字係数の関数の最大値であるが，$p.350$ 基本例題 **219** と同じ要領で，**極値と区間の端での関数の値を比べて** **最大値を決定する。**

$f(x)$ の値の変化を調べると，$y=f(x)$ のグラフは右図のようになる（原点を通る）。ここで，$x=\dfrac{a}{3}$ 以外に $f(x)=f\left(\dfrac{a}{3}\right)$ を満たす x（これを α とする）がある ことに注意が必要。

よって，$\dfrac{a}{3}$，$\alpha\left(\dfrac{a}{3}<\alpha\right)$ が区間 $0 \leqq x \leqq 1$ に含まれるかどうかで場合分けを行う。……★

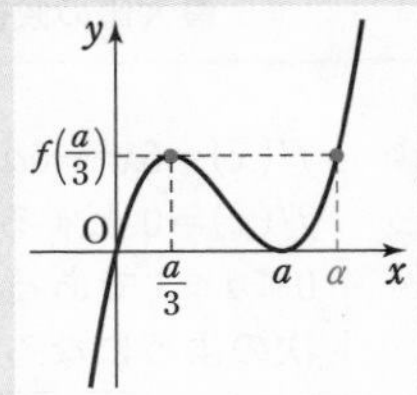

解答

$f'(x)=3x^2-4ax+a^2=(3x-a)(x-a)$

$f'(x)=0$ とすると　$x=\dfrac{a}{3}$，a

$a>0$ であるから，$f(x)$ の増減表は次のようになる。

x	$\cdots$	$\dfrac{a}{3}$	$\cdots$	a	$\cdots$
$f'(x)$	$+$	0	$-$	0	$+$
$f(x)$	↗	極大	↘	極小	↗

ここで，$f(x)=x(x^2-2ax+a^2)=x(x-a)^2$ から

$$f\left(\frac{a}{3}\right)=\frac{a}{3}\left(-\frac{2}{3}a\right)^2=\frac{4}{27}a^3,\quad f(a)=0$$

$x=\dfrac{a}{3}$ 以外に $f(x)=\dfrac{4}{27}a^3$ を満たす x の値を求めると，

$f(x)=\dfrac{4}{27}a^3$ から

$$x^3-2ax^2+a^2x-\frac{4}{27}a^3=0$$

ゆえに　$\left(x-\dfrac{a}{3}\right)^2\left(x-\dfrac{4}{3}a\right)\overset{(*)}{=}0$

$x \neq \dfrac{a}{3}$ であるから　$x=\dfrac{4}{3}a$

よって，$f(x)$ の $0 \leqq x \leqq 1$ における最大値 $M(a)$ は，次のようになる。

[1] $1<\dfrac{a}{3}$ すなわち $a>3$ のとき，

$f(x)$ は $x=1$ で最大となり

$M(a)=f(1)$

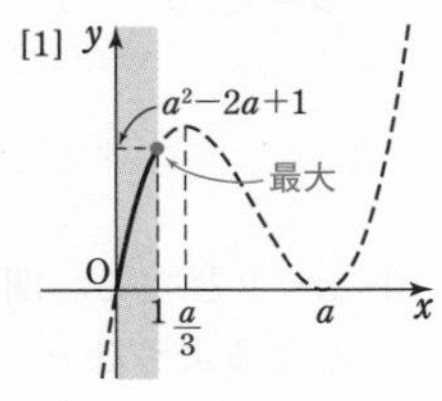

◀まずは，$f'(x)=0$ を満たす x の値を調べ，増減表をかく。

◀$a>0$ から
$0<\dfrac{a}{3}<a$

(*) 曲線 $y=f(x)$ と直線 $y=\dfrac{4}{27}a^3$ は，$x=\dfrac{a}{3}$ の点において接するから，$f(x)-\dfrac{4}{27}a^3$ は $\left(x-\dfrac{a}{3}\right)^2$ で割り切れる。このことを利用して因数分解するとよい。

1	$-2a$	a^2	$-\dfrac{4}{27}a^3$	$\dfrac{a}{3}$
	$\dfrac{a}{3}$	$-\dfrac{5}{9}a^2$	$\dfrac{4}{27}a^3$	
1	$-\dfrac{5}{3}a$	$\dfrac{4}{9}a^2$	0	$\dfrac{a}{3}$
	$\dfrac{a}{3}$	$-\dfrac{4}{9}a^2$		
1	$-\dfrac{4}{3}a$	0		

◀指針＿＿……★の方針。
[1] は区間に極値をとる x の値を含まず，区間の右端で最大となる場合。

[2]　$\dfrac{a}{3} \leqq 1 \leqq \dfrac{4}{3}a$ すなわち

$\dfrac{3}{4} \leqq a \leqq 3$ のとき，

$f(x)$ は $x=\dfrac{a}{3}$ で最大となり

$$M(a)=f\left(\dfrac{a}{3}\right)$$

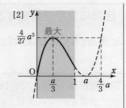

[2] は区間に極大値をとる x の値を含み，極大値が最大値となる場合。

[3]　$0<\dfrac{4}{3}a<1$ すなわち

$0<a<\dfrac{3}{4}$ のとき，

$f(x)$ は $x=1$ で最大となり

$$M(a)=f(1)$$

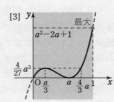

[3] は区間に極大値をとる x の値を含むが，区間の右端の方が極大値よりも大きな値をとり，区間の右端で最大となる場合。

以上から　　**$0<a<\dfrac{3}{4}$，$3<a$ のとき**

$$\boldsymbol{M(a)=f(1)=a^2-2a+1}$$

$\dfrac{3}{4} \leqq a \leqq 3$ のとき　　$M(a)=\dfrac{4}{27}a^3$

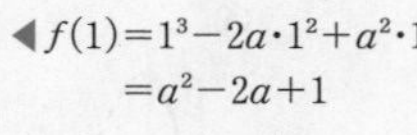
◀ $f(1)=1^3-2a\cdot1^2+a^2\cdot1$
$=a^2-2a+1$

検討

3 次関数の対称性の利用

$p.344$ の参考事項で紹介した性質 1，3 を用いて，$f(x)=\dfrac{4}{27}a^3$ を満たす $x=\dfrac{a}{3}$ 以外の x の値を調べることもできる。

2 つの極値をとる点を結ぶ線分の中点（つまり，変曲点）の x 座標は　　$x=-\dfrac{-2a}{3\cdot1}=\dfrac{2}{3}a$

よって，$\dfrac{2}{3}a-\dfrac{a}{3}=a-\dfrac{2}{3}a=\dfrac{a}{3}$ で，$a+\dfrac{a}{3}=\dfrac{4}{3}a$ から，

$f\left(\dfrac{4}{3}a\right)=\dfrac{4}{27}a^3$ となる。

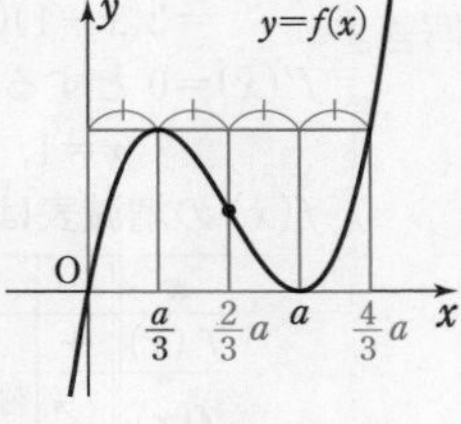

なお，$p.344$ で紹介した性質を用いる方法は，検算で使う程度としておきたい。

練習 ③223

a は正の定数とする。関数 $f(x)=-\dfrac{x^3}{3}+\dfrac{3}{2}ax^2-2a^2x+a^3$ の区間 $0 \leqq x \leqq 2$ における最小値 $m(a)$ を求めよ。

p.368 EX 142

重要例題 224 区間に文字を含む3次関数の最大・最小

$f(x)=x^3-6x^2+9x$ とする。区間 $a\leqq x\leqq a+1$ における $f(x)$ の最大値 $M(a)$ を求めよ。

基本 223

指針 この例題は，区間の幅が1（一定）で，区間が動くタイプである。
まず，$y=f(x)$ のグラフをかく。次に，区間 $a\leqq x\leqq a+1$ を x 軸上で左側から移動しながら，$f(x)$ の最大値を考える。
場合分けをするときは，次のことに注意する。
Ⓐ 区間で単調増加なら，区間の右端で最大。
Ⓑ 区間で単調減少なら，区間の左端で最大。
両極値をとる x の値がともに区間に含まれることはないから
Ⓒ 区間内に極大となる x の値があるとき，極大となる x で最大。
Ⓓ 区間内に極小となる x の値があるとき，区間の両端のうち $f(x)$ の値が大きい方で最大 ⟶ 区間の両端で値が等しくなる場合が境目となる。すなわち，
$f(\alpha)=f(\alpha+1)$ となる α と a の大小 により場合分け。

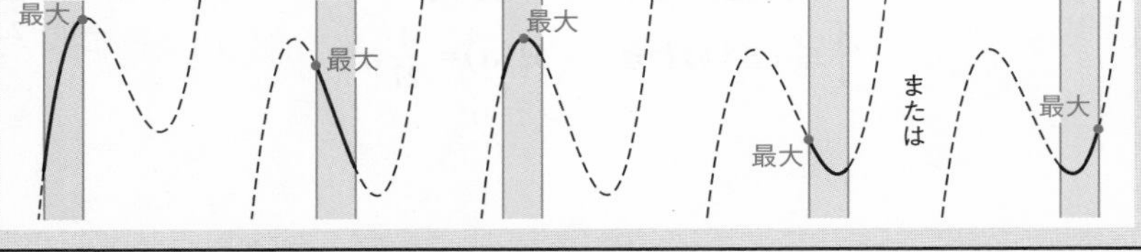

解答

$f'(x)=3x^2-12x+9$
$\quad=3(x-1)(x-3)$
$f'(x)=0$ とすると
$\quad x=1,\ 3$
$f(x)$ の増減表は次のようになる。

x	$\cdots$	1	$\cdots$	3	$\cdots$
$f'(x)$	$+$	0	$-$	0	$+$
$f(x)$	↗	極大 4	↘	極小 0	↗

よって，$y=f(x)$ のグラフは右上の図のようになる。
ゆえに，$f(x)$ の $a\leqq x\leqq a+1$ における最大値 $M(a)$ は，次のようになる。

解答の場合分けの位置のイメージ

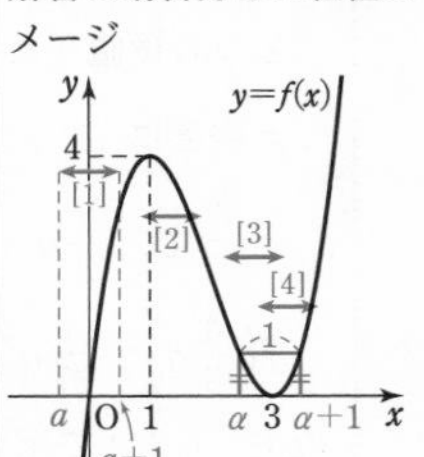

[1] $a+1<1$ すなわち $a<0$ のとき
$f(x)$ は $x=a+1$ で最大となり
$M(a)$
$=f(a+1)$
$=(a+1)^3-6(a+1)^2+9(a+1)$
$=a^3-3a^2+4$

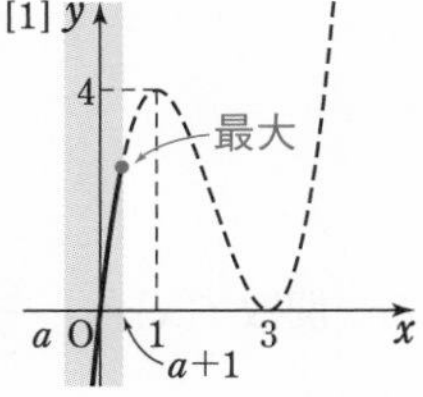

◀指針の Ⓐ［区間で単調増加で，**右端で最大**］の場合。

[2]　$a<1\leqq a+1$　すなわち
　$0\leqq a<1$ のとき
　$f(x)$ は $x=1$ で最大となり
　　$M(a)=f(1)=4$

◀指針の Ⓒ［区間内に**極大**となる x の値を含み，その x の値で**最大**］の場合。

次に，$2<\alpha<3$ のとき，
$f(\alpha)=f(\alpha+1)$ とすると
　$\alpha^3-6\alpha^2+9\alpha=\alpha^3-3\alpha^2+4$
ゆえに　$3\alpha^2-9\alpha+4=0$
よって　$\alpha=\dfrac{-(-9)\pm\sqrt{(-9)^2-4\cdot3\cdot4}}{2\cdot3}=\dfrac{9\pm\sqrt{33}}{6}$
$2<\alpha<3$ と $5<\sqrt{33}<6$ に注意して　$\alpha=\dfrac{9+\sqrt{33}}{6}$

[3]　$1\leqq a<\dfrac{9+\sqrt{33}}{6}$ のとき
　$f(x)$ は $x=a$ で最大となり
　　$M(a)=f(a)=a^3-6a^2+9a$

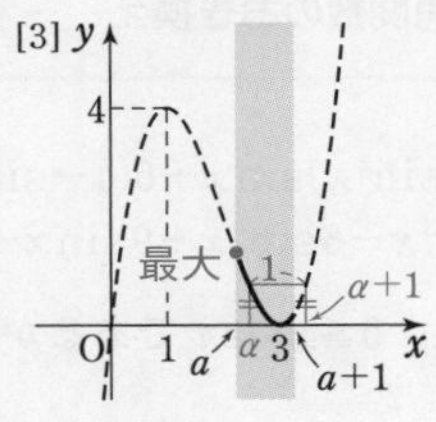

◀指針の Ⓑ［区間で単調減少で，**左端で最大**］または Ⓓ［区間内に極小となる x の値がある］のうち区間の**左端で最大**の場合。

[4]　$\dfrac{9+\sqrt{33}}{6}\leqq a$ のとき
　$f(x)$ は $x=a+1$ で最大となり
　　$M(a)=f(a+1)=a^3-3a^2+4$

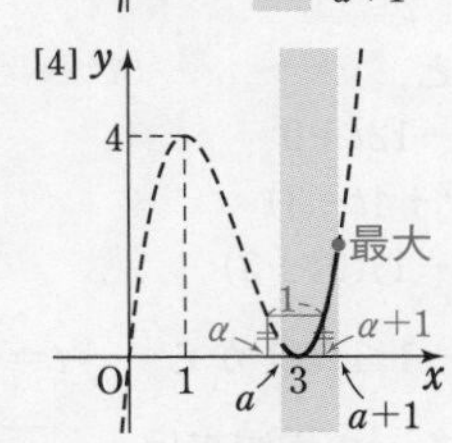

◀指針の Ⓓ［区間内に極小となる x の値がある］のうち，区間の **右端で最大**の場合，または指針の Ⓐ［区間で単調増加で，**右端で最大**］の場合。

以上から　**$a<0$，$\dfrac{9+\sqrt{33}}{6}\leqq a$ のとき　$M(a)=a^3-3a^2+4$**
　$0\leqq a<1$ のとき　$M(a)=4$
　$1\leqq a<\dfrac{9+\sqrt{33}}{6}$ のとき　$M(a)=a^3-6a^2+9a$

検討　**3 次関数のグラフの対称性に関する注意**

$p.344$ の参考事項で述べたように，3 次関数のグラフは点対称な図形であるが，線対称な図形ではない。すなわち，3 次関数が $x=p$ で極値をとるとき，3 次関数のグラフは直線 $x=p$ に関して対称ではないことに注意しよう。
$\left[\text{上の解答の }\alpha\text{ の値を，}\dfrac{\alpha+(\alpha+1)}{2}=3\text{ から}\right.$
$\left.\alpha=\dfrac{5}{2}\text{ としてはダメ！}\right]$
なお，放物線は軸に関して対称である。このことと混同しないようにしておこう。

3次関数のグラフ　対称ではない
放物線　(線)対称

練習 ⑤224　$f(x)=x^3-3x^2-9x$ とする。区間 $t\leqq x\leqq t+2$ における $f(x)$ の最小値 $m(t)$ を求めよ。

基本 例題 225 三角関数の最大・最小（微分利用）

$0 \leqq x < 2\pi$ のとき，関数 $y=2\cos 2x\sin x+6\cos^2 x+7\sin x$ の最大値と最小値を求めよ。また，そのときの x の値を求めよ。〔弘前大〕

基本 219

指針 まず，三角関数の 2倍角の公式 $\cos 2x=1-2\sin^2 x$，相互関係 $\sin^2 x+\cos^2 x=1$ を利用して，y を1つの三角関数 $\sin x$ の式に変形する。
$\sin x=t$ とおく と，y は t の3次関数となる。
よって，後は $p.350$ 基本例題 **219** (1) と同様に，微分を利用して解く。
なお，おき換え を利用した後は，t（おき換えた変数）のとりうる値の範囲に注意。

CHART 三角関数のおき換え　$-1 \leqq \sin ● \leqq 1$，$-1 \leqq \cos ● \leqq 1$ に注意

解答

$y=2(1-2\sin^2 x)\sin x+6(1-\sin^2 x)+7\sin x$
$=-4\sin^3 x-6\sin^2 x+9\sin x+6$

$\sin x=t$ とおくと，$0 \leqq x < 2\pi$ であるから
$-1 \leqq t \leqq 1$

y を t の式で表すと，$y=-4t^3-6t^2+9t+6$ であり

$y'=-12t^2-12t+9$
$=-3(4t^2+4t-3)$
$=-3(2t-1)(2t+3)$

$y'=0$ とすると，$-1 \leqq t \leqq 1$ から　$t=\dfrac{1}{2}$

$-1 \leqq t \leqq 1$ における y の増減表は右のようになる。

t	-1	$\cdots$	$\dfrac{1}{2}$	$\cdots$	1
y'		$+$	0	$-$	
y	-5	↗	極大 $\dfrac{17}{2}$	↘	5

よって　$t=\dfrac{1}{2}$ のとき最大値 $\dfrac{17}{2}$

$t=-1$ のとき最小値 -5

$0 \leqq x < 2\pi$ から

$t=\dfrac{1}{2}$ のとき　$x=\dfrac{\pi}{6}$，$\dfrac{5}{6}\pi$

$t=-1$ のとき　$x=\dfrac{3}{2}\pi$

したがって　$x=\dfrac{\pi}{6}$，$\dfrac{5}{6}\pi$ で最大値 $\dfrac{17}{2}$

$x=\dfrac{3}{2}\pi$ で最小値 -5

◀2倍角の公式
$\cos 2x=1-2\sin^2 x$
相互関係
$\sin^2 x+\cos^2 x=1$

◀おき換えによって，とりうる値の範囲も変わる。

◀y は t の3次関数 ⟶ 微分して増減を調べる。

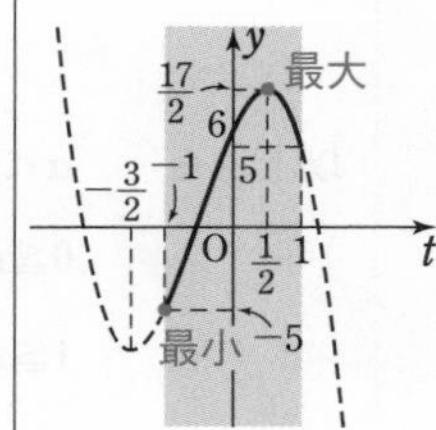

◀$\sin x=\dfrac{1}{2}$ から
$x=\dfrac{\pi}{6}$，$\dfrac{5}{6}\pi$
$\sin x=-1$ から
$x=\dfrac{3}{2}\pi$

練習 ③225 $0 \leqq x \leqq \dfrac{3}{4}\pi$ のとき，関数 $y=2\sin^2 x\cos x-\cos x\cos 2x+6\cos x$ の最大値，最小値とそのときの x の値を求めよ。

p.368 EX 143 (1), 144

基本例題 226 指数関数・対数関数の最大・最小(微分利用)

(1) 関数 $y=8^x-3\cdot2^x$ の最小値と，そのときの x の値を求めよ。

(2) 関数 $y=\log_3 x+2\log_3(6-x)$ の最大値と，そのときの x の値を求めよ。

基本 225

指針 (1) 前ページの基本例題 225 と同様に **変数のおき換え** をする。
$8^x=(2^3)^x=(2^x)^3$ であるから，$2^x=t$ とおくと y は t の 3 次関数になる。
なお，$2^x>0$ であるから，t の値の範囲は $t>0$ となることに注意。

(2) まず，**真数条件** から x の値の範囲を求める。 ◀真数に文字を含むときの注意点。
$y=\log_3 x(6-x)^2$ であり，$y=\log_3 f(x)$ とすると，$f(x)$ は x の 3 次関数になる。
底 3 は 1 より大きいから，$f(x)$ が最大のとき，y も最大になる。

CHART 変数のおき換え 変域が変わることに注意

解答

(1) $y=(2^x)^3-3\cdot2^x$ $2^x=t$ とおくと $t>0$ …… ①

y を t の式で表すと，$y=t^3-3t$ であり

$y'=3t^2-3=3(t+1)(t-1)$

$y'=0$ とすると $t=-1,\ 1$

① の範囲における y の増減表は右のようになる。

t	0	$\cdots$	1	$\cdots$
y'		$-$	0	$+$
y		↘	極小 -2	↗

よって，y は $t=1$ で最小値 -2 をとる。

$t=1$ のとき，$2^x=1$ すなわち $2^x=2^0$ から $x=0$

したがって **$x=0$ で最小値 -2**

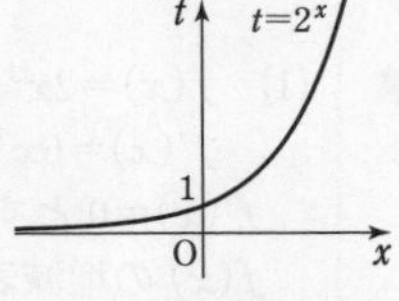

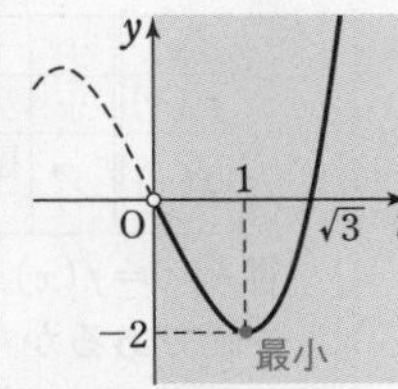

(2) 真数は正であるから $x>0$ かつ $6-x>0$

すなわち $0<x<6$ …… ② ◀真数条件。

このとき $y=\log_3 x+\log_3(6-x)^2=\log_3 x(6-x)^2$ ◀$k\log_a M=\log_a M^k$ $\log_a M+\log_a N=\log_a MN$

$f(x)=x(6-x)^2=x^3-12x^2+36x$ とすると

$y=\log_3 f(x)$

$f'(x)=3x^2-24x+36=3(x^2-8x+12)=3(x-2)(x-6)$

$f'(x)=0$ とすると $x=2,\ 6$

② の範囲における $f(x)$ の増減表は右のようになる。

x	0	$\cdots$	2	$\cdots$	6
$f'(x)$		$+$	0	$-$	
$f(x)$		↗	極大 32	↘	

よって，$f(x)$ は $x=2$ で最大値 32 をとり，底 3 は 1 より大きいから，このとき y も最大となる。

ゆえに，y は **$x=2$ で最大値 $\log_3 32=5\log_3 2$** をとる。

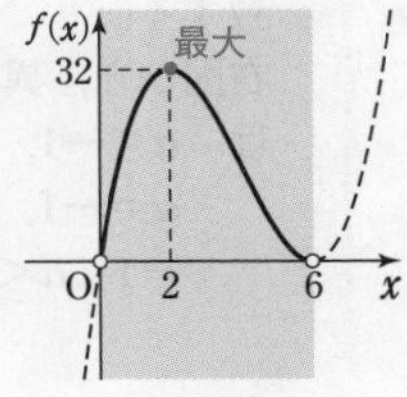

練習 ③226 (1) 関数 $y=27^x-9^{x+1}+5\cdot3^{x+1}-2\ (x>1)$ の最小値と，そのときの x の値を求めよ。

(2) 関数 $y=\log_4(x+2)+\log_2(1-x)$ の最大値と，そのときの x の値を求めよ。

[(2) 類 関西大] p.368 EX143(2)

6章 ㊲ 最大値・最小値、方程式・不等式

基本例題 227 3次方程式の実数解の個数 (1)

(1) 方程式 $2x^3-6x+3=0$ の異なる実数解の個数を求めよ。
(2) a は実数の定数とする。方程式 $2x^3-6x+3-a=0$ の異なる実数解の個数を調べよ。

基本 210 演習 232

指針 **方程式 $f(x)=g(x)$ の実数解 ⟺ $y=f(x)$, $y=g(x)$ のグラフの共有点の x 座標** に注目し，グラフを利用して考えるとよい。

(2) 与式を $2x^3-6x+3=a$ （← a を分離した形）に変形し，**曲線 $y=2x^3-6x+3$** ［(1) の図］**と直線 $y=a$ との共有点の個数を調べる。**
つまり，直線 $y=a$ を a の値とともに上下に動かしながら，曲線 $y=2x^3-6x+3$ との共有点の個数を考えるとよい。

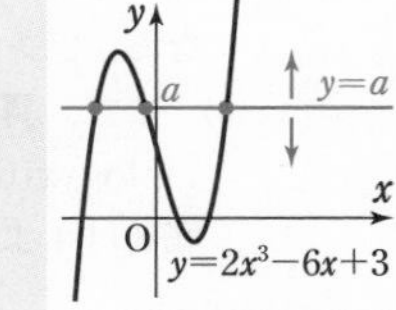

CHART 実数解の個数 ⟺ グラフの共有点の個数
定数 a の入った方程式　定数 a を分離する

解答

(1) $f(x)=2x^3-6x+3$ とすると
$f'(x)=6x^2-6=6(x+1)(x-1)$
$f'(x)=0$ とすると　$x=\pm 1$
$f(x)$ の増減表は次のようになる。

x	$\cdots$	-1	$\cdots$	1	$\cdots$
$f'(x)$	$+$	0	$-$	0	$+$
$f(x)$	↗	極大 7	↘	極小 −1	↗

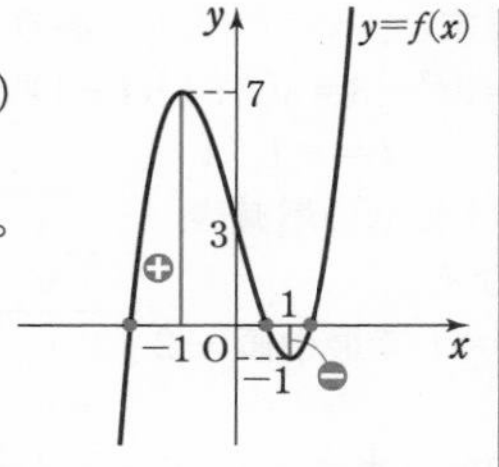

曲線 $y=f(x)$ は上の図のようになり，x 軸との共有点は 3 個であるから，方程式 $f(x)=0$ の異なる実数解の個数は　**3 個**

(2) 方程式を変形すると
$2x^3-6x+3=a$
よって，この方程式の実数解の個数は，曲線 $y=2x^3-6x+3$ と直線 $y=a$ の共有点の個数に一致する。
右図から，異なる実数解の個数は　**$a<-1$, $7<a$ のとき 1 個**
$a=-1$, 7 のとき 2 個
$-1<a<7$ のとき 3 個

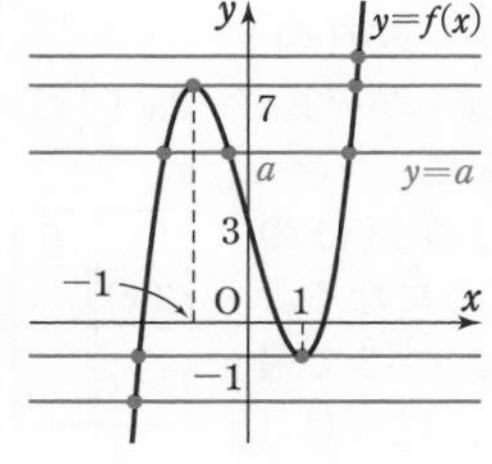

◀(1) **方程式 $f(x)=0$ の実数解の個数は，曲線 $y=f(x)$ と x 軸の共有点の個数に等しい。**
なお，増減表やグラフ，$f(0)=3>0$ から
正の実数解は 2 個，
負の実数解は 1 個
であることがわかる。

◀**定数が入った方程式では，** 定数を分離して考える。

◀(2) a の値の範囲別に
$a<-1$ のとき 1 個，
$a=-1$ のとき 2 個，
$-1<a<7$ のとき 3 個，
$a=7$ のとき 2 個，
$7<a$ のとき 1 個
と答えてもよい。

練習 ② 227 k は実数の定数とする。方程式 $2x^3-12x^2+18x+k=0$ の異なる実数解の個数を調べよ。 ［類 久留米大］

p.368 EX 145

基本例題 228 3次方程式の実数解の個数 (2)

3次方程式 $x^3-3a^2x+4a=0$ が異なる3個の実数解をもつとき，定数 a の値の範囲を求めよ。 〔昭和薬大〕

基本 227 演習 233

指針 方程式 $f(x)=0$ の実数解 ⟺ $y=f(x)$ のグラフと x 軸の共有点の x 座標 に注目。

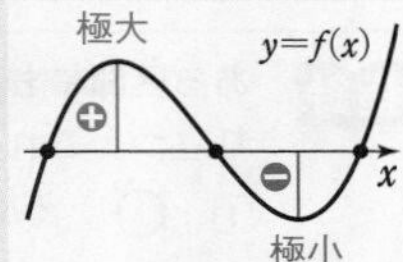

3次方程式 $f(x)=0$ が異なる3個の実数解をもつ
⟺ $y=f(x)$ のグラフが x 軸と共有点を3個もつ
⟺ (極大値)>0 かつ (極小値)<0 ← 3次関数では (極大値)>(極小値)
⟺ (極大値)×(極小値)<0

解答

$f(x)=x^3-3a^2x+4a$ とする。
3次方程式 $f(x)=0$ が異なる3個の実数解をもつから，3次関数 $f(x)$ は極値をもち，極大値と極小値が異符号になる。

◀(極大値)>0，(極小値)<0

ここで，$f(x)$ が極値をもつことから，2次方程式 $f'(x)=0$ は異なる2つの実数解をもつ。

$f'(x)=3x^2-3a^2=3(x+a)(x-a)$

$f'(x)=0$ とすると $x=\pm a$ よって $a\neq 0$

◀$a=0$ のとき，$f(x)=x^3$ となり極値をもたない。

このとき，$f(x)$ の増減表は次のようになる。

$a>0$ の場合

x	…	$-a$	…	a	…
$f'(x)$	+	0	−	0	+
$f(x)$	↗	極大	↘	極小	↗

$a<0$ の場合

x	…	a	…	$-a$	…
$f'(x)$	+	0	−	0	+
$f(x)$	↗	極大	↘	極小	↗

◀a の正負に関係なく，$x=a$，$-a$ の一方で極大，他方で極小となる。

$f(-a)f(a)<0$ から $(2a^3+4a)(-2a^3+4a)<0$

◀(極大値)×(極小値) $=f(-a)f(a)$

すなわち $4a^2(a^2+2)(a^2-2)>0$

$4a^2(a^2+2)>0$ であるから $a^2-2>0$

◀$(a+\sqrt{2})(a-\sqrt{2})>0$

したがって $\boldsymbol{a<-\sqrt{2},\ \sqrt{2}<a}$

◀$a\neq 0$ を満たす。

検討 3次方程式の実数解の個数と極値

3次方程式 $f(x)=0$ の異なる実数解の個数と極値の関係をまとめると，次のようになる。

① **実数解が1個** 極値が同符号 または 極値なし

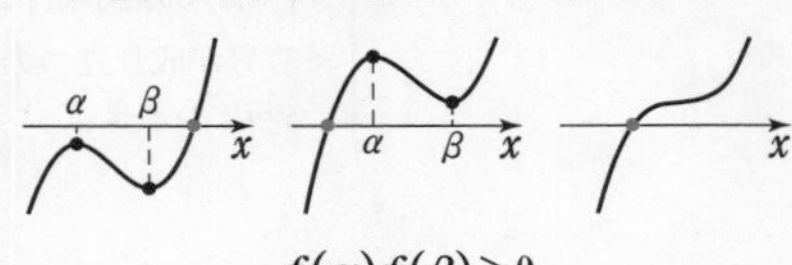

$f(\alpha)f(\beta)>0$

② **実数解が2個** 極値の一方が0

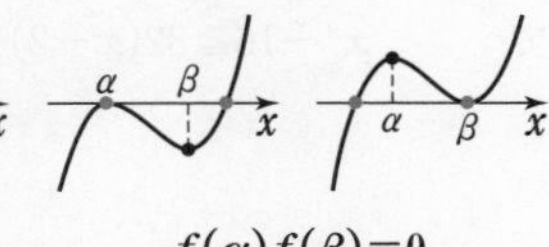

$f(\alpha)f(\beta)=0$

③ **実数解が3個** 極値が異符号

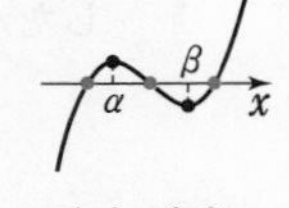

$f(\alpha)f(\beta)<0$

練習 ③228 3次方程式 $x^3+3ax^2+3ax+a^3=0$ が異なる3個の実数解をもつとき，定数 a の値の範囲を求めよ。

p.368 EX 146

基本 例題 229 不等式の証明(微分利用)

①①①①①

次の不等式が成り立つことを証明せよ。

(1) $x>2$ のとき $x^3+16>12x$

(2) $x>0$ のとき $x^4-16\geqq 32(x-2)$

p.349 基本事項 3, 基本 219 演習 234

指針 ある区間における関数 $f(x)$ の最小値が m ならば，その区間において，$f(x)\geqq m$ が成り立つ。これを利用して，不等式を証明する。

1 ① **大小比較は差を作る** 例えば，$f(x)=$(左辺)$-$(右辺) とする。……★

2 ある区間における $f(x)$ の値の変化を調べる。

3 $f(x)$ の最小値を求め，**(区間における最小値)>0 (または ≧0)** から，$f(x)>0$ (または $\geqq 0$) であることを示す。

なお，ある区間で $f(x)$ が単調に増加することを利用する方法もある。

$\longrightarrow$ $x>a$ で $f'(x)>0$ かつ $f(a)\geqq 0$ ならば，$x>a$ のとき $f(x)>0$

CHART 不等式の問題
1 **大小比較は 差を作る**
2 **常に正 ⟺ (最小値)>0**

解答

(1) $f(x)=(x^3+16)-12x$ とすると

$f'(x)=3x^2-12=3(x+2)(x-2)$

$f'(x)=0$ とすると $x=\pm 2$

$x\geqq 2$ における $f(x)$ の増減表は右のようになる。

x	2	…
$f'(x)$		+
$f(x)$	0	↗

よって，$x>2$ のとき $f(x)>0$

したがって $x^3+16>12x$

(2) $f(x)=(x^4-16)-32(x-2)$ とすると

$f'(x)=4x^3-32=4(x^3-8)$
$=4(x-2)(x^2+2x+4)$

$f'(x)=0$ とすると $x=2$

$x>0$ における $f(x)$ の増減表は右のようになる。

x	0	…	2	…
$f'(x)$		−	0	+
$f(x)$		↘	極小 0	↗

ゆえに，$x>0$ のとき，$f(x)$ は $x=2$ で最小値 0 をとる。

よって，$x>0$ のとき $f(x)\geqq 0$

したがって $x^4-16\geqq 32(x-2)$

◀指針____……★の方針。$f(x)=$(左辺)$-$(右辺) として，$f(x)$ の値の変化を調べ，$f(x)>0$ を示す。

別解 (1) $x>2$ のとき $f'(x)>0$
ゆえに，$x>2$ のとき $f(x)$ は単調に増加する。
よって，$x>2$ のとき $f(x)>f(2)=0$
すなわち $f(x)>0$

◀$x^3-8=0$ の実数解は $x=2$ のみ。

◀$[f(x)$ の最小値$]\geqq 0$

◀等号が成り立つのは $x=2$ のとき。

練習 ② 229 次の不等式が成り立つことを証明せよ。

(1) $x>1$ のとき $x^3+3>3x$

(2) $3x^4+1\geqq 4x^3$

38 関連発展問題

演習 例題 230 $x,\ y,\ z$ の条件式と最大・最小(微分利用)

$x,\ y,\ z$ は $x+y+z=0,\ x^2+x-1=yz$ を満たす実数とする。
(1) x のとりうる値の範囲を求めよ。
(2) $P=x^3+y^3+z^3$ の最大値・最小値と，そのときの x の値を求めよ。

基本 219

指針 (1) $x,\ y,\ z$ は実数であるという条件を活かす。つまり，x を係数とする方程式を作り，実数条件（判別式 $D\geqq 0$）を利用する。それには，第1式から　$z=-(x+y)$
これを第2式に代入し，y について整理してみるとよい。
(2) $y^3+z^3=(y+z)^3-3yz(y+z)$ を利用して，P を x の式で表す。

CHART 条件の式　文字を減らす方針で

解答

(1) $z=-(x+y)$ を第2式に代入して

$$x^2+x-1=-y(x+y)$$

整理すると　$y^2+xy+x^2+x-1=0$ …… ①

y は実数であるから，① の判別式を D とすると　$D\geqq 0$

ここで　$D=x^2-4\cdot 1\cdot (x^2+x-1)=-3x^2-4x+4$

よって　$-3x^2-4x+4\geqq 0$　　ゆえに　$3x^2+4x-4\leqq 0$

よって　$(x+2)(3x-2)\leqq 0$

したがって　$-2\leqq x\leqq \dfrac{2}{3}$ …… ②

(2) $P=x^3+y^3+z^3=x^3+(y+z)^3-3yz(y+z)$

$=x^3+(-x)^3-3(x^2+x-1)\cdot(-x)=3x^3+3x^2-3x$

$f(x)=3x^3+3x^2-3x$ とすると

$f'(x)=9x^2+6x-3=3(x+1)(3x-1)$

② の範囲における $f(x)$ の増減表は，右のようになるから

$x=-1$ で最大値 3,
$x=-2$ で最小値 -6

x	-2	…	-1	…	$\frac{1}{3}$	…	$\frac{2}{3}$
$f'(x)$		$+$	0	$-$	0	$+$	
$f(x)$	-6	↗	3	↘	$-\frac{5}{9}$	↗	$\frac{2}{9}$

◀$x+y+z=0$ から $z=-(x+y)$

◀y は実数であるから，y についての2次方程式が実数解をもつ。

実数 $\Longleftrightarrow D\geqq 0$

◀$x+y+z=0$ から $y+z=-x$

検討 **$y+z,\ yz$ をペアとして考える解法**

(1)で，条件式から $y+z=-x,\ yz=x^2+x-1$ である。ここで，$y+z,\ yz$ をペアで扱い，2つの実数解 $y,\ z$ をもつ2次方程式 $t^2-(y+z)t+yz=0$ を作って，判別式 $D\geqq 0$ を用いると　$(y+z)^2-4yz\geqq 0$　　すなわち，$(-x)^2-4(x^2+x-1)\geqq 0$ から　$-3x^2-4x+4\geqq 0$

練習 ④230 $x,\ y,\ z$ は $x+y+z=2,\ xy+yz+zx=0$ を満たす実数とする。〔類 東京電機大〕
(1) x のとりうる値の範囲を求めよ。
(2) $P=x^3+y^3+z^3$ の最大値・最小値と，そのときの x の値を求めよ。

演習 例題 231 4次関数のグラフと2点で接する直線 ④

関数 $y=x^3(x-4)$ のグラフと異なる2点で接する直線の方程式を求めよ。

〔類 埼玉大〕 基本 207

指針 次の [1]～[3] の考え方がある［ただし $f(x)=x^3(x-4)$, $s \neq t$］。[3] の考え方で解いてみよう。

[1] 点 $(t,\ f(t))$ における接線が，$y=f(x)$ のグラフと点 $(s,\ f(s))$ で接する。

[2] 点 $(s,\ f(s))$，$(t,\ f(t))$ におけるそれぞれの接線が一致する。

[3] $y=f(x)$ のグラフと直線 $y=mx+n$ が $x=s$，$x=t$ の点で接するとして，
$f(x)=mx+n$ が **重解 s，t をもつ。** $\longrightarrow$ $f(x)-(mx+n)=\boldsymbol{(x-s)^2(x-t)^2}$

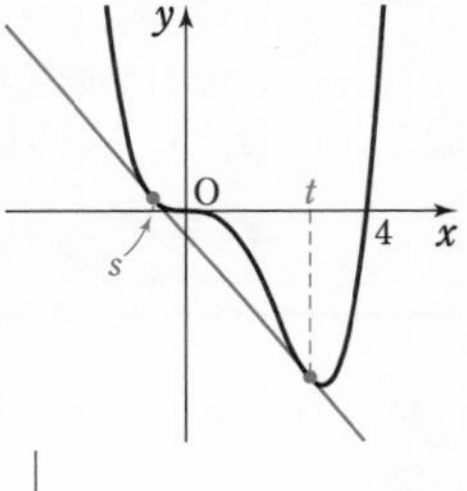

解答 $y=x^3(x-4)$ のグラフと直線 $y=mx+n$ が $x=s$，$x=t$ $(s \neq t)$ の点で接するとすると，次の x の恒等式が成り立つ。

$$x^3(x-4)-(mx+n)=(x-s)^2(x-t)^2$$

(左辺)$=x^4-4x^3-mx-n$

(右辺)$=\{(x-s)(x-t)\}^2=\{x^2-(s+t)x+st\}^2$

$=x^4+(s+t)^2x^2+s^2t^2-2(s+t)x^3-2(s+t)stx+2stx^2$

$=x^4-2(s+t)x^3+\{(s+t)^2+2st\}x^2-2(s+t)stx+s^2t^2$

両辺の係数を比較して

$-4=-2(s+t)$ …… ①，$0=(s+t)^2+2st$ …… ②，

$-m=-2(s+t)st$ …… ③，$-n=s^2t^2$ …… ④

① から　$s+t=2$　　これと ② から　$st=-2$

③ から　$m=-8$　　④ から　$n=-4$

s，t は $u^2-2u-2=0$ の解で，これを解くと　$u=1\pm\sqrt{3}$

よって，$y=x^3(x-4)$ のグラフと $x=1-\sqrt{3}$，$x=1+\sqrt{3}$ の点で接する直線があり，その方程式は　$\boldsymbol{y=-8x-4}$

下の 別解 は，指針の [1] の考え方によるものである。

◀ $s \neq t$ を確認する。

別解 $y'=4x^3-12x^2$ であるから，点 $(t,\ t^3(t-4))$ における接線の方程式は

$y-t^3(t-4)=(4t^3-12t^2)(x-t)$ すなわち $y=(4t^3-12t^2)x-3t^4+8t^3$ …… (＊)

この直線が $x=s$ $(s \neq t)$ の点で $y=x^3(x-4)$ のグラフと接するための条件は，方程式 $x^4-4x^3=(4t^3-12t^2)x-3t^4+8t^3$ が t と異なる重解 s をもつことである。

これを変形して　$(x-t)^2\{x^2+2(t-2)x+3t^2-8t\}=0$

よって，$x^2+2(t-2)x+3t^2-8t=0$ …… Ⓐ が，t と異なる重解 s をもてばよい。

Ⓐ の判別式を D とすると　$\dfrac{D}{4}=(t-2)^2-1\cdot(3t^2-8t)=-2(t^2-2t-2)$

$D=0$ とすると　$t^2-2t-2=0$　　これを解くと　$t=1\pm\sqrt{3}$

このとき，Ⓐ の重解は　$s=-(t-2)=1\mp\sqrt{3}$（複号同順）　よって　$s \neq t$

$t=1\pm\sqrt{3}$ は $t^2-2t-2=0$ を満たし　$4t^3-12t^2=4(t^2-2t-2)(t-1)-8=-8$

$-3t^4+8t^3=-(t^2-2t-2)(3t^2-2t+2)-4=-4$

ゆえに，(＊)から　$\boldsymbol{y=-8x-4}$

練習 ④ 231 曲線 C：$y=x^4-2x^3-3x^2$ と異なる2点で接する直線の方程式を求めよ。

演習 例題 232 3本の接線が引けるための条件 (1)

曲線 $C: y=x^3+3x^2+x$ と点 $\mathrm{A}(1,\ a)$ がある。A を通って C に3本の接線が引けるとき，定数 a の値の範囲を求めよ。 〔類 北海道教育大〕

基本 227

指針 3次関数のグラフでは，接点が異なると接線も異なる(下の 検討 参照)から，

曲線 C に $\mathrm{A}(1,\ a)$ を通る3本の接線が引ける

$\Longleftrightarrow$ 曲線 C 上の点 $(t,\ t^3+3t^2+t)$ における接線が A を通るような t の値が3つある

そこで，曲線 C 上の点 $(t,\ t^3+3t^2+t)$ における接線の方程式を求め，これが点 $(1,\ a)$ を通ることから，$f(t)=a$ の形の等式を導く。

CHART 3次曲線　接点［接線］別なら　接線［接点］も別

解答

$y'=3x^2+6x+1$ であるから，曲線 C 上の点 $(t,\ t^3+3t^2+t)$ における接線の方程式は

$$y-(t^3+3t^2+t)=(3t^2+6t+1)(x-t)$$

すなわち　$y=(3t^2+6t+1)x-2t^3-3t^2$

この接線が点 $(1,\ a)$ を通るとすると

$$-2t^3+6t+1=a \quad \cdots\cdots \text{①}$$

◀定数 a を分離。

$f(t)=-2t^3+6t+1$ とすると

$f'(t)=-6t^2+6=-6(t+1)(t-1)$

$f'(t)=0$ とすると　$t=\pm1$

$f(t)$ の増減表は次のようになる。

t	$\cdots$	-1	$\cdots$	1	$\cdots$
$f'(t)$	$-$	0	$+$	0	$-$
$f(t)$	↘	極小 -3	↗	極大 5	↘

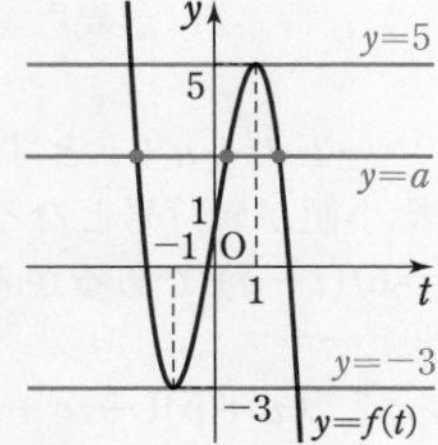

◀$f(-1)=2-6+1=-3$，$f(1)=-2+6+1=5$

3次関数のグラフでは，接点が異なると接線が異なるから，t の3次方程式①が異なる3個の実数解をもつとき，点 A から曲線 C に3本の接線が引ける。

◀①の実数解は曲線 $y=f(t)$ と直線 $y=a$ との共有点の t 座標。

したがって，曲線 $y=f(t)$ と直線 $y=a$ が異なる3点で交わる条件を求めて　$\boldsymbol{-3<a<5}$

検討 PLUS ONE

3次関数のグラフにおける，接点と接線の関係

3次関数 $y=g(x)$ のグラフに直線 $y=mx+n$ が $x=\alpha,\ \beta\ (\alpha\neq\beta)$ で接すると仮定すると

$$g(x)-(mx+n)=k(x-\alpha)^2(x-\beta)^2 \quad (k\neq0)$$

← 接点 $\Longleftrightarrow$ 重解

の形の等式が成り立つはずである。ところが，この左辺は3次式，右辺は4次式であり矛盾している。よって，3次関数のグラフでは，接点が異なると接線も異なる。

これに対して，例えば4次関数のグラフでは，異なる2点で接する直線がありうる(前ページの演習例題 **231** 参照)。したがって，上の解答の ------ の断り書きは重要である。

練習 ④232 点 $\mathrm{A}(0,\ a)$ から曲線 $C: y=x^3-9x^2+15x-7$ に3本の接線が引けるとき，定数 a の値の範囲を求めよ。

演習 例題 233 3本の接線が引けるための条件 (2)

⑤⑤⑤⑤⑤

$f(x)=x^3-x$ とし，関数 $y=f(x)$ のグラフを曲線 C とする。点 $(u,\ v)$ を通る曲線 C の接線が3本存在するための $u,\ v$ の満たすべき条件を求めよ。また，その条件を満たす点 $(u,\ v)$ の存在範囲を図示せよ。 〔類 鹿児島大〕

基本 228，演習 232

指針 前ページの演習例題 232 と考え方は同様である。

1 曲線 C 上の点 $(t,\ f(t))$ における接線の方程式を求める。

2 1 で求めた接線が，点 $(u,\ v)$ を通ることから，t の3次方程式を導く。

3 2 の3次方程式が異なる3個の実数解をもつ条件を，$u,\ v$ の式で表す。

解答

$f'(x)=3x^2-1$ であるから，曲線 C 上の点の座標を $(t,\ f(t))$ とすると，接線の方程式は

$$y-(t^3-t)=(3t^2-1)(x-t)$$

◀$y-f(t)=f'(t)(x-t)$

すなわち $y=(3t^2-1)x-2t^3$

この接線が点 $(u,\ v)$ を通るとすると $v=(3t^2-1)u-2t^3$

よって $2t^3-3ut^2+u+v=0$ …… ①

3次関数のグラフでは，接点が異なれば接線も異なる。

◀前ページの 検討 参照。

ゆえに，点 $(u,\ v)$ を通る C の接線が3本存在するための条件は，t の3次方程式 ① が異なる3個の実数解をもつことである。

よって，$g(t)=2t^3-3ut^2+u+v$ とすると，$g(t)$ は極値をもち，極大値と極小値が異符号となる。

◀$p.361$ の例題 228 参照。

$g'(t)=6t^2-6ut=6t(t-u)$ であるから

$$u\neq 0 \quad \text{かつ} \quad g(0)g(u)<0$$

◀$g'(t)=0$ とすると $t=0,\ u$
$u\neq 0$ のとき，$t=0,\ u$ のうち一方で極大，他方で極小となる。

$g(0)g(u)<0$ から $\boldsymbol{(u+v)(-u^3+u+v)<0}$ …… ②

② で $u=0$ とすると $v^2<0$ となり，これを満たす実数 v は存在しない。ゆえに，条件 $u\neq 0$ は ② に含まれるから，求める条件は ② である。

◀$v=u^3-u$ のとき $v'=3u^2-1$
$v'=0$ とすると $u=\pm\dfrac{\sqrt{3}}{3}$
$u=\pm\dfrac{\sqrt{3}}{3}$ のとき $v=\mp\dfrac{2\sqrt{3}}{9}$ (複号同順)

② から $\begin{cases} u+v>0 \\ -u^3+u+v<0 \end{cases}$ または $\begin{cases} u+v<0 \\ -u^3+u+v>0 \end{cases}$

よって

$\begin{cases} v>-u \\ v<u^3-u \end{cases}$ または $\begin{cases} v<-u \\ v>u^3-u \end{cases}$

ゆえに，点 $(u,\ v)$ の存在範囲は

右図の斜線部分。境界線を含まない。

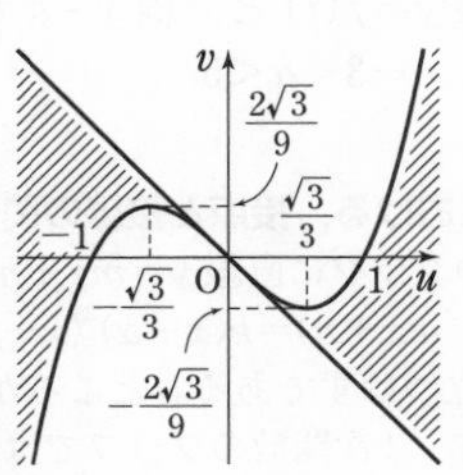

◀直線 $v=-u$ は曲線 C の原点 O における接線。

練習 ⑤233 $f(x)=-x^3+3x$ とし，関数 $y=f(x)$ のグラフを曲線 C とする。点 $(u,\ v)$ を通る曲線 C の接線が3本存在するための $u,\ v$ の満たすべき条件を求めよ。また，その条件を満たす点 $(u,\ v)$ の存在範囲を図示せよ。

演習 例題 234 不等式が常に成り立つ条件(微分利用) ④④④④

a は定数とする。$x \geqq 0$ において，常に不等式 $x^3-3ax^2+4a>0$ が成り立つように a の値の範囲を定めよ。

基本 229

指針 $f(x)=x^3-3ax^2+4a$ として，

$[x \geqq 0$ における $f(x)$ の **最小値**$]>0$

となる条件を求める。

導関数を求め，$f'(x)=0$ とすると　$x=0,\ 2a$

0 と $2a$ の大小関係によって，$f(x)$ の増減は異なるから，場合分けをして考える。

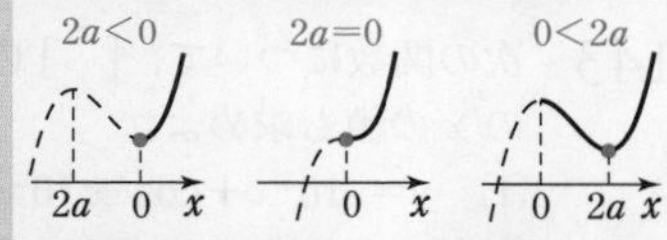

解答

$f(x)=x^3-3ax^2+4a$ とすると

$$f'(x)=3x^2-6ax=3x(x-2a)$$

$f'(x)=0$ とすると　　$x=0,\ 2a$

求める条件は，次のことを満たす a の値の範囲である。

「$x \geqq 0$ における $f(x)$ の最小値が正である」…… ①

[1]　$2a<0$　すなわち　$a<0$ のとき

$x \geqq 0$ における $f(x)$ の増減表は右のようになる。

x	0	…
$f'(x)$		+
$f(x)$	$4a$	↗

① を満たすための条件は　　$4a>0$

したがって　　$a>0$

これは $a<0$ に適さない。

[2]　$2a=0$　すなわち　$a=0$ のとき

$f'(x)=3x^2 \geqq 0$ で，$f(x)$ は常に単調に増加する。

① を満たすための条件は　　$f(0)=4a>0$

よって　　$a>0$　　　これは $a=0$ に適さない。

[3]　$2a>0$　すなわち　$a>0$ のとき

$x \geqq 0$ における $f(x)$ の増減表は右のようになる。

x	0	…	$2a$	…
$f'(x)$		$-$	0	+
$f(x)$	$4a$	↘	$-4a^3+4a$	↗

① を満たすための条件は　$-4a^3+4a>0$

ゆえに　　$-4a(a+1)(a-1)>0$

よって　　$a(a+1)(a-1)<0$

これを解くと　　$a<-1,\ 0<a<1$

$a>0$ を満たすものは　　$0<a<1$

[1]～[3] から，求める a の値の範囲は

$$\boldsymbol{0<a<1}$$

注意　左の解答では，[1]　$2a<0$，[2]　$2a=0$，[3]　$2a>0$ の 3 つの場合に分けているが，[1] と [2] をまとめ，$2a \leqq 0$，$2a>0$ の場合に分けてもよい。

なぜなら，$2a \leqq 0$ のとき，$x \geqq 0$ では $f'(x) \geqq 0$ であるから，$x \geqq 0$ で $f(x)$ は単調に増加する。

ゆえに，$x \geqq 0$ での最小値は $f(0)=4a$ である。実際に左の解答の [1] と [2] を見てみると，同じことを考えているのがわかる。

$a(a+1)(a-1)$ の符号

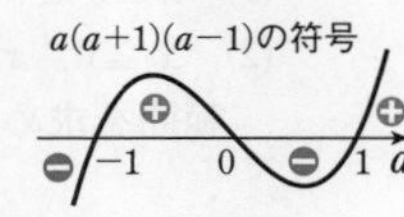

◀ $a>0$ のとき　$a(a+1)>0$　ゆえに　$a-1<0$ としてもよい。

練習 ④ 234　不等式 $3a^2x-x^3 \leqq 16$ が $x \geqq 0$ に対して常に成り立つような定数 a の値の範囲を求めよ。

p.368 EX 147

EXERCISES　37 最大値・最小値，方程式・不等式，38 関連発展問題

④142　定数 a に対し，関数 $f(x)=x^3-3a^2x$ の $-1\leqq x\leqq 1$ における最大値を $M(a)$ とする。a が実数全体を動くときの $M(a)$ の最小値を求めよ。〔中央大〕

→223

③143　次の関数について，[　] 内のものを求めよ。ただし，最大値や最小値をとるときの x の値も求めよ。

(1)　$y=\sin^3 x+\cos^3 x\ (0\leqq x<2\pi)$　[最大値と最小値]　〔類 公立はこだて未来大〕

(2)　$y=8^x+8^{-x}-12(2^x+2^{-x})+1$　[最小値]　〔類 明治薬大〕

→225, 226

③144　関数 $y=2\sin 3x+\cos 2x-2\sin x+a$ の最小値の絶対値が，最大値と一致するように，定数 a の値を定めよ。〔信州大〕

→222, 225

②145　a は実数の定数とする。x についての 3 次方程式 $x^3-3x^2+a-5=0$ が異なる 2 つの正の実数解をもつとき，a の値の範囲を求めよ。〔星薬大〕

→227

③146　a，b は実数とする。3 次方程式 $x^3-3ax^2+a+b=0$ が 3 個の相異なる実数解をもち，そのうち 1 個だけが負となるための a，b の満たす条件を求めよ。また，その条件を満たす点 $(a,\ b)$ の存在する領域を ab 平面上に図示せよ。〔学習院大〕

→228

④147　t を実数の定数として，2 つの関数 $f(x)$，$g(x)$ を $f(x)=x^3-3x^2-9x$，$g(x)=-9x^2+27x+t$ とする。

(1)　$x\geqq 0$ を満たす任意の x に対して，$f(x)\geqq g(x)$ となる t の値の範囲を求めよ。

(2)　$x_1\geqq 0$，$x_2\geqq 0$ を満たす任意の x_1，x_2 に対して，$f(x_1)\geqq g(x_2)$ となる t の値の範囲を求めよ。〔東京理科大〕 →234

HINT

142　極値をとる x の値が区間 $-1\leqq x\leqq 1$ にあるかどうかによって場合分けし，$M(a)$ を求める。このM(a) の最小値は，$y=M(a)$ のグラフをかくとわかりやすい。

143　(1)　$\sin x+\cos x=t$　(2)　$2^x+2^{-x}=t$　のおき換えを利用し，t の 3 次関数に帰着させる。t のとりうる値の範囲は，(1)　三角関数の合成　(2)　(相加平均)≧(相乗平均) を利用して求める。

144　3 倍角の公式 $\sin 3x=3\sin x-4\sin^3 x$ などを利用して，$\sin x$ だけの式で表す。

146　3 次方程式 $f(x)=0$ が異なる 3 個の実数解をもつ
$\iff$ $y=f(x)$ のグラフが x 軸と共有点を 3 個もつ
$\iff$ (極大値)>0 かつ (極小値)<0

147　(2)　グラフを用いて，図形的に考えるとわかりやすい。
$x\geqq 0$ において　[$f(x)$ の最小値]≧[$g(x)$ の最大値]　となることが条件。

数学Ⅱ 第7章

積分法

39 不定積分
40 定積分
41 面積
42 発展 体積

SELECT STUDY

—●— 基本定着コース……教科書の基本事項を確認したいきみに
—●— 精選速習コース……入試の基礎を短期間で身につけたいきみに
—●— 実力練成コース……入試に向け実力を高めたいきみに

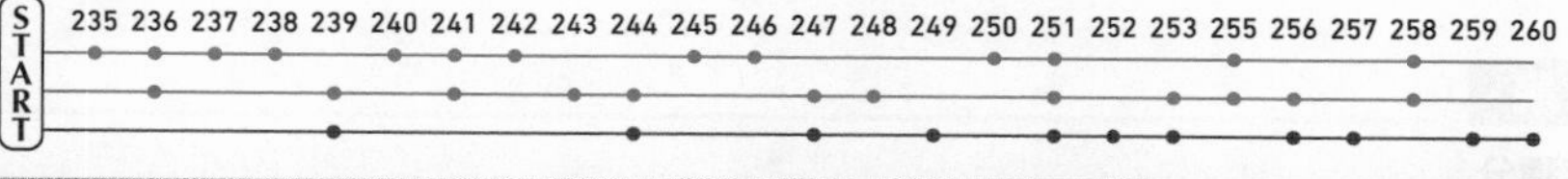

例題一覧

			難易度
39	基本 235	不定積分の計算 (1)	②
	基本 236	不定積分の計算 (2)	③
	基本 237	導関数，接線の傾きから関数決定	②
40	基本 238	定積分の計算 (1)	①
	基本 239	定積分の計算 (2)	③
	基本 240	定積分の計算 (3)	②
	基本 241	定積分で表された関数	②
	基本 242	定積分と微分法	②
	基本 243	定積分で表された関数の極値	③
	基本 244	定積分と恒等式	③
41	基本 245	放物線と x 軸の間の面積	②
	基本 246	2曲線間の面積	②
	基本 247	不等式の表す領域の面積	③
	基本 248	放物線と2接線の間の面積	③
	重要 249	2つの放物線とその共通接線の間の面積	③
	基本 250	3次曲線と面積	②
	基本 251	3次曲線と接線の間の面積	③
	重要 252	4次曲線と接線の間の面積	④
	基本 253	放物線と円が囲む面積	③
	基本 254	面積の等分	③
	基本 255	面積の最大・最小 (1)	③
	重要 256	面積の最大・最小 (2)	③
	重要 257	面積の相等	④
	基本 258	絶対値を含む関数の定積分	②
	重要 259	変数 t を含む定積分の最大・最小	④
	重要 260	面積の最大・最小 (3)	⑤
	重要 261	曲線 $x=f(y)$ と面積	③
42	演習 262	立体・回転体の体積	③

39 不定積分

基本事項

1 不定積分　$F'(x)=f(x)$ のとき $\int f(x)dx=F(x)+C$ （C は積分定数）

2 x^n の不定積分　$\int x^n dx=\frac{1}{n+1}x^{n+1}+C$ （n は0または正の整数）…… ①

3 不定積分の性質　k, l は定数とする。

定数倍 $\int kf(x)dx=k\int f(x)dx$　和 $\int \{f(x)+g(x)\}dx=\int f(x)dx+\int g(x)dx$

一般に　$\int \{kf(x)+lg(x)\}dx=k\int f(x)dx+l\int g(x)dx$ …… ②

特に $k=1$, $l=-1$ のとき $\int \{f(x)-g(x)\}dx=\int f(x)dx-\int g(x)dx$

解　説

■ 不定積分

関数 $f(x)$ に対して，微分すると $f(x)$ になる関数，すなわち $F'(x)=f(x)$ となる関数 $F(x)$ を $f(x)$ の **不定積分** または **原始関数** という。

関数 $f(x)$ の不定積分の1つを $F(x)$ とすると，$F'(x)=f(x)$ であるから，任意の定数 C に対して　$\{F(x)+C\}'=F'(x)=f(x)$　ゆえに，$F(x)+C$ も $f(x)$ の不定積分である。

逆に，$G(x)$ を $f(x)$ の任意の不定積分とすると

$$\{G(x)-F(x)\}'=G'(x)-F'(x)=f(x)-f(x)=0$$

よって　$G(x)-F(x)=C$ (定数)　すなわち　$G(x)=F(x)+C$

したがって，$f(x)$ の不定積分の1つを $F(x)$ とすると，$f(x)$ の任意の不定積分は $F(x)+C$ （C は定数）で表される。これを $\int f(x)dx=F(x)+C$ と書く。

このとき，$f(x)$ を **被積分関数**，x を **積分変数**，定数 C を **積分定数** という。$f(x)$ の不定積分を求めることを $f(x)$ を **積分する** という。

■ x^n の不定積分

n が正の整数のとき　$(x^n)'=nx^{n-1}$ ($p.314$ 参照)

ここで，n の代わりに $n+1$ とすると　$(x^{n+1})'=(n+1)x^n$

ゆえに　$\left(\frac{x^{n+1}}{n+1}\right)'=x^n$　したがって，① が成り立つ。

特に，$n=0$ とすると $\int 1\,dx=x+C$　なお，$\int 1\,dx$ は $\int dx$ と書くこともある。

■ 不定積分の性質

$f(x)$, $g(x)$ の不定積分の1つを，それぞれ $F(x)$, $G(x)$ とすると，

$\{kF(x)\}'=kF'(x)=kf(x)$, $\{F(x)+G(x)\}'=F'(x)+G'(x)=f(x)+g(x)$ であるから

$$\int kf(x)dx=kF(x)=k\int f(x)dx,\quad \int \{f(x)+g(x)\}dx=F(x)+G(x)=\int f(x)dx+\int g(x)dx$$

また，これらの性質から，上の ② も導かれる。なお，不定積分の等式では，各辺の積分定数を適当に定めると，その等式が成り立つことを意味している。

基本 例題 235 不定積分の計算 (1) … 基本 ①①①①①

次の不定積分を求めよ。ただし，(4) の x は t に無関係とする。

(1) $\int(8x^3+x^2-4x+2)dx$　　(2) $\int(2t-1)(t+3)dt$

(3) $\int(x-1)^3dx-\int(x+1)^3dx$　　(4) $\int(t-x)(2t+x)dt$

p.370 基本事項 1～3

指針 次の公式が計算の基本（C は積分定数）。また，積の形は展開してから積分する。

$$\int x^n dx=\frac{1}{n+1}x^{n+1}+C \qquad \int kf(x)dx=k\int f(x)dx$$

$$\int\{kf(x)+lg(x)\}dx=k\int f(x)dx+l\int g(x)dx$$

(3) $\int f(x)dx-\int g(x)dx=\int\{f(x)-g(x)\}dx$ を利用して計算。

解答 C は積分定数とする。

(1) $\int(8x^3+x^2-4x+2)dx=\boldsymbol{2x^4+\frac{x^3}{3}-2x^2+2x+C}$

(2) $\int(2t-1)(t+3)dt=\int(2t^2+5t-3)dt$

$$=\boldsymbol{\frac{2}{3}t^3+\frac{5}{2}t^2-3t+C}$$

◀積分変数が t であることに注意。

(3) $\int(x-1)^3dx-\int(x+1)^3dx=\int\{(x-1)^3-(x+1)^3\}dx$

$=\int(-6x^2-2)dx=\boldsymbol{-2x^3-2x+C}$

◀$(x-1)^3-(x+1)^3$ を先に計算してから積分する方がらく。

(4) $\int(t-x)(2t+x)dt=\int(2t^2-xt-x^2)dt$

$=2\int t^2dt-x\int t\,dt-x^2\int dt=\boldsymbol{\frac{2}{3}t^3-\frac{1}{2}xt^2-x^2t+C}$

◀dt とあるから **t が積分変数。x は定数** として扱う。

検討 **不定積分の検算**

積分の演算は，微分の演算の逆 とみることができる。
よって，得られた結果を微分して，与えられた関数（被積分関数）になることを確認（**検算**）することができる。

例えば，(1) で $\left(2x^4+\frac{x^3}{3}-2x^2+2x+C\right)'=8x^3+x^2-4x+2$

となって，被積分関数と一致するから，計算が正しいことが確認できる。

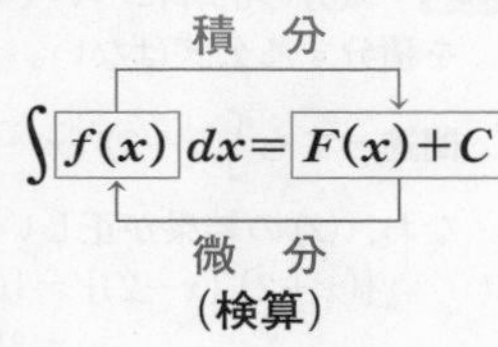

練習 ② 235 次の不定積分を求めよ。ただし，(4) の x は t に無関係とする。

(1) $\int(4x^3+6x^2-2x+5)dx$　　(2) $\int(x+2)(1-3x)dx$

(3) $\int x(x-1)(x+2)dx-\int(x^2-1)(x+2)dx$　　(4) $\int(tx+1)(x+2t)dt$

基本 例題 236 不定積分の計算 (2) … $(ax+b)^n$ 型

①①①①①

次の不定積分を求めよ。

(1) $\displaystyle\int(3x+2)^4dx$　　　(2) $\displaystyle\int(x+2)^2(x-1)dx$

基本 235

指針 それぞれ，展開してから不定積分を求めることもできるが，計算が面倒。

(1) $p.321$ の公式 ② から　$\{(ax+b)^{n+1}\}'=(n+1)(ax+b)^n\cdot a$

よって，$a\neq0$ のとき　$\left\{\dfrac{1}{a}\cdot\dfrac{(ax+b)^{n+1}}{n+1}\right\}'=(ax+b)^n$

したがって　$\displaystyle\int(ax+b)^ndx=\frac{1}{a}\cdot\frac{(ax+b)^{n+1}}{n+1}+C$　◀ $\dfrac{1}{a}$ を忘れずに！

特に　$\displaystyle\int(x+p)^ndx=\frac{(x+p)^{n+1}}{n+1}+C$　（ともに C は積分定数）

これらを公式として用いる。

(2) $(x+2)^2(x-1)=(x+2)^2\{(x+2)-3\}=(x+2)^3-3(x+2)^2$

と変形すると，上の公式が使えるようになる。

解答 C は積分定数とする。

(1) $\displaystyle\int(3x+2)^4dx=\frac{1}{3}\cdot\frac{(3x+2)^5}{5}+C=\frac{(3x+2)^5}{15}+C$　◀ $\dfrac{1}{3}$ を忘れないように！

(2) $\displaystyle\int(x+2)^2(x-1)dx=\int(x+2)^2\{(x+2)-3\}dx$

$\displaystyle=\int\{(x+2)^3-3(x+2)^2\}dx$　◀ $(\quad)^3-a(\quad)^2$ の形に変形。

$\displaystyle=\frac{(x+2)^4}{4}-3\cdot\frac{(x+2)^3}{3}+C$　◀ $\displaystyle\int(x+p)^ndx=\frac{(x+p)^{n+1}}{n+1}+C$

$\displaystyle=\frac{(x+2)^3}{4}\{(x+2)-4\}+C$　◀ $\dfrac{1}{4}(x+2)^3$ でくくる。

$\displaystyle=\frac{(x+2)^3(x-2)}{4}+C$

注意 微分の計算については，「積の導関数の公式」（$p.321$ 公式 ①）があるが，(2) のような積の形を積分する公式はない。

間違っても $\displaystyle\int(x+3)^2(x-1)dx=\frac{(x+3)^3}{3}\cdot\frac{(x-1)^2}{2}+C$ などとしないように！

なお，(2) の結果が正しいことは，次の検算で確かめられる。

$\{(x+2)^3(x-2)\}'=\{(x+2)^3\}'(x-2)+(x+2)^3(x-2)'$　◀ $\{f(x)g(x)\}'=f'(x)g(x)+f(x)g'(x)$

$=3(x+2)^2(x-2)+(x+2)^3\cdot1$

$=(x+2)^2\{3(x-2)+(x+2)\}=4(x+2)^2(x-1)$

よって　$\left\{\dfrac{(x+2)^3(x-2)}{4}+C\right\}'=(x+2)^2(x-1)$

練習 ③ **236** 次の不定積分を求めよ。

(1) $\displaystyle\int(4x-3)^6dx$　　　(2) $\displaystyle\int(x-3)^2(x+1)dx$

基本 例題 237 導関数，接線の傾きから関数決定 ①①①①①

(1) $f'(x)=3x^2-2x$，$f(2)=0$ を満たす関数 $f(x)$ を求めよ。

(2) 曲線 $y=f(x)$ が点 $(1,\ 0)$ を通り，更に点 $(x,\ f(x))$ における接線の傾きが x^2-1 であるとき，$f(x)$ を求めよ。

基本 235

指針 導関数がわかっているとき，もとの関数を求めるのが積分である。つまり

$$f(x)=\int f'(x)dx$$

(1) $f(x)=\int f'(x)dx=\int(3x^2-2x)dx=x^3-x^2+C$

積分定数 C は $f(2)=0$ の条件で決まる。このような積分定数の値を決定する条件のことを **初期条件** という。

(2) 曲線 $y=f(x)$ 上の点 $(x,\ f(x))$ における接線の傾きは　$f'(x)=x^2-1$

したがって　$f(x)=\int f'(x)dx=\int(x^2-1)dx$

また，曲線 $y=f(x)$ は点 $(1,\ 0)$ を通るから　$f(1)=0$　⟵ 初期条件

解答

(1) $f'(x)=3x^2-2x$ であるから

$$f(x)=\int f'(x)dx=\int(3x^2-2x)dx$$

$$=x^3-x^2+C\quad(C \text{ は積分定数})$$

$f(2)=0$ であるから　$8-4+C=0$

これを解いて　$C=-4$

したがって　$\boldsymbol{f(x)=x^3-x^2-4}$

(2) 曲線 $y=f(x)$ 上の点 $(x,\ f(x))$ における接線の傾きは $f'(x)$ であるから

$$f'(x)=x^2-1$$

したがって　$f(x)=\int f'(x)dx=\int(x^2-1)dx$

$$=\frac{x^3}{3}-x+C\quad(C \text{ は積分定数})$$

また，曲線 $y=f(x)$ は点 $(1,\ 0)$ を通るから

$$f(1)=0$$

ゆえに　$\dfrac{1}{3}-1+C=0$　　よって　$C=\dfrac{2}{3}$

したがって　$\boldsymbol{f(x)=\dfrac{x^3}{3}-x+\dfrac{2}{3}}$

検討

一般に，$f'(x)$ の不定積分は無数にあるが，**定数だけしか違わない。**

よって，(1) の $f(2)=0$ のような条件が与えられると，積分定数 C の値が定まる。

(2) 接線の傾きが x^2-1 で与えられる曲線は無数にある。そのうち点 $(1,\ 0)$ を通るものはただ1つに定まる。

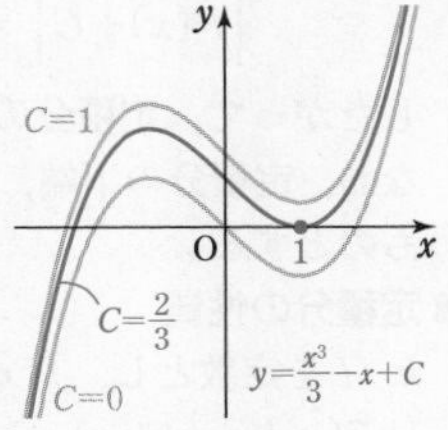

練習 ②237

(1) $f'(x)=x^3-3x^2+x+2$，$f(-2)=7$ を満たす関数 $f(x)$ を求めよ。

(2) a は定数とする。曲線 $y=f(x)$ 上の点 $(x,\ f(x))$ における接線の傾きが $6x^2+ax-1$ であり，曲線 $y=f(x)$ は2点 $(1,\ -1)$，$(2,\ -3)$ を通る。このとき，$f(x)$ を求めよ。

p.383 EX 148

40 定　積　分

基本事項

1 定積分　関数 $f(x)$ の不定積分の1つを $F(x)$ とするとき

$$\int_a^b f(x)dx=\Big[F(x)\Big]_a^b=F(b)-F(a)$$

2 定積分の性質　k，l は定数とする。

$$\int_a^b kf(x)dx=k\int_a^b f(x)dx \qquad \int_a^b \{f(x)+g(x)\}dx=\int_a^b f(x)dx+\int_a^b g(x)dx$$

$$\int_a^a f(x)dx=0 \qquad \int_b^a f(x)dx=-\int_a^b f(x)dx \qquad \int_a^b f(x)dx=\int_a^c f(x)dx+\int_c^b f(x)dx$$

一般に　$\displaystyle\int_a^b \{kf(x)+lg(x)\}dx=k\int_a^b f(x)dx+l\int_a^b g(x)dx$

特に $k=1$，$l=-1$ のとき　$\displaystyle\int_a^b \{f(x)-g(x)\}dx=\int_a^b f(x)dx-\int_a^b g(x)dx$

解　説

■定積分の定義

関数 $f(x)$ の1つの不定積分を $F(x)$ とするとき，2つの実数 a，b に対して，$\boldsymbol{F(b)-F(a)}$ を関数 $f(x)$ の **a から b までの定積分** といい，記号 $\displaystyle\int_a^b f(x)dx$ で表す。

また，$F(b)-F(a)$ を，記号 $\Big[F(x)\Big]_a^b$ で表す。定積分 $\displaystyle\int_a^b f(x)dx$ において，a を定積分の **下端**，b を **上端** という。また，この定積分を求めることを，関数 $f(x)$ を a から b まで **積分する** という。そして，定積分を求める区間 $a\leqq x\leqq b$ を **積分区間** という。

$F(x)$ を $f(x)$ の1つの不定積分とし，C を定数とすると

$$\Big[F(x)+C\Big]_a^b=\{F(b)+C\}-\{F(a)+C\}=F(b)-F(a)=\Big[F(x)\Big]_a^b$$

したがって，**定積分の値は，不定積分の選び方に関係しない。**

なお，定積分の下端，上端の a，b については，$a<b$，$a=b$，$a>b$ のいずれであってもよいものとする。

■定積分の性質

k，l を定数とし，$f(x)$，$g(x)$ の不定積分の1つを，それぞれ $F(x)$，$G(x)$ とする。

$\{kF(x)\}'=kF'(x)=kf(x)$ から

$$\int_a^b kf(x)dx=\Big[kF(x)\Big]_a^b=kF(b)-kF(a)=k\{F(b)-F(a)\}=k\int_a^b f(x)dx$$

また，$\{F(x)+G(x)\}'=F'(x)+G'(x)=f(x)+g(x)$ から

$$\begin{aligned}\int_a^b \{f(x)+g(x)\}dx&=\Big[F(x)+G(x)\Big]_a^b=F(b)+G(b)-\{F(a)+G(a)\}\\&=\{F(b)-F(a)\}+\{G(b)-G(a)\}\\&=\int_a^b f(x)dx+\int_a^b g(x)dx\end{aligned}$$

同様にして，他の性質も定積分の定義と不定積分の性質から導くことができる。

なお，定積分は面積と密接な関係がある。このことは，$p.384$ 以降で詳しく学ぶ。

基本例題 238 定積分の計算 (1)

次の定積分を求めよ。

(1) $\int_0^2 (x^3-3x^2-1)dx$　　(2) $\int_{-1}^2 (3t-1)(t+1)dt$

(3) $\int_1^4 (x+1)^2 dx - \int_1^4 (x-1)^2 dx$　　(4) $\int_{-2}^0 (3x^3+x^2)dx - \int_2^0 (3x^3+x^2)dx$

p.374 基本事項 1, 2

指針 **定積分 $\int_a^b f(x)dx$ の計算の基本**　$f(x)$ の不定積分 $F(x)$ を求めて $F(b)-F(a)$

(2) まず，$(3t-1)(t+1)$ を展開してから不定積分を求める。

(3) 積分区間 $1 \leqq x \leqq 4$ が共通であるから，1 つの定積分にまとめる。

(4) 上端，下端の交換の公式 $\int_b^a f(x)dx = -\int_a^b f(x)dx$ を用いて，第 2 項を変形すると，積分区間の分割の公式 $\int_a^b f(x)dx = \int_a^c f(x)dx + \int_c^b f(x)dx$ により，1 つの定積分にまとめられる。

解答

(1) $\int_0^2 (x^3-3x^2-1)dx = \left[\frac{x^4}{4} - x^3 - x\right]_0^2$
$= (4-8-2) - 0 = \mathbf{-6}$

(2) $\int_{-1}^2 (3t-1)(t+1)dt = \int_{-1}^2 (3t^2+2t-1)dt = \left[t^3+t^2-t\right]_{-1}^2$
$= (8+4-2) - (-1+1+1)$
$= 10 - 1 = \mathbf{9}$

◀ $\int_{-1}^2 (3x-1)(x+1)dx$ と同じもの。**定積分は積分変数の文字には無関係。**

(3) $\int_1^4 (x+1)^2 dx - \int_1^4 (x-1)^2 dx = \int_1^4 \{(x+1)^2-(x-1)^2\}dx$
$= \int_1^4 4x\,dx = 4\int_1^4 x\,dx$
$= 4\left[\frac{x^2}{2}\right]_1^4 = 4\left(8-\frac{1}{2}\right) = \mathbf{30}$

◀積分区間が同じことを確認してからまとめる。まとめることで，計算がらくになる場合がある。

(4) $\int_{-2}^0 (3x^3+x^2)dx - \int_2^0 (3x^3+x^2)dx$
$= \int_{-2}^0 (3x^3+x^2)dx + \int_0^2 (3x^3+x^2)dx$
$= \int_{-2}^2 (3x^3+x^2)dx = \left[\frac{3}{4}x^4 + \frac{x^3}{3}\right]_{-2}^2$
$= \left(12+\frac{8}{3}\right) - \left(12-\frac{8}{3}\right) = \frac{8}{3}\cdot 2 = \mathbf{\frac{16}{3}}$

◀被積分関数が同じ。

◀ $\int_b^a f(x)dx = -\int_a^b f(x)dx$

◀ $\int_{-2}^0 + \int_0^2 = \int_{-2}^2$

練習 ① 238 次の定積分を求めよ。

(1) $\int_{-1}^3 (x^2+1)(4x-1)dx$　　(2) $\int_{-3}^1 (x^3+1)dx - \int_{-3}^1 (x^3-x^2)dx$

(3) $\int_{-3}^1 (2t-1)(t-1)dt + \int_0^1 (2t-1)(1-t)dt$

p.383 EX149, 153

基本例題 239 定積分の計算 (2) … 偶関数・奇関数

①①①①①

次の定積分を求めよ。

(1) $\displaystyle\int_{-2}^{2}(2x^3-x^2-3x+4)dx$ (2) $\displaystyle\int_{-1}^{1}(3x-1)^2dx$

基本 238

指針 定積分の計算がらくになる公式を紹介しておこう（公式の証明は数学Ⅲで学習）。

$f(-x)=f(x)$ （偶関数） ならば $\displaystyle\int_{-a}^{a}f(x)dx=2\int_{0}^{a}f(x)dx$

$f(-x)=-f(x)$ （奇関数） ならば $\displaystyle\int_{-a}^{a}f(x)dx=0$

特に $\displaystyle\int_{-a}^{a}x^{2n}dx=2\int_{0}^{a}x^{2n}dx$, $\displaystyle\int_{-a}^{a}x^{2n-1}dx=0$ （n は自然数）

(2) は $p.372$ の指針で紹介した $(ax+b)^n$ の不定積分を用いてもよい。⟶ 別解

解答

(1) $\displaystyle\int_{-2}^{2}(2x^3-x^2-3x+4)dx=2\int_{0}^{2}(-x^2+4)dx$

$\displaystyle=2\left[-\frac{x^3}{3}+4x\right]_0^2$

$\displaystyle=2\left(-\frac{8}{3}+8\right)=\frac{32}{3}$

(2) $\displaystyle\int_{-1}^{1}(3x-1)^2dx=\int_{-1}^{1}(9x^2-6x+1)dx=2\int_{0}^{1}(9x^2+1)dx$

$\displaystyle=2\Big[3x^3+x\Big]_0^1=2(3+1)=8$

別解 $\displaystyle\int_{-1}^{1}(3x-1)^2dx=\left[\frac{1}{3}\cdot\frac{(3x-1)^3}{3}\right]_{-1}^{1}$

$\displaystyle=\frac{2^3-(-4)^3}{9}=\frac{8+64}{9}=8$

① $\displaystyle\int_{-a}^{a}$ の定積分

偶数次は $\displaystyle 2\int_0^a$

奇数次は 0

なお，**定数項は 0 次** であるから，**偶数次** である。

◀ $\int$ の中の $x^{奇数}$ の項が消えることを見越し，$(3x-1)^2$ を展開する方針で進める。

◀ $\displaystyle\int(ax+b)^n dx=\frac{1}{a}\cdot\frac{(ax+b)^{n+1}}{n+1}+C$ $(a\neq 0)$

検討 **偶関数，奇関数の定積分**

$f(-x)=f(x)$ を満たす $f(x)$ を **偶関数**，$f(-x)=-f(x)$ を満たす $f(x)$ を **奇関数** という（$p.227$ 参照）。偶関数・奇関数の定積分の公式については，次の図を参照するとわかりやすい。

$f(-x)=f(x)$
[偶関数，y 軸に関して対称] ならば
$\displaystyle\int_{-a}^{a}f(x)dx=2\int_{0}^{a}f(x)dx$

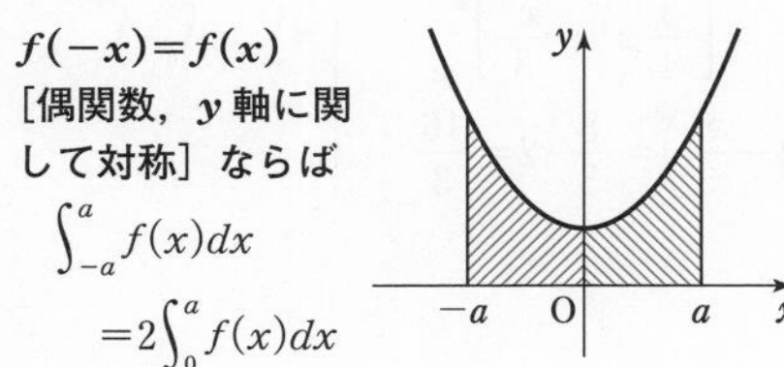

$f(-x)=-f(x)$
[奇関数，原点に関して対称] ならば
$\displaystyle\int_{-a}^{a}f(x)dx=0$

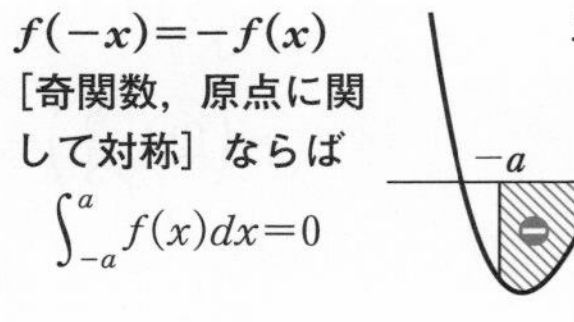

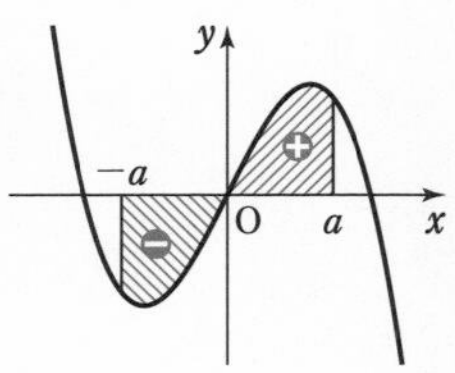

練習 ③239 次の定積分を求めよ。

(1) $\displaystyle\int_{-3}^{3}(2x+1)(x-1)(3x-2)dx$ (2) $\displaystyle\int_{-2}^{2}(2x-5)^3dx$

基本例題 240 定積分の計算 (3) … 1/6 公式 ②②②②②

(1) 等式 $\int_\alpha^\beta (x-\alpha)(x-\beta)dx=-\frac{1}{6}(\beta-\alpha)^3$ を証明せよ。

(2) 次の定積分を求めよ。

(ア) $\int_2^3 (x-2)(x-3)dx$　　(イ) $\int_{1-\sqrt{2}}^{1+\sqrt{2}} (x^2-2x-1)dx$

基本 236

指針 (1) $(x-\alpha)(x-\beta)$ を展開してもよいが，$(x-\alpha)(x-\beta)=(x-\alpha)\{(x-\alpha)+(\alpha-\beta)\}$ …… (＊)

と変形し，公式 $\int (ax+b)^n dx=\frac{1}{a}\cdot\frac{(ax+b)^{n+1}}{n+1}+C$ を利用すると，計算が比較的らく。また，(1) で証明する等式は後で学ぶ面積の計算などで非常に役立つ。正確に (特に，マイナスを忘れないように！)，しっかりと覚えておこう。

なお，(＊) に関連した，次の式変形も重要である。下の練習 240 (3) で利用するとよい。　$(x-\alpha)^n(x-\beta)=(x-\alpha)^n\{(x-\alpha)+(\alpha-\beta)\}=(x-\alpha)^{n+1}+(\alpha-\beta)(x-\alpha)^n$

(2) 上端，下端が (被積分関数)=0 の解であれば，(1) の等式が利用できる。

解答 (1) $(x-\alpha)(x-\beta)=(x-\alpha)\{(x-\alpha)+(\alpha-\beta)\}$ であるから

$$\int_\alpha^\beta (x-\alpha)(x-\beta)dx$$
$$=\int_\alpha^\beta \{(x-\alpha)^2+(\alpha-\beta)(x-\alpha)\}dx$$
$$=\left[\frac{1}{3}(x-\alpha)^3+(\alpha-\beta)\cdot\frac{1}{2}(x-\alpha)^2\right]_\alpha^\beta$$
$$=\frac{1}{3}(\beta-\alpha)^3-\frac{1}{2}(\beta-\alpha)^3=-\frac{1}{6}(\beta-\alpha)^3$$

(2) (ア) $\int_2^3 (x-2)(x-3)dx=-\frac{1}{6}(3-2)^3=-\frac{1}{6}$

(イ) $x^2-2x-1=0$ を解くと　$x=1\pm\sqrt{2}$

$\alpha=1-\sqrt{2}$，$\beta=1+\sqrt{2}$ とおくと，求める定積分は

$$\int_\alpha^\beta (x-\alpha)(x-\beta)dx=-\frac{1}{6}(\beta-\alpha)^3=-\frac{1}{6}(2\sqrt{2})^3$$
$$=-\frac{8\sqrt{2}}{3}$$

検討
下の図の斜線部分の面積 S に対し，$-S$ が (1) の定積分の値である。

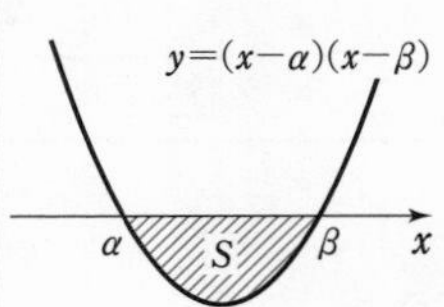

◀ $\beta-\alpha$
$=(1+\sqrt{2})-(1-\sqrt{2})$
$=2\sqrt{2}$

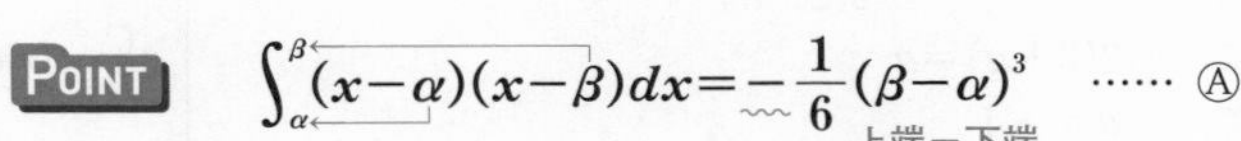

POINT $\int_\alpha^\beta (x-\alpha)(x-\beta)dx=-\frac{1}{6}(\beta-\alpha)^3$ …… Ⓐ　上端−下端

参考 Ⓐ の等式を俗に「6 分の 1 公式」といい，放物線に関連する図形の面積計算でよく使われる。

練習 ② 240 次の定積分を求めよ。

(1) $\int_{-2}^4 (x+2)(x-4)dx$　　(2) $\int_{-1-\sqrt{5}}^{-1+\sqrt{5}} (2x^2+4x-8)dx$

(3) $\int_1^2 (x-1)^3(x-2)dx$

基本例題 241 定積分で表された関数

次の等式を満たす関数 $f(x)$ を求めよ。

(1) $f(x)=6x^2-x+\int_{-1}^{1}f(t)dt$　　(2) $f(x)=\int_0^1(x+t)f(t)dt+1$

基本 238, 239

指針 (1) $f(x)$ はこれから求めようとする関数なので，定積分 $\int_{-1}^{1}f(t)dt$ を計算することはできない。ここで，$F'(x)=f(x)$ とすると，$\int_{-1}^{1}f(t)dt=\Big[F(t)\Big]_{-1}^{1}=F(1)-F(-1)$ であるから，$\int_{-1}^{1}f(t)dt$ は **定数** である。

よって，$\boldsymbol{\int_{-1}^{1}f(t)dt=a}$ **（a は定数）** とおくと，$f(x)=6x^2-x+a$ と表されるから，$\int_{-1}^{1}(6t^2-t+a)dt=a$ である。この定積分を計算して a の値を求める。

(2) $\int_0^1(x+t)f(t)dt$ は変数 x を含むから，$\int_0^1(x+t)f(t)dt=$(定数) とおくことはできない。そこで，まずは $\int_0^1(x+t)f(t)dt=\int_0^1xf(t)dt+\int_0^1tf(t)dt$ と変形する。

そして，$\int_0^1xf(t)dt$ において，x は積分変数 t に無関係であるから $\int_0^1$ の前に出すことができ，$\int_0^1(x+t)f(t)dt=x\int_0^1f(t)dt+\int_0^1tf(t)dt$ と変形できる。

$\int_0^1f(t)dt$ と $\int_0^1tf(t)dt$ は異なる定積分であるから，それぞれを別の文字（定数）でおく。 ……★

解答

(1) $\int_{-1}^{1}f(t)dt=a$ とおくと　　$f(x)=6x^2-x+a$

よって　　$\int_{-1}^{1}f(t)dt=\int_{-1}^{1}(6t^2-t+a)dt$

$=2\int_0^1(6t^2+a)dt$

$=2\Big[2t^3+at\Big]_0^1$

$=2(2+a)$

ゆえに　　$2(2+a)=a$

よって　　$a=-4$

したがって　　$\boldsymbol{f(x)=6x^2-x-4}$

(2) $\int_0^1(x+t)f(t)dt=\int_0^1xf(t)dt+\int_0^1tf(t)dt$

x は積分変数 t に無関係であるから

$\int_0^1xf(t)dt=x\int_0^1f(t)dt$

ゆえに　　$f(x)=x\int_0^1f(t)dt+\int_0^1tf(t)dt+1$

$\int_{-a}^{a}$ の定積分
偶数次は　$2\int_0^a$
奇数次は　0

◀ $\int_{-1}^{1}f(t)dt=a$ から。

◀ $f(x)=6x^2-x+a$

◀ $\int_0^1(x+t)f(t)dt$
$=\int_0^1\{xf(t)+tf(t)\}dt$

◀ x は定数として扱い，定積分の前に出す。

$\int_0^1 f(t)dt=a$, $\int_0^1 tf(t)dt=b$ とおくと　$f(x)=ax+b+1$

◀指針＿＿……★の方針。
$\int_0^1 f(t)dt$ と $\int_0^1 tf(t)dt$ は異なる関数の定積分であるから，それぞれを別の文字 a，b とおいて，連立方程式を導く。

よって　$\int_0^1 f(t)dt=\int_0^1 (at+b+1)dt$

$$=\left[\frac{a}{2}t^2+(b+1)t\right]_0^1$$

$$=\frac{a}{2}+b+1$$

また　$\int_0^1 tf(t)dt=\int_0^1 t(at+b+1)dt$

$$=\int_0^1 \{at^2+(b+1)t\}dt$$

$$=\left[\frac{a}{3}t^3+\frac{b+1}{2}t^2\right]_0^1$$

$$=\frac{a}{3}+\frac{b+1}{2}$$

ゆえに　$\frac{a}{2}+b+1=a$，$\frac{a}{3}+\frac{b+1}{2}=b$

◀$\int_0^1 f(t)dt=a$，$\int_0^1 tf(t)dt=b$ から。

よって　$a-2b=2$，$2a-3b=-3$

これを解いて　$a=-12$，$b=-7$

したがって　$\boldsymbol{f(x)=-12x-6}$

◀$f(x)=ax+b+1$

検討

定積分の扱い

(2) について，次のような誤りをしないように！

× $\int_0^1 xf(t)dt=a$（a は定数）とおく。

…… 積分変数 t に無関係な x を定数として扱い，定積分の前に出してから a とおこう。

× $\int_0^1 tf(t)dt=t\int_0^1 f(t)dt$ と変形。

…… $\int_0^1 tf(t)dt$ は関数 $tf(t)$ についての定積分であるから，t を定数のようには扱えない。

また，× $\int_0^1 tf(t)dt=tb$　も誤りである。積分変数が t であることをきちんと押さえよう。

定積分の扱い方として，次のことを押さえておこう。

POINT　定積分の扱い

1　積分変数以外の文字は定数として扱う

2　$\int_a^b f(t)dt$ は定数 ⟶ 文字でおき換える

練習 ②241　次の等式を満たす関数 $f(x)$ を求めよ。

(1)　$f(x)=x^2-1+\int_0^1 tf(t)dt$　　(2)　$f(x)=x+\int_{-1}^1 (x-t)f(t)dt+3$

p.383 EX150

基本例題 242 定積分と微分法 ②②②②②

次の等式を満たす関数 $f(x)$ および定数 a の値を求めよ。

(1) $\int_a^x f(t)dt=x^2-3x-4$　　(2) $\int_x^a f(t)dt=x^3-3x$

p.374 基本事項 2

指針 a が定数のとき，$\int_a^x f(t)dt$ **は x の関数である。**その導関数について，$F'(t)=f(t)$ とすると $\frac{d}{dx}\int_a^x f(t)dt=\frac{d}{dx}\Big[F(t)\Big]_a^x=\frac{d}{dx}\{F(x)-F(a)\}=F'(x)=f(x)$

← 定数 $F(a)$ は x で微分すると 0

であるから，$\frac{d}{dx}\int_a^x f(t)dt=f(x)$ が成り立つ。

また，等式で $x=a$ とおくと，$\int_a^a f(t)dt=0$ であるから，**左辺は 0** になる。これより a の方程式が得られる。

(2) まず，与えられた等式を $\int_a^x f(t)dt=-x^3+3x$ と変形して，両辺を x で微分。

CHART 定積分の扱い $\int_a^x$, $\int_x^a$ を含むなら x で微分

解答

(1) $\int_a^x f(t)dt=x^2-3x-4$ …… ① とする。

① の両辺を x で微分すると　$\frac{d}{dx}\int_a^x f(t)dt=2x-3$

すなわち　$f(x)=2x-3$

また，① で $x=a$ とおくと，左辺は 0 になるから

$0=a^2-3a-4$

よって　$(a+1)(a-4)=0$　ゆえに　$a=-1,\ 4$

したがって　$\boldsymbol{f(x)=2x-3}$; $\boldsymbol{a=-1,\ 4}$

(2) $\int_x^a f(t)dt=x^3-3x$ から

$$\int_a^x f(t)dt=-x^3+3x \quad \cdots\cdots ②$$

② の両辺を x で微分すると　$\frac{d}{dx}\int_a^x f(t)dt=-3x^2+3$

すなわち　$f(x)=-3x^2+3$

また，② で $x=a$ とおくと，左辺は 0 になるから

$0=-a^3+3a$

ゆえに　$a(a^2-3)=0$　よって　$a=0,\ \pm\sqrt{3}$

したがって　$\boldsymbol{f(x)=-3x^2+3}$; $\boldsymbol{a=0,\ \pm\sqrt{3}}$

◀ $\frac{d}{dx}\int_a^x f(t)dt=f(x)$

◀ $\int_a^a f(t)dt=0$

◀ $\int_x^a f(t)dt=-\int_a^x f(t)dt$
上端と下端を交換しないで
$\frac{d}{dx}\int_x^a f(t)dt=-f(x)$
としてもよい。

練習 ② 242 次の等式を満たす関数 $f(x)$ および定数 a の値を求めよ。

(1) $\int_a^x f(t)dt=2x^2-9x+4$　　(2) $\int_x^a f(t)dt=-x^3+2x-1$

p.383 EX151

基本例題 243 定積分で表された関数の極値

関数 $f(x)=\int_{-2}^{x}(t^2+t-2)dt$ の極値を求めよ。

基本 242

指針 極値を求めるには導関数が必要。 $\int_a^x$, $\int_x^a$ **を含むなら x で微分** に従って，等式の両辺の関数を x で微分すると　$f'(x)=\dfrac{d}{dx}\int_{-2}^{x}(t^2+t-2)dt=x^2+x-2$

このようにして，導関数が得られるから，極値をとる x の値がわかる。

ただし，極値を求めるときに定積分の計算が必要になる。その意味では，最初に定積分を計算し，$f(x)$ を求めておいてもよい。

解答

$f'(x)=\dfrac{d}{dx}\int_{-2}^{x}(t^2+t-2)dt=x^2+x-2$

$=(x+2)(x-1)$

$f'(x)=0$ とすると

$(x+2)(x-1)=0$

よって　$x=-2,\ 1$

ゆえに，$f(x)$ の増減表は右のようになる。

x	$\cdots$	-2	$\cdots$	1	$\cdots$
$f'(x)$	$+$	0	$-$	0	$+$
$f(x)$	↗	極大	↘	極小	↗

ここで　$f(x)=\int_{-2}^{x}(t^2+t-2)dt=\left[\dfrac{t^3}{3}+\dfrac{t^2}{2}-2t\right]_{-2}^{x}$

$=\dfrac{x^3}{3}+\dfrac{x^2}{2}-2x-\dfrac{10}{3}$

ゆえに　$f(-2)=\dfrac{(-2)^3}{3}+\dfrac{(-2)^2}{2}-2\cdot(-2)-\dfrac{10}{3}=0$

$f(1)=\dfrac{1}{3}+\dfrac{1}{2}-2\cdot1-\dfrac{10}{3}=-\dfrac{9}{2}$

よって，**$x=-2$ で極大値 0，$x=1$ で極小値 $-\dfrac{9}{2}$** をとる。

別解　この問題は，$f(x)$ を求めることなく，以下のようにして極値を求めることもできる。

$f(-2)=\int_{-2}^{-2}(t^2+t-2)dt=0$

$f(1)=\int_{-2}^{1}(t+2)(t-1)dt=-\dfrac{1}{6}(1+2)^3=-\dfrac{9}{2}$

よって，**$x=-2$ で極大値 0，$x=1$ で極小値 $-\dfrac{9}{2}$** をとる。

◀ $\dfrac{d}{dx}\int_a^x g(t)dt=g(x)$

◀ 極値　増減表の作成

◀ 定積分を計算して $f(x)$ を求める。

◀ $=-\dfrac{8}{3}+2+4-\dfrac{10}{3}$

◀ $\int_a^a g(t)dt=0$

◀ $\int_\alpha^\beta(t-\alpha)(t-\beta)dt=-\dfrac{1}{6}(\beta-\alpha)^3$

練習 ③243　関数 $f(x)=\int_0^x(t^2-2t-3)dt$ の極値を求めよ。

p.383 EX152

基本例題 244 定積分と恒等式

①①①①①

どんな 2 次関数 $f(x)$ に対しても $\int_0^1 f(x)dx=\frac{1}{2}\{f(\alpha)+f(\beta)\}$ が成立するような定数 α, β $(\alpha<\beta)$ の値を求めよ。

〔神戸薬大〕

基本 238

指針 2 次関数 $f(x)$ を $f(x)=ax^2+bx+c$ $(a\neq 0)$ として，与えられた等式に代入する。
「どんな 2 次関数 $f(x)$ に対しても」とは「どんな定数 a, b, c に対しても」ということ。したがって，等式を **a, b, c について整理** し，a, b, c の恒等式となるための条件を求める。

解答

$f(x)=ax^2+bx+c$ $(a\neq 0)$ とする。

$$\int_0^1 f(x)dx=\int_0^1(ax^2+bx+c)dx=\left[\frac{1}{3}ax^3+\frac{1}{2}bx^2+cx\right]_0^1$$
$$=\frac{1}{3}a+\frac{1}{2}b+c$$

$$\frac{1}{2}\{f(\alpha)+f(\beta)\}=\frac{1}{2}\{(a\alpha^2+b\alpha+c)+(a\beta^2+b\beta+c)\}$$
$$=\frac{1}{2}(\alpha^2+\beta^2)a+\frac{1}{2}(\alpha+\beta)b+c$$

$\int_0^1 f(x)dx=\frac{1}{2}\{f(\alpha)+f(\beta)\}$ がどんな 2 次関数 $f(x)$ に対しても成り立つための条件は，

$$\frac{1}{3}a+\frac{1}{2}b+c=\frac{1}{2}(\alpha^2+\beta^2)a+\frac{1}{2}(\alpha+\beta)b+c$$

が a, b, c についての恒等式となることである。

よって　$\frac{1}{2}(\alpha^2+\beta^2)=\frac{1}{3}$, $\frac{1}{2}(\alpha+\beta)=\frac{1}{2}$

すなわち　$3(\alpha^2+\beta^2)=2$ …… ①, $\alpha+\beta=1$ …… ②

② から　$\beta=1-\alpha$

これを ① に代入して　$3\{\alpha^2+(1-\alpha)^2\}=2$

整理して　$6\alpha^2-6\alpha+1=0$

これを解いて　$\alpha=\frac{3\pm\sqrt{3}}{6}$ …… ③

したがって　$\beta=1-\alpha=\frac{3\mp\sqrt{3}}{6}$　(③ と複号同順)

$\alpha<\beta$ であるから　$\boldsymbol{\alpha=\frac{3-\sqrt{3}}{6}}$, $\boldsymbol{\beta=\frac{3+\sqrt{3}}{6}}$

◀ $f(x)$ は 2 次関数。このとき，2 次の係数 a は 0 でない。

◀ $pa+qb+rc$
$=p'a+q'b+r'c$
が a, b, c の恒等式であるための条件は
$p=p'$, $q=q'$, $r=r'$

別解　① の式を
$3\{(\alpha+\beta)^2-2\alpha\beta\}=2$ と変形し，② を代入すると
$\alpha\beta=\frac{1}{6}$
2 数 α, β の和と積が求められたから，α, β は
$t^2-t+\frac{1}{6}=0$ を解けば求められる。

練習 ③244 すべての 2 次以下の整式 $f(x)=ax^2+bx+c$ に対して，$\int_{-k}^{k} f(x)dx=f(s)+f(t)$ が常に成り立つような定数 k, s, t の値を求めよ。ただし，$s<t$ とする。

〔県立広島大〕

EXERCISES

②148 関数 $f(x)$，$g(x)$，および導関数 $f'(x)$，$g'(x)$ が，$f(x)+g(x)=-2x+5$，$f'(x)-g'(x)=-4x+4$，$f(0)=5$ を満たす。このとき，$f(x)$ と $g(x)$ を求めよ。

〔類 東京電機大〕

→237

②149 a を実数とする。定積分 $I=\int_0^3(x^2+2ax-a^2)dx$ の値が最大となるのは $a=$ア□ のときで，そのとき $I=$イ□ である。

〔類 京都産大〕

→238

②150 x について1次以上の整式で表される関数 $f(x)$，$g(x)$ が

$$f(x)=\int_{-1}^1\{(x-t)f(t)+g(t)\}dt,\ g(x)=\left(\int_{-1}^1 xf(t)dt\right)^2$$

を満たす。このとき，$f(x)$ と $g(x)$ を求めよ。

〔類 早稲田大〕

→241

③151 次の等式を満たす関数 $f(x)$ と定数 C の値を求めよ。

$$\int_0^x f(t)dt+\int_0^1(x+t)^2f'(t)dt=x^2+C$$

〔東北学院大〕

→241，242

③152 α を実数の定数，$f(t)$ を2次関数として，関数 $F(x)=\int_\alpha^x f(t)dt$ を考える。$F(x)$ が $x=1$ で極大値5，$x=2$ で極小値4をとるとき，$f(t)$ および α の値を求めよ。

〔類 慶応大〕

→243

③153 a，b を定数とする。次の不等式を証明せよ。

$$\left\{\int_0^1(x+a)(x+b)dx\right\}^2 \leqq \left\{\int_0^1(x+a)^2dx\right\}\left\{\int_0^1(x+b)^2dx\right\}$$

→238

HINT

148 まず，$f'(x)-g'(x)=-4x+4$ の両辺を x で積分。

149 定積分を計算すると a の **2次式 ⟶ 基本形に変形**。

150 $\int_{-1}^1\{(x-t)f(t)+g(t)\}dt=x\int_{-1}^1 f(t)dt+\int_{-1}^1\{-tf(t)+g(t)\}dt$
この右辺の2つの定積分は定数であるから，それらを適当な文字でおく。

151 $\int_0^1(x+t)^2f'(t)dt=x^2\int_0^1 f'(t)dt+2x\int_0^1 tf'(t)dt+\int_0^1 t^2f'(t)dt$
150と同様に，定数となる右辺の定積分を適当な文字でおく。

152 $F(x)$ は $x=1$，2で極値をとるから　$F'(1)=0$，$F'(2)=0$　これを利用して，まず $f(x)$ の式はどんな形で表されるかを考える。

153 ❗ **大小比較は差を作る** に従い，(右辺)−(左辺)≧0 を示す。

41 面　積

基本事項

1 曲線と x 軸の間の面積

① 区間 $a \leqq x \leqq b$ で常に $f(x) \geqq 0$ とする。
曲線 $y=f(x)$ と x 軸，および 2 直線 $x=a$，$x=b$ で囲まれた図形の面積 S は

$$S=\int_a^b f(x)dx$$

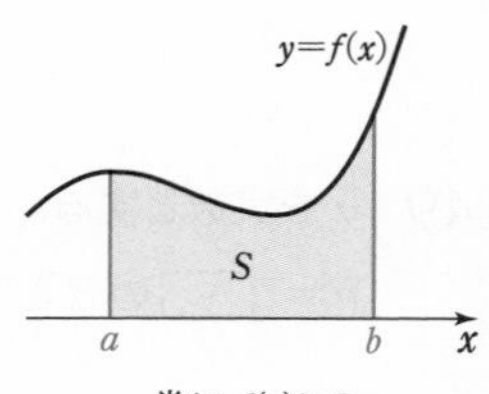

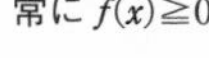
常に $f(x) \geqq 0$

② 区間 $a \leqq x \leqq b$ で常に $g(x) \leqq 0$ とする。
曲線 $y=g(x)$ と x 軸，および 2 直線 $x=a$，$x=b$ で囲まれた図形の面積 S は

$$S=-\int_a^b g(x)dx$$

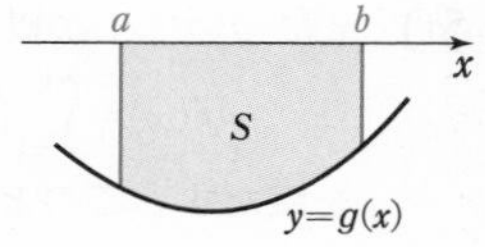

常に $g(x) \leqq 0$

③ 区間 $a \leqq x \leqq b$ で $f(x) \geqq 0$ と $f(x) \leqq 0$ の部分があるときは，区間を分けて求める。例えば，右の図の場合は

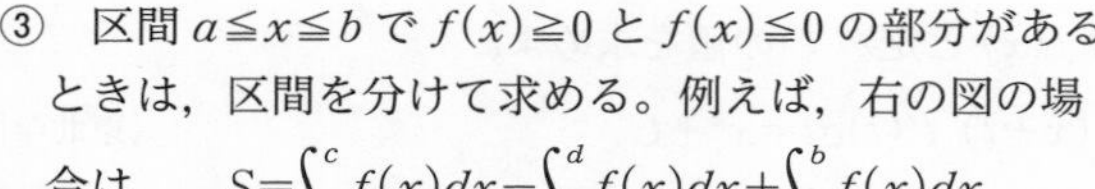
$S=\int_a^c f(x)dx-\int_c^d f(x)dx+\int_d^b f(x)dx$

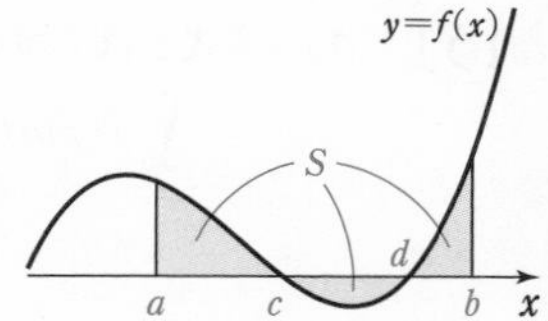

一般に，区間 $a \leqq x \leqq b$ で，曲線 $y=f(x)$ と x 軸，および 2 直線 $x=a$，$x=b$ で囲まれた図形の面積 S は

$$S=\int_a^b |f(x)|dx$$

2 2 つの曲線の間の面積

区間 $a \leqq x \leqq b$ で常に $f(x) \geqq g(x)$ とする。
2 つの曲線 $y=f(x)$，$y=g(x)$，および 2 直線 $x=a$，$x=b$ で囲まれた図形の面積 S は

$$S=\int_a^b \{f(x)-g(x)\}dx$$

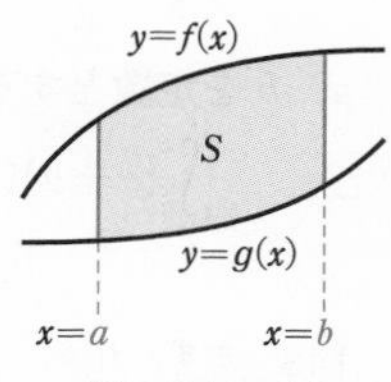

常に $f(x) \geqq g(x)$

参考 曲線と y 軸の間の面積

区間 $c \leqq y \leqq d$ で常に $f(y) \geqq 0$ とする。
曲線 $x=f(y)$ と y 軸，および 2 直線 $y=c$，$y=d$ で囲まれた図形の面積 S は

$$S=\int_c^d f(y)dy$$

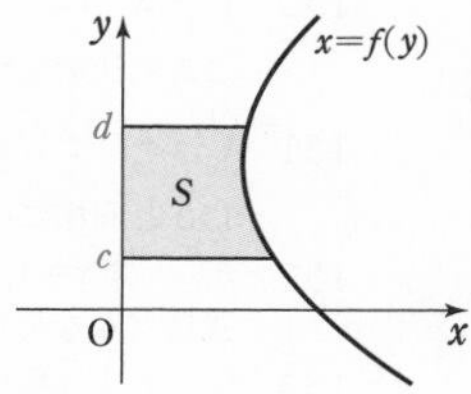

解　説

■ 曲線と x 軸の間の面積，2 曲線間の面積

1 ①　区間 $a \leqq x \leqq b$ で常に $f(x) \geqq 0$ とする。

$a \leqq x \leqq b$ であるような任意の実数 x に対し，点 $(x,\ 0)$，$(x,\ f(x))$ をそれぞれ P，Q とする。曲線 $y=f(x)$ と x 軸，直線 $x=a$，直線 PQ で囲まれた図形の面積を $S(x)$ とし，x，$S(x)$ の増分をそれぞれ $\Delta x\ (\Delta x>0)$，ΔS とすると，ある値 $t\ (x \leqq t \leqq x+\Delta x)$ に対し，$\Delta S=f(t)\Delta x$ とすることができるから　　$\dfrac{\Delta S}{\Delta x}=f(t)$

ここで，$\Delta x \longrightarrow 0$ とすると　　$t \longrightarrow x$

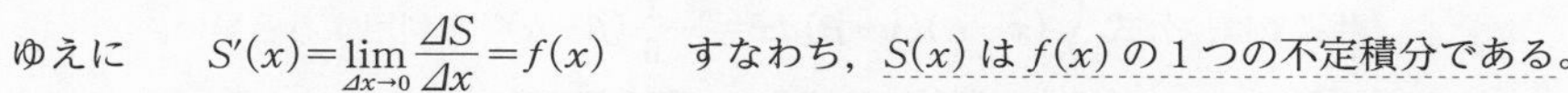

ゆえに　　$S'(x)=\displaystyle\lim_{\Delta x \to 0}\frac{\Delta S}{\Delta x}=f(x)$　　すなわち，$S(x)$ は $f(x)$ の 1 つの不定積分である。

したがって，$f(x)$ の任意の不定積分を $F(x)$ とすると　　$S(x)=F(x)+C$（C は定数）

$S(a)=0$ から　　$C=-F(a)$　　　よって　　$S(x)=F(x)-F(a)$

ゆえに　　$S=S(b)=F(b)-F(a)$　　　すなわち　　$\boldsymbol{S=\Big[F(x)\Big]_a^b=\displaystyle\int_a^b f(x)dx}$

1 ②　$-g(x) \geqq 0$ であり，図形の x 軸に関する対称性から，① により

$$\boldsymbol{S=\int_a^b \{-g(x)\}dx=-\int_a^b g(x)dx}$$

2 [1]　$f(x) \geqq g(x) \geqq 0$ ならば，次の定積分の性質から，**2** が成り立つ。

$$\boldsymbol{S=\int_a^b f(x)dx-\int_a^b g(x)dx=\int_a^b \{f(x)-g(x)\}dx}$$

[2]　$f(x)$，$g(x)$ が負の値をとることがある場合には，図形を y 軸方向に k だけ平行移動して

$$f(x)+k \geqq g(x)+k \geqq 0$$

となるようにすると，[1] により

$$\boldsymbol{S=\int_a^b [\{f(x)+k\}-\{g(x)+k\}]dx}$$
$$\boldsymbol{=\int_a^b \{f(x)-g(x)\}dx}$$

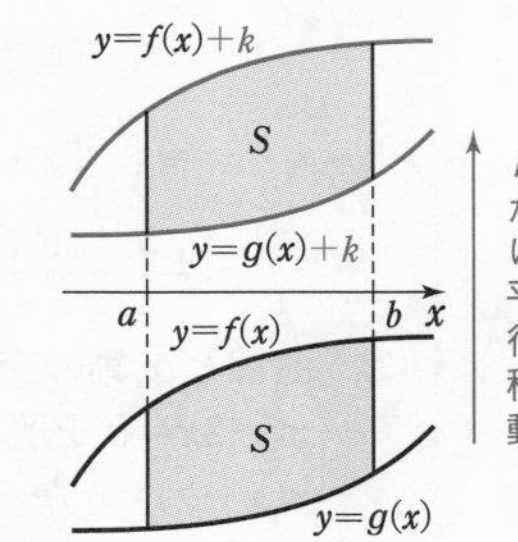

なお，**2** で $f(x)=0$ とおいても，**1** の ② が導かれる。

■ 絶対値を含む関数の定積分

定積分は，$p.374$ で学習したように，不定積分をもとに定義されるが，微分して $|f(x)|$ になるような関数は，多項式で表される関数のうちには存在しない。

しかし，定積分を，x 軸とグラフで囲まれる図形の面積として定義すると，絶対値を含む関数の定積分が計算できる。方針としては，絶対値をはずすために，積分区間をいくつかの区間に分けて計算すればよい。

■ 曲線 $x=f(y)$ と y 軸の間の面積

考え方は，**1** の $y=f(x)$ の場合とまったく同じで，x 軸を y 軸に変えて，y の関数として定積分を計算すればよい。

例　曲線 $x=y^2$ と y 軸，および直線 $y=2$ で囲まれた図形の面積は，右の図から　　$\displaystyle\int_0^2 y^2dy=\left[\frac{y^3}{3}\right]_0^2=\frac{8}{3}$

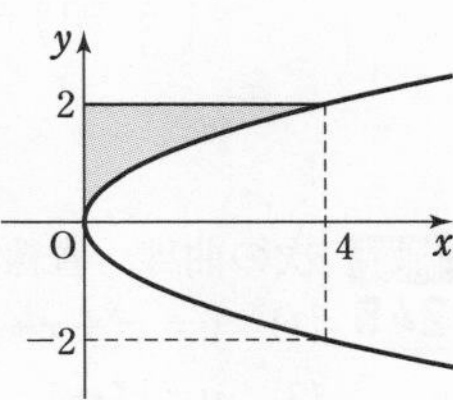

基本 例題 245 放物線と x 軸の間の面積

①①①①①

次の曲線，直線と x 軸で囲まれた図形の面積 S を求めよ。

(1) $y=x^2-3x-4$　　　(2) $y=-x^2+2x\ (x\leqq 1),\ x=-1,\ x=1$

p.384 基本事項 1，基本 240

指針

1 面積を求める図形が，どのような図形かを知るために，**グラフをかく**。

2 曲線と x 軸の交点の x 座標を求め，**積分区間** を決める。

3 2 の区間における曲線と x 軸の **上下関係** を調べる。

4 定積分を計算して面積を求める。

(1) x 軸との交点の x 座標は，方程式 $x^2-3x-4=0$ の 2 つの解であるから，定積分の計算では，公式 $\displaystyle\int_\alpha^\beta(x-\alpha)(x-\beta)dx=-\frac{1}{6}(\beta-\alpha)^3$ を利用すると早い。

(2) グラフと x 軸の上下関係に注意して，積分区間を分ける。

CHART 面積の計算　まず　グラフをかく

解答

(1) 曲線と x 軸の交点の x 座標は，
$x^2-3x-4=0$ を解くと
$(x+1)(x-4)=0$ から　$x=-1,\ 4$
$-1\leqq x\leqq 4$ では $y\leqq 0$ であるから，
求める面積は

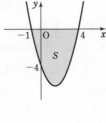

$$S=-\int_{-1}^{4}(x^2-3x-4)dx$$
$$=-\int_{-1}^{4}(x+1)(x-4)dx$$
$$=-\left(-\frac{1}{6}\right)\{4-(-1)\}^3=\mathbf{\frac{125}{6}}$$

(2) 曲線と x 軸の交点の x 座標は，
$-x^2+2x=0$ を解くと
$-x(x-2)=0$ から　$x=0,\ 2$
右の図から，求める面積は

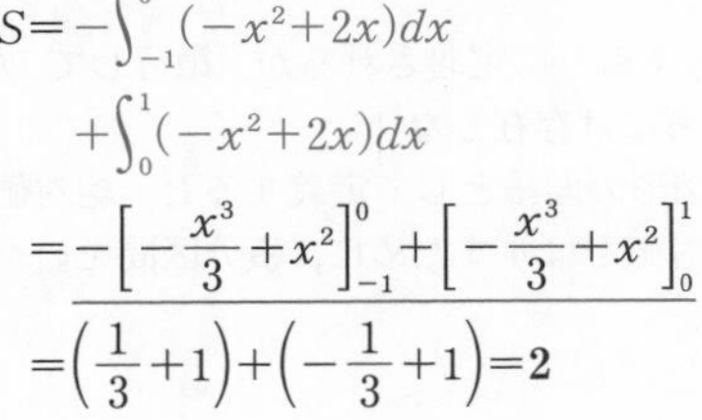

$$S=-\int_{-1}^{0}(-x^2+2x)dx+\int_{0}^{1}(-x^2+2x)dx$$
$$=-\left[-\frac{x^3}{3}+x^2\right]_{-1}^{0}+\left[-\frac{x^3}{3}+x^2\right]_{0}^{1}$$
$$=\left(\frac{1}{3}+1\right)+\left(-\frac{1}{3}+1\right)=\mathbf{2}$$

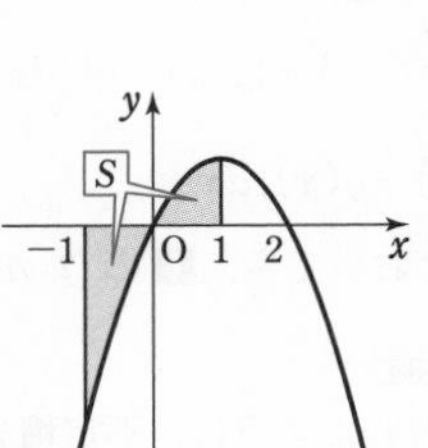

注意 面積を求めるときのグラフは，
曲線と x 軸の交点
曲線と x 軸との上下関係
などを正確につかむのが大きな目的であるから，頂点や極値を表す点の座標などは記入しなくてよい。

◀ $\displaystyle\int_\alpha^\beta(x-\alpha)(x-\beta)dx=-\frac{1}{6}(\beta-\alpha)^3$

◀ $-1\leqq x\leqq 0$ では $y\leqq 0$，$0\leqq x\leqq 1$ では $y\geqq 0$

$F(x)=-\dfrac{x^3}{3}+x^2$ とすると

____ $=-\{F(0)-F(-1)\}+\{F(1)-F(0)\}$
$=-2F(0)+F(-1)+F(1)$
ここで　$F(0)=0$

練習 ②245 次の曲線，直線と x 軸で囲まれた図形の面積 S を求めよ。

(1) $y=x^2+x-2$　　　(2) $y=-2x^2-3x+2$

(3) $y=x^2-4x-5\ (x\leqq 4),\ x=-2,\ x=4$

p.412 EX154

基本例題 246 2曲線間の面積

次の曲線や直線で囲まれた図形の面積 S を求めよ。

(1) $y=x^2-x-1$, $y=x+2$　　(2) $y=x^2-2x$, $y=-x^2+x+2$

基本 240, 245

指針

1 まず，グラフをかき，曲線と直線または2曲線の交点の x 座標 α, β $(\alpha<\beta)$ を求めて，積分区間を決定する。

2 1で決めた区間におけるグラフの上下関係を調べ，被積分関数を定める。

3 $\alpha \leqq x \leqq \beta$ で常に $f(x) \geqq g(x)$ なら $S=\int_{\alpha}^{\beta}\{f(x)-g(x)\}dx$ を利用して面積を求める。

なお，この問題では，定積分の計算に次の CHART の公式が利用できる。

CHART 放物線と面積 $\int_{\alpha}^{\beta}(x-\alpha)(x-\beta)dx=-\frac{1}{6}(\beta-\alpha)^3$ を活用

解答

(1) 曲線と直線の交点の x 座標は，

$x^2-x-1=x+2$ すなわち

$x^2-2x-3=0$ を解くと

$(x+1)(x-3)=0$ から $x=-1, 3$

右の図から，求める面積は

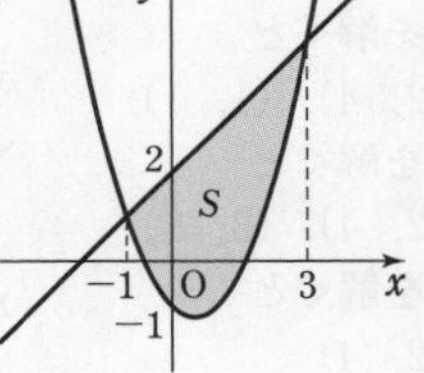

$$S=\int_{-1}^{3}\{(x+2)-(x^2-x-1)\}dx$$

$$=\int_{-1}^{3}(-x^2+2x+3)dx=-\int_{-1}^{3}(x+1)(x-3)dx$$

$$=-\left(-\frac{1}{6}\right)\{3-(-1)\}^3=\mathbf{\frac{32}{3}}$$

(2) 2曲線の交点の x 座標は，

$x^2-2x=-x^2+x+2$ すなわち

$2x^2-3x-2=0$ を解くと

$(2x+1)(x-2)=0$ から

$$x=-\frac{1}{2},\ 2$$

右の図から，求める面積は

$$S=\int_{-\frac{1}{2}}^{2}\{(-x^2+x+2)-(x^2-2x)\}dx$$

$$=\int_{-\frac{1}{2}}^{2}(-2x^2+3x+2)dx=-2\int_{-\frac{1}{2}}^{2}\left(x+\frac{1}{2}\right)(x-2)dx$$

$$=-2\left(-\frac{1}{6}\right)\left\{2-\left(-\frac{1}{2}\right)\right\}^3=\mathbf{\frac{125}{24}}$$

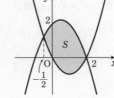

検討

放物線と直線（x 軸も含む）または，2つの放物線で囲まれた部分の面積については，CHART の公式（6分の1公式）が利用できる。

◀ $\int_{\alpha}^{\beta}(x-\alpha)(x-\beta)dx$
$=-\frac{1}{6}(\beta-\alpha)^3$

◀

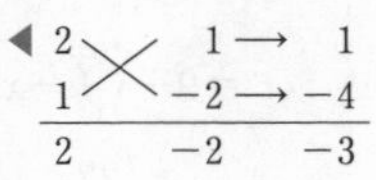

◀ $-2x^2+3x+2$
$=-(2x+1)(x-2)$
$=-2\left(x+\frac{1}{2}\right)(x-2)$

練習 ② 246 次の曲線や直線で囲まれた図形の面積 S を求めよ。

(1) $y=2x^2-3x+1$, $y=2x-1$　　(2) $y=2x^2-6x+4$, $y=-x^2+6x-5$

基本 例題 247 不等式の表す領域の面積

(1) 連立不等式 $y \geqq x^2$, $y \geqq 2-x$, $y \leqq x+6$ の表す領域を図示せよ。
(2) (1)の領域の面積 S を求めよ。

基本 246

指針 (1) 連立不等式の表す領域 **それぞれの領域の共通部分** に従って考える。
まず，境界線の交点の座標を求めておく。
(2) $\alpha \leqq x \leqq \beta$ で常に $f(x) \geqq g(x)$ なら $\int_{\alpha}^{\beta}\{f(x)-g(x)\}dx$ を利用して，面積を求める。解答では，領域を $-2 \leqq x \leqq 1$ の部分と $1 \leqq x \leqq 3$ の部分に分けて計算した。
($-2 \leqq x \leqq 3$ で $y=x+6$ と $y=x^2$ が囲む面積)$-$($-2 \leqq x \leqq 1$ で $y=2-x$ と $y=x^2$ が囲む面積) と計算してもよい。…… 解答の下の 別解 参照。

解答

(1) 境界線の交点の座標は，次の 3 つの連立方程式の解である。

① $\begin{cases} y=x^2 \\ y=2-x \end{cases}$　② $\begin{cases} y=x^2 \\ y=x+6 \end{cases}$　③ $\begin{cases} y=2-x \\ y=x+6 \end{cases}$

連立方程式 ① を解くと
$(x,\ y)=(-2,\ 4),\ (1,\ 1)$
連立方程式 ② を解くと
$(x,\ y)=(-2,\ 4),\ (3,\ 9)$
連立方程式 ③ を解くと
$(x,\ y)=(-2,\ 4)$
したがって，求める領域は，
図の赤く塗った部分 である。
ただし，境界線を含む。

(2) 直線 $x=1$ と直線 $y=x+6$ の交点の座標は $(1,\ 7)$
よって，(1)の図から，求める面積は

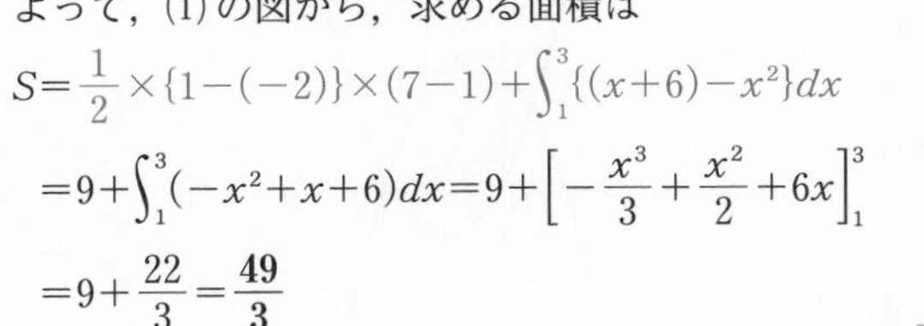

$$S=\frac{1}{2}\times\{1-(-2)\}\times(7-1)+\int_1^3\{(x+6)-x^2\}dx$$
$$=9+\int_1^3(-x^2+x+6)dx=9+\left[-\frac{x^3}{3}+\frac{x^2}{2}+6x\right]_1^3$$
$$=9+\frac{22}{3}=\boldsymbol{\frac{49}{3}}$$

別解 **[面積の計算]**

$$S=\int_{-2}^3\{(x+6)-x^2\}dx-\int_{-2}^1\{(2-x)-x^2\}dx$$
$$=-\int_{-2}^3(x+2)(x-3)dx+\int_{-2}^1(x+2)(x-1)dx$$
$$=\frac{1}{6}\{3-(-2)\}^3-\frac{1}{6}\{1-(-2)\}^3=\frac{49}{3}$$

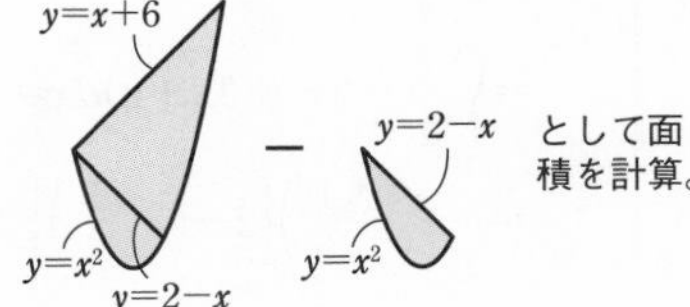

不等式の表す領域
まず 不等号を等号に変えて 境界線をかく

◀ y を消去すると
①：$x^2=2-x$ から
$x^2+x-2=0$
よって　$x=-2,\ 1$
②：$x^2=x+6$ から
$x^2-x-6=0$
よって　$x=-2,\ 3$
③：$2-x=x+6$ から
$x=-2$

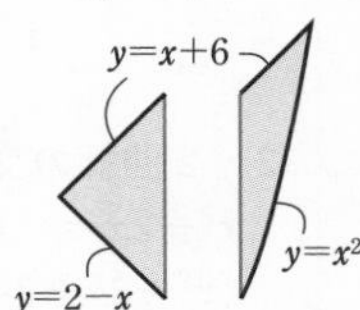

に分けて面積を計算。
$-2 \leqq x \leqq 1$ の部分は，
高さ $1-(-2)=3$,
底辺の長さ $7-1=6$
の三角形。

練習 ③ **247** 連立不等式 $2y-x^2 \geqq 0$, $5x-4y+7 \geqq 0$, $x+y-4 \leqq 0$ の表す領域の面積 S を求めよ。

面積を求める問題で意識しておきたいこと

図形の面積を求めるうえでの基本は $\int_a^b\{(\text{上側の曲線})-(\text{下側の曲線})\}dx$ であるが，例題 **247** のように，いくつかの部分に分けて面積を計算することが必要な問題も多い。
面積を求める問題では，面積が簡単に計算できる部分はどこか，あるいはそのような部分を利用できるかどうかということ，例えば，次の 1〜3 を意識して考えるとよい。

1 三角形，四角形，円，扇形などの面積として求める。 ⟶ 積分の計算を避ける。

2 公式 $\int_\alpha^\beta(x-\alpha)(x-\beta)dx=-\frac{1}{6}(\beta-\alpha)^3$ により，面積計算ができる部分を利用する。

……放物線と直線，あるいは，2 つの放物線で囲まれた図形の面積に有効。

3 (上側の曲線)−(下側の曲線) の式が $(x-\alpha)^2$ の形になるものがあれば，

$\int(x-\alpha)^2dx=\frac{(x-\alpha)^3}{3}+C$ (C は積分定数) で計算。

……放物線と接線が関連する図形で意識しよう。 ⟶ 次の例題 **248** が該当。

● 例題 247 の 解答，別解 それぞれの利点

区間によって上側・下側の曲線の式が変わってくる場合，まず思いつくのは，区間ごとに定積分 $\int_\bullet^\blacksquare\{(\text{上側の曲線})-(\text{下側の曲線})\}dx$ を計算し，その和をとる方法である。
例題 **247** の 解答 もこの方法で計算しているわけであるが，$-2\leqq x\leqq 1$ の部分では **三角形** となるから，積分 $\int_{-2}^1\{(x+6)-(2-x)\}dx$ を計算するのではなく，
$\frac{1}{2}$**×底辺×高さ** によって，面積計算をらくに進めている。 ⟵ 1

また，別解 は技巧的な印象で，積分計算が 2 つ必要となるが，2 の **公式** (6 分の 1 公式) **が使える** ので，計算は比較的らくである。分割して和をとる方法が複雑な場合は，別解 のような，分割して差をとる方法が有効かどうかを考えてみるのもよいだろう。

例 連立不等式 $y\geqq x^2$，$y\leqq 10-3x$，$y\leqq x+6$ の表す領域の面積を求めるには，次のような方法がある。

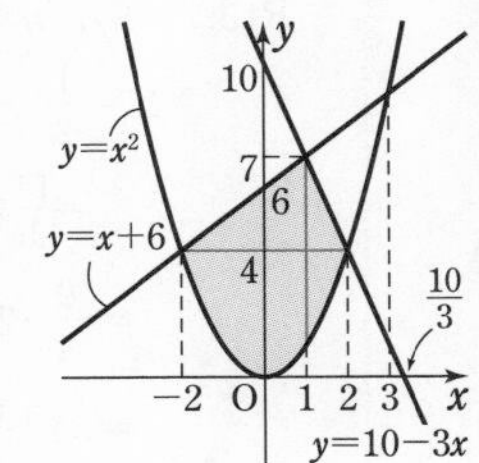

方法 1 直線 $x=1$ で分割し，和をとる

$$\int_{-2}^1\{(x+6)-x^2\}dx+\int_1^2\{(10-3x)-x^2\}dx$$

$$=\left[-\frac{x^3}{3}+\frac{x^2}{2}+6x\right]_{-2}^1+\left[-\frac{x^3}{3}-\frac{3}{2}x^2+10x\right]_1^2$$

$=$…… ⟵ 積分の計算はやや面倒。

方法 2 直線 $y=4$ で分割し，和をとる

$$\int_{-2}^2(4-x^2)dx+\frac{1}{2}\cdot\{2-(-2)\}\cdot(7-4)$$

$$=-\left(-\frac{1}{6}\right)\{2-(-2)\}^3+6=\frac{50}{3}$$ ⟵ 三角形の面積の公式と 6 分の 1 公式が使える。

この 例 では，方法 2 の方がらくに面積を求められる。

基本例題 248 放物線と 2 接線の間の面積 ①①①①①

放物線 $C：y=x^2-4x+3$ 上の点 P$(0,\ 3)$，Q$(6,\ 15)$ における接線を，それぞれ ℓ，m とする。この 2 つの接線と放物線で囲まれた図形の面積 S を求めよ。

基本 246，247

指針 まず，2 接線 ℓ，m の方程式と，ℓ，m の交点の x 座標を求め，グラフをかく。
この交点の x 座標を境に接線の方程式が変わるから，被積分関数も変わる。
→ 被積分関数は，$(x-\alpha)^2$ の形で表される。よって，定積分の計算では，
$\displaystyle\int(x-\alpha)^2dx=\frac{(x-\alpha)^3}{3}+C$（$C$ は積分定数）を利用すると，かなりらくになる。

解答

$y=x^2-4x+3$ から　　$y'=2x-4$

ℓ の方程式は，$y-3=(2\cdot0-4)(x-0)$ から　　$y=-4x+3$

m の方程式は，$y-15=(2\cdot6-4)(x-6)$ から　$y=8x-33$

ℓ と m の交点の x 座標は，$-4x+3=8x-33$ を解くと

$12x-36=0$　　ゆえに　　$x=3$

よって，求める面積 S は

$$S=\int_0^3\{(x^2-4x+3)-(-4x+3)\}dx+\int_3^6\{(x^2-4x+3)-(8x-33)\}dx$$

$$=\int_0^3x^2dx+\int_3^6(x-6)^2dx$$

$$=\left[\frac{x^3}{3}\right]_0^3+\left[\frac{(x-6)^3}{3}\right]_3^6$$

$=9+9=\mathbf{18}$

◀曲線 $y=f(x)$ 上の点 $(\alpha,\ f(\alpha))$ における接線の方程式は $y-f(\alpha)=f'(\alpha)(x-\alpha)$

◀曲線と接線の上下関係
$0\leqq x\leqq3$ では $x^2-4x+3\geqq-4x+3$
$3\leqq x\leqq6$ では $x^2-4x+3\geqq8x-33$

◀$\displaystyle\int(x-\alpha)^2dx=\frac{(x-\alpha)^3}{3}+C$

参考 ℓ と m の交点を R とし，2 点 P，Q を通る直線を n とする。また，C と n で囲まれた部分の面積を S_1 とすると，求める面積 S は　　$S=\triangle\mathrm{PQR}-S_1$

R$(3,\ -9)$，$n：y=2x+3$ であるから

$$S=\frac{1}{2}\cdot\frac{9}{2}\cdot[(15-3)+\{3-(-9)\}]^{(*)}-\int_0^6\{(2x+3)-(x^2-4x+3)\}dx$$

$$=\frac{9}{4}\cdot24+\int_0^6(x^2-6x)dx$$

$$=54+\int_0^6x(x-6)dx$$

$$=54-\frac{1}{6}(6-0)^3=54-36=18$$

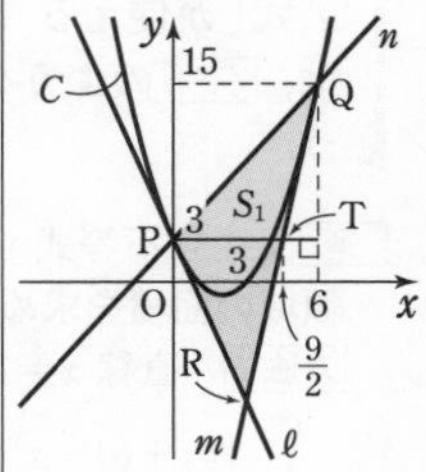

(＊) △PQR
＝△PQT＋△PRT
底辺 PT は共通。

練習 ③248 放物線 $y=-x^2+x$ と点 $(0,\ 0)$ における接線，点 $(2,\ -2)$ における接線により囲まれる図形の面積を求めよ。

p.412 EX155

重要例題 249　2つの放物線とその共通接線の間の面積

2つの放物線 $C_1 : y=x^2$, $C_2 : y=x^2-8x+8$ を考える。

(1)　C_1 と C_2 の両方に接する直線 ℓ の方程式を求めよ。

(2)　2つの放物線 C_1, C_2 と直線 ℓ で囲まれた図形の面積 S を求めよ。

基本 246〜248

指針　(1)「C_1 に接する直線が C_2 にも接する」と考える。まず，C_1 上の点 $(p,\ p^2)$ における接線の方程式を求め，この直線が C_2 に接する条件を，**接線 ⟺ 重解** を利用して求める。

(2)　面積を求めるときの定積分の計算には，前ページ同様

$\displaystyle\int(x-\alpha)^2dx=\frac{(x-\alpha)^3}{3}+C$（$C$ は積分定数）を使うとらく。

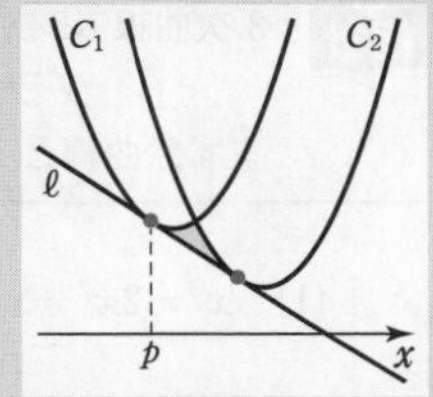

解答

(1)　C_1 上の点 $(p,\ p^2)$ における接線の方程式は，$y'=2x$ から

$y-p^2=2p(x-p)$　すなわち　$y=2px-p^2$ …… ①

この直線が C_2 にも接するための条件は，2次方程式

$2px-p^2=x^2-8x+8$

すなわち　$x^2-2(p+4)x+p^2+8=0$ …… ②　が重解をもつことであり，② の判別式を D とすると　$D=0$

ここで　$\dfrac{D}{4}=\{-(p+4)\}^2-1\cdot(p^2+8)=8(p+1)$

よって　$8(p+1)=0$　ゆえに　$p=-1$

① から，直線 ℓ の方程式は　$\boldsymbol{y=-2x-1}$

(2)　$p=-1$ のとき，2次方程式 ② の解は

$x=-1+4=3$

C_1, C_2 との接点の x 座標は，それぞれ　$x=-1,\ 3$

C_1 と C_2 の交点の x 座標は，$x^2=x^2-8x+8$ から

$x=1$

したがって，求める面積は

$$S=\int_{-1}^{1}\{x^2-(-2x-1)\}dx+\int_{1}^{3}\{x^2-8x+8-(-2x-1)\}dx$$

$$=\int_{-1}^{1}(x+1)^2dx+\int_{1}^{3}(x-3)^2dx$$

$$=\left[\frac{(x+1)^3}{3}\right]_{-1}^{1}+\left[\frac{(x-3)^3}{3}\right]_{1}^{3}=\frac{8}{3}+\frac{8}{3}=\boldsymbol{\frac{16}{3}}$$

別解　(1)　C_2 上の点 $(q,\ q^2-8q+8)$ における接線の方程式は

$y-(q^2-8q+8)$
$=(2q-8)(x-q)$

すなわち

$y=2(q-4)x-q^2+8$ … ③

① と ③ が一致するとき

$2p=2(q-4)$, $-p^2=-q^2+8$

これを解いて

$p=-1$, $q=3$

よって，直線 ℓ の方程式は

$\boldsymbol{y=-2x-1}$

◀ $x=-\dfrac{-2(p+4)}{2\cdot1}$ から。

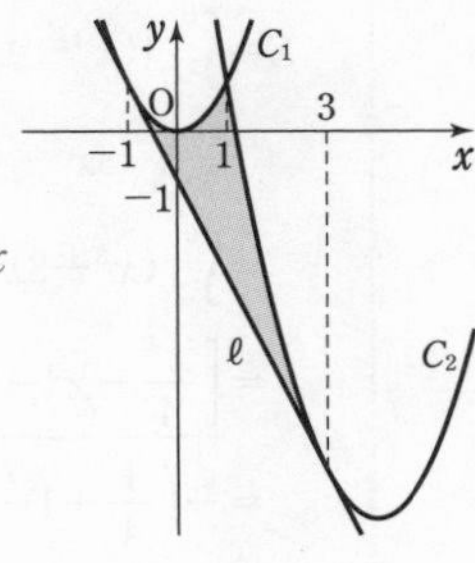

練習 ③249　2曲線 $C_1 : y=\left(x-\dfrac{1}{2}\right)^2-\dfrac{1}{2}$, $C_2 : y=\left(x-\dfrac{5}{2}\right)^2-\dfrac{5}{2}$ の両方に接する直線を ℓ とする。

(1)　直線 ℓ の方程式を求めよ。

(2)　2曲線 C_1, C_2 と直線 ℓ で囲まれた図形の面積 S を求めよ。　〔宮城教育大〕

基本 例題 250 3 次曲線と面積 ①①①①①

(1) 曲線 $y=x^3-2x^2-x+2$ と x 軸で囲まれた図形の面積 S を求めよ。

(2) 曲線 $y=x^3-4x$ と曲線 $y=3x^2$ で囲まれた図形の面積 S を求めよ。

［(2) 東京電機大］

基本 245, 246　重要 257

指針 3 次曲線（3 次関数のグラフ）であっても，面積を求める方針は同じ。

1 **グラフをかく**　2 **積分区間の決定**　3 **上下関係に注意**

まず，曲線と x 軸，または 2 曲線の交点の x 座標を求める。

解答

(1) $x^3-2x^2-x+2=x^2(x-2)-(x-2)=(x^2-1)(x-2)$
$=(x+1)(x-1)(x-2)$

よって，曲線と x 軸の交点の x 座標は　$x=\pm1,\ 2$

したがって，図から(*)，求める面積は

$$S=\int_{-1}^{1}(x^3-2x^2-x+2)dx-\int_{1}^{2}(x^3-2x^2-x+2)dx$$

$$=2\int_{0}^{1}(-2x^2+2)dx-\int_{1}^{2}(x^3-2x^2-x+2)dx$$

$$=2\cdot2\left[-\frac{x^3}{3}+x\right]_0^1-\left[\frac{x^4}{4}-\frac{2}{3}x^3-\frac{x^2}{2}+2x\right]_1^2$$

$$=\frac{8}{3}-\frac{2}{3}+\frac{13}{12}=\mathbf{\frac{37}{12}}$$

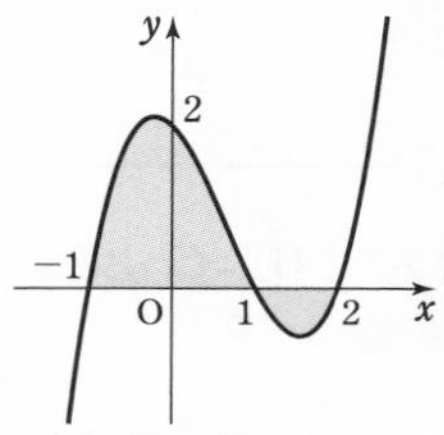

（*）曲線の概形については，$p.342$ 参照。ここでは，極値を求める必要はない。

(2) 2 曲線の共有点の x 座標は，

$x^3-4x=3x^2$ を解くと，

$x(x^2-3x-4)=0$ から

$x(x+1)(x-4)=0$

よって　$x=-1,\ 0,\ 4$

ゆえに，図から，求める面積は

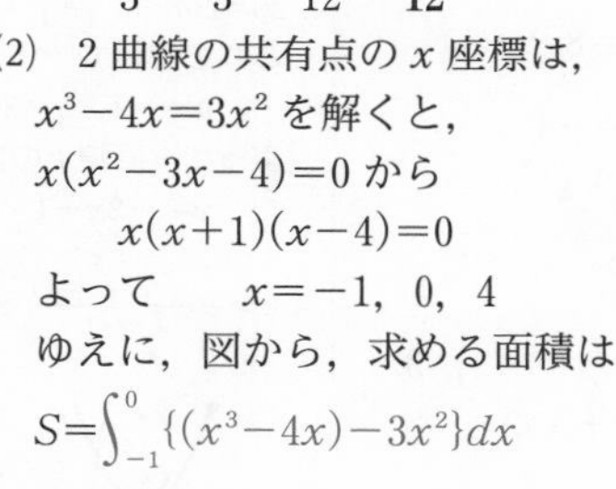

$$S=\int_{-1}^{0}\{(x^3-4x)-3x^2\}dx$$

$$+\int_{0}^{4}\{3x^2-(x^3-4x)\}dx$$

$$=\int_{-1}^{0}(x^3-3x^2-4x)dx-\int_{0}^{4}(x^3-3x^2-4x)dx$$

$$=\underline{\left[\frac{x^4}{4}-x^3-2x^2\right]_{-1}^{0}-\left[\frac{x^4}{4}-x^3-2x^2\right]_0^4}$$

$$=-\left(\frac{1}{4}+1-2\right)-(64-64-32)$$

$$=\frac{3}{4}+32=\mathbf{\frac{131}{4}}$$

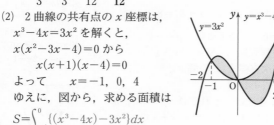

(2) 曲線 $y=x^3-4x$ について，$y=x(x+2)(x-2)$ から，x 軸との交点の x 座標は　$x=0,\ \pm2$

また，曲線 $y=3x^2$ は原点を頂点とする，下に凸の放物線。

$F(x)=\dfrac{x^4}{4}-x^3-2x^2$ とすると

＿＿$=F(0)-F(-1)$
$-\{F(4)-F(0)\}$
$=2F(0)-F(-1)-F(4)$

ここで　$F(0)=0$

練習 ② 250 (1) 曲線 $y=x^3-3x^2$ と x 軸で囲まれた図形の面積 S を求めよ。

(2) 曲線 $y=-x^3+5x^2-6x$ を C とする。C と x 軸で囲まれた図形の面積 S_1，および C と曲線 $y=-x^2+2x$ で囲まれた図形の面積 S_2 を求めよ。

基本 例題 251 3 次曲線と接線の間の面積 ①①①①①

曲線 $y=x^3-5x^2+2x+6$ とその曲線上の点 $(3,\ -6)$ における接線で囲まれた図形の面積 S を求めよ。

基本 248, 250 重要 252

指針 面積を求める方針は

1 **グラフをかく** 2 **積分区間の決定** 3 **上下関係に注意**

本問では，まず接線の方程式を求め，3 次曲線と接線の共有点の x 座標を求める。
また，積分の計算においては，次のことを利用するとよい。

3 次曲線 $y=f(x)$ （x^3 の係数が a）と直線 $y=g(x)$ が **$x=\alpha$ で接するとき**，等式 $f(x)-g(x)=\boldsymbol{a(x-\alpha)^2(x-\beta)}$ が成り立つ。

解答

$y'=3x^2-10x+2$ であるから，接線の方程式は

$y-(-6)=(3\cdot3^2-10\cdot3+2)(x-3)$

すなわち　　$y=-x-3$

この接線と曲線の共有点の x 座標は，$x^3-5x^2+2x+6=-x-3$ の解である。

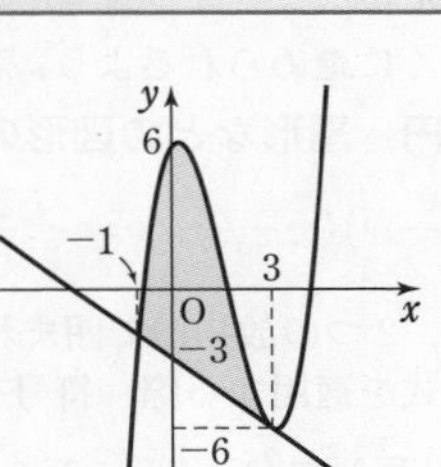

◀曲線 $y=f(x)$ 上の点 $(\alpha,\ f(\alpha))$ における接線の方程式は $y-f(\alpha)=f'(\alpha)(x-\alpha)$

これから　$x^3-5x^2+3x+9=0$ (＊)

ゆえに　　$(x-3)^2(x+1)=0$

よって　　$x=3,\ -1$

◀左辺が $(x-3)^2$ を因数にもつことに注意して因数分解。

1	−5	3	9	3
	3	−6	−9	
1	−2	−3	0	3
	3	3		
1	1	0		

したがって，図から，求める面積は

$$S=\int_{-1}^{3}\{(x^3-5x^2+2x+6)-(-x-3)\}dx$$

$$=\int_{-1}^{3}(x-3)^2(x+1)dx \quad \cdots\cdots ㋐$$

$$=\int_{-1}^{3}(x-3)^2\{(x-3)+4\}dx=\int_{-1}^{3}\{(x-3)^3+4(x-3)^2\}dx$$

$$=\left[\frac{(x-3)^4}{4}\right]_{-1}^{3}+4\left[\frac{(x-3)^3}{3}\right]_{-1}^{3}=-64+\frac{256}{3}=\boldsymbol{\frac{64}{3}}$$

◀$(x-\alpha)^2(x-\beta)=(x-\alpha)^2\{(x-\alpha)-(\beta-\alpha)\}$

◀$\displaystyle\int(x-\alpha)^n dx=\frac{(x-\alpha)^{n+1}}{n+1}+C$

検討

1. 解答の方程式（＊）の因数分解については，左辺が $(x-3)^2(x-c)$ …… Ⓐ の形に因数分解されるから，Ⓐ の定数項 $-9c$ について，$-9c=9$ から　$c=-1$
よって，（＊）は $(x-3)^2(x+1)=0$ と変形できる。このような方法が早い。

2. 3 次曲線と接線で囲まれた部分の面積では $\displaystyle\int_{\alpha}^{\beta}(x-\alpha)^2(x-\beta)dx=-\frac{1}{12}(\beta-\alpha)^4$（積分の計算は $p.396$ の 4 参照）が利用できる。㋐ では
$\displaystyle\int_{-1}^{3}(x-3)^2(x+1)dx=-\int_{3}^{-1}(x-3)^2(x+1)dx=-\left(-\frac{1}{12}\right)(-1-3)^4=\frac{64}{3}$ と計算できる。

練習 ③251 曲線 $y=x^3-x$ と曲線上の点 $(-1,\ 0)$ における接線で囲まれた図形の面積 S を求めよ。

振り返り　面積計算の注意点

これまでに学んだ面積計算における重要な手法を，具体例とともに振り返っておこう。

● 面積の求め方の基本

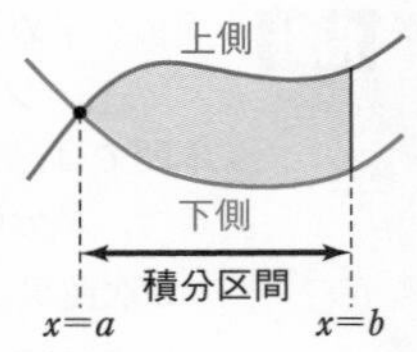

$\int_a^b\{(\text{上側の曲線})-(\text{下側の曲線})\}dx$ が基本となる。簡単にグラフをかいて，その上下関係をつかみ，積分区間を把握しよう。
グラフの共有点の x 座標は，方程式を解いて求める。

● 面積の求め方の工夫

面積計算を少しでもらくに進められるよう，次のような工夫を意識しよう。

1 **三角形，四角形，円，扇形などの図形の面積を利用。**⟶ 積分の計算を避ける。

2 **6分の1公式 $\int_\alpha^\beta(x-\alpha)(x-\beta)dx=-\frac{1}{6}(\beta-\alpha)^3$ を利用。**

放物線と直線，または，2つの放物線で囲まれた図形の面積計算の際に利用するとよい。公式を適用する際，符号や係数に注意しよう。

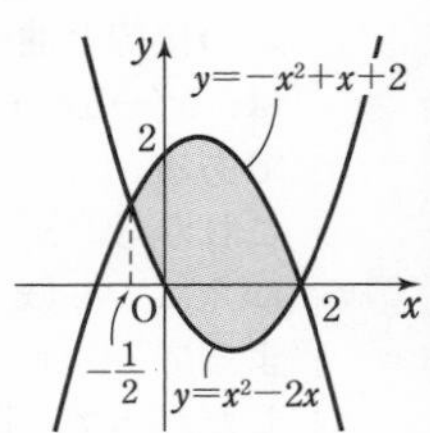

例 1.　2つの放物線 $y=x^2-2x$，$y=-x^2+x+2$ の間の面積　［例題 **246**(2)］

$\int_{-\frac{1}{2}}^2\{(-x^2+x+2)-(x^2-2x)\}dx$

$(-x^2+x+2)-(x^2-2x)=-(2x^2-3x-2)$

$=-2\int_{-\frac{1}{2}}^2\left(x+\frac{1}{2}\right)(x-2)dx=-2\left(-\frac{1}{6}\right)\left\{2-\left(-\frac{1}{2}\right)\right\}^3=\cdots\cdots$

3 $\int(x-\alpha)^n dx=\frac{(x-\alpha)^{n+1}}{n+1}+C$ …(＊) **の利用も意識**（C は積分定数）。

曲線と接線で囲まれた図形の面積の場合，$x=\alpha$ の点で接する ⟺ $(x-\alpha)^2$ を因数にもつにより，定積分の計算において $(x-●)^2$ の式が出てくることに注目しよう。

例 2.　放物線 $y=x^2-4x+3$ と2接線 $y=-4x+3$，$y=8x-33$ で囲まれた図形の面積［例題 **248**］

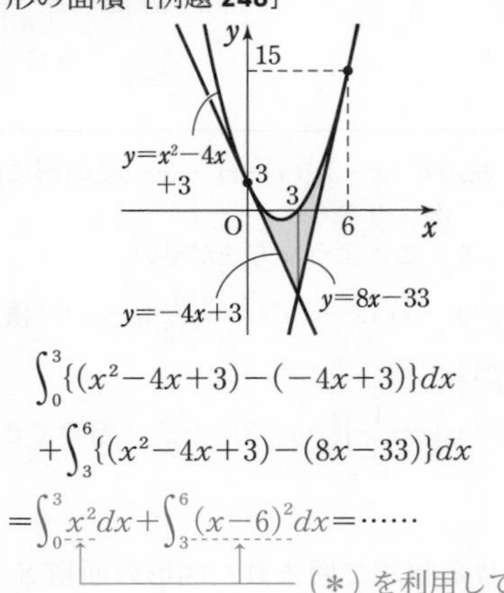

$\int_0^3\{(x^2-4x+3)-(-4x+3)\}dx$

$+\int_3^6\{(x^2-4x+3)-(8x-33)\}dx$

$=\int_0^3 x^2dx+\int_3^6(x-6)^2dx=\cdots\cdots$

例 3.　曲線 $y=x^3-5x^2+2x+6$ と接線 $y=-x-3$ で囲まれた図形の面積［例題 **251**］

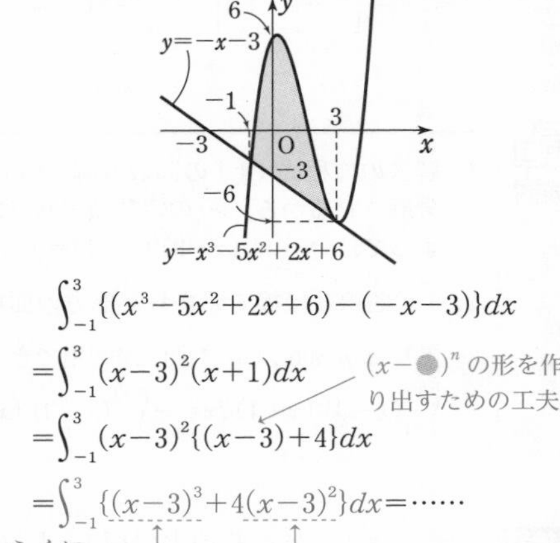

$\int_{-1}^3\{(x^3-5x^2+2x+6)-(-x-3)\}dx$

$=\int_{-1}^3(x-3)^2(x+1)dx$　　$(x-●)^n$ の形を作り出すための工夫

$=\int_{-1}^3(x-3)^2\{(x-3)+4\}dx$

$=\int_{-1}^3\{(x-3)^3+4(x-3)^2\}dx=\cdots\cdots$

（＊）を利用して計算をらくに

参考事項　接線と図形の面積

※曲線 $y=f(x)$ と直線 $y=g(x)$ が $x=\alpha$ で接するとき，方程式 $f(x)-g(x)=0$ は $x=\alpha$ を重解としてもち，このとき，$f(x)-g(x)$ は因数 $(x-\alpha)^2$ をもつ。

このことを利用して，接線に関する図形の面積を求めてみよう。

なお，次の 1 ～ 4 の各結果を用いると，面積を簡単に求められるが，検算に用いる程度とし，実際の答案では例題 **248**，**249**，**251** の解答のように計算して求めるようにしよう。

1　放物線 $y=f(x)$ と接線 $y=g(x)$ による図形の面積

$f(x)=ax^2+bx+c$，$g(x)=mx+n$ とし，放物線 $y=f(x)$ と接線 $y=g(x)$ の接点の x 座標を α とすると

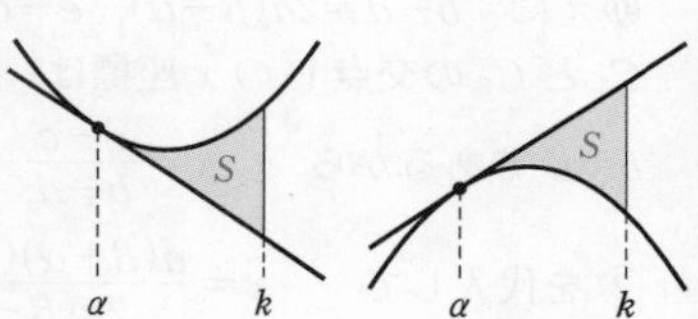

$$f(x)-g(x)=ax^2+(b-m)x+c-n$$
$$=a(x-\alpha)^2$$

右の図の区間 $\alpha \leqq x \leqq k$ の部分の面積 S は

$$S=\int_\alpha^k |f(x)-g(x)|dx=|a|\int_\alpha^k (x-\alpha)^2 dx$$
$$=|a|\left[\frac{(x-\alpha)^3}{3}\right]_\alpha^k=\frac{|a|}{3}(k-\alpha)^3$$

2　放物線 $y=f(x)$ と 2 本の接線と面積比　→ 基本例題 248

$f(x)=ax^2+bx+c$ とし，放物線 $y=f(x)$ と 2 本の接線 ℓ，m との接点の x 座標をそれぞれ α，β とする。

$f'(x)=2ax+b$ から，ℓ の方程式は

$$y-(a\alpha^2+b\alpha+c)=(2a\alpha+b)(x-\alpha)$$

すなわち　　$y=(2a\alpha+b)x-a\alpha^2+c$ …… ①

① で α を β におき換えて，m の方程式は

$$y=(2a\beta+b)x-a\beta^2+c$$

ℓ と m の交点 P の x 座標は，次の方程式の解である。

$$(2a\alpha+b)x-a\alpha^2+c=(2a\beta+b)x-a\beta^2+c$$

ゆえに　　$2a(\alpha-\beta)x=a(\alpha^2-\beta^2)$

$a \neq 0$，$\alpha \neq \beta$ から　　$x=\dfrac{\alpha+\beta}{2}$　　◀ $\alpha-\beta \neq 0$

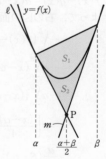

よって，右上の図の面積 S_1，S_2 について

$$S_1=\int_\alpha^\beta |a(x-\alpha)(x-\beta)|dx=\frac{|a|}{6}(\beta-\alpha)^3$$

$$S_2=\frac{|a|}{3}\left(\frac{\alpha+\beta}{2}-\alpha\right)^3+\frac{|a|}{3}\left(\beta-\frac{\alpha+\beta}{2}\right)^3$$　◀ 1 の結果を利用。

$$=\frac{|a|}{24}(\beta-\alpha)^3+\frac{|a|}{24}(\beta-\alpha)^3=\boldsymbol{\frac{|a|}{12}(\beta-\alpha)^3}$$

したがって　　$S_1 : S_2=\dfrac{|a|}{6}(\beta-\alpha)^3 : \dfrac{|a|}{12}(\beta-\alpha)^3=2:1$

③ **2つの放物線とその共通接線で囲まれた部分の面積** → 重要例題 249

$C_1：y=ax^2+bx+c$，$C_2：y=ax^2+dx+e$ $(b \neq d)$ とし，放物線 C_1，C_2 の共通接線を ℓ とする。

C_1，C_2 と ℓ との接点の x 座標をそれぞれ α，β とすると，

C_1 の式から，ℓ の方程式は

$$y=(2a\alpha+b)x-a\alpha^2+c$$ ◀② の ℓ の方程式と同じ。

C_2 の式から，ℓ の方程式は

$$y=(2a\beta+d)x-a\beta^2+e$$

よって　$2a\alpha+b=2a\beta+d$，$-a\alpha^2+c=-a\beta^2+e$

ゆえに　$b-d=2a(\beta-\alpha)$，$e-c=a(\beta+\alpha)(\beta-\alpha)$ …… ②

C_1 と C_2 の交点 P の x 座標は　$ax^2+bx+c=ax^2+dx+e$　の解である。

$b \neq d$ であるから　　$x=\dfrac{e-c}{b-d}$

② を代入して　　$x=\dfrac{a(\beta+\alpha)(\beta-\alpha)}{2a(\beta-\alpha)}=\dfrac{\alpha+\beta}{2}$

よって，右の図の面積 S は ① の結果を利用すると

$$S=\frac{|a|}{3}\left(\frac{\alpha+\beta}{2}-\alpha\right)^3+\frac{|a|}{3}\left(\beta-\frac{\alpha+\beta}{2}\right)^3=\frac{|a|}{12}(\beta-\alpha)^3$$

④ **3次関数 $y=f(x)$ のグラフと接線 $y=g(x)$ で囲まれた部分の面積** → 基本例題 251

$f(x)$ の 3 次の係数を $a>0$ とすると，右の図の場合，

$f(x)-g(x)=a(x-\alpha)^2(x-\beta)$ となる。

よって，右の図の面積 S は

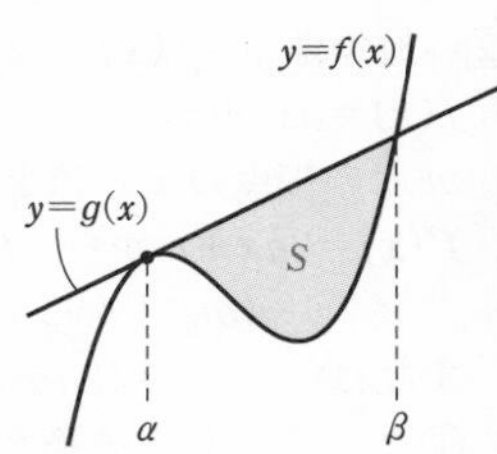

$$S=-\int_\alpha^\beta \{f(x)-g(x)\}dx=-a\int_\alpha^\beta (x-\alpha)^2(x-\beta)dx$$

$$=-a\int_\alpha^\beta (x-\alpha)^2\{(x-\alpha)-(\beta-\alpha)\}dx$$

$$=-a\int_\alpha^\beta \{(x-\alpha)^3-(\beta-\alpha)(x-\alpha)^2\}dx$$

$$=-a\left[\frac{(x-\alpha)^4}{4}-(\beta-\alpha)\cdot\frac{(x-\alpha)^3}{3}\right]_\alpha^\beta$$

$$=\frac{a}{12}(\beta-\alpha)^4$$

参考　一般に，n を自然数として，$I_n=\displaystyle\int_\alpha^\beta (x-\alpha)^n(x-\beta)dx$ とすると

$$I_n=\int_\alpha^\beta (x-\alpha)^n\{(x-\alpha)-(\beta-\alpha)\}dx=\int_\alpha^\beta \{(x-\alpha)^{n+1}-(\beta-\alpha)(x-\alpha)^n\}dx$$

$$=\left[\frac{(x-\alpha)^{n+2}}{n+2}-(\beta-\alpha)\cdot\frac{(x-\alpha)^{n+1}}{n+1}\right]_\alpha^\beta$$

$$=\left(\frac{1}{n+2}-\frac{1}{n+1}\right)(\beta-\alpha)^{n+2}=-\frac{1}{(n+1)(n+2)}(\beta-\alpha)^{n+2}$$　となる。

この I_n の式で，$n=1$ としたものが公式 $\displaystyle\int_\alpha^\beta (x-\alpha)(x-\beta)dx=-\frac{1}{6}(\beta-\alpha)^3$ であり，$n=2$ としたものが ④ の計算において出てくる。

重要例題 252 4次曲線と接線の間の面積 ④

曲線 $y=x^4+2x^3-3x^2$ を C，直線 $y=4x-4$ を ℓ とする。
(1) 曲線 C と直線 ℓ は異なる2点で接することを示せ。
(2) 曲線 C と直線 ℓ で囲まれた図形の面積を求めよ。

基本 251

指針 (1) 接点 ⟺ 重解 の方針。曲線 C と直線 ℓ の方程式から y を消去して得られる x の4次方程式が，異なる2つの2重解をもつことを示す。
(2) 曲線 C と直線 ℓ の **上下関係** に注意して，積分計算する。なお，**検討** で紹介する公式(＊)も覚えておくとよい。

解答
(1) 曲線 C と直線 ℓ の方程式から y を消去すると

$$x^4+2x^3-3x^2=4x-4 \quad \cdots\cdots ①$$

よって　$x^4+2x^3-3x^2-4x+4=0$

左辺を因数分解すると　$(x-1)^2(x+2)^2=0$

ゆえに，方程式①が異なる2つの2重解 $x=1,\ -2$ をもつから，曲線 C と直線 ℓ は異なる2点で接する。

1	2	−3	−4	4	1
	1	3	0	−4	
1	3	0	−4	0	1
	1	4	4		
1	4	4	0		

(2) (1)から，曲線 C と直線 ℓ の接点の x 座標は $x=1,\ -2$ であり，$-2\leqq x\leqq 1$ のとき，

$$x^4+2x^3-3x^2\geqq 4x-4$$

であるから，求める面積は

$$\int_{-2}^{1}\{(x^4+2x^3-3x^2)-(4x-4)\}dx$$
$$=\left[\frac{x^5}{5}+\frac{x^4}{2}-x^3-2x^2+4x\right]_{-2}^{1}$$
$$=\left(\frac{1}{5}+\frac{1}{2}-1-2+4\right)-\left(-\frac{32}{5}+8+8-8-8\right)=\frac{81}{10}$$

◀ $x^4+2x^3-3x^2-(4x-4)$
$=(x-1)^2(x+2)^2\geqq 0$

4次関数のグラフについては，$p.347$ の **参考** 参照。なお，関連する問題として，$p.364$ 演習例題 **231** も参照。

検討
一般に，$\displaystyle\int_\alpha^\beta (x-\alpha)^2(x-\beta)^2dx=\frac{1}{30}(\beta-\alpha)^5$ …… (＊) が成り立つ（証明は，解答編 $p.258$ 参照）。公式(＊)を利用すると，(2)では面積は次のように求められる。

$$\int_{-2}^{1}\{(x^4+2x^3-3x^2)-(4x-4)\}dx=\int_{-2}^{1}(x+2)^2(x-1)^2dx=\frac{1}{30}\{1-(-2)\}^5=\frac{81}{10}$$

公式(＊)は，4次関数のグラフと2点で接する直線で囲まれた図形の面積を求める際に知っていると便利である。

参考 より一般的には，次のことが成り立つ。

$$\int_\alpha^\beta (x-\alpha)^m(x-\beta)^n dx=\frac{(-1)^n m!n!}{(m+n+1)!}(\beta-\alpha)^{m+n+1}\quad (m,\ n \text{ は0以上の整数})$$

練習 ④252 曲線 $y=-x^4+4x^3+2x^2-3x$ を C，直線 $y=9(x+1)$ を ℓ とする。
(1) 曲線 C と直線 ℓ は異なる2点で接することを示せ。
(2) 曲線 C と直線 ℓ で囲まれた図形の面積を求めよ。

基本例題 253 放物線と円が囲む面積

①①①①①

放物線 $L: y=x^2$ と点 $\mathrm{R}\left(0,\ \dfrac{5}{4}\right)$ を中心とする円 C が異なる2点で接するとき

(1) 2つの接点の座標を求めよ。

(2) 2つの接点を両端とする円 C の短い方の弧と L とで囲まれる図形の面積 S を求めよ。

〔類 西南学院大〕 基本 247

(1) 円と放物線が接する条件を $p.164$ 重要例題 **104** では **接点 ⟺ 重解** で考えたが，ここでは微分法を利用して，次のように考えてみよう。

L と C が **点 P で接する ⟺ 点 P で接線 ℓ を共有する ⟺ $\mathrm{RP}\perp\ell$**

(2) 円が関係してくる図形の面積を求める問題では，**扇形の面積を利用** することを考えるとよい。半径が r，中心角が θ（ラジアン）の扇形の面積は $\dfrac{1}{2}r^2\theta$

解答

(1) $y=x^2$ から $\quad y'=2x$

L と C の接点 P の x 座標を $t\ (t\neq 0)$ とし，この点での共通の接線を ℓ とすると，ℓ の傾きは $\quad 2t$

点 R と点 P を通る直線の傾きは $\quad \dfrac{t^2-\frac{5}{4}}{t-0}=\dfrac{4t^2-5}{4t}$

$\mathrm{RP}\perp\ell$ から $\quad 2t\cdot\dfrac{4t^2-5}{4t}=-1 \quad$ ゆえに $\quad t^2=\dfrac{3}{4}$

よって $\quad t=\pm\dfrac{\sqrt{3}}{2} \quad$ ゆえに，接点の座標は $\quad \left(\dfrac{\sqrt{3}}{2},\ \dfrac{3}{4}\right),\ \left(-\dfrac{\sqrt{3}}{2},\ \dfrac{3}{4}\right)$

(2) 右図のように，接点 A，B と点 C を定めると，

$\mathrm{RC}:\mathrm{AC}=1:\sqrt{3}$ から

$$\angle\mathrm{ORA}=\frac{\pi}{3},\ \mathrm{RA}=2\cdot\left(\frac{5}{4}-\frac{3}{4}\right)=1$$

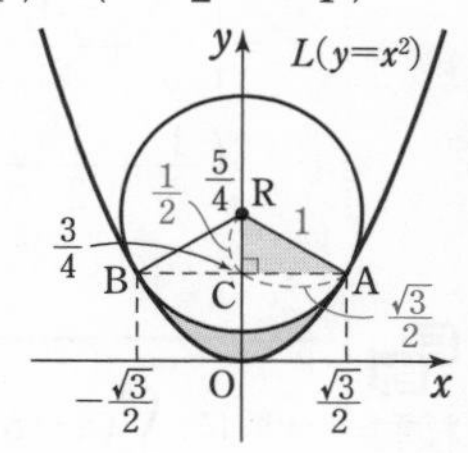

L と直線 AB で囲まれた部分の面積を S_1 とすると

$$S=S_1+\triangle\mathrm{RBA}-(\text{扇形 RBA})$$

$$=\int_{-\frac{\sqrt{3}}{2}}^{\frac{\sqrt{3}}{2}}\left(\frac{3}{4}-x^2\right)dx+\frac{1}{2}\cdot 1^2\cdot\sin\frac{2}{3}\pi-\frac{1}{2}\cdot 1^2\cdot\frac{2}{3}\pi$$

$$=-\int_{-\frac{\sqrt{3}}{2}}^{\frac{\sqrt{3}}{2}}\left(x+\frac{\sqrt{3}}{2}\right)\left(x-\frac{\sqrt{3}}{2}\right)dx+\frac{\sqrt{3}}{4}-\frac{\pi}{3}$$

$$=-\left(-\frac{1}{6}\right)\left\{\frac{\sqrt{3}}{2}-\left(-\frac{\sqrt{3}}{2}\right)\right\}^3+\frac{\sqrt{3}}{4}-\frac{\pi}{3}=\frac{3\sqrt{3}}{4}-\frac{\pi}{3}$$

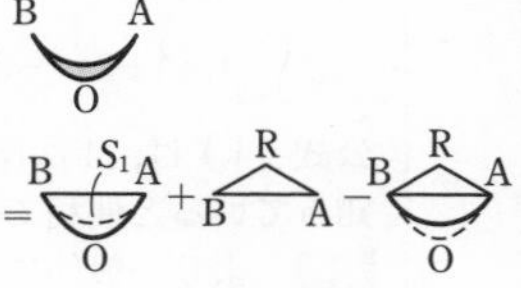

練習 ③ **253** 放物線 $C: y=\dfrac{1}{2}x^2$ 上に点 $\mathrm{P}\left(1,\ \dfrac{1}{2}\right)$ をとる。x 軸上に中心 A をもち点 P で放物線に接する円と x 軸との交点のうち原点に近い方を B とするとき，円弧 BP（短い方）と放物線 C および x 軸で囲まれた部分の面積を求めよ。〔類 県立広島大〕

p.412 EX156

基本例題 254 面積の等分

放物線 $y=-x(x-2)$ と x 軸で囲まれた図形の面積が，直線 $y=ax$ によって 2 等分されるとき，定数 a の値を求めよ。ただし，$0<a<2$ とする。

基本 245，246　重要 260

指針 右の図のように，各図形の面積を S_1，S_2 とすると，問題の条件は $S_1=S_2$ であるが，S_2 を求めるのが少し面倒。
この問題では，放物線と x 軸で囲まれた図形の面積を S として，条件 $S_1=S_2$ を，$2S_1=S$（全体の面積 S_1+S_2）と考えた方が計算がらくである。

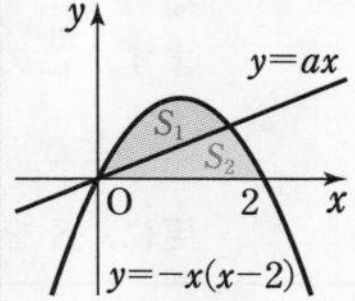

CHART 面積の等分　$S_1=S_2$ か $S=2S_1$ を利用

解答

放物線 $y=-x(x-2)$ と直線 $y=ax$ の交点の x 座標は，方程式 $-x(x-2)=ax$ の解である。

ゆえに　$x\{x-(2-a)\}=0$

よって　$x=0,\ 2-a$

放物線と直線 $y=ax$，放物線と x 軸で囲まれた図形の面積を，それぞれ S_1，S とすると

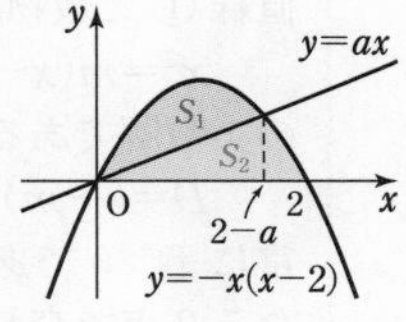

$$S_1=\int_0^{2-a}\{-x(x-2)-ax\}dx=-\int_0^{2-a}x\{x-(2-a)\}dx$$

$$=-\left(-\frac{1}{6}\right)\{(2-a)-0\}^3=\frac{1}{6}(2-a)^3$$

◀ $\int_\alpha^\beta(x-\alpha)(x-\beta)dx=-\frac{1}{6}(\beta-\alpha)^3$

$$S=\int_0^2\{-x(x-2)\}dx=-\int_0^2 x(x-2)dx$$

$$=-\left(-\frac{1}{6}\right)(2-0)^3=\frac{4}{3}$$

求める条件は　$2S_1=S$

ゆえに　$\frac{1}{3}(2-a)^3=\frac{4}{3}$　すなわち　$(2-a)^3=4$

よって　$2-a=\sqrt[3]{4}$　すなわち　$\boldsymbol{a=2-\sqrt[3]{4}}$

◀ $2-a=x$ とおくと，$x^3=4$ を満たす実数 x は $x=\sqrt[3]{4}$ のみ。
なお，$a=2-\sqrt[3]{4}$ は $0<a<2$ を満たす。

参考 x 軸の方程式は $y=0$ で，これは $y=ax$ において $a=0$ とおいたものである。よって，上の式

$S_1=\frac{1}{6}(2-a)^3$ で $a=0$ とおくと，S_1 は S を表す。

したがって，$S=\frac{1}{6}(2-0)^3=\frac{4}{3}$ としても求められる。

練習 ③254 放物線 $y=x(3-x)$ と x 軸で囲まれた図形の面積を，直線 $y=ax$ が 2 等分するとき，定数 a の値を求めよ。ただし，$0<a<3$ とする。〔類 群馬大〕

基本例題 255 面積の最大・最小 (1)

点 (1, 2) を通る直線と放物線 $y=x^2$ で囲まれる図形の面積を S とする。S の最小値を求めよ。

基本 246

点 (1, 2) を通る直線の方程式は，その傾きを m とすると，$y=m(x-1)+2$ と表される。

まず，この直線と放物線が異なる 2 点で交わるとき，交点の x 座標 α，β で S を表す。

このとき，公式 $\displaystyle\int_\alpha^\beta (x-\alpha)(x-\beta)dx=-\frac{1}{6}(\beta-\alpha)^3$ が利用できる。

更に，S を m の関数で表し，m の 2 次関数の最小値の問題に帰着させる。

解答

点 (1, 2) を通る傾き m の直線の方程式は

$y=m(x-1)+2$ …… ①　と表される。

直線 ① と放物線 $y=x^2$ の共有点の x 座標は，方程式

$x^2=m(x-1)+2$ すなわち $x^2-mx+m-2=0$

の実数解である。この 2 次方程式の判別式を D とすると

$D=(-m)^2-4(m-2)=m^2-4m+8=(m-2)^2+4$

常に $D>0$ であるから，直線 ① と放物線 $y=x^2$ は常に異なる 2 点で交わる。

その 2 つの交点の x 座標を α，β $(\alpha<\beta)$ とすると

$$S=\int_\alpha^\beta\{m(x-1)+2-x^2\}dx=-\int_\alpha^\beta(x^2-mx+m-2)dx$$

$$=-\int_\alpha^\beta(x-\alpha)(x-\beta)dx=\frac{1}{6}(\beta-\alpha)^3$$

また

$$\beta-\alpha=\frac{m+\sqrt{D}}{2}-\frac{m-\sqrt{D}}{2}=\sqrt{D}=\sqrt{(m-2)^2+4}$$

したがって，正の数 $\beta-\alpha$ は，$m=2$ のとき最小で，このとき $(\beta-\alpha)^3$ も最小であり，S の **最小値は**

$$\frac{1}{6}(\sqrt{4})^3=\frac{4}{3}$$

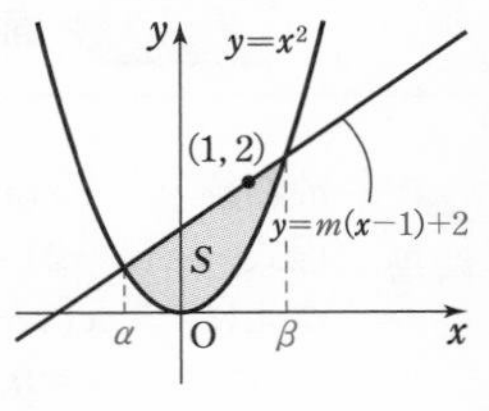

点 (1, 2) を通り x 軸に垂直な直線と放物線 $y=x^2$ で囲まれる図形はない。よって，x 軸に垂直な直線は考えなくてよい。

◀α，β は 2 次方程式 $x^2-mx+m-2=0$ の解。
$x=\dfrac{m\pm\sqrt{m^2-4m+8}}{2}$，
$m^2-4m+8=D$

検討

$\beta-\alpha$ に解と係数の関係を利用

$S=\dfrac{1}{6}(\beta-\alpha)^3$ において，$(\beta-\alpha)^3$ の計算は **解と係数の関係** を使ってもよい。

$x^2-mx+m-2=0$ の 2 つの解を α，β とすると　$\alpha+\beta=m$，$\alpha\beta=m-2$

よって　$(\beta-\alpha)^2=(\alpha+\beta)^2-4\alpha\beta=m^2-4(m-2)=m^2-4m+8=(m-2)^2+4$

ゆえに　$S=\dfrac{1}{6}(\beta-\alpha)^3=\dfrac{1}{6}\{(\beta-\alpha)^2\}^{\frac{3}{2}}=\dfrac{1}{6}\{(m-2)^2+4\}^{\frac{3}{2}}\geqq\dfrac{1}{6}\cdot4^{\frac{3}{2}}=\dfrac{4}{3}$

練習 ③255 m は定数とする。放物線 $y=f(x)$ は原点を通り，点 $(x,\ f(x))$ における接線の傾きが $2x+m$ であるという。放物線 $y=f(x)$ と放物線 $y=-x^2+4x+5$ で囲まれる図形の面積を S とする。S の最小値を求めよ。

重要例題 256 面積の最大・最小 (2)

a を正の実数とし，点 $\mathrm{A}\left(0,\ a+\dfrac{1}{2a}\right)$ と曲線 $C: y=ax^2$ および C 上の点 P$(1,\ a)$ を考える。曲線 C と y 軸，および線分 AP で囲まれる図形の面積を $S(a)$ とするとき，$S(a)$ の最小値と，そのときの a の値を求めよ。〔類 九州大〕

基本 32，255

指針 $S(a)$ は，区間 $0\leqq x\leqq 1$ において，直線 AP と曲線 C に挟まれる部分の面積である。
まず，2 点 A，P の座標から直線 AP の方程式を求める。
$S(a)$ を求めると，$S(a)$ は a の分数式の関数として表されるが，**「文字が正，和に対し積が定数」**の形であることに着目し，**(相加平均)≧(相乗平均)** を利用する。

解答 直線 AP の方程式は

$$y=\frac{a-\left(a+\frac{1}{2a}\right)}{1-0}x+a+\frac{1}{2a}$$

すなわち $y=-\dfrac{1}{2a}x+a+\dfrac{1}{2a}$

したがって

$$S(a)=\int_0^1\left\{\left(-\frac{1}{2a}x+a+\frac{1}{2a}\right)-ax^2\right\}dx$$

$$=\left[-\frac{a}{3}x^3-\frac{1}{4a}x^2+\left(a+\frac{1}{2a}\right)x\right]_0^1=\frac{2}{3}a+\frac{1}{4a}$$

$a>0$ であるから，(相加平均)≧(相乗平均) により

$$S(a)=\frac{2}{3}a+\frac{1}{4a}\geqq 2\sqrt{\frac{2}{3}a\cdot\frac{1}{4a}}=2\sqrt{\frac{1}{6}}=\frac{\sqrt{6}}{3}$$

等号が成り立つのは，$\dfrac{2}{3}a=\dfrac{1}{4a}$ すなわち $a^2=\dfrac{3}{8}$ のときである。$a>0$ であるから $a=\sqrt{\dfrac{3}{8}}=\dfrac{\sqrt{6}}{4}$

よって，$S(a)$ は $\boldsymbol{a=\dfrac{\sqrt{6}}{4}}$ **で最小値** $\boldsymbol{\dfrac{\sqrt{6}}{3}}$ をとる。

別解 **[$S(a)$ の求め方]**
Q$(1,\ 0)$ とすると
$S(a)=$(台形 OAPQ)$-\displaystyle\int_0^1 ax^2dx$
$=\dfrac{1}{2}\left\{a+\left(a+\dfrac{1}{2a}\right)\right\}\cdot 1-\left[\dfrac{a}{3}x^3\right]_0^1$
$=a+\dfrac{1}{4a}-\dfrac{a}{3}$
$=\dfrac{2}{3}a+\dfrac{1}{4a}$

◀ **$a>0$，$b>0$ のとき $a+b\geqq 2\sqrt{ab}$**
等号は $a=b$ のとき成り立つ。

参考 $S(a)$ を微分すると，次のようになる(数学Ⅲの範囲)。

$$S'(a)=\left(\frac{2}{3}a+\frac{1}{4}a^{-1}\right)'=\frac{2}{3}-\frac{1}{4}a^{-2}=\frac{2}{3}-\frac{1}{4a^2}=\frac{8a^2-3}{12a^2}$$

$S'(a)=0$ の解を求め，$a>0$ における増減表をかくと，右のようになって，同じ結果が得られるが，上の解法の方が簡明であろう。

a	0	…	$\frac{\sqrt{6}}{4}$	…
$S'(a)$		−	0	+
$S(a)$		↘	$\frac{\sqrt{6}}{3}$	↗

練習 ③256 t は正の実数とする。xy 平面上に 2 点 P$(t,\ t^2)$，Q$(-t,\ t^2+1)$ および放物線 $C: y=x^2$ がある。直線 PQ と C で囲まれる図形の面積を $f(t)$ とするとき，$f(t)$ の最小値を求めよ。〔類 横浜国大〕

7章 41 面積

重要例題 257 面積の相等 ①①①①①

曲線 $y=x^3-6x^2+9x$ と直線 $y=mx$ で囲まれた 2 つの図形の面積が等しくなるような定数 m の値を求めよ。ただし，$0<m<9$ とする。

基本 250

指針 右の図のように，曲線 $y=f(x)$ と直線 $y=g(x)$ で囲まれる 2 つの図形の面積について，$S_1=S_2$ であるとき **$S_1-S_2=0$** である。

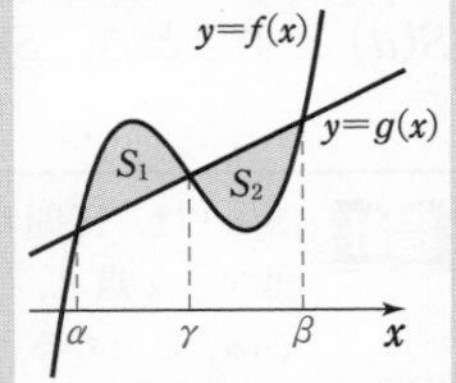

$$S_1-S_2=\int_\alpha^\gamma\{f(x)-g(x)\}dx-\int_\gamma^\beta\{g(x)-f(x)\}dx$$
$$=\int_\alpha^\gamma\{f(x)-g(x)\}dx+\int_\gamma^\beta\{f(x)-g(x)\}dx$$
$$=\int_\alpha^\beta\{f(x)-g(x)\}dx$$

よって **$\int_\alpha^\beta\{f(x)-g(x)\}dx=0$** 　この条件を使う。

ここで，この問題では，交点の x 座標のうち，真ん中の γ は求めなくてもよい（または使わない）ことになる。

解答

曲線と直線の交点の x 座標は，方程式
$$x^3-6x^2+9x=mx$$
の実数解である。

左辺を変形すると　$x(x-3)^2=mx$

よって　$x\{(x-3)^2-m\}=0$

ゆえに　$x=0$　または　$(x-3)^2-m=0$

$(x-3)^2-m=0$ …… ① について
$$(x-3)^2=m$$

$m>0$ であるから　$x-3=\pm\sqrt{m}$

よって　$x=3\pm\sqrt{m}$

したがって，曲線と直線の交点の x 座標は
$$x=0,\ 3\pm\sqrt{m}$$

$3-\sqrt{m}=\alpha$，$3+\sqrt{m}=\beta$ とおくと　$0<\alpha<\beta$

◀$0<m<9$ から $\alpha=3-\sqrt{m}>0$

2 つの図形の面積が等しくなるための条件は
$$\int_0^\alpha\{(x^3-6x^2+9x)-mx\}dx=\int_\alpha^\beta\{mx-(x^3-6x^2+9x)\}dx$$

すなわち　$\int_0^\alpha\{(x^3-6x^2+9x)-mx\}dx-\int_\alpha^\beta\{mx-(x^3-6x^2+9x)\}dx=0$

ここで

$$(\text{左辺})=\int_0^\alpha\{(x^3-6x^2+9x)-mx\}dx+\int_\alpha^\beta\{(x^3-6x^2+9x)-mx\}dx$$
$$=\int_0^\beta\{(x^3-6x^2+9x)-mx\}dx$$

◀$\int_0^\alpha+\int_\alpha^\beta=\int_0^\beta$

$$=\int_0^\beta\{x^3-6x^2+(9-m)x\}dx$$

したがって　$\int_0^\beta\{x^3-6x^2+(9-m)x\}dx=0$

この左辺の定積分を I とすると

$$I=\left[\frac{x^4}{4}-2x^3+\frac{9-m}{2}x^2\right]_0^{\beta}=\frac{\beta^4}{4}-2\beta^3+\frac{9-m}{2}\beta^2=\frac{\beta^2}{4}\{\beta^2-8\beta+2(9-m)\}$$

ゆえに　$\frac{\beta^2}{4}\{\beta^2-8\beta+2(9-m)\}=0$

$\beta \neq 0$ であるから　$\beta^2-8\beta+2(9-m)=0$ ……②

ここで，β は①の解であるから　$(\beta-3)^2-m=0$

すなわち　$\beta^2-6\beta+9-m=0$

よって　$\beta^2=6\beta-(9-m)$

◀β^2 を β で表すことで，次数を下げる。

これを②に代入すると

$$6\beta-(9-m)-8\beta+2(9-m)=0$$

ゆえに　$-2\beta+9-m=0$

$\beta=3+\sqrt{m}$ を代入して整理すると　$m+2\sqrt{m}-3=0$

◀$(\sqrt{m})^2+2\sqrt{m}-3=0$

よって　$(\sqrt{m}-1)(\sqrt{m}+3)=0$

$\sqrt{m}+3>0$ であるから　$\sqrt{m}=1$　すなわち　$\boldsymbol{m=1}$

これは $0<m<9$ を満たす。

検討

3次関数のグラフの対称性（p.344）の利用

3次関数 $f(x)$ が極値をもつとき，$y=f(x)$ のグラフは，極大となる点Pと極小となる点Qを結ぶ線分PQの中点Mに関して対称である。

よって，$y=f(x)$ のグラフと点Mを通る直線で囲まれた2つの図形は，Mに関して対称な図形で，その面積は等しい。

この考え方を利用して求めてみよう。

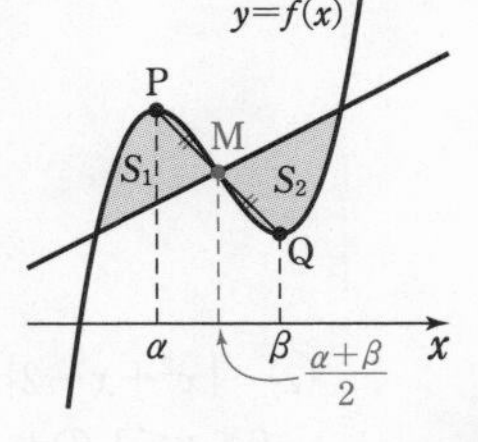

$y=x^3-6x^2+9x$ から　$y'=3x^2-12x+9=3(x-1)(x-3)$

$y'=0$ とすると　$x=1,\ 3$

よって，曲線 $y=x^3-6x^2+9x$ は，$x=1,\ 3$ で極値をとる。

$x=1$ のとき　$y=4$，　$x=3$ のとき　$y=0$

ゆえに，極値を与える2点の座標は　$(1,\ 4)$，$(3,\ 0)$

$\mathrm{P}(1,\ 4)$，$\mathrm{Q}(3,\ 0)$ とすると，線分PQの中点Mは

$$\mathrm{M}\left(\frac{1+3}{2},\ \frac{4+0}{2}\right)\quad すなわち\quad \mathrm{M}(2,\ 2)$$

◀p.344 の性質 1 を用いると，点Mの x 座標は $x=-\frac{-6}{3\cdot 1}=2$ と求められる。

直線 $y=mx$ が点Mを通るとき2つの面積が等しくなるから

$2=2m$　よって　$\boldsymbol{m=1}$

練習 ④257 曲線 $y=x^3+2x^2$ と直線 $y=mx\ (m<0)$ は異なる3点で交わるとする。この曲線と直線で囲まれた2つの図形の面積が等しくなるような定数 m の値を求めよ。

基本 例題 258 絶対値を含む関数の定積分

(1) $\displaystyle\int_1^4|x-2|dx$ を求めよ。　　(2) $\displaystyle\int_0^2|x^2+x-2|dx$ を求めよ。

p.384 基本事項 1　重要 259

指針 絶対値記号がついたままでは積分できない。そこで，まず，**絶対値記号をはずす。**

絶対値　場合に分ける　$|A|=\begin{cases}-A & (A\leqq 0)\\ A & (A\geqq 0)\end{cases}$　← 定積分の計算では，等号を両方の場合に付ける。

| |をはずしたら，定積分の性質 $\displaystyle\int_a^b f(x)dx=\int_a^c f(x)dx+\int_c^b f(x)dx$（積分区間の分割）を利用して計算する。つまり，**| |内の式の正・負の境目で積分区間を分割する。**

(1) $x-2=0$ とすると　$x=2$　⟶ 区間を $1\leqq x\leqq 2$ と $2\leqq x\leqq 4$ に分割。

(2) $x^2+x-2=0$ とすると，$(x+2)(x-1)=0$ から　$x=-2,\ 1$　⟶ 積分区間 $0\leqq x\leqq 2$ に $x=1$ が含まれるから，区間を $0\leqq x\leqq 1$ と $1\leqq x\leqq 2$ に分割して計算する。

解答

(1) $1\leqq x\leqq 2$ のとき　$|x-2|=-(x-2)$

$2\leqq x\leqq 4$ のとき　$|x-2|=x-2$　であるから

$$\int_1^4|x-2|dx=\int_1^2\{-(x-2)\}dx+\int_2^4(x-2)dx$$
$$=-\left[\frac{x^2}{2}-2x\right]_1^2+\left[\frac{x^2}{2}-2x\right]_2^4$$
$$=-\left\{(2-4)-\left(\frac{1}{2}-2\right)\right\}+(8-8)-(2-4)$$
$$=\boldsymbol{\frac{5}{2}}$$

(2) $|x^2+x-2|=|(x+2)(x-1)|$

$0\leqq x\leqq 1$ のとき　$|x^2+x-2|=-(x^2+x-2)$

$1\leqq x\leqq 2$ のとき　$|x^2+x-2|=x^2+x-2$　であるから

$$\int_0^2|x^2+x-2|dx=\int_0^1\{-(x^2+x-2)\}dx+\int_1^2(x^2+x-2)dx$$
$$=-\left[\frac{x^3}{3}+\frac{x^2}{2}-2x\right]_0^1+\left[\frac{x^3}{3}+\frac{x^2}{2}-2x\right]_1^2$$
$$=-\left(\frac{1}{3}+\frac{1}{2}-2\right)\times 2+\left(\frac{8}{3}+2-4\right)^{(*)}$$
$$=\boldsymbol{3}$$

(＊)　$F(x)=\dfrac{x^3}{3}+\dfrac{x^2}{2}-2x$ とすると，$F(0)=0$ で，定積分は

$\underline{-\Big[F(x)\Big]_0^1+\Big[F(x)\Big]_1^2}=-2F(1)+F(0)+F(2)$ となる。

◀問題の定積分は，それぞれ図の赤く塗った部分の面積を表す。

(1)

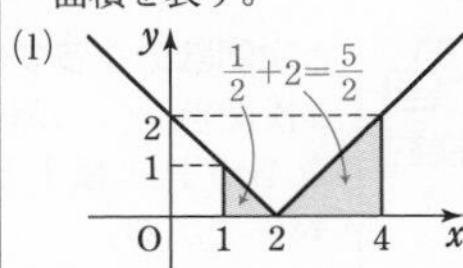

図の2つの赤い三角形の面積の和として求めると

$(与式)=\dfrac{1}{2}\cdot 1\cdot 1+\dfrac{1}{2}\cdot 2\cdot 2$
$=\dfrac{5}{2}$

(2)

◀＿＿＿$=-\{F(1)-F(0)\}+\{F(2)-F(1)\}$

練習 ②258 次の定積分を求めよ。

(1) $\displaystyle\int_0^3|x^2-3x+2|dx$　　(2) $\displaystyle\int_{-3}^4(|x^2-4|-x^2+2)dx$

p.412 EX 157

重要例題 259 変数 t を含む定積分の最大・最小

$f(t)=\int_0^1|x^2-tx|dx$ とする。$f(t)$ の最小値と，最小値を与える t の値を求めよ。

［類 名古屋大］ 基本 258

指針 グラフをかいて，定積分がどの部分の面積を表すかを考えてみよう。
$g(x)=x^2-tx$ とすると，$g(x)=0$ の解は $x=0$，t であるから，$y=|g(x)|$ のグラフは右図のようになり，$f(t)$ は図の赤い部分の面積を表す。積分区間は $0\leqq x\leqq 1$ で固定されているため，変化する $\boldsymbol{x=t}$ **の位置**が $0\leqq x\leqq 1$ の **左外，内部，右外** のいずれかで場合分けをする。

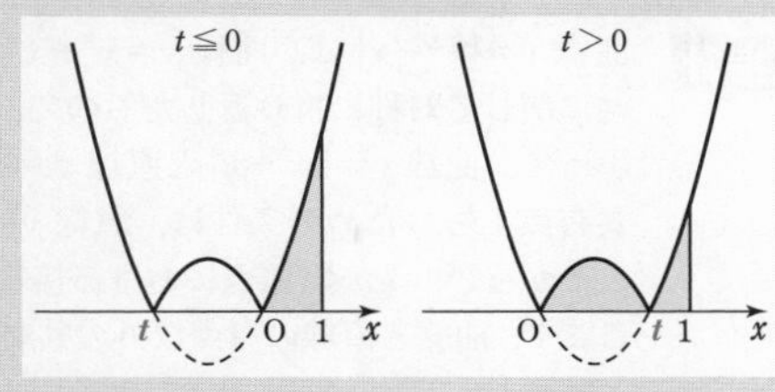

解答

$g(x)=x^2-tx$ とする。$g(x)=0$ の解は　$x=0$，t

[1]　$t\leqq 0$ のとき　　$0\leqq x\leqq 1$ では　$g(x)\geqq 0$

よって　$f(t)=\int_0^1 g(x)dx=\int_0^1(x^2-tx)dx$

$$=\left[\frac{x^3}{3}-\frac{t}{2}x^2\right]_0^1=\frac{1}{3}-\frac{t}{2}$$

[1]　$y=|g(x)|$

[2]　$0<t<1$ のとき

$0\leqq x\leqq t$ では　$g(x)\leqq 0$，　$t\leqq x\leqq 1$ では　$g(x)\geqq 0$

よって　$f(t)=-\int_0^t g(x)dx+\int_t^1 g(x)dx$

$$=-\left[\frac{x^3}{3}-\frac{t}{2}x^2\right]_0^t+\left[\frac{x^3}{3}-\frac{t}{2}x^2\right]_t^1=\frac{t^3}{3}-\frac{t}{2}+\frac{1}{3}$$

[2]　$y=|g(x)|$

◀ $-\left(\frac{t^3}{3}-\frac{t}{2}\cdot t^2\right)\cdot 2+\left(\frac{1}{3}-\frac{t}{2}\right)$

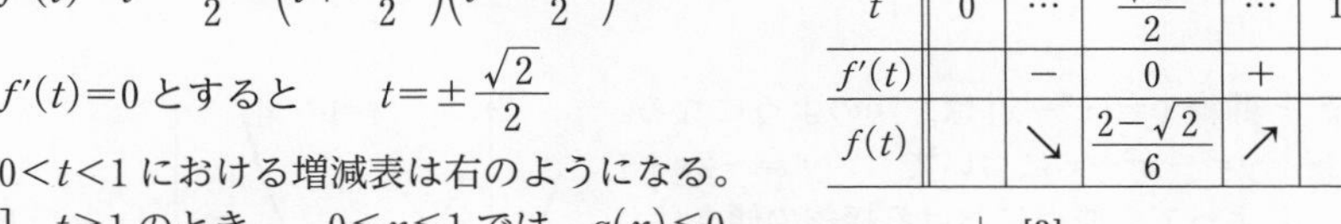

$f'(t)=t^2-\frac{1}{2}=\left(t+\frac{\sqrt{2}}{2}\right)\left(t-\frac{\sqrt{2}}{2}\right)$

$f'(t)=0$ とすると　　$t=\pm\frac{\sqrt{2}}{2}$

$0<t<1$ における増減表は右のようになる。

t	0	…	$\frac{\sqrt{2}}{2}$	…	1
$f'(t)$		$-$	0	$+$	
$f(t)$		↘	$\frac{2-\sqrt{2}}{6}$	↗	

[3]　$t\geqq 1$ のとき　　$0\leqq x\leqq 1$ では　$g(x)\leqq 0$

よって　$f(t)=-\int_0^1 g(x)dx=-\left(\frac{1}{3}-\frac{t}{2}\right)=\frac{t}{2}-\frac{1}{3}$

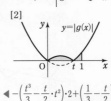

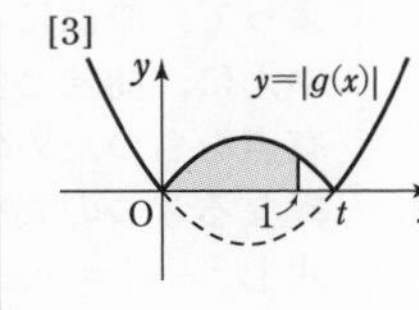

以上から，$y=f(t)$ のグラフは，右の図のようになる。

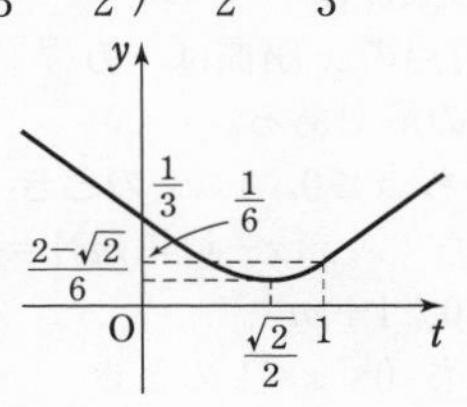

したがって，$f(t)$ は

$\boldsymbol{t=\frac{\sqrt{2}}{2}}$ **で最小値** $\boldsymbol{\frac{2-\sqrt{2}}{6}}$

をとる。

練習 ④259　t が区間 $-\frac{1}{2}\leqq t\leqq 2$ を動くとき，$F(t)=\int_0^1 x|x-t|dx$ の最大値と最小値を求めよ。

［山口大］ p.412 EX 158

重要例題 260 面積の最大・最小 (3)

曲線 $y=|x^2-x|$ と直線 $y=mx$ が異なる 3 つの共有点をもつとき，この曲線と直線で囲まれた 2 つの部分の面積の和 S が最小になるような m の値を求めよ。

〔類 山形大〕 基本 246，254

指針 曲線 $y=|x^2-x|$ は，曲線 $y=x^2-x$ の $y<0$ の部分を x 軸に関して対称に折り返したもので，図のようになる。

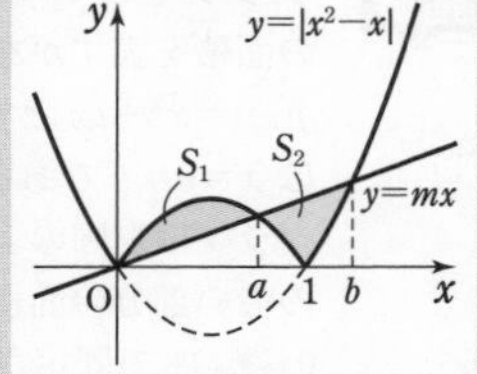

よって，曲線 $y=|x^2-x|$ と直線 $y=mx$ が異なる 3 つの共有点をもつための条件は，直線 $y=mx$ が原点を通ることから　$0<m<$(原点における接線の傾き)　である。

ここで，曲線と直線の原点以外の共有点の x 座標を a，b とする。

また，図のように面積 S_1，S_2 を定めると，面積 S は

$S=S_1+S_2$　　と表される。

S_1 は，放物線と直線で囲まれた部分の面積であるから，

$\displaystyle\int_\alpha^\beta(x-\alpha)(x-\beta)dx=-\frac{1}{6}(\beta-\alpha)^3$ …… ① の公式が利用できる。

S_2 は，$\displaystyle\int_a^1\{mx-(-x^2+x)\}dx+\int_1^b\{mx-(x^2-x)\}dx$ を計算しても求められるが，下の図の赤または黒で塗った部分の面積の和・差として考えると，① が利用できるので，計算がらくになる。

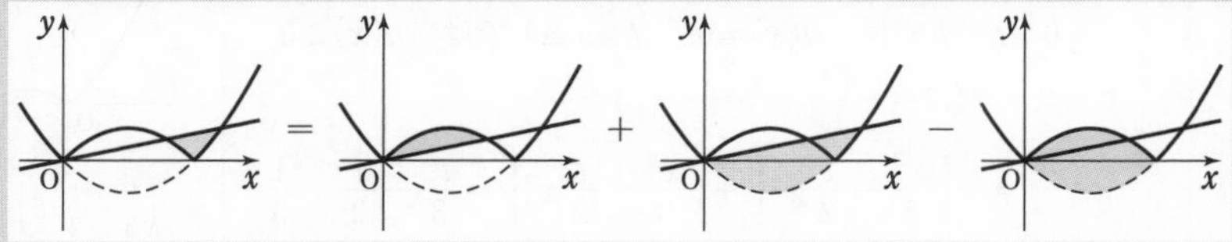

解答 曲線 $y=|x^2-x|$ は，図のようになる。

$y=-x^2+x$ について　　$y'=-2x+1$

よって，原点における接線の傾きは 1

ゆえに，曲線と直線が異なる 3 つの共有点をもつための条件は　　$0<m<1$

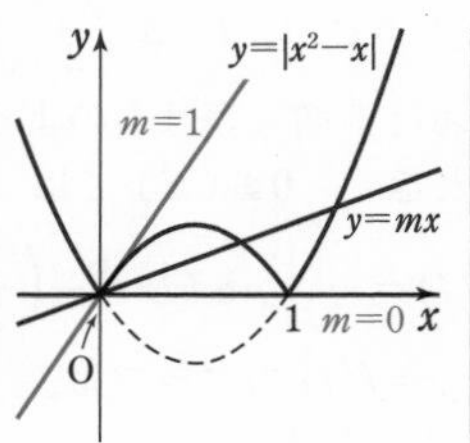

異なる 3 つの共有点の x 座標は，方程式 $|x^2-x|=mx$ の解である。

$x^2-x\geqq0$ すなわち $x\leqq0$，$1\leqq x$ のとき

$x^2-x=mx$ から　　$x\{x-(1+m)\}=0$

よって　　$x=0$，$1+m$

$x^2-x<0$ すなわち $0<x<1$ のとき

$-x^2+x=mx$ から　　$x\{x-(1-m)\}=0$

$0<x<1$ から　　$x=1-m$

したがって，異なる 3 つの共有点の x 座標は

$x=0$，$1-m$，$1+m$

◀$-2\cdot0+1=1$

◀m を動かして，図から判断する。

絶対値　場合に分ける

◀$0<m<1$ であるから　$1\leqq1+m$
($1\leqq x$ を満たす)

◀$0<m<1$ から
$0<1-m<1$
($0<x<1$ を満たす)

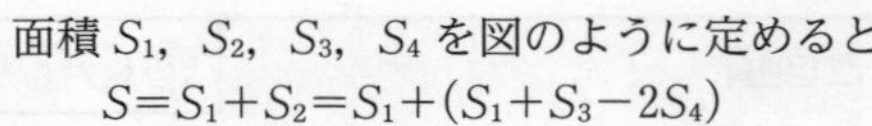

面積 S_1, S_2, S_3, S_4 を図のように定めると

$$S=S_1+\underline{S_2}=S_1+\underline{(S_1+S_3-2S_4)}$$
$$=2S_1+S_3-2S_4$$

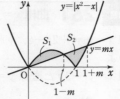

$$S_1=\int_0^{1-m}\{(-x^2+x)-mx\}dx$$
$$=-\int_0^{1-m}x\{x-(1-m)\}dx=\frac{1}{6}(1-m)^3$$

$$S_3=\int_0^{1+m}\{mx-(x^2-x)\}dx$$
$$=-\int_0^{1+m}x\{x-(1+m)\}dx$$
$$=\frac{1}{6}(1+m)^3$$

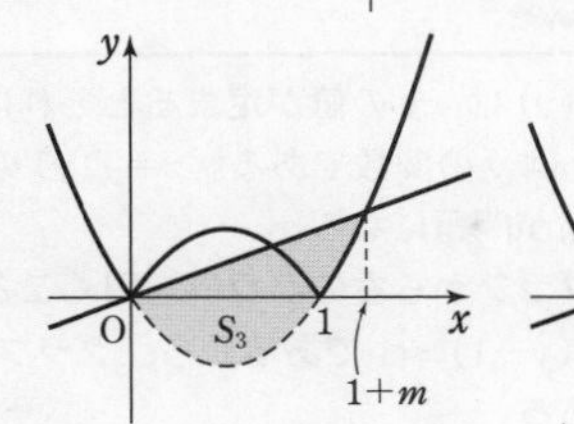

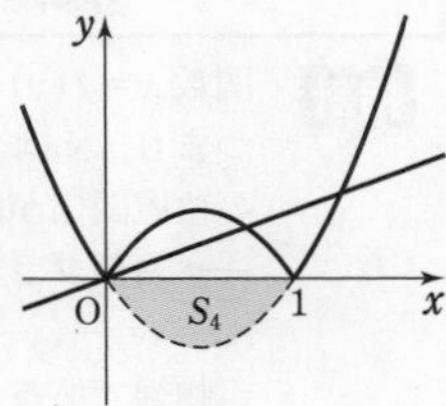

$$S_4=-\int_0^1 x(x-1)dx=\frac{1}{6}$$

ゆえに　　$S=\frac{1}{3}(1-m)^3+\frac{1}{6}(1+m)^3-\frac{1}{3}$

$$=-\frac{1}{6}(m^3-9m^2+3m-1)$$

◀S は m の3次関数 ⟶ **微分**して増減表をかく。

よって　　$S'=-\frac{1}{2}(m^2-6m+1)$

$0<m<1$ の範囲において $S'=0$ とすると　$m=3-2\sqrt{2}$

S の増減表から，S が最小になるような m の値は　　$\boldsymbol{m=3-2\sqrt{2}}$

m	0	…	$3-2\sqrt{2}$	…	1
S'		$-$	0	$+$	
S		↘	極小	↗	

◀$\sqrt{9}-\sqrt{8}>0$ から $3-2\sqrt{2}>0$
$1-(3-2\sqrt{2})$
$=2\sqrt{2}-2$
$=\sqrt{8}-\sqrt{4}>0$ から
$3-2\sqrt{2}<1$

参考　S_2 を直接計算すると

$$S_2=\int_{1-m}^1\{mx-(-x^2+x)\}dx+\int_1^{1+m}\{mx-(x^2-x)\}dx$$

◀やや計算が面倒になる。

$$=\int_{1-m}^1\{x^2-(1-m)x\}dx+\int_1^{1+m}\{-x^2+(1+m)x\}dx$$
$$=\left[\frac{x^3}{3}-\frac{1-m}{2}x^2\right]_{1-m}^1+\left[-\frac{x^3}{3}+\frac{1+m}{2}x^2\right]_1^{1+m}$$
$$=\frac{1}{3}-\frac{1-m}{2}-\frac{(1-m)^3}{3}+\frac{(1-m)^3}{2}-\frac{(1+m)^3}{3}+\frac{(1+m)^3}{2}+\frac{1}{3}-\frac{1+m}{2}$$
$$=\frac{1}{6}(1-m)^3+\frac{1}{6}(1+m)^3-\frac{1}{3}$$

よって　　$S=S_1+S_2=\frac{1}{3}(1-m)^3+\frac{1}{6}(1+m)^3-\frac{1}{3}$

練習
⑤**260**　実数 a は $0<a<4$ を満たすとする。xy 平面の直線 ℓ：$y=ax$ と曲線

$$C: y=\begin{cases}-x^2+4x & (x<4\text{ のとき})\\ 9a(x-4) & (x\geqq 4\text{ のとき})\end{cases}$$

を考える。C と ℓ で囲まれた2つの図形の面積の和を $S(a)$ とする。

(1)　C と ℓ の交点の座標を求めよ。　(2)　$S(a)$ を求めよ。

(3)　$S(a)$ の最小値を求めよ。　　〔東北大〕　p.412 EX159

7章 41 面積

重要例題 261 曲線 $x=f(y)$ と面積 ①①①①①

(1) 曲線 $x=-y^2+2y-2$，y 軸，2 直線 $y=-1$，$y=2$ で囲まれた図形の面積 S を求めよ。

(2) 曲線 $x=y^2-3y$ と直線 $y=x$ で囲まれた図形の面積 S を求めよ。

p.384 基本事項 参考

関数 $x=f(y)$ は，y の値が定まるとそれに対応して x の値がちょうど 1 つ定まる。つまり，x は y の関数である。$x=f(y)$ のグラフと面積に関しては，xy 平面では左右の位置関係が問題になる。

⟶ **右のグラフから左のグラフを引くことになる。**

(1) $x=-(y-1)^2-1$ であるから，グラフは，頂点が点 $(-1,\ 1)$，軸が直線 $y=1$ の放物線である。

(2) $y^2-3y=y$ の解が α，β $(\alpha<\beta)$ のとき，$p.377$ で学習した公式が同様に使える。

$$\int_\alpha^\beta (y-\alpha)(y-\beta)dy=-\frac{1}{6}(\beta-\alpha)^3$$

解答

(1) $x=-y^2+2y-2=-(y-1)^2-1$

$-1\leqq y\leqq 2$ では $-(y-1)^2-1<0$

であるから，右の図より

$$S=-\int_{-1}^{2}(-y^2+2y-2)dy$$

$$=-\left[-\frac{y^3}{3}+y^2-2y\right]_{-1}^{2}$$

$$=-\left\{\left(-\frac{8}{3}+4-4\right)-\left(\frac{1}{3}+1+2\right)\right\}$$

$$=\mathbf{6}$$

(2) $x=y^2-3y=\left(y-\frac{3}{2}\right)^2-\frac{9}{4}$

曲線と直線の交点の y 座標は，

$y^2-3y=y$ すなわち $y^2-4y=0$

を解くと，$y(y-4)=0$ から

$y=0,\ 4$

よって，右の図から，求める面積は

$$S=\int_0^4\{y-(y^2-3y)\}dy$$

$$=-\int_0^4(y^2-4y)dy=-\int_0^4 y(y-4)dy$$

$$=-\left(-\frac{1}{6}\right)(4-0)^3=\frac{\mathbf{32}}{\mathbf{3}}$$

2 曲線間の面積

区間 $c\leqq y\leqq d$ で常に $f(y)\geqq g(y)$ のとき，2 曲線 $x=f(y)$，$x=g(y)$ と 2 直線 $y=c$，$y=d$ で囲まれた図形の面積 S は

$$S=\int_c^d\{f(y)-g(y)\}dy$$

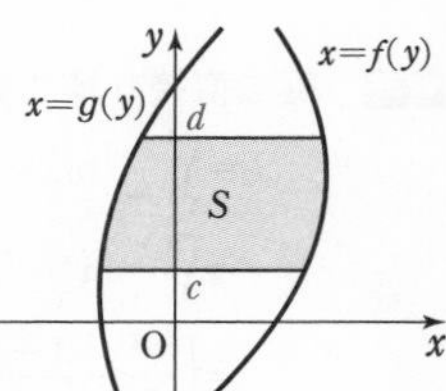

…… 右のグラフから左のグラフを引く。

y 軸は $x=0$ であるから

(1) $\int_{-1}^{2}\{0-f(y)\}dy$

(2) $\int_0^4\{y-f(y)\}dy$

を計算することになる。

練習 ③**261** 次の曲線や直線で囲まれた図形の面積 S を求めよ。

(1) $x=y^2-4y+6$，y 軸，$y=-1$，$y=3$　　(2) $x=9-y^2$，$y=2x-3$

参考事項 区分求積法

積分法の導入により，曲線で囲まれた図形の面積が求められるようになった。

では，昔の人々は積分法が発見されるまで，どのようにして曲線で囲まれた図形の面積を求めていたのであろうか。例として，放物線 $y=x^2$ と x 軸および直線 $x=1$ で囲まれた部分の面積 S を考えてみよう。

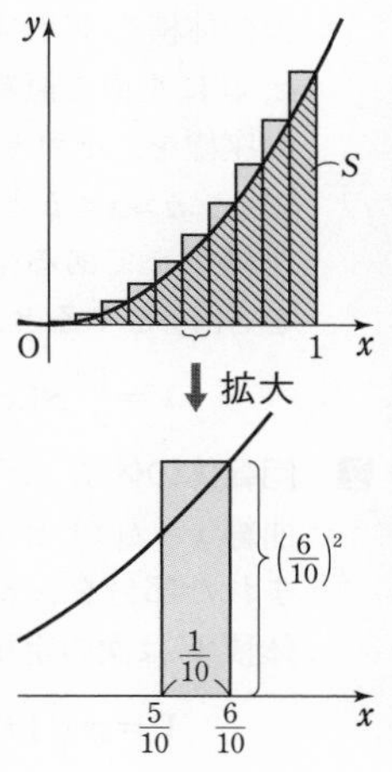

まず，区間 $0 \leqq x \leqq 1$ を 10 等分する。

そして，右の図のように，各区間の最大値を高さとして長方形を作る。各長方形の幅は $\frac{1}{10}$ であり，長方形の面積の和は

$$\frac{1}{10}\left(\frac{1}{10}\right)^2+\frac{1}{10}\left(\frac{2}{10}\right)^2+\cdots\cdots+\frac{1}{10}\left(\frac{10}{10}\right)^2$$

$$=\frac{1}{10}\left\{\left(\frac{1}{10}\right)^2+\left(\frac{2}{10}\right)^2+\cdots\cdots+\left(\frac{10}{10}\right)^2\right\}=\frac{385}{1000}=0.385$$

図からもわかるように，この値は $S=\int_0^1 x^2dx=\frac{1}{3}$ $(=0.333\cdots)$ よりも大きいが，分割数を 20，30，…… と大きくすることで，$\frac{1}{3}$ に近づくことが予想される。

実際に，分割数を n，そのときの長方形の面積の和を S_n とすると，次のようになる。

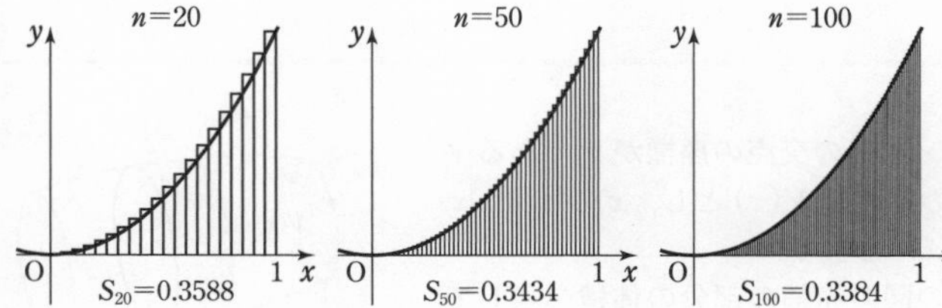

n	S_n
500	0.334334
1000	0.333834
5000	0.333433

では，今度は右の図のように，各区間の最小値を高さとして長方形を作ってみよう。

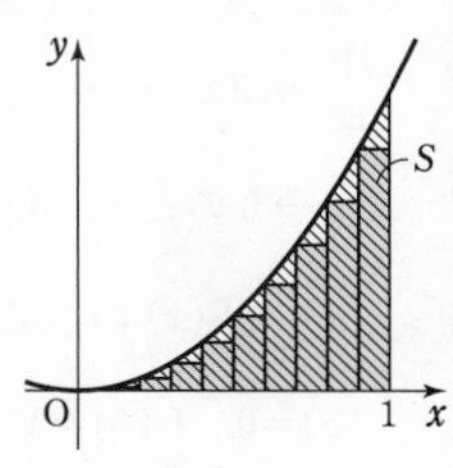

分割数 n に対して，この長方形の面積の和を T_n とすると

$$T_{10}=\frac{1}{10}\cdot 0^2+\frac{1}{10}\left(\frac{1}{10}\right)^2+\cdots\cdots+\frac{1}{10}\left(\frac{9}{10}\right)^2$$

$$=\frac{1}{10}\left\{\left(\frac{1}{10}\right)^2+\left(\frac{2}{10}\right)^2+\cdots\cdots+\left(\frac{9}{10}\right)^2\right\}=\frac{285}{1000}=0.285$$

当然，S より小さい値をとることがわかるが，$n=20$，30，…… と n の値を大きくすることで，S に近づくことが予想できる。

この考え方を **区分求積法** といい，数学Ⅲで学習する。

n	T_n
500	0.332334
1000	0.332834
5000	0.333233

42 発展 体　積

＊＊＊ $p.410$，411 は数学Ⅲの内容である。場合によっては省略してもよい。

基本事項

1　定積分と体積

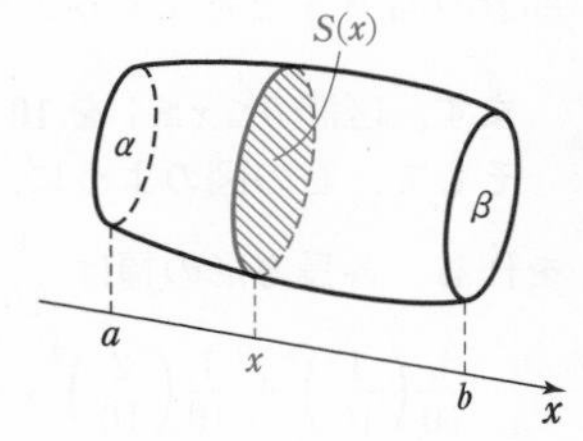

ある立体の，平行な 2 つの平面 α，β の間に挟まれた部分の体積を V とする。
α，β に垂直な直線を x 軸にとり，x 軸と α，β との交点の座標を，それぞれ a，b とする。
また，$a \leqq x \leqq b$ として，x 軸に垂直で，x 軸との交点の座標が x である平面でこの立体を切ったときの断面積を $S(x)$ とすると，体積 V は次の定積分で表される。

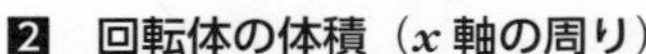

$$V=\int_a^b S(x)dx \qquad \text{ただし，} a<b$$

2　回転体の体積（x 軸の周り）

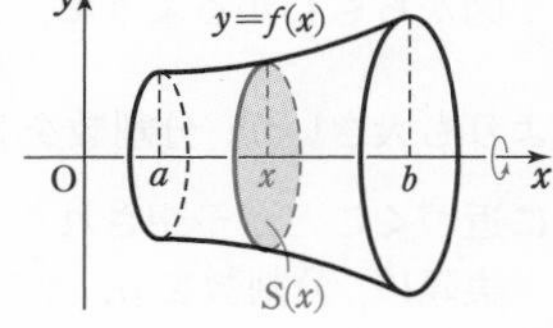

曲線 $y=f(x)$ と x 軸，および 2 直線 $x=a$，$x=b$ で囲まれた部分を x 軸の周りに 1 回転してできる回転体の体積 V は次の定積分で表される。

$$V=\pi\int_a^b \{f(x)\}^2 dx=\pi\int_a^b y^2 dx \quad \text{ただし，} a<b$$

解　説

■ 定積分と体積

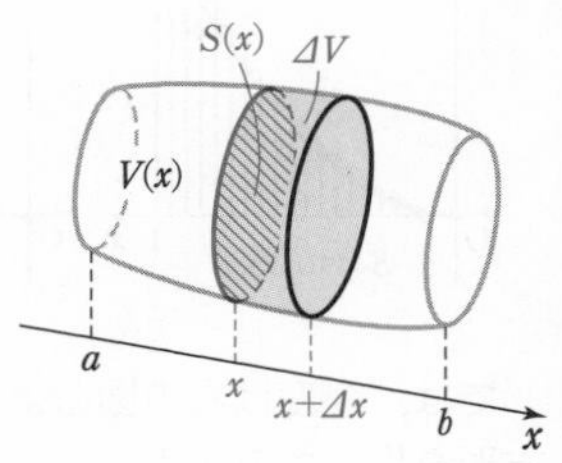

平面 α と，x 軸に垂直で x 軸との交点の座標が x である平面に挟まれる立体の部分の体積を $V(x)$ とし，x の増分 Δx に対する $V(x)$ の増分を ΔV とする。
$\Delta x>0$ のとき，ΔV は右の図の赤網の部分の体積を表している。Δx が十分小さいときは　$\Delta V \fallingdotseq S(x)\Delta x$　　よって

$\dfrac{\Delta V}{\Delta x} \fallingdotseq S(x)$ …… ①　　　$\Delta x<0$ のときも，① が成り立つ。

$\Delta x \longrightarrow 0$ のとき，① の両辺の差は 0 に近づくから　　$V'(x)=\lim\limits_{\Delta x \to 0}\dfrac{\Delta V}{\Delta x}=S(x)$

$V(x)$ は $S(x)$ の不定積分の 1 つであるから　　$V(b)-V(a)=\displaystyle\int_a^b S(x)dx$

$V(a)=0$，$V(b)=V$ を代入して　　$\boldsymbol{V=\displaystyle\int_a^b S(x)dx}$

■ 回転体の体積

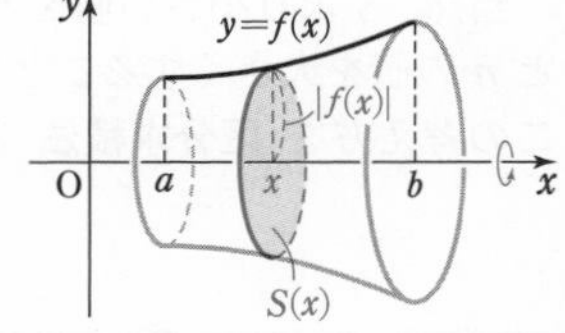

曲線 $y=f(x)$ を x 軸の周りに 1 回転してできる回転体を，点 $(x,\ 0)$ を通り x 軸に垂直な平面で切ると，断面は円で，その断面積 $S(x)$ は，$S(x)=\pi\{f(x)\}^2=\pi y^2$ であるから

$$V=\int_a^b S(x)dx=\pi\int_a^b \{f(x)\}^2 dx=\pi\int_a^b y^2 dx$$

演習 例題 262 立体・回転体の体積

(1) 右の図のように，2 点 $P(x,\ 0)$，$Q(x,\ 1-x^2)$ を結ぶ線分を 1 辺とする正方形を，x 軸に垂直な平面上に作る。P が x 軸上を原点 O から点 $(1,\ 0)$ まで動くとき，この正方形が描く立体の体積を求めよ。

(2) 曲線 $y=x^2+2$ と x 軸および 2 直線 $x=1$，$x=3$ で囲まれた部分を x 軸の周りに 1 回転してできる回転体の体積を求めよ。

p.410 基本事項 1，2

指針 (1) まず，断面積 $S(x)$ を求める。⟶ 断面は，線分 PQ を 1 辺とする正方形。
次に，積分区間を考え，定積分 $\boldsymbol{V=\int_a^b S(x)dx}$ により，体積を求める。

(2) 断面積 $S(x)$ を考える。⟶ 断面は円で　$S(x)=\pi y^2=\pi(x^2+2)^2$
積分区間を考え，$\boldsymbol{V=\pi\int_a^b y^2dx}$ により，体積を求める。
なお，$\boldsymbol{\pi}$ を忘れないように 注意する。

CHART 体積　断面積をつかむ　回転体なら断面は円

解答

(1) $P(x,\ 0)$，$Q(x,\ 1-x^2)$ であるから　　$PQ=1-x^2$
2 点 P，Q を結ぶ線分を 1 辺とする正方形の面積を $S(x)$ とすると　　$S(x)=PQ^2$
すなわち　　$S(x)=(1-x^2)^2$

◀断面積を求める。

したがって，求める立体の体積を V とすると

$$V=\int_0^1 S(x)dx=\int_0^1(1-x^2)^2dx=\int_0^1(x^4-2x^2+1)dx$$
$$=\left[\frac{x^5}{5}-\frac{2}{3}x^3+x\right]_0^1=\boldsymbol{\frac{8}{15}}$$

◀x の値が 0 から 1 まで変化するから，積分区間も 0 から 1 までである。

(2) 求める回転体の体積を V とすると

$$V=\pi\int_1^3 y^2dx=\pi\int_1^3(x^2+2)^2dx$$
$$=\pi\int_1^3(x^4+4x^2+4)dx$$
$$=\pi\left[\frac{x^5}{5}+\frac{4}{3}x^3+4x\right]_1^3=\boldsymbol{\frac{1366}{15}\pi}$$

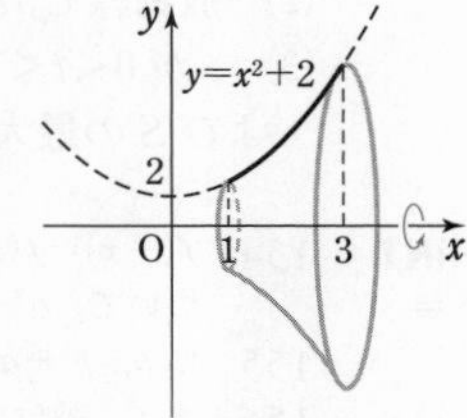

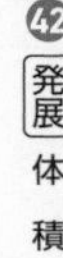

練習 ③262 (1) 2 点 $P(x,\ 0)$，$Q(x,\ 4-x^2)$ を結ぶ線分を 1 辺とする正三角形を，x 軸に垂直な平面上に作る。P が x 軸上を原点 O から点 $(2,\ 0)$ まで動くとき，この正三角形が描く立体の体積を求めよ。

(2) 曲線 $y=-2x^2-1$ と x 軸，および 2 直線 $x=-1$，$x=2$ で囲まれた部分を x 軸の周りに 1 回転してできる立体の体積を求めよ。

EXERCISES

②154 $f(x)=x^2-2a|x|+a^2-1$ とするとき，$y=f(x)$ のグラフと x 軸で囲まれた部分の面積 S を求めよ。ただし，a は正の定数とする。〔類 中央大〕

→245

③155 a は正の定数とする。放物線 $y=x^2+a$ 上の任意の点Pにおける接線と放物線 $y=x^2$ で囲まれる図形の面積は，点Pの位置によらず一定であることを示し，その一定の値を求めよ。

→248

③156 xy 平面内の領域 $x^2+y^2 \leqq 2$，$|x| \leqq 1$ で，曲線 $C：y=x^3+x^2-x$ の上側にある部分の面積 S を求めよ。〔京都大〕 →250,253

④157 実数 $a>1$ に対して，関数 $f(x)$，$g(x)$ を $f(x)=|x^2-ax|$，$g(x)=x$ で定める。2つの曲線 $y=f(x)$，$y=g(x)$ で囲まれる領域のうち，$x \leqq a-1$ にある部分の面積を S_1，$x \geqq a-1$ にある部分の面積を S_2 とするとき

(1) S_1，S_2 を，それぞれ a を用いて表せ。

(2) $S_1：S_2=1：12$ となるときの a の値を求めよ。〔類 関西大〕 →254,258

④158 実数全体を定義域とする関数 $f(x)$ を $f(x)=3\int_{x-1}^{x}(t+|t|)(t+|t|-1)dt$ によって定める。〔類 慶応大〕

(1) $y=f(x)$ のグラフをかけ。

(2) $y=f(x)$ のグラフと x 軸で囲まれる部分の面積を求めよ。 →250,259

⑤159 座標平面上で，放物線 $C_1：y=-p(x-1)^2+q$ と放物線 $C_2：y=2x^2$ が点 $(t,\ 2t^2)$ において同一の直線に接している。ただし，p，q は正の実数とし，t は $0<t<1$ の範囲にあるものとする。

(1) p，q を t を用いて表せ。

(2) 放物線 C_1 と x 軸で囲まれた部分の面積 S を t を用いて表せ。

(3) t が $0<t<1$ の範囲を動くとき，(2)で求めた面積 S が最大となる t の値，および S の最大値を求めよ。〔東京理科大〕 →208,260

154 $f(-x)=f(x)$ であるから，$y=f(x)$ のグラフは y 軸に関して対称である。$f(0)=a^2-1$ について，$a^2-1 \leqq 0$，$a^2-1>0$ で場合分けする。

155 $\mathrm{P}(p,\ p^2+a)$ として，面積を表す式に p が含まれないことを示す。

156 まず，微分法を利用して，曲線 C の概形をつかむ。
円 $x^2+y^2=2$ と曲線 C はともに点 $\mathrm{A}(-1,\ 1)$，$\mathrm{B}(1,\ 1)$ を通るから，扇形OABや△OAB（Oは原点）の面積を利用することを考える。

157 $x^2-ax=x(x-a)$ から，$x \leqq 0$，$a \leqq x$ と $0<x<a$ で場合分けして，2つの曲線 $y=f(x)$，$y=g(x)$ の概形をかく。

158 (1) $|t|=\begin{cases} t & (t \geqq 0) \\ -t & (t<0) \end{cases}$ であるから，0と定積分の上端 x，下端 $x-1$ の大小関係が場合分けのポイント。⟶ $x \leqq 0$，$x-1<0<x$，$0 \leqq x-1$ で場合に分ける。

159 (1) 2曲線 $y=f(x)$，$y=g(x)$ が $x=t$ の点で同一の直線に接するための条件は
$$f(t)=g(t) \text{ かつ } f'(t)=g'(t)$$

数学B 第1章

数　列

1

1 等差数列
2 等比数列
3 種々の数列
4 漸化式と数列
5 種々の漸化式
6 数学的帰納法

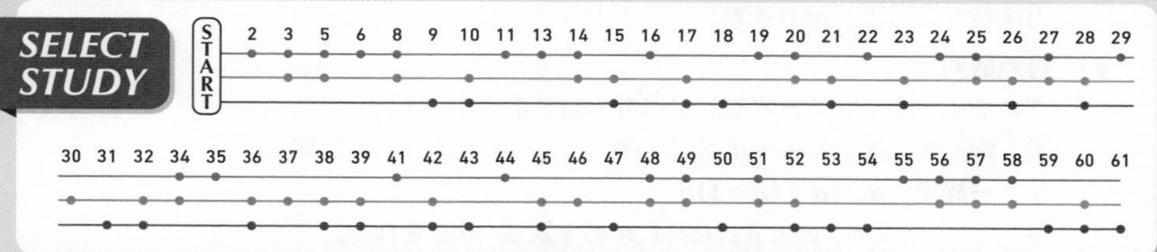

例題一覧

		例題	難易度
1	基本 1	数列の一般項	①
	基本 2	等差数列の一般項	①
	基本 3	等差数列であることの証明	②
	基本 4	等差中項	②
	基本 5	調和数列とその一般項	②
	基本 6	等差数列の和	②
	基本 7	等差数列の利用（倍数の和）	②
	基本 8	等差数列の和の最大	②
	重要 9	既約分数の和	④
	重要 10	２つの等差数列の共通項	③
2	基本 11	等比数列の一般項	①
	基本 12	等比中項	②
	基本 13	等比数列の和 (1)	②
	基本 14	等比数列の和 (2)	③
	基本 15	複利計算	③
	基本 16	等差数列と等比数列	②
	重要 17	等差数列と等比数列の共通項	④
	重要 18	等比数列と対数	④
3	基本 19	Σ の式の計算	②
	基本 20	一般項を求めて和の公式利用	②
	基本 21	第 k 項に n を含む数列の和	③
	基本 22	階差数列（第１階差）	②
	基本 23	階差数列（第２階差）	③
	基本 24	数列の和と一般項，部分数列	②
	基本 25	分数の数列の和	②
	基本 26	分数の数列の和の応用	③
	基本 27	(等差)×(等比) 型の数列の和	②
	重要 28	S_{2m}，S_{2m-1} に分けて和を求める	④
	基本 29	群数列の基本	③
	基本 30	群数列の応用	③
	重要 31	自然数の表と群数列	④
	重要 32	格子点の個数	④
4	基本 33	等差数列，等比数列，階差数列と漸化式	①
	基本 34	$a_{n+1}=pa_n+q$ 型の漸化式	②
	基本 35	$a_{n+1}=pa_n+(n$ の１次式) 型の漸化式	③
	基本 36	$a_{n+1}=pa_n+q^n$ 型の漸化式	③
	基本 37	$a_{n+1}=\dfrac{a_n}{pa_n+q}$ 型の漸化式	③
	重要 38	$a_{n+1}=pa_n{}^q$ 型の漸化式	③
	基本 39	$a_{n+1}=f(n)a_n+q$ 型の漸化式	③
	重要 40	$a_n=f(n)a_{n-1}$ 型の漸化式	④
5	基本 41	隣接３項間の漸化式 (1)	③
	基本 42	隣接３項間の漸化式 (2)	③
	重要 43	隣接３項間の漸化式 (3)	④
	基本 44	連立漸化式 (1)	③
	基本 45	連立漸化式 (2)	③
	重要 46	分数形の漸化式 (1)	③
	重要 47	分数形の漸化式 (2)	④
	基本 48	和 S_n と漸化式	③
	基本 49	図形と漸化式 (1)	③
	基本 50	図形と漸化式 (2)	③
	基本 51	確率と漸化式 (1)	③
	重要 52	確率と漸化式 (2)	④
	重要 53	確率と漸化式 (3)	⑤
	重要 54	場合の数と漸化式	④
6	基本 55	等式の証明	①
	基本 56	整数の性質の証明	②
	基本 57	不等式の証明	②
	基本 58	漸化式と数学的帰納法	②
	重要 59	フェルマの小定理に関する証明	⑤
	重要 60	$n=k$，$k+1$ の仮定	④
	重要 61	$n\leqq k$ の仮定	④

1 等差数列

基本事項

1 数列の基本

数を一列に並べたものを **数列** といい，数列を作っている各数を数列の **項** という。一般に，数列を $\boldsymbol{a_1}$, $\boldsymbol{a_2}$, $\boldsymbol{a_3}$, ……, $\boldsymbol{a_n}$, …… で表す。または，単に $\{\boldsymbol{a_n}\}$ と表すこともある。このとき，a_1 を **第1項**，a_2 を **第2項**，……，a_n を **第 n 項** という。

特に，第1項を **初項** ともいう。また，第 n 項 a_n が n の式で表されるとき，これを **一般項** という。数列の各項はその番号を表す自然数 n によって定まるから，a_n は n の関数とみることができる。

2 等差数列

初項を a，公差を d とする。すべての自然数 n について

① **定　義**　$\boldsymbol{a_{n+1}=a_n+d}$ すなわち $\boldsymbol{a_{n+1}-a_n=d}$ である数列 $\{a_n\}$

② **一般項**　$\boldsymbol{a_n=a+(n-1)d}$

$d\neq0$ のとき，a_n は **n の1次式** で表される。

3 等差中項

数列 $\boldsymbol{a}$, $\boldsymbol{b}$, $\boldsymbol{c}$ が等差数列 $\Longleftrightarrow$ $\boldsymbol{2b=a+c}$　（b を a と c の **等差中項** という）

4 等差数列の和

初項から第 n 項までの和を S_n とする。

① $\begin{cases}\text{初項 } a\\ \text{末項 } l\\ \text{項数 } n\end{cases}$ のとき　$\boldsymbol{S_n=\dfrac{1}{2}n(a+l)}$

② $\begin{cases}\text{初項 } a\\ \text{公差 } d\\ \text{項数 } n\end{cases}$ のとき　$\boldsymbol{S_n=\dfrac{1}{2}n\{2a+(n-1)d\}}$

5 調和数列

数列 $\{a_n\}$（ただし，すべての n に対して $a_n\neq0$）において，数列 $\left\{\dfrac{1}{a_n}\right\}$ が等差数列をなすとき，もとの数列 $\{a_n\}$ を **調和数列** という。

解　説

■数列の基本

$\{a_n\}$：1, 3, 5, 7, 9, ……, 25

$\{b_n\}$：2, 4, 8, 16, 32, ……

数列 $\{a_n\}$ のように，項の個数が有限である数列を **有限数列** といい，その項の個数を **項数**，最後の項を **末項** という。

また，数列 $\{b_n\}$ のように，項の個数が無限である数列を **無限数列** という。

◀ a_1, a_2, ……, a_n のように，a の右下に小さく書いた番号を **添え字** という。

解説

■ 等差数列

数列 $\{a_n\}$ において，各項に一定の数 d を加えると，次の項が得られるとき，この数列を **等差数列** という。

$$\{a_n\}:\ a_1\ \overset{+d}{\frown}\ a_2\ \overset{+d}{\frown}\ a_3\ \overset{+d}{\frown}\ a_4\ \cdots\cdots\ a_{n-1}\ \overset{+d}{\frown}\ a_n \Rightarrow \boldsymbol{a_{n+1}-a_n=d}$$

➡ 初項 a，公差 d として　一般項 $a_n=a+(n-1)d$

◀隣り合う 2 項の差が一定。

◀初項 $a_1=a$ に公差 d を $(n-1)$ 回加える。

一般項 a_n は，$a_n=dn+(a-d)\ (d\neq 0)$ すなわち，**n の 1 次式** で表される。

例　初項 -6，公差 2 の等差数列 $\{a_n\}$ について

$$\{a_n\}:\ -6\ \overset{+2}{\frown}\ -4\ \overset{+2}{\frown}\ -2\ \overset{+2}{\frown}\ 0\ \overset{+2}{\frown}\ 2\ \cdots\cdots\ a_{n-1}\ \overset{+2}{\frown}\ a_n \Rightarrow \boldsymbol{a_{n+1}-a_n=2}$$

➡ $a_n=-6+(n-1)\cdot 2=2n-8$

■ 等差中項

数列 $a,\ b,\ c$ が等差数列 $\Longleftrightarrow b-a=c-b$ (＝公差)

$\Longleftrightarrow 2b=a+c$

このとき，b を a と c の **等差中項** という。

$b=\dfrac{a+c}{2}$ から，b は a と c の相加平均である。

■ 等差数列の和

初項 a，末項 l，公差 d，項数 n とすると

$$S_n=\ a\ +(a+d)+(a+2d)+\cdots\cdots+(l-d)+\ l$$

和の順序を逆にして

$$S_n=\ l\ +(l-d)+(l-2d)+\cdots\cdots+(a+d)+\ a$$

辺々を加えて

$$2S_n=\underbrace{(a+l)+(a+l)+(a+l)+\cdots\cdots+(a+l)+(a+l)}_{(a+l)\text{ が } n \text{ 個}}$$

よって　$2S_n=n(a+l)$

ゆえに　① $S_n=\dfrac{1}{2}n(a+l)$

また，① に $l=a+(n-1)d$ を代入すると

② $S_n=\dfrac{1}{2}n\{a+a+(n-1)d\}=\dfrac{1}{2}n\{2a+(n-1)d\}$

◀公式 ①，② は互いを変形したもの。

また，公式 ② を変形すると

$$S_n=\frac{1}{2}dn^2+\frac{1}{2}(2a-d)n\quad (d\neq 0)$$

◀n について整理する。

よって，和 S_n は **n の 2 次式** で表される。

■ 調和数列

例　$\{a_n\}:1,\ \dfrac{1}{3},\ \dfrac{1}{5},\ \dfrac{1}{7},\ \cdots\cdots$　　$\{b_n\}:1,\ 3,\ 5,\ 7,\ \cdots\cdots$

数列 $\{a_n\}$ は調和数列である。なぜなら，数列 $\{a_n\}$ の各項の逆数を項とする数列 $\{b_n\}$ は初項 1，公差 2 の等差数列であるからである。

基本 例題 1 数列の一般項

次の数列はどのような規則によって作られているかを考え，一般項を推測せよ。また，一般項が推測した式で表されるとき，(1) の数列の第 6 項を求めよ。

(1) $\dfrac{2}{3}$, $\dfrac{3}{9}$, $\dfrac{4}{27}$, $\dfrac{5}{81}$, ……　　(2) $1\cdot1$, $-3\cdot4$, $5\cdot9$, $-7\cdot16$, ……

p.414 基本事項 1

指針 数列の規則性を見つけて，第 n 項を n の式で表す。

(1) **分母，分子** で分けて考える。第 6 項は，一般項の式に $n=6$ を代入して求める。

(2) まず，**符号** については，次のことに注意。

$(-1)^n$: -1, 1, -1, 1, -1, ……　　$(-1)^{n+1}$: 1, -1, 1, -1, 1, ……（$(-1)^{n-1}$ でも同じ。）

次に，符号を取り除いた数列 $1\cdot1$, $3\cdot4$, $5\cdot9$, $7\cdot16$, …… の **・の左側だけ，右側だけの数列** にそれぞれ注目する。

解答

(1) 分子の数列は 2, 3, 4, 5, …… で，第 n 項は　$n+1$　◀ $1+1$, $1+2$, $1+3$, …

分母の数列は 3, 9, 27, 81, …… で，第 n 項は　3^n　◀ 3^1, 3^2, 3^3, …

よって，**一般項は** $\boldsymbol{\dfrac{n+1}{3^n}}$　**第 6 項は** $\dfrac{6+1}{3^6}=\boldsymbol{\dfrac{7}{729}}$

(2) 符号を除いた数列は　$1\cdot1$, $3\cdot4$, $5\cdot9$, $7\cdot16$, ……

・の左側の数列は　1, 3, 5, 7, ……　◀ $2\cdot1-1$, $2\cdot2-1$, $2\cdot3-1$, …

これは正の奇数の数列で，第 n 項は　$2n-1$

・の右側の数列は　1, 4, 9, 16, ……　◀ 1^2, 2^2, 3^2, …

これは平方数の数列で，第 n 項は　n^2

よって，一般項は　$\boldsymbol{(-1)^{n+1}\cdot(2n-1)n^2}$　◀ $(-1)^{n-1}\cdot(2n-1)n^2$ でもよい。

検討

一般項の表し方は 1 通りとは限らない

数列は，その一部分が与えられても全体が決まるものではなく，規則はいろいろに定めることができる。

例えば，一般項が $(n-1)(n-2)(n-3)(n-4)Q(n)+(-1)^{n+1}\cdot(2n-1)n^2$ [$Q(n)$ は n の多項式] の数列も，第 1 項から第 4 項までが例題 (2) の数列と同じになる。

[理由：$Q(n)$ がどのような多項式でも，$n=1$, 2, 3, 4 のとき $(n-1)(n-2)(n-3)(n-4)Q(n)=0$]

このように一般項の表し方は 1 通りとは限らないが，上の例題のような問題の 解答 は，ふつう，考えられる最も簡単なものを 1 つあげて答える。

練習 ① 1 次の数列はどのような規則によって作られているかを考え，一般項を推測せよ。また，一般項が推測した式で表されるとき，(1) の数列の第 6 項，(2) の数列の第 7 項を求めよ。

(1) 1, 9, 25, 49, ……　　(2) -3, $\dfrac{4}{8}$, $-\dfrac{5}{27}$, $\dfrac{6}{64}$, ……

(3) $2\cdot2$, $4\cdot5$, $6\cdot10$, $8\cdot17$, …

基本例題 2 等差数列の一般項

(1) 等差数列 100, 97, 94, …… の一般項 a_n を求めよ。また，第 35 項を求めよ。
(2) 第 59 項が 70，第 66 項が 84 の等差数列 $\{a_n\}$ において
(ア) 一般項を求めよ。 (イ) 118 は第何項か。
(ウ) 初めて正になるのは第何項か。

p.414 基本事項 2 重要 10

指針 等差数列の一般項（第 n 項）a_n は $a_n=a+(n-1)d$
⟶ 初項 a，公差 d で決まる。そこで，**まず，初項 a と公差 d を求める。**
(1) 初項 $a=100$ はすぐわかる。公差 d は $d=$(後の項)−(前の項)$=97-100$ から。
(2) (ア) **初項を a，公差を d として，a，d の連立方程式を作り，それを解く。**
(イ) 自然数 n についての方程式 $a_n=118$ を解く。
(ウ) 初めて正になる項 ⟶ 不等式 $a_n>0$ を満たす最小の自然数 n を求める。

CHART 等差数列 まず 初項と公差

解答

(1) 初項が 100，公差が $97-100=-3$ であるから，一般項は $\boldsymbol{a_n}=100+(n-1)\cdot(-3)$
$=\boldsymbol{-3n+103}$

また $\boldsymbol{a_{35}}=-3\cdot35+103=\boldsymbol{-2}$

◀(公差)$=100-97$ は 誤り！
◀$a_n=a+(n-1)d$ で $a=100$，$d=-3$ を代入。

補足 求めた a_n の式に $n=1, 2, 3$ を代入して，それぞれ 100, 97, 94 とならなければ，その式は間違いである。このように，a_n の式を求めた後に $n=1$ などを代入して，問題の条件を満たすかどうか確認するとよい。

(2) (ア) 初項を a，公差を d とすると，$a_{59}=70$，$a_{66}=84$

であるから $\begin{cases} a+58d=70 \\ a+65d=84 \end{cases}$

◀(第 2 式)−(第 1 式) から $7d=14$

これを解いて $a=-46$，$d=2$

したがって，一般項は

$a_n=-46+(n-1)\cdot2=\boldsymbol{2n-48}$

(イ) $a_n=118$ とすると $2n-48=118$

◀$2n=166$

これを解いて $n=83$

よって **第 83 項**

(ウ) $a_n>0$ とすると $2n-48>0$

これを解いて $n>24$

したがって，初めて正になるのは **第 25 項**

◀$n>24$ を満たす最小の自然数 n は 25

練習 ① 2
(1) 等差数列 13, 8, 3, …… の一般項 a_n を求めよ。また，第 15 項を求めよ。
(2) 第 53 項が −47，第 77 項が −95 である等差数列 $\{a_n\}$ において
(ア) 一般項を求めよ。 (イ) −111 は第何項か。
(ウ) 初めて負になるのは第何項か。 [(2) 類 福岡教育大]

p.426 EX 1

基本例題 3 等差数列であることの証明 ②②②②②

一般項が $a_n=-3n+7$ である数列 $\{a_n\}$ について

(1) 数列 $\{a_n\}$ は等差数列であることを証明し，その初項と公差を求めよ。

(2) 一般項が $c_n=a_{3n}$ である数列 $\{c_n\}$ は等差数列であることを証明し，その初項と公差を求めよ。

p.414 基本事項 2

指針

> **等差数列の定義**
> **等差数列 $\{a_n\}$ ⟺ 隣り合う 2 項の差 $a_{n+1}-a_n=d$ (一定)**

(1) $a_{n+1}-a_n$ を計算して，それが n を含まない数(定数)になることを示す。

(2)

$$\begin{array}{l} \{a_n\}: 4,\ 1,\ -2,\ -5,\ -8,\ -11,\ -14,\ -17,\ -20,\ \cdots\cdots \quad (\text{隣り合う項の差 } -3) \\ \{c_n\}: -2,\ -11,\ -20,\ \cdots\cdots \quad (\text{隣り合う項の差 } -9) \end{array}$$

数列 $\{c_n\}$ はこのような数列であるが，等差数列であることを証明するには，(1)と同様に **$c_{n+1}-c_n$ が一定**（これが公差）になることを示す。

CHART 等差数列 $\{a_n\}$ 2 項の差 $a_{n+1}-a_n=d$ (一定)

解答

(1) $a_n=-3n+7$ であるから

$$a_{n+1}-a_n=\{-3(n+1)+7\}-(-3n+7)$$
$$=-3\ (\text{一定})$$

◀ $a_{n+1}-a_n=d$

ゆえに，数列 $\{a_n\}$ は等差数列である。

また，**初項 $a_1=4$，公差 -3** である。

◀ $a_1=-3\times1+7$

(2) $c_n=a_{3n}=-3\cdot(3n)+7=-9n+7$ であるから

◀ a_{3n} は $a_n=-3n+7$ の n に $3n$ を代入する。

$$c_{n+1}-c_n=\{-9(n+1)+7\}-(-9n+7)$$
$$=-9\ (\text{一定})$$

ゆえに，数列 $\{c_n\}$ は等差数列である。

また，**初項 $c_1=-2$，公差 -9** である。

◀ $c_1=-9\times1+7$

検討

$a_n=pn+q$ ($p\neq0$) である数列は等差数列である

数列 $\{a_n\}$ が初項 a，公差 d ($d\neq0$) の等差数列であるとすると第 n 項 a_n は

$a_n=a+(n-1)d=dn+(a-d)$ となり，**n の 1 次式** となる。

逆に，$a_n=pn+q$ とすると　$a_{n+1}-a_n=\{p(n+1)+q\}-(pn+q)=p$ (一定)

よって，数列 $\{a_n\}$ は初項 $p+q$，公差 p の等差数列である。

ゆえに　**一般項が $pn+q$ である数列 ⟺ 初項 $p+q$，公差 p の等差数列**

練習 ② 3 一般項が $a_n=p(n+2)$ (p は定数，$p\neq0$) である数列 $\{a_n\}$ について

(1) 数列 $\{a_n\}$ が等差数列であることを証明し，その初項と公差を求めよ。

(2) 一般項が $c_n=a_{5n}$ である数列 $\{c_n\}$ が等差数列であることを証明し，その初項と公差を求めよ。

p.426 EX 2

基本例題 4 等差中項 … 等差数列をなす 3 数

等差数列をなす 3 数があって，その和は 27，積は 693 である。この 3 数を求めよ。

p.414 基本事項 3　基本 12

指針 等差数列をなす 3 つの数の表し方には，次の 3 通りがある。

1. **初項 a，公差 d として a，$a+d$，$a+2d$ と表す**　(公差形)
2. **中央の項 a，公差 d として $a-d$，a，$a+d$ と表す**　(対称形)
3. **数列 a，b，c が等差数列 $\Longleftrightarrow 2b=a+c$ を利用**　(平均形)

2 の表し方のとき，3 つの数の和が

$(a-d)+a+(a+d)=3a$

となり，d が消去できて計算がらくになる。

なお，この中央の項のことを **等差中項** という。

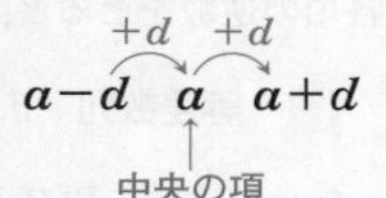

解答

この数列の中央の項を a，公差を d とすると，3 数は $a-d$，a，$a+d$ と表される。和が 27，積が 693 であるから

$$\begin{cases}(a-d)+a+(a+d)=27\\(a-d)a(a+d)=693\end{cases}$$

ゆえに $\begin{cases}3a=27 & \cdots\cdots ①\\a(a^2-d^2)=693 & \cdots\cdots ②\end{cases}$

① から　$a=9$

これを ② に代入して　$9(81-d^2)=693$

よって　$d^2=4$　ゆえに　$d=\pm 2$

よって，求める 3 数は　7，9，11　または　11，9，7

すなわち　**7，9，11**

◀ 2 対称形
3 数を $a-d$，a，$a+d$ と表すと計算がらく。

◀ $81-d^2=77$

◀ 3 数の順序は問われていないので，答えは 1 通りでよい。

別解　等差数列をなす 3 数の数列を a，b，c とすると

$2b=a+c$　$\cdots\cdots$ ①

条件から　$a+b+c=27$　$\cdots\cdots$ ②

$abc=693$　$\cdots\cdots$ ③

① を ② に代入して　$3b=27$　ゆえに　$b=9$

このとき，①，③ から　$a+c=18$，$ac=77$

したがって，a，c は 2 次方程式 $x^2-18x+77=0$ の 2 つの解である。

$(x-7)(x-11)=0$ を解いて　$x=7$，11

すなわち　$(a,\ c)=(7,\ 11)$，$(11,\ 7)$

よって，求める 3 数は　**7，9，11**

◀ 3 **平均形**
$2b=a+c$ を利用。

◀ a，b，c の連立方程式を解く。

◀ **和が p，積が q である 2 数は，2 次方程式 $x^2-px+q=0$ の 2 つの解** である(数学Ⅱ)。

練習 ② 4　等差数列をなす 3 数があって，その和は -15，積は 120 である。この 3 数を求めよ。

基本例題 5 調和数列とその一般項

(1) 調和数列 20, 15, 12, 10, …… の一般項 a_n を求めよ。

(2) 初項が a, 第 2 項が b である調和数列がある。この数列の第 n 項 a_n を a, b で表せ。

p.414 基本事項 5

指針 数列 $\{a_n\}$ が調和数列 $(a_n \neq 0) \iff$ 数列 $\left\{\dfrac{1}{a_n}\right\}$ が等差数列

調和数列は等差数列に直して考える。

(1) 各項の逆数をとると, $\left\{\dfrac{1}{a_n}\right\}$: $\dfrac{1}{20}$, $\dfrac{1}{15}$, $\dfrac{1}{12}$, $\dfrac{1}{10}$, …… が等差数列となる。

等差数列 まず 初項と公差

$\dfrac{1}{a_n}$ を n で表し, 再びその逆数をとる。

(2) 等差数列 $\left\{\dfrac{1}{a_n}\right\}$ の初項が $\dfrac{1}{a}$, 第 2 項が $\dfrac{1}{b}$ ⟶ 公差は $\dfrac{1}{b}-\dfrac{1}{a}$

解答

(1) 20, 15, 12, 10, …… …… ① が調和数列であるから, $\dfrac{1}{20}$, $\dfrac{1}{15}$, $\dfrac{1}{12}$, $\dfrac{1}{10}$, …… …… ② が等差数列となる。

◀ $b_n=\dfrac{1}{a_n}$ とする。

◀各項の逆数をとる。

数列 ② の初項は $\dfrac{1}{20}$, 公差は $\dfrac{1}{15}-\dfrac{1}{20}=\dfrac{1}{60}$ であるから,

◀ $b_{n+1}-b_n=d$

一般項は $\dfrac{1}{20}+(n-1)\cdot\dfrac{1}{60}=\dfrac{n+2}{60}$

◀ $b_n=b_1+(n-1)d$

よって, 数列 ① の一般項 a_n は $\boldsymbol{a_n=\dfrac{60}{n+2}}$

◀逆数をとる。$a_n=\dfrac{1}{b_n}$

(2) 条件から, $\dfrac{1}{a}$, $\dfrac{1}{b}$, ……, $\dfrac{1}{a_n}$, …… が等差数列となる。

◀各項の逆数をとる。

この数列の初項は $\dfrac{1}{a}$, 公差は $\dfrac{1}{b}-\dfrac{1}{a}=\dfrac{a-b}{ab}$ であるから, 一般項は

◀ $b_{n+1}-b_n=d$

$$\frac{1}{a_n}=\frac{1}{a}+(n-1)\frac{a-b}{ab}$$

◀ $b_n=b_1+(n-1)d$

$$=\frac{(a-b)n-a+2b}{ab}$$

よって, 調和数列の一般項 a_n は

$$\boldsymbol{a_n=\frac{ab}{(a-b)n-a+2b}}$$

◀逆数をとる。$a_n=\dfrac{1}{b_n}$

練習 ② 5

(1) 調和数列 2, 6, −6, −2, …… の一般項 a_n を求めよ。

(2) 初項が a, 第 5 項が $9a$ である調和数列がある。この数列の第 n 項 a_n を a で表せ。

基本 例題 6 等差数列の和

次のような和 S を求めよ。

(1) 等差数列 1，4，7，……，97 の和

(2) 初項 200，公差 -5 の等差数列の初項から第 100 項までの和

(3) 第 8 項が 37，第 24 項が 117 の等差数列の第 20 項から第 50 項までの和

p.414 基本事項 4　重要 9

指針

(1) 初項 a，末項 l，項数 n のとき $S_n=\frac{1}{2}n(a+l)$　(2) 初項 a，公差 d，項数 n のとき $S_n=\frac{1}{2}n\{2a+(n-1)d\}$

(3) まず，条件から初項 a と公差 d を求める。初項から第 n 項までの和を S_n とすると　$S=S_{50}-S_{19}$　←(初項から第 50 項までの和)−(初項から第 19 項までの和)

解答

(1) 初項が 1，公差が 3 であるから，末項 97 が第 n 項であるとすると　$1+(n-1)\cdot3=97$　よって　$n=33$

ゆえに，初項 1，末項 97，項数 33 の等差数列の和を求めて　$S=\frac{1}{2}\cdot33(1+97)=\mathbf{1617}$

(2) $S=\frac{1}{2}\cdot100\{2\cdot200+(100-1)\cdot(-5)\}=\mathbf{-4750}$

(3) 初項を a，公差を d，一般項を a_n とする。

$a_8=37$，$a_{24}=117$ であるから　$\begin{cases}a+7d=37\\a+23d=117\end{cases}$

この連立方程式を解いて　$a=2$，$d=5$

初項から第 n 項までの和を S_n とすると

$$S_{50}=\frac{1}{2}\cdot50\{2\cdot2+(50-1)\cdot5\}=6225$$

$$S_{19}=\frac{1}{2}\cdot19\{2\cdot2+(19-1)\cdot5\}=893$$

よって　$S=S_{50}-S_{19}{}^{(*)}=6225-893=\mathbf{5332}$

検討　公式の使い分け

末項がわかれば $S_n=\frac{1}{2}n(a+l)$

公差がわかれば $S_n=\frac{1}{2}n\{2a+(n-1)d\}$

◀ $a_n=a+(n-1)d$

等差数列　まず 初項と公差

(*)　$S=S_{50}-S_{20}$ は 誤り！これでは S に a_{20} が含まれない。

検討　**例題 (3)：a_{20} を初項として解く**

$a_{20}=a+19d=2+19\cdot5=97$ **を初項と考える** と，第 20 項から第 50 項までの項数は $50-20+1=31$ であるから　$S=\frac{1}{2}\cdot31\{2\cdot97+(31-1)\cdot5\}=\mathbf{5332}$

練習 ② **6**　次のような和 S を求めよ。

(1) 等差数列 1，3，5，7，……，99 の和

(2) 初項 5，公差 $-\frac{1}{2}$ の等差数列の初項から第 101 項までの和

(3) 第 10 項が 1，第 16 項が 5 である等差数列の第 15 項から第 30 項までの和

p.426 EX3

基本例題 7 等差数列の利用(倍数の和)

100 から 200 までの整数のうち，次の数の和を求めよ。
(1) 3 で割って 1 余る数　　(2) 2 または 3 の倍数

基本 6　重要 9

等差数列の和として求める。項数に注意。

初項 a，末項 l，項数 n のとき $S_n=\frac{1}{2}n(a+l)$ を利用。

(1) 3 で割って 1 余る数は　$3\cdot33+1,\ 3\cdot34+1,\ \cdots\cdots,\ 3\cdot66+1$
⟶ 初項 100，末項 199，項数 $66-33+1=34$ から上の公式を利用。

(2) (2 または 3 の倍数の和)
=(2 の倍数の和)+(3 の倍数の和)−(2 かつ 3 の倍数の和)
　　　　　　　　　　　　　　　　　　↑6 の倍数

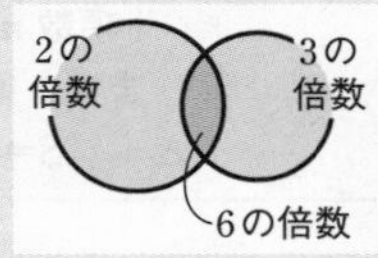

解答

(1) 100 から 200 までで，3 で割って 1 余る数は
$3\cdot33+1,\ 3\cdot34+1,\ \cdots\cdots,\ 3\cdot66+1$
これは，初項が $3\cdot33+1=100$，末項が $3\cdot66+1=199$，項数が $66-33+1=34$ の等差数列であるから，その和は
$\frac{1}{2}\cdot34(100+199)=\mathbf{5083}$

(2) 100 から 200 までの 2 の倍数は
$2\cdot50,\ 2\cdot51,\ \cdots\cdots,\ 2\cdot100$
これは，初項 100，末項 200，項数 51 の等差数列であるから，その和は　$\frac{1}{2}\cdot51(100+200)=7650$ …… ①
100 から 200 までの 3 の倍数は
$3\cdot34,\ 3\cdot35,\ \cdots\cdots,\ 3\cdot66$
これは，初項 102，末項 198，項数 33 の等差数列であるから，その和は　$\frac{1}{2}\cdot33(102+198)=4950$ …… ②
100 から 200 までの 6 の倍数は
$6\cdot17,\ 6\cdot18,\ \cdots\cdots,\ 6\cdot33$
これは，初項 102，末項 198，項数 17 の等差数列であるから，その和は　$\frac{1}{2}\cdot17(102+198)=2550$ …… ③
よって，①，②，③ から，求める和は
$7650+4950-2550^{(*)}=\mathbf{10050}$

別解 (1) $S_n=\frac{1}{2}n\{2a+(n-1)d\}$ を利用。
初項 100，公差 3，項数 34 であるから
$\frac{1}{2}\cdot34\{2\cdot100+(34-1)\cdot3\}$
$=\mathbf{5083}$

◀初項 $2\cdot50=100$，
末項 $2\cdot100=200$，
項数 $100-50+1=51$

◀初項 $3\cdot34=102$，
末項 $3\cdot66=198$，
項数 $66-34+1=33$

◀2 と 3 の最小公倍数は 6

(∗) 個数定理の公式
$n(A\cup B)=n(A)+n(B)-n(A\cap B)$ [数学 A] を適用する要領。

練習 ② 7 2 桁の自然数のうち，次の数の和を求めよ。
(1) 5 で割って 3 余る数　　(2) 奇数または 3 の倍数

基本例題 8 等差数列の和の最大

初項が 55，公差が -6 の等差数列の初項から第 n 項までの和を S_n とするとき，S_n の最大値は □ である。 〔京都産大〕

基本 2，6

指針 項の値，和の値の大きさのイメージは，右の図のようになる。
公差は負の数であるから，第 k 項から負になるとすると，第 $(k-1)$ 項までの和，すなわち **正または0の数の項だけの和** が最大となる。 ……★

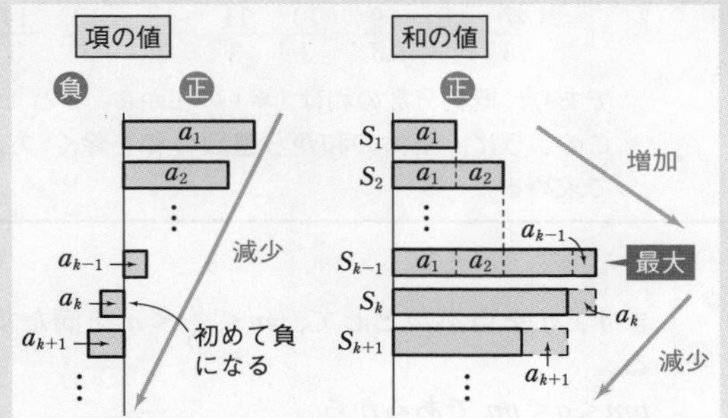

CHART 等差数列の和の最大・最小　a_n の符号が変わる n に着目

解答

初項 55，公差 -6 の等差数列の一般項 a_n は

$$a_n=55+(n-1)\cdot(-6)=-6n+61$$

◀ $a_n=a+(n-1)d$

$a_n<0$ とすると　$-6n+61<0$

これを解いて　$n>\dfrac{61}{6}=10.1\cdots$

よって　$n\leqq 10$ のとき　$a_n>0$，
　　　　$n\geqq 11$ のとき　$a_n<0$

◀ $a_{10}=-6\cdot10+61=1$
　$a_{11}=-6\cdot11+61=-5$

ゆえに，S_n は $n=10$ のとき最大となるから，求める最大値は

$$\frac{1}{2}\cdot10\{2\cdot55+(10-1)\cdot(-6)\}=\mathbf{280}$$

◀ 指針＿＿……★ の方針。
等差数列の項は単調に増加または減少 ⟶ 和の最大・最小は項の符号の変わり目に注目して求める。

別解

$$S_n=\frac{1}{2}n\{2\cdot55+(n-1)\cdot(-6)\}$$
$$=-3n^2+58n$$
$$=-3\left(n-\frac{29}{3}\right)^2+3\cdot\left(\frac{29}{3}\right)^2$$

◀ 別解 は，S_n の式を平方完成する方針の解答。

n は自然数であるから，$\dfrac{29}{3}$ に最も近い自然数 $n=10$ のとき，最大値 $S_{10}=-3\cdot10^2+58\cdot10=\mathbf{280}$ をとる。

◀ $\dfrac{29}{3}=9.6\cdots\cdots$

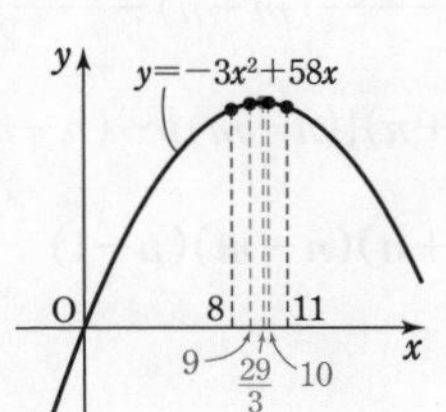

練習 ② 8 初項 -200，公差 3 の等差数列 $\{a_n\}$ において，初項から第何項までの和が最小となるか。また，そのときの和を求めよ。

重要例題 9 既約分数の和

p は素数，m，n は正の整数で $m<n$ とする。m と n の間にあって，p を分母とする既約分数の総和を求めよ。

基本 6，7

指針 まず，具体的な値で考えてみよう。例えば，2 と 5 の間にあって 3 を分母とする分数は

$$\frac{7}{3},\ \frac{8}{3},\ \frac{9}{3},\ \frac{10}{3},\ \frac{11}{3},\ \frac{12}{3},\ \frac{13}{3},\ \frac{14}{3}\ \cdots\cdots\ (*)$$

であり，既約分数の和は (∗) の和から，3 と 4 を引くことで求められる。

このように，**全体の和から整数の和を除く** 方針で求める。

└ (∗) は等差数列であり，3 と 4 は 2 と 5 の間にある整数である。

解答

まず，q を自然数として，$m<\dfrac{q}{p}<n$ を満たす $\dfrac{q}{p}$ を求める。

◀「m と n の間」であるから，両端の m と n は含まない。

$pm<q<pn$ であるから

$$q=pm+1,\ pm+2,\ \cdots\cdots,\ pn-1$$

よって $\dfrac{q}{p}=\dfrac{pm+1}{p},\ \dfrac{pm+2}{p},\ \cdots\cdots,\ \dfrac{pn-1}{p}$ … ①

◀初項 $\dfrac{pm+1}{p}$，公差 $\dfrac{1}{p}$ の等差数列。

これらの和を S_1 とすると

$$S_1=\frac{(pn-1)-(pm+1)+1}{2}\left(\frac{pm+1}{p}+\frac{pn-1}{p}\right)$$

$$=\frac{pn-pm-1}{2}(m+n)$$

◀$S_n=\dfrac{1}{2}n(a+l)$

① のうち，$\dfrac{q}{p}$ が整数となるものは

$$\frac{q}{p}=m+1,\ m+2,\ \cdots\cdots,\ n-1$$

◀m と n の間にある整数。

これらの和を S_2 とすると

$$S_2=\frac{(n-1)-(m+1)+1}{2}\{(m+1)+(n-1)\}$$

$$=\frac{n-m-1}{2}(m+n)$$

◀$S_n=\dfrac{1}{2}n(a+l)$

ゆえに，求める総和を S とすると，$S=S_1-S_2$ であるから

◀(全体の和)−(整数の和)

$$S=\frac{pn-pm-1}{2}(m+n)-\frac{n-m-1}{2}(m+n)$$

$$=\frac{1}{2}(m+n)\{(n-m)p-(n-m)\}$$

$$=\boldsymbol{\frac{1}{2}(m+n)(n-m)(p-1)}$$

練習 ④ 9 p を素数とするとき，0 と p の間にあって，p^2 を分母とする既約分数の総和を求めよ。

重要例題 10 2つの等差数列の共通項

等差数列 $\{a_n\}$, $\{b_n\}$ の一般項がそれぞれ $a_n=3n+1$, $b_n=5n+3$ であるとき，この2つの数列に共通に含まれる数を，小さい方から順に並べてできる数列 $\{c_n\}$ の一般項を求めよ。

基本 2　重要 17

指針 2つの数列の項を書き上げて調べてもよいが，**1次不定方程式**（数学A）を用いた解答を示しておく。共通に含まれる数が，数列 $\{a_n\}$ の第 l 項，数列 $\{b_n\}$ の第 m 項であるとすると　$a_l=b_m$

よって，l, m は方程式 $3l+1=5m+3$ すなわち $3l-5m=2$ の整数解であるから，まず，この不定方程式を解く。

解として，例えば $l=$(k の式) が得られたら，これを $a_l=3l+1$ の l に代入する。

解答

$a_l=b_m$ とすると，$3l+1=5m+3$ から　$3l-5m=2$ … ①

$l=-1$, $m=-1$ は ① の整数解の1つであるから

$$3(l+1)-5(m+1)=0$$

よって　$3(l+1)=5(m+1)$

3と5は互いに素であるから，k を整数として

$$l+1=5k,\quad m+1=3k$$

すなわち　$l=5k-1$, $m=3k-1$　と表される。

ここで，l, m は自然数であるから，$5k-1\geqq1$ かつ $3k-1\geqq1$ より　$k\geqq1$　すなわち，k は自然数である。

ゆえに，数列 $\{c_n\}$ の第 k 項は，数列 $\{a_n\}$ の第 l 項すなわち第 $(5k-1)$ 項であり

$$3(5k-1)+1=15k-2 \quad \cdots\cdots (*)$$

求める一般項は，k を n におき換えて　$\boldsymbol{c_n=15n-2}$

別解　3と5の最小公倍数は　15

$\{a_n\}$：4, 7, 10, 13, 16, 19, 22, 25, 28, ……

$\{b_n\}$：8, 13, 18, 23, 28, ……　であるから　$c_1=13$

よって，数列 $\{c_n\}$ は初項13，公差15の等差数列であるから，その一般項は　$c_n=13+(n-1)\cdot15=\boldsymbol{15n-2}$

◀ $ax+by=c$ の1つの解が $(x, y)=(p, q)$ ⟶ $a(x-p)+b(y-q)=0$

a, b が互いに素で，an が b の倍数ならば，n は b の倍数である。（a, b, n は整数）

◀ $k\geqq\frac{2}{5}$ かつ $k\geqq\frac{2}{3}$

◀ 数列 $\{b_n\}$ の第 m 項すなわち第 $(3k-1)$ 項としてもよい。

◀ $a_n=4+(n-1)\cdot3$

◀ $b_n=8+(n-1)\cdot5$

注意 ***k の範囲が自然数でない場合は調整が必要！***

① の整数解を $l=4$, $m=2$ とした場合は，$3(l-4)=5(m-2)$ から，$l=5k+4$, $m=3k+2$ が得られ，解答の $(*)$ は $15k+13$ となる。しかし，この **k を単純に n におき換えてはいけない**。l, m は自然数から，$5k+4\geqq1$ かつ $3k+2\geqq1$ より $k\geqq0$ となる。

一方，数列 $\{c_n\}$ の n は自然数であるから，$k=0$, 1, 2, … を $n=1$, 2, 3, … に対応させるために，$n=k+1$ すなわち $k=n-1$ とし，$c_n=15(n-1)+13=\boldsymbol{15n-2}$ とする調整が必要である。

↑ k を $n-1$ でおき換える。

練習 ③ 10 等差数列 $\{a_n\}$, $\{b_n\}$ の一般項がそれぞれ $a_n=3n-1$, $b_n=4n+1$ であるとき，この2つの数列に共通に含まれる数を，小さい方から順に並べてできる数列 $\{c_n\}$ の一般項を求めよ。

p.426 EX 5

EXERCISES　　　1 等差数列

③1　初項が a_1 で，公差 d が整数である等差数列 $\{a_n\}$ が，以下の 2 つの条件 (a) と (b) を満たすとする。このとき，初項 a_1 と公差 d を求めよ。

(a)　$a_4+a_6+a_8=84$

(b)　$a_n>50$ となる最小の n は 11 である。　〔愛知大〕 →2

②2　初項 a，公差 d の等差数列を $\{a_n\}$，初項 b，公差 e の等差数列を $\{b_n\}$ とする。このとき，n に無関係な定数 p，q に対し数列 $\{pa_n+qb_n\}$ も等差数列であることを示し，その初項と公差を求めよ。 →3

③3　等差数列 $\{a_n\}$ の初項 a_1 から第 n 項 a_n までの和を S_n とする。$S_{10}=555$，$S_{20}=810$ であるとき

(1)　数列 $\{a_n\}$ の初項と公差を求めよ。

(2)　数列 $\{a_n\}$ の第 11 項から第 30 項までの和を求めよ。

(3)　不等式 $S_n<a_1$ を満たす n の最小値を求めよ。　〔類　星薬大〕 →6

③4　鉛筆を右の図のように，1 段ごとに 1 本ずつ減らして積み重ねる。ただし，最上段はこの限りではないとする。いま，125 本の鉛筆を積み重ねるとすると，最下段には最小限何本置かなければならないか。また，最小限置いたとき，最上段には何本の鉛筆があるか。 →6

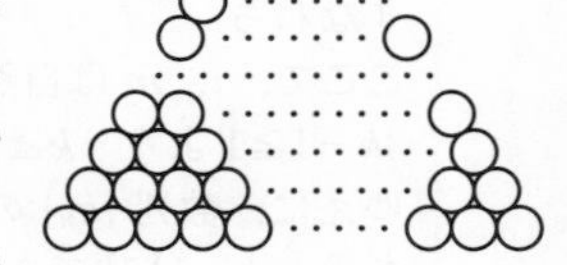

④5　200 未満の正の整数全体の集合を U とする。U の要素のうち，5 で割ると 2 余るもの全体の集合を A とし，7 で割ると 4 余るもの全体の集合を B とする。

(1)　A，B の要素をそれぞれ小さいものから順に並べたとき，A の k 番目の要素を a_k とし，B の k 番目の要素を b_k とする。このとき，$a_k=$ ア□，$b_k=$ イ□ と書ける。A の要素のうち最大のものは ウ□ であり，A の要素すべての和は エ□ である。

(2)　$C=A\cap B$ とする。C の要素の個数は オ□ 個である。また，C の要素のうち最大のものは カ□ である。

(3)　U に関する $A\cup B$ の補集合を D とすると，D の要素の個数は キ□ 個である。また，D の要素すべての和は ク□ である。　〔近畿大〕 →7,10

HINT

1　条件 (a) から a_1 を d で表し，条件 (b) を d の式で表す。

2　{第 $(n+1)$ 項}−(第 n 項)=(定数) ならば等差数列であることを利用。

3　(1)　公差を d とする。和の条件から a_1，d の連立方程式を作り，それを解く。
　(2)　S_{10} を利用して求める。

4　最下段を n 本として，最上段の 1 本までの和が 125 本以上となる最小の自然数 n を求め，この n の値に対し，合計が 125 本となる最上段の本数を求める。

5　(2)　C の要素が，数列 $\{a_k\}$ の第 k 項，数列 $\{b_k\}$ の第 l 項であるとすると　$a_k=b_l$
　(3)　(ク)　U の要素すべての和から，$A\cup B$ の要素すべての和を引けばよい。

2 等比数列

基本事項

1 等比数列　初項を a，公比を r とする。すべての自然数 n について

① **定　義**　$a_{n+1}=a_nr$　　特に，$a\neq0$，$r\neq0$ のとき　$\dfrac{a_{n+1}}{a_n}=r$

② **一般項**　$a_n=ar^{n-1}$

2 等比中項　a，b，c は 0 でないとする。
数列 a，b，c が等比数列 $\Longleftrightarrow$ $b^2=ac$　（b を a と c の **等比中項** という）

3 等比数列の和
初項を a，公比を r，初項から第 n 項までの和を S_n とする。

$r\neq1$ のとき　$S_n=\dfrac{a(1-r^n)}{1-r}=\dfrac{a(r^n-1)}{r-1}$　　　**$r=1$ のとき　$S_n=na$**

解　説

■ 等比数列

数列 $\{a_n\}$ において，各項に一定の数 r を掛けると，次の項が得られるとき，この数列を **等比数列** という。

$\{a_n\}$：a_1　a_2　a_3　a_4　……　a_{n-1}　a_n（各項に $\times r$）$\Rightarrow$ $\dfrac{a_{n+1}}{a_n}=r$

$\Rightarrow$ 初項 a，公比 r として　一般項 $a_n=ar^{n-1}$

◀隣り合う 2 項の比が一定。
◀初項 $a_1=a$ に公比 r を $(n-1)$ 個掛ける。

■ 等比中項

数列 a，b，c が等比数列（ただし，$abc\neq0$）$\Longleftrightarrow$ $\dfrac{b}{a}=\dfrac{c}{b}$（＝公比）

$\Longleftrightarrow$ $b^2=ac$

◀$abc\neq0$ $\Longleftrightarrow$ a，b，c は 0 でない

このとき，b を a と c の **等比中項** という。特に，a，b，c が正の数のとき，$b=\sqrt{ac}$ から，b は a と c の相乗平均である。

■ 等比数列の和

初項 a，公比 r，項数 n とすると

$r=1$ のとき　　$S_n=a+a+\cdots\cdots+a=\boldsymbol{na}$

◀a が n 個の和。

$r\neq1$ のとき　　$S_n=a+ar+ar^2+ar^3+\cdots\cdots+ar^{n-1}$

$rS_n=\quad ar+ar^2+ar^3+\cdots\cdots+ar^{n-1}+ar^n$

辺々を引いて　$(1-r)S_n=a-ar^n$

よって　$(1-r)S_n=a(1-r^n)$

両辺を $1-r\ (\neq0)$ で割って　$S_n=\dfrac{a(1-r^n)}{1-r}$ (*) $=\dfrac{a(r^n-1)}{r-1}$

(*) 末項を l とすると，$S_n=\dfrac{a-lr}{1-r}$ と表すこともできる。

注意　等比数列の和の公式は，$r<1$ のときは分母が $1-r$ の式を，$r>1$ のときは分母が $r-1$ の式を利用するとよい。

基本例題 11 等比数列の一般項

(1) 等比数列 2, −6, 18, …… の一般項 a_n を求めよ。また，第 8 項を求めよ。

(2) 第 10 項が 32, 第 15 項が 1024 である等比数列の一般項を求めよ。ただし，公比は実数とする。

p.427 基本事項 1 重要 18

指針 等比数列の一般項は $a_n=ar^{n-1}$

⟶ 初項 a, 公比 r で決まる。そこで，**まず初項 a と公比 r を求める。**

(1) 初項 $a=2$ はすぐわかる。公比 r は $r=\dfrac{\text{後の項}}{\text{前の項}}$ から求める。

(2) 初項を a, 公比を r として，a, r の連立方程式を作り，それを解く。検討 の内容に注意。

CHART 等比数列 まず 初項と公比

解答

(1) 初項が 2, 公比が $\dfrac{-6}{2}=-3$ であるから，一般項は

$$\boldsymbol{a_n=2\cdot(-3)^{n-1}}$$

また $a_8=2\cdot(-3)^{8-1}=\boldsymbol{-4374}$

(2) 初項を a, 公比を r, 一般項を a_n とすると，$a_{10}=32$, $a_{15}=1024$ であるから

$$\begin{cases} ar^9=32 & \cdots\cdots ① \\ ar^{14}=1024 & \cdots\cdots ② \end{cases}$$

② から $ar^9\cdot r^5=1024$

これに ① を代入して $32r^5=1024$

ゆえに $r^5=32$ すなわち $r^5=2^5$

r は実数であるから $r=2$

このとき，① から $a\cdot 2^9=32$ よって $a=\dfrac{1}{16}$

したがって $a_n=\dfrac{1}{16}\cdot 2^{n-1}=\boldsymbol{2^{n-5}}$

◀(公比)$=\dfrac{a_{n+1}}{a_n}$

◀$a_n=2\cdot(-3)^n$ ではない！

◀マイナスを忘れない！

◀②÷① から $\dfrac{ar^{14}}{ar^9}=\dfrac{1024}{32}$ よって $r^5=32$ としてもよい。

◀$a=\dfrac{2^5}{2^9}$

検討 **方程式 $r^n=p^n$ の解**

(2) で，r を求めるときは，次のことに注意。

n が奇数のとき $r^n=p^n$ (p は実数) $\Longleftrightarrow$ $r=p$

n が偶数のとき $r^n=p^n$ ($p\geqq 0$) $\Longleftrightarrow$ $r=\pm p$

なお，$r^5=32$ を満たす解は複素数の範囲では 5 つあるが，実数解は 1 つである。詳しくは数学 C で学習する。

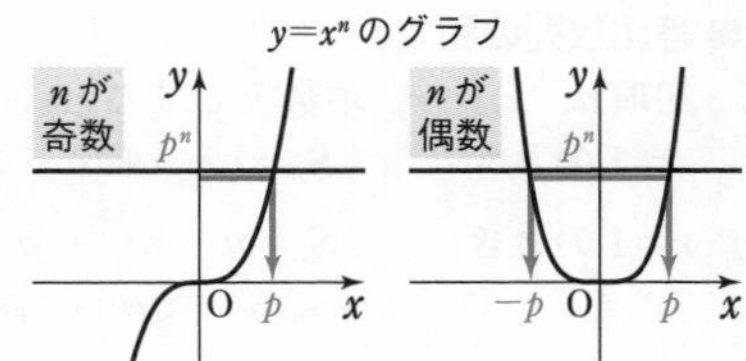

練習 11 ①

(1) 等比数列 2, $-\sqrt{2}$, 1, …… の一般項 a_n を求めよ。また，第 10 項を求めよ。

(2) 第 5 項が −48, 第 8 項が 384 である等比数列の一般項を求めよ。ただし，公比は実数とする。

基本例題 12 等比中項

3つの実数 a, b, c はこの順で等比数列になり，c, a, b の順で等差数列になる。a, b, c の積が -27 であるとき，a, b, c の値を求めよ。　〔類 成蹊大〕

p.427 基本事項 2，基本 4

指針

等比数列をなす3つの数の表し方には，次の3通りがある。

1. **初項 a，公比 r として a，ar，ar^2 と表す　（公比形）**
2. **中央の項 a，公比 r として ar^{-1}，a，ar と表す　（対称形）**
3. **数列 a，b，c が等比数列 ⟺ $b^2=ac$ を利用　（平均形）**

等差数列をなす3つの数の表し方は，次の3通り（$p.419$ 参照）。

1. **公差形　a，$a+d$，$a+2d$ と表す**
2. **対称形　$a-d$，a，$a+d$ と表す**
3. **平均形　$2b=a+c$ を利用**

解答

数列 a，b，c が等比数列をなすから　$b^2=ac$　… ①

数列 c，a，b が等差数列をなすから　$2a=c+b$　… ②

a，b，c の積が -27 であるから　$abc=-27$ … ③

① を ③ に代入して　$b^3=-27$

b は実数であるから　$b=-3$

これを ①，② に代入して　$ac=9$，$2a=c-3$

これらから c を消去して　$2a^2+3a-9=0$

左辺を因数分解して　$(a+3)(2a-3)=0$

これを解いて　$a=-3$，$\dfrac{3}{2}$

よって　$(a,\ b,\ c)=(-3,\ -3,\ -3),\ \left(\dfrac{3}{2},\ -3,\ 6\right)$

◀ 3 **平均形 $b^2=ac$** を利用。

◀ a は c，b の等差中項。

◀ $b^3=(-3)^3$

◀ $c=2a+3$ を $ac=9$ に代入。

◀ $ac=9$ に代入して
$a=-3$ のとき　$c=-3$
$a=\dfrac{3}{2}$ のとき　$c=6$

別解　数列 a，b，c が等比数列をなすから，公比を r とすると　$b=ar$，$c=ar^2$

a，b，c の積が -27 であるから　$abc=-27$

よって　$a\cdot ar\cdot ar^2=-27$　すなわち　$(ar)^3=-27$

ゆえに　$ar=-3$

$b=ar=-3$ であるから　$ac=9$ …… ①

また，数列 c，a，b が等差数列をなすから

$2a=c+b$

よって　$2a=c-3$ …… ②

①，② から，c を消去して　$2a^2+3a-9=0$

以下，上の解答と同様に計算する。

◀ 1 **公比形 a, ar, ar^2** と表す。

検討

2 **対称形** を用いる。
$a=br^{-1}$，$c=br$ とすると
$br^{-1}\cdot b\cdot br=-27$
よって　$b^3=-27$
ゆえに　$b=-3$

練習 12 ②　異なる3つの実数 a，b，ab はこの順で等比数列になり，ab，a，b の順で等差数列になるとき，a，b の値を求めよ。　〔類 立命館大〕

基本例題 13 等比数列の和 (1)

(1) 等比数列 a, $3a^2$, $9a^3$, …… の初項から第 n 項までの和 S_n を求めよ。ただし，$a \neq 0$ とする。

(2) 初項 5，公比 r の等比数列の第 2 項から第 4 項までの和が -30 であるとき，実数 r の値を求めよ。

p.427 基本事項 3　重要 18

指針 等比数列の和　[1] $r \neq 1$ のとき $S_n=\dfrac{a(r^n-1)}{r-1}$　[2] $r=1$ のとき $S_n=na$

→ $r \neq 1$, $r=1$ で，公式 [1], [2] を使い分ける。

(1) 初項 a，公比 $3a$ の等比数列の和 → $3a \neq 1$, $3a=1$ で使い分ける。

(2) 第 2 項 $5r$ を初項とみて，和を r の式で表す。

CHART 等比数列の和　$r \neq 1$ か $r=1$ に注意

解答

(1) 初項 a，公比 $3a$，項数 n の等比数列の和であるから

[1] $3a \neq 1$ すなわち $a \neq \dfrac{1}{3}$ のとき　$S_n=\dfrac{a\{(3a)^n-1\}}{3a-1}$

[2] $3a=1$ すなわち $a=\dfrac{1}{3}$ のとき　$S_n=na=\dfrac{1}{3}n$

(2) 初項 5，公比 r の等比数列で，第 2 項から第 4 項までの和は，初項 $5r$，公比 r，項数 3 の等比数列の和と考えられる。もとの数列の第 2 項から第 4 項までの和が -30 であるから

[1] $r \neq 1$ のとき　$\dfrac{5r(r^3-1)}{r-1}=-30$

整理して　$r(r^2+r+1)=-6$

すなわち　$r^3+r^2+r+6=0$

因数分解して　$(r+2)(r^2-r+3)=0$

r は実数であるから　$r=-2$

[2] $r=1$ のとき

第 2 項から第 4 項までの和は $3 \cdot 5=15$ となり，不適。

以上から　$r=-2$

◀ $(\text{公比})=\dfrac{3a^2}{a}=3a$

◀ 公比 $3a$ が，1 のときと 1 でないときで **場合分け**。

◀ 初項 5，公比 r から $a_2=5r$, $a_3=5r^2$, $a_4=5r^3$　よって，和を $5r+5r^2+5r^3$ としてもよい。

◀ $r^3-1=(r-1)(r^2+r+1)$

◀
```
1   1   1   6 | -2
   -2   2  -6
-----------------
1  -1   3   0
```

◀ $r^2-r+3=0$ は実数解をもたない。

◀ $a_2=a_3=a_4=5$

注意 等比数列について，一般項と和の公式の r の指数は異なる。

一般項 $a_n=ar^{n-1}$　（r の指数は $n-1$）

和 $S_n=\dfrac{a(r^n-1)}{r-1}$ ← r の指数は n

練習 ② 13

(1) 等比数列 2, $-4a$, $8a^2$, …… の初項から第 n 項までの和 S_n を求めよ。

(2) 初項 2，公比 r の等比数列の初項から第 3 項までの和が 14 であるとき，実数 r の値を求めよ。

p.437 EX 6, 7

基本 例題 14 等比数列の和 (2)

初項から第 5 項までの和が 3，初項から第 10 項までの和が 9 である等比数列について，次のものを求めよ。ただし，公比は実数とする。

(1) 初項から第 15 項までの和　　(2) 第 16 項から第 20 項までの和

基本 13

指針 項数がわかっているから，初項 a，公比 r として，等比数列の和の公式を利用。このとき，最初から $r \neq 1$ と決めつけてはいけない。

等比数列の和　$r \neq 1$ か $r=1$ に注意

また，この問題では，(1)，(2) の和を求めるのに，a，r の値がわからなくても r^5 などを利用して求めることができる。

解答

初項を a，公比を r，初項から第 n 項までの和を S_n とする。

$r=1$ とすると，$S_5=5a$ となり　　$5a=3$

◀ $S_n=na$

このとき，$S_{10}=10a=6 \neq 9$ であるから，条件を満たさない。

よって　　$r \neq 1$

$S_5=3$，$S_{10}=9$ であるから

$$\frac{a(r^5-1)}{r-1}=3 \quad \cdots\cdots ①, \quad \frac{a(r^{10}-1)}{r-1}=9 \quad \cdots\cdots ②$$

◀ $S_n=\dfrac{a(r^n-1)}{r-1}$

② から　　$\dfrac{a(r^5-1)}{r-1}\cdot(r^5+1)=9$

◀ $r^{10}-1=(r^5)^2-1=(r^5+1)(r^5-1)$

① を代入して　　$3(r^5+1)=9$

よって　　$r^5+1=3$　　すなわち　　$r^5=2$ …… ③

(1) $S_{15}=\dfrac{a(r^{15}-1)}{r-1}=\dfrac{a(r^5-1)}{r-1}\{(r^5)^2+r^5+1\}$

◀ $r^{15}-1=(r^5)^3-1=(r^5-1)\{(r^5)^2+r^5+1\}$

①，③ を代入して　　$S_{15}=3\cdot(2^2+2+1)=\mathbf{21}$

(2) $S_{20}=\dfrac{a(r^{20}-1)}{r-1}=\dfrac{a(r^{10}-1)}{r-1}\{(r^5)^2+1\}$

②，③ を代入して　　$S_{20}=9\cdot(2^2+1)=45$

第 16 項から第 20 項までの和は $S_{20}-S_{15}$ であるから

$S_{20}-S_{15}=45-21=\mathbf{24}$

検討

等比数列の和の性質

初項から 5 項ずつの和を a_1，a_2，a_3，a_4，……，a_n，…… とすると

$a_1=S_5=3$，$a_2=S_{10}-S_5=6$，$a_3=S_{15}-S_{10}=12$，$a_4=24$，……

一般に，数列 $\{a_n\}$ は初項 3 $(=S_5)$，公比 2 $(=r^5)$ の等比数列となる。

$\left(\dfrac{a_{n+1}}{a_n}=r^5\right.$ となることを確かめてみよ。$\left.\right)$

練習 ③ 14 初項から第 10 項までの和が 6，初項から第 20 項までの和が 24 である等比数列について，次のものを求めよ。ただし，公比は実数とする。

(1) 初項から第 30 項までの和　　(2) 第 31 項から第 40 項までの和

p.437 EX 7

基本例題 15 複利計算

年利率 r，1 年ごとの複利での計算とするとき，次のものを求めよ。
(1) n 年後の元利合計を S 円にするときの元金 T 円
(2) 毎年度初めに P 円ずつ積立貯金するときの，n 年度末の元利合計 S_n 円

基本 13

指針 「1 年ごとの複利で計算する」とは，1 年ごとに利息を元金に繰り入れて利息を計算することをいう。複利計算では，期末ごとの元金，利息，元利合計を順々に書き出して考えるとよい。元金を P 円，年利率を r とすると

(1) 1 年後 —— 元金 P，　利息 Pr　… 合計 $P(1+r)$
　2 年後 —— 元金 $P(1+r)$，　利息 $P(1+r)\cdot r$　… 合計 $P(1+r)^2$
　3 年後 —— 元金 $P(1+r)^2$，　利息 $P(1+r)^2\cdot r$　… 合計 $P(1+r)^3$
　⋮
　n 年後 —— 元金 $P(1+r)^{n-1}$，　利息 $P(1+r)^{n-1}\cdot r$　… 合計 $P(1+r)^n$

(2) 例えば，3 年度末にいくらになるかを考えると

	1 年度末	2 年度末	3 年度末
1 年目の積み立て … P →	$P(1+r)$ →	$P(1+r)^2$ →	$P(1+r)^3$
2 年目の積み立て …	P →	$P(1+r)$ →	$P(1+r)^2$
3 年目の積み立て …		P →	$P(1+r)$

したがって，3 年度末の元利合計は

$P(1+r)^3+P(1+r)^2+P(1+r)$　← **等比数列** の和。

解答

(1) 元金 T 円の n 年後の元利合計は $T(1+r)^n$ 円であるから

$$T(1+r)^n=S \quad よって \quad \boldsymbol{T=\frac{S}{(1+r)^n}}$$

(2) 毎年度初めの元金は，1 年ごとに利息がついて $(1+r)$ 倍となる。
よって，n 年度末には，
　1 年度初めの P 円は　$P(1+r)^n$ 円，
　2 年度初めの P 円は　$P(1+r)^{n-1}$ 円，
　……
　n 年度初めの P 円は　$P(1+r)$ 円　　になる。
したがって，求める元利合計 S_n は

$$S_n=P(1+r)^n+P(1+r)^{n-1}+\cdots\cdots+P(1+r)$$
$$=\frac{P(1+r)\{(1+r)^n-1\}}{(1+r)-1}$$
$$=\boldsymbol{\frac{P(1+r)\{(1+r)^n-1\}}{r}}\ \textbf{(円)}$$

◀右端を初項と考えると，S_n は初項 $P(1+r)$，公比 $1+r$，項数 n の等比数列の和である。

練習 ③ **15** 年利 5 %，1 年ごとの複利で，毎年度初めに 20 万円ずつ積み立てると，7 年度末には元利合計はいくらになるか。ただし，$(1.05)^7=1.4071$ とする。〔類 立教大〕

p.437 EX9

補足事項　分割払い（年賦償還（ねんぷしょうかん））について

前ページの基本例題 **15** (2) では，毎年一定の金額を n 年間の複利で積み立てたときの元利合計を求めたが，実生活では，銀行などから借りた金額を一定の期間をかけて定額で返済していく場合もある。そのような例について考えてみよう。

問題　今年の初めに年利率 4 %の自動車ローンを 100 万円借りた。年末に一定額を返済し，15 年で全額返済しようとする場合，毎年返済する金額を求めよ。ただし，1 年ごとの複利法で計算し，$1.04^{15}=1.80$ とする。〔類 東京農大〕

毎年の年末に返済する金額を x 万円とすると，各年の年末の残金は（単位は万円）

1 年末の残金　$100\times1.04-x$　…… ①
2 年末の残金　①$\times1.04-x$　すなわち　$100\times1.04^2-1.04x-x$　…… ②
3 年末の残金　②$\times1.04-x$　すなわち　$(100\times1.04^3-1.04^2x-1.04x)-x$
⋮
15 年末の残金　$(100\times1.04^{15}-1.04^{14}x-1.04^{13}x-\cdots\cdots-1.04x)-x$　…… Ⓐ

Ⓐ$=0$ となると返済が終了するから　$x+1.04x+1.04^2x+\cdots\cdots+1.04^{14}x=100\times1.04^{15}$

が成り立てばよい。ここで，この等式は，年利率 4 %の複利で

（毎年の返済金 x 万円を積み立てた場合の 15 年後の元利合計）
＝（借りた 100 万円の 15 年後の元利合計）　とみることができる。

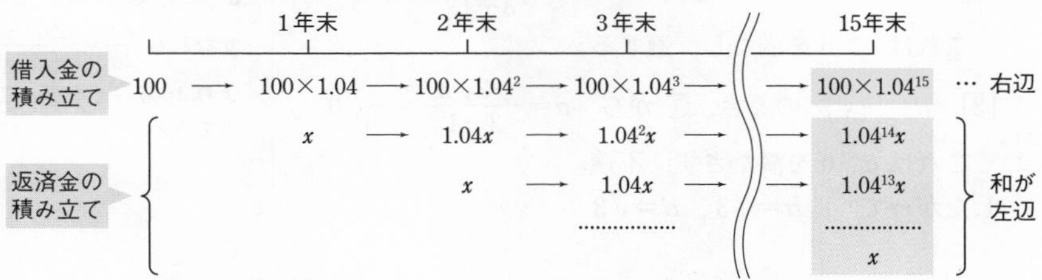

このように，定額返済の問題では，借入金の元利合計と，返済金の元利合計が等しくなると考えて方程式を作るとよい。この考えで解くと，**問題** の解答は次のようになる。

解答　借りた 100 万円は，15 年後には 100×1.04^{15} 万円になる。
毎年末に x 万円返済するとし，返済金額を積み立てていくと，15 年後には $(1.04^{14}x+1.04^{13}x+\cdots\cdots+1.04x+x)$ 万円になる。
よって，$(1.04^{14}+1.04^{13}+\cdots\cdots+1.04+1)x=100\times1.04^{15}$ とすると

$\dfrac{1.04^{15}-1}{1.04-1}x=100\times1.04^{15}$　　$1.04^{15}=1.80$ から　$\dfrac{0.80}{0.04}x=100\times1.80$

ゆえに　$20x=180$　　よって　$x=9$　　したがって　**9 万円**

⟶ 上記の内容確認のため，$p.437$ の EXERCISES 9 に取り組んでみよう。

基本例題 16 等差数列と等比数列

等差数列 $\{a_n\}$ と等比数列 $\{b_n\}$ において，公差と公比が同じ値 $d\ (\neq 0)$ をとる。初項に関しても同じ値 $a_1=b_1=a\ (>0)$ をとる。$a_3=b_3$，$a_9=b_5$ が成り立つとき，a，d の値を求めよ。　〔類　京都学園大〕

基本 11　重要 17

指針　条件 $a_3=b_3$，$a_9=b_5$ から，**初項 a と公差(公比) d の方程式** を作り，それを解く。まず，a を消去することを考えるとよい。なお，計算の際 a，d の符号の条件に注意する。

解答

数列 $\{a_n\}$ は等差数列であるから　$a_n=a+(n-1)d$

数列 $\{b_n\}$ は等比数列であるから　$b_n=ad^{n-1}$

$a_3=b_3$ から　$a+2d=ad^2$

よって　$2d=a(d^2-1)$ …… ①

$a_9=b_5$ から　$a+8d=ad^4$

よって　$8d=a(d^4-1)$ …… ②

② を変形すると　$8d=a(d^2-1)(d^2+1)$

① を代入して　$8d=2d(d^2+1)$

ゆえに　$d(d^2-3)=0$

$d\neq 0$ であるから　$d^2=3$　よって　$d=\pm\sqrt{3}$

[1]　$d=\sqrt{3}$ のとき，① から　$a=\dfrac{2\sqrt{3}}{3-1}=\sqrt{3}$

これは $a>0$ を満たし，適する。

[2]　$d=-\sqrt{3}$ のとき，① から　$a=\dfrac{-2\sqrt{3}}{3-1}=-\sqrt{3}$

これは $a>0$ を満たさず，不適。

したがって　$\boldsymbol{a=\sqrt{3}}$，$\boldsymbol{d=\sqrt{3}}$

◀ $8d=a(d+1)(d-1)(d^2+1)$ と変形してしまうと，① の利用に気づきにくい。

◀ 解答で「$d=\pm 1$ のとき ① は成り立たないから $d\neq\pm 1$」と断れば，②÷① すなわち $\dfrac{8d}{2d}=\dfrac{a(d^4-1)}{a(d^2-1)}$ より $4=d^2+1$ を導くこともできる。

検討

等差数列と等比数列の共通項

例題の数列 $\{a_n\}$，$\{b_n\}$ の項を書き出してみると

$\{a_n\}$：$\sqrt{3}$，$2\sqrt{3}$，$3\sqrt{3}$，$4\sqrt{3}$，$5\sqrt{3}$，$6\sqrt{3}$，$7\sqrt{3}$，$8\sqrt{3}$，$9\sqrt{3}$，$10\sqrt{3}$，……

$\{b_n\}$：$\sqrt{3}$，3，$3\sqrt{3}$，9，$9\sqrt{3}$，27，$27\sqrt{3}$，……

2 つの数列の共通項は $\sqrt{3}$，$3\sqrt{3}$，$9\sqrt{3}$，$27\sqrt{3}$，…… である。

これを「初項 $\sqrt{3}$，公比 3 の等比数列」と考えると，一般項は $\sqrt{3}\cdot 3^{n-1}=3^{n-\frac{1}{2}}$ [$\sqrt{3}=3^{\frac{1}{2}}$(数学Ⅱ参照)] と考えられる(重要例題 **17** 参照)。

練習 ② **16**　初項 1 の等差数列 $\{a_n\}$ と初項 1 の等比数列 $\{b_n\}$ が $a_3=b_3$，$a_4=b_4$，$a_5\neq b_5$ を満たすとき，一般項 a_n，b_n を求めよ。　〔類　神戸薬大〕

p.437 EX 10

重要例題 17 等差数列と等比数列の共通項

数列 $\{a_n\}$, $\{b_n\}$ の一般項を $a_n=3n-1$, $b_n=2^n$ とする。数列 $\{b_n\}$ の項のうち，数列 $\{a_n\}$ の項でもあるものを小さい方から並べて数列 $\{c_n\}$ を作るとき，数列 $\{c_n\}$ の一般項を求めよ。

重要 10，基本 16

指針 2つの等差数列の共通な項の問題（例題 **10**）と同じように，まず，$a_l=b_m$ として，l と m の関係を調べるが，それだけでは $\{c_n\}$ の一般項を求めることができない。
そこで，数列 $\{a_n\}$，$\{b_n\}$ の項を書き出してみると，次のようになる。

$\{a_n\}$：2，5，8，11，14，17，20，23，26，29，32，……
$\{b_n\}$：2，4，8，16，32，……

$c_1=b_1$，$c_2=b_3$，$c_3=b_5$ となっていることから，数列 $\{b_n\}$ を基準として，**b_{m+1} が数列 $\{a_n\}$ の項となるかどうか，b_{m+2} が数列 $\{a_n\}$ の項となるかどうか，……　を順に調べ，規則性を見つける。**

解答
$a_1=2$，$b_1=2$ であるから　　$c_1=2$
数列 $\{a_n\}$ の第 l 項が数列 $\{b_n\}$ の第 m 項に等しいとすると　　$3l-1=2^m$
ゆえに　　$b_{m+1}=2^{m+1}=2^m\cdot 2=(3l-1)\cdot 2$
　　　　$=3\cdot 2l-2$　…… ①
よって，b_{m+1} は数列 $\{a_n\}$ の項ではない。　◀3·○−1 の形にならない。
① から　　$b_{m+2}=2b_{m+1}=3\cdot 4l-4$
　　　　$=3(4l-1)-1$
ゆえに，b_{m+2} は数列 $\{a_n\}$ の項である。
したがって　　$\{c_n\}$：b_1，b_3，b_5，……
数列 $\{c_n\}$ は公比 2^2 の等比数列で，$c_1=2$ であるから

$$\boldsymbol{c_n=2\cdot(2^2)^{n-1}=2^{2n-1}}$$

◀ $c_n=\dfrac{4^n}{2}$ などと答えてもよい。

検討
合同式（チャート式基礎からの数学 A 参照）を用いた解答
$3n-1\equiv-1\equiv2\pmod 3$ であるから，$2^m\equiv2\pmod 3$ となる m について考える。
[1]　$m=2n$（n は自然数）とすると
$$2^{2n}\equiv4^n\equiv1^n\equiv1\pmod 3$$
[2]　$m=2n-1$（n は自然数）とすると
$$2^{2n-1}\equiv2^{2(n-1)}\cdot2\equiv4^{n-1}\cdot2\equiv1^{n-1}\cdot2\equiv2\pmod 3$$
[1]，[2] より，$m=2n-1$（n は自然数）のとき 2^m が数列 $\{c_n\}$ の項になるから
$$c_n=b_{2n-1}=2^{2n-1}$$

練習 ④ 17 数列 $\{a_n\}$，$\{b_n\}$ の一般項を $a_n=15n-2$，$b_n=7\cdot2^{n-1}$ とする。数列 $\{b_n\}$ の項のうち，数列 $\{a_n\}$ の項でもあるものを小さい方から並べて数列 $\{c_n\}$ を作るとき，数列 $\{c_n\}$ の一般項を求めよ。

重要例題 18 等比数列と対数

初項が 3, 公比が 2 の等比数列を $\{a_n\}$ とする。ただし, $\log_{10}2=0.3010$, $\log_{10}3=0.4771$ とする。

(1) $10^3<a_n<10^5$ を満たす n の値の範囲を求めよ。

(2) 初項から第 n 項までの和が 30000 を超える最小の n の値を求めよ。

基本 11, 13

指針 等比数列において, 項の値が飛躍的に大きくなったり, 小さくなったりして処理に困るときには, **対数**（数学Ⅱ）を用いて, 項や和を考察するとよい。

(1) $10^3<a_n<10^5$ の各辺の **常用対数**（底が 10 の対数）をとる。

(2) （初項から第 n 項までの和）>30000 として **常用対数** を利用する。

解答

(1) 初項が 3, 公比が 2 の等比数列であるから

$$a_n=3\cdot2^{n-1}$$

$10^3<a_n<10^5$ から　$10^3<3\cdot2^{n-1}<10^5$

各辺の常用対数をとると

$$\log_{10}10^3<\log_{10}3\cdot2^{n-1}<\log_{10}10^5$$

よって　$3<\log_{10}3+(n-1)\log_{10}2<5$

ゆえに　$1+\dfrac{3-\log_{10}3}{\log_{10}2}<n<1+\dfrac{5-\log_{10}3}{\log_{10}2}$

よって　$1+\dfrac{3-0.4771}{0.3010}<n<1+\dfrac{5-0.4771}{0.3010}$

すなわち　$9.38\cdots\cdots<n<16.02\cdots\cdots$

n は自然数であるから　$\boldsymbol{10\leqq n\leqq 16}$

(2) 数列 $\{a_n\}$ の初項から第 n 項までの和は

$$\frac{3(2^n-1)}{2-1}=3(2^n-1)$$

$3(2^n-1)>30000$ とすると　$2^n-1>10^4$ …… ①

ここで, $2^n>10^4$ について両辺の常用対数をとると

$$n\log_{10}2>4$$

よって　$n>\dfrac{4}{\log_{10}2}=\dfrac{4}{0.3010}=13.2\cdots\cdots$

ゆえに, $n\geqq14$ のとき $2^n>10^4$ が成り立ち, 2^{14} は偶数であるから　$2^{14}>10^4+1$　ゆえに　$2^{14}-1>10^4$

2^n-1 は単調に増加する (*) から, ① を満たす最小の n の値は　$\boldsymbol{n=14}$

◀ $a_n=ar^{n-1}$

◀ $\log_{10}10^3=3\log_{10}10=3$, $\log_{10}3\cdot2^{n-1}=\log_{10}3+\log_{10}2^{n-1}=\log_{10}3+(n-1)\log_{10}2$, $\log_{10}10^5=5\log_{10}10=5$

◀ $S_n=\dfrac{a(r^n-1)}{r-1}$

◀ $10000=10^4$

◀ $2^{10}=1024$ であるから $2^{13}=1024\cdot8=8192$, $2^{14}=1024\cdot16=16384$ このことから, ① を満たす n の値を調べてもよい。

(*) 2^n-1 が「単調に増加する」とは, n の値が大きくなると 2^n-1 の値も大きくなるということ。

練習 ④ 18 初項が 2, 公比が 4 の等比数列を $\{a_n\}$ とする。ただし, $\log_{10}2=0.3010$, $\log_{10}3=0.4771$ とする。

(1) a_n が 10000 を超える最小の n の値を求めよ。

(2) 初項から第 n 項までの和が 100000 を超える最小の n の値を求めよ。

p.437 EX 11

EXERCISES

③6 自然数 $2^a3^b5^c$ (a, b, c は 0 以上の整数) の正の約数の総和を求めよ。 →13

③7 公比が実数である等比数列 $\{a_n\}$ において，$a_3+a_4+a_5=56$，$a_6+a_7+a_8=7$ が成り立つ。このとき，数列 $\{a_n\}$ の公比は ア□ であり，初項は イ□ である。また，数列 $\{a_n\}$ の初項から第 10 項までの和は ウ□ である。 〔類 大阪工大〕 →14

③8 自然数 n に対して，$S_n=1+2+2^2+\cdots\cdots+2^{n-1}$ とおく。

(1) $S_n{}^2+2S_n+1=2^{30}$ を満たす n の値を求めよ。

(2) $S_1+S_2+\cdots\cdots+S_n+50=2S_n$ を満たす n の値を求めよ。 〔摂南大〕 →13, 14

③9 A 円をある年の初めに借り，その年の終わりから同額ずつ n 回で返済する。年利率を r (>0) とし，1 年ごとの複利法とすると，毎回の返済金額は □ 円である。 〔芝浦工大〕 →15

②10 数列 $\{a_n\}$ は初項 a，公差 d の等差数列で $a_{13}=0$ であるとし，数列 $\{a_n\}$ の初項から第 n 項までの和を S_n とする。また，数列 $\{b_n\}$ は初項 a，公比 r の等比数列とし，$b_3=a_{10}$ を満たすとする。ただし，$a\neq 0$，$r>0$ である。このとき，$r=$ ア□ である。また，$S_{10}=25$ のとき，$a=$ イ□ であり，数列 $\{b_n\}$ の初項から第 8 項までの和は ウ□ である。 〔類 関西学院大〕 →16

④11 初項 $\dfrac{10}{9}$，公比 $\dfrac{10}{9}$ の等比数列 $\{a_n\}$ の初項から第 n 項までの和を S_n とすると，$S_n>90$ を満たす最小の n の値は ア□ である。また，数列 $\{a_n\}$ の初項から第 n 項までの積を P_n とすると，$P_n>S_n+10$ を満たす最小の n の値は イ□ である。ただし，$\log_{10}3=0.477$ とする。 〔類 立命館大〕 →18

HINT

6 $2^a3^b5^c$ の正の約数は $(1+2+\cdots\cdots+2^a)(1+3+\cdots\cdots+3^b)(1+5+\cdots\cdots+5^c)$ の展開式におけるすべての項で表される(数学 A)。

7 初項を a，公比を r として，条件を a と r で表す。

8 (1) $S_n{}^2+2S_n+1=(S_n+1)^2$ を利用。

9 毎回の返済金額を x 円とし，n 年後の，借りた A 円の元利合計と返済金額の元利合計が等しくなると考える。

11 不等式について，各辺の常用対数をとる。

3 種々の数列

基本事項

1 和の記号Σの性質 p, q は k に無関係な定数とする。

1 $\displaystyle\sum_{k=1}^{n}(a_k+b_k)=\sum_{k=1}^{n}a_k+\sum_{k=1}^{n}b_k$　　2 $\displaystyle\sum_{k=1}^{n}pa_k=p\sum_{k=1}^{n}a_k$

特に $\displaystyle\sum_{k=1}^{n}(pa_k+qb_k)=p\sum_{k=1}^{n}a_k+q\sum_{k=1}^{n}b_k$　　また $\displaystyle\sum_{k=1}^{n}a_k=\sum_{i=1}^{n}a_i$

2 数列の和の公式

1 $\displaystyle\sum_{k=1}^{n}k=\frac{1}{2}n(n+1)$　　2 $\displaystyle\sum_{k=1}^{n}k^2=\frac{1}{6}n(n+1)(2n+1)$　　3 $\displaystyle\sum_{k=1}^{n}k^3=\left\{\frac{1}{2}n(n+1)\right\}^2$

また $\displaystyle\sum_{k=1}^{n}c=nc$　(c は定数)　特に $\displaystyle\sum_{k=1}^{n}1=n$

解　説

■和の記号Σ

数列の和 $a_1+a_2+a_3+\cdots\cdots+a_n$ を $\displaystyle\sum_{k=1}^{n}a_k$ と表す。

$\left(\displaystyle\sum_{k=●}^{▲}a_k\right.$ は，数列 $\{a_k\}$ の第●項から第▲項までの和を表す。$\left.\right)$

◀Σは，ギリシア文字の大文字で，シグマと読む。

■数列の和の公式

証明 1 初項1，公差1，項数 n の等差数列の和と考える。

◀$S_n=\frac{1}{2}n(a+l)$

2 恒等式 $(k+1)^3-k^3=3k^2+3k+1$ で $k=1$, 2, ……, n として辺々を加えると

$$(\text{左辺})=\sum_{k=1}^{n}(k+1)^3-\sum_{k=1}^{n}k^3=\{2^3+3^3+\cdots\cdots+(n+1)^3\}-(1^3+2^3+\cdots\cdots+n^3)$$
$$=(n+1)^3-1$$

◀途中が消える。

$$(\text{右辺})=3\sum_{k=1}^{n}k^2+3\sum_{k=1}^{n}k+\sum_{k=1}^{n}1=3\sum_{k=1}^{n}k^2+3\cdot\frac{1}{2}n(n+1)+n$$

よって，$\displaystyle (n+1)^3-1=3\sum_{k=1}^{n}k^2+\frac{3}{2}n(n+1)+n$ から　$\displaystyle\sum_{k=1}^{n}k^2=\frac{1}{6}n(n+1)(2n+1)$

3 恒等式 $(k+1)^4-k^4=4k^3+6k^2+4k+1$ において，$k=1$, 2, ……, n として辺々を加えると　$\displaystyle\sum_{k=1}^{n}\{(k+1)^4-k^4\}=\sum_{k=1}^{n}(4k^3+6k^2+4k+1)$

$$(\text{左辺})=\sum_{k=1}^{n}(k+1)^4-\sum_{k=1}^{n}k^4=\{2^4+3^4+\cdots\cdots+(n+1)^4\}-(1^4+2^4+\cdots\cdots+n^4)$$
$$=(n+1)^4-1$$

◀途中が消える。

$$(\text{右辺})=4\sum_{k=1}^{n}k^3+6\sum_{k=1}^{n}k^2+4\sum_{k=1}^{n}k+\sum_{k=1}^{n}1$$
$$=4\sum_{k=1}^{n}k^3+6\cdot\frac{1}{6}n(n+1)(2n+1)+4\cdot\frac{1}{2}n(n+1)+n$$

よって，$\displaystyle (n+1)^4-1=4\sum_{k=1}^{n}k^3+n(n+1)(2n+1)+2n(n+1)+n$ であるから

$$\sum_{k=1}^{n}k^3=\frac{1}{4}\cdot(n+1)\{(n+1)^3-n(2n+1)-2n-1\}=\left\{\frac{1}{2}n(n+1)\right\}^2$$

基本事項

3 階差数列 数列 $\{a_n\}$ の階差数列を $\{b_n\}$ とすると

$$b_n=a_{n+1}-a_n \quad n\geqq 2 \text{ のとき } a_n=a_1+\sum_{k=1}^{n-1}b_k$$

4 数列の和と一般項 数列 $\{a_n\}$ の初項から第 n 項までの和を S_n とすると

$$a_1=S_1 \quad n\geqq 2 \text{ のとき } a_n=S_n-S_{n-1}$$

5 いろいろな数列の和

① **分数の数列** 部分分数に分解して途中を消す。

$$\frac{1}{(k+a)(k+b)}=\frac{1}{b-a}\left(\frac{1}{k+a}-\frac{1}{k+b}\right)\ (a\neq b)$$

② **(等差数列)×(等比数列) の数列**

和を S として，$S-rS$ を計算。ただし，r は等比数列の公比とする。

③ **群数列** 数列 $\{a_n\}$ をある規則によって適当な群に分けた数列を **群数列** という。

群数列を扱うときは，**もとの数列 $\{a_n\}$ の規則** と **群の分け方の規則** にまず注目。

解 説

■ 階差数列

数列 $\{a_n\}$ の隣り合う 2 つの項の差 $b_n=a_{n+1}-a_n$ を項とする数列 $\{b_n\}$ を，数列 $\{a_n\}$ の **階差数列** という。$n\geqq 2$ のとき

$a_1 \quad a_2 \quad a_3 \quad a_4 \cdots\cdots a_{n-1} \quad a_n \quad a_{n+1} \cdots\cdots$

$b_1 \quad b_2 \quad b_3 \cdots\cdots\cdots\cdots b_{n-1} \quad b_n \cdots\cdots\cdots$

$$a_1+\sum_{k=1}^{n-1}b_k=a_1+b_1+b_2+b_3+\cdots\cdots+b_{n-1}=a_n$$

よって，階差数列 $\{b_n\}$ の一般項が求められれば，数列 $\{a_n\}$ の一般項が求められる。

■ 数列の和と一般項

$n\geqq 2$ のとき $\quad S_n \quad =a_1+a_2+\cdots\cdots+a_{n-1}+a_n \quad \cdots\cdots$ ①

$\qquad S_{n-1}=a_1+a_2+\cdots\cdots+a_{n-1} \quad \cdots\cdots$ ②

①−② から $\quad S_n-S_{n-1}=a_n$

■ いろいろな数列の和

① 例 $\displaystyle\sum_{k=1}^{n}\frac{1}{k(k+1)}=\sum_{k=1}^{n}\left(\frac{1}{k}-\frac{1}{k+1}\right)$ ◀部分分数に分解する。

$$=\left(\frac{1}{1}-\frac{1}{2}\right)+\left(\frac{1}{2}-\frac{1}{3}\right)+\left(\frac{1}{3}-\frac{1}{4}\right)+\cdots\cdots+\left(\frac{1}{n}-\frac{1}{n+1}\right)=1-\frac{1}{n+1}=\frac{n}{n+1}$$

② 例 $r\neq 1$ のとき $S=1+2r+3r^2+\cdots\cdots+nr^{n-1}$ …… ① とする。

両辺に r を掛けて $\quad rS=\quad r+2r^2+\cdots\cdots+(n-1)r^{n-1}+nr^n$ …… ②

①−② から $\quad (1-r)S=1+r+r^2+\cdots\cdots+r^{n-1}\quad -nr^n$

$r\neq 1$ から $\quad (1-r)S=\dfrac{1-r^n}{1-r}-nr^n=\dfrac{1-(n+1)r^n+nr^{n+1}}{1-r}$

よって $\quad S=\dfrac{1-(n+1)r^n+nr^{n+1}}{(1-r)^2}$

③ 例 数列 $1,\ \frac{1}{2},\ \frac{2}{2},\ \frac{1}{3},\ \frac{2}{3},\ \frac{3}{3},\ \frac{1}{4},\ \frac{2}{4},\ \frac{3}{4},\ \frac{4}{4},\ \cdots\cdots$ においては，この数列を

分母が同じ項で区分して群数列 $1\left|\frac{1}{2},\ \frac{2}{2}\right|\frac{1}{3},\ \frac{2}{3},\ \frac{3}{3}\left|\frac{1}{4},\ \frac{2}{4},\ \frac{3}{4},\ \frac{4}{4}\right|\cdots\cdots$ を作る。

└ 群の分け方の規則

基本 例題 19 Σの式の計算

次の和を求めよ。

(1) $\sum_{k=1}^{n}(3k^2-k)$ (2) $\sum_{k=1}^{n}(2k+1)(4k^2-2k+1)$ (3) $\sum_{k=11}^{20}(6k-1)$ (4) $\sum_{k=1}^{n+1}5^k$

p.438 基本事項 1, 2

指針 Σの性質を利用して，$a\sum_{k=1}^{n}k^3+b\sum_{k=1}^{n}k^2+c\sum_{k=1}^{n}k+d\sum_{k=1}^{n}1$ の形に変形する。

そして，$\sum_{k=1}^{n}k^3$，$\sum_{k=1}^{n}k^2$，$\sum_{k=1}^{n}k$，$\sum_{k=1}^{n}1$ の公式を適用。

$$\sum_{k=1}^{n}k=\frac{1}{2}n(n+1)$$ （n に +1）

$$\sum_{k=1}^{n}k^2=\frac{1}{6}n(n+1)(2n+1)$$ （n と $n+1$ の和）

$$\sum_{k=1}^{n}k^3=\left\{\frac{1}{2}n(n+1)\right\}^2$$ （$\sum_{k=1}^{n}k$ の2乗）

(2) まず，$(2k+1)(4k^2-2k+1)$ を展開する。

(3) Σの公式を使うには $k=1$ からにしたい。$\sum_{k=11}^{20}(6k-1)=\sum_{k=1}^{20}(6k-1)-\sum_{k=1}^{10}(6k-1)$ として求める。

(4) 等比数列の和である。初項，公比，項数を調べて，公式を利用。

解答

(1) $\sum_{k=1}^{n}(3k^2-k)=3\sum_{k=1}^{n}k^2-\sum_{k=1}^{n}k$

$=3\cdot\frac{1}{6}n(n+1)(2n+1)-\frac{1}{2}n(n+1)$

$=\frac{1}{2}n(n+1)\{(2n+1)-1\}$

$=\frac{1}{2}n(n+1)\cdot 2n=\boldsymbol{n^2(n+1)}$

(2) $\sum_{k=1}^{n}(2k+1)(4k^2-2k+1)=\sum_{k=1}^{n}(8k^3+1)=8\sum_{k=1}^{n}k^3+\sum_{k=1}^{n}1$

$=8\left\{\frac{1}{2}n(n+1)\right\}^2+n$

$=2n^2(n+1)^2+n=n\{2n(n+1)^2+1\}$

$=\boldsymbol{n(2n^3+4n^2+2n+1)}$

(3) $\sum_{k=1}^{n}(6k-1)=6\sum_{k=1}^{n}k-\sum_{k=1}^{n}1=6\cdot\frac{1}{2}n(n+1)-n=n(3n+2)$

よって $\sum_{k=11}^{20}(6k-1)=\sum_{k=1}^{20}(6k-1)-\sum_{k=1}^{10}(6k-1)$

$=20(60+2)-10(30+2)$

$=1240-320=\boldsymbol{920}$

別解 $k=m+10$ とおくと，$k=11,\ 12,\ \cdots\cdots,\ 20$ のとき m の値は順に $m=1,\ 2,\ \cdots\cdots,\ 10$ となるから

$\sum_{k=11}^{20}(6k-1)=\sum_{m=1}^{10}\{6(m+10)-1\}=\sum_{m=1}^{10}(6m+59)$

$=6\cdot\frac{1}{2}\cdot 10\cdot 11+59\cdot 10=\boldsymbol{920}$

---

(1)，(2) Σの計算結果は，因数分解しておくことが多い。そのため，計算途中で共通因数が現れたら，その共通因数でくくるとよい。

◀n^3+n^2 でもよい。

◀$(a+b)(a^2-ab+b^2)=a^3+b^3$ において，$a=2k$，$b=1$ とする。

◀$2n^4+4n^3+2n^2+n$ でもよい。

◀積の形の方が代入後の計算がらく。

◀$n(3n+2)$ に $n=20$，$n=10$ を代入する。

◀$1\leqq m\leqq$● の範囲となるように，変数をおき換える方法。
$k=m+10$
$\Longleftrightarrow\ m=k-10$

(4) $\sum_{k=1}^{n+1} 5^k = 5+5^2+5^3+\cdots\cdots+5^{n+1}$

これは初項 5，公比 5，項数 $n+1$ の等比数列の和であるから　$\sum_{k=1}^{n+1} 5^k = \frac{5(5^{n+1}-1)}{5-1} = \frac{\mathbf{5^{n+2}-5}}{\mathbf{4}}$

◀ $5^k = 5\cdot 5^{k-1}$

◀ $\frac{\text{初項}(\text{公比}^{\text{項数}}-1)}{\text{公比}-1}$

検討

$\sum_{k=1}^{n} k^4$，$\sum_{k=1}^{n} k^5$ の公式の紹介，$\sum_{k=1}^{n} k^{\bullet}$ の公式を導くうえでの背景にあるもの

$\sum_{k=1}^{n} k$，$\sum_{k=1}^{n} k^2$，$\sum_{k=1}^{n} k^3$ の公式をこれまで扱ってきたが，$\sum_{k=1}^{n} k^4$，$\sum_{k=1}^{n} k^5$ は次のような n の式で表される。

$$\sum_{k=1}^{n} k^4 = \frac{1}{30}n(n+1)(2n+1)(3n^2+3n-1) \quad \cdots\cdots ①$$

$$\sum_{k=1}^{n} k^5 = \frac{1}{12}n^2(n+1)^2(2n^2+2n-1) \quad \cdots\cdots ②$$

①，② の公式は，$p.438$ 基本事項において $\sum_{k=1}^{n} k^3$ を導くのに，恒等式
$(k+1)^4-k^4=4k^3+6k^2+4k+1$ …… Ⓐ を利用したのと同じ要領で導かれる。
すなわち，① は恒等式 $(k+1)^5-k^5=5k^4+10k^3+10k^2+5k+1$ …… Ⓑ
　　　　　② は恒等式 $(k+1)^6-k^6=6k^5+15k^4+20k^3+15k^2+6k+1$ …… Ⓒ
において，それぞれ $k=1$，2，……，n とおいたものを辺々加えることで導くことができる。① や ② の公式を導くことはよい計算練習となるので，挑戦してみてほしい。

このように，恒等式を利用することによって $\sum k^{\bullet}$ の公式が導かれたわけであるが，Ⓐ～Ⓒのような恒等式がどうして出てくるのか，ということが疑問に感じられるかもしれない。この考え方の背景として，次の 2 つのことがあげられる。

● 数列 $\{a_n\}$ の第 k 項 a_k が $\boldsymbol{a_k=f(k+1)-f(k)}$ ［差の形］に表されるとき

$\boldsymbol{\sum_{k=1}^{n} a_k = f(n+1)-f(1)}$ ……（＊）　となる。　◀階差数列の考え。

$=\{f(2)-f(1)\}+\{f(3)-f(2)\}+\cdots\cdots+\{f(n+1)-f(n)\}$

● $f(k)$ が m 次式 $(m\geqq 1)$ のときは，$f(k+1)-f(k)$ は $(m-1)$ 次式となる。

例えば，3 乗の和 $\sum_{k=1}^{n} k^3$ を求める方法については，4 次式の最も簡単な形 $f(k)=k^4$ として等式（＊）を利用すると，$a_k=f(k+1)-f(k)$ は 3 次式となるため，（＊）の左辺 $\sum_{k=1}^{n} a_k$ は
$\sum_{k=1}^{n} a_k = p\sum_{k=1}^{n} k^3 + q\sum_{k=1}^{n} k^2 + r\sum_{k=1}^{n} k + s\sum_{k=1}^{n} 1$ の形になる。ここで，$\sum_{k=1}^{n} k^2$，$\sum_{k=1}^{n} k$，$\sum_{k=1}^{n} 1$ は先に n の式で表している。一方，（＊）の右辺 $f(n+1)-f(1)=(n+1)^4-1^4$ も n の式で表すことができるから，等式（＊）は $\sum_{k=1}^{n} k^3$ についての方程式とみなすことができる。このような考え方（発想）が恒等式の選定の背景にある。

練習 ② **19**　次の和を求めよ。

(1) $\sum_{k=1}^{n}(2k^2-k+7)$　(2) $\sum_{k=1}^{n}(k-1)(k^2+k+4)$　(3) $\sum_{k=7}^{24}(2k^2-5)$　(4) $\sum_{k=0}^{n}\left(\frac{1}{3}\right)^k$

p.459 EX12

基本例題 20 一般項を求めて和の公式利用

①①①①①

次の数列の初項から第 n 項までの和を求めよ。

(1) 1^2, 3^2, 5^2, ……　　　(2) 1, $1+2$, $1+2+2^2$, ……

基本 1, 19　重要 32

指針 次の手順で求める。

1 まず，一般項を求める ⟶ **第 k 項を k の式で表す。**

2 $\sum_{k=1}^{n}$**(第 k 項) を計算。** $\sum k$, $\sum k^2$, $\sum k^3$ の公式や，場合によっては等比数列の和の公式を利用。

注意 1 で，一般項を第 n 項としないで第 k 項としたのは，文字 n が項数を表しているからである。

(2) $a_k=1+2+2^2+\cdots\cdots+2^{k-1}$　⟵ 等比数列の和

等比数列の和の公式を利用して a_k を k で表す。

CHART Σの計算　まず 一般項（第 k 項）を k の式で表す

解答 与えられた数列の第 k 項を a_k とし，求める和を S_n とする。

(1) $a_k=(2k-1)^2$

◀第 k 項で一般項を考える。

よって $S_n=\sum_{k=1}^{n}a_k=\sum_{k=1}^{n}(2k-1)^2=\sum_{k=1}^{n}(4k^2-4k+1)$

$=4\sum_{k=1}^{n}k^2-4\sum_{k=1}^{n}k+\sum_{k=1}^{n}1$

$=4\cdot\frac{1}{6}n(n+1)(2n+1)-4\cdot\frac{1}{2}n(n+1)+n$

$=\frac{1}{3}n\{2(n+1)(2n+1)-6(n+1)+3\}$

◀$\frac{1}{3}n$ でくくり，{ } の中に分数が出てこないようにする。

$=\frac{1}{3}n(4n^2-1)=\boldsymbol{\frac{1}{3}n(2n+1)(2n-1)}$

…… (＊)

(2) $a_k=1+2+2^2+\cdots\cdots+2^{k-1}=\frac{1\cdot(2^k-1)}{2-1}=2^k-1$

◀a_k は初項 1，公比 2，項数 k の等比数列の和。

よって $S_n=\sum_{k=1}^{n}a_k=\sum_{k=1}^{n}(2^k-1)=\sum_{k=1}^{n}2^k-\sum_{k=1}^{n}1$

$=\frac{2(2^n-1)}{2-1}-n=\boldsymbol{2^{n+1}-n-2}$

参考 $S_n=\sum_{k=1}^{n}\left(\sum_{i=1}^{k}2^{i-1}\right)$ と表すこともできる。

注意 和が求められたら，**$n=1$, 2, 3 として検算** するように心掛けるとよい。
例えば，(1) では，(＊) において，$n=1$ とすると 1 で，これは 1^2 に等しく OK。
(＊) において $n=2$ とすると 10 で，$1^2+3^2=10$ から OK。

練習 ② 20 次の数列の初項から第 n 項までの和を求めよ。

(1) 1^2, 4^2, 7^2, 10^2, ……　　　(2) 1, $1+4$, $1+4+7$, ……

(3) $\frac{1}{2}$, $\frac{1}{2}-\frac{1}{4}$, $\frac{1}{2}-\frac{1}{4}+\frac{1}{8}$, $\frac{1}{2}-\frac{1}{4}+\frac{1}{8}-\frac{1}{16}$, ……

p.459 EX12, 13

基本例題 21 第 k 項に n を含む数列の和 ①①①①①

次の数列の和を求めよ。

$1\cdot(n+1),\ 2\cdot n,\ 3\cdot(n-1),\ \cdots\cdots,\ (n-1)\cdot 3,\ n\cdot 2$

基本 1，20　重要 32

指針 方針は基本例題 20 同様，**第 k 項 a_k を k の式で表し，Σa_k を計算** である。
第 n 項が $n\cdot 2$ であるからといって，第 k 項を **$k\cdot 2$ としてはいけない。**
各項の・の左側の数，右側の数をそれぞれ取り出した数列を考えると

・の左側の数の数列　$1,\ 2,\ 3,\ \cdots\cdots,\ n-1,\ n$　⟶ 第 k 項は　k

・の右側の数の数列　$n+1,\ n,\ n-1,\ \cdots\cdots,\ 3,\ 2$

⟶ 初項 $n+1$，公差 -1 の等差数列　⟶ 第 k 項は $(n+1)+(k-1)\cdot(-1)$

これらを掛けたものが，与えられた数列の第 k 項 a_k [⟵ n と k の式] となる。

また，$\sum_{k=1}^{n} a_k$ の計算では，**k に無関係な n のみの式は Σ の前に出す。**

解答

この数列の第 k 項は

$$k\{(n+1)+(k-1)\cdot(-1)\}=-k^2+(n+2)k$$

したがって，求める和を S とすると

$$S=\sum_{k=1}^{n}\{-k^2+(n+2)k\}=-\sum_{k=1}^{n}k^2+(n+2)\sum_{k=1}^{n}k$$

◀ $n+2$ は k に無関係 ⟶ 定数とみて Σ の前に出す。

$$=-\frac{1}{6}n(n+1)(2n+1)+(n+2)\cdot\frac{1}{2}n(n+1)$$

$$=\frac{1}{6}n(n+1)\{-(2n+1)+3(n+2)\}$$

◀ $\frac{1}{6}n(n+1)$ でくくり，{ } の中に分数が出てこないようにする。

$$=\boldsymbol{\frac{1}{6}n(n+1)(n+5)}$$

別解　求める和を S とすると

$$S=1+(1+2)+(1+2+3)+\cdots\cdots+(1+2+\cdots\cdots+n)+(1+2+\cdots\cdots+n)$$

◀
$1+1+1+\cdots\cdots+1+1$
$2+2+\cdots\cdots+2+2$
$3+\cdots\cdots+3+3$
$\cdots\cdots$
$+)\qquad n+n$
は，これを縦の列ごとに加えたもの。

$$=\sum_{k=1}^{n}(1+2+\cdots\cdots+k)+\frac{1}{2}n(n+1)$$

$$=\frac{1}{2}\sum_{k=1}^{n}k(k+1)+\frac{1}{2}n(n+1)$$

$$=\frac{1}{2}\sum_{k=1}^{n}(k^2+k)+\frac{1}{2}n(n+1)$$

$$=\frac{1}{2}\left\{\sum_{k=1}^{n}k^2+\sum_{k=1}^{n}k+n(n+1)\right\}$$

$$=\frac{1}{2}\left\{\frac{1}{6}n(n+1)(2n+1)+\frac{1}{2}n(n+1)+n(n+1)\right\}$$

$$=\frac{1}{2}\cdot\frac{1}{6}n(n+1)\{(2n+1)+3+6\}=\boldsymbol{\frac{1}{6}n(n+1)(n+5)}$$

練習 ③ 21　次の数列の和を求めよ。

$1^2\cdot n,\ 2^2(n-1),\ 3^2(n-2),\ \cdots\cdots,\ (n-1)^2\cdot 2,\ n^2\cdot 1$

基本例題 22 階差数列（第1階差）

次の数列 $\{a_n\}$ の一般項を求めよ。

2, 7, 18, 35, 58, ……

p.439 基本事項 3

指針 数列を作る規則が簡単にわからないときは，階差数列を利用するとよい。
数列 $\{a_n\}$ の **階差数列** を $\{b_n\}$ とすると　$\boldsymbol{b_n=a_{n+1}-a_n}$　（定義）

$\{a_n\}$：a_1　a_2　a_3　a_4　……　a_{n-1}　a_n　……

$\{b_n\}$：b_1　b_2　b_3　…………　b_{n-1}　……

$n\geqq2$ のとき　$\boldsymbol{a_n=a_1+\sum_{k=1}^{n-1}b_k}$

$n\geqq2$ のときについて，数列 $\{a_n\}$ の一般項を求めた後は，それが $n=1$ のときに成り立つかどうかの確認を忘れないように。

CHART $\{a_n\}$ の一般項　わからなければ　階差数列 $\{a_{n+1}-a_n\}$ を調べる

解答

数列 $\{a_n\}$ の階差数列を $\{b_n\}$ とすると

$\{a_n\}$：2, 7, 18, 35, 58, ……

$\{b_n\}$：5, 11, 17, 23, ……

数列 $\{b_n\}$ は，初項5，公差6の等差数列であるから

$$b_n=5+(n-1)\cdot6=6n-1$$

$n\geqq2$ のとき

$$a_n=a_1+\sum_{k=1}^{n-1}b_k=2+\sum_{k=1}^{n-1}(6k-1)$$

$$=2+6\sum_{k=1}^{n-1}k-\sum_{k=1}^{n-1}1$$

$$=2+6\cdot\frac{1}{2}(n-1)n-(n-1)$$

$$=3n^2-4n+3 \quad \cdots\cdots ①$$

$n=1$ のとき　$3n^2-4n+3=3\cdot1^2-4\cdot1+3=2$

初項は $a_1=2$ であるから，① は $n=1$ のときも成り立つ。

したがって　$\boldsymbol{a_n=3n^2-4n+3}$

◀ 2　7　18　35　58 ……
5　11　17　23 ……
+6　+6　+6

◀ **$n\geqq2$ に注意。**

◀ $\sum_{k=1}^{n-1}b_k$ ← n ではないことに注意。

◀ $\sum_{k=1}^{n-1}k$ は $\sum_{k=1}^{n}k=\frac{1}{2}n(n+1)$ で n の代わりに $n-1$ とおいたもの。

初項は特別扱い

◀ a_n は $n\geqq1$ で1つの式に表される（**しめくくり**）。

注意「$\boldsymbol{n\geqq2}$」としないで上の公式 $a_n=a_1+\sum_{k=1}^{n-1}b_k$ を使用したら，間違いである。なぜなら，$\boldsymbol{n=1}$ のときは和 $\sum_{k=1}^{n-1}b_k$ が定まらないからである。$\sum_{k=●}^{■}$ という和の式があれば，■≧● であることに注意しよう。

練習 ② **22** 次の数列の一般項を求めよ。

(1) 2, 10, 24, 44, 70, 102, 140, ……

(2) 3, 4, 7, 16, 43, 124, ……

基本 例題 23 階差数列（第 2 階差）

次の数列の一般項を求めよ。

6, 24, 60, 120, 210, 336, 504, ……

〔岩手大〕 基本 22

指針 与えられた数列 $\{a_n\}$ の階差数列 $\{b_n\}$ を作っても，規則性がつかめないときは $\{b_n\}$ の階差数列（$\{a_n\}$ の **第 2 階差数列**）$\{c_n\}$ を調べてみる。

$\{a_n\}$: a_1 a_2 a_3 a_4 a_5 …… a_{n-1} a_n

$\{b_n\}$: b_1 b_2 b_3 b_4 ………… b_{n-1} b_n

$\{c_n\}$: c_1 c_2 c_3 ……………… c_{n-1}

一般項 c_n がわかれば，

$c_n \longrightarrow b_n \longrightarrow a_n$ の順に一般項 a_n がわかる。このとき，数列 $\{b_n\}$ を $\{a_n\}$ の **第 1 階差数列** という。

CHART 階差 1 つでわからなければ 2 つとる

解答

与えられた数列を $\{a_n\}$，その階差数列を $\{b_n\}$ とする。
また，数列 $\{b_n\}$ の階差数列を $\{c_n\}$ とすると

$\{a_n\}$: 6, 24, 60, 120, 210, 336, 504, ……

$\{b_n\}$: 18, 36, 60, 90, 126, 168, ……

$\{c_n\}$: 18, 24, 30, 36, 42, ……

数列 $\{c_n\}$ は，初項 18，公差 6 の等差数列であるから

$$c_n = 18 + (n-1)\cdot 6 = 6n + 12$$

$n \geqq 2$ のとき

$$b_n = b_1 + \sum_{k=1}^{n-1} c_k = 18 + \sum_{k=1}^{n-1}(6k+12)$$
$$= 18 + 6\cdot\frac{1}{2}(n-1)n + 12(n-1)$$
$$= 3n^2 + 9n + 6$$

この式に $n=1$ を代入すると，$b_1 = 3+9+6 = 18$ となるから　$b_n = 3n^2 + 9n + 6 \quad (n \geqq 1)$

よって，$n \geqq 2$ のとき

$$a_n = a_1 + \sum_{k=1}^{n-1} b_k = 6 + \sum_{k=1}^{n-1}(3k^2 + 9k + 6)$$
$$= 6 + 3\cdot\frac{1}{6}(n-1)n(2n-1) + 9\cdot\frac{1}{2}(n-1)n + 6(n-1)$$
$$= \frac{n}{2}\cdot 2(n^2 + 3n + 2) = n(n+1)(n+2)$$

この式に $n=1$ を代入すると，$a_1 = 1\cdot 2\cdot 3 = 6$ となるから，$n=1$ のときも成り立つ。

したがって　$a_n = \boldsymbol{n(n+1)(n+2)}$

◀ 6 24 60 120 210 336 / 18 36 60 90 126 / 18 24 30 36 / +6 +6 +6

◀ $\displaystyle\sum_{k=1}^{n-1} k = \frac{1}{2}(n-1)n$，$\displaystyle\sum_{k=1}^{n-1} 12 = 12(n-1)$

初項は特別扱い

◀ $\displaystyle\sum_{k=1}^{n-1} k^2 = \frac{1}{6}(n-1)\{(n-1)+1\}\times\{2(n-1)+1\} = \frac{1}{6}(n-1)n(2n-1)$

初項は特別扱い

◀ しめくくり。

練習 ③ **23** 次の数列の一般項を求めよ。

2, 10, 38, 80, 130, 182, 230, ……

〔類 立命館大〕 p.459 EX 14

基本例題 24 数列の和と一般項，部分数列

①①①①①

初項から第 n 項までの和 S_n が $S_n=2n^2-n$ となる数列 $\{a_n\}$ について

(1) 一般項 a_n を求めよ。　　(2) 和 $a_1+a_3+a_5+\cdots\cdots+a_{2n-1}$ を求めよ。

p.439 基本事項 4　基本 48

(1) 初項から第 n 項までの和 S_n と一般項 a_n の関係は

$n\geqq 2$ のとき

$$\begin{array}{rl} S_n & =a_1+a_2+\cdots\cdots+a_{n-1}+a_n \\ -)\ S_{n-1} & =a_1+a_2+\cdots\cdots+a_{n-1} \\ \hline S_n-S_{n-1} & = \qquad\qquad\qquad\qquad a_n \end{array}$$

よって $\boldsymbol{a_n=S_n-S_{n-1}}$

$n=1$ のとき　$\boldsymbol{a_1=S_1}$

和 S_n が n の式で表された数列については，この公式を利用して一般項 a_n を求める。

(2) **数列の和 ⟶ ① まず 一般項（第 k 項）を k の式で表す**

第1項，第2項，第3項，……，第 k 項

a_1，　a_3，　a_5，　……，　a_{2k-1}

であるから，a_n に $n=2k-1$ を代入して第 k 項の式を求める。

なお，数列 a_1，a_3，a_5，……，a_{2n-1} のように，数列 $\{a_n\}$ からいくつかの項を取り除いてできる数列を，$\{a_n\}$ の **部分数列** という。

解答

(1) $n\geqq 2$ のとき

$$a_n=S_n-S_{n-1}=(2n^2-n)-\{2(n-1)^2-(n-1)\}$$
$$=4n-3 \quad \cdots\cdots ①$$

また　$a_1=S_1=2\cdot 1^2-1=1$

ここで，① において $n=1$ とすると　$a_1=4\cdot 1-3=1$

よって，$n=1$ のときにも ① は成り立つ。

したがって　$\boldsymbol{a_n=4n-3}$

(2) (1)より，$a_{2k-1}=4(2k-1)-3=8k-7$ であるから

$$a_1+a_3+a_5+\cdots\cdots+a_{2n-1}=\sum_{k=1}^{n} a_{2k-1}=\sum_{k=1}^{n}(8k-7)$$
$$=8\cdot\frac{1}{2}n(n+1)-7n$$
$$=\boldsymbol{n(4n-3)}$$

◀ $S_n=2n^2-n$ であるから $S_{n-1}=2(n-1)^2-(n-1)$

◀ ① 初項は特別扱い

◀ a_n は $n\geqq 1$ で1つの式に表される。

◀ a_{2k-1} は $a_n=4n-3$ において n に $2k-1$ を代入。

◀ $\sum k$，$\sum 1$ の公式を利用。

検討

$n\geqq 1$ で $a_n=S_n-S_{n-1}$ となる場合

例題(1)のように，$a_n=S_n-S_{n-1}$ で $n=1$ とした値と a_1 が一致するのは，S_n の式で $n=0$ としたとき $S_0=0$ すなわち **n の多項式 S_n の定数項が 0** となる場合である。もし，$S_n=2n^2-n+1$（定数項が0でない）ならば，$a_1=S_1=2$，$a_n=S_n-S_{n-1}=4n-3$ $(n\geqq 2)$ となり，$4n-3$ で $n=1$ とした値と a_1 が一致しない。このとき，最後の答えは「$\boldsymbol{a_1=2}$，$\boldsymbol{n\geqq 2}$ **のとき** $\boldsymbol{a_n=4n-3}$」と表す。

練習 ② 24　初項から第 n 項までの和 S_n が次のように表される数列 $\{a_n\}$ について，一般項 a_n と和 $a_1+a_4+a_7+\cdots\cdots+a_{3n-2}$ をそれぞれ求めよ。

(1) $S_n=3n^2+5n$　　(2) $S_n=3n^2+4n+2$

p.459 EX15

基本例題 25 分数の数列の和 … 部分分数に分解

数列 $\dfrac{1}{1\cdot3}$, $\dfrac{1}{3\cdot5}$, $\dfrac{1}{5\cdot7}$, ……, $\dfrac{1}{(2n-1)(2n+1)}$ の和を求めよ。

p.439 基本事項 5　基本 39

指針 第 k 項を k の式で表し $\sum_{k=1}^{n}$ (第 k 項) を計算する，という今までの方針では解決できそうにない。ここでは，各項は分数で，分母は積の形になっていることに注目し，第 k 項を 差の形 に表すことを考える。この変形を **部分分数に分解する** という。

$\dfrac{1}{2k-1}-\dfrac{1}{2k+1}$ を計算すると $=\dfrac{2}{(2k-1)(2k+1)}$

よって　$\dfrac{1}{(2k-1)(2k+1)}=\dfrac{1}{2}\left(\dfrac{1}{2k-1}-\dfrac{1}{2k+1}\right)$

この式に $k=1$, 2, ……, n を代入して辺々を加えると，**隣り合う項が消える。**

CHART 分数の数列の和　部分分数に分解して途中を消す

解答

この数列の第 k 項は

$$\frac{1}{(2k-1)(2k+1)}=\frac{1}{2}\cdot\frac{(2k+1)-(2k-1)}{(2k-1)(2k+1)}$$
$$=\frac{1}{2}\left(\frac{1}{2k-1}-\frac{1}{2k+1}\right)$$

◀部分分数に分解する。

求める和を S とすると

$$S=\frac{1}{2}\left\{\left(\frac{1}{1}-\frac{1}{3}\right)+\left(\frac{1}{3}-\frac{1}{5}\right)+\left(\frac{1}{5}-\frac{1}{7}\right)+\cdots\cdots+\left(\frac{1}{2n-1}-\frac{1}{2n+1}\right)\right\}$$
$$=\frac{1}{2}\left(1-\frac{1}{2n+1}\right)=\boldsymbol{\frac{n}{2n+1}}$$

◀途中が消えて，最初と最後だけが残る。

検討

部分分数分解

$\dfrac{1}{k+a}-\dfrac{1}{k+b}=\dfrac{(k+b)-(k+a)}{(k+a)(k+b)}=\dfrac{b-a}{(k+a)(k+b)}$ から得られる次の変形はよく利用される。しっかりと理解しておきたい。

$$\boldsymbol{\frac{1}{(k+a)(k+b)}=\frac{1}{b-a}\left(\frac{1}{k+a}-\frac{1}{k+b}\right)}\quad (a\neq b)$$

練習 ② 25 次の数列の和を求めよ。

(1) $\dfrac{1}{1\cdot3}$, $\dfrac{1}{2\cdot4}$, $\dfrac{1}{3\cdot5}$, ……, $\dfrac{1}{9\cdot11}$　〔類 近畿大〕

(2) $\dfrac{1}{2\cdot5}$, $\dfrac{1}{5\cdot8}$, $\dfrac{1}{8\cdot11}$, ……, $\dfrac{1}{(3n-1)(3n+2)}$

p.459 EX16

基本例題 26 分数の数列の和の応用

次の数列の和 S を求めよ。

(1) $\dfrac{1}{1\cdot2\cdot3},\ \dfrac{1}{2\cdot3\cdot4},\ \dfrac{1}{3\cdot4\cdot5},\ \cdots\cdots,\ \dfrac{1}{n(n+1)(n+2)}$ 〔類 一橋大〕

(2) $\dfrac{1}{1+\sqrt{3}},\ \dfrac{1}{\sqrt{2}+\sqrt{4}},\ \dfrac{1}{\sqrt{3}+\sqrt{5}},\ \cdots\cdots,\ \dfrac{1}{\sqrt{n}+\sqrt{n+2}}$ $(n\geqq2)$

基本 25

指針 [1] 第 k 項を差の形で表す。 [2] [1] で作った式に $k=1,\ 2,\ 3,\ \cdots\cdots,\ n$ を代入。
[3] 辺々を加えると，隣り合う項が消える。

(1) 基本例題 **25** と方針は同じ。まず，第 k 項を **部分分数に分解する**。分母の因数が 3 つのときは，解答のように 2 つずつ組み合わせる。

$\dfrac{1}{k(k+1)}-\dfrac{1}{(k+1)(k+2)}$ を計算すると $=\dfrac{2}{k(k+1)(k+2)}$

よって $\dfrac{1}{k(k+1)(k+2)}=\dfrac{1}{2}\left\{\dfrac{1}{k(k+1)}-\dfrac{1}{(k+1)(k+2)}\right\}$

(2) 第 k 項の **分母を有理化** すると，差の形 で表される。

解答

(1) 第 k 項は

$$\frac{1}{k(k+1)(k+2)}=\frac{1}{2}\left\{\frac{1}{k(k+1)}-\frac{1}{(k+1)(k+2)}\right\}$$

であるから

$$S=\frac{1}{2}\left[\left(\frac{1}{1\cdot2}-\frac{1}{2\cdot3}\right)+\left(\frac{1}{2\cdot3}-\frac{1}{3\cdot4}\right)+\left(\frac{1}{3\cdot4}-\frac{1}{4\cdot5}\right)+\cdots\cdots+\left\{\frac{1}{n(n+1)}-\frac{1}{(n+1)(n+2)}\right\}\right]$$

$$=\frac{1}{2}\left\{\frac{1}{1\cdot2}-\frac{1}{(n+1)(n+2)}\right\}$$

$$=\frac{1}{2}\cdot\frac{(n+1)(n+2)-2}{2(n+1)(n+2)}=\boldsymbol{\frac{n(n+3)}{4(n+1)(n+2)}}$$

(2) 第 k 項は

$$\frac{1}{\sqrt{k}+\sqrt{k+2}}=\frac{\sqrt{k}-\sqrt{k+2}}{(\sqrt{k}+\sqrt{k+2})(\sqrt{k}-\sqrt{k+2})}$$

$$=\frac{1}{2}(\sqrt{k+2}-\sqrt{k})$$ であるから

$$S=\frac{1}{2}\{(\sqrt{3}-1)+(\sqrt{4}-\sqrt{2})+(\sqrt{5}-\sqrt{3})+\cdots\cdots+(\sqrt{n+1}-\sqrt{n-1})+(\sqrt{n+2}-\sqrt{n})\}$$

$$=\boldsymbol{\frac{1}{2}(\sqrt{n+1}+\sqrt{n+2}-1-\sqrt{2})}$$

◀部分分数に分解する。

◀途中が消えて，最初と最後だけが残る。

検討
次の変形はよく利用される。

$$\frac{1}{k(k+1)(k+2)}=\frac{1}{2}\left\{\frac{1}{k(k+1)}-\frac{1}{(k+1)(k+2)}\right\}$$

◀分母の有理化。

◀途中の $\pm\sqrt{3}$，$\pm\sqrt{4}$，$\pm\sqrt{5}$，……，$\pm\sqrt{n-1}$，$\pm\sqrt{n}$ が消える。

練習 ③ 26 次の数列の和 S を求めよ。

(1) $\dfrac{1}{1\cdot3\cdot5},\ \dfrac{1}{3\cdot5\cdot7},\ \dfrac{1}{5\cdot7\cdot9},\ \cdots\cdots,\ \dfrac{1}{(2n-1)(2n+1)(2n+3)}$

(2) $\dfrac{1}{1+\sqrt{3}},\ \dfrac{1}{\sqrt{3}+\sqrt{5}},\ \dfrac{1}{\sqrt{5}+\sqrt{7}},\ \cdots\cdots,\ \dfrac{1}{\sqrt{2n-1}+\sqrt{2n+1}}$

参考事項 Σk^p の公式を利用しない和の求め方

p.440 基本例題 **19** (1), (2) のような問題は，実は $\sum_{k=1}^{n} k^p$ の公式を利用しなくても計算できる。それには，p.441 で述べた次のこと（階差数列の考え）を利用する。

> **数列 $\{a_n\}$ の第 k 項 a_k が $a_k=f(k+1)-f(k)$ ［差の形］ に表されるとき　$\sum_{k=1}^{n} a_k=f(n+1)-f(1)$**

$$\begin{aligned} a_1 &= f(2)-f(1) \\ a_2 &= f(3)-f(2) \\ &\vdots \\ +)\ a_n &= f(n+1)-f(n) \\ \hline \sum_{k=1}^{n} a_k &= f(n+1)-f(1) \end{aligned}$$

例 1　**連続する整数の積の和 $\sum_{k=1}^{n} k(k+1)$**

$$k(k+1)=k(k+1)\cdot 1=k(k+1)\cdot\frac{1}{3}\{(k+2)-(k-1)\}=\frac{1}{3}\{k(k+1)(k+2)-(k-1)k(k+1)\}$$

これは $f(n)=\frac{1}{3}(n-1)n(n+1)$ とすると，$f(k+1)-f(k)$ ［差の形］ に等しいから

$$\sum_{k=1}^{n} k(k+1)=f(n+1)-f(1)=\frac{1}{3}n(n+1)(n+2)$$

◀ $f(1)=0$

例 1の結果を利用すると，Σ（k の 2 次式）を次のようにして計算することもできる。

例 2　**例題 19** (1) の $\sum_{k=1}^{n}(3k^2-k)$　$3k^2-k=3k(k+1)-4k$ であるから

$$\sum_{k=1}^{n}(3k^2-k)=3\sum_{k=1}^{n}k(k+1)-\sum_{k=1}^{n}4k=3\cdot\frac{1}{3}n(n+1)(n+2)-\frac{n}{2}(4+4n)$$
$$=n(n+1)\{(n+2)-2\}=n^2(n+1)$$

← 初項 4，末項 $4n$，項数 n の等差数列の和。

また，例 2と同様の方法で，$\sum_{k=1}^{n} k^2=\frac{1}{6}n(n+1)(2n+1)$ を導くこともできる。

例 3　$$\sum_{k=1}^{n} \boldsymbol{k^2}=\sum_{k=1}^{n}\{k(k+1)-k\}=\sum_{k=1}^{n}k(k+1)-\sum_{k=1}^{n}k=\frac{1}{3}n(n+1)(n+2)-\frac{n}{2}(1+n)$$
$$=\frac{1}{6}n(n+1)\{2(n+2)-3\}=\boldsymbol{\frac{1}{6}n(n+1)(2n+1)}$$

← 初項 1，末項 n，項数 n の等差数列の和。

更に，連続する 3 整数の積 $k(k+1)(k+2)$ については

$$k(k+1)(k+2)=k(k+1)(k+2)\cdot\frac{1}{4}\{(k+3)-(k-1)\}$$
$$=\frac{1}{4}\{k(k+1)(k+2)(k+3)-(k-1)k(k+1)(k+2)\}\ \text{［差の形］}$$

と変形できるから，例 1と同様にして $\sum_{k=1}^{n}k(k+1)(k+2)=\frac{1}{4}n(n+1)(n+2)(n+3)$ ……（＊）と求められる。このことや例 1からわかるように，**連続する整数の積の和は，差の形に変形することで簡単に求められる**，というのが興味深いところである。

また，（＊）や例 1の結果を利用すると，Σ（k の 3 次式）を計算することもできる。

例 4　$k^3=k(k+1)(k+2)-3k^2-2k=k(k+1)(k+2)-3k(k+1)+k$ と変形できるから

$$\sum_{k=1}^{n}\boldsymbol{k^3}=\sum_{k=1}^{n}k(k+1)(k+2)-3\sum_{k=1}^{n}k(k+1)+\sum_{k=1}^{n}k$$
$$=\frac{1}{4}n(n+1)(n+2)(n+3)-3\cdot\frac{1}{3}n(n+1)(n+2)+\frac{n}{2}(1+n)=\boldsymbol{\left\{\frac{1}{2}n(n+1)\right\}^2}$$

基本例題 27 (等差)×(等比) 型の数列の和

次の数列の和を求めよ。

$1\cdot1,\ 3\cdot3,\ 5\cdot3^2,\ \cdots\cdots,\ (2n-1)\cdot3^{n-1}$

p.439 基本事項 5

指針

・の左側の数の数列　1, 3, 5, ……, $2n-1$ ⟶ 初項 1, 公差 2 の **等差数列**

・の右側の数の数列　1, 3, 3^2, ……, 3^{n-1} ⟶ 初項 1, 公比 3 の **等比数列**

よって，この例題の数列は (等差数列)×(等比数列) 型 となっている。

これは等比数列ではないが **等比数列と似た形**。

⟶ 等比数列の和を求める方法 ($S-rS$ を作る。$p.427$ 解説参照) を **まねる**。

CHART (等差)×(等比) 型の数列の和　$S-rS$ を作る

解答

求める和を S とすると

$$S=1\cdot1+3\cdot3+5\cdot3^2+\cdots\cdots+(2n-1)\cdot3^{n-1}$$

両辺に 3 を掛けると

$$3S=\qquad 1\cdot3+3\cdot3^2+\cdots\cdots+(2n-3)\cdot3^{n-1}+(2n-1)\cdot3^n$$

◀3 の指数が同じ項を，上下にそろえて書くとわかりやすい。

辺々を引くと

$$\begin{aligned}-2S&=1+2\cdot3+2\cdot3^2+\cdots\cdots+2\cdot3^{n-1}-(2n-1)\cdot3^n\\&=1+2(3+3^2+\cdots\cdots+3^{n-1})-(2n-1)\cdot3^n\\&=1+2\cdot\frac{3(3^{n-1}-1)}{3-1}-(2n-1)\cdot3^n\\&=1+3^n-3-(2n-1)\cdot3^n\\&=(2-2n)\cdot3^n-2\end{aligned}$$

◀ ～～ は初項 3，公比 3，項数 $n-1$ の等比数列の和。

ゆえに　$S=\boldsymbol{(n-1)\cdot3^n+1}$

検討

上の解答の ～～ が等比数列の和となる理由

数列 $\{a_n\}$ が公差 d の等差数列で，$r\neq1$ とする。

このとき，数列 $\{a_nr^{n-1}\}$ の初項から第 n 項までの和 S は

$$S=a_1+a_2r+a_3r^2+\cdots+a_nr^{n-1}\quad\cdots\cdots ①$$

① の両辺を r 倍して　$rS=\quad a_1r+a_2r^2+\cdots+a_{n-1}r^{n-1}+a_nr^n\quad\cdots\cdots ②$

①−② から　$(1-r)S=a_1+\underline{(a_2-a_1)r+(a_3-a_2)r^2+\cdots+(a_n-a_{n-1})r^{n-1}}-a_nr^n$

ここで　$a_2-a_1=a_3-a_2=\cdots=a_n-a_{n-1}=d$

よって，＿＿ は，$dr+dr^2+\cdots+dr^{n-1}$ すなわち $d(r+r^2+\cdots+r^{n-1})$ となり，～～ は等比数列の和となる。

練習 ② 27 次の数列の和を求めよ。

(1) $1\cdot1,\ 2\cdot5,\ 3\cdot5^2,\ \cdots\cdots,\ n\cdot5^{n-1}$

(2) $n,\ (n-1)\cdot3,\ (n-2)\cdot3^2,\ \cdots\cdots,\ 2\cdot3^{n-2},\ 3^{n-1}$

(3) $1,\ 4x,\ 7x^2,\ \cdots\cdots,\ (3n-2)x^{n-1}$

p.459 EX17

重要例題 28 S_{2m}, S_{2m-1} に分けて和を求める

④

一般項が $a_n=(-1)^{n+1}n^2$ で与えられる数列 $\{a_n\}$ に対して，$S_n=\sum_{k=1}^{n}a_k$ とする。

(1) $a_{2k-1}+a_{2k}$ $(k=1,\ 2,\ 3,\ \cdots\cdots)$ を k を用いて表せ。

(2) $S_n=\boxed{\quad}$ $(n=1,\ 2,\ 3,\ \cdots\cdots)$ と表される。

指針 (2) 数列 $\{a_n\}$ の各項は符号が交互に変わるから，和は簡単に求められない。
次のように項を 2 つずつ区切ってみると

$$S_n=\underline{(1^2-2^2)}+\underline{(3^2-4^2)}+\underline{(5^2-6^2)}+\cdots\cdots$$
$$=b_1 \qquad =b_2 \qquad =b_3 \qquad \cdots\cdots$$

上のように数列 $\{b_n\}$ を定めると，$b_k=a_{2k-1}+a_{2k}$ (k は自然数) である。よって，m を自然数とすると

[1] n が偶数，すなわち $n=2m$ のときは $S_{2m}=\sum_{k=1}^{m}b_k=\sum_{k=1}^{m}(a_{2k-1}+a_{2k})$ として求められる。（← (1) の式）

[2] n が奇数，すなわち $n=2m-1$ のときは，$\boldsymbol{S_{2m}=S_{2m-1}+a_{2m}}$ より
$S_{2m-1}=S_{2m}-a_{2m}$ であるから，[1] の結果を利用して S_{2m-1} が求められる。

このように，n が偶数の場合と奇数の場合に分けて和を求める。

解答

(1) $a_{2k-1}+a_{2k}=(-1)^{2k}(2k-1)^2+(-1)^{2k+1}(2k)^2$
$=(2k-1)^2-(2k)^2=\boldsymbol{1-4k}$

◀ $(-1)^{偶数}=1$, $(-1)^{奇数}=-1$

◀ $=\{(2k-1)+2k\}\times\{(2k-1)-2k\}$

(2) [1] $n=2m$ (m は自然数) のとき

$$S_{2m}=\sum_{k=1}^{m}(a_{2k-1}+a_{2k})=\sum_{k=1}^{m}(1-4k)$$
$$=m-4\cdot\frac{1}{2}m(m+1)=-2m^2-m$$

◀ $S_{2m}=(a_1+a_2)+(a_3+a_4)+\cdots\cdots+(a_{2m-1}+a_{2m})$

$m=\dfrac{n}{2}$ であるから

$$S_n=-2\left(\frac{n}{2}\right)^2-\frac{n}{2}=-\frac{1}{2}n(n+1)$$

◀ $S_{2m}=-2m^2-m$ に $m=\dfrac{n}{2}$ を代入して，n の式に直す。

[2] $n=2m-1$ (m は自然数) のとき

$a_{2m}=(-1)^{2m+1}(2m)^2=-4m^2$ であるから

$$S_{2m-1}=S_{2m}-a_{2m}=-2m^2-m+4m^2=2m^2-m$$

◀ $\boldsymbol{S_{2m}=S_{2m-1}+a_{2m}}$ を利用する。

$m=\dfrac{n+1}{2}$ であるから

$$S_n=2\left(\frac{n+1}{2}\right)^2-\frac{n+1}{2}=\frac{1}{2}(n+1)\{(n+1)-1\}$$
$$=\frac{1}{2}n(n+1)$$

◀ $S_{2m-1}=2m^2-m$ を n の式に直す。

[1], [2] から $\quad \boldsymbol{S_n=\dfrac{(-1)^{n+1}}{2}n(n+1)}$ …… (＊)

(＊) [1], [2] の S_n の式は符号が異なるだけだから，(＊)のようにまとめることができる。

練習 ④ 28 一般項が $a_n=(-1)^n n(n+2)$ で与えられる数列 $\{a_n\}$ に対して，初項から第 n 項までの和 S_n を求めよ。

基本 例題 29 群数列の基本 ①①①①①

奇数の数列を 1|3, 5|7, 9, 11|13, 15, 17, 19|21, …… のように，第 n 群が n 個の数を含むように分けるとき 〔類 昭和薬大〕

(1) 第 n 群の最初の奇数を求めよ。 (2) 第 n 群の総和を求めよ。

(3) 301 は第何群の何番目に並ぶ数か。

p.439 基本事項 5　重要 31

指針 数列を，ある規則によっていくつかの組(群)に分けて考えるとき，これを **群数列** という。

群数列では，次のように 規則性に注目することが解法のポイントになる。

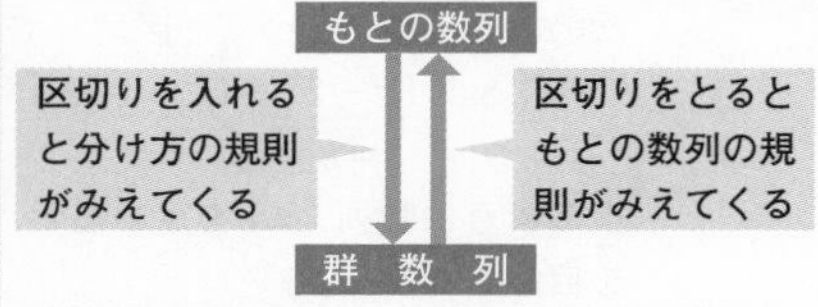

1 **もとの数列の規則，群の分け方の規則**

2 **第 k 群について，その最初の項，項数などの規則**

上の例題において，各群とそこに含まれている奇数の個数は次のようになる。

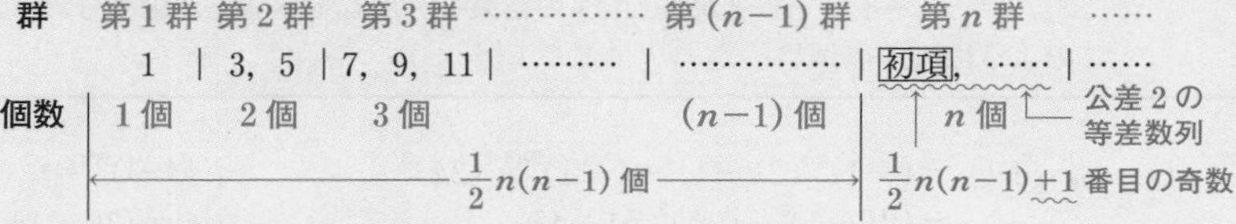

(1) 第 k 群の個数に注目する。**第 k 群に k 個の数を含む** から，第 $(n-1)$ 群の末項までに $\{1+2+3+\cdots\cdots+(n-1)\}$ 個の奇数がある。

よって，第 n 群の最初の項は，奇数の数列 1, 3, 5, …… の $\{1+2+3+\cdots\cdots+(n-1)+1\}$ 番目の項である。

第1群	①	1個
第2群	③, 5	2個
第3群	⑦, 9, 11	3個
第4群	⑬, 15, 17, 19	4個
第5群	㉑, ……	
	↑ $\{(1+2+3+4)+1\}$ 番目	

右のように，初めのいくつかの群で実験をしてみる のも有効である。

(2) 第 n 群を1つの数列として考えると，求める総和は，**初項が (1) で求めた奇数，公差が 2，項数 n の等差数列の和** となる。

(3) 第 n 群の最初の項を a_n とし，まず $a_n \leqq 301 < a_{n+1}$ となる n を見つける。n に具体的な数を代入して目安をつけるとよい。

CHART 群数列 1 **数列の規則性を見つけ，区切りを入れる**
2 **第 k 群の初項・項数に注目**

解答

(1) $n\geqq 2$ のとき，第1群から第 $(n-1)$ 群までにある奇数の個数は $\quad 1+2+3+\cdots\cdots+(n-1)=\frac{1}{2}(n-1)n$

◀第 $(n-1)$ 群を考えるから，$n\geqq 2$ という条件がつく。

よって，第 n 群の最初の奇数は $\left\{\frac{1}{2}(n-1)n+1\right\}$ 番目の

◀「+1」を忘れるな！

奇数で　$2\left\{\frac{1}{2}(n-1)n+1\right\}-1=\boldsymbol{n^2-n+1}$

これは $n=1$ のときも成り立つ。

◀1から始まる奇数の k 番目の奇数は $2k-1$

◀$1^2-1+1=1$

(2)　(1) より，第 n 群は初項 n^2-n+1，公差 2，項数 n の等差数列をなす。よって，その総和は

$$\frac{1}{2}n\{2\cdot(n^2-n+1)+(n-1)\cdot 2\}=\boldsymbol{n^3}$$

◀$\frac{1}{2}n\{2a+(n-1)d\}$

(3)　301 が第 n 群に含まれるとすると

$$n^2-n+1\leqq 301<(n+1)^2-(n+1)+1$$

よって　$n(n-1)\leqq 300<(n+1)n$ ……①

◀まず，301 が属する群を求める。右辺は第 $(n+1)$ 群の最初の数。

$n(n-1)$ は単調に増加し，$17\cdot 16=272$，$18\cdot 17=306$ であるから，① を満たす自然数 n は

$$n=17$$

◀$n(n-1)$ が「単調に増加する」とは，n の値が大きくなると $n(n-1)$ の値も大きくなるということ。

301 が第 17 群の m 番目であるとすると

$$(17^2-17+1)+(m-1)\cdot 2=301$$

◀$a+(m-1)d$

これを解いて　$m=15$

したがって，301 は **第 17 群の 15 番目** に並ぶ数である。

別解　(前半)　$2k-1=301$ から　$k=151$

よって，301 はもとの数列において，151 番目の奇数である。301 が第 n 群に含まれるとすると

$$\frac{1}{2}n(n-1)<151\leqq\frac{1}{2}n(n+1)$$

◀第1群から第 k 群までにある奇数の個数は $\frac{1}{2}k(k+1)$

ゆえに　$n(n-1)<302\leqq n(n+1)$

これを満たす自然数 n は，上の解答と同様にして

$$n=17$$

検討

基本例題 29 の結果を利用して $\sum k^3$ の公式を導く

基本例題 29 において，第 n 群までのすべての奇数の和は，解答 (2) の結果を利用すると

$$1^3+2^3+3^3+\cdots\cdots+n^3=\sum_{k=1}^{n}k^3$$

一方，第 n 群の最後の奇数を，第 $(n+1)$ 群の最初の項を利用して求めると

$$\{(n+1)^2-(n+1)+1\}-2=n^2+n-1$$

また，もとの数列の第 n 群までの項の数は　$1+2+3+\cdots\cdots+n=\frac{1}{2}n(n+1)$

ゆえに，第 n 群までのすべての奇数の和は

$$\frac{1}{2}\cdot\frac{1}{2}n(n+1)\{1+(n^2+n-1)\}=\left\{\frac{1}{2}n(n+1)\right\}^2$$

したがって，$\sum_{k=1}^{n}k^3=\left\{\frac{1}{2}n(n+1)\right\}^2$ を導くことができる。

練習 ③ **29**　第 n 群が n 個の数を含む群数列

1|2, 3|3, 4, 5|4, 5, 6, 7|5, 6, 7, 8, 9|6, …… について　〔類 東京薬大〕

(1)　第 n 群の総和を求めよ。

(2)　初めて 99 が現れるのは，第何群の何番目か。

(3)　最初の項から 1999 番目の項は，第何群の何番目か。また，その数を求めよ。

基本例題 30 群数列の応用

$\frac{1}{1}, \frac{2}{2}, \frac{3}{2}, \frac{4}{3}, \frac{5}{3}, \frac{6}{3}, \frac{7}{4}, \frac{8}{4}, \frac{9}{4}, \frac{10}{4}, \frac{11}{5}, \cdots\cdots$ の分数の数列について，初項から第 210 項までの和を求めよ。 〔類 東北学院大〕

基本 29

指針 分母が変わるところで **区切り** を入れて，**群数列** として考える。

分母： 1 | 2, 2 | 3, 3, 3 | 4, 4, 4, 4 | 5, ……
1個　2個　3個　4個

第 n 群には，分母が n の分数が n 個あることがわかる。

分子： 1 | 2, 3 | 4, 5, 6 | 7, 8, 9, 10 | 11, ……

分子は，初項 1，公差 1 の等差数列である。すなわち，もとの数列の項数と分子は等しい。

まず，第 210 項は第何群の何番目の数であるかを調べる。

解答

分母が等しいものを群として，次のように区切って考える。

$$\frac{1}{1}\,\Big|\,\frac{2}{2}, \frac{3}{2}\,\Big|\,\frac{4}{3}, \frac{5}{3}, \frac{6}{3}\,\Big|\,\frac{7}{4}, \frac{8}{4}, \frac{9}{4}, \frac{10}{4}\,\Big|\,\frac{11}{5}, \cdots\cdots$$

第 1 群から第 n 群までの項数は

$$1+2+3+\cdots\cdots+n=\frac{1}{2}n(n+1)$$

第 210 項が第 n 群に含まれるとすると

$$\frac{1}{2}(n-1)n<210\leqq\frac{1}{2}n(n+1)$$

よって　$(n-1)n<420\leqq n(n+1)$ …… ①

$(n-1)n$ は単調に増加し，$19\cdot20=380$，$20\cdot21=420$ であるから，① を満たす自然数 n は　$n=20$

また，第 210 項は分母が 20 である分数のうちで最後の数である。ここで，第 n 群に含まれるすべての数の和は

$$\underline{\frac{1}{2}n\left[2\cdot\left\{\frac{1}{2}n(n-1)+1\right\}+(n-1)\cdot1\right]}\div n$$

$$=\frac{1}{2}n(n^2+1)\div n=\frac{n^2+1}{2}$$

ゆえに，求める和は

$$\sum_{k=1}^{20}\frac{k^2+1}{2}=\frac{1}{2}\left(\sum_{k=1}^{20}k^2+\sum_{k=1}^{20}1\right)=\frac{1}{2}\left(\frac{20\cdot21\cdot41}{6}+20\right)$$

$$=\mathbf{1445}$$

◀もとの数列の第 k 項は分子が k である。また，第 k 群は分母が k で，k 個の数を含む。

◀これから，第 n 群の最後の数の分子は $\frac{1}{2}n(n+1)$

◀$\frac{1}{2}\cdot20\cdot21=210$

◀＿＿は第 n 群の数の分子の和 ⟶ 等差数列の和 $\frac{1}{2}n\{2a+(n-1)d\}$

練習 ③ 30 2 の累乗を分母とする既約分数を，次のように並べた数列

$$\frac{1}{2}, \frac{1}{4}, \frac{3}{4}, \frac{1}{8}, \frac{3}{8}, \frac{5}{8}, \frac{7}{8}, \frac{1}{16}, \frac{3}{16}, \frac{5}{16}, \cdots\cdots, \frac{15}{16}, \frac{1}{32}, \cdots\cdots$$

について，第 1 項から第 100 項までの和を求めよ。 〔類 岩手大〕

p.460 EX 18

重要例題 31 自然数の表と群数列 ④

自然数 1，2，3，…… を，右の図のように並べる。

(1) 左から m 番目，上から m 番目の位置にある自然数を m を用いて表せ。

(2) 150 は左から何番目，上から何番目の位置にあるか。 〔類 宮崎大〕

基本 29

1	2	5	10	17	…
4	3	6	11	18	…
9	8	7	12	…	…
16	15	14	13	…	…
…	…	…	…	…	…

指針 群数列 1|2，3，4|5，6，7，8，9|10，11，…… で考える。

(1) 左から m 番目，上から m 番目の数は，上の群数列で第 m 群の m 番目となる。

(2) 150 が第 m 群に含まれるとする。第 $(m-1)$ 群までの項数に注目して，まず 150 が第何群の何番目の項であるかを調べる。

1	2	5	10	…
4	3	6	11	…
9	8	7	12	…
16	15	14	13	…
…	…	…	…	…

解答 並べられた自然数を，次のように群に分けて考える。

1|2，3，4|5，6，7，8，9|10，11，…… …… ①

(1) ① の第 1 群から第 m 群までの項数は

$$1+3+5+\cdots\cdots+(2m-1)$$
$$=\frac{1}{2}\cdot m\{1+(2m-1)\}=m^2$$

左から m 番目，上から m 番目は，① の第 m 群の m 番目の位置にあるから

$$(m-1)^2+m=\boldsymbol{m^2-m+1}$$

(2) 150 が第 m 群に含まれるとすると

$$(m-1)^2<150\leqq m^2$$

$12^2<150<13^2$ から，この不等式を満たす自然数 m は $m=13$

第 12 群までの項数は $12^2=144$ であるから，150 は第 13 群の $150-144=6$ (番目) である。

また，第 13 群の中央の数は 13 番目の項で $6<13$

よって，150 は **左から 13 番目，上から 6 番目** の位置にある。

検討

(1) m 行 m 列の正方形を考えると，図のようになる。

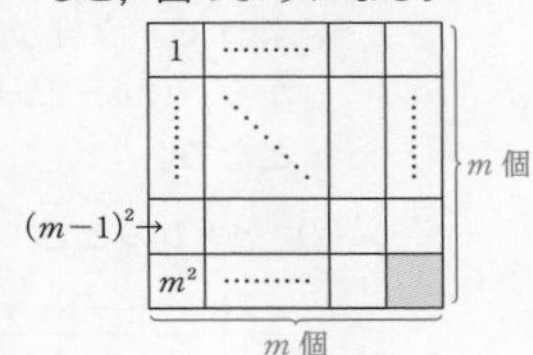

■ には $(m-1)^2+m$ $=\boldsymbol{m^2-m+1}$ が入る。

(2) $12^2<150<13^2$ であるから，上の図で $m=13$ の場合を考える。なお，例えば，165 は同じ第 13 群の 21 番目であるが，$13<21$ より，左から $13^2-165+1=5$(番目)，上から 13 番目である。

練習 31 ④ 自然数 1，2，3，…… を，右の図のように並べる。

(1) 左から m 番目，上から 1 番目の位置にある自然数を m を用いて表せ。

(2) 150 は左から何番目，上から何番目の位置にあるか。 〔類 中央大〕

1	2	4	7	…
3	5	8	…	…
6	9	…	…	…
10	…	…	…	…
…	…	…	…	…

p.460 EX 19, 20

重要例題 32 格子点の個数

xy 平面において，次の連立不等式の表す領域に含まれる **格子点**（x 座標，y 座標がともに整数である点）の個数を求めよ。ただし，n は自然数とする。

(1) $x \geqq 0$，$y \geqq 0$，$x+2y \leqq 2n$　　(2) $x \geqq 0$，$y \leqq n^2$，$y \geqq x^2$

基本 20，21

指針 「不等式の表す領域」は数学Ⅱの第3章を参照。

n に具体的な数を代入してグラフをかき，見通しを立ててみよう。

(1) $n=1$ のとき　　$n=2$ のとき　　$n=3$ のとき

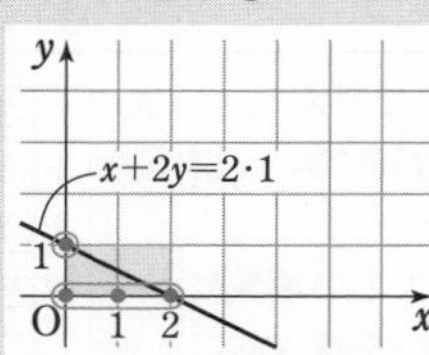

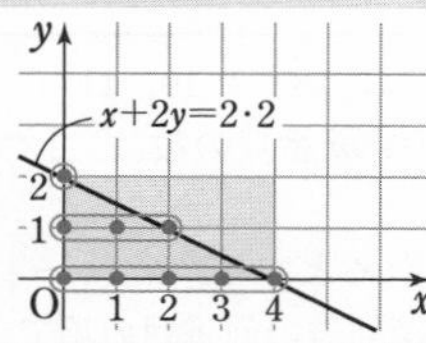

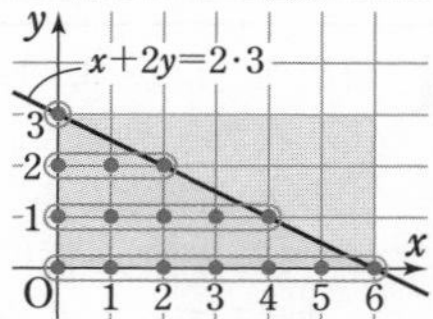

$n=1$ のとき　$1+3=4$,

$n=2$ のとき　$1+3+5=9$,

$n=3$ のとき　$1+3+5+7=16$

一般 (n) の場合については，境界の直線の方程式 $x+2y=2n$ から　$x=2n-2y$

よって，直線 $y=k$ $(k=n,\ n-1,\ \cdots\cdots,\ 0)$ 上には $(2n-2k+1)$ 個の格子点が並ぶから，$(2n-2k+1)$ において，$k=0,\ 1,\ \cdots\cdots,\ n$ とおいたものの総和が求める個数となる。

(2) $n=1$ のとき　　$n=2$ のとき　　$n=3$ のとき

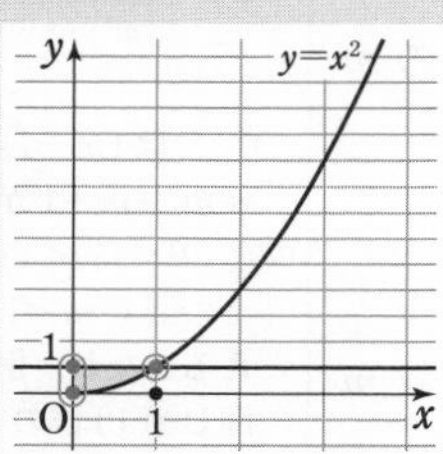

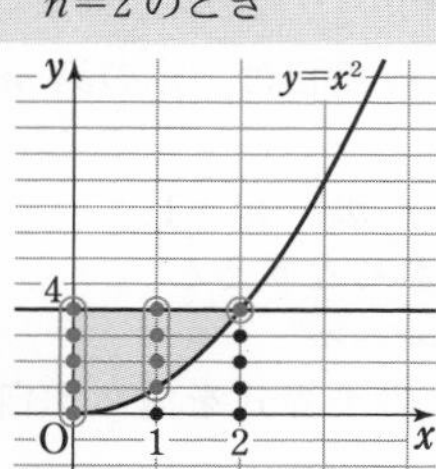

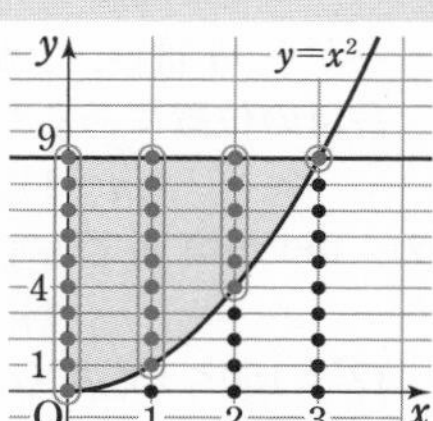

$n=1$ のとき　$(1-0+1)+(1-1+1)=3$,

$n=2$ のとき　$(4-0+1)+(4-1+1)+(4-4+1)=10$,

$n=3$ のとき　$(9-0+1)+(9-1+1)+(9-4+1)+(9-9+1)=26$

一般 (n) の場合については，直線 $x=k$ $(k=0,\ 1,\ 2,\ \cdots\cdots,\ n-1,\ n)$ 上には (n^2-k^2+1) 個の格子点が並ぶから，(n^2-k^2+1) において，$k=0,\ 1,\ \cdots\cdots,\ n$ とおいたものの総和が求める個数となる。

また，次のような，図形の対称性などを利用した 別解 も考えられる。

(1) の 別解　三角形上の格子点の個数を長方形上の個数の半分とみる。
このとき，対角線上の格子点の個数を考慮する。

(2) の 別解　長方形上の格子点の個数から，領域外の個数を引いたものと考える。

以上から，本問の格子点の個数は，次のことがポイントとなる。

1　直線 $x=k$ または $y=k$ 上の格子点の個数を k で表し，加える。

2　図形の特徴（対称性など）を利用する。

解答

(1) 領域は，右図のように，x 軸，y 軸，直線 $y=-\frac{1}{2}x+n$ で囲まれた三角形の周および内部である。

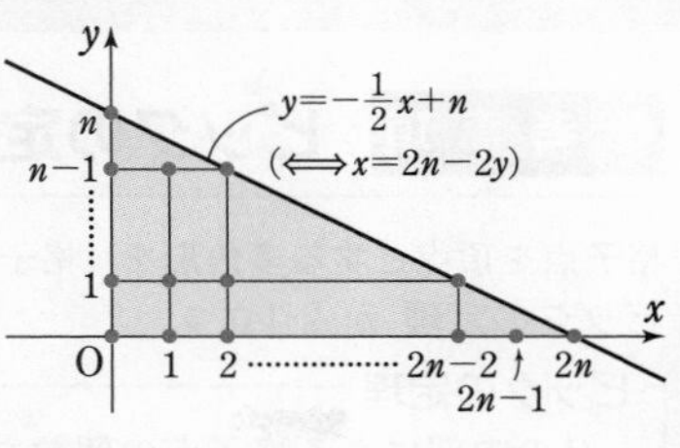

直線 $y=k$ $(k=n,\ n-1,\ \cdots\cdots,\ 0)$ 上には，$(2n-2k+1)$ 個の格子点が並ぶ。

よって，格子点の総数は

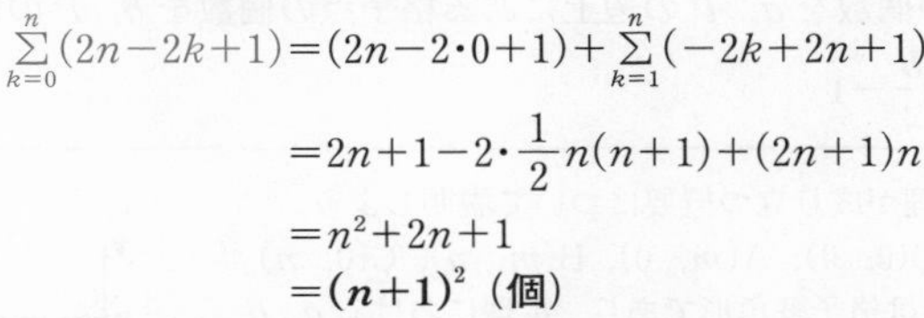

$$\sum_{k=0}^{n}(2n-2k+1)=(2n-2\cdot0+1)+\sum_{k=1}^{n}(-2k+2n+1)$$

$$=2n+1-2\cdot\frac{1}{2}n(n+1)+(2n+1)n$$

$$=n^2+2n+1$$

$$=\boldsymbol{(n+1)^2}\ \textbf{(個)}$$

◀ $k=0$ の値を別扱いにしたが，

$$-2\sum_{k=0}^{n}k+(2n+1)\sum_{k=0}^{n}1$$
$$=-2\cdot\frac{1}{2}n(n+1)$$
$$+(2n+1)(n+1)$$

でもよい。

別解 線分 $x+2y=2n$ $(0\leqq y\leqq n)$ 上の格子点 $(0,\ n)$，$(2,\ n-1)$，$\cdots\cdots$，$(2n,\ 0)$ の個数は $n+1$

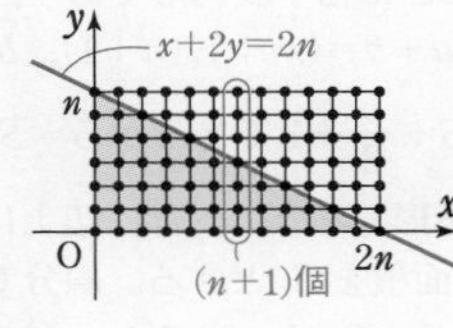

4 点 $(0,\ 0)$，$(2n,\ 0)$，$(2n,\ n)$，$(0,\ n)$ を頂点とする長方形の周および内部にある格子点の個数は

$$(2n+1)(n+1)$$

ゆえに，求める格子点の個数を N とすると

$$2N-(n+1)=(2n+1)(n+1)$$

よって $N=\frac{1}{2}\{(2n+1)(n+1)+(n+1)\}$

$$=\frac{1}{2}(n+1)(2n+2)=\boldsymbol{(n+1)^2}\ \textbf{(個)}$$

◀ ② の方針
長方形は，対角線で 2 つの合同な三角形に分けられる。
よって
(求める格子点の数)×2
−(対角線上の格子点の数)
=(長方形の周および内部にある格子点の数)

(2) 領域は，右図のように，y 軸，直線 $y=n^2$，放物線 $y=x^2$ で囲まれた部分である(境界線を含む)。

直線 $x=k$ $(k=0,\ 1,\ 2,\ \cdots\cdots,\ n)$ 上には，(n^2-k^2+1) 個の格子点が並ぶ。

よって，格子点の総数は

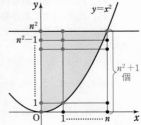

$$\sum_{k=0}^{n}(n^2-k^2+1)=(n^2-0^2+1)+\sum_{k=1}^{n}(n^2+1-k^2)$$

$$=(n^2+1)+(n^2+1)\sum_{k=1}^{n}1-\sum_{k=1}^{n}k^2$$

$$=(n^2+1)+(n^2+1)n-\frac{1}{6}n(n+1)(2n+1)$$

$$=\boldsymbol{\frac{1}{6}(n+1)(4n^2-n+6)}\ \textbf{(個)}$$

別解 長方形の周および内部にある格子点の個数 $(n^2+1)(n+1)$ から，領域外の個数 $\sum_{k=1}^{n}k^2$ を引く。

練習 ④ 32 xy 平面において，次の連立不等式の表す領域に含まれる格子点の個数を求めよ。ただし，n は自然数とする。

(1) $x\geqq0,\ y\geqq0,\ x+3y\leqq3n$　　(2) $0\leqq x\leqq n,\ y\geqq x^2,\ y\leqq2x^2$

p.460 EX 21

参考事項 ピックの定理

格子点を頂点とする多角形を「格子多角形」と呼ぶことにすると，格子多角形 P に対し，次の **ピックの定理** が成り立つ。

ピックの定理

P の内部にある格子点の個数を a，P の辺上にある格子点の個数を b，P の面積を S とすると　　$\boldsymbol{S=a+\frac{b}{2}-1}$

証明ではないが，ピックの定理が成り立つ概要について説明しよう。

[1]　m，n を自然数として，$\mathrm{O}(0,\ 0)$，$\mathrm{A}(m,\ 0)$，$\mathrm{B}(m,\ n)$，$\mathrm{C}(0,\ n)$ とするとき，長方形 OABC は格子多角形であり，定理における a，b，S に対して　$S=mn$，$a+b=(m+1)(n+1)$，$b=2m+2n$

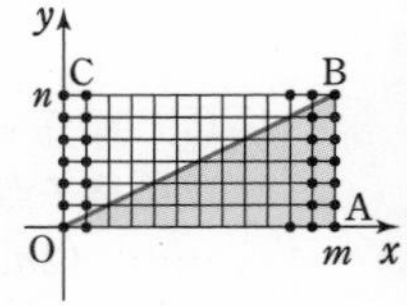

$a+b=mn+m+n+1=S+\frac{b}{2}+1$ であるから　$S=a+\frac{b}{2}-1$ …… ①

また，△OAB も格子多角形であり，内部，辺上にある格子点の個数をそれぞれ a_1，b_1 とし，面積を S_1 とする。線分 OB 上の格子点の個数を k とすると　　$a=2a_1+k-2$，$b=2(b_1-k)+2$，$S=2S_1$

これらを ① に代入すると　　$2S_1=2a_1+k-2+b_1-k+1-1$

よって，$S_1=a_1+\frac{b_1}{2}-1$ となり，△OAB についてもピックの定理が成り立つ。

上で示した △OAB は直角三角形であるが，直角三角形以外の三角形でもピックの定理は成り立つ。

[2]　一般に，格子多角形 P を線分 XY（X，Y は P の頂点）によって 2 つの格子多角形 P_1，P_2 に分割し，

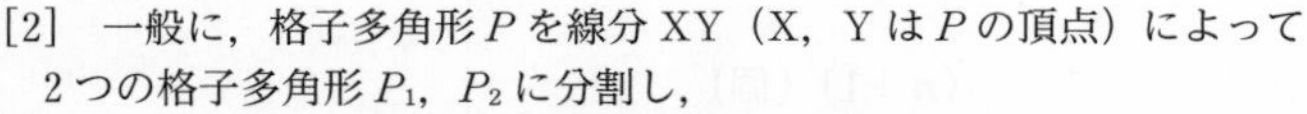

　P_1，P_2 の内部にある格子点の個数をそれぞれ a_1，a_2；
　P_1，P_2 の辺上にある格子点の個数をそれぞれ b_1，b_2；
　P_1，P_2 の面積をそれぞれ S_1，S_2；線分 XY 上の格子点の個数を k

とする。

$a=a_1+a_2+k-2$，$b=b_1+b_2-2k+2$，$S=S_1+S_2$ となるから，

$S_1=a_1+\frac{b_1}{2}-1$，$S_2=a_2+\frac{b_2}{2}-1$ が成り立つと仮定すると

$$S=a_1+\frac{b_1}{2}-1+a_2+\frac{b_2}{2}-1=a_1+a_2+\frac{b_1+b_2}{2}-2=a-k+2+\frac{b}{2}+k-1-2=a+\frac{b}{2}-1$$

格子多角形 P に対し，分割を繰り返し行い，分割された図形がすべて三角形となれば，[1]，[2] から，$S=a+\frac{b}{2}-1$ が成り立つ。

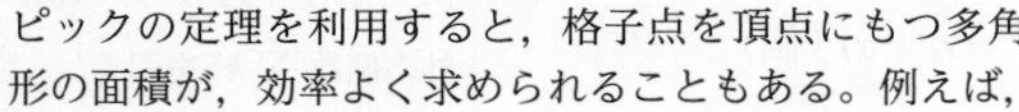

ピックの定理を利用すると，格子点を頂点にもつ多角形の面積が，効率よく求められることもある。例えば，

　〔図 1〕の図形の面積は　　$14+\frac{8}{2}-1=17$

　〔図 2〕の図形の面積は　　$8+\frac{14}{2}-1=14$

のように求められる。

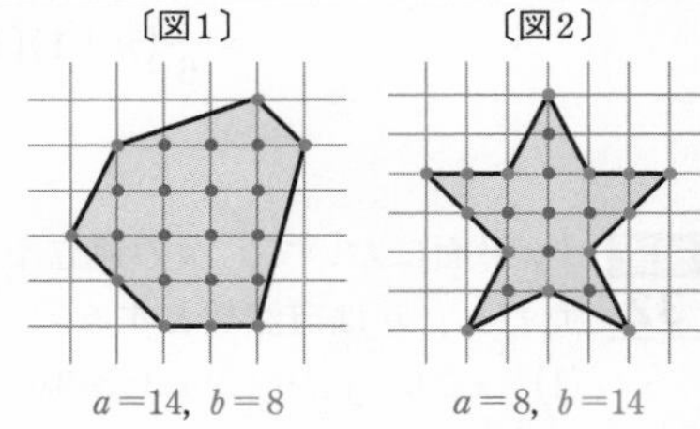

$a=14$，$b=8$　　$a=8$，$b=14$

EXERCISES

③12 次の和を求めよ。 〔(1) 学習院大〕

(1) $\sum_{k=2n}^{3n}(3k^2+5k-1)$ (2) $\sum_{k=1}^{n}\left(\sum_{i=1}^{k}2\right)$ (3) $\sum_{k=1}^{n}\left(\sum_{i=1}^{k}3\cdot2^{i-1}\right)$ →19,20

④13 n が2以上の自然数のとき，1，2，3，……，n の中から異なる2個の自然数を取り出して作った積すべての和 S を求めよ。 〔宮城教育大〕 →20

③14 3つの数列 $\{x_n\}$，$\{y_n\}$，$\{z_n\}$ は，次の4つの条件を満たすとする。

(a) $x_1=a$，$x_2=b$，$x_3=c$，$x_4=4$，$y_1=c$，$y_2=a$，$y_3=b$

(b) $\{y_n\}$ は数列 $\{x_n\}$ の階差数列である。

(c) $\{z_n\}$ は数列 $\{y_n\}$ の階差数列である。

(d) $\{z_n\}$ は等差数列である。

このとき，数列 $\{x_n\}$，$\{y_n\}$，$\{z_n\}$ の一般項を求めよ。 〔信州大〕 →23

③15 数列 a_1，a_2，a_3，……，a_n，……の初項から第 n 項までの和を S_n とする。$S_n=-n^3+15n^2-56n+1$ であるとき，次の問いに答えよ。

(1) a_2 の値を求めよ。 (2) a_n $(n=2,\ 3,\ \cdots\cdots)$ を n の式で表せ。

(3) S_n の最大値を求めよ。 〔防衛大〕

→24

③16 次の数列の初項から第 n 項までの和を求めよ。

$3,\ \dfrac{5}{1^3+2^3},\ \dfrac{7}{1^3+2^3+3^3},\ \dfrac{9}{1^3+2^3+3^3+4^3},\ \cdots\cdots$ 〔東京農工大〕 →25

④17 自然数 n に対して $m\leqq\log_2 n<m+1$ を満たす整数 m を a_n で表すことにする。このとき，$a_{2020}=$ ア□ である。また，自然数 k に対して $a_n=k$ を満たす n は全部で イ□ 個あり，そのような n のうちで最大のものは $n=$ ウ□ である。更に，$\sum_{n=1}^{2020}a_n=$ エ□ である。 〔類 慶応大〕 →27

HINT

12 (2), (3) まず，( )の中から計算する。

13 $(a_1+a_2+a_3+\cdots+a_n)^2=a_1{}^2+a_2{}^2+a_3{}^2+\cdots+a_n{}^2+2(a_1a_2+a_1a_3+\cdots+a_{n-1}a_n)$ が成り立つことを利用。

14 まず，条件(a), (b)から，a，b，c を決定する。

15 (2) $n\geqq2$ のとき $a_n=S_n-S_{n-1}$

(3) $a_n>0$，$a_n=0$，$a_n<0$ となる場合をそれぞれ調べる。

16 第 k 項を求める。和を求める際には，部分分数に分解して途中を消す。

17 (ア) $2^{10}=1024$，$2^{11}=2048$ を利用する。

EXERCISES

③18 数列1，1，3，1，3，5，1，3，5，7，1，3，5，7，9，1，…… について，次の問いに答えよ。ただし，k，m，n は自然数とする。〔名古屋市大〕

(1) $(k+1)$ 回目に現れる 1 は第何項か。

(2) m 回目に現れる 17 は第何項か。

(3) 初項から $(k+1)$ 回目の 1 までの項の和を求めよ。

(4) 初項から第 n 項までの和を S_n とするとき，$S_n>1300$ となる最小の n を求めよ。

→29,30

③19 座標平面上の x 座標と y 座標がともに正の整数である点 $(x,\ y)$ 全体の集合を D とする。D に属する点 $(x,\ y)$ に対して $x+y$ が小さいものから順に，また $x+y$ が等しい点の中では x が小さい順に番号を付け，n 番目 $(n=1,\ 2,\ 3,\ \cdots)$ の点を P_n とする。例えば，点 P_1，P_2，P_3 の座標は順に $(1,\ 1)$，$(1,\ 2)$，$(2,\ 1)$ である。

(1) 座標が $(2,\ 4)$ である点は何番目か。また，点 P_{10} の座標を求めよ。

(2) 座標が $(n,\ n)$ である点の番号を a_n とする。数列 $\{a_n\}$ の一般項を求めよ。

(3) (2) で求めた数列 $\{a_n\}$ に対し，$\sum_{k=1}^{n} a_k$ を求めよ。〔岡山大〕 →31

③20 3 または 4 の倍数である自然数を小さい順に並べた数列を $\{a_i\}$ とする。自然数 n に対して，$\sum_{i=1}^{6n} a_i$ を n で表せ。〔福島県医大〕 →31

⑤21 n は自然数とする。3 本の直線 $3x+2y=6n$，$x=0$，$y=0$ で囲まれる三角形の周上および内部にあり，x 座標と y 座標がともに整数である点は全部でいくつあるか。

→32

④22 異なる n 個のものから r 個を取る組合せの総数を ${}_n\mathrm{C}_r$ で表す。

(1) 2 以上の自然数 k について，${}_{k+3}\mathrm{C}_4={}_{k+4}\mathrm{C}_5-{}_{k+3}\mathrm{C}_5$ が成り立つことを証明せよ。

(2) 和 $\sum_{k=1}^{n} {}_{k+3}\mathrm{C}_4$ を求めよ。

(3) 和 $\sum_{k=1}^{n} (k^4+6k^3)$ を求めよ。〔静岡大〕

18 1|1，3|1，3，5|1，…… のように群に分ける。

19 まず，図をかいて，点 P_1，P_2，P_3，…… の規則性をつかむ。
⟶ 線分 $x+y=i+1$ (i は自然数，$x\geqq 0$，$y\geqq 0$) 上の x 座標，y 座標がともに正の整数である点に注目。

20 自然数の列を $12k-11$，$12k-10$，……，$12k$ $(k=1,\ 2,\ \cdots\cdots)$ のように 12 個ずつに区切る。

21 直線 $x=k$ 上の格子点を考える。k が偶数，奇数で場合分けする。

22 (3) ${}_{k+3}\mathrm{C}_4=\frac{1}{4!}(k+3)(k+2)(k+1)k=\frac{1}{24}(k^4+6k^3+11k^2+6k)$ を利用する。

まとめ 漸化式 MAP

次の **4** 漸化式と数列，**5** 種々の漸化式 で学習する漸化式パターンの関係を図に表した。学習を進める地図として活用してほしい。

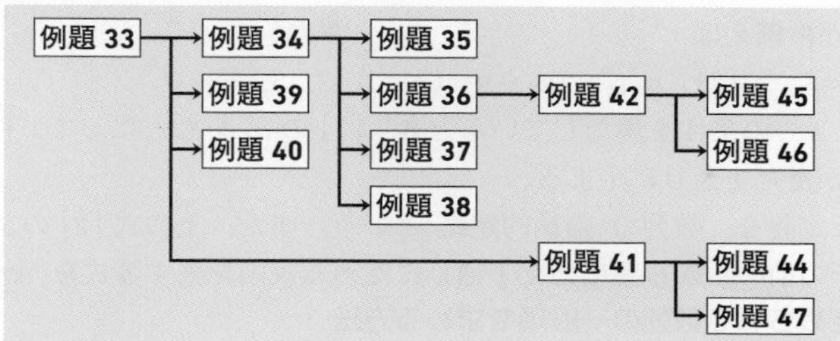

1 隣接 2 項間の漸化式

① 等差数列 $a_{n+1}-a_n=d$ 例題 33

② 等比数列 $a_{n+1}=ra_n$ 例題 33

③ 階差数列 $a_{n+1}=a_n+f(n)$ 例題 33

④ $a_{n+1}=pa_n+q$

(i) $a_{n+1}=pa_n+q$ 例題 34

(ii) $a_{n+1}=pa_n+f(n)$ 例題 35 ⟵ 1 ③ を利用

(iii) $a_{n+1}=pa_n+q^n$ 例題 36 ⟵ 1 ④ (i) を利用

(iv) $a_{n+1}=\dfrac{a_n}{pa_n+q}$ 例題 37 ⟵ 1 ④ (i) を利用

(v) $a_{n+1}=pa_n{}^q$ 例題 38 ⟵ 1 ④ (i) を利用

⑤ その他

(i) $a_{n+1}=f(n)a_n+q$ 例題 39 ⟵ 1 ③ を利用

(ii) $a_n=f(n)a_{n-1}$ 例題 40

2 隣接 3 項間の漸化式 $pa_{n+2}+qa_{n+1}+ra_n=0$

① 特性方程式の解 α，β が $\alpha \neq \beta$ となる場合 例題 41 ⟵ 1 ②，③ を利用

② 特性方程式の解 α，β が $\alpha=\beta$ となる場合 例題 42 ⟵ 1 ①，④ (iii) を利用

3 連立漸化式 $\begin{cases} a_{n+1}=pa_n+qb_n \\ b_{n+1}=ra_n+sb_n \end{cases}$

$a_{n+1}+\alpha b_{n+1}=\beta(a_n+\alpha b_n)$ を満たす α，β について

① α，β の組が 2 組ある場合 例題 44 ⟵ 2 ① を利用

② α，β の組が 1 組だけの場合 例題 45 ⟵ 2 ② を利用

4 分数形の漸化式 $a_{n+1}=\dfrac{ra_n+s}{pa_n+q}$

① 特性方程式の解 α，β が $\alpha \neq \beta$ となる場合 例題 47 ⟵ 1 ② を利用

② 特性方程式の解 α，β が $\alpha=\beta$ となる場合 例題 46 ⟵ 1 ① を利用

4 漸化式と数列

基本事項

1 漸化式

数列 $\{a_n\}$ が，例えば

[1] $a_1=1$ [2] $a_{n+1}=2a_n+n$ $(n=1,\ 2,\ 3,\ \cdots\cdots)$

のように，2つの条件を満たしているとき，[1] の a_1 をもとにして，[2] から a_2，a_3，a_4，…… がただ1通りに定まる。

このような定義を，数列の **帰納的定義** という。また，上の式 [2] のように，数列の各項を，その前の項から順にただ1通りに定める規則を表す等式を **漸化式** という。

2 漸化式で定められる数列の一般項を求める方法

① **等差数列** $\boldsymbol{a_{n+1}=a_n+d}$ （公差 d） $\longrightarrow \boldsymbol{a_n=a_1+(n-1)d}$

② **等比数列** $\boldsymbol{a_{n+1}=ra_n}$ （公比 r） $\longrightarrow \boldsymbol{a_n=a_1r^{n-1}}$

③ **階差数列** $\boldsymbol{a_{n+1}=a_n+f(n)}$ （$f(n)$ は階差数列の一般項）

$$\longrightarrow \boldsymbol{a_n=a_1+\sum_{k=1}^{n-1}f(k)\ (n\geqq 2)}$$

④ $\boldsymbol{a_{n+1}=pa_n+q}$ **の変形**（p，q は定数，$p\neq 1$，$q\neq 0$）

$\alpha=p\alpha+q$ とすると，辺々引いて　$\boldsymbol{a_{n+1}-\alpha=p(a_n-\alpha)}$

解　説

■漸化式

漸化式 $a_1=1$，$a_{n+1}=2a_n+n$ $(n=1,\ 2,\ 3,\ \cdots\cdots)$ が与えられているとき，$a_2=2a_1+1=3$，$a_3=2a_2+2=8$，$a_4=2a_3+3=19$，…… のように，数列 $\{a_n\}$ の各項が順次ただ1通りに定められる。

注意　特に断りがなければ，漸化式は $n=1,\ 2,\ 3,\ \cdots\cdots$ で成り立つものとする。

■漸化式で定められる数列の一般項を求める方法

上の **2** ① 等差数列，② 等比数列については，それぞれ $p.414$，427 で学んだ事項である。

③ $a_{n+1}-a_n=f(n)$ であるから，$f(n)=b_n$ とすると，数列 $\{b_n\}$ は数列 $\{a_n\}$ の階差数列で

◀ $f(n)$ は n の式。

$$n\geqq 2 \text{ のとき}\quad a_n=a_1+\sum_{k=1}^{n-1}b_k$$

◀ $p.439$ 基本事項 **3**

④ $a_{n+1}=pa_n+q$ …… Ⓐ とする。

$\alpha=p\alpha+q$ …… Ⓑ を満たす定数 α に対し，Ⓐ－Ⓑ から

$$a_{n+1}-\alpha=p(a_n-\alpha)$$

◀ $\begin{array}{rl} & a_{n+1}=pa_n+q \\ -) & \quad\ \alpha=p\alpha+q \\ \hline & a_{n+1}-\alpha=p(a_n-\alpha) \end{array}$

よって，数列 $\{a_n-\alpha\}$ は，初項が $a_1-\alpha$，公比が p の等比数列であるから

$$a_n-\alpha=(a_1-\alpha)p^{n-1}$$

ゆえに　$a_n=(a_1-\alpha)p^{n-1}+\alpha$

ここで，Ⓑ は $a_{n+1}=pa_n+q$ の a_{n+1}，a_n の代わりに α とおいた方程式であり，これを本書では **特性方程式** と呼ぶことにする。

基本例題 33 等差数列，等比数列，階差数列と漸化式

次の条件によって定められる数列 $\{a_n\}$ の一般項を求めよ。

(1) $a_1=-3,\ a_{n+1}=a_n+4$　　(2) $a_1=4,\ 2a_{n+1}+3a_n=0$

(3) $a_1=1,\ a_{n+1}=a_n+2^n-3n+1$　　[(3) 類 工学院大]　p.462 基本事項 2

指針 漸化式を変形して，数列 $\{a_n\}$ がどのような数列かを考える。

(1) $\boldsymbol{a_{n+1}=a_n+d}$（$a_n$ の係数が 1 で，d は n に無関係）⟶ 公差 d の **等差数列**

(2) $\boldsymbol{a_{n+1}=ra_n}$　（定数項がなく，r は n に無関係）⟶ 公比 r の **等比数列**

(3) $\boldsymbol{a_{n+1}=a_n+f(n)}$（$a_n$ の係数が 1 で，$f(n)$ は n の式）

⟶ $f(n)=b_n$ とすると，数列 $\{b_n\}$ は $\{a_n\}$ の **階差数列** であるから，公式

$n\geqq 2$ のとき $\boldsymbol{a_n=a_1+\sum_{k=1}^{n-1}b_k}$ を利用して一般項 a_n を求める。

解答

(1) $a_{n+1}-a_n=4$ より，数列 $\{a_n\}$ は初項 $a_1=-3$，公差 4 の等差数列であるから

$$a_n=-3+(n-1)\cdot 4=\boldsymbol{4n-7}$$

◀ $a_n=a+(n-1)d$

(2) $a_{n+1}=-\dfrac{3}{2}a_n$ より，数列 $\{a_n\}$ は初項 $a_1=4$，公比 $-\dfrac{3}{2}$ の等比数列であるから　$\boldsymbol{a_n=4\cdot\left(-\dfrac{3}{2}\right)^{n-1}}$

◀ $a_n=ar^{n-1}$

(3) $a_{n+1}-a_n=2^n-3n+1$ より，数列 $\{a_n\}$ の階差数列の第 n 項は 2^n-3n+1 であるから，$n\geqq 2$ のとき

◀ 階差数列の一般項がすぐわかる。

$$\begin{aligned}a_n&=a_1+\sum_{k=1}^{n-1}(2^k-3k+1)\\&=1+\sum_{k=1}^{n-1}2^k-3\sum_{k=1}^{n-1}k+\sum_{k=1}^{n-1}1\\&=1+\frac{2(2^{n-1}-1)}{2-1}-3\cdot\frac{1}{2}(n-1)n+(n-1)\\&=2^n-\frac{3}{2}n^2+\frac{5}{2}n-2\ \cdots\cdots\ ①\end{aligned}$$

◀ $a_n=a_1+\sum_{k=1}^{n-1}b_k$

◀ $\sum_{k=1}^{n-1}2^k$ は初項 2，公比 2，項数 $n-1$ の等比数列の和。

$n=1$ のとき　$2^1-\dfrac{3}{2}\cdot 1^2+\dfrac{5}{2}\cdot 1-2=1$

$a_1=1$ であるから，① は $n=1$ のときも成り立つ。

◀ 初項は特別扱い

したがって　$\boldsymbol{a_n=2^n-\dfrac{3}{2}n^2+\dfrac{5}{2}n-2}$

注意 $a_{n+1}=a_n+f(n)$ 型の漸化式において，$f(n)$ が定数の場合，数列 $\{a_n\}$ は等差数列となる。

練習 ① 33 次の条件によって定められる数列 $\{a_n\}$ の一般項を求めよ。

(1) $a_1=2,\ a_{n+1}-a_n+\dfrac{1}{2}=0$　　(2) $a_1=-1,\ a_{n+1}+a_n=0$

(3) $a_1=3,\ 2a_{n+1}-2a_n=4n^2+2n-1$

基本例題 34 $a_{n+1}=pa_n+q$ 型の漸化式 ①①①①①

次の条件によって定められる数列 $\{a_n\}$ の一般項を求めよ。

$$a_1=6,\ a_{n+1}=4a_n-3$$

p.462 基本事項 2　重要 38，基本 48，51

指針 $a_{n+1}=pa_n+q$ $(p\neq 1,\ q\neq 0)$ の形の漸化式から一般項を求めるには，$p.462$ 基本事項の解説 ④ で紹介した，**特性方程式を利用** する方法が有効である。
本問では，$\alpha=4\alpha-3$ を満たす α に対して，次のように変形する。　$a_{n+1}-\alpha=4(a_n-\alpha)$ ⟵ 等比数列の形。

$$\begin{array}{rl} & a_{n+1}=4a_n-3 \\ -) & \alpha=4\alpha-3 \\ \hline & a_{n+1}-\alpha=4(a_n-\alpha) \end{array}$$

CHART 漸化式 $a_{n+1}=pa_n+q$　特性方程式 $\alpha=p\alpha+q$ の利用

解答

$a_{n+1}=4a_n-3$ を変形すると

$$a_{n+1}-1=4(a_n-1)$$

$a_n-1=b_n$ とおくと

$$b_{n+1}=4b_n,\ b_1=a_1-1=6-1=5$$

よって，数列 $\{b_n\}$ は初項 5，公比 4 の等比数列であるから　$b_n=5\cdot 4^{n-1}$

ゆえに　$\boldsymbol{a_n}=b_n+1=\boldsymbol{5\cdot 4^{n-1}+1}$

◀ $\alpha=4\alpha-3$ の解は　$\alpha=1$
なお，この **特性方程式を解く過程は，解答に書かなくてよい。**

◀慣れてきたら，$a_n-\alpha$ のまま考える。

別解　$a_{n+1}=4a_n-3$ …… ① で n の代わりに $n+1$ とおくと　$a_{n+2}=4a_{n+1}-3$ …… ②

②−① から　$a_{n+2}-a_{n+1}=4(a_{n+1}-a_n)$

数列 $\{a_n\}$ の階差数列を $\{b_n\}$ とすると

$$b_{n+1}=4b_n,\ b_1=a_2-a_1=(4\cdot 6-3)-6=15$$

よって，数列 $\{b_n\}$ は初項 15，公比 4 の等比数列であるから　$b_n=15\cdot 4^{n-1}$ …… (*)

ゆえに，$n\geqq 2$ のとき

$$a_n=a_1+\sum_{k=1}^{n-1}15\cdot 4^{k-1}=6+\frac{15(4^{n-1}-1)}{4-1}$$
$$=5\cdot 4^{n-1}+1 \quad \cdots\cdots ③$$

$n=1$ のとき　$5\cdot 4^0+1=6$

$a_1=6$ であるから，③ は $n=1$ のときも成り立つ。

したがって　$\boldsymbol{a_n=5\cdot 4^{n-1}+1}$

◀定数部分（「-3」）を消去。

◀ $a_2=4a_1-3$

◀ **$n\geqq 2$ のとき**
$\boldsymbol{a_n=a_1+\sum_{k=1}^{n-1}b_k}$

① 初項は特別扱い

参考　(*) で数列 $\{b_n\}$ の一般項を求めた後は，次のようにすると Σ の計算をしなくてすむ。
(*) から　$a_{n+1}-a_n=15\cdot 4^{n-1}$　① を代入すると　$(4a_n-3)-a_n=15\cdot 4^{n-1}$
したがって　$\boldsymbol{a_n=5\cdot 4^{n-1}+1}$

練習 ② 34 次の条件によって定められる数列 $\{a_n\}$ の一般項を求めよ。
(1) $a_1=2,\ a_{n+1}=3a_n-2$　〔名古屋市大〕　(2) $a_1=3,\ 2a_{n+1}-a_n+2=0$

p.496 EX 23

漸化式から一般項を求める基本方針

ここまで，[1] $\boldsymbol{a_{n+1}=a_n+d}$（等差数列），[2] $\boldsymbol{a_{n+1}=ra_n}$（等比数列），
[3] $\boldsymbol{a_{n+1}=a_n+f(n)}$ ［$\boldsymbol{f(n)}$ **が階差数列**］の3つのタイプを扱ってきた。
漸化式から一般項を求める問題では，上の3つのタイプに帰着させることが基本となる。

● なぜ，特性方程式 $\alpha=p\alpha+q$ を利用するの？

$a_{n+1}=pa_n+q$ $(p\neq1,\ q\neq0)$ の形は上の [1]～[3] のどのタイプにも当てはまらない。
そこで，a_n から一定の数 α を引いた数列 $\{b_n\}$ すなわち $b_n=a_n-\alpha$ について考えてみる。このとき，$a_n=b_n+\alpha$，$a_{n+1}=b_{n+1}+\alpha$ であるから

$$b_{n+1}+\alpha=pb_n+p\alpha+q$$

等しければ消去できる

ここで，$\boldsymbol{\alpha=p\alpha+q}$（**特性方程式**）であれば，$b_{n+1}=pb_n$ となり，上の **等比数列** のタイプに帰着できる。

本問において，$\alpha=4\alpha-3$ を満たす α は $\alpha=1$ である。
$a_{n+1}=4a_n-3$ …… ㋐，$1=4\times1-3$ …… ㋑ として，
㋐－㋑ を計算すると　$a_{n+1}-1=4(a_n-1)$
$a_n-1=b_n$ とおくと，$b_{n+1}=4b_n$（**等比数列**）となる。

$$\begin{array}{rr} & a_{n+1}=4a_n-3 \\ -) & 1=4\times1-3 \\ \hline & a_{n+1}-1=4(a_n-1) \end{array}$$

● 階差数列を利用する

$a_{n+1}=pa_n+q$ …… Ⓐ で n の代わりに $n+1$ とおくと

$$a_{n+2}=pa_{n+1}+q \text{ …… Ⓑ}$$

Ⓑ－Ⓐ から　$a_{n+2}-a_{n+1}=p(a_{n+1}-a_n)$　◀q を消去。

このようにして，**階差数列** $\{\boldsymbol{a_{n+1}-a_n}\}$ **が等比数列になる** ことを利用してもよい。

> 漸化式から一般項を求める基本方針
>
> **既習の数列の形に変形** ｛ ① **等差数列，等比数列の形に** ② **階差数列の利用**

参考 **一般項を予想して証明** する方法もある。

$a_1=6$，$a_2=4a_1-3=4\cdot6-3$，
$a_3=4a_2-3=4(4\cdot6-3)-3=4^2\cdot6-3(1+4)$，
$a_4=4a_3-3=4\{4^2\cdot6-3(1+4)\}-3=4^3\cdot6-3(1+4+4^2)$

◀**初めのいくつかの項を調べる。** ここでは，左のような形で表すと見通しが立てやすい。

これらから，一般項 a_n $(n\geqq2)$ は次のように予想される。

$$a_n=4^{n-1}\cdot6-3(1+4+\cdots\cdots+4^{n-2})=4^{n-1}\cdot6-3\cdot\frac{4^{n-1}-1}{4-1}=5\cdot4^{n-1}+1 \text{ …… ㋐}$$

このとき　$a_1=5\cdot4^{1-1}+1=5+1=6$

$$a_{n+1}-(4a_n-3)=5\cdot4^n+1-\{4(5\cdot4^{n-1}+1)-3\}=0 \quad \text{すなわち} \quad a_{n+1}=4a_n-3$$

よって，㋐ は条件を満たすから　$\boldsymbol{a_n=5\cdot4^{n-1}+1}$

注意 予想が正しいことを証明するのに，数学的帰納法（$p.498$）を利用する方法もある。

補足事項 漸化式と図形

漸化式をグラフを利用して考えてみよう。

例1 $\boldsymbol{a_{n+1}=a_n+d}$（$\boldsymbol{d}$ **は定数）の場合**

まず，直線 $y=x$ 上に点 $(a_1,\ a_1)$ をとる。
次に，点 $(a_1,\ a_2)$ すなわち点 $(a_1,\ a_1+d)$ を直線 $y=x+d$ 上にとる。
次に，点 $(a_2,\ a_2)$ すなわち点 $(a_1+d,\ a_1+d)$ を直線 $y=x$ 上にとる。
このようにして，次々に点をとっていくと，図 [1] のように階段状に点を定めることができる。

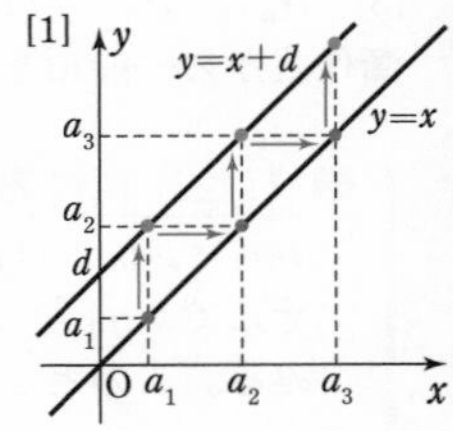

$\boldsymbol{a_{n+1}=a_n+d}$ 型の漸化式
平行な 2 直線 $y=x$，$y=x+d$ によって表すことができる。
↑
$a_{n+1}=a_n+d$ において a_{n+1} を y，a_n を x におき換えた式

例2 $\boldsymbol{a_{n+1}=ra_n}$（$\boldsymbol{r}$ **は定数）の場合**

例 1 と同様に $(a_1,\ a_1)$ ⟶ $(a_1,\ ra_1)$ ⟶ $(ra_1,\ ra_1)$ ⟶ ……
と次々に点をとっていくと，図 [2] のように階段状に点を定めることができる。

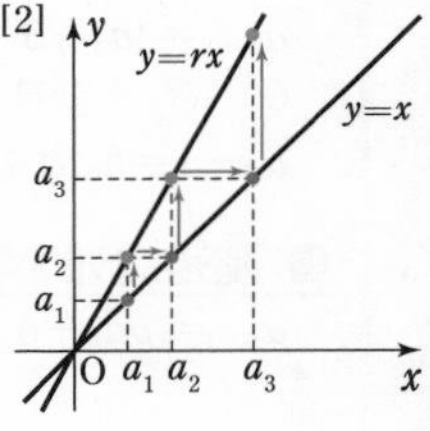

$\boldsymbol{a_{n+1}=ra_n}$ 型の漸化式
原点を通る 2 直線 $y=x$，$y=rx$ によって表すことができる。
↑
$a_{n+1}=ra_n$ において a_{n+1} を y，a_n を x におき換えた式

では，漸化式 $a_{n+1}=pa_n+q$（p，q は定数）をグラフで表すとどうなるかを考えてみよう。

例3 $a_1=3$，$a_{n+1}=3a_n-4$ の場合

2 直線 $y=x$，$y=3x-4$（a_{n+1} を y，a_n を x におき換えた式）は図 [3] のようになり，

① $(3,\ 3)$ ⟶ $(3,\ 3\cdot3-4)$ ⟶ $(3\cdot3-4,\ 3\cdot3-4)$ ⟶ ……

と階段状に点を定めることができる。

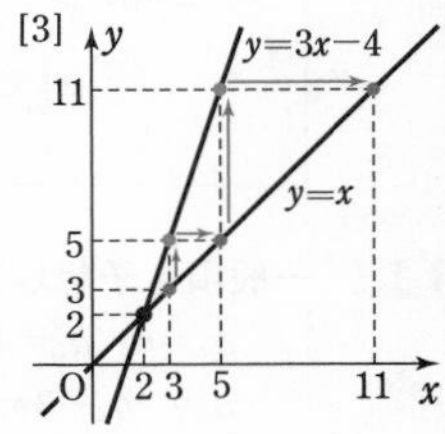

ここで，連立方程式 $y=x$，$y=3x-4$ を解く，すなわち
$x=3x-4$（漸化式 $a_{n+1}=3a_n-4$ の特性方程式と同じ）を満たす
x を求めると　$x=2$

よって，2 直線 $y=x$，$y=3x-4$ の交点の座標は $(2,\ 2)$ である。ここで，この 2 直線を，点 $(2,\ 2)$ が原点に移るように平行移動，つまり x 軸方向に -2，y 軸方向に -2 だけ平行移動すると，それぞれ直線 $y=x$，直線 $y=3x$ に移る。このとき，① は

$$(3-2,\ 3-2) \longrightarrow (3-2,\ 3(3-2)) \longrightarrow (3(3-2),\ 3(3-2)) \longrightarrow \cdots\cdots$$

となり，これを漸化式に戻すと，$a_{n+1}-2=3(a_n-2)$ となる。
この例のように考えると，なぜ，特性方程式の解 α に対して，**漸化式 $\boldsymbol{a_{n+1}=pa_n+q}$**（$p$，$q$ は定数）が $\boldsymbol{a_{n+1}-\alpha=p(a_n-\alpha)}$ と変形できるのかが図形的に理解できるだろう。

基本例題 35 $a_{n+1}=pa_n+(n$ の 1 次式) 型の漸化式

$a_1=1$, $a_{n+1}=3a_n+4n$ によって定められる数列 $\{a_n\}$ の一般項を求めよ。

基本 34

指針 $p.464$ 基本例題 **34** の漸化式 $a_{n+1}=pa_n+q$ で，q が定数ではなく，**n の 1 次式** となっている。このような場合は，**n を消去する** ために **階差数列の利用** を考える。

→ 漸化式の n を $n+1$ とおき，a_{n+2} についての関係式を作る。これともとの漸化式との差をとり，**階差数列 $\{a_{n+1}-a_n\}$ についての漸化式** を処理する。

また，検討 のように，**等比数列の形に変形** する方法もある。

CHART 漸化式 $a_{n+1}=pa_n+(n$ の 1 次式) 階差数列の利用

解答

$a_{n+1}=3a_n+4n$ …… ① とすると

$$a_{n+2}=3a_{n+1}+4(n+1) \quad \cdots\cdots ②$$

②−① から $a_{n+2}-a_{n+1}=3(a_{n+1}-a_n)+4$

$a_{n+1}-a_n=b_n$ とおくと $b_{n+1}=3b_n+4$

これを変形すると $b_{n+1}+2=3(b_n+2)$

また $b_1+2=a_2-a_1+2=7-1+2=8$

よって，数列 $\{b_n+2\}$ は初項 8，公比 3 の等比数列で

$b_n+2=8\cdot3^{n-1}$ すなわち $b_n=8\cdot3^{n-1}-2$ …… (＊)

$n\geqq2$ のとき

$$a_n=a_1+\sum_{k=1}^{n-1}(8\cdot3^{k-1}-2)=1+\frac{8(3^{n-1}-1)}{3-1}-2(n-1)$$

$$=4\cdot3^{n-1}-2n-1 \quad \cdots\cdots ③$$

$n=1$ のとき $4\cdot3^0-2\cdot1-1=1$

$a_1=1$ であるから，③ は $n=1$ のときも成り立つ。

したがって **$a_n=4\cdot3^{n-1}-2n-1$**

◀① の n に $n+1$ を代入すると ② になる。

◀差を作り，n を消去する。

◀$\{b_n\}$ は $\{a_n\}$ の階差数列。

◀$\alpha=3\alpha+4$ から $\alpha=-2$

◀$a_2=3a_1+4\cdot1=7$

◀$n\geqq2$ のとき $a_n=a_1+\sum_{k=1}^{n-1}b_k$

❗ 初項は特別扱い

参考 (＊) を導いた後，$a_{n+1}-a_n=8\cdot3^{n-1}-2$ に ① を代入して a_n を求めてもよい。

検討 **$\{a_n-(\alpha n+\beta)\}$ を等比数列とする解法**

例題は $a_{n+1}=pa_n+(n$ の 1 次式) の形をしている。そこで，$f(n)=\alpha n+\beta$ として，$a_{n+1}=3a_n+4n$ が，$a_{n+1}-f(n+1)=3\{a_n-f(n)\}$ …… Ⓐ の形に変形できるように α，β の値を定める。

Ⓐ から $a_{n+1}-\{\alpha(n+1)+\beta\}=3\{a_n-(\alpha n+\beta)\}$

ゆえに $a_{n+1}=3a_n-2\alpha n+\alpha-2\beta$

これと $a_{n+1}=3a_n+4n$ の右辺の係数を比較して $-2\alpha=4$，$\alpha-2\beta=0$

よって $\alpha=-2$，$\beta=-1$ ゆえに $f(n)=-2n-1$

Ⓐ より，数列 $\{a_n-(-2n-1)\}$ は初項 $a_1+2+1=4$，公比 3 の等比数列であるから

$a_n-(-2n-1)=4\cdot3^{n-1}$ したがって **$a_n=4\cdot3^{n-1}-2n-1$**

練習 ③ 35 $a_1=-2$，$a_{n+1}=-3a_n-4n+3$ によって定められる数列 $\{a_n\}$ の一般項を求めよ。

基本例題 36 $a_{n+1}=pa_n+q^n$ 型の漸化式

$a_1=3$, $a_{n+1}=2a_n+3^{n+1}$ によって定められる数列 $\{a_n\}$ の一般項を求めよ。

〔信州大〕 基本 34 基本 42, 45

指針 漸化式 $a_{n+1}=pa_n+f(n)$ において，$f(n)=q^n$ の場合の解法の手順は

1. $f(n)$ に **n が含まれない** ようにするため，漸化式の **両辺を q^{n+1} で割る。**

$$\frac{a_{n+1}}{q^{n+1}}=\frac{p}{q}\cdot\frac{a_n}{q^n}+\frac{1}{q} \quad \longleftarrow f(n)=\frac{1}{q} \text{ となり，} n \text{ が含まれない。}$$

2. $\frac{a_n}{q^n}=b_n$ とおくと $b_{n+1}=\frac{p}{q}b_n+\frac{1}{q}$ $\longrightarrow$ $b_{n+1}=●b_n+▲$ の形 に帰着。……★

CHART 漸化式 $a_{n+1}=pa_n+q^n$ 両辺を q^{n+1} で割る

解答

$a_{n+1}=2a_n+3^{n+1}$ の両辺を 3^{n+1} で割ると $\frac{a_{n+1}}{3^{n+1}}=\frac{2}{3}\cdot\frac{a_n}{3^n}+1$

◀ $\frac{2a_n}{3^{n+1}}=\frac{2}{3}\cdot\frac{a_n}{3^n}$

$\frac{a_n}{3^n}=b_n$ とおくと $b_{n+1}=\frac{2}{3}b_n+1$

◀指針____…★の方針。$a_{n+1}=pa_n+q$ など，既習の漸化式に帰着させる。

これを変形すると $b_{n+1}-3=\frac{2}{3}(b_n-3)$

特性方程式 $\alpha=\frac{2}{3}\alpha+1$ から $\alpha=3$

また $b_1-3=\frac{a_1}{3}-3=\frac{3}{3}-3=-2$

よって，数列 $\{b_n-3\}$ は初項 -2，公比 $\frac{2}{3}$ の等比数列で

$$b_n-3=-2\left(\frac{2}{3}\right)^{n-1} \qquad \text{ゆえに} \qquad \frac{a_n}{3^n}=3-2\left(\frac{2}{3}\right)^{n-1}$$

よって $\boldsymbol{a_n}=3^nb_n=3\cdot3^n-3\cdot2\cdot2^{n-1}$(*)$=\boldsymbol{3^{n+1}-3\cdot2^n}$

(*) $3^n\cdot2\left(\frac{2}{3}\right)^{n-1}=3\cdot3^{n-1}\cdot2\cdot\frac{2^{n-1}}{3^{n-1}}$

別解 $a_{n+1}=2a_n+3^{n+1}$ の両辺を 2^{n+1} で割ると $\frac{a_{n+1}}{2^{n+1}}=\frac{a_n}{2^n}+\left(\frac{3}{2}\right)^{n+1}$

◀ $a_{n+1}=pa_n+q^n$ は，**両辺を p^{n+1} で割る** 方法でも解決できるが，階差数列型の漸化式の処理になるので，計算は上の解答と比べやや面倒である。

$\frac{a_n}{2^n}=b_n$ とおくと $b_{n+1}=b_n+\left(\frac{3}{2}\right)^{n+1}$ また $b_1=\frac{a_1}{2^1}=\frac{3}{2}$

よって，$n\geqq2$ のとき

$$b_n=b_1+\sum_{k=1}^{n-1}\left(\frac{3}{2}\right)^{k+1}=b_1+\sum_{k=1}^{n-1}\left(\frac{3}{2}\right)^2\left(\frac{3}{2}\right)^{k-1}$$

$$=\frac{3}{2}+\frac{\left(\frac{3}{2}\right)^2\left\{\left(\frac{3}{2}\right)^{n-1}-1\right\}}{\frac{3}{2}-1}=3\left(\frac{3}{2}\right)^n-3 \quad \cdots\cdots ①$$

$n=1$ のとき $3\left(\frac{3}{2}\right)^1-3=\frac{3}{2}$ $b_1=\frac{3}{2}$ から，① は $n=1$ のときも成り立つ。

したがって $\boldsymbol{a_n}=2^nb_n=3\cdot3^n-3\cdot2^n=\boldsymbol{3^{n+1}-3\cdot2^n}$

練習 ③ 36 $a_1=4$, $a_{n+1}=4a_n-2^{n+1}$ によって定められる数列 $\{a_n\}$ の一般項を求めよ。

〔信州大〕 p.496 EX 24

基本例題 37 $a_{n+1}=\dfrac{a_n}{pa_n+q}$ 型の漸化式

$a_1=\dfrac{1}{5}$，$a_{n+1}=\dfrac{a_n}{4a_n-1}$ によって定められる数列 $\{a_n\}$ の一般項を求めよ。

〔類 早稲田大〕 基本 34 重要 46

指針 $a_{n+1}=\dfrac{a_n}{pa_n+q}$ のように，分子が a_n の項だけの分数形の漸化式の解法の手順は

1. 漸化式の **両辺の逆数をとる** と　$\dfrac{1}{a_{n+1}}=p+\dfrac{q}{a_n}$
2. $\dfrac{1}{a_n}=b_n$ **とおく** と　$b_{n+1}=p+qb_n$ → $b_{n+1}=●b_n+▲$ の形に帰着。

$p.464$ 基本例題 **34** と同様にして一般項 b_n が求められる。
また，逆数を考えるために，$a_n \neq 0\ (n\geqq 1)$ であることを示しておく。

CHART 漸化式 $a_{n+1}=\dfrac{a_n}{pa_n+q}$　両辺の逆数をとる

解答

$a_{n+1}=\dfrac{a_n}{4a_n-1}$ …… ① とする。

① において，$a_{n+1}=0$ とすると $a_n=0$ であるから，$a_n=0$ となる n があると仮定すると

$$a_{n-1}=a_{n-2}=\cdots\cdots=a_1=0$$

◀ $a_n=0$ から　$a_{n-1}=0$
これから　$a_{n-2}=0$
以後これを繰り返す。

ところが $a_1=\dfrac{1}{5}\ (\neq 0)$ であるから，これは矛盾。

よって，すべての自然数 n について $a_n\neq 0$ である。

◀ 逆数をとるための十分条件。

① の両辺の逆数をとると

$$\frac{1}{a_{n+1}}=4-\frac{1}{a_n}$$

◀ $\dfrac{1}{a_{n+1}}=\dfrac{4a_n-1}{a_n}$

$\dfrac{1}{a_n}=b_n$ とおくと　$b_{n+1}=4-b_n$

これを変形すると　$b_{n+1}-2=-(b_n-2)$

◀ 特性方程式
$\alpha=4-\alpha$ から　$\alpha=2$

また　$b_1-2=\dfrac{1}{a_1}-2=5-2=3$

ゆえに，数列 $\{b_n-2\}$ は初項 3，公比 -1 の等比数列で

$b_n-2=3\cdot(-1)^{n-1}$　すなわち　$b_n=3\cdot(-1)^{n-1}+2$

したがって　$a_n=\dfrac{1}{b_n}=\boldsymbol{\dfrac{1}{3\cdot(-1)^{n-1}+2}}$

◀ $b_n=\dfrac{1}{a_n}$ という式の形から　$b_n\neq 0$

注意 分数形の漸化式 $a_{n+1}=\dfrac{ra_n+s}{pa_n+q}\ (s\neq 0)$ の場合については，$p.484$，485 の重要例題 **46**，**47** で扱っている。

練習 ③ 37 $a_1=1$，$a_{n+1}=\dfrac{3a_n}{6a_n+1}$ によって定められる数列 $\{a_n\}$ の一般項を求めよ。

重要例題 38 $a_{n+1}=pa_n{}^q$ 型の漸化式

$a_1=1$, $a_{n+1}=2\sqrt{a_n}$ で定められる数列 $\{a_n\}$ の一般項を求めよ。 〔類 近畿大〕

基本 34

指針 a_n に $\sqrt{\quad}$ がついている形，$a_n{}^2$ や $a_{n+1}{}^3$ など **累乗の形** を含む漸化式 $a_{n+1}=pa_n{}^q$ の解法の手順は

1 漸化式の **両辺の対数をとる。** $a_n{}^q$ の係数 p に注目して，底が p の対数を考える。

$\log_p a_{n+1}=\log_p p+\log_p a_n{}^q$ ← $\log_c MN=\log_c M+\log_c N$

すなわち $\log_p a_{n+1}=1+q\log_p a_n$ ← $\log_c M^k=k\log_c M$

2 **$\log_p a_n=b_n$ とおく** と $b_{n+1}=1+qb_n$

b_{n+1}=●b_n+▲ の形の漸化式（$p.464$ 基本例題 **34** のタイプ）に帰着。

対数をとるときは，**(真数)>0** すなわち **$a_n>0$** であることを必ず確認しておく。

CHART 漸化式 $a_{n+1}=pa_n{}^q$ 両辺の対数をとる

解答

$a_1=1>0$ で，$a_{n+1}=2\sqrt{a_n}$ (>0) であるから，すべての自然数 n に対して $a_n>0$ である。

よって，$a_{n+1}=2\sqrt{a_n}$ の両辺の 2 を底とする対数をとると

$$\log_2 a_{n+1}=\log_2 2\sqrt{a_n}$$

ゆえに $\log_2 a_{n+1}=1+\frac{1}{2}\log_2 a_n$

$\log_2 a_n=b_n$ とおくと $b_{n+1}=1+\frac{1}{2}b_n$

これを変形して $b_{n+1}-2=\frac{1}{2}(b_n-2)$

ここで $b_1-2=\log_2 1-2=-2$

よって，数列 $\{b_n-2\}$ は初項 -2，公比 $\frac{1}{2}$ の等比数列で

$$b_n-2=-2\left(\frac{1}{2}\right)^{n-1} \quad すなわち \quad b_n=2-2^{2-n}$$

したがって，$\log_2 a_n=2-2^{2-n}$ から $\boldsymbol{a_n=2^{2-2^{2-n}}}$

◀ $\sqrt{●}>0$ に注意。厳密には，数学的帰納法で証明できる。

◀ $\log_2(2\cdot a_n{}^{\frac{1}{2}})=\log_2 2+\frac{1}{2}\log_2 a_n$

◀ 特性方程式 $\alpha=1+\frac{1}{2}\alpha$ を解くと $\alpha=2$

◀ $\left(\frac{1}{2}\right)^{n-1}=2^{1-n}$

◀ $\log_a a_n=p \Longleftrightarrow a_n=a^p$

検討 **a_na_{n+1} を含む漸化式の解法**

a_na_{n+1} のような積の形で表された漸化式にも 両辺の対数をとる が有効である。例えば，$\log_c a_na_{n+1}=\log_c a_n+\log_c a_{n+1}$ となり，$\log_c a_n$ と $\log_c a_{n+1}$ の関係式を導くことができる。

練習 ③ 38 $a_1=1$, $a_{n+1}=2a_n{}^2$ で定められる数列 $\{a_n\}$ の一般項を求めよ。 〔類 慶応大〕

p.496 EX 25

基本例題 39 $a_{n+1}=f(n)a_n+q$ 型の漸化式

$a_1=2$, $a_{n+1}=\dfrac{n+2}{n}a_n+1$ によって定められる数列 $\{a_n\}$ がある。

(1) $\dfrac{a_n}{n(n+1)}=b_n$ とおくとき，b_{n+1} を b_n と n の式で表せ。

(2) a_n を n の式で表せ。

基本 25

指針 (1) $b_n=\dfrac{a_n}{n(n+1)}$，$b_{n+1}=\dfrac{a_{n+1}}{(n+1)(n+2)}$ を利用するため，**漸化式の両辺を $(n+1)(n+2)$ で割る。**

(2) (1)から　$b_{n+1}=b_n+f(n)$ ［**階差数列** の形］。まず，数列 $\{b_n\}$ の一般項を求める。

解答

(1) $a_{n+1}=\dfrac{n+2}{n}a_n+1$ の両辺を $(n+1)(n+2)$ で割ると

$$\frac{a_{n+1}}{(n+1)(n+2)}=\frac{a_n}{n(n+1)}+\frac{1}{(n+1)(n+2)} \quad \cdots\ (*)$$

$\dfrac{a_n}{n(n+1)}=b_n$ とおくと　$\boldsymbol{b_{n+1}=b_n+\dfrac{1}{(n+1)(n+2)}}$

◀ $a_n=n(n+1)b_n$, $a_{n+1}=(n+1)(n+2)b_{n+1}$ を漸化式に代入してもよい。

◀ $b_{n+1}-b_n=\dfrac{1}{(n+1)(n+2)}$

(2) $b_1=\dfrac{a_1}{1\cdot 2}=1$ である。(1)から，$n\geqq 2$ のとき

$$b_n=b_1+\sum_{k=1}^{n-1}\frac{1}{(k+1)(k+2)}=1+\sum_{k=1}^{n-1}\left(\frac{1}{k+1}-\frac{1}{k+2}\right)$$

$$=1+\left(\frac{1}{2}-\frac{1}{3}\right)+\left(\frac{1}{3}-\frac{1}{4}\right)+\cdots\cdots+\left(\frac{1}{n}-\frac{1}{n+1}\right)$$

$$=1+\frac{1}{2}-\frac{1}{n+1}=\frac{3}{2}-\frac{1}{n+1}=\frac{3n+1}{2(n+1)} \quad \cdots\cdots\ ①$$

◀部分分数に分解して，**差の形** を作る。

◀途中が消えて，最初と最後だけが残る。

$b_1=1$ であるから，① は $n=1$ のときも成り立つ。よって

◀ 初項は特別扱い

$$a_n=n(n+1)b_n=n(n+1)\cdot\frac{3n+1}{2(n+1)}=\boldsymbol{\frac{n(3n+1)}{2}}$$

検討 PLUS ONE

上の例題で，おき換えの式が与えられていない場合の対処法

漸化式の a_n に $\dfrac{n+2}{n}$ が掛けられているから，漸化式の両辺に ×(n の式) をして

$\boldsymbol{f(n+1)a_{n+1}=f(n)a_n+g(n)}$ ［**階差数列の形**］に変形することを目指す。
（$f(n+1)a_{n+1}$：$(n+1)$ の式，$f(n)a_n$：n の式）

まず，漸化式の右辺には n と $n+2$ があるが，大きい方の $n+2$ は左辺にあった方がよいであろうと考え，両辺を **$(n+2)$ で割る** と　$\dfrac{a_{n+1}}{n+2}=\dfrac{a_n}{n}+\dfrac{1}{n+2}$ …… Ⓐ

2つの項＿＿のうち，左側の分母を $f(n+1)$，右側の分母を $f(n)$ の形にするために，Ⓐ の両辺を更に **$(n+1)$ で割る** と，解答の $(*)$ の式が導かれてうまくいく。

練習 ③ 39 $a_1=\dfrac{1}{2}$, $na_{n+1}=(n+2)a_n+1$ によって定められる数列 $\{a_n\}$ がある。

(1) $a_n=n(n+1)b_n$ とおくとき，b_{n+1} を b_n と n の式で表せ。

(2) a_n を n の式で表せ。

重要例題 40 $a_n=f(n)a_{n-1}$ 型の漸化式

①①①①①

$a_1=\frac{1}{2}$，$(n+1)a_n=(n-1)a_{n-1}$ $(n\geqq 2)$ によって定められる数列 $\{a_n\}$ の一般項を求めよ。 〔類 東京学芸大〕

指針 与えられた漸化式を変形すると $a_n=\frac{n-1}{n+1}a_{n-1}$

これは *p*.471 基本例題 **39** に似ているが，おき換えを使わずに，次の方針で解ける。

〔方針 1〕 $\boldsymbol{a_n=f(n)a_{n-1}}$ と変形すると $a_n=f(n)\{f(n-1)a_{n-2}\}$

これを繰り返すと $a_n=f(n)f(n-1)\cdots\cdots f(2)a_1$

よって，$f(n)f(n-1)\cdots\cdots f(2)$ は n の式であるから，a_n が求められる。

〔方針 2〕 漸化式をうまく変形して $\boldsymbol{g(n)a_n=g(n-1)a_{n-1}}$ の形にできないかを考える。この形に変形できれば

$$g(n)a_n=g(n-1)a_{n-1}=g(n-2)a_{n-2}=\cdots\cdots=g(1)a_1$$

であるから，$a_n=\frac{g(1)a_1}{g(n)}$ として求められる。

解答

解答 1. 漸化式を変形して

$$a_n=\frac{n-1}{n+1}a_{n-1}\ (n\geqq 2)$$

ゆえに $a_n=\frac{n-1}{n+1}\cdot\frac{n-2}{n}a_{n-2}\ (n\geqq 3)$

これを繰り返して

$$a_n=\frac{n-1}{n+1}\cdot\frac{n-2}{n}\cdot\frac{n-3}{n-1}\cdots\cdots\frac{3}{5}\cdot\frac{2}{4}\cdot\frac{1}{3}a_1$$

よって $a_n=\frac{2\cdot 1}{(n+1)n}\cdot\frac{1}{2}$

すなわち $\boldsymbol{a_n=\frac{1}{n(n+1)}}$ ……①

$n=1$ のとき $\frac{1}{1\cdot(1+1)}=\frac{1}{2}$

$a_1=\frac{1}{2}$ であるから，① は $n=1$ のときも成り立つ。

解答 2. 漸化式の両辺に n を掛けると

$$(n+1)na_n=n(n-1)a_{n-1}\ (n\geqq 2)$$

よって $(n+1)na_n=n(n-1)a_{n-1}=\cdots\cdots=2\cdot 1\cdot a_1=1$

したがって $\boldsymbol{a_n=\frac{1}{n(n+1)}}$

これは $n=1$ のときも成り立つ。

◀ $a_n=\frac{n-1}{n+1}\boldsymbol{a_{n-1}}$
$=\frac{n-1}{n+1}\cdot\boldsymbol{\frac{n-2}{n}a_{n-2}}$
$=\frac{n-1}{n+1}\cdot\frac{n-2}{n}\cdot\boldsymbol{\frac{n-3}{n-1}a_{n-3}}$
$=\cdots\cdots$

◀ $n+1$ と $n-1$ の間にある n を掛ける。

◀ 数列 $\{(n+1)na_n\}$ は，すべての項が等しい。

練習 ④ **40** $a_1=\frac{2}{3}$，$(n+2)a_n=(n-1)a_{n-1}$ $(n\geqq 2)$ によって定められる数列 $\{a_n\}$ の一般項を求めよ。 〔類 弘前大〕

まとめ　隣接２項間の漸化式から一般項を求める方法

代表的な漸化式について，数列の一般項の求め方を整理しておこう。

1 **等差数列**　$a_{n+1}=a_n+d$　（公差 d）　$\longrightarrow a_n=a_1+(n-1)d$

2 **等比数列**　$a_{n+1}=ra_n$　（公比 r）　$\longrightarrow a_n=a_1r^{n-1}$

3 **階差数列**　$a_{n+1}-a_n=f(n)$（$f(n)$ は n の式）$\longrightarrow a_n=a_1+\sum_{k=1}^{n-1}f(k)$ $(n\geqq2)$

➡例題 33

4 $a_{n+1}=pa_n+q$，$p\neq1$，$q\neq0$

① **特性方程式を利用して，等比数列の形に変形する**　➡例題 34

a_{n+1}，a_n の代わりに α とおいた方程式（特性方程式）$\alpha=p\alpha+q$ から α を決定すると

$a_{n+1}-\alpha=p(a_n-\alpha)$

よって，数列 $\{a_n-\alpha\}$ は初項 $a_1-\alpha$，公比 p の等比数列　$\longrightarrow$ 2 へ

$a_n=(a_1-\alpha)p^{n-1}+\alpha$

② **階差数列を利用する**　➡例題 34 別解

$a_{n+1}=pa_n+q$ …… Ⓐ とすると　$a_{n+2}=pa_{n+1}+q$ …… Ⓑ

Ⓑ－Ⓐ から　$a_{n+2}-a_{n+1}=p(a_{n+1}-a_n)$

よって，階差数列 $\{a_{n+1}-a_n\}$ は初項 a_2-a_1，公比 p の等比数列　$\longrightarrow$ 3 へ

③ **予想して証明する**　➡ p.465 参考

$n=1$, 2, 3, …… から a_n を n の式 $f(n)$ として予想し，その予想が正しいことを証明する。$\longrightarrow$ 漸化式を満たすことを示すか，数学的帰納法の利用。

5 $a_{n+1}=pa_n+f(n)$　（$p\neq1$，$f(n)$ は n の整式）

① **$f(n)$ が n の１次式の場合，階差数列を利用する**　➡例題 35

$a_{n+1}=pa_n+f(n)$ …… Ⓐ とすると　$a_{n+2}=pa_{n+1}+f(n+1)$ …… Ⓑ

Ⓑ－Ⓐ から　$a_{n+2}-a_{n+1}=p(a_{n+1}-a_n)+\{f(n+1)-f(n)\}$

$f(n+1)-f(n)$ は定数であるから，q とおく。

$a_{n+1}-a_n=b_n$（階差数列）とおくと　$b_{n+1}=pb_n+q$　$\longrightarrow$ 4 へ

② **$a_n-g(n)$ を利用する**　➡例題 35 検討

$g(n)$ は $f(n)$ と同じ次数の n の多項式とする。

$a_{n+1}-g(n+1)=p\{a_n-g(n)\}$ とおき，漸化式に代入して $g(n)$ の係数を決定する。

数列 $\{a_n-g(n)\}$ は初項 $a_1-g(1)$，公比 p の等比数列　$\longrightarrow$ 2 へ

$a_n=\{a_1-g(1)\}p^{n-1}+g(n)$

6 **特殊な漸化式**

① $a_{n+1}=pa_n+q^n$　$\frac{a_n}{q^n}=b_n$ とおいて　$b_{n+1}=\frac{p}{q}b_n+\frac{1}{q}$　$\longrightarrow$ 4 へ　➡例題 36

② $a_{n+1}=\frac{a_n}{pa_n+q}$　$\frac{1}{a_n}=b_n$ とおいて　$b_{n+1}=p+qb_n$　$\longrightarrow$ 4 へ　➡例題 37

③ $a_{n+1}=pa_n{}^q$　$\log_p a_n=b_n$ とおいて　$b_{n+1}=1+qb_n$　$\longrightarrow$ 4 へ　➡例題 38

参考事項 音楽と数列の関係

音楽と数列は，古代ギリシャの時代から強い結び付きがある。ここでは，音楽の基本的な要素である音階（音律）と数列の関係について紹介しよう。

● オクターブについて

弦をはじいて出した音について，その半分の長さの弦をはじくと1オクターブ上の音が，2倍の長さの弦をはじくと1オクターブ下の音が出ることが知られている。

● ピタゴラス音律について

ピタゴラスは，音律を作るときに調和平均を用いた。
まず，調和平均については次のことが成り立つ。

a と b の調和平均を c とすると　$\dfrac{1}{c}=\dfrac{1}{2}\left(\dfrac{1}{a}+\dfrac{1}{b}\right)$

$b=\dfrac{1}{2}a$ とすると，$\dfrac{1}{c}=\dfrac{3}{2a}$ から　$c=\dfrac{2}{3}a$

それでは，どのようにして音律を作ったのか，ということについて説明しよう。
長さ a の出す音がドであるとき，ドの音と1オクターブ上のドの音の弦の長さの調和平均をとると $\dfrac{2}{3}a$ となり，$\dfrac{2}{3}a$ の弦の出す音はソの音になる。次に，ソの音と1オクターブ上のソの音の弦の長さの調和平均をとると $\dfrac{2}{3}\times\dfrac{2}{3}a=\dfrac{4}{9}a$ となるが，これは $\dfrac{1}{2}a$ より小さいから，その1オクターブ下をとって $\dfrac{8}{9}a$ の弦の長さをとる。これがレの音となる。以下同様にして作られたのが **ピタゴラス音律** である。

$\dfrac{4}{9}a$　$\dfrac{1}{2}a$　$\dfrac{2}{3}a$　$\dfrac{8}{9}a$　a
ド　ソ　レ　ド

数列として考えると，$\dfrac{2}{3}a_n \geqq \dfrac{1}{2}a \iff a_n \geqq \dfrac{3}{4}a$，$\dfrac{2}{3}a_n < \dfrac{1}{2}a \iff a_n < \dfrac{3}{4}a$ であるから，
ピタゴラス音律は，ドの音が出る弦の長さを $a_1=a$ として

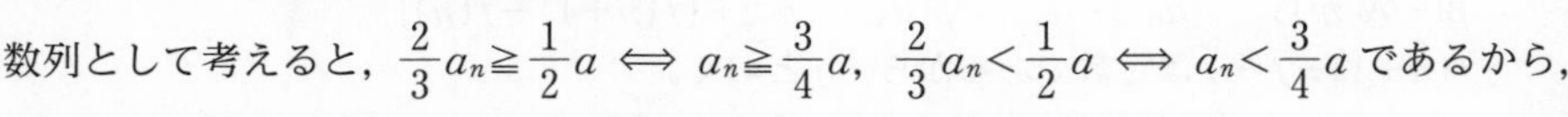

漸化式　$a_n \geqq \dfrac{3}{4}a$ **のとき**　$a_{n+1}=\dfrac{2}{3}a_n$，　$a_n < \dfrac{3}{4}a$ **のとき**　$a_{n+1}=\dfrac{4}{3}a_n$

で定義され，次のようになる。

長さ	a_1	a_2	a_3	a_4	a_5	a_6	a_7	a_8	a_9	a_{10}	a_{11}	a_{12}
音	ド	ソ	レ	ラ	ミ	シ	ファ♯	ド♯	ソ♯	レ♯	ラ♯	ファ

$a=1$ として，a_1，a_2，……，a_{12} を大きい順に並べると，次のようになる。

a_1（ド），a_8（ド♯），a_3（レ），a_{10}（レ♯），a_5（ミ），a_{12}（ファ），
a_7（ファ♯），a_2（ソ），a_9（ソ♯），a_4（ラ），a_{11}（ラ♯），a_6（シ）

参考　ピタゴラス音律以外に，**純正律**，**平均律** という音律があり，平均律では累乗根が用いられている。

5 種々の漸化式

基本事項

1 隣接 3 項間の漸化式 $a_1=a,\ a_2=b,\ pa_{n+2}+qa_{n+1}+ra_n=0\ (pqr\neq 0)$ で定められる数列 $\{a_n\}$ の一般項の求め方

2 次方程式 $px^2+qx+r=0$ の 2 つの解を $\alpha,\ \beta$ とすると

$$a_{n+2}-\alpha a_{n+1}=\beta(a_{n+1}-\alpha a_n),\quad a_{n+2}-\beta a_{n+1}=\alpha(a_{n+1}-\beta a_n)$$

が成り立つ。この変形を利用。

解 説

■ 隣接 3 項間の漸化式

$pa_{n+2}+qa_{n+1}+ra_n=0\ (pqr\neq 0)$ …… ① の $a_{n+2},\ a_{n+1},\ a_n$ の代わりに，それぞれ $x^2,\ x,\ 1$ とおいた 2 次方程式 $px^2+qx+r=0$ (これを ① の **特性方程式** という) の解を $\alpha,\ \beta$ とする。

解と係数の関係 (数学Ⅱ) から　$\alpha+\beta=-\dfrac{q}{p},\ \alpha\beta=\dfrac{r}{p}$

これを ① に代入して　$a_{n+2}-(\alpha+\beta)a_{n+1}+\alpha\beta a_n=0$

よって　$a_{n+2}-\alpha a_{n+1}=\beta(a_{n+1}-\alpha a_n)$ …… ②

[1] $\alpha,\ \beta$ のうちの 1 つが 1 のとき

$\alpha=1$ とすると，② から　$a_{n+2}-a_{n+1}=\beta(a_{n+1}-a_n)$

ゆえに，階差数列が利用できる。

$\beta=1$ とすると，② から　$a_{n+2}-\alpha a_{n+1}=a_{n+1}-\alpha a_n=a_n-\alpha a_{n-1}$

$=\cdots\cdots=a_2-\alpha a_1$ (一定)

ゆえに，$a_{n+1}=pa_n+q$ 型の漸化式となる。

[2] $\alpha\neq 1,\ \beta\neq 1$ のとき

② から　$a_{n+2}-\alpha a_{n+1}=\beta(a_{n+1}-\alpha a_n)$ …… Ⓐ

$\alpha,\ \beta$ を入れ替えて　$a_{n+2}-\beta a_{n+1}=\alpha(a_{n+1}-\beta a_n)$ …… Ⓑ

Ⓐ, Ⓑ より，数列 $\{a_{n+1}-\alpha a_n\},\ \{a_{n+1}-\beta a_n\}$ はそれぞれ公比 $\beta,\ \alpha$ の等比数列であるから

$a_{n+1}-\alpha a_n=\beta^{n-1}(b-\alpha a)$ …… Ⓒ　◀ $a_1=a,\ a_2=b$

$a_{n+1}-\beta a_n=\alpha^{n-1}(b-\beta a)$ …… Ⓓ

(i) **$\alpha\neq\beta$ のとき**　◀ 特性方程式が異なる 2 つの解をもつ場合。

Ⓓ−Ⓒ から　$(\alpha-\beta)a_n=\alpha^{n-1}(b-\beta a)-\beta^{n-1}(b-\alpha a)$

よって　$a_n=\dfrac{b-\beta a}{\alpha-\beta}\alpha^{n-1}-\dfrac{b-\alpha a}{\alpha-\beta}\beta^{n-1}$

(ii) **$\alpha=\beta$ のとき**　◀ 特性方程式が重解をもつ場合。

Ⓒ から　$a_{n+1}-\alpha a_n=\alpha^{n-1}(b-\alpha a)$

両辺を α^{n+1} で割って　$\dfrac{a_{n+1}}{\alpha^{n+1}}-\dfrac{a_n}{\alpha^n}=\dfrac{b-\alpha a}{\alpha^2}$

よって，数列 $\left\{\dfrac{a_n}{\alpha^n}\right\}$ は初項 $\dfrac{a}{\alpha}$，公差 $\dfrac{b-\alpha a}{\alpha^2}$ の等差数列となる。

基本例題 41 隣接3項間の漸化式 (1)

次の条件によって定められる数列 $\{a_n\}$ の一般項を求めよ。

(1) $a_1=0,\ a_2=1,\ a_{n+2}=a_{n+1}+6a_n$

(2) $a_1=1,\ a_2=2,\ a_{n+2}+4a_{n+1}-5a_n=0$

p.475 基本事項 1　重要 43, 52

指針 まず，a_{n+2} を x^2，a_{n+1} を x，a_n を 1 とおいた x の 2 次方程式（**特性方程式**）を解く。その 2 解を α，β とすると，$\alpha \neq \beta$ のとき

$$\boldsymbol{a_{n+2}-\alpha a_{n+1}=\beta(a_{n+1}-\alpha a_n),\ a_{n+2}-\beta a_{n+1}=\alpha(a_{n+1}-\beta a_n)} \cdots\cdots Ⓐ$$

が成り立つ。この変形を利用して解決する。

(1) 特性方程式の解は　$x=-2,\ 3$ ⟶ **解に1を含まない** から，Ⓐ を用いて **2通りに表し，等比数列** $\{a_{n+1}+2a_n\}$，$\{a_{n+1}-3a_n\}$ を考える。

(2) 特性方程式の解は　$x=1,\ -5$ ⟶ **解に1を含む** から，漸化式は $a_{n+2}-a_{n+1}=-5(a_{n+1}-a_n)$ と変形され，**階差数列** を利用することで解決できる。

解答

(1) 漸化式を変形すると

$$a_{n+2}+2a_{n+1}=3(a_{n+1}+2a_n) \cdots\cdots ①,$$
$$a_{n+2}-3a_{n+1}=-2(a_{n+1}-3a_n) \cdots\cdots ②$$

① より，数列 $\{a_{n+1}+2a_n\}$ は初項 $a_2+2a_1=1$，公比 3 の等比数列であるから　$a_{n+1}+2a_n=3^{n-1}$ …… ③

② より，数列 $\{a_{n+1}-3a_n\}$ は初項 $a_2-3a_1=1$，公比 -2 の等比数列であるから　$a_{n+1}-3a_n=(-2)^{n-1}$ …… ④

③−④ から　$5a_n=3^{n-1}-(-2)^{n-1}$

したがって　$\boldsymbol{a_n=\frac{1}{5}\{3^{n-1}-(-2)^{n-1}\}}$

◀ $x^2=x+6$ を解くと，$(x+2)(x-3)=0$ から $x=-2,\ 3$　$\alpha=-2$，$\beta=3$ として指針の Ⓐ を利用。

◀ a_{n+1} を消去。

(2) 漸化式を変形すると

$$a_{n+2}-a_{n+1}=-5(a_{n+1}-a_n)$$

ゆえに，数列 $\{a_{n+1}-a_n\}$ は初項 $a_2-a_1=2-1=1$，公比 -5 の等比数列であるから　$a_{n+1}-a_n=(-5)^{n-1}$

よって，$n \geqq 2$ のとき

$$a_n=a_1+\sum_{k=1}^{n-1}(-5)^{k-1}=1+\frac{1\cdot\{1-(-5)^{n-1}\}}{1-(-5)}$$
$$=\frac{1}{6}\{7-(-5)^{n-1}\}$$

$n=1$ を代入すると，$\frac{1}{6}\{7-(-5)^0\}=1$ であるから，上の式は $n=1$ のときも成り立つ。

したがって　$\boldsymbol{a_n=\frac{1}{6}\{7-(-5)^{n-1}\}}$

◀ $x^2+4x-5=0$ を解くと，$(x-1)(x+5)=0$ から $x=1,\ -5$

別解 漸化式を変形して
$a_{n+2}+5a_{n+1}=a_{n+1}+5a_n$
よって　$a_{n+1}+5a_n$
$=a_n+5a_{n-1}$
$=\cdots\cdots=a_2+5a_1=7$
$a_{n+1}+5a_n=7$ を変形して
$a_{n+1}-\frac{7}{6}=-5\left(a_n-\frac{7}{6}\right)$
ゆえに
$a_n-\frac{7}{6}=\left(1-\frac{7}{6}\right)\cdot(-5)^{n-1}$
∴ $\boldsymbol{a_n=\frac{1}{6}\{7-(-5)^{n-1}\}}$

練習 ③ **41** 次の条件によって定められる数列 $\{a_n\}$ の一般項を求めよ。

(1) $a_1=1,\ a_2=2,\ a_{n+2}-2a_{n+1}-3a_n=0$

(2) $a_1=0,\ a_2=1,\ 5a_{n+2}=3a_{n+1}+2a_n$　〔(1) 類 立教大〕

基本例題 42 隣接 3 項間の漸化式 (2)

次の条件によって定められる数列 $\{a_n\}$ の一般項を求めよ。

$$a_1=0,\ a_2=2,\ a_{n+2}-4a_{n+1}+4a_n=0$$

基本 36, 41

指針 **特性方程式の解が重解 ($x=\alpha$) の場合, 漸化式は**

$$\boldsymbol{a_{n+2}-\alpha a_{n+1}=\alpha(a_{n+1}-\alpha a_n)}$$

と変形でき, 数列 $\{a_{n+1}-\alpha a_n\}$ は初項 $a_2-\alpha a_1$, 公比 α の等比数列であることがわかる。

よって　$a_{n+1}-\alpha a_n=\alpha^{n-1}(a_2-\alpha a_1)$　…… ①

これは, $\boldsymbol{a_{n+1}=pa_n+q^n}$ **型の漸化式** ($p.468$ 基本例題 **36**) である。

① の両辺を α^{n+1} で割ると　$\dfrac{a_{n+1}}{\alpha^{n+1}}-\dfrac{a_n}{\alpha^n}=\dfrac{a_2-\alpha a_1}{\alpha^2}$

$\dfrac{a_n}{\alpha^n}=b_n$ とおくと　$b_{n+1}-b_n=\dfrac{a_2-\alpha a_1}{\alpha^2}$　⟵ 等差数列の形に帰着。

解答

漸化式を変形して　$a_{n+2}-2a_{n+1}=2(a_{n+1}-2a_n)$

ゆえに, 数列 $\{a_{n+1}-2a_n\}$ は, 初項 $a_2-2a_1=2-0=2$, 公比 2 の等比数列であるから

$$a_{n+1}-2a_n=2\cdot2^{n-1}\quad すなわち\quad a_{n+1}-2a_n=2^n$$

両辺を 2^{n+1} で割ると　$\dfrac{a_{n+1}}{2^{n+1}}-\dfrac{a_n}{2^n}=\dfrac{1}{2}$

$\dfrac{a_n}{2^n}=b_n$ とおくと　$b_{n+1}-b_n=\dfrac{1}{2}$

数列 $\{b_n\}$ は, 初項 $b_1=\dfrac{a_1}{2}=0$, 公差 $\dfrac{1}{2}$ の等差数列であるから　$b_n=0+(n-1)\cdot\dfrac{1}{2}=\dfrac{1}{2}(n-1)$

$a_n=2^nb_n$ であるから

$$\boldsymbol{a_n}=2^n\cdot\frac{1}{2}(n-1)=\boldsymbol{(n-1)\cdot2^{n-1}}$$

◀ $x^2-4x+4=0$ を解くと, $(x-2)^2=0$ から $x=2$ (重解)

◀ $a_{n+1}=pa_n+q^n$ 型は, 両辺を q^{n+1} で割る ($p.468$ 参照)。

◀ $a_{n+1}-a_n=d$ (公差)

検討 **漸化式 $\boldsymbol{a_{n+2}-2\alpha a_{n+1}+\alpha^2a_n=0}$ について**

この漸化式の両辺を α^{n+2} で割ると　$\dfrac{a_{n+2}}{\alpha^{n+2}}-2\cdot\dfrac{a_{n+1}}{\alpha^{n+1}}+\dfrac{a_n}{\alpha^n}=0$

$\dfrac{a_n}{\alpha^n}=b_n$ とおくと　$b_{n+2}-2b_{n+1}+b_n=0$

$b_{n+2}-b_{n+1}=b_{n+1}-b_n$ と変形できるから, 上の解答と同様に, 数列 $\{b_n\}$ が等差数列であることがわかる。

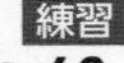

練習 ③ 42 次の条件によって定められる数列 $\{a_n\}$ の一般項を求めよ。

$$a_1=0,\ a_2=3,\ a_{n+2}-6a_{n+1}+9a_n=0$$

重要例題 43 隣接3項間の漸化式(3)

n 段（n は自然数）ある階段を1歩で1段または2段上がるとき，この階段の上がり方の総数を a_n とする。このとき，数列 $\{a_n\}$ の一般項を求めよ。 基本 41

指針 数列 $\{a_n\}$ についての漸化式を作り，そこから一般項を求める方針で行く。
1歩で上がれるのは1段または2段であるから，$n\geqq3$ のとき n 段に達する **直前の動作** を考えると [1] 2段手前 [$(n-2)$ 段] から2歩上がりで到達する方法
[2] 1段手前 [$(n-1)$ 段] から1歩上がりで到達する方法
の2つの方法がある。このように考えて，まず隣接3項間の漸化式を導く。
⟶ 漸化式から一般項を求める要領は，$p.476$ 基本例題 **41** と同様であるが，ここでは特性方程式の解 α, β が無理数を含む複雑な式となってしまう。計算をらくに扱うためには，文字 α, β のままできるだけ進めて，最後に値に直すとよい。

解答

$a_1=1$, $a_2=2$ である。

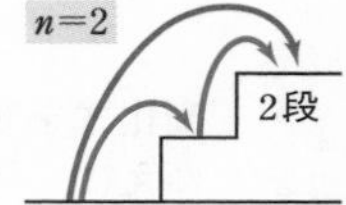

$n\geqq3$ のとき，n 段の階段を上がる方法には，次の[1]，[2]の場合がある。

[1] 最後が1段上がりのとき，場合の数は $(n-1)$ 段目までの上がり方の総数と等しく a_{n-1} 通り

[2] 最後が2段上がりのとき，場合の数は $(n-2)$ 段目までの上がり方の総数と等しく a_{n-2} 通り

[1] 最後に1段上がる

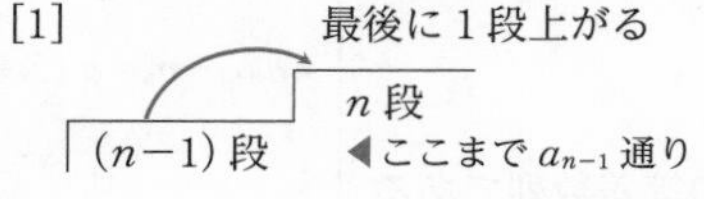

[2] 最後に2段上がる

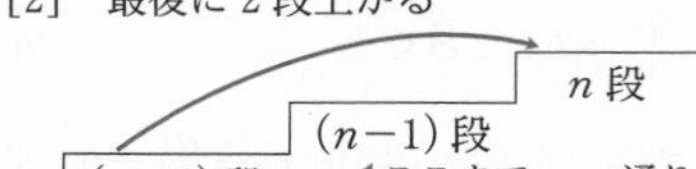

よって $a_n=a_{n-1}+a_{n-2}$ $(n\geqq3)$ …… $(*)$ ◀和の法則（数学A）

この漸化式は，$a_{n+2}=a_{n+1}+a_n$ $(n\geqq1)$ … ① と同値である。 ◀$(*)$ で $n\longrightarrow n+2$

$x^2=x+1$ の2つの解を α, β $(\alpha<\beta)$ とすると，解と係数の関係から $\alpha+\beta=1$, $\alpha\beta=-1$

◀特性方程式 $x^2-x-1=0$ の解は $x=\dfrac{1\pm\sqrt{5}}{2}$

① から $a_{n+2}-(\alpha+\beta)a_{n+1}+\alpha\beta a_n=0$ よって

$a_{n+2}-\alpha a_{n+1}=\beta(a_{n+1}-\alpha a_n)$, $a_2-\alpha a_1=2-\alpha$ …… ②

$a_{n+2}-\beta a_{n+1}=\alpha(a_{n+1}-\beta a_n)$, $a_2-\beta a_1=2-\beta$ …… ③

◀$a_1=1$, $a_2=2$

② から $a_{n+1}-\alpha a_n=(2-\alpha)\beta^{n-1}$ …… ④ ◀ar^{n-1}

③ から $a_{n+1}-\beta a_n=(2-\beta)\alpha^{n-1}$ …… ⑤

④−⑤ から $(\beta-\alpha)a_n=(2-\alpha)\beta^{n-1}-(2-\beta)\alpha^{n-1}$ …… ⑥ ◀**a_{n+1} を消去。**

$\alpha=\dfrac{1-\sqrt{5}}{2}$, $\beta=\dfrac{1+\sqrt{5}}{2}$ であるから $\beta-\alpha=\sqrt{5}$ ◀α, β を値に直す。

また，$\alpha+\beta=1$, $\alpha^2=\alpha+1$, $\beta^2=\beta+1$ であるから

$2-\alpha=2-(1-\beta)=\beta+1=\beta^2$ 同様にして $2-\beta=\alpha^2$

よって，⑥ から $\boldsymbol{a_n=\dfrac{1}{\sqrt{5}}\left\{\left(\dfrac{1+\sqrt{5}}{2}\right)^{n+1}-\left(\dfrac{1-\sqrt{5}}{2}\right)^{n+1}\right\}}$

◀$2-\alpha$, $2-\beta$ については，α, β の値を直接代入してもよいが，ここでは計算を工夫している。

練習 ④ **43** 次の条件によって定められる数列 $\{a_n\}$ の一般項を求めよ。

$a_1=a_2=1$, $a_{n+2}=a_{n+1}+3a_n$ 〔類 北海道大〕

参考事項 フィボナッチ数列

フィボナッチは，13 世紀に活躍したイタリアの数学者である。その著書「算盤の書」において，次のような問題を取り上げた。

> ある月に生まれた 1 対のウサギは，生まれた月の翌々月から毎月 1 対の子どもを産み，新たに生まれた対のウサギも同様であるとする。このように増えていくとき，今月に生まれたばかりの 1 対のウサギから始めて，n か月後には何対のウサギになっているであろうか。

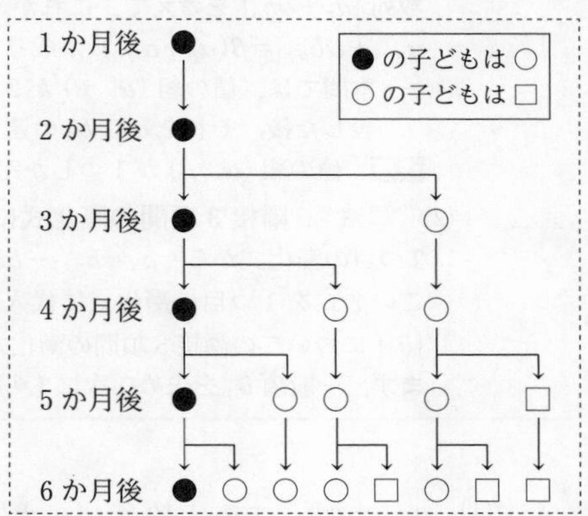

月末の数に着目して，数列を作ると

1，1，2，3，5，8，13，21，……

となり，これを **フィボナッチ数列** と呼ぶ。漸化式で表すと，次のようになる。

$\boldsymbol{a_1=1,\ a_2=1,\ a_{n+2}=a_{n+1}+a_n}$ …… ①

このことから，前ページの例題 **43** の数列 $\{a_n\}$ もフィボナッチ数列であることがわかる（例題では，$a_1=1$, $a_2=2$ としている）。

① で定められる数列 $\{a_n\}$ の一般項を，例題 **43** の 解答 と同様にして求めると

$$a_n=\frac{1}{\sqrt{5}}\left\{\left(\frac{1+\sqrt{5}}{2}\right)^n-\left(\frac{1-\sqrt{5}}{2}\right)^n\right\}\ \cdots\ ②$$

① から，数列 $\{a_n\}$ の各項は自然数となることがわかるが，これは ② の式からは予想できないことである。② の式から各項が自然数となることは，次のようにして説明できる。

$\alpha=\dfrac{1-\sqrt{5}}{2}$，$\beta=\dfrac{1+\sqrt{5}}{2}$（$\beta$ は黄金比の値）とおくと，例題 **43** の 解答 で示したように，$\beta-\alpha=\sqrt{5}$ であり，α，β は $x^2=x+1$ の解である。$x^2=x+1$ が成り立つとき

$$x^3=x(x+1)=x^2+x=(x+1)+x=2x+1,\quad x^4=x(2x+1)=2x^2+x=3x+2$$

以後同様に考えると，$x^n=px+q$（n，p，q は自然数）となるから

$$a_n=\frac{1}{\sqrt{5}}(\beta^n-\alpha^n)=\frac{1}{\sqrt{5}}\{(p\beta+q)-(p\alpha+q)\}=\frac{p(\beta-\alpha)}{\sqrt{5}}=\frac{p\cdot\sqrt{5}}{\sqrt{5}}=p\quad \text{（自然数）}$$

なお，フィボナッチ数列は自然界に多く現れる。例えば，木は成長していくと枝の数が増えていくが，その枝の増え方にフィボナッチ数列が関係している（ちなみに，木は日光を効率よく受けられる方向に枝を出す習性があり，そのような枝の角度には黄金比 β が関係している）。また，カタツムリの殻にもフィボナッチ数列（フィボナッチの渦巻き）が現れる。

木の枝分かれのイメージ

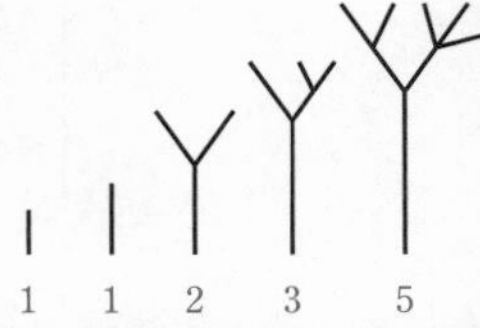

カタツムリの渦巻き（らせん）

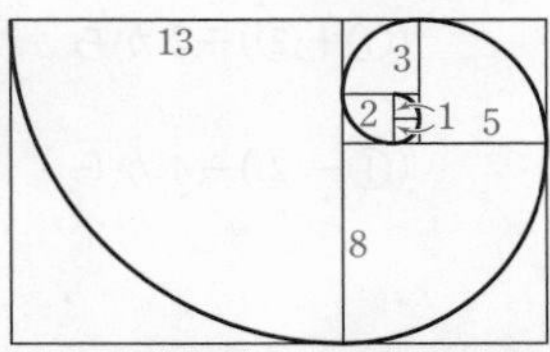

基本例題 44 連立漸化式 (1)

数列 $\{a_n\}$, $\{b_n\}$ を $a_1=b_1=1$, $a_{n+1}=a_n+4b_n$, $b_{n+1}=a_n+b_n$ で定めるとき，数列 $\{a_n\}$, $\{b_n\}$ の一般項を次の (1), (2) の方法でそれぞれ求めよ。

(1) $a_{n+1}+\alpha b_{n+1}=\beta(a_n+\alpha b_n)$ を満たす α, β の組を求め，それを利用する。

(2) b_{n+2}, b_{n+1}, b_n の関係式を作り，それを利用する。

基本 41　重要 54

本問は，2 つの数列 $\{a_n\}$, $\{b_n\}$ についての漸化式が与えられている。このようなタイプでも，**既習の漸化式に変形** の方針が基本となる。

(1) 解法 1. **等比数列を作る**

数列 $\{a_n+\alpha b_n\}$ を考えて，これが等比数列となることを目指す。すなわち，

$\boldsymbol{a_{n+1}+\alpha b_{n+1}=\beta(a_n+\alpha b_n)}$ が成り立つように α, β の値を決める。

⟶ 本問では，値の組 $(\alpha,\ \beta)$ が 2 つ定まるから，一般項 $a_n+●b_n$ を 2 つ n の式で表した後，それを a_n, b_n の連立方程式とみて解く。

注意　値の組 $(\alpha,\ \beta)$ が 1 つしか定まらない場合は，基本例題 **45** のように対応する。

(2) 解法 2. **隣接 3 項間の漸化式に帰着させる**

2 つ目の漸化式から　$a_n=b_{n+1}-b_n$ …… (＊)　よって　$a_{n+1}=b_{n+2}-b_{n+1}$

この 2 式を 1 つ目の漸化式に代入し，$\boldsymbol{a_{n+1}}$, $\boldsymbol{a_n}$ **を消去する** ことによって，数列 $\{b_n\}$ についての隣接 3 項間の漸化式を導くことができる。⟶ 基本例題 **41** 参照。

まず，一般項 b_n を求め，次に (＊) を利用して一般項 a_n を求める。

解答

(1) $a_{n+1}+\alpha b_{n+1}=a_n+4b_n+\alpha(a_n+b_n)$

$=(1+\alpha)a_n+(4+\alpha)b_n$

◀ $a_{n+1}=a_n+4b_n$, $b_{n+1}=a_n+b_n$ を代入。

よって，$a_{n+1}+\alpha b_{n+1}=\beta(a_n+\alpha b_n)$ とすると

$$(1+\alpha)a_n+(4+\alpha)b_n=\beta a_n+\alpha\beta b_n$$

これがすべての n について成り立つための条件は

$$1+\alpha=\beta,\ 4+\alpha=\alpha\beta \quad \cdots\cdots ㋐$$

◀ a_n, b_n についての恒等式とみて，係数比較。

ゆえに　$\alpha^2=4$　よって　$\alpha=\pm 2$

ゆえに　$(\alpha,\ \beta)=(2,\ 3),\ (-2,\ -1)$

◀ ㋐ から β を消去すると　$4+\alpha=\alpha(1+\alpha)$

よって　$a_{n+1}+2b_{n+1}=3(a_n+2b_n)$,　$a_1+2b_1=3$；

$a_{n+1}-2b_{n+1}=-(a_n-2b_n)$,　$a_1-2b_1=-1$

◀ $\alpha=2$, $\beta=3$

◀ $\alpha=-2$, $\beta=-1$

ゆえに，数列 $\{a_n+2b_n\}$ は初項 3，公比 3 の等比数列；

数列 $\{a_n-2b_n\}$ は初項 -1，公比 -1 の等比数列。

よって　$a_n+2b_n=3\cdot 3^{n-1}=3^n$ …… ①,

$a_n-2b_n=-(-1)^{n-1}=(-1)^n$ …… ②

◀ ar^{n-1}

(①＋②)÷2 から　$\boldsymbol{a_n=\dfrac{3^n+(-1)^n}{2}}$

◀ b_n を消去。

(①－②)÷4 から　$\boldsymbol{b_n=\dfrac{3^n-(-1)^n}{4}}$

◀ a_n を消去。

(2) $a_{n+1}=a_n+4b_n$ …… ③，$b_{n+1}=a_n+b_n$ …… ④ とする。

④ から　$a_n=b_{n+1}-b_n$ …… ⑤

よって　$a_{n+1}=b_{n+2}-b_{n+1}$ …… ⑥

◀⑤ で n の代わりに $n+1$ とおいたもの。

⑤，⑥ を ③ に代入すると

$$b_{n+2}-b_{n+1}=(b_{n+1}-b_n)+4b_n$$

ゆえに　$b_{n+2}-2b_{n+1}-3b_n=0$ …… ⑦

◀隣接 3 項間の漸化式。

また，④ から　$b_2=a_1+b_1=1+1=2$

◀隣接 3 項間の漸化式では，第 2 項も必要。

⑦ を変形すると

$$b_{n+2}+b_{n+1}=3(b_{n+1}+b_n),\quad b_2+b_1=3\ ;$$
$$b_{n+2}-3b_{n+1}=-(b_{n+1}-3b_n),\quad b_2-3b_1=-1$$

◀⑦ の特性方程式 $x^2-2x-3=0$ の解は，$(x+1)(x-3)=0$ から $x=-1,\ 3$

よって，数列 $\{b_{n+1}+b_n\}$ は初項 3，公比 3 の等比数列；数列 $\{b_{n+1}-3b_n\}$ は初項 -1，公比 -1 の等比数列。

ゆえに　$b_{n+1}+b_n=3\cdot3^{n-1}=3^n$ …… ⑧

$b_{n+1}-3b_n=-1\cdot(-1)^{n-1}=(-1)^n$ …… ⑨

◀ar^{n-1}

(⑧−⑨)÷4 から　$\boldsymbol{b_n=\dfrac{3^n-(-1)^n}{4}}$

◀b_{n+1} を消去。

よって，⑤ から　$\boldsymbol{a_n}=\dfrac{3^{n+1}-(-1)^{n+1}}{4}-\dfrac{3^n-(-1)^n}{4}$

$$=\frac{2\cdot3^n+2\cdot(-1)^n}{4}=\boldsymbol{\frac{3^n+(-1)^n}{2}}$$

◀$3^{n+1}=3\cdot3^n$，$(-1)^{n+1}=-(-1)^n$

POINT　連立漸化式の一般項を求める方法

1　$\{a_n+\alpha b_n\}$ を等比数列にする

2　隣接 3 項間の漸化式に帰着

検討 PLUS ONE　等比数列を簡単に作ることができる場合

(1) では，$a_{n+1}+\alpha b_{n+1}=\beta(a_n+\alpha b_n)$ とおくことにより，等比数列を導き出したが，$a_{n+1}=pa_n+qb_n$ …… Ⓐ，$b_{n+1}=qa_n+pb_n$ …… Ⓑ のように，a_n の係数と b_n の係数を交換した形の漸化式のときは

Ⓐ+Ⓑ から　$a_{n+1}+b_{n+1}=(p+q)(a_n+b_n)$

Ⓐ−Ⓑ から　$a_{n+1}-b_{n+1}=(p-q)(a_n-b_n)$

となり，2 つの漸化式の和・差をとるとうまく等比数列の形を作ることができる。

練習 ③ 44　数列 $\{a_n\}$，$\{b_n\}$ を $a_1=1$，$b_1=1$，$a_{n+1}=2a_n-6b_n$，$b_{n+1}=a_n+7b_n$ で定めるとき，数列 $\{a_n\}$，$\{b_n\}$ の一般項を求めよ。

p.496 EX 26

基本例題 45 連立漸化式 (2)

数列 $\{a_n\}$, $\{b_n\}$ を $a_1=1$, $b_1=-1$, $a_{n+1}=5a_n-4b_n$, $b_{n+1}=a_n+b_n$ で定めるとき，数列 $\{a_n\}$, $\{b_n\}$ の一般項を求めよ。

基本 36, 44

指針 基本例題 **44** (1) と同様に，「**等比数列を利用**」の方針で進めると，本問では $a_{n+1}+\alpha b_{n+1}=\beta(a_n+\alpha b_n)$ を満たす値の組 (α, β) が 1 つだけ定まる。

→ $a_n+\alpha b_n=(a_1+\alpha b_1)\beta^{n-1}$ の形を導くことができるが，これに $a_n=b_{n+1}-b_n$ を代入して **a_n を消去** すると $b_{n+1}=(1-\alpha)b_n+(a_1+\alpha b_1)\beta^{n-1}$ となり，$\boldsymbol{b_{n+1}=pb_n+q^n}$ **型の漸化式**（基本例題 **36** のタイプ）に帰着できる。

なお，「**隣接 3 項間の漸化式に帰着**」の方針でも解ける。これについては 別解 参照。

解答

$a_{n+1}+\alpha b_{n+1}=\beta(a_n+\alpha b_n)$ …… ① とすると

$$5a_n-4b_n+\alpha(a_n+b_n)=\beta a_n+\alpha\beta b_n$$

よって　$(5+\alpha)a_n+(-4+\alpha)b_n=\beta a_n+\alpha\beta b_n$ …… (＊)

これがすべての n について成り立つための条件は

$$5+\alpha=\beta,\quad -4+\alpha=\alpha\beta$$

これを解くと　$\alpha=-2$, $\beta=3$

ゆえに，① から　$a_{n+1}-2b_{n+1}=3(a_n-2b_n)$

また，$a_1-2b_1=3$ から　$a_n-2b_n=3\cdot3^{n-1}=3^n$

よって　$a_n=2b_n+3^n$

これに $a_n=b_{n+1}-b_n$ を代入すると　$b_{n+1}=3b_n+3^n$

両辺を 3^{n+1} で割ると　$\dfrac{b_{n+1}}{3^{n+1}}=\dfrac{b_n}{3^n}+\dfrac{1}{3}$

数列 $\left\{\dfrac{b_n}{3^n}\right\}$ は初項 $\dfrac{b_1}{3^1}=\dfrac{-1}{3}=-\dfrac{1}{3}$, 公差 $\dfrac{1}{3}$ の等差数列

であるから　$\dfrac{b_n}{3^n}=-\dfrac{1}{3}+(n-1)\cdot\dfrac{1}{3}=\dfrac{n-2}{3}$

したがって　$\boldsymbol{a_n=3^{n-1}(2n-1)}$, $\boldsymbol{b_n=3^{n-1}(n-2)}$

◀ $a_{n+1}=5a_n-4b_n$, $b_{n+1}=a_n+b_n$ を代入。

◀ (＊) の両辺の係数比較。

◀ まず，$\beta=5+\alpha$ を $-4+\alpha=\alpha\beta$ に代入して，β を消去。

◀ $\{a_n-2b_n\}$ は初項 3, 公比 3 の等比数列。

◀ a_n を消去。

◀ $\boldsymbol{a_{n+1}=pa_n+q^n}$ **型は両辺を** $\boldsymbol{q^{n+1}}$ **で割る** ($p.468$ 参照)。

◀ $a_n=2b_n+3^n$ に代入。

別解　$a_{n+1}=5a_n-4b_n$ …… ②, $b_{n+1}=a_n+b_n$ …… ③ とする。

③ から　$a_n=b_{n+1}-b_n$ …… ④　　よって　$a_{n+1}=b_{n+2}-b_{n+1}$ …… ⑤

④, ⑤ を ② に代入して整理すると　$b_{n+2}-6b_{n+1}+9b_n=0$

変形すると　$b_{n+2}-3b_{n+1}=3(b_{n+1}-3b_n)$, $b_2-3b_1=(1-1)-3(-1)=3$

（$x^2-6x+9=0$ の解は　$x=3$（重解））

ゆえに　$b_{n+1}-3b_n=3\cdot3^{n-1}$

両辺を 3^{n+1} で割ると　$\dfrac{b_{n+1}}{3^{n+1}}-\dfrac{b_n}{3^n}=\dfrac{1}{3}$, $\dfrac{b_1}{3}=-\dfrac{1}{3}$

よって　$\dfrac{b_n}{3^n}=-\dfrac{1}{3}+(n-1)\cdot\dfrac{1}{3}=\dfrac{n-2}{3}$　　ゆえに　$\boldsymbol{b_n=3^{n-1}(n-2)}$

④ から　$\boldsymbol{a_n}=3^n(n-1)-3^{n-1}(n-2)=3^{n-1}\{3(n-1)-(n-2)\}\boldsymbol{=3^{n-1}(2n-1)}$

練習 ③ 45　数列 $\{a_n\}$, $\{b_n\}$ を $a_1=-1$, $b_1=1$, $a_{n+1}=-2a_n-9b_n$, $b_{n+1}=a_n+4b_n$ で定めるとき，数列 $\{a_n\}$, $\{b_n\}$ の一般項を求めよ。

まとめ　隣接3項間の漸化式，連立漸化式の解法

1　隣接 3 項間の漸化式　　$a_1=a,\ a_2=b,\ pa_{n+2}+qa_{n+1}+ra_n=0$ $(pqr\neq0)$

$a_{n+2},\ a_{n+1},\ a_n$ をそれぞれ $x^2,\ x,\ 1$ とおく。

特性方程式 $px^2+qx+r=0$ の解 $\alpha,\ \beta$ を求め

$$a_{n+2}-\alpha a_{n+1}=\beta(a_{n+1}-\alpha a_n),\quad a_{n+2}-\beta a_{n+1}=\alpha(a_{n+1}-\beta a_n)\quad \cdots\cdots ①$$

と変形できることを利用する。

[1]　**$\alpha\neq\beta$ のときは，** ① の 2 通りに表し，数列 $\{a_{n+1}-\alpha a_n\}$，$\{a_{n+1}-\beta a_n\}$ が等比数列であることを利用する。

➡例題 41 (1)

※ $\alpha,\ \beta$ に 1 を含むときは，**階差数列** も利用できる。➡例題 41 (2)

[2]　**$\alpha=\beta$ のとき，** $a_{n+2}-\alpha a_{n+1}=\alpha(a_{n+1}-\alpha a_n)$ から　$a_{n+1}-\alpha a_n=\alpha^{n-1}(a_2-\alpha a_1)$
両辺を α^{n+1} で割って，等差数列の形を導く。

➡例題 42

2　連立漸化式　$\begin{cases}a_1=a\\b_1=b\end{cases}$　$\begin{cases}a_{n+1}=pa_n+qb_n\\b_{n+1}=ra_n+sb_n\end{cases}$　$(pqrs\neq0)$

〔解法 1〕　数列 $\{a_n+kb_n\}$ が等比数列となるように k の値を定める。

[1]　2 つの漸化式の和・差をとると，うまくいく場合がある。

[2]　[1] でうまくいかないとき

$$a_{n+1}+kb_{n+1}=pa_n+qb_n+k(ra_n+sb_n)=(p+kr)a_n+(q+ks)b_n$$
$$=(p+kr)\left(a_n+\frac{q+ks}{p+kr}b_n\right)$$

よって，$\dfrac{q+ks}{p+kr}=k$ とすると　$rk^2+(p-s)k-q=0$

この k の 2 次方程式の解を $\alpha,\ \beta$ とすると

$\alpha\neq\beta$ のとき　$a_{n+1}+\alpha b_{n+1}=(p+\alpha r)(a_n+\alpha b_n)$，$a_{n+1}+\beta b_{n+1}=(p+\beta r)(a_n+\beta b_n)$

よって　$\begin{cases}a_n+\alpha b_n=(p+\alpha r)^{n-1}(a+\alpha b)\\a_n+\beta b_n=(p+\beta r)^{n-1}(a+\beta b)\end{cases}$　$\cdots\cdots$ Ⓐ

これから $a_n,\ b_n$ を求める。➡例題 44 (1)

$\alpha=\beta$ のとき， Ⓐ を利用して $a_n,\ b_n$ の一方を消去する。➡例題 45

〔解法 2〕　隣接 3 項間の漸化式に帰着させる。

$a_{n+1}=pa_n+qb_n$ から　$b_n=\dfrac{1}{q}a_{n+1}-\dfrac{p}{q}a_n$　よって　$b_{n+1}=\dfrac{1}{q}a_{n+2}-\dfrac{p}{q}a_{n+1}$

これらと $b_{n+1}=ra_n+sb_n$ から，**$b_{n+1},\ b_n$ を消去** し，数列 $\{a_n\}$ の隣接 3 項間の漸化式を導く。その後は上の 1 参照。➡例題 44 (2)，45 の 別解

$\Bigl(b_{n+1}=ra_n+sb_n$ から　$a_n=\dfrac{1}{r}b_{n+1}-\dfrac{s}{r}b_n$　よって　$a_{n+1}=\dfrac{1}{r}b_{n+2}-\dfrac{s}{r}b_{n+1}$

これらと $a_{n+1}=pa_n+qb_n$ から，**$a_{n+1},\ a_n$ を消去** してもよい。$\Bigr)$

重要例題 46 分数形の漸化式 (1)

$a_1=4,\ a_{n+1}=\dfrac{4a_n-9}{a_n-2}$ …… ① によって定められる数列 $\{a_n\}$ について

(1) $b_n=a_n-\alpha$ とおく。① は $\alpha=^{ア}\square$ のとき $b_{n+1}=\dfrac{^{イ}\square\, b_n}{b_n+^{ウ}\square}$ と変形できる。

(2) 数列 $\{a_n\}$ の一般項を求めよ。

基本 37

指針 分数形の漸化式であるが，分子にも定数の項があるため，$p.469$ 基本例題 **37** のように両辺の逆数をとって進めるわけにもいかない。そこで，誘導に従い，おき換えを利用して例題 **37** のタイプの漸化式に帰着させることを目指す。

解答

(1) $b_n=a_n-\alpha$ とおくと，$a_n=b_n+\alpha$ であり，漸化式から

$$b_{n+1}+\alpha=\frac{4(b_n+\alpha)-9}{(b_n+\alpha)-2}$$

よって $$b_{n+1}=\frac{(4-\alpha)b_n-(\alpha-3)^2}{b_n+\alpha-2}$$

◀ ＿＿の左辺の α を右辺へ移項し，通分する。

ここで，$\alpha=^{ア}\mathbf{3}$ とすると $b_{n+1}=\dfrac{^{イ}\mathbf{1}\cdot b_n}{b_n+^{ウ}\mathbf{1}}$ …… ②

と変形できる。

◀ $(\alpha-3)^2=0$ から。

(2) $b_1=a_1-3=1$

$b_1>0$ と漸化式 ② の形から，すべての自然数 n に対して $b_n>0$

◀ 逆数をとるために，$b_n>0\ (n\geqq1)$ を断る。

② の両辺の逆数をとると $\dfrac{1}{b_{n+1}}=1+\dfrac{1}{b_n}$

◀ 等差数列に帰着。

数列 $\left\{\dfrac{1}{b_n}\right\}$ は初項 $\dfrac{1}{b_1}=1$，公差 1 の等差数列であるから

$\dfrac{1}{b_n}=n$ ゆえに $\boldsymbol{a_n}=b_n+3=\dfrac{1}{n}+3=\boldsymbol{\dfrac{3n+1}{n}}$

◀ $a+(n-1)d$

検討 **分数形の漸化式の特性方程式**

漸化式 $a_{n+1}=\dfrac{ra_n+s}{pa_n+q}$ …… Ⓐ において，a_{n+1}，a_n の代わりに x とおいた方程式を **特性方程式** という。上の例題の漸化式については，特性方程式は $x=\dfrac{4x-9}{x-2}$ すなわち $x^2-6x+9=0$ であり，その解 $x=3$（重解）は上の解答の $\alpha=3$ に一致している。

このように，漸化式 Ⓐ の **特性方程式が重解 α をもつ場合は，$b_n=a_n-\alpha$ $\left(\text{または } b_n=\dfrac{1}{a_n-\alpha}\right)$ のおき換えを利用する** と，例題 **37** のタイプの漸化式に帰着できる。

⟶ 詳しくは，$p.486$ の [1] 参照。なお，上の例題で誘導のない場合は，最初に特性方程式の解 $x=3$ を求めて，$b_n=a_n-3$ とおいて進める方針でも構わない。

練習 ③ **46** $a_1=1,\ a_{n+1}=\dfrac{a_n-4}{a_n-3}$ で定められる数列 $\{a_n\}$ の一般項 a_n を，上の例題と同様の方法で求めよ。

p.496 EX 27

重要例題 47 分数形の漸化式(2)

数列 $\{a_n\}$ が $a_1=4$, $a_{n+1}=\dfrac{4a_n+8}{a_n+6}$ で定められている。

(1) $b_n=\dfrac{a_n-\beta}{a_n-\alpha}$ とおく。このとき，数列 $\{b_n\}$ が等比数列となるような α, β $(\alpha>\beta)$ の値を求めよ。

(2) 数列 $\{a_n\}$ の一般項を求めよ。

重要 46

指針 本問も分数形の漸化式であるが，誘導があるので，それに従って進めよう。

(1) $b_{n+1}=\dfrac{a_{n+1}-\beta}{a_{n+1}-\alpha}$ に与えられた漸化式を代入するとよい。

(2) (1)から，**等比数列** の問題に帰着される。まず，一般項 b_n を求める。

解答

(1) $b_{n+1}=\dfrac{a_{n+1}-\beta}{a_{n+1}-\alpha}=\dfrac{\dfrac{4a_n+8}{a_n+6}-\beta}{\dfrac{4a_n+8}{a_n+6}-\alpha}=\dfrac{(4-\beta)a_n+8-6\beta}{(4-\alpha)a_n+8-6\alpha}$

$$=\frac{4-\beta}{4-\alpha}\cdot\frac{a_n+\dfrac{8-6\beta}{4-\beta}}{a_n+\dfrac{8-6\alpha}{4-\alpha}} \quad \cdots\cdots ①$$

数列 $\{b_n\}$ が等比数列となるための条件は

$$\frac{8-6\beta}{4-\beta}=-\beta,\quad \frac{8-6\alpha}{4-\alpha}=-\alpha \quad \cdots\cdots ②$$

よって，α, β は2次方程式 $8-6x=-x(4-x)$ の解であり，$x^2+2x-8=0$ を解いて　$x=2,\ -4$

$\alpha>\beta$ から　$\boldsymbol{\alpha=2,\ \beta=-4}$

(2) $\dfrac{4-\beta}{4-\alpha}=\dfrac{4+4}{4-2}=4$ と①，②から　$b_{n+1}=4b_n$

また　$b_1=\dfrac{a_1+4}{a_1-2}=4$　ゆえに　$b_n=4\cdot4^{n-1}=4^n$

よって　$\dfrac{a_n+4}{a_n-2}=4^n$　ゆえに　$\boldsymbol{a_n=\dfrac{2(4^n+2)}{4^n-1}}$

◀ 〰〰(繁分数式)の扱い 分母，分子に a_n+6 を掛けて整理する。

◀ ----の分母を $4-\alpha$，分子を $4-\beta$ でくくる。

◀ ＿＿と $b_n=\dfrac{a_n-\beta}{a_n-\alpha}$ の右辺の分母・分子をそれぞれ比較。

◀ $(x-2)(x+4)=0$

◀ $\dfrac{8-6\beta}{4-\beta}=-\beta=4$, $\dfrac{8-6\alpha}{4-\alpha}=-\alpha=-2$, $b_n=\dfrac{a_n+4}{a_n-2}$

検討

上の例題の特性方程式は $x=\dfrac{4x+8}{x+6}$ すなわち $x^2+2x-8=0$ で，この解は，

$(x-2)(x+4)=0$ から　$x=2,\ -4$　⟵ (1)の α, β と一致。

一般に，分数形の漸化式の特性方程式の解が α, β $(\alpha\neq\beta)$ のときは，$\boldsymbol{b_n=\dfrac{a_n-\beta}{a_n-\alpha}}$ とおいて進めるとよい。⟶ 詳しくは次ページの [2] 参照。

練習 ④ 47 数列 $\{a_n\}$ が $a_1=4$, $a_{n+1}=\dfrac{4a_n+3}{a_n+2}$ で定められている。このとき，数列 $\{a_n\}$ の一般項を上の例題と同様の方法で求めよ。

補足事項　分数形の漸化式

$a,\ p,\ q,\ r,\ s\ (p \neq 0,\ ps-qr \neq 0)$ は定数とする。

◀ $ps-qr=0$ のときは，$p:q=r:s$ から，Ⓐの右辺は定数。

$$\boldsymbol{a_1=a,\ a_{n+1}=\frac{ra_n+s}{pa_n+q}}\ \cdots\cdots\ Ⓐ$$

Ⓐの特性方程式 $x=\dfrac{rx+s}{px+q}$ すなわち $px^2+(q-r)x-s=0$ …… Ⓑ の2つの解を $\alpha,\ \beta$ とする。

$$a_{n+1}-\alpha=\frac{ra_n+s}{pa_n+q}-\alpha=\frac{(r-p\alpha)a_n+s-q\alpha}{pa_n+q}\ \cdots\cdots\ Ⓒ$$

また，α はⒷの解であるから　$p\alpha^2+(q-r)\alpha-s=0$

よって　$s-q\alpha=p\alpha^2-r\alpha=\alpha(p\alpha-r)$

これをⒸに代入して

$$a_{n+1}-\alpha=\frac{(r-p\alpha)a_n+\alpha(p\alpha-r)}{pa_n+q}=\frac{(r-p\alpha)(a_n-\alpha)}{pa_n+q}\ \cdots\cdots\ Ⓓ$$

ここから先は，次の2通りに分かれる。

[1]　$\alpha=\beta$ のとき　（例題 **46**）

[2]　$\alpha \neq \beta$ のとき　（例題 **47**）

[1]　**$\boldsymbol{\alpha=\beta}$ のとき**

$r-p\alpha \neq 0$ であるから（下の 注意 参照），Ⓓの両辺の逆数をとると

$$\frac{1}{a_{n+1}-\alpha}=\frac{1}{r-p\alpha}\cdot\frac{pa_n+q}{a_n-\alpha}=\frac{1}{r-p\alpha}\left(p+\frac{p\alpha+q}{a_n-\alpha}\right)\ \cdots\cdots\ Ⓔ$$

α はⒷの重解であるから　$\alpha=-\dfrac{q-r}{2p}$　よって　$p\alpha+q=r-p\alpha$

これをⒺに代入して　$\dfrac{1}{a_{n+1}-\alpha}=\dfrac{1}{r-p\alpha}\left(p+\dfrac{r-p\alpha}{a_n-\alpha}\right)=\dfrac{p}{r-p\alpha}+\dfrac{1}{a_n-\alpha}$

$\dfrac{1}{a_n-\alpha}=b_n$ とおくと　$b_{n+1}=b_n+\dfrac{p}{r-p\alpha}$　⟶ **等差数列** を利用。

[2]　**$\boldsymbol{\alpha \neq \beta}$ のとき**

Ⓓと同様に，$a_{n+1}-\beta=\dfrac{(r-p\beta)(a_n-\beta)}{pa_n+q}$ …… Ⓕ が成り立つ。

Ⓓ，Ⓕにおいて，それぞれ $r-p\alpha \neq 0,\ r-p\beta \neq 0$ であるから（下の 注意 参照），

Ⓕ÷Ⓓより　$\dfrac{a_{n+1}-\beta}{a_{n+1}-\alpha}=\dfrac{r-p\beta}{r-p\alpha}\cdot\dfrac{a_n-\beta}{a_n-\alpha}$

$\dfrac{a_n-\beta}{a_n-\alpha}=c_n$ とおくと　$c_{n+1}=\dfrac{r-p\beta}{r-p\alpha}c_n$　⟶ **等比数列** を利用。

注意　Ⓓにおいて $r-p\alpha=0$ とすると，$p \neq 0$ であるから　$\alpha=\dfrac{r}{p}$

α はⒷの解であるから　$p\left(\dfrac{r}{p}\right)^2+(q-r)\cdot\dfrac{r}{p}-s=0$

よって，$qr-ps=0$ となり条件に反する。

ゆえに　$r-p\alpha \neq 0$

同様に，$r-p\beta \neq 0$ も成り立つ。

基本例題 48 和 S_n と漸化式

数列 $\{a_n\}$ の初項から第 n 項までの和 S_n が，一般項 a_n を用いて $S_n=-2a_n-2n+5$ と表されるとき，一般項 a_n を n で表せ。 〔皇學館大〕

基本 24，34

指針 a_n と S_n の関係式が与えられているから，まず 一方だけで表す ために

$$a_1=S_1 \qquad n \geqq 2 \text{ のとき} \quad a_n=S_n-S_{n-1}$$

を利用する。ここでは，$n \geqq 2$ と $n=1$ の場合分けをしなくて済むように，漸化式 $S_n=-2a_n-2n+5$ で n の代わりに $n+1$ とおいて S_{n+1} を含む式を作り，辺々を引くことによって S_n を消去する。手順をまとめると

1. $a_1=S_1$ を利用し，a_1 を求める。
2. $a_{n+1}=S_{n+1}-S_n$ から，a_n，a_{n+1} の漸化式を作る。

$$\begin{array}{rl} S_{n+1}= & a_1+a_2+\cdots\cdots+a_n+a_{n+1} \\ -)\ S_n\ = & a_1+a_2+\cdots\cdots+a_n \\ \hline S_{n+1}-S_n= & \qquad\qquad\qquad\quad a_{n+1} \end{array}$$

3. a_n，a_{n+1} の漸化式から，一般項 a_n を求める。

解答

$S_n=-2a_n-2n+5$ …… ① とする。

① に $n=1$ を代入すると　$S_1=-2a_1-2+5$

$S_1=a_1$ であるから　$a_1=-2a_1-2+5$　◀ a_1 の方程式。

よって　$a_1=1$

① から　$S_{n+1}=-2a_{n+1}-2(n+1)+5$ …… ②　◀ ① で n の代わりに $n+1$ とおく。

②－① から　$S_{n+1}-S_n=-2(a_{n+1}-a_n)-2$

$S_{n+1}-S_n=a_{n+1}$ であるから

$a_{n+1}=-2(a_{n+1}-a_n)-2$　◀ a_{n+1}，a_n だけの式。

よって　$a_{n+1}=\dfrac{2}{3}a_n-\dfrac{2}{3}$　◀ 漸化式 $a_{n+1}=pa_n+q$

ゆえに　$a_{n+1}+2=\dfrac{2}{3}(a_n+2)$　◀ 特性方程式 $\alpha=\dfrac{2}{3}\alpha-\dfrac{2}{3}$ を解くと $\alpha=-2$

ここで　$a_1+2=1+2=3$

数列 $\{a_n+2\}$ は初項 3，公比 $\dfrac{2}{3}$ の等比数列であるから

$$a_n+2=3\cdot\left(\frac{2}{3}\right)^{n-1}$$

したがって　$\boldsymbol{a_n=3\cdot\left(\frac{2}{3}\right)^{n-1}-2}$

練習 ③ 48 数列 $\{a_n\}$ の初項から第 n 項までの和 S_n が，一般項 a_n を用いて $S_n=2a_n+n$ と表されるとき，一般項 a_n を n で表せ。 〔類 宮崎大〕

p.497 EX 28

基本例題 49 図形と漸化式(1) … 領域の個数 ②②②②②

平面上に，どの 3 本の直線も 1 点を共有しない，n 本の直線がある。次の場合，平面が直線によって分けられる領域の個数を n で表せ。

(1) どの 2 本の直線も平行でないとき。

(2) $n\,(n \geqq 2)$ 本の直線の中に，2 本だけ平行なものがあるとき。 〔類 滋賀大〕

(1) $n=3$ の場合について，**図をかいて** 考えてみよう。

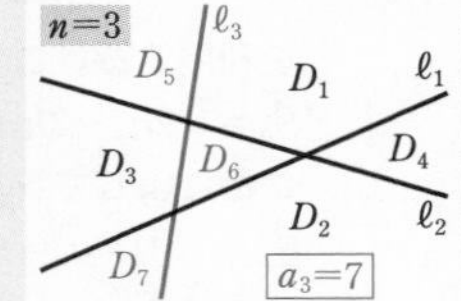

$a_2=4$(図の $D_1 \sim D_4$)であるが，ここで直線 ℓ_3 を引くと，ℓ_3 は ℓ_1，ℓ_2 と 2 点で交わり，この 2 つの交点で **ℓ_3 は 3 個の線分または半直線に分けられ，領域は 3 個**(図の D_5，D_6，D_7)**増加する**。

よって　　$a_3=a_2+3$

同様に，**n 番目と $(n+1)$ 番目の関係に注目** して考える。

n 本の直線によって a_n 個の領域に分けられているとき，$(n+1)$ 本目の直線を引くと領域は何個増えるかを考え，**漸化式を作る**。

(2) $(n-1)$ 本の直線が(1)の条件を満たすとき，n 本目の直線はどれか 1 本と平行になるから **$(n-2)$ 個の点で交わり，$(n-1)$ 個の領域が加わる**。

解答

(1) n 本の直線で平面が a_n 個の領域に分けられているとする。

$(n+1)$ 本目の直線を引くと，その直線は他の n 本の直線で $(n+1)$ 個の線分または半直線に分けられ，領域は $(n+1)$ 個だけ増加する。ゆえに　　$a_{n+1}=a_n+n+1$

◀$(n+1)$ 番目の直線は n 本の直線のどれとも平行でないから，交点は n 個。

よって　　$a_{n+1}-a_n=n+1$　　　また　　$a_1=2$

数列 $\{a_n\}$ の階差数列の一般項は $n+1$ であるから，

$n \geqq 2$ のとき　　$a_n=2+\sum_{k=1}^{n-1}(k+1)=\dfrac{n^2+n+2}{2}$

◀$\sum_{k=1}^{n-1}(k+1)=\sum_{k=1}^{n-1}k+\sum_{k=1}^{n-1}1$
$=\dfrac{1}{2}(n-1)n+n-1$

これは $n=1$ のときも成り立つ。

ゆえに，求める領域の個数は　　$\boldsymbol{\dfrac{n^2+n+2}{2}}$

(2) 平行な 2 直線のうちの 1 本を ℓ とすると，ℓ を除く $(n-1)$ 本は(1)の条件を満たすから，この $(n-1)$ 本の直線で分けられる領域の個数は(1)から　　a_{n-1}

◀(1)の結果を利用。

更に，直線 ℓ を引くと，ℓ はこれと平行な 1 本の直線以外の直線と $(n-2)$ 個の点で交わり，$(n-1)$ 個の領域が増える。よって，求める領域の個数は

$$a_{n-1}+(n-1)=\frac{(n-1)^2+(n-1)+2}{2}+(n-1)=\boldsymbol{\frac{n^2+n}{2}}$$

◀a_{n-1} は，(1)の a_n で n の代わりに $n-1$ とおく。

練習 ③ 49 平面上に，どの 2 つの円をとっても互いに交わり，また，3 つ以上の円は同一の点では交わらない n 個の円がある。これらの円によって，平面は何個の部分に分けられるか。

基本例題 50 図形と漸化式 (2) … 相似な図形

$\angle XPY\,(=60^\circ)$ の2辺 PX, PY に接する半径1の円を O_1 とする。次に，2辺 PX, PY および円 O_1 に接する円のうち半径の小さい方の円を O_2 とする。以下，同様にして順に円 O_3, O_4, …… を作る。

(1) 円 O_n の半径 r_n を n で表せ。

(2) 円 O_n の面積を S_n とするとき，$S_1+S_2+\cdots\cdots+S_n$ を n で表せ。 基本 49

指針 (1) 円 O_n と O_{n+1} の場合について，**図をかいて，r_{n+1} と r_n の関係を調べる。**
このとき，3辺の比が $1:\sqrt{3}:2$ の直角三角形に注目する。

(2) 等比数列の和の公式を利用して計算。

CHART 繰り返しの操作 n 番目と $(n+1)$ 番目の関係に注目

解答

(1) 右の図の $\triangle O_nO_{n+1}H$ について

$O_nO_{n+1}=r_n+r_{n+1}$,

$O_nH=r_n-r_{n+1}$

$\angle O_nO_{n+1}H=30^\circ$ であるから

$O_nO_{n+1}=2O_nH$

よって

$r_n+r_{n+1}=2(r_n-r_{n+1})$

ゆえに $r_{n+1}=\dfrac{1}{3}r_n$

また $r_1=1$

よって，数列 $\{r_n\}$ は初項1，公比 $\dfrac{1}{3}$ の等比数列であるから $\boldsymbol{r_n=\left(\dfrac{1}{3}\right)^{n-1}}$

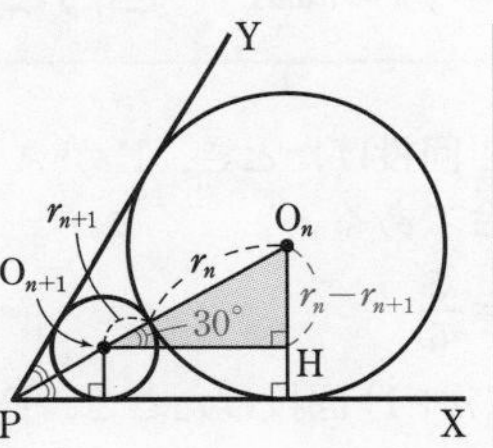

◀半直線 PO_n は $\angle XPY$ $(=60^\circ)$ の二等分線，$PX /\!/ O_{n+1}H$ ならば $\angle O_nO_{n+1}H=30^\circ$ よって $O_nO_{n+1}:O_nH=2:1$

(2) $S_n=\pi r_n{}^2=\pi\left(\dfrac{1}{9}\right)^{n-1}$ であるから

$$S_1+S_2+\cdots\cdots+S_n=\frac{\pi\left\{1-\left(\frac{1}{9}\right)^n\right\}}{1-\frac{1}{9}}=\boldsymbol{\frac{9\pi}{8}\left\{1-\left(\frac{1}{9}\right)^n\right\}}$$

◀数列 $\{S_n\}$ は初項 π，公比 $\dfrac{1}{9}$ の等比数列。

練習 ③ 50 直線 $y=ax\ (a>0)$ を ℓ とする。ℓ 上の点 $A_1(1,\ a)$ から x 軸に垂線 A_1B_1 を下ろし，点 B_1 から ℓ に垂線 B_1A_2 を下ろす。更に，点 A_2 から x 軸に垂線 A_2B_2 を下ろす。以下これを続けて，線分 A_3B_3, A_4B_4, …… を引き，線分 A_nB_n の長さを l_n とする。

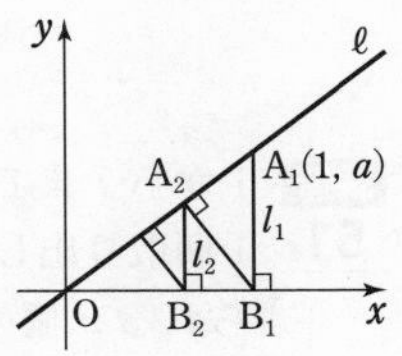

(1) l_n を n, a で表せ。

(2) $l_1+l_2+l_3+\cdots\cdots+l_n$ を n, a で表せ。

p.497 EX 29

基本例題 51 確率と漸化式(1) … 隣接2項間

直線上に異なる2点A，Bがあり，点PはAとBの2点を行ったり来たりする。1個のさいころを投げて1の目が出たとき，Pは他の点に移動し，1以外の目が出たときはその場所にとどまる。初めにPはAにいるとして，さいころを n 回投げたとき，PがAにいる確率を p_n で表す。〔類 中央大〕

(1) p_1 を求めよ。 (2) p_{n+1} を p_n で表せ。 (3) p_n を n で表せ。

基本34 重要52，53，54

指針 (2) さいころを n 回投げたとき，PがAにいる確率は p_n であるから，Bにいる確率は $1-p_n$ である。
さいころを $(n+1)$ 回投げてPがAにいるとき，**直前（n 回目）の状態** を考えて漸化式を作る。

CHART 確率 p_n の問題 n 回目と $(n+1)$ 回目に注目

解答

(1) さいころを1回投げたとき，PがAにいるのは，1以外の目が出る場合である。

よって $\boldsymbol{p_1=\frac{5}{6}}$

(2) さいころを $(n+1)$ 回投げたとき，PがAにいる場合は

[1] n 回目にPがAにいて，$(n+1)$ 回目に1以外の目が出る

[2] n 回目にPがBにいて，$(n+1)$ 回目に1の目が出る

のいずれかであり，[1]，[2] は互いに排反であるから

$$p_{n+1}=p_n\cdot\frac{5}{6}+(1-p_n)\cdot\frac{1}{6}=\boldsymbol{\frac{2}{3}p_n+\frac{1}{6}} \quad \cdots\cdots ①$$

(3) ①から $p_{n+1}-\frac{1}{2}=\frac{2}{3}\left(p_n-\frac{1}{2}\right)$

◀特性方程式 $\alpha=\frac{2}{3}\alpha+\frac{1}{6}$ を解くと $\alpha=\frac{1}{2}$

また $p_1-\frac{1}{2}=\frac{1}{3}$

◀ p_1 は(1)の結果を利用。

数列 $\left\{p_n-\frac{1}{2}\right\}$ は初項 $\frac{1}{3}$，公比 $\frac{2}{3}$ の等比数列であるから

$$p_n-\frac{1}{2}=\frac{1}{3}\left(\frac{2}{3}\right)^{n-1}$$

ゆえに $\boldsymbol{p_n=\frac{1}{2}+\frac{1}{3}\left(\frac{2}{3}\right)^{n-1}}$

練習 ③ 51 1から7までの数を1つずつ書いた7個の玉が，袋の中に入っている。袋から玉を1個取り出し，書かれている数を記録して袋に戻す。この試行を n 回繰り返して得られる n 個の数の和が4の倍数となる確率を p_n とする。〔類 琉球大〕

(1) p_1 を求めよ。 (2) p_{n+1} を p_n で表せ。 (3) p_n を n で表せ。

p.497 EX30

確率の問題での漸化式の作り方

例題 **51** の p_n について，1 回目から順に考えていくと，右の樹形図のように枝分かれが多くなり，n 回目のときを考えるのは難しい。そのような問題では，漸化式を作るとうまくいく場合がある。
ここでは，その漸化式の作り方について，説明しよう。

1回目　2回目

A $\xrightarrow{\frac{5}{6}}$ A $\xrightarrow{\frac{5}{6}}$ A
A $\xrightarrow{\frac{5}{6}}$ A $\xrightarrow{\frac{1}{6}}$ B
A $\xrightarrow{\frac{1}{6}}$ B $\xrightarrow{\frac{1}{6}}$ A
A $\xrightarrow{\frac{1}{6}}$ B $\xrightarrow{\frac{5}{6}}$ B ……

● p_n の漸化式を作るにはどう考える？

p_{n+1} はさいころを $(n+1)$ 回投げて P が A にいる確率であり，その直前の n 回目に関する確率は p_n の式で表すことができるから，n 回目と $(n+1)$ 回目の関係性について考える。
その関係性をつかむため，$(n+1)$ 回目の状態から n 回目の状態にさかのぼって調べる。$(n+1)$ 回目に A にいるには，その直前に「A にいる」または「B にいる」の 2 通りがある。よって，

　[1]　n 回目に A にいて，$(n+1)$ 回目は A にとどまる
　[2]　n 回目に B にいて，$(n+1)$ 回目に A に移動する

のケースについて漸化式を作ればよい。

n 回目		$(n+1)$ 回目
A	⟶	A
B	↗	

n 回目と $(n+1)$ 回目の関係性について考えるときは，$(n+1)$ 回目の状態から直前（n 回目）の状態にさかのぼって考えよう。

● 漸化式を作る際には，確率の性質を利用する

さいころを $(n+1)$ 回投げて P が A にいるのは

　[1]　n 回目に A にいて，$(n+1)$ 回目は A にとどまる
　[2]　n 回目に B にいて，$(n+1)$ 回目に A に移動する

のいずれかである。
ここで，「n 回目に B にいる確率」を q_n とすると，n 回目にいる場所は A，B のどちらかであるから　　$p_n+q_n=1$　⟵ 確率の総和は 1
ゆえに　　$q_n=1-p_n$
また，n 回目の試行と $(n+1)$ 回目の試行は **独立** であるから

　[1] の確率は　$p_n\times\dfrac{5}{6}$　⟵ 独立なら 積を計算

　[2] の確率は　$(1-p_n)\times\dfrac{1}{6}$　⟵ 独立なら 積を計算

n 回目		$(n+1)$ 回目
A $[p_n]$	$\xrightarrow{\frac{5}{6}}$	A $[p_{n+1}]$
B $[q_n]$	↗ $\frac{1}{6}$	

[1] と [2] は **排反** であるから

$$p_{n+1}=p_n\cdot\frac{5}{6}+(1-p_n)\cdot\frac{1}{6}$$　⟵ 排反なら 和を計算

重要例題 52 確率と漸化式(2) … 隣接3項間

座標平面上で，点Pを次の規則に従って移動させる。

1個のさいころを投げ，出た目を a とするとき，$a\leqq 2$ ならば x 軸の正の方向へ a だけ移動させ，$a\geqq 3$ ならば y 軸の正の方向へ1だけ移動させる。

原点を出発点としてさいころを繰り返し投げ，点Pを順次移動させるとき，自然数 n に対し，点Pが点 $(n,\ 0)$ に至る確率を p_n で表し，$p_0=1$ とする。

(1) p_{n+1} を p_n，p_{n-1} で表せ。　　(2) p_n を求めよ。　　〔類 福井医大〕

基本 41，51

指針 (1) p_{n+1}：点Pが点 $(n+1,\ 0)$ に至る確率。

点Pが点 $(n+1,\ 0)$ に到達する **直前の状態** を，次の排反事象[1]，[2]に分けて考える。

[1] 点 $(n,\ 0)$ にいて1の目が出る。

[2] 点 $(n-1,\ 0)$ にいて2の目が出る。

(2) (1)で導いた漸化式から p_n を求める。

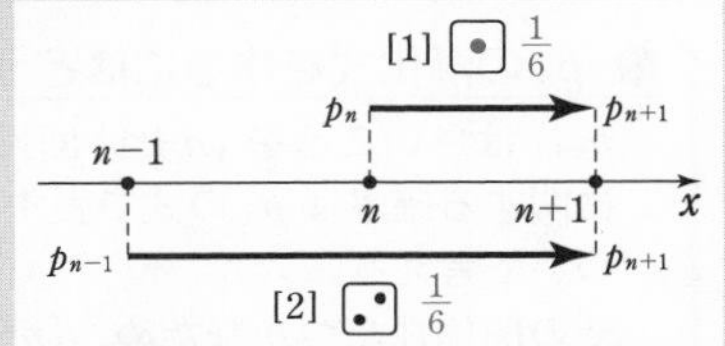

解答

(1) 点Pが点 $(n+1,\ 0)$ に到達するには

[1] 点 $(n,\ 0)$ にいて1の目が出る。

[2] 点 $(n-1,\ 0)$ にいて2の目が出る。

の2通りの場合があり，[1]，[2]の事象は互いに排反である。よって　$\boldsymbol{p_{n+1}=\frac{1}{6}p_n+\frac{1}{6}p_{n-1}}$ …… ①

(2) ①から　$p_{n+1}+\frac{1}{3}p_n=\frac{1}{2}\left(p_n+\frac{1}{3}p_{n-1}\right)$，

$p_{n+1}-\frac{1}{2}p_n=-\frac{1}{3}\left(p_n-\frac{1}{2}p_{n-1}\right)$

よって　$p_{n+1}+\frac{1}{3}p_n=\left(p_1+\frac{1}{3}p_0\right)\cdot\left(\frac{1}{2}\right)^n$，

$p_{n+1}-\frac{1}{2}p_n=\left(p_1-\frac{1}{2}p_0\right)\cdot\left(-\frac{1}{3}\right)^n$

$p_0=1$，$p_1=\frac{1}{6}$ から　$p_{n+1}+\frac{1}{3}p_n=\left(\frac{1}{2}\right)^{n+1}$ …… ②，

$p_{n+1}-\frac{1}{2}p_n=\left(-\frac{1}{3}\right)^{n+1}$ …… ③

(②−③)$\div\frac{5}{6}$ から　$\boldsymbol{p_n=\frac{6}{5}\left\{\left(\frac{1}{2}\right)^{n+1}-\left(-\frac{1}{3}\right)^{n+1}\right\}}$

◀ y 軸方向には移動しない。

◀点 $(n,\ 0)$，$(n-1,\ 0)$ にいる確率はそれぞれ p_n，p_{n-1}

◀ $x^2=\frac{1}{6}x+\frac{1}{6}$ から $6x^2-x-1=0$

よって　$x=-\frac{1}{3},\ \frac{1}{2}$

$(\alpha,\ \beta)=\left(-\frac{1}{3},\ \frac{1}{2}\right)$，$\left(\frac{1}{2},\ -\frac{1}{3}\right)$ とする。

練習 ④ 52 硬貨を投げて数直線上を原点から正の向きに進む。表が出れば1進み，裏が出れば2進むものとする。このとき，ちょうど点 n に到達する確率を p_n で表す。ただし，n は自然数とする。

(1) 2以上の n について，p_{n+1} と p_n，p_{n-1} との関係式を求めよ。

(2) p_n を求めよ。

重要例題 53 確率と漸化式 (3) … 3 つの数列を利用

初めに，A が赤玉を 1 個，B が白玉を 1 個，C が青玉を 1 個持っている。表裏の出る確率がそれぞれ $\frac{1}{2}$ の硬貨を投げ，表が出れば A と B の玉を交換し，裏が出れば B と C の玉を交換する，という操作を考える。この操作を n 回（n は自然数）繰り返した後に A，B，C が赤玉を持っている確率をそれぞれ a_n，b_n，c_n とする。

(1) a_1，b_1，c_1，a_2，b_2，c_2 を求めよ。

(2) a_{n+1}，b_{n+1}，c_{n+1} をそれぞれ a_n，b_n，c_n で表せ。

(3) a_n，b_n，c_n を求めよ。

［類　名古屋大］ 基本 51

指針 (1)，(2)　誰が赤玉を持っているのかを **樹形図** をかいて考える。

(1)　2 回の操作後までの，A，B，C のもつ玉の色のパターンを樹形図で表す。赤玉か，赤玉でないかが問題となるから，赤玉を○，赤玉以外を×のように書くとよい。

(2)　n 回の操作後に，赤玉を持っている人が，A か B か C かに分けて，$(n+1)$ 回目の操作による状態の変化に注目する。

(3)　操作を n 回繰り返した後，A，B，C のいずれかが赤玉を持っているから，すべての自然数 n に対して，$a_n+b_n+c_n=1$ が成り立つ。このかくれた条件がカギとなる。

CHART 確率の漸化式　1 n 回目と $(n+1)$ 回目に注目　2 (確率の和)$=1$ にも注意

解答

(1)　赤玉を持っていることを○，持っていないことを×とし，A，B，C の順に○，×を表すことにする。2 回の操作による A，B，C の玉の移動は，右のようになるから

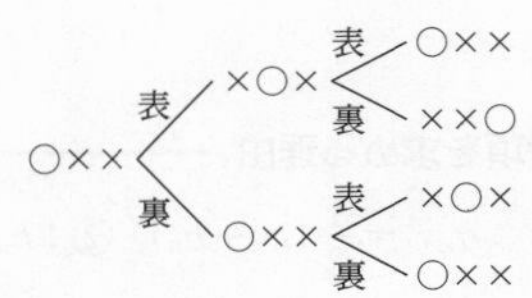

$$a_1=\frac{1}{2},\ b_1=\frac{1}{2},\ c_1=0,\ a_2=\frac{1}{2}\cdot\frac{1}{2}+\frac{1}{2}\cdot\frac{1}{2}=\frac{1}{2},$$

$$b_2=\frac{1}{2}\cdot\frac{1}{2}=\frac{1}{4},\ c_2=\frac{1}{2}\cdot\frac{1}{2}=\frac{1}{4}$$

◀例えば，○××は A：赤，B：赤以外，C：赤以外 ということ。各枝のように推移する確率はどれも $\frac{1}{2}$ である。

(2)　A，B，C が赤玉を持っているとき，硬貨の表裏の出方によって，赤玉の移動は右のようになる。ゆえに

A＜表 B，裏 A　　B＜表 A，裏 C　　C＜表 C，裏 B

$$a_{n+1}=\frac{1}{2}a_n+\frac{1}{2}b_n\ \cdots\cdots\ ①,$$

$$b_{n+1}=\frac{1}{2}a_n+\frac{1}{2}c_n\ \cdots\cdots\ ②,$$

$$c_{n+1}=\frac{1}{2}b_n+\frac{1}{2}c_n\ \cdots\cdots\ ③$$

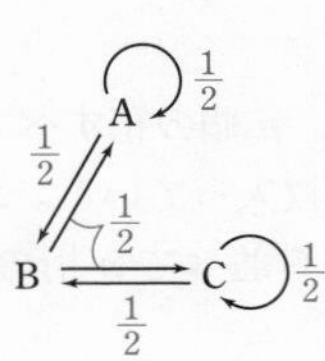

◀各枝のように推移する確率はどれも $\frac{1}{2}$ である。

①：例えば，$(n+1)$ 回後に A が赤玉を持っているのは，

n 回後		$(n+1)$ 回後
A	→	A
B	→	A

のように赤玉を持つ人が変わる場合である。

(3) 操作を n 回繰り返した後，A，B，C のいずれかが赤玉を持っているから，$a_n+b_n+c_n=1$ である。

◀(確率の和)$=1$

② から　$b_{n+1}=\dfrac{1}{2}(a_n+c_n)=\dfrac{1}{2}(1-b_n)$

◀**検討** 参照。$a_n+c_n=1-b_n$

よって　$b_{n+1}-\dfrac{1}{3}=-\dfrac{1}{2}\left(b_n-\dfrac{1}{3}\right)$,

$b_1-\dfrac{1}{3}=\dfrac{1}{2}-\dfrac{1}{3}=\dfrac{1}{6}$

◀$\alpha=\dfrac{1}{2}(1-\alpha)$ を解くと $\alpha=\dfrac{1}{3}$

b_1 は (1) で求めた。

ゆえに　$b_n-\dfrac{1}{3}=\dfrac{1}{6}\left(-\dfrac{1}{2}\right)^{n-1}$

したがって　$\boldsymbol{b_n=\dfrac{1}{6}\left(-\dfrac{1}{2}\right)^{n-1}+\dfrac{1}{3}}$

また　$a_n+c_n=1-b_n=1-\left\{\dfrac{1}{6}\left(-\dfrac{1}{2}\right)^{n-1}+\dfrac{1}{3}\right\}$

◀$a_n+b_n+c_n=1$ を利用。② から　$a_n+c_n=2b_{n+1}$ これを利用してもよい。

よって　$a_n+c_n=\dfrac{1}{3}\left(-\dfrac{1}{2}\right)^n+\dfrac{2}{3}$ …… ④

①－③ から

$a_{n+1}-c_{n+1}=\dfrac{1}{2}(a_n-c_n)$, $a_1-c_1=\dfrac{1}{2}-0=\dfrac{1}{2}$

◀$d_{n+1}=\dfrac{1}{2}d_n$ の形。

ゆえに　$a_n-c_n=\dfrac{1}{2}\left(\dfrac{1}{2}\right)^{n-1}=\left(\dfrac{1}{2}\right)^n$ …… ⑤

(④＋⑤)÷2 から　$\boldsymbol{a_n=\dfrac{1}{6}\left(-\dfrac{1}{2}\right)^n+\left(\dfrac{1}{2}\right)^{n+1}+\dfrac{1}{3}}$

◀c_n を消去。

(④－⑤)÷2 から　$\boldsymbol{c_n=\dfrac{1}{6}\left(-\dfrac{1}{2}\right)^n-\left(\dfrac{1}{2}\right)^{n+1}+\dfrac{1}{3}}$

◀a_n を消去。

検討

(3) で，b_n から一般項を求める理由

(2) の ①～③ は　①：$a_{n+1}=\dfrac{1}{2}(a_n+b_n)$，②：$b_{n+1}=\dfrac{1}{2}(a_n+c_n)$，③：$c_{n+1}=\dfrac{1}{2}(b_n+c_n)$ となるので，$a_n+b_n+c_n=1$ から導かれる $a_n+b_n=1-c_n$，$a_n+c_n=1-b_n$，$b_n+c_n=1-a_n$ を代入することが思いつく。このうち，$a_n+c_n=1-b_n$ を ② に代入すると，数列 $\{b_n\}$ についての $b_{n+1}=pb_n+q$ 型の漸化式が導かれるので，まず b_n が求められる。

また，求めた b_n の式を ① に代入すると　$a_{n+1}=\dfrac{1}{2}a_n+\dfrac{1}{3}\left(-\dfrac{1}{2}\right)^{n+1}+\dfrac{1}{6}$

この漸化式から一般項 a_n を求めるには，$a_{n+1}-\dfrac{1}{3}=\dfrac{1}{2}\left(a_n-\dfrac{1}{3}\right)+\dfrac{1}{3}\left(-\dfrac{1}{2}\right)^{n+1}$ と変形し，両辺に $(-2)^{n+1}$ を掛けることで，$d_{n+1}=●d_n+■$ 型の漸化式が導かれて，解決できる。更に，② を $c_n=2b_{n+1}-a_n$ とした式を利用すると，一般項 c_n を求めることもできる。

練習 53 ⑤

n を自然数とする。n 個の箱すべてに，[1]，[2]，[3]，[4]，[5] の 5 種類のカードがそれぞれ 1 枚ずつ計 5 枚入っている。おのおのの箱から 1 枚ずつカードを取り出し，取り出した順に左から並べて n 桁の数 X_n を作る。このとき，X_n が 3 で割り切れる確率を求めよ。　〔類　京都大〕

重要例題 54 場合の数と漸化式 ⊘⊘⊘⊘⊘

数字 1, 2, 3 を n 個並べてできる n 桁の自然数全体のうち，1 が奇数回現れるものの個数を a_n，1 が偶数回現れるかまったく現れないものの個数を b_n とする。ただし，n は自然数とし，各数字は何回用いてもよいものとする。

(1) a_{n+1}，b_{n+1} をそれぞれ a_n，b_n を用いて表せ。

(2) a_n，b_n を n を用いて表せ。　〔類 早稲田大〕 基本 44，51

指針 (1) $p.490$ 基本例題 **51** 同様，n 個目までと $n+1$ 個目に注目。最初の n 個に 1 が奇数回現れる場合と，偶数回現れる場合に分け，$n+1$ 個目の並べ方を考える。

(2) 数列 $\{a_n\}$，$\{b_n\}$ の連立漸化式。ここでは，2 つの漸化式の和・差をとるとよい。

解答

(1) a_{n+1} について，$n+1$ 個の数の中に 1 が奇数回現れるものには

[1] 最初の n 個に 1 が奇数回現れ，$n+1$ 個目が 2 か 3

[2] 最初の n 個に 1 が偶数回現れ，$n+1$ 個目が 1

の 2 つの場合があるから　$\boldsymbol{a_{n+1}=2a_n+b_n}$ …… ①

b_{n+1} について，$n+1$ 個の数の中に 1 が偶数回現れるものには

[1] 最初の n 個に 1 が奇数回現れ，$n+1$ 個目に 1

[2] 最初の n 個に 1 が偶数回現れ，$n+1$ 個目が 2 か 3

の 2 つの場合があるから　$\boldsymbol{b_{n+1}=a_n+2b_n}$ …… ②

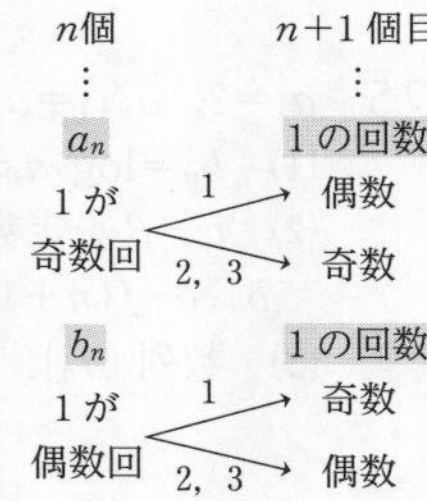

(2) $a_1=1$，$b_1=2$ である。

①＋② から　$a_{n+1}+b_{n+1}=3(a_n+b_n)$　また　$a_1+b_1=3$

よって　$a_n+b_n=3\cdot3^{n-1}=3^n$ …… ③

①−② から　$a_{n+1}-b_{n+1}=a_n-b_n$　また　$a_1-b_1=-1$

ゆえに　$a_n-b_n=-1\cdot1^n=-1$ …… ④

((③＋④)÷2 から　$\boldsymbol{a_n=\dfrac{3^n-1}{2}}$

((③−④)÷2 から　$\boldsymbol{b_n=\dfrac{3^n+1}{2}}$

◀ $p.481$ の 検討 参照。①，② の右辺は a_n の係数と b_n の係数を交換した形であるから，和・差をとることでうまくいく。

参考　a_n+b_n は 1，2，3 から n 個を選ぶ重複順列の総数であるから　$a_n+b_n=3^n$ …… Ⓐ　　これを用いてもよい。

◀①，Ⓐ から $a_{n+1}=a_n+3^n$　これは階差数列型の漸化式である。

練習 ④ 54 n は自然数とし，あるウイルスの感染拡大について次の仮定で試算を行う。このウイルスの感染者は感染してから 1 日の潜伏期間をおいて，2 日後から毎日 2 人の未感染者にこのウイルスを感染させるとする。新たな感染者 1 人が感染源となった n 日後の感染者数を a_n 人とする。例えば，1 日後は感染者は増えず $a_1=1$ で，2 日後は 2 人増えて $a_2=3$ となる。

(1) a_{n+2}，a_{n+1}，a_n の間に成り立つ関係式を求めよ。

(2) 一般項 a_n を求めよ。

(3) 感染者数が初めて 1 万人を超えるのは何日後か求めよ。　〔東北大〕

EXERCISES

②**23** 次の条件によって定められる数列 $\{a_n\}$ の一般項を求めよ。

$$a_1=r,\ a_{n+1}=r+\frac{1}{r}a_n$$　ただし，r は 0 でない定数　〔お茶の水大〕

→33，34

④**24** $a_1=1$，$a_2=6$，$2(2n+3)a_{n+1}=(n+1)a_{n+2}+4(n+2)a_n$ で定義される数列 $\{a_n\}$ について

(1) $b_n=a_{n+1}-2a_n$ とおくとき，b_n を n の式で表せ。

(2) a_n を n の式で表せ。　〔鳥取大〕　→35，36

③**25** $a_1=2$，$a_{n+1}=a_n{}^3\cdot4^n$ で定められる数列 $\{a_n\}$ について

(1) $b_n=\log_2 a_n$ とするとき，b_{n+1} を b_n を用いて表せ。

(2) α，β を定数とし，$f(n)=\alpha n+\beta$ とする。このとき，
$b_{n+1}-f(n+1)=3\{b_n-f(n)\}$ が成り立つように α，β の値を定めよ。

(3) 数列 $\{a_n\}$，$\{b_n\}$ の一般項をそれぞれ求めよ。　〔静岡大〕　→35，38

③**26** 数列 $\{x_n\}$，$\{y_n\}$ は $(3+2\sqrt{2})^n=x_n+y_n\sqrt{2}$ を満たすとする。ただし，x_n，y_n は整数とする。　〔類 京都薬大〕

(1) x_{n+1}，y_{n+1} をそれぞれ x_n，y_n で表せ。

(2) $x_n-y_n\sqrt{2}$ を n で表せ。また，これを用いて x_n，y_n を n で表せ。　→44

③**27** 数列 $\{a_n\}$ が次の漸化式を満たしている。

$$a_1=\frac{1}{2},\ a_2=\frac{1}{3},\ a_{n+2}=\frac{a_na_{n+1}}{2a_n-a_{n+1}+2a_na_{n+1}}$$

(1) $b_n=\dfrac{1}{a_n}$ とおく。b_{n+2} を b_{n+1} と b_n で表せ。

(2) $b_{n+1}-b_n=c_n$ とおいたとき，c_n を n で表せ。

(3) a_n を n で表せ。　〔東京女子大〕　→37，46

23 a_n の係数について，$\dfrac{1}{r}\neq1$，$\dfrac{1}{r}=1$ で場合分け。

24 (1) 漸化式の右辺の $(n+1)a_{n+2}$ に注目し，漸化式を $(n+1)(a_{n+2}-2a_{n+1})=$● の形に変形してみる。

(2) (1) の結果を利用する。

25 (1) 漸化式の両辺の 2 を底とする対数をとる。

26 (1) $x_{n+1}+y_{n+1}\sqrt{2}=(3+2\sqrt{2})^{n+1}=(x_n+y_n\sqrt{2})(3+2\sqrt{2})$　次を利用。

a，b，c，d が有理数，$\sqrt{l}$ が無理数のとき

$$\boldsymbol{a+b\sqrt{l}=c+d\sqrt{l} \Longleftrightarrow a=c,\ b=d}$$ （数学 I）

27 (1) 漸化式の両辺の逆数をとる。

③**28**　数列 $\{a_n\}$ は $a_1=1$，$a_n(3S_n+2)=3S_n{}^2$ $(n=2,\ 3,\ 4,\ \cdots\cdots)$ を満たしているとする。ここで，$S_n=\sum_{k=1}^{n} a_k$ $(n=1,\ 2,\ 3,\ \cdots\cdots)$ である。a_2 の値は $a_2=$ ア［　］である。$T_n=\dfrac{1}{S_n}$ $(n=1,\ 2,\ 3,\ \cdots\cdots)$ とするとき，T_n を n の式で表すと $T_n=$ イ［　］であり，$n\geqq 2$ のとき a_n を n の式で表すと $a_n=$ ウ［　］である。　〔関西学院大〕　→48

④**29**　右図のように，xy 平面上の点 $(1,\ 1)$ を中心とする半径1の円を C とする。x 軸，y 軸の正の部分，円 C と接する円で C より小さいものを C_1 とする。更に，x 軸の正の部分，円 C，円 C_1 と接する円を C_2 とする。以下，順に x 軸の正の部分，円 C，円 C_n と接する円を C_{n+1} とする。
また，円 C_n の中心の座標を $(a_n,\ b_n)$ とする。ただし，円 C_{n+1} は円 C_n の右側にあるとする。　〔類 京都産大〕

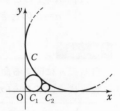

(1)　$a_1=$ ア［　］，$b_1=$ イ［　］である。　(2)　a_n，a_{n+1} の関係式を求めよ。

(3)　$c_n=\dfrac{1}{1-a_n}$ とおいて，数列 $\{a_n\}$ の一般項を n の式で表せ。　→46，50

④**30**　n を2以上の整数とする。1から n までの番号が付いた n 個の箱があり，それぞれの箱には赤玉と白玉が1個ずつ入っている。このとき，操作(＊)を $k=1$，……，$n-1$ に対して，k が小さい方から順に1回ずつ行う。

(＊)　番号 k の箱から玉を1個取り出し，番号 $k+1$ の箱に入れてよくかきまぜる。

一連の操作がすべて終了した後，番号 n の箱から玉を1個取り出し，番号1の箱に入れる。このとき，番号1の箱に赤玉と白玉が1個ずつ入っている確率を求めよ。

〔京都大〕　→51

④**31**　AとBの2人が，1個のさいころを次の手順により投げ合う。

1回目はAが投げる。
1，2，3の目が出たら，次の回には同じ人が投げる。
4，5の目が出たら，次の回には別の人が投げる。
6の目が出たら，投げた人を勝ちとし，それ以降は投げない。

(1)　n 回目にAがさいころを投げる確率 a_n を求めよ。
(2)　ちょうど n 回目のさいころ投げでAが勝つ確率 p_n を求めよ。
(3)　n 回以内のさいころ投げでAが勝つ確率 q_n を求めよ。　〔一橋大〕　→44，51

HINT

28　(イ)　$n\geqq 2$ のとき $a_n=S_n-S_{n-1}$ を利用して，S_n，S_{n-1} のみの関係式を作る。

29　(1)　点 $(a_1,\ b_1)$ は原点Oと円 C の中心 $(1,\ 1)$ を結ぶ線分上にある。
(2)　**半径 r，r' の2円が外接 ⟺(2円の中心間の距離)$=r+r'$**　(数学A)

30　番号1の箱と番号 k の箱から同じ色の玉を取り出す確率を p_k とすると，求める確率は p_n である。番号 k の箱から取り出す玉の色が，番号1の箱から取り出す玉の色と同じ場合，異なる場合に分けて，p_{k+1} を p_k で表す。

31　(1)　n 回目にBがさいころを投げる確率を b_n とし，a_n と b_n の連立漸化式を作る。

6 数学的帰納法

基本事項

1 数学的帰納法

自然数 n に関する命題 P が，すべての自然数 n について成り立つことを数学的帰納法で証明するには，次の [1] と [2] を示す。

[1] **$n=1$ のとき P が成り立つ。**

[2] **$n=k$ のとき P が成り立つと仮定すると，$n=k+1$ のときにも P が成り立つ。**

解 説

自然数 n に関する命題を $P(n)$ と表し，$n=k$ のときの命題を $P(k)$ とする。すべての自然数 n について $P(n)$ が成り立つことを証明するのに，次のような方法がある。

> [1] $n=1$ のとき，$P(n)$ が成り立つ。…… **$P(1)$ が真**
> [2] $n=k$ のとき，$P(n)$ が成り立つと仮定すると
> $n=k+1$ のときにも $P(n)$ が成り立つ。
> …… **$P(k)$ が真 $\Longrightarrow$ $P(k+1)$ も真**

以上，[1]，[2] を示すことにより

$P(1)$ が成り立つから，([2] により) $P(2)$ が成り立つ

$\longrightarrow$ $P(2)$ が成り立つから，$P(3)$ が成り立つ

$\longrightarrow$ $P(3)$ が成り立つから，$P(4)$ が成り立つ $\longrightarrow$ ……

よって，すべての自然数 n について $P(n)$ が成り立つといえる。

このような証明法を **数学的帰納法** という。

数学的帰納法は，ドミノ倒しに例えられる。
[1] 1枚目が倒れる。
[2] k 枚目が倒れたとき，$(k+1)$ 枚目が倒れる。
$\longrightarrow$ すべてのドミノが倒れる。

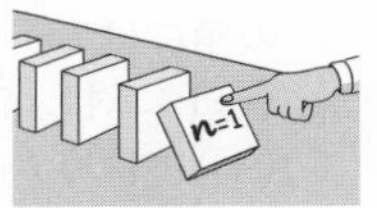

例 等式 $2+4+6+\cdots\cdots+2n=n(n+1)$ …… Ⓐ が(すべての自然数 n について)成り立つことを，数学的帰納法で証明してみよう。

[1] $n=1$ のとき　Ⓐ の (左辺)$=2$，(右辺)$=1\cdot2=2$

よって，Ⓐ は成り立つ。

◀(左辺)=(右辺)

[2] $n=k$ のとき，Ⓐ が成り立つと仮定すると

$$2+4+6+\cdots\cdots+2k=k(k+1) \quad \cdots\cdots ①$$

$n=k+1$ のとき，Ⓐ の左辺を考えると，① から

$$2+4+6+\cdots\cdots+2k+2(k+1)=k(k+1)+2(k+1)$$
$$=(k+1)(k+2)$$

◀左辺は，$n=k+1$ のときの Ⓐ の左辺。

よって，$n=k+1$ のときにも Ⓐ は成り立つ。

[1]，[2] から，すべての自然数 n について Ⓐ は成り立つ。

また，必要に応じて，次の ① や ② のような方法の数学的帰納法もある。

① 2つ前の場合を仮定

[1] $n=1,\ 2$ のときの成立を示す。

[2] $n=k,\ k+1$ のときの成立を仮定し，$n=k+2$ のときの成立を示す。

② 前の場合すべてを仮定

[1] $n=1$ のときの成立を示す。

[2] $n\leqq k$ のときの成立を仮定し，$n=k+1$ のときの成立を示す。

基本 例題 55 等式の証明

n が自然数のとき，数学的帰納法を用いて次の等式を証明せよ。

$1\cdot1!+2\cdot2!+\cdots\cdots+n\cdot n!=(n+1)!-1$ …… ①　　〔類 早稲田大〕

p.498 基本事項 1

指針 数学的帰納法による証明は，前ページの 例 のように次の手順で示す。

[1] $n=1$ のときを証明。 ← 出発点

[2] $n=k$ のときに成り立つという仮定のもとで，$n=k+1$ のときも成り立つことを証明。

[1]，[2] から，すべての自然数 n で成り立つ。 ← まとめ

[2] においては，$n=k$ のとき ① が成り立つと仮定した等式を使って，① の $n=k+1$ のときの左辺 $1\cdot1!+2\cdot2!+\cdots\cdots+k\cdot k!+(k+1)\cdot(k+1)!$ が，右辺 $\{(k+1)+1\}!-1$ に等しくなることを示す。
また，結論を忘れずに書くこと。

解答

[1] $n=1$ のとき

$(左辺)=1\cdot1!=1,\quad (右辺)=(1+1)!-1=1$

よって，① は成り立つ。

[2] $n=k$ のとき，① が成り立つと仮定すると

$1\cdot1!+2\cdot2!+\cdots\cdots+k\cdot k!=(k+1)!-1$ …… ②

$n=k+1$ のときを考えると，② から

$$
\begin{aligned}
&1\cdot1!+2\cdot2!+\cdots\cdots+k\cdot k!+(k+1)\cdot(k+1)!\\
&=(k+1)!-1+(k+1)\cdot(k+1)!\\
&=\{1+(k+1)\}\cdot(k+1)!-1\\
&=(k+2)\cdot(k+1)!-1=(k+2)!-1\\
&=\{(k+1)+1\}!-1
\end{aligned}
$$

よって，$n=k+1$ のときにも ① は成り立つ。

[1]，[2] から，すべての自然数 n について ① は成り立つ。

注意 ------ は数学的帰納法の決まり文句。答案ではきちんと書くようにしよう。

◀ k は自然数 $(k\geqq1)$。

◀ ① で $n=k$ とおいたもの。

◀ $n=k+1$ のときの ① の左辺。

◀ $n=k+1$ のときの ① の右辺。

◀ 結論を書くこと。

検討

数学的帰納法では，仕組み（流れ）をしっかりつかむようにしよう（指針の [1]，[2]）。
なお，[1] で $n=1$ の証明が終わったと考えて，[2] で $n=k$ の仮定を $k\geqq2$ としてしまっては誤りである。注意するようにしよう。

練習 ① 55 n が自然数のとき，数学的帰納法を用いて次の等式を証明せよ。　〔島根大〕

(1) $2^3+4^3+6^3+\cdots\cdots+(2n)^3=2n^2(n+1)^2$

(2) $\displaystyle\sum_{k=1}^{n} k(k+1)(k+2)(k+3)=\frac{1}{5}n(n+1)(n+2)(n+3)(n+4)$

p.506 EX 32

基本 例題 56 整数の性質の証明

すべての自然数 n について，$4^{2n+1}+3^{n+2}$ は 13 の倍数であることを証明せよ。

基本 55　重要 59

指針　このような自然数 n に関する命題では，**数学的帰納法が有効** である。
$n=k$ の仮定 ⟶ $n=k+1$ の証明 の過程においては，

N が●の倍数 $\Longleftrightarrow$ $N=$●m （m は整数）

を利用して進めることがカギとなる。すなわち

$4^{2k+1}+3^{k+2}=13m$ （m は整数）とおいて　⟵ $n=k$ の仮定

$4^{2(k+1)+1}+3^{(k+1)+2}$ が $13\times$(整数) の形に表されることを示す。　⟵ $n=k+1$ の証明

このように，数学的帰納法の問題では，$n=k+1$ の場合に示すべきものをはっきりつかんでおく……★ ことが大切である。

解答

「$4^{2n+1}+3^{n+2}$ は 13 の倍数である」を ① とする。

[1]　$n=1$ のとき　$4^{2\cdot1+1}+3^{1+2}=64+27=91=13\cdot7$

よって，① は成り立つ。

[2]　$n=k$ のとき，① が成り立つと仮定すると

$$4^{2k+1}+3^{k+2}=13m \ (m \text{ は整数}) \ \cdots\cdots ②$$

とおける。

◀これから $4^{2k+1}=13m-3^{k+2}$

$n=k+1$ のときを考えると，② から

$$\begin{aligned}4^{2(k+1)+1}+3^{(k+1)+2}&=4^2\cdot4^{2k+1}+3^{k+3}\\&=16(13m-3^{k+2})+3^{k+3}\\&=13\cdot16m-(16-3)\cdot3^{k+2}\\&=13(16m-3^{k+2})\end{aligned}$$

◀指針____……★ の方針。仮定 ② が使えるよう，4^{2k+1} の形を作り出すことがカギ。

$16m-3^{k+2}$ は整数であるから，$4^{2(k+1)+1}+3^{(k+1)+2}$ は 13 の倍数である。

◀……の断りを忘れずに。

よって，$n=k+1$ のときにも ① は成り立つ。

[1]，[2] から，すべての自然数 n について ① は成り立つ。

◀結論を書くこと。

別解 1.　**二項定理を利用**

$$4^{2n+1}+3^{n+2}=4\cdot4^{2n}+3^2\cdot3^n=4\cdot16^n+9\cdot3^n=4(13+3)^n+9\cdot3^n$$

$=4(13^n+{}_n\mathrm{C}_1 13^{n-1}\cdot3+{}_n\mathrm{C}_2 13^{n-2}\cdot3^2+\cdots\cdots+{}_n\mathrm{C}_{n-1}13\cdot3^{n-1}+3^n)+9\cdot3^n$　⟵ 二項定理

$=4\cdot13(13^{n-1}+{}_n\mathrm{C}_1 13^{n-2}\cdot3+{}_n\mathrm{C}_2 13^{n-3}\cdot3^2+\cdots\cdots+{}_n\mathrm{C}_{n-1}3^{n-1})+4\cdot3^n+9\cdot3^n$

$=4\cdot13\times$(整数)$+13\cdot3^n=13\times$(整数)

よって，$4^{2n+1}+3^{n+2}$ は 13 の倍数である。

別解 2.　**合同式を利用**

$16\equiv3 \pmod{13}$ であるから　$4^{2n}\equiv3^n \pmod{13}$　　よって　$4^{2n+1}\equiv4\cdot3^n \pmod{13}$

この両辺に $3^{n+2}=9\cdot3^n$ を加えると

$$4^{2n+1}+3^{n+2}\equiv4\cdot3^n+9\cdot3^n\equiv13\cdot3^n\equiv0 \pmod{13}$$

ゆえに，$4^{2n+1}+3^{n+2}$ は 13 の倍数である。

練習 ② **56**　すべての自然数 n について，$3^{3n}-2^n$ は 25 の倍数であることを証明せよ。

〔関西大〕　p.506 EX 33

基本例題 57 不等式の証明

3 以上のすべての自然数 n について，次の不等式が成り立つことを証明せよ。

$3^{n-1}>n^2-n+2$ …… ①

p.498 基本事項 1

指針 「$n\geqq$●」であるすべての自然数 n について成り立つことを示すには，**出発点** を変えた数学的帰納法を利用するとよい。

[1] $n=$● のときを証明。 ←出発点

[2] $n=k$ ($k\geqq$●) のときを仮定し，$n=k+1$ のときを証明。

本問では，$n\geqq3$ のとき，という条件であるから，まず，$n=3$ のとき不等式が成り立つことを証明する。なお，$n=k+1$ のとき示すべき不等式は　$3^k>(k+1)^2-(k+1)+2$

大小比較　差を作る　$A>B$ の証明は　差 $A-B>0$ を示す

CHART 数学的帰納法　1 n の出発点に注意　2 $k+1$ の場合に注意して変形

解答

[1] $n=3$ のとき

$(左辺)=3^2=9$，$(右辺)=3^2-3+2=8$

よって，① は成り立つ。

[2] $n=k$ ($k\geqq3$) のとき，① が成り立つと仮定すると

$3^{k-1}>k^2-k+2$ …… ②

$n=k+1$ のとき，① の両辺の差を考えると，② から

$$\begin{aligned}&3^k-\{(k+1)^2-(k+1)+2\}\\&=3\cdot3^{k-1}-(k^2+k+2)\\&>3(k^2-k+2)-(k^2+k+2)\\&=2k^2-4k+4=2(k-1)^2+2>0\end{aligned}$$

ゆえに　$3^k>(k+1)^2-(k+1)+2$

よって，$n=k+1$ のときにも ① は成り立つ。

[1]，[2] から，$n\geqq3$ であるすべての自然数 n について ① は成り立つ。

◀出発点は　$n=3$

◀(左辺)>(右辺)

◀$k\geqq3$ を忘れずに。

◀② を利用できる形を作り出す。

◀基本形を導くことにより，(左辺)−(右辺)>0 が示される。

検討 **3^{n-1} と n^2-n+2 の大小関係**

関数 $y=3^{x-1}$，$y=x^2-x+2$ のグラフは右図のようになる。2 つのグラフの上下関係から

$3^{n-1}>n^2-n+2$ ($n\geqq3$)

が成り立つことがわかる。

(指数関数のグラフについては，数学Ⅱを参照。)

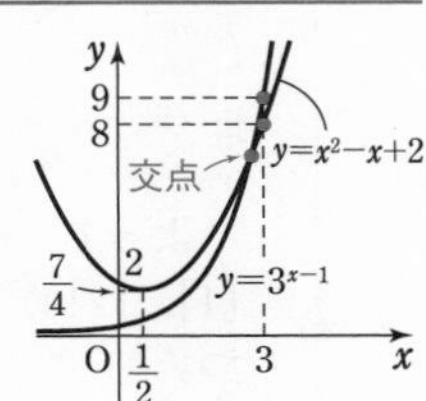

練習 ② 57　n は自然数とする。次の不等式を証明せよ。

(1) $n!\geqq2^{n-1}$　〔名古屋市大〕　(2) $n\geqq10$ のとき　$2^n>10n^2$　〔類 茨城大〕

p.506 EX34

基本例題 58 漸化式と数学的帰納法

$a_1=1$, $a_{n+1}=\dfrac{a_n}{1+(2n+1)a_n}$ によって定められる数列 $\{a_n\}$ について

(1) a_2, a_3, a_4 を求めよ。

(2) a_n を n で表す式を推測し，それを数学的帰納法で証明せよ。 基本 55

指針 漸化式から一般項 a_n を予想して証明する方法があることは $p.465$ 参考 で紹介した。ここでは，その証明を **数学的帰納法** で行う。

CHART n の問題 $n=1,\ 2,\ 3,\ \cdots\cdots$ で調べて，n の式で一般化

解答

(1) $\boldsymbol{a_2}=\dfrac{a_1}{1+3a_1}=\dfrac{1}{1+3\cdot1}=\boldsymbol{\dfrac{1}{4}}$

◀漸化式に $n=1$ を代入。$a_1=1$ も利用。

$\boldsymbol{a_3}=\dfrac{a_2}{1+5a_2}=\dfrac{\frac{1}{4}}{1+5\cdot\frac{1}{4}}=\dfrac{1}{4+5}=\boldsymbol{\dfrac{1}{9}}$,

◀漸化式に $n=2$ を代入。$a_2=\dfrac{1}{4}$ も利用。

$\boldsymbol{a_4}=\dfrac{a_3}{1+7a_3}=\dfrac{\frac{1}{9}}{1+7\cdot\frac{1}{9}}=\dfrac{1}{9+7}=\boldsymbol{\dfrac{1}{16}}$

◀漸化式に $n=3$ を代入。$a_3=\dfrac{1}{9}$ も利用。

(2) (1) から，$\boldsymbol{a_n=\dfrac{1}{n^2}}$ …… ① と推測される。

◀$\dfrac{1}{1}$, $\dfrac{1}{4}$, $\dfrac{1}{9}$, $\dfrac{1}{16}$, …… 分子は 1，分母は 1^2, 2^2, 3^2, 4^2, ……

[1] $n=1$ のとき

$a_1=\dfrac{1}{1^2}=1$ から，① は成り立つ。

[2] $n=k$ のとき，① が成り立つと仮定すると

$a_k=\dfrac{1}{k^2}$ …… ②

$n=k+1$ のときを考えると，② から

$$a_{k+1}=\frac{a_k}{1+(2k+1)a_k}=\frac{\frac{1}{k^2}}{1+(2k+1)\cdot\frac{1}{k^2}}$$

◀分母・分子に k^2 を掛ける。

$$=\frac{1}{k^2+(2k+1)}=\frac{1}{(k+1)^2}$$

◀$n=k+1$ のときの ① の右辺。

よって，$n=k+1$ のときにも ① は成り立つ。

[1], [2] から，すべての自然数 n について ① は成り立つ。

練習 ② 58 $a_1=1$, $a_{n+1}=\dfrac{3a_n-1}{4a_n-1}$ によって定められる数列 $\{a_n\}$ について 〔愛知教育大〕

(1) a_2, a_3, a_4 を求めよ。

(2) a_n を n で表す式を推測し，それを数学的帰納法で証明せよ。

p.506 EX 35

重要例題 59 フェルマの小定理に関する証明

p は素数とする。このとき，自然数 n について，n^p-n が p の倍数であることを数学的帰納法によって証明せよ。　　〔類 茨城大〕 基本 56

指針 $n=k+1$ の場合に $(k+1)^p$ が現れるが，この展開には二項定理（数学Ⅱ）を利用する。

$$(k+1)^p=k^p+{}_pC_1k^{p-1}+{}_pC_2k^{p-2}+\cdots\cdots+{}_pC_{p-2}k^2+{}_pC_{p-1}k+1$$

よって　$(k+1)^p-(k+1)={}_pC_1k^{p-1}+{}_pC_2k^{p-2}+\cdots\cdots+{}_pC_{p-2}k^2+{}_pC_{p-1}k+k^p-k$

$n=k$ のときの仮定より，k^p-k は p で割り切れるから，${}_pC_1$，${}_pC_2$，……，${}_pC_{p-1}$ すなわち **${}_pC_r$ $(1\leqq r\leqq p-1)$ が p で割り切れる** ことを示す。

解答

「n^p-n は p の倍数である」を ① とする。

[1]　$n=1$ のとき　$1^p-1=0$

よって，① は成り立つ。

[2]　$n=k$ のとき ① が成り立つと仮定すると，$k^p-k=pm$（m は整数）…… ② とおける。

$n=k+1$ のときを考えると，② から

$$(k+1)^p-(k+1)=k^p+{}_pC_1k^{p-1}+{}_pC_2k^{p-2}+\cdots\cdots+{}_pC_{p-2}k^2+{}_pC_{p-1}k+1-(k+1)$$
$$={}_pC_1k^{p-1}+{}_pC_2k^{p-2}+\cdots\cdots+{}_pC_{p-2}k^2+{}_pC_{p-1}k+pm \quad \cdots\cdots ③$$

$1\leqq r\leqq p-1$ のとき　${}_pC_r=\dfrac{p!}{r!(p-r)!}=\dfrac{p}{r}\cdot\dfrac{(p-1)!}{(r-1)!(p-r)!}=\dfrac{p}{r}\cdot{}_{p-1}C_{r-1}$

よって　$r\cdot{}_pC_r=p\cdot{}_{p-1}C_{r-1}$

p は素数であるから，r と p は互いに素であり，${}_pC_r$ は p で割り切れる。

ゆえに，③ から，$(k+1)^p-(k+1)$ は p の倍数である。

したがって，$n=k+1$ のときにも ① は成り立つ。

[1]，[2] から，すべての自然数 n について，n^p-n は p の倍数である。

◀合同式（チャート式基礎からの数学A）を利用してもよい（解答編 $p.352$，353 参照）。

検討　**フェルマの小定理**

上の例題で証明した結果を用いると，n と p が互いに素であるとき，n^p-n すなわち $n(n^{p-1}-1)$ は p で割り切れるから，$n^{p-1}-1$ は p で割り切れることが導かれる。

このことは，次の **フェルマの小定理** そのものである。

> **フェルマの小定理**　p は素数とする。
> n が p と互いに素な自然数のとき，$n^{p-1}-1$ は p で割り切れる。
> └─ $n^{p-1}\equiv1 \pmod{p}$ と表すこともできる。

練習 ⑤ 59　自然数 $m\geqq2$ に対し，$m-1$ 個の二項係数 ${}_mC_1$，${}_mC_2$，……，${}_mC_{m-1}$ を考え，これらすべての最大公約数を d_m とする。すなわち，d_m はこれらすべてを割り切る最大の自然数である。

(1)　m が素数ならば，$d_m=m$ であることを示せ。

(2)　すべての自然数 k に対し，k^m-k が d_m で割り切れることを，k に関する数学的帰納法によって示せ。　　〔東京大〕

重要例題 60 $n=k$, $k+1$ の仮定 ④④④④④

n は自然数とする。2 数 x, y の和と積が整数ならば, x^n+y^n は整数であることを証明せよ。

指針 **自然数 n の問題** であるから, **数学的帰納法** で証明する。
$x^{k+1}+y^{k+1}$ を x^k+y^k で表そうと考えると

$$x^{k+1}+y^{k+1}=(x^k+y^k)(x+y)-xy(x^{k-1}+y^{k-1})$$

よって,「x^k+y^k は整数」に加え,**「$x^{k-1}+y^{k-1}$ は整数」という仮定も必要。**
そこで, 次の [1], [2] を示す数学的帰納法を利用する。下の 検討 も参照。

[1] **$n=1$, 2 のとき成り立つ。** ← 初めに示すことが 2 つ必要。

[2] **$n=k$, $k+1$ のとき成り立つと仮定すると, $n=k+2$ のときも成り立つ。**

CHART 数学的帰納法 仮定に $n=k$, $k+1$ などの場合がある 出発点も, それに応じて $n=1$, 2 を証明

解答

[1] $n=1$ のとき ◀$n=1$, 2 のときの証明。
$x^1+y^1=x+y$ で, 整数である。
$n=2$ のとき
$x^2+y^2=(x+y)^2-2xy$ で, 整数である。 ◀整数の和・差・積は整数。

[2] $n=k$, $k+1$ のとき, x^n+y^n が整数である, すなわち, x^k+y^k, $x^{k+1}+y^{k+1}$ はともに整数であると仮定する。 ◀$n=k$, $k+1$ の仮定。
$n=k+2$ のときを考えると ◀$n=k+2$ のときの証明。

$$x^{k+2}+y^{k+2}=(x^{k+1}+y^{k+1})(x+y)-xy(x^k+y^k)$$

$x+y$, xy は整数であるから, 仮定により, $x^{k+2}+y^{k+2}$ も整数である。 ◀整数の和・差・積は整数。
よって, $n=k+2$ のときにも x^n+y^n は整数である。

[1], [2] から, すべての自然数 n について, x^n+y^n は整数である。

注意 [2] の仮定で $n=k-1$, k とすると, $k-1\geqq 1$ の条件から $k\geqq 2$ としなければならない。上の解答で $n=k$, $k+1$ としたのは, それを避けるためである。

検討 **$n=k$, $k+1$ のときを仮定する数学的帰納法**

自然数 n に関する命題 $P(n)$ について, 指針の [1], [2] が示されたとすると,

$P(1)$, $P(2)$ が成り立つから, ([2] により) $P(3)$ が成り立つ
→ $P(2)$, $P(3)$ が成り立つから, $P(4)$ が成り立つ → ……

これを繰り返すことにより, すべての自然数 n について $P(n)$ が成り立つことがわかる。

練習 ④ 60 $\alpha=1+\sqrt{2}$, $\beta=1-\sqrt{2}$ に対して, $P_n=\alpha^n+\beta^n$ とする。このとき, P_1 および P_2 の値を求めよ。また, すべての自然数 n に対して, P_n は 4 の倍数ではない偶数であることを証明せよ。 〔長崎大〕 p.506 EX36

重要例題 61 $n \leqq k$ の仮定

数列 $\{a_n\}$（ただし $a_n>0$）について，関係式
$$(a_1+a_2+\cdots\cdots+a_n)^2=a_1{}^3+a_2{}^3+\cdots\cdots+a_n{}^3$$
が成り立つとき，$a_n=n$ であることを証明せよ。

指針 **自然数 n の問題** であるから，**数学的帰納法** で証明する。
「$n=k$ のとき $a_n=n$ が成り立つ」と仮定した場合，$a_{k-1}=k-1$，$a_{k-2}=k-2$，…… が成り立つことを仮定していないこととなり，$n=k+1$ のときについての次の等式 Ⓐ が作れなくなってしまう。
$$(1+2+\cdots\cdots+k+a_{k+1})^2=1^3+2^3+\cdots\cdots+k^3+a_{k+1}{}^3 \quad \cdots\cdots \text{Ⓐ}$$
したがって，**$n \leqq k$ の仮定が必要** となる。そこで，次の [1]，[2] を示す数学的帰納法を利用する。下の 検討 も参照。

[1] **$n=1$ のとき成り立つ。**

[2] **$n \leqq k$ のとき成り立つと仮定すると，$n=k+1$ のときも成り立つ。**

CHART **数学的帰納法** $n \leqq k$ で成立を仮定する場合あり

解答

[1] $n=1$ のとき，関係式から　$a_1{}^2=a_1{}^3$　◀$n=1$ のときの証明。
よって　$a_1{}^2(a_1-1)=0$　　$a_1>0$ から　$a_1=1$
ゆえに，$n=1$ のとき $a_n=n$ は成り立つ。

[2] $n \leqq k$ のとき，$a_n=n$ が成り立つと仮定する。　◀$n \leqq k$ の仮定。
$n=k+1$ のときについて，関係式から　◀$n=k+1$ のときの証明。
$$\{(1+2+\cdots\cdots+k)+a_{k+1}\}^2=1^3+2^3+\cdots\cdots+k^3+a_{k+1}{}^3 \quad \cdots \text{①}$$
◀$a_1=1$，$a_2=2$，……，$a_k=k$
$$(\text{①の左辺})=(1+2+\cdots+k)^2+2(1+2+\cdots+k)a_{k+1}+a_{k+1}{}^2$$
$$=\left\{\frac{1}{2}k(k+1)\right\}^2+2\cdot\frac{1}{2}k(k+1)a_{k+1}+a_{k+1}{}^2$$
$$=1^3+2^3+\cdots\cdots+k^3+k(k+1)a_{k+1}+a_{k+1}{}^2$$
① の右辺と比較して　$k(k+1)a_{k+1}+a_{k+1}{}^2=a_{k+1}{}^3$
ゆえに　$a_{k+1}(a_{k+1}+k)\{a_{k+1}-(k+1)\}=0$　◀$a_{k+1}\times\{a_{k+1}{}^2-a_{k+1}-k(k+1)\}=0$
$a_{k+1}>0$ であるから　$a_{k+1}=k+1$
よって，$n=k+1$ のときにも $a_n=n$ は成り立つ。

[1]，[2] から，すべての自然数 n に対して $a_n=n$ は成り立つ。

検討

$n \leqq k$ のときを仮定する数学的帰納法

自然数 n に関する命題 $P(n)$ について，指針の [1]，[2] が示されたとすると，
$P(1)$ が成り立つから，（[2] により）$P(2)$ が成り立つ
→ $P(1)$，$P(2)$ が成り立つから，$P(3)$ が成り立つ
→ $P(1)$，$P(2)$，$P(3)$ が成り立つから，$P(4)$ が成り立つ → ……
これを繰り返すことにより，すべての自然数 n について $P(n)$ が成り立つことがわかる。

練習 ④ **61** $a_1=1$，$a_1a_2+a_2a_3+\cdots\cdots+a_na_{n+1}=2(a_1a_n+a_2a_{n-1}+\cdots\cdots+a_na_1)$ で定められる数列 $\{a_n\}$ の一般項 a_n を推測し，その推測が正しいことを証明せよ。

1章 ❻ 数学的帰納法

EXERCISES

③32 n を正の整数，i を虚数単位として

$$(\cos\theta+i\sin\theta)^n=\cos n\theta+i\sin n\theta$$

が成り立つことを証明せよ。〔類 慶応大〕

→55

③33 $a_1=2$，$b_1=1$ および

$$a_{n+1}=2a_n+3b_n,\ b_{n+1}=a_n+2b_n\ (n=1,\ 2,\ 3,\ \cdots\cdots)$$

で定められた数列 $\{a_n\}$，$\{b_n\}$ がある。$c_n=a_nb_n$ とするとき

(1) c_2 を求めよ。　(2) c_n は偶数であることを示せ。

(3) n が偶数のとき，c_n は 28 で割り切れることを示せ。〔北海道大〕

→56

③34 n を自然数とするとき，不等式 $2^n\leqq{}_{2n}\mathrm{C}_n\leqq4^n$ が成り立つことを証明せよ。〔山口大〕

→57

③35 数列 $\{a_n\}$ は $a_1=\sqrt{2}$，$\log_{a_{n+1}}a_n=\dfrac{n+2}{n}$ で定義されている。ただし，a_n は 1 でない正の実数で，$\log_{a_{n+1}}a_n$ は a_{n+1} を底とする a_n の対数である。

(1) a_2，a_3，a_4 を求めよ。

(2) 第 n 項 a_n を予想し，それが正しいことを数学的帰納法を用いて証明せよ。

(3) 初項から第 n 項までの積 $A_n=a_1a_2\cdots\cdots a_n$ を n の式で表せ。〔香川大〕

→58

④36 3 次方程式 $x^3+bx^2+cx+d=0$ の 3 つの複素数解（重解の場合も含む）を α，β，γ とする。ただし，b，c，d は実数である。

(1) $\alpha+\beta+\gamma$，$\alpha^2+\beta^2+\gamma^2$，$\alpha^3+\beta^3+\gamma^3$ は実数であることを示せ。

(2) 任意の自然数 n に対して，$\alpha^n+\beta^n+\gamma^n$ は実数であることを示せ。〔兵庫県大〕

→60

HINT

32 $i^2=-1$ に注意。$n=k+1$ のときの証明では，三角関数の加法定理（数学Ⅱ）を利用。
$\sin(\alpha+\beta)=\sin\alpha\cos\beta+\cos\alpha\sin\beta$，$\cos(\alpha+\beta)=\cos\alpha\cos\beta-\sin\alpha\sin\beta$

33 (2) $n=k+1$ のときを考える際，$n=k$ の仮定 $a_kb_k=2m$（m は整数）を利用する。

34 2 つの不等式 $2^n\leqq{}_{2n}\mathrm{C}_n$，${}_{2n}\mathrm{C}_n\leqq4^n$ に分けて証明する。

35 $\log_a p=q \iff p=a^q$ であるから　$a_n=a_{n+1}{}^{\frac{n+2}{n}}$　両辺を $\dfrac{n}{n+2}$ 乗して　$a_{n+1}=a_n{}^{\frac{n}{n+2}}$

36 (1) 3 次方程式の解と係数の関係を利用。
(2) 方程式から　$x^{n+3}=-bx^{n+2}-cx^{n+1}-dx^n$　よって，$I_n=\alpha^n+\beta^n+\gamma^n$ とすると
$I_{n+3}=-bI_{n+2}-cI_{n+1}-dI_n$　これを利用する。数学的帰納法の出発点は $n=1$，2，3 で，
$n=k$，$k+1$，$k+2$ を仮定し，$n=k+3$ のときを証明。

数学B 第2章

統計的な推測

7 確率変数と確率分布
8 確率変数の和と積，二項分布
9 正規分布
10 母集団と標本
11 推定
12 仮説検定

SELECT STUDY

—●— **基本定着コース**……教科書の基本事項を確認したいきみに
—●— **精選速習コース**……入試の基礎を短期間で身につけたいきみに
—●— **実力練成コース**……入試に向け実力を高めたいきみに

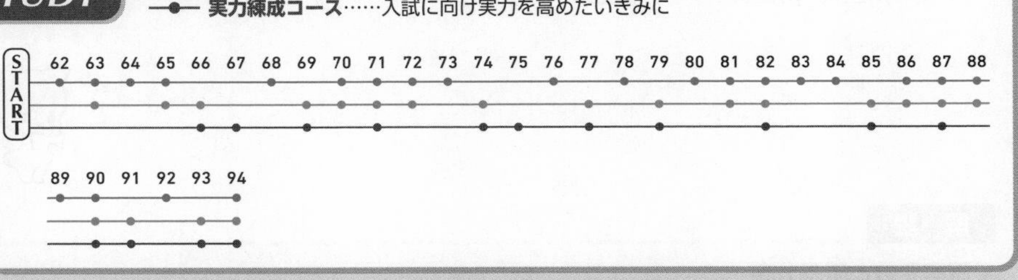

例題一覧

			難易度
7	基本 62	確率分布	②
	基本 63	確率変数の期待値	②
	基本 64	確率変数の分散・標準偏差 (1)	①
	基本 65	確率変数の分散・標準偏差 (2)	②
	重要 66	数列の和と期待値，分散	④
	重要 67	二項定理と期待値	④
	基本 68	確率変数の変換 (1)	①
	基本 69	確率変数の変換 (2)	③
8	基本 70	同時分布	②
	基本 71	独立・従属の判定	②
	基本 72	確率変数の和と積の期待値	①
	基本 73	確率変数 $aX+bY$ の分散	①
	基本 74	3つ以上の確率変数と期待値，分散	③
	重要 75	確率変数 X^2+Y^2 の期待値	③
	基本 76	二項分布の平均，分散	②
	基本 77	試行回数などの決定	③
9	基本 78	確率密度関数と確率	②
	基本 79	確率密度関数と期待値，標準偏差	③
	基本 80	正規分布と確率	①
	基本 81	正規分布の利用	②
	基本 82	二項分布の正規分布による近似	②
10	基本 83	母平均，母標準偏差	①
	基本 84	標本平均の期待値，標準偏差 (1)	②
	基本 85	標本平均の期待値，標準偏差 (2)	③
	基本 86	標本比率と正規分布	②
	基本 87	標本平均と正規分布	②
	基本 88	大数の法則	①
11	基本 89	母平均の推定 (1)	②
	基本 90	母平均の推定 (2)	②
	基本 91	母比率の推定	③
12	基本 92	母比率の検定 (1)	②
	基本 93	母比率の検定 (2)	②
	基本 94	母平均の検定	②

7 確率変数と確率分布

基本事項

1 確率変数と確率分布

X が x_1, x_2, ……, x_n のいずれかの値をとる変数であり，X が 1 つの値 x_k をとる確率 $P(X=x_k)$ が定まるような変数であるとき，X を **確率変数** という。$p_k=P(X=x_k)$ とすると，x_k と p_k の対応関係は，右の表のようになる。

X	x_1	x_2	……	x_n	計
P	p_1	p_2	……	p_n	1

この対応関係を，X の **確率分布** または単に **分布** といい，確率変数 X はこの分布に **従う** という。

このとき，次のことが成り立つ。

$$p_1 \geqq 0,\ p_2 \geqq 0,\ \cdots\cdots,\ p_n \geqq 0 \qquad p_1+p_2+\cdots\cdots+p_n=1$$

解　説

■ 確率変数と確率分布

例　1 枚の硬貨を 3 回続けて投げる試行において，表の出る回数を X とすると，

X のとりうる値は　　$X=0,\ 1,\ 2,\ 3$

であり，各 X の値と，それに対応する確率についての表を作ると右のようになる。

…… $P(X=k)={}_3\mathrm{C}_k\left(\frac{1}{2}\right)^k\left(\frac{1}{2}\right)^{3-k}$　$(k=0,\ 1,\ 2,\ 3)$

X	0	1	2	3	計
P	$\frac{1}{8}$	$\frac{3}{8}$	$\frac{3}{8}$	$\frac{1}{8}$	1

↑ 確率の総和は必ず 1

ここで，X のとる値は試行の結果によって定まり，X のとる値のおのおのに対してその確率が定まるから，X は **確率変数** の 1 つである。そして，右上の対応関係は X の確率分布であり，確率変数 X はこの分布に従っている，といえる。

■ 確率変数のいろいろな表現

確率変数 X のとりうる値が x_1, x_2, ……, x_n であるとき，X が 1 つの値 x_k をとる確率を $\boldsymbol{P(X=x_k)}$ で表す。また，X の値が a 以上の値をとる確率を $\boldsymbol{P(X \geqq a)}$ と表したり，a 以上 b 以下の値をとる確率を $\boldsymbol{P(a \leqq X \leqq b)}$ と表したりする。

例えば，上の 例 においては

$$P(X=1)=\frac{3}{8},\quad P(X \geqq 2)=\frac{3}{8}+\frac{1}{8}=\frac{1}{2},$$

$$P(1 \leqq X \leqq 2)=\frac{3}{8}+\frac{3}{8}=\frac{3}{4}$$

である。

◀ $P(X \geqq 2)$
$=P(X=2)+P(X=3)$

◀ $P(1 \leqq X \leqq 2)$
$=P(X=1)+P(X=2)$

基本事項

2 期待値

確率変数 X が右の表に示された分布に従うとき

X	x_1	x_2	……	x_n	計
P	p_1	p_2	……	p_n	1

期待値 $E(X)=x_1p_1+x_2p_2+\cdots\cdots+x_np_n$ ← (変数)×(確率) の和

$=\sum_{k=1}^{n} x_kp_k$

3 分散と標準偏差

$E(X)=m$ とすると

分散 $V(X)=E((X-m)^2)=(x_1-m)^2p_1+(x_2-m)^2p_2+\cdots\cdots+(x_n-m)^2p_n$

$=\sum_{k=1}^{n}(x_k-m)^2p_k$

$=E(X^2)-\{E(X)\}^2$ ← (X^2 の期待値)−(X の期待値)^2

標準偏差 $\sigma(X)=\sqrt{V(X)}$ ← $\sqrt{(分散)}$

解　説

■ 期待値

x_1, x_2, ……, x_n の各値に, それぞれの値をとる確率 p_1, p_2, ……, p_n を掛けて加えた値

$$x_1p_1+x_2p_2+\cdots\cdots+x_np_n$$

を, X の **期待値** といい, $E(X)$ で表す。なお, 期待値のことを **平均値** といったり, $E(X)$ の代わりに m を用いて表したりすることもある。

■ 分散

確率変数 X の期待値を m とすると, $Y=(X-m)^2$ もまた1つの確率変数で, その確率分布は右の表のようになる。

X	x_1	x_2	……	x_n	計
Y	$(x_1-m)^2$	$(x_2-m)^2$	……	$(x_n-m)^2$	
P	p_1	p_2	……	p_n	1

この Y の期待値 $E((X-m)^2)$, すなわち $\sum_{k=1}^{n}(x_k-m)^2p_k$ を, 確率変数 X の **分散** といい, $V(X)$ で表す。

$$V(X)=\sum_{k=1}^{n}(x_k-m)^2p_k=\sum_{k=1}^{n}(x_k{}^2-2mx_k+m^2)p_k$$

$$=\sum_{k=1}^{n}x_k{}^2p_k-2m\sum_{k=1}^{n}x_kp_k+m^2\sum_{k=1}^{n}p_k=\sum_{k=1}^{n}x_k{}^2p_k-m^2$$

$$=E(X^2)-\{E(X)\}^2$$

◀ $\sum_{k=1}^{n}x_kp_k=m$, $\sum_{k=1}^{n}p_k=1$

■ 標準偏差

例えば, 確率変数 X の単位が「cm」のとき, 分散 $V(X)$ の単位は「cm²」となる。そこで X の単位と一致させるために, 分散の正の平方根 $\sqrt{V(X)}$ を考え, これを確率変数 X の **標準偏差** という。

確率変数 X の期待値, 分散, 標準偏差を, それぞれ X の分布の **平均**, **分散**, **標準偏差** ともいう。標準偏差 $\sigma(X)$ は, X の分布の平均 m を中心として, X のとる値の散らばる傾向の程度を表している。標準偏差 $\sigma(X)$ の値が小さければ小さいほど, X の分布は, 平均 m の近くに集中する傾向にある。なお, $E(X)$ の $\boldsymbol{E}$, $\boldsymbol{m}$, $V(X)$ の $\boldsymbol{V}$, $\sigma(X)$ の $\boldsymbol{\sigma}$ は, それぞれ **e**xpectation(期待値), **m**ean(平均), **v**ariance(分散), **s**tandard deviation(標準偏差)の頭文字(σ は s のギリシア文字)である。

基本例題 62 確率分布

1から8までの整数をそれぞれ1個ずつ記した8枚のカードから無作為に4枚取り出す。取り出された4枚のカードに記されている数のうち最小の数を X とすると，X は確率変数である。X の確率分布を求めよ。また，$P(X\geqq 3)$ を求めよ。

p.508 基本事項 1

指針 確率分布 ⟶ 変数 X のとりうる値と，各値をとる 確率 P を調べる。

① 変数 X …… 4枚のうちの最小の数 ⟶ そのとりうる値は1，2，3，4，5
　例えば，4枚が1，2，3，6なら $X=1$　また，5，6，7，8なら $X=5$

② 確率 P …… 全体 ⟶ 8枚から4枚を取り出す方法の数で ${}_8C_4$
　例えば，$X=3$ なら，1枚は3，残りの3枚を4，5，6，7，8から選ぶ ⟶ ${}_5C_3$

③ 確率分布を求めた後は，確率の総和が1になることを確認。

$P(X\geqq 3)$ …… X が3以上の値をとる確率で，$=P(X=3)+P(X=4)+P(X=5)$

CHART 確率分布　確率の総和が1

解答

X のとりうる値は1，2，3，4，5である。

$$P(X=1)=\frac{{}_7C_3}{{}_8C_4}=\frac{35}{70},\quad P(X=2)=\frac{{}_6C_3}{{}_8C_4}=\frac{20}{70},$$

$$P(X=3)=\frac{{}_5C_3}{{}_8C_4}=\frac{10}{70},\quad P(X=4)=\frac{{}_4C_3}{{}_8C_4}=\frac{4}{70},$$

$$P(X=5)=\frac{{}_3C_3}{{}_8C_4}=\frac{1}{70}$$

よって，X の確率分布は次の表のようになる。

X	1	2	3	4	5	計
P	$\frac{35}{70}$	$\frac{20}{70}$	$\frac{10}{70}$	$\frac{4}{70}$	$\frac{1}{70}$	1

また　$\boldsymbol{P(X\geqq 3)}=\frac{10}{70}+\frac{4}{70}+\frac{1}{70}=\frac{15}{70}=\boldsymbol{\frac{3}{14}}$

◀ $X=k$ $(1\leqq k\leqq 5)$ のとき，1枚は k のカードで，残りは $(8-k)$ 枚から3枚選ぶから，$X=k$ である確率 p_k は
$$p_k=\frac{{}_{8-k}C_3}{{}_8C_4}$$

注意 $\frac{35}{70}$ を $\frac{1}{2}$ のように**約分しなくてよい**。これは確率の総和が1であることの確認がしやすいようにするためである。

検討

確率の総和

上の解答の確率分布で，**確率の総和** を計算して **検算** すると

$$\frac{35}{70}+\frac{20}{70}+\frac{10}{70}+\frac{4}{70}+\frac{1}{70}=\mathbf{1}\quad \text{となり，OK。}$$

なお，確率の総和が1という性質を利用して，$P(X\geqq 3)=1-P(X\leqq 2)$ として求めることもできる。

練習 ② 62 白球が3個，赤球が3個入った箱がある。1個のさいころを投げて，偶数の目が出たら球を3個，奇数の目が出たら球を2個取り出す。取り出した球のうち白球の個数を X とすると，X は確率変数である。X の確率分布を求めよ。
また，$P(0\leqq X\leqq 2)$ を求めよ。　〔類 福島県医大〕

基本 例題 63 確率変数の期待値 ①①①①①

目の数が 2, 2, 4, 4, 5, 6 である特製のさいころが 1 個ある。このさいころを繰り返し 2 回投げて，出た目の数の和を 5 で割った余りを X とする。確率変数 X の期待値 $E(X)$ を求めよ。

p.509 基本事項 2，基本 62

指針 期待値を求めるには，**まず確率分布を求める。**
X のとりうる値と X の値に対する場合の数は，解答に示したようにさいころの 2 回の目の数を a，b として，X の値を表にまとめると求めやすい。

CHART 確率分布 $\sum p_k=1$（確率の総和が 1）を確認

解答

さいころを 2 回投げたとき，目の出方は全部で
$6^2=36$（通り）
1 回目，2 回目のさいころの目の数をそれぞれ a，b として，$a+b$ を 5 で割ったときの余り，すなわち X の値を表に示すと，右のようになる。

b＼a	2	2	4	4	5	6
2	4	4	1	1	2	3
2	4	4	1	1	2	3
4	1	1	3	3	4	0
4	1	1	3	3	4	0
5	2	2	4	4	0	1
6	3	3	0	0	1	2

◀ 4^2 ではない！（1 つ 1 つの目を区別する。）

① 確率の計算
N（すべての数）と a（起こる数）を求めて $\dfrac{a}{N}$

この表から，X のとりうる値は 0，1，2，3，4 で
$X=0$ となる場合の数は 5，$X=1$ となる場合の数は 10，
$X=2$ となる場合の数は 5，$X=3$ となる場合の数は 8，
$X=4$ となる場合の数は 8
よって，X の確率分布は，右の表のようになるから

X	0	1	2	3	4	計
P	$\frac{5}{36}$	$\frac{10}{36}$	$\frac{5}{36}$	$\frac{8}{36}$	$\frac{8}{36}$	1

◀ 確率 P は，約分しない方が，$E(X)$ の計算がしやすい。

$$\boldsymbol{E(X)}=\frac{1}{36}(0\cdot5+1\cdot10+2\cdot5+3\cdot8+4\cdot8)$$
$$=\frac{76}{36}=\boldsymbol{\frac{19}{9}}$$

◀（変数）×（確率）の和
解答では，分母の 36 をくくり出している。

検討

確率 $P(X=0)$
$0\cdot P(X=0)=0$ であるから，確率 $P(X=0)$ を求めなくても期待値の計算はできる。しかし，確率の総和が 1 の確認のために，求めておく意味がある。

練習 ② 63 2 個のさいころを同時に投げて，出た目の数の 2 乗の差の絶対値を X とする。確率変数 X の期待値 $E(X)$ を求めよ。

p.519 EX 37

基本例題 64 確率変数の分散・標準偏差 (1)

①①①①①

X の確率分布が右の表のようになるとき，期待値 $E(X)$，分散 $V(X)$，標準偏差 $\sigma(X)$ を求めよ。

X	1	2	3	4	5	計
P	$\frac{35}{70}$	$\frac{20}{70}$	$\frac{10}{70}$	$\frac{4}{70}$	$\frac{1}{70}$	1

p.509 基本事項 2，3　重要 67，基本 73，83

指針 次の式を利用して期待値 $E(X)$，分散 $V(X)$，標準偏差 $\sigma(X)$ を計算する。

期 待 値　$E(X)=\sum x_k p_k$　⟵ (変数)×(確率) の和

分　散　$V(X)=E(X^2)-\{E(X)\}^2$　⟵ (X^2 の期待値)−(X の期待値)^2

標準偏差　$\sigma(X)=\sqrt{V(X)}$　⟵ $\sqrt{(分散)}$

CHART 分散の計算　X，X^2 の期待値から $E(X^2)-\{E(X)\}^2$

解答

$$E(X)=1\cdot\frac{35}{70}+2\cdot\frac{20}{70}+3\cdot\frac{10}{70}+4\cdot\frac{4}{70}+5\cdot\frac{1}{70}$$

◀(変数)×(確率) の和

$$=\frac{1}{70}(35+40+30+16+5)=\frac{126}{70}=\boldsymbol{\frac{9}{5}}$$

$$V(X)=\left(1^2\cdot\frac{35}{70}+2^2\cdot\frac{20}{70}+3^2\cdot\frac{10}{70}+4^2\cdot\frac{4}{70}+5^2\cdot\frac{1}{70}\right)-\left(\frac{9}{5}\right)^2$$

◀(X^2 の期待値)−(X の期待値)^2

$$=\frac{21}{5}-\frac{81}{5^2}=\frac{5\cdot21-81}{5^2}=\boldsymbol{\frac{24}{25}}$$

$$\sigma(X)=\sqrt{\frac{24}{25}}=\boldsymbol{\frac{2\sqrt{6}}{5}}$$

◀$\sqrt{(分散)}$

検討

分散の計算

上の解答では，分散 $V(X)$ を $V(X)=E(X^2)-\{E(X)\}^2=\sum x_k{}^2p_k-m^2$ を用いて求めたが，$V(X)=\sum(x_k-m)^2p_k$ ……（＊）を使うと，次のようになる。

$$V(X)=\left(1-\frac{9}{5}\right)^2\cdot\frac{35}{70}+\left(2-\frac{9}{5}\right)^2\cdot\frac{20}{70}+\left(3-\frac{9}{5}\right)^2\cdot\frac{10}{70}+\left(4-\frac{9}{5}\right)^2\cdot\frac{4}{70}+\left(5-\frac{9}{5}\right)^2\cdot\frac{1}{70}$$

$$=\frac{1}{5^2\cdot70}(16\cdot35+1\cdot20+36\cdot10+121\cdot4+256\cdot1)$$

$$=\frac{1680}{5^2\cdot70}=\boldsymbol{\frac{24}{25}}$$

この問題では，**(X^2 の期待値)−(X の期待値)^2** を利用して分散を求めた方が計算はらくである。なお，（＊）を利用する場合，x_k-m が整数値にならないと，計算が面倒になるケースが多い。

練習 ① 64 1 枚の硬貨を投げて，表が出たら得点を 1，裏が出たら得点を 2 とする。これを 2 回繰り返したときの合計得点を X とする。このとき，X の期待値 $E(X)$，分散 $V(X)$，標準偏差 $\sigma(X)$ を求めよ。

〔類 東京電機大〕 p.519 EX38

基本例題 65 確率変数の分散・標準偏差 (2)

袋の中に 1 と書いてあるカードが 3 枚，2 と書いてあるカードが 1 枚，3 と書いてあるカードが 1 枚，合計 5 枚のカードが入っている。この袋から 1 枚のカードを取り出し，それを戻さずにもう 1 枚カードを取り，これら 2 枚のカードに書かれている数字の平均を X とする。X の期待値 $E(X)$，分散 $V(X)$，標準偏差 $\sigma(X)$ を求めよ。 〔類 琉球大〕 基本 64

指針 まず，確率分布を求める。それには，数学 A で学んだように，**樹形図(tree)**をもとに，**確率の乗法定理** を利用して確率を計算するとよい。
ここで，取り出したカードの数字の組合せによって平均 X が決まる。
期待値，分散などの計算方法は，前ページと同様。

1回目	2回目	平均
1 (3/5)	1 (2/4) ……	1
	2 (1/4) ……	3/2
	3 (1/4) ……	2
2 (1/5)	1 (3/4) ……	3/2
	3 (1/4) ……	5/2
3 (1/5)	1 (3/4) ……	2
	2 (1/4) ……	5/2

解答

取り出したカードの数字の組合せは，(1, 1)，(1, 2)，(1, 3)，(2, 3) の 4 通りである。

X のとりうる値は $X=1,\ \dfrac{3}{2},\ 2,\ \dfrac{5}{2}$ であり

◀ $\dfrac{1+1}{2}=1$ など。

$$P(X=1)=\frac{3}{5}\cdot\frac{2}{4}=\frac{3}{10}$$

$$P\left(X=\frac{3}{2}\right)=\frac{3}{5}\cdot\frac{1}{4}+\frac{1}{5}\cdot\frac{3}{4}=\frac{3}{10}$$

◀1 → 2 の順に取り出す事象と 2 → 1 の順に取り出す事象は互いに排反。

$$P(X=2)=\frac{3}{5}\cdot\frac{1}{4}+\frac{1}{5}\cdot\frac{3}{4}=\frac{3}{10}$$

$$P\left(X=\frac{5}{2}\right)=\frac{1}{5}\cdot\frac{1}{4}+\frac{1}{5}\cdot\frac{1}{4}=\frac{1}{10}$$

よって，X の確率分布は右の表のようになるから

X	1	$\dfrac{3}{2}$	2	$\dfrac{5}{2}$	計
P	$\dfrac{3}{10}$	$\dfrac{3}{10}$	$\dfrac{3}{10}$	$\dfrac{1}{10}$	1

$$\boldsymbol{E(X)}=1\cdot\frac{3}{10}+\frac{3}{2}\cdot\frac{3}{10}+2\cdot\frac{3}{10}+\frac{5}{2}\cdot\frac{1}{10}=\frac{32}{20}=\boldsymbol{\frac{8}{5}}$$

$$\boldsymbol{V(X)}=\left\{1^2\cdot\frac{3}{10}+\left(\frac{3}{2}\right)^2\cdot\frac{3}{10}+2^2\cdot\frac{3}{10}+\left(\frac{5}{2}\right)^2\cdot\frac{1}{10}\right\}-\left(\frac{8}{5}\right)^2$$

$$=\frac{14}{5}-\frac{64}{25}=\frac{70-64}{25}=\boldsymbol{\frac{6}{25}}$$

◀ $V(X)=E(X^2)-\{E(X)\}^2$

$$\boldsymbol{\sigma(X)}=\sqrt{\frac{6}{25}}=\boldsymbol{\frac{\sqrt{6}}{5}}$$

◀ $\sigma(X)=\sqrt{V(X)}$

練習 65 ② 赤球 2 個と白球 3 個が入った袋から 1 個ずつ球を取り出すことを繰り返す。ただし，取り出した球は袋に戻さない。2 個目の赤球が取り出されたとき，その時点で取り出した球の総数を X で表す。X の期待値と分散を求めよ。 〔類 中央大〕

2章 ⑦ 確率変数と確率分布

重要例題 66 数列の和と期待値，分散

トランプのカードが n 枚 $(n \geqq 3)$ あり，その中の 2 枚はハートで残りはスペードである。これらのカードをよく切って裏向けに積み重ねておき，上から順に 1 枚ずつめくっていく。初めてハートのカードが現れるのが X 枚目であるとき

(1) $X=k$ $(k=1,\ 2,\ \cdots\cdots,\ n-1)$ となる確率 p_k を求めよ。

(2) X の期待値 $E(X)$ と分散 $V(X)$ を求めよ。〔奈良県医大〕

基本 64

指針 (2) 期待値は $E(X)=\sum_{k=1}^{n-1} kp_k$ を計算して求めるが，kp_k は k の多項式となるから，

Σk，Σk^2，Σk^3 の公式(p.438 参照)**を利用して Σ を計算** する。

計算の際，n は k に無関係であるから，$\Sigma nk^{\bullet}=n\Sigma k^{\bullet}$ などと変形。

解答

(1) p_k は，k 枚目に初めてハートが現れ，それまではすべてスペードが現れる確率であるから

$$\boldsymbol{p_k}=\frac{n-2}{n}\cdot\frac{n-3}{n-1}\cdot\frac{n-4}{n-2}\cdots\cdots\frac{n-2-(k-2)}{n-(k-2)}\cdot\frac{2}{n-(k-1)}=\boldsymbol{\frac{2(n-k)}{n(n-1)}}$$

(2) $$\boldsymbol{E(X)}=\sum_{k=1}^{n-1} kp_k=\sum_{k=1}^{n} k\cdot\frac{2(n-k)}{n(n-1)}$$

$$=\frac{2}{n(n-1)}\left(n\sum_{k=1}^{n}k-\sum_{k=1}^{n}k^2\right)$$

$$=\frac{2}{n(n-1)}\left\{n\cdot\frac{1}{2}n(n+1)-\frac{1}{6}n(n+1)(2n+1)\right\}$$

$$=\frac{2}{n(n-1)}\cdot\frac{1}{6}n(n+1)\{3n-(2n+1)\}$$

$$=\frac{n+1}{3(n-1)}\cdot(n-1)=\boldsymbol{\frac{n+1}{3}}$$

◀ $p_n=0$ であるから $\sum_{k=1}^{n-1}kp_k=\sum_{k=1}^{n}kp_k$

また，k に関係しない n の式を Σ の前に出す。

$\sum_{k=1}^{n}k=\frac{1}{2}n(n+1)$

$\sum_{k=1}^{n}k^2=\frac{1}{6}n(n+1)(2n+1)$

また

$$E(X^2)=\sum_{k=1}^{n-1}k^2p_k=\sum_{k=1}^{n}k^2\cdot\frac{2(n-k)}{n(n-1)}$$

$$=\frac{2}{n(n-1)}\left(n\sum_{k=1}^{n}k^2-\sum_{k=1}^{n}k^3\right)$$

$$=\frac{2}{n(n-1)}\left\{n\cdot\frac{1}{6}n(n+1)(2n+1)-\frac{1}{4}n^2(n+1)^2\right\}$$

$$=\frac{n(n+1)}{6}$$

◀ $\sum_{k=1}^{n}k^3=\left\{\frac{1}{2}n(n+1)\right\}^2$

よって $$\boldsymbol{V(X)}=E(X^2)-\{E(X)\}^2=\frac{n(n+1)}{6}-\left(\frac{n+1}{3}\right)^2$$

$$=\boldsymbol{\frac{(n+1)(n-2)}{18}}$$

練習 ④ 66 n 本 (n は 3 以上の整数) のくじの中に当たりくじとはずれくじがあり，そのうちの 2 本がはずれくじである。このくじを 1 本ずつ引いていき，2 本目のはずれくじを引いたとき，それまでの当たりくじの本数を X とする。X の期待値 $E(X)$ と分散 $V(X)$ を求めよ。ただし，引いたくじはもとに戻さないものとする。〔類 新潟大〕

p.519 EX 39, 40

重要例題 67 二項定理と期待値

2 枚の硬貨を同時に投げる試行を n 回繰り返す。k 回目 $(k \leqq n)$ に表の出た枚数を X_k とし，確率変数 Z を $Z=X_1 \cdot X_2 \cdot \cdots\cdots \cdot X_n$ で定める。

(1) $m=0,\ 1,\ 2,\ \cdots\cdots,\ n$ に対して，$Z=2^m$ となる確率を求めよ。

(2) Z の期待値 $E(Z)$ を求めよ。　〔弘前大〕

(1) $X_k\ (1 \leqq k \leqq n)$ のとりうる値は 0，1，2 であるから，Z のとりうる値は

$0,\ 1,\ 2,\ 2^2,\ \cdots\cdots,\ 2^n$

$Z=2^m$ となるのは，n 回のうち表が 2 枚出ることが m 回，表が 1 枚出ることが $(n-m)$ 回起こるときである。

(2) $E(Z)$ の計算過程で $\displaystyle\sum_{m=0}^{n} {}_n\mathrm{C}_m$ が現れるから，**二項定理 $\displaystyle(a+b)^n=\sum_{m=0}^{n} {}_n\mathrm{C}_m a^{n-m}b^m$**（数学Ⅱ）**を利用** して計算をする。

(1) $X_k\ (1 \leqq k \leqq n)$ のとりうる値は 0，1，2 であり

$$P(X_k=1)={}_2\mathrm{C}_1\frac{1}{2}\cdot\frac{1}{2}=\frac{1}{2}$$

$$P(X_k=2)={}_2\mathrm{C}_2\left(\frac{1}{2}\right)^2\left(\frac{1}{2}\right)^0=\frac{1}{4}$$

◀ $P(X_k=l)={}_2\mathrm{C}_l\left(\frac{1}{2}\right)^l\left(\frac{1}{2}\right)^{2-l}$ $(l=0,\ 1,\ 2)$

$Z=2^m\ (0 \leqq m \leqq n)$ となるのは，n 回の試行中，表が 2 枚出ることが m 回，表が 1 枚出ることが $(n-m)$ 回起こるときであるから，求める確率は

◀ $Z=2^m>0$ であるから，$X_k=0$ のときはない。

$$ {}_n\mathrm{C}_m\left(\frac{1}{4}\right)^m\left(\frac{1}{2}\right)^{n-m}=\boldsymbol{\frac{{}_n\mathrm{C}_m}{2^{n+m}}}$$

(2) Z のとりうる値は　$Z=0,\ 1,\ 2,\ 2^2,\ \cdots\cdots,\ 2^n$

よって，(1) から　$\displaystyle E(Z)=\sum_{m=0}^{n} 2^m\cdot\frac{{}_n\mathrm{C}_m}{2^{m+n}}=\frac{1}{2^n}\sum_{m=0}^{n} {}_n\mathrm{C}_m$

◀ $\frac{1}{2^n}$ は m に無関係であるから，Σ の前に出す。

二項定理により　$\displaystyle(1+1)^n=\sum_{m=0}^{n} {}_n\mathrm{C}_m\cdot 1^{n-m}\cdot 1^m$

◀ $\displaystyle(a+b)^n=\sum_{m=0}^{n} {}_n\mathrm{C}_m a^{n-m}b^m$ で $a=b=1$ とした。

ゆえに，$\displaystyle\sum_{m=0}^{n} {}_n\mathrm{C}_m=2^n$ であるから　$\boldsymbol{E(Z)=\frac{1}{2^n}\cdot 2^n=1}$

Z を n 個の確率変数 X_1，X_2，……，X_n の積としてとらえる

例題の (2) は，次のようにして解くこともできる。

$1 \leqq k \leqq n$ に対して　$E(X_k)=1\cdot\frac{1}{2}+2\cdot\frac{1}{4}=1$　← $0\cdot P(X_k=0)$ は省略。

X_1，X_2，……，X_n は互いに独立であるから

$E(Z)=E(X_1)E(X_2)\cdots\cdots E(X_n)=1^n=1$　← p.520 参照。

練習 ④ 67 n を 2 以上の自然数とする。n 人全員が一組となってじゃんけんを 1 回するとき，勝った人の数を X とする。ただし，あいこのときは $X=0$ とする。

(1) ちょうど k 人が勝つ確率 $P(X=k)$ を求めよ。ただし，k は 1 以上とする。

(2) X の期待値を求めよ。　〔名古屋大〕

基本事項

1 確率変数の変換

確率変数 X と定数 a，b に対して，$Y=aX+b$ とする。

① **期待値** $\boldsymbol{E(Y)=aE(X)+b}$

② **分　散** $\boldsymbol{V(Y)=a^2V(X)}$ ← $aV(X)$ ではない。$a^2V(X)+b^2$ でもない。

③ **標準偏差** $\boldsymbol{\sigma(Y)=|a|\sigma(X)}$ ← $|\ \ |$ がつくことに注意。

解　説

■確率変数の変換

右の表のような確率分布に従う確率変数 X を考える。
a，b が定数のとき，X の1次式 $\boldsymbol{Y=aX+b}$ で Y を定めると，Y もまた確率変数になる。Y のとる値は

$$y_k=ax_k+b \quad (k=1,\ 2,\ \cdots\cdots,\ n)$$

であり，Y の確率分布は右の2番目の表のようになる。

X	x_1	x_2	……	x_n	計
P	p_1	p_2	……	p_n	1

Y	y_1	y_2	……	y_n	計
P	p_1	p_2	……	p_n	1

X に対して，上のような Y を考えることを **確率変数の変換** という。

証明 ① $E(Y)=\sum_{k=1}^{n}y_kp_k=\sum_{k=1}^{n}(ax_k+b)p_k=a\sum_{k=1}^{n}x_kp_k+b\sum_{k=1}^{n}p_k=aE(X)+b$

② $V(Y)=\sum_{k=1}^{n}\{y_k-E(Y)\}^2p_k$ であり

$y_k-E(Y)=(ax_k+b)-\{aE(X)+b\}=a\{x_k-E(X)\}$ $(k=1,\ 2,\ \cdots\cdots,\ n)$

よって　$V(Y)=a^2\sum_{k=1}^{n}\{x_k-E(X)\}^2p_k=a^2V(X)$

③ $\sigma(Y)=\sqrt{V(Y)}=\sqrt{a^2V(X)}=|a|\sqrt{V(X)}=|a|\sigma(X)$

②，③ の式からわかるように，確率変数 X に対して $Y=aX+b$ と変換しても，定数 b は分散や標準偏差に影響を与えない。

なお，確率変数の変換に関する公式 ①～③ は，データの分析（数学Ⅰ）で学んだ変量の変換における関係式とまったく同様である（「チャート式基礎からの数学Ⅰ」$p.306$ 参照）。

例 $p.512$ 基本例題 **64** の確率変数 X については，$E(X)=\dfrac{9}{5}$，$V(X)=\dfrac{24}{25}$，$\sigma(X)=\dfrac{2\sqrt{6}}{5}$ であるから，例えば，確率変数 $Y=5X-1$ の期待値，分散，標準偏差は，次のように求められる。

$$E(Y)=E(5X-1)=5E(X)-1=5\cdot\frac{9}{5}-1=8$$

$$V(Y)=V(5X-1)=5^2V(X)=25\cdot\frac{24}{25}=24$$

$$\sigma(Y)=\sigma(5X-1)=|5|\sigma(X)=5\cdot\frac{2\sqrt{6}}{5}=2\sqrt{6}$$

← $\sigma(Y)=\sqrt{V(Y)}=2\sqrt{6}$ でもよい。

基本例題 68 確率変数の変換 (1)

袋の中に赤球が 4 個，白球が 6 個入っている。この袋の中から同時に 4 個の球を取り出すとき，赤球の個数を X とする。確率変数 $2X+3$ の期待値 $E(2X+3)$ と分散 $V(2X+3)$，標準偏差 $\sigma(2X+3)$ を求めよ。

p.516 基本事項 1

指針 まず，X の確率分布を求め，$E(X)$，$V(X)$，$\sigma(X)$ を計算する。次に，$p.516$ の基本事項の公式を利用して，$E(2X+3)$，$V(2X+3)$，$\sigma(2X+3)$ を求める。

期待値　$E(aX+b)=aE(X)+b$

分　散　$V(aX+b)=a^2V(X)$　（a，b は定数）

標準偏差　$\sigma(aX+b)=|a|\sigma(X)$

解答

確率変数 X のとりうる値は，$X=0, 1, 2, 3, 4$ であり

$$P(X=0)=\frac{{}_6C_4}{{}_{10}C_4}=\frac{15}{210},\quad P(X=1)=\frac{{}_4C_1\cdot{}_6C_3}{{}_{10}C_4}=\frac{80}{210},$$

$$P(X=2)=\frac{{}_4C_2\cdot{}_6C_2}{{}_{10}C_4}=\frac{90}{210},\quad P(X=3)=\frac{{}_4C_3\cdot{}_6C_1}{{}_{10}C_4}=\frac{24}{210},$$

$$P(X=4)=\frac{{}_4C_4}{{}_{10}C_4}=\frac{1}{210}$$

◀ 4 個の球の取り出し方の総数は ${}_{10}C_4$ 通りであるから $P(X=k)=\dfrac{{}_4C_k\cdot{}_6C_{4-k}}{{}_{10}C_4}$ $(k=0, 1, 2, 3, 4)$

X の確率分布は右の表のようになる。

X	0	1	2	3	4	計
P	$\frac{15}{210}$	$\frac{80}{210}$	$\frac{90}{210}$	$\frac{24}{210}$	$\frac{1}{210}$	1

よって

$$E(X)=1\cdot\frac{80}{210}+2\cdot\frac{90}{210}+3\cdot\frac{24}{210}+4\cdot\frac{1}{210}=\frac{8}{5}$$

◀ $0\cdot P(X=0)$ は省略した。

$$V(X)=\left(1^2\cdot\frac{80}{210}+2^2\cdot\frac{90}{210}+3^2\cdot\frac{24}{210}+4^2\cdot\frac{1}{210}\right)-\left(\frac{8}{5}\right)^2$$

$$=\frac{16}{5}-\left(\frac{8}{5}\right)^2=\frac{16}{25}$$

◀ $V(X)=E(X^2)-\{E(X)\}^2$

$$\sigma(X)=\sqrt{\frac{16}{25}}=\frac{4}{5}$$

◀ $\sigma(X)=\sqrt{V(X)}$

したがって

$$\boldsymbol{E(2X+3)}=2E(X)+3=2\cdot\frac{8}{5}+3=\boldsymbol{\frac{31}{5}}$$

$$\boldsymbol{V(2X+3)}=2^2V(X)=4\cdot\frac{16}{25}=\boldsymbol{\frac{64}{25}}$$

$$\boldsymbol{\sigma(2X+3)}=2\sigma(X)=2\cdot\frac{4}{5}=\boldsymbol{\frac{8}{5}}$$

◀ $V(2X+3)=2^2V(X)+3^2$ と誤るな！

練習 ① 68 円いテーブルの周りに 12 個の席がある。そこに 2 人が座るとき，その 2 人の間にある席の数のうち少ない方を X とする。ただし，2 人の間にある席の数が同数の場合は，その数を X とする。

(1) 確率変数 X の期待値，分散，標準偏差を求めよ。

(2) 確率変数 $11X-2$ の期待値，分散，標準偏差を求めよ。

p.519 EX41

基本例題 69 確率変数の変換 (2)

(1) 確率変数 X の期待値を m，標準偏差を σ とする。確率変数 $Z=\dfrac{X-m}{\sigma}$ について，$E(Z)=0$，$\sigma(Z)=1$ であることを示せ。

(2) 確率変数 X の期待値は 540，分散は 8100 である。a，b は定数で $a>0$ として，$Y=aX+b$ で定まる確率変数 Y の期待値が 50，標準偏差が 10 になるとき，a，b の値を求めよ。 ［(2) 弘前大］ p.516 基本事項 1

指針 (1) Z は X の 1 次式であるから，公式

$$E(aX+b)=aE(X)+b, \quad \sigma(aX+b)=|a|\sigma(X)$$

を活用する。

(2) 条件は $E(X)=540$，$V(X)=8100$，$Y=aX+b$，$E(Y)=50$，$\sigma(Y)=10$

これと公式 $E(Y)=aE(X)+b$，$V(Y)=a^2V(X)$，$\sigma(Y)=\sqrt{V(Y)}$

から，a，b の方程式を作り，それを解く。

解答

(1) $Z=\dfrac{X-m}{\sigma}=\dfrac{1}{\sigma}X-\dfrac{m}{\sigma}$ であるから

$$E(Z)=E\left(\frac{1}{\sigma}X-\frac{m}{\sigma}\right)=\frac{1}{\sigma}E(X)-\frac{m}{\sigma}$$

$$=\frac{1}{\sigma}\cdot m-\frac{m}{\sigma}=0$$

また $\sigma(Z)=\sigma\left(\dfrac{1}{\sigma}X-\dfrac{m}{\sigma}\right)=\left|\dfrac{1}{\sigma}\right|\sigma(X)$

$$=\frac{1}{\sigma}\cdot\sigma=1$$

(2) $Y=aX+b$ であるから

$$E(Y)=aE(X)+b$$

$E(X)=540$，$E(Y)=50$ であるから

$$50=540a+b \quad \cdots\cdots \text{①}$$

また，$V(Y)=a^2V(X)$，$a>0$ であるから

$$\sigma(Y)=a\sigma(X)=a\sqrt{V(X)}$$

$V(X)=8100=90^2$，$\sigma(Y)=10$ であるから

$$10=a\sqrt{90^2}$$

よって $\boldsymbol{a=\dfrac{1}{9}}$

ゆえに，① から $\boldsymbol{b}=50-540\cdot\dfrac{1}{9}=\boldsymbol{-10}$

参考 例題の (1) のように，ある確率変数 X を，期待値 0，標準偏差 1 の確率変数に変換することを，確率変数 X の **標準化** という。

◀$E(X)=m$

◀$\sigma>0$ であるから $\left|\dfrac{1}{\sigma}\right|=\dfrac{1}{\sigma}$
また $\sigma(X)=\sigma$

練習 ③ 69 確率変数 X は，$X=2$ または $X=a$ のどちらかの値をとるものとする。確率変数 $Y=3X+1$ の平均値（期待値）が 10 で，分散が 18 であるとき，a の値を求めよ。 ［香川大］

EXERCISES

②37 3個のさいころを同時に投げて，出た目の数の最小値を X とする。
(1) $X \geqq 3$ となる確率 $P(X \geqq 3)$ を求めよ。
(2) 確率変数 X の期待値を求めよ。 →62, 63

③38 0，1，2 のいずれかの値をとる確率変数 X の期待値および分散が，それぞれ 1，$\frac{1}{2}$ であるとする。このとき，X の確率分布を求めよ。 〔宮崎医大〕 →64

⑤39 コイン投げの結果に応じて賞金が得られるゲームを考える。このゲームの参加者は，表が出る確率が 0.8 であるコインを裏が出るまで投げ続ける。裏が出るまでに表が出た回数を i とするとき，この参加者の賞金額は i 円となる。ただし，100 回投げても裏が出ない場合は，そこでゲームは終わり，参加者の賞金額は 100 円となる。
(1) 参加者の賞金額が 1 円以下となる確率を求めよ。
(2) 参加者の賞金額が $c\ (0 \leqq c \leqq 99)$ 円以下となる確率 p を求めよ。また，$p \geqq 0.5$ となるような整数 c の中で，最も小さいものを求めよ。
(3) 参加者の賞金額の期待値を求めよ。ただし，小数点以下第 2 位を四捨五入せよ。
〔類 慶応大〕 →66

④40 赤い本が 2 冊，青い本が n 冊ある。この $n+2$ 冊の本を無作為に 1 冊ずつ，本棚に左から並べていく。2 冊の赤い本の間にある青い本の冊数を X とする。
(1) $k=0,\ 1,\ 2,\ \cdots\cdots,\ n$ に対して $X=k$ となる確率を求めよ。
(2) X の期待値，分散を求めよ。 〔類 一橋大〕 →66

②41 1 から 8 までの整数のいずれか 1 つが書かれたカードが，各数に対して 1 枚ずつ合計 8 枚ある。D さんが 100 円のゲーム代を払ってカードを 1 枚引き，書かれた数が X のとき $pX+q$ 円を受け取る。ただし，p，q は正の整数とする。
(1) D さんがカードを 1 枚引いて受け取る金額からゲーム代を差し引いた金額を Y 円とする。確率変数 Y の期待値を N とするとき，N を p，q で表せ。
(2) Y の分散を p，q で表せ。また，$N=0$ のとき Y の分散の最小値と，そのときの p の値を求めよ。 〔類 センター試験〕 →68

37 (1) $X \geqq 3$ となるのは，3 個とも 3 以上の目が出るときである。
(2) $P(X=k)$ は，余事象の考えを用いて求める。
38 $P(X=k)=p_k\ (k=0,\ 1,\ 2)$ とし，$E(X)$，$V(X)$ を p_1，p_2 で表す。
39 (2) 確率 p は，0 円，1 円，2 円，……，c 円となる各確率の総和。
(3) 求める期待値を計算すると，(等差数列)×(等比数列) 型の和が現れる。
⟶ この和 S は，等比数列部分の公比を r とすると，$S-rS$ から求められる。
40 (1) まず，赤い本 2 冊とその間にある青い本 k 冊をまとめて 1 冊ととらえ，残りの $(n-k)$ 冊とまとめた 1 冊の並べ方について考える。
41 (2) p，q は正の整数という条件から，p の値の範囲を絞る。

8 確率変数の和と積，二項分布

基本事項

1 同時分布

ある試行によって X，Y の値が定まるとき，$X=a$ かつ $Y=b$ である確率を $\boldsymbol{P(X=a,\ Y=b)}$ と表す。同様に，X，Y，Z の値が定まるとき，$X=a$ かつ $Y=b$ かつ $Z=c$ である確率を $\boldsymbol{P(X=a,\ Y=b,\ Z=c)}$ と表す。

2つの確率変数 X，Y について，X のとる値が x_1，x_2，……，x_n；Y のとる値が y_1，y_2，……，y_m であるとする。

$$P(X=x_i,\ Y=y_j)=p_{ij}$$

とおくと，X，Y の確率分布は，右のように表される。この対応を X と Y の **同時分布** という。

X ＼ Y	y_1	y_2	……	y_m	計
x_1	p_{11}	p_{12}	……	p_{1m}	p_1
x_2	p_{21}	p_{22}	……	p_{2m}	p_2
⋮		…………			⋮
⋮		…………			⋮
x_n	p_{n1}	p_{n2}	……	p_{nm}	p_n
計	q_1	q_2	……	q_m	1

2 確率変数の独立，事象の独立

2つの確率変数 X，Y において，X のとる任意の値 a と Y のとる任意の値 b について，$\boldsymbol{P(X=a,\ Y=b)=P(X=a)P(Y=b)}$ が成り立つとき，X と Y は互いに **独立** であるという。

2つの事象 A と B が互いに **独立** $\Longleftrightarrow$ $\boldsymbol{P_A(B)=P(B)}$ $\Longleftrightarrow$ $\boldsymbol{P_B(A)=P(A)}$ （定義）

$\Longleftrightarrow$ $\boldsymbol{P(A\cap B)=P(A)P(B)}$ （独立な事象の乗法定理）

2つの事象 A と B が独立でないとき，A と B は **従属** であるという。

3 期待値の性質 [1] $\boldsymbol{E(X+Y)=E(X)+E(Y)}$

一般に，a，b を定数とするとき　$\boldsymbol{E(aX+bY)=aE(X)+bE(Y)}$

[2] X と Y が互いに **独立** ならば　$\boldsymbol{E(XY)=E(X)E(Y)}$

4 分散の性質 X と Y が互いに **独立** ならば　$\boldsymbol{V(X+Y)=V(X)+V(Y)}$

一般に，a，b を定数とするとき，X と Y が互いに **独立** ならば

$$\boldsymbol{V(aX+bY)=a^2V(X)+b^2V(Y)}$$

解　説

■ 同時分布と周辺分布

確率変数 X，Y が上の同時分布に従うとき，各 i について $P(X=x_i)=\sum_{j=1}^{m} p_{ij}=p_i$，各 j について $P(Y=y_j)=\sum_{i=1}^{n} p_{ij}=q_j$ となるから，X と Y はそれぞれ次の表の分布に従う。この対応を X と Y の **周辺分布** という。

X	x_1	x_2	……	x_n	計
P	p_1	p_2	……	p_n	1

Y	y_1	y_2	……	y_m	計
P	q_1	q_2	……	q_m	1

■ 事象の独立と従属

2つの事象 A，B があって，一方の事象の起こることが他方の事象の起こる確率に影響を与えないとき，すなわち $\boldsymbol{P_A(B)=P(B)}$ または $\boldsymbol{P_B(A)=P(A)}$ が成り立つとき，A と B は互いに **独立** であるという。

解　説

■ 独立な事象の乗法定理

$P(A) \neq 0$，$P(B) \neq 0$ とする。

A と B が独立であるとき　$P_A(B)=P(B)$ …… ①

確率の乗法定理 (数学 A) と ① から　$P(A\cap B)=P(A)P_A(B)=P(A)P(B)$ …… ②

逆に，② が成り立つとすれば，その両辺を $P(A)$ で割ることにより ① が成り立つ。

すなわち　$P_A(B)=P(B) \iff P(A\cap B)=P(A)P(B)$

同様にして　$P_B(A)=P(A) \iff P(A\cap B)=P(A)P(B)$

また，3 つの事象 A，B，C について，そのうちどの 2 つの事象も互いに独立であり，どの 2 つの積事象 ($A\cap B$，$B\cap C$，$C\cap A$) も残りの 1 つの事象と独立であるとき，事象 A，B，C は互いに **独立** であるという。そして，次のことが成り立つ。

事象 A，B，C が互いに **独立** $\Longrightarrow$ $\boldsymbol{P(A\cap B\cap C)=P(A)P(B)P(C)}$

■ 期待値の性質

一般には，確率変数 X のとる値を x_1，x_2，……，x_n；Y のとる値を y_1，y_2，……，y_m などとして証明するのであるが，ここでは簡単な例 ($n=3$，$m=2$) で説明してみよう。

2 つの確率変数 X，Y について，X のとる値が x_1，x_2，x_3；Y のとる値が y_1，y_2 であるとする。

$P(X=x_i,\ Y=y_j)=p_{ij}$ とすると，右の一番上の表のような $(x_i,\ y_j)$ と p_{ij} との対応が得られる。この対応は X と Y の同時分布である。

X＼Y	y_1	y_2	計
x_1	p_{11}	p_{12}	p_1
x_2	p_{21}	p_{22}	p_2
x_3	p_{31}	p_{32}	p_3
計	q_1	q_2	1

X	x_1	x_2	x_3	計
P	p_1	p_2	p_3	1

Y	y_1	y_2	計
P	q_1	q_2	1

ここで　$p_{11}+p_{12}=p_1$，$p_{21}+p_{22}=p_2$，$p_{31}+p_{32}=p_3$；

$p_{11}+p_{21}+p_{31}=q_1$，$p_{12}+p_{22}+p_{32}=q_2$

となり，X と Y はそれぞれ右の 2 番目，3 番目の表の分布に従う。この対応は X，Y の周辺分布である。

[1]　2 つの確率変数 X，Y の和を $Z=X+Y$ とすると，Z も確率変数であり

$$\begin{aligned}E(Z)&=(x_1+y_1)p_{11}+(x_1+y_2)p_{12}+(x_2+y_1)p_{21}+(x_2+y_2)p_{22}+(x_3+y_1)p_{31}+(x_3+y_2)p_{32}\\&=\{x_1(p_{11}+p_{12})+x_2(p_{21}+p_{22})+x_3(p_{31}+p_{32})\}+\{y_1(p_{11}+p_{21}+p_{31})+y_2(p_{12}+p_{22}+p_{32})\}\\&=(x_1p_1+x_2p_2+x_3p_3)+(y_1q_1+y_2q_2)=E(X)+E(Y)\end{aligned}$$

一般に　$E(aX+bY)=E(aX)+E(bY)=aE(X)+bE(Y)$　←― $p.520$ 基本事項 3

[2]　X と Y が互いに独立のとき　$p_{ij}=P(X=x_i,\ Y=y_j)=P(X=x_i)P(Y=y_j)=p_iq_j$ から

$$\begin{aligned}E(XY)&=(x_1y_1)p_1q_1+(x_1y_2)p_1q_2+(x_2y_1)p_2q_1+(x_2y_2)p_2q_2+(x_3y_1)p_3q_1+(x_3y_2)p_3q_2\\&=(x_1p_1+x_2p_2+x_3p_3)(y_1q_1+y_2q_2)=E(X)E(Y)\end{aligned}$$

■ 分散の性質

X と Y が互いに **独立** ならば，3 の期待値の性質から，$Z=X+Y$ のとき

$$E(Z^2)=E(X^2+2XY+Y^2)=E(X^2)+2E(XY)+E(Y^2)=E(X^2)+2E(X)E(Y)+E(Y^2)$$

また　$\{E(Z)\}^2=\{E(X)+E(Y)\}^2=\{E(X)\}^2+2E(X)E(Y)+\{E(Y)\}^2$

よって，$E(Z^2)-\{E(Z)\}^2=E(X^2)-\{E(X)\}^2+E(Y^2)-\{E(Y)\}^2$ から　$V(Z)=V(X)+V(Y)$

一般に，X と Y が互いに**独立**ならば　$V(aX+bY)=V(aX)+V(bY)=a^2V(X)+b^2V(Y)$

なお，3，4 は 3 つの確率変数 X，Y，Z に関しても同じように成り立つ。

例えば　$\boldsymbol{E(X+Y+Z)=E(X)+E(Y)+E(Z)}$

X，Y，Z が互いに **独立** であるとき，すなわち X，Y，Z のとるそれぞれ任意の値 a，b，c に対して $\boldsymbol{P(X=a,\ Y=b,\ Z=c)=P(X=a)P(Y=b)P(Z=c)}$ が成り立つとき

$$\boldsymbol{V(X+Y+Z)=V(X)+V(Y)+V(Z)}$$

基本例題 70 同時分布 ②②②②②

袋の中に，1，2，3の数字を書いた球が，それぞれ4個，3個，2個の計9個入っている。これらの球をもとに戻さずに1個ずつ2回取り出すとき，1回目の球の数字をX，2回目の球の数字をYとする。XとYの同時分布を求めよ。

p.520 基本事項 1

指針 XとYの **同時分布** では，Xの確率分布とYの確率分布を別々に求めるのではなく，2つの確率変数X，Yの組 **(X, Y)の確率分布** を求め，表にする。
ここでは，次の各場合の確率を求める。
$(X, Y)=(1, 1), (1, 2), (1, 3), (2, 1), (2, 2), (2, 3), (3, 1), (3, 2), (3, 3)$

解答 Xのとりうる値は1，2，3，Yのとりうる値も1，2，3であり

$P(X=1, Y=1)=\frac{4}{9}\cdot\frac{3}{8}=\frac{6}{36}$，$P(X=1, Y=2)=\frac{4}{9}\cdot\frac{3}{8}=\frac{6}{36}$，

$P(X=1, Y=3)=\frac{4}{9}\cdot\frac{2}{8}=\frac{4}{36}$，$P(X=2, Y=1)=\frac{3}{9}\cdot\frac{4}{8}=\frac{6}{36}$，

$P(X=2, Y=2)=\frac{3}{9}\cdot\frac{2}{8}=\frac{3}{36}$，$P(X=2, Y=3)=\frac{3}{9}\cdot\frac{2}{8}=\frac{3}{36}$，

$P(X=3, Y=1)=\frac{2}{9}\cdot\frac{4}{8}=\frac{4}{36}$，$P(X=3, Y=2)=\frac{2}{9}\cdot\frac{3}{8}=\frac{3}{36}$，

$P(X=3, Y=3)=\frac{2}{9}\cdot\frac{1}{8}=\frac{1}{36}$

よって，XとYの同時分布は右の表のようになる。

X \ Y	1	2	3	計
1	$\frac{6}{36}$	$\frac{6}{36}$	$\frac{4}{36}$	$\frac{16}{36}$
2	$\frac{6}{36}$	$\frac{3}{36}$	$\frac{3}{36}$	$\frac{12}{36}$
3	$\frac{4}{36}$	$\frac{3}{36}$	$\frac{1}{36}$	$\frac{8}{36}$
計	$\frac{16}{36}$	$\frac{12}{36}$	$\frac{8}{36}$	1

◀例えば，$P(X=1, Y=2)$は，1回目に1の球，2回目に2の球を取り出す確率のこと。**乗法定理(従属)**を利用して確率を計算する。なお，確率の総和が1であることを確かめるため，確率の分母を36でそろえた。

◀$P(X=1)+P(X=2)+P(X=3)=1$および$P(Y=1)+P(Y=2)+P(Y=3)=1$となることを確認(検算)する。

検討

X，Yの周辺分布

上の例題において，X，Yの周辺分布は次のようになる(同じ分布である)。

X	1	2	3	計
P	$\frac{16}{36}$	$\frac{12}{36}$	$\frac{8}{36}$	1

Y	1	2	3	計
P	$\frac{16}{36}$	$\frac{12}{36}$	$\frac{8}{36}$	1

練習 ② 70 袋の中に白球が1個，赤球が2個，青球が3個入っている。この袋から，もとに戻さずに1球ずつ2個の球を取り出すとき，取り出された赤球の数をX，取り出された青球の数をYとする。このとき，XとYの同時分布を求めよ。

参考事項 確率変数の独立と事象の独立

1. 確率変数の独立と事象の独立

ここでは，事象 A, B が独立であることと，対応する確率変数 X，Y が独立であることの関係を調べておこう。

事象 A が起これば 1，起こらなければ 0 の値をとる確率変数を X，
事象 B が起これば 1，起こらなければ 0 の値をとる確率変数を Y
とする。ここで，確率変数 X，Y が独立であるとすると，次のことが成り立つ。

$$P(X=1,\ Y=1)=P(X=1)P(Y=1)$$

$P(X=1,\ Y=1)=P(A\cap B)$，$P(X=1)=P(A)$，$P(Y=1)=P(B)$ であるから

$$P(A\cap B)=P(A)P(B)$$

が成り立つ。よって，確率変数 X と Y が独立ならば，事象 A と B は独立である。
逆に，事象 A と B が独立であるとする。X は 0 と 1 の値しかとらないから

$$P(X=0)+P(X=1)=1$$

更に，$X=0$ かつ $Y=1$ という事象と，$X=1$ かつ $Y=1$ という事象は互いに排反で，これらの和事象は $Y=1$ という事象であるから

$$P(X=0,\ Y=1)+P(X=1,\ Y=1)=P(Y=1)$$

よって　$P(X=0,\ Y=1)=P(Y=1)-P(X=1,\ Y=1)$
$=P(Y=1)-P(X=1)P(Y=1)$
$=\{1-P(X=1)\}P(Y=1)$

◀ $P(X=1,\ Y=1)$
$=P(A\cap B)$
$=P(A)P(B)$
$=P(X=1)P(Y=1)$

ゆえに　$P(X=0,\ Y=1)=P(X=0)P(Y=1)$
同様に，a と b がそれぞれ 0 と 1 のいずれであっても，

$$P(X=a,\ Y=b)=P(X=a)P(Y=b)$$

◀ X のとる任意の値 a と Y のとる任意の値 b に対して成り立つ。

が成り立つ。よって，確率変数 X と Y は独立である。
したがって，事象 A と B が独立であることと，対応する確率変数 X と Y が独立であることは同値である。

2. 独立な事象の余事象

2 つの事象 A と B が独立であるとき，$\overline{A}$ と B は独立であるかどうかを調べてみよう。
$(\overline{A}\cap B)\cup(A\cap B)=B$, $(\overline{A}\cap B)\cap(A\cap B)=\varnothing$ (空事象) であるから　$P(B)=P(\overline{A}\cap B)+P(A\cap B)$　← 加法定理

よって　$P(\overline{A}\cap B)=P(B)-P(A\cap B)$ …… ①

が成り立つ。ここで，A と B が独立であるとすると

$$P(A\cap B)=P(A)P(B) \text{ …… ②}$$

①, ② から　$P(\overline{A}\cap B)=P(B)-P(A)P(B)=\{1-P(A)\}P(B)=P(\overline{A})P(B)$
すなわち　$P(\overline{A}\cap B)=P(\overline{A})P(B)$ …… ③
逆に，③ が成り立つならば，① から ② が成り立つ。
したがって「A と B が独立」$\Longleftrightarrow$「$\overline{A}$ と B が独立」が成り立つ。
同様にして, **A と B が独立 $\Longleftrightarrow$ $\overline{A}$ と B が独立 $\Longleftrightarrow$ A と $\overline{B}$ が独立 $\Longleftrightarrow$ $\overline{A}$ と $\overline{B}$ が独立** も成り立つことがわかる。

基本例題 71 独立・従属の判定 ②②②②②

1個のさいころを2回続けて投げるとき，出る目の数を順に m，n とする。
$m<3$ である事象を A，積 mn が奇数である事象を B，$|m-n|<5$ である事象を C とするとき，A と B，A と C はそれぞれ独立か従属かを調べよ。

p.520 基本事項 2

指針 事象が独立か従属かの判定には，次の関係式のうち確かめやすいものを利用する。

事象 A と B が独立 $\Longleftrightarrow$ $P_A(B)=P(B)$ $\Longleftrightarrow$ $P_B(A)=P(A)$ （定義）
$\Longleftrightarrow$ $P(A\cap B)=P(A)P(B)$ （乗法定理）

ここでは，乗法定理が成り立つかどうかを確認する方法で調べてみよう。

(A と C) C について，$|m-n|<5$ を満たす組 $(m,\ n)$ の総数は多いので，余事象 $\overline{C}$ を考えてみる。

A と C が独立 $\Longleftrightarrow$ A と $\overline{C}$ が独立 であることに注目して，A と $\overline{C}$ が独立か従属かを調べる。

解答

(A と B) $P(A)=\dfrac{2}{6}=\dfrac{1}{3}$

また，積 mn が奇数となるのは，m，n がともに奇数のときであるから $P(B)=\dfrac{3\times3}{6^2}=\dfrac{1}{4}$

よって $P(A)P(B)=\dfrac{1}{12}$

また，$m<3$ かつ積 mn が奇数となるには，
$(m,\ n)=(1,\ 1)$，$(1,\ 3)$，$(1,\ 5)$ の3通りがあるから

$P(A\cap B)=\dfrac{3}{6^2}=\dfrac{1}{12}$

ゆえに $P(A\cap B)=P(A)P(B)$

よって，**A と B は独立** である。

(A と C) 余事象 $\overline{C}$ は $|m-n|\geqq5$ となる事象，すなわち $(m,\ n)=(1,\ 6)$，$(6,\ 1)$ となる事象である。

よって $P(\overline{C})=\dfrac{2}{6^2}=\dfrac{1}{18}$

また $P(A\cap\overline{C})=\dfrac{1}{6^2}=\dfrac{1}{36}$

ゆえに，$P(A)P(\overline{C})=\dfrac{1}{3}\cdot\dfrac{1}{18}=\dfrac{1}{54}$ であるから

$P(A\cap\overline{C})\neq P(A)P(\overline{C})$

よって，A と $\overline{C}$ は従属であるから，**A と C は従属** である。

別解 (A と B) $A\cap B$ は，$(m,\ n)=(1,\ 1)$，$(1,\ 3)$，$(1,\ 5)$ となる事象であるから

$P_A(B)=\dfrac{P(A\cap B)}{P(A)}=\dfrac{\frac{3}{6^2}}{\frac{2}{6}}=\dfrac{1}{4}$

一方，$P(B)=\dfrac{1}{4}$ であるから $P_A(B)=P(B)$
よって，A と B は **独立**。

◀ $\overline{C}$ の根元事象の個数は2個。

◀ $A\cap\overline{C}$ は $m<3$ かつ $|m-n|\geqq5$ となる事象で，そのような $(m,\ n)$ は $(m,\ n)=(1,\ 6)$

練習 ② 71 1枚の硬貨を3回投げる試行で，1回目に表が出る事象を E，少なくとも2回表が出る事象を F，3回とも同じ面が出る事象を G とする。E と F，E と G はそれぞれ独立か従属かを調べよ。

p.534 EX43

基本例題 72 確率変数の和と積の期待値

袋Aの中には赤玉2個，黒玉3個，袋Bの中には白玉2個，青玉3個が入っている。Aから玉を2個同時に取り出したときの赤玉の個数をX，Bから玉を2個同時に取り出したときの青玉の個数をYとするとき，X，Yは確率変数である。このとき，期待値$E(X+4Y)$と$E(XY)$を求めよ。

基本 64，p.520 基本事項 3　重要 75

まず，X，Y **それぞれの確率分布を求め**，**期待値$E(X)$，$E(Y)$を計算**。
次に，$E(aX+bY)$，$E(XY)$の**性質を利用**（a，bは定数）。

$$\boldsymbol{E(aX+bY)=aE(X)+bE(Y)}$$

X，Yが互いに**独立**ならば　$\boldsymbol{E(XY)=E(X)E(Y)}$ …… (＊)

(＊)の公式は，XとYが互いに独立のときのみ成り立つことに注意。

確率変数X，Yのとりうる値は，ともに0，1，2であり

$$P(X=k)=\frac{{}_2\mathrm{C}_k\times{}_3\mathrm{C}_{2-k}}{{}_5\mathrm{C}_2}\quad(k=0,\ 1,\ 2)$$

◀赤玉2個からk個，黒玉3個から$2-k$個。

$$P(Y=l)=\frac{{}_3\mathrm{C}_l\times{}_2\mathrm{C}_{2-l}}{{}_5\mathrm{C}_2}\quad(l=0,\ 1,\ 2)$$

◀青玉3個からl個，白玉2個から$2-l$個。

よって，X，Yの確率分布は次の表のようになる。

X	0	1	2	計
P	$\frac{3}{10}$	$\frac{6}{10}$	$\frac{1}{10}$	1

Y	0	1	2	計
P	$\frac{1}{10}$	$\frac{6}{10}$	$\frac{3}{10}$	1

◀${}_5\mathrm{C}_2=10$
分母を10でそろえる。

ゆえに　$E(X)=0\cdot\frac{3}{10}+1\cdot\frac{6}{10}+2\cdot\frac{1}{10}=\frac{8}{10}=\frac{4}{5}$

◀**(変数)×(確率) の和**

$E(Y)=0\cdot\frac{1}{10}+1\cdot\frac{6}{10}+2\cdot\frac{3}{10}=\frac{12}{10}=\frac{6}{5}$

よって　$\boldsymbol{E(X+4Y)}=E(X)+4E(Y)=\frac{4}{5}+4\cdot\frac{6}{5}=\boldsymbol{\frac{28}{5}}$

また，XとYは互いに独立であるから

◀この断り書きは重要。

$\boldsymbol{E(XY)}=E(X)E(Y)=\frac{4}{5}\cdot\frac{6}{5}=\boldsymbol{\frac{24}{25}}$

練習 ② 72　袋Aの中には白石3個，黒石3個，袋Bの中には白石2個，黒石2個が入っている。まず，Aから石を3個同時に取り出したときの黒石の数をXとする。また，取り出した石をすべてAに戻し，再びAから石を1個取り出して見ないでBに入れる。そして，Bから石を3個同時に取り出したときの白石の数をYとすると，X，Yは確率変数である。

(1) X，Yの期待値$E(X)$，$E(Y)$を求めよ。

(2) 期待値$E(3X+2Y)$，$E(XY)$を求めよ。

基本例題 73 確率変数 $aX+bY$ の分散

1 個のさいころを投げて，出た目の数が素数のときその数を X とし，それ以外のとき $X=6$ とする。次に，2 枚の硬貨を投げて，表の出た硬貨の枚数を Y とするとき，X, Y は確率変数である。このとき，分散 $V(2X+Y)$, $V(3X-2Y)$ を求めよ。

基本 64, p.520 基本事項 4

前ページの基本例題 72 と流れは同じ。まず，X, Y それぞれの確率分布を求めて，$V(X)$, $V(Y)$ を計算。そして，$V(aX+bY)$ の **性質を利用**（a, b は定数）。

X, Y が **独立** ならば　$\boldsymbol{V(aX+bY)=a^2V(X)+b^2V(Y)}$

注意　$p.520$ の基本事項 3, 4 の公式を使うときは

$$E(aX+bY)=aE(X)+bE(Y)\quad (a,\ b \text{ は定数})$$

以外のものは，どれも「X と Y が互いに **独立**」という条件がつくことに注意。

解答

X のとりうる値は 2, 3, 5, 6, Y のとりうる値は 0, 1, 2 であり，X, Y の確率分布は次の表のようになる。

X	2	3	5	6	計
P	$\frac{1}{6}$	$\frac{1}{6}$	$\frac{1}{6}$	$\frac{3}{6}$	1

Y	0	1	2	計
P	$\frac{1}{4}$	$\frac{2}{4}$	$\frac{1}{4}$	1

◀ $X=6$ となるのは，1 か 4 か 6 が出たとき。$Y=k$ となる確率は ${}_2C_k\left(\frac{1}{2}\right)^k\left(\frac{1}{2}\right)^{2-k}=\frac{{}_2C_k}{4}$ $(k=0,\ 1,\ 2)$

よって　$E(X)=2\cdot\frac{1}{6}+3\cdot\frac{1}{6}+5\cdot\frac{1}{6}+6\cdot\frac{3}{6}=\frac{14}{3}$

◀ **(変数)×(確率) の和**

$$V(X)=\left(2^2\cdot\frac{1}{6}+3^2\cdot\frac{1}{6}+5^2\cdot\frac{1}{6}+6^2\cdot\frac{3}{6}\right)-\left(\frac{14}{3}\right)^2$$
$$=\frac{73}{3}-\left(\frac{14}{3}\right)^2=\frac{23}{9}$$

◀ **(X^2 の期待値) $-$ (X の期待値)^2**

また　$E(Y)=1\cdot\frac{2}{4}+2\cdot\frac{1}{4}=1$

$$V(Y)=\left(1^2\cdot\frac{2}{4}+2^2\cdot\frac{1}{4}\right)-1^2=\frac{3}{2}-1=\frac{1}{2}$$

X と Y は互いに独立であるから

◀ この断り書きは重要。

$$\boldsymbol{V(2X+Y)}=2^2V(X)+V(Y)=2^2\cdot\frac{23}{9}+\frac{1}{2}$$
$$=\boldsymbol{\frac{193}{18}}$$

◀ $2V(X)+V(Y)$ は誤り！

$$\boldsymbol{V(3X-2Y)}=3^2V(X)+(-2)^2V(Y)=9\cdot\frac{23}{9}+4\cdot\frac{1}{2}$$
$$=\boldsymbol{25}$$

◀ $3^2V(X)-2^2V(Y)$ は誤り！

練習 ① 73　1 から 6 までの整数を書いたカード 6 枚が入っている箱 A と，4 から 8 までの整数を書いたカード 5 枚が入っている箱 B がある。箱 A, B からそれぞれ 1 枚ずつカードを取り出すとき，箱 A から取り出したカードに書いてある数を X, 箱 B から取り出したカードに書いてある数を Y とすると，X, Y は確率変数である。このとき，分散 $V(X+3Y)$, $V(2X-5Y)$ を求めよ。

基本例題 74　3つ以上の確率変数と期待値，分散

袋の中に 1，3，5 のカードがそれぞれ3枚，4枚，1枚ずつ入っている。この袋の中から1枚取り出しては袋に戻す試行を5回繰り返し，k 回目（$k=1, 2, \cdots\cdots, 5$）に出たカードの番号が p のとき kp を得点として得られる。このとき，得点の合計の期待値と分散を求めよ。

基本 72，73

指針 k 回目（$k=1, 2, \cdots\cdots, 5$）のカードの番号を X_k とし，得点の合計を X とすると

$$X=1\cdot X_1+2X_2+3X_3+4X_4+5X_5$$

まず，$E(X_k)$，$V(X_k)$（$k=1, 2, \cdots\cdots, 5$）を求め，次の **性質を利用** する。ただし，a_1，a_2，……，a_n は定数とする。

$$\boldsymbol{E(a_1X_1+a_2X_2+\cdots\cdots+a_nX_n)=a_1E(X_1)+a_2E(X_2)+\cdots\cdots+a_nE(X_n)}$$

X_1，X_2，……，X_n が互いに **独立** ならば

$$\boldsymbol{V(a_1X_1+a_2X_2+\cdots\cdots+a_nX_n)=a_1{}^2V(X_1)+a_2{}^2V(X_2)+\cdots\cdots+a_n{}^2V(X_n)}$$

解答

k 回目（$k=1, 2, \cdots\cdots, 5$）のカードの番号を X_k とすると

$$P(X_k=1)=\frac{3}{8},\ P(X_k=3)=\frac{4}{8},\ P(X_k=5)=\frac{1}{8}$$

◀反復試行であるから，X_1，X_2，……，X_5 は同じ確率分布（以下）に従う。

X_k	1	3	5	計
P	$\frac{3}{8}$	$\frac{4}{8}$	$\frac{1}{8}$	1

よって　$E(X_k)=1\cdot\frac{3}{8}+3\cdot\frac{4}{8}+5\cdot\frac{1}{8}=\frac{5}{2}$

$$V(X_k)=1^2\cdot\frac{3}{8}+3^2\cdot\frac{4}{8}+5^2\cdot\frac{1}{8}-\left(\frac{5}{2}\right)^2=8-\frac{25}{4}=\frac{7}{4}$$

得点の合計を X とすると

$$X=1\cdot X_1+2X_2+3X_3+4X_4+5X_5$$

◀$X=\sum_{k=1}^{5}kX_k$

ゆえに

$$E(X)=E(X_1+2X_2+3X_3+4X_4+5X_5)$$
$$=E(X_1)+2E(X_2)+3E(X_3)+4E(X_4)+5E(X_5)$$

◀期待値の性質

$$=(1+2+3+4+5)\cdot\frac{5}{2}$$
$$=\frac{1}{2}\cdot5\cdot6\cdot\frac{5}{2}=\boldsymbol{\frac{75}{2}}$$

◀$\sum_{k=1}^{n}k=\frac{1}{2}n(n+1)$

X_1，X_2，……，X_5 は互いに独立であるから

◀この断り書きは重要。

$$V(X)=V(X_1+2X_2+3X_3+4X_4+5X_5)$$
$$=V(X_1)+2^2V(X_2)+3^2V(X_3)+4^2V(X_4)+5^2V(X_5)$$

◀分散の性質

$$=(1+2^2+3^2+4^2+5^2)\cdot\frac{7}{4}$$
$$=\frac{1}{6}\cdot5\cdot6\cdot11\cdot\frac{7}{4}=\boldsymbol{\frac{385}{4}}$$

◀$\sum_{k=1}^{n}k^2=\frac{1}{6}n(n+1)(2n+1)$

練習 ③ 74 白球4個，黒球6個が入っている袋から球を1個取り出し，もとに戻す操作を10回行う。白球の出る回数を X とするとき，X の期待値と分散を求めよ。

p.534 EX44

重要例題 75 確率変数 X^2+Y^2 の期待値

座標平面上で，点Pは原点Oにあるものとする。2つのさいころA，Bを同時に投げ，さいころAの出た目が偶数のときは x 軸の正の向きへ出た目の数だけ進み，奇数のときは動かないものとする。さいころBの出た目が奇数のときは y 軸の正の向きへ出た目の数だけ進み，偶数のときは動かないものとする。このとき，長さの平方 OP^2 の期待値を求めよ。

基本 72

指針 点Pの座標を $(X,\ Y)$ とすると　$\mathrm{OP}^2=X^2+Y^2$
X^2+Y^2 の確率分布および期待値を直接求めることもできるが，面倒である。そこで，期待値の性質を利用すると，$E(X^2+Y^2)=E(X^2)+E(Y^2)$ となることから，まず X，Y それぞれの確率分布を求め，$E(X^2)$，$E(Y^2)$ を利用するとよい。

解答

$\mathrm{P}(X,\ Y)$ とすると，$\mathrm{OP}^2=X^2+Y^2$ であり，X，Y，X^2+Y^2 は確率変数である。
X のとりうる値は0，2，4，6，Y のとりうる値は0，1，3，5であり，X，Y の確率分布は次の表のようになる。

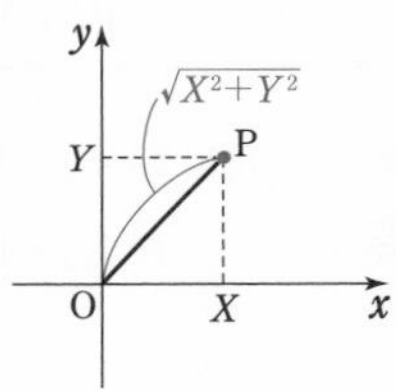

X	0	2	4	6	計
P	$\frac{3}{6}$	$\frac{1}{6}$	$\frac{1}{6}$	$\frac{1}{6}$	1

Y	0	1	3	5	計
P	$\frac{3}{6}$	$\frac{1}{6}$	$\frac{1}{6}$	$\frac{1}{6}$	1

よって　$E(X^2)=0^2\cdot\frac{3}{6}+2^2\cdot\frac{1}{6}+4^2\cdot\frac{1}{6}+6^2\cdot\frac{1}{6}=\frac{56}{6}$

$E(Y^2)=0^2\cdot\frac{3}{6}+1^2\cdot\frac{1}{6}+3^2\cdot\frac{1}{6}+5^2\cdot\frac{1}{6}=\frac{35}{6}$

◀$E(X^2)$ を求めるから，**(変数)^2×(確率) の和**を計算。

したがって，求める期待値は

$E(X^2+Y^2)=E(X^2)+E(Y^2)$

$=\frac{56}{6}+\frac{35}{6}=\boldsymbol{\frac{91}{6}}$

◀期待値の性質

参考 X^2+Y^2 の確率分布および期待値を直接求める解答を，解答編 $p.389$，390 の **検討** で扱った。

検討 **期待値の性質の誤った使い方をしないように！**
X と X が独立であると考えてしまい，$E(X^2)=E(X\cdot X)=E(X)\cdot E(X)=\{E(X)\}^2$ としては誤りである。
実際，$E(X)=0\cdot\frac{3}{6}+2\cdot\frac{1}{6}+4\cdot\frac{1}{6}+6\cdot\frac{1}{6}=2$ から $\{E(X)\}^2=4$ で，$E(X^2)=\frac{56}{6}$ であるから，$E(X^2)\neq\{E(X)\}^2$ である。

練習 ③ 75 1つのさいころを2回投げ，座標平面上の点Pの座標を次のように定める。
1回目に出た目を3で割った余りを点Pの x 座標とし，2回目に出た目を4で割った余りを点Pの y 座標とする。
このとき，点Pと点 $(1,\ 0)$ の距離の平方の期待値を求めよ。

p.534 EX45

基本事項

1 二項分布 $B(n,\ p)$

1回の試行で事象 A の起こる確率が p のとき，この試行を n 回行う反復試行において，A の起こる回数を X とすると，$X=r$ になる確率は

$$\boldsymbol{P(X=r)={}_n\mathrm{C}_r p^r q^{n-r}} \quad (r=0,\ 1,\ \cdots\cdots,\ n\ ;\ 0<p<1,\ q=1-p)$$

このとき，確率変数 X は **二項分布 $B(n,\ p)$** に従うという。

2 平均・分散・標準偏差

確率変数 X が二項分布 $B(n,\ p)$ に従うとき

平均　$\boldsymbol{E(X)=np}$

分散　$\boldsymbol{V(X)=npq}$

標準偏差　$\boldsymbol{\sigma(X)=\sqrt{npq}}$　$\boldsymbol{(q=1-p)}$

解　説

■二項分布

例　1個のさいころを5回投げるとき，2の目が出る回数を X とすると，X のとりうる値は 0，1，……，5 で，それぞれの確率は

$$P(X=r)={}_5\mathrm{C}_r\left(\frac{1}{6}\right)^r\left(\frac{5}{6}\right)^{5-r} \cdots\cdots \text{Ⓐ} \quad (r=0,\ 1,\ \cdots\cdots,\ 5)$$

よって，X は二項分布 $B\left(5,\ \dfrac{1}{6}\right)$ に従う。

また，Ⓐの右辺は二項定理により，$\left(\dfrac{1}{6}+\dfrac{5}{6}\right)^5$ を展開したときの各項であり，それらの総和は1であることが確認できる。

なお，$B(n,\ p)$ の B は，二項分布を意味する binomial distribution の頭文字である。

二項定理
$(a+b)^n$
$={}_n\mathrm{C}_0a^n+{}_n\mathrm{C}_1a^{n-1}b+\cdots\cdots$
$+{}_n\mathrm{C}_ra^{n-r}b^r+\cdots\cdots$
$+{}_n\mathrm{C}_nb^n$
$=\sum_{k=0}^{n}{}_n\mathrm{C}_ka^{n-k}b^k$

◀確率の総和は1

■二項分布の平均，分散，標準偏差

1回の試行で事象 A の起こる確率を p とする。この試行を n 回繰り返すとき，**第 k 回目の試行で A が起これば1，起こらなければ0の値をとる確率変数を X_k とする。**

このとき，$k=1,\ 2,\ \cdots\cdots,\ n$ に対して

$$P(X_k=1)=p,\ P(X_k=0)=q \quad (q=1-p)$$

よって　$E(X_k)=1\cdot p+0\cdot q=p$

また　$E(X_k{}^2)=1^2\cdot p+0^2\cdot q=p$

ゆえに　$V(X_k)=E(X_k{}^2)-\{E(X_k)\}^2=p-p^2=p(1-p)=pq$

$\boldsymbol{X=X_1+X_2+\cdots\cdots+X_n}$ とおくと，X も確率変数で，この X は n 回のうち A が起こる回数を示すから，二項分布 $B(n,\ p)$ に従う。

よって　$E(X)=E(X_1)+E(X_2)+\cdots\cdots+E(X_n)$
$=p+p+\cdots\cdots+p=np$

◀$\boldsymbol{E(X+Y)=E(X)+E(Y)}$

また，確率変数 $X_1,\ X_2,\ \cdots\cdots,\ X_n$ は互いに独立であるから

$V(X)=V(X_1)+V(X_2)+\cdots\cdots+V(X_n)$
$=pq+pq+\cdots\cdots+pq=npq$

◀$\boldsymbol{X,\ Y}$ **が独立** $\Longrightarrow \boldsymbol{V(X+Y)=V(X)+V(Y)}$

ゆえに　$\sigma(X)=\sqrt{V(X)}=\sqrt{npq}$

参考事項 二項分布の平均と分散の別証明

前ページで示した，次の二項分布の平均と分散の性質を，別の方法で証明してみよう。

確率変数 X が二項分布 $B(n,\ p)$ に従うとき　$\boldsymbol{E(X)=np}$，$\boldsymbol{V(X)=npq}$　$(p+q=1)$

● 方法1 二項定理（数学Ⅱ）を応用する方法

二項係数の性質　$k\,{}_n\mathrm{C}_k=n\,{}_{n-1}\mathrm{C}_{k-1}$ …… $(*)$ を用いる。

定義から　$\boldsymbol{E(X)}=\sum_{k=0}^{n}kP(X=k)=\sum_{k=1}^{n}k\,{}_n\mathrm{C}_k\,p^kq^{n-k}=\sum_{k=1}^{n}n\,{}_{n-1}\mathrm{C}_{k-1}\,p^kq^{n-k}$　◀ $(*)$ を利用。

$=np\sum_{k=1}^{n}{}_{n-1}\mathrm{C}_{k-1}\,p^{k-1}q^{n-k}=np\sum_{m=0}^{n-1}{}_{n-1}\mathrm{C}_m\,p^mq^{(n-1)-m}$　◀ $m=k-1$ とおいた。

$=np(p+q)^{n-1}=\boldsymbol{np}$

また　$E(X^2)=\sum_{k=0}^{n}k^2P(X=k)=\sum_{k=1}^{n}k^2\,{}_n\mathrm{C}_k\,p^kq^{n-k}=\sum_{k=1}^{n}kn\,{}_{n-1}\mathrm{C}_{k-1}\,p^kq^{n-k}$

$=n\sum_{k=1}^{n}\{(k-1)+1\}{}_{n-1}\mathrm{C}_{k-1}\,p^kq^{n-k}$　◀ $(*)$ を利用することを見越した変形。

$=n\sum_{k=2}^{n}(k-1)\,{}_{n-1}\mathrm{C}_{k-1}\,p^kq^{n-k}+n\sum_{k=1}^{n}{}_{n-1}\mathrm{C}_{k-1}\,p^kq^{n-k}$

$=np^2\sum_{k=2}^{n}(n-1)\,{}_{n-2}\mathrm{C}_{k-2}\,p^{k-2}q^{n-k}+np\sum_{k=1}^{n}{}_{n-1}\mathrm{C}_{k-1}\,p^{k-1}q^{n-k}$

$=n(n-1)p^2\sum_{j=0}^{n-2}{}_{n-2}\mathrm{C}_j\,p^jq^{(n-2)-j}+np\sum_{m=0}^{n-1}{}_{n-1}\mathrm{C}_m\,p^mq^{(n-1)-m}$　◀ $j=k-2$，$m=k-1$ とおいた。

$=n(n-1)p^2(p+q)^{n-2}+np(p+q)^{n-1}=n(n-1)p^2+np$

よって　$\boldsymbol{V(X)}=E(X^2)-\{E(X)\}^2=n(n-1)p^2+np-(np)^2$

$=-np^2+np=np(1-p)=\boldsymbol{npq}$

● 方法2 微分法（数学Ⅱ）を用いる方法

t を実数として，$(pt+q)^n$ を考える。

二項定理より　$(pt+q)^n=\sum_{k=0}^{n}{}_n\mathrm{C}_k(pt)^kq^{n-k}$　◀ $(pt)^k=p^kt^k$

両辺を t で微分すると　$n(pt+q)^{n-1}p=\sum_{k=0}^{n}{}_n\mathrm{C}_k\cdot p^k\cdot kt^{k-1}q^{n-k}$ … ①　◀ $\{(ax+b)^n\}'=n(ax+b)^{n-1}(ax+b)'$

$t=1$ を代入すると　$np(p+q)^{n-1}=\sum_{k=0}^{n}k\,{}_n\mathrm{C}_k\,p^kq^{n-k}$

$p+q=1$ であるから　$np=\sum_{k=0}^{n}kP(X=k)$

この式の右辺は $E(X)$ の定義式であるから，$\boldsymbol{E(X)=np}$ が成り立つ。

① の両辺を更に t で微分すると　$n(n-1)(pt+q)^{n-2}p^2=\sum_{k=0}^{n}{}_n\mathrm{C}_k\cdot p^k\cdot k(k-1)t^{k-2}q^{n-k}$

$t=1$ を代入すると　$n(n-1)(p+q)^{n-2}p^2=\sum_{k=0}^{n}k(k-1)\,{}_n\mathrm{C}_k\,p^kq^{n-k}$

$p+q=1$ であるから　$n(n-1)p^2=\sum_{k=0}^{n}k^2\,{}_n\mathrm{C}_k\,p^kq^{n-k}-\sum_{k=0}^{n}k\,{}_n\mathrm{C}_k\,p^kq^{n-k}$

よって，$n(n-1)p^2=E(X^2)-E(X)$ であるから　$E(X^2)=n(n-1)p^2+np$

以後，**方法1** と同様にして，$\boldsymbol{V(X)=npq}$ を導くことができる。

基本例題 76 二項分布の平均，分散

①のカード5枚，②のカード3枚，③のカード2枚が入っている箱から任意に1枚を取り出し，番号を調べてもとに戻す試行を5回繰り返す。このとき，①または②のカードが出る回数をXとする。確率変数Xの期待値，分散，標準偏差を求めよ。

p.529 基本事項 1，2

指針 「1枚を取り出し，もとに戻す試行を5回繰り返す」
→ 反復試行であるから，Xは **二項分布** に従う。
…… $P(X=r)={}_n\mathrm{C}_r p^r q^{n-r}$ $(q=1-p)$ の形。
よって，下の公式を利用するために，上の式におけるn，p，qを調べる。
二項分布 $B(n,\ p) \longrightarrow E(X)=np,\ V(X)=npq,\ \sigma(X)=\sqrt{npq}$

CHART 二項分布 $B(n,\ p)$ まず，nとpの確認

解答

1回の試行で①または②のカードが取り出される確率は

$$\frac{8}{10}=\frac{4}{5}$$

◀$p=\frac{4}{5}$

よって，$X=r$となる確率$P(X=r)$は

$$P(X=r)={}_5\mathrm{C}_r\left(\frac{4}{5}\right)^r\left(\frac{1}{5}\right)^{5-r} \quad (r=0,\ 1,\ 2,\ \cdots\cdots,\ 5)$$

◀$n=5$

したがって，Xは二項分布$B\left(5,\ \frac{4}{5}\right)$に従うから

$$E(X)=5\cdot\frac{4}{5}=\mathbf{4},\quad V(X)=5\cdot\frac{4}{5}\cdot\frac{1}{5}=\mathbf{\frac{4}{5}},$$

$$\sigma(X)=\sqrt{\frac{4}{5}}=\mathbf{\frac{2}{\sqrt{5}}}$$

◀$q=1-\frac{4}{5}=\frac{1}{5}$

◀$\sigma(X)=\sqrt{5\cdot\frac{4}{5}\cdot\frac{1}{5}}=\frac{2}{\sqrt{5}}$ としてもよい。

検討 **Xを2つの確率変数の和としてとらえる**

上の例題で，①のカード，②のカードが出る回数をそれぞれX_1，X_2とすると

$$X=X_1+X_2$$

ここで，X_1，X_2はそれぞれ二項分布$B\left(5,\ \frac{1}{2}\right)$，$B\left(5,\ \frac{3}{10}\right)$に従うから

$$E(X_1)=5\cdot\frac{1}{2}=\frac{5}{2},\quad E(X_2)=5\cdot\frac{3}{10}=\frac{3}{2}$$

よって　$E(X)=E(X_1)+E(X_2)=\frac{5}{2}+\frac{3}{2}=4$

注意 X_1とX_2は互いに独立でないから，$V(X)=V(X_1)+V(X_2)$などとすることはできない。

練習 ② 76 さいころを8回投げるとき，4以上の目が出る回数をXとする。Xの分布の平均と標準偏差を求めよ。

p.534 EX46

基本 例題 77 試行回数などの決定 ③③③③③

赤球 a 個，青球 b 個，白球 c 個合わせて100個入った袋がある。この袋から無作為に1個の球を取り出し，色を調べてからもとに戻す操作を n 回繰り返す。このとき，赤球を取り出した回数を X とする。X の分布の平均が $\frac{16}{5}$，分散が $\frac{64}{25}$ であるとき，袋の中の赤球の個数 a および回数 n の値を求めよ。〔類 鹿児島大〕

基本 76

「1個の球を取り出し，もとに戻す操作を n 回繰り返す」
⟶ 反復試行であるから，X は **二項分布** に従う。
二項分布 $B(n,\ p)$ ⟶ $E(X)=np$，$V(X)=npq$ $(q=1-p)$
この公式を利用して a，n に関する連立方程式を作り，それを解く。

解答

1回の操作で赤球を取り出す確率は $\frac{a}{100}$ ◀ $p=\frac{a}{100}$

よって，$X=r$ となる確率 $P(X=r)$ は

$$P(X=r)={}_n\mathrm{C}_r\left(\frac{a}{100}\right)^r\left(1-\frac{a}{100}\right)^{n-r}$$
$$(r=0,\ 1,\ 2,\ \cdots\cdots,\ n)$$

◀ ${}_n\mathrm{C}_r p^r(1-p)^{n-r}$

③ **二項分布 $B(n,\ p)$ まず，n と p の確認**

ゆえに，確率変数 X は二項分布 $B\left(n,\ \frac{a}{100}\right)$ に従う。

X の分布の平均は $\frac{16}{5}$，分散は $\frac{64}{25}$ であるから

$$n\cdot\frac{a}{100}=\frac{16}{5},\quad n\cdot\frac{a}{100}\cdot\left(1-\frac{a}{100}\right)=\frac{64}{25}$$

◀ **$E(X)=np$，$V(X)=npq$** $(q=1-p)$

よって　$na=320$ …… ①，$na(100-a)=25600$ …… ②

また，$0<\frac{a}{100}<1$ から　$0<a<100$ …… ③

◀ この **かくれた条件** に注意。

① を ② に代入して　$320(100-a)=25600$

ゆえに　$100-a=80$　　よって　$\boldsymbol{a=20}$

これは ③ を満たす。

$a=20$ を ① に代入して　$\boldsymbol{n=16}$

◀ $20n=320$

練習 ③ 77

(1) 平均が6，分散が2の二項分布に従う確率変数を X とする。$X=k$ となる確率を P_k とするとき，$\frac{P_4}{P_3}$ の値を求めよ。〔弘前大〕

(2) 1個のさいころを繰り返し n 回投げて，1の目が出た回数が k ならば $50k$ 円を受け取るゲームがある。このゲームの参加料が500円であるとき，このゲームに参加するのが損にならないのは，さいころを最低何回以上投げたときか。

振り返り 確率分布の基本，種々の性質の確認

1 確率分布と期待値，分散，標準偏差

確率変数 X が右の表の分布に従うとき

$p_1 \geqq 0$，$p_2 \geqq 0$，…，$p_n \geqq 0$（各確率は 0 以上）

$p_1+p_2+\cdots+p_n=1$（**確率の総和は 1**）

X	x_1	x_2	…	x_n	計
P	p_1	p_2	…	p_n	1

└確率の分母は同じ数でそろえる。

➡例題 62

① **期待値** $E(X)=x_1p_1+x_2p_2+\cdots\cdots+x_np_n=\sum_{k=1}^{n}x_kp_k$ ➡例題 63

② **分散** $E(X)=m$ とすると

$$V(X)=(x_1-m)^2p_1+(x_2-m)^2p_2+\cdots\cdots+(x_n-m)^2p_n$$
$$=\sum_{k=1}^{n}(x_k-m)^2p_k=E(X^2)-\{E(X)\}^2$$

◀(X^2 の期待値)−(X の期待値)^2

③ **標準偏差** $\sigma(X)=\sqrt{V(X)}$ ◀$\sqrt{分散}$ ➡例題 64

説明 期待値，分散，標準偏差の定義は最も基本となるものであるから，確実に覚えておこう。期待値は「確率」（数学 A），分散と標準偏差は「データの分析」（数学 I）で学んだものと同様であるが，期待値や分散の定義式は数列の和の記号 $\sum$ を使うと簡単な表記で表される。また，和の公式 $\sum_{k=1}^{n}k^{●}$ を使って期待値や分散を求める問題も学んだ。 ➡例題 66

2 $aX+b$，$aX+bY$ の期待値と分散，XY の期待値

① 確率変数 X と定数 a，b に対して

期待値 $E(aX+b)=aE(X)+b$

分散 $V(aX+b)=a^2V(X)$ **標準偏差** $\sigma(aX+b)=|a|\sigma(X)$ ➡例題 68

② 確率変数 X，Y と定数 a，b に対して

期待値 $E(aX+bY)=aE(X)+bE(Y)$ ◀X と Y が独立でなくても成立。

X と Y が互いに独立ならば $E(XY)=E(X)E(Y)$ ➡例題 72

分散 X と Y が互いに独立ならば $V(aX+bY)=a^2V(X)+b^2V(Y)$ ➡例題 73

説明 $aX+b$，$aX+bY$ や XY についての期待値や分散に関して，多くの性質を学んだ。係数を間違いやすいので，ここでもう一度確認しておこう。また，積の期待値の性質 $E(XY)=E(X)E(Y)$，分散の性質 $V(aX+bY)=a^2V(X)+b^2V(Y)$ が成り立つのは，「X と Y が互いに独立」のときに限られることに注意しよう。

3 二項分布

1 回の試行で事象 A が起こる確率が p のとき，この試行を n 回行う反復試行において，A の起こる回数を X とすると

$$P(X=r)={}_n\mathrm{C}_r\,p^rq^{n-r}\ (r=0,\ 1,\ 2,\ \cdots\cdots,\ n\ ;\ q=1-p)$$

このとき，確率変数 X は **二項分布 $B(n,\ p)$** に従うという。そして，X について

$$E(X)=np,\ V(X)=npq,\ \sigma(X)=\sqrt{npq}$$ である。 ➡例題 76

説明 同じ試行を繰り返す反復試行に対しては，繰り返しの回数 n と確率 p がわかれば上の公式を使って簡単に平均（期待値）や分散を求められる。

二項分布 $B(n,\ p)$ まず，n と p の確認

EXERCISES

③**42**　X，Y はどちらも 1，-1 の値をとる確率変数で，それらは

$$P(X=1,\ Y=1)=P(X=-1,\ Y=-1)=a$$

$$P(X=1,\ Y=-1)=P(X=-1,\ Y=1)=\frac{1}{2}-a$$

を満たしているとする。ただし，a は $0\leqq a\leqq\frac{1}{2}$ を満たす定数とする。

(1)　確率 $P(X=-1)$ と $P(X=1)$ を求めよ。

(2)　2 つの確率変数の和の期待値 $E(X+Y)$ と分散 $V(X+Y)$ を求めよ。

(3)　X と Y が互いに独立であるための a の値を求めよ。　〔千葉大〕　→70

③**43**　2 つの独立な事象 A，B に対し，A，B が同時に起こる確率が $\frac{1}{14}$，A か B の少なくとも一方が起こる確率が $\frac{13}{28}$ である。このとき，A の起こる確率 $P(A)$ と B の起こる確率 $P(B)$ を求めよ。ただし，$P(A)<P(B)$ とする。　→71

③**44**　1 から 9 までの番号を書いた 9 枚のカードがある。この中から，カードを戻さずに，次々と 4 枚のカードを取り出す。取り出された順にカードの番号を a，b，c，d とする。千の位を a，百の位を b，十の位を c，一の位を d として得られる 4 桁の数 N の期待値を求めよ。　〔類　秋田大〕　→74

④**45**　2 個のさいころを投げ，出た目を X，Y $(X\leqq Y)$ とする。

(1)　$X=1$ である事象を A，$Y=5$ である事象を B とする。確率 $P(A\cap B)$，条件付き確率 $P_B(A)$ をそれぞれ求めよ。

(2)　確率 $P(X=k)$，$P(Y=k)$ をそれぞれ k を用いて表せ。

(3)　$3X^2+3Y^2$ の平均(期待値) $E(3X^2+3Y^2)$ を求めよ。　〔鹿児島大〕　→66，75

④**46**　座標平面上の点 P の移動を大小 2 つのさいころを同時に投げて決める。大きいさいころの目が 1 または 2 のとき，点 P を x 軸の正の方向に 1 だけ動かし，その他の場合は x 軸の負の方向に 1 だけ動かす。更に，小さいさいころの目が 1 のとき，点 P を y 軸の正の方向に 1 だけ動かし，その他の場合は y 軸の負の方向に 1 だけ動かす。最初，点 P が原点にあり，この試行を n 回繰り返した後の点 P の座標を $(x_n,\ y_n)$ とするとき

(1)　x_n の平均値と分散を求めよ。　(2)　$x_n{}^2$ の平均値を求めよ。

(3)　原点を中心とし，点 $(x_n,\ y_n)$ を通る円の面積 S の平均値を求めよ。ただし，点 $(x_n,\ y_n)$ が原点と一致するときは $S=0$ とする。　→75，76

HINT

42　(2)　まず，$X+Y$ の確率分布を調べる。
　(3)　X と Y が互いに独立 $\Longleftrightarrow P(X=i,\ Y=j)=P(X=i)P(Y=j)$　$(i,\ j=1,\ -1)$

43　A と B が独立 $\Longleftrightarrow P(A\cap B)=P(A)P(B)$　また，$P(A\cup B)=P(A)+P(B)-P(A\cap B)$

45　(2)　$1\leqq k\leqq 5$ のとき　$P(X=k)=P(X\geqq k)-P(X\geqq k+1)$

46　(1)　大きいさいころの 1 または 2 の目が出る回数を X として，x_n を X を用いて表す。
　(3)　まず，S を x_n，y_n で表す。

9 正規分布

基本事項

1 連続型確率変数の性質

連続型確率変数 X の確率密度関数 $f(x)$ $(\alpha \leqq x \leqq \beta)$ について

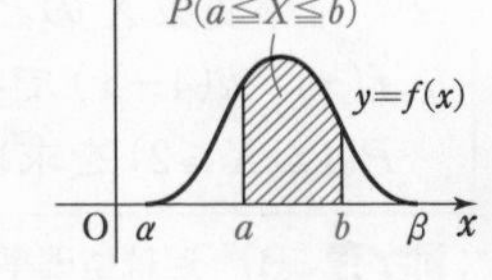

① 常に　$f(x) \geqq 0$

② 確率 $P(a \leqq X \leqq b)$ は図の斜線部分の面積に等しい。

すなわち　$P(a \leqq X \leqq b)=\int_a^b f(x)dx$

③ $\int_\alpha^\beta f(x)dx=1$　　$\longleftarrow$ **(全面積)=1**

2 連続型確率変数の期待値・分散・標準偏差

1 の確率変数 X について

期待値　$E(X)=m=\int_\alpha^\beta xf(x)dx$　　**分散**　$V(X)=\int_\alpha^\beta (x-m)^2 f(x)dx$

標準偏差　$\sigma(X)=\sqrt{V(X)}$

解　説

■連続型確率変数

右下のヒストグラムは，45 人のテスト結果から得られたものである。この 45 人の中から，無作為に 1 人を選ぶとき，その得点 X の属する階級の階級値が 65 となる確率は，$60 \leqq X < 70$ となる確率 $P(60 \leqq X < 70)$ に等しく

$$P(60 \leqq X < 70)=\frac{9}{45}=0.20$$

これは，階級 60～70 の相対度数に一致している。

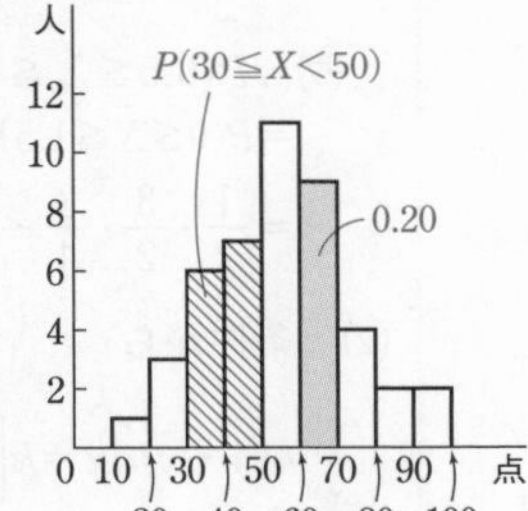

つまり，X は階級値の値をとる確率変数と考えられ，その確率分布は相対度数分布と一致する。

この確率分布を図示するには，各階級の長方形の面積が，その階級の相対度数を表すようなヒストグラムをかくとよい。このとき，例えば，$30 \leqq X < 50$ となる確率は，上の図の赤い斜線部分の面積で表される。

そして，資料の総数が非常に多いときは，階級の幅を十分細かく分けると，ヒストグラムの形は 1 つの曲線に近づいていく。

一般に，連続的な変量 X の確率分布を考えるときは，X に 1 つの曲線 $y=f(x)$ を対応させ，$a \leqq X \leqq b$ となる確率 $P(a \leqq X \leqq b)$ が上の基本事項の図の赤い斜線部分の面積で表されるようにする。このような曲線を X の **分布曲線**，関数 $f(x)$ を **確率密度関数** という。

そして，確率密度関数は基本事項 **1** の ①～③ の性質をもつ。なお，基本事項 **1** ③ は

確率の総和は 1　に対応している。

このような連続的な値をとる確率変数を **連続型確率変数** という。

これに対し，今まで学んできた確率変数のような，とびとびの値をとる確率変数を **離散型確率変数** という。

基本 例題 78 確率密度関数と確率

(1) 確率変数 X の確率密度関数 $f(x)$ が $f(x)=\dfrac{1}{2}x\ (0\leqq x\leqq 2)$ で与えられているとき，次の確率を求めよ。

(ア) $P(0\leqq X\leqq 2)$　(イ) $P(0\leqq X\leqq 0.8)$　(ウ) $P(0.5\leqq X\leqq 1.5)$

(2) 確率変数 X のとる値 x の範囲が $0\leqq x\leqq 3$ で，その確率密度関数が $f(x)=k(4-x)$ で与えられている。このとき，正の定数 k の値と確率 $P(1\leqq X\leqq 2)$ を求めよ。

p.535 基本事項 1

指針　(1) 連続型確率変数 X の確率密度関数 $f(x)$ において

$P\,(a\leqq X\leqq b)$

=(曲線 $y=f(x)$ と x 軸，および 2 直線 $x=a$，$x=b$ で囲まれた部分の面積)

(2) 確率密度関数 $f(x)$ については，前ページの基本事項の 1 ③ が成り立つ。

すなわち　**(確率の総和)=1 ⟺ (全面積)=1**

なお，確率を表す面積を積分で求めることが多いが，本問では，三角形または台形の面積と考えて計算すると早い。

CHART 確率密度関数と確率　(確率の総和)=1 ⟺ (全面積)=1

解答

(1) (ア) $P(0\leqq X\leqq 2)=\mathbf{1}$

◀(全面積)=1

(イ) $P(0\leqq X\leqq 0.8)$

$=\dfrac{1}{2}\cdot 0.8\cdot 0.4=\mathbf{0.16}$

(ウ)

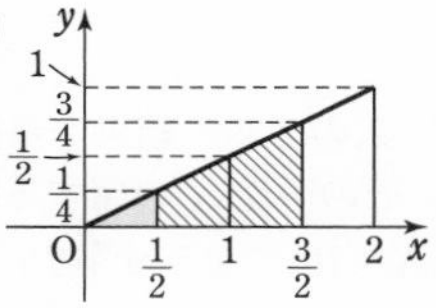

(ウ) $P(0.5\leqq X\leqq 1.5)$

$=P(0\leqq X\leqq 1.5)-P(0\leqq X\leqq 0.5)$

$=\dfrac{1}{2}\cdot\dfrac{3}{2}\cdot\dfrac{3}{4}-\dfrac{1}{2}\cdot\dfrac{1}{2}\cdot\dfrac{1}{4}^{(*)}=\dfrac{1}{2}=\mathbf{0.5}$

(ウ)

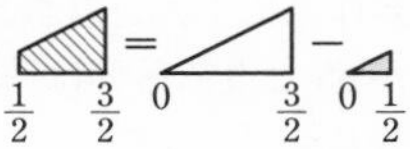

(＊) 計算しやすいよう，確率を分数で表した。なお，台形の面積

$\left(\dfrac{1}{4}+\dfrac{3}{4}\right)\times 1\times\dfrac{1}{2}=\dfrac{1}{2}$

として求めてもよい。(2) の後半はこの方針。

(2) 条件から　$\displaystyle\int_0^3 k(4-x)dx=1$

$\displaystyle\int_0^3 k(4-x)dx=k\left[4x-\frac{x^2}{2}\right]_0^3=\frac{15}{2}k$ であるから

$\dfrac{15}{2}k=1$　　よって　$\boldsymbol{k=\dfrac{2}{15}}$

また　$\boldsymbol{P(1\leqq X\leqq 2)}=\dfrac{2k+3k}{2}\cdot(2-1)=\dfrac{5}{2}k$

$=\dfrac{5}{2}\cdot\dfrac{2}{15}=\boldsymbol{\dfrac{1}{3}}$

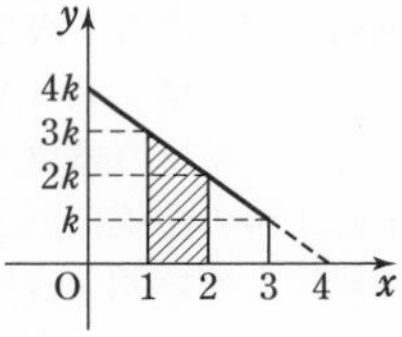

練習 ② 78　(1) 確率変数 X の確率密度関数が右の $f(x)$ で与えられているとき，次の確率を求めよ。

$$f(x)=\begin{cases} x+1 & (-1\leqq x\leqq 0) \\ 1-x & (0\leqq x\leqq 1)\end{cases}$$

(ア) $P(0.5\leqq X\leqq 1)$　(イ) $P(-0.5\leqq X\leqq 0.3)$

(2) 関数 $f(x)=a(3-x)\ (0\leqq x\leqq 1)$ が確率密度関数となるように，正の定数 a の値を定めよ。また，このとき，確率 $P(0.3\leqq X\leqq 0.7)$ を求めよ。

基本例題 79 確率密度関数と期待値，標準偏差 ①①①①①

確率変数 X が区間 $0 \leqq x \leqq 6$ の任意の値をとることができ，その確率密度関数が $f(x)=kx(6-x)$（k は定数）で与えられている。
このとき，$k=$ ア□，確率 $P(2 \leqq X \leqq 5)=$ イ□ である。また，期待値は ウ□ で，標準偏差は エ□ である。　［類 旭川医大］

p.535 基本事項 1，2

指針 (ア) 前ページの例題の (2) と同じようにして，

(確率の総和)＝1 ⟺ (全面積)＝1

を利用する。本問では，面積(確率)の計算を積分によって行う。

$$\int x^n dx=\frac{1}{n+1}x^{n+1}+C \quad (n \text{ は } 0 \text{ 以上の整数，} C \text{ は積分定数})$$

解答

$$\int_0^6 f(x)dx=\int_0^6 kx(6-x)dx=k\int_0^6 (6x-x^2)dx^{(*)}$$

$$=k\left[3x^2-\frac{x^3}{3}\right]_0^6=k\left(3\cdot 6^2-\frac{6^3}{3}\right)=36k$$

$\int_0^6 f(x)dx=1$ であるから　$36k=1$　　ゆえに　$k=$ ア $\dfrac{1}{36}$

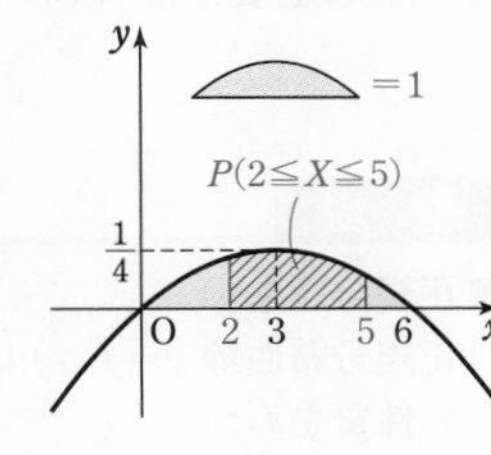

また　　$P(2 \leqq X \leqq 5)=\int_2^5 f(x)dx=\int_2^5 \frac{1}{36}x(6-x)dx$

$$=\frac{1}{36}\left[3x^2-\frac{x^3}{3}\right]_2^5$$

$$=\frac{1}{36}\left(3\cdot 21-\frac{117}{3}\right)= {}^{イ}\frac{2}{3}$$

(＊) $\int_0^6 (6x-x^2)$
$=-\int_0^6 x(x-6)dx$
$=-\left(-\frac{1}{6}\right)(6-0)^3=36$

期待値　$E(X)=\int_0^6 xf(x)dx=\int_0^6 \frac{1}{36}x^2(6-x)dx$

$$=\frac{1}{6^2}\left[2x^3-\frac{x^4}{4}\right]_0^6=2\cdot 6-\frac{6^2}{4}= {}^{ウ}3$$

◀ $E(X)=m$
$=\int_\alpha^\beta xf(x)dx$

分　散　$V(X)=\int_0^6 \{x-E(X)\}^2 f(x)dx$

$$=\int_0^6 (x-3)^2\cdot\frac{1}{36}x(6-x)dx$$

$$=\frac{1}{36}\int_0^6 (-x^4+12x^3-45x^2+54x)dx$$

$$=\frac{1}{6^2}\left[-\frac{x^5}{5}+3x^4-15x^3+27x^2\right]_0^6$$

◀ $V(X)$
$=\int_\alpha^\beta (x-m)^2 f(x)dx$

◀ $\int_a^b x^n dx=\left[\frac{1}{n+1}x^{n+1}\right]_a^b$

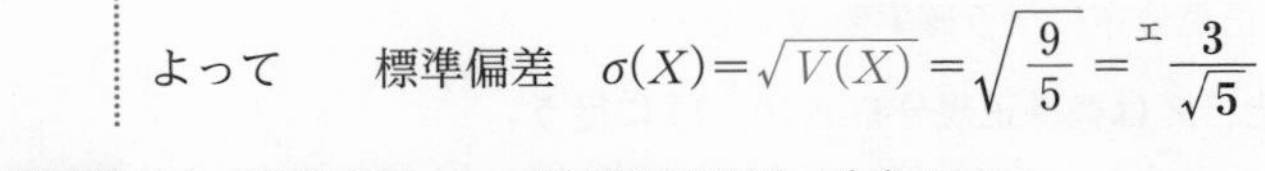

$$=-\frac{6^3}{5}+3\cdot 6^2-15\cdot 6+27=\frac{9}{5}$$

よって　　標準偏差　$\sigma(X)=\sqrt{V(X)}=\sqrt{\frac{9}{5}}= {}^{エ}\frac{3}{\sqrt{5}}$

練習 ③ 79 (1) 確率変数 X の確率密度関数 $f(x)$ が右のようなとき，正の定数 a の値を求めよ。

$$f(x)=\begin{cases} ax(2-x) & (0 \leqq x \leqq 2) \\ 0 & (x<0,\ 2<x) \end{cases}$$

(2) (1) の確率変数 X の期待値および分散を求めよ。

p.544 EX 47

基本事項

1 正規分布

連続型確率変数 X の確率密度関数 $f(x)$ が $f(x)=\dfrac{1}{\sqrt{2\pi}\,\sigma}e^{-\frac{(x-m)^2}{2\sigma^2}}$［$m$, σ は実数, $\sigma>0$］で与えられるとき，X は **正規分布 $N(m,\ \sigma^2)$ に従う** といい，$y=f(x)$ のグラフを **正規分布曲線** という。

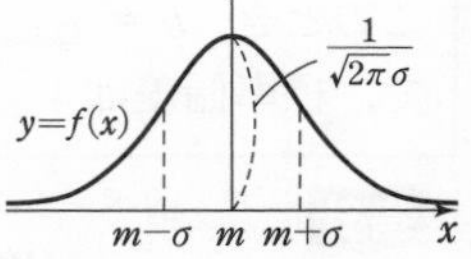

X が正規分布 $N(m,\ \sigma^2)$ に従う確率変数であるとき

期待値 $E(X)=m$，標準偏差 $\sigma(X)=\sigma$

注意　e は無理数で，その値は，$e=2.71828\cdots\cdots$ である(数学Ⅲ)。

2 標準正規分布

確率変数 X が正規分布 $N(m,\ \sigma^2)$ に従うとき，$\boldsymbol{Z=\dfrac{X-m}{\sigma}}$ とおくと，確率変数 Z は **標準正規分布 $N(0,\ 1)$** に従う。

解　説

■正規分布曲線

正規分布曲線 $y=f(x)$ は $p.535$ で述べた性質 1 ①～③ の他に，次の性質をもつ。

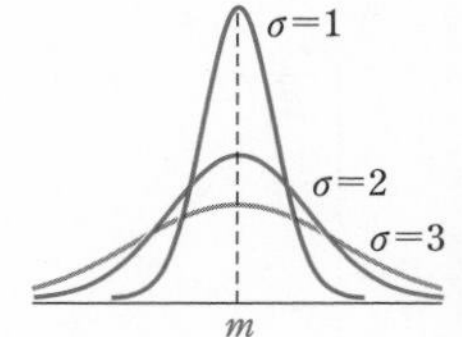

④　曲線は，**直線 $x=m$ (期待値) に関して対称。**
$f(x)$ の値は，$x=m$ で最大で，$x=m$ から遠ざかるにつれて減少し，0 に近づく(x 軸が漸近線)。

⑤　標準偏差 σ が大きくなると，曲線の山が低くなって横に広がり，σ が小さくなると，曲線の山は高くなり，対称軸 $x=m$ の近くに集中する。

■標準正規分布

平均 0，標準偏差 1 の正規分布 **$N(0,\ 1)$** を **標準正規分布** という。

$N(0,\ 1)$ に従う確率変数 Z の確率密度関数は $\boldsymbol{f(z)=\dfrac{1}{\sqrt{2\pi}}e^{-\frac{z^2}{2}}}$ となる。

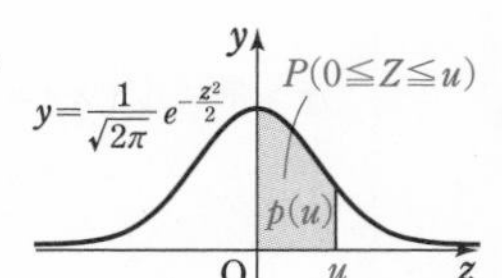

$N(0,\ 1)$ において，確率 $P(0\leqq Z\leqq u)$ を $\boldsymbol{p(u)}$ で表すことにする。

すなわち　$\boldsymbol{P(0\leqq Z\leqq u)=p(u)}$

また，種々の u の値に対する $p(u)$ の値を表にまとめたものが正規分布表(巻末)である。

■正規分布の標準化

確率変数 X が正規分布 $N(m,\ \sigma^2)$ に従うとき，X を 1 次式で変換してできる確率変数 $aX+b$ (a, b は定数) も，正規分布に従う確率変数である。

特に，$\boldsymbol{Z=\dfrac{X-m}{\sigma}}$ **とおくと，Z は標準正規分布 $N(0,\ 1)$ に従う。**

　　　　$E(aX+b)=aE(X)+b$, $V(aX+b)=a^2V(X)$

証明　$E(Z)=E\left(\dfrac{X}{\sigma}-\dfrac{m}{\sigma}\right)=\dfrac{E(X)}{\sigma}-\dfrac{m}{\sigma}=0$, $V(Z)=V\left(\dfrac{X}{\sigma}-\dfrac{m}{\sigma}\right)=\dfrac{1}{\sigma^2}V(X)=1$

正規分布に従う確率変数に関する確率の計算には，標準正規分布に直し(このことを **標準化** という)，正規分布表を用いて処理するとよい。

基本事項

3 二項分布と正規分布

X を **二項分布 $B(n,\ p)$ に従う** 確率変数とすると

X は，n が大きいとき，近似的に正規分布 $N(np,\ npq)$ に従う。

ただし，$q=1-p$ である。

注意　二項分布については，$p.529$ 参照。

解説

■ 二項分布と正規分布の関係

二項分布 $B(n,\ p)$ に従う確率変数 X について，$X=r$ となる確率

$$P(X=r)=P_r={}_n\mathrm{C}_r p^r(1-p)^{n-r}$$

を $p=\dfrac{1}{6}$，$n=10,\ 20,\ 30,\ 40,\ 50$ の各場合について計算すると，右の表のようになる。点 $(r,\ P_r)$ をとり，折れ線グラフで示すと，次の図のようになる。

P_r ＼ n	10	20	30	40	50
P_0	0.162	0.026	0.004	0.001	0.000
P_1	0.323	0.104	0.025	0.005	0.001
P_2	0.291	0.198	0.073	0.021	0.005
P_3	0.155	0.238	0.137	0.054	0.017
P_4	0.054	0.202	0.185	0.099	0.040
P_5	0.013	0.129	0.192	0.143	0.075
P_6	0.002	0.065	0.160	0.167	0.112
P_7	0.000	0.026	0.110	0.162	0.140
P_8	⋮	0.008	0.063	0.134	0.151
P_9	⋮	0.002	0.031	0.095	0.141
P_{10}	⋮	0.000	0.013	0.059	0.116
P_{11}	—	⋮	0.005	0.032	0.084
P_{12}	—	⋮	0.001	0.016	0.055
P_{13}	—	⋮	0.000	0.007	0.032
P_{14}	—	⋮	⋮	0.003	0.017
P_{15}	—	⋮	⋮	0.001	0.008
P_{16}	—	⋮	⋮	0.000	0.004
P_{17}	—	⋮	⋮	⋮	0.001
P_{18}	—	⋮	⋮	⋮	0.001
P_{19}	—	⋮	⋮	⋮	0.000
P_{20}	—	⋮	⋮	⋮	⋮

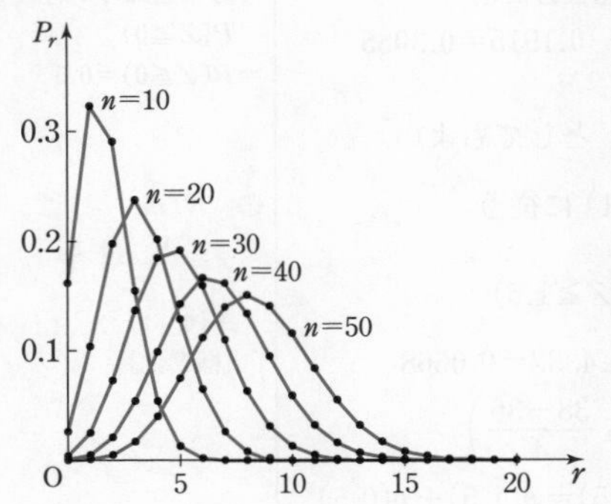

この図からわかるように，二項分布のグラフは，n が大きくなると，ほぼ左右対称になり，正規分布曲線に似てくる。

$p.529$ で学習したように，二項分布 $B(n,\ p)$ の平均は np，標準偏差は $\sqrt{np(1-p)}$ であるから，n が十分大きくなると，平均も標準偏差も，それに応じて大きくなる。

そして，グラフは右の方に移動し次第に偏平になっていく。

このとき，$\boldsymbol{Z=\dfrac{X-np}{\sqrt{np(1-p)}}}$ とおくと，Z の確率分布が次第に **標準正規分布 $N(0,\ 1)$ に近づく** ことが知られている。

したがって，n が大きいときは，二項分布 $B(n,\ p)$ に従う確率変数 X について，確率 $P(a\leqq X\leqq b)$ を考えるとき，X が正規分布 $N(np,\ np(1-p))$ に従うとみなして計算してよい。このことを二項分布の **正規近似** という。

基本 例題 80 正規分布と確率

(1) 確率変数 Z が標準正規分布 $N(0,\ 1)$ に従うとき，次の確率を求めよ。

(ア) $P(0.3 \leqq Z \leqq 1.8)$　　(イ) $P(Z \leqq -0.5)$

(2) 確率変数 X が正規分布 $N(36,\ 4^2)$ に従うとき，次の確率を求めよ。

(ア) $P(X \geqq 42)$　　(イ) $P(30 \leqq X \leqq 38)$

p.538 基本事項 1，2　基本 86 ～ 88

指針 **注意** 以後，本書では断りがなくても巻末の正規分布表を用いるものとする。

(1) 標準正規分布 $N(0,\ 1)$ に従う確率変数 Z については，$u \geqq 0$ のときの確率 $P(0 \leqq Z \leqq u) = p(u)$ を正規分布表で調べることができる。
また，次の性質を利用する。

$u>0$ のとき　$\boldsymbol{P(-u \leqq Z \leqq 0) = P(0 \leqq Z \leqq u)}$　← $N(0,\ 1)$ に従う確率変数の正規分布曲線は直線 $x=0$ に関して対称。

$\boldsymbol{P(Z \geqq 0) = P(Z \leqq 0) = 0.5}$

(2) **標準化** して，標準正規分布を利用して考える。
$Z = \dfrac{X-36}{4}$ とおくと，Z は標準正規分布 $N(0,\ 1)$ に従う。

解答

(1) (ア) $P(0.3 \leqq Z \leqq 1.8) = p(1.8) - p(0.3)$
$= 0.4641 - 0.1179 = \mathbf{0.3462}$

(イ) $P(Z \leqq -0.5) = P(Z \leqq 0) - P(-0.5 \leqq Z \leqq 0)$
$= 0.5 - p(0.5) = 0.5 - 0.1915 = \mathbf{0.3085}$

◀分布曲線の対称性 $\boldsymbol{P(Z \geqq 0) = P(Z \leqq 0) = 0.5}$

参考 (イ) $P(Z \leqq -0.5) = P(Z \geqq 0.5)$
$= P(Z \geqq 0) - P(0 \leqq Z \leqq 0.5)$ としてもよい。

(2) $Z = \dfrac{X-36}{4}$ とおくと，Z は $N(0,\ 1)$ に従う。

(ア) $P(X \geqq 42) = P\left(Z \geqq \dfrac{42-36}{4}\right) = P(Z \geqq 1.5)$
$= 0.5 - p(1.5) = 0.5 - 0.4332 = \mathbf{0.0668}$

(イ) $P(30 \leqq X \leqq 38) = P\left(\dfrac{30-36}{4} \leqq Z \leqq \dfrac{38-36}{4}\right)$
$= P(-1.5 \leqq Z \leqq 0.5) = p(1.5) + p(0.5)$
$= 0.4332 + 0.1915 = \mathbf{0.6247}$

① $N(m,\ \sigma^2)$ は $Z = \dfrac{X-m}{\sigma}$ で $N(0,\ 1)$ へ [標準化]

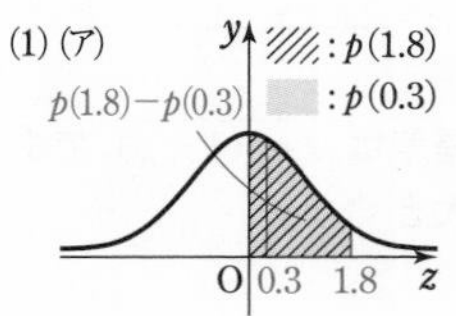

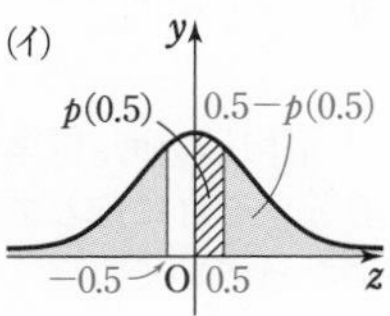

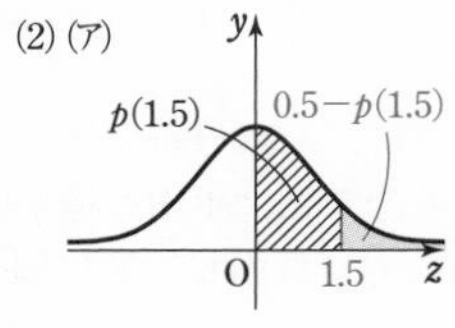

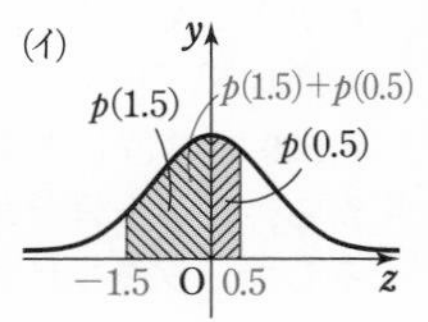

練習 ① 80 (1) 確率変数 Z が標準正規分布 $N(0,\ 1)$ に従うとき，次の確率を求めよ。

(ア) $P(0.8 \leqq Z \leqq 2.5)$　(イ) $P(-2.7 \leqq Z \leqq -1.3)$　(ウ) $P(Z \geqq -0.6)$

(2) 確率変数 X が正規分布 $N(5,\ 4^2)$ に従うとき，次の確率を求めよ。

(ア) $P(1 \leqq X \leqq 9)$　(イ) $P(X \geqq 7)$

p.544 EX 48

基本例題 81 正規分布の利用

ある高校における3年男子の身長 X が，平均 170.9 cm，標準偏差 5.4 cm の正規分布に従うものとする。このとき，次の問いに答えよ。ただし，小数第2位を四捨五入して小数第1位まで求めよ。

(1) 身長 175 cm 以上の生徒は約何 % いるか。

(2) 身長 165 cm 以上 174 cm 以下の生徒は約何 % いるか。

(3) 身長の高い方から 4 % の中に入るのは，約何 cm 以上の生徒か。

基本 80

指針 X は正規分布 $N(170.9,\ 5.4^2)$ に従うことが読みとれるから，正規分布表を利用するために **標準化** することを考える。

(1) $P(X \geqq 175)=a$ のとき，$100a$ % の生徒がいることになる。

(3) まず，$P(Z \geqq u)=0.04$ を満たす u の値を求める（Z は標準正規分布に従う確率変数）。

CHART 正規分布 $N(m,\ \sigma^2)$ は $Z=\dfrac{X-m}{\sigma}$ で $N(0,\ 1)$ へ ［標準化］

解答

X は正規分布 $N(170.9,\ 5.4^2)$ に従うから，$Z=\dfrac{X-170.9}{5.4}$ とおくと，Z は $N(0,\ 1)$ に従う。

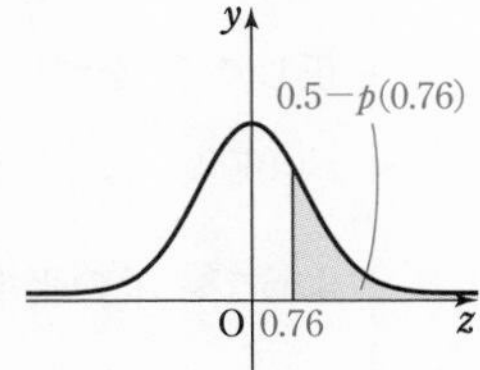

(1) $P(X \geqq 175)=P\left(Z \geqq \dfrac{175-170.9}{5.4}\right) \fallingdotseq P(Z \geqq 0.76)$

$=0.5-p(0.76)=0.5-0.2764=0.2236$

よって，**約 22.4 %** いる。

(2) $P(165 \leqq X \leqq 174)=P\left(\dfrac{165-170.9}{5.4} \leqq Z \leqq \dfrac{174-170.9}{5.4}\right)$

$\fallingdotseq P(-1.09 \leqq Z \leqq 0.57)$

$=p(1.09)+p(0.57)$

$=0.3621+0.2157=0.5778$

よって，**約 57.8 %** いる。

(3) $P(Z \geqq u)=0.04$ となる u の値を求めればよい。

$P(Z \geqq u)=0.5-P(0 \leqq Z \leqq u)=0.5-p(u)$

よって　$p(u)=0.5-0.04=0.46$

ゆえに，正規分布表から　$u \fallingdotseq 1.75$

よって　$P(Z \geqq 1.75)=0.04$

$\dfrac{X-170.9}{5.4} \geqq 1.75$ から　$X \geqq 180.35$

したがって，**約 180.4 cm 以上** である。

関数 $z=\dfrac{x-170.9}{5.4}$ は単調増加であることから，____ の式が得られる。

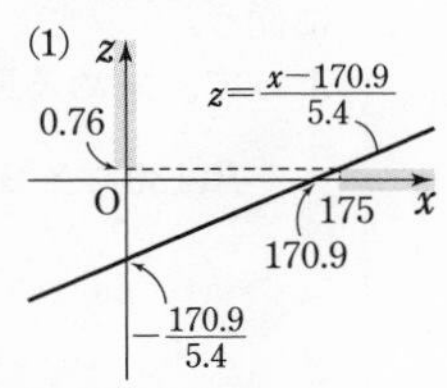

◀正規分布表から，$p(u)=0.46$ に一番近い u の値を見つける。

練習 ② 81 ある製品1万個の長さは平均 69 cm，標準偏差 0.4 cm の正規分布に従っている。長さが 70 cm 以上の製品は不良品とされるとき，この1万個の製品の中には何 % の不良品が含まれると予想されるか。

［類　琉球大］ p.544 EX 49

基本 例題 82 二項分布の正規分布による近似

「次の 5 つの文章のうち正しいもの 2 つに ○ をつけよ。」という問題がある。いま，解答者 1600 人が各人考えることなくでたらめに 2 つの文章を選んで ○ をつけたとする。このとき，1600 人中 2 つとも正しく ○ をつけた者が 130 人以上 175 人以下となる確率を，小数第 3 位を四捨五入して小数第 2 位まで求めよ。

p.539 基本事項 3，基本 80

指針 1600 人それぞれがでたらめに 2 つ ○ をつけるから，**二項分布** の問題。

二項分布 $B(n,\ p)$ ⟶ $m=np$，$\sigma=\sqrt{np(1-p)}$

$n=1600$ は大きいから，**正規分布** で近似し，更に **標準化** する。

CHART 二項分布 $B(n,\ p)$
1. まず，n と p の確認
2. n が大なら 正規分布 $N(np,\ np(1-p))$ で近似

解答

でたらめに ○ をつけたとき，正しく ○ をつける確率は

$$\frac{{}_2\mathrm{C}_2}{{}_5\mathrm{C}_2}=\frac{1}{10}$$

正しく ○ をつけた人数を X とすると，X は二項分布 $B\left(1600,\ \frac{1}{10}\right)$ に従う。

◀ $n=1600$，$p=\frac{1}{10}$

よって，X の平均は　$m=1600\cdot\frac{1}{10}=160$

標準偏差は　$\sigma=\sqrt{1600\cdot\frac{1}{10}\left(1-\frac{1}{10}\right)}=\sqrt{16\cdot 9}=12$

ゆえに，$Z=\frac{X-160}{12}$ とおくと，Z は近似的に $N(0,\ 1)$ に従う。

$n=1600$ は十分大きい。
$N(m,\ \sigma^2)$ は $Z=\frac{X-m}{\sigma}$ で $N(0,\ 1)$ へ ［標準化］

よって，求める確率 $P(130\leqq X\leqq 175)$ は

$$\begin{aligned}P(130\leqq X\leqq 175)&=P\left(\frac{130-160}{12}\leqq Z\leqq\frac{175-160}{12}\right)\\&=P(-2.5\leqq Z\leqq 1.25)\\&=p(2.5)+p(1.25)\\&=0.4938+0.3944\\&=0.8882\fallingdotseq \mathbf{0.89}\end{aligned}$$

◀小数第 3 位を四捨五入。

練習 ② 82 さいころを投げて，1，2 の目が出たら 0 点，3，4，5 の目が出たら 1 点，6 の目が出たら 100 点を得点とするゲームを考える。
さいころを 80 回投げたときの合計得点を 100 で割った余りを X とする。このとき，$X\leqq 46$ となる確率 $P(X\leqq 46)$ を，小数第 3 位を四捨五入して小数第 2 位まで求めよ。

［類 琉球大］ p.544 EX51

二項分布の正規分布による近似

例題 **82** における，二項分布を正規分布で近似する手法は重要であるから，詳しく解説しておく。

● X が従う二項分布 $B(n,\ p)$ を求める

まず，問題文から同じ試行の繰り返し（反復試行）であることを見極め，確率変数がどのような二項分布に従うかを把握することが，出発点となる。
例題 **82** は，5 つの文章のうち 2 つに，でたらめに ○ をつけることを 1600 回繰り返す，という反復試行と同じであると考えられるから，正しく ○ をつけた人数を X とすると，X は二項分布に従うことになる。回数 n は 1600 で，確率 p は解答のように $p=\dfrac{{}_2C_2}{{}_5C_2}=\dfrac{1}{10}$ と求められ，X は二項分布 $B\left(1600,\ \dfrac{1}{10}\right)$ に従うことがわかる。

● 二項分布を正規分布で近似し，確率を求める

$P(X=r)=P_r={}_{1600}C_r\left(\dfrac{1}{10}\right)^r\left(\dfrac{9}{10}\right)^{1600-r}$ とすると，求める確率は

$P_{130}+P_{131}+\cdots+P_{175}$ であるが，この確率の和を実際に計算するのは容易ではない。
そこで，$p.539$ の基本事項で学んだ，次の二項分布と正規分布の関係を利用する。

X を **二項分布 $B(n,\ p)$ に従う** 確率変数とすると
X は，n が大きいとき，近似的に正規分布 $N(np,\ npq)$ に従う $(q=1-p)$。

ここでは，$n=1600$ は大きく，$m=np=160$，$\sigma=\sqrt{npq}=12$ であるから，X は近似的に正規分布 $N(160,\ 12^2)$ に従うことになる。よって，後は

標準化　確率変数 X が正規分布 $N(m,\ \sigma^2)$ に従うとき，確率変数 $Z=\dfrac{X-m}{\sigma}$ は標準正規分布 $N(0,\ 1)$ に従う。

つまり，$Z=\dfrac{X-160}{12}$ の標準化を行うと，$p.540$ 例題 **80** (2) と同様に，正規分布表から確率を調べることで，求めたい確率を計算できる。

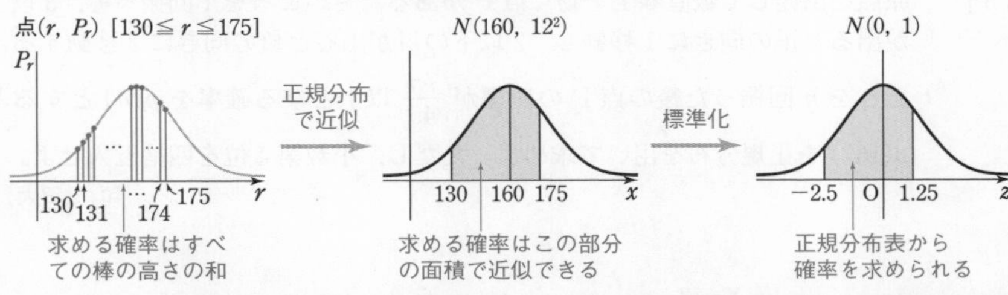

このように，二項分布に従う確率変数は，n が大きければ正規分布に従う確率変数として扱えるのである。もともとは離散的な確率変数が，連続的な確率変数として扱えるのは興味深い。
なお，n が大きくないときでも，半整数補正を行うことで，正規分布による近似が可能となる。これについては，$p.545$ の参考事項を参照。

③**47**　確率変数 X の確率密度関数 $f(x)$ が右のようなとき，確率 $P\left(a \leqq X \leqq \frac{3}{2}a\right)$ および X の平均を求めよ。ただし，a は正の実数とする。　〔類 センター試験〕 →79

$$f(x)=\begin{cases} \dfrac{2}{3a^2}(x+a) & (-a \leqq x \leqq 0) \\ \dfrac{1}{3a^2}(2a-x) & (0 \leqq x \leqq 2a) \end{cases}$$

②**48**　正規分布 $N(12,\ 4^2)$ に従う確率変数 X について，次の等式が成り立つように，定数 a の値を定めよ。

(1) $P(X \leqq a)=0.9641$　(2) $P(|X-12| \geqq a)=0.1336$

(3) $P(14 \leqq X \leqq a)=0.3023$ →80

③**49**　ある企業の入社試験は採用枠 300 名のところ 500 名の応募があった。試験の結果は 500 点満点の試験に対し，平均点 245 点，標準偏差 50 点であった。得点の分布が正規分布であるとみなされるとき，合格最低点はおよそ何点であるか。小数点以下を切り上げて答えよ。　〔類 鹿児島大〕 →81

③**50**　学科の成績 x を記録するのに，平均が m，標準偏差が σ のとき，右の表に従って，1 から 5 までの評点で表す。成績が正規分布に従うものとして

成　　績	評 点
$x<m-1.5\sigma$	1
$m-1.5\sigma \leqq x<m-0.5\sigma$	2
$m-0.5\sigma \leqq x \leqq m+0.5\sigma$	3
$m+0.5\sigma<x \leqq m+1.5\sigma$	4
$m+1.5\sigma<x$	5

(1) 45 人の学級で，評点 1，2，3，4，5 の生徒の数は，それぞれ何人くらいずつになるか。

(2) $m=62$，$\sigma=20$ のとき，成績 85 の生徒にはどんな評点がつくか。　〔類 東北学院大〕 →81

③**51**　原点を出発して数直線上を動く点 P がある。さいころを 1 回振って，3 以上の目が出ると正の向きに 1 移動し，2 以下の目が出ると負の向きに 2 移動する。さいころを n 回振った後の点 P の座標が $\frac{7n}{45}$ 以上となる確率を $p(n)$ とするとき，$p(162)$ を正規分布を用いて求めよ。ただし，小数第 4 位を四捨五入せよ。　〔類 滋賀大〕 →82

HINT

48　まず，$Z=\frac{X-12}{4}$ とおき，**標準化** する。次に，$P(X \leqq a)$ などを $p(u)$ の式で表す。

49, 50 (1)　**標準化** を利用。

51　さいころを 162 回振ったとき，3 以上の目が出る回数を X として，点 P の座標を X で表す。そして，その座標が $\frac{7\cdot 162}{45}$ 以上となる X の値の範囲を求める。また，X は二項分布に従うが，二項分布は **正規分布で近似** できることを利用。

参考事項 正規分布による近似の半整数補正

二項分布の正規分布による近似を，より精密にすることを考えると，次のようになる。
例えば，X が二項分布 $B(16,\ 0.5)$ に従うとき，X の期待値 m と標準偏差 σ は

$$m=np=16\cdot0.5=8$$
$$\sigma=\sqrt{npq}=\sqrt{16\cdot0.5\cdot(1-0.5)}=2$$

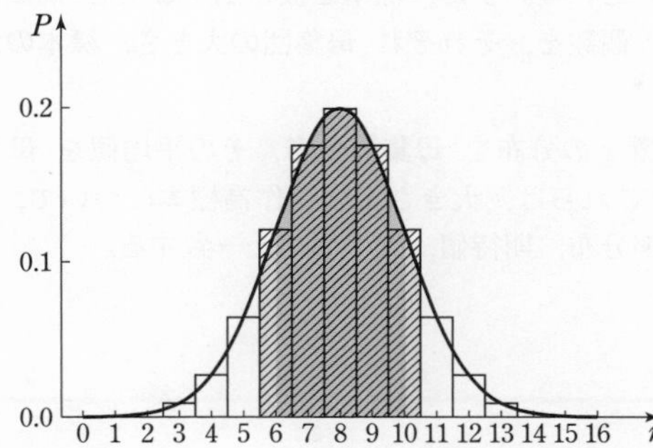

上の図は $r=0,\ 1,\ \cdots\cdots,\ 16$ に対して，$P(X=r)$ の値を，r を底辺の中心とする幅 1 の長方形の面積で表したもので，図の曲線は $N(8,\ 2^2)$ に従う確率変数 Y の確率密度関数のグラフである。
このとき，確率 $P=P(6\leqq X\leqq10)$ は図の斜線部分の面積であるから，図からわかるように $P\fallingdotseq P(5.5\leqq Y\leqq10.5)$ である。

$Z=\dfrac{Y-8}{2}$ とおくと，Z は標準正規分布 $N(0,\ 1)$ に従うから

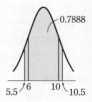

$$P\fallingdotseq P\left(\frac{5.5-8}{2}\leqq Z\leqq\frac{10.5-8}{2}\right)=P(-1.25\leqq Z\leqq1.25)$$

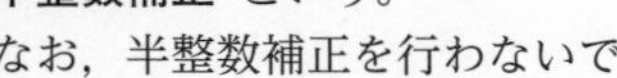

$$=2p(1.25)=0.7888$$

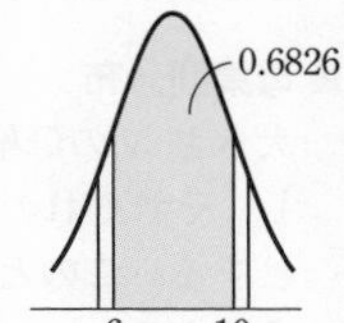

このように，6 と 10 をそれぞれ 5.5 と 10.5 でおき換えることを，**半整数補正** という。
なお，半整数補正を行わないで

$$P\fallingdotseq P(6\leqq Y\leqq10)=P\left(\frac{6-8}{2}\leqq Z\leqq\frac{10-8}{2}\right)=P(-1\leqq Z\leqq1)$$
$$=2p(1)=0.6826$$

0.6826

6　10

とすると，図の両端の長方形のほぼ半分を除いたことになり，これは小さい見積りである。
二項分布から，直接 $P(6\leqq X\leqq10)$ の値を計算すると，

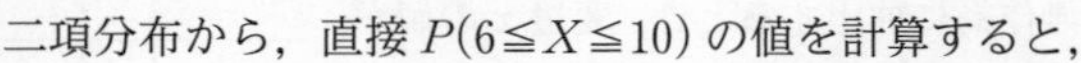

$$({}_{16}\mathrm{C}_6+{}_{16}\mathrm{C}_7+{}_{16}\mathrm{C}_8+{}_{16}\mathrm{C}_9+{}_{16}\mathrm{C}_{10})\times0.5^{16}=0.78988\cdots\cdots$$ である。

補足 二項分布 $B(n,\ p)$ の正規近似の精度は，p が 0.5 に近いほどよく，p が 0 や 1 に近いほど悪いが，半整数補正を行うと，np と $n(1-p)$ がともに 5 より大きいと実用上十分であるといわれている。半整数補正を行わないときは，np と $n(1-p)$ がかなり大きくないと，よい近似が得られない。

10 母集団と標本

基本事項

1 母集団と標本

標本調査の場合，調査の対象全体の集合を **母集団** といい，調査のため抜き出された要素の集合を **標本** という。また，標本を抜き出すことを **抽出** という。ここで，母集団，標本の要素の個数を，それぞれ **母集団の大きさ**，**標本の大きさ** という。

2 母集団分布

母集団における変量 x の分布を **母集団分布**，その平均値を **母平均**，標準偏差を **母標準偏差** という。これらは，大きさ1の無作為標本について，変量 x の値を確率変数とみたときの確率分布，期待値，標準偏差と一致する。

解　説

■全数調査と標本調査

統計調査の方法には，次の2通りの方法がある。

全数調査　調査の対象全体にわたって，もれなく資料を集めて調べる。

標本調査　対象全体から一部を抜き出して調べ，その結果から全体の状況を推測する。

例えば，国勢調査などは全数調査，テレビ番組の視聴率の調査などは標本調査である。標本調査では，標本を抽出するとき，それが特別なものにかたよらないよう，母集団全体の状況をよく反映するように抽出しなければならない。それには，くじ引きや **乱数表** などを利用したり，コンピュータによって発生させた乱数を利用したりして，母集団のどの要素も同じ確率で抽出されるようにする。このような抽出の方法を **無作為抽出** といい，無作為抽出によって抽出された標本を **無作為標本** という。

■乱数表

0から9までの数字を不規則に並べ，しかも上下，左右，斜めのいずれの並びをとっても，どの数字も同じ確率で現れるように工夫された表である。

■母集団分布

大きさ N の母集団において，変量 x のとる異なる値を x_1, x_2, ……, x_r とし，それぞれの値をとる度数，すなわち，要素の個数を f_1, f_2, ……, f_r とする。このとき，この母集団における変量 x の度数分布は，右の表のようになる。

階級値	度　数
x_1	f_1
x_2	f_2
⋮	⋮
x_r	f_r
計	N

いま，この母集団から1個の要素を無作為に抽出するとき，変量 x の値が x_k となる確率 p_k は $p_k=\dfrac{f_k}{N}$ $(k=1,\ 2,\ \cdots\cdots,\ r)$ である。

よって，X は右下の表のような確率分布をもつ確率変数とみなせる。

したがって，母集団における変量 x の平均値を m，標準偏差を σ とすると，この確率変数 X の期待値 $E(X)$，標準偏差 $\sigma(X)$ について，次のことが成り立つ。

X	x_1	x_2	……	x_r	計
P	$\dfrac{f_1}{N}$	$\dfrac{f_2}{N}$	……	$\dfrac{f_r}{N}$	1

$$E(X)=m,\qquad \sigma(X)=\sigma$$

基本事項

3 標本の抽出

ある母集団から標本を抽出する場合

復 元 抽 出　毎回もとに戻しながら次のものを1個ずつ取り出す方法

非復元抽出　取り出したものをもとに戻さずに続けて抽出する方法

解 説

■復元抽出・非復元抽出

例　赤球，白球，黒球がそれぞれ1個，2個，3個ある。これらすべての球を母集団として，次のような方法で大きさ2の無作為標本を抽出し，その球の色を順に X_1，X_2 とするとき，X_1，X_2 の同時分布の表を (1) 復元抽出 (2) 非復元抽出 の各場合に求めると，次のようになる。

(1)

X_1 \ X_2	赤	白	黒	計
赤	$\frac{1}{36}$	$\frac{2}{36}$	$\frac{3}{36}$	$\frac{6}{36}$
白	$\frac{2}{36}$	$\frac{4}{36}$	$\frac{6}{36}$	$\frac{12}{36}$
黒	$\frac{3}{36}$	$\frac{6}{36}$	$\frac{9}{36}$	$\frac{18}{36}$
計	$\frac{6}{36}$	$\frac{12}{36}$	$\frac{18}{36}$	1

(2)

X_1 \ X_2	赤	白	黒	計
赤	0	$\frac{2}{30}$	$\frac{3}{30}$	$\frac{5}{30}$
白	$\frac{2}{30}$	$\frac{2}{30}$	$\frac{6}{30}$	$\frac{10}{30}$
黒	$\frac{3}{30}$	$\frac{6}{30}$	$\frac{6}{30}$	$\frac{15}{30}$
計	$\frac{5}{30}$	$\frac{10}{30}$	$\frac{15}{30}$	1

例えば，
X_1：赤，X_2：白
となる確率は
(1) 復元抽出のとき
$\frac{1}{6}\times\frac{2}{6}$
[乗法定理(独立)]
(2) 非復元抽出のとき
$\frac{1}{6}\times\frac{2}{5}$
[乗法定理(従属)]
なお，非復元抽出の場合，X_1：赤，X_2：赤となることはない。

次に，ある母集団から **大きさ n の標本** を抽出することについて考えてみよう。

[1] 復元抽出の場合

復元抽出によって大きさ n の無作為標本を作ることは，大きさ1の標本を n 個独立に取り出すことと同じである。よって，このときの無作為標本は，n 個の互いに **独立** な確率変数 X_1，X_2，……，X_n で表される。

[2] 非復元抽出の場合

非復元抽出によって大きさ n の無作為標本を作ると，この標本もまた，n 個の確率変数 X_1，X_2，……，X_n で表されるが，これらは互いに **独立ではない**。

しかし，母集団に属する要素の個数 N が十分大きく，かつ抽出された無作為標本の大きさ n が N に比べて小さい(目安としては，n が N の10分の1以下)ときは，非復元抽出で取り出した標本は，近似的に，復元抽出で取り出した標本とみなすことができる。

以上，いずれの場合にも母平均を m，母標準偏差を σ とすると

$$m=E(X_1)=E(X_2)=\cdots\cdots=E(X_n)$$
$$\sigma=\sigma(X_1)=\sigma(X_2)=\cdots\cdots=\sigma(X_n)$$

が成り立つ。そこで，大きさ N の母集団から大きさ n の標本を抽出するとき

[1] N が小さいときは，復元抽出による。

[2] N が大きく，かつ n が N に比べて小さいときは，復元抽出でも，非復元抽出でもよい。

と考えると，**抽出された n 個の標本を，互いに独立な確率変数とみなすことができる。**

基本事項

4 標本平均の期待値と標準偏差

母平均 m，母標準偏差 σ の母集団から大きさ n の無作為標本を抽出するとき，標本平均 $\overline{X}$ の

期待値 $E(\overline{X})=m$，　**標準偏差** $\sigma(\overline{X})=\dfrac{\sigma}{\sqrt{n}}$

5 標本比率

母比率を p，大きさ n の無作為標本の標本比率を R とすると，標本比率 R の

期待値 $E(R)=p$，　**標準偏差** $\sigma(R)=\sqrt{\dfrac{p(1-p)}{n}}$

標本比率 R は，n が大きいとき，近似的に正規分布 $N\left(p,\ \dfrac{p(1-p)}{n}\right)$ に従う。

解　説

■**標本平均と標本標準偏差**　母集団から大きさ n の標本を抽出し，変量 x についてその標本のもつ x の値を X_1，X_2，……，X_n とする。この標本を1組の資料とみなしたとき，その平均値 $\overline{X}=\dfrac{1}{n}(X_1+X_2+\cdots\cdots+X_n)$ を **標本平均** といい，標準偏差 $S=\sqrt{\dfrac{1}{n}\sum_{k=1}^{n}(X_k-\overline{X})^2}$ を **標本標準偏差** という。

前ページで学んだことにより，**復元抽出** によって抽出した標本の変量 X_1，X_2，……，X_n を互いに独立な確率変数とみなすことができるから，基本事項の 4 が証明できる。

> $E(aX+bY)=aE(X)+bE(Y)$
> X と Y が互いに **独立** のとき
> $V(aX+bY)=a^2V(X)+b^2V(Y)$

証明　$E(X_k)=m$，$\sigma(X_k)=\sigma$
$(k=1,\ 2,\ \cdots\cdots,\ n)$ により

$$E(\overline{X})=E\left(\frac{1}{n}\sum_{k=1}^{n}X_k\right)=\frac{1}{n}\sum_{k=1}^{n}E(X_k)=\frac{1}{n}\cdot nm$$
$$=m$$

$$\sigma(\overline{X})=\sqrt{V\left(\frac{1}{n}\sum_{k=1}^{n}X_k\right)}=\sqrt{\frac{1}{n^2}\sum_{k=1}^{n}V(X_k)}=\sqrt{\frac{1}{n^2}\cdot n\sigma^2}=\frac{\sigma}{\sqrt{n}}$$

なお，**非復元抽出** の場合も，期待値は $E(\overline{X})=m$ であることが知られていて，n に比べて母集団の大きさが十分大きいならば，標準偏差 $\sigma(\overline{X})$ は $\dfrac{\sigma}{\sqrt{n}}$ であるとみなしてよい。

■**標本比率と母比率**　標本の中である特定の性質をもつ要素の割合を，その特性に対する **標本比率** という。これに対して，母集団全体の中である特定の性質をもつ要素の割合を，その特性に対する **母比率** という。特性Aの母比率が p である母集団から，大きさ n の無作為標本を抽出するとき，標本の中で特性Aをもつ要素の個数を T とすると，T は二項分布 $B(n,\ p)$ に従う。よって，n が大きいとき，T は近似的に正規分布 $N(np,\ np(1-p))$ に従う（$p.539$ 参照）。

特性Aの標本比率を R とすると，$R=\dfrac{T}{n}$ であるから　　$E(R)=E\left(\dfrac{T}{n}\right)=\dfrac{1}{n}\cdot np=p$

$V(R)=V\left(\dfrac{T}{n}\right)=\dfrac{1}{n^2}V(T)=\dfrac{1}{n^2}\cdot np(1-p)=\dfrac{p(1-p)}{n}$ から　　$\sigma(R)=\sqrt{\dfrac{p(1-p)}{n}}$

したがって，n が大きいとき，標本比率 R は近似的に $N\left(p,\ \dfrac{p(1-p)}{n}\right)$ に従う。

基本事項

6 標本平均の分布

母平均 m，母標準偏差 σ の母集団から大きさ n の無作為標本を抽出するとき，

標本平均 $\overline{X}$ は，n が大きいとき，近似的に正規分布 $N\left(m,\ \dfrac{\sigma^2}{n}\right)$ に従う。

注意　母集団分布が正規分布のときは，$\overline{X}$ は常に正規分布 $N\left(m,\ \dfrac{\sigma^2}{n}\right)$ に従う。

7 大数の法則

母平均 m の母集団から大きさ n の無作為標本を抽出するとき，その標本平均 $\overline{X}$ は，n が大きくなるに従って，母平均 m に近づく。

解　説

■ 標本平均の分布

一般に，次のことが成り立つことが知られている。

中心極限定理

確率変数 X_1，X_2，……，X_n は互いに独立で，平均値が m，分散が σ^2 の同じ分布に従うものとする。このとき，$X_1+X_2+\cdots\cdots+X_n$ を標準化した確率変数

$\dfrac{1}{\sqrt{n}\,\sigma}(X_1+X_2+\cdots\cdots+X_n-n\cdot m)$，すなわち $\dfrac{\overline{X}-m}{\dfrac{\sigma}{\sqrt{n}}}$ の分布は，n が十分大きいとき，近似的に標準正規分布 $N(0,\ 1)$ に従う。

この定理によって，どんな母集団分布についても，分散 σ^2 がわかると，十分大きい標本では，標本平均 $\overline{X}$ は，近似的に正規分布に従うと考えることができる。

■ 大数の法則

母平均 m，母標準偏差 σ の母集団から抽出した大きさ n の無作為標本の標本平均 $\overline{X}$ について，$\sigma=10$ として $n=100$，400，900 の場合の近似的な分布 $N\left(m,\ \dfrac{\sigma^2}{n}\right)$ を図示すると，右のようになる。

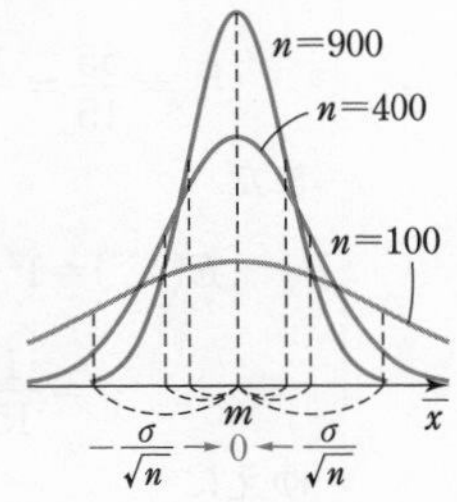

$\overline{X}$ の平均値 m は一定であるが，n が大きくなるに従って，標準偏差 $\dfrac{\sigma}{\sqrt{n}}$ は小さくなり，$\overline{X}$ の分布は m の近くで高くなる（$\overline{X}$ が m に近い値をとる確率が大きくなる）。

一般に，n を限りなく大きくしていくと，標準偏差 $\dfrac{\sigma}{\sqrt{n}}$ は限りなく0に近づき，$\overline{X}$ は母平均 m の近くに限りなく集中して分布するようになる。したがって，$\overline{X}$ が m に近い値をとる確率が1に近づく。

参考　前ページの基本事項の標本比率は，次のように考えると，標本平均の特別な場合になる。すなわち，ある特性Aの母比率が p である母集団において，特性Aをもつ要素を1，もたない要素を0で表す変量 X を考えると，大きさ n の標本の各要素を表す X の値 X_1，X_2，……，X_n はそれぞれ1または0であるから，特性Aの標本比率 R は，これらのうち値が1であるものの割合であり，$\overline{X}=\dfrac{X_1+X_2+\cdots\cdots+X_n}{n}$ と同じ確率変数である。

基本例題 83 母平均，母標準偏差

1，2，3，4，5 の数字が書かれている札が，それぞれ 1 枚，2 枚，3 枚，4 枚，5 枚ずつある。これを母集団とし，札の数字を変量 X とするとき，母集団分布，母平均 m，母標準偏差 σ を求めよ。

基本 64，p.546 基本事項 2

指針 母集団分布は，大きさ 1 の無作為標本（すなわち，札 1 枚を取り出すこと）の確率分布と一致する。

よって，札に書かれている数字を確率変数 X とみたときの確率分布，期待値（平均値），標準偏差を求める。

① 確率分布 $P(X=x_k)=p_k$ $(k=1, 2, \cdots\cdots, n)$ $p_1+p_2+\cdots\cdots+p_n=1$

② 期待値(平均値) $E(X)=\sum_{k=1}^{n} x_k p_k$

分　散 $V(X)=E((X-E(X))^2)=E(X^2)-\{E(X)\}^2$

標準偏差 $\sigma(X)=\sqrt{V(X)}$

解答 母集団から 1 枚の札を無作為に抽出するとき，札に書かれている数字 X の分布，すなわち，母集団分布は次の表のようになる。

X	1	2	3	4	5	計
P	$\frac{1}{15}$	$\frac{2}{15}$	$\frac{3}{15}$	$\frac{4}{15}$	$\frac{5}{15}$	1

◀(確率の総和)=1
確率 P は，約分しない方が，$E(X)$ などの計算がしやすい。

よって

$$m=E(X)$$
$$=1\cdot\frac{1}{15}+2\cdot\frac{2}{15}+3\cdot\frac{3}{15}+4\cdot\frac{4}{15}+5\cdot\frac{5}{15}$$
$$=\frac{55}{15}=\frac{11}{3}$$

◀(変数)×(確率) の和。

また

$$E(X^2)=1^2\cdot\frac{1}{15}+2^2\cdot\frac{2}{15}+3^2\cdot\frac{3}{15}+4^2\cdot\frac{4}{15}+5^2\cdot\frac{5}{15}$$
$$=\frac{1}{15}\cdot\left(\frac{1}{2}\cdot5\cdot6\right)^2=15$$

◀$\sum_{k=1}^{n}k^3=\left\{\frac{1}{2}n(n+1)\right\}^2$

ゆえに

$$\sigma=\sqrt{E(X^2)-\{E(X)\}^2}=\sqrt{15-\left(\frac{11}{3}\right)^2}=\frac{\sqrt{14}}{3}$$

◀$\sigma^2=(X^2$ の期待値$)-(X$ の期待値$)^2$

練習 ① 83 1，2，3 の数字を記入した球が，それぞれ 1 個，4 個，5 個の計 10 個袋の中に入っている。これを母集団として，次の問いに答えよ。

(1) 球に書かれている数字を変量 X としたとき，母集団分布を示せ。

(2) (1) について，母平均 m，母標準偏差 σ を求めよ。

基本例題 84 標本平均の期待値，標準偏差 (1)

(1) 母集団 $\{1, 2, 3, 3\}$ から復元抽出された大きさ 2 の標本 (X_1, X_2) について，その標本平均 $\overline{X}$ の確率分布を求めよ。

(2) 母集団の変量 x が右の分布をなしている。この母集団から復元抽出によって得られた大きさ 16 の無作為標本を X_1, X_2, ……, X_{16} とするとき，その標本平均 $\overline{X}$ の期待値 $E(\overline{X})$ と標準偏差 $\sigma(\overline{X})$ を求めよ。

x	1	2	3	計
度数	11	8	6	25

p.547 基本事項 3，p.548 基本事項 4

(1) X_1, X_2 のとりうる値とそのときの $\overline{X}$ の値を表にまとめ，$\overline{X}$ のとりうる値と各値をとる確率を調べる。

(2) まず，母平均 m と母標準偏差 σ を求める。そして，次の公式を利用する。

母平均 m，母標準偏差 σ の母集団から大きさ n の無作為標本を抽出するとき，標本平均 $\overline{X}$ の　**期待値** $E(\overline{X})=m$，**標準偏差** $\sigma(\overline{X})=\dfrac{\sigma}{\sqrt{n}}$

(1) $\overline{X}=\dfrac{X_1+X_2}{2}$ の値を表にすると，右のようになる。

X_1 \ X_2	1	2	3	3
1	1	$\frac{3}{2}$	2	2
2	$\frac{3}{2}$	2	$\frac{5}{2}$	$\frac{5}{2}$
3	2	$\frac{5}{2}$	3	3
3	2	$\frac{5}{2}$	3	3

よって，$\overline{X}$ の確率分布は次の表のようになる。

$\overline{X}$	1	$\frac{3}{2}$	2	$\frac{5}{2}$	3	計
P	$\frac{1}{16}$	$\frac{2}{16}$	$\frac{5}{16}$	$\frac{4}{16}$	$\frac{4}{16}$	1

(1) 母集団にある 2 つの 3 を区別して，表にまとめるとよい。

(2) 母平均 m と母標準偏差 σ は

$$m=1\cdot\frac{11}{25}+2\cdot\frac{8}{25}+3\cdot\frac{6}{25}=\frac{45}{25}=\frac{9}{5}$$

$$\sigma=\sqrt{1^2\cdot\frac{11}{25}+2^2\cdot\frac{8}{25}+3^2\cdot\frac{6}{25}-\left(\frac{9}{5}\right)^2}$$

$$=\sqrt{\frac{16}{25}}=\frac{4}{5}$$

したがって，$\overline{X}$ の期待値と標準偏差は

$$E(\overline{X})=m=\mathbf{\frac{9}{5}},\quad \sigma(\overline{X})=\frac{\sigma}{\sqrt{16}}=\mathbf{\frac{1}{5}}$$

◀$E(\overline{X})=m$, $\sigma(\overline{X})=\dfrac{\sigma}{\sqrt{n}}$

練習 ② 84

(1) 上の例題 (1) において，非復元抽出の場合，$\overline{X}$ の確率分布を求めよ。

(2) 母集団の変量 x が右の分布をなしている。この母集団から復元抽出によって得られた大きさ 25 の無作為標本を X_1, X_2, ……, X_{25} とするとき，その標本平均 $\overline{X}$ の期待値 $E(\overline{X})$ と標準偏差 $\sigma(\overline{X})$ を求めよ。

x	1	2	3	4	計
度数	2	2	3	3	10

p.562 EX52

基本例題 85 標本平均の期待値，標準偏差 (2)

ある県において，参議院議員選挙における有権者のA政党支持率は30%であるという。この県の有権者の中から，無作為に n 人を抽出するとき，k 番目に抽出された人がA政党支持なら1，不支持なら0の値を対応させる確率変数を X_k とする。

(1) 標本平均 $\overline{X}=\dfrac{X_1+X_2+\cdots\cdots+X_n}{n}$ について，期待値 $E(\overline{X})$ を求めよ。

(2) 標本平均 $\overline{X}$ の標準偏差 $\sigma(\overline{X})$ を0.02以下にするためには，抽出される標本の大きさは，少なくとも何人以上必要であるか。

基本84

指針 (1) まず，母平均 m を求める。
(2) まず，母標準偏差 σ を求める。そして，$\sigma(\overline{X})\leqq 0.02$ すなわち $\dfrac{\sigma}{\sqrt{n}}\leqq 0.02$ を満たす最小の自然数 n を求める。

解答

(1) 母集団における変量は，A政党支持なら1，不支持なら0という，2つの値をとる。

X_k	1	0	計
P	0.3	0.7	1

よって，母平均 m は　$m=1\cdot 0.3+0\cdot 0.7=0.3$

ゆえに　$\boldsymbol{E(\overline{X})}=m=\boldsymbol{0.3}$

(2) 母標準偏差 σ は

$$\sigma=\sqrt{(1^2\cdot 0.3+0^2\cdot 0.7)-m^2}=\sqrt{0.3-0.09}$$
$$=\sqrt{0.21}$$

よって　$\sigma(\overline{X})=\dfrac{\sigma}{\sqrt{n}}=\dfrac{\sqrt{0.21}}{\sqrt{n}}$

$\dfrac{\sqrt{0.21}}{\sqrt{n}}\leqq 0.02$ とすると，両辺を2乗して

$$\frac{0.21}{n}\leqq 0.0004$$

ゆえに　$n\geqq\dfrac{0.21}{0.0004}=\dfrac{2100}{4}=525$

この不等式を満たす最小の自然数 n は　$n=525$

したがって，少なくとも **525人以上** 必要である。

◀小数を分数に直して考えてもよい。
$\dfrac{\sqrt{0.21}}{\sqrt{n}}\leqq 0.02$ から
$\dfrac{\sqrt{21}}{\sqrt{n}}\leqq\dfrac{1}{5}$
よって　$\dfrac{21}{n}\leqq\dfrac{1}{25}$

注意 標本平均の期待値は n によらず母平均に等しいが，標本平均の標準偏差は n が大きくなると小さくなる。

練習 ③ 85 A市の新生児の男子と女子の割合は等しいことがわかっている。ある年において，A市の新生児の中から無作為に n 人抽出するとき，k 番目に抽出された新生児が男なら1，女なら0の値を対応させる確率変数を X_k とする。

(1) 標本平均 $\overline{X}=\dfrac{X_1+X_2+\cdots\cdots+X_n}{n}$ の期待値 $E(\overline{X})$ を求めよ。

(2) 標本平均 $\overline{X}$ の標準偏差 $\sigma(\overline{X})$ を0.03以下にするためには，抽出される標本の大きさは，少なくとも何人以上必要であるか。

基本例題 86 標本比率と正規分布 ②②②②②

A 市の新生児の男子と女子の割合は等しいことがわかっている。ある年の A 市の新生児の中から 100 人を無作為抽出したときの女子の割合を R とする。
(1) 標本比率 R の期待値 $E(R)$ と標準偏差 $\sigma(R)$ を求めよ。
(2) 標本比率 R が 50% 以上 57% 以下である確率を求めよ。

基本 80，p.548 基本事項 5

指針 (1) 母比率 p，大きさ n の無作為標本の標本比率を R とすると，標本比率 R の

期待値 $E(R)=p$，　標準偏差 $\sigma(R)=\sqrt{\dfrac{p(1-p)}{n}}$

(2) 標本の大きさ $n=100$ は十分大きいから，標本比率 R は近似的に正規分布 $N\left(p,\ \dfrac{p(1-p)}{n}\right)$ に従う。これを利用し，R が（近似的に）従う正規分布を求める。そして，標準化し標準正規分布を利用して確率を求める。

CHART 正規分布 $N(m,\ \sigma^2)$ は $Z=\dfrac{X-m}{\sigma}$ で $N(0,\ 1)$ へ［標準化］

解答

(1) 母比率 p は　$p=0.5$
標本の大きさは　$n=100$
よって，標本比率 R の
期待値は　$E(R)=p=\mathbf{0.5}$
標準偏差は

$$\sigma(R)=\sqrt{\frac{p(1-p)}{n}}=\sqrt{\frac{0.5\cdot0.5}{100}}=\frac{0.5}{10}=\mathbf{0.05}$$

◀出生率は等しい $\longrightarrow p=0.5$

(2) (1) より，標本比率 R は近似的に正規分布 $N(0.5,\ 0.05^2)$ に従うから，$Z=\dfrac{R-0.5}{0.05}$ とおくと，Z は近似的に $N(0,\ 1)$ に従う。
よって，求める確率は

$$\begin{aligned}P(0.50\leqq R\leqq0.57)&=P\left(\frac{0.50-0.5}{0.05}\leqq Z\leqq\frac{0.57-0.5}{0.05}\right)\\&=P(0\leqq Z\leqq1.4)\\&=p(1.4)\\&=\mathbf{0.4192}\end{aligned}$$

◀$n=100$ は十分大きいから，正規分布で近似する。

◀$p(1.4)$ の値を正規分布表から読み取る。

練習 ② 86 ある国の有権者の内閣支持率が 40% であるとき，無作為に抽出した 400 人の有権者の内閣の支持率を R とする。R が 38% 以上 41% 以下である確率を求めよ。ただし，$\sqrt{6}=2.45$ とする。

基本 例題 87 標本平均と正規分布

体長が平均 50 cm，標準偏差 3 cm の正規分布に従う生物集団があるとする。

(1) 体長が 47 cm から 56 cm までのものは全体の何 % であるか。

(2) 4 つの個体を無作為に取り出したとき，体長の標本平均が 53 cm 以上となる確率を求めよ。

基本 80，p.549 基本事項 6

指針 正規分布 $N(m,\ \sigma^2)$ は $Z=\dfrac{X-m}{\sigma}$ で $N(0,\ 1)$ へ［標準化］

(2) $p.549$ で学んだように，**母集団が正規分布 $N(m,\ \sigma^2)$ に従うとき**，この母集団から抽出された大きさ n の無作為標本の **標本平均 $\overline{X}$ は $N\left(m,\ \dfrac{\sigma^2}{n}\right)$** に従う。（$n$ が大きくなくてもよい。）

よって，この生物集団から抽出された大きさ 4 の無作為標本の標本平均 $\overline{X}$ は，正規分布 $N\left(50,\ \dfrac{3^2}{4}\right)$ に従う。

解答

母集団は正規分布 $N(50,\ 3^2)$ に従う。

(1) 生物集団の体長を Xcm とする。

$Z=\dfrac{X-50}{3}$ とおくと，Z は $N(0,\ 1)$ に従う。

よって　$P(47\leqq X\leqq 56)=P\left(\dfrac{47-50}{3}\leqq Z\leqq\dfrac{56-50}{3}\right)$

$=P(-1\leqq Z\leqq 2)=p(1)+p(2)$

$=0.3413+0.4772=0.8185$

ゆえに　**81.85 %**

◀全体の何 % か，という問題であるから，確率 $P(47\leqq X\leqq 56)$ を求める。

(2) 標本平均 $\overline{X}$ は正規分布 $N\left(50,\ \dfrac{3^2}{4}\right)$ に従う。

◀$N\left(50,\ \left(\dfrac{3}{2}\right)^2\right)$

よって，$Z=\dfrac{\overline{X}-50}{\frac{3}{2}}$ とおくと，Z は $N(0,\ 1)$ に従う。

ゆえに　$P(\overline{X}\geqq 53)=P\left(Z\geqq\dfrac{2}{3}(53-50)\right)=P(Z\geqq 2)$

$=0.5-p(2)=0.5-0.4772=\mathbf{0.0228}$

◀$P(Z\geqq 0)-P(0\leqq Z\leqq 2)$

練習 ② 87 17 歳の男子の身長は，平均値 170.9 cm，標準偏差 5.8 cm の正規分布に従うものとする。

(1) 17 歳の男子のうち，身長が 160 cm から 180 cm までの人は全体の何 % であるか。

(2) 40 人の 17 歳の男子の身長の平均が 170.0 cm 以下になる確率を求めよ。ただし，$\sqrt{10}=3.16$ とする。

p.562 EX 53, 54

基本 例題 88 大数の法則 ①①①①①

母平均 0，母標準偏差 1 をもつ母集団から抽出した大きさ n の標本の標本平均 $\overline{X}$ が -0.1 以上 0.1 以下である確率 $P(|\overline{X}|\leqq 0.1)$ を，$n=100$，400，900 の各場合について求めよ。

↗基本 80，p.549 基本事項 7

指針 $m=0$，$\sigma=1$ であるから，標本平均 $\overline{X}$ は近似的に正規分布 $N\left(0,\ \dfrac{1^2}{n}\right)$ に従う。
$n=100$，400，900 の各場合について，

① 正規分布 $N(m,\ \sigma^2)$ は $Z=\dfrac{X-m}{\sigma}$ で $N(0,\ 1)$ へ［標準化］

に従い，確率 $P(|\overline{X}|\leqq 0.1)$ を求める。

解答

$n=100$，400，900 は十分大きいと考えられる。

$n=100$ のとき，$\overline{X}$ は近似的に正規分布 $N\left(0,\ \dfrac{1}{100}\right)$ に従うから，$Z=\dfrac{\overline{X}}{\frac{1}{10}}$ とおくと，Z は近似的に $N(0,\ 1)$ に従う。

よって　$P(|\overline{X}|\leqq 0.1)=P(|Z|\leqq 1)=2p(1)$
$=2\cdot 0.3413$
$=\mathbf{0.6826}$ …… ①

◀$P(|\overline{X}|\leqq 0.1)$
$=P\left(\left|\dfrac{Z}{10}\right|\leqq 0.1\right)$
$=P(|Z|\leqq 1)$

$n=400$ のとき，$\overline{X}$ は近似的に正規分布 $N\left(0,\ \dfrac{1}{400}\right)$ に従うから，$Z=\dfrac{\overline{X}}{\frac{1}{20}}$ とおくと，Z は近似的に $N(0,\ 1)$ に従う。

よって　$P(|\overline{X}|\leqq 0.1)=P(|Z|\leqq 2)=2p(2)$
$=2\cdot 0.4772$
$=\mathbf{0.9544}$ …… ②

$n=900$ のとき，$\overline{X}$ は近似的に正規分布 $N\left(0,\ \dfrac{1}{900}\right)$ に従うから，$Z=\dfrac{\overline{X}}{\frac{1}{30}}$ とおくと，Z は近似的に $N(0,\ 1)$ に従う。

よって　$P(|\overline{X}|\leqq 0.1)=P(|Z|\leqq 3)=2p(3)$
$=2\cdot 0.49865$
$=\mathbf{0.9973}$ …… ③

検討
①～③から，n が大きくなるにつれて
$P(|\overline{X}|\leqq 0.1)$
が 1 に近づくこと，すなわち **大数の法則** が成り立つ（標本平均 $\overline{X}$ が母平均 0 に近い値をとる確率が 1 に近づく）ことがわかる。

練習 ① **88** さいころを n 回投げるとき，1 の目が出る相対度数を R とする。$n=500$，2000，4500 の各場合について，$P\left(\left|R-\dfrac{1}{6}\right|\leqq\dfrac{1}{60}\right)$ の値を求めよ。

11 推　定

基本事項

1 母平均の推定

標本の大きさ n が大きいとき，母平均 m に対する

信頼度 95% の信頼区間 は $\left[\overline{X}-1.96\cdot\dfrac{\sigma}{\sqrt{n}},\ \overline{X}+1.96\cdot\dfrac{\sigma}{\sqrt{n}}\right]$

信頼度 99% の信頼区間 は $\left[\overline{X}-2.58\cdot\dfrac{\sigma}{\sqrt{n}},\ \overline{X}+2.58\cdot\dfrac{\sigma}{\sqrt{n}}\right]$

解　説

■ 標本調査の目的

一般に，母集団の大きさが大きいときには，それらの分布を調べることは簡単ではない。そこで，母集団分布の母平均や母比率を効果的に，かつ誤差が少なく推定する方法について考えることが必要になる。

■ 母平均の推定

母平均がわからないとき，それを標本平均 $\overline{X}$ を用いて推定することを考えよう。

一般に，母平均 m，母標準偏差 σ をもつ母集団から，大きさ n の無作為標本を抽出するとき，その標本平均 $\overline{X}$ は，n が大きいとき，近似的に正規分布 $N\left(m,\ \dfrac{\sigma^2}{n}\right)$ に従う（$p.549$）。

よって，$Z=\dfrac{\overline{X}-m}{\dfrac{\sigma}{\sqrt{n}}}$ は近似的に $N(0,\ 1)$ に従うから，任意の正の数 c に対して

$$P\left(|\overline{X}-m|\leqq c\cdot\frac{\sigma}{\sqrt{n}}\right)=P(|Z|\leqq c)=2p(c)$$

となる。ただし，$p(c)=P(0\leqq Z\leqq c)$ である。

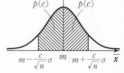

ゆえに　$P\left(m-c\cdot\dfrac{\sigma}{\sqrt{n}}\leqq\overline{X}\leqq m+c\cdot\dfrac{\sigma}{\sqrt{n}}\right)=2p(c)$

したがって　$P\left(\overline{X}-c\cdot\dfrac{\sigma}{\sqrt{n}}\leqq m\leqq\overline{X}+c\cdot\dfrac{\sigma}{\sqrt{n}}\right)=2p(c)$ …… ①

ここで，例えば，$2p(c)=0.95$ とすると，$p(c)=0.475$ となるから，正規分布表より $c=1.96$ を得る。

よって　$P\left(\overline{X}-1.96\cdot\dfrac{\sigma}{\sqrt{n}}\leqq m\leqq\overline{X}+1.96\cdot\dfrac{\sigma}{\sqrt{n}}\right)=0.95$

この式は，区間 $\overline{X}-1.96\cdot\dfrac{\sigma}{\sqrt{n}}\leqq x\leqq\overline{X}+1.96\cdot\dfrac{\sigma}{\sqrt{n}}$ が母平均 m の値を含むことが約 95% の確からしさで期待されることを示している。この区間を

$$\left[\overline{X}-1.96\cdot\frac{\sigma}{\sqrt{n}},\ \overline{X}+1.96\cdot\frac{\sigma}{\sqrt{n}}\right]\ \cdots\cdots ②$$

のように表し，母平均 m に対する **信頼度** 95% の **信頼区間** という。

また，信頼度 99% の信頼区間については，① で，$2p(c)=0.99$ とすると，$p(c)=0.495$ となり，正規分布表から $c=2.58$ を得る。ゆえに，② の 1.96 を 2.58 に改めると得られる。

基本事項

2 母比率の推定

標本の大きさ n が大きいとき，標本比率を R とすると，母比率 p に対する

信頼度 95 % の信頼区間 は

$$\left[R-1.96\sqrt{\frac{R(1-R)}{n}},\ R+1.96\sqrt{\frac{R(1-R)}{n}}\right]$$

信頼度 99 % の信頼区間 は

$$\left[R-2.58\sqrt{\frac{R(1-R)}{n}},\ R+2.58\sqrt{\frac{R(1-R)}{n}}\right]$$

解　説

■ **母比率の推定**

$p.548$ で定義したように，標本の中で，ある特性をもっているものの割合 R が **標本比率** である。例えば，大きさ n の標本の中で，ある特性をもつものの数を X 個とすると，標本比率 R は $R=\dfrac{X}{n}$ となる。

ここでは，標本比率から母比率を推定する方法について考えよう。

$p.548$ で学んだように，標本の大きさ n が大きいとき，標本比率 R は近似的に正規分布 $N\left(p,\ \dfrac{p(1-p)}{n}\right)$ に従う。

よって，$Z=\dfrac{R-p}{\sqrt{\dfrac{p(1-p)}{n}}}$ は近似的に $N(0,\ 1)$ に従う。

ゆえに，任意の正の数 c に対して

$$P\left(|R-p|\leqq c\cdot\sqrt{\frac{p(1-p)}{n}}\right)=P(|Z|\leqq c)=2p(c)$$

となる。ただし，$p(c)=P(0\leqq Z\leqq c)$ である。

ゆえに　$P\left(p-c\cdot\sqrt{\dfrac{p(1-p)}{n}}\leqq R\leqq p+c\cdot\sqrt{\dfrac{p(1-p)}{n}}\right)=2p(c)$

よって　$P\left(R-c\cdot\sqrt{\dfrac{p(1-p)}{n}}\leqq p\leqq R+c\cdot\sqrt{\dfrac{p(1-p)}{n}}\right)=2p(c)$

$2p(c)=0.95$ を満たす c の値は，正規分布表から

$c=1.96$

ゆえに　$P\left(R-1.96\sqrt{\dfrac{p(1-p)}{n}}\leqq p\leqq R+1.96\sqrt{\dfrac{p(1-p)}{n}}\right)=0.95$

また，$2p(c)=0.99$ を満たす c の値は，正規分布表から

$c=2.58$

よって　$P\left(R-2.58\sqrt{\dfrac{p(1-p)}{n}}\leqq p\leqq R+2.58\sqrt{\dfrac{p(1-p)}{n}}\right)=0.99$

n が十分大きいとき，大数の法則($p.549$)により，R は p に近いとみなしてよいから，上の 2 式の $p(1-p)$ を $R(1-R)$ でおき換えると，上の基本事項が得られる。

Ⓘ 正規分布 $N(m,\ \sigma^2)$ は $Z=\dfrac{X-m}{\sigma}$ で $N(0,\ 1)$ へ [標準化]

基本例題 89 母平均の推定(1)

ある工場で大量生産されている電球の中から無作為に抽出した25個について試験したところ，それらの寿命の平均値は1500時間であった。製品全体の平均寿命を信頼度95％で推定せよ。ただし，製品の寿命は正規分布に従い，標準偏差は110時間である。

p.556 基本事項 1

指針 例えば，母平均 m に対して信頼度95％の信頼区間を求めることを，「**母平均 m を信頼度95％で推定する**」ということがある。つまり，この問題は母平均(製品全体の平均寿命)の信頼度95％の信頼区間を求めることに他ならない。

信頼度95％の信頼区間 $\left[\overline{X}-1.96\cdot\dfrac{\sigma}{\sqrt{n}},\ \overline{X}+1.96\cdot\dfrac{\sigma}{\sqrt{n}}\right]$

問題文より，$\overline{X}=1500$，$n=25$，$\sigma=110$ を読みとることができるから，これを上の公式に代入すればよい。

解答

標本の大きさは $n=25$，標本平均は $\overline{X}=1500$，母標準偏差は $\sigma=110$ で，製品の寿命は正規分布に従うから，標本平均 $\overline{X}$ は正規分布 $N\left(m,\ \dfrac{\sigma^2}{n}\right)$ に従う。

◀母平均，母標準偏差，標本平均，標本標準偏差の区別をきちんとつけておくこと。

よって，母平均に対する信頼度95％の信頼区間は

$$\left[1500-1.96\cdot\frac{110}{\sqrt{25}},\ 1500+1.96\cdot\frac{110}{\sqrt{25}}\right]$$

◀$1.96\cdot\dfrac{110}{\sqrt{25}}=43.12$

ゆえに　$[1456.88,\ 1543.12]$

すなわち　**[1457, 1543]　ただし，単位は 時間**

◀問題文中の条件は整数値であるから，小数第1位を四捨五入した。

参考 1. 上の解答で，信頼度95％の信頼区間を

$1500-1.96\cdot\dfrac{110}{\sqrt{25}}\leqq m\leqq 1500+1.96\cdot\dfrac{110}{\sqrt{25}}$ として「**$1457\leqq m\leqq 1543$ 単位は 時間**」

または「**1457時間以上1543時間以内**」などと答えてもよい。なお，信頼区間の意味については，次ページのズームUPを参照。

参考 2. 信頼度99％で推定すると，次のようになる。

信頼区間は　$\left[1500-2.58\cdot\dfrac{110}{\sqrt{25}},\ 1500+2.58\cdot\dfrac{110}{\sqrt{25}}\right]$

ゆえに　$[1443.24,\ 1556.76]$

◀$2.58\cdot\dfrac{110}{\sqrt{25}}=56.76$

すなわち　**[1443, 1557]　ただし，単位は 時間**

なお，信頼区間の式にある係数1.96，2.58はよく用いるので覚えておくとよいが，その求め方（p.556）もしっかり理解しておこう。

練習 ② 89 砂糖の袋の山から100個を無作為に抽出して，重さの平均値300.4gを得た。重さの母標準偏差を7.5gとして，1袋あたりの重さの平均値を信頼度95％で推定せよ。

p.562 EX55

信頼区間について

例題 **89** で学習した信頼区間について，更に詳しく解説しよう。

● 信頼区間の意味

例題 **89** で求めた信頼区間について，次のような解釈は誤りであるとされている。

・製品全体の 95％ の寿命は [1457，1543] の範囲内にある。
・求めた信頼区間 [1457，1543] の範囲内に，寿命の母平均 m が含まれる確率が 95％ である。

特に，2 つ目の解釈で誤った理解をしてしまうことが多い。**母平均 m は母集団に対して定まるある一定の値** であり，確率によって区間に含まれるかどうかが変化するものではないことに注意したい。

母平均 m に対する信頼度 95％ の信頼区間の正しい解釈は，次のようになる。

標本から実際に得られる平均値は，抽出される標本によって異なる。しかし，無作為抽出を繰り返し，得られた平均値から多数の区間，例えば 100 個作ると，母平均 m を含む区間が 95 個程度あることを意味している。

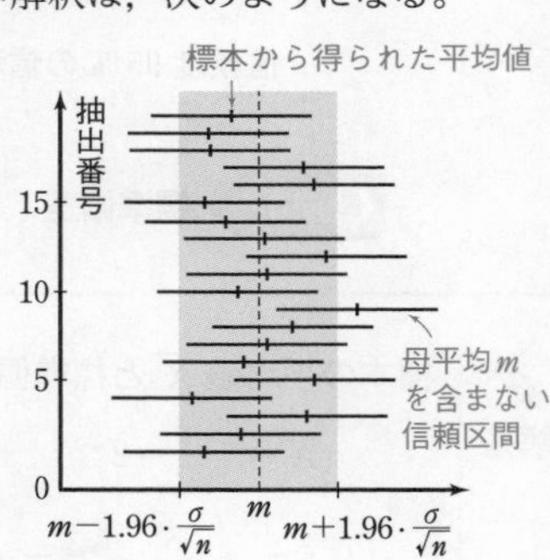

これが信頼度 95％ の信頼区間の意味である。

参考 信頼区間のように，平均値などを区間の形で推定する（幅をもたせて推定する）方法を **区間推定** という。これに対し，1 つの値で推定する方法を **点推定** という。例えば，標本平均の値を母平均の推定値とする方法は点推定である。

● 信頼度を変えて推定すると？

信頼度 95％ の場合と，99％ の場合の信頼区間を比較してみよう。

95％ の信頼区間：[1457，1543]
99％ の信頼区間：[1443，1557]

信頼度95%の信頼区間
信頼度99%の信頼区間
1443　1457　1500　1543　1557

であるから，これより

信頼度を高くすると，信頼区間の幅は広がる

ということがわかる。

信頼区間は，「無作為抽出によって多くの区間を作ったとき，その信頼度程度の割合で母平均を含む区間がある」という意味であるから，より多くの区間が母平均を含むためには，区間の幅が広くなってしまうことになる。

基本例題 90 母平均の推定 (2)

ある高校で 100 人の生徒を無作為に抽出して調べたところ，本人を含む兄弟の数 X は下の表のようであった。1 人あたりの本人を含む兄弟の数の平均値を，信頼度 95％ で推定せよ。ただし，$\sqrt{22}=4.69$ とし，小数第 2 位を四捨五入して小数第 1 位まで求めよ。

本人を含む兄弟の数	1	2	3	4	5	計
度　数	34	41	17	7	1	100

基本 89

指針 例題 **89** においては，母標準偏差 σ が与えられていたが，一般には，σ の値はわからないことが多い。しかし，**標本の大きさ n が大きいときは，母標準偏差 σ の代わりに標本標準偏差 S** $\left[S=\sqrt{\frac{1}{n}\sum_{k=1}^{n}(X_k-\overline{X})^2}\right]$ **を用いても差し支えない。**

この問題では，まず標本の平均値 $\overline{X}$ と標準偏差 S を求める。

なお，S の計算は $\sqrt{\frac{1}{n}\sum_{i=1}^{n}X_i^2f_i-(\overline{X})^2}$ を用いて計算すると早い(**表を作る**)。

信頼度 95％ の信頼区間 $\left[\overline{X}-1.96\cdot\frac{S}{\sqrt{n}},\ \overline{X}+1.96\cdot\frac{S}{\sqrt{n}}\right]$

CHART 標準偏差
1. xf, x^2f の表を作る
2. $\sqrt{(x^2\text{ の平均値})-(x\text{ の平均値})^2}$ で計算

解答

標本の平均値 $\overline{X}$ と標準偏差 S を，右の表から求めると

$$\overline{X}=\frac{200}{100}=2$$

$$S=\sqrt{\frac{488}{100}-2^2}=\sqrt{0.88}=\frac{\sqrt{88}}{10}=\frac{2\sqrt{22}}{10}$$

$$=\frac{2\cdot 4.69}{10}=0.938$$

x	f	xf	x^2f
1	34	34	34
2	41	82	164
3	17	51	153
4	7	28	112
5	1	5	25
計	100	200	488

$n=100$ は十分大きいから，$\overline{X}$ は近似的に正規分布 $N\left(m,\ \frac{S^2}{n}\right)$ に従う。

よって，母平均に対する信頼度 95％ の信頼区間は

$$\left[2-1.96\cdot\frac{0.938}{\sqrt{100}},\ 2+1.96\cdot\frac{0.938}{\sqrt{100}}\right]$$

ゆえに　　$[1.816152,\ 2.183848]$

すなわち　　**[1.8, 2.2]　ただし，単位は 人**

練習 ② 90

(1) ある地方 A で 15 歳の男子 400 人の身長を測ったところ，平均値 168.4 cm，標準偏差 5.7 cm を得た。地方 A の 15 歳の男子の身長の平均値を，95％ の信頼度で推定せよ。

(2) 円の直径を 100 回測ったら，平均値 23.4 cm，標準偏差 0.1 cm であった。この円の面積を信頼度 95％ で推定せよ。ただし，$\pi=3.14$ として計算せよ。

基本 例題 91 母比率の推定

(1) ある高校の1年生100人について，バス通学者は64人であった。これを無作為標本として，この高校の1年生全体におけるバス通学者の割合を信頼度95%で推定せよ。

(2) ある意見に対する賛成率は約60%と予想されている。この意見に対する賛成率を，信頼度95%で信頼区間の幅が8%以下になるように推定したい。何人以上抽出して調べればよいか。

p.557 基本事項 2

指針 (1) **母比率の推定**
信頼度95%の信頼区間 $\left[R-1.96\sqrt{\dfrac{R(1-R)}{n}},\ R+1.96\sqrt{\dfrac{R(1-R)}{n}}\right]$

(2) 抽出する標本の大きさ n が大きいとき，標本比率を R とすると，母比率 p に対する信頼度95%の **信頼区間の幅** は　$2\times1.96\sqrt{\dfrac{R(1-R)}{n}}$

解答

(1) 標本比率 R は　$R=\dfrac{64}{100}=0.64$

$n=100$ であるから　$\sqrt{\dfrac{R(1-R)}{n}}=\sqrt{\dfrac{0.64\cdot0.36}{100}}=0.048$

よって，バス通学者の割合に対する信頼度95%の信頼区間は　$[0.64-1.96\cdot0.048,\ 0.64+1.96\cdot0.048]$

すなわち　**[0.546, 0.734]**

(2) 標本比率を R，標本の大きさを n 人とすると，信頼度95%の信頼区間の幅は

$$2\times1.96\sqrt{\frac{R(1-R)}{n}}=3.92\sqrt{\frac{R(1-R)}{n}}$$

信頼区間の幅を8%以下とすると　$3.92\sqrt{\dfrac{R(1-R)}{n}}\leqq0.08$

標本比率 R は賛成率で，$R\fallingdotseq0.60$ とみてよいから

$$3.92\sqrt{\frac{0.6\cdot0.4}{n}}\leqq0.08$$

よって　$\sqrt{n}\geqq\dfrac{3.92\sqrt{0.6\cdot0.4}}{0.08}$

両辺を2乗して　$n\geqq49^2\cdot0.24=576.24$

この不等式を満たす最小の自然数 n は　$n=577$

したがって，**577人以上** 抽出すればよい。

◀ $1.96\cdot0.048\fallingdotseq0.094$

◀ 54.6%以上73.4%以下。

◀ R は $p=0.60$ に近いとみなしてよい。

◀ $\dfrac{3.92}{0.08}=49$

練習 ③ 91
(1) ある工場の製品400個について検査したところ，不良品が8個あった。これを無作為標本として，この工場の全製品における不良率を，信頼度95%で推定せよ。
(2) さいころを投げて，1の目が出る確率を信頼度95%で推定したい。信頼区間の幅を0.1以下にするには，さいころを何回以上投げればよいか。

p.562 EX56

EXERCISES

②**52** 1 個のさいころを 150 回投げるとき，出る目の平均を $\overline{X}$ とする。$\overline{X}$ の期待値，標準偏差を求めよ。 →84

③**53** 平均 m，標準偏差 σ の正規分布に従う母集団から 4 個の標本を抽出するとき，その標本平均 $\overline{X}$ が $m-\sigma$ と $m+\sigma$ の間にある確率は何 % であるか。 →87

③**54** ある国の 14 歳女子の身長は，母平均 160 cm，母標準偏差 5 cm の正規分布に従うものとする。この女子の集団から，無作為に抽出した女子の身長を X cm とする。

(1) 確率変数 $\dfrac{X-160}{5}$ の平均と標準偏差を求めよ。

(2) $P(X \geqq x) \leqq 0.1$ となる最小の整数 x を求めよ。

(3) X が 165 cm 以上 175 cm 以下となる確率を求めよ。ただし，小数第 3 位を四捨五入せよ。

(4) この国の 14 歳女子の集団から，大きさ 2500 の無作為標本を抽出する。このとき，この標本平均 $\overline{X}$ の平均と標準偏差を求めよ。更に，X の母平均と標本平均 $\overline{X}$ の差 $|\overline{X}-160|$ が 0.2 cm 以上となる確率を求めよ。ただし，小数第 3 位を四捨五入せよ。 〔滋賀大〕

→87

③**55** 発芽して一定期間後の，ある花の苗の高さの分布は，母平均 m cm，母標準偏差 1.5 cm の正規分布であるとする。大きさ n の標本を無作為抽出して，信頼度 95 % の m に対する信頼区間を求めたところ，[9.81, 10.79] であった。標本平均 $\overline{x}$ と n の値を求めよ。 〔九州大〕

→89

③**56** ある町の駅で乗降客 400 人を任意に抽出して調べたところ，196 人がその町の住人であった。乗降客中，その町の住人の比率を信頼度 99 % で推定せよ。 →91

52 まず，母平均，母標準偏差を求める。

54 (2) X を標準化した確率変数を Z とすると，$P(X \geqq x) \leqq 0.1$ から，$P(Z \geqq u) \leqq 0.1$ となる $u\,(u \geqq 0)$ の値を調べる。

④57　さいころを n 回投げて，出た目の表す確率変数を順に X_1，X_2，……，X_n とする。$\overline{X}=\dfrac{1}{n}\sum_{i=1}^{n}X_i$ とするとき

(1)　$\overline{X}$ の期待値 $E(\overline{X})$ を求めよ。　　(2)　$\overline{X}$ の分散 $V(\overline{X})$ を求めよ。

(3)　$n=3$ のとき，$|\overline{X}-E(\overline{X})|\geqq 2\sqrt{V(\overline{X})}$ となる確率を求めよ。

〔九州芸工大〕

③58　ある大学には，多くの留学生が在籍している。この大学の留学生に対して学習や生活を支援する留学生センターでは，留学生の日本語の学習状況について関心を寄せている。

(1)　40 人の留学生を無作為に抽出し，ある 1 週間における留学生の日本語の学習時間（分）を調査した。ただし，日本語の学習時間は母平均 m，母分散 σ^2 の分布に従うものとする。
母分散 σ^2 を 640 と仮定すると，標本平均の標準偏差は ア□ となる。調査の結果，40 人の学習時間の平均値は 120 であった。標本平均が近似的に正規分布に従うとして，母平均 m に対する信頼度 95％ の信頼区間を $C_1\leqq m\leqq C_2$ とすると $C_1=$ イ□，$C_2=$ ウ□ である。

(2)　(1) の調査とは別に，日本語の学習時間を再度調査することになった。
そこで，50 人の留学生を無作為に抽出し，調査した結果，学習時間の平均値は 120 であった。
母分散 σ^2 を 640 と仮定したとき，母平均 m に対する信頼度 95％ の信頼区間を $D_1\leqq m\leqq D_2$ とすると，エ□ が成り立つ。エ□ に当てはまるものを，次の ⓪～③ のうちから 1 つ選べ。

⓪　$D_1<C_1$ かつ $D_2<C_2$　　①　$D_1<C_1$ かつ $D_2>C_2$
②　$D_1>C_1$ かつ $D_2<C_2$　　③　$D_1>C_1$ かつ $D_2>C_2$

一方，母分散 σ^2 を 960 と仮定したとき，母平均 m に対する信頼度 95％ の信頼区間を $E_1\leqq m\leqq E_2$ とする。このとき，$D_2-D_1=E_2-E_1$ となるためには，標本の大きさを 50 の オ□ 倍にする必要がある。　〔類 共通テスト〕

→89，91

HINT　57 (3)　❶ 確率　N と a の発見　まず不等式を解き，$\sum_{i=1}^{3}X_i$ の満たす条件を調べる。次に，それを満たす組 $(X_1,\ X_2,\ X_3)$ の総数を調べる。

58 (2)　(1) の場合と標本の大きさ n が異なる。信頼度が同じで n が大きくなるとき，信頼区間の端の値の大小を比較する。

12 仮説検定

基本事項

1 仮説検定

母集団分布に関する仮定を **仮説** といい，標本から得られた結果によって，この仮説が正しいか正しくないかを判断する方法を **仮説検定** という。また，仮説が正しくないと判断することを，仮説を **棄却する** という。

2 有意水準と棄却域

仮説検定においては，どの程度小さい確率の事象が起こると仮説を棄却するか，という基準を予め定めておく。この基準となる確率 α を **有意水準** または **危険率** という。

有意水準 α に対し，立てた仮説のもとでは実現しにくい確率変数の値の範囲を，その範囲の確率が α になるように定める。この範囲を有意水準 α の **棄却域** といい，実現した確率変数の値が棄却域に入れば仮説を棄却する。

補足　有意水準は，0.05（5%）や 0.01（1%）とすることが多い。

3 仮説検定の手順

仮説検定の手順を示すと，次のようになる。

① 事象が起こった状況や原因を推測し，仮説を立てる。
② 有意水準 α を定め，仮説に基づいて棄却域を求める。
③ 標本から得られた確率変数の値が棄却域に入れば仮説を棄却し，棄却域に入らなければ仮説を棄却しない。

注意　有意水準 α で仮説検定を行うことを，「有意水準 α で検定する」ということがある。

解　説

■仮説検定

仮説検定は，母集団に関する仮説を立て，その仮説が正しいかどうかを判断する統計的な手法である。次の具体例で説明しよう。

例　あるコインは，表と裏の出方に偏りがあると言われている。実際にこのコインを 100 回投げたところ，表が 62 回出た。このことから，「このコインは表と裏の出方に偏りがある」と判断してよいだろうか。

このコインの表の出る確率を p として，次の仮説を立てる。

仮説 H_1：$p \neq 0.5$
仮説 H_0：$p=0.5$
（互いに反する仮説）

仮説 H_0 のもとで，コインを 100 回投げて表が 62 回出ることはどの程度珍しいかを考える。ここでは，起こる可能性が低いと判断する基準となる確率（有意水準）を 0.05 とする。

参考　仮説検定において，正しいかどうか判断したい主張に反する仮定として立てた仮説を **帰無仮説**（きむ）といい，もとの主張を **対立仮説** という。
帰無仮説には H_0，対立仮説には H_1 がよく用いられる。なお，H は仮説を意味する英語 hypothesis の頭文字である。

このコインを 100 回投げたとき，表が出る回数を X とすると，X は二項分布 $B(100,\ 0.5)$ に従う確率変数である。

X の期待値 m と標準偏差 σ は

$$m=100\cdot 0.5=50,$$
$$\sigma=\sqrt{100\cdot 0.5\cdot(1-0.5)}=5$$

◀ $m=np$，$\sigma=\sqrt{npq}$
ただし $q=1-p$

よって，$Z=\dfrac{X-50}{5}$ は近似的に標準正規分布 $N(0,\ 1)$ に従う。

正規分布表より，$P(-1.96\leqq Z\leqq 1.96)\fallingdotseq 0.95$ である。

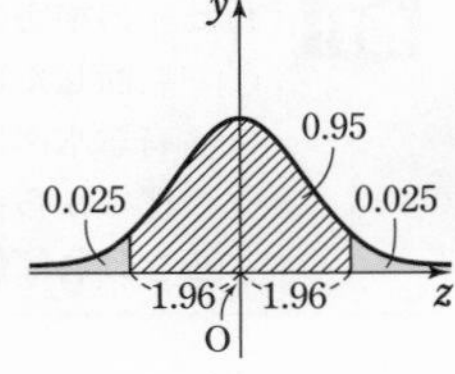

これは，仮説 H_0 のもとでは，確率 0.95 で $-1.96\leqq Z\leqq 1.96$ となることを意味し，逆に言えば，

「$Z\leqq -1.96$ または $1.96\leqq Z$ …… ①」

となる事象は，確率 0.05 でしか起こらないことを示している。

$X=62$ のとき，$Z=\dfrac{62-50}{5}=2.4$ であり，$Z=2.4$ は ① の範囲に含まれている。

したがって，$X=62$ という結果は，仮説 H_0 のもとでは起こる可能性の低いことが起きた，ということになる。

よって，仮説 H_0：$p=0.5$ は正しくなく，仮説 H_1：$p\neq 0.5$ が正しい，すなわち「このコインは表と裏の出方に偏りがある」と判断するのが適切である。（このようなとき，仮説 H_0 を **棄却する** という。）

このように，仮説検定は，ある仮説のもとで非常に珍しいことが起こった場合，その仮説は正しくなく，それに反する仮説が正しかった，と判断する方法である。

補定　仮説 H_0 が棄却されないときは，仮説 H_0 を積極的に正しいと主張するわけではなく，他のより多くのデータや情報を待って判断する。この意味で，仮説が棄却されないことを **消極的容認** ともいう。

■ 両側検定と片側検定

前述の 例 では，「表と裏の出方に偏りがある」かどうかを判断するために仮説を立てた。これは，偏りがある，すなわち，表の出た回数が大きすぎても小さすぎても仮説が棄却されるように，棄却域を両側にとっている。このような検定を **両側検定** という。

両側検定

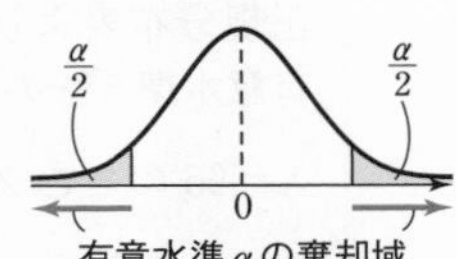

これに対し，「表が出やすい」かどうかを判断する場合は，$p\geqq 0.5$ を前提として，

仮説 H_1：このコインは表が出やすい，
　　すなわち　$p>0.5$
仮説 H_0：このコインの表と裏の出方に偏りはない，
　　すなわち　$p=0.5$

のように仮説を立てて検定を行う。

この場合，右の図のように，表の出た回数が大きい方のみに棄却域をとる。このような，棄却域を片側にとる検定を **片側検定** という。

片側検定

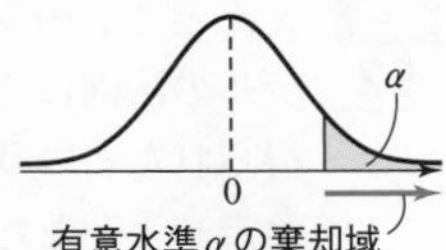

基本 例題 92 母比率の検定(1) ……両側検定

ある1個のさいころを720回投げたところ，1の目が95回出た。このさいころは，1の目の出る確率が $\frac{1}{6}$ ではないと判断してよいか。有意水準5%で検定せよ。

p.564 基本事項 1 ～ 3

指針 母比率の検定は，次の手順で行う。
① 判断したい仮説（対立仮説）に反する **仮説 H_0**（帰無仮説）**を立てる。**
② 有意水準に従い，仮説 H_0 のもとで **棄却域を求める。**
③ 標本から得られた確率変数の値が **棄却域に入れば仮説 H_0 を棄却し，棄却域に入らなければ仮説 H_0 を棄却しない。**

解答

1の目が出る確率を p とする。1の目の出る確率が $\frac{1}{6}$ でないならば，$p \neq \frac{1}{6}$ である。ここで，1の目の出る確率が $\frac{1}{6}$ であるという次の仮説を立てる。

仮説 H_0：$p=\frac{1}{6}$

仮説 H_0 が正しいとすると，720回のうち1の目が出る回数 X は，二項分布 $B\left(720,\ \frac{1}{6}\right)$ に従う。
X の期待値 m と標準偏差 σ は

$$m=720\cdot\frac{1}{6}=120,\ \sigma=\sqrt{720\cdot\frac{1}{6}\cdot\left(1-\frac{1}{6}\right)}=10$$

よって，$Z=\frac{X-120}{10}$ は近似的に標準正規分布 $N(0,\ 1)$ に従う。
正規分布表より $P(-1.96 \leqq Z \leqq 1.96) \fallingdotseq 0.95$ であるから，有意水準5%の棄却域は　$Z \leqq -1.96,\ 1.96 \leqq Z$
$X=95$ のとき $Z=\frac{95-120}{10}=-2.5$ であり，この値は棄却域に入るから，仮説 H_0 を棄却できる。
したがって，**1の目が出る確率が $\frac{1}{6}$ ではないと判断してよい。**

◀①：仮説を立てる。判断したい仮説が「p が $\frac{1}{6}$ ではない」であるから，
帰無仮説 H_0：$p=\frac{1}{6}$
対立仮説 H_1：$p \neq \frac{1}{6}$
となり，両側検定で考える。

◀$m=np$，$\sigma=\sqrt{npq}$
ただし　$q=1-p$

◀②：棄却域を求める。

◀③：実際に得られた値が棄却域に入るかどうか調べ，仮説を棄却するかどうか判断する。

練習 ② 92 えんどう豆の交配で，2代雑種において黄色の豆と緑色の豆のできる割合は，メンデルの法則に従えば3:1である。ある実験で黄色の豆が428個，緑色の豆が132個得られたという。この結果はメンデルの法則に反するといえるか。有意水準5%で検定せよ。ただし，$\sqrt{105}=10.25$ とする。

p.571 EX 59, 60

仮説検定の考え方

仮説検定の考え方は数学Ⅰの「データの分析」でも学習した。ここでは，仮説検定の考え方を復習するとともに，正規分布を利用する仮説検定の考え方を説明する。

● 仮説を立て，棄却域を求める

判断したい主張に反する仮説を立て，その仮説のもとで実際に起こった出来事が非常に珍しいことであれば，その仮説は疑わしいと考えられる。このようなとき，仮説は正しくないとし，もとの主張が正しかったと判断する考え方が，仮説検定の考え方である。

ここでは，立てた仮説のもとでは実現しにくい確率変数の値の範囲を有意水準に応じて求め，実際に起きた事象から得られた確率変数の値がその範囲に入る場合に仮説を棄却する，という手順で検定を行う。

つまり，仮説 H_0 のもとで，

　　1の目が出る回数が何回だとしたら，それは実現しにくいことか？

をまず求める。これが，棄却域を求めることに相当する。

この例題では，$Z \leqq -1.96$，$1.96 \leqq Z$ となるのは5％でしか起きないから，実際に起きた事象から得られた確率変数の値がこの範囲に入るとき，仮説が誤りだったと判断する（仮説を棄却する），ということである。

なお，棄却域を求めると $Z \leqq -1.96$，$1.96 \leqq Z$ となったが，これを X についての不等式で表してみよう。$Z=\dfrac{X-120}{10}$ を代入すると

$\dfrac{X-120}{10} \leqq -1.96$ から　$X \leqq 100.4$　　　$1.96 \leqq \dfrac{X-120}{10}$ から　$139.6 \leqq X$

よって，$\boldsymbol{X \leqq 100.4}$，$\boldsymbol{139.6 \leqq X}$ が X についての棄却域である。

このように X についての棄却域を求め，$X=95$ がこの範囲に入るから，仮説 H_0 は棄却できる，と解答してもよい。

補足　X は1の目が出た回数であり，特に自然数である。よって，自然数であることを考慮して，棄却域を $\boldsymbol{X \leqq 100}$，$\boldsymbol{140 \leqq X}$ としてもよい。

● 有意水準が1％のときは？

この例題では有意水準を5％として検定したが，有意水準が1％の場合を考えてみよう。正規分布表より $P(-2.58 \leqq Z \leqq 2.58) \fallingdotseq 0.99$ であるから，棄却域は $Z \leqq -2.58$，$2.58 \leqq Z$ となる。

$X=95$ のとき，$Z=-2.5$ であり，この値は棄却域に入らないから，仮説 H_0 を棄却できず，1の目が出る確率が $\dfrac{1}{6}$ でないとは判断できない。

このように，有意水準の値によって，仮説が棄却されるかどうかが異なる場合がある。

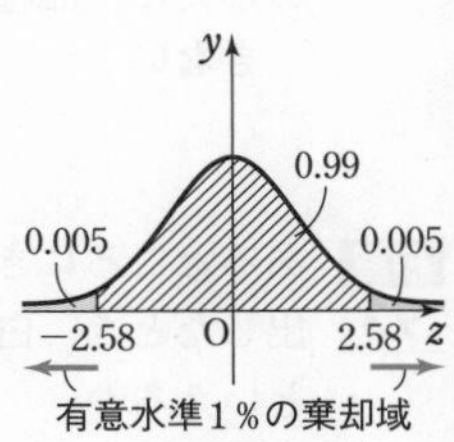

有意水準1％の棄却域

2章　12 仮説検定

基本例題 93 母比率の検定 (2) ……片側検定

ある種子の発芽率は，従来 80% であったが，発芽しやすいように品種改良した。品種改良した種子から無作為に 400 個抽出して種をまいたところ 334 個が発芽した。品種改良によって発芽率が上がったと判断してよいか。

(1) 有意水準 5% で検定せよ。

(2) 有意水準 1% で検定せよ。

基本 92

「発芽率が上がったと判断してよいか」とあるから，**片側検定** の問題である。
(1), (2) のそれぞれの場合について，正規分布表から棄却域を求め，標本から得られたデータが棄却域に入るかどうかで判断する。

解答

(1) 品種改良した種子の発芽率を p とする。品種改良によって発芽率が上がったならば，$p>0.8$ である。
ここで，「品種改良によって発芽率は上がらなかった」という次の仮説を立てる。

仮説 H_0：$p=0.8$

仮説 H_0 が正しいとすると，400 個のうち発芽する種子の個数 X は，二項分布 $B(400,\ 0.8)$ に従う。
X の期待値 m と標準偏差 σ は

$$m=400\cdot 0.8=320,\quad \sigma=\sqrt{400\cdot 0.8\cdot(1-0.8)}=8$$

よって，$Z=\dfrac{X-320}{8}$ は近似的に標準正規分布 $N(0,\ 1)$ に従う。
正規分布表より $P(Z\leqq 1.64)\fallingdotseq 0.95$ であるから，有意水準 5% の棄却域は　$Z\geqq 1.64$ …… ①
$X=334$ のとき $Z=\dfrac{334-320}{8}=1.75$ であり，この値は棄却域 ① に入るから，仮説 H_0 を棄却できる。
ゆえに，**品種改良によって発芽率が上がったと判断してよい。**

(2) 正規分布表より $P(Z\leqq 2.33)\fallingdotseq 0.99$ であるから，有意水準 1% の棄却域は　$Z\geqq 2.33$ …… ②
$Z=1.75$ は棄却域 ② に入らないから，仮説 H_0 を棄却できない。
ゆえに，**品種改良によって発芽率が上がったとは判断できない。**

◀「発芽率が上がったと判断してよいか」とあるから，$p\geqq 0.8$ を前提とする。このとき，仮説は
帰無仮説 H_0：$p=0.8$
対立仮説 H_1：$p>0.8$
となり，片側検定で考える。

◀$m=np$，$\sigma=\sqrt{npq}$
ただし　$q=1-p$

◀片側検定であるから，棄却域を分布の片側だけにとる。

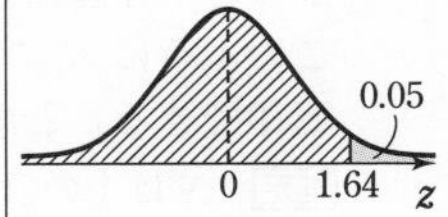

◀有意水準 1% の棄却域。
$P(Z\leqq 2.33)$
$=0.5+p(2.33)$
$\fallingdotseq 0.5+0.49=0.99$

練習 ② 93 あるところにきわめて多くの白球と黒球がある。いま，900 個の球を無作為に取り出したとき，白球が 480 個，黒球が 420 個あった。この結果から，白球の方が多いといえるか。 〔類 中央大〕

(1) 有意水準 5% で検定せよ。　(2) 有意水準 1% で検定せよ。

p.571 EX 62

基本例題 94 母平均の検定

内容量が 255 g と表示されている大量の缶詰から，無作為に 64 個を抽出して内容量を調べたところ，平均値が 252 g であった。母標準偏差が 9.6 g であるとき，1 缶あたりの内容量は表示通りでないと判断してよいか。有意水準 5% で検定せよ。

p.564 基本事項 1～3

指針 母平均についても，母比率の検定と同様に検定を行うことができる。
仮説 $m=255$ を立てて検定を行うが，内容量の標本平均 $\overline{X}$ が従う分布に注意。……★
母平均 m，母標準偏差 σ の母集団から大きさ n の無作為標本を抽出するとき，標本平均 $\overline{X}$ の分布について次が成り立つ（$p.549$）。

標本平均 $\overline{X}$ の分布　n が大きいとき，近似的に正規分布 $N\left(m,\ \dfrac{\sigma^2}{n}\right)$ に従う

解答

無作為抽出した 64 個の缶詰について，内容量の標本平均を $\overline{X}$ とする。ここで，

仮説 H_0：母平均 m について $m=255$ である

を立てる。

標本の大きさは十分大きいと考えると，仮説 H_0 が正しいとするとき，$\overline{X}$ は近似的に正規分布 $N\left(255,\ \dfrac{9.6^2}{64}\right)$ に従う。

$\dfrac{9.6^2}{64}=1.2^2$ であるから，$Z=\dfrac{\overline{X}-255}{1.2}$ は近似的に $N(0,\ 1)$ に従う。

正規分布表より $P(-1.96\leqq Z\leqq 1.96)\fallingdotseq 0.95$ であるから，有意水準 5% の棄却域は　$Z\leqq -1.96,\ 1.96\leqq Z$

$\overline{X}=252$ のとき $Z=\dfrac{252-255}{1.2}=-2.5$ であり，この値は棄却域に入るから，仮説 H_0 を棄却できる。

すなわち，**1 缶あたりの内容量は表示通りでないと判断してよい。**

◀内容量についての仮説を立て，両側検定で考える。

◀指針___……★ の方針。まず，$\overline{X}$ がどのような正規分布に従うかを求め，その後，$\overline{X}$ を標準化した Z から棄却域を求める。母標準偏差は 9.6 であるが，$Z=\dfrac{\overline{X}-255}{9.6}$ とするのは **誤り！**

注意 母標準偏差 σ も不明のときは，推定の場合と同様に，標本の大きさが十分大きければ，σ の代わりに標本標準偏差を用いて検定を行う。下の練習 94 参照。

練習 ② 94 ある県全体の高校で 1 つのテストを行った結果，その平均点は 56.3 であった。ところで，県内の A 高校の生徒のうち，225 人を抽出すると，その平均点は 54.8，標準偏差は 12.5 であった。この場合，A 高校全体の平均点が，県の平均点と異なると判断してよいか。有意水準 5% で検定せよ。

p.571 EX 63

参考事項 第 1 種の過誤と第 2 種の過誤

仮説検定では，得られたデータにより，帰無仮説 H_0 が棄却されたり，棄却されなかったりする。ここでは，帰無仮説 H_0 が棄却されないときは，仮説 H_0 を「採択する」と表すことにする。

● 第 1 種の過誤と第 2 種の過誤

仮説検定を行うと，次のような 2 種類の誤りが生じる可能性がある。

1 つは，仮説 H_0 が本当は正しいのにも関わらず，得られたデータが棄却域に入ってしまい，仮説 H_0 を棄却してしまうことがある。
これを **第 1 種の過誤** という。有意水準 α は第 1 種の過誤が起きる確率である。
$p.564$ のコイン投げの例において，仮にコインが公正であったとしても，確率 5% 程度で，コインを 100 回投げたとき表が出る回数 X が $X \leqq 40$ または $60 \leqq X$ となる。

$p.564$ のコイン投げの例

公正なコインを 100 回投げる
→ 表が出る回数 X は……

確率 95% 程度 → $41 \leqq X \leqq 59$

確率 5% 程度 → $X \leqq 40$ または $60 \leqq X$

コインが公正であっても，確率 5%程度で，この場合を観測する可能性がある
→ **第一種の過誤**

その場合を観測したとすると「仮説 H_0：コインが公正である」を棄却することになるが，実際にはコインは公正であるから，正しい判断をしたとはいえない。
なお，仮説 H_0 が本当は正しいのにも関わらず棄却してしまう危険性が確率 α で起こりうることから，有意水準のことを危険率ともいう。

もう 1 つは，仮説 H_0 が本当は誤りにも関わらず，得られたデータが棄却域に入らなかったために，仮説 H_0 を棄却せず採択してしまうことがある。
このような誤りを **第 2 種の過誤** という。
例えば，コインを 100 回投げる試行を考えると，仮にこのコインに歪みがあり，公正でないコインだったとしても，表が出る回数 X が $41 \leqq X \leqq 59$ の範囲の値をとることは起こりうる。その場合，「仮説 H_0：コインは公正である」は棄却されず採択されるが，実際には公正でないコインであるから，正しい判断をしたとはいえない。

以上のことをまとめると，次のようになる。

	仮説 H_0 を棄却	仮説 H_0 を採択
仮説 H_0 が正しい	第 1 種の過誤	正しい判断
仮説 H_0 が誤り	正しい判断	第 2 種の過誤

● 生産者リスクと消費者リスク

第 1 種の過誤と第 2 種の過誤は，それぞれ，生産者リスク と 消費者リスク と呼ばれることもある。これは，製品の生産者が出荷する製品の品質管理をする場合に，本当は製品に問題が無いにも関わらず製品の検査段階で不良品と判断し出荷しないこと（生産者リスク）と，製品に問題があるにも関わらず検査段階で問題無しと判断し出荷してしまうこと（消費者リスク）に，それぞれ対応する。

EXERCISES

②59 ある集団における子どもは男子 1596 人，女子 1540 人であった。この集団における男子と女子の出生率は等しくないと認めてよいか。有意水準（危険率）5% で検定せよ。 〔類 宮崎医大〕

→92

②60 (1) あるコインを 1600 回投げたところ，表が 830 回出た。このコインは，表と裏の出方に偏りがあると判断してよいか。有意水準 5% で検定せよ。

(2) (1) とは別のコインを 6400 回投げたところ，表が 3320 回出た。このコインは，表と裏の出方に偏りがあると判断してよいか。有意水準 5% で検定せよ。 →92

③61 ある 1 個のさいころを 500 回投げたところ，4 の目が 100 回出たという。このさいころの 4 の目の出る確率は $\frac{1}{6}$ でないと判断してよいか。有意水準（危険率）3% で検定せよ。 〔類 琉球大〕

→92

③62 現在の治療法では治癒率が 80% である病気がある。この病気の患者 100 人に対して現在の治療法をほどこすとき

(1) 治癒する人数 X が，その平均値 m 人より 10 人以上離れる確率

$$P(|X-m| \geqq 10)$$

を求めよ。ただし，二項分布を正規分布で近似して計算せよ。

(2) $P(|X-m| \geqq k) \leqq 0.05$ となる最小の整数 k を求めよ。

(3) 新しく開発された治療法をこの病気の患者 100 人に試みたところ，92 人が治癒した。この新しい治療法は在来のものと比較して，治癒率が向上したと判断してよいか。有意水準（危険率）5% で検定せよ。 〔類 和歌山県医大〕

→93

③63 ある種類のねずみは，生まれてから 3 か月後の体重が平均 65 g，標準偏差 4.8 g の正規分布に従うという。いまこの種類のねずみ 10 匹を特別な飼料で飼育し，3 か月後に体重を測定したところ，次の結果を得た。

67，71，63，74，68，61，64，80，71，73

この飼料はねずみの体重に異常な変化を与えたと考えられるか。有意水準 5% で検定せよ。 〔旭川医大〕

→94

HINT

61 有意水準 3% で検定を行うから，$P(-u \leqq Z \leqq u) \fallingdotseq 0.97$ となる u を求めて棄却域を求める。

62 (2) X を標準化するときと同様に，不等式 $|X-m| \geqq k$ を変形する。

63 まず，標本平均を求める。その値が棄却域に入るかどうかで，検定を行う。

参考事項　サンクトペテルブルクのパラドックス

賞金が得られるゲームに参加する場合，その参加費と賞金の期待値を比較することによって，そのゲームへの参加の是非を考えることがある。ここでは，期待値は十分に大きいにも関わらず，直感的には参加を見送ったほうがよいと思われる例を紹介する。

これを例示したのが 18 世紀の数学者ベルヌーイで，ロシア第 2 の都市サンクトペテルブルクに住んだことがあることから，**サンクトペテルブルクのパラドックス** と呼ばれている。

次のようなゲームを考える。

公正なコイン 1 枚を表が出るまで繰り返し投げ，表が出たら終了する。 コインを投げた回数を n とするとき，2^{n-1} 円の賞金がもらえる。

例えば，

3 回連続で裏が出て，4 回目に表が出た場合の賞金額は　　$2^{4-1}=2^3=8$ (円)

14 回連続で裏が出て，15 回目に表が出た場合の賞金額は　　$2^{15-1}=2^{14}=16384$ (円)

となる。

それでは，このゲームの期待値を求めてみよう。n 回目に初めて表が出る確率を p_n，そのときの賞金を X_n 円とすると，X_n は確率変数であり

$$p_n=\left(\frac{1}{2}\right)^{n-1}\cdot\frac{1}{2}=\left(\frac{1}{2}\right)^n,\quad X_n=2^{n-1}\ (\text{円})$$

よって，このゲームの期待値は

$$p_1X_1+p_2X_2+p_3X_3+\cdots=\left(\frac{1}{2}\right)^1\cdot2^0+\left(\frac{1}{2}\right)^2\cdot2^1+\left(\frac{1}{2}\right)^3\cdot2^2+\cdots=\frac{1}{2}+\frac{1}{2}+\frac{1}{2}+\cdots$$

となり，限りなく大きな金額が期待値となる（期待値が無限大である，ともいう）。ゆえに，参加費がいくらであってもこのゲームに参加した方がよいと考えられる。

しかし，本当に参加費がいくらであっても得になるゲームだろうか？
例えば，参加費が 1 万円であるとすると，参加費よりも大きい賞金が得られる確率は，14 回以上連続で裏が出る場合で，$\left(\frac{1}{2}\right)^{14}$ すなわち約 0.006 % と非常に小さい。

また，このゲームの主催者の立場になって考えてみると，現実に限りなく大きい賞金を支払うことはできないから，賞金に上限を設定する必要がある。例えば，27 回目まで裏が出続けた場合はそこで打ち切りとし，$2^{27}=134217728$ (円)，すなわち約 1 億 3400 万円を上限とする。このときの期待値は

$$p_1X_1+\cdots\cdots+p_{27}X_{27}+\left(\frac{1}{2}\right)^{27}\cdot2^{27}=\frac{1}{2}\cdot27+1=\mathbf{14.5}\ (\text{円})$$

となる。上限を設定した途端，期待値が限りなく大きい値から，十数円程度に変わってしまう。

このように，多額の賞金が得られる確率は非常に小さいことや，賞金に上限を設定することで現実的な期待値となる，といったことがわかる。また，このパラドックスに対してはさまざまな研究がなされているので，興味がある人は各自調べてみてほしい。

数学B 第3章

数学と社会生活

3

日常生活における問題や社会問題を解決するために，数学が役立つことがあります。この章では，そのような身の回りで数学が活用されている事例を，コラム形式で５つ取り上げました。
各トピックの最後には問題も掲載しているので，興味がある人はぜひ読んでみてください。

●内容一覧

トピック①：社会的な問題解決への漸化式の活用
トピック②：選挙の議席の割り振り方ードント式
トピック③：品質管理ー3σ 方式
トピック④：偏差値と正規分布
トピック⑤：対数グラフ

※基本事項，例題と練習，EXERCISES はありません。

トピック ① 社会的な問題解決への漸化式の活用

使用時間を指定して自動車を共有するカーシェアリングのように，モノを所有せずに共有するというライフスタイルが注目されている。多くの人で共有することにより，資産を有効に活用することができるからである。カーシェアリングの他にも，シェアサイクルやモバイルバッテリーのレンタルなど，さまざまな事業が展開されている。

このうち，借りたものを「どこに返してもよい」というサービスを実施しているものもある。このサービスは便利である反面，返すときにスペースがないという問題が発生する場合がある。よって，各拠点の最大収容数をどのように設定するかは大きな問題となる。

ここでは，「数列」で学んだ漸化式を利用し，シェアサイクルの各拠点の最大収容数について考えてみよう。

問題 ① シェアサイクルを運営する企業 X は，ある町に 2 つの拠点 A，B を設置することを計画している。拠点には貸し出し用自転車が多数置かれており，利用者はどちらの拠点から借りてもよく，どちらの拠点に返却してもよい。

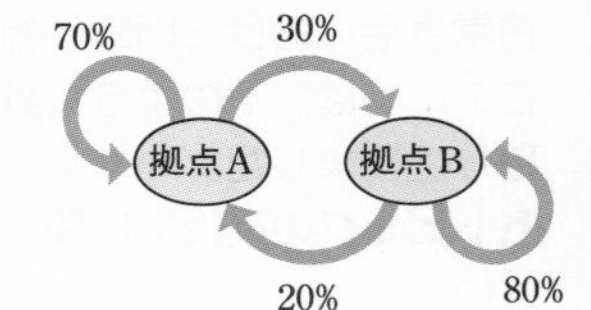

毎日，A，B にあるすべての自転車が 1 回だけ貸し出され，その日のうちにどちらかの拠点に返却されるとする。また，貸し出された自転車が各拠点に返却される割合は，日によらず一定であり，次の通りであるとする。

A から貸し出された自転車のうち，70％ が A に，30％ が B に返却される。

B から貸し出された自転車のうち，20％ が A に，80％ が B に返却される。

n 日目終了後，A，B にある自転車の台数の，総数に対する割合をそれぞれ a_n，b_n とする。1 日目開始前の A，B にある自転車の台数の割合を，それぞれ 20％，80％ とするとき，次の問いに答えよ。

(1) a_1 を求めよ。　　　(2) a_{n+1} を a_n，b_n で表せ。

(3) a_n，b_n をそれぞれ n の式で表せ。

(4) 自転車の総数を 20 台とする。拠点 A の最大収容数を 8 台としたとき，何日後かに A の最大収容数を超えることがあるか。

指針 n 日目と $(n+1)$ 日目に注目。$(n+1)$ 日目終了後に A にある自転車の台数は，次の [1]，[2] の和である。

[1] n 日目終了後に A にあった自転車の 70％

[2] n 日目終了後に B にあった自転車の 20％

このことから，a_{n+1} を a_n，b_n で表すことができる。また，各拠点に返却される自転車の割合から，すべての自転車は，n 日目終了後には A，B いずれかにあることがわかる。よって，$a_n+b_n=1$ が成り立つ。このかくれた条件がカギとなる。

解答 (1) 1 日目終了後，A にある自転車の割合は，

1 日目開始前に A にあった自転車の 70％ と，

◀各拠点の自転車は，すべて毎日 1 回だけ貸し出されると仮定されている。

Bにあった自転車の 20% の和である。

よって　$a_1=\frac{20}{100}\times\frac{70}{100}+\frac{80}{100}\times\frac{20}{100}=\frac{3}{10}$

(2)　$(n+1)$ 日目終了後にAにある自転車は，次の [1]，[2] の和である。

[1]　n 日目終了後にAにあった自転車の 70%

[2]　n 日目終了後にBにあった自転車の 20%

よって　$a_{n+1}=\frac{7}{10}a_n+\frac{1}{5}b_n$ …… ①

(3)　$a_n+b_n=1$ であるから　$b_n=1-a_n$ …… ②

② を ① に代入すると

$$a_{n+1}=\frac{7}{10}a_n+\frac{1}{5}(1-a_n)=\frac{1}{2}a_n+\frac{1}{5}$$

これを変形すると　$a_{n+1}-\frac{2}{5}=\frac{1}{2}\left(a_n-\frac{2}{5}\right)$

ゆえに，数列 $\left\{a_n-\frac{2}{5}\right\}$ は，初項 $\frac{3}{10}-\frac{2}{5}=-\frac{1}{10}$，公比 $\frac{1}{2}$ の等比数列であるから　$a_n-\frac{2}{5}=-\frac{1}{10}\left(\frac{1}{2}\right)^{n-1}$

したがって　$a_n=\frac{2}{5}-\frac{1}{10}\left(\frac{1}{2}\right)^{n-1}$

また，② から

$$b_n=1-\left\{\frac{2}{5}-\frac{1}{10}\left(\frac{1}{2}\right)^{n-1}\right\}=\frac{3}{5}+\frac{1}{10}\left(\frac{1}{2}\right)^{n-1}$$

(4)　$-\frac{1}{10}\left(\frac{1}{2}\right)^{n-1}<0$ であるから　$a_n<\frac{2}{5}$ …… ③

Aの最大収容数が 8 台のとき，$\frac{8}{20}=\frac{2}{5}$ と ③ から，**何日後であってもAにある自転車は最大収容数を超えることはない。**

[n 日目]　[$n+1$ 日目]
$a_n \xrightarrow{\frac{7}{10}} a_{n+1}$
$b_n \xrightarrow{\frac{1}{5}}$

◀ $a_n\times\frac{70}{100}+b_n\times\frac{20}{100}$

◀ $\alpha=\frac{1}{2}\alpha+\frac{1}{5}$ を解くと
$\alpha=\frac{2}{5}$

◀ 初項は　$a_1-\frac{2}{5}$
a_1 は (1) で求めた。

補足　現実には，各拠点にある自転車の台数は整数となるが，ここでは数学的に扱いやすくするため，割合を用いて考えている。

3章　数学と社会生活

● 現実的な問題解決への数学の活用について

問題 ❶ の a_n, b_n の値を，コンピュータの表計算ソフトを用いて計算すると右の表のようになる。n が大きくなるにつれて，それぞれある値に近づいていくことがわかる。
現実にシェアサイクルの事業を計画する際は，返却される割合を何パターンも変えるなど，より複雑な検討を行う場合がある。そのときはコンピュータの活用が欠かせない。

	a_n	b_n
開始前	0.2	0.8
$n=1$	0.3	0.7
2	0.35	0.65
3	0.375	0.625
4	0.3875	0.6125
5	0.3938	0.6063
6	0.3969	0.6031
7	0.3984	0.6016
8	0.3992	0.6008
9	0.3996	0.6004
10	0.3998	0.6002

参考
表計算ソフトでは，漸化式を用いて計算する。
例えば，$n=2$ のときの a_n の値は，表の 1 つ上の行の値を用いて
$\frac{7}{10}\times\boxed{0.3}+\frac{1}{5}\times\boxed{0.7}=\boxed{0.35}$
同様に，$n\geqq3$ についてもその 1 つ上の行の値を用いて計算する。

トピック ② 選挙の議席の割り振り方―ドント式

日本における国政選挙のうち，比例代表選挙の議席の割り振り方について紹介する。比例代表選挙では，各党の得票数に応じて「ドント式」と呼ばれる計算方法で各党の獲得議席数が決まる。この「ドント式」がどのような方法なのか，具体例を用いて解説しよう。

※「ドント式」は，ベルギーの数学者ヴィクトール・ドント（1841-1902）によって考案された方法である。

ドント式による議席配分の方法

各政党の得票数を 1，2，3，…… と整数で割っていき，得られた商が大きい順に議席を配分する方法。

例　ある地域における比例代表制の選挙の議席数は 10 である。この選挙において，政党 A の得票数は 10000，政党 B の得票数は 8100，政党 C の得票数は 7200，政党 D の得票数は 4000 であった。

各政党の得票数を，1，2，3，…… で割った商は次のようになる。
(表では，小数点以下は切り捨てとした。)

	政党 A	政党 B	政党 C	政党 D
得票数	10000	8100	7200	4000
1 で割った商	10000	8100	7200	4000
2 で割った商	5000	4050	3600	2000
3 で割った商	3333	2700	2400	1333
4 で割った商	2500	2025	1800	1000
5 で割った商	2000	1620	1440	800
6 で割った商	1666	1350	1200	666

この表に現れる数値のうち，大きい方から順に議席を与え，議席数が 10 に達したところで終了する。この選挙の場合，10000，8100，…… と順に議席を与え（表で黒く塗った部分），10 番目に大きい数値である 2500 までが議席を得る分となる。

結果として，

政党 A は 4 議席，政党 B は 3 議席，政党 C は 2 議席，政党 D は 1 議席

を得る。

この 例 と同様の方法で，次の 問題 に取り組んでみよう。

問題 ②　政党 B と政党 C は選挙戦略を考え合併し，新たに政党 E を結成することにした。合併後のある選挙において，政党 A の得票数は 10000，政党 D の得票数は 4000，政党 E の得票数は 15300 であるとする。このとき，ドント式による議席配分方法を用いて，各政党の獲得議席数を求めよ。議席数は 10 とする。

例 と同様に，各政党の得票数と，1，2，3，…… で割った商を表にまとめる。表に現れる数値の大きい方から順に 10 個選び，各政党の獲得議席数を求める。

解答

各政党の得票数を，1，2，3，…… で割った商は次のようになる。
（小数点以下は切り捨て。）

	政党 A	政党 D	政党 E
得票数	10000	4000	15300
1 で割った商	10000	4000	15300
2 で割った商	5000	2000	7650
3 で割った商	3333	1333	5100
4 で割った商	2500	1000	3825
5 で割った商	2000	800	3060
6 で割った商	1666	666	2550
7 で割った商	1428	571	2185

この表に現れる数値のうち，大きい方から順に 10 個選ぶと，15300，10000，……，2550 となる。
よって，**政党 A は 3 議席，政党 D は 1 議席，政党 E は 6 議席** を得る。

例 と 問題 ② の場合について，考察してみよう。
例 における政党 B と政党 C の議席数は合計で 5 議席であったが，合併により政党 E を結成し，合併前と同じ得票数の合計を得られるとし，他の政党の得票数は変わらないものと仮定すると，議席数は 6 になった。
このように，政党が合併することで得られる議席数が変化することがあるが，ドント式の議席配分の方式について，次の性質が知られている。

ドント式の議席配分の性質

ある比例代表選挙において，ドント式の議席配分により，政党 X が a 議席，政党 Y が b 議席を得るとする。このとき，政党 X と政党 Y が合併により新しく政党 Z を結成し，合併前の政党 X と政党 Y が得た票数の合計を政党 Z が得ると仮定すると，政党 Z が得る議席数は $a+b$ 議席または $a+b+1$ 議席である。
ただし，他の政党の得票数は変わらないものとする。

証明　$a \geqq 1$，$b \geqq 1$ とし，ドント式の議席配分が行われたとき，政党 X の得票数が x で，政党 Y の得票数が y であるとし，政党 X が a 議席，政党 Y が b 議席を得るとする。
このとき，政党 X と政党 Y が合併し，新たに政党 Z を作ったとする。政党 Z の得票数は，仮定から $x+y$ である。
このとき，各政党の得票数を 1，2，3，…… で割った商のうち，議席を取った最も小さいものに着目すると，政党 X は $\dfrac{x}{a}$，政党 Y は $\dfrac{y}{b}$ である。

[1]　$\dfrac{x}{a} \geqq \dfrac{y}{b}$ のとき

$\dfrac{x}{a} \geqq \dfrac{y}{b}$ から　　$bx \geqq ay$

両辺に by を加えて整理すると　$b(x+y) \geqq (a+b)y$

よって　$\dfrac{x+y}{a+b} \geqq \dfrac{y}{b}$ …… ①

[2] $\dfrac{x}{a} < \dfrac{y}{b}$ のとき

$\dfrac{x}{a} < \dfrac{y}{b}$ から　$bx < ay$

両辺に ax を加えて整理すると　$(a+b)x < a(x+y)$

よって　$\dfrac{x}{a} < \dfrac{x+y}{a+b}$ …… ②

①, ② から, $\dfrac{x+y}{a+b}$ は, $\dfrac{x}{a}$ と $\dfrac{y}{b}$ の小さい方より大きい, あるいは等しいことがわかる。

よって, 政党Zは得票数 $x+y$ を $a+b$ で割った商の分で議席を得ることになるから, 政党Zは少なくとも $a+b$ 議席を得る。

次に, 議席数が $a+b+1$ 以下になることを示す。

[1] $\dfrac{x}{a+1} \geqq \dfrac{y}{b+1}$ のとき

$\dfrac{x}{a+1} \geqq \dfrac{y}{b+1}$ から　$(b+1)x \geqq (a+1)y$

両辺に $(a+1)x$ を加えて整理すると　$(a+b+2)x \geqq (a+1)(x+y)$

よって　$\dfrac{x}{a+1} \geqq \dfrac{x+y}{a+b+2}$ …… ③

[2] $\dfrac{x}{a+1} < \dfrac{y}{b+1}$ のとき

$\dfrac{x}{a+1} < \dfrac{y}{b+1}$ から　$(b+1)x < (a+1)y$

両辺に $(b+1)y$ を加えて整理すると　$(b+1)(x+y) < (a+b+2)y$

よって　$\dfrac{x+y}{a+b+2} < \dfrac{y}{b+1}$ …… ④

③, ④ から, $\dfrac{x+y}{a+b+2}$ は, $\dfrac{x}{a+1}$ と $\dfrac{y}{b+1}$ の大きい方より小さい, あるいは等しいことがわかる。

よって, 政党Zは得票数 $x+y$ を $a+b+2$ で割った商の分では議席を得ることはできず, 政党Zの議席数は $a+b+1$ 以下である。

以上から, 合併した政党Zの議席数は, $a+b$ または $a+b+1$ である。

この性質は, 複数の政党が合併し, 合併前の得票数の合計が合併後の得票数であると仮定すると, 獲得議席数は合併前の獲得議席数の合計と等しいか, 1つ多くなる, ということである。別の表現をすると, 合併により獲得議席数は減少しないが, 2つ以上多くなることはない。例 と 問題 ❷ は, 合併によって議席数が1つ多くなった場合である。

参考文献：芳沢光雄,『新体系・高校数学の教科書 上』, 講談社ブルーバックス, 2010年

トピック ③ 品質管理—3σ 方式

製品製造の過程において，工程の流れを監視し，できるだけ不良品ができる原因を突き止めようと試みるのが **品質管理** の目的である。このページでは，3σ 方式と呼ばれる品質管理の方法を紹介する。

工程が安定な状態にあるときは，不良品は少ないはずである。ここでは，母集団の製品が良品であることを示す確率変数は正規分布に従うと考え，その平均値を m，標準偏差を σ とする。この m と σ は，日頃のデータからあらかじめ求めておく必要がある。

工程が安定しているときは，製品のとる値が平均から 3 標準偏差分以上ずれる，すなわち $[m-3\sigma,\ m+3\sigma]$ …… ① の範囲から外れる確率 P は，正規分布表から

$$P=1-2p(3)\fallingdotseq 1-0.997=0.003$$

であり，ほとんど 0 に近いから，① の範囲外の値の製品が製造されたときには，生産工程に支障が生じたものと考えてよい。

そこで，右のようなグラフを作る。平均値 m と $m+3\sigma$，$m-3\sigma$ に直線を引き，範囲外の製品が抽出されたときには，その工程が不安定な状態になるものと判断して，どこに原因があるかを探ればよい。

$m+3\sigma$ を **上方管理限界**，$m-3\sigma$ を **下方管理限界** といい，この図を **3σ 方式管理図** という。

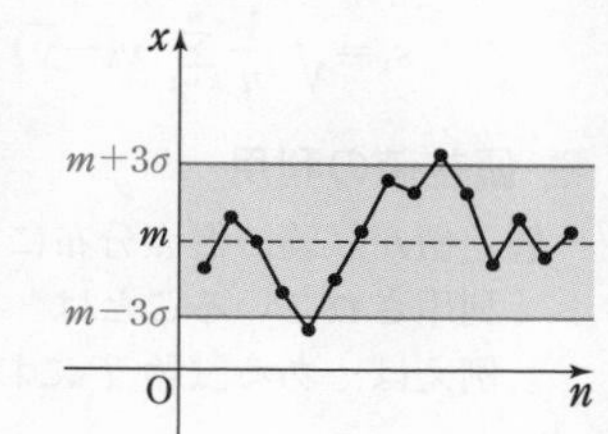

3章 数学と社会生活

問題 ③ ある工程で製造された製品の重さの平均値が 8.62 kg，標準偏差が 0.25 kg であることが，過去のデータからわかっている。ある期間に製造された製品からいくつか抽出して重さを調べたところ，次のようになった。

8.41，7.97，8.68，9.30，9.05，7.85，8.89　(単位は kg)

この期間において，製造の工程に支障があったかどうか，3σ 方式を用いて調べよ。ただし，この製品の重さを表す確率変数は正規分布に従うものとする。

指針 平均値と標準偏差から，上方管理限界と下方管理限界を求め，その範囲から外れるデータがあるかどうか調べる。

解答

製品の平均値は 8.62 kg，標準偏差は 0.25 kg であるから

上方管理限界は　$8.62+0.25\times 3=9.37$ (kg)　◀ $m+3\sigma$

下方管理限界は　$8.62-0.25\times 3=7.87$ (kg)　◀ $m-3\sigma$

よって，[7.87, 9.37] の範囲に含まれない製品があるかどうか調べればよい。

重さが 7.85 kg であるものは [7.87, 9.37] の範囲に含まれないから，この期間において製造の工程に **支障があったと判断できる。**

トピック ④ 偏差値と正規分布

● 偏差値の定義

データの変量 x に対し，x の平均値を $\overline{x}$，標準偏差を s_x で表すとき，

$$\boldsymbol{y=10\times\frac{x-\overline{x}}{s_x}+50}$$

で変量 y を定める。そして，$x=x_k$ のときの y の値 y_k を，x_k の **偏差値** という。

偏差値の分布では，常に 平均値が 50，標準偏差が 10 になる。

証明　変量 x の個数を n とする。y の平均値を $\overline{y}$，標準偏差を s_y とすると，

$y_k=\dfrac{10}{s_x}(x_k-\overline{x})+50$ であるから

$$\overline{y}=\frac{1}{n}\sum_{k=1}^{n}y_k=\frac{10}{s_x}\cdot\frac{1}{n}\sum_{k=1}^{n}(x_k-\overline{x})+\frac{1}{n}\sum_{k=1}^{n}50=50 \qquad \longleftarrow \sum_{k=1}^{n}(x_k-\overline{x})=0$$

$$s_y=\sqrt{\frac{1}{n}\sum_{k=1}^{n}(y_k-\overline{y})^2}=\sqrt{\left(\frac{10}{s_x}\right)^2\cdot\frac{1}{n}\sum_{k=1}^{n}(x_k-\overline{x})^2}=10 \qquad \longleftarrow \frac{1}{n}\sum_{k=1}^{n}(x_k-\overline{x})^2={s_x}^2$$

● 偏差値の利用

偏差値が試験の得点分布における各自の相対位置（おおまかな順位）を求めることによく利用されていることは，周知の事実である。

例えば，ある試験 T における，A 君の偏差値は

$$(\text{A 君の偏差値})=10\times\frac{(\text{A 君の得点})-(T\text{ の平均値})}{(T\text{ の標準偏差})}+50$$

で与えられる。そして，T の得点分布が **正規分布** になる場合，偏差値と得点上位から何 % にあるかの対応が下の表のようになることがわかる。これは $z=\dfrac{y-\overline{y}}{s_y}$ とおくと，z は標準正規分布 $N(0,\ 1)$ に従い，例えば偏差値 y が $y\geqq 65$ となる割合は

$$P(y\geqq 65)=P\left(z\geqq\frac{65-50}{10}\right)=P(z\geqq 1.5)=0.5-p(1.5)$$

$$=0.5-0.4332=0.0668 \longrightarrow \text{約 } 6.7\,\% \qquad \text{とわかる。}$$

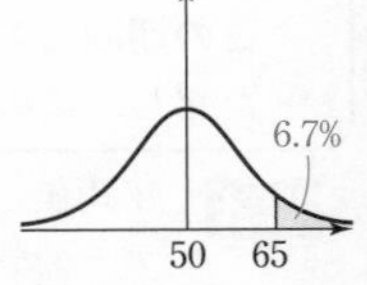

また，仮に 1000 人が受験した試験における A 君の偏差値が 60 ならば，A 君は上位の約 15.9 % の順位，すなわち 159 位くらいである。

偏差値	75	70	65	60	55	50	45	40	35	30	25
%	0.6	2.3	6.7	15.9	30.9	50.0	69.1	84.1	93.3	97.7	99.4

試験の得点分布が正規分布，あるいはそれに近い形になるならば，試験の難易度や受験者数に左右されないで，偏差値という一定の「ものさし」で，各自の相対位置を知ることができて，便利である。しかし，偏差値を利用する場合，注意することは

得点の分布が正規分布により近い形になることが前提条件

という点である。したがって，受験者数が少ない試験などでは，正規分布になりにくいため，偏差値はあまり有効な指標とはいえない。また，偏差値のとりうる値の範囲は，正規分布の場合はほぼ 25 以上 75 以下に収まる。

次の問題に取り組んでみよう。

問題 ④ A 君は平均点 57.2 点，標準偏差 5.2 点の試験を，B 君は平均点 52.5 点，標準偏差 9.5 点の試験を受けたところ，2 人の得点はともに 66 点であった。どちらの試験の得点も正規分布に従うとき

(1) 偏差値を求めることにより，A 君，B 君どちらの方が全体における相対的な順位が高いと考えられるかを調べよ。

(2) 2 つの試験の受験者はともに 2000 人であったという。A 君，B 君はそれぞれ上位から約何位であるかを調べることにより，(1) の結果が正しいことを確かめよ。

(1) 2 人の偏差値を定義式から計算し，その大小に注目する。

(2) 各試験における得点はそれぞれ正規分布 $N(57.2,\ 5.2^2)$，$N(52.5,\ 9.5^2)$ に従う。66 点以上の人が全体に占める割合を正規分布表から求めるため，**標準化** を利用。

(1) 偏差値はそれぞれ

$$\text{A}:10\times\frac{66-57.2}{5.2}+50\fallingdotseq 66.9,$$

$$\text{B}:10\times\frac{66-52.5}{9.5}+50\fallingdotseq 64.2$$

(A 君の偏差値)＞(B 君の偏差値) から，**A 君の方が全体における相対的な順位が高い** と考えられる。

(2) A 君，B 君の受けた試験における得点をそれぞれ X，Y とすると，X は正規分布 $N(57.2,\ 5.2^2)$，Y は正規分布 $N(52.5,\ 9.5^2)$ にそれぞれ従う。

よって，$Z_1=\dfrac{X-57.2}{5.2}$，$Z_2=\dfrac{Y-52.5}{9.5}$ とおくと，Z_1，Z_2 はともに標準正規分布 $N(0,\ 1)$ に従う。

$$P(X\geqq 66)=P\left(Z_1\geqq\frac{66-57.2}{5.2}\right)\fallingdotseq P(Z_1\geqq 1.69)$$

$$=0.5-p(1.69)=0.5-0.4545=0.0455$$

$2000\times0.0455=91$ から，A 君は上位の約 91 位である。

$$P(Y\geqq 66)=P\left(Z_2\geqq\frac{66-52.5}{9.5}\right)\fallingdotseq P(Z_2\geqq 1.42)$$

$$=0.5-p(1.42)=0.5-0.4222=0.0778$$

$2000\times0.0778=155.6$ から，B 君は上位の約 156 位である。

ゆえに，A 君の方が全体における順位が高く，これは (1) の結果と一致していることがわかる。

◀ $\dfrac{66-57.2}{5.2}=\dfrac{8.8}{5.2}=1.692\cdots$，$\dfrac{66-52.5}{9.5}=\dfrac{13.5}{9.5}=1.421\cdots$

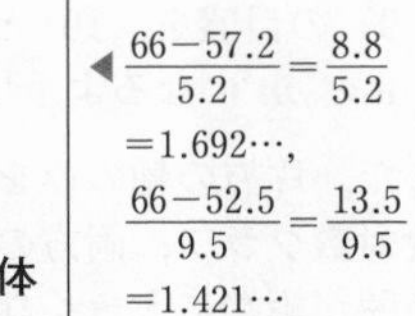

⊕ 正規分布 $N(m,\ \sigma^2)$ は $Z=\dfrac{X-m}{\sigma}$ で $N(0,\ 1)$ へ [標準化]

$P(X\geqq 66)$ の参考図

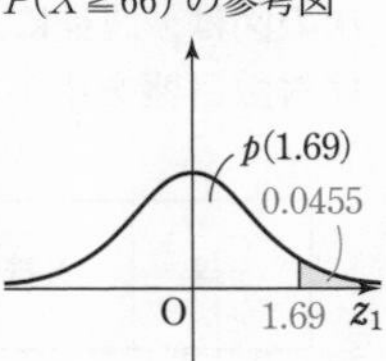

上の **問題 ④** において，平均点は B 君の受けた試験の方が低いから，得点が同じであるならば，平均点との差が大きい B 君の方が全体における相対的な順位が高いと考えてしまう人もいるかもしれない。しかし，2 つの試験では標準偏差にも違いがあるため，A 君の方が相対的な順位が高いという結果になっている。相対位置を正しくつかむには，(1)，(2) のように偏差値，または全体における相対的な割合や順位を調べる必要がある。

トピック ⑤ 対数グラフ

対数グラフは，極端に大きい範囲のデータを扱うときに役立つグラフである。例えば，天文学の分野では，惑星間の距離のような大きい値を扱うときに，対数グラフが欠かせない。また，天文学などの自然科学の分野ばかりでなく，社会学や経済学の分野でも対数グラフは広く利用されている。ここでは，対数グラフのしくみから詳しくみていこう。

● 対数目盛

対数グラフ は，軸の目盛が対数目盛で表されたグラフである。**対数目盛** とは，次のように目盛を定めるものである。

- 10^n（n は整数）の目盛を等間隔にとる。この間隔の長さを1とする。
- 10^n と 10^{n+1} の間に，$m\times10^n$（$m=2,\ 3,\ \cdots,\ 9$）の目盛を，10^n と $m\times10^n$ の間隔が $\log_{10}m$ になるようにとる。

通常の目盛

0 1 2 3 4 5 6 7 8 9 10

←等間隔に並ぶ

対数目盛

$1=10^0$ 2 3 4 5 6 7 8 9 10

$\log_{10}2$

$\log_{10}3$

←基準となる1の目盛からの距離が $\log_{10}m$

また，片方の軸のみを対数目盛にしたものを**片対数グラフ**，両方の軸を対数目盛にしたものを **両対数グラフ** という。一般に，値の範囲が極端に大きくなる方を対数目盛にする。

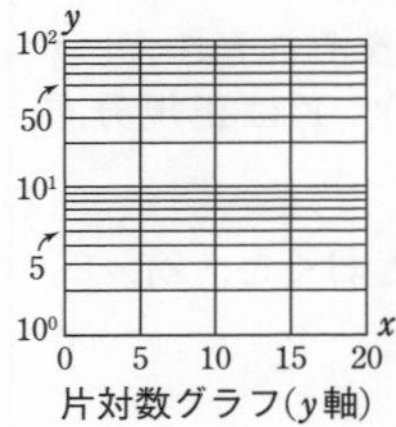

片対数グラフ（y 軸）

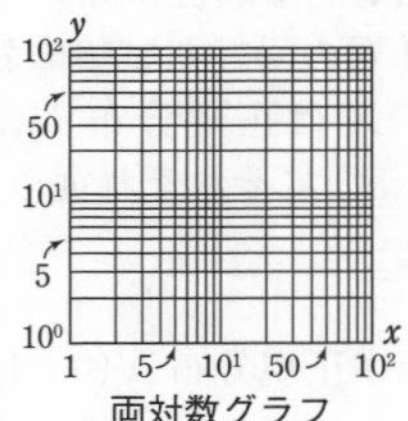

両対数グラフ

● 対数グラフの例

次の図は，波長によって電磁波の種類（＊）が変わるようすを表したものであり，横軸には対数目盛を用いている。

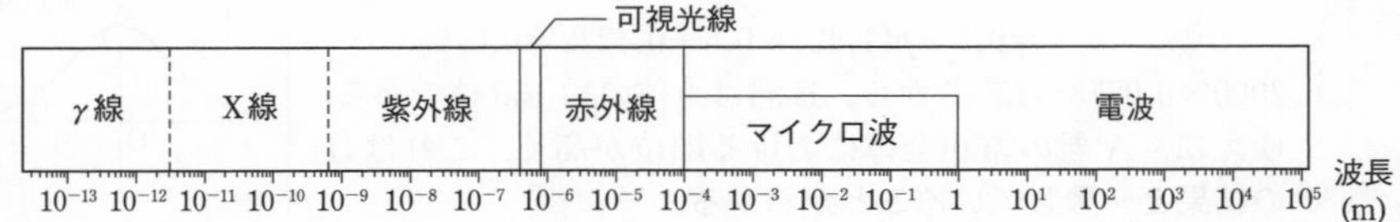

横軸の波長は，約 10^{-13} m から約 10^5 m までと非常に大きい範囲をとる。もし，この図を同じ大きさで，横軸を通常の均等な幅の目盛で表したら，電波以外の種類のものは小さく圧縮され見分けることができなくなる。このように，非常に大きい範囲にわたって広がるもののようすをグラフで把握するのに，対数目盛が役立つ。

（＊）　電磁波の種類のうち可視光線は目に見えるが，その他は目に見えない。なお，紫外線，X 線，γ線は，波長のみでは明確には区別されない。

● 対数グラフの考え方

右の表 [1] のデータを用いて，対数グラフのしくみについて考えてみよう。

表 [1] のデータは，変量 x，y の関係が $y=2^x$ で表されるデータである。ただし，x が 0 以上 20 以下の偶数の場合のみを取り上げた。

このデータを散布図に表すと図 [2] のようになる。この図では，x の値が 12 以下の範囲において，y の値の変化を読みとることは難しい。

そこで，y 軸だけを対数目盛にすると図 [3] のようになり，x，y を直線的な関係としてみることができる。

このように，通常の均等な幅の目盛のグラフでは特徴をとらえにくいデータでも，対数グラフを用いることによって，目で見て関係性がわかりやすくなる場合がある。

表 [1]

x	y
0	1
2	4
4	16
6	64
8	256
10	1024
12	4096
14	16384
16	65536
18	262144
20	1048576

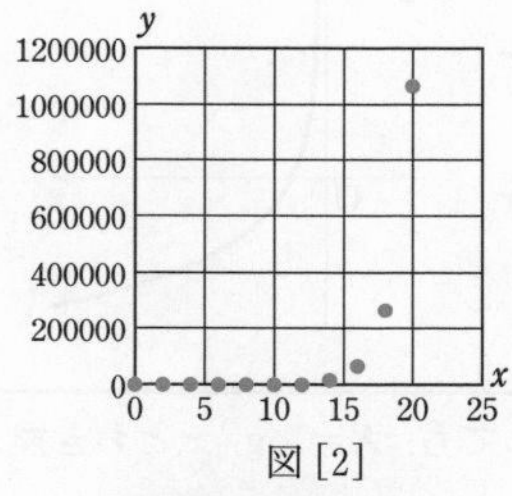

図 [2]

通常の目盛のグラフ。
特に，$0 \leqq x \leqq 12$ の点における
y の値の変化が読みとりにくい。

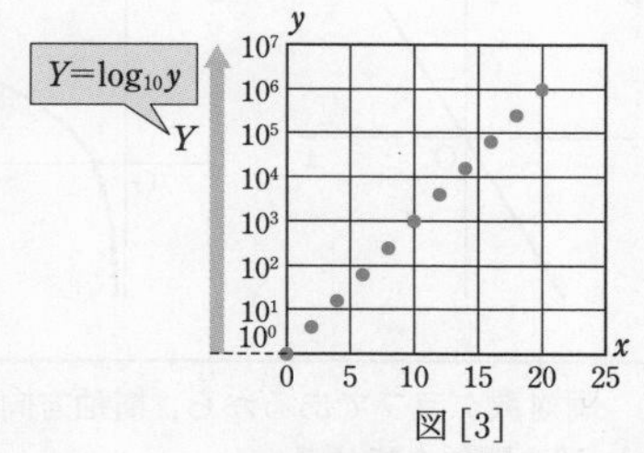

図 [3]

y 軸を対数目盛にしたグラフ。
各点が直線的に並んでいることがわかる。

ここで，図 [3] において，x と y について直線的な関係性を読みとることができる理由を考えてみよう。

x，y の関係式 $y=2^x$ の両辺の 10 を底とする対数をとると

$$\log_{10} y=\log_{10} 2^x$$

ゆえに　$\log_{10} y=x\log_{10} 2$　　◀対数の性質 $\boldsymbol{\log_a M^k=k\log_a M}$

ここで，$Y=\log_{10} y$ とすると

$$Y=x\log_{10} 2$$

すなわち　$Y=(\log_{10} 2)x$　　◀ Y は x の 1 次式。

図 [3] のグラフは縦軸が対数目盛で表されているから，グラフ上においては，Y が縦軸方向の位置を表す。したがって，図 [3] のグラフ上の点 $(x,\ Y)$ は，原点を通り，傾きが $\log_{10} 2$ の直線上にある。このため，x，y の関係は，図 [3] では直線的に表されるのである。

y は対数目盛
y
$\log_{10} y$
グラフ上での縦軸方向の位置は $\log_{10} y$ すなわち Y
O
x

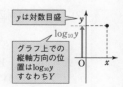

この考え方を用いて，次ページの問題 ❺ を解いてみよう。

問題 ⑤ 次のグラフの概形として最も適当なものを，⓪～⑤のうちから 1 つずつ選べ。ただし，同じものを選んでもよい。

(1) 関数 $y=\left(\frac{1}{2}\right)^x$ のグラフを，縦軸のみを対数目盛で表す。

(2) 関数 $y=x^2\ (x>0)$ のグラフを，横軸と縦軸のいずれも対数目盛で表す。

⓪
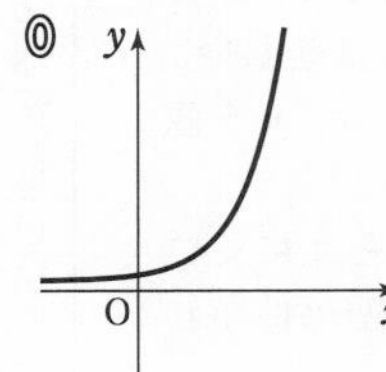

①
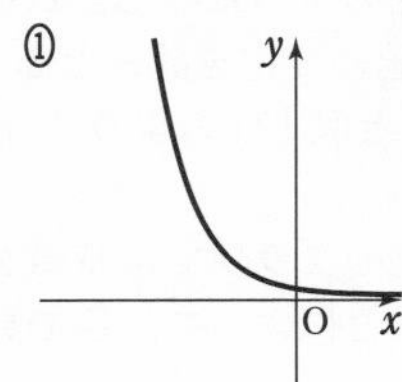

②
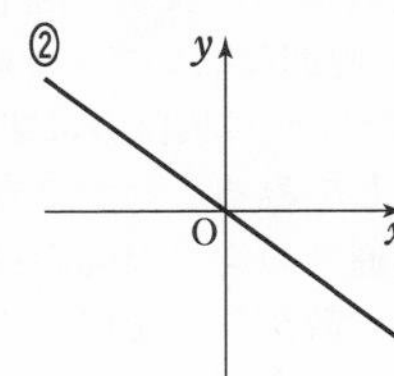

③
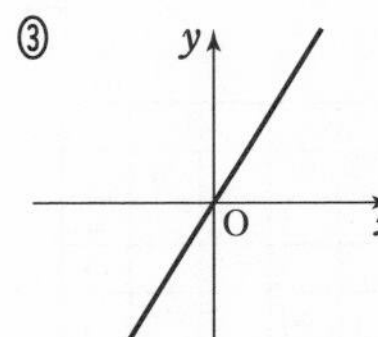

④
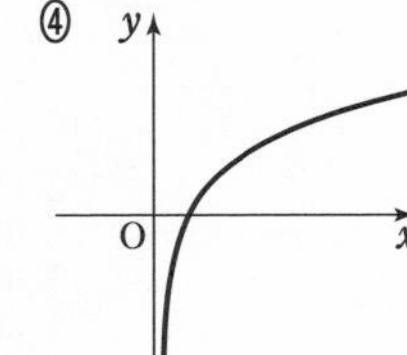

⑤
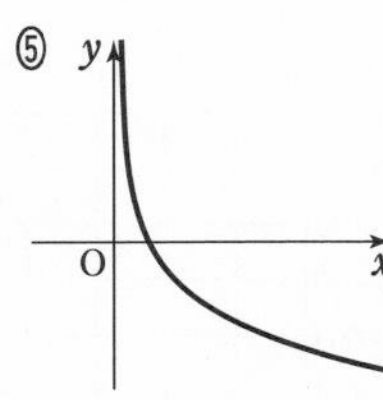

指針 (2) 両対数グラフであるから，横軸方向に対しても，$X=\log_{10}x$ とおき換えて考え，X と Y の関係を求める。

解答

(1) $y=\left(\frac{1}{2}\right)^x$ の両辺の 10 を底とする対数をとると

$$\log_{10}y=\log_{10}\left(\frac{1}{2}\right)^x$$

したがって　$\log_{10}y=-x\log_{10}2$

◀ $\log_{10}\left(\frac{1}{2}\right)^x=\log_{10}2^{-x}$

$Y=\log_{10}y$ とすると

$$Y=-x\log_{10}2=(-\log_{10}2)x$$

◀ x と Y の関係を求める。

グラフにおいて Y は縦軸方向の位置を表すから，関数のグラフは傾きが負の直線となる。

◀ $-\log_{10}2<0$

よって，グラフの概形は　②

(2) $y=x^2$ の両辺の 10 を底とする対数をとると

$$\log_{10}y=\log_{10}x^2$$

◀ $x>0$ から $\log_{10}x^2=2\log_{10}x$

したがって　$\log_{10}y=2\log_{10}x$

$X=\log_{10}x$，$Y=\log_{10}y$ とすると　$Y=2X$

◀ X と Y の関係を求める。

グラフにおいて X は横軸方向の位置，Y は縦軸方向の位置を表すから，関数のグラフは傾きが正の直線となる。

よって，グラフの概形は　③

総合演習

学習の総仕上げのための問題を２部構成で掲載しています。数学Ⅱ，数学Ｂのひととおりの学習を終えた後に取り組んでください。

●第１部

第１部では，大学入学共通テスト対策に役立つものや，思考力を鍛えることができるテーマを取り上げ，それに関連する問題や解説を掲載しています。
各テーマは次のような流れで構成されています。

CHECK → 問題 → 指針 → 解答 → 検討

CHECK では，例題で学んだ問題の類題を取り上げています。その後に続く問題の準備となるような解説も書かれていますので，例題で学んだ内容を思い出しながら読み進めてみましょう。必要に応じて，例題の内容を復習するとよいでしょう。

問題 では，そのテーマで主となる問題を掲載しています。あまり解いたことのない形式のものや，思考力を要する問題も含まれています。CHECK で確認したことや，これまで学んできた内容を活用しながらチャレンジしてください。
解答の方針がつかみづらい場合は，指針も読んで考えてみましょう。

更に，解答と検討が続きますが，問題が解けた場合も解けなかった場合も，解答や検討の内容もきちんと確認してみてください。検討の内容まで理解することで，より思考力を高められます。

●第２部

第２部では，基本～標準レベルの入試問題を中心に取り上げました。中には難しい問題もあります（◇印をつけました)。解法の手がかりとなる HINT も設けていますから，難しい場合は HINT も参考にしながら挑戦してください。

多項式の割り算と1の3乗根

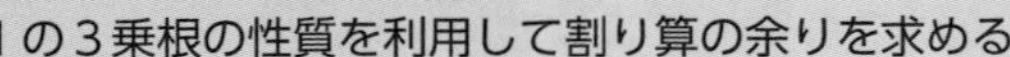

多項式 $P(x)$ を多項式 $f(x)$ で割る問題において，$P(x)$ の式が具体的に与えられていない場合は，数学Ⅱ例題 **55** で学習したように，方程式 $f(x)=0$ の解を利用して求めることが有効です。ここでは，$f(x)=0$ の解が実数ではない場合について考察します。

まず，次の問題で，1 の 3 乗根の性質について確認しましょう。

CHECK 1－A　ω を $x^3=1$ の虚数解の 1 つとする。次の式の値を求めよ。
(1)　$\omega^2+\omega$　　(2)　$\omega^{20}+\omega^{10}$　　(3)　$(1-\omega)(1-\omega^2)$

1 の 3 乗根の性質については，数学Ⅱ例題 **63** で学習しました。その内容を思い出しながら，それぞれの値を求めてみましょう。

解答

(1)　ω は $x^3=1$ の解であるから，$\omega^3=1$ を満たす。
よって，$\omega^3-1=0$ から　　$(\omega-1)(\omega^2+\omega+1)=0$
ω は虚数であるから　　$\omega\neq1$
ゆえに，$\omega^2+\omega+1=0$ であるから　　$\boldsymbol{\omega^2+\omega=-1}$

(2)　$\omega^3=1$ から

$$\begin{aligned}\omega^{20}+\omega^{10}&=(\omega^3)^6\cdot\omega^2+(\omega^3)^3\cdot\omega\\&=1^6\cdot\omega^2+1^3\cdot\omega\\&=\omega^2+\omega=\boldsymbol{-1}\end{aligned}$$

(3)

$$\begin{aligned}(1-\omega)(1-\omega^2)&=1-(\omega+\omega^2)+\omega^3\\&=1-(-1)+1=\boldsymbol{3}\end{aligned}$$

◀ $a^3-b^3=(a-b)(a^2+ab+b^2)$

◀ $\omega^{20}=\omega^{3\cdot6+2}=(\omega^3)^6\cdot\omega^2$
$\omega^{10}=\omega^{3\cdot3+1}=(\omega^3)^3\cdot\omega$

◀(1) の結果を利用。

以下，1 の 3 乗根のうち，虚数であるものの 1 つを ω とします。(1) からわかるように，ω は方程式 $x^2+x+1=0$ の解の 1 つです。$x^2+x+1=0$ の解は $x=\dfrac{-1\pm\sqrt{3}i}{2}$ の 2 つがありますが，

$$\left(\frac{-1+\sqrt{3}i}{2}\right)^2=\frac{-1-\sqrt{3}i}{2},\qquad\left(\frac{-1-\sqrt{3}i}{2}\right)^2=\frac{-1+\sqrt{3}i}{2}$$

であることから，どちらの解を ω としても，もう 1 つの解は ω^2 と表されます（数学Ⅱ例題 **63** を参照）。この計算から，$\overline{\omega}$ を ω の共役複素数とすると，$\overline{\omega}=\omega^2$ であることもわかります。

また，上では具体的に計算しましたが，別の方法で $x^2+x+1=0$ の $x=\omega$ 以外の解が $x=\omega^2$ であることを確認してみましょう。まず，前提として，ω は虚数であることから，$\omega\neq0$，$\omega\neq1$ を満たします。よって，$\omega^2\neq\omega$ が成り立ちます。

＜方法 1：方程式に ω^2 を代入＞

$\omega^3=1$，$\omega^2+\omega+1=0$ より

$$(\omega^2)^2+(\omega^2)+1=\omega+\omega^2+1=0$$

よって，$x=\omega^2$ も $x^2+x+1=0$ の解である。

◀ $x=\omega^2$ が $f(x)=0$ の解 $\Longleftrightarrow f(\omega^2)=0$
この性質を $f(x)=x^2+x+1$ に対して用いた。

＜方法 2：解と係数の関係を利用＞

方程式 $x^2+x+1=0$ の $x=\omega$ 以外の解を α とすると，解と係数の関係により

$$\omega+\alpha=-1 \cdots\cdots ①,\quad \omega\cdot\alpha=1 \cdots\cdots ②$$

① を用いると，$\omega^2+\omega+1=0$ から　$\alpha=-\omega-1=\omega^2$

② を用いると，$\omega^3=1$ から　$\alpha=\dfrac{1}{\omega}=\dfrac{\omega^3}{\omega}=\omega^2$

方程式 $x^2+x+1=0$ の解が $x=\omega$，ω^2 であることを利用すると，CHECK 1－A (3) は次のように解くこともできます。

解答　(3) の 別解

方程式 $x^2+x+1=0$ の解は $x=\omega$，ω^2 であるから，

$$x^2+x+1=(x-\omega)(x-\omega^2)$$

は x についての恒等式である。$x=1$ を代入すると

$$1^2+1+1=(1-\omega)(1-\omega^2)$$

すなわち　$(1-\omega)(1-\omega^2)=3$

◀2 次方程式 $ax^2+bx+c=0$ の解が α，β であるとき $ax^2+bx+c=a(x-\alpha)(x-\beta)$

次は，多項式の割り算について確認しましょう。

CHECK 1－B　$P(x)$ をすべての係数が実数である多項式とする。$P(x)$ を x^2-1 で割ると余りが $x+2$，x^2+1 で割ると余りが $3x-4$ であるという。このとき，$P(x)$ を x^4-1 で割った余りを求めよ。

$P(x)$ の式が具体的に与えられていない場合は，実際に割り算を行うことはできません。その場合は，数学Ⅱ例題 **55** と同様に割り算の等式を利用します。つまり，$P(x)$ を $f(x)$ で割ったときの商を $Q(x)$，余りを $R(x)$ とするとき，

$$\boldsymbol{P(x)=f(x)Q(x)+R(x)}$$

と表すことができます。このとき，**($R(x)$ [余り] の次数)＜($f(x)$ [割る式] の次数)** となっていることに注意しましょう。

$P(x)$ の式が具体的に与えられていない場合，商 $Q(x)$ も具体的には求められない場合がほとんどです。そこで，等式の x に方程式 $f(x)=0$ の解を代入することによって，余り $R(x)$ を求めることを考えてみましょう。

解答

$P(x)$ を x^4-1 で割ったときの商を $Q(x)$，余りを ax^3+bx^2+cx+d（a，b，c，d は実数）とすると，次の等式が成り立つ。

$$P(x)=(x^4-1)Q(x)+ax^3+bx^2+cx+d \quad \cdots\cdots ①$$

また，$P(x)$ を x^2-1 すなわち $(x+1)(x-1)$ で割ったときの商を $Q_1(x)$，x^2+1 で割ったときの商を $Q_2(x)$ とすると，条件から次の等式が成り立つ。

$$P(x)=(x^2-1)Q_1(x)+x+2$$
$$P(x)=(x^2+1)Q_2(x)+3x-4$$

◀$P(x)$ の係数がすべて実数で，割る式 x^4-1 の係数もすべて実数であるから，余り ax^3+bx^2+cx+d の係数も実数となる。

数学Ⅱ　総合演習　第 1 部

よって，

$$P(1)=3,\ P(-1)=1,\ P(i)=3i-4 \quad \cdots\cdots ②$$

が成り立つ。

◀ $x^2-1=0$ の解 $x=\pm1$, $x^2+1=0$ の解 $x=i$ を代入する。
なお，$x=-i$ を代入しても，結果的には同じになる。

①，② から

$$\begin{cases} a+b+c+d=3 & \cdots\cdots ③ \\ -a+b-c+d=1 & \cdots\cdots ④ \\ -ai-b+ci+d=3i-4 & \cdots\cdots ⑤ \end{cases}$$

(③+④)÷2 から　　$b+d=2$　…… ⑥

(③−④)÷2 から　　$a+c=1$　…… ⑦

⑤ から　　$(-b+d)+(-a+c)i=-4+3i$

$-b+d$，$-a+c$ は実数であるから

$$-b+d=-4 \quad \cdots\cdots ⑧$$
$$-a+c=3 \quad \cdots\cdots ⑨$$

◀ A, B, C, D が実数のとき
$\boldsymbol{A+Bi=C+Di}$
$\Longleftrightarrow \boldsymbol{A=C,\ B=D}$

⑥～⑨ から　　$a=-1,\ b=3,\ c=2,\ d=-1$

したがって，求める余りは　　$\boldsymbol{-x^3+3x^2+2x-1}$

別解　$P(x)$ を x^4-1 で割ったときの商を $Q(x)$ とする。
$x^4-1=(x^2-1)(x^2+1)$ であり，$P(x)$ を x^2+1 で割った余りが $3x-4$ であるから，p, q を実数として

$$P(x)=(x^2-1)(x^2+1)Q(x)+(x^2+1)(px+q)+3x-4$$

と表せる。

◀ $P(x)$ を x^4-1 で割った余りは 3 次以下の式で，その式を x^2+1 で割った商を $px+q$ として，式を立てる。

$P(1)=3$, $P(-1)=1$ から

$$2(p+q)-1=3,\ 2(-p+q)-7=1$$

これを解くと　　$p=-1,\ q=3$

ゆえに，求める余りは　　$(x^2+1)(-x+3)+3x-4$

すなわち　　$\boldsymbol{-x^3+3x^2+2x-1}$

このとき，

$$-x^3+3x^2+2x-1=(x^2-1)(-x+3)+x+2$$

であるから，$P(x)$ を x^2-1 で割った余りは $x+2$ であり，条件を満たす。

数学Ⅱ例題 **55** で学習したように，具体的に $P(x)$ の式が与えられていない場合，割る式 $f(x)$ に対して方程式 $f(x)=0$ の解を利用して余りを求めますが，$f(x)=0$ の解が実数でない場合でも上のように余りを求めることができます。CHECK 1－B では，$p.66$ で学習した「複素数の相等」を利用しています。

複素数の相等

$\boldsymbol{a,\ b,\ c,\ d}$ **が実数のとき**	$\boldsymbol{a+bi=c+di}$	$\Longleftrightarrow$	$\boldsymbol{a=c}$ **かつ** $\boldsymbol{b=d}$
$\boldsymbol{a,\ b,\ c,\ d}$ **が実数，** $\boldsymbol{z}$ **が虚数のとき**	$\boldsymbol{a+bz=c+dz}$	$\Longleftrightarrow$	$\boldsymbol{a=c}$ **かつ** $\boldsymbol{b=d}$

CHECK 1－A では 1 の 3 乗根の性質，CHECK 1－B では多項式の割り算を利用して余りを求める方法を復習しました。これらの問題で利用した性質を念頭において，次の問題に挑戦してみましょう。

問題1　多項式の割り算と1の3乗根

n を自然数とする。$x^{2n}+x^n+1$ を x^2+x+1 で割ったときの余りを求めよ。

指針　割り算の等式 $A=BQ+R$ を利用する。
2次式で割ったときの余りは1次式または定数であるから，求める余りを $ax+b$ とする。また，方程式 $x^2+x+1=0$ の解 ω は1の3乗根であるから，ω の性質と，a，b が実数であることを利用して，a，b の値を求める。

解答

$x^{2n}+x^n+1$ を x^2+x+1 で割ったときの商を $Q(x)$，余りを $ax+b$（a，b は実数）とすると，次の等式が成り立つ。

$$x^{2n}+x^n+1=(x^2+x+1)Q(x)+ax+b \quad \cdots\cdots ①$$

$x^2+x+1=0$ の解の1つを ω とすると

$$\omega^2+\omega+1=0$$

また，$\omega^3-1=(\omega-1)(\omega^2+\omega+1)=0$ であるから

$$\omega^3=1$$

① で $x=\omega$ を代入すると

$$\omega^{2n}+\omega^n+1=a\omega+b$$

[1]　$n=3k$（$k=1,\ 2,\ 3,\ \cdots\cdots$）のとき

$$\omega^{2\cdot3k}+\omega^{3k}+1=(\omega^3)^{2k}+(\omega^3)^k+1=1+1+1=3$$

ゆえに　$3=a\omega+b$

a，b は実数，ω は虚数であるから　$a=0,\ b=3$

よって，このときの余りは　3

[2]　$n=3k+1$（$k=0,\ 1,\ 2,\ \cdots\cdots$）のとき

$$\omega^{2(3k+1)}+\omega^{3k+1}+1=(\omega^3)^{2k}\cdot\omega^2+(\omega^3)^k\cdot\omega+1=\omega^2+\omega+1=0$$

ゆえに　$0=a\omega+b$

a，b は実数，ω は虚数であるから　$a=0,\ b=0$

よって，このときの余りは　0

[3]　$n=3k+2$（$k=0,\ 1,\ 2,\ \cdots\cdots$）のとき

$$\omega^{2(3k+2)}+\omega^{3k+2}+1=(\omega^3)^{2k+1}\cdot\omega+(\omega^3)^k\cdot\omega^2+1=\omega+\omega^2+1=0$$

ゆえに　$0=a\omega+b$

a，b は実数，ω は虚数であるから　$a=0,\ b=0$

よって，このときの余りは　0

[1]～[3] から，求める余りは

n が3の倍数のとき　3
n が3の倍数でないとき　0

◀2次式で割ったときの余りは1次式または定数である。なお，$x^{2n}+x^n+1$ および x^2+x+1 の係数はすべて実数であるから，a，b も実数である。

◀$\omega^3=1$ から，$\omega^{3k}=1$ となる（k は自然数）。これを見越し，n を3で割った余りで場合分けする。

◀a，b，c，d が実数，z が虚数のとき
$a+bz=c+dz$
$\Longleftrightarrow a=c$ かつ $b=d$
なお，ω は $x^2+x+1=0$ の解であるから，虚数である。

◀n が3の倍数でないとき，$x^{2n}+x^n+1$ は x^2+x+1 で割り切れる。

検討

1の3乗根の性質のまとめ

CHECK 1－A，問題 1 で利用した，1の3乗根 ω の性質をまとめておこう。

① 1の3乗根のうち，虚数であるものの1つを ω とすると，もう1つは ω^2 である。

② $\boldsymbol{\omega^3=1,\ \omega^2+\omega+1=0,\ \overline{\omega}=\omega^2}$

③ ［ω^n の値］ k を整数とする。

［1］ $n=3k$ のとき $\omega^n=\omega^{3k}=(\omega^3)^k=1$

［2］ $n=3k+1$ のとき $\omega^n=\omega^{3k+1}=(\omega^3)^k\cdot\omega=\omega$

［3］ $n=3k+2$ のとき $\omega^n=\omega^{3k+2}=(\omega^3)^k\cdot\omega^2=\omega^2$

ω →($\times\omega$)→ ω^2 →($\times\omega$)→ $\omega^3=1$ →($\times\omega$)→ ω

検討 PLUS ONE

1の3乗根の因数分解への応用

問題 1 において，$n=2$ の場合を考えてみよう。
2は3の倍数ではないから，問題 1 の結果より，
x^4+x^2+1 は x^2+x+1 で割り切れる。
よって，右の計算から，

$$\boldsymbol{x^4+x^2+1=(x^2+x+1)(x^2-x+1)}$$

と因数分解できる。

$$\begin{array}{r} x^2-x+1 \\ x^2+x+1\,\overline{)\,x^4\qquad+x^2\quad+1} \\ \underline{x^4+x^3+x^2\qquad} \\ -x^3\qquad\quad \\ \underline{-x^3-x^2-x\quad} \\ x^2+x+1 \\ \underline{x^2+x+1} \\ 0 \end{array}$$

なお，x^4+x^2+1 の因数分解については，数学Ⅰで学習したように，●^{2}－▲^{2} の形を作り，和と差の積として因数分解することもできる。
この方法を用いると次のようになる。

$$x^4+x^2+1=x^4+2x^2+1-x^2=(x^2+1)^2-x^2$$
$$=(x^2+x+1)(x^2-x+1)$$

◀●^{2}－▲^{2} の形。

（チャート式基礎からの数学Ⅰ＋A $p.38$ 重要例題 **19** を参照。）

この他にも，1の3乗根の性質を利用して因数分解できるものがある。

例 x^5+x+1 を因数分解せよ。

$f(x)=x^5+x+1$ とする。
1の3乗根のうち，虚数であるものの1つを ω とすると，$\omega^3=1$，$\omega^2+\omega+1=0$ から

$$f(\omega)=\omega^5+\omega+1=\omega^2+\omega+1=0$$
$$f(\omega^2)=\omega^{10}+\omega^2+1=\omega+\omega^2+1=0$$

ゆえに，$f(x)$ は $(x-\omega)(x-\omega^2)$，すなわち x^2+x+1 で割り切れる。
よって，右の計算から

$$x^5+x+1=\boldsymbol{(x^2+x+1)(x^3-x^2+1)}$$

$$\begin{array}{r} x^3-x^2\qquad+1 \\ x^2+x+1\,\overline{)\,x^5\qquad\qquad\quad+x+1} \\ \underline{x^5+x^4+x^3\qquad\qquad} \\ -x^4-x^3\qquad\quad \\ \underline{-x^4-x^3-x^2\qquad} \\ x^2+x+1 \\ \underline{x^2+x+1} \\ 0 \end{array}$$

補足 $f(x)$ の係数がすべて実数のとき，$f(\omega)=0$ ならば $f(\overline{\omega})=0$ であるから（$p.110$ 参照），これと $\overline{\omega}=\omega^2$ から，$f(\omega^2)=0$ を示してもよい。また，x^3-x^2+1 は最高次の項の係数と定数項がともに1で，$x=\pm1$ を代入しても0にはならないから，x^3-x^2+1 は，有理数の範囲ではこれ以上因数分解できない（数学Ⅱ基本例題 **58** 参照）。

この 例 のように，$x=\omega$，ω^2 を代入しその値が0になる場合は，x^2+x+1 を因数にもつことがわかり，因数分解できる。では，どのようなときにこの方法が使えるかであるが，例えば，多項式の各係数が1のときは，$\omega^3=1$，$\omega^2+\omega+1=0$ の条件を適用しやすい。
多項式の各係数が1のときは，$x=\omega$，ω^2 を代入することを試してみるとよい。

線形計画法の応用問題

1 次式 $ax+by$ が最大値をとる $(x,\ y)$ について考察する

ある条件の下で，1 次式 $ax+by$ が最大となる場合を見つける方法として，数学Ⅱ例題 **122**，**123** で学習した線形計画法がよく用いられます。ここでは，線形計画法の応用問題に取り組むとともに，最大値をとる $(x,\ y)$ について考察します。

まず，次の問題で，不等式の表す領域について確認しましょう。

CHECK 2－A　次の不等式の表す領域を図示せよ。

$$(x-y+1)(2x+y-2)\leqq 0 \quad \text{かつ} \quad y\geqq 0$$

不等式 $PQ\leqq 0$ の表す領域は，次のように 2 組の連立不等式で表します（数学Ⅱ例題 **120** も参照）。

$$PQ\leqq 0 \iff ① \begin{cases} P\geqq 0 \\ Q\leqq 0 \end{cases} \text{ または } ② \begin{cases} P\leqq 0 \\ Q\geqq 0 \end{cases}$$

求める領域は，連立不等式 ① の表す領域 A と連立不等式 ② の表す領域 B の和集合 $A\cup B$ となります。更に，この問題では「かつ $y\geqq 0$」という条件もあることに注意しましょう。

解答　$(x-y+1)(2x+y-2)\leqq 0$ から

$$① \begin{cases} x-y+1\geqq 0 \\ 2x+y-2\leqq 0 \end{cases} \text{ または } ② \begin{cases} x-y+1\leqq 0 \\ 2x+y-2\geqq 0 \end{cases}$$

① の表す領域を A，② の表す領域を B，$y\geqq 0$ の表す領域を C とすると，求める領域は $(A\cup B)\cap C$ であり，**右の図の斜線部分。**
ただし，境界線を含む。

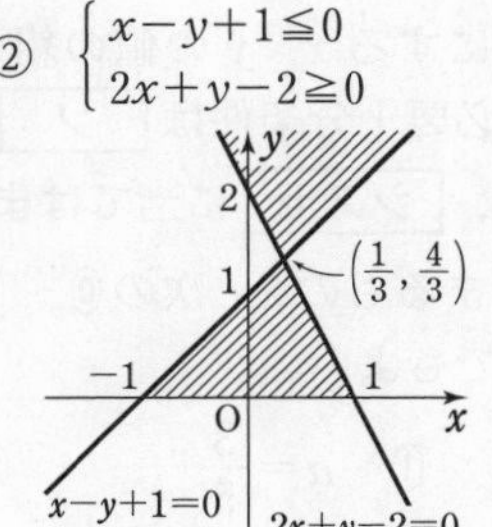

◀ ① $\begin{cases} y\leqq x+1 \\ y\leqq -2x+2 \end{cases}$
② $\begin{cases} y\geqq x+1 \\ y\geqq -2x+2 \end{cases}$
と整理して領域をかくとよい。

求めた領域が正しいかどうかの検算として，**領域内の代表的な点がもとの不等式を満たしているかを確認する**とよいでしょう。
CHECK 2－A の場合は，例えば，$(x,\ y)=(0,\ 0)$ を $(x-y+1)(2x+y-2)$ に代入すると，$1\cdot(-2)<0$ から $(x-y+1)(2x+y-2)\leqq 0$ を満たしていることがわかります。
よって，$(x-y+1)(2x+y-2)\leqq 0$ を満たす領域は点 $(0,\ 0)$ を含むことがわかり，更に，$p.192$ 参考事項の考え方を用いると，点 $(0,\ 0)$ を含む領域と隣り合わない領域も $(x-y+1)(2x+y-2)\leqq 0$ を満たすことがわかります。

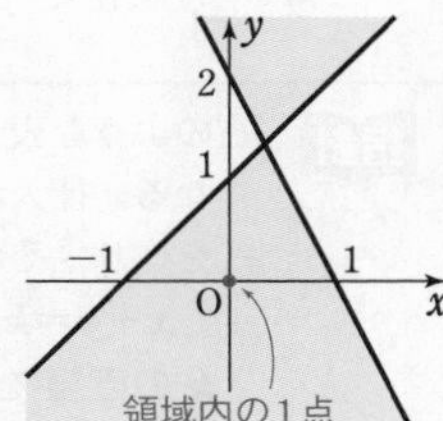

次の問題 **2** はいわゆる「線形計画法」の問題です。線形計画法の考え方の理解に不安がある場合には，数学Ⅱ例題 **122**，**123** を復習してから挑戦してください。

問題2　線形計画法の応用問題

3種類の材料A, B, Cから2種類の製品P, Qを作っている工場がある。製品Pを1kg作るには，材料A, B, Cをそれぞれ1kg, 3kg, 5kg必要とし，製品Qを1kg作るには，材料A, B, Cをそれぞれ5kg, 4kg, 2kg必要とする。また，1日に仕入れることができる材料A, B, Cの量の上限はそれぞれ260kg, 230kg, 290kgである。

x, yを実数として，この工場で1日に製品Pを$x$kg, 製品Qを$y$kg作るとするとき，次の問いに答えよ。

(1)　この工場において，1日で作ることができる製品P, Qの量の合計 $(x+y)$ kgは，$(x,\ y)=\left(\boxed{\text{アイ}},\ \boxed{\text{ウエ}}\right)$のとき最大となり，そのとき，$x+y=\boxed{\text{オカ}}$である。$\boxed{\text{アイ}}$～$\boxed{\text{オカ}}$に当てはまる数を求めよ。

(2)　製品P, Q 1kg当たりの利益はそれぞれa万円，3万円であるとする。このとき，1日当たりの利益について考える。ただし，aは正の数とする。

(i)　$a=1$の場合，利益を最大にするx, yの値の組は，$(x,\ y)=\left(\boxed{\text{キク}},\ \boxed{\text{ケコ}}\right)$である。

(ii)　$\boxed{\text{サ}}$の場合，製品Pは作らず製品Qのみ作れるだけ作るときに限り利益が最大となり，そのときの利益の最大値は$\boxed{\text{シスセ}}$万円である。

(iii)　利益を最大にするx, yの値の組が$(x,\ y)=\left(\boxed{\text{アイ}},\ \boxed{\text{ウエ}}\right)$のみであるための必要十分条件は$\boxed{\text{ソ}}$である。

$\boxed{\text{キク}}$, $\boxed{\text{ケコ}}$, $\boxed{\text{シスセ}}$に当てはまる数を求めよ。また，$\boxed{\text{サ}}$, $\boxed{\text{ソ}}$に当てはまるものを，次の⓪～⑥のうちから1つずつ選べ。ただし，同じものを選んでもよい。

⓪　$0<a<\dfrac{3}{5}$　①　$a=\dfrac{3}{5}$　②　$\dfrac{3}{5}<a<\dfrac{9}{4}$　③　$a=\dfrac{9}{4}$

④　$\dfrac{9}{4}<a<\dfrac{15}{2}$　⑤　$a=\dfrac{15}{2}$　⑥　$a>\dfrac{15}{2}$

右のような表を作って条件を整理すると見通しがよくなる。仕入れることができる材料の上限から不等式を作り，それを図示して，図形的に考える。

	P 1kg	Q 1kg	上限
A	1kg	5kg	260kg
B	3kg	4kg	230kg
C	5kg	2kg	290kg

(1)　$\boldsymbol{x+y=k}$とおくと，これは**傾き -1, $\boldsymbol{y}$切片 $\boldsymbol{k}$ の直線**を表す。この直線が，x, yの満たす不等式の表す領域のどの点を通るときkが最大になるか調べる。

(2)　$\boldsymbol{ax+3y=l}$とおいて，(1)と同様に考える。aの値によって直線の傾きが変わるため，y切片が最大となるときに通る点が変わることに注意する。

CHART　**線形計画法**　条件をx, yの連立不等式で表し，領域を図示　直線の傾きにも注目

解答

(1) 1日に製品Pを x kg，製品Qを y kg作るのに必要な材料A，B，Cの量は，それぞれ $(x+5y)$ kg，$(3x+4y)$ kg，$(5x+2y)$ kg である。

1日に仕入れることができる材料の量の上限に注目すると

A：$x+5y \leqq 260$　すなわち　$y \leqq -\dfrac{1}{5}x+52$

B：$3x+4y \leqq 230$　すなわち　$y \leqq -\dfrac{3}{4}x+\dfrac{115}{2}$

C：$5x+2y \leqq 290$　すなわち　$y \leqq -\dfrac{5}{2}x+145$

(1) 条件を満たす $(x,\ y)$ について

$y=-\dfrac{1}{5}x+52$ …… Ⓐ，

$y=-\dfrac{3}{4}x+\dfrac{115}{2}$ …… Ⓑ，

$y=-\dfrac{5}{2}x+145$ …… Ⓒ

とする。2直線Ⓐ，Ⓑの交点の座標は，Ⓐ，Ⓑを連立して解くことにより

(10, 50)

同様にして，2直線Ⓑ，Ⓒの交点の座標は

(50, 20)

これら3つの不等式，および $x \geqq 0$，$y \geqq 0$ を満たす点 $(x,\ y)$ の全体を図示すると，右の図の斜線部分のようになる。

ただし，境界線を含む。

$x+y=k$ …… ① とおくと，①は傾き -1，y 切片 k の直線を表す。この直線①が図の斜線部分と共有点をもつような k の値の最大値を考える。

◀①：$y=-x+k$

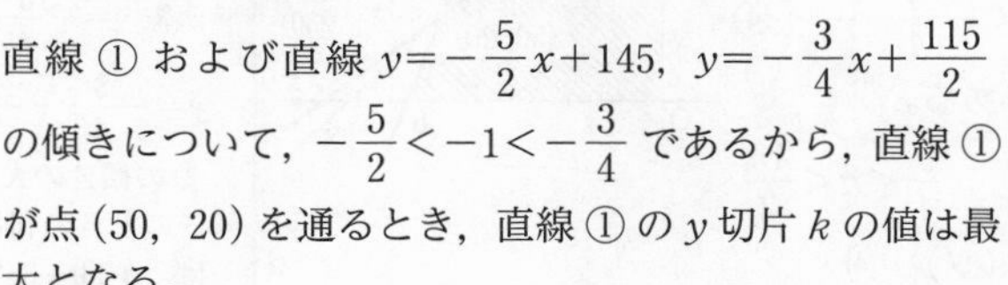

直線①および直線 $y=-\dfrac{5}{2}x+145$，$y=-\dfrac{3}{4}x+\dfrac{115}{2}$ の傾きについて，$-\dfrac{5}{2}<-1<-\dfrac{3}{4}$ であるから，直線①が点(50, 20)を通るとき，直線①の y 切片 k の値は最大となる。

◀直線①の傾きと，境界線の傾きの大小を比べる。直線①を上下に動かし，図の斜線部分のどの点を通るときに y 切片 k が最大になるかを調べる。

したがって，$x+y$ は $(x,\ y)=($ア イ **50**，ウ エ **20**$)$ のとき最大となる。

また，このとき　$x+y=50+20=$ オ カ **70**

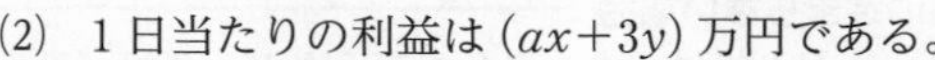

(2) 1日当たりの利益は $(ax+3y)$ 万円である。

$ax+3y=l$ …… ② とおくと，②は傾き $-\dfrac{a}{3}$，y 切片 $\dfrac{l}{3}$ の直線を表す。

◀②：$y=-\dfrac{a}{3}x+\dfrac{l}{3}$

ここで，$-\dfrac{a}{3}<0$ である。

(i) $a=1$ のとき

直線②と直線

$y=-\dfrac{1}{5}x+52$，

$y=-\dfrac{3}{4}x+\dfrac{115}{2}$ の傾きについて，

$-\dfrac{3}{4}<-\dfrac{1}{3}<-\dfrac{1}{5}$

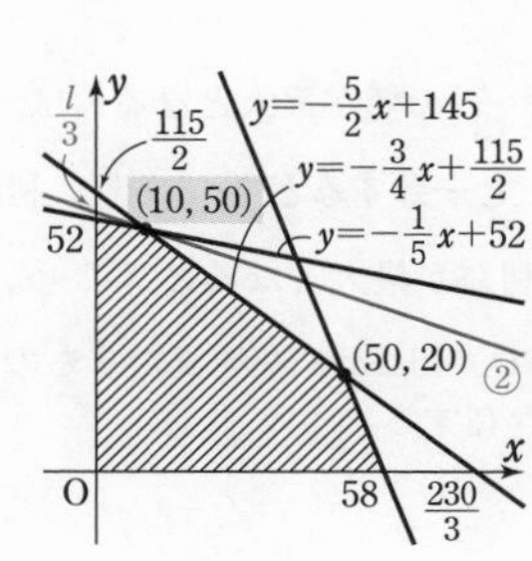

◀方針は(1)と同様。$a=1$ としたときの直線②の動きを追い，直線②が図の斜線部分と共有点をもつような l の値の最大値を求める。ここでは，(1)と異なり，点(10, 50)で最大となる。

であるから，直線 ② が点 (10, 50) を通るとき，直線 ② の y 切片 $\dfrac{l}{3}$ の値は最大となる。このとき l も最大となる。
したがって，利益 $x+3y$ が最大となるのは
$(x,\ y)=($キク**10**, ケコ**50**$)$ のときである。

◀このときの利益の最大値は　$10+3\cdot50$
$=160$ (万円)

(ii)　利益 l が
$(x,\ y)=(0,\ 52)$
のときに限り最大となるのは，直線 ② の傾きについて
$-\dfrac{1}{5}<-\dfrac{a}{3}<0$ …… ③
となる場合である。
③ を解くと　　$0<a<\dfrac{3}{5}$
すなわち　　(サ)　⓪
このとき，利益の最大値は
$a\cdot0+3\cdot52=$シスセ**156** (万円)

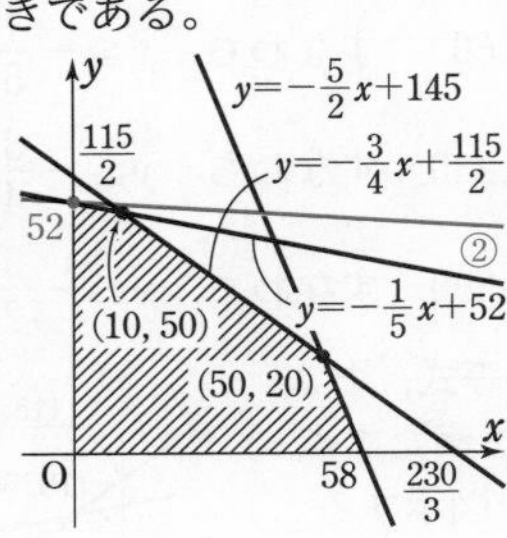

◀製品 P は作らず
⟶ $x=0$
利益 $l=3y$ が最大
⟶ $y=52$

◀直線 $y=-\dfrac{1}{5}x+52$ と直線 ② の傾きの大小に注目。
なお，$-\dfrac{a}{3}=-\dfrac{1}{5}$ のときは，線分
$y=-\dfrac{1}{5}x+52$,
$0\leqq x\leqq10$ 上のすべての点で l は最大となる。
検討 も参照。

(iii)　利益 l が
$(x,\ y)=(50,\ 20)$
のときのみに最大となるのは，直線 ② の傾きについて
$-\dfrac{5}{2}<-\dfrac{a}{3}<-\dfrac{3}{4}$ …… ④
となる場合である。
④ を解くと　　$\dfrac{9}{4}<a<\dfrac{15}{2}$
すなわち　　(ソ)　④

◀直線 $y=-\dfrac{5}{2}x+145$ と
$y=-\dfrac{3}{4}x+\dfrac{115}{2}$ と直線 ② の傾きの大小に注目。

◀このときの利益の最大値は　$a\cdot50+3\cdot20$
$=50a+60$ (万円)

検討

利益が最大となる $(x,\ y)$ が 1 組に定まらない場合

問題 **2** では利益が最大となる $(x,\ y)$ が 1 組に定まる場合を考えたが，利益が最大となる $(x,\ y)$ が 1 組に定まらない場合について考えてみよう。

$a=\dfrac{9}{4}$ とする。このとき，直線 ② の傾きは $-\dfrac{3}{4}$ であるから，領域の境界線となっている直線 $y=-\dfrac{3}{4}x+\dfrac{115}{2}$ と平行になる。
したがって，y 切片 $\dfrac{l}{3}$ の値が最大となるのは，**直線 ② が直線 $y=-\dfrac{3}{4}x+\dfrac{115}{2}$ と一致するとき** であり，利益の最大値は $\dfrac{345}{2}$ 万円となる。利益が最大となるときの $(x,\ y)$ は，この直線上の点 $(x,\ y)$ で，$10\leqq x\leqq50$ を満たすものすべてである。
すなわち，**無数** に存在する。

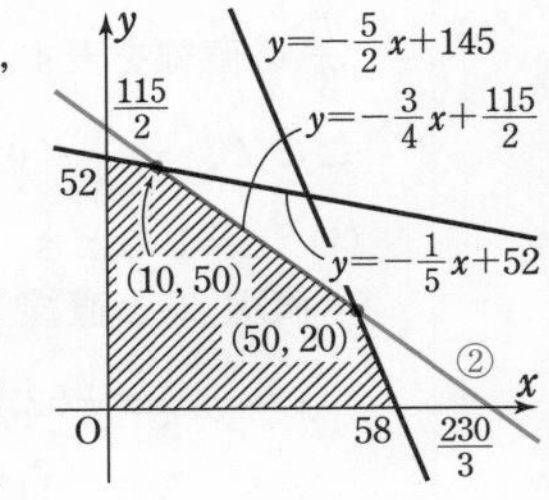

例えば，$(x,\ y)=(10,\ 50)$，$(50,\ 20)$ のときの利益をそれぞれ計算すると，

$(x,\ y)=(10,\ 50)$ のとき　$\dfrac{9}{4}\cdot 10+3\cdot 50=\dfrac{345}{2}$

$(x,\ y)=(50,\ 20)$ のとき　$\dfrac{9}{4}\cdot 50+3\cdot 20=\dfrac{345}{2}$

となり，利益が最大となる $(x,\ y)$ が 1 組に定まらないことがわかる。
そのため，例えば，

「$a=\dfrac{9}{4}$ のとき，利益が最大となる組 $(x,\ y)$ を求めよ。」

と問われた場合は

$(x,\ y)=\left(t,\ -\dfrac{3}{4}t+\dfrac{115}{2}\right)$ (t は $10\leqq t\leqq 50$ を満たす実数)

のように，文字 t を用いて解答する。

右の二次元コードから，文字 a，l の値を変化させたとき，直線 ② と領域の位置関係がわかるグラフソフトにアクセスできる。まず，a の値を変化させ直線の傾きを定め，l の値を変化させることで，直線 ② と領域の共有点の変化を視覚的に確認できる。

関数グラフソフト

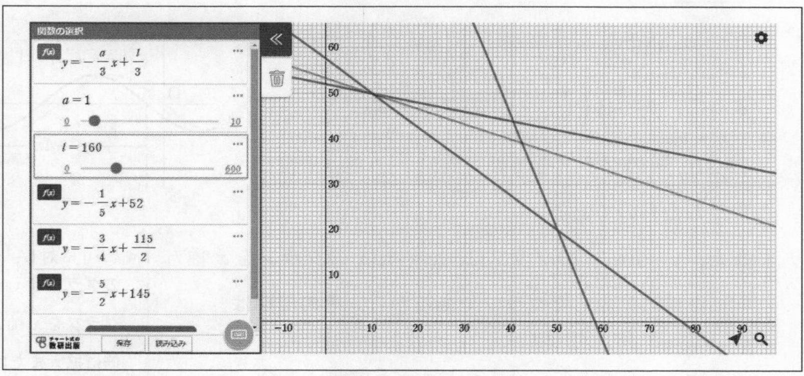

テーマ **3**

三角関数のグラフと方程式の解

三角関数のグラフの特徴を考察する

三角関数のグラフは，同じ形を繰り返す「周期性」をもつなど，他の関数にはあまりみられない性質があります。ここでは，三角関数のグラフについて考察します。

まず，次の問題で，三角関数のグラフの基本事項を確認しましょう。

> **CHECK 3−A**　$y=\sin\left(\dfrac{x}{2}-\dfrac{\pi}{6}\right)$ のグラフは，$y=\sin\dfrac{x}{2}$ のグラフを x 軸方向に［ア］だけ平行移動したものであり，その周期は［イ］である。
> ［ア］，［イ］に当てはまる数のうち，正で最小のものをそれぞれ答えよ。

$y=\sin\dfrac{x}{2}$ のグラフを x 軸方向に p だけ平行移動したグラフの式は $y=\sin\dfrac{1}{2}(x-p)$ です。

$y=\sin\left(\dfrac{x}{2}-p\right)$ ではないことに注意しましょう。

$$y=\sin\left(\frac{x}{2}-\frac{\pi}{6}\right)=\sin\frac{1}{2}\left(x-\frac{\pi}{3}\right)$$

よって，$y=\sin\left(\dfrac{x}{2}-\dfrac{\pi}{6}\right)$ のグラフは，

$y=\sin\dfrac{x}{2}$ のグラフを x 軸方向に ${}^{ア}\dfrac{\pi}{3}$ だけ平行移動したものである。

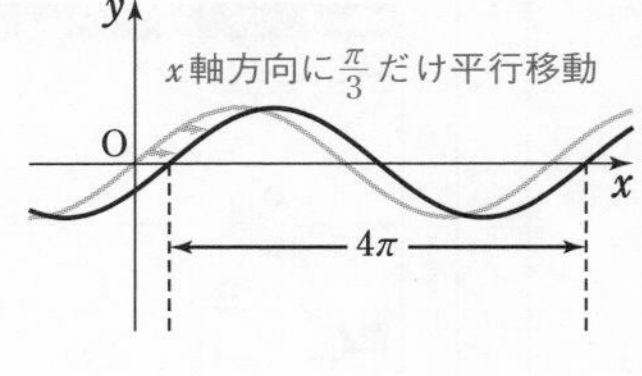

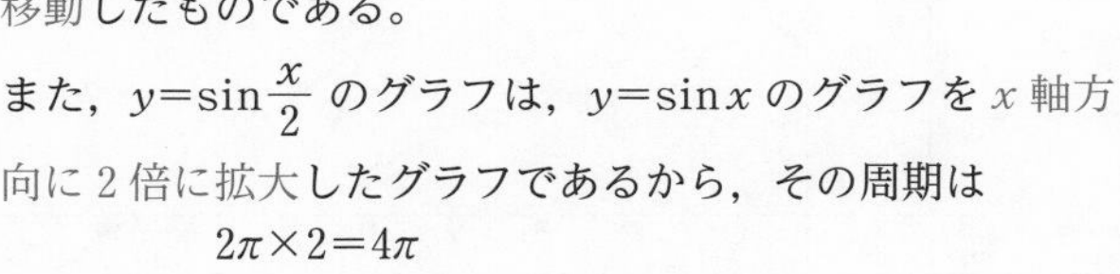

また，$y=\sin\dfrac{x}{2}$ のグラフは，$y=\sin x$ のグラフを x 軸方向に 2 倍に拡大したグラフであるから，その周期は

$$2\pi\times2=4\pi$$

よって，$y=\sin\left(\dfrac{x}{2}-\dfrac{\pi}{6}\right)$ のグラフの周期は　${}^{イ}\mathbf{4\pi}$

◀ $k>0$ に対し，$y=f(kx)$ のグラフは $y=f(x)$ のグラフを x 軸方向に $\dfrac{1}{k}$ 倍に拡大または縮小したものである（$p.227$ 参照）。

$p.227$ で学習したように，0 でない定数 p が

$$f(x+p)=f(x)$$

を満たすとき，p を $f(x)$ の周期といいます。

$y=\sin\dfrac{x}{2}$ の周期は，4π の他に 8π，12π，……

なども周期となります。ただし，普通，周期といえば，そのうちの正で最小のものを意味します。

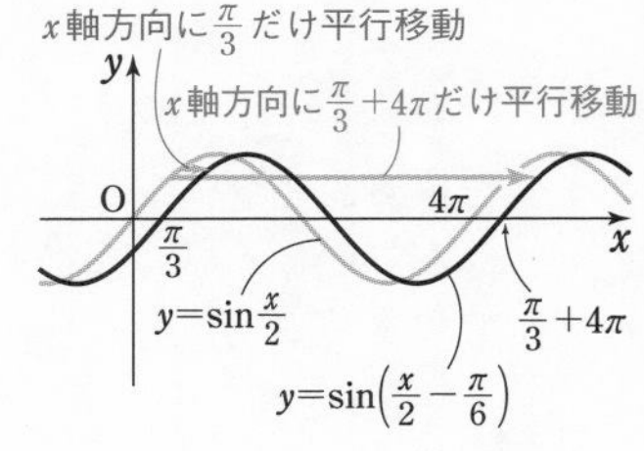

また，その周期性から，$y=\sin\dfrac{x}{2}$ のグラフを x 軸方向に $\dfrac{\pi}{3}+4\pi$ 平行移動させても $y=\sin\left(\dfrac{x}{2}-\dfrac{\pi}{6}\right)$ のグラフと一致します。

CHECK 3−A では，ア，イ ともに「正で最小のもの」という指定があるので，解答のように，条件を満たす最小の正の数を解答します。

もう1問，三角関数のグラフについての問題に取り組んでみましょう。

CHECK 3−B $y=\sin 3x-\cos 3x$ のグラフをかけ。また，その周期を求めよ。

与えられた式のままではグラフがかけないので，数学Ⅱ例題 **160** で学習した **三角関数の合成** を利用し，式変形してからグラフをかいてみましょう。

解答

$$y=\sin 3x-\cos 3x=\sqrt{2}\sin\left(3x-\frac{\pi}{4}\right)$$
$$=\sqrt{2}\sin 3\left(x-\frac{\pi}{12}\right)$$

よって，$y=\sin 3x-\cos 3x$ のグラフは $y=\sqrt{2}\sin 3x$ のグラフを x 軸方向に $\frac{\pi}{12}$ だけ平行移動したグラフであるから，下の **図の実線部分** のようになる。

また，その **周期は** $2\pi\times\frac{1}{3}=\boldsymbol{\frac{2}{3}\pi}$

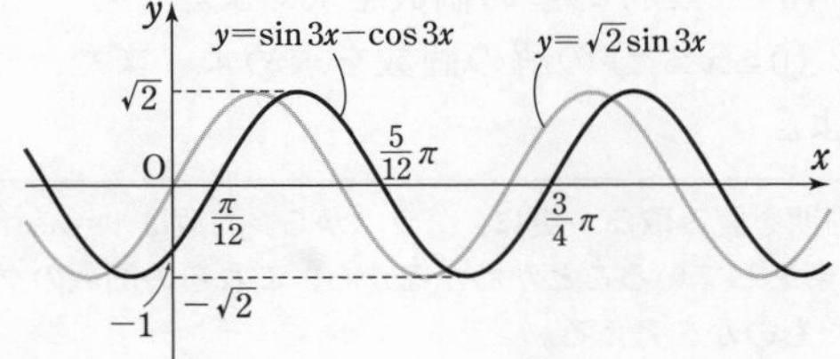

◀三角関数の合成
$a\sin\theta+b\cos\theta$
$=\sqrt{a^2+b^2}\sin(\theta+\alpha)$
$a=1$，$b=-1$ であるから，下の図より
$\alpha=-\frac{\pi}{4}$

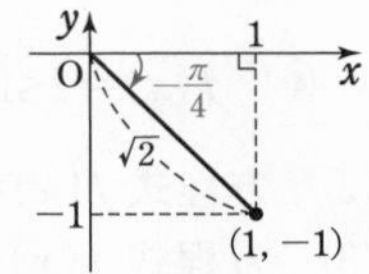

この問題のように，一見グラフをかくことが難しそうな式であっても，関数の式を変形することによって，グラフをかくことができるものもあります。
他にも，例えば $y=\cos^2 x$ は $\cos x$ を2乗しているため，一見，グラフをかくことが難しそうに感じますが，半角の公式を用いて

$$y=\cos^2 x=\frac{1+\cos 2x}{2}=\frac{1}{2}\cos 2x+\frac{1}{2}$$

と変形することにより，$y=\frac{1}{2}\cos 2x$ のグラフを y 軸方向に $\frac{1}{2}$ だけ平行移動したグラフであることがわかります。

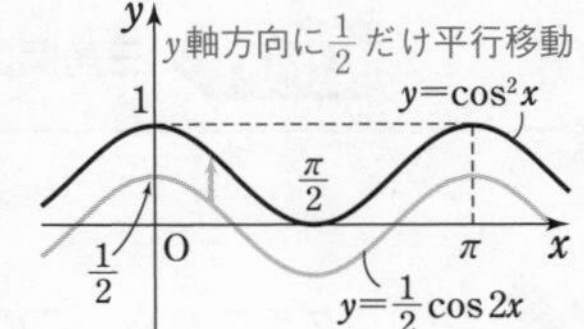

それでは，CHECK 3−A，3−B で確認したことを踏まえて，次の問題に挑戦してみましょう。

問題3 三角関数のグラフと方程式の解の個数

次の図は，ある三角関数 $y=f(x)$ のグラフである。

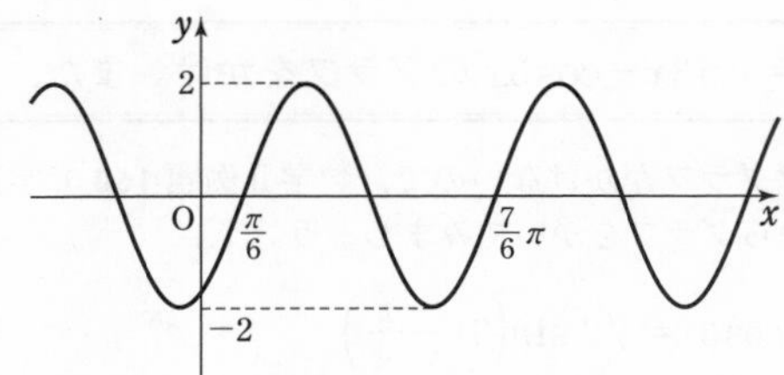

(1) $f(x)$ の式として正しいものを，次の⓪～⑤のうちからすべて選べ。

⓪ $f(x)=\sin x-\sqrt{3}\cos x$　　① $f(x)=\sin 2x-\sqrt{3}\cos 2x$

② $f(x)=2\sin\left(x+\frac{5}{6}\pi\right)$　　③ $f(x)=2\cos\left(x+\frac{5}{6}\pi\right)$

④ $f(x)=2\sin\left(2x-\frac{5}{6}\pi\right)$　　⑤ $f(x)=2\cos\left(2x-\frac{5}{6}\pi\right)$

(2) 方程式 $f(x)=\cos 2x$ $(0\leqq x\leqq\pi)$ の解の個数を求めよ。

(3) 方程式 $f(x)=2\cos x$ $(0\leqq x\leqq\pi)$ の解の個数を求めよ。また，その解のうち最大のものを求めよ。

指針 (1) まず，グラフから周期を読み取る。更に，グラフから，関数は $y=2\sin(\cdots)$，もしくは $y=2\cos(\cdots)$ の形をしていることがわかるから，これらの関数のグラフがどのように平行移動されたものかを考える。
また，⓪，①については，三角関数の合成を利用して判断する。

(2) 方程式の解は2つのグラフの共有点の x 座標であるから，グラフを利用する。

(3) グラフを利用することで解の個数を調べることはできるが，最も大きい解を求める必要があるため，具体的に方程式を解く。方程式を解くときには，解の範囲に注意する。
別解 和 ⟶ 積の公式を利用して，方程式を解いてもよい。

CHART 三角関数のグラフ　基本形を拡大・縮小，平行移動

解答

(1) グラフから，この三角関数の周期は　$\frac{7}{6}\pi-\frac{\pi}{6}=\pi$

⓪の式を合成すると　$f(x)=2\sin\left(x-\frac{\pi}{3}\right)$

①の式を合成すると　$f(x)=2\sin\left(2x-\frac{\pi}{3}\right)$

よって，⓪～⑤のうち周期が π であるものは
①，④，⑤

◀ ⓪，②，③の周期はすべて 2π である。よって，⓪，②，③は図のグラフの式ではない。

①について，$f(x)$ の式を変形すると

$$f(x)=2\sin\left(2x-\frac{\pi}{3}\right)=2\sin 2\left(x-\frac{\pi}{6}\right)$$

ゆえに，$y=f(x)$ のグラフは $y=2\sin 2x$ のグラフを

x 軸方向に $\frac{\pi}{6}$ だけ平行移動したものである。

よって，図のグラフと一致するから，正しい。

◀$y=\sin 2x$ のグラフを x 軸方向に p だけ平行移動したグラフの式は $y=\sin 2(x-p)$ である。

④について，$f(x)$ の式を変形すると

$$f(x)=2\sin\left(2x-\frac{5}{6}\pi\right)=2\sin 2\left(x-\frac{5}{12}\pi\right)$$

ゆえに，$y=f(x)$ のグラフは $y=2\sin 2x$ のグラフを

x 軸方向に $\frac{5}{12}\pi$ だけ平行移動したものである。

よって，図のグラフと一致しない。

⑤について，$f(x)$ の式を変形すると

$$f(x)=2\cos\left(2x-\frac{5}{6}\pi\right)=2\sin\left(2x-\frac{5}{6}\pi+\frac{\pi}{2}\right)$$

$$=2\sin\left(2x-\frac{\pi}{3}\right)$$

◀$\cos\theta=\sin\left(\theta+\frac{\pi}{2}\right)$

となり，①の式と一致するから，正しい。

以上から，$f(x)$ の式として正しいものは　①，⑤

(2)　$y=f(x)$ のグラフと，$y=\cos 2x$ のグラフの $0\leqq x\leqq\pi$ における共有点の個数は，右の図より

2 個

したがって，方程式 $f(x)=\cos 2x$ $(0\leqq x\leqq\pi)$ の解の個数は　**2 個**

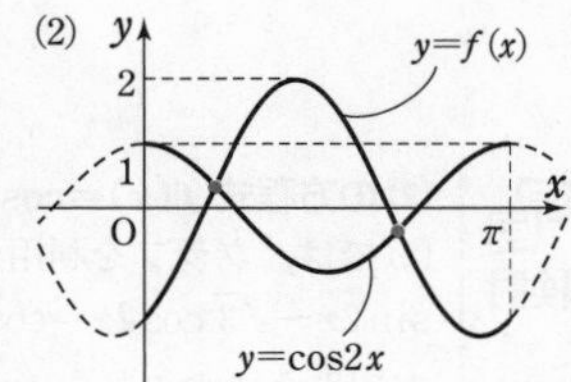

(3)　(2) と同様に，グラフから，方程式

$f(x)=2\cos x$ $(0\leqq x\leqq\pi)$ の解の個数は　**3 個**

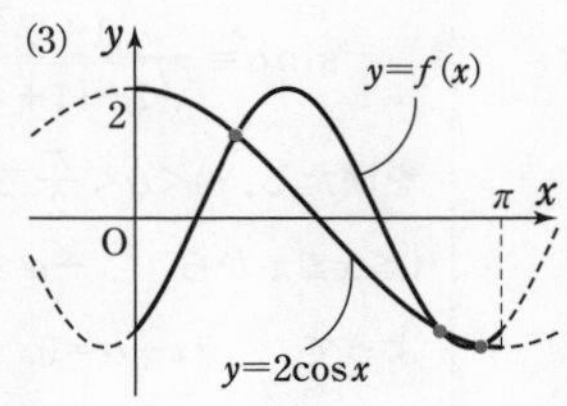

$f(x)=2\cos\left(2x-\frac{5}{6}\pi\right)$ から，方程式は

$$2\cos\left(2x-\frac{5}{6}\pi\right)=2\cos x$$

よって　$\cos\left(2x-\frac{5}{6}\pi\right)=\cos x$

ゆえに　$2x-\frac{5}{6}\pi=\pm x+2n\pi$ （n は整数）

◀$\cos A=\cos B$ のとき $A=\pm B+2n\pi$ （n は整数） $p.231$ 基本事項も参照。

よって　$x=\frac{5}{6}\pi+2n\pi,\ \frac{5}{18}\pi+\frac{2}{3}n\pi$ （n は整数）

$0\leqq x\leqq\pi$ から　$x=\frac{5}{6}\pi,\ \frac{5}{18}\pi,\ \frac{17}{18}\pi$

◀$n=0$，1 を代入。ただし，$\frac{5}{6}\pi+2\pi$ は $0\leqq x\leqq\pi$ を満たさない。

したがって，求める最大の解は　$\boldsymbol{x=\frac{17}{18}\pi}$

別解 (和 ⟶ 積の公式を用いる解法)

$2\cos\left(2x-\frac{5}{6}\pi\right)=2\cos x$ から

$$\cos\left(2x-\frac{5}{6}\pi\right)-\cos x=0$$

よって $-2\sin\frac{\left(2x-\frac{5}{6}\pi\right)+x}{2}\sin\frac{\left(2x-\frac{5}{6}\pi\right)-x}{2}=0$

◀$\cos A-\cos B=-2\sin\frac{A+B}{2}\times\sin\frac{A-B}{2}$

ゆえに $-2\sin\left(\frac{3}{2}x-\frac{5}{12}\pi\right)\sin\left(\frac{x}{2}-\frac{5}{12}\pi\right)=0$

したがって

$$\sin\left(\frac{3}{2}x-\frac{5}{12}\pi\right)=0 \quad \text{または} \quad \sin\left(\frac{x}{2}-\frac{5}{12}\pi\right)=0$$

ここで，$0\leqq x\leqq\pi$ であるから

◀x の変域に要注意！

$$-\frac{5}{12}\pi\leqq\frac{3}{2}x-\frac{5}{12}\pi\leqq\frac{13}{12}\pi,\quad -\frac{5}{12}\pi\leqq\frac{x}{2}-\frac{5}{12}\pi\leqq\frac{\pi}{12}$$

この範囲で解を求めると

$$\frac{3}{2}x-\frac{5}{12}\pi=0,\ \pi \quad \text{または} \quad \frac{x}{2}-\frac{5}{12}\pi=0$$

すなわち $x=\frac{5}{18}\pi,\ \frac{17}{18}\pi,\ \frac{5}{6}\pi$

したがって，求める最大の解は $\boldsymbol{x=\frac{17}{18}\pi}$

検討

(2) の方程式 $f(x)=\cos 2x$ $(0\leqq x\leqq\pi)$ の解の値

(2) では，グラフを利用して解の個数だけを求めたが，具体的な解を求めてみよう。

$\sin 2x-\sqrt{3}\cos 2x=\cos 2x$ から　$\sin 2x-(1+\sqrt{3})\cos 2x=0$

左辺を合成すると　$\sqrt{1+(1+\sqrt{3})^2}\sin(2x-\alpha)=0$

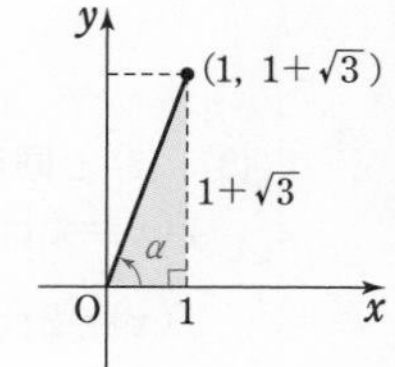

ただし，α は

$$\sin\alpha=\frac{1+\sqrt{3}}{\sqrt{1+(1+\sqrt{3})^2}},\quad \cos\alpha=\frac{1}{\sqrt{1+(1+\sqrt{3})^2}}$$

を満たし，$0<\alpha<\frac{\pi}{2}$ を満たすものとする。

$0\leqq x\leqq\pi$ から　$-\alpha\leqq 2x-\alpha\leqq 2\pi-\alpha$

よって　$2x-\alpha=0,\ \pi$　すなわち　$x=\frac{\alpha}{2},\ \frac{\alpha+\pi}{2}$

この α の値は，π などを用いて正確に表すことはできないが，$\tan\alpha=1+\sqrt{3}=2.73\cdots\cdots$ であることから，α の値を調べると，$\alpha\fallingdotseq 70^\circ$ であることがわかる。

したがって，この方程式の解を度数法で表したときのおよその値は　$\boldsymbol{x\fallingdotseq 35^\circ,\ 125^\circ}$

対数の大小関係

数学Ⅱ第5章で，$a^p=M$ を満たす p を $\log_a M$ と表すことを学習しましたが，$\log_a M$ と表された数がどの程度の値なのか，一見して判断することは難しい場合が多いです。ここでは，$\log_a M$ と表された数の大小関係について考察します。

まず，次の問題で，対数の大小関係について確認しましょう。

CHECK 4－A　次の各組の数の大小を不等号を用いて表せ。

(1)　$\log_2 3$，$\log_4 7$　　　(2)　$\log_3 5$，$\log_5 3$

底が異なる対数の大小を比較する場合は，数学Ⅱ例題 **181** で学習したように，

$$\boldsymbol{\log_a b=\frac{\log_c b}{\log_c a}}\qquad \text{特に}\quad \boldsymbol{\log_a b=\frac{1}{\log_b a}}$$

（a，b，c は正の数で，$a\neq1$，$b\neq1$，$c\neq1$）

を用いて，底をそろえて から比較します。

解答

(1)　$\log_4 7=\dfrac{\log_2 7}{\log_2 4}=\dfrac{\log_2 7}{2}=\log_2 7^{\frac{1}{2}}$　◀底の変換公式。底を2にそろえる。

$3^2=9>7$ から　　$3>7^{\frac{1}{2}}$

底2は1より大きく，$3>7^{\frac{1}{2}}$ であるから

$\log_2 3>\log_2 7^{\frac{1}{2}}$

したがって　　$\boldsymbol{\log_2 3>\log_4 7}$

(2)　$\log_5 3=\dfrac{1}{\log_3 5}$　◀$\log_a b=\dfrac{1}{\log_b a}$

底3は1より大きく，$5>3$ であるから

$\log_3 5>\log_3 3=1$

よって，$0<\dfrac{1}{\log_3 5}<1$ であるから　◀$\log_3 5$ は1より大きいから，その逆数である $\dfrac{1}{\log_3 5}$ は1より小さい。

$\log_3 5>\dfrac{1}{\log_3 5}$

したがって　　$\boldsymbol{\log_3 5>\log_5 3}$

対数の大小比較をする場合は，まず **底をそろえる** ことから始めましょう。CHECK 4－A では，1より大きい値を底としてとりましたが，底に文字を含む場合は，1より小さい場合も含めて考える必要があります。
次の問題では，底や真数が文字で表された対数の大小関係について考察します。

問題4 対数の大小関係

a, b は正の実数であり，$a \neq 1$, $b \neq 1$ を満たすとする。次の問いに答えよ。

(1) $\log_a b = t$ とおくと，[ア] より [イ] が成り立つ。よって，

$\log_b a = \dfrac{1}{t}$ が成り立つ。

[ア], [イ] に当てはまるものを次の解答群から1つずつ選べ。

[ア] の解答群：

⓪ $a^b = t$　① $a^t = b$　② $b^a = t$　③ $b^t = a$　④ $t^a = b$　⑤ $t^b = a$

[イ] の解答群：

⓪ $a = t^{\frac{1}{b}}$　① $a = b^{\frac{1}{t}}$　② $b = t^{\frac{1}{a}}$　③ $b = a^{\frac{1}{t}}$　④ $t = b^{\frac{1}{a}}$　⑤ $t = a^{\frac{1}{b}}$

(2) $t > \dfrac{1}{t}$ を満たす実数 t の値の範囲を求めよ。ただし，$t \neq 0$ とする。

(3) a の値を1つ定めたとき，不等式

$$\log_a b > \log_b a \quad \cdots\cdots (*)$$

を満たす実数 b $(b>0,\ b \neq 1)$ の値の範囲について考える。不等式 $(*)$ を満たす b の値の範囲は，$a>1$ のときは [ウ] であり，$0<a<1$ のときは [エ] である。

[ウ], [エ] に当てはまるものを次の解答群から1つずつ選べ。

[ウ] の解答群：

⓪ $0<b<\dfrac{1}{a},\ 1<b<a$　① $0<b<\dfrac{1}{a},\ a<b$

② $\dfrac{1}{a}<b<1,\ 1<b<a$　③ $\dfrac{1}{a}<b<1,\ a<b$

[エ] の解答群：

⓪ $0<b<a,\ 1<b<\dfrac{1}{a}$　① $0<b<a,\ \dfrac{1}{a}<b$

② $a<b<1,\ 1<b<\dfrac{1}{a}$　③ $a<b<1,\ \dfrac{1}{a}<b$

(4) $p=\dfrac{12}{13}$, $q=\dfrac{12}{11}$, $r=\dfrac{14}{13}$ とする。次の⓪～③のうち，正しいものを1つ選べ。

⓪ $\log_p q > \log_q p$　かつ　$\log_p r > \log_r p$

① $\log_p q > \log_q p$　かつ　$\log_p r < \log_r p$

② $\log_p q < \log_q p$　かつ　$\log_p r > \log_r p$

③ $\log_p q < \log_q p$　かつ　$\log_p r < \log_r p$

〔類 共通テスト〕

(1) $\log_a b=t$ を，対数の定義を利用して変形する。

(2) 不等式の両辺に t を掛けて，分母を払う。その際，$t>0$ の場合と $t<0$ の場合に分けて考える。

別解 不等式の両辺に $t^2\,(>0)$ を掛けると，3 次不等式になるが場合分けせず解くことができる。

(3) (1), (2) を利用する。また，次の性質にも注意。

$a>1$ のとき　$0<p<q \iff \log_a p<\log_a q$（大小一致）

$0<a<1$ のとき　$0<p<q \iff \log_a p>\log_a q$（大小反対）

(4) p と q，p と r について，それぞれ (3) の結果を利用し，大小を判定する。

解答

(1) $\log_a b=t$ とおくと，対数の定義より　$a^t=b$　（ア①）

よって，$a=b^{\frac{1}{t}}$（イ①）から，$\log_b a=\dfrac{1}{t}$ が成り立つ。

◀対数の定義 $a^p=M \iff p=\log_a M$ $(a>0,\ a\neq1,\ M>0)$ なお，$b\neq1$ から $t\neq0$ である。

(2) [1] $t>0$ のとき

$t>\dfrac{1}{t}$ の両辺に $t\,(>0)$ を掛けて　$t^2>1$

これを解いて　$t<-1,\ 1<t$

$t>0$ との共通範囲をとると　$1<t$

◀$t^2-1>0$ から $(t+1)(t-1)>0$

[2] $t<0$ のとき

$t>\dfrac{1}{t}$ の両辺に $t\,(<0)$ を掛けて　$t^2<1$

◀不等号の向きが変わる。

これを解いて　$-1<t<1$

$t<0$ との共通範囲をとると　$-1<t<0$

◀$t^2-1<0$ から $(t+1)(t-1)<0$

[1], [2] から　$\boldsymbol{-1<t<0,\ 1<t}$

◀合わせた範囲。

別解 $t>\dfrac{1}{t}$ の両辺に $t^2\,(>0)$

を掛けて　$t^3>t$

よって　$t^3-t>0$

ゆえに　$t(t+1)(t-1)>0$

したがって，グラフから

$\boldsymbol{-1<t<0,\ 1<t}$

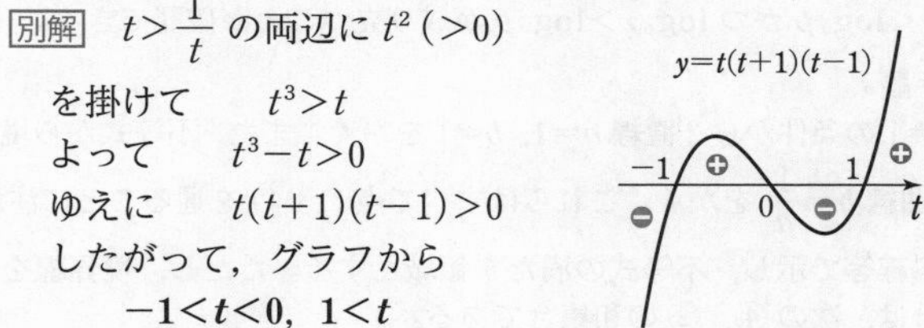

◀3 次関数のグラフについては，数学Ⅱ第 6 章の「微分法」で学ぶ。なお，数学Ⅱ例題 **70** のように，各因数の符号を調べる方法で不等式の解を求めてもよい。

(3) (1) より，$\log_a b=t$ とおくと $\log_b a=\dfrac{1}{t}$ であるから，

(＊)は　$t>\dfrac{1}{t}$

(2) から　$-1<t<0,\ 1<t$

よって　$-1<\log_a b<0,\ 1<\log_a b$

すなわち　$\log_a\dfrac{1}{a}<\log_a b<\log_a 1,\ \log_a a<\log_a b$

$a>1$ のとき　$\dfrac{1}{a}<b<1,\ a<b$　（ウ③）

$0<a<1$ のとき　$\dfrac{1}{a}>b>1,\ a>b$

すなわち　$0<b<a,\ 1<b<\dfrac{1}{a}$　（エ⓪）

◀(底)>1 なら，不等号の向きはそのまま。0<(底)<1 なら，不等号の向きが変わる。（数学Ⅱ例題 **181** 参照。）

(4) $p=\frac{12}{13}$, $q=\frac{12}{11}$ から　　$q>1$, $\frac{1}{q}<p<1$

よって，(3) から　　$\log_q p>\log_p q$

また，$p=\frac{12}{13}$, $r=\frac{14}{13}$ から　　$0<p<1$, $1<r<\frac{1}{p}$

よって，(3) から　　$\log_p r>\log_r p$

したがって，正しいものは　②

◀ $\frac{1}{q}=\frac{11}{12}$
q を a, p を b とみて，(3) の結果を利用。

◀ $\frac{1}{p}=\frac{13}{12}$
p を a, r を b とみて，(3) の結果を利用。

検討

$\log_a b>\log_b a$ を満たす点 (a, b) が存在する領域 (a, b は 1 でない正の数)

$\log_a b>\log_b a$ を満たす (a, b) は，(3) から

$a>1$ のとき　　$\frac{1}{a}<b<1$, $a<b$

$0<a<1$ のとき　　$0<b<a$, $1<b<\frac{1}{a}$

を満たす。

これを ab 平面上に図示すると，右の図の斜線部分のようになる。ただし，境界線は含まない。

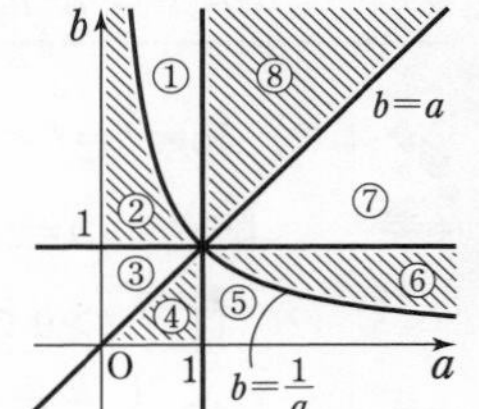

これを利用して (4) の解答を確認してみよう。

$(p, q)=\left(\frac{12}{13}, \frac{12}{11}\right)$ は，$0<p<1$ かつ $q>\frac{1}{p}$ が成り立つから，図の ① の領域に含まれる。

よって，$\log_p q>\log_q p$ は成り立たず，かつ $\log_p q \neq \log_q p$ であるから，$\log_p q<\log_q p$ が成り立つ。

$(p, r)=\left(\frac{12}{13}, \frac{14}{13}\right)$ は，$0<p<1$ かつ $1<r<\frac{1}{p}$ が成り立つから，図の ② の領域に含まれる。

よって，$\log_p r>\log_r p$ が成り立つ。

したがって，**$\log_p q<\log_q p$ かつ $\log_p r>\log_r p$** が成り立つことが確認できる。

補足　**領域をかく手順**

① まず，$a \neq 1$, $b \neq 1$ の条件から 2 直線 $a=1$, $b=1$ をかく。また，不等式から境界線にあたる直線 $b=a$, 曲線 $b=\frac{1}{a}$ をかく。これらはすべて点 $(1, 1)$ を通ることに注意。

② 以下の部分を斜線等で示し，不等式の満たす領域とする。ただし，境界線を含まない。

- $0<a<1$ の部分は，次の ④, ② の和集合である。
  - ④：$0<b<a$ から，直線 $b=0$ より上側かつ直線 $b=a$ より下側の部分。
  - ②：$1<b<\frac{1}{a}$ から，直線 $b=1$ より上側かつ曲線 $b=\frac{1}{a}$ より下側の部分。
- $1<a$ の部分は，次の ⑥, ⑧ の和集合である。
  - ⑥：$\frac{1}{a}<b<1$ から，曲線 $b=\frac{1}{a}$ より上側かつ直線 $b=1$ より下側の部分。
  - ⑧：$a<b$ から，直線 $b=a$ より上側の部分。

※①, ③, ⑤, ⑦ の部分，および境界線上にある点 (a, b) は，$\log_a b>\log_b a$ を満たさない。

テーマ5 定積分の値と図形の面積

関数の符号と定積分の値の関係を考察する

数学Ⅱ第7章では，定積分を用いて図形の面積を求めることを学びました。ここでは，定積分の値と図形の面積との関係について深く考察します。

まず，次の問題で，微分法を用いた方程式の実数解の個数を調べる方法を復習しましょう。

CHECK 5－A　a は実数の定数とする。方程式 $x^3-3x^2-9x-a=0$ の異なる実数解の個数を調べよ。

3次方程式の実数解の個数を調べる方法として，

- **文字定数 a を分離する解法**（数学Ⅱ例題 **227** 参照）
- **方程式の左辺を $f(x)$ とし関数 $f(x)$ の極値の符号を調べる解法**（数学Ⅱ例題 **228** 参照）

があります。3次関数 $f(x)$ が極値をもつ場合，極値の符号と，3次方程式 $f(x)=0$ の実数解の個数の関係は次のようになっています。

(極大値)×(極小値)＞0のとき
[極値の積が正]

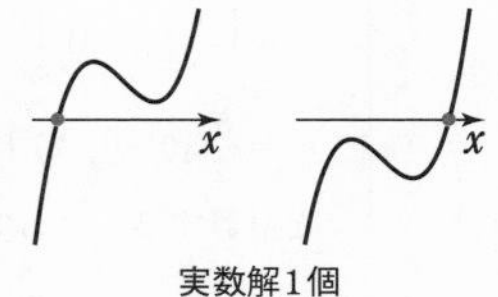

実数解1個

(極大値)×(極小値)＝0のとき
[極値のいずれか一方が0]

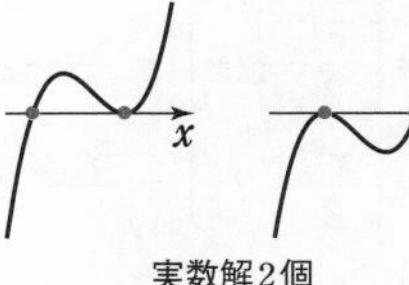

実数解2個

(極大値)×(極小値)＜0のとき
[極値の積が負]

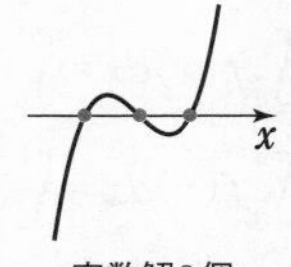

実数解3個

この問題は，文字定数 a を分離する解法で解くこともできますが，ここでは極値の符号を調べる解法を用いて解いてみましょう。

解答

$f(x)=x^3-3x^2-9x-a$ とすると

$$f'(x)=3x^2-6x-9=3(x+1)(x-3)$$

$f'(x)=0$ とすると　　$x=-1,\ 3$

$f(x)$ の増減表は次のようになる。

x	$\cdots$	-1	$\cdots$	3	$\cdots$
$f'(x)$	$+$	0	$-$	0	$+$
$f(x)$	↗	極大 $5-a$	↘	極小 $-27-a$	↗

よって，方程式 $f(x)=0$ の異なる実数解の個数は

$f(-1)f(3)=(5-a)(-27-a)>0$

すなわち　**$a<-27,\ 5<a$ のとき　1個**

$f(-1)f(3)=(5-a)(-27-a)=0$

すなわち　**$a=-27,\ 5$ のとき　2個**

$f(-1)f(3)=(5-a)(-27-a)<0$

すなわち　**$-27<a<5$ のとき　3個**

参考　文字定数 a を分離する解法を用いるときは，方程式を $x^3-3x^2-9x=a$ と変形。
$g(x)=x^3-3x^2-9x$ として，$y=g(x)$ のグラフと，直線 $y=a$ の共有点の個数を調べる。

◀極値の積が正。

◀極値のいずれか一方が0。

◀極値の積が負。

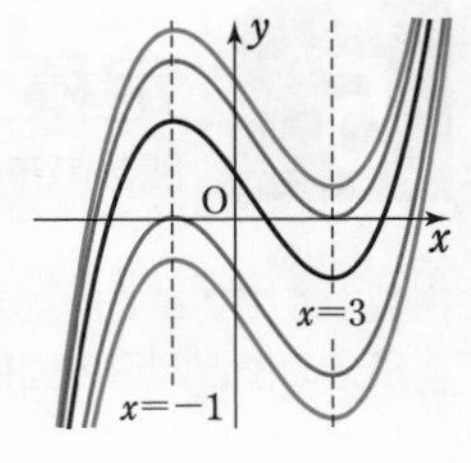

CHECK 5−A では，導関数 $f'(x)$ に文字 a が含まれないため，a の値が変化しても導関数の符号の変化には影響を与えません。そのため，$y=f(x)$ のグラフの形状は a の値には無関係であることも確認しておきましょう。

なお，ここでは扱いませんでしたが，3 次関数 $f(x)$ が極値をもたない場合，方程式 $f(x)=0$ の実数解の個数は 1 個になります（数学Ⅱ例題 **228** 検討 を参照）。

次に，定積分の値がどのような値をとるのかについて，次の問題で確認してみましょう。

CHECK 5−B　$f(x)=x-2$ とする。次の定積分の値を求めよ。

(1) $\displaystyle\int_0^2 f(x)dx$　　(2) $\displaystyle\int_0^4 f(x)dx$　　(3) $\displaystyle\int_0^5 f(x)dx$

定積分 $\displaystyle\int_a^b f(x)dx$ の計算は，

$f(x)$ の不定積分 $F(x)$ を求めて $F(b)-F(a)$

が基本です。必要に応じて，数学Ⅱ例題 **238** を復習しましょう。

解答

(1) $\displaystyle\int_0^2 f(x)dx=\int_0^2 (x-2)dx=\left[\frac{x^2}{2}-2x\right]_0^2=\frac{2^2}{2}-2\cdot2=\mathbf{-2}$

(2) $\displaystyle\int_0^4 f(x)dx=\int_0^4 (x-2)dx=\left[\frac{x^2}{2}-2x\right]_0^4=\frac{4^2}{2}-2\cdot4=\mathbf{0}$

(3) $\displaystyle\int_0^5 f(x)dx=\int_0^5 (x-2)dx=\left[\frac{x^2}{2}-2x\right]_0^5=\frac{5^2}{2}-2\cdot5=\mathbf{\frac{5}{2}}$

◀ $\displaystyle\int_0^2 (x-2)dx=\left[\frac{1}{2}(x-2)^2\right]_0^2=\frac{1}{2}\{0-(-2)^2\}=-2$ と計算することもできる。

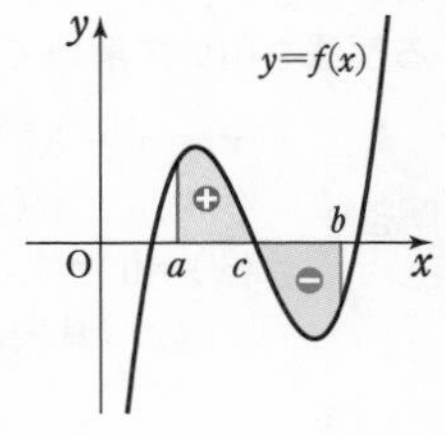

定積分の計算結果と図形の面積の関係を考察してみましょう。

この問題の結果からわかるように，定積分の値は 0 や負になることもあり，常にある図形の面積を表しているとは限りません。

一般に，定積分 $\displaystyle\int_a^b f(x)dx$ の値と，区間 $a \leqq x \leqq b$ における曲線 $y=f(x)$ と x 軸，および 2 直線 $x=a$，$x=b$ で囲まれた図形の面積との関係は，例えば右の図の場合は

$$\int_a^b f(x)dx=\int_a^c f(x)dx+\int_c^b f(x)dx$$
$$=\underline{\int_a^c f(x)dx}-\underline{\left\{-\int_c^b f(x)dx\right\}}$$
$$=\underline{(x\text{ 軸の上側にある部分の面積})}-\underline{(x\text{ 軸の下側にある部分の面積})}$$

と表すことができます。

このように，定積分がどのような図形の面積を表すかを考えることで，CHECK 5−B の定積分は次のように計算することもできます。

(1) $\int_0^2 f(x)dx = -(\underline{\triangle \text{OAB の面積}}) = -\frac{1}{2}\cdot 2^2 = \mathbf{-2}$

(2) $\int_0^4 f(x)dx = -(\underline{\triangle \text{OAB の面積}}) + (\underline{\triangle \text{BCD の面積}}) = -\frac{1}{2}\cdot 2^2 + \frac{1}{2}\cdot 2^2 = \mathbf{0}$

(3) $\int_0^5 f(x)dx = -(\underline{\triangle \text{OAB の面積}}) + (\underline{\triangle \text{BEF の面積}}) = -\frac{1}{2}\cdot 2^2 + \frac{1}{2}\cdot 3^2 = \frac{\mathbf{5}}{\mathbf{2}}$

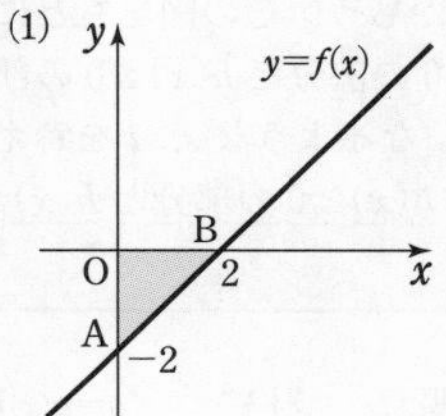

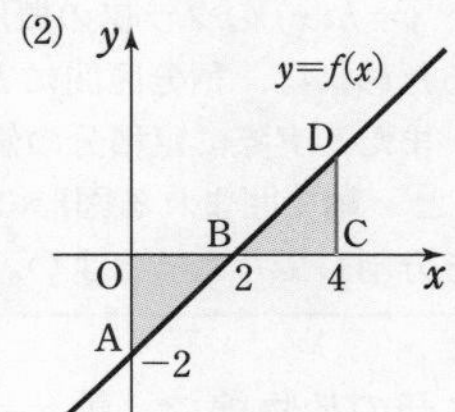

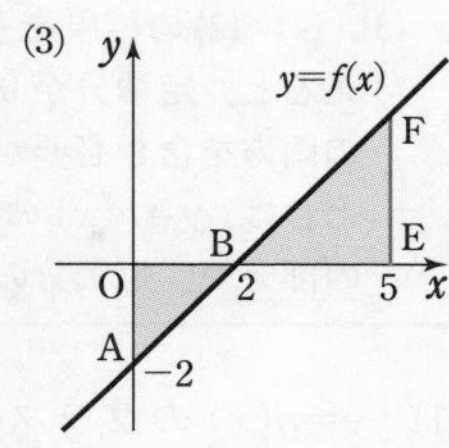

CHECK 5－A では導関数の符号ともとの関数のグラフの形状の関係について，CHECK 5－B では定積分の値と図形の面積の関係について考察しました。これらのことを念頭において，次の問題に挑戦してみましょう。

問題5　定積分の値と図形の面積

$f(4)>0$ を満たす関数 $f(x)$ の導関数を $g(x)$ とする。関数 $y=g(x)$ のグラフは下に凸の放物線で，軸は直線 $x=3$ である。また，$g(4)=0$ を満たす。

(1)　方程式 $g(x)=0$ は $x=4$ の他に $x=$ [ア] を解にもつ。よって，関数 $f(x)$ は $x=$ [イ] で極大となり，$x=$ [ウ] で極小となる。

関数 $f(x)$ の極大値を p，極小値を q とする。

(2)　k を定数として，方程式 $f(x)=k$ の実数解について考える。

$k=0$ のとき，方程式 $f(x)=0$ の異なる実数解の個数は [エ] 個である。

$k=p$ のとき，方程式 $f(x)=p$ の実数解は $x=$ [イ]，[オ] であり，

$k=q$ のとき，方程式 $f(x)=q$ の実数解は $x=$ [ウ]，[カ] である。

s，t は定数とし，$h(x)=f(x)-p$ とする。

(3)　$s \neq 2$ とする。定積分 $\int_2^s h(x)dx=0$ となる s は，[キ] を満たす。

[キ] に当てはまるものを，次の⓪～⑦のうちから1つ選べ。

⓪　$s<1$　　①　$s=1$　　②　$1<s<2$　　③　$2<s<4$
④　$s=4$　　⑤　$4<s<5$　　⑥　$s=5$　　⑦　$5<s$

(4)　s は $s \neq 2$，$\int_2^s h(x)dx=0$ を満たすとし，$t \neq 1$ とする。定積分 $\int_1^t h(x)dx=0$ となる t は，[ク] を満たす。

[ク] に当てはまるものを，次の⓪～②のうちから1つ選べ。

⓪　$t<s$　　①　$t=s$　　②　$s<t$

(1) $g(x)$ の条件から，$g(x)$ すなわち $f'(x)$ の符号を調べ，$f(x)$ の増減表を作る。

(2) $k=0$ のときは，関数 $f(x)$ の極値の符号に着目し，$y=f(x)$ のグラフと x 軸の共有点の個数を調べる。

$k=p,\ q$ のときは，$f(x)=\int f'(x)dx$ から $f(x)$ を計算し，方程式 $f(x)=p$，$f(x)=q$ を解く。

(3), (4) (2) の結果をもとに，$y=h(x)$ のグラフの概形をつかもう。その図をもとに考えると，定積分が 0 になるためには，積分区間に $h(x)\geqq 0$ の部分と $h(x)\leqq 0$ の部分の両方を含む必要がある。また，実際に定積分の値が 0 になるような $s,\ t$ を考えるときは，$y=h(x)$ のグラフと x 軸で囲まれる図形のうち，$h(x)\geqq 0$ の部分と $h(x)\leqq 0$ の部分で，定積分の区間を分割して考えるとよい。

解答

(1) $y=g(x)$ のグラフは下に凸の放物線で，軸 $x=3$ に関して対称であるから，$g(4)=0$ より $g(2)=0$ が成り立つ。
ゆえに，方程式 $g(x)=0$ の解は　　$x=$ ア **2**，4
したがって，$g(x)$ すなわち $f'(x)$ の符号の変化と，$f(x)$ の増減は次のようになる。

x	$\cdots$	2	$\cdots$	4	$\cdots$
$f'(x)$	+	0	−	0	+
$f(x)$	↗	極大	↘	極小	↗

よって，$f(x)$ は $x=$ イ **2** で極大となり，$x=$ ウ **4** で極小となる。

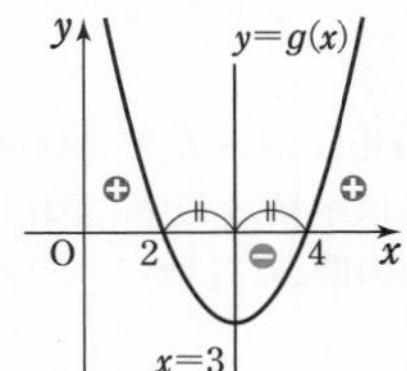

(2) (1) から，$f'(x)$ は x^2 の係数が正である 2 次関数であり，$f(x)$ は x^3 の係数が正である 3 次関数である。
また，3 次関数 $f(x)$ の極大値は $p=f(2)$，極小値は $q=f(4)$ である。
$f(4)>0$ から　　$q>0$
$k=0$ のとき，方程式 $f(x)=0$ の実数解の個数は，3 次関数 $y=f(x)$ のグラフと x 軸との共有点の個数と等しい。
極小値 $q>0$ から，方程式 $f(x)=0$ の異なる実数解の個数は　　エ **1** 個

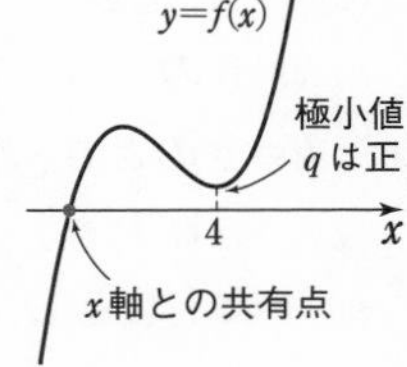

次に，(1) より $f'(2)=f'(4)=0$ であるから，a を正の定数として，

$$f'(x)=a(x-2)(x-4)$$

と表される。

よって　　$f(x)=\int f'(x)dx=\int a(x-2)(x-4)dx$

$$=a\int(x^2-6x+8)dx$$

$$=a\left(\frac{x^3}{3}-3x^2+8x\right)+C \quad (C \text{ は積分定数})$$

◀$f(x)=\int f'(x)dx$ を用いて $f(x)$ を求める。
本問の条件では，定数 a および C の値は定まらないが，方程式 $f(x)=p$，$f(x)=q$ を解くことはできる。

$k=p$ のとき，$p=f(2)=\dfrac{20}{3}a+C$ であるから，方程式 $f(x)=p$ を解くと

$$a\left(\frac{x^3}{3}-3x^2+8x\right)+C=\frac{20}{3}a+C$$

よって　$(x-2)^2(x-5)=0$

ゆえに　$x=2$，ｵ$\mathbf{5}$

◀$a\left(\dfrac{x^3}{3}-3x^2+8x\right)+C=\dfrac{20}{3}a+C$ から
$x^3-9x^2+24x-20=0$
よって
$(x-2)(x^2-7x+10)=0$
$\therefore\ (x-2)^2(x-5)=0$

$k=q$ のとき，$q=f(4)=\dfrac{16}{3}a+C$ であるから，方程式 $f(x)=q$ を解くと

$$a\left(\frac{x^3}{3}-3x^2+8x\right)+C=\frac{16}{3}a+C$$

よって　$(x-4)^2(x-1)=0$

ゆえに　$x=4$，ｶ$\mathbf{1}$

◀$a\left(\dfrac{x^3}{3}-3x^2+8x\right)+C=\dfrac{16}{3}a+C$ から
$x^3-9x^2+24x-16=0$
よって
$(x-4)(x^2-5x+4)=0$
$\therefore\ (x-4)^2(x-1)=0$

(3)　(2) から　$f(x)-p=\dfrac{a}{3}(x-2)^2(x-5)\ (a>0)$

よって，$y=h(x)$ のグラフは右の図のようになる。

[1]　$s<2$ のとき

$$\int_2^s h(x)dx=-\int_s^2 h(x)dx>0$$

◀$s<2$ のとき，$s\leqq x\leqq 2$ において $h(x)\leqq 0$

[2]　$2<s\leqq 5$ のとき

$$\int_2^s h(x)dx<0$$

◀$2<s\leqq 5$ のとき，$2\leqq x\leqq s$ において $h(x)\leqq 0$

[3]　$5<s$ のとき

$$\int_2^s h(x)dx=\int_2^5 h(x)dx+\int_5^s h(x)dx$$

であるから，$\displaystyle\int_2^s h(x)dx=0$ とすると

$$-\int_2^5 h(x)dx=\int_5^s h(x)dx$$

◀$h(x)\leqq 0$ となる区間と，$h(x)\geqq 0$ となる区間で，積分区間を分割する。

よって，曲線 $y=h(x)$，x 軸，直線 $x=s$ で囲まれた区間 $5\leqq x\leqq s$ の部分の面積が，曲線 $y=h(x)$，x 軸で囲まれた区間 $2\leqq x\leqq 5$ の部分の面積と等しくなるような s を s_0 とすると，$s=s_0$ のとき，$\displaystyle\int_2^{s_0} h(x)dx=0$ を満たす。

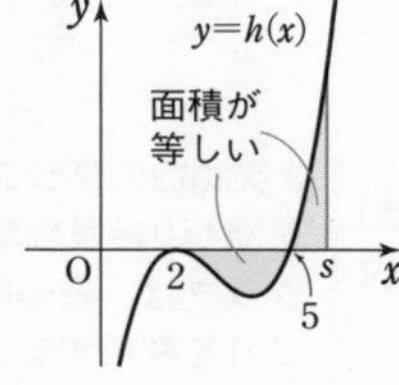

以上から，$s\neq 2$，$\displaystyle\int_2^s h(x)dx=0$ を満たす s は，$5<s$ を満たす。(ｷ⑦)

(4) [1] $t<1$ のとき

$$\int_1^t h(x)dx=-\int_t^1 h(x)dx>0$$

◀ $t<1$ のとき $t \leqq x \leqq 1$ において $h(x) \leqq 0$

[2] $1<t<5$ のとき　$\int_1^t h(x)dx<0$

◀ $1<t<5$ のとき $1 \leqq x \leqq t$ において $h(x) \leqq 0$

[3] $5 \leqq t \leqq s$ のとき

$$\int_1^t h(x)dx=\int_1^2 h(x)dx+\int_2^t h(x)dx$$

ここで，(3) から

$$\int_2^t h(x)dx=\int_2^5 h(x)dx+\int_5^t h(x)dx$$

$$\leqq\int_2^5 h(x)dx+\int_5^s h(x)dx=0$$

◀ $5 \leqq t \leqq s$ のとき $5 \leqq x \leqq s$ において $h(x) \geqq 0$ であるから，面積を比較して $\int_5^t h(x)dx \leqq \int_5^s h(x)dx$

また，$\int_1^2 h(x)dx<0$ であるから　$\int_1^t h(x)dx<0$

[4] $s<t$ のとき

(3) より，$\int_2^s h(x)dx=0$ であるから

$$\int_1^t h(x)dx=\int_1^2 h(x)dx+\int_2^s h(x)dx+\int_s^t h(x)dx$$

$$=\int_1^2 h(x)dx+\int_s^t h(x)dx$$

◀ 積分区間を $1 \leqq x \leqq 2$，$2 \leqq x \leqq s$，$s \leqq x \leqq t$ に分割する。

ゆえに，$\int_1^t h(x)dx=0$ とすると

$$-\int_1^2 h(x)dx=\int_s^t h(x)dx$$

よって，曲線 $y=h(x)$，x 軸，2 直線 $x=s$，$x=t$ で囲まれた区間 $s \leqq x \leqq t$ の部分の面積が，曲線 $y=h(x)$，x 軸，直線 $x=1$ で囲まれた区間 $1 \leqq x \leqq 2$ の部分の面積と等しくなるような t を t_0 とすると，$t=t_0$ のとき，$\int_1^{t_0} h(x)dx=0$ を満たす。

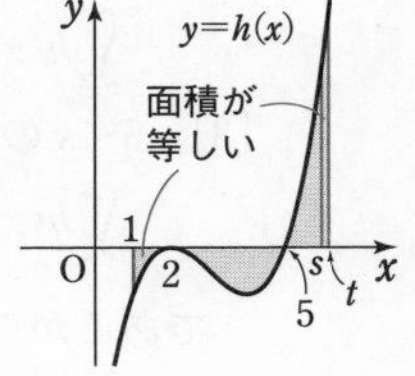

以上から，$t \neq 1$，$\int_1^t h(x)dx=0$ を満たす t は，$s<t$ を満たす。(ク②)

検討

3 次関数のグラフの対称性

p.344 の参考事項で学習したように，極値をもつ 3 次関数のグラフは，右の図のような対称性がある。
これを利用すると，(2) の解答のように計算をしなくても，

$f(x)=p$ の実数解は　$x=2,\ 5$

$f(x)=q$ の実数解は　$x=1,\ 4$

であることがわかる。

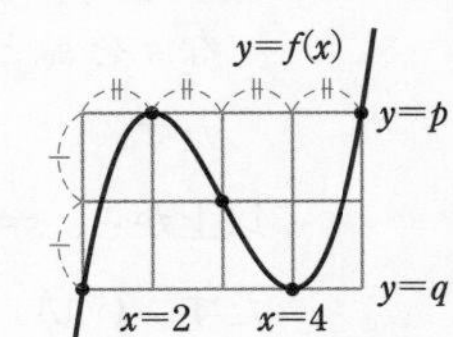

検討 PLUS ONE

s，t の値についての考察

● s の値について

$s \neq 2$，$\int_2^s h(x)dx=0$ を満たす s の値を具体的に求めてみよう。

(3) の解答から，

$$h(x)=f(x)-p=\frac{a}{3}(x-2)^2(x-5)\ (a>0)$$

である。

ここで

$$\int_2^s h(x)dx=\int_2^s \frac{a}{3}(x-2)^2(x-5)dx$$

$$=\int_2^s \frac{a}{3}(x-2)^2\{(x-2)-3\}dx=\frac{a}{3}\int_2^s\{(x-2)^3-3(x-2)^2\}dx$$

$$=\frac{a}{3}\left[\frac{1}{4}(x-2)^4-(x-2)^3\right]_2^s=\frac{a}{3}\left\{\frac{1}{4}(s-2)^4-(s-2)^3\right\}$$

$$=\frac{a}{12}(s-2)^3\{(s-2)-4\}=\frac{a}{12}(s-2)^3(s-6)$$

よって，$\int_2^s h(x)dx=0$ のとき　$\frac{a}{12}(s-2)^3(s-6)=0$

$a>0$，$s \neq 2$ であるから　　**$s=6$**

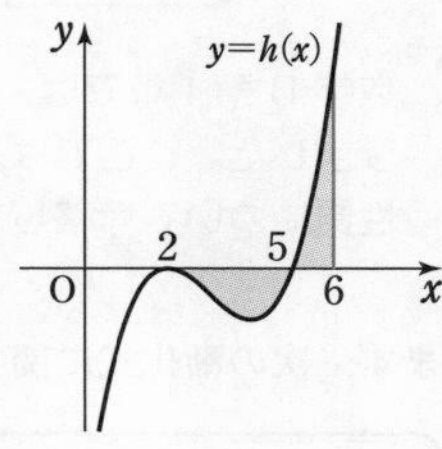

$s=6$ のとき，▭部分と▭部分の面積が等しい。

$\longrightarrow -\int_2^5 h(x)dx=\int_5^6 h(x)dx$

このように，面積の関係を定積分の式で表すことに慣れておきたい。

● t の値について

同様の計算で

$$\int_1^t h(x)dx=\frac{a}{3}\left[\frac{1}{4}(x-2)^4-(x-2)^3\right]_1^t$$

$$=\frac{a}{3}\left[\left\{\frac{1}{4}(t-2)^4-(t-2)^3\right\}-\left\{\frac{1}{4}(1-2)^4-(1-2)^3\right\}\right]$$

$$=\frac{a}{12}\{(t-2)^3(t-6)-5\}$$

よって，$\int_1^t h(x)dx=0$ $(t \neq 1)$ を満たす t は，

$$\frac{a}{12}\{(t-2)^3(t-6)-5\}=0 \quad すなわち \quad (t-2)^3(t-6)=5$$

の実数解（ただし，$t \neq 1$）である。($a>0$ を用いた。)

ここで，$H(x)=(x-2)^3(x-6)$ とすると，$y=H(x)$ のグラフは右の図のようになり，

$H(6)=0<5$

$H(6.1)=(4.1)^3\cdot 0.1=6.8921>5$

から，t は $6<t<6.1$ を満たす実数であることがわかる。

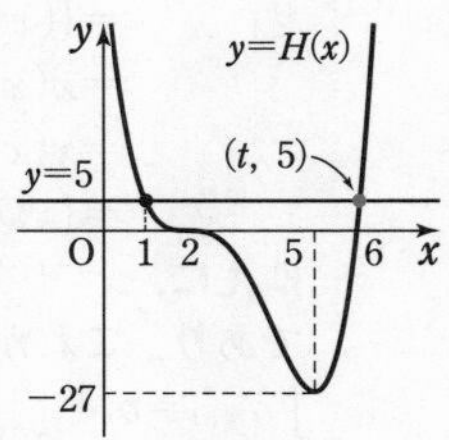

数列と漸化式

数学B第1章では，与えられた漸化式から，その数列の一般項を求める解法を数多く学びました。ここでは，与えられた条件から自ら漸化式を導き，その漸化式で定まる数列の性質について考察します。

まず，次の漸化式に関する問題を考えてみましょう。

CHECK 1−A　n を自然数とする。x^n を x^2-1 で割ったときの余りを a_nx+b_n とするとき，$\begin{cases} a_{n+1}=b_n \\ b_{n+1}=a_n \end{cases}$ が成り立つことを示せ。

この問題は，n 次式を2次式で割ったときの余りの係数として定義された数列に関する漸化式を作る問題です。x^{n+1} を x^2-1 で割ったときの余り $a_{n+1}x+b_{n+1}$ が，a_n，b_n を用いてどのように表されるのかを考えて，漸化式を導きます。
ここで，数学Ⅱで学習した多項式の割り算について復習しておきましょう。

多項式 $P(x)$ を2次式 x^2-1 で割った余りは1次式または定数であり，それを $px+q$ とすると　$\boldsymbol{P(x)=(x^2-1)Q(x)+px+q}$ **（$Q(x)$ は商）**　と表される。

解答

x^n を x^2-1 で割ったときの商を $Q(x)$ とすると，

$$x^n=(x^2-1)Q(x)+a_nx+b_n$$

と表される。

よって

$$\begin{aligned} x^{n+1}&=x^n\cdot x \\ &=\{(x^2-1)Q(x)+a_nx+b_n\}x \\ &=x(x^2-1)Q(x)+a_nx^2+b_nx \\ &=x(x^2-1)Q(x)+a_n(x^2-1)+b_nx+a_n \\ &=\{xQ(x)+a_n\}(x^2-1)+b_nx+a_n \end{aligned}$$

◀ $x(x^2-1)Q(x)$ は x^2-1 で割り切れるから，$a_nx^2+b_nx$ を x^2-1 で割ったときの余りが x^{n+1} を x^2-1 で割ったときの余りである。

ゆえに，x^{n+1} を x^2-1 で割ったときの余りは b_nx+a_n であり，これが $a_{n+1}x+b_{n+1}$ と等しいから，

$\begin{cases} a_{n+1}=b_n \\ b_{n+1}=a_n \end{cases}$ が成り立つ。

CHECK 1−A で a_n，b_n に関する漸化式を作りましたが，この漸化式から数列 $\{a_n\}$，$\{b_n\}$ の一般項を求めてみましょう。

【解法1】

$\begin{cases} a_{n+1}=b_n \\ b_{n+1}=a_n \end{cases}$ から，$\begin{cases} a_{n+2}=b_{n+1}=a_n \\ b_{n+2}=a_{n+1}=b_n \end{cases}$ が成り立つ。

よって，数列 $\{a_n\}$，$\{b_n\}$ の各項は，それぞれ1つおきに同じ値を繰り返す。

$n=1$ のとき

x^1 を x^2-1 で割ったときの余りは x であるから　　$a_1=1$，$b_1=0$

$n=2$ のとき　$\begin{cases} a_{n+1}=b_n \\ b_{n+1}=a_n \end{cases}$, $a_1=1$, $b_1=0$ から　$a_2=0$, $b_2=1$

したがって　$\boldsymbol{a_n}=\begin{cases} \mathbf{1}\ (\boldsymbol{n}\ \text{が奇数のとき}) \\ \mathbf{0}\ (\boldsymbol{n}\ \text{が偶数のとき}) \end{cases}$, $\boldsymbol{b_n}=\begin{cases} \mathbf{0}\ (\boldsymbol{n}\ \text{が奇数のとき}) \\ \mathbf{1}\ (\boldsymbol{n}\ \text{が偶数のとき}) \end{cases}$

【解法 2】

$n=1$ のとき

x^1 を x^2-1 で割ったときの余りは x であるから　$a_1=1$, $b_1=0$

また, $\begin{cases} a_{n+1}=b_n \cdots\cdots ① \\ b_{n+1}=a_n \cdots\cdots ② \end{cases}$ とすると,

①＋② から　$a_{n+1}+b_{n+1}=a_n+b_n$

よって　$a_n+b_n=a_1+b_1=1+0=1$ …… ③

①－② から　$a_{n+1}-b_{n+1}=-(a_n-b_n)$

ゆえに　$a_n-b_n=(a_1-b_1)\cdot(-1)^{n-1}=(-1)^{n-1}$ …… ④

③, ④ から　$\boldsymbol{a_n=\frac{1+(-1)^{n-1}}{2}}$, $\boldsymbol{b_n=\frac{1-(-1)^{n-1}}{2}}$

◀数列 $\{a_n+b_n\}$ は, すべての項が等しい。

◀数列 $\{a_n-b_n\}$ は, 初項 a_1-b_1, 公比 -1 の等比数列。

注意　**【解法 1】** と **【解法 2】** で求めた数列 $\{a_n\}$, $\{b_n\}$ の一般項の表し方は異なるが, 同じ数列を表す。

次に, 数学Ｂで学習した内容ではありませんが, 次のページの問題 **1** で用いる有理数と無理数の性質（数学Ⅰで学習）を, 簡単に復習しておきましょう。

CHECK 1－B　等式 $\left(1+\frac{2}{\sqrt{3}}\right)x+(2-3\sqrt{3})y=13$ を満たす有理数 x, y の値を求めよ。

有理数と無理数の性質として, 一般に次のことが成り立ちます。

p, q, r, s が有理数, $\sqrt{l}$ が無理数のとき

$p+q\sqrt{l}=r+s\sqrt{l}$　ならば　$p=r$, $q=s$

これを用いて, 有理数 x, y の値を求めることができます。

解答

与えられた等式から

$$(\sqrt{3}+2)x+(2\sqrt{3}-9)y=13\sqrt{3}$$

整理して　$(2x-9y)+(x+2y)\sqrt{3}=13\sqrt{3}$

x, y が有理数のとき, $2x-9y$, $x+2y$ も有理数であり, $\sqrt{3}$ は無理数であるから

$$2x-9y=0,\ x+2y=13$$

これを解いて　$\boldsymbol{x=9}$, $\boldsymbol{y=2}$

◀両辺に $\sqrt{3}$ を掛けて, $p+q\sqrt{3}=r+s\sqrt{3}$ の形に整理する。

◀ ＿＿ の断りは重要。

次の問題 **1** はやや難しい問題になっています。解法がすぐに思い浮かばないときは, 指針の内容も参考にしながら, じっくり考えてみてください。

問題 1　数列と無理数の有理数近似

有理数の数列 $\{a_n\}$，$\{b_n\}$ は $(2+\sqrt{3})^n=a_n+b_n\sqrt{3}$ を満たすものとする。

(1)　a_{n+1}，b_{n+1} を a_n，b_n を用いて表せ。

(2)　$(2-\sqrt{3})^n=a_n-b_n\sqrt{3}$ であることを示せ。

(3)　$a_n{}^2-3b_n{}^2$ を求めよ。

(4)　(3) を用いて，$\sqrt{3}$ との差が $\dfrac{1}{10000}$ 未満である有理数を 1 つ求めよ。

ただし，$1.5<\sqrt{3}<2$ であることは用いてもよい。

指針　(1)　a_{n+1}，b_{n+1} と a_n，b_n を結び付けるため，$(2+\sqrt{3})^{n+1}=(2+\sqrt{3})^n(2+\sqrt{3})$ として進める。一般に，p，q，r，s が有理数のとき

$$p+q\sqrt{3}=r+s\sqrt{3} \quad ならば \quad p=r,\ q=s$$

このことも利用する。

(2)　$c_n=a_n-b_n\sqrt{3}$ とおいて c_n の漸化式を立てることにより，$c_n=(2-\sqrt{3})^n$ であることを示す。

別解　数学的帰納法を用いてもよい。

(3)　$a_n{}^2-3b_n{}^2=(a_n+b_n\sqrt{3})(a_n-b_n\sqrt{3})$　が成り立つ。条件式と (2) の結果から，$a_n{}^2-3b_n{}^2$ の値を計算する。

(4)　$a_n{}^2-3b_n{}^2=r$ とおくと　　$(a_n+b_n\sqrt{3})(a_n-b_n\sqrt{3})=r$　　◀ r は (3) で求めた値。

よって，$a_n-b_n\sqrt{3}=\dfrac{r}{a_n+b_n\sqrt{3}}$ であり，両辺を b_n で割って絶対値をとると

$$\left|\frac{a_n}{b_n}-\sqrt{3}\right|=\left|\frac{r}{b_n(a_n+b_n\sqrt{3})}\right|$$

(1) で求めた漸化式から，n が大きくなると a_n，b_n の値も大きくなり，

$\dfrac{r}{b_n(a_n+b_n\sqrt{3})}$ の値は 0 に近づく。

よって，有理数 $\dfrac{a_n}{b_n}$ と $\sqrt{3}$ の差は n が大きくなるほど 0 に近づく。……★

これを利用し，差が $\dfrac{1}{10000}$ より小さくなるような n の値を見つければよい。

解答

(1)　$(2+\sqrt{3})^n=a_n+b_n\sqrt{3}$ から

$$\begin{aligned} a_{n+1}+b_{n+1}\sqrt{3} &=(2+\sqrt{3})^{n+1}\\ &=(2+\sqrt{3})^n(2+\sqrt{3})\\ &=(a_n+b_n\sqrt{3})(2+\sqrt{3})\\ &=(2a_n+3b_n)+(a_n+2b_n)\sqrt{3}\end{aligned}$$

◀ $(2+\sqrt{3})^n=a_n+b_n\sqrt{3}$ を代入。

a_{n+1}，b_{n+1}，$2a_n+3b_n$，a_n+2b_n は有理数，$\sqrt{3}$ は無理数であるから

◀ ＿＿ の断りは重要。

$$\boldsymbol{a_{n+1}=2a_n+3b_n,\quad b_{n+1}=a_n+2b_n}$$

(2)　$(2+\sqrt{3})^1=a_1+b_1\sqrt{3}$ であり，a_1，b_1 は有理数，$\sqrt{3}$ は無理数であるから　　$a_1=2$，$b_1=1$

$c_n=a_n-b_n\sqrt{3}$ とすると　　$c_1=a_1-b_1\sqrt{3}=2-\sqrt{3}$

$$c_{n+1}=a_{n+1}-b_{n+1}\sqrt{3}$$
$$=(2a_n+3b_n)-(a_n+2b_n)\sqrt{3}$$
$$=(2-\sqrt{3})a_n+(3-2\sqrt{3})b_n$$
$$=(2-\sqrt{3})a_n-\sqrt{3}(2-\sqrt{3})b_n$$
$$=(2-\sqrt{3})(a_n-b_n\sqrt{3})=(2-\sqrt{3})c_n$$

◀(1) で求めた $a_{n+1}=2a_n+3b_n$, $b_{n+1}=a_n+2b_n$ を代入する。

よって，数列 $\{c_n\}$ は初項 $2-\sqrt{3}$，公比 $2-\sqrt{3}$ の等比数列であるから

$$c_n=(2-\sqrt{3})\cdot(2-\sqrt{3})^{n-1}=(2-\sqrt{3})^n$$

ゆえに，$(2-\sqrt{3})^n=a_n-b_n\sqrt{3}$ が成り立つ。

別解 $(2-\sqrt{3})^n=a_n-b_n\sqrt{3}$ …… ①

が成り立つことを，数学的帰納法により示す。

[1] $n=1$ のとき

$(2+\sqrt{3})^1=a_1+b_1\sqrt{3}$ から $a_1=2$, $b_1=1$

◀a_1, b_1 は有理数，$\sqrt{3}$ は無理数である。

よって $(2-\sqrt{3})^1=2-\sqrt{3}=a_1-b_1\sqrt{3}$

ゆえに，$n=1$ のとき，① は成り立つ。

[2] $n=k$ のとき，① が成り立つと仮定すると

$(2-\sqrt{3})^k=a_k-b_k\sqrt{3}$ …… ②

$n=k+1$ のときを考えると，② から

$$(2-\sqrt{3})^{k+1}=(2-\sqrt{3})^k(2-\sqrt{3})$$
$$=(a_k-b_k\sqrt{3})(2-\sqrt{3})$$
$$=(2a_k+3b_k)-(a_k+2b_k)\sqrt{3}$$

◀仮定 ② を使うために，$(2-\sqrt{3})^k$ と $(2-\sqrt{3})$ の積に分ける。

(1) より，$a_{k+1}=2a_k+3b_k$, $b_{k+1}=a_k+2b_k$ が成り立つから

$$(2-\sqrt{3})^{k+1}=a_{k+1}-b_{k+1}\sqrt{3}$$

よって，$n=k+1$ のときにも ① は成り立つ。

[1], [2] から，すべての自然数 n について ① は成り立つ。

(3) 条件式と (2) から

$$a_n^2-3b_n^2=(a_n+b_n\sqrt{3})(a_n-b_n\sqrt{3})$$
$$=(2+\sqrt{3})^n(2-\sqrt{3})^n$$
$$=\{(2+\sqrt{3})(2-\sqrt{3})\}^n$$
$$=(4-3)^n=1^n=1$$

◀平方の差 $a_n^2-(b_n\sqrt{3})^2$ とみて因数分解する。

(4) $a_1=2$, $b_1=1$ と (1) から，すべての自然数 n に対して，a_n, b_n は正の整数である。

◀厳密には，数学的帰納法で証明する。

また，(3) より，$a_n^2-3b_n^2=1$ であるから

$$(a_n+b_n\sqrt{3})(a_n-b_n\sqrt{3})=1$$

よって $a_n-b_n\sqrt{3}=\dfrac{1}{a_n+b_n\sqrt{3}}$

◀$a_n+b_n\sqrt{3}$ (>0) で両辺を割る。

両辺を b_n (>0) で割ると

$$\frac{a_n}{b_n}-\sqrt{3}=\frac{1}{b_n(a_n+b_n\sqrt{3})}$$

両辺の絶対値をとり，$1.5<\sqrt{3}$ を用いると

$$\left|\frac{a_n}{b_n}-\sqrt{3}\right|=\left|\frac{1}{b_n(a_n+b_n\sqrt{3})}\right|$$

$$<\left|\frac{1}{b_n(a_n+1.5b_n)}\right| \cdots\cdots (*)$$

ここで，$a_1=2$，$b_1=1$ と(1)から，a_n，b_n の値を順に求めると

$$\begin{cases} a_2=2\cdot2+3\cdot1=7 \\ b_2=2+2\cdot1=4 \end{cases}, \quad \begin{cases} a_3=2\cdot7+3\cdot4=26 \\ b_3=7+2\cdot4=15 \end{cases},$$

$$\begin{cases} a_4=2\cdot26+3\cdot15=97 \\ b_4=26+2\cdot15=56 \end{cases}$$

よって，(＊) に $n=4$ を代入して

$$\left|\frac{a_4}{b_4}-\sqrt{3}\right|<\left|\frac{1}{b_4(a_4+1.5b_4)}\right|$$

$a_4=97$，$b_4=56$ であるから

$$\left|\frac{97}{56}-\sqrt{3}\right|<\left|\frac{1}{56(97+1.5\times56)}\right|=\frac{1}{10136}<\frac{1}{10000}$$

したがって，求める有理数の 1 つは　$\boldsymbol{\dfrac{97}{56}}$

参考　$n=2$，3 のときはそれぞれ，

$$\frac{a_2}{b_2}=\frac{7}{4}=1.75, \quad \frac{a_3}{b_3}=\frac{26}{15}=1.7333\cdots\cdots$$

となり，$\sqrt{3}=1.7320508\cdots\cdots$ に近い有理数 $\dfrac{7}{4}$，$\dfrac{26}{15}$ が得られるが，その差は $\dfrac{1}{10000}$ より大きい。

◀指針＿＿……★の方針。
n が大きくなると $\left|\dfrac{a_n}{b_n}-\sqrt{3}\right|$ の値が小さくなることから，不等式を利用して $\left|\dfrac{a_n}{b_n}-\sqrt{3}\right|$ の値が $\dfrac{1}{10000}$ 未満になる n を見つける。

◀$\left|\dfrac{1}{b_n(a_n+1.5b_n)}\right|$ の値が $\dfrac{1}{10000}$ 未満になるまで a_n，b_n の値を順に代入すると，$n=4$ のとき，$\dfrac{1}{10000}$ 未満になる。

検討

不定方程式 $x^2-3y^2=1$ の整数解と数列 $\{a_n\}$，$\{b_n\}$ の一般項について

(1) で求めた漸化式 $\begin{cases} a_{n+1}=2a_n+3b_n \\ b_{n+1}=a_n+2b_n \end{cases}$ と，初項 $a_1=2$，$b_1=1$ から，a_n，b_n はそれぞれ正の整数であり，n が大きくなるほど a_n，b_n の値も大きくなることは漸化式の形から明らかである。

また，(3) より，すべての自然数 n について $a_n{}^2-3b_n{}^2=1$ が成り立つことから，
$(x,\ y)=(a_n,\ b_n)$ $(n=1,\ 2,\ 3,\ \cdots\cdots)$ は不定方程式 $x^2-3y^2=1$ の整数解 となり，不定方程式 $x^2-3y^2=1$ は無数の整数解をもつことがわかる。

実際，漸化式から

$$(a_2,\ b_2)=(7,\ 4),\ (a_3,\ b_3)=(26,\ 15),\ (a_4,\ b_4)=(97,\ 56),$$

$$(a_5,\ b_5)=(362,\ 209),\ (a_6,\ b_6)=(1351,\ 780),\ \cdots\cdots$$

と順に計算で求めることができ，これらはすべて $x^2-3y^2=1$ を満たす。

例えば，$n=6$ のときを調べてみると，

$$1351^2-3\cdot780^2=1825201-3\cdot608400=1825201-1825200=1$$

であるから，$(x,\ y)=(1351,\ 780)$ は確かに方程式 $x^2-3y^2=1$ の整数解である。

このように漸化式を利用することで，方程式 $x^2-3y^2=1$ の整数解を無数に見つけることができる。

一方，数列 $\{a_n\}$，$\{b_n\}$ の一般項を求めると，$(2+\sqrt{3})^n=a_n+b_n\sqrt{3}$，$(2-\sqrt{3})^n=a_n-b_n\sqrt{3}$ から

$$a_n=\frac{(2+\sqrt{3})^n+(2-\sqrt{3})^n}{2},\quad b_n=\frac{(2+\sqrt{3})^n-(2-\sqrt{3})^n}{2\sqrt{3}}$$

となる。一般項に $\sqrt{3}$ を含むことから，この式からは，a_n，b_n が整数かどうか，更にいえば有理数かどうかさえ判断することは難しい。
また，a_6，b_6 の値を一般項から求めようとしても，$n=6$ を代入した式は

$$a_6=\frac{(2+\sqrt{3})^6+(2-\sqrt{3})^6}{2},\quad b_6=\frac{(2+\sqrt{3})^6-(2-\sqrt{3})^6}{2\sqrt{3}}$$

となり，漸化式を用いて値を求める方法に比べて計算が大変である。
このように，一般項よりも漸化式の方がその数列の性質をよく表すことや，漸化式の方が計算上便利である，といった場合もある。数列の一般項を求め，それを利用するだけでなく，状況に応じて漸化式の性質を利用するとうまく処理できる場合もあることが，この問題1から実感できるだろう。

検討 PLUS ONE

問題1の数列と方程式 $x^2-3y^2=1$ の解の関連（数学Cの内容を含む）

方程式 $x^2-3y^2=1$ が表す曲線は **双曲線** といわれる曲線であり，右の図のような形をしている。また，この双曲線は2直線 $x-\sqrt{3}\,y=0$，$x+\sqrt{3}\,y=0$ を漸近線にもつ。
（詳しくは，数学Cで学習する。）

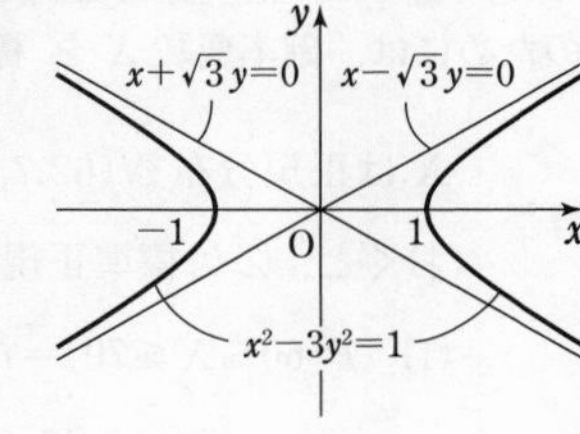

問題1および前の検討での考察から，点 $(a_n,\ b_n)$ はすべて第1象限にあり，かつ双曲線 $x^2-3y^2=1$ 上の点である。

また，n が大きくなると a_n，b_n の値も大きくなるため，双曲線の性質によって，右の図のように点 $(a_n,\ b_n)$ は，n が大きくなると原点から遠ざかりながら，漸近線 $x-\sqrt{3}\,y=0$ との距離が0に近づく。
よって，$y\neq 0$ のとき $x-\sqrt{3}\,y=0$ を変形すると $\dfrac{x}{y}=\sqrt{3}$ となることから，有理数 $\dfrac{a_n}{b_n}$ は，n が大きくなるほど $\sqrt{3}$ に近い値になることがわかる。

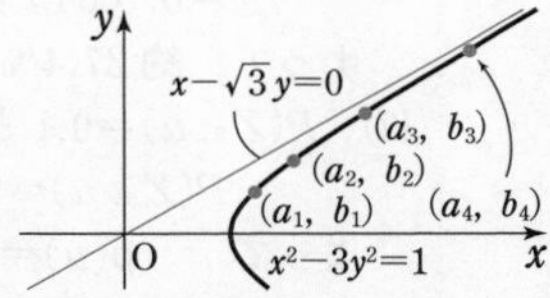

点 $(a_n,\ b_n)$ が漸近線 $x-\sqrt{3}y=0$ に近づく
$\longrightarrow \dfrac{a_n}{b_n}$ が $\dfrac{x}{y}$ すなわち $\sqrt{3}$ に近づく

問題1の 指針……★ で述べたことは，このようなグラフによる考察でも理解できる。

数学B 総合演習 第1部

テーマ 2

正規分布と推定・仮説検定

正規分布を利用して推定や検定を行う

数学Ｂ第２章では，正規分布を利用した母集団の分析や，データの一部からその母集団のもつ性質を統計的に推測する方法を学びました。ここでは，これまで学習したことを活用し，統計の総合的な問題を扱います。

まず，次の問題で，正規分布の性質を確認しましょう。

CHECK 2−A　ある模擬試験における数学の点数 X が，平均 62.7 点，標準偏差 10 点の正規分布に従うものとする。

(1)　得点が 60 点以上 70 点以下である受験者は約何 % いるか。

(2)　得点が高い方から 10% の中に入るのは，何点以上得点した受験者か。

この問題では，正規分布を利用して，母集団の特定の範囲にあるデータの割合を求めます。そのためには，確率変数 X を **標準化** し，正規分布表を用いて計算します。

解答

X は正規分布 $N(62.7,\ 10^2)$ に従うから，$Z=\dfrac{X-62.7}{10}$ とおくと，Z は標準正規分布 $N(0,\ 1)$ に従う。

(1)　$P(60\leqq X\leqq 70)=P\left(\dfrac{60-62.7}{10}\leqq\dfrac{X-62.7}{10}\leqq\dfrac{70-62.7}{10}\right)$

$=P(-0.27\leqq Z\leqq 0.73)=p(0.27)+p(0.73)$

$=0.1064+0.2673=0.3737$

よって，**約 37.4%** いる。

(2)　$P(Z\geqq u)=0.1$ となる u の値を求めればよい。

$P(Z\geqq u)=0.5-P(0\leqq Z\leqq u)=0.5-p(u)$

よって　　$p(u)=0.5-0.1=0.4$

ゆえに，正規分布表から　　$u\fallingdotseq 1.28$

よって　　$P(Z\geqq 1.28)=0.1$

$\dfrac{X-62.7}{10}\geqq 1.28$ から　　$X\geqq 75.5$

したがって，**76 点以上** である。

◀ $N(m,\ \sigma^2)$ は $Z=\dfrac{X-m}{\sigma}$ で $N(0,\ 1)$ へ [標準化]

y, $p(0.27)+p(0.73)$, $p(0.27)$, $p(0.73)$, -0.27, O, 0.73, z

◀正規分布表から，$p(u)=0.4$ となる u の値を見つける。

正規分布の利用については数学Ｂ例題 **81** でも扱っているので，復習しておきましょう。

次に，標本比率から母比率を推定する，信頼区間を求める問題に取り組んでみましょう。

CHECK 2−B　袋の中に赤玉と白玉がたくさん入っている。この中から，無作為に 100 個の玉を取り出して赤玉の数を調べたところ，25 個であった。袋に入っている赤玉の比率を，信頼度 95% で推定せよ。ただし，$\sqrt{3}=1.73$ として計算せよ。

この問題は母比率の推定に関する問題です。数学B例題**91**で学習したように

信頼度95％の信頼区間 $\left[R-1.96\sqrt{\dfrac{R(1-R)}{n}},\ R+1.96\sqrt{\dfrac{R(1-R)}{n}}\right]$

を用いて信頼区間を求めます。

解答

標本比率 R は　$R=\dfrac{25}{100}=0.25$

$n=100$ であるから

$$\sqrt{\frac{R(1-R)}{n}}=\sqrt{\frac{0.25\cdot0.75}{100}}=\frac{\sqrt{3}}{40}=\frac{1.73}{40}=0.04325$$

◀先に $\sqrt{\dfrac{R(1-R)}{n}}$ を計算しておくとよい。

よって，袋に入っている赤玉の比率に対する信頼度95％の信頼区間は

$$[0.25-1.96\cdot0.04325,\ 0.25+1.96\cdot0.04325]$$

◀$1.96\cdot0.04325 \fallingdotseq 0.085$

すなわち　**[0.165, 0.335]**

◀16.5％以上33.5％以下。

CHECK 2－A では正規分布の利用について，CHECK 2－B では推定について復習しました。最後に，「統計的な推測」の内容の総復習として，次の問題**2**に取り組んでみましょう。

問題2　正規分布を利用した推定，仮説検定

機械Aはボタンを1回押すと，p の割合で青色の光を発光し，$1-p$ の割合で赤色の光を発光する。ただし，$0<p<1$ とする。

以下の問題を解答するにあたっては，必要に応じて巻末の正規分布表を用いてもよい。

〔1〕 $p=\dfrac{1}{3}$ とする。機械Aのボタンを繰り返し450回押したとき，青色の光が発光される回数を表す確率変数を X とする。このとき，(1)，(2)の問いに答えよ。

(1) X の平均（期待値）は アイウ ，標準偏差は エオ である。
アイウ ， エオ に当てはまる数を求めよ。

(2) ボタンを押す回数450は十分に大きいと考える。
このとき，確率変数 X は近似的に平均 カキク ，標準偏差 ケコ の正規分布に従う。よって，X が140以上170以下の値をとる確率は 0. サシスセ である。
また，X が ソ 以上の値をとる確率は約0.7である。
カキク ～ サシスセ に当てはまる数を求めよ。また， ソ に当てはまるものを，次の⓪～⑦のうちから1つ選べ。

⓪ 137	① 142	② 145	③ 147
④ 153	⑤ 155	⑥ 158	⑦ 163

〔2〕 以下では，p の値はわからないものとする。このとき，機械Aのボタンを繰り返し400回押したところ，青色の光が80回発光された。
この標本をもとにして，割合 p に関する推定を行うことにした。ボタンを押す回数400は十分に大きいと考えて，(1)～(3)の問いに答えよ。

(1) 割合 p に対する信頼度（信頼係数）95％の信頼区間は

$$\left[\boxed{タ}.\boxed{チ}-1.96\times\frac{1}{\boxed{ツテ}},\ \boxed{タ}.\boxed{チ}+1.96\times\frac{1}{\boxed{ツテ}}\right]$$

である。$\boxed{タ}$ ～ $\boxed{ツテ}$ に当てはまる数を求めよ。

(2) 同じ標本をもとにした信頼度99％の信頼区間について正しいものを，次の⓪～②のうちから1つ選べ。$\boxed{ト}$

⓪ 信頼度95％の信頼区間と同じ範囲である。
① 信頼度95％の信頼区間より狭い範囲になる。
② 信頼度95％の信頼区間より広い範囲になる。

(3) 割合 p に対する信頼度 N％の信頼区間を $[A,\ B]$ とするとき，この信頼区間の幅を $B-A$ と定める。標本は同じもののままで，(1)の信頼区間の幅を0.75倍にするには，信頼度を $\boxed{ナニ}.\boxed{ヌ}$ ％に変更することで実現できる。$\boxed{ナニ}$，$\boxed{ヌ}$ に当てはまる数を求めよ。

〔3〕 機械Aとは異なる機械Bがある。機械Bの説明書には，ボタンを1回押すと，0.6の割合で青色の光を発光し，0.4の割合で赤色の光を発光すると書かれている。
このとき，(1)，(2)の問いに答えよ。必要ならば，$\sqrt{6}\fallingdotseq 2.45$，$\sqrt{15}\fallingdotseq 3.87$ を用いてもよい。

(1) 太郎さんが試しに機械Bのボタンを繰り返し100回押したところ，青色の光が発光された回数は54回であった。この結果について，太郎さんと花子さんは以下のような会話をしている。

太郎：0.6の割合で青色の光を発光すると説明書には書いてあるのに，100回中54回しか発光されなかったということは，この機械は壊れているのではないかな？

花子：そうしたら，仮説検定の考え方を用いて，この機械が壊れているかどうか調べてみましょう。

太郎：まず，この機械が壊れていない，つまり，0.6の割合で青色の光を発光するという仮説を立てて考えよう。

花子：有意水準は5％にしましょう。

太郎：100回のうち，青色の光を発光する回数 X の有意水準5％の棄却域は，ボタンを押す回数100が十分に大きいと考えると $\boxed{ネ}$ と求められるね。

花子：ということは，この仮説は $\boxed{ノ}$ ので，機械は $\boxed{ハ}$ ね。

ネ ～ ハ に当てはまるものとして最も適当なものを，次の解答群から１つずつ選べ。

ネ の解答群：

⓪ $40 \leqq X \leqq 80$　① $45 \leqq X \leqq 75$　② $50 \leqq X \leqq 70$
③ $55 \leqq X \leqq 65$　④ $X \leqq 40,\ 80 \leqq X$　⑤ $X \leqq 45,\ 75 \leqq X$
⑥ $X \leqq 50,\ 70 \leqq X$　⑦ $X \leqq 55,\ 65 \leqq X$

ノ の解答群：

⓪ 棄却できる　① 棄却できない

ハ の解答群：

⓪ 壊れていると判断できる　① 壊れているとは判断できない

(2) 機械Ｂのボタンを繰り返し 1000 回押したところ，青色の光が発光された回数は 540 回であった。このとき，ボタンを押す回数 1000 は十分に大きいと考えて，この機械Ｂが壊れているかどうかを，(1) と同様に有意水準 5％ で仮説検定の考え方を用いて調べると，その結果によりこの機械Ｂは ヒ 。 ヒ に当てはまるものとして適当なものを，次の⓪，①のうちから１つ選べ。

⓪ 壊れていると判断できる　① 壊れているとは判断できない

〔1〕 (1) X は二項分布に従うから，次の公式を利用（$q=1-p$ とする）。

二項分布 $B(n,\ p) \longrightarrow E(X)=np,\ V(X)=npq,\ \sigma(X)=\sqrt{npq}$

(2) $n=450$ は大きいから，二項分布を **正規分布** で近似し，更に **標準化** する。

〔2〕 (1) 母比率の推定の問題であるから，次の式を利用する（R は標本比率）。

信頼度 95％ の信頼区間 $\left[R-1.96\sqrt{\dfrac{R(1-R)}{n}},\ R+1.96\sqrt{\dfrac{R(1-R)}{n}}\right]$

(2) 信頼度 99％ の信頼区間は，上の式の 1.96 を 2.58 に替えたものである。

(3) 信頼度 95％ の信頼区間の幅を 0.75 倍した値を求め，その値を信頼区間の幅にもつ信頼度を求める。

〔3〕 機械Ｂが青色の光を発光する割合を p とし，機械Ｂが壊れていないという仮説 $H_0: p=0.6$ を立て，この仮説が正しいとして仮説検定を行う。青色の光を発光する回数 X は，(1) では $B(100,\ 0.6)$，(2) では $B(1000,\ 0.6)$ に従うとして考える。いずれの場合も，X の平均を m，標準偏差を σ として $Z=\dfrac{X-m}{\sigma}$ と標準化し，この Z が標準正規分布 $N(0,\ 1)$ に従うとして，実際に起こった事象 [(1) では $X=54$，(2) では $X=540$] が棄却域に入るかを調べ，仮説 H_0 を棄却するかどうかを判断する。

解答

〔1〕 (1) $p=\dfrac{1}{3}$ のとき，確率変数 X は二項分布 $B\left(450,\ \dfrac{1}{3}\right)$ に従う。

よって，X の平均（期待値）$E(X)$，分散 $V(X)$，標準偏差 $\sigma(X)$ は

$E(X)=450 \cdot \dfrac{1}{3}=$ [アイウ] **150**　◀ $E(X)=np$

数学Ｂ 総合演習 第１部

$$V(X)=450\cdot\frac{1}{3}\cdot\left(1-\frac{1}{3}\right)=450\cdot\frac{1}{3}\cdot\frac{2}{3}=100$$

$$\sigma(X)=\sqrt{V(X)}=\sqrt{100}={}^{エオ}\mathbf{10}$$

◀ $V(X)=npq$ ただし $q=1-p$ $\sigma(X)$ は $V(X)$ の正の平方根をとると早い。

(2) (1) から，確率変数 X は二項分布 $B\left(450,\ \frac{1}{3}\right)$ に従い，X の平均は 150，標準偏差は 10 である。
ここで，$n=450$ は十分大きいから，X は近似的に平均 ${}^{カキク}\mathbf{150}$，標準偏差 ${}^{ケコ}\mathbf{10}$ の正規分布［すなわち $N(150,\ 10^2)$］に従う。

◀二項分布 $B(n,\ p)$ に従う確率変数 X は，n が十分大きいとき，近似的に正規分布 $N(np,\ npq)$ に従う。
↑平均 ↑分散＝(標準偏差)^2

よって，$Z=\frac{X-150}{10}$ は近似的に標準正規分布 $N(0,\ 1)$ に従う。

◀正規分布 $N(m,\ \sigma^2)$ は $Z=\frac{X-m}{\sigma}$ で標準化

$140 \leqq X \leqq 170$ となる確率は

$$P(140\leqq X\leqq 170)=P\left(\frac{140-150}{10}\leqq Z\leqq\frac{170-150}{10}\right)$$
$$=P(-1\leqq Z\leqq 2)$$
$$=p(1)+p(2)$$
$$=0.3413+0.4772$$
$$=0.{}^{サシスセ}\mathbf{8185}$$

◀正規分布表を利用する。

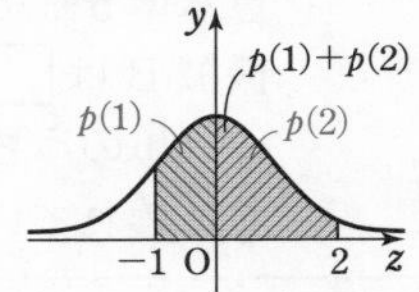

次に，$P(Z\geqq b)=0.7$ となる b の値を求める。
$P(Z\geqq b)>0.5$ であるから，$b<0$ であり

$$P(Z\geqq b)=0.5+P(b\leqq Z\leqq 0)$$
$$=0.5+p(-b)$$

◀ $P(Z\geqq u)>0.5$ の場合，$u<0$ である。

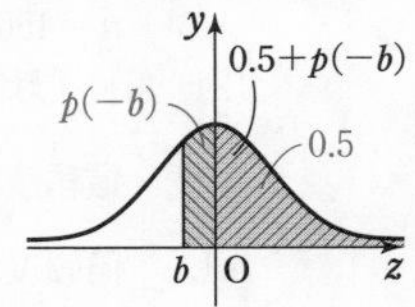

よって　　$p(-b)=0.7-0.5=0.2$
ゆえに，正規分布表から
　　$-b \fallingdotseq 0.52$　すなわち　$b \fallingdotseq -0.52$
よって　　$P(Z\geqq -0.52)\fallingdotseq 0.7$
$\frac{X-150}{10}\geqq -0.52$ から　　$X\geqq 144.8\fallingdotseq 145$　（ソ②）

〔2〕 (1) 標本の大きさは $n=400$ で，標本比率 R は

$$R=\frac{80}{400}=0.2$$

よって　$\sqrt{\frac{R(1-R)}{n}}=\sqrt{\frac{0.2\cdot 0.8}{400}}=\frac{0.4}{20}=\frac{1}{50}$

ゆえに，割合 p に対する信頼度 95 % の信頼区間は

$$\left[{}^{タ}\mathbf{0}.{}^{チ}\mathbf{2}-1.96\times{}_{ツテ}\frac{1}{\mathbf{50}},\ 0.2+1.96\times\frac{1}{50}\right]$$

◀この式を計算すると［0.1608，0.2392］となる。

(2) 割合 p に対する信頼度 99 % の信頼区間は

$$\left[0.2-2.58\times\frac{1}{50},\ 0.2+2.58\times\frac{1}{50}\right]$$

よって，信頼度 99 % の信頼区間は，信頼度 95 % の信頼区間より広い範囲になる。（ト②）

◀ $2.58\times\frac{1}{50}>1.96\times\frac{1}{50}$

(3) (1)の信頼区間の幅は　$2\cdot1.96\cdot\frac{1}{50}$

◀ $\left(0.2+1.96\times\frac{1}{50}\right)-\left(0.2-1.96\times\frac{1}{50}\right)=2\times1.96\times\frac{1}{50}$

ここで　$0.75\times\left(2\cdot1.96\cdot\frac{1}{50}\right)=2\cdot1.47\cdot\frac{1}{50}$

よって，求める信頼度は，$P(|Z|\leqq1.47)$ である。
ここで，Z は標準正規分布 $N(0,\ 1)$ に従う確率変数であるから

$$P(|Z|\leqq1.47)=2p(1.47)=2\times0.4292=0.8584\fallingdotseq0.858$$

◀正規分布表を利用。

したがって，信頼度を ${}^{ナニ}85.{}^{ヌ}8$% に変更すればよい。

〔3〕 機械Bが青色の光を発光する割合を p，ボタンを押す回数を n とする。
機械Bが壊れているならば，$p\neq0.6$ である。ここで，機械Bが壊れていないという次の仮説を立てる。

◀「壊れているかどうか」を検定するから，両側検定の問題である。

仮説 H_0：$p=0.6$

(1) $n=100$ のとき，仮説 H_0 が正しいとすると，100回のうち青色の光を発光する回数 X は，二項分布 $B(100,\ 0.6)$ に従う。
X の平均 m と標準偏差 σ は

$$m=100\cdot0.6=60,\ \sigma=\sqrt{100\cdot0.6\cdot(1-0.6)}=2\sqrt{6}$$

◀ $m=np$，$\sigma=\sqrt{npq}$ ただし $q=1-p$

よって，$Z=\frac{X-60}{2\sqrt{6}}$ は近似的に標準正規分布 $N(0,\ 1)$ に従う。
正規分布表より $P(-1.96\leqq Z\leqq1.96)\fallingdotseq0.95$ であるから，有意水準5%の棄却域は

$$Z\leqq-1.96,\ 1.96\leqq Z$$

ゆえに，$\frac{X-60}{2\sqrt{6}}\leqq-1.96$，$1.96\leqq\frac{X-60}{2\sqrt{6}}$ であるから

◀ $Z=\frac{X-60}{2\sqrt{6}}$ を代入し，X の不等式で表す。

$$X\leqq60-1.96\cdot2\sqrt{6},\ 60+1.96\cdot2\sqrt{6}\leqq X$$

よって　$X\leqq50.396$，$69.604\leqq X$

◀ $1.96\cdot2\sqrt{6}\fallingdotseq1.96\cdot2\cdot2.45=9.604$

したがって，⓪～⑦のうち棄却域として適当なものは

$X\leqq50$，$70\leqq X$　（^{ネ}⑥）

$X=54$ は棄却域に入らないから，仮説 H_0 は棄却できず，機械は壊れているとは判断できない。

（^{ノ}①，^{ハ}①）

(2) $n=1000$ のとき，仮説 H_0 が正しいとすると，1000回のうち青色の光を発光する回数 Y は，二項分布 $B(1000,\ 0.6)$ に従う。
Y の平均 m と標準偏差 σ は

$$m=1000\cdot0.6=600,$$
$$\sigma=\sqrt{1000\cdot0.6\cdot(1-0.6)}=4\sqrt{15}$$

よって，$W=\frac{Y-600}{4\sqrt{15}}$ は近似的に標準正規分布

$N(0,\ 1)$ に従う。
有意水準 5% の棄却域は

$$W \leqq -1.96,\ 1.96 \leqq W$$

ゆえに，$\dfrac{Y-600}{4\sqrt{15}} \leqq -1.96$，$1.96 \leqq \dfrac{Y-600}{4\sqrt{15}}$ であるから

$$Y \leqq 600-1.96\cdot4\sqrt{15},\ 600+1.96\cdot4\sqrt{15} \leqq Y$$

よって　　$Y \leqq 569.6592,\ 630.3408 \leqq Y$
$Y=540$ は棄却域に入るから，仮説 H_0 を棄却でき，この機械は壊れていると判断できる。（ヒ ⓪）

参考　W の棄却域から判断することもできる。
$Y=540$ のとき，
$W=\dfrac{540-600}{4\sqrt{15}}=-\sqrt{15}$
$\fallingdotseq -3.87 \leqq -1.96$
であり，この値は棄却域に入るから，仮説 H_0 を棄却できる。

◀ $1.96\cdot4\sqrt{15}$
$\fallingdotseq 1.96\cdot4\cdot3.87$
$=30.3408$

検討

標本の大きさと仮説検定の結果の考察

〔3〕において，標本比率が(1)では $\dfrac{54}{100}$，(2)では $\dfrac{540}{1000}$ と，いずれも 0.54 であるにも関わらず，標本の大きさ（ボタンを押す回数）の違いによって，仮説検定の結果が異なるものとなった。このことについて考察してみよう。
〔3〕での判断について，機械が壊れているかどうかは，仮説検定の考え方で，標本比率 0.54 が仮説 H_0：$p=0.6$ に「近い」といえるかどうかを調べることで判断している。もし，仮説 H_0 が正しければ，試行回数を増やすほど，標本比率は 0.6 に近づくはずである（これを **大数の法則** という。*p*.549 を参照）。
仮説 H_0 のもとで，青色の光を発光する回数を X とすると，
(1)では，約 95% の確率で X は $51 \leqq X \leqq 69$ の範囲に含まれる，すなわち，約 95% の確率で標本比率 p は $0.51 \leqq p \leqq 0.69$ の範囲に含まれるから，$p=0.54$ は 0.6 に近いと判断している。
一方，(2)では，仮説 H_0 のもとで同様に考えると，約 95% の確率で標本比率 p は $0.57 \leqq p \leqq 0.63$ の範囲に含まれるから，$p=0.54$ は 0.6 に近いとはいえないと判断し，偶然に起こる比率ではないから機械 B は壊れていると判断したのである。

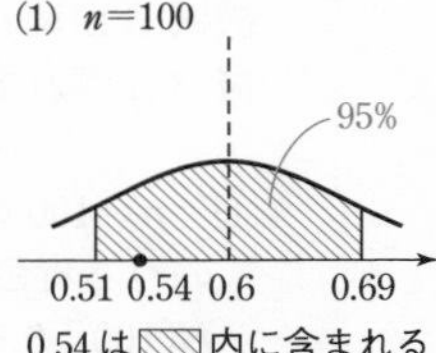

0.54 は ▨ 内に含まれる

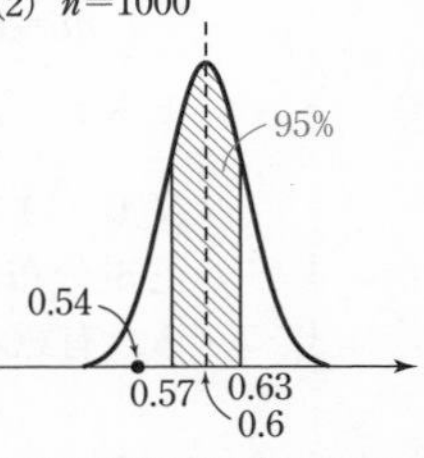

0.54 は ▨ 内に含まれない

ここで，有意水準が 5% のとき，0.54 という比率が 0.6 に近いといえる試行回数を，参考までに求めてみよう。試行回数を n とする。標本比率が 0.54 であったとすると，青色の光を発光した回数 X は $X=0.54n$ である。
n 回のうち青色の光を発光する回数 X の平均 m と標準偏差 σ は

$$m=0.6n,\quad \sigma=\sqrt{n\cdot0.6\cdot0.4}=\frac{\sqrt{6n}}{5}$$

仮説 H_0 が棄却されない，すなわち，機械が壊れているとは判断されないのは，

$$-1.96 \leqq \frac{X-m}{\sigma} \leqq 1.96 \quad \text{すなわち} \quad -1.96 \leqq \frac{0.54n-0.6n}{\frac{\sqrt{6n}}{5}} \leqq 1.96$$

が成り立つときである。$n>0$ を考慮し，これを整理すると $n \leqq 256.1\cdots\cdots$ となるから，次のようになる。

試行回数が 256 回以下なら 0.54 という比率が 0.6 に近いといえ，仮説 H_0 は棄却されない。
試行回数が 257 回以上なら 0.54 という比率が 0.6 に近いとはいえず，仮説 H_0 は棄却される。

総合演習
第２部

総合演習　第2部　数学Ⅱ

第1章　式　と　証　明

1　n を3以上の奇数として，次の集合を考える。

$$A_n=\left\{{}_n\mathrm{C}_1,\ {}_n\mathrm{C}_2,\ \cdots\cdots,\ {}_n\mathrm{C}_{\frac{n-1}{2}}\right\}$$

(1)　A_9 のすべての要素を求め，それらの和を求めよ。

(2)　${}_n\mathrm{C}_{\frac{n-1}{2}}$ が A_n 内の最大の数であることを示せ。

(3)　A_n 内の奇数の個数を m とする。m は奇数であることを示せ。　〔熊本大〕

2　n を2以上の整数とする。整数 $(n-1)^3$ を整数 n^2-2n+2 で割ったときの商と余りを求めよ。　〔関西大〕

3　実数 $x,\ y,\ z$ について，$(x+y+z)^2\leqq 3(x^2+y^2+z^2)$ を示し，等号がいつ成り立つか答えよ。これを用いて，命題

「$x^2+y^2+z^2\leqq a$ ならば $x+y+z\leqq a$ である」

が真となる最小の正の実数 a の値を求めよ。　〔岡山大〕

4　次の不等式が成り立つことを示せ。また，等号が成り立つのはどのようなときか。ただし，$a,\ b,\ c$ は正の実数とし，(2) では $abc\geqq 1$ とする。　〔類　富山大〕

(1)　$\dfrac{a^5-a^2}{a^4+b+c}\geqq\dfrac{a^3-1}{a(a+b+c)}$　　(2)　$\dfrac{a^5-a^2}{a^4+b+c}+\dfrac{b^5-b^2}{b^4+c+a}+\dfrac{c^5-c^2}{c^4+a+b}\geqq 0$

5　(1)　$a>0,\ b>0,\ c>0$ とするとき，$(a+b)(b+c)(c+a)\geqq 8abc$ が成り立つことを証明せよ。また，等号が成立するのはどのような場合か述べよ。

(2)　$\alpha,\ \beta,\ \gamma$ を三角形の3辺の長さとするとき，次の不等式が成り立つことを証明せよ。また，(ア)，(イ) どちらも等号が成立するのは正三角形の場合だけであることを示せ。

(ア)　$\alpha\beta\gamma\geqq(-\alpha+\beta+\gamma)(\alpha-\beta+\gamma)(\alpha+\beta-\gamma)$

(イ)　$\dfrac{\alpha}{-\alpha+\beta+\gamma}+\dfrac{\beta}{\alpha-\beta+\gamma}+\dfrac{\gamma}{\alpha+\beta-\gamma}\geqq 3$　〔類　岐阜大〕

1　(2)　(1) の結果から，${}_n\mathrm{C}_1<{}_n\mathrm{C}_2<\cdots\cdots<{}_n\mathrm{C}_{\frac{n-1}{2}}$ ではないかと予想できる。

(3)　二項定理を用いて，${}_n\mathrm{C}_0+{}_n\mathrm{C}_1+\cdots\cdots+{}_n\mathrm{C}_n$ の値を求め，これを利用して A_n 内のすべての要素の和の偶奇を調べる。

2　整数 a を正の整数 b で割ったときの余りを r とすると，$0\leqq r<b$ であることに注意。

3　前半の結果から，$x^2+y^2+z^2\leqq a$ のとき，$(x+y+z)^2\leqq 3(x^2+y^2+z^2)\leqq 3a$ である。

4　(1)　(左辺)−(右辺)≧0 を示す。　(2)　(1) の結果を利用。

5　(1)，(2) とも，**(相加平均)≧(相乗平均)** の利用がカギとなる。

(2)　(ア)　三角形の成立条件 **(2辺の和)>(他の1辺)** と (1) の結果を利用。

総合演習　第2部　数学Ⅱ

第2章　複素数と方程式

6 (1) 実数 x, y が $(x-3)^2+(y-3)^2=8$ を満たすとき，$x+y$ と xy のとりうる値の範囲をそれぞれ求めよ。

(2) α, β は $(\alpha-3)^2+(\beta-3)^2=8$ かつ $\alpha<\beta$ を満たす実数とする。また，α, β は2次方程式 $x^2-kx+\dfrac{5}{2}=0$ の2つの解であるとする。このとき，k, α, β の値を求めよ。

［埼玉大］

7 θ を $0\leqq\theta\leqq\pi$ を満たす実数とし，x の2次方程式 $2x^2-(4\cos\theta)x+3\sin\theta=0$ を考える。

(1) この2次方程式が虚数解をもつような θ の値の範囲を求めよ。

(2) この2次方程式が異なる2つの正の解をもつような θ の値の範囲を求めよ。

(3) この2次方程式の1つの解が虚数解で，その3乗が実数であるとする。このとき，$\sin\theta$ の値を求めよ。

［高知大］

8 整式 $P(x)$ は実数を係数にもつ x の3次式であり，x^3 の係数は1である。$P(x)$ を $x-7$ で割ると8余り，$x-9$ で割ると12余る。方程式 $P(x)=0$ は $a+bi$ を解にもつ。a, b は1桁の自然数であり，i は虚数単位とする。ただし，a, b の組合せは，$2a+b$ が連続する2つの整数の積の値と等しくなるもののうち，$a-b$ が最大となるものとする。

(1) 整式 $P(x)$ を $(x-7)(x-9)$ で割ると，余りは ア□ $x-$ イ□ である。

(2) $a=$ ウ□，$b=$ エ□ であり，方程式 $P(x)=0$ の実数解は オ□ である。

［慶応大］

9 $Q(x)$ を2次式とする。整式 $P(x)$ は $Q(x)$ では割り切れないが，$\{P(x)\}^2$ は $Q(x)$ で割り切れるという。このとき，2次方程式 $Q(x)=0$ は重解をもつことを示せ。

［京都大］

HINT

6 (1) $x+y=X$, $xy=Y$ とおき，$(x-3)^2+(y-3)^2=8$ を X, Y の式で表す。また，x, y を解にもつ2次方程式の判別式に注目。

(2) (1)の考察を利用。解と係数の関係も用いる。

7 (3) 1つの虚数解を t とし，方程式に代入。次のことを利用。

a, b が実数，z が虚数のとき　$a+bz$ が実数 $\Longleftrightarrow$ $b=0$

8 (2) $-8\leqq a-b\leqq 8$ であるから，$a-b=8$, 7, …… の順に組 $(a,\ b)$ で $2a+b$ が連続する2つの整数の積で表されるものをさがす。

9 $P(x)$ を $Q(x)$ で割ったときの商を $f(x)$，余りを $ax+b$ とすると，等式 $P(x)=Q(x)f(x)+ax+b$ が成り立つ。また，$\{P(x)\}^2$ は $Q(x)$ で割り切れるから，$(ax+b)^2$ は $Q(x)$ で割り切れる。

（別解）　$Q(x)=a(x-\alpha)(x-\beta)$ とおき，$\alpha\neq\beta$ と仮定して矛盾を導く。

10 正の定数 a, b に対し, $f(x)=ax^2-b$ とおく。

(1) $f(f(x))-x$ は $f(x)-x$ で割り切れることを示せ。

(2) 方程式 $f(f(x))-x=0$ が異なる4つの実数解をもつための a, b の条件を求めよ。〔横浜国大〕

第3章 図形と方程式

11 (1) $\sqrt{3}$ は無理数であることを証明せよ。

(2) 座標平面上に原点O, 点A$(1,\ a)$, 点B$(s,\ t)$ がある。△OABが正三角形であり, a が有理数であるとき, s と t のうち少なくとも1つは無理数であることを示せ。〔類 九州大〕

12 a, b $(a>b>0)$ を定数とし, xy 平面上に2点A$(0,\ a)$, B$(b,\ 0)$ をとる。そして, 点Pは線分ABを1辺とする正方形 F の周および内部の点とする。原点O$(0,\ 0)$ が正方形 F の外部の点であるとき, 次のものを a, b の式で表せ。

(1) 正方形 F のA, B以外の2頂点の座標

(2) 線分OPの長さの最大値

(3) 線分OPの長さの最小値〔早稲田大〕

13 t を0でない実数とし, xy 平面上の円 $(x-t)^2+(y-t^2)^2=t^4$ を C とする。

(1) いかなる t に関しても C が接するような定円がただ1つ存在することを示せ。

(2) (1)の定円と C の接点の座標を求めよ。〔横浜国大〕

14 xy 平面上に円 $C：x^2+y^2-8x-4y+17=0$ がある。また, 大小2つのさいころを同時に投げて, 大きいさいころの出た目を p, 小さいさいころの出た目を q とする。点 $(p,\ q)$ をA, 直線 $y=\dfrac{q}{p}x$ を ℓ とするとき, 次の確率を求めよ。

(1) 点Aが C の周および内部にある確率

(2) 直線 $y=-2x$ と ℓ が垂直に交わる確率

(3) C と ℓ が共有点をもつ確率〔類 立命館大〕

HINT

10 (1) $b=-f(x)+ax^2$ を利用。

(2) (1)から, $f(x)=g(x)h(x)$ [$g(x)$, $h(x)$ は2次式] と表される。$g(x)=0$, $h(x)=0$ がともに異なる2つの実数解をもち, かつ共通解をもたないことが条件となる。

11 (2) $OA^2=OB^2=AB^2$ から s を消去し, t, a の関係式を求める。

13 (1) 定円の中心の座標を $(a,\ b)$, 半径を r として, 円 C がこの定円に外接する場合と内接する場合に分けて考える。

14 まず, 円 C の中心の座標と半径を調べる。条件を満たすための p, q の条件式を求めることがカギとなる。

総合演習　第2部　数学Ⅱ

15　原点O(0, 0)を中心とする半径1の円に，円外の点P$(x_0,\ y_0)$から2本の接線を引く。

(1)　2つの接点を結ぶ線分の中点をQとするとき，点Qの座標$(x_1,\ y_1)$を点Pの座標$(x_0,\ y_0)$を用いて表せ。また，OP・OQ=1であることを示せ。

(2)　点Pが直線$x+y=2$上を動くとき，点Qの軌跡を求めよ。　〔名古屋大〕

16　連立不等式$x^2+(y-4)^2 \geqq 4$，$y \geqq -\dfrac{2}{3}x^2$の表す領域をDとする。Dに含まれ，y切片が0以上2以下である直線のうち，傾きが最大のものを求めよ。　〔学習院大〕

17◇　xy平面上に2点A$(-1,\ 0)$，B$(1,\ 0)$をとる。$\dfrac{\pi}{4} \leqq \angle \mathrm{APB} \leqq \pi$を満たす平面上の点Pの全体と点A，Bからなる図形をFとする。Fを図示せよ。　〔類　早稲田大〕

18　a，bを実数とする。曲線$y=ax^2+bx+1$がx軸の正の部分と共有点をもたないような点$(a,\ b)$の領域を図示せよ。　〔東北大〕

19　実数x，y，s，tに対し，$z=x+yi$，$w=s+ti$とおいたとき，$z=\dfrac{w-1}{w+1}$を満たすとする。ただし，iは虚数単位である。

(1)　wをzで表すことにより，s，tをそれぞれx，yで表せ。

(2)　$0 \leqq s \leqq 1$かつ$0 \leqq t \leqq 1$となるような点$(x,\ y)$の範囲Dを座標平面上に図示せよ。

(3)　点P$(x,\ y)$がD上を動いたとき，$-5x+y$の最小値を求めよ。　〔北海道大〕

HINT

15　(1)　2つの接点をR，Sとすると　OR⊥PR，OS⊥PS ⟶ ⓘ **直角2つで円くなる** により，4点O，R，P，Sは同じ円周上にある。この円の方程式を求め，$x^2+y^2=1$と連立すると，直線RSの方程式が得られる。

16　まず，領域Dを図示し，求める直線と円$x^2+(y-4)^2=4$，放物線$y=-\dfrac{2}{3}x^2$との位置関係を調べる。

17　P$(x,\ y)$とし，余弦定理を利用して，$\cos\angle \mathrm{APB}$をx，yの式で表す。

18　曲線$y=ax^2+bx+1$は必ず点(0, 1)を通る。$a=0$，$a<0$，$a>0$で場合分け。

19　(3)　$-5x+y=k$とおき，この直線が範囲Dと共有点をもつ場合に注目。

総合演習　第2部

第4章 三角関数

20　θ を $0 \leqq \theta < 2\pi$ を満たす実数とし，

$$f(x)=(x-\sqrt{3}\sin\theta-\cos\theta)\left\{x^2-(2\sin\theta)x-2\cos^2\theta-\frac{\sqrt{3}-1}{2}\cos\theta+\frac{\sqrt{3}}{4}+1\right\}$$

とおく。

(1)　方程式 $f(x)=0$ が実数解と虚数解の両方をもつ θ の値の範囲を求めよ。

(2)　θ が (1) で求めた範囲を動くとき，方程式 $f(x)=0$ の実数解 α のとりうる値の範囲を求めよ。〔東京都立大〕

21　$0<\theta<\dfrac{\pi}{2}$ とする。$\cos\theta$ は有理数ではないが，$\cos 2\theta$ と $\cos 3\theta$ がともに有理数となるような θ の値を求めよ。ただし，p が素数のとき，$\sqrt{p}$ が有理数でないことは証明なしに用いてよい。〔京都大〕

22　定数 a，b に対して $f(x)=2\cos x(2a\sin x+b\cos x)$ とする。

(1)　$f(x)$ を $\sin 2x$ と $\cos 2x$ を用いて表せ。

(2)　すべての実数 x に対して $f(x)\leqq 1$ が成り立つような定数 a，b の条件を求め，その条件を満たす点 $(a,\ b)$ の範囲を図示せよ。

(3)　$a^2+b^2 \leqq R$ を満たす a，b については，すべての実数 x に対して $f(x)\leqq 1$ が成り立つとする。このような R の最大値を求めよ。〔愛知教育大〕

23　座標平面において，2点 A(1, 0)，B(2, 0) を原点の周りに θ だけ回転した点をそれぞれ C，D とする。ただし，$0<\theta<\dfrac{\pi}{2}$ とする。点 C を通り直線 CD と垂直に交わる直線を ℓ とし，点 D を通り直線 CD と垂直に交わる直線を m とする。また，直線 ℓ と直線 m により挟まれた領域を S とし，不等式 $0\leqq y\leqq x$ の表す領域を T とする。

(1)　直線 ℓ，m の方程式を求めよ。

(2)　θ が $0<\theta<\dfrac{\pi}{2}$ の範囲を動くとき，領域 S と領域 T の共通部分の面積を最小にする θ の値を求めよ。〔山口大〕

20　(2)　3次方程式が虚数解をもつときは，実数解1つ，虚数解2つとなる。

21　まず，2倍角，3倍角の公式を利用して，$\cos 3\theta$ を $\cos\theta$ と $\cos 2\theta$ の式で表す。

22　(2)　すべての実数 x に対して $f(x)\leqq 1$ が成り立つ。⟶ [$f(x)$ の最大値] $\leqq 1$ が成り立つ。
まず，三角関数の合成により，$f(x)$ を sin だけの式で表す。

23　(1)　2点 C，D の座標を θ で表す。
(2)　共通部分は四角形となる。相似な三角形の面積比を利用。

総合演習　第2部　数学Ⅱ

第5章　指数関数と対数関数

24　A, B は実数で $A^{11}=8$, $B^{13}=4$ であるとする。整数 x, y が $A^x \cdot B^y=2$ を満たすとき，$|x+y|$ の最小値とそのときの x, y の値を求めよ。〔宮城教育大〕

25　実数 a に対して，a を超えない最大の整数，すなわち，$n \leqq a < n+1$ を満たす整数 n を a の整数部分といい，$a-n$ を a の小数部分という。$x>1$ に対し，$\log_2 x$ の整数部分を $f(x)$，小数部分を $g(x)$ とする。

(1)　$f(\sqrt[5]{64})$，$g(\sqrt[5]{64})$，$f(2023)$ をそれぞれ求めよ。

(2)　$f(x+1)=f(x)$ であるとき，$g(x+1)>g(x)$ が成り立つことを示せ。

(3)　$f(x+1)=f(x)+1$ であるとき，$g(x+1)<g(x)$ が成り立つことを示せ。

〔類　静岡大〕

26　(1)　不等式 $y^2 \geqq (\log_2 x)^2$ を満たす点 $(x,\ y)$ 全体の集合を，その境界と座標軸との交点の座標も書き入れて，座標平面上に図示せよ。

(2)　集合 $S=\{\log_2 x \mid x$ は $(\log_2 x)^2>100x^2$ を満たす実数$\}$ に属する最大の整数を求めよ。〔慶応大〕

27　$\log_{10}2=0.3010$，$\log_{10}3=0.4771$ とする。

(1)　$\log_{10}\dfrac{2}{3}$，$\log_{10}\dfrac{1}{2}$ の値を求めよ。

(2)　$\left(\dfrac{2}{3}\right)^m \geqq \dfrac{1}{10}$，$\left(\dfrac{1}{2}\right)^n \geqq \dfrac{1}{10}$ を満たす最大の自然数 m，n を求めよ。

(3)　連立不等式 $\left(\dfrac{2}{3}\right)^x\left(\dfrac{1}{2}\right)^y \geqq \dfrac{1}{10}$，$x \geqq 0$，$y \geqq 0$ の表す領域を座標平面に図示せよ。

(4)　$\left(\dfrac{2}{3}\right)^m\left(\dfrac{1}{2}\right)^n \geqq \dfrac{1}{10}$ を満たす自然数 m と n の組 $(m,\ n)$ をすべて求めよ。

〔金沢大〕

28◇　次の問いに答えよ。ただし，$0.3010<\log_{10}2<0.3011$ であることは用いてよい。

(1)　100桁以下の自然数で，2以外の素因数をもたないものの個数を求めよ。

(2)　100桁の自然数で，2と5以外の素因数をもたないものの個数を求めよ。

〔京都大〕

24　$A=2^{●}$，$B=2^{■}$ の形に表し，$A^xB^y=2$ から x，y の1次不定方程式を導く。

25　$A=(A$ の整数部分$)+(A$ の小数部分$)$

(2)　$f(x+1)=f(x)=k$（k は整数）とする。

26　(2)　$\log_2 x=n$（n は整数）とおくと　$x=2^n$　　これと $(\log_2 x)^2>100x^2$ から　$n^2>100\cdot 2^{2n}$

27　(4)　(3)の領域に含まれる格子点の座標を求める。

28　(1)　$2^n<10^{100}$ を満たす0以上の整数 n

(2)　$10^{99} \leqq 2^m \cdot 5^n < 10^{100}$ を満たす0以上の整数 m，n の組 $(m,\ n)$

の数をそれぞれ求める。(2)では，$m \geqq n$，$m \leqq n$ の場合に分けて考える。

総合演習 第2部

第6章 微分法

29 x の2次関数で，そのグラフが $y=x^2$ のグラフと2点で直交するようなものをすべて求めよ。ただし，2つの関数のグラフがある点で直交するとは，その点が2つのグラフの共有点であり，かつ接線どうしが直交することをいう。〔京都大〕

30 実数 a，b に対し，関数 $f(x)=x^4+2ax^3+(a^2+1)x^2-a^3+a+b$ がただ1つの極値をもち，その極値が0以上になるとき，a，b の満たす条件を求めよ。〔類 横浜国大〕

31 AB$=x$，AD$=y$，AE$=z$ である直方体 ABCD-EFGH が空間内にある。直方体の対角線 AG の長さを3，表面積 S を16とするとき

(1) $x+y+z$ の値を求めよ。

(2) $y+z$ と yz を x の式で表し，x を用いて y，z を解とする t の2次方程式を作れ。

(3) x の値のとりうる範囲を求めよ。

(4) この直方体の体積を V とするとき，V の最大値および最小値を求めよ。また，そのときの x の値を求めよ。〔類 長崎大〕

32 △ABC において，$\angle\text{BAC}=\theta$，$\text{AB}=\sin\theta$，$\text{AC}=|\cos\theta|$ とする。ただし，$\theta\neq\dfrac{\pi}{2}$ とする。このとき，BC^2 の最大値と最小値を求めよ。〔類 熊本大〕

33 a を実数とする。$z=x+yi$（x，y は実数）を複素数とし，$\overline{z}=x-yi$ とするとき，等式 $z^3=\overline{z}+a$ ……（＊）を考える。ここで，i は虚数単位を表す。

(1) $a=0$ のとき，（＊）を満たす z をすべて求めよ。

(2) （＊）を満たす z がちょうど5個存在するような a の値の範囲を求めよ。

〔東北大〕

HINT

29 求める2次関数を $y=ax^2+bx+c$ $(a\neq0)$ とする。まず，この2次関数のグラフと $y=x^2$ のグラフが異なる2つの共有点をもつ条件を求める。その共有点の x 座標を α，β とするとき，α，β を解にもつ2次方程式において，解と係数の関係を利用。

30 $f'(x)=0$ とすると　$x=0$，$2x^2+3ax+a^2+1=0$ ……①　2次方程式①の判別式 D について，$D>0$，$D=0$，$D<0$ の各場合に分けて，$f(x)$ の増減を調べる。

31 (3) (2)で求めた2次方程式の解のとりうる値の範囲に注目。

(4) V を x の式で表す。⟶ x の3次式となるから，微分法を用いて増減を調べる。

32 余弦定理と $\sin^2\theta+\cos^2\theta=1$ を利用して，BC^2 を $\sin\theta$ のみの式で表す。$0<\theta<\dfrac{\pi}{2}$，$\dfrac{\pi}{2}<\theta<\pi$ で場合分け。

33 まず，（＊）を x，y で表し，複素数の相等条件により x，y の等式を導く。
⟶ 虚部の比較により導かれる関係式に注目すると，$y=0$，$y\neq0$ での場合分けで考えていくとよいことが見えてくる。

第7章 積分法

34 関数 $f(x)$ を $f(x)=[x]+2(x-[x])-(x-[x])^2$ と定める。ここで，$[x]$ は $n\leqq x$ を満たす最大の整数 n を表す。

(1) $f(x)\geqq x$ であることを示せ。 (2) $f(x+1)=f(x)+1$ であることを示せ。

(3) $0\leqq x\leqq 2$ において $y=f(x)$ のグラフをかけ。

(4) $0\leqq a<1$ とするとき，$\displaystyle\int_a^{a+1} f(x)dx$ を求めよ。 〔岡山大〕

35 a を実数とし，関数 $f(x)=x^2+ax-a$ と $F(x)=\displaystyle\int_0^x f(t)dt$ を考える。関数 $y=F(x)-f(x)$ のグラフが x 軸と異なる3点で交わるための a の条件を求めよ。

〔名古屋大〕

36 2次以下の整式 $f(x)=ax^2+bx+c$ に対し，$S=\displaystyle\int_0^2|f'(x)|dx$ を考える。 〔東京大〕

(1) $f(0)=0$，$f(2)=2$ のとき，S を a の関数として表せ。

(2) $f(0)=0$，$f(2)=2$ を満たしながら f が変化するとき，S の最小値を求めよ。

37 原点をOとする xy 平面において，実数 t に対して直線 $L：y=(2t-3)x-t^2+2$ を考える。直線 L は実数 t の値によらず放物線 $y=ax^2+bx+c$ の接線となる。このとき，定数 a，b，c の値を求めよ。また，t が $1\leqq t\leqq 2$ を動くときに直線 L が通過する領域のうち，$0\leqq x\leqq 2$ の範囲にある部分の面積を求めよ。 〔早稲田大〕

38 a を実数とし，曲線 C を $y=x^3+(a-4)x^2+(-4a+2)x-2$ とする。

(1) 曲線 C は，a の値に関係なく2定点を通る。その定点をA，Bとするとき，点Aと点Bの座標を求めよ。

(2) 曲線 C が線分AB（点A，Bは除く）と交わる a の値の範囲を求めよ。

(3) a が(2)で求めた範囲にあるとき，線分ABと曲線 C で囲まれた部分の面積 S を求めよ。

(4) (3)の S について，S の最小値とそのときの a の値を求めよ。 〔岐阜大〕

HINT

34 (1)，(2) **$[x]$ に関する性質 $0\leqq x-[x]<1$，$[x+n]=[x]+n$（n は整数）**を利用。
(3) $0\leqq x<1$，$1\leqq x<2$，$x=2$ で場合分け。

35 まず，定積分を計算して，y を x の式で表すとよい。

36 (1) 面積を求めるときは，定積分を計算するのではなく，図形的に考えるとよい。

37 （前半） 方程式 $(2t-3)x-t^2+2=ax^2+bx+c$ の判別式 D について，$D=0$ が t の恒等式となることが条件である。

38 (1) 曲線 C の方程式を a についての恒等式とみる。
(4) S は a の4次式 ⟶ 微分法を用いて，S の増減を調べる。

総合演習 第2部 数学B

第1章 数列

1 a，rを自然数とし，初項がa，公比がrの等比数列a_1，a_2，a_3，…… を$\{a_n\}$とする。また，自然数Nの桁数を$d(N)$で表し，第n項が$b_n=d(a_n)$で定まる数列b_1，b_2，b_3，…… を$\{b_n\}$とする。このとき，次の問いに答えよ。

(1) $a=43$，$r=47$のとき，b_3とb_7を求めよ。

(2) $a=1$のとき，$1<r<500$において，$\{b_n\}$が等差数列となるrの値をすべて求めよ。

〔類 滋賀大〕

2 nを自然数とする。1からnまでのすべての自然数を重複なく使ってできる数列をx_1，x_2，……，x_nで表す。

(1) $n=3$のとき，このような数列をすべて書き出せ。

(2) $\sum_{k=1}^{n} x_k=55$のとき，$\sum_{k=1}^{n} x_k^2$を求めよ。

(3) 不等式$\sum_{k=1}^{n} kx_k \leqq \dfrac{n(n+1)(2n+1)}{6}$を証明せよ。

(4) 和$\sum_{k=1}^{n}(x_k+k)^2$を最大にする数列x_1，x_2，……，x_nを求めよ。また，そのときの和を求めよ。

〔茨城大〕

3◇ (1) kを0以上の整数とするとき，$\dfrac{x}{3}+\dfrac{y}{2} \leqq k$を満たす0以上の整数$x$，$y$の組$(x,\ y)$の個数を$a_k$とする。$a_k$を$k$の式で表せ。

(2) nを0以上の整数とするとき，$\dfrac{x}{3}+\dfrac{y}{2}+z \leqq n$を満たす0以上の整数$x$，$y$，$z$の組$(x,\ y,\ z)$の個数を$b_n$とする。$b_n$を$n$の式で表せ。

〔横浜国大〕

4 nを正の整数とし，次の条件（$*$）を満たすxについてのn次式$P_n(x)$を考える。

（$*$） すべての実数θに対して　$\cos n\theta=P_n(\cos\theta)$

(1) $n \geqq 2$のとき，$P_{n+1}(x)$を$P_n(x)$と$P_{n-1}(x)$を用いて表せ。

(2) $P_n(x)$のx^nの係数を求めよ。

(3) $\cos\theta=\dfrac{1}{10}$とする。$10^{1000}\cos^2(500\theta)$を10進法で表したときの，一の位の数字を求めよ。

〔早稲田大〕

HINT

1 (1) $a_7=43\cdot47^{7-1}=43\cdot47^6 \longrightarrow 40^7<a_7<50^7$に注目。

(2) 条件から，$10^{b_n-1} \leqq a_n<10^{b_n}$である。数列$\{b_n\}$の公差を$d$とする。

2 (3) $1 \leqq k \leqq n$である各kに対し，$(k-x_k)^2 \geqq 0$であることを利用。

(4) (3)で証明した不等式などを利用。

3 (1) 直線$y=2i$上の格子点と，直線$y=2i+1$上の格子点に分けて考える。

(2) (1)の結果を利用する。

4 (3) $10^{1000}\cos^2(500\theta)=\left\{10^{500}P_{500}\left(\dfrac{1}{10}\right)\right\}^2$と変形して，(2)を利用する。

5　右のような経路の図があり，次のようなゲームを考える。最初はAから出発し，1回の操作で，1個のさいころを投げて，出た目の数字が矢印にあればその方向に進み，なければその場にとどまる。この操作を繰り返し，Dに到達したらゲームは終了する。
例えば，Bにいるときは，1，3，5の目が出ればCへ進み，4の目が出ればDへ進み，2，6の目が出ればその場にとどまる。n を自然数とするとき

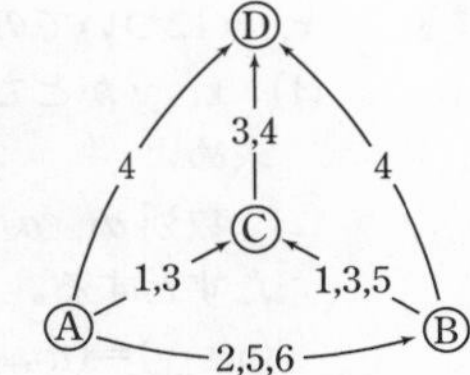

(1)　ちょうど n 回の操作を行った後にBにいる確率を n の式で表せ。
(2)　ちょうど n 回の操作を行った後にCにいる確率を n の式で表せ。
(3)　ちょうど n 回の操作でゲームが終了する確率を n の式で表せ。〔岡山大〕

6　n を正の整数とする。A，B，Cの3種類の文字から重複を許して n 個の文字を1列に並べるとき，AとBが隣り合わない並べ方の総数を f_n とする。例えば，$n=2$ のとき，このような並べ方はAA，AC，BB，BC，CA，CB，CCの7通りあるので，$f_2=7$ である。
(1)　AとBが隣り合わない並べ方のうち，n 番目がAまたはBであるものを g_n 通り，n 番目がCであるものを h_n 通りとする。このとき，g_{n+1}，h_{n+1} を g_n，h_n を用いて表せ。
(2)　数列 $\{f_n\}$ に対して，f_{n+2} を f_{n+1} と f_n を用いて表せ。
(3)　$a_n=\dfrac{f_{n+1}}{f_n}$ により定まる数列 $\{a_n\}$ について，a_n と a_{n+1} の大小関係を調べよ。〔東北大〕

7　関数 $f(x)=\dfrac{2^x-1}{2^x+1}$ について，次の問いに答えよ。
(1)　$f\left(\dfrac{1}{2}\right)$ を求めよ。　(2)　$f(2x)=\dfrac{2f(x)}{1+\{f(x)\}^2}$ を示せ。
(3)　すべての自然数 n に対して $b_n=f\left(\dfrac{1}{2^n}\right)$ は無理数であることを，数学的帰納法を用いて示せ。ただし，有理数 r，s を用いて表される実数 $r+s\sqrt{2}$ は $s\neq0$ ならば無理数であることを，証明なく用いてもよい。〔大阪府大〕

5　(2)　ちょうど n 回の操作を行った後にA，B，Cにいる確率をそれぞれ a_n，b_n，c_n とし，c_{n+1} を a_n，b_n，c_n で表す。なお，b_n は(1)で求めた。
6　(1)　n 番目と $n+1$ 番目に注目。
(2)　(1)で求めた2つの関係式で n を $n+1$ とおいたものの辺々を加える。$f_n=g_n+h_n$
(3)　$a_{n+2}-a_{n+1}$ を a_n，a_{n+1} の式で表してみる。
7　(3)　$n=k+1$ のときを考える際，$b_k=f\left(\dfrac{1}{2^k}\right)$ が無理数であると仮定し，(2)で示した等式を利用する。

8 x, yについての方程式$x^2-6xy+y^2=9$ …… $(*)$ に関して

(1) x, yがともに正の整数であるような$(*)$の解のうち, yが最小であるものを求めよ。

(2) 数列a_1, a_2, a_3, …… が漸化式$a_{n+2}-6a_{n+1}+a_n=0$ $(n=1, 2, 3, \cdots\cdots)$を満たすとする。このとき, $(x, y)=(a_{n+1}, a_n)$が$(*)$を満たすならば, $(x, y)=(a_{n+2}, a_{n+1})$も$(*)$を満たすことを示せ。

(3) $(*)$の整数解(x, y)は無数に存在することを示せ。 〔千葉大〕

第2章 統計的な推測

9 ある試行を1回行ったとき, 事象Aの起こる確率をp $(0 \leqq p \leqq 1)$とする。nを自然数とし, この試行をn回反復する。X_i $(i=1, 2, \cdots\cdots, n)$を「$i$回目の試行で事象$A$が起きれば値100, 起きなければ値50をとる確率変数」とするとき

(1) X_i $(i=1, 2, \cdots\cdots, n)$の確率分布を表で示せ。

(2) X_i $(i=1, 2, \cdots\cdots, n)$の平均と分散を求めよ。

(3) 確率変数$Y=X_1+X_2+\cdots\cdots+X_n$と$Z=100n-(X_1+X_2+\cdots\cdots+X_n)$を考える。$W=YZ$とするとき

(ア) Yの平均と分散を求めよ。

(イ) WをYの関数として表し, Wの平均を求めよ。

(ウ) Wの平均が最も大きくなるような確率pと, そのときのWの平均を求めよ。

〔横浜市大〕

10 A, Bを空でない事象とする。このとき, 以下の2つの条件p, qが同値であることを証明せよ。 〔浜松医大〕

p:A, Bは独立である。

q:点$\mathrm{O}(0, 0)$, 点$\mathrm{Q}(P(A\cap B), P(A\cap\overline{B}))$, 点$\mathrm{R}(P(\overline{A}\cap B), P(\overline{A}\cap\overline{B}))$は同一直線上にある。ただし, $P(A)$は事象Aが起こる確率を表すものとする。

11 ある高校の3年生男子150人の身長の平均は170.4 cm, 標準偏差は5.7 cm, 女子140人の身長の平均は158.2 cm, 標準偏差は5.4 cmであった。これらはともに正規分布に従うものとする。男女の生徒を一緒にして, 身長順に並べたとき, 170.4 cm以上, 170.4 cm未満かつ158.2 cm以上, 158.2 cm未満の3つのグループに分けると, 各グループの人数は何人ずつになるか。必要ならば正規分布表を用いよ。

〔山梨大〕

HINT

8 (1) $(*)$で$y=1, 2, \cdots\cdots$と順に代入してみる。(2) $a_{n+2}=6a_{n+1}-a_n$を利用。
(3) (1), (2)の結果と数学的帰納法を利用。

9 (3) (ア) $i \neq j$のとき, X_iとX_jは互いに独立であるから $V(X_i+X_j)=V(X_i)+V(X_j)$
(ウ) (イ)の結果をpの関数と考えて, Wの平均が最大となる場合を調べる。微分法を利用するとよい。

10 2点O, Qを通る直線の方程式は $\{P(A\cap\overline{B})-0\}(x-0)-\{P(A\cap B)-0\}(y-0)=0$

11 男子, 女子の身長をそれぞれx cm, y cmとし, 標準化を利用。
まず, 158.2 cm未満, 170.4 cm以上の男子・女子の人数に注目。

総合演習 第2部　数学B

12 ある国の人口は十分に大きく，国民の血液型の割合はA型40％，O型30％，B型20％，AB型10％である。この国民の中から無作為に選ばれた人達について，次の問いに答えよ。〔東京理科大〕

(1) 2人の血液型が一致する確率を求めよ。

(2) 4人の血液型がすべて異なる確率を求めよ。

(3) 5人中2人がA型である確率を求めよ。

(4) n 人中A型の人の割合が39％から41％までの範囲にある確率が，0.95以上であるためには，n は少なくともどれほどの大きさであればよいか。

13 A店のあんパンの重さは平均105g，標準偏差 $\sqrt{5}$ gの正規分布に従い，B店のあんパンの重さは平均104g，標準偏差 $\sqrt{2}$ gの正規分布に従うとする。また，あんパンの重さはすべて独立とする。

(1) A店のあんパン10個の重さをそれぞれ量り，その標本平均を $\overline{X}$ (g) とする。同様に，B店のあんパン4個の重さの標本平均を $\overline{Y}$ (g) とする。このとき，$\overline{X}$ と $\overline{Y}$ の平均と分散をそれぞれ求めよ。

(2) A店とB店のあんパンの重さを比較したい。$W=\overline{X}-\overline{Y}$ の平均と分散をそれぞれ求めよ。ただし，$\overline{X}$ と $\overline{Y}$ が独立であることを用いてよい。

(3) W が正規分布に従うことを用いて，確率 $P(W \geqq 0)$ を求めよ。ただし，次の数表を用いてよい。ここで，Z は標準正規分布に従う確率変数である。

u	0	1	2	3
$P(0 \leqq Z \leqq u)$	0.000	0.341	0.477	0.499

(4) A店のあんパン25個の重さをそれぞれ量り，その標本平均を $\overline{X'}$ (g) とする。同様に，B店のあんパン8個の重さの標本平均を $\overline{Y'}$ (g) とする。$W'=\overline{X'}-\overline{Y'}$ とするとき，確率 $P(W' \geqq 0)$ と確率 $P(W \geqq 0)$ の大小を比較せよ。ただし，$\overline{X'}$ と $\overline{Y'}$ が独立であることと，W' が正規分布に従うことを用いてよい。〔滋賀大〕

14 ある試行テストで事象 A が起こる確率を $x\,(0 \leqq x \leqq 1)$ とする。

(1) A が起こるときの得点を10点，起こらないときの得点を5点とするとき，この得点の分布の標準偏差が最大となるときの x の値を求めよ。

(2) (1)で求めた x の値を x_0 とする。実際に100回試行したとき，A に関する得点の平均値は8.1であった。このとき，「A が起こる確率 x は x_0 に等しい」といえるかどうか。有意水準5％の検定を利用して答えよ。100回の試行は十分多い回数であり，この平均値の分布は正規分布として扱ってよい。〔山梨大〕

12 (4) A型の人数 X は二項分布に従う ⟶ 正規分布で近似。

13 (3) (2)の結果をもとに，標準化を利用して考える。

(4) W' の平均，分散を求め，(3)と同様に標準化を利用。

14 (2) 仮説を立てて検定を進める際，平均値や標準偏差は(1)の結果を利用。

答の部（数学Ⅱ）

問，練習，EXERCISES，総合演習第2部の答の数値のみをあげ，図・証明は省略した。なお，問については略解を［ ］内に付した。

数学Ⅱ

● 問 の解答

・p.12 の 問

(1) $x^3+y^3+z^3+3x^2y+3xy^2+3y^2z+3yz^2+3z^2x+3zx^2+6xyz$

(2) $(3x+4)(9x^2-12x+16)$

(3) $(x-5y)(x^2+5xy+25y^2)$

(4) $(2x-1)^3$

(5) $(x-y-z)(x^2+y^2+z^2+xy-yz+zx)$

[(1) $\{(x+y)+z\}^3$ (2) $(3x)^3+4^3$

(3) $x^3-(5y)^3$ (4) $8x^3-1-(12x^2-6x)$

(5) $x^3+(-y)^3+(-z)^3-3x(-y)(-z)$]

＜第1章＞ 式 と 証 明

● 練習 の解答

1 (1) $a^7+14a^6b+84a^5b^2+280a^4b^3+560a^3b^4+672a^2b^5+448ab^6+128b^7$

(2) $64x^6-192x^5y+240x^4y^2-160x^3y^3+60x^2y^4-12xy^5+y^6$

(3) $243x^5-810x^4+1080x^3-720x^2+240x-32$

(4) $64m^6+64m^5n+\frac{80}{3}m^4n^2+\frac{160}{27}m^3n^3+\frac{20}{27}m^2n^4+\frac{4}{81}mn^5+\frac{1}{729}n^6$

2 (1) 280 (2) x^4 の項の係数は -21，x^3 の項の係数は 0 (3) 120 (4) 180

3 (1) -22680 (2) -3510

4 (1) -105 (2) 735

5 略

6 (1) 6 (2) 21

7 $n=6k+5$（k は0以上の整数）

8 (1) (ア) 商 $3x+2$，余り 2

(イ) 商 $x^2-3x+\frac{3}{2}$，余り $-4x+\frac{3}{2}$

(2) 商 $x^2-3xy-2y^2$，余り 0

9 (1) $A=-6x^3+7x^2+9x-6$

(2) $B=3x^2-5x+4$

10 (1) (ア) $\frac{ac^2}{3b^2}$ (イ) $\frac{a^2(a-1)}{a-2}$

(ウ) $\frac{x^2+y^2}{x^2-xy+y^2}$

(2) (ア) $\frac{6ax^2}{c^2yz}$ (イ) $\frac{a}{a-b}$ (ウ) $\frac{1}{x+2}$

11 (1) $\frac{x+1}{(x-2)(x+4)}$ (2) $\frac{8a^2b^2}{a^4-b^4}$

12 (1) $\frac{3}{(x-1)(x+2)}$ (2) $\frac{6}{(n-2)(n+4)}$

13 (1) $\frac{3}{x(x+1)}$

(2) $-\frac{2(2x+7)}{(x+2)(x+3)(x+4)(x+5)}$

14 (1) $\frac{x+1}{x+3}$ (2) $\frac{1}{x}$ (3) $\frac{x+2}{2x+3}$

15 $a=6$，$b=23$，$c=2$，$d=2$

16 (1) $a=1$，$b=2$，$c=2$

(2) $a=1$，$b=-2$，$c=5$

17 $a=\frac{1}{2}$，$b=-1$，$c=\frac{1}{2}$

18 (1) $a=1$，$b=2$；$R=2$

(2) $a=-1$，$b=-2$；$Q=x-2$

19 $a=2$，$b=1$，$c=3$

20 $a=-9$，$b=3$，$c=1$

21 $f(x)$ の次数は 2，$a=2$，$b=2$

22～24 略

25 (1) $\frac{2}{11}$ (2) -1，$\frac{1}{2}$

26，27 略

28 証明略；(1) $a=1$，$b=-1$ (2) $x=y$

29 証明略；(1) $a=0$ または $b=0$

(2) $b=0$ または $a=b$

30，31 略

32 証明略；(1) $a=1$ (2) $ab=4$

33 (1) $a=\sqrt{2}-1$ のとき最小値 $2\sqrt{2}-3$

(2) $a=2b$ のとき最小値 49

34 (1) $a<2ab<\frac{1}{2}<a^2+b^2<b$

(2) $\frac{a}{d}<\frac{ac}{bd}<\frac{a+c}{b+d}<\frac{c}{b}$

● EXERCISES の解答

1 (1) 252 (2) -2 (3) 1130

2 (1) n は偶数 (2) 393

3 (1)，(2) 略 (3) 1

4 略

5 (1)，(2)，(3) 略 (4) 3

6 13乗

7 (1) 商 $4a-5b$，余り $12b^2$

(2) 商 $b+a$，余り $3a^2$

8 (1) (ア) 3 (イ) -1 (2) 2

9 (1) $\dfrac{8}{x^8-1}$ (2) $\dfrac{6}{(1+3x)(1-3x)}$

10 (1) 1 (2) $\dfrac{1}{a}$

11 (1) $\dfrac{x^2-3}{x-3}$ (2) $-4x^2+7x$

12 $(x,\ y)=(3,\ 7),\ (5,\ 9)$

13 (1) $a=\dfrac{7}{2},\ b=\dfrac{1}{16}$

(2) (ア) 2 (イ) 0 (ウ) 5 (エ) -3

14 $p=-4,\ q=12,\ r=6$

15 略

16 44

17 略

18 (1) 証明略；

$a=0$ かつ $b=c$ または $b=0$ かつ $a=c$

(2) 成り立たない。反例：$a=b=1,\ c=3$

19 証明略；(1) $a=b=c$ (2) $a=b=c$

(3) $a=b$

20 略

21 (1) 6 (2) (ア) 8 (イ) $\dfrac{\sqrt{6}}{2}$ (3) 144

22 $\dfrac{a+2}{a+1},\ \sqrt{2},\ \dfrac{a}{2}+\dfrac{1}{a}$

＜第２章＞ 複素数と方程式

● 練習 の解答

35 (1) $2-i$ (2) $8-6i$ (3) $-9-\sqrt{3}\,i$

(4) i (5) $3-3i$

36 (1) (ア) $x=3,\ y=4$

(イ) $x=-\dfrac{2}{7},\ y=-\dfrac{55}{7}$

(2) (ア) $x=\dfrac{1}{3}$ (イ) $x=-3$

37 $z=\dfrac{1}{\sqrt{2}}+\dfrac{1}{\sqrt{2}}i,\ -\dfrac{1}{\sqrt{2}}-\dfrac{1}{\sqrt{2}}i$

38 (1) $-128-128\sqrt{3}\,i$ (2) $1+i$

39 (1) $x=\dfrac{1}{2},\ \dfrac{3}{2}$ (2) $x=\dfrac{5\pm\sqrt{23}\,i}{6}$

(3) $x=\dfrac{2\pm\sqrt{2}\,i}{2}$ (4) $x=\dfrac{-3\pm\sqrt{105}}{12}$

(5) $x=-\sqrt{3}+1$

40 (1) 異なる２つの実数解 (2) 重解

(3) 異なる２つの虚数解

(4) 異なる２つの虚数解

(5) $k<-2,\ 8<k$ のとき異なる２つの実数解；

$k=-2,\ 8$ のとき重解；

$-2<k<8$ のとき異なる２つの虚数解

41 (1) $-\dfrac{5}{4}<a<-\dfrac{\sqrt{3}}{2},\ \dfrac{\sqrt{3}}{2}<a<1$

(2) $a\leqq-\dfrac{5}{4},\ -\dfrac{\sqrt{3}}{2}\leqq a\leqq\dfrac{\sqrt{3}}{2},\ 1\leqq a$

42 $k=-1$

43 (1) 6 (2) 39 (3) -82

(4) $\dfrac{713}{2}$ (5) $\dfrac{8}{3}$ (6) $-\dfrac{38}{3}$

44 (ア) 5 (イ) 14

45 (1) $k=6,\ \dfrac{1}{6}$ (2) $\alpha=-\dfrac{1}{2}$

46 (1) $\sqrt{3}\left(x-\dfrac{\sqrt{6}+\sqrt{21}\,i}{3}\right)\left(x-\dfrac{\sqrt{6}-\sqrt{21}\,i}{3}\right)$

(2) $(x+3i)(x-3i)(x+3)(x-3)$

(3) $(x+\sqrt{3}-2i)(x+\sqrt{3}+2i)$

$\times(x-\sqrt{3}-2i)(x-\sqrt{3}+2i)$

47 (1) $k=-2,\ (x-2y+1)(x+3y-2)$

(2) $k=2,\ (2x-3y+1)(x+y+2)$

48 (1) $x=a,\ b$ (2) 0

49 (1) (ア) $x^2+2x-15=0$

(イ) $x^2-4x-1=0$

(ウ) $x^2-6x+25=0$

(2) (ア) $\dfrac{7+\sqrt{37}}{2},\ \dfrac{7-\sqrt{37}}{2}$

(イ) $\dfrac{-1+\sqrt{3}\,i}{2},\ \dfrac{-1-\sqrt{3}\,i}{2}$

50 (1) $2x^2+4x-7=0$

(2) $p=-\dfrac{33}{8},\ q=\dfrac{11}{4}$

51 (1) $-5<k<2$ (2) $-7\leqq k\leqq-5$

52 (1) $8\leqq a<10$ (2) $a\leqq2$ (3) $a>8$

53 (1) $k=-13$ のとき $x=-6,\ -1$；

$k=-11$ のとき $x=-3,\ -2$；

$k=-1$ のとき $x=2,\ 3$；

$k=1$ のとき $x=1,\ 6$

(2) $(\alpha,\ \beta,\ p)=(-6,\ -3,\ 9),\ (-4,\ -4,\ 8),$

$(-3,\ -6,\ 9)$

54 (1) $a=-1,\ 4$ (2) $a=-13,\ b=22$

55 (1) $-\dfrac{4}{5}x+\dfrac{7}{5}$ (2) $4x+12$

56 $-2x^2+5x+4$

57 (1) $n\cdot2^{n-1}x+(1-n)2^n$ (2) $16x-1023$

58 (1) $(x-2)(x^2+x+2)$

(2) $(x+1)(x-2)(2x-3)$

(3) $(x-1)^2(x^2+2x+3)$

(4) $(x+1)(x-3)(x^2+2)$

(5) $(3x+1)(4x^2-3x+1)$

59 $1+2\sqrt{3}\,i$

60 (1) $x=\pm2,\ \pm2i$

(2) $x=\pm\sqrt{3}\,i,\ \pm2$

(3) $x=\dfrac{-3\pm\sqrt{3}\,i}{2},\ \dfrac{3\pm\sqrt{3}\,i}{2}$

61 (1) $x=-1,\ \dfrac{-1\pm\sqrt{85}}{6}$
(2) $x=\pm2,\ -3\pm\sqrt{5}$

62 $x=\dfrac{3\pm\sqrt{5}}{2},\ 2\pm\sqrt{3}$

63 (1) -1 (2) -1 (3) 1

64 $-x-1$

65 $a=2,\ b=18$；他の解 $x=-6$

66 $a=-6,\ b=25$；他の解 $x=2+i,\ -2\pm i$

67 (1) $a=0,\ -4,\ \dfrac{1}{2}$
(2) $a<-4,\ 0<a<\dfrac{1}{2},\ \dfrac{1}{2}<a$

68 (1) 4 (2) 7 (3) 20

69 (1) $x^3-3x-7=0$
(2) $5x^3+15x^2+42x+5=0$

70 (1) $-3\leqq x\leqq 2,\ 4\leqq x$
(2) $0<a<1$ のとき $0\leqq x\leqq a,\ 1\leqq x$；
$a=1$ のとき $x\geqq 0$；
$1<a$ のとき $0\leqq x\leqq 1,\ a\leqq x$

● EXERCISES の解答

23 (1) [1] 成り立つ [2] 成り立つ
[3] 成り立たない
(2) [1] 成り立たない [2] 成り立つ
[3] 成り立つ

24 (1) $z=\sqrt{3}+i,\ -\sqrt{3}-i$ (2) $z=5+2i$

25 (1) (ア) 8 (イ) 0 (2) (ウ) 0

26 (1) $0<a<3$ (2) $2\leqq b\leqq 6$

27 略

28 $a=1,\ b=4,\ \alpha=1\pm2i$

29 順に $-5,\ -73,\ 84$

30 $a=1,\ \dfrac{5}{3}$

31 $0\leqq t<4$

32 $\theta=60°,\ 120°$

33 (1) $\alpha+\beta=-a-1,\ \alpha\beta=a+b+1$
(2) $a^2-2a-4b-3>0$

34 (1) $-\dfrac{4}{3}\leqq a\leqq 0,\ 4\leqq a$
(2) $-\dfrac{1}{2}<a<0$

35 $a=3,\ b=11$；整数解は $x=1,\ 11$

36 (1) $\dfrac{3^n-1}{2}x+\dfrac{3-3^n}{2}$ (2) $a=27$

37 (1) $-2x+1$ (2) x^2-2x

38 x^3+2x^2+4x+4

39 (1) n が偶数のとき $-n^2+5n-4$,
n が奇数のとき $2(n-1)x-n^2+3n-2$
(2) $n=1,\ 4$

40 $(a,\ b)=(2,\ 1)$ のとき
$P(x)=(x+1)(x-1)(2x^2+x+4)$
$(a,\ b)=(-2,\ 3)$ のとき
$P(x)=-(x+1)(x-1)(2x^2-3x+8)$

41 -8

42 (1) $a=-3,\ b=5$
(2) $x=\dfrac{-5\pm3\sqrt{5}}{2},\ \dfrac{5\pm\sqrt{29}}{2}$

43 $\dfrac{1}{2}$ cm または $\dfrac{9-\sqrt{17}}{4}$ cm

44 略

45 (1) 略 (2) $p=3$

46 略

47 順に $-2,\ 12$

＜第3章＞ 図形と方程式

● 練習 の解答

71 (1) AB=8, P : $\dfrac{7}{3}$, Q : 13 (2) 3 : 11

72 (1) $5\sqrt{5}$ (2) $\mathrm{P}\left(0,\ \dfrac{15}{4}\right)$ (3) $\mathrm{P}(-1,\ 0)$

73 (1) 略
(2) $(a,\ b)=(-2\sqrt{3},\ \sqrt{3}),\ (2\sqrt{3},\ -\sqrt{3})$

74 略

75 (1) $\mathrm{P}\left(\dfrac{11}{5},\ \dfrac{14}{5}\right),\ \mathrm{Q}(7,\ 10),\ \mathrm{G}\left(-\dfrac{1}{3},\ 4\right)$
(2) $\mathrm{B}(4,\ 2)$

76 $(0,\ 2),\ (2,\ 8),\ (6,\ -6)$

77 (1) $(-2,\ 7)$ (2) 略

78 (1) $y=-3x-2$ (2) $x=5$ (3) $y=-7$
(4) $y=-\dfrac{7}{10}x-\dfrac{29}{10}$ (5) $y=3$
(6) $3x-8y=-6$

79 (1) $5x-2y+11=0$ (2) $3x-2y+23=0$

80 (ア) $\dfrac{19}{3}$ (イ) 3

81 (1) $3x+4y-11=0$
(2) (ア) $11x+44y-67=0$
(イ) $44x-11y-98=0$

82 (1) $(-5,\ 0)$ (2) $(1,\ 1)$

83 $y=\dfrac{19}{17}x-1$

84 (1) $a=\dfrac{1}{2}$ (2) $a=-2,\ 6$

85 略

86 $a=-\dfrac{1}{2},\ 0,\ \dfrac{2}{5}$

87 略

88 (1) $\mathrm{Q}\left(\dfrac{49}{25},\ \dfrac{82}{25}\right)$ (2) $41x+38y-205=0$

89 (1) $(3,\ 1)$ (2) $\left(\dfrac{14}{3},\ \dfrac{28}{3}\right)$

90 (1) (ア) $\dfrac{12}{5}$ (イ) $\dfrac{18}{\sqrt{13}}$ (ウ) 3 (エ) 3

(2) $\frac{4}{\sqrt{5}}$ (3) $a=-3\pm\sqrt{10}$

91 順に 1, $\frac{5}{2}$

92 (ア) $\left(\frac{3}{2}, \frac{5}{4}\right)$ (イ) $\frac{7\sqrt{5}}{20}$

93 (1) $(x-3)^2+(y+2)^2=16$

(2) $x^2+(y-3)^2=10$ (3) $(x-1)^2+(y-2)^2=52$

94 $x^2+y^2-\frac{5}{2}x+\frac{5}{2}y-\frac{15}{2}=0$

95 (1) 中心 $(1, -3)$，半径 4 の円

(2) $1<a<3$

96 (1) $(x-1)^2+(y-1)^2=1$,

$(x-5)^2+(y-5)^2=25$

(2) $(x-3)^2+(y+2)^2=25$

97 (1) $(2, -1)$ (2) 共有点をもたない

(3) $(-1, 2)$, $\left(\frac{11}{5}, \frac{2}{5}\right)$

98 $2-\sqrt{3}<a<2+\sqrt{3}$

99 $2\sqrt{7}$

100 (1) $\sqrt{3}x-y=4$ (2) $2x-3y+7=0$

101 (1) $(x-12)^2+(y-12)^2=144$,

$(x-2)^2+(y-2)^2=4$

(2) $y=-x\pm\sqrt{2}$

102 $y=1$, $4x-3y=5$

103 (1) $2x-3y=10$ (2) 証明略, $\left(\frac{1}{a}, 0\right)$

104 (1) $a=-\frac{1}{8}$, 1, 3 (2) $-\frac{1}{8}<a<1$

105 (1) $(x-7)^2+(y+1)^2=64$,

$(x-7)^2+(y+1)^2=324$

(2) $2\leqq r\leqq 8$

106 (1) 略 (2) $x+2y-5=0$

(3) 中心 $\left(\frac{1}{2}, 1\right)$，半径 $\frac{5}{2}$

107 (1) $x^2+y^2-15x-5y+50=0$

(2) $(2, 4)$, $(-3, -1)$

108 $\pm\sqrt{3}x+y=6$

109 順に 直線 $2x-y-6=0$；

中心が点 $\left(\frac{3}{2}, \frac{13}{4}\right)$，半径が $\frac{3\sqrt{5}}{4}$ の円

110 (1) 放物線 $y=\frac{3}{2}x^2-x+\frac{5}{6}$

(2) 放物線 $y=3x^2-6x+2$

111 (1) $(\sqrt{3}-1)x+(\sqrt{3}-1)y+\sqrt{3}+1=0$,

$(\sqrt{3}+1)x-(\sqrt{3}+1)y-\sqrt{3}+1=0$

(2) $x+3y+4=0$

112 放物線 $y=\frac{4}{9}x^2$

113 (1) $m<-1$, $3<m$

(2) 放物線 $y=2x^2-3x$ の $x<0$, $2<x$ の部分

114 (1) 直線 $y=-1$

(2) 放物線 $y=\frac{x^2}{2}+1$

115 円 $x^2+y^2=1$ ただし，点 $(-1, 0)$ を除く

116 直線 $2x+3y-2=0$

117～121 略

122 (1) $x=3$, $y=0$ のとき最大値 3；

$x=0$, $y=3$ のとき最小値 -3

(2) $x=\frac{8}{3}$, $y=\frac{2}{3}$ のとき最大値 $\frac{22}{3}$；

$x=5$, $y=-4$ のとき最小値 -2

123 14 台

124 $x=\frac{4\sqrt{2}}{5}$, $y=\frac{3\sqrt{2}}{5}$ のとき最大値 $5\sqrt{2}$；

$x=-1$, $y=1$ のとき最小値 -1

125 (1) $x=4$, $y=5$ のとき最大値 41；

$x=0$, $y=0$ のとき最小値 0

(2) $x=5$, $y=0$ のとき最大値 89；

$x=2$, $y=4$ のとき最小値 20

126 $x=-1$, $y=-1$ のとき最大値 2；

$x=-5$, $y=7$ のとき最小値 $-\frac{2}{7}$

127～130 略

131 (1) 略 (2) $k\geqq 2\sqrt{10}$

● EXERCISES の解答

48 (1) 4 (2) $a=-4$

49 (1) $AB=5\sqrt{2}$, $BC=2\sqrt{10}$

(2) $(23-10\sqrt{5}, 10\sqrt{5}-20)$

50 略

51 (1) $(2, -4)$, $(0, 2)$, $(4, 6)$

(2) $\left(\frac{2\sqrt{3}}{3}, 0\right)$, $\left(-\frac{\sqrt{3}}{3}, 1\right)$, $\left(-\frac{\sqrt{3}}{3}, -1\right)$

または $\left(-\frac{2\sqrt{3}}{3}, 0\right)$, $\left(\frac{\sqrt{3}}{3}, 1\right)$,

$\left(\frac{\sqrt{3}}{3}, -1\right)$

52 (1) $D\left(\frac{nb_1+mc_1}{m+n}, \frac{nb_2+mc_2}{m+n}\right)$,

$E\left(\frac{nc_1+ma_1}{m+n}, \frac{nc_2+ma_2}{m+n}\right)$,

$F\left(\frac{na_1+mb_1}{m+n}, \frac{na_2+mb_2}{m+n}\right)$ (2) 略

53 $\left(\frac{5}{2}, \frac{15}{4}\right)$

54 ℓ の方程式が $\frac{x}{2a}+\frac{y}{2b}=1$ のとき最小値 $2ab$

55 順に $p\neq\frac{9}{2}$；$p=\frac{9}{2}$ かつ $q\neq-\frac{3}{2}$；

$p=\frac{9}{2}$ かつ $q=-\frac{3}{2}$

56 $m=\frac{3-2\sqrt{5}}{11}$

57, 58 略

59 $\left(-\frac{7}{5},\ \frac{11}{5}\right)$

60 (ア) $\frac{5}{2}$ (イ) $\frac{5}{3}$ (ウ) $2\sqrt{5}$

61 (1) $(1,\ \sqrt{3})$ (2) $\sqrt{3}$

62 (1) $A(0,\ 1)$, $B\left(\frac{1}{a-\sqrt{3}},\ \frac{a}{a-\sqrt{3}}\right)$

$C\left(\frac{1}{a+1},\ \frac{a}{a+1}\right)$

(2) $S=\frac{1+\sqrt{3}}{2(\sqrt{3}-a)(a+1)}$

(3) $a=\frac{\sqrt{3}-1}{2}$ のとき最小値 $\sqrt{3}-1$

63 (ア) 4 (イ) 9 (ウ) 10 (エ) 6 (オ) 3
(カ) 0 (キ) 7 (ク) 24 (ケ) 5 (コ) 8

64 (ア) $\sqrt{10}$ (イ) $(6,\ 1)$ (ウ) $2\sqrt{10}+2\sqrt{5}$

65 (1) $(x-4)^2+(y-6)^2=16$
(2) $(x-2)^2+(y-3)^2=1$

66 $y=1$, $y=\frac{4}{3}x-\frac{5}{3}$

67 略

68 中心の座標は $\left(0,\ \frac{r^2+1}{2}\right)$, 接点の座標は
$\left(-\sqrt{r^2-1},\ \frac{r^2-1}{2}\right)$, $\left(\sqrt{r^2-1},\ \frac{r^2-1}{2}\right)$
ただし $r>1$

69 (1) (ア) $(3r,\ 4r)$ (イ) $3r$
(2) (ウ) $\frac{1}{4}$ (エ) 1 (3) (オ) $\frac{2}{3}$
(カ) $-\frac{3}{4}$ (キ) $\frac{25}{12}$

70 (1) $(x+1)^2+(y-1)^2=4$
(2) $x=1$, $x+2\sqrt{2}y-5-2\sqrt{2}=0$,
$x-2\sqrt{2}y-5+2\sqrt{2}=0$

71 (1) 線分 AB を 1:2 に外分する点を中心とする半径 7 の円
(2) 放物線 $y=-x^2-2x$
ただし，2 点 $(1,\ -3)$, $(-1,\ 1)$ を除く

72 (1) $x-3y-3=0$, $3x-y-5=0$
ただし $(x,\ y)\neq\left(\frac{3}{2},\ -\frac{1}{2}\right)$
(2) 順に $\left(\frac{-3a-4b}{5},\ \frac{-4a+3b}{5}\right)$, $y=\frac{1}{7}x$

73 (1) $st-s-t+2=0$ (2) $v=2u^2-2u+2$
(3) $u=\frac{1}{2}$, $s=\frac{1-\sqrt{5}}{2}$, $t=\frac{1+\sqrt{5}}{2}$ のとき最小値 $\frac{3}{2}$

74 放物線 $y=3x^2+\frac{2}{3}$

75 (1) $\left(\frac{x}{x^2+y^2},\ \frac{y}{x^2+y^2}\right)$
(2) 直線 $2x+2y-1=0$
(3) 円 $\left(x+\frac{1}{2}\right)^2+\left(y+\frac{1}{2}\right)^2=1$

76 (1) $\begin{cases} y\leqq-\frac{1}{2}x-1 \\ y\geqq x+1 \end{cases}$ または $\begin{cases} y\leqq-\frac{1}{2}x-1 \\ y\leqq 3x-3 \end{cases}$
または $\begin{cases} y\geqq x+1 \\ y\leqq 3x-3 \end{cases}$

(2) $\begin{cases} y\geqq\frac{1}{2}x \\ y\leqq 2x \\ (x-1)^2+(y-1)^2\leqq 1 \end{cases}$

77 (1) 図略, $\frac{\pi}{2}-1$
(2) $x=\frac{\sqrt{3}}{2}$, $y=\frac{1}{2}$ で最大値 2；
$x=\frac{2-\sqrt{3}}{2}$, $y=\frac{1}{2}$ で最小値 $\sqrt{3}-1$

78 (1) $a+3<b<-2a+4$ または
$-2a+4<b<a+3$, 図略
(2) $a^2+b^2>\frac{16}{5}$

79 (1) $y=-tx+\frac{t^2+1}{2}$ $(|t|\geqq 1)$
(2) 略

80 (1) 略 (2) (ア) 略
(イ) $-\frac{9}{4}\leqq(1-x)(1-y)\leqq 4$

81 $0<r\leqq\sqrt{3}-1$

＜第4章＞ 三 角 関 数

● 練習 の解答

132 図略 (1) 第 3 象限 (2) 第 2 象限
(3) どの象限の角でもない (4) 第 4 象限

133 (1) (ア) $\frac{7}{15}\pi$ (イ) $-\frac{25}{6}\pi$ (ウ) 105°
(エ) −224° (2) 弧の長さ $\frac{18}{5}\pi$, 面積 $\frac{54}{5}\pi$

134 $\sin\theta$, $\cos\theta$, $\tan\theta$ の順に
(1) $\frac{\sqrt{3}}{2}$, $\frac{1}{2}$, $\sqrt{3}$ (2) $\frac{1}{\sqrt{2}}$, $-\frac{1}{\sqrt{2}}$, -1
(3) 1, 0, 値はない (4) 0, −1, 0

135 (1) $\cos\theta=-\frac{2\sqrt{2}}{3}$, $\tan\theta=\frac{\sqrt{2}}{4}$
(2) $(\sin\theta,\ \cos\theta)$
$=\left(\frac{1}{\sqrt{5}},\ -\frac{2}{\sqrt{5}}\right)$, $\left(-\frac{1}{\sqrt{5}},\ \frac{2}{\sqrt{5}}\right)$

136 (1) 略 (2) (ア) 5 (イ) $\frac{2}{\cos\theta}$

137 (1) 順に $-\frac{3}{8}$, $\frac{11}{16}$ (2) $-\frac{\sqrt{7}}{2}$

138 $k=3$, $\sin\theta=\frac{3}{5}$, $\cos\theta=\frac{4}{5}$

139 (1) $\frac{1}{2}$ (2) $-\frac{\sqrt{3}}{2}$ (3) $\frac{1}{\sqrt{3}}$ (4) $\frac{1}{2}$

140 図略，周期は
(1) 2π (2) 2π (3) π (4) π

141 図略，周期は (1) π (2) 4π

142 n は整数とする。

(1) $\theta=\frac{\pi}{3}$, $\frac{2}{3}\pi$；

一般解は $\theta=\frac{\pi}{3}+2n\pi$, $\frac{2}{3}\pi+2n\pi$

(2) $\theta=\frac{\pi}{4}$, $\frac{7}{4}\pi$；

一般解は $\theta=\frac{\pi}{4}+2n\pi$, $\frac{7}{4}\pi+2n\pi$

(3) $\theta=\frac{5}{6}\pi$, $\frac{11}{6}\pi$；一般解は $\theta=\frac{5}{6}\pi+n\pi$

(4) $\theta=\frac{3}{2}\pi$；一般解は $\theta=\frac{3}{2}\pi+2n\pi$

(5) $\theta=\frac{\pi}{2}$, $\frac{3}{2}\pi$；

一般解は $\theta=\frac{\pi}{2}+2n\pi$, $\frac{3}{2}\pi+2n\pi$

(6) $\theta=0$, π；一般解は $\theta=n\pi$

143 (1) $0\leqq\theta<\frac{3}{4}\pi$, $\frac{5}{4}\pi<\theta<2\pi$

(2) $\frac{\pi}{6}\leqq\theta\leqq\frac{\pi}{3}$, $\frac{2}{3}\pi\leqq\theta\leqq\frac{5}{6}\pi$

(3) $0\leqq\theta\leqq\frac{\pi}{3}$, $\frac{\pi}{2}<\theta\leqq\frac{4}{3}\pi$, $\frac{3}{2}\pi<\theta<2\pi$

144 (1) $\theta=\frac{5}{12}\pi$, $\frac{17}{12}\pi$

(2) $0\leqq\theta<\frac{\pi}{6}$, $\frac{3}{2}\pi<\theta<2\pi$

(3) $\frac{3}{4}\pi<\theta<\pi$, $\frac{7}{4}\pi<\theta<2\pi$

145 (1) $\theta=\frac{\pi}{3}$, π, $\frac{5}{3}\pi$

(2) $\theta=\frac{\pi}{6}$, $\frac{\pi}{2}$, $\frac{5}{6}\pi$

(3) $\theta=0$, $\frac{\pi}{6}\leqq\theta\leqq\frac{5}{6}\pi$, $\pi\leqq\theta<2\pi$

(4) $\theta=\frac{2}{3}\pi$, $\frac{4}{3}\pi$

146 $\theta=\frac{\pi}{6}$, $\frac{5}{6}\pi$ のとき最大値 $\frac{1}{4}$；

$\theta=\frac{3}{2}\pi$ のとき最小値 -2

147 $a<-\sqrt{3}$ のとき $-\frac{\sqrt{3}}{2}a+\frac{1}{4}$,

$-\sqrt{3}\leqq a<\sqrt{2}$ のとき $\frac{a^2}{4}+1$,

$\sqrt{2}\leqq a$ のとき $\frac{\sqrt{2}}{2}a+\frac{1}{2}$

148 $k\leqq-5$, $-1+\sqrt{7}\leqq k$

149 $a<-2$, $\frac{9}{8}<a$ のとき 0 個；

$a=-2$ のとき 1 個；$-2<a<0$ のとき 2 個；

$a=0$ のとき 3 個；$0<a<\frac{9}{8}$ のとき 4 個；

$a=\frac{9}{8}$ のとき 2 個

150 (1) 略 (2) (ア) $\frac{\sqrt{6}+\sqrt{2}}{4}$

(イ) $-\frac{\sqrt{6}+\sqrt{2}}{4}$ (ウ) $-2-\sqrt{3}$

151 (1) 順に -3, $\frac{1}{\sqrt{10}}$, $-\frac{3}{\sqrt{10}}$ (2) $-\frac{3}{8}$

152 (1) $\theta=\frac{\pi}{4}$ (2) $y=(2+\sqrt{3})x-2$,

$y=(2-\sqrt{3})x-2+2\sqrt{3}$

153 (1) $\left(\frac{2\sqrt{3}-3}{2},\ -\frac{3\sqrt{3}+2}{2}\right)$

(2) $\left(\frac{2-3\sqrt{3}}{2},\ \frac{1-4\sqrt{3}}{2}\right)$

154 (1) $\sin 2\alpha=\frac{120}{169}$, $\cos 2\alpha=-\frac{119}{169}$,

$\tan 2\alpha=-\frac{120}{119}$, $\sin\frac{\alpha}{2}=\frac{2}{\sqrt{13}}$, $\cos\frac{\alpha}{2}=\frac{3}{\sqrt{13}}$,

$\tan\frac{\alpha}{2}=\frac{2}{3}$

(2) $\cos\theta=\frac{3}{5}$, $\tan\theta=\frac{4}{3}$, $\tan 2\theta=-\frac{24}{7}$

155 (1) $\theta=0$, $\frac{\pi}{4}$, π, $\frac{7}{4}\pi$

(2) $\theta=\frac{\pi}{2}$, $\frac{2}{3}\pi$, $\frac{4}{3}\pi$, $\frac{3}{2}\pi$

(3) $\frac{\pi}{6}\leqq\theta\leqq\frac{5}{6}\pi$, $\theta=\frac{3}{2}\pi$

156 (1) 証明略，$\cos 36°=\frac{1+\sqrt{5}}{4}$

(2) 証明略，$\sin 18°=\frac{-1+\sqrt{5}}{4}$

157 (1) $\frac{24}{25}$ (2) 略

158 (1) (ア) $\frac{1+\sqrt{3}}{4}$ (イ) $-\frac{\sqrt{6}}{2}$ (ウ) $\frac{\sqrt{3}}{8}$

(2) 略

159 $\theta=\frac{\pi}{8}$, $\frac{3}{8}\pi$, $\frac{5}{18}\pi$, $\frac{7}{18}\pi$

160 (1) $2\sin\left(\theta+\frac{5}{6}\pi\right)$ (2) $\sin\left(\theta-\frac{\pi}{3}\right)$

(3) $\sqrt{65}\sin(\theta+\alpha)$

ただし，$\sin\alpha=\frac{7}{\sqrt{65}}$, $\cos\alpha=\frac{4}{\sqrt{65}}$

161 (1) $\theta=0$, $\frac{\pi}{3}$

(2) $\frac{2}{3}\pi<\theta<\pi$, $\frac{5}{3}\pi<\theta<2\pi$

162 (1) $\theta=\frac{5}{6}\pi$ のとき最大値 2,
$\theta=0$ のとき最小値 $-\sqrt{3}$
(2) $\theta=\frac{2}{3}\pi$ のとき最大値 $\sqrt{3}$,
$\theta=0$ のとき最小値 $-\frac{\sqrt{3}}{2}$

163 (1) $-1\leqq t\leqq\sqrt{2}$
(2) 最大値 2, 最小値 $-\frac{1}{4}$

164 $\theta=\frac{\pi}{2}$ のとき最大値 3,
$\theta=\frac{\pi}{8}$ のとき最小値 $2-\sqrt{2}$

165 最大値 16, 点 P の座標は
$\left(\frac{5}{\sqrt{26}},\ \frac{1}{\sqrt{26}}\right)$ または $\left(-\frac{5}{\sqrt{26}},\ -\frac{1}{\sqrt{26}}\right)$

166 略

167 (1) 略 (2) 略
(3) $A=B=C=\frac{\pi}{3}$ のとき最大値 $\frac{3}{2}$

168 (1) $\theta=30^\circ$
(2) $\sin\theta=\frac{5\sqrt{7}}{14}$ のとき最大値 $\frac{3\sqrt{7}}{2}$

● EXERCISES の解答

82 (1) ③ (2) $\alpha=\frac{2}{5}\pi$
83 (1) $(\cos\theta,\ \sin\theta)$
$=\left(\frac{\sqrt{5}}{3},\ -\frac{2}{3}\right),\ \left(-\frac{\sqrt{5}}{3},\ \frac{2}{3}\right)$
(2) $(a,\ \sin\theta,\ \cos\theta)$
$=(1,\ 0,\ -1),\ \left(\frac{1}{5},\ \frac{4}{5},\ \frac{3}{5}\right)$
84 (1) 2 (2) (ア) 2 (イ) 5 (ウ) 3 (エ) 7
(3) -1
85 3
86 $\sin 0<\sin 3<\sin 1<\sin 2$
87 (1) (ア) $\frac{2}{3}\pi$ (イ) 3 (2) 12π
88 $\frac{1}{4}\pi$
89 (1) $\theta=0,\ \frac{\pi}{3},\ \pi,\ \frac{5}{3}\pi$
(2) $\frac{\pi}{6}<\theta<\frac{2}{3}\pi,\ \frac{4}{3}\pi<\theta<\frac{11}{6}\pi$
90 $\theta=-\frac{\pi}{4}$ のとき最小値 -1, 最大値はない
91 (1) 4 個 (2) 5 個
92 $a<-3,\ 1<a$ のとき 2 個,
$a=-3,\ 1$ のとき 1 個,
$-3<a<1$ のとき 0 個
93 (1) 略 (2) $\left(\frac{2-\sqrt{3}}{2},\ \frac{1+2\sqrt{3}}{2}\right)$
94 (1) 略 (2) $\frac{8}{3}$
95 有理数ではない
96 2
97 (1) 略 (2) $\frac{l}{8}$
98 $\frac{\pi}{6}<\theta<\frac{\pi}{2},\ \frac{5}{6}\pi<\theta<\frac{3}{2}\pi$
99 $(m,\ n)=(1,\ 1),\ \theta=0$
100 (1) 略 (2) $16x^5-20x^3+5x$
(3) $\frac{5+\sqrt{5}}{8}$
101 (1) $x=\frac{\pi}{8},\ \frac{5}{8}\pi,\ \frac{2}{3}\pi$ (2) $\frac{\pi}{3}<\theta<\frac{\pi}{2}$
(3) $x=\frac{7}{12}\pi,\ \frac{23}{12}\pi$
102 (1) $\sin 2\theta=\frac{2x}{1+x^2},\ \cos 2\theta=\frac{1-x^2}{1+x^2}$
(2) (ア) $P=3\sin 2\theta+4\cos 2\theta+3$
(イ) $x=\frac{1}{3}$ のとき最大値 8
103 $2\leqq k<\sqrt{5}$
104 $a=\frac{6\pm\sqrt{14}}{2},\ b=\frac{6\mp\sqrt{14}}{2}$ (複号同順)
105 略

<第5章> 指数関数と対数関数

● 練習 の解答

169 (1) $\frac{16}{81}$ (2) 0.027 (3) 2 (4) $\sqrt[4]{2}$
(5) $\sqrt{2}$ (6) $3\sqrt[3]{3}$

170 (1) (ア) -1 (イ) $2(a+b)$ (ウ) $a-b$
(2) $x+x^{-1}=3,\ x^{\frac{3}{2}}+x^{-\frac{3}{2}}=2\sqrt{5}$

171 (1) 図略, $y=2^x$ のグラフを x 軸に関して対称移動したもの
(2) 図略, $y=2^x$ のグラフを x 軸方向に 3 だけ平行移動したもの
(3) 図略, $y=2^x$ のグラフを y 軸に関して対称移動し, 更に x 軸方向に 2 だけ平行移動したもの

172 (1) $\sqrt{\frac{1}{3}}<\sqrt[3]{3}<\sqrt[4]{27}<3$
(2) $2^{30}<3^{20}<10^{10}$

173 (1) $x=\frac{8}{7}$ (2) $x=0,\ 1$
(3) $x=3,\ y=4$

174 (1) $-2<x<\frac{1}{2}$ (2) $x>1$
(3) $-4\leqq x\leqq -1$

175 (1) (ア) $x=-1$ のとき最大値 $\frac{4}{3}$,

$x=2$ のとき最小値 $\frac{9}{16}$

(イ) $x=3$ のとき最大値 32,
$x=1$ のとき最小値 -4

(2) $x=0$ のとき最小値 0

176 (1) (ア) 6 (イ) -3 (ウ) $-\frac{3}{4}$ (エ) $\frac{1}{9}$

(2) (ア) -3 (イ) 2 (ウ) 2 (エ) 2 (オ) $\frac{1}{2}$

177 (1) 18 (2) $\frac{35}{3}$ (3) -3

178 (1) $\log_{15}8=\frac{3ab}{2a+b}$

(2) $A=\frac{-1\pm\sqrt{5}}{2}$, $B=\frac{-1\mp\sqrt{5}}{2}$ (複号同順)

179 (1) (ア) 81 (イ) $\frac{9}{4}$ (2) 2

180 (1) 図略, $y=\log_3 x$ のグラフを x 軸方向に 2 だけ平行移動したもの

(2) 図略, $y=\log_3 x$ のグラフを x 軸に関して対称に移動したもの

(3) 図略, $y=\log_3 x$ のグラフを x 軸方向に 1, y 軸方向に -2 だけ平行移動したもの

181 (1) $\log_2 3<\log_2 5$ (2) $\log_{0.3}3>\log_{0.3}5$

(3) $\log_{0.5}4<\log_3 4<\log_2 4$

182 (1) $x=5$ (2) $x=10$ (3) $x=2$

183 (1) $x=\frac{1}{4}$, $\sqrt{2}$ (2) $x=\frac{1}{3}$, 81

184 (1) $1<x\leqq 2$ (2) $1<x\leqq\frac{-1+3\sqrt{5}}{2}$

(3) $\frac{1}{3}<x<9$

185 (1) $0<x\leqq\frac{1}{4}$, $1<x\leqq 8$ (2) 略

186 (1) $x=\frac{5}{2}$ で最大値 -2

(2) $x=5$ で最大値 3, $x=1$ で最小値 0

(3) $x=\frac{1}{3}$, 27 で最大値 0 ; $x=3$ で最小値 -4

187 $x=y=3\sqrt{3}$ で最大値 $\frac{9}{4}$;

$x=81$, $y=\frac{1}{3}$ で最小値 -4

188 (ア) 12 (イ) 23

189 (1) 5 個 (2) 順に 0.63, 7 桁

190 (1) $x=\left(\frac{8}{9}\right)^n$ (2) 40

191 (ア) 39 (イ) 43 (ウ) 2 (エ) 6

192 $x=0$, $y=-1$

193 $a<5-2\sqrt{6}$

194 略

● EXERCISES の解答

106 (1) 4 (2) $2\sqrt{3}$ (3) 52 (4) $30\sqrt{3}$

107 (1) $a=2$, $b=2$, $c=25$, $d=20$

(2) 15

108 (1) $2^{\sqrt{3}}<4<\sqrt[3]{3^4}<3^{\sqrt{2}}$ (2) $9^{\frac{1}{5}}<3^{\frac{4}{7}}<10^{\frac{1}{3}}$

109 (1) $x=0$, 2 (2) $x=0$

(3) $\frac{1}{8}<x<1$

110 (1) 12 (2) 7

111 (1) 5 (2) (ア) ab (イ) $\frac{ab+3}{a(b+1)}$

(ウ) $\frac{2ab-a-2}{1-ab}$

112 (1) $d=ab^2c^3$ (2) $d=576$

113 (ア) y (イ) 2 (ウ) -2 (エ) -3

(オ) $\log_2 x$ (カ) -4 (キ) -3

114 (1) $-1<2\log_{0.1}3<\log_{0.1}\sqrt[3]{512}$

(2) $\log_4 2<0.6<\log_3 2<\log_6 4$

(3) $a>1$ のとき

$\log_a\frac{x+y}{2}\geqq\frac{\log_a x+\log_a y}{2}>\frac{\log_a(x+y)}{2}$,

$0<a<1$ のとき

$\log_a\frac{x+y}{2}\leqq\frac{\log_a x+\log_a y}{2}<\frac{\log_a(x+y)}{2}$

115 (1) (ア) (b) (2) (イ) (b)

(3) (ウ) (a) (4) (エ) (b)

116 (1) $x=16$ (2) $x=2$, 4, 8

(3) $x=\frac{\pi}{12}$, $y=\frac{\pi}{12}$

117 (1) (ア) 1 (イ) 11 (2) (ウ) 16

118 (1) $-x^2+x+6$ (2) 17 個 (3) (1, 5)

119 (1) $x=y=2\sqrt{2}$ のとき最小値 16

(2) $x=y=10$ のとき最小値 2

120 32

121 (1) $p=10$ (2), (3) 略

122 (1) $n=10$ (2) $n=46$

123 (1) 略 (2) $(a,\ b)=(\sqrt{3},\ \log_3 4)$

124 $n=324$

125 略

<第6章> 微 分 法

● 練習 の解答

195 (1) 25 (2) $3h+7$ (3) 7 (4) $c=5$

196 (1) 4 (2) $\frac{5}{7}$ (3) -2 (4) $\frac{1}{6}$

197 (1) $a=2$, $b=-7$ (2) $3f'(a)$

198 (1) $y'=2x-3$ (2) $y'=\frac{1}{2\sqrt{x}}$

(3) $y'=-3x^2+10x-2$

(4) $y'=8x^3-6x+7$

199 (1) $y'=4x+1$ (2) $y'=3x^2-5$
(3) $y'=-24x^2+24x-6$
(4) $y'=6x^5-16x^3+8x$
(5) $y'=27x^2+6x-8$

200 (1) -12 (2) $f(x)=x^3+2x^2+x-2$
(3) $a=-3$, $b=\frac{3}{2}$, $c=\frac{3}{4}$

201 $x-1$

202 (1) 0 m/s (2) 3.2π m²/s

203 (1) 2次 (2) $f(x)=x^2-2x-3$

204 (1) $y=19x-45$
(2) $y=9x-5$, $y=9x+27$

205 (1) $y=2x-2$, $y=-6x+22$
(2) $y=4$, $y=9x-14$

206 (1) $y=x$
(2) $(1+\sqrt{2},\ 1+\sqrt{2})$, $(1-\sqrt{2},\ 1-\sqrt{2})$

207 $y=2x-1$, $y=4x-4$

208 (1) $a=-1$, $b=-1$, $c=1$；$y=2x+2$
(2) $a=6$ のとき $y=-7x+2$
$a=-21$ のとき $y=-4x-13$

209 (1) $x\leqq-1$, $-\frac{1}{3}\leqq x$ で単調に増加,
$-1\leqq x\leqq-\frac{1}{3}$ で単調に減少；
$x=-1$ で極大値 1, $x=-\frac{1}{3}$ で極小値 $\frac{23}{27}$
(2) $0\leqq x\leqq4$ で単調に増加,
$x\leqq0$, $4\leqq x$ で単調に減少；
$x=4$ で極大値 32, $x=0$ で極小値 0
(3) 常に単調に増加, 極値をもたない

210 略

211 図略
(1) $x=0$ で極大値 7,
$x=\pm2$ で極小値 -9
(2) $x=3$ で極小値 -26

212 略

213 $f(x)=x^3-6x^2+9x-2$ または
$f(x)=-x^3+6x^2-9x+2$

214 (1) $a<3$, $6<a$ (2) $a\neq\frac{1}{2}$ (3) $0\leqq a\leqq6$

215 略

216 $a=3$

217 略

218 (1) $a=0$, $a\geqq\frac{9}{2}$ (2) $a<0$, $0<a<\frac{9}{2}$

219 (1) $x=2$ で最大値 31, $x=5$ で最小値 -50
(2) $x=-2$, 4 で最大値 64；$x=1$ で最小値 -17

220 $x=\frac{-1+\sqrt{5}}{2}$ で最大値 $\frac{11+5\sqrt{5}}{2}$,
$x=2$ で最小値 -7

221 高さ $\frac{4}{3}$, 底面の半径 $\frac{2\sqrt{2}}{3}$, 側面積 $\frac{8\sqrt{3}}{9}\pi$

222 $a=\frac{1}{3}$, $b=-1$

223 $0<a<\frac{4}{5}$, $2<a$ のとき
$m(a)=a^3-4a^2+6a-\frac{8}{3}$；
$\frac{4}{5}\leqq a\leqq2$ のとき $m(a)=\frac{a^3}{6}$

224 $t<-\frac{\sqrt{33}}{3}$, $3<t$ のとき
$m(t)=t^3-3t^2-9t$；
$-\frac{\sqrt{33}}{3}\leqq t<1$ のとき $m(t)=t^3+3t^2-9t-22$；
$1\leqq t\leqq3$ のとき $m(t)=-27$

225 $x=\frac{\pi}{6}$ で最大値 $3\sqrt{3}$,
$x=\frac{3}{4}\pi$ で最小値 $-\frac{7\sqrt{2}}{2}$

226 (1) $x=\log_3 5$ で最小値 -27
(2) $x=-1$ で最大値 1

227 $k<-8$, $0<k$ のとき 1 個；
$k=-8$, 0 のとき 2 個；$-8<k<0$ のとき 3 個

228 $-\frac{4}{5}<a<0$

229 略

230 (1) $-\frac{2}{3}\leqq x\leqq2$
(2) $x=0$, 2 で最大値 8；
$x=-\frac{2}{3}$, $\frac{4}{3}$ で最小値 $\frac{40}{9}$

231 $y=-4x-4$

232 $-7<a<20$

233 $(3u-v)(-u^3+3u-v)<0$, 図略

234 $-2\leqq a\leqq2$

● EXERCISES の解答

126 (1) 1 (2) $6a^2$ (3) $-\frac{18}{7}$ (4) $\frac{3}{2}$

127 (1) $a=-\frac{10}{3}$, $b=1$ (2) $a^2f'(a)-2af(a)$
(3) $a=6$, $b=3$

128 (1) $f(x)=x^3-2x+1$
(2) $a=n$, $b=-n-1$

129 $f(0)=1$, $f'(x)=4x+3$,
$f(x)=2x^2+3x+1$

130 順に $a=3$, $y=-3x+1$

131 $a=\pm\sqrt{2}$, $\pm\frac{\sqrt{78}}{6}$

132 (1) 順に $b=4-a$, $(2,\ 1)$ (2) $a=3$
(3) $\frac{2\sqrt{26}}{13}$

133 $\left(\frac{1}{3},\ \frac{1}{3}\right)$

134 $k=\pm\frac{8\sqrt{3}}{3}$

135 図略

(1) $x=\pm1$ で極大値 0,
$x=0$ で極小値 -1

(2) $x=-1$ で極大値 13,
$x=-2$ で極小値 8,
$x=1$ で極小値 -19

(3) $x=1-\sqrt{2}$ で極大値 $-7+4\sqrt{2}$,
$x=1+\sqrt{2}$ で極小値 $-7-4\sqrt{2}$

136 略

137 $(a,\ b)=(3,\ 5),\ (-3,\ 1)$

138 a：負，b：正，c：負，d：正

139 $a=\frac{1}{6},\ b=-\frac{3}{2},\ c=\frac{5}{2},\ d=-\frac{1}{2}$

140 (1) $a^2-3b>0$ (2) 略

141 $0\leqq a<1$ のとき $x=-2$ で極小値 $-16a$,
$x=0$ で極小値 0；
$a=1$ のとき $x=-2$ で極小値 -16；
$a>1$ のとき $x=-2$ で極小値 $-16a$,
$x=a-1$ で極小値 $-(a-1)^3(a+3)$

142 $a=\pm\frac{1}{2}$ で最小値 $\frac{1}{4}$

143 (1) $x=0,\ \frac{\pi}{2}$ で最大値 1；
$x=\pi,\ \frac{3}{2}\pi$ で最小値 -1

(2) $x=\log_2\frac{\sqrt{5}\pm1}{2}$ のとき最小値 $1-10\sqrt{5}$

144 $a=1$

145 $5<a<9$

146 $a>0$ かつ $b>-a$ かつ $b<4a^3-a$, 図略

147 (1) $t\leqq-40$ (2) $t\leqq-\frac{189}{4}$

＜第7章＞ 積 分 法

● 練習 の解答

235 C は積分定数とする。

(1) $x^4+2x^3-x^2+5x+C$

(2) $-x^3-\frac{5}{2}x^2+2x+C$

(3) $-\frac{x^3}{3}-\frac{x^2}{2}+2x+C$

(4) $\frac{2}{3}xt^3+\frac{1}{2}(x^2+2)t^2+xt+C$

236 C は積分定数とする。

(1) $\frac{(4x-3)^7}{28}+C$

(2) $\frac{(x-3)^3(3x+7)}{12}+C$

237 (1) $f(x)=\frac{x^4}{4}-x^3+\frac{x^2}{2}+2x-3$

(2) $f(x)=2x^3-5x^2-x+3$

238 (1) $\frac{248}{3}$ (2) $\frac{40}{3}$ (3) $\frac{69}{2}$

239 (1) -114 (2) -820

240 (1) -36 (2) $\frac{40\sqrt{5}}{3}$ (3) $-\frac{1}{20}$

241 (1) $f(x)=x^2-\frac{3}{2}$ (2) $f(x)=3x+1$

242 (1) $f(x)=4x-9$；$a=\frac{1}{2},\ 4$

(2) $f(x)=3x^2-2$；$a=1,\ \frac{-1\pm\sqrt{5}}{2}$

243 $x=-1$ で極大値 $\frac{5}{3}$，$x=3$ で極小値 -9

244 $k=1,\ s=-\frac{1}{\sqrt{3}},\ t=\frac{1}{\sqrt{3}}$

245 (1) $\frac{9}{2}$ (2) $\frac{125}{24}$ (3) $\frac{110}{3}$

246 (1) $\frac{9}{8}$ (2) 4

247 $\frac{9}{2}$

248 $\frac{2}{3}$

249 (1) $y=-x-\frac{1}{4}$ (2) $\frac{2}{3}$

250 (1) $\frac{27}{4}$ (2) $S_1=\frac{37}{12},\ S_2=8$

251 $\frac{27}{4}$

252 (1) 略 (2) $\frac{512}{15}$

253 $\frac{7}{24}-\frac{\pi}{16}$

254 $a=3-\frac{3}{\sqrt[3]{2}}$

255 $\frac{10\sqrt{10}}{3}$

256 $t=\frac{1}{2}$ で最小値 $\frac{4}{3}$

257 $m=-\frac{8}{9}$

258 (1) $\frac{11}{6}$ (2) $\frac{22}{3}$

259 $t=2$ で最大値 $\frac{2}{3}$,
$t=\frac{\sqrt{2}}{2}$ で最小値 $\frac{2-\sqrt{2}}{6}$

260 (1) $(0,\ 0),\ (4-a,\ a(4-a)),\ \left(\frac{9}{2},\ \frac{9}{2}a\right)$

(2) $S(a)=-\frac{1}{3}a^3+4a^2-7a+\frac{32}{3}$

(3) $a=1$ で最小値 $\frac{22}{3}$

261 (1) $\frac{52}{3}$ (2) $\frac{1331}{48}$

262 (1) $\frac{64\sqrt{3}}{15}$ (2) $\frac{207}{5}\pi$

● EXERCISES の解答

148 $f(x)=-x^2+x+5$, $g(x)=x^2-3x$

149 (ア) $\frac{3}{2}$ (イ) $\frac{63}{4}$

150 $f(x)=\frac{7}{4}x+\frac{7}{8}$, $g(x)=\frac{49}{16}x^2$

151 $f(x)=\frac{2}{3}x-\frac{2}{3}$, $C=\frac{2}{9}$

152 $f(t)=6(t-1)(t-2)$, $a=0$

153 略

154 $0<a\leqq 1$ のとき $S=-\frac{2}{3}a^3+2a+\frac{4}{3}$,

$a>1$ のとき $S=\frac{2}{3}a^3-2a+4$

155 証明略, $\frac{4a\sqrt{a}}{3}$

156 $\frac{\pi}{2}+\frac{1}{3}$

157 (1) $S_1=\frac{1}{6}(a-1)^3$, $S_2=a$

(2) $a=2$

158 (1) 略 (2) $\frac{27}{256}$

159 (1) $p=\frac{2t}{1-t}$, $q=2t$

(2) $S=\frac{8}{3}t\sqrt{1-t}$

(3) $t=\frac{2}{3}$ で最大値 $\frac{16\sqrt{3}}{27}$

● 総合演習第2部 の解答

1 (1) $A_9=\{9,\ 36,\ 84,\ 126\}$, 和は 255

(2) 略 (3) 略

2 商は $n-2$, 余りは n^2-3n+3

3 証明略, $x=y=z$ のとき；$a=3$

4 (1) 証明略, $a=1$ のとき

(2) 証明略, $a=b=c=1$ のとき

5 (1) 証明略, $a=b=c$ のとき (2) 略

6 (1) $2\leqq x+y\leqq 10$, $\frac{1}{2}\leqq xy\leqq 25$

(2) $k=5$, $\alpha=\frac{5-\sqrt{15}}{2}$, $\beta=\frac{5+\sqrt{15}}{2}$

7 (1) $\frac{\pi}{6}<\theta<\frac{5}{6}\pi$

(2) $0<\theta<\frac{\pi}{6}$ (3) $\sin\theta=\frac{-3+\sqrt{265}}{16}$

8 (1) (ア) 2 (イ) 6 (2) (ウ) 9 (エ) 2 (オ) 6

9 略

10 (1) 略 (2) $ab>\frac{3}{4}$

11 略

12 (1) $(a+b,\ b)$, $(a,\ a+b)$

(2) $\sqrt{a^2+(a+b)^2}$ (3) $\frac{ab}{\sqrt{a^2+b^2}}$

13 (1) 略 (2) $\left(\frac{t}{1+4t^2},\ \frac{2t^2}{1+4t^2}\right)$

14 (1) $\frac{1}{4}$ (2) $\frac{1}{12}$ (3) $\frac{7}{12}$

15 (1) $\left(\frac{x_0}{x_0{}^2+y_0{}^2},\ \frac{y_0}{x_0{}^2+y_0{}^2}\right)$, 証明略

(2) 点 $\left(\frac{1}{4},\ \frac{1}{4}\right)$ を中心とする半径 $\frac{\sqrt{2}}{4}$ の円

ただし，原点を除く

16 直線 $y=\frac{4}{3}x+\frac{2}{3}$

17, **18** 略

19 (1) $s=\frac{1-x^2-y^2}{(x-1)^2+y^2}$, $t=\frac{2y}{(x-1)^2+y^2}$

(2) 略 (3) $x=\frac{1}{5}$, $y=\frac{2}{5}$ のとき最小値 $-\frac{3}{5}$

20 (1) $\frac{\pi}{3}<\theta<\frac{5}{6}\pi$, $\frac{7}{6}\pi<\theta<\frac{5}{3}\pi$

(2) $-2\leqq a<-1$, $0<a<2$

21 $\theta=\frac{\pi}{6}$

22 (1) $f(x)=2a\sin 2x+b\cos 2x+b$ (2) 略

(3) $\frac{3}{16}$

23 (1) $\ell:(\cos\theta)x+(\sin\theta)y=1$,

$m:(\cos\theta)x+(\sin\theta)y=2$

(2) $\theta=\frac{\pi}{8}$

24 $x=11$, $y=-13$ のとき最小値 2

25 (1) 順に 1, $\frac{1}{5}$, 10

(2) 略 (3) 略

26 (1) 略 (2) -3

27 (1) 順に -0.1761, -0.3010

(2) $m=5$, $n=3$ (3) 略

(4) $(m,\ n)=(1,\ 1),\ (1,\ 2),\ (2,\ 1),$
$(2,\ 2),\ (3,\ 1)$

28 (1) 333 個 (2) 476 個

29 $y=ax^2+\frac{a-1}{4a}$ $(a<0)$ または

$y=-x^2+bx+\frac{1}{2}$ (b は任意の実数)

30 $-2\sqrt{2} \leqq a \leqq 2\sqrt{2}$ かつ $b \geqq a^3-a$

31 (1) 5 (2) $y+z=-x+5$,

$yz=x^2-5x+8$, $t^2+(x-5)t+x^2-5x+8=0$

(3) $1 \leqq x \leqq \frac{7}{3}$

(4) $x=\frac{4}{3}$, $\frac{7}{3}$ で最大値 $\frac{112}{27}$,

$x=1$, 2 で最小値 4

32 最大値 $\frac{9+4\sqrt{3}}{9}$, 最小値 $\frac{9-4\sqrt{3}}{9}$

33 (1) $z=0$, ± 1, $\pm i$ (2) $-\frac{2\sqrt{3}}{9}<a<\frac{2\sqrt{3}}{9}$

34 (1)～(3) 略 (4) $a+\frac{2}{3}$

35 $a<-3-\sqrt{3}$, $-\frac{4}{3}<a<-3+\sqrt{3}$, $0<a$

36 (1) $a \leqq -\frac{1}{2}$ のとき $S=-\frac{4a^2+1}{2a}$,

$-\frac{1}{2}<a<\frac{1}{2}$ のとき $S=2$, $a \geqq \frac{1}{2}$ のとき

$S=\frac{4a^2+1}{2a}$ (2) $-\frac{1}{2} \leqq a \leqq \frac{1}{2}$ のとき最小値 2

37 $a=1$, $b=-3$, $c=2$, 面積は $\frac{31}{12}$

38 (1) $(0,\ -2)$, $(4,\ 6)$ (2) $-4<a<0$

(3) $S=-\frac{1}{6}a^4-\frac{4}{3}a^3+\frac{32}{3}a+\frac{64}{3}$

(4) $a=-2$ のとき最小値 8

答の部（数学B）

練習，EXERCISES，総合演習第２部の答の数値のみをあげ，図・証明は省略した。

数学 B

＜第１章＞ 数　　列

● 練習 の解答

1 (1) 一般項は $(2n-1)^2$，第 6 項は 121
(2) 一般項は $(-1)^n\cdot\dfrac{n+2}{n^3}$，第 7 項は $-\dfrac{9}{343}$
(3) $2n(n^2+1)$

2 (1) $a_n=-5n+18$，$a_{15}=-57$
(2) (ア) $-2n+59$ (イ) 第 85 項 (ウ) 第 30 項

3 (1) 証明略，初項 $3p$，公差 p
(2) 証明略，初項 $7p$，公差 $5p$

4 -12，-5，2

5 (1) $a_n=\dfrac{6}{5-2n}$ (2) $a_n=\dfrac{9a}{11-2n}$

6 (1) $S=2500$ (2) $S=-2020$
(3) $S=\dfrac{448}{3}$

7 (1) 999 (2) 3285

8 第 67 項，和は -6767

9 $\dfrac{1}{2}p^3(p-1)$

10 $c_n=12n-7$

11 (1) $a_n=(-1)^{n-1}2^{\frac{3-n}{2}}$，$a_{10}=-\dfrac{\sqrt{2}}{16}$
(2) $-3\cdot(-2)^{n-1}$

12 $a=-2$，$b=4$

13 (1) $a\neq-\dfrac{1}{2}$ のとき　$S_n=\dfrac{2\{1-(-2a)^n\}}{1+2a}$
$a=-\dfrac{1}{2}$ のとき　$S_n=2n$
(2) $r=2$，-3

14 (1) 78 (2) 162

15 1709820 円

16 $a_n=-\dfrac{3}{8}n+\dfrac{11}{8}$，$b_n=\left(-\dfrac{1}{2}\right)^{n-1}$

17 $c_n=7\cdot2^{4n-2}$

18 (1) $n=8$ (2) $n=9$

19 (1) $\dfrac{1}{6}n(4n^2+3n+41)$
(2) $\dfrac{1}{4}n(n-1)(n^2+3n+10)$
(3) 9528
(4) $\dfrac{3}{2}\left\{1-\left(\dfrac{1}{3}\right)^{n+1}\right\}$

20 (1) $\dfrac{1}{2}n(6n^2-3n-1)$ (2) $\dfrac{1}{2}n^2(n+1)$
(3) $\dfrac{1}{3}n+\dfrac{1}{9}\left\{1-\left(-\dfrac{1}{2}\right)^n\right\}$

21 $\dfrac{1}{12}n(n+1)^2(n+2)$

22 (1) $3n^2-n$ (2) $\dfrac{1}{2}(3^{n-1}+5)$

23 $-n^3+16n^2-33n+20$

24 (1) $a_n=6n+2$，
$a_1+a_4+a_7+\cdots\cdots+a_{3n-2}=n(9n-1)$
(2) $a_1=9$，$n\geqq2$ のとき $a_n=6n+1$；
$a_1+a_4+a_7+\cdots\cdots+a_{3n-2}=9n^2-2n+2$

25 (1) $\dfrac{36}{55}$ (2) $\dfrac{n}{2(3n+2)}$

26 (1) $S=\dfrac{n(n+2)}{3(2n+1)(2n+3)}$
(2) $S=\dfrac{1}{2}(\sqrt{2n+1}-1)$

27 (1) $\dfrac{5^n(4n-1)+1}{16}$ (2) $\dfrac{3^{n+1}-2n-3}{4}$
(3) $x\neq1$ のとき
$\dfrac{1+2x-(3n+1)x^n+(3n-2)x^{n+1}}{(1-x)^2}$
$x=1$ のとき　$\dfrac{1}{2}n(3n-1)$

28 n が偶数のとき $S_n=\dfrac{n}{2}(n+3)$
n が奇数のとき $S_n=-\dfrac{1}{2}(n+1)(n+2)$

29 (1) $\dfrac{1}{2}n(3n-1)$
(2) 第 50 群の 50 番目
(3) 第 63 群の 46 番目，108

30 $\dfrac{5401}{128}$

31 (1) $\dfrac{1}{2}m^2-\dfrac{1}{2}m+1$
(2) 左から 4 番目，上から 14 番目

32 (1) $\dfrac{1}{2}(n+1)(3n+2)$ 個
(2) $\dfrac{1}{6}(n+1)(2n^2+n+6)$ 個

33 (1) $a_n=-\dfrac{1}{2}n+\dfrac{5}{2}$
(2) $a_n=(-1)^n$
(3) $a_n=\dfrac{1}{6}(4n^3-3n^2-4n+21)$

34 (1) $a_n=3^{n-1}+1$ (2) $a_n=5\left(\frac{1}{2}\right)^{n-1}-2$
35 $a_n=-2\cdot(-3)^{n-1}-n+1$
36 $a_n=2^{2n-1}+2^n$
37 $a_n=\frac{3^{n-1}}{3^n-2}$
38 $a_n=2^{2^{n-1}-1}$
39 (1) $b_{n+1}=b_n+\frac{1}{n(n+1)(n+2)}$
(2) $a_n=\frac{n^2+n-1}{2}$
40 $a_n=\frac{4}{n(n+1)(n+2)}$
41 (1) $a_n=\frac{1}{4}\{3^n-(-1)^n\}$
(2) $a_n=\frac{5}{7}\left\{1-\left(-\frac{2}{5}\right)^{n-1}\right\}$
42 $a_n=(n-1)\cdot 3^{n-1}$
43 $a_n=\frac{1}{\sqrt{13}}\left\{\left(\frac{1+\sqrt{13}}{2}\right)^n-\left(\frac{1-\sqrt{13}}{2}\right)^n\right\}$
44 $a_n=9\cdot 4^{n-1}-8\cdot 5^{n-1}$, $b_n=4\cdot 5^{n-1}-3\cdot 4^{n-1}$
45 $a_n=-6n+5$, $b_n=2n-1$
46 $a_n=2-\frac{1}{n}$
47 $a_n=\frac{3\cdot 5^n+1}{5^n-1}$
48 $a_n=-2^n+1$
49 (n^2-n+2) 個
50 (1) $l_n=\frac{a}{(a^2+1)^{n-1}}$ (2) $\frac{(a^2+1)^n-1}{a(a^2+1)^{n-1}}$
51 (1) $p_1=\frac{1}{7}$ (2) $p_{n+1}=-\frac{1}{7}p_n+\frac{2}{7}$
(3) $p_n=\frac{3}{4}\left(-\frac{1}{7}\right)^n+\frac{1}{4}$
52 (1) $p_{n+1}=\frac{1}{2}p_n+\frac{1}{2}p_{n-1}$
(2) $p_n=\frac{2}{3}-\frac{1}{6}\left(-\frac{1}{2}\right)^{n-1}$
53 $\frac{2}{3}\left(-\frac{1}{5}\right)^n+\frac{1}{3}$
54 (1) $a_{n+2}=a_{n+1}+2a_n$
(2) $a_n=\frac{1}{3}\{4\cdot 2^{n-1}-(-1)^{n-1}\}$ (3) 14日後
55～57 略
58 (1) $a_2=\frac{2}{3}$, $a_3=\frac{3}{5}$, $a_4=\frac{4}{7}$
(2) $a_n=\frac{n}{2n-1}$，証明略
59 略
60 $P_1=2$, $P_2=6$，証明略
61 $a_n=n$，証明略

● EXERCISES の解答

1 $a_1=3$, $d=5$
2 証明略，初項 $pa+qb$，公差 $pd+qe$
3 (1) 初項 69，公差 -3 (2) 210 (3) 47
4 最下段には最小限 16 本，最上段には 4 本
5 (ア) $5k-3$ (イ) $7k-3$ (ウ) 197
(エ) 3980 (オ) 5 (カ) 172 (キ) 136 (ク) 13672
6 $\frac{1}{8}(2^{a+1}-1)(3^{b+1}-1)(5^{c+1}-1)$
7 (ア) $\frac{1}{2}$ (イ) 128 (ウ) $\frac{1023}{4}$
8 (1) $n=15$ (2) $n=50$
9 $\frac{Ar(1+r)^n}{(1+r)^n-1}$
10 (ア) $\frac{1}{2}$ (イ) 4 (ウ) $\frac{255}{32}$
11 (ア) 22 (イ) 8
12 (1) $(n+1)(19n^2+13n-1)$ (2) $n(n+1)$
(3) $3\cdot 2^{n+1}-3n-6$
13 $S=\frac{1}{24}n(n+1)(n-1)(3n+2)$
14 $x_n=\frac{1}{3}(n-1)(2n^2-13n+24)$,
$y_n=2(n-2)^2$, $z_n=4n-6$
15 (1) $a_2=-18$ (2) $a_n=-3n^2+33n-72$
(3) $n=7$, 8 のとき最大値 1
16 $\frac{4n(n+2)}{(n+1)^2}$
17 (ア) 10 (イ) 2^k (ウ) $2^{k+1}-1$ (エ) 18164
18 (1) 第 $\frac{1}{2}(k^2+k+2)$ 項
(2) 第 $\frac{1}{2}(m^2+15m+74)$ 項
(3) $\frac{1}{6}(k+2)(2k^2-k+3)$ (4) $n=128$
19 (1) 12 番目，(4, 1)
(2) $a_n=2n^2-2n+1$ (3) $\frac{1}{3}n(2n^2+1)$
20 $36n^2+6n$
21 $(3n^2+3n+1)$ 個
22 (1) 略
(2) $\frac{1}{120}n(n+1)(n+2)(n+3)(n+4)$
(3) $\frac{1}{30}n(n+1)(6n^3+54n^2+46n-1)$
23 $r\neq 1$ のとき $a_n=\frac{r^2}{r-1}\left\{1-\left(\frac{1}{r}\right)^n\right\}$,
$r=1$ のとき $a_n=n$
24 (1) $b_n=(n+1)\cdot 2^n$
(2) $a_n=n(n+1)\cdot 2^{n-2}$
25 (1) $b_{n+1}=3b_n+2n$
(2) $\alpha=-1$, $\beta=-\frac{1}{2}$
(3) $a_n=2^{\frac{5}{2}\cdot 3^{n-1}-n-\frac{1}{2}}$, $b_n=\frac{5}{2}\cdot 3^{n-1}-n-\frac{1}{2}$

26 (1) $x_{n+1}=3x_n+4y_n$, $y_{n+1}=2x_n+3y_n$

(2) $x_n-y_n\sqrt{2}=(3-2\sqrt{2})^n$,

$x_n=\dfrac{1}{2}\{(3+2\sqrt{2})^n+(3-2\sqrt{2})^n\}$,

$y_n=\dfrac{1}{2\sqrt{2}}\{(3+2\sqrt{2})^n-(3-2\sqrt{2})^n\}$

27 (1) $b_{n+2}=2b_{n+1}-b_n+2$

(2) $c_n=2n-1$ (3) $a_n=\dfrac{1}{n^2-2n+3}$

28 (ア) -3 (イ) $-\dfrac{3}{2}n+\dfrac{5}{2}$

(ウ) $\dfrac{6}{(3n-5)(3n-8)}$

29 (1) (ア) $3-2\sqrt{2}$ (イ) $3-2\sqrt{2}$

(2) $a_{n+1}-a_n=\dfrac{1}{2}(1-a_n)(1-a_{n+1})$

(3) $a_n=1-\dfrac{2}{n+\sqrt{2}}$

30 $\dfrac{1}{2}\left\{1+\left(\dfrac{1}{3}\right)^{n-1}\right\}$

31 (1) $a_n=\dfrac{1}{2}\left\{\left(\dfrac{5}{6}\right)^{n-1}+\left(\dfrac{1}{6}\right)^{n-1}\right\}$

(2) $p_n=\dfrac{1}{12}\left\{\left(\dfrac{5}{6}\right)^{n-1}+\left(\dfrac{1}{6}\right)^{n-1}\right\}$

(3) $q_n=\dfrac{1}{10}\left\{6-5\left(\dfrac{5}{6}\right)^{n}-\left(\dfrac{1}{6}\right)^{n}\right\}$

32 略

33 (1) $c_2=28$ (2) 略 (3) 略

34 略

35 (1) $a_2=2^{\frac{1}{6}}$, $a_3=2^{\frac{1}{12}}$, $a_4=2^{\frac{1}{20}}$

(2) $a_n=2^{\frac{1}{n(n+1)}}$, 証明略 (3) $A_n=2^{\frac{n}{n+1}}$

36 略

<第2章> 統計的な推測

● 練習 の解答

62

X	0	1	2	3	計
P	$\frac{5}{40}$	$\frac{21}{40}$	$\frac{13}{40}$	$\frac{1}{40}$	1

$P(0\leqq X\leqq 2)=\dfrac{39}{40}$

63 $E(X)=\dfrac{245}{18}$

64 $E(X)=3$, $V(X)=\dfrac{1}{2}$, $\sigma(X)=\dfrac{1}{\sqrt{2}}$

65 期待値 4, 分散 1

66 $E(X)=\dfrac{2(n-2)}{3}$, $V(X)=\dfrac{(n+1)(n-2)}{18}$

67 (1) $1\leqq k\leqq n-1$ のとき $\dfrac{{}_n\mathrm{C}_k}{3^{n-1}}$,

$k\geqq n$ のとき 0

(2) $\dfrac{n(2^{n-1}-1)}{3^{n-1}}$

68 (1) 期待値 $\dfrac{25}{11}$, 分散 $\dfrac{310}{121}$,

標準偏差 $\dfrac{\sqrt{310}}{11}$

(2) 期待値 23, 分散 310,

標準偏差 $\sqrt{310}$

69 $a=5$

70

X \ Y	0	1	2	計
0	0	$\frac{3}{15}$	$\frac{3}{15}$	$\frac{6}{15}$
1	$\frac{2}{15}$	$\frac{6}{15}$	0	$\frac{8}{15}$
2	$\frac{1}{15}$	0	0	$\frac{1}{15}$
計	$\frac{3}{15}$	$\frac{9}{15}$	$\frac{3}{15}$	1

71 E と F は従属, E と G は独立。

72 (1) $E(X)=\dfrac{3}{2}$, $E(Y)=\dfrac{3}{2}$

(2) $E(3X+2Y)=\dfrac{15}{2}$, $E(XY)=\dfrac{9}{4}$

73 $V(X+3Y)=\dfrac{251}{12}$, $V(2X-5Y)=\dfrac{185}{3}$

74 期待値 4, 分散 $\dfrac{12}{5}$

75 $\dfrac{23}{6}$

76 平均 4, 標準偏差 $\sqrt{2}$

77 (1) 3 (2) 最低 60 回以上

78 (1) (ア) 0.125 (イ) 0.63

(2) $a=\dfrac{2}{5}$, $P(0.3\leqq X\leqq 0.7)=\dfrac{2}{5}$

79 (1) $a=\dfrac{3}{4}$

(2) 期待値 1, 分散 $\dfrac{1}{5}$

80 (1) (ア) 0.2057 (イ) 0.09333

(ウ) 0.7257

(2) (ア) 0.6826 (イ) 0.3085

81 0.62%

82 0.91

83 (1)

X	1	2	3	計
P	$\frac{1}{10}$	$\frac{4}{10}$	$\frac{5}{10}$	1

(2) $m=\dfrac{12}{5}$, $\sigma=\dfrac{\sqrt{11}}{5}$

84 (1)

$\overline{X}$	$\frac{3}{2}$	2	$\frac{5}{2}$	3	計
P	$\frac{1}{6}$	$\frac{1}{3}$	$\frac{1}{3}$	$\frac{1}{6}$	1

(2) $E(\overline{X})=\dfrac{27}{10}$, $\sigma(X)=\dfrac{11}{50}$

85 (1) $E(\overline{X})=0.5$ (2) 278 人以上

86 0.453

87 (1) 91.17% (2) 0.1635

88 $n=500$ のとき 0.6826,
$n=2000$ のとき 0.9544,
$n=4500$ のとき 0.9973

89 [298.9, 301.9] 単位は g

90 (1) [167.8, 169.0] 単位は cm
(2) [429.1, 430.6] 単位は cm^2

91 (1) [0.006, 0.034] (2) 214 回以上

92 メンデルの法則に反するとはいえない

93 (1) 白球の方が多いといえる
(2) 白球の方が多いとはいえない

94 A 高校全体の平均点が，県の平均点と異なるとは判断できない

● EXERCISES の解答

37 (1) $\frac{8}{27}$ (2) $\frac{49}{24}$

38

X	0	1	2	計
P	$\frac{1}{4}$	$\frac{2}{4}$	$\frac{1}{4}$	1

39 (1) 0.36 (2) $p=1-(0.8)^{c+1}$, $c=3$
(3) 4.0

40 (1) $\frac{2(n-k+1)}{(n+1)(n+2)}$
(2) 期待値 $\frac{n}{3}$，分散 $\frac{n(n+3)}{18}$

41 (1) $N=\frac{9}{2}p+q-100$
(2) 順に $\frac{21}{4}p^2$, $p=2$ のとき最小値 21

42 (1) $P(X=-1)=\frac{1}{2}$, $P(X=1)=\frac{1}{2}$
(2) $E(X+Y)=0$, $V(X+Y)=8a$
(3) $a=\frac{1}{4}$

43 $P(A)=\frac{1}{4}$, $P(B)=\frac{2}{7}$

44 5555

45 (1) $P(A\cap B)=\frac{1}{18}$, $P_B(A)=\frac{2}{9}$
(2) $P(X=k)=\frac{13-2k}{36}$, $P(Y=k)=\frac{2k-1}{36}$
(3) 91

46 (1) 順に $-\frac{n}{3}$, $\frac{8}{9}n$
(2) $\frac{n(n+8)}{9}$
(3) $\frac{n(5n+13)}{9}\pi$

47 $P\left(a\leqq X\leqq\frac{3}{2}a\right)=\frac{1}{8}$，平均 $\frac{a}{3}$

48 (1) $a=19.2$ (2) $a=6$ (3) $a=22$

49 233 点

50 (1) 評点 1 は 3 人，評点 2 は 11 人，
評点 3 は 17 人，評点 4 は 11 人，評点 5 は 3 人
(2) 評点 4

51 0.081

52 期待値 $\frac{7}{2}$，標準偏差 $\frac{\sqrt{70}}{60}$

53 95.44%

54 (1) 順に 0 cm, 1 cm
(2) $x=167$ (3) 0.16
(4) 順に 160 cm, 0.1 cm, 0.05

55 $\overline{x}=10.3$, $n=36$

56 [0.426, 0.555]

57 (1) $\frac{7}{2}$ (2) $\frac{35}{12n}$ (3) $\frac{1}{27}$

58 (1) (ア) 4 (イ) 112.16 (ウ) 127.84
(2) (エ) ② (オ) 1.5

59 男子と女子の出生率は等しくないとは認められない

60 (1) 表と裏の出方に偏りがあるとは判断できない
(2) 表と裏の出方に偏りがあると判断してよい

61 このさいころの 4 の目の出る確率は $\frac{1}{6}$ ではないとは判断できない

62 (1) 0.0124 (2) $k=8$
(3) 治癒率は向上したと判断してよい

63 この飼料はねずみの体重に異常な変化を与えたと考えられる

● 総合演習第2部 の解答

1 (1) $b_3=5,\ b_7=12$

(2) $r=10,\ 100$

2 (1) 1, 2, 3 ; 1, 3, 2 ; 2, 1, 3 ;
2, 3, 1 ; 3, 1, 2 ; 3, 2, 1

(2) 385 (3) 略

(4) $x_k=k\ (k=1,\ 2,\ \cdots\cdots,\ n)$,
和は $\dfrac{2}{3}n(n+1)(2n+1)$

3 (1) $a_k=3k^2+3k+1$ (2) $b_n=(n+1)^3$

4 (1) $P_{n+1}(x)=2xP_n(x)-P_{n-1}(x)$

(2) 2^{n-1} (3) 4

5 (1) $\dfrac{1}{2}\left(\dfrac{1}{3}\right)^{n-1}$

(2) $\dfrac{13}{8}\left(\dfrac{2}{3}\right)^n-\dfrac{9}{4}\left(\dfrac{1}{3}\right)^n$

(3) $n=1$ のとき $\dfrac{1}{6}$,
$n \geqq 2$ のとき $\dfrac{13}{24}\left(\dfrac{2}{3}\right)^{n-1}-\dfrac{1}{2}\left(\dfrac{1}{3}\right)^{n-1}$

6 (1) $g_{n+1}=g_n+2h_n,\ h_{n+1}=g_n+h_n$

(2) $f_{n+2}=2f_{n+1}+f_n$

(3) n が奇数のとき $a_n<a_{n+1}$,
n が偶数のとき $a_n>a_{n+1}$

7 (1) $3-2\sqrt{2}$ (2) 略 (3) 略

8 (1) $(x,\ y)=(18,\ 3)$ (2) 略 (3) 略

9 (1)

X_i	100	50	計
P	p	$1-p$	1

(2) $E(X_i)=50(p+1),\ V(X_i)=2500p(1-p)$

(3) (ア) $E(Y)=50n(p+1)$,
$V(Y)=2500np(1-p)$

(イ) $W=100nY-Y^2$,
$E(W)=2500n\{-(n-1)p^2-p+n\}$

(ウ) $p=0,\ E(W)=2500n^2$

10 略

11 170.4 cm 以上は 77 人,
170.4 cm 未満かつ 158.2 cm 以上は 141 人,
158.2 cm 未満は 72 人

12 (1) 0.30 (2) 0.0576 (3) 0.3456 (4) 9220

13 (1) $E(\overline{X})=105,\ V(\overline{X})=\dfrac{1}{2}$,
$E(\overline{Y})=104,\ V(\overline{Y})=\dfrac{1}{2}$

(2) $E(W)=1,\ V(W)=1$

(3) 0.841 (4) $P(W' \geqq 0)>P(W \geqq 0)$

14 (1) $x=\dfrac{1}{2}$

(2) A が起こる確率 x は x_0 に等しいとはいえない

平方・立方・平方根の表

n	n^2	n^3	$\sqrt{n}$	$\sqrt{10n}$
1	1	1	1.0000	3.1623
2	4	8	1.4142	4.4721
3	9	27	1.7321	5.4772
4	16	64	2.0000	6.3246
5	25	125	2.2361	7.0711
6	36	216	2.4495	7.7460
7	49	343	2.6458	8.3666
8	64	512	2.8284	8.9443
9	81	729	3.0000	9.4868
10	100	1000	3.1623	10.0000
11	121	1331	3.3166	10.4881
12	144	1728	3.4641	10.9545
13	169	2197	3.6056	11.4018
14	196	2744	3.7417	11.8322
15	225	3375	3.8730	12.2474
16	256	4096	4.0000	12.6491
17	289	4913	4.1231	13.0384
18	324	5832	4.2426	13.4164
19	361	6859	4.3589	13.7840
20	400	8000	4.4721	14.1421
21	441	9261	4.5826	14.4914
22	484	10648	4.6904	14.8324
23	529	12167	4.7958	15.1658
24	576	13824	4.8990	15.4919
25	625	15625	5.0000	15.8114
26	676	17576	5.0990	16.1245
27	729	19683	5.1962	16.4317
28	784	21952	5.2915	16.7332
29	841	24389	5.3852	17.0294
30	900	27000	5.4772	17.3205
31	961	29791	5.5678	17.6068
32	1024	32768	5.6569	17.8885
33	1089	35937	5.7446	18.1659
34	1156	39304	5.8310	18.4391
35	1225	42875	5.9161	18.7083
36	1296	46656	6.0000	18.9737
37	1369	50653	6.0828	19.2354
38	1444	54872	6.1644	19.4936
39	1521	59319	6.2450	19.7484
40	1600	64000	6.3246	20.0000
41	1681	68921	6.4031	20.2485
42	1764	74088	6.4807	20.4939
43	1849	79507	6.5574	20.7364
44	1936	85184	6.6332	20.9762
45	2025	91125	6.7082	21.2132
46	2116	97336	6.7823	21.4476
47	2209	103823	6.8557	21.6795
48	2304	110592	6.9282	21.9089
49	2401	117649	7.0000	22.1359
50	2500	125000	7.0711	22.3607

n	n^2	n^3	$\sqrt{n}$	$\sqrt{10n}$
51	2601	132651	7.1414	22.5832
52	2704	140608	7.2111	22.8035
53	2809	148877	7.2801	23.0217
54	2916	157464	7.3485	23.2379
55	3025	166375	7.4162	23.4521
56	3136	175616	7.4833	23.6643
57	3249	185193	7.5498	23.8747
58	3364	195112	7.6158	24.0832
59	3481	205379	7.6811	24.2899
60	3600	216000	7.7460	24.4949
61	3721	226981	7.8102	24.6982
62	3844	238328	7.8740	24.8998
63	3969	250047	7.9373	25.0998
64	4096	262144	8.0000	25.2982
65	4225	274625	8.0623	25.4951
66	4356	287496	8.1240	25.6905
67	4489	300763	8.1854	25.8844
68	4624	314432	8.2462	26.0768
69	4761	328509	8.3066	26.2679
70	4900	343000	8.3666	26.4575
71	5041	357911	8.4261	26.6458
72	5184	373248	8.4853	26.8328
73	5329	389017	8.5440	27.0185
74	5476	405224	8.6023	27.2029
75	5625	421875	8.6603	27.3861
76	5776	438976	8.7178	27.5681
77	5929	456533	8.7750	27.7489
78	6084	474552	8.8318	27.9285
79	6241	493039	8.8882	28.1069
80	6400	512000	8.9443	28.2843
81	6561	531441	9.0000	28.4605
82	6724	551368	9.0554	28.6356
83	6889	571787	9.1104	28.8097
84	7056	592704	9.1652	28.9828
85	7225	614125	9.2195	29.1548
86	7396	636056	9.2736	29.3258
87	7569	658503	9.3274	29.4958
88	7744	681472	9.3808	29.6648
89	7921	704969	9.4340	29.8329
90	8100	729000	9.4868	30.0000
91	8281	753571	9.5394	30.1662
92	8464	778688	9.5917	30.3315
93	8649	804357	9.6437	30.4959
94	8836	830584	9.6954	30.6594
95	9025	857375	9.7468	30.8221
96	9216	884736	9.7980	30.9839
97	9409	912673	9.8489	31.1448
98	9604	941192	9.8995	31.3050
99	9801	970299	9.9499	31.4643
100	10000	1000000	10.0000	31.6228

索　引（数学Ⅱ，数学B）

1. 用語の掲載ページ(右側の数字)を示した。
2. 主に初出のページを示したが，関連するページも合わせて示したところもある。

【あ行】

【か行】

【さ行】

【た行】

【な行】

【は行】

【ま行】

【や行】

【ら行】

【わ行】

【記号】

常用対数表

数	0	1	2	3	4	5	6	7	8	9
1.0	.0000	.0043	.0086	.0128	.0170	.0212	.0253	.0294	.0334	.0374
1.1	.0414	.0453	.0492	.0531	.0569	.0607	.0645	.0682	.0719	.0755
1.2	.0792	.0828	.0864	.0899	.0934	.0969	.1004	.1038	.1072	.1106
1.3	.1139	.1173	.1206	.1239	.1271	.1303	.1335	.1367	.1399	.1430
1.4	.1461	.1492	.1523	.1553	.1584	.1614	.1644	.1673	.1703	.1732
1.5	.1761	.1790	.1818	.1847	.1875	.1903	.1931	.1959	.1987	.2014
1.6	.2041	.2068	.2095	.2122	.2148	.2175	.2201	.2227	.2253	.2279
1.7	.2304	.2330	.2355	.2380	.2405	.2430	.2455	.2480	.2504	.2529
1.8	.2553	.2577	.2601	.2625	.2648	.2672	.2695	.2718	.2742	.2765
1.9	.2788	.2810	.2833	.2856	.2878	.2900	.2923	.2945	.2967	.2989
2.0	.3010	.3032	.3054	.3075	.3096	.3118	.3139	.3160	.3181	.3201
2.1	.3222	.3243	.3263	.3284	.3304	.3324	.3345	.3365	.3385	.3404
2.2	.3424	.3444	.3464	.3483	.3502	.3522	.3541	.3560	.3579	.3598
2.3	.3617	.3636	.3655	.3674	.3692	.3711	.3729	.3747	.3766	.3784
2.4	.3802	.3820	.3838	.3856	.3874	.3892	.3909	.3927	.3945	.3962
2.5	.3979	.3997	.4014	.4031	.4048	.4065	.4082	.4099	.4116	.4133
2.6	.4150	.4166	.4183	.4200	.4216	.4232	.4249	.4265	.4281	.4298
2.7	.4314	.4330	.4346	.4362	.4378	.4393	.4409	.4425	.4440	.4456
2.8	.4472	.4487	.4502	.4518	.4533	.4548	.4564	.4579	.4594	.4609
2.9	.4624	.4639	.4654	.4669	.4683	.4698	.4713	.4728	.4742	.4757
3.0	.4771	.4786	.4800	.4814	.4829	.4843	.4857	.4871	.4886	.4900
3.1	.4914	.4928	.4942	.4955	.4969	.4983	.4997	.5011	.5024	.5038
3.2	.5051	.5065	.5079	.5092	.5105	.5119	.5132	.5145	.5159	.5172
3.3	.5185	.5198	.5211	.5224	.5237	.5250	.5263	.5276	.5289	.5302
3.4	.5315	.5328	.5340	.5353	.5366	.5378	.5391	.5403	.5416	.5428
3.5	.5441	.5453	.5465	.5478	.5490	.5502	.5514	.5527	.5539	.5551
3.6	.5563	.5575	.5587	.5599	.5611	.5623	.5635	.5647	.5658	.5670
3.7	.5682	.5694	.5705	.5717	.5729	.5740	.5752	.5763	.5775	.5786
3.8	.5798	.5809	.5821	.5832	.5843	.5855	.5866	.5877	.5888	.5899
3.9	.5911	.5922	.5933	.5944	.5955	.5966	.5977	.5988	.5999	.6010
4.0	.6021	.6031	.6042	.6053	.6064	.6075	.6085	.6096	.6107	.6117
4.1	.6128	.6138	.6149	.6160	.6170	.6180	.6191	.6201	.6212	.6222
4.2	.6232	.6243	.6253	.6263	.6274	.6284	.6294	.6304	.6314	.6325
4.3	.6335	.6345	.6355	.6365	.6375	.6385	.6395	.6405	.6415	.6425
4.4	.6435	.6444	.6454	.6464	.6474	.6484	.6493	.6503	.6513	.6522
4.5	.6532	.6542	.6551	.6561	.6571	.6580	.6590	.6599	.6609	.6618
4.6	.6628	.6637	.6646	.6656	.6665	.6675	.6684	.6693	.6702	.6712
4.7	.6721	.6730	.6739	.6749	.6758	.6767	.6776	.6785	.6794	.6803
4.8	.6812	.6821	.6830	.6839	.6848	.6857	.6866	.6875	.6884	.6893
4.9	.6902	.6911	.6920	.6928	.6937	.6946	.6955	.6964	.6972	.6981
5.0	.6990	.6998	.7007	.7016	.7024	.7033	.7042	.7050	.7059	.7067
5.1	.7076	.7084	.7093	.7101	.7110	.7118	.7126	.7135	.7143	.7152
5.2	.7160	.7168	.7177	.7185	.7193	.7202	.7210	.7218	.7226	.7235
5.3	.7243	.7251	.7259	.7267	.7275	.7284	.7292	.7300	.7308	.7316
5.4	.7324	.7332	.7340	.7348	.7356	.7364	.7372	.7380	.7388	.7396

数	0	1	2	3	4	5	6	7	8	9
5.5	.7404	.7412	.7419	.7427	.7435	.7443	.7451	.7459	.7466	.7474
5.6	.7482	.7490	.7497	.7505	.7513	.7520	.7528	.7536	.7543	.7551
5.7	.7559	.7566	.7574	.7582	.7589	.7597	.7604	.7612	.7619	.7627
5.8	.7634	.7642	.7649	.7657	.7664	.7672	.7679	.7686	.7694	.7701
5.9	.7709	.7716	.7723	.7731	.7738	.7745	.7752	.7760	.7767	.7774
6.0	.7782	.7789	.7796	.7803	.7810	.7818	.7825	.7832	.7839	.7846
6.1	.7853	.7860	.7868	.7875	.7882	.7889	.7896	.7903	.7910	.7917
6.2	.7924	.7931	.7938	.7945	.7952	.7959	.7966	.7973	.7980	.7987
6.3	.7993	.8000	.8007	.8014	.8021	.8028	.8035	.8041	.8048	.8055
6.4	.8062	.8069	.8075	.8082	.8089	.8096	.8102	.8109	.8116	.8122
6.5	.8129	.8136	.8142	.8149	.8156	.8162	.8169	.8176	.8182	.8189
6.6	.8195	.8202	.8209	.8215	.8222	.8228	.8235	.8241	.8248	.8254
6.7	.8261	.8267	.8274	.8280	.8287	.8293	.8299	.8306	.8312	.8319
6.8	.8325	.8331	.8338	.8344	.8351	.8357	.8363	.8370	.8376	.8382
6.9	.8388	.8395	.8401	.8407	.8414	.8420	.8426	.8432	.8439	.8445
7.0	.8451	.8457	.8463	.8470	.8476	.8482	.8488	.8494	.8500	.8506
7.1	.8513	.8519	.8525	.8531	.8537	.8543	.8549	.8555	.8561	.8567
7.2	.8573	.8579	.8585	.8591	.8597	.8603	.8609	.8615	.8621	.8627
7.3	.8633	.8639	.8645	.8651	.8657	.8663	.8669	.8675	.8681	.8686
7.4	.8692	.8698	.8704	.8710	.8716	.8722	.8727	.8733	.8739	.8745
7.5	.8751	.8756	.8762	.8768	.8774	.8779	.8785	.8791	.8797	.8802
7.6	.8808	.8814	.8820	.8825	.8831	.8837	.8842	.8848	.8854	.8859
7.7	.8865	.8871	.8876	.8882	.8887	.8893	.8899	.8904	.8910	.8915
7.8	.8921	.8927	.8932	.8938	.8943	.8949	.8954	.8960	.8965	.8971
7.9	.8976	.8982	.8987	.8993	.8998	.9004	.9009	.9015	.9020	.9025
8.0	.9031	.9036	.9042	.9047	.9053	.9058	.9063	.9069	.9074	.9079
8.1	.9085	.9090	.9096	.9101	.9106	.9112	.9117	.9122	.9128	.9133
8.2	.9138	.9143	.9149	.9154	.9159	.9165	.9170	.9175	.9180	.9186
8.3	.9191	.9196	.9201	.9206	.9212	.9217	.9222	.9227	.9232	.9238
8.4	.9243	.9248	.9253	.9258	.9263	.9269	.9274	.9279	.9284	.9289
8.5	.9294	.9299	.9304	.9309	.9315	.9320	.9325	.9330	.9335	.9340
8.6	.9345	.9350	.9355	.9360	.9365	.9370	.9375	.9380	.9385	.9390
8.7	.9395	.9400	.9405	.9410	.9415	.9420	.9425	.9430	.9435	.9440
8.8	.9445	.9450	.9455	.9460	.9465	.9469	.9474	.9479	.9484	.9489
8.9	.9494	.9499	.9504	.9509	.9513	.9518	.9523	.9528	.9533	.9538
9.0	.9542	.9547	.9552	.9557	.9562	.9566	.9571	.9576	.9581	.9586
9.1	.9590	.9595	.9600	.9605	.9609	.9614	.9619	.9624	.9628	.9633
9.2	.9638	.9643	.9647	.9652	.9657	.9661	.9666	.9671	.9675	.9680
9.3	.9685	.9689	.9694	.9699	.9703	.9708	.9713	.9717	.9722	.9727
9.4	.9731	.9736	.9741	.9745	.9750	.9754	.9759	.9763	.9768	.9773
9.5	.9777	.9782	.9786	.9791	.9795	.9800	.9805	.9809	.9814	.9818
9.6	.9823	.9827	.9832	.9836	.9841	.9845	.9850	.9854	.9859	.9863
9.7	.9868	.9872	.9877	.9881	.9886	.9890	.9894	.9899	.9903	.9908
9.8	.9912	.9917	.9921	.9926	.9930	.9934	.9939	.9943	.9948	.9952
9.9	.9956	.9961	.9965	.9969	.9974	.9978	.9983	.9987	.9991	.9996

正規分布表

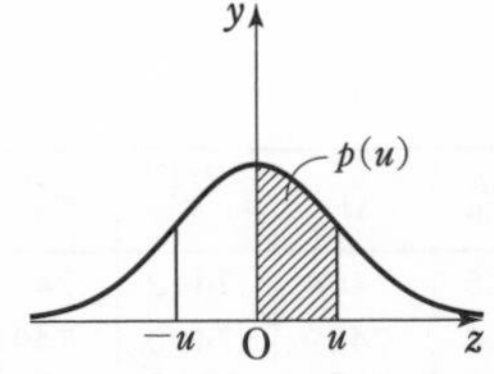

u	.00	.01	.02	.03	.04	.05	.06	.07	.08	.09
0.0	0.0000	0.0040	0.0080	0.0120	0.0160	0.0199	0.0239	0.0279	0.0319	0.0359
0.1	0.0398	0.0438	0.0478	0.0517	0.0557	0.0596	0.0636	0.0675	0.0714	0.0753
0.2	0.0793	0.0832	0.0871	0.0910	0.0948	0.0987	0.1026	0.1064	0.1103	0.1141
0.3	0.1179	0.1217	0.1255	0.1293	0.1331	0.1368	0.1406	0.1443	0.1480	0.1517
0.4	0.1554	0.1591	0.1628	0.1664	0.1700	0.1736	0.1772	0.1808	0.1844	0.1879
0.5	0.1915	0.1950	0.1985	0.2019	0.2054	0.2088	0.2123	0.2157	0.2190	0.2224
0.6	0.2257	0.2291	0.2324	0.2357	0.2389	0.2422	0.2454	0.2486	0.2517	0.2549
0.7	0.2580	0.2611	0.2642	0.2673	0.2704	0.2734	0.2764	0.2794	0.2823	0.2852
0.8	0.2881	0.2910	0.2939	0.2967	0.2995	0.3023	0.3051	0.3078	0.3106	0.3133
0.9	0.3159	0.3186	0.3212	0.3238	0.3264	0.3289	0.3315	0.3340	0.3365	0.3389
1.0	0.3413	0.3438	0.3461	0.3485	0.3508	0.3531	0.3554	0.3577	0.3599	0.3621
1.1	0.3643	0.3665	0.3686	0.3708	0.3729	0.3749	0.3770	0.3790	0.3810	0.3830
1.2	0.3849	0.3869	0.3888	0.3907	0.3925	0.3944	0.3962	0.3980	0.3997	0.4015
1.3	0.4032	0.4049	0.4066	0.4082	0.4099	0.4115	0.4131	0.4147	0.4162	0.4177
1.4	0.4192	0.4207	0.4222	0.4236	0.4251	0.4265	0.4279	0.4292	0.4306	0.4319
1.5	0.4332	0.4345	0.4357	0.4370	0.4382	0.4394	0.4406	0.4418	0.4429	0.4441
1.6	0.4452	0.4463	0.4474	0.4484	0.4495	0.4505	0.4515	0.4525	0.4535	0.4545
1.7	0.4554	0.4564	0.4573	0.4582	0.4591	0.4599	0.4608	0.4616	0.4625	0.4633
1.8	0.4641	0.4649	0.4656	0.4664	0.4671	0.4678	0.4686	0.4693	0.4699	0.4706
1.9	0.4713	0.4719	0.4726	0.4732	0.4738	0.4744	0.4750	0.4756	0.4761	0.4767
2.0	0.4772	0.4778	0.4783	0.4788	0.4793	0.4798	0.4803	0.4808	0.4812	0.4817
2.1	0.4821	0.4826	0.4830	0.4834	0.4838	0.4842	0.4846	0.4850	0.4854	0.4857
2.2	0.4861	0.4864	0.4868	0.4871	0.4875	0.4878	0.4881	0.4884	0.4887	0.4890
2.3	0.4893	0.4896	0.4898	0.4901	0.4904	0.4906	0.4909	0.4911	0.4913	0.4916
2.4	0.4918	0.4920	0.4922	0.4925	0.4927	0.4929	0.4931	0.4932	0.4934	0.4936
2.5	0.4938	0.4940	0.4941	0.4943	0.4945	0.4946	0.4948	0.4949	0.4951	0.4952
2.6	0.49534	0.49547	0.49560	0.49573	0.49585	0.49598	0.49609	0.49621	0.49632	0.49643
2.7	0.49653	0.49664	0.49674	0.49683	0.49693	0.49702	0.49711	0.49720	0.49728	0.49736
2.8	0.49744	0.49752	0.49760	0.49767	0.49774	0.49781	0.49788	0.49795	0.49801	0.49807
2.9	0.49813	0.49819	0.49825	0.49831	0.49836	0.49841	0.49846	0.49851	0.49856	0.49861
3.0	0.49865	0.49869	0.49874	0.49878	0.49882	0.49886	0.49889	0.49893	0.49897	0.49900

●編著者
チャート研究所

●表紙・カバーデザイン
有限会社アーク・ビジュアル・ワークス

●本文デザイン
株式会社加藤文明社

編集・制作　チャート研究所
発行者　星野 泰也

新　版
第1刷　1999年2月1日　発行
新課程
第1刷　2003年12月1日　発行
改訂版
第1刷　2007年9月1日　発行
新課程
第1刷　2012年9月1日　発行
改訂版
第1刷　2017年9月1日　発行
増補改訂版
第1刷　2019年9月1日　発行
新課程
第1刷　2022年11月1日　発行
第2刷　2022年11月10日　発行
第3刷　2022年12月1日　発行
第4刷　2022年12月10日　発行
第5刷　2023年2月1日　発行
第6刷　2023年2月10日　発行
第7刷　2023年3月1日　発行
第8刷　2023年3月10日　発行
第9刷　2023年10月1日　発行
第10刷　2024年1月10日　発行
第11刷　2024年1月20日　発行
第12刷　2024年2月1日　発行
第13刷　2024年2月10日　発行
第14刷　2024年10月1日　発行

ISBN978-4-410-10588-3

※解答・解説は数研出版株式会社が作成したものです。

チャート式® 基礎からの 数学Ⅱ＋B

発行所　数研出版株式会社

〒101-0052 東京都千代田区神田小川町2丁目3番地3
〔振替〕00140-4-118431
〒604-0861 京都市中京区烏丸通竹屋町上る大倉町205番地
〔電話〕 代表 (075)231-0161
ホームページ　https://www.chart.co.jp
印刷　株式会社　加藤文明社
乱丁本・落丁本はお取り替えいたします　240814

□ 対数関数のグラフ

▶対数関数 $y=\log_a x$ とそのグラフ

・$y=\log_a x$ は $x=a^y$ と同値　$(a>0,\ a\neq 1)$

・定義域は $x>0$，値域は実数全体

・$a>1$　　のとき　x が増加すると y も増加
　$0<a<1$ のとき　x が増加すると y は減少

・グラフは，点 $(1,\ 0)$ を通り，y 軸が漸近線

▶関数の極値

極大…増加から減少に移る。$f'(x)$ が正 ⟶ 負
極小…減少から増加に移る。$f'(x)$ が負 ⟶ 正

□ 最大値・最小値

▶最大・最小

区間内の極値を求め，その値と区間の両端における関数の値との大小から決定。

6 微分法

□ 微分係数

▶平均変化率　$\dfrac{f(b)-f(a)}{b-a}\ (b\neq a)$

▶微分係数(変化率)

$$f'(a)=\lim_{b\to a}\frac{f(b)-f(a)}{b-a}=\lim_{h\to 0}\frac{f(a+h)-f(a)}{h}$$

□ 導関数

▶導関数の定義

・定義　$f'(x)=\displaystyle\lim_{h\to 0}\frac{f(x+h)-f(x)}{h}$

▶導関数の公式

a，b，c，k，l は定数，n は正の整数，u と v は x の関数とする。

$(c)'=0$,　　$(x^n)'=nx^{n-1}$
$(ku)'=ku'$，$(u+v)'=u'+v'$
$(ku+lv)'=ku'+lv'$

(参考)　数学Ⅲの内容
$(uv)'=u'v+uv'$，$(u^n)'=nu^{n-1}u'$
特に　$\{(ax+b)^n\}'=na(ax+b)^{n-1}$

□ 接線

▶接線・法線の方程式

法線では $f'(a)\neq 0$ とする。
曲線 $y=f(x)$ 上の点 $\mathrm{A}(a,\ f(a))$ における

・接線の方程式　$y-f(a)=f'(a)(x-a)$

・法線の方程式　$y-f(a)=-\dfrac{1}{f'(a)}(x-a)$

□ 関数の増減と極大・極小

▶関数の増減　ある区間で

・常に $f'(x)>0$ ならば，$f(x)$ はその区間で単調に増加する。
[この区間で接線の傾きは正]

・常に $f'(x)<0$ ならば，$f(x)$ はその区間で単調に減少する。
[この区間で接線の傾きは負]

7 積分法

□ 不定積分

▶導関数と不定積分　C は積分定数とする。

・$F'(x)=f(x)$ のとき　$\displaystyle\int f(x)dx=F(x)+C$

・$\displaystyle\int x^n dx=\frac{1}{n+1}x^{n+1}+C$　(n は 0 以上の整数)

▶不定積分の性質　k，l は定数とする。

・$\displaystyle\int\{kf(x)+lg(x)\}dx=k\int f(x)dx+l\int g(x)dx$

□ 定積分

▶定積分　$F'(x)=f(x)$ のとき

$$\int_a^b f(x)dx=\Big[F(x)\Big]_a^b=F(b)-F(a)$$

▶定積分の性質　k，l は定数とする。

・$\displaystyle\int_a^b f(x)dx=\int_a^b f(t)dt$

・$\displaystyle\int_a^b\{kf(x)+lg(x)\}dx=k\int_a^b f(x)dx+l\int_a^b g(x)dx$

・$\displaystyle\int_a^a f(x)dx=0$，$\displaystyle\int_b^a f(x)dx=-\int_a^b f(x)dx$

・$\displaystyle\int_a^b f(x)dx=\int_a^c f(x)dx+\int_c^b f(x)dx$

▶偶関数，奇関数の定積分　n は自然数とする。

$$\int_{-a}^a x^{2n}dx=2\int_0^a x^{2n}dx,\quad \int_{-a}^a x^{2n-1}dx=0$$

▶定積分で表された関数

x は t に無関係な変数，a，b は定数とする。

・$\displaystyle\int_a^b f(x,\ t)dt$ は x の関数

・$\displaystyle\frac{d}{dx}\int_a^x f(t)dt=f(x)$

・$\displaystyle\int_a^x f(t)dt$ は $f(x)$ の不定積分

□ 面積

▶放物線と面積

$\displaystyle\int_\alpha^\beta(x-\alpha)(x-\beta)dx=-\frac{1}{6}(\beta-\alpha)^3$ を利用。

1　数　列

□　**等差数列の一般項と和**

▶**一般項 a_n**　初項を a，公差を d とすると

$$a_n=a+(n-1)d$$

▶**等差中項**

数列 a，b，c が等差数列 $\Longleftrightarrow 2b=a+c$

▶**等差数列の和**　初項から第 n 項までの和 S_n

①　初項 a，第 n 項(末項) l に対して

$$S_n=\frac{1}{2}n(a+l)$$

②　初項 a，公差 d に対して

$$S_n=\frac{1}{2}n\{2a+(n-1)d\}$$

▶**自然数の和，正の奇数の和**

$$1+2+3+\cdots\cdots+n=\frac{1}{2}n(n+1)$$

$$1+3+5+\cdots\cdots+(2n-1)=n^2$$

□　**等比数列の一般項と和**

▶**一般項 a_n**　初項を a，公比を r とすると

$$a_n=ar^{n-1}$$

▶**等比中項**

数列 a，b，c が等比数列 $\Longleftrightarrow b^2=ac$

▶**等比数列の和**　初項を a，公比を r とする。

初項から第 n 項までの和 S_n は

①　$r\neq 1$ のとき　$S_n=\dfrac{a(1-r^n)}{1-r}=\dfrac{a(r^n-1)}{r-1}$

②　$r=1$ のとき　$S_n=na$

□　**和の記号 Σ，Σ の性質**

▶**和の記号 Σ**

$$\sum_{k=1}^{n}a_k=a_1+a_2+a_3+\cdots\cdots+a_n$$

▶**Σ の性質**　p，q は k に無関係な定数とする。

$$\sum_{k=1}^{n}(pa_k+qb_k)=p\sum_{k=1}^{n}a_k+q\sum_{k=1}^{n}b_k$$

▶**数列の和の公式**　c，r は k に無関係な定数。

$$\sum_{k=1}^{n}c=nc \qquad \text{特に}\quad \sum_{k=1}^{n}1=n$$

$$\sum_{k=1}^{n}k=\frac{1}{2}n(n+1)$$

$$\sum_{k=1}^{n}k^2=\frac{1}{6}n(n+1)(2n+1)$$

$$\sum_{k=1}^{n}k^3=\left\{\frac{1}{2}n(n+1)\right\}^2$$

$$\sum_{k=1}^{n}r^{k-1}=\frac{1-r^n}{1-r}\quad (r\neq 1)$$

□　**いろいろな数列**

▶**階差数列**

数列 $\{a_n\}$ の階差数列を $\{b_n\}$ とする。

$$b_n=a_{n+1}-a_n$$

$n\geqq 2$ のとき　$a_n=a_1+\displaystyle\sum_{k=1}^{n-1}b_k$

▶**和 S_n と一般項**

$S_n=a_1+a_2+\cdots\cdots+a_n$ のとき

$$a_1=S_1,\quad a_n=S_n-S_{n-1}\quad (n\geqq 2)$$

▶**分数の数列の和**

部分分数に分解して途中を消す。

$\dfrac{1}{k(k+1)}=\dfrac{1}{k}-\dfrac{1}{k+1}$ などの変形を利用。

□　**漸化式の変形，数学的帰納法**

▶**漸化式の変形**

・隣接 2 項間　$a_{n+1}=pa_n+q$ $(p\neq 1)$

　$\alpha=p\alpha+q$ を満たす α に対して

$$a_{n+1}-\alpha=p(a_n-\alpha)$$

・隣接 3 項間　$pa_{n+2}+qa_{n+1}+ra_n=0$

　$px^2+qx+r=0$ の解を α，β とすると

$$a_{n+2}-\alpha a_{n+1}=\beta(a_{n+1}-\alpha a_n)$$

▶**数学的帰納法**

自然数 n に関する命題 P が，すべての自然数 n について成り立つことを示す手順は

[1]　$n=1$ のとき P が成り立つことを示す。

[2]　$n=k$ のとき P が成り立つと仮定して，$n=k+1$ のとき P が成り立つことを示す。

2　統計的な推測

確率変数 X は次の表のような分布に従うとする。

X	x_1	x_2	……	x_n	計
P	p_1	p_2	……	p_n	1

$p_k=P(X=x_k)$　$(k=1,\ 2,\ \cdots\cdots,\ n)$

$p_1\geqq 0,\ p_2\geqq 0,\ \cdots\cdots,\ p_n\geqq 0$

$p_1+p_2+\cdots\cdots+p_n=1$

□　**期待値 $E(X)$，分散 $V(X)$，標準偏差 $\sigma(X)$**

$$E(X)=m=x_1p_1+x_2p_2+\cdots\cdots+x_np_n=\sum_{k=1}^{n}x_kp_k$$

$$\begin{aligned}V(X)&=E((X-m)^2)\\&=(x_1-m)^2p_1+(x_2-m)^2p_2+\cdots\cdots+(x_n-m)^2p_n\\&=\sum_{k=1}^{n}(x_k-m)^2p_k=E(X^2)-\{E(X)\}^2\end{aligned}$$

$$\sigma(X)=\sqrt{V(X)}$$

練習，EXERCISES，総合演習の解答（数学II）

注意 ・章ごとに，練習，EXERCISES の解答をまとめて扱った。
・問題番号の左横の数字は，難易度を表したものである。

練習 ①1

次の式を展開せよ。

(1) $(a+2b)^7$ (2) $(2x-y)^6$ (3) $(3x-2)^5$ (4) $\left(2m+\dfrac{n}{3}\right)^6$

(1) $(a+2b)^7=a^7+{}_7C_1a^6(2b)+{}_7C_2a^5(2b)^2+{}_7C_3a^4(2b)^3$
$+{}_7C_4a^3(2b)^4+{}_7C_5a^2(2b)^5+{}_7C_6a(2b)^6+(2b)^7$
$=\boldsymbol{a^7+14a^6b+84a^5b^2+280a^4b^3+560a^3b^4}$
$\boldsymbol{+672a^2b^5+448ab^6+128b^7}$

←二項定理を利用。$(a+b)^n$ の展開式の一般項は ${}_nC_ra^{n-r}b^r$
r は0から n までの値を順にとる。

(2) $(2x-y)^6=(2x)^6+{}_6C_1(2x)^5(-y)+{}_6C_2(2x)^4(-y)^2$
$+{}_6C_3(2x)^3(-y)^3+{}_6C_4(2x)^2(-y)^4$
$+{}_6C_5(2x)(-y)^5+(-y)^6$
$=\boldsymbol{64x^6-192x^5y+240x^4y^2-160x^3y^3+60x^2y^4}$
$\boldsymbol{-12xy^5+y^6}$

(3) $(3x-2)^5=(3x)^5+{}_5C_1(3x)^4(-2)+{}_5C_2(3x)^3(-2)^2$
$+{}_5C_3(3x)^2(-2)^3+{}_5C_4(3x)(-2)^4+(-2)^5$
$=\boldsymbol{243x^5-810x^4+1080x^3-720x^2+240x-32}$

(4) $\left(2m+\dfrac{n}{3}\right)^6=(2m)^6+{}_6C_1(2m)^5\cdot\dfrac{n}{3}+{}_6C_2(2m)^4\left(\dfrac{n}{3}\right)^2$
$+{}_6C_3(2m)^3\left(\dfrac{n}{3}\right)^3+{}_6C_4(2m)^2\left(\dfrac{n}{3}\right)^4$
$+{}_6C_5(2m)\left(\dfrac{n}{3}\right)^5+\left(\dfrac{n}{3}\right)^6$

$$=\boldsymbol{64m^6+64m^5n+\frac{80}{3}m^4n^2+\frac{160}{27}m^3n^3+\frac{20}{27}m^2n^4+\frac{4}{81}mn^5+\frac{1}{729}n^6}$$

練習 ②2

次の式の展開式における，[ ]内に指定されたものを求めよ。

(1) $(x+2)^7$ [x^4 の係数] (2) $(x^2-1)^7$ [x^4，x^3 の係数]
(3) $\left(x^2+\dfrac{1}{x}\right)^{10}$ [x^{11} の係数] (4) $\left(2x^4-\dfrac{1}{x}\right)^{10}$ [定数項]

(1) $(x+2)^7$ の展開式の一般項は ${}_7C_rx^{7-r}2^r={}_7C_r\cdot 2^rx^{7-r}$
x^4 の項は，$7-r=4$ より $r=3$ のときである。
ゆえに，求める係数は ${}_7C_3\cdot 2^3=35\times 8=\boldsymbol{280}$

←$(a+b)^n$ の展開式の一般項は ${}_nC_ra^{n-r}b^r$

(2) $(x^2-1)^7$ の展開式の一般項は
${}_7C_r(x^2)^{7-r}\cdot(-1)^r=(-1)^r{}_7C_rx^{14-2r}$
x^4 の項は，$14-2r=4$ より $r=5$ のときである。
ゆえに，**x^4 の項の係数** は $(-1)^5{}_7C_5=\boldsymbol{-21}$
x^3 の項は，$14-2r=3$ のときであるが，この等式を満たす0以上の整数 r は存在しない。
よって，**x^3 の項の係数** は **0**

←係数は $(-1)^r{}_7C_r$

←$14-2r=3$ から $r=\dfrac{11}{2}$

(3) $\left(x^2+\frac{1}{x}\right)^{10}$ の展開式の一般項は

$${}_{10}\mathrm{C}_r(x^2)^{10-r}\cdot\left(\frac{1}{x}\right)^r={}_{10}\mathrm{C}_r\cdot\frac{x^{20-2r}}{x^r}={}_{10}\mathrm{C}_r x^{20-3r}$$

←指数法則により $\frac{x^{20-2r}}{x^r}=x^{20-2r-r}=x^{20-3r}$

x^{11} の項は，$20-3r=11$ より $r=3$ のときである。

よって，求める係数は　${}_{10}\mathrm{C}_3=\mathbf{120}$

(4) $\left(2x^4-\frac{1}{x}\right)^{10}$ の展開式の一般項は

$${}_{10}\mathrm{C}_r(2x^4)^{10-r}\cdot\left(-\frac{1}{x}\right)^r=(-1)^r{}_{10}\mathrm{C}_r\cdot 2^{10-r}\cdot\frac{x^{40-4r}}{x^r}=(-1)^r{}_{10}\mathrm{C}_r\cdot 2^{10-r}x^{40-5r}$$

←$\frac{x^{40-4r}}{x^r}=x^{40-4r-r}$

定数項は，$40-5r=0$ より $r=8$ のときである。

←定数項は $x^0(=1)$ の係数と考える。

よって　$(-1)^8{}_{10}\mathrm{C}_8\cdot 2^{10-8}={}_{10}\mathrm{C}_2\cdot 2^2=\mathbf{180}$

練習 ②3　次の展開式における，[　] 内に指定された項の係数を求めよ。

(1) $(1+2a-3b)^7$　$[a^2b^3]$　　(2) $(x^2-3x+1)^{10}$　$[x^3]$

(1) $(1+2a-3b)^7$ の展開式の一般項は

$$\frac{7!}{p!q!r!}\cdot 1^p\cdot(2a)^q\cdot(-3b)^r=\left\{\frac{7!}{p!q!r!}\cdot 2^q\cdot(-3)^r\right\}a^qb^r$$

←多項定理による。

ただし　$p+q+r=7$，$p\geqq 0$，$q\geqq 0$，$r\geqq 0$

a^2b^3 の項は，$q=2$，$r=3$，$p=2$ のときである。

←まず，q，r が決まる。$p=7-(2+3)$

よって　$\frac{7!}{2!2!3!}\cdot 2^2\cdot(-3)^3=\mathbf{-22680}$

(2) $(x^2-3x+1)^{10}$ の展開式の一般項は

$$\frac{10!}{p!q!r!}\cdot(x^2)^p\cdot(-3x)^q\cdot 1^r=\frac{10!}{p!q!r!}\cdot(-3)^q x^{2p+q}$$

←指数法則により $x^{2p}\cdot x^q=x^{2p+q}$

ただし　$p+q+r=10$，$p\geqq 0$，$q\geqq 0$，$r\geqq 0$

x^3 の項は，$2p+q=3$ のときである。

$q=3-2p$ と $q\geqq 0$ から　$3-2p\geqq 0$

←$0\leqq p\leqq\frac{3}{2}$

p は 0 以上の整数であるから　$p=0,\ 1$

したがって，$2p+q=3$ と $p+q+r=10$ を満たす 0 以上の整数 p，q，r の組は

$$(p,\ q,\ r)=(0,\ 3,\ 7),\ (1,\ 1,\ 8)$$

←$q=3-2p$，$r=10-p-q$

よって，求める係数は

$$\frac{10!}{0!3!7!}\cdot(-3)^3+\frac{10!}{1!1!8!}\cdot(-3)=-3240-270=\mathbf{-3510}$$

←$0!=1$

練習 ②4　次の展開式における，[　] 内に指定された項の係数を求めよ。

(1) $\left(x^2-x^3-\frac{3}{x}\right)^5$　$[x^7]$　　(2) $\left(a+b+\frac{1}{a}+\frac{1}{b}\right)^7$　$[ab^2]$　　[(2) 関西学院大]

HINT　(2)　3 項の多項定理と同様に $(a+b+c+d)^n$ の展開式の一般項は

$$\frac{n!}{p!q!r!s!}a^pb^qc^rd^s\quad(p+q+r+s=n,\ p\geqq 0,\ q\geqq 0,\ r\geqq 0,\ s\geqq 0)$$

(1) $\left(x^2-x^3-\dfrac{3}{x}\right)^5$ の展開式の一般項は

$$\frac{5!}{p!q!r!}(x^2)^p(-x^3)^q\left(-\frac{3}{x}\right)^r=(-1)^{q+r}\cdot\frac{5!3^r}{p!q!r!}x^{2p+3q-r}$$

←$\left(\dfrac{1}{x}\right)^r=x^{-r}$

ただし　$p+q+r=5$ …… ①，$p\geqq 0$，$q\geqq 0$，$r\geqq 0$

x^7 の項は，$2p+3q-r=7$ …… ② のときである。

①+② から　　$3p+4q=12$

←r を消去する。

$3p=12-4q$ と $p\geqq 0$ から　　$12-4q\geqq 0$

←$4q=12-3p\geqq 0$ から p の値を求めてもよいが，$p=0$，1，2，3，4 となり，調べる手間が 1 つ増える。

q は 0 以上の整数であるから　　$q=0$，1，2，3

　$q=0$ のとき　$3p=12$，　$q=1$ のとき　$3p=8$

　$q=2$ のとき　$3p=4$，　$q=3$ のとき　$3p=0$

p は 0 以上の整数であるから　　$(p,\ q)=(0,\ 3)$，$(4,\ 0)$

よって，① から　　$(p,\ q,\ r)=(0,\ 3,\ 2)$，$(4,\ 0,\ 1)$

←$p+q+r=5$ から $r=5-(p+q)$

したがって，求める係数は

$$(-1)^5\cdot\frac{5!3^2}{0!3!2!}+(-1)\cdot\frac{5!3}{4!0!1!}=-90-15=\mathbf{-105}$$

←$0!=1$

(2) $\left(a+b+\dfrac{1}{a}+\dfrac{1}{b}\right)^7$ の展開式の一般項は

$$\frac{7!}{p!q!r!s!}a^pb^q\left(\frac{1}{a}\right)^r\left(\frac{1}{b}\right)^s=\frac{7!}{p!q!r!s!}a^{p-r}b^{q-s}$$

←$\left(\dfrac{1}{a}\right)^r=a^{-r}$，$\left(\dfrac{1}{b}\right)^s=b^{-s}$

ただし　$p+q+r+s=7$，$p\geqq 0$，$q\geqq 0$，$r\geqq 0$，$s\geqq 0$

ab^2 の項は，$p-r=1$，$q-s=2$ のときである。

$p-r=1$ から　　$r=p-1$，　$q-s=2$ から　　$s=q-2$

$p+q+r+s=7$ に代入して　　$p+q+(p-1)+(q-2)=7$

←r，s を消去。

整理すると　　$p+q=5$

また，$r=p-1$ と $r\geqq 0$，$s=q-2$ と $s\geqq 0$ から　　$p\geqq 1$，$q\geqq 2$

←$p-1\geqq 0$，$q-2\geqq 0$

$p+q=5$ を満たす $p\geqq 1$，$q\geqq 2$ である整数 p，q の値は

$$(p,\ q)=(1,\ 4),\ (2,\ 3),\ (3,\ 2)$$

$r=p-1$，$s=q-2$ に代入して，条件を満たす p，q，r，s の値の組は

$$(p,\ q,\ r,\ s)=(1,\ 4,\ 0,\ 2),\ (2,\ 3,\ 1,\ 1),\ (3,\ 2,\ 2,\ 0)$$

したがって，求める係数は

$$\frac{7!}{1!4!0!2!}+\frac{7!}{2!3!1!1!}+\frac{7!}{3!2!2!0!}=105+420+210=\mathbf{735}$$

←$0!=1$

練習 ②5　次の等式が成り立つことを証明せよ。

(1) ${}_n\mathrm{C}_0-\dfrac{{}_n\mathrm{C}_1}{2}+\dfrac{{}_n\mathrm{C}_2}{2^2}-\cdots\cdots+(-1)^n\dfrac{{}_n\mathrm{C}_n}{2^n}=\dfrac{1}{2^n}$

(2) n が奇数のとき　${}_n\mathrm{C}_0+{}_n\mathrm{C}_2+\cdots\cdots+{}_n\mathrm{C}_{n-1}={}_n\mathrm{C}_1+{}_n\mathrm{C}_3+\cdots\cdots+{}_n\mathrm{C}_n=2^{n-1}$

(3) n が偶数のとき　${}_n\mathrm{C}_0+{}_n\mathrm{C}_2+\cdots\cdots+{}_n\mathrm{C}_n={}_n\mathrm{C}_1+{}_n\mathrm{C}_3+\cdots\cdots+{}_n\mathrm{C}_{n-1}=2^{n-1}$

HINT　$(1+x)^n$ の展開式を利用して，証明する。

(2)，(3)　$(1+x)^n$ の展開式において，$x=1$ を代入した等式と $x=-1$ を代入した等式を組み合わせる。

$(1+x)^n={}_n\mathrm{C}_0+{}_n\mathrm{C}_1x+\cdots\cdots+{}_n\mathrm{C}_rx^r+\cdots\cdots+{}_n\mathrm{C}_nx^n$ …… ①

とする。

(1) ① の等式において，$x=-\dfrac{1}{2}$ を代入すると

$$\left(1-\frac{1}{2}\right)^n={}_n\mathrm{C}_0+{}_n\mathrm{C}_1\left(-\frac{1}{2}\right)+{}_n\mathrm{C}_2\left(-\frac{1}{2}\right)^2+\cdots\cdots+{}_n\mathrm{C}_n\left(-\frac{1}{2}\right)^n$$

←n の偶数，奇数に対し，最終項の符号は $(-1)^n$

ゆえに　${}_n\mathrm{C}_0-\dfrac{{}_n\mathrm{C}_1}{2}+\dfrac{{}_n\mathrm{C}_2}{2^2}-\cdots\cdots+(-1)^n\dfrac{{}_n\mathrm{C}_n}{2^n}=\dfrac{1}{2^n}$

(2) ① の等式において，$x=1$ を代入すると

$2^n={}_n\mathrm{C}_0+{}_n\mathrm{C}_1+{}_n\mathrm{C}_2+\cdots\cdots+{}_n\mathrm{C}_n$ …… ②

① の等式において，$x=-1$ を代入すると

$0={}_n\mathrm{C}_0-{}_n\mathrm{C}_1+{}_n\mathrm{C}_2-\cdots\cdots-{}_n\mathrm{C}_n$ …… ③

←n は奇数であるから $(-1)^n=-1$

②＋③ から　$2^n=2({}_n\mathrm{C}_0+{}_n\mathrm{C}_2+\cdots\cdots+{}_n\mathrm{C}_{n-1})$

②－③ から　$2^n=2({}_n\mathrm{C}_1+{}_n\mathrm{C}_3+\cdots\cdots+{}_n\mathrm{C}_n)$

したがって

←2 式とも (両辺)÷2

${}_n\mathrm{C}_0+{}_n\mathrm{C}_2+\cdots\cdots+{}_n\mathrm{C}_{n-1}={}_n\mathrm{C}_1+{}_n\mathrm{C}_3+\cdots\cdots+{}_n\mathrm{C}_n=2^{n-1}$

(3) ① の等式において，$x=-1$ を代入すると

$0={}_n\mathrm{C}_0-{}_n\mathrm{C}_1+{}_n\mathrm{C}_2-\cdots\cdots+{}_n\mathrm{C}_n$ …… ④

←n は偶数であるから $(-1)^n=1$

よって，②＋④ から　$2^n=2({}_n\mathrm{C}_0+{}_n\mathrm{C}_2+\cdots\cdots+{}_n\mathrm{C}_n)$

②－④ から　$2^n=2({}_n\mathrm{C}_1+{}_n\mathrm{C}_3+\cdots\cdots+{}_n\mathrm{C}_{n-1})$

したがって

←2 式とも (両辺)÷2

${}_n\mathrm{C}_0+{}_n\mathrm{C}_2+\cdots\cdots+{}_n\mathrm{C}_n={}_n\mathrm{C}_1+{}_n\mathrm{C}_3+\cdots\cdots+{}_n\mathrm{C}_{n-1}=2^{n-1}$

練習 ④6

(1) 101^{15} の百万の位の数は □ である。〔南山大〕

(2) 21^{21} を 400 で割ったときの余りを求めよ。〔類 中央大〕

(1) $101^{15}=(1+100)^{15}$ の展開式の一般項は

${}_{15}\mathrm{C}_k\cdot100^k={}_{15}\mathrm{C}_k\cdot10^{2k}$ $(0\leqq k\leqq15)$

←$100^k=(10^2)^k=10^{2k}$

$k=0$ のとき　${}_{15}\mathrm{C}_0\cdot10^0=1$

←${}_{15}\mathrm{C}_0=1$，$10^0=1$

$k=1$ のとき　${}_{15}\mathrm{C}_1\cdot10^2=1500$

$k=2$ のとき　${}_{15}\mathrm{C}_2\cdot10^4=105\cdot10^4=1050000$

← 1050000（百万の位↓1）

$k=3$ のとき　${}_{15}\mathrm{C}_3\cdot10^6=455\cdot10^6=455000000$

←455000000

$k\geqq4$ のとき　${}_{15}\mathrm{C}_k\cdot10^{2k}$

ここで，$2k\geqq8$ であるから，百万の位の数は 0 である。

←${}_{15}\mathrm{C}_k\cdot10^{2k}\geqq{}_{15}\mathrm{C}_k\cdot10^8$　10^8 は 1 億。

よって，101^{15} の百万の位の数は　$1+5=$**6**

(2) $(20+1)^{21}=20^{21}+{}_{21}\mathrm{C}_1\cdot20^{20}+{}_{21}\mathrm{C}_2\cdot20^{19}+\cdots\cdots+{}_{21}\mathrm{C}_{19}\cdot20^2$

$+{}_{21}\mathrm{C}_{20}\cdot20+{}_{21}\mathrm{C}_{21}$

←${}_{21}\mathrm{C}_{20}\cdot20+{}_{21}\mathrm{C}_{21}$ $=21\cdot20+1$ $=400+21$

$=20^2(20^{19}+{}_{21}\mathrm{C}_1\cdot20^{18}+{}_{21}\mathrm{C}_2\cdot20^{17}+\cdots\cdots+{}_{21}\mathrm{C}_{19})$

$+400+21$

$=400(20^{19}+{}_{21}\mathrm{C}_1\cdot20^{18}+\cdots\cdots+{}_{21}\mathrm{C}_{19}+1)+21$

←$21^{21}=400M+r$ の形。(M は整数，$0\leqq r<400$)

ここで，$20^{19}+{}_{21}\mathrm{C}_1\cdot20^{18}+\cdots\cdots+{}_{21}\mathrm{C}_{19}+1$ は整数であるから，

21^{21} を 400 で割ったときの余りは　**21**

練習 ④7 正の整数 n で n^n+1 が3で割り切れるものをすべて求めよ。 〔類 一橋大〕

n を3で割ったときの商を q とすると，n は

$3q$，$3q+1$，$3q+2$ のいずれかで表される。 ←3で割った余りは0か1か2である。

[1] $n=3q$ のとき，$q\geqq 1$ であり

$$n^n+1=(3q)^{3q}+1=3(3^{3q-1}\cdot q^{3q})+1$$

$3q-1\geqq 2$，$3q\geqq 3$ であるから，$3^{3q-1}\cdot q^{3q}$ は整数である。 ←$n^n+1=3\times$(整数)$+1$

よって，n^n+1 は3で割り切れない。

[2] $n=3q+1$ のとき，$q\geqq 0$ であり

n^n+1

$=(3q+1)^{3q+1}+1$ ←二項定理を利用。

$=\underline{{}_{3q+1}C_0(3q)^{3q+1}+{}_{3q+1}C_1(3q)^{3q}+\cdots+{}_{3q+1}C_{3q}3q}+{}_{3q+1}C_{3q+1}+1$ ←＿の各項は3×(整数)の形。

$=3\times$(整数)$+2$

よって，n^n+1 は3で割り切れない。

[3] $n=3q+2$ のとき，$q\geqq 0$ であり

n^n+1

$=(3q+2)^{3q+2}+1$ ←二項定理を利用。

$=\underline{{}_{3q+2}C_0(3q)^{3q+2}+{}_{3q+2}C_1(3q)^{3q+1}\cdot 2+\cdots\cdots+{}_{3q+2}C_{3q+1}3q\cdot 2^{3q+1}}$ ←＿の各項は3×(整数)の形。

$+{}_{3q+2}C_{3q+2}\cdot 2^{3q+2}+1$

$=3\times$(整数)$+2^{3q+2}+1$ …… ①

ここで

$2^{3q+2}+1$

$=(3-1)^{3q+2}+1$ ←もう一度二項定理。

$=\underline{{}_{3q+2}C_0 3^{3q+2}+{}_{3q+2}C_1 3^{3q+1}(-1)+\cdots\cdots+{}_{3q+2}C_{3q+1}\cdot 3(-1)^{3q+1}}$ ←＿の各項は3×(整数)の形。

$+{}_{3q+2}C_{3q+2}(-1)^{3q+2}+1$

$=3\times$(整数)$+(-1)^{3q+2}+1$ …… ②

$(-1)^{3q+2}+1$ の値について調べると ←$\begin{cases}(-1)^{偶数}=1\\(-1)^{奇数}=-1\end{cases}$ を利用するために，偶奇に分ける。

(i) q が偶数，すなわち $q=2k$（k は0以上の整数）のとき

$$(-1)^{3q+2}+1=(-1)^{6k+2}+1=1+1=2$$

このとき，①，②から，n^n+1 は3で割り切れない。

(ii) q が奇数，すなわち $q=2k+1$（k は0以上の整数）のとき

$$(-1)^{3q+2}+1=(-1)^{6k+5}+1=-1+1=0$$ ←$6k+5$ は奇数。

このとき，①，②から，n^n+1 は3で割り切れる。

[1]～[3]から，n^n+1 が3で割り切れるのは，

$n=3(2k+1)+2=$ **$6k+5$（k は0以上の整数）** のときである。 ←[3](ii)のときのみ。

練習 ②8

(1) 次の多項式 A を多項式 B で割った商と余りを求めよ。

(ア) $A=3x^2+5x+4$, $B=x+1$　　(イ) $A=2x^4-6x^3+5x-3$, $B=2x^2-3$

(2) 次の式 A, B を x についての多項式とみて，A を B で割った商と余りを求めよ。

$A=3x^3+4y^3-11x^2y$, $B=3x-2y$

(1)

(ア)

$$
\begin{array}{r|l}
 & 3x+2 \\ \hline
x+1 & 3x^2+5x+4 \\
 & 3x^2+3x \\ \hline
 & \quad 2x+4 \\
 & \quad 2x+2 \\ \hline
 & \qquad 2
\end{array}
$$

商 $3x+2$，余り 2

(イ)

$$
\begin{array}{r|l}
 & x^2-3x+\frac{3}{2} \\ \hline
2x^2-3 & 2x^4-6x^3\qquad+5x-3 \\
 & 2x^4\qquad-3x^2 \\ \hline
 & \quad -6x^3+3x^2+5x \\
 & \quad -6x^3\qquad+9x \\ \hline
 & \qquad 3x^2-4x-3 \\
 & \qquad 3x^2\qquad-\frac{9}{2} \\ \hline
 & \qquad\quad -4x+\frac{3}{2}
\end{array}
$$

←文字式は降べきの順に整理して，欠けている次数の項はあける。

商 $x^2-3x+\frac{3}{2}$，余り $-4x+\frac{3}{2}$

(2)

$$
\begin{array}{r|l}
 & x^2-3xy-2y^2 \\ \hline
3x-2y & 3x^3-11x^2y\qquad+4y^3 \\
 & 3x^3-2x^2y \\ \hline
 & \quad -9x^2y \\
 & \quad -9x^2y+6xy^2 \\ \hline
 & \qquad -6xy^2+4y^3 \\
 & \qquad -6xy^2+4y^3 \\ \hline
 & \qquad\qquad 0
\end{array}
$$

商 $x^2-3xy-2y^2$，余り 0

練習 ②9

(1) $2x^2+x-2$ で割ると，商が $-3x+5$，余りが $-2x+4$ である多項式 A を求めよ。

(2) $3x^3-2x^2+1$ をある多項式 B で割ると，商が $x+1$，余りが $x-3$ であるという。多項式 B を求めよ。　[(2) 摂南大]

(1) $A=(2x^2+x-2)\times(-3x+5)-2x+4$

$\quad =\boldsymbol{-6x^3+7x^2+9x-6}$

←多項式の積では縦書きの計算も有効。

$$
\begin{array}{rr}
 & 2x^2+x\ -2 \\
\times) & -3x\ +5 \\ \hline
 & -6x^3-3x^2+6x \\
 & 10x^2+5x-10 \\ \hline
 & -6x^3+7x^2+11x-10
\end{array}
$$

(2) $3x^3-2x^2+1=B\times(x+1)+x-3$

よって

$3x^3-2x^2-x+4=B\times(x+1)$

ゆえに，$3x^3-2x^2-x+4$ は $x+1$ で割り切れて，その商が B である。

右の計算から

$\boldsymbol{B=3x^2-5x+4}$

$$
\begin{array}{r|l}
 & 3x^2-5x+4 \\ \hline
x+1 & 3x^3-2x^2-x+4 \\
 & 3x^3+3x^2 \\ \hline
 & \quad -5x^2-x \\
 & \quad -5x^2-5x \\ \hline
 & \qquad 4x+4 \\
 & \qquad 4x+4 \\ \hline
 & \qquad\quad 0
\end{array}
$$

練習 ①10
(1) 次の分数式を約分して，既約分数式にせよ。
(ア) $\dfrac{4a^2bc^3}{12ab^3c}$　(イ) $\dfrac{a^4+a^3-2a^2}{a^2-4}$　(ウ) $\dfrac{x^4-y^4}{(x-y)(x^3+y^3)}$
(2) 次の計算をせよ。
(ア) $\dfrac{8x^3z}{9bc^3}\times\dfrac{27abc}{4xyz^2}$　(イ) $\dfrac{a+b}{a^2+b^2}\times\dfrac{a^3+ab^2}{a^2-b^2}$　(ウ) $\dfrac{x^2+5x+4}{x^2+2x}\div\dfrac{x+4}{x}\times\dfrac{1}{x+1}$

(1) (ア) $\dfrac{4a^2bc^3}{12ab^3c}=\dfrac{4abc\cdot ac^2}{4abc\cdot 3b^2}=\boldsymbol{\dfrac{ac^2}{3b^2}}$

(イ) $\dfrac{a^4+a^3-2a^2}{a^2-4}=\dfrac{a^2(a^2+a-2)}{(a+2)(a-2)}=\dfrac{a^2(a+2)(a-1)}{(a+2)(a-2)}$
$=\boldsymbol{\dfrac{a^2(a-1)}{a-2}}$

(ウ) $\dfrac{x^4-y^4}{(x-y)(x^3+y^3)}=\dfrac{(x^2-y^2)(x^2+y^2)}{(x-y)(x+y)(x^2-xy+y^2)}$
$=\dfrac{(x-y)(x+y)(x^2+y^2)}{(x-y)(x+y)(x^2-xy+y^2)}$
$=\boldsymbol{\dfrac{x^2+y^2}{x^2-xy+y^2}}$

(2) (ア) (与式)$=\dfrac{2^3\cdot 3^3}{2^2\cdot 3^2}\times a\times\dfrac{b}{b}\times\dfrac{c}{c^3}\times\dfrac{x^3}{x}\times\dfrac{1}{y}\times\dfrac{z}{z^2}=\boldsymbol{\dfrac{6ax^2}{c^2yz}}$

(イ) (与式)$=\dfrac{a+b}{a^2+b^2}\times\dfrac{a(a^2+b^2)}{(a+b)(a-b)}=\boldsymbol{\dfrac{a}{a-b}}$

(ウ) (与式)$=\dfrac{(x+1)(x+4)}{x(x+2)}\times\dfrac{x}{x+4}\times\dfrac{1}{x+1}=\boldsymbol{\dfrac{1}{x+2}}$

←$\dfrac{4}{12}\cdot\dfrac{a^2}{a}\cdot\dfrac{b}{b^3}\cdot\dfrac{c^3}{c}$ としてもよい。
←分母，分子をそれぞれ因数分解。
←$\div\dfrac{x+4}{x}$ は $\times\dfrac{x}{x+4}$ に。

練習 ②11
次の計算をせよ。
(1) $\dfrac{2x+7}{x^2+6x+8}-\dfrac{x-4}{x^2-4}$　(2) $\dfrac{a+b}{a-b}+\dfrac{a-b}{a+b}-\dfrac{2(a^2-b^2)}{a^2+b^2}$

(1) (与式)$=\dfrac{2x+7}{(x+2)(x+4)}-\dfrac{x-4}{(x+2)(x-2)}$
$=\dfrac{(2x+7)(x-2)}{(x+2)(x-2)(x+4)}-\dfrac{(x-4)(x+4)}{(x+2)(x-2)(x+4)}$
$=\dfrac{(2x+7)(x-2)-(x-4)(x+4)}{(x+2)(x-2)(x+4)}$
$=\dfrac{x^2+3x+2}{(x+2)(x-2)(x+4)}=\dfrac{(x+1)(x+2)}{(x+2)(x-2)(x+4)}$
$=\boldsymbol{\dfrac{x+1}{(x-2)(x+4)}}$

(2) (与式)$=\dfrac{(a+b)^2+(a-b)^2}{(a-b)(a+b)}-\dfrac{2(a^2-b^2)}{a^2+b^2}$
$=\dfrac{2(a^2+b^2)}{a^2-b^2}-\dfrac{2(a^2-b^2)}{a^2+b^2}$
$=\dfrac{2\{(a^2+b^2)^2-(a^2-b^2)^2\}}{(a^2-b^2)(a^2+b^2)}=\boldsymbol{\dfrac{8a^2b^2}{a^4-b^4}}$

←分母を因数分解。
←約分を忘れないように。

多くの式の和・差 組み合わせに注意
←$(a+b)^2+(a-b)^2$
$=2(a^2+b^2)$
←$(a^2+b^2)^2-(a^2-b^2)^2$
$=4a^2b^2$

練習 ③12 次の計算をせよ。

(1) $\dfrac{1}{(x-1)x}+\dfrac{1}{x(x+1)}+\dfrac{1}{(x+1)(x+2)}$ (2) $\dfrac{2}{(n-2)n}+\dfrac{2}{n(n+2)}+\dfrac{2}{(n+2)(n+4)}$

(1) $(\text{与式})=\left(\dfrac{1}{x-1}-\dfrac{1}{x}\right)+\left(\dfrac{1}{x}-\dfrac{1}{x+1}\right)+\left(\dfrac{1}{x+1}-\dfrac{1}{x+2}\right)$

$=\dfrac{1}{x-1}-\dfrac{1}{x+2}=\boldsymbol{\dfrac{3}{(x-1)(x+2)}}$

(2) $(\text{与式})=\left(\dfrac{1}{n-2}-\dfrac{1}{n}\right)+\left(\dfrac{1}{n}-\dfrac{1}{n+2}\right)+\left(\dfrac{1}{n+2}-\dfrac{1}{n+4}\right)$

$=\dfrac{1}{n-2}-\dfrac{1}{n+4}=\boldsymbol{\dfrac{6}{(n-2)(n+4)}}$

←$\dfrac{1}{(x-1)x}=\dfrac{x-(x-1)}{(x-1)x}$
$=\dfrac{1}{x-1}-\dfrac{1}{x}$
他の項も同様。

練習 ③13 次の計算をせよ。

(1) $\dfrac{x^2+2x+3}{x}-\dfrac{x^2+3x+5}{x+1}$ (2) $\dfrac{x+1}{x+2}-\dfrac{x+2}{x+3}-\dfrac{x+3}{x+4}+\dfrac{x+4}{x+5}$

(1) $(\text{与式})=\dfrac{x(x+2)+3}{x}-\dfrac{(x+1)(x+2)+3}{x+1}$

$=\left(x+2+\dfrac{3}{x}\right)-\left(x+2+\dfrac{3}{x+1}\right)$

$=\dfrac{3}{x}-\dfrac{3}{x+1}=\dfrac{3\{(x+1)-x\}}{x(x+1)}=\boldsymbol{\dfrac{3}{x(x+1)}}$

←第 2 項は x^2+3x+5 を $x+1$ で割って
x^2+3x+5
$=(x+1)(x+2)+3$

(2) $(\text{与式})=\left(1-\dfrac{1}{x+2}\right)-\left(1-\dfrac{1}{x+3}\right)-\left(1-\dfrac{1}{x+4}\right)+\left(1-\dfrac{1}{x+5}\right)$

$=-\dfrac{1}{x+2}+\dfrac{1}{x+3}+\dfrac{1}{x+4}-\dfrac{1}{x+5}$

$=\dfrac{-(x+3)+(x+2)}{(x+2)(x+3)}+\dfrac{(x+5)-(x+4)}{(x+4)(x+5)}$

$=\dfrac{-1}{(x+2)(x+3)}+\dfrac{1}{(x+4)(x+5)}$

$=\dfrac{-(x+4)(x+5)+(x+2)(x+3)}{(x+2)(x+3)(x+4)(x+5)}$

$=\boldsymbol{-\dfrac{2(2x+7)}{(x+2)(x+3)(x+4)(x+5)}}$

←$x+1=(x+2)-1$
$x+2=(x+3)-1$
$x+3=(x+4)-1$
$x+4=(x+5)-1$

←組み合わせを工夫する。

練習 ③14 次の式を簡単にせよ。

(1) $\dfrac{x-1+\dfrac{2}{x+2}}{x+1-\dfrac{2}{x+2}}$ (2) $\dfrac{\dfrac{1}{1-x}+\dfrac{1}{1+x}}{\dfrac{1}{1-x}-\dfrac{1}{1+x}}$ (3) $\dfrac{1}{1+\dfrac{1}{1+\dfrac{1}{x+1}}}$

(1) $(\text{分子})=\dfrac{(x-1)(x+2)+2}{x+2}=\dfrac{x^2+x}{x+2}=\dfrac{x(x+1)}{x+2}$

$(\text{分母})=\dfrac{(x+1)(x+2)-2}{x+2}=\dfrac{x^2+3x}{x+2}=\dfrac{x(x+3)}{x+2}$

よって

$(\text{与式})=\dfrac{x(x+1)}{x+2}\div\dfrac{x(x+3)}{x+2}=\dfrac{x(x+1)}{x+2}\times\dfrac{x+2}{x(x+3)}=\boldsymbol{\dfrac{x+1}{x+3}}$

←$\div\dfrac{C}{D}$ は $\times\dfrac{D}{C}$ に。

別解　分母・分子に $x+2$ を掛けると

$$(\text{与式})=\frac{(x-1)(x+2)+2}{(x+1)(x+2)-2}=\frac{x(x+1)}{x(x+3)}=\boldsymbol{\frac{x+1}{x+3}}$$

←分母・分子に同じ式を掛ける。

(2)　$(\text{分子})=\dfrac{1+x+1-x}{(1-x)(1+x)}=\dfrac{2}{(1-x)(1+x)}$

$(\text{分母})=\dfrac{1+x-(1-x)}{(1-x)(1+x)}=\dfrac{2x}{(1-x)(1+x)}$

よって　$(\text{与式})=\dfrac{2}{(1-x)(1+x)}\div\dfrac{2x}{(1-x)(1+x)}$

$=\dfrac{2}{(1-x)(1+x)}\times\dfrac{(1-x)(1+x)}{2x}=\boldsymbol{\dfrac{1}{x}}$

←$\div\dfrac{C}{D}$ は $\times\dfrac{D}{C}$ に。

別解　分母・分子に $(1-x)(1+x)$ を掛けると

$$(\text{与式})=\frac{(1+x)+(1-x)}{(1+x)-(1-x)}=\frac{2}{2x}=\boldsymbol{\frac{1}{x}}$$

←分母・分子に同じ式を掛ける。

(3)　$(\text{与式})=\dfrac{❶\,1+\dfrac{1}{x+1}}{\left(1+\dfrac{1}{x+1}\right)+1}=\dfrac{❷\,(x+1)+1}{2(x+1)+1}=\boldsymbol{\dfrac{x+2}{2x+3}}$

←分母・分子に
❶ $1+\dfrac{1}{x+1}$ を掛ける。
❷ $x+1$ を掛ける。

別解 1　$\dfrac{1}{1+\dfrac{1}{\boxed{1+\dfrac{1}{x+1}}}}=\dfrac{1}{1+\dfrac{1}{\boxed{\dfrac{x+2}{x+1}}}}=\dfrac{1}{1+\dfrac{x+1}{x+2}}=\dfrac{1}{\dfrac{2x+3}{x+2}}$

$=\boldsymbol{\dfrac{x+2}{2x+3}}$

←小刻みに計算する。

別解 2　$\dfrac{1}{1+\boxed{\dfrac{1}{1+\dfrac{1}{x+1}}}}=\dfrac{1}{1+\boxed{\dfrac{x+1}{(x+1)+1}}}=\dfrac{1}{1+\dfrac{x+1}{x+2}}=\boldsymbol{\dfrac{x+2}{2x+3}}$

←□の分数式の分母・分子に $x+1$ を掛ける。

練習 ②15　次の等式が x についての恒等式となるように，定数 a，b，c，d の値を定めよ。

$$ax^3+25x^2+bx+6=(x+3)(cx+1)(3x+d)$$

与式の右辺を展開して整理すると

$ax^3+25x^2+bx+6=3cx^3+(cd+9c+3)x^2+(3cd+d+9)x+3d$

←降べきの順に整理。

両辺の同じ次数の項の係数を比較して

←係数比較法。

$a=3c$ …… ①，　$25=cd+9c+3$ …… ②，

$b=3cd+d+9$ …… ③，　$6=3d$ …… ④

④ から　$d=2$　② に代入して整理すると　$11c=22$

ゆえに　$c=2$　① に代入して　$a=6$

③ から　$b=3\cdot2\cdot2+2+9=23$

以上から　$\boldsymbol{a=6,\ b=23,\ c=2,\ d=2}$

練習 ②16　次の等式が x についての恒等式となるように，定数 a，b，c の値を定めよ。

(1)　$a(x-1)^2+b(x-1)+c=x^2+1$　〔西日本工大〕

(2)　$4x^2-13x+13=a(x^2-1)+b(x+1)(x-2)+c(x-2)(x-1)$

(1) この等式が恒等式ならば，$x=1,\ 2,\ 0$ を代入しても成り立つ。
これらの値を代入すると，それぞれ

$$c=2,\ a+b+c=5,\ a-b+c=1$$

よって　$a=1,\ b=2,\ c=2$ …… ①

このとき　$(\text{左辺})=(x-1)^2+2(x-1)+2$

$$=x^2-2x+1+2x-2+2=x^2+1$$

となり，与式は恒等式である。

したがって　$\boldsymbol{a=1,\ b=2,\ c=2}$

注意 「このとき」以後は，次のように書いてもよい。

等式の両辺は x の2次以下の多項式であり，① の $a,\ b,\ c$ の値のとき，異なる3個の x の値に対して等式が成り立つから，この等式は x についての恒等式である。

したがって　$\boldsymbol{a=1,\ b=2,\ c=2}$

別解 $x-1=X$ とおくと　$x=X+1$

よって，与式は　$aX^2+bX+c=(X+1)^2+1$

すなわち　$aX^2+bX+c=X^2+2X+2$

これが X についての恒等式であるから　$\boldsymbol{a=1,\ b=2,\ c=2}$

(2) この等式が恒等式ならば，$x=2,\ 1,\ -1$ を代入しても成り立つ。これらの値を代入すると，それぞれ

$$3=3a,\ 4=-2b,\ 30=6c$$

よって　$a=1,\ b=-2,\ c=5$

このとき　$(\text{右辺})=x^2-1-2(x+1)(x-2)+5(x-2)(x-1)$

$$=x^2-1-2(x^2-x-2)+5(x^2-3x+2)$$

$$=4x^2-13x+13$$

となり，与式は恒等式である。

したがって　$\boldsymbol{a=1,\ b=-2,\ c=5}$

←数値代入法。
$x-1=0$，$(x-1)^2=1^2$ となるような x の値を代入。

←ここまでで必要条件。

←十分条件の確認。

←**等式 $P=Q$ が $n+1$ 個の異なる x の値に対して成り立つならば，この等式は x についての恒等式である** ことを利用。

←左辺に $x-1$ が多く現れるので，$x-1=X$ とおき換える。

←係数比較法。

←数値代入法。

←ここまでで必要条件。

←十分条件の確認。

練習 ②17

等式 $\dfrac{1}{(x+1)(x+2)(x+3)}=\dfrac{a}{x+1}+\dfrac{b}{x+2}+\dfrac{c}{x+3}$ が x についての恒等式となるように，定数 a，b，c の値を定めよ。　〔類 静岡理工科大〕

両辺に $(x+1)(x+2)(x+3)$ を掛けて得られる等式

$$1=a(x+2)(x+3)+b(x+1)(x+3)+c(x+1)(x+2) \quad \cdots\cdots ①$$

も x についての恒等式である。

解答 1. $(\text{右辺})=a(x^2+5x+6)+b(x^2+4x+3)+c(x^2+3x+2)$

$$=(a+b+c)x^2+(5a+4b+3c)x+6a+3b+2c$$

両辺の係数を比較して

$$a+b+c=0,\ 5a+4b+3c=0,\ 6a+3b+2c=1$$

この連立方程式を解いて　$\boldsymbol{a=\dfrac{1}{2},\ b=-1,\ c=\dfrac{1}{2}}$

解答 2. ① の両辺に $x=-1,\ -2,\ -3$ を代入すると，それぞれ

$$1=2a,\ 1=-b,\ 1=2c$$

よって　$a=\dfrac{1}{2},\ b=-1,\ c=\dfrac{1}{2}$

←分母を払って，整式の恒等式の問題に直す。

←係数比較法による解答。

←数値代入法による解答。

a, b, c がこれらの値のとき，① の両辺は x の 2 次以下の多項式であり，異なる 3 個の x の値に対して ① が成り立つから，① は x についての恒等式である。

したがって　$\boldsymbol{a=\frac{1}{2}}$, $\boldsymbol{b=-1}$, $\boldsymbol{c=\frac{1}{2}}$

←十分条件の確認。求めた a, b, c の値を ① に代入して確かめてもよい。

練習 ③18

(1)　x の多項式 $2x^3+ax^2+x+1$ を多項式 x^2+x+1 で割ると，商が $bx-1$，余りが R であった。このとき，定数 a, b の値と R を求めよ。ただし，R は x の多項式または定数であるとする。

(2)　x の多項式 x^3-x^2+ax+b が多項式 x^2+x+1 で割り切れて，商が x の多項式 Q であるという。このとき，定数 a, b の値と Q を求めよ。　[(2) 類 京都産大]

(1)　2 次式 x^2+x+1 で割ったときの余り R を $R=cx+d$ とすると，条件から，次の等式が成り立つ。

$$2x^3+ax^2+x+1=(x^2+x+1)(bx-1)+cx+d$$

←割り算の等式 $A=BQ+R$

この等式は x についての恒等式である。

右辺を x について整理すると

$$2x^3+ax^2+x+1=bx^3+(b-1)x^2+(b+c-1)x-1+d$$

←x について整理。

両辺の同じ次数の項の係数は等しいから

$$2=b,\ a=b-1,\ 1=b+c-1,\ 1=-1+d$$

←係数比較法。

この連立方程式を解いて　$a=1$, $b=2$, $c=0$, $d=2$

したがって　$\boldsymbol{a=1}$, $\boldsymbol{b=2}$; $\boldsymbol{R=2}$

(2)　2 次式 x^2+x+1 で割ったときの商を $Q=cx+d$ とすると，

$$x^3-x^2+ax+b=(x^2+x+1)(cx+d)$$

←割り算の等式 $\boldsymbol{A=BQ+R}$ **割り切れる** $\Longrightarrow$ $\boldsymbol{R=0}$

は x についての恒等式である。

右辺を展開して整理すると

$$x^3-x^2+ax+b=cx^3+(c+d)x^2+(c+d)x+d$$

←x について整理。

両辺の同じ次数の項の係数は等しいから

←係数比較法。

$$1=c,\ -1=c+d,\ a=c+d,\ b=d$$

この連立方程式を解いて　$a=-1$, $b=-2$, $c=1$, $d=-2$

したがって　$\boldsymbol{a=-1}$, $\boldsymbol{b=-2}$; $\boldsymbol{Q=x-2}$

別解　x^3-x^2+ax+b を x^2+x+1 で割ったときの商と余りは，右の計算により

商 $x-2$，余り $(a+1)x+b+2$

余りが 0 になるとき，$(a+1)x+b+2=0$ が x についての恒等式であるから　$a+1=0$, $b+2=0$

よって　$\boldsymbol{a=-1}$, $\boldsymbol{b=-2}$; $\boldsymbol{Q=x-2}$

$$\begin{array}{r|l} & x\ -2 \\ \hline x^2+x+1 & x^3-\ x^2+\qquad ax+b \\ & x^3+\ x^2+\qquad x \\ \hline & -2x^2+(a-1)x+b \\ & -2x^2\qquad -2x-2 \\ \hline & (a+1)x+b+2 \end{array}$$

練習 ③19

次の等式が x, y についての恒等式となるように，定数 a, b, c の値を定めよ。

$$6x^2+17xy+12y^2-11x-17y-7=(ax+3y+b)(cx+4y-7)$$

右辺を展開して整理すると

$$6x^2+17xy+12y^2-11x-17y-7$$
$$=acx^2+(4a+3c)xy+12y^2+(-7a+bc)x+(-21+4b)y-7b$$

これが x, y についての恒等式であるための条件は，両辺の同類項の係数が等しいことであるから

←係数比較法。

$6=ac$ …… ①，$17=4a+3c$ …… ②，
$-11=-7a+bc$ …… ③，$-17=-21+4b$ …… ④，
$-7=-7b$ …… ⑤

⑤ から　$b=1$　　これは ④ を満たす。

$b=1$ を ③ に代入して　$-11=-7a+c$ …… ⑥

②，⑥ を解いて　$a=2$，$c=3$　　これらは ① を満たす。

したがって　$\boldsymbol{a=2,\ b=1,\ c=3}$

←文字 3 つに方程式 5 つ。**方程式の数が多い**。まず，⑤ から b を求め，これが ④ を満たすことを **確認** する。このとき，②，③ から a，c が求められる。これが ① を満たすことを **確認** する。

練習 ③20　x，y，z に対して，$x-2y+z=4$ および $2x+y-3z=-7$ を満たすとき，$ax^2+2by^2+3cz^2=18$ が成立する。このとき，定数 a，b，c の値を求めよ。　〔西南学院大〕

$x-2y+z=4$ …… ①，$2x+y-3z=-7$ …… ② とする。

①×3+② から　$5x-5y=5$

よって　$y=x-1$ …… ③

①+②×2 から　$5x-5z=-10$

よって　$z=x+2$ …… ④

←①，② を y，z の連立方程式とみて，y，z をそれぞれ x で表す。

③，④ を $ax^2+2by^2+3cz^2=18$ に代入すると

$$ax^2+2b(x-1)^2+3c(x+2)^2=18$$

←y，z を消去。

整理すると　$(a+2b+3c)x^2+(-4b+12c)x+2b+12c-18=0$

←x について整理。

この等式が x についての恒等式であるから

$$a+2b+3c=0,\ -4b+12c=0,\ 2b+12c-18=0$$

←係数比較法。

この連立方程式を解いて　$\boldsymbol{a=-9,\ b=3,\ c=1}$

練習 ④21　$f(x)$ は最高次の係数が 1 である多項式であり，正の定数 a，b に対し，常に $f(x^2)=\{f(x)-ax-b\}(x^2-x+2)$ が成り立っている。このとき，$f(x)$ の次数および a，b の値を求めよ。

HINT　$f(x)$ が n 次式であるとして，恒等式における両辺の式の次数が等しいことに着目する。$n=0$，$n=1$，$n\geqq 2$ で分けて考えるとよい。

$f(x^2)=\{f(x)-ax-b\}(x^2-x+2)$ …… ① とする。

$f(x)$ を n 次式とすると

[1]　$n=0$ すなわち $f(x)=1$ のときは明らかに ① を満たさず，不適。

←① の左辺は 1，右辺は 3 次式。

[2]　$n=1$ のとき

$f(x)=x+c$（c は定数）とする。このとき，① の左辺は 2 次式である。

←$f(x^2)=x^2+c$

$a\neq 1$ のとき，① の右辺は 3 次式となるため，不適。

←$f(x)-ax-b=(1$ 次式$)$

$a=1$ かつ $b=c$ のとき，右辺は 0 となるため，不適。

←$f(x)-ax-b=0$

$a=1$ かつ $b\neq c$ のとき，右辺は 2 次式となる。

←$f(x)-ax-b=c-b$

このとき　(① の左辺)$=x^2+c$

(① の右辺)$=(c-b)(x^2-x+2)$

←この式の 1 次の項の係数は $b-c$

$b-c\neq 0$ であるから，① を満たす b，c の値は存在しない。よって，不適。

[2]　$n\geqq 2$ のとき

① の左辺は $2n$ 次式で，右辺は $(n+2)$ 次式である。

よって　$2n=n+2$　ゆえに　$n=2$

したがって，$f(x)$ は 2 次式である。

$f(x)=x^2+Ax+B$（A，B は定数）とすると，① から

$$x^4+Ax^2+B=(x^2+Ax+B-ax-b)(x^2-x+2)$$

すなわち

$$x^4+Ax^2+B=x^4+(A-a-1)x^3+(-A+B+a-b+2)x^2 +(2A-B-2a+b)x+2(B-b)$$

両辺の係数を比較して

$A-a-1=0$ …… ②，$-A+B+a-b+2=A$ …… ③，
$2A-B-2a+b=0$ …… ④，$2(B-b)=B$ …… ⑤

②，⑤ から　$A=a+1$，$B=2b$ …… ⑥

⑥ を ③，④ にそれぞれ代入し，整理すると

$-a+b=0$，$2-b=0$　よって　$a=2$，$b=2$

ゆえに，⑥ から　$A=3$，$B=4$

以上から　**$f(x)$ の次数は 2，$a=2$，$b=2$**

←最高次の次数を比較すると，n の値が定まる。

←係数比較法。

←$f(x)=x^2+3x+4$

練習 ②22　次の等式を証明せよ。

(1) $(x-2)(x^5+2x^4+4x^3+8x^2+16x+32)=x^6-64$

(2) $(a^2+b^2+c^2)(x^2+y^2+z^2)-(ax+by+cz)^2=(ay-bx)^2+(bz-cy)^2+(cx-az)^2$

(1) (左辺)$=x^6+2x^5+4x^4+8x^3+16x^2+32x$
$-2x^5-4x^4-8x^3-16x^2-32x-64$
$=x^6-64$

よって，等式は証明された。

(2) (左辺)$=a^2x^2+a^2y^2+a^2z^2+b^2x^2+b^2y^2+b^2z^2$
$+c^2x^2+c^2y^2+c^2z^2-(a^2x^2+b^2y^2+c^2z^2$
$+2abxy+2bcyz+2cazx)$
$=a^2y^2+a^2z^2+b^2x^2+b^2z^2+c^2x^2+c^2y^2$
$-2abxy-2bcyz-2cazx$

(右辺)$=a^2y^2-2abxy+b^2x^2+b^2z^2-2bcyz+c^2y^2$
$+c^2x^2-2cazx+a^2z^2$

左辺と右辺が同じ式になるから，等式は証明された。

←左辺が複雑であるから，左辺を変形する。

←(1) の方針なら，左の解答の左辺の変形の後を
$=(a^2y^2-2abxy+b^2x^2)$
$+(b^2z^2-2bcyz+c^2y^2)$
$+(c^2x^2-2cazx+a^2z^2)$
$=(ay-bx)^2$
$+(bz-cy)^2$
$+(cx-az)^2$
と続ければよい。

練習 ②23　$a+b+c=0$ のとき，次の等式が成り立つことを証明せよ。

$$\frac{a^2}{(a+b)(a+c)}+\frac{b^2}{(b+c)(b+a)}+\frac{c^2}{(c+a)(c+b)}=3$$

〔倉敷芸科大〕

$a+b+c=0$ より，$c=-(a+b)$ であるから

$$(\text{左辺})=\frac{a^2}{(a+b)(-b)}+\frac{b^2}{(-a)(b+a)}+\frac{(a+b)^2}{(-b)(-a)}$$

$$=\frac{-a^3-b^3+(a+b)^3}{ab(a+b)}=\frac{3a^2b+3ab^2}{ab(a+b)}=\frac{3ab(a+b)}{ab(a+b)}=3$$

したがって，等式は証明された。

別解　$a+b+c=0$ より，

$a+b=-c$，$a+c=-b$，$b+c=-a$　であるから

❶ **条件式は文字を減らす** 方針で使用する。

←$a+c=a-a-b=-b$
$b+c=b-a-b=-a$

←条件 $a+b+c=0$ を直接利用する方法。

$$(\text{左辺})=\frac{a^2}{(-c)(-b)}+\frac{b^2}{(-a)(-c)}+\frac{c^2}{(-b)(-a)}$$

$$=\frac{a^3+b^3+c^3}{abc}=\frac{a^3+b^3+c^3-3abc+3abc}{abc}$$

$$=\frac{(a+b+c)(a^2+b^2+c^2-ab-bc-ca)+3abc}{abc}$$

$$=\frac{3abc}{abc}=3$$ したがって，等式は証明された。

←$a^3+b^3+c^3-3abc$ $=(a+b+c)$ $\times(a^2+b^2+c^2-ab-bc-ca)$

練習 ②24

(1) $\dfrac{a}{b}=\dfrac{c}{d}$ のとき，等式 $ab(c^2+d^2)=cd(a^2+b^2)$ が成り立つことを証明せよ。

(2) $\dfrac{a}{b}=\dfrac{c}{d}=\dfrac{e}{f}$ のとき，等式 $\dfrac{a}{b}=\dfrac{pa+qc}{pb+qd}=\dfrac{pa+qc+re}{pb+qd+rf}$ が成り立つことを証明せよ（この等式の関係を **加比の理** という）。

(1) $\dfrac{a}{b}=\dfrac{c}{d}=k$ とおくと　$a=bk$，$c=dk$

ゆえに　$ab(c^2+d^2)=bk\cdot b(d^2k^2+d^2)=b^2d^2k(k^2+1)$

$cd(a^2+b^2)=dk\cdot d(b^2k^2+b^2)=b^2d^2k(k^2+1)$

よって　$ab(c^2+d^2)=cd(a^2+b^2)$

(2) $\dfrac{a}{b}=\dfrac{c}{d}=\dfrac{e}{f}=k$ とおくと　$a=bk$，$c=dk$，$e=fk$

ゆえに　$\dfrac{a}{b}=k$，$\dfrac{pa+qc}{pb+qd}=\dfrac{pbk+qdk}{pb+qd}=\dfrac{k(pb+qd)}{pb+qd}=k$，

$$\frac{pa+qc+re}{pb+qd+rf}=\frac{pbk+qdk+rfk}{pb+qd+rf}=\frac{k(pb+qd+rf)}{pb+qd+rf}=k$$

よって　$\dfrac{a}{b}=\dfrac{pa+qc}{pb+qd}=\dfrac{pa+qc+re}{pb+qd+rf}$

比例式は $=k$ とおく

←左辺と右辺が同じ式になる。

比例式は $=k$ とおく

←$pb+qd$ で約分。

←$pb+qd+rf$ で約分。

練習 ③25

(1) $\dfrac{x+y}{6}=\dfrac{y+z}{7}=\dfrac{z+x}{8}\ (\neq 0)$ のとき，$\dfrac{x^2-y^2}{x^2+xz+yz-y^2}$ の値を求めよ。

(2) $\dfrac{a+1}{b+c+2}=\dfrac{b+1}{c+a+2}=\dfrac{c+1}{a+b+2}$ のとき，この式の値を求めよ。　［(2) 東北学院大］

(1) $\dfrac{x+y}{6}=\dfrac{y+z}{7}=\dfrac{z+x}{8}=k$ とおくと，$k\neq 0$ で

$x+y=6k$ …… ①，$y+z=7k$ …… ②，$z+x=8k$ …… ③

①＋②＋③ から　$2(x+y+z)=21k$

したがって　$x+y+z=\dfrac{21}{2}k$ …… ④

④－②，④－③，④－① から，それぞれ

$$x=\frac{7}{2}k,\ y=\frac{5}{2}k,\ z=\frac{9}{2}k$$

よって　$\dfrac{x^2-y^2}{x^2+xz+yz-y^2}=\dfrac{(x+y)(x-y)}{(x+y)(x-y+z)}=\dfrac{x-y}{x-y+z}$

$$=\frac{\frac{7}{2}k-\frac{5}{2}k}{\frac{7}{2}k-\frac{5}{2}k+\frac{9}{2}k}=\mathbf{\frac{2}{11}}$$

比例式は $=k$ とおく

←①，②，③ は循環形 ⟶ 辺々を加える。

←直ちに代入すると，計算がやや面倒なので，値を求める式を変形してから代入する。

(2) $\dfrac{a+1}{b+c+2}=\dfrac{b+1}{c+a+2}=\dfrac{c+1}{a+b+2}=k$ とおくと

$a+1=k(b+c+2)$ …… ①
$b+1=k(c+a+2)$ …… ②
$c+1=k(a+b+2)$ …… ③

←この種の問題では，(分母)$\neq 0$ であると考える。(1) と異なり，$k\neq 0$ の断りがないが，後で確認することになる。

①+②+③ から　$a+b+c+3=2k(a+b+c+3)$
よって　$(a+b+c+3)(1-2k)=0$
ゆえに　$a+b+c=-3$ または $k=\dfrac{1}{2}$

[1] $a+b+c=-3$ のとき，$b+c+2=-a-1$ より $a\neq -1$ であるから　$k=\dfrac{a+1}{b+c+2}=\dfrac{a+1}{-a-1}=-1$

←$a=-1$，$b=-1$，$c=-1$ のとき，(分母)$=0$ となり，式の値は存在しない。

$k=\dfrac{b+1}{c+a+2}$，$k=\dfrac{c+1}{a+b+2}$ についても，それぞれ $b\neq -1$，$c\neq -1$ であり，同様に $k=-1$ となる。

[2] $k=\dfrac{1}{2}$ のとき，①，②，③ から

$2a=b+c$，$2b=c+a$，$2c=a+b$

←前の 2 式から c を消去すると　$a=b$

これを解いて　$a=b=c$
これは，$(a+1)(b+1)(c+1)\neq 0$ を満たすすべての実数 a，b，c について成り立つ。

←$a\neq -1$ かつ $b\neq -1$ かつ $c\neq -1$

[1]，[2] から，求める式の値は　$\mathbf{-1}$，$\boldsymbol{\dfrac{1}{2}}$

練習 ④26

a，b，c，d は実数とする。
(1) $\dfrac{1}{a}+\dfrac{1}{b}+\dfrac{1}{c}=\dfrac{1}{a+b+c}$ のとき，a，b，c のうち，どれか 2 つの和は 0 であることを証明せよ。
(2) $a^2+b^2+c^2+d^2=a+b+c+d=4$ のとき，$a=b=c=d=1$ であることを証明せよ。

(1) $\dfrac{1}{a}+\dfrac{1}{b}+\dfrac{1}{c}=\dfrac{1}{a+b+c}$ から

←$(a+b)(b+c)(c+a)=0$ を目指す。

$$\frac{bc+ca+ab}{abc}=\frac{1}{a+b+c}$$

ゆえに　$(a+b+c)(bc+ca+ab)=abc$
よって　$\{a+(b+c)\}\{(b+c)a+bc\}-abc=0$

←a についての式とみて計算する。

$(b+c)a^2+(b+c)^2a+bc(b+c)=0$
$(b+c)\{a^2+(b+c)a+bc\}=0$
$(b+c)(a+b)(a+c)=0$

ゆえに　$b+c=0$ または $a+b=0$ または $a+c=0$
よって，a，b，c のうち，どれか 2 つの和は 0 である。

(2) $P=(a-1)^2+(b-1)^2+(c-1)^2+(d-1)^2$ とすると

←$P=0$ を目指す。

$P=a^2+b^2+c^2+d^2-2(a+b+c+d)+4=4-2\cdot 4+4=0$
よって　$a-1=0$ かつ $b-1=0$ かつ $c-1=0$ かつ $d-1=0$
すなわち　$a=b=c=d=1$

←$A^2\geqq 0$ の等号は，$A=0$ のとき成り立つ。

練習 ①27 次のことを証明せよ。
(1) $a \geqq b$，$x \geqq y$ のとき　$(a+2b)(x+2y) \leqq 3(ax+2by)$
(2) $2a>b>0$ のとき　$\dfrac{b}{a}<\dfrac{b+2}{a+1}$　(3) $x \geqq y \geqq z$ のとき　$xy+yz \geqq zx+y^2$

(1) $3(ax+2by)-(a+2b)(x+2y)$
$$=3ax+6by-(ax+2ay+2bx+4by)$$
$$=2(ax-ay-bx+by)=2(a-b)(x-y)$$
$a \geqq b$，$x \geqq y$ より $a-b \geqq 0$，$x-y \geqq 0$ であるから
$$2(a-b)(x-y) \geqq 0$$
したがって　$(a+2b)(x+2y) \leqq 3(ax+2by)$
参考 等号が成り立つのは　$a-b=0$ または $x-y=0$
すなわち，$a=b$ または $x=y$ のときである。

(2) $\dfrac{b+2}{a+1}-\dfrac{b}{a}=\dfrac{a(b+2)-b(a+1)}{a(a+1)}=\dfrac{2a-b}{a(a+1)}$
$2a>b>0$ より，$2a-b>0$ であるから
$$\frac{2a-b}{a(a+1)}>0$$
したがって　$\dfrac{b}{a}<\dfrac{b+2}{a+1}$

(3) $xy+yz-(zx+y^2)=x(y-z)-y(y-z)=(x-y)(y-z)$
$x \geqq y \geqq z$ より，$x-y \geqq 0$，$y-z \geqq 0$ であるから
$$(x-y)(y-z) \geqq 0$$
したがって　$xy+yz \geqq zx+y^2$
参考 等号が成り立つのは　$x-y=0$ または $y-z=0$
すなわち，$x=y$ または $y=z$ のときである。

① 大小比較は差を作る
$A>B \Leftrightarrow A-B>0$
←この説明を忘れずに。
←$A \geqq 0$，$B \geqq 0$ $\Longrightarrow AB \geqq 0$
←この説明を忘れずに。
←$a>0$ であるから $a(a+1)>0$
←この説明を忘れずに。
←$A \geqq 0$，$B \geqq 0$ $\Longrightarrow AB \geqq 0$

練習 ②28 次の不等式を証明せよ。また，等号が成り立つのはどのようなときか。
(1) $a^2+ab+b^2 \geqq a-b-1$　(2) $2(x^2+y^2) \geqq (x+y)^2$

(1) $a^2+ab+b^2-(a-b-1)$
$$=a^2+(b-1)a+b^2+b+1$$
$$=\left(a+\frac{b-1}{2}\right)^2-\left(\frac{b-1}{2}\right)^2+b^2+b+1$$
$$=\left(a+\frac{b-1}{2}\right)^2+\frac{3}{4}(b+1)^2 \geqq 0$$
ゆえに　$a^2+ab+b^2 \geqq a-b-1$
等号が成り立つのは　$a+\dfrac{b-1}{2}=0$ かつ $b+1=0$
すなわち　**$a=1$，$b=-1$ のとき** である。

(2) $2(x^2+y^2)-(x+y)^2=2x^2+2y^2-(x^2+2xy+y^2)$
$$=x^2-2xy+y^2$$
$$=(x-y)^2 \geqq 0$$
よって　$2(x^2+y^2) \geqq (x+y)^2$
等号が成り立つのは　$x-y=0$ すなわち **$x=y$ のとき** である。

←a について整理する。
←$-\left(\dfrac{b-1}{2}\right)^2+b^2+b+1$
$=-\dfrac{1}{4}(b^2-2b+1)+b^2+b+1$
$=\dfrac{3}{4}(b^2+2b+1)$
$=\dfrac{3}{4}(b+1)^2$
←$(x-y)^2=0$

別解 シュワルツの不等式

$(a^2+b^2)(x^2+y^2) \geqq (ax+by)^2$ （等号成立は $ay=bx$）

において，$a=b=1$ とすると

$(1^2+1^2)(x^2+y^2) \geqq (1\cdot x+1\cdot y)^2$

よって　$2(x^2+y^2) \geqq (x+y)^2$

等号が成り立つのは $1\cdot y=1\cdot x$ すなわち $\boldsymbol{x=y}$ **のとき。**

練習 ②29 次の不等式が成り立つことを証明せよ。また，等号が成り立つのはどのようなときか。

(1) $a \geqq 0$，$b \geqq 0$ のとき　$7\sqrt{a}+2\sqrt{b} \geqq \sqrt{49a+4b}$

(2) $a \geqq b \geqq 0$ のとき　$\sqrt{a-b} \geqq \sqrt{a}-\sqrt{b}$

(1) $(7\sqrt{a}+2\sqrt{b})^2-(\sqrt{49a+4b})^2=(49a+28\sqrt{ab}+4b)-(49a+4b)$

$=28\sqrt{ab} \geqq 0$ …… ①

よって　$(7\sqrt{a}+2\sqrt{b})^2 \geqq (\sqrt{49a+4b})^2$

$7\sqrt{a}+2\sqrt{b} \geqq 0$，$\sqrt{49a+4b} \geqq 0$ であるから

$7\sqrt{a}+2\sqrt{b} \geqq \sqrt{49a+4b}$

等号が成り立つのは，① から $\boldsymbol{a=0}$ **または** $\boldsymbol{b=0}$ **のとき。**

←$A \geqq 0$，$B \geqq 0$ のとき $A \geqq B \Longleftrightarrow A^2-B^2 \geqq 0$

(2) $(\sqrt{a-b})^2-(\sqrt{a}-\sqrt{b})^2=(a-b)-(a-2\sqrt{ab}+b)$

$=2\sqrt{b}(\sqrt{a}-\sqrt{b})$ …… ①

$a \geqq b \geqq 0$ のとき　$2\sqrt{b}(\sqrt{a}-\sqrt{b}) \geqq 0$

よって　$(\sqrt{a-b})^2 \geqq (\sqrt{a}-\sqrt{b})^2$

$\sqrt{a-b} \geqq 0$，$\sqrt{a}-\sqrt{b} \geqq 0$ であるから

$\sqrt{a-b} \geqq \sqrt{a}-\sqrt{b}$

等号が成り立つのは，① から，$\sqrt{b}=0$ または $\sqrt{a}-\sqrt{b}=0$

すなわち　$\boldsymbol{b=0}$ **または** $\boldsymbol{a=b}$ **のとき** である。

←$2\sqrt{b} \geqq 0$, $\sqrt{a}-\sqrt{b} \geqq 0$ であるから $2\sqrt{b}(\sqrt{a}-\sqrt{b}) \geqq 0$

←$A \geqq 0$，$B \geqq 0$ のとき $A \geqq B \Longleftrightarrow A^2-B^2 \geqq 0$

練習 ③30 (1) 不等式 $\sqrt{a^2+b^2+1}\sqrt{x^2+y^2+1} \geqq |ax+by+1|$ を証明せよ。

(2) 不等式 $|a+b| \leqq |a|+|b|$ を利用して，次の不等式を証明せよ。

(ア) $|a-b| \leqq |a|+|b|$　　(イ) $|a|-|b| \leqq |a-b|$

(1) $(\sqrt{a^2+b^2+1}\sqrt{x^2+y^2+1})^2-|ax+by+1|^2$

$=(a^2+b^2+1)(x^2+y^2+1)-(ax+by+1)^2$

$=a^2x^2+a^2y^2+a^2+b^2x^2+b^2y^2+b^2+x^2+y^2+1$

$\quad -(a^2x^2+b^2y^2+1+2abxy+2by+2ax)$

$=a^2y^2-2abxy+b^2x^2+x^2-2ax+a^2+y^2-2by+b^2$

$=(ay-bx)^2+(x-a)^2+(y-b)^2 \geqq 0$

よって　$(\sqrt{a^2+b^2+1}\sqrt{x^2+y^2+1})^2 \geqq |ax+by+1|^2$

$\sqrt{a^2+b^2+1}\sqrt{x^2+y^2+1}>0$，$|ax+by+1| \geqq 0$ であるから

$\sqrt{a^2+b^2+1}\sqrt{x^2+y^2+1} \geqq |ax+by+1|$

(1) 平方の差を利用。

←等号が成り立つのは，$ay=bx$ かつ $x=a$ かつ $y=b$ のとき，すなわち $x=a$ かつ $y=b$ のとき。

(2) (ア) $|a-b|=|a+(-b)| \leqq |a|+|-b|=|a|+|b|$

よって　$|a-b| \leqq |a|+|b|$

(イ) $|a|=|b+(a-b)| \leqq |b|+|a-b|$

よって　$|a|-|b| \leqq |a-b|$

←$|a+b| \leqq |a|+|b|$ で
(ア) b の代わりに $-b$,
(イ) a の代わりに $a-b$
とおく。

練習 ③31

(1) 次の不等式を証明せよ。

(ア) $a^2+b^2+c^2 \geqq ab+bc+ca$　　(イ) $a^4+b^4+c^4 \geqq abc(a+b+c)$

(2) 次の不等式が成り立つことを証明せよ。

(ア) $x \geqq 0,\ y \geqq 0$ のとき　$\dfrac{x}{1+x}+\dfrac{y}{1+y} \geqq \dfrac{x+y}{1+x+y}$

(イ) $x \geqq 0,\ y \geqq 0,\ z \geqq 0$ のとき　$\dfrac{x}{1+x}+\dfrac{y}{1+y}+\dfrac{z}{1+z} \geqq \dfrac{x+y+z}{1+x+y+z}$

(1) (ア) $a^2+b^2+c^2-(ab+bc+ca)=a^2-(b+c)a+b^2-bc+c^2$

$$=\left(a-\frac{b+c}{2}\right)^2-\left(\frac{b+c}{2}\right)^2+b^2-bc+c^2$$

$$=\left(a-\frac{b+c}{2}\right)^2+\frac{3}{4}(b-c)^2 \geqq 0$$

よって　$a^2+b^2+c^2 \geqq ab+bc+ca$

←a についての 2 次式とみて，基本形に直す。

別解　$a^2+b^2+c^2-(ab+bc+ca)$

$$=\frac{1}{2}\{(a-b)^2+(b-c)^2+(c-a)^2\} \geqq 0$$ から。

(イ) (ア) から　$a^4+b^4+c^4 \geqq a^2b^2+b^2c^2+c^2a^2$ …… ①

←(ア) の a を a^2，b を b^2，c を c^2 として考える。

また　$a^2b^2+b^2c^2+c^2a^2=(ab)^2+(bc)^2+(ca)^2$

$$\geqq ab\cdot bc+bc\cdot ca+ca\cdot ab$$

$$=abc(a+b+c)$$

←(ア) の a を ab，b を bc，c を ca として考える。

ゆえに　$a^2b^2+b^2c^2+c^2a^2 \geqq abc(a+b+c)$ …… ②

①，② から　$a^4+b^4+c^4 \geqq abc(a+b+c)$

(2) (ア) $x \geqq 0,\ y \geqq 0$ であるから

$$\frac{x}{1+x}+\frac{y}{1+y}-\frac{x+y}{1+x+y}$$

$$=\frac{x+y+2xy}{(1+x)(1+y)}-\frac{x+y}{1+x+y}$$

←左から順に計算する。

$$=\frac{(x+y+2xy)(1+x+y)-(x+y)(1+x+y+xy)}{(1+x)(1+y)(1+x+y)}$$

$$=\frac{xy(x+y+2)}{(1+x)(1+y)(1+x+y)} \geqq 0$$

←$x+y=A$ とおくと
(分子)$=(A+2xy)(1+A)$
$\quad -A(1+A+xy)$
$=A^2+(2xy+1)A+2xy$
$\quad -A^2-(xy+1)A$
$=xyA+2xy$
$=xy(A+2)$

よって　$\dfrac{x}{1+x}+\dfrac{y}{1+y} \geqq \dfrac{x+y}{1+x+y}$

(イ) $x \geqq 0,\ y \geqq 0,\ z \geqq 0$ のとき，$x+y \geqq 0$ であるから，(ア) より

$$\frac{x}{1+x}+\frac{y}{1+y}+\frac{z}{1+z} \geqq \frac{x+y}{1+x+y}+\frac{z}{1+z} \geqq \frac{x+y+z}{1+x+y+z}$$

←(ア) の x を $x+y$，y を z として考える。

よって　$\dfrac{x}{1+x}+\dfrac{y}{1+y}+\dfrac{z}{1+z} \geqq \dfrac{x+y+z}{1+x+y+z}$

練習 ②32

a，b は正の数とする。次の不等式が成り立つことを証明せよ。また，等号が成り立つのはどのようなときか。

(1) $a+2+\dfrac{9}{a+2} \geqq 6$　　(2) $\left(a+\dfrac{2}{b}\right)\left(b+\dfrac{8}{a}\right) \geqq 18$

(1) $a+2>0$，$\dfrac{9}{a+2}>0$ であるから，(相加平均)≧(相乗平均) に

より　$a+2+\dfrac{9}{a+2}\geqq 2\sqrt{(a+2)\cdot\dfrac{9}{a+2}}=2\sqrt{9}=6$

よって　$a+2+\dfrac{9}{a+2}\geqq 6$

等号が成り立つのは $a+2=\dfrac{9}{a+2}$ **すなわち** $\boldsymbol{a=1}$ **のとき**(*)。

(*)　$a+2=\dfrac{9}{a+2}$ から $(a+2)^2=9$
$a+2>0$ であるから，
$a+2=3$ より　$a=1$

(2)　(左辺)$=ab+8+2+\dfrac{16}{ab}=ab+\dfrac{16}{ab}+10$

$ab>0$，$\dfrac{16}{ab}>0$ であるから，(相加平均)≧(相乗平均) により

$$ab+\frac{16}{ab}\geqq 2\sqrt{ab\cdot\frac{16}{ab}}=8$$

←$2\sqrt{16}=2\cdot 4=8$

よって　$\left(a+\dfrac{2}{b}\right)\left(b+\dfrac{8}{a}\right)=ab+\dfrac{16}{ab}+10\geqq 8+10=18$

等号が成り立つのは $ab=\dfrac{16}{ab}$ **すなわち** $\boldsymbol{ab=4}$ **のとき。**

←$(ab)^2=16$
$ab>0$ であるから　$ab=4$

練習 ③33

(1)　$a>0$ のとき，$a-2+\dfrac{2}{a+1}$ の最小値を求めよ。

(2)　$a>0$，$b>0$ のとき，$(2a+3b)\left(\dfrac{8}{a}+\dfrac{3}{b}\right)$ の最小値を求めよ。　[(2) 大阪工大]

(1)　$a-2+\dfrac{2}{a+1}=a+1+\dfrac{2}{a+1}-3$

$a>0$ より，$a+1>0$ であるから，(相加平均)≧(相乗平均) により　$a+1+\dfrac{2}{a+1}\geqq 2\sqrt{(a+1)\cdot\dfrac{2}{a+1}}=2\sqrt{2}$

よって　$a-2+\dfrac{2}{a+1}\geqq 2\sqrt{2}-3$

等号が成り立つのは，$a+1=\dfrac{2}{a+1}$ のときである。

このとき　$(a+1)^2=2$　　$a+1>0$ であるから　$a=\sqrt{2}-1$

したがって　　**$\boldsymbol{a=\sqrt{2}-1}$ のとき最小値 $\boldsymbol{2\sqrt{2}-3}$**

(2)　$(2a+3b)\left(\dfrac{8}{a}+\dfrac{3}{b}\right)=25+\dfrac{24b}{a}+\dfrac{6a}{b}$

$a>0$，$b>0$ より，$\dfrac{24b}{a}>0$，$\dfrac{6a}{b}>0$ であるから，

(相加平均)≧(相乗平均) により

$$\frac{24b}{a}+\frac{6a}{b}\geqq 2\sqrt{\frac{24b}{a}\cdot\frac{6a}{b}}=24$$

よって　$25+\dfrac{24b}{a}+\dfrac{6a}{b}\geqq 25+24=49$

等号が成り立つのは，$\dfrac{24b}{a}=\dfrac{6a}{b}$ のときである。

このとき　$a^2=4b^2$　　$a>0$，$b>0$ であるから　$a=2b$

したがって　　**$\boldsymbol{a=2b}$ のとき最小値 49**

(2)　$2a+3b\geqq 2\sqrt{6ab}$ と $\dfrac{8}{a}+\dfrac{3}{b}\geqq 2\sqrt{\dfrac{24}{ab}}$ の辺々を掛け合わせてもうまくいかない。このことは，本冊 $p.60$ 参照。

練習 ③**34**

(1) $0<a<b$, $a+b=1$ のとき, $\frac{1}{2}$, a, b, $2ab$, a^2+b^2 の大小を比較せよ。

(2) $0<a<b<c<d$ のとき, $\frac{a}{d}$, $\frac{c}{b}$, $\frac{ac}{bd}$, $\frac{a+c}{b+d}$ の大小を比較せよ。

(1) $a+b=1$ から　　$b=1-a$

$0<a<b$ から　　$0<a<1-a$

ゆえに　　$0<a<\frac{1}{2}$ …… ①

このとき, $a<2ab<\frac{1}{2}<a^2+b^2<b$ であることを示す。

$2ab-a=2a(1-a)-a=a-2a^2=a(1-2a)$

① から　　$a(1-2a)>0$　すなわち　$2ab>a$ …… ②

$\frac{1}{2}-2ab=\frac{1}{2}-2a(1-a)=2a^2-2a+\frac{1}{2}=2\left(a-\frac{1}{2}\right)^2$

① から　　$2\left(a-\frac{1}{2}\right)^2>0$　すなわち　$\frac{1}{2}>2ab$ …… ③

$a^2+b^2-\frac{1}{2}=a^2+(1-a)^2-\frac{1}{2}=2a^2-2a+\frac{1}{2}=2\left(a-\frac{1}{2}\right)^2$

① から　　$2\left(a-\frac{1}{2}\right)^2>0$　すなわち　$a^2+b^2>\frac{1}{2}$ …… ④

$b-(a^2+b^2)=1-a-\{a^2+(1-a)^2\}=1-a-(2a^2-2a+1)$

$=-2a^2+a=a(1-2a)$

① から　　$a(1-2a)>0$　すなわち　$b>a^2+b^2$ …… ⑤

②～⑤ から　　$\boldsymbol{a<2ab<\frac{1}{2}<a^2+b^2<b}$

←$a=\frac{1}{4}$, $b=\frac{3}{4}$ とすると $2ab=\frac{3}{8}$, $a^2+b^2=\frac{5}{8}$ であり, $a<2ab<\frac{1}{2}<a^2+b^2<b$ と予想できる。

←$2a^2-2a+\frac{1}{2}$ $=2\left(a^2-a+\frac{1}{4}\right)$

←$b-(a^2+b^2)$ $=b(1-b)-a^2$ $=(1-a)a-a^2$ と変形してもよい。

(2) $\frac{a}{d}<\frac{ac}{bd}<\frac{a+c}{b+d}<\frac{c}{b}$ を証明する。

$0<a<b<c<d$ …… ① から　$d-c>0$, $c-b>0$, $b-a>0$

よって　　$\frac{ac}{bd}-\frac{a}{d}=\frac{a(c-b)}{bd}>0$

$\frac{a+c}{b+d}-\frac{ac}{bd}=\frac{(a+c)bd-ac(b+d)}{(b+d)bd}$

$=\frac{ab(d-c)+cd(b-a)}{(b+d)bd}>0$

ゆえに　　$\frac{a}{d}<\frac{ac}{bd}$,　$\frac{ac}{bd}<\frac{a+c}{b+d}$

また　　$\frac{c}{b}-\frac{a+c}{b+d}=\frac{cd-ab}{(b+d)b}$

① より, $ab<bc<cd$ であるから　　$cd-ab>0$

よって　　$\frac{c}{b}-\frac{a+c}{b+d}>0$　すなわち　$\frac{a+c}{b+d}<\frac{c}{b}$

以上から　　$\boldsymbol{\frac{a}{d}<\frac{ac}{bd}<\frac{a+c}{b+d}<\frac{c}{b}}$

←$a=1$, $b=2$, $c=3$, $d=4$ とすると $\frac{a}{d}=\frac{1}{4}=0.25$, $\frac{c}{b}=\frac{3}{2}$, $\frac{ac}{bd}=\frac{3}{8}=0.375$, $\frac{a+c}{b+d}=\frac{2}{3}=0.66\cdots$

←不等式の基本性質による。

EX ③1

(1) $(x^3+1)^{10}$ の展開式における x^{15} の係数を求めよ。
(2) $(1+x)(1-2x)^5$ を展開した式における x^2，x^4，x^6 の各項の係数の和を求めよ。
(3) $(x^2+2\sqrt{2}\,x+3)^5$ を展開したとき，x^6 の係数を求めよ。〔(1) 近畿大，(2) 芝浦工大，(3) 大同大〕

(1) $(x^3+1)^{10}$ の展開式の一般項は　${}_{10}\mathrm{C}_r(x^3)^{10-r}\cdot 1^r={}_{10}\mathrm{C}_r x^{30-3r}$
x^{15} の項は $30-3r=15$ から $r=5$ のときで，その係数は
$${}_{10}\mathrm{C}_5=\mathbf{252}$$

←$(a+b)^n$ の展開式の一般項は　${}_n\mathrm{C}_r a^{n-r}b^r$

(2) $(1-2x)^5$ の展開式の一般項は
$${}_5\mathrm{C}_r\cdot 1^{5-r}\cdot(-2x)^r={}_5\mathrm{C}_r(-2)^r x^r$$
よって，$(1+x)(1-2x)^5$ の展開式における
x^2 の項は　$1\cdot{}_5\mathrm{C}_2(-2)^2x^2+x\cdot{}_5\mathrm{C}_1(-2)^1x^1$
x^4 の項は　$1\cdot{}_5\mathrm{C}_4(-2)^4x^4+x\cdot{}_5\mathrm{C}_3(-2)^3x^3$
x^6 の項は　$x\cdot{}_5\mathrm{C}_5(-2)^5x^5$
ゆえに，求める係数の和は
$${}_5\mathrm{C}_2(-2)^2+{}_5\mathrm{C}_1(-2)+{}_5\mathrm{C}_4(-2)^4+{}_5\mathrm{C}_3(-2)^3+{}_5\mathrm{C}_5(-2)^5$$
$$=10\cdot4+5\cdot(-2)+5\cdot16+10\cdot(-8)+(-32)=\mathbf{-2}$$

←分配法則で計算したときの x^2 の項を加える。

(3) $(x^2+2\sqrt{2}\,x+3)^5$ の展開式の一般項は
$$\frac{5!}{p!q!r!}(x^2)^p(2\sqrt{2}\,x)^q3^r=\frac{5!}{p!q!r!}\cdot(2\sqrt{2}\,)^q3^rx^{2p+q}$$
ただし　$p+q+r=5$ …… ①，$p\geqq0$，$q\geqq0$，$r\geqq0$
x^6 の項は，$2p+q=6$ すなわち $q=6-2p$ … ② のときである。
①，② から　$r=p-1$ …… ③
②，③ と $q\geqq0$，$r\geqq0$ から　$6-2p\geqq0$，$p-1\geqq0$
よって　$1\leqq p\leqq3$　すなわち　$p=1,\ 2,\ 3$
②，③ から　$(p,\ q,\ r)=(1,\ 4,\ 0),\ (2,\ 2,\ 1),\ (3,\ 0,\ 2)$
よって，x^6 の係数は
$$\frac{5!}{1!4!0!}\cdot(2\sqrt{2}\,)^43^0+\frac{5!}{2!2!1!}\cdot(2\sqrt{2}\,)^23^1+\frac{5!}{3!0!2!}\cdot(2\sqrt{2}\,)^03^2$$
$$=320+720+90=\mathbf{1130}$$

←多項定理
←$p+(6-2p)+r=5$
←$6-2p\geqq0$ から　$p\leqq3$
　$p-1\geqq0$ から　$p\geqq1$
←$0!=1$

EX ③2

(1) 正の整数 n について，$\left(x+\dfrac{1}{x}\right)^n$ の展開式に定数項が含まれるための n の条件を求めよ。
(2) $\left(x+1+\dfrac{1}{x}\right)^7$ の展開式における定数項を求めよ。〔大分大〕

(1) 展開式の一般項は　${}_n\mathrm{C}_r x^{n-r}\left(\dfrac{1}{x}\right)^r={}_n\mathrm{C}_r x^{n-r}x^{-r}={}_n\mathrm{C}_r x^{n-2r}$
よって，$\left(x+\dfrac{1}{x}\right)^n$ の展開式に定数項が含まれるための条件は，$n-2r=0$ となる r が存在すること，すなわち，**n が偶数** であることである。

←$\left(\dfrac{1}{x}\right)^r=x^{-r}$
←r は整数，$0\leqq r\leqq n$

(2) $\left(x+1+\dfrac{1}{x}\right)^7=\left(1+x+\dfrac{1}{x}\right)^7$ とみて，展開式の一般項は
$${}_7\mathrm{C}_k\cdot1^{7-k}\cdot\left(x+\frac{1}{x}\right)^k={}_7\mathrm{C}_k\left(x+\frac{1}{x}\right)^k$$
よって，$\left(x+\dfrac{1}{x}\right)^k$ の定数項を求めればよい。

←(1) と紛れないように，r ではなく k を用いた。

$\left(x+\dfrac{1}{x}\right)^k$ の定数項は，(1) から，$k=0,\ 2,\ 4,\ 6$ のときに現れる。

したがって，求める定数項は

$${}_7C_0\cdot 1+{}_7C_2\cdot{}_2C_1+{}_7C_4\cdot{}_4C_2+{}_7C_6\cdot{}_6C_3=1+42+210+140=\mathbf{393}$$

←k が偶数であるとき，定数項が含まれる。

←${}_7C_4={}_7C_3$，${}_7C_6={}_7C_1$

EX ③3

(1) $(1+x)^n(1+x)^n=(1+x)^{2n}$ の展開式を利用して，等式 ${}_nC_0{}^2+{}_nC_1{}^2+\cdots\cdots+{}_nC_n{}^2={}_{2n}C_n$ が成り立つことを証明せよ。

(2) $n\geqq 2$ のとき，等式 ${}_nC_1+2{}_nC_2+3{}_nC_3+\cdots\cdots+n{}_nC_n=n\cdot 2^{n-1}$ が成り立つことを証明せよ。

(3) $\left(2x-\dfrac{1}{x}\right)^5$ を展開したとき，すべての項の係数の和は $\boxed{}$ である。 [(3) 近畿大]

(1) $(1+x)^n(1+x)^n={}_nC_0({}_nC_0+{}_nC_1x+\cdots\cdots+{}_nC_nx^n)$
$+{}_nC_1x({}_nC_0+{}_nC_1x+\cdots\cdots+{}_nC_nx^n)+\cdots\cdots$
$+{}_nC_nx^n({}_nC_0+{}_nC_1x+\cdots\cdots+{}_nC_nx^n)$

←$(1+x)^n={}_nC_0+{}_nC_1x+\cdots\cdots+{}_nC_nx^n$

ゆえに，$(1+x)^n(1+x)^n$ の展開式において，x^n の項の係数は，${}_nC_k={}_nC_{n-k}$ により

$${}_nC_0\cdot{}_nC_n+{}_nC_1\cdot{}_nC_{n-1}+\cdots\cdots+{}_nC_k\cdot{}_nC_{n-k}+\cdots\cdots+{}_nC_n\cdot{}_nC_0$$
$$={}_nC_0{}^2+{}_nC_1{}^2+\cdots\cdots+{}_nC_k{}^2+\cdots\cdots+{}_nC_n{}^2$$

一方，$(1+x)^{2n}$ の展開式において，x^n の項の係数は ${}_{2n}C_n$

したがって　${}_nC_0{}^2+{}_nC_1{}^2+\cdots\cdots+{}_nC_n{}^2={}_{2n}C_n$

←展開式の一般項は ${}_{2n}C_rx^r$

(2) $k{}_nC_k=k\cdot\dfrac{n!}{k!(n-k)!}=n\cdot\dfrac{(n-1)!}{(k-1)!(n-k)!}=n{}_{n-1}C_{k-1}$

また　$2^{n-1}=(1+1)^{n-1}$
$={}_{n-1}C_0+{}_{n-1}C_1+{}_{n-1}C_2+\cdots\cdots+{}_{n-1}C_{n-1}$

←$(a+b)^{n-1}$ の展開式で $a=b=1$ とおく。

よって，これらのことから

$${}_nC_1+2{}_nC_2+3{}_nC_3+\cdots\cdots+n{}_nC_n$$
$$=n({}_{n-1}C_0+{}_{n-1}C_1+{}_{n-1}C_2+\cdots\cdots+{}_{n-1}C_{n-1})$$
$$=n\cdot 2^{n-1}$$

←${}_nC_1=n{}_{n-1}C_0$ など。

検討　(2) を場合の数の考えを利用して解く。

「n 人の中から委員を選び（委員は 1 人以上 n 人以下とする），委員の中から 1 人の委員長を選ぶ」場合の数を，次の〔方法 1〕，〔方法 2〕の 2 通りで求める。

←(1) の場合の数の考えによる解答は，本冊 $p.20$ ③ で扱っている。

〔方法 1〕　まず，n 人の中から 1 人の委員長を選ぶ。その方法は　n 通り。

そのおのおのについて，残りの $n-1$ 人には委員になる，ならないの 2 通りがあるから，求める場合の数は　$n\times 2^{n-1}$ 通り

〔方法 2〕　委員が 1 人のとき，委員の選び方は ${}_nC_1$ 通り。そのおのおのについて，委員長の選び方は 1 通り。

委員が 2 人のとき，委員の選び方は ${}_nC_2$ 通り。そのおのおのについて，委員長の選び方は 2 通り。

………

委員が n 人のとき，委員の選び方は ${}_nC_n$ 通り。そのおのおのについて，委員長の選び方は n 通り。

よって，求める場合の数は　${}_nC_1\times 1+{}_nC_2\times 2+\cdots\cdots+{}_nC_n\times n$

〔方法 1〕と〔方法 2〕から　${}_nC_1+2{}_nC_2+3{}_nC_3+\cdots\cdots+n{}_nC_n=n\cdot 2^{n-1}$

(3) 展開式の一般項は

$${}_5\mathrm{C}_r(2x)^{5-r}\left(-\frac{1}{x}\right)^r={}_5\mathrm{C}_r\cdot2^{5-r}(-1)^r x^{5-2r}$$

展開式の一般項に $x=1$ を代入すると ${}_5\mathrm{C}_r\cdot2^{5-r}\cdot(-1)^r$ となり，これは x^{5-2r} の項の係数である。

よって，求める和は与えられた式に $x=1$ を代入したときの値であるから $\left(2\cdot1-\frac{1}{1}\right)^5=\mathbf{1}$

←$r=0$, 1, 2, ……, 5 であり，各 r の値に対して が成り立つ。

EX ③4

$n\geqq2$ のとき，不等式 $\left(1+\frac{1}{n}\right)^n>2$ が成り立つことを示せ。

$$\left(1+\frac{1}{n}\right)^n={}_n\mathrm{C}_0\left(\frac{1}{n}\right)^0+{}_n\mathrm{C}_1\left(\frac{1}{n}\right)^1+{}_n\mathrm{C}_2\left(\frac{1}{n}\right)^2+\cdots\cdots+{}_n\mathrm{C}_n\left(\frac{1}{n}\right)^n$$

$$=1+n\cdot\frac{1}{n}+\frac{n(n-1)}{2}\cdot\frac{1}{n^2}+\cdots\cdots+\frac{1}{n^n}$$

$$>1+n\cdot\frac{1}{n}=1+1=2$$

←$(a+b)^n$ の展開式で $a=1$, $b=\frac{1}{n}$ とおく。

←各項はすべて正の数であり，$n\geqq2$ であるから，項は3つ以上ある。

EX ④5

(1) 整数 n, r が $n\geqq2$, $1\leqq r\leqq n$ を満たすとする。このとき，$r\cdot{}_n\mathrm{C}_r=n\cdot{}_{n-1}\mathrm{C}_{r-1}$ が成り立つことを示せ。

(2) p を素数とし，整数 r が $1\leqq r\leqq p-1$ を満たすとする。このとき，${}_p\mathrm{C}_r$ が p で割り切れることを示せ。

(3) p を3以上の素数とする。2^p を p で割った余りが2であることを示せ。

(4) p を5以上の素数とする。3^p を p で割った余りを求めよ。 〔佐賀大〕

HINT (2) (1)の等式で n を p におき換え，「a, b は互いに素で，ak が b の倍数であるならば，k は b の倍数である（a, b, k は整数）」を利用して示す。そのために，p と r が互いに素であることを示しておく。

(1) $r\cdot{}_n\mathrm{C}_r=r\cdot\frac{n!}{(n-r)!r!}=\frac{n!}{(n-r)!(r-1)!}$

$n\cdot{}_{n-1}\mathrm{C}_{r-1}=n\cdot\frac{(n-1)!}{(n-r)!(r-1)!}=\frac{n!}{(n-r)!(r-1)!}$

よって $r\cdot{}_n\mathrm{C}_r=n\cdot{}_{n-1}\mathrm{C}_{r-1}$

←${}_n\mathrm{C}_r=\frac{n!}{(n-r)!r!}$

(2) p は素数であるから，$p\geqq2$ である。

ゆえに，(1)の等式から $r\cdot{}_p\mathrm{C}_r=p\cdot{}_{p-1}\mathrm{C}_{r-1}$ …… ①

ここで，${}_p\mathrm{C}_r$, ${}_{p-1}\mathrm{C}_{r-1}$ は整数である。

また，p は素数，r は $1\leqq r\leqq p-1$ を満たす整数であるから，p と r は互いに素である。

よって，① から，${}_p\mathrm{C}_r$ は p の倍数である。

したがって，${}_p\mathrm{C}_r$ は p で割り切れる。

←p は素数であるから，1と p の他に約数をもたない。

(3) 二項定理により

$$(1+x)^p={}_p\mathrm{C}_0+{}_p\mathrm{C}_1x+{}_p\mathrm{C}_2x^2+\cdots\cdots+{}_p\mathrm{C}_rx^r+\cdots\cdots+{}_p\mathrm{C}_px^p \quad\cdots\cdots ②$$

この等式②で $x=1$ とおくと

$$2^p={}_pC_0+{}_pC_1+{}_pC_2+\cdots\cdots+{}_pC_{p-1}+{}_pC_p$$
$$=2+{}_pC_1+{}_pC_2+\cdots\cdots+{}_pC_{p-1}\quad\cdots\cdots ③$$

(2) より，$1\leqq r\leqq p-1$ のとき，${}_pC_r$ は p の倍数であるから，${}_pC_1+{}_pC_2+\cdots\cdots+{}_pC_{p-1}$ は p の倍数である。

$p\geqq3$ であるから，③ より，2^p を p で割った余りは 2 である。

←${}_pC_0={}_pC_p=1$

←$2^p=2+p\times$(整数)の形。ただし，$p\geqq3$ に注意。$p=2$ のとき，2^p を p で割った余りは 0 となる。

(4) (3) の等式 ② に $x=2$ を代入すると

$$3^p={}_pC_0+2{}_pC_1+2^2{}_pC_2+\cdots\cdots+2^{p-1}{}_pC_{p-1}+2^p{}_pC_p$$
$$=2^p+1+2{}_pC_1+2^2{}_pC_2+\cdots\cdots+2^{p-1}{}_pC_{p-1}\quad\cdots\cdots ④$$

(2) より，$1\leqq r\leqq p-1$ のとき，${}_pC_r$ は p の倍数であるから，$2{}_pC_1+2^2{}_pC_2+\cdots\cdots+2^{p-1}{}_pC_{p-1}$ は p の倍数である。

よって，④ から，3^p を p で割った余りは，2^p+1 を p で割った余りに等しい。

(3) より，2^p を p で割った余りは 2 であり，また，$p\geqq5$ であるから，3^p を p で割った余りは　$2+1=\mathbf{3}$

←$3^p=2^p+1+p\times$(整数)の形。

EX ④6　$(x+5)^{80}$ を展開したとき，x の何乗の係数が最大になるか答えよ。〔弘前大〕

$(x+5)^{80}$ の展開式の一般項は　${}_{80}C_k x^{80-k}\cdot5^k=5^k{}_{80}C_k x^{80-k}$

x^k の項の係数を a_k とすると　$a_k=5^{80-k}{}_{80}C_{80-k}$

よって

$$\frac{a_{k+1}}{a_k}=\frac{5^{79-k}{}_{80}C_{79-k}}{5^{80-k}{}_{80}C_{80-k}}$$
$$=\frac{1}{5}\cdot\frac{80!}{(79-k)!\{80-(79-k)\}!}\times\frac{(80-k)!\{80-(80-k)\}!}{80!}$$
$$=\frac{1}{5}\cdot\frac{80!}{(79-k)!(k+1)!}\cdot\frac{(80-k)!k!}{80!}$$
$$=\frac{80-k}{5(k+1)}$$

←${}_nC_r=\dfrac{n!}{r!(n-r)!}$

[1] $\dfrac{a_{k+1}}{a_k}<1$ とすると　$\dfrac{80-k}{5(k+1)}<1$

両辺に $5(k+1)$ $[>0]$ を掛けて　$80-k<5(k+1)$

これを解いて　$k>\dfrac{75}{6}=12.5$

よって，$k\geqq13$ のとき　$a_k>a_{k+1}$

[2] $\dfrac{a_{k+1}}{a_k}>1$ とすると　$80-k>5(k+1)$

これを解いて　$k<\dfrac{75}{6}=12.5$

よって，$k\leqq12$ のとき　$a_k<a_{k+1}$

ゆえに　$a_1<a_2<\cdots\cdots<a_{12}<a_{13}$，$a_{13}>a_{14}>\cdots\cdots>a_{80}$

よって，x の **13 乗** の係数が最大になる。

検討　a_{k+1} と a_k の大小関係を $a_{k+1}-a_k$ の符号から調べる方法もある。しかし，階乗や累乗が現れる式では，左の解答のように，比をとって考える方が計算は一般にらくになる。

EX ②7　$4a^2+3ab+2b^2$ を $a+2b$ で割った商と余りを求めたい。

(1) a の多項式とみて求めよ。　(2) b の多項式とみて求めよ。

(1)

$$\begin{array}{r} 4a-5b \\ a+2b\,\big)\,\overline{4a^2+3ab+2b^2} \\ \underline{4a^2+8ab} \\ -5ab+2b^2 \\ \underline{-5ab-10b^2} \\ 12b^2 \end{array}$$

商 $4a-5b$，余り $12b^2$

(2)

$$\begin{array}{r} b+a \\ 2b+a\,\big)\,\overline{2b^2+3ab+4a^2} \\ \underline{2b^2+ab} \\ 2ab+4a^2 \\ \underline{2ab+a^2} \\ 3a^2 \end{array}$$

商 $b+a$，余り $3a^2$

検討　(1), (2) の結果からわかるように，同じ整式どうしの割り算において，**割り切れない場合は，着目する文字によって，結果が異なることがある。**割り切れる場合は，商は一致する。

←b について降べきの順に整理する。

EX ②8

(1)　x の多項式 x^3+4x^2+2x+k が $x+1$ で割り切れるとき，その商は x^2+ア $\square$ $x-1$ であり，$k=$イ $\square$ である。　〔武蔵大〕

(2)　$f(x)=x^7+2x^6-2x^5-2x^4+x^3+x^2+2x+1$ に対して，$f(\sqrt{2}-1)$ はある整数になる。その整数を求めよ。　〔東京電機大〕

(1)　x^3+4x^2+2x+k を $x+1$ で割ると次のようになる。

$$\begin{array}{r} x^2+3x-1 \\ x+1\,\big)\,\overline{x^3+4x^2+2x+k} \\ \underline{x^3+x^2} \\ 3x^2+2x \\ \underline{3x^2+3x} \\ -x+k \\ \underline{-x-1} \\ k+1 \end{array}$$

←実際に割り算を行う。

よって，商は　x^2+ア$\mathbf{3}x-1$

また，余りは 0 であるから　$k+1=0$　ゆえに　$k=$イ$\mathbf{-1}$

(2)　$x=\sqrt{2}-1$ のとき　$x+1=\sqrt{2}$

よって　$(x+1)^2=(\sqrt{2})^2$　すなわち　$x^2+2x+1=2$

ゆえに　$x^2+2x-1=0$ …… ①

$f(x)$ を x^2+2x-1 で割ると次のようになる。

$$\begin{array}{r} x^5-x^3+1 \\ x^2+2x-1\,\big)\,\overline{x^7+2x^6-2x^5-2x^4+x^3+x^2+2x+1} \\ \underline{x^7+2x^6-x^5} \\ -x^5-2x^4+x^3 \\ \underline{-x^5-2x^4+x^3} \\ x^2+2x+1 \\ \underline{x^2+2x-1} \\ 2 \end{array}$$

←$f(x)$ の式に $x=\sqrt{2}-1$ を代入して計算するのは大変。$x=\sqrt{2}-1$ から 2 次式の値 ① を導き，割り算を利用する方針で進める。

よって，等式 $f(x)=(x^2+2x-1)(x^5-x^3+1)+2$ が成り立つ。

① から　　$f(\sqrt{2}-1)=\mathbf{2}$

←割り算の基本等式。

←＿＿＝0 となる。

EX ②9

次の計算をせよ。

(1) $\dfrac{1}{x-1}-\dfrac{1}{x+1}-\dfrac{2}{x^2+1}-\dfrac{4}{x^4+1}$

(2) $\dfrac{2}{1+2x}+\dfrac{2}{1-2x}+\dfrac{1}{(1+2x)(1+3x)}+\dfrac{1}{(1-2x)(1-3x)}$　　〔(2) 大阪産大〕

(1) $(与式)=\dfrac{(x+1)-(x-1)}{(x-1)(x+1)}-\dfrac{2}{x^2+1}-\dfrac{4}{x^4+1}$

$$=\frac{2}{x^2-1}-\frac{2}{x^2+1}-\frac{4}{x^4+1}$$

$$=\frac{2\{(x^2+1)-(x^2-1)\}}{(x^2-1)(x^2+1)}-\frac{4}{x^4+1}$$

$$=\frac{4}{x^4-1}-\frac{4}{x^4+1}=\frac{4\{(x^4+1)-(x^4-1)\}}{(x^4-1)(x^4+1)}=\boldsymbol{\frac{8}{x^8-1}}$$

←左から順に通分・計算していく。

(2) (与式)

$$=\left\{\frac{2}{1+2x}+\frac{1}{(1+2x)(1+3x)}\right\}+\left\{\frac{2}{1-2x}+\frac{1}{(1-2x)(1-3x)}\right\}$$

$$=\frac{2(1+3x)+1}{(1+2x)(1+3x)}+\frac{2(1-3x)+1}{(1-2x)(1-3x)}$$

$$=\frac{3(1+2x)}{(1+2x)(1+3x)}+\frac{3(1-2x)}{(1-2x)(1-3x)}=\frac{3}{1+3x}+\frac{3}{1-3x}$$

$$=\frac{3\{(1-3x)+(1+3x)\}}{(1+3x)(1-3x)}=\boldsymbol{\frac{6}{(1+3x)(1-3x)}}$$

←分母の $1+2x$，$1-2x$ に注目して，通分しやすい式の組み合わせを考える。

EX ③10

次の計算をせよ。

(1) $\dfrac{a^2}{(a-b)(a-c)}+\dfrac{b^2}{(b-c)(b-a)}+\dfrac{c^2}{(c-a)(c-b)}$

(2) $\dfrac{b}{a(a+b)}+\dfrac{c}{(a+b)(a+b+c)}+\dfrac{d}{(a+b+c)(a+b+c+d)}+\dfrac{1}{a+b+c+d}$

HINT (1) 通分した後，分子の因数分解を試みる。
(2) 左から順に通分・計算すると大変。部分分数に分解するとらく。

(1) $(与式)=\dfrac{-a^2(b-c)-b^2(c-a)-c^2(a-b)}{(a-b)(b-c)(c-a)}$

$(分子)=-\{(b-c)a^2-(b^2-c^2)a+bc(b-c)\}$

$=-(b-c)\{a^2-(b+c)a+bc\}$

$=-(b-c)(a-b)(a-c)=(a-b)(b-c)(c-a)$

したがって　　$(与式)=\mathbf{1}$

(1) 参考　各分数式の分子が，それぞれ a^3，b^3，c^3 の場合，同様に通分すると，分子は $(a-b)(b-c)(c-a)\times(a+b+c)$ となり，結果は $a+b+c$ となる。

(2) $(与式)=\left(\dfrac{1}{a}-\dfrac{1}{a+b}\right)+\left(\dfrac{1}{a+b}-\dfrac{1}{a+b+c}\right)$

$$+\left(\frac{1}{a+b+c}-\frac{1}{a+b+c+d}\right)+\frac{1}{a+b+c+d}$$

$$=\boldsymbol{\frac{1}{a}}$$

EX ③11 次の式を簡単にせよ。

(1) $\dfrac{\dfrac{x^4-7x^2+12}{x^2-x-6}\times\dfrac{2x^2+7x+3}{2x+1}}{x^2+x-6}$　　(2) $\dfrac{3x-5}{1-\dfrac{1}{1-\dfrac{1}{x+1}}}-\dfrac{x(2x-3)}{1+\dfrac{1}{1-\dfrac{1}{x-1}}}$　［(2) 武蔵大］

(1) $\dfrac{x^4-7x^2+12}{x^2-x-6}\times\dfrac{2x^2+7x+3}{2x+1}$

$=\dfrac{(x^2-3)(x+2)(x-2)}{(x+2)(x-3)}\times\dfrac{(2x+1)(x+3)}{2x+1}$

$=\dfrac{(x^2-3)(x-2)(x+3)}{x-3}$

よって　(与式)$=\dfrac{\dfrac{(x^2-3)(x-2)(x+3)}{x-3}}{(x-2)(x+3)}=\boldsymbol{\dfrac{x^2-3}{x-3}}$

←$x^2=t$ とおくと x^4-7x^2+12 $=t^2-7t+12$ $=(t-3)(t-4)$ $=(x^2-3)(x^2-4)$ $=(x^2-3)(x+2)(x-2)$

(2) (与式)$=\dfrac{3x-5}{1-\dfrac{x+1}{(x+1)-1}}-\dfrac{x(2x-3)}{1+\dfrac{x-1}{(x-1)-1}}$

$=\dfrac{3x-5}{1-\dfrac{x+1}{x}}-\dfrac{x(2x-3)}{1+\dfrac{x-1}{x-2}}=\dfrac{(3x-5)x}{x-(x+1)}-\dfrac{x(2x-3)(x-2)}{(x-2)+(x-1)}$

$=-x(3x-5)-\dfrac{x(2x-3)(x-2)}{2x-3}=-3x^2+5x-x(x-2)$

$=-3x^2+5x-x^2+2x=\boldsymbol{-4x^2+7x}$

←この問題は，小刻みに計算する方が確実。

EX ②12 等式 $kx^2+(1-7k)x-(k+1)y+19k+4=0$ がどんな k の値についても成り立つように，x，y の値を定めよ。　〔類 京都産大〕

与えられた等式を k について整理すると

$(x^2-7x-y+19)k+(x-y+4)=0$

これがどんな k の値についても成り立つための条件は

$x^2-7x-y+19=0$ …… ①，　$x-y+4=0$ …… ②

② から　$y=x+4$ …… ③

③ を ① に代入して整理すると　$x^2-8x+15=0$

ゆえに　$(x-3)(x-5)=0$　　よって　$x=3,\ 5$

③ から　$x=3$ のとき　$y=7$，　$x=5$ のとき　$y=9$

したがって　$\boldsymbol{(x,\ y)=(3,\ 7),\ (5,\ 9)}$

←$ak+b=0$ が k の恒等式 $\Longrightarrow a=b=0$

←y を消去。

EX ②13 (1) $x^4-4x^3+ax^2+x+b$ が，ある多項式の平方となるような定数 a，b の値を求めよ。〔札幌大〕

(2) $\dfrac{2x^3-7x^2+11x-16}{x(x-2)^3}=\dfrac{a}{x}+\dfrac{b}{x-2}+\dfrac{c}{(x-2)^2}+\dfrac{d}{(x-2)^3}$ が x についての恒等式となるように定数 a，b，c，d の値を定めると，$a=$ア□，$b=$イ□，$c=$ウ□，$d=$エ□である。　〔関西学院大〕

(1) $x^4-4x^3+ax^2+x+b=(x^2+px+q)^2$ とする。

右辺を展開して整理すると

$x^4-4x^3+ax^2+x+b=x^4+2px^3+(p^2+2q)x^2+2pqx+q^2$

両辺の係数を比較すると

←左辺の x^4 の係数が1であるから，右辺の x^2 の係数は1としてよい。

←係数比較法。

$-4=2p$ …… ①,　$a=p^2+2q$ …… ②,

$1=2pq$ …… ③,　$b=q^2$ …… ④

① から　$p=-2$　③ に代入して　$-4q=1$

ゆえに　$q=-\frac{1}{4}$　④ に代入して　$\boldsymbol{b=\frac{1}{16}}$

② に $p=-2$, $q=-\frac{1}{4}$ を代入して　$\boldsymbol{a=\frac{7}{2}}$

(2)　両辺に $x(x-2)^3$ を掛けて得られる等式

$$2x^3-7x^2+11x-16=a(x-2)^3+bx(x-2)^2+cx(x-2)+dx$$

も x についての恒等式である。

右辺を展開し，x について整理すると

$$2x^3-7x^2+11x-16$$
$$=(a+b)x^3+(-6a-4b+c)x^2+(12a+4b-2c+d)x-8a$$

両辺の同じ次数の項の係数は等しいから

$a+b=2$ …… ①,　$-6a-4b+c=-7$ …… ②,

$12a+4b-2c+d=11$ …… ③,　$-8a=-16$ …… ④

④ から　$a=$ ア$\boldsymbol{2}$　① から　$b=2-2=$ イ$\boldsymbol{0}$

② から　$c=-7+6\cdot2+4\cdot0=$ ウ$\boldsymbol{5}$

③ から　$d=11-12\cdot2-4\cdot0+2\cdot5=$ エ$\boldsymbol{-3}$

←分母を払う。ここで，数値代入法を利用してもよい。この等式の両辺に $x=0$, 2 を代入すると，それぞれ a, d の値が得られる。そして，$x=1$, 3 を代入するとそれぞれ $-10=-a+b-c+d$, $8=a+3b+3c+3d$ が得られ，b, c の値が求められる。

EX ③14

$2x-4y+5z=3$, $3x+y+4z=1$ が成り立つとき，$px^2+qy^2+rz^2=2$ が x, y, z についての恒等式となるように，定数 p, q, r の値を定めよ。〔武庫川女子大〕

$2x-4y+5z=3$ …… ①, $3x+y+4z=1$ …… ② とする。

①×4−②×5 から　$-7x-21y=7$

したがって　$x=-3y-1$ …… ③

①×3−②×2 から　$-14y+7z=7$

したがって　$z=2y+1$ …… ④

③, ④ を $px^2+qy^2+rz^2=2$ に代入すると

$$p(-3y-1)^2+qy^2+r(2y+1)^2=2$$

整理すると　$(9p+q+4r)y^2+(6p+4r)y+p+r-2=0$

これが y についての恒等式であるから

$$9p+q+4r=0,\ 6p+4r=0,\ p+r-2=0$$

この連立方程式を解いて　$\boldsymbol{p=-4,\ q=12,\ r=6}$

←①, ② を x, z の連立方程式とみて，x, z を y で表す。y, z を x で，x, y を z で表してもよいが，係数に分数が含まれるため，後の計算が煩雑になる。

←y について降べきの順に整理。

←係数比較法。

EX ③15

$a+b+c=0$ のとき，$a\left(\frac{1}{b}+\frac{1}{c}\right)+b\left(\frac{1}{c}+\frac{1}{a}\right)+c\left(\frac{1}{a}+\frac{1}{b}\right)+3=0$ が成り立つことを証明せよ。

HINT　$a+b+c=0$ から $c=-a-b$ であり，これを左辺に代入し，$=0$ を目指す。また，別解 のように，a, b, c の対称性に注目した条件式の使い方も参考にしてほしい。

$a+b+c=0$ から　$c=-(a+b)$

よって　$a\left(\frac{1}{b}+\frac{1}{c}\right)+b\left(\frac{1}{c}+\frac{1}{a}\right)+c\left(\frac{1}{a}+\frac{1}{b}\right)+3$

$$=a\left(\frac{1}{b}-\frac{1}{a+b}\right)+b\left(-\frac{1}{a+b}+\frac{1}{a}\right)-(a+b)\cdot\frac{a+b}{ab}+3$$

条件式　文字を減らす方針で使う

←c を消去。

$=\dfrac{a}{b}-\dfrac{a+b}{a+b}+\dfrac{b}{a}-\dfrac{(a+b)^2}{ab}+3$

$=\dfrac{a^2+b^2-(a+b)^2}{ab}+2=\dfrac{-2ab}{ab}+2=-2+2=0$

別解　$a+b+c=0$ から　$b+c=-a$，$c+a=-b$，$a+b=-c$

よって　$a\left(\dfrac{1}{b}+\dfrac{1}{c}\right)+b\left(\dfrac{1}{c}+\dfrac{1}{a}\right)+c\left(\dfrac{1}{a}+\dfrac{1}{b}\right)+3$

$=\dfrac{a}{b}+\dfrac{a}{c}+\dfrac{b}{c}+\dfrac{b}{a}+\dfrac{c}{a}+\dfrac{c}{b}+3=\dfrac{b+c}{a}+\dfrac{c+a}{b}+\dfrac{a+b}{c}+3$　　←$=\dfrac{b}{a}+\dfrac{c}{a}+\dfrac{a}{b}+\dfrac{c}{b}+\dfrac{a}{c}+\dfrac{b}{c}+3$

$=\dfrac{-a}{a}+\dfrac{-b}{b}+\dfrac{-c}{c}+3=-1-1-1+3=0$

EX ③16　x，y，z が $(x+y):(y+z):(z+x)=3:5:4$ かつ $x+y+z=12$ を満たすとき，$xy+yz+zx$ の値を求めよ。　〔埼玉工大〕

HINT　条件式から，$k\neq0$ として，$x+y=3k$，$y+z=5k$，$z+x=4k$ とおける。

$(x+y):(y+z):(z+x)=3:5:4$ から，$k\neq0$ として，

$x+y=3k$ …… ①，$y+z=5k$ …… ②，$z+x=4k$ …… ③

とおくことができる。

①+②+③ から　$2(x+y+z)=12k$　　←①，②，③ は循環形 ⟶ 辺々を加える。

よって　$x+y+z=6k$ …… ④

$x+y+z=12$ であるから　$6k=12$　ゆえに　$k=2$

④−②，④−③，④−① から，それぞれ

$x=k$，$y=2k$，$z=3k$

$k=2$ を代入して　$x=2$，$y=4$，$z=6$

したがって　$xy+yz+zx=2\cdot4+4\cdot6+6\cdot2=44$

EX ④17　(1)　$a+b+c\neq0$，$abc\neq0$ を満たす実数 a，b，c が，等式 $\dfrac{1}{a}+\dfrac{1}{b}+\dfrac{1}{c}=\dfrac{1}{a+b+c}$ を満たしている。このとき，任意の奇数 n に対して，等式 $\dfrac{1}{a^n}+\dfrac{1}{b^n}+\dfrac{1}{c^n}=\dfrac{1}{(a+b+c)^n}$ が成り立つことを示せ。　〔早稲田大〕

(2)　0 以上である実数 x，y，z に対して，$x+y^2=y+z^2=z+x^2$ が成り立つとき，$x=y=z$ であることを証明せよ。　〔札幌医大〕

HINT　(1)　まず，条件式から $(a+b)(b+c)(c+a)=0$ を導き，$a+b=0$ または $b+c=0$ または $c+a=0$ であることを示す。

(1)　$\dfrac{1}{a}+\dfrac{1}{b}+\dfrac{1}{c}=\dfrac{1}{a+b+c}$ から　$\dfrac{bc+ca+ab}{abc}=\dfrac{1}{a+b+c}$　　←条件式の左辺を通分。

ゆえに　$(a+b+c)(ab+bc+ca)=abc$　　←$abc(a+b+c)\neq0$ を両辺に掛ける。

$\{a+(b+c)\}\{(b+c)a+bc\}-abc=0$

$(b+c)a^2+(b+c)^2a+bc(b+c)=0$　　←a について整理して因数分解する。

$(b+c)\{a^2+(b+c)a+bc\}=0$

よって　$(b+c)(c+a)(a+b)=0$

ゆえに　$a+b=0$ または $b+c=0$ または $c+a=0$

$a+b=0$ のとき　$b=-a$

n は奇数であるから

$$\frac{1}{a^n}+\frac{1}{b^n}+\frac{1}{c^n}=\frac{1}{a^n}+\frac{1}{(-a)^n}+\frac{1}{c^n}=\frac{1}{c^n}$$

$$\frac{1}{(a+b+c)^n}=\frac{1}{(a-a+c)^n}=\frac{1}{c^n}$$

←n が奇数のとき $(-a)^n=(-1)^n a^n=-a^n$

したがって　$\frac{1}{a^n}+\frac{1}{b^n}+\frac{1}{c^n}=\frac{1}{(a+b+c)^n}$

$b+c=0$，$c+a=0$ のときも同様に成り立つ。

以上から　$\frac{1}{a^n}+\frac{1}{b^n}+\frac{1}{c^n}=\frac{1}{(a+b+c)^n}$

(2)　$x+y^2=y+z^2$ から　$x-y=(z+y)(z-y)$ …… ①　←$x-y=z^2-y^2$

$y+z^2=z+x^2$ から　$y-z=(x+z)(x-z)$ …… ②　←$y-z=x^2-z^2$

$z+x^2=x+y^2$ から　$z-x=(y+x)(y-x)$ …… ③　←$z-x=y^2-x^2$

①，②，③ の各辺を掛けて

$(x-y)(y-z)(z-x)=(z+y)(z-y)(x+z)(x-z)(y+x)(y-x)$

←(右辺) $=-(x-y)(y-z)(z-x)\times(y+z)(z+x)(x+y)$

すなわち　$(x-y)(y-z)(z-x)\{1+(y+z)(z+x)(x+y)\}=0$

$x\geqq0$，$y\geqq0$，$z\geqq0$ であるから　$1+(y+z)(z+x)(x+y)\geqq1$

ゆえに　$(x-y)(y-z)(z-x)=0$

よって　$x=y$ または $y=z$ または $z=x$

←$ABC=0 \iff A=0$ または $B=0$ または $C=0$

ここで，$x=y$ のとき，③ に代入して　$z-x=0$

ゆえに　$x=y=z$

$y=z$，$z=x$ のときも同様にして　$x=y=z$

したがって　$x=y=z$

EX ③18

(1)　0 以上の実数 a，b，c が $a+b\geqq c$ を満たすとき，$\frac{a}{1+a}+\frac{b}{1+b}\geqq\frac{c}{1+c}$ が成り立つことを示せ。また，等号が成り立つための条件を求めよ。

(2)　0 以上の実数 a，b，c が $\frac{a}{1+a}+\frac{b}{1+b}\geqq\frac{c}{1+c}$ を満たすとき，$a+b\geqq c$ は成り立つか。成り立つならば証明し，成り立たないならば反例をあげよ。　〔類　東北学院大〕

(1)　$\frac{a}{1+a}+\frac{b}{1+b}-\frac{c}{1+c}$

$$=\frac{a(1+b)(1+c)+b(1+a)(1+c)-c(1+a)(1+b)}{(1+a)(1+b)(1+c)}$$

$$=\frac{(a+b+2ab)(1+c)-c(1+a+b+ab)}{(1+a)(1+b)(1+c)}$$

$$=\frac{a+b-c+ab(2+c)}{(1+a)(1+b)(1+c)}$$

←(左辺)−(右辺)$\geqq0$ を示す。
←通分する。
←前 2 つの項，最後の項で分ける。

$a+b\geqq c$ から $a+b-c\geqq0$ であり，$(1+a)(1+b)(1+c)>0$，$ab(2+c)\geqq0$ であるから

$$\frac{a+b-c+ab(2+c)}{(1+a)(1+b)(1+c)}\geqq0 \quad \cdots\cdots (*)$$

よって　$\frac{a}{1+a}+\frac{b}{1+b}\geqq\frac{c}{1+c}$

また，等号が成り立つのは，$a+b-c=0$ かつ $ab(2+c)=0$ のときである。

←(＊)の左辺の分子に注目。

$ab(2+c)=0$ のとき，$c+2>0$ であるから　$ab=0$

すなわち　$a=0$ または $b=0$

$a=0$ のとき　$a+b-c=0$ から　$b=c$

$b=0$ のとき　$a+b-c=0$ から　$a=c$

よって，等号が成り立つ条件は

$a=0$ かつ $b=c$　または　$b=0$ かつ $a=c$

(2) $\dfrac{a}{1+a}+\dfrac{b}{1+b}\geqq\dfrac{c}{1+c}$ ならば，(1) から

←この式は(＊)と同値であるから，(＊)の分子の式に注目する。

$\dfrac{a+b-c+ab(2+c)}{(1+a)(1+b)(1+c)}\geqq 0$ が成り立つ。

左辺の分母は正であるから，$a+b-c+ab(2+c)\geqq 0$ が成り立つ。変形すると　$a+b+2ab\geqq c(1-ab)$

この不等式は，$ab=1$ のとき $a+b+2\geqq 0$ となり，c の値に関係なく成り立つ。

よって，$a=b=1$ とすると，$a+b=2$ より大きい数として $c=3$ をとれば，$a+b\geqq c$ は成り立たない。

ゆえに，答えは　**成り立たない。反例：$a=b=1$，$c=3$**

EX ③19

次の不等式が成り立つことを証明せよ。また，等号が成り立つのはどのようなときか。

(1) $3(a^2+b^2+c^2)\geqq(a+b+c)^2$　〔類 学習院大〕

(2) a，b，c が正の数のとき　$\sqrt{\dfrac{a+b+c}{3}}\geqq\dfrac{\sqrt{a}+\sqrt{b}+\sqrt{c}}{3}$

(3) $a>0$，$b>0$ のとき　$\left|\dfrac{a}{b}\sqrt{a}-\dfrac{b}{a}\sqrt{b}\right|\geqq|\sqrt{a}-\sqrt{b}|$　〔愛媛大〕

(1) $3(a^2+b^2+c^2)-(a+b+c)^2$

$=2a^2+2b^2+2c^2-2(ab+bc+ca)$

$=(a^2-2ab+b^2)+(b^2-2bc+c^2)+(c^2-2ca+a^2)$

$=(a-b)^2+(b-c)^2+(c-a)^2\geqq 0$

←(1) は $\dfrac{a^2+b^2+c^2}{3}\geqq\left(\dfrac{a+b+c}{3}\right)^2$ と同値である。

ゆえに　$3(a^2+b^2+c^2)\geqq(a+b+c)^2$

等号が成り立つのは　$a-b=0$ かつ $b-c=0$ かつ $c-a=0$

すなわち　**$a=b=c$ のとき** である。

別解　シュワルツの不等式

←本冊 $p.53$ 参照。

$$(a^2+b^2+c^2)(x^2+y^2+z^2)\geqq(ax+by+cz)^2$$

[等号が成り立つのは，$ay=bx$ かつ $bz=cy$ かつ $cx=az$ のとき]

において，$x=y=z=1$ とすると

$$3(a^2+b^2+c^2)\geqq(a+b+c)^2$$

←$(a^2+b^2+c^2)(1^2+1^2+1^2)\geqq(a\cdot1+b\cdot1+c\cdot1)^2$

等号が成り立つのは　$a=b$ かつ $b=c$ かつ $c=a$

すなわち　**$a=b=c$ のとき** である。

(2) $\left(\sqrt{\dfrac{a+b+c}{3}}\right)^2-\left(\dfrac{\sqrt{a}+\sqrt{b}+\sqrt{c}}{3}\right)^2$

$=\dfrac{a+b+c}{3}-\dfrac{a+b+c+2\sqrt{a}\sqrt{b}+2\sqrt{b}\sqrt{c}+2\sqrt{c}\sqrt{a}}{9}$

$=\dfrac{2a+2b+2c-2\sqrt{a}\sqrt{b}-2\sqrt{b}\sqrt{c}-2\sqrt{c}\sqrt{a}}{9}$

$=\dfrac{(\sqrt{a}-\sqrt{b})^2+(\sqrt{b}-\sqrt{c})^2+(\sqrt{c}-\sqrt{a})^2}{9}\geqq 0$ …… ①

←分子は $(a-2\sqrt{a}\sqrt{b}+b)$ $+(b-2\sqrt{b}\sqrt{c}+c)$ $+(c-2\sqrt{c}\sqrt{a}+a)$ で $a=(\sqrt{a})^2$, $b=(\sqrt{b})^2$, $c=(\sqrt{c})^2$ から。

よって　$\left(\sqrt{\dfrac{a+b+c}{3}}\right)^2\geqq\left(\dfrac{\sqrt{a}+\sqrt{b}+\sqrt{c}}{3}\right)^2$ …… Ⓐ

a, b, c が正の数のとき

$\sqrt{\dfrac{a+b+c}{3}}>0$,　$\dfrac{\sqrt{a}+\sqrt{b}+\sqrt{c}}{3}>0$

←この確認を忘れずに。

であるから　$\sqrt{\dfrac{a+b+c}{3}}\geqq\dfrac{\sqrt{a}+\sqrt{b}+\sqrt{c}}{3}$

等号が成り立つのは，① から $a=b=c$ のとき である。

検討　(1) を利用して，Ⓐ を示す

(1) において，a を $\sqrt{a}$，b を $\sqrt{b}$，c を $\sqrt{c}$ でおき換えると，

$3(a+b+c)\geqq(\sqrt{a}+\sqrt{b}+\sqrt{c})^2$

←$a>0$, $b>0$, $c>0$ のとき，$\sqrt{a}$，$\sqrt{b}$，$\sqrt{c}$ は実数であり，(1) の a, b, c とおき換えることができる。

両辺を 9 で割ると

$\dfrac{a+b+c}{3}\geqq\left(\dfrac{\sqrt{a}+\sqrt{b}+\sqrt{c}}{3}\right)^2$

となり，Ⓐ が得られる。

(3) $P=\left|\dfrac{a}{b}\sqrt{a}-\dfrac{b}{a}\sqrt{b}\right|^2-|\sqrt{a}-\sqrt{b}|^2$ とすると

$P=\left(\dfrac{a}{b}\sqrt{a}-\dfrac{b}{a}\sqrt{b}\right)^2-(\sqrt{a}-\sqrt{b})^2$

←$|A|^2=A^2$

$=\dfrac{a^3}{b^2}-2\sqrt{ab}+\dfrac{b^3}{a^2}-(a-2\sqrt{ab}+b)$

$=\dfrac{a^5-a^3b^2-a^2b^3+b^5}{a^2b^2}$

$=\dfrac{(a^2-b^2)(a^3-b^3)}{a^2b^2}$

←a^3-b^3 $=(a-b)(a^2+ab+b^2)$

$=\dfrac{(a+b)(a-b)^2(a^2+ab+b^2)}{a^2b^2}$

$a>0$, $b>0$ であるから　$P\geqq 0$

←$a+b>0$, $(a-b)^2\geqq 0$, a^2+ab+b^2 $=\left(a+\dfrac{b}{2}\right)^2+\dfrac{3}{4}b^2>0$

ゆえに　$\left|\dfrac{a}{b}\sqrt{a}-\dfrac{b}{a}\sqrt{b}\right|^2\geqq|\sqrt{a}-\sqrt{b}|^2$

$\left|\dfrac{a}{b}\sqrt{a}-\dfrac{b}{a}\sqrt{b}\right|\geqq 0$, $|\sqrt{a}-\sqrt{b}|\geqq 0$ であるから

$\left|\dfrac{a}{b}\sqrt{a}-\dfrac{b}{a}\sqrt{b}\right|\geqq|\sqrt{a}-\sqrt{b}|$

また，**等号が成り立つのは $a=b$ のとき** である。

←$a-b=0$ のとき。

EX ③20 a, b, c, d は実数とする。次の不等式が成り立つことを証明せよ。

(1) $\dfrac{a^2+b^2}{2} \geqq \left(\dfrac{a+b}{2}\right)^2$　　(2) $\dfrac{a^2+b^2+c^2+d^2}{4} \geqq \left(\dfrac{a+b+c+d}{4}\right)^2$　〔類 富山県大〕

(1) $\dfrac{a^2+b^2}{2}-\left(\dfrac{a+b}{2}\right)^2=\dfrac{a^2+b^2}{2}-\dfrac{a^2+2ab+b^2}{4}$

$=\dfrac{2a^2+2b^2-a^2-2ab-b^2}{4}=\dfrac{(a-b)^2}{4} \geqq 0$

よって　$\dfrac{a^2+b^2}{2} \geqq \left(\dfrac{a+b}{2}\right)^2$

(2) (1) から　$\dfrac{a^2+b^2}{2} \geqq \left(\dfrac{a+b}{2}\right)^2$, $\dfrac{c^2+d^2}{2} \geqq \left(\dfrac{c+d}{2}\right)^2$

これらの辺々を加えると

$$\frac{a^2+b^2+c^2+d^2}{2} \geqq \left(\frac{a+b}{2}\right)^2+\left(\frac{c+d}{2}\right)^2$$

両辺を 2 で割ると

$$\frac{a^2+b^2+c^2+d^2}{4} \geqq \frac{\left(\frac{a+b}{2}\right)^2+\left(\frac{c+d}{2}\right)^2}{2} \quad \cdots\cdots ①$$

更に，(1) から

$$\frac{\left(\frac{a+b}{2}\right)^2+\left(\frac{c+d}{2}\right)^2}{2} \geqq \left(\frac{\frac{a+b}{2}+\frac{c+d}{2}}{2}\right)^2=\left(\frac{a+b+c+d}{4}\right)^2$$

これと ① から　$\dfrac{a^2+b^2+c^2+d^2}{4} \geqq \left(\dfrac{a+b+c+d}{4}\right)^2$

←(左辺)−(右辺)≧0 を示す。

←等号成立は $a=b$ のとき。

←(1) の結果を利用して証明する。

←$\left(\dfrac{a+b}{2}\right)^2$ を $\dfrac{(a+b)^2}{4}$ などとせずに $(\quad)^2$ の形のまま進めると (1) の結果を適用しやすい。

←等号成立は $a=b=c=d$ のとき。

EX ④21 (1) 正の実数 x, y が $9x^2+16y^2=144$ を満たしているとき，xy の最大値は □ である。

(2) $x>1$ のとき，$4x^2+\dfrac{1}{(x+1)(x-1)}$ の最小値は ア□ で，そのときの x の値は イ□ である。

(3) $x>0$, $y>0$, $z>0$ とする。$\dfrac{1}{x}+\dfrac{2}{y}+\dfrac{3}{z}=\dfrac{1}{4}$ のとき，$x+2y+3z$ の最小値を求めよ。

〔(1), (2) 慶応大, (3) 神奈川大〕

(1) $9x^2>0$, $16y^2>0$ であるから，(相加平均)≧(相乗平均) により　$9x^2+16y^2 \geqq 2\sqrt{9x^2\cdot16y^2}$

よって　$144 \geqq 2\cdot3x\cdot4y$　ゆえに　$xy \leqq 6$

等号は $9x^2=16y^2$ のとき成り立つ。

$9x^2+16y^2=144$ から　$18x^2=144$, $32y^2=144$

$x>0$, $y>0$ から　$x=2\sqrt{2}$, $y=\dfrac{3}{\sqrt{2}}$

したがって，xy の最大値は　**6**

←$9x^2+16y^2=144$ を代入。

←$9x^2+16y^2=144$ に $16y^2=9x^2$, $9x^2=16y^2$ をそれぞれ代入。

(2) $4x^2+\dfrac{1}{(x+1)(x-1)}=4(x^2-1)+\dfrac{1}{x^2-1}+4$

←x^2-1 についての式になるように変形。

$x>1$ のとき，$4(x^2-1)>0$，$\dfrac{1}{x^2-1}>0$ であるから，

(相加平均)≧(相乗平均) により

$$4(x^2-1)+\frac{1}{x^2-1}+4\geqq 2\sqrt{4(x^2-1)\cdot\frac{1}{x^2-1}}+4=8$$

よって　　$4x^2+\dfrac{1}{(x+1)(x-1)}\geqq 8$

等号が成り立つのは，$4(x^2-1)=\dfrac{1}{x^2-1}$ のときである。

このとき　　$(x^2-1)^2=\dfrac{1}{4}$　　　$x>1$ から　　$x^2-1=\dfrac{1}{2}$

←$x^2-1>0$

すなわち　　$x^2=\dfrac{3}{2}$　　　ゆえに　　$x=\sqrt{\dfrac{3}{2}}=\dfrac{\sqrt{6}}{2}$

したがって，$4x^2+\dfrac{1}{(x+1)(x-1)}$ の最小値は ア**8** で，そのときの x の値は イ $\boldsymbol{\dfrac{\sqrt{6}}{2}}$ である。

(3) $(x+2y+3z)\left(\dfrac{1}{x}+\dfrac{2}{y}+\dfrac{3}{z}\right)$

$$=14+2\left(\frac{y}{x}+\frac{x}{y}\right)+6\left(\frac{z}{y}+\frac{y}{z}\right)+3\left(\frac{x}{z}+\frac{z}{x}\right)$$

$\dfrac{1}{x}+\dfrac{2}{y}+\dfrac{3}{z}=\dfrac{1}{4}$ から

$$x+2y+3z=4\left\{14+2\left(\frac{y}{x}+\frac{x}{y}\right)+6\left(\frac{z}{y}+\frac{y}{z}\right)+3\left(\frac{x}{z}+\frac{z}{x}\right)\right\}$$

$x>0$，$y>0$，$z>0$ であるから，(相加平均)≧(相乗平均) により

$$\frac{y}{x}+\frac{x}{y}\geqq 2\sqrt{\frac{y}{x}\cdot\frac{x}{y}}=2,$$

$$\frac{z}{y}+\frac{y}{z}\geqq 2\sqrt{\frac{z}{y}\cdot\frac{y}{z}}=2,$$

$$\frac{x}{z}+\frac{z}{x}\geqq 2\sqrt{\frac{x}{z}\cdot\frac{z}{x}}=2$$

この3つの不等式の等号は，それぞれ $\dfrac{y}{x}=\dfrac{x}{y}$，$\dfrac{z}{y}=\dfrac{y}{z}$，$\dfrac{x}{z}=\dfrac{z}{x}$ のとき成立するから，$x=y=z$ のときすべての等号が成立する。

←$x^2=y^2=z^2$ と $x>0$，$y>0$，$z>0$ から　$x=y=z$

このとき，$\dfrac{1}{x}+\dfrac{2}{y}+\dfrac{3}{z}=\dfrac{1}{4}$ から　　$\dfrac{6}{x}=\dfrac{1}{4}$

←$\dfrac{1}{x}+\dfrac{2}{x}+\dfrac{3}{x}=\dfrac{1}{4}$

よって　　$x=y=z=24$

したがって，$x+2y+3z$ は，$x=y=z=24$ のとき最小値

$24+2\cdot 24+3\cdot 24=$**144** をとる。

別解 $x>0,\ y>0,\ z>0$ であるから，シュワルツの不等式により

$$\{(\sqrt{x})^2+(\sqrt{2y})^2+(\sqrt{3z})^2\}\left\{\left(\sqrt{\frac{1}{x}}\right)^2+\left(\sqrt{\frac{2}{y}}\right)^2+\left(\sqrt{\frac{3}{z}}\right)^2\right\}$$

$$\geqq\left(\sqrt{x}\cdot\sqrt{\frac{1}{x}}+\sqrt{2y}\cdot\sqrt{\frac{2}{y}}+\sqrt{3z}\cdot\sqrt{\frac{3}{z}}\right)^2$$

すなわち　$(x+2y+3z)\left(\frac{1}{x}+\frac{2}{y}+\frac{3}{z}\right)\geqq(1+2+3)^2$

よって　$(x+2y+3z)\cdot\frac{1}{4}\geqq 6^2$

ゆえに　$x+2y+3z\geqq 144$

等号は，$\sqrt{x}:\sqrt{2y}:\sqrt{3z}=\sqrt{\frac{1}{x}}:\sqrt{\frac{2}{y}}:\sqrt{\frac{3}{z}}$

かつ　$\frac{1}{x}+\frac{2}{y}+\frac{3}{z}=\frac{1}{4}$

すなわち，$x=y=z=24$ のとき成り立つ。

したがって，求める最小値は　**144**

←$(a^2+b^2+c^2)\times(x^2+y^2+z^2)\geqq(ax+by+cz)^2$
等号成立は，$ay=bx$，$bz=cy$，$cx=az$ のとき。

←これから　$x=y=z$

EX ③22

$a>\sqrt{2}$ を満たすとき，次の 3 つの数を小さい方から順に並べよ。

$$\frac{a+2}{a+1},\quad \frac{a}{2}+\frac{1}{a},\quad \sqrt{2}$$

HINT　$a=2$ とすると　$\frac{a+2}{a+1}=\frac{4}{3}=1.333\cdots$，$\frac{a}{2}+\frac{1}{a}=\frac{3}{2}=1.5$

よって，$\frac{a+2}{a+1}<\sqrt{2}<\frac{a}{2}+\frac{1}{a}$ と予想される。

$a>\sqrt{2}$ であるから　$a-\sqrt{2}>0$

$$\sqrt{2}-\frac{a+2}{a+1}=\frac{\sqrt{2}(a+1)-(a+2)}{a+1}=\frac{(\sqrt{2}-1)a-\sqrt{2}(\sqrt{2}-1)}{a+1}$$

$$=\frac{(\sqrt{2}-1)(a-\sqrt{2})}{a+1}>0$$

←$\sqrt{2}=1.414\cdots$

よって　$\frac{a+2}{a+1}<\sqrt{2}$

また　$\frac{a}{2}+\frac{1}{a}-\sqrt{2}=\frac{a^2+2-2\sqrt{2}a}{2a}=\frac{(a-\sqrt{2})^2}{2a}>0$

よって　$\sqrt{2}<\frac{a}{2}+\frac{1}{a}$

したがって，3 つの数を小さい方から順に並べると

$$\boldsymbol{\frac{a+2}{a+1},\ \sqrt{2},\ \frac{a}{2}+\frac{1}{a}}$$

練習 ①35 次の計算をせよ。

(1) $(5-3i)-(3-2i)$　(2) $(3-i)^2$　(3) $(\sqrt{-3}+2)(\sqrt{-3}-3)$

(4) $\dfrac{1+2i}{2-i}$　(5) $\dfrac{2-i}{3+i}-\dfrac{5+10i}{1-3i}$

(1) $(5-3i)-(3-2i)=(5-3)+(-3+2)i=\boldsymbol{2-i}$

(2) $(3-i)^2=9-6i+i^2=9-6i-1=\boldsymbol{8-6i}$　←$i^2=-1$

(3) $(\sqrt{-3}+2)(\sqrt{-3}-3)=(\sqrt{3}\,i+2)(\sqrt{3}\,i-3)$

$=(\sqrt{3})^2i^2-3\sqrt{3}\,i+2\sqrt{3}\,i-2\cdot3$

$=3\cdot(-1)-\sqrt{3}\,i-6$　←$i^2=-1$

$=\boldsymbol{-9-\sqrt{3}\,i}$

(4) $\dfrac{1+2i}{2-i}=\dfrac{(1+2i)(2+i)}{(2-i)(2+i)}=\dfrac{2+5i+2i^2}{4-i^2}=\dfrac{5i}{5}=\boldsymbol{i}$　←$0+1\cdot i$　と答えてもよいが，計算結果としては i だけ書けばよい。

(5) $\dfrac{2-i}{3+i}-\dfrac{5+10i}{1-3i}=\dfrac{(2-i)(3-i)}{(3+i)(3-i)}-\dfrac{(5+10i)(1+3i)}{(1-3i)(1+3i)}$

$=\dfrac{6-5i+i^2}{9-i^2}-\dfrac{5+25i+30i^2}{1-9i^2}$

$=\dfrac{5-5i}{10}-\dfrac{-25+25i}{10}=\dfrac{30-30i}{10}$

$=\boldsymbol{3-3i}$

練習 ②36 (1) 次の等式を満たす実数 x，y の値を，それぞれ求めよ。

(ア) $(3+2i)x+2(1-i)y=17-2i$　(イ) $(1+xi)(3-7i)=1+yi$

(2) $\dfrac{1+xi}{3+i}$ が (ア) 実数　(イ) 純虚数　となるように，実数 x の値を定めよ。

(1) (ア) 等式を変形すると　$(3x+2y)+(2x-2y)i=17-2i$　←左辺を i について整理。

x，y は実数であるから，$3x+2y$ と $2x-2y$ も実数である。　←この断りを忘れずに！

よって　$3x+2y=17$ …… ①，$2x-2y=-2$ …… ②　←実部，虚部を比較。

①，② を連立して解くと　$\boldsymbol{x=3,\ y=4}$

(イ) 等式を変形すると　$(7x+3)+(3x-7)i=1+yi$　←左辺を i について整理。

x，y は実数であるから，$7x+3$ と $3x-7$ も実数である。　←この断りを忘れずに！

よって　$7x+3=1$ …… ①，$3x-7=y$ …… ②　←実部，虚部を比較。

①，② を連立して解くと　$\boldsymbol{x=-\dfrac{2}{7},\ y=-\dfrac{55}{7}}$

(2) $\dfrac{1+xi}{3+i}=\dfrac{(1+xi)(3-i)}{(3+i)(3-i)}=\dfrac{3+(3x-1)i-xi^2}{9-i^2}$　←分母を実数化して，$a+bi$ の形に変形する。

$=\dfrac{x+3}{10}+\dfrac{3x-1}{10}i$ …… ①

x は実数であるから，$\dfrac{x+3}{10}$ と $\dfrac{3x-1}{10}$ も実数である。

(ア) ① が実数となるための条件は，$3x-1=0$ から　$\boldsymbol{x=\dfrac{1}{3}}$　←(ア) の実数は $\dfrac{1}{3}$，(イ) の純虚数は $-i$

(イ) ① が純虚数となるための条件は

$x+3=0$　かつ　$3x-1\neq0$

$x+3=0$ から　$\boldsymbol{x=-3}$　これは $3x-1\neq0$ を満たす。

練習 ③37 2乗すると i になるような複素数 z を求めよ。 〔類 愛媛大〕

$z=x+yi$ (x, y は実数) とすると

$$z^2=(x+yi)^2=x^2+2xyi+y^2i^2=x^2-y^2+2xyi$$

←$i^2=-1$

$z^2=i$ のとき　$x^2-y^2+2xyi=i$

x, y は実数であるから, x^2-y^2 と $2xy$ も実数である。

したがって　$x^2-y^2=0$ …… ①, $2xy=1$ …… ②

←実部, 虚部を比較。

① から　$(x+y)(x-y)=0$　よって　$y=\pm x$

[1] $y=x$ のとき, ② から　$2x^2=1$　ゆえに　$x=\pm\dfrac{1}{\sqrt{2}}$

$y=x$ から　$x=\dfrac{1}{\sqrt{2}}$ のとき　$y=\dfrac{1}{\sqrt{2}}$,

$x=-\dfrac{1}{\sqrt{2}}$ のとき　$y=-\dfrac{1}{\sqrt{2}}$

←$x=\pm\dfrac{1}{\sqrt{2}}$, $y=\pm\dfrac{1}{\sqrt{2}}$ (複号同順) と表してもよい。

[2] $y=-x$ のとき, ② から　$-2x^2=1$

これを満たす実数 x は存在しない。

以上から　$\boldsymbol{z=\dfrac{1}{\sqrt{2}}+\dfrac{1}{\sqrt{2}}i,\ -\dfrac{1}{\sqrt{2}}-\dfrac{1}{\sqrt{2}}i}$

練習 ③38 次の計算をせよ。

(1) $(\sqrt{3}+i)^8$　(2) $i-i^2+i^3-i^4+\cdots\cdots+i^{49}-i^{50}$

(1) $(\sqrt{3}+i)^2=3+2\sqrt{3}i+i^2=3+2\sqrt{3}i-1=2+2\sqrt{3}i$

$(\sqrt{3}+i)^3=(\sqrt{3}+i)^2(\sqrt{3}+i)=(2+2\sqrt{3}i)(\sqrt{3}+i)$

$=2\sqrt{3}+(2+6)i+2\sqrt{3}i^2=2\sqrt{3}+8i-2\sqrt{3}$

$=8i$

←$(\sqrt{3}+i)^3$
$=(\sqrt{3})^3+3\cdot(\sqrt{3})^2\cdot i+3\cdot\sqrt{3}\cdot i^2+i^3$
$=3\sqrt{3}+9i-3\sqrt{3}-i$
$=8i$ としてもよい。

よって　$(\sqrt{3}+i)^8=\{(\sqrt{3}+i)^3\}^2\cdot(\sqrt{3}+i)^2=(8i)^2(2+2\sqrt{3}i)$

$=-64(2+2\sqrt{3}i)=\boldsymbol{-128-128\sqrt{3}i}$

(2) $i^2=-1$, $i^3=i^2\cdot i=-i$, $i^4=(i^2)^2=(-1)^2=1$ であるから

$i-i^2+i^3-i^4=i-(-1)-i-1=0$

←これを利用して計算。

よって　$i-i^2+i^3-i^4+\cdots\cdots+i^{49}-i^{50}$

$=(i-i^2+i^3-i^4)+i^4(i-i^2+i^3-i^4)+i^8(i-i^2+i^3-i^4)$
$+\cdots\cdots+i^{44}(i-i^2+i^3-i^4)+i^{49}-i^{50}$

$=i^{48}(i-i^2)=(i^4)^{12}\{i-(-1)\}=1^{12}\cdot(1+i)=\boldsymbol{1+i}$

←4項ずつ区切る。50 を 4 で割ると余りは 2 であるから, 最後は 2 つの項の和 $i^{49}-i^{50}$ となる。

練習 ①39 次の2次方程式を解け。

(1) $4x^2-8x+3=0$　(2) $3x^2-5x+4=0$　(3) $2x(3-x)=2x+3$

(4) $\dfrac{1}{2}x^2+\dfrac{1}{4}x-\dfrac{1}{3}=0$　(5) $(2+\sqrt{3})x^2+2(\sqrt{3}+1)x+2=0$

(1) 左辺を因数分解して　$(2x-1)(2x-3)=0$

よって　$\boldsymbol{x=\dfrac{1}{2},\ \dfrac{3}{2}}$

(2) $\boldsymbol{x}=\dfrac{-(-5)\pm\sqrt{(-5)^2-4\cdot3\cdot4}}{2\cdot3}=\dfrac{5\pm\sqrt{-23}}{6}=\boldsymbol{\dfrac{5\pm\sqrt{23}i}{6}}$

(3) 与式を整理して　$2x^2-4x+3=0$

よって　$\boldsymbol{x}=\dfrac{-(-2)\pm\sqrt{(-2)^2-2\cdot 3}}{2}=\boldsymbol{\dfrac{2\pm\sqrt{2}\,i}{2}}$

←解の公式（$b=2b'$ 型）
$x=\dfrac{-b'\pm\sqrt{b'^2-ac}}{a}$

(4) 両辺に 12 を掛けて　$6x^2+3x-4=0$

よって　$\boldsymbol{x}=\dfrac{-3\pm\sqrt{3^2-4\cdot 6\cdot(-4)}}{2\cdot 6}=\boldsymbol{\dfrac{-3\pm\sqrt{105}}{12}}$

←分母 2，4，3 の最小公倍数 12 を掛ける。

(5) 両辺に $2-\sqrt{3}$ を掛けて

$$x^2+2(\sqrt{3}-1)x+2(2-\sqrt{3})=0$$

よって　$\boldsymbol{x}=-(\sqrt{3}-1)\pm\sqrt{(\sqrt{3}-1)^2-2(2-\sqrt{3})}$

$=-(\sqrt{3}-1)\pm\sqrt{4-2\sqrt{3}-4+2\sqrt{3}}$

$=\boldsymbol{-\sqrt{3}+1}$

←与えられた形のまま解の公式を適用すると計算が面倒。そこで，まず，x^2 の係数を有理数にするために $2-\sqrt{3}$ を掛ける。

練習 ②40

次の 2 次方程式の解の種類を判別せよ。ただし，k は定数とする。
(1) $x^2-3x+1=0$　(2) $4x^2-12x+9=0$　(3) $-13x^2+12x-3=0$
(4) $x^2-(k-3)x+k^2+4=0$　(5) $x^2-(k-2)x+\dfrac{k}{2}+5=0$

与えられた 2 次方程式の判別式を D とする。

(1) $D=(-3)^2-4\cdot 1\cdot 1=5>0$

よって，**異なる 2 つの実数解** をもつ。

←$\dfrac{D}{4}=b'^2-ac$
x の係数が 2 の倍数のときは，$\dfrac{D}{4}$ を利用する方が計算しやすい。

(2) $\dfrac{D}{4}=(-6)^2-4\cdot 9=0$

よって，**重解** をもつ。

(3) $\dfrac{D}{4}=6^2-(-13)\cdot(-3)=-3<0$

よって，**異なる 2 つの虚数解** をもつ。

(4) $D=\{-(k-3)\}^2-4\cdot 1\cdot(k^2+4)=-3k^2-6k-7$

$=-3(k+1)^2-4$

ゆえに，すべての実数 k について　$D<0$

よって，**異なる 2 つの虚数解** をもつ。

←$\{-(k-3)\}^2$ の部分は，$(k-3)^2$ と書いてもよい。(5) も同様。

(5) $D=\{-(k-2)\}^2-4\cdot 1\cdot\left(\dfrac{k}{2}+5\right)=k^2-6k-16=(k+2)(k-8)$

よって，方程式の解は次のようになる。

$D>0$　すなわち　**$k<-2$，$8<k$ のとき**　**異なる 2 つの実数解**

$D=0$　すなわち　**$k=-2$，8 のとき**　**重解**

$D<0$　すなわち　**$-2<k<8$ のとき**　**異なる 2 つの虚数解**

←$\alpha<\beta$ のとき
$(x-\alpha)(x-\beta)>0$
$\Longleftrightarrow x<\alpha,\ \beta<x$

練習 ③41

2 次方程式 $x^2+4ax+5-a=0$ …… ①，$x^2+3x+3a^2=0$ …… ② について，次の条件を満たす定数 a の値の範囲を求めよ。
(1) ①，② がどちらも実数解をもたない。
(2) ①，② の一方だけが虚数解をもつ。　〔久留米大〕

①，② の判別式をそれぞれ D_1，D_2 とすると

$$\frac{D_1}{4}=(2a)^2-1\cdot(5-a)=4a^2+a-5=(a-1)(4a+5)$$

$$D_2=3^2-4\cdot 1\cdot 3a^2=-3(4a^2-3)$$

(1) 求める条件は，①，② のどちらも虚数解をもつときであるから　　$D_1<0$　かつ　$D_2<0$

$D_1<0$ から　　$(a-1)(4a+5)<0$

ゆえに　　$-\frac{5}{4}<a<1$　…… ③

$D_2<0$ から　　$4a^2-3>0$ すなわち $(2a+\sqrt{3})(2a-\sqrt{3})>0$

よって　　$a<-\frac{\sqrt{3}}{2}$，$\frac{\sqrt{3}}{2}<a$ …… ④

求める a の値の範囲は，③，④ の共通範囲を求めて

$$-\frac{5}{4}<a<-\frac{\sqrt{3}}{2},\ \frac{\sqrt{3}}{2}<a<1$$

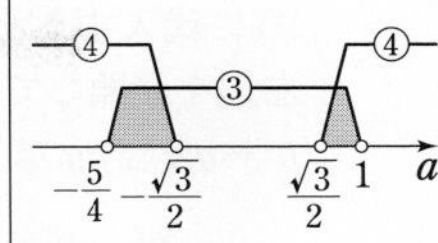

(2) ①，② の一方だけが虚数解をもつための条件は，$D_1<0$，$D_2<0$ の一方だけが成り立つことである。

ゆえに，③，④ の一方だけが成り立つ a の値の範囲を求めて

$$a\leqq-\frac{5}{4},\ -\frac{\sqrt{3}}{2}\leqq a\leqq\frac{\sqrt{3}}{2},\ 1\leqq a$$

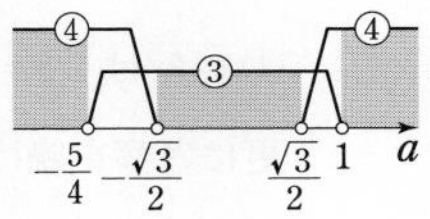

練習 ④42　k を実数の定数，$i=\sqrt{-1}$ を虚数単位とする。x の 2 次方程式 $(1+i)x^2+(k+i)x+3-3ki=0$ が純虚数解をもつとき，k の値を求めよ。〔摂南大〕

方程式の純虚数解を $x=ai$ (a は実数で $a\neq0$) とすると

$$(1+i)\cdot(ai)^2+(k+i)ai+3-3ki=0$$

←純虚数は ●i (● は 0 でない実数) の形の複素数。

ゆえに　　$-a^2-a^2i+kai-a+3-3ki=0$

i について整理すると　　$(-a^2-a+3)+(-a^2+ka-3k)i=0$

すなわち　　$(a^2+a-3)+(a^2-ka+3k)i=0$

a^2+a-3，$a^2-ka+3k$ は実数であるから

$$a^2+a-3=0 \ \cdots\cdots ①,\quad a^2-ka+3k=0 \ \cdots\cdots ②$$

←A，B が実数のとき $A+Bi=0 \iff A=0,\ B=0$

①−② から　　$a(1+k)-3(1+k)=0$

よって　　$(a-3)(k+1)=0$

ゆえに　　$a=3$　または　$k=-1$

[1]　$a=3$ のとき，① を満たさないから不適。

←$a=3$ のとき，① は $9=0$ となるが，これは不合理である。

[2]　$k=-1$ のとき，② は $a^2+a-3=0$ となり，① と一致する。

方程式 ① を解くと　　$a=\frac{-1\pm\sqrt{13}}{2}$

よって，a は 0 でない実数である。

←「a は実数，$a\neq0$」を確認。

したがって　　$\boldsymbol{k=-1}$

検討　本冊 $p.76$ で紹介したように，一般に次のことが成り立つ。

> 2 次方程式 $az^2+bz+c=0$ (a，b，c は複素数，$a\neq0$) の解は　$\boldsymbol{z=\frac{-b+(p+qi)}{2a}}$
>
> ただし，p，q は $D=b^2-4ac$ とするとき，$p^2-q^2=(D\text{の実部})$，$pq=\frac{(D\text{の虚部})}{2}$ を満たす実数とする。

このことを導いてみよう。

$az^2+bz+c=0$ …… ① の両辺に $4a$ を掛けて　$4a^2z^2+4abz+4ac=0$
左辺を平方完成すると　$(2az+b)^2-b^2+4ac=0$
よって　$(2az+b)^2=b^2-4ac$
$2az+b=Z$，$b^2-4ac=D$ とおくと　$Z^2=D$ …… ②
Z，D はともに複素数であるから，$Z=p+qi$，$D=s+ti$（p，q，s，t は実数）として，
② に代入すると　$(p+qi)^2=s+ti$
左辺を展開して　$(p^2-q^2)+2pqi=s+ti$
p^2-q^2，$2pq$ は実数であるから

$$p^2-q^2=s=(D\text{の実部}) \cdots\cdots ③,\quad pq=\frac{t}{2}=\frac{(D\text{の虚部})}{2} \cdots\cdots ④$$

この 2 式を満たす p，q を求めることによって，$2az+b=p+qi$ から，
① の解は　$z=\dfrac{-b+(p+qi)}{2a}$　と表すことができる。
更に考察を続けると，次のようになる。
③，④ から　$p^2+(-q^2)=s$，$p^2(-q^2)=-\dfrac{t^2}{4}$
よって，p^2，$-q^2$ は 2 次方程式 $X^2-sX-\dfrac{t^2}{4}=0$ …… ⑤ の解である。
⑤ の判別式を D' とすると，$D'=s^2+t^2\geqq 0$ であるから，⑤ は実数解をもち

$$X=\frac{s\pm\sqrt{s^2+t^2}}{2}\qquad \text{ゆえに}\qquad p^2=\frac{s+\sqrt{s^2+t^2}}{2},\quad q^2=\frac{-s+\sqrt{s^2+t^2}}{2}$$

よって　$p=\pm\sqrt{\dfrac{s+\sqrt{s^2+t^2}}{2}}$，$q=\pm\sqrt{\dfrac{-s+\sqrt{s^2+t^2}}{2}}$　←$\sqrt{s^2+t^2}\geqq\pm s$

このうち，$pq=\dfrac{t}{2}$ を満たす p，q の組のみが適する。

練習 ②43　2 次方程式 $2x^2+8x-3=0$ の 2 つの解を α，β とする。次の式の値を求めよ。
(1)　$\alpha^2\beta+\alpha\beta^2$　(2)　$2(3-\alpha)(3-\beta)$　(3)　$\alpha^3+\beta^3$
(4)　$\alpha^4+\beta^4$　(5)　$\dfrac{1}{\alpha}+\dfrac{1}{\beta}$　(6)　$\dfrac{\beta}{\alpha}+\dfrac{\alpha}{\beta}$

解と係数の関係から

$$\alpha+\beta=-\frac{8}{2}=-4,\quad \alpha\beta=-\frac{3}{2}$$

(1)　$\alpha^2\beta+\alpha\beta^2=\alpha\beta(\alpha+\beta)=\left(-\dfrac{3}{2}\right)\cdot(-4)=\mathbf{6}$

(2)　$2(3-\alpha)(3-\beta)=18-6(\alpha+\beta)+2\alpha\beta$
$=18-6\cdot(-4)+2\cdot\left(-\dfrac{3}{2}\right)=\mathbf{39}$

←$2x^2+8x-3=2(x-\alpha)(x-\beta)$ が恒等式であるから，方程式に $x=3$ を代入したものになる。

(3)　$\alpha^3+\beta^3=(\alpha+\beta)^3-3\alpha\beta(\alpha+\beta)$
$=(-4)^3-3\cdot\left(-\dfrac{3}{2}\right)\cdot(-4)=\mathbf{-82}$

(4)　$\alpha^2+\beta^2=(\alpha+\beta)^2-2\alpha\beta=16+3=19$ であるから
$\alpha^4+\beta^4=(\alpha^2+\beta^2)^2-2(\alpha\beta)^2=19^2-2\cdot\left(-\dfrac{3}{2}\right)^2=\mathbf{\dfrac{713}{2}}$

←$19^2=361$ から　$361-\dfrac{9}{2}=\dfrac{713}{2}$

(5) $\frac{1}{\alpha}+\frac{1}{\beta}=\frac{\alpha+\beta}{\alpha\beta}=(-4)\div\left(-\frac{3}{2}\right)=(-4)\cdot\left(-\frac{2}{3}\right)=\boldsymbol{\frac{8}{3}}$

(6) (4) より，$\alpha^2+\beta^2=19$ であるから

$$\frac{\beta}{\alpha}+\frac{\alpha}{\beta}=\frac{\alpha^2+\beta^2}{\alpha\beta}=19\div\left(-\frac{3}{2}\right)=19\cdot\left(-\frac{2}{3}\right)=\boldsymbol{-\frac{38}{3}}$$

練習 ③44 2 次方程式 $x^2-3x+7=0$ の 2 つの解を α，β とする。このとき，$(2-\alpha)(2-\beta)=$ ア□ であり，$(\alpha-2)^3+(\beta-2)^3=$ イ□ である。

$\alpha-2=\gamma$，$\beta-2=\delta$ とおくと　$\alpha=\gamma+2$，$\beta=\delta+2$

α，β は $x^2-3x+7=0$ の解であるから，γ，δ は 2 次方程式

$(x+2)^2-3(x+2)+7=0$ …… ① の解である。

① の左辺を展開して整理すると　$x^2+x+5=0$

解と係数の関係から　$\gamma+\delta=-1$，$\gamma\delta=5$

(ア) $(2-\alpha)(2-\beta)=(\alpha-2)(\beta-2)=\gamma\delta=\boldsymbol{5}$

(イ) $(\alpha-2)^3+(\beta-2)^3=\gamma^3+\delta^3=(\gamma+\delta)^3-3\gamma\delta(\gamma+\delta)$

$=(-1)^3-3\cdot5\cdot(-1)=\boldsymbol{14}$

←$2-\alpha=\gamma$，$2-\beta=\delta$ とおいてもよいが，(イ) で符号のミスをしないようにするために，$\alpha-2=\gamma$，$\beta-2=\delta$ とおいた。

←$(2-\alpha)(2-\beta)$ $=\{-(\alpha-2)\}\{-(\beta-2)\}$

練習 ②45 (1) 2 次方程式 $x^2-(k-1)x+k=0$ の 2 つの解の比が 2：3 となるとき，定数 k の値を求めよ。
(2) x の 2 次方程式 $x^2-2kx+k=0$ (k は定数) が異なる 2 つの解 α，α^2 をもつとき，α の値を求めよ。
〔(1) 群馬大，(2) 千葉工大〕

(1) 2 つの解の比が 2：3 であるから，この 2 次方程式の 2 つの解は 2α，3α ($\alpha\neq0$) と表すことができる。

解と係数の関係から　$2\alpha+3\alpha=k-1$，$2\alpha\cdot3\alpha=k$

すなわち　$5\alpha=k-1$ …… ①，$6\alpha^2=k$ …… ②

① から　$k=5\alpha+1$ …… ③

② に代入して整理すると　$6\alpha^2-5\alpha-1=0$

ゆえに　$(\alpha-1)(6\alpha+1)=0$　よって　$\alpha=1,\ -\frac{1}{6}$

③ から　$\alpha=1$ のとき　$k=6$，　$\alpha=-\frac{1}{6}$ のとき　$k=\frac{1}{6}$

したがって　$\boldsymbol{k=6,\ \frac{1}{6}}$

←方程式は，$k=6$ のとき $x^2-5x+6=0$
$k=\frac{1}{6}$ のとき $x^2+\frac{5}{6}x+\frac{1}{6}=0$

(2) 解と係数の関係から

$\alpha+\alpha^2=2k$ …… ①，$\alpha\cdot\alpha^2=k$ すなわち $\alpha^3=k$ …… ②

② を ① に代入して整理すると　$2\alpha^3-\alpha^2-\alpha=0$

ゆえに　$\alpha(2\alpha^2-\alpha-1)=0$　よって　$\alpha(\alpha-1)(2\alpha+1)=0$

したがって　$\alpha=0,\ 1,\ -\frac{1}{2}$

$\alpha=0$ のとき　$\alpha^2=0$，　$\alpha=1$ のとき　$\alpha^2=1$

$\alpha=-\frac{1}{2}$ のとき　$\alpha^2=\frac{1}{4}$

与えられた方程式は異なる 2 つの解をもつから，$\alpha\neq\alpha^2$ を満たす α の値は　$\boldsymbol{\alpha=-\frac{1}{2}}$　$\left(このとき\ \ k=-\frac{1}{8}\right)$

←α についての 3 次方程式となるが，左辺の共通因数が α であることに着目して，左辺を因数分解すると，積$=0$ の形になる。

練習 ②46 次の式を，複素数の範囲で因数分解せよ。
(1) $\sqrt{3}x^2-2\sqrt{2}x+\sqrt{27}$ (2) x^4-81 (3) x^4+2x^2+49

(1) $\sqrt{3}x^2-2\sqrt{2}x+\sqrt{27}=0$ の両辺に $\sqrt{3}$ を掛けて解くと

$$3x^2-2\sqrt{6}x+9=0$$

ゆえに $x=\dfrac{\sqrt{6}\pm\sqrt{21}i}{3}$

よって $\sqrt{3}x^2-2\sqrt{2}x+\sqrt{27}$

$$=\boldsymbol{\sqrt{3}\left(x-\frac{\sqrt{6}+\sqrt{21}i}{3}\right)\left(x-\frac{\sqrt{6}-\sqrt{21}i}{3}\right)}$$

←$\sqrt{3}$ を忘れないように。

(2) $x^4-81=(x^2)^2-9^2=(x^2+9)(x^2-9)$

$x^2+9=0$ を解くと $x=\pm3i$

$x^2-9=0$ を解くと $x=\pm3$

よって $x^4-81=\boldsymbol{(x+3i)(x-3i)(x+3)(x-3)}$

(3) $x^4+2x^2+49=x^4+14x^2+49-12x^2$

$$=(x^2+7)^2-(2\sqrt{3}x)^2$$

$$=(x^2+2\sqrt{3}x+7)(x^2-2\sqrt{3}x+7)$$

←平方の差に変形。

$x^2+2\sqrt{3}x+7=0$ を解くと $x=-\sqrt{3}\pm2i$

$x^2-2\sqrt{3}x+7=0$ を解くと $x=\sqrt{3}\pm2i$

よって x^4+2x^2+49

$$=\{x-(-\sqrt{3}+2i)\}\{x-(-\sqrt{3}-2i)\}\{x-(\sqrt{3}+2i)\}\{x-(\sqrt{3}-2i)\}$$

$$=\boldsymbol{(x+\sqrt{3}-2i)(x+\sqrt{3}+2i)(x-\sqrt{3}-2i)(x-\sqrt{3}+2i)}$$

練習 ④47 次の2次式が x，y の1次式の積に因数分解できるように，定数 k の値を定めよ。また，その場合に，この式を因数分解せよ。
(1) $x^2+xy-6y^2-x+7y+k$ (2) $2x^2-xy-3y^2+5x-5y+k$

与式を P とし，x について整理する。

(1) $P=x^2+(y-1)x-(6y^2-7y-k)$

$P=0$ を x の2次方程式と考えると，解の公式から

$$x=\frac{-(y-1)\pm\sqrt{(y-1)^2+4(6y^2-7y-k)}}{2}$$

$$=\frac{-(y-1)\pm\sqrt{25y^2-30y+1-4k}}{2}$$

P が x，y の1次式の積に因数分解できるためには，この解が y の1次式で表されることで，そのためには，根号内の式が完全平方式でなければならない。そのための条件は，$25y^2-30y+1-4k=0$ の判別式を D とすると $D=0$

ここで $\dfrac{D}{4}=(-15)^2-25(1-4k)=200+100k$

ゆえに $200+100k=0$ すなわち $\boldsymbol{k=-2}$

このとき $x=\dfrac{1-y\pm(5y-3)}{2}$

すなわち $x=2y-1,\ -3y+2$

別解 $x^2+xy-6y^2=(x-2y)(x+3y)$ であるから，因数分解できるとすると
(与式)$=(x-2y+a)\times(x+3y+b)$
と表される。
右辺を展開して
$x^2+xy-6y^2+(a+b)x+(3a-2b)y+ab$
両辺の係数を比較して
$-1=a+b$，
$7=3a-2b$，$k=ab$
よって $a=1$，$b=-2$
ゆえに，$\boldsymbol{k=-2}$ となり
(与式)$=\boldsymbol{(x-2y+1)\times(x+3y-2)}$

よって　$P=\{x-(2y-1)\}\{x-(-3y+2)\}$
$=\boldsymbol{(x-2y+1)(x+3y-2)}$

(2)　$P=2x^2-(y-5)x-(3y^2+5y-k)$

$P=0$ を x の 2 次方程式と考えると，解の公式から

$$x=\frac{y-5\pm\sqrt{(y-5)^2+8(3y^2+5y-k)}}{4}$$
$$=\frac{y-5\pm\sqrt{25y^2+30y+25-8k}}{4}$$

P が x，y の 1 次式の積に因数分解できるためには，この解が y の 1 次式で表されることで，そのためには，根号内の式が完全平方式でなければならない。そのための条件は，

$25y^2+30y+25-8k=0$ の判別式を D とすると　$D=0$

$$\frac{D}{4}=15^2-25(25-8k)=200k-400$$

ゆえに　$200k-400=0$　すなわち　$\boldsymbol{k=2}$

このとき　$x=\dfrac{y-5\pm(5y+3)}{4}$

すなわち　$x=\dfrac{3y-1}{2}$，$-y-2$

よって　$P=2\left(x-\dfrac{3y-1}{2}\right)\{x-(-y-2)\}$
$=\boldsymbol{(2x-3y+1)(x+y+2)}$

別解　$2x^2-xy-3y^2=(x+y)(2x-3y)$ であるから，因数分解できるとすると
(与式)$=(x+y+a)\times(2x-3y+b)$
と表される。
右辺を展開して
$2x^2-xy-3y^2+(2a+b)x+(-3a+b)y+ab$
両辺の係数を比較して
$5=2a+b$，$-5=-3a+b$，$k=ab$
よって　$a=2$，$b=1$
ゆえに，$\boldsymbol{k=2}$ となり
(与式)$=\boldsymbol{(x+y+2)\times(2x-3y+1)}$

←2 を忘れないように。

2章　練習　[複素数と方程式]

練習 ③48
(1)　x の 2 次方程式 $(x-a)(x-b)-2x+1=0$ の解を α，β とする。このとき，$(x-\alpha)(x-\beta)+2x-1=0$ の解を求めよ。〔大阪経大〕
(2)　2 次方程式 $(x-1)(x-2)+(x-2)x+x(x-1)=0$ の 2 つの解を α，β とするとき，$\dfrac{1}{\alpha\beta}+\dfrac{1}{(\alpha-1)(\beta-1)}+\dfrac{1}{(\alpha-2)(\beta-2)}$ の値を求めよ。

(1)　$(x-a)(x-b)-2x+1=0$ の解が α，β であるから，等式

$$(x-a)(x-b)-2x+1=(x-\alpha)(x-\beta)$$

が成り立つ。

よって　$(x-\alpha)(x-\beta)+2x-1=(x-a)(x-b)$

ゆえに，$(x-\alpha)(x-\beta)+2x-1=0$ の解は　$\boldsymbol{x=a,\ b}$

(2)　$(x-1)(x-2)+(x-2)x+x(x-1)=0$ の 2 つの解が α，β であるから，次の等式が成り立つ。

$$(x-1)(x-2)+(x-2)x+x(x-1)=3(x-\alpha)(x-\beta)$$

両辺に $x=0$，1，2 を代入すると，それぞれ

$$2=3\alpha\beta,\ -1=3(1-\alpha)(1-\beta),\ 2=3(2-\alpha)(2-\beta)$$

ゆえに　$\alpha\beta=\dfrac{2}{3}$，$(\alpha-1)(\beta-1)=-\dfrac{1}{3}$，$(\alpha-2)(\beta-2)=\dfrac{2}{3}$

よって，求める式の値は　$\dfrac{3}{2}-3+\dfrac{3}{2}=\boldsymbol{0}$

別解　(1)　第 1 の方程式から
$x^2-(a+b+2)x+ab+1=0$
解と係数の関係により，
$\alpha+\beta=a+b+2$ …①
$\alpha\beta=ab+1$ …②
第 2 の方程式から
$x^2-(\alpha+\beta-2)x+\alpha\beta-1=0$
①，② から
$x^2-(a+b)x+ab=0$
ゆえに $(x-a)(x-b)=0$
よって　$\boldsymbol{x=a,\ b}$

練習 ①49

(1) 次の 2 数を解とする 2 次方程式を 1 つ作れ。

(ア) 3, −5　(イ) $2+\sqrt{5}$, $2-\sqrt{5}$　(ウ) $3+4i$, $3-4i$

(2) 和と積が次のようになる 2 数を求めよ。

(ア) 和が 7, 積が 3　(イ) 和が −1, 積が 1

(1) (ア) 2 数の和は　$3+(-5)=-2$

2 数の積は　$3\cdot(-5)=-15$

求める 2 次方程式の 1 つは　$\boldsymbol{x^2+2x-15=0}$

(イ) 2 数の和は　$(2+\sqrt{5})+(2-\sqrt{5})=4$

2 数の積は　$(2+\sqrt{5})(2-\sqrt{5})=-1$

求める 2 次方程式の 1 つは　$\boldsymbol{x^2-4x-1=0}$

(ウ) 2 数の和は　$(3+4i)+(3-4i)=6$

2 数の積は　$(3+4i)(3-4i)=9-16i^2=25$

求める 2 次方程式の 1 つは　$\boldsymbol{x^2-6x+25=0}$

(2) (ア) 和が 7, 積が 3 である 2 数を解とする 2 次方程式は

$$x^2-7x+3=0$$

これを解くと　$x=\dfrac{-(-7)\pm\sqrt{(-7)^2-4\cdot1\cdot3}}{2\cdot1}=\dfrac{7\pm\sqrt{37}}{2}$

よって, 求める 2 数は　$\boldsymbol{\dfrac{7+\sqrt{37}}{2}}$, $\boldsymbol{\dfrac{7-\sqrt{37}}{2}}$

(イ) 和が −1, 積が 1 である 2 数を解とする 2 次方程式は

$$x^2+x+1=0$$

これを解くと　$x=\dfrac{-1\pm\sqrt{1^2-4\cdot1\cdot1}}{2\cdot1}=\dfrac{-1\pm\sqrt{3}\,i}{2}$

よって, 求める 2 数は　$\boldsymbol{\dfrac{-1+\sqrt{3}\,i}{2}}$, $\boldsymbol{\dfrac{-1-\sqrt{3}\,i}{2}}$

←$x^2-(-2)x+(-15)=0$（和 -2, 積 -15）

←$x^2-4x+(-1)=0$（和 4, 積 -1）

←$x^2-6x+25=0$（和 6, 積 25）

←$x^2-7x+3=0$（和 7, 積 3）

←$x^2-(-1)x+1=0$（和 -1, 積 1）

練習 ②50

(1) 2 次方程式 $2x^2-4x+1=0$ の 2 つの解を α, β とするとき, $\alpha-\dfrac{1}{\alpha}$, $\beta-\dfrac{1}{\beta}$ を解とする 2 次方程式を 1 つ作れ。〔類 立命館大〕

(2) 2 次方程式 $x^2+px+q=0$ は, 異なる 2 つの解 α, β をもつとする。2 次方程式 $x^2+qx+p=0$ が 2 つの解 $\alpha(\beta-2)$, $\beta(\alpha-2)$ をもつとき, 実数の定数 p, q の値を求めよ。〔名城大〕

(1) 解と係数の関係から　$\alpha+\beta=2$, $\alpha\beta=\dfrac{1}{2}$

よって　$\left(\alpha-\dfrac{1}{\alpha}\right)+\left(\beta-\dfrac{1}{\beta}\right)=(\alpha+\beta)-\dfrac{\alpha+\beta}{\alpha\beta}=2-4=-2$

$$\left(\alpha-\frac{1}{\alpha}\right)\left(\beta-\frac{1}{\beta}\right)=\alpha\beta-\frac{\alpha^2+\beta^2}{\alpha\beta}+\frac{1}{\alpha\beta}$$

$$=\alpha\beta-\frac{(\alpha+\beta)^2-2\alpha\beta}{\alpha\beta}+\frac{1}{\alpha\beta}$$

$$=\frac{1}{2}-8+2+2=-\frac{7}{2}$$

したがって, 求める 2 次方程式の 1 つは

❶ 解と係数の関係を書き出す

$$x^2+2x-\frac{7}{2}=0 \quad \text{すなわち} \quad \boldsymbol{2x^2+4x-7=0}$$

←x^2-(和)$x+$(積)$=0$

(2) 2つの2次方程式において，解と係数の関係から

$$\alpha+\beta=-p, \quad \alpha\beta=q \quad \cdots\cdots ①$$
$$\alpha(\beta-2)+\beta(\alpha-2)=-q \quad \cdots\cdots ②$$
$$\alpha(\beta-2)\cdot\beta(\alpha-2)=p \quad \cdots\cdots ③$$

❶ 解と係数の関係を書き出す

②から　$2\alpha\beta-2(\alpha+\beta)=-q$

よって，①から　$2q+2p=-q$

ゆえに　$2p+3q=0$ ……④

③から　$\alpha\beta\{\alpha\beta-2(\alpha+\beta)+4\}=p$

よって，①から　$q(q+2p+4)=p$ ……⑤

④から　$p=-\frac{3}{2}q$ ……⑥

⑥を⑤に代入して整理すると

←$q(q-3q+4)=-\frac{3}{2}q$

$$4q^2-11q=0 \quad \text{すなわち} \quad q(4q-11)=0$$

したがって　$q=0, \ \frac{11}{4}$

$q=0$ のとき，⑥から　$p=0$

このとき，$\alpha=0$，$\beta=0$ となり，α，β が異なることに反する。

←条件の確認を忘れずに。

$q=\frac{11}{4}$ のとき，⑥から　$p=-\frac{33}{8}$

このとき，$x^2+px+q=0$ の判別式を D とすると，

$D=p^2-4q=\left(-\frac{33}{8}\right)^2-11>0$ であるから，α，β は異なる。

←$\frac{33}{8}>4$ から $\left(-\frac{33}{8}\right)^2>4^2>11$

以上から，求める p，q の値は　$\boldsymbol{p=-\frac{33}{8}, \ q=\frac{11}{4}}$

練習 ②51 2次方程式 $x^2-2(k+1)x+2(k^2+3k-10)=0$ の解が次の条件を満たすような定数 k の値の範囲を求めよ。

(1) 異符号の解をもつ　　(2) 正でない実数解のみをもつ

2次方程式 $x^2-2(k+1)x+2(k^2+3k-10)=0$ の2つの解を α，β とし，判別式を D とする。

$$\frac{D}{4}=\{-(k+1)\}^2-2(k^2+3k-10)=-(k^2+4k-21)$$
$$=-(k+7)(k-3)$$

また，解と係数の関係から

$$\alpha+\beta=2(k+1), \ \alpha\beta=2(k^2+3k-10)=2(k+5)(k-2)$$

(1) α，β が異符号であるための条件は　$\alpha\beta<0$

ゆえに　$(k+5)(k-2)<0$　　よって　$\boldsymbol{-5<k<2}$

←$D>0$ の条件は必要ない。

(2) $\alpha\leqq 0$，$\beta\leqq 0$ であるための条件は

$$D\geqq 0 \quad \text{かつ} \quad \alpha+\beta\leqq 0 \quad \text{かつ} \quad \alpha\beta\geqq 0$$

←正でない重解をもつ場合も考えられるから，$D>0$ でなく $D\geqq 0$ である。

$D\geqq 0$ から　$(k+7)(k-3)\leqq 0$

ゆえに　$-7\leqq k\leqq 3$ ……①

$\alpha+\beta \leqq 0$ から　$k+1 \leqq 0$

よって　$k \leqq -1$ …… ②

$\alpha\beta \geqq 0$ から　$(k+5)(k-2) \geqq 0$

よって　$k \leqq -5,\ 2 \leqq k$ …… ③

①，②，③ の共通範囲を求めて　$\boldsymbol{-7 \leqq k \leqq -5}$

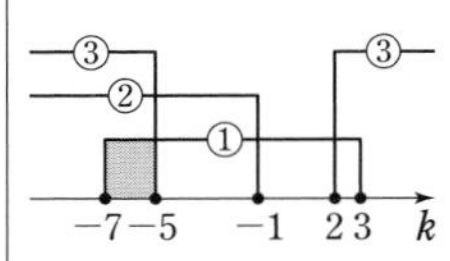

検討　**グラフ利用** なら，方程式の左辺を $f(x)$ とすると

(1)　$f(0)=2(k^2+3k-10)=2(k+5)(k-2)<0$

(2)　$\dfrac{D}{4}=\{-(k+1)\}^2-2(k^2+3k-10)=-(k+7)(k-3) \geqq 0$,

軸について　$x=k+1 \leqq 0$,

$f(0)=2(k^2+3k-10)=2(k+5)(k-2) \geqq 0$

練習 ③52　2 次方程式 $x^2-2(a-4)x+2a=0$ が次の条件を満たす解をもつように，定数 a の値の範囲を定めよ。

(1)　2 つの解がともに 2 より大きい。　(2)　2 つの解がともに 2 より小さい。

(3)　1 つの解が 4 より大きく，他の解は 4 より小さい。

2 次方程式 $x^2-2(a-4)x+2a=0$ の 2 つの解を α，β とし，判別式を D とすると　$\dfrac{D}{4}=\{-(a-4)\}^2-2a=a^2-10a+16$

$=(a-2)(a-8)$

解と係数の関係から　$\alpha+\beta=2(a-4)$，$\alpha\beta=2a$

(1)　$\alpha>2$，$\beta>2$ であるための条件は

$D \geqq 0$　かつ　$(\alpha-2)+(\beta-2)>0$　かつ　$(\alpha-2)(\beta-2)>0$

$D \geqq 0$ から　$(a-2)(a-8) \geqq 0$

よって　$a \leqq 2,\ 8 \leqq a$ …… ①

$(\alpha-2)+(\beta-2)>0$ から　$\alpha+\beta-4>0$

ゆえに　$2(a-4)-4>0$

よって　$a>6$ …… ②

$(\alpha-2)(\beta-2)>0$ から　$\alpha\beta-2(\alpha+\beta)+4>0$

ゆえに　$2a-4(a-4)+4>0$

よって　$a<10$ …… ③

①，②，③ の共通範囲を求めて

$\boldsymbol{8 \leqq a < 10}$

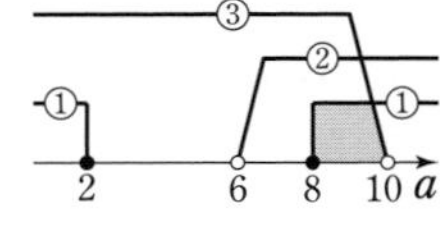

(2)　$\alpha<2$，$\beta<2$ であるための条件は

$D \geqq 0$　かつ　$(\alpha-2)+(\beta-2)<0$　かつ　$(\alpha-2)(\beta-2)>0$

$(\alpha-2)+(\beta-2)<0$ から　$\alpha+\beta-4<0$

ゆえに　$2(a-4)-4<0$

よって　$a<6$ …… ④

①，③，④ の共通範囲を求めて　$\boldsymbol{a \leqq 2}$

(3)　$\alpha<\beta$ とすると，$\alpha<4<\beta$ であるための条件は

$(\alpha-4)(\beta-4)<0$　すなわち　$\alpha\beta-4(\alpha+\beta)+16<0$

ゆえに　$2a-8(a-4)+16<0$

したがって，求める a の値の範囲は　$\boldsymbol{a>8}$

検討　**グラフの利用**

$f(x)=x^2-2(a-4)x+2a$ とし，$y=f(x)$ のグラフで考える。

(1)　$D \geqq 0$

軸について　$a-4>2$

$f(2)>0$

(2)　$D \geqq 0$

軸について　$a-4<2$

$f(2)>0$

(3)　$f(4)<0$

←① かつ ② かつ ③ を満たす a の値の範囲。

←① かつ ③ かつ ④ を満たす a の値の範囲。

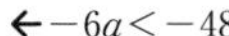

練習 ④53

(1) 2次方程式 $x^2-(k+6)x+6=0$ の解がすべて整数となるような定数 k の値とそのときの整数解をすべて求めよ。

(2) p を正の定数とする。$x^2+px+2p=0$ の2つの解 α, β がともに整数となるとき，組 $(\alpha,\ \beta,\ p)$ をすべて求めよ。 [(2) 類 関西大]

(1) 2つの整数解を α, β $(\alpha \leqq \beta)$ とする。

解と係数の関係から　$\alpha+\beta=k+6$, $\alpha\beta=6$

α, β は整数であるから，k も整数である。

$\alpha\beta=6$ から

$(\alpha,\ \beta)=(-6,\ -1),\ (-3,\ -2),\ (2,\ 3),\ (1,\ 6)$

また，$k=\alpha+\beta-6$ であるから　$k=-13,\ -11,\ -1,\ 1$

よって　**$k=-13$ のとき $x=-6,\ -1$；**

$k=-11$ のとき $x=-3,\ -2$；

$k=-1$ のとき $x=2,\ 3$；

$k=1$ のとき $x=1,\ 6$

←重解のとき　$\alpha=\beta$

←α, β $(\alpha \leqq \beta)$ は6の約数である。

(2) 解と係数の関係から　$\alpha+\beta=-p$, $\alpha\beta=2p$ …… ①

p を消去すると　$\alpha\beta=2\{-(\alpha+\beta)\}$

変形して　$(\alpha+2)(\beta+2)=4$ …… ②

ここで，$p>0$ であるから，① より　$\alpha+\beta<0$, $\alpha\beta>0$

よって　$\alpha<0$, $\beta<0$　ゆえに　$\alpha+2<2$, $\beta+2<2$

α, β がともに整数のとき，$\alpha+2$, $\beta+2$ も整数であるから，②より　$(\alpha+2,\ \beta+2)=(-4,\ -1),\ (-2,\ -2),\ (-1,\ -4)$

よって　$(\alpha,\ \beta)=(-6,\ -3),\ (-4,\ -4),\ (-3,\ -6)$

$p=-(\alpha+\beta)$ であるから，求める $(\alpha,\ \beta,\ p)$ の組は

$(\alpha,\ \beta,\ p)=(-6,\ -3,\ 9),\ (-4,\ -4,\ 8),\ (-3,\ -6,\ 9)$

←第1式から
$p=-(\alpha+\beta)$

←$\alpha\beta+2(\alpha+\beta)+4=4$

←$p>0$ の条件を利用。

←(1)と同様に $\alpha \leqq \beta$ の仮定をつけて進め，後から $\alpha \leqq \beta$ の制限をはずす，という流れでもよい。

練習 ②54

(1) $2x^3+3ax^2-a^2+6$ が $x+1$ で割り切れるように，定数 a の値を定めよ。

(2) $2x^3+ax^2+bx-3$ は $x-3$ で割り切れ，$2x-1$ で割ると余りが5であるという。このとき，定数 a, b の値を求めよ。

(1) $P(x)=2x^3+3ax^2-a^2+6$ とする。

$P(x)$ が $x+1$ で割り切れるための条件は　$P(-1)=0$

よって　$2(-1)^3+3a(-1)^2-a^2+6=0$

整理すると　$a^2-3a-4=0$　ゆえに　**$a=-1,\ 4$**

←因数定理。

←$(a+1)(a-4)=0$

(2) $P(x)=2x^3+ax^2+bx-3$ とする。

$P(x)$ は $x-3$ で割り切れるから　$P(3)=0$

よって　$2\cdot3^3+a\cdot3^2+b\cdot3-3=0$

ゆえに　$3a+b=-17$ …… ①

また，$P(x)$ を $2x-1$ で割ると5余るから　$P\left(\frac{1}{2}\right)=5$

よって　$2\left(\frac{1}{2}\right)^3+a\left(\frac{1}{2}\right)^2+b\cdot\frac{1}{2}-3=5$

ゆえに　$a+2b=31$ …… ②

①，② を連立して解くと　**$a=-13,\ b=22$**

←因数定理。

←剰余の定理。

練習 ②55

(1) 多項式 $P(x)$ を $x+2$ で割った余りが 3，$x-3$ で割った余りが -1 のとき，$P(x)$ を x^2-x-6 で割った余りを求めよ。〔立教大〕

(2) 多項式 $P(x)$ を x^2+5x+4 で割ると $2x+4$ 余り，x^2+x-2 で割ると $-x+2$ 余るという。このとき，$P(x)$ を x^2+6x+8 で割った余りを求めよ。〔東京電機大〕

(1) $P(x)$ を x^2-x-6 すなわち $(x+2)(x-3)$ で割ったときの商を $Q(x)$，余りを $ax+b$ とすると，次の等式が成り立つ。

←2 次式で割った余りは，1 次式または定数。

$$P(x)=(x+2)(x-3)Q(x)+ax+b$$

条件から　$P(-2)=3$，$P(3)=-1$

←剰余の定理。

$P(-2)=3$ から　　$-2a+b=3$ …… ①

$P(3)=-1$ から　　$3a+b=-1$ …… ②

①，② を連立して解くと　　$a=-\frac{4}{5}$，$b=\frac{7}{5}$

よって，求める余りは　　$\boldsymbol{-\frac{4}{5}x+\frac{7}{5}}$

(2) $P(x)$ を x^2+6x+8 すなわち $(x+2)(x+4)$ で割ったときの商を $Q(x)$，余りを $ax+b$ とすると，次の等式が成り立つ。

←2 次式で割った余りは，1 次式または定数。

$$P(x)=(x+2)(x+4)Q(x)+ax+b \text{ …… ①}$$

また，$P(x)$ を x^2+5x+4，x^2+x-2 すなわち $(x+1)(x+4)$，$(x-1)(x+2)$ で割ったときの商をそれぞれ $Q_1(x)$，$Q_2(x)$ とすると，次の等式が成り立つ。

$$P(x)=(x+1)(x+4)Q_1(x)+2x+4 \text{ …… ②}$$
$$P(x)=(x-1)(x+2)Q_2(x)-x+2 \text{ …… ③}$$

② から　　$P(-4)=-4$

←$x+4=0$ の解は $x=-4$

これと ① から　　$-4a+b=-4$ …… ④

③ から　　$P(-2)=4$

←$x+2=0$ の解は $x=-2$

これと ① から　　$-2a+b=4$ …… ⑤

④，⑤ を連立して解くと　　$a=4$，$b=12$

したがって，求める余りは　　$\boldsymbol{4x+12}$

練習 ③56

多項式 $P(x)$ を $(x-1)(x+2)$ で割った余りが $7x$，$x-3$ で割った余りが 1 であるとき，$P(x)$ を $(x-1)(x+2)(x-3)$ で割った余りを求めよ。〔千葉工大〕

$P(x)$ を $(x-1)(x+2)(x-3)$ で割ったときの商を $Q(x)$，余りを ax^2+bx+c とすると，次の等式が成り立つ。

←3 次式で割ったときの余りは，2 次式以下の多項式または定数

$$P(x)=(x-1)(x+2)(x-3)Q(x)+ax^2+bx+c \text{ …… ①}$$

$P(x)$ を $x-3$ で割ったときの余りが 1 であるから

$$P(3)=1$$

←$B=0$ を考えて $x=3$，1，-2 を代入し，a，b，c の値を求める手掛かりを見つける。

また，$P(x)$ を $(x-1)(x+2)$ で割ったときの余りが $7x$ であるから，このときの商を $Q_1(x)$ とすると

$$P(x)=(x-1)(x+2)Q_1(x)+7x$$

ゆえに　　$P(1)=7\cdot1=7$，$P(-2)=7\cdot(-2)=-14$

① において，$P(3)=1$，$P(1)=7$，$P(-2)=-14$ であるから

$9a+3b+c=1$,
$a+b+c=7$,
$4a-2b+c=-14$

この連立方程式を解くと　$a=-2$, $b=5$, $c=4$

よって，求める余りは　$\boldsymbol{-2x^2+5x+4}$

別解　① までは同じ。

$(x-1)(x+2)(x-3)Q(x)$ は $(x-1)(x+2)$ で割り切れる。

ゆえに，$P(x)$ を $(x-1)(x+2)$ で割ったときの余りは，ax^2+bx+c を $(x-1)(x+2)$ で割ったときの余りに等しい。

$P(x)$ を $(x-1)(x+2)$ で割ったときの余りは $7x$ であるから

$$ax^2+bx+c=a(x-1)(x+2)+7x$$

よって，等式 ① は次のように表される。

$$P(x)=(x-1)(x+2)(x-3)Q(x)+a(x-1)(x+2)+7x$$

ゆえに　$P(3)=a(3-1)(3+2)+7\cdot3=10a+21$

$P(x)$ を $x-3$ で割ったときの余りが 1 であるから

$$P(3)=1$$

よって　$10a+21=1$　ゆえに　$a=-2$

したがって，求める余りは

$$-2(x-1)(x+2)+7x=\boldsymbol{-2x^2+5x+4}$$

←文字を減らす工夫をする解答。

←右辺の a を忘れないように。

←両辺に $x=3$ を代入。

←$a(x-1)(x+2)+7x$ に $a=-2$ を代入。

練習 ⑤57
(1) n を 2 以上の自然数とするとき，x^n を $(x-2)^2$ で割ったときの余りを求めよ。
(2) $x^{10}+x^5+1$ を x^2+4 で割ったときの余りを求めよ。

(1) x^n を $(x-2)^2$ で割ったときの商を $Q(x)$，余りを $ax+b$ とすると，次の等式が成り立つ。

$$x^n=(x-2)^2Q(x)+ax+b \quad \cdots\cdots ①$$

両辺に $x=2$ を代入すると　$2^n=2a+b$

すなわち　$b=2^n-2a \quad \cdots\cdots ②$

① に代入して　$x^n=(x-2)^2Q(x)+ax+2^n-2a$
$=(x-2)^2Q(x)+a(x-2)+2^n$
$=(x-2)\{(x-2)Q(x)+a\}+2^n$

よって　$x^n-2^n=(x-2)\{(x-2)Q(x)+a\}$

ここで，$x^n-2^n=(x-2)(x^{n-1}+x^{n-2}\cdot2+\cdots\cdots+2^{n-1})$ であるから　$x^{n-1}+x^{n-2}\cdot2+\cdots\cdots+2^{n-1}=(x-2)Q(x)+a$

両辺に $x=2$ を代入すると

$$2^{n-1}+2^{n-1}+\cdots\cdots+2^{n-1}=a$$

すなわち　$a=n\cdot2^{n-1}$

② から　$b=2^n-2\times n\cdot2^{n-1}=(1-n)2^n$

したがって，求める余りは　$\boldsymbol{n\cdot2^{n-1}x+(1-n)2^n}$

(2) $x^{10}+x^5+1$ を x^2+4 で割ったときの商を $Q(x)$，余りを $ax+b$（a，b は実数）とすると，次の等式が成り立つ。

$$x^{10}+x^5+1=(x^2+4)Q(x)+ax+b$$

別解　(1) 二項定理を利用。
$x^n=\{(x-2)+2\}^n$
$=(x-2)^n+{}_nC_{n-1}(x-2)^{n-1}2+\cdots\cdots+{}_nC_2(x-2)^2 2^{n-2}+{}_nC_1(x-2)2^{n-1}+2^n$
$=(x-2)^2\times$(多項式)$+n\cdot2^{n-1}x+(1-n)2^n$
よって，求める余りは
$\boldsymbol{n\cdot2^{n-1}x+(1-n)2^n}$

←2^{n-1} は n 個ある。

←$2\cdot2^{n-1}=2^n$

←$x^2+4=0$ の解は $x=\pm2i$

両辺に $x=2i$ を代入すると　　$1024i^{10}+32i^5+1=2ai+b$

$i^5=(i^2)^2i=(-1)^2i=i$, $i^{10}=(i^5)^2=i^2=-1$ であるから

$-1024+32i+1=2ai+b$

すなわち　　$-1023+32i=b+2ai$

a, b は実数であるから　　$-1023=b$, $32=2a$

よって　　$a=16$, $b=-1023$

したがって，求める余りは　　$\boldsymbol{16x-1023}$

←$2^{10}=1024$, $2^5=32$, $(2i)^2+4=0$

←左辺と右辺で，実部，虚部をそれぞれ比較。

練習 ②58　次の式を因数分解せよ。

(1) x^3-x^2-4　　(2) $2x^3-5x^2-x+6$　　(3) x^4-4x+3

(4) $x^4-2x^3-x^2-4x-6$　　(5) $12x^3-5x^2+1$

与式を $P(x)$ とする。

(1) $P(2)=2^3-2^2-4=0$ であるから，$P(x)$ は $x-2$ を因数にもつ。

よって　　$P(x)=\boldsymbol{(x-2)(x^2+x+2)}$

(2) $P(-1)=2(-1)^3-5(-1)^2-(-1)+6=0$ であるから，$P(x)$ は $x+1$ を因数にもつ。

よって　　$P(x)=(x+1)(2x^2-7x+6)$

$=\boldsymbol{(x+1)(x-2)(2x-3)}$

(3) $P(1)=0$ であるから，$P(x)$ は $x-1$ を因数にもつ。

ゆえに　　$P(x)=(x-1)(x^3+x^2+x-3)$

また，$Q(x)=x^3+x^2+x-3$ とすると　　$Q(1)=0$

よって，$Q(x)$ は $x-1$ を因数にもつ。

ゆえに　　$Q(x)=(x-1)(x^2+2x+3)$

したがって　　$P(x)=\boldsymbol{(x-1)^2(x^2+2x+3)}$

(4) $P(-1)=0$ であるから，$P(x)$ は $x+1$ を因数にもつ。

ゆえに　　$P(x)=(x+1)(x^3-3x^2+2x-6)$

また，$Q(x)=x^3-3x^2+2x-6$ とすると　　$Q(3)=0$

よって，$Q(x)$ は $x-3$ を因数にもつ。

ゆえに　　$Q(x)=(x-3)(x^2+2)$

したがって　　$P(x)=\boldsymbol{(x+1)(x-3)(x^2+2)}$

(5) $P\left(-\dfrac{1}{3}\right)=0$ であるから，$P(x)$ は $x+\dfrac{1}{3}$ を因数にもつ。

よって　　$P(x)=\left(x+\dfrac{1}{3}\right)(12x^2-9x+3)$

$=\boldsymbol{(3x+1)(4x^2-3x+1)}$

組立除法。

1	−1	0	−4	2
	2	2	4	
1	1	2	0	

2	−5	−1	6	−1
	−2	7	−6	
2	−7	6	0	

1	0	0	−4	3	1
	1	1	1	−3	
1	1	1	−3	0	1
	1	2	3		
1	2	3	0		

1	−2	−1	−4	−6	−1
	−1	3	−2	6	
1	−3	2	−6	0	3
	3	0	6		
1	0	2	0		

12	−5	0	1	$-\frac{1}{3}$
	−4	3	−1	
12	−9	3	0	

練習 ③59　$x=\dfrac{1-\sqrt{3}\,i}{2}$ のとき，$x^5+x^4-2x^3+x^2-3x+1$ の値を求めよ。

$P(x)=x^5+x^4-2x^3+x^2-3x+1$ とする。

$x=\dfrac{1-\sqrt{3}\,i}{2}$ から　　$2x-1=-\sqrt{3}\,i$

両辺を 2 乗して　　$(2x-1)^2=-3$

整理すると　　$x^2-x+1=0$ …… ①

$P(x)$ を x^2-x+1 で割ると

商 x^3+2x^2-x-2，余り $-4x+3$

である。よって

$P(x)=(x^2-x+1)(x^3+2x^2-x-2)-4x+3$

$x=\dfrac{1-\sqrt{3}\,i}{2}$ を代入すると，① から

$P\left(\dfrac{1-\sqrt{3}\,i}{2}\right)=0-4\cdot\dfrac{1-\sqrt{3}\,i}{2}+3=\mathbf{1+2\sqrt{3}\,i}$

$$
\begin{array}{r|rrrrrr}
 & 1 & 2 & -1 & -2 & & \\
\hline
1\ -1\ 1 & 1 & 1 & -2 & 1 & -3 & 1 \\
 & 1 & -1 & 1 & & & \\
\hline
 & & 2 & -3 & 1 & & \\
 & & 2 & -2 & 2 & & \\
\hline
 & & & -1 & -1 & -3 & \\
 & & & -1 & 1 & -1 & \\
\hline
 & & & & -2 & -2 & 1 \\
 & & & & -2 & 2 & -2 \\
\hline
 & & & & & -4 & 3
\end{array}
$$

別解　① まで同じ。① から　$x^2=x-1$

よって　$x^3=x^2\cdot x=(x-1)x=x^2-x=x-1-x=-1$

$x^4=x^3\cdot x=-x$

$x^5=x^3\cdot x^2=-(x-1)=-x+1$

ゆえに　$P(x)=(-x+1)-x-2\cdot(-1)+(x-1)-3x+1$

$=-4x+3$

よって　$P\left(\dfrac{1-\sqrt{3}\,i}{2}\right)=-4\cdot\dfrac{1-\sqrt{3}\,i}{2}+3=\mathbf{1+2\sqrt{3}\,i}$

練習 ②60　次の方程式を解け。

(1) $x^4=16$　(2) $x^4-x^2-12=0$　(3) $x^4-3x^2+9=0$

(1) $x^4=16$ から　$x^4-16=0$

すなわち　$(x^2-4)(x^2+4)=0$

ゆえに　$(x+2)(x-2)(x^2+4)=0$

よって　$x+2=0$　または　$x-2=0$　または　$x^2+4=0$

したがって　$\boldsymbol{x=\pm 2,\ \pm 2i}$

←与式から　$(x^2)^2=16$ ゆえに　$x^2=\pm 4$ よって　$x=\pm 2,\ \pm 2i$ と答えてもよい。

(2) $x^2=X$ とおくと　$X^2-X-12=0$

ゆえに　$(X+3)(X-4)=0$　すなわち　$(x^2+3)(x^2-4)=0$

よって　$x^2+3=0$　または　$x^2-4=0$

$x^2+3=0$ から　$x=\pm\sqrt{3}\,i$

$x^2-4=0$ から　$x=\pm 2$

したがって　$\boldsymbol{x=\pm\sqrt{3}\,i,\ \pm 2}$

(3) $x^4-3x^2+9=(x^2+3)^2-6x^2-3x^2$

$=(x^2+3)^2-9x^2$

$=(x^2+3x+3)(x^2-3x+3)$

←$(\ \ )^2-(\ \ )^2$ の形に変形して因数分解する。

ゆえに　$(x^2+3x+3)(x^2-3x+3)=0$

よって　$x^2+3x+3=0$　または　$x^2-3x+3=0$

したがって　$\boldsymbol{x=\dfrac{-3\pm\sqrt{3}\,i}{2},\ \dfrac{3\pm\sqrt{3}\,i}{2}}$

←解の公式による。

練習 ②61　次の方程式を解け。

(1) $3x^3+4x^2-6x-7=0$　(2) $x^4+6x^3-24x-16=0$

(1) $P(x)=3x^3+4x^2-6x-7$ とすると

$P(-1)=3(-1)^3+4(-1)^2-6(-1)-7=0$

よって，$P(x)$ は $x+1$ を因数にもつ。

ゆえに　$P(x)=(x+1)(3x^2+x-7)$

よって　$(x+1)(3x^2+x-7)=0$

ゆえに　$x+1=0$ または $3x^2+x-7=0$

したがって　$\boldsymbol{x=-1,\ \dfrac{-1\pm\sqrt{85}}{6}}$

3	4	−6	−7	⌊−1
	−3	−1	7	
3	1	−7	0	

(2)　$P(x)=x^4+6x^3-24x-16$ とすると

$P(2)=2^4+6\cdot2^3-24\cdot2-16=0$

よって，$P(x)$ は $x-2$ を因数にもつ。

ゆえに　$P(x)=(x-2)(x^3+8x^2+16x+8)$

また，$Q(x)=x^3+8x^2+16x+8$ とすると

$Q(-2)=(-2)^3+8(-2)^2+16(-2)+8=0$

よって，$Q(x)$ は $x+2$ を因数にもつ。

ゆえに　$Q(x)=(x+2)(x^2+6x+4)$

よって　$(x-2)(x+2)(x^2+6x+4)=0$

ゆえに　$x-2=0$ または $x+2=0$ または $x^2+6x+4=0$

したがって　$\boldsymbol{x=\pm2,\ -3\pm\sqrt{5}}$

1	6	0	−24	−16	⌊2
	2	16	32	16	
1	8	16	8	0	

1	8	16	8	⌊−2
	−2	−12	−8	
1	6	4	0	

練習 ③62　方程式 $x^4-7x^3+14x^2-7x+1=0$ を $t=x+\dfrac{1}{x}$ のおき換えを利用して解け。　〔類　順天堂大〕

$x=0$ は方程式の解でないから，方程式の両辺を x^2 で割ると

$$x^2-7x+14-\frac{7}{x}+\frac{1}{x^2}=0$$

よって　$x^2+\dfrac{1}{x^2}-7\left(x+\dfrac{1}{x}\right)+14=0$

$x^2+\dfrac{1}{x^2}=\left(x+\dfrac{1}{x}\right)^2-2=t^2-2$ であるから

$$(t^2-2)-7t+14=0$$

ゆえに　$t^2-7t+12=0$　　よって　$(t-3)(t-4)=0$

したがって　$t=3,\ 4$

[1]　$t=3$ のとき　$x+\dfrac{1}{x}=3$

両辺に x を掛けて整理すると　$x^2-3x+1=0$

これを解くと　$x=\dfrac{3\pm\sqrt{5}}{2}$

[2]　$t=4$ のとき　$x+\dfrac{1}{x}=4$

両辺に x を掛けて整理すると　$x^2-4x+1=0$

これを解くと　$x=2\pm\sqrt{3}$

したがって，解は　$\boldsymbol{x=\dfrac{3\pm\sqrt{5}}{2},\ 2\pm\sqrt{3}}$

←$x=0$ を方程式の左辺に代入すると，(左辺)$=1$ となる。

←$a^2+b^2=(a+b)^2-2ab$ において，$a=x$，$b=\dfrac{1}{x}$ とすると

$x^2+\dfrac{1}{x^2}=\left(x+\dfrac{1}{x}\right)^2-2x\cdot\dfrac{1}{x}$

$=\left(x+\dfrac{1}{x}\right)^2-2$

練習 ②63　ω が $x^2+x+1=0$ の解の1つであるとき，次の式の値を求めよ。

(1)　$\omega^{100}+\omega^{50}$　　(2)　$\dfrac{1}{\omega^8}+\dfrac{1}{\omega^4}$　　(3)　$(\omega^{200}+1)^{100}+(\omega^{100}+1)^{10}+2$

ω は $x^2+x+1=0$ の解の1つであるから　$\omega^2+\omega+1=0$

よって　$\omega^2+\omega=-1$，$\omega^2+1=-\omega$，$\omega+1=-\omega^2$

また，$\omega^3-1=(\omega-1)(\omega^2+\omega+1)=0$ であるから　$\omega^3=1$

(1)　$\omega^{100}+\omega^{50}=(\omega^3)^{33}\cdot\omega+(\omega^3)^{16}\cdot\omega^2=\omega+\omega^2=\mathbf{-1}$

←$\omega^3=1$

(2)　$\omega^8=(\omega^3)^2\cdot\omega^2=\omega^2$,　$\omega^4=\omega^3\cdot\omega=\omega$

←$\omega^3=1$

よって　$\dfrac{1}{\omega^8}+\dfrac{1}{\omega^4}=\dfrac{1}{\omega^2}+\dfrac{1}{\omega}=\dfrac{\omega^3}{\omega^2}+\dfrac{\omega^3}{\omega}=\omega+\omega^2=\mathbf{-1}$

←$1=\omega^3$

(3)　$(\omega^{200}+1)^{100}+(\omega^{100}+1)^{10}+2=(\omega^2+1)^{100}+(\omega+1)^{10}+2$

$=(-\omega)^{100}+(-\omega^2)^{10}+2$

$=\omega^{100}+\omega^{20}+2=\omega+\omega^2+2$

$=-1+2=\mathbf{1}$

←$\omega^{200}=(\omega^3)^{66}\cdot\omega^2$，$\omega^{100}=(\omega^3)^{33}\cdot\omega$

←$\omega^{20}=(\omega^3)^6\cdot\omega^2$

←$\omega^2+\omega=-1$

練習 ③64

x^{2024} を x^2+x+1 で割ったときの余りを求めよ。

x^{2024} を x^2+x+1 で割ったときの商を $Q(x)$，余りを $ax+b$（a，b は実数）とすると，次の等式が成り立つ。

$x^{2024}=(x^2+x+1)Q(x)+ax+b$ …… ①

←$A=BQ+R$

また，$x^2+x+1=0$ の解の1つを ω とすると

$\omega^2+\omega+1=0$ …… ②

① の両辺に $x=\omega$ を代入すると

$\omega^{2024}=a\omega+b$ …… ③

ここで，$\omega^{2024}=(\omega^3)^{674}\omega^2$ であり，② より $\omega^2=-\omega-1$，$\omega^2+\omega=-1$ であるから

$\omega^3=\omega\cdot\omega^2=\omega(-\omega-1)=-(\omega^2+\omega)=-(-1)=1$

←② を利用して，ω^{2024} の次数を下げる。
$2024=3\times674+2$

ゆえに　$\omega^{2024}=1^{674}\cdot(-\omega-1)=-\omega-1$

よって，③ は　$-\omega-1=a\omega+b$

a，b は実数，ω は虚数であるから

$a=-1$，$b=-1$

したがって，求める余りは　$\boldsymbol{-x-1}$

←p，q，r，s が実数，z が虚数のとき
$p+qz=r+sz$
$\Longleftrightarrow$ $p=r$ かつ $q=s$

練習 ②65

3次方程式 $x^3+ax^2-21x+b=0$ の解のうち，2つが1と3である。このとき，定数 a，b の値と他の解を求めよ。

1と3が解であるから

$1^3+a\cdot1^2-21\cdot1+b=0$，$3^3+a\cdot3^2-21\cdot3+b=0$

整理すると　$a+b=20$，$9a+b=36$

これを解いて　$\boldsymbol{a=2}$，$\boldsymbol{b=18}$

よって，方程式は　$x^3+2x^2-21x+18=0$

左辺は $(x-1)(x-3)$ を因数にもつことに注意して，左辺を因数分解すると　$(x-1)(x-3)(x+6)=0$

したがって，**他の解は**　$\boldsymbol{x=-6}$

←$x^3+2x^2-21x+18$
$=(x-1)(x-3)(x+c)$
定数項を比較して
$18=(-1)\cdot(-3)\cdot c$
よって　$c=6$

別解　**1.**　$f(x)=x^3+ax^2-21x+b$ とする。

$f(x)$ は $x-1$ と $x-3$ を因数にもつから，$f(x)$ は $(x-1)(x-3)$ すなわち x^2-4x+3 で割り切れる。……（＊）

右の割り算において，(余り)=0 とすると

$$-8+4a=0,\ -3a+b-12=0$$

よって　**$a=2$，$b=18$**

このとき，割り算の商は $x+6$ となるから，方程式は

$$(x-1)(x-3)(x+6)=0$$

したがって，**他の解は　$x=-6$**

$$\begin{array}{r|llll} & x & +a+4 & & \\ \hline x^2-4x+3 & x^3 & +ax^2 & -21x & +b \\ & x^3 & -4x^2 & +3x & \\ \hline & & (a+4)x^2 & -24x & +b \\ & & (a+4)x^2 & -4(a+4)x & +3(a+4) \\ \hline & & & (-8+4a)x & -3a+b-12 \end{array}$$

別解 **2.**　**[(＊)までは同じ]**　他の解を c とする。

$f(x)$ は $x-c$ も因数にもつから，次の x についての恒等式が成り立つ。

$$x^3+ax^2-21x+b=(x-1)(x-3)(x-c)$$

右辺を展開して整理すると

$$x^3+ax^2-21x+b=x^3-(c+4)x^2+(4c+3)x-3c$$

両辺の係数を比較すると

$$a=-c-4,\ -21=4c+3,\ b=-3c$$

これを解いて　**$a=2$，$b=18$；他の解　$x=c=-6$**

←3 次方程式の解と係数の関係を利用しても，左と同じ式が得られる。
$1+3+c=-a$
$1\cdot3+3\cdot c+c\cdot1=-21$
$1\cdot3\cdot c=-b$

練習 ②66　方程式 $x^4+ax^2+b=0$ が $2-i$ を解にもつとき，実数の定数 a，b の値と他の解を求めよ。〔近畿大〕

$2-i$ が解であるから　$(2-i)^4+a(2-i)^2+b=0$

$$(2-i)^2=4-4i+i^2=3-4i,$$

$$(2-i)^4=\{(2-i)^2\}^2=(3-4i)^2=9-24i+16i^2=-7-24i$$

であるから　$(-7-24i)+a(3-4i)+b=0$

整理すると　$(3a+b-7)-4(a+6)i=0$

a，b は実数であるから，$3a+b-7$ と $a+6$ も実数である。

ゆえに　$3a+b-7=0,\ a+6=0$

これを解いて　**$a=-6$，$b=25$**

このとき，方程式は　$x^4-6x^2+25=0$

実数係数の 4 次方程式が虚数解 $x=2-i$ をもつから，それと共役な複素数 $x=2+i$ もこの方程式の解になる。……（＊）

よって，x^4-6x^2+25 は $\{x-(2-i)\}\{x-(2+i)\}$ すなわち x^2-4x+5 で割り切れる。

右の割り算から

$$x^4-6x^2+25=(x^2-4x+5)(x^2+4x+5)$$

$x^2+4x+5=0$ を解くと　$x=-2\pm i$

したがって，**他の解は　$x=2+i$，$-2\pm i$**

←$(x+y)^2=x^2+2xy+y^2$

←$A+Bi=0$
$\Longleftrightarrow A=0,\ B=0$

←x^4-6x^2+25
$=(x^4+10x^2+25)-16x^2$
$=(x^2+5)^2-(4x)^2$
$=(x^2+4x+5)$
$\times(x^2-4x+5)$ と因数分解することもできる。

$$\begin{array}{r|llll} & x^2 & +4x & +5 & \\ \hline x^2-4x+5 & x^4 & & -6x^2 & +25 \\ & x^4 & -4x^3 & +5x^2 & \\ \hline & & 4x^3 & -11x^2 & +25 \\ & & 4x^3 & -16x^2 & +20x \\ \hline & & & 5x^2-20x & +25 \\ & & & 5x^2-20x & +25 \\ \hline & & & & 0 \end{array}$$

別解　**[(＊)から始める]**

x^4+ax^2+b は $\{x-(2-i)\}\{x-(2+i)\}$

すなわち x^2-4x+5 で割り切れる。

右の割り算において，(余り)＝0

とすると　$4a+24=0$,

$-5a+b-55=0$

よって　　$\boldsymbol{a=-6,\ b=25}$

このとき，割り算の商は

x^2+4x+5

$x^2+4x+5=0$ を解くと　　$x=-2\pm i$

ゆえに，**他の解は**　　$\boldsymbol{x=2+i,\ -2\pm i}$

$$
\begin{array}{rl}
 & x^2+4x+(a+11) \\
x^2-4x+5 \,\big) & x^4 \qquad\quad +ax^2 \qquad\qquad +b \\
 & x^4-4x^3 \quad +5x^2 \\
\hline
 & 4x^3+(a-5)x^2 \qquad\qquad +b \\
 & 4x^3 \quad -16x^2 \qquad +20x \\
\hline
 & (a+11)x^2 \qquad -20x+b \\
 & (a+11)x^2-4(a+11)x+5(a+11) \\
\hline
 & (4a+24)x-5a+b-55
\end{array}
$$

練習 ③67　a を実数の定数とする。3 次方程式 $x^3+(a+1)x^2-a=0$ …… ① について

(1)　① が 2 重解をもつように，a の値を定めよ。

(2)　① が異なる 3 つの実数解をもつように，a の値の範囲を定めよ。

① の左辺を a について整理すると

$(x^2-1)a+x^3+x^2=0$

$(x+1)(x-1)a+x^2(x+1)=0$

ゆえに　　$(x+1)\{x^2+(x-1)a\}=0$

よって　　$(x+1)(x^2+ax-a)=0$

したがって　　$x+1=0$　または　$x^2+ax-a=0$

(1)　① が 2 重解をもつのは，次の [1] または [2] の場合である。

[1]　$x^2+ax-a=0$ …… ② が $x\neq-1$ の重解をもつ。

② の判別式を D とすると　　$D=0$　かつ　$-\dfrac{a}{2\cdot1}\neq-1$

$D=a^2-4\cdot1\cdot(-a)=a(a+4)$ …… (＊)

$D=0$ とすると　　$a=0,\ -4$

これは $a\neq2$ を満たす。

[2]　$x^2+ax-a=0$ の解の 1 つが -1 で，他の解が -1 でない。

-1 が解であるための条件は　　$(-1)^2+a(-1)-a=0$

これを解いて　　$a=\dfrac{1}{2}$

このとき，① は　　$(x+1)\left(x^2+\dfrac{1}{2}x-\dfrac{1}{2}\right)=0$

したがって　　$(x+1)^2(2x-1)=0$

ゆえに，$x=-1$ は 2 重解である。

以上から　　$\boldsymbol{a=0,\ -4,\ \dfrac{1}{2}}$

(2)　① が異なる 3 つの実数解をもつのは，$x^2+ax-a=0$ … ② が -1 とは異なる 2 つの実数解をもつときである。

② の判別式を D とすると，$D>0$ から　　$a(a+4)>0$

よって　　$a<-4,\ 0<a$ …… ③

また，$(-1)^2+a(-1)-a\neq0$ から　　$a\neq\dfrac{1}{2}$ …… ④

③ と ④ の共通範囲を求めて　　$\boldsymbol{a<-4,\ 0<a<\dfrac{1}{2},\ \dfrac{1}{2}<a}$

←次数が最低の a について整理する。また，$P(x)=x^3+(a+1)x^2-a$ とすると　$P(-1)=0$ よって，$P(x)$ は $x+1$ を因数にもつ。これを利用して因数分解してもよい。

←$a=0,\ -4$ を方程式に代入して確かめてもよい。

←他の解を β とすると，解と係数の関係から $-\beta=-a$ 　$\beta\neq-1$ から　$a\neq-1$ と考えてもよい。

←D は (＊) で求めた。

←② が $x=-1$ を解にもたない条件。

練習 ③68 $x^3-2x^2-4=0$ の 3 つの解を $\alpha,\ \beta,\ \gamma$ とする。次の式の値を求めよ。
(1) $\alpha^2+\beta^2+\gamma^2$ (2) $(\alpha+1)(\beta+1)(\gamma+1)$ (3) $\alpha^3+\beta^3+\gamma^3$

3 次方程式の解と係数の関係から

$$\alpha+\beta+\gamma=2,\ \alpha\beta+\beta\gamma+\gamma\alpha=0,\ \alpha\beta\gamma=4$$

(1) $\alpha^2+\beta^2+\gamma^2=(\alpha+\beta+\gamma)^2-2(\alpha\beta+\beta\gamma+\gamma\alpha)=2^2-2\cdot0=\mathbf{4}$

(2) $x^3-2x^2-4=(x-\alpha)(x-\beta)(x-\gamma)$ が成り立つ。
両辺に $x=-1$ を代入すると

$$-1-2-4=(-1-\alpha)(-1-\beta)(-1-\gamma)$$

よって $(\alpha+1)(\beta+1)(\gamma+1)=\mathbf{7}$

←x の恒等式であるから，$x=-1$ を代入しても成り立つ。

(3) $\alpha,\ \beta,\ \gamma$ は $x^3-2x^2-4=0$ の解であるから

$$\alpha^3-2\alpha^2-4=0,\ \beta^3-2\beta^2-4=0,\ \gamma^3-2\gamma^2-4=0$$

ゆえに $\alpha^3=2\alpha^2+4,\ \beta^3=2\beta^2+4,\ \gamma^3=2\gamma^2+4$

よって $\alpha^3+\beta^3+\gamma^3=2(\alpha^2+\beta^2+\gamma^2)+12=2\cdot4+12=\mathbf{20}$

←(1) から $\alpha^2+\beta^2+\gamma^2=4$

別解 $\alpha^3+\beta^3+\gamma^3-3\alpha\beta\gamma=(\alpha+\beta+\gamma)(\alpha^2+\beta^2+\gamma^2-\alpha\beta-\beta\gamma-\gamma\alpha)$
であるから $\alpha^3+\beta^3+\gamma^3=2\cdot(4-0)+3\cdot4=\mathbf{20}$

練習 ③69 3 次方程式 $x^3-3x^2-5=0$ の 3 つの解を $\alpha,\ \beta,\ \gamma$ とする。次の 3 つの数を解とする 3 次方程式を求めよ。
(1) $\alpha-1,\ \beta-1,\ \gamma-1$ (2) $\dfrac{\beta+\gamma}{\alpha},\ \dfrac{\gamma+\alpha}{\beta},\ \dfrac{\alpha+\beta}{\gamma}$

3 次方程式の解と係数の関係から

$$\alpha+\beta+\gamma=3,\quad \alpha\beta+\beta\gamma+\gamma\alpha=0,\quad \alpha\beta\gamma=5$$

(1) $(\alpha-1)+(\beta-1)+(\gamma-1)=(\alpha+\beta+\gamma)-3=3-3=0$

$(\alpha-1)(\beta-1)+(\beta-1)(\gamma-1)+(\gamma-1)(\alpha-1)$
$=(\alpha\beta+\beta\gamma+\gamma\alpha)-2(\alpha+\beta+\gamma)+3=0-2\cdot3+3=-3$

また，$x^3-3x^2-5=(x-\alpha)(x-\beta)(x-\gamma)$ が成り立つ。
この両辺に $x=1$ を代入して

$$-7=(1-\alpha)(1-\beta)(1-\gamma)$$

よって $(\alpha-1)(\beta-1)(\gamma-1)=7$

ゆえに，求める 3 次方程式は $\boldsymbol{x^3-3x-7=0}$

別解 $x-1=X$ とおくと，$x=X+1$ は $x^3-3x^2-5=0$ を満たすから
$(X+1)^3-3(X+1)^2-5=0$
整理すると
$X^3-3X-7=0$
よって $\boldsymbol{x^3-3x-7=0}$

(2) $\alpha+\beta+\gamma=3$ から $\dfrac{\beta+\gamma}{\alpha}=\dfrac{3-\alpha}{\alpha}=\dfrac{3}{\alpha}-1$,

$$\frac{\gamma+\alpha}{\beta}=\frac{3-\beta}{\beta}=\frac{3}{\beta}-1,\qquad \frac{\alpha+\beta}{\gamma}=\frac{3-\gamma}{\gamma}=\frac{3}{\gamma}-1$$

←与えられた形のままでは計算が複雑になるから，$\alpha+\beta+\gamma=3$ を利用して，文字を減らす。

これらを解とする 3 次方程式を求めればよい。

$$P=\left(\frac{3}{\alpha}-1\right)+\left(\frac{3}{\beta}-1\right)+\left(\frac{3}{\gamma}-1\right)=3\left(\frac{1}{\alpha}+\frac{1}{\beta}+\frac{1}{\gamma}\right)-3$$

$$Q=\left(\frac{3}{\alpha}-1\right)\left(\frac{3}{\beta}-1\right)+\left(\frac{3}{\beta}-1\right)\left(\frac{3}{\gamma}-1\right)+\left(\frac{3}{\gamma}-1\right)\left(\frac{3}{\alpha}-1\right)$$

$$=9\left(\frac{1}{\alpha\beta}+\frac{1}{\beta\gamma}+\frac{1}{\gamma\alpha}\right)-6\left(\frac{1}{\alpha}+\frac{1}{\beta}+\frac{1}{\gamma}\right)+3$$

$$R=\left(\frac{3}{\alpha}-1\right)\left(\frac{3}{\beta}-1\right)\left(\frac{3}{\gamma}-1\right)=\frac{(3-\alpha)(3-\beta)(3-\gamma)}{\alpha\beta\gamma}$$

ここで　$\frac{1}{\alpha}+\frac{1}{\beta}+\frac{1}{\gamma}=\frac{\alpha\beta+\beta\gamma+\gamma\alpha}{\alpha\beta\gamma}=0$

$\frac{1}{\alpha\beta}+\frac{1}{\beta\gamma}+\frac{1}{\gamma\alpha}=\frac{\alpha+\beta+\gamma}{\alpha\beta\gamma}=\frac{3}{5}$

また，$x^3-3x^2-5=(x-\alpha)(x-\beta)(x-\gamma)$ の両辺に $x=3$ を代入すると，$-5=(3-\alpha)(3-\beta)(3-\gamma)$ であるから

$P=3\cdot0-3=-3,\ Q=9\cdot\frac{3}{5}-6\cdot0+3=\frac{42}{5},\ R=\frac{-5}{5}=-1$

よって，求める 3 次方程式は

$x^3+3x^2+\frac{42}{5}x+1=0$　すなわち　$\boldsymbol{5x^3+15x^2+42x+5=0}$

←$(3-\alpha)(3-\beta)(3-\gamma)$ $=3^3-(\alpha+\beta+\gamma)\cdot3^2$ $+(\alpha\beta+\beta\gamma+\gamma\alpha)\cdot3$ $-\alpha\beta\gamma$ としてもよい。

別解　$\frac{3}{x}-1=X$ とおくと，$x=\frac{3}{X+1}$ は $x^3-3x^2-5=0$ を満たすから　$\left(\frac{3}{X+1}\right)^3-3\left(\frac{3}{X+1}\right)^2-5=0$

両辺に $(X+1)^3$ を掛けて　$27-27(X+1)-5(X+1)^3=0$

整理すると　$5X^3+15X^2+42X+5=0$

よって，求める 3 次方程式は　$\boldsymbol{5x^3+15x^2+42x+5=0}$

←解のおき換えを利用した解法。本冊 $p.113$ 検討参照。

練習 ④70

次の不等式を解け。ただし，(2) の a は正の定数とする。
(1)　$x^3-3x^2-10x+24\geqq0$　　(2)　$x^3-(a+1)x^2+ax\geqq0$

(1)　$P(x)=x^3-3x^2-10x+24$ とすると　$P(2)=0$

ゆえに，$P(x)$ は $x-2$ を因数にもつ。

よって　$P(x)=(x-2)(x^2-x-12)=(x-2)(x+3)(x-4)$

ゆえに，不等式は

$(x+3)(x-2)(x-4)\geqq0$

よって，右の表から，解は

$\boldsymbol{-3\leqq x\leqq2,\ 4\leqq x}$

x	$\cdots$	-3	$\cdots$	2	$\cdots$	4	$\cdots$
$x+3$	$-$	0	$+$	$+$	$+$	$+$	$+$
$x-2$	$-$	$-$	$-$	0	$+$	$+$	$+$
$x-4$	$-$	$-$	$-$	$-$	$-$	0	$+$
$P(x)$	$-$	0	$+$	0	$-$	0	$+$

```
1  -3  -10   24 | 2
       2   -2  -24
1  -1  -12    0
```

←$\alpha<\beta<\gamma$ のとき
$(x-\alpha)(x-\beta)(x-\gamma)\geqq0$
の解は
$\alpha\leqq x\leqq\beta,\ \gamma\leqq x$

(2)　$x^3-(a+1)x^2+ax$

$=x\{x^2-(a+1)x+a\}=x(x-1)(x-a)$

ゆえに，与えられた不等式は　$x(x-1)(x-a)\geqq0$

[1]　$0<a<1$ のとき

右の表から，解は　$0\leqq x\leqq a,\ 1\leqq x$

[2]　$a=1$ のとき

不等式は $x(x-1)^2\geqq0$ となり，$(x-1)^2\geqq0$ であるから　$x-1=0$ または $x\geqq0$

ゆえに，解は　$x\geqq0$

[3]　$1<a$ のとき

右の表から，解は　$0\leqq x\leqq1,\ a\leqq x$

[1]～[3] から，求める解は

$0<a<1$ のとき　$\boldsymbol{0\leqq x\leqq a,\ 1\leqq x}$
$a=1$ のとき　$\boldsymbol{x\geqq0}$
$1<a$ のとき　$\boldsymbol{0\leqq x\leqq1,\ a\leqq x}$

[1]　$f(x)=x(x-1)(x-a)$

x	$\cdots$	0	$\cdots$	a	$\cdots$	1	$\cdots$
x	$-$	0	$+$	$+$	$+$	$+$	$+$
$x-1$	$-$	$-$	$-$	$-$	$-$	0	$+$
$x-a$	$-$	$-$	$-$	0	$+$	$+$	$+$
$f(x)$	$-$	0	$+$	0	$-$	0	$+$

[3]　$f(x)=x(x-1)(x-a)$

x	$\cdots$	0	$\cdots$	1	$\cdots$	a	$\cdots$
x	$-$	0	$+$	$+$	$+$	$+$	$+$
$x-1$	$-$	$-$	$-$	0	$+$	$+$	$+$
$x-a$	$-$	$-$	$-$	$-$	$-$	0	$+$
$f(x)$	$-$	0	$+$	0	$-$	0	$+$

EX ③23 a, b を 0 でない実数とする。下の(1), (2)の等式は $a>0$, $b>0$ の場合には成り立つが，それ以外の場合はどうか。次の各場合に分けて調べよ。

[1] $a>0$, $b<0$　　[2] $a<0$, $b>0$　　[3] $a<0$, $b<0$

(1) $\sqrt{a}\sqrt{b}=\sqrt{ab}$　　(2) $\dfrac{\sqrt{a}}{\sqrt{b}}=\sqrt{\dfrac{a}{b}}$

HINT $b<0$ のとき，$b=-b'$ $(b'>0)$ とおく。他も同様に扱う。

(1) [1] $a>0$, $b<0$ の場合，$b=-b'$ とおくと　$b'>0$

ゆえに　(左辺)$=\sqrt{a}\sqrt{-b'}=\sqrt{a}\sqrt{b'}\,i=\sqrt{ab'}\,i$,

(右辺)$=\sqrt{a\cdot(-b')}=\sqrt{ab'}\,i$

よって，等式は **成り立つ**。

[2] $a<0$, $b>0$ の場合は，[1] において，a と b を入れ替えたものと考えればよいから，等式は **成り立つ**。

[3] $a<0$, $b<0$ の場合

$a=-a'$, $b=-b'$ とおくと　$a'>0$, $b'>0$

(左辺)$=\sqrt{-a'}\sqrt{-b'}=\sqrt{a'}\,i\cdot\sqrt{b'}\,i=\sqrt{a'b'}\,i^2=-\sqrt{a'b'}$,

(右辺)$=\sqrt{(-a')(-b')}=\sqrt{a'b'}$

よって，等式は **成り立たない**。

(2) [1] $a>0$, $b<0$ の場合，$b=-b'$ とおくと　$b'>0$

ゆえに　(左辺)$=\dfrac{\sqrt{a}}{\sqrt{-b'}}=\dfrac{\sqrt{a}}{\sqrt{b'}\,i}=\dfrac{\sqrt{a}}{\sqrt{b'}}\cdot\dfrac{i}{i^2}=-\sqrt{\dfrac{a}{b'}}\,i$,

(右辺)$=\sqrt{\dfrac{a}{-b'}}=\sqrt{\dfrac{a}{b'}}\,i$

よって，等式は **成り立たない**。

[2] $a<0$, $b>0$ の場合，$a=-a'$ とおくと　$a'>0$

ゆえに　(左辺)$=\dfrac{\sqrt{-a'}}{\sqrt{b}}=\dfrac{\sqrt{a'}\,i}{\sqrt{b}}=\dfrac{\sqrt{a'}}{\sqrt{b}}\,i=\sqrt{\dfrac{a'}{b}}\,i$,

(右辺)$=\sqrt{\dfrac{-a'}{b}}=\sqrt{\dfrac{a'}{b}}\,i$

よって，等式は **成り立つ**。

[3] $a<0$, $b<0$ の場合

$a=-a'$, $b=-b'$ とおくと　$a'>0$, $b'>0$

ゆえに　(左辺)$=\dfrac{\sqrt{-a'}}{\sqrt{-b'}}=\dfrac{\sqrt{a'}\,i}{\sqrt{b'}\,i}=\dfrac{\sqrt{a'}}{\sqrt{b'}}=\sqrt{\dfrac{a'}{b'}}$,

(右辺)$=\sqrt{\dfrac{-a'}{-b'}}=\sqrt{\dfrac{a'}{b'}}$

よって，等式は **成り立つ**。

←$a>0$, $b'>0$ であるから　$\sqrt{a}\sqrt{b'}=\sqrt{ab'}$

←[1] の結果を利用する。

←$a=-1$, $b=-1$ とすると
$\sqrt{-1}\sqrt{-1}=i\cdot i=-1$
$\sqrt{(-1)\cdot(-1)}=1$
となって成り立たない。このように，反例を示してもよい。

←$a>0$, $b'>0$ であるから　$\dfrac{\sqrt{a}}{\sqrt{b'}}=\sqrt{\dfrac{a}{b'}}$

←$a=1$, $b=-1$ として，次のように反例を示してもよい。
$\dfrac{\sqrt{1}}{\sqrt{-1}}=\dfrac{1}{i}=\dfrac{i}{i^2}=-i$
$\sqrt{\dfrac{1}{-1}}=\sqrt{-1}=i$

←$a'>0$, $b'>0$ であるから　$\dfrac{\sqrt{a'}}{\sqrt{b'}}=\sqrt{\dfrac{a'}{b'}}$

EX ③24 (1) $z^2=2+2\sqrt{3}\,i$ を満たす複素数 z を求めよ。〔明治学院大〕

(2) $z^3=65+142i$ を満たす複素数 z を求めよ。ただし，z の虚部，実部はともに自然数であるとする。

(1) $z=a+bi$ (a, b は実数) とする。

$(a+bi)^2=2+2\sqrt{3}\,i$ から　$a^2-b^2+2abi=2+2\sqrt{3}\,i$

a，b は実数であるから，a^2-b^2 と $2ab$ も実数である。
よって　$a^2-b^2=2$ …… ①，　$ab=\sqrt{3}$ …… ②
① から　$a^2=b^2+2$ …… ③　　② から　$a^2b^2=3$ …… ④
③ を ④ に代入して　$(b^2+2)b^2=3$
整理して　$b^4+2b^2-3=0$　　ゆえに　$(b^2-1)(b^2+3)=0$
b は実数であるから　$b^2+3>0$　よって　$b^2-1=0$
これを解いて　$b=\pm1$
② から　$b=1$ のとき　$a=\sqrt{3}$
　　　$b=-1$ のとき　$a=-\sqrt{3}$
したがって　$\boldsymbol{z=\sqrt{3}+i,\ -\sqrt{3}-i}$

別解 ① を
$a^2+(-b^2)=2$,
④ を　$a^2(-b^2)=-3$
とみると，a^2，$-b^2$ は
$t^2-2t-3=0$ の 2 つの解である。これを解くと
$t=-1$，3 であるから
$a^2=3$，$-b^2=-1$

(2)　$z=a+bi$（a，b は自然数）とすると
$$z^3=(a+bi)^3=a^3+3a^2\cdot bi+3a(bi)^2+(bi)^3$$
$$=a^3-3ab^2+(3a^2b-b^3)i$$
$z^3=65+142i$ から　$a(a^2-3b^2)+b(3a^2-b^2)i=65+142i$
a，b は自然数，すなわち実数であるから，$a(a^2-3b^2)$，$b(3a^2-b^2)$ も実数である。
よって　$a(a^2-3b^2)=65$ …… ①，$b(3a^2-b^2)=142$ …… ②
a は自然数であるから，① より a^2-3b^2 も自然数である。ゆえに，① より，a は 65 の正の約数であるから　$a=1, 5, 13, 65$
各 a の値を ① に代入して，b^2 の値を求めると，順に
$$b^2=-\frac{64}{3},\ 4,\ \frac{164}{3},\ 1408$$
b^2 が平方数となる場合のみが適するから　$a=5$，$b^2=4$
すなわち　$a=5$，$b=2$　　このとき，② は成り立つ。
したがって　$\boldsymbol{z=5+2i}$

←$(p+q)^3$
$=p^3+3p^2q+3pq^2+q^3$

←「a，b は自然数」という条件を活かして，a の値を絞り込む。

←$37^2<1408<38^2$

←平方数とは，(自然数)^2 の形の整数のこと。

EX ③25

(1)　$(-1+\sqrt{3}i)^3$ の実部は ア□，虚部は イ□ である。
(2)　n は自然数とする。$(-1+\sqrt{3}i)^n$ の実部と虚部がともに整数となるとき，n を 3 で割った余りは ウ□ である。

(1)　$(-1+\sqrt{3}i)^3$
$=(-1)^3+3\cdot(-1)^2\cdot\sqrt{3}i+3\cdot(-1)\cdot(\sqrt{3}i)^2+(\sqrt{3}i)^3$
$=-1+3\sqrt{3}i-9\cdot(-1)+3\sqrt{3}(-i)=8$
よって，$(-1+\sqrt{3}i)^3$ の実部は ア**8**，虚部は イ**0** である。
(2)　k は自然数とする。
[1]　$n=3k$（k は自然数）のとき　$(-1+\sqrt{3}i)^{3k}=8^k$
ゆえに，$(-1+\sqrt{3}i)^n$ の実部と虚部はともに整数である。
[2]　$n=3k+1$，$3k+2$ のとき
$(-1+\sqrt{3}i)^{3k+1}=(-1+\sqrt{3}i)^{3k}(-1+\sqrt{3}i)$
$=8^k(-1+\sqrt{3}i)=-8^k+8^k\sqrt{3}i$
$(-1+\sqrt{3}i)^{3k+2}=(-1+\sqrt{3}i)^{3k}(-1+\sqrt{3}i)^2$
$=8^k(-2-2\sqrt{3}i)=-2\cdot8^k-2\cdot8^k\sqrt{3}i$

←$(-1+\sqrt{3}i)^2$
$=-2-2\sqrt{3}i$
$=-2(1+\sqrt{3}i)$ として，
$(-1+\sqrt{3}i)^3$
$=-2(1+\sqrt{3}i)$
$\times(-1+\sqrt{3}i)$
$=8$
と計算してもよい。

よって，$n=3k+1,\ 3k+2$ のとき，$(-1+\sqrt{3}\,i)^n$ の虚部は整数にならない。

また　$(-1+\sqrt{3}\,i)^1=-1+\sqrt{3}\,i,$

$(-1+\sqrt{3}\,i)^2=-2-2\sqrt{3}\,i$

ゆえに，$n=1,\ 2$ のときも $(-1+\sqrt{3}\,i)^n$ の虚部は整数ではない。

以上から，$(-1+\sqrt{3}\,i)^n$ の実部と虚部がともに整数となるとき，$n=3k$ と表されるから，n を 3 で割った余りは ${}^{ウ}\mathbf{0}$ である。

←虚部は (整数)$\times\sqrt{3}\,i$ の形。

←(2) は $n=4,\ 7,\ 10,\ \cdots$ および $n=5,\ 8,\ 11,\ \cdots$ の場合を調べている。$n=1,\ 2$ の場合は別に確認。

EX ③26

(1) 2 つの 2 次方程式 $x^2+2ax+4a-3=0,\ 5x^2-4ax+a=0$ のうち，少なくとも一方の 2 次方程式が実数解をもたないとき，定数 a の値の範囲を求めよ。〔鹿児島経大〕

(2) 2 次方程式 $x^2-(8-a)x+12-ab=0$ が実数の定数 a の値にかかわらず実数解をもつときの定数 b の値の範囲を求めよ。〔摂南大〕

(1) 判別式を順に $D_1,\ D_2$ とすると

$$\frac{D_1}{4}=a^2-(4a-3)=a^2-4a+3=(a-1)(a-3)$$

$$\frac{D_2}{4}=(-2a)^2-5a=4a^2-5a=a(4a-5)$$

求める条件は　$D_1<0$　または　$D_2<0$

$D_1<0$ から　$(a-1)(a-3)<0$　　ゆえに　$1<a<3$ …… ①

$D_2<0$ から　$a(4a-5)<0$　　よって　$0<a<\dfrac{5}{4}$ …… ②

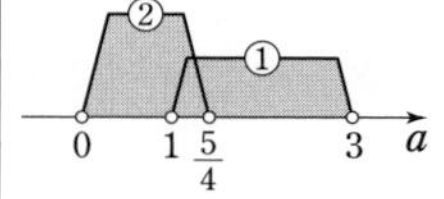

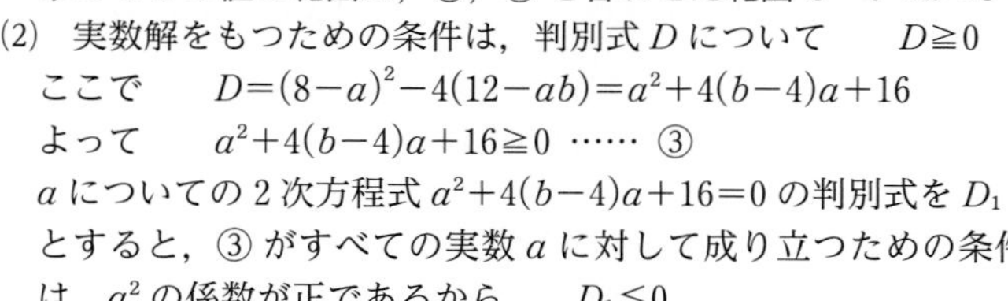

求める a の値の範囲は，①，② を合わせた範囲で　$\mathbf{0<a<3}$

(2) 実数解をもつための条件は，判別式 D について　$D\geqq 0$

ここで　$D=(8-a)^2-4(12-ab)=a^2+4(b-4)a+16$

よって　$a^2+4(b-4)a+16\geqq 0$ …… ③

a についての 2 次方程式 $a^2+4(b-4)a+16=0$ の判別式を D_1 とすると，③ がすべての実数 a に対して成り立つための条件は，a^2 の係数が正であるから　$D_1\leqq 0$

←$D_1<0$ は誤り。

$$\frac{D_1}{4}=4(b-4)^2-16=4\{(b-4)^2-4\}=4(b-2)(b-6)$$

であるから，$(b-2)(b-6)\leqq 0$ を解いて　$\mathbf{2\leqq b\leqq 6}$

EX ③27

$a,\ b,\ p,\ q$ を実数とする。3 つの 2 次方程式 $x^2+ax+b=0$ …… ①，$x^2+px+q=0$ …… ②，$2x^2+(a+p)x+b+q=0$ …… ③ について，次のことを証明せよ。

(1) ①，②，③ がすべて重解をもてば，$a=p$ かつ $b=q$ である。

(2) ①，② がともに虚数解をもてば，③ も虚数解をもつ。〔東北学院大〕

(1) 2 次方程式 ①，②，③ の判別式をそれぞれ $D_1,\ D_2,\ D_3$ とすると，条件から $D_1=D_2=D_3=0$ である。

$D_1=0$ から　$a^2-4b=0$ …… ④

$D_2=0$ から　$p^2-4q=0$ …… ⑤

$D_3=0$ から　$(a+p)^2-4\cdot 2\cdot(b+q)=0$ …… ⑥

④，⑤ から　$b=\dfrac{a^2}{4},\ q=\dfrac{p^2}{4}$ …… ⑦

⑦ を ⑥ に代入して　$(a+p)^2-2(a^2+p^2)=0$

ゆえに　$-(a^2-2ap+p^2)=0$　すなわち　$(a-p)^2=0$

よって　$a=p$

⑦ から　$b=q$

(2)　条件から　$D_1<0$　かつ　$D_2<0$

よって　$a^2-4b<0$　かつ　$p^2-4q<0$

すなわち　$a^2<4b$　かつ　$p^2<4q$ …… ⑧

このとき，D_3 は

$$D_3=(a+p)^2-8(b+q)=a^2+2pa+p^2-8b-8q$$

であり，⑧ から

$$D_3<a^2+2pa+p^2-2a^2-2p^2=-a^2+2pa-p^2$$
$$=-(a-p)^2\leqq 0$$

よって，$D_3<0$ であるから，③ も虚数解をもつ。

←⑧ から $-8b<-2a^2$，$-8q<-2p^2$

EX ③28　i を虚数単位とする。a，b を実数とし，α を実数でない複素数とする。α が 2 次方程式 $x^2-2ax+b+1=0$ の解であり，$\alpha+1$ が 2 次方程式 $x^2-bx+5a+3=0$ の解であるという。このとき，a，b，α の値を求めよ。〔法政大〕

α が $x^2-2ax+b+1=0$ …… ① の解であるから

$$\alpha^2-2a\alpha+b+1=0 \quad \cdots\cdots ②$$

$\alpha+1$ が $x^2-bx+5a+3=0$ …… ③ の解であるから

$$(\alpha+1)^2-b(\alpha+1)+5a+3=0$$

すなわち　$\alpha^2+(2-b)\alpha+5a-b+4=0$ …… ④

④−② から　$(2+2a-b)\alpha+5a-2b+3=0$

$2+2a-b$ と $5a-2b+3$ は実数であり，α は実数でない複素数であるから　$2+2a-b=0$，$5a-2b+3=0$

これを解くと　$a=1$，$b=4$

このとき，① の解は，$x^2-2x+5=0$ から　$x=1\pm 2i$

③ の解は，$x^2-4x+8=0$ から　$x=2\pm 2i$

$\alpha=1\pm 2i$ に対して α は ① の解であり，$\alpha+1$ は ③ の解になっている。

したがって　$\boldsymbol{a=1,\ b=4,\ \alpha=1\pm 2i}$

←解を方程式に代入。

←本冊 p.106 の 参考 参照。a，b が実数，z が虚数のとき $a+bz=0 \Longleftrightarrow a=b=0$

EX ③29　$x^2-3x+7=0$ の 2 つの解 α，β に対して，$\alpha^2+\beta^2$，$\alpha^4+\beta^4$ の値を求めよ。また，$(\alpha^2+3\alpha+7)(\beta^2-\beta+7)$ の値を求めよ。

解と係数の関係から　$\alpha+\beta=3$，$\alpha\beta=7$

よって　$\boldsymbol{\alpha^2+\beta^2}=(\alpha+\beta)^2-2\alpha\beta=3^2-2\cdot 7=\boldsymbol{-5}$

$\boldsymbol{\alpha^4+\beta^4}=(\alpha^2+\beta^2)^2-2(\alpha\beta)^2=(-5)^2-2\cdot 7^2=\boldsymbol{-73}$

また，α，β は方程式 $x^2-3x+7=0$ の解であるから

$$\alpha^2-3\alpha+7=0,\ \beta^2-3\beta+7=0$$

ゆえに　$\alpha^2=3\alpha-7$，$\beta^2=3\beta-7$

よって　$\boldsymbol{(\alpha^2+3\alpha+7)(\beta^2-\beta+7)}$

$$=(3\alpha-7+3\alpha+7)(3\beta-7-\beta+7)$$
$$=6\alpha\cdot 2\beta=12\alpha\beta=12\cdot 7=\boldsymbol{84}$$

←$\alpha^2+\beta^2$，$\alpha^4+\beta^4$ は対称式であるから，基本対称式 $\alpha+\beta$，$\alpha\beta$ で表すことができる。

←次数を下げて計算する。

EX ④30 a は実数とし，x に関する 2 次方程式 $x^2+ax+(a-1)^2=0$ は異なる 2 つの実数解をもつ。2 つの解の差が整数であるとき，a の値を求めよ。

方程式は，異なる 2 つの実数解をもつから，判別式を D とすると　$D>0$

ここで　$D=a^2-4(a-1)^2=-3a^2+8a-4$
$=-(3a-2)(a-2)$

ゆえに　$(3a-2)(a-2)<0$　よって　$\frac{2}{3}<a<2$ …… ①

次に，方程式の 2 つの解を α, β とすると，解と係数の関係から

$\alpha+\beta=-a$,　$\alpha\beta=(a-1)^2$

ゆえに　$(\alpha-\beta)^2=(\alpha+\beta)^2-4\alpha\beta=(-a)^2-4(a-1)^2$
$=-3a^2+8a-4>0$

←$D>0$ の条件から。

$|\alpha-\beta|$ が整数であるとき，$(\alpha-\beta)^2$ も整数である。

よって，$-3a^2+8a-4$ が整数の平方になる場合を考える。

$b=-3a^2+8a-4$ とすると　$b=-3\left(a-\frac{4}{3}\right)^2+\frac{4}{3}$

① の範囲における b のとりうる値の範囲は　$0<b\leqq\frac{4}{3}$

b が整数の平方となるのは，$b=1$ のときである。

ゆえに　$-3a^2+8a-4=1$　整理して　$3a^2-8a+5=0$

よって　$(a-1)(3a-5)=0$　したがって　$\boldsymbol{a=1,\ \frac{5}{3}}$

これはともに ① を満たす。

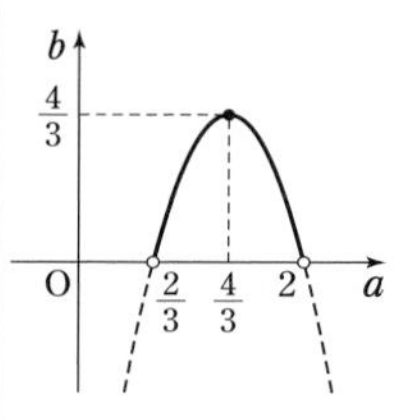

EX ③31 実数の定数 p に対し，2 次方程式 $x^2+px+p^2+p-1=0$ が異なる 2 つの実数解 α, β をもつとき，$t=(\alpha+1)(\beta+1)$ のとりうる値の範囲を求めよ。〔法政大〕

方程式は，異なる 2 つの実数解をもつから，判別式を D とすると　$D>0$

ここで　$D=p^2-4(p^2+p-1)=-(3p^2+4p-4)$
$=-(p+2)(3p-2)$

よって　$(p+2)(3p-2)<0$

ゆえに　$-2<p<\frac{2}{3}$ …… ①

また，解と係数の関係から　$\alpha+\beta=-p$，$\alpha\beta=p^2+p-1$

よって　$t=(\alpha+1)(\beta+1)=\alpha\beta+(\alpha+\beta)+1$
$=p^2+p-1-p+1=p^2$

ゆえに，① の範囲において　$\boldsymbol{0\leqq t<4}$

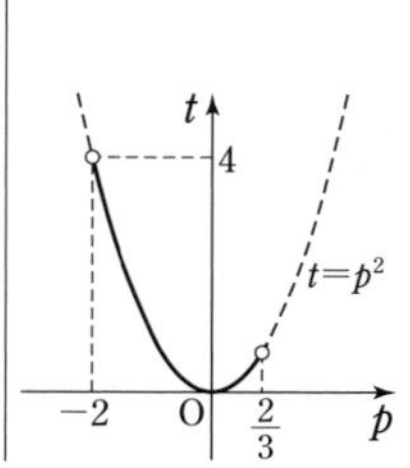

EX ②32 x についての 2 次方程式 $x^2-2(\cos\theta)x-\sin^2\theta=0$ の 2 つの解のうち，一方の解が他方の解の -3 倍である θ の値をすべて求めよ。ただし，$0°\leqq\theta\leqq180°$ とする。〔類 京都産大〕

2 つの解を α，-3α $(\alpha\neq0)$ とすると，解と係数の関係から

$\alpha+(-3\alpha)=2\cos\theta$，$\alpha\cdot(-3\alpha)=-\sin^2\theta$

よって　$\cos\theta=-\alpha$ …… ①，$\sin^2\theta=3\alpha^2$ …… ②

❶ 解と係数の関係を書き出す

①, ② を $\sin^2\theta+\cos^2\theta=1$ に代入して　$3\alpha^2+(-\alpha)^2=1$

ゆえに　$\alpha^2=\dfrac{1}{4}$　　よって　$\alpha=\pm\dfrac{1}{2}$

① から　$\cos\theta=\pm\dfrac{1}{2}$

$0°\leqq\theta\leqq180°$ であるから　$\boldsymbol{\theta=60°,\ 120°}$

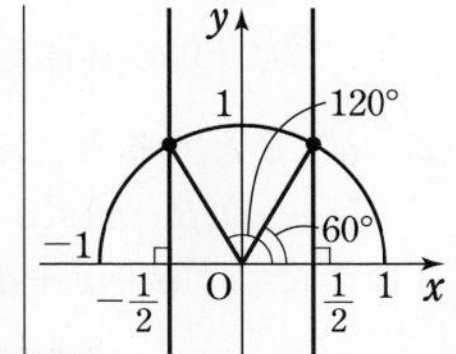

2章
EX
[複素数と方程式]

EX ②33

a, b を実数とする。2 次関数 $f(x)=x^2+ax+b$ について，次の問いに答えよ。
(1) 実数 α, β が $f(\alpha)=\beta$, $f(\beta)=\alpha$, $\alpha\neq\beta$ を満たすとき，$\alpha+\beta$ と $\alpha\beta$ を a, b を用いて表せ。
(2) $f(\alpha)=\beta$, $f(\beta)=\alpha$, $\alpha\neq\beta$ を満たす実数 α, β が存在するための，a, b についての条件を求めよ。　〔埼玉大〕

(1) $f(\alpha)=\beta$, $f(\beta)=\alpha$ から

$\alpha^2+a\alpha+b=\beta$ …… ①, $\beta^2+a\beta+b=\alpha$ …… ②

← この条件から，a, b, α, β の等式を作る。

①−② から　$\alpha^2-\beta^2+a(\alpha-\beta)=\beta-\alpha$

← 両辺を $\alpha-\beta(\neq0)$ で割る。

$\alpha\neq\beta$ であるから　$\alpha+\beta+a=-1$

よって　$\boldsymbol{\alpha+\beta=-a-1}$ …… ③

①+② から　$\alpha^2+\beta^2+a(\alpha+\beta)+2b=\alpha+\beta$

③ から　$(-a-1)^2-2\alpha\beta+a(-a-1)+2b=-a-1$

← $\alpha^2+\beta^2=(\alpha+\beta)^2-2\alpha\beta$

ゆえに　$-2\alpha\beta+a+2b+1=-a-1$

よって　$\boldsymbol{\alpha\beta=a+b+1}$

(2) (1) の結果から，α, β は 2 次方程式

$t^2+(a+1)t+a+b+1=0$ の異なる 2 つの解である。

α, β は実数であるから，この 2 次方程式の判別式を D とすると　$D>0$

← α, β が実数，$\alpha\neq\beta$

ここで　$D=(a+1)^2-4\cdot1\cdot(a+b+1)=a^2-2a-4b-3$

$D>0$ から，求める条件は　$\boldsymbol{a^2-2a-4b-3>0}$

EX ③34

2 次方程式 $x^2+ax+a=0$ が次の条件を満たす解をもつように，定数 a の値の範囲を定めよ。
(1) 2 つの解がともに 2 以下である。
(2) 1 つの解が a より大きく，他の解は a より小さい。

HINT (1) $\alpha\leqq2$, $\beta\leqq2 \Longrightarrow \alpha-2\leqq0$, $\beta-2\leqq0$ として考える。
(2) $\alpha<\beta$ とすると　$\alpha<a<\beta \Longleftrightarrow (\alpha-a)(\beta-a)<0$

2 次方程式 $x^2+ax+a=0$ の 2 つの解を α, β とし，判別式を D とする。　$D=a^2-4a=a(a-4)$

解と係数の関係から　$\alpha+\beta=-a$, $\alpha\beta=a$

検討　$f(x)=x^2+ax+a$ とし，$y=f(x)$ のグラフで考えると
(1) $D\geqq0$,
軸について　$-\dfrac{a}{2}\leqq2$,
$f(2)\geqq0$
(2) $f(a)<0$

(1) $\alpha\leqq2$, $\beta\leqq2$ であるための条件は

$D\geqq0$　かつ　$(\alpha-2)+(\beta-2)\leqq0$　かつ　$(\alpha-2)(\beta-2)\geqq0$

$D\geqq0$ から　$a(a-4)\geqq0$　　よって　$a\leqq0$, $4\leqq a$ …… ①

$(\alpha-2)+(\beta-2)\leqq0$ から　$\alpha+\beta-4\leqq0$

ゆえに　$-a-4\leqq0$　　よって　$a\geqq-4$ …… ②

$(\alpha-2)(\beta-2)\geqq0$ から　$\alpha\beta-2(\alpha+\beta)+4\geqq0$

ゆえに　$a+2a+4\geqq0$　　よって　$a\geqq-\dfrac{4}{3}$ …… ③

①，②，③ の共通範囲を求めて　$-\frac{4}{3} \leqq \boldsymbol{a} \leqq \mathbf{0}$，$\mathbf{4} \leqq \boldsymbol{a}$

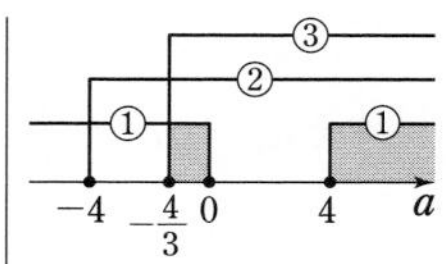

(2)　$\alpha<\beta$ とすると，$\alpha<a<\beta$ であるための条件は
$(\alpha-a)(\beta-a)<0$　すなわち　$\alpha\beta-(\alpha+\beta)a+a^2<0$
ゆえに　$a+a^2+a^2<0$　　よって　$a(2a+1)<0$
したがって，求める a の値の範囲は　$-\frac{1}{2}<\boldsymbol{a}<\mathbf{0}$

EX ④35　a，b が素数であって，x の 2 次方程式 $3x^2-12ax+ab=0$ が 2 つの整数解をもつとき，a，b の値とその整数解を求めよ。　〔帝塚山大〕

HINT　2 つの整数解を α，β とすると，解と係数の関係から　$\alpha+\beta=4a$，$\alpha\beta=\frac{ab}{3}$
これを満たす整数 α，β と素数 a，b の値を求める。

2 つの整数解を α，β $(\alpha\leqq\beta)$ とする。
解と係数の関係から　$\alpha+\beta=4a$，$\alpha\beta=\frac{ab}{3}$ ……①
α，β は整数，a，b は素数であるから，① により
$a=3$　または　$b=3$
また　$\alpha>0$，$\beta>0$
[1]　$a=3$ のとき　$\alpha+\beta=12$，$\alpha\beta=b$
$\alpha\beta=b$ で，b は素数であるから　$\alpha=1$，$\beta=b$
よって　$1+b=12$　　ゆえに　$b=11$，$\beta=11$
[2]　$b=3$ のとき　$\alpha+\beta=4a$，$\alpha\beta=a$
$\alpha\beta=a$ で，a は素数であるから　$\alpha=1$，$\beta=a$
よって　$1+a=4a$　　このとき，$a=\frac{1}{3}$ となり不適。
以上から　**$a=3$，$b=11$；整数解は　$x=1$，11**

[1] 素数は 1 とその数以外に約数をもたないから，$\alpha\beta=b$ なら $\alpha\leqq\beta$ より $\alpha=1$，$\beta=b$ (b は素数であるから　$b>1$)

EX ③36　(1)　n は 3 以上の自然数とする。x^n を x^2-4x+3 で割った余りを求めよ。　〔茨城大〕
(2)　多項式 $P(x)$ を $x-3$，$(x+2)(x-1)(x-3)$ で割ったときの余りをそれぞれ a，$R(x)$ とする。$R(x)$ の x^2 の係数が 2 であり，更に $P(x)$ を $(x+2)(x-1)$ で割ったときの余りが $4x-5$ であるとき，a の値を求めよ。　〔類　法政大〕

(1)　x^n を x^2-4x+3 すなわち $(x-1)(x-3)$ で割ったときの商を $Q(x)$，余りを $ax+b$ とすると，次の等式が成り立つ。
$$x^n=(x-1)(x-3)Q(x)+ax+b$$
両辺に $x=1$ を代入すると　$a+b=1$
$x=3$ を代入すると　$3a+b=3^n$
この連立方程式を解いて　$a=\frac{3^n-1}{2}$，$b=\frac{3-3^n}{2}$
したがって，求める余りは　$\boldsymbol{\frac{3^n-1}{2}x+\frac{3-3^n}{2}}$

←2 次式で割ったときの余りは 1 次以下。
←等式 $A=BQ+R$ で $B=0$ を考えて，$x=1$，3 を代入する。
これにより，$Q(x)$ を求める必要がなくなる。

(2)　$P(x)$ を $(x+2)(x-1)(x-3)$ で割ったときの商を $Q_1(x)$ とし，$R(x)=2x^2+bx+c$ とすると，次の等式が成り立つ。
$$P(x)=(x+2)(x-1)(x-3)Q_1(x)+2x^2+bx+c \quad \cdots\cdots ①$$

割り算の問題
等式 $A=BQ+R$
1　R の次数に注意
2　$B=0$ を考える

また，$P(x)$ を $(x+2)(x-1)$ で割ったときの商を $Q_2(x)$ とすると，次の等式が成り立つ。

$$P(x)=(x+2)(x-1)Q_2(x)+4x-5$$

よって　$P(-2)=4(-2)-5=-13$，$P(1)=4\cdot1-5=-1$

ゆえに，① から　$8-2b+c=-13$，$2+b+c=-1$

これを解いて　$b=6$，$c=-9$

したがって　$\boldsymbol{a}=P(3)=2\cdot3^2+6\cdot3-9=\mathbf{27}$

←2 つの定数 b，c の値を求めるから，P(●) の値の条件が 2 つ必要。

←剰余の定理。①を利用。

別解　$P(x)$ を $(x+2)(x-1)(x-3)$ で割ったときの商を $Q(x)$ とすると，$P(x)$ を $(x+2)(x-1)$ で割ったときの余りが $4x-5$，余り $R(x)$ の x^2 の係数が 2 であることから

$$P(x)=\underline{(x+2)(x-1)}(x-3)Q(x)+2\underline{(x+2)(x-1)}+4x-5$$

が成り立つ。

したがって　$\boldsymbol{a}=P(3)=2(3+2)(3-1)+4\cdot3-5=\mathbf{27}$

←$P(x)=\underline{(x+2)(x-1)}\{(x-3)\times Q(x)+2\}+4x-5$

EX ③37

多項式 $P(x)$ を $x-1$ で割ると -1 余り，$x+1$ で割ると 3 余る。

(1) $P(x)$ を x^2-1 で割ったときの余りを求めよ。

(2) $P(x)$ を $(x-1)^2$ で割ったときの余りが定数であるとき，$P(x)$ を $(x-1)^2(x+1)$ で割ったときの余りを求めよ。〔東京女子大〕

(1) $P(x)$ を x^2-1 すなわち $(x+1)(x-1)$ で割ったときの商を $Q_1(x)$ とすると，次の等式が成り立つ。

$$P(x)=(x+1)(x-1)Q_1(x)+ax+b \quad \cdots\cdots ①$$

←2 次式で割ったときの余りは 1 次以下。

条件から　$P(1)=-1$，$P(-1)=3$

① から　$P(1)=a+b$，$P(-1)=-a+b$

よって　$a+b=-1$，$-a+b=3$

この連立方程式を解いて　$a=-2$，$b=1$

したがって，求める余りは　$\boldsymbol{-2x+1}$

(2) $P(x)$ を $(x-1)^2(x+1)$ で割ったときの商を $Q_2(x)$ とすると，次の等式が成り立つ。

$$P(x)=(x-1)^2(x+1)Q_2(x)+px^2+qx+r \quad \cdots\cdots ②$$

←3 次式で割ったときの余りは 2 次以下。

ここで，$(x-1)^2(x+1)Q_2(x)$ は $(x-1)^2$ で割り切れるから，$P(x)$ を $(x-1)^2$ で割ったときの余りは，px^2+qx+r を $(x-1)^2$ で割ったときの余りに等しい。

←ここがポイント。

$P(x)$ を $(x-1)^2$ で割ったときの余りが定数であるとき，その定数を c とすると

$$px^2+qx+r=p(x-1)^2+c$$

←右辺の p を忘れないように。

② から　$P(x)=(x-1)^2(x+1)Q_2(x)+p(x-1)^2+c \quad \cdots ③$

条件から　$P(1)=-1$，$P(-1)=3$

③ から　$P(1)=c$，$P(-1)=4p+c$

←$B=0$ を考えて，$x=1$，-1 を代入する。

ゆえに　$c=-1$，　$4p+c=3$

よって　$p=1$

したがって，求める余りは

$1\cdot(x-1)^2-1$　すなわち　$\boldsymbol{x^2-2x}$

EX ④38 x^2+1 で割ると $3x+2$ 余り，x^2+x+1 で割ると $2x+3$ 余るような x の多項式のうちで，次数が最小のものを求めよ。

HINT 多項式を $P(x)$ とし，割る式 x^2+1，x^2+x+1 の積 $(x^2+1)(x^2+x+1)$ で割ったときの割り算の基本等式 $\boldsymbol{P(x)=(x^2+1)(x^2+x+1)Q(x)+R(x)}$ に注目する。$P(x)$ を x^2+1，x^2+x+1 で割ったときの余りは，$R(x)$ を x^2+1，x^2+x+1 で割ったときの余りにそれぞれ等しい。

多項式 $P(x)$ を 4 次式 $(x^2+1)(x^2+x+1)$ で割ったときの商を $Q(x)$，余りを $R(x)$ とすると，次の等式が成り立つ。

$P(x)=(x^2+1)(x^2+x+1)Q(x)+R(x)$　　$R(x)$ は 3 次以下

$P(x)$ を x^2+1，x^2+x+1 で割ったときの余りは，$R(x)$ を x^2+1，x^2+x+1 で割ったときの余りにそれぞれ等しいから，求める多項式は $R(x)$ [3 次以下の式] である。

←4 次式で割ったときの余りは，3 次以下の多項式または定数。

$R(x)$ を x^2+1 で割ったときの商は，1 次式または定数であり，

条件から　　$R(x)=(x^2+1)(ax+b)+3x+2$

同様に　　$R(x)=(x^2+x+1)(ax+c)+2x+3$

と表される。よって，

$$(x^2+1)(ax+b)+3x+2=(x^2+x+1)(ax+c)+2x+3$$

は x についての恒等式である。

←3 次以下の式 $R(x)$ を 2 次式 x^2+1 で割ったときの商は，1 次式または定数。

両辺を展開して，整理すると

$$ax^3+bx^2+(a+3)x+b+2=ax^3+(a+c)x^2+(a+c+2)x+c+3$$

係数を比較して　$b=a+c$，$a+3=a+c+2$，$b+2=c+3$

←係数比較法。

これを解くと　　$a=1$，$b=2$，$c=1$

したがって，求める多項式は

$$R(x)=(x^2+1)(x+2)+3x+2$$
$$=\boldsymbol{x^3+2x^2+4x+4}$$

EX ④39 n を正の整数とし，多項式 $P(x)=x^{3n}+(3n-2)x^{2n}+(2n-3)x^n-n^2$ を考える。
(1) $P(x)$ を x^2-1 で割った余りを求めよ。
(2) $P(x)$ が x^2-1 で割り切れるような n の値をすべて求めよ。〔愛知教育大〕

(1) $P(x)$ を 2 次式 x^2-1 で割ったときの商を $Q(x)$，余りを $ax+b$ とすると，次の等式が成り立つ。

$$x^{3n}+(3n-2)x^{2n}+(2n-3)x^n-n^2=(x^2-1)Q(x)+ax+b \quad \cdots\cdots ①$$

←$x^2-1=(x+1)(x-1)$ であるから，① に $x=1$，-1 を代入することを考えるが，$(-1)^n=\begin{cases} \boldsymbol{1}\ (\boldsymbol{n} \text{ が偶数}) \\ \boldsymbol{-1}\ (\boldsymbol{n} \text{ が奇数}) \end{cases}$ であるから，n が偶数のとき，奇数のときで分けて考える必要がある。

[1] **n が偶数のとき**

① の両辺に $x=1$，$x=-1$ を代入するとそれぞれ

$$1+(3n-2)+(2n-3)-n^2=a+b,$$
$$1+(3n-2)+(2n-3)-n^2=-a+b$$

すなわち　　$a+b=-n^2+5n-4$ ……②，

$-a+b=-n^2+5n-4$ ……③

②，③ を解くと　　$a=0$，$b=-n^2+5n-4$

←(②−③)÷2 から a を，(②+③)÷2 から b を求める。

よって，求める余りは　　$\boldsymbol{-n^2+5n-4}$

[2] **n が奇数のとき**

① の両辺に $x=1$，$x=-1$ を代入するとそれぞれ

$1+(3n-2)+(2n-3)-n^2=a+b$,
$-1+(3n-2)-(2n-3)-n^2=-a+b$

すなわち　$a+b=-n^2+5n-4$ …… ④,
$-a+b=-n^2+n$ …… ⑤

④, ⑤ を解くと　$a=2n-2$, $b=-n^2+3n-2$

よって, 求める余りは　$\boldsymbol{2(n-1)x-n^2+3n-2}$

(2) [1] n が偶数のとき, $P(x)$ が x^2-1 で割り切れるための条件は　$-n^2+5n-4=0$　すなわち　$(n-1)(n-4)=0$

n は偶数であるから　$n=4$

[2] n が奇数のとき, $P(x)$ が x^2-1 で割り切れるための条件は　$2(n-1)=0$ …… ⑥　かつ　$-n^2+3n-2=0$ …… ⑦

⑥ から　$n=1$　これは奇数であり, ⑦ を満たす。

以上から　$\boldsymbol{n=1,\ 4}$

←割り切れる ⟺ (余り)$=0$

2章 EX [複素数と方程式]

EX ③40 x の多項式 $P(x)=ax^4+bx^3+abx^2-(a+3b-4)x-(3a-2)$ が x^2-1 で割り切れるような定数 a, b の値の組を求めよ。また, 求めた a, b の値の組に対し, $P(x)$ を実数の範囲で因数分解せよ。〔類 駒澤大〕

$P(x)$ が x^2-1 で割り切れるための条件は
$P(1)=0$ かつ $P(-1)=0$

$P(1)=a+b+ab-(a+3b-4)-(3a-2)=ab-3a-2b+6$
$=a(b-3)-2(b-3)=(a-2)(b-3)$

$P(-1)=a-b+ab+(a+3b-4)-(3a-2)=ab-a+2b-2$
$=a(b-1)+2(b-1)=(a+2)(b-1)$

$P(1)=0$ から　$(a-2)(b-3)=0$

よって　$a=2$　または　$b=3$

$P(-1)=0$ から　$(a+2)(b-1)=0$

ゆえに　$a=-2$　または　$b=1$

よって, 求める組 $(a,\ b)$ は　$(a,\ b)=(2,\ 1),\ (-2,\ 3)$

$\boldsymbol{(a,\ b)=(2,\ 1)}$ **のとき**　$P(x)=2x^4+x^3+2x^2-x-4$

$P(1)=P(-1)=0$ であるから
$\boldsymbol{P(x)=(x+1)(x-1)(2x^2+x+4)}$ …… Ⓐ

$\boldsymbol{(a,\ b)=(-2,\ 3)}$ **のとき**　$P(x)=-2x^4+3x^3-6x^2-3x+8$

$P(1)=P(-1)=0$ であるから
$\boldsymbol{P(x)}=(x+1)(x-1)(-2x^2+3x-8)$ …… Ⓑ
$\boldsymbol{=-(x+1)(x-1)(2x^2-3x+8)}$

←$x^2-1=(x+1)(x-1)$

←$P(1)=0$, $P(-1)=0$ すなわち, 連立方程式 $ab-3a-2b+6=0$, $ab-a+2b-2=0$ を解いてもよい。

Ⓐ

2	1	2	−1	−4	1
	2	3	5	4	
2	3	5	4	0	−1
	−2	−1	−4		
2	1	4	0		

Ⓑ

−2	3	−6	−3	8	1
	−2	1	−5	−8	
−2	1	−5	−8	0	−1
	2	−3	8		
−2	3	−8	0		

EX ③41 n は2以上の自然数, i は虚数単位とする。$\alpha=1+\sqrt{3}\,i$, $\beta=1-\sqrt{3}\,i$ のとき, $\left(\dfrac{\beta^2-4\beta+8}{\alpha^{n+2}-\alpha^{n+1}+2\alpha^n+4\alpha^{n-1}+\alpha^3-2\alpha^2+5\alpha-2}\right)^3$ の値を求めよ。〔防衛医大〕

$\alpha=1+\sqrt{3}\,i$, $\beta=1-\sqrt{3}\,i$ のとき　$\alpha+\beta=2$, $\alpha\beta=4$

よって, α, β は2次方程式 $x^2-2x+4=0$ の2つの解である。

ゆえに　$\alpha^2-2\alpha+4=0$,　$\beta^2-2\beta+4=0$ …… ①

したがって, ① から

$\alpha^{n+2}-\alpha^{n+1}+2\alpha^n+4\alpha^{n-1}=\alpha^{n-1}(\alpha^3-\alpha^2+2\alpha+4)$
$\qquad=\alpha^{n-1}(\alpha+1)(\alpha^2-2\alpha+4)=0$

また，$\alpha+\beta=2$ より，$\alpha-2=-\beta$，$\beta-2=-\alpha$ であるから
$\alpha^3-2\alpha^2+5\alpha-2=\alpha(\alpha^2-2\alpha+4)+\alpha-2=\alpha-2=-\beta$
$\beta^2-4\beta+8=(\beta^2-2\beta+4)-2\beta+4=0-2(\beta-2)=2\alpha$

よって，値を求める式を P とすると　$P=\left(\dfrac{2\alpha}{-\beta}\right)^3=-\dfrac{8\alpha^3}{\beta^3}$

ここで，① より $\alpha^2=2\alpha-4$ であるから
$\alpha^3=\alpha\cdot\alpha^2=\alpha(2\alpha-4)=2\alpha^2-4\alpha=2(2\alpha-4)-4\alpha=-8$

同様に　$\beta^3=-8$

したがって　$P=-\dfrac{8\cdot(-8)}{-8}=\mathbf{-8}$

参考　$x=1\pm\sqrt{3}\,i$ のとき，$x+2\neq0$ であるから，$x^2-2x+4=0$ の両辺に $x+2$ を掛けると
$(x+2)(x^2-2x+4)=0$　すなわち　$x^3+8=0$
よって，α，β は -8 の 3 乗根で　$\alpha^3=-8$，$\beta^3=-8$

←組立除法

1	−1	2	4	−1
	−1	2	−4	
1	−2	4	0	

←次数を下げる。または，α^3 を $\alpha^2-2\alpha+4$ で割った商と余りを求め，等式 $\alpha^3=(\alpha^2-2\alpha+4)(\alpha+2)-8$ を利用してもよい。

EX ②42

(1)　等式 $x^4-31x^2+20x+5=(x^2+a)^2-(bx-2)^2$ が x についての恒等式となるように，定数 a，b の値を定めよ。
(2)　方程式 $x^4-31x^2+20x+5=0$ を解け。　〔類　東北学院大〕

(1)　右辺を展開すると，等式は
$x^4-31x^2+20x+5=x^4+(2a-b^2)x^2+4bx+a^2-4$
両辺の係数を比較すると
$2a-b^2=-31$ …… ①，$4b=20$ …… ②，$a^2-4=5$ …… ③
② から　$b=5$
① に代入して　$2a-25=-31$　　よって　$a=-3$
これは ③ を満たす。
したがって　$\boldsymbol{a=-3,\ b=5}$

←係数比較法。

(2)　$a=-3$，$b=5$ のとき，(1) の等式から
$x^4-31x^2+20x+5=(x^2-3)^2-(5x-2)^2$
$\qquad=\{(x^2-3)+(5x-2)\}\{(x^2-3)-(5x-2)\}$
$\qquad=(x^2+5x-5)(x^2-5x-1)$
よって，方程式は　$(x^2+5x-5)(x^2-5x-1)=0$
ゆえに　$x^2+5x-5=0$　または　$x^2-5x-1=0$
$x^2+5x-5=0$ から　$x=\dfrac{-5\pm3\sqrt{5}}{2}$
$x^2-5x-1=0$ から　$x=\dfrac{5\pm\sqrt{29}}{2}$
したがって　$\boldsymbol{x=\dfrac{-5\pm3\sqrt{5}}{2},\ \dfrac{5\pm\sqrt{29}}{2}}$

←$A^2-B^2=(A+B)(A-B)$

EX ③43

1 辺が 5 cm の正方形の厚紙の四隅から合同な正方形を切り取った残りでふたのない直方体を作ったら，その容積が 8 cm^3 になった。切り取った正方形の 1 辺の長さを求めよ。

求める 1 辺の長さを x cm とする。

条件から　　$x>0,\ 5-2x>0$

すなわち　　$0<x<\dfrac{5}{2}$ …… ①

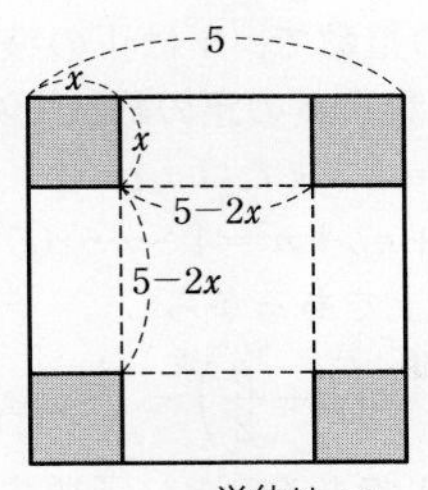

単位は cm

容積が 8 cm^3 であるから

$$(5-2x)^2x=8$$

整理して　$4x^3-20x^2+25x-8=0$

← $(5-2x)^2=(2x-5)^2$
$=4x^2-20x+25$

左辺を $f(x)$ とすると

$$f\left(\frac{1}{2}\right)=\frac{1}{2}-5+\frac{25}{2}-8=0$$

$f(x)$ は $2x-1$ を因数にもち　　$f(x)=(2x-1)(2x^2-9x+8)$

4	−20	25	−8	$\frac{1}{2}$
	2	−9	8	
4	−18	16	0	

$f(x)=\left(x-\dfrac{1}{2}\right)$
$\times(4x^2-18x+16)$

$f(x)=0$ を解いて　　$x=\dfrac{1}{2},\ \dfrac{9\pm\sqrt{17}}{4}$

$4<\sqrt{17}<5$ であるから，① を満たすのは　$x=\dfrac{1}{2},\ \dfrac{9-\sqrt{17}}{4}$

したがって，求める長さは　　**$\dfrac{1}{2}$ cm または $\dfrac{9-\sqrt{17}}{4}$ cm**

← $\dfrac{9+\sqrt{17}}{4}>\dfrac{9+4}{4}>\dfrac{5}{2}$

EX ③44

3 で割った余りが 1 となる自然数 n に対し，$(x-1)(x^{3n}-1)$ が $(x^3-1)(x^n-1)$ で割り切れることを証明せよ。　〔慶応大〕

$$(x-1)(x^{3n}-1)=(x-1)(x^n-1)(x^{2n}+x^n+1)$$
$$(x^3-1)(x^n-1)=(x-1)(x^2+x+1)(x^n-1)$$

← a^3-b^3
$=(a-b)(a^2+ab+b^2)$

よって，$x^{2n}+x^n+1$ が x^2+x+1 で割り切れることを示せばよい。$x^2+x+1=0$ の両辺に $x-1$ を掛けると

$$(x-1)(x^2+x+1)=0\qquad \text{すなわち}\qquad x^3=1$$

← $x^2+x+1=0$ が出てきたから 1 の 3 乗根のうち，虚数のもの ω を利用。

よって，1 の 3 乗根のうち，虚数であるものの 1 つを ω とすると，$\omega^3=1,\ \omega^2+\omega+1=0$ である。

また，ω が方程式 $x^2+x+1=0$ の解であるとき，$\overline{\omega}$ もこの方程式の解であるから，$x^2+x+1=(x-\omega)(x-\overline{\omega})$ と因数分解できる。$f(x)=x^{2n}+x^n+1$ とすると　　$f(\omega)=\omega^{2n}+\omega^n+1$

n は 3 で割った余りが 1 となる自然数であるから，k を 0 以上の整数とすると，$n=3k+1$ と表される。

よって　　$f(\omega)=\omega^{2(3k+1)}+\omega^{3k+1}+1=(\omega^3)^{2k}\cdot\omega^2+(\omega^3)^k\cdot\omega+1$
$=\omega^2+\omega+1=0$

また，同様にして，$f(\overline{\omega})=0$ でもあるから，$x^{2n}+x^n+1$ は $(x-\omega)(x-\overline{\omega})$ すなわち x^2+x+1 で割り切れる。

したがって，題意は示された。

← $(\overline{\omega})^2+\overline{\omega}+1=0$ を利用する。

EX ④45

n を整数とし，p を 2 以上の整数で素数とする。3 次方程式 $x^3+nx^2+n^2x=p$ が正の整数 $x=\alpha$ を解にもつとき，次の問いに答えよ。　〔東北大〕

(1)　$\alpha=1$ であることを示せ。

(2)　上の 3 次方程式が $k+\sqrt{2}\,i$（k は実数，i は虚数単位）を解にもつとき，p の値を求めよ。

(1)　$x^3+nx^2+n^2x=p$ …… ① とする。

① は $x=\alpha$ を解にもつから　　$\alpha(\alpha^2+n\alpha+n^2)=p$

右辺の p は 2 以上の整数で，α は正の整数，$\alpha^2+n\alpha+n^2$ は整数であるから，α は素数 p の正の約数である。

よって　$\alpha=1$　または　$\alpha=p$

$\alpha=p$ のとき　$p^2+np+n^2=1$ …… ②

ところが，p は 2 以上であるから

$$n^2+pn+p^2=\left(n+\frac{p}{2}\right)^2+\frac{3}{4}p^2\geqq\frac{3}{4}p^2\geqq3$$

これは ② の右辺が 1 であることに矛盾する。ゆえに　$\alpha=1$

←素数 p の正の約数は 1 と p だけである。

←$p\geqq2$ から　$p^2\geqq4$

(2)　実数係数の 3 次方程式が虚数解 $k+\sqrt{2}\,i$ をもつから，それと共役な複素数 $k-\sqrt{2}\,i$ もこの方程式の解である。

$x=1$ も解であるから，3 次方程式の解と係数の関係により

$1+(k+\sqrt{2}\,i)+(k-\sqrt{2}\,i)=-n$ …… ①

$1\cdot(k+\sqrt{2}\,i)+(k+\sqrt{2}\,i)(k-\sqrt{2}\,i)+(k-\sqrt{2}\,i)\cdot1=n^2$ … ②

$1\cdot(k+\sqrt{2}\,i)(k-\sqrt{2}\,i)=p$　すなわち　$k^2+2=p$ …… ③

① から　$2k+1=-n$　すなわち　$n=-(2k+1)$ …… ④

② から　$k^2+2k+2=n^2$ …… ⑤

④ を ⑤ に代入して　$k^2+2k+2=(2k+1)^2$

整理すると　$3k^2+2k-1=0$

ゆえに　$(k+1)(3k-1)=0$　　よって　$k=-1,\ \frac{1}{3}$

③ から，$k=-1$ のとき　$p=3$（素数となり適する）

$k=\frac{1}{3}$ のとき　$p=\frac{19}{9}$（整数でないから不適）

したがって，求める p の値は　$\boldsymbol{p=3}$

←$x=1$ が解であるから $1^3+n\cdot1^2+n^2\cdot1=p$
ゆえに　$p=n^2+n+1$
よって，方程式は
$x^3+nx^2+n^2x-(n^2+n+1)=0$
$(x-1)\times\{x^2+(n+1)x+n^2+n+1\}=0$
{　} 内$=0$ の 2 次方程式について考えてもよい。

EX ④46

次数が n の多項式 $f(x)=x^n+a_{n-1}x^{n-1}+\cdots\cdots+a_1x+a_0$ が $f(x)=(x-\alpha)^n$ という形に因数分解できるとき，α を方程式 $f(x)=0$ の n 重解ということにする。

(1)　方程式 $x^2+ax+b=0$ が 2 重解 α をもつとする。a，b が整数のとき，α は整数であることを示せ。

(2)　方程式 $x^4+px^3+qx^2+rx+s=0$ が 4 重解 β をもつとする。p，q が整数のとき，β は整数であり，r，s も整数であることを示せ。〔津田塾大〕

(1)　2 次方程式の 2 解が $x=\alpha$，α であると考えて，解と係数の関係から　$2\alpha=-a$ …… ①，　$\alpha^2=b$ …… ②

①，② から α を消去して　$b=\left(-\frac{a}{2}\right)^2=\frac{a^2}{4}$

b は整数であるから，a^2 は 4 の倍数である。

よって，a は偶数であり，$\alpha=-\frac{a}{2}$ から，α は整数である。

←$x^2+ax+b=(x-\alpha)^2$ から導いてもよい。

←① から　$\alpha=-\frac{a}{2}$
これを ② に代入。

(2)　$(x-\beta)^4=x^4-4\beta x^3+6\beta^2x^2-4\beta^3x+\beta^4$ であるから，$x^4+px^3+qx^2+rx+s$ の係数と比較すると

$p=-4\beta$ …… ③，　$q=6\beta^2$ …… ④，

$r=-4\beta^3$ …… ⑤，　$s=\beta^4$ …… ⑥

③ から　$\beta=-\frac{p}{4}$ …… ⑦

←$(x-\beta)^4$ の展開は，$(x^2-2\beta x+\beta^2)^2$ を展開してもよいし，二項定理またはパスカルの三角形を利用してもよい。

⑦ を ④ に代入して　$q=6\cdot\left(-\dfrac{p}{4}\right)^2=\dfrac{3p^2}{8}$

3 と 8 は互いに素であり，かつ q は整数であるから，p^2 は 8 の倍数である。よって，p は偶数である。

←$3p^2=8q$

ここで，p が 4 の倍数でない偶数であるとすると，p は 4 で割ると 2 余る整数であるから，$p=4k+2$ (k は整数) と表される。

←p が 4 の倍数であることをいいたいが，直接示すのは難しいので，背理法により示す。

このとき　$p^2=16k^2+16k+4=8(2k^2+2k)+4$

$2k^2+2k$ は整数であるから，p^2 は 8 で割ると 4 余る整数となり，8 の倍数にならない。ゆえに，p は 4 の倍数である。

したがって，⑦ から β は整数である。

よって，⑤ から r も整数であり，⑥ から s も整数である。

2章

EX

[複素数と方程式]

EX ③47　$a+b+c=2$，$ab+bc+ca=3$，$abc=2$ のとき，$a^2+b^2+c^2$，$a^5+b^5+c^5$ の値をそれぞれ求めよ。〔類 名古屋市大〕

$\boldsymbol{a^2+b^2+c^2}=(a+b+c)^2-2(ab+bc+ca)=2^2-2\cdot3=\boldsymbol{-2}$

次に，3 つの数 a，b，c を解とする 3 次方程式は

$x^3-(a+b+c)x^2+(ab+bc+ca)x-abc=0$

$a+b+c=2$，$ab+bc+ca=3$，$abc=2$ であるから，a，b，c は 3 次方程式 $x^3-2x^2+3x-2=0$ の解である。

ゆえに　$a^3-2a^2+3a-2=0$，$b^3-2b^2+3b-2=0$，
$c^3-2c^2+3c-2=0$ ……（＊）

よって　$a^3=2a^2-3a+2$，$b^3=2b^2-3b+2$，$c^3=2c^2-3c+2$

ゆえに　$a^5=a^3a^2=(2a^2-3a+2)a^2=2a^4-3a^3+2a^2$
$=2a(2a^2-3a+2)-3(2a^2-3a+2)+2a^2$
$=4a^3-10a^2+13a-6$
$=4(2a^2-3a+2)-10a^2+13a-6$
$=-2a^2+a+2$

←次数下げ。

←$a^3=2a^2-3a+2$ を代入。

←$a^3=2a^2-3a+2$ を代入。

同様に　$b^5=-2b^2+b+2$，$c^5=-2c^2+c+2$

よって　$\boldsymbol{a^5+b^5+c^5}=-2(a^2+b^2+c^2)+(a+b+c)+6$
$=-2\cdot(-2)+2+6=\boldsymbol{12}$

別解　（＊）までは同じ。

x^5 を x^3-2x^2+3x-2 で割ると，商は x^2+2x+1，余りは $-2x^2+x+2$ であるから

$x^5=(x^3-2x^2+3x-2)(x^2+2x+1)-2x^2+x+2$ …… ①

$$\begin{array}{r} x^2+2x+1 \\ x^3-2x^2+3x-2\,\big)\,x^5 \qquad\qquad\qquad \\ x^5-2x^4+3x^3-2x^2 \\ \hline 2x^4-3x^3+2x^2 \\ 2x^4-4x^3+6x^2-4x \\ \hline x^3-4x^2+4x \\ x^3-2x^2+3x-2 \\ \hline -2x^2+x+2 \end{array}$$

① に $x=a$，$x=b$，$x=c$ をそれぞれ代入すると

$a^5=-2a^2+a+2$，$b^5=-2b^2+b+2$，$c^5=-2c^2+c+2$

←（＊）を利用。

したがって

$\boldsymbol{a^5+b^5+c^5}=(-2a^2+a+2)+(-2b^2+b+2)+(-2c^2+c+2)$
$=-2(a^2+b^2+c^2)+(a+b+c)+6$
$=-2\cdot(-2)+2+6=\boldsymbol{12}$

練習 ①71

数直線上に 3 点 A(−3)，B(5)，C(2) があり，線分 AB を 2：1 に内分する点を P，2：1 に外分する点を Q とする。

(1) 距離 AB と 2 点 P，Q の座標をそれぞれ求めよ。

(2) 点 C は線分 BQ を □：□ に外分する。

(1) $\mathbf{AB}=|5-(-3)|=\mathbf{8}$

$\mathbf{P}:\ \dfrac{1\cdot(-3)+2\cdot5}{2+1}=\mathbf{\dfrac{7}{3}}$　　$\mathbf{Q}:\ \dfrac{-1\cdot(-3)+2\cdot5}{2-1}=\mathbf{13}$

(2) $BC=|2-5|=3$，$CQ=|13-2|=11$ から

$BC:CQ=3:11$

よって，点 C は線分 BQ を **3：11** に外分する。

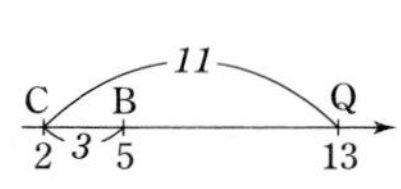

練習 ②72

(1) 2 点 A(−4, 2)，B(6, 7) 間の距離を求めよ。

(2) 2 点 A(3, −4)，B(8, 6) から等距離にある y 軸上の点 P の座標を求めよ。

(3) 3 点 A(3, 3)，B(−4, 4)，C(−1, 5) から等距離にある点 P の座標を求めよ。

(1) $AB=\sqrt{\{6-(-4)\}^2+(7-2)^2}=\sqrt{125}=\mathbf{5\sqrt{5}}$

(2) P(0, y) とすると，AP=BP　すなわち　$AP^2=BP^2$ から

←y 軸上の点の x 座標は 0 である。

$(0-3)^2+\{y-(-4)\}^2=(0-8)^2+(y-6)^2$

ゆえに　$9+(y+4)^2=64+(y-6)^2$　　整理して　$4y=15$

これを解いて　$y=\dfrac{15}{4}$

よって　$\mathbf{P\left(0,\ \dfrac{15}{4}\right)}$

(3) P(x, y) とすると，AP=BP すなわち $AP^2=BP^2$ から

$(x-3)^2+(y-3)^2=\{x-(-4)\}^2+(y-4)^2$

←$\{x-(-4)\}^2$ は $(x+4)^2$ としてよい。

整理して　$7x-y+7=0$ …… ①

また，AP=CP すなわち $AP^2=CP^2$ から

$(x-3)^2+(y-3)^2=\{x-(-1)\}^2+(y-5)^2$

整理して　$2x-y+2=0$ …… ②

①，② を解くと　$x=-1$，$y=0$

よって　**P(−1, 0)**

←点 P は △ABC の外心である。

練習 ②73

(1) 3 点 A(4, 5)，B(1, 1)，C(5, −2) を頂点とする △ABC は直角二等辺三角形であることを示せ。

(2) 3 点 A(−1, −2)，B(1, 2)，C(a, b) について，△ABC が正三角形になるとき，a，b の値を求めよ。

(1) $AB=\sqrt{(1-4)^2+(1-5)^2}=\sqrt{25}=5$

$BC=\sqrt{(5-1)^2+(-2-1)^2}=\sqrt{25}=5$

$CA=\sqrt{(4-5)^2+\{5-(-2)\}^2}=\sqrt{50}=5\sqrt{2}$

よって　$AB=BC$，$AB^2+BC^2=CA^2$

したがって，△ABC は ∠B=90° の直角二等辺三角形である。

←直角となる角を明記。AB=BC の直角二等辺三角形としても可。

(2) △ABC が正三角形であるから　AB=BC=CA

すなわち　$AB^2=BC^2=CA^2$

$AB^2=BC^2$ から　$\{1-(-1)\}^2+\{2-(-2)\}^2=(a-1)^2+(b-2)^2$
整理して　$(a-1)^2+(b-2)^2=20$ …… ①
$BC^2=CA^2$ から　$(a-1)^2+(b-2)^2=(-1-a)^2+(-2-b)^2$
整理して　$a=-2b$ …… ②
② を ① に代入して　$(-2b-1)^2+(b-2)^2=20$
整理して　$b^2=3$　よって　$b=\pm\sqrt{3}$
② から　$b=\sqrt{3}$ のとき　$a=-2\sqrt{3}$,
$b=-\sqrt{3}$ のとき　$a=2\sqrt{3}$
ゆえに　$\boldsymbol{(a,\ b)=(-2\sqrt{3},\ \sqrt{3}),\ (2\sqrt{3},\ -\sqrt{3})}$

正三角形 ABC は，直線 AB の両側に 1 つずつできる。

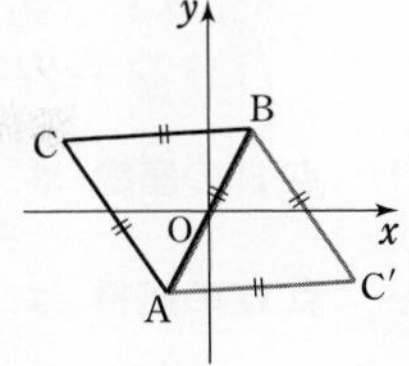

3章
練習
[図形と方程式]

練習 ②74
(1) 長方形 ABCD と同じ平面上の任意の点を P とする。このとき，等式 $PA^2+PC^2=PB^2+PD^2$ が成り立つことを証明せよ。
(2) △ABC において，辺 BC を 1：3 に内分する点を D とする。このとき，等式 $3AB^2+AC^2=4AD^2+12BD^2$ が成り立つことを証明せよ。

(1) 直線 BC を x 軸に，点 B を通り直線 BC に垂直な直線を y 軸にとると，B は原点になり，$A(0,\ a)$，$C(b,\ 0)$，$D(b,\ a)$ と表すことができる。このとき，$P(x,\ y)$ とすると

←0 を多く含む方針。

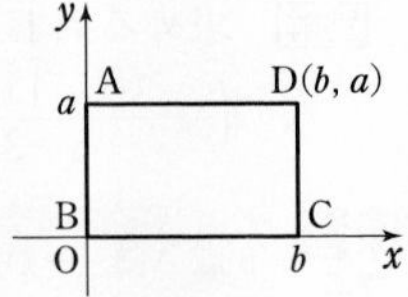

$$PA^2+PC^2=(0-x)^2+(a-y)^2+(b-x)^2+(0-y)^2$$
$$=x^2+(y-a)^2+(x-b)^2+y^2$$
$$PB^2+PD^2=(0-x)^2+(0-y)^2+(b-x)^2+(a-y)^2$$
$$=x^2+y^2+(x-b)^2+(y-a)^2$$

したがって　$PA^2+PC^2=PB^2+PD^2$

別解　$A(-a,\ b)$, $B(-a,\ -b)$, $C(a,\ -b)$, $D(a,\ b)$ とすると

$$PA^2+PC^2=(-a-x)^2+(b-y)^2+(a-x)^2+(-b-y)^2$$
$$=(x+a)^2+(y-b)^2+(x-a)^2+(y+b)^2$$
$$PB^2+PD^2=(-a-x)^2+(-b-y)^2+(a-x)^2+(b-y)^2$$
$$=(x+a)^2+(y+b)^2+(x-a)^2+(y-b)^2$$

←対称に点をとる方針。
$A(-a,\ b)$，$B(-a,\ 0)$，$C(a,\ 0)$，$D(a,\ b)$ でもよい。

(2) 直線 BC を x 軸に，点 D を通り直線 BC に垂直な直線を y 軸にとると，D は原点になり，$A(a,\ b)$，$B(-c,\ 0)$，$C(3c,\ 0)$ と表すことができる。よって

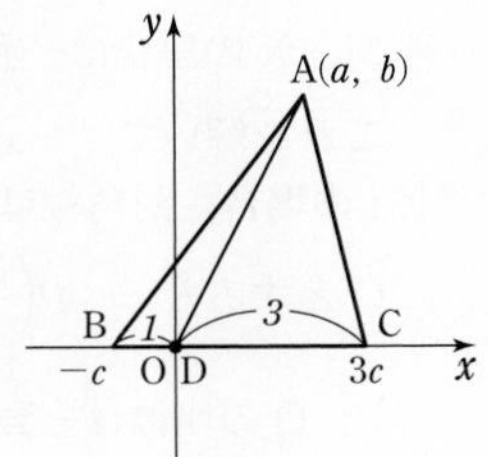

$$3AB^2+AC^2=3\{(-c-a)^2+(-b)^2\}+(3c-a)^2+(-b)^2$$
$$=3(c^2+2ca+a^2+b^2)+9c^2-6ca+a^2+b^2$$
$$=4a^2+4b^2+12c^2=4(a^2+b^2+3c^2) \quad \cdots\cdots ①$$
$$4AD^2+12BD^2=4\{(-a)^2+(-b)^2\}+12c^2$$
$$=4(a^2+b^2+3c^2) \quad \cdots\cdots ②$$

①，② から　$3AB^2+AC^2=4AD^2+12BD^2$

検討　△ABC において，辺 BC を $m：n$ に内分する点を D とすると　$nAB^2+mAC^2=(m+n)\left(AD^2+\dfrac{n}{m}BD^2\right)$
が成り立つことが同様にして証明できる。
特に，$m=n=1$ のとき，次の **中線定理** が成り立つ。

$$\boldsymbol{AB^2+AC^2=2(AD^2+BD^2)}$$

←本冊 $p.123$ 基本例題 74 (2) は $m：n=1：2$ の場合である。

練習 ②75
(1) 3点A(1, 1), B(3, 4), C(−5, 7)について，線分ABを3：2に内分する点をP，3：2に外分する点をQとし，△ABCの重心をGとする。このとき，3点P，Q，Gの座標をそれぞれ求めよ。
(2) 2点A(−1, −3)，Bを結ぶ線分ABを2：3に内分する点Pの座標は(1, −1)であるという。このとき，点Bの座標を求めよ。 [(2) 八戸工大]

(1) **点Pの座標** は，$\left(\dfrac{2\cdot1+3\cdot3}{3+2},\ \dfrac{2\cdot1+3\cdot4}{3+2}\right)$ から $\boldsymbol{\left(\dfrac{11}{5},\ \dfrac{14}{5}\right)}$

点Qの座標 は，$\left(\dfrac{-2\cdot1+3\cdot3}{3-2},\ \dfrac{-2\cdot1+3\cdot4}{3-2}\right)$ から **(7, 10)**

点Gの座標 は，$\left(\dfrac{1+3+(-5)}{3},\ \dfrac{1+4+7}{3}\right)$ から $\boldsymbol{\left(-\dfrac{1}{3},\ 4\right)}$

(1) 内分点，外分点，重心の公式に代入する。

(2) 点Bの座標を$(x,\ y)$とする。線分ABを2：3に内分する点Pの座標は

$\left(\dfrac{3\cdot(-1)+2x}{2+3},\ \dfrac{3\cdot(-3)+2y}{2+3}\right)$ すなわち $\left(\dfrac{2x-3}{5},\ \dfrac{2y-9}{5}\right)$

これが(1, −1)に等しいから $\dfrac{2x-3}{5}=1,\ \dfrac{2y-9}{5}=-1$

←$2x-3=5,\ 2y-9=-5$

ゆえに $x=4,\ y=2$ したがって **B(4, 2)**

別解 求める点Bは，線分APを5：3に外分する点であるから $\left(\dfrac{-3\cdot(-1)+5\cdot1}{5-3},\ \dfrac{-3\cdot(-3)+5\cdot(-1)}{5-3}\right)$ ∴ **B(4, 2)**

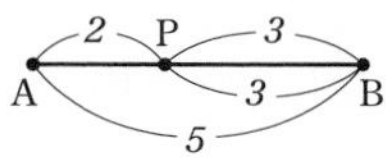

練習 ③76
3点A(3, −2), B(4, 1), C(1, 5)を頂点とする平行四辺形の残りの頂点Dの座標を求めよ。

頂点Dの座標を$(x,\ y)$とする。
平行四辺形の頂点の順序は，次の3つの場合がある。
[1] ABCD [2] ABDC [3] ADBC

←頂点の順序が示されていないので注意する。

[1]の場合，対角線はAC，BDであり，それぞれの中点をM，Nとすると $\mathrm{M}\left(\dfrac{3+1}{2},\ \dfrac{-2+5}{2}\right)$，$\mathrm{N}\left(\dfrac{4+x}{2},\ \dfrac{1+y}{2}\right)$

M，Nの座標は一致するから $2=\dfrac{4+x}{2},\ \dfrac{3}{2}=\dfrac{1+y}{2}$

これを解いて $x=0,\ y=2$

[1]
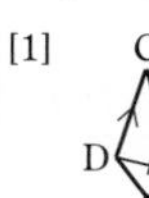
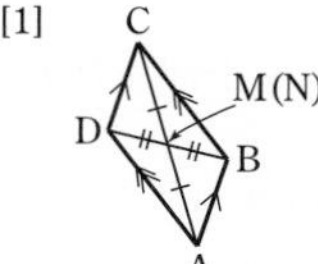

[2]の場合，対角線はAD，BCであり，それぞれの中点をP，Qとすると $\mathrm{P}\left(\dfrac{3+x}{2},\ \dfrac{-2+y}{2}\right)$，$\mathrm{Q}\left(\dfrac{4+1}{2},\ \dfrac{1+5}{2}\right)$

P，Qの座標は一致するから $\dfrac{3+x}{2}=\dfrac{5}{2},\ \dfrac{-2+y}{2}=3$

これを解いて $x=2,\ y=8$

[2]
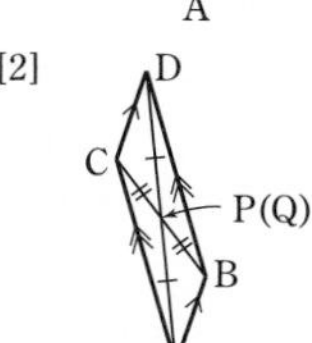

[3]の場合，対角線はAB，CDであり，それぞれの中点をR，Sとすると $\mathrm{R}\left(\dfrac{3+4}{2},\ \dfrac{-2+1}{2}\right)$，$\mathrm{S}\left(\dfrac{1+x}{2},\ \dfrac{5+y}{2}\right)$

R，Sの座標は一致するから $\dfrac{7}{2}=\dfrac{1+x}{2},\ -\dfrac{1}{2}=\dfrac{5+y}{2}$

これを解いて $x=6,\ y=-6$

以上から，点Dの座標は **(0, 2), (2, 8), (6, −6)**

[3]
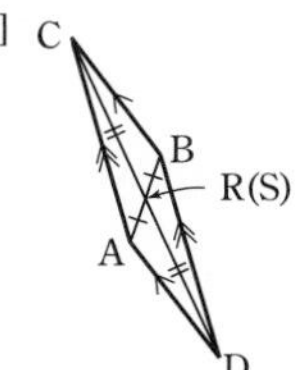

練習 ②77
(1) 点A(4, 5)に関して，点P(10, 3)と対称な点Qの座標を求めよ。
(2) A(1, 4), B(−2, −1), C(4, 0)とする。A, B, Cの点P(a, b)に関する対称点をそれぞれA′, B′, C′とする。このとき，△A′B′C′の重心G′は△ABCの重心Gの点Pに関する対称点であることを示せ。

(1) 点Qの座標を$(x,\ y)$とすると，点Aは線分PQの中点であるから　$\dfrac{10+x}{2}=4,\ \dfrac{3+y}{2}=5$

よって　$x=-2,\ y=7$　　ゆえに　**Q(−2, 7)**

(2) △ABCの重心Gの座標を$(x,\ y)$とすると

$$x=\frac{1-2+4}{3}=1,\ y=\frac{4-1+0}{3}=1$$

点A′の座標を$(x_1,\ y_1)$とすると　$\dfrac{1+x_1}{2}=a,\ \dfrac{4+y_1}{2}=b$

ゆえに　$x_1=2a-1,\ y_1=2b-4$

点B′の座標を$(x_2,\ y_2)$，点C′の座標を$(x_3,\ y_3)$とすると，同様にして　$x_2=2a+2,\ y_2=2b+1;\ x_3=2a-4,\ y_3=2b$

よって，△A′B′C′の重心G′の座標を$(x',\ y')$とすると

$$x'=\frac{x_1+x_2+x_3}{3}=\frac{2a-1+2a+2+2a-4}{3}=2a-1$$

$$y'=\frac{y_1+y_2+y_3}{3}=\frac{2b-4+2b+1+2b}{3}=2b-1$$

したがって，線分GG′の中点の座標は

$$\left(\frac{1+2a-1}{2},\ \frac{1+2b-1}{2}\right)\ \text{すなわち}\ (a,\ b)$$

ゆえに，G′は△ABCの重心Gの点Pに関する対称点である。

←GとG′を結ぶ線分の中点がPであることを示す。

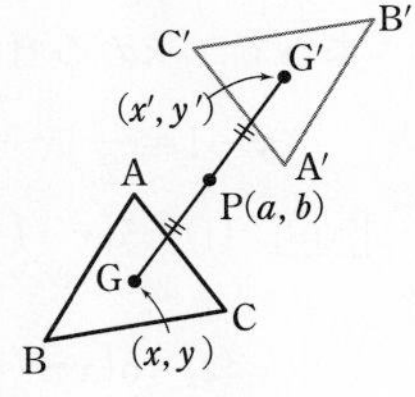

3章 練習 [図形と方程式]

練習 ①78
次の直線の方程式を求めよ。
(1) 点(−2, 4)を通り，傾きが−3　　(2) 点(5, 6)を通り，y軸に平行
(3) 点(8, −7)を通り，y軸に垂直　　(4) 2点(3, −5), (−7, 2)を通る
(5) 2点(2, 3), (−1, 3)を通る　　(6) 2点(−2, 0), $\left(0,\ \dfrac{3}{4}\right)$を通る

(1) $y-4=-3\{x-(-2)\}$　すなわち　$\boldsymbol{y=-3x-2}$

(2) y軸に平行な直線は，x軸に垂直である。
通る点のx座標が5であるから　$\boldsymbol{x=5}$

(3) y軸に垂直な直線の傾きは0であるから
$y-(-7)=0\cdot(x-8)$　すなわち　$\boldsymbol{y=-7}$

(4) $y-(-5)=\dfrac{2-(-5)}{-7-3}(x-3)$　すなわち　$\boldsymbol{y=-\dfrac{7}{10}x-\dfrac{29}{10}}$

(5) 通る2点のy座標がともに3であるから　$\boldsymbol{y=3}$

(6) x切片が−2，y切片が$\dfrac{3}{4}$であるから　$\dfrac{x}{-2}+\dfrac{y}{\frac{3}{4}}=1$

よって　$-\dfrac{x}{2}+\dfrac{4}{3}y=1$　すなわち　$\boldsymbol{3x-8y=-6}$

←$y-y_1=m(x-x_1)$

(2) $x=5$, (3) $y=-7$ と直ちに答えてもよい。

←$y-y_1=\dfrac{y_2-y_1}{x_2-x_1}(x-x_1)$

←$a\neq0$, $b\neq0$のとき，2点$(a,\ 0)$, $(0,\ b)$を通る直線の方程式は
$\dfrac{x}{a}+\dfrac{y}{b}=1$

練習 ②79 次の直線の方程式を求めよ。
(1) 点 $(-1,\ 3)$ を通り，直線 $5x-2y-1=0$ に平行な直線
(2) 点 $(-7,\ 1)$ を通り，直線 $4x+6y-5=0$ に垂直な直線

(1) 直線 $5x-2y-1=0$ の傾きは $\dfrac{5}{2}$ である。

よって，求める直線の方程式は

$y-3=\dfrac{5}{2}\{x-(-1)\}$ すなわち $\boldsymbol{5x-2y+11=0}$

(2) 直線 $4x+6y-5=0$ の傾きは $-\dfrac{2}{3}$ である。

求める直線の傾きを m とすると，$-\dfrac{2}{3}m=-1$ から $m=\dfrac{3}{2}$

よって，求める直線の方程式は

$y-1=\dfrac{3}{2}\{x-(-7)\}$ すなわち $\boldsymbol{3x-2y+23=0}$

別解 (1) $5\{x-(-1)\}-2(y-3)=0$ から
$\boldsymbol{5x-2y+11=0}$
(2) $6\{x-(-7)\}-4(y-1)=0$ から
$\boldsymbol{3x-2y+23=0}$

←$2y=5x-1$ から $y=\dfrac{5}{2}x-\dfrac{1}{2}$

←$y=\dfrac{5}{2}x+\dfrac{11}{2}$ でもよい。

←$6y=-4x+5$ から $y=-\dfrac{2}{3}x+\dfrac{5}{6}$

←$y=\dfrac{3}{2}x+\dfrac{23}{2}$ でもよい。

←点 $(x_1,\ y_1)$ を通り，直線 $ax+by+c=0$ に平行な直線の方程式は
$\boldsymbol{a(x-x_1)+b(y-y_1)=0}$
垂直な直線の方程式は
$\boldsymbol{b(x-x_1)-a(y-y_1)=0}$

練習 ②80 直線 $(a-1)x-4y+2=0$ と直線 $x+(a-5)y+3=0$ は，$a=$ ア□ のとき垂直に交わり，$a=$ イ□ のとき平行となる。 〔名城大〕

2 直線が垂直であるための条件は

$(a-1)\cdot1-4(a-5)=0$ すなわち $-3a+19=0$

これを解いて $a=$ ア $\boldsymbol{\dfrac{19}{3}}$

また，2 直線が平行であるための条件は

$(a-1)(a-5)-1\cdot(-4)=0$ すなわち $a^2-6a+9=0$

ゆえに $(a-3)^2=0$ よって $a=$ イ $\boldsymbol{3}$

←$a_1a_2+b_1b_2=0$

←$a_1b_2-a_2b_1=0$

練習 ③81 2 直線 $x+5y-7=0$，$2x-y-4=0$ の交点を通り，次の条件を満たす直線の方程式を，それぞれ求めよ。
(1) 点 $(-3,\ 5)$ を通る (2) 直線 $x+4y-6=0$ に (ア) 平行 (イ) 垂直

k は定数とする。方程式 $k(x+5y-7)+2x-y-4=0$ …… ①
は，2 直線の交点を通る直線を表す。

(1) 直線 ① が点 $(-3,\ 5)$ を通るとき，$x=-3$，$y=5$ を ① に代入して $15k-15=0$ これを解いて $k=1$

$k=1$ を ① に代入して $x+5y-7+2x-y-4=0$

よって，求める直線の方程式は $\boldsymbol{3x+4y-11=0}$

注意 2 直線 $x+5y-7=0$，$2x-y-4=0$ の交点の座標を求めると，その座標は $\left(\dfrac{27}{11},\ \dfrac{10}{11}\right)$ であり，後の計算が煩雑になる。

←連立方程式の解。

(2) ① を x, y について整理すると

$$(k+2)x+(5k-1)y-7k-4=0 \cdots\cdots ②$$

(ア) 直線 ② と直線 $x+4y-6=0$ が平行であるための条件は

$(k+2)\cdot 4-1\cdot(5k-1)=0$　　よって　$k=9$

これを ② に代入して　**$11x+44y-67=0$**

(イ) 直線 ② と直線 $x+4y-6=0$ が垂直であるための条件は

$(k+2)\cdot 1+(5k-1)\cdot 4=0$　　よって　$k=\frac{2}{21}$

これを ② に代入して整理すると　**$44x-11y-98=0$**

←2 直線 $\begin{cases} a_1x+b_1y+c_1=0 \\ a_2x+b_2y+c_2=0 \end{cases}$ について
平行 $\iff$ **$a_1b_2-a_2b_1=0$**
垂直 $\iff$ **$a_1a_2+b_1b_2=0$**

練習 ③82 定数 k がどんな値をとっても，次の直線が通る定点の座標を求めよ。
(1) $kx-y+5k=0$　　(2) $(k+1)x+(k-1)y-2k=0$

(1) $kx-y+5k=0$ から　$k(x+5)-y=0$ 　←k について整理。

この等式が k の値に関係なく成り立つための条件は

$x+5=0$, $y=0$　すなわち　$x=-5$, $y=0$ 　←k についての恒等式。

よって，求める定点の座標は　**$(-5,\ 0)$**

(2) k について整理すると　$k(x+y-2)+x-y=0$

この等式が k の値に関係なく成り立つための条件は

$x+y-2=0$, $x-y=0$ 　←k についての恒等式。

この連立方程式を解いて　$x=1$, $y=1$

よって，求める定点の座標は　**$(1,\ 1)$**

別解 $(k+1)x+(k-1)y-2k=0 \cdots\cdots ①$ とする。 ←本冊 $p.134$ **検討** 参照。

① に $k=-1$ を代入すると　$-2y+2=0$ 　←代入する k の値は，x, y の係数をそれぞれ 0 にする値とすると計算がらく。

すなわち　$y=1 \cdots\cdots ②$

① に $k=1$ を代入すると　$2x-2=0$

すなわち　$x=1 \cdots\cdots ③$

2 直線 ②, ③ の交点の座標は　$(1,\ 1)$ 　←必要条件。

逆に，$x=1$, $y=1$ を ① の左辺に代入すると

$(k+1)\cdot 1+(k-1)\cdot 1-2k=0$

となり，① は k の値に関係なく成り立つ。 ←十分条件の確認。

よって，求める定点の座標は　**$(1,\ 1)$**

練習 ③83 3 点 A(20, 24), B(−4, −3), C(10, 4) を頂点とする △ABC について，辺 BC を 2 : 5 に内分する点 P を通り，△ABC の面積を 2 等分する直線の方程式を求めよ。

点 P の座標は　$\left(\frac{5\cdot(-4)+2\cdot 10}{2+5},\ \frac{5\cdot(-3)+2\cdot 4}{2+5}\right)$

すなわち　$(0,\ -1)$

辺 AC 上に点 Q をとると，直線 PQ が △ABC の面積を 2 等分するための条件は　$\frac{\triangle CPQ}{\triangle CBA}=\frac{CP\cdot CQ}{CB\cdot CA}=\frac{5CQ}{7CA}=\frac{1}{2}$

ゆえに　$CQ : CA=7 : 10$

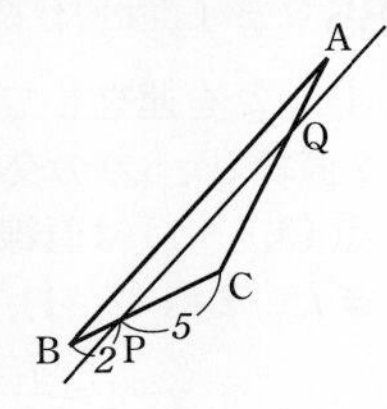

よって，点Qは辺CAを7：3に内分するから，その座標は

$$\left(\frac{3\cdot10+7\cdot20}{7+3},\ \frac{3\cdot4+7\cdot24}{7+3}\right)\ \text{すなわち}\ (17,\ 18)$$

したがって，2点P，Qを通る直線の方程式を求めると

$$y-(-1)=\frac{18-(-1)}{17-0}(x-0)\ \text{すなわち}\ \boldsymbol{y=\frac{19}{17}x-1}$$

←CQ：CA＝7：10 から　CQ：QA ＝CQ：(CA−CQ) ＝7：(10−7)

練習 ②84
(1) 異なる3点$(1,\ 1)$，$(3,\ 4)$，$(a,\ a^2)$が一直線上にあるとき，定数aの値を求めよ。
(2) 3直線$5x-2y-3=0$，$3x+4y+19=0$，$a^2x-ay+12=0$ $(a\neq0)$が1点で交わるとき，定数aの値を求めよ。

(1) 2点$(1,\ 1)$，$(3,\ 4)$を通る直線の方程式は

$$y-1=\frac{4-1}{3-1}(x-1)\quad\text{すなわち}\quad 3x-2y-1=0$$

この直線上に点$(a,\ a^2)$があるための条件は

$$3a-2a^2-1=0\quad\text{すなわち}\quad 2a^2-3a+1=0$$

ゆえに　$(a-1)(2a-1)=0$　よって　$a=1,\ \dfrac{1}{2}$

点$(a,\ a^2)$は2点$(1,\ 1)$，$(3,\ 4)$と異なるから　$a\neq1$

したがって　$\boldsymbol{a=\dfrac{1}{2}}$

HINT (1) 3点が一直線上にある ⟺ 2点を通る直線上に第3の点がある。
(2) 3直線が1点で交わる ⟺ 2直線の交点を第3の直線が通る。

別解　$a\neq1$より，与えられた3点が一直線上にあるためには

$$\frac{4-1}{3-1}=\frac{a^2-1}{a-1}\quad\text{すなわち}\quad \frac{3}{2}=a+1$$

よって　$\boldsymbol{a=\dfrac{1}{2}}$

←異なる3点A，B，Cが一直線上にある ⟺ (ABの傾き)＝(ACの傾き)

(2) $5x-2y-3=0$ …… ①，$3x+4y+19=0$ …… ②，
$a^2x-ay+12=0$ …… ③　とする。
①，②を連立して解くと　$x=-1,\ y=-4$
よって，2直線①，②の交点の座標は　$(-1,\ -4)$
点$(-1,\ -4)$が直線③上にあるための条件は

$$-a^2+4a+12=0\quad\text{すなわち}\quad a^2-4a-12=0$$

ゆえに　$(a+2)(a-6)=0$　よって　$a=-2,\ 6$
これはともに$a\neq0$を満たす。
$a=-2$のとき，直線③は　$2x+y+6=0$
$a=6$　のとき，直線③は　$6x-y+2=0$
これらは，直線①，②とは一致しない。よって　$\boldsymbol{a=-2,\ 6}$

←係数に文字を含まない①，②を使用する。

←3直線の傾きがすべて異なることから示してもよい。

練習 ③85
異なる3直線　$2x+y=5$ …… ①，$4x+7y=5$ …… ②，$ax+by=5$ …… ③
が1点で交わるとき，3点$(2,\ 1)$，$(4,\ 7)$，$(a,\ b)$は一直線上にあることを示せ。

①，②を連立して解くと　$x=3,\ y=-1$
2直線①，②の交点の座標は　$(3,\ -1)$
点$(3,\ -1)$は直線③上にあるから　$3a-b=5$ …… Ⓐ
また，2点$(2,\ 1)$，$(4,\ 7)$を通る直線の方程式は

$$y-1=\frac{7-1}{4-2}(x-2)\quad\text{すなわち}\quad 3x-y=5$$

HINT 3直線が1点で交わる ⟺ 2直線の交点を第3の直線が通る。

Ⓐ より，点 $(a,\ b)$ は直線 $3x-y=5$ 上にあるから，3 点 $(2,\ 1)$，$(4,\ 7)$，$(a,\ b)$ は直線 $3x-y=5$ 上にある。

別解　原点を通らない 3 直線 ①，②，③ が 1 点で交わるから，その点を $\mathrm{P}(p,\ q)$ とすると，P は原点にはならない。

3 直線 ①，②，③ が，点 P を通ることから

$$2p+q=5,\ 4p+7q=5,\ ap+bq=5$$

よって　$p\cdot2+q\cdot1=5$ …… ④

$p\cdot4+q\cdot7=5$ …… ⑤

$p\cdot a+q\cdot b=5$ …… ⑥

であり　$(p,\ q)\neq(0,\ 0)$

ゆえに，方程式 $px+qy=5$ …… ⑦ を考えると，④～⑥ から，3 点 $(2,\ 1)$，$(4,\ 7)$，$(a,\ b)$ は直線 ⑦ 上にある。

←点 $(p,\ q)$ が直線 $2x+y=5$ 上にある $\Longleftrightarrow 2p+q=5$ $\Longleftrightarrow$ 点 $(2,\ 1)$ が直線 $px+qy=5$ 上にある。

←$(p,\ q)\neq(0,\ 0)$ であるから，⑦ は直線を表す。

練習 ③86

3 直線 x 軸，$y=x$，$(2a+1)x+(a-1)y+2-5a=0$ が三角形を作らないような定数 a の値を求めよ。

直線 $(2a+1)x+(a-1)y+2-5a=0$ を ℓ とする。

3 直線 x 軸，$y=x$，ℓ が三角形を作らないのは，

[1]　3 直線が 1 点で交わる　　[2]　2 直線が平行

の場合である。

←x 軸と直線 $y=x$ は平行でないから，3 直線が平行となる場合は，考えなくてよい。

[1]　3 直線が 1 点で交わるとき

x 軸と直線 $y=x$ は原点で交わるから，直線 ℓ が原点を通るための条件は　$2-5a=0$

よって　$a=\dfrac{2}{5}$

[2]　2 直線が平行のとき

x 軸と直線 $y=x$ は平行でないから，次の場合を考える。

(i)　直線 ℓ が x 軸と平行となるための条件は　$2a+1=0$

これを解いて　$a=-\dfrac{1}{2}$

←$y=k$ の形となるから $(x\ の係数)=0$

(ii)　直線 ℓ が直線 $y=x$ すなわち $x-y=0$ と平行となるための条件は　$(2a+1)\cdot(-1)-1\cdot(a-1)=0$

これを解いて　$a=0$

←2 直線 $a_1x+b_1y+c_1=0$，$a_2x+b_2y+c_2=0$ が平行 $\Longleftrightarrow$ $\boldsymbol{a_1b_2-a_2b_1=0}$

以上から，求める a の値は　$\boldsymbol{a=-\dfrac{1}{2},\ 0,\ \dfrac{2}{5}}$

練習 ②87

△ABC の 3 つの頂点から，それぞれの対辺またはその延長に下ろした垂線は 1 点で交わることを証明せよ(この 3 つの垂線が交わる点を，三角形の **垂心** という)。

∠A を最大の角としても一般性を失わない。このとき，∠B$<90^\circ$，∠C$<90^\circ$ である。

△ABC の 3 つの頂点からそれぞれ対辺またはその延長に下ろした垂線を AL，BM，CN とする。

次に，直線 BC を x 軸に，垂線 AL を y 軸にとると，L は原点になる。また，△ABC の頂点の座標を，それぞれ

A$(0,\ a)$，B$(-b,\ 0)$，C$(c,\ 0)$

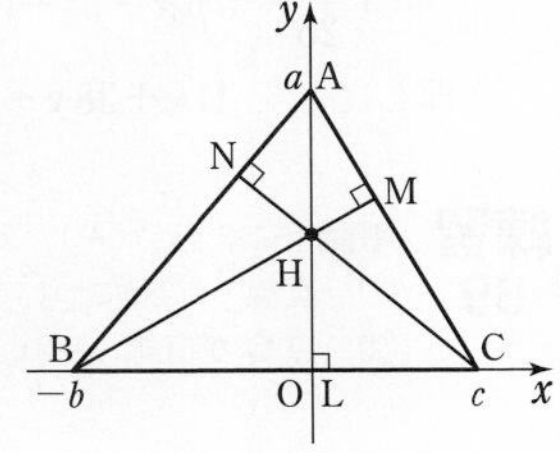

のようにとる。このとき，$a>0$，$b>0$，$c>0$ である。

直線 AB の傾きは $\frac{a}{b}$ であるから，垂線 CN の方程式は

$y=-\frac{b}{a}(x-c)$　すなわち　$y=-\frac{b}{a}x+\frac{bc}{a}$

また，直線 AC の傾きは $-\frac{a}{c}$ であるから，垂線 BM の方程式は

$y=\frac{c}{a}(x+b)$　すなわち　$y=\frac{c}{a}x+\frac{bc}{a}$

よって，2 直線 CN，BM は，ともに点 $\mathrm{H}\left(0,\ \frac{bc}{a}\right)$ を通り，点 H は y 軸上，すなわち直線 AL 上にある。

したがって，3 つの垂線は 1 点で交わる。

←$b>0$ とするために，$\mathrm{B}(-b,\ 0)$ とした。
また，$a>0$，$b>0$，$c>0$ であるから，x 軸に垂直な直線は考えなくてもよい。

練習 ②88　点 P(1, 2) と，直線 $\ell：3x+4y-15=0$，$m：x+2y-5=0$ がある。
(1) 直線 ℓ に関して，点 P と対称な点 Q の座標を求めよ。
(2) 直線 ℓ に関して，直線 m と対称な直線の方程式を求めよ。

(1) 点 Q の座標を $(p,\ q)$ とする。

直線 PQ は ℓ に垂直であるから

$$\frac{q-2}{p-1}\cdot\left(-\frac{3}{4}\right)=-1 \quad \cdots\cdots\ (*)$$

ゆえに　$4p-3q+2=0$ ……①

また，線分 PQ の中点 $\left(\frac{1+p}{2},\ \frac{2+q}{2}\right)$ は直線 ℓ 上にあるから

$$3\cdot\frac{1+p}{2}+4\cdot\frac{2+q}{2}-15=0$$

ゆえに　$3p+4q-19=0$ ……②

①，② を解いて　$p=\frac{49}{25}$，$q=\frac{82}{25}$

したがって　$\mathbf{Q\left(\frac{49}{25},\ \frac{82}{25}\right)}$

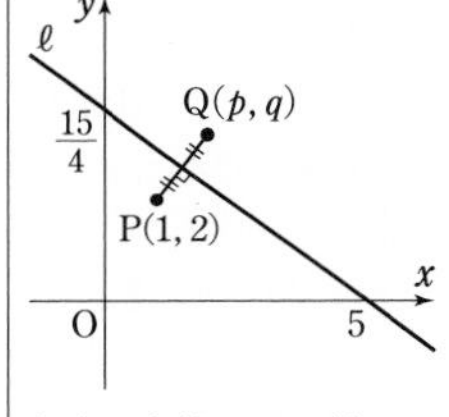

(＊) 直線 ℓ は x 軸に平行な直線ではないから $p\neq1$

(2) ℓ，m の方程式を連立して解くと　$x=5$，$y=0$

ゆえに，2 直線 ℓ，m の交点 R の座標は　(5, 0)

また，点 P の座標を直線 m の方程式に代入すると，$1+2\cdot2-5=0$ となるから，点 P は直線 m 上にある。

よって，求める直線は 2 点 Q，R を通る。

したがって，その方程式は

$$\left(\frac{82}{25}-0\right)(x-5)-\left(\frac{49}{25}-5\right)(y-0)=0$$

整理して　$\mathbf{41x+38y-205=0}$

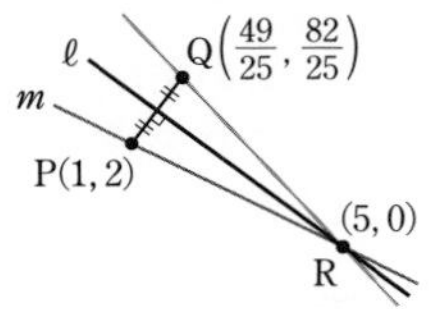

練習 ③89　平面上に 2 点 A(−1, 3)，B(5, 11) がある。
(1) 直線 $y=2x$ について，点 A と対称な点 P の座標を求めよ。
(2) 点 Q が直線 $y=2x$ 上にあるとき，QA+QB を最小にする点 Q の座標を求めよ。
〔東京薬大〕

(1) 直線 $y=2x$ を ℓ とし，点 P の座標を $(p,\ q)$ とする。

直線 AP は ℓ に垂直であるから

$$\frac{q-3}{p+1}\cdot 2=-1$$

ゆえに　$p+2q=5$ …… ①

←直線 ℓ は x 軸に平行な直線ではないから $p \neq -1$

また，線分 AP の中点 $\left(\frac{p-1}{2},\ \frac{q+3}{2}\right)$ は直線 ℓ 上にあるから

$$\frac{q+3}{2}=2\cdot\frac{p-1}{2}$$

ゆえに　$2p-q=5$ …… ②

①，② を解いて　$p=3,\ q=1$

よって，点 P の座標は　**(3, 1)**

(2) 右の図のように，2 点 A，B は，直線 ℓ に関して同じ側にある。

ここで　QA＋QB＝QP＋QB≧PB

←QA＝QP

であるから，3 点 P，Q，B が一直線上にあるとき，QA＋QB は最小になる。

←2 点 P，B 間の最短距離は線分 PB である。

また，直線 PB の方程式は

←2 点 P(3, 1), B(5, 11) を通る直線。

$$y-1=\frac{11-1}{5-3}(x-3)$$

すなわち　$y=5x-14$ …… ③

③ と $y=2x$ を連立して解くと　$x=\frac{14}{3},\ y=\frac{28}{3}$

よって，求める点 Q の座標は　$\left(\boldsymbol{\frac{14}{3}},\ \boldsymbol{\frac{28}{3}}\right)$

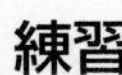

(1) 次の点と直線の距離を求めよ。

(ア) 原点，$4x+3y-12=0$　(イ) 点 $(2,\ -3)$，$2x-3y+5=0$

(ウ) 点 $(-1,\ 3)$，$x=2$　(エ) 点 $(5,\ 6)$，$y=3$

(2) 平行な 2 直線 $x-2y+3=0$，$x-2y-1=0$ 間の距離を求めよ。

(3) 点 $(1,\ 1)$ から直線 $ax-2y-1=0$ に下ろした垂線の長さが $\sqrt{2}$ であるとき，定数 a の値を求めよ。

(1) (ア) $\dfrac{|4\cdot 0+3\cdot 0-12|}{\sqrt{4^2+3^2}}=\boldsymbol{\dfrac{12}{5}}$

←直ちに $\dfrac{|-12|}{\sqrt{4^2+3^2}}$ として求めてもよい。

(イ) $\dfrac{|2\cdot 2-3\cdot(-3)+5|}{\sqrt{2^2+(-3)^2}}=\boldsymbol{\dfrac{18}{\sqrt{13}}}$

(ウ) x 座標の差から　$|2-(-1)|=\boldsymbol{3}$

(エ) y 座標の差から　$|3-6|=\boldsymbol{3}$

(2) 直線 $x-2y+3=0$ 上の点 $(-3,\ 0)$ と直線 $x-2y-1=0$ の距離を求めて　$\dfrac{|-3-2\cdot 0-1|}{\sqrt{1^2+(-2)^2}}=\boldsymbol{\dfrac{4}{\sqrt{5}}}$

←直線 $x-2y+3=0$ 上の点を 1 つ決めて考える。

別解　直線 $x-2y-1=0$ 上の点 $(1,\ 0)$ と直線 $x-2y+3=0$ の距離を求めて　$\dfrac{|1-2\cdot 0+3|}{\sqrt{1^2+(-2)^2}}=\boldsymbol{\dfrac{4}{\sqrt{5}}}$

←直線 $x-2y-1=0$ 上の点を 1 つ決めて考えた場合の解答。

(3) 点 $(1,\ 1)$ と直線 $ax-2y-1=0$ の距離は

$$\frac{|a\cdot1-2\cdot1-1|}{\sqrt{a^2+(-2)^2}}=\frac{|a-3|}{\sqrt{a^2+4}}$$

条件から $\dfrac{|a-3|}{\sqrt{a^2+4}}=\sqrt{2}$

両辺を 2 乗して $\dfrac{(a-3)^2}{a^2+4}=2$ ゆえに $(a-3)^2=2(a^2+4)$

←両辺は負でないから，2 乗しても同値。

整理すると $a^2+6a-1=0$ これを解いて $\boldsymbol{a=-3\pm\sqrt{10}}$

練習 ②91 3 点 $A(-4,\ 3)$，$B(-1,\ 2)$，$C(3,\ -1)$ について，点 A と直線 BC の距離を求めよ。また，△ABC の面積を求めよ。〔広島修道大〕

直線 BC の方程式は

$$y-2=\frac{-1-2}{3+1}(x+1)$$

すなわち $3x+4y-5=0$

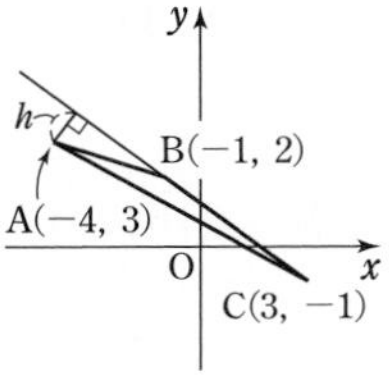

点 A と直線 BC の距離 を h とすると

$$h=\frac{|3\cdot(-4)+4\cdot3-5|}{\sqrt{3^2+4^2}}=\frac{5}{5}=\boldsymbol{1}$$

←点 $(x_1,\ y_1)$ と直線 $ax+by+c=0$ の距離は $\dfrac{|ax_1+by_1+c|}{\sqrt{a^2+b^2}}$

また，線分 BC の長さは $BC=\sqrt{(3+1)^2+(-1-2)^2}=5$

よって $\triangle\mathbf{ABC}=\dfrac{1}{2}BC\cdot h=\dfrac{1}{2}\cdot5\cdot1=\boldsymbol{\dfrac{5}{2}}$

別解 [△ABC の面積の別解]

△ABC を A が原点にくるように平行移動すると

$A'(0,\ 0)$，$B'(3,\ -1)$，$C'(7,\ -4)$

△ABC の面積は，△A′B′C′ の面積と同じであるから

$$\frac{1}{2}|3\cdot(-4)-7\cdot(-1)|=\boldsymbol{\frac{5}{2}}$$

一般に，3 点 $(x_1,\ y_1)$，$(x_2,\ y_2)$，$(x_3,\ y_3)$ を頂点とする三角形の面積は

$$\boldsymbol{\frac{1}{2}|(x_2-x_1)(y_3-y_1)-(x_3-x_1)(y_2-y_1)|}$$

練習 ③92 放物線 $y=-x^2+x+2$ 上の点 P と，直線 $y=-2x+6$ 上の点との距離は，P の座標が ^{ア}□ のとき最小値 ^{イ}□ をとる。〔芝浦工大〕

点 P の座標は $(t,\ -t^2+t+2)$ と表される。

点 P と直線 $y=-2x+6$ すなわち $2x+y-6=0$ の距離 d は

$$d=\frac{|2t-t^2+t+2-6|}{\sqrt{2^2+1^2}}=\frac{|-t^2+3t-4|}{\sqrt{5}}$$

←$\dfrac{|ax_1+by_1+c|}{\sqrt{a^2+b^2}}$

ここで，$-t^2+3t-4=-\left(t-\dfrac{3}{2}\right)^2-\dfrac{7}{4}$ であるから

$$|-t^2+3t-4|=\left(t-\frac{3}{2}\right)^2+\frac{7}{4}$$

←$A<0$ のとき $|A|=-A$

ゆえに $d=\dfrac{1}{\sqrt{5}}\left\{\left(t-\dfrac{3}{2}\right)^2+\dfrac{7}{4}\right\}=\dfrac{1}{\sqrt{5}}\left(t-\dfrac{3}{2}\right)^2+\dfrac{7\sqrt{5}}{20}$

よって，d は $t=\dfrac{3}{2}$ のとき最小値 $\dfrac{7\sqrt{5}}{20}$ をとる。

すなわち，$P\ ^ア\boldsymbol{\left(\dfrac{3}{2},\ \dfrac{5}{4}\right)}$ のとき最小値 $^イ\boldsymbol{\dfrac{7\sqrt{5}}{20}}$

練習 ①93 次のような円の方程式を求めよ。
(1) 中心が(3, −2), 半径が4
(2) 点(0, 3)を中心とし, 点(−1, 6)を通る
(3) 2点(−3, −4), (5, 8)を直径の両端とする

(1) $(x-3)^2+\{y-(-2)\}^2=4^2$
すなわち $\boldsymbol{(x-3)^2+(y+2)^2=16}$

(2) この円の半径 r は, 中心(0, 3)と点(−1, 6)の距離であるから $r^2=(-1-0)^2+(6-3)^2=10$
よって, 求める円の方程式は $\boldsymbol{x^2+(y-3)^2=10}$

←$r=\sqrt{10}$

(3) この円の中心は2点(−3, −4), (5, 8)を結ぶ線分の中点で
$\left(\frac{-3+5}{2}, \frac{-4+8}{2}\right)$ すなわち (1, 2)
半径 r は中心(1, 2)と点(5, 8)の距離で
$r^2=(5-1)^2+(8-2)^2=52$
よって, 求める円の方程式は $\boldsymbol{(x-1)^2+(y-2)^2=52}$

←$(x-1)^2+(y-2)^2=r^2$ とし $x=-3$, $y=-4$ を代入してもよい。

練習 ②94 3点(−2, −1), (4, −3), (1, 2)を頂点とする三角形の外接円の方程式を求めよ。

円の方程式を $x^2+y^2+lx+my+n=0$ とする。
この円が通る3点の座標を代入して
$-2l-m+n=-5$ …… ①, $4l-3m+n=-25$ …… ②,
$l+2m+n=-5$ …… ③
①, ② から $3l-m=-10$　①, ③ から $l+m=0$
この2式を連立して解くと $l=-\frac{5}{2}$, $m=\frac{5}{2}$
このとき, ① から $n=-\frac{15}{2}$
よって, 円の方程式は $\boldsymbol{x^2+y^2-\frac{5}{2}x+\frac{5}{2}y-\frac{15}{2}=0}$

←通る3点が与えられている場合, 一般形 $x^2+y^2+lx+my+n=0$ を使うとよい。

解答の円は, 中心 $\left(\frac{5}{4}, -\frac{5}{4}\right)$, 半径 $\frac{\sqrt{170}}{4}$ の円である。

練習 ②95 (1) 方程式 $x^2+y^2-2x+6y-6=0$ はどんな図形を表すか。
(2) 方程式 $x^2+y^2-4ax+6ay+14a^2-4a+3=0$ が円を表すとき, 定数 a の値の範囲を求めよ。

(1) $(x^2-2x+1^2)+(y^2+6y+3^2)=6+1^2+3^2$
ゆえに $(x-1)^2+(y+3)^2=4^2$
よって **中心(1, −3), 半径4の円**

(2) $(x^2-4ax+4a^2)+(y^2+6ay+9a^2)=-a^2+4a-3$
したがって $(x-2a)^2+(y+3a)^2=-(a-1)(a-3)$
この方程式が円を表すための条件は $-(a-1)(a-3)>0$
よって $(a-1)(a-3)<0$　ゆえに $\boldsymbol{1<a<3}$

←$(-14a^2+4a-3)+4a^2+9a^2$

←$r^2>0$

検討 方程式 $x^2+y^2+lx+my+n=0$ は, $l^2+m^2-4n>0$ のとき, 円を表すから, 求める条件は
$(-4a)^2+(6a)^2-4(14a^2-4a+3)>0$
これを整理して, $a^2-4a+3<0$ としてもよい。

練習 ②96
(1) x 軸と y 軸の両方に接し，点 $(2,\ 1)$ を通る円の方程式を求めよ。
(2) 中心が直線 $2x-y-8=0$ 上にあり，2 点 $(0,\ 2)$，$(-1,\ 1)$ を通る円の方程式を求めよ。

(1) x 軸と y 軸の両方に接し，点 $(2,\ 1)$ を通るから，円の中心の座標は，$t>0$ として $(t,\ t)$ とおくことができる。
また，半径は t であるから，円の方程式は

$$(x-t)^2+(y-t)^2=t^2 \quad \cdots\cdots \text{①}$$

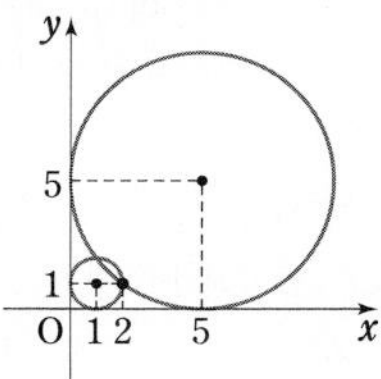

これが点 $(2,\ 1)$ を通るから　$(2-t)^2+(1-t)^2=t^2$
整理して　$t^2-6t+5=0$　ゆえに　$t=1,\ 5$
これを ① に代入して，求める円の方程式は

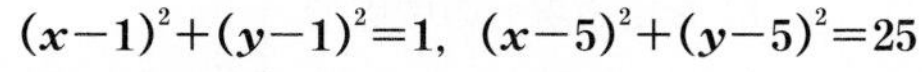

$$\boldsymbol{(x-1)^2+(y-1)^2=1,\ (x-5)^2+(y-5)^2=25}$$

(2) 円の中心は直線 $2x-y-8=0$ 上にあるから，その座標を $(t,\ 2t-8)$ とし，半径を r とすると，求める円の方程式は
$(x-t)^2+(y-2t+8)^2=r^2$ …… ① と表される。

←$y=2x-8$

2 点 $(0,\ 2)$，$(-1,\ 1)$ を通るから，これらの座標を代入して

$$t^2+(10-2t)^2=r^2 \quad \cdots\cdots \text{②}$$
$$(-1-t)^2+(9-2t)^2=r^2 \quad \cdots\cdots \text{③}$$

←中心と 2 点 $(0,\ 2)$，$(-1,\ 1)$ との距離が等しいから
$(t-0)^2+(2t-8-2)^2$
$=(t+1)^2+(2t-8-1)^2$
として，求めることと同じである。

③−② から　$6t-18=0$　ゆえに　$t=3$
② に代入して　$r^2=25$
$t=3$，$r^2=25$ を ① に代入して，求める円の方程式は

$$\boldsymbol{(x-3)^2+(y+2)^2=25}$$

別解　2 点 $(0,\ 2)$，$(-1,\ 1)$ を結ぶ線分の垂直二等分線の方程式は　$x^2+(y-2)^2=(x+1)^2+(y-1)^2$
整理すると　$x+y-1=0$
2 直線 $x+y-1=0$，$2x-y-8=0$ の交点の座標は，2 つの方程式を連立して解くと　$(3,\ -2)$
この点が円の中心であり，2 点 $(3,\ -2)$，$(0,\ 2)$ の距離
$\sqrt{(0-3)^2+(2+2)^2}=5$ が半径である。
よって　$\boldsymbol{(x-3)^2+(y+2)^2=25}$

←本冊 $p.174$ 以降で学習する軌跡の考え方。垂直二等分線上の点 $(x,\ y)$ は，2 点 $(0,\ 2)$，$(-1,\ 1)$ から常に等距離にある。

練習 ②97
円 $x^2+y^2=5$ …… Ⓐ と次の直線は共有点をもつか。もつときはその座標を求めよ。
(1) $y=2x-5$　(2) $x+y-5=0$　(3) $x+2y=3$

(1) $y=2x-5$ …… ① を Ⓐ に代入すると　$x^2+(2x-5)^2=5$

←y を消去。

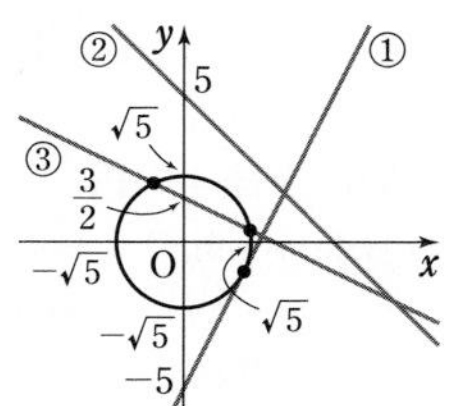

整理して　$x^2-4x+4=0$
ゆえに　$(x-2)^2=0$
よって　$x=2$

←$x=2$ は重解。

① から　$x=2$ のとき　$y=-1$
したがって，共有点の座標は

$\boldsymbol{(2,\ -1)}$

←1 点で接する。

(2) $x+y-5=0$ から　$y=-x+5$ …… ②
② を Ⓐ に代入すると　$x^2+(-x+5)^2=5$
整理して　$x^2-5x+10=0$

この 2 次方程式の判別式を D とすると

$D=(-5)^2-4\cdot1\cdot10=-15$　　よって　$D<0$　　←実数解をもたない。

したがって，円 Ⓐ と直線 ② は **共有点をもたない**。

(3)　$x+2y=3$ から　　$x=-2y+3$ …… ③

③ を Ⓐ に代入すると　　$(-2y+3)^2+y^2=5$

整理して　　$5y^2-12y+4=0$

ゆえに　$(y-2)(5y-2)=0$　　よって　$y=2,\ \dfrac{2}{5}$

③ から　$y=2$ のとき　$x=-1$，$y=\dfrac{2}{5}$ のとき　$x=\dfrac{11}{5}$

したがって，共有点の座標は　$\boldsymbol{(-1,\ 2),\ \left(\dfrac{11}{5},\ \dfrac{2}{5}\right)}$

←$y=-\dfrac{1}{2}x+\dfrac{3}{2}$ として，y を消去すると，分数が出てくるので，x を消去した方が計算がらく。

←異なる 2 点で交わる。

練習 ②98　円 $(x+2)^2+(y-3)^2=2$ と直線 $y=ax+5$ が異なる 2 点で交わるとき，定数 a の値の範囲を求めよ。

[解法 1]　$y=ax+5$ を円の方程式に代入して　$(x+2)^2+(ax+2)^2=2$

整理すると

$(a^2+1)x^2+4(a+1)x+6=0$

判別式を D とすると

$\dfrac{D}{4}=\{2(a+1)\}^2-6(a^2+1)$

$=-2a^2+8a-2=-2(a^2-4a+1)$

円と直線が異なる 2 点で交わるための条件は　$D>0$

ゆえに　$a^2-4a+1<0$

よって　$\boldsymbol{2-\sqrt{3}<a<2+\sqrt{3}}$

←判別式を利用する。

←$a^2+1\neq0$ であるから，x の 2 次方程式である。

←$a^2-4a+1=0$ の解は $a=2\pm\sqrt{3}$

[解法 2]　円の半径は $\sqrt{2}$ である。

円の中心 $(-2,\ 3)$ と直線 $y=ax+5$ の距離を d とすると，円と直線が異なる 2 点で交わるための条件は　$d<\sqrt{2}$

$d=\dfrac{|a\cdot(-2)-3+5|}{\sqrt{a^2+(-1)^2}}$ であるから　$\dfrac{|-2a+2|}{\sqrt{a^2+1}}<\sqrt{2}$

両辺に正の数 $\sqrt{a^2+1}$ を掛けて　$|-2a+2|<\sqrt{2(a^2+1)}$

両辺は負でないから平方して　$(-2a+2)^2<2(a^2+1)$

整理して　$a^2-4a+1<0$　　よって　$\boldsymbol{2-\sqrt{3}<a<2+\sqrt{3}}$

←円の中心と直線の距離を利用する。

←$y=ax+5$ から $ax-y+5=0$

練習 ②99　直線 $y=-x+1$ が円 $x^2+y^2-8x-6y=0$ によって切り取られる弦の長さを求めよ。

円の方程式 $x^2+y^2-8x-6y=0$ を変形すると　$(x-4)^2+(y-3)^2=25$

よって，円の中心を C とすると，C$(4,\ 3)$ であり，半径は 5 である。

円と直線の交点を A，B とし，線分 AB の中点を M とすると

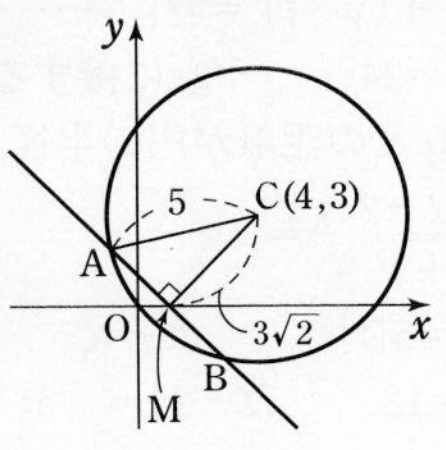

$$\mathrm{CM}=\frac{|4+3-1|}{\sqrt{1^2+1^2}}=\frac{6}{\sqrt{2}}=3\sqrt{2}$$

←点 (4, 3) と直線 $x+y-1=0$ の距離。

CA=5 であるから

$$\mathrm{AB}=2\mathrm{AM}=2\sqrt{\mathrm{CA}^2-\mathrm{CM}^2}=2\sqrt{5^2-(3\sqrt{2})^2}=\mathbf{2\sqrt{7}}$$

別解 $y=-x+1$，$x^2+y^2-8x-6y=0$ から y を消去して

$$x^2+(-x+1)^2-8x-6(-x+1)=0$$

整理すると　$2x^2-4x-5=0$ …… ①

円と直線の交点の座標を $(\alpha,\ -\alpha+1)$，$(\beta,\ -\beta+1)$ とすると，α，β は 2 次方程式 ① の解であるから，解と係数の関係より　$\alpha+\beta=2$，$\alpha\beta=-\dfrac{5}{2}$

←2 次方程式 $ax^2+bx+c=0$ の 2 つの解を α，β とすると $\alpha+\beta=-\dfrac{b}{a}$，$\alpha\beta=\dfrac{c}{a}$

ここで，求める線分の長さを l とすると

$$l^2=(\beta-\alpha)^2+\{(-\beta+1)-(-\alpha+1)\}^2=2(\beta-\alpha)^2$$
$$=2\{(\alpha+\beta)^2-4\alpha\beta\}=2\left\{2^2-4\cdot\left(-\frac{5}{2}\right)\right\}=28$$

したがって，求める線分の長さは　$l=\mathbf{2\sqrt{7}}$

練習 ②100 次の円の，与えられた点における接線の方程式を求めよ。

(1) $x^2+y^2=4$，点 $(\sqrt{3},\ -1)$

(2) $(x+4)^2+(y-4)^2=13$，点 $(-2,\ 1)$

(1) $\sqrt{3}x+(-1)y=4$　すなわち　$\boldsymbol{\sqrt{3}x-y=4}$

←$x_1x+y_1y=r^2$

(2) $(-2+4)(x+4)+(1-4)(y-4)=13$

よって　$\boldsymbol{2x-3y+7=0}$

別解 円の中心を C，与えられた接点を P とする。

←**接線⊥半径** の利用。

求める接線は，点 P$(-2,\ 1)$ を通り，半径 CP に垂直な直線である。直線 CP の傾きは　$\dfrac{1-4}{-2-(-4)}=-\dfrac{3}{2}$

←接線の傾きを m とすると　$-\dfrac{3}{2}m=-1$　よって　$m=\dfrac{2}{3}$

したがって，求める接線の方程式は

$$y-1=\frac{2}{3}(x+2)\quad すなわち\quad \boldsymbol{2x-3y+7=0}$$

練習 ②101 (1) 中心が直線 $y=x$ 上にあり，直線 $3x+4y=24$ と両座標軸に接する円の方程式を求めよ。

(2) 円 $x^2+2x+y^2-2y+1=0$ に接し，傾きが -1 の直線の方程式を求めよ。

(1) 中心は直線 $y=x$ 上にあるから，その座標を $(t,\ t)$ とおくことができる。また，円は両座標軸に接するから，半径は $|t|$ であり，求める円の方程式は，次のように表される。

$$(x-t)^2+(y-t)^2=|t|^2 \ \cdots\cdots\ ①$$

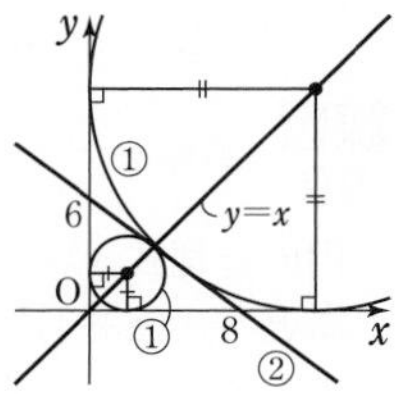

円 ① が直線 $3x+4y=24$ …… ② に接するための条件は，円の中心 $(t,\ t)$ と直線 ② との距離が円の半径 $|t|$ に等しいことであるから　$\dfrac{|3t+4t-24|}{\sqrt{3^2+4^2}}=|t|$

ゆえに　$|7t-24|=5|t|$　　よって　$7t-24=\pm5t$

←$|A|=|B| \iff A=\pm B$

$7t-24=5t$ から　$t=12$，　$7t-24=-5t$ から　$t=2$

これを ① に代入して，求める円の方程式は

$$(x-12)^2+(y-12)^2=144,\ (x-2)^2+(y-2)^2=4$$

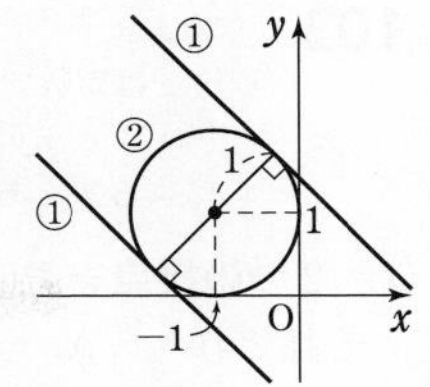

(2) 求める直線の方程式を $y=-x+k$ …… ① とし，
$x^2+2x+y^2-2y+1=0$ …… ② とする。
① から　$x+y-k=0$　　② から　$(x+1)^2+(y-1)^2=1$
直線 ① と円 ② が接するための条件は，円の中心 $(-1,\ 1)$ と直線 ① の距離が円の半径 1 に等しいことである。
したがって　$\dfrac{|-1+1-k|}{\sqrt{1^2+1^2}}=1$　すなわち　$\dfrac{|k|}{\sqrt{2}}=1$

←$d=r$
また　$|-k|=|k|$

ゆえに　$|k|=\sqrt{2}$　　よって　$k=\pm\sqrt{2}$
これを ① に代入して，求める直線の方程式は　$\boldsymbol{y=-x\pm\sqrt{2}}$

別解　① を ② に代入すると

←判別式を利用する。

$$x^2+2x+(-x+k)^2-2(-x+k)+1=0$$

整理して　$2x^2+2(2-k)x+k^2-2k+1=0$

←x について整理。

直線 ① と円 ② が接するための条件は，この 2 次方程式の判別式 D について　$D=0$

←接点 ⟺ 重解

ここで　$\dfrac{D}{4}=(2-k)^2-2(k^2-2k+1)=2-k^2$
ゆえに　$k^2=2$　　よって　$k=\pm\sqrt{2}$
これを ① に代入して，求める直線の方程式は　$\boldsymbol{y=-x\pm\sqrt{2}}$

練習 ② 102　点 $\mathrm{P}(2,\ 1)$ を通り，円 $x^2+y^2=1$ に接する直線の方程式を求めよ。

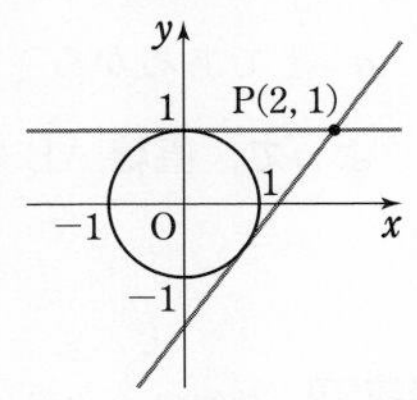

接点を $\mathrm{Q}(x_1,\ y_1)$ とすると　$x_1{}^2+y_1{}^2=1$ …… ①
点 Q における接線の方程式は　$x_1x+y_1y=1$ …… ②
この直線が点 $\mathrm{P}(2,\ 1)$ を通るから　$2x_1+y_1=1$
ゆえに　$y_1=-2x_1+1$ …… ③
③ を ① に代入して　$x_1{}^2+(-2x_1+1)^2=1$
整理して　$x_1(5x_1-4)=0$　　よって　$x_1=0,\ \dfrac{4}{5}$
③ から　$x_1=0$ のとき　$y_1=1$,　$x_1=\dfrac{4}{5}$ のとき　$y_1=-\dfrac{3}{5}$
よって，接線の方程式は，② から　$\boldsymbol{y=1,\ 4x-3y=5}$

別解　点 $\mathrm{P}(2,\ 1)$ を通り，x 軸に垂直な直線は円 $x^2+y^2=1$ の接線にならないから，求める接線の方程式を次のようにおく。

$$y=m(x-2)+1 \quad \text{すなわち} \quad mx-y-2m+1=0 \ \cdots\cdots \ ①$$

直線 ① が円 $x^2+y^2=1$ に接するための条件は，円の中心 $(0,\ 0)$ と直線 ① の距離が円の半径 1 に等しいことである。

←$y=m(x-2)+1$ を円の方程式に代入して得られる x の 2 次方程式の判別式 $D=0$ から m の値を求めてもよい。

ゆえに　$\dfrac{|-2m+1|}{\sqrt{m^2+(-1)^2}}=1$　よって　$|-2m+1|=\sqrt{m^2+1}$
両辺を平方して　$(-2m+1)^2=m^2+1$
整理して　$m(3m-4)=0$　　ゆえに　$m=0,\ \dfrac{4}{3}$
よって，接線の方程式は　$\boldsymbol{y=1,\ 4x-3y=5}$

練習 ③103

(1) 点 $(2,\ -3)$ から円 $x^2+y^2=10$ に引いた 2 本の接線の 2 つの接点を結ぶ直線の方程式を求めよ。

(2) a は定数で，$a>1$ とする。直線 $\ell : x=a$ 上の点 $\mathrm{P}(a,\ t)$（t は実数）を通り，円 $C : x^2+y^2=1$ に接する 2 本の接線の接点をそれぞれ A，B とするとき，直線 AB は，点 P によらず，ある定点を通ることを示し，その定点の座標を求めよ。　〔(2) 類 早稲田大〕

(1) 2 つの接点を $\mathrm{P}(p,\ q)$，$\mathrm{Q}(p',\ q')$ とすると，接線の方程式は，

それぞれ　$px+qy=10$，$p'x+q'y=10$

点 $(2,\ -3)$ を通るから，それぞれ

$$2p-3q=10,\ 2p'-3q'=10$$

を満たし，これは 2 点 $\mathrm{P}(p,\ q)$，$\mathrm{Q}(p',\ q')$ が直線 $2x-3y=10$ 上にあることを示している。

←2 つの接点は異なる 2 点である。

したがって，求める直線の方程式は　$\boldsymbol{2x-3y=10}$

(2) $\mathrm{A}(x_1,\ y_1)$，$\mathrm{B}(x_2,\ y_2)$ とする。

点 A，B における接線の方程式は，それぞれ

$$x_1x+y_1y=1,\ x_2x+y_2y=1$$

点 P を通るから，それぞれ

$$ax_1+ty_1=1,\ ax_2+ty_2=1$$

を満たし，これは 2 点 A，B が直線 $ax+ty=1$ 上にあることを示している。

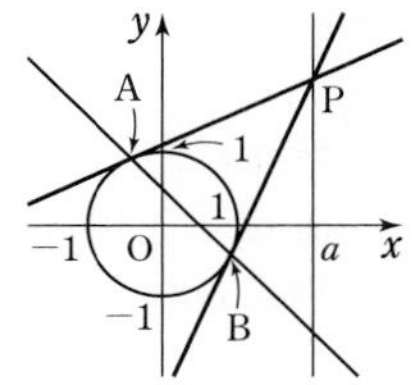

すなわち，直線 AB の方程式は　$ax+ty=1$

したがって　$ax-1+ty=0$

この等式が任意の t について成り立つための条件は

$$ax-1=0,\ y=0$$

←t についての恒等式。

$a>1$ であるから　$x=\dfrac{1}{a}$

よって，直線 AB は，点 P によらず，点 $\left(\boldsymbol{\dfrac{1}{a},\ 0}\right)$ を常に通る。

練習 ④104

放物線 $y=2x^2+a$ と円 $x^2+(y-2)^2=1$ について，次のものを求めよ。

(1) この放物線と円が接するとき，定数 a の値

(2) 異なる 4 個の交点をもつような定数 a の値の範囲

(1) $y=2x^2+a$ から　$x^2=\dfrac{1}{2}(y-a)$

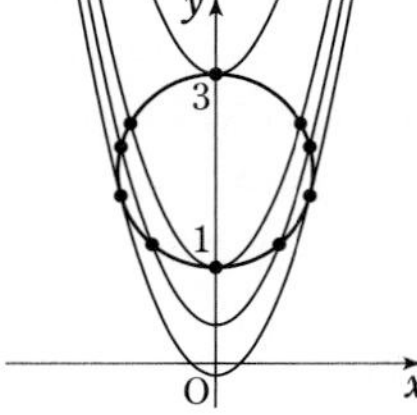

これを $x^2+(y-2)^2=1$ に代入して

←円 $x^2+(y-2)^2=1$ の中心は $(0,\ 2)$，半径は 1

$$\frac{1}{2}(y-a)+(y-2)^2=1$$

よって

$$2y^2-7y-a+6=0 \ \cdots\cdots \ ①$$

ここで，$x^2+(y-2)^2=1$ から

$$x^2=1-(y-2)^2 \geqq 0$$

←$(\text{実数})^2 \geqq 0$

ゆえに　$-1 \leqq y-2 \leqq 1$

←$(y-2)^2 \leqq 1$ から $-1 \leqq y-2 \leqq 1$

よって　$1 \leqq y \leqq 3 \ \cdots\cdots \ ②$

[1]　放物線と円が2点で接する場合 ……（＊）

2次方程式 ① は ② の範囲にある重解をもつ。

ゆえに，① の判別式を D とすると　$D=0$

ここで　$D=(-7)^2-4\cdot2(-a+6)=8a+1$

ゆえに　$8a+1=0$　よって　$a=-\frac{1}{8}$

このとき，① の解は $y=-\frac{-7}{2\cdot2}=\frac{7}{4}$ となり，② を満たす。

[2]　放物線と円が1点で接する場合

図から，点 $(0,\ 1)$，$(0,\ 3)$ で接する場合で　$a=1,\ 3$

以上から，求める a の値は　$\boldsymbol{a=-\frac{1}{8},\ 1,\ 3}$

(2)　放物線と円が4個の共有点をもつのは，(1)の図から，放物線の頂点 $(0,\ a)$ が，点 $\left(0,\ -\frac{1}{8}\right)$ と点 $(0,\ 1)$ を結ぶ線分上(端点を除く)にあるときである。したがって　$\boldsymbol{-\frac{1}{8}<a<1}$

別解 **1.**　② までは同じ。$x^2+(y-2)^2=1$ について

$y=1,\ 3$ である y に対して x はそれぞれ1個 $(x=0)$

$1<y<3$ である y に対して x は2個　定まるから

(1)　放物線と円が接するのは，次のいずれかの場合である。

[1]　① が $y=1$ または $y=3$ を解にもつ

[2]　① が $1<y<3$ の範囲に重解をもつ

[1] のとき　$2\cdot1^2-7\cdot1-a+6=0$ から　$a=1$

$2\cdot3^2-7\cdot3-a+6=0$ から　$a=3$

[2] のとき，（＊）の場合と同様にして　$a=-\frac{1}{8}$

したがって　$\boldsymbol{a=1,\ 3,\ -\frac{1}{8}}$

(2)　放物線と円が異なる4個の共有点をもつのは，2次方程式 ① が $1<y<3$ の範囲に異なる2つの実数解をもつときである。よって，次の [1]～[3] を同時に満たす a の値の範囲を求める。

なお，$f(y)=2y^2-7y-a+6$ とする。

[1]　① の判別式を D とすると　$D>0$

ゆえに，$8a+1>0$ から　$a>-\frac{1}{8}$ …… ③

[2]　軸について　$1<\frac{7}{4}<3$　これは常に成り立つ。

[3]　$f(3)=3-a>0$ から　$a<3$ …… ④

$f(1)=1-a>0$ から　$a<1$ …… ⑤

③～⑤ の共通範囲を求めて　$\boldsymbol{-\frac{1}{8}<a<1}$

ⓘ 接点 ⟺ 重解

←2次方程式 $py^2+qy+r=0$ の重解は $y=-\frac{q}{2p}$

←頂点の y 座標に注目。

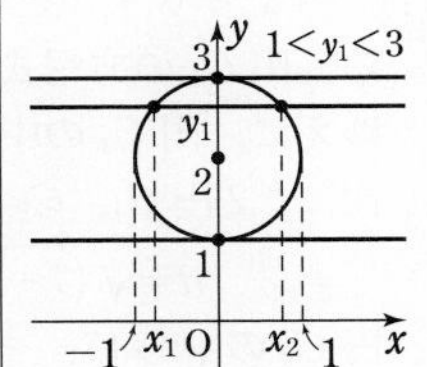

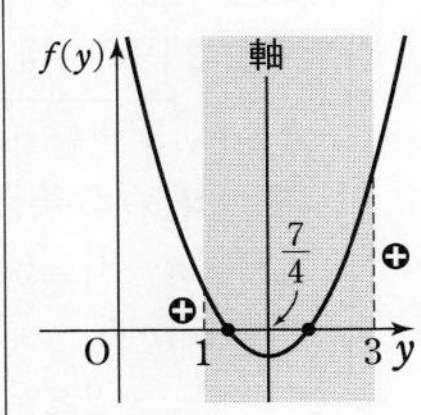

3章
練習
[図形と方程式]

別解 **2.** ① から　　$2y^2-7y+6=a$

よって，$g(y)=2y^2-7y+6$ として，$1\leqq y\leqq 3$ における $z=g(y)$ のグラフと直線 $z=a$ の共有点を考える。

$g(y)=2\left(y-\dfrac{7}{4}\right)^2-\dfrac{1}{8}$ であるから，右の図より

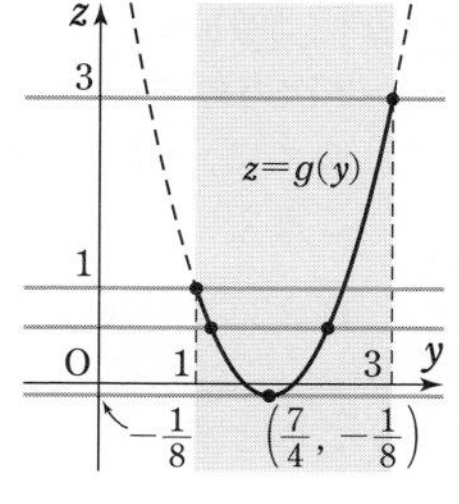

(1)　放物線と円が接するのは，$z=g(y)$ のグラフと直線 $z=a$ が接するか，共有点の y 座標が $y=1$，$y=3$ となる場合であるから　　$\boldsymbol{a=-\dfrac{1}{8},\ 1,\ 3}$

(2)　放物線と円が異なる 4 個の交点をもつのは，$z=g(y)$ のグラフと直線 $z=a$ が，$1<y<3$ の範囲に異なる 2 つの共有点をもつ場合であるから　　$\boldsymbol{-\dfrac{1}{8}<a<1}$

練習 ②105

(1)　中心が点 $(7,\ -1)$ で，円 $x^2+y^2+10x-8y+16=0$ と接する円の方程式を求めよ。

(2)　2 円 $C_1：x^2+y^2=r^2\ (r>0)$，$C_2：x^2+y^2-6x+8y+16=0$ が共有点をもつとき，定数 r の値の範囲を求めよ。

(1)　円 $x^2+y^2+10x-8y+16=0$ を C_1 とし，求める円を C_2 とする。円 C_1 の方程式から　　$(x+5)^2+(y-4)^2=25$

ゆえに，円 C_1 の中心は点 $(-5,\ 4)$，半径は 5 である。

次に，2 円 C_1，C_2 の中心間の距離を d とすると

$$d=\sqrt{(7+5)^2+(-1-4)^2}=13 \ \cdots\cdots\ ①$$

円 C_2 の中心 $(7,\ -1)$ は円 C_1 の外部にあるから，2 円 C_1，C_2 が接するのは，次の 2 つの場合が考えられる。

[1]　2 円 C_1，C_2 が外接する。

[2]　円 C_1 が円 C_2 の内部にあって，2 円が内接する。

円 C_2 の半径を r とすると，求める条件は

[1] の場合　　$d=5+r$　　　① から　　$r=8$

[2] の場合　　$d=r-5$　　　① から　　$r=18$

したがって，求める円の方程式は

$$\boldsymbol{(x-7)^2+(y+1)^2=64,\ (x-7)^2+(y+1)^2=324}$$

(2)　円 C_1 の中心は $\mathrm{O}(0,\ 0)$，半径は r である。

円 C_2 の方程式を変形すると　　$(x-3)^2+(y+4)^2=9$

よって，円 C_2 の中心は $\mathrm{C}(3,\ -4)$，半径は 3 である。

ゆえに，2 円の中心間の距離は

$$\sqrt{3^2+(-4)^2}=5$$

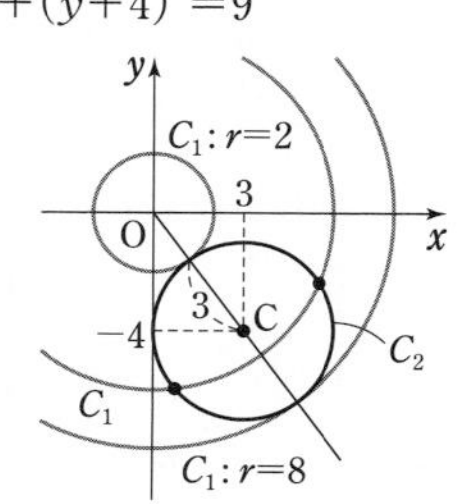

よって，求める条件は

$$|r-3|\leqq 5\leqq r+3$$

$|r-3|\leqq 5$ から　　$-5\leqq r-3\leqq 5$

ゆえに　　$-2\leqq r\leqq 8 \ \cdots\cdots\ ①$

$5\leqq r+3$ から　　$2\leqq r \ \cdots\cdots\ ②$

①，② と $r>0$ の共通範囲を求めて　　$\boldsymbol{2\leqq r\leqq 8}$

(2)「共有点をもつ」とあるから，外接・内接する場合も含む。

←$|r_1-r_2|\leqq d\leqq r_1+r_2$

←$B\geqq 0$ のとき $|A|\leqq B \iff -B\leqq A\leqq B$

練習 ②106 2つの円 $x^2+y^2-10=0$, $x^2+y^2-2x-4y=0$ について
(1) 2つの円は異なる2点で交わることを示せ。
(2) 2円の2つの交点を通る直線の方程式を求めよ。
(3) 2円の2つの交点と点 $(2,\ 3)$ を通る円の中心と半径を求めよ。

(1) 円 $x^2+y^2-10=0$ の中心は点 $(0,\ 0)$, 半径は $\sqrt{10}$
円 $x^2+y^2-2x-4y=0$ について, 方程式を変形すると
$$(x-1)^2+(y-2)^2=5$$
ゆえに, 中心は点 $(1,\ 2)$, 半径は $\sqrt{5}$
よって, 中心間の距離は $\sqrt{1^2+2^2}=\sqrt{5}$
また, $\sqrt{10}-\sqrt{5}=\sqrt{5}(\sqrt{2}-1)<\sqrt{5}\cdot 1$ であるから
$$\sqrt{10}-\sqrt{5}<\sqrt{5}<\sqrt{10}+\sqrt{5}$$
したがって, 2つの円は異なる2点で交わる。

(2) k を定数として, 次の方程式を考える。
$$k(x^2+y^2-10)+x^2+y^2-2x-4y=0 \ \cdots\cdots \ ①$$
① は, 与えられた2つの円の交点を通る図形を表す。
$k=-1$ のとき, ① は $-2x-4y+10=0$
すなわち $\boldsymbol{x+2y-5=0}$
これは直線を表すから, 求める直線の方程式である。

(3) ① が点 $(2,\ 3)$ を通るとして, ① に $x=2$, $y=3$ を代入すると
$$3k-3=0$$
ゆえに $k=1$
① に代入して整理すると $x^2+y^2-x-2y-5=0$
すなわち $\left(x-\dfrac{1}{2}\right)^2+(y-1)^2=\dfrac{25}{4}$
したがって **中心** $\left(\boldsymbol{\dfrac{1}{2},\ 1}\right)$, **半径** $\boldsymbol{\dfrac{5}{2}}$

←共有点の座標を求める必要はないから, 2円の中心間の距離と半径に注目してみる。

←2円の半径を r, r' $(r>r')$ とし, 中心間の距離を d とすると, 異なる2点で交わる $\Longleftrightarrow r-r'<d<r+r'$

←x, y の1次方程式。

←$k \neq -1$

練習 ②107 (1) 円 $x^2+y^2=50$ と直線 $3x+y=20$ の2つの交点と点 $(10,\ 0)$ を通る円の方程式を求めよ。
(2) 円 $C: x^2+y^2+(k-2)x-ky+2k-16=0$ は定数 k の値にかかわらず2点を通る。この2点の座標を求めよ。

(1) k を定数として, 次の方程式を考える。
$$x^2+y^2-50+k(3x+y-20)=0 \ \cdots\cdots \ ①$$
① は, 与えられた円と直線の交点を通る図形を表す。
① が点 $(10,\ 0)$ を通るとして, ① に $x=10$, $y=0$ を代入すると $50+10k=0$ ゆえに $k=-5$
① に代入して $x^2+y^2-50-5(3x+y-20)=0$
整理すると $\boldsymbol{x^2+y^2-15x-5y+50=0}$
これは円を表すから, 求める方程式である。

(2) 円の方程式を k について整理すると
$$(x-y+2)k+x^2+y^2-2x-16=0$$
この等式が k の値に関係なく成り立つための条件は
$$x-y+2=0 \ \cdots\cdots \ ①, \quad x^2+y^2-2x-16=0 \ \cdots\cdots \ ②$$

←$k(x^2+y^2-50)+3x+y-20=0$ でもよいが, ① の方が後の計算がらく。

←$(-15)^2+(-5)^2-4\cdot 50>0$ を満たす(本冊 $p.148$ 参照)。

←k についての恒等式。

① から　　$y=x+2$ …… ③

③ を ② に代入して整理すると　　$x^2+x-6=0$

よって　　$(x-2)(x+3)=0$　　ゆえに　　$x=2,\ -3$

③ から　　$x=2$ のとき　$y=4$,

　　　　　$x=-3$ のとき　$y=-1$

よって，求める 2 点の座標は　　$(2,\ 4),\ (-3,\ -1)$

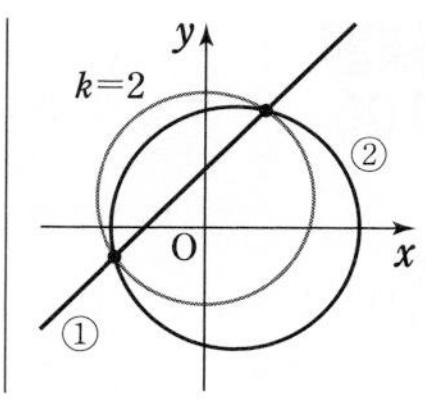

練習 ③108　円 $C_1：x^2+y^2=9$ と円 $C_2：x^2+(y-2)^2=4$ の共通接線の方程式を求めよ。

円 C_1 上の接点の座標を $(x_1,\ y_1)$ とすると

$x_1{}^2+y_1{}^2=9$ …… ①

接線の方程式は

$x_1x+y_1y=9$ …… ②

直線 ② が円 C_2 に接するための条件は，円 C_2 の中心 $(0,\ 2)$ と直線 ② の距離が，円 C_2 の半径 2 に等しいことであるから　$\dfrac{|2y_1-9|}{\sqrt{x_1{}^2+y_1{}^2}}=2$

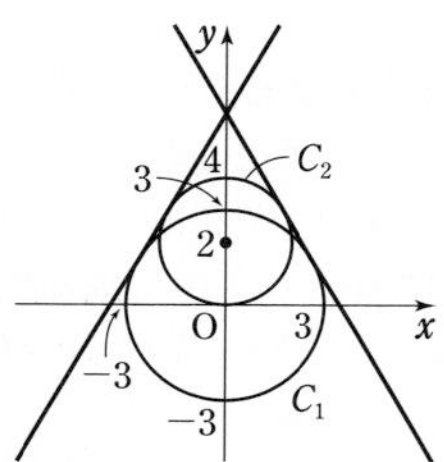

① を代入して整理すると　$|2y_1-9|=6$

よって　　$2y_1-9=\pm6$　　したがって　　$y_1=\dfrac{15}{2},\ \dfrac{3}{2}$

① から　　$x_1{}^2=9-y_1{}^2$　　ゆえに　　$x_1=\pm\sqrt{9-y_1{}^2}$

$y_1=\dfrac{15}{2}$ のとき　　$x_1{}^2=9-\left(\dfrac{15}{2}\right)^2<0$ となり不適。

$y_1=\dfrac{3}{2}$ のとき　　$x_1=\pm\dfrac{3\sqrt{3}}{2}$

これを ② に代入して，求める接線の方程式は

$\pm\dfrac{3\sqrt{3}}{2}x+\dfrac{3}{2}y=9$　すなわち　$\boldsymbol{\pm\sqrt{3}\,x+y=6}$

←$9-y_1{}^2 \geqq 0$ であるから $-3\leqq y_1\leqq 3$ これを先に求めておいて，$y_1=\dfrac{15}{2}$ を除外してもよい。

←ともに共通外接線。

別解　y 軸に平行な共通接線はないから，求める共通接線の方程式を　　$y=mx+n$　すなわち　$mx-y+n=0$

とすると，これが円 C_1，C_2 に接する条件は，それぞれ

$$\frac{|n|}{\sqrt{m^2+(-1)^2}}=3,\quad \frac{|-2+n|}{\sqrt{m^2+(-1)^2}}=2$$

したがって　　$\sqrt{m^2+1}=\dfrac{|n|}{3}$，$\sqrt{m^2+1}=\dfrac{|-2+n|}{2}$

よって　$\dfrac{|n|}{3}=\dfrac{|-2+n|}{2}$　　ゆえに　$n=\pm\dfrac{3}{2}(-2+n)$

よって　　$n=6,\ \dfrac{6}{5}$

$n=6$ のとき　　$\sqrt{m^2+1}=2$

両辺を 2 乗して　　$m^2+1=4$

よって　　$m^2=3$　　ゆえに　　$m=\pm\sqrt{3}$

←図から判断する。

←円の中心と直線の距離が半径に等しい。

←$|A|=|B| \Longleftrightarrow A=\pm B$

←$2n=3(-2+n)$ から $n=6$
$2n=-3(-2+n)$ から $n=\dfrac{6}{5}$

$n=\dfrac{6}{5}$ のとき　　$\sqrt{m^2+1}=\dfrac{2}{5}$

両辺を2乗して　　$m^2+1=\dfrac{4}{25}$　　よって　$m^2=-\dfrac{21}{25}$

これを満たす実数 m は存在しない。

したがって，求める共通接線の方程式は　　$\boldsymbol{y=\pm\sqrt{3}\,x+6}$

←m は実数より　$m^2 \geqq 0$

練習 ②109 2点 A(2, 3), B(6, 1) から等距離にある点 P の軌跡を求めよ。また，距離の比が 1：3 である点 Q の軌跡を求めよ。

P$(x,\ y)$ とする。AP＝BP から　　$\mathrm{AP}^2=\mathrm{BP}^2$

ゆえに　　$(x-2)^2+(y-3)^2=(x-6)^2+(y-1)^2$

←x, y の式で表す。

整理して　　$2x-y-6=0$ …… ①

よって，点 P は直線 ① 上にある。

逆に，直線 ① 上の任意の点は，条件を満たす。

したがって，点 P の軌跡は　　**直線 $\boldsymbol{2x-y-6=0}$**

←線分 AB の垂直二等分線である。

次に，Q$(x,\ y)$ とする。

AQ：BQ＝1：3 から　　$9\mathrm{AQ}^2=\mathrm{BQ}^2$

ゆえに　　$9\{(x-2)^2+(y-3)^2\}=(x-6)^2+(y-1)^2$

←x, y の式で表す。

$8x^2-24x+8y^2-52y+80=0$

←両辺を8で割って
$x^2-3x+y^2-\dfrac{13}{2}y+10=0$
したがって
$\left(x-\dfrac{3}{2}\right)^2+\left(y-\dfrac{13}{4}\right)^2=\dfrac{45}{16}$

よって　　$\left(x-\dfrac{3}{2}\right)^2+\left(y-\dfrac{13}{4}\right)^2=\left(\dfrac{3\sqrt{5}}{4}\right)^2$ …… ②

ゆえに，点 Q は円 ② 上にある。

逆に，円 ② 上の任意の点は，条件を満たす。

したがって，点 Q の軌跡は

中心が点 $\left(\dfrac{3}{2},\ \dfrac{13}{4}\right)$，半径が $\dfrac{3\sqrt{5}}{4}$ の円

練習 ②110 放物線 $y=x^2$ …… ① と A(1, 2), B(−1, −2), C(4, −1) がある。点 P が放物線 ① 上を動くとき，次の点 Q, R の軌跡を求めよ。
(1) 線分 AP を 2：1 に内分する点 Q　　(2) △PBC の重心 R

P$(s,\ t)$ とすると　　$t=s^2$ …… ②

←x, y 以外の文字。

(1) Q$(x,\ y)$ とする。点 Q は線分 AP を 2：1 に内分するから

←軌跡上の点の座標を $(x,\ y)$ として，x, y の関係式を導く。

$x=\dfrac{1+2s}{3}$，$y=\dfrac{2+2t}{3}$

ゆえに　　$s=\dfrac{3x-1}{2}$，$t=\dfrac{3y-2}{2}$

←s, t を x, y で表す。

② に代入して　　$\dfrac{3y-2}{2}=\left(\dfrac{3x-1}{2}\right)^2$

←つなぎの文字 s, t を消去する。

よって　　$y=\dfrac{3}{2}x^2-x+\dfrac{5}{6}$ …… ③

ゆえに，点 Q は放物線 ③ 上にある。

逆に，放物線 ③ 上の任意の点は，条件を満たす。

よって，求める軌跡は　　**放物線 $\boldsymbol{y=\dfrac{3}{2}x^2-x+\dfrac{5}{6}}$**

(2) R$(x,\ y)$ とする。点 R は △PBC の重心であるから

$$x=\frac{s+(-1)+4}{3},\quad y=\frac{t+(-2)+(-1)}{3}$$

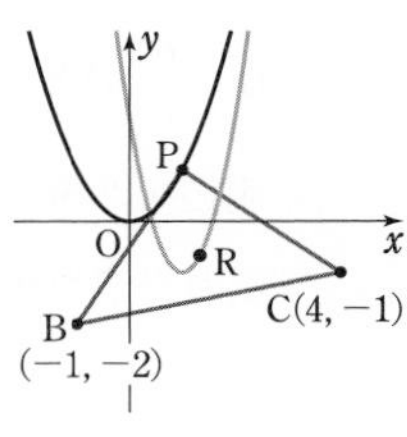

ゆえに　$s=3x-3,\ t=3y+3$

② に代入して　$3y+3=(3x-3)^2$

よって　$y=3x^2-6x+2$ …… ④

ゆえに，点 R は放物線 ④ 上にある。

逆に，放物線 ④ 上の任意の点は，条件を満たす。

よって，求める軌跡は　**放物線 $y=3x^2-6x+2$**

注意　直線 BC は放物線 ① と共有点をもたないから，△PBC は常に作ることができる。

検討　練習 110 で，△PAB の重心 G の軌跡を求めてみよう。

G$(x,\ y)$ とすると，点 G は △PAB の重心であるから

$$x=\frac{s+1+(-1)}{3},\quad y=\frac{t+2+(-2)}{3}$$

←練習 110 (2) と同様に進める。

ゆえに　$s=3x,\ t=3y$

② に代入して　$3y=(3x)^2$　よって　$y=3x^2$ …… ⑤

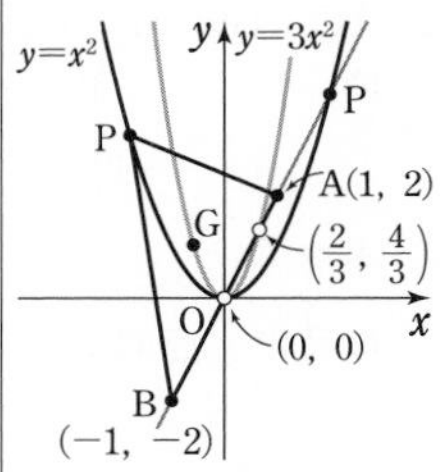

ゆえに，点 G は放物線 ⑤ 上にある。

ただし，点 P が直線 AB 上，すなわち直線 $y=2x$ 上にあるとき，△PAB はできないから　$t\neq 2s$

ゆえに　$3y\neq 2\cdot 3x$　すなわち　$y\neq 2x$

⑤ に $y=2x$ を代入して整理すると　$x(3x-2)=0$

よって　$x=0,\ \dfrac{2}{3}$　この値を $y=2x$ に代入すると

$x=0$ のとき　$y=0$，　$x=\dfrac{2}{3}$ のとき　$y=\dfrac{4}{3}$

ゆえに，点 G が点 $(0,\ 0)$，$\left(\dfrac{2}{3},\ \dfrac{4}{3}\right)$ と一致することはない。

←除外点に注意。

したがって，点 G の軌跡は

放物線 $y=3x^2$　ただし，2 点 $(0,\ 0)$，$\left(\dfrac{2}{3},\ \dfrac{4}{3}\right)$ は除く。

練習 ③111　次の直線の方程式を求めよ。

(1) 2 直線 $x-\sqrt{3}\,y-\sqrt{3}=0$，$\sqrt{3}\,x-y+1=0$ のなす角の二等分線

(2) 直線 ℓ：$2x+y+1=0$ に関して直線 $3x-y-2=0$ と対称な直線

(1) 求める二等分線上の点 P$(x,\ y)$ は，2 直線

$x-\sqrt{3}\,y-\sqrt{3}=0$，$\sqrt{3}\,x-y+1=0$ から等距離にある。

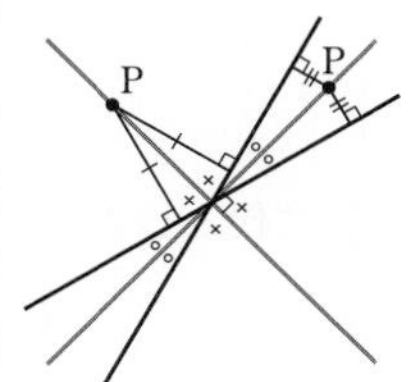

ゆえに　$\dfrac{|x-\sqrt{3}\,y-\sqrt{3}|}{\sqrt{1^2+(-\sqrt{3})^2}}=\dfrac{|\sqrt{3}\,x-y+1|}{\sqrt{(\sqrt{3})^2+(-1)^2}}$

よって　$x-\sqrt{3}\,y-\sqrt{3}=\pm(\sqrt{3}\,x-y+1)$

$x-\sqrt{3}\,y-\sqrt{3}=\sqrt{3}\,x-y+1$ から

$(\sqrt{3}-1)x+(\sqrt{3}-1)y+\sqrt{3}+1=0$

←$x+y+2+\sqrt{3}=0$ でもよい。

$x-\sqrt{3}\,y-\sqrt{3}=-(\sqrt{3}\,x-y+1)$ から

$(\sqrt{3}+1)x-(\sqrt{3}+1)y-\sqrt{3}+1=0$

←$x-y-2+\sqrt{3}=0$ でもよい。

(2)　直線 $3x-y-2=0$ 上の動点を $\mathrm{Q}(s,\ t)$ とし，直線 ℓ に関して点Qと対称な点を $\mathrm{P}(x,\ y)$ とする。

直線PQは ℓ に垂直であるから

$$\frac{t-y}{s-x}\cdot(-2)=-1$$

よって　$s-2t=x-2y$ …… ①

線分PQの中点は直線 ℓ 上にあるから

$$2\cdot\frac{x+s}{2}+\frac{y+t}{2}+1=0$$

よって　$2s+t=-2x-y-2$ …… ②

(①+②×2)÷5，(①×2−②)÷(−5) から，それぞれ

$$s=-\frac{3x+4y+4}{5},\ t=-\frac{4x-3y+2}{5}\ \cdots\cdots\ ③$$

点Qは直線 $3x-y-2=0$ 上を動くから　$3s-t-2=0$

③ を代入して　$\frac{3}{5}(-3x-4y-4)+\frac{1}{5}(4x-3y+2)-2=0$

←$s,\ t$ を消去。

整理すると　$\boldsymbol{x+3y+4=0}$

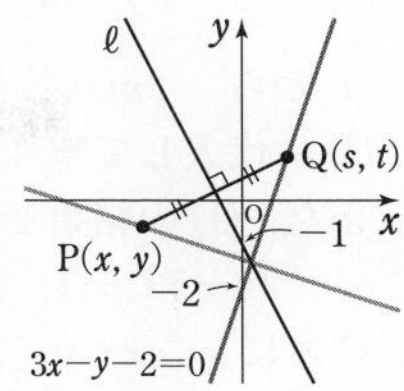

練習 ③112

円 $x^2+y^2+3ax-2a^2y+a^4+2a^2-1=0$ がある。a の値が変化するとき，円の中心の軌跡を求めよ。

方程式を変形して　$\left(x+\frac{3}{2}a\right)^2+(y-a^2)^2=\frac{1}{4}a^2+1$

$\frac{1}{4}a^2+1>0$ であるから，a がすべての実数値をとって変化するとき，与えられた方程式は円を表す。

円の中心の座標を $(x,\ y)$ とすると　$x=-\frac{3}{2}a,\ y=a^2$

←a は媒介変数(つなぎの文字)。

$a=-\frac{2}{3}x$ であるから，$y=a^2$ に代入して　$y=\left(-\frac{2}{3}x\right)^2=\frac{4}{9}x^2$

したがって，求める軌跡は　**放物線** $\boldsymbol{y=\frac{4}{9}x^2}$

練習 ③113

放物線 $C: y=x^2-x$ と直線 $\ell: y=m(x-1)-1$ は異なる2点A，Bで交わっている。

(1)　定数 m の値の範囲を求めよ。

(2)　m の値が変化するとき，線分ABの中点の軌跡を求めよ。

(1)　$y=x^2-x$ と $y=m(x-1)-1$ から　$x^2-x=m(x-1)-1$

←y を消去。

整理すると　$x^2-(m+1)x+m+1=0$ …… ①

放物線 C と直線 ℓ は異なる2点で交わっているから，① の判別式を D とすると　$D>0$

←異なる2点で交わる $\Longleftrightarrow D>0$

ここで　$D=\{-(m+1)\}^2-4(m+1)=(m+1)(m-3)$

よって　$(m+1)(m-3)>0$　ゆえに　$\boldsymbol{m<-1,\ 3<m}$

(2)　2点A，Bの x 座標は，2次方程式 ① の異なる2つの実数解 $\alpha,\ \beta$ である。

線分ABの中点を $\mathrm{P}(x,\ y)$ とすると，解と係数の関係から

$$x=\frac{\alpha+\beta}{2}=\frac{m+1}{2} \quad \cdots\cdots ②$$

また，P は直線 ℓ 上の点であるから

$$y=m\left(\frac{m+1}{2}-1\right)-1=\frac{m^2-m-2}{2} \quad \cdots\cdots ③$$

② から　　$m=2x-1$ …… ④

③ に代入して整理すると　$y=2x^2-3x$

←つなぎの文字 m を消去。

また，(1) の結果と ④ から

$2x-1<-1$，$3<2x-1$

ゆえに　　$x<0$，$2<x$

よって，求める軌跡は

放物線 $y=2x^2-3x$ の

$x<0$，$2<x$ の部分

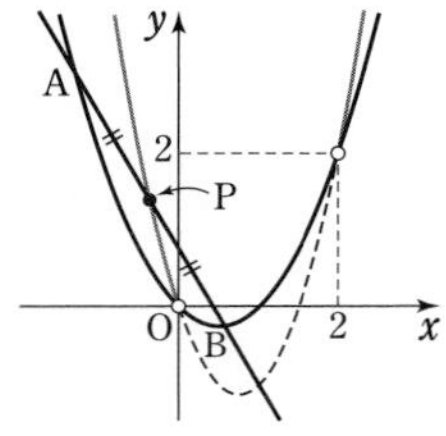

練習 ④114

放物線 $y=\frac{x^2}{4}$ 上の点 Q，R は，それぞれの点における接線が直交するように動く。この 2 本の接線の交点を P，線分 QR の中点を M とする。

(1)　点 P の軌跡を求めよ。　　(2)　点 M の軌跡を求めよ。　〔類 岩手大〕

点 Q の座標を $\left(\alpha,\ \frac{\alpha^2}{4}\right)$，点 R の座標を $\left(\beta,\ \frac{\beta^2}{4}\right)$

(ただし $\alpha \neq \beta$) とする。

点 Q における接線で x 軸に垂直なものはないから，接線の傾きを m とすると，その方程式は

$$y-\frac{\alpha^2}{4}=m(x-\alpha) \quad すなわち \quad y=m(x-\alpha)+\frac{\alpha^2}{4}$$

←点 $(x_1,\ y_1)$ を通り，傾き m の直線の方程式は $y-y_1=m(x-x_1)$

これと $y=\frac{x^2}{4}$ を連立して　　$\frac{x^2}{4}=m(x-\alpha)+\frac{\alpha^2}{4}$

整理すると　　$x^2-4mx+4m\alpha-\alpha^2=0$

この 2 次方程式の判別式を D とすると

$$\frac{D}{4}=(-2m)^2-1\cdot(4m\alpha-\alpha^2)$$
$$=4m^2-4m\alpha+\alpha^2=(2m-\alpha)^2$$

接するとき，$D=0$ であるから　　$(2m-\alpha)^2=0$

よって　　$m=\frac{\alpha}{2}$

したがって，点 Q における接線の方程式は

$$y=\frac{\alpha}{2}(x-\alpha)+\frac{\alpha^2}{4} \quad すなわち \quad y=\frac{\alpha}{2}x-\frac{\alpha^2}{4} \quad \cdots\cdots ①$$

同様に，点 R における接線の方程式は　$y=\frac{\beta}{2}x-\frac{\beta^2}{4}$ …… ②

←点 R における接線についてもまったく同様であるから，① の α を β におき換えるだけでよい。

この 2 接線が直交するから　　$\frac{\alpha}{2}\cdot\frac{\beta}{2}=-1$

すなわち　　$\alpha\beta=-4$ …… ③

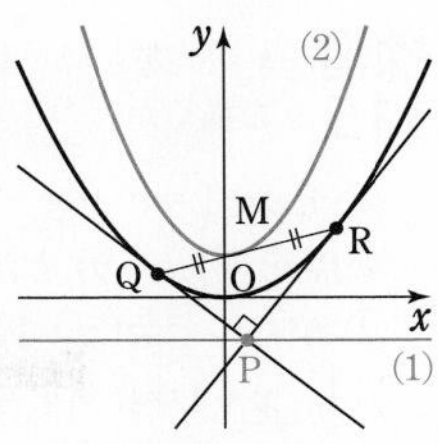

(1) ①，② から y を消去すると

$$\frac{\alpha-\beta}{2}x=\frac{\alpha^2-\beta^2}{4} \quad \text{すなわち} \quad \frac{\alpha-\beta}{2}x=\frac{(\alpha+\beta)(\alpha-\beta)}{4}$$

$\alpha \neq \beta$ であるから　$x=\dfrac{\alpha+\beta}{2}$

これを ① に代入して　$y=\dfrac{\alpha}{2}\cdot\dfrac{\alpha+\beta}{2}-\dfrac{\alpha^2}{4}=\dfrac{\alpha\beta}{4}$

よって，点 P の座標は　$\left(\dfrac{\alpha+\beta}{2},\ \dfrac{\alpha\beta}{4}\right)$

←y 座標が定数，x 座標 $\dfrac{\alpha+\beta}{2}$ は任意の実数。

③ から　$\dfrac{\alpha\beta}{4}=\dfrac{-4}{4}=-1$

ゆえに　$y=-1$ …… ④

逆に，④ が成り立つとき，α，β を 2 解とする 2 次方程式 $t^2-2xt-4=0$ の判別式を D' とすると

$$\frac{D'}{4}=(-x)^2-1\cdot(-4)=x^2+4 \qquad \text{よって} \qquad D'>0$$

よって，任意の x に対して実数 α，β $(\alpha \neq \beta)$ が存在する。

←逆も成り立つ。

したがって，点 P の軌跡は　**直線 $y=-1$**

(2) M$(x,\ y)$ とすると

$$x=\frac{\alpha+\beta}{2} \ \cdots\cdots \ ④,\quad y=\frac{1}{2}\left(\frac{\alpha^2}{4}+\frac{\beta^2}{4}\right) \ \cdots\cdots \ ⑤$$

④ から　$\alpha+\beta=2x$ …… ⑥

⑤ から　$y=\dfrac{\alpha^2+\beta^2}{8}=\dfrac{(\alpha+\beta)^2-2\alpha\beta}{8}$

これに ③，⑥ を代入して

←つなぎの文字 α，β を消去して，x，y の関係式を導く。

$$y=\frac{(2x)^2-2\cdot(-4)}{8}=\frac{x^2}{2}+1$$

したがって，点 M の軌跡は　**放物線 $y=\dfrac{x^2}{2}+1$**

参考　「微分法」(第 6 章) を用いると，$y=\dfrac{x^2}{4}$ から　$y'=\dfrac{x}{2}$

よって，点 Q における接線の傾きは $\dfrac{\alpha}{2}$ であるから，接線の方程式は

$$y-\frac{\alpha^2}{4}=\frac{\alpha}{2}(x-\alpha) \quad \text{すなわち} \quad y=\frac{\alpha}{2}x-\frac{\alpha^2}{4}$$

←① が導かれた。

同様に，本冊 $p.181$ 重要例題 114 において，$y=x^2$ のとき

$y'=2x$

したがって，点 P$(p,\ p^2)$ における接線の傾きは $2p$ であるから，接線の方程式は

$$y-p^2=2p(x-p) \quad \text{すなわち} \quad y=2px-p^2$$

のように簡単に求めることができる。

練習 ④115 k が実数全体を動くとき，2つの直線 ℓ_1：$ky+x-1=0$，ℓ_2：$y-kx-k=0$ の交点はどんな図形を描くか。〔類 立教大〕

$ky+x-1=0$ …… ①，$y-kx-k=0$ …… ② とする。

交点を $\mathrm{P}(x,\ y)$ とすると，x，y は ①，② を同時に満たす。

② から　　$k(x+1)=y$ …… ③

[1]　$x+1 \neq 0$　すなわち　$x \neq -1$ のとき

③ から　　$k=\dfrac{y}{x+1}$

① に代入して　　$\dfrac{y^2}{x+1}+x-1=0$

分母を払って　　$y^2+(x+1)(x-1)=0$

したがって　　$x^2+y^2=1$ …… ④

④ において，$x=-1$ とすると　　$y=0$

ゆえに，$x \neq -1$ のとき，2直線の交点は，円 ④ から点 $(-1,\ 0)$ を除いた図形上にある。

[2]　$x+1=0$　すなわち　$x=-1$ のとき　② から　$y=0$

$x=-1$，$y=0$ は ① を満たさないから，点 $(-1,\ 0)$ は図形上の点ではない。

以上から，求める図形は

円 $x^2+y^2=1$　ただし，点 $(-1,\ 0)$ を除く。

←$k=\dfrac{y}{x+1}$ を利用することから，$x+1 \neq 0$ と $x+1=0$ の場合に分ける。

←$x \neq -1$ であるから，$x=-1$ のときの点は除外する点となる。

←① は $-2=0$ となり，不合理。

検討　① から　$ky+(x-1)=0$，② から　$y-k(x+1)=0$

よって，直線 ℓ_1 は常に点 $\mathrm{A}(1,\ 0)$ を通り，直線 ℓ_2 は常に点 $\mathrm{B}(-1,\ 0)$ を通る。

また，2直線 ℓ_1，ℓ_2 の係数について，$k\cdot1+1\cdot(-k)=0$ であるから，直線 ℓ_1 と直線 ℓ_2 は垂直に交わる。

ゆえに，その交点を P とすると　　$\angle\mathrm{APB}=90^\circ$

したがって，点 P は，2点 A，B を直径の両端とする円周上にある。

ただし，ℓ_1 は直線 $y=0$ を，ℓ_2 は直線 $x=-1$ を表すことはないから，その交点 $(-1,\ 0)$ を除く。

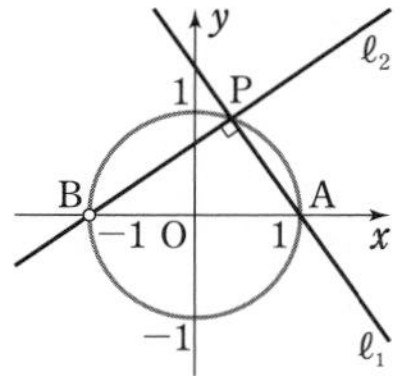

練習 ④116 xy 平面の原点を O とする。O を始点とする半直線上の2点 P，Q について，$\mathrm{OP}\cdot\mathrm{OQ}=4$ が成立している。点 P が原点を除いた曲線 $(x-2)^2+(y-3)^2=13$，$(x,\ y) \neq (0,\ 0)$ 上を動くとき，点 Q の軌跡を求めよ。〔類 横浜市大〕

点 Q の座標を $(x,\ y)$ とし，点 P の座標を $(X,\ Y)$ とする。

点 Q は直線 OP 上にあるから　　$X=tx$，$Y=ty$（t は実数）と表される。

点 P，Q は原点と異なるから　　$t \neq 0$，$(x,\ y) \neq (0,\ 0)$

また，原点 O を始点とする半直線上にあるから　　$t>0$

$\mathrm{OP}\cdot\mathrm{OQ}=4$ から　　$\sqrt{x^2+y^2}\sqrt{(tx)^2+(ty)^2}=4$

よって　　$t(x^2+y^2)=4$　　ゆえに　　$t=\dfrac{4}{x^2+y^2}$

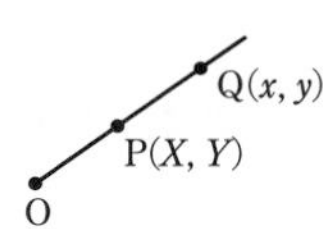

←t を消去する。

よって　　$X=\dfrac{4x}{x^2+y^2}$，$Y=\dfrac{4y}{x^2+y^2}$ …… ①

ここで，$(X-2)^2+(Y-3)^2=13$ から　$X^2-4X+Y^2-6Y=0$

←① を代入しやすいように整理しておく。

① を代入して　$\dfrac{16x^2}{(x^2+y^2)^2}-\dfrac{16x}{x^2+y^2}+\dfrac{16y^2}{(x^2+y^2)^2}-\dfrac{24y}{x^2+y^2}=0$

ゆえに　$\dfrac{16(x^2+y^2)}{(x^2+y^2)^2}-\dfrac{8(2x+3y)}{x^2+y^2}=0$

よって　　$2-(2x+3y)=0$　すなわち　$2x+3y-2=0$

したがって，求める軌跡は　　**直線 $2x+3y-2=0$**

注意　$(x,\ y)\neq(0,\ 0)$ であるが，直線 $2x+3y-2=0$ は点 $(0,\ 0)$ を通らないから，求めた軌跡から除く必要はない。

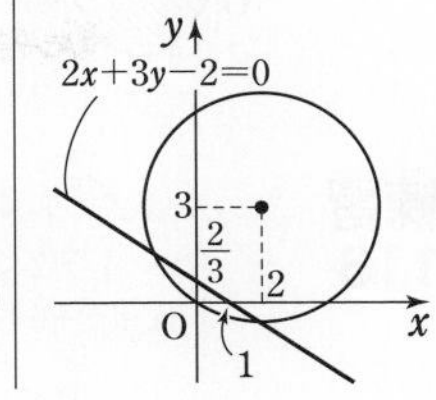

3章
練習
［図形と方程式］

練習 ①117 次の不等式の表す領域を図示せよ。
(1) $2x-3y-6<0$　(2) $3x+2>0$　(3) $|y|\leqq 3$
(4) $y>x^2-2x$　(5) $y\leqq 4x-x^2$　(6) $(x-1)^2+(y-2)^2<9$

(1) $2x-3y-6<0$ から　　$y>\dfrac{2}{3}x-2$

よって，直線 $y=\dfrac{2}{3}x-2$ の上側の部分。

図 (1) の斜線部分。ただし，境界線を含まない。

(2) $3x+2>0$ から　　$x>-\dfrac{2}{3}$

←境界線 $x=-\dfrac{2}{3}$ は，x 軸に垂直な直線。

よって，直線 $x=-\dfrac{2}{3}$ の右側の部分。

図 (2) の斜線部分。ただし，境界線を含まない。

(3) $|y|\leqq 3$ から　　$-3\leqq y\leqq 3$

←$c>0$ のとき
$|y|\leqq c \iff -c\leqq y\leqq c$

よって，直線 $y=-3$ およびその上側と直線 $y=3$ およびその下側が重なった部分。

図 (3) の斜線部分。ただし，境界線を含む。

(4) 放物線 $y=x^2-2x$ の上側の部分。

←$y>(x-1)^2-1$

図 (4) の斜線部分。ただし，境界線を含まない。

(5) 放物線 $y=-x^2+4x$ およびその下側の部分。

←$y\leqq -(x-2)^2+4$

図 (5) の斜線部分。ただし，境界線を含む。

(6) 円 $(x-1)^2+(y-2)^2=3^2$ の内部。

図 (6) の斜線部分。ただし，境界線を含まない。

(1)
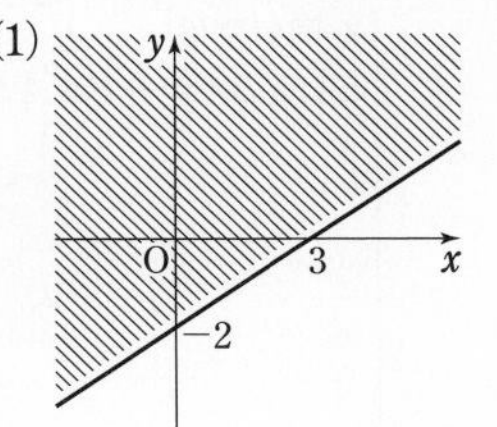

(2)
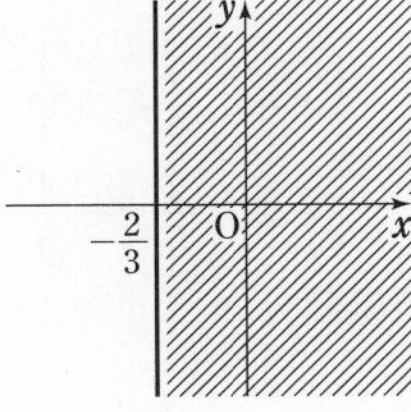

(3)
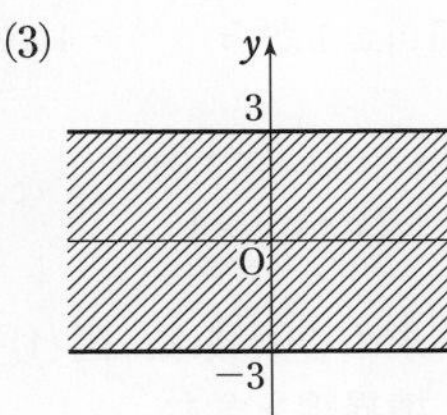

(4)
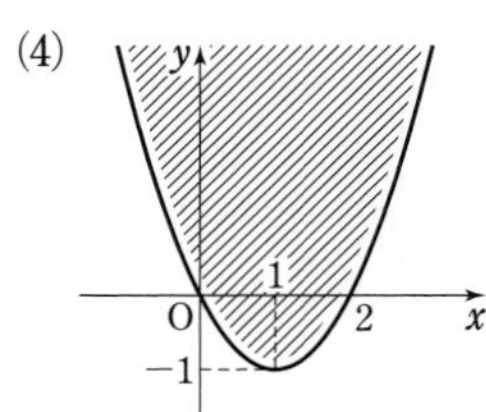

(5)
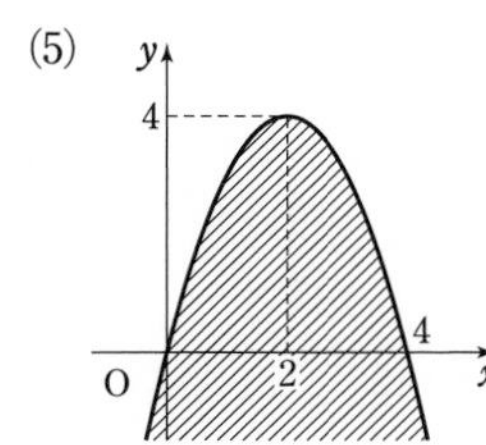

(6)
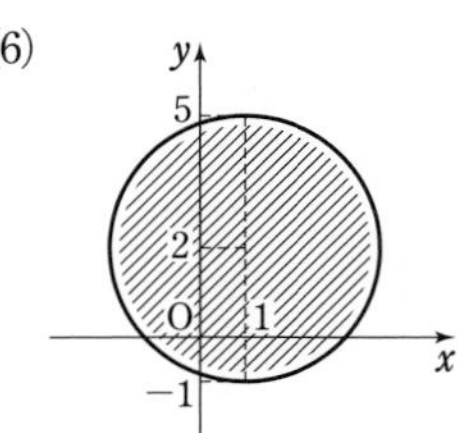

練習 ②118 次の不等式の表す領域を図示せよ。

(1) $\begin{cases} x-2y-2<0 \\ 3x+y-5<0 \end{cases}$ (2) $\begin{cases} x^2+y^2-4x-2y+3\leqq 0 \\ x+3y-3\geqq 0 \end{cases}$ (3) $-2x^2+1\leqq y<x+4$

(1) 不等式から $\begin{cases} y>\dfrac{1}{2}x-1 \\ y<-3x+5 \end{cases}$

求める領域は，直線 $y=\dfrac{1}{2}x-1$ の上側と直線 $y=-3x+5$ の下側の共通部分で，**図の斜線部分。ただし，境界線を含まない。**

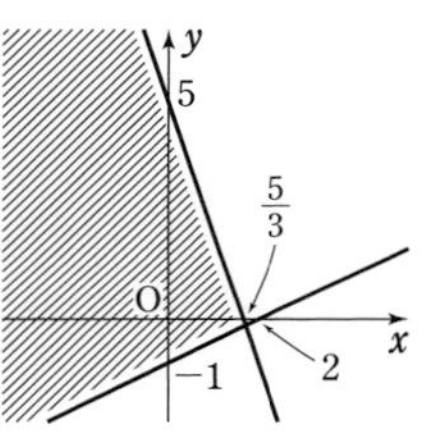

←原点 (0, 0) を含む側である。

(2) 不等式から

$\begin{cases} (x-2)^2+(y-1)^2\leqq 2 \\ y\geqq -\dfrac{1}{3}x+1 \end{cases}$

←与式を変形する。

求める領域は，円 $(x-2)^2+(y-1)^2=2$ の周および内部と直線 $y=-\dfrac{1}{3}x+1$ およびその上側の部分との共通部分で，**図の斜線部分。ただし，境界線を含む。**

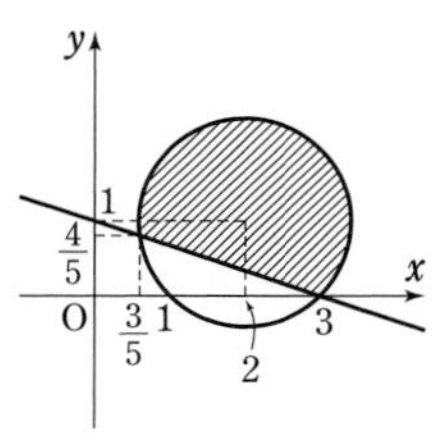

(3) $-2x^2+1\leqq y<x+4$ であるから

$-2x^2+1\leqq y$, $y<x+4$

←$-2x^2+1\leqq y<x+4$ は $-2x^2+1\leqq y$ かつ $y<x+4$

求める領域は，放物線 $y=-2x^2+1$ およびその上側と直線 $y=x+4$ の下側の共通部分で，**図の斜線部分。ただし，境界線は，直線 $y=x+4$ は含まないで，他は含む。**

←放物線 $y=-2x^2+1$ と直線 $y=x+4$ は共有点をもたない。

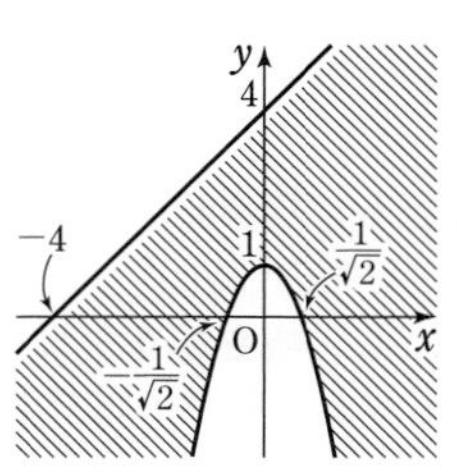

練習 ③119 次の不等式の表す領域を図示せよ。

(1) $|2x+5y|\leqq 4$ (2) $|2x|+|y-1|\leqq 5$ (3) $|x-2|\leqq y\leqq -|x-2|+4$

(1) $|2x+5y|\leqq 4$ から $-4\leqq 2x+5y\leqq 4$

←同値関係
$|A|\leqq B \Longleftrightarrow -B\leqq A\leqq B$

ゆえに $\begin{cases} -4\leqq 2x+5y \\ 2x+5y\leqq 4 \end{cases}$ すなわち $\begin{cases} y\geqq -\dfrac{2}{5}x-\dfrac{4}{5} \\ y\leqq -\dfrac{2}{5}x+\dfrac{4}{5} \end{cases}$

よって，求める領域は，**図 (1) の斜線部分。ただし，境界線を含む。**

(2) [1] $x \geqq 0$, $y \geqq 1$ のとき
$2x+y-1 \leqq 5$ すなわち $y \leqq -2x+6$

[2] $x \geqq 0$, $y<1$ のとき
$2x-(y-1) \leqq 5$ すなわち $y \geqq 2x-4$

[3] $x<0$, $y \geqq 1$ のとき
$-2x+y-1 \leqq 5$ すなわち $y \leqq 2x+6$

[4] $x<0$, $y<1$ のとき
$-2x-(y-1) \leqq 5$ すなわち $y \geqq -2x-4$

よって，求める領域は，図(2)の斜線部分。
ただし，境界線を含む。

←① 絶対値 場合に分ける
$|2x|=\begin{cases} 2x & (x \geqq 0 \text{ のとき}) \\ -2x & (x<0 \text{ のとき}) \end{cases}$
$|y-1|$
$=\begin{cases} y-1 & (y \geqq 1 \text{ のとき}) \\ -(y-1) & (y<1 \text{ のとき}) \end{cases}$

(3) [1] $x \geqq 2$ のとき $x-2 \leqq y \leqq -(x-2)+4$

ゆえに $\begin{cases} y \geqq x-2 \\ y \leqq -(x-2)+4 \end{cases}$ すなわち $\begin{cases} y \geqq x-2 \\ y \leqq -x+6 \end{cases}$

[2] $x<2$ のとき $-(x-2) \leqq y \leqq -\{-(x-2)\}+4$

ゆえに $\begin{cases} y \geqq -(x-2) \\ y \leqq -\{-(x-2)\}+4 \end{cases}$ すなわち $\begin{cases} y \geqq -x+2 \\ y \leqq x+2 \end{cases}$

よって，求める領域は，図(3)の斜線部分。
ただし，境界線を含む。

←① 絶対値 場合に分ける
$|x-2|$
$=\begin{cases} x-2 & (x \geqq 2 \text{ のとき}) \\ -(x-2) & (x<2 \text{ のとき}) \end{cases}$

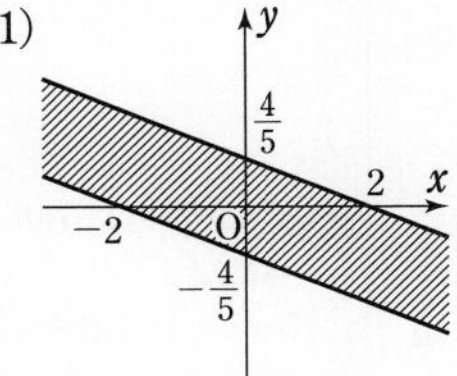

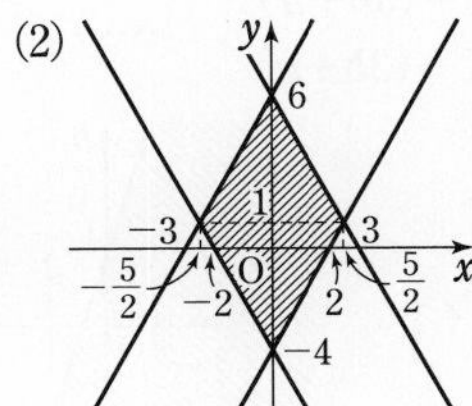

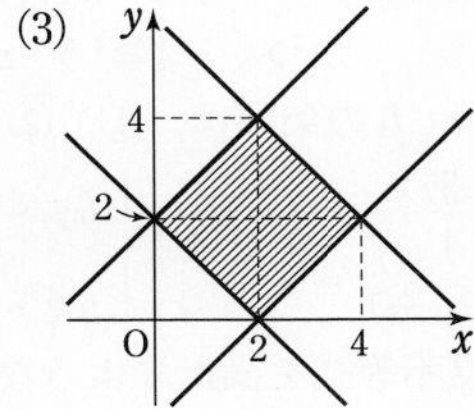

練習 ②120

次の不等式の表す領域を図示せよ。
(1) $(y-x)(x+y-2)>0$ (2) $(y-x^2)(x-y+2) \geqq 0$ (3) $(x+2y-4)(x^2+y^2-2x-8)<0$

与えられた不等式から

(1) $\begin{cases} y>x \\ y>-x+2 \end{cases}$ または $\begin{cases} y<x \\ y<-x+2 \end{cases}$

よって，図(1)の斜線部分。ただし，境界線を含まない。

(2) $\begin{cases} y \geqq x^2 \\ y \leqq x+2 \end{cases}$ または $\begin{cases} y \leqq x^2 \\ y \geqq x+2 \end{cases}$

よって，図(2)の斜線部分。ただし，境界線を含む。

(3) $\begin{cases} x+2y-4>0 \\ x^2+y^2-2x-8<0 \end{cases}$ または $\begin{cases} x+2y-4<0 \\ x^2+y^2-2x-8>0 \end{cases}$

すなわち $\begin{cases} y>-\dfrac{x}{2}+2 \\ (x-1)^2+y^2<9 \end{cases}$ または $\begin{cases} y<-\dfrac{x}{2}+2 \\ (x-1)^2+y^2>9 \end{cases}$

よって，図(3)の斜線部分。ただし，境界線は含まない。

←$x^2+y^2-2x-8=0$ を変形すると
$(x-1)^2+y^2=9$
この方程式が表す図形は，中心 $(1,\ 0)$，半径 3 の円。

3章 練習 [図形と方程式]

(1) 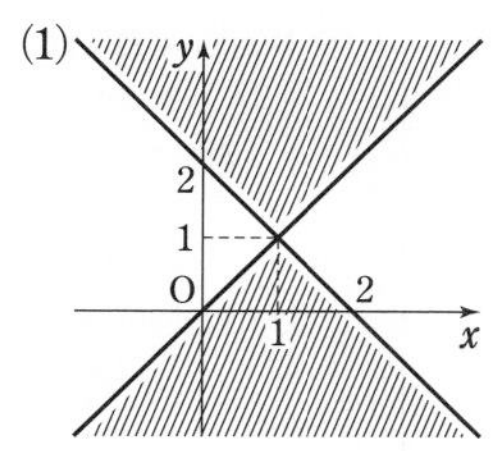
(2) 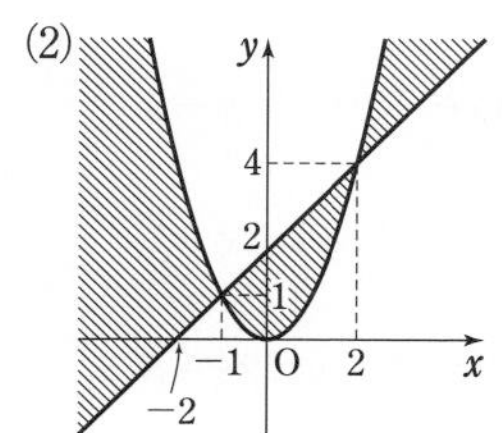
(3) 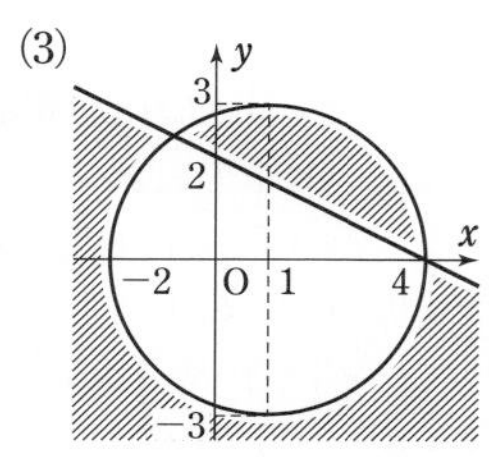

練習 ③121 点 A，B を A(−1, 5)，B(2, −1) とする。実数 a，b について，直線 $y=(b-a)x-(3b+a)$ が線分 AB と共有点をもつとする。点 P(a, b) の存在する領域を図示せよ。〔茨城大〕

直線 ℓ：$y=(b-a)x-(3b+a)$ が線分 AB と共有点をもつのは，次の [1] または [2] の場合である。

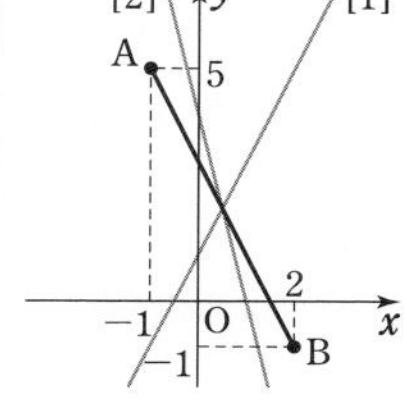

[1] 点 A が直線 ℓ の上側か直線 ℓ 上にあり，点 B が直線 ℓ の下側か直線 ℓ 上にある。

その条件は $5\geqq(b-a)\cdot(-1)-(3b+a)$
かつ $-1\leqq(b-a)\cdot 2-(3b+a)$ …… ①

[2] 点 A が直線 ℓ の下側か直線 ℓ 上にあり，点 B が直線 ℓ の上側か直線 ℓ 上にある。

その条件は $5\leqq(b-a)\cdot(-1)-(3b+a)$
かつ $-1\geqq(b-a)\cdot 2-(3b+a)$ …… ②

求める a，b の条件は，①，② から

$$\begin{cases} b\geqq-\dfrac{5}{4} \\ b\leqq-3a+1 \end{cases} \quad \text{または} \quad \begin{cases} b\leqq-\dfrac{5}{4} \\ b\geqq-3a+1 \end{cases}$$

この連立不等式を満たすような点 P(a, b) の存在する領域は，**右の図の斜線部分** のようになる。
ただし，境界線を含む。

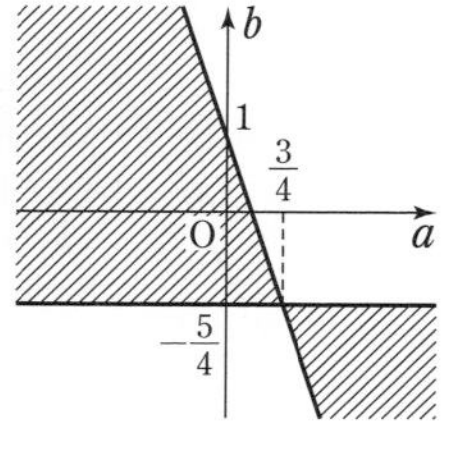

← $(b-a)\cdot(-1)-(3b+a)$
$=-4b$,
$(b-a)\cdot 2-(3b+a)$
$=-3a-b$

注意 $f(x, y)=(b-a)x-(3b+a)-y$ とすると，求める a，b の条件は
$f(-1, 5)\cdot f(2, -1)\leqq 0 \iff (-4b-5)(-3a-b+1)\leqq 0$
$\iff (4b+5)(3a+b-1)\leqq 0$

練習 ②122
(1) x，y が 4 つの不等式 $x\geqq 0$，$y\geqq 0$，$x+2y\leqq 6$，$2x+y\leqq 6$ を満たすとき，$x-y$ の最大値および最小値を求めよ。
(2) x，y が連立不等式 $x+y\geqq 1$，$2x+y\leqq 6$，$x+2y\leqq 4$ を満たすとき，$2x+3y$ の最大値および最小値を求めよ。

(1) 不等式の表す領域は，4 点 (0, 0)，(3, 0)，(2, 2)，(0, 3) を頂点とする四角形の周および内部である。
$x-y=k$ …… ① とおくと，これは傾き 1，y 切片 $-k$ の直線を表す(＊)。
図から，直線 ① が点 (3, 0) を通るとき k は最大で $k=3-0=3$

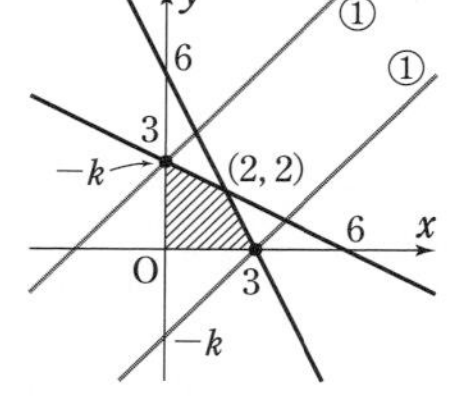

(＊) $y=x-k$ の y 切片は $-k$ である。よって
k が最大 $\iff -k$ が最小
k が最小 $\iff -k$ が最大
であることに注意する。

直線 ① が点 $(0,\ 3)$ を通るとき k は最小で　　$k=0-3=-3$

よって　　**$x=3,\ y=0$ のとき最大値 3；**

$x=0,\ y=3$ のとき最小値 -3

(2) 不等式の表す領域は，3 点 $(-2,\ 3)$，$\left(\dfrac{8}{3},\ \dfrac{2}{3}\right)$，$(5,\ -4)$ を頂点とする三角形の周および内部である。

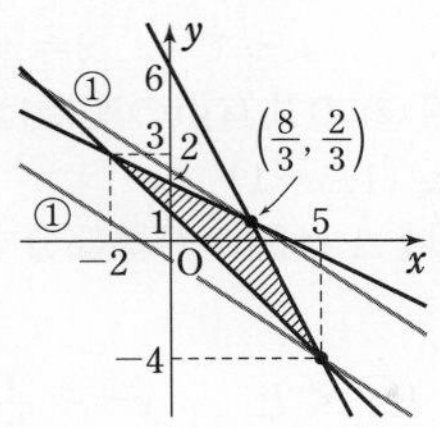

$2x+3y=k$ …… ① とおくと，これは傾き $-\dfrac{2}{3}$，y 切片 $\dfrac{k}{3}$ の直線を表す。

図から，直線 ① が点 $\left(\dfrac{8}{3},\ \dfrac{2}{3}\right)$ を通るとき k は最大で

$$k=2\cdot\frac{8}{3}+3\cdot\frac{2}{3}=\frac{22}{3}$$

直線 ① が点 $(5,\ -4)$ を通るとき k は最小で

$$k=2\cdot5+3\cdot(-4)=-2$$

よって　　**$x=\dfrac{8}{3},\ y=\dfrac{2}{3}$ のとき最大値 $\dfrac{22}{3}$；**

$x=5,\ y=-4$ のとき最小値 -2

←直線 ① の傾きと，境界線の傾きを比べる。
$-2<-\dfrac{2}{3}<-\dfrac{1}{2}$
であるから，直線 ① が点 $\left(\dfrac{8}{3},\ \dfrac{2}{3}\right)$ を通るとき $\dfrac{k}{3}$ は最大となる。

3章 練習 [図形と方程式]

練習 ③123　ある工場で 2 種類の製品 A，B が，2 人の職人 M，W によって生産されている。製品 A については，1 台当たり組立作業に 6 時間，調整作業に 2 時間が必要である。また，製品 B については，組立作業に 3 時間，調整作業に 5 時間が必要である。いずれの作業も日をまたいで継続することができる。職人 M は組立作業のみに，職人 W は調整作業のみに従事し，かつ，これらの作業にかける時間は職人 M が 1 週間に 18 時間以内，職人 W が 1 週間に 10 時間以内と制限されている。4 週間での製品 A，B の合計生産台数を最大にしたい。その合計生産台数を求めよ。　〔岩手大〕

4 週間での A の生産台数を x，B の生産台数を y とすると，条件から

	A 1台	B 1台	限度
組立	6 時間	3 時間	18･4 時間
調整	2 時間	5 時間	10･4 時間

$x\geqq0,\ y\geqq0,$
$6x+3y\leqq18\cdot4,\ 2x+5y\leqq10\cdot4$

すなわち　　$x\geqq0,\ y\geqq0,\ 2x+y\leqq24,$
$2x+5y\leqq40$

この連立不等式の表す領域は，図の斜線部分である。ただし，境界線を含む。

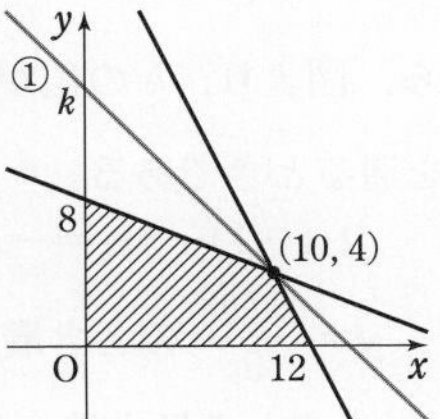

合計生産台数を k とすると

$x+y=k$ …… ①

これは傾き -1，y 切片 k の直線を表す。図から，直線 ① が点 $(10,\ 4)$ を通るとき，k の値は最大となり　　$k=10+4=14$

したがって，合計生産台数は最大 **14 台** である。

←$y=-x+k$

←直線 ① と境界線の傾きについて
$-2<-1<-\dfrac{2}{5}$

←A 10 台，B 4 台。

練習 ③124　座標平面上で不等式 $x^2+y^2\leqq2$，$x+y\geqq0$ で表される領域を A とする。点 $(x,\ y)$ が A 上を動くとき，$4x+3y$ の最大値と最小値を求めよ。

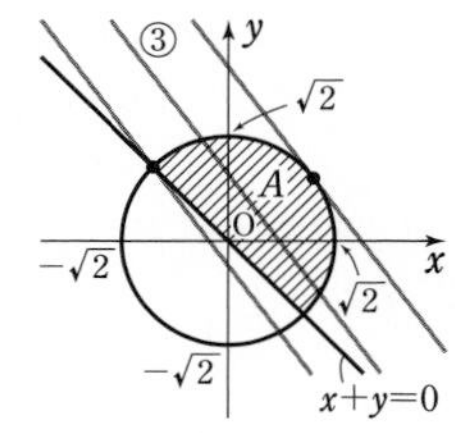

$x^2+y^2=2$ …… ①，$x+y=0$ …… ② とする。

② から　　$y=-x$

これを ① に代入して　　$x^2+(-x)^2=2$

整理して　　$x^2=1$　　　よって　　$x=\pm 1$

ゆえに，円 ① と直線 ② の共有点の座標は

$(-1,\ 1)$，$(1,\ -1)$

連立不等式の表す領域 A は図の斜線部分である。

ただし，境界線を含む。

$4x+3y=k$ …… ③ とおくと　　$y=-\dfrac{4}{3}x+\dfrac{k}{3}$

これは傾き $-\dfrac{4}{3}$，y 切片 $\dfrac{k}{3}$ の直線を表す。

←直線 $y=-\dfrac{4}{3}x+\dfrac{k}{3}$ を，領域 A と共有点をもつように平行移動して，y 切片 $\dfrac{k}{3}$ の値が最大になるところをさがす。

図から，直線 ③ が円 ① と第 1 象限で接するとき，k の値は最大になる。

①，③ を連立して　　$x^2+\left(\dfrac{k-4x}{3}\right)^2=2$

整理して　　　　$25x^2-8kx+k^2-18=0$ …… ④

x の 2 次方程式 ④ の判別式を D とすると

$$\frac{D}{4}=(-4k)^2-25(k^2-18)=-9(k^2-50)$$

直線 ③ が円 ① に接するための条件は　　$D=0$

よって　　$k^2-50=0$　　　ゆえに　　$k=\pm 5\sqrt{2}$

第 1 象限では $x>0$，$y>0$ であるから，③ より $k>0$ で

$k=5\sqrt{2}$

このとき，④ の重解は　　$x=-\dfrac{-8\cdot 5\sqrt{2}}{2\cdot 25}=\dfrac{4\sqrt{2}}{5}$

←2 次方程式 $ax^2+bx+c=0$ が重解をもつとき，その重解は **$x=-\dfrac{b}{2a}$**

③ から　　$y=\dfrac{1}{3}\left(5\sqrt{2}-4\cdot\dfrac{4\sqrt{2}}{5}\right)=\dfrac{3\sqrt{2}}{5}$

次に，直線 ② の傾きは -1，直線 ③ の傾きは $-\dfrac{4}{3}$ で，

$-\dfrac{4}{3}<-1$ であるから，図より，k の値が最小となるのは，直線 ③ が点 $(-1,\ 1)$ を通るときである。

←直線 ② と ③ の傾きを比較。

このとき，k の値は　　$4\cdot(-1)+3\cdot 1=-1$

よって　　**$x=\dfrac{4\sqrt{2}}{5}$，$y=\dfrac{3\sqrt{2}}{5}$ のとき最大値 $5\sqrt{2}$**；

$x=-1$，$y=1$ のとき最小値 -1

参考　円 ① と直線 ③ が接するとき，円 ① の中心 $(0,\ 0)$ と直線 ③ の距離が円の半径 $\sqrt{2}$ に等しいから

$$\frac{|-k|}{\sqrt{4^2+3^2}}=\sqrt{2}\quad すなわち\quad |k|=5\sqrt{2}$$

第 1 象限で接するとき，$x>0$，$y>0$ であるから　　$k>0$

ゆえに　　$k=5\sqrt{2}$

接点の座標は，直線 $4x+3y=5\sqrt{2}$ …… ③′ に垂直で，点 $(0,\ 0)$ を通る直線の方程式が $3x-4y=0$ であるから，③′ と $3x-4y=0$ を連立して解くと求められる。

練習 ④125 連立不等式 $y\leqq\frac{1}{2}x+3$，$y\leqq-5x+25$，$x\geqq0$，$y\geqq0$ の表す領域上を点 $(x,\ y)$ が動くとき，次の最大値と最小値を求めよ。
(1) x^2+y^2　　(2) $x^2+(y-8)^2$　　〔類 東京理科大〕

2 直線 $y=\frac{1}{2}x+3$，$y=-5x+25$ の交点の座標は　$(4,\ 5)$

よって，連立不等式の表す領域は 4 点 $(0,\ 0)$，$(5,\ 0)$，$(4,\ 5)$，$(0,\ 3)$ を頂点とする四角形の周および内部である。

(1) $x^2+y^2=k$ …… ① とおくと，$k>0$ のとき，① は中心が点 $(0,\ 0)$，半径が $\sqrt{k}$ の円を表す。

図から，円 ① が点 $(4,\ 5)$ を通るとき，k の値は最大になり，その値は　　$k=4^2+5^2=41$

また，方程式 ① が点 $(0,\ 0)$ を表すとき，k の値は最小となる。

よって　　**$x=4$，$y=5$ のとき最大値 41；**

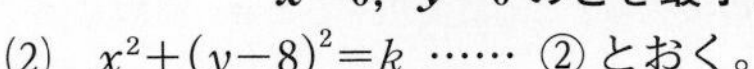

$x=0$，$y=0$ のとき最小値 0

(2) $x^2+(y-8)^2=k$ …… ② とおく。

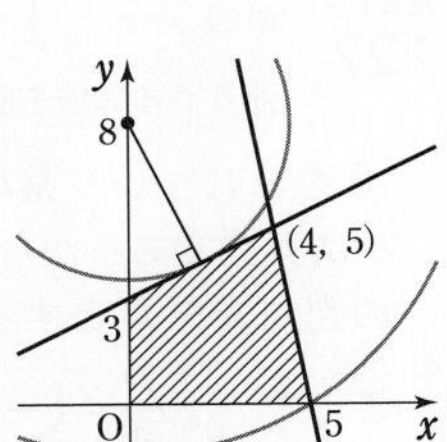

$k>0$ のとき，② は中心が点 $(0,\ 8)$，半径が $\sqrt{k}$ の円を表す。

図から，円 ② が点 $(5,\ 0)$ を通るとき，k の値は最大になり，その値は　　$k=5^2+(0-8)^2=89$

また，円 ② が直線 $y=\frac{1}{2}x+3$ …… ③ に接するとき，k の値は最小になる。このときの接点の座標を求める。

点 $(0,\ 8)$ を通り，直線 ③ に垂直な直線の方程式は

$$y=-2x+8$$

この方程式と ③ を連立して解くと，接点の座標は　　$(2,\ 4)$

このときの k の値は　　$k=2^2+(4-8)^2=20$

←判別式を利用してもよいが，左のようにすると，計算がらく。

よって　　**$x=5$，$y=0$ のとき最大値 89；$x=2$，$y=4$ のとき最小値 20**

練習 ④126 x，y が 2 つの不等式 $x+y-2\leqq0$，$x^2+4x-y+2\leqq0$ を満たすとき，$\frac{y-5}{x-2}$ の最大値と最小値，およびそのときの x，y の値を求めよ。

$x+y-2=0$ …… ①，$x^2+4x-y+2=0$ …… ②

とする。連立方程式 ①，② を解くと

$$(x,\ y)=(0,\ 2),\ (-5,\ 7)$$

ゆえに，連立方程式 $x+y-2\leqq0$，$x^2+4x-y+2\leqq0$ の表す領域 A は図の斜線部分である。ただし，境界線を含む。

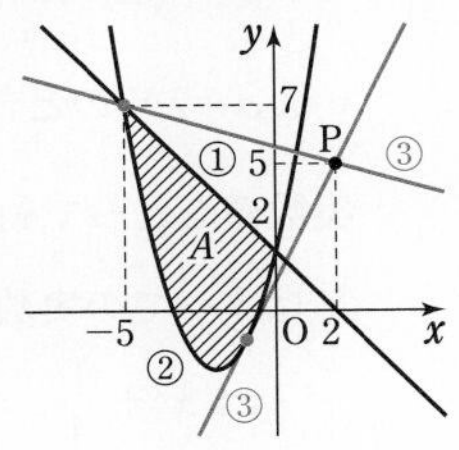

$\frac{y-5}{x-2}=k$ とおくと　　$y-5=k(x-2)$

すなわち　　$y=kx-2k+5$ …… ③

③ は，点 $\mathrm{P}(2,\ 5)$ を通り，傾きが k の直線を表す。

図から，直線 ③ が放物線 ② に第 3 象限で接するとき，k の値は最大となる。

②，③ から y を消去して整理すると

$$x^2+(4-k)x+2k-3=0$$

この x の 2 次方程式の判別式を D とすると

$$D=(4-k)^2-4(2k-3)=k^2-16k+28=(k-2)(k-14)$$

直線 ③ が放物線 ② に接するための条件は $D=0$ であるから，

$(k-2)(k-14)=0$ より　　$k=2,\ 14$

第 3 象限で接するときの k の値は　　$k=2$

このときの接点の座標は　　$(-1,\ -1)$

次に，図から，直線 ③ が点 $(-5,\ 7)$ を通るとき，k の値は最小となる。このとき　　$k=\dfrac{7-5}{-5-2}=-\dfrac{2}{7}$

したがって　　**$x=-1$，$y=-1$ のとき最大値 2；**

$x=-5$，$y=7$ のとき最小値 $-\dfrac{2}{7}$

←$k(x-2)-(y-5)=0$ は，$x=2$，$y=5$ のとき，k についての恒等式となる。⟶ k の値に関わらず定点 $(2,\ 5)$ を通る。

←$k=14$ のときは，第 1 象限で接する接線となる。

練習 ④ 127　直線 $y=ax+\dfrac{1-a^2}{4}$ …… ① について，a がすべての実数値をとって変化するとき，直線 ① が通りうる領域を図示せよ。

① を a について整理すると　　$a^2-4xa+4y-1=0$ …… ②

a は実数であるから，a の 2 次方程式 ② の判別式を D とすると　　$D\geqq 0$

ここで　　$\dfrac{D}{4}=(-2x)^2-4y+1$

$=4x^2-4y+1$

よって，$4x^2-4y+1\geqq 0$ から

$$y\leqq x^2+\frac{1}{4}$$

ゆえに，求める領域は **図の斜線部分。ただし，境界線を含む。**

←逆像法による解答。

←$f(x,\ y,\ a)=0$ の通過領域
⟺ 実数 a が存在する $(x,\ y)$ の範囲
⟺ a の 2 次方程式が実数解をもつ $(x,\ y)$ の範囲

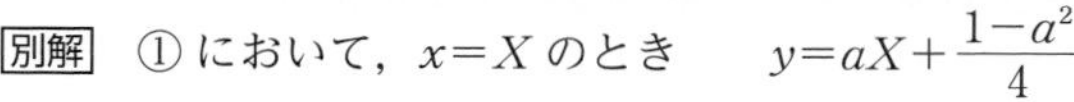

別解　① において，$x=X$ のとき　　$y=aX+\dfrac{1-a^2}{4}$

これを a の関数とみると，$y=-\dfrac{1}{4}a^2+Xa+\dfrac{1}{4}$ から

$$y=-\frac{1}{4}(a-2X)^2+X^2+\frac{1}{4}$$

y は $a=2X$ のとき最大値 $X^2+\dfrac{1}{4}$ をとるから，a がすべての実数値をとって動くとき　　$y\leqq X^2+\dfrac{1}{4}$

X はすべての実数値をとりうるから，X を x におき換えて

$y\leqq x^2+\dfrac{1}{4}$　　求める領域は先に図示したものと同じ。

←まず，**1 文字 (x) を固定させる** 方法。これは正像法による解答である。

←上に凸
⟶ 頂点で最大。

←**X を変化させる。**

練習 ⑤**128** 直線 $y=-4tx+t^2-1$ …… ① について，t が $-1\leqq t\leqq 1$ の範囲の値をとって変化するとき，直線 ① が通過する領域を図示せよ。

① を t について整理すると

$$t^2-4xt-y-1=0 \quad \cdots\cdots \text{②}$$

直線 ① が点 $(x,\ y)$ を通るための条件は，t の 2 次方程式 ② が $-1\leqq t\leqq 1$ の範囲に少なくとも 1 つの実数解をもつことである。すなわち，次の [1]～[3] のいずれかの場合である。

← 逆像法による解答。

② の判別式を D とし，$f(t)=t^2-4xt-y-1$ とする。

← 下に凸の放物線。軸は直線 $t=2x$

[1] $-1<t<1$ の範囲にすべての解をもつ場合

条件は　$D\geqq 0,\ f(-1)>0,\ f(1)>0,$
軸が $-1<t<1$ の範囲にある

$\dfrac{D}{4}\geqq 0$ から　$(-2x)^2-1\cdot(-y-1)\geqq 0$

$f(-1)>0$ から　$4x-y>0$　$f(1)>0$ から　$-4x-y>0$

軸は直線 $t=2x$ であるから　$-1<2x<1$

よって　$y\geqq -4x^2-1,\ y<4x,\ y<-4x,\ -\dfrac{1}{2}<x<\dfrac{1}{2}$

[1]
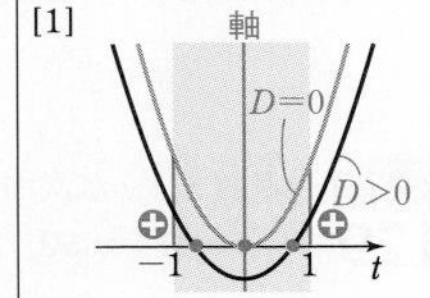

[2] $-1<t<1$ の範囲に解を 1 つ，$t<-1$ または $1<t$ の範囲にもう 1 つの解をもつ場合

$f(-1)f(1)<0$ から　$(4x-y)(-4x-y)<0$

すなわち　$(y-4x)(y+4x)<0$

ゆえに $\begin{cases} y>4x \\ y<-4x \end{cases}$ または $\begin{cases} y<4x \\ y>-4x \end{cases}$

[2]
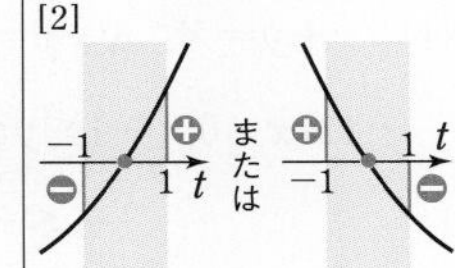

[3] $t=-1$ または $t=1$ を解にもつ場合

$f(-1)f(1)=0$ から

$$(y-4x)(y+4x)=0$$

よって　$y=4x$ または $y=-4x$

[1]～[3] から，求める領域は，**右の図の斜線部分。ただし，境界線を含む。**

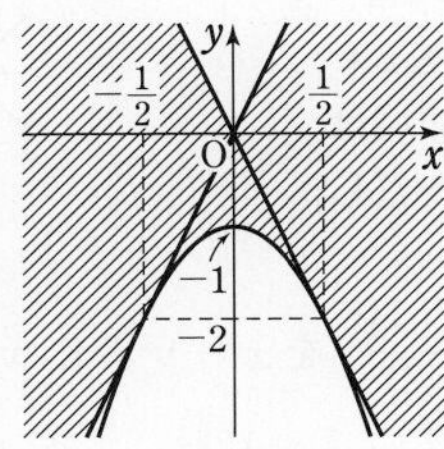

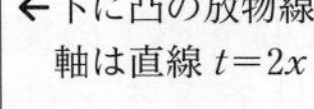

注意　$-4x^2-1=4x$ とすると，$(2x+1)^2=0$ から　$x=-\dfrac{1}{2}$（重解）

$-4x^2-1=-4x$ とすると，$(2x-1)^2=0$ から

$x=\dfrac{1}{2}$（重解）

よって，左の図で，点 $\left(-\dfrac{1}{2},\ -2\right),\left(\dfrac{1}{2},\ -2\right)$ は放物線と直線の接点である。

別解　① において，$x=X$ のとき

$$y=t^2-4Xt-1=(t-2X)^2-4X^2-1 \quad \cdots\cdots \text{③}$$

$-1\leqq t\leqq 1$ の範囲における t の関数 ③ のとりうる値の範囲を調べる。

← 正像法による解答。まず，$\boldsymbol{x}$ **を固定。**
← ③ は下に凸の放物線を表し，軸は直線 $t=2X$

[1] $2X<-1$ すなわち $X<-\dfrac{1}{2}$ のとき

$t=1$ で最大値 $-4X$，$t=-1$ で最小値 $4X$

をとるから　$4X\leqq y\leqq -4X$

← 軸が区間 $-1\leqq t\leqq 1$ の左外。

[2] $-1\leqq 2X<0$ すなわち $-\dfrac{1}{2}\leqq X<0$ のとき

$t=1$ で最大値 $-4X$，$t=2X$ で最小値 $-4X^2-1$

をとるから　$-4X^2-1\leqq y\leqq -4X$

← 軸が区間 $-1\leqq t\leqq 1$ の中央より左。

[3]　$0 \leqq 2X \leqq 1$ すなわち $0 \leqq X \leqq \frac{1}{2}$ のとき

$t=-1$ で最大値 $4X$，$t=2X$ で最小値 $-4X^2-1$

をとるから　　$-4X^2-1 \leqq y \leqq 4X$

←軸が区間 $-1 \leqq t \leqq 1$ の中央より右。

[4]　$1<2X$ すなわち $\frac{1}{2}<X$ のとき

$t=-1$ で最大値 $4X$，$t=1$ で最小値 $-4X$

をとるから　　$-4X \leqq y \leqq 4X$

←軸が区間 $-1 \leqq t \leqq 1$ の右外。

X はすべての実数値をとりうるから，求める領域は，[1]～[4] で X を x におき換えた不等式の表す領域を考えて，先に図示した領域と同じものが得られる。

←**X を変化させる。**

練習 ③129　実数 x，y が次の条件を満たしながら変わるとき，点 $(x+y,\ x-y)$ の動く領域を図示せよ。
(1)　$-1 \leqq x \leqq 0$，$-1 \leqq y \leqq 1$　　(2)　$x^2+y^2 \leqq 4$，$x \geqq 0$，$y \geqq 0$

(1)　$x+y=X$，$x-y=Y$ とおくと　　$x=\frac{X+Y}{2}$，$y=\frac{X-Y}{2}$

$-1 \leqq x \leqq 0$，$-1 \leqq y \leqq 1$ に代入すると

$$-1 \leqq \frac{X+Y}{2} \leqq 0,\ -1 \leqq \frac{X-Y}{2} \leqq 1$$

←$-2 \leqq X+Y \leqq 0$
$\iff -X-2 \leqq Y \leqq -X$
$-2 \leqq X-Y \leqq 2$
$\iff Y \leqq X+2$ かつ $X-2 \leqq Y$
$\iff X-2 \leqq Y \leqq X+2$

よって　$\begin{cases} -X-2 \leqq Y \leqq -X \\ X-2 \leqq Y \leqq X+2 \end{cases}$

変数を x，y におき換えて

$$\begin{cases} -x-2 \leqq y \leqq -x \\ x-2 \leqq y \leqq x+2 \end{cases}$$

←xy 平面上に図示するから，X，Y を x，y におき換える。

したがって，求める領域は，**右の図の斜線部分。ただし，境界線を含む。**

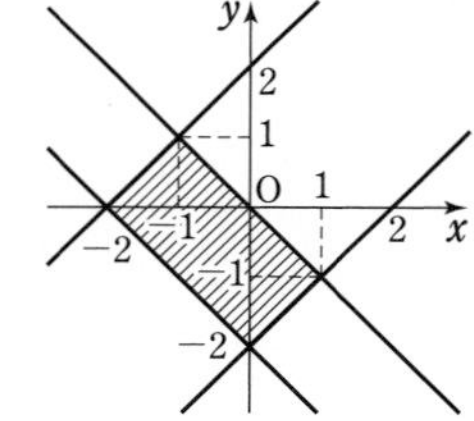

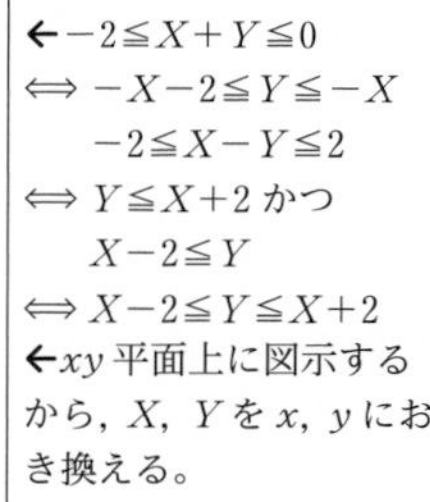

(2)　$x=\frac{X+Y}{2}$，$y=\frac{X-Y}{2}$ を $x^2+y^2 \leqq 4$，$x \geqq 0$，$y \geqq 0$ に代入すると　$\left(\frac{X+Y}{2}\right)^2+\left(\frac{X-Y}{2}\right)^2 \leqq 4$ …… ①，

$\frac{X+Y}{2} \geqq 0$ …… ②，$\frac{X-Y}{2} \geqq 0$ …… ③

① から　　$(X+Y)^2+(X-Y)^2 \leqq 16$

展開して整理すると　　$X^2+Y^2 \leqq 8$

②，③ から　　$-X \leqq Y \leqq X$

よって　$\begin{cases} X^2+Y^2 \leqq 8 \\ -X \leqq Y \leqq X \end{cases}$

変数を x，y におき換えて　$\begin{cases} x^2+y^2 \leqq 8 \\ -x \leqq y \leqq x \end{cases}$

したがって，求める領域は，**右の図の斜線部分。ただし，境界線を含む。**

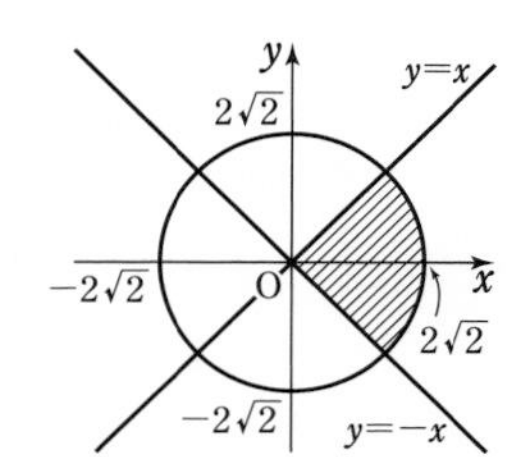

練習 ④**130** 座標平面上の点 $(p,\ q)$ は $x^2+y^2 \leqq 8$, $x \geqq 0$, $y \geqq 0$ で表される領域を動く。このとき，点 $(p+q,\ pq)$ の動く領域を図示せよ。

条件から　$p^2+q^2 \leqq 8$ …… ①,　$p \geqq 0$, $q \geqq 0$ …… ②

$X=p+q$, $Y=pq$ とおくと，① から

$$(p+q)^2-2pq \leqq 8$$

←$p^2+q^2=(p+q)^2-2pq$

よって　$X^2-2Y \leqq 8$ …… ③

また，p, q は 2 次方程式 $t^2-Xt+Y=0$ …… ④ の解であり，② より，④ は 0 以上の実数解をもつ。

←点 $(X,\ Y)$ が求める範囲内にある
$\iff X=p+q$, $Y=pq$, $p^2+q^2 \leqq 8$, $p \geqq 0$, $q \geqq 0$ を満たす実数の組 $(p,\ q)$ が存在する。

←④ から
$p+q=X$, $pq=Y$

④ の判別式を D とすると，④ が実数解をもつための条件は

$$D \geqq 0 \quad すなわち \quad X^2-4Y \geqq 0 \text{ …… ⑤}$$

また，④ の 2 つの解がともに 0 以上になるための条件は

$$X \geqq 0 \quad かつ \quad Y \geqq 0$$

したがって，

③ かつ ⑤ かつ「$X \geqq 0$ かつ $Y \geqq 0$」の表す領域を，変数 X, Y を x, y におき換えて xy 平面上に図示すると，**図の斜線部分。ただし，境界線を含む。**

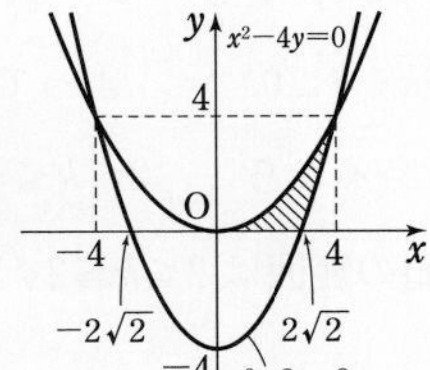

注意　解答の図は，次の連立不等式の表す領域である。

$$\begin{cases} x^2-2y \leqq 8 \\ x^2-4y \geqq 0 \\ x \geqq 0 \\ y \geqq 0 \end{cases} \quad すなわち \quad \begin{cases} y \geqq \dfrac{x^2}{2}-4 \\ y \leqq \dfrac{x^2}{4} \\ x \geqq 0 \\ y \geqq 0 \end{cases}$$

また，放物線 $x^2-2y=8$ と $x^2-4y=0$ の交点の座標は，2 つの放物線の方程式を連立して解くと

$$(x,\ y)=(-4,\ 4),\ (4,\ 4)$$

←x^2 を消去して解くとよい。

検討　**本冊 $p.198$ 基本例題 124 の逆像法による解答**

$x^2+y^2 \leqq 10$ …… ①, $y \geqq -2x+5$ …… ② とする。

$x+y=k$ とおくと　$y=k-x$　これを ①, ② に代入すると

$$x^2+(k-x)^2 \leqq 10 \text{ …… ③},\ k-x \geqq -2x+5 \text{ …… ④}$$

x についての連立不等式 ③, ④ の解が存在するような k の値の範囲を調べる。

←①, ② および $x+y=k$ をすべて満たす点 $(x,\ y)$ が存在するような k の値の範囲を求める問題と捉える。
$x+y=k$ を利用すると，y を消去できるから，結局 ③, ④ の 2 式のみに注目すればよい。

③ から　$2x^2-2kx+k^2-10 \leqq 0$ …… ⑤

これを満たす実数 x が存在するための条件は，x の 2 次方程式 $2x^2-2kx+k^2-10=0$ …… ⑥ が実数解をもつことである。

すなわち，⑥ の判別式を D とすると　$D \geqq 0$

ここで　$\dfrac{D}{4}=(-k)^2-2\cdot(k^2-10)=-(k+2\sqrt{5})(k-2\sqrt{5})$

ゆえに　$(k+2\sqrt{5})(k-2\sqrt{5}) \leqq 0$

よって　$-2\sqrt{5} \leqq k \leqq 2\sqrt{5}$ …… ⑦

また，⑦ のとき，⑤ の解は

$$\frac{k-\sqrt{-k^2+20}}{2} \leqq x \leqq \frac{k+\sqrt{-k^2+20}}{2} \quad \cdots\cdots ⑧$$

④ を解くと　$x \geqq -k+5$ …… ⑨

ゆえに，⑦ のもとで ⑧，⑨ の共通部分が存在するのは

$$-k+5 \leqq \frac{k+\sqrt{-k^2+20}}{2}$$

すなわち　$-3k+10 \leqq \sqrt{-k^2+20}$ …… ⑩　が成り立つときである。

$$\begin{cases} \alpha=\dfrac{k-\sqrt{-k^2+20}}{2}, \\ \beta=\dfrac{k+\sqrt{-k^2+20}}{2} \end{cases}$$

とする。

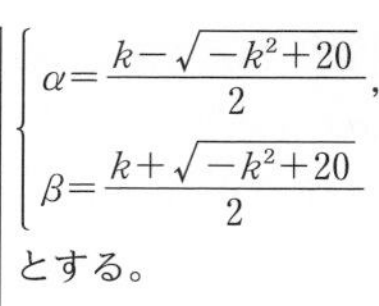

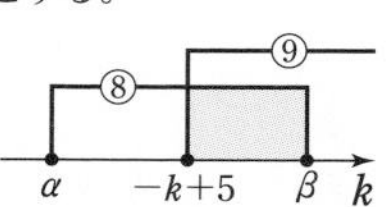

[1]　⑦ かつ $-3k+10 \leqq 0$，すなわち $\frac{10}{3} \leqq k \leqq 2\sqrt{5}$ のとき，⑩ は常に成り立つ。

[2]　⑦ かつ $-3k+10>0$，すなわち $-2\sqrt{5} \leqq k < \frac{10}{3}$ のとき，⑩ の両辺を 2 乗して整理すると　$k^2-6k+8 \leqq 0$　　よって，$(k-2)(k-4) \leqq 0$ から　$2 \leqq k \leqq 4$

$-2\sqrt{5} \leqq k < \frac{10}{3}$ であるから　$2 \leqq k < \frac{10}{3}$

[1]，[2] より，k の値の範囲は $2 \leqq k \leqq 2\sqrt{5}$ であるから　**最大値は $2\sqrt{5}$，最小値は 2**

練習 ②131

x，y は実数とする。
(1)　$x^2+y^2<4x-3$ ならば $x^2+y^2>1$ であることを証明せよ。
(2)　$x^2+y^2 \leqq 4$ が $x+3y \leqq k$ の十分条件となる定数 k の値の範囲を求めよ。

(1)　$x^2+y^2<4x-3$ から　$(x-2)^2+y^2<1$

$P=\{(x,\ y)|(x-2)^2+y^2<1\}$，

$Q=\{(x,\ y)|x^2+y^2>1\}$

とすると，図から，$P \subset Q$ が成り立つ。

したがって，$x^2+y^2<4x-3$ ならば $x^2+y^2>1$ が成り立つ。

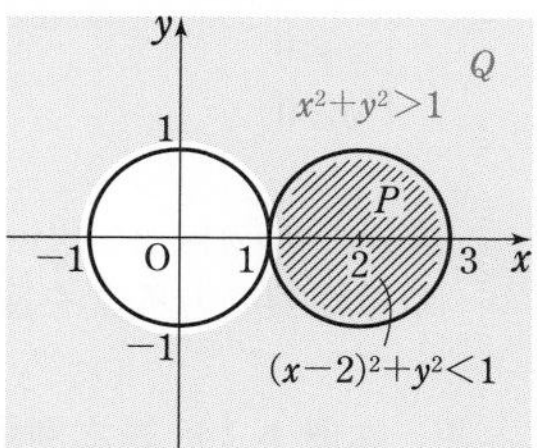

(2)　$P=\{(x,\ y)|x^2+y^2 \leqq 4\}$，

$Q=\{(x,\ y)|x+3y \leqq k\}$　とすると

$x^2+y^2 \leqq 4 \Longrightarrow x+3y \leqq k$ が成り立つための条件は　$P \subset Q$

よって，図から

$$k>0 \text{ かつ } \frac{|-k|}{\sqrt{1^2+3^2}} \geqq 2$$

ゆえに　$|-k| \geqq 2\sqrt{10}$

よって　$k \leqq -2\sqrt{10}$，$2\sqrt{10} \leqq k$

$k>0$ との共通範囲をとって　**$k \geqq 2\sqrt{10}$**

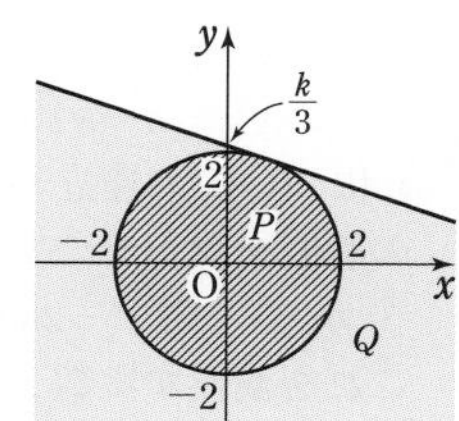

EX ①48 数直線上において，2 点 A$(a-1)$，B$(a+2)$ を結ぶ線分 AB を 2：1 に内分する点を C，外分する点を D とする。
(1) 2 点 C，D 間の距離を求めよ。
(2) 点 E(-1) が線分 CD の中点となるような a の値を求めよ。

(1) 点 C の座標を c とすると

$$c=\frac{1\cdot(a-1)+2\cdot(a+2)}{2+1}=\frac{3a+3}{3}=a+1$$

← $\frac{na+mb}{m+n}$ (内分)

点 D の座標を d とすると

$$d=\frac{-1\cdot(a-1)+2\cdot(a+2)}{2-1}=a+5$$

← $\frac{-na+mb}{m-n}$ (外分)

よって　$\mathrm{CD}=|d-c|=|a+5-(a+1)|=\mathbf{4}$

(2) 線分 CD の中点の座標は

$$\frac{(a+1)+(a+5)}{2}=a+3$$

← $\frac{a+b}{2}$ (中点)

ゆえに　$a+3=-1$　　よって　$\boldsymbol{a=-4}$

EX ③49 座標平面上の 3 点 A$(-2,\ 5)$，B$(-3,\ -2)$，C$(3,\ 0)$ がある。
(1) 線分 AB，BC の長さをそれぞれ求めよ。
(2) ∠ABC の二等分線と直線 AC との交点 P の座標を求めよ。　〔類 弘前大〕

(1)

$$\mathrm{AB}=\sqrt{\{-3-(-2)\}^2+(-2-5)^2}=\mathbf{5\sqrt{2}}$$

$$\mathrm{BC}=\sqrt{\{3-(-3)\}^2+\{0-(-2)\}^2}=\mathbf{2\sqrt{10}}$$

(2) 直線 BP は ∠ABC の二等分線であるから　$\mathrm{AP}:\mathrm{PC}=\mathrm{AB}:\mathrm{BC}$

$$=5\sqrt{2}:2\sqrt{10}=5:2\sqrt{5}$$

よって，点 P は線分 AC を $5:2\sqrt{5}$ に内分する点であるから，点 P の座標を $(x,\ y)$ とすると

$$x=\frac{2\sqrt{5}\cdot(-2)+5\cdot3}{5+2\sqrt{5}}=\frac{15-4\sqrt{5}}{5+2\sqrt{5}}=\frac{(15-4\sqrt{5})(5-2\sqrt{5})}{(5+2\sqrt{5})(5-2\sqrt{5})}$$

$$=\frac{115-50\sqrt{5}}{5}=23-10\sqrt{5}$$

$$y=\frac{2\sqrt{5}\cdot5+5\cdot0}{5+2\sqrt{5}}=\frac{10\sqrt{5}}{5+2\sqrt{5}}=\frac{10\sqrt{5}(5-2\sqrt{5})}{(5+2\sqrt{5})(5-2\sqrt{5})}$$

$$=\frac{50\sqrt{5}-100}{5}=10\sqrt{5}-20$$

よって，点 P の座標は　$\mathbf{(23-10\sqrt{5},\ 10\sqrt{5}-20)}$

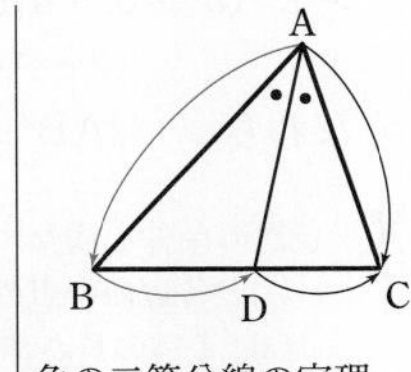

角の二等分線の定理
AB：AC＝BD：DC

注意　$5:2\sqrt{5}=\sqrt{5}:2$ であることに気づくと，x，y の計算がよりらくに進められる。

EX ③50 (1) △ABC の 3 つの中線は 1 点で交わることを証明せよ。
(2) △ABC において，$2\mathrm{AB}^2<(2+\mathrm{AC}^2)(2+\mathrm{BC}^2)$ が成り立つことを示せ。　〔(2) 山形大〕

(1) 3 つの中線を AL，BM，CN とする。
また，L を原点に，直線 BC を x 軸にとると，各頂点の座標は
A$(a,\ b)$，B$(-c,\ 0)$，C$(c,\ 0)$
と表すことができる。このとき

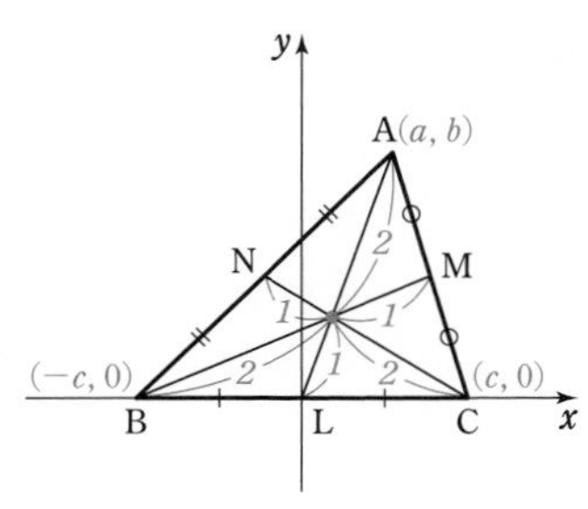

$$L(0,\ 0),\ M\left(\frac{a+c}{2},\ \frac{b}{2}\right),\ N\left(\frac{a-c}{2},\ \frac{b}{2}\right)$$

よって，中線 AL，BM，CN を $2:1$ に内分する点の座標はそれぞれ

$$\left(\frac{a}{3},\ \frac{b}{3}\right),\ \left(\frac{-c+(a+c)}{2+1},\ \frac{0+b}{2+1}\right),$$

$$\left(\frac{c+(a-c)}{2+1},\ \frac{0+b}{2+1}\right)$$ となり，一致する。

すなわち，△ABC の 3 つの中線は 1 点で交わる。

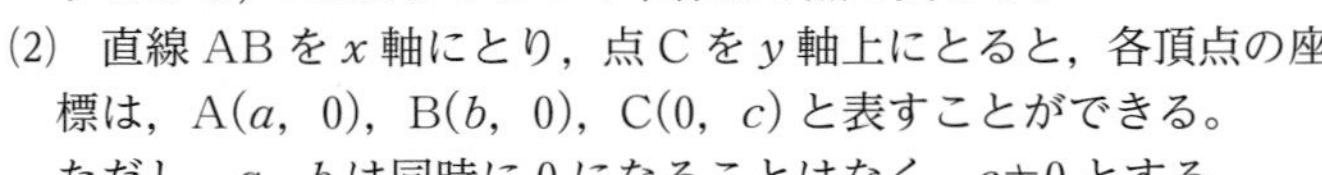

(2) 直線 AB を x 軸にとり，点 C を y 軸上にとると，各頂点の座標は，$A(a,\ 0)$，$B(b,\ 0)$，$C(0,\ c)$ と表すことができる。

ただし，a，b は同時に 0 になることはなく，$c\neq 0$ とする。

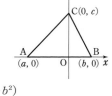

このとき　$(2+AC^2)(2+BC^2)-2AB^2$

$$=(2+a^2+c^2)(2+b^2+c^2)-2(a-b)^2$$
$$=c^4+(a^2+b^2+4)c^2+(a^2+2)(b^2+2)-2(a-b)^2$$
$$=c^4+(a^2+b^2+4)c^2+a^2b^2+2a^2+2b^2+4-2(a^2-2ab+b^2)$$
$$=c^4+(a^2+b^2+4)c^2+a^2b^2+4ab+4$$
$$=c^4+(a^2+b^2+4)c^2+(ab+2)^2$$

←c について降べきの順に整理。

$c^4>0$，$(a^2+b^2+4)c^2>0$，$(ab+2)^2\geqq 0$ であるから

$$(2+AC^2)(2+BC^2)-2AB^2>0$$

すなわち　$2AB^2<(2+AC^2)(2+BC^2)$

←(右辺)−(左辺)>0 ⟺ (左辺)<(右辺)

EX ③51

次の条件を満たす三角形の頂点の座標を求めよ。

(1) 各辺の中点の座標が $(1,\ -1)$，$(2,\ 4)$，$(3,\ 1)$

(2) 1 辺の長さが 2 の正三角形で，1 つの頂点が x 軸上にあり，その重心は原点に一致する。

HINT (1) 三角形の頂点を $A(a_1,\ a_2)$，$B(b_1,\ b_2)$，$C(c_1,\ c_2)$ とする。
(2) 正三角形の対称性を利用して，頂点の座標を決める。

(1) 三角形の頂点の座標を $A(a_1,\ a_2)$，$B(b_1,\ b_2)$，$C(c_1,\ c_2)$ とし，辺 AB，BC，CA の中点の座標がそれぞれ $(1,\ -1)$，$(2,\ 4)$，$(3,\ 1)$ であるとする。

x 座標について　$\dfrac{a_1+b_1}{2}=1,\ \dfrac{b_1+c_1}{2}=2,\ \dfrac{c_1+a_1}{2}=3$

よって　$a_1+b_1=2,\ b_1+c_1=4,\ c_1+a_1=6$ …… ①

←① は循環形であるから，辺々加えると，うまくいくことが多い。

辺々加えて　$2(a_1+b_1+c_1)=12$

ゆえに　$a_1+b_1+c_1=6$

これと ① から　$c_1=4,\ a_1=2,\ b_1=0$

y 座標について　$\dfrac{a_2+b_2}{2}=-1,\ \dfrac{b_2+c_2}{2}=4,\ \dfrac{c_2+a_2}{2}=1$

よって　$a_2+b_2=-2,\ b_2+c_2=8,\ c_2+a_2=2$ …… ②

辺々加えて　$2(a_2+b_2+c_2)=8$

ゆえに　$a_2+b_2+c_2=4$

これと ② から　$c_2=6,\ a_2=-4,\ b_2=2$

よって，三角形の頂点の座標は　**$(2,\ -4)$，$(0,\ 2)$，$(4,\ 6)$**

(2) 1辺の長さが2の正三角形であり，1つの頂点が x 軸上にあるから，三角形の頂点の座標を $(a,\ 0)$, $(b,\ 1)$, $(b,\ -1)$ とおく。

←正三角形の対称性。

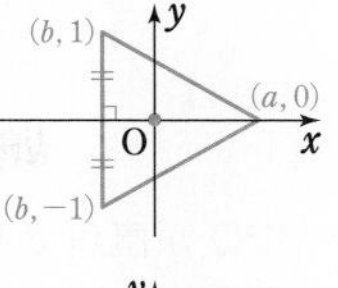

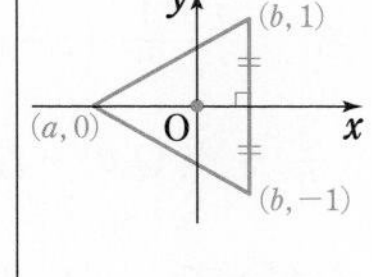

重心は原点に一致するから　$\dfrac{a+b+b}{3}=0$

ゆえに　$a=-2b$　…… ①

1辺の長さが2であるから　$(b-a)^2+(1-0)^2=2^2$

よって　$(b-a)^2=3$　…… ②

① を ② に代入して　$9b^2=3$　ゆえに　$b=\pm\dfrac{\sqrt{3}}{3}$

① から，$b=\pm\dfrac{\sqrt{3}}{3}$ のとき　$a=\mp\dfrac{2\sqrt{3}}{3}$　(複号同順)

したがって　$\boldsymbol{\left(\dfrac{2\sqrt{3}}{3},\ 0\right),\ \left(-\dfrac{\sqrt{3}}{3},\ 1\right),\ \left(-\dfrac{\sqrt{3}}{3},\ -1\right)}$

または　$\boldsymbol{\left(-\dfrac{2\sqrt{3}}{3},\ 0\right),\ \left(\dfrac{\sqrt{3}}{3},\ 1\right),\ \left(\dfrac{\sqrt{3}}{3},\ -1\right)}$

EX ③52

3点 $A(a_1,\ a_2)$, $B(b_1,\ b_2)$, $C(c_1,\ c_2)$ を頂点とする △ABC において，辺 BC, CA, AB を $m:n$ に内分する点をそれぞれ D, E, F とする。ただし，$m>0$, $n>0$ とする。
(1) 3点 D, E, F の座標をそれぞれ求めよ。
(2) △DEF の重心と △ABC の重心は一致することを示せ。

(1) $\boldsymbol{D\left(\dfrac{nb_1+mc_1}{m+n},\ \dfrac{nb_2+mc_2}{m+n}\right),\ E\left(\dfrac{nc_1+ma_1}{m+n},\ \dfrac{nc_2+ma_2}{m+n}\right),}$

$\boldsymbol{F\left(\dfrac{na_1+mb_1}{m+n},\ \dfrac{na_2+mb_2}{m+n}\right)}$

←内分点の公式。

(2) △ABC の重心 G の座標は　$\left(\dfrac{a_1+b_1+c_1}{3},\ \dfrac{a_2+b_2+c_2}{3}\right)$

△DEF の重心を $G'(x,\ y)$ とすると

$$x=\frac{1}{3}\left(\frac{nb_1+mc_1}{m+n}+\frac{nc_1+ma_1}{m+n}+\frac{na_1+mb_1}{m+n}\right)$$

$$=\frac{1}{3}\cdot\frac{(m+n)a_1+(m+n)b_1+(m+n)c_1}{m+n}=\frac{a_1+b_1+c_1}{3}$$

←重心の公式。

同様にして　$y=\dfrac{a_2+b_2+c_2}{3}$

したがって　$G'\left(\dfrac{a_1+b_1+c_1}{3},\ \dfrac{a_2+b_2+c_2}{3}\right)$

←△ABC の重心 G と一致。

よって，△DEF の重心と △ABC の重心は一致する。

EX ③53

放物線 $y=x^2-x$ の頂点を P とする。点 Q はこの放物線上の点であり，原点 $O(0,\ 0)$ とも点 P とも異なるとする。∠OPQ が直角であるとき，点 Q の座標を求めよ。〔長崎大〕

$y=x^2-x=\left(x-\dfrac{1}{2}\right)^2-\dfrac{1}{4}$

←まず，頂点 P の座標を求める。

ゆえに，放物線 $y=x^2-x$ の頂点 P の座標は

$\left(\dfrac{1}{2},\ -\dfrac{1}{4}\right)$

よって，直線 OP の傾きは　$-\dfrac{1}{2}$

←$\dfrac{-\frac{1}{4}}{\frac{1}{2}}=-\dfrac{1}{2}$

ここで，点 Q の座標を $(t,\ t^2-t)$ $\left(t \neq 0,\ t \neq \dfrac{1}{2}\right)$ とすると，直線 PQ の傾きは

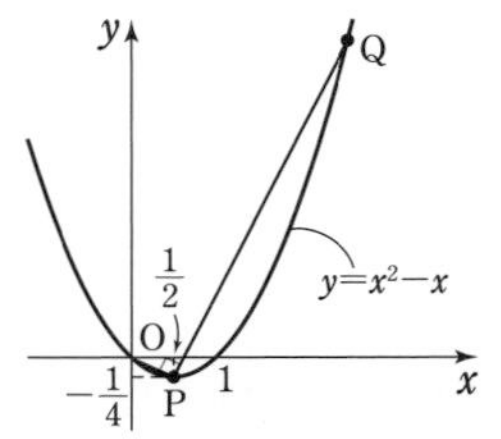

$$\frac{t^2-t-\left(-\dfrac{1}{4}\right)}{t-\dfrac{1}{2}}=t-\frac{1}{2}$$

←(分子)$=t^2-t+\dfrac{1}{4}$ $=\left(t-\dfrac{1}{2}\right)^2$

∠OPQ が直角であるとき，OP⊥PQ から　$-\dfrac{1}{2}\cdot\left(t-\dfrac{1}{2}\right)=-1$　　これを解いて　$t=\dfrac{5}{2}$

←垂直 ⟺ 傾きの積が −1

$t=\dfrac{5}{2}$ を点 Q の y 座標 t^2-t に代入して　$\left(\dfrac{5}{2}\right)^2-\dfrac{5}{2}=\dfrac{15}{4}$

したがって，点 Q の座標は　$\left(\boldsymbol{\dfrac{5}{2},\ \dfrac{15}{4}}\right)$

EX ③54

座標平面の第 1 象限にある定点 $\mathrm{P}(a,\ b)$ を通り，x 軸，y 軸と，それらの正の部分で交わる直線 ℓ を引くとき，ℓ と x 軸，y 軸で囲まれた部分の面積 S の最小値と，そのときの ℓ の方程式を求めよ。　〔関西大〕

HINT　直線 ℓ の x 切片，y 切片をそれぞれ $p,\ q\ (p>0,\ q>0)$ とする。$S=\dfrac{1}{2}pq$ と P が直線 ℓ 上にある条件 $\dfrac{a}{p}+\dfrac{b}{q}=1$ を結び付ける。(相加平均)≧(相乗平均) を利用するとよい。

直線 ℓ と x 軸，y 軸との交点の座標を，それぞれ $(p,\ 0)$，$(0,\ q)$ とすると，$p>0,\ q>0$ であり，

題意の面積 S は　$S=\dfrac{1}{2}pq$

直線 ℓ の方程式は　$\dfrac{x}{p}+\dfrac{y}{q}=1$

点 P は直線 ℓ 上にあるから

$$\frac{a}{p}+\frac{b}{q}=1 \quad \cdots\cdots \text{①}$$

$\dfrac{a}{p}>0,\ \dfrac{b}{q}>0$ であるから，(相加平均)≧(相乗平均) により

←$x>0,\ y>0$ のとき $x+y \geqq 2\sqrt{xy}$ 等号は $x=y$ のとき成り立つ。

$$\frac{a}{p}+\frac{b}{q} \geqq 2\sqrt{\frac{ab}{pq}}$$

① から　$1 \geqq 2\sqrt{\dfrac{ab}{pq}}$

両辺を平方して　$1 \geqq \dfrac{4ab}{pq}$　　ゆえに　$\dfrac{1}{2}pq \geqq 2ab$

等号が成り立つのは $\dfrac{a}{p}=\dfrac{b}{q}$ のときで，これと ① を連立して

$$\frac{2a}{p}=1,\quad \frac{2b}{q}=1$$

よって　$p=2a,\ q=2b$

したがって，**直線 ℓ の方程式が $\dfrac{x}{2a}+\dfrac{y}{2b}=1$** のとき，面積 S は **最小値 $2ab$** をとる。

EX ③55 連立方程式 $2x+3y=-1$，$3x+py=q$ がただ 1 組の解をもつ条件，解をもたない条件，無数の解をもつ条件をそれぞれ求めよ。

連立方程式が **ただ 1 組の解をもつ条件は**，方程式が表す 2 直線が平行でないことである。

よって　　$2\cdot p-3\cdot 3\neq 0$

←$a_1b_2-a_2b_1=0$ (平行)

したがって　　$\boldsymbol{p\neq\dfrac{9}{2}}$

また，連立方程式が **解をもたない条件は**，方程式が表す 2 直線が平行であり，かつ一致しないことである。

$p=\dfrac{9}{2}$ のとき，2 直線は　　$2x+3y=-1$，$2x+3y=\dfrac{2q}{3}$

←後者は，$3x+\dfrac{9}{2}y=q$ を変形している。

よって　　$-1\neq\dfrac{2q}{3}$　すなわち　$q\neq-\dfrac{3}{2}$

したがって，求める条件は　　$\boldsymbol{p=\dfrac{9}{2}}$ **かつ** $\boldsymbol{q\neq-\dfrac{3}{2}}$

更に，連立方程式が **無数の解をもつ条件は**，方程式が表す 2 直線が一致することである。

←2 直線の方程式が同じになる。

ゆえに，$p=\dfrac{9}{2}$ のとき　　$-1=\dfrac{2q}{3}$　すなわち　$q=-\dfrac{3}{2}$

したがって，求める条件は　　$\boldsymbol{p=\dfrac{9}{2}}$ **かつ** $\boldsymbol{q=-\dfrac{3}{2}}$

EX ④56 3 点 O(0, 0)，A(4, 0)，B(2, 2) を頂点とする三角形 OAB の面積を，直線 ℓ：$y=mx+m+1$ が 2 等分するとき，定数 m の値を求めよ。〔早稲田大〕

HINT　△OAB は ∠B＝90° の直角二等辺三角形。直線 ℓ と辺 OB，AB の交点をそれぞれ P，Q とすると　　$\triangle\mathrm{BPQ}=\dfrac{1}{2}\mathrm{BP}\cdot\mathrm{BQ}$

$\triangle\mathrm{OAB}=\dfrac{1}{2}\cdot4\cdot2=4$

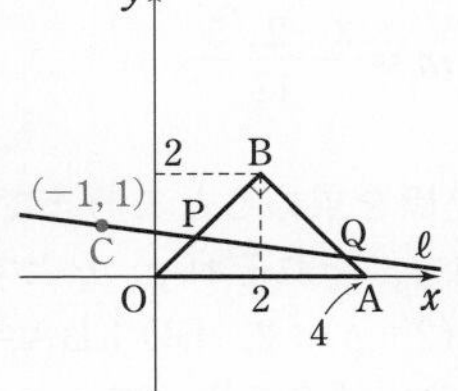

また，直線 OB の方程式は $y=x$，直線 AB の方程式は $y=-x+4$ であるから，直線 OB と直線 AB は垂直に交わる。

←**垂直 ⟺ 傾きの積が −1**

よって　　$\angle\mathrm{OBA}=90^\circ$

ℓ の方程式を変形すると

$$y=m(x+1)+1$$

ゆえに，ℓ は点 $(-1,\ 1)$ を通り，傾きが m の直線である。

←m がどんな値をとっても，$(x,\ y)=(-1,\ 1)$ は等式 $y=m(x+1)+1$ を満たす。

ここで，点 $(-1,\ 1)$ を C とすると

$$\triangle\mathrm{OAC}=\frac{1}{2}\cdot4\cdot1=2=\frac{1}{2}\triangle\mathrm{OAB}$$

このことから，ℓ が △OAB の面積を 2 等分するとき，ℓ は辺 AB と交わることがわかる。

ℓ が点 A を通るとき　$0=4m+m+1$　　よって　$m=-\dfrac{1}{5}$

ℓ が点 B を通るとき　$2=2m+m+1$　　よって　$m=\dfrac{1}{3}$

ゆえに　　$-\dfrac{1}{5}<m<\dfrac{1}{3}$ …… ①

① のとき，ℓ と辺 OB の交点を P とし，ℓ と辺 AB の交点を Q とする。

点 P の x 座標は，$x=mx+m+1$ を解いて　　$x=\dfrac{m+1}{1-m}$

点 Q の x 座標は，$-x+4=mx+m+1$ を解いて　$x=\dfrac{3-m}{m+1}$

直線 OB の傾きは 1 であるから

$$\mathrm{BP}=\sqrt{2}\left(2-\frac{m+1}{1-m}\right)=\frac{\sqrt{2}(1-3m)}{1-m}$$

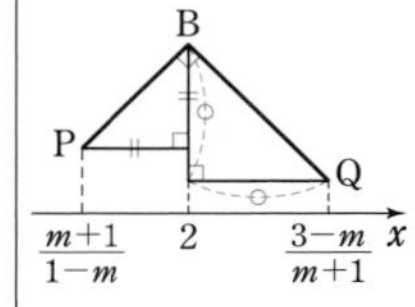

直線 AB の傾きは -1 であるから

$$\mathrm{BQ}=\sqrt{2}\left(\frac{3-m}{m+1}-2\right)=\frac{\sqrt{2}(1-3m)}{m+1}$$

したがって

$$\triangle\mathrm{BPQ}=\frac{1}{2}\mathrm{BP}\cdot\mathrm{BQ}=\frac{1}{2}\cdot\frac{\sqrt{2}(1-3m)}{1-m}\cdot\frac{\sqrt{2}(1-3m)}{m+1}$$

$$=\frac{(1-3m)^2}{1-m^2}$$

ℓ が △OAB の面積を 2 等分するとき，△BPQ=2 となるから

$$\frac{(1-3m)^2}{1-m^2}=2$$

分母を払って　　$(1-3m)^2=2(1-m^2)$

整理すると　　$11m^2-6m-1=0$

これを解いて　　$m=\dfrac{3\pm2\sqrt{5}}{11}$

① を満たすのは　　$\boldsymbol{m=\dfrac{3-2\sqrt{5}}{11}}$

別解　[P，Q の x 座標を求めるところまでは同じ]

点 P，Q の x 座標を，それぞれ p，q とすると

$$\mathrm{BP}:\mathrm{BO}=(2-p):2,\ \mathrm{BQ}:\mathrm{BA}=(q-2):2$$

直線 ℓ が △OAB の面積を 2 等分するとき

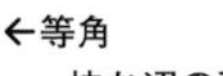

→ 挟む辺の積の比

$\dfrac{\triangle\mathrm{BPQ}}{\triangle\mathrm{BOA}}=\dfrac{\mathrm{BP}\cdot\mathrm{BQ}}{\mathrm{BO}\cdot\mathrm{BA}}=\dfrac{1}{2}$　すなわち　$\dfrac{(2-p)(q-2)}{2\cdot2}=\dfrac{1}{2}$

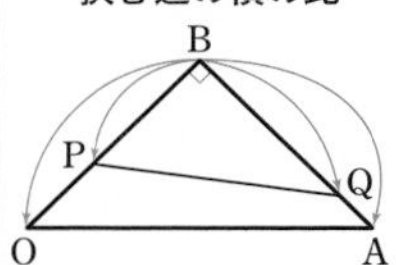

ゆえに　　$(2-p)(q-2)=2$

$p=\dfrac{m+1}{1-m}$，$q=\dfrac{3-m}{m+1}$ であるから，これを代入して

$\left(2-\dfrac{m+1}{1-m}\right)\left(\dfrac{3-m}{m+1}-2\right)=2$　すなわち　$\dfrac{(1-3m)^2}{(1-m)(1+m)}=2$

したがって，$\dfrac{(1-3m)^2}{1-m^2}=2$ が得られる。　(以後同じ)

EX ④57

xy 平面上で，原点以外の互いに異なる 3 点 $P_1(a_1,\ b_1)$，$P_2(a_2,\ b_2)$，$P_3(a_3,\ b_3)$ をとる。更に，3 直線 $\ell_1:a_1x+b_1y=1$，$\ell_2:a_2x+b_2y=1$，$\ell_3:a_3x+b_3y=1$ をとる。

(1)　2 直線 ℓ_1，ℓ_2 が点 $A(p,\ q)$ で交わるとき，2 点 P_1，P_2 を通る直線の方程式が $px+qy=1$ であることを示せ。

(2)　3 直線 ℓ_1，ℓ_2，ℓ_3 が 1 点で交わるとき，3 点 P_1，P_2，P_3 が同一直線上にあることを示せ。

(3)　3 点 P_1，P_2，P_3 が同一直線 ℓ 上にあるとする。このとき，3 直線 ℓ_1，ℓ_2，ℓ_3 が 1 点で交わるならば直線 ℓ は原点を通らないことを示せ。　〔類 佐賀大〕

(1)　2 直線 ℓ_1，ℓ_2 が点 $A(p,\ q)$ で交わるとき

$$a_1p+b_1q=1 \cdots\cdots ①,\quad a_2p+b_2q=1 \cdots\cdots ②$$

① は，点 $P_1(a_1,\ b_1)$ が直線 $px+qy=1$ 上にあることを表す。
② は，点 $P_2(a_2,\ b_2)$ が直線 $px+qy=1$ 上にあることを表す。
異なる 2 点 P_1, P_2 を通る直線は 1 つしかないから, 2 点 P_1, P_2 を通る直線の方程式は $px+qy=1$ である。

(2)　3 直線 ℓ_1，ℓ_2，ℓ_3 が 1 点 $A(p,\ q)$ で交わるとする。
このとき，(1) より，2 点 P_1，P_2 を通る直線の方程式は $px+qy=1$ である。
同様に考えて，2 点 P_2，P_3 を通る直線の方程式も $px+qy=1$ である。
よって，直線 $px+qy=1$ は 3 点 P_1，P_2，P_3 を通る。
したがって，3 点 P_1，P_2，P_3 は同一直線上にある。

←$pa_1+qb_1=1$, $pa_2+qb_2=1$, $pa_3+qb_3=1$ を満たす。

(3)　3 直線 ℓ_1，ℓ_2，ℓ_3 が 1 点 $A(p,\ q)$ で交わるとすると，(2) から，3 点 P_1，P_2，P_3 は同一直線 $px+qy=1$ 上にある。
よって，直線 ℓ の方程式は　$px+qy=1$
$p\cdot0+q\cdot0=0\neq1$ であるから，直線 ℓ は原点を通らない。

EX ③58

曲線 $K:y=\dfrac{1}{x}$ 上に 3 つの頂点 A，B，C をもつ △ABC を考える。△ABC の垂心 H は，曲線 K 上にあることを示せ。　〔類 岡山大〕

$A\left(a,\ \dfrac{1}{a}\right)$，$B\left(b,\ \dfrac{1}{b}\right)$，$C\left(c,\ \dfrac{1}{c}\right)$　(ただし $abc\neq0$) とする。
ここで，$a<b<c$ としても一般性を失わない。

←$abc\neq0$ は，$a\neq0$ かつ $b\neq0$ かつ $c\neq0$ と書いてもよい。

直線 BC の傾きは　$\dfrac{\dfrac{1}{c}-\dfrac{1}{b}}{c-b}=-\dfrac{1}{bc}$

よって，点 A を通り直線 BC に垂直な直線の方程式は

$$y-\frac{1}{a}=bc(x-a) \text{ から }\quad y=bcx-abc+\frac{1}{a} \cdots\cdots ①$$

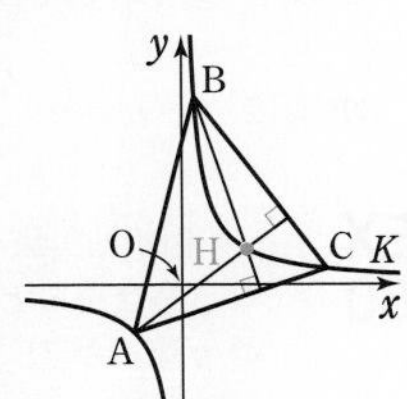

直線 CA の傾きは $-\dfrac{1}{ca}$ であるから，点 B を通り直線 CA に垂直な直線の方程式は

$$y-\frac{1}{b}=ca(x-b) \text{ から }\quad y=cax-abc+\frac{1}{b} \cdots\cdots ②$$

①, ② から y を消去すると

$$bcx-abc+\frac{1}{a}=cax-abc+\frac{1}{b}$$

ゆえに　$(a-b)cx=\frac{1}{a}-\frac{1}{b}$　　よって　$x=-\frac{1}{abc}$

←$(a-b)cx=\frac{b-a}{ab}$
両辺を $(a-b)c$ $[\neq 0]$ で割る。

① に代入すると　$y=bc\left(-\frac{1}{abc}\right)-abc+\frac{1}{a}$

よって　$y=-abc$

したがって，垂心 H の座標は　$\left(-\frac{1}{abc},\ -abc\right)$

←垂心は 2 直線 ①, ② の交点。

$-abc=\dfrac{1}{-\frac{1}{abc}}$ であるから，垂心 H は曲線 K 上にある。

EX ②59　点 A の点 (2, 1) に関する対称点を B とし，点 B の直線 $y=2x-3$ に関する対称点 C の座標が (−1, 3) であるとき，点 A の座標を求めよ。

HINT　垂直条件 (傾きの積が −1) と，線分 BC の中点が直線 $y=2x-3$ 上にあることを利用。

2 点 A, B の座標をそれぞれ
A$(a,\ b)$, B$(c,\ d)$ とする。

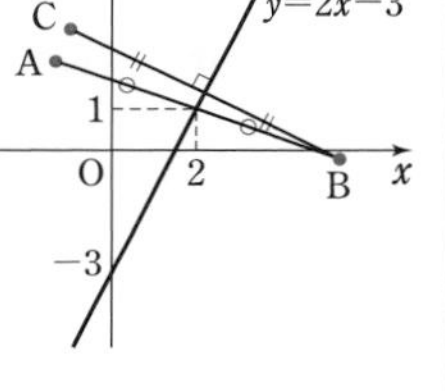

点 (2, 1) は線分 AB の中点であるから

$$\frac{a+c}{2}=2,\quad \frac{b+d}{2}=1$$

ゆえに　$a+c=4,\ b+d=2$ …… ①

また，直線 BC は直線 $y=2x-3$ に垂直

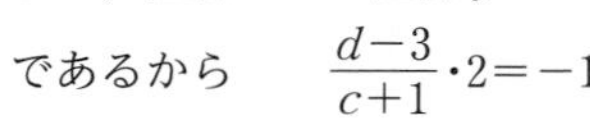

であるから　$\frac{d-3}{c+1}\cdot 2=-1$

よって　$c+2d=5$ …… ②

更に，線分 BC の中点は直線 $y=2x-3$ 上にあるから

$$\frac{d+3}{2}=2\cdot\frac{c-1}{2}-3$$

←線分 BC の中点の座標は $\left(\frac{c-1}{2},\ \frac{d+3}{2}\right)$

ゆえに　$2c-d=11$ …… ③

②, ③ を解いて　$c=\frac{27}{5},\ d=-\frac{1}{5}$

←②+③×2 から
$5c=27$
②×2−③ から $5d=-1$

これを ① に代入して　$a+\frac{27}{5}=4,\ b-\frac{1}{5}=2$

ゆえに　$a=-\frac{7}{5},\ b=\frac{11}{5}$　　よって　$\mathbf{A}\left(-\frac{7}{5},\ \frac{11}{5}\right)$

EX ④60　xy 平面上の点 A(3, 1) と，x 軸上の点 B および直線 $y=x$ 上の点 C からなる △ABC 全体からなる集合を S とする。S に属する △ABC で，周囲の長さ AB+BC+CA が最小になるのは，B の x 座標が ^{ア}□，C の x 座標が ^{イ}□ のときであり，そのときの周囲の長さは，AB+BC+CA=^{ウ}□ である。〔慶応大〕

点 A と x 軸に関して対称な点は A′(3, −1) であり，
点 A と直線 $y=x$ … ① に関して対称な点は A″(1, 3) である。

HINT　折れ線の長さの問題では，線対称移動を考えるとよい。

ここで　$AB+BC+CA=A'B+BC+CA''$
$\geqq A'A''$
であるから，4点 A′，B，C，A″ が一直線上にあるとき，AB+BC+CA は最小となる。

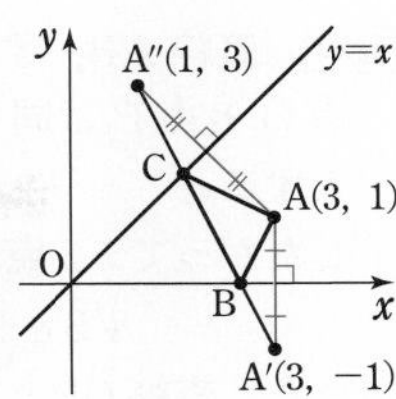

直線 A′A″ の方程式は　$y-(-1)=\dfrac{3-(-1)}{1-3}(x-3)$
すなわち　$y=-2x+5$ …… ②
② において，$y=0$ とすると　$x=\dfrac{5}{2}$
また，①，② を連立して解くと　$x=\dfrac{5}{3}$，$y=\dfrac{5}{3}$

←① を ② に代入して $x=-2x+5$
よって　$x=\dfrac{5}{3}$
ゆえに　$y=\dfrac{5}{3}$

よって，$B\left(\dfrac{5}{2},\ 0\right)$，$C\left(\dfrac{5}{3},\ \dfrac{5}{3}\right)$ のとき AB+BC+CA は最小となる。すなわち　(ア) $\boldsymbol{\dfrac{5}{2}}$　(イ) $\boldsymbol{\dfrac{5}{3}}$
このとき　$AB+BC+CA=A'A''=\sqrt{(1-3)^2+\{3-(-1)\}^2}$
$={}^{ウ}\boldsymbol{2\sqrt{5}}$

EX ③61　xy 平面上の原点 O と点 A(2, 0) に対し，三角形 OAB が正三角形となるように点 B を第 1 象限にとる。更に，三角形 OAB の内部に点 P(a, b) をとり，P から辺 OA，AB，BO にそれぞれ垂線 PL，PM，PN を下ろす。
(1) 点 B の座標を求めよ。
(2) PL+PM+PN の値を求めよ。　〔類　明治薬大〕

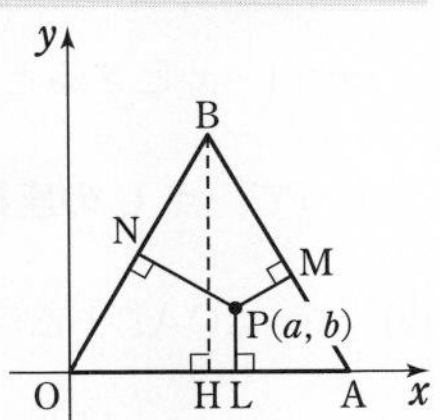

(1) 点 B から x 軸に垂線 BH を下ろすと
$OH=1$，$BH=\sqrt{3}$
よって，点 B の座標は　$\boldsymbol{(1,\ \sqrt{3})}$
(2) $b>0$ から　$PL=b$ …… ①
直線 AB の方程式は　$y-0=\dfrac{\sqrt{3}-0}{1-2}(x-2)$
すなわち　$y=-\sqrt{3}x+2\sqrt{3}$
ここで，点 P は直線 AB の下側にあるから
$b<-\sqrt{3}a+2\sqrt{3}$　すなわち　$\sqrt{3}a+b-2\sqrt{3}<0$
よって，線分 PM の長さは点 P と直線 AB の距離であるから
$PM=\dfrac{|\sqrt{3}a+b-2\sqrt{3}|}{\sqrt{(\sqrt{3})^2+1^2}}=\dfrac{-\sqrt{3}a-b+2\sqrt{3}}{2}$ …… ②

←$p<0$ のとき $|p|=-p$

また，直線 OB の方程式は　$y=\sqrt{3}x$
点 P は直線 OB の下側にあるから
$b<\sqrt{3}a$　すなわち　$\sqrt{3}a-b>0$
よって　$PN=\dfrac{|\sqrt{3}a-b|}{\sqrt{(\sqrt{3})^2+(-1)^2}}=\dfrac{\sqrt{3}a-b}{2}$ …… ③

←$p>0$ のとき　$|p|=p$

したがって，①，②，③ から
$PL+PM+PN=b+\dfrac{-\sqrt{3}a-b+2\sqrt{3}}{2}+\dfrac{\sqrt{3}a-b}{2}=\sqrt{3}$

3章
EX
〔図形と方程式〕

参考　直線AB，すなわち，直線 $\sqrt{3}x+y-2\sqrt{3}=0$ に関して原点Oと点Pは同じ側にあり，直線の式の左辺に $x=y=0$ を代入すると　$-2\sqrt{3}<0$
したがって，2点O，Pはともに直線の負領域にあるから
$$\sqrt{3}a+b-2\sqrt{3}<0$$
また，直線OB，すなわち，直線 $\sqrt{3}x-y=0$ に関して点Aと点Pは同じ側にあり，直線の式の左辺に $x=2$，$y=0$ を代入すると　$2\sqrt{3}>0$
したがって，2点A，Pはともに直線の正領域にあるから
$$\sqrt{3}a-b>0$$

←正領域・負領域については，本冊 *p*.187 の解説を参照。

EX ③62

$0<a<\sqrt{3}$ とする。3直線 $\ell: y=1-x$，$m: y=\sqrt{3}x+1$，$n: y=ax$ がある。ℓ と m の交点をA，m と n の交点をB，n と ℓ の交点をCとする。
(1) 3点A，B，Cの座標を求めよ。
(2) △ABCの面積 S を a で表せ。
(3) △ABCの面積 S が最小となる a を求めよ。また，そのときの S を求めよ。〔岡山県大〕

(1) ℓ と m の y 切片はともに1である。
よって，**点Aの座標は　(0, 1)**
$\sqrt{3}x+1=ax$ とすると，$a\neq\sqrt{3}$ から　$x=\dfrac{1}{a-\sqrt{3}}$
よって，**点Bの座標は**　$\left(\dfrac{1}{a-\sqrt{3}},\ \dfrac{a}{a-\sqrt{3}}\right)$
$ax=1-x$ とすると，$a\neq-1$ から　$x=\dfrac{1}{a+1}$
よって，**点Cの座標は**　$\left(\dfrac{1}{a+1},\ \dfrac{a}{a+1}\right)$

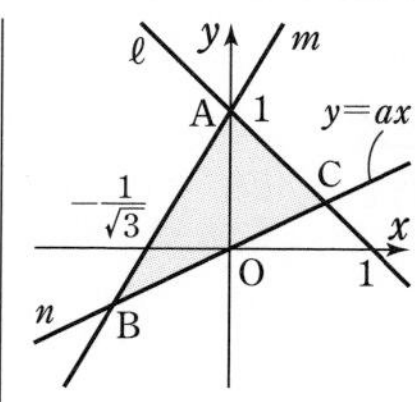

(2) $S=\triangle OAB+\triangle OAC=\dfrac{1}{2}\cdot1\cdot\left(-\dfrac{1}{a-\sqrt{3}}\right)+\dfrac{1}{2}\cdot1\cdot\dfrac{1}{a+1}$
$$=\frac{-(a+1)+a-\sqrt{3}}{2(a-\sqrt{3})(a+1)}=\frac{-(1+\sqrt{3})}{2(a-\sqrt{3})(a+1)}$$
$$=\boldsymbol{\frac{1+\sqrt{3}}{2(\sqrt{3}-a)(a+1)}}$$

←線分OAを底辺とみると，図から
△OABの高さ
=|Bの x 座標|
△OACの高さ
=(Cの x 座標)
$0<a<\sqrt{3}$ に注意して，絶対値記号をはずす。

別解　点A，B，Cをそれぞれ y 軸方向に -1 だけ平行移動した点をA′，B′，C′とすると
$$A'(0,\ 0),\ B'\left(\frac{1}{a-\sqrt{3}},\ \frac{\sqrt{3}}{a-\sqrt{3}}\right),\ C'\left(\frac{1}{a+1},\ -\frac{1}{a+1}\right)$$
$0<a<\sqrt{3}$ であるから
$$S=\triangle A'B'C'=\frac{1}{2}\left|\frac{1}{a-\sqrt{3}}\left(-\frac{1}{a+1}\right)-\frac{1}{a+1}\cdot\frac{\sqrt{3}}{a-\sqrt{3}}\right|$$
$$=\frac{1}{2}\cdot\frac{1+\sqrt{3}}{|(a-\sqrt{3})(a+1)|}=\boldsymbol{\frac{1+\sqrt{3}}{2(\sqrt{3}-a)(a+1)}}$$

←$0<a<\sqrt{3}$ から
$|a-\sqrt{3}|=-(a-\sqrt{3})$

(3) $f(a)=(\sqrt{3}-a)(a+1)$ $(0<a<\sqrt{3})$ とすると，S が最小となるのは，$f(a)$ が最大となるときである。

$$f(a)=(\sqrt{3}-a)(a+1)$$
$$=-a^2+(\sqrt{3}-1)a+\sqrt{3}$$
$$=-\left(a-\frac{\sqrt{3}-1}{2}\right)^2+\left(\frac{\sqrt{3}-1}{2}\right)^2+\sqrt{3}$$
$$=-\left(a-\frac{\sqrt{3}-1}{2}\right)^2+\frac{2+\sqrt{3}}{2}$$

$0<\dfrac{\sqrt{3}-1}{2}<\sqrt{3}$ であるから，$0<a<\sqrt{3}$ の範囲において，

$f(a)$ は $a=\dfrac{\sqrt{3}-1}{2}$ のとき最大値 $\dfrac{2+\sqrt{3}}{2}$ をとる。

よって，S は $\boldsymbol{a=\dfrac{\sqrt{3}-1}{2}}$ **のとき** 最小となり，その **最小値**

は　$S=\dfrac{1+\sqrt{3}}{2}\cdot\dfrac{2}{2+\sqrt{3}}=\dfrac{(1+\sqrt{3})(2-\sqrt{3})}{(2+\sqrt{3})(2-\sqrt{3})}$

$=2-\sqrt{3}+2\sqrt{3}-3=\boldsymbol{\sqrt{3}-1}$

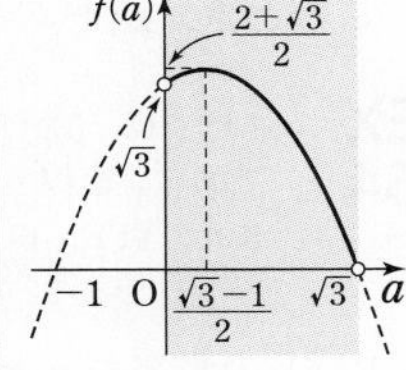

3章
EX
［図形と方程式］

EX
③**63**

傾きが m の直線 ℓ と放物線 $C：y=x^2-4x+3$ との交点を A，B とし，その x 座標をそれぞれ α，$\beta\,(\alpha<\beta)$ とする。また，線分 AB の中点 M の座標が $(5,\ 12)$ であるとする。点 M が直線 ℓ 上にあることより，α，β は，2 次方程式 $x^2-(m+$ア$\square)x+5m-$イ$\square=0$ の 2 解であり，点 M が線分 AB の中点であることより，$\alpha+\beta=$ウ$\square$ となる。したがって，$m=$エ$\square$，A(オ$\square$，カ$\square$)，B(キ$\square$，ク$\square$) である。また，$\alpha<t<\beta$ の範囲で，C 上の点 $\mathrm{P}(t,\ t^2-4t+3)$ が動くとき，△APB の面積は，P(ケ$\square$，コ$\square$) のとき最大となる。
〔名城大〕

直線 ℓ の方程式は　$y-12=m(x-5)$

←傾き m で点 M を通る。

すなわち　$y=mx-5m+12$　と表される。

これと放物線 C の方程式から y を消去すると

$$mx-5m+12=x^2-4x+3$$

ゆえに　$x^2-(m+{}^{ア}\boldsymbol{4})x+5m-{}^{イ}\boldsymbol{9}=0$ …… ①

これが α，β を 2 解とする 2 次方程式である。

解と係数の関係から　$\alpha+\beta=m+4$ …… ②

M は線分 AB の中点であるから

$\dfrac{\alpha+\beta}{2}=5$　すなわち　$\alpha+\beta={}^{ウ}\boldsymbol{10}$ …… ③

←A(α，●)，B(β，■) から，点 M の x 座標は $\dfrac{\alpha+\beta}{2}$ とも表される。

②，③ から　$m+4=10$　よって　$m={}^{エ}\boldsymbol{6}$

$m=6$ を ① に代入すると　$x^2-10x+21=0$

ゆえに　$(x-3)(x-7)=0$　よって　$x=3,\ 7$

$m=6$ のとき，直線 ℓ の方程式は　$y=6x-18$

ゆえに　$x=3$ のとき　$y=0$，

$x=7$ のとき　$y=24$

$\alpha<\beta$ であるから　A(オ**3**，カ**0**)，B(キ**7**，ク**24**)

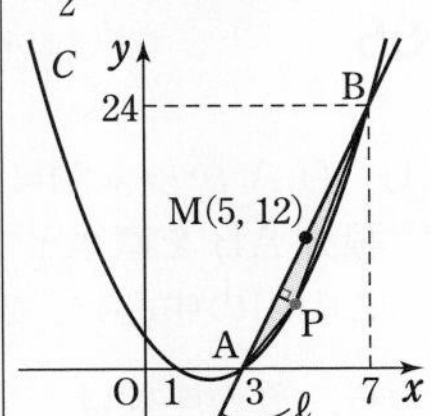

また，$3<t<7$ の範囲で C 上の点 $\mathrm{P}(t,\ t^2-4t+3)$ が動くとき，線分 AB の長さは一定であるから，△APB の面積が最大となるのは，点 P と直線 ℓ の距離 d が最大となるときである。

$$d=\frac{|6t-(t^2-4t+3)-18|}{\sqrt{6^2+(-1)^2}}$$
$$=\frac{|-t^2+10t-21|}{\sqrt{37}}=\frac{|-(t-5)^2+4|}{\sqrt{37}}$$

$3<t<7$ のとき，$0<-(t-5)^2+4\leqq 4$ であるから，d は $t=5$ で最大となる。

このとき，点 P の座標は　(ケ**5**，コ**8**)

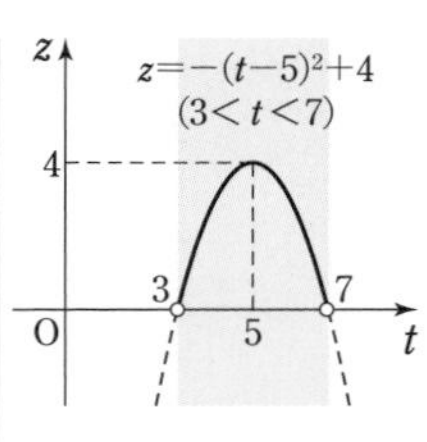

EX ③64

2 点 A(3, 0)，B(5, 4) を通り，点 (2, 3) を中心とする円を C_1 とする。円 C_1 の半径は ア□ である。直線 AB に関して円 C_1 と対称な円を C_2 とする。円 C_2 の中心の座標は イ□ である。また，点 P，点 Q をそれぞれ円 C_1，円 C_2 上の点とするとき，点 P と点 Q の距離の最大値は ウ□ である。 〔北里大〕

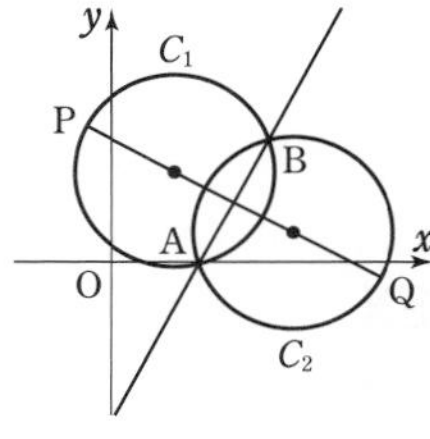

円 C_1 の半径を r とすると，円 C_1 の方程式は

$(x-2)^2+(y-3)^2=r^2$ …… ①

これが点 A を通るから，① に $x=3$，$y=0$ を代入すると

$(3-2)^2+(0-3)^2=r^2$　すなわち　$r^2=10$

よって，円 C_1 の方程式は　$(x-2)^2+(y-3)^2=10$

これに $x=5$，$y=4$ を代入すると成り立つから，点 B を通る。

よって，適する。

したがって，円 C_1 の半径は　$r=$ ア$\boldsymbol{\sqrt{10}}$

次に，円 C_2 の中心の座標を $(a,\ b)$ とすると，点 (2, 3) と点 $(a,\ b)$ を結ぶ線分の中点の座標は $\left(\dfrac{a+2}{2},\ \dfrac{b+3}{2}\right)$ であり，これは線分 AB の中点 (4, 2) と一致するから

$$\frac{a+2}{2}=4,\quad \frac{b+3}{2}=2$$

←線分 AB の中点の座標は $\left(\dfrac{3+5}{2},\ \dfrac{0+4}{2}\right)$

よって　$a=6$，$b=1$

←直線 AB：$y=2x-6$ に関する点 (2, 3) の対称点の座標を求めてもよい。

したがって，円 C_2 の中心の座標は　イ**(6, 1)**

2 点 P，Q 間の距離が最大になるのは，線分 PQ が円 C_1 と円 C_2 の中心を通るときであるから，求める最大値は

$$\sqrt{(6-2)^2+(1-3)^2}+2\sqrt{10}=\text{ウ}\,\boldsymbol{2\sqrt{10}+2\sqrt{5}}$$

←(中心間の距離)＋2(半径)

EX ③65

(1)　点 A(8, 6) を通り，y 軸と接する円のうちで，半径が最も小さい円の方程式を求めよ。
(2)　3 直線 $x=3$，$y=2$，$3x-4y+11=0$ で囲まれる三角形の内接円の方程式を求めよ。
〔(1) 湘南工科大，(2) 近畿大〕

(1)　点 A から y 軸に下ろした垂線と y 軸との交点を B とすると，線分 AB を直径とする円が求める円である。

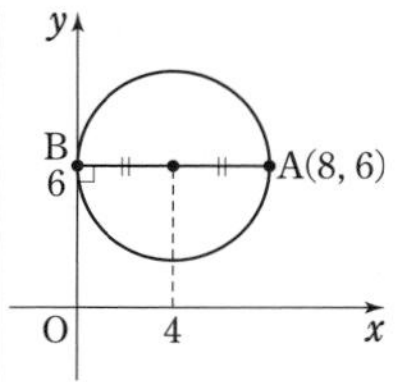

この円の中心は，2 点 A，B(0, 6) を結ぶ線分の中点であるから，その座標は　$\left(\dfrac{8+0}{2},\ \dfrac{6+6}{2}\right)$　すなわち　(4, 6)

半径は，中心 (4, 6) と点 B(0, 6) との距離で　4

よって，求める円の方程式は

$$\boldsymbol{(x-4)^2+(y-6)^2=16}$$

(2) $3x-4y+11=0$ に $x=3$ を代入して

$$y=5$$

$3x-4y+11=0$ に $y=2$ を代入して

$$x=-1$$

よって，三角形の頂点の座標は

$$(-1,\ 2),\ (3,\ 2),\ (3,\ 5)$$

←まず，3 直線で囲まれる三角形の頂点の座標を調べる。

ゆえに，求める円の半径を r とすると，

中心の座標は $(3-r,\ r+2)$ と表され

$$-1<3-r<3 \quad かつ \quad 2<r+2<5$$

が成り立つ。

←第 1 式から　$0<r<4$
　第 2 式から　$0<r<3$

これを解いて　　$0<r<3$

直線 $3x-4y+11=0$ と円の中心の距離は，円の半径に等しいから

$$\frac{|3(3-r)-4(r+2)+11|}{\sqrt{3^2+(-4)^2}}=r$$

よって　　$|12-7r|=5r$

すなわち　$12-7r=\pm 5r$

$12-7r=5r$ から　　$r=1$　　$12-7r=-5r$ から　　$r=6$

$0<r<3$ を満たすものは　　$r=1$

このとき，中心の座標は　　$(2,\ 3)$

求める円の方程式は　　$\boldsymbol{(x-2)^2+(y-3)^2=1}$

EX ③66

点 A$(2,\ 1)$ を通る直線が円 $C：x^2+y^2=2$ と異なる 2 点 P と Q で交わり，線分 PQ の長さが 2 であるとき，直線の方程式を求めよ。　　［類　東京理科大］

点 A を通る直線 PQ の方程式は，傾きを m とすると

$$y=m(x-2)+1 \quad \cdots\cdots ①$$

すなわち　　$mx-y-2m+1=0$　　と表される。

←x 軸に垂直な直線は条件を満たさない。

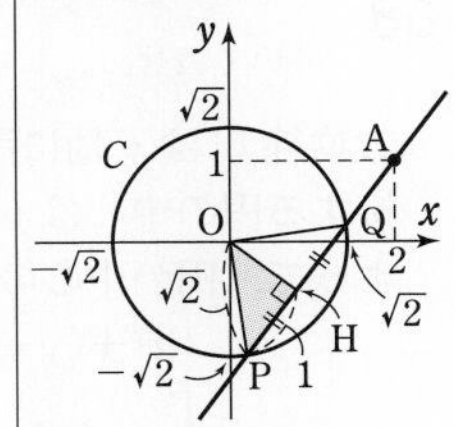

原点 O から直線 PQ に垂線 OH を下ろすと，PQ$=2$ のとき

PH$=1$ であり，OP$=\sqrt{2}$，$\angle$OHP$=90°$ から　　OH$=1$

ゆえに　　$$\frac{|-2m+1|}{\sqrt{m^2+(-1)^2}}=1$$

よって　　$|-2m+1|=\sqrt{m^2+1}$

←$|-2m+1|\geqq 0$，$\sqrt{m^2+1}>0$

両辺を 2 乗して整理すると　　$3m^2-4m=0$

ゆえに　　$m(3m-4)=0$

よって　　$m=0,\ \dfrac{4}{3}$

したがって，求める直線の方程式は，① から

$$\boldsymbol{y=1,\ y=\frac{4}{3}x-\frac{5}{3}}$$

EX ③67

$a>b>0$ とする。円 $x^2+y^2=a^2$ 上の点 $(b,\ \sqrt{a^2-b^2})$ における接線と x 軸との交点を P とする。また，円の外部の点 $(b,\ c)$ からこの円に 2 本の接線を引き，接点を Q，R とする。このとき，2 点 Q，R を通る直線は P を通ることを示せ。　　［大阪大］

点 $(b,\ \sqrt{a^2-b^2})$ における接線の方程式は　　$bx+\sqrt{a^2-b^2}\,y=a^2$

この式で $y=0$ とすると，$b\neq 0$ であるから　　$x=\dfrac{a^2}{b}$　　　よって　$\mathrm{P}\left(\dfrac{a^2}{b},\ 0\right)$

また，$\mathrm{Q}(x_1,\ y_1)$，$\mathrm{R}(x_2,\ y_2)$，$x_1\neq x_2$ とすると，点 Q，R における接線の方程式は，それぞれ　　$x_1x+y_1y=a^2$，$x_2x+y_2y=a^2$

点 $(b,\ c)$ を通るから，それぞれ

$$bx_1+cy_1=a^2,\ bx_2+cy_2=a^2$$

を満たし，これは 2 点 Q，R が直線 $bx+cy=a^2$ 上にあることを示している。

$bx+cy=a^2$ で $y=0$ とすると　　$x=\dfrac{a^2}{b}$

したがって，2 点 Q，R を通る直線は点 P を通る。

HINT　接点 Q，R の座標を具体的に求める必要はない。点 $(x_1,\ y_1)$ における接線の方程式 $x_1x+y_1y=r^2$ を利用。

←点 $(b,\ c)$ は点 P に関する極線 $x=b$ 上の点である。この点 $(b,\ c)$ に関する極線 QR は点 P を通ることを表している (左の 検討 参照)。

検討　本問は，極線(本冊 p.163 参照)についての次の性質に基づいている。

点 A に関する極線が他の点 B を通るとき，点 B に関する極線は点 A を通る (右の図を参照)。

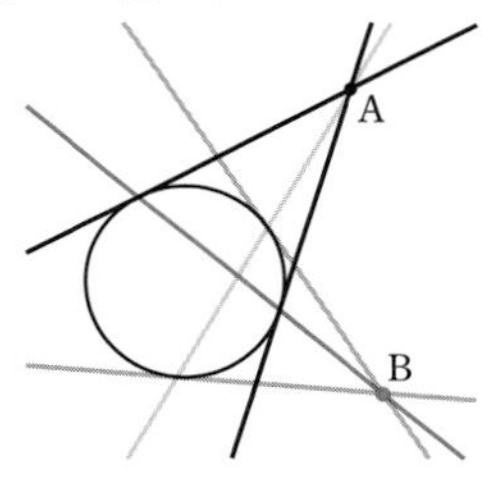

EX ③68

半径 r の円が放物線 $C:y=\dfrac{1}{2}x^2$ と 2 点で接するとき，円の中心と 2 つの接点の座標を r を用いて表せ。　〔類　香川大〕

放物線 C は y 軸に関して対称であるから，放物線 C と 2 点で接する円の中心は y 軸上にある。

よって，円の中心の座標を $(0,\ a)$ とすると，円の方程式は

$$x^2+(y-a)^2=r^2\ (r>0)\ \cdots\cdots\ ①$$

① と $y=\dfrac{1}{2}x^2$ から x を消去して

$$2y+(y-a)^2=r^2$$

ゆえに　　$y^2-2(a-1)y+a^2-r^2=0$ …… ②

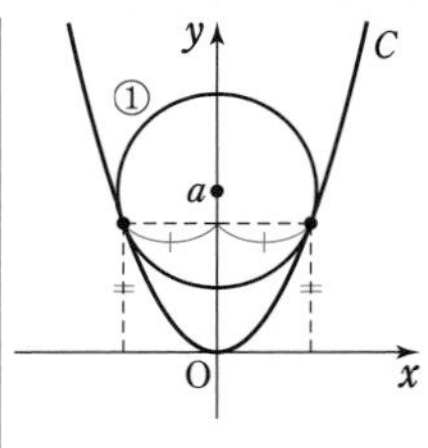

円 ① と放物線 C が接するための条件は，y についての 2 次方程式 ② が $y>0$ を満たす重解をもつことである。

よって，② の判別式を D とすると　　$D=0$

$\dfrac{D}{4}=\{-(a-1)\}^2-1\cdot(a^2-r^2)=r^2+1-2a$ であるから

$$r^2+1-2a=0$$

すなわち　$a=\dfrac{r^2+1}{2}$

❶ 接する ⟺ 重解

このとき，② の解は

$$y=-\frac{-2(a-1)}{2\cdot 1}=\frac{r^2+1}{2}-1=\frac{r^2-1}{2} \quad \cdots\cdots ③$$

←② の重解。これが接点の y 座標である。

$y>0$ から　$\frac{r^2-1}{2}>0$

$r>0$ であるから　$r>1$

③ を $x^2=2y$ に代入して　$x^2=r^2-1$ …… ④

ゆえに，$x=\pm\sqrt{r^2-1}$ となり，$r>1$ から x の値は 2 つ定まる。

←1 つの y の値 $\left(y=\frac{r^2-1}{2}\right)$ に対して，x の値が 2 つ定まる。
⟶ 接点は 2 つ。

したがって，円の **中心の座標は** $\left(0,\ \frac{r^2+1}{2}\right)$

接点の座標は $\left(-\sqrt{r^2-1},\ \frac{r^2-1}{2}\right)$, $\left(\sqrt{r^2-1},\ \frac{r^2-1}{2}\right)$

ただし　$r>1$

検討　$a=\frac{r^2+1}{2}$ のとき，$y=\frac{r^2-1}{2}$ は $a-r\leqq y\leqq a+r$ すなわち $\frac{(r-1)^2}{2}\leqq y\leqq\frac{(r+1)^2}{2}$ を満たす。

3章 EX〔図形と方程式〕

EX ③69

r は正の定数とする。次の等式で定まる 2 つの円 C_1 と C_2 を考える。

$$C_1: x^2+y^2=4, \quad C_2: x^2-6rx+y^2-8ry+16r^2=0$$

(1) C_2 の中心の座標は ア□，半径は イ□ である。

(2) C_1 と C_2 が接するときの r の値は 2 つある。これらを求めると $r=$ ウ□，エ□ である。ただし，ウ□ < エ□ とする。

(3) 2 つの円の半径が等しいとき，$r=$ オ□ である。このとき，C_1 と C_2 は 2 つの交点をもつが，これらの交点を通る直線の方程式は $y=$ カ□$x+$ キ□ である。　〔関西大〕

(1) 円 C_2 の方程式を変形すると

$$(x-3r)^2+(y-4r)^2=(3r)^2$$

←方程式の両辺に $9r^2$ を足して
$(x^2-6rx+9r^2)$
$+(y^2-8ry+16r^2)=9r^2$

$r>0$ から，求める円 C_2 の中心の座標は ア$(\mathbf{3r},\ \mathbf{4r})$，半径は イ$\mathbf{3r}$ である。

(2) 円 C_1 の中心の座標は (0, 0)，半径は 2 である。

ゆえに，2 つの円 C_1 と C_2 の中心間の距離は，$r>0$ から

$$\sqrt{(3r-0)^2+(4r-0)^2}=\sqrt{25r^2}=5r$$

2 つの円 C_1 と C_2 が接するのは，次の 2 通りの場合がある。

[1] 2 つの円 C_1，C_2 が内接するとき

$|3r-2|=5r$

ゆえに　$3r-2=\pm 5r$

よって　$r=-1,\ \frac{1}{4}$　　$r>0$ から　$r=\frac{1}{4}$

←2 円の半径を r_1，r_2，中心間の距離を d とするとき
2 円が内接
$\Longleftrightarrow d=|r_1-r_2|$，$r_1\neq r_2$

[2] 2 つの円 C_1，C_2 が外接するとき

$3r+2=5r$

ゆえに　$r=1$

←2 円の半径を r_1，r_2，中心間の距離を d とするとき
2 円が外接
$\Longleftrightarrow d=r_1+r_2$

[1]，[2] から　$r=$ ウ$\mathbf{\frac{1}{4}}$，エ$\mathbf{1}$

(3) 2つの円 C_1 と C_2 の半径が等しいとき　$2=3r$

よって　$r=^{オ}\frac{2}{3}$

このとき，円 C_2 の方程式は　$x^2-4x+y^2-\frac{16}{3}y+\frac{64}{9}=0$

これから，k を定数として，次の方程式を考える。

$$k(x^2+y^2-4)+x^2-4x+y^2-\frac{16}{3}y+\frac{64}{9}=0 \quad \cdots\cdots ①$$

① は，円 C_1 と C_2 の2つの交点(*)を通る図形を表す。

① が直線を表すのは $k=-1$ のときであるから

$$-(x^2+y^2-4)+x^2-4x+y^2-\frac{16}{3}y+\frac{64}{9}=0$$

ゆえに　$-4x-\frac{16}{3}y+\frac{100}{9}=0$　よって　$y=^{カ}-\frac{3}{4}x+^{キ}\frac{25}{12}$

(*) $r=\frac{2}{3}$ のとき，中心間の距離は $5r=\frac{10}{3}$ であり，半径はともに2である。よって，

$2-2<\frac{10}{3}<2+2$

が成り立つから，C_1 と C_2 は2点で交わる。

←直線を表すための条件は，x^2，y^2 の項がなくなること ⟶ $k=-1$

EX ④70

円 $C：x^2+y^2-4x-2y+4=0$ と，点 $(-1,\ 1)$ を中心とする円 D が外接している。
(1) 円 D の方程式を求めよ。　(2) 円 C，D の共通接線の方程式を求めよ。　〔福島大〕

HINT (1) 2円が外接する条件は　(半径の和)=(中心間の距離)
(2) 円 C 上の点 $(x_1,\ y_1)$ における接線が円 D に接する，と考える。

(1) 円 C の方程式を変形すると　$(x-2)^2+(y-1)^2=1$

よって，円 C の中心の座標は $(2,\ 1)$，半径は1

2円 C，D の中心間の距離 d は

$$d=|2-(-1)|=3$$

円 D の半径を r とすると，円 C と円 D が外接するための条件は　$d=1+r$

よって　$r=d-1=3-1=2$

したがって，円 D の方程式は　$\boldsymbol{(x+1)^2+(y-1)^2=4}$

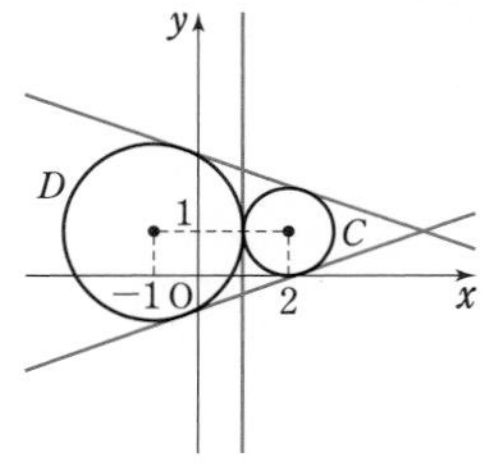

(2) 円 C 上の接点の座標を $(x_1,\ y_1)$ とすると

$$(x_1-2)^2+(y_1-1)^2=1 \quad \cdots\cdots ①$$

接線の方程式は

$$(x_1-2)(x-2)+(y_1-1)(y-1)=1 \quad \cdots\cdots ②$$

ゆえに　$(x_1-2)x+(y_1-1)y-2x_1-y_1+4=0 \quad \cdots\cdots ②'$

直線 ② が円 D に接するための条件は，円 D の中心 $(-1,\ 1)$ と直線 ②′ の距離が，円 D の半径2に等しいことである。

よって　$\frac{|-(x_1-2)+(y_1-1)-2x_1-y_1+4|}{\sqrt{(x_1-2)^2+(y_1-1)^2}}=2$

① を代入して整理すると　$|-3x_1+5|=2$

すなわち　$-3x_1+5=2$　または　$-3x_1+5=-2$

これを解くと　$x_1=1$　または　$x_1=\frac{7}{3}$

$x_1=1$ のとき，① から　$(y_1-1)^2=0$

したがって　$y_1=1$

$x_1=1$，$y_1=1$ を ② に代入して　$x=1$

←円 $(x-a)^2+(y-b)^2=r^2$ 上の点 $(x_1,\ y_1)$ における接線の方程式は
$(x_1-a)(x-a)+(y_1-b)(y-b)=r^2$

$x_1=\frac{7}{3}$ のとき，① から　　$\frac{1}{9}+(y_1-1)^2=1$

ゆえに　　$(y_1-1)^2=\frac{8}{9}$　　　よって　　$y_1-1=\pm\frac{2\sqrt{2}}{3}$

←$y_1=1\pm\frac{2\sqrt{2}}{3}$ であるが，② に代入しやすいように y_1-1 を求める。

$x_1=\frac{7}{3}$，$y_1-1=\pm\frac{2\sqrt{2}}{3}$ を ② に代入して

$$\frac{1}{3}(x-2)\pm\frac{2\sqrt{2}}{3}(y-1)=1$$

すなわち　　$x-2\pm2\sqrt{2}(y-1)=3$　　（複号同順）

以上から，求める共通接線の方程式は

$\boldsymbol{x=1,\ x+2\sqrt{2}\,y-5-2\sqrt{2}=0,\ x-2\sqrt{2}\,y-5+2\sqrt{2}=0}$

←$x=1$ は共通内接線，他は共通外接線。

EX ②71

(1)　長さ 4 の線分 AB がある。2 点 A，B に対し点 P が，等式 $2AP^2-BP^2=17$ を満たしながら動くとき，点 P の軌跡を求めよ。

(2)　放物線 $y=x^2+px+p$ $(|p|\neq2)$ の頂点の軌跡を求めよ。

(1)　AB=4 であるから，A(0, 0)，B(4, 0) となるように，座標軸を定める。点 P の座標を $(x,\ y)$ とすると

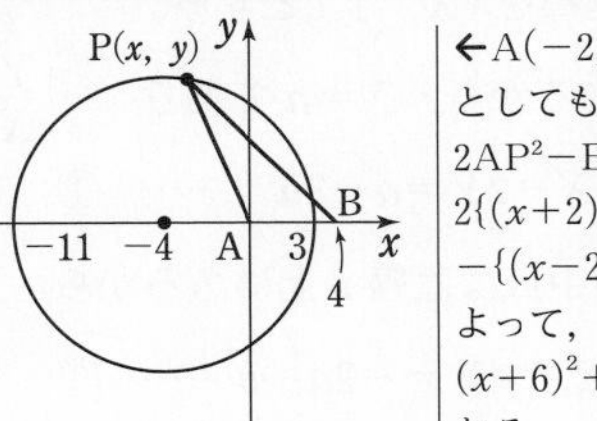

←A(−2, 0)，B(2, 0) としてもよい。この場合 $2AP^2-BP^2=17$ から $2\{(x+2)^2+y^2\}-\{(x-2)^2+y^2\}=17$ よって，$(x+6)^2+y^2=49$ が得られる。

$$AP^2=x^2+y^2,\ BP^2=(x-4)^2+y^2$$

$2AP^2-BP^2=17$ から

$$2(x^2+y^2)-\{(x-4)^2+y^2\}=17$$

整理して　　$x^2+8x+y^2=33$

ゆえに　　$(x+4)^2+y^2=49$ …… ①

よって，条件を満たす点 P は，円 ① 上にある。

逆に，円 ① 上の任意の点は，条件を満たす。

したがって，求める軌跡は

線分 AB を 1：2 に外分する点を中心とする半径 7 の円。

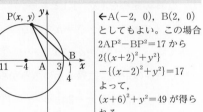

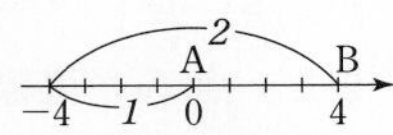

(2)　$y=x^2+px+p$ を変形すると　　$y=\left(x+\frac{p}{2}\right)^2+p-\frac{p^2}{4}$

←基本形に直す。

放物線の頂点の座標を $(x,\ y)$ とすると

$$x=-\frac{p}{2}\ \cdots\cdots\ ①,\ y=p-\frac{p^2}{4}\ \cdots\cdots\ ②$$

① から　　$p=-2x$

←①，② から，つなぎの文字 p を消去する。

② に代入すると　　$y=-2x-\frac{(-2x)^2}{4}$

よって　　$y=-x^2-2x$ …… ③

また，$|p|\neq2$ すなわち $p\neq\pm2$ であるから

$-2x\neq\pm2$　すなわち　$x\neq\pm1$

③ において，$x=1$ とすると　　$y=-3$

$x=-1$ とすると　　$y=1$

ゆえに，求める軌跡は　**放物線 $\boldsymbol{y=-x^2-2x}$**

ただし，2 点 (1, −3)，(−1, 1) を除く。

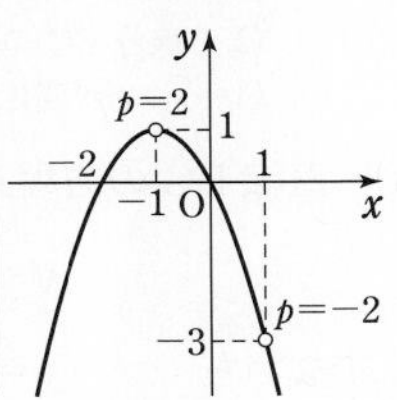

EX ③72

(1) ある点から直線 $x+y-1=0$ への距離と直線 $x-y-2=0$ への距離の比が $2:1$ である。このような点が作る軌跡の方程式を求めよ。〔立教大〕

(2) 直線 $\ell: y=-2x$ に関して，点 $\mathrm{A}(a,\ b)$ と対称な点を B とする。このとき，点 B の座標を a，b で表せ。また，点 A が直線 $y=x$ 上を動くとき，点 B の軌跡の方程式を求めよ。

(1) 題意を満たす点の座標を $(x,\ y)$ とする。

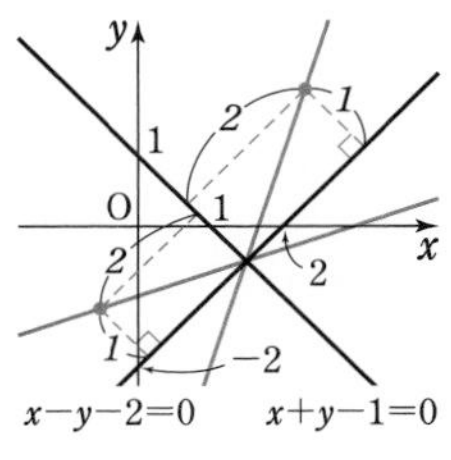

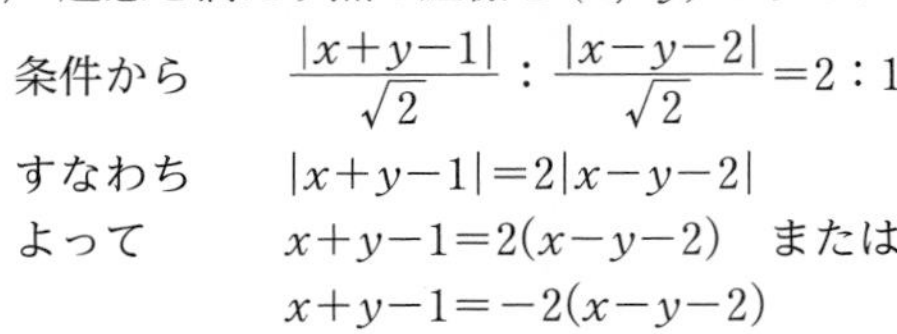

条件から　$\dfrac{|x+y-1|}{\sqrt{2}}:\dfrac{|x-y-2|}{\sqrt{2}}=2:1$

すなわち　$|x+y-1|=2|x-y-2|$

よって　$x+y-1=2(x-y-2)$　または

$x+y-1=-2(x-y-2)$

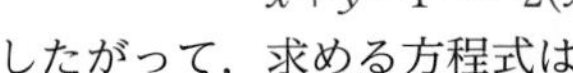

したがって，求める方程式は

$\boldsymbol{x-3y-3=0,\ 3x-y-5=0}$

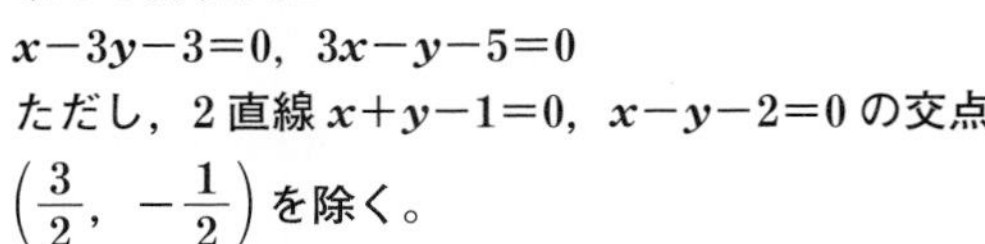

ただし，2 直線 $x+y-1=0$，$x-y-2=0$ の交点 $\left(\dfrac{3}{2},\ -\dfrac{1}{2}\right)$ を除く。

(2) 点 B の座標を $(X,\ Y)$ とする。

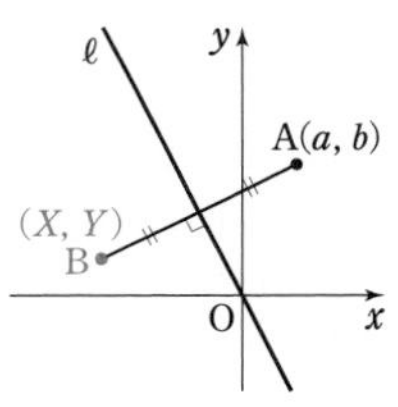

$\mathrm{AB}\perp\ell$ であるから，$X\neq a$ であり　$\dfrac{Y-b}{X-a}\cdot(-2)=-1$

ゆえに　$X-2Y=a-2b$　…… ①

線分 AB の中点は直線 ℓ 上にあるから　$\dfrac{b+Y}{2}=-2\cdot\dfrac{a+X}{2}$

ゆえに　$2X+Y=-2a-b$ …… ②

①，② を X，Y について解くと

$$X=\frac{-3a-4b}{5},\quad Y=\frac{-4a+3b}{5}\ \cdots\cdots\ ③$$

←①+②×2 から $5X=-3a-4b$
②−①×2 から $5Y=-4a+3b$

よって，点 B の座標は　$\left(\boldsymbol{\dfrac{-3a-4b}{5},\ \dfrac{-4a+3b}{5}}\right)$

また，点 A が直線 $y=x$ 上を動くとき　$b=a$

③ に代入して　$X=-\dfrac{7}{5}a$ …… ④，$Y=-\dfrac{1}{5}a$ …… ⑤

④ から　$a=-\dfrac{5}{7}X$　⑤ に代入して　$Y=\dfrac{1}{7}X$

←a を消去。

したがって，点 B の軌跡の方程式は　$\boldsymbol{y=\dfrac{1}{7}x}$

EX ③73

s，t を $s<t$ を満たす実数とする。座標平面上の 3 点 $\mathrm{A}(1,\ 2)$，$\mathrm{B}(s,\ s^2)$，$\mathrm{C}(t,\ t^2)$ が一直線上にあるとする。

(1) s と t の間の関係式を求めよ。

(2) 線分 BC の中点を $\mathrm{M}(u,\ v)$ とする。u と v の間の関係式を求めよ。

(3) s，t が変化するとき，v の最小値と，そのときの u，s，t の値を求めよ。〔神戸大〕

(1) 直線 BC の方程式は

$$y-s^2=\frac{s^2-t^2}{s-t}(x-s)$$

←$s\neq t$

すなわち　$y=(s+t)x-st$

これが点A(1, 2)を通るから　$2=(s+t)\cdot1-st$

したがって　$\boldsymbol{st-s-t+2=0}$ …… ①

←3点A, B, Cが一直線上 ⟺ 直線BC上に点Aがある。

(2) 線分BCの中点の座標は　$\left(\dfrac{s+t}{2},\ \dfrac{s^2+t^2}{2}\right)$

よって　$u=\dfrac{s+t}{2}$, $v=\dfrac{s^2+t^2}{2}$

←この2式からs, tを消去して, u, vの関係式を導く。s^2+t^2はs, tの対称式であるから, 基本対称式$s+t$, stで表すことを目指す。

$u=\dfrac{s+t}{2}$から　$s+t=2u$ …… ②

よって　$v=\dfrac{s^2+t^2}{2}=\dfrac{(s+t)^2-2st}{2}=\dfrac{(2u)^2-2st}{2}=2u^2-st$

ここで, ①から　$st=(s+t)-2$

②を代入すると　$st=2u-2$ …… ③

よって　$\boldsymbol{v}=2u^2-(2u-2)=\boldsymbol{2u^2-2u+2}$ …… ④

(3) ②, ③から, s, tはxの2次方程式

$x^2-2ux+(2u-2)=0$ …… ⑤ の異なる2つの実数解である。

←$x^2-(s+t)x+st=0$

⑤の判別式をDとすると

←実数xは必ず存在するから, $D\geqq0$である必要がある。

$$\frac{D}{4}=(-u)^2-1\cdot(2u-2)=u^2-2u+2=(u-1)^2+1$$

よって, $D>0$であるから, uはすべての実数値をとりうる。

ここで, ④から　$v=2\left(u-\dfrac{1}{2}\right)^2+\dfrac{3}{2}$

←基本形に変形する。

したがって, vは$u=\dfrac{1}{2}$のとき最小値$\dfrac{3}{2}$をとる。

←頂点で最小。

このとき, ⑤は　$x^2-x-1=0$

これを解くと　$x=\dfrac{-(-1)\pm\sqrt{(-1)^2-4\cdot1\cdot(-1)}}{2\cdot1}=\dfrac{1\pm\sqrt{5}}{2}$

$s<t$であるから　$s=\dfrac{1-\sqrt{5}}{2}$, $t=\dfrac{1+\sqrt{5}}{2}$

以上から　$\boldsymbol{u=\dfrac{1}{2}}$, $\boldsymbol{s=\dfrac{1-\sqrt{5}}{2}}$, $\boldsymbol{t=\dfrac{1+\sqrt{5}}{2}}$ **のとき最小値** $\boldsymbol{\dfrac{3}{2}}$

EX ③74

xy平面上の放物線$y=x^2$上を動く2点A, Bと原点Oを線分で結んだ△AOBにおいて, ∠AOB$=90°$である。このとき, △AOBの重心Gの軌跡を求めよ。　〔類 慶応大〕

2点A, Bの座標をそれぞれ$(\alpha,\ \alpha^2)$, $(\beta,\ \beta^2)$とする。

ただし, 3点A, B, Oは異なる点であるから

$\alpha\neq0$, $\beta\neq0$, $\alpha\neq\beta$

このとき, 2直線OA, OBの傾きはそれぞれα, βであるから, ∠AOB$=90°$となるための条件は

$\alpha\beta=-1$ …… ①

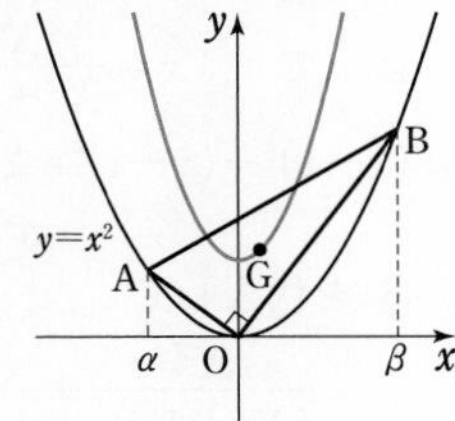

ここで, △AOBの重心Gの座標を$(x,\ y)$とすると

$$x=\frac{\alpha+\beta+0}{3}=\frac{\alpha+\beta}{3}\quad\cdots\cdots ②$$

$$y=\frac{\alpha^2+\beta^2+0}{3}=\frac{\alpha^2+\beta^2}{3}\quad\cdots\cdots ③$$

② から　　$\alpha+\beta=3x$ …… ④

③ を変形すると，①，④ から

$$y=\frac{(\alpha+\beta)^2-2\alpha\beta}{3}=\frac{(3x)^2-2\cdot(-1)}{3}=3x^2+\frac{2}{3}$$

←つなぎの文字 α，β を消去する。

また，①，④ から，α，β を 2 解とする 2 次方程式 $t^2-3xt-1=0$ の判別式を D とすると

$$D=(-3x)^2-4\cdot1\cdot(-1)=9x^2+4$$

←$\alpha+\beta=p$，$\alpha\beta=q$ のとき，α，β を 2 解とする 2 次方程式の 1 つは
$x^2-px+q=0$

よって　　$D>0$

ゆえに，任意の実数 x に対して，①，④ を満たす α，β $(\alpha\neq\beta)$ が存在する。

←逆の確認。① を満たすから，$\alpha\neq0$，$\beta\neq0$ である。

したがって，求める軌跡は　　**放物線 $y=3x^2+\frac{2}{3}$**

EX ④75

xy 平面上の原点 O 以外の点 $\mathrm{P}(x,\ y)$ に対して，点 Q を次の条件を満たす平面上の点とする。

(A) Q は，O を始点とする半直線 OP 上にある。

(B) 線分 OP の長さと線分 OQ の長さの積は 1 である。

(1) Q の座標を x，y を用いて表せ。

(2) P が円 $(x-1)^2+(y-1)^2=2$ 上の原点以外の点を動くときの Q の軌跡を求めよ。

(3) P が円 $(x-1)^2+(y-1)^2=4$ 上を動くときの Q の軌跡を求めよ。　〔類　静岡大〕

(1) Q の座標を $(X,\ Y)$ とし，k は実数とする。

条件 (A) から　　$X=kx$，$Y=ky$ …… ①，$k>0$

条件 (B) から　　$\sqrt{x^2+y^2}\sqrt{(kx)^2+(ky)^2}=1$

←$\mathrm{OP}\cdot\mathrm{OQ}=1$

よって　　$k(x^2+y^2)=1$　…… ②

$x^2+y^2\neq0$ であるから　　$k=\frac{1}{x^2+y^2}$

←P は原点以外の点であるから　$(x,\ y)\neq(0,\ 0)$

したがって，① から　　$\mathbf{Q}\left(\frac{x}{x^2+y^2},\ \frac{y}{x^2+y^2}\right)$

(2) ① から　　$x=\frac{X}{k}$，$y=\frac{Y}{k}$

② に代入して　　$\frac{X^2+Y^2}{k}=1$

←$k=X^2+Y^2$

よって　　$x=\frac{X}{X^2+Y^2}$，$y=\frac{Y}{X^2+Y^2}$ …… ③

$(x-1)^2+(y-1)^2=2$ から

$$x^2+y^2-2x-2y=0$$

③ を代入して

$$\frac{X^2}{(X^2+Y^2)^2}+\frac{Y^2}{(X^2+Y^2)^2}-\frac{2X}{X^2+Y^2}-\frac{2Y}{X^2+Y^2}=0$$

ゆえに　　$\frac{X^2+Y^2}{(X^2+Y^2)^2}-\frac{2(X+Y)}{X^2+Y^2}=0$

$X^2+Y^2\neq0$ であるから　　$1-2(X+Y)=0$

したがって，Q の軌跡は　　**直線 $2x+2y-1=0$**

検討　(2)
円 $(x-1)^2+(y-1)^2=2$ は，原点 O を通る。
よって，軌跡は，O を通る円の反形であるから，O を通らない直線となる。

(2)
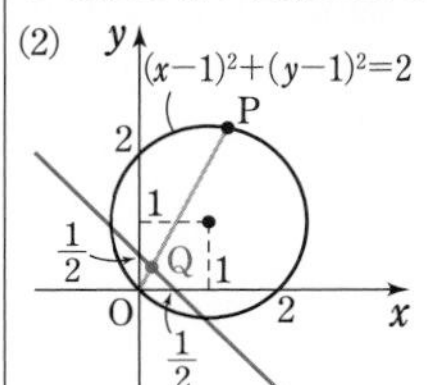

(3) $(x-1)^2+(y-1)^2=4$ から

$$x^2+y^2-2x-2y=2$$

③ を代入して

$$\frac{X^2}{(X^2+Y^2)^2}+\frac{Y^2}{(X^2+Y^2)^2}-\frac{2X}{X^2+Y^2}-\frac{2Y}{X^2+Y^2}=2$$

ゆえに $\quad \dfrac{X^2+Y^2}{(X^2+Y^2)^2}-\dfrac{2(X+Y)}{X^2+Y^2}=2$

$X^2+Y^2\neq 0$ であるから

$$1-2(X+Y)=2(X^2+Y^2)$$

よって $\quad X^2+Y^2+X+Y-\dfrac{1}{2}=0$

したがって，Q の軌跡は $\quad$ **円 $\left(x+\dfrac{1}{2}\right)^2+\left(y+\dfrac{1}{2}\right)^2=1$**

(3)
円 $(x-1)^2+(y-1)^2=4$ は，O を通らない。よって，軌跡は，O を通らない円の反形であるから，O を通らない円となる。

(3)
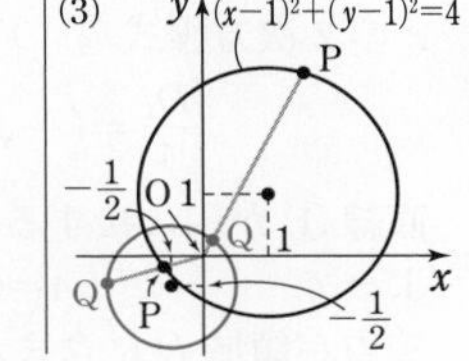

EX ②76

右の (1), (2) の図の斜線の部分は，それぞれどのような連立不等式で表されるか。
ただし，境界線はすべて含むものとする。

(1)
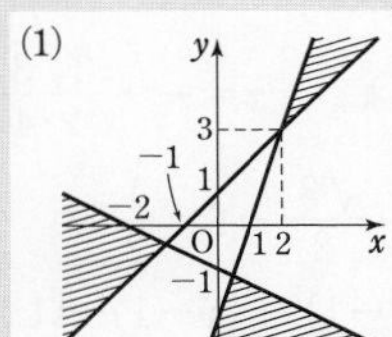

(2)
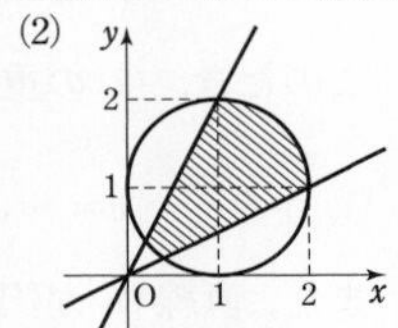

HINT まず，境界線の方程式を求める。

(1) 境界線の方程式は $\quad y=-\dfrac{1}{2}x-1,\ y=x+1,\ y=3x-3$

よって $\quad \begin{cases} y\leqq -\dfrac{1}{2}x-1 \\ y\geqq x+1 \end{cases}$ **または** $\begin{cases} y\leqq -\dfrac{1}{2}x-1 \\ y\leqq 3x-3 \end{cases}$ **または** $\begin{cases} y\geqq x+1 \\ y\leqq 3x-3 \end{cases}$

(2) 境界線の方程式は $\quad y=\dfrac{1}{2}x,\ y=2x,\ (x-1)^2+(y-1)^2=1$

よって，連立不等式は $\quad$ **$y\geqq\dfrac{1}{2}x,\ y\leqq 2x,\ (x-1)^2+(y-1)^2\leqq 1$**

EX ③77

連立不等式 $\begin{cases} x^2+y^2\leqq 1 \\ (x-1)^2+(y-1)^2\leqq 1 \end{cases}$ で表される領域を D とする。

(1) 領域 D を xy 平面上に図示せよ。また，その面積を求めよ。

(2) 点 $P(x,\ y)$ が領域 D を動くとき，$\sqrt{3}x+y$ の最大値と最小値を求めよ。 〔類 岡山理科大〕

(1) 領域 D は **右の図の斜線部分** である。**ただし，境界線を含む。**
また，その面積は，A(1, 0), B(0, 1), O を原点とすると
{(扇形OAB)−(△OAB)}×2
であるから

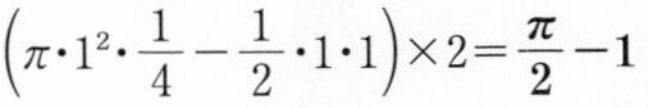

$$\left(\pi\cdot 1^2\cdot\frac{1}{4}-\frac{1}{2}\cdot 1\cdot 1\right)\times 2=\boldsymbol{\frac{\pi}{2}-1}$$

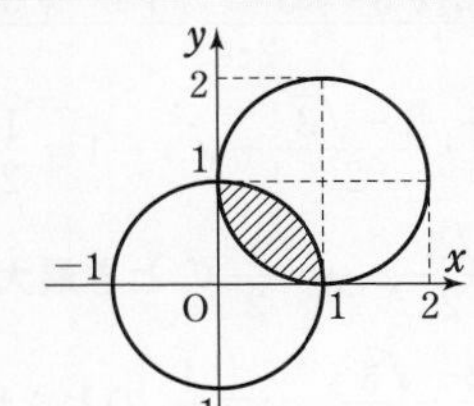

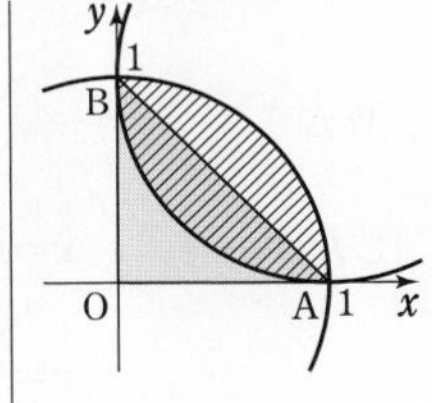

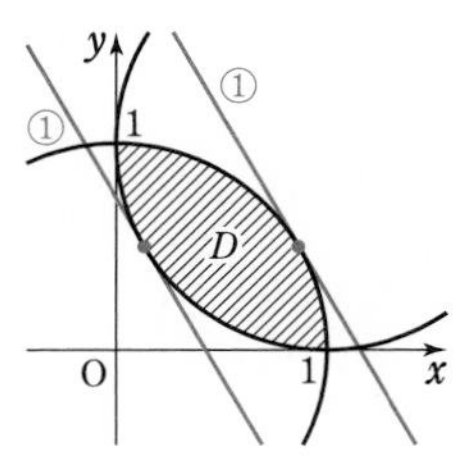

(2) $\sqrt{3}\,x+y=k$ …… ①

とおくと，これは傾き $-\sqrt{3}$，y 切片 k の直線を表す。

図から，直線①が円 $x^2+y^2=1$ に，領域 D に含まれる部分で接するとき，k の値は最大になる。

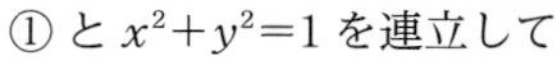

①と $x^2+y^2=1$ を連立して

$$x^2+(-\sqrt{3}\,x+k)^2=1$$

よって　$4x^2-2\sqrt{3}\,kx+k^2-1=0$ …… ②

x の 2 次方程式②の判別式を D_1 とすると

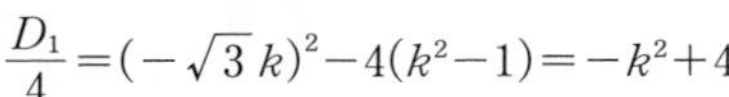

$$\frac{D_1}{4}=(-\sqrt{3}\,k)^2-4(k^2-1)=-k^2+4$$

直線①が円に接するための条件は　$D_1=0$

よって　$-k^2+4=0$　ゆえに　$k=\pm 2$

接点が領域 D に含まれるとき，接線①の y 切片は正であるから　$k=2$

←k は y 切片。

このとき，②の重解は　$x=-\dfrac{-2\sqrt{3}\cdot 2}{2\cdot 4}=\dfrac{\sqrt{3}}{2}$

←2 次方程式 $ax^2+bx+c=0$ が重解をもつとき，その重解は $x=-\dfrac{b}{2a}$

①から　$y=-\sqrt{3}\cdot\dfrac{\sqrt{3}}{2}+2=\dfrac{1}{2}$

また，直線①が円 $(x-1)^2+(y-1)^2=1$ に，領域 D に含まれる部分で接するとき，k の値は最小となる。

①と $(x-1)^2+(y-1)^2=1$ を連立して

$$(x-1)^2+(-\sqrt{3}\,x+k-1)^2=1$$

よって　$4x^2-2(\sqrt{3}\,k+1-\sqrt{3})x+k^2-2k+1=0$ …… ③

x の 2 次方程式③の判別式を D_2 とすると

$$\frac{D_2}{4}=(\sqrt{3}\,k+1-\sqrt{3})^2-4(k^2-2k+1)$$
$$=-k^2+2(\sqrt{3}+1)k-2\sqrt{3}$$

直線①が円に接するための条件は　$D_2=0$

よって　$-k^2+2(\sqrt{3}+1)k-2\sqrt{3}=0$

これを解いて　$k=\sqrt{3}+3,\ \sqrt{3}-1$

接点が領域 D に含まれるとき，接線①の y 切片は 1 より小さいから　$k=\sqrt{3}-1$

←k は y 切片。

このとき，③の重解は

$$x=-\frac{-2\{\sqrt{3}(\sqrt{3}-1)+1-\sqrt{3}\}}{2\cdot 4}=\frac{2-\sqrt{3}}{2}$$

①から　$y=-\sqrt{3}\cdot\dfrac{2-\sqrt{3}}{2}+\sqrt{3}-1=\dfrac{1}{2}$

したがって　**$x=\dfrac{\sqrt{3}}{2}$，$y=\dfrac{1}{2}$ のとき最大値 2；**

$x=\dfrac{2-\sqrt{3}}{2}$，$y=\dfrac{1}{2}$ のとき最小値 $\sqrt{3}-1$

EX ③78

放物線 $y=x^2+ax+b$ により，xy 平面を 2 つの領域に分割する。
(1) 点 $(-1,\ 4)$ と点 $(2,\ 8)$ が放物線上にはなく別々の領域に属するような a，b の条件を求めよ。更に，その条件を満たす点 $(a,\ b)$ 全体が表す領域を ab 平面上に図示せよ。
(2) a，b が(1)で求めた条件を満たすとき，a^2+b^2 がとりうる値の範囲を求めよ。〔愛知教育大〕

(1) 求める a，b の条件は

$$\begin{cases} 4<(-1)^2+a\cdot(-1)+b \\ 8>2^2+a\cdot 2+b \end{cases} \quad \text{または} \quad \begin{cases} 4>(-1)^2+a\cdot(-1)+b \\ 8<2^2+a\cdot 2+b \end{cases}$$

←本冊 $p.192$，193 参照。

すなわち　$\boldsymbol{a+3<b<-2a+4}$
　または　$\boldsymbol{-2a+4<b<a+3}$

この条件を満たす点 $(a,\ b)$ 全体が表す領域は，**右の図の斜線部分** である。**ただし，境界線を含まない。**

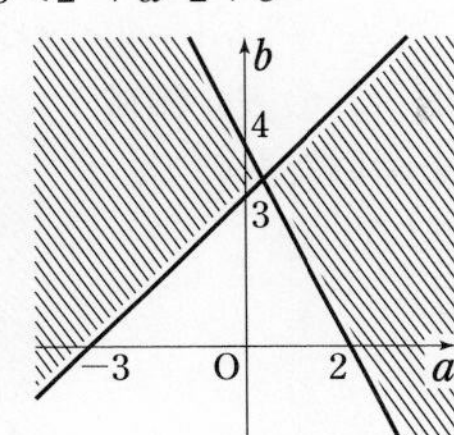

(2) $a^2+b^2=k$ …… ① とおくと，$(a,\ b)\neq(0,\ 0)$ であるから

$$k>0$$

←点 $(0,\ 0)$ は(1)で求めた領域に含まれない。

ゆえに，① は中心が点 $(0,\ 0)$，半径が $\sqrt{k}$ の円を表す。
a^2+b^2 の値の範囲は，円 ① が(1)で求めた領域と共有点をもつような k の値の範囲である。

点 $(0,\ 0)$ と直線 $b=a+3$ の距離は　$\dfrac{|3|}{\sqrt{1^2+(-1)^2}}=\dfrac{3}{\sqrt{2}}$

点 $(0,\ 0)$ と直線 $b=-2a+4$ の距離は　$\dfrac{|-4|}{\sqrt{2^2+1^2}}=\dfrac{4}{\sqrt{5}}$

$\left(\dfrac{3}{\sqrt{2}}\right)^2>\left(\dfrac{4}{\sqrt{5}}\right)^2$ であるから，a^2+b^2 のとりうる値の範囲は

$$\boldsymbol{a^2+b^2>\frac{16}{5}}$$

←$\dfrac{3}{\sqrt{2}}$ と $\dfrac{4}{\sqrt{5}}$ の大小はわかりにくいから，2 乗して比較する。
$\left(\dfrac{3}{\sqrt{2}}\right)^2=\dfrac{9}{2}$，$\left(\dfrac{4}{\sqrt{5}}\right)^2=\dfrac{16}{5}$

EX ④79

O を原点とする xy 平面において，直線 $y=1$ の $|x|\geqq 1$ を満たす部分を C とする。
(1) C 上に点 $\mathrm{A}(t,\ 1)$ をとるとき，線分 OA の垂直二等分線の方程式を求めよ。
(2) 点 A が C 全体を動くとき，線分 OA の垂直二等分線が通過する範囲を求め，それを図示せよ。〔筑波大〕

(1) $|x|\geqq 1$ であるから，$|t|\geqq 1$ である。

直線 OA の傾きは $\dfrac{1}{t}$，線分 OA の中点の座標は $\left(\dfrac{t}{2},\ \dfrac{1}{2}\right)$ であるから，線分 OA の垂直二等分線の方程式は

$y-\dfrac{1}{2}=-t\left(x-\dfrac{t}{2}\right)$　すなわち　$\boldsymbol{y=-tx+\dfrac{t^2+1}{2}}$　$\boldsymbol{(|t|\geqq 1)}$

(2) $y=-tx+\dfrac{t^2+1}{2}$ から　$t^2-2xt-2y+1=0$ …… ①

←t の 2 次方程式。

$f(t)=t^2-2xt-2y+1$ とすると，求める条件は

$$\begin{cases} f(t)=0 \text{ の判別式 } D \text{ について} \quad D\geqq 0 \\ \text{① を満たす実数 } t \text{ について} \quad t\leqq -1 \text{ または } 1\leqq t \end{cases}$$

① から　　$\dfrac{D}{4}=x^2+2y-1\geqq 0$　すなわち　$y\geqq -\dfrac{x^2}{2}+\dfrac{1}{2}\cdots$ ②

① を満たす実数 t がすべて $-1<t<1$ である場合は

←全体(実数解をもつ条件)から $|t|<1$ の場合を除く，と考える。

$\begin{cases} D\geqq 0 \\ f(-1)>0 \\ f(1)>0 \\ -1<x<1 \end{cases}$　すなわち　③ $\begin{cases} y\geqq -\dfrac{x^2}{2}+\dfrac{1}{2} \\ y<x+1 \\ y<-x+1 \\ -1<x<1 \end{cases}$

よって，求める領域は，② の表す領域から，③ の表す領域を除いたもので，**右の図の斜線部分** になる。
ただし，境界線を含む。

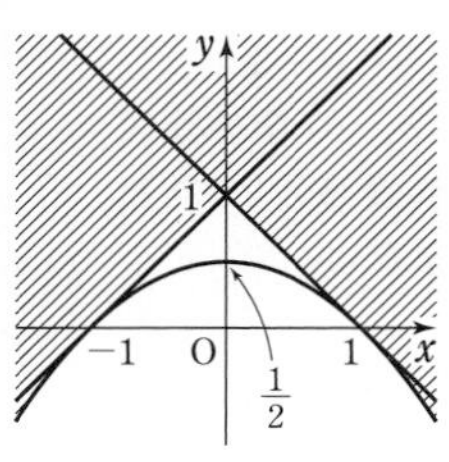

別解　(1) で求めた線分 OA の垂直二等分線の方程式で，$x=X$

←x を固定。

のとき　　$y=-tX+\dfrac{t^2+1}{2}=\dfrac{1}{2}t^2-Xt+\dfrac{1}{2}$

$=\dfrac{1}{2}(t-X)^2-\dfrac{1}{2}X^2+\dfrac{1}{2}$ …… ④

←下に凸の放物線で，軸は直線 $t=X$

また，点 A は C 全体を動くから　　$|t|\geqq 1$
すなわち　　$t\leqq -1,\ 1\leqq t$ …… ⑤
⑤ の範囲における t の関数 ④ のとりうる値の範囲を調べる。
まず，最大値については，④ のグラフは下に凸の放物線であるから，⑤ の範囲で最大値はない。最小値について

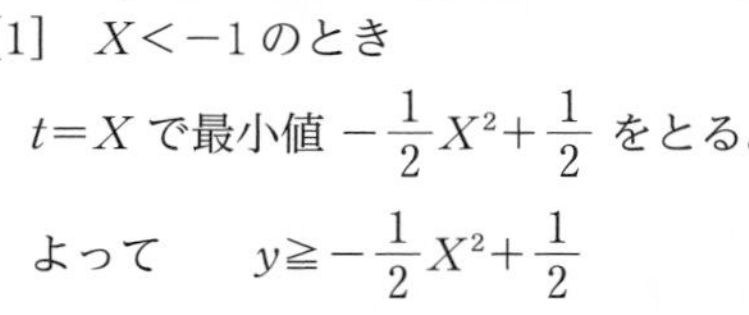

[1]　$X<-1$ のとき
$t=X$ で最小値 $-\dfrac{1}{2}X^2+\dfrac{1}{2}$ をとる。
よって　　$y\geqq -\dfrac{1}{2}X^2+\dfrac{1}{2}$

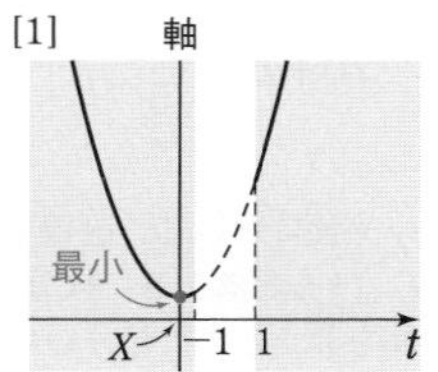

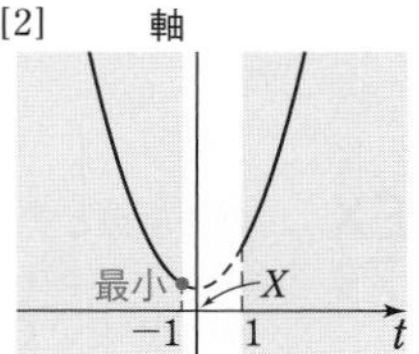

[2]　$-1\leqq X<0$ のとき
$t=-1$ で最小値 $X+1$ をとる。
よって　　$y\geqq X+1$

[3]　$0\leqq X\leqq 1$ のとき
$t=1$ で最小値 $-X+1$ をとる。
よって　　$y\geqq -X+1$

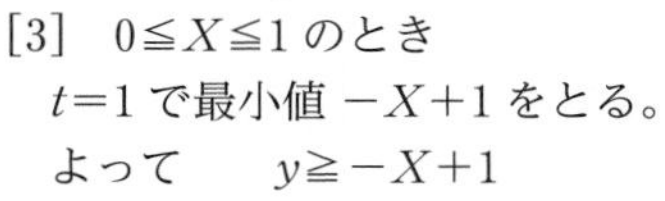

[4]　$1<X$ のとき
$t=X$ で最小値 $-\dfrac{1}{2}X^2+\dfrac{1}{2}$ をとる。
よって　　$y\geqq -\dfrac{1}{2}X^2+\dfrac{1}{2}$

X はすべての実数値をとりうるから，求める領域は，[1]～[4] で X を x におき換えた不等式の表す領域を考えて，先に図示した領域と同じものが得られる。

EX ④80

2つの数 x, y に対し，$s=x+y$, $t=xy$ とおく。
(1) x, y が実数を動くとき，点 $(s,\ t)$ の存在範囲を st 平面上に図示せよ。
(2) 実数 x, y が $x^2+xy+y^2=3$ を満たしながら変化するとする。
　(ア) 点 $(s,\ t)$ の描く図形を st 平面上に図示せよ。
　(イ) $(1-x)(1-y)$ のとりうる値の範囲を求めよ。

(1) x, y は u に関する2次方程式 $u^2-su+t=0$ …… ① の実数解である。
←$u^2-(x+y)u+xy=0$

よって，① の判別式を D とすると

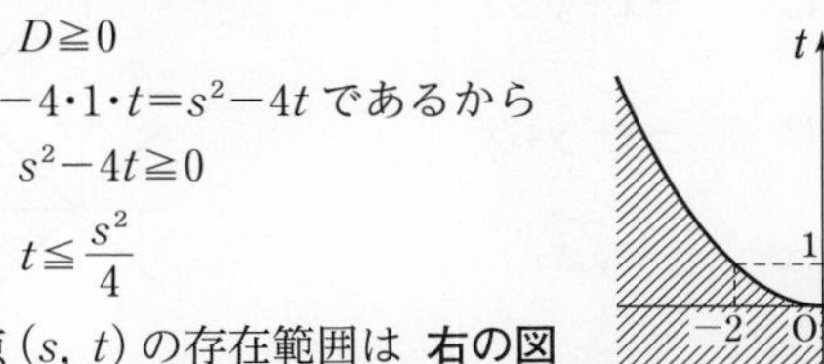

$D\geqq 0$

$D=(-s)^2-4\cdot 1\cdot t=s^2-4t$ であるから

$s^2-4t\geqq 0$

ゆえに　$t\leqq \dfrac{s^2}{4}$

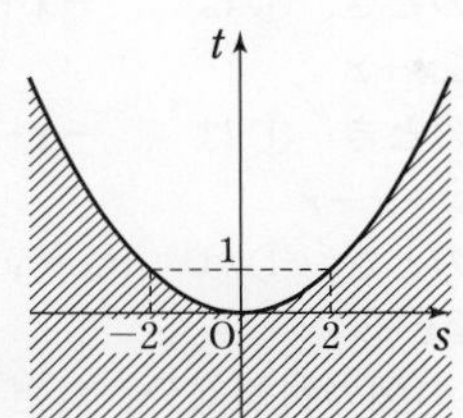

よって，点 $(s,\ t)$ の存在範囲は **右の図の斜線部分。ただし，境界線を含む。**

(2) (ア) $x^2+xy+y^2=3$ から
←x, y の対称式 ⟶ $x+y$, xy で表す。

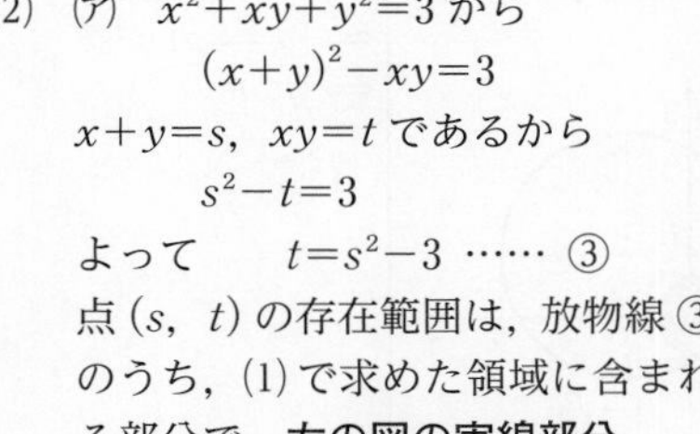

$(x+y)^2-xy=3$

$x+y=s$, $xy=t$ であるから

$s^2-t=3$

よって　$t=s^2-3$ …… ③

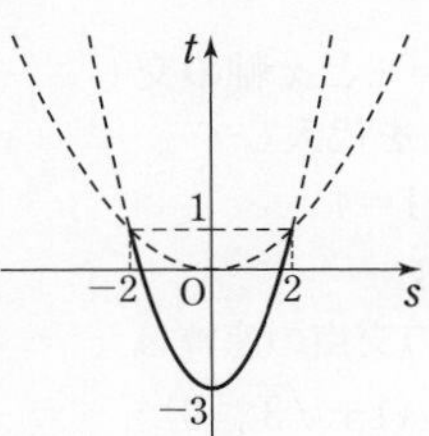

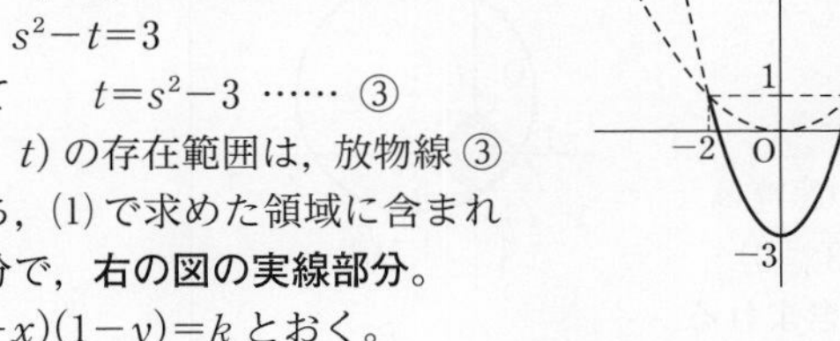

点 $(s,\ t)$ の存在範囲は，放物線 ③ のうち，(1) で求めた領域に含まれる部分で，**右の図の実線部分。**
←$t=\dfrac{s^2}{4}$ と ③ から t を消去すると　$s^2=4$　よって　$s=\pm 2$

(イ) $(1-x)(1-y)=k$ とおく。
←線形計画法の問題となる。

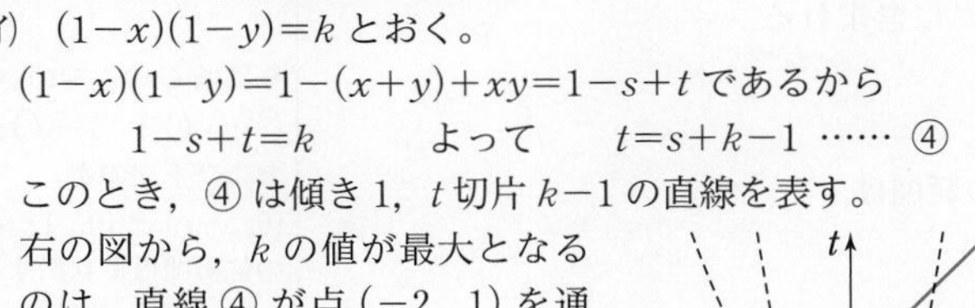

$(1-x)(1-y)=1-(x+y)+xy=1-s+t$ であるから

$1-s+t=k$　　よって　$t=s+k-1$ …… ④

このとき，④ は傾き1，t 切片 $k-1$ の直線を表す。

右の図から，k の値が最大となるのは，直線 ④ が点 $(-2,\ 1)$ を通るときである。

このとき　$k=1-(-2)+1=4$
←$k=1-s+t$

また，k の値が最小となるのは，放物線 ③ と直線 ④ が接するときである。

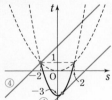

③ と ④ から t を消去して整理すると　$s^2-s-k-2=0$
←$s^2-3=s+k-1$

この s の2次方程式の判別式を D とし，$D=0$ とすると
❶ **接する ⟺ 重解**

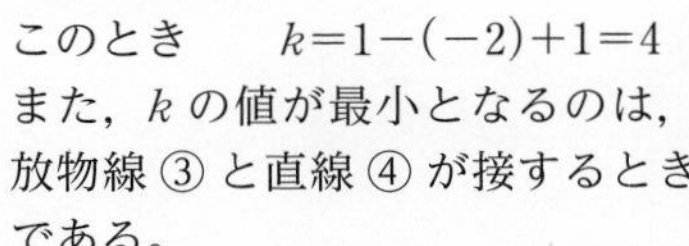

$(-1)^2-4\cdot 1\cdot(-k-2)=0$　　よって　$k=-\dfrac{9}{4}$

したがって，$(1-x)(1-y)$ のとりうる値の範囲は

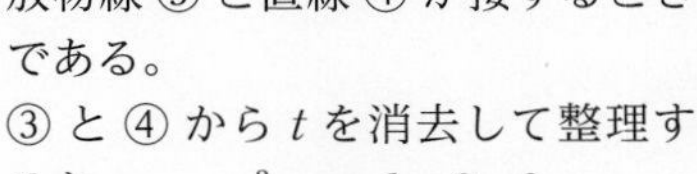

$$-\frac{9}{4}\leqq(1-x)(1-y)\leqq 4$$

EX ③81 2つの条件 $p:(x-1)^2+(y-1)^2\leqq 4$, $q:|x|+|y|\leqq r$ を考える。ただし，$r>0$ とする。q が p の十分条件であるような定数 r の値の範囲を求めよ。〔類 慶応大〕

条件 p, q で表される領域をそれぞれ P, Q とする。
領域 P は，点 $(1,\ 1)$ を中心とする半径2の円の周および内部である。
不等式 $|x|+|y|\leqq r$ …… ① で表される領域 Q について

[1] $x\geqq 0$, $y\geqq 0$ のとき，① は　$x+y\leqq r$
　すなわち　$y\leqq -x+r$

[2] $x<0$, $y\geqq 0$ のとき，① は　$-x+y\leqq r$
　すなわち　$y\leqq x+r$

[3] $x<0$, $y<0$ のとき，① は　$-x-y\leqq r$
　すなわち　$y\geqq -x-r$

[4] $x\geqq 0$, $y<0$ のとき，① は　$x-y\leqq r$
　すなわち　$y\geqq x-r$

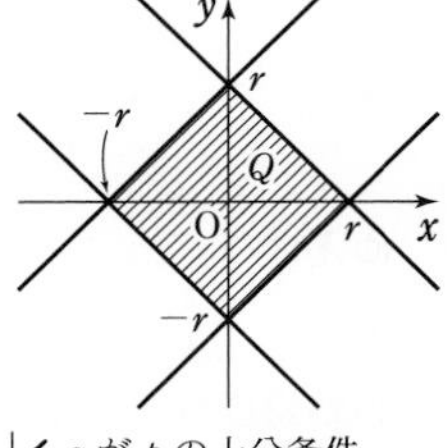

よって，領域 Q は右の図の斜線部分。ただし，境界線を含む。
q が p の十分条件となるのは，領域 Q が領域 P に含まれるときである。

←q が p の十分条件
⟺「$q \Longrightarrow p$」が真
⟺ $Q\subset P$

円 $(x-1)^2+(y-1)^2=4$ と x 軸の交点の x 座標は，$y=0$ を代入して

$$(x-1)^2+1=4$$

ゆえに　$x=1\pm\sqrt{3}$

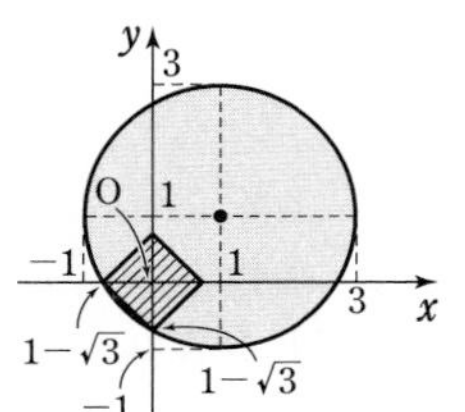

したがって，x 軸との交点の座標は

$$(1-\sqrt{3},\ 0),\ (1+\sqrt{3},\ 0)$$

よって，領域 Q が領域 P に含まれる
条件は　$1-\sqrt{3}\leqq -r$
ゆえに　$r\leqq\sqrt{3}-1$
よって，求める r の値の範囲は

$$\mathbf{0<r\leqq\sqrt{3}-1}$$

←領域 Q の左端の点 $(-r,\ 0)$ と $(1-\sqrt{3},\ 0)$ および下端の点 $(0,\ -r)$ と $(0,\ 1-\sqrt{3})$ の位置関係で判断する。

練習 ①132 次の角の動径を図示せよ。また，第何象限の角か答えよ。
(1) 580°　(2) 1200°　(3) $-540°$　(4) $-780°$

動径を OP とする。

(1) $580°=220°+360°$
［図(1)］，第 3 象限

(2) $1200°=120°+360°\times3$
［図(2)］，第 2 象限

(3) $-540°=180°+360°\times(-2)$
［図(3)］，どの象限の角でもない

(4) $-780°=300°+360°\times(-3)$
［図(4)］，第 4 象限

←まず，$\alpha+360°\times n$ ($0°\leqq\alpha<360°$，n は整数) の形で表す。

←動径が座標軸上に重なるときは，どの象限の角でもない。

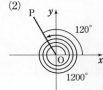

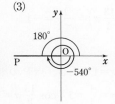

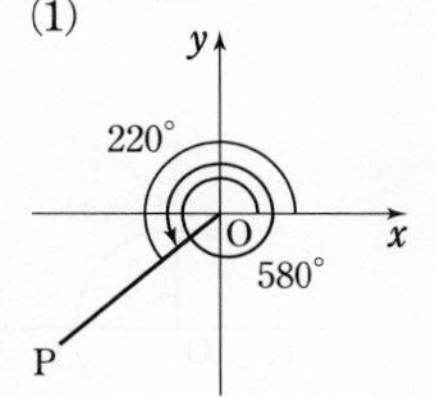

(2) P, y, 120°, O, x, 1200°

(3) y, 180°, O, P, x, $-540°$

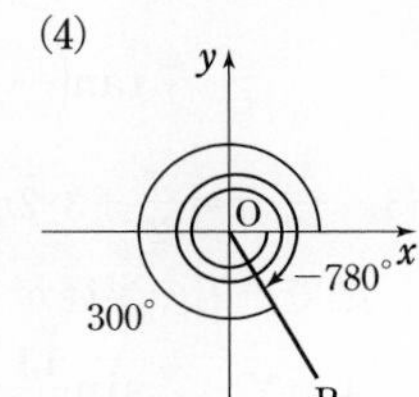

練習 ①133 (1) 次の角を，度数は弧度に，弧度は度数に，それぞれ書き直せ。
(ア) 84°　(イ) $-750°$　(ウ) $\dfrac{7}{12}\pi$　(エ) $-\dfrac{56}{45}\pi$
(2) 半径 6，中心角 108° の扇形の弧の長さ l と面積 S を求めよ。

(1) (ア) $84°=\dfrac{\pi}{180}\times84=\boldsymbol{\dfrac{7}{15}\pi}$

(イ) $-750°=\dfrac{\pi}{180}\times(-750)=\boldsymbol{-\dfrac{25}{6}\pi}$

(ウ) $\dfrac{7}{12}\pi=\dfrac{7}{12}\times180°=\mathbf{105°}$

(エ) $-\dfrac{56}{45}\pi=-\dfrac{56}{45}\times180°=\mathbf{-224°}$

(2) 108° を弧度法で表すと

$$108°=\frac{\pi}{180}\times108=\frac{3}{5}\pi$$

弧の長さは　$\boldsymbol{l}=6\times\dfrac{3}{5}\pi=\boldsymbol{\dfrac{18}{5}\pi}$

面積は　$\boldsymbol{S}=\dfrac{1}{2}\times6^2\times\dfrac{3}{5}\pi=\boldsymbol{\dfrac{54}{5}\pi}$

←$a°=\dfrac{\pi}{180}a$ ラジアン

←$l=r\theta$

←$S=\dfrac{1}{2}rl=\dfrac{1}{2}\cdot6\cdot\dfrac{18}{5}\pi$ としてもよい。

練習 ①134 θ が次の値のとき，$\sin\theta$，$\cos\theta$，$\tan\theta$ の値を求めよ。
(1) $\dfrac{7}{3}\pi$　(2) $-\dfrac{13}{4}\pi$　(3) $\dfrac{13}{2}\pi$　(4) -7π

(1) $\dfrac{7}{3}\pi=\dfrac{\pi}{3}+2\pi$

図で，円の半径が $r=2$ のとき，点Pの座標は　　$(1,\ \sqrt{3})$

よって　　$\boldsymbol{\sin\frac{7}{3}\pi=\frac{\sqrt{3}}{2}}$，$\boldsymbol{\cos\frac{7}{3}\pi=\frac{1}{2}}$，

$\boldsymbol{\tan\frac{7}{3}\pi=\frac{\sqrt{3}}{1}=\sqrt{3}}$

(2)　$-\frac{13}{4}\pi=\frac{3}{4}\pi-2\cdot2\pi$

図で，円の半径が $r=\sqrt{2}$ のとき，点Pの座標は　　$(-1,\ 1)$

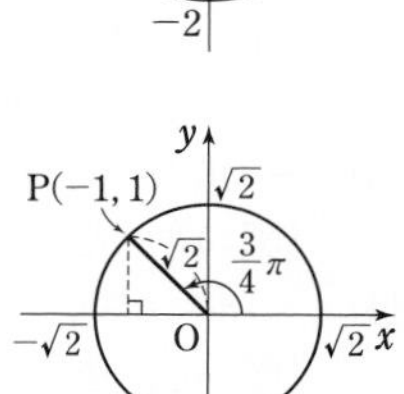

よって　　$\boldsymbol{\sin\left(-\frac{13}{4}\pi\right)=\frac{1}{\sqrt{2}}}$，

$\boldsymbol{\cos\left(-\frac{13}{4}\pi\right)=\frac{-1}{\sqrt{2}}=-\frac{1}{\sqrt{2}}}$，

$\boldsymbol{\tan\left(-\frac{13}{4}\pi\right)=\frac{1}{-1}=-1}$

(3)　$\frac{13}{2}\pi=\frac{\pi}{2}+3\cdot2\pi$

図で，円の半径が $r=1$ のとき，点Pの座標は　　$(0,\ 1)$

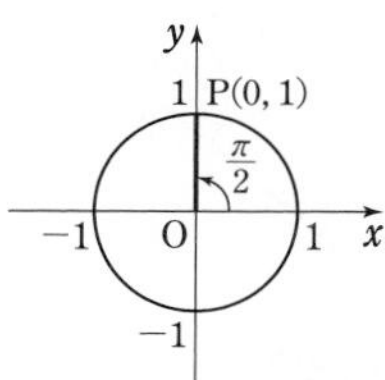

よって　　$\boldsymbol{\sin\frac{13}{2}\pi=\frac{1}{1}=1}$，$\boldsymbol{\cos\frac{13}{2}\pi=\frac{0}{1}=0}$，

$\boldsymbol{\tan\frac{13}{2}\pi}$ **の値はない。**

(4)　$-7\pi=\pi-4\cdot2\pi$

図で，円の半径が $r=1$ のとき，点Pの座標は　　$(-1,\ 0)$

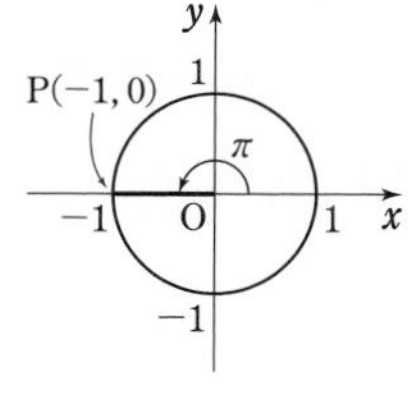

よって　　$\boldsymbol{\sin(-7\pi)=\frac{0}{1}=0}$，

$\boldsymbol{\cos(-7\pi)=\frac{-1}{1}=-1}$，

$\boldsymbol{\tan(-7\pi)=\frac{0}{-1}=0}$

練習 ②135

(1)　$\pi<\theta<\frac{3}{2}\pi$ とする。$\sin\theta=-\frac{1}{3}$ のとき，$\cos\theta$ と $\tan\theta$ の値を求めよ。

(2)　$\tan\theta=-\frac{1}{2}$ のとき，$\sin\theta$ と $\cos\theta$ の値を求めよ。

(1)　$\pi<\theta<\frac{3}{2}\pi$ であるから　　$\cos\theta<0$　　←θ は第3象限の角。

よって　$\boldsymbol{\cos\theta=-\sqrt{1-\sin^2\theta}=-\sqrt{1-\left(-\frac{1}{3}\right)^2}=-\frac{2\sqrt{2}}{3}}$　　←$\sin^2\theta+\cos^2\theta=1$

また　　$\boldsymbol{\tan\theta=\frac{\sin\theta}{\cos\theta}=-\frac{1}{3}\div\left(-\frac{2\sqrt{2}}{3}\right)=\frac{1}{2\sqrt{2}}=\frac{\sqrt{2}}{4}}$

(2)　$1+\tan^2\theta=\frac{1}{\cos^2\theta}$ から　　$\cos^2\theta=\frac{1}{1+\left(-\frac{1}{2}\right)^2}=\frac{4}{5}$　　←$\cos^2\theta=\frac{1}{1+\tan^2\theta}$

ゆえに　　$\cos\theta=\pm\sqrt{\frac{4}{5}}=\pm\frac{2}{\sqrt{5}}$　　←有理化すると $\cos\theta=\pm\frac{2\sqrt{5}}{5}$

$\cos\theta=\dfrac{2}{\sqrt{5}}$ のとき　$\sin\theta=\tan\theta\cos\theta=-\dfrac{1}{2}\cdot\dfrac{2}{\sqrt{5}}=-\dfrac{1}{\sqrt{5}}$

$\cos\theta=-\dfrac{2}{\sqrt{5}}$ のとき

$$\sin\theta=\tan\theta\cos\theta=-\frac{1}{2}\cdot\left(-\frac{2}{\sqrt{5}}\right)=\frac{1}{\sqrt{5}}$$

←$\cos\theta=\pm\dfrac{2}{\sqrt{5}}$ から
$\sin\theta=\tan\theta\cos\theta$
$=-\dfrac{1}{2}\cdot\left(\pm\dfrac{2}{\sqrt{5}}\right)=\mp\dfrac{1}{\sqrt{5}}$
(複号同順) のように書いてもよい。

練習 ②136

(1) 次の等式を証明せよ。
　(ア) $\sin^4\theta-\cos^4\theta=1-2\cos^2\theta$　　(イ) $\dfrac{\cos\theta}{1-\sin\theta}-\tan\theta=\dfrac{1}{\cos\theta}$

(2) 次の式を計算せよ。
　(ア) $(\sin\theta+2\cos\theta)^2+(2\sin\theta-\cos\theta)^2$　　(イ) $\dfrac{1+\sin\theta}{\cos\theta}+\dfrac{\cos\theta}{1+\sin\theta}$

(1) (ア) $\sin^4\theta-\cos^4\theta=(\sin^2\theta+\cos^2\theta)(\sin^2\theta-\cos^2\theta)$
$=\sin^2\theta-\cos^2\theta=(1-\cos^2\theta)-\cos^2\theta$
$=1-2\cos^2\theta$

したがって　$\sin^4\theta-\cos^4\theta=1-2\cos^2\theta$

←$\sin^2\theta+\cos^2\theta=1$
←$\sin^2\theta=1-\cos^2\theta$ を代入。

(イ) $\dfrac{\cos\theta}{1-\sin\theta}-\tan\theta=\dfrac{\cos\theta}{1-\sin\theta}-\dfrac{\sin\theta}{\cos\theta}$

$=\dfrac{\cos^2\theta-\sin\theta(1-\sin\theta)}{(1-\sin\theta)\cos\theta}=\dfrac{\cos^2\theta-\sin\theta+\sin^2\theta}{(1-\sin\theta)\cos\theta}$

$=\dfrac{1-\sin\theta}{(1-\sin\theta)\cos\theta}=\dfrac{1}{\cos\theta}$

したがって　$\dfrac{\cos\theta}{1-\sin\theta}-\tan\theta=\dfrac{1}{\cos\theta}$

←$\tan\theta=\dfrac{\sin\theta}{\cos\theta}$

(2) (ア) (与式)$=\sin^2\theta+4\sin\theta\cos\theta+4\cos^2\theta$
$+4\sin^2\theta-4\sin\theta\cos\theta+\cos^2\theta$
$=5(\sin^2\theta+\cos^2\theta)=5\times1=\mathbf{5}$

←$\sin^2\theta+\cos^2\theta=1$

(イ) (与式)$=\dfrac{(1+\sin\theta)^2+\cos^2\theta}{\cos\theta(1+\sin\theta)}=\dfrac{1+2\sin\theta+\sin^2\theta+\cos^2\theta}{\cos\theta(1+\sin\theta)}$

$=\dfrac{2+2\sin\theta}{\cos\theta(1+\sin\theta)}=\dfrac{2(1+\sin\theta)}{\cos\theta(1+\sin\theta)}=\boldsymbol{\dfrac{2}{\cos\theta}}$

練習 ②137

$\sin\theta+\cos\theta=\dfrac{1}{2}$ とする。次の式の値を求めよ。

(1) $\sin\theta\cos\theta$，$\sin^3\theta+\cos^3\theta$　　(2) $\dfrac{3}{2}\pi<\theta<2\pi$ のとき，$\sin\theta-\cos\theta$

(1) $\sin\theta+\cos\theta=\dfrac{1}{2}$ の両辺を 2 乗すると

$$\sin^2\theta+2\sin\theta\cos\theta+\cos^2\theta=\frac{1}{4}$$

ゆえに　$1+2\sin\theta\cos\theta=\dfrac{1}{4}$　　よって　$\boldsymbol{\sin\theta\cos\theta=-\dfrac{3}{8}}$

←$\sin^2\theta+\cos^2\theta=1$

したがって

$\boldsymbol{\sin^3\theta+\cos^3\theta}=(\sin\theta+\cos\theta)(\sin^2\theta-\sin\theta\cos\theta+\cos^2\theta)$

$=\dfrac{1}{2}\left\{1-\left(-\dfrac{3}{8}\right)\right\}=\boldsymbol{\dfrac{11}{16}}$

←$\sin^2\theta+\cos^2\theta=1$

別解 $\sin^3\theta+\cos^3\theta$

$$=(\sin\theta+\cos\theta)^3-3\sin\theta\cos\theta(\sin\theta+\cos\theta)$$

$$=\left(\frac{1}{2}\right)^3-3\cdot\left(-\frac{3}{8}\right)\cdot\frac{1}{2}=\mathbf{\frac{11}{16}}$$

←$x^3+y^3=(x+y)^3-3xy(x+y)$

(2) (1) から $(\sin\theta-\cos\theta)^2=\sin^2\theta-2\sin\theta\cos\theta+\cos^2\theta$

$$=1-2\cdot\left(-\frac{3}{8}\right)=\frac{7}{4}$$

$\frac{3}{2}\pi<\theta<2\pi$ では，$\sin\theta<0$，$\cos\theta>0$ であるから

$$\sin\theta-\cos\theta<0$$

←(負)−(正)<0

よって　$\sin\theta-\cos\theta=\mathbf{-\frac{\sqrt{7}}{2}}$

練習 ③138 k は定数とする。2 次方程式 $25x^2-35x+4k=0$ の 2 つの解が $\sin\theta$，$\cos\theta$ ($\cos\theta>\sin\theta$，$0<\theta<\pi$) で表されるとき，k の値と $\sin\theta$，$\cos\theta$ の値を求めよ。〔星薬大〕

解と係数の関係により

$$\sin\theta+\cos\theta=\frac{7}{5}\ \cdots\cdots ①,\quad \sin\theta\cos\theta=\frac{4}{25}k\ \cdots\cdots ②$$

① の両辺を 2 乗すると

$$\sin^2\theta+2\sin\theta\cos\theta+\cos^2\theta=\frac{49}{25}$$

←$\sin^2\theta+\cos^2\theta=1$

よって　$1+2\sin\theta\cos\theta=\frac{49}{25}$　　ゆえに　$\sin\theta\cos\theta=\frac{12}{25}$

これと ② から　$\frac{4}{25}k=\frac{12}{25}$　　よって　$\boldsymbol{k=3}$

このとき，与えられた方程式は　$25x^2-35x+12=0$

←$(5x-3)(5x-4)=0$

これを解くと　$x=\frac{3}{5}$，$\frac{4}{5}$

$\cos\theta>\sin\theta$ であるから　$\mathbf{\sin\theta=\frac{3}{5}}$，$\mathbf{\cos\theta=\frac{4}{5}}$

練習 ①139 次の値を求めよ。

(1) $\sin\left(-\frac{7}{6}\pi\right)$　(2) $\cos\frac{17}{6}\pi$　(3) $\tan\left(-\frac{11}{6}\pi\right)$

(4) $\sin\left(-\frac{23}{6}\pi\right)+\tan\frac{13}{6}\pi+\cos\frac{11}{2}\pi+\tan\left(-\frac{25}{6}\pi\right)$

(1) $\sin\left(-\frac{7}{6}\pi\right)=-\sin\frac{7}{6}\pi=-\sin\left(\frac{\pi}{6}+\pi\right)=\sin\frac{\pi}{6}=\mathbf{\frac{1}{2}}$

←$\sin(-\theta)=-\sin\theta$
$\sin(\theta+\pi)=-\sin\theta$

(2) $\cos\frac{17}{6}\pi=\cos\left(\frac{5}{6}\pi+2\pi\right)=\cos\frac{5}{6}\pi=\cos\left(\pi-\frac{\pi}{6}\right)$

←$\cos(\pi-\theta)=-\cos\theta$

$$=-\cos\frac{\pi}{6}=\mathbf{-\frac{\sqrt{3}}{2}}$$

(3) $\tan\left(-\frac{11}{6}\pi\right)=-\tan\frac{11}{6}\pi=-\tan\left(-\frac{\pi}{6}+2\pi\right)$

$$=-\tan\left(-\frac{\pi}{6}\right)=\tan\frac{\pi}{6}=\mathbf{\frac{1}{\sqrt{3}}}$$

←$\tan(-\theta)=-\tan\theta$

(4) $\sin\left(-\dfrac{23}{6}\pi\right)+\tan\dfrac{13}{6}\pi+\cos\dfrac{11}{2}\pi+\tan\left(-\dfrac{25}{6}\pi\right)$

$=-\sin\dfrac{23}{6}\pi+\tan\dfrac{13}{6}\pi+\cos\dfrac{11}{2}\pi-\tan\dfrac{25}{6}\pi$

$=-\sin\left(-\dfrac{\pi}{6}+4\pi\right)+\tan\left(\dfrac{\pi}{6}+2\pi\right)+\cos\left(-\dfrac{\pi}{2}+6\pi\right)$

$\quad-\tan\left(\dfrac{\pi}{6}+4\pi\right)$

$=-\sin\left(-\dfrac{\pi}{6}\right)+\tan\dfrac{\pi}{6}+\cos\left(-\dfrac{\pi}{2}\right)-\tan\dfrac{\pi}{6}$

$=\sin\dfrac{\pi}{6}+\cos\dfrac{\pi}{2}=\dfrac{1}{2}+0=\boldsymbol{\dfrac{1}{2}}$

←正の角に直さずに
$\sin\left(-\dfrac{23}{6}\pi\right)$
$=\sin\left(\dfrac{\pi}{6}-4\pi\right)=\sin\dfrac{\pi}{6}$
としてもよい。

←$\sin(-\theta)=-\sin\theta$
$\cos(-\theta)=\cos\theta$

練習 ①140 次の関数のグラフをかけ。また，その周期を求めよ。

(1) $y=\cos\left(\theta+\dfrac{\pi}{3}\right)$　　(2) $y=\sin\theta+2$

(3) $y=2\tan\theta$　　(4) $y=\cos 2\theta$

(1) $y=\cos\theta$ のグラフを θ 軸方向に $-\dfrac{\pi}{3}$ だけ平行移動したもので，**グラフは右の図。**
また，**周期は　2π**

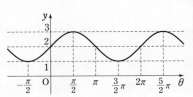

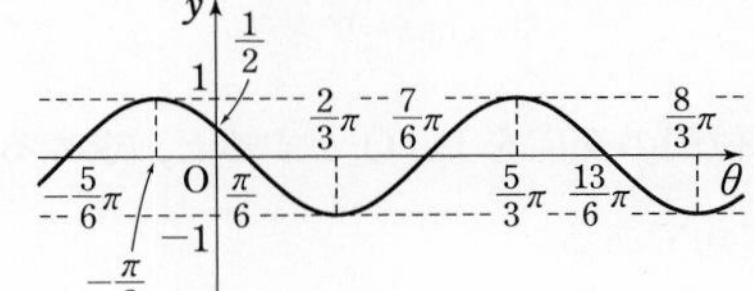

←$y=f(\theta-p)$ のグラフは，$y=f(\theta)$ のグラフを θ 軸方向に p だけ平行移動したもの。

(2) $y=\sin\theta$ のグラフを y 軸方向に 2 だけ平行移動したもので，**グラフは右の図。**
また，**周期は　2π**

←$y=f(\theta)+q$ のグラフは，$y=f(\theta)$ のグラフを y 軸方向に q だけ平行移動したもの。

(3) $y=\tan\theta$ のグラフを y 軸方向に 2 倍に拡大したもので，**グラフは右の図。**
また，**周期は　π**

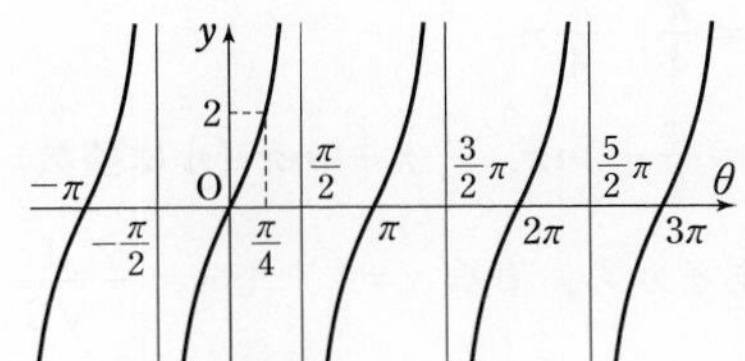

←$y=af(\theta)$ $(a>0)$ のグラフは，$y=f(\theta)$ のグラフを y 軸方向に a 倍に拡大・縮小したもの。

(4) $y=\cos\theta$ のグラフを θ 軸方向に $\dfrac{1}{2}$ 倍に縮小したもので，**グラフは右の図。**
また，**周期は　π**

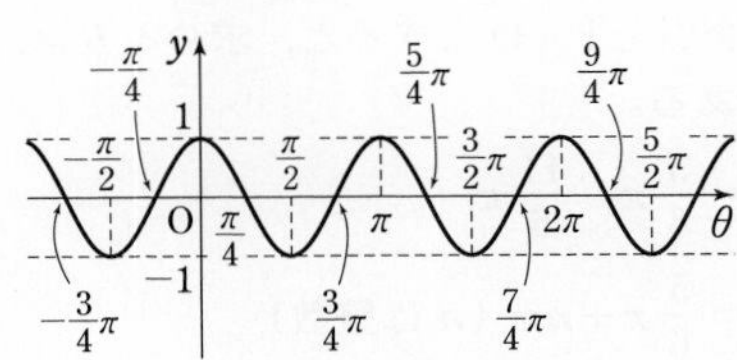

←$y=f(k\theta)$ $(k>0)$ のグラフは，$y=f(\theta)$ のグラフを θ 軸方向に $\dfrac{1}{k}$ 倍に拡大・縮小したもの。

練習 ②141 次の関数のグラフをかけ。また，その周期を求めよ。

(1) $y=2\cos(2\theta-\pi)$　　(2) $y=\dfrac{1}{2}\sin\left(\dfrac{\theta}{2}+\dfrac{\pi}{6}\right)$

(1)　$y=2\cos(2\theta-\pi)$

$=2\cos 2\left(\theta-\dfrac{\pi}{2}\right)$

よって，**周期は　π**

グラフは図の実線部分。

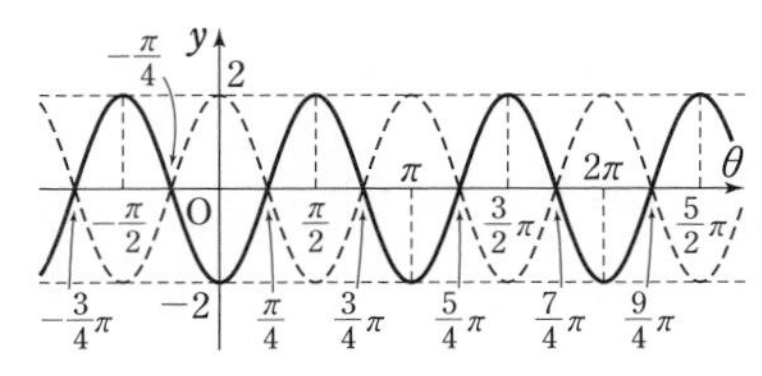

←周期は $y=\cos 2\theta$ の周期と同じ。

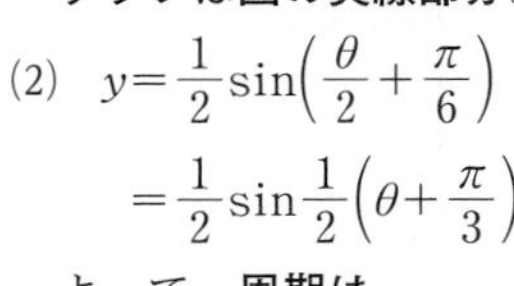

(2)　$y=\dfrac{1}{2}\sin\left(\dfrac{\theta}{2}+\dfrac{\pi}{6}\right)$

$=\dfrac{1}{2}\sin\dfrac{1}{2}\left(\theta+\dfrac{\pi}{3}\right)$

よって，**周期は**

$2\pi\div\dfrac{1}{2}=\boldsymbol{4\pi}$

グラフは図の実線部分。

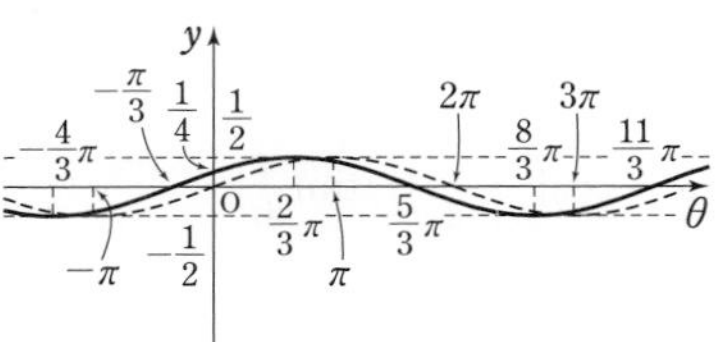

←周期は $y=\sin\dfrac{\theta}{2}$ の周期と同じ。

練習
②**142**

$0\leqq\theta<2\pi$ のとき，次の方程式を解け。また，その一般解を求めよ。

(1)　$\sin\theta=\dfrac{\sqrt{3}}{2}$　(2)　$\sqrt{2}\cos\theta-1=0$　(3)　$\sqrt{3}\tan\theta=-1$

(4)　$\sin\theta=-1$　(5)　$\cos\theta=0$　(6)　$\tan\theta=0$

(1)　直線 $y=\dfrac{\sqrt{3}}{2}$ と単位円の交点を P，Q とすると，求める θ は，動径 OP，OQ の表す角である。

$0\leqq\theta<2\pi$ では　　$\boldsymbol{\theta=\dfrac{\pi}{3},\ \dfrac{2}{3}\pi}$

一般解は　　$\boldsymbol{\theta=\dfrac{\pi}{3}+2n\pi,\ \dfrac{2}{3}\pi+2n\pi}$ **（n は整数）**

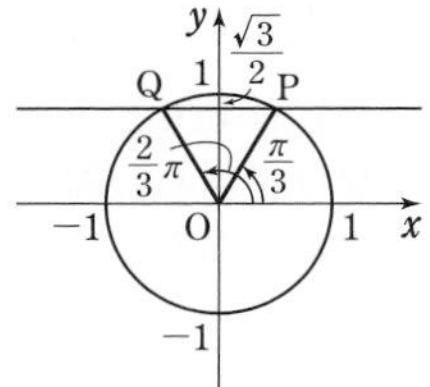

(2)　$\cos\theta=\dfrac{1}{\sqrt{2}}$ であるから，直線 $x=\dfrac{1}{\sqrt{2}}$ と単位円の交点を P，Q とすると，求める θ は，動径 OP，OQ の表す角である。

$0\leqq\theta<2\pi$ では　　$\boldsymbol{\theta=\dfrac{\pi}{4},\ \dfrac{7}{4}\pi}$

一般解は　　$\boldsymbol{\theta=\dfrac{\pi}{4}+2n\pi,\ \dfrac{7}{4}\pi+2n\pi}$ **（n は整数）**

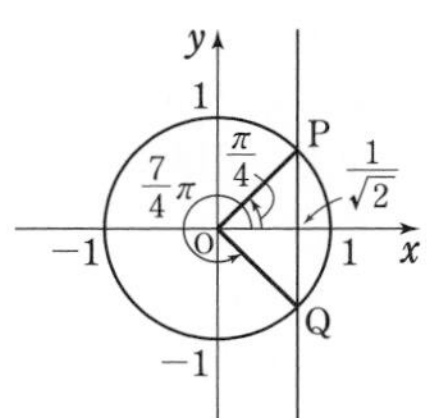

(3)　$\tan\theta=-\dfrac{1}{\sqrt{3}}$ であるから，直線 $x=1$ 上で $y=-\dfrac{1}{\sqrt{3}}$ となる点を T とする。
直線 OT と単位円の交点を P，Q とすると，求める θ は，動径 OP，OQ の表す角である。

$0\leqq\theta<2\pi$ では　　$\boldsymbol{\theta=\dfrac{5}{6}\pi,\ \dfrac{11}{6}\pi}$

一般解は　　$\boldsymbol{\theta=\dfrac{5}{6}\pi+n\pi}$ **（n は整数）**

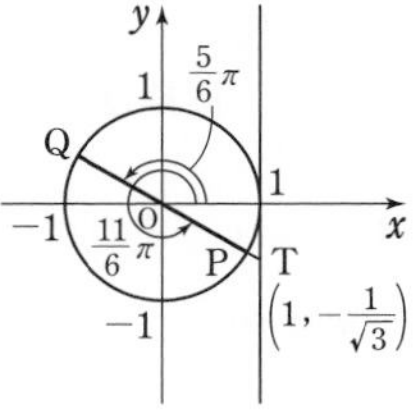

(4)　$0\leqq\theta<2\pi$ では　　$\boldsymbol{\theta=\dfrac{3}{2}\pi}$

一般解は　　$\boldsymbol{\theta=\dfrac{3}{2}\pi+2n\pi}$ **（n は整数）**

(2)，(4)，(5) の一般解は，次（次ページ）のように表してもよい。ただし，n は整数。

(5)　$0 \leqq \theta < 2\pi$ では　　$\boldsymbol{\theta = \frac{\pi}{2}, \ \frac{3}{2}\pi}$

一般解は　　$\boldsymbol{\theta = \frac{\pi}{2} + 2n\pi, \ \frac{3}{2}\pi + 2n\pi}$ **(n は整数)**

(6)　$0 \leqq \theta < 2\pi$ では　　$\boldsymbol{\theta = 0, \ \pi}$

一般解は　　$\boldsymbol{\theta = n\pi}$ **(n は整数)**

(2)　$\theta = \pm\frac{\pi}{4} + 2n\pi$

(4)　$\theta = -\frac{\pi}{2} + 2n\pi$

(5)　$\theta = \pm\frac{\pi}{2} + 2n\pi$

$\left(\theta = \frac{\pi}{2} + n\pi \text{ でもよい。}\right)$

練習 ②143　$0 \leqq \theta < 2\pi$ のとき，次の不等式を解け。

(1)　$\sqrt{2}\cos\theta > -1$　　(2)　$\frac{1}{2} \leqq \sin\theta \leqq \frac{\sqrt{3}}{2}$　　(3)　$\tan\theta \leqq \sqrt{3}$

(1)　$0 \leqq \theta < 2\pi$ の範囲で，

$\cos\theta = -\frac{1}{\sqrt{2}}$ を満たす θ の値は

$\theta = \frac{3}{4}\pi, \ \frac{5}{4}\pi$

よって，右の図から，不等式を満たす θ の範囲は

$\boldsymbol{0 \leqq \theta < \frac{3}{4}\pi, \ \frac{5}{4}\pi < \theta < 2\pi}$

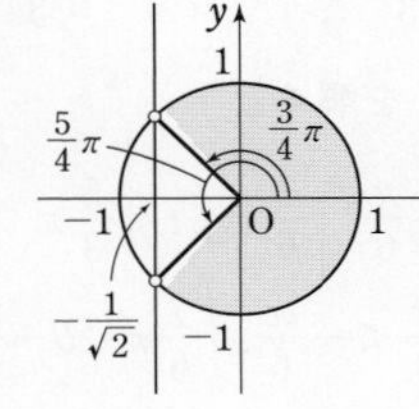

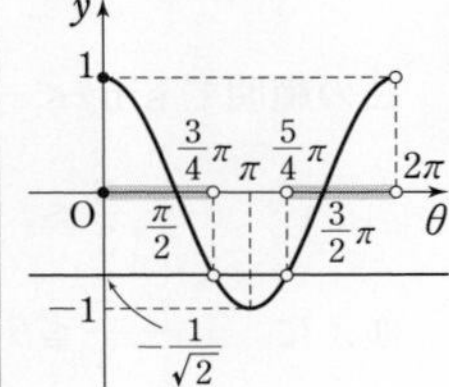

(2)　$0 \leqq \theta < 2\pi$ の範囲で，

$\sin\theta = \frac{1}{2}, \ \frac{\sqrt{3}}{2}$ を満たす θ の値は

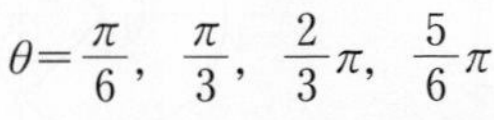

$\theta = \frac{\pi}{6}, \ \frac{\pi}{3}, \ \frac{2}{3}\pi, \ \frac{5}{6}\pi$

よって，右の図から，不等式を満たす θ の範囲は

$\boldsymbol{\frac{\pi}{6} \leqq \theta \leqq \frac{\pi}{3}, \ \frac{2}{3}\pi \leqq \theta \leqq \frac{5}{6}\pi}$

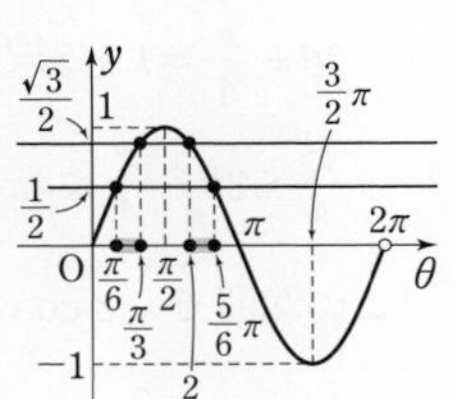

(3)　$0 \leqq \theta < 2\pi$ の範囲で，

$\tan\theta = \sqrt{3}$ を満たす θ の値は

$\theta = \frac{\pi}{3}, \ \frac{4}{3}\pi$

よって，右の図から，不等式を満たす θ の範囲は　　$\boldsymbol{0 \leqq \theta \leqq \frac{\pi}{3},}$

$\boldsymbol{\frac{\pi}{2} < \theta \leqq \frac{4}{3}\pi, \ \frac{3}{2}\pi < \theta < 2\pi}$

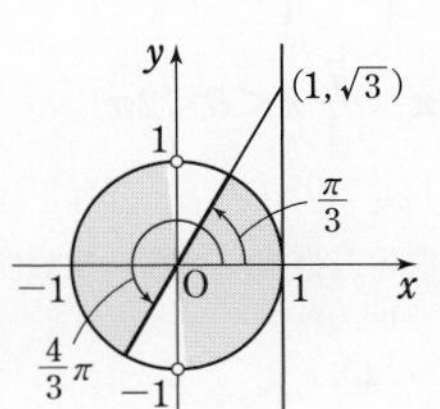

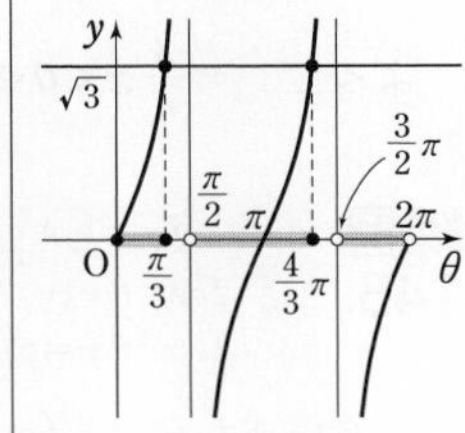

練習 ②144　$0 \leqq \theta < 2\pi$ のとき，次の方程式，不等式を解け。

(1)　$\tan\left(\theta + \frac{\pi}{4}\right) = -\sqrt{3}$　　(2)　$\sin\left(\theta - \frac{\pi}{3}\right) < -\frac{1}{2}$　　(3)　$\sqrt{2}\cos\left(2\theta + \frac{\pi}{4}\right) > 1$

(1)　$\theta + \frac{\pi}{4} = t$ …… ① とおく。$0 \leqq \theta < 2\pi$ であるから

$\frac{\pi}{4} \leqq \theta + \frac{\pi}{4} < 2\pi + \frac{\pi}{4}$　すなわち　$\frac{\pi}{4} \leqq t < \frac{9}{4}\pi$

4章 練習 [三角関数]

この範囲で $\tan t=-\sqrt{3}$ を解くと

$$t=\frac{2}{3}\pi,\ \frac{5}{3}\pi \ \cdots\cdots \ ②$$

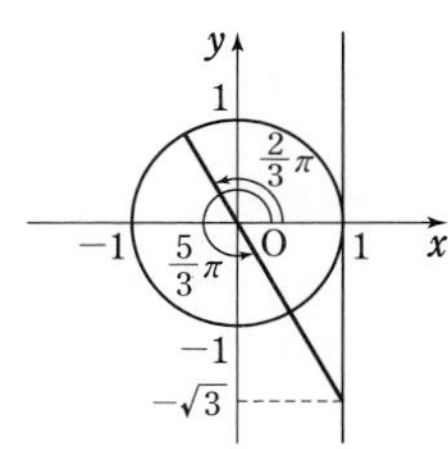

① から　　　　$\theta=t-\frac{\pi}{4}$

② を代入して　　$\boldsymbol{\theta=\frac{5}{12}\pi,\ \frac{17}{12}\pi}$

(2)　$\theta-\frac{\pi}{3}=t$ とおく。$0\leqq\theta<2\pi$ であるから

$-\frac{\pi}{3}\leqq\theta-\frac{\pi}{3}<2\pi-\frac{\pi}{3}$　すなわち　$-\frac{\pi}{3}\leqq t<\frac{5}{3}\pi$

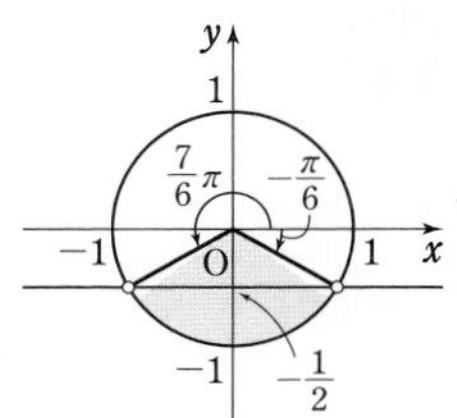

この範囲で $\sin t<-\frac{1}{2}$ を解くと

$$-\frac{\pi}{3}\leqq t<-\frac{\pi}{6},\ \frac{7}{6}\pi<t<\frac{5}{3}\pi$$

ゆえに　　$-\frac{\pi}{3}\leqq\theta-\frac{\pi}{3}<-\frac{\pi}{6},\ \frac{7}{6}\pi<\theta-\frac{\pi}{3}<\frac{5}{3}\pi$

よって　　$\boldsymbol{0\leqq\theta<\frac{\pi}{6},\ \frac{3}{2}\pi<\theta<2\pi}$

(3)　$2\theta+\frac{\pi}{4}=t$ とおく。$0\leqq\theta<2\pi$ であるから

$\frac{\pi}{4}\leqq 2\theta+\frac{\pi}{4}<4\pi+\frac{\pi}{4}$　すなわち　$\frac{\pi}{4}\leqq t<\frac{17}{4}\pi$

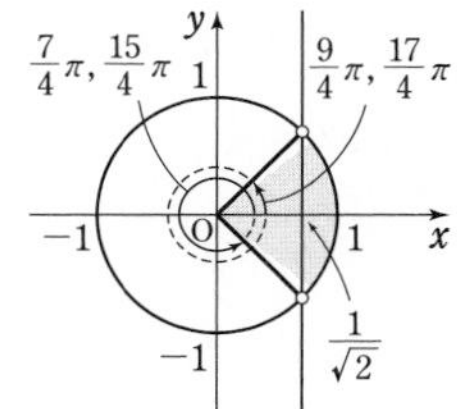

この範囲で $\sqrt{2}\cos t>1$ すなわち $\cos t>\frac{1}{\sqrt{2}}$ を解くと

$$\frac{7}{4}\pi<t<\frac{9}{4}\pi,\ \frac{15}{4}\pi<t<\frac{17}{4}\pi$$

ゆえに　　$\frac{7}{4}\pi<2\theta+\frac{\pi}{4}<\frac{9}{4}\pi,\ \frac{15}{4}\pi<2\theta+\frac{\pi}{4}<\frac{17}{4}\pi$

よって　　$\boldsymbol{\frac{3}{4}\pi<\theta<\pi,\ \frac{7}{4}\pi<\theta<2\pi}$

練習 ③145　$0\leqq\theta<2\pi$ のとき，次の方程式，不等式を解け。

(1)　$2\cos^2\theta+\cos\theta-1=0$　　(2)　$2\cos^2\theta+3\sin\theta-3=0$

(3)　$2\cos^2\theta+\sin\theta-2\leqq 0$　　(4)　$2\sin\theta\tan\theta=-3$

(1)　方程式から　　$(\cos\theta+1)(2\cos\theta-1)=0$

よって　　　　$\cos\theta=-1,\ \frac{1}{2}$

$0\leqq\theta<2\pi$ であるから，$\cos\theta=-1$ より　$\theta=\pi$

$\cos\theta=\frac{1}{2}$ より　$\theta=\frac{\pi}{3},\ \frac{5}{3}\pi$

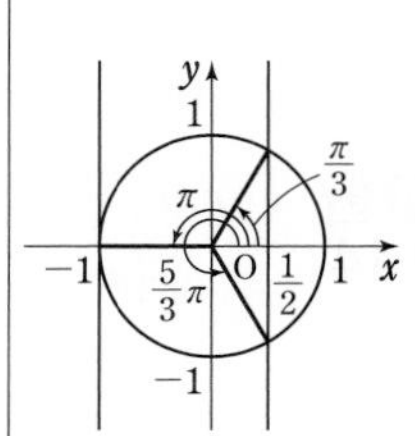

したがって，解は　　$\boldsymbol{\theta=\frac{\pi}{3},\ \pi,\ \frac{5}{3}\pi}$

(2)　方程式から　　$2(1-\sin^2\theta)+3\sin\theta-3=0$

←$\sin\theta$ だけで表す。

整理して　　$2\sin^2\theta-3\sin\theta+1=0$

ゆえに　　　$(\sin\theta-1)(2\sin\theta-1)=0$

よって　　　$\sin\theta=1,\ \dfrac{1}{2}$

$0\leqq\theta<2\pi$ であるから，$\sin\theta=1$ より　　$\theta=\dfrac{\pi}{2}$

$\sin\theta=\dfrac{1}{2}$ より　$\theta=\dfrac{\pi}{6},\ \dfrac{5}{6}\pi$

したがって，解は　　$\boldsymbol{\theta=\dfrac{\pi}{6},\ \dfrac{\pi}{2},\ \dfrac{5}{6}\pi}$

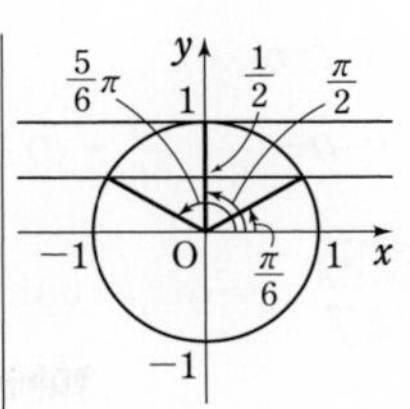

(3)　不等式から　　$2(1-\sin^2\theta)+\sin\theta-2\leqq0$

整理して　　$2\sin^2\theta-\sin\theta\geqq0$

よって　　$\sin\theta(2\sin\theta-1)\geqq0$

ゆえに　　$\sin\theta\leqq0,\ \dfrac{1}{2}\leqq\sin\theta$

$0\leqq\theta<2\pi$ であるから，$\sin\theta\leqq0$ より　$\theta=0,\ \pi\leqq\theta<2\pi$

$\sin\theta\geqq\dfrac{1}{2}$ より　$\dfrac{\pi}{6}\leqq\theta\leqq\dfrac{5}{6}\pi$

したがって，解は　　$\boldsymbol{\theta=0,\ \dfrac{\pi}{6}\leqq\theta\leqq\dfrac{5}{6}\pi,\ \pi\leqq\theta<2\pi}$

←$\sin\theta$ だけで表す。

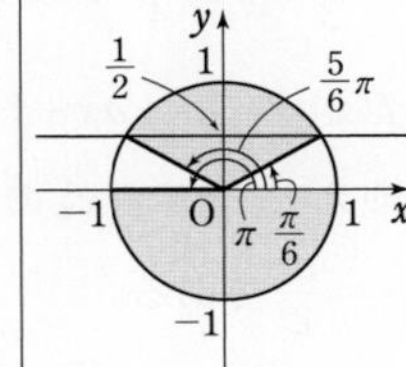

(4)　方程式から　　$2\sin\theta\cdot\dfrac{\sin\theta}{\cos\theta}=-3$

ゆえに　　$2\sin^2\theta=-3\cos\theta$　かつ　$\cos\theta\neq0$

よって　　$2(1-\cos^2\theta)=-3\cos\theta$

整理して　　$2\cos^2\theta-3\cos\theta-2=0$

ゆえに　　$(\cos\theta-2)(2\cos\theta+1)=0$

$-1\leqq\cos\theta\leqq1$ であるから，常に $\cos\theta-2<0$ である。

よって　　$2\cos\theta+1=0$　すなわち　$\cos\theta=-\dfrac{1}{2}$

$0\leqq\theta<2\pi$ であるから　　$\boldsymbol{\theta=\dfrac{2}{3}\pi,\ \dfrac{4}{3}\pi}$

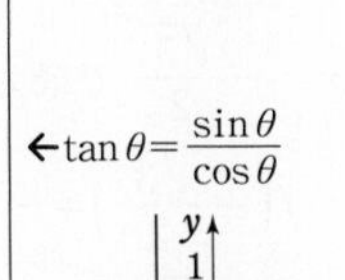

←$\tan\theta=\dfrac{\sin\theta}{\cos\theta}$

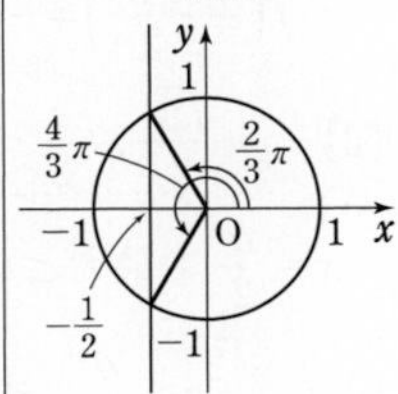

練習 ②146　関数 $y=\cos^2\theta+\sin\theta-1\ (0\leqq\theta<2\pi)$ の最大値と最小値を求めよ。また，そのときの θ の値を求めよ。

$y=\cos^2\theta+\sin\theta-1=(1-\sin^2\theta)+\sin\theta-1$

$=-\sin^2\theta+\sin\theta$

$\sin\theta=t$ とおくと，$0\leqq\theta<2\pi$ のとき　　$-1\leqq t\leqq1$ …… ①

y を t の式で表すと　　$y=-t^2+t=-\left(t-\dfrac{1}{2}\right)^2+\dfrac{1}{4}$

① の範囲において，y は $t=\dfrac{1}{2}$ のとき最大値 $\dfrac{1}{4}$，$t=-1$ のとき最小値 -2 をとる。$0\leqq\theta<2\pi$ であるから

$t=\dfrac{1}{2}$ となるのは，$\sin\theta=\dfrac{1}{2}$ から　　$\theta=\dfrac{\pi}{6},\ \dfrac{5}{6}\pi$

$t=-1$ となるのは，$\sin\theta=-1$ から　　$\theta=\dfrac{3}{2}\pi$

←$\sin\theta$ だけで表す。

①　変数のおき換え
変域が変わることに注意

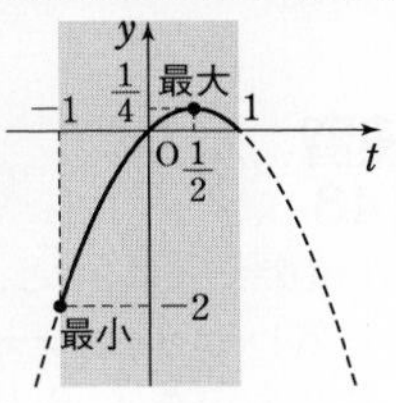

したがって

$\theta=\dfrac{\pi}{6}$，$\dfrac{5}{6}\pi$ のとき最大値 $\dfrac{1}{4}$；$\theta=\dfrac{3}{2}\pi$ のとき最小値 -2

練習 ③147 $y=\cos^2\theta+a\sin\theta\left(-\dfrac{\pi}{3}\leqq\theta\leqq\dfrac{\pi}{4}\right)$ の最大値を a の式で表せ。

$$y=\cos^2\theta+a\sin\theta=(1-\sin^2\theta)+a\sin\theta$$
$$=-\sin^2\theta+a\sin\theta+1$$

←$\sin\theta$ だけで表す。

$\sin\theta=x$ とおくと　　$y=-x^2+ax+1$

$-\dfrac{\pi}{3}\leqq\theta\leqq\dfrac{\pi}{4}$ であるから　　$-\dfrac{\sqrt{3}}{2}\leqq x\leqq\dfrac{\sqrt{2}}{2}$

変数のおき換え 変域が変わることに注意

$f(x)=-x^2+ax+1$ とすると　　$f(x)=-\left(x-\dfrac{a}{2}\right)^2+\dfrac{a^2}{4}+1$

ゆえに，$y=f(x)$ のグラフは上に凸の放物線で，軸は直線

$x=\dfrac{a}{2}$ である。

[1]　$\dfrac{a}{2}<-\dfrac{\sqrt{3}}{2}$　すなわち　$a<-\sqrt{3}$ のとき

$x=-\dfrac{\sqrt{3}}{2}$ で最大となり，その最大値は

$$f\left(-\frac{\sqrt{3}}{2}\right)=-\left(-\frac{\sqrt{3}}{2}\right)^2+a\left(-\frac{\sqrt{3}}{2}\right)+1=-\frac{\sqrt{3}}{2}a+\frac{1}{4}$$

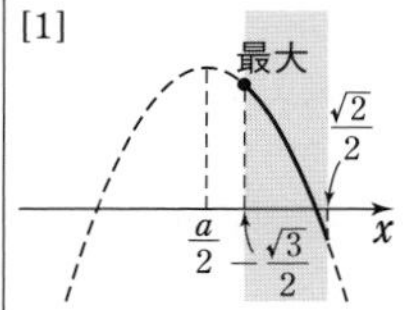

[2]　$-\dfrac{\sqrt{3}}{2}\leqq\dfrac{a}{2}<\dfrac{\sqrt{2}}{2}$　すなわち　$-\sqrt{3}\leqq a<\sqrt{2}$ のとき

$x=\dfrac{a}{2}$ で最大となり，その最大値は　　$f\left(\dfrac{a}{2}\right)=\dfrac{a^2}{4}+1$

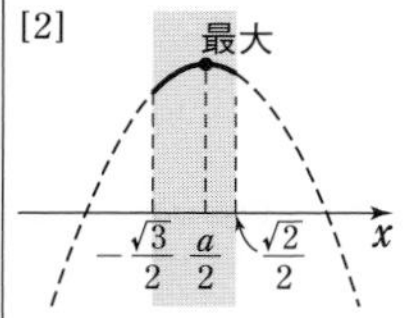

[3]　$\dfrac{\sqrt{2}}{2}\leqq\dfrac{a}{2}$　すなわち　$\sqrt{2}\leqq a$ のとき

$x=\dfrac{\sqrt{2}}{2}$ で最大となり，その最大値は

$$f\left(\frac{\sqrt{2}}{2}\right)=-\left(\frac{\sqrt{2}}{2}\right)^2+a\cdot\frac{\sqrt{2}}{2}+1=\frac{\sqrt{2}}{2}a+\frac{1}{2}$$

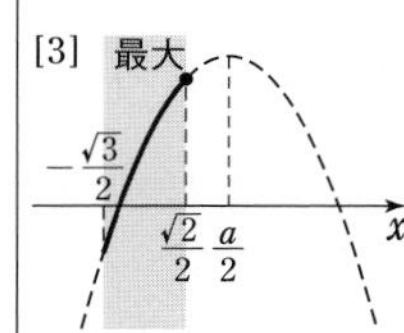

[1]～[3] から　　**$a<-\sqrt{3}$ のとき $-\dfrac{\sqrt{3}}{2}a+\dfrac{1}{4}$，**

$-\sqrt{3}\leqq a<\sqrt{2}$ のとき $\dfrac{a^2}{4}+1$，

$\sqrt{2}\leqq a$ のとき $\dfrac{\sqrt{2}}{2}a+\dfrac{1}{2}$

練習 ④148 θ の方程式 $2\cos^2\theta+2k\sin\theta+k-5=0$ を満たす θ があるような定数 k の値の範囲を求めよ。

$\sin\theta=x$ とおくと，$-1\leqq x\leqq1$ であり，方程式は

$2(1-x^2)+2kx+k-5=0$　すなわち　$2x^2-2kx-k+3=0$

この左辺を $f(x)$ とすると，求める条件は，方程式 $f(x)=0$ が $-1\leqq x\leqq1$ の範囲に少なくとも 1 つの解をもつことである。

変数のおき換え 変域が変わることに注意

これは，放物線 $y=f(x)$ と x 軸の共有点について，次の [1] または [2] または [3] が成り立つことと同じである。

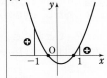

[1]　放物線 $y=f(x)$ が $-1<x<1$ の範囲で，x 軸と異なる2点で交わる，または接する。このための条件は，$f(x)=0$ の判別式を D とすると　　$D \geqq 0$

ここで　　$\dfrac{D}{4}=(-k)^2-2(-k+3)=k^2+2k-6$

$k^2+2k-6=0$ の解は　　$k=-1\pm\sqrt{7}$

よって，$D \geqq 0$ すなわち $k^2+2k-6 \geqq 0$ の解は

$$k \leqq -1-\sqrt{7},\ -1+\sqrt{7} \leqq k \quad \cdots\cdots ①$$

軸 $x=\dfrac{k}{2}$ について　　$-1<\dfrac{k}{2}<1$

すなわち　　$-2<k<2$　　$\cdots\cdots$ ②

$f(-1)=k+5>0$ から　　$k>-5$　　$\cdots\cdots$ ③

$f(1)=-3k+5>0$ から　　$k<\dfrac{5}{3}$　　$\cdots\cdots$ ④

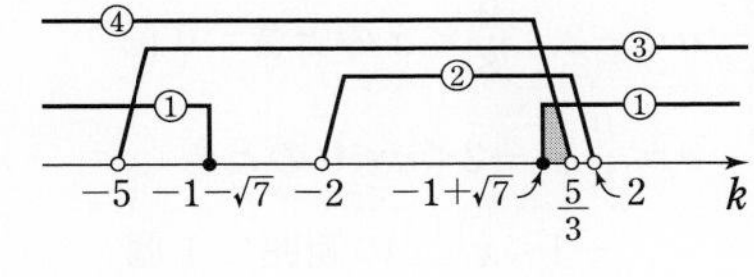

①～④ の共通範囲を求めて　　$-1+\sqrt{7} \leqq k < \dfrac{5}{3}$

[2]　放物線 $y=f(x)$ が $-1<x<1$ の範囲で，x 軸とただ1点で交わり，他の1点は $x<-1$，$1<x$ の範囲にある。

このための条件は　　$f(-1)f(1)<0$

したがって　　$(k+5)(-3k+5)<0$

ゆえに　$(k+5)(3k-5)>0$　　よって　$k<-5$，$\dfrac{5}{3}<k$

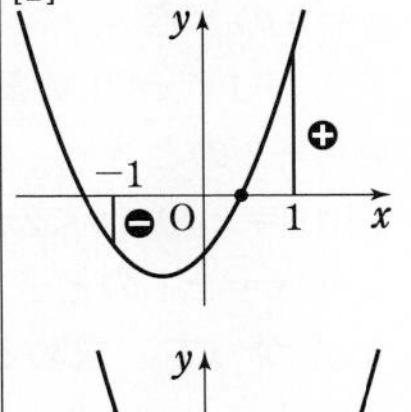

[3]　放物線 $y=f(x)$ が x 軸と $x=-1$ または $x=1$ で交わる。

$f(-1)=0$ または $f(1)=0$ から　　$k=-5$ または $k=\dfrac{5}{3}$

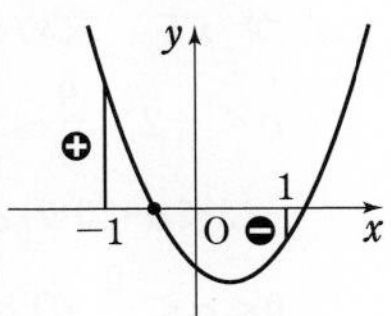

求める k の値の範囲は，[1]，[2]，[3] を合わせて

$$\boldsymbol{k \leqq -5,\ -1+\sqrt{7} \leqq k}$$

[2] と [3] をまとめて，$f(-1)f(1) \leqq 0$ としてもよい。

検討　**[本冊 p.238 重要例題 148 の別解]**

方程式 $x^2-ax+2a=0$ が $-1 \leqq x \leqq 1$ の範囲に少なくとも1つの解をもつための条件は，図形的に考えると，次のようにして求めることができる。

$x^2-ax+2a=0$ から　　$x^2=a(x-2)$

←a について整理。

求める条件は，放物線 $y=x^2$ と直線 $y=a(x-2)$ の共有点の x 座標が $-1 \leqq x \leqq 1$ の範囲にあることと同じである。

←直線 $y=a(x-2)$ は，常に点 (2，0) を通る。

直線が放物線上の点 (1，1) を通るとき　　$1=a(1-2)$

ゆえに　　$a=-1$

直線が放物線上の点 (0，0) で接するとき　　$a=0$

これらが境目となるから　　$\boldsymbol{-1 \leqq a \leqq 0}$

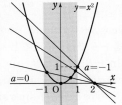

練習 ④149 θ に関する方程式 $2\cos^2\theta-\sin\theta-a-1=0$ の解の個数を，定数 a の値の範囲によって調べよ。ただし，$0\leqq\theta<2\pi$ とする。

$\sin\theta=x$ とおくと，$0\leqq\theta<2\pi$ であるから　$-1\leqq x\leqq1$

方程式は　$2(1-x^2)-x-a-1=0$

ゆえに　$-2x^2-x+1=a$

$f(x)=-2x^2-x+1$ とすると

$$f(x)=-2\left(x+\frac{1}{4}\right)^2+\frac{9}{8}$$

$y=f(x)$ $(-1\leqq x\leqq1)$ のグラフと直線 $y=a$ の共有点の個数を調べると

$a<-2$，$\frac{9}{8}<a$ のとき　0 個

$a=\frac{9}{8}$，$-2<a<0$ のとき

$-1<x<1$ の範囲に 1 個

$0<a<\frac{9}{8}$ のとき

$-1<x<1$ の範囲に 2 個

$a=0$ のとき

$-1<x<1$ の範囲に 1 個と，$x=-1$ のときの 1 個

$a=-2$ のとき　$x=1$ のときの 1 個

$\sin\theta=x$ $(0\leqq\theta<2\pi)$ の解の個数は

$x=\pm1$ のとき　1 個，　$-1<x<1$ のとき　2 個

したがって，求める解の個数は

$a<-2$，$\frac{9}{8}<a$ のとき 0 個；$a=-2$ のとき 1 個；

$-2<a<0$ のとき 2 個；$a=0$ のとき 3 個；

$0<a<\frac{9}{8}$ のとき 4 個；$a=\frac{9}{8}$ のとき 2 個。

◎ **変数のおき換え 変域が変わることに注意**

←定数 a を分離する。

←このグラフでの共有点の個数がそのまま解 θ の個数になるわけではない。例えば，$-1<x<1$ である x の値 1 つに対して $\sin\theta=x$ を満たす θ の値は 2 つある。

←$x=1$ のとき　$\theta=\frac{\pi}{2}$，$x=-1$ のとき　$\theta=\frac{3}{2}\pi$

練習 ①150 (1)　$\cos(\alpha-\beta)=\cos\alpha\cos\beta+\sin\alpha\sin\beta$ を用いて，加法定理の他の公式（本冊 $p.241$）が成り立つことを示せ。

(2)　加法定理を用いて，次の値を求めよ。

(ア)　$\sin105^\circ$　　(イ)　$\cos165^\circ$　　(ウ)　$\tan\frac{7}{12}\pi$

(1)　$\cos(\alpha-\beta)=\cos\alpha\cos\beta+\sin\alpha\sin\beta$ …… ① とする。

等式 ① の両辺の β を $-\beta$ でおき換えると

$\cos(-\beta)=\cos\beta$，$\sin(-\beta)=-\sin\beta$ …… ② であるから

$\cos\{\alpha-(-\beta)\}=\cos\alpha\cos(-\beta)+\sin\alpha\sin(-\beta)$　　←① の $\beta\longrightarrow-\beta$

ゆえに　$\cos(\alpha+\beta)=\cos\alpha\cos\beta-\sin\alpha\sin\beta$　　←公式。

等式 ① の両辺の α を $\left(\frac{\pi}{2}-\alpha\right)$ でおき換えると

$\cos\left\{\left(\frac{\pi}{2}-\alpha\right)-\beta\right\}=\cos\left(\frac{\pi}{2}-\alpha\right)\cos\beta+\sin\left(\frac{\pi}{2}-\alpha\right)\sin\beta$　　←① の $\alpha\longrightarrow\frac{\pi}{2}-\alpha$

一般に，$\cos\left(\dfrac{\pi}{2}-\theta\right)=\sin\theta$，$\sin\left(\dfrac{\pi}{2}-\theta\right)=\cos\theta$ であるから

$$\sin(\alpha+\beta)=\sin\alpha\cos\beta+\cos\alpha\sin\beta \quad \cdots\cdots ③$$

←$\cos\left\{\dfrac{\pi}{2}-(\alpha+\beta)\right\}=\sin(\alpha+\beta)$

等式 ③ の両辺の β を $-\beta$ でおき換えると，② から

$$\sin(\alpha-\beta)=\sin\alpha\cos\beta-\cos\alpha\sin\beta$$

←③ とともに公式。

また　$\tan(\alpha+\beta)=\dfrac{\sin(\alpha+\beta)}{\cos(\alpha+\beta)}=\dfrac{\sin\alpha\cos\beta+\cos\alpha\sin\beta}{\cos\alpha\cos\beta-\sin\alpha\sin\beta}$

←$\tan\theta=\dfrac{\sin\theta}{\cos\theta}$

分母と分子を $\cos\alpha\cos\beta$ で割ると

$$\tan(\alpha+\beta)=\frac{\dfrac{\sin\alpha}{\cos\alpha}+\dfrac{\sin\beta}{\cos\beta}}{1-\dfrac{\sin\alpha}{\cos\alpha}\cdot\dfrac{\sin\beta}{\cos\beta}}=\frac{\tan\alpha+\tan\beta}{1-\tan\alpha\tan\beta}$$

ゆえに　$\tan(\alpha+\beta)=\dfrac{\tan\alpha+\tan\beta}{1-\tan\alpha\tan\beta}$ ……④

←公式。

等式 ④ の両辺の β を $-\beta$ でおき換えると　$\tan(-\beta)=-\tan\beta$

から　$\tan(\alpha-\beta)=\dfrac{\tan\alpha-\tan\beta}{1+\tan\alpha\tan\beta}$

←公式。

(2) (ア)　$\sin105^\circ=\sin(60^\circ+45^\circ)=\sin60^\circ\cos45^\circ+\cos60^\circ\sin45^\circ$

$$=\frac{\sqrt{3}}{2}\cdot\frac{\sqrt{2}}{2}+\frac{1}{2}\cdot\frac{\sqrt{2}}{2}=\boldsymbol{\frac{\sqrt{6}+\sqrt{2}}{4}}$$

(イ)　$\cos165^\circ=\cos(120^\circ+45^\circ)=\cos120^\circ\cos45^\circ-\sin120^\circ\sin45^\circ$

$$=-\frac{1}{2}\cdot\frac{\sqrt{2}}{2}-\frac{\sqrt{3}}{2}\cdot\frac{\sqrt{2}}{2}=\boldsymbol{-\frac{\sqrt{6}+\sqrt{2}}{4}}$$

(ウ)　$\tan\dfrac{7}{12}\pi=\tan\left(\dfrac{\pi}{3}+\dfrac{\pi}{4}\right)=\dfrac{\tan\dfrac{\pi}{3}+\tan\dfrac{\pi}{4}}{1-\tan\dfrac{\pi}{3}\tan\dfrac{\pi}{4}}=\dfrac{\sqrt{3}+1}{1-\sqrt{3}\cdot1}$

←$\dfrac{7}{12}\pi=105^\circ=60^\circ+45^\circ$

$$=-\frac{\sqrt{3}+1}{\sqrt{3}-1}=-\frac{(\sqrt{3}+1)^2}{(\sqrt{3}-1)(\sqrt{3}+1)}=\boldsymbol{-2-\sqrt{3}}$$

←分母の有理化。

練習 ②151　(1) α は鋭角，β は鈍角とする。$\tan\alpha=1$，$\tan\beta=-2$ のとき，$\tan(\alpha-\beta)$，$\cos(\alpha-\beta)$，$\sin(\alpha-\beta)$ の値をそれぞれ求めよ。
(2) $2(\sin x-\cos y)=\sqrt{3}$，$\cos x-\sin y=\sqrt{2}$ のとき，$\sin(x+y)$ の値を求めよ。

(1)　$\boldsymbol{\tan(\alpha-\beta)}=\dfrac{\tan\alpha-\tan\beta}{1+\tan\alpha\tan\beta}=\dfrac{1-(-2)}{1+1\cdot(-2)}=\boldsymbol{-3}$

$0<\alpha<\dfrac{\pi}{2}$，$\dfrac{\pi}{2}<\beta<\pi$ から　$-\pi<\alpha-\beta<0$

←$-\pi<-\beta<-\dfrac{\pi}{2}$ これと $0<\alpha<\dfrac{\pi}{2}$ の辺々を加える。

また，$\tan(\alpha-\beta)<0$ であるから　$-\dfrac{\pi}{2}<\alpha-\beta<0$

ゆえに　$\cos(\alpha-\beta)>0$　したがって

$$\boldsymbol{\cos(\alpha-\beta)}=\sqrt{\frac{1}{1+\tan^2(\alpha-\beta)}}=\sqrt{\frac{1}{1+(-3)^2}}=\boldsymbol{\frac{1}{\sqrt{10}}}$$

←$1+\tan^2\theta=\dfrac{1}{\cos^2\theta}$ から。

また　$\boldsymbol{\sin(\alpha-\beta)}=\tan(\alpha-\beta)\cos(\alpha-\beta)=-3\cdot\dfrac{1}{\sqrt{10}}=\boldsymbol{-\dfrac{3}{\sqrt{10}}}$

←$\sin\theta=\tan\theta\cos\theta$

(2) 条件の式は　$\sin x-\cos y=\dfrac{\sqrt{3}}{2}$，$\cos x-\sin y=\sqrt{2}$

両辺を2乗すると，それぞれ

$$\sin^2 x-2\sin x\cos y+\cos^2 y=\frac{3}{4}$$

$$\cos^2 x-2\cos x\sin y+\sin^2 y=2$$

辺々加えて　$2-2(\sin x\cos y+\cos x\sin y)=\dfrac{11}{4}$

←$\sin^2 x+\cos^2 x=1$
$\sin^2 y+\cos^2 y=1$

ゆえに　$2-2\sin(x+y)=\dfrac{11}{4}$　　よって　$\boldsymbol{\sin(x+y)=-\dfrac{3}{8}}$

練習 ②152

(1) 2直線 $x+3y-6=0$，$x-2y+2=0$ のなす鋭角 θ を求めよ。

(2) 直線 $y=-x+1$ と $\dfrac{\pi}{3}$ の角をなし，点 $(1,\ \sqrt{3})$ を通る直線の方程式を求めよ。

(1) 2直線の方程式を変形すると

$$y=-\frac{1}{3}x+2,\quad y=\frac{1}{2}x+1$$

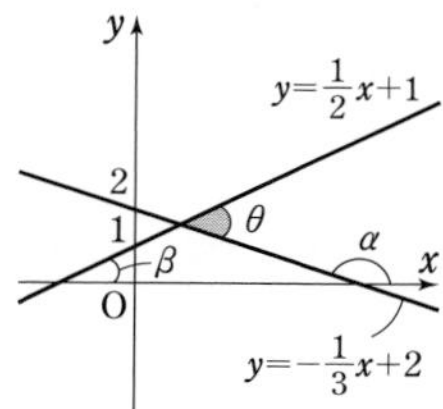

図のように，2直線と x 軸の正の向きとのなす角を，それぞれ α，β とすると，求める鋭角 θ は

$$\theta=(\pi-\alpha)+\beta=\pi-(\alpha-\beta)$$

$\tan\alpha=-\dfrac{1}{3}$，$\tan\beta=\dfrac{1}{2}$ から

$$\tan(\alpha-\beta)=\frac{\tan\alpha-\tan\beta}{1+\tan\alpha\tan\beta}=\frac{-\dfrac{1}{3}-\dfrac{1}{2}}{1+\left(-\dfrac{1}{3}\right)\cdot\dfrac{1}{2}}=-1$$

よって　$\tan\theta=\tan\{\pi-(\alpha-\beta)\}=-\tan(\alpha-\beta)=1$

$0<\theta<\dfrac{\pi}{2}$ であるから　$\boldsymbol{\theta=\dfrac{\pi}{4}}$

別解　傾きが m_1，m_2 の2直線のなす角を θ とすると

$$\tan\theta=\left|\frac{m_1-m_2}{1+m_1m_2}\right|$$

を利用する。

2直線は垂直でないから

$$\tan\theta=\left|\frac{-\dfrac{1}{3}-\dfrac{1}{2}}{1+\left(-\dfrac{1}{3}\right)\cdot\dfrac{1}{2}}\right|=1$$

$0<\theta<\dfrac{\pi}{2}$ から

$$\theta=\frac{\pi}{4}$$

(2) 直線 $y=-x+1$ と x 軸の正の向きとのなす角を α とすると　$\tan\alpha=-1$

$$\tan\left(\alpha\pm\frac{\pi}{3}\right)=\frac{\tan\alpha\pm\tan\dfrac{\pi}{3}}{1\mp\tan\alpha\tan\dfrac{\pi}{3}}$$

$$=\frac{-1\pm\sqrt{3}}{1\mp(-1)\cdot\sqrt{3}}\quad(\text{複号同順})$$

←求める直線の傾き。

←$\alpha=\dfrac{3}{4}\pi$ であるから，$\tan\dfrac{13}{12}\pi$，$\tan\dfrac{5}{12}\pi$ の値を求めていることになる。

$$\frac{-1+\sqrt{3}}{1+\sqrt{3}}=\frac{(\sqrt{3}-1)^2}{(\sqrt{3})^2-1^2}=2-\sqrt{3},$$

$\dfrac{-1-\sqrt{3}}{1-\sqrt{3}}=\dfrac{\sqrt{3}+1}{\sqrt{3}-1}=\dfrac{(\sqrt{3}+1)^2}{(\sqrt{3})^2-1^2}=2+\sqrt{3}$ であるから，求める直線の方程式は

$$y-\sqrt{3}=(2+\sqrt{3})(x-1),\quad y-\sqrt{3}=(2-\sqrt{3})(x-1)$$

整理して　$\boldsymbol{y=(2+\sqrt{3})x-2,\ y=(2-\sqrt{3})x-2+2\sqrt{3}}$

←傾き m，点 $(x_1,\ y_1)$ を通る直線の方程式は
$y-y_1=m(x-x_1)$

練習 ③153

(1) 点 $\mathrm{P}(-2,\ 3)$ を，原点を中心として $\dfrac{5}{6}\pi$ だけ回転させた点Qの座標を求めよ。

(2) 点 $\mathrm{P}(3,\ -1)$ を，点 $\mathrm{A}(-1,\ 2)$ を中心として $-\dfrac{\pi}{3}$ だけ回転させた点Qの座標を求めよ。

点Qの座標を $(x,\ y)$ とする。

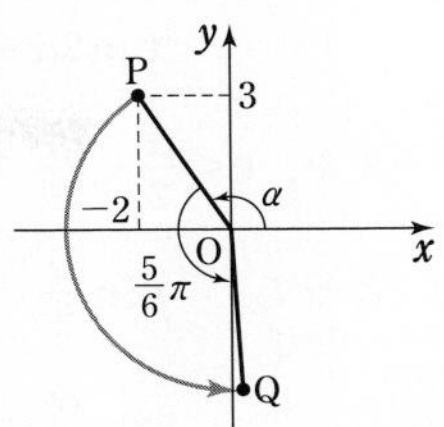

(1) 原点をO, $\mathrm{OP}=r$ とし，動径OPと x 軸の正の向きとのなす角を α とすると　　$-2=r\cos\alpha,\ 3=r\sin\alpha$

よって　$x=r\cos\left(\alpha+\dfrac{5}{6}\pi\right)=r\cos\alpha\cos\dfrac{5}{6}\pi-r\sin\alpha\sin\dfrac{5}{6}\pi$

$$=-2\cdot\left(-\frac{\sqrt{3}}{2}\right)-3\cdot\frac{1}{2}=\frac{2\sqrt{3}-3}{2}$$

$$y=r\sin\left(\alpha+\frac{5}{6}\pi\right)=r\sin\alpha\cos\frac{5}{6}\pi+r\cos\alpha\sin\frac{5}{6}\pi$$

$$=3\cdot\left(-\frac{\sqrt{3}}{2}\right)+(-2)\cdot\frac{1}{2}=-\frac{3\sqrt{3}+2}{2}$$

したがって，点Qの座標は　$\left(\boldsymbol{\dfrac{2\sqrt{3}-3}{2},\ -\dfrac{3\sqrt{3}+2}{2}}\right)$

(2) 点Aが原点Oに移るような平行移動により，点Pは点P′ $(4,\ -3)$ に移る。

←x 軸方向に1，y 軸方向に -2 だけ平行移動する。

次に，点Q′の座標を $(x',\ y')$ とする。また，$\mathrm{OP'}=r$ とし，動径OP′と x 軸の正の向きとのなす角を α とすると

$$4=r\cos\alpha,\ -3=r\sin\alpha$$

よって　$x'=r\cos\left(\alpha-\dfrac{\pi}{3}\right)=r\cos\alpha\cos\dfrac{\pi}{3}+r\sin\alpha\sin\dfrac{\pi}{3}$

$$=4\cdot\frac{1}{2}+(-3)\cdot\frac{\sqrt{3}}{2}=\frac{4-3\sqrt{3}}{2}$$

$$y'=r\sin\left(\alpha-\frac{\pi}{3}\right)=r\sin\alpha\cos\frac{\pi}{3}-r\cos\alpha\sin\frac{\pi}{3}$$

$$=-3\cdot\frac{1}{2}-4\cdot\frac{\sqrt{3}}{2}=-\frac{4\sqrt{3}+3}{2}$$

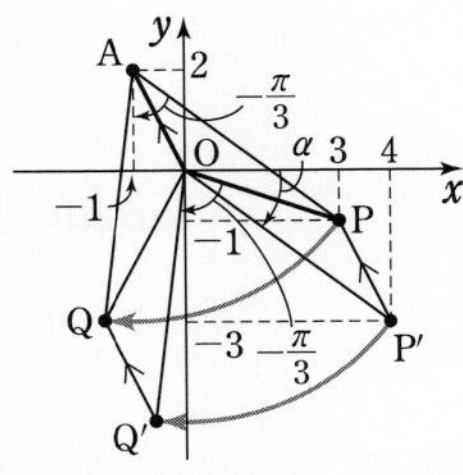

したがって，点Q′の座標は　$\left(\dfrac{4-3\sqrt{3}}{2},\ -\dfrac{4\sqrt{3}+3}{2}\right)$

点Q′は，原点が点Aに移るような平行移動によって，点Qに移るから，点Qの座標は

$$\left(\frac{4-3\sqrt{3}}{2}-1,\ -\frac{4\sqrt{3}+3}{2}+2\right)\ \text{すなわち}\ \left(\boldsymbol{\frac{2-3\sqrt{3}}{2},\ \frac{1-4\sqrt{3}}{2}}\right)$$

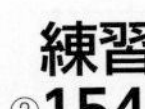

練習 ②154

(1) $0<\alpha<\pi,\ \cos\alpha=\dfrac{5}{13}$ のとき，$2\alpha,\ \dfrac{\alpha}{2}$ の正弦，余弦，正接の値を求めよ。

(2) $\tan\dfrac{\theta}{2}=\dfrac{1}{2}$ のとき，$\cos\theta,\ \tan\theta,\ \tan 2\theta$ の値を求めよ。

(1) $0<\alpha<\pi$ であるから　　$\sin\alpha>0$

ゆえに　　$\sin\alpha=\sqrt{1-\cos^2\alpha}=\sqrt{1-\left(\dfrac{5}{13}\right)^2}=\dfrac{12}{13}$

よって　$\boldsymbol{\sin 2\alpha}=2\sin\alpha\cos\alpha=2\cdot\dfrac{12}{13}\cdot\dfrac{5}{13}=\boldsymbol{\dfrac{120}{169}}$

$\boldsymbol{\cos 2\alpha}=2\cos^2\alpha-1=2\left(\dfrac{5}{13}\right)^2-1=\boldsymbol{-\dfrac{119}{169}}$

←$1-2\sin^2\alpha$ $=1-2\left(\dfrac{12}{13}\right)^2$ でもよい。

$\boldsymbol{\tan 2\alpha}=\dfrac{\sin 2\alpha}{\cos 2\alpha}=\dfrac{120}{169}\div\left(-\dfrac{119}{169}\right)=\boldsymbol{-\dfrac{120}{119}}$

また，$0<\dfrac{\alpha}{2}<\dfrac{\pi}{2}$ であるから　$\sin\dfrac{\alpha}{2}>0$，$\cos\dfrac{\alpha}{2}>0$

よって　$\boldsymbol{\sin\dfrac{\alpha}{2}}=\sqrt{\dfrac{1-\cos\alpha}{2}}=\sqrt{\dfrac{1}{2}\cdot\dfrac{8}{13}}=\boldsymbol{\dfrac{2}{\sqrt{13}}}$

$\boldsymbol{\cos\dfrac{\alpha}{2}}=\sqrt{\dfrac{1+\cos\alpha}{2}}=\sqrt{\dfrac{1}{2}\cdot\dfrac{18}{13}}=\boldsymbol{\dfrac{3}{\sqrt{13}}}$

$\boldsymbol{\tan\dfrac{\alpha}{2}}=\dfrac{\sin\dfrac{\alpha}{2}}{\cos\dfrac{\alpha}{2}}=\dfrac{2}{\sqrt{13}}\div\dfrac{3}{\sqrt{13}}=\boldsymbol{\dfrac{2}{3}}$

←$\sqrt{\dfrac{1-\cos\alpha}{1+\cos\alpha}}$ から求めてもよい。

(2)　$\tan\dfrac{\theta}{2}=\dfrac{1}{2}$ から　$\tan^2\dfrac{\theta}{2}=\dfrac{1}{4}$

また，$\tan^2\dfrac{\theta}{2}=\dfrac{1-\cos\theta}{1+\cos\theta}$ から　$\dfrac{1}{4}=\dfrac{1-\cos\theta}{1+\cos\theta}$

分母を払って　$1+\cos\theta=4(1-\cos\theta)$

これを解いて　$\boldsymbol{\cos\theta=\dfrac{3}{5}}$

次に　$\boldsymbol{\tan\theta}=\dfrac{2\tan\dfrac{\theta}{2}}{1-\tan^2\dfrac{\theta}{2}}=\dfrac{2\cdot\dfrac{1}{2}}{1-\dfrac{1}{4}}=\boldsymbol{\dfrac{4}{3}}$

$\boldsymbol{\tan 2\theta}=\dfrac{2\tan\theta}{1-\tan^2\theta}=\dfrac{2\cdot\dfrac{4}{3}}{1-\dfrac{16}{9}}=\dfrac{24}{9-16}=\boldsymbol{-\dfrac{24}{7}}$

検討　$t=\tan\dfrac{\theta}{2}$ のとき

$\boldsymbol{\sin\theta=\dfrac{2t}{1+t^2}}$

$\boldsymbol{\cos\theta=\dfrac{1-t^2}{1+t^2}}$

$\boldsymbol{\tan\theta=\dfrac{2t}{1-t^2}}$

が成り立つ［本冊 $p.248$ 例題 154(2)］。これを利用すると

$\boldsymbol{\cos\theta}=\dfrac{1-\left(\dfrac{1}{2}\right)^2}{1+\left(\dfrac{1}{2}\right)^2}=\boldsymbol{\dfrac{3}{5}}$

$\boldsymbol{\tan\theta}=\dfrac{2\cdot\dfrac{1}{2}}{1-\left(\dfrac{1}{2}\right)^2}=\boldsymbol{\dfrac{4}{3}}$

練習 ②155

$0\leqq\theta<2\pi$ のとき，次の方程式，不等式を解け。

(1)　$\sin 2\theta-\sqrt{2}\sin\theta=0$　(2)　$\cos 2\theta+\cos\theta+1=0$　(3)　$\cos 2\theta-\sin\theta\leqq 0$

(1)　方程式から　$2\sin\theta\cos\theta-\sqrt{2}\sin\theta=0$

ゆえに　$\sin\theta(2\cos\theta-\sqrt{2})=0$

よって　$\sin\theta=0$，$\cos\theta=\dfrac{\sqrt{2}}{2}$

$0\leqq\theta<2\pi$ であるから

$\sin\theta=0$ より　$\theta=0$，π

$\cos\theta=\dfrac{\sqrt{2}}{2}$ より　$\theta=\dfrac{\pi}{4}$，$\dfrac{7}{4}\pi$

以上から，解は　$\boldsymbol{\theta=0,\ \dfrac{\pi}{4},\ \pi,\ \dfrac{7}{4}\pi}$

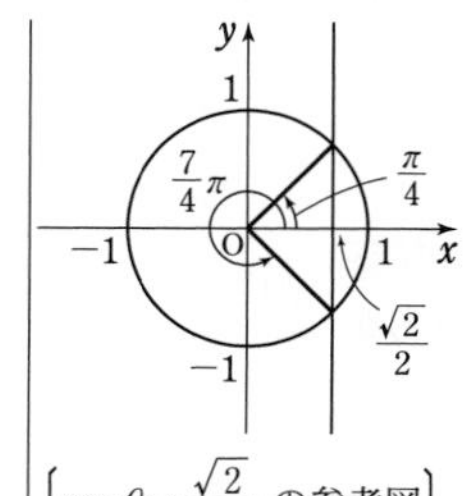

$\left[\cos\theta=\dfrac{\sqrt{2}}{2}\right.$ の参考図$\left.\right]$

(2) 方程式から　$2\cos^2\theta-1+\cos\theta+1=0$

ゆえに　$\cos\theta(2\cos\theta+1)=0$

よって　$\cos\theta=0,\ -\dfrac{1}{2}$

$0\leqq\theta<2\pi$ であるから

$\cos\theta=0$ より　$\theta=\dfrac{\pi}{2},\ \dfrac{3}{2}\pi$

$\cos\theta=-\dfrac{1}{2}$ より　$\theta=\dfrac{2}{3}\pi,\ \dfrac{4}{3}\pi$

以上から，解は　$\boldsymbol{\theta=\dfrac{\pi}{2},\ \dfrac{2}{3}\pi,\ \dfrac{4}{3}\pi,\ \dfrac{3}{2}\pi}$

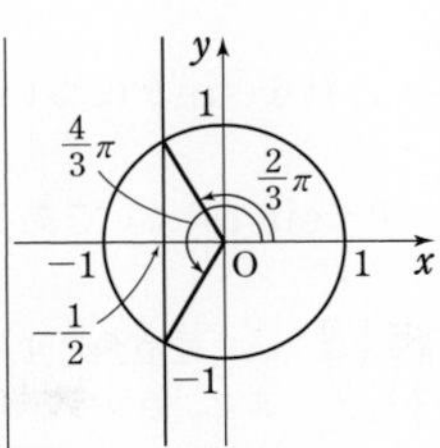

$\left[\cos\theta=-\dfrac{1}{2}\right.$ の参考図$\left.\right]$

(3) 不等式から　$(1-2\sin^2\theta)-\sin\theta\leqq0$

整理して　$2\sin^2\theta+\sin\theta-1\geqq0$

ゆえに　$(\sin\theta+1)(2\sin\theta-1)\geqq0$

よって　$\sin\theta\leqq-1,\ \dfrac{1}{2}\leqq\sin\theta$

$0\leqq\theta<2\pi$ であるから　$\boldsymbol{\dfrac{\pi}{6}\leqq\theta\leqq\dfrac{5}{6}\pi,\ \theta=\dfrac{3}{2}\pi}$

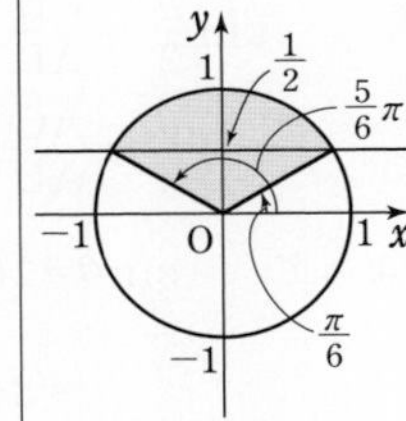

$\left[\dfrac{1}{2}\leqq\sin\theta\right.$ の参考図$\left.\right]$

練習 ③156
(1) $\theta=36^\circ$ のとき，$\sin3\theta=\sin2\theta$ が成り立つことを示し，$\cos36^\circ$ の値を求めよ。
(2) $\theta=18^\circ$ のとき，$\sin2\theta=\cos3\theta$ が成り立つことを示し，$\sin18^\circ$ の値を求めよ。

(1) 示すべき等式は，$\sin108^\circ=\sin72^\circ$ …… ① である。

① について　(左辺)$=\sin(180^\circ-72^\circ)=\sin72^\circ=$(右辺)　←$\sin(180^\circ-\alpha)=\sin\alpha$

よって，① すなわち $\sin3\theta=\sin2\theta$ が成り立つ。

この等式から　$3\sin\theta-4\sin^3\theta=2\sin\theta\cos\theta$　←2倍角・3倍角の公式による。

$\sin\theta=\sin36^\circ\neq0$ であるから，両辺を $\sin\theta$ で割って

$3-4\sin^2\theta=2\cos\theta$

ゆえに　$3-4(1-\cos^2\theta)=2\cos\theta$

整理して　$4\cos^2\theta-2\cos\theta-1=0$

よって　$\cos\theta=\dfrac{1\pm\sqrt{5}}{4}$　←解の公式による。

$0<\cos36^\circ<1$ であるから　$\boldsymbol{\cos36^\circ=\dfrac{1+\sqrt{5}}{4}}$　←$\boldsymbol{\cos\dfrac{\pi}{5}=\dfrac{1+\sqrt{5}}{4}}$

(2) 示すべき等式は，$\sin36^\circ=\cos54^\circ$ …… ① である。

① について　(左辺)$=\sin(90^\circ-54^\circ)=\cos54^\circ=$(右辺)　←$\sin(90^\circ-\alpha)=\cos\alpha$

よって，① すなわち $\sin2\theta=\cos3\theta$ が成り立つ。

この等式から　$2\sin\theta\cos\theta=-3\cos\theta+4\cos^3\theta$　←2倍角・3倍角の公式による。

$\cos\theta=\cos18^\circ\neq0$ であるから，両辺を $\cos\theta$ で割って

$2\sin\theta=-3+4\cos^2\theta$

よって　$2\sin\theta=-3+4(1-\sin^2\theta)$

整理して　$4\sin^2\theta+2\sin\theta-1=0$

これを $\sin\theta$ について解くと　$\sin\theta=\dfrac{-1\pm\sqrt{5}}{4}$

←解の公式による。

$0<\sin 18°<1$ であるから　$\boldsymbol{\sin 18°=\dfrac{-1+\sqrt{5}}{4}}$

←$\sin\dfrac{\pi}{10}=\dfrac{-1+\sqrt{5}}{4}$

練習 ④157　∠C を直角とする直角三角形 ABC に対して，∠A の二等分線と線分 BC の交点を D とする。また，AD=5，DC=3，CA=4 であるとき，∠A=θ とおく。
(1)　$\sin\theta$ の値を求めよ。
(2)　$\theta<\dfrac{5}{12}\pi$ を示せ。ただし，$\sqrt{2}=1.414\cdots$，$\sqrt{3}=1.732\cdots$ を用いてもよい。　〔東北大〕

(1)　右の図から

$$\sin\frac{\theta}{2}=\frac{CD}{AD}=\frac{3}{5}$$

$$\cos\frac{\theta}{2}=\frac{AC}{AD}=\frac{4}{5}$$

よって　$\sin\theta=2\sin\dfrac{\theta}{2}\cos\dfrac{\theta}{2}$

$$=2\cdot\frac{3}{5}\cdot\frac{4}{5}=\boldsymbol{\frac{24}{25}}$$

A, B, C, D, 5, 4, 3, θ

HINT　(1)　まず，図をかく。2 倍角の公式を利用。
(2)　$\sin\theta$ と $\sin\dfrac{5}{12}\pi$ の大小を比較。

(2)　$\sin\dfrac{5}{12}\pi=\sin\left(\dfrac{\pi}{4}+\dfrac{\pi}{6}\right)=\sin\dfrac{\pi}{4}\cos\dfrac{\pi}{6}+\cos\dfrac{\pi}{4}\sin\dfrac{\pi}{6}$

$$=\frac{\sqrt{2}}{2}\cdot\frac{\sqrt{3}}{2}+\frac{\sqrt{2}}{2}\cdot\frac{1}{2}=\frac{\sqrt{2}(\sqrt{3}+1)}{4}$$

$$>\frac{1.41\times(1.73+1)}{4}=0.962\cdots$$

←$\dfrac{5}{12}\pi=\dfrac{3+2}{12}\pi=\dfrac{\pi}{4}+\dfrac{\pi}{6}$
加法定理を利用。

また　$\sin\theta=\dfrac{24}{25}=0.96$

よって　$\sin\theta<\sin\dfrac{5}{12}\pi$ ……①

$0<\theta<\dfrac{\pi}{2}$，$0<\dfrac{5}{12}\pi<\dfrac{\pi}{2}$ であるから，① より

$$\theta<\frac{5}{12}\pi$$

←$0<\theta_1<\dfrac{\pi}{2}$，$0<\theta_2<\dfrac{\pi}{2}$ のとき
$\theta_1<\theta_2 \iff \sin\theta_1<\sin\theta_2$

練習 ③158　(1)　積 ⟶ 和，和 ⟶ 積の公式を用いて，次の値を求めよ。
(ア)　$\cos 45°\sin 75°$　(イ)　$\cos 105°-\cos 15°$
(ウ)　$\sin 20°\sin 40°\sin 80°$
(2)　△ABC において，次の等式が成り立つことを証明せよ。

$$\cos A+\cos B-\cos C=4\cos\frac{A}{2}\cos\frac{B}{2}\sin\frac{C}{2}-1$$

(1)　(ア)　(与式)$=\dfrac{1}{2}\{\sin 120°-\sin(-30°)\}=\boldsymbol{\dfrac{1+\sqrt{3}}{4}}$

←$45°+75°=120°$
$45°-75°=-30°$

(イ)　(与式)$=-2\sin 60°\sin 45°=-2\cdot\dfrac{\sqrt{3}}{2}\cdot\dfrac{\sqrt{2}}{2}=\boldsymbol{-\dfrac{\sqrt{6}}{2}}$

←$105°=60°+45°$
$15°=60°-45°$

(ウ)　(与式)$=-\dfrac{1}{2}\{\cos 60°-\cos(-20°)\}\sin 80°$

←$\sin 20°\sin 40°$ に積 ⟶ 和の公式を利用。

$$=-\frac{1}{2}\left(\frac{1}{2}-\cos 20^\circ\right)\sin 80^\circ$$

$$=-\frac{1}{4}\sin 80^\circ+\frac{1}{2}\underline{\cos 20^\circ\sin 80^\circ}$$

$$=-\frac{1}{4}\sin 80^\circ+\frac{1}{2}\cdot\underline{\frac{1}{2}\{\sin 100^\circ-\sin(-60^\circ)\}}$$

←$\cos 20^\circ\sin 80^\circ$ に積 ⟶ 和の公式を利用。

$$=-\frac{1}{4}\sin 80^\circ+\frac{1}{4}(\sin 100^\circ+\sin 60^\circ)$$

←$\sin(-\theta)=-\sin\theta$

$$=-\frac{1}{4}\sin 80^\circ+\frac{1}{4}\sin 100^\circ+\frac{1}{4}\cdot\frac{\sqrt{3}}{2}$$

$$=-\frac{1}{4}\sin 80^\circ+\frac{1}{4}\sin(180^\circ-80^\circ)+\frac{\sqrt{3}}{8}$$

$$=-\frac{1}{4}\sin 80^\circ+\frac{1}{4}\sin 80^\circ+\frac{\sqrt{3}}{8}=\boldsymbol{\frac{\sqrt{3}}{8}}$$

←$\sin(180^\circ-\theta)=\sin\theta$

(2) $A+B+C=\pi$ から　　$C=\pi-(A+B)$

ゆえに　$\cos C=\cos\{\pi-(A+B)\}=-\cos(A+B)$

←$\cos(\pi-\theta)=-\cos\theta$

よって　$\underline{\cos A+\cos B}-\cos C$

←左辺を変形し，右辺になることを示す。

$$=\underline{2\cos\frac{A+B}{2}\cos\frac{A-B}{2}}+\cos 2\cdot\frac{A+B}{2}$$

$$=2\cos\frac{A+B}{2}\cos\frac{A-B}{2}+\left(2\cos^2\frac{A+B}{2}-1\right)$$

←$\cos 2\theta=2\cos^2\theta-1$

$$=2\cos\frac{A+B}{2}\left(\cos\frac{A-B}{2}+\cos\frac{A+B}{2}\right)-1$$

$$=2\cos\left(\frac{\pi}{2}-\frac{C}{2}\right)\cdot\left\{2\cos\frac{A}{2}\cos\left(-\frac{B}{2}\right)\right\}-1$$

←$C=\pi-(A+B)$ から $\dfrac{A+B}{2}=\dfrac{\pi}{2}-\dfrac{C}{2}$

$$=4\cos\frac{A}{2}\cos\frac{B}{2}\sin\frac{C}{2}-1$$

練習 ③159　$0\leqq\theta\leqq\dfrac{\pi}{2}$ のとき，次の方程式を解け。

$$\cos\theta+\sqrt{3}\cos 4\theta+\cos 7\theta=0$$

$$\cos\theta+\sqrt{3}\cos 4\theta+\cos 7\theta=(\cos 7\theta+\cos\theta)+\sqrt{3}\cos 4\theta$$

$$=2\cos 4\theta\cos 3\theta+\sqrt{3}\cos 4\theta$$

$$=\cos 4\theta(2\cos 3\theta+\sqrt{3})$$

←$\cos\theta$ と $\cos 7\theta$ を組み合わせる。

←左辺を和から積の形へ。

であるから，方程式は　　$\cos 4\theta(2\cos 3\theta+\sqrt{3})=0$

ゆえに　　$\cos 4\theta=0$　または　$\cos 3\theta=-\dfrac{\sqrt{3}}{2}$

$0\leqq\theta\leqq\dfrac{\pi}{2}$ より $0\leqq 4\theta\leqq 2\pi$ であるから，この範囲で $\cos 4\theta=0$ を解くと　　$4\theta=\dfrac{\pi}{2}$，$\dfrac{3}{2}\pi$　すなわち　$\theta=\dfrac{\pi}{8}$，$\dfrac{3}{8}\pi$

←4θ の範囲に注意。

また，$0\leqq 3\theta\leqq\dfrac{3}{2}\pi$ であるから，この範囲で $\cos 3\theta=-\dfrac{\sqrt{3}}{2}$ を解くと　　$3\theta=\dfrac{5}{6}\pi$，$\dfrac{7}{6}\pi$　すなわち　$\theta=\dfrac{5}{18}\pi$，$\dfrac{7}{18}\pi$

4章 練習 [三角関数]

よって，求める解は　$\boldsymbol{\theta=\frac{\pi}{8},\ \frac{3}{8}\pi,\ \frac{5}{18}\pi,\ \frac{7}{18}\pi}$

練習 ①160　次の式を $r\sin(\theta+\alpha)$ の形に変形せよ。ただし，$r>0$，$-\pi<\alpha\leqq\pi$ とする。

(1) $\cos\theta-\sqrt{3}\sin\theta$　(2) $\frac{1}{2}\sin\theta-\frac{\sqrt{3}}{2}\cos\theta$　(3) $4\sin\theta+7\cos\theta$

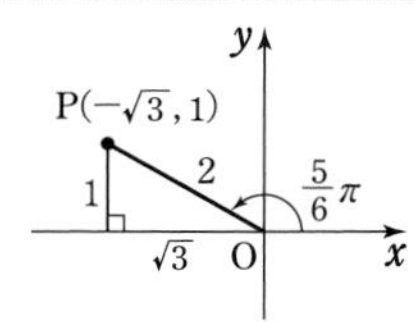

(1) $P(-\sqrt{3},\ 1)$ とすると

$OP=\sqrt{(-\sqrt{3})^2+1^2}=2$

線分 OP が x 軸の正の向きとなす角は　$\frac{5}{6}\pi$

よって　$\cos\theta-\sqrt{3}\sin\theta=\boldsymbol{2\sin\left(\theta+\frac{5}{6}\pi\right)}$

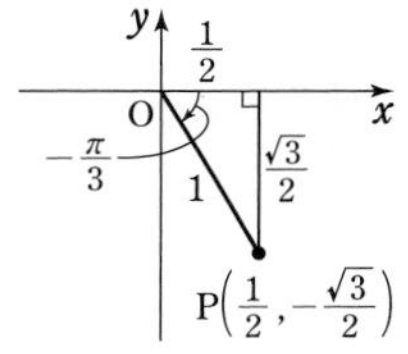

(2) $P\left(\frac{1}{2},\ -\frac{\sqrt{3}}{2}\right)$ とすると

$OP=\sqrt{\left(\frac{1}{2}\right)^2+\left(-\frac{\sqrt{3}}{2}\right)^2}=1$

線分 OP が x 軸の正の向きとなす角は　$-\frac{\pi}{3}$

よって　$\frac{1}{2}\sin\theta-\frac{\sqrt{3}}{2}\cos\theta=\boldsymbol{\sin\left(\theta-\frac{\pi}{3}\right)}$

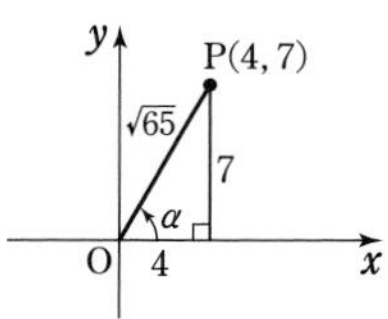

(3) $P(4,\ 7)$ とすると　$OP=\sqrt{4^2+7^2}=\sqrt{65}$

また，線分 OP が x 軸の正の向きとなす角を α とすると

$\sin\alpha=\frac{7}{\sqrt{65}}$，$\cos\alpha=\frac{4}{\sqrt{65}}$

よって　$4\sin\theta+7\cos\theta=\boldsymbol{\sqrt{65}\sin(\theta+\alpha)}$

ただし，$\boldsymbol{\sin\alpha=\frac{7}{\sqrt{65}}}$，$\boldsymbol{\cos\alpha=\frac{4}{\sqrt{65}}}$

練習 ②161　$0\leqq\theta<2\pi$ のとき，次の方程式，不等式を解け。

(1) $\sin\theta+\sqrt{3}\cos\theta=\sqrt{3}$　(2) $\cos2\theta-\sqrt{3}\sin2\theta-1>0$

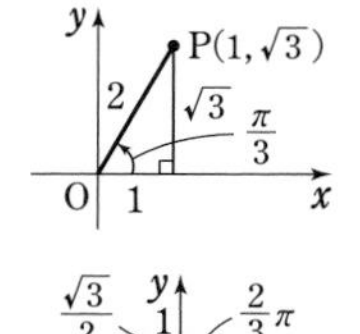

(1) $\sin\theta+\sqrt{3}\cos\theta=2\sin\left(\theta+\frac{\pi}{3}\right)$ であるから，方程式は

$2\sin\left(\theta+\frac{\pi}{3}\right)=\sqrt{3}$　すなわち　$\sin\left(\theta+\frac{\pi}{3}\right)=\frac{\sqrt{3}}{2}$

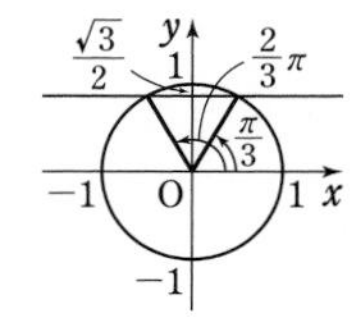

$\theta+\frac{\pi}{3}=t$ とおくと，$0\leqq\theta<2\pi$ のとき　$\frac{\pi}{3}\leqq t<2\pi+\frac{\pi}{3}$

この範囲で $\sin t=\frac{\sqrt{3}}{2}$ を解くと　$t=\frac{\pi}{3},\ \frac{2}{3}\pi$

よって，解は　$\theta=t-\frac{\pi}{3}$ より　$\boldsymbol{\theta=0,\ \frac{\pi}{3}}$

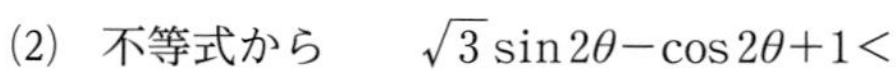

(2) 不等式から　$\sqrt{3}\sin2\theta-\cos2\theta+1<0$

$\sqrt{3}\sin 2\theta-\cos 2\theta=2\sin\left(2\theta-\dfrac{\pi}{6}\right)$ であるから，不等式は

$2\sin\left(2\theta-\dfrac{\pi}{6}\right)+1<0$　すなわち　$\sin\left(2\theta-\dfrac{\pi}{6}\right)<-\dfrac{1}{2}$

$2\theta-\dfrac{\pi}{6}=t$ とおくと，$0\leqq\theta<2\pi$ のとき　$-\dfrac{\pi}{6}\leqq t<4\pi-\dfrac{\pi}{6}$

この範囲で $\sin t<-\dfrac{1}{2}$ を解くと

$\dfrac{7}{6}\pi<t<\dfrac{11}{6}\pi,\ \dfrac{19}{6}\pi<t<\dfrac{23}{6}\pi$

すなわち　$\dfrac{7}{6}\pi<2\theta-\dfrac{\pi}{6}<\dfrac{11}{6}\pi,\ \dfrac{19}{6}\pi<2\theta-\dfrac{\pi}{6}<\dfrac{23}{6}\pi$

よって　$\boldsymbol{\dfrac{2}{3}\pi<\theta<\pi,\ \dfrac{5}{3}\pi<\theta<2\pi}$

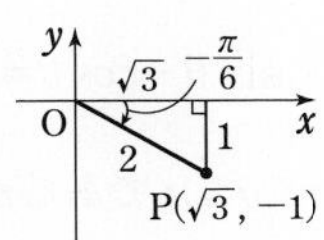

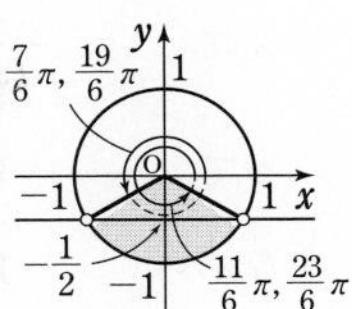

練習 ②162　次の関数の最大値と最小値を求めよ。また，そのときの θ の値を求めよ。ただし，$0\leqq\theta\leqq\pi$ とする。

(1)　$y=\sin\theta-\sqrt{3}\cos\theta$　　(2)　$y=\sin\left(\theta-\dfrac{\pi}{3}\right)+\sin\theta$

(1)　$y=\sin\theta-\sqrt{3}\cos\theta=2\sin\left(\theta-\dfrac{\pi}{3}\right)$

$0\leqq\theta\leqq\pi$ であるから　$-\dfrac{\pi}{3}\leqq\theta-\dfrac{\pi}{3}\leqq\dfrac{2}{3}\pi$

よって　$-\dfrac{\sqrt{3}}{2}\leqq\sin\left(\theta-\dfrac{\pi}{3}\right)\leqq 1$　　したがって

$\theta-\dfrac{\pi}{3}=\dfrac{\pi}{2}$　すなわち　$\boldsymbol{\theta=\dfrac{5}{6}\pi}$ **のとき最大値 2**

$\theta-\dfrac{\pi}{3}=-\dfrac{\pi}{3}$　すなわち　$\boldsymbol{\theta=0}$ **のとき最小値** $\boldsymbol{-\sqrt{3}}$

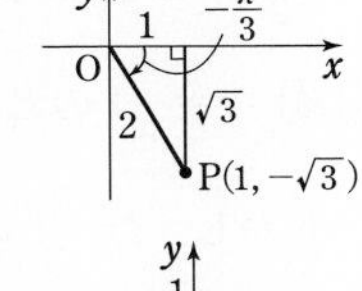

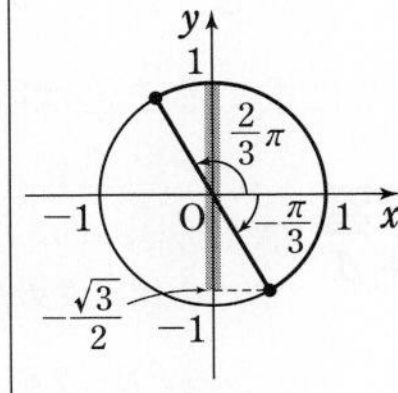

(2)　$y=\left(\sin\theta\cdot\dfrac{1}{2}-\cos\theta\cdot\dfrac{\sqrt{3}}{2}\right)+\sin\theta=\dfrac{3}{2}\sin\theta-\dfrac{\sqrt{3}}{2}\cos\theta$

$=\dfrac{\sqrt{3}}{2}(\sqrt{3}\sin\theta-\cos\theta)=\dfrac{\sqrt{3}}{2}\cdot 2\sin\left(\theta-\dfrac{\pi}{6}\right)$

$=\sqrt{3}\sin\left(\theta-\dfrac{\pi}{6}\right)$

$0\leqq\theta\leqq\pi$ であるから　$-\dfrac{\pi}{6}\leqq\theta-\dfrac{\pi}{6}\leqq\dfrac{5}{6}\pi$

よって　$-\dfrac{1}{2}\leqq\sin\left(\theta-\dfrac{\pi}{6}\right)\leqq 1$　　したがって

$\theta-\dfrac{\pi}{6}=\dfrac{\pi}{2}$　すなわち　$\boldsymbol{\theta=\dfrac{2}{3}\pi}$ **のとき最大値** $\boldsymbol{\sqrt{3}}$

$\theta-\dfrac{\pi}{6}=-\dfrac{\pi}{6}$　すなわち　$\boldsymbol{\theta=0}$ **のとき最小値** $\boldsymbol{-\dfrac{\sqrt{3}}{2}}$

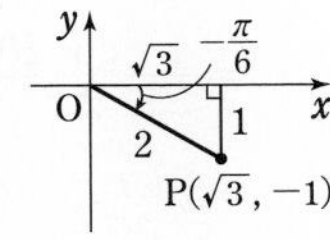

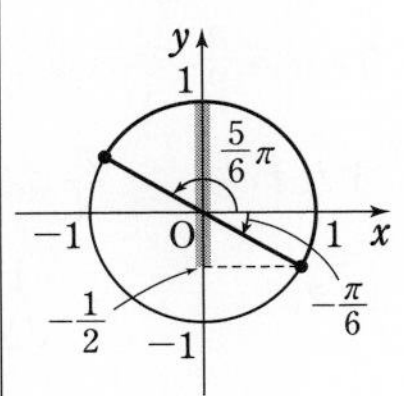

練習 ③163　$0\leqq\theta\leqq\pi$ のとき

(1)　$t=\sin\theta-\cos\theta$ のとりうる値の範囲を求めよ。

(2)　関数 $y=\cos\theta-\sin 2\theta-\sin\theta+1$ の最大値と最小値を求めよ。　〔佐賀大〕

(1) $\sin\theta-\cos\theta=\sqrt{2}\sin\left(\theta-\dfrac{\pi}{4}\right)$

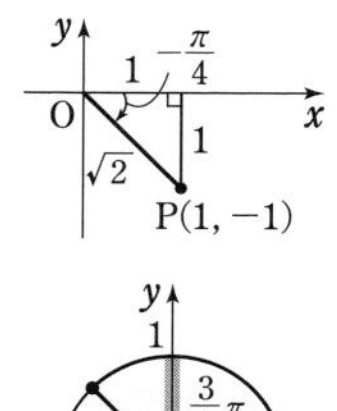

$0\leqq\theta\leqq\pi$ であるから　$-\dfrac{\pi}{4}\leqq\theta-\dfrac{\pi}{4}\leqq\dfrac{3}{4}\pi$

ゆえに　$-\dfrac{1}{\sqrt{2}}\leqq\sin\left(\theta-\dfrac{\pi}{4}\right)\leqq 1$

よって　$-1\leqq\sqrt{2}\sin\left(\theta-\dfrac{\pi}{4}\right)\leqq\sqrt{2}$

すなわち　$\boldsymbol{-1\leqq t\leqq\sqrt{2}}$

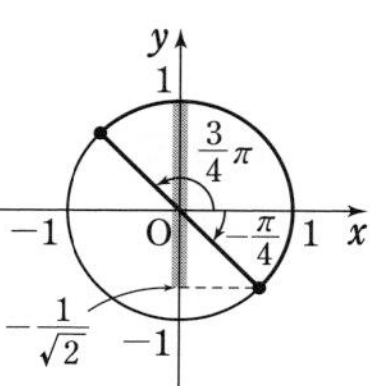

(2) $t=\sin\theta-\cos\theta$ の両辺を 2 乗すると

$$t^2=\sin^2\theta-2\sin\theta\cos\theta+\cos^2\theta$$

よって　$\sin 2\theta=1-t^2$

ゆえに　$y=-\sin 2\theta-(\sin\theta-\cos\theta)+1$

$$=-(1-t^2)-t+1=t^2-t=\left(t-\frac{1}{2}\right)^2-\frac{1}{4}$$

$-1\leqq t\leqq\sqrt{2}$ の範囲において，y は $t=-1$ のとき **最大値 2**，$t=\dfrac{1}{2}$ のとき **最小値 $-\dfrac{1}{4}$** をとる。

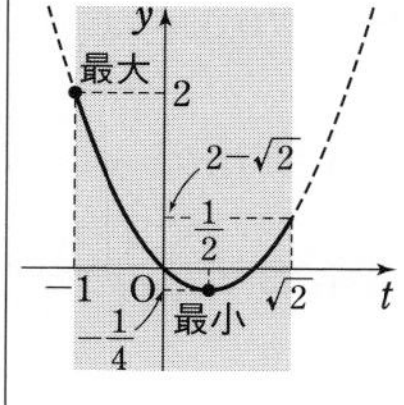

注意　$t=-1$ のとき，$\sin\left(\theta-\dfrac{\pi}{4}\right)=-\dfrac{1}{\sqrt{2}}$ から　$\theta=0$

しかし，$t=\dfrac{1}{2}$ のとき，$\sin\left(\theta-\dfrac{\pi}{4}\right)=\dfrac{1}{2\sqrt{2}}$ で，θ を具体的に求めることは困難である。

練習 ③164　関数 $y=\cos^2\theta-2\sin\theta\cos\theta+3\sin^2\theta\ \left(0\leqq\theta\leqq\dfrac{\pi}{2}\right)$ の最大値と最小値を求めよ。また，そのときの θ の値を求めよ。

$$y=\cos^2\theta-2\sin\theta\cos\theta+3\sin^2\theta$$
$$=\frac{1+\cos 2\theta}{2}-\sin 2\theta+3\cdot\frac{1-\cos 2\theta}{2}$$
$$=2-(\sin 2\theta+\cos 2\theta)=2-\sqrt{2}\sin\left(2\theta+\frac{\pi}{4}\right)$$

$0\leqq\theta\leqq\dfrac{\pi}{2}$ であるから　$\dfrac{\pi}{4}\leqq 2\theta+\dfrac{\pi}{4}\leqq 2\cdot\dfrac{\pi}{2}+\dfrac{\pi}{4}$

すなわち　$\dfrac{\pi}{4}\leqq 2\theta+\dfrac{\pi}{4}\leqq\dfrac{5}{4}\pi$

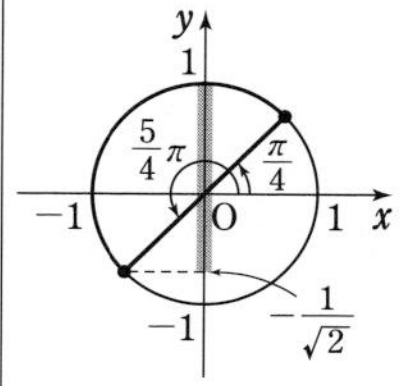

ゆえに　$-\dfrac{1}{\sqrt{2}}\leqq\sin\left(2\theta+\dfrac{\pi}{4}\right)\leqq 1$ …… ①

よって　$2-\sqrt{2}\leqq 2-\sqrt{2}\sin\left(2\theta+\dfrac{\pi}{4}\right)\leqq 3$

←① の各辺に $-\sqrt{2}$ を掛けて（不等号の向きに注意），2 を加える。

したがって

$2\theta+\dfrac{\pi}{4}=\dfrac{5}{4}\pi$　すなわち　$\boldsymbol{\theta=\dfrac{\pi}{2}}$ **のとき最大値 3**

$2\theta+\dfrac{\pi}{4}=\dfrac{\pi}{2}$　すなわち　$\boldsymbol{\theta=\dfrac{\pi}{8}}$ **のとき最小値 $\boldsymbol{2-\sqrt{2}}$**

練習 ④**165** 平面上の点P$(x,\ y)$が単位円周上を動くとき，$15x^2+10xy-9y^2$ の最大値と，最大値を与える点Pの座標を求めよ。〔学習院大〕

点P$(x,\ y)$が単位円周上を動くとき

$$x=\cos\theta,\ y=\sin\theta\quad(0\leqq\theta<2\pi)$$

とおくことができる。

←$x^2+y^2=1$ を満たす。

$Q=15x^2+10xy-9y^2$ とすると

$$\begin{aligned}Q&=15\cos^2\theta+10\cos\theta\sin\theta-9\sin^2\theta\\&=15\cdot\frac{1+\cos 2\theta}{2}+5\sin 2\theta-9\cdot\frac{1-\cos 2\theta}{2}\\&=12\cos 2\theta+5\sin 2\theta+3\\&=13\sin(2\theta+\alpha)+3\end{aligned}$$

ただし，$\sin\alpha=\dfrac{12}{13}$，$\cos\alpha=\dfrac{5}{13}$ $\left(0<\alpha<\dfrac{\pi}{2}\right)$ とする。

←α の値が具体的に求められないときは，このように表す。結果的に α の値は得られないが，$\cos\theta$，$\sin\theta$ の値を求めることはできる。

Q が最大となるのは，$\sin(2\theta+\alpha)=1$ のときで，その最大値は

$$13\cdot1+3=16$$

また，$0\leqq\theta<2\pi$ より $\alpha\leqq2\theta+\alpha<4\pi+\alpha$ であるから，

$\sin(2\theta+\alpha)=1$ のとき　$2\theta+\alpha=\dfrac{\pi}{2}$　または　$2\theta+\alpha=\dfrac{5}{2}\pi$

[1] $2\theta+\alpha=\dfrac{\pi}{2}$ のとき　$2\theta=\dfrac{\pi}{2}-\alpha$　また　$\theta=\dfrac{\pi}{4}-\dfrac{\alpha}{2}$

ゆえに　$\cos 2\theta=\cos\left(\dfrac{\pi}{2}-\alpha\right)=\sin\alpha=\dfrac{12}{13}$

よって　$\cos^2\theta=\dfrac{1+\cos 2\theta}{2}=\dfrac{1}{2}\left(1+\dfrac{12}{13}\right)=\dfrac{25}{26}$

$0<\alpha<\dfrac{\pi}{2}$ であるから　$0<2\theta<\dfrac{\pi}{2}$　すなわち　$0<\theta<\dfrac{\pi}{4}$

←$\alpha=\dfrac{\pi}{2}-2\theta$ から $0<\dfrac{\pi}{2}-2\theta<\dfrac{\pi}{2}$ よって　$-\dfrac{\pi}{2}<-2\theta<0$

したがって，$\cos\theta>0$ であるから　$\cos\theta=\dfrac{5}{\sqrt{26}}$

また，$\sin\theta>0$ であるから　$\sin\theta=\sqrt{1-\dfrac{25}{26}}=\dfrac{1}{\sqrt{26}}$

[2] $2\theta+\alpha=\dfrac{5}{2}\pi$ のとき　$\theta=\pi+\left(\dfrac{\pi}{4}-\dfrac{\alpha}{2}\right)$

←[1] で $\cos\left(\dfrac{\pi}{4}-\dfrac{\alpha}{2}\right)$，$\sin\left(\dfrac{\pi}{4}-\dfrac{\alpha}{2}\right)$ の値を求めているから，これを利用する。

[1] より，$\cos\left(\dfrac{\pi}{4}-\dfrac{\alpha}{2}\right)=\dfrac{5}{\sqrt{26}}$，$\sin\left(\dfrac{\pi}{4}-\dfrac{\alpha}{2}\right)=\dfrac{1}{\sqrt{26}}$

であるから

$$\cos\theta=\cos\left\{\pi+\left(\frac{\pi}{4}-\frac{\alpha}{2}\right)\right\}=-\cos\left(\frac{\pi}{4}-\frac{\alpha}{2}\right)=-\frac{5}{\sqrt{26}}$$

←$\cos(\pi+\beta)=-\cos\beta$

$$\sin\theta=\sin\left\{\pi+\left(\frac{\pi}{4}-\frac{\alpha}{2}\right)\right\}=-\sin\left(\frac{\pi}{4}-\frac{\alpha}{2}\right)=-\frac{1}{\sqrt{26}}$$

←$\sin(\pi+\beta)=-\sin\beta$

以上から，$Q=15x^2+10xy-9y^2$ の **最大値は 16** で，そのときの

点Pの座標は　$\left(\dfrac{5}{\sqrt{26}},\ \dfrac{1}{\sqrt{26}}\right)$ **または** $\left(-\dfrac{5}{\sqrt{26}},\ -\dfrac{1}{\sqrt{26}}\right)$

練習 ④**166** 次の等式または不等式を満たす点 $(x,\ y)$ 全体の集合を xy 平面上に図示せよ。ただし，$|x|<\pi$，$|y|<\pi$ とする。
(1) $\sin x+\sin y=0$ (2) $\sin(x-y)+\cos(x-y)>1$

$|x|<\pi$ から $-\pi<x<\pi$ …… ①
$|y|<\pi$ から $-\pi<y<\pi$ …… ②

(1) $\sin x+\sin y=0$ から $2\sin\dfrac{x+y}{2}\cos\dfrac{x-y}{2}=0$ ←和 ⟶ 積の公式。

よって $\sin\dfrac{x+y}{2}=0$ または $\cos\dfrac{x-y}{2}=0$

(①+②)÷2 から $-\pi<\dfrac{x+y}{2}<\pi$ …… ③ ←$\dfrac{x+y}{2}$，$\dfrac{x-y}{2}$ のとりうる値の範囲を調べる。

また，② から $-\pi<-y<\pi$ …… ④

(①+④)÷2 から $-\pi<\dfrac{x-y}{2}<\pi$ …… ⑤

③ の範囲で $\sin\dfrac{x+y}{2}=0$ を解くと $\dfrac{x+y}{2}=0$ ←$\dfrac{x+y}{2}=\theta$ とおくと $\sin\theta=0$ これを $-\pi<\theta<\pi$ の範囲で解く。

ゆえに $y=-x$ …… ⑥

⑤ の範囲で $\cos\dfrac{x-y}{2}=0$ を解くと

$$\frac{x-y}{2}=-\frac{\pi}{2},\ \frac{\pi}{2}$$

よって $y=x+\pi$，$y=x-\pi$ …… ⑦

①，②，⑥，⑦ から，点 $(x,\ y)$ 全体の集合を図示すると，**右図の実線部分** のようになる。 ←図の白丸の点は含まない。

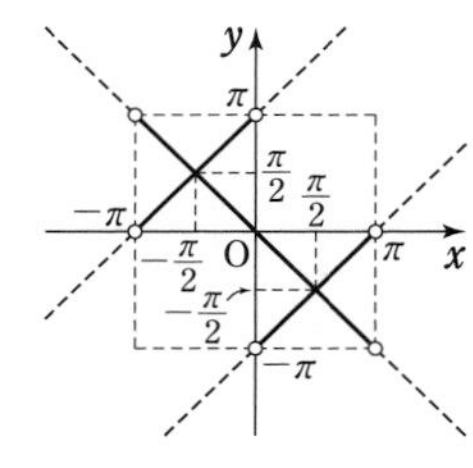
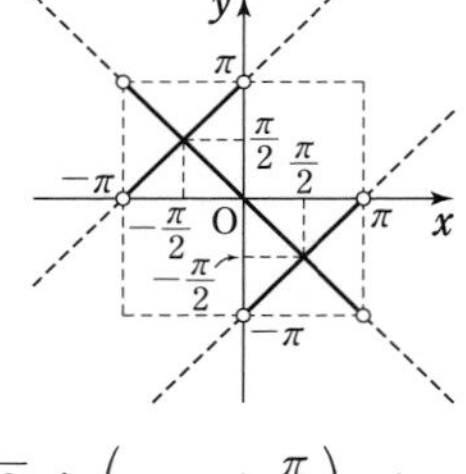

(2) $\sin(x-y)+\cos(x-y)>1$ から $\sqrt{2}\sin\left(x-y+\dfrac{\pi}{4}\right)>1$ ←三角関数の合成。

ゆえに $\sin\left(x-y+\dfrac{\pi}{4}\right)>\dfrac{1}{\sqrt{2}}$ …… ⑧

⑤ から $-2\pi<x-y<2\pi$ ←$x-y+\dfrac{\pi}{4}$ のとりうる値の範囲を求める。

よって $-\dfrac{7}{4}\pi<x-y+\dfrac{\pi}{4}<\dfrac{9}{4}\pi$

この範囲で不等式 ⑧ を解くと

$\underline{-\dfrac{7}{4}\pi<x-y+\dfrac{\pi}{4}<-\dfrac{5}{4}\pi}$

または $\dfrac{\pi}{4}<x-y+\dfrac{\pi}{4}<\dfrac{3}{4}\pi$（波線）

ゆえに $x+\dfrac{3}{2}\pi<y<x+2\pi$

または $x-\dfrac{\pi}{2}<y<x$

ゆえに，点 $(x,\ y)$ 全体の集合を図示すると，**右図の斜線部分** のようになる。ただし，**境界線を含まない。**

←＿＿＿から $-2\pi<x-y<-\dfrac{3}{2}\pi$ よって $\dfrac{3}{2}\pi<y-x<2\pi$
〰〰から $0<x-y<\dfrac{\pi}{2}$ よって $-\dfrac{\pi}{2}<y-x<0$

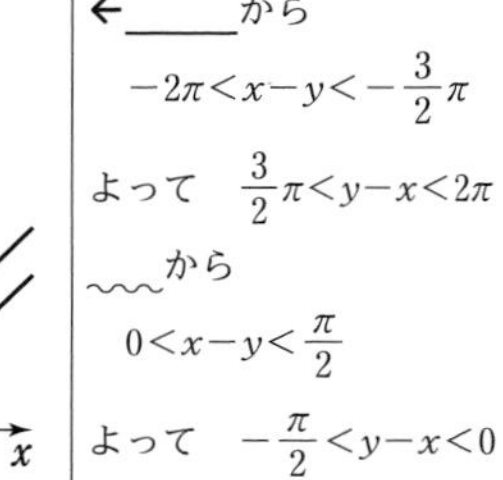

練習 ④167 △ABC において，辺 AB，AC の長さをそれぞれ c，b，∠A，∠B，∠C の大きさをそれぞれ A，B，C で表す。
(1) $C=3B$ であるとき，$c<3b$ であることを示せ。
(2) $\cos C=\sin^2\dfrac{A+B}{2}-\cos^2\dfrac{A+B}{2}$ であることを示せ。
(3) $A=B$ のとき，$\cos A+\cos B+\cos C$ の最大値を求めよ。また，そのときの A，B，C の値を求めよ。 [(1) 類 大阪大，(2)，(3) 類 関西大]

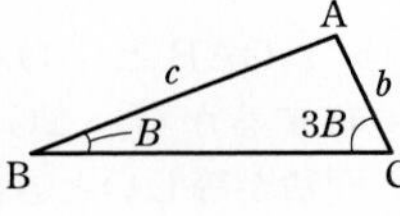

(1) 正弦定理により $\dfrac{b}{\sin B}=\dfrac{c}{\sin 3B}$

よって $c=\dfrac{\sin 3B}{\sin B}b=\dfrac{3\sin B-4\sin^3 B}{\sin B}b$

$=(3-4\sin^2 B)b$

ゆえに $3b-c=b\{3-(3-4\sin^2 B)\}$

$=4b\sin^2 B$

←3 倍角の公式。

$b>0$ であり，$0<B<\pi$ より $\sin B\neq 0$ であるから

$4b\sin^2 B>0$

すなわち $3b-c>0$ したがって $c<3b$

(2) $A+B+C=\pi$ であるから

$$(\text{右辺})=-\left(\cos^2\frac{A+B}{2}-\sin^2\frac{A+B}{2}\right)$$

$$=-\cos\left(2\cdot\frac{A+B}{2}\right)$$

$$=-\cos(A+B)=-\cos(\pi-C)=\cos C$$

←複雑な式である右辺を変形。2 倍角の公式 $\cos^2\alpha-\sin^2\alpha=\cos 2\alpha$ を利用する。

←$\cos(\pi-\alpha)=-\cos\alpha$

よって，$\cos C=\sin^2\dfrac{A+B}{2}-\cos^2\dfrac{A+B}{2}$ が成り立つ。

(3) (2) の結果から

$$\cos A+\cos B+\cos C$$
$$=2\cos\frac{A+B}{2}\cos\frac{A-B}{2}+\sin^2\frac{A+B}{2}-\cos^2\frac{A+B}{2}$$

←$\cos A+\cos B$ は和 ⟶ 積の公式で変形。

$A=B$ のとき，$\cos\dfrac{A-B}{2}=1$ であるから

←$A=B$ のとき $\dfrac{A+B}{2}=A$

$$\cos A+\cos B+\cos C$$
$$=2\cos A+\sin^2 A-\cos^2 A$$
$$=2\cos A+(1-\cos^2 A)-\cos^2 A=-2\cos^2 A+2\cos A+1$$
$$=-2(\cos^2 A-\cos A)+1=-2\left(\cos A-\frac{1}{2}\right)^2+\frac{3}{2}$$

←$\cos A$ の **2 次式** ⟶ **基本形** に変形。

$0<A<\dfrac{\pi}{2}$ より，$0<\cos A<1$ であるから，

←$A\geqq\dfrac{\pi}{2}$ のとき，$A=B$ は起こらない。

$\cos A+\cos B+\cos C$ は $\cos A=\dfrac{1}{2}$ のとき **最大値 $\dfrac{3}{2}$** をとる。

$\cos A=\dfrac{1}{2}$ のとき $\boldsymbol{A=\dfrac{\pi}{3}}$ $A=B$ から $\boldsymbol{B=\dfrac{\pi}{3}}$

よって $\boldsymbol{C}=\pi-A-B=\boldsymbol{\dfrac{\pi}{3}}$

4章 練習 [三角関数]

練習 ④168 Oを原点とする座標平面上に点A$(-3,\ 0)$をとり，$0°<\theta<120°$ の範囲にある θ に対して，次の条件(a)，(b)を満たす2点B，Cを考える。

(a) Bは $y>0$ の部分にあり，$OB=2$ かつ $\angle AOB=180°-\theta$ である。

(b) Cは $y<0$ の部分にあり，$OC=1$ かつ $\angle BOC=120°$ である。ただし，△ABCはOを含むものとする。

(1) △OABと△OACの面積が等しいとき，θ の値を求めよ。

(2) θ を $0°<\theta<120°$ の範囲で動かすとき，△OABと△OACの面積の和の最大値と，そのときの $\sin\theta$ の値を求めよ。〔東京大〕

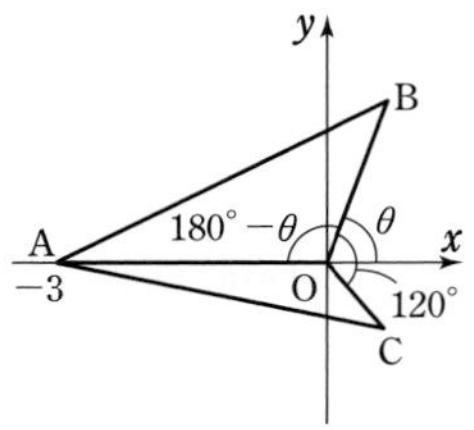

(1) △OABと△OACは辺OAを共有するから，△OABと△OACの面積が等しいとき，それぞれの高さが等しい。ここで，条件から，動径OBと x 軸の正の向きとのなす角は

$$180°-(180°-\theta)=\theta$$

△OABの高さは　$2\sin\theta$　←$OB\sin\theta$

△OACの高さは　$\sin(120°-\theta)$　←$OC\sin(120°-\theta)$

ゆえに　$2\sin\theta=\sin(120°-\theta)$ …… ①

よって　$2\sin\theta=\dfrac{\sqrt{3}}{2}\cos\theta+\dfrac{1}{2}\sin\theta$　←①の右辺に加法定理を用いた。

ゆえに　$3\sin\theta=\sqrt{3}\cos\theta$ …… ②

$\theta=90°$ は①を満たさないから　$\theta\neq 90°$　←$\theta=90°$ を①に代入すると　$2\sin 90°=\sin 30°$　これは不合理。

②の両辺を $\cos\theta$ で割って　$\tan\theta=\dfrac{1}{\sqrt{3}}$

$0°<\theta<120°$ であるから　$\boldsymbol{\theta=30°}$

(2) △OABと△OACの面積の和を S とすると

$$S=\frac{1}{2}\cdot 3\left(2\sin\theta+\frac{\sqrt{3}}{2}\cos\theta+\frac{1}{2}\sin\theta\right)$$

$$=\frac{3}{4}(5\sin\theta+\sqrt{3}\cos\theta)$$

$$=\frac{3}{4}\cdot 2\sqrt{7}\sin(\theta+\alpha)$$　←三角関数の合成。

$$=\frac{3\sqrt{7}}{2}\sin(\theta+\alpha)$$

ただし　$\sin\alpha=\dfrac{\sqrt{21}}{14}$，$\cos\alpha=\dfrac{5\sqrt{7}}{14}$ $(0°<\alpha<90°)$　←α の値を具体的に求められないときは，左のような「ただし」書きを忘れないように。

$0°<\theta<120°$，$0°<\alpha<90°$ より，$0°<\theta+\alpha<210°$ であるから，この範囲において，S は $\theta+\alpha=90°$ のとき最大となり，その

最大値は　$\dfrac{3\sqrt{7}}{2}\sin 90°=\dfrac{3\sqrt{7}}{2}\cdot 1=\boldsymbol{\dfrac{3\sqrt{7}}{2}}$

また，$\theta+\alpha=90°$ のとき

$$\boldsymbol{\sin\theta}=\sin(90°-\alpha)=\cos\alpha=\boldsymbol{\frac{5\sqrt{7}}{14}}$$

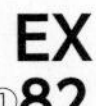

(1) 1ラジアンとは，□のことである。□に当てはまるものを，次の ①～④ のうちから1つ選べ。

① 半径が1，面積が1の扇形の中心角の大きさ
② 半径が π，面積が1の扇形の中心角の大きさ
③ 半径が1，弧の長さが1の扇形の中心角の大きさ
④ 半径が π，弧の長さが1の扇形の中心角の大きさ　〔類 センター試験〕

(2) $0<\alpha<\dfrac{\pi}{2}$ である角 α を6倍して得られる角 6α を表す動径が角 α を表す動径と一致するという。角 α の大きさを求めよ。

(1) 1ラジアンとは，

半径が1，弧の長さが1の扇形の中心角の大きさ（③）

である。

(2) n を整数とすると，条件から

$$6\alpha=\alpha+2n\pi$$

ゆえに　$5\alpha=2n\pi$　　よって　$\alpha=\dfrac{2}{5}\pi\times n$

$0<\alpha<\dfrac{\pi}{2}$ であるから　$n=1$　　ゆえに　$\boldsymbol{\alpha=\dfrac{2}{5}\pi}$

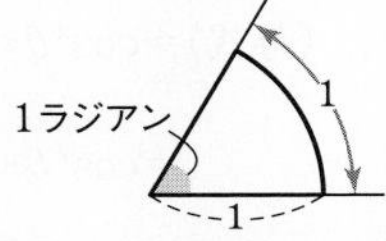

(2) θ と α の動径が一致するとは，$\theta=\alpha+2n\pi$（n は整数）の関係があること。

(1) $\tan\theta=-\dfrac{2}{\sqrt{5}}$ のとき，$\cos\theta$，$\sin\theta$ の値を求めよ。ただし，$0\leqq\theta<2\pi$ とする。〔類 久留米大〕

(2) $\begin{cases} 2\sin\theta-\cos\theta=1 \\ \sin\theta-\cos\theta=a \end{cases}$ のとき，a，$\sin\theta$，および $\cos\theta$ の値を求めよ。〔新潟工科大〕

(1) $1+\tan^2\theta=\dfrac{1}{\cos^2\theta}$ から　$\dfrac{1}{\cos^2\theta}=1+\left(-\dfrac{2}{\sqrt{5}}\right)^2=\dfrac{9}{5}$

したがって　$\cos^2\theta=\dfrac{5}{9}$

$0\leqq\theta<2\pi$ であるから　$\cos\theta=\pm\dfrac{\sqrt{5}}{3}$

←± を忘れずに！

$$\sin\theta=\cos\theta\tan\theta=\pm\frac{\sqrt{5}}{3}\cdot\left(-\frac{2}{\sqrt{5}}\right)=\mp\frac{2}{3}\quad（複号同順）$$

よって　$\boldsymbol{(\cos\theta,\ \sin\theta)=\left(\dfrac{\sqrt{5}}{3},\ -\dfrac{2}{3}\right),\ \left(-\dfrac{\sqrt{5}}{3},\ \dfrac{2}{3}\right)}$

(2) $\begin{cases} 2\sin\theta-\cos\theta=1 & \cdots\cdots ① \\ \sin\theta-\cos\theta=a & \cdots\cdots ② \end{cases}$ とする。

① から　$\cos\theta=2\sin\theta-1$ …… ③

←$\cos\theta$ を消去する。

③ を $\sin^2\theta+\cos^2\theta=1$ に代入して　$\sin^2\theta+(2\sin\theta-1)^2=1$

整理して　$5\sin^2\theta-4\sin\theta=0$

よって　$\sin\theta(5\sin\theta-4)=0$　　ゆえに　$\sin\theta=0,\ \dfrac{4}{5}$

[1] $\sin\theta=0$ のとき　③ から　$\cos\theta=-1$

このとき，② から　$a=0-(-1)=1$

[2] $\sin\theta=\dfrac{4}{5}$ のとき　③ から　$\cos\theta=2\cdot\dfrac{4}{5}-1=\dfrac{3}{5}$

このとき，② から　$a=\dfrac{4}{5}-\dfrac{3}{5}=\dfrac{1}{5}$

① から，$\sin\theta=\dfrac{\cos\theta+1}{2}$ として，$\sin\theta$ を消去することもできるが，分数が出てくるので計算が少し面倒になる。

4章 EX〔三角関数〕

以上から　$a=1$, $\sin\theta=0$, $\cos\theta=-1$

または　$a=\frac{1}{5}$, $\sin\theta=\frac{4}{5}$, $\cos\theta=\frac{3}{5}$

EX ③84

(1) $\dfrac{1}{1+\tan^2\theta}\left(\dfrac{1}{1-\sin\theta}+\dfrac{1}{1+\sin\theta}\right)$ の値を求めよ。〔奈良大〕

(2) $\dfrac{4-9\cos^2\theta-8\sin\theta\cos\theta}{7-\sin^2\theta+17\sin\theta\cos\theta}=\dfrac{{}^{ア}\square\tan\theta-{}^{イ}\square}{{}^{ウ}\square\tan\theta+{}^{エ}\square}$ である。〔神戸国際大〕

(3) $2(\cos^6\theta+\sin^6\theta)-3(\cos^4\theta+\sin^4\theta)$ の値を求めよ。〔広島文教女子大〕

(1) $(与式)=\cos^2\theta\cdot\dfrac{1+\sin\theta+1-\sin\theta}{(1-\sin\theta)(1+\sin\theta)}=\cos^2\theta\cdot\dfrac{2}{1-\sin^2\theta}$

$=\cos^2\theta\cdot\dfrac{2}{\cos^2\theta}=\mathbf{2}$

←$1+\tan^2\theta=\dfrac{1}{\cos^2\theta}$, $\sin^2\theta+\cos^2\theta=1$

(2) $(与式)=\dfrac{4(\sin^2\theta+\cos^2\theta)-9\cos^2\theta-8\sin\theta\cos\theta}{7(\sin^2\theta+\cos^2\theta)-\sin^2\theta+17\sin\theta\cos\theta}$

←$1=\sin^2\theta+\cos^2\theta$

$=\dfrac{4\sin^2\theta-8\sin\theta\cos\theta-5\cos^2\theta}{6\sin^2\theta+17\sin\theta\cos\theta+7\cos^2\theta}$

$=\dfrac{(2\sin\theta+\cos\theta)(2\sin\theta-5\cos\theta)}{(2\sin\theta+\cos\theta)(3\sin\theta+7\cos\theta)}$

←分母・分子をそれぞれ因数分解。

$=\dfrac{2\sin\theta-5\cos\theta}{3\sin\theta+7\cos\theta}=\dfrac{2\cdot\dfrac{\sin\theta}{\cos\theta}-5}{3\cdot\dfrac{\sin\theta}{\cos\theta}+7}=\dfrac{{}^{ア}\mathbf{2}\tan\theta-{}^{イ}\mathbf{5}}{{}^{ウ}\mathbf{3}\tan\theta+{}^{エ}\mathbf{7}}$

←分母・分子を $\cos\theta$ で割る。

(3) $2(\cos^6\theta+\sin^6\theta)-3(\cos^4\theta+\sin^4\theta)$

$=2(\cos^2\theta+\sin^2\theta)(\cos^4\theta-\cos^2\theta\sin^2\theta+\sin^4\theta)$

$\quad-3(\cos^4\theta+\sin^4\theta)$

$=-(\cos^4\theta+2\cos^2\theta\sin^2\theta+\sin^4\theta)$

$=-(\cos^2\theta+\sin^2\theta)^2=\mathbf{-1}$

←$a^6+b^6=(a^2)^3+(b^2)^3$ $=(a^2+b^2)(a^4-a^2b^2+b^4)$

EX ③85

$\sin\theta+\cos\theta=\dfrac{\sqrt{2}}{2}$ のとき，$\dfrac{5(\sin^5\theta+\cos^5\theta)}{\sin^3\theta+\cos^3\theta}-2(\sin^4\theta+\cos^4\theta)$ の値を求めよ。〔自治医大〕

HINT　$\sin^5\theta+\cos^5\theta$ などは，$\sin\theta$, $\cos\theta$ の対称式であるから，$\sin\theta+\cos\theta$, $\sin\theta\cos\theta$ で表される。**かくれた条件 $\sin^2\theta+\cos^2\theta=1$** を利用する。

$\sin\theta+\cos\theta=\dfrac{\sqrt{2}}{2}$ の両辺を平方すると

$$\sin^2\theta+2\sin\theta\cos\theta+\cos^2\theta=\frac{1}{2}$$

ゆえに　$1+2\sin\theta\cos\theta=\dfrac{1}{2}$　　よって　$\sin\theta\cos\theta=-\dfrac{1}{4}$

$\sin^3\theta+\cos^3\theta=(\sin\theta+\cos\theta)(\sin^2\theta-\sin\theta\cos\theta+\cos^2\theta)$

$=\dfrac{\sqrt{2}}{2}\left\{1-\left(-\dfrac{1}{4}\right)\right\}=\dfrac{5\sqrt{2}}{8}$

←a^3+b^3 $=(a+b)(a^2-ab+b^2)$

$\sin^4\theta+\cos^4\theta=(\sin^2\theta+\cos^2\theta)^2-2(\sin\theta\cos\theta)^2$

$=1^2-2\cdot\left(-\dfrac{1}{4}\right)^2=\dfrac{7}{8}$

←a^4+b^4 $=(a^2+b^2)^2-2a^2b^2$

$$\sin^5\theta+\cos^5\theta=(\sin^2\theta+\cos^2\theta)(\sin^3\theta+\cos^3\theta)-(\sin\theta\cos\theta)^2(\sin\theta+\cos\theta)$$
$$=1\cdot\frac{5\sqrt{2}}{8}-\left(-\frac{1}{4}\right)^2\cdot\frac{\sqrt{2}}{2}=\frac{19\sqrt{2}}{32}$$

よって　(与式)$=5\cdot\frac{19\sqrt{2}}{32}\div\frac{5\sqrt{2}}{8}-2\cdot\frac{7}{8}=\frac{19}{4}-\frac{7}{4}=\mathbf{3}$

←$a^5+b^5=(a^2+b^2)(a^3+b^3)-a^2b^2(a+b)$

EX ③86

関数 $\sin x$ の増減を考えて，4つの数 $\sin 0$，$\sin 1$，$\sin 2$，$\sin 3$ の大小関係を調べよ。〔摂南大〕

HINT　$\sin 1$，$\sin 2$，$\sin 3$ を具体的に求めることはできない。そこで，関数 $\sin x$ は，$0\leqq x\leqq\frac{\pi}{2}$ で増加し，$\frac{\pi}{2}\leqq x\leqq\pi$ で減少することを利用する。
例えば，1（ラジアン）について，まず sin の値がわかる2つの角 α，β を使って $\alpha<1<\beta$ の形に表し，$\sin\alpha$，$\sin\beta$ を利用して考えていく。2，3（ラジアン）についても同様。

関数 $\sin x$ は，$0\leqq x\leqq\frac{\pi}{2}$ で増加，$\frac{\pi}{2}\leqq x\leqq\pi$ で減少する。

$\sin 0=0$

$\frac{\pi}{4}<1<\frac{\pi}{3}$ であるから　$\frac{1}{\sqrt{2}}<\sin 1<\frac{\sqrt{3}}{2}$

$\frac{\pi}{2}<2<\frac{2}{3}\pi$ であるから　$\frac{\sqrt{3}}{2}<\sin 2<1$

$\frac{3}{4}\pi<3<\pi$ であるから　$0<\sin 3<\frac{1}{\sqrt{2}}$

よって　$\mathbf{\sin 0<\sin 3<\sin 1<\sin 2}$

←$3<\pi<4$

←$\frac{\pi}{2}\fallingdotseq 1.57$，$\frac{2}{3}\pi\fallingdotseq 2.09$

←$\frac{3}{4}\pi\fallingdotseq 2.36$

EX ②87

(1)　関数 $f(\theta)=2\sin 3\theta+1$ の周期は ア［　］であり，$f(\theta)$ の最大値は イ［　］である。

(2)　関数 $f(x)=\sin\frac{x}{2}+\sin\frac{x}{3}$ の周期のうち，正で最小のものを求めよ。

〔(1) 湘南工科大，(2) 工学院大〕

(1)　周期は　$\frac{2\pi}{3}=$ ア $\mathbf{\frac{2}{3}\pi}$

また，$-1\leqq\sin 3\theta\leqq 1$ であるから　$-1\leqq 2\sin 3\theta+1\leqq 3$

よって，$f(\theta)$ の最大値は　イ **3**

(2)　$\sin\frac{x}{2}$ の周期は　$2\times 2\pi=4\pi$

$\sin\frac{x}{3}$ の周期は　$3\times 2\pi=6\pi$

4 と 6 の最小公倍数は 12 であるから，求める周期は　$\mathbf{12\pi}$

HINT　$\sin k\theta$ の周期は　$\frac{2\pi}{|k|}$

EX ③88

$\frac{1}{2+\sin\alpha}+\frac{1}{2+\sin 2\beta}=2$ のとき，$|\alpha+\beta-8\pi|$ の最小値を求めよ。〔早稲田大〕

$-1\leqq\sin\alpha\leqq 1$，$-1\leqq\sin 2\beta\leqq 1$ から

$1\leqq 2+\sin\alpha\leqq 3$，$1\leqq 2+\sin 2\beta\leqq 3$

よって　$\frac{1}{3}\leqq\frac{1}{2+\sin\alpha}\leqq 1$，$\frac{1}{3}\leqq\frac{1}{2+\sin 2\beta}\leqq 1$

←$-1\leqq\sin\theta\leqq 1$

←$0<a\leqq b$ のとき $\frac{1}{b}\leqq\frac{1}{a}$

ゆえに，$\dfrac{1}{2+\sin\alpha}+\dfrac{1}{2+\sin 2\beta}=2$ のとき

$$\frac{1}{2+\sin\alpha}=1,\quad \frac{1}{2+\sin 2\beta}=1$$

←$2+\sin\alpha=1$, $2+\sin 2\beta=1$

よって　$\sin\alpha=-1$，$\sin 2\beta=-1$

ゆえに，m，n を整数として

$$\alpha=\frac{3}{2}\pi+2m\pi,\quad 2\beta=\frac{3}{2}\pi+2n\pi$$

よって　$\alpha=\dfrac{3}{2}\pi+2m\pi$，$\beta=\dfrac{3}{4}\pi+n\pi$

ゆえに　$|\alpha+\beta-8\pi|=\left|\dfrac{9}{4}\pi+(2m+n-8)\pi\right|$

$|\alpha+\beta-8\pi|$ は，$2m+n-8=-2$ のとき最小値 $\boldsymbol{\dfrac{1}{4}\pi}$ をとる。

…… (＊)

(＊) $\dfrac{9}{4}\pi+(2m+n-8)\pi$ の値は，$2m+n-8=-3$ のとき $-\dfrac{3}{4}\pi$，$2m+n-8=-2$ のとき $\dfrac{1}{4}\pi$ となる。

EX ④89　$0\leqq\theta<2\pi$ のとき，次の方程式，不等式を解け。　［(1) 福井工大］

(1)　$(\sin\theta+\cos\theta)^2=1+\sin\theta$　　(2)　$4\sqrt{3}\sin^2\theta+(6-2\sqrt{3})\cos\theta+3-4\sqrt{3}>0$

HINT　$\sin\theta$ と $\cos\theta$ が混在しているから，まず ❶ **1種類の関数で表す** ことを試みる。

(1)　$(\sin\theta+\cos\theta)^2=\sin^2\theta+2\sin\theta\cos\theta+\cos^2\theta$

$$=1+2\sin\theta\cos\theta$$

よって，方程式は　$1+2\sin\theta\cos\theta=1+\sin\theta$

ゆえに　$\sin\theta(2\cos\theta-1)=0$

よって　$\sin\theta=0$　または　$\cos\theta=\dfrac{1}{2}$

←種類の統一はできないが，(積)$=0$ の形になるので，解決できる。

$0\leqq\theta<2\pi$ であるから，$\sin\theta=0$ より　$\theta=0,\ \pi$

$\cos\theta=\dfrac{1}{2}$ より　$\theta=\dfrac{\pi}{3},\ \dfrac{5}{3}\pi$

したがって，解は　$\boldsymbol{\theta=0,\ \dfrac{\pi}{3},\ \pi,\ \dfrac{5}{3}\pi}$

(2)　不等式から

$$4\sqrt{3}(1-\cos^2\theta)+(6-2\sqrt{3})\cos\theta+3-4\sqrt{3}>0$$

整理して　$4\sqrt{3}\cos^2\theta+(2\sqrt{3}-6)\cos\theta-3<0$

$$4\cos^2\theta+2(1-\sqrt{3})\cos\theta-\sqrt{3}<0 \quad\cdots\cdots (＊)$$

ゆえに　$(2\cos\theta+1)(2\cos\theta-\sqrt{3})<0$

よって　$-\dfrac{1}{2}<\cos\theta<\dfrac{\sqrt{3}}{2}$

$0\leqq\theta<2\pi$ であるから，解は

$$\boldsymbol{\frac{\pi}{6}<\theta<\frac{2}{3}\pi,\quad \frac{4}{3}\pi<\theta<\frac{11}{6}\pi}$$

(＊)

2 ╲╱ 1 →		2
2 ╱╲ $-\sqrt{3}$ →		$-2\sqrt{3}$
4	$-\sqrt{3}$	$2(1-\sqrt{3})$

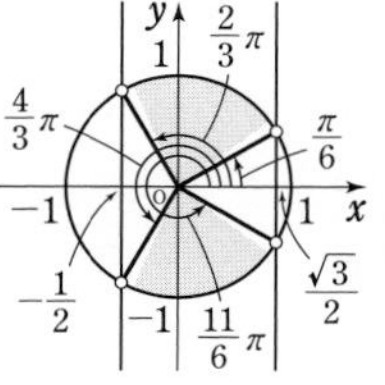

EX ②90　関数 $y=2\tan^2\theta+4\tan\theta+1\left(-\dfrac{\pi}{2}<\theta<\dfrac{\pi}{2}\right)$ の最大値と最小値を求めよ。また，そのときの θ の値を求めよ。

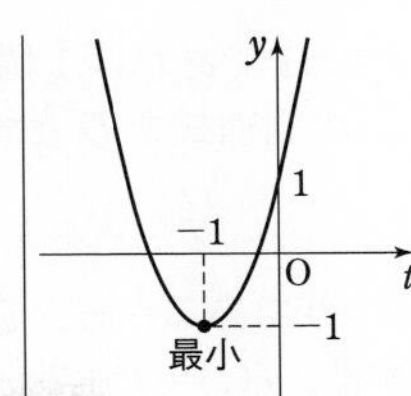

$\tan\theta=t$ とおくと，$-\dfrac{\pi}{2}<\theta<\dfrac{\pi}{2}$ の範囲で，t はすべての実数値をとりうる。

y を t の式で表すと　$y=2t^2+4t+1=2(t+1)^2-1$

ゆえに，y は $t=-1$ で最小値 -1 をとり，最大値はない。

$t=-1$ となるのは，$\tan\theta=-1$ から　$\theta=-\dfrac{\pi}{4}$

よって　**$\theta=-\dfrac{\pi}{4}$ のとき最小値 -1，最大値はない。**

EX ④91

(1) $0\leqq x\leqq 2\pi$ の範囲で $\cos(\pi\cos x)=\dfrac{1}{2}$ を満たす x の個数を求めよ。

(2) $0\leqq x\leqq 2\pi$ の範囲で $\cos(\pi\cos x)=\cos x$ を満たす x の個数を求めよ。　〔東北大〕

(1) $0\leqq x\leqq 2\pi$ では　$-1\leqq\cos x\leqq 1$　ゆえに　$-\pi\leqq\pi\cos x\leqq\pi$

よって，$\cos(\pi\cos x)=\dfrac{1}{2}$ から　$\pi\cos x=\pm\dfrac{\pi}{3}$

したがって　$\cos x=\pm\dfrac{1}{3}$

ゆえに，$0\leqq x\leqq 2\pi$ の範囲で x の個数は　**4 個。**

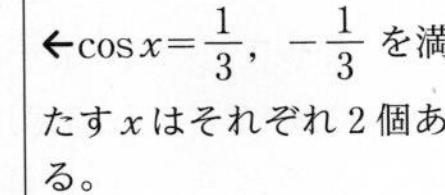
←$\cos x=\dfrac{1}{3}$，$-\dfrac{1}{3}$ を満たす x はそれぞれ 2 個ある。

(2) $\pi\cos x=t$ とおくと，(1) と同様にして　$-\pi\leqq t\leqq\pi$

$\pi\cos x=t$ より，$\cos x=\dfrac{t}{\pi}$ …… ① であり，

$\cos(\pi\cos x)=\cos x$ から　$\cos t=\dfrac{t}{\pi}$

$y=\cos t$ のグラフと直線 $y=\dfrac{t}{\pi}$ の交点の t 座標は　$t=-\pi,\ \alpha,\ \beta$

ただし　$-\pi<\alpha<-\dfrac{\pi}{2}$，$0<\beta<\dfrac{\pi}{2}$

ゆえに　$\dfrac{t}{\pi}=-1,\ \dfrac{\alpha}{\pi},\ \dfrac{\beta}{\pi}$

① から　$\cos x=-1,\ \dfrac{\alpha}{\pi},\ \dfrac{\beta}{\pi}$

よって，$0\leqq x\leqq 2\pi$ の範囲で x の個数は　**5 個。**

←図から，交点は 3 個あることがわかる。

←$\cos x=-1$ を満たす x は 1 個。$\cos x=\dfrac{\alpha}{\pi}$，$\dfrac{\beta}{\pi}$ を満たす x はそれぞれ 2 個。

EX ⑤92

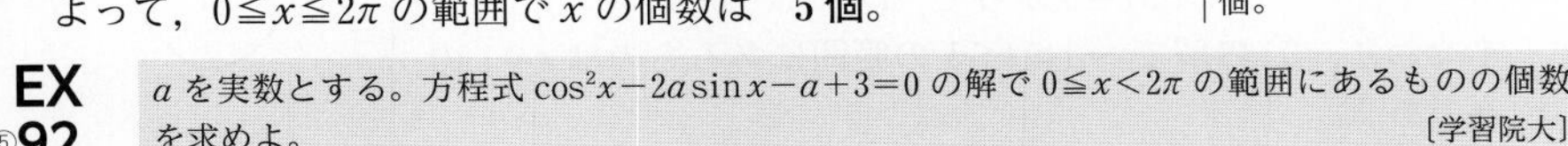
a を実数とする。方程式 $\cos^2x-2a\sin x-a+3=0$ の解で $0\leqq x<2\pi$ の範囲にあるものの個数を求めよ。　〔学習院大〕

HINT　定数 a を分離することができない。したがって，$\sin x=t$ とおいて得られる t の 2 次方程式が $-1\leqq t\leqq 1$ の範囲に実数解をもつ条件を調べる。

$\cos^2x-2a\sin x-a+3=0$ から

$$(1-\sin^2x)-2a\sin x-a+3=0$$

←$\sin^2x+\cos^2x=1$

よって　$\sin^2x+2a\sin x+a-4=0$ …… ①

$\sin x=t$ とおくと，$0\leqq x<2\pi$ から $-1\leqq t\leqq 1$ で，① は

$$t^2+2at+a-4=0 \quad \cdots\cdots ②$$

$-1\leqq t\leqq 1$ の範囲にある方程式 ② の実数解の個数を調べる。

ただし，$\sin x=t$ を満たす x は，$t\neq\pm 1$ であれば 2 個あり，

←x と t の対応に要注意。

$t=\pm1$ であれば1個ある。
② の判別式を D とすると

$$\frac{D}{4}=a^2-1\cdot(a-4)=a^2-a+4=\left(a-\frac{1}{2}\right)^2+\frac{15}{4}$$

$D>0$ であるから，② は常に異なる2個の実数解をもつ。
また，$f(t)=t^2+2at+a-4$ とすると，$y=f(t)$ のグラフの軸は直線 $t=-a$ である。

←この2つの実数解のうち，何個が $-1<t<1$ にあるか，また解 $t=1$, $t=-1$ をもつかが注意点になる。

[1]　② が $-1<t<1$ の範囲に解を2個もつとき
$f(-1)>0$，$f(1)>0$，軸について $-1<-a<1$
$f(-1)>0$ から　　$-a-3>0$　すなわち　$a<-3$
$f(1)>0$ から　　$3a-3>0$　すなわち　$a>1$
$a<-3$ かつ $a>1$ を満たす a は存在しないから，② が $-1<t<1$ の範囲に2個の解をもつことはない。

[1]
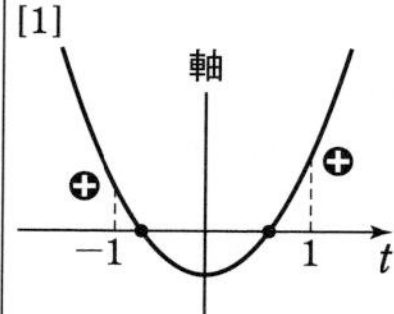

[2]　② が $-1<t<1$ の範囲に解を1個だけもつとき
$f(-1)f(1)<0$
よって　　$(-a-3)(3a-3)<0$
ゆえに　　$(a+3)(a-1)>0$　　　よって　　$a<-3$，$1<a$
このとき，① を満たす x は2個存在する。

[2]
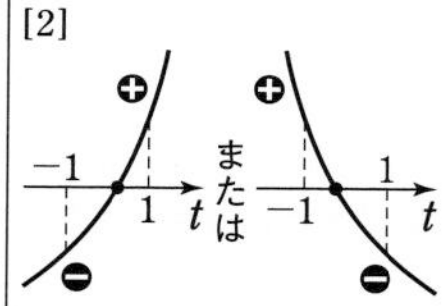

[3]　② が $t=-1$ を解にもつとき
$f(-1)=0$ から　　$-a-3=0$　すなわち　$a=-3$
このとき，② は　　$t^2-6t-7=0$
よって，$(t+1)(t-7)=0$ から　　$t=-1,\ 7$
すなわち，② の解で $-1\leqq t\leqq1$ の範囲にあるものは $t=-1$ のみである。
ゆえに，① を満たす x は1個存在する。

[3]
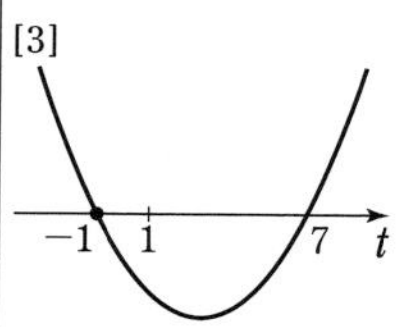

[4]　② が $t=1$ を解にもつとき
$f(1)=0$ から　　$3a-3=0$　すなわち　$a=1$
このとき，② は　　$t^2+2t-3=0$
よって，$(t-1)(t+3)=0$ から　　$t=-3,\ 1$
すなわち，② の解で $-1\leqq t\leqq1$ の範囲にあるものは $t=1$ のみである。
ゆえに，① を満たす x は1個存在する。

[4]
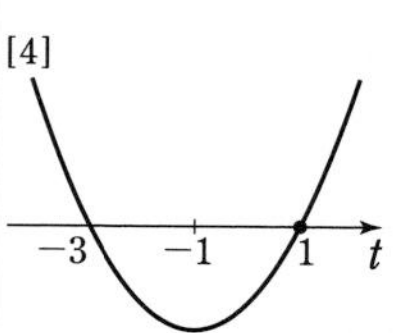

以上から　　**$a<-3$，$1<a$ のとき　2個；**
$a=-3$，1のとき　1個；
$-3<a<1$ のとき　0個

EX
③**93**

(1)　α，β は実数，i は虚数単位とする。次の等式が成り立つことを証明せよ。

(ア)　$(\cos\alpha+i\sin\alpha)(\cos\beta+i\sin\beta)=\cos(\alpha+\beta)+i\sin(\alpha+\beta)$

(イ)　$\dfrac{\cos\alpha+i\sin\alpha}{\cos\beta+i\sin\beta}=\cos(\alpha-\beta)+i\sin(\alpha-\beta)$

(2)　O を原点とする座標平面に点 A(2，1) および第1象限の点 B があり，三角形 OAB は正三角形である。このとき，点 B の座標を求めよ。

[(2) 類　名城大]

(1) (ア) $(\cos\alpha+i\sin\alpha)(\cos\beta+i\sin\beta)$

$=\cos\alpha\cos\beta+i\cos\alpha\sin\beta+i\sin\alpha\cos\beta+i^2\sin\alpha\sin\beta$

$=\cos\alpha\cos\beta-\sin\alpha\sin\beta+i(\sin\alpha\cos\beta+\cos\alpha\sin\beta)$ ←$i^2=-1$

$=\cos(\alpha+\beta)+i\sin(\alpha+\beta)$ ←加法定理。

(イ) $\dfrac{\cos\alpha+i\sin\alpha}{\cos\beta+i\sin\beta}=\dfrac{(\cos\alpha+i\sin\alpha)(\cos\beta-i\sin\beta)}{(\cos\beta+i\sin\beta)(\cos\beta-i\sin\beta)}$ ←分母の実数化。

$=\dfrac{\cos\alpha\cos\beta-i\cos\alpha\sin\beta+i\sin\alpha\cos\beta-i^2\sin\alpha\sin\beta}{\cos^2\beta-i^2\sin^2\beta}$

$=\dfrac{\cos\alpha\cos\beta+\sin\alpha\sin\beta+i(\sin\alpha\cos\beta-\cos\alpha\sin\beta)}{\cos^2\beta+\sin^2\beta}$ ←$i^2=-1$

$=\cos(\alpha-\beta)+i\sin(\alpha-\beta)$ ←加法定理。

(2) 線分 OA と x 軸の正の向きとのなす角を α とすると，

OA$=\sqrt{2^2+1^2}=\sqrt{5}$ であるから　$\sin\alpha=\dfrac{1}{\sqrt{5}}$，$\cos\alpha=\dfrac{2}{\sqrt{5}}$

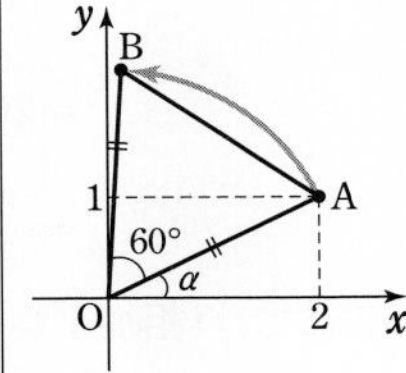

ここで，$\dfrac{1}{\sqrt{5}}<\dfrac{1}{2}$ すなわち $\sin\alpha<\sin\dfrac{\pi}{6}$ であるから

$$0<\alpha<\frac{\pi}{6}$$

$\angle\mathrm{BOA}=\dfrac{\pi}{3}$ であり，点 B は第 1 象限にあるから，点 B は点 A を原点 O を中心として $\dfrac{\pi}{3}$ だけ回転した点である。

←$-\dfrac{\pi}{3}$ だけ回転すると，点 A は第 4 象限にくるから，不適。

B(x', y') とすると

$x'=\sqrt{5}\cos\left(\alpha+\dfrac{\pi}{3}\right)=\sqrt{5}\left(\cos\alpha\cos\dfrac{\pi}{3}-\sin\alpha\sin\dfrac{\pi}{3}\right)$ ←加法定理。

$=\sqrt{5}\left(\dfrac{2}{\sqrt{5}}\cdot\dfrac{1}{2}-\dfrac{1}{\sqrt{5}}\cdot\dfrac{\sqrt{3}}{2}\right)=\dfrac{2-\sqrt{3}}{2}$

$y'=\sqrt{5}\sin\left(\alpha+\dfrac{\pi}{3}\right)=\sqrt{5}\left(\sin\alpha\cos\dfrac{\pi}{3}+\cos\alpha\sin\dfrac{\pi}{3}\right)$

$=\sqrt{5}\left(\dfrac{1}{\sqrt{5}}\cdot\dfrac{1}{2}+\dfrac{2}{\sqrt{5}}\cdot\dfrac{\sqrt{3}}{2}\right)=\dfrac{1+2\sqrt{3}}{2}$

したがって，点 B の座標は　$\left(\boldsymbol{\dfrac{2-\sqrt{3}}{2}},\ \boldsymbol{\dfrac{1+2\sqrt{3}}{2}}\right)$

EX ④94

(1) 正の実数 α, β, γ が $\alpha+\beta+\gamma=\dfrac{\pi}{2}$ を満たすとき，$\tan\alpha\tan\beta+\tan\beta\tan\gamma+\tan\gamma\tan\alpha$ の値は一定であることを示せ。〔類 東京医歯大〕

(2) $0<x<\dfrac{\pi}{2}$，$0<y<\dfrac{\pi}{2}$ とする。$\tan x\tan y=\dfrac{1}{2}$ のとき，$\tan(x+y)+\tan(x-y)$ の最小値を求めよ。〔類 愛知大〕

HINT (1) $\alpha+\beta+\gamma=\dfrac{\pi}{2}$ より $\alpha+\beta=\dfrac{\pi}{2}-\gamma$ であるから，このことと tan の加法定理を利用する。

(2) $\tan(x+y)+\tan(x-y)$ を $\tan x$ と $\tan y$ で表す。(相加平均)≧(相乗平均) を利用。

(1) $\alpha+\beta+\gamma=\dfrac{\pi}{2}$ から　$\alpha+\beta=\dfrac{\pi}{2}-\gamma$

よって，$\tan(\alpha+\beta)=\tan\left(\frac{\pi}{2}-\gamma\right)$ であるから

$$\frac{\tan\alpha+\tan\beta}{1-\tan\alpha\tan\beta}=\frac{1}{\tan\gamma}$$

←加法定理。

分母を払うと　$(\tan\alpha+\tan\beta)\tan\gamma=1-\tan\alpha\tan\beta$

ゆえに　$\tan\alpha\tan\beta+\tan\beta\tan\gamma+\tan\gamma\tan\alpha=1$

したがって，$\tan\alpha\tan\beta+\tan\beta\tan\gamma+\tan\gamma\tan\alpha$ の値は一定である。

(2)　$\tan(x+y)+\tan(x-y)=\frac{\tan x+\tan y}{1-\tan x\tan y}+\frac{\tan x-\tan y}{1+\tan x\tan y}$

←加法定理。

$$=\frac{1}{1-\frac{1}{2}}(\tan x+\tan y)+\frac{1}{1+\frac{1}{2}}(\tan x-\tan y)$$

←$\tan x\tan y=\frac{1}{2}$ を代入。

$$=2(\tan x+\tan y)+\frac{2}{3}(\tan x-\tan y)$$

$$=\frac{8}{3}\tan x+\frac{4}{3}\tan y$$

ここで，(相加平均)≧(相乗平均) から

$$\frac{8}{3}\tan x+\frac{4}{3}\tan y\geqq 2\sqrt{\frac{8}{3}\tan x\cdot\frac{4}{3}\tan y}$$

$$=2\sqrt{\frac{8}{3}\cdot\frac{4}{3}\cdot\frac{1}{2}}=2\cdot\frac{4}{3}=\frac{8}{3}$$

←$0<x<\frac{\pi}{2}$，$0<y<\frac{\pi}{2}$ であるから $\tan x>0$，$\tan y>0$

等号は　$\frac{8}{3}\tan x=\frac{4}{3}\tan y$　かつ　$\tan x\tan y=\frac{1}{2}$

すなわち　$\tan x=\frac{1}{2}$　かつ　$\tan y=1$　のとき成り立つ。

←第1式から $\tan y=2\tan x$ 第2式に代入して $2\tan^2 x=\frac{1}{2}$

したがって，求める最小値は　$\boldsymbol{\frac{8}{3}}$

EX
③**95**

$\tan 1^\circ$ は有理数か。　〔京都大〕

$\tan 1^\circ$ が有理数であると仮定すると，2倍角の公式

$$\tan 2\alpha=\frac{2\tan\alpha}{1-\tan^2\alpha}$$

を繰り返し用いることにより，

$\tan 2^\circ$，$\tan 4^\circ$，$\tan 8^\circ$，$\tan 16^\circ$，$\tan 32^\circ$，$\tan 64^\circ$

はすべて有理数となる。

よって，$\tan 60^\circ=\tan(64^\circ-4^\circ)=\frac{\tan 64^\circ-\tan 4^\circ}{1+\tan 64^\circ\tan 4^\circ}$ であるから，

$\tan 60^\circ$ は有理数となる。

←$\tan 30^\circ=\tan(32^\circ-2^\circ)$ であることを利用してもよい。

一方，$\tan 60^\circ=\sqrt{3}$ であり，$\sqrt{3}$ は無理数であるから，矛盾が生じる。

したがって，$\tan 1^\circ$ は **有理数ではない**。

EX ③96 $\dfrac{1}{\tan\dfrac{\pi}{24}}-\sqrt{2}-\sqrt{3}-\sqrt{6}$ は整数である。その値を求めよ。〔横浜市大〕

$\dfrac{\pi}{24}=\theta$ とすると　$2\theta=\dfrac{\pi}{12}=\dfrac{\pi}{3}-\dfrac{\pi}{4}$

←$\dfrac{1}{12}=\dfrac{4-3}{12}$

よって　$\sin 2\theta=\sin\left(\dfrac{\pi}{3}-\dfrac{\pi}{4}\right)=\sin\dfrac{\pi}{3}\cos\dfrac{\pi}{4}-\cos\dfrac{\pi}{3}\sin\dfrac{\pi}{4}$

←加法定理。

$=\dfrac{\sqrt{3}}{2}\cdot\dfrac{1}{\sqrt{2}}-\dfrac{1}{2}\cdot\dfrac{1}{\sqrt{2}}=\dfrac{\sqrt{3}-1}{2\sqrt{2}}$

$\cos 2\theta=\cos\left(\dfrac{\pi}{3}-\dfrac{\pi}{4}\right)=\cos\dfrac{\pi}{3}\cos\dfrac{\pi}{4}+\sin\dfrac{\pi}{3}\sin\dfrac{\pi}{4}$

←加法定理。

$=\dfrac{1}{2}\cdot\dfrac{1}{\sqrt{2}}+\dfrac{\sqrt{3}}{2}\cdot\dfrac{1}{\sqrt{2}}=\dfrac{\sqrt{3}+1}{2\sqrt{2}}$

ゆえに　$\dfrac{1}{\tan\dfrac{\pi}{24}}=\dfrac{1}{\tan\theta}=\dfrac{\cos\theta}{\sin\theta}=\dfrac{2\cos^2\theta}{2\sin\theta\cos\theta}$

$=\dfrac{1+\cos 2\theta}{\sin 2\theta}=\left(1+\dfrac{\sqrt{3}+1}{2\sqrt{2}}\right)\times\dfrac{2\sqrt{2}}{\sqrt{3}-1}$

←2倍角の公式 $\sin 2\theta=2\sin\theta\cos\theta$, $\cos 2\theta=2\cos^2\theta-1$

$=\dfrac{2\sqrt{2}+\sqrt{3}+1}{\sqrt{3}-1}=\dfrac{(2\sqrt{2}+\sqrt{3}+1)(\sqrt{3}+1)}{(\sqrt{3}-1)(\sqrt{3}+1)}$

←分母の有理化。

$=\dfrac{2\sqrt{6}+2\sqrt{3}+2\sqrt{2}+4}{3-1}$

$=\sqrt{6}+\sqrt{3}+\sqrt{2}+2$

したがって　$\dfrac{1}{\tan\dfrac{\pi}{24}}-\sqrt{2}-\sqrt{3}-\sqrt{6}=\mathbf{2}$

EX ④97 $\angle$A が直角で，斜辺 BC の長さが l である直角三角形 ABC に内接する円の半径を r とする。
(1) $\angle\mathrm{C}=2\theta$ とするとき，$r=\dfrac{l\cos 2\theta\tan\theta}{1+\tan\theta}$ であることを示せ。
(2) l を一定に保ったまま θ を変化させる。$\tan\theta=t$ とおき，$\dfrac{r}{1+\cos 2\theta}$ を t の関数として表し，その最大値を求めよ。〔立命館大〕

(1) $\triangle$ABC の内心を I とし，円 I と辺 AC との接点を D とする。
$\angle\mathrm{C}=2\theta$ であるから　$\angle\mathrm{ICD}=\theta$

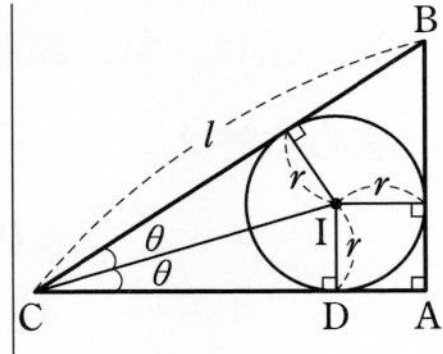

よって　$\mathrm{AC}=\mathrm{AD}+\mathrm{DC}=\mathrm{ID}+\dfrac{\mathrm{ID}}{\tan\theta}$

$=r\left(1+\dfrac{1}{\tan\theta}\right)=\dfrac{r(\tan\theta+1)}{\tan\theta}$

また　$\mathrm{AC}=l\cos 2\theta$　ゆえに　$l\cos 2\theta=\dfrac{r(\tan\theta+1)}{\tan\theta}$

$\tan\theta+1\neq 0$ であるから　$r=\dfrac{l\cos 2\theta\tan\theta}{1+\tan\theta}$

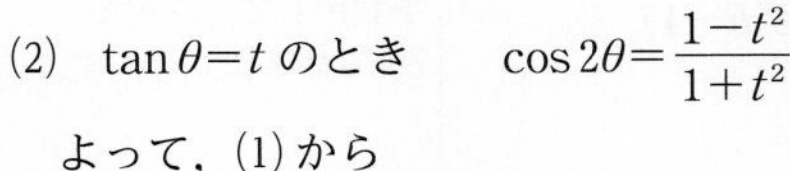

(2) $\tan\theta=t$ のとき　$\cos 2\theta=\dfrac{1-t^2}{1+t^2}$

←$\cos 2\theta=\dfrac{1-\tan^2\theta}{1+\tan^2\theta}$

よって，(1) から

$$\frac{r}{1+\cos 2\theta}=\frac{1}{1+\cos 2\theta}\cdot\frac{l\cos 2\theta\tan\theta}{1+\tan\theta}$$

$$=l\cdot\frac{1+t^2}{2}\cdot\frac{(1-t^2)t}{1+t^2}\cdot\frac{1}{1+t}=l\cdot\frac{(1-t)t}{2}$$

$$=-\frac{l}{2}t^2+\frac{l}{2}t=-\frac{l}{2}\left(t-\frac{1}{2}\right)^2+\frac{l}{8}\quad\cdots\cdots\ ①$$

$0<2\theta<\dfrac{\pi}{2}$ より，$0<\theta<\dfrac{\pi}{4}$ であるから

$0<\tan\theta<1$　すなわち　$0<t<1$

この範囲において，① は，$t=\dfrac{1}{2}$ すなわち $\tan\theta=\dfrac{1}{2}$ のとき

最大値 $\boldsymbol{\dfrac{l}{8}}$ をとる。

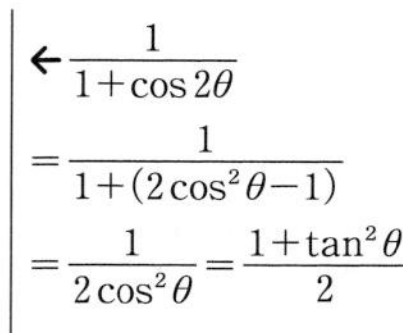

$\leftarrow \dfrac{1}{1+\cos 2\theta}=\dfrac{1}{1+(2\cos^2\theta-1)}=\dfrac{1}{2\cos^2\theta}=\dfrac{1+\tan^2\theta}{2}$

EX ③98

$0\leqq\theta<2\pi$ のとき，不等式 $\sin 2\theta-\cos\theta>0$ を解け。

不等式から　$2\sin\theta\cos\theta-\cos\theta>0$

ゆえに　$\cos\theta(2\sin\theta-1)>0$　したがって

$$\begin{cases}\cos\theta>0\\ \sin\theta>\dfrac{1}{2}\end{cases}\cdots\cdots\ ①\quad または\quad \begin{cases}\cos\theta<0\\ \sin\theta<\dfrac{1}{2}\end{cases}\cdots\cdots\ ②$$

$0\leqq\theta<2\pi$ であるから

$\cos\theta>0$ より　$0\leqq\theta<\dfrac{\pi}{2}$，$\dfrac{3}{2}\pi<\theta<2\pi$

$\sin\theta>\dfrac{1}{2}$ より　$\dfrac{\pi}{6}<\theta<\dfrac{5}{6}\pi$

① の解は，共通範囲をとって　$\dfrac{\pi}{6}<\theta<\dfrac{\pi}{2}$ $\cdots\cdots$ ③

$\cos\theta<0$ から　$\dfrac{\pi}{2}<\theta<\dfrac{3}{2}\pi$

$\sin\theta<\dfrac{1}{2}$ から　$0\leqq\theta<\dfrac{\pi}{6}$，$\dfrac{5}{6}\pi<\theta<2\pi$

② の解は，共通範囲をとって　$\dfrac{5}{6}\pi<\theta<\dfrac{3}{2}\pi$ $\cdots\cdots$ ④

求める解は，③，④ の範囲を合わせて

$$\boldsymbol{\frac{\pi}{6}<\theta<\frac{\pi}{2},\ \frac{5}{6}\pi<\theta<\frac{3}{2}\pi}$$

①

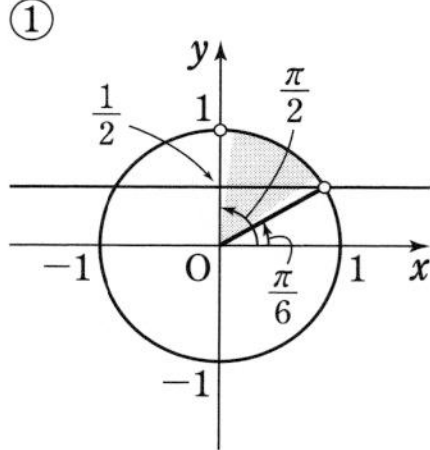

②

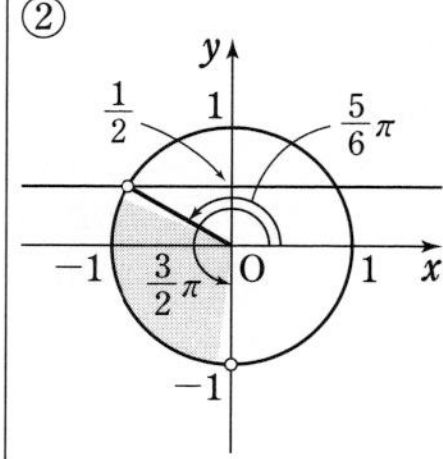

EX ④99

$-\dfrac{\pi}{2}<\theta<\dfrac{\pi}{2}$ のとき，θ の方程式 $m\cos\theta-3\cos 3\theta+n(1+\cos 2\theta)=0$ が解をもつような正の整数 m，n の組 $(m,\ n)$ を求めよ。また，そのときの解 θ を求めよ。　〔類　岐阜大〕

$$m\cos\theta-3\cos 3\theta+n(1+\cos 2\theta)$$
$$=m\cos\theta-3(-3\cos\theta+4\cos^3\theta)+n(1+2\cos^2\theta-1)$$
$$=-12\cos^3\theta+2n\cos^2\theta+(m+9)\cos\theta$$
$$=-\cos\theta(12\cos^2\theta-2n\cos\theta-m-9)$$

←3 倍角，2 倍角の公式を利用して，左辺を $\cos\theta$ の 3 次式に直す。

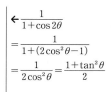

$-\frac{\pi}{2}<\theta<\frac{\pi}{2}$ のとき，$0<\cos\theta\leqq 1$ であるから，与えられた方程式は　$12\cos^2\theta-2n\cos\theta-m-9=0$ …… ①　と同値である。

←$\cos\theta$ の 2 次方程式に帰着。

$\cos\theta=x$ とおくと $0<x\leqq 1$ で，方程式 ① は

$$12x^2-2nx-m-9=0 \quad \cdots\cdots ②$$

$f(x)=12x^2-2nx-m-9$ とし，方程式 $f(x)=0$ が $0<x\leqq 1$ の範囲に少なくとも 1 つの実数解をもつための条件を考える。

$y=f(x)$ のグラフは下に凸の放物線で，軸は直線 $x=\frac{n}{12}$ であるが，$n>0$ であるから，この軸は $x>0$ の範囲にある。

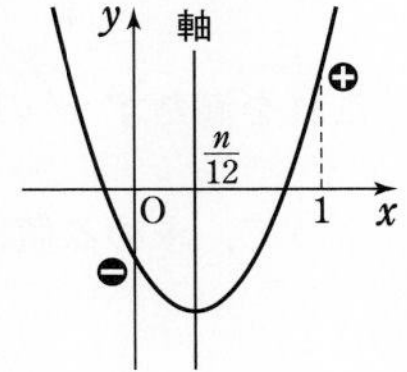

また，$m>0$ であるから　　$f(0)=-m-9<0$

よって，求める条件は　　$f(1)\geqq 0$

$f(1)=12-2n-m-9=3-(2n+m)$ であるから

$$3-(2n+m)\geqq 0 \qquad すなわち \qquad 2n+m\leqq 3$$

この不等式を満たす正の整数 m，n は　　$\boldsymbol{(m,\ n)=(1,\ 1)}$

←$n\geqq 2$ とすると，$2n\geqq 4$ となるから　$n=1$
このとき，$2\cdot 1+m\leqq 3$ から　$m\leqq 1$

また，このとき ② は　　$6x^2-x-5=0$

ゆえに　　$(x-1)(6x+5)=0$　　　よって　　$x=1,\ -\frac{5}{6}$

$0<x\leqq 1$ であるから　　$x=1$

ゆえに，$-\frac{\pi}{2}<\theta<\frac{\pi}{2}$ の範囲で $\cos\theta=1$ を解くと　　$\boldsymbol{\theta=0}$

EX ③100

n を自然数，θ を実数とするとき，次の問いに答えよ。
(1)　$\cos(n+2)\theta-2\cos\theta\cos(n+1)\theta+\cos n\theta=0$ を示せ。
(2)　$\cos\theta=x$ とおくとき，$\cos 5\theta$ を x の式で表せ。
(3)　$\cos^2\frac{\pi}{10}$ の値を求めよ。　　〔信州大〕

(1)　$2\cos(n+1)\theta\cos\theta=\cos\{(n+1)\theta+\theta\}+\cos\{(n+1)\theta-\theta\}$

$$=\cos(n+2)\theta+\cos n\theta$$

よって　　$\cos(n+2)\theta-2\cos\theta\cos(n+1)\theta+\cos n\theta=0$

(1)　$2\cos\alpha\cos\beta$
$=\cos(\alpha+\beta)+\cos(\alpha-\beta)$
なお，
$\cos(n+2)\theta+\cos n\theta$ を和 ⟶ 積の公式を利用して変形する方針でもよい。

(2)　(1) から　　$\cos(n+2)\theta=2\cos\theta\cos(n+1)\theta-\cos n\theta$

$\cos 2\theta=2\cos^2\theta-1=2x^2-1$ であるから

$$\cos 3\theta=2\cos\theta\cos 2\theta-\cos\theta$$
$$=2x(2x^2-1)-x=4x^3-3x$$
$$\cos 4\theta=2\cos\theta\cos 3\theta-\cos 2\theta$$
$$=2x(4x^3-3x)-(2x^2-1)=8x^4-8x^2+1$$

よって　　$\boldsymbol{\cos 5\theta}=2\cos\theta\cos 4\theta-\cos 3\theta$

$$=2x(8x^4-8x^2+1)-(4x^3-3x)$$
$$\boldsymbol{=16x^5-20x^3+5x}$$

(2)　2 倍角の公式と (1) の結果を利用して，$\cos 3\theta$，$\cos 4\theta$，$\cos 5\theta$ と順に求める。

検討　一般に，$\cos n\theta$ は $\cos\theta$ の n 次の多項式で表すことができる。そして，(2) で求めた $\cos 2\theta$，$\cos 3\theta$，$\cos 4\theta$，$\cos 5\theta$ に関する x の多項式を，チェビシェフの多項式という。

参考　$\cos 3\theta=-3\cos\theta+4\cos^3\theta=4x^3-3x$ としてもよい。

(3)　$\cos\frac{\pi}{10}=x$ とすると，求めるものは x^2 の値である。

(2) から　　$16x^5-20x^3+5x=\cos\left(5\cdot\frac{\pi}{10}\right)$

すなわち　　$16x^5-20x^3+5x=0$

←$\cos\frac{\pi}{2}=0$

4章 EX [三角関数]

よって　$x(16x^4-20x^2+5)=0$

$x \neq 0$ であるから　$16x^4-20x^2+5=0$

ゆえに　$x^2=\frac{10\pm\sqrt{10^2-16\cdot5}}{16}=\frac{5\pm\sqrt{5}}{8}$

ここで，$0<\frac{\pi}{10}<\frac{\pi}{6}$ から　$\cos^2\frac{\pi}{6}<\cos^2\frac{\pi}{10}<\cos^2 0$

すなわち　$\frac{3}{4}<x^2<1$

これを満たす x^2 の値は　$x^2=\frac{5+\sqrt{5}}{8}$

よって，求める値は　$\boldsymbol{\frac{5+\sqrt{5}}{8}}$

←x^2 に関する2次方程式とみる。

←$\sqrt{5}<3$ から $\frac{5\pm\sqrt{5}}{8}<\frac{5+3}{8}=1$, $\frac{5+\sqrt{5}}{8}-\frac{3}{4}=\frac{\sqrt{5}-1}{8}>0$, $\frac{5-\sqrt{5}}{8}-\frac{3}{4}=\frac{-\sqrt{5}-1}{8}<0$

EX ④101

(1) $0\leqq x\leqq\pi$ のとき，次の方程式を解け。

$$\sin x+\sin 2x+\sin 3x=\cos x+\cos 2x+\cos 3x$$

[(1) 宮崎大]

(2) $0\leqq\theta<\frac{\pi}{2}$ とする。不等式 $0<\sqrt{3}\sin\theta\cos\theta+\cos^2\theta<1$ を解け。

(3) $0\leqq x<2\pi$ のとき，方程式 $\sin x\cos x+\sqrt{2}(\sin x+\cos x)=\frac{3}{4}$ を解け。　[(3) 弘前大]

(1)　$P=$(左辺)$-$(右辺)

$=(\sin x-\cos x)+(\sin 2x-\cos 2x)+(\sin 3x-\cos 3x)$

$=\sqrt{2}\left\{\sin\left(x-\frac{\pi}{4}\right)+\sin\left(2x-\frac{\pi}{4}\right)+\sin\left(3x-\frac{\pi}{4}\right)\right\}$

←同じ周期の sin と cos を合成。

ここで，$\sin\left(x-\frac{\pi}{4}\right)+\sin\left(3x-\frac{\pi}{4}\right)=2\sin\left(2x-\frac{\pi}{4}\right)\cos x$

←和 ⟶ 積の公式。
$\sin A+\sin B=2\sin\frac{A+B}{2}\cos\frac{A-B}{2}$

であるから　$P=\sqrt{2}(2\cos x+1)\sin\left(2x-\frac{\pi}{4}\right)$

したがって，方程式は　$(2\cos x+1)\sin\left(2x-\frac{\pi}{4}\right)=0$

ゆえに　$\cos x=-\frac{1}{2}$ … ① または $\sin\left(2x-\frac{\pi}{4}\right)=0$ … ②

$0\leqq x\leqq\pi$ の範囲で，① を解くと　$x=\frac{2}{3}\pi$

また，$0\leqq x\leqq\pi$ から　$-\frac{\pi}{4}\leqq 2x-\frac{\pi}{4}\leqq\frac{7}{4}\pi$

この範囲で ② を解くと　$2x-\frac{\pi}{4}=0,\ \pi$

よって　$2x=\frac{\pi}{4},\ \frac{5}{4}\pi$　すなわち　$x=\frac{\pi}{8},\ \frac{5}{8}\pi$

←$2x=0+\frac{\pi}{4},\ \pi+\frac{\pi}{4}$

したがって，求める解は　$\boldsymbol{x=\frac{\pi}{8},\ \frac{5}{8}\pi,\ \frac{2}{3}\pi}$

(2)　$\sqrt{3}\sin\theta\cos\theta+\cos^2\theta=\frac{\sqrt{3}}{2}\sin 2\theta+\frac{1}{2}\cos 2\theta+\frac{1}{2}$

$=\sin\left(2\theta+\frac{\pi}{6}\right)+\frac{1}{2}$

←$\sin\theta\cos\theta=\frac{\sin 2\theta}{2}$, $\cos^2\theta=\frac{1+\cos 2\theta}{2}$

よって，不等式は　$0<\sin\left(2\theta+\frac{\pi}{6}\right)+\frac{1}{2}<1$

すなわち　$-\frac{1}{2}<\sin\left(2\theta+\frac{\pi}{6}\right)<\frac{1}{2}$

$2\theta+\frac{\pi}{6}=t$ とおくと，$0\leqq\theta<\frac{\pi}{2}$ のとき　$\frac{\pi}{6}\leqq t<\pi+\frac{\pi}{6}$

この範囲で $-\frac{1}{2}<\sin t<\frac{1}{2}$ を解くと　$\frac{5}{6}\pi<t<\frac{7}{6}\pi$

ゆえに　$\frac{5}{6}\pi<2\theta+\frac{\pi}{6}<\frac{7}{6}\pi$　すなわち　$\boldsymbol{\frac{\pi}{3}<\theta<\frac{\pi}{2}}$

(3)　$t=\sin x+\cos x$ とおき，両辺を 2 乗すると

$t^2=\sin^2 x+2\sin x\cos x+\cos^2 x$

よって　$\sin x\cos x=\frac{t^2-1}{2}$

ゆえに，方程式は　$\frac{t^2-1}{2}+\sqrt{2}\,t-\frac{3}{4}=0$

整理すると　$2t^2+4\sqrt{2}\,t-5=0$

ゆえに　$(\sqrt{2}\,t-1)(\sqrt{2}\,t+5)=0$

したがって　$t=\frac{1}{\sqrt{2}},\ -\frac{5}{\sqrt{2}}$　…… ①

ここで　$t=\sqrt{2}\sin\left(x+\frac{\pi}{4}\right)$

$0\leqq x<2\pi$ より，$\frac{\pi}{4}\leqq x+\frac{\pi}{4}<\frac{9}{4}\pi$ …… ② であるから

$-\sqrt{2}\leqq t\leqq\sqrt{2}$

よって，① のうち適するものは　$t=\frac{1}{\sqrt{2}}$

ゆえに　$\sqrt{2}\sin\left(x+\frac{\pi}{4}\right)=\frac{1}{\sqrt{2}}$　∴　$\sin\left(x+\frac{\pi}{4}\right)=\frac{1}{2}$

② から　$x+\frac{\pi}{4}=\frac{5}{6}\pi,\ \frac{13}{6}\pi$　よって　$\boldsymbol{x=\frac{7}{12}\pi,\ \frac{23}{12}\pi}$

◎ **変数のおき換え　変域が変わることに注意**

←$\sin x$，$\cos x$ の対称式 ⟶ $t=\sin x+\cos x$ のおき換えを利用。

←解の公式で解くと
$x=\frac{-2\sqrt{2}\pm\sqrt{8-2\cdot(-5)}}{2}=\frac{-2\sqrt{2}\pm3\sqrt{2}}{2}$

←三角関数の合成。

◎ **変数のおき換え　変域が変わることに注意**

←$\frac{1}{\sqrt{2}}=\frac{\sqrt{2}}{2}$，
$-\frac{5}{\sqrt{2}}=-\frac{5}{2}\sqrt{2}<-\sqrt{2}$

4章 EX ［三角関数］

EX ④102

$-\frac{\pi}{2}<\theta<\frac{\pi}{2}$ とするとき，次の問いに答えよ。

(1)　$\tan\theta=x$ とするとき，$\sin 2\theta$，$\cos 2\theta$ を x で表せ。

(2)　x がすべての実数値をとるとき，$P=\frac{7+6x-x^2}{1+x^2}$ とする。

(ア)　(1) の結果を用いて，P を $\sin 2\theta$，$\cos 2\theta$ で表せ。

(イ)　(ア) の結果を用いて，P の最大値とそのときの x の値を求めよ。　［類　立命館大］

(1)　$\cos^2\theta=\frac{1}{1+\tan^2\theta}=\frac{1}{1+x^2}$ であるから

$\boldsymbol{\sin 2\theta}=2\sin\theta\cos\theta=2(\tan\theta\cos\theta)\cos\theta$

$=2\tan\theta\cos^2\theta=2x\cdot\frac{1}{1+x^2}=\boldsymbol{\frac{2x}{1+x^2}}$

$\boldsymbol{\cos 2\theta}=2\cos^2\theta-1=2\cdot\frac{1}{1+x^2}-1=\boldsymbol{\frac{1-x^2}{1+x^2}}$

←相互関係。

←$\sin\theta=\frac{\sin\theta}{\cos\theta}\cdot\cos\theta=\tan\theta\cos\theta$

←2 倍角の公式。

(2) (ア) $\dfrac{1}{1+x^2}=\cos^2\theta=\dfrac{1+\cos 2\theta}{2}$ と (1) から

$$\boldsymbol{P}=\frac{6+6x+(1-x^2)}{1+x^2}=\frac{6}{1+x^2}+3\cdot\frac{2x}{1+x^2}+\frac{1-x^2}{1+x^2}$$

$$=6\cdot\frac{1+\cos 2\theta}{2}+3\sin 2\theta+\cos 2\theta$$

$$\boldsymbol{=3\sin 2\theta+4\cos 2\theta+3}$$

←$\dfrac{2x}{1+x^2}$, $\dfrac{1-x^2}{1+x^2}$, $\dfrac{1}{1+x^2}$ の形が現れるように変形。

(イ) $P=\sqrt{3^2+4^2}\sin(2\theta+\alpha)+3=5\sin(2\theta+\alpha)+3$

←三角関数の合成。

ただし　$\sin\alpha=\dfrac{4}{5}$, $\cos\alpha=\dfrac{3}{5}$ $\left(0<\alpha<\dfrac{\pi}{2}\right)$

$-\dfrac{\pi}{2}<\theta<\dfrac{\pi}{2}$ のとき, $-\pi+\alpha<2\theta+\alpha<\pi+\alpha$ であるから

←$(\pi+\alpha)-(-\pi+\alpha)=2\pi$

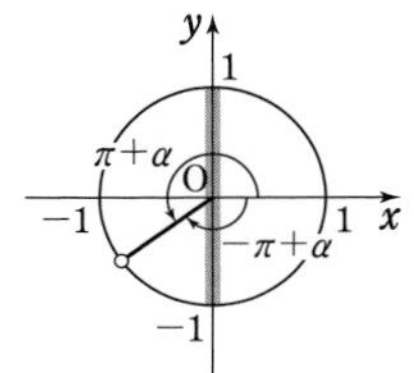

$$-1\leqq\sin(2\theta+\alpha)\leqq 1$$

よって　$-2\leqq 5\sin(2\theta+\alpha)+3\leqq 8$

したがって, P の最大値は　8

このとき, $\sin(2\theta+\alpha)=1$ から　$2\theta+\alpha=\dfrac{\pi}{2}$

ゆえに　$\theta=\dfrac{\pi}{4}-\dfrac{\alpha}{2}$

よって　$x=\tan\theta=\tan\left(\dfrac{\pi}{4}-\dfrac{\alpha}{2}\right)=\dfrac{1-\tan\dfrac{\alpha}{2}}{1+\tan\dfrac{\alpha}{2}}$

←加法定理。

$0<\alpha<\dfrac{\pi}{2}$ より, $\tan\dfrac{\alpha}{2}>0$ であるから

$$\tan\frac{\alpha}{2}=\sqrt{\frac{1-\cos\alpha}{1+\cos\alpha}}=\sqrt{\frac{2}{8}}=\frac{1}{2}$$

←半角の公式。
$\cos\alpha=\dfrac{3}{5}$

したがって, P は $\boldsymbol{x}=\dfrac{1-\dfrac{1}{2}}{1+\dfrac{1}{2}}=\boldsymbol{\dfrac{1}{3}}$ **のとき最大値 8** をとる。

EX ④103

x の方程式 $\sin x+2\cos x=k$ $\left(0\leqq x\leqq\dfrac{\pi}{2}\right)$ が異なる 2 個の解をもつとき, 定数 k の値の範囲を求めよ。〔愛知工大〕

$f(x)=\sin x+2\cos x$ とすると

$$f(x)=\sqrt{5}\left(\frac{1}{\sqrt{5}}\sin x+\frac{2}{\sqrt{5}}\cos x\right)=\sqrt{5}\sin(x+\alpha)$$

←三角関数の合成。
α の値が具体的に求められないため, $\cos\alpha$, $\sin\alpha$ の値も記す。

ただし, $\sin\alpha=\dfrac{2}{\sqrt{5}}$, $\cos\alpha=\dfrac{1}{\sqrt{5}}$ $\left(0<\alpha<\dfrac{\pi}{2}\right)$ とする。

$0\leqq x\leqq\dfrac{\pi}{2}$ であるから　$\alpha\leqq x+\alpha\leqq\dfrac{\pi}{2}+\alpha$

よって, $\alpha\leqq x+\alpha\leqq\dfrac{\pi}{2}$ すなわち $0\leqq x\leqq\dfrac{\pi}{2}-\alpha$ のとき, $f(x)$ は

増加し, $\dfrac{\pi}{2}\leqq x+\alpha\leqq\dfrac{\pi}{2}+\alpha$ すなわち $\dfrac{\pi}{2}-\alpha\leqq x\leqq\dfrac{\pi}{2}$ のとき,

$f(x)$ は減少する。

また，$f(0)=2$，$f\left(\dfrac{\pi}{2}\right)=1$ であり，$x=\dfrac{\pi}{2}-\alpha$ で $f(x)$ は最大値 $\sqrt{5}$ をとる。

ゆえに，$y=f(x)$ $\left(0 \leqq x \leqq \dfrac{\pi}{2}\right)$ のグラフの概形は，右の図のようになる。

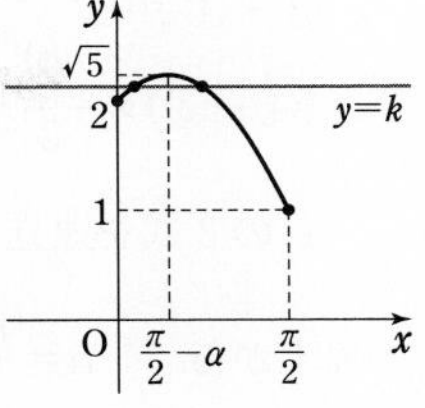

与えられた方程式が異なる2個の解をもつための条件は，$y=f(x)$ のグラフと直線 $y=k$ が異なる2つの共有点をもつ条件と同じである。

よって，求める k の値の範囲は，図から　　$\boldsymbol{2 \leqq k < \sqrt{5}}$

EX ④104 関数 $f(\theta)=a\cos^2\theta+(a-b)\sin\theta\cos\theta+b\sin^2\theta$ の最大値が $3+\sqrt{7}$，最小値が $3-\sqrt{7}$ となるように，定数 a，b の値を定めよ。 〔信州大〕

HINT　$f(\theta)$ を $\sin 2\theta$，$\cos 2\theta$ で表し，三角関数の合成を利用する。

$$f(\theta)=a\cdot\frac{1+\cos 2\theta}{2}+(a-b)\cdot\frac{\sin 2\theta}{2}+b\cdot\frac{1-\cos 2\theta}{2}$$

$$=\frac{a-b}{2}(\sin 2\theta+\cos 2\theta)+\frac{a+b}{2}$$

$$=\frac{a-b}{\sqrt{2}}\sin\left(2\theta+\frac{\pi}{4}\right)+\frac{a+b}{2}$$

←2倍角の公式を変形。

←三角関数の合成。

[1]　$a>b$ のとき　　$-1 \leqq \sin\left(2\theta+\dfrac{\pi}{4}\right) \leqq 1$ であるから

最大値は　$\dfrac{a-b}{\sqrt{2}}+\dfrac{a+b}{2}$，最小値は　$-\dfrac{a-b}{\sqrt{2}}+\dfrac{a+b}{2}$

←a，b の大小関係により，最大値，最小値を表す式が異なる。

したがって，求める条件は

$$\frac{a-b}{\sqrt{2}}+\frac{a+b}{2}=3+\sqrt{7} \quad \cdots\cdots ①$$

$$-\frac{a-b}{\sqrt{2}}+\frac{a+b}{2}=3-\sqrt{7} \quad \cdots\cdots ②$$

①+② から　　$a+b=6$

(①−②)$\times\dfrac{\sqrt{2}}{2}$ から　　$a-b=\sqrt{14}$

←①−② は $\dfrac{2(a-b)}{\sqrt{2}}=2\sqrt{7}$

この2式を連立して解くと　　$a=\dfrac{6+\sqrt{14}}{2}$，$b=\dfrac{6-\sqrt{14}}{2}$

[2]　$a=b$ のとき

$f(\theta)=a(\cos^2\theta+\sin^2\theta)=a$ となり，$f(\theta)$ は常に一定の値 a をとるから，最大値 $3+\sqrt{7}$，最小値 $3-\sqrt{7}$ となることはない。

←$f(\theta)$ は定数関数。

[3]　$a<b$ のとき

最大値は　$-\dfrac{a-b}{\sqrt{2}}+\dfrac{a+b}{2}$，最小値は　$\dfrac{a-b}{\sqrt{2}}+\dfrac{a+b}{2}$

←$b-a>0$ であることに注意。

したがって，求める条件は

$$-\frac{a-b}{\sqrt{2}}+\frac{a+b}{2}=3+\sqrt{7} \quad \cdots\cdots ③$$

$$\frac{a-b}{\sqrt{2}}+\frac{a+b}{2}=3-\sqrt{7} \quad \cdots\cdots ④$$

③＋④ から　　$a+b=6$

(④－③)×$\frac{\sqrt{2}}{2}$ から　　$a-b=-\sqrt{14}$

←④－③ は $\frac{2(a-b)}{\sqrt{2}}=-2\sqrt{7}$

この 2 式を連立して解くと　　$a=\frac{6-\sqrt{14}}{2}$，$b=\frac{6+\sqrt{14}}{2}$

以上から　　$\boldsymbol{a=\frac{6\pm\sqrt{14}}{2}}$，$\boldsymbol{b=\frac{6\mp\sqrt{14}}{2}}$　**(複号同順)**

EX ⑤105 平面上の点 O を中心とし，半径 1 の円周上に相異なる 3 点 A，B，C がある。△ABC の内接円の半径 r は $\frac{1}{2}$ 以下であることを示せ。〔京都大〕

HINT　辺の長さの条件が与えられていないから，角に関する条件より $r \leqq \frac{1}{2}$ を導く。

△ABC の内心を I とすると

$$r=\text{IC}\sin\frac{C}{2} \quad \cdots\cdots ①$$

△IBC において，正弦定理により

$$\frac{\text{IC}}{\sin\angle\text{IBC}}=\frac{a}{\sin\angle\text{BIC}}$$

よって　　$\text{IC}\sin\angle\text{BIC}=a\sin\angle\text{IBC}$

これに　$\angle\text{BIC}=\pi-\frac{B+C}{2}=\frac{\pi}{2}+\frac{A}{2}$，

←$A+B+C=\pi$

$\angle\text{IBC}=\frac{B}{2}$，$a=2\sin A=4\sin\frac{A}{2}\cos\frac{A}{2}$ を代入すると

←$a=2\cdot1\cdot\sin A$

$$\text{IC}\cos\frac{A}{2}=4\sin\frac{A}{2}\cos\frac{A}{2}\sin\frac{B}{2}$$

←$\sin\angle\text{BIC}=\sin\left(\frac{\pi}{2}+\frac{A}{2}\right)=\cos\frac{A}{2}$

$\cos\frac{A}{2}>0$ であるから　　$\text{IC}=4\sin\frac{A}{2}\sin\frac{B}{2}$

よって，① から

$$r=4\sin\frac{A}{2}\sin\frac{B}{2}\sin\frac{C}{2}=4\sin\frac{A}{2}\sin\frac{B}{2}\sin\left(\frac{\pi}{2}-\frac{A+B}{2}\right)$$

←C を消去する。

$$=4\sin\frac{A}{2}\sin\frac{B}{2}\cos\frac{A+B}{2}$$

$$=2\sin\frac{A}{2}\left(\sin\frac{A+2B}{2}-\sin\frac{A}{2}\right)$$

←積 ⟶ 和の公式。

$\sin\frac{A+2B}{2} \leqq 1$ であるから

$$r \leqq 2\sin\frac{A}{2}\left(1-\sin\frac{A}{2}\right)=-2\left(\sin\frac{A}{2}-\frac{1}{2}\right)^2+\frac{1}{2}$$

$0<\sin\frac{A}{2}<1$ であるから　　$r \leqq \frac{1}{2}$

←$\sin\frac{A}{2}=\frac{1}{2}$ のとき最大。

練習 ②169 次の計算をせよ。

(1) $\left(\dfrac{27}{8}\right)^{-\frac{4}{3}}$　(2) $0.09^{1.5}$　(3) $\sqrt{\sqrt[3]{64}}$　(4) $\sqrt{2}\div\sqrt[4]{4}\times\sqrt[12]{32}\div\sqrt[6]{2}$

(5) $\dfrac{\sqrt[3]{2}\sqrt{3}}{\sqrt[6]{6}\sqrt[3]{1.5}}$　(6) $\sqrt[3]{24}+\dfrac{4}{3}\sqrt[6]{9}+\sqrt[3]{-\dfrac{1}{9}}$　〔(4) 北海道薬大〕

(1) $\left(\dfrac{27}{8}\right)^{-\frac{4}{3}}=\left\{\left(\dfrac{3}{2}\right)^3\right\}^{-\frac{4}{3}}=\left(\dfrac{3}{2}\right)^{3\times\left(-\frac{4}{3}\right)}=\left(\dfrac{3}{2}\right)^{-4}=\left(\dfrac{2}{3}\right)^4=\boldsymbol{\dfrac{16}{81}}$

(2) $0.09^{1.5}=0.09^{\frac{3}{2}}=(0.3^2)^{\frac{3}{2}}=0.3^{2\times\frac{3}{2}}=0.3^3=\mathbf{0.027}$

←小数の指数は分数に直す。

別解 $0.09^{1.5}=\left(\dfrac{9}{100}\right)^{\frac{3}{2}}=\left\{\left(\dfrac{3}{10}\right)^2\right\}^{\frac{3}{2}}=\left(\dfrac{3}{10}\right)^3=\dfrac{27}{1000}=\mathbf{0.027}$

(3) $\sqrt{\sqrt[3]{64}}=\sqrt[6]{64}=\sqrt[6]{2^6}=\mathbf{2}$

←$\sqrt[m]{\sqrt[n]{a}}=\sqrt[mn]{a}$

別解 $\sqrt[3]{64}=\sqrt[3]{4^3}=4$ であるから　$\sqrt{\sqrt[3]{64}}=\sqrt{4}=\mathbf{2}$

←$\sqrt[n]{a^n}=a$

(4) $\sqrt{2}\div\sqrt[4]{4}\times\sqrt[12]{32}\div\sqrt[6]{2}=2^{\frac{1}{2}}\div2^{\frac{2}{4}}\times2^{\frac{5}{12}}\div2^{\frac{1}{6}}$

$=2^{\frac{1}{2}-\frac{1}{2}+\frac{5}{12}-\frac{1}{6}}=2^{\frac{1}{4}}=\boldsymbol{\sqrt[4]{2}}$

←a^p の形に直して計算。

(5) $\dfrac{\sqrt[3]{2}\sqrt{3}}{\sqrt[6]{6}\sqrt[3]{1.5}}=\dfrac{2^{\frac{1}{3}}\cdot3^{\frac{1}{2}}}{2^{\frac{1}{6}}\cdot3^{\frac{1}{6}}\cdot3^{\frac{1}{3}}\cdot2^{-\frac{1}{3}}}=2^{\frac{1}{3}-\frac{1}{6}+\frac{1}{3}}\cdot3^{\frac{1}{2}-\frac{1}{6}-\frac{1}{3}}$

$=2^{\frac{1}{2}}\cdot3^0=\boldsymbol{\sqrt{2}}$

←$\sqrt[6]{6}=\sqrt[6]{2\cdot3}=2^{\frac{1}{6}}\cdot3^{\frac{1}{6}}$
$\sqrt[3]{1.5}=\sqrt[3]{\dfrac{3}{2}}=3^{\frac{1}{3}}\cdot2^{-\frac{1}{3}}$

(6) $\sqrt[3]{24}+\dfrac{4}{3}\sqrt[6]{9}+\sqrt[3]{-\dfrac{1}{9}}=\sqrt[3]{2^3\cdot3}+\dfrac{4}{3}\sqrt[6]{3^2}-\sqrt[3]{\dfrac{3}{3^3}}$

$=2\sqrt[3]{3}+\dfrac{4}{3}\sqrt[3]{3}-\dfrac{\sqrt[3]{3}}{3}$

$=\left(2+\dfrac{4}{3}-\dfrac{1}{3}\right)\sqrt[3]{3}=\boldsymbol{3\sqrt[3]{3}}$

←$\sqrt[3]{-\dfrac{1}{9}}=-\sqrt[3]{\dfrac{1}{3^2}}$
$=-\sqrt[3]{\dfrac{3}{3^3}}$
分母に $\sqrt[3]{3}$ が現れないように工夫している。

練習 ③170 (1) 次の式を計算せよ。ただし，$a>0$，$b>0$ とする。

(ア) $(\sqrt[4]{2}+\sqrt[4]{3})(\sqrt[4]{2}-\sqrt[4]{3})(\sqrt{2}+\sqrt{3})$　(イ) $(a^{\frac{1}{2}}+b^{\frac{1}{2}})^2+(a^{\frac{1}{2}}-b^{\frac{1}{2}})^2$

(ウ) $(a^{\frac{1}{6}}-b^{\frac{1}{6}})(a^{\frac{1}{6}}+b^{\frac{1}{6}})(a^{\frac{2}{3}}+a^{\frac{1}{3}}b^{\frac{1}{3}}+b^{\frac{2}{3}})$

(2) $x>0$，$x^{\frac{1}{2}}+x^{-\frac{1}{2}}=\sqrt{5}$ のとき，$x+x^{-1}$，$x^{\frac{3}{2}}+x^{-\frac{3}{2}}$ の値をそれぞれ求めよ。

(1) (ア) (与式)$=\{(\sqrt[4]{2})^2-(\sqrt[4]{3})^2\}(\sqrt{2}+\sqrt{3})$

$=(\sqrt{2}-\sqrt{3})(\sqrt{2}+\sqrt{3})=2-3=\mathbf{-1}$

←$(x+y)(x-y)=x^2-y^2$ を利用。
$(\sqrt[4]{2})^2=\sqrt{2}$，
$(\sqrt[4]{3})^2=\sqrt{3}$

(イ) (与式)$=(a^{\frac{1}{2}})^2+2a^{\frac{1}{2}}b^{\frac{1}{2}}+(b^{\frac{1}{2}})^2+(a^{\frac{1}{2}})^2-2a^{\frac{1}{2}}b^{\frac{1}{2}}+(b^{\frac{1}{2}})^2$

$=\boldsymbol{2(a+b)}$

(ウ) (与式)$=\{(a^{\frac{1}{6}})^2-(b^{\frac{1}{6}})^2\}(a^{\frac{2}{3}}+a^{\frac{1}{3}}b^{\frac{1}{3}}+b^{\frac{2}{3}})$

$=(a^{\frac{1}{3}}-b^{\frac{1}{3}})\{(a^{\frac{1}{3}})^2+a^{\frac{1}{3}}b^{\frac{1}{3}}+(b^{\frac{1}{3}})^2\}$

$=(a^{\frac{1}{3}})^3-(b^{\frac{1}{3}})^3=\boldsymbol{a-b}$

←$(x-y)(x^2+xy+y^2)$
$=x^3-y^3$

(2) $\boldsymbol{x+x^{-1}}=(x^{\frac{1}{2}}+x^{-\frac{1}{2}})^2-2x^{\frac{1}{2}}\cdot x^{-\frac{1}{2}}$

$=(\sqrt{5})^2-2\cdot1=\mathbf{3}$

←a^2+b^2
$=(a+b)^2-2ab$

$\boldsymbol{x^{\frac{3}{2}}+x^{-\frac{3}{2}}}=(x^{\frac{1}{2}}+x^{-\frac{1}{2}})^3-3x^{\frac{1}{2}}\cdot x^{-\frac{1}{2}}(x^{\frac{1}{2}}+x^{-\frac{1}{2}})$

$=(\sqrt{5})^3-3\cdot1\cdot\sqrt{5}=\boldsymbol{2\sqrt{5}}$

←a^3+b^3
$=(a+b)^3-3ab(a+b)$

練習 ②171 次の関数のグラフをかけ。また，関数 $y=2^x$ のグラフとの位置関係をいえ。

(1) $y=-2^x$　　(2) $y=\dfrac{2^x}{8}$　　(3) $y=4^{-\frac{x}{2}+1}$

(1) **求めるグラフは，$y=2^x$ のグラフを x 軸に関して対称移動したもので，図(1)の太い実線** のようになる。

←$y=-f(x)$ のグラフは $y=f(x)$ のグラフと x 軸に関して対称。

(2) $y=\dfrac{2^x}{8}=2^x\div 2^3=2^{x-3}$

よって，求めるグラフは，**$y=2^x$ のグラフを x 軸方向に 3 だけ平行移動したもので，図(2)の太い実線** のようになる。

←$y=f(x-p)$ のグラフは $y=f(x)$ のグラフを x 軸方向に p だけ平行移動したもの。

(3) $y=4^{-\frac{x}{2}+1}=4^{-\frac{x}{2}}\cdot 4=(2^2)^{-\frac{x}{2}}\cdot 2^2=2^{-x+2}=2^{-(x-2)}$

よって，求めるグラフは，$y=2^{-x}$ のグラフを x 軸方向に 2 だけ平行移動したもの，すなわち **$y=2^x$ のグラフを y 軸に関して対称移動し，更に x 軸方向に 2 だけ平行移動したもので，図(3)の太い実線** のようになる。

←$y=f(-x)$ のグラフは $y=f(x)$ のグラフと y 軸に関して対称。

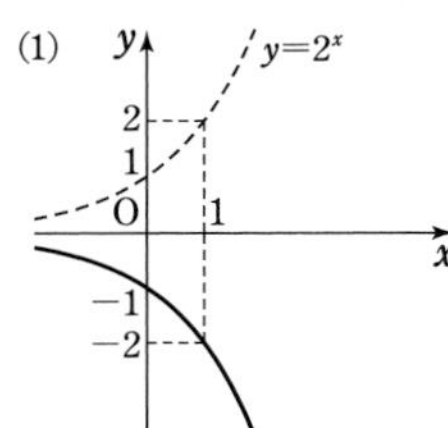

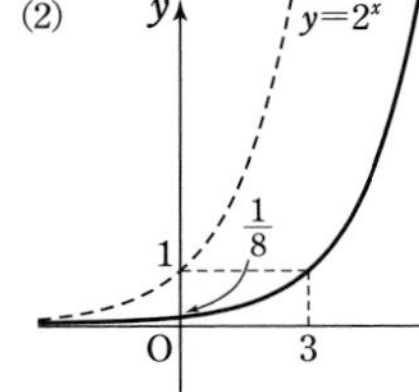

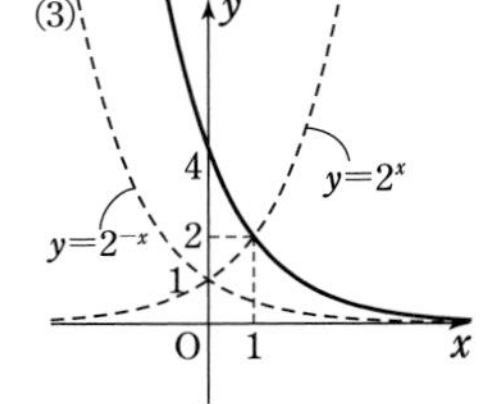

練習 ②172 次の各組の数の大小を不等号を用いて表せ。

(1) $3,\ \sqrt{\dfrac{1}{3}},\ \sqrt[3]{3},\ \sqrt[4]{27}$　　(2) $2^{30},\ 3^{20},\ 10^{10}$

(1) $3=3^1,\ \sqrt{\dfrac{1}{3}}=3^{-\frac{1}{2}},\ \sqrt[3]{3}=3^{\frac{1}{3}},\ \sqrt[4]{27}=3^{\frac{3}{4}}$

←底を 3 にそろえる。

底 3 は 1 より大きいから，$-\dfrac{1}{2}<\dfrac{1}{3}<\dfrac{3}{4}<1$ より

$$3^{-\frac{1}{2}}<3^{\frac{1}{3}}<3^{\frac{3}{4}}<3^1$$

したがって　$\boldsymbol{\sqrt{\dfrac{1}{3}}<\sqrt[3]{3}<\sqrt[4]{27}<3}$

(2) $2^{30}=(2^3)^{10}=8^{10},\ 3^{20}=(3^2)^{10}=9^{10},\ 10^{10}$

←指数を 10 にそろえる。

$8<9<10$ であるから　$8^{10}<9^{10}<10^{10}$

←$a>0,\ b>0$ のとき $a>b \Leftrightarrow a^n>b^n$

したがって　$\boldsymbol{2^{30}<3^{20}<10^{10}}$

練習 ②173 次の方程式，連立方程式を解け。　〔(1) 千葉工大，(2) 愛知大〕

(1) $16^{2-x}=8^x$　　(2) $27^x-4\cdot 9^x+3^{x+1}=0$　　(3) $\begin{cases}3^{y-1}-2^x=19\\ 4^x+2^{x+1}-3^y=-1\end{cases}$

(1) $16^{2-x}=8^x$ から　$2^{4(2-x)}=2^{3x}$

←底を 2 にそろえる。

ゆえに　$4(2-x)=3x$　　よって　$\boldsymbol{x=\dfrac{8}{7}}$

←$\boldsymbol{a^x=a^p \Leftrightarrow x=p}$

(2) $3^x=X$ とおくと　$X>0$　方程式は　$X^3-4X^2+3X=0$

よって　$X(X-1)(X-3)=0$

$X>0$ であるから　$X=1,\ 3$

$X=1$ から　$3^x=3^0$　$X=3$ から　$3^x=3^1$

したがって　$\boldsymbol{x=0,\ 1}$

←$27^x=(3^3)^x=(3^x)^3$, $9^x=(3^2)^x=(3^x)^2$, $3^{x+1}=3^x\cdot 3$

(3) $2^x=X$, $3^y=Y$ とおくと　$X>0$, $Y>0$

連立方程式は $\begin{cases} \dfrac{Y}{3}-X=19 & \cdots\cdots ① \\ X^2+2X-Y=-1 & \cdots\cdots ② \end{cases}$

① から　$Y=3X+57$　……③

③ を ② に代入して整理すると　$X^2-X-56=0$

ゆえに　$(X+7)(X-8)=0$　よって　$X=-7,\ 8$

$X>0$ であるから　$X=8$　このとき，③ から　$Y=81$

$X=8$ から　$2^x=8$　$Y=81$ から　$3^y=81$

したがって　$\boldsymbol{x=3,\ y=4}$

←$3^{y-1}=\dfrac{3^y}{3}$, $4^x=(2^x)^2$, $2^{x+1}=2\cdot 2^x$

←$Y>0$ を満たす。

5章

練習

［指数関数と対数関数］

練習 ②174　次の不等式を解け。

(1) $\dfrac{1}{\sqrt{3}}<\left(\dfrac{1}{3}\right)^x<9$　(2) $2^{4x}-4^{x+1}>0$　(3) $\left(\dfrac{1}{4}\right)^x-9\left(\dfrac{1}{2}\right)^{x-1}+32\leqq 0$

(1) 与式から　$\left(\dfrac{1}{3}\right)^{\frac{1}{2}}<\left(\dfrac{1}{3}\right)^x<\left(\dfrac{1}{3}\right)^{-2}$

底 $\dfrac{1}{3}$ は1より小さいから　$\boldsymbol{-2<x<\dfrac{1}{2}}$

←底を3にそろえると $3^{-\frac{1}{2}}<3^{-x}<3^2$

←不等号の向きが変わる。

(2) 与式から　$(4^x)^2-4\cdot 4^x>0$

$4^x=X$ とおくと　$X>0$　不等式は　$X^2-4X>0$

したがって　$X(X-4)>0$

$X>0$ であるから　$X-4>0$　すなわち　$X>4$

ゆえに　$4^x>4$　底4は1より大きいから　$\boldsymbol{x>1}$

←底を2にそろえると
$(2^x)^4-4\cdot(2^x)^2>0$
$\therefore\ (2^x)^2\{(2^x)^2-4\}>0$
$2^{2x}(2^x+2)(2^x-2)>0$
$2^{2x}>0$, $2^x+2>0$ であるから　$2^x-2>0$

(3) 与式から　$\left\{\left(\dfrac{1}{2}\right)^x\right\}^2-18\left(\dfrac{1}{2}\right)^x+32\leqq 0$

$\left(\dfrac{1}{2}\right)^x=X$ とおくと　$X>0$　不等式は　$X^2-18X+32\leqq 0$

したがって　$(X-2)(X-16)\leqq 0$

ゆえに　$2\leqq X\leqq 16$　($X>0$ を満たす)

よって　$2\leqq\left(\dfrac{1}{2}\right)^x\leqq 16$　すなわち　$2^1\leqq 2^{-x}\leqq 2^4$

底2は1より大きいから　$1\leqq -x\leqq 4$

各辺に -1 を掛けて　$\boldsymbol{-4\leqq x\leqq -1}$

←底を2にそろえると
$(2^{-x})^2-18\cdot 2^{-x}+32\leqq 0$
$(2^{-x}-2)(2^{-x}-16)\leqq 0$
ゆえに　$2\leqq 2^{-x}\leqq 16$
よって　$1\leqq -x\leqq 4$
ゆえに　$-4\leqq x\leqq -1$

練習 ③175　(1) 次の関数の最大値と最小値を求めよ。

(ア) $y=\left(\dfrac{3}{4}\right)^x$ $(-1\leqq x\leqq 2)$　(イ) $y=4^x-2^{x+2}$ $(-1\leqq x\leqq 3)$　［(イ) 大阪産大］

(2) $a>0$, $a\neq 1$ とする。関数 $y=a^{2x}+a^{-2x}-2(a^x+a^{-x})+2$ について，$a^x+a^{-x}=t$ とおく。y を t を用いて表し，y の最小値を求めよ。

(1) (ア) 底 $\frac{3}{4}$ は 1 より小さいから，$y=\left(\frac{3}{4}\right)^x$ は減少関数である。

よって　**$x=-1$ のとき最大値** $\left(\frac{3}{4}\right)^{-1}=\boldsymbol{\frac{4}{3}}$，

$x=2$　のとき最小値 $\left(\frac{3}{4}\right)^2=\boldsymbol{\frac{9}{16}}$

←x の値が増加すると，y の値は減少する。
$-1\leqq x\leqq 2$ のとき
$\left(\frac{3}{4}\right)^2\leqq\left(\frac{3}{4}\right)^x\leqq\left(\frac{3}{4}\right)^{-1}$

(イ) $2^x=t$ とおくと，$-1\leqq x\leqq 3$ であるから

$$2^{-1}\leqq t\leqq 2^3 \quad すなわち \quad \frac{1}{2}\leqq t\leqq 8 \quad \cdots\cdots ①$$

y を t の式で表すと

$$y=(2^x)^2-2^2\cdot 2^x=t^2-4t=(t-2)^2-4$$

① の範囲において，y は $t=8$ で最大，$t=2$ で最小となる。

$t=8$ のとき　$2^x=8$　ゆえに　$x=3$

$t=2$ のとき　$2^x=2$　ゆえに　$x=1$

よって　**$x=3$ のとき最大値 32，$x=1$ のとき最小値 -4**

←$y=(t-2)^2-4$ のグラフは下に凸で，軸は　直線 $t=2$
よって，軸から遠い方の端 $t=8$ で最大となる。

(2) $a^{2x}+a^{-2x}=(a^x+a^{-x})^2-2$ であるから，y を t の式で表すと

$$\boldsymbol{y=(t^2-2)-2t+2=t^2-2t} \quad \cdots\cdots ①$$

また，$a^x>0$，$a^{-x}>0$ であるから，(相加平均)≧(相乗平均) により　$a^x+a^{-x}\geqq 2\sqrt{a^x\cdot a^{-x}}=2$　すなわち　$t\geqq 2$ …… ②

等号は $a^x=a^{-x}$，すなわち $x=-x$ から $x=0$ のとき成り立つ。

① から　$y=(t-1)^2-1$

② の範囲において，y は $t=2$ のとき最小値 0 をとる。

したがって　**$x=0$ のとき最小値 0**

←$\boldsymbol{a>0}$，$\boldsymbol{b>0}$ **のとき**
$\boldsymbol{\frac{a+b}{2}\geqq\sqrt{ab}}$
等号成立は $a=b$ のとき。

←① のグラフは下に凸で，軸は　直線 $t=1$

練習 ①176

(1) 次の (ア)〜(ウ) の対数の値を求めよ。また，(エ) の □ をうめよ。

(ア) $\log_2 64$　(イ) $\log_{\frac{1}{2}} 8$　(ウ) $\log_{0.01} 10\sqrt{10}$　(エ) $\log_{\sqrt{3}}\square=-4$

(2) 次の式を簡単にせよ。

(ア) $\log_{0.2} 125$　(イ) $\log_6 12+\log_6 3$　(ウ) $\log_3 18-\log_3 2$

(エ) $6\log_2\sqrt[3]{10}-2\log_2 5$　(オ) $\frac{1}{2}\log_{10}\frac{5}{6}+\log_{10}\sqrt{7.5}+\frac{1}{2}\log_{10}1.6$

(1) (ア) $\log_2 64=\log_2 2^6=\boldsymbol{6}$

←$\log_a a^p=p$

別解　$\log_2 64=r$ とおくと　$2^r=64=2^6$　よって　$r=\boldsymbol{6}$

(イ) $\log_{\frac{1}{2}} 8=\log_{\frac{1}{2}}\left(\frac{1}{2}\right)^{-3}=\boldsymbol{-3}$

←$8=\left(\frac{1}{2}\right)^{-3}$

別解　$\log_{\frac{1}{2}} 8=r$ とおくと　$\left(\frac{1}{2}\right)^r=8$　よって　$r=\boldsymbol{-3}$

(ウ) $10\sqrt{10}=10^{\frac{3}{2}}=(10^2)^{\frac{3}{4}}=100^{\frac{3}{4}}=(0.01)^{-\frac{3}{4}}$

←$100=(0.01)^{-1}$

よって　$\log_{0.01} 10\sqrt{10}=\boldsymbol{-\frac{3}{4}}$

別解　$\log_{0.01} 10\sqrt{10}=r$ とおくと　$(0.01)^r=10\sqrt{10}$

よって　$10^{-2r}=10^{\frac{3}{2}}$　ゆえに　$r=\boldsymbol{-\frac{3}{4}}$

←$-2r=\frac{3}{2}$

(エ) $\square=(\sqrt{3})^{-4}=\frac{1}{(\sqrt{3})^4}=\boldsymbol{\frac{1}{9}}$

(2) (ア) $\log_{0.2}125=r$ とおくと，$(0.2)^r=125$ から $\left(\frac{1}{5}\right)^r=125$ 　←小数は分数に直す。

ゆえに　$5^{-r}=5^3$　　$-r=3$ から　$r=\mathbf{-3}$

(イ) $\log_6 12+\log_6 3=\log_6(12\cdot3)=\log_6 6^2=\mathbf{2}$ 　←$\log_a M+\log_a N=\log_a MN$

(ウ) $\log_3 18-\log_3 2=\log_3\frac{18}{2}=\log_3 3^2=\mathbf{2}$ 　←$\log_a M-\log_a N=\log_a\frac{M}{N}$

(エ) $6\log_2\sqrt[3]{10}-2\log_2 5=\log_2(\sqrt[3]{10})^6-\log_2 5^2$

$=\log_2\frac{10^2}{5^2}=\log_2 2^2=\mathbf{2}$ 　←$(\sqrt[3]{10})^6=(10^{\frac{1}{3}})^6=10^2$

別解 (与式)$=6\cdot\frac{1}{3}\log_2 10-2\log_2 5$ 　←$\log_2 10$ を分解する。

$=2(\log_2 5+\log_2 2)-2\log_2 5=\mathbf{2}$ 　←$\log_2 2=1$

(オ) $\frac{1}{2}\log_{10}\frac{5}{6}+\log_{10}\sqrt{7.5}+\frac{1}{2}\log_{10}1.6$ 　←$k\log_a M=\log_a M^k$

$=\log_{10}\left(\sqrt{\frac{5}{6}}\sqrt{7.5}\sqrt{1.6}\right)=\log_{10}\sqrt{\frac{5}{6}\cdot\frac{15}{2}\cdot\frac{8}{5}}=\log_{10}\sqrt{10}=\mathbf{\frac{1}{2}}$ 　←$\sqrt{10}=10^{\frac{1}{2}}$

別解 (与式)$=\frac{1}{2}(\log_{10}5-\log_{10}6+\log_{10}7.5+\log_{10}1.6)$ 　←$\log_{10}7.5=\log_{10}\frac{5\cdot3}{2}$，$\log_{10}1.6=\log_{10}\frac{2^4}{10}$

$=\frac{1}{2}(\log_{10}5-\log_{10}2-\log_{10}3$

$+\log_{10}5+\log_{10}3-\log_{10}2+4\log_{10}2-1)$ 　また，$\log_{10}5=1-\log_{10}2$ としてもよい。

$=\log_{10}5+\log_{10}2-\frac{1}{2}=\log_{10}10-\frac{1}{2}=\mathbf{\frac{1}{2}}$ 　←$\log_{10}10=1$

5章 練習 [指数関数と対数関数]

練習 ②177 次の式を簡単にせよ。

(1) $\log_2 27\cdot\log_3 64\cdot\log_{25}\sqrt{125}\cdot\log_{27}81$ 〔京都産大〕

(2) $(\log_2 9+\log_8 3)(\log_3 16+\log_9 4)$ 〔立教大〕

(3) $(\log_5 3+\log_{25}9)(\log_9 5-\log_3 25)$

(1) (与式)$=\frac{\log_3 3^3}{\log_3 2}\cdot\log_3 2^6\cdot\frac{\log_3 5^{\frac{3}{2}}}{\log_3 5^2}\cdot\frac{\log_3 3^4}{\log_3 3^3}$ 　←**底の変換公式** $\log_a b=\frac{\log_c b}{\log_c a}$ を利用して，底を3にそろえる(2にそろえてもよい)。

$=\frac{3}{\log_3 2}\cdot 6\log_3 2\cdot\frac{\frac{3}{2}\log_3 5}{2\log_3 5}\cdot\frac{4}{3}=\mathbf{18}$

(2) (与式)$=\left(\log_2 9+\frac{\log_2 3}{\log_2 8}\right)\left(\frac{\log_2 16}{\log_2 3}+\frac{\log_2 4}{\log_2 9}\right)$ 　←底を2にそろえる。

$=\left(2\log_2 3+\frac{\log_2 3}{3}\right)\left(\frac{4}{\log_2 3}+\frac{2}{2\log_2 3}\right)$

$=\frac{7}{3}\log_2 3\cdot\frac{5}{\log_2 3}=\mathbf{\frac{35}{3}}$

(3) (与式)$=\left(\log_5 3+\frac{\log_5 9}{\log_5 25}\right)\left(\frac{1}{\log_5 9}-\frac{\log_5 25}{\log_5 3}\right)$ 　←底を5にそろえる(3にそろえてもよい)。

$=(\log_5 3+\log_5 3)\left(\frac{1}{2\log_5 3}-\frac{2}{\log_5 3}\right)$

$=2\log_5 3\left(-\frac{3}{2\log_5 3}\right)=\mathbf{-3}$

練習 ③178
(1) $\log_3 2=a$, $\log_5 4=b$ とするとき，$\log_{15} 8$ を a, b を用いて表せ。〔芝浦工大〕
(2) a, b を 1 でない正の数とし，$A=\log_2 a$, $B=\log_2 b$ とする。a, b が $\log_a 2+\log_b 2=1$, $\log_{ab} 2=-1$, $ab \neq 1$ を満たすとき，A, B の値を求めよ。〔類 京都産大〕

(1) $\log_5 4=\dfrac{\log_3 4}{\log_3 5}=\dfrac{2\log_3 2}{\log_3 5}$ であるから　　$b=\dfrac{2a}{\log_3 5}$

←$\log_a b=\dfrac{\log_c b}{\log_c a}$

したがって　　$\log_3 5=\dfrac{2a}{b}$

よって　$\boldsymbol{\log_{15} 8}=\dfrac{\log_3 8}{\log_3 15}=\dfrac{3\log_3 2}{\log_3 5+\log_3 3}=\dfrac{3a}{\dfrac{2a}{b}+1}=\boldsymbol{\dfrac{3ab}{2a+b}}$

(2) $\log_a 2+\log_b 2=\dfrac{1}{\log_2 a}+\dfrac{1}{\log_2 b}=\dfrac{1}{A}+\dfrac{1}{B}=\dfrac{A+B}{AB}$

←$\log_a b=\dfrac{1}{\log_b a}$

$\log_{ab} 2=\dfrac{1}{\log_2 ab}=\dfrac{1}{\log_2 a+\log_2 b}=\dfrac{1}{A+B}$

よって，条件から　　$\dfrac{A+B}{AB}=1$,　$\dfrac{1}{A+B}=-1$

したがって　　$A+B=-1$,　$AB=-1$

ゆえに，A, B は 2 次方程式 $x^2+x-1=0$ の 2 つの解である。

←$x^2-(\text{和})x+(\text{積})=0$

これを解いて　　$x=\dfrac{-1\pm\sqrt{5}}{2}$

よって　　$\boldsymbol{A=\dfrac{-1\pm\sqrt{5}}{2}}$, $\boldsymbol{B=\dfrac{-1\mp\sqrt{5}}{2}}$ **(複号同順)**

練習 ③179
(1) 次の値を求めよ。　(ア) $16^{\log_2 3}$　(イ) $\left(\dfrac{1}{49}\right)^{\log_7 \frac{2}{3}}$　〔(イ) 東京薬大〕
(2) $3^x=5^y=\sqrt{15}$ のとき，$\dfrac{1}{x}+\dfrac{1}{y}$ の値を求めよ。〔日本工大〕

(1) (ア) $16^{\log_2 3}=M$ とおく。左辺は正であるから，両辺の 2 を底とする対数をとると　　$\log_2 16^{\log_2 3}=\log_2 M$

すなわち　　$\log_2 3\log_2 16=\log_2 M$

ゆえに　　$4\log_2 3=\log_2 M$

←$\log_2 16=\log_2 2^4=4$

よって　　$M=3^4=\boldsymbol{81}$

別解　$16^{\log_2 3}=(2^4)^{\log_2 3}=2^{4\log_2 3}=(2^{\log_2 3})^4=3^4=\boldsymbol{81}$

←$\boldsymbol{a^{\log_a M}=M}$ を利用。

(イ) $\left(\dfrac{1}{49}\right)^{\log_7 \frac{2}{3}}=(7^{-2})^{\log_7 \frac{2}{3}}=7^{-2\log_7 \frac{2}{3}}=7^{\log_7 \left(\frac{2}{3}\right)^{-2}}=7^{\log_7 \frac{9}{4}}$

←これから直ちに $7^{\log_7 \frac{9}{4}}=\dfrac{9}{4}$ と答えてもよい。

$7^{\log_7 \frac{9}{4}}=M$ とおく。左辺は正であるから，両辺の 7 を底とする対数をとると　　$\log_7 7^{\log_7 \frac{9}{4}}=\log_7 M$

ゆえに　　$\log_7 \dfrac{9}{4}=\log_7 M$　　すなわち　　$M=\boldsymbol{\dfrac{9}{4}}$

(2) $3^x=\sqrt{15}$ から　　$x=\log_3\sqrt{15}=\dfrac{1}{2}\log_3 15$

←両辺の 3 を底とする対数をとる。

$5^y=\sqrt{15}$ から　　$y=\log_5\sqrt{15}=\dfrac{1}{2}\log_5 15$

よって　$\dfrac{1}{x}+\dfrac{1}{y}=\dfrac{2}{\log_3 15}+\dfrac{2}{\log_5 15}=2(\log_{15}3+\log_{15}5)$

$=2\log_{15}(3\cdot5)=2\log_{15}15=\mathbf{2}$

←$\log_a b=\dfrac{1}{\log_b a}$

練習 ②180 次の関数のグラフをかけ。また，関数 $y=\log_3 x$ のグラフとの位置関係をいえ。

(1) $y=\log_3(x-2)$　(2) $y=\log_3\dfrac{1}{x}$　(3) $y=\log_3\dfrac{x-1}{9}$

(1) 求めるグラフは，$\boldsymbol{y=\log_3 x}$ **のグラフを** $\boldsymbol{x}$ **軸方向に 2 だけ平行移動したもので，図 (1) の太い実線** のようになる。

←漸近線は　直線 $x=2$

(2) $y=\log_3\dfrac{1}{x}=\log_3 x^{-1}=-\log_3 x$

よって，求めるグラフは，$\boldsymbol{y=\log_3 x}$ **のグラフを** $\boldsymbol{x}$ **軸に関して対称に移動したもので，図 (2) の太い実線** のようになる。

←$y=-f(x)$ のグラフは $y=f(x)$ のグラフと x 軸に関して対称。

(3) $y=\log_3\dfrac{x-1}{9}=\log_3(x-1)-\log_3 9=\log_3(x-1)-2$

よって，求めるグラフは，$\boldsymbol{y=\log_3 x}$ **のグラフを** $\boldsymbol{x}$ **軸方向に 1，** $\boldsymbol{y}$ **軸方向に −2 だけ平行移動したもので，図 (3) の太い実線** のようになる。

←漸近線は　直線 $x=1$

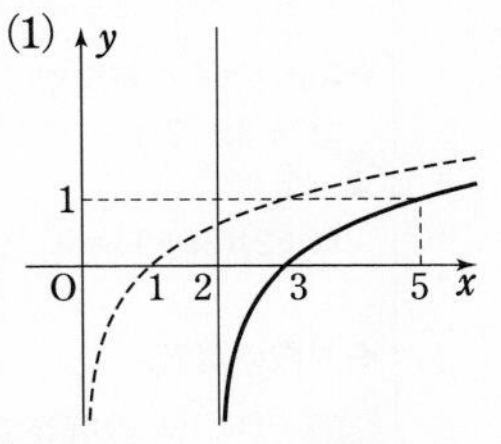

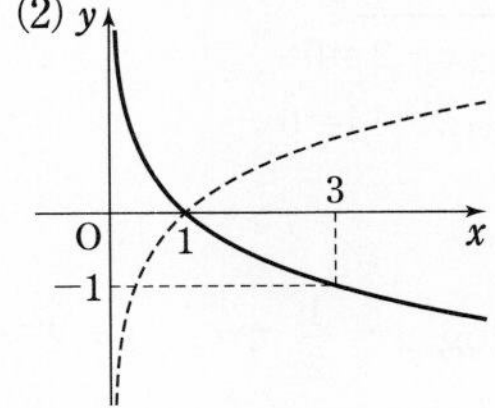

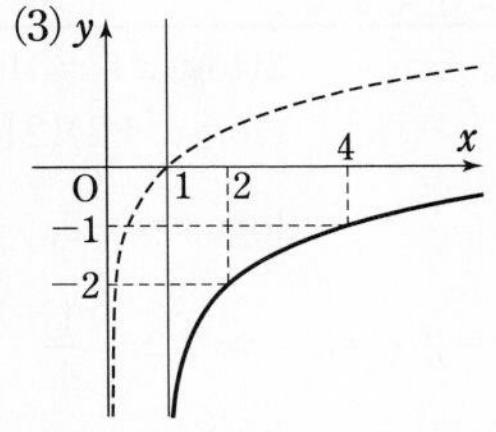

練習 ②181 次の各組の数の大小を不等号を用いて表せ。

(1) $\log_2 3$，$\log_2 5$　(2) $\log_{0.3}3$，$\log_{0.3}5$　(3) $\log_{0.5}4$，$\log_2 4$，$\log_3 4$

(1) 底 2 は 1 より大きく，$3<5$ であるから　$\boldsymbol{\log_2 3<\log_2 5}$

(2) 底 0.3 は 1 より小さく，$3<5$ であるから　$\boldsymbol{\log_{0.3}3>\log_{0.3}5}$

(3) $\log_{0.5}4=\dfrac{1}{\log_4 0.5}$，$\log_2 4=\dfrac{1}{\log_4 2}$，$\log_3 4=\dfrac{1}{\log_4 3}$

底 4 は 1 より大きく　$\log_4 0.5<0$，$0<\log_4 2<\log_4 3$

よって　$\boldsymbol{\log_{0.5}4<\log_3 4<\log_2 4}$

$a>1$ のとき
$0<p<q$
$\Longleftrightarrow \log_a p<\log_a q$
$0<a<1$ のとき
$0<p<q$
$\Longleftrightarrow \log_a p>\log_a q$

練習 ②182 次の方程式を解け。

(1) $\log_3(x-2)+\log_3(2x-7)=2$　(2) $\log_2(x^2-x-18)-\log_2(x-1)=3$

(3) $\log_4(x+2)+\log_{\frac{1}{2}}x=0$　[(2) 千葉工大]

(1) 真数は正であるから，$x-2>0$ かつ $2x-7>0$ より

$x>\dfrac{7}{2}$ …… ①

方程式から　$\log_3(x-2)(2x-7)=\log_3 3^2$

ゆえに　$(x-2)(2x-7)=9$　整理して　$2x^2-11x+5=0$

よって　$(x-5)(2x-1)=0$　ゆえに　$x=5,\ \dfrac{1}{2}$

←まず，**真数>0**，（底に文字を含むときは）**底>0，底≠1** の条件を確認。

このうち，① を満たすものは　**$x=5$**

(2) 真数は正であるから　$x^2-x-18>0$，$x-1>0$ …… ①

方程式から　$\log_2(x^2-x-18)=\log_2 8+\log_2(x-1)$

よって　$x^2-x-18=8(x-1)$　整理して　$x^2-9x-10=0$

ゆえに　$(x+1)(x-10)=0$　よって　$x=-1,\ 10$

このうち，① を満たすものは　**$x=10$**

←① を解いて x の範囲を求めるよりも，式変形で導かれる値 $x=-1$，10 を代入して ① を満たすかどうかを判定する方がらく。

(3) 真数は正であるから，$x+2>0$ かつ $x>0$ より　$x>0$

$\log_4(x+2)=\dfrac{\log_2(x+2)}{\log_2 2^2}$，$\log_{\frac{1}{2}}x=\dfrac{\log_2 x}{\log_2 2^{-1}}$ から，方程式は

←底を 2 にそろえる。

$\dfrac{1}{2}\log_2(x+2)-\log_2 x=0$　ゆえに　$\log_2(x+2)=\log_2 x^2$

←$\log_2 x$ を右辺に移項して，両辺を 2 倍する。なお　$2\log_2 x=\log_2 x^2$

よって　$x+2=x^2$　整理して　$x^2-x-2=0$

ゆえに　$(x+1)(x-2)=0$　よって　$x=-1,\ 2$

$x>0$ であるから，解は　**$x=2$**

練習 ②183 次の方程式を解け。
(1) $2(\log_2 x)^2+3\log_2 x=2$　(2) $\log_3 x-\log_x 81=3$　[(2) 京都産大]

(1) 真数は正であるから　$x>0$ …… ①

方程式から　$2(\log_2 x)^2+3\log_2 x-2=0$

ゆえに　$(\log_2 x+2)(2\log_2 x-1)=0$

よって　$\log_2 x=-2,\ \dfrac{1}{2}$

←$\log_2 x=t$ とおくと $2t^2+3t-2=0$ よって $(t+2)(2t-1)=0$

$\log_2 x=-2$ から　$x=2^{-2}=\dfrac{1}{4}$　$\log_2 x=\dfrac{1}{2}$ から　$x=2^{\frac{1}{2}}=\sqrt{2}$

←対数の定義。

これらの x の値は ① を満たす。ゆえに，解は　**$x=\dfrac{1}{4},\ \sqrt{2}$**

検討　(1)，(2) の解答では，真数条件の確認（下線部分）を省略してもよい。本冊 $p.294$ の **検討** 参照。

(2) 真数は正で，底は 1 でない正の数であるから

$0<x<1,\ 1<x$ …… ①

このとき，$\log_x 81=\dfrac{\log_3 81}{\log_3 x}=\dfrac{4}{\log_3 x}$ であるから，方程式は

$$\log_3 x-\frac{4}{\log_3 x}=3$$

←底を 3 にそろえる。$x\neq1$ から　$\log_3 x\neq0$

分母を払って整理すると　$(\log_3 x)^2-3\log_3 x-4=0$

ゆえに　$(\log_3 x+1)(\log_3 x-4)=0$　よって　$\log_3 x=-1,\ 4$

←$\log_3 x=t$ とおくと $t^2-3t-4=0$ $(t+1)(t-4)=0$

$\log_3 x=-1$ から　$x=3^{-1}=\dfrac{1}{3}$　$\log_3 x=4$ から　$x=3^4=81$

←対数の定義。

これらの x の値は ① を満たす。ゆえに，解は　**$x=\dfrac{1}{3},\ 81$**

練習 ②184 次の不等式を解け。
(1) $\log_2(x-1)+\log_{\frac{1}{2}}(3-x)\leqq0$　(2) $\log_3(x-1)+\log_3(x+2)\leqq2$
(3) $2-\log_{\frac{1}{3}}x>(\log_3 x)^2$

(1) 真数は正であるから，$x-1>0$ かつ $3-x>0$ より

$1<x<3$ …… ①

$\log_{\frac{1}{2}}(3-x)=\dfrac{\log_2(3-x)}{\log_2\frac{1}{2}}=-\log_2(3-x)$ であるから，不等式は

←底を 2 にそろえる。

$\log_2(x-1)-\log_2(3-x)\leqq 0$

←左辺を $\log_2\dfrac{x-1}{3-x}$ としてしまうと，却って煩雑になる。

ゆえに　$\log_2(x-1)\leqq\log_2(3-x)$

底 2 は 1 より大きいから　$x-1\leqq 3-x$

よって　$x\leqq 2$ …… ②

①，② の共通範囲を求めて　$\boldsymbol{1<x\leqq 2}$

(2)　真数は正であるから，$x-1>0$ かつ $x+2>0$ より

$x>1$ …… ①

不等式から　$\log_3(x-1)(x+2)\leqq\log_3 9$

底 3 は 1 より大きいから　$(x-1)(x+2)\leqq 9$

整理して　$x^2+x-11\leqq 0$

←$x^2+x-11=0$ の解は $x=\dfrac{-1\pm3\sqrt{5}}{2}$

これを解いて　$\dfrac{-1-3\sqrt{5}}{2}\leqq x\leqq\dfrac{-1+3\sqrt{5}}{2}$ …… ②

①，② の共通範囲を求めて　$\boldsymbol{1<x\leqq\dfrac{-1+3\sqrt{5}}{2}}$

←$6<3\sqrt{5}<7$

(3)　真数は正であるから　$x>0$ …… ①

$\log_{\frac{1}{3}}x=\dfrac{\log_3 x}{\log_3\frac{1}{3}}=-\log_3 x$ であるから，不等式は

←底を 3 にそろえる。

$2+\log_3 x>(\log_3 x)^2$　ゆえに　$(\log_3 x)^2-\log_3 x-2<0$

←$\log_3 x=t$ とおくと $t^2-t-2<0$ $(t+1)(t-2)<0$

よって　$(\log_3 x+1)(\log_3 x-2)<0$

ゆえに　$-1<\log_3 x<2$　すなわち　$\log_3\dfrac{1}{3}<\log_3 x<\log_3 9$

底 3 は 1 より大きいから　$\boldsymbol{\dfrac{1}{3}<x<9}$　これは ① を満たす。

←真数条件を確認する。

練習 ④185

(1)　不等式 $\log_4 x^2-\log_x 64\leqq 1$ を解け。　〔類 愛知工大〕

(2)　$0<x<1$，$0<y<1$ とする。不等式 $\log_x y+2\log_y x-3>0$ を満たす点 $(x,\ y)$ の存在範囲を図示せよ。

(1)　真数，底の条件から　$0<x<1$，$1<x$

$\log_4 x^2=\dfrac{\log_2 x^2}{\log_2 4}=\dfrac{2\log_2 x}{2}=\log_2 x$，$\log_x 64=\dfrac{\log_2 64}{\log_2 x}=\dfrac{6}{\log_2 x}$

←底を 2 に統一。$x>0$ であるから $\log_2 x^2=2\log_2 x$

であるから，不等式は　$\log_2 x-\dfrac{6}{\log_2 x}\leqq 1$ …… ①

[1]　$0<x<1$ のとき　$\log_2 x<0$

① の両辺に $\log_2 x$ を掛けて　$(\log_2 x)^2-6\geqq\log_2 x$

←両辺に負の数を掛けることになるから，不等号の向きが変わる。

整理して　$(\log_2 x)^2-\log_2 x-6\geqq 0$

ゆえに　$(\log_2 x+2)(\log_2 x-3)\geqq 0$

$\log_2 x<0$ より $\log_2 x-3<0$ であるから　$\log_2 x+2\leqq 0$

よって　$\log_2 x\leqq -2$

底 2 は 1 より大きいから　$x\leqq 2^{-2}$　すなわち　$x\leqq\dfrac{1}{4}$

$0<x<1$ との共通範囲は　$0<x\leqq\dfrac{1}{4}$

←場合分けの条件を忘れないように。

[2]　$x>1$ のとき　$\log_2 x>0$

①の両辺に $\log_2 x$ を掛けて　$(\log_2 x)^2-6\leqq\log_2 x$

←両辺に正の数を掛けているから，不等号の向きは変わらない。

整理して　$(\log_2 x)^2-\log_2 x-6\leqq 0$

ゆえに　$(\log_2 x+2)(\log_2 x-3)\leqq 0$

$\log_2 x>0$ より $\log_2 x+2>0$ であるから　$\log_2 x-3\leqq 0$

よって　$0<\log_2 x\leqq 3$

底2は1より大きいから　$2^0<x\leqq 2^3$　すなわち　$1<x\leqq 8$

←場合分けの条件を満たす。

[1]，[2] から，解は　$\boldsymbol{0<x\leqq\dfrac{1}{4},\ 1<x\leqq 8}$

←[1]，[2] を合わせた範囲。

(2)　$0<x<1,\ 0<y<1$ であるから　$\log_x y>0$

与えられた不等式から　$\log_x y+2\cdot\dfrac{1}{\log_x y}-3>0$

←底を x にそろえる。

両辺に $\log_x y\ (>0)$ を掛けて整理すると

$$(\log_x y)^2-3\log_x y+2>0$$

よって　$(\log_x y-1)(\log_x y-2)>0$

←$\log_x y=t$ とおくと $t^2-3t+2>0$　$(t-1)(t-2)>0$

$\log_x y>0$ であるから

$0<\log_x y<1$　または　$2<\log_x y$　…… ①

底 x は $0<x<1$ であるから，① より

$x<y<1$　または　$y<x^2$

←$0<x<1,\ 0<y<1$ に注意。

ゆえに，点 $(x,\ y)$ の存在範囲は **右の図の斜線部分。ただし，境界線を含まない。**

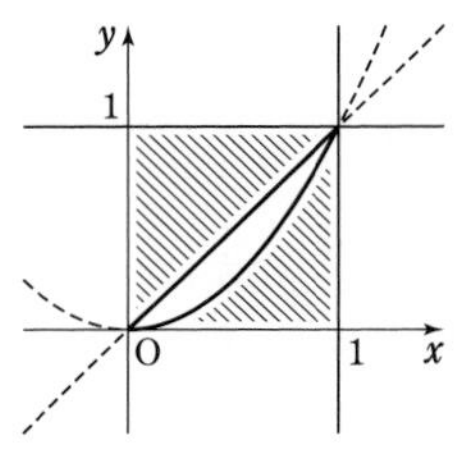

練習 ②186

(1)　関数 $y=\log_2(x-2)+2\log_4(3-x)$ の最大値を求めよ。〔南山大〕

(2)　$1\leqq x\leqq 5$ のとき，関数 $y=2\log_5 x+(\log_5 x)^2$ の最大値と最小値を求めよ。〔群馬大〕

(3)　$\dfrac{1}{3}\leqq x\leqq 27$ のとき，関数 $y=(\log_3 3x)\left(\log_3\dfrac{x}{27}\right)$ の最大値と最小値を求めよ。

(1)　真数は正であるから　$x-2>0$　かつ　$3-x>0$

よって　$2<x<3$ …… ①

$2\log_4(3-x)=2\cdot\dfrac{\log_2(3-x)}{\log_2 4}=\log_2(3-x)$ であるから

←底を2にそろえる。

$$y=\log_2(x-2)+2\log_4(3-x)=\log_2(x-2)+\log_2(3-x)$$
$$=\log_2(x-2)(3-x)$$
$$=\log_2(-x^2+5x-6)$$

$z=-x^2+5x-6$ とすると　$z=-\left(x-\dfrac{5}{2}\right)^2+\dfrac{1}{4}$

←$z=-x^2+5x-6$ のグラフは，上に凸の放物線。軸 $x=\dfrac{5}{2}$ は ① の範囲に含まれる。

① の範囲において，z は $x=\dfrac{5}{2}$ で最大値 $\dfrac{1}{4}$ をとる。

対数の底2は1より大きいから，このとき y も最大となる。

よって　$\boldsymbol{x=\dfrac{5}{2}}$ **で最大値** $\log_2\dfrac{1}{4}=\log_2 2^{-2}=\boldsymbol{-2}$

(2) $\log_5 x=t$ とおくと，$1\leqq x\leqq 5$ であるから

$\log_5 1\leqq t\leqq \log_5 5$　すなわち　$0\leqq t\leqq 1$ …… ①

y を t の式で表すと　　$y=2t+t^2=(t+1)^2-1$

① の範囲において，y は

$t=1$ で最大値 3，$t=0$ で最小値 0

をとる。$t=\log_5 x$ より，$x=5^t$ であるから

$t=1$ のとき　$x=5$，　　$t=0$ のとき　$x=5^0=1$

よって　　**$x=5$ で最大値 3，$x=1$ で最小値 0**

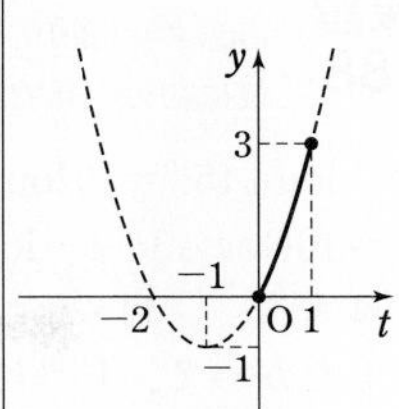

(3) $\log_3 x=t$ とおくと，$\frac{1}{3}\leqq x\leqq 27$ であるから

$\log_3\frac{1}{3}\leqq t\leqq \log_3 27$　すなわち　$-1\leqq t\leqq 3$ …… ①

←$\log_3\frac{1}{3}=\log_3 3^{-1}$

$\log_3 3x=1+\log_3 x$，$\log_3\frac{x}{27}=\log_3 x-3$ であるから，y を t の式で表すと　　$y=(1+t)(t-3)=t^2-2t-3=(t-1)^2-4$

① の範囲において，y は

$t=-1$，3 で最大値 0，$t=1$ で最小値 -4

をとる。$t=\log_3 x$ より，$x=3^t$ であるから

$t=-1$ のとき　$x=3^{-1}=\frac{1}{3}$，　　$t=3$ のとき　$x=3^3=27$，

$t=1$　のとき　$x=3$

よって　　**$x=\frac{1}{3}$，27 で最大値 0；$x=3$ で最小値 -4**

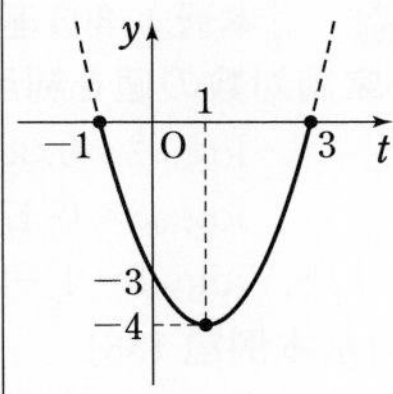

練習 ③187　$x\geqq 3$，$y\geqq\frac{1}{3}$，$xy=27$ のとき，$(\log_3 x)(\log_3 y)$ の最大値と最小値を求めよ。

$x\geqq 3$，$y\geqq\frac{1}{3}$，$xy=27$ の各辺の 3 を底とする対数をとると

$\log_3 x\geqq 1$，$\log_3 y\geqq -1$，$\log_3 x+\log_3 y=3$

←$\log_3 xy=\log_3 x+\log_3 y$

$\log_3 x=X$，$\log_3 y=Y$ とおくと

$X\geqq 1$，$Y\geqq -1$，$X+Y=3$

$X+Y=3$ から　　　$Y=3-X$ …… ①

←Y を消去する。

$Y\geqq -1$ であるから　　$3-X\geqq -1$　　　ゆえに　$X\leqq 4$

←消去した文字の範囲に注意。

$X\geqq 1$ との共通範囲は　$1\leqq X\leqq 4$ …… ②

また　　$(\log_3 x)(\log_3 y)=XY=X(3-X)=-X^2+3X$

$=-\left(X-\frac{3}{2}\right)^2+\frac{9}{4}$

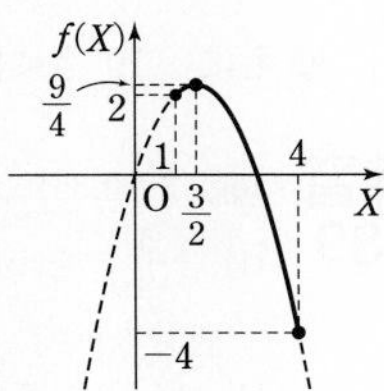

これを $f(X)$ とすると，② の範囲において，$f(X)$ は

$X=\frac{3}{2}$ で最大値 $\frac{9}{4}$，$X=4$ で最小値 -4　をとる。

① から　$X=\frac{3}{2}$ のとき　$Y=\frac{3}{2}$，$X=4$ のとき　$Y=-1$

$\log_3 x=X$，$\log_3 y=Y$ より，$x=3^X$，$y=3^Y$ であるから

$x=y=3\sqrt{3}$ で最大値 $\frac{9}{4}$；$x=81$，$y=\frac{1}{3}$ で最小値 -4

←$3^{\frac{3}{2}}=3\sqrt{3}$

練習 ②188 $\log_{10}2=0.3010$, $\log_{10}3=0.4771$ とする。15^{10} は ア□ 桁の整数であり，$\left(\frac{3}{5}\right)^{100}$ は小数第 イ□ 位に初めて 0 でない数字が現れる。

(ア) $\log_{10}15^{10}=10\log_{10}15=10\log_{10}(3\cdot5)=10(\log_{10}3+\log_{10}5)$
$=10(\log_{10}3+1-\log_{10}2)=10(0.4771+1-0.3010)=11.761$
ゆえに　$11<\log_{10}15^{10}<12$　よって　$10^{11}<15^{10}<10^{12}$
したがって，15^{10} は **12** 桁の整数である。

←$\log_{10}5=1-\log_{10}2$ はよく使われるので，公式として記憶しておく。

(イ) $\log_{10}\left(\frac{3}{5}\right)^{100}=100\log_{10}\frac{3}{5}=100(\log_{10}3-\log_{10}5)$
$=100\{\log_{10}3-(1-\log_{10}2)\}=100(\log_{10}2+\log_{10}3-1)$
$=100(0.3010+0.4771-1)=-22.19$
ゆえに，$-23<\log_{10}\left(\frac{3}{5}\right)^{100}<-22$ から　$10^{-23}<\left(\frac{3}{5}\right)^{100}<10^{-22}$
したがって，小数第 **23** 位に初めて 0 でない数字が現れる。

検討　**[本冊 *p*.303 基本例題 188 (2)，(3) および練習 188 の別解]**
常用対数の値を利用して，1 桁の整数を底 10 のべき乗で表す。
$\log_{10}2=0.3010$ から　$10^{0.3010}=2$
$\log_{10}3=0.4771$ から　$10^{0.4771}=3$
また，$\log_{10}5=1-\log_{10}2=0.6990$ から　$10^{0.6990}=5$

←$p=\log_a M \Longleftrightarrow a^p=M$

[基本例題 188]
(2) $6^{50}=(2\cdot3)^{50}=(10^{0.3010}\cdot10^{0.4771})^{50}=(10^{0.3010+0.4771})^{50}$
$=(10^{0.7781})^{50}=10^{0.7781\times50}=10^{38.905}$
ゆえに　$10^{38}<6^{50}<10^{39}$　よって，6^{50} は **39 桁** の整数。

←$a^m\cdot a^n=a^{m+n}$
$(a^m)^n=a^{mn}$

(3) $\left(\frac{2}{3}\right)^{100}=\left(\frac{10^{0.3010}}{10^{0.4771}}\right)^{100}=(10^{0.3010-0.4771})^{100}=(10^{-0.1761})^{100}$
$=10^{-0.1761\times100}=10^{-17.61}$
ゆえに　$10^{-18}<\left(\frac{2}{3}\right)^{100}<10^{-17}$　よって，**小数第 18 位**。

←$\frac{a^m}{a^n}=a^{m-n}$

[練習 188]
(ア) $15^{10}=(3\cdot5)^{10}=(10^{0.4771}\cdot10^{0.6990})^{10}=10^{(0.4771+0.6990)\times10}=10^{11.761}$
ゆえに　$10^{11}<15^{10}<10^{12}$　よって，**12** 桁の整数。
(イ) $\left(\frac{3}{5}\right)^{100}=\left(\frac{10^{0.4771}}{10^{0.6990}}\right)^{100}=10^{(0.4771-0.6990)\times100}=10^{-22.19}$
ゆえに　$10^{-23}<\left(\frac{3}{5}\right)^{100}<10^{-22}$　よって，小数第 **23** 位。

練習 ②189 $\log_{10}2=0.3010$，$\log_{10}3=0.4771$ とする。
(1) $\left(\frac{5}{8}\right)^n$ を小数で表すとき，小数第 3 位に初めて 0 でない数字が現れるような自然数 n は何個あるか。〔類 北里大〕
(2) $\log_3 2$ の値を求めよ。ただし，小数第 3 位を四捨五入せよ。また，この結果を利用して，4^{10} を 9 進法で表すと何桁の数になるか求めよ。

(1) 小数第 3 位に初めて 0 でない数字が現れるから

$$10^{-3}\leqq\left(\frac{5}{8}\right)^n<10^{-2}$$

各辺の常用対数をとって　$-3 \leqq n\log_{10}\frac{5}{8} < -2$ …… ①

ここで　$\log_{10}\frac{5}{8} = \log_{10}5 - \log_{10}8 = 1 - \log_{10}2 - \log_{10}2^3$

$= 1 - 4\log_{10}2 = -0.204$

ゆえに，① は　$-3 \leqq -0.204n < -2$

よって　$\frac{2}{0.204} < n \leqq \frac{3}{0.204}$　ゆえに　$9.8\cdots < n \leqq 14.7\cdots$

この不等式を満たす自然数 n の個数は　**5 個**

(2)　$\log_3 2 = \frac{\log_{10}2}{\log_{10}3} = \frac{0.3010}{0.4771} = 0.63089\cdots\cdots$

小数第 3 位を四捨五入して　$\boldsymbol{\log_3 2 = 0.63}$

次に，4^{10} を 9 進法で表したときの桁数を n とすると

$9^{n-1} \leqq 4^{10} < 9^n$

各辺の 3 を底とする対数をとると　$\log_3 9^{n-1} \leqq \log_3 4^{10} < \log_3 9^n$

ゆえに　$(n-1)\log_3 9 \leqq 10\log_3 4 < n\log_3 9$

よって　$2(n-1) \leqq 20\log_3 2 < 2n$

各辺を 2 で割り，$\log_3 2 = 0.63$ を代入すると　$n-1 \leqq 6.3 < n$

ゆえに　$n \leqq 7.3$ かつ $6.3 < n$　すなわち　$6.3 < n \leqq 7.3$

この不等式を満たす自然数 n は　$n = 7$

よって，4^{10} を 9 進法で表すと，**7 桁** の数になる。

←$\log_{10}5 = \log_{10}\frac{10}{2} = 1 - \log_{10}2$

←不等号の向きが変わる。

←$n = 10, 11, 12, 13, 14$

←$\log_3 2$ の値を利用するから，9 ではなく 3 を底とする対数をとる。

←$n-1 \leqq 6.3$ から $n \leqq 7.3$

5章 練習【指数関数と対数関数】

練習 ②190

光があるガラス板 1 枚を通過するごとに，その光の強さが $\frac{1}{9}$ だけ失われるものとする。当てた光の強さを 1 とし，この光が n 枚重ねたガラス板を通過してきたときの強さを x とする。
(1)　x を n で表せ。
(2)　x の値が当てた光の $\frac{1}{100}$ より小さくなるとき，最小の整数 n の値を求めよ。ただし，$\log_{10}2 = 0.301$，$\log_{10}3 = 0.477$ とする。　［北海道薬大］

(1)　光がガラス板 1 枚を通過するごとに，その光の強さは

$1 - \frac{1}{9} = \frac{8}{9}$ (倍) になる。したがって　$\boldsymbol{x = \left(\frac{8}{9}\right)^n}$

(2)　$x < \frac{1}{100}$ とすると　$\left(\frac{8}{9}\right)^n < \frac{1}{100}$

両辺の常用対数をとると　$n\log_{10}\frac{8}{9} < -2$

ゆえに　$n(3\log_{10}2 - 2\log_{10}3) < -2$

よって　$n(3 \times 0.301 - 2 \times 0.477) < -2$

ゆえに　$-0.051n < -2$　よって　$n > \frac{2000}{51} = 39.2\cdots\cdots$

したがって，求める最小の整数 n は　**40**

←$\log_{10}\frac{8}{9} = \log_{10}2^3 - \log_{10}3^2$

練習 ③191

自然数 n が不等式 $38 \leqq \log_{10}8^n < 39$ を満たすとする。このとき，8^n は ア□ 桁の自然数で，n の値は $n =$ イ□ である。また，8^n の一の位の数は ウ□ で，最高位の数は エ□ である。ただし，$\log_{10}2 = 0.3010$，$\log_{10}3 = 0.4771$，$\log_{10}7 = 0.8451$ とする。　［関西学院大］

(ア) $38 \leqq \log_{10} 8^n < 39$ から　　$10^{38} \leqq 8^n < 10^{39}$

よって，8^n は **39** 桁の自然数である。

(イ) $\log_{10} 8^n = \log_{10} 2^{3n} = 3n \log_{10} 2 = 3n \cdot 0.3010 = 0.903n$

ゆえに　　$38 \leqq 0.903n < 39$　　よって　　$\dfrac{38}{0.903} \leqq n < \dfrac{39}{0.903}$

ゆえに　　$42.08 \cdots\cdots \leqq n < 43.18 \cdots\cdots$

したがって，求める自然数 n は　　$n = \mathbf{43}$

(ウ) 8^1，8^2，8^3，8^4，8^5，…… の一の位の数は，順に

8，4，2，6，8，……

となり，4 つの数 8，4，2，6 を順に繰り返す。

$43 = 4 \times 10 + 3$ であるから，8^{43} の一の位の数は　　**2**

←一の位の数の規則性を見つける。

(エ) $\log_{10} 8^{43} = 129 \log_{10} 2 = 38.829 = 38 + 0.829$

ここで　　$\log_{10} 6 = \log_{10} 2 + \log_{10} 3 = 0.7781$，$\log_{10} 7 = 0.8451$

ゆえに　　$\log_{10} 6 < 0.829 < \log_{10} 7$　　よって　　$6 < 10^{0.829} < 7$

ゆえに　　$6 \cdot 10^{38} < 10^{38.829} < 7 \cdot 10^{38}$

すなわち　$6 \cdot 10^{38} < 8^{43} < 7 \cdot 10^{38}$

したがって，8^{43} の最高位の数は　　**6**

←$8^{43} = 10^{38.829}$
$= 10^{38} \cdot 10^{0.829}$
よって，$10^{0.829}$ の整数部分を求めることを考えてもよい。

練習 ④192　等式 $20^x = 10^{y+1}$ を満たす有理数 x，y を求めよ。

$20 = 2^2 \cdot 5$，$10 = 2 \cdot 5$ であるから，等式は　　$2^{2x} \cdot 5^x = 2^{y+1} \cdot 5^{y+1}$

したがって　　$2^{2x-(y+1)} = 5^{y+1-x}$ …… ①

x，y を有理数とし，$y+1-x \neq 0$ と仮定すると　$2^{\frac{2x-y-1}{y+1-x}} = 5$

ここで，$2^r = 5$ を満たす有理数 r が存在すると仮定すると

$2^r = 5 > 1$ であるから $r > 0$ であり　$r = \dfrac{m}{n}$（m，n は正の整数）

と表される。よって　　$2^{\frac{m}{n}} = 5$

両辺を n 乗すると　　$2^m = 5^n$ …… ②

② の左辺は 2 の倍数であるが，右辺は 2 の倍数ではないから，矛盾。ゆえに，$2^r = 5$ を満たす有理数 r は存在しない。

よって，$\dfrac{2x-y-1}{y+1-x}$ は無理数であるが，x，y は有理数であるから，これは矛盾。

したがって　　$y+1-x=0$ …… ③

このとき，① から　$2^{2x-y-1} = 1$　　ゆえに　$2x-y-1=0$

これと ③ を連立して解くと　　$\boldsymbol{x=0}$，$\boldsymbol{y=-1}$

←① から
$(2^{2x-y-1})^{\frac{1}{y+1-x}}$
$= (5^{y+1-x})^{\frac{1}{y+1-x}}$

←仮定 —— に対する矛盾。

←仮定 ---- に対する矛盾。

練習 ④193　a は定数とする。x の方程式 $2\left(\dfrac{2}{3}\right)^x + 3\left(\dfrac{3}{2}\right)^x + a - 5 = 0$ が異なる 2 つの実数解をもつような a の値の範囲を求めよ。

$\left(\dfrac{2}{3}\right)^x = t$ とおくと，$t > 0$ であり，方程式は

$$2t + 3 \cdot \frac{1}{t} + a - 5 = 0 \quad \cdots\cdots ①$$

←$\left(\dfrac{3}{2}\right)^x = \dfrac{1}{\left(\dfrac{2}{3}\right)^x} = \dfrac{1}{t}$

① の両辺に t を掛けて整理すると

$$2t^2+(a-5)t+3=0 \quad \cdots\cdots ②$$

② は $t=0$ を解にもたないから，方程式 ① と ② は同値である。
よって，求める条件は，方程式 ② が異なる 2 つの正の実数解をもつことである。……（＊）

←1 つの t の値に対応する x の値は 1 通りに決まる。

すなわち，② の判別式を D，解を α，β とすると，次のことが同時に成り立つ。

←解と係数の関係を利用する方法の方が早い。

[1] $D>0$　[2] $\alpha+\beta>0$　[3] $\alpha\beta>0$

ここで，解と係数の関係から　$\alpha+\beta=\dfrac{5-a}{2}$，$\alpha\beta=\dfrac{3}{2}$

[1] $D=(a-5)^2-4\cdot2\cdot3=a^2-10a+1$

$a^2-10a+1=0$ を解くと　$a=5\pm2\sqrt{6}$

よって，$D>0$ すなわち $a^2-10a+1>0$ の解は

$$a<5-2\sqrt{6},\ 5+2\sqrt{6}<a \quad \cdots\cdots ③$$

[2] $\alpha+\beta>0$ から　$5-a>0$　ゆえに　$a<5$ …… ④

[3] $\alpha\beta=\dfrac{3}{2}$ から，$\alpha\beta>0$ は常に成り立つ。

よって，③，④ の共通範囲を求めて　$\boldsymbol{a<5-2\sqrt{6}}$

別解　（＊）までは同じ。
② の左辺を $f(t)$，② の判別式を D とすると，次のことが同時に成り立つ。
[1]′ $D>0$
[2]′ 軸が $t>0$ の範囲にある
[3]′ $f(0)>0$
[2]′ から　$-\dfrac{a-5}{4}>0$
[3]′ $f(0)=3>0$

5章 練習 [指数関数と対数関数]

練習 ④194

a，b は定数とする。x の方程式 $\{\log_2(x^2+1)\}^2-a\log_2(x^2+1)+a+b=0$ が異なる 2 つの実数解をもつような点 (a, b) 全体の集合を，座標平面上に図示せよ。

$\log_2(x^2+1)=t$ とおくと，方程式は　$t^2-at+a+b=0$ … ①

$x^2\geqq0$ より $x^2+1\geqq1$ であるから　$\log_2(x^2+1)\geqq\log_2 1=0$

したがって　$t\geqq0$　$\log_2(x^2+1)=t$ を満たす x の個数は

$t=0$ のとき $x=0$ から 1 個，$t>0$ のとき $x^2>0$ から 2 個。

←例えば，$t=1$ のとき $x^2+1=2$
ゆえに　$x^2=1$
よって　$x=\pm1$
このように，$t>0$ のとき，1 つの t の値に対し，x の値は 2 個ある。

求める条件は，2 次方程式 ① が $t>0$ の範囲に 1 つの実数解をもつことである。ゆえに，次の [1]，[2] の場合である。

[1] 2 次方程式 ① が正の重解をもつ。

判別式について　$D=(-a)^2-4\cdot1\cdot(a+b)=0$

このときの重解について　$t=-\dfrac{-a}{2\cdot1}=\dfrac{a}{2}>0$

よって　$b=\dfrac{1}{4}a^2-a$　かつ　$a>0$ …… ②

[2] 2 次方程式 ① が正の解と負の解をもつ。

2 つの解を α，β とすると

$$\alpha\beta=a+b<0$$

←解と係数の関係による。

よって　$b<-a$ …… ③

②，③ の範囲を図示すると，**右の図の斜線部分および太い実線部分** のようになる。ただし，直線 $\boldsymbol{b=-a}$ 上の点は含まない。

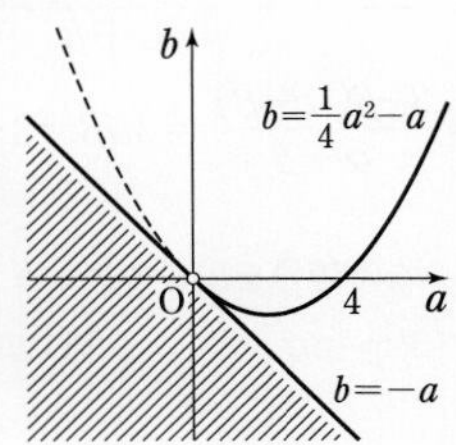

←$b=-a$ を $b=\dfrac{1}{4}a^2-a$ に代入して　$a^2=0$
ゆえに　$a=0$（重解）
よって，直線 $b=-a$ と放物線 $b=\dfrac{1}{4}a^2-a$ は原点で接する。

EX ③106 $a>0$ とする。$9^a+9^{-a}=14$ のとき，次の式の値を求めよ。 ［流通科学大］
(1) 3^a+3^{-a} (2) 3^a-3^{-a} (3) 27^a+27^{-a} (4) 27^a-27^{-a}

HINT (3), (4) 9^a+9^{-a} の値がわかっているから，3 乗の和・差の因数分解の公式を利用するとよい。

(1) $(3^a+3^{-a})^2=9^a+2\cdot3^a\cdot3^{-a}+9^{-a}=14+2\cdot1=16$
$3^a+3^{-a}>0$ であるから $3^a+3^{-a}=\mathbf{4}$

(2) $(3^a-3^{-a})^2=9^a-2\cdot3^a\cdot3^{-a}+9^{-a}=14-2\cdot1=12$
$a>0$ より $a>-a$ であり，底 3 は 1 より大きいから $3^a>3^{-a}$
ゆえに $3^a-3^{-a}>0$ よって $3^a-3^{-a}=\mathbf{2\sqrt{3}}$

(3) $27^a+27^{-a}=(3^a+3^{-a})(9^a-3^a\cdot3^{-a}+9^{-a})$
$=4\cdot(14-1)=\mathbf{52}$

←$x^3+y^3=(x+y)(x^2-xy+y^2)$

(4) $27^a-27^{-a}=(3^a-3^{-a})(9^a+3^a\cdot3^{-a}+9^{-a})$
$=2\sqrt{3}(14+1)=\mathbf{30\sqrt{3}}$

←$x^3-y^3=(x-y)(x^2+xy+y^2)$

EX ③107 (1) $\dfrac{1}{\sqrt[3]{5}-\sqrt[3]{4}}=a\sqrt[3]{b}+\sqrt[3]{c}+\sqrt[3]{d}$ を満たす自然数 a, b, c, d の値を求めよ。ただし，$a>1$, $c>d$ とする。
(2) $x=\sqrt[3]{12+\sqrt{19}}+\sqrt[3]{12-\sqrt{19}}$ のとき，$\dfrac{x^3-24}{x}$ の値を求めよ。

(1) $$\frac{1}{\sqrt[3]{5}-\sqrt[3]{4}}=\frac{(\sqrt[3]{5})^2+\sqrt[3]{5}\cdot\sqrt[3]{4}+(\sqrt[3]{4})^2}{(\sqrt[3]{5}-\sqrt[3]{4})\{(\sqrt[3]{5})^2+\sqrt[3]{5}\cdot\sqrt[3]{4}+(\sqrt[3]{4})^2\}}$$
$$=\frac{\sqrt[3]{5^2}+\sqrt[3]{5\cdot4}+\sqrt[3]{4^2}}{(\sqrt[3]{5})^3-(\sqrt[3]{4})^3}$$
$$=\frac{\sqrt[3]{25}+\sqrt[3]{20}+\sqrt[3]{16}}{5-4}$$
$$=2\sqrt[3]{2}+\sqrt[3]{25}+\sqrt[3]{20}$$
よって $\mathbf{a=2,\ b=2,\ c=25,\ d=20}$

←$(x-y)(x^2+xy+y^2)=x^3-y^3$ を利用して，分母を有理化。

←$\sqrt[3]{16}=\sqrt[3]{2^4}=\sqrt[3]{2^3\cdot2}=2\sqrt[3]{2}$

(2) $\sqrt[3]{12+\sqrt{19}}=\alpha$, $\sqrt[3]{12-\sqrt{19}}=\beta$ とおくと
$\alpha+\beta=x$, $\alpha\beta=\sqrt[3]{(12+\sqrt{19})(12-\sqrt{19})}$
$=\sqrt[3]{12^2-19}=\sqrt[3]{144-19}=\sqrt[3]{125}=5$,
$\alpha^3+\beta^3=(12+\sqrt{19})+(12-\sqrt{19})=24$

よって $$\frac{x^3-24}{x}=\frac{(\alpha+\beta)^3-24}{\alpha+\beta}$$
$$=\frac{\alpha^3+3\alpha^2\beta+3\alpha\beta^2+\beta^3-(\alpha^3+\beta^3)}{\alpha+\beta}$$
$$=\frac{3\alpha\beta(\alpha+\beta)}{\alpha+\beta}=3\alpha\beta=3\cdot5=\mathbf{15}$$

←x^3 を直接計算しようとしても複雑になるので，おき換えてみる。

←$\alpha+\beta$ で約分できる。

EX ③108 次の各組の数の大小を不等号を用いて表せ。
(1) 4, $\sqrt[3]{3^4}$, $2^{\sqrt{3}}$, $3^{\sqrt{2}}$ ［県立広島大］ (2) $10^{\frac{1}{3}}$, $3^{\frac{4}{7}}$, $9^{\frac{1}{5}}$ ［久留米大］

(1) $\sqrt[3]{3^4}=3^{\frac{4}{3}}$ である。
4, $3^{\frac{4}{3}}$ をそれぞれ 3 乗すると $4^3=64$, $(3^{\frac{4}{3}})^3=3^4=81$

ゆえに　$4^3<(3^{\frac{4}{3}})^3$　　よって　$4<3^{\frac{4}{3}}$ …… ①

また，$\sqrt{3}<2$ から　$2^{\sqrt{3}}<2^2$　すなわち　$2^{\sqrt{3}}<4$ …… ②　　←底 2 は 1 より大きい。

更に，$\frac{4}{3}<\sqrt{2}$ から　$3^{\frac{4}{3}}<3^{\sqrt{2}}$ …… ③　　←底 3 は 1 より大きい。

①，②，③ から　$\boldsymbol{2^{\sqrt{3}}<4<\sqrt[3]{3^4}<3^{\sqrt{2}}}$

(2)　$9^{\frac{1}{5}}=(3^2)^{\frac{1}{5}}=3^{\frac{2}{5}}$ であり，底 3 は 1 より大きいから，

$\frac{2}{5}<\frac{4}{7}$ より　$3^{\frac{2}{5}}<3^{\frac{4}{7}}$　すなわち　$9^{\frac{1}{5}}<3^{\frac{4}{7}}$ …… ①

次に，$3^{\frac{4}{7}}$，$10^{\frac{1}{3}}$ をそれぞれ 7 乗すると

$(3^{\frac{4}{7}})^7=3^4=81<10^2$，$(10^{\frac{1}{3}})^7=10^{\frac{7}{3}}=10^2\cdot10^{\frac{1}{3}}>10^2$

ゆえに　$(3^{\frac{4}{7}})^7<(10^{\frac{1}{3}})^7$　　よって　$3^{\frac{4}{7}}<10^{\frac{1}{3}}$ …… ②

したがって，①，② から　$\boldsymbol{9^{\frac{1}{5}}<3^{\frac{4}{7}}<10^{\frac{1}{3}}}$

別解　$1<a\leqq b$ のとき $0<p<q$ なら $a^p<b^q$ であることを利用する。
$3^{\frac{4}{7}}=(3^2)^{\frac{2}{7}}=9^{\frac{2}{7}}$ であり，$1<9<10$，$\frac{1}{5}<\frac{2}{7}<\frac{1}{3}$
から　$9^{\frac{1}{5}}<9^{\frac{2}{7}}<10^{\frac{1}{3}}$
よって　$\boldsymbol{9^{\frac{1}{5}}<3^{\frac{4}{7}}<10^{\frac{1}{3}}}$

EX ③109　次の方程式，不等式を解け。　〔(1) 京都産大，(2) 自治医大，(3) 西南学院大〕

(1)　$8^x-3\cdot4^x-3\cdot2^{x+1}+8=0$　　(2)　$2(3^x+3^{-x})-5(9^x+9^{-x})+6=0$　　(3)　$2^{x-4}<8^{1-2x}<4^{x+1}$

(1)　方程式から　$(2^x)^3-3\cdot(2^x)^2-6\cdot2^x+8=0$　　←底を 2 にそろえる。

$2^x=X$ とおくと　$X>0$

方程式は　$X^3-3X^2-6X+8=0$

ゆえに　$(X-1)(X+2)(X-4)=0$

$X>0$ であるから　$X=1,\ 4$

$X=1$ のとき　$2^x=1$　　ゆえに　$x=0$

$X=4$ のとき　$2^x=4$　　ゆえに　$x=2$

したがって　$\boldsymbol{x=0,\ 2}$

1	−3	−6	8	1
	1	−2	−8	
1	−2	−8	0	−2
	−2	8		
1	−4	0		

(2)　$3^x+3^{-x}=t$ とおくと　$9^x+9^{-x}=(3^x+3^{-x})^2-2=t^2-2$

方程式は　$2t-5(t^2-2)+6=0$

整理して　$5t^2-2t-16=0$

ゆえに　$(t-2)(5t+8)=0$ …… ①

ここで，$3^x>0$，$3^{-x}>0$ であるから，(相加平均)≧(相乗平均)により　$t=3^x+3^{-x}\geqq2\sqrt{3^x\cdot3^{-x}}=2$ …… ②

←$\boldsymbol{a>0,\ b>0}$ のとき $\boldsymbol{a+b\geqq2\sqrt{ab}}$
等号は $a=b$ のとき成り立つ。

等号は $3^x=3^{-x}$，すなわち $x=-x$ から $x=0$ のとき成り立つ。

$t\geqq2$ から　$5t+8>0$

よって，① から　$t-2=0$　すなわち　$t=2$

$t=2$ となるのは，② で等号が成り立つ場合であるから，求める解は　$\boldsymbol{x=0}$

(3)　$8^{1-2x}=(2^3)^{1-2x}=2^{3-6x}$，$4^{x+1}=(2^2)^{x+1}=2^{2x+2}$ であるから，不等式は　$2^{x-4}<2^{3-6x}<2^{2x+2}$　　←底を 2 にそろえる。

底 2 は 1 より大きいから　$x-4<3-6x<2x+2$

$x-4<3-6x$ から　$x<1$ …… ①　　←$A<B<C$ ⟺ $A<B$ かつ $B<C$

$3-6x<2x+2$ から　$\frac{1}{8}<x$ …… ②

①，② の共通範囲を求めて　$\boldsymbol{\frac{1}{8}<x<1}$

EX ③110

(1) $3\log_2 4-6\log_{\frac{1}{4}}8+9\log_8\frac{1}{2}$ を簡単にせよ。 〔千葉工大〕

(2) $c=(1+\log_2 3)\left(\log_6 28-\dfrac{2}{1+2\log_4 3}\right)$ とするとき，2^c の値を求めよ。

(1) $\log_2 4=2$, $\log_{\frac{1}{4}}8=\dfrac{\log_2 8}{\log_2\frac{1}{4}}=-\dfrac{3}{2}$, $\log_8\dfrac{1}{2}=\dfrac{\log_2\frac{1}{2}}{\log_2 8}=-\dfrac{1}{3}$ ←底を 2 にそろえる。

したがって　(与式)$=6+9-3=$**12**

(2) $\log_6 28=\dfrac{\log_2 28}{\log_2 6}=\dfrac{\log_2(2^2\cdot 7)}{\log_2(2\cdot 3)}=\dfrac{2\log_2 2+\log_2 7}{\log_2 2+\log_2 3}=\dfrac{2+\log_2 7}{1+\log_2 3}$ ←底を 2 にそろえる。

$2\log_4 3=2\cdot\dfrac{\log_2 3}{\log_2 2^2}=\log_2 3$

よって　$c=(1+\log_2 3)\left(\dfrac{2+\log_2 7}{1+\log_2 3}-\dfrac{2}{1+\log_2 3}\right)$ ←----を先に計算してもよい。

$=(2+\log_2 7)-2=\log_2 7$

したがって　$2^c=2^{\log_2 7}=$**7** ←$a^{\log_a p}=p$

EX ③111

(1) $(\log_3\sqrt{\sqrt[3]{64}}+\log_9\sqrt[3]{64})(\log_2\sqrt{81}+\log_4\sqrt[4]{81})$ を計算せよ。 〔西南学院大〕

(2) $\log_2 3=a$，$\log_3 7=b$ のとき，$\log_2 7$ を a，b で表すと ア□ である。したがって，$\log_{21}56$，$\log_{\frac{2}{7}}\dfrac{49}{12}$ を a，b で表すと，それぞれ イ□，ウ□ である。 〔広島修道大〕

(1) $\sqrt{\sqrt[3]{64}}=\sqrt{\sqrt[3]{4^3}}=\sqrt{4}=2$, $\sqrt[3]{64}=\sqrt[3]{4^3}=4=2^2$, ←$\sqrt[n]{a^m}=(\sqrt[n]{a})^m$

$\sqrt{81}=9=3^2$, $\sqrt[4]{81}=\sqrt[4]{3^4}=3$

よって　$(\log_3\sqrt{\sqrt[3]{64}}+\log_9\sqrt[3]{64})(\log_2\sqrt{81}+\log_4\sqrt[4]{81})$

$=(\log_3 2+2\log_9 2)(2\log_2 3+\log_4 3)$

$=\left(\dfrac{1}{\log_2 3}+2\cdot\dfrac{\log_2 2}{2\log_2 3}\right)\left(2\log_2 3+\dfrac{\log_2 3}{2\log_2 2}\right)$ ←底の変換公式による。$\log_2 9=2\log_2 3$

$=\dfrac{2}{\log_2 3}\cdot\dfrac{5\log_2 3}{2}=$**5**

(2) $\log_2 3=a$ から　$\dfrac{1}{\log_3 2}=a$　よって　$\log_2 7=\dfrac{\log_3 7}{\log_3 2}=$ ア $\boldsymbol{ab}$ ←$\log_x y=\dfrac{1}{\log_y x}$

したがって

$\log_{21}56=\dfrac{\log_2 56}{\log_2 21}=\dfrac{3\log_2 2+\log_2 7}{\log_2 3+\log_2 7}=\dfrac{3+ab}{a+ab}=$ イ $\boldsymbol{\dfrac{ab+3}{a(b+1)}}$ ←$56=2^3\cdot 7$，$21=3\cdot 7$

$\log_{\frac{2}{7}}\dfrac{49}{12}=\dfrac{\log_2\frac{49}{12}}{\log_2\frac{2}{7}}=\dfrac{2\log_2 7-2\log_2 2-\log_2 3}{1-\log_2 7}=$ ウ $\boldsymbol{\dfrac{2ab-a-2}{1-ab}}$ ←$\log_2\dfrac{49}{12}=\log_2 49-\log_2 12=\log_2 7^2-\log_2(2^2\cdot 3)$

EX ③112

0 でない実数 x，y，z，w と正の整数 a，b，c，d が，$a^x=b^y=c^z=d^w$，$\dfrac{1}{x}+\dfrac{2}{y}+\dfrac{3}{z}=\dfrac{1}{w}$ を満たすものとする。ただし，$a>b>c>1$，$d>1$ とする。

(1) a，b，c を用いて d を表せ。

(2) $d\leqq 1000$ かつ $\sqrt{d}$ が整数であるような d を 1 つ求めよ。 〔日本女子大〕

(1) $a^x=b^y=c^z=d^w$ の各辺の d を底とする対数をとると

$$x\log_d a=y\log_d b=z\log_d c=w$$

←底を d に統一。

よって　$x=\dfrac{w}{\log_d a}$，$y=\dfrac{w}{\log_d b}$，$z=\dfrac{w}{\log_d c}$

←$a>b>c>1$ から $\log_d a\neq 0$，$\log_d b\neq 0$，$\log_d c\neq 0$　また　$w\neq 0$

ゆえに　$\dfrac{1}{x}=\dfrac{\log_d a}{w}$，$\dfrac{1}{y}=\dfrac{\log_d b}{w}$，$\dfrac{1}{z}=\dfrac{\log_d c}{w}$

これらを $\dfrac{1}{x}+\dfrac{2}{y}+\dfrac{3}{z}=\dfrac{1}{w}$ に代入すると

$$\frac{\log_d a+2\log_d b+3\log_d c}{w}=\frac{1}{w}$$

よって　$\log_d(ab^2c^3)=1$　　したがって　$\boldsymbol{d=ab^2c^3}$

←$ab^2c^3=d^1$

(2)　$\sqrt{d}=\sqrt{ab^2c^3}=bc\sqrt{ac}$

$\sqrt{d}$ が整数であるための条件は，積 ac が平方数となることである。そのような自然数 a，c $(a>c>1)$ のうち，最小のものは

←平方数とは，(自然数)^2 の形の整数。

$$a=2^3,\ c=2$$

$b=3$ とすると　$\boldsymbol{d}=2^3\cdot 3^2\cdot 2^3=\boldsymbol{576}$　　これは $d\leqq 1000$ を満たす。

←$a>b>c>1$ に注意。

検討　$b=4$ とすると　　$d=2^3\cdot 4^2\cdot 2^3=1024>1000$

また，$c\geqq 3$ のとき，常に $d>1000$ となる。

したがって，条件を満たす d は $d=576$ のみである。

←$c=3$ のとき，$\sqrt{ac}$ が平方数となる最小の a は　$a=12$
$b=4$ とすると
$d=12\cdot 4^2\cdot 3^3>1000$

EX ②113

関数 $y=\log_4 x$ …… ① のグラフを ア☐ 軸方向に イ☐ だけ平行移動したグラフの方程式は $y=\log_4 16x$ である。また，関数 ① のグラフを x 軸方向に ウ☐，y 軸方向に エ☐ だけ平行移動したグラフの方程式は $y=\log_4\dfrac{x+2}{64}$ である。

関数 $y=2^x$ のグラフを直線 $y=x$ に関して対称な位置に移動したグラフの方程式は $y=$ オ☐ …… ② である。② のグラフを x 軸方向に a，y 軸方向に b だけ平行移動したグラフが 2 点 $(0,\ -1)$，$(4,\ 0)$ を通るとき，$a=$ カ☐，$b=$ キ☐ である。　〔立命館大〕

$$y=\log_4 16x=\log_4 x+\log_4 16=\log_4 x+2$$

よって，① のグラフを ア$\boldsymbol{y}$ 軸方向に イ**2** だけ平行移動すると，$y=\log_4 16x$ のグラフになる。

←$y=f(x)$ のグラフに対して，$y=f(x-p)+q$ のグラフは x 軸方向に p，y 軸方向に q だけ平行移動したもの。

$$y=\log_4\frac{x+2}{64}=\log_4(x+2)-\log_4 64=\log_4(x+2)-3$$

よって，① のグラフを x 軸方向に ウ$\boldsymbol{-2}$，y 軸方向に エ$\boldsymbol{-3}$ だけ平行移動すると，$y=\log_4\dfrac{x+2}{64}$ のグラフになる。

$y=2^x$ のグラフを直線 $y=x$ に関して対称移動すると，$y=$ オ$\boldsymbol{\log_2 x}$ …… ② のグラフになる。

←$y=\log_a x$ のグラフは，$y=a^x$ のグラフと直線 $y=x$ に関して対称。

② のグラフを x 軸方向に a，y 軸方向に b だけ平行移動すると，$y=\log_2(x-a)+b$ のグラフになる。

このグラフが 2 点 $(0,\ -1)$，$(4,\ 0)$ を通るとき

$$\log_2(-a)+b=-1\ \cdots\cdots\ ③,\quad \log_2(4-a)+b=0\ \cdots\cdots\ ④$$

ここで，真数は正であるから　　$-a>0$ かつ $4-a>0$

よって　　$a<0$ …… ⑤

←$a<0$ かつ $a<4$

③－④ から　$\log_2(-a)-\log_2(4-a)=-1$

$\log_2(-a)+1=\log_2(4-a)$

$\log_2(-2a)=\log_2(4-a)$

よって　$-2a=4-a$　ゆえに　$a={}^{カ}\mathbf{-4}$

これは ⑤ を満たす。

④ から　$b=-\log_2(4-a)=-\log_2 8={}^{キ}\mathbf{-3}$

←$1=\log_2 2$

←$\log_2 8=3$

EX ③114

次の各組の数の大小を不等号で表せ。　[(1) 九州東海大,(2) 神戸薬大,(3) 類 横浜国大]

(1) -1, $2\log_{0.1}3$, $\log_{0.1}\sqrt[3]{512}$　(2) $\log_3 2$, $\log_6 4$, $\log_4 2$, 0.6

(3) $x>2$, $y>2$ のとき, $\log_a\dfrac{x+y}{2}$, $\dfrac{\log_a(x+y)}{2}$, $\dfrac{\log_a x+\log_a y}{2}$

HINT (3) 第 2 式, 第 3 式を $\log_a A$ の形に直し, 真数部分の大小を比較する。

(1) $-1=\log_{0.1}0.1^{-1}=\log_{0.1}10$, $2\log_{0.1}3=\log_{0.1}3^2=\log_{0.1}9$,

$\log_{0.1}\sqrt[3]{512}=\log_{0.1}512^{\frac{1}{3}}=\log_{0.1}2^{\frac{9}{3}}=\log_{0.1}8$

底 0.1 は 1 より小さいから　$\log_{0.1}10<\log_{0.1}9<\log_{0.1}8$

したがって　$\mathbf{-1<2\log_{0.1}3<\log_{0.1}\sqrt[3]{512}}$

←$8<9<10$ で, 各辺の 0.1 を底とする対数をとると, 不等号の向きが変わる。

(2) $\log_3 2=\dfrac{1}{\log_2 3}$, $\log_6 4=\dfrac{\log_2 4}{\log_2 6}=\dfrac{2}{\log_2 6}=\dfrac{1}{\log_2 6^{\frac{1}{2}}}$

$\log_4 2=\dfrac{1}{\log_2 4}\left(=\dfrac{1}{2}\right)$, $0.6=\dfrac{3}{5}=\dfrac{1}{\frac{5}{3}}=\dfrac{1}{\log_2 2^{\frac{5}{3}}}$

$3^6=729$, $(6^{\frac{1}{2}})^6=6^3=216$, $4^6=4096$, $(2^{\frac{5}{3}})^6=2^{10}=1024$ であるから　$(6^{\frac{1}{2}})^6<3^6<(2^{\frac{5}{3}})^6<4^6$

←真数部分の数を何乗かして比較。

ゆえに　$6^{\frac{1}{2}}<3<2^{\frac{5}{3}}<4$

←$a>0$, $b>0$ のとき $a>b \Leftrightarrow a^n>b^n$

底 2 は 1 より大きいから　$\log_2 6^{\frac{1}{2}}<\log_2 3<\log_2 2^{\frac{5}{3}}<\log_2 4$

各辺は正の数であるから, 各辺の逆数をとると

$$\frac{1}{\log_2 6^{\frac{1}{2}}}>\frac{1}{\log_2 3}>\frac{1}{\log_2 2^{\frac{5}{3}}}>\frac{1}{\log_2 4}$$

←$a>0$, $b>0$ のとき $a>b \Leftrightarrow \dfrac{1}{a}<\dfrac{1}{b}$

すなわち　$\mathbf{\log_4 2<0.6<\log_3 2<\log_6 4}$

(3) $\dfrac{\log_a(x+y)}{2}=\log_a(x+y)^{\frac{1}{2}}$

←$\log_a A$ の形に直す。

$\dfrac{\log_a x+\log_a y}{2}=\dfrac{1}{2}\log_a xy=\log_a(xy)^{\frac{1}{2}}$

ゆえに, $\dfrac{x+y}{2}$, $(x+y)^{\frac{1}{2}}$, $(xy)^{\frac{1}{2}}$ の大小を調べる。

$x>2$, $y>2$ であるから　$x-1>1$, $y-1>1$

よって　$(x-1)(y-1)>1$　すなわち　$xy>x+y$

←$(x-1)(y-1)$ $=xy-x-y+1$

ゆえに　$(xy)^{\frac{1}{2}}>(x+y)^{\frac{1}{2}}$

また, (相加平均)≧(相乗平均) から　$\dfrac{x+y}{2}\geqq(xy)^{\frac{1}{2}}$

以上から　$\dfrac{x+y}{2}\geqq(xy)^{\frac{1}{2}}>(x+y)^{\frac{1}{2}}$

←$x>2$, $y>2$ であるから, (相加平均)≧(相乗平均) が使える。

よって　$\boldsymbol{a>1}$ のとき

$$\log_a \frac{x+y}{2} \geqq \frac{\log_a x+\log_a y}{2} > \frac{\log_a (x+y)}{2},$$

$\boldsymbol{0<a<1}$ のとき

$$\log_a \frac{x+y}{2} \leqq \frac{\log_a x+\log_a y}{2} < \frac{\log_a (x+y)}{2}$$

EX ③115

実数 a，b が $0<a<b<\frac{1}{a}<b^2$ を満たすとき，ア□ ～ エ□ に選択肢 (a)～(d) の中から正しいものを選んで答えよ。〔上智大〕

(1) $x=\log_a b$，$y=\log_a b^2$ のとき，ア□。　(2) $x=\log_a ab$，$y=0$ のとき，イ□。

(3) $x=\log_a b^2$，$y=\log_{\frac{1}{a}} b$ のとき，ウ□。　(4) $x=\log_b \frac{b}{a}$，$y=\log_a \frac{a}{b}$ のとき，エ□。

ア□ ～ エ□ の選択肢：

(a) $x<y$ が必ず成り立つ　(b) $x>y$ が必ず成り立つ　(c) $x=y$ が必ず成り立つ

(d) $x<y$ が成り立つことも $x>y$ が成り立つこともありうる

$0<a<\frac{1}{a}$ から　$a^2<1$　ゆえに　$0<a<1$ …… ①

また，$0<b<b^2$ から　$b>1$ …… ②

(1) ① と $b<b^2$ から　$\log_a b>\log_a b^2$

よって，$x>y$ が必ず成り立つ。ア(b)

(2) $0<b<\frac{1}{a}$ から　$0<ab<1$ …… ③

①，③ から　$\log_a ab>\log_a 1=0$

よって，$x>y$ が必ず成り立つ。イ(b)

(3) $x=\log_a b^2=2\log_a b$

$$y=\log_{\frac{1}{a}} b=\frac{\log_a b}{\log_a \frac{1}{a}}=\frac{\log_a b}{\log_a a^{-1}}=-\log_a b$$

ここで，①，② から　$\log_a b<0$ …… ④

よって，$x<0<y$ から，$x<y$ が必ず成り立つ。ウ(a)

(4) $x=\log_b \frac{b}{a}=1-\log_b a=1-\frac{1}{\log_a b}$

$$y=\log_a \frac{a}{b}=1-\log_a b$$

ここで，① と $b<\frac{1}{a}$ から　$\log_a b>-1$ …… ⑤

④，⑤ から　$-1<\log_a b<0$

$\log_a b=t$ とおくと，$-1<t<0$ で　$x=1-\frac{1}{t}=\frac{t-1}{t}$，$y=1-t$

ここで　$x-y=\frac{t-1}{t}-(1-t)=(t-1)\left(\frac{1}{t}+1\right)=\frac{(t-1)(1+t)}{t}$

$-1<t<0$ から　$t-1<0$，$1+t>0$，$t<0$

ゆえに　$x-y>0$

よって，$x>y$ が必ず成り立つ。エ(b)

←まず，a，b それぞれについて，1 との大小を調べておく。

←$0<a<1$ のとき
$0<p<q \iff \log_a p>\log_a q$
(不等号の向きが変わる)
$a>1$ のとき
$0<p<q \iff \log_a p<\log_a q$
(不等号の向きは不変)

←底を a に統一。

←$\log_a b=\frac{1}{\log_b a}$
(本冊 $p.284$ 検討参照。)
x，y とも $\log_a b$ の式になるから，$\log_a b=t$ のおき換えを利用して考える。t のとりうる値の範囲にも注意。

EX ③116

次の方程式，連立方程式を解け。ただし，(3) では $0<x<1$，$0<y<1$ とする。

(1) $3^{2-\log_2 x}+26\cdot 3^{-\log_4 x}-3=0$　〔早稲田大〕 (2) $(x^{\log_2 x})^{\log_2 x}=64x^{6\log_2 x-11}$　〔関西大〕

(3) $\begin{cases}\log_x y+\log_y x=2\\ 2\log_x \sin(x+y)=\log_x \sin y+\log_y \cos x\end{cases}$　〔芝浦工大〕

(1) 真数は正であるから　$x>0$ …… ①

$3^{-\log_4 x}=t$ とおくと　$3^{2-\log_2 x}=9\cdot 3^{-\frac{\log_4 x}{\log_4 2}}=9\cdot 3^{2\cdot(-\log_4 x)}=9t^2$

方程式は　$9t^2+26t-3=0$　　よって　$(t+3)(9t-1)=0$

$t>0$ であるから　$t=\dfrac{1}{9}$　すなわち　$t=3^{-2}$

したがって，$\log_4 x=2$ から　$\boldsymbol{x=16}$ (① を満たす)

←対数の底を 2 にそろえてもよいが，その場合 $3^{-\log_4 x}=3^{-\frac{1}{2}\log_2 x}$ となり，分数の指数が現れるのでやや面倒になる。

(2) 真数は正であるから　$x>0$

方程式から　$x^{(\log_2 x)^2}=64x^{6\log_2 x-11}$

両辺の 2 を底とする対数をとると

$$\log_2 x^{(\log_2 x)^2}=\log_2(64x^{6\log_2 x-11})$$

よって　$(\log_2 x)^2\cdot\log_2 x=\log_2 64+(6\log_2 x-11)\cdot\log_2 x$

すなわち　$(\log_2 x)^3-6(\log_2 x)^2+11\log_2 x-6=0$

ゆえに　$(\log_2 x-1)(\log_2 x-2)(\log_2 x-3)=0$

よって　$\log_2 x=1,\ 2,\ 3$

ゆえに　$\boldsymbol{x=2,\ 4,\ 8}$

これらの x の値は $x>0$ を満たす。

←$\log_2 x=t$ とおくと
$t^3-6t^2+11t-6=0$
$(t-1)(t-2)(t-3)=0$

(3) $\log_x y+\log_y x=2$ から　$\log_x y+\dfrac{1}{\log_x y}=2$

←$\log_b a=\dfrac{1}{\log_a b}$

$\log_x y>0$ であるから，両辺に $\log_x y$ を掛けて整理すると

$(\log_x y)^2-2\log_x y+1=0$　すなわち　$(\log_x y-1)^2=0$

ゆえに　$\log_x y=1$　　よって　$x=y$

$2\log_x \sin(x+y)=\log_x \sin y+\log_y \cos x$ に代入すると

$$2\log_x \sin 2x=\log_x \sin x\cos x$$

ゆえに　$\sin^2 2x=\sin x\cos x$　　よって　$\sin^2 2x=\dfrac{1}{2}\sin 2x$

したがって　$\sin 2x\left(\sin 2x-\dfrac{1}{2}\right)=0$

←$2\log_x \sin 2x$
$=\log_x(\sin 2x)^2$,
$\sin 2x=2\sin x\cos x$

$0<x<1$ より，$0<2x<2$ であるから　$\sin 2x\neq 0$

ゆえに　$\sin 2x=\dfrac{1}{2}$　　$\dfrac{\pi}{2}<2<\dfrac{5}{6}\pi$ であるから，

$0<2x<2$ では　$2x=\dfrac{\pi}{6}$　すなわち　$x=\dfrac{\pi}{12}$

よって　$\boldsymbol{x=\dfrac{\pi}{12},\ y=\dfrac{\pi}{12}}$

←$0<2x<\pi$ なら $\sin 2x=\dfrac{1}{2}$ から，$2x=\dfrac{\pi}{6}$，$\dfrac{5}{6}\pi$ となるが，$0<2x<2$ に注意。

EX ③117

n を整数とするとき，次の問いに答えよ。

(1) $-\dfrac{1}{2}\leqq\log_2(\log_2 2^n)\leqq\dfrac{7}{2}$ を満たす n の中で最小のものは $n=$ ア☐ であり，最大のものは $n=$ イ☐ である。

(2) $n=$ ウ☐ のとき，$\log_2(\log_2(\log_2(\log_2 2^n)))=1$ が成立する。　〔類 明治薬大〕

(1) 真数は正であるから　$\log_2 2^n>0$

よって　$n\log_2 2>0$　ゆえに　$n>0$

このとき，$\log_2(\log_2 2^n)=\log_2 n$ であるから

$$-\frac{1}{2}\leqq\log_2 n\leqq\frac{7}{2}$$

底 2 は 1 より大きいから　$2^{-\frac{1}{2}}\leqq n\leqq 2^{\frac{7}{2}}$

すなわち　$\dfrac{1}{\sqrt{2}}\leqq n\leqq 8\sqrt{2}$　これは $n>0$ を満たす。

$0<\dfrac{1}{\sqrt{2}}<1$，$11<8\sqrt{2}=\sqrt{128}<12$ であり，n は整数であるから　$n=1,\ 2,\ 3,\ \cdots\cdots,\ 11$

よって，不等式を満たす n の中で最小のものは $n=$ ア**1** であり，最大のものは $n=$ イ**11** である。

←まず，真数条件から n の値の範囲を調べる。

(2) 真数は正であるから

$\log_2 2^n>0$ かつ $\log_2(\log_2 2^n)>0$ かつ $\log_2(\log_2(\log_2 2^n))>0$

ゆえに　$n>0$ かつ $\log_2 n>0$ かつ $\log_2(\log_2 n)>0$

よって　$n>0$ かつ $n>1$ かつ $n>2$　すなわち　$n>2$

このとき，$\log_2(\log_2(\log_2(\log_2 2^n)))=1$ から

$\log_2(\log_2(\log_2 n))=1$

ゆえに　$\log_2(\log_2 n)=2$

よって　$\log_2 n=2^2=4$

したがって　$n=2^4=$ ウ**16**　これは $n>2$ を満たす。

←各真数部分が正となる条件。

←$\log_2(\log_2 n)>0$ から $\log_2 n>1$ よって　$n>2$

EX ④118

xy 平面において，次の連立不等式の表す領域を D とする。

$$\begin{cases}\log_3\sqrt{-2x+6}-\log_9|2y|>\log_{\frac{1}{9}}(x+2) & \cdots\cdots ①\\ 2^{x-2}<4^y & \cdots\cdots ②\end{cases}$$

(1) ① を変形すると，$|y|<$ □ である。

(2) 領域 D に含まれる点 $(x,\ y)$ のうち，x，y がともに整数である点の個数を求めよ。

(3) (2) の点で，$\sqrt{3}x+y$ の値を最大にする点の座標を求めよ。　〔慶応大〕

(1) 真数は正であるから

$\sqrt{-2x+6}>0$ かつ $|2y|>0$ かつ $x+2>0$

また，$-2x+6>0$ から　$x<3$

したがって　$-2<x<3$，$y\neq 0$

① から　$\dfrac{1}{2}\log_3(-2x+6)-\dfrac{\log_3|2y|}{\log_3 9}>\dfrac{\log_3(x+2)}{\log_3\dfrac{1}{9}}$

ゆえに　$\log_3(-2x+6)-\log_3|2y|>-\log_3(x+2)$

よって　$\log_3|2y|<\log_3(-2x+6)(x+2)$

底 3 は 1 より大きいから　$2|y|<2(-x+3)(x+2)$

したがって　$|y|<\boldsymbol{-x^2+x+6}$

←(根号内の式)>0

←$|y|>0$ から　$y\neq 0$

←底を 3 にそろえる。

(2) ② から　$2^{x-2}<2^{2y}$

底 2 は 1 より大きいから　$x-2<2y$

よって　　$y>\frac{1}{2}x-1$

ゆえに，連立不等式 ①，② は

$$\begin{cases}|y|<-x^2+x+6 \\ \quad (y\neq 0,\ -2<x<3) \\ y>\frac{1}{2}x-1\end{cases}$$

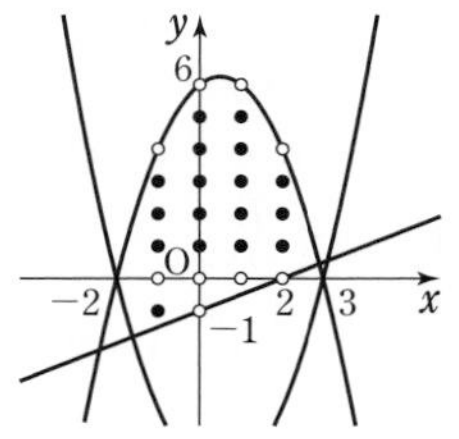

よって，図から　$4+5+5+3=$**17 (個)**

不等式 ① の表す領域は，下図の斜線部分。
ただし，境界線と直線 $y=0$ は除く。

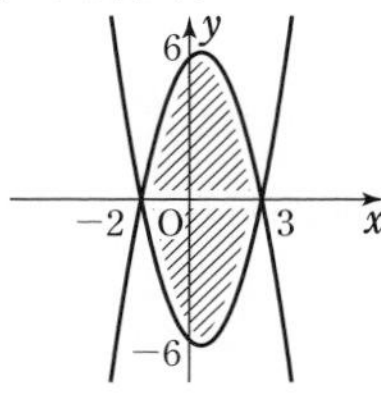

(3)　$\sqrt{3}x+y=k$ …… Ⓐ とおくと　　$y=-\sqrt{3}x+k$

これは傾きが $-\sqrt{3}$，y 切片が k の直線を表す。

ここで，2 点 $(1,\ 5)$，$(2,\ 3)$ を通る直線の傾きは　-2

ゆえに，直線 Ⓐ が領域 D と共有点をもつように動くとき，(2) の点では，点 $(1,\ 5)$ を通るときに k の値は最大になる。

したがって，k が最大となる点の座標は　　**(1, 5)**

←2 点 $(1,\ 5)$，$(2,\ 3)$ は，k の値を最大にする点の候補。

EX ③119

(1)　$\log_2 x+\log_2 y=3$ のとき，x^2+y^2 の最小値を求めよ。

(2)　正の実数 x，y が $xy=100$ を満たすとき，$(\log_{10}x)^3+(\log_{10}y)^3$ の最小値と，そのときの x，y の値を求めよ。

(1)　真数は正であるから　　$x>0,\ y>0$

$\log_2 x+\log_2 y=3$ から　　$\log_2 xy=3$　　ゆえに　　$xy=8$

$x^2>0$，$y^2>0$ であるから，(相加平均)≧(相乗平均) により

$$x^2+y^2\geqq 2\sqrt{x^2\cdot y^2}=2xy=16$$

←$a>0$，$b>0$ のとき $\frac{a+b}{2}\geqq\sqrt{ab}$ 等号は $a=b$ のとき成り立つ。

等号が成り立つのは，$x^2=y^2$ かつ $xy=8$ すなわち $x=y=2\sqrt{2}$ のときである。

したがって　　**$x=y=2\sqrt{2}$ のとき最小値 16**

(2)　$x>0$，$y>0$ より $xy>0$ であるから，$xy=100$ の両辺の常用対数をとると　　$\log_{10}xy=\log_{10}100$

したがって　　$\log_{10}x+\log_{10}y=2$

$\log_{10}x=X$，$\log_{10}y=Y$ とおくと　　$X+Y=2$

ゆえに　　$Y=2-X$ …… ①

←Y を消去。

$P=(\log_{10}x)^3+(\log_{10}y)^3$ として，P を X の式で表すと

$$P=X^3+Y^3=X^3+(2-X)^3=X^3+8-12X+6X^2-X^3$$
$$=6X^2-12X+8=6(X-1)^2+2$$

←3 次の項は消えて，P は X の 2 次関数になる。

X はすべての実数値をとり，P は $X=1$ で最小値 2 をとる。

① から　　$X=1$ のとき　　$Y=1$

$X=1$，$Y=1$ のとき　　$x=10$，$y=10$

←$x=10^X$，$y=10^Y$

したがって　　**$x=y=10$ のとき最小値 2**

EX ③120

$f(x)=\left(\log_2\frac{x}{a}\right)\left(\log_2\frac{x}{b}\right)$（ただし，$ab=8$，$a>b>0$）とする。$f(x)$ の最小値が -1 であるとき，a^2 の値を求めよ。〔早稲田大〕

$\log_2 x=t$ とおくと，$x>0$ であるとき，t は実数全体を動く。

このとき　$f(x)=(t-\log_2 a)(t-\log_2 b)$

←$\log_a\frac{P}{Q}=\log_a P-\log_a Q$

$g(t)=(t-\log_2 a)(t-\log_2 b)$ とすると

$$g(t)=t^2-(\log_2 a+\log_2 b)t+(\log_2 a)(\log_2 b)$$

$ab=8$ であるから　$\log_2 a+\log_2 b=\log_2 ab=\log_2 8=3$ …… ①

よって　$g(t)=t^2-3t+(\log_2 a)(\log_2 b)$

$$=\left(t-\frac{3}{2}\right)^2+(\log_2 a)(\log_2 b)-\frac{9}{4}$$

←t の 2 次式 → 基本形 に直す。

よって，$g(t)$ の最小値は　$g\left(\frac{3}{2}\right)=(\log_2 a)(\log_2 b)-\frac{9}{4}$

$f(x)$ の最小値が -1 であるとき　$(\log_2 a)(\log_2 b)-\frac{9}{4}=-1$

すなわち　$(\log_2 a)(\log_2 b)=\frac{5}{4}$ …… ②

①，② から，$\log_2 a$，$\log_2 b$ は，t についての方程式

$t^2-3t+\frac{5}{4}=0$ …… ③ の解である。

←$x+y=\alpha$，$xy=\beta$ のとき，x，y は 2 次方程式 $t^2-\alpha t+\beta=0$ の解である。

③ を解くと，$\left(t-\frac{1}{2}\right)\left(t-\frac{5}{2}\right)=0$ から　$t=\frac{1}{2}$，$\frac{5}{2}$

$a>b>0$ から　$\log_2 a>\log_2 b$

←底 2 は 1 より大きい。

よって　$\log_2 a=\frac{5}{2}$　ゆえに　$\boldsymbol{a^2=(2^{\frac{5}{2}})^2=2^5=32}$

EX ③121

$\log_{10}2$ の近似値 0.3010 を使わずに以下の問いに答えよ。

(1) $\alpha=\log_{1000}2$ とおくとき，$p\alpha>1$ となるような最小の整数 p を求めよ。

(2) (1) で求めた p について，不等式 $0<p\alpha-1<\frac{1}{p}$ が成り立つことを示せ。

(3) 不等式 $0.3<\log_{10}2<0.33$ が成り立つことを示せ。　〔愛知教育大〕

(1)　$p\alpha=p\log_{1000}2=\log_{1000}2^p$

$p\alpha>1$ とすると　$\log_{1000}2^p>\log_{1000}1000$

←$1=\log_{1000}1000$

底 1000 は 1 より大きいから　$2^p>1000$

ここで，$2^9=512$，$2^{10}=1024$ であるから，$2^p>1000$ となるような最小の整数 p は　$p=10$

←2^p は増加関数。

よって，$p\alpha>1$ となるような最小の整数 p は　$\boldsymbol{p=10}$

(2) (1) から，$p=10$ に対して　$p\alpha>1$　すなわち　$p\alpha-1>0$

次に，$p\alpha-1<\frac{1}{p}$ を示す。$p>0$ であるから，この不等式は

$p(p\alpha-1)-1<0$ と同値である。

$$p(p\alpha-1)-1=p^2\alpha-p-1=100\log_{1000}2-11$$
$$=\log_{1000}2^{100}-\log_{1000}1000^{11}$$
$$=\log_{1000}2^{100}-\log_{1000}(10^3)^{11}=\log_{1000}\left(\frac{2^{100}}{10^{33}}\right)$$

←まず，この値を $\log_{1000}$● の形に。

←$\log_{1000}\left(\frac{2^{100}}{10^{33}}\right)<\log_{1000}1$ がいえれば $p(p\alpha-1)-1<0$ が示される。

$$\frac{2^{100}}{10^{33}}=2\cdot\frac{(2^3)^{33}}{10^{33}}=2\left(\frac{8}{10}\right)^{33}$$
$$=2\left(\frac{4}{5}\right)^4\cdot\left(\frac{4}{5}\right)^{29}<2\left(\frac{4}{5}\right)^4\cdot 1=\frac{512}{625}<1$$

←$\frac{4}{5}<1 \longrightarrow \left(\frac{4}{5}\right)^{29}<1^{29}$

よって　$p(p\alpha-1)-1=\log_{1000}\left(\dfrac{2^{100}}{10^{33}}\right)<\log_{1000}1=0$

ゆえに　$p(p\alpha-1)-1<0$　すなわち　$p\alpha-1<\dfrac{1}{p}$

したがって　$0<p\alpha-1<\dfrac{1}{p}$

(3)　$\alpha=\log_{1000}2=\dfrac{\log_{10}2}{\log_{10}1000}=\dfrac{1}{3}\log_{10}2$

←底を 10 に。

(2) より，$p=10$ に対して $0<p\alpha-1<\dfrac{1}{p}$ であるから

←(2) の結果を利用。

$1<p\alpha<\dfrac{p+1}{p}$　　よって　$\dfrac{1}{p}<\alpha<\dfrac{p+1}{p^2}$

ゆえに　$\dfrac{1}{10}<\dfrac{1}{3}\log_{10}2<\dfrac{11}{100}$　　よって　$\dfrac{3}{10}<\log_{10}2<\dfrac{33}{100}$

したがって　$0.3<\log_{10}2<0.33$

EX ⑤122

負でない実数 a に対し，$0\leqq r<1$ で，$a-r$ が整数となる実数 r を $\{a\}$ で表す。すなわち，$\{a\}$ は，a の小数部分を表す。

(1)　$\{n\log_{10}2\}<0.02$ となる正の整数 n を 1 つ求めよ。

(2)　10 進法による表示で 2^n の最高位の数字が 7 となる正の整数 n を 1 つ求めよ。ただし，$0.3010<\log_{10}2<0.3011$，$0.8450<\log_{10}7<0.8451$ である。　〔京都大〕

(1)　$0.3010<\log_{10}2<0.3011$ から　$3.010<10\log_{10}2<3.011$

$10\log_{10}2$ の整数部分は 3 で，その小数部分は　$10\log_{10}2-3$

ゆえに　$3.010-3<10\log_{10}2-3<3.011-3$

すなわち　$0.010<\{10\log_{10}2\}<0.011<0.02$

よって，$\{n\log_{10}2\}<0.02$ となる正の整数 n は　$\boldsymbol{n=10}$

(2)　2^n の最高位の数字が 7 であるとき，m を正の整数として

$7\cdot10^m\leqq2^n<8\cdot10^m$

←$\underbrace{700\cdots0}_{m\text{個}}\leqq2^n\leqq7\underbrace{99\cdots9}_{m\text{個}}$

各辺の常用対数をとって

$\log_{10}(7\cdot10^m)\leqq\log_{10}2^n<\log_{10}(8\cdot10^m)$

ゆえに　$m+\log_{10}7\leqq n\log_{10}2<m+\log_{10}8$

ここで，$0.8450<\log_{10}7<0.8451$ であり，

$\log_{10}8=3\log_{10}2$ から　$0.9030<\log_{10}8<0.9033$

よって　$0.8451<\{n\log_{10}2\}<0.9030$ ……（＊）

を満たす正の整数 n を見つければよい。

$1.8060<6\log_{10}2<1.8066$ から　$0.8060<\{6\log_{10}2\}<0.8066$

←$6\log_{10}2$ の小数部分が，(＊)の範囲に近いので，これを利用することを考える。

(1) より，$0.010<\{10\log_{10}2\}<0.011$ であるから

$0.8060+0.010\times4<\{46\log_{10}2\}<0.8066+0.011\times4$

ゆえに　$0.8460<\{46\log_{10}2\}<0.8506$

よって，$n=46$ のとき，$0.8451<\{n\log_{10}2\}<0.9030$ を満たす。

したがって，求める正の整数 n は　$\boldsymbol{n=46}$

注意　$n=56$ のとき　$0.8560<\{56\log_{10}2\}<0.8616$

よって，$n=56$ も(＊)を満たすから，これを答えとしてもよい。

EX ④123

次の問いに答えよ。ただし，$\sqrt{3}$ は無理数とする。
(1) $\log_3 4$ は無理数であることを証明せよ。
(2) a，b は無理数で，a^b が有理数であるような実数の組 $(a,\ b)$ を1つ求めよ。〔大阪大〕

(1) $\log_3 4$ が有理数であると仮定すると，$\log_3 4>0$ であるから，
$\log_3 4=\dfrac{m}{n}$ （m，n は正の整数）と表される。
よって　$3^{\frac{m}{n}}=4$　両辺を n 乗すると　$3^m=4^n$ …… ①
ここで，① の左辺は3の倍数であり，右辺は3の倍数でないから，矛盾。
したがって，$\log_3 4$ は有理数でないから無理数である。

←背理法で証明。

(2) (1)から，$\log_3 4$ は無理数である。
$a=\sqrt{3}$，$b=\log_3 4=2\log_3 2$ とすると
$$a^b=(\sqrt{3})^{2\log_3 2}=3^{\log_3 2}=2$$
よって，a^b は有理数となる。
したがって，$(\boldsymbol{a},\ \boldsymbol{b})=(\sqrt{3},\ \log_3 4)$ が条件を満たす組の1つである。

←(1)の結果を利用する。
←a，b は無理数。

検討　一般に，無理数どうしの和・差・積・商は，結果が必ず無理数になるとは限らず，有理数になる場合もある。
では，(無理数)^{無理数} はどうなるのか，というのが気になるところであるが，EXERCISES 123(2)の結果から，(無理数)^{無理数} も有理数になる場合があることがわかる。

←$\sqrt{2}+(-\sqrt{2})=0$，$\sqrt{2}\times\sqrt{2}=2$，$\sqrt{2}\div\sqrt{2}=1$ など。

EX ④124

n を自然数とする。5832 を底とする n の対数 $\log_{5832}n$ が有理数であり，$\dfrac{1}{2}<\log_{5832}n<1$ を満たすとき，n の値を求めよ。〔群馬大〕

$n=1$ のとき，$\dfrac{1}{2}<\log_{5832}n<1$ は成り立たないから　$n\geqq 2$
このとき，$\log_{5832}n$ が有理数であるとすると，互いに素な自然数 p，q を用いて，$\log_{5832}n=\dfrac{p}{q}$ …… ① と表される。

←$\log_{5832}1=0$
←$\log_{5832}n>0$

$5832=2^3\cdot 3^6$ であるから，① より　$(2^3\cdot 3^6)^{\frac{p}{q}}=n$
よって　$2^{\frac{3p}{q}}\cdot 3^{\frac{6p}{q}}=n$ …… ②
ここで，2と3は互いに素，n は自然数であるから，$\dfrac{3p}{q}$，$\dfrac{6p}{q}$ は自然数である。

←5832 を素因数分解。
$\log_a n=M$ のとき $n=a^M$

$\dfrac{1}{2}<\log_{5832}n<1$ とすると，$\underline{\dfrac{1}{2}<\dfrac{p}{q}<1}$ から　$\dfrac{3}{2}<\dfrac{3p}{q}<3$

←___の各辺を3倍。

$\dfrac{3p}{q}$ は自然数であるから　$\dfrac{3p}{q}=2$　ゆえに　$\dfrac{p}{q}=\dfrac{2}{3}$
このとき　$\dfrac{6p}{q}=2\cdot\dfrac{3p}{q}=4$（自然数）
したがって，② から　$\boldsymbol{n}=2^2\cdot 3^4=\mathbf{324}$

EX ④125 $a>0$, $a\neq 1$, $b>0$ とする。2 次方程式 $4x^2+4x\log_a b+1=0$ が $0<x<\frac{1}{2}$ の範囲内にただ 1 つの解をもつようなすべての a, b を，座標平面上の点 $(a,\ b)$ として図示せよ。〔類 宮崎大〕

$f(x)=4x^2+4x\log_a b+1$ とし，2 次方程式 $f(x)=0$ の判別式を D とすると，$f(x)=0$ が重解をもつための条件は　$D=0$

←まず，重解の場合について調べる。

ここで　$\frac{D}{4}=(2\log_a b)^2-4\cdot 1=4\{(\log_a b)^2-1\}$

よって　$(\log_a b)^2=1$　すなわち　$\log_a b=\pm 1$

ゆえに　$b=a,\ \frac{1}{a}$

←$b=a^1,\ a^{-1}$

このとき，$f(x)=0$ の重解は　$x=-\frac{4\log_a b}{2\cdot 4}=-\frac{\log_a b}{2}$

$b=a$ のとき　$x=-\frac{1}{2}$　　$b=\frac{1}{a}$ のとき　$x=\frac{1}{2}$

この重解は $0<x<\frac{1}{2}$ の範囲内にない。

また，$f(0)=1>0$，軸は直線 $x=-\frac{\log_a b}{2}$ であるから，

$f(x)=0$ が $0<x<\frac{1}{2}$ の範囲内にただ 1 つの解をもつための条件は，次の [1]，[2] のいずれかが成り立つことである。

←放物線 $y=f(x)$ は下に凸。

[1]
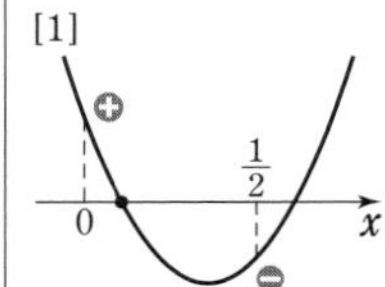

[2]
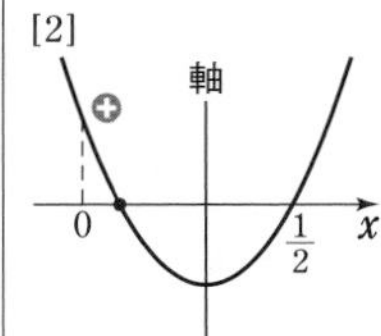

[1]　$f\left(\frac{1}{2}\right)<0$　　[2]　$f\left(\frac{1}{2}\right)=0$ かつ $0<-\frac{\log_a b}{2}<\frac{1}{2}$

[1] のとき，$f\left(\frac{1}{2}\right)=2+2\log_a b$ であるから　$2+2\log_a b<0$

よって　$\log_a b<-1$　すなわち　$\log_a b<\log_a \frac{1}{a}$

$0<a<1$ のとき　$b>\frac{1}{a}$　←不等号の向きが変わる。

$a>1$ のとき　$b<\frac{1}{a}$　　$b>0$ であるから　$0<b<\frac{1}{a}$

[2] のとき，$f\left(\frac{1}{2}\right)=0$ から　$\log_a b=-1$ …… ①

$0<-\frac{\log_a b}{2}<\frac{1}{2}$ から　$-1<\log_a b<0$ …… ②

①，② を同時に満たす組 $(a,\ b)$ はない。

以上から，条件を満たす a, b を座標平面上の点 $(a,\ b)$ として図示すると，**右図の斜線部分** のようになる。**ただし，境界線を含まない。**

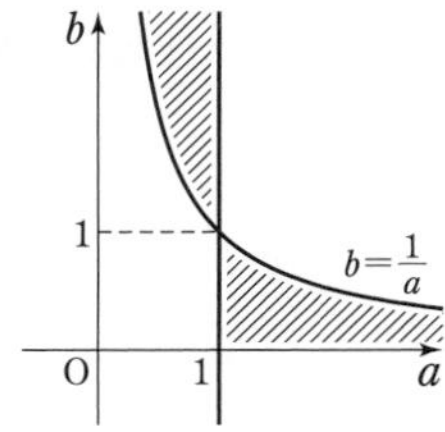

←$b>\frac{1}{a}$ の表す領域は，双曲線 $b=\frac{1}{a}$（反比例のグラフ）の上側の部分である。

練習 ①**195** 関数 $y=3x^2-5x$ について，次のものを求めよ。
(1) $x=3$ から $x=7$ まで変化するときの平均変化率
(2) $x=2$ から $x=2+h$ $(h \neq 0)$ まで変化するときの平均変化率
(3) $x=2$ における微分係数
(4) 放物線 $y=3x^2-5x$ の $x=c$ における接線の傾きが，(1)で求めた平均変化率の値に等しいとき，c の値

$f(x)=3x^2-5x$ とする。

(1) $\dfrac{f(7)-f(3)}{7-3}=\dfrac{(3\cdot7^2-5\cdot7)-(3\cdot3^2-5\cdot3)}{4}=\dfrac{112-12}{4}=\mathbf{25}$

(2) $\dfrac{f(2+h)-f(2)}{(2+h)-2}=\dfrac{3(2+h)^2-5(2+h)-2}{h}=\dfrac{3h^2+7h}{h}=\mathbf{3h+7}$

(3) (2)から　$f'(2)=\lim\limits_{h\to0}\dfrac{f(2+h)-f(2)}{h}=\lim\limits_{h\to0}(3h+7)=\mathbf{7}$

(4) $f'(c)=\lim\limits_{b\to c}\dfrac{f(b)-f(c)}{b-c}=\lim\limits_{b\to c}\dfrac{3b^2-5b-(3c^2-5c)}{b-c}$

$=\lim\limits_{b\to c}\dfrac{(b-c)\{3(b+c)-5\}}{b-c}=\lim\limits_{b\to c}(3b+3c-5)=6c-5$

条件から　$f'(c)=25$
ゆえに　$6c-5=25$
よって　$\mathbf{c=5}$

←$\dfrac{f(b)-f(a)}{b-a}$ で，$a=3$，$b=7$ の場合。

←$f'(a)=\lim\limits_{h\to0}\dfrac{f(a+h)-f(a)}{h}=\lim\limits_{b\to a}\dfrac{f(b)-f(a)}{b-a}$

←$x=c$ における接線の傾きは微分係数 $f'(c)$ に等しい。

6章 練習〔微分法〕

練習 ③**196** 次の極限値を求めよ。
(1) $\lim\limits_{x\to-1}(x^3-2x+3)$　(2) $\lim\limits_{x\to3}\dfrac{x^2-x-6}{x^2+x-12}$　(3) $\lim\limits_{x\to0}\dfrac{2}{x}\left(\dfrac{1}{x-1}+1\right)$　(4) $\lim\limits_{x\to1}\dfrac{\sqrt{x+8}-3}{x-1}$

(1) $\lim\limits_{x\to-1}(x^3-2x+3)=(-1)^3-2\cdot(-1)+3=\mathbf{4}$

(2) $\lim\limits_{x\to3}\dfrac{x^2-x-6}{x^2+x-12}=\lim\limits_{x\to3}\dfrac{(x+2)(x-3)}{(x-3)(x+4)}=\lim\limits_{x\to3}\dfrac{x+2}{x+4}$

$=\dfrac{3+2}{3+4}=\mathbf{\dfrac{5}{7}}$

←$x-3$ で約分。

(3) $\lim\limits_{x\to0}\dfrac{2}{x}\left(\dfrac{1}{x-1}+1\right)=\lim\limits_{x\to0}\dfrac{2}{x}\cdot\dfrac{x}{x-1}=\lim\limits_{x\to0}\dfrac{2}{x-1}$

$=\dfrac{2}{0-1}=\mathbf{-2}$

←まず，(　) 内を通分。

(4) $\lim\limits_{x\to1}\dfrac{\sqrt{x+8}-3}{x-1}=\lim\limits_{x\to1}\dfrac{(\sqrt{x+8}-3)(\sqrt{x+8}+3)}{(x-1)(\sqrt{x+8}+3)}$

$=\lim\limits_{x\to1}\dfrac{(x+8)-3^2}{(x-1)(\sqrt{x+8}+3)}=\lim\limits_{x\to1}\dfrac{x-1}{(x-1)(\sqrt{x+8}+3)}$

$=\lim\limits_{x\to1}\dfrac{1}{\sqrt{x+8}+3}=\dfrac{1}{\sqrt{1+8}+3}=\mathbf{\dfrac{1}{6}}$

←分子を有理化。

←$x-1$ で約分。

練習 ③**197**
(1) 等式 $\lim\limits_{x\to3}\dfrac{ax^2+bx+3}{x^2-2x-3}=\dfrac{5}{4}$ を満たす定数 a，b の値を求めよ。
(2) $\lim\limits_{h\to0}\dfrac{f(a+2h)-f(a-h)}{h}$ を $f'(a)$ を用いて表せ。

(1) $\lim\limits_{x\to3}(x^2-2x-3)=0$ であるから　$\lim\limits_{x\to3}(ax^2+bx+3)=0$

ゆえに　$3a+b+1=0$　　よって　$b=-3a-1$ …… ①

←必要条件。

ゆえに　$ax^2+bx+3=ax^2-(3a+1)x+3$

$=(x-3)(ax-1)$

このとき　$\lim_{x\to3}\frac{ax^2+bx+3}{x^2-2x-3}=\lim_{x\to3}\frac{(x-3)(ax-1)}{(x-3)(x+1)}$

$=\lim_{x\to3}\frac{ax-1}{x+1}=\frac{3a-1}{4}$

$\frac{3a-1}{4}=\frac{5}{4}$ から　$\boldsymbol{a=2}$　　① から　$\boldsymbol{b=-7}$

←必要十分条件。

(2) $\lim_{h\to0}\frac{f(a+2h)-f(a-h)}{h}$

$=\lim_{h\to0}\frac{f(a+2h)-f(a)+f(a)-f(a-h)}{h}$

$=\lim_{h\to0}\left\{2\cdot\frac{f(a+2h)-f(a)}{2h}+\frac{f(a-h)-f(a)}{-h}\right\}$

$=2\lim_{h\to0}\frac{f(a+2h)-f(a)}{2h}+\lim_{h\to0}\frac{f(a-h)-f(a)}{-h}$

$=2f'(a)+f'(a)$

$=\boldsymbol{3f'(a)}$

←$h\longrightarrow0$ のとき，$2h\longrightarrow0$，$-h\longrightarrow0$

←$\frac{f(a+h)-f(a)}{h}$ の h を $2h$，および $-h$ で考える。

練習 ②198 次の関数を微分せよ。ただし，(1)，(2) は導関数の定義に従って微分せよ。

(1) $y=x^2-3x+1$　　(2) $y=\sqrt{x}$

(3) $y=-x^3+5x^2-2x+1$　　(4) $y=2x^4-3x^2+7x-9$

(1) $y'=\lim_{h\to0}\frac{\{(x+h)^2-3(x+h)+1\}-(x^2-3x+1)}{h}$

$=\lim_{h\to0}\frac{(x+h)^2-x^2-3(x+h)+3x}{h}=\lim_{h\to0}\frac{2hx+h^2-3h}{h}$

$=\lim_{h\to0}(2x+h-3)=\boldsymbol{2x-3}$

←$\boldsymbol{f'(x)=\lim_{h\to0}\frac{f(x+h)-f(x)}{h}}$

(2) $y'=\lim_{h\to0}\frac{\sqrt{x+h}-\sqrt{x}}{h}=\lim_{h\to0}\frac{(\sqrt{x+h}-\sqrt{x})(\sqrt{x+h}+\sqrt{x})}{h(\sqrt{x+h}+\sqrt{x})}$

$=\lim_{h\to0}\frac{(x+h)-x}{h(\sqrt{x+h}+\sqrt{x})}=\lim_{h\to0}\frac{h}{h(\sqrt{x+h}+\sqrt{x})}$

$=\lim_{h\to0}\frac{1}{\sqrt{x+h}+\sqrt{x}}=\boldsymbol{\frac{1}{2\sqrt{x}}}$

←$\frac{0}{0}$ の形。分子の $\sqrt{x+h}-\sqrt{x}$ を有理化。

(3) $y'=(-x^3+5x^2-2x+1)'=-(x^3)'+5(x^2)'-2(x)'+(1)'$

$=-3x^2+5\cdot2x-2\cdot1=\boldsymbol{-3x^2+10x-2}$

(4) $y'=(2x^4-3x^2+7x-9)'=2(x^4)'-3(x^2)'+7(x)'-(9)'$

$=2\cdot4x^3-3\cdot2x+7\cdot1=\boldsymbol{8x^3-6x+7}$

←$\boldsymbol{(x^n)'=nx^{n-1}}$ (n は正の整数)，**(定数)′=0**

練習 ②199 次の関数を微分せよ。

(1) $y=(x-1)(2x+3)$　　(2) $y=(x-1)(x^2+x-4)$　　(3) $y=(-2x+1)^3$

(4) $y=(x^3-2x)^2$　　(5) $y=(3x+2)^2(x-1)$

(1) $y=2x^2+x-3$　　よって　$y'=2\cdot2x+1=\boldsymbol{4x+1}$

(2) $y=x^3-5x+4$　　よって　$y'=3x^2-5\cdot1=\boldsymbol{3x^2-5}$

←$\boldsymbol{(x^n)'=nx^{n-1}}$ (n は正の整数)，**(定数)′=0**

(3)　$y=(-2x)^3+3(-2x)^2\cdot1+3(-2x)\cdot1^2+1^3$
$=-8x^3+12x^2-6x+1$
よって　$y'=-8\cdot3x^2+12\cdot2x-6\cdot1=\boldsymbol{-24x^2+24x-6}$
(4)　$y=(x^3)^2-2x^3\cdot2x+(2x)^2=x^6-4x^4+4x^2$
よって　$y'=6x^5-4\cdot4x^3+4\cdot2x=\boldsymbol{6x^5-16x^3+8x}$
(5)　$y=(9x^2+12x+4)(x-1)=9x^3+3x^2-8x-4$
よって　$y'=9\cdot3x^2+3\cdot2x-8\cdot1=\boldsymbol{27x^2+6x-8}$

別解　**[公式 $\{f(x)g(x)\}'=f'(x)g(x)+f(x)g'(x)$ などを利用]**

←本冊 $p.321$ 参照。数学Ⅲで学習する公式を利用する解法。

(1)　$y'=(x-1)'(2x+3)+(x-1)(2x+3)'$
$=1\cdot(2x+3)+(x-1)\cdot2=\boldsymbol{4x+1}$
(2)　$y'=(x-1)'(x^2+x-4)+(x-1)(x^2+x-4)'$
$=1\cdot(x^2+x-4)+(x-1)(2x+1)$
$=x^2+x-4+2x^2-x-1=\boldsymbol{3x^2-5}$
(3)　$y'=\{(-2x+1)^3\}'=3(-2x+1)^2(-2x+1)'$
$=3(-2x+1)^2\cdot(-2)=\boldsymbol{-6(-2x+1)^2}$

←展開しなくてよい。

(4)　$y'=\{(x^3-2x)^2\}'=2(x^3-2x)(x^3-2x)'$
$=\boldsymbol{2x(x^2-2)(3x^2-2)}$

←$(\{f(x)\}^n)'=n\{f(x)\}^{n-1}f'(x)$

(5)　$y'=\{(3x+2)^2\}'(x-1)+(3x+2)^2(x-1)'$
$=\{2(3x+2)\cdot3\}(x-1)+(3x+2)^2\cdot1$
$=(3x+2)\{6(x-1)+(3x+2)\}=\boldsymbol{(3x+2)(9x-4)}$

←$\{(ax+b)^n\}'=n(ax+b)^{n-1}(ax+b)'$

練習 ②200

(1)　関数 $y=2x^3-3x^2-12x+5$ の $x=1$ における微分係数を求めよ。　〔大阪工大〕
(2)　$f(x)$ は3次の多項式で，x^3 の係数が1，$f(1)=2$，$f(-1)=-2$，$f'(-1)=0$ である。このとき，$f(x)$ を求めよ。　〔神奈川大〕
(3)　3次関数 $f(x)=2x^3+ax^2+bx+c$ が $6f(x)=(2x-1)f'(x)+6$ を満たす。このとき，定数 a，b，c の値を求めよ。

(1)　$y'=2\cdot3x^2-3\cdot2x-12\cdot1=6x^2-6x-12$
よって，$x=1$ における微分係数は　$6\cdot1^2-6\cdot1-12=\boldsymbol{-12}$

←y' に $x=1$ を代入。

(2)　$f(x)=x^3+ax^2+bx+c$ とすると　$f'(x)=3x^2+2ax+b$
$f(1)=2$ から　$1+a+b+c=2$　…… ①
$f(-1)=-2$ から　$-1+a-b+c=-2$　…… ②
$f'(-1)=0$ から　$3-2a+b=0$　…… ③
①～③ を解いて　$a=2$，$b=1$，$c=-2$
したがって　$\boldsymbol{f(x)=x^3+2x^2+x-2}$

←①−② から　$2+2b=4$
よって　$b=1$
③ から　$3-2a+1=0$
ゆえに　$a=2$
① から
$c=1-a-b$
$=1-2-1=-2$

(3)　$f(x)=2x^3+ax^2+bx+c$ から　$f'(x)=6x^2+2ax+b$
与えられた等式に代入すると
$$6(2x^3+ax^2+bx+c)=(2x-1)(6x^2+2ax+b)+6$$
整理すると　$12x^3+6ax^2+6bx+6c$
$=12x^3+(4a-6)x^2+(2b-2a)x-b+6$
これが x についての恒等式であるから，両辺の係数を比較して
$$6a=4a-6,\ 6b=2b-2a,\ 6c=-b+6$$
これを解いて　$\boldsymbol{a=-3,\ b=\dfrac{3}{2},\ c=\dfrac{3}{4}}$

←係数比較法。

練習 ③201 x についての多項式 $f(x)$ について，$f(3)=2$，$f'(3)=1$ であるとき，$f(x)$ を $(x-3)^2$ で割ったときの余りを求めよ。

$f(x)$ を $(x-3)^2$ で割ったときの商を $Q(x)$ とし，余りを $px+q$ とすると，次の等式が成り立つ。

$$f(x)=(x-3)^2Q(x)+px+q \quad \cdots\cdots ①$$

両辺を x で微分すると

$$f'(x)=\underline{2(x-3)Q(x)+(x-3)^2Q'(x)}+p \quad \cdots\cdots ②$$

①，② の両辺に $x=3$ を代入すると　$f(3)=3p+q$，$f'(3)=p$

$f(3)=2$，$f'(3)=1$ であるから　　$3p+q=2$，$p=1$

これを解くと　　$p=1$，$q=-1$

したがって，求める余りは　　$\boldsymbol{x-1}$

←余りの次数は，割る式の次数より低い。

←$\boldsymbol{A=BQ+R}$

←下線部分は $\{\boldsymbol{f(x)g(x)}\}'$ $=\boldsymbol{f'(x)g(x)+f(x)g'(x)}$ を利用している。

練習 ②202 (1) 地上から真上に初速度 29.4 m/s で投げ上げられた物体の t 秒後の高さ h は，$h=29.4t-4.9t^2$ (m) で与えられる。この運動について，3 秒後の瞬間の速さを求めよ。
(2) 球の半径が 1 m から毎秒 10 cm の割合で大きくなるとき，30 秒後における球の表面積の変化率を求めよ。

(1) t 秒後の瞬間の速さは，h の時刻 t に対する変化率である。

h を t で微分すると　　$\dfrac{dh}{dt}=29.4-9.8t$

求める瞬間の速さは，$t=3$ として

$$29.4-9.8\cdot3=\mathbf{0\ (m/s)}$$

←$t=3$ の瞬間，物体は移動していない。

(2) t 秒後の球の半径は $(1+0.1t)$ m である。

t 秒後の表面積を $S\ \mathrm{m}^2$ とすると　　$S=4\pi(1+0.1t)^2$

S を t で微分すると

$$\frac{dS}{dt}=4\pi\cdot2(1+0.1t)\cdot0.1=0.8\pi(1+0.1t) \quad \cdots\cdots ①$$

求める変化率は，① で $t=30$ として　　$\boldsymbol{3.2\pi}$ $\mathbf{m^2/s}$

←$\{\boldsymbol{(ax+b)^n}\}'$ $=\boldsymbol{n(ax+b)^{n-1}(ax+b)'}$

練習 ④203 x の多項式 $f(x)$ の最高次の項の係数は 1 で，$(x-1)f'(x)=2f(x)+8$ という関係が常に成り立つ。
(1) $f(x)$ は何次の多項式であるか。　　(2) $f(x)$ を求めよ。　〔類 南山大〕

(1) $(x-1)f'(x)=2f(x)+8 \quad \cdots\cdots ①$ とする。

$f(x)=1$ とすると，$f'(x)=0$ であるから，① より $0=2\cdot1+8$ となり，不合理が生じる。したがって，この場合は適さない。

←最高次の項の係数は 1

よって，$f(x)$ の最高次の項を x^n（n は自然数）とすると，

$(x-1)f'(x)$ の最高次の項は　　$x\cdot nx^{n-1}=nx^n$

←$(x^n)'=nx^{n-1}$

$2f(x)+8$ の最高次の項は　　$2x^n$

これらが一致するから，係数を比較して　　$n=2$

←$f(x)$ は 2 次式。

したがって，$f(x)$ は **2 次** の多項式である。

(2) (1) から，$f(x)=x^2+bx+c$ と表される。

←最高次の項の係数は 1 であるから，x^2 の項の係数は 1 である。

$f'(x)=2x+b$ であるから，① より

$$(x-1)(2x+b)=2(x^2+bx+c)+8$$

整理すると　$2x^2+(b-2)x-b=2x^2+2bx+2c+8$

これが x についての恒等式であるから，両辺の係数を比較して

$$b-2=2b,\ -b=2c+8$$

これを解くと　$b=-2,\ c=-3$

したがって　$\boldsymbol{f(x)=x^2-2x-3}$

←係数比較法。

練習 ②204
(1) 曲線 $y=x^3-x^2-2x$ 上の点 $(3,\ 12)$ における接線の方程式を求めよ。
(2) 曲線 $y=x^3+3x^2$ に接し，傾きが 9 である直線の方程式を求めよ。

(1) $f(x)=x^3-x^2-2x$ とすると　$f'(x)=3x^2-2x-2$

ゆえに　$f'(3)=3\cdot3^2-2\cdot3-2=19$

よって，点 $(3,\ 12)$ における接線の方程式は

$y-12=19(x-3)$　すなわち　$\boldsymbol{y=19x-45}$

(2) $f(x)=x^3+3x^2$ とすると　$f'(x)=3x^2+6x$

点 $(a,\ a^3+3a^2)$ における接線の方程式は

$$y-(a^3+3a^2)=(3a^2+6a)(x-a)$$

すなわち　$y=(3a^2+6a)x-2a^3-3a^2$ …… ①

この直線の傾きが 9 であるとすると　$3a^2+6a=9$

整理して　$a^2+2a-3=0$　ゆえに　$(a-1)(a+3)=0$

したがって　$a=1,\ -3$

① から　$a=1$ のとき $y=9x-5$，$a=-3$ のとき $y=9x+27$

よって，求める直線の方程式は　$\boldsymbol{y=9x-5,\ y=9x+27}$

HINT 曲線 $y=f(x)$ 上の点 $(a,\ f(a))$ における接線の方程式は
$\boldsymbol{y-f(a)=f'(a)(x-a)}$

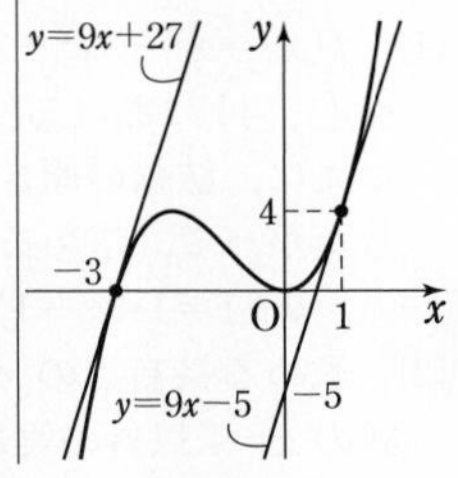

練習 ②205
(1) 点 $(3,\ 4)$ から，放物線 $y=-x^2+4x-3$ に引いた接線の方程式を求めよ。
(2) 点 $(2,\ 4)$ を通り，曲線 $y=x^3-3x+2$ に接する直線の方程式を求めよ。

(1) $f(x)=-x^2+4x-3$ とすると　$f'(x)=-2x+4$

放物線 $y=f(x)$ 上の点 $(a,\ f(a))$ における接線の方程式は

$$y-(-a^2+4a-3)=(-2a+4)(x-a)$$

すなわち　$y=-2(a-2)x+a^2-3$ …… ①

この直線が点 $(3,\ 4)$ を通るから

$$4=-2(a-2)\cdot3+a^2-3$$

整理すると　$a^2-6a+5=0$

ゆえに　$(a-1)(a-5)=0$　よって　$a=1,\ 5$

求める接線の方程式は，a の値を ① に代入して

$a=1$ のとき　$\boldsymbol{y=2x-2}$，　$a=5$ のとき　$\boldsymbol{y=-6x+22}$

←点 $(3,\ 4)$ は放物線上にない。

←$\boldsymbol{y-f(a)=f'(a)(x-a)}$

(2) $f(x)=x^3-3x+2$ とすると　$f'(x)=3x^2-3$

曲線 $y=f(x)$ 上の点 $(a,\ f(a))$ における接線の方程式は

$$y-(a^3-3a+2)=(3a^2-3)(x-a)$$

すなわち　$y=(3a^2-3)x-2a^3+2$ …… ①

この直線が点 $(2,\ 4)$ を通るから

$$4=(3a^2-3)\cdot2-2a^3+2$$

整理すると　$a^3-3a^2+4=0$

ゆえに　$(a+1)(a-2)^2=0$　よって　$a=-1,\ 2$

求める接線の方程式は，a の値を ① に代入して

$a=-1$ のとき　$\boldsymbol{y=4}$，　$a=2$ のとき　$\boldsymbol{y=9x-14}$

←点 $(2,\ 4)$ は曲線上にある。ただし，「～を通り，」に注意！

←$\boldsymbol{y-f(a)=f'(a)(x-a)}$

←因数定理を利用する。

注意　曲線 $y=x^3-3x+2$ の概形は右の図のようになる。
$a=-1$ のときの接線 $y=4$ は，点 $(-1,\ 4)$ で曲線に接し，曲線上の点 $(2,\ 4)$ を通る。しかし，点 $(2,\ 4)$ は接点ではない。
一方，$a=2$ のときの接線 $y=9x-14$ は，点 $(2,\ 4)$ で曲線に接する。すなわち，点 $(2,\ 4)$ は接点である。
このように，3 次以上の関数のグラフとその接線は，接点以外の点を共有することがある。
つまり，「点Pを **通る** 接線」とあるとき，Pは **接点であるとは限らない。**

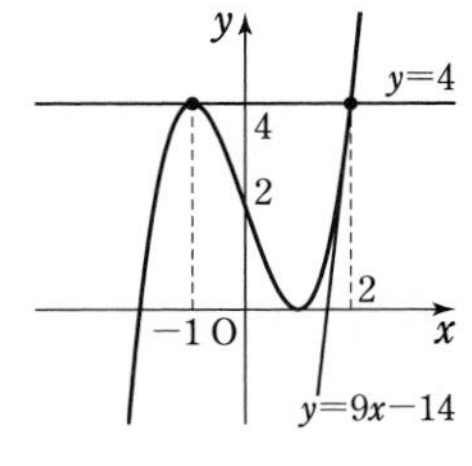

練習 ③206　曲線 $y=x^3-3x^2+2x+1$ について，次のものを求めよ。
(1) 曲線上の点 $(1,\ 1)$ における法線の方程式
(2) (1) で求めた法線と曲線の共有点のうち，点 $(1,\ 1)$ 以外の点の座標

(1) $f(x)=x^3-3x^2+2x+1$ とすると　　$f'(x)=3x^2-6x+2$
点 $(1,\ 1)$ における接線の傾きは　　$f'(1)=3\cdot1^2-6\cdot1+2=-1$
ゆえに，法線の傾きは 1 である。
したがって，求める法線の方程式は
$y-1=1\cdot(x-1)$　すなわち　$\boldsymbol{y=x}$

←法線の傾きを m とすると　$m\times f'(1)=-1$
よって　$m=-\dfrac{1}{f'(1)}$

(2) 求める共有点の x 座標は，次の方程式の $x=1$ 以外の実数解である。
$x^3-3x^2+2x+1=x$
整理して　　$x^3-3x^2+x+1=0$
よって　　$(x-1)(x^2-2x-1)=0$
したがって，求める点の x 座標は，
$x^2-2x-1=0$ を解いて　　$x=1\pm\sqrt{2}$
ゆえに，求める共有点の座標は　　$\boldsymbol{(1+\sqrt{2},\ 1+\sqrt{2}),\ (1-\sqrt{2},\ 1-\sqrt{2})}$

←$x=1$ が 1 つの解となるから，左辺は $x-1$ を因数にもつ。

練習 ③207　2 つの放物線 $y=x^2$ と $y=-(x-3)^2+4$ の共通接線の方程式を求めよ。

$y=x^2$ から　　$y'=2x$
よって，放物線 $y=x^2$ 上の点 $(a,\ a^2)$ における接線の方程式は
$y-a^2=2a(x-a)$　すなわち　$y=2ax-a^2$ …… ①
この直線が放物線 $y=-(x-3)^2+4$ にも接するための条件は，
2 次方程式 $-(x-3)^2+4=2ax-a^2$ すなわち
$x^2+2(a-3)x-a^2+5=0$ …… ② が重解をもつことである。
ゆえに，② の判別式を D とすると　　$D=0$
$\dfrac{D}{4}=(a-3)^2-1\cdot(-a^2+5)$
$=2a^2-6a+4=2(a-1)(a-2)$
$D=0$ から　　$a=1,\ 2$
この値を ① に代入して，求める共通接線の方程式は
$\boldsymbol{y=2x-1,\ y=4x-4}$

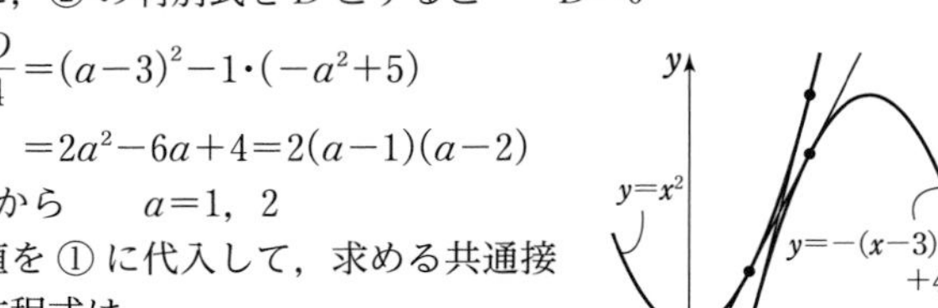

検討　放物線 $y=x^2$ 上の点 $(a,\ a^2)$ における接線の方程式と，放物線 $y=-(x-3)^2+4$ 上の点 $(b,\ -(b-3)^2+4)$ における接線の方程式を求め，それらが一致することから，共通接線の方程式を求めることもできる（本冊 $p.331$ の **検討** 参照）。

←**接する** $\Longleftrightarrow$ **重解**

練習 ③208

(1) 2曲線 $y=x^3+ax$ と $y=bx^2+c$ がともに点 $(-1,\ 0)$ を通り，この点で共通な接線をもつとき，定数 $a,\ b,\ c$ の値を求めよ。また，その接点における共通の接線の方程式を求めよ。

〔湘南工科大〕

(2) 2曲線 $y=x^3-x^2-12x-1$，$y=-x^3+2x^2+a$ が接するとき，定数 a の値を求めよ。また，その接点における接線の方程式を求めよ。

(1) $f(x)=x^3+ax$，$g(x)=bx^2+c$ とすると

$f'(x)=3x^2+a$，$g'(x)=2bx$

2曲線が点 $(-1,\ 0)$ を通り，この点で共通な接線をもつから

$f(-1)=g(-1)=0$，$f'(-1)=g'(-1)$

よって　$-1-a=0$，$b+c=0$，$3+a=-2b$

これを解くと　$\boldsymbol{a=-1}$，$\boldsymbol{b=-1}$，$\boldsymbol{c=1}$

このとき，$f'(x)=3x^2-1$ から　$f'(-1)=2$

ゆえに，点 $(-1,\ 0)$ における共通の接線の方程式は

$y=2(x+1)$　すなわち　$\boldsymbol{y=2x+2}$

(2) $f(x)=x^3-x^2-12x-1$，$g(x)=-x^3+2x^2+a$ とすると

$f'(x)=3x^2-2x-12$，$g'(x)=-3x^2+4x$

2曲線 $y=f(x)$ と $y=g(x)$ が $x=p$ の点で接するための条件は

$f(p)=g(p)$，$f'(p)=g'(p)$

よって　$p^3-p^2-12p-1=-p^3+2p^2+a$，

$3p^2-2p-12=-3p^2+4p$

それぞれ整理して　$a=2p^3-3p^2-12p-1$ …… ①，

$p^2-p-2=0$ …… ②

② から　$(p+1)(p-2)=0$　ゆえに　$p=-1,\ 2$

① から　$p=-1$ のとき　$a=6$，　$p=2$ のとき　$a=-21$

曲線 $y=x^3-x^2-12x-1$ 上の点 $x=p$ における接線の方程式は

$y-(p^3-p^2-12p-1)=(3p^2-2p-12)(x-p)$

すなわち　$y=(3p^2-2p-12)x-2p^3+p^2-1$

求める接線の方程式は

$\boldsymbol{a=6}$ $(p=-1)$ **のとき**　$\boldsymbol{y=-7x+2}$，

$\boldsymbol{a=-21}$ $(p=2)$ **のとき**　$\boldsymbol{y=-4x-13}$

←2曲線 $y=f(x)$，$y=g(x)$ が $x=p$ の点で接する
⟺ $\boldsymbol{f(p)=g(p)}$，$\boldsymbol{f'(p)=g'(p)}$

←$y-0=f'(-1)(x+1)$

←$f(p)=g(p)$
……接点を共有する条件
$f'(p)=g'(p)$
……接線の傾きが一致する条件

←$y-f(p)=f'(p)(x-p)$ を利用した。
$y-g(p)=g'(p)(x-p)$ を利用してもよい。

練習 ②209

次の関数の増減を調べよ。また，極値を求めよ。

(1) $y=x^3+2x^2+x+1$　(2) $y=6x^2-x^3$　(3) $y=x^3-12x^2+48x+5$

(1) $y'=3x^2+4x+1=(x+1)(3x+1)$

$y'=0$ とすると　$x=-1,\ -\dfrac{1}{3}$

y の増減表は右のようになる。

x	…	-1	…	$-\frac{1}{3}$	…
y'	$+$	0	$-$	0	$+$
y	↗	極大 1	↘	極小 $\frac{23}{27}$	↗

よって　区間 $\boldsymbol{x\leqq -1}$，$\boldsymbol{-\dfrac{1}{3}\leqq x}$ **で単調に増加**，

区間 $\boldsymbol{-1\leqq x\leqq -\dfrac{1}{3}}$ **で単調に減少** する。

また，$\boldsymbol{x=-1}$ **で極大値 1**，$\boldsymbol{x=-\dfrac{1}{3}}$ **で極小値** $\boldsymbol{\dfrac{23}{27}}$ をとる。

(2) $y'=12x-3x^2=-3x(x-4)$

$y'=0$ とすると　$x=0,\ 4$

y の増減表は右のようになる。

x	$\cdots$	0	$\cdots$	4	$\cdots$
y'	$-$	0	$+$	0	$-$
y	↘	極小 0	↗	極大 32	↘

よって　区間 **$0 \leqq x \leqq 4$ で単調に増加，**

区間 **$x \leqq 0,\ 4 \leqq x$ で単調に減少** する。

また，**$x=4$ で極大値 32，$x=0$ で極小値 0** をとる。

(3) $y'=3x^2-24x+48=3(x^2-8x+16)$
$=3(x-4)^2$

$y'=0$ とすると　$x=4$

y の増減表は右のようになる。

x	$\cdots$	4	$\cdots$
y'	$+$	0	$+$
y	↗	69	↗

よって，**常に単調に増加する**。したがって，**極値をもたない**。

←$x=4$ の前後における符号の変化は
正 → 0 → 正
で，負に変わらない。

練習 ②210　次の関数のグラフをかけ。
(1) $y=2x^3-6x-4$　　(2) $y=\dfrac{2}{3}x^3+2x^2+2x-6$

(1) $y'=6x^2-6=6(x+1)(x-1)$

$y'=0$ とすると　$x=\pm 1$

y の増減表は次のようになる。

x	$\cdots$	-1	$\cdots$	1	$\cdots$
y'	$+$	0	$-$	0	$+$
y	↗	極大 0	↘	極小 -8	↗

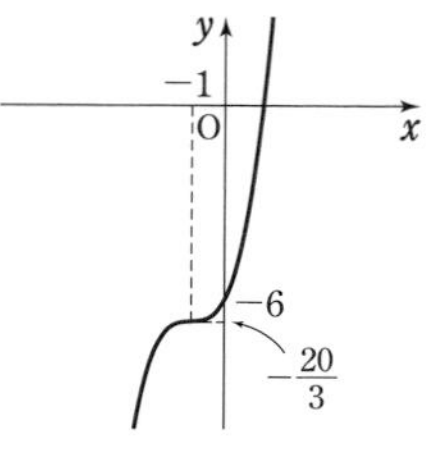

よって，グラフは **右の図** のようになる。

(1) x 軸との共有点の x 座標は，$y=0$ として
$2(x^3-3x-2)=0$
∴ $2(x+1)^2(x-2)=0$
よって　$x=-1,\ 2$
y 軸との共有点の y 座標は，$x=0$ として　$y=-4$

(2) $y'=2x^2+4x+2=2(x+1)^2$

$y'=0$ とすると　$x=-1$

y の増減表は次のようになる。

x	$\cdots$	-1	$\cdots$
y'	$+$	0	$+$
y	↗	$-\dfrac{20}{3}$	↗

ゆえに，y は常に単調に増加する。

よって，グラフは **右の図** のようになる。

(2) $y=0$ とおいた 3 次方程式は，簡単には解を求められないから，x 軸との共有点の x 座標は示さなくてよい。y 軸との共有点の y 座標は，$x=0$ として　$y=-6$

練習 ②211　次の関数の極値を求め，そのグラフの概形をかけ。
(1) $y=x^4-8x^2+7$　　(2) $y=x^4-4x^3+1$

(1) $y'=4x^3-16x=4x(x^2-4)=4x(x+2)(x-2)$

$y'=0$ とすると　$x=0,\ \pm 2$　　y の増減表は次のようになる。

x	$\cdots$	-2	$\cdots$	0	$\cdots$	2	$\cdots$
y'	$-$	0	$+$	0	$-$	0	$+$
y	↘	極小 -9	↗	極大 7	↘	極小 -9	↗

よって，y は　**$x=0$ で極大値 7**

$x=\pm 2$ で極小値 -9 をとる。

また，**グラフは右の図** のようになる。

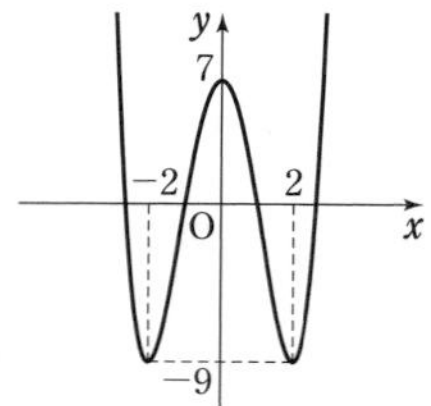

(1) $y=0$ とすると
$x^4-8x^2+7=0$
$(x^2-1)(x^2-7)=0$
よって　$x=\pm 1,\ \pm\sqrt{7}$
このようにして，x 軸との共有点の x 座標を求めることができるが，常に求められるとは限らない。本書では，以後，原則として省略することにする。

(2) $y'=4x^3-12x^2=4x^2(x-3)$

$y'=0$ とすると　　$x=0,\ 3$

y の増減表は次のようになる。

x	$\cdots$	0	$\cdots$	3	$\cdots$
y'	$-$	0	$-$	0	$+$
y	↘	1	↘	極小 -26	↗

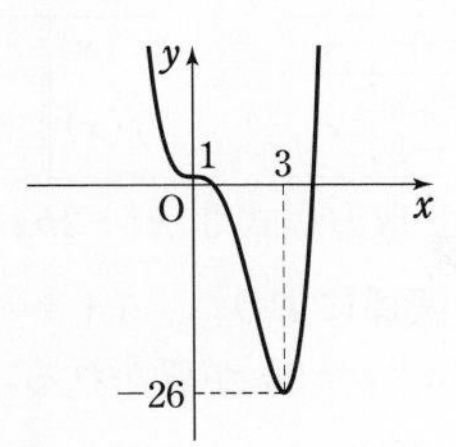

よって，y は　**$x=3$ で極小値 -26**

をとる。

また，**グラフは右の図** のようになる。

練習 ③212　関数 $y=|-x^3+9x|$ のグラフをかけ。

$y=-x^3+9x$ …… ① とする。

$y'=-3x^2+9$

$=-3(x^2-3)$

$=-3(x+\sqrt{3})(x-\sqrt{3})$

$y'=0$ とすると

$x=-\sqrt{3},\ \sqrt{3}$

x	$\cdots$	$-\sqrt{3}$	$\cdots$	$\sqrt{3}$	$\cdots$
y'	$-$	0	$+$	0	$-$
y	↘	極小 $-6\sqrt{3}$	↗	極大 $6\sqrt{3}$	↘

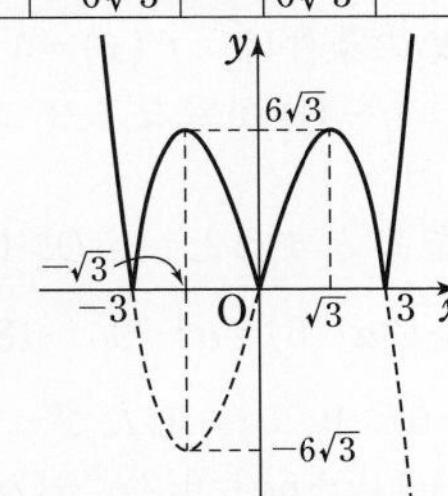

① の増減表は右上のようになる。

$y=|-x^3+9x|$ のグラフは，① のグラフの $y<0$ の部分を x 軸に関して対称に折り返したものである。

よって，グラフは **図の実線部分**。

←$y=-x(x+3)(x-3)$ から，x 軸との共有点の x 座標は　$x=-3,\ 0,\ 3$

←$|-x^3+9x|=|x^3-9x|$ であるから，$y=|x^3-9x|$ のグラフをかいてもよい。

練習 ②213　3 次関数 $f(x)=ax^3+bx^2+cx+d$ は $x=1,\ x=3$ で極値をとるという。また，その極大値は 2 で，極小値は -2 であるという。このとき，この条件を満たす関数 $f(x)$ をすべて求めよ。〔埼玉大〕

$f'(x)=3ax^2+2bx+c$

$x=1,\ x=3$ で極値をとるから　　$f'(1)=0,\ f'(3)=0$

$f'(1)=0$ から　　$3a+2b+c=0$ …… ①

$f'(3)=0$ から　　$27a+6b+c=0$ …… ②

また，$f(x)$ は極大値 2，極小値 -2 をとるから

$f(1)=2,\ f(3)=-2$　または　$f(1)=-2,\ f(3)=2$

よって　　$a+b+c+d=2$ …… ③，

$27a+9b+3c+d=-2$ …… ④

または　$a+b+c+d=-2$ …… ⑤，

$27a+9b+3c+d=2$ …… ⑥

①，②，③，④ を解くと　　$a=1,\ b=-6,\ c=9,\ d=-2$

①，②，⑤，⑥ を解くと　　$a=-1,\ b=6,\ c=-9,\ d=2$

したがって　　**$f(x)=x^3-6x^2+9x-2$　または**

$f(x)=-x^3+6x^2-9x+2$

逆に，このとき

$f'(x)=3(x-1)(x-3),\ f'(x)=-3(x-1)(x-3)$

←必要条件。

←2 通りの場合があることに注意する。

←②−① から
$4(6a+b)=0$
ゆえに　$b=-6a$
このとき，① から
$c=9a$
よって
④ から　$d=-2$，
⑥ から　$d=2$

よって，$f(x)$ の増減表は次のようになり，条件を満たす。

x	$\cdots$	1	$\cdots$	3	$\cdots$
$f'(x)$	$+$	0	$-$	0	$+$
$f(x)$	↗	極大 2	↘	極小 -2	↗

x	$\cdots$	1	$\cdots$	3	$\cdots$
$f'(x)$	$-$	0	$+$	0	$-$
$f(x)$	↘	極小 -2	↗	極大 2	↘

←$f'(x)$ の符号の変化を増減表で示す。

検討　$x=1$，3 は，2 次方程式 $3ax^2+2bx+c=0$ の解であるから，解と係数の関係により　$1+3=-\dfrac{2b}{3a}$，$1\cdot3=\dfrac{c}{3a}$

これから，$b=-6a$，$c=9a$ が導かれる。

練習 ③214

(1) 関数 $f(x)=x^3+ax^2+(3a-6)x+5$ が極値をもつような定数 a の値の範囲を求めよ。〔類 名古屋大〕

(2) 関数 $f(x)=4x^3-3(2a+1)x^2+6ax$ が極大値と極小値をもつとき，定数 a が満たすべき条件を求めよ。〔類 工学院大〕

(3) 関数 $f(x)=2x^3+ax^2+ax+1$ が常に単調に増加するような定数 a の値の範囲を求めよ。〔類 千葉工大〕

(1) $f'(x)=3x^2+2ax+3a-6$

$f(x)$ が極値をもつための条件は，$f'(x)=0$ すなわち $3x^2+2ax+3a-6=0$ …… ① が異なる 2 つの実数解をもつことである。

←3 次関数が極値をもつとき，極大値と極小値を 1 つずつもつ。

よって，① の判別式を D とすると　$D>0$

ここで　$\dfrac{D}{4}=a^2-3\cdot(3a-6)=a^2-9a+18=(a-3)(a-6)$

ゆえに　$(a-3)(a-6)>0$　したがって　$\boldsymbol{a<3,\ 6<a}$

(2) $f'(x)=12x^2-6(2a+1)x+6a=6\{2x^2-(2a+1)x+a\}$

$f(x)$ が極大値と極小値をもつための条件は，$f'(x)=0$ が異なる 2 つの実数解をもつことである。

よって，$2x^2-(2a+1)x+a=0$ の判別式を D とすると　$D>0$

ここで　$D=\{-(2a+1)\}^2-4\cdot2\cdot a=4a^2-4a+1=(2a-1)^2$

ゆえに　$(2a-1)^2>0$　したがって　$\boldsymbol{a\neq\dfrac{1}{2}}$

別解 (2) $f'(x)=6(x-a)(2x-1)$

$f'(x)=0$ とすると　$x=a,\ \dfrac{1}{2}$

求める条件は，$f'(x)=0$ が異なる 2 つの実数解をもつことであるから　$\boldsymbol{a\neq\dfrac{1}{2}}$

(3) $f'(x)=6x^2+2ax+a$

$f(x)$ が常に単調に増加するための条件は，$f'(x)$ の符号が変わらないことである。

←$f(x)$ が極値をもたない条件と同じ。

ゆえに，$f'(x)=0$ すなわち $6x^2+2ax+a=0$ …… ① は，実数解を 1 つだけもつか，または実数解をもたない。

よって，① の判別式を D とすると　$D\leqq0$

←$D<0$ は誤り。

ここで　$\dfrac{D}{4}=a^2-6\cdot a=a(a-6)$

ゆえに　$a(a-6)\leqq0$　したがって　$\boldsymbol{0\leqq a\leqq6}$

練習 ③215

$f(x)=-x^3-3x^2+4$ とする。

(1) 関数 $y=f(x)$ は $x=\alpha$ で極大値，$x=\beta$ で極小値をとる。2 点 $(\alpha,\ f(\alpha))$，$(\beta,\ f(\beta))$ を結ぶ線分の中点 M は曲線 $y=f(x)$ 上にあることを示せ。

(2) 曲線 $y=f(x)$ は，点 M に関して対称であることを示せ。

(1) $f'(x)=-3x^2-6x$

$\qquad=-3x(x+2)$

$f'(x)=0$ とすると　$x=0,\ -2$

増減表は右のようになる。

x	$\cdots$	-2	$\cdots$	0	$\cdots$
$f'(x)$	$-$	0	$+$	0	$-$
$f(x)$	↘	極小 0	↗	極大 4	↘

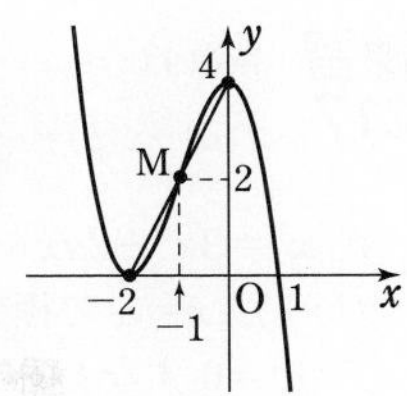

よって，点 M の x 座標は　$\dfrac{-2+0}{2}=-1$，y 座標は　$\dfrac{0+4}{2}=2$

$f(-1)=2$ であるから，点 M は曲線 $y=f(x)$ 上にある。

(2) 点 M に関して，曲線 $y=f(x)$ 上の点 $(x,\ y)$ と対称な点の座標を $(X,\ Y)$ とすると　$\dfrac{x+X}{2}=-1$，$\dfrac{y+Y}{2}=2$

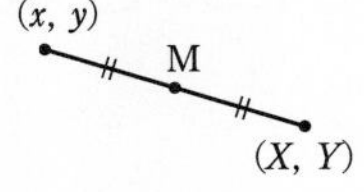

したがって　$x=-2-X,\ y=4-Y$ …… ①

点 $(x,\ y)$ は曲線 $y=f(x)$ 上にあるから　$y=-x^3-3x^2+4$

① を代入して　$4-Y=-(-2-X)^3-3(-2-X)^2+4$

整理すると　$Y=-X^3-3X^2+4$

これは，点 $(X,\ Y)$ が曲線 $y=f(x)$ 上にあることを示す。

ゆえに，曲線 $y=f(x)$ は，点 M に関して対称である。

練習 ③216

関数 $f(x)=2x^3+ax^2+(a-4)x+2$ の極大値と極小値の和が 6 であるとき，定数 a の値を求めよ。〔類 名城大〕

$f'(x)=6x^2+2ax+a-4$

$f'(x)=0$ の判別式を D とすると

$\dfrac{D}{4}=a^2-6\cdot(a-4)=a^2-6a+24=(a-3)^2+15>0$

←a がどんな値をとっても $\dfrac{D}{4}>0$ は成り立つ。

よって，$f'(x)=0$ は異なる 2 つの実数解をもつ。

それらを $\alpha,\ \beta\ (\alpha<\beta)$ とすると，$f(x)$ の増減表は右のようになる。

x	$\cdots$	α	$\cdots$	β	$\cdots$
$f'(x)$	$+$	0	$-$	0	$+$
$f(x)$	↗	極大	↘	極小	↗

また，解と係数の関係により

$\alpha+\beta=-\dfrac{a}{3}$，$\alpha\beta=\dfrac{a-4}{6}$

極大値と極小値の和が 6 であるから　$f(\alpha)+f(\beta)=6$

ゆえに　$\{2\alpha^3+a\alpha^2+(a-4)\alpha+2\}+\{2\beta^3+a\beta^2+(a-4)\beta+2\}=6$

整理して　$2(\alpha^3+\beta^3)+a(\alpha^2+\beta^2)+(a-4)(\alpha+\beta)-2=0$

ここで　$\alpha^3+\beta^3=(\alpha+\beta)^3-3\alpha\beta(\alpha+\beta)$

$=\left(-\dfrac{a}{3}\right)^3-3\cdot\dfrac{a-4}{6}\cdot\left(-\dfrac{a}{3}\right)=-\dfrac{a^3}{27}+\dfrac{a^2}{6}-\dfrac{2}{3}a$

$\alpha^2+\beta^2=(\alpha+\beta)^2-2\alpha\beta=\left(-\dfrac{a}{3}\right)^2-2\cdot\dfrac{a-4}{6}=\dfrac{a^2}{9}-\dfrac{a}{3}+\dfrac{4}{3}$

であるから

$2\left(-\dfrac{a^3}{27}+\dfrac{a^2}{6}-\dfrac{2}{3}a\right)+a\left(\dfrac{a^2}{9}-\dfrac{a}{3}+\dfrac{4}{3}\right)+(a-4)\cdot\left(-\dfrac{a}{3}\right)-2=0$

整理すると　$a^3-9a^2+36a-54=0$ …… (＊)

よって　$(a-3)(a^2-6a+18)=0$

a は実数であるから　$\boldsymbol{a=3}$

←因数定理。

←$a^2-6a+18=(a-3)^2+9>0$

検討　左の解答で，$\alpha>\beta$ としたときは
$f(\alpha)$：極小値
$f(\beta)$：極大値
よって，α と β の大小に関係なく，極大値と極小値の和は $f(\alpha)+f(\beta)$ となる。

参考　3 次関数 $f(x)$ は極大値，極小値をもち，そのグラフの対称性から
$\dfrac{f(\alpha)+f(\beta)}{2}=f\left(\dfrac{\alpha+\beta}{2}\right)$
よって，$\dfrac{\alpha+\beta}{2}=-\dfrac{a}{6}$ と $f(\alpha)+f(\beta)=6$ から
$f\left(-\dfrac{a}{6}\right)=3$
これから，(＊) を導いてもよい。

練習 ③**217** 関数 $f(x)=x^3+ax^2+bx+c$ が $x=\alpha$ で極大値，$x=\beta$ で極小値をとるとき，$f(\alpha)-f(\beta)=\frac{1}{2}(\beta-\alpha)^3$ となることを示せ。　〔類 名古屋大〕

$f'(x)=3x^2+2ax+b$

$f(x)$ が $x=\alpha$ で極大値，$x=\beta$ で極小値をとるから，α，β は $f'(x)=0$ すなわち $3x^2+2ax+b=0$ …… ① の 2 つの解である。
また，$f(x)$ の 3 次の係数が正であるから　　$\alpha<\beta$

① において，解と係数の関係から　　$\alpha+\beta=-\frac{2}{3}a$，$\alpha\beta=\frac{b}{3}$

よって　　$a=-\frac{3}{2}(\alpha+\beta)$，$b=3\alpha\beta$ …… (＊)

ゆえに　　$f(\alpha)-f(\beta)$

$=(\alpha^3-\beta^3)+a(\alpha^2-\beta^2)+b(\alpha-\beta)$

$=(\alpha-\beta)\{(\alpha^2+\alpha\beta+\beta^2)+a(\alpha+\beta)+b\}$

$=(\alpha-\beta)\left\{(\alpha^2+\alpha\beta+\beta^2)-\frac{3}{2}(\alpha+\beta)^2+3\alpha\beta\right\}$

$=(\alpha-\beta)\left\{-\frac{1}{2}(\alpha^2-2\alpha\beta+\beta^2)\right\}$

$=(\alpha-\beta)\left\{-\frac{1}{2}(\alpha-\beta)^2\right\}=\frac{1}{2}(\beta-\alpha)^3$

別解　α，β は $f'(x)=0$ の 2 つの解であるから，

$f'(x)=3(x-\alpha)(x-\beta)$　　と表される。

よって　　$f(\alpha)-f(\beta)=\int_\beta^\alpha f'(x)dx=3\int_\beta^\alpha(x-\alpha)(x-\beta)dx$

$=3\cdot\left(-\frac{1}{6}\right)(\alpha-\beta)^3=\frac{1}{2}(\beta-\alpha)^3$

←$f(x)$ の増減表は

x	…	α	…	β	…
$f'(x)$	＋	0	－	0	＋
$f(x)$	↗	極大	↘	極小	↗

←$f(\alpha)-f(\beta)$ を α，β で表すから，a，b をそれぞれ α，β で表しておく。

←(＊) を代入。
{　} 内
$=-\frac{1}{2}\alpha^2+\alpha\beta-\frac{1}{2}\beta^2$

←$(\alpha-\beta)^2=(\beta-\alpha)^2$

←積分法を利用する解答。

←本冊 $p.377$ 基本例題 240 (1) 参照。

練習 ④**218** $f(x)=x^4+4x^3+ax^2$ について，次の条件を満たす定数 a の値の範囲を求めよ。
(1) ただ 1 つの極値をもつ。　　(2) 極大値と極小値をもつ。

$f'(x)=4x^3+12x^2+2ax=2x(2x^2+6x+a)$

(1) $f(x)$ がただ 1 つの極値をもつのは，3 次方程式 $f'(x)=0$ が異なる 3 つの実数解をもたないときである。

$f'(x)=0$ とすると　　$x=0$　または　$2x^2+6x+a=0$

よって，求める条件は，$2x^2+6x+a=0$ が次の [1] または [2] のような解をもつことである。

[1] 重解または虚数解をもつ　　[2] $x=0$ を解にもつ

[1] $2x^2+6x+a=0$ の判別式を D とすると　　$D\leqq 0$

$\frac{D}{4}=3^2-2a=9-2a$

よって，$9-2a\leqq 0$ から　　$a\geqq\frac{9}{2}$

[2] $2x^2+6x+a=0$ に $x=0$ を代入すると　　$a=0$

したがって　　$\boldsymbol{a=0,\ a\geqq\frac{9}{2}}$

(2) $f(x)$ が極大値と極小値をもつのは，3 次方程式 $f'(x)=0$ が異なる 3 つの実数解をもつときである。

よって，$2x^2+6x+a=0$ は $x\neq0$ の異なる 2 つの実数解をもつ。

ゆえに　$\dfrac{D}{4}=9-2a>0$　かつ　$a\neq0$

したがって　$\boldsymbol{a<0,\ 0<a<\dfrac{9}{2}}$　←$a<\dfrac{9}{2}$，$a\neq0$ とも書く。

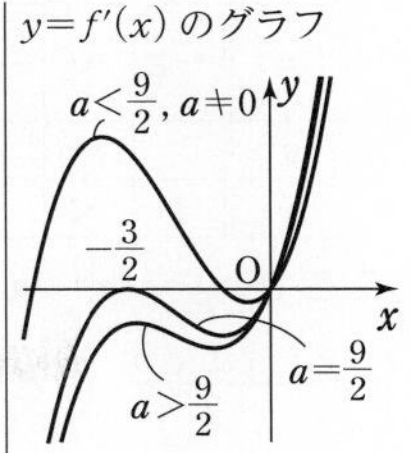

検討　4 次の項の係数が正である 4 次関数は，必ず極小値をもつ（本冊 $p.347$ 参照）。この問題で，(1) は極小値のみをもつ場合，(2) は極大値と極小値をもつ場合である。よって，(2) で求める a の値の範囲は，(1) の範囲の補集合となる。

練習 ②219

次の関数の最大値と最小値を求めよ。また，そのときの x の値を求めよ。
(1) $y=-x^3+12x+15$ $(-3\leqq x\leqq5)$　(2) $y=-x^4+4x^3+12x^2-32x$ $(-2\leqq x\leqq4)$

(1) $y'=-3x^2+12=-3(x^2-4)$
$=-3(x+2)(x-2)$

$y'=0$ とすると　$x=\pm2$

区間 $-3\leqq x\leqq5$ における y の増減表は，次のようになる。

x	-3	$\cdots$	-2	$\cdots$	2	$\cdots$	5
y'		$-$	0	$+$	0	$-$	
y	6	↘	極小 -1	↗	極大 31	↘	-50

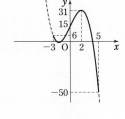

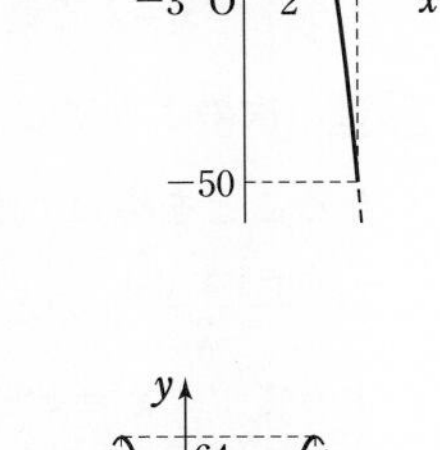

よって　**$x=2$ で最大値 31，$x=5$ で最小値 -50**

(2) $y'=-4x^3+12x^2+24x-32=-4(x^3-3x^2-6x+8)$
$=-4(x-1)(x+2)(x-4)$

$y'=0$ とすると　$x=1,\ -2,\ 4$

区間 $-2\leqq x\leqq4$ における y の増減表は，次のようになる。

x	-2	$\cdots$	1	$\cdots$	4
y'	0	$-$	0	$+$	0
y	64	↘	極小 -17	↗	64

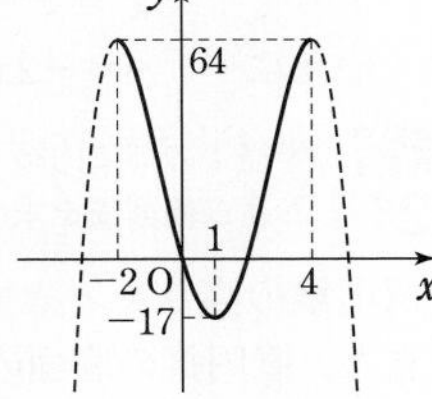

よって　**$x=-2,\ 4$ で最大値 64；$x=1$ で最小値 -17**

練習 ③220

関数 $y=-2x^3-3x^2+6x+9$ $(-2\leqq x\leqq2)$ の最大値と最小値を求めよ。また，そのときの x の値を求めよ。

$y'=-6x^2-6x+6=-6(x^2+x-1)$

$y'=0$ とすると　$x=\dfrac{-1\pm\sqrt{1^2-4\cdot1\cdot(-1)}}{2\cdot1}=\dfrac{-1\pm\sqrt{5}}{2}$　←解の公式。

$\sqrt{5}<3$ であるから　$-3<-\sqrt{5}<\sqrt{5}<3$

よって　$-4<-1-\sqrt{5}<-1+\sqrt{5}<2$

ゆえに　$-2<\dfrac{-1-\sqrt{5}}{2}<\dfrac{-1+\sqrt{5}}{2}<1$　←$x=\dfrac{-1\pm\sqrt{5}}{2}$ が定義域に含まれることを確認。

よって，$-2\leqq x\leqq2$ における y の増減表は，次のようになる。

x	-2	$\cdots$	$\dfrac{-1-\sqrt{5}}{2}$	$\cdots$	$\dfrac{-1+\sqrt{5}}{2}$	$\cdots$	2
y'		$-$	0	$+$	0	$-$	
y	1	↘	極小	↗	極大	↘	-7

$$\begin{array}{r} -2x-1 \\ x^2+x-1 \overline{)\ -2x^3-3x^2+6x+9} \\ -2x^3-2x^2+2x \\ \hline -x^2+4x+9 \\ -x^2-\ x+1 \\ \hline 5x+8 \end{array}$$

ここで，$y=(x^2+x-1)(-2x-1)+5x+8$ であり，

$x=\dfrac{-1\pm\sqrt{5}}{2}$ のとき，$y'=0$ すなわち $x^2+x-1=0$ から

$x=\dfrac{-1-\sqrt{5}}{2}$ のとき　　$y=5\cdot\dfrac{-1-\sqrt{5}}{2}+8=\dfrac{11-5\sqrt{5}}{2}$

$x=\dfrac{-1+\sqrt{5}}{2}$ のとき　　$y=5\cdot\dfrac{-1+\sqrt{5}}{2}+8=\dfrac{11+5\sqrt{5}}{2}$

←$x=\dfrac{-1\pm\sqrt{5}}{2}$ のとき $y=5x+8$ この次数を下げた式を利用。

ここで，$11+5\sqrt{5}>2$ から　　$\dfrac{11+5\sqrt{5}}{2}>1$

$125<12^2$ より，$5\sqrt{5}<12$ であるから

$$11-5\sqrt{5}>11-12>-14$$

ゆえに　　$\dfrac{11-5\sqrt{5}}{2}>-7$

よって　　**$x=\dfrac{-1+\sqrt{5}}{2}$ で最大値 $\dfrac{11+5\sqrt{5}}{2}$，**

$x=2$ で最小値 -7

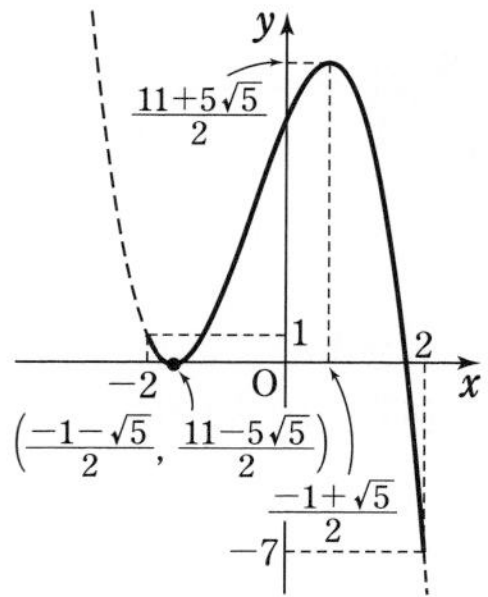

検討　次のようにして，$x=\dfrac{-1\pm\sqrt{5}}{2}$ のとき $y=5x+8$ となることを導いてもよい。

$x=\dfrac{-1\pm\sqrt{5}}{2}$ のとき，$x^2+x-1=0$ から　　$x^2=-x+1$

よって　　$x^3=x^2\cdot x=(-x+1)x=-x^2+x=-(-x+1)+x=2x-1$

ゆえに　　$y=-2x^3-3x^2+6x+9=-2(2x-1)-3(-x+1)+6x+9=5x+8$

練習 ②221　半径 1 の球に内接する直円錐で，その側面積が最大になるものに対し，その高さ，底面の半径，および側面積を求めよ。〔中央大〕

直円錐の高さを h とすると　　$0<h<2$ …… ①

また，直円錐の底面の円の半径を r，母線の長さを l，側面積を S とする。

$r^2+|h-1|^2=1$ であるから

$$r=\sqrt{2h-h^2} \quad \cdots\cdots ②$$

←$|h-1|^2=(h-1)^2$

←$0<h<2$ であるから $2h-h^2=h(2-h)>0$

$l^2=h^2+r^2$ であるから

$$l=\sqrt{2h} \quad \cdots\cdots ③$$

ゆえに　　$S=\pi rl=\pi\sqrt{4h^2-2h^3}$

←$S=\dfrac{1}{2}\cdot 2\pi r\cdot l$

よって　　$S^2=\pi^2(4h^2-2h^3)$

S^2 を h で微分すると　　$\dfrac{dS^2}{dh}=\pi^2(8h-6h^2)=2\pi^2h(4-3h)$

$2\pi^2h(4-3h)=0$ とすると，① の範囲では　　$h=\dfrac{4}{3}$

←無理式で表された関数の微分は未習。そこで，$S>0$ であることに着目し，S^2 を考える。

ゆえに，① の範囲における S^2 の増減表は右のようになる。

h	0	$\cdots$	$\frac{4}{3}$	$\cdots$	2
$\frac{dS^2}{dh}$		$+$	0	$-$	
S^2		↗	極大	↘	

よって，S^2 は $h=\frac{4}{3}$ のとき極大かつ最大となる。
$S>0$ であるから，S^2 が最大となるとき S も最大となる。

$h=\frac{4}{3}$ のとき，② から　$r=\frac{2\sqrt{2}}{3}$　　③ から　$l=\frac{2\sqrt{6}}{3}$

よって，側面積の最大値は　$S=\pi\cdot\frac{2\sqrt{2}}{3}\cdot\frac{2\sqrt{6}}{3}=\frac{8\sqrt{3}}{9}\pi$

←$S=\pi\sqrt{4h^2-2h^3}$ に $h=\frac{4}{3}$ を代入してもよい。

求めるものは　**高さ $\frac{4}{3}$，底面の半径 $\frac{2\sqrt{2}}{3}$，側面積 $\frac{8\sqrt{3}}{9}\pi$**

練習 ③222　a，b は定数とし，$0<a<1$ とする。関数 $f(x)=x^3+3ax^2+b\ (-2\leqq x\leqq 1)$ の最大値が 1，最小値が -5 となるような a，b の値を求めよ。

$f'(x)=3x^2+6ax=3x(x+2a)$
$f'(x)=0$ とすると　$x=0,\ -2a$
$0<a<1$ より $-2<-2a<0$ であるから，$-2\leqq x\leqq 1$ における $f(x)$ の増減表は次のようになる。

←この大小関係を確認しておく。

x	-2	$\cdots$	$-2a$	$\cdots$	0	$\cdots$	1
$f'(x)$		$+$	0	$-$	0	$+$	
$f(x)$	$12a+b-8$	↗	極大 $4a^3+b$	↘	極小 b	↗	$3a+b+1$

ゆえに，最大値は　$f(-2a)=4a^3+b$ または $f(1)=3a+b+1$
ここで，$0<a<1$ であるから

$$f(-2a)-f(1)=(4a^3+b)-(3a+b+1)=4a^3-3a-1$$
$$=(a-1)(2a+1)^2<0 \ \cdots\cdots\ (*)$$

←❶ **大小比較は差を作る** に従い，$f(-2a)$ と $f(1)$ の大小を調べるため，差をとる。
(＊) $4a^3-3a-1$ の因数分解は，因数定理による。

よって　$f(-2a)<f(1)$
ゆえに，最大値は　$f(1)=3a+b+1$
これが 1 となるとき　$3a+b+1=1$　よって　$3a+b=0$ … ①
また，最小値は　$f(-2)=12a+b-8$　または　$f(0)=b$
ここで　$f(-2)-f(0)=(12a+b-8)-b=4(3a-2)$

❶ **大小比較は差を作る**

[1]　$4(3a-2)<0$ すなわち $0<a<\frac{2}{3}$ のとき　$f(-2)<f(0)$

ゆえに，最小値は　$12a+b-8$
これが -5 となるとき　$12a+b-8=-5$
よって　$12a+b=3$
これと ① を連立して解くと　$a=\frac{1}{3}$，$b=-1$
これは $0<a<\frac{2}{3}$ を満たす。

←場合分けの条件を確認。

[2]　$4(3a-2)\geqq 0$ すなわち $\frac{2}{3}\leqq a<1$ のとき　$f(-2)\geqq f(0)$

ゆえに，最小値は　b　これが -5 となるとき　$b=-5$

6章 練習 [微分法]

① に代入すると　$a=\dfrac{5}{3}$　これは $\dfrac{2}{3}\leqq a<1$ を満たさない。

←場合分けの条件を確認。

[1]，[2] から，求める a，b の値は　　**$a=\dfrac{1}{3}$，$b=-1$**

練習 ③223　a は正の定数とする。関数 $f(x)=-\dfrac{x^3}{3}+\dfrac{3}{2}ax^2-2a^2x+a^3$ の区間 $0\leqq x\leqq 2$ における最小値 $m(a)$ を求めよ。

$f'(x)=-x^2+3ax-2a^2$
$\quad=-(x^2-3ax+2a^2)$
$\quad=-(x-a)(x-2a)$

$f'(x)=0$ とすると
$\qquad x=a,\ 2a$

x	$\cdots$	a	$\cdots$	$2a$	$\cdots$
$f'(x)$	$-$	0	$+$	0	$-$
$f(x)$	↘	極小 $\dfrac{a^3}{6}$	↗	極大 $\dfrac{a^3}{3}$	↘

HINT　本冊の $p.354$ 例題223とは逆のタイプ。[$f(x)$ の極小値]$=f(a)$ となる a の値を調べる。

$a>0$ であるから，$f(x)$ の増減表は右上のようになる。

←$a>0$ のとき $0<a<2a$

ここで，$x=a$ 以外に $f(x)=\dfrac{a^3}{6}$ となる x の値を求めると，

$f(x)=\dfrac{a^3}{6}$ から　　$-\dfrac{x^3}{3}+\dfrac{3}{2}ax^2-2a^2x+a^3=\dfrac{a^3}{6}$

整理すると　　$2x^3-9ax^2+12a^2x-5a^3=0$

ゆえに　　$(x-a)^2(2x-5a)=0$ ……（＊）

$x\neq a$ であるから　　$x=\dfrac{5}{2}a$

（＊）　曲線 $y=f(x)$ と直線 $y=\dfrac{a^3}{6}$ は $x=a$ の点で接するから，$f(x)-\dfrac{a^3}{6}$ は $(x-a)^2$ で割り切れる。

したがって，$f(x)$ の $0\leqq x\leqq 2$ における最小値 $m(a)$ は

[1]　$2<a$ のとき

$$m(a)=f(2)=a^3-4a^2+6a-\frac{8}{3}$$

←区間の右端で最小。

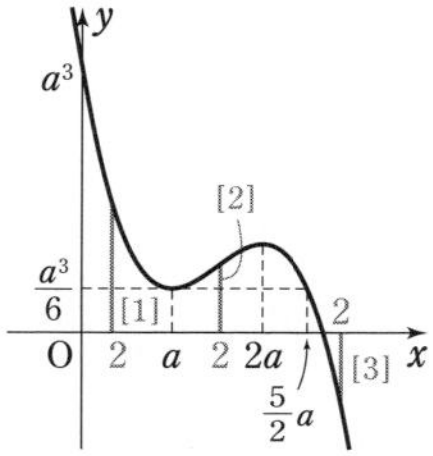

[2]　$a\leqq 2\leqq\dfrac{5}{2}a$ すなわち $\dfrac{4}{5}\leqq a\leqq 2$ のとき

$$m(a)=f(a)=\frac{a^3}{6}$$

←(最小値)=(極小値)

[3]　$0<\dfrac{5}{2}a<2$ すなわち $0<a<\dfrac{4}{5}$ のとき

$$m(a)=f(2)=a^3-4a^2+6a-\frac{8}{3}$$

←区間の右端で最小。

以上から　　**$0<a<\dfrac{4}{5}$，$2<a$ のとき　$m(a)=a^3-4a^2+6a-\dfrac{8}{3}$；**
$\dfrac{4}{5}\leqq a\leqq 2$ のとき　$m(a)=\dfrac{a^3}{6}$

練習 ⑤224　$f(x)=x^3-3x^2-9x$ とする。区間 $t\leqq x\leqq t+2$ における $f(x)$ の最小値 $m(t)$ を求めよ。

$f'(x)=3x^2-6x-9$
$\quad=3(x+1)(x-3)$

$f'(x)=0$ とすると　$x=-1,\ 3$

$f(x)$ の増減表は右のようになる。

x	$\cdots$	-1	$\cdots$	3	$\cdots$
$f'(x)$	$+$	0	$-$	0	$+$
$f(x)$	↗	極大 5	↘	極小 -27	↗

よって，$y=f(x)$ のグラフは図のようになる。

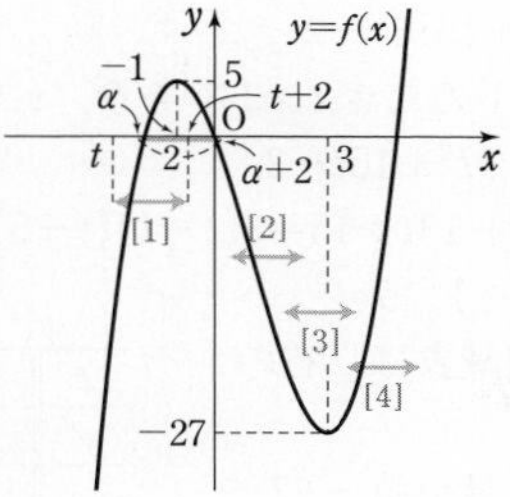

ここで，$\alpha<-1<\alpha+2$　すなわち $-3<\alpha<-1$ である α に対し，$f(\alpha)=f(\alpha+2)$ となる α の値は

$$\alpha^3-3\alpha^2-9\alpha$$
$$=(\alpha+2)^3-3(\alpha+2)^2-9(\alpha+2)$$

を整理して　$3\alpha^2=11$

←区間 $t\leqq x\leqq t+2$ 内に極大値を与える点が含まれるときは，$f(\alpha)=f(\alpha+2)$ となる α と t の大小により，場合分けして考える。

ゆえに　$\alpha=\pm\dfrac{\sqrt{33}}{3}$　　$-3<\alpha<-1$ であるから　$\alpha=-\dfrac{\sqrt{33}}{3}$

[1]　$t<-\dfrac{\sqrt{33}}{3}$ のとき　　$m(t)=f(t)=t^3-3t^2-9t$　←区間の左端で最小。

[2]　$-\dfrac{\sqrt{33}}{3}\leqq t$ かつ $t+2<3$　すなわち　$-\dfrac{\sqrt{33}}{3}\leqq t<1$ のとき

$$m(t)=f(t+2)=t^3+3t^2-9t-22$$

←区間の右端で最小。

[3]　$t\leqq 3\leqq t+2$　すなわち　$1\leqq t\leqq 3$ のとき

$$m(t)=f(3)=-27$$

←(最小値)=(極小値)

[4]　$3<t$ のとき　　$m(t)=f(t)=t^3-3t^2-9t$　←区間の左端で最小。

以上から　**$t<-\dfrac{\sqrt{33}}{3}$，$3<t$ のとき　$m(t)=t^3-3t^2-9t$；**

$-\dfrac{\sqrt{33}}{3}\leqq t<1$ のとき　　$m(t)=t^3+3t^2-9t-22$；

$1\leqq t\leqq 3$ のとき　　$m(t)=-27$

練習 ③225　$0\leqq x\leqq\dfrac{3}{4}\pi$ のとき，関数 $y=2\sin^2 x\cos x-\cos x\cos 2x+6\cos x$ の最大値，最小値とそのときの x の値を求めよ。

$y=2(1-\cos^2 x)\cos x-\cos x(2\cos^2 x-1)+6\cos x$
$=-4\cos^3 x+9\cos x$

←$\sin^2 x+\cos^2 x=1$，$\cos 2x=2\cos^2 x-1$

$\cos x=t$ とおくと，$0\leqq x\leqq\dfrac{3}{4}\pi$ であるから　$-\dfrac{\sqrt{2}}{2}\leqq t\leqq 1$

←おき換えた変数の変域に注意。

y を t の式で表すと　$y=-4t^3+9t$

$y'=-12t^2+9=-3(4t^2-3)$

$y'=0$ とすると　$t=\pm\dfrac{\sqrt{3}}{2}$

$-\dfrac{\sqrt{2}}{2}\leqq t\leqq 1$ における y の増減表は右のようになる。

t	$-\dfrac{\sqrt{2}}{2}$	…	$\dfrac{\sqrt{3}}{2}$	…	1
y'		+	0	−	
y	$-\dfrac{7\sqrt{2}}{2}$	↗	極大 $3\sqrt{3}$	↘	5

←$\sqrt{2}<\sqrt{3}$ であるから $-\dfrac{\sqrt{3}}{2}<-\dfrac{\sqrt{2}}{2}$

よって，$t=\dfrac{\sqrt{3}}{2}$　すなわち　**$x=\dfrac{\pi}{6}$ で最大値 $3\sqrt{3}$**，

←$\cos x=\dfrac{\sqrt{3}}{2}$

$t=-\dfrac{\sqrt{2}}{2}$　すなわち　**$x=\dfrac{3}{4}\pi$ で最小値 $-\dfrac{7\sqrt{2}}{2}$**　をとる。

←$\cos x=-\dfrac{\sqrt{2}}{2}$

練習 ③226　(1)　関数 $y=27^x-9^{x+1}+5\cdot 3^{x+1}-2\ (x>1)$ の最小値と，そのときの x の値を求めよ。
(2)　関数 $y=\log_4(x+2)+\log_2(1-x)$ の最大値と，そのときの x の値を求めよ。〔(2) 類　関西大〕

(1)　$y=(3^x)^3-9\cdot(3^x)^2+15\cdot3^x-2$

$3^x=t$ とおくと，$x>1$ のとき $t>3$ であり，y を t の式で表すと

$$y=t^3-9t^2+15t-2$$

よって　　$y'=3t^2-18t+15=3(t-1)(t-5)$

$y'=0$ とすると　　$t=1,\ 5$

$t>3$ における y の増減表は，右のようになる。

ゆえに，y は $t=5$ で最小値 -27 をとる。

t	3	$\cdots$	5	$\cdots$
y'		$-$	0	$+$
y		↘	極小 -27	↗

$t=5$ のとき　　$3^x=5$　　　よって　　$x=\log_3 5$

したがって，y は **$x=\log_3 5$ で最小値 -27** をとる。

←$27^x=(3^3)^x=(3^x)^3$，$3^{x+1}=3^x\cdot3$

⚠ 変数のおき換え
変域が変わることに注意

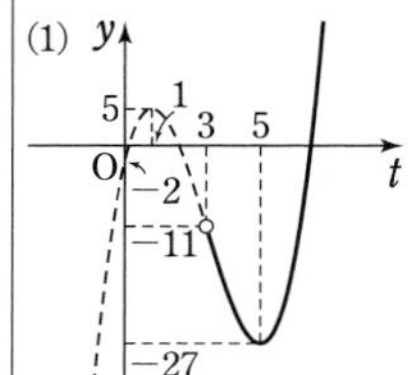

(2)　真数は正であるから　　$x+2>0$ かつ $1-x>0$

すなわち　　$-2<x<1$ …… ①

このとき，$\log_4(x+2)=\dfrac{\log_2(x+2)}{\log_2 4}=\dfrac{1}{2}\log_2(x+2)$ から

$$y=\frac{1}{2}\log_2(x+2)+\log_2(1-x)$$

$$=\frac{1}{2}\{\log_2(x+2)+2\log_2(1-x)\}=\frac{1}{2}\log_2(x+2)(1-x)^2$$

$f(x)=(x+2)(1-x)^2$ とすると　　$y=\dfrac{1}{2}\log_2 f(x)$

$f(x)=x^3-3x+2$ であるから　$f'(x)=3x^2-3=3(x+1)(x-1)$

$f'(x)=0$ とすると　　$x=\pm1$

① の範囲における $f(x)$ の増減表は右のようになる。

よって，$f(x)$ は $x=-1$ で最大値 4 をとり，底 2 は 1 より大きいから，このとき y も最大となる。

x	-2	$\cdots$	-1	$\cdots$	1
$f'(x)$		$+$	0	$-$	
$f(x)$		↗	極大 4	↘	

ゆえに，y は **$x=-1$ で最大値 $\dfrac{1}{2}\log_2 4=1$** をとる。

←真数条件。

←**底を 2 に統一。**
なお，底を 4 に統一する場合は

$$\log_2(1-x)=\frac{\log_4(1-x)}{\log_4 2}=2\log_4(1-x)$$

となり，$f(x)$ の部分は左の解答と同じ式になる。

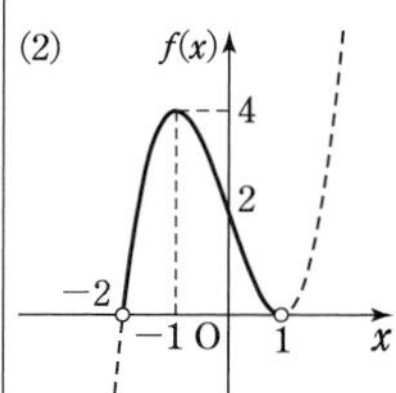

練習 ②227　k は実数の定数とする。方程式 $2x^3-12x^2+18x+k=0$ の異なる実数解の個数を調べよ。〔類　久留米大〕

$2x^3-12x^2+18x+k=0$ から　　$-2x^3+12x^2-18x=k$

$f(x)=-2x^3+12x^2-18x$ とすると

$f'(x)=-6x^2+24x-18=-6(x^2-4x+3)=-6(x-1)(x-3)$

$f'(x)=0$ とすると　　$x=1,\ 3$

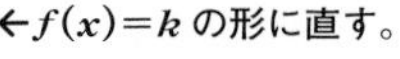
←$f(x)=k$ の形に直す。

よって，$f(x)$ の増減表は次のようになる。

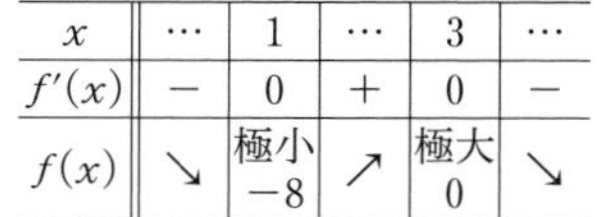

x	$\cdots$	1	$\cdots$	3	$\cdots$
$f'(x)$	$-$	0	$+$	0	$-$
$f(x)$	↘	極小 -8	↗	極大 0	↘

ゆえに，$y=f(x)$ のグラフは右の図のようになり，

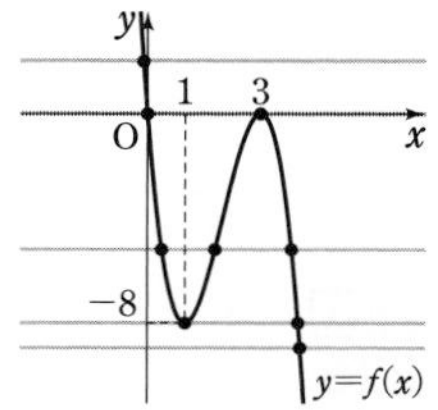

方程式 $f(x)=k$ の実数解の個数は，$y=f(x)$ のグラフと直線 $y=k$ の共有点の個数に一致する。
したがって，グラフから，異なる実数解の個数は

$k<-8$，$0<k$ のとき 1 個；$k=-8$，0 のとき 2 個；$-8<k<0$ のとき 3 個

練習 ③228 3 次方程式 $x^3+3ax^2+3ax+a^3=0$ が異なる 3 個の実数解をもつとき，定数 a の値の範囲を求めよ。

$f(x)=x^3+3ax^2+3ax+a^3$ とする。
3 次方程式 $f(x)=0$ が異なる 3 個の実数解をもつから，3 次関数 $f(x)$ は極値をもち，極大値と極小値が異符号になる。

$$f'(x)=3x^2+6ax+3a=3(x^2+2ax+a)$$

$f(x)$ が極値をもつから，2 次方程式 $f'(x)=0$ は異なる 2 つの実数解をもつ。
ゆえに，$x^2+2ax+a=0$ の判別式を D とすると　$D>0$
ここで　$\dfrac{D}{4}=a^2-1\cdot a=a(a-1)$
よって，$a(a-1)>0$ から　$a<0,\ 1<a$ …… ①
このとき，$x^2+2ax+a=0$ の 2 つの解を α，β $(\alpha<\beta)$ とすると，$f(x)$ の増減表は次のようになる。

x	$\cdots$	α	$\cdots$	β	$\cdots$
$f'(x)$	$+$	0	$-$	0	$+$
$f(x)$	↗	極大	↘	極小	↗

ゆえに　$f(\alpha)f(\beta)<0$
ここで，解と係数の関係により　$\alpha+\beta=-2a$，$\alpha\beta=a$
また，$f'(\alpha)=f'(\beta)=0$ を利用するために，$f(x)$ を $\dfrac{1}{3}f'(x)$ で割ると，商は $x+a$，余りは $2a(1-a)x+a^2(a-1)$ であるから

$$f(x)=(x+a)(x^2+2ax+a)+2a(1-a)x+a^2(a-1)$$
$$=(x+a)(x^2+2ax+a)+a(a-1)(a-2x)$$

よって
$$f(\alpha)f(\beta)=a(a-1)(a-2\alpha)\times a(a-1)(a-2\beta)$$
$$=a^2(a-1)^2\{a^2-2(\alpha+\beta)a+4\alpha\beta\}$$
$$=a^2(a-1)^2\{a^2-2\cdot(-2a)\cdot a+4\cdot a\}$$
$$=a^2(a-1)^2\times a(5a+4)$$

① のとき，$a^2(a-1)^2>0$ であるから，$f(\alpha)f(\beta)<0$ より

$a(5a+4)<0$　ゆえに　$-\dfrac{4}{5}<a<0$ …… ②

①，② の共通範囲を求めて　$\boldsymbol{-\dfrac{4}{5}<a<0}$

HINT　$f(x)=x^3+3ax^2+3ax+a^3$ とする。$f'(x)=0$ の解は求めることができないから，$f'(x)=0$ の解を α，β $(\alpha<\beta)$ として，解と係数の関係を利用。

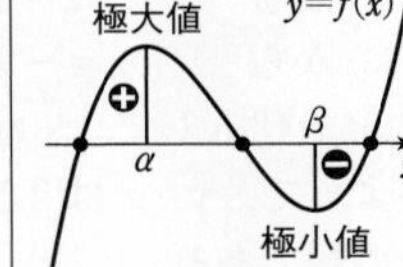

←$x=\alpha$ で極大値 $f(\alpha)$，$x=\beta$ で極小値 $f(\beta)$ をとる。

←$f(\alpha)$，$f(\beta)$ の **次数を下げる** ため。

←$f'(\alpha)=f'(\beta)=0$ から $\alpha^2+2a\alpha+a=0$，$\beta^2+2a\beta+a=0$

←$\alpha+\beta=-2a$，$\alpha\beta=a$

練習 ②229 次の不等式が成り立つことを証明せよ。
(1) $x>1$ のとき　$x^3+3>3x$　　(2) $3x^4+1\geqq 4x^3$

(1) $f(x)=(x^3+3)-3x$ とすると

$$f'(x)=3x^2-3=3(x+1)(x-1)$$

←$f(x)=$(左辺)$-$(右辺)

よって，$x \geqq 1$ のとき　　$f'(x) \geqq 0$

$x \geqq 1$ における $f(x)$ の増減表は右のようになる。ゆえに，$x>1$ のとき

$$f(x)>f(1)=1>0$$

したがって　　$x^3+3>3x$

x	1	…
$f'(x)$		+
$f(x)$	1	↗

←$f(x)$ は単調に増加する。

(2)　$f(x)=(3x^4+1)-4x^3$ とすると

$$f'(x)=12x^3-12x^2=12x^2(x-1)$$

←$f(x)=$(左辺)$-$(右辺)

$f'(x)=0$ とすると　$x=0,\ 1$

$f(x)$ の増減表は右のようになる。

よって　　　$f(x) \geqq 0$

したがって　　$3x^4+1 \geqq 4x^3$

x	…	0	…	1	…
$f'(x)$	−	0	−	0	+
$f(x)$	↘	1	↘	極小 0	↗

←$[f(x)$ の (最小値)$] \geqq 0$

練習 ④230　$x,\ y,\ z$ は $x+y+z=2,\ xy+yz+zx=0$ を満たす実数とする。
(1)　x のとりうる値の範囲を求めよ。
(2)　$P=x^3+y^3+z^3$ の最大値・最小値と，そのときの x の値を求めよ。　〔類 東京電機大〕

(1)　$x+y+z=2$ …… ①，$xy+yz+zx=0$ …… ② とする。

① から　　$y+z=2-x$ …… ③

② から　　$yz=-x(y+z)$

③ を代入して　　$yz=-x(2-x)=x^2-2x$

よって，$y,\ z$ は 2 次方程式 $t^2-(2-x)t+x^2-2x=0$ …… ④ の解である。

$y,\ z$ は実数であるから，④ の判別式を D とすると　　$D \geqq 0$

ここで　　$D=\{-(2-x)\}^2-4\cdot 1\cdot(x^2-2x)=-3x^2+4x+4$

よって　　$-3x^2+4x+4 \geqq 0$　　ゆえに　　$(x-2)(3x+2) \leqq 0$

したがって　　$\boldsymbol{-\frac{2}{3} \leqq x \leqq 2}$ …… ⑤

←本冊 $p.363$ **検討** 参照。

←$y+z=p,\ yz=q$ ⟺ $y,\ z$ は $t^2-pt+q=0$ の解。

←**実数 ⟺ $D \geqq 0$**

(2)　$P=x^3+y^3+z^3=x^3+(y+z)^3-3yz(y+z)$

$$=x^3+(2-x)^3-3(x^2-2x)(2-x)=3x^3-6x^2+8$$

よって　　$P'=9x^2-12x=3x(3x-4)$

⑤ の範囲における P の増減表は，次のようになる。

x	$-\frac{2}{3}$	…	0	…	$\frac{4}{3}$	…	2
P'		+	0	−	0	+	
P	$\frac{40}{9}$	↗	8	↘	$\frac{40}{9}$	↗	8

よって　　**$x=0,\ 2$ で最大値 8；$x=-\frac{2}{3},\ \frac{4}{3}$ で最小値 $\frac{40}{9}$**

←$y+z=2-x$，$yz=x^2-2x$ を代入。

←$P'=0$ とすると $x=0,\ \frac{4}{3}$

練習 ④231　曲線 $C：y=x^4-2x^3-3x^2$ と異なる 2 点で接する直線の方程式を求めよ。

曲線 C と直線 $y=mx+n$ が $x=s,\ x=t\ (s \neq t)$ の点で接するとすると，次の x の恒等式が成り立つ。

$$x^4-2x^3-3x^2-(mx+n)=(x-s)^2(x-t)^2$$

(左辺)$=x^4-2x^3-3x^2-mx-n$

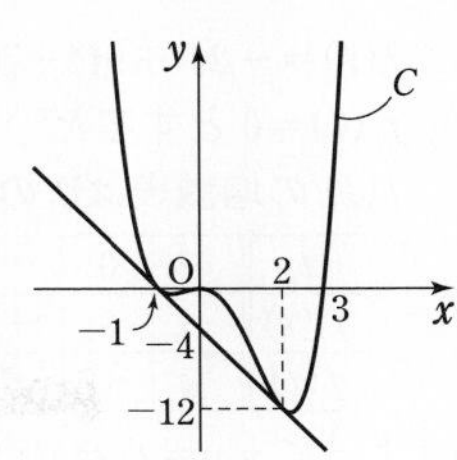

$(右辺)=\{(x-s)(x-t)\}^2=\{x^2-(s+t)x+st\}^2$
$=x^4+(s+t)^2x^2+s^2t^2-2(s+t)x^3-2(s+t)stx+2stx^2$
$=x^4-2(s+t)x^3+\{(s+t)^2+2st\}x^2-2(s+t)stx+s^2t^2$

両辺の係数を比較して

$-2=-2(s+t)$ …… ①，　$-3=(s+t)^2+2st$ …… ②，
$-m=-2(s+t)st$ …… ③，　$-n=s^2t^2$ …… ④

① から　$s+t=1$　　これと ② から　$st=-2$
③ から　$m=-4$　　④ から　$n=-4$

s，t は $u^2-u-2=0$ の解で，これを解くと　$u=-1$，2

よって，曲線 C と $x=-1$，$x=2$ の点で接する直線があり，　←$s \neq t$ を確認。
その方程式は　$\boldsymbol{y=-4x-4}$

別解　$y'=4x^3-6x^2-6x$

点 $(t,\ t^4-2t^3-3t^2)$ における接線の方程式は
$$y-(t^4-2t^3-3t^2)=(4t^3-6t^2-6t)(x-t)$$
すなわち　$y=(4t^3-6t^2-6t)x-3t^4+4t^3+3t^2$ …… ①

この直線が $x=s\ (s \neq t)$ の点で曲線 C と接するための条件は，方程式
$$x^4-2x^3-3x^2=(4t^3-6t^2-6t)x-3t^4+4t^3+3t^2 \quad \cdots\cdots ②$$
が t と異なる重解 s をもつことである。② を変形すると

←直線 ① と曲線 C の方程式から y を消去。

$$x^4-2x^3-3x^2-(4t^3-6t^2-6t)x+3t^4-4t^3-3t^2=0$$
$$(x-t)^2\{x^2+2(t-1)x+3t^2-4t-3\}=0$$

←直線 ① と曲線 C は $x=t$ の点で接するから，左辺は $(x-t)^2$ を因数にもつ。

ゆえに，2 次方程式 $x^2+2(t-1)x+3t^2-4t-3=0$ …… ③
が t と異なる重解 s をもてばよい。

よって，③ の判別式を D とすると　$D=0$

ここで　$\dfrac{D}{4}=(t-1)^2-1\cdot(3t^2-4t-3)=-2(t^2-t-2)$

ゆえに，$t^2-t-2=0$ を解いて　$t=-1$，2

$t=-1$ のとき，③ の重解は　$s=2$
$t=2$ のとき，③ の重解は　$s=-1$

←③ の重解は $-\dfrac{2(t-1)}{2\cdot 1}=1-t$

したがって，$s \neq t$ である。

① から，接線の方程式は　$\boldsymbol{y=-4x-4}$

練習 ④232　点 A$(0,\ a)$ から曲線 C：$y=x^3-9x^2+15x-7$ に 3 本の接線が引けるとき，定数 a の値の範囲を求めよ。

$y=x^3-9x^2+15x-7$ から　$y'=3x^2-18x+15$

曲線 C 上の点 $(t,\ t^3-9t^2+15t-7)$ における接線の方程式は
$$y-(t^3-9t^2+15t-7)=(3t^2-18t+15)(x-t)$$
すなわち　$y=(3t^2-18t+15)x-2t^3+9t^2-7$

この接線が点 $(0,\ a)$ を通るとすると　$-2t^3+9t^2-7=a$ … ①　←定数 a を分離。

3 次関数のグラフでは，接点が異なると接線が異なる。　←接線の本数＝接点の個数

よって，点 A から曲線 C に引くことができる接線の本数は，① の異なる実数解の個数に一致する。

$f(t)=-2t^3+9t^2-7$ とすると　$f'(t)=-6t^2+18t=-6t(t-3)$

$f'(t)=0$ とすると　　$t=0,\ 3$

$f(t)$ の増減表は次のようになる。

t	$\cdots$	0	$\cdots$	3	$\cdots$
$f'(t)$	$-$	0	$+$	0	$-$
$f(t)$	↘	-7	↗	20	↘

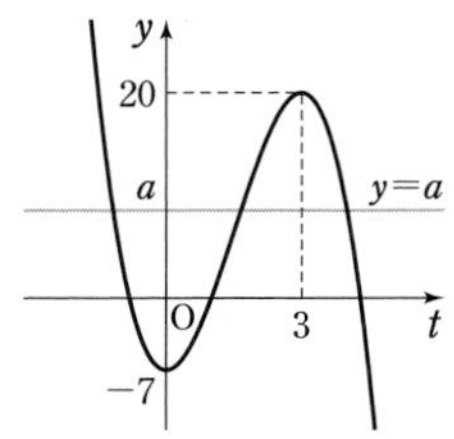

よって，$y=f(t)$ のグラフは右の図のようになる。

t の3次方程式 ① が異なる3個の実数解をもつとき，点Aから曲線 C に3本の接線が引ける。

←① の実数解は，$y=f(t)$ のグラフと直線 $y=a$ の共有点の t 座標。

したがって，曲線 $y=f(t)$ と直線 $y=a$ が異なる3点で交わる条件を求めて　　$\boldsymbol{-7<a<20}$

検討　$f(x)=x^3-9x^2+15x-7$ とする。

関数 $y=f(x)$ は，$x=1$ で極大，$x=5$ で極小となり，そのグラフは，右の図のようになる。

ここで，極大となる点 $(1,\ f(1))$ と極小となる点 $(5,\ f(5))$ を結ぶ線分の中点をMとし，点Mにおける接線と y 軸の交点をP，$y=f(x)$ のグラフと y 軸（直線 $x=0$）の交点をQとすると，点 $\mathrm{A}(0,\ a)$ から曲線 C に3本の接線が引けるのは，点Aが線分PQ（ただし，端点P，Qは除く）上にあるときである。

x	$\cdots$	1	$\cdots$	5	$\cdots$
y'	$+$	0	$-$	0	$+$
y	↗	0	↘	-32	↗

極大値をとるのは
　点 $(1,\ 0)$
極小値をとるのは
　点 $(5,\ -32)$
2点を結ぶ線分の中点の座標は　$(3,\ -16)$
この点における接線の方程式は　$y=-12x+20$

練習 ⑤233

$f(x)=-x^3+3x$ とし，関数 $y=f(x)$ のグラフを曲線 C とする。点 $(u,\ v)$ を通る曲線 C の接線が3本存在するための $u,\ v$ の満たすべき条件を求めよ。また，その条件を満たす点 $(u,\ v)$ の存在範囲を図示せよ。

$f'(x)=-3x^2+3$ であるから，曲線 C 上の点 $(t,\ f(t))$ における接線の方程式は　　$y-(-t^3+3t)=(-3t^2+3)(x-t)$

←$y-f(t)=f'(t)(x-t)$

すなわち　　$y=(-3t^2+3)x+2t^3$

この接線が点 $(u,\ v)$ を通るとすると　$v=(-3t^2+3)u+2t^3$

よって　　　$2t^3-3ut^2+3u-v=0$ …… ①

3次関数のグラフでは，接点が異なれば接線も異なる。

←本冊 $p.365$ **検討** 参照。

ゆえに，点 $(u,\ v)$ を通る C の接線が3本存在するための条件は，t の3次方程式 ① が異なる3個の実数解をもつことである。

よって，$g(t)=2t^3-3ut^2+3u-v$ とすると，$g(t)$ は極値をもち，極大値と極小値が異符号となる。

←本冊 $p.361$ 例題 228 参照。

$g'(t)=6t^2-6ut=6t(t-u)$ であるから

$$u\neq 0 \quad かつ \quad g(0)g(u)<0$$

←$g'(t)=0$ とすると
　$t=0,\ u$
$u\neq 0$ のとき，$g(t)$ は $t=0,\ u$ のうち一方で極大，他方で極小となる。

$g(0)g(u)<0$ から　　$\boldsymbol{(3u-v)(-u^3+3u-v)<0}$ …… ②

② で $u=0$ とすると，$v^2<0$ となり，これを満たす実数 v は存

在しない。
したがって，条件 $u \neq 0$ は ② に含まれるから，求める条件は ② である。

② から $\begin{cases} 3u-v>0 \\ -u^3+3u-v<0 \end{cases}$ または $\begin{cases} 3u-v<0 \\ -u^3+3u-v>0 \end{cases}$

ゆえに $\begin{cases} v<3u \\ v>-u^3+3u \end{cases}$ または $\begin{cases} v>3u \\ v<-u^3+3u \end{cases}$

$v=-u^3+3u$ のとき　　$v'=-3u^2+3$
$v'=0$ とすると　　$u=\pm 1$
$u=1$ のとき　$v=2$,　　$u=-1$ のとき　$v=-2$
したがって，点 $(u,\ v)$ の存在範囲は **右図の斜線部分。**
ただし，境界線を含まない。

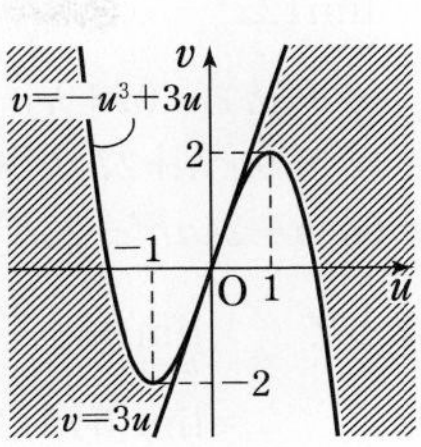

練習 ④234　不等式 $3a^2x-x^3 \leqq 16$ が $x \geqq 0$ に対して常に成り立つような定数 a の値の範囲を求めよ。

$f(x)=16-(3a^2x-x^3)=x^3-3a^2x+16$ とすると
$f'(x)=3x^2-3a^2=3(x+a)(x-a)$
$f'(x)=0$ とすると　　$x=\pm a$
求めるものは，「$x \geqq 0$ のとき $f(x)$ の最小値 $\geqq 0$」…… ①
を満たす a の値の範囲である。
以下，$x \geqq 0$ の範囲で考える。

HINT　$f(x)=16-(3a^2x-x^3)$ として，$x \geqq 0$ に対して常に $f(x) \geqq 0$ が成り立つ条件を求める。

[1]　$a>0$ のとき
$f(x)$ の増減表は右のようになり，① を満たすための条件は　　$-2a^3+16 \geqq 0$

x	0	$\cdots$	a	$\cdots$
$f'(x)$		$-$	0	$+$
$f(x)$		↘	$-2a^3+16$	↗

←(区間内の最小値)≧0

よって　　$a^3-8 \leqq 0$
ゆえに　　$(a-2)(a^2+2a+4) \leqq 0$
$a^2+2a+4=(a+1)^2+3>0$ であるから　　$a-2 \leqq 0$
したがって　　$a \leqq 2$
これと $a>0$ との共通範囲を求めて　　$0<a \leqq 2$

[2]　$a=0$ のとき　　$f'(x)=3x^2 \geqq 0$
ゆえに，$f(x)$ は $x=0$ で最小となり　　$f(x) \geqq f(0)=16$
よって，$a=0$ は ① を満たす。

←$x \geqq 0$ で $f(x)$ は単調に増加する。

[3]　$a<0$ のとき
右の増減表から，① を満たすための条件は　　$2a^3+16 \geqq 0$

x	0	$\cdots$	$-a$	$\cdots$
$f'(x)$		$-$	0	$+$
$f(x)$		↘	$2a^3+16$	↗

←(区間内の最小値)≧0

よって　　$a^3+8 \geqq 0$
ゆえに　　$(a+2)(a^2-2a+4) \geqq 0$
$a^2-2a+4=(a-1)^2+3>0$ であるから　　$a+2 \geqq 0$
したがって　　$a \geqq -2$
これと $a<0$ との共通範囲を求めて　　$-2 \leqq a<0$

[1]～[3] から，求める a の値の範囲は　　$\boldsymbol{-2 \leqq a \leqq 2}$

EX ③126 次の極限値を求めよ。

(1) $\lim_{x\to -1}(2x^2-5x-6)$ (2) $\lim_{h\to 0}\frac{(a+3h)^3-(a+h)^3}{h}$ 〔(2) 東京電機大〕

(3) $\lim_{x\to -4}\frac{x^3+4x^2+2x+8}{x^2+x-12}$ (4) $\lim_{x\to 0}\frac{\sqrt{1+x}-\sqrt{1-2x}}{x}$ 〔(4) 京都産大〕

(1) $\lim_{x\to -1}(2x^2-5x-6)=2(-1)^2-5(-1)-6=\mathbf{1}$

←$x=-1$ を代入。

(2) $(a+3h)^3-(a+h)^3$

$=(a^3+9a^2h+27ah^2+27h^3)-(a^3+3a^2h+3ah^2+h^3)$

$=6a^2h+24ah^2+26h^3$

よって $\lim_{h\to 0}\frac{(a+3h)^3-(a+h)^3}{h}=\lim_{h\to 0}\frac{6a^2h+24ah^2+26h^3}{h}$

$=\lim_{h\to 0}(6a^2+24ah+26h^2)=\boldsymbol{6a^2}$

←$h=0$ をそのまま代入すると，$\frac{0}{0}$ の形になってしまうので，約分してから $h=0$ を代入する。

別解 $f(x)=x^3$ とすると，$f'(x)=3x^2$ であり

$\lim_{h\to 0}\frac{(a+3h)^3-(a+h)^3}{h}=\lim_{h\to 0}\left\{3\cdot\frac{(a+3h)^3-a^3}{3h}-\frac{(a+h)^3-a^3}{h}\right\}$

$=\lim_{h\to 0}\left\{3\cdot\frac{f(a+3h)-f(a)}{3h}-\frac{f(a+h)-f(a)}{h}\right\}$

$=3\cdot f'(a)-f'(a)=2f'(a)=2\cdot 3a^2=\boldsymbol{6a^2}$

←微分係数の定義の式が使えるように変形。

(3) $\lim_{x\to -4}\frac{x^3+4x^2+2x+8}{x^2+x-12}=\lim_{x\to -4}\frac{x^2(x+4)+2(x+4)}{(x+4)(x-3)}$

$=\lim_{x\to -4}\frac{(x+4)(x^2+2)}{(x+4)(x-3)}=\lim_{x\to -4}\frac{x^2+2}{x-3}=\boldsymbol{-\frac{18}{7}}$

←$\frac{0}{0}$ の形。
$x+4$ で約分してから，$x=-4$ を代入。

(4) $\lim_{x\to 0}\frac{\sqrt{1+x}-\sqrt{1-2x}}{x}$

$=\lim_{x\to 0}\frac{(\sqrt{1+x}-\sqrt{1-2x})(\sqrt{1+x}+\sqrt{1-2x})}{x(\sqrt{1+x}+\sqrt{1-2x})}$

$=\lim_{x\to 0}\frac{1+x-(1-2x)}{x(\sqrt{1+x}+\sqrt{1-2x})}=\lim_{x\to 0}\frac{3}{\sqrt{1+x}+\sqrt{1-2x}}=\boldsymbol{\frac{3}{2}}$

←分子を有理化。

←x で約分。

EX ③127

(1) 等式 $\lim_{x\to 3}\frac{x^2+2x-15}{x^2+ax+b}=3$ が成り立つように，定数 a，b の値を定めよ。 〔久留米大〕

(2) 関数 $y=f(x)$ は $x=a$ $(a\neq 0)$ における微分係数をもつとき，$\lim_{x\to a}\frac{a^2f(x)-x^2f(a)}{x-a}$ を a，$f(a)$，$f'(a)$ を用いて表せ。

(3) 関数 $f(x)=x^3-ax^2+bx+4b-2$ は，$\lim_{x\to 4}\frac{f(x)}{x-2}=-5$ を満たす。また，x の値が3から6まで変化するときの関数 $f(x)$ の平均変化率が，関数 $f(x)$ の $x=2+\sqrt{7}$ における微分係数に等しい。このとき，定数 a，b の値を求めよ。 〔類 慶応大〕

(1) $\lim_{x\to 3}(x^2+2x-15)=0$ であるから $\lim_{x\to 3}(x^2+ax+b)=0$

ゆえに $9+3a+b=0$ よって $b=-3a-9$ …… ①

このとき $\lim_{x\to 3}\frac{x^2+2x-15}{x^2+ax+b}=\lim_{x\to 3}\frac{x^2+2x-15}{x^2+ax-3a-9}$

$=\lim_{x\to 3}\frac{(x-3)(x+5)}{(x-3)(x+a+3)}=\lim_{x\to 3}\frac{x+5}{x+a+3}=\frac{8}{a+6}$

$\dfrac{8}{a+6}=3$ から　　$\boldsymbol{a=-\dfrac{10}{3}}$

① に代入して　　$b=-3\cdot\left(-\dfrac{10}{3}\right)-9\boldsymbol{=1}$

←必要十分条件。

(2) $\displaystyle\lim_{x\to a}\frac{a^2f(x)-x^2f(a)}{x-a}$

$\displaystyle=\lim_{x\to a}\frac{a^2f(x)-a^2f(a)+a^2f(a)-x^2f(a)}{x-a}$

←$a^2f(a)$ を引いて加える。

$\displaystyle=\lim_{x\to a}\left\{a^2\cdot\frac{f(x)-f(a)}{x-a}-\frac{x^2-a^2}{x-a}f(a)\right\}$

$\displaystyle=a^2\lim_{x\to a}\frac{f(x)-f(a)}{x-a}-\lim_{x\to a}(x+a)f(a)$

$\boldsymbol{=a^2f'(a)-2af(a)}$

←$\displaystyle\lim_{x\to a}\frac{f(x)-f(a)}{x-a}=f'(a)$

(3) $\displaystyle\lim_{x\to 4}\frac{f(x)}{x-2}=\frac{f(4)}{4-2}=\frac{64-16a+8b-2}{2}=31-8a+4b$

$\displaystyle\lim_{x\to 4}\frac{f(x)}{x-2}=-5$ から　　$31-8a+4b=-5$

整理すると　　$b=2a-9$ …… ①

また，条件から　　$\dfrac{f(6)-f(3)}{6-3}=f'(2+\sqrt{7})$

←後半の条件。

ここで，$f'(x)=3x^2-2ax+b$ であるから

$\dfrac{(6^3-3^3)-a(6^2-3^2)+b(6-3)}{6-3}=3(2+\sqrt{7})^2-2a(2+\sqrt{7})+b$

←b は左辺と右辺で消し合う。
$30-12\sqrt{7}=6(5-2\sqrt{7})$

整理すると　　$(5-2\sqrt{7})a=30-12\sqrt{7}$　　よって　　$\boldsymbol{a=6}$

ゆえに，① から　　$\boldsymbol{b}=2\cdot6-9\boldsymbol{=3}$

EX ③**128**

(1) 次の条件を満たす 3 次関数 $f(x)$ を求めよ。
$f'(1)=f'(-1)=1$，$f(1)=0$，$f(-1)=2$　　〔国士舘大〕

(2) $f(x)=ax^{n+1}+bx^n+1$ (n は自然数) が $(x-1)^2$ で割り切れるように，定数 a，b の値を定めよ。

(1) $f(x)=ax^3+bx^2+cx+d\ (a\neq0)$ とすると

$f'(x)=3ax^2+2bx+c$

$f'(1)=1$ から　　$3a+2b+c=1$　　…… ①

$f'(-1)=1$ から　　$3a-2b+c=1$　　…… ②

$f(1)=0$ から　　$a+b+c+d=0$　　…… ③

$f(-1)=2$ から　　$-a+b-c+d=2$ …… ④

←①−② から　$4b=0$
③+④ から
$2(b+d)=2$　など。

①～④ を解いて　　$a=1$，$b=0$，$c=-2$，$d=1$

←$a=1$ は $a\neq0$ を満たす。

したがって　　$\boldsymbol{f(x)=x^3-2x+1}$

(2) $f(x)=ax^{n+1}+bx^n+1$ から　　$f'(x)=(n+1)ax^n+nbx^{n-1}$

$f(x)$ が $(x-1)^2$ で割り切れるための条件は

$f(1)=0$　かつ　$f'(1)=0$

←$\boldsymbol{x}$ の多項式 $\boldsymbol{f(x)}$ が $\boldsymbol{(x-a)^2}$ で割り切れる $\boldsymbol{\Longleftrightarrow f(a)=f'(a)=0}$

$f(1)=0$ から　　$a+b+1=0$　　…… ①

$f'(1)=0$ から　　$(n+1)a+nb=0$ …… ②

②−①×n から　　$\boldsymbol{a=n}$　　① に代入して　　$\boldsymbol{b=-n-1}$

6章 EX〔微分法〕

EX ④129 x の 2 次関数 $f(x)$ が，任意の実数 a に対し

$$f(x+a)=f(x)+f(a)+4ax-1$$

を満たすとき，$f(0)$ の値を求めよ。また，$f'(0)=3$ であるとき，$f'(x)$，$f(x)$ を求めよ。

〔星薬大〕

$f(x+a)=f(x)+f(a)+4ax-1$ …… ① とする。

① の両辺に $x=0$ を代入すると　$f(a)=f(0)+f(a)-1$

←両辺に $f(a)$ が出てきて消し合う。

よって　$\boldsymbol{f(0)=1}$

ゆえに，$f(x)=px^2+qx+1\ (p\neq 0)$ とすると　$f'(x)=2px+q$

よって　$f'(0)=q$　　$f'(0)=3$ から　$q=3$

$f(x)=px^2+3x+1$ と ① から

$$p(x+a)^2+3(x+a)+1=px^2+3x+1+pa^2+3a+1+4ax-1$$

←① は x，a についての恒等式。

整理すると

$$px^2+(2ap+3)x+pa^2+3a+1=px^2+(4a+3)x+pa^2+3a+1$$

これが x についての恒等式であるから，両辺の係数を比較して

←まず，x についての恒等式とみる。

$2ap+3=4a+3$　すなわち　$a(p-2)=0$

これが a についての恒等式であるから　$p=2$

←$p=2$ は $p\neq 0$ を満たす。

したがって　$\boldsymbol{f'(x)=4x+3}$，$\boldsymbol{f(x)=2x^2+3x+1}$

別解　第 7 章の積分法で学ぶ知識も利用する。$f(0)=1$ を求めるまでは同じ。

$$\boldsymbol{f'(x)}=\lim_{a\to 0}\frac{f(x+a)-f(x)}{a}=\lim_{a\to 0}\frac{f(a)+4ax-1}{a}$$

$$=\lim_{a\to 0}\frac{f(a)-1}{a}+\lim_{a\to 0}4x=\lim_{a\to 0}\frac{f(0+a)-f(0)}{a}+4x$$

$$=f'(0)+4x=\boldsymbol{4x+3}$$

←① から
$f(x+a)-f(x)$
$=f(a)+4ax-1$

よって　$f(x)=\int f'(x)dx=\int(4x+3)dx$

$=2x^2+3x+C$（C は積分定数）

←本冊 $p.370$，373 参照。
$F'(x)=f(x)$ のとき
$\int f(x)dx=F(x)+C$
（C は積分定数）

$f(0)=1$ であるから　$C=1$

したがって　$\boldsymbol{f(x)=2x^2+3x+1}$

EX ②130 曲線 $y=x^3-ax^2$（a は正の定数）において，接線の傾きが $-a$ となる点がただ 1 つしか存在しないとき，a の値を求めよ。また，このとき，この点における接線の方程式を求めよ。

〔北海道薬大〕

$y=x^3-ax^2$ から　$y'=3x^2-2ax$

$y'=-a$ とすると　$3x^2-2ax+a=0$ …… ①

① の判別式を D とすると　$\dfrac{D}{4}=(-a)^2-3\cdot a=a(a-3)$

$y'=-a$ となる点がただ 1 つしか存在しないとき，① の実数解は 1 個であるから，$D=0$ である。

←2 次方程式の実数解が 1 個 $\Longleftrightarrow D=0$

よって　$a(a-3)=0$　　$a>0$ であるから　$\boldsymbol{a=3}$

このとき，接点の x 座標は　$x=-\dfrac{-2\cdot 3}{2\cdot 3}=1$

接点の y 座標は　$y=1^3-3\cdot 1^2=-2$

←① の重解は
$x=-\dfrac{-2a}{2\cdot 3}=\dfrac{a}{3}$

よって，求める接線の方程式は

$y+2=-3(x-1)$　すなわち　$\boldsymbol{y=-3x+1}$

EX ③131 座標平面上の2つの曲線 $y=x^3-5x$ と $y=ax^2-5x$ は2つの共有点をもち，1つの共有点における各接線は直交している。このとき，a の値をすべて求めよ。〔類　福島県医大〕

$f(x)=x^3-5x$，$g(x)=ax^2-5x$ とする。

$f(x)=g(x)$ とすると，$x^3-5x=ax^2-5x$ から

$x^2(x-a)=0$　　よって　　$x=0,\ a$

2つの曲線は2つの共有点をもつから　　$a\neq0$

←$a=0$ のとき，共有点は1つになってしまう。

ここで　$f'(x)=3x^2-5$，$g'(x)=2ax-5$

$f'(0)=-5$，$g'(0)=-5$ であるから，$x=0$ の共有点における各接線は直交しない。

←$f(0)=g(0)$ かつ $f'(0)=g'(0)$ ⟺ 2つの曲線は $x=0$ の点で接する。

ゆえに，$x=a$ の共有点における各接線が直交するから

$f'(a)g'(a)=-1$

よって　　$(3a^2-5)(2a^2-5)=-1$

整理して　　$6a^4-25a^2+26=0$

ゆえに　　$(a^2-2)(6a^2-13)=0$

よって　　$\boldsymbol{a=\pm\sqrt{2},\ \pm\dfrac{\sqrt{78}}{6}}$

これらの a の値は0ではないから，適する。

EX ③132 関数 $f(x)=x^3-6x^2+4x+9$ の表す曲線上に異なる2点 $\mathrm{A}(a,\ f(a))$，$\mathrm{B}(b,\ f(b))$ をとる。点Aにおける曲線の接線 ℓ と点Bにおける曲線の接線 m が平行になるとき，次の問いに答えよ。
(1) b を a を用いて表せ。また，線分ABの中点の座標を求めよ。
(2) 接線 ℓ が点 $(2,\ -1)$ を通るとき，実数 a の値を求めよ。
(3) a が(2)で求めた値をとるとき，2接線 ℓ，m 間の距離を求めよ。〔類　北里大〕

(1) $f(x)=x^3-6x^2+4x+9$ から

$f'(x)=3x^2-12x+4$

接線 ℓ と接線 m が平行になるとき，$f'(a)=f'(b)$ であるから

←2直線が平行 ⟺ 傾きが一致 ⟺ 微分係数が一致

$3a^2-12a+4=3b^2-12b+4$

ゆえに　　$3(a^2-b^2)-12(a-b)=0$

よって　　$3(a-b)(a+b-4)=0$

$a\neq b$ であるから　　$a+b-4=0$　すなわち　$\boldsymbol{b=4-a}$

次に，線分ABの中点の座標は

$$\left(\frac{a+b}{2},\ \frac{f(a)+f(b)}{2}\right)$$

ここで，$a+b-4=0$ から　　$a+b=4$

また　$f(a)+f(b)$

$=(a^3+b^3)-6(a^2+b^2)+4(a+b)+9\cdot2$

$=(a+b)^3-3ab(a+b)-6\{(a+b)^2-2ab\}+4(a+b)+18$

$=4^3-3ab\cdot4-6(4^2-2ab)+4\cdot4+18=2$

したがって，線分ABの中点の座標は

$\left(\dfrac{4}{2},\ \dfrac{2}{2}\right)$　すなわち　$\boldsymbol{(2,\ 1)}$

(2) 接線 ℓ の方程式は

$$y-(a^3-6a^2+4a+9)=(3a^2-12a+4)(x-a)$$

←$y-f(a)=f'(a)(x-a)$

すなわち　$y=(3a^2-12a+4)x-2a^3+6a^2+9$ …… ①

この直線が点 $(2,\ -1)$ を通るとき

$$-1=2(3a^2-12a+4)-2a^3+6a^2+9$$

よって　$2a^3-12a^2+24a-18=0$

$$a^3-6a^2+12a-9=0$$

$$(a-3)(a^2-3a+3)=0$$

←因数定理による。

a は実数であるから　$\boldsymbol{a=3}$

←$a^2-3a+3=\left(a-\dfrac{3}{2}\right)^2+\dfrac{3}{4}>0$

(3) ① に $a=3$ を代入して　$y=-5x+9$

また，(1) から，$a=3$ のとき　$b=4-a=1$

$f(1)=1^3-6\cdot1^2+4\cdot1+9=8$ であるから　$\mathrm{B}(1,\ 8)$

$\ell /\!/ m$ であるから，2 接線 ℓ，m 間の距離は，直線 m 上の点 B と直線 ℓ すなわち $5x+y-9=0$ の距離を求めればよい。

←本冊 $p.144$ 基本例題 90 の指針参照。

よって　$\dfrac{|5\cdot1+8-9|}{\sqrt{5^2+1^2}}=\dfrac{4}{\sqrt{26}}=\boldsymbol{\dfrac{2\sqrt{26}}{13}}$

EX ③133 $f(x)=2x^2-4x+3$，$g(x)=-x^2-2x-2$ とする。放物線 $y=f(x)$ と放物線 $y=g(x)$ の両方に接する 2 本の直線の交点の座標を求めよ。

放物線 $y=f(x)$ 上の点 $(p,\ 2p^2-4p+3)$ における接線の方程式は，$f'(x)=4x-4$ から

$$y-(2p^2-4p+3)=(4p-4)(x-p)$$

←$y-f(p)=f'(p)(x-p)$

すなわち　$y=4(p-1)x-2p^2+3$

この直線が放物線 $y=g(x)$ に接するための条件は，方程式

$$4(p-1)x-2p^2+3=-x^2-2x-2$$

すなわち，$x^2+2(2p-1)x-2p^2+5=0$ …… ① が重解をもつことである。よって，① の判別式を D とすると　$D=0$

ここで　$\dfrac{D}{4}=(2p-1)^2-(-2p^2+5)=2(3p^2-2p-2)$

←**接する ⟺ 重解**

$D=0$ から　$3p^2-2p-2=0$ …… ②

② の判別式を D_1 とすると，$\dfrac{D_1}{4}=(-1)^2-3\cdot(-2)>0$ であるから，② は異なる 2 つの実数解をもち，それらを α，β とすると，解と係数の関係により

$$\alpha+\beta=\frac{2}{3},\quad \alpha\beta=-\frac{2}{3}$$

2 つの放物線 $y=f(x)$ と $y=g(x)$ の共通接線の方程式は

$$y=4(\alpha-1)x-2\alpha^2+3,\quad y=4(\beta-1)x-2\beta^2+3$$

この 2 直線の交点の x 座標は，y を消去すると

$$4(\alpha-1)x-2\alpha^2+3=4(\beta-1)x-2\beta^2+3$$

ゆえに　$4(\alpha-\beta)x=2(\alpha+\beta)(\alpha-\beta)$

$\alpha\neq\beta$ であるから　$x=\dfrac{\alpha+\beta}{2}=\dfrac{1}{2}\cdot\dfrac{2}{3}=\dfrac{1}{3}$

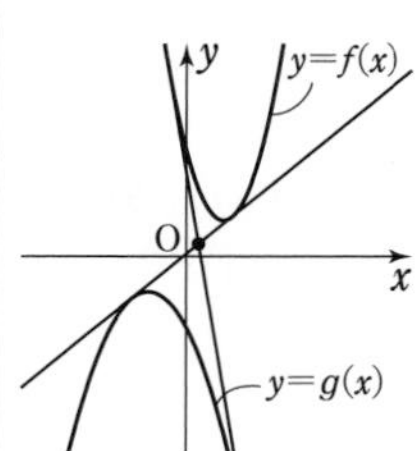

y 座標は　$y=4(\alpha-1)\cdot\dfrac{\alpha+\beta}{2}-2\alpha^2+3$

$=2\{\alpha\beta-(\alpha+\beta)\}+3$

$=2\left(-\dfrac{2}{3}-\dfrac{2}{3}\right)+3$

$=\dfrac{1}{3}$

したがって，求める交点の座標は　$\left(\dfrac{1}{3},\ \dfrac{1}{3}\right)$

EX ④134　$f(x)=(x-1)(x^2-5)$ とおく。2 つの曲線 $y=f(x)$，$y=f(x-k)$ が共有点をもち，その共有点における $y=f(x)$ の接線と $y=f(x-k)$ の接線が一致するような 0 でない定数 k の値を求めよ。〔日本女子大〕

$f(x)=x^3-x^2-5x+5$ であるから　$f'(x)=3x^2-2x-5$

また

$f(x-k)=(x-k)^3-(x-k)^2-5(x-k)+5$

$=x^3-(3k+1)x^2+(3k^2+2k-5)x-k^3-k^2+5k+5$

←$(a-b)^3=a^3-3a^2b+3ab^2-b^3$

$f(x-k)=g(x)$ とすると

$g'(x)=3x^2-2(3k+1)x+3k^2+2k-5$

題意を満たすための条件は，$f(p)=g(p)$，$f'(p)=g'(p)$ を満たす実数 p が存在することである。

←2 曲線 $y=f(x)$，$y=g(x)$ が，x 座標が p の点で接する条件。

$f(p)=g(p)$ から

$p^3-p^2-5p+5=p^3-(3k+1)p^2+(3k^2+2k-5)p-k^3-k^2+5k+5$

整理すると　$3kp^2-(3k^2+2k)p+k^3+k^2-5k=0$

$k\neq0$ であるから　$3p^2-(3k+2)p+k^2+k-5=0$ …… ①

$f'(p)=g'(p)$ から

$3p^2-2p-5=3p^2-2(3k+1)p+3k^2+2k-5$

整理すると　$6kp-3k^2-2k=0$

$k\neq0$ であるから　$6p-3k-2=0$

ゆえに　$p=\dfrac{3k+2}{6}$ …… ②

① に代入して

$3\cdot\left(\dfrac{3k+2}{6}\right)^2-(3k+2)\cdot\dfrac{3k+2}{6}+k^2+k-5=0$

両辺を 12 倍して整理すると　$3k^2-64=0$

よって　$\boldsymbol{k=\pm\sqrt{\dfrac{64}{3}}=\pm\dfrac{8\sqrt{3}}{3}}$

←この k の値に対し，② により実数 p も定まる。

この k の値は 0 ではないから，適する。

EX ③135　次の関数の極値を求め，そのグラフの概形をかけ。

(1)　$y=-x^4+2x^2-1$　(2)　$y=3x^4+8x^3-6x^2-24x$　(3)　$y=x^3-3x^2-3x-2$

(1)　$y'=-4x^3+4x=-4x(x^2-1)$

$=-4x(x+1)(x-1)$

$y'=0$ とすると　$x=0,\ \pm1$

y の増減表は次のようになる。

x	$\cdots$	-1	$\cdots$	0	$\cdots$	1	$\cdots$
y'	$+$	0	$-$	0	$+$	0	$-$
y	↗	極大 0	↘	極小 -1	↗	極大 0	↘

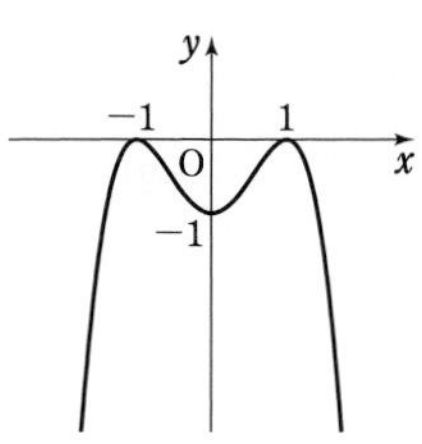

よって，y は　**$x=\pm1$ で極大値 0**

$x=0$ で極小値 -1

をとる。

また，**グラフは右の図** のようになる。

(2)　$y'=12x^3+24x^2-12x-24=12(x^3+2x^2-x-2)$

$=12(x+2)(x^2-1)=12(x+2)(x+1)(x-1)$

$y'=0$ とすると　　$x=-2,\ \pm1$

y の増減表は次のようになる。

x	$\cdots$	-2	$\cdots$	-1	$\cdots$	1	$\cdots$
y'	$-$	0	$+$	0	$-$	0	$+$
y	↘	極小 8	↗	極大 13	↘	極小 -19	↗

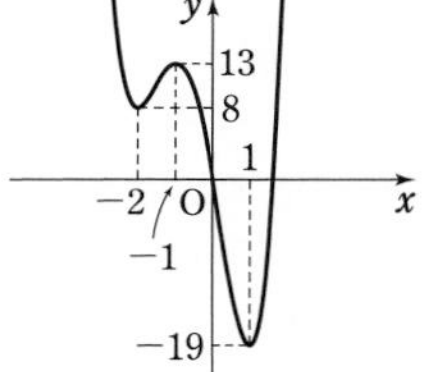

よって，y は　**$x=-1$ で極大値 13**

$x=-2$ で極小値 8

$x=1$ で極小値 -19

をとる。

また，**グラフは右の図** のようになる。

(3)　$y'=3x^2-6x-3=3(x^2-2x-1)$

$y'=0$ とすると　　$x^2-2x-1=0$

よって　　$x=-(-1)\pm\sqrt{(-1)^2-1\cdot(-1)}=1\pm\sqrt{2}$

y の増減表は次のようになる。

x	$\cdots$	$1-\sqrt{2}$	$\cdots$	$1+\sqrt{2}$	$\cdots$
y'	$+$	0	$-$	0	$+$
y	↗	極大	↘	極小	↗

㋐ は次の割り算から導かれる。

$$\begin{array}{r} x-1 \\ x^2-2x-1 \overline{\big) x^3-3x^2-3x-2} \\ \underline{x^3-2x^2\ \ -x} \\ -x^2-2x-2 \\ \underline{-x^2+2x+1} \\ -4x-3 \end{array}$$

ここで，$y=(x-1)(x^2-2x-1)-4x-3$ …… ㋐ であり，

$x=1\pm\sqrt{2}$ のとき，$x^2-2x-1=0$ が成り立ち

$y=-4x-3$

よって，y は

$x=1-\sqrt{2}$ で極大値

$y=-4(1-\sqrt{2})-3=\boldsymbol{-7+4\sqrt{2}}$，

$x=1+\sqrt{2}$ で極小値

$y=-4(1+\sqrt{2})-3=\boldsymbol{-7-4\sqrt{2}}$

をとる。

また，**グラフは右の図** のようになる。

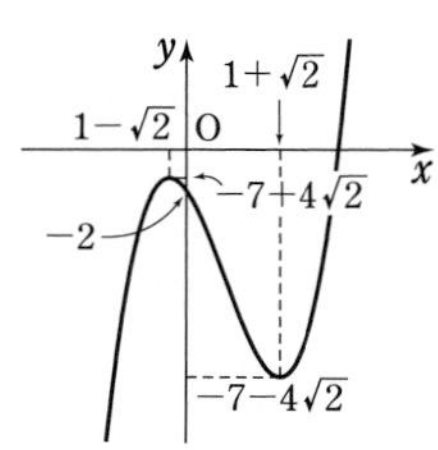

←極値は $x=1\pm\sqrt{2}$ を直接代入して求めてもよいが，$x=1\pm\sqrt{2}$ のとき $y'=0$ すなわち $x^2-2x-1=0$ であることと，割り算の等式から導かれる式 ㋐ を利用すると，**次数を下げる** ことができて，らくに極値を求められる。

EX ②136　$y=|x+2|(x-1)^2$ のグラフをかけ。

[1] $x<-2$ のとき

$$y=-(x+2)(x-1)^2=-x^3+3x-2$$

ゆえに　$y'=-3x^2+3=-3(x+1)(x-1)$

$x<-2$ では，常に $y'<0$ であるから，y は単調に減少する。

[2] $x\geqq -2$ のとき

$$y=(x+2)(x-1)^2=x^3-3x+2$$

ゆえに　$y'=3x^2-3=3(x+1)(x-1)$

$y'=0$ とすると　$x=\pm 1$

$x\geqq -2$ における y の増減表は次のようになる。

x	-2	$\cdots$	-1	$\cdots$	1	$\cdots$
y'		$+$	0	$-$	0	$+$
y	0	↗	極大 4	↘	極小 0	↗

以上から，グラフは **右の図** のようになる。

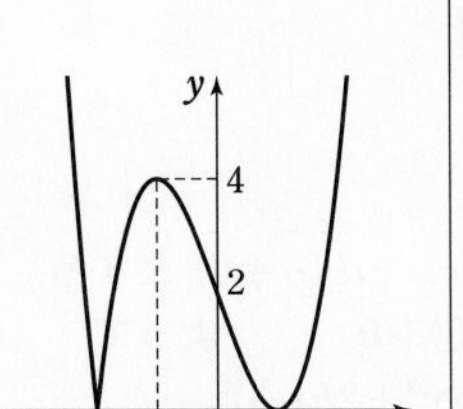

←$|A|=\begin{cases} A & (A\geqq 0) \\ -A & (A<0) \end{cases}$

$x+2=0$ の解 $x=-2$ が場合の分かれ目。

検討

$(x-1)^2=|x-1|^2$ とみると　$y=|(x+2)(x-1)^2|$

よって，$y=(x+2)(x-1)^2$ のグラフをかいて，x 軸より下側の部分を x 軸に関して対称に折り返すと，求めるグラフが得られる。

EX ③137

関数 $f(x)=x^3-ax^2+b$ の極大値が 5，極小値が 1 となるとき，定数 a，b の値を求めよ。〔岡山大〕

$f'(x)=3x^2-2ax=x(3x-2a)$

$f'(x)=0$ とすると　$x=0,\ \dfrac{2}{3}a$

[1] $a=0$ のとき　$f'(x)=3x^2\geqq 0$

よって，$f(x)$ は単調に増加するから，極値をもたない。

したがって，この場合は不適。

[2] $a>0$ のとき

$f(x)$ の増減表は右のようになる。よって，求める条件は

x	$\cdots$	0	$\cdots$	$\frac{2}{3}a$	$\cdots$
$f'(x)$	$+$	0	$-$	0	$+$
$f(x)$	↗	極大	↘	極小	↗

$$f(0)=5,\ f\left(\frac{2}{3}a\right)=1$$

$f(0)=5$ から　$b=5$　…… ①

$f\left(\dfrac{2}{3}a\right)=1$ から　$-\dfrac{4}{27}a^3+b=1$　…… ②

① を ② に代入して整理すると　$a^3=27$

a は実数であるから　$a=3$　これは $a>0$ を満たす。

←$a^3-27=(a-3)(a^2+3a+9)$

[3] $a<0$ のとき

$f(x)$ の増減表は右のようになる。よって，求める条件は

x	$\cdots$	$\frac{2}{3}a$	$\cdots$	0	$\cdots$
$f'(x)$	$+$	0	$-$	0	$+$
$f(x)$	↗	極大	↘	極小	↗

$$f\left(\frac{2}{3}a\right)=5,\ f(0)=1$$

$f\left(\dfrac{2}{3}a\right)=5$ から　$-\dfrac{4}{27}a^3+b=5$　…… ③

$f(0)=1$ から　$b=1$　…… ④

④ を ③ に代入して整理すると　$a^3=-27$

a は実数であるから　$a=-3$

これは $a<0$ を満たす。

以上から　**$a=3$，$b=5$　または　$a=-3$，$b=1$**

←a^3+27
$=(a+3)(a^2-3a+9)$

EX ③138　3次関数 $y=ax^3+bx^2+cx+d$ のグラフが右の図のようになるとき，a, b, c, d の値の符号をそれぞれ求めよ。ただし，図中の黒丸は極値をとる点を表している。

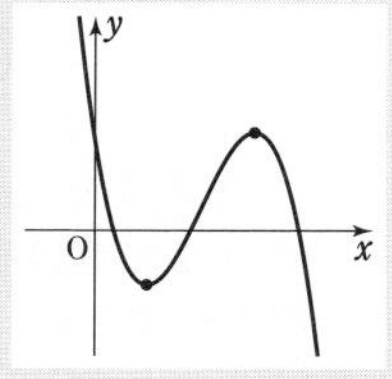

$f(x)=ax^3+bx^2+cx+d\ (a\neq 0)$ とする。

グラフから　$f(0)>0$　　よって　$d>0$

また　$f'(x)=3ax^2+2bx+c$

$f'(0)=c$ であり，図より，$y=f(x)$ のグラフの $x=0$ における接線の傾きは負であるから　$c<0$

←本冊 $p.342$ の内容から $a<0$ を導くこともできるが，このことを用いない解答とした。

図から，$f(x)$ は極値を2つもち，極値をとる x の値はどちらも正である。よって，方程式 $f'(x)=0$ は異なる2つの実数解をもち，それらを α, $\beta\ (0<\alpha<\beta)$ とすると，$f(x)$ の増減表は次のようになる。……（＊）

←極値をとる x の値の符号に注目。

x	…	α	…	β	…
$f'(x)$	$-$	0	$+$	0	$-$
$f(x)$	↘	極小	↗	極大	↘

増減表と $0<\alpha<\beta$ より，$y=f'(x)$ のグラフは右の図のような上に凸の放物線となるから　$a<0$

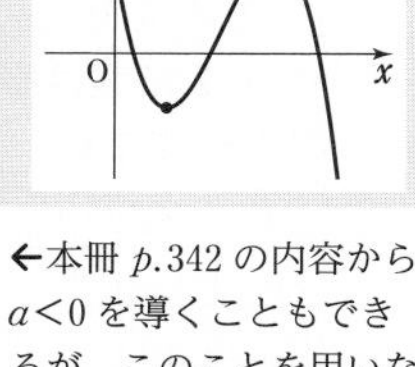

←$f(x)$ は3次関数 ⟶ $f'(x)$ は2次関数。

また，$y=f'(x)$ のグラフの頂点の x 座標は　$x=-\dfrac{b}{3a}$

←$x=-\dfrac{2b}{2\cdot 3a}$

頂点の x 座標は正であるから

←$y=f'(x)$ のグラフから。

$$-\frac{b}{3a}>0\quad すなわち\quad \frac{b}{3a}<0$$

$a<0$ であるから　$b>0$

以上から　**a：負，b：正，c：負，d：正**

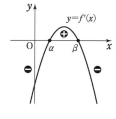

別解　（＊）の後，a, b の符号を次のように求めてもよい。

$f'(x)=0$ すなわち $3ax^2+2bx+c=0$ の2つの解が α, β であるから，解と係数の関係により　$\alpha+\beta=-\dfrac{2b}{3a}$，$\alpha\beta=\dfrac{c}{3a}$

$\alpha>0$, $\beta>0$ であるから　$\alpha+\beta>0$, $\alpha\beta>0$

よって　$-\dfrac{2b}{3a}>0$ …… ①，$\dfrac{c}{3a}>0$ …… ②

$c<0$ と ② から　**$a<0$**

ゆえに，① から　**$b>0$**

←① から　$\dfrac{b}{a}<0$

検討　$a<0$, $b>0$, $c<0$, $d>0$ は，関数 $y=f(x)$ のグラフが問題文の図のようになるための必要条件であるが，十分条件ではないことに注意。例えば，$a=-1$，$b=3$，$c=-3$，$d=2$ すなわち $f(x)=-x^3+3x^2-3x+2$ のとき，$f'(x)=-3(x-1)^2$ から，$y=f(x)$ のグラフは右の図のようになり，極値をもたない。

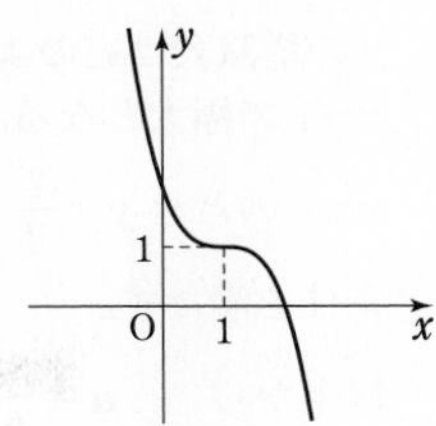

なお，極値をもつためには，$f'(x)=0$ の判別式 D について $D>0$ を満たす必要がある。

EX ④139　3 次関数 $y=ax^3+bx^2+cx+d$ のグラフは，点 $(3,\ -2)$ に関して対称であり，$x=1$ で極大値 $\dfrac{2}{3}$ をとる。このとき，a，b，c，d の値を求めよ。〔福島大〕

$y=ax^3+bx^2+cx+d$ から　　$y'=3ax^2+2bx+c$

3 次関数のグラフ上の点 $(t,\ at^3+bt^2+ct+d)$ の，点 $(3,\ -2)$ に関して対称な点を $\mathrm{P}(r,\ s)$ とすると

$$\frac{t+r}{2}=3,\quad \frac{at^3+bt^2+ct+d+s}{2}=-2$$

←点 A に関して 2 点 P，Q が対称 $\Longleftrightarrow$ A は線分 PQ の中点

よって　　$r=6-t$，$s=-at^3-bt^2-ct-d-4$

点 P は 3 次関数のグラフ上にあるから

$$-at^3-bt^2-ct-d-4=a(6-t)^3+b(6-t)^2+c(6-t)+d$$

右辺を展開して整理すると

$$2(9a+b)t^2-12(9a+b)t+2(108a+18b+3c+d+2)=0$$

←$(6-t)^3=6^3-3\cdot6^2t+3\cdot6\cdot t^2-t^3$

これが t の恒等式となるから

$$9a+b=0 \quad \cdots\cdots ①,\quad 108a+18b+3c+d+2=0 \quad \cdots\cdots ②$$

また，$x=1$ で極大値 $\dfrac{2}{3}$ をとるから

$x=1$ のとき　　$y'=0$，$y=\dfrac{2}{3}$

ゆえに　　$3a+2b+c=0 \quad \cdots\cdots ③$，$a+b+c+d=\dfrac{2}{3} \quad \cdots\cdots ④$

←連立方程式 ①～④ を解く。①，③，④ から b，c，d を a で表し，それらを ② に代入する方針。

①，③ から　　$b=-9a \quad \cdots\cdots ⑤$，$c=15a \quad \cdots\cdots ⑥$

よって，④ から　　$d=\dfrac{2}{3}-a+9a-15a=\dfrac{2}{3}-7a \quad \cdots\cdots ⑦$

② と ⑤～⑦ から　　$108a-162a+45a+\left(\dfrac{2}{3}-7a\right)+2=0$

ゆえに　　$-16a+\dfrac{8}{3}=0$　　　よって　　$a=\dfrac{1}{6}$

⑤～⑦ から　　$b=-\dfrac{3}{2}$，$c=\dfrac{5}{2}$，$d=-\dfrac{1}{2}$

逆に，このとき

$$y=\frac{1}{6}x^3-\frac{3}{2}x^2+\frac{5}{2}x-\frac{1}{2},$$

$$y'=\frac{1}{2}x^2-3x+\frac{5}{2}=\frac{1}{2}(x-1)(x-5)$$

←$x=1$ のとき $y'=0$ は必要条件。よって，$f(x)$ の式に得られた a，b，c，d の値を代入して，十分条件であることを確かめる。

y の増減表は右のようになり，
$x=1$ で極大となる。また，
$x=1$ のとき $y=\frac{2}{3}$ となり，
条件を満たす。

x	$\cdots$	1	$\cdots$	5	$\cdots$
$f'(x)$	+	0	−	0	+
$f(x)$	↗	極大	↘	極小	↗

以上から　　$\boldsymbol{a=\frac{1}{6},\ b=-\frac{3}{2},\ c=\frac{5}{2},\ d=-\frac{1}{2}}$

別解　極大となる点 $\mathrm{B}\left(1,\ \frac{2}{3}\right)$ の，点 $\mathrm{A}(3,\ -2)$ に関して対称な点を $\mathrm{C}(p,\ q)$ とすると，線分 BC の中点が A であるから

←3 次関数のグラフは極値をとる 2 点を結ぶ線分の中点に関して対称であることを利用する。この解法の方が計算はらく。

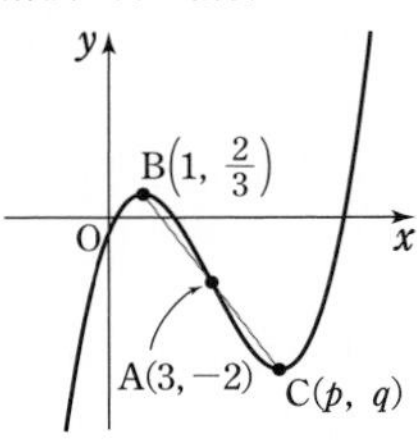

$$\frac{1+p}{2}=3,\ \frac{\frac{2}{3}+q}{2}=-2\qquad よって\qquad p=5,\ q=-\frac{14}{3}$$

3 次関数 $y=ax^3+bx^2+cx+d$ のグラフは，点 A に関して対称であるから，点 C で極小となる。

すなわち，$x=5$ で極小値 $-\frac{14}{3}$ をとる。

ゆえに，2 次方程式 $y'=0$ すなわち $3ax^2+2bx+c=0$ の 2 つの解が $x=1,\ 5$ である。

解と係数の関係から　　$1+5=-\frac{2b}{3a},\ 1\cdot5=\frac{c}{3a}$

よって　　$b=-9a,\ c=15a$ …… Ⓐ

このとき，$y=a(x^3-9x^2+15x)+d$ であり，

$x=1$ のとき $y=\frac{2}{3}$，$x=5$ のとき $y=-\frac{14}{3}$ から

$$a\cdot7+d=\frac{2}{3},\ a\cdot(-25)+d=-\frac{14}{3}$$

これを解いて　　$a=\frac{1}{6},\ d=-\frac{1}{2}$

また，Ⓐ から　　$b=-\frac{3}{2},\ c=\frac{5}{2}$

このとき，$f(x)$ は条件を満たす。

以上から　　$\boldsymbol{a=\frac{1}{6},\ b=-\frac{3}{2},\ c=\frac{5}{2},\ d=-\frac{1}{2}}$

EX ③140

$a,\ b$ を実数とする。関数 $f(x)=x^3-ax^2+bx+1$ について，次の問いに答えよ。
(1) $f(x)$ が極大値と極小値をもつための $a,\ b$ の条件を求めよ。
(2) $f(x)$ が極大値と極小値をもつとき，極大値と極小値の平均が 1 となるための $a,\ b$ の条件式が表す図形を，ab 平面上に図示せよ。　〔類 茨城大〕

(1) $f'(x)=3x^2-2ax+b$

$f(x)$ が極大値と極小値をもつための条件は，2 次方程式 $f'(x)=0$ すなわち $3x^2-2ax+b=0$ …… ① が異なる 2 つの実数解をもつことである。

よって，① の判別式を D とすると　　$D>0$

←3 次関数 $f(x)$ が極値をもつ
$\Longleftrightarrow$ $f'(x)=0$ が異なる 2 つの実数解をもつ
$\Longleftrightarrow$ $D>0$

ここで　$\dfrac{D}{4}=(-a)^2-3\cdot b=a^2-3b$

ゆえに，求める条件は　$\boldsymbol{a^2-3b>0}$

(2) ① の異なる 2 つの解を α，β とすると，極大値と極小値の平均は $\dfrac{f(\alpha)+f(\beta)}{2}$ である。

←$\alpha<\beta$ ならば，$f(\alpha)$ が極大値，$f(\beta)$ が極小値である。

① において，解と係数の関係から　$\alpha+\beta=\dfrac{2}{3}a$，$\alpha\beta=\dfrac{b}{3}$

よって　$f(\alpha)+f(\beta)$

$=(\alpha^3+\beta^3)-a(\alpha^2+\beta^2)+b(\alpha+\beta)+2$

$=(\alpha+\beta)^3-3\alpha\beta(\alpha+\beta)-a\{(\alpha+\beta)^2-2\alpha\beta\}+b(\alpha+\beta)+2$

$=\dfrac{8}{27}a^3-\dfrac{2}{3}ab-a\left(\dfrac{4}{9}a^2-\dfrac{2}{3}b\right)+\dfrac{2}{3}ab+2$

$=-\dfrac{4}{27}a^3+\dfrac{2}{3}ab+2$

←$\dfrac{f(\alpha)+f(\beta)}{2}=-\dfrac{2}{27}a^3+\dfrac{1}{3}ab+1$

極大値と極小値の平均が 1 のとき，$\dfrac{f(\alpha)+f(\beta)}{2}=1$ から

$$-\frac{2}{27}a^3+\frac{1}{3}ab+1=1$$

←両辺に 27 を掛けて分母を払う。

ゆえに　$a(2a^2-9b)=0$

よって　$a=0$ または $b=\dfrac{2}{9}a^2$ ……②

$f(x)$ は極大値と極小値をもつから，(1) より　$a^2-3b>0$

すなわち　$b<\dfrac{a^2}{3}$ ……③

求める図形は，②，③ それぞれが表す図形の共通部分であるから，**右の図の実線部分** である。
ただし，原点は含まない。

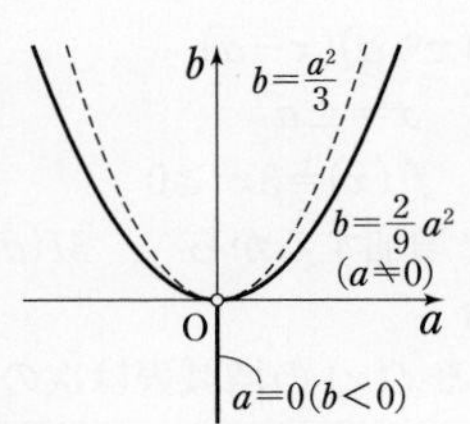

←② が表す図形は，直線 $a=0$ と放物線 $b=\dfrac{2}{9}a^2$ を合わせたもの。③ が表す図形は，放物線 $b=\dfrac{a^2}{3}$ の下側の部分。

EX ③141 関数 $f(x)=3x^4+4(3-a)x^3+12(1-a)x^2\ (a\geqq0)$ について，$f(x)$ が極小となる x の値とそのときの極小値を求めよ。

$f'(x)=12x^3+12(3-a)x^2+24(1-a)x$

$=12x\{x^2+(3-a)x+2(1-a)\}$

$=12x(x+2)(x+1-a)$

$f'(x)=0$ とすると　$x=-2,\ 0,\ a-1$

[1] $0\leqq a<1$ のとき　$-1\leqq a-1<0$

増減表は次のようになる。

x	…	-2	…	$a-1$	…	0	…
$f'(x)$	$-$	0	$+$	0	$-$	0	$+$
$f(x)$	↘	極小	↗	極大	↘	極小	↗

[1]

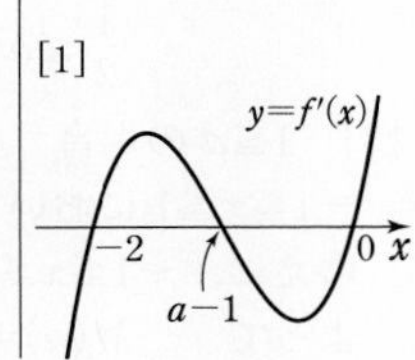

[2]　$a=1$ のとき

$a-1=0$

増減表は右のようになる。

x	$\cdots$	-2	$\cdots$	0	$\cdots$
$f'(x)$	$-$	0	$+$	0	$+$
$f(x)$	↘	極小	↗	0	↗

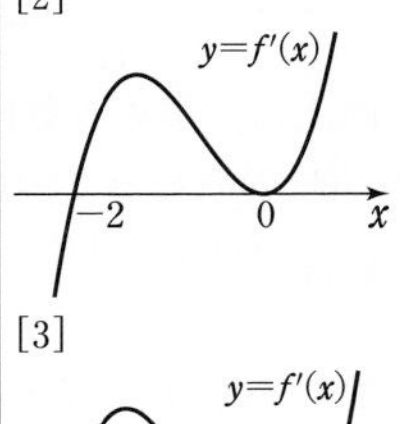

[3]　$1<a$ のとき　　$0<a-1$

増減表は次のようになる。

x	$\cdots$	-2	$\cdots$	0	$\cdots$	$a-1$	$\cdots$
$f'(x)$	$-$	0	$+$	0	$-$	0	$+$
$f(x)$	↘	極小	↗	極大	↘	極小	↗

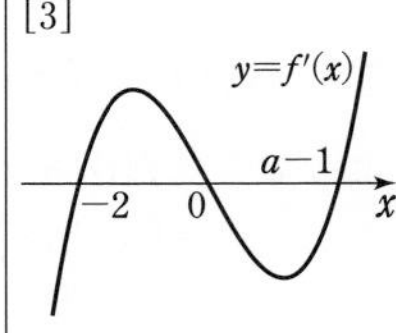

$f(x)=x^2\{3x^2+4(3-a)x+12(1-a)\}$

$=x^2\{3(x+2)^2-4a(x+3)\}$

であるから

$f(-2)=(-2)^2\cdot(-4a\cdot1)=-16a,\quad f(0)=0$

$f(a-1)=(a-1)^2\{3(a+1)^2-4a(a+2)\}$

$=-(a-1)^2(a^2+2a-3)$

$=-(a-1)^3(a+3)$

以上から

$0\leqq a<1$ のとき　$x=-2$ で極小値 $-16a$，$x=0$ で極小値 0；

$a=1$ のとき　$x=-2$ で極小値 -16；

$a>1$ のとき　$x=-2$ で極小値 $-16a$，$x=a-1$ で極小値 $-(a-1)^3(a+3)$

EX ④142　定数 a に対し，関数 $f(x)=x^3-3a^2x$ の $-1\leqq x\leqq1$ における最大値を $M(a)$ とする。a が実数全体を動くときの $M(a)$ の最小値を求めよ。〔中央大〕

$f'(x)=3x^2-3a^2=3(x+a)(x-a)$

$f'(x)=0$ とすると　　$x=\pm a$

[1]　$a=0$ の場合　　$f'(x)=3x^2\geqq0$

$f(x)$ は常に単調に増加するから　　$M(a)=f(1)=1$

[2]　$0<a<1$ の場合

$-1\leqq x\leqq1$ における $f(x)$ の増減表は次のようになる。

x	-1	$\cdots$	$-a$	$\cdots$	a	$\cdots$	1
$f'(x)$		$+$	0	$-$	0	$+$	
$f(x)$	$-1+3a^2$	↗	極大 $2a^3$	↘	極小 $-2a^3$	↗	$1-3a^2$

ゆえに，最大値は　　$f(-a)=2a^3$　または　$f(1)=1-3a^2$

ここで　　$f(-a)-f(1)=2a^3-(1-3a^2)=(a+1)^2(2a-1)$

よって　　$0<a<\dfrac{1}{2}$ のとき　$M(a)=f(1)=1-3a^2$

$\dfrac{1}{2}\leqq a<1$ のとき　$M(a)=f(-a)=2a^3$

[2] の場合，グラフは次のいずれかの形になる。

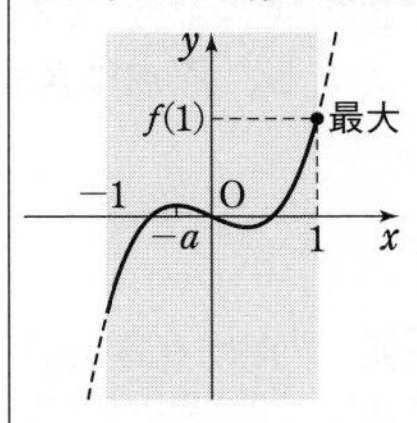

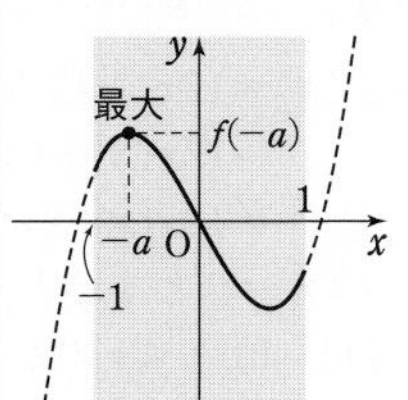

[3]　$1\leqq a$ の場合

$-1\leqq x\leqq1$ において　　$f'(x)\leqq0$

ゆえに，$-1\leqq x\leqq1$ で $f(x)$ は単調に減少する。

よって　　$M(a)=f(-1)=-1+3a^2$

[4] $a<0$ の場合

[2], [3] において, a の代わりに $-a$, $-a$ の代わりに a と考えればよい。

したがって, この場合の最大値は

$-\frac{1}{2}<a<0$ のとき　$M(a)=f(1)=1-3a^2$

$-1<a\leqq-\frac{1}{2}$ のとき　$M(a)=f(a)=-2a^3$

$a\leqq-1$ のとき　$M(a)=f(-1)=-1+3a^2$

以上から, $y=M(a)$ のグラフは右の図のようになる。

よって, 図から, $M(a)$ は $\boldsymbol{a=\pm\frac{1}{2}}$ で 最小となり, **最小値は**　$M\left(\pm\frac{1}{2}\right)=\pm2\cdot\left(\pm\frac{1}{2}\right)^3=\boldsymbol{\frac{1}{4}}$　(複号同順)

←$f(x)=x^3-3|a|^2x$ とみることができる。

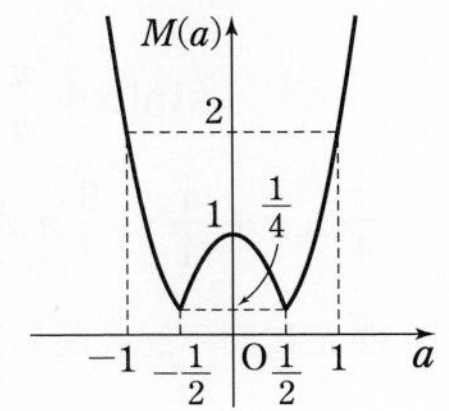

EX ③143

次の関数について, [ ] 内のものを求めよ。ただし, 最大値や最小値をとるときの x の値も求めよ。

(1) $y=\sin^3x+\cos^3x\ (0\leqq x<2\pi)$　[最大値と最小値]　〔類 公立はこだて未来大〕

(2) $y=8^x+8^{-x}-12(2^x+2^{-x})+1$　[最小値]　〔類 明治薬大〕

(1) $y=\sin^3x+\cos^3x$

$=(\sin x+\cos x)(\sin^2x-\sin x\cos x+\cos^2x)$

$=(\sin x+\cos x)(1-\sin x\cos x)$

$t=\sin x+\cos x$ とおくと　$t^2=1+2\sin x\cos x$

ゆえに　$\sin x\cos x=\frac{t^2-1}{2}$

よって, y を t の式で表すと

$$y=t\left(1-\frac{t^2-1}{2}\right)=\frac{3t-t^3}{2}$$

ここで, $t=\sqrt{2}\sin\left(x+\frac{\pi}{4}\right)$ であり, $\frac{\pi}{4}\leqq x+\frac{\pi}{4}<\frac{9}{4}\pi$ であるから　$-1\leqq\sin\left(x+\frac{\pi}{4}\right)\leqq1$　ゆえに　$-\sqrt{2}\leqq t\leqq\sqrt{2}$

$y=\frac{3t-t^3}{2}$ から　$y'=\frac{3-3t^2}{2}=-\frac{3}{2}(t^2-1)$

$=-\frac{3}{2}(t+1)(t-1)$

$y'=0$ とすると　$t=\pm1$

$-\sqrt{2}\leqq t\leqq\sqrt{2}$ における y の増減表は次のようになる。

t	$-\sqrt{2}$	$\cdots$	-1	$\cdots$	1	$\cdots$	$\sqrt{2}$
y'		$-$	0	$+$	0	$-$	
y	$-\frac{\sqrt{2}}{2}$	↘	極小 -1	↗	極大 1	↘	$\frac{\sqrt{2}}{2}$

よって, y は $t=1$ で最大値 1, $t=-1$ で最小値 -1 をとる。

←$a^3+b^3=(a+b)(a^2-ab+b^2)$

←$\sin^2x+\cos^2x=1$

なお, $y=(\sin x+\cos x)^3-3\sin x\cos x(\sin x+\cos x)$ と変形してもよい。

おき換え 変域が変わることに注意
(三角関数の合成を利用。)

最大・最小 極値と端の値をチェック

$t=1$ のとき，$\sqrt{2}\sin\left(x+\frac{\pi}{4}\right)=1$ から　　$\sin\left(x+\frac{\pi}{4}\right)=\frac{1}{\sqrt{2}}$

←最大値，最小値をとるときの x の値を求める。

$\frac{\pi}{4}\leqq x+\frac{\pi}{4}<\frac{9}{4}\pi$ から　　$x+\frac{\pi}{4}=\frac{\pi}{4},\ \frac{3}{4}\pi$

ゆえに　　$x=0,\ \frac{\pi}{2}$

$t=-1$ のとき，$\sqrt{2}\sin\left(x+\frac{\pi}{4}\right)=-1$ から

$$\sin\left(x+\frac{\pi}{4}\right)=-\frac{1}{\sqrt{2}}$$

$\frac{\pi}{4}\leqq x+\frac{\pi}{4}<\frac{9}{4}\pi$ から　　$x+\frac{\pi}{4}=\frac{5}{4}\pi,\ \frac{7}{4}\pi$

ゆえに　　$x=\pi,\ \frac{3}{2}\pi$

よって　　**$x=0,\ \frac{\pi}{2}$ で最大値 1；$x=\pi,\ \frac{3}{2}\pi$ で最小値 -1**

(2)　$t=2^x+2^{-x}$ とおくと

$$\begin{aligned}8^x+8^{-x}&=(2^x)^3+(2^{-x})^3\\&=(2^x+2^{-x})^3-3\cdot2^x\cdot2^{-x}(2^x+2^{-x})\\&=t^3-3t\end{aligned}$$

←$a^3+b^3=(a+b)^3-3ab(a+b)$

よって，y を t の式で表すと

$$y=(t^3-3t)-12t+1=t^3-15t+1$$

ここで，$2^x>0$，$2^{-x}>0$ から，(相加平均)≧(相乗平均) により

$$2^x+2^{-x}\geqq2\sqrt{2^x\cdot2^{-x}}=2$$

おき換え 範囲が変わることに注意

$a>0$，$b>0$ のとき

$$\frac{a+b}{2}\geqq\sqrt{ab}$$

等号成立は $a=b$ のとき。

すなわち　　$t\geqq2$

等号は $2^x=2^{-x}$，すなわち $x=-x$ から $x=0$ のとき成り立つ。

$y=t^3-15t+1$ から　　$y'=3t^2-15=3(t^2-5)$

$y'=0$ とすると，$t\geqq2$ から　　$t=\sqrt{5}$

$t\geqq2$ における y の増減表は右のようになる。

ゆえに，y は $t=\sqrt{5}$ で最小値 $1-10\sqrt{5}$ をとる。

t	2	…	$\sqrt{5}$	…
y'		$-$	0	$+$
y	-21	↘	極小 $1-10\sqrt{5}$	↗

$t=\sqrt{5}$ のとき　$2^x+2^{-x}=\sqrt{5}$

両辺に 2^x を掛けて　　$(2^x)^2-\sqrt{5}\cdot2^x+1=0$

←2^x の 2 次方程式。

よって　　$2^x=\frac{-(-\sqrt{5})\pm\sqrt{(-\sqrt{5})^2-4\cdot1\cdot1}}{2\cdot1}=\frac{\sqrt{5}\pm1}{2}$

これは $2^x>0$ を満たす。

ゆえに　　$x=\log_2\frac{\sqrt{5}\pm1}{2}$

したがって　　**$x=\log_2\frac{\sqrt{5}\pm1}{2}$ で最小値 $1-10\sqrt{5}$**

EX ③**144** 関数 $y=2\sin 3x+\cos 2x-2\sin x+a$ の最小値の絶対値が，最大値と一致するように，定数 a の値を定めよ。 〔信州大〕

$$y=2(3\sin x-4\sin^3 x)+(1-2\sin^2 x)-2\sin x+a$$
$$=-8\sin^3 x-2\sin^2 x+4\sin x+a+1$$

←3 倍角の公式と 2 倍角の公式を利用。

$\sin x=t$ とおくと $-1\leqq t\leqq 1$

←おき換えによって，とりうる値の範囲も変わる。

また，$f(t)=-8t^3-2t^2+4t+a+1$ とすると

$$f'(t)=-24t^2-4t+4=-4(6t^2+t-1)$$
$$=-4(2t+1)(3t-1)$$

$-1\leqq t\leqq 1$ における $f(t)$ の増減表は次のようになる。

←最大・最小 極値と端の値をチェック

t	-1	$\cdots$	$-\frac{1}{2}$	$\cdots$	$\frac{1}{3}$	$\cdots$	1
$f'(t)$		$-$	0	$+$	0	$-$	
$f(t)$	$a+3$	↘	$a-\frac{1}{2}$	↗	$a+\frac{49}{27}$	↘	$a-5$

ここで，$a+\frac{49}{27}<a+3$，$a-5<a-\frac{1}{2}$ であるから，$f(t)$ の

最大値は $a+3$， 最小値は $a-5$

最小値の絶対値が最大値と一致する条件は

$$|a-5|=a+3$$

←この両辺を 2 乗して解いてもよい。

[1] $a\geqq 5$ のとき $a-5=a+3$

これを満たす a は存在しない。

←$0=8$ となり不合理。

[2] $a<5$ のとき $-(a-5)=a+3$

よって $a=1$ これは $a<5$ を満たす。

[1]，[2] から $\boldsymbol{a=1}$

EX ②**145** a は実数の定数とする。x についての 3 次方程式 $x^3-3x^2+a-5=0$ が異なる 2 つの正の実数解をもつとき，a の値の範囲を求めよ。 〔星薬大〕

方程式を変形すると $-x^3+3x^2+5=a$

←定数を分離。

$f(x)=-x^3+3x^2+5$ とすると，求める条件は，関数 $y=f(x)$ のグラフと直線 $y=a$ が，$x>0$ で異なる 2 つの共有点をもつことである。

←方程式 $f(x)=a$ の実数解は，関数 $y=f(x)$ のグラフと直線 $y=a$ の共有点の x 座標と一致する。

$f'(x)=-3x^2+6x=-3x(x-2)$

$f'(x)=0$ とすると $x=0,\ 2$

$f(x)$ の増減表は次のようになる。

x	$\cdots$	0	$\cdots$	2	$\cdots$
$f'(x)$	$-$	0	$+$	0	$-$
$f(x)$	↘	極小 5	↗	極大 9	↘

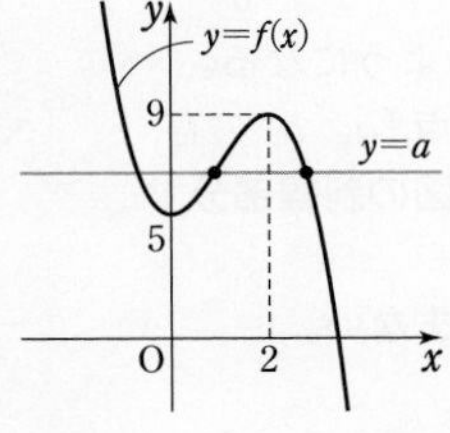

よって，$y=f(x)$ のグラフは右の図のようになる。

このグラフと直線 $y=a$ が $x>0$ で異なる 2 つの共有点をもつような a の値の範囲は $\boldsymbol{5<a<9}$

←$x>0$ の範囲での共有点の個数に注目。

6章 EX〔微分法〕

EX ③146 a, b は実数とする。3 次方程式 $x^3-3ax^2+a+b=0$ が 3 個の相異なる実数解をもち，そのうち 1 個だけが負となるための a, b の満たす条件を求めよ。また，その条件を満たす点 $(a,\ b)$ の存在する領域を ab 平面上に図示せよ。〔学習院大〕

$f(x)=x^3-3ax^2+a+b$ とする。

与えられた 3 次方程式の実数解は，$y=f(x)$ のグラフと x 軸の共有点の x 座標と一致する。

$$f'(x)=3x^2-6ax=3x(x-2a)$$

$f'(x)=0$ とすると　　$x=0,\ 2a$

[1]　$a>0$ のとき

$f(x)$ の増減表は右のようになる。

x	$\cdots$	0	$\cdots$	$2a$	$\cdots$
$f'(x)$	$+$	0	$-$	0	$+$
$f(x)$	↗	極大	↘	極小	↗

ゆえに，方程式 $f(x)=0$ が 3 個の相異なる実数解をもつための条件は　　$f(0)>0$　かつ　$f(2a)<0$

このとき，3 個の実数解のうち，1 個は負となる。

[2]　$a=0$ のとき　　$f'(x)=3x^2\geqq 0$

よって，$f(x)$ は常に単調に増加するから，方程式 $f(x)=0$ が 3 個の相異なる実数解をもつことはない。

[3]　$a<0$ のとき

$f(x)$ の増減表は右のようになる。

x	$\cdots$	$2a$	$\cdots$	0	$\cdots$
$f'(x)$	$+$	0	$-$	0	$+$
$f(x)$	↗	極大	↘	極小	↗

ゆえに，方程式 $f(x)=0$ が 3 個の相異なる実数解をもつための条件は　　$f(2a)>0$　かつ　$f(0)<0$

このとき，3 個の実数解のうち，2 個は負となる。

[1]～[3] から，a, b の満たす条件は，[1] の場合で

$$a>0 \quad かつ \quad f(0)>0 \quad かつ \quad f(2a)<0$$

すなわち　$a>0$　かつ　$a+b>0$　かつ　$-4a^3+a+b<0$

よって　　**$a>0$　かつ　$b>-a$　かつ　$b<4a^3-a$**

ここで，$g(a)=4a^3-a$ とすると

$$g'(a)=12a^2-1$$

$g'(a)=0$ とすると　　$a=\pm\dfrac{\sqrt{3}}{6}$

a	$\cdots$	$-\dfrac{\sqrt{3}}{6}$	$\cdots$	$\dfrac{\sqrt{3}}{6}$	$\cdots$
$g'(a)$	$+$	0	$-$	0	$+$
$g(a)$	↗	$\dfrac{\sqrt{3}}{9}$	↘	$-\dfrac{\sqrt{3}}{9}$	↗

$g(a)$ の増減表は右のようになる。

したがって，求める点 $(a,\ b)$ の存在する領域は，**右の図の斜線部分**である。

ただし，境界線を含まない。

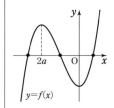

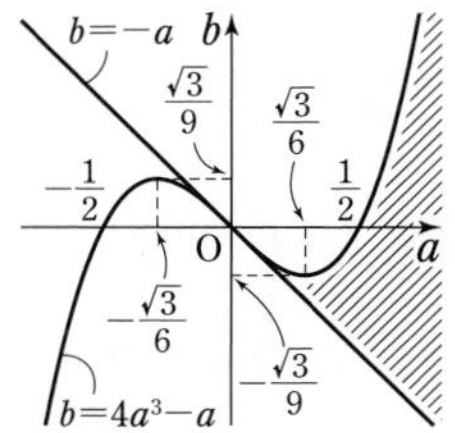

参考　$g'(0)=-1$ であるから，直線 $b=-a$ は，原点において，曲線 $b=g(a)$ に接する。

EX ④147

t を実数の定数として，2 つの関数 $f(x)$，$g(x)$ を $f(x)=x^3-3x^2-9x$，$g(x)=-9x^2+27x+t$ とする。

(1) $x\geqq 0$ を満たす任意の x に対して，$f(x)\geqq g(x)$ となる t の値の範囲を求めよ。

(2) $x_1\geqq 0$，$x_2\geqq 0$ を満たす任意の x_1，x_2 に対して，$f(x_1)\geqq g(x_2)$ となる t の値の範囲を求めよ。

［東京理科大］

(1) $F(x)=f(x)-g(x)$ とすると　　$F(x)=x^3+6x^2-36x-t$

$x\geqq 0$ を満たす任意の x に対して，$F(x)\geqq 0$ となる t の値の範囲を求めればよい。

$$F'(x)=3x^2+12x-36=3(x^2+4x-12)$$
$$=3(x-2)(x+6)$$

$F'(x)=0$ とすると　　$x=2,\ -6$

$x\geqq 0$ における $F(x)$ の増減表は，次のようになる。

x	0	$\cdots$	2	$\cdots$
$F'(x)$		$-$	0	$+$
$F(x)$	$-t$	↘	$-40-t$	↗

よって，$F(x)$ は $x\geqq 0$ において，$x=2$ で最小値 $-40-t$ をとる。

ゆえに，求める t の値の範囲は $-40-t\geqq 0$ を解いて

$\boldsymbol{t\leqq -40}$

(1) $x\geqq 0$ の同じ x に対して，$y=f(x)$ のグラフが $y=g(x)$ のグラフより上側にあるか接することが条件である。

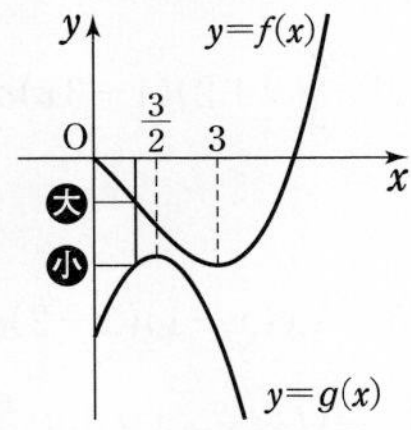

(2) 条件を満たすのは，$x\geqq 0$ において，

$$[f(x)\text{ の最小値}]\geqq[g(x)\text{ の最大値}]$$

となるときである。

$$f'(x)=3x^2-6x-9=3(x^2-2x-3)=3(x+1)(x-3)$$

$f'(x)=0$ とすると　　$x=-1,\ 3$

$x\geqq 0$ における $f(x)$ の増減表は，次のようになる。

x	0	$\cdots$	3	$\cdots$
$f'(x)$		$-$	0	$+$
$f(x)$	0	↘	-27	↗

よって，$f(x)$ は $x\geqq 0$ において，$x=3$ で最小値 -27 をとる。

また　　$g(x)=-9x^2+27x+t=-9\left(x-\dfrac{3}{2}\right)^2+t+\dfrac{81}{4}$

よって，$g(x)$ は $x\geqq 0$ において，$x=\dfrac{3}{2}$ で最大値 $t+\dfrac{81}{4}$ をとる。

ゆえに，求める t の値の範囲は $-27\geqq t+\dfrac{81}{4}$ を解いて

$\boldsymbol{t\leqq -\dfrac{189}{4}}$

(2) x_1 と x_2 は互いに無関係であるから，グラフの上下関係が次のようになることが条件である。

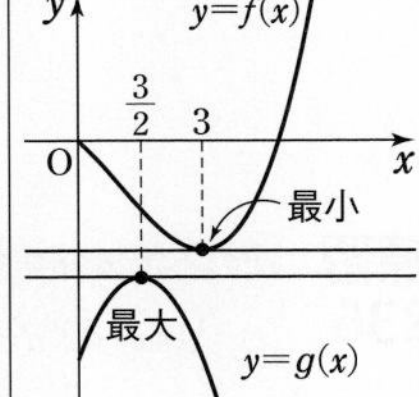

練習 ②235 次の不定積分を求めよ。ただし，(4) の x は t に無関係とする。

(1) $\int(4x^3+6x^2-2x+5)dx$　(2) $\int(x+2)(1-3x)dx$

(3) $\int x(x-1)(x+2)dx-\int(x^2-1)(x+2)dx$　(4) $\int(tx+1)(x+2t)dt$

C は積分定数とする。

(1) $\int(4x^3+6x^2-2x+5)dx=4\int x^3dx+6\int x^2dx-2\int xdx+5\int dx$

$=4\cdot\frac{x^4}{4}+6\cdot\frac{x^3}{3}-2\cdot\frac{x^2}{2}+5\cdot x+C$

$=\boldsymbol{x^4+2x^3-x^2+5x+C}$

← $\int x^n dx=\frac{1}{n+1}x^{n+1}+C$

(2) $\int(x+2)(1-3x)dx=\int(-3x^2-5x+2)dx$

$=\boldsymbol{-x^3-\frac{5}{2}x^2+2x+C}$

(3) $\int x(x-1)(x+2)dx-\int(x^2-1)(x+2)dx$

$=\int\{x(x-1)(x+2)-(x+1)(x-1)(x+2)\}dx$

$=\int(x-1)(x+2)\{x-(x+1)\}dx$

$=\int(-x^2-x+2)dx=\boldsymbol{-\frac{x^3}{3}-\frac{x^2}{2}+2x+C}$

←共通因数 $(x-1)(x+2)$ でくくる。

(4) $\int(tx+1)(x+2t)dt=\int\{2xt^2+(x^2+2)t+x\}dt$

$=\boldsymbol{\frac{2}{3}xt^3+\frac{1}{2}(x^2+2)t^2+xt+C}$

←積分変数は t であるから，x は定数として扱う。

練習 ③236 次の不定積分を求めよ。

(1) $\int(4x-3)^6dx$　(2) $\int(x-3)^2(x+1)dx$

C は積分定数とする。

(1) $\int(4x-3)^6dx=\frac{1}{4}\cdot\frac{(4x-3)^7}{7}+C$

$=\boldsymbol{\frac{(4x-3)^7}{28}+C}$

← $\boldsymbol{\int(ax+b)^n dx}$ $\boldsymbol{=\frac{1}{a}\cdot\frac{(ax+b)^{n+1}}{n+1}+C}$ $(a\neq 0)$

(2) $\int(x-3)^2(x+1)dx=\int(x-3)^2\{(x-3)+4\}dx$

$=\int\{(x-3)^3+4(x-3)^2\}dx$

$=\frac{(x-3)^4}{4}+4\cdot\frac{(x-3)^3}{3}+C$

$=\frac{(x-3)^3}{12}\{3(x-3)+16\}+C$

$=\boldsymbol{\frac{(x-3)^3(3x+7)}{12}+C}$

← $(\quad)^3+a(\quad)^2$ の形に変形。

← $\boldsymbol{\int(x+p)^n dx}$ $\boldsymbol{=\frac{(x+p)^{n+1}}{n+1}+C}$

練習 ②237
(1) $f'(x)=x^3-3x^2+x+2$，$f(-2)=7$ を満たす関数 $f(x)$ を求めよ。
(2) a は定数とする。曲線 $y=f(x)$ 上の点 $(x,\ f(x))$ における接線の傾きが $6x^2+ax-1$ であり，曲線 $y=f(x)$ は 2 点 $(1,\ -1)$，$(2,\ -3)$ を通る。このとき，$f(x)$ を求めよ。

(1) $f(x)=\int f'(x)dx=\int(x^3-3x^2+x+2)dx$

$=\dfrac{x^4}{4}-x^3+\dfrac{x^2}{2}+2x+C$（$C$ は積分定数）

$f(-2)=7$ であるから　　$4+8+2-4+C=7$

これを解いて　　$C=-3$

したがって　　$\boldsymbol{f(x)=\dfrac{x^4}{4}-x^3+\dfrac{x^2}{2}+2x-3}$

(2) 接線の傾きが $6x^2+ax-1$ であるから

$f'(x)=6x^2+ax-1$

よって　　$f(x)=\int(6x^2+ax-1)dx=2x^3+\dfrac{a}{2}x^2-x+C$

（C は積分定数）

曲線 $y=f(x)$ は 2 点 $(1,\ -1)$，$(2,\ -3)$ を通るから

$f(1)=-1$，$f(2)=-3$

ゆえに　　$2+\dfrac{a}{2}-1+C=-1$，$16+2a-2+C=-3$

すなわち　$a+2C=-4$，$2a+C=-17$

この 2 式を連立して解くと　　$a=-10$，$C=3$

したがって　　$\boldsymbol{f(x)=2x^3-5x^2-x+3}$

←$f(x)=\int f'(x)dx$

←$f(x)=\int f'(x)dx$

←曲線 $y=f(x)$ が点 $(a,\ b)$ を通る $\Longleftrightarrow$ $b=f(a)$ が成立

練習 ①238
次の定積分を求めよ。
(1) $\int_{-1}^{3}(x^2+1)(4x-1)dx$　　(2) $\int_{-3}^{1}(x^3+1)dx-\int_{-3}^{1}(x^3-x^2)dx$
(3) $\int_{-3}^{1}(2t-1)(t-1)dt+\int_{0}^{1}(2t-1)(1-t)dt$

(1) $\int_{-1}^{3}(x^2+1)(4x-1)dx=\int_{-1}^{3}(4x^3-x^2+4x-1)dx$

$=\left[x^4-\dfrac{x^3}{3}+2x^2-x\right]_{-1}^{3}$

$=(81-9+18-3)-\left(1+\dfrac{1}{3}+2+1\right)$

$=\boldsymbol{\dfrac{248}{3}}$

(2) $\int_{-3}^{1}(x^3+1)dx-\int_{-3}^{1}(x^3-x^2)dx=\int_{-3}^{1}(x^2+1)dx=\left[\dfrac{x^3}{3}+x\right]_{-3}^{1}$

$=\left(\dfrac{1}{3}+1\right)-(-9-3)=\boldsymbol{\dfrac{40}{3}}$

←積分区間が同じ。
←$(x^3+1)-(x^3-x^2)$ を計算。

(3) $\int_{-3}^{1}(2t-1)(t-1)dt+\int_{0}^{1}(2t-1)(1-t)dt$

$=\int_{-3}^{1}(2t-1)(t-1)dt+\int_{1}^{0}(2t-1)(t-1)dt$

←$\int_0^1=-\int_1^0$

$=\int_{-3}^{0}(2t-1)(t-1)dt=\int_{-3}^{0}(2t^2-3t+1)dt$

$=\left[\frac{2}{3}t^3-\frac{3}{2}t^2+t\right]_{-3}^{0}=0-\left(-18-\frac{27}{2}-3\right)=\mathbf{\frac{69}{2}}$

←$\int_a^c f(x)dx+\int_c^b f(x)dx=\int_a^b f(x)dx$ を利用する。

練習 ③239 次の定積分を求めよ。

(1) $\int_{-3}^{3}(2x+1)(x-1)(3x-2)dx$　　(2) $\int_{-2}^{2}(2x-5)^3dx$

(1) $\int_{-3}^{3}(2x+1)(x-1)(3x-2)dx=\int_{-3}^{3}(6x^3-7x^2-x+2)dx$

$=2\int_0^3(-7x^2+2)dx=2\left[-\frac{7}{3}x^3+2x\right]_0^3=2(-63+6)=\mathbf{-114}$

←$\int$ の中の式を展開。

←定数項は偶数次。

(2) $\int_{-2}^{2}(2x-5)^3dx=\int_{-2}^{2}(8x^3-60x^2+150x-125)dx$

$=2\int_0^2(-60x^2-125)dx=2\left[-20x^3-125x\right]_0^2$

$=2(-160-250)=\mathbf{-820}$

←$(2x-5)^3=(2x)^3-3(2x)^2\cdot5+3\cdot2x\cdot5^2-5^3$

別解 $\int_{-2}^{2}(2x-5)^3dx=\left[\frac{1}{2}\cdot\frac{(2x-5)^4}{4}\right]_{-2}^{2}$

$=\frac{(-1)^4-(-9)^4}{8}=\mathbf{-820}$

←$\int(ax+b)^ndx=\frac{1}{a}\cdot\frac{(ax+b)^{n+1}}{n+1}+C$ $(a\neq0)$

練習 ②240 次の定積分を求めよ。

(1) $\int_{-2}^{4}(x+2)(x-4)dx$　　(2) $\int_{-1-\sqrt{5}}^{-1+\sqrt{5}}(2x^2+4x-8)dx$　　(3) $\int_1^2(x-1)^3(x-2)dx$

(1) $\int_{-2}^{4}(x+2)(x-4)dx=-\frac{1}{6}\{4-(-2)\}^3=\mathbf{-36}$

(2) $2x^2+4x-8=0$ を解くと　$x=-1\pm\sqrt{5}$

$\alpha=-1-\sqrt{5}$，$\beta=-1+\sqrt{5}$ とおくと，求める定積分は

$\int_\alpha^\beta 2(x-\alpha)(x-\beta)dx=2\cdot\left\{-\frac{1}{6}(\beta-\alpha)^3\right\}=-\frac{1}{3}(2\sqrt{5})^3$

$=\mathbf{-\frac{40\sqrt{5}}{3}}$

←$\beta-\alpha=(-1+\sqrt{5})-(-1-\sqrt{5})=2\sqrt{5}$

(3) $\int_1^2(x-1)^3(x-2)dx=\int_1^2(x-1)^3\{(x-1)-1\}dx$

$=\int_1^2\{(x-1)^4-(x-1)^3\}dx$

$=\left[\frac{(x-1)^5}{5}-\frac{(x-1)^4}{4}\right]_1^2$

$=\frac{1}{5}-\frac{1}{4}=\mathbf{-\frac{1}{20}}$

←$(x-\alpha)^n(x-\beta)=(x-\alpha)^n\{(x-\alpha)+(\alpha-\beta)\}$

練習 ②241 次の等式を満たす関数 $f(x)$ を求めよ。

(1) $f(x)=x^2-1+\int_0^1 tf(t)dt$　　(2) $f(x)=x+\int_{-1}^{1}(x-t)f(t)dt+3$

(1) $\int_0^1 tf(t)dt=a$ とおくと　$f(x)=x^2-1+a$

よって　$\int_0^1 tf(t)dt=\int_0^1 t(t^2-1+a)dt=\int_0^1\{t^3+(a-1)t\}dt$

$=\left[\frac{t^4}{4}+\frac{a-1}{2}t^2\right]_0^1=\frac{1}{4}+\frac{a-1}{2}$

ゆえに　$\frac{1}{4}+\frac{a-1}{2}=a$　　よって　$a=-\frac{1}{2}$

←$\int_0^1 tf(t)dt=a$

したがって　$\boldsymbol{f(x)=x^2-\frac{3}{2}}$

(2)　等式から

$f(x)=x+\int_{-1}^1 xf(t)dt-\int_{-1}^1 tf(t)dt+3$

$=x+x\int_{-1}^1 f(t)dt-\int_{-1}^1 tf(t)dt+3$

←x は積分定数 t に無関係であるから，定積分の前に出す。

$\int_{-1}^1 f(t)dt=a$，$\int_{-1}^1 tf(t)dt=b$ とおくと

$f(x)=(a+1)x-b+3$

よって　$\int_{-1}^1 f(t)dt=\int_{-1}^1\{(a+1)t-b+3\}dt$

$=2\int_0^1(-b+3)dt=2\Big[(-b+3)t\Big]_0^1$

$=2(-b+3)$

←$\int_{-a}^a$ の定積分
偶数次は　$2\int_0^a$
奇数次は　0

また　$\int_{-1}^1 tf(t)dt=\int_{-1}^1 t\{(a+1)t-b+3\}dt$

$=\int_{-1}^1\{(a+1)t^2-(b-3)t\}dt$

$=2\int_0^1(a+1)t^2dt=2\left[\frac{1}{3}(a+1)t^3\right]_0^1$

$=\frac{2}{3}(a+1)$

ゆえに　$2(-b+3)=a$，$\frac{2}{3}(a+1)=b$

←$\int_{-1}^1 f(t)dt=a$，$\int_{-1}^1 tf(t)dt=b$ から。

よって　$a+2b=6$，$2a-3b=-2$

これを解いて　$a=2$，$b=2$

したがって　$\boldsymbol{f(x)=3x+1}$

←$f(x)=(a+1)x-b+3$

練習 ②242　次の等式を満たす関数 $f(x)$ および定数 a の値を求めよ。
(1)　$\int_a^x f(t)dt=2x^2-9x+4$　　(2)　$\int_x^a f(t)dt=-x^3+2x-1$

(1)　$\int_a^x f(t)dt=2x^2-9x+4$ …… ① とする。

①の両辺を x で微分すると　$f(x)=4x-9$

←$\frac{d}{dx}\int_a^x f(t)dt=f(x)$

また，①で $x=a$ とおくと，左辺は 0 になるから

$0=2a^2-9a+4$

←$\int_a^a f(t)dt=0$

よって　$(2a-1)(a-4)=0$　　ゆえに　$a=\frac{1}{2}$，4

したがって　$\boldsymbol{f(x)=4x-9}$；$\boldsymbol{a=\frac{1}{2}}$，4

(2) $\int_x^a f(t)dt=-x^3+2x-1$ から

$$\int_a^x f(t)dt=x^3-2x+1 \quad \cdots\cdots ②$$

←$\int_x^a f(t)dt=-\int_a^x f(t)dt$

② の両辺を x で微分すると　　$f(x)=3x^2-2$

←$\frac{d}{dx}\int_a^x f(t)dt=f(x)$

また，② で $x=a$ とおくと，左辺は 0 になるから

$$0=a^3-2a+1$$

←$\int_a^a f(t)dt=0$

よって　　$(a-1)(a^2+a-1)=0$

←因数定理を利用。

ゆえに　　$a=1,\ \frac{-1\pm\sqrt{5}}{2}$

したがって　　$\boldsymbol{f(x)=3x^2-2}$ **;** $\boldsymbol{a=1,\ \frac{-1\pm\sqrt{5}}{2}}$

練習 ③243

関数 $f(x)=\int_0^x (t^2-2t-3)dt$ の極値を求めよ。

$$f'(x)=\frac{d}{dx}\int_0^x (t^2-2t-3)dt=x^2-2x-3=(x+1)(x-3)$$

←$\frac{d}{dx}\int_a^x g(t)dt=g(x)$

$f'(x)=0$ とすると　$x=-1,\ 3$

よって，$f(x)$ の増減表は右のようになる。

x	$\cdots$	-1	$\cdots$	3	$\cdots$
$f'(x)$	$+$	0	$-$	0	$+$
$f(x)$	↗	極大	↘	極小	↗

ここで　　$f(x)=\int_0^x (t^2-2t-3)dt=\left[\frac{t^3}{3}-t^2-3t\right]_0^x$

$$=\frac{x^3}{3}-x^2-3x$$

←定積分を計算して $f(x)$ を求める。
$f(-1)=\int_0^{-1}(t^2-2t-3)dt$,
$f(3)=\int_0^3 (t^2-2t-3)dt$
として極値を求めてもよいが，結局は左と同じ計算になる。

ゆえに　　$f(-1)=\frac{(-1)^3}{3}-(-1)^2-3\cdot(-1)$

$$=-\frac{1}{3}-1+3=\frac{5}{3}$$

$$f(3)=\frac{3^3}{3}-3^2-3\cdot3=9-9-9=-9$$

よって，$\boldsymbol{x=-1}$ **で極大値** $\boldsymbol{\frac{5}{3}}$，$\boldsymbol{x=3}$ **で極小値** $\boldsymbol{-9}$ をとる。

練習 ③244

すべての 2 次以下の整式 $f(x)=ax^2+bx+c$ に対して，$\int_{-k}^k f(x)dx=f(s)+f(t)$ が常に成り立つような定数 k，s，t の値を求めよ。ただし，$s<t$ とする。〔県立広島大〕

$$\int_{-k}^k f(x)dx=\int_{-k}^k (ax^2+bx+c)dx=2\int_0^k (ax^2+c)dx$$

←$\int_{-a}^a$ **の定積分**
偶数次は　$2\int_0^a$
奇数次は　0

$$=2\left[\frac{a}{3}x^3+cx\right]_0^k=\frac{2}{3}ak^3+2ck$$

$$f(s)+f(t)=a(s^2+t^2)+b(s+t)+2c$$

$\int_{-k}^k f(x)dx=f(s)+f(t)$ が常に成り立つとき，

$$\frac{2}{3}ak^3+2ck=a(s^2+t^2)+b(s+t)+2c \quad \cdots\cdots ①$$

がすべての 2 次以下の整式 $f(x)=ax^2+bx+c$ に対して成り立

つことから，① は a，b，c についての恒等式である。
両辺の係数を比較して

$\frac{2}{3}k^3=s^2+t^2$ …… ②，$0=s+t$ …… ③，$2k=2$ …… ④

④ から　$\boldsymbol{k=1}$　　③ から　$s=-t$ …… ⑤

ゆえに，② から　$\frac{2}{3}=2t^2$　よって　$t=\pm\frac{1}{\sqrt{3}}$

⑤ と $s<t$ から　$\boldsymbol{s=-\frac{1}{\sqrt{3}}}$，$\boldsymbol{t=\frac{1}{\sqrt{3}}}$

←⑤ から　$s=\mp\frac{1}{\sqrt{3}}$ （t と複号同順）

練習 ②245　次の曲線，直線と x 軸で囲まれた図形の面積 S を求めよ。
(1) $y=x^2+x-2$　　(2) $y=-2x^2-3x+2$
(3) $y=x^2-4x-5$ $(x\leqq 4)$，$x=-2$，$x=4$

(1) 曲線と x 軸の交点の x 座標は，
$x^2+x-2=0$ を解くと
$(x+2)(x-1)=0$ から　$x=-2,\ 1$
図から，求める面積は

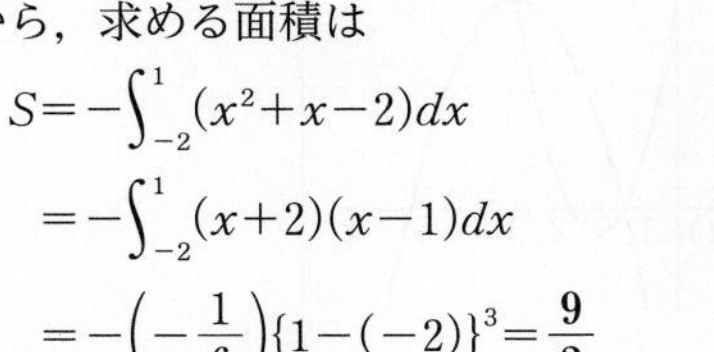

$$S=-\int_{-2}^{1}(x^2+x-2)dx$$
$$=-\int_{-2}^{1}(x+2)(x-1)dx$$
$$=-\left(-\frac{1}{6}\right)\{1-(-2)\}^3=\boldsymbol{\frac{9}{2}}$$

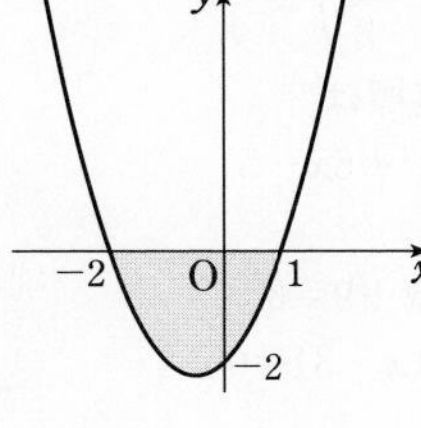

←まずグラフをかき，積分区間を調べるために $y=0$ とおいた方程式を解く。

←$-2\leqq x\leqq 1$ では $y\leqq 0$

←$\int_{\alpha}^{\beta}(x-\alpha)(x-\beta)dx=-\frac{1}{6}(\beta-\alpha)^3$

(2) 曲線と x 軸の交点の x 座標は，
$-2x^2-3x+2=0$ を解くと
$(x+2)(2x-1)=0$ から　$x=-2,\ \frac{1}{2}$
図から，求める面積は

$$S=\int_{-2}^{\frac{1}{2}}(-2x^2-3x+2)dx$$
$$=-2\int_{-2}^{\frac{1}{2}}(x+2)\left(x-\frac{1}{2}\right)dx$$
$$=-2\left(-\frac{1}{6}\right)\left\{\frac{1}{2}-(-2)\right\}^3=\boldsymbol{\frac{125}{24}}$$

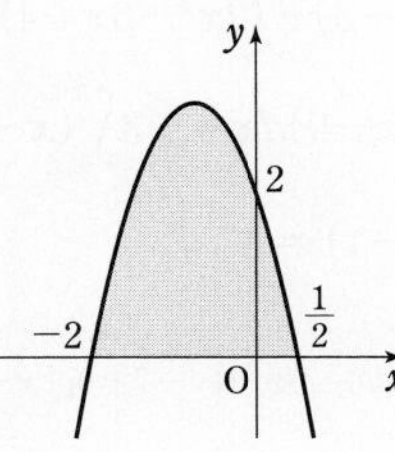

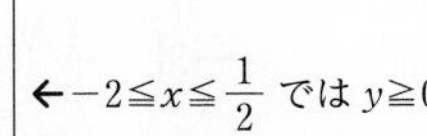

←$-2\leqq x\leqq \frac{1}{2}$ では $y\geqq 0$

←$\int_{\alpha}^{\beta}(x-\alpha)(x-\beta)dx=-\frac{1}{6}(\beta-\alpha)^3$

(3) 曲線と x 軸の交点の x 座標は，
$x^2-4x-5=0$ を解くと
$(x+1)(x-5)=0$ から　$x=-1,\ 5$
図から，求める面積は

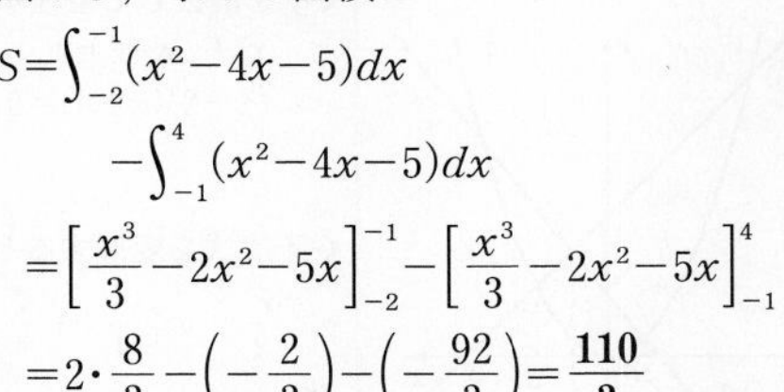

$$S=\int_{-2}^{-1}(x^2-4x-5)dx-\int_{-1}^{4}(x^2-4x-5)dx$$
$$=\left[\frac{x^3}{3}-2x^2-5x\right]_{-2}^{-1}-\left[\frac{x^3}{3}-2x^2-5x\right]_{-1}^{4}$$
$$=2\cdot\frac{8}{3}-\left(-\frac{2}{3}\right)-\left(-\frac{92}{3}\right)=\boldsymbol{\frac{110}{3}}$$

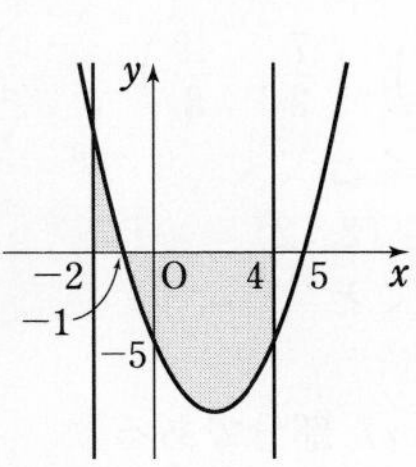

←$-2\leqq x\leqq -1$ では $y\geqq 0$，$-1\leqq x\leqq 4$ では $y\leqq 0$

←$F(x)=\frac{x^3}{3}-2x^2-5x$ とすると
$\Big[F(x)\Big]_{-2}^{-1}-\Big[F(x)\Big]_{-1}^{4}$
$=F(-1)-F(-2)-\{F(4)-F(-1)\}$
$=2F(-1)-F(-2)-F(4)$

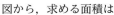

練習 ②246 次の曲線や直線で囲まれた図形の面積 S を求めよ。
(1) $y=2x^2-3x+1$, $y=2x-1$　　(2) $y=2x^2-6x+4$, $y=-x^2+6x-5$

(1) 曲線と直線の交点の x 座標は,
$2x^2-3x+1=2x-1$ すなわち
$2x^2-5x+2=0$ を解くと
$(2x-1)(x-2)=0$ から　$x=\dfrac{1}{2}$, 2

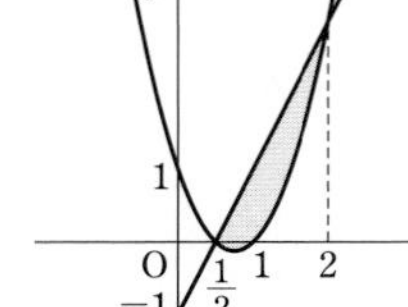
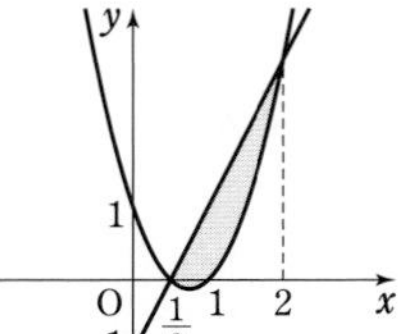

←まずグラフをかき，積分区間を調べるために曲線と直線の交点の x 座標を求める。

図から，求める面積は

$$S=\int_{\frac{1}{2}}^{2}\{(2x-1)-(2x^2-3x+1)\}dx$$
$$=\int_{\frac{1}{2}}^{2}(-2x^2+5x-2)dx=-2\int_{\frac{1}{2}}^{2}\left(x-\frac{1}{2}\right)(x-2)dx$$
$$=-2\left(-\frac{1}{6}\right)\left(2-\frac{1}{2}\right)^3=\boldsymbol{\frac{9}{8}}$$

←曲線と直線の上下関係に注意。

←$\displaystyle\int_\alpha^\beta(x-\alpha)(x-\beta)dx=-\frac{1}{6}(\beta-\alpha)^3$

(2) 2 曲線の交点の x 座標は,
$2x^2-6x+4=-x^2+6x-5$
の解である。

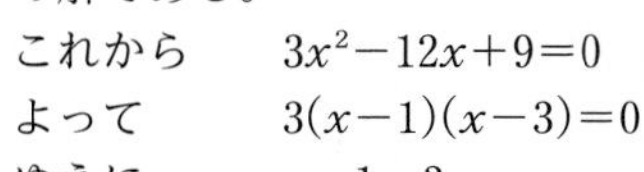

これから　$3x^2-12x+9=0$
よって　$3(x-1)(x-3)=0$
ゆえに　$x=1$, 3
図から，求める面積は

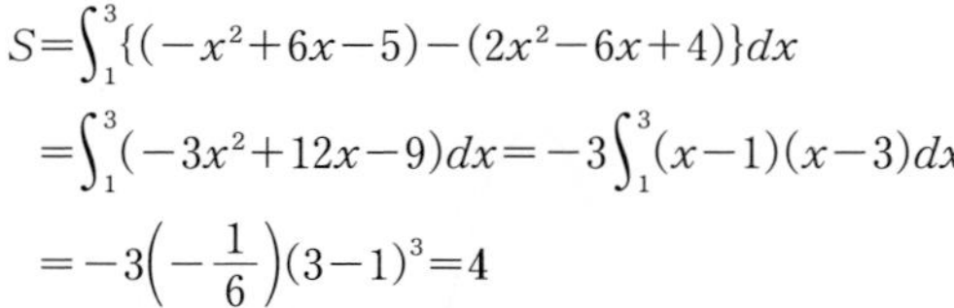

$$S=\int_1^3\{(-x^2+6x-5)-(2x^2-6x+4)\}dx$$
$$=\int_1^3(-3x^2+12x-9)dx=-3\int_1^3(x-1)(x-3)dx$$
$$=-3\left(-\frac{1}{6}\right)(3-1)^3=4$$

←図から，$1\leqq x\leqq 3$ では $-x^2+6x-5\geqq 2x^2-6x+4$

←$\displaystyle\int_\alpha^\beta(x-\alpha)(x-\beta)dx=-\frac{1}{6}(\beta-\alpha)^3$

練習 ③247 連立不等式 $2y-x^2\geqq 0$, $5x-4y+7\geqq 0$, $x+y-4\leqq 0$ の表す領域の面積 S を求めよ。

境界線の方程式は，$2y-x^2=0$, $5x-4y+7=0$, $x+y-4=0$ から，それぞれ

$$y=\frac{x^2}{2}\ \cdots\cdots\ ①,\quad y=\frac{5}{4}x+\frac{7}{4}\ \cdots\cdots\ ②,\quad y=-x+4\ \cdots\cdots\ ③$$

Ⓘ 不等式の表す領域
まず，不等号を等号に変えて境界線をかく

①, ② を連立して解くと
$(x,\ y)=\left(-1,\ \dfrac{1}{2}\right)$, $\left(\dfrac{7}{2},\ \dfrac{49}{8}\right)$

←y を消去して整理すると　$2x^2-5x-7=0$
$(x+1)(2x-7)=0$

①, ③ を連立して解くと
$(x,\ y)=(-4,\ 8)$, $(2,\ 2)$

←y を消去して整理すると　$x^2+2x-8=0$
$(x-2)(x+4)=0$

②, ③ を連立して解くと
$(x,\ y)=(1,\ 3)$
領域は，図の黒く塗った部分である。
ただし，境界線を含む。

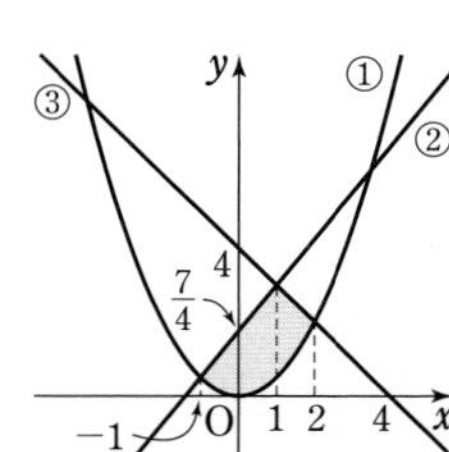

←不等式を変形すると
$y\geqq\dfrac{x^2}{2}$, $y\leqq\dfrac{5}{4}x+\dfrac{7}{4}$
$y\leqq -x+4$

したがって，図から，求める面積は

$$S=\int_{-1}^{1}\left\{\left(\frac{5}{4}x+\frac{7}{4}\right)-\frac{x^2}{2}\right\}dx+\int_{1}^{2}\left\{(-x+4)-\frac{x^2}{2}\right\}dx$$

$$=2\int_{0}^{1}\left(-\frac{x^2}{2}+\frac{7}{4}\right)dx+\int_{1}^{2}\left(-\frac{x^2}{2}-x+4\right)dx$$

$$=2\left[-\frac{x^3}{6}+\frac{7}{4}x\right]_0^1+\left[-\frac{x^3}{6}-\frac{x^2}{2}+4x\right]_1^2$$

$$=2\cdot\frac{19}{12}+\frac{4}{3}=\boldsymbol{\frac{9}{2}}$$

←$\int_{-a}^{a}$ の定積分
偶数次は　$2\int_0^a$
奇数次は　0

練習 ③**248**　放物線 $y=-x^2+x$ と点 $(0,\ 0)$ における接線，点 $(2,\ -2)$ における接線により囲まれる図形の面積を求めよ。

$y=-x^2+x$ から　　$y'=-2x+1$

点 $(0,\ 0)$ における接線の方程式は

$y-0=1\cdot(x-0)$　　すなわち　$y=x$　　…… ①

点 $(2,\ -2)$ における接線の方程式は

$y-(-2)=-3(x-2)$　すなわち　$y=-3x+4$ …… ②

←曲線 $y=f(x)$ 上の点 $(a,\ f(a))$ における接線の方程式は
$y-f(a)=f'(a)(x-a)$

2 直線 ①，② の交点の x 座標は，$x=-3x+4$ から　$x=1$

よって，求める面積を S とすると

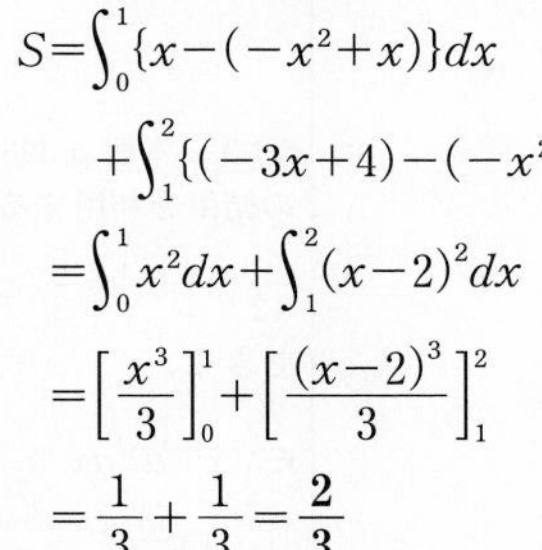

$$S=\int_0^1\{x-(-x^2+x)\}dx$$

$$+\int_1^2\{(-3x+4)-(-x^2+x)\}dx$$

$$=\int_0^1 x^2dx+\int_1^2(x-2)^2dx$$

$$=\left[\frac{x^3}{3}\right]_0^1+\left[\frac{(x-2)^3}{3}\right]_1^2$$

$$=\frac{1}{3}+\frac{1}{3}=\boldsymbol{\frac{2}{3}}$$

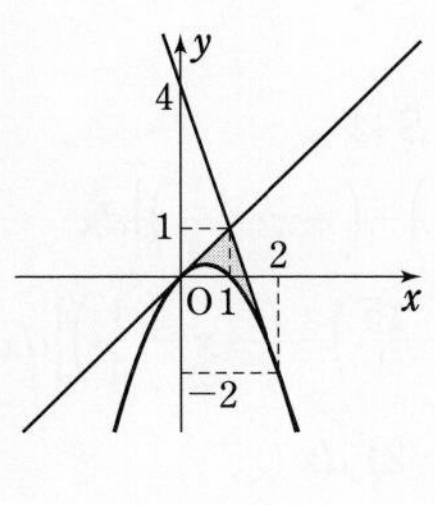

←$0\leqq x\leqq 1$ では
$-x^2+x\leqq x$
$1\leqq x\leqq 2$ では
$-x^2+x\leqq -3x+4$

←$\int(x-\alpha)^2dx=\frac{(x-\alpha)^3}{3}+C$

練習 ③**249**　2 曲線 $C_1：y=\left(x-\frac{1}{2}\right)^2-\frac{1}{2}$，$C_2：y=\left(x-\frac{5}{2}\right)^2-\frac{5}{2}$ の両方に接する直線を ℓ とする。
(1)　直線 ℓ の方程式を求めよ。
(2)　2 曲線 C_1，C_2 と直線 ℓ で囲まれた図形の面積 S を求めよ。　〔宮城教育大〕

(1)　$C_1：y=\left(x-\frac{1}{2}\right)^2-\frac{1}{2}=x^2-x-\frac{1}{4}$ …… ①

$C_2：y=\left(x-\frac{5}{2}\right)^2-\frac{5}{2}=x^2-5x+\frac{15}{4}$

① から　　$y'=2x-1$

よって，C_1 上の点 $\left(t,\ t^2-t-\frac{1}{4}\right)$ における接線の方程式は

$$y-\left(t^2-t-\frac{1}{4}\right)=(2t-1)(x-t)$$

すなわち　　$y=(2t-1)x-t^2-\frac{1}{4}$ …… ②

別解　(1)　② を求めるまでは同じ。
C_2 について　$y'=2x-5$
C_2 上の点 $\left(s,\ s^2-5s+\frac{15}{4}\right)$ における接線の方程式は
$y-\left(s^2-5s+\frac{15}{4}\right)=(2s-5)(x-s)$
すなわち
$y=(2s-5)x-s^2+\frac{15}{4}$ … ④

この直線が C_2 にも接するための条件は，2 次方程式

$(2t-1)x-t^2-\dfrac{1}{4}=x^2-5x+\dfrac{15}{4}$ すなわち

$x^2-2(t+2)x+t^2+4=0$ …… ③ が重解をもつことである。

ゆえに，③ の判別式を D とすると　$D=0$

$$\frac{D}{4}=\{-(t+2)\}^2-1\cdot(t^2+4)=4t$$

よって　$4t=0$　　ゆえに　$t=0$

② から，直線 ℓ の方程式は　$\boldsymbol{y=-x-\frac{1}{4}}$

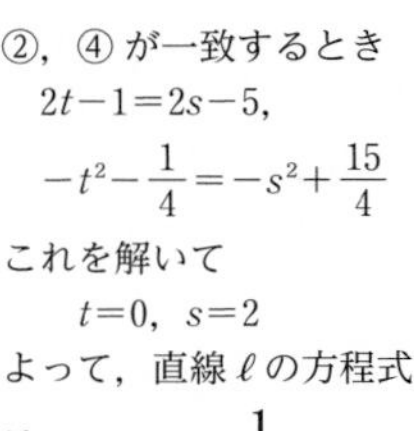

②，④ が一致するとき

$2t-1=2s-5$,

$-t^2-\dfrac{1}{4}=-s^2+\dfrac{15}{4}$

これを解いて

$t=0$, $s=2$

よって，直線 ℓ の方程式は　$\boldsymbol{y=-x-\frac{1}{4}}$

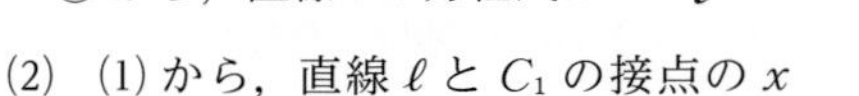

(2)　(1) から，直線 ℓ と C_1 の接点の x 座標は　$x=0$

直線 ℓ と C_2 の接点の x 座標は，③ の重解で，$x=-\dfrac{-2(t+2)}{2\cdot 1}=t+2$

から　$x=2$

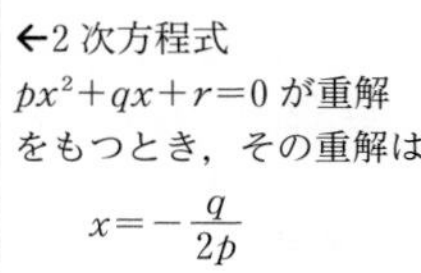

←2 次方程式 $px^2+qx+r=0$ が重解をもつとき，その重解は

$x=-\dfrac{q}{2p}$

また，C_1 と C_2 の交点の x 座標は，

$x^2-x-\dfrac{1}{4}=x^2-5x+\dfrac{15}{4}$ を解いて

$x=1$

よって，求める面積 S は

$$S=\int_0^1\left\{\left(x^2-x-\frac{1}{4}\right)-\left(-x-\frac{1}{4}\right)\right\}dx$$
$$+\int_1^2\left\{\left(x^2-5x+\frac{15}{4}\right)-\left(-x-\frac{1}{4}\right)\right\}dx$$
$$=\int_0^1 x^2dx+\int_1^2(x-2)^2dx$$
$$=\left[\frac{x^3}{3}\right]_0^1+\left[\frac{(x-2)^3}{3}\right]_1^2=\frac{1}{3}-\left(-\frac{1}{3}\right)=\boldsymbol{\frac{2}{3}}$$

検討　本冊 $p.396$ の 3 の結果を利用すると，$\dfrac{1}{12}(2-0)^3=\dfrac{2}{3}$ と検算できる。

←$\displaystyle\int(x-\alpha)^2dx=\frac{(x-\alpha)^3}{3}+C$

練習 ②250
(1)　曲線 $y=x^3-3x^2$ と x 軸で囲まれた図形の面積 S を求めよ。
(2)　曲線 $y=-x^3+5x^2-6x$ を C とする。C と x 軸で囲まれた図形の面積 S_1，および C と曲線 $y=-x^2+2x$ で囲まれた図形の面積 S_2 を求めよ。

(1)　$x^3-3x^2=x^2(x-3)$ であるから，曲線と x 軸の交点の x 座標は

$x=0$, 3

よって，図から，求める面積は

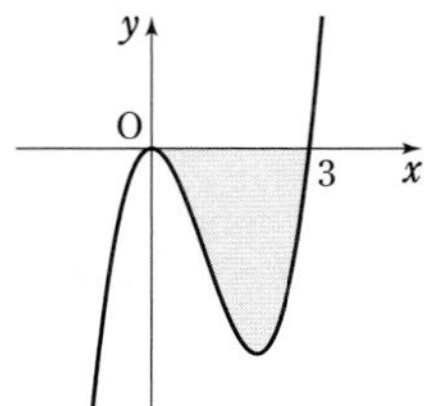

$$S=-\int_0^3(x^3-3x^2)dx$$
$$=-\left[\frac{x^4}{4}-x^3\right]_0^3$$
$$=\boldsymbol{\frac{27}{4}}$$

←$0\leqq x\leqq 3$ では　$y\leqq 0$

←(参考) 本冊 $p.396$ 4 から　$S=\dfrac{(3-0)^4}{12}=\dfrac{27}{4}$ と検算できる。

(2) $-x^3+5x^2-6x=-x(x^2-5x+6)$

$=-x(x-2)(x-3)$

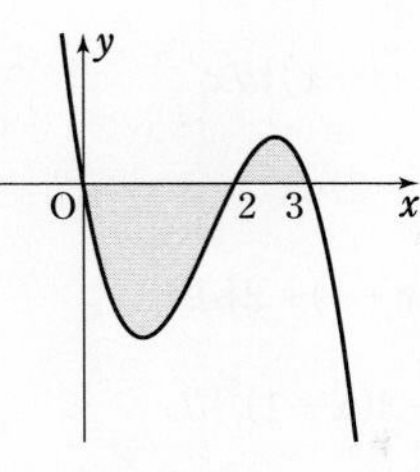

ゆえに，曲線 C と x 軸の交点の x 座標は　　$x=0,\ 2,\ 3$

よって，図から

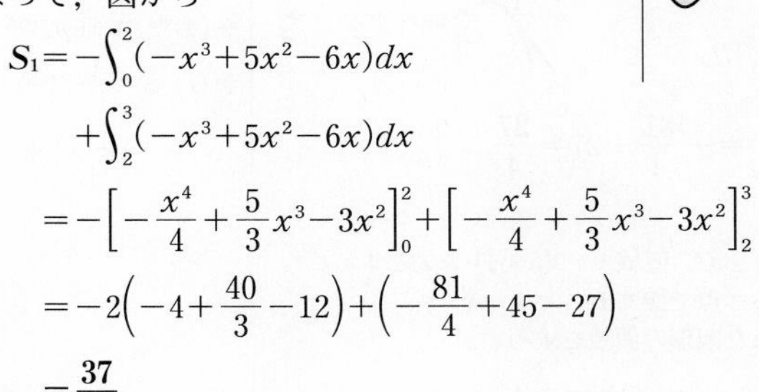

$$S_1=-\int_0^2(-x^3+5x^2-6x)dx+\int_2^3(-x^3+5x^2-6x)dx$$

$$=-\left[-\frac{x^4}{4}+\frac{5}{3}x^3-3x^2\right]_0^2+\left[-\frac{x^4}{4}+\frac{5}{3}x^3-3x^2\right]_2^3$$

$$=-2\left(-4+\frac{40}{3}-12\right)+\left(-\frac{81}{4}+45-27\right)$$

$$=\boldsymbol{\frac{37}{12}}$$

[定積分の計算]
$F(x)=-\dfrac{x^4}{4}+\dfrac{5}{3}x^3-3x^2$
とすると
$S_1=-\{F(2)-F(0)\}$
$+\{F(3)-F(2)\}$
$=-2F(2)+F(0)+F(3)$
ここで　$F(0)=0$

また，曲線 C と曲線 $y=-x^2+2x$ の交点の x 座標は

$-x^3+5x^2-6x=-x^2+2x$ の解である。

これから　　$x^3-6x^2+8x=0$

ゆえに　　$x(x-2)(x-4)=0$

よって　　$x=0,\ 2,\ 4$

←曲線 $y=-x^2+2x$ は上に凸の放物線で，$y=-x(x-2)$ から x 軸との交点の x 座標は $x=0,\ 2$ である。

ゆえに，図から

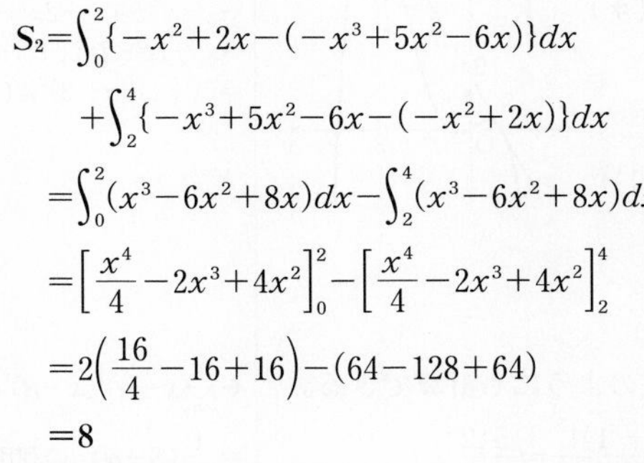

$$S_2=\int_0^2\{-x^2+2x-(-x^3+5x^2-6x)\}dx+\int_2^4\{-x^3+5x^2-6x-(-x^2+2x)\}dx$$

$$=\int_0^2(x^3-6x^2+8x)dx-\int_2^4(x^3-6x^2+8x)dx$$

$$=\left[\frac{x^4}{4}-2x^3+4x^2\right]_0^2-\left[\frac{x^4}{4}-2x^3+4x^2\right]_2^4$$

$$=2\left(\frac{16}{4}-16+16\right)-(64-128+64)$$

$$=\boldsymbol{8}$$

[定積分の計算]
$F(x)=\dfrac{x^4}{4}-2x^3+4x^2$ とすると
$S_2=F(2)-F(0)$
$-\{F(4)-F(2)\}$
$=2F(2)-F(0)-F(4)$
ここで　$F(0)=0$

練習 ③251　曲線 $y=x^3-x$ と曲線上の点 $(-1,\ 0)$ における接線で囲まれた図形の面積 S を求めよ。

$y'=3x^2-1$ であるから，曲線上の点 $(-1,\ 0)$ における接線の方程式は　　$y-0=\{3\cdot(-1)^2-1\}(x+1)$

すなわち　　$y=2x+2$

この接線と曲線の共有点の x 座標は，$x^3-x=2x+2$ すなわち $x^3-3x-2=0$ の解である。

$x^3-3x-2=0$ から　　$(x+1)^2(x-2)=0$

よって　　$x=-1,\ 2$

←$x=-1$ で接するから $(x+1)^2$ を因数にもつ。

したがって，図から，求める面積は

7章 練習 [積分法]

$$S=\int_{-1}^{2}\{(2x+2)-(x^3-x)\}dx$$
$$=-\int_{-1}^{2}(x+1)^2(x-2)dx$$
$$=-\int_{-1}^{2}(x+1)^2\{(x+1)-3\}dx$$
$$=-\int_{-1}^{2}\{(x+1)^3-3(x+1)^2\}dx$$
$$=-\left[\frac{(x+1)^4}{4}-(x+1)^3\right]_{-1}^{2}=-\frac{81}{4}+27=\boldsymbol{\frac{27}{4}}$$

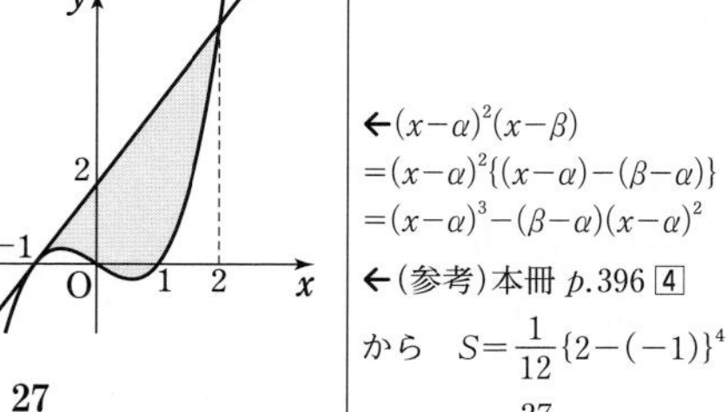

←$(x-\alpha)^2(x-\beta)$
$=(x-\alpha)^2\{(x-\alpha)-(\beta-\alpha)\}$
$=(x-\alpha)^3-(\beta-\alpha)(x-\alpha)^2$
←(参考)本冊 $p.396$ 4
から　$S=\frac{1}{12}\{2-(-1)\}^4$
$=\frac{27}{4}$

練習 ④252 曲線 $y=-x^4+4x^3+2x^2-3x$ を C，直線 $y=9(x+1)$ を ℓ とする。
(1) 曲線 C と直線 ℓ は異なる 2 点で接することを示せ。
(2) 曲線 C と直線 ℓ で囲まれた図形の面積を求めよ。

(1) 曲線 C と直線 ℓ の方程式から y を消去すると
$$-x^4+4x^3+2x^2-3x=9(x+1) \quad \cdots\cdots ①$$
ゆえに　$x^4-4x^3-2x^2+12x+9=0$
左辺を因数分解すると　$(x+1)^2(x-3)^2=0$
よって，方程式 ① が異なる 2 つの 2 重解 $x=-1,\ 3$ をもつから，曲線 C と直線 ℓ は異なる 2 点で接する。

1	−4	−2	12	9	−1
	−1	5	−3	−9	
1	−5	3	9	0	−1
	−1	6	−9		
1	−6	9	0		

接する ⟺ 重解

(2) 図から，求める面積は
$$\int_{-1}^{3}\{9(x+1)-(-x^4+4x^3+2x^2-3x)\}dx$$
$$=\int_{-1}^{3}(x^4-4x^3-2x^2+12x+9)dx \quad \cdots \ (*)$$
$$=\left[\frac{x^5}{5}-x^4-\frac{2}{3}x^3+6x^2+9x\right]_{-1}^{3}$$
$$=\frac{243-(-1)}{5}-(81-1)-\frac{2}{3}\{27-(-1)\}$$
$$+6(9-1)+9\{3-(-1)\}$$
$$=\frac{244}{5}-80-\frac{56}{3}+48+36=\boldsymbol{\frac{512}{15}}$$

←$-1\leqq x\leqq 3$ のとき
$9(x+1)$
$-(-x^4+4x^3+2x^2-3x)$
$=x^4-4x^3-2x^2+12x+9$
$=(x+1)^2(x-3)^2\geqq 0$

注意　定積分の計算は，(＊)の後，次のようにも計算できる。
$$\int_{-1}^{3}(x+1)^2(x-3)^2dx=\frac{\{3-(-1)\}^5}{30}=\boldsymbol{\frac{512}{15}}$$

←$\boldsymbol{\int_{\alpha}^{\beta}(x-\alpha)^2(x-\beta)^2dx}$
$\boldsymbol{=\frac{1}{30}(\beta-\alpha)^5}$ の利用。

検討　**$\left[\int_{\alpha}^{\beta}(x-\alpha)^2(x-\beta)^2dx=\frac{1}{30}(\beta-\alpha)^5\right.$ の証明$\Big]$**

$$(x-\alpha)^2(x-\beta)^2=(x-\alpha)^2(x-\alpha+\alpha-\beta)^2=(x-\alpha)^2\{(x-\alpha)^2+2(x-\alpha)(\alpha-\beta)+(\alpha-\beta)^2\}$$
$$=(x-\alpha)^4+2(\alpha-\beta)(x-\alpha)^3+(\alpha-\beta)^2(x-\alpha)^2$$

よって　$\int_{\alpha}^{\beta}(x-\alpha)^2(x-\beta)^2dx=\left[\frac{(x-\alpha)^5}{5}+2(\alpha-\beta)\cdot\frac{(x-\alpha)^4}{4}+(\alpha-\beta)^2\cdot\frac{(x-\alpha)^3}{3}\right]_{\alpha}^{\beta}$

$$=\frac{(\beta-\alpha)^5}{5}+\frac{1}{2}(\alpha-\beta)(\beta-\alpha)^4+\frac{1}{3}(\alpha-\beta)^2(\beta-\alpha)^3$$
$$=\left(\frac{1}{5}-\frac{1}{2}+\frac{1}{3}\right)(\beta-\alpha)^5=\frac{1}{30}(\beta-\alpha)^5$$

練習 ③253 放物線 $C: y=\frac{1}{2}x^2$ 上に点 $\mathrm{P}\left(1,\ \frac{1}{2}\right)$ をとる。x 軸上に中心Aをもち点Pで放物線に接する円と x 軸との交点のうち原点に近い方をBとするとき，円弧BP（短い方）と放物線 C および x 軸で囲まれた部分の面積を求めよ。 〔類 県立広島大〕

点Pにおける接線に垂直な直線の方程式は，$y'=x$ から

$$y-\frac{1}{2}=-(x-1) \quad \text{すなわち} \quad y=-x+\frac{3}{2}$$

←点Pにおける法線。点Pにおける C の接線の傾きは　1

この直線と x 軸の交点が円の中心Aであるから　　$\mathrm{A}\left(\frac{3}{2},\ 0\right)$

よって，円の半径は　　$\mathrm{AP}=\sqrt{\left(1-\frac{3}{2}\right)^2+\left(\frac{1}{2}-0\right)^2}=\frac{1}{\sqrt{2}}$

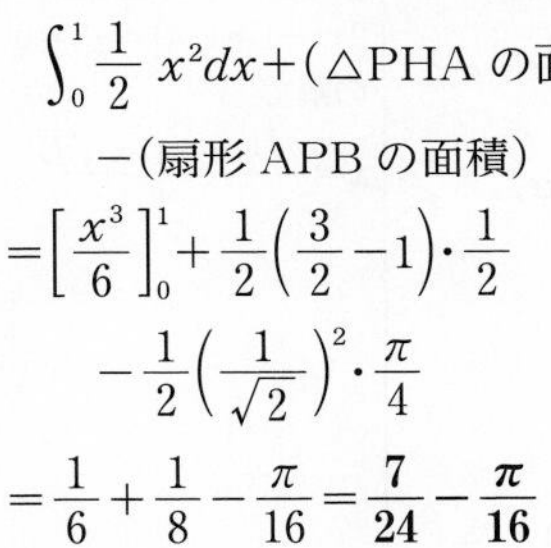

点Pから x 軸に下ろした垂線と x 軸の交点をHとすると，求める面積は

$$\int_0^1 \frac{1}{2}x^2dx+(\triangle\mathrm{PHA}\text{ の面積})$$
$$-(\text{扇形 APB の面積})$$
$$=\left[\frac{x^3}{6}\right]_0^1+\frac{1}{2}\left(\frac{3}{2}-1\right)\cdot\frac{1}{2}$$
$$-\frac{1}{2}\left(\frac{1}{\sqrt{2}}\right)^2\cdot\frac{\pi}{4}$$
$$=\frac{1}{6}+\frac{1}{8}-\frac{\pi}{16}=\boldsymbol{\frac{7}{24}-\frac{\pi}{16}}$$

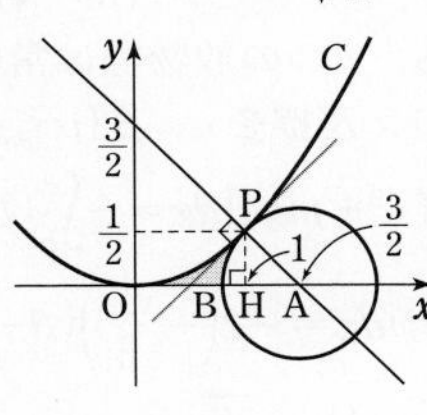

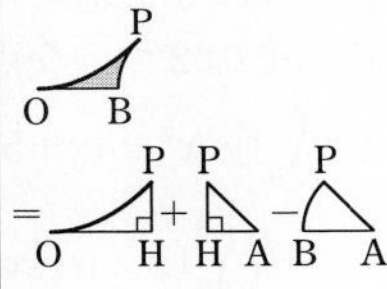

←直線APの傾きは -1 であるから　$\angle\mathrm{PAB}=45^\circ$

練習 ③254 放物線 $y=x(3-x)$ と x 軸で囲まれた図形の面積を，直線 $y=ax$ が2等分するとき，定数 a の値を求めよ。ただし，$0<a<3$ とする。 〔類 群馬大〕

放物線 $y=x(3-x)$ と x 軸で囲まれた図形の面積 S は

$$S=\int_0^3 x(3-x)dx=-\int_0^3 x(x-3)dx=-\left(-\frac{1}{6}\right)(3-0)^3=\frac{9}{2}$$

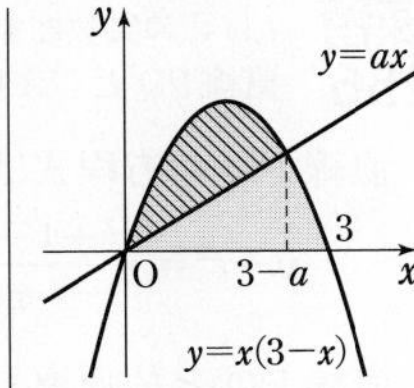

放物線と直線の交点の x 座標は，$x(3-x)=ax$ から

$$x(x+a-3)=0 \qquad \text{ゆえに} \quad x=0,\ 3-a$$

よって，放物線と直線で囲まれた図形の面積 S_1 は

$$S_1=\int_0^{3-a}\{x(3-x)-ax\}dx=-\int_0^{3-a}x(x+a-3)dx$$
$$=-\left(-\frac{1}{6}\right)\{(3-a)-0\}^3=\frac{1}{6}(3-a)^3$$

求める条件は　　$2S_1=S$

ゆえに　　$\frac{1}{3}(3-a)^3=\frac{9}{2}$　すなわち　$(3-a)^3=\frac{3^3}{2}$

←$x^3=\frac{3^3}{2}$ を満たす実数 x は，$x=\frac{3}{\sqrt[3]{2}}$ のみ。

よって，$3-a=\frac{3}{\sqrt[3]{2}}$ から　$\boldsymbol{a=3-\frac{3}{\sqrt[3]{2}}}$　$(0<a<3$ を満たす)

練習 ③255 m は定数とする。放物線 $y=f(x)$ は原点を通り，点 $(x,\ f(x))$ における接線の傾きが $2x+m$ であるという。放物線 $y=f(x)$ と放物線 $y=-x^2+4x+5$ で囲まれる図形の面積を S とする。S の最小値を求めよ。

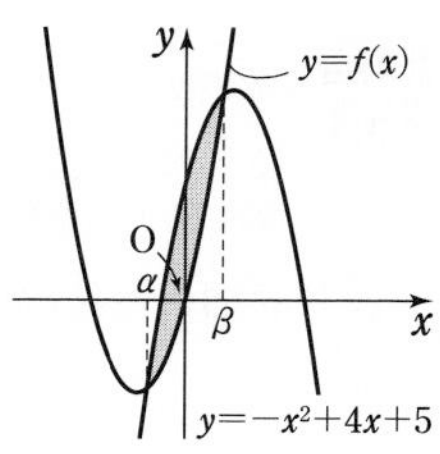

$f'(x)=2x+m$ であるから，C を積分定数とすると

$$f(x)=\int f'(x)dx=\int (2x+m)dx$$
$$=x^2+mx+C$$

放物線 $y=f(x)$ は原点を通るから，$f(0)=0$ より　$C=0$

したがって　　$f(x)=x^2+mx$

放物線 $y=x^2+mx$ と放物線 $y=-x^2+4x+5$ の共有点の x 座標は，方程式 $x^2+mx=-x^2+4x+5$ すなわち $2x^2+(m-4)x-5=0$ の実数解である。

この 2 次方程式の判別式を D とすると

$$D=(m-4)^2-4\cdot 2\cdot(-5)=(m-4)^2+40$$

常に $D>0$ であるから，2 つの放物線は常に異なる 2 点で交わる。その 2 つの交点の x 座標を α，β $(\alpha<\beta)$ とすると

$$S=\int_\alpha^\beta \{-x^2+4x+5-(x^2+mx)\}dx=-\int_\alpha^\beta \{2x^2+(m-4)x-5\}dx$$
$$=-2\int_\alpha^\beta (x-\alpha)(x-\beta)dx=-2\left(-\frac{1}{6}\right)(\beta-\alpha)^3=\frac{1}{3}(\beta-\alpha)^3$$

←α，β は 2 次方程式 $2x^2+(m-4)x-5=0$ の解で $x=\dfrac{-(m-4)\pm\sqrt{D}}{4}$

また　　$\beta-\alpha=\dfrac{-(m-4)+\sqrt{D}}{4}-\dfrac{-(m-4)-\sqrt{D}}{4}$

$$=\frac{\sqrt{D}}{2}=\frac{\sqrt{(m-4)^2+40}}{2}$$

したがって，正の数 $\beta-\alpha$ は，$m=4$ のとき最小で，このとき $(\beta-\alpha)^3$ も最小であり，S の最小値は　　$\dfrac{1}{3}(\sqrt{10})^3=\mathbf{\dfrac{10\sqrt{10}}{3}}$

練習 ③256 t は正の実数とする。xy 平面上に 2 点 $\mathrm{P}(t,\ t^2)$，$\mathrm{Q}(-t,\ t^2+1)$ および放物線 $C：y=x^2$ がある。直線 PQ と C で囲まれる図形の面積を $f(t)$ とするとき，$f(t)$ の最小値を求めよ。〔類 横浜国大〕

直線 PQ の方程式は

$$y-t^2=\frac{t^2+1-t^2}{-t-t}(x-t)\quad \text{すなわち}\quad y=-\frac{1}{2t}x+t^2+\frac{1}{2}$$

直線 PQ と放物線 C の共有点の x 座標は，$x^2=-\dfrac{1}{2t}x+t^2+\dfrac{1}{2}$

を解くと，$x^2+\dfrac{1}{2t}x-t\left(t+\dfrac{1}{2t}\right)=0$ から

$$(x-t)\left(x+t+\frac{1}{2t}\right)=0$$

←点 $\mathrm{P}(t,\ t^2)$ は C 上にある ⟶ 左辺は $x-t$ を因数にもつ。

よって　　$x=t,\ -t-\dfrac{1}{2t}$　$\left(t>0 \text{ から } t>-t-\dfrac{1}{2t}\right)$

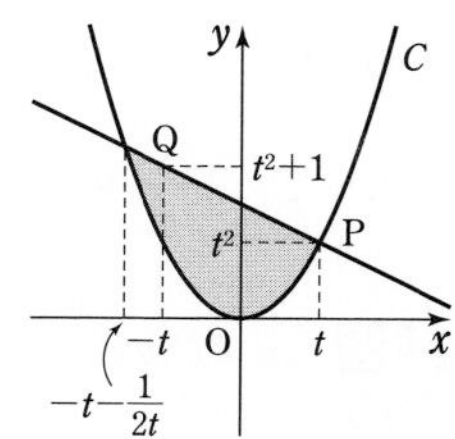

ゆえに　　$f(t)=\displaystyle\int_{-t-\frac{1}{2t}}^{t}\left(-\frac{1}{2t}x+t^2+\frac{1}{2}-x^2\right)dx$

$$=-\int_{-t-\frac{1}{2t}}^{t}(x-t)\left(x+t+\frac{1}{2t}\right)dx$$
$$=-\left(-\frac{1}{6}\right)\left\{t-\left(-t-\frac{1}{2t}\right)\right\}^3=\frac{1}{6}\left(2t+\frac{1}{2t}\right)^3$$

$t>0$ であるから，(相加平均)≧(相乗平均) により

$$2t+\frac{1}{2t}\geqq 2\sqrt{2t\cdot\frac{1}{2t}}=2$$

等号が成り立つのは，$2t=\frac{1}{2t}$ すなわち $t=\frac{1}{2}$ のときである。

よって，$f(t)$ は $\boldsymbol{t=\frac{1}{2}}$ **で最小値** $\frac{1}{6}\cdot 2^3=\boldsymbol{\frac{4}{3}}$ をとる。

←$a>0$，$b>0$ のとき $a+b\geqq 2\sqrt{ab}$ 等号は $a=b$ のとき成り立つ。

練習 ④257 曲線 $y=x^3+2x^2$ と直線 $y=mx$ $(m<0)$ は異なる 3 点で交わるとする。この曲線と直線で囲まれた 2 つの図形の面積が等しくなるような定数 m の値を求めよ。

曲線と直線の交点の x 座標は，$x^3+2x^2=mx$ すなわち
$x(x^2+2x-m)=0$ …… ① の実数解である。
① から　$x=0$ または $x^2+2x-m=0$ …… ②
曲線と直線は異なる 3 点で交わるから，② は 0 でない異なる 2 つの実数解をもつ。
よって，② の判別式を D とすると　$D>0$
$\frac{D}{4}=1^2-1\cdot(-m)=m+1$ であるから，$m+1>0$ より

$$m>-1$$

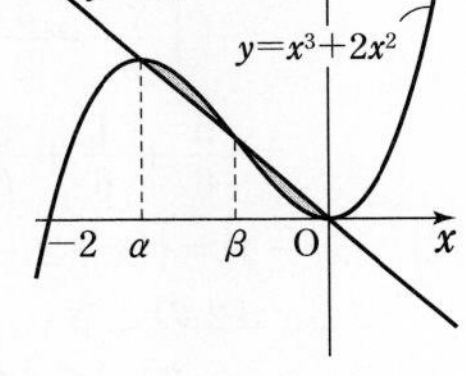

また，$m<0$ であるから　$-1<m<0$ …… ③
このとき，① の解は　$x=0,\ -1\pm\sqrt{1+m}$
$-1-\sqrt{1+m}=\alpha$，$-1+\sqrt{1+m}=\beta$ とおくと

$$\alpha<\beta<0$$

←③ の範囲で $0<1+m<1$　∴ $0<\sqrt{1+m}<1$

2 つの図形の面積が等しくなるための条件は

$$\int_\alpha^\beta (x^3+2x^2-mx)dx=\int_\beta^0 \{mx-(x^3+2x^2)\}dx$$

ゆえに　$\int_\alpha^\beta (x^3+2x^2-mx)dx-\left\{-\int_\beta^0 (x^3+2x^2-mx)dx\right\}=0$

したがって　$\int_\alpha^0 (x^3+2x^2-mx)dx=0$

←$\int_\alpha^\beta+\int_\beta^0=\int_\alpha^0$

左辺の定積分を I とすると

$$I=-\left[\frac{x^4}{4}+\frac{2}{3}x^3-\frac{m}{2}x^2\right]_0^\alpha=-\frac{\alpha^2}{12}(3\alpha^2+8\alpha-6m)$$

←$\int_\alpha^0=-\int_0^\alpha$

$I=0$ のとき，$\alpha\neq 0$ であるから　$3\alpha^2+8\alpha-6m=0$ …… ④
α は $x^2+2x-m=0$ の解であるから

$$\alpha^2+2\alpha-m=0 \quad すなわち \quad m=\alpha^2+2\alpha \text{ …… ⑤}$$

④ に代入して整理すると　$3\alpha^2+4\alpha=0$

$\alpha\neq 0$ であるから　$\alpha=-\frac{4}{3}$

このとき，⑤ から　$\boldsymbol{m=-\frac{8}{9}}$　これは ③ を満たす。

←④，⑤ から，α^2 を消去すると　$\alpha=\frac{3}{2}m$ これを用いてもよい。

練習 ②258 次の定積分を求めよ。
(1) $\int_0^3 |x^2-3x+2|dx$　(2) $\int_{-3}^4 (|x^2-4|-x^2+2)dx$

(1)　$|x^2-3x+2|=|(x-1)(x-2)|$ であるから

$1\leqq x\leqq 2$ のとき　　$|x^2-3x+2|=-(x^2-3x+2)$

$0\leqq x\leqq 1$，$2\leqq x\leqq 3$ のとき　　$|x^2-3x+2|=x^2-3x+2$

よって　$\int_0^3|x^2-3x+2|dx$

$$=\int_0^1(x^2-3x+2)dx+\int_1^2\{-(x^2-3x+2)\}dx+\int_2^3(x^2-3x+2)dx$$

$$=\left[\frac{x^3}{3}-\frac{3}{2}x^2+2x\right]_0^1+(-1)\cdot\left(-\frac{1}{6}\right)(2-1)^3+\left[\frac{x^3}{3}-\frac{3}{2}x^2+2x\right]_2^3$$

$$=\frac{5}{6}+\frac{1}{6}+\frac{5}{6}=\boldsymbol{\frac{11}{6}}$$

←$\int_0^3=\int_0^1+\int_1^2+\int_2^3$

←$y=|x^2-3x+2|$ のグラフの対称性(図参照)から
(第 1 項の値)
=(第 3 項の値)

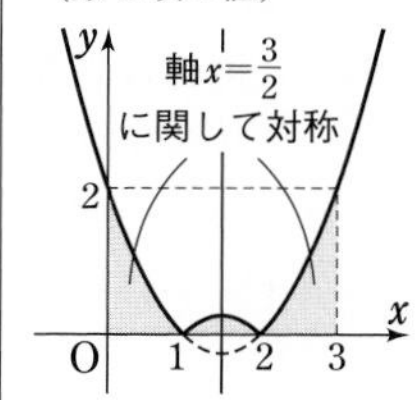

(2)　$|x^2-4|=|(x+2)(x-2)|$ であるから

$-2\leqq x\leqq 2$ のとき　　$|x^2-4|=-(x^2-4)$

$-3\leqq x\leqq -2$，$2\leqq x\leqq 4$ のとき　　$|x^2-4|=x^2-4$

よって　$\int_{-3}^4(|x^2-4|-x^2+2)dx$

$$=\int_{-3}^{-2}(x^2-4-x^2+2)dx+\int_{-2}^2\{-(x^2-4)-x^2+2\}dx+\int_2^4(x^2-4-x^2+2)dx$$

$$=\int_{-3}^{-2}(-2)dx+\int_{-2}^2(-2x^2+6)dx+\int_2^4(-2)dx$$

$$=\Big[-2x\Big]_{-3}^{-2}+2\left[-\frac{2}{3}x^3+6x\right]_0^2+\Big[-2x\Big]_2^4$$

$$=-2+\frac{40}{3}-4=\boldsymbol{\frac{22}{3}}$$

←$\int_{-3}^4=\int_{-3}^{-2}+\int_{-2}^2+\int_2^4$

←$\int_{-2}^2(-2x^2+6)dx$
$=2\int_0^2(-2x^2+6)dx$

練習 ④259　t が区間 $-\frac{1}{2}\leqq t\leqq 2$ を動くとき，$F(t)=\int_0^1 x|x-t|dx$ の最大値と最小値を求めよ。　〔山口大〕

$f(x)=x|x-t|$ とする。

←まず，$y=f(x)$ のグラフについて調べる。

$x-t\geqq 0$ すなわち $x\geqq t$ のとき

$f(x)=x(x-t)=x^2-tx$

$x-t\leqq 0$ すなわち $x\leqq t$ のとき

$f(x)=-x(x-t)=-x^2+tx$

$f(x)=0$ とすると　　$x=0,\ t$

[1]　$-\frac{1}{2}\leqq t\leqq 0$ のとき

$0\leqq x\leqq 1$ では　　$f(x)=x^2-tx$

よって　　$F(t)=\int_0^1(x^2-tx)dx=\left[\frac{x^3}{3}-\frac{t}{2}x^2\right]_0^1$

$$=\frac{1}{3}-\frac{t}{2}$$

[1]

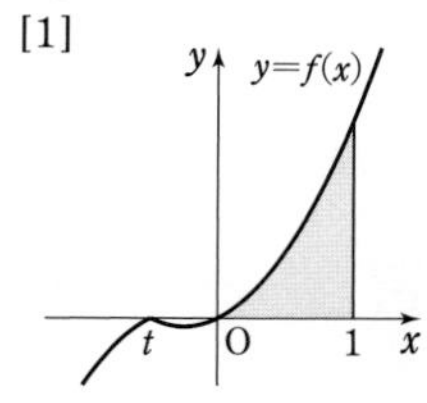

[2] $0<t<1$ のとき

$0 \leqq x \leqq t$ では　$f(x)=-x^2+tx$

$t \leqq x \leqq 1$ では　$f(x)=x^2-tx$

よって　$F(t)=\int_0^t(-x^2+tx)dx+\int_t^1(x^2-tx)dx$

$$=\left[-\frac{x^3}{3}+\frac{t}{2}x^2\right]_0^t+\left[\frac{x^3}{3}-\frac{t}{2}x^2\right]_t^1$$

$$=\frac{t^3}{3}-\frac{t}{2}+\frac{1}{3}$$

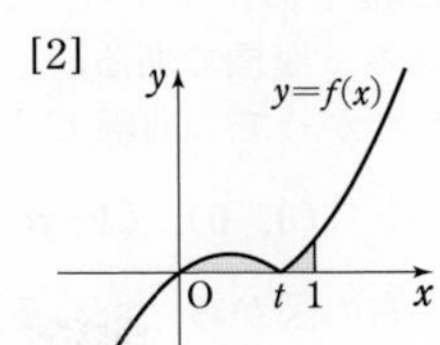

$F'(t)=t^2-\frac{1}{2}=\left(t+\frac{\sqrt{2}}{2}\right)\left(t-\frac{\sqrt{2}}{2}\right)$

$F'(t)=0$ とすると　$t=\pm\frac{\sqrt{2}}{2}$

$0<t<1$ における増減表は右のようになる。

t	0	$\cdots$	$\frac{\sqrt{2}}{2}$	$\cdots$	1
$F'(t)$		$-$	0	$+$	
$F(t)$		↘	$\frac{2-\sqrt{2}}{6}$	↗	

[3] $1 \leqq t \leqq 2$ のとき

$0 \leqq x \leqq 1$ では　$f(x)=-x^2+tx$

よって　$F(t)=\int_0^1(-x^2+tx)dx$

$$=-\int_0^1(x^2-tx)dx$$

$$=\frac{t}{2}-\frac{1}{3}$$

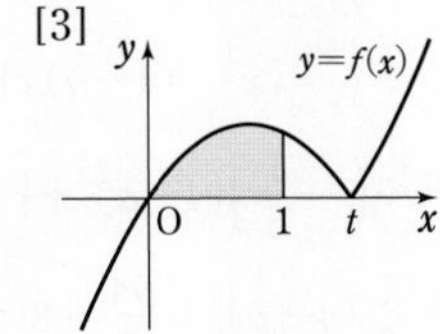

[1], [2], [3] から，$y=F(t)$ のグラフは，右の図のようになる。

したがって，$F(t)$ は

$t=2$ で最大値 $\frac{2}{3}$，

$t=\frac{\sqrt{2}}{2}$ で最小値 $\frac{2-\sqrt{2}}{6}$

をとる。

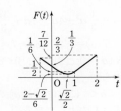

練習 ⑤260　実数 a は $0<a<4$ を満たすとする。xy 平面の直線 ℓ：$y=ax$ と曲線

$$C：y=\begin{cases}-x^2+4x & (x<4 \text{ のとき}) \\ 9a(x-4) & (x \geqq 4 \text{ のとき})\end{cases}$$

を考える。C と ℓ で囲まれた 2 つの図形の面積の和を $S(a)$ とする。

(1) C と ℓ の交点の座標を求めよ。　(2) $S(a)$ を求めよ。

(3) $S(a)$ の最小値を求めよ。　〔東北大〕

(1) $ax=-x^2+4x$ とすると　$x(x+a-4)=0$

よって　$x=0,\ 4-a$ …… ①

$0<a<4$ より，$0<4-a<4$ であるから，① は $x<4$ における直線 ℓ と曲線 C の交点の x 座標である。

また，$ax=9a(x-4)$ とすると　$4a(2x-9)=0$

$a \neq 0$ から　$x=\frac{9}{2}$

←$x<4$ のときの C の方程式と，$x \geqq 4$ のときの C の方程式を，それぞれ $y=ax$ と連立する。

$x \geqq 4$ を満たすから，これは $x \geqq 4$ における直線 ℓ と曲線 C の交点の x 座標である。

したがって，曲線 C と直線 ℓ の交点の座標は

$$\mathbf{(0,\ 0),\ (4-a,\ a(4-a)),\ \left(\frac{9}{2},\ \frac{9}{2}a\right)} \cdots\cdots (*)$$

（＊）交点の y 座標は，$y=ax$ に $x=0$，$4-a$，$\frac{9}{2}$ をそれぞれ代入して求める。

(2) 右の図から，求める面積 $S(a)$ は

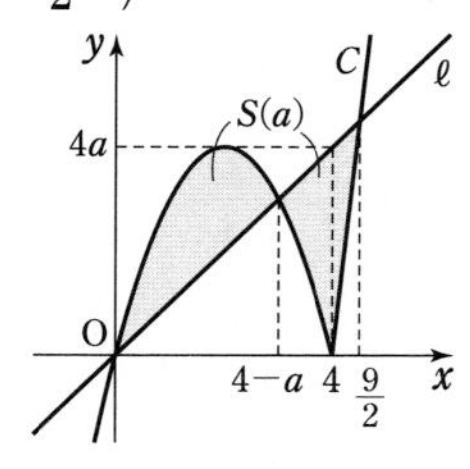

$\mathbf{S(a)}$

$$=\int_0^{4-a}\{(-x^2+4x)-ax\}dx$$
$$+\int_{4-a}^{4}\{ax-(-x^2+4x)\}dx$$
$$+\frac{1}{2}\left(\frac{9}{2}-4\right)\cdot 4a$$
$$=-\int_0^{4-a}x\{x-(4-a)\}dx$$
$$+\int_{4-a}^{4}\{x^2-(4-a)x\}dx+a$$
$$=-\left(-\frac{1}{6}\right)(4-a)^3+\left[\frac{x^3}{3}-\frac{4-a}{2}x^2\right]_{4-a}^{4}+a$$
$$=\frac{1}{6}(4-a)^3+\frac{64}{3}-8(4-a)-\frac{1}{3}(4-a)^3+\frac{1}{2}(4-a)^3+a$$
$$=\left(\frac{1}{6}-\frac{1}{3}+\frac{1}{2}\right)(4-a)^3+9a-\frac{32}{3}$$
$$=\mathbf{-\frac{1}{3}a^3+4a^2-7a+\frac{32}{3}}$$

←(1)の結果をもとに図をかき，$0 \leqq x \leqq 4-a$，$4-a \leqq x \leqq 4$，$4 \leqq x \leqq \frac{9}{2}$ で分けて面積を求める。$4 \leqq x \leqq \frac{9}{2}$ の部分では C は線分を表すから，三角形の面積として求める。

←$(4-a)^3$
$=64-3\cdot 16a+3\cdot 4a^2-a^3$

(3) $S'(a)=-a^2+8a-7=-(a-1)(a-7)$

$S'(a)=0$ とすると，$0<a<4$ から　$a=1$

$0<a<4$ における $S(a)$ の増減表は右のようになる。

a	0	$\cdots$	1	$\cdots$	4
$S'(a)$		$-$	0	$+$	
$S(a)$		↘	極小	↗	

よって，$S(a)$ は $\mathbf{a=1}$ **で最小**となり，その **最小値** は　$S(1)=-\frac{1}{3}+4-7+\frac{32}{3}=\mathbf{\frac{22}{3}}$

←$S(a)$ は a の 3 次関数 ⟶ 微分して増減表をかく。

練習 ③261 次の曲線や直線で囲まれた図形の面積 S を求めよ。
(1) $x=y^2-4y+6$，y 軸，$y=-1$，$y=3$　(2) $x=9-y^2$，$y=2x-3$

(1) $x=y^2-4y+6=(y-2)^2+2$

$-1 \leqq y \leqq 3$ では　$(y-2)^2+2>0$

であるから，右の図より

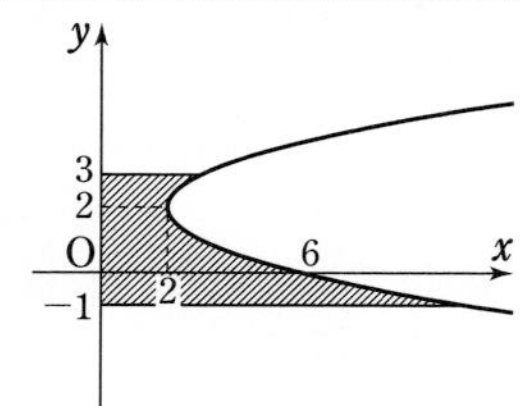

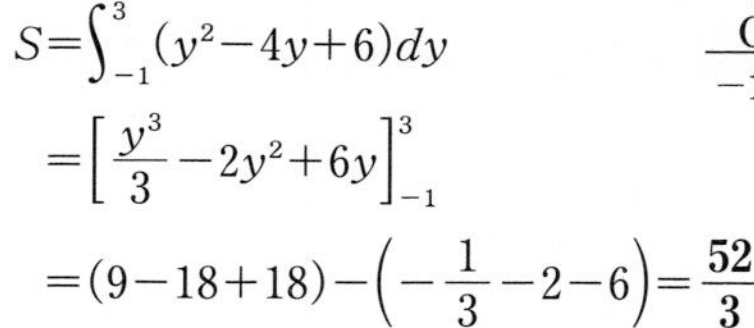

$$S=\int_{-1}^{3}(y^2-4y+6)dy$$
$$=\left[\frac{y^3}{3}-2y^2+6y\right]_{-1}^{3}$$
$$=(9-18+18)-\left(-\frac{1}{3}-2-6\right)=\mathbf{\frac{52}{3}}$$

(1) y 軸は $x=0$ であるから

$\int_{-1}^{3}\{(y^2-4y+6)-0\}dy$

を計算する。

(右のグラフから左のグラフを引く。)

(2)　$y=2x-3$ から　　$x=\frac{1}{2}y+\frac{3}{2}$

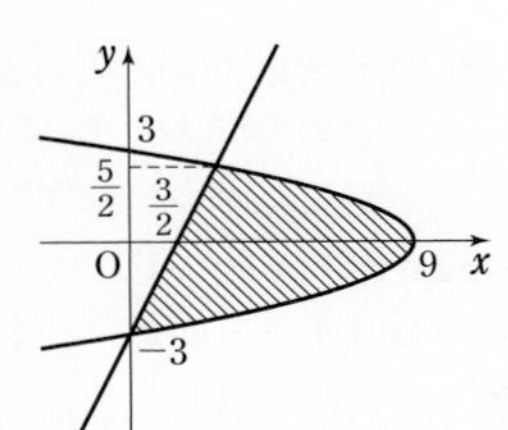

曲線と直線の交点の y 座標は，

$9-y^2=\frac{1}{2}y+\frac{3}{2}$ から

$2y^2+y-15=0$

←$x=9-y^2$ を，$y=2x-3$ に代入して，x を消去してもよい。

すなわち　$(y+3)(2y-5)=0$

よって　　$y=-3,\ \frac{5}{2}$

ゆえに，右上の図から，求める面積は

$$S=\int_{-3}^{\frac{5}{2}}\left\{9-y^2-\left(\frac{1}{2}y+\frac{3}{2}\right)\right\}dy$$

$$=-\int_{-3}^{\frac{5}{2}}\{y-(-3)\}\left(y-\frac{5}{2}\right)dy$$

$$=-\left(-\frac{1}{6}\right)\left\{\frac{5}{2}-(-3)\right\}^3=\mathbf{\frac{1331}{48}}$$

←$\int_\alpha^\beta(y-\alpha)(y-\beta)dy=-\frac{1}{6}(\beta-\alpha)^3$

練習 ③262　(1)　2 点 P$(x,\ 0)$，Q$(x,\ 4-x^2)$ を結ぶ線分を 1 辺とする正三角形を，x 軸に垂直な平面上に作る。P が x 軸上を原点 O から点 $(2,\ 0)$ まで動くとき，この正三角形が描く立体の体積を求めよ。

(2)　曲線 $y=-2x^2-1$ と x 軸，および 2 直線 $x=-1$，$x=2$ で囲まれた部分を x 軸の周りに 1 回転してできる立体の体積を求めよ。

7章 練習〔積分法〕

(1)　P$(x,\ 0)$，Q$(x,\ 4-x^2)$ であるから　　PQ$=4-x^2$

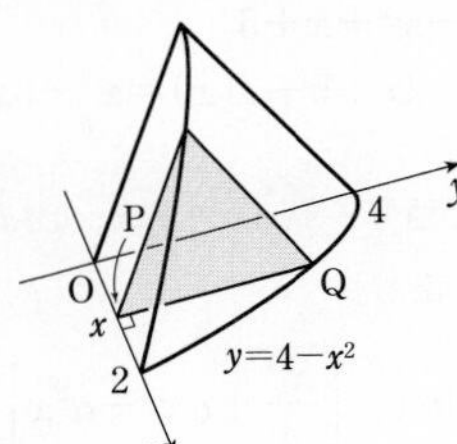

2 点 P，Q を結ぶ線分を 1 辺とする正三角形の面積を $S(x)$ とすると

←断面積を求める。

$$S(x)=\frac{\sqrt{3}}{4}(4-x^2)^2$$

←$\frac{1}{2}\mathrm{PQ}^2\sin 60^\circ=\frac{1}{2}(4-x^2)^2\cdot\frac{\sqrt{3}}{2}$

よって，求める体積を V とすると

$$V=\int_0^2 S(x)dx=\int_0^2\frac{\sqrt{3}}{4}(4-x^2)^2dx$$

$$=\frac{\sqrt{3}}{4}\int_0^2(x^4-8x^2+16)dx=\frac{\sqrt{3}}{4}\left[\frac{x^5}{5}-\frac{8}{3}x^3+16x\right]_0^2$$

$$=\frac{\sqrt{3}}{4}\cdot\frac{256}{15}=\mathbf{\frac{64\sqrt{3}}{15}}$$

(2)　求める回転体の体積を V とすると

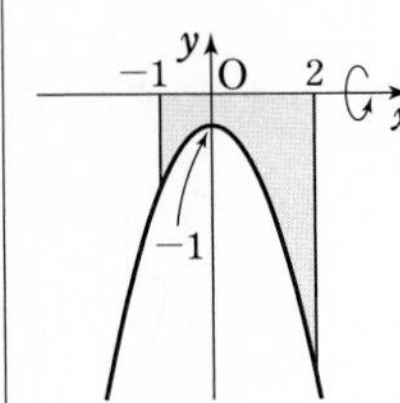

$$V=\pi\int_{-1}^2 y^2dx=\pi\int_{-1}^2(-2x^2-1)^2dx$$

$$=\pi\int_{-1}^2(4x^4+4x^2+1)dx$$

$$=\pi\left[\frac{4}{5}x^5+\frac{4}{3}x^3+x\right]_{-1}^2$$

$$=\mathbf{\frac{207}{5}\pi}$$

EX ②148 関数 $f(x)$，$g(x)$，および導関数 $f'(x)$，$g'(x)$ が，$f(x)+g(x)=-2x+5$，$f'(x)-g'(x)=-4x+4$，$f(0)=5$ を満たす。このとき，$f(x)$ と $g(x)$ を求めよ。〔類 東京電機大〕

$f(x)+g(x)=-2x+5$ …… ①，
$f'(x)-g'(x)=-4x+4$ …… ② とする。

② から $\int\{f'(x)-g'(x)\}dx=\int(-4x+4)dx$　　←② の両辺を x で積分。

すなわち $f(x)-g(x)=-2x^2+4x+C$ …… ③
（C は積分定数）

(①＋③)÷2 から $f(x)=-x^2+x+\frac{C+5}{2}$　　←①，③ を $f(x)$，$g(x)$ の連立方程式とみて解く。

$f(0)=5$ から $\frac{C+5}{2}=5$　よって $C=5$

ゆえに $\boldsymbol{f(x)=-x^2+x+5}$

① から $\boldsymbol{g(x)}=-2x+5-f(x)=-2x+5-(-x^2+x+5)$
$\boldsymbol{=x^2-3x}$

別解 ① の両辺を x で微分すると　　←$f'(x)$，$g'(x)$ の連立方程式を導く解法。
$f'(x)+g'(x)=-2$ …… ④

(②＋④)÷2 から $f'(x)=-2x+1$

よって $f(x)=\int(-2x+1)dx=-x^2+x+C$（$C$ は積分定数）

$f(0)=5$ から $C=5$

ゆえに $\boldsymbol{f(x)=-x^2+x+5}$

① から $\boldsymbol{g(x)}=-2x+5-f(x)\boldsymbol{=x^2-3x}$

EX ②149 a を実数とする。定積分 $I=\int_0^3(x^2+2ax-a^2)dx$ の値が最大となるのは $a=$ ア□ のときで，そのとき $I=$ イ□ である。〔類 京都産大〕

$I=\int_0^3(x^2+2ax-a^2)dx=\left[\frac{x^3}{3}+ax^2-a^2x\right]_0^3=9+9a-3a^2$　　←まず，定積分 I を計算。I は a の **2 次式** ⟶ **基本形** に直す。

$=-3a^2+9a+9=-3\left(a-\frac{3}{2}\right)^2+\frac{63}{4}$

よって，I は $a=$ ア $\boldsymbol{\frac{3}{2}}$ のとき最大となり，そのとき $I=$ イ $\boldsymbol{\frac{63}{4}}$

EX ②150 x について 1 次以上の整式で表される関数 $f(x)$，$g(x)$ が
$$f(x)=\int_{-1}^1\{(x-t)f(t)+g(t)\}dt,\quad g(x)=\left(\int_{-1}^1 xf(t)dt\right)^2$$
を満たす。このとき，$f(x)$ と $g(x)$ を求めよ。〔類 早稲田大〕

$f(x)=\int_{-1}^1\{xf(t)-tf(t)+g(t)\}dt$

$=x\int_{-1}^1 f(t)dt+\int_{-1}^1\{-tf(t)+g(t)\}dt$　　←x は積分定数 t に無関係であるから，定積分の前に出す。

$\int_{-1}^1 f(t)dt=a$，$\int_{-1}^1\{-tf(t)+g(t)\}dt=b$ とおくと

$f(x)=ax+b$

また　$g(x)=\left(x\int_{-1}^{1}f(t)dt\right)^2=a^2x^2$

よって　$\int_{-1}^{1}f(t)dt=\int_{-1}^{1}(at+b)dt=2b\int_{0}^{1}dt=2b\Big[t\Big]_0^1=2b$

$\int_{-1}^{1}\{-tf(t)+g(t)\}dt=\int_{-1}^{1}\{-t(at+b)+a^2t^2\}dt$

$=\int_{-1}^{1}\{a(a-1)t^2-bt\}dt$

$=2\int_{0}^{1}a(a-1)t^2dt$

$=2a(a-1)\left[\dfrac{t^3}{3}\right]_0^1=\dfrac{2}{3}a(a-1)$

←$\int_{-a}^{a}$ の定積分
偶数次は　$2\int_0^a$
奇数次は　0

ゆえに　$2b=a$ …… ①，$\dfrac{2}{3}a(a-1)=b$ …… ②

① から　$b=\dfrac{a}{2}$　これを ② に代入して　$\dfrac{2}{3}a(a-1)=\dfrac{a}{2}$

よって　$4a^2-7a=0$　すなわち　$a(4a-7)=0$

ここで，$f(x)$ は 1 次以上の多項式であるから　$a\neq 0$

ゆえに　$a=\dfrac{7}{4}$　よって，① から　$b=\dfrac{7}{8}$

したがって　$\boldsymbol{f(x)=\dfrac{7}{4}x+\dfrac{7}{8}}$，$\boldsymbol{g(x)=\dfrac{49}{16}x^2}$

←$f(x)=ax+b$，$g(x)=a^2x^2$

EX ③151　次の等式を満たす関数 $f(x)$ と定数 C の値を求めよ。

$$\int_0^x f(t)dt+\int_0^1(x+t)^2f'(t)dt=x^2+C$$

〔東北学院大〕

$\int_0^1(x+t)^2f'(t)dt=\int_0^1(x^2+2xt+t^2)f'(t)dt$

$=x^2\int_0^1f'(t)dt+2x\int_0^1tf'(t)dt+\int_0^1t^2f'(t)dt$

←$\int_0^1f'(t)dt$，$\int_0^1tf'(t)dt$，$\int_0^1t^2f'(t)dt$ は定数であるから，適当な文字におき換える。

$\int_0^1f'(t)dt=k$，$\int_0^1tf'(t)dt=l$，$\int_0^1t^2f'(t)dt=m$ とおくと，k，l，m は定数であり，与えられた等式から

$\int_0^x f(t)dt+kx^2+2lx+m=x^2+C$ …… ①

① の両辺を x で微分すると　$f(x)+2kx+2l=2x$

←$\dfrac{d}{dx}\int_a^x f(t)dt=f(x)$

すなわち　$f(x)=2(1-k)x-2l$　…… ②

よって　$f'(x)=2(1-k)$　したがって

$\int_0^1f'(t)dt=\int_0^1 2(1-k)dt=\Big[2(1-k)t\Big]_0^1=2(1-k)$，

$\int_0^1tf'(t)dt=\int_0^1 2(1-k)tdt=\Big[(1-k)t^2\Big]_0^1=1-k$，

$\int_0^1t^2f'(t)dt=\int_0^1 2(1-k)t^2dt=\left[\dfrac{2}{3}(1-k)t^3\right]_0^1=\dfrac{2}{3}(1-k)$

ゆえに　$2(1-k)=k$，$1-k=l$，$\dfrac{2}{3}(1-k)=m$

これを解くと　$k=\dfrac{2}{3}$，$l=\dfrac{1}{3}$，$m=\dfrac{2}{9}$

したがって，② から　$f(x)=\frac{2}{3}x-\frac{2}{3}$

また，① に $x=0$ を代入すると　$m=C$

$m=\frac{2}{9}$ であるから　$C=\frac{2}{9}$

←$\int_a^a f(t)dt=0$

EX ③152　α を実数の定数，$f(t)$ を 2 次関数として，関数 $F(x)=\int_\alpha^x f(t)dt$ を考える。$F(x)$ が $x=1$ で極大値 5，$x=2$ で極小値 4 をとるとき，$f(t)$ および α の値を求めよ。〔類　慶応大〕

$F'(x)=\frac{d}{dx}\int_\alpha^x f(t)dt=f(x)$ である。

$F(x)$ は $x=1$，2 で極値をとるから　$F'(1)=0$，$F'(2)=0$

すなわち　$f(1)=0$，$f(2)=0$

$f(x)$ は 2 次関数であるから，$f(x)=a(x-1)(x-2)$ $(a\neq 0)$ と表される。

←分解形で表すと，文字定数は a だけですむ。

よって
$$\begin{aligned}F(x)&=\int_\alpha^x a(t-1)(t-2)dt\\&=a\int_\alpha^x(t^2-3t+2)dt\\&=a\left[\frac{t^3}{3}-\frac{3}{2}t^2+2t\right]_\alpha^x\\&=a\left(\frac{x^3}{3}-\frac{3}{2}x^2+2x\right)-a\left(\frac{\alpha^3}{3}-\frac{3}{2}\alpha^2+2\alpha\right)\end{aligned}$$

$a\left(\frac{\alpha^3}{3}-\frac{3}{2}\alpha^2+2\alpha\right)=A$（$A$ は定数）とおくと

←$a\left(\frac{\alpha^3}{3}-\frac{3}{2}\alpha^2+2\alpha\right)$ は x に無関係な式である。

$$F(x)=a\left(\frac{x^3}{3}-\frac{3}{2}x^2+2x\right)-A$$

$F(1)=5$，$F(2)=4$ であるから

$$\frac{5}{6}a-A=5 \;\cdots\cdots\; ①,\quad \frac{2}{3}a-A=4 \;\cdots\cdots\; ②$$

①－② から　$\frac{1}{6}a=1$　ゆえに　$a=6$

←$a\neq 0$ を満たす。

よって，① から　$A=0$

ゆえに　$6\left(\frac{\alpha^3}{3}-\frac{3}{2}\alpha^2+2\alpha\right)=0$

よって　$\alpha(2\alpha^2-9\alpha+12)=0$

α は実数であるから　$2\alpha^2-9\alpha+12=2\left(\alpha-\frac{9}{4}\right)^2+\frac{15}{8}>0$

←$2\alpha^2-9\alpha+12=0$ の判別式を D とすると
$D=(-9)^2-4\cdot 2\cdot 12$
$=-15<0$

したがって　$\alpha=0$

逆に，このとき

$F(x)=2x^3-9x^2+12x$,

$F'(x)=6(x-1)(x-2)$

よって，$F(x)$ の増減表は右のようになり，条件を満たす。

x	$\cdots$	1	$\cdots$	2	$\cdots$
$F'(x)$	+	0	−	0	+
$F(x)$	↗	極大 5	↘	極小 4	↗

←$F(x)$ が $x=1$ で極大値 5，$x=2$ で極小値 4 をとることを確認。

したがって　$f(t)=6(t-1)(t-2)$，$\alpha=0$

EX ③153

a, b を定数とする。次の不等式を証明せよ。

$$\left\{\int_0^1(x+a)(x+b)dx\right\}^2 \leqq \left\{\int_0^1(x+a)^2dx\right\}\left\{\int_0^1(x+b)^2dx\right\}$$

$$\int_0^1(x+a)(x+b)dx=\int_0^1\{x^2+(a+b)x+ab\}dx$$

$$=\left[\frac{x^3}{3}+\frac{a+b}{2}x^2+abx\right]_0^1$$

$$=ab+\frac{a+b}{2}+\frac{1}{3}$$

←b を a または a を b におき換えると，右辺の 2 つの定積分が得られる。

また　$\displaystyle\int_0^1(x+a)^2dx=a^2+a+\frac{1}{3}$，$\displaystyle\int_0^1(x+b)^2dx=b^2+b+\frac{1}{3}$

ゆえに　(右辺)−(左辺)

$$=\left(a^2+a+\frac{1}{3}\right)\left(b^2+b+\frac{1}{3}\right)-\left(ab+\frac{a+b}{2}+\frac{1}{3}\right)^2$$

$$=a^2b^2+a^2b+\frac{1}{3}a^2+ab^2+ab+\frac{1}{3}a+\frac{1}{3}b^2+\frac{1}{3}b+\frac{1}{9}$$

$$-\left\{a^2b^2+\frac{(a+b)^2}{4}+\frac{1}{9}+ab(a+b)+\frac{a+b}{3}+\frac{2}{3}ab\right\}$$

$$=\frac{1}{12}a^2-\frac{1}{6}ab+\frac{1}{12}b^2$$

$$=\frac{1}{12}(a-b)^2\geqq 0$$

←等号は $a=b$ のとき成り立つ。

よって　$\displaystyle\left\{\int_0^1(x+a)(x+b)dx\right\}^2 \leqq \left\{\int_0^1(x+a)^2dx\right\}\left\{\int_0^1(x+b)^2dx\right\}$

検討　一般に，次の不等式が成り立つ。これを **シュワルツの不等式** という。

$$\left\{\int_a^b \boldsymbol{f(x)g(x)dx}\right\}^2 \leqq \int_a^b\{\boldsymbol{f(x)}\}^2\boldsymbol{dx}\int_a^b\{\boldsymbol{g(x)}\}^2\boldsymbol{dx}\quad (a<b)$$

等号は，$f(x)=0$ または $g(x)=0$ または $g(x)=kf(x)$ が恒等式（k は定数）のとき成り立つ。

証明　$\displaystyle\int_a^b\{f(x)\}^2dx=A$，$\displaystyle\int_a^b f(x)g(x)dx=B$，$\displaystyle\int_a^b\{g(x)\}^2dx=C$ とおくと

$$\int_a^b\{tf(x)+g(x)\}^2dx=\int_a^b[t^2\{f(x)\}^2+2tf(x)g(x)+\{g(x)\}^2]dx$$

$$=At^2+2Bt+C$$

任意の実数 t について，$\{tf(x)+g(x)\}^2\geqq 0$ であるから

$$\int_a^b\{tf(x)+g(x)\}^2dx\geqq 0 \quad すなわち \quad At^2+2Bt+C\geqq 0 \ \cdots\cdots ①$$

したがって，$A\neq 0$ すなわち $f(x)=0$ [$f(x)$ が常に 0] でないとき，2 次不等式 ① が常に成り立つための条件は，$At^2+2Bt+C=0$ の判別式を D とすると　$D\leqq 0$

$\dfrac{D}{4}=B^2-AC$ であるから　　$B^2-AC\leqq 0$　　すなわち　　$B^2\leqq AC$

これから証明する不等式が得られる。

結果の不等式で等号が成り立つのは，$tf(x)+g(x)=0$ が x についての恒等式のときである。

また，$A=0$ すなわち $f(x)=0$ [$f(x)$ が常に 0] のときは $B=0$ で　$B^2=AC$

EX ②154 $f(x)=x^2-2a|x|+a^2-1$ とするとき，$y=f(x)$ のグラフと x 軸で囲まれた部分の面積 S を求めよ。ただし，a は正の定数とする。〔類 中央大〕

$f(-x)=f(x)$ が成り立つから，$y=f(x)$ のグラフは y 軸に関して対称である。また，$y=f(x)$ のグラフと y 軸の交点の y 座標は $f(0)=a^2-1$ であり

$x \geqq 0$ のとき　$f(x)=x^2-2ax+a^2-1=(x-a)^2-1$

$x<0$ のとき　$f(x)=x^2-2a(-x)+a^2-1=(x+a)^2-1$

$x^2-2ax+a^2-1=0$ とすると

$$\{x-(a-1)\}\{x-(a+1)\}=0$$

よって　$x=a-1,\ a+1$

[1]　$a^2-1 \leqq 0$ すなわち，$a^2 \leqq 1$ から $0<a \leqq 1$ のとき

$$a-1 \leqq 0,\ a+1>0$$

よって，$x>0$ における $y=f(x)$ のグラフと x 軸の交点の x 座標は　$x=a+1$

ゆえに，図から

$$S=2\left[-\int_0^{a+1}\{(x-a)^2-1\}dx\right]$$
$$=-2\left[\frac{(x-a)^3}{3}-x\right]_0^{a+1}$$
$$=-2\left\{\frac{1}{3}-(a+1)-\left(-\frac{a^3}{3}\right)\right\}$$
$$=-\frac{2}{3}a^3+2a+\frac{4}{3}$$

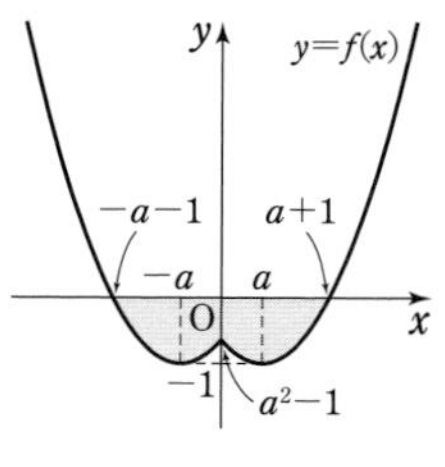

[2]　$a^2-1>0$ すなわち，$a^2>1$ から $a>1$ のとき

$a-1>0,\ a+1>0$ であるから，$x>0$ における $y=f(x)$ のグラフと x 軸の交点の x 座標は　$x=a-1,\ a+1$

ゆえに，図から

$$S=2\left[\int_0^{a-1}\{(x-a)^2-1\}dx-\int_{a-1}^{a+1}\{(x-a)^2-1\}dx\right]$$
$$=2\left[\frac{(x-a)^3}{3}-x\right]_0^{a-1}-2\left(-\frac{1}{6}\right)\{a+1-(a-1)\}^3$$
$$=2\left\{-\frac{1}{3}-(a-1)-\left(-\frac{a^3}{3}\right)\right\}+\frac{8}{3}$$
$$=\frac{2}{3}a^3-2a+4$$

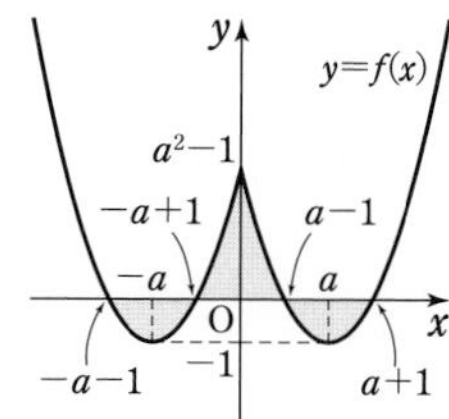

したがって　**$0<a \leqq 1$ のとき　$S=-\frac{2}{3}a^3+2a+\frac{4}{3}$**

$a>1$ のとき　$S=\frac{2}{3}a^3-2a+4$

←$f(-x)$
$=(-x)^2-2a|-x|+a^2-1$
$=x^2-2a|x|+a^2-1$
$=f(x)$

←頂点の y 座標が $-1\ (<0)$ であるから，$y=f(x)$ のグラフは x 軸と交わる。

←a は正の定数。

←**対称性** および式 $(x-\alpha)^2$ の積分を利用して，面積をらくに計算。
$\int(x-\alpha)^2dx$
$=\frac{(x-\alpha)^3}{3}+C$
（C は積分定数）

EX ③155 a は正の定数とする。放物線 $y=x^2+a$ 上の任意の点Pにおける接線と放物線 $y=x^2$ で囲まれる図形の面積は，点Pの位置によらず一定であることを示し，その一定の値を求めよ。

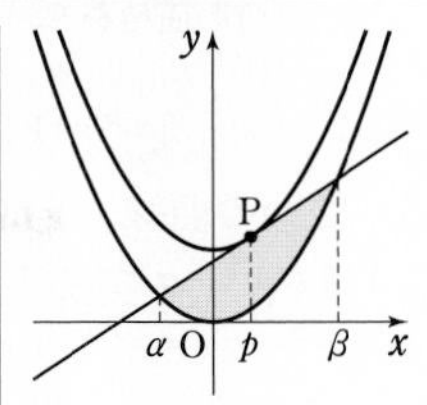

$P(p,\ p^2+a)$ とする。

放物線 $y=x^2+a$ 上の点Pにおける接線の方程式は，$y'=2x$ から

$y-(p^2+a)=2p(x-p)$ すなわち $y=2px-p^2+a$

この接線と放物線 $y=x^2$ の交点の x 座標を求めると

$x^2=2px-p^2+a$ から $(x-p)^2=a$

$a>0$ であるから $x-p=\pm\sqrt{a}$ すなわち $x=p\pm\sqrt{a}$

$\alpha=p-\sqrt{a}$，$\beta=p+\sqrt{a}$ とおくと，題意の図形の面積は

$$\int_\alpha^\beta\{(2px-p^2+a)-x^2\}dx$$

$$=\int_\alpha^\beta(-x^2+2px-p^2+a)dx=-\int_\alpha^\beta(x-\alpha)(x-\beta)dx$$

$$=-\left(-\frac{1}{6}\right)(\beta-\alpha)^3=\frac{1}{6}(2\sqrt{a})^3=\boldsymbol{\frac{4a\sqrt{a}}{3}}$$

←p を含まない。

よって，題意の面積は点Pの位置によらず一定である。

EX ③156 xy 平面内の領域 $x^2+y^2\leqq 2$，$|x|\leqq 1$ で，曲線 $C：y=x^3+x^2-x$ の上側にある部分の面積 S を求めよ。〔京都大〕

$y=x^3+x^2-x$ について $y'=3x^2+2x-1=(x+1)(3x-1)$

←まず，曲線 C の概形をつかむ。

$y'=0$ とすると

$x=-1,\ \frac{1}{3}$

$y=x^3+x^2-x$ の増減表は右のようになる。

x	$\cdots$	-1	$\cdots$	$\frac{1}{3}$	$\cdots$
y'	$+$	0	$-$	0	$+$
y	↗	1	↘	$-\frac{5}{27}$	↗

また，$x=1$ のとき

$y=1^3+1^2-1=1$

よって，円 $x^2+y^2=2$ と曲線 C は2点 $(-1,\ 1)$，$(1,\ 1)$ を共有し，求める面積 S は右図の黒く塗った部分の面積である。

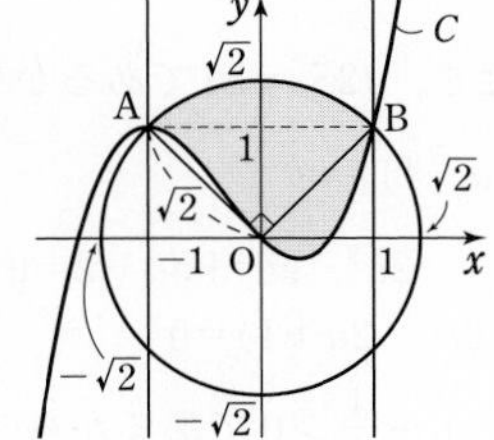

←曲線 C は原点も通る。

$A(-1,\ 1)$，$B(1,\ 1)$ とすると，

$\angle AOB=\frac{\pi}{2}$，$OA=OB=\sqrt{2}$ から

$S=$(扇形OABの面積)$-$(△OABの面積)

$$+\int_{-1}^{1}\{1-(x^3+x^2-x)\}dx$$

$$=\frac{1}{2}\cdot(\sqrt{2})^2\cdot\frac{\pi}{2}-\frac{1}{2}\cdot(\sqrt{2})^2+\int_{-1}^{1}(-x^3-x^2+x+1)dx$$

$$=\frac{\pi}{2}-1+2\int_0^1(-x^2+1)dx$$

$$=\frac{\pi}{2}-1+2\left[-\frac{x^3}{3}+x\right]_0^1=\frac{\pi}{2}-1+2\cdot\frac{2}{3}=\boldsymbol{\frac{\pi}{2}+\frac{1}{3}}$$

EX ④157 実数 $a>1$ に対して，関数 $f(x)$，$g(x)$ を $f(x)=|x^2-ax|$，$g(x)=x$ で定める。2つの曲線 $y=f(x)$，$y=g(x)$ で囲まれる領域のうち，$x\leqq a-1$ にある部分の面積を S_1，$x\geqq a-1$ にある部分の面積を S_2 とするとき

(1) S_1，S_2 を，それぞれ a を用いて表せ。

(2) $S_1:S_2=1:12$ となるときの a の値を求めよ。〔類 関西大〕

(1) 2つの曲線 $y=f(x)$，$y=g(x)$ の共有点の x 座標を求める。

[1] $x^2-ax\geqq 0$ すなわち $x\leqq 0$，$a\leqq x$ のとき

$x^2-ax=x$ とすると　$x\{x-(a+1)\}=0$

よって　$x=0,\ a+1$　これは $x\leqq 0$，$a\leqq x$ を満たす。

[2] $x^2-ax<0$ すなわち $0<x<a$ のとき

$-(x^2-ax)=x$ とすると　$x\{x-(a-1)\}=0$

ゆえに　$x=0,\ a-1$

$0<x<a$ を満たすものは　$x=a-1$

[1]，[2] より，2つの曲線 $y=f(x)$，$y=g(x)$ の概形は右の図のようになるから

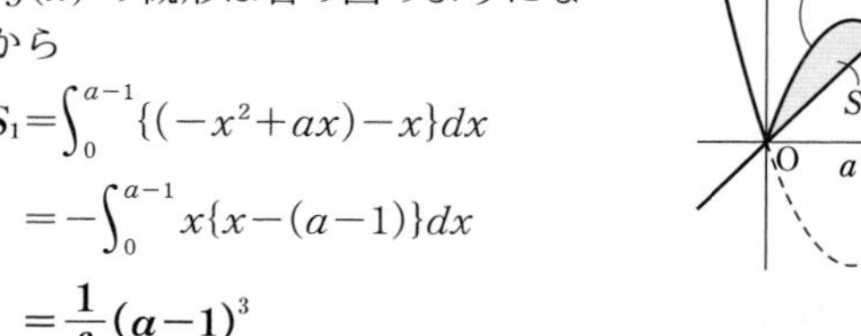

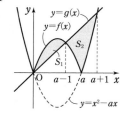

$$S_1=\int_0^{a-1}\{(-x^2+ax)-x\}dx$$
$$=-\int_0^{a-1}x\{x-(a-1)\}dx$$
$$=\boldsymbol{\frac{1}{6}(a-1)^3}$$

$$S_2=\int_0^{a+1}\{x-(x^2-ax)\}dx-2\int_0^{a}(-x^2+ax)dx+S_1$$
$$=-\int_0^{a+1}x\{x-(a+1)\}dx+2\int_0^{a}x(x-a)dx+S_1$$
$$=\frac{1}{6}(a+1)^3-\frac{2}{6}\cdot a^3+\frac{1}{6}(a-1)^3$$
$$=\boldsymbol{a}$$

(2) $S_1:S_2=1:12$ のとき，$12S_1=S_2$ であるから

$$12\cdot\frac{1}{6}(a-1)^3=a$$

展開して整理すると　$2a^3-6a^2+5a-2=0$

よって　$(a-2)(2a^2-2a+1)=0$

$2a^2-2a+1=2\left(a-\frac{1}{2}\right)^2+\frac{1}{2}>0$ であるから　$\boldsymbol{a=2}$

これは $a>1$ を満たす。

←$x(x-a)\geqq 0$

←$x^2-ax\geqq 0$ のとき $|x^2-ax|=x^2-ax$

←$x(x-a)<0$

←$x^2-ax<0$ のとき $|x^2-ax|=-(x^2-ax)$

←$a>1$ から $0<a-1<a$

←$\int_\alpha^\beta(x-\alpha)(x-\beta)dx=-\frac{1}{6}(\beta-\alpha)^3$

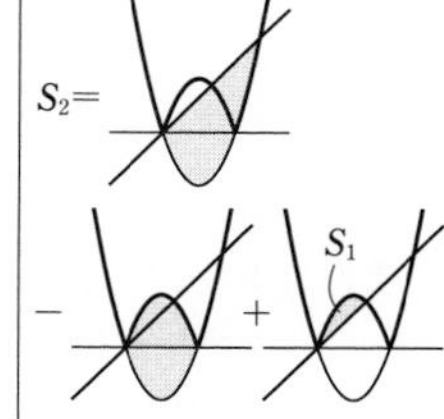

←因数定理を利用。

2	−6	5	−2	2
	4	−4	2	
2	−2	1	0	

EX ④158

実数全体を定義域とする関数 $f(x)$ を $f(x)=3\int_{x-1}^{x}(t+|t|)(t+|t|-1)dt$ によって定める。
(1) $y=f(x)$ のグラフをかけ。
(2) $y=f(x)$ のグラフと x 軸で囲まれる部分の面積を求めよ。 〔類 慶応大〕

(1) $(t+|t|)(t+|t|-1)=\begin{cases} 2t(2t-1) & (t\geqq 0) \\ 0 & (t<0) \end{cases}$

←$|t|=\begin{cases} t & (t\geqq 0) \\ -t & (t<0) \end{cases}$

[1] $x\leqq 0$ のとき
$x-1\leqq t\leqq x$ において　$(t+|t|)(t+|t|-1)=0$
よって　$f(x)=3\int_{x-1}^{x}0\,dt=0$

←$x\leqq 0$ のとき，$t\leqq x$ から　$t\leqq 0$

[2] $x-1<0<x$ すなわち $0<x<1$ のとき
$x-1\leqq t\leqq 0$ において　$(t+|t|)(t+|t|-1)=0$
$0\leqq t\leqq x$ において　$(t+|t|)(t+|t|-1)=2t(2t-1)$
よって　$f(x)=3\int_{x-1}^{0}0\,dt+3\int_{0}^{x}2t(2t-1)dt$
$=\int_{0}^{x}(12t^2-6t)dt=\left[4t^3-3t^2\right]_0^x$
$=4x^3-3x^2$

したがって
$f'(x)=12x^2-6x=6x(2x-1)$
$f'(x)=0$ とすると　$x=0,\ \dfrac{1}{2}$
$0<x<1$ における $f(x)$ の増減表は，右のようになる。

x	0	$\cdots$	$\frac{1}{2}$	$\cdots$	1
$f'(x)$		$-$	0	$+$	
$f(x)$		↘	$-\frac{1}{4}$	↗	

←$f(x)$ は3次関数となるから，微分法を利用する。

[3] $0\leqq x-1$ すなわち $x\geqq 1$ のとき
$x-1\leqq t\leqq x$ において　$(t+|t|)(t+|t|-1)=2t(2t-1)$
よって　$f(x)=3\int_{x-1}^{x}2t(2t-1)dt=\left[4t^3-3t^2\right]_{x-1}^{x}$
$=4x^3-3x^2-\{4(x-1)^3-3(x-1)^2\}$
$=12x^2-18x+7=12\left(x-\dfrac{3}{4}\right)^2+\dfrac{1}{4}$

[1]～[3] から，$y=f(x)$ のグラフは，**右の図の実線部分** のようになる。

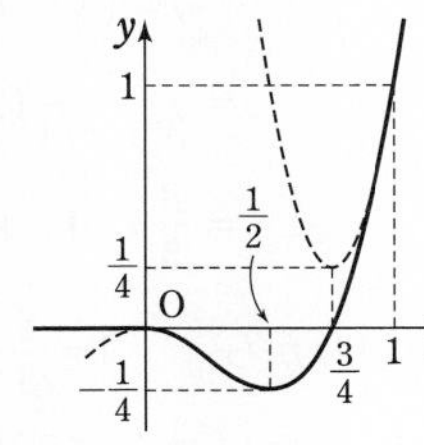

(2) (1) のグラフから，求める面積 S は
$S=-\int_{0}^{\frac{3}{4}}(4x^3-3x^2)dx=-\left[x^4-x^3\right]_0^{\frac{3}{4}}=-\left[x^3(x-1)\right]_0^{\frac{3}{4}}$
$=-\left(\dfrac{3}{4}\right)^3\left(\dfrac{3}{4}-1\right)=\mathbf{\dfrac{27}{256}}$

7章 EX［積分法］

EX ⑤159

座標平面上で，放物線 C_1：$y=-p(x-1)^2+q$ と放物線 C_2：$y=2x^2$ が点 $(t,\ 2t^2)$ において同一の直線に接している。ただし，p，q は正の実数とし，t は $0<t<1$ の範囲にあるものとする。
(1) p，q を t を用いて表せ。
(2) 放物線 C_1 と x 軸で囲まれた部分の面積 S を t を用いて表せ。
(3) t が $0<t<1$ の範囲を動くとき，(2) で求めた面積 S が最大となる t の値，および S の最大値を求めよ。 〔東京理科大〕

(1)　$f(x)=-p(x-1)^2+q$，$g(x)=2x^2$ とすると

$$f'(x)=-2p(x-1),\ g'(x)=4x$$

放物線 C_1，C_2 が $x=t$ で同一の直線に接するから

$$f(t)=g(t),\ f'(t)=g'(t)$$

よって　$-p(t-1)^2+q=2t^2$ …… ①,

$-2p(t-1)=4t$ …… ②

$0<t<1$ から　$t-1\neq 0$

ゆえに，② から　$\boldsymbol{p=\dfrac{2t}{1-t}}$

これを ① に代入して　$-\dfrac{2t}{1-t}\cdot(t-1)^2+q=2t^2$

これを解いて　$\boldsymbol{q=2t}$

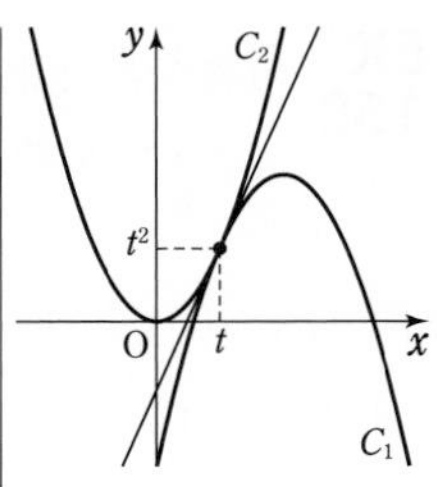

←$-2t(1-t)+q=2t^2$

(2)　(1) から，放物線 C_1 の方程式は　$y=\dfrac{2t}{t-1}(x-1)^2+2t$

放物線 C_1 と x 軸の交点の x 座標を，方程式

$$\frac{2t}{t-1}(x-1)^2+2t=0\quad すなわち\quad (x-1)^2=1-t$$

を解いて求めると　$x=1\pm\sqrt{1-t}$

←$x-1=\pm\sqrt{1-t}$
$0<t<1$ から $1-t>0$

$1-\sqrt{1-t}\leqq x\leqq 1+\sqrt{1-t}$ のとき，$y\geqq 0$ であるから

$$\boldsymbol{S}=\int_{1-\sqrt{1-t}}^{1+\sqrt{1-t}}\left\{\frac{2t}{t-1}(x-1)^2+2t\right\}dx$$

$$=\frac{2t}{t-1}\int_{1-\sqrt{1-t}}^{1+\sqrt{1-t}}\{x-(1-\sqrt{1-t})\}\{x-(1+\sqrt{1-t})\}dx$$

$$=\frac{2t}{t-1}\left(-\frac{1}{6}\right)\{(1+\sqrt{1-t})-(1-\sqrt{1-t})\}^3$$

$$=\frac{t}{3(1-t)}(2\sqrt{1-t})^3$$

$$\boldsymbol{=\frac{8}{3}t\sqrt{1-t}}$$

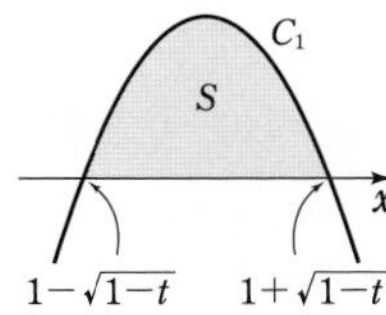

←符号に注意。

←$(2\sqrt{1-t})^3$
$=8(1-t)\sqrt{1-t}$

(3)　(2) から　$S=\dfrac{8}{3}\sqrt{t^2(1-t)}=\dfrac{8}{3}\sqrt{-t^3+t^2}$

$h(t)=-t^3+t^2$ とすると　$h'(t)=-3t^2+2t=-t(3t-2)$

$h'(t)=0$ とすると，$0<t<1$ から　$t=\dfrac{2}{3}$

$0<t<1$ における $h(t)$ の増減表は右のようになる。

t	0	…	$\frac{2}{3}$	…	1
$h'(t)$		+	0	−	
$h(t)$		↗	極大 $\frac{4}{27}$	↘	

よって，$0<t<1$ において，$h(t)$ は $t=\dfrac{2}{3}$ で最大値 $\dfrac{4}{27}$ をとる。$0<t<1$ のとき $h(t)>0$ であるから，$t=\dfrac{2}{3}$ のとき S も最大となる。

したがって，S は $\boldsymbol{t=\dfrac{2}{3}}$ **で最大値** $\dfrac{8}{3}\sqrt{\dfrac{4}{27}}=\boldsymbol{\dfrac{16\sqrt{3}}{27}}$ をとる。

←$S=\dfrac{8}{3}t\sqrt{1-t}$ で t を $\sqrt{\quad}$ の中に入れる。
($t\geqq 0$ のとき，$t=\sqrt{t^2}$ である。)
そして，$\sqrt{\quad}$ の中の式が最大となる場合を調べる。

←$0<A<B$ のとき
$A\leqq B$
$\Longleftrightarrow \sqrt{A}\leqq\sqrt{B}$

総合 1 n を3以上の奇数として，次の集合を考える。

$$A_n=\left\{{}_nC_1,\ {}_nC_2,\ \cdots\cdots,\ {}_nC_{\frac{n-1}{2}}\right\}$$

(1) A_9 のすべての要素を求め，それらの和を求めよ。

(2) ${}_nC_{\frac{n-1}{2}}$ が A_n 内の最大の数であることを示せ。

(3) A_n 内の奇数の個数を m とする。m は奇数であることを示せ。〔熊本大〕

➡ 本冊 数学Ⅱ例題5

(1) $\boldsymbol{A_9}=\{{}_9C_1,\ {}_9C_2,\ {}_9C_3,\ {}_9C_4\}=\boldsymbol{\{9,\ 36,\ 84,\ 126\}}$

よって，A_9 の要素の **和は** $9+36+84+126=\boldsymbol{255}$

(2) k を $1\leqq k<\dfrac{n-1}{2}$ …… ① を満たす整数とするとき

$$\begin{aligned}{}_nC_{k+1}-{}_nC_k&=\frac{n!}{(k+1)!\{n-(k+1)\}!}-\frac{n!}{k!(n-k)!}\\&=\frac{n!}{(k+1)!(n-k)!}\{(n-k)-(k+1)\}\\&=\frac{n!}{(k+1)!(n-k)!}\{n-(2k+1)\}\end{aligned}$$

① から　$n-(2k+1)>0$

よって　${}_nC_{k+1}-{}_nC_k>0$　すなわち　${}_nC_k<{}_nC_{k+1}$

ゆえに　${}_nC_1<{}_nC_2<\cdots\cdots<{}_nC_{\frac{n-1}{2}}$

したがって，${}_nC_{\frac{n-1}{2}}$ が A_n 内の最大の数である。

(3) 二項定理により，次の等式が成り立つ。

$(1+x)^n={}_nC_0+{}_nC_1x+{}_nC_2x^2+\cdots\cdots+{}_nC_rx^r+\cdots\cdots+{}_nC_nx^n$

この等式において，$x=1$ とおくと

$${}_nC_0+{}_nC_1+\cdots\cdots+{}_nC_n=2^n \quad\cdots\cdots ②$$

n は奇数であるから，② の左辺の項は偶数個あり，

${}_nC_k={}_nC_{n-k}$（k は0以上 n 以下の整数）であるから

$${}_nC_0+{}_nC_1+\cdots\cdots+{}_nC_{\frac{n-1}{2}}=\frac{2^n}{2}$$

よって　${}_nC_1+{}_nC_2+\cdots\cdots+{}_nC_{\frac{n-1}{2}}=2^{n-1}-1$

$n\geqq3$ より $n-1\geqq2$ であるから，$2^{n-1}-1$ は奇数である。

ゆえに，A_n のすべての要素の和は奇数である。

したがって，A_n 内の奇数の個数 m は奇数である。……（＊）

←${}_nC_k=\dfrac{n(n-1)\cdots(n-k+1)}{k(k-1)\cdots2\cdot1}$

←${}_nC_k=\dfrac{n!}{k!(n-k)!}$

←$(k+1)!(n-k)!$ で通分。
$n!=n(n-1)!$,
$(n-k)!=(n-k)\{n-(k+1)\}!$

なお，$\dfrac{{}_nC_{k+1}}{{}_nC_k}>1$ を示すことで ${}_nC_k<{}_nC_{k+1}$ を導いてもよい。

←$(a+b)^n={}_nC_0a^n+{}_nC_1a^{n-1}b+\cdots+{}_nC_ra^{n-r}b^r+\cdots+{}_nC_nb^n$

（＊）m が偶数であるとすると，A_n 内の奇数の要素の和は偶数であるから，A_n 内のすべての要素の和も偶数となってしまう。

総合

総合 2 n を2以上の整数とする。整数 $(n-1)^3$ を整数 n^2-2n+2 で割ったときの商と余りを求めよ。〔関西大〕

➡ 本冊 数学Ⅱ例題8,9

x の多項式 $f(x)=(x-1)^3$ を x の多項式 $g(x)=x^2-2x+2$ で割ると，右の計算になり，次の等式が成り立つ。

$$\begin{array}{r} x-1 \\ x^2-2x+2\,\overline{)\,x^3-3x^2+3x-1} \\ \underline{x^3-2x^2+2x} \\ -x^2+x-1 \\ \underline{-x^2+2x-2} \\ -x+1 \end{array}$$

$f(x)=g(x)\times(x-1)-x+1$

整数 n に対して，整数 $g(n)$ は

$g(n)=(n-1)^2+1>0$ であり

←文字 n を含むから，まず多項式の割り算として計算。

←割り算の基本等式
$A=BQ+R$

$f(n)=g(n)\times(n-1)-n+1$ …… ①

ここで，整数 $f(n)$ を整数 $g(n)$ で割ったときの余りを $R(n)$ とすると　$0\leqq R(n)<g(n)$ …… ②

$R(n)=-n+1$ とすると，$n\geqq 2$ から $-n+1<0$ であり，② を満たさない。

① から　$f(n)=g(n)\times(n-2)+g(n)-n+1$

すなわち　$f(n)=g(n)\times(n-2)+n^2-3n+3$

$R(n)=n^2-3n+3$ とすると

$$R(n)=n^2-3n+3=\left(n-\frac{3}{2}\right)^2+\frac{3}{4}>0,$$

$$g(n)-R(n)=n^2-2n+2-(n^2-3n+3)=n-1>0$$

ゆえに，② を満たす。

よって，求める **商は $n-2$，余りは n^2-3n+3** である。

←整数 a を正の整数 b で割った余りを r とすると　$a=bq+r$，$0\leqq r<b$（整数 q，r は1通り）余りは $0\leqq r<b$ を満たすように決める必要があることに注意。

総合 3　実数 x，y，z について，$(x+y+z)^2\leqq 3(x^2+y^2+z^2)$ を示し，等号がいつ成り立つか答えよ。これを用いて，命題「$x^2+y^2+z^2\leqq a$ ならば $x+y+z\leqq a$ である」が真となる最小の正の実数 a の値を求めよ。〔岡山大〕

➡ 本冊 数学Ⅱ例題 28

（前半）$3(x^2+y^2+z^2)-(x+y+z)^2$

$=2(x^2+y^2+z^2-xy-yz-zx)$

$=(x-y)^2+(y-z)^2+(z-x)^2\geqq 0$　←$(実数)^2\geqq 0$

よって　$(x+y+z)^2\leqq 3(x^2+y^2+z^2)$ …… ①

等号は，$x-y=0$ かつ $y-z=0$ かつ $z-x=0$，

すなわち，**$x=y=z$ のとき** 成り立つ。

（後半）「$x^2+y^2+z^2\leqq a$ ならば $x+y+z\leqq a$」…… ② とする。

$x^2+y^2+z^2\leqq a$ のとき，① から　$(x+y+z)^2\leqq 3a$　←前半の結果を利用。

よって　$-\sqrt{3a}\leqq x+y+z\leqq\sqrt{3a}$ …… ③　←$B>0$ のとき　$A^2\leqq B \iff -\sqrt{B}\leqq A\leqq\sqrt{B}$

等号は，$x^2+y^2+z^2=a$ かつ $x=y=z$，

すなわち　$x=y=z=\pm\sqrt{\dfrac{a}{3}}$ のときに成り立つ。

ゆえに，命題 ② が真であるための必要十分条件は，③ を満たすすべての x，y，z に対して $x+y+z\leqq a$ が成り立つこと

であるから　$\sqrt{3a}\leqq a$　←$(x+y+z)^2\leqq 3a$ ならば $x+y+z\leqq a$ となる a の値の範囲を求める。

両辺を平方して　$3a\leqq a^2$

よって　$a(a-3)\geqq 0$

$a>0$ であるから　$a\geqq 3$

したがって，求める a の値は　$\boldsymbol{a=3}$

総合 4　次の不等式が成り立つことを示せ。また，等号が成り立つのはどのようなときか。ただし，a，b，c は正の実数とし，(2) では $abc\geqq 1$ とする。〔類 富山大〕

(1) $\dfrac{a^5-a^2}{a^4+b+c}\geqq\dfrac{a^3-1}{a(a+b+c)}$　(2) $\dfrac{a^5-a^2}{a^4+b+c}+\dfrac{b^5-b^2}{b^4+c+a}+\dfrac{c^5-c^2}{c^4+a+b}\geqq 0$

➡ 本冊 数学Ⅱ例題 27, 31

(1) $\dfrac{a^5-a^2}{a^4+b+c}-\dfrac{a^3-1}{a(a+b+c)}$

$=\dfrac{a^3(a^3-1)(a+b+c)-(a^3-1)(a^4+b+c)}{a(a^4+b+c)(a+b+c)}$

$=\dfrac{(a^3-1)\{a^3(a+b+c)-a^4-b-c\}}{a(a^4+b+c)(a+b+c)}$

$=\dfrac{(a^3-1)\{a^3(b+c)-(b+c)\}}{a(a^4+b+c)(a+b+c)}$

$=\dfrac{(b+c)(a^3-1)^2}{a(a^4+b+c)(a+b+c)}$

a，b，c は正の実数であるから

$a(a^4+b+c)(a+b+c)>0$，$b+c>0$，$(a^3-1)^2\geqq 0$

よって　$\dfrac{(b+c)(a^3-1)^2}{a(a^4+b+c)(a+b+c)}\geqq 0$

ゆえに　$\dfrac{a^5-a^2}{a^4+b+c}\geqq\dfrac{a^3-1}{a(a+b+c)}$

等号が成り立つのは，$a^3-1=0$ すなわち **$a=1$ のとき** である。

(2) (1) から　$\dfrac{a^5-a^2}{a^4+b+c}+\dfrac{b^5-b^2}{b^4+c+a}+\dfrac{c^5-c^2}{c^4+a+b}$

$\geqq\dfrac{a^3-1}{a(a+b+c)}+\dfrac{b^3-1}{b(b+c+a)}+\dfrac{c^3-1}{c(c+a+b)}$ …… ①

① の右辺を A とすると

$A=\dfrac{(a^3-1)bc+(b^3-1)ac+(c^3-1)ab}{abc(a+b+c)}$

$=\dfrac{abc(a^2+b^2+c^2)-ab-bc-ca}{abc(a+b+c)}$

a，b，c は $abc\geqq 1$ を満たす正の実数であるから

$abc(a+b+c)>0$

$abc(a^2+b^2+c^2)-ab-bc-ca$

$\geqq 1\cdot(a^2+b^2+c^2)-ab-bc-ca$

$=\dfrac{1}{2}(2a^2+2b^2+2c^2-2ab-2bc-2ca)$

$=\dfrac{1}{2}\{(a^2-2ab+b^2)+(b^2-2bc+c^2)+(c^2-2ca+a^2)\}$

$=\dfrac{1}{2}\{(a-b)^2+(b-c)^2+(c-a)^2\}\geqq 0$

よって　$A\geqq 0$

ゆえに，① から　$\dfrac{a^5-a^2}{a^4+b+c}+\dfrac{b^5-b^2}{b^4+c+a}+\dfrac{c^5-c^2}{c^4+a+b}\geqq 0$

等号が成り立つのは，$a=1$ かつ $b=1$ かつ $c=1$ かつ $abc=1$ かつ $a-b=b-c=c-a=0$，すなわち **$a=b=c=1$ のとき** である。

←(左辺)−(右辺)$\geqq 0$ が成り立つことを示す。

←$a^5-a^2=a^2(a^3-1)$

←$a^3(a+b+c)$
$=a^4+a^3(b+c)$

←$(a-1)(a^2+a+1)=0$

←(1) の結果で $a\longrightarrow b$，$b\longrightarrow c$，$c\longrightarrow a$ とすると
$\dfrac{b^5-b^2}{b^4+c+a}\geqq\dfrac{b^3-1}{b(b+c+a)}$

←$P\geqq A$ のとき，$A\geqq 0$ が成り立てば，$P\geqq 0$ も成り立つ。
よって，$A\geqq 0$ が成り立つことを示す。

総合

総合 5

(1) $a>0$, $b>0$, $c>0$ とするとき，$(a+b)(b+c)(c+a)\geqq 8abc$ が成り立つことを証明せよ。
また，等号が成立するのはどのような場合か述べよ。

(2) α, β, γ を三角形の 3 辺の長さとするとき，次の不等式が成り立つことを証明せよ。
また，(ア), (イ) どちらも等号が成立するのは正三角形の場合だけであることを示せ。

(ア) $\alpha\beta\gamma\geqq(-\alpha+\beta+\gamma)(\alpha-\beta+\gamma)(\alpha+\beta-\gamma)$

(イ) $\dfrac{\alpha}{-\alpha+\beta+\gamma}+\dfrac{\beta}{\alpha-\beta+\gamma}+\dfrac{\gamma}{\alpha+\beta-\gamma}\geqq 3$　〔類　岐阜大〕

➡ 本冊 数学Ⅱ例題 32, 33

(1) $a>0$, $b>0$, $c>0$ であるから，(相加平均)≧(相乗平均) により

$$a+b\geqq 2\sqrt{ab} \quad \cdots\cdots ①$$
$$b+c\geqq 2\sqrt{bc} \quad \cdots\cdots ②$$
$$c+a\geqq 2\sqrt{ca} \quad \cdots\cdots ③$$

①, ②, ③ から　$(a+b)(b+c)(c+a)\geqq 8abc$

等号が成り立つのは，①, ②, ③ の等号が同時に成り立つとき，すなわち **$a=b=c$ のとき** である。

(2) (ア) α, β, γ は三角形の 3 辺の長さであるから

$$\beta+\gamma>\alpha,\ \gamma+\alpha>\beta,\ \alpha+\beta>\gamma$$ が成り立つ。

よって　$-\alpha+\beta+\gamma>0$, $\alpha-\beta+\gamma>0$, $\alpha+\beta-\gamma>0$

ゆえに，$-\alpha+\beta+\gamma=a$, $\alpha-\beta+\gamma=b$, $\alpha+\beta-\gamma=c$ …… ④

とおくと，$a>0$, $b>0$, $c>0$ で

$$a+b=2\gamma,\ b+c=2\alpha,\ c+a=2\beta \quad \cdots\cdots ⑤$$

よって，(1) から

$$2\gamma\cdot 2\alpha\cdot 2\beta\geqq 8(-\alpha+\beta+\gamma)(\alpha-\beta+\gamma)(\alpha+\beta-\gamma)$$

ゆえに　$\alpha\beta\gamma\geqq(-\alpha+\beta+\gamma)(\alpha-\beta+\gamma)(\alpha+\beta-\gamma)$

等号が成り立つのは，$a=b=c$ すなわち

$-\alpha+\beta+\gamma=\alpha-\beta+\gamma=\alpha+\beta-\gamma$ …… ⑥ のときである。

⑥ を解くと　$\alpha=\beta=\gamma$

したがって，等号が成り立つのは正三角形の場合だけである。

(イ) ④, ⑤ から

$$\frac{\alpha}{-\alpha+\beta+\gamma}+\frac{\beta}{\alpha-\beta+\gamma}+\frac{\gamma}{\alpha+\beta-\gamma}$$
$$=\frac{b+c}{2}\cdot\frac{1}{a}+\frac{c+a}{2}\cdot\frac{1}{b}+\frac{a+b}{2}\cdot\frac{1}{c}$$
$$=\frac{1}{2}\left(\frac{b}{a}+\frac{a}{b}\right)+\frac{1}{2}\left(\frac{c}{b}+\frac{b}{c}\right)+\frac{1}{2}\left(\frac{a}{c}+\frac{c}{a}\right)$$
$$\geqq\sqrt{\frac{b}{a}\cdot\frac{a}{b}}+\sqrt{\frac{c}{b}\cdot\frac{b}{c}}+\sqrt{\frac{a}{c}\cdot\frac{c}{a}}=1+1+1=3$$

よって　$\dfrac{\alpha}{-\alpha+\beta+\gamma}+\dfrac{\beta}{\alpha-\beta+\gamma}+\dfrac{\gamma}{\alpha+\beta-\gamma}\geqq 3$

等号が成り立つのは，$\dfrac{b}{a}=\dfrac{a}{b}$ かつ $\dfrac{c}{b}=\dfrac{b}{c}$ かつ $\dfrac{a}{c}=\dfrac{c}{a}$,

すなわち $a>0$, $b>0$, $c>0$ から $a=b=c$ のときである。

このとき，(ア) と同様にして $\alpha=\beta=\gamma$ が導かれるから，等号が成り立つのは，正三角形の場合だけである。

←$A>0$, $B>0$ のとき $A+B\geqq 2\sqrt{AB}$ 等号は $A=B$ のとき成り立つ。

←$(a+b)(b+c)(c+a)\geqq 2^3\sqrt{ab\cdot bc\cdot ca}$

←**三角形の成立条件 2 辺の和 > 他の 1 辺**

←(1) の結果の利用の方針。

←$-\alpha+\beta+\gamma=\alpha-\beta+\gamma$ から　$\alpha=\beta$
$\alpha-\beta+\gamma=\alpha+\beta-\gamma$ から　$\beta=\gamma$

←$=\dfrac{1}{2}\left(\dfrac{b}{a}+\dfrac{c}{a}\right)+\dfrac{1}{2}\left(\dfrac{c}{b}+\dfrac{a}{b}\right)+\dfrac{1}{2}\left(\dfrac{a}{c}+\dfrac{b}{c}\right)$

←**(相加平均)≧(相乗平均)**

←$\dfrac{b}{a}=\dfrac{a}{b}$ から　$a^2=b^2$
$a>0$, $b>0$ から　$a=b$

総合 6 (1) 実数 x, y が $(x-3)^2+(y-3)^2=8$ を満たすとき，$x+y$ と xy のとりうる値の範囲をそれぞれ求めよ。

(2) α, β は $(\alpha-3)^2+(\beta-3)^2=8$ かつ $\alpha<\beta$ を満たす実数とする。また，α, β は 2 次方程式 $x^2-kx+\frac{5}{2}=0$ の 2 つの解であるとする。このとき，k, α, β の値を求めよ。〔埼玉大〕

➡ 本冊 数学Ⅱ例題 50

(1) $(x-3)^2+(y-3)^2=8$ から　$x^2+y^2-6(x+y)+10=0$

よって　$(x+y)^2-2xy-6(x+y)+10=0$

$x+y=X$, $xy=Y$ とおくと　$X^2-2Y-6X+10=0$

ゆえに　$Y=\frac{1}{2}X^2-3X+5$ …… ①

また，x, y は 2 次方程式 $t^2-Xt+Y=0$ …… ② の 2 つの実数解である。

2 次方程式 ② の判別式を D とすると　$D=X^2-4Y$

2 次方程式 ② が実数解をもつための条件は　$D\geqq 0$

よって　$X^2-4Y\geqq 0$

① を代入して　$X^2-4\left(\frac{1}{2}X^2-3X+5\right)\geqq 0$

ゆえに　$X^2-12X+20\leqq 0$　よって　$(X-2)(X-10)\leqq 0$

ゆえに　$2\leqq X\leqq 10$ …… ③

また，① を変形すると　$Y=\frac{1}{2}(X-3)^2+\frac{1}{2}$

よって，③ のもとで Y のとりうる値の範囲は

$\frac{1}{2}\leqq Y\leqq 25$

したがって　$\boldsymbol{2\leqq x+y\leqq 10}$, $\boldsymbol{\frac{1}{2}\leqq xy\leqq 25}$

(2) α, β は 2 次方程式 $x^2-kx+\frac{5}{2}=0$ の 2 つの解であるから，

解と係数の関係により　$\alpha+\beta=k$, $\alpha\beta=\frac{5}{2}$ …… ④

α, β は $(\alpha-3)^2+(\beta-3)^2=8$ を満たし，$\alpha\neq\beta$ であるから，(1) と同様に考察すると，(1) の D について $D>0$ であり

$2<\alpha+\beta<10$　すなわち　$2<k<10$

また，$\alpha\beta=\frac{1}{2}(\alpha+\beta)^2-3(\alpha+\beta)+5$ が成り立つから，④ より

$\frac{5}{2}=\frac{1}{2}k^2-3k+5$　よって　$k^2-6k+5=0$

ゆえに　$(k-1)(k-5)=0$

$2<k<10$ であるから　$\boldsymbol{k=5}$

このとき，2 次方程式 $x^2-5x+\frac{5}{2}=0$ を解くと　$x=\frac{5\pm\sqrt{15}}{2}$

$\alpha<\beta$ であるから　$\boldsymbol{\alpha=\frac{5-\sqrt{15}}{2}}$, $\boldsymbol{\beta=\frac{5+\sqrt{15}}{2}}$

←x, y の対称式 ⟶ 基本対称式 $x+y$, xy で表す。

←$t^2-(和)t+(積)=0$

←x, y の実数条件に注意。

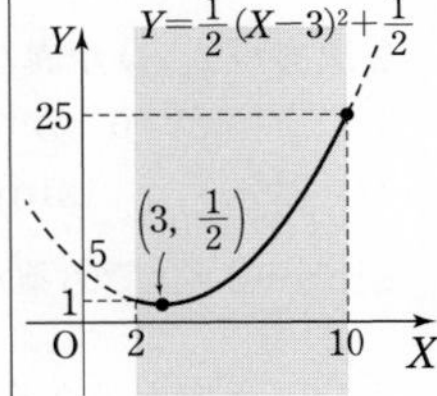

←α, β は (1) の x, y と同様の条件を満たすから，同様の考察により，① すなわち
$\alpha\beta=\frac{1}{2}(\alpha+\beta)^2-3(\alpha+\beta)+5$
などを導くことができる。ただし，$\alpha\neq\beta$ から $D>0$ となることに注意。

←$2x^2-10x+5=0$

総合

総合 7 θ を $0\leqq\theta\leqq\pi$ を満たす実数とし，x の 2 次方程式 $2x^2-(4\cos\theta)x+3\sin\theta=0$ を考える。
(1) この 2 次方程式が虚数解をもつような θ の値の範囲を求めよ。
(2) この 2 次方程式が異なる 2 つの正の解をもつような θ の値の範囲を求めよ。
(3) この 2 次方程式の 1 つの解が虚数解で，その 3 乗が実数であるとする。このとき，$\sin\theta$ の値を求めよ。
〔高知大〕

➡ 本冊 数学Ⅱ例題 40, 51, 64, 145

(1) $2x^2-(4\cos\theta)x+3\sin\theta=0$ …… ① とし，2 次方程式 ① の判別式を D とする。

2 次方程式 ① が虚数解をもつための条件は　$D<0$

ここで　$\dfrac{D}{4}=(-2\cos\theta)^2-2\cdot3\sin\theta=4\cos^2\theta-6\sin\theta$
$=4(1-\sin^2\theta)-6\sin\theta=-4\sin^2\theta-6\sin\theta+4$
$=-2(\sin\theta+2)(2\sin\theta-1)$

$D<0$ から　$(\sin\theta+2)(2\sin\theta-1)>0$

$\sin\theta+2>0$ であるから　$2\sin\theta-1>0$　よって　$\sin\theta>\dfrac{1}{2}$

$0\leqq\theta\leqq\pi$ であるから　$\boldsymbol{\dfrac{\pi}{6}<\theta<\dfrac{5}{6}\pi}$

←2 次方程式 $ax^2+2bx+c=0$ の判別式を D とすると $\dfrac{D}{4}=b^2-ac$

(2) 2 次方程式 ① の解を α，β とすると，解と係数の関係から

$\alpha+\beta=2\cos\theta$，$\alpha\beta=\dfrac{3}{2}\sin\theta$

2 次方程式 ① が異なる 2 つの正の解をもつための条件は

$D>0$　かつ　$\alpha+\beta>0$　かつ　$\alpha\beta>0$

$D>0$ から　$(\sin\theta+2)(2\sin\theta-1)<0$

$\sin\theta+2>0$ であるから　$2\sin\theta-1<0$　よって　$\sin\theta<\dfrac{1}{2}$

$0\leqq\theta\leqq\pi$ であるから　$0\leqq\theta<\dfrac{\pi}{6}$，$\dfrac{5}{6}\pi<\theta\leqq\pi$ …… ②

$\alpha+\beta>0$ から　$\cos\theta>0$　ゆえに　$0\leqq\theta<\dfrac{\pi}{2}$ …… ③

$\alpha\beta>0$ から　$\sin\theta>0$　よって　$0<\theta<\pi$ …… ④

②，③，④ の共通範囲を求めて　$\boldsymbol{0<\theta<\dfrac{\pi}{6}}$

別解 (2) $f(x)=2x^2-(4\cos\theta)x+3\sin\theta$ とし，2 次関数 $y=f(x)$ のグラフを利用する。
$D>0$，(軸の位置)>0，$f(0)>0$ からそれぞれ
$\sin\theta<\dfrac{1}{2}$，$\cos\theta>0$，$3\sin\theta>0$
これから ②，③，④ が導かれる。

(3) 2 次方程式 ① が虚数解をもつから，(1) より

$\dfrac{\pi}{6}<\theta<\dfrac{5}{6}\pi$ …… ⑤

2 次方程式 ① の 1 つの虚数解を t とすると，

$2t^2-(4\cos\theta)t+3\sin\theta=0$ から　$t^2=(2\cos\theta)t-\dfrac{3}{2}\sin\theta$

よって　$t^3=t^2\cdot t=(2\cos\theta)t^2-\dfrac{3}{2}(\sin\theta)t$

$=2\cos\theta\left\{(2\cos\theta)t-\dfrac{3}{2}\sin\theta\right\}-\dfrac{3}{2}(\sin\theta)t$

$=\left(4\cos^2\theta-\dfrac{3}{2}\sin\theta\right)t-3\cos\theta\sin\theta$

←解 $x=t$ を 2 次方程式に代入。

ゆえに　$t^3+3\cos\theta\sin\theta-\left(4\cos^2\theta-\frac{3}{2}\sin\theta\right)t=0$

ここで，t^3，$\cos\theta$，$\sin\theta$ は実数，t は虚数であるから

$4\cos^2\theta-\frac{3}{2}\sin\theta=0$　　よって　$8(1-\sin^2\theta)-3\sin\theta=0$

ゆえに　$8\sin^2\theta+3\sin\theta-8=0$

これを $\sin\theta$ の 2 次方程式として解くと　$\sin\theta=\frac{-3\pm\sqrt{265}}{16}$

⑤ より，$\frac{1}{2}<\sin\theta\leqq 1$ であるから　$\boldsymbol{\sin\theta=\frac{-3+\sqrt{265}}{16}}$

←a，b が実数，z が虚数のとき
$a+bz$ が実数 ⟺ $b=0$

←$16^2<265<17^2$ から
$16<\sqrt{265}<17$　∴
$\frac{13}{16}<\frac{-3+\sqrt{265}}{16}<\frac{7}{8}$

総合 8　整式 $P(x)$ は実数を係数にもつ x の 3 次式であり，x^3 の係数は 1 である。$P(x)$ を $x-7$ で割ると 8 余り，$x-9$ で割ると 12 余る。方程式 $P(x)=0$ は $a+bi$ を解にもつ。a，b は 1 桁の自然数であり，i は虚数単位とする。ただし，a，b の組合せは，$2a+b$ が連続する 2 つの整数の積の値と等しくなるもののうち，$a-b$ が最大となるものとする。

(1)　整式 $P(x)$ を $(x-7)(x-9)$ で割ると，余りは ア□$x-$イ□ である。

(2)　$a=$ウ□，$b=$エ□ であり，方程式 $P(x)=0$ の実数解は オ□ である。　〔慶応大〕

➡ 本冊 数学Ⅱ例題 55, 66

(1)　$P(x)$ を $(x-7)(x-9)$ で割ったときの商を $Q(x)$，余りを $cx+d$ とすると，次の等式が成り立つ。

$$P(x)=(x-7)(x-9)Q(x)+cx+d$$

←$A=BQ+R$

両辺に $x=7$，9 を代入すると　$P(7)=7c+d$，$P(9)=9c+d$

条件より，$P(7)=8$，$P(9)=12$ であるから

←剰余の定理。

$$7c+d=8,\ 9c+d=12$$

これを解いて　$c=2$，$d=-6$

したがって，求める余りは　ア$\boldsymbol{2}x-$イ$\boldsymbol{6}$

(2)　a，b は 1 桁の自然数であるから　$1\leqq a\leqq 9$，$1\leqq b\leqq 9$

よって　$-8\leqq a-b\leqq 8$

←$-9\leqq -b\leqq -1$
これと $1\leqq a\leqq 9$ を辺々加える。

[1]　$a-b=8$ のとき　$(a,\ b)=(9,\ 1)$

このとき　$2a+b=19$

←19 は素数。

19 は連続する 2 つの整数の積で表されないから不適。

[2]　$a-b=7$ のとき　$(a,\ b)=(9,\ 2)$，$(8,\ 1)$

このとき，それぞれ　$2a+b=20$，17

$20=4\times 5$ より，20 は連続する 2 つの整数の積で表される。

17 は連続する 2 つの整数の積で表されないから不適。

←17 は素数。

ゆえに，求める a，b の組合せは　$a=$ウ$\boldsymbol{9}$，$b=$エ$\boldsymbol{2}$

$P(x)$ は実数係数で，$x=9+2i$ が $P(x)=0$ の解であるから，その共役複素数である $9-2i$ も解である。

$P(x)$ は x の 3 次式で，x^3 の係数は 1 であるから，実数 k を用いて　$P(x)=(x-9-2i)(x-9+2i)(x-k)$

と因数分解できる。

←$x=\alpha$ が $P(x)=0$ の解 ⟺ $P(\alpha)=0$
を利用して，恒等式にもち込む。

このとき　$P(x)=\{(x-9)^2-(2i)^2\}(x-k)$

$=\{(x-9)^2+4\}(x-k)$

これと $P(9)=12$ から　$12=4(9-k)$　　よって　$k=6$

総合

このとき，$P(7)=8$ となり条件を満たす。
ゆえに，方程式 $P(x)=0$ の実数解は　　$k=^{オ}6$

←$P(7)=(2^2+4)(7-6)$
$=8$

総合 9

$Q(x)$ を2次式とする。整式 $P(x)$ は $Q(x)$ では割り切れないが，$\{P(x)\}^2$ は $Q(x)$ で割り切れるという。このとき，2次方程式 $Q(x)=0$ は重解をもつことを示せ。〔京都大〕

➡ 本冊 数学Ⅱ例題 56

$P(x)$ を2次式 $Q(x)$ で割ったときの商を $f(x)$，余りを $ax+b$ とすると，次の等式が成り立つ。

$$P(x)=Q(x)f(x)+ax+b$$

ただし，$P(x)$ は $Q(x)$ で割り切れないから　$(a,\ b)\neq(0,\ 0)$

ここで　　$\{P(x)\}^2=\{Q(x)f(x)+ax+b\}^2$
$$=\{Q(x)f(x)\}^2+2Q(x)f(x)(ax+b)+(ax+b)^2$$

$\{P(x)\}^2$ は $Q(x)$ で割り切れるから，$(ax+b)^2$ は2次式 $Q(x)$ で割り切れる。

よって，$(ax+b)^2$ は次のように表される。

$$(ax+b)^2=kQ(x)\quad(k\text{ は定数})$$

$Q(x)$ は2次式で，$(a,\ b)\neq(0,\ 0)$ であるから，$k\neq0$ であり，$a\neq0$ となる。

したがって　　$Q(x)=\dfrac{1}{k}(ax+b)^2=\dfrac{a^2}{k}\left(x+\dfrac{b}{a}\right)^2$

よって，$Q(x)=0$ は重解 $x=-\dfrac{b}{a}$ をもつ。

←2次式 $Q(x)$ で割ったときの余りは，1次式または定数。

←$a\neq0$ または $b\neq0$ という意味。

←左辺が2次式であるためには　$a\neq0$

別解　$Q(x)=0$ の解を α，β とすると，次の等式が成り立つ。

$$Q(x)=a(x-\alpha)(x-\beta)\quad(a\neq0)$$

ここで，$\alpha\neq\beta$ と仮定する。
$\{P(x)\}^2$ が $Q(x)$ で割り切れるから，
$\{P(x)\}^2=a(x-\alpha)(x-\beta)g(x)$ を満たす整式 $g(x)$ が存在する。
$\{P(\alpha)\}^2=0$，$\{P(\beta)\}^2=0$ であるから　　$P(\alpha)=0$，$P(\beta)=0$
よって，$\alpha\neq\beta$ のとき，$P(x)$ は $x-\alpha$，$x-\beta$ を因数にもち，$P(x)$ が $Q(x)$ で割り切れることになるが，これは矛盾である。
したがって　　$\alpha=\beta$
すなわち，$Q(x)=0$ は重解をもつ。

←背理法による証明。

←$\alpha\neq\beta$ として，矛盾を導く方針。

総合 10

正の定数 a，b に対し，$f(x)=ax^2-b$ とおく。
(1)　$f(f(x))-x$ は $f(x)-x$ で割り切れることを示せ。
(2)　方程式 $f(f(x))-x=0$ が異なる4つの実数解をもつための a，b の条件を求めよ。〔横浜国大〕

➡ 本冊 数学Ⅱ例題 67

(1)　$b=-f(x)+ax^2$ であるから

$$\begin{aligned}f(f(x))-x&=a\{f(x)\}^2-b-x=a\{f(x)\}^2+f(x)-ax^2-x\\&=a[\{f(x)\}^2-x^2]+f(x)-x\\&=a\{f(x)+x\}\{f(x)-x\}+\{f(x)-x\}\\&=\{\underline{f(x)-x}\}\{af(x)+ax+1\}\end{aligned}$$

よって，$f(f(x))-x$ は $f(x)-x$ で割り切れる。

←b を消去し，共通因数 $f(x)-x$ を見つけ出す。

(2) $g(x)=\underline{f(x)-x}=ax^2-x-b$,
$h(x)=af(x)+ax+1=a^2x^2+ax-ab+1$ とする。
$f(f(x))-x=0$ すなわち $g(x)h(x)=0$ が異なる 4 つの実数解をもつための条件は，2 次方程式 $g(x)=0$ と $h(x)=0$ がそれぞれ異なる 2 つの実数解をもち，かつ，共通解をもたないことである。

←$a>0$ から，$g(x)$, $h(x)$ は x の 2 次式。

$g(x)=0$, $h(x)=0$ の判別式をそれぞれ D_1, D_2 とすると

$$D_1>0 \text{ かつ } D_2>0$$

←まず，異なる 2 つの実数解をもつ条件について調べる。

$D_1=(-1)^2-4a(-b)=4ab+1$ であるから　$4ab+1>0$
$a>0$, $b>0$ であるから，この不等式は常に成り立つ。
$D_2=a^2-4a^2(-ab+1)=a^2(4ab-3)$ であり，$a^2>0$ であるから　$4ab-3>0$

よって　$ab>\dfrac{3}{4}$ …… ①

また，$g(x)=0$, $h(x)=0$ が共通解 α をもつとすると

$$a\alpha^2-\alpha-b=0 \text{ …… ②}, \quad a^2\alpha^2+a\alpha-ab+1=0 \text{ …… ③}$$

←$g(\alpha)=0$, $h(\alpha)=0$

③$-$②$\times a$ から　$2a\alpha+1=0$

よって　$a\alpha=-\dfrac{1}{2}$

これを ③ に代入して整理すると　$ab=\dfrac{3}{4}$

←$g(x)=0$, $h(x)=0$ が共通解をもつ条件。

これは ① を満たさないから，① のとき $g(x)=0$, $h(x)=0$ が共通解をもつことはない。
したがって，求める条件は　$\boldsymbol{ab>\dfrac{3}{4}}$

総合

総合 11

(1) $\sqrt{3}$ は無理数であることを証明せよ。
(2) 座標平面上に原点 O，点 A(1, a)，点 B(s, t) がある。△OAB が正三角形であり，a が有理数であるとき，s と t のうち少なくとも 1 つは無理数であることを示せ。〔類 九州大〕

➡ 本冊 数学II例題 73

(1) $\sqrt{3}$ が無理数でない，すなわち有理数であると仮定すると，

←背理法。

$\sqrt{3}=\dfrac{m}{n}$（m, n は互いに素な自然数）と表される。

←2 つの整数 a, b の最大公約数が 1 であるとき，a, b は互いに素であるという。

両辺を 2 乗して　$3=\dfrac{m^2}{n^2}$

よって　$m^2=3n^2$ …… ①

ゆえに，m^2 は 3 の倍数であり，m も 3 の倍数である。
よって，$m=3k$（k は自然数）と表される。
① に代入して　$9k^2=3n^2$　すなわち　$n^2=3k^2$
ゆえに，n^2 は 3 の倍数であり，n も 3 の倍数である。
m, n がともに 3 の倍数となることは，m, n が互いに素であることに矛盾する。
したがって，$\sqrt{3}$ は無理数である。

←仮に，m が 3 の倍数でないとして，$m=3l\pm1$（l は整数）とすると $m^2=3(3l^2\pm2l)+1$（複号同順）となり，m^2 は 3 の倍数でない。

(2) △OAB が正三角形であるから　OA＝OB＝AB

OA²＝OB² から　$1+a^2=s^2+t^2$　…… ②

OA²＝AB² から　$1+a^2=(s-1)^2+(t-a)^2$　…… ③

②－③ から　$2s+2at-1-a^2=0$

←まず，s^2，t^2 を消去。

よって　$s=\dfrac{a^2+1}{2}-at$ …… (＊)

これを ② に代入して　$\left(\dfrac{a^2+1}{2}-at\right)^2+t^2=a^2+1$

←次に，s を消去し，t を a で表すことを目指す。

整理すると　$(a^2+1)\left(t^2-at+\dfrac{a^2-3}{4}\right)=0$

←$\dfrac{(a^2+1)^2}{4}-at(a^2+1)+(a^2+1)t^2-(a^2+1)=0$

$a^2+1>0$ であるから　$t^2-at+\dfrac{a^2-3}{4}=0$

よって　$t=\dfrac{-(-a)\pm\sqrt{(-a)^2-(a^2-3)}}{2\cdot1}=\dfrac{a\pm\sqrt{3}}{2}$

ゆえに　$2t-a=\pm\sqrt{3}$ …… ④

ここで，t が有理数であると仮定すると，a は有理数であるとき $2t-a$ も有理数となる。

←「a は有理数」という条件を活かす。

(1) より，$\sqrt{3}$ は無理数であるから，④ は矛盾。

よって，t は無理数であるから，s と t のうち少なくとも 1 つは無理数である。

←(＊) から，$a\neq0$ のとき s も無理数となる。

総合 12　a，b $(a>b>0)$ を定数とし，xy 平面上に 2 点 A(0, a)，B(b, 0) をとる。そして，点 P は線分 AB を 1 辺とする正方形 F の周および内部の点とする。原点 O(0, 0) が正方形 F の外部の点であるとき，次のものを a，b の式で表せ。

(1) 正方形 F の A，B 以外の 2 頂点の座標　(2) 線分 OP の長さの最大値

(3) 線分 OP の長さの最小値

〔早稲田大〕

➡ 本冊 数学Ⅱ例題 72, 91, 125

点 A，B 以外の正方形 F の 2 頂点 C，D を，図のようにとる。

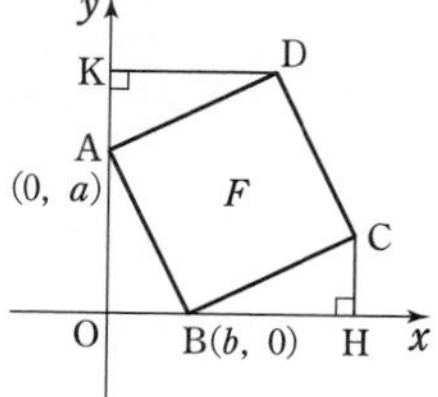

(1) 点 C から x 軸に垂線 CH を，点 D から y 軸に垂線 DK をそれぞれ下ろすと

△OAB≡△HBC≡△KDA

←∠OAB＝∠HBC＝90°－∠OBA，AB＝BC，∠AOB＝∠BHC＝90° から　△OAB≡△HBC

よって　OA＝HB＝KD＝a，

OB＝HC＝KA＝b

ゆえに，C($a+b$, b)，D(a, $a+b$) である。

すなわち，求める点の座標は　**($a+b$, b)，(a, $a+b$)**

(2) $\mathrm{OC}=\sqrt{(a+b)^2+b^2}$，$\mathrm{OD}=\sqrt{a^2+(a+b)^2}$

$a>b>0$ であるから　OD＞OC

よって，線分 OP の長さが最大となるのは，点 P が点 D と一致するときである。

ゆえに，求める最大値は　$\boldsymbol{\sqrt{a^2+(a+b)^2}}$

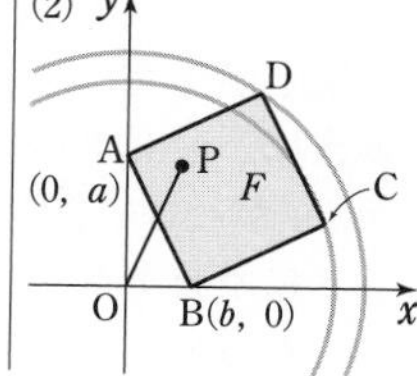

(3) 点 O から線分 AB に垂線 OQ を下ろすと，線分 OP の長さが最小となるのは，点 P が点 Q と一致するときである。
このとき，線分 OP の長さの最小値は，点 O と直線 AB の距離 d に等しい。

直線 AB の方程式は　$\dfrac{x}{b}+\dfrac{y}{a}=1$　すなわち　$ax+by-ab=0$

よって　　$d=\dfrac{|-ab|}{\sqrt{a^2+b^2}}=\dfrac{\boldsymbol{ab}}{\sqrt{\boldsymbol{a^2+b^2}}}$　$(a>b>0)$

これが求める最小値である。

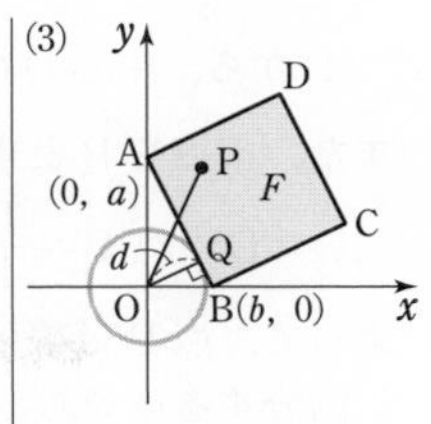

総合 13　t を 0 でない実数とし，xy 平面上の円 $(x-t)^2+(y-t^2)^2=t^4$ を C とする。〔横浜国大〕
(1) いかなる t に関しても C が接するような定円がただ 1 つ存在することを示せ。
(2) (1) の定円と C の接点の座標を求めよ。

➡ 本冊 数学Ⅱ例題 105

(1) 定円 $D:(x-a)^2+(y-b)^2=r^2\ (r>0)$ がいかなる t に関しても円 $C:(x-t)^2+(y-t^2)^2=t^4$ に接しているとする。
$C(t,\ t^2)$，$D(a,\ b)$ とすると

$$CD=\sqrt{(t-a)^2+(t^2-b)^2}\ \cdots\cdots ①$$

円 C と円 D が外接する場合と内接する場合に分けて考える。

[1] 2 円が外接する場合

$CD=t^2+r$ であるから，① より

$$(t-a)^2+(t^2-b)^2=(t^2+r)^2$$

←(2 円の中心間の距離)＝(2 円の半径の和)

整理すると
$(1-2b-2r)t^2-2at+a^2+b^2-r^2=0$
これが t についての恒等式であるから

$$1-2b-2r=0,\ -2a=0,\ a^2+b^2-r^2=0$$

これを解くと　　$a=0,\ b=\dfrac{1}{4},\ r=\dfrac{1}{4}$

←$a=0$ と第 3 式から $(b+r)(b-r)=0$
第 1 式から　$2(b+r)=1$
ゆえに　$b-r=0$

[2] 2 円が内接する場合

$CD=|t^2-r|$ であるから，① より

$$(t-a)^2+(t^2-b)^2=(t^2-r)^2$$

←(2 円の中心間の距離)＝|2 円の半径の差|

整理すると
$(1-2b+2r)t^2-2at+a^2+b^2-r^2=0$
これが t についての恒等式であるから

$$1-2b+2r=0,\ -2a=0,\ a^2+b^2-r^2=0$$

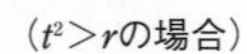
($t^2>r$の場合)

これを解くと　　$a=0,\ b=\dfrac{1}{4},\ r=-\dfrac{1}{4}$

これは $r>0$ に反するから不適。

←$a=0$ と第 3 式から $(b+r)(b-r)=0$
第 1 式から　$2(b-r)=1$
ゆえに　$b+r=0$

[1]，[2] から　　$D:x^2+\left(y-\dfrac{1}{4}\right)^2=\dfrac{1}{16}$

逆に，$D:x^2+\left(y-\dfrac{1}{4}\right)^2=\dfrac{1}{16}$ であるとき，円 D はいかなる t に関しても円 C に接する。
よって，条件を満たす定円はただ 1 つ存在する。

(2) (1)から，中心Dの座標は $\left(0,\ \dfrac{1}{4}\right)$

また，接点をPとすると

$$\mathrm{DP}:\mathrm{PC}=\frac{1}{4}:t^2=1:4t^2$$

よって，点Pは線分DCを $1:4t^2$ に内分する点である。

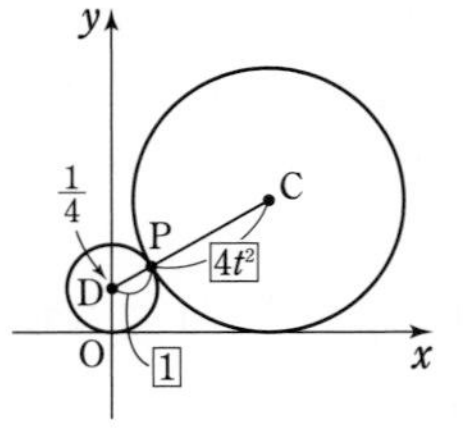

←DP：PC
＝(円 D の半径)：(円 C の半径)
$=\dfrac{1}{4}:t^2$

点Pの座標を $(x,\ y)$ とすると

$$x=\frac{4t^2\cdot 0+1\cdot t}{1+4t^2}=\frac{t}{1+4t^2},\quad y=\frac{4t^2\cdot\frac{1}{4}+1\cdot t^2}{1+4t^2}=\frac{2t^2}{1+4t^2}$$

したがって，点Pの座標は $\left(\boldsymbol{\dfrac{t}{1+4t^2}},\ \boldsymbol{\dfrac{2t^2}{1+4t^2}}\right)$

総合 14

xy 平面上に円 $C：x^2+y^2-8x-4y+17=0$ がある。また，大小2つのさいころを同時に投げて，大きいさいころの出た目を p，小さいさいころの出た目を q とする。点 $(p,\ q)$ をA，直線 $y=\dfrac{q}{p}x$ を ℓ とするとき，次の確率を求めよ。

(1) 点Aが C の周および内部にある確率　　(2) 直線 $y=-2x$ と ℓ が垂直に交わる確率

(3) C と ℓ が共有点をもつ確率

〔類 立命館大〕

➡ 本冊 数学Ⅱ例題 98,117

(1) $p,\ q$ はともに1以上6以下の整数である。

←さいころのとりうる目の数。

円 C の方程式を変形すると

$$(x-4)^2+(y-2)^2=3$$

←$(x-4)^2-4^2+(y-2)^2-2^2+17=0$

よって，円 C の中心は点 $(4,\ 2)$，半径は $\sqrt{3}$ である。

点Aが円 C の周および内部にあるのは，不等式 $(p-4)^2+(q-2)^2\leqq 3$ を満たすときで，そのような点Aは図の9点である。

←例えば，点 $(4,\ 2)$ と点 $(3,\ 1)$ の距離は $\sqrt{2}$
$\sqrt{2}<\sqrt{3}<2\sqrt{2}$

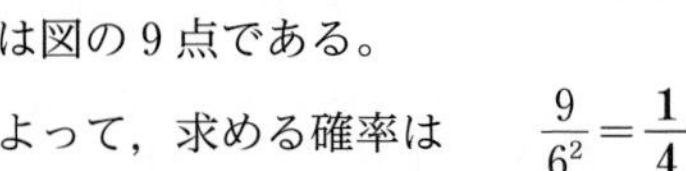

よって，求める確率は $\dfrac{9}{6^2}=\boldsymbol{\dfrac{1}{4}}$

←$\dfrac{\text{条件を満たす点の数}}{\text{目の出方の総数}}$

(2) 直線 $y=-2x$ と直線 ℓ が垂直に交わるための条件は，傾きの積について　$-2\cdot\dfrac{q}{p}=-1$　すなわち　$p=2q$

←**2直線が垂直 ⟺ (傾きの積)＝−1**

この等式を満たす1以上6以下の整数 $p,\ q$ の組は

$$(p,\ q)=(2,\ 1),\ (4,\ 2),\ (6,\ 3)$$

よって，求める確率は $\dfrac{3}{6^2}=\boldsymbol{\dfrac{1}{12}}$

(3) $y=\dfrac{q}{p}x$ から　$qx-py=0$

円 C の中心 $(4,\ 2)$ と直線 ℓ の距離は　$\dfrac{|4q-2p|}{\sqrt{q^2+p^2}}$

よって，円 C と直線 ℓ が共有点をもつための条件は，

$\dfrac{|4q-2p|}{\sqrt{q^2+p^2}}\leqq\sqrt{3}$ …… ① が成り立つことである。

←C と ℓ が共有点をもつ ⟺ (C の中心と ℓ の距離)≦(C の半径)

①の両辺は負でないから，2乗して　$(4q-2p)^2 \leqq 3(q^2+p^2)$

左辺を展開し，整理すると　$13q^2-16pq+p^2 \leqq 0$

ゆえに　$q(16p-13q) \geqq p^2$ …… ②

$p=1$ のとき，②は　$q(16-13q) \geqq 1$

これを満たす q は　$q=1$

$p=2$ のとき，②は　$q(32-13q) \geqq 4$

これを満たす q は　$q=1,\ 2$

$p=3$ のとき，②は　$q(48-13q) \geqq 9$

これを満たす q は　$q=1,\ 2,\ 3$

$p=4$ のとき，②は　$q(64-13q) \geqq 16$

これを満たす q は　$q=1,\ 2,\ 3,\ 4$

$p=5$ のとき，②は　$q(80-13q) \geqq 25$

これを満たす q は　$q=1,\ 2,\ 3,\ 4,\ 5$

$p=6$ のとき，②は　$q(96-13q) \geqq 36$

これを満たす q は　$q=1,\ 2,\ 3,\ 4,\ 5,\ 6$

よって，求める確率は　$\dfrac{1+2+3+4+5+6}{6^2}=\dfrac{21}{36}=\mathbf{\dfrac{7}{12}}$

←②で $p=1,\ 2,$ …… としたときの，①を満たす q の値を求める。
なお，②で $q>0,\ p^2>0$ から　$16p-13q>0$
よって
$\dfrac{q}{p}<\dfrac{16}{13}=1.23\cdots$
ゆえに，$q>p$ となる q のうち，$\dfrac{q}{p} \geqq 1.23\cdots$ となる q は除外されることを用いると効率化できる。

総合 15

原点 O(0, 0) を中心とする半径1の円に，円外の点 $P(x_0,\ y_0)$ から2本の接線を引く。

(1) 2つの接点を結ぶ線分の中点をQとするとき，点Qの座標 $(x_1,\ y_1)$ を点Pの座標 $(x_0,\ y_0)$ を用いて表せ。また，OP・OQ=1 であることを示せ。

(2) 点Pが直線 $x+y=2$ 上を動くとき，点Qの軌跡を求めよ。〔名古屋大〕

➡ 本冊 数学Ⅱ例題 103,116

HINT (1) 2つの接点をR，Sとすると，4点O，R，P，Sは同じ円周上にある。この円の方程式と $x^2+y^2=1$ を連立すると，2円の共通弦(直線RS)の方程式が得られる。

(1) 図のように，2つの接点をR，Sとすると，OR⊥PR，OS⊥PS であるから，4点O，R，P，Sは同じ円周上にある。

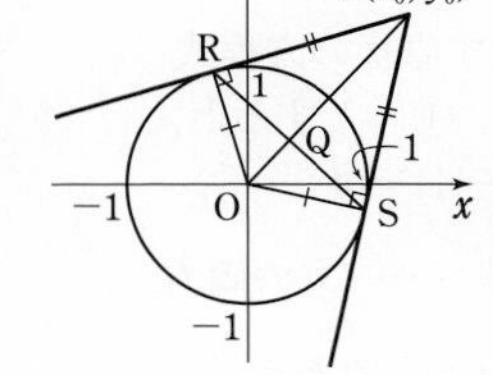

この円の中心は，線分OPの中点であり，半径は，線分OPの中点と原点の距離である。

よって，その方程式は　$\left(x-\dfrac{x_0}{2}\right)^2+\left(y-\dfrac{y_0}{2}\right)^2=\dfrac{x_0{}^2}{4}+\dfrac{y_0{}^2}{4}$

これと $x^2+y^2=1$ を連立すると　$x_0x+y_0y=1$ …… ①

これは，直線RSの方程式を表す。

OR=OS，PR=PS であるから，△ORS と △PRS はどちらも二等辺三角形で，3点O，Q，Pは一直線上にある。

直線OPの方程式は　$y_0x-x_0y=0$ …… ②

点Qの座標は，①，②を連立して解くと

$$(x_1,\ y_1)=\left(\frac{x_0}{x_0{}^2+y_0{}^2},\ \frac{y_0}{x_0{}^2+y_0{}^2}\right)$$

検討 直線RSは，点Pに関する円 $x^2+y^2=1$ の極線である。
よって，その方程式は
$x_0x+y_0y=1$
(本冊 p.163 参照)

←$x^2+y^2-x_0x-y_0y+\dfrac{x_0{}^2}{4}+\dfrac{y_0{}^2}{4}=\dfrac{x_0{}^2}{4}+\dfrac{y_0{}^2}{4}$

よって　$\mathrm{OP}\cdot\mathrm{OQ}=\sqrt{x_0{}^2+y_0{}^2}\sqrt{x_1{}^2+y_1{}^2}$

$$=\sqrt{x_0{}^2+y_0{}^2}\sqrt{\frac{x_0{}^2}{(x_0{}^2+y_0{}^2)^2}+\frac{y_0{}^2}{(x_0{}^2+y_0{}^2)^2}}=1$$

(2)　点 $\mathrm{P}(x_0,\ y_0)$ が直線 $x+y=2$ 上を動くとき　$x_0+y_0=2$ … ③

(1) の結果から　$x_0=(x_0{}^2+y_0{}^2)x_1$，$y_0=(x_0{}^2+y_0{}^2)y_1$ …… ④

←x_0，y_0 をつなぎの文字と考えて，x_1，y_1 の関係式を導くことを考える。

$\mathrm{OP}\cdot\mathrm{OQ}=1$ すなわち $\mathrm{OP}^2\cdot\mathrm{OQ}^2=1$ から

$$(x_0{}^2+y_0{}^2)(x_1{}^2+y_1{}^2)=1$$

$x_1{}^2+y_1{}^2\neq 0$ であるから　$x_0{}^2+y_0{}^2=\dfrac{1}{x_1{}^2+y_1{}^2}$

これと ④ から　$x_0=\dfrac{x_1}{x_1{}^2+y_1{}^2}$，$y_0=\dfrac{y_1}{x_1{}^2+y_1{}^2}$ …… ⑤

③，⑤ から　$\dfrac{x_1}{x_1{}^2+y_1{}^2}+\dfrac{y_1}{x_1{}^2+y_1{}^2}=2$

よって　$x_1{}^2-\dfrac{1}{2}x_1+y_1{}^2-\dfrac{1}{2}y_1=0$

ゆえに　$\left(x_1-\dfrac{1}{4}\right)^2+\left(y_1-\dfrac{1}{4}\right)^2=\left(\dfrac{\sqrt{2}}{4}\right)^2$

したがって，$x_1{}^2+y_1{}^2\neq 0$ に注意すると，点 $\mathrm{Q}(x_1,\ y_1)$ の軌跡は

点 $\left(\dfrac{1}{4},\ \dfrac{1}{4}\right)$ を中心とする半径 $\dfrac{\sqrt{2}}{4}$ の円。ただし，原点を除く。

総合 16

連立不等式 $x^2+(y-4)^2\geqq 4$，$y\geqq -\dfrac{2}{3}x^2$ の表す領域を D とする。D に含まれ，y 切片が 0 以上 2 以下である直線のうち，傾きが最大のものを求めよ。　〔学習院大〕

➡ 本冊 数学Ⅱ例題 101，118

領域 D を図示すると，右の図の黒く塗った部分のようになる。
ただし，境界線を含む。
よって，題意を満たす直線の方程式を　$y=mx+n$ …… ①　とすると，直線 ① は円 $x^2+(y-4)^2=4$ … ②
と放物線 $y=-\dfrac{2}{3}x^2$ …… ③ の両方に接し，$m>0$，$0\leqq n\leqq 2$ である。

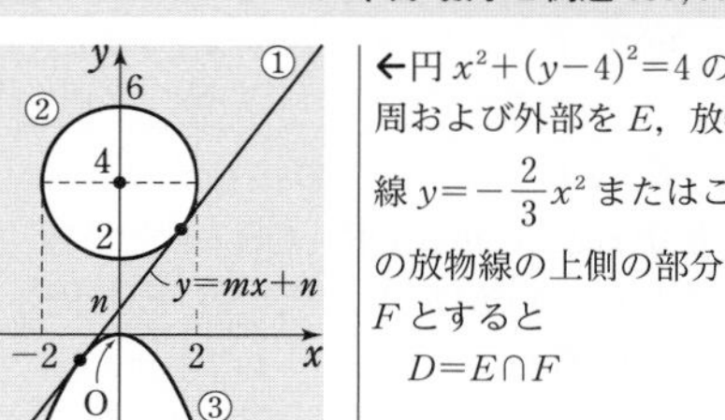

←円 $x^2+(y-4)^2=4$ の周および外部を E，放物線 $y=-\dfrac{2}{3}x^2$ またはこの放物線の上側の部分を F とすると
$D=E\cap F$

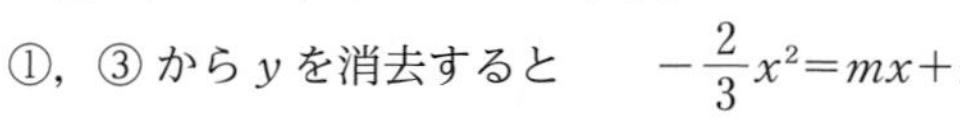

①，③ から y を消去すると　$-\dfrac{2}{3}x^2=mx+n$

すなわち　$2x^2+3mx+3n=0$

この 2 次方程式の判別式を D とすると　$D=0$

←接する ⟺ 重解

ここで　$D=(3m)^2-4\cdot 2\cdot 3n=3(3m^2-8n)$

$D=0$ であるから　$m^2=\dfrac{8}{3}n$ …… ④

また，円 ② の中心 $(0,\ 4)$ と直線 ① の距離について

$$\frac{|m\cdot 0-4+n|}{\sqrt{m^2+(-1)^2}}=2\qquad\text{ゆえに}\qquad |n-4|=2\sqrt{m^2+1}$$

←(中心と直線の距離)＝(円の半径)

両辺は正であるから，2 乗すると　$(n-4)^2=4(m^2+1)$

④ を代入して　$n^2-8n+16=\frac{32}{3}n+4$

よって　$3n^2-56n+36=0$　ゆえに　$(n-18)(3n-2)=0$

$0 \leqq n \leqq 2$ であるから　$n=\frac{2}{3}$

このとき，④ から　$m^2=\frac{16}{9}$　$m>0$ であるから　$m=\frac{4}{3}$

したがって，求める直線は　**直線 $y=\frac{4}{3}x+\frac{2}{3}$**

総合 17

xy 平面上に 2 点 A$(-1,\ 0)$，B$(1,\ 0)$ をとる。$\frac{\pi}{4} \leqq \angle \mathrm{APB} \leqq \pi$ を満たす平面上の点 P の全体と点 A，B からなる図形を F とする。F を図示せよ。　［類　早稲田大］

➡ 本冊　数学Ⅱ例題 118,120

点 P の座標を $(x,\ y)$ とすると

$\mathrm{AP}^2=(x+1)^2+y^2$,

$\mathrm{BP}^2=(x-1)^2+y^2$

また　$\mathrm{AB}^2=2^2=4$

$\angle \mathrm{APB} \neq \pi$ のとき，$\triangle \mathrm{ABP}$ において，余弦定理により

$$\cos\angle \mathrm{APB}=\frac{\mathrm{AP}^2+\mathrm{BP}^2-\mathrm{AB}^2}{2\mathrm{AP}\cdot\mathrm{BP}}$$

$$=\frac{(x+1)^2+y^2+(x-1)^2+y^2-4}{2\sqrt{(x+1)^2+y^2}\sqrt{(x-1)^2+y^2}}$$

$$=\frac{x^2+y^2-1}{\sqrt{(x+1)^2+y^2}\sqrt{(x-1)^2+y^2}}$$

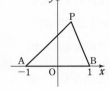

←$\angle \mathrm{APB}=\pi$ のとき，$\triangle \mathrm{APB}$ を作ることはできないから，別に考える。

点 P が辺 AB 上の $-1<x<1$ の範囲にあるとき　$\angle \mathrm{APB}=\pi$

このとき　$\cos\angle \mathrm{APB}=\cos\pi=-1$

これは上の式で $y=0$ としたものと一致する。

←$y=0$ とすると，上の式は $\frac{x^2-1}{\sqrt{(x+1)^2}\sqrt{(x-1)^2}}$ となるが，$-1<x<1$ のとき $\sqrt{(x-1)^2}=-(x-1)$ に注意。

$\frac{\pi}{4} \leqq \angle \mathrm{APB} \leqq \pi$ を満たすとき　$-1 \leqq \cos\angle \mathrm{APB} \leqq \frac{1}{\sqrt{2}}$

$-1 \leqq \cos\angle \mathrm{APB}$ は常に成り立つ。$\cos\angle \mathrm{APB} \leqq \frac{1}{\sqrt{2}}$ から

$$\frac{x^2+y^2-1}{\sqrt{(x+1)^2+y^2}\sqrt{(x-1)^2+y^2}} \leqq \frac{1}{\sqrt{2}}$$

ゆえに　$\sqrt{2}(x^2+y^2-1) \leqq \sqrt{\{(x+1)^2+y^2\}\{(x-1)^2+y^2\}}$

$\sqrt{2}(x^2+y^2-1) \leqq \sqrt{(x^2+2x+1+y^2)(x^2-2x+1+y^2)}$

$\sqrt{2}(x^2+y^2-1) \leqq \sqrt{(x^2+y^2+1)^2-(2x)^2}$

したがって，求める条件は

$x^2+y^2-1 \leqq 0$　または　$\begin{cases} x^2+y^2-1 \geqq 0 \\ 2(x^2+y^2-1)^2 \leqq (x^2+y^2+1)^2-(2x)^2 \end{cases}$ …… ①

ここで，① について

$$2\{(x^2+y^2)^2-2(x^2+y^2)+1\}\leqq(x^2+y^2)^2+2(x^2+y^2)+1-4x^2$$

$$\iff (x^2+y^2)^2-6(x^2+y^2)+4x^2+1\leqq 0$$

$$\iff (x^2+y^2)^2-2(x^2+y^2)+1-4y^2\leqq 0$$

$$\iff (x^2+y^2-1)^2-(2y)^2\leqq 0$$

$$\iff (x^2+y^2+2y-1)(x^2+y^2-2y-1)\leqq 0$$

よって，① は $\begin{cases} x^2+(y+1)^2\geqq 2 \\ x^2+(y-1)^2\leqq 2 \end{cases}$ または $\begin{cases} x^2+(y+1)^2\leqq 2 \\ x^2+(y-1)^2\geqq 2 \end{cases}$

以上で求めたことと，点 A，B すなわち，$(x,\ y)=(-1,\ 0)$，$(1,\ 0)$ を加えると，図形 F は **右の図の斜線部分** である。**ただし，境界線を含む。**

←図形 F は点 A, B も含む。

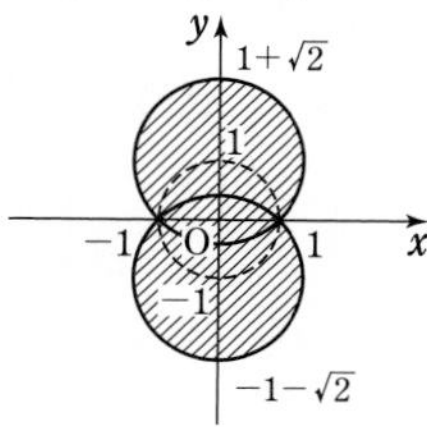

検討　まず，A，B を除いて考える。

$\angle \mathrm{APB}=\dfrac{\pi}{4}$ を満たす点の集合は，右の図のような 2 つの弧を合わせたものになる。

また，$\angle \mathrm{APB}=\pi$ を満たす点の集合は線分 AB である。

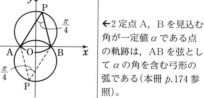

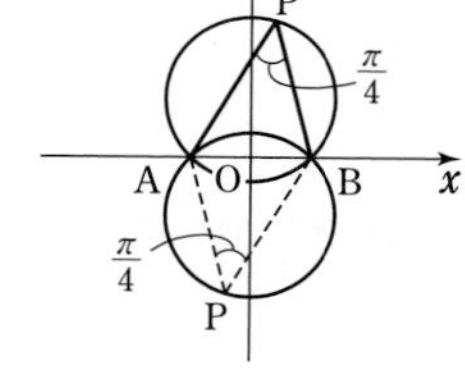

←2 定点 A，B を見込む角が一定値 α である点の軌跡は，AB を弦として α の角を含む弓形の弧である（本冊 $p.174$ 参照）。

よって，$\dfrac{\pi}{4}\leqq\angle \mathrm{APB}\leqq\pi$ を満たす点の集合は，以上で求めた図形に点 A，B を加えると，図の 2 つの弧の内部とその周上となる。

総合 18

a，b を実数とする。曲線 $y=ax^2+bx+1$ が x 軸の正の部分と共有点をもたないような点 $(a,\ b)$ の領域を図示せよ。
〔東北大〕

➡ 本冊 数学Ⅱ例題 121

曲線 $y=ax^2+bx+1$ を C とする。

[1]　$a=0$ のとき

C の方程式は $y=bx+1$ であり，これは傾き b，y 切片 1 の直線を表す。

よって，C が x 軸の正の部分と共有点をもたないための条件は　　$b\geqq 0$

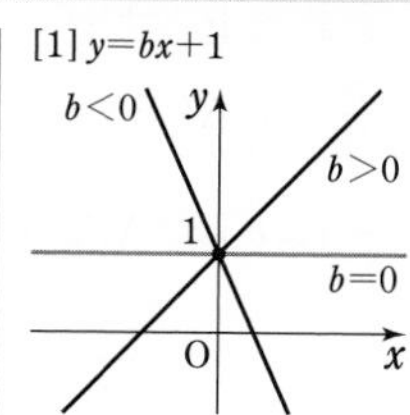

[2]　$a<0$ のとき

C は上に凸の放物線で，点 $(0,\ 1)$ を通るから，x 軸の正の部分と必ず共有点をもつ。

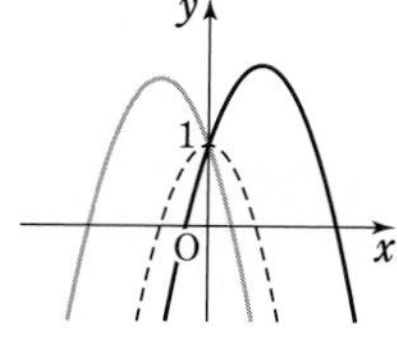

[3]　$a>0$ のとき

C は下に凸の放物線で，$y=a\left(x+\dfrac{b}{2a}\right)^2+1-\dfrac{b^2}{4a}$ と変形できるから，軸は直線 $x=-\dfrac{b}{2a}$ である。

(i) $-\dfrac{b}{2a} \leqq 0$ すなわち $b \geqq 0$ のとき

C は点 $(0,\ 1)$ を通るから，x 軸の正の部分と共有点をもたない。

(ii) $-\dfrac{b}{2a} > 0$ すなわち $b < 0$ のとき

C が x 軸の正の部分と共有点をもたないための条件は，2次方程式 $ax^2+bx+1=0$ の判別式 D について，$D<0$ となることである。

$D=b^2-4a$ であるから　$b^2-4a<0$　すなわち　$a>\dfrac{b^2}{4}$

(i), (ii) から，C が x 軸の正の部分と共有点をもたないための条件は　$b \geqq 0$ または $\left(b<0 \text{ かつ } a>\dfrac{b^2}{4}\right)$

[1]～[3] から，求める点 $(a,\ b)$ の領域は **右の図の斜線部分** である。**ただし，境界線は $a=0$ かつ $b \geqq 0$ の部分を含み，他は含まない。**

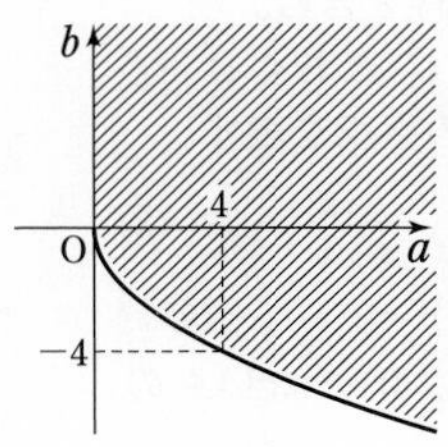

[3] $y=ax^2+bx+c$ $(a>0)$

(i) $b \geqq 0$

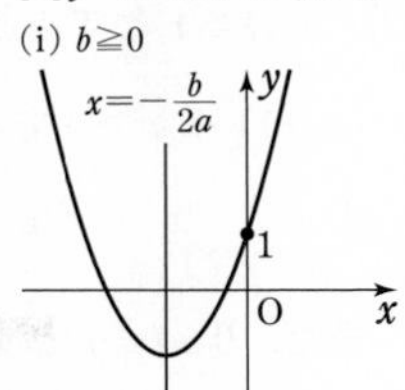

(ii) $b<0$

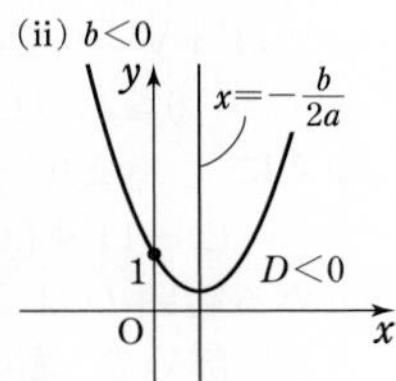

注意　$a=\dfrac{b^2}{4}$ のグラフは，$b=\dfrac{a^2}{4}$ のグラフを直線 $y=x$ に関して対称移動したものである。詳しくは，数学Ⅲで学習する。

総合 19

実数 $x,\ y,\ s,\ t$ に対し，$z=x+yi,\ w=s+ti$ とおいたとき，$z=\dfrac{w-1}{w+1}$ を満たすとする。ただし，i は虚数単位である。

(1) w を z で表すことにより，$s,\ t$ をそれぞれ $x,\ y$ で表せ。

(2) $0 \leqq s \leqq 1$ かつ $0 \leqq t \leqq 1$ となるような点 $(x,\ y)$ の範囲 D を座標平面上に図示せよ。

(3) 点 $\mathrm{P}(x,\ y)$ が D 上を動いたとき，$-5x+y$ の最小値を求めよ。　〔北海道大〕

➡ 本冊 数学Ⅱ例題 36,124

総合

(1) $z=\dfrac{w-1}{w+1}$ ……① とする。

① の両辺に $w+1$ を掛けて整理すると　$(1-z)w=1+z$

$z=1$ は ① を満たさないから　$z \neq 1$

よって　$w=\dfrac{1+z}{1-z}$ ……②

$w=s+ti,\ z=x+yi$ を ② に代入すると　$s+ti=\dfrac{(1+x)+yi}{(1-x)-yi}$

ゆえに　$s+ti=\dfrac{\{(1+x)+yi\}\{(1-x)+yi\}}{\{(1-x)-yi\}\{(1-x)+yi\}}$

よって　$s+ti=\dfrac{1-x^2-y^2+2yi}{(x-1)^2+y^2}$

$s,\ t,\ x,\ y$ は実数であるから，両辺の実部と虚部を比較して

$$\boldsymbol{s=\frac{1-x^2-y^2}{(x-1)^2+y^2},\quad t=\frac{2y}{(x-1)^2+y^2}}$$

←① を w について解く。

←① で $z=1$ とすると，$w+1=w-1$ すなわち $1=-1$ となり，不合理。

←右辺の分母を実数化。

(2)　$0 \leqq s \leqq 1$ とすると　$0 \leqq \dfrac{1-x^2-y^2}{(x-1)^2+y^2} \leqq 1$

$(x-1)^2+y^2>0$ であるから　$0 \leqq 1-x^2-y^2 \leqq (x-1)^2+y^2$

よって　$x^2+y^2 \leqq 1$ ……③ かつ $\left(x-\dfrac{1}{2}\right)^2+y^2 \geqq \dfrac{1}{4}$ ……④

←(1) の結果を $0 \leqq s \leqq 1$, $0 \leqq t \leqq 1$ にそれぞれ代入。

←$z \neq 1$ から　$(x,\ y) \neq (1,\ 0)$

←$1-x^2-y^2 \leqq (x-1)^2+y^2$ から　$x^2+y^2-x \geqq 0$ よって　$\left(x-\dfrac{1}{2}\right)^2+y^2 \geqq \dfrac{1}{4}$

また，$0 \leqq t \leqq 1$ とすると　$0 \leqq \dfrac{2y}{(x-1)^2+y^2} \leqq 1$

$(x-1)^2+y^2>0$ であるから

$0 \leqq 2y \leqq (x-1)^2+y^2$

ゆえに　$y \geqq 0$ ……⑤ かつ

$(x-1)^2+(y-1)^2 \geqq 1$ ……⑥

←$2y \leqq (x-1)^2+y^2$ から $x^2+y^2-2x-2y+1 \geqq 0$ よって $(x-1)^2+(y-1)^2 \geqq 1$

求める範囲 D は ③～⑥ の表す領域の共通部分で，**右の図の斜線部分** である。**ただし，境界線を含む。**

(3)　$-5x+y=k$ ……⑦ とおくと，⑦ は傾き 5，y 切片 k の直線を表す。

←$y=5x+k$

また，円 $\left(x-\dfrac{1}{2}\right)^2+y^2=\dfrac{1}{4}$ ……⑧

と円 $(x-1)^2+(y-1)^2=1$ ……⑨

の交点のうち，点 $(1,\ 0)$ でないものを A とする。

←直線 ⑦ の傾きを考慮すると，直線 ⑦ が点 A または原点 O を通るとき k は最小となる。まず，点 A の座標を求め，直線 OA の傾きに注目してみる。

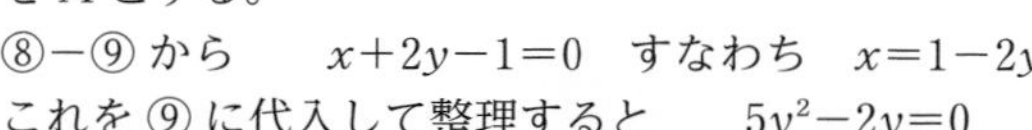

⑧−⑨ から　$x+2y-1=0$　すなわち　$x=1-2y$

これを ⑨ に代入して整理すると　$5y^2-2y=0$

ゆえに　$y(5y-2)=0$　　よって　$y=0,\ \dfrac{2}{5}$

ゆえに，点 A の座標は　$\left(\dfrac{1}{5},\ \dfrac{2}{5}\right)$

←$y=\dfrac{2}{5}$ のとき $x=1-2\cdot\dfrac{2}{5}=\dfrac{1}{5}$

原点 O と点 A を通る直線の傾きは 2 であり，$2<5$ であるから，直線 ⑦ が点 A を通るとき k の値は最小となる。

⑦ に $x=\dfrac{1}{5}$，$y=\dfrac{2}{5}$ を代入すると　$k=-\dfrac{3}{5}$

←$k=-1+\dfrac{2}{5}=-\dfrac{3}{5}$

よって，$-5x+y$ は $\boldsymbol{x=\dfrac{1}{5}}$，$\boldsymbol{y=\dfrac{2}{5}}$ **のとき最小値** $\boldsymbol{-\dfrac{3}{5}}$ をとる。

総合 20

θ を $0 \leqq \theta < 2\pi$ を満たす実数とし，

$f(x)=(x-\sqrt{3}\sin\theta-\cos\theta)\left\{x^2-(2\sin\theta)x-2\cos^2\theta-\dfrac{\sqrt{3}-1}{2}\cos\theta+\dfrac{\sqrt{3}}{4}+1\right\}$ とおく。

(1)　方程式 $f(x)=0$ が実数解と虚数解の両方をもつ θ の値の範囲を求めよ。

(2)　θ が (1) で求めた範囲を動くとき，方程式 $f(x)=0$ の実数解 α のとりうる値の範囲を求めよ。

〔東京都立大〕

➡ 本冊 数学Ⅱ例題 145, 162

(1)　$f(x)=0$ とすると

$x-\sqrt{3}\sin\theta-\cos\theta=0$ ……①　または

$x^2-(2\sin\theta)x-2\cos^2\theta-\dfrac{\sqrt{3}-1}{2}\cos\theta+\dfrac{\sqrt{3}}{4}+1=0$ ……②

① から　　$x=\sqrt{3}\sin\theta+\cos\theta$　　これは実数解である。
よって，方程式 $f(x)=0$ が虚数解をもつのは，② が虚数解をもつときである。
ゆえに，② の判別式を D とすると　　$D<0$

$$\frac{D}{4}=\sin^2\theta-1\cdot\left(-2\cos^2\theta-\frac{\sqrt{3}-1}{2}\cos\theta+\frac{\sqrt{3}}{4}+1\right)$$
$$=(1-\cos^2\theta)+2\cos^2\theta+\frac{\sqrt{3}-1}{2}\cos\theta-\frac{\sqrt{3}}{4}-1$$
$$=\cos^2\theta+\frac{\sqrt{3}-1}{2}\cos\theta-\frac{\sqrt{3}}{4}$$
$$=\left(\cos\theta-\frac{1}{2}\right)\left(\cos\theta+\frac{\sqrt{3}}{2}\right)$$

$D<0$ から　　$\left(\cos\theta-\frac{1}{2}\right)\left(\cos\theta+\frac{\sqrt{3}}{2}\right)<0$

よって　　$-\frac{\sqrt{3}}{2}<\cos\theta<\frac{1}{2}$

$0\leqq\theta<2\pi$ であるから　　$\boldsymbol{\frac{\pi}{3}<\theta<\frac{5}{6}\pi,\ \frac{7}{6}\pi<\theta<\frac{5}{3}\pi}$

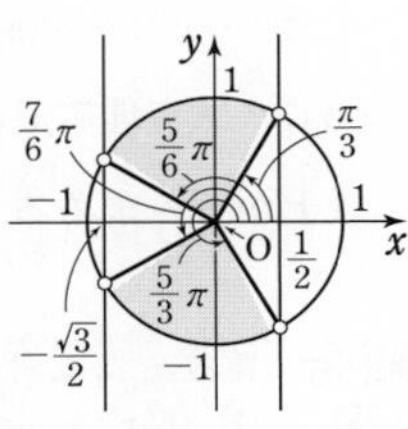

(2)　(1) から　　$\alpha=\sqrt{3}\sin\theta+\cos\theta=2\sin\left(\theta+\frac{\pi}{6}\right)$

←実数解は ① の解。三角関数の合成を利用し，1 種類の三角関数に。

$\frac{\pi}{3}<\theta<\frac{5}{6}\pi$，$\frac{7}{6}\pi<\theta<\frac{5}{3}\pi$ であるから

$$\frac{\pi}{2}<\theta+\frac{\pi}{6}<\pi,\quad \frac{4}{3}\pi<\theta+\frac{\pi}{6}<\frac{11}{6}\pi$$

よって　　$0<\sin\left(\theta+\frac{\pi}{6}\right)<1$，$-1\leqq\sin\left(\theta+\frac{\pi}{6}\right)<-\frac{1}{2}$

したがって　　$\boldsymbol{-2\leqq\alpha<-1,\ 0<\alpha<2}$

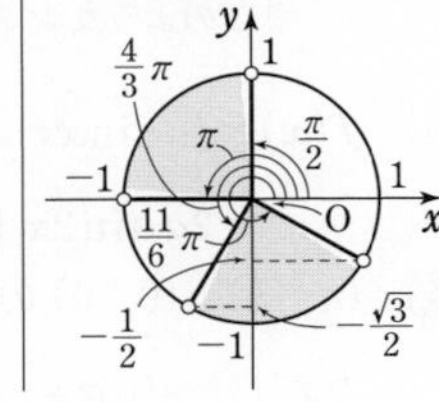

総合

総合 21

$0<\theta<\frac{\pi}{2}$ とする。$\cos\theta$ は有理数ではないが，$\cos2\theta$ と $\cos3\theta$ がともに有理数となるような θ の値を求めよ。ただし，p が素数のとき，$\sqrt{p}$ が有理数でないことは証明なしに用いてよい。

〔京都大〕

➡ 本冊 数学Ⅱ例題 154

$\cos2\theta=2\cos^2\theta-1$ から　　←2 倍角の公式。

$\cos3\theta=4\cos^3\theta-3\cos\theta=(4\cos^3\theta-2\cos\theta)-\cos\theta$　　←3 倍角の公式。
$$=2\cos\theta(2\cos^2\theta-1)-\cos\theta=2\cos\theta\cos2\theta-\cos\theta$$
$$=\cos\theta(2\cos2\theta-1)$$

ここで，$2\cos2\theta-1\neq0$ とすると　$\cos\theta=\frac{\cos3\theta}{2\cos2\theta-1}$　… ①

$\cos2\theta$，$\cos3\theta$ がともに有理数であるとすると，① より $\cos\theta$ も有理数となる。
よって，条件を満たすには $2\cos2\theta-1=0$ でなくてはならない。

←$2\cos2\theta-1=0$ であることは，条件を満たすための必要条件。

すなわち　　$\cos2\theta=\frac{1}{2}$

$0<\theta<\dfrac{\pi}{2}$ より，$0<2\theta<\pi$ であるから　　$2\theta=\dfrac{\pi}{3}$

よって　　$\theta=\dfrac{\pi}{6}$

逆に，$\theta=\dfrac{\pi}{6}$ のとき　　$\cos\theta=\dfrac{\sqrt{3}}{2}$

$\cos\theta$ が有理数であるとすると，$2\cos\theta=\sqrt{3}$ から，$\sqrt{3}$ は有理数である。

一方，3 は素数であるから，$\sqrt{3}$ は有理数でない。

ゆえに，矛盾するから，$\cos\theta$ は有理数でない。

また，$\cos 2\theta=\cos\dfrac{\pi}{3}=\dfrac{1}{2}$，$\cos 3\theta=\cos\dfrac{\pi}{2}=0$ から，$\cos 2\theta$，$\cos 3\theta$ は有理数である。

以上から，求める θ の値は　　$\boldsymbol{\theta=\dfrac{\pi}{6}}$

←$\theta=\dfrac{\pi}{6}$ は条件を満たすための必要条件であるので，これが十分条件でもあることを確認する。

総合 22

定数 a，b に対して $f(x)=2\cos x(2a\sin x+b\cos x)$ とする。〔愛知教育大〕

(1) $f(x)$ を $\sin 2x$ と $\cos 2x$ を用いて表せ。

(2) すべての実数 x に対して $f(x)\leqq 1$ が成り立つような定数 a，b の条件を求め，その条件を満たす点 $(a,\ b)$ の範囲を図示せよ。

(3) $a^2+b^2\leqq R$ を満たす a，b については，すべての実数 x に対して $f(x)\leqq 1$ が成り立つとする。このような R の最大値を求めよ。

➡ 本冊 数学Ⅱ例題 164

(1) $\boldsymbol{f(x)}=4a\sin x\cos x+2b\cos^2 x=2a\sin 2x+2b\cdot\dfrac{1+\cos 2x}{2}$

$\boldsymbol{=2a\sin 2x+b\cos 2x+b}$

(2) $(a,\ b)\neq(0,\ 0)$ のとき　　$f(x)=\sqrt{4a^2+b^2}\sin(2x+\alpha)+b$

ただし，$\sin\alpha=\dfrac{b}{\sqrt{4a^2+b^2}}$，$\cos\alpha=\dfrac{2a}{\sqrt{4a^2+b^2}}$

ゆえに，$f(x)$ は，$\sin(2x+\alpha)=1$ のとき最大値 $\sqrt{4a^2+b^2}+b$ をとるから，すべての実数 x に対して，$f(x)\leqq 1$ が成り立つための条件は　　$\sqrt{4a^2+b^2}+b\leqq 1$

変形して　　$\sqrt{4a^2+b^2}\leqq 1-b$ …… ①

$\sqrt{4a^2+b^2}\geqq 0$ であるから　　$1-b\geqq 0$　　よって　　$b\leqq 1$

このとき，① の両辺を 2 乗して

$4a^2+b^2\leqq 1-2b+b^2$

ゆえに　$b\leqq -2a^2+\dfrac{1}{2}$

(これは $b\leqq 1$ を満たす。)

$(a,\ b)=(0,\ 0)$ のとき

$f(x)=0\leqq 1$ となり条件を満たす。

したがって，点 $(a,\ b)$ の範囲は **右の図の斜線部分** である。

ただし，境界線を含む。

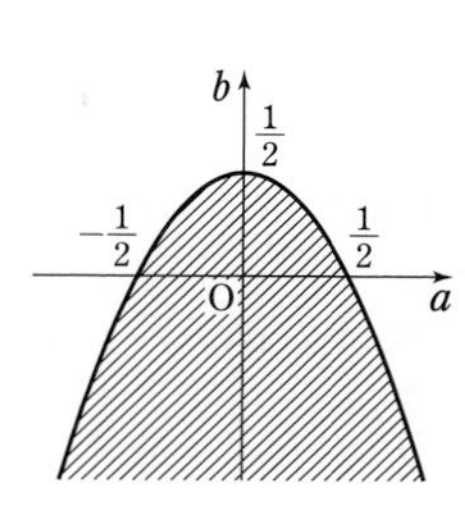

←三角関数の合成。

←α の値を具体的に求めることはできないので，このように書く。

←不等式 ① において，(左辺)$\geqq 0$ であるから，(右辺)$=1-b\geqq 0$

(3)　条件を満たすのは，$a^2+b^2\leqq R$ の範囲が (2) の範囲に含まれるときである。

よって，図のように，円 $a^2+b^2=R$ が放物線 $b=-2a^2+\frac{1}{2}$ に接するとき，R は最大となる。

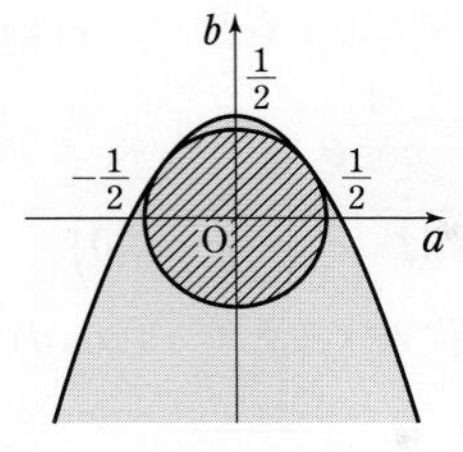

←(2) の領域における最大，最小問題として扱う。

円と放物線の方程式から a^2 を消去すると　$4b^2-2b-4R+1=0$

この 2 次方程式の判別式を D とすると　$\frac{D}{4}=(-1)^2-4(-4R+1)=16R-3$

円が放物線に接するとき，$D=0$ であるから　$16R-3=0$

←接する ⟺ 重解

よって　$R=\frac{3}{16}$

したがって，R の最大値は　$\mathbf{\frac{3}{16}}$

総合 23

座標平面において，2 点 A(1, 0)，B(2, 0) を原点の周りに θ だけ回転した点をそれぞれ C，D とする。ただし，$0<\theta<\frac{\pi}{2}$ とする。点 C を通り直線 CD と垂直に交わる直線を ℓ とし，点 D を通り直線 CD と垂直に交わる直線を m とする。また，直線 ℓ と直線 m により挟まれた領域を S とし，不等式 $0\leqq y\leqq x$ の表す領域を T とする。

(1)　直線 ℓ，m の方程式を求めよ。

(2)　θ が $0<\theta<\frac{\pi}{2}$ の範囲を動くとき，領域 S と領域 T の共通部分の面積を最小にする θ の値を求めよ。〔山口大〕

➡ 本冊 数学Ⅱ例題 168

(1)　2 点 C，D の座標は

C$(\cos\theta,\ \sin\theta)$，

D$(2\cos\theta,\ 2\sin\theta)$

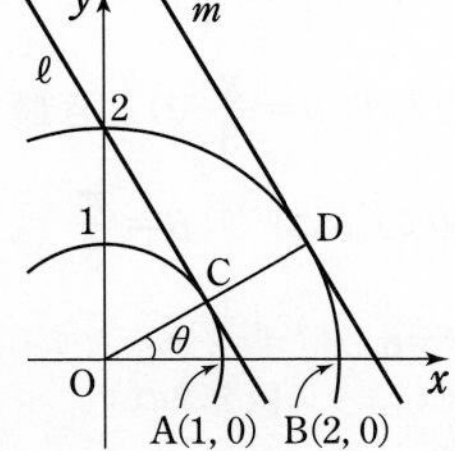

直線 ℓ は，円 $x^2+y^2=1$ 上の点 C における接線であるから，その方程式は

$$\mathbf{(\cos\theta)x+(\sin\theta)y=1} \quad \cdots\cdots ①$$

←円 $x^2+y^2=r^2$ 上の点 $(x_1,\ y_1)$ における接線の方程式は $x_1x+y_1y=r^2$

直線 m は，円 $x^2+y^2=4$ 上の点 D における接線であるから，その方程式は

$$(2\cos\theta)x+(2\sin\theta)y=4$$

すなわち　$\mathbf{(\cos\theta)x+(\sin\theta)y=2}$

(2)　直線 ℓ，m と x 軸との交点をそれぞれ C_0，D_0 とし，直線 ℓ，m と直線 $y=x$ との交点をそれぞれ C_1，D_1 とする。

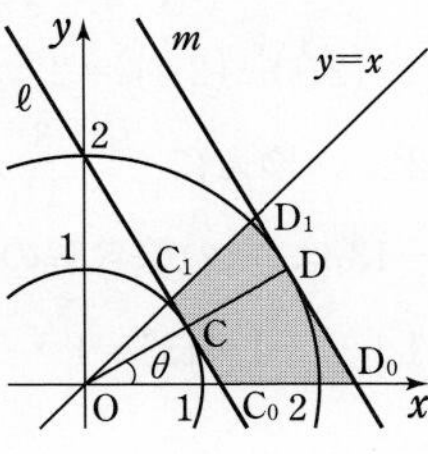

このとき，領域 S，T の共通部分の面積は，四角形 $C_0D_0D_1C_1$ の面積である。

また，$\triangle OC_0C_1$ と $\triangle OD_0D_1$ は相似であり，その相似比は 1：2 であるから

(△OC_0C_1 の面積)：(四角形 $C_0D_0D_1C_1$ の面積)$=1:3$

ゆえに　(四角形 $C_0D_0D_1C_1$ の面積)$=3\times$△OC_0C_1

ここで，① に $y=0$ を代入すると　$(\cos\theta)x=1$

よって　$x=\dfrac{1}{\cos\theta}$

ゆえに，点 C_0 の座標は　$\left(\dfrac{1}{\cos\theta},\ 0\right)$

また，① に $y=x$ を代入すると　$(\cos\theta)x+(\sin\theta)x=1$

よって　$x=\dfrac{1}{\sin\theta+\cos\theta}$

ゆえに，点 C_1 の座標は　$\left(\dfrac{1}{\cos\theta+\sin\theta},\ \dfrac{1}{\cos\theta+\sin\theta}\right)$

したがって，四角形 $C_0D_0D_1C_1$ の面積は

$$3\times\triangle OC_0C_1=3\times\frac{1}{2}OC_0\times(\text{点 }C_1\text{ の }y\text{ 座標})$$
$$=\frac{3}{2}\cdot\frac{1}{\cos\theta}\cdot\frac{1}{\cos\theta+\sin\theta}$$
$$=\frac{3}{2\cos^2\theta+2\cos\theta\sin\theta}=\frac{3}{\sin 2\theta+\cos 2\theta+1}$$
$$=\frac{3}{\sqrt{2}\sin\left(2\theta+\frac{\pi}{4}\right)+1}$$

よって，$\sin\left(2\theta+\dfrac{\pi}{4}\right)$ が最大となるとき，四角形 $C_0D_0D_1C_1$ の面積は最小となる。

$0<\theta<\dfrac{\pi}{2}$ より，$\dfrac{\pi}{4}<2\theta+\dfrac{\pi}{4}<\dfrac{5}{4}\pi$ であるから，$\sin\left(2\theta+\dfrac{\pi}{4}\right)$ は，$2\theta+\dfrac{\pi}{4}=\dfrac{\pi}{2}$ すなわち $\theta=\dfrac{\pi}{8}$ のとき最大となる。

したがって，求める θ の値は　$\boldsymbol{\theta=\dfrac{\pi}{8}}$

←△OC_0C_1：△OD_0D_1 $=1^2:2^2=1:4$
(四角形 $C_0D_0D_1C_1$ の面積) $=$△OD_0D_1-△OC_0C_1

←$0<\theta<\dfrac{\pi}{2}$ から $\sin\theta>0$，$\cos\theta>0$

←$\cos 2\theta=2\cos^2\theta-1$

←最大値は $\dfrac{3}{\sqrt{2}\cdot 1+1}$

総合 24　A，B は実数で $A^{11}=8$，$B^{13}=4$ であるとする。整数 x，y が $A^x\cdot B^y=2$ を満たすとき，$|x+y|$ の最小値とそのときの x，y の値を求めよ。〔宮城教育大〕

➡ 本冊 数学Ⅱ例題 173

$A^{11}=8$，$B^{13}=4$ から　$A>0$，$B>0$

$A^{11}=2^3$，$B^{13}=2^2$ から　$A=2^{\frac{3}{11}}$，$B=2^{\frac{2}{13}}$

$A^x\cdot B^y=2$ とすると　$\left(2^{\frac{3}{11}}\right)^x\cdot\left(2^{\frac{2}{13}}\right)^y=2$

よって　$2^{\frac{3}{11}x+\frac{2}{13}y}=2^1$　ゆえに　$\dfrac{3}{11}x+\dfrac{2}{13}y=1$ ……①

ここで，$x=11$，$y=-13$ は ① の整数解の 1 つである。

よって　$\dfrac{3}{11}\cdot 11+\dfrac{2}{13}\cdot(-13)=1$ ……②

①，② から　$\dfrac{3}{11}(x-11)+\dfrac{2}{13}(y+13)=0$

←対数を用いてもよい。
$A^{11}=2^3$ の両辺の 2 を底とする対数をとると
$11\log_2 A=3$
よって　$\log_2 A=\dfrac{3}{11}$
ゆえに　$A=2^{\frac{3}{11}}$

←1 次不定方程式 ⟶ 解を 1 つ見つける。

すなわち　$39(x-11)=-22(y+13)$ …… ③

39 と 22 は互いに素であるから，k を整数として

$x-11=22k$　と表される。

③ に代入して　$39\cdot 22k=-22(y+13)$

すなわち　$y+13=-39k$

よって，① の解は　$x=22k+11$，$y=-39k-13$

ゆえに　$|x+y|=|22k+11-39k-13|=|-17k-2|$

したがって，$|x+y|$ は $k=0$ のとき **最小値 2** をとる。

このとき　$\boldsymbol{x}=22\cdot 0+11=\mathbf{11}$，$\boldsymbol{y}=-39\cdot 0-13=\mathbf{-13}$

←a，b が互いに素で，an が b の倍数ならば，n は b の倍数である。(a，b，n は整数)

総合 25

実数 a に対して，a を超えない最大の整数，すなわち，$n\leqq a<n+1$ を満たす整数 n を a の整数部分といい，$a-n$ を a の小数部分という。$x>1$ に対し，$\log_2 x$ の整数部分を $f(x)$，小数部分を $g(x)$ とする。

(1) $f(\sqrt[5]{64})$，$g(\sqrt[5]{64})$，$f(2023)$ をそれぞれ求めよ。

(2) $f(x+1)=f(x)$ であるとき，$g(x+1)>g(x)$ が成り立つことを示せ。

(3) $f(x+1)=f(x)+1$ であるとき，$g(x+1)<g(x)$ が成り立つことを示せ。〔類　静岡大〕

➡ 本冊　数学Ⅱ例題 181

(1) $\log_2\sqrt[5]{64}=\log_2 2^{\frac{6}{5}}=\dfrac{6}{5}=1.2$

よって　$\boldsymbol{f(\sqrt[5]{64})=1}$，$\boldsymbol{g(\sqrt[5]{64})}=\dfrac{6}{5}-1=\boldsymbol{\dfrac{1}{5}}$

また，$2^{10}=1024$，$2^{11}=2048$ であるから　$2^{10}<2023<2^{11}$

$10<\log_2 2023<11$

ゆえに　$\boldsymbol{f(2023)=10}$

(2) $f(x+1)=f(x)=k$ (k は整数) とすると

$g(x+1)=\log_2(x+1)-k$，$g(x)=\log_2 x-k$

よって　$g(x+1)-g(x)=\{\log_2(x+1)-k\}-(\log_2 x-k)$

$=\log_2(x+1)-\log_2 x$

$\log_2 x$ の底 2 は 1 より大きいから，$x+1>x$ より

$\log_2(x+1)>\log_2 x$

ゆえに　$g(x+1)-g(x)>0$　すなわち　$g(x+1)>g(x)$

(3) $f(x)=p$ (p は整数) とすると，$f(x+1)=f(x)+1$ から

$f(x+1)=p+1$

よって　$g(x)=\log_2 x-p$，$g(x+1)=\log_2(x+1)-(p+1)$

ゆえに　$g(x)-g(x+1)$

$=(\log_2 x-p)-\{\log_2(x+1)-(p+1)\}$

$=1+\log_2 x-\log_2(x+1)$

$=\log_2 2+\log_2 x-\log_2(x+1)$

$=\log_2 2x-\log_2(x+1)$

$x>1$ であるから　$2x>x+1$

$\log_2 x$ の底 2 は 1 より大きいから　$\log_2 2x>\log_2(x+1)$

よって　$g(x)-g(x+1)>0$　すなわち　$g(x+1)<g(x)$

←$64=2^6$

←(A の小数部分)$=A-$(A の整数部分)

←(A の小数部分)$=A-$(A の整数部分)

←$a>1$ のとき $A>B>0\Longleftrightarrow\log_a A>\log_a B$

←(A の小数部分)$=A-$(A の整数部分)

←$g(x)-g(x+1)=\log_2\dfrac{2x}{x+1}$ として，$x>1$ のとき，$\dfrac{2x}{x+1}>1$ が成り立つことを示してもよい。

総合 26

(1) 不等式 $y^2 \geqq (\log_2 x)^2$ を満たす点 $(x,\ y)$ 全体の集合を，その境界と座標軸との交点の座標も書き入れて，座標平面上に図示せよ。

(2) 集合 $S=\{\log_2 x \mid x$ は $(\log_2 x)^2 > 100x^2$ を満たす実数$\}$ に属する最大の整数を求めよ。

〔慶応大〕

➡ 本冊 数学Ⅱ例題 185

(1) $y^2 \geqq (\log_2 x)^2$ から $\quad (y+\log_2 x)(y-\log_2 x) \geqq 0$

ゆえに $\begin{cases} y+\log_2 x \geqq 0 \\ y-\log_2 x \geqq 0 \end{cases}$

または $\begin{cases} y+\log_2 x \leqq 0 \\ y-\log_2 x \leqq 0 \end{cases}$

よって $\begin{cases} y \geqq -\log_2 x \\ y \geqq \log_2 x \end{cases}$

または $\begin{cases} y \leqq -\log_2 x \\ y \leqq \log_2 x \end{cases}$

よって，求める集合は，**右の図の斜線部分** である。ただし，**境界線を含む**。

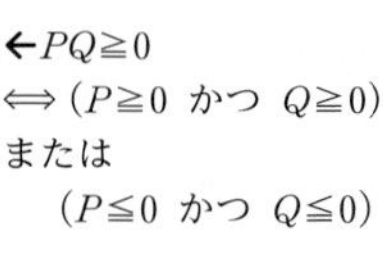

←$PQ \geqq 0$
$\Longleftrightarrow (P \geqq 0$ かつ $Q \geqq 0)$
または
$(P \leqq 0$ かつ $Q \leqq 0)$

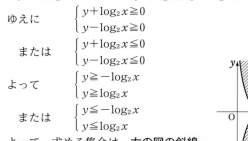

(2) $\log_2 x = n$ (n は整数) とおくと $\quad x = 2^n$

$(\log_2 x)^2 > 100x^2$ から $\quad n^2 > 100 \cdot 2^{2n}$

[1] $n>0$ のとき $\quad n > 10 \cdot 2^n \ \cdots\cdots$ ①

←$100 \cdot 2^{2n} = 10^2 \cdot (2^n)^2$

一方，n は自然数であるから

$$10 \cdot 2^n = 10 \cdot (1+1)^n = 10({}_nC_0 + {}_nC_1 + \cdots\cdots + {}_nC_n)$$
$$\geqq 10({}_nC_0 + {}_nC_1) = 10(1+n) > n$$

←$(1+1)^n$
$= {}_nC_0 + {}_nC_1 + \cdots\cdots + {}_nC_n$
(本冊 $p.19$ 基本例題 5 (2) 参照。)

よって，① を満たす整数 n は存在しない。

[2] $n \leqq 0$ のとき $\quad n < -10 \cdot 2^n \ \cdots\cdots$ ②

ここで，関数 $y=-10 \cdot 2^n$ は減少関数であり，n の値が増加すると $-10 \cdot 2^n$ の値は減少する。

$n=-3$ のとき $\quad -10 \cdot 2^{-3} = -\dfrac{5}{4} > -3$

$n=-2$ のとき $\quad -10 \cdot 2^{-2} = -\dfrac{5}{2} < -2$

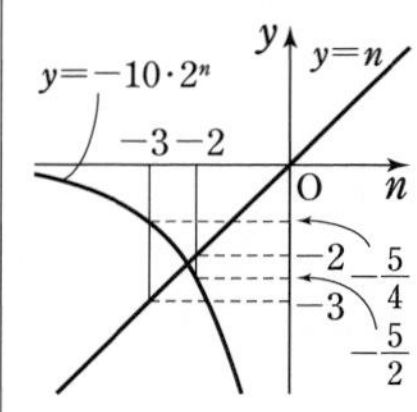

よって，-3 以下の整数 n は ② を満たす。

[1]，[2] から，求める最大の整数は $\quad$ **−3**

総合 27

$\log_{10} 2 = 0.3010$，$\log_{10} 3 = 0.4771$ とする。

(1) $\log_{10} \dfrac{2}{3}$，$\log_{10} \dfrac{1}{2}$ の値を求めよ。

(2) $\left(\dfrac{2}{3}\right)^m \geqq \dfrac{1}{10}$，$\left(\dfrac{1}{2}\right)^n \geqq \dfrac{1}{10}$ を満たす最大の自然数 m，n を求めよ。

(3) 連立不等式 $\left(\dfrac{2}{3}\right)^x \left(\dfrac{1}{2}\right)^y \geqq \dfrac{1}{10}$，$x \geqq 0$，$y \geqq 0$ の表す領域を座標平面に図示せよ。

(4) $\left(\dfrac{2}{3}\right)^m \left(\dfrac{1}{2}\right)^n \geqq \dfrac{1}{10}$ を満たす自然数 m と n の組 $(m,\ n)$ をすべて求めよ。 〔金沢大〕

➡ 本冊 数学Ⅱ例題 189

(1) $\boldsymbol{\log_{10} \dfrac{2}{3}} = \log_{10} 2 - \log_{10} 3 = 0.3010 - 0.4771 = \boldsymbol{-0.1761}$

←$\log_{10} \dfrac{M}{N}$
$= \log_{10} M - \log_{10} N$

$$\log_{10}\frac{1}{2}=-\log_{10}2=-0.3010$$

(2) $\left(\frac{2}{3}\right)^m \geqq \frac{1}{10}$ の両辺の常用対数をとると

$$\log_{10}\left(\frac{2}{3}\right)^m \geqq \log_{10}\frac{1}{10} \quad すなわち \quad m\log_{10}\frac{2}{3}\geqq -1$$

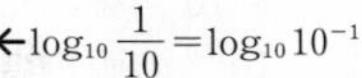
←$\log_{10}\frac{1}{10}=\log_{10}10^{-1}$

(1) から　$-0.1761m\geqq -1$　　よって　$m\leqq \frac{1}{0.1761}=5.67\cdots\cdots$

←不等号の向きが変わる。

この不等式を満たす最大の自然数 m は　　$\boldsymbol{m=5}$

次に，$\left(\frac{1}{2}\right)^n \geqq \frac{1}{10}$ の両辺の常用対数をとると

$$\log_{10}\left(\frac{1}{2}\right)^n \geqq \log_{10}\frac{1}{10} \quad すなわち \quad n\log_{10}\frac{1}{2}\geqq -1$$

(1) から　$-0.3010n\geqq -1$　　よって　$n\leqq \frac{1}{0.3010}=3.32\cdots\cdots$

←不等号の向きが変わる。

この不等式を満たす最大の自然数 n は　　$\boldsymbol{n=3}$

(3) $\left(\frac{2}{3}\right)^x\left(\frac{1}{2}\right)^y \geqq \frac{1}{10}$ の両辺の常用対数をとると

$$\log_{10}\left(\frac{2}{3}\right)^x\left(\frac{1}{2}\right)^y \geqq \log_{10}\frac{1}{10}$$

ゆえに　　$x\log_{10}\frac{2}{3}+y\log_{10}\frac{1}{2}\geqq -1$

←$\log_{10}MN$
$=\log_{10}M+\log_{10}N$

(1) から　　$-0.1761x-0.3010y\geqq -1$

よって　　$0.1761x+0.3010y\leqq 1$

ゆえに　　$\dfrac{x}{\frac{1}{0.1761}}+\dfrac{y}{\frac{1}{0.3010}}\leqq 1$

←$y\leqq\cdots$ の形に変形すると，却ってわかりにくくなるので，$\frac{x}{a}+\frac{y}{b}\leqq 1$ の形に変形する。

ここで

$\frac{1}{0.1761}=5.67\cdots$，　$\frac{1}{0.3010}=3.32\cdots$

←$5<(x\text{切片})<6$
　$3<(y\text{切片})<4$

よって，連立不等式の表す領域は，

右の図の斜線部分 である。

ただし，境界線を含む。

(4) (3) の連立不等式が表す領域に含まれる格子点の座標を求めると，

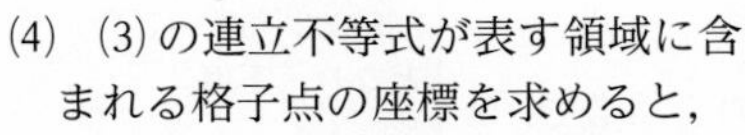

$0.1761\cdot1+0.3010\cdot3>1$

$0.1761\cdot2+0.3010\cdot2<1$

$0.1761\cdot3+0.3010\cdot1<1$

$0.1761\cdot4+0.3010\cdot1>1$

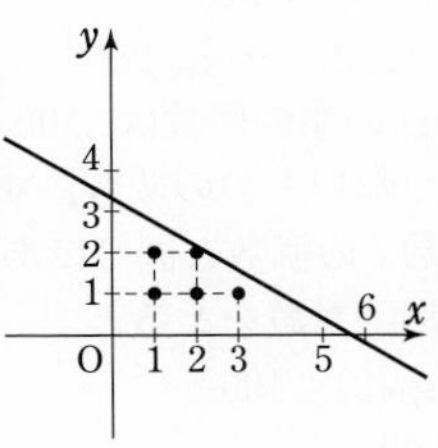

←点 (1，3)，(2，2)，(3，1)，(4，1) が，(3) の領域に含まれるかどうか微妙なので，(3) の領域を表す不等式に代入して調べている。

であることに注意して

(1，1)，(1，2)，(2，1)，(2，2)，(3，1)

したがって，求める自然数 m と n の組 $(m,\ n)$ は

$\boldsymbol{(m,\ n)=(1,\ 1),\ (1,\ 2),\ (2,\ 1),\ (2,\ 2),\ (3,\ 1)}$

総合

総合 28 次の問いに答えよ。ただし，$0.3010<\log_{10}2<0.3011$ であることは用いてよい。

(1) 100 桁以下の自然数で，2 以外の素因数をもたないものの個数を求めよ。

(2) 100 桁の自然数で，2 と 5 以外の素因数をもたないものの個数を求めよ。〔京都大〕

➡ 本冊 数学Ⅱ例題 189

(1) $2^n<10^{100}$ を満たす 0 以上の整数 n の個数を求める。

$2^n<10^{100}$ の両辺の常用対数をとると

$\log_{10}2^n<\log_{10}10^{100}$ すなわち $n\log_{10}2<100$

ゆえに $n<\dfrac{100}{\log_{10}2}$ …… ①

$0.3010<\log_{10}2<0.3011$ から $\dfrac{100}{0.3011}<\dfrac{100}{\log_{10}2}<\dfrac{100}{0.3010}$

$\dfrac{100}{0.3011}=332.1\cdots$，$\dfrac{100}{0.3010}=332.2\cdots$ であるから，

$0\leqq n\leqq 332$ の範囲の整数 n は不等式 ① を満たす。

その個数を求めると $332-0+1=$**333（個）**

←k 桁の自然数 N $10^{k-1}\leqq N<10^k$ $\Longleftrightarrow$ $k-1\leqq\log_{10}N<k$

←$\dfrac{1}{0.3011}<\dfrac{1}{\log_{10}2}<\dfrac{1}{0.3010}$

←$332.1<\dfrac{100}{\log_{10}2}<332.3$

(2) 100 桁の自然数で，2 と 5 以外の素因数をもたないものの個数は，$10^{99}\leqq 2^m5^n<10^{100}$ …… ② を満たす 0 以上の整数 m，n の組 $(m,\ n)$ の個数である。

[1] $m\geqq n$ のとき

$n\geqq 100$ とすると，$m\geqq 100$ であるが，このとき，

$2^m5^n\geqq 2^{100}\cdot 5^{100}$ となり，$2^m5^n<10^{100}$ を満たさない。

ゆえに $n=0,\ 1,\ 2,\ \cdots\cdots,\ 99$

② の両辺を 10^n で割ると $10^{99-n}\leqq 2^{m-n}<10^{100-n}$ …… ③

③ を満たす $(m,\ n)$ の組の個数は，$(100-n)$ 桁の自然数で，2 以外の素因数をもたないものの個数を表している。

$n=0,\ 1,\ 2,\ \cdots\cdots,\ 99$ であるから，③ を満たす $(m,\ n)$ の組の個数は，100 桁以下の自然数で，2 以外の素因数をもたないものの個数と同じである。

その個数は，(1) から 333 個

[2] $m\leqq n$ のとき

[1] と同様に考えて，② の両辺を 10^m で割ると

$10^{99-m}\leqq 5^{n-m}<10^{100-m}$ …… ④

ただし $m=0,\ 1,\ 2,\ \cdots\cdots,\ 99$

④ を満たす $(m,\ n)$ の組の個数は，100 桁以下の自然数で，5 以外の素因数をもたないものの個数，すなわち，$5^l<10^{100}$ を満たす 0 以上の整数 l の個数と同じである。

$5^l<10^{100}$ の両辺の常用対数をとると $\log_{10}5^l<\log_{10}10^{100}$

ゆえに $l(1-\log_{10}2)<100$

よって $l<\dfrac{100}{1-\log_{10}2}$ …… ⑤

$0.3010<\log_{10}2<0.3011$ であるから，

$1-0.3011<1-\log_{10}2<1-0.3010$ より

←$2^m5^n\geqq 10^{100}$ から，101 桁以上。

←(1) の結果を利用する考察にもち込む。

←$m\geqq 100$ とすると，$n\geqq 100$ で，$2^m5^n\geqq 2^{100}5^{100}=10^{100}$ となり，不適。

←$\log_{10}5=\log_{10}\dfrac{10}{2}$ $=1-\log_{10}2$

$$\frac{100}{0.6990}<\frac{100}{1-\log_{10}2}<\frac{100}{0.6989}$$

$\frac{100}{0.6990}=143.06\cdots$, $\frac{100}{0.6989}=143.08\cdots$ であるから,

$0\leqq l\leqq 143$ の範囲の整数 l は，不等式 ⑤ を満たす。

その個数は　$143-0+1=144$ (個)

[1], [2] では，$m=n=99$ すなわち $2^{99}\cdot5^{99}=10^{99}$ の場合を重複して数えているから，求める個数は　$333+144-1=$ **476 (個)**

←$m=n$ で ② を満たすのは $m=n=99$ のときのみ。

総合 29　x の 2 次関数で，そのグラフが $y=x^2$ のグラフと 2 点で直交するようなものをすべて求めよ。ただし，2 つの関数のグラフがある点で直交するとは，その点が 2 つのグラフの共有点であり，かつ接線どうしが直交することをいう。〔京都大〕

➡ 本冊 数学Ⅱ例題 208

求める 2 次関数を $y=ax^2+bx+c\ (a\neq0)$ …… ① とする。

$x^2=ax^2+bx+c$ とすると　$(a-1)x^2+bx+c=0$ …… ②

$y=x^2$ のグラフと ① のグラフが異なる 2 つの共有点をもつための条件は，② について $a\neq1$ であり，かつ ② の判別式 D について $D>0$ が成り立つことである。

←まず，異なる 2 つの共有点をもつ条件を調べる。

ここで　$D=b^2-4\cdot(a-1)\cdot c$

$D>0$ から　$b^2-4(a-1)c>0$ …… ③

このとき，② の実数解を α, $\beta\ (\alpha\neq\beta)$ とすると，解と係数の関係から　$\alpha+\beta=-\frac{b}{a-1}$ …… ④, $\alpha\beta=\frac{c}{a-1}$ …… ⑤

また，$y=x^2$ から　$y'=2x$

$y=ax^2+bx+c$ から　$y'=2ax+b$

$y=x^2$ のグラフと ① のグラフの 2 つの共有点それぞれにおいて，接線どうしが直交するための条件は，$2x\cdot(2ax+b)=-1$ すなわち $4ax^2+2bx+1=0$ が α, β を解にもつことである。

←$2\alpha\cdot(2a\alpha+b)=-1$ かつ $2\beta\cdot(2a\beta+b)=-1$ が成り立つことが条件。

解と係数の関係から

$$\alpha+\beta=-\frac{b}{2a}\ \cdots\cdots ⑥,\quad \alpha\beta=\frac{1}{4a}\ \cdots\cdots ⑦$$

よって，④～⑦ から

$$\frac{b}{a-1}=\frac{b}{2a}\ \cdots\cdots ⑧,\quad \frac{c}{a-1}=\frac{1}{4a}\ \cdots\cdots ⑨$$

⑧ から　$2ab=(a-1)b$　　よって　$(a+1)b=0$

ゆえに　$a=-1$　または　$b=0$

[1]　$a=-1$ のとき，⑨ から　$c=\frac{1}{2}$

←$-\frac{c}{2}=-\frac{1}{4}$

よって，③ から　$b^2-4(-1-1)\cdot\frac{1}{2}>0$

すなわち　$b^2+4>0$

これは任意の実数 b に対して成り立つ。

[2]　$b=0$ のとき，⑨ から　$c=\frac{a-1}{4a}$

よって，③ から　$0^2-4(a-1)\cdot\dfrac{a-1}{4a}>0$

ゆえに　$-\dfrac{(a-1)^2}{a}>0$

$a\neq 1$ より，$(a-1)^2>0$ であるから　$a<0$

以上から，求める 2 次関数は

$y=ax^2+\dfrac{a-1}{4a}$ $(a<0)$ または

$y=-x^2+bx+\dfrac{1}{2}$ (b は任意の実数)

←条件を満たす 2 次関数は無数にあるから，答えは文字を用いて表す。

総合 30 実数 a，b に対し，関数 $f(x)=x^4+2ax^3+(a^2+1)x^2-a^3+a+b$ がただ 1 つの極値をもち，その極値が 0 以上になるとき，a，b の満たす条件を求めよ。〔類 横浜国大〕

➡ 本冊 数学Ⅱ例題 218

$f'(x)=4x^3+6ax^2+2(a^2+1)x=2x(2x^2+3ax+a^2+1)$

←まず，微分する。

$f'(x)=0$ とすると　$x=0$，$2x^2+3ax+a^2+1=0$

x の 2 次方程式 $2x^2+3ax+a^2+1=0$ …… ① の判別式を D とすると　$D=(3a)^2-4\cdot 2\cdot(a^2+1)=a^2-8=(a+2\sqrt{2})(a-2\sqrt{2})$

←① の実数解の個数がカギとなる。それは D の符号によって変わってくるから，$D>0$，$D=0$，$D<0$ に分ける。

[1]　$D>0$ すなわち $a<-2\sqrt{2}$，$2\sqrt{2}<a$ のとき

$a^2+1>0$ より，$x=0$ は ① の解ではないから，① は $x=0$ 以外の異なる 2 つの実数解をもつ。

ゆえに，$f'(x)=0$ は異なる 3 つの実数解をもつ。

この 3 つの解を α，β，γ $(\alpha<\beta<\gamma)$ とすると，$f(x)$ の増減表は次のようになる。

x	…	α	…	β	…	γ	…
$f'(x)$	$-$	0	$+$	0	$-$	0	$+$
$f(x)$	↘	極小	↗	極大	↘	極小	↗

←本冊 $p.347$ の 参考 参照。

よって，$f(x)$ は極値を 3 つもつから，不適。

[2]　$D=0$ すなわち $a=\pm 2\sqrt{2}$ のとき

① は重解 $x=-\dfrac{3a}{2\cdot 2}=-\dfrac{3}{4}a$ をもち　$2x^2+3ax+a^2+1\geqq 0$

←等号は $x=-\dfrac{3}{4}a$ のとき成り立つ。

(i)　$a=-2\sqrt{2}$ のとき

$f'(x)=0$ は $x=0$，$\dfrac{3\sqrt{2}}{2}$ を解にもつから，

$f(x)$ の増減表は右のようになる。

よって，$f(x)$ は $x=0$ で極小となり，極値を 1 つだけもつから，適する。

x	…	0	…	$\dfrac{3\sqrt{2}}{2}$	…
$f'(x)$	$-$	0	$+$	0	$+$
$f(x)$	↘	極小	↗	$f\left(\dfrac{3\sqrt{2}}{2}\right)$	↗

(ii)　$a=2\sqrt{2}$ のとき

$f'(x)=0$ は $x=-\dfrac{3\sqrt{2}}{2}$，0 を解にもつから，$f(x)$ の増減表は右のようになる。

よって，$f(x)$ は $x=0$ で極小となり，極値を 1 つだけもつから，適する。

x	…	$-\dfrac{3\sqrt{2}}{2}$	…	0	…
$f'(x)$	$-$	0	$-$	0	$+$
$f(x)$	↘	$f\left(-\dfrac{3\sqrt{2}}{2}\right)$	↘	極小	↗

(i), (ii) どちらの場合も $x=0$ で極小となる。
$f(0)=-a^3+a+b\geqq 0$ から　　$b\geqq a^3-a$

[3]　$D<0$ すなわち $-2\sqrt{2}<a<2\sqrt{2}$ のとき

① は実数解をもたない。
また　　$2x^2+3ax+a^2+1>0$
ゆえに，$f(x)$ の増減表は右のようになる。

x	$\cdots$	0	$\cdots$
$f'(x)$	$-$	0	$+$
$f(x)$	↘	極小	↗

←$f'(x)$ の符号は，関数 $y=x$ の符号と一致する。

よって，$f(x)$ は $x=0$ で極小となり，極値を 1 つだけもつから，適する。また，$f(0)\geqq 0$ から　　$b\geqq a^3-a$

[1]～[3] から，求める条件は

$$-2\sqrt{2}\leqq a\leqq 2\sqrt{2}\ \ \text{かつ}\ \ b\geqq a^3-a$$

総合 31

AB$=x$，AD$=y$，AE$=z$ である直方体 ABCD-EFGH が空間内にある。直方体の対角線 AG の長さを 3，表面積 S を 16 とするとき　〔類　長崎大〕

(1)　$x+y+z$ の値を求めよ。
(2)　$y+z$ と yz を x の式で表し，x を用いて y，z を解とする t の 2 次方程式を作れ。
(3)　x の値のとりうる範囲を求めよ。
(4)　この直方体の体積を V とするとき，V の最大値および最小値を求めよ。また，そのときの x の値を求めよ。

➡ 本冊 数学Ⅱ例題 69, 230

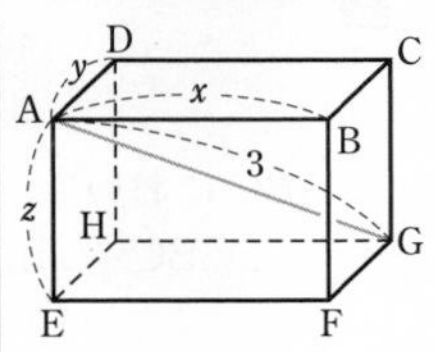

(1)　AG$=3$ から　　$x^2+y^2+z^2=9$
直方体の表面積が 16 であるから　　$2xy+2yz+2zx=16$
よって　　$xy+yz+zx=8$ …… ①
ゆえに　　$(x+y+z)^2=(x^2+y^2+z^2)+2(xy+yz+zx)$
$=9+2\cdot 8=25$
$x+y+z>0$ であるから　　$\boldsymbol{x+y+z=5}$ …… ②

(2)　② から　　$\boldsymbol{y+z=-x+5}$　　よって，① から
$\boldsymbol{yz}=8-x(y+z)=8-x(-x+5)=\boldsymbol{x^2-5x+8}$ …… ③
ゆえに，y，z を解とする t の 2 次方程式の 1 つは
$$\boldsymbol{t^2+(x-5)t+x^2-5x+8=0}$$

←$t^2-(\text{和})t+(\text{積})=0$

(3)　$x^2+y^2+z^2=9$ から　　$0<x<3$，$0<y<3$，$0<z<3$
$h(t)=t^2+(x-5)t+x^2-5x+8$ とし，t の 2 次方程式 $h(t)=0$ が $0<t<3$ の範囲に実数解をもつ条件を調べる。

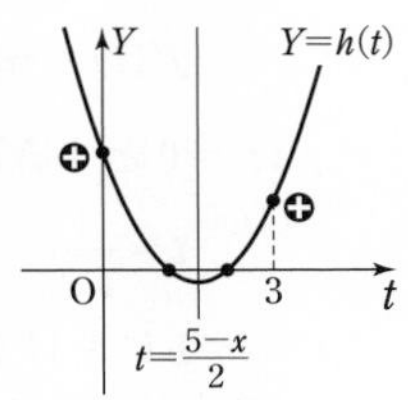

$Y=h(t)$ のグラフは直線 $t=-\dfrac{x-5}{2}$ を軸とする下に凸の放物線で，$0<x<3$ のとき $1<-\dfrac{x-5}{2}<\dfrac{5}{2}$ から　$0<-\dfrac{x-5}{2}<3$

また　　$h(0)=x^2-5x+8=\left(x-\dfrac{5}{2}\right)^2+\dfrac{7}{4}>0$,
$h(3)=x^2-2x+2=(x-1)^2+1>0$

よって，2 次方程式 $h(t)=0$ が $0<t<3$ の範囲に解をもつ条件は，$h(t)=0$ の判別式 D について　　$D\geqq 0$
ここで　　$D=(x-5)^2-4\cdot 1\cdot(x^2-5x+8)=-3x^2+10x-7$
$=-(x-1)(3x-7)$

←$y=z$ すなわち $h(t)=0$ が重解の場合もある。

$D \geqq 0$ から　　$(x-1)(3x-7) \leqq 0$　　ゆえに　　$\boldsymbol{1 \leqq x \leqq \frac{7}{3}}$

←$0<x<3$ を満たす。

(4)　③ から　　$V=xyz=x(x^2-5x+8)=x^3-5x^2+8x$

$f(x)=x^3-5x^2+8x$ とすると

$$f'(x)=3x^2-10x+8=(x-2)(3x-4)$$

$f'(x)=0$ とすると　　$x=2,\ \frac{4}{3}$

$1 \leqq x \leqq \frac{7}{3}$ における $f(x)$ の増減表は次のようになる。

←x の **3 次式 ⟶ 微分法**を利用して，最大値・最小値を求める。

x	1	…	$\frac{4}{3}$	…	2	…	$\frac{7}{3}$
$f'(x)$		$+$	0	$-$	0	$+$	
$f(x)$	4	↗	極大 $\frac{112}{27}$	↘	極小 4	↗	$\frac{112}{27}$

したがって，V は　**$x=\frac{4}{3},\ \frac{7}{3}$ で最大値 $\frac{112}{27}$，**

$x=1,\ 2$ で最小値 4 をとる。

総合 32

$\triangle$ABC において，$\angle \mathrm{BAC}=\theta$，$\mathrm{AB}=\sin\theta$，$\mathrm{AC}=|\cos\theta|$ とする。ただし，$\theta \neq \frac{\pi}{2}$ とする。このとき，BC^2 の最大値と最小値を求めよ。〔類　熊本大〕

➡ 本冊　数学Ⅱ例題 225

$\triangle$ABC において，余弦定理により

$$\mathrm{BC}^2=\sin^2\theta+\cos^2\theta-2\sin\theta|\cos\theta|\cos\theta$$
$$=1-2\sin\theta|\cos\theta|\cos\theta$$

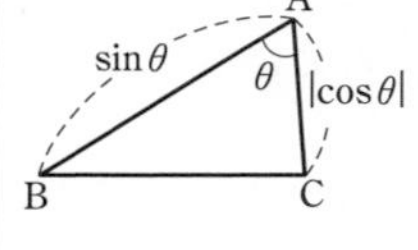

[1]　$0<\theta<\frac{\pi}{2}$ のとき，$\cos\theta>0$ であるから

$$\mathrm{BC}^2=1-2\sin\theta\cos^2\theta=1-2\sin\theta(1-\sin^2\theta)$$
$$=1-2\sin\theta+2\sin^3\theta$$

←$\sin^2\theta+\cos^2\theta=1$

$\sin\theta=t$ とおくと，$0<\theta<\frac{\pi}{2}$ のとき　　$0<t<1$

⑦　変数のおき換え　変域が変わることに注意

$$\mathrm{BC}^2=1-2t+2t^3$$

$f(t)=1-2t+2t^3$ …… Ⓐ とすると

$$f'(t)=-2+6t^2=6\left(t+\frac{1}{\sqrt{3}}\right)\left(t-\frac{1}{\sqrt{3}}\right)$$

←$f'(t)=6\left(t^2-\frac{1}{3}\right)$

$f'(t)=0$ とすると，$0<t<1$ のとき

$$t=\frac{1}{\sqrt{3}}$$

$0<t<1$ における $f(t)$ の増減表は右のようになる。

t	0	…	$\frac{1}{\sqrt{3}}$	…	1
$f'(t)$		$-$	0	$+$	
$f(t)$		↘	極小 $\frac{9-4\sqrt{3}}{9}$	↗	

また　　$f(0)=f(1)=1$

よって　　$\frac{9-4\sqrt{3}}{9} \leqq f(t)<1$

[2] $\frac{\pi}{2}<\theta<\pi$ のとき，$\cos\theta<0$ であるから

$$BC^2=1+2\sin\theta\cos^2\theta=1+2\sin\theta(1-\sin^2\theta)$$
$$=1+2\sin\theta-2\sin^3\theta$$

$\sin\theta=t$ とおくと，$\frac{\pi}{2}<\theta<\pi$ のとき　$0<t<1$

$$BC^2=1+2t-2t^3=1+\{1-f(t)\}=-f(t)+2$$

[1] から　$-1+2<-f(t)+2\leqq-\frac{9-4\sqrt{3}}{9}+2$ …… Ⓑ

すなわち　$1<-f(t)+2\leqq\frac{9+4\sqrt{3}}{9}$

[1]，[2] から　$\frac{9-4\sqrt{3}}{9}\leqq BC^2<1$，$1<BC^2\leqq\frac{9+4\sqrt{3}}{9}$

したがって　BC^2 の **最大値は $\frac{9+4\sqrt{3}}{9}$，最小値は $\frac{9-4\sqrt{3}}{9}$**

←Ⓐ から
$2t-2t^3=1-f(t)$
これを利用すると，BC^2 の式は $f(t)$ を用いて表される。
⟶ t の変域も $0<t<1$ で同じだから，Ⓑ のように値の範囲を考えることができる。

総合 33

a を実数とする。$z=x+yi$（x，y は実数）を複素数とし，$\overline{z}=x-yi$ とするとき，等式 $z^3=\overline{z}+a$ ……（＊）を考える。ここで，i は虚数単位を表す。

(1) $a=0$ のとき，（＊）を満たす z をすべて求めよ。

(2) （＊）を満たす z がちょうど 5 個存在するような a の値の範囲を求めよ。〔東北大〕

➡ 本冊 数学Ⅱ例題 37，227

$z^3=\overline{z}+a$ ……（＊）から　$(x+yi)^3=(x-yi)+a$

よって　$x^3-3xy^2+(3x^2y-y^3)i=(x+a)-yi$

x，y，a は実数であるから

$x^3-3xy^2=x+a$ …… ① かつ $3x^2y-y^3=-y$ …… ②

② から　$y(3x^2-y^2+1)=0$

よって　$y=0$　または　$y^2=3x^2+1$ …… Ⓐ

(1) $a=0$ のとき，① は　$x^3-3xy^2=x$ …… ③

[1] $y=0$ のとき，③ から　$x^3=x$

ゆえに　$x(x^2-1)=0$　　よって　$x=0$，±1

[2] $y\neq0$ すなわち $y^2=3x^2+1$ …… ④ のとき，③ に代入すると　$x^3-3x(3x^2+1)=x$　すなわち　$4x(2x^2+1)=0$

x は実数であるから　$x=0$

④ から　$y^2=1$　すなわち　$y=\pm1$

[1]，[2] から，（＊）を満たす z は　$\boldsymbol{z=0,\ \pm1,\ \pm i}$

(2) [1] $y\neq0$ すなわち $y^2=3x^2+1$ …… ④ のとき，① に代入すると　$x^3-3x(3x^2+1)=x+a$　よって　$-8x^3-4x=a$

$f(x)=-8x^3-4x$ とすると　$f'(x)=-24x^2-4<0$

よって，3 次関数 $f(x)$ は減少関数であるから，a の値に関係なく $f(x)=a$ を満たす実数解は 1 個である。

また，④ より $y=\pm\sqrt{3x^2+1}$ であるから，$f(x)=a$ を満たす 1 個の実数解 x に対して，実数 y は 2 個定まる。

すなわち，（＊）かつ $y\neq0$ を満たす z は 2 個である。

←$z=x+yi$ を代入。
←$(a+b)^3=a^3+3a^2b+3ab^2+b^3$
←$A+Bi=C+Di$ ⟺ $A=C$，$B=D$（A，B，C，D は実数）
←条件 Ⓐ のもとで，方程式 ① について考えていく。
←$(x,\ y)=(0,\ 0)$，$(\pm1,\ 0)$，$(0,\ \pm1)$
←$f(x)=$定数 の形に。
←$f(x)$ の増減を調べる。
[1] から，（＊）を満たす z は最低 2 個あることが保証された（これらの z は $y\neq0$ である）。

[2]　$y=0$ のとき，$z=x$ であり，① から　　$x^3-x=a$ …… ⑤

← [2] のとき，(＊) は ⑤ と同値。

$g(x)=x^3-x$ とすると

$g'(x)=3x^2-1$

← $g(x)$ の増減を調べる。

$g'(x)=0$ とすると

← $g'(x)=3\left(x+\frac{1}{\sqrt{3}}\right)\left(x-\frac{1}{\sqrt{3}}\right)$

$x=\pm\frac{1}{\sqrt{3}}$

$g(x)$ の増減表は右のようになる。

x	$\cdots$	$-\frac{1}{\sqrt{3}}$	$\cdots$	$\frac{1}{\sqrt{3}}$	$\cdots$
$g'(x)$	$+$	0	$-$	0	$+$
$g(x)$	↗	極大 $\frac{2\sqrt{3}}{9}$	↘	極小 $-\frac{2\sqrt{3}}{9}$	↗

よって，$Y=g(x)$ のグラフは右の図のようになる。

(＊) かつ $y=0$ を満たす z の個数は，⑤ の実数解の個数，すなわち $Y=g(x)$ のグラフと直線 $Y=a$ の共有点の個数と一致する。

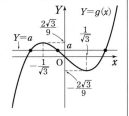

[1]，[2] より，(＊) を満たす z がちょうど 5 個存在するための条件は，[2] において $Y=g(x)$ のグラフと直線 $Y=a$ が異なる 3 個の共有点をもつことであるから　　$-\frac{2\sqrt{3}}{9}<\boldsymbol{a}<\frac{2\sqrt{3}}{9}$

← [2] で $x\ (=z)$ の値が 3 個定まると，[1] と合わせて z が 5 個定まる。

総合 34

関数 $f(x)$ を $f(x)=[x]+2(x-[x])-(x-[x])^2$ と定める。ここで，$[x]$ は $n\leqq x$ を満たす最大の整数 n を表す。〔岡山大〕

(1)　$f(x)\geqq x$ であることを示せ。　　(2)　$f(x+1)=f(x)+1$ であることを示せ。

(3)　$0\leqq x\leqq 2$ において $y=f(x)$ のグラフをかけ。

(4)　$0\leqq a<1$ とするとき，$\int_a^{a+1}f(x)dx$ を求めよ。

➡ 本冊 数学Ⅱ例題 238

(1)　$f(x)-x=[x]+2(x-[x])-(x-[x])^2-x$

$=x-[x]-(x-[x])^2=(x-[x])\{1-(x-[x])\}$

$0\leqq x-[x]<1$ であるから　　$(x-[x])\{1-(x-[x])\}\geqq 0$

よって　　$f(x)-x\geqq 0$　すなわち　$f(x)\geqq x$

← $[x]$ の定義から $[\boldsymbol{x}]\leqq\boldsymbol{x}<[\boldsymbol{x}]+1$

(2)　$[x+1]=[x]+1$ であるから

← 整数 $\boldsymbol{n}$ に対して $[\boldsymbol{x}+\boldsymbol{n}]=[\boldsymbol{x}]+\boldsymbol{n}$

$f(x+1)=[x+1]+2(x+1-[x+1])-(x+1-[x+1])^2$

$=[x]+1+2(x+1-[x]-1)-(x+1-[x]-1)^2$

$=[x]+2(x-[x])-(x-[x])^2+1=f(x)+1$

(3)　$0\leqq x<1$ のとき，$[x]=0$ であるから

← $[x]$ の値ごとに範囲を分ける。

$f(x)=2x-x^2=-(x-1)^2+1$

$1\leqq x<2$ のとき，$[x]=1$ であるから

$f(x)=1+2(x-1)-(x-1)^2$

$=-x^2+4x-2$

$=-(x-2)^2+2$

$x=2$ のとき　　$f(2)=[2]=2$

← $2-[2]=0$

よって，$y=f(x)$ のグラフは **右の図** のようになる。

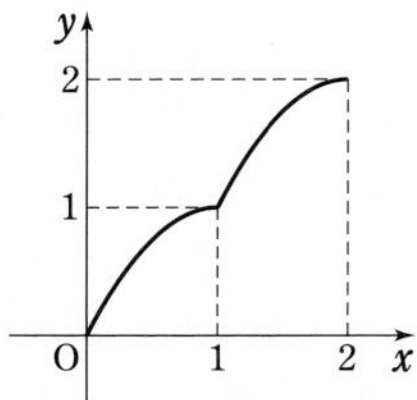

(4) $\int_a^{a+1} f(x)dx$

$=\underline{\int_a^1(-x^2+2x)dx}$

$\underline{+\int_1^{a+1}(-x^2+4x-2)dx}$

$=\left[-\frac{x^3}{3}+x^2\right]_a^1$

$+\left[-\frac{x^3}{3}+2x^2-2x\right]_1^{a+1}$

$=-\frac{1}{3}+1-\left(-\frac{a^3}{3}+a^2\right)+\left\{-\frac{(a+1)^3}{3}+2(a+1)^2-2(a+1)\right\}$

$-\left(-\frac{1}{3}+2-2\right)$

$=\boldsymbol{a+\frac{2}{3}}$

←$a\leqq x\leqq 1$ と $1\leqq x\leqq a+1$ では $f(x)$ の式が異なるから，積分区間を分けて計算する。
なお，$a=0$ のときは
(与式)$=\int_0^1(-x^2+2x)dx$
であるが，
$\int_1^1(-x^2+4x-2)dx=0$
であるから，下線部分の式は $a=0$ のときも成り立つ。

別解　$y=-x^2+4x-2$ のグラフは $y=-x^2+2x$ のグラフを x 軸方向に 1，y 軸方向に 1 だけ平行移動したものであるから，右図の 2 つの斜線部分の面積は等しい。

よって　$\int_a^{a+1} f(x)dx$

$=\int_0^1(-x^2+2x)dx+(a+1-1)\cdot 1$

$=\left[-\frac{x^3}{3}+x^2\right]_0^1+a=-\frac{1}{3}+1+a=\boldsymbol{\frac{2}{3}+a}$

←黒く塗った部分の面積を求める。この求め方は，計算をらくに進められる。

総合

総合 35

a を実数とし，関数 $f(x)=x^2+ax-a$ と $F(x)=\int_0^x f(t)dt$ を考える。関数 $y=F(x)-f(x)$ のグラフが x 軸と異なる 3 点で交わるための a の条件を求めよ。　〔名古屋大〕

➡ 本冊 数学Ⅱ例題 228,243

$g(x)=F(x)-f(x)$ とすると

$g(x)=\int_0^x(t^2+at-a)dt-(x^2+ax-a)$

$=\left[\frac{t^3}{3}+\frac{a}{2}t^2-at\right]_0^x-x^2-ax+a$

$=\frac{x^3}{3}+\left(\frac{a}{2}-1\right)x^2-2ax+a$

←$g'(x)=F'(x)-f'(x)$ として進める方法も考えられるが，この問題では $g(x)$ の式を直接求める方が考えやすい。

よって　$g'(x)=x^2+(a-2)x-2a=(x-2)(x+a)$

$g'(x)=0$ とすると　$x=2,\ -a$

$y=g(x)$ のグラフが x 軸と異なる 3 点で交わるための条件は，$g(x)$ が極値をもち，極大値と極小値の積が負になることである。

すなわち，$a\neq -2$ かつ $g(2)g(-a)<0$ となることである。

$g(2)g(-a)<0$ から　$\left(-a-\dfrac{4}{3}\right)\left(\dfrac{1}{6}a^3+a^2+a\right)<0$

ゆえに　$a(3a+4)(a^2+6a+6)>0$

$a^2+6a+6=0$ の解は　$a=-3\pm\sqrt{3}$

よって　$a(3a+4)\{a-(-3-\sqrt{3})\}\{a-(-3+\sqrt{3})\}>0$

したがって　$\boldsymbol{a<-3-\sqrt{3}}$，$\boldsymbol{-\dfrac{4}{3}<a<-3+\sqrt{3}}$，$\boldsymbol{0<a}$

これは $a\neq-2$ を満たす。

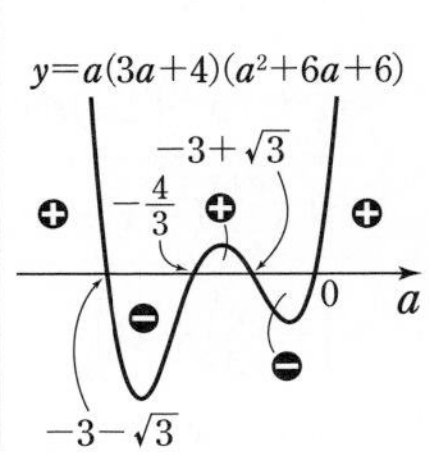

参考　表を利用してもよい。

a	$\cdots$	$-3-\sqrt{3}$	$\cdots$	$-\dfrac{4}{3}$	$\cdots$	$-3+\sqrt{3}$	$\cdots$	0	$\cdots$
a	－	－	－	－	－	－	－	0	＋
$3a+4$	－	－	－	0	＋	＋	＋	＋	＋
a^2+6a+6	＋	0	－	－	－	0	＋	＋	＋
$a(3a+4)(a^2+6a+6)$	＋	0	－	0	＋	0	－	0	＋

総合 36

2 次以下の整式 $f(x)=ax^2+bx+c$ に対し，$S=\int_0^2|f'(x)|dx$ を考える。

(1)　$f(0)=0$，$f(2)=2$ のとき，S を a の関数として表せ。

(2)　$f(0)=0$，$f(2)=2$ を満たしながら f が変化するとき，S の最小値を求めよ。　〔東京大〕

➡ 本冊 数学Ⅱ例題 259

(1)　$f(0)=0$，$f(2)=2$ から　$c=0$，$4a+2b+c=2$

よって　$b=-2a+1$，$c=0$

ゆえに　$f(x)=ax^2+(-2a+1)x$

$f'(x)=2ax-2a+1=2a(x-1)+1$

したがって，$y=f'(x)$ のグラフは傾き $2a$ の直線で，a の値に関係なく点 $(1,\ 1)$ を通る。

また　$f'(0)=1-2a$，$f'(2)=1+2a$

[1]　$a\leqq-\dfrac{1}{2}$ のとき

$f'(0)>0$，$f'(2)\leqq0$

$f'(x)=0$ とすると　$x=1-\dfrac{1}{2a}$

$y=|f'(x)|$ のグラフは右の図のようになるから

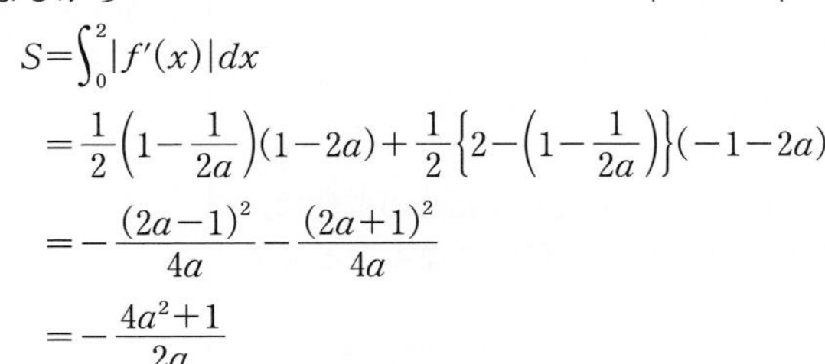

$$S=\int_0^2|f'(x)|dx$$
$$=\frac{1}{2}\left(1-\frac{1}{2a}\right)(1-2a)+\frac{1}{2}\left\{2-\left(1-\frac{1}{2a}\right)\right\}(-1-2a)$$
$$=-\frac{(2a-1)^2}{4a}-\frac{(2a+1)^2}{4a}$$
$$=-\frac{4a^2+1}{2a}$$

←定積分の計算をしてもよいが，2 つの直角三角形の面積の和を考えた方がらく。

[2]　$-\dfrac{1}{2}<a<\dfrac{1}{2}$ のとき

$f'(0)>0$，$f'(2)>0$

よって　$S=\displaystyle\int_0^2|f'(x)|dx$

$=\dfrac{1}{2}\{(1-2a)+(1+2a)\}\times 2=2$

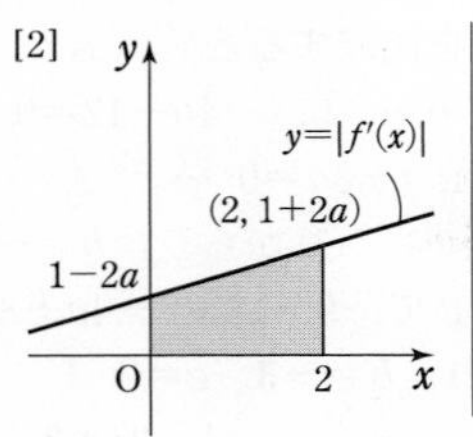

←台形の面積を考える。

[3]　$a\geqq\dfrac{1}{2}$ のとき　　$f'(0)\leqq 0$，$f'(2)>0$

[1] と同様にして

$S=\dfrac{1}{2}\left(1-\dfrac{1}{2a}\right)(2a-1)+\dfrac{1}{2}\left\{2-\left(1-\dfrac{1}{2a}\right)\right\}(1+2a)$

$=\dfrac{(2a-1)^2}{4a}+\dfrac{(2a+1)^2}{4a}=\dfrac{4a^2+1}{2a}$

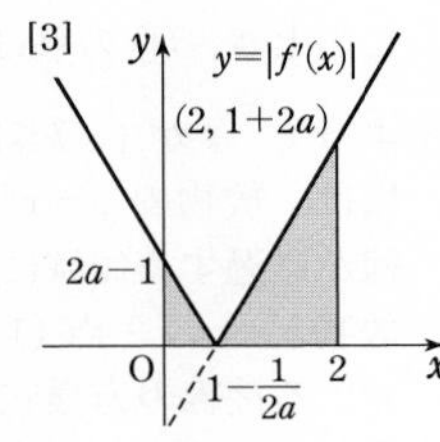

以上をまとめると　　$\boldsymbol{S=\begin{cases}-\dfrac{4a^2+1}{2a} & \left(a\leqq-\dfrac{1}{2}\right)\\ 2 & \left(-\dfrac{1}{2}<a<\dfrac{1}{2}\right)\\ \dfrac{4a^2+1}{2a} & \left(a\geqq\dfrac{1}{2}\right)\end{cases}}$

(2)　(1) で求めた a の関数 S は偶関数である。

$a\geqq\dfrac{1}{2}$ のとき　　$S=\dfrac{4a^2+1}{2a}=2a+\dfrac{1}{2a}$

(相加平均)≧(相乗平均) から　　$2a+\dfrac{1}{2a}\geqq 2\sqrt{2a\cdot\dfrac{1}{2a}}=2$

←$a>0$，$b>0$ のとき
$a+b\geqq 2\sqrt{ab}$
等号は $a=b$ のとき成り立つ。

等号は $2a=\dfrac{1}{2a}$ すなわち $a=\dfrac{1}{2}$ のとき成り立つ。

また，$0\leqq a<\dfrac{1}{2}$ のとき　　$S=2$

以上から，S は $\boldsymbol{-\dfrac{1}{2}\leqq a\leqq\dfrac{1}{2}}$ **のとき最小値 2** をとる。

総合

総合 37　原点を O とする xy 平面において，実数 t に対して直線 L：$y=(2t-3)x-t^2+2$ を考える。直線 L は実数 t の値によらず放物線 $y=ax^2+bx+c$ の接線となる。このとき，定数 a，b，c の値を求めよ。また，t が $1\leqq t\leqq 2$ を動くときに直線 L が通過する領域のうち，$0\leqq x\leqq 2$ の範囲にある部分の面積を求めよ。
〔早稲田大〕

➡ 本冊 数学Ⅱ例題 247

直線 L と放物線 $y=ax^2+bx+c$ の共有点の x 座標は，方程式

$(2t-3)x-t^2+2=ax^2+bx+c$

すなわち　　$ax^2+(b-2t+3)x+c+t^2-2=0$ …… ①

の実数解である。

この 2 次方程式の判別式を D とすると，直線 L が実数 t の値によらず，放物線 $y=ax^2+bx+c$ の接線となるための条件は，$D=0$ が t についての恒等式となることである。

←接する ⟺ 重解

$D=(b-2t+3)^2-4\cdot a\cdot(c+t^2-2)$

$=(-4a+4)t^2+(-4b-12)t+b^2+6b+9-4ca+8a$

$D=0$ の両辺の係数を比較すると

$$-4a+4=0 \quad \cdots\cdots \text{②}, \quad -4b-12=0 \quad \cdots\cdots \text{③},$$
$$b^2+6b+9-4ca+8a=0 \quad \cdots\cdots \text{④}$$

←係数比較法。

② から　$a=1$　　③ から　$b=-3$

これらを ④ に代入して　$9-18+9-4c+8=0$　よって　$c=2$

したがって　**$a=1$，$b=-3$，$c=2$**

このとき，① の解は　$x=-\dfrac{b-2t+3}{2a}=-\dfrac{-3-2t+3}{2}=t$

←① の重解。これが接点の x 座標である。

よって，t が $1\leqq t\leqq 2$ の範囲を動くとき，直線 L が通過する領域は，放物線 $y=x^2-3x+2$ 上の点 $(t,\ t^2-3t+2)$ における接線が通過する領域に等しい。

放物線上の 2 点 $(1,\ 0)$，$(2,\ 0)$ における接線の方程式は，直線 L の方程式に $t=1$，$t=2$ をそれぞれ代入して　$y=-x+1$，$y=x-2$

ゆえに，t が $1\leqq t\leqq 2$ の範囲を動くときに直線 L が通過する領域のうち，$0\leqq x\leqq 2$ の範囲にある部分は，右の図の斜線部分である。

ただし，境界線を含む。

←直線 L の通過領域は次の図の斜線部分。

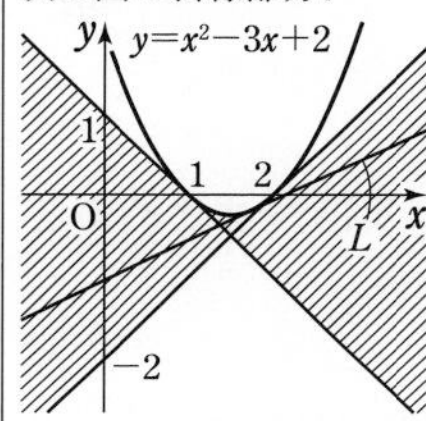

ここで，$\mathrm{A}(0,\ 1)$，$\mathrm{B}(0,\ -2)$，$\mathrm{C}\left(\dfrac{3}{2},\ -\dfrac{1}{2}\right)$，$\mathrm{P}(1,\ 0)$，$\mathrm{Q}(2,\ 0)$，$\mathrm{R}(2,\ -1)$ とすると，求める面積は

$$\triangle\mathrm{ABC}+\triangle\mathrm{PQR}-\int_1^2(-x^2+3x-2)\,dx$$
$$=\frac{1}{2}\cdot\{1-(-2)\}\cdot\frac{3}{2}+\frac{1}{2}\cdot(2-1)\cdot 1+\int_1^2(x-1)(x-2)\,dx$$
$$=\frac{9}{4}+\frac{1}{2}-\frac{1}{6}(2-1)^3$$
$$=\frac{9}{4}+\frac{1}{2}-\frac{1}{6}=\mathbf{\frac{31}{12}}$$

←$\displaystyle\int_\alpha^\beta(x-\alpha)(x-\beta)\,dx=-\frac{1}{6}(\beta-\alpha)^3$ を使えるように，工夫して面積を求める。

総合 38

a を実数とし，曲線 C を $y=x^3+(a-4)x^2+(-4a+2)x-2$ とする。

(1) 曲線 C は，a の値に関係なく 2 定点を通る。その定点を A，B とするとき，点 A と点 B の座標を求めよ。

(2) 曲線 C が線分 AB（点 A，B は除く）と交わる a の値の範囲を求めよ。

(3) a が (2) で求めた範囲にあるとき，線分 AB と曲線 C で囲まれた部分の面積 S を求めよ。

(4) (3) の S について，S の最小値とそのときの a の値を求めよ。〔岐阜大〕

➡ 本冊 数学Ⅱ例題 82, 250

(1) 曲線 C の方程式を a について整理すると

$$(x^2-4x)a+x^3-4x^2+2x-2-y=0$$

これが a の値に関係なく成り立つための条件は，次の ①，② が同時に成り立つことである。

$$x^2-4x=0 \quad \cdots\cdots \text{①}, \quad x^3-4x^2+2x-2-y=0 \quad \cdots\cdots \text{②}$$

←a の値に関係なく…
⟶ a についての恒等式と考える。

① から　$x(x-4)=0$　よって　$x=0,\ 4$

② から　$x=0$ のとき　$y=-2$,

$x=4$ のとき　$y=6$

←$x=4$ のとき
$64-64+8-2-y=0$

したがって，点 A と点 B の座標は

$(0,\ -2)$，$(4,\ 6)$

(2)　直線 AB の方程式は

$$y-(-2)=\frac{6-(-2)}{4-0}x \quad \text{すなわち} \quad y=2x-2$$

直線 AB の方程式と曲線 C の方程式から y を消去すると

$$x^3+(a-4)x^2+(-4a+2)x-2=2x-2$$

←この方程式の $x=0,\ 4$ 以外の解が，$0<x<4$ を満たすことが条件。

すなわち　$x^3+(a-4)x^2-4ax=0$

よって　$x(x-4)(x+a)=0$

ゆえに　$x=0,\ 4,\ -a$

曲線 C が点 A，B とは異なる点で線分 AB と交わるのは，

$0<-a<4$ すなわち **$-4<a<0$** のときである。

(3)　$f(x)=x^3+(a-4)x^2+(-4a+2)x-2$ とすると，図から

←$f'(x)=3x^2+2(a-4)x-4a+2$ で，$f'(x)=0$ の判別式を D とすると
$\frac{D}{4}=(a-4)^2-3(-4a+2)$
$=a^2+4a+10$
$=(a+2)^2+6>0$
よって，$f(x)$ は極値をもつ。

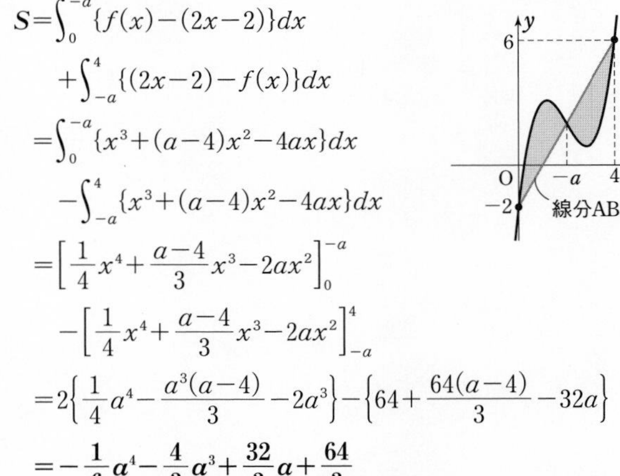

$$\boldsymbol{S}=\int_0^{-a}\{f(x)-(2x-2)\}dx+\int_{-a}^{4}\{(2x-2)-f(x)\}dx$$

$$=\int_0^{-a}\{x^3+(a-4)x^2-4ax\}dx-\int_{-a}^{4}\{x^3+(a-4)x^2-4ax\}dx$$

$$=\left[\frac{1}{4}x^4+\frac{a-4}{3}x^3-2ax^2\right]_0^{-a}-\left[\frac{1}{4}x^4+\frac{a-4}{3}x^3-2ax^2\right]_{-a}^{4}$$

$$=2\left\{\frac{1}{4}a^4-\frac{a^3(a-4)}{3}-2a^3\right\}-\left\{64+\frac{64(a-4)}{3}-32a\right\}$$

$$\boldsymbol{=-\frac{1}{6}a^4-\frac{4}{3}a^3+\frac{32}{3}a+\frac{64}{3}}$$

[定積分の計算]
$F(x)=\frac{1}{4}x^4+\frac{a-4}{3}x^3-2ax^2$
とすると
$S=F(-a)-F(0)-\{F(4)-F(-a)\}$
$=2F(-a)-F(0)-F(4)$
なお　$F(0)=0$

(4)　$S'=-\frac{2}{3}a^3-4a^2+\frac{32}{3}=-\frac{2}{3}(a^3+6a^2-16)$

$$=-\frac{2}{3}(a+2)(a^2+4a-8)$$

←S は a の 4 次式
⟶ 微分法を利用して，S の増減を調べる。

1	6	0	−16	−2
	−2	−8	16	
1	4	−8	0	

$S'=0$ とすると　$a=-2$，$a=-2\pm2\sqrt{3}$

$-4<a<0$ を満たすものは　$a=-2$

←$-2-2\sqrt{3}<-4<-2<0<-2+2\sqrt{3}$

$-4<a<0$ における S の増減表は右のようになる。

a	-4	$\cdots$	-2	$\cdots$	0
S'		$-$	0	$+$	
S		↘	極小 8	↗	

よって，S は **$a=-2$ のとき最小値 8** をとる。

総合

数学B

練習，EXERCISES，総合演習の解答（数学B）

注意　・章ごとに，練習，EXERCISES の解答をまとめて扱った。
・問題番号の左横の数字は，難易度を表したものである。

練習 ①1　次の数列はどのような規則によって作られているかを考え，一般項を推測せよ。また，一般項が推測した式で表されるとき，(1) の数列の第 6 項，(2) の数列の第 7 項を求めよ。

(1)　1，9，25，49，……　　(2)　-3，$\frac{4}{8}$，$-\frac{5}{27}$，$\frac{6}{64}$，……

(3)　2・2，4・5，6・10，8・17，…

(1)　与えられた数列は　1^2，3^2，5^2，7^2，……
これは奇数の平方数の数列であるから，**一般項は**　$\boldsymbol{(2n-1)^2}$
第 6 項は　$(2\cdot6-1)^2=11^2=\boldsymbol{121}$

←$1=2\cdot1-1$，$3=2\cdot2-1$，$5=2\cdot3-1$，$7=2\cdot4-1$，……

(2)　符号は，－，＋ が交互に現れるから　$(-1)^n$
符号を除いた数列は　$\frac{3}{1}$，$\frac{4}{8}$，$\frac{5}{27}$，$\frac{6}{64}$，……
分子の数列は 3，4，5，6，…… で，第 n 項は　$n+2$
分母の数列は 1，8，27，64，…… で，第 n 項は　n^3
よって，求める **一般項は**　$\boldsymbol{(-1)^n\cdot\frac{n+2}{n^3}}$
第 7 項は　$(-1)^7\cdot\frac{7+2}{7^3}=\boldsymbol{-\frac{9}{343}}$

←符号，分子，分母に分けて考える。
←$3=1+2$，$4=2+2$，…
←$1=1^3$，$8=2^3$，…
←一般項に $n=7$ を代入。

(3)　・の左側の数列は　2，4，6，8，……
これは正の偶数の数列で，第 n 項は　$2n$
・の右側の数列は　2，5，10，17，……
この数列の第 n 項は　n^2+1
よって，求める一般項は　$\boldsymbol{2n(n^2+1)}$

←・の右側と左側に分けて考える。
←$2=1+1$，$5=4+1$，$10=9+1$，$17=16+1$，……

練習 ①2　(1)　等差数列 13，8，3，…… の一般項 a_n を求めよ。また，第 15 項を求めよ。
(2)　第 53 項が -47，第 77 項が -95 である等差数列 $\{a_n\}$ において
(ア)　一般項を求めよ。　(イ)　-111 は第何項か。
(ウ)　初めて負になるのは第何項か。　〔(2) 類　福岡教育大〕

(1)　初項が 13，公差が $8-13=-5$ であるから，一般項は
$\boldsymbol{a_n}=13+(n-1)\cdot(-5)=\boldsymbol{-5n+18}$
また　$\boldsymbol{a_{15}}=-5\cdot15+18=\boldsymbol{-57}$

←$a_n=a+(\boldsymbol{n-1})d$ を $a_n=a+nd$ と間違えないように！

(2)　(ア)　初項を a，公差を d とすると，$a_{53}=-47$，$a_{77}=-95$ であるから　$a+52d=-47$，$a+76d=-95$
これを解いて　$a=57$，$d=-2$
ゆえに　$a_n=57+(n-1)\cdot(-2)=\boldsymbol{-2n+59}$

←$a_n=a+(n-1)d$

(イ)　$a_n=-111$ とすると　$-2n+59=-111$
これを解いて　$n=85$　よって　**第 85 項**

←$2n=170$

(ウ)　$a_n<0$ とすると　$2n>59$　よって　$n>\frac{59}{2}=29.5$
したがって，初めて負になるのは　**第 30 項**

←$n>29.5$ を満たす最小の自然数 n は　30

練習 ②3 一般項が $a_n=p(n+2)$ (p は定数，$p \neq 0$) である数列 $\{a_n\}$ について
(1) 数列 $\{a_n\}$ が等差数列であることを証明し，その初項と公差を求めよ。
(2) 一般項が $c_n=a_{5n}$ である数列 $\{c_n\}$ が等差数列であることを証明し，その初項と公差を求めよ。

(1) $a_n=p(n+2)$ であるから

$$a_{n+1}-a_n=p\{(n+1)+2\}-p(n+2)=p \text{ (一定)}$$

よって，数列 $\{a_n\}$ は等差数列である。
また，**初項 $a_1=3p$，公差 p** である。

(2) $c_n=a_{5n}=p(5n+2)$ であるから

$$c_{n+1}-c_n=p\{5(n+1)+2\}-p(5n+2)=5p \text{ (一定)}$$

よって，数列 $\{c_n\}$ は等差数列である。
また，**初項 $c_1=7p$，公差 $5p$** である。

←$a_{n+1}-a_n=d$
←$a_1=p(1+2)$
←a_{5n} は $a_n=p(n+2)$ の n に $5n$ を代入する。
←$c_1=a_5=p(5\cdot1+2)$

練習 ②4 等差数列をなす3数があって，その和は -15，積は120である。この3数を求めよ。

この数列の中央の項を a，公差を d とすると，3数は $a-d$，a，$a+d$ と表される。
和が -15，積が120であるから

$$\begin{cases}(a-d)+a+(a+d)=-15\\(a-d)a(a+d)=120\end{cases}$$

ゆえに $\begin{cases}3a=-15 & \cdots\cdots ①\\a(a^2-d^2)=120 & \cdots\cdots ②\end{cases}$

① から　$a=-5$
これを ② に代入して　$-5(25-d^2)=120$
よって　$d^2=49$　ゆえに　$d=\pm7$
よって，求める3数は
　$-12,\ -5,\ 2$ または $2,\ -5,\ -12$
すなわち　**$-12,\ -5,\ 2$**Ⓐ

別解 等差数列をなす3数の数列を a，b，c とすると
　$2b=a+c$ …… ①
条件から　$a+b+c=-15$ …… ②，$abc=120$ …… ③
① を ② に代入して　$3b=-15$　ゆえに　$b=-5$
このとき，①，③ から　$a+c=-10$，$ac=-24$
よって，a，c は2次方程式 $x^2+10x-24=0$ の2解である。
$(x-2)(x+12)=0$ を解いて　$x=-12,\ 2$
すなわち　$(a,\ c)=(-12,\ 2),\ (2,\ -12)$
したがって，求める3つの数は　**$-12,\ -5,\ 2$**

←[2] **対称形**
3数を $\boldsymbol{a-d}$，$\boldsymbol{a}$，$\boldsymbol{a+d}$ と表すと計算がらく。
Ⓐ 3数の順序は問われていないので，答えは1通りでよい。
←[3] **平均形**
$\boldsymbol{2b=a+c}$ を利用。
←和が p，積が q である2数は，2次方程式 $x^2-px+q=0$ の2つの解である。

練習 ②5 (1) 調和数列 $2,\ 6,\ -6,\ -2,\ \cdots\cdots$ の一般項 a_n を求めよ。
(2) 初項が a，第5項が $9a$ である調和数列がある。この数列の第 n 項 a_n を a で表せ。

(1) $2,\ 6,\ -6,\ -2,\ \cdots\cdots$　…… ① が調和数列であるから，
$\dfrac{1}{2},\ \dfrac{1}{6},\ -\dfrac{1}{6},\ -\dfrac{1}{2},\ \cdots\cdots$　…… ② が等差数列となる。

各項の逆数の数列を $\{b_n\}$ とすると　$b_n=\dfrac{1}{a_n}$

数列 ② の初項は $\frac{1}{2}$，公差は $\frac{1}{6}-\frac{1}{2}=-\frac{1}{3}$ であるから，　←$b_{n+1}-b_n=d$

一般項は　$\frac{1}{2}+(n-1)\cdot\left(-\frac{1}{3}\right)=\frac{5-2n}{6}$　←$b_n=b_1+(n-1)d$

よって，数列 ① の一般項 a_n は　$\boldsymbol{a_n=\frac{6}{5-2n}}$　←逆数をとる。$a_n=\frac{1}{b_n}$

(2)　初項が $\frac{1}{a}$，第 5 項が $\frac{1}{9a}$ の等差数列の公差を d とすると

$\frac{1}{a}+(5-1)d=\frac{1}{9a}$　　よって　$d=-\frac{2}{9a}$　←$b_n=b_1+(n-1)d$ とすると $b_5=b_1+(5-1)d$

この数列の一般項 $\frac{1}{a_n}$ は

$$\frac{1}{a_n}=\frac{1}{a}+(n-1)\cdot\left(-\frac{2}{9a}\right)=\frac{11-2n}{9a}$$

ゆえに　$\boldsymbol{a_n=\frac{9a}{11-2n}}$

練習 ②6　次のような和 S を求めよ。

(1)　等差数列 1，3，5，7，……，99 の和

(2)　初項 5，公差 $-\frac{1}{2}$ の等差数列の初項から第 101 項までの和

(3)　第 10 項が 1，第 16 項が 5 である等差数列の第 15 項から第 30 項までの和

(1)　初項が 1，公差が 2 であるから，末項 99 が第 n 項であるとすると　$1+(n-1)\cdot 2=99$　　よって　$n=50$　←$a_n=1+(n-1)\cdot 2$

ゆえに，初項 1，末項 99，項数 50 の等差数列の和は

$$\boldsymbol{S}=\frac{1}{2}\cdot 50(1+99)=\boldsymbol{2500}$$　←$\boldsymbol{S_n=\frac{1}{2}n(a+l)}$

検討　正の奇数の数列 1，3，5，……，$2n-1$ は，初項が 1，末項が $2n-1$，項数が n の等差数列であるから，その和は

$$\frac{1}{2}n\{1+(2n-1)\}=n^2$$　←結果は簡単な形になる。

すなわち，$\boldsymbol{1+3+5+\cdots\cdots+(2n-1)=n^2}$ が成り立つ。　←この結果は覚えておくとよい。

(2)　$\boldsymbol{S}=\frac{1}{2}\cdot 101\left\{2\cdot 5+(101-1)\cdot\left(-\frac{1}{2}\right)\right\}=\boldsymbol{-2020}$　←$\boldsymbol{S_n=\frac{1}{2}n\{2a+(n-1)d\}}$

(3)　初項を a，公差を d とすると，第 10 項が 1，第 16 項が 5 であるから　$a+9d=1,\ a+15d=5$　←$a_n=a+(n-1)d$

これを解いて　$a=-5,\ d=\frac{2}{3}$

初項から第 n 項までの和を S_n とすると

$$S_{30}=\frac{1}{2}\cdot 30\left\{2\cdot(-5)+(30-1)\cdot\frac{2}{3}\right\}=140$$　←$\boldsymbol{S_n=\frac{1}{2}n\{2a+(n-1)d\}}$

$$S_{14}=\frac{1}{2}\cdot 14\left\{2\cdot(-5)+(14-1)\cdot\frac{2}{3}\right\}=-\frac{28}{3}$$

よって　$\boldsymbol{S}=S_{30}-S_{14}=140-\left(-\frac{28}{3}\right)=\boldsymbol{\frac{448}{3}}$　←$S=S_{30}-S_{15}$ は誤り！

練習 ②7 2桁の自然数のうち，次の数の和を求めよ。
(1) 5で割って3余る数　　(2) 奇数または3の倍数

(1) 2桁の自然数のうち，5で割って3余る数は

$$5\cdot2+3,\ 5\cdot3+3,\ \cdots\cdots,\ 5\cdot19+3$$

これは初項13，末項98，項数18の等差数列であるから，その和は　$\frac{1}{2}\cdot18(13+98)=\mathbf{999}$

←(初項)$=10+3=13$，(末項)$=95+3=98$，(項数)$=19-2+1=18$

(2) 2桁の奇数は　$2\cdot5+1,\ 2\cdot6+1,\ \cdots\cdots,\ 2\cdot49+1$

これは初項11，末項99，項数45の等差数列であるから，その和は　$\frac{1}{2}\cdot45(11+99)=2475$ …… ①

←(項数)$=49-5+1=45$

2桁の3の倍数は　$3\cdot4,\ 3\cdot5,\ \cdots\cdots,\ 3\cdot33$

これは初項12，末項99，項数30の等差数列であるから，その和は　$\frac{1}{2}\cdot30(12+99)=1665$ …… ②

←(項数)$=33-4+1=30$

また，2桁の自然数のうち奇数かつ3の倍数は

$$3\cdot5,\ 3\cdot7,\ \cdots\cdots,\ 3\cdot33$$

これは初項15，末項99の等差数列である。また，その項数は等差数列5，7，……，33の項数に等しい。

←・の右側の数を取り出した数列。

ゆえに，項数をnとすると　$5+(n-1)\cdot2=33$　から　$n=15$

←初項5，公差2の等差数列の第n項が33であると考える。

よって，奇数かつ3の倍数の和は

$$\frac{1}{2}\cdot15(15+99)=855 \quad \cdots\cdots ③$$

①，②，③から，求める和は　$2475+1665-855=\mathbf{3285}$

←(奇数または3の倍数の和)=(奇数の和)+(3の倍数の和)−(奇数かつ3の倍数の和)

検討 2桁の奇数全体の集合をA，2桁の3の倍数全体の集合をBとすると，2桁の自然数のうち，奇数または3の倍数全体の集合は$A\cup B$，奇数かつ3の倍数全体の集合は$A\cap B$で表される。このことに注目し，解答では数学Aの「集合」で学んだ個数定理の公式

$$\boldsymbol{n(A\cup B)=n(A)+n(B)-n(A\cap B)}$$

を利用した。なお，$n(P)$は集合Pの要素の個数を表す。

練習 ②8 初項 −200，公差3の等差数列$\{a_n\}$において，初項から第何項までの和が最小となるか。また，そのときの和を求めよ。

初項 −200，公差3の等差数列の一般項a_nは

$$a_n=-200+(n-1)\cdot3=3n-203$$

←$a_n=a+(n-1)d$

$a_n>0$とすると　$3n-203>0$

これを解いて　$n>\frac{203}{3}=67.6\cdots\cdots$

よって　$n\leqq67$のとき　$a_n<0$，　$n\geqq68$のとき　$a_n>0$

←$a_{67}=3\cdot67-203=-2$，$a_{68}=3\cdot68-203=1$

ゆえに，初項から **第67項** までの和が最小で，その和は

$$\frac{1}{2}\cdot67\{2\cdot(-200)+(67-1)\cdot3\}=\mathbf{-6767}$$

←$S_n=\frac{1}{2}n\{2a+(n-1)d\}$

別解 初項から第 n 項までの和を S_n とする。

$$S_n=\frac{1}{2}n\{2\cdot(-200)+(n-1)\cdot 3\}$$
$$=\frac{1}{2}(3n^2-403n)=\frac{3}{2}\left(n-\frac{403}{6}\right)^2-\frac{3}{2}\left(\frac{403}{6}\right)^2$$

n は自然数であるから，$\frac{403}{6}$ に最も近い自然数 $n=67$ のとき，最小値 -6767 をとる。

← $\frac{403}{6}=67.1\cdots\cdots$

よって，**第 67 項** までの和が最小で，その和は　**-6767**

練習 ④9 p を素数とするとき，0 と p の間にあって，p^2 を分母とする既約分数の総和を求めよ。

まず，q を自然数として，$0<\frac{q}{p^2}<p$ を満たす $\frac{q}{p^2}$ を求める。

← 「0 と p の間」であるから，両端の 0 と p は含まない。

$0<q<p^3$ であるから　　$q=1,\ 2,\ 3,\ \cdots\cdots,\ p^3-1$

よって　　$\frac{q}{p^2}=\frac{1}{p^2},\ \frac{2}{p^2},\ \frac{3}{p^2},\ \cdots\cdots,\ \frac{p^3-1}{p^2}$　　…… ①

← 初項 $\frac{1}{p^2}$，公差 $\frac{1}{p^2}$ の等差数列。

これらの和を S_1 とすると

$$S_1=\frac{1}{2}(p^3-1)\left(\frac{1}{p^2}+\frac{p^3-1}{p^2}\right)=\frac{1}{2}(p^3-1)p$$

← $\frac{1}{2}n(a+l)$

① のうち，$\frac{q}{p^2}$ が既約分数とならないものは

$$\frac{q}{p^2}=\frac{p}{p^2},\ \frac{2p}{p^2},\ \frac{3p}{p^2},\ \cdots\cdots,\ \frac{(p^2-1)p}{p^2}$$

← 初項 $\frac{p}{p^2}$，公差 $\frac{p}{p^2}$ の等差数列。

これらの和を S_2 とすると

$$S_2=\frac{1}{2}(p^2-1)\left\{\frac{p}{p^2}+\frac{(p^2-1)p}{p^2}\right\}=\frac{1}{2}(p^2-1)p$$

← $\frac{1}{2}n(a+l)$

ゆえに，求める総和を S とすると，$S=S_1-S_2$ であるから

$$S=\frac{1}{2}(p^3-1)p-\frac{1}{2}(p^2-1)p$$
$$=\frac{1}{2}p\{(p^3-1)-(p^2-1)\}$$
$$=\boldsymbol{\frac{1}{2}p^3(p-1)}$$

← $\frac{1}{2}p\cdot p^2(p-1)$

練習 ③10 等差数列 $\{a_n\}$，$\{b_n\}$ の一般項がそれぞれ $a_n=3n-1$，$b_n=4n+1$ であるとき，この 2 つの数列に共通に含まれる数を，小さい方から順に並べてできる数列 $\{c_n\}$ の一般項を求めよ。

$a_l=b_m$ とすると　　$3l-1=4m+1$

よって　　$3l-4m=2$ …… ①

$l=-2$，$m=-2$ は ① の整数解の 1 つであるから

$$3(l+2)-4(m+2)=0$$

← $l=2$，$m=1$ とした場合は，最後で k を $n-1$ におき換えることになる。(本冊 $p.425$ 注意 参照。次ページの 参考 で解答例を示した。)

ゆえに　　$3(l+2)=4(m+2)$

3 と 4 は互いに素であるから，k を整数として

$$l+2=4k,\ m+2=3k$$

すなわち　$l=4k-2$，$m=3k-2$ と表される。

ここで，l，m は自然数であるから，$4k-2\geqq 1$ かつ $3k-2\geqq 1$ より　　$k\geqq 1$

←$k\geqq \frac{3}{4}$ かつ $k\geqq 1$

すなわち，k は自然数である。

よって，数列 $\{c_n\}$ の第 k 項は，数列 $\{a_n\}$ の第 l 項すなわち第 $(4k-2)$ 項であり　　$3(4k-2)-1=12k-7$

←数列 $\{b_n\}$ の第 m 項すなわち第 $(3k-2)$ 項としてもよい。

求める一般項は，k を n におき換えて　　$\boldsymbol{c_n=12n-7}$

参考　$l=2$，$m=1$ を ① の解とした場合の解答。

① を導くまでは同じ。$l=2$，$m=1$ は ① の解であるから

$$3(l-2)-4(m-1)=0$$

ゆえに　$3(l-2)=4(m-1)$

3 と 4 は互いに素であるから，k を整数として

$$l-2=4k,\ m-1=3k$$

すなわち　$l=4k+2$，$m=3k+1$ と表される。

ここで，l，m は自然数であるから，$4k+2\geqq 1$ かつ $3k+1\geqq 1$ より　　$k\geqq 0$

←$k\geqq -\frac{1}{4}$ かつ $k\geqq 0$

よって，$k'=k+1$ とすると，$k\geqq 0$ のとき $k'\geqq 1$ で

$$l=4(k'-1)+2=4k'-2$$

k	0，1，2，…
k' [$=k+1$]	1，2，3，…

数列 $\{c_n\}$ の第 k' 項は，数列 $\{a_n\}$ の第 $(4k'-2)$ 項であり

$$3(4k'-2)-1=12k'-7$$

求める一般項は k' を n でおき換えて　　$\boldsymbol{c_n=12n-7}$

別解　3 と 4 の最小公倍数は　　12

$\{a_n\}$：2，5，8，11，14，……

←$a_n=2+(n-1)\cdot 3$

$\{b_n\}$：5，9，13，……

←$b_n=5+(n-1)\cdot 4$

であるから　　$c_1=5$

よって，数列 $\{c_n\}$ は初項 5，公差 12 の等差数列であるから，その一般項は　　$c_n=5+(n-1)\cdot 12=\boldsymbol{12n-7}$

練習 ①11

(1) 等比数列 2，$-\sqrt{2}$，1，…… の一般項 a_n を求めよ。また，第 10 項を求めよ。
(2) 第 5 項が -48，第 8 項が 384 である等比数列の一般項を求めよ。ただし，公比は実数とする。

(1) 初項が 2，公比が $-\frac{\sqrt{2}}{2}$ であるから，一般項は

←$(公比)=\frac{a_{n+1}}{a_n}$

$$\boldsymbol{a_n=2\cdot\left(-\frac{\sqrt{2}}{2}\right)^{n-1}}$$

←これでも正解。

$$=2\cdot(-1)^{n-1}\cdot(2^{-\frac{1}{2}})^{n-1}=\boldsymbol{(-1)^{n-1}2^{\frac{3-n}{2}}}$$

←$\frac{\sqrt{2}}{2}=\frac{1}{\sqrt{2}}=2^{-\frac{1}{2}}$

また　　$a_{10}=(-1)^{10-1}\cdot 2^{\frac{3-10}{2}}=\boldsymbol{-\frac{\sqrt{2}}{16}}$

←$2^{-\frac{7}{2}}=\frac{1}{2^3\cdot\sqrt{2}}=\frac{1}{8\sqrt{2}}$

(2) 初項を a，公比を r，一般項を a_n とすると，$a_5=-48$，$a_8=384$ であるから

$$ar^4=-48 \ \cdots\cdots ①,\quad ar^7=384 \ \cdots\cdots ②$$

←$a_5=ar^4$，$a_8=ar^7$

② から　　$ar^4\cdot r^3=384$

これに ① を代入して　　$-48\cdot r^3=384$

ゆえに　$r^3=-8$　すなわち　$r^3=(-2)^3$

r は実数であるから　$r=-2$

① に代入すると　$a\cdot16=-48$

よって　$a=-3$

したがって，一般項は　$\boldsymbol{a_n=-3\cdot(-2)^{n-1}}$

←$a\neq0$，$r\neq0$ であるから，「②÷① より $\dfrac{ar^7}{ar^4}=\dfrac{384}{-48}$ よって　$r^3=-8$」としてもよい。

練習 ②12 異なる3つの実数 a，b，ab はこの順で等比数列になり，ab，a，b の順で等差数列になるとき，a，b の値を求めよ。〔類 立命館大〕

数列 a，b，ab が等比数列をなすから

$b^2=a\cdot ab$

よって　$b(a^2-b)=0$ …… ①

←等比数列の平均形 $b^2=ac$ を利用。

数列 ab，a，b が等差数列をなすから

$2a=ab+b$ …… ②

←等差数列の平均形 $2b=a+c$ を利用。

① から　$b=0$　または　$b=a^2$

$b=0$ のとき　$a=b=ab=0$ となるから，不適。

←$b=0$，$a=0$

$b=a^2$ のとき　② に代入すると　$a^3+a^2-2a=0$

因数分解して　$a(a-1)(a+2)=0$

これを解いて　$a=0,\ 1,\ -2$

$a=0,\ 1$ のとき　$a=b=ab$ となるから，不適。

←$a=0$ のとき　$b=0$
　$a=1$ のとき　$b=1$

$a=-2$ のとき　$b=4$，$ab=-8$　これは適する。

したがって　$\boldsymbol{a=-2,\ b=4}$

別解　数列 a，b，ab が等比数列をなすから，その公比は

←公比を r とすると $r=\dfrac{a_3}{a_2}=a$

$b\neq0$ のとき　$\dfrac{ab}{b}=a$

$b=0$ のとき　$b=ab=0$ となるから，不適。

←「a，b，ab は異なる」に反する。

ゆえに，3つの数 a，b，ab はそれぞれ a，a^2，$a^3$❹ となる。

❹ (公比)$=r=a$ から $b=ar=a\cdot a=a^2$，$ab=ar^2=a\cdot a^2=a^3$

数列 ab，a，b が等差数列をなすから

$2a=ab+b$　すなわち　$2a=a^3+a^2$

整理し，因数分解すると　$a(a-1)(a+2)=0$

これを解いて　$a=0,\ 1,\ -2$

$a=1$ のとき　$a=b=ab=1$ となり，不適。

$a=0$ のとき　$a=b=ab=0$ となり，不適。

$a=-2$ のとき　$b=4$，$ab=-8$ となり，適する。

したがって　$\boldsymbol{a=-2,\ b=4}$

←$b=a^2$ から。

練習 ②13
(1) 等比数列 2，$-4a$，$8a^2$，…… の初項から第 n 項までの和 S_n を求めよ。
(2) 初項2，公比 r の等比数列の初項から第3項までの和が14であるとき，実数 r の値を求めよ。

(1) 初項2，公比 $-2a$，項数 n の等比数列の和であるから

←(公比)$=\dfrac{-4a}{2}=-2a$

[1]　$-2a\neq1$ すなわち $\boldsymbol{a\neq-\dfrac{1}{2}}$ のとき　$\boldsymbol{S_n=\dfrac{2\{1-(-2a)^n\}}{1+2a}}$

[2]　$-2a=1$ すなわち $\boldsymbol{a=-\dfrac{1}{2}}$ のとき　$\boldsymbol{S_n=2n}$

←公比 $-2a$ が1のときと1でないときで，場合分け。

(2) [1] $r \neq 1$ のとき $\dfrac{2(r^3-1)}{r-1}=14$

整理して $r^2+r+1=7$ すなわち $r^2+r-6=0$

因数分解して $(r-2)(r+3)=0$

これを解いて $r=2,\ -3$

[2] $r=1$ のとき

初項から第3項までの和は $3\cdot 2=6$ となり，不適。

以上から **$r=2,\ -3$**

←$a_2=2r$，$a_3=2r^2$ から，和を $2+2r+2r^2$ としてもよい。

←$r=1$ のとき $S_n=na$

練習 ③14 初項から第10項までの和が6，初項から第20項までの和が24である等比数列について，次のものを求めよ。ただし，公比は実数とする。

(1) 初項から第30項までの和 (2) 第31項から第40項までの和

初項を a，公比を r，初項から第 n 項までの和を S_n とする。

$r=1$ とすると，$S_{10}=10a$ となり $10a=6$

このとき，$S_{20}=20a=12 \neq 24$ であるから，条件を満たさない。

よって $r \neq 1$

$S_{10}=6$，$S_{20}=24$ であるから

$$\frac{a(r^{10}-1)}{r-1}=6 \ \cdots\cdots \text{①},\quad \frac{a(r^{20}-1)}{r-1}=24 \ \cdots\cdots \text{②}$$

② から $\dfrac{a(r^{10}-1)}{r-1}\cdot(r^{10}+1)=24$

① を代入して $6(r^{10}+1)=24$ すなわち $r^{10}=3$ …… ③

(1) $S_{30}=\dfrac{a(r^{30}-1)}{r-1}=\dfrac{a(r^{10}-1)}{r-1}\{(r^{10})^2+r^{10}+1\}$

①，③ を代入して $S_{30}=6\cdot(3^2+3+1)=\mathbf{78}$

(2) $S_{40}=\dfrac{a(r^{40}-1)}{r-1}=\dfrac{a(r^{20}-1)}{r-1}\{(r^{10})^2+1\}$

②，③ を代入して $S_{40}=24\cdot(3^2+1)=240$

求める第31項から第40項までの和は

$$S_{40}-S_{30}=240-78=\mathbf{162}$$

←$S_n=na$

←$S_n=\dfrac{a(r^n-1)}{r-1}$

←$r^{20}-1=(r^{10})^2-1$
$=(r^{10}+1)(r^{10}-1)$

←$r^{30}-1=(r^{10})^3-1$
$=(r^{10}-1)\{(r^{10})^2+r^{10}+1\}$

←$r^{40}-1=(r^{20})^2-1$
$=\{(r^{10})^2+1\}(r^{20}-1)$

検討 初項から10項ずつの和の数列は 6，18，54，162，……

これは，初項 6 $(=S_{10})$，公比 3 $(=r^{10})$ の等比数列となる。

練習 ③15 年利5%，1年ごとの複利で，毎年度初めに20万円ずつ積み立てると，7年度末には元利合計はいくらになるか。ただし，$(1.05)^7=1.4071$ とする。 〔類 立教大〕

毎年度初めの元金は，1年ごとに利息がついて1.05倍となる。

よって，7年度末の元利合計は

$$200000\cdot(1.05)^7+200000\cdot(1.05)^6+\cdots\cdots+200000\cdot 1.05$$
$$=200000\cdot\{1.05+(1.05)^2+(1.05)^3+\cdots\cdots+(1.05)^7\}$$
$$=200000\cdot\frac{1.05\{(1.05)^7-1\}}{1.05-1}=200000\cdot\frac{1.05(1.4071-1)}{0.05}$$
$$=200000\cdot 21\cdot 0.4071$$
$$=\mathbf{1709820}\ \text{(円)}$$

←右端を初項と考えると，初項 200000・1.05，公比 1.05，項数 7 の等比数列の和である。

練習 ②16 初項1の等差数列 $\{a_n\}$ と初項1の等比数列 $\{b_n\}$ が $a_3=b_3$, $a_4=b_4$, $a_5 \neq b_5$ を満たすとき，一般項 a_n, b_n を求めよ。〔類 神戸薬大〕

等差数列 $\{a_n\}$ の公差を d とすると　$a_n=1+(n-1)d$　←$a_n=a_1+(n-1)d$

等比数列 $\{b_n\}$ の公比を r とすると　$b_n=1\cdot r^{n-1}$　←$b_n=b_1r^{n-1}$

$a_3=b_3$ から　$1+2d=r^2$ …… ①

$a_4=b_4$ から　$1+3d=r^3$ …… ②

①，② から　$3(r^2-1)=2(r^3-1)$　←$2(r^3-1)-3(r^2-1)=0$

変形して　$2(r-1)(r^2+r+1)-3(r+1)(r-1)=0$

よって　$(r-1)(2r^2-r-1)=0$　←$2r^2-r-1=(r-1)(2r+1)$

ゆえに　$(r-1)^2(2r+1)=0$

したがって　$r=1,\ -\dfrac{1}{2}$

[1]　$r=1$ のとき，① から　$d=0$

よって　$a_5=1$　また　$b_5=1$

このとき，$a_5 \neq b_5$ を満たさないから，不適。

[2]　$r=-\dfrac{1}{2}$ のとき，① から　$d=-\dfrac{3}{8}$

よって　$a_5=1+(5-1)\left(-\dfrac{3}{8}\right)=-\dfrac{1}{2}$

また　$b_5=1\cdot\left(-\dfrac{1}{2}\right)^{5-1}=\dfrac{1}{16}$

このとき，$a_5 \neq b_5$ を満たすから，適する。

[1]，[2] から

$$\boldsymbol{a_n}=1+(n-1)\left(-\frac{3}{8}\right)=\boldsymbol{-\frac{3}{8}n+\frac{11}{8}},\quad \boldsymbol{b_n=\left(-\frac{1}{2}\right)^{n-1}}$$

練習 ④17 数列 $\{a_n\}$，$\{b_n\}$ の一般項を $a_n=15n-2$, $b_n=7\cdot2^{n-1}$ とする。数列 $\{b_n\}$ の項のうち，数列 $\{a_n\}$ の項でもあるものを小さい方から並べて数列 $\{c_n\}$ を作るとき，数列 $\{c_n\}$ の一般項を求めよ。

$\{a_n\}$：13, 28, ……　　$\{b_n\}$：7, 14, 28, ……

よって　$c_1=28$

数列 $\{a_n\}$ の第 l 項と数列 $\{b_n\}$ の第 m 項が等しいとすると

$15l-2=7\cdot2^{m-1}$

ゆえに　$b_{m+1}=7\cdot2^m=7\cdot2^{m-1}\cdot2=(15l-2)\cdot2$

$=15\cdot2l-4$ …… ①

よって，b_{m+1} は数列 $\{a_n\}$ の項ではない。　←15・○−2 の形にならない。

① から　$b_{m+2}=2b_{m+1}=15\cdot4l-8$ …… ②

ゆえに，b_{m+2} は数列 $\{a_n\}$ の項ではない。

② から　$b_{m+3}=2b_{m+2}=15\cdot8l-16$

$=15(8l-1)-1$ …… ③

よって，b_{m+3} は数列 $\{a_n\}$ の項ではない。

③ から　$b_{m+4}=2b_{m+3}=15(16l-2)-2$

ゆえに，b_{m+4} は数列 $\{a_n\}$ の項である。

したがって　$\{c_n\}$：b_3, b_7, b_{11}, ……

数列 $\{c_n\}$ は公比 2^4 の等比数列で，$c_1=28$ であるから

$$\boldsymbol{c_n}=28\cdot(2^4)^{n-1}=\boldsymbol{7\cdot 2^{4n-2}}$$

←b_3，b_7，b_{11}，…… の公比は 2^4 である。

練習 ④18 初項が 2，公比が 4 の等比数列を $\{a_n\}$ とする。ただし，$\log_{10}2=0.3010$，$\log_{10}3=0.4771$ とする。
(1) a_n が 10000 を超える最小の n の値を求めよ。
(2) 初項から第 n 項までの和が 100000 を超える最小の n の値を求めよ。

(1) 初項が 2，公比が 4 の等比数列であるから

$$a_n=2\cdot 4^{n-1}$$

←$a_n=ar^{n-1}$

$a_n>10000$ とすると　$2\cdot 4^{n-1}>10000$

整理して　$2^{2n-1}>10^4$

←$2\cdot 4^{n-1}=2\cdot(2^2)^{n-1}=2\cdot 2^{2n-2}$

両辺の常用対数をとると　$\log_{10}2^{2n-1}>\log_{10}10^4$

ゆえに　$(2n-1)\log_{10}2>4$

←$\log_{10}10^4=4\log_{10}10=4$

よって　$n>\dfrac{1}{2}\left(\dfrac{4}{\log_{10}2}+1\right)=\dfrac{2}{0.3010}+\dfrac{1}{2}=7.14\cdots\cdots$

←$\log_{10}2>0$

この不等式を満たす最小の自然数 n を求めて

$$\boldsymbol{n=8}$$

検討 対数の性質
（数学Ⅱ）　$a>0$，$a\neq 1$，$M>0$，$N>0$，k は実数のとき
1 $\boldsymbol{\log_a MN=\log_a M+\log_a N}$
2 $\boldsymbol{\log_a \dfrac{M}{N}=\log_a M-\log_a N}$
3 $\boldsymbol{\log_a M^k=k\log_a M}$

(2) 初項から第 n 項までの和は

$$\frac{2(4^n-1)}{4-1}=\frac{2(4^n-1)}{3}$$

$\dfrac{2(4^n-1)}{3}>100000$ …… ① として，両辺の常用対数をとると

$$\log_{10}\frac{2(4^n-1)}{3}>\log_{10}10^5$$

ゆえに　$\log_{10}2+\log_{10}(4^n-1)-\log_{10}3>5$

よって　$\log_{10}(4^n-1)>5-\log_{10}2+\log_{10}3$

ここで　$5-\log_{10}2+\log_{10}3=5-0.3010+0.4771=5.1761$
$>5=5\log_{10}10=\log_{10}10^5$

ゆえに　$\log_{10}(4^n-1)>\log_{10}10^5$

よって　$4^n-1>10^5$

ゆえに　$4^n>10^5$ …… ②　　すなわち　$2^{2n}>10^5$

←$4^n>10^5+1>10^5$

この両辺の常用対数をとると　$2n\log_{10}2>5$

ゆえに　$n>\dfrac{5}{2\log_{10}2}=\dfrac{5}{2\cdot 0.3010}=8.3\cdots\cdots$

よって，② を満たす最小の自然数 n は　$n=9$

ここで

$$\frac{2(4^8-1)}{3}=\frac{2}{3}(4^4+1)(4^4-1)=\frac{2}{3}\cdot 257\cdot 255=43690<100000$$

←$4^8-1=(4^4)^2-1$

$$\frac{2(4^9-1)}{3}=\frac{2}{3}(2\cdot 4^4+1)(2\cdot 4^4-1)=\frac{2}{3}\cdot 513\cdot 511=174762>100000$$

←$4^9-1=(2\cdot 4^4)^2-1$

$\dfrac{2(4^n-1)}{3}$ は単調に増加するから，① を満たす最小の自然数 n は

$$\boldsymbol{n=9}$$

練習 ②19 次の和を求めよ。

(1) $\sum_{k=1}^{n}(2k^2-k+7)$ (2) $\sum_{k=1}^{n}(k-1)(k^2+k+4)$ (3) $\sum_{k=7}^{24}(2k^2-5)$ (4) $\sum_{k=0}^{n}\left(\frac{1}{3}\right)^k$

(1) $\sum_{k=1}^{n}(2k^2-k+7)=2\sum_{k=1}^{n}k^2-\sum_{k=1}^{n}k+7\sum_{k=1}^{n}1$

$=2\cdot\frac{1}{6}n(n+1)(2n+1)-\frac{1}{2}n(n+1)+7n$

$=\frac{1}{6}n\{2(n+1)(2n+1)-3(n+1)+42\}$

$=\boldsymbol{\frac{1}{6}n(4n^2+3n+41)}$

←$\sum k^2$, $\sum k$, $\sum 1$ の公式を利用。

←{ }の中に分数が出てこないように $\frac{1}{6}n$ でくくる。

(2) $\sum_{k=1}^{n}(k-1)(k^2+k+4)=\sum_{k=1}^{n}(k^3+3k-4)$

$=\sum_{k=1}^{n}k^3+3\sum_{k=1}^{n}k-4\sum_{k=1}^{n}1$

$=\left\{\frac{1}{2}n(n+1)\right\}^2+3\cdot\frac{1}{2}n(n+1)-4n$

$=\frac{1}{4}n\{n(n+1)^2+6(n+1)-16\}$

$=\frac{1}{4}n(n^3+2n^2+7n-10)$

$=\boldsymbol{\frac{1}{4}n(n-1)(n^2+3n+10)}$

←$n^3+2n^2+7n-10$ は $n=1$ のとき 0 となるから，$n-1$ を因数にもつ。(このように，数学Ⅱで学ぶ因数定理により因数分解できることもある。)

(3) $\sum_{k=1}^{n}(2k^2-5)=2\sum_{k=1}^{n}k^2-5\sum_{k=1}^{n}1$

$=2\cdot\frac{1}{6}n(n+1)(2n+1)-5n$

$=\frac{1}{3}n\{(n+1)(2n+1)-15\}$

$=\frac{1}{3}n(2n^2+3n-14)=\frac{1}{3}n(n-2)(2n+7)$

←積の形の方が代入後の計算がらく。

よって $\sum_{k=7}^{24}(2k^2-5)=\sum_{k=1}^{24}(2k^2-5)-\sum_{k=1}^{6}(2k^2-5)$

$=\frac{1}{3}\cdot24\cdot22\cdot55-\frac{1}{3}\cdot6\cdot4\cdot19$

$=\boldsymbol{9528}$

←$\frac{1}{3}n(n-2)(2n+7)$ に $n=24$, $n=6$ を代入。

別解 $k=i+6$ とおくと，$k=7, 8, \cdots\cdots, 24$ のとき i の値は順に $i=1, 2, \cdots\cdots, 18$ となるから

$\sum_{k=7}^{24}(2k^2-5)=\sum_{i=1}^{18}\{2(i+6)^2-5\}=\sum_{i=1}^{18}(2i^2+24i+67)$

$=2\sum_{i=1}^{18}i^2+24\sum_{i=1}^{18}i+67\sum_{i=1}^{18}1$

$=2\cdot\frac{1}{6}\cdot18\cdot19\cdot37+24\cdot\frac{1}{2}\cdot18\cdot19+67\cdot18$

$=\boldsymbol{9528}$

←$i=k-6$

←k が i になっても，$\sum$ の計算は同じ。

(4) $\sum_{k=0}^{n}\left(\frac{1}{3}\right)^k=1+\frac{1}{3}+\left(\frac{1}{3}\right)^2+\cdots\cdots+\left(\frac{1}{3}\right)^n$

←具体的に書いてみる。

これは初項1，公比 $\frac{1}{3}$，項数 $n+1$ の等比数列の和であるから

←項数に注意。

$$\sum_{k=0}^{n}\left(\frac{1}{3}\right)^k=\frac{1\cdot\left\{1-\left(\frac{1}{3}\right)^{n+1}\right\}}{1-\frac{1}{3}}=\boldsymbol{\frac{3}{2}\left\{1-\left(\frac{1}{3}\right)^{n+1}\right\}}$$

←$\frac{a(1-r^n)}{1-r}$

練習 ②20 次の数列の初項から第 n 項までの和を求めよ。
(1) 1^2，4^2，7^2，10^2，……
(2) 1，1+4，1+4+7，……
(3) $\frac{1}{2}$，$\frac{1}{2}-\frac{1}{4}$，$\frac{1}{2}-\frac{1}{4}+\frac{1}{8}$，$\frac{1}{2}-\frac{1}{4}+\frac{1}{8}-\frac{1}{16}$，……

与えられた数列の第 k 項を a_k とし，求める和を S_n とする。

(1) $a_k=(3k-2)^2$

←等差数列1，4，7，……の第 k 項は $1+(k-1)\cdot 3=3k-2$

よって
$$S_n=\sum_{k=1}^{n}a_k=\sum_{k=1}^{n}(3k-2)^2=\sum_{k=1}^{n}(9k^2-12k+4)$$
$$=9\sum_{k=1}^{n}k^2-12\sum_{k=1}^{n}k+4\sum_{k=1}^{n}1$$
$$=9\cdot\frac{1}{6}n(n+1)(2n+1)-12\cdot\frac{1}{2}n(n+1)+4n$$
$$=\frac{1}{2}n\{(6n^2+9n+3)-(12n+12)+8\}$$
$$=\boldsymbol{\frac{1}{2}n(6n^2-3n-1)}$$

←共通因数 $\frac{1}{2}n$ をくくり出す。

(2) $a_k=1+4+7+\cdots\cdots+\{1+(k-1)\cdot 3\}$
$$=\frac{1}{2}k\{2\cdot 1+(k-1)\cdot 3\}$$
$$=\frac{1}{2}(3k^2-k)$$

←a_k は初項1，公差3，項数 k の等差数列の和。

よって
$$S_n=\sum_{k=1}^{n}a_k=\sum_{k=1}^{n}\frac{1}{2}(3k^2-k)$$
$$=\frac{3}{2}\sum_{k=1}^{n}k^2-\frac{1}{2}\sum_{k=1}^{n}k$$
$$=\frac{3}{2}\cdot\frac{1}{6}n(n+1)(2n+1)-\frac{1}{2}\cdot\frac{1}{2}n(n+1)$$
$$=\frac{1}{4}n(n+1)\{(2n+1)-1\}$$
$$=\boldsymbol{\frac{1}{2}n^2(n+1)}$$

←$S_n=\sum_{k=1}^{n}\left\{\sum_{i=1}^{k}(3i-2)\right\}$ とも書ける。

←共通因数 $\frac{1}{4}n(n+1)$ をくくり出す。

(3) $a_k=\frac{1}{2}+\frac{1}{2}\left(-\frac{1}{2}\right)+\frac{1}{2}\left(-\frac{1}{2}\right)^2+\cdots\cdots+\frac{1}{2}\left(-\frac{1}{2}\right)^{k-1}$
$$=\frac{\frac{1}{2}\left\{1-\left(-\frac{1}{2}\right)^k\right\}}{1-\left(-\frac{1}{2}\right)}=\frac{1}{3}\left\{1-\left(-\frac{1}{2}\right)^k\right\}$$

←a_k は初項 $\frac{1}{2}$，公比 $-\frac{1}{2}$，項数 k の等比数列の和。

よって　$S_n=\sum_{k=1}^{n}a_k=\sum_{k=1}^{n}\frac{1}{3}\left\{1-\left(-\frac{1}{2}\right)^k\right\}$

$$=\frac{1}{3}\left\{\sum_{k=1}^{n}1-\sum_{k=1}^{n}\left(-\frac{1}{2}\right)^k\right\}$$

$$=\frac{1}{3}\left[n-\frac{-\frac{1}{2}\left\{1-\left(-\frac{1}{2}\right)^n\right\}}{1-\left(-\frac{1}{2}\right)}\right]$$

$$=\boldsymbol{\frac{1}{3}n+\frac{1}{9}\left\{1-\left(-\frac{1}{2}\right)^n\right\}}$$

←$\sum_{k=1}^{n}ar^{k-1}=\frac{a(1-r^n)}{1-r}$ 等比数列の和。

参考　$S_n=\sum_{k=1}^{n}\left\{\sum_{i=1}^{k}\frac{1}{2}\left(-\frac{1}{2}\right)^{i-1}\right\}$ と表すこともできる。

練習 ③21　次の数列の和を求めよ。
$1^2\cdot n,\ 2^2(n-1),\ 3^2(n-2),\ \cdots\cdots,\ (n-1)^2\cdot 2,\ n^2\cdot 1$

この数列の第 k 項は　$k^2\{n-(k-1)\}=(n+1)k^2-k^3$
項数は n であるから，求める和を S とすると

$$S=\sum_{k=1}^{n}\{(n+1)k^2-k^3\}=(n+1)\sum_{k=1}^{n}k^2-\sum_{k=1}^{n}k^3$$

$$=(n+1)\cdot\frac{1}{6}n(n+1)(2n+1)-\left\{\frac{1}{2}n(n+1)\right\}^2$$

$$=\frac{1}{12}n(n+1)^2\{2(2n+1)-3n\}$$

$$=\boldsymbol{\frac{1}{12}n(n+1)^2(n+2)}$$

←$\boldsymbol{n+1}$ は $\boldsymbol{k}$ に無関係。定数とみて Σ の外に出す。

別解　求める和を S とすると

$$S=1^2+(1^2+2^2)+(1^2+2^2+3^2)+\cdots\cdots+(1^2+2^2+\cdots\cdots+n^2)$$

$$=\sum_{k=1}^{n}(1^2+2^2+\cdots\cdots+k^2)=\frac{1}{6}\sum_{k=1}^{n}k(k+1)(2k+1)$$

$$=\frac{1}{6}\sum_{k=1}^{n}(2k^3+3k^2+k)=\frac{1}{6}\left(2\sum_{k=1}^{n}k^3+3\sum_{k=1}^{n}k^2+\sum_{k=1}^{n}k\right)$$

$$=\frac{1}{6}\left[2\left\{\frac{1}{2}n(n+1)\right\}^2+3\cdot\frac{1}{6}n(n+1)(2n+1)+\frac{1}{2}n(n+1)\right]$$

$$=\frac{1}{12}n(n+1)\{n(n+1)+(2n+1)+1\}$$

$$=\boldsymbol{\frac{1}{12}n(n+1)^2(n+2)}$$

参考　和は $\sum_{k=1}^{n}\left(\sum_{i=1}^{k}i^2\right)$ と表すこともできる。

←$1^2+1^2+1^2+\cdots\cdots+1^2$
$2^2+2^2+\cdots\cdots+2^2$
$3^2+\cdots\cdots+3^2$
$\cdots\cdots$
+)　n^2
------ は，これを縦の列ごとに加えたもの。

練習 ②22　次の数列の一般項を求めよ。
(1) 2, 10, 24, 44, 70, 102, 140, ……　(2) 3, 4, 7, 16, 43, 124, ……

与えられた数列を $\{a_n\}$ とし，その階差数列を $\{b_n\}$ とする。
(1) $\{a_n\}$: 2, 10, 24, 44, 70, 102, 140, ……
$\{b_n\}$: 8, 14, 20, 26, 32, 38, ……
数列 $\{b_n\}$ は，初項 8，公差 6 の等差数列であるから

$$b_n=8+(n-1)\cdot 6=6n+2$$

←2　10　24　44 ……
8　14　20 ……
+6　+6

$n \geqq 2$ のとき

$$a_n=2+\sum_{k=1}^{n-1}(6k+2)=2+6\sum_{k=1}^{n-1}k+2\sum_{k=1}^{n-1}1$$
$$=2+6\cdot\frac{1}{2}(n-1)n+2(n-1)$$
$$=3n^2-n \ \cdots\cdots \ ①$$

←$\boldsymbol{n \geqq 2}$ に注意。

←$\displaystyle\sum_{k=1}^{n-1}k=\frac{1}{2}(n-1)\{(n-1)+1\}$

$n=1$ のとき　　$3n^2-n=3\cdot1^2-1=2$

初項は $a_1=2$ であるから，① は $n=1$ のときも成り立つ。

したがって　　$a_n=\boldsymbol{3n^2-n}$

① 初項は特別扱い

(2) $\{a_n\}$：3，4，7，16，43，124，……

$\{b_n\}$：　1，3，9，27，81，……

←3　4　7　16……
1　3　9……
×3　×3

数列 $\{b_n\}$ は，初項 1，公比 3 の等比数列であるから

$$b_n=3^{n-1}$$

$n \geqq 2$ のとき　　$\displaystyle a_n=3+\sum_{k=1}^{n-1}3^{k-1}=3+\frac{3^{n-1}-1}{3-1}$

$$=\frac{1}{2}(3^{n-1}+5) \ \cdots\cdots \ ①$$

←$\displaystyle\sum_{k=1}^{n-1}3^{k-1}$ は初項 1，公比 3，項数 $n-1$ の等比数列の和。

$n=1$ のとき　　$\displaystyle\frac{1}{2}(3^{n-1}+5)=\frac{1}{2}(1+5)=3$

初項は $a_1=3$ であるから，① は $n=1$ のときも成り立つ。

したがって　　$a_n=\boldsymbol{\frac{1}{2}(3^{n-1}+5)}$

① 初項は特別扱い

検討　(1) では，**$n \geqq 2$ のとき** $\displaystyle \boldsymbol{a_n=a_1+\sum_{k=1}^{n-1}b_k}$ …… Ⓐ を利用したが，$\displaystyle\sum_{k=1}^{n-1}b_k$ は $\displaystyle\sum_{k=1}^{n-1}k$，$\displaystyle\sum_{k=1}^{n-1}1$ の定数倍の和で表されるから，$n-1$ を因数にもつ。よって，Ⓐ を利用して求めた a_n の式が，$n=1$ のときも成り立つことがわかる。

練習 ③23　次の数列の一般項を求めよ。

2，10，38，80，130，182，230，……　〔類 立命館大〕

与えられた数列を $\{a_n\}$，その階差数列を $\{b_n\}$ とする。
また，数列 $\{b_n\}$ の階差数列を $\{c_n\}$ とすると

$\{a_n\}$：2，10，38，80，130，182，230，……

$\{b_n\}$：　8，28，42，50，52，48，……

$\{c_n\}$：　　20，14，8，2，-4，……

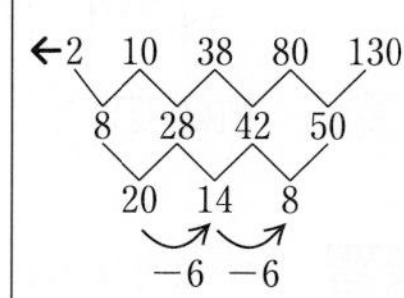

数列 $\{c_n\}$ は，初項 20，公差 -6 の等差数列であるから

$$c_n=20+(n-1)\cdot(-6)=-6n+26$$

$n \geqq 2$ のとき

$$b_n=b_1+\sum_{k=1}^{n-1}c_k=8+\sum_{k=1}^{n-1}(-6k+26)$$
$$=8-6\cdot\frac{1}{2}(n-1)n+26(n-1)$$
$$=-3n^2+29n-18$$

この式に $n=1$ を代入すると，$b_1=-3+29-18=8$ となるから

$$b_n=-3n^2+29n-18 \quad (n \geqq 1)$$

よって，$n \geqq 2$ のとき

$$a_n=a_1+\sum_{k=1}^{n-1} b_k=2+\sum_{k=1}^{n-1}(-3k^2+29k-18)$$

$$=2-3\cdot\frac{1}{6}(n-1)n(2n-1)+29\cdot\frac{1}{2}(n-1)n-18(n-1)$$

$$=\frac{1}{2}\{4-n(n-1)(2n-1)+29n(n-1)-36(n-1)\}$$

$$=-n^3+16n^2-33n+20$$

この式に $n=1$ を代入すると，$a_1=-1+16-33+20=2$ となるから，$n=1$ のときも成り立つ。

したがって　　$\boldsymbol{a_n=-n^3+16n^2-33n+20}$

◎ 初項は特別扱い

←$\sum_{k=1}^{n-1} k^2=\frac{1}{6}(n-1)n(2n-1)$

◎ 初項は特別扱い

練習 ②24 初項から第 n 項までの和 S_n が次のように表される数列 $\{a_n\}$ について，一般項 a_n と和 $a_1+a_4+a_7+\cdots\cdots+a_{3n-2}$ をそれぞれ求めよ。

(1)　$S_n=3n^2+5n$　　　(2)　$S_n=3n^2+4n+2$

(1)　$n \geqq 2$ のとき

$$a_n=S_n-S_{n-1}=(3n^2+5n)-\{3(n-1)^2+5(n-1)\}$$

$$=(3n^2+5n)-(3n^2-n-2)$$

$$=6n+2 \quad \cdots\cdots ①$$

また　　$a_1=S_1=3\cdot1^2+5\cdot1=8$

ここで，① に $n=1$ を代入すると　　$a_1=8$

よって，$n=1$ のときにも ① は成り立つ。

したがって　　$\boldsymbol{a_n=6n+2}$

また　　$a_{3k-2}=6(3k-2)+2=18k-10$

よって　　$\boldsymbol{a_1+a_4+a_7+\cdots\cdots+a_{3n-2}}=\sum_{k=1}^{n} a_{3k-2}$

$$=\sum_{k=1}^{n}(18k-10)=18\sum_{k=1}^{n} k-10\sum_{k=1}^{n} 1$$

$$=18\cdot\frac{1}{2}n(n+1)-10n$$

$$\boldsymbol{=n(9n-1)}$$

◎ 初項は特別扱い

←a_n は $n \geqq 1$ で 1 つの式に表される。

←a_{3k-2} は $a_n=6n+2$ において n に $3k-2$ を代入。

(2)　$n \geqq 2$ のとき

$$a_n=S_n-S_{n-1}=(3n^2+4n+2)-\{3(n-1)^2+4(n-1)+2\}$$

$$=(3n^2+4n+2)-(3n^2-2n+1)$$

$$=6n+1 \quad \cdots\cdots ①$$

また　　$a_1=S_1=3\cdot1^2+4\cdot1+2=9$

ここで，① に $n=1$ を代入すると　　$6\cdot1+1=7 \neq 9$

よって，① は $n=1$ のときには成り立たない。

したがって　　$\boldsymbol{a_1=9}$，　**$\boldsymbol{n \geqq 2}$ のとき　$\boldsymbol{a_n=6n+1}$**

$k \geqq 2$ のとき　　$a_{3k-2}=6(3k-2)+1=18k-11$

◎ 初項は特別扱い

←a_n が 1 つの式にまとめられない。

←$k \geqq 2$ に注意。

ゆえに，$n \geqq 2$ のとき

$$a_1+a_4+a_7+\cdots\cdots+a_{3n-2}=a_1+\sum_{k=2}^{n} a_{3k-2}$$

$$=9+\sum_{k=1}^{n}(18k-11)-\sum_{k=1}^{1}(18k-11)$$

$$=9+18\sum_{k=1}^{n}k-11\sum_{k=1}^{n}1-7$$

$$=2+18\cdot\frac{1}{2}n(n+1)-11n$$

$$=9n^2-2n+2 \ \cdots\cdots \ ②$$

② に $n=1$ を代入すると　　$9\cdot1^2-2\cdot1+2=9$

よって，$n=1$ のときも ② は成り立つ。

したがって　　$\boldsymbol{a_1+a_4+a_7+\cdots\cdots+a_{3n-2}=9n^2-2n+2}$

←$k=1$ のときは別計算。

←$\sum_{k=2}^{n}=\sum_{k=1}^{n}-\sum_{k=1}^{1}$

←$a_1=9$

練習 ②25 次の数列の和を求めよ。　　［(1) 類 近畿大］

(1) $\frac{1}{1\cdot3}$，$\frac{1}{2\cdot4}$，$\frac{1}{3\cdot5}$，……，$\frac{1}{9\cdot11}$　　(2) $\frac{1}{2\cdot5}$，$\frac{1}{5\cdot8}$，$\frac{1}{8\cdot11}$，……，$\frac{1}{(3n-1)(3n+2)}$

(1) この数列の第 k 項は　　$\frac{1}{k(k+2)}=\frac{1}{2}\left(\frac{1}{k}-\frac{1}{k+2}\right)$

求める和を S とすると

$$S=\frac{1}{2}\left\{\left(\frac{1}{1}-\frac{1}{3}\right)+\left(\frac{1}{2}-\frac{1}{4}\right)+\left(\frac{1}{3}-\frac{1}{5}\right)+\cdots\cdots+\left(\frac{1}{8}-\frac{1}{10}\right)+\left(\frac{1}{9}-\frac{1}{11}\right)\right\}$$

$$=\frac{1}{2}\left(1+\frac{1}{2}-\frac{1}{10}-\frac{1}{11}\right)=\frac{1}{2}\cdot\frac{144}{110}=\boldsymbol{\frac{36}{55}}$$

←部分分数に分解する。
$\frac{1}{k(k+2)}=\frac{1}{2}\cdot\frac{(k+2)-k}{k(k+2)}$

←途中の $\pm\frac{1}{3}$，$\pm\frac{1}{4}$，……，$\pm\frac{1}{8}$，$\pm\frac{1}{9}$ が消える。

(2) この数列の第 k 項は

$$\frac{1}{(3k-1)(3k+2)}=\frac{1}{3}\left(\frac{1}{3k-1}-\frac{1}{3k+2}\right)$$

求める和を S とすると

$$S=\frac{1}{3}\left\{\left(\frac{1}{2}-\frac{1}{5}\right)+\left(\frac{1}{5}-\frac{1}{8}\right)+\left(\frac{1}{8}-\frac{1}{11}\right)+\cdots\cdots+\left(\frac{1}{3n-1}-\frac{1}{3n+2}\right)\right\}$$

$$=\frac{1}{3}\left(\frac{1}{2}-\frac{1}{3n+2}\right)=\frac{1}{3}\cdot\frac{3n}{2(3n+2)}=\boldsymbol{\frac{n}{2(3n+2)}}$$

←部分分数に分解する。
$\frac{1}{(3k-1)(3k+2)}$
$=\frac{1}{3}\cdot\frac{(3k+2)-(3k-1)}{(3k-1)(3k+2)}$

←途中が消えて，最初と最後だけが残る。

練習 ③26 次の数列の和 S を求めよ。

(1) $\frac{1}{1\cdot3\cdot5}$，$\frac{1}{3\cdot5\cdot7}$，$\frac{1}{5\cdot7\cdot9}$，……，$\frac{1}{(2n-1)(2n+1)(2n+3)}$

(2) $\frac{1}{1+\sqrt{3}}$，$\frac{1}{\sqrt{3}+\sqrt{5}}$，$\frac{1}{\sqrt{5}+\sqrt{7}}$，……，$\frac{1}{\sqrt{2n-1}+\sqrt{2n+1}}$

(1) 第 k 項は　　$\frac{1}{(2k-1)(2k+1)(2k+3)}$

$$=\frac{1}{4}\left\{\frac{1}{(2k-1)(2k+1)}-\frac{1}{(2k+1)(2k+3)}\right\}$$

←部分分数に分解する。

よって　$S=\frac{1}{4}\left[\left(\frac{1}{1\cdot3}-\frac{1}{3\cdot5}\right)+\left(\frac{1}{3\cdot5}-\frac{1}{5\cdot7}\right)+\left(\frac{1}{5\cdot7}-\frac{1}{7\cdot9}\right)+\cdots\cdots+\left\{\frac{1}{(2n-1)(2n+1)}-\frac{1}{(2n+1)(2n+3)}\right\}\right]$

$=\frac{1}{4}\left\{\frac{1}{1\cdot3}-\frac{1}{(2n+1)(2n+3)}\right\}$

$=\frac{1}{4}\cdot\frac{(2n+1)(2n+3)-3}{3(2n+1)(2n+3)}$

$=\boldsymbol{\frac{n(n+2)}{3(2n+1)(2n+3)}}$

←途中が消えて，最初と最後だけが残る。

(2)　第 k 項は　$\frac{1}{\sqrt{2k-1}+\sqrt{2k+1}}$

$=\frac{\sqrt{2k-1}-\sqrt{2k+1}}{(\sqrt{2k-1}+\sqrt{2k+1})(\sqrt{2k-1}-\sqrt{2k+1})}$

$=\frac{1}{2}(\sqrt{2k+1}-\sqrt{2k-1})$

←分母の有理化。

よって　$S=\frac{1}{2}\{(\sqrt{3}-1)+(\sqrt{5}-\sqrt{3})+(\sqrt{7}-\sqrt{5})+\cdots\cdots+(\sqrt{2n+1}-\sqrt{2n-1})\}$

$=\boldsymbol{\frac{1}{2}(\sqrt{2n+1}-1)}$

←途中の $\pm\sqrt{3}$，$\pm\sqrt{5}$，$\pm\sqrt{7}$，……，$\pm\sqrt{2n-1}$ が消える。

練習 ②27　次の数列の和を求めよ。
(1)　$1\cdot1,\ 2\cdot5,\ 3\cdot5^2,\ \cdots\cdots,\ n\cdot5^{n-1}$　(2)　$n,\ (n-1)\cdot3,\ (n-2)\cdot3^2,\ \cdots\cdots,\ 2\cdot3^{n-2},\ 3^{n-1}$
(3)　$1,\ 4x,\ 7x^2,\ \cdots\cdots,\ (3n-2)x^{n-1}$

求める和を S とする。

(1)　$S=1\cdot1+2\cdot5+3\cdot5^2+\cdots\cdots+n\cdot5^{n-1}$

両辺に 5 を掛けると

$5S=\quad 1\cdot5+2\cdot5^2+\cdots\cdots+(n-1)\cdot5^{n-1}+n\cdot5^n$

辺々を引くと

$-4S=\underset{\sim\sim\sim}{1+5+5^2+\cdots\cdots+5^{n-1}}-n\cdot5^n$

$=\frac{1\cdot(5^n-1)}{5-1}-n\cdot5^n=\frac{5^n(1-4n)-1}{4}$

←〰は初項 1，公比 5，項数 n の等比数列の和。

よって　$S=\boldsymbol{\frac{5^n(4n-1)+1}{16}}$

(2)　$S=n+(n-1)\cdot3+(n-2)\cdot3^2+\cdots\cdots+3^{n-1}$

両辺に 3 を掛けると

$3S=\quad n\cdot3+(n-1)\cdot3^2+\cdots\cdots+2\cdot3^{n-1}+3^n$

辺々を引くと

$-2S=n-\underset{\sim\sim\sim}{(3+3^2+\cdots\cdots+3^{n-1}+3^n)}$

$=n-\frac{3(3^n-1)}{3-1}=\frac{2n-3^{n+1}+3}{2}$

←〰は初項 3，公比 3，項数 n の等比数列の和。

よって　$S=\boldsymbol{\frac{3^{n+1}-2n-3}{4}}$

(3) $S=1+4x+7x^2+\cdots\cdots+(3n-2)x^{n-1}$

両辺に x を掛けると

$$xS=\quad x+4x^2+\cdots\cdots+(3n-5)x^{n-1}+(3n-2)x^n$$

辺々を引くと

$$(1-x)S=1+3x+3x^2+\cdots\cdots+3x^{n-1}-(3n-2)x^n$$

$x\neq 1$ のとき

$$\begin{aligned}(1-x)S&=1+3(x+x^2+\cdots\cdots+x^{n-1})-(3n-2)x^n\\&=1+3\cdot\frac{x(1-x^{n-1})}{1-x}-(3n-2)x^n\\&=\frac{1-x+3x(1-x^{n-1})-(3n-2)x^n(1-x)}{1-x}\\&=\frac{1+2x-(3n+1)x^n+(3n-2)x^{n+1}}{1-x}\end{aligned}$$

←〰〰 は初項 x，公比 x，項数 $n-1$ の等比数列の和。

よって $S=\dfrac{1+2x-(3n+1)x^n+(3n-2)x^{n+1}}{(1-x)^2}$

$x=1$ のとき

$$\begin{aligned}S&=1+4+7+\cdots\cdots+(3n-2)\\&=\frac{1}{2}n\{1+(3n-2)\}\\&=\frac{1}{2}n(3n-1)\end{aligned}$$

←$x=1$ のとき，S は初項 1，末項 $3n-2$，項数 n の等差数列の和。

ゆえに，求める和は

$x\neq 1$ のとき $\boldsymbol{\dfrac{1+2x-(3n+1)x^n+(3n-2)x^{n+1}}{(1-x)^2}}$

$x=1$ のとき $\boldsymbol{\dfrac{1}{2}n(3n-1)}$

練習 ④28 一般項が $a_n=(-1)^n n(n+2)$ で与えられる数列 $\{a_n\}$ に対して，初項から第 n 項までの和 S_n を求めよ。

HINT 数列 $\{a_n\}$ の各項は符号が交互に変わるから，n が偶数の場合と奇数の場合に分けて和を求める。まず，k を自然数として，$a_{2k-1}+a_{2k}$ を k で表す。

k を自然数とすると

$$\begin{aligned}a_{2k-1}+a_{2k}&=(-1)^{2k-1}(2k-1)(2k+1)+(-1)^{2k}\cdot 2k(2k+2)\\&=-(4k^2-1)+(4k^2+4k)\\&=4k+1\end{aligned}$$

←$(-1)^{奇数}=-1$，$(-1)^{偶数}=1$

[1] $n=2m$ (m は自然数) のとき

$$\begin{aligned}S_{2m}&=\sum_{k=1}^{m}(a_{2k-1}+a_{2k})=\sum_{k=1}^{m}(4k+1)\\&=4\cdot\frac{1}{2}m(m+1)+m\\&=2m^2+3m\end{aligned}$$

←$S_{2m}=(a_1+a_2)+(a_3+a_4)+\cdots\cdots+(a_{2m-1}+a_{2m})$

$m=\dfrac{n}{2}$ であるから

$$S_n=2\left(\frac{n}{2}\right)^2+3\cdot\frac{n}{2}=\frac{n}{2}(n+3)$$

←S_{2m} の式に $m=\dfrac{n}{2}$ を代入して n の式に直す。

[2]　$n=2m-1$ (m は自然数) のとき

$a_{2m}=(-1)^{2m}\cdot 2m(2m+2)=4m^2+4m$ であるから

$$S_{2m-1}=S_{2m}-a_{2m}=2m^2+3m-(4m^2+4m)$$
$$=-2m^2-m$$

←$S_{2m}=S_{2m-1}+a_{2m}$ を利用する。

$m=\dfrac{n+1}{2}$ であるから

$$S_n=-2\left(\frac{n+1}{2}\right)^2-\frac{n+1}{2}=-\frac{1}{2}(n+1)\{(n+1)+1\}$$
$$=-\frac{1}{2}(n+1)(n+2)$$

←S_{2m-1} の式に $m=\dfrac{n+1}{2}$ を代入して n の式に直す。

[1], [2] から　**n が偶数のとき　$S_n=\dfrac{n}{2}(n+3)$**

n が奇数のとき　$S_n=-\dfrac{1}{2}(n+1)(n+2)$

←n が偶数のときと奇数のときをまとめることは難しいから，分けて答える。

練習 ③29　第 n 群が n 個の数を含む群数列

1|2, 3|3, 4, 5|4, 5, 6, 7|5, 6, 7, 8, 9|6, …… について

(1)　第 n 群の総和を求めよ。　(2)　初めて 99 が現れるのは，第何群の何番目か。

(3)　最初の項から 1999 番目の項は，第何群の何番目か。また，その数を求めよ。〔類　東京薬大〕

(1)　第 n 群は初項 n，公差 1，項数 n の等差数列をなすから，その総和は　$\dfrac{1}{2}n\{2n+(n-1)\cdot 1\}=\boldsymbol{\dfrac{1}{2}n(3n-1)}$

(2)　第 k 群は数列 k, $k+1$, $k+2$, ……, $2k-1$ であるから，99 が第 k 群の第 l 項であるとすると

$$k\leqq 99\leqq 2k-1\quad すなわち\quad 50\leqq k\leqq 99$$

よって　$50+(l-1)\cdot 1=99$

ゆえに　$l=50$

したがって，**第 50 群の 50 番目** に初めて 99 が現れる。

←第 k 群は，k から始まり項数が k である (公差 1 の等差数列)。

(3)　$1+2+3+\cdots\cdots+m=\dfrac{1}{2}m(m+1)$

←$\displaystyle\sum_{i=1}^{m} i=\frac{1}{2}m(m+1)$

ゆえに，第 m 群の末項はもとの数列の第 $\dfrac{1}{2}m(m+1)$ 項である。

第 1999 項が第 m 群にあるとすると

$$\frac{1}{2}(m-1)m<1999\leqq\frac{1}{2}m(m+1)$$

←まず，第 1999 項が含まれる群を求める。

すなわち　$(m-1)m<3998\leqq m(m+1)$ …… ①

$(m-1)m$ は単調に増加し，$62\cdot 63=3906$，$63\cdot 64=4032$ であるから，① を満たす自然数 m は

$$m=63$$

$m=63$ のとき　$\dfrac{1}{2}(m-1)m=\dfrac{1}{2}\cdot 62\cdot 63=1953$

←第 62 群の末項が第 1953 項となる。

また　$1999-1953=46$

よって，第 1999 項は **第 63 群の 46 番目** の項である。

そして，その数は　$63+(46-1)\cdot 1=\mathbf{108}$

練習 ③30

2 の累乗を分母とする既約分数を，次のように並べた数列

$\frac{1}{2},\ \frac{1}{4},\ \frac{3}{4},\ \frac{1}{8},\ \frac{3}{8},\ \frac{5}{8},\ \frac{7}{8},\ \frac{1}{16},\ \frac{3}{16},\ \frac{5}{16},\ \cdots\cdots,\ \frac{15}{16},\ \frac{1}{32},\ \cdots\cdots$

について，第 1 項から第 100 項までの和を求めよ。　〔類 岩手大〕

分母が等しいものを群として，次のように区切って考える。

$\frac{1}{2}\Big|\frac{1}{4},\ \frac{3}{4}\Big|\frac{1}{8},\ \frac{3}{8},\ \frac{5}{8},\ \frac{7}{8}\Big|\frac{1}{16},\ \frac{3}{16},\ \frac{5}{16},\ \cdots\cdots,\ \frac{15}{16}\Big|\frac{1}{32},\ \cdots\cdots$

第 k 群には 2^{k-1} 個の項があるから，第 1 群から第 n 群までの項の総数は

$$1+2+2^2+\cdots\cdots+2^{n-1}=\frac{2^n-1}{2-1}=2^n-1$$

←初項 1，公比 2，項数 n の等比数列の和。

第 100 項が第 n 群の項であるとすると

$$2^{n-1}-1<100\leqq 2^n-1\ \cdots\cdots\ ①$$

$2^{n-1}-1$ は単調に増加し，$2^6-1=63$，$2^7-1=127$ であるから，① を満たす自然数 n は　$n=7$

第 6 群の末項が第 63 項となるから　$100-63=37$

←$2^6-1=63$

したがって，第 100 項は第 7 群の第 37 項である。

ここで，第 n 群の項の和は

$$\frac{1}{2^n}\{1+3+\cdots\cdots+(2^n-1)\}=\frac{1}{2^n}\cdot\frac{1}{2}\cdot 2^{n-1}\{1+(2^n-1)\}$$
$$=2^{n-2}$$

←～～は第 n 群の分子の和で，初項 1，末項 2^n-1，項数 2^{n-1} の等差数列の和。

更に，各群の k 番目の項の分子は $2k-1$ である。

←$1+(k-1)\cdot 2=2k-1$

よって，求める和は

$$\sum_{k=1}^{6}2^{k-2}+\frac{1}{2^7}\{1+3+\cdots\cdots+(2\cdot 37-1)\}$$
$$=\frac{1}{2}\cdot\frac{2^6-1}{2-1}+\frac{1}{128}\cdot 37^2$$
$$=\frac{1}{2}\cdot 63+\frac{1369}{128}=\boldsymbol{\frac{5401}{128}}$$

←$\sum_{k=1}^{6}2^{k-2}=\sum_{k=1}^{6}\frac{1}{2}\cdot 2^{k-1}$

←$\boldsymbol{1+3+5+\cdots\cdots+(2n-1)=n^2}$

練習 ④31

自然数 1，2，3，…… を，右の図のように並べる。

(1)　左から m 番目，上から 1 番目の位置にある自然数を m を用いて表せ。

(2)　150 は左から何番目，上から何番目の位置にあるか。　〔類 中央大〕

1	2	4	7	…
3	5	8	…	…
6	9	…	…	…
10	…	…	…	…
…	…	…	…	…

並べられた整数を，次のように群に分けて考える。

$$1\,|\,2,\ 3\,|\,4,\ 5,\ 6\,|\,7,\ \cdots\cdots$$

(1)　第 1 群から第 m 群までの項数は

$$1+2+3+\cdots\cdots+m=\frac{1}{2}m(m+1)$$

←$\sum_{k=1}^{m}k=\frac{1}{2}m(m+1)$

左から m 番目，上から 1 番目は第 m 群の 1 番目であるから

$$\frac{1}{2}(m-1)m+1=\boldsymbol{\frac{1}{2}m^2-\frac{1}{2}m+1}$$

←第 $(m-1)$ 群までの項数に 1 を加えればよい。

(2) 150 が第 m 群に含まれるとすると

$$\frac{1}{2}(m-1)m<150\leqq\frac{1}{2}m(m+1)$$

よって　$(m-1)m<300\leqq m(m+1)$

この不等式を満たす自然数 m は　$m=17$

← $16\cdot17=272$
$17\cdot18=306$
$(m-1)m$ は単調に増加。

第 17 群の最初の項は　$\frac{1}{2}\cdot(17-1)\cdot17+1=137$

150 は第 17 群の $150-137+1=14$ (番目) である。

ゆえに，左から　$17-14+1=4$ (番目)

よって，150 は **左から 4 番目，上から 14 番目** の位置にある。

練習 ④32 xy 平面において，次の連立不等式の表す領域に含まれる格子点の個数を求めよ。ただし，n は自然数とする。

(1) $x\geqq0,\ y\geqq0,\ x+3y\leqq3n$　　(2) $0\leqq x\leqq n,\ y\geqq x^2,\ y\leqq2x^2$

(1) 領域は，右図のように，x 軸，y 軸，直線 $y=-\frac{1}{3}x+n$ で囲まれた三角形の周および内部である。

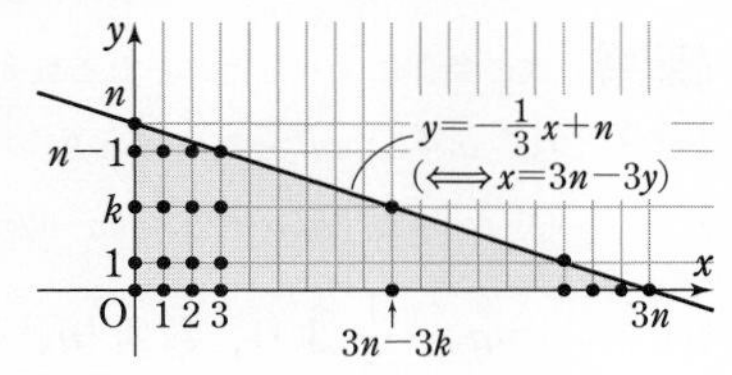

ここで，$x+3y=3n$ とすると　$x=3n-3y$

ゆえに，直線 $y=k$ $(k=0,\ 1,\ \cdots\cdots,\ n)$ 上には，$(3n-3k+1)$ 個の格子点が並ぶ。

よって，格子点の総数は

$$\sum_{k=0}^{n}(3n-3k+1)=-3\sum_{k=0}^{n}k+(3n+1)\sum_{k=0}^{n}1$$

$$=-3\cdot\frac{1}{2}n(n+1)+(3n+1)(n+1)$$

$$=\frac{1}{2}(n+1)\{-3n+2(3n+1)\}$$

$$=\boldsymbol{\frac{1}{2}(n+1)(3n+2)}\ \textbf{(個)}$$

← $\sum_{k=0}^{n}k=\sum_{k=1}^{n}k$，
$\sum_{k=0}^{n}1=1\times(n+1)$

検討　直線 $x=k$ $(k=0,\ 1,\ \cdots,\ 3n)$ と直線 $x+3y=3n$ の交点の座標は $\left(k,\ n-\frac{k}{3}\right)$

これは $k=3m$ $(m=0,\ 1,\ \cdots,\ n)$ のとき格子点であるが，$k=3m-2,\ 3m-1$ $(m=1,\ 2,\ \cdots,\ n)$ のとき格子点ではない。よって，直線 $x=k$ 上の格子点の数を調べる方針の場合は，$k=3m,\ 3m-1,\ 3m-2$ で場合分けをして考えていく必要がある。これは大変なので，直線 $y=k$ $(k=0,\ 1,\ 2,\ \cdots,\ n)$ 上の格子点の数を調べているのである。

別解　線分 $x+3y=3n$ $(0\leqq y\leqq n)$ 上の格子点 $(0,\ n)$，$(3,\ n-1)$，$\cdots\cdots$，$(3n,\ 0)$ の個数は　$n+1$

4 点 $(0,\ 0)$，$(3n,\ 0)$，$(3n,\ n)$，$(0,\ n)$ を頂点とする長方形の周および内部にある格子点の個数は

$$(3n+1)(n+1)$$

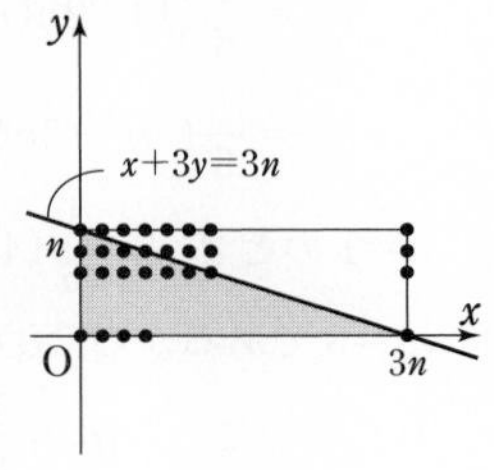

ゆえに，求める格子点の個数は

$$\frac{1}{2}\{(3n+1)(n+1)+(n+1)\}=\boldsymbol{\frac{1}{2}(n+1)(3n+2)}\ \textbf{(個)}$$

(2)　領域は，右図のように，直線 $x=n$，放物線 $y=x^2$，$y=2x^2$ で囲まれた部分である(境界線を含む)。
直線 $x=k$ $(k=0,\ 1,\ 2,\ \cdots\cdots,\ n-1,\ n)$ 上には，$2k^2-k^2+1=(k^2+1)$ (個) の格子点が並ぶ。
よって，格子点の総数は

$$\sum_{k=0}^{n}(k^2+1)=(0^2+1)+\sum_{k=1}^{n}(k^2+1)$$
$$=1+\sum_{k=1}^{n}(k^2+1)$$
$$=1+\frac{1}{6}n(n+1)(2n+1)+n$$
$$=\boldsymbol{\frac{1}{6}(n+1)(2n^2+n+6)}\ \textbf{(個)}$$

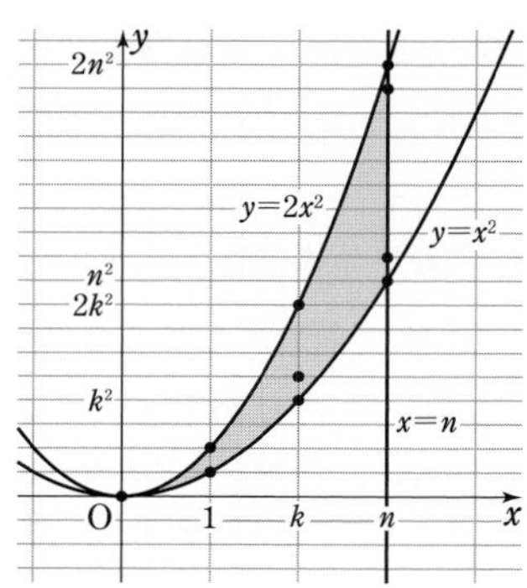

練習 ①33　次の条件によって定められる数列 $\{a_n\}$ の一般項を求めよ。
(1)　$a_1=2,\ a_{n+1}-a_n+\frac{1}{2}=0$　　(2)　$a_1=-1,\ a_{n+1}+a_n=0$
(3)　$a_1=3,\ 2a_{n+1}-2a_n=4n^2+2n-1$

(1)　$a_{n+1}=a_n-\frac{1}{2}$ より，数列 $\{a_n\}$ は初項 $a_1=2$，公差 $-\frac{1}{2}$ の等差数列であるから　　$\boldsymbol{a_n}=2+(n-1)\cdot\left(-\frac{1}{2}\right)=\boldsymbol{-\frac{1}{2}n+\frac{5}{2}}$

←$a_n=a+(n-1)d$

(2)　$a_{n+1}=-a_n$ より，数列 $\{a_n\}$ は初項 $a_1=-1$，公比 -1 の等比数列であるから　　$\boldsymbol{a_n}=-1\cdot(-1)^{n-1}=\boldsymbol{(-1)^n}$

←$a_n=ar^{n-1}$

(3)　$2a_{n+1}-2a_n=4n^2+2n-1$ から

$$a_{n+1}-a_n=2n^2+n-\frac{1}{2}$$

よって，数列 $\{a_n\}$ の階差数列の第 n 項は $2n^2+n-\frac{1}{2}$ であるから，$n\geqq2$ のとき

$$a_n=a_1+\sum_{k=1}^{n-1}\left(2k^2+k-\frac{1}{2}\right)$$
$$=3+2\sum_{k=1}^{n-1}k^2+\sum_{k=1}^{n-1}k-\frac{1}{2}\sum_{k=1}^{n-1}1$$
$$=3+2\cdot\frac{1}{6}(n-1)n(2n-1)+\frac{1}{2}(n-1)n-\frac{1}{2}(n-1)$$
$$=\frac{1}{6}\{18+2n(n-1)(2n-1)+3n(n-1)-3(n-1)\}$$
$$=\frac{1}{6}(4n^3-3n^2-4n+21)\ \cdots\cdots\ ①$$

←$a_n=a_1+\sum_{k=1}^{n-1}(a_{k+1}-a_k)$

←$\sum_{k=1}^{n-1}k=\frac{1}{2}(n-1)n$，$\sum_{k=1}^{n-1}k^2=\frac{1}{6}(n-1)n(2n-1)$

$n=1$ のとき　　$\frac{1}{6}(4\cdot1^3-3\cdot1^2-4\cdot1+21)=3$

$a_1=3$ であるから，① は $n=1$ のときも成り立つ。

❶ 初項は特別扱い

したがって　　$\boldsymbol{a_n=\frac{1}{6}(4n^3-3n^2-4n+21)}$

練習 ②34 次の条件によって定められる数列 $\{a_n\}$ の一般項を求めよ。
(1) $a_1=2,\ a_{n+1}=3a_n-2$ 〔名古屋市大〕 (2) $a_1=3,\ 2a_{n+1}-a_n+2=0$

(1) $a_{n+1}=3a_n-2$ を変形すると $a_{n+1}-1=3(a_n-1)$
また $a_1-1=2-1=1$
よって，数列 $\{a_n-1\}$ は初項 1，公比 3 の等比数列であるから
$a_n-1=1\cdot 3^{n-1}$ したがって $\boldsymbol{a_n=3^{n-1}+1}$

←$\alpha=3\alpha-2$ の解は $\alpha=1$

(2) $2a_{n+1}-a_n+2=0$ を変形すると $a_{n+1}+2=\dfrac{1}{2}(a_n+2)$
また $a_1+2=3+2=5$
よって，数列 $\{a_n+2\}$ は初項 5，公比 $\dfrac{1}{2}$ の等比数列であるから
$a_n+2=5\cdot\left(\dfrac{1}{2}\right)^{n-1}$ したがって $\boldsymbol{a_n=5\left(\dfrac{1}{2}\right)^{n-1}-2}$

←$a_{n+1}=\dfrac{1}{2}a_n-1$
また，$2\alpha-\alpha+2=0$ の解は $\alpha=-2$

検討 本冊 *p*.464 で扱った「**階差数列を利用する**」という方法も有効である。練習 34 (1) について，その方法による解答を紹介しておく。

別解 $a_{n+1}=3a_n-2$ …… ① とする。
① で n の代わりに $n+1$ とおくと $a_{n+2}=3a_{n+1}-2$ …… ②
②−① から $a_{n+2}-a_{n+1}=3(a_{n+1}-a_n)$
数列 $\{a_n\}$ の階差数列を $\{b_n\}$ とすると $b_{n+1}=3b_n$
また $b_1=a_2-a_1=(3\cdot2-2)-2=2$
ゆえに，数列 $\{b_n\}$ は初項 2，公比 3 の等比数列であるから
$b_n=2\cdot3^{n-1}$ …… ③
よって，$n\geqq2$ のとき
$$a_n=a_1+\sum_{k=1}^{n-1}2\cdot3^{k-1}=2+2\cdot\frac{3^{n-1}-1}{3-1}=3^{n-1}+1$$
初項は $a_1=2$ であるから，これは $n=1$ のときも成り立つ。
したがって $\boldsymbol{a_n=3^{n-1}+1}$

←$3^{1-1}+1=2$

参考 ③ を導いた後は，次のように進めてよい。
③ から $a_{n+1}-a_n=2\cdot3^{n-1}$
$a_{n+1}=3a_n-2$ を代入して $(3a_n-2)-a_n=2\cdot3^{n-1}$
したがって $\boldsymbol{a_n=3^{n-1}+1}$

←a_{n+1} を消去。

練習 ③35 $a_1=-2,\ a_{n+1}=-3a_n-4n+3$ によって定められる数列 $\{a_n\}$ の一般項を求めよ。

$a_{n+1}=-3a_n-4n+3$ …… ① とすると
$a_{n+2}=-3a_{n+1}-4(n+1)+3$ …… ②
②−① から $a_{n+2}-a_{n+1}=-3(a_{n+1}-a_n)-4$
$a_{n+1}-a_n=b_n$ とおくと $b_{n+1}=-3b_n-4$
これを変形すると $b_{n+1}+1=-3(b_n+1)$
また $b_1+1=(a_2-a_1)+1=(-3a_1-4+3-a_1)+1$
$=-4a_1=8$

←差を作り，n を消去。
←$\{b_n\}$ は $\{a_n\}$ の階差数列。
←$\alpha=-3\alpha-4$ の解は $\alpha=-1$

よって，数列 $\{b_n+1\}$ は初項 8，公比 -3 の等比数列で

$$b_n+1=8\cdot(-3)^{n-1} \quad すなわち \quad b_n=8\cdot(-3)^{n-1}-1$$

$n\geqq 2$ のとき

$$\begin{aligned}a_n&=a_1+\sum_{k=1}^{n-1}\{8\cdot(-3)^{k-1}-1\}\\&=-2+8\cdot\frac{1-(-3)^{n-1}}{1-(-3)}-(n-1)\\&=-2\cdot(-3)^{n-1}-n+1 \quad \cdots\cdots ③\end{aligned}$$

←$n\geqq 2$ のとき $a_n=a_1+\sum_{k=1}^{n-1}b_k$

$n=1$ のとき　$-2\cdot(-3)^0-1+1=-2$

$a_1=-2$ であるから，③ は $n=1$ のときも成り立つ。

← 初項は特別扱い

したがって　$\boldsymbol{a_n=-2\cdot(-3)^{n-1}-n+1}$

参考　$b_n=8\cdot(-3)^{n-1}-1$ を導いた後，$a_{n+1}-a_n=8\cdot(-3)^{n-1}-1$ に ① を代入して a_n を求めてもよい。

別解　$f(n)=\alpha n+\beta$ とする。$a_{n+1}=-3a_n-4n+3$ が

$$a_{n+1}-f(n+1)=-3\{a_n-f(n)\} \quad \cdots\cdots ①$$

の形に変形できるための条件を求める。

① から　$a_{n+1}-\{\alpha(n+1)+\beta\}=-3\{a_n-(\alpha n+\beta)\}$

よって　$a_{n+1}=-3a_n+4\alpha n+\alpha+4\beta$

これと $a_{n+1}=-3a_n-4n+3$ の右辺の係数を比較して

$$4\alpha=-4,\quad \alpha+4\beta=3$$

←$4\alpha n+\alpha+4\beta=-4n+3$ が n の恒等式。

ゆえに　$\alpha=-1,\ \beta=1$

このとき　$a_{n+1}-\{-(n+1)+1\}=-3\{a_n-(-n+1)\}$

また　$a_1-(-1+1)=-2$

よって，数列 $\{a_n-(-n+1)\}$ は初項 -2，公比 -3 の等比数列であるから　$a_n-(-n+1)=-2\cdot(-3)^{n-1}$

したがって　$\boldsymbol{a_n=-2\cdot(-3)^{n-1}-n+1}$

練習 ③36

$a_1=4,\ a_{n+1}=4a_n-2^{n+1}$ によって定められる数列 $\{a_n\}$ の一般項を求めよ。〔信州大〕

$a_{n+1}=4a_n-2^{n+1}$ の両辺を 2^{n+1} で割ると

$$\frac{a_{n+1}}{2^{n+1}}=2\cdot\frac{a_n}{2^n}-1$$

←$\frac{4a_n}{2^{n+1}}=\frac{4}{2}\cdot\frac{a_n}{2^n}$

$\frac{a_n}{2^n}=b_n$ とおくと　$b_{n+1}=2b_n-1$

←おき換え が有効。

これを変形すると　$b_{n+1}-1=2(b_n-1)$

←$\alpha=2\alpha-1$ の解は $\alpha=1$

また　$b_1-1=\frac{a_1}{2}-1=\frac{4}{2}-1=1$

よって，数列 $\{b_n-1\}$ は初項 1，公比 2 の等比数列であるから

$$b_n-1=1\cdot 2^{n-1}$$

ゆえに　$\frac{a_n}{2^n}=2^{n-1}+1$

したがって　$\boldsymbol{a_n=2^{2n-1}+2^n}$

←$2^n(2^{n-1}+1)=2^{2n-1}+2^n$

別解 $a_{n+1}=4a_n-2^{n+1}$ の両辺を 4^{n+1} で割ると

$$\frac{a_{n+1}}{4^{n+1}}=\frac{a_n}{4^n}-\left(\frac{1}{2}\right)^{n+1}$$

$\frac{a_n}{4^n}=b_n$ とおくと　$b_{n+1}=b_n-\left(\frac{1}{2}\right)^{n+1}$　　また　$b_1=\frac{a_1}{4^1}=1$

←階差数列の形。

ゆえに，$n\geqq 2$ のとき

$$b_n=b_1+\sum_{k=1}^{n-1}\left(-\frac{1}{4}\right)\cdot\left(\frac{1}{2}\right)^{k-1}=1-\frac{1}{4}\cdot\frac{1-\left(\frac{1}{2}\right)^{n-1}}{1-\frac{1}{2}}$$

$$=1-\frac{1}{2}\left\{1-\left(\frac{1}{2}\right)^{n-1}\right\}=\frac{1}{2}+\left(\frac{1}{2}\right)^n \cdots\cdots ①$$

←～～ は初項 $-\frac{1}{4}$，公比 $\frac{1}{2}$，項数 $n-1$ の等比数列の和。

$n=1$ のとき　　$\frac{1}{2}+\left(\frac{1}{2}\right)^1=1$

$b_1=1$ であるから，① は $n=1$ のときも成り立つ。

初項は特別扱い

よって　　$\boldsymbol{a_n=4^nb_n=2^{2n}(2^{-1}+2^{-n})=2^{2n-1}+2^n}$

練習 ③37

$a_1=1$，$a_{n+1}=\frac{3a_n}{6a_n+1}$ によって定められる数列 $\{a_n\}$ の一般項を求めよ。

漸化式から，数列 $\{a_n\}$ の各項は正である。

←$a_1>0$ および漸化式の形から明らか。

$a_{n+1}=\frac{3a_n}{6a_n+1}$ の両辺の逆数をとると

$$\frac{1}{a_{n+1}}=2+\frac{1}{3a_n}$$

←$\frac{1}{a_{n+1}}=\frac{6a_n+1}{3a_n}$

$\frac{1}{a_n}=b_n$ とおくと　　$b_{n+1}=\frac{1}{3}b_n+2$

←$\frac{1}{3a_n}=\frac{1}{3}\cdot\frac{1}{a_n}=\frac{1}{3}b_n$

これを変形すると　　$b_{n+1}-3=\frac{1}{3}(b_n-3)$

←$\alpha=\frac{1}{3}\alpha+2$ の解は $\alpha=3$

また　　$b_1-3=\frac{1}{a_1}-3=1-3=-2$

よって，数列 $\{b_n-3\}$ は初項 -2，公比 $\frac{1}{3}$ の等比数列であるから　　$b_n-3=-2\left(\frac{1}{3}\right)^{n-1}$　すなわち　$b_n=3-\frac{2}{3^{n-1}}=\frac{3^n-2}{3^{n-1}}$

したがって　　$\boldsymbol{a_n=\frac{1}{b_n}=\frac{3^{n-1}}{3^n-2}}$

←$3^n\geqq 3$ であるから $3^n-2>0$

練習 ③38

$a_1=1$，$a_{n+1}=2a_n{}^2$ で定められる数列 $\{a_n\}$ の一般項を求めよ。　〔類 慶応大〕

漸化式から，数列 $\{a_n\}$ の各項は正である。

←$a_1>0$ および漸化式の形から明らか。

よって，$a_{n+1}=2a_n{}^2$ の両辺は正であるから，両辺の 2 を底とする対数をとると

$$\log_2 a_{n+1}=\log_2 2a_n{}^2$$

ゆえに　　$\log_2 a_{n+1}=2\log_2 a_n+1$

←$\log_2 2a_n{}^2=\log_2 2+\log_2 a_n{}^2=1+2\log_2 a_n$

$\log_2 a_n=b_n$ とおくと　　$b_{n+1}=2b_n+1$

これを変形して　$b_{n+1}+1=2(b_n+1)$

また　$b_1+1=\log_2 a_1+1=\log_2 1+1=1$

よって，数列 $\{b_n+1\}$ は初項1，公比2の等比数列であるから

$b_n+1=2^{n-1}$

ゆえに　$b_n=2^{n-1}-1$

したがって　$\boldsymbol{a_n=2^{b_n}=2^{2^{n-1}-1}}$

←$\alpha=2\alpha+1$ を解くと $\alpha=-1$

←$\log_a a_n=p \Longleftrightarrow a_n=a^p$

練習 ③39

$a_1=\dfrac{1}{2}$，$na_{n+1}=(n+2)a_n+1$ によって定められる数列 $\{a_n\}$ がある。

(1)　$a_n=n(n+1)b_n$ とおくとき，b_{n+1} を b_n と n の式で表せ。

(2)　a_n を n の式で表せ。

(1)　$a_n=n(n+1)b_n$ を $na_{n+1}=(n+2)a_n+1$ に代入して

$$n\cdot(n+1)(n+2)b_{n+1}=(n+2)\cdot n(n+1)b_n+1$$

両辺を $n(n+1)(n+2)$ で割ると

$$\boldsymbol{b_{n+1}=b_n+\frac{1}{n(n+1)(n+2)}}$$

(2)　(1)から　$b_{n+1}-b_n=\dfrac{1}{n(n+1)(n+2)}$

$$=\frac{1}{2}\left\{\frac{1}{n(n+1)}-\frac{1}{(n+1)(n+2)}\right\}$$

←部分分数に分解して，差の形を作る。$=\dfrac{1}{2}\cdot\dfrac{(n+2)-n}{n(n+1)(n+2)}$

$b_{n+1}-b_n=c_n$ とおくと

$$c_n=\frac{1}{2}\left\{\frac{1}{n(n+1)}-\frac{1}{(n+1)(n+2)}\right\}$$

ここで　$b_1=\dfrac{a_1}{1\cdot2}=\dfrac{1}{2}\cdot\dfrac{1}{2}=\dfrac{1}{4}$

←$b_n=\dfrac{a_n}{n(n+1)}$

よって，$n\geqq2$ のとき

$$b_n=b_1+\sum_{k=1}^{n-1}c_k$$

$$=\frac{1}{4}+\frac{1}{2}\left[\left(\frac{1}{1\cdot2}-\frac{1}{2\cdot3}\right)+\left(\frac{1}{2\cdot3}-\frac{1}{3\cdot4}\right)+\cdots\cdots+\left\{\frac{1}{(n-1)n}-\frac{1}{n(n+1)}\right\}\right]$$

←途中が消えて，最初と最後だけが残る。

$$=\frac{1}{4}+\frac{1}{2}\left\{\frac{1}{2}-\frac{1}{n(n+1)}\right\}$$

$$=\frac{1}{2}-\frac{1}{2n(n+1)}\quad\cdots\cdots\ ①$$

$n=1$ のとき　$\dfrac{1}{2}-\dfrac{1}{2\cdot1\cdot2}=\dfrac{1}{4}$

$b_1=\dfrac{1}{4}$ であるから，① は $n=1$ のときも成り立つ。

初項は特別扱い

よって　$\boldsymbol{a_n}=n(n+1)b_n=n(n+1)\left\{\dfrac{1}{2}-\dfrac{1}{2n(n+1)}\right\}$

$$=\boldsymbol{\frac{n^2+n-1}{2}}$$

←$\dfrac{n(n+1)}{2}-\dfrac{1}{2}$

練習 ④40 $a_1=\frac{2}{3}$，$(n+2)a_n=(n-1)a_{n-1}$ $(n\geqq 2)$ によって定められる数列 $\{a_n\}$ の一般項を求めよ。 〔類 弘前大〕

解答 1. 漸化式を変形して

$$a_n=\frac{n-1}{n+2}a_{n-1}\ (n\geqq 2)$$

ゆえに $\quad a_n=\frac{n-1}{n+2}\cdot\frac{n-2}{n+1}a_{n-2}\ (n\geqq 3)$

これを繰り返して

$$a_n=\frac{n-1}{n+2}\cdot\frac{n-2}{n+1}\cdot\frac{n-3}{n}\cdot\frac{n-4}{n-1}\cdot\cdots\cdots\cdot\frac{4}{7}\cdot\frac{3}{6}\cdot\frac{2}{5}\cdot\frac{1}{4}a_1$$

よって $\quad a_n=\frac{3\cdot 2\cdot 1}{(n+2)(n+1)n}\cdot\frac{2}{3}$

すなわち $\quad \boldsymbol{a_n=\frac{4}{n(n+1)(n+2)}}$ …… ①

$n=1$ のとき $\quad \frac{4}{1\cdot 2\cdot 3}=\frac{2}{3}$

$a_1=\frac{2}{3}$ であるから，① は $n=1$ のときも成り立つ。

←$a_n=\frac{n-1}{n+2}a_{n-1}$
$=\frac{n-1}{n+2}\cdot\frac{\boldsymbol{n-2}}{\boldsymbol{n+1}}\boldsymbol{a_{n-2}}$
$=\frac{n-1}{n+2}\cdot\frac{n-2}{n+1}\cdot\frac{\boldsymbol{n-3}}{\boldsymbol{n}}\boldsymbol{a_{n-3}}$
$=\cdots\cdots$

解答 2. 漸化式の両辺に $n(n+1)$ を掛けると

$$n(n+1)(n+2)a_n=(n-1)n(n+1)a_{n-1}\quad (n\geqq 2)$$

よって $\quad n(n+1)(n+2)a_n=(n-1)n(n+1)a_{n-1}$
$\qquad =\cdots\cdots=1\cdot 2\cdot 3a_1=4$

したがって $\quad \boldsymbol{a_n=\frac{4}{n(n+1)(n+2)}}$ …… ①

$n=1$ のとき $\quad \frac{4}{1\cdot 2\cdot 3}=\frac{2}{3}$

$a_1=\frac{2}{3}$ であるから，① は $n=1$ のときも成り立つ。

←$n+2$，$n-1$ の間にある $n+1$，n を掛けると都合がよい。
←数列 $\{n(n+1)(n+2)a_n\}$ は，すべての項が等しい。

練習 ③41 次の条件によって定められる数列 $\{a_n\}$ の一般項を求めよ。 〔(1) 類 立教大〕
(1) $a_1=1$，$a_2=2$，$a_{n+2}-2a_{n+1}-3a_n=0$ (2) $a_1=0$，$a_2=1$，$5a_{n+2}=3a_{n+1}+2a_n$

(1) 漸化式を変形すると

$$a_{n+2}+a_{n+1}=3(a_{n+1}+a_n)\quad \cdots\cdots ①,$$
$$a_{n+2}-3a_{n+1}=-(a_{n+1}-3a_n)\quad \cdots\cdots ②$$

① より，数列 $\{a_{n+1}+a_n\}$ は初項 $a_2+a_1=3$，公比 3 の等比数列であるから $\quad a_{n+1}+a_n=3\cdot 3^{n-1}=3^n$ …… ③

② より，数列 $\{a_{n+1}-3a_n\}$ は初項 $a_2-3a_1=-1$，公比 -1 の等比数列であるから

$$a_{n+1}-3a_n=-1\cdot(-1)^{n-1}=(-1)^n\quad \cdots\cdots ④$$

③−④ から $\quad 4a_n=3^n-(-1)^n$

したがって $\quad \boldsymbol{a_n=\frac{1}{4}\{3^n-(-1)^n\}}$

←$x^2-2x-3=0$ を解くと，$(x+1)(x-3)=0$ から $x=-1,\ 3$
解に 1 を含まない から，漸化式を **2 通りに変形**。

(2) 漸化式を変形すると　$a_{n+2}-a_{n+1}=-\frac{2}{5}(a_{n+1}-a_n)$

ゆえに，数列 $\{a_{n+1}-a_n\}$ は初項 $a_2-a_1=1$，公比 $-\frac{2}{5}$ の等比数列であるから　$a_{n+1}-a_n=\left(-\frac{2}{5}\right)^{n-1}$ …… Ⓐ

よって，$n \geqq 2$ のとき

$$a_n=a_1+\sum_{k=1}^{n-1}\left(-\frac{2}{5}\right)^{k-1}=\frac{1-\left(-\frac{2}{5}\right)^{n-1}}{1-\left(-\frac{2}{5}\right)}$$

$$=\frac{5}{7}\left\{1-\left(-\frac{2}{5}\right)^{n-1}\right\}$$

$n=1$ を代入すると，$\frac{5}{7}\left\{1-\left(-\frac{2}{5}\right)^0\right\}=0$ であるから，上の式は $n=1$ のときも成り立つ。

したがって　$\boldsymbol{a_n=\frac{5}{7}\left\{1-\left(-\frac{2}{5}\right)^{n-1}\right\}}$

←$5x^2=3x+2$ を解くと，$(x-1)(5x+2)=0$ から $x=1,\ -\frac{2}{5}$

解に1を含む から，**階差数列を利用** する方針が有効。

⓫ **初項は特別扱い**

別解　$5a_{n+2}=3a_{n+1}+2a_n$ を変形すると

$$a_{n+2}+\frac{2}{5}a_{n+1}=a_{n+1}+\frac{2}{5}a_n$$

ゆえに　$a_{n+1}+\frac{2}{5}a_n=a_n+\frac{2}{5}a_{n-1}=\cdots\cdots=a_2+\frac{2}{5}a_1=1$

よって　$a_{n+1}+\frac{2}{5}a_n=1$ …… Ⓑ

これを変形して　$a_{n+1}-\frac{5}{7}=-\frac{2}{5}\left(a_n-\frac{5}{7}\right)$

よって，数列 $\left\{a_n-\frac{5}{7}\right\}$ は初項 $a_1-\frac{5}{7}=-\frac{5}{7}$，公比 $-\frac{2}{5}$ の等比数列であるから　$a_n-\frac{5}{7}=-\frac{5}{7}\cdot\left(-\frac{2}{5}\right)^{n-1}$

したがって　$\boldsymbol{a_n=\frac{5}{7}\left\{1-\left(-\frac{2}{5}\right)^{n-1}\right\}}$

←$a_{n+1}=-\frac{2}{5}a_n+1$

←$a_{n+1}=pa_n+q$ 型
特性方程式
$\alpha+\frac{2}{5}\alpha=1$ の解は
$\alpha=\frac{5}{7}$

検討　Ⓐ と Ⓑ を導き，この2式から a_{n+1} を消去する方法で一般項 a_n を求めてもよい。

練習 ③42

次の条件によって定められる数列 $\{a_n\}$ の一般項を求めよ。
$a_1=0,\ a_2=3,\ a_{n+2}-6a_{n+1}+9a_n=0$

漸化式を変形すると　$a_{n+2}-3a_{n+1}=3(a_{n+1}-3a_n)$

よって，数列 $\{a_{n+1}-3a_n\}$ は初項 $a_2-3a_1=3$，公比3の等比数列であるから　$a_{n+1}-3a_n=3\cdot3^{n-1}$

両辺を 3^{n+1} で割ると　$\frac{a_{n+1}}{3^{n+1}}-\frac{a_n}{3^n}=\frac{1}{3}$

$\frac{a_n}{3^n}=b_n$ とおくと　$b_{n+1}-b_n=\frac{1}{3}$

←$x^2-6x+9=0$ を解くと，$(x-3)^2=0$ から $x=3$（重解）

←$a_{n+1}=pa_n+q^n$ 型は，両辺を q^{n+1} で割る。

←$a_{n+1}-a_n=d$（公差）

ゆえに，数列 $\{b_n\}$ は初項 $b_1=\dfrac{a_1}{3}=0$，公差 $\dfrac{1}{3}$ の等差数列であるから　$b_n=(n-1)\cdot\dfrac{1}{3}=\dfrac{n-1}{3}$

したがって　$\boldsymbol{a_n=3^nb_n=(n-1)\cdot 3^{n-1}}$

練習 ④43 次の条件によって定められる数列 $\{a_n\}$ の一般項を求めよ。

$$a_1=a_2=1,\ a_{n+2}=a_{n+1}+3a_n$$

〔類 北海道大〕

$x^2=x+3$ すなわち $x^2-x-3=0$ の 2 つの解を α，β $(\alpha<\beta)$ とおくと，解と係数の関係から　$\alpha+\beta=1$，$\alpha\beta=-3$

また，漸化式は $a_{n+2}-(\alpha+\beta)a_{n+1}+\alpha\beta a_n=0$ となるから

$a_{n+2}-\alpha a_{n+1}=\beta(a_{n+1}-\alpha a_n)$，$a_2-\alpha a_1=1-\alpha$；

$a_{n+2}-\beta a_{n+1}=\alpha(a_{n+1}-\beta a_n)$，$a_2-\beta a_1=1-\beta$

よって，数列 $\{a_{n+1}-\alpha a_n\}$ は初項 $1-\alpha$，公比 β の等比数列；

数列 $\{a_{n+1}-\beta a_n\}$ は初項 $1-\beta$，公比 α の等比数列。

ゆえに　$a_{n+1}-\alpha a_n=(1-\alpha)\beta^{n-1}$ …… ①

$a_{n+1}-\beta a_n=(1-\beta)\alpha^{n-1}$ …… ②

①－② から

$(\beta-\alpha)a_n=(1-\alpha)\beta^{n-1}-(1-\beta)\alpha^{n-1}$ …… ③

ここで，$\alpha=\dfrac{1-\sqrt{13}}{2}$，$\beta=\dfrac{1+\sqrt{13}}{2}$ であるから

$\beta-\alpha=\sqrt{13}$

また，$\alpha+\beta=1$ から

$1-\alpha=\beta$，$1-\beta=\alpha$

よって，③ から

$$\boldsymbol{a_n}=\frac{1}{\beta-\alpha}(\beta^n-\alpha^n)=\boldsymbol{\frac{1}{\sqrt{13}}\left\{\left(\frac{1+\sqrt{13}}{2}\right)^n-\left(\frac{1-\sqrt{13}}{2}\right)^n\right\}}$$

←$x^2-x-3=0$ の解は $x=\dfrac{1\pm\sqrt{13}}{2}$
この値を代入して漸化式を 2 通りに表すのは表記が複雑なので，α，β のまま進めた方がよい。

←一般項 a_n を α，β の式で表すことができる段階になったから，ここで α，β に値を代入。

←$(\beta-\alpha)^2$
$=(\alpha+\beta)^2-4\alpha\beta$
$=1^2-4(-3)=13$
$\beta-\alpha>0$ であるから
$\beta-\alpha=\sqrt{13}$
としてもよい。

練習 ③44 数列 $\{a_n\}$，$\{b_n\}$ を $a_1=1$，$b_1=1$，$a_{n+1}=2a_n-6b_n$，$b_{n+1}=a_n+7b_n$ で定めるとき，数列 $\{a_n\}$，$\{b_n\}$ の一般項を求めよ。

$a_{n+1}+\alpha b_{n+1}=2a_n-6b_n+\alpha(a_n+7b_n)$

$=(2+\alpha)a_n+(-6+7\alpha)b_n$

よって，$a_{n+1}+\alpha b_{n+1}=\beta(a_n+\alpha b_n)$ とすると

$(2+\alpha)a_n+(-6+7\alpha)b_n=\beta a_n+\alpha\beta b_n$

これがすべての n について成り立つための条件は

$2+\alpha=\beta$，$-6+7\alpha=\alpha\beta$

$\beta=2+\alpha$ を $-6+7\alpha=\alpha\beta$ に代入して整理すると

$\alpha^2-5\alpha+6=0$　　ゆえに　$\alpha=2,\ 3$

したがって　$(\alpha,\ \beta)=(2,\ 4),\ (3,\ 5)$

ゆえに　$a_{n+1}+2b_{n+1}=4(a_n+2b_n)$，$a_1+2b_1=3$；

$a_{n+1}+3b_{n+1}=5(a_n+3b_n)$，$a_1+3b_1=4$

よって，数列 $\{a_n+2b_n\}$ は初項 3，公比 4 の等比数列；

数列 $\{a_n+3b_n\}$ は初項 4，公比 5 の等比数列。

←**等比数列を作る方法。**

←a_n，b_n についての恒等式とみて係数比較。

←$(\alpha-2)(\alpha-3)=0$

←ar^{n-1}

ゆえに　$a_n+2b_n=3\cdot4^{n-1}$ ……①,

$a_n+3b_n=4\cdot5^{n-1}$ ……②

①×3−②×2 から　$\boldsymbol{a_n=9\cdot4^{n-1}-8\cdot5^{n-1}}$

②−① から　$\boldsymbol{b_n=4\cdot5^{n-1}-3\cdot4^{n-1}}$

←①, ② を a_n, b_n の連立方程式とみて解く。

別解　$a_{n+1}=2a_n-6b_n$ ……③, $b_{n+1}=a_n+7b_n$ ……④

←隣接3項間の漸化式に帰着させる方法。

④ から　$a_n=b_{n+1}-7b_n$　よって　$a_{n+1}=b_{n+2}-7b_{n+1}$

これらを ③ に代入して　$b_{n+2}-7b_{n+1}=2(b_{n+1}-7b_n)-6b_n$

ゆえに　$b_{n+2}-9b_{n+1}+20b_n=0$ ……⑤

←隣接3項間の漸化式。

また　$b_2=a_1+7b_1=1+7\cdot1=8$

⑤ を変形すると

$b_{n+2}-4b_{n+1}=5(b_{n+1}-4b_n)$, $b_2-4b_1=4$;

$b_{n+2}-5b_{n+1}=4(b_{n+1}-5b_n)$, $b_2-5b_1=3$

←⑤ の特性方程式 $x^2-9x+20=0$ の解は, $(x-4)(x-5)=0$ から $x=4$, 5

よって, 数列 $\{b_{n+1}-4b_n\}$ は初項4, 公比5の等比数列 ;

数列 $\{b_{n+1}-5b_n\}$ は初項3, 公比4の等比数列。

ゆえに　$b_{n+1}-4b_n=4\cdot5^{n-1}$ ……⑥

$b_{n+1}-5b_n=3\cdot4^{n-1}$ ……⑦

←ar^{n-1}

⑥−⑦ から　$\boldsymbol{b_n=4\cdot5^{n-1}-3\cdot4^{n-1}}$

←b_{n+1} を消去。

よって　$\boldsymbol{a_n}=(4\cdot5^n-3\cdot4^n)-7(4\cdot5^{n-1}-3\cdot4^{n-1})$

$\boldsymbol{=9\cdot4^{n-1}-8\cdot5^{n-1}}$

←$a_n=b_{n+1}-7b_n$ を利用。
$4\cdot5^n=20\cdot5^{n-1}$,
$3\cdot4^n=12\cdot4^{n-1}$

練習 ③45　数列 $\{a_n\}$, $\{b_n\}$ を $a_1=-1$, $b_1=1$, $a_{n+1}=-2a_n-9b_n$, $b_{n+1}=a_n+4b_n$ で定めるとき, 数列 $\{a_n\}$, $\{b_n\}$ の一般項を求めよ。

$a_{n+1}+\alpha b_{n+1}=-2a_n-9b_n+\alpha(a_n+4b_n)$

$=(-2+\alpha)a_n+(-9+4\alpha)b_n$

よって, $a_{n+1}+\alpha b_{n+1}=\beta(a_n+\alpha b_n)$ とすると

$(-2+\alpha)a_n+(-9+4\alpha)b_n=\beta a_n+\alpha\beta b_n$

これがすべての n について成り立つための条件は

$-2+\alpha=\beta$, $-9+4\alpha=\alpha\beta$

$-2+\alpha=\beta$ を $-9+4\alpha=\alpha\beta$ に代入して整理すると

$\alpha^2-6\alpha+9=0$　ゆえに　$\alpha=3$

したがって　$\beta=-2+3=1$

よって　$a_{n+1}+3b_{n+1}=a_n+3b_n$

これを繰り返すと

$a_n+3b_n=a_{n-1}+3b_{n-1}=\cdots\cdots=a_1+3b_1=2$

ゆえに　$a_n+3b_n=2$

$a_n=-3b_n+2$ を $b_{n+1}=a_n+4b_n$ に代入すると　$b_{n+1}=b_n+2$

数列 $\{b_n\}$ は初項1, 公差2の等差数列であるから

$b_n=1+(n-1)\cdot2=2n-1$

$a_n=-3b_n+2$ に代入すると

$a_n=-3(2n-1)+2=-6n+5$

よって　$\boldsymbol{a_n=-6n+5}$, $\boldsymbol{b_n=2n-1}$

別解
$a_{n+1}=-2a_n-9b_n$ …①,
$b_{n+1}=a_n+4b_n$ ……②
② から　$a_n=b_{n+1}-4b_n$
$a_{n+1}=b_{n+2}-4b_{n+1}$
これらを ① に代入して
$b_{n+2}-2b_{n+1}+b_n=0$
$x^2-2x+1=0$ を解くと
$x=1$（重解）
ゆえに　$b_{n+2}-b_{n+1}$
$=b_{n+1}-b_n$
よって　$b_{n+1}-b_n$
$=b_2-b_1$
$=(a_1+4b_1)-b_1$
$=-1+3\cdot1=2$
ゆえに　$\boldsymbol{b_n}=1+(n-1)\cdot2$
$\boldsymbol{=2n-1}$
よって　$\boldsymbol{a_n}$
$=2(n+1)-1-4(2n-1)$
$\boldsymbol{=-6n+5}$

練習 ③46 $a_1=1$, $a_{n+1}=\dfrac{a_n-4}{a_n-3}$ で定められる数列 $\{a_n\}$ の一般項 a_n を, $b_n=a_n-\alpha$ とおいて $b_{n+1}=\dfrac{\beta b_n}{b_n+\alpha}$ の形を導く方法で求めよ。

$b_n=a_n-\alpha$ とおくと, $a_n=b_n+\alpha$ であり, 漸化式から

$$b_{n+1}+\alpha=\frac{(b_n+\alpha)-4}{(b_n+\alpha)-3}$$

よって　$b_{n+1}=\dfrac{b_n+\alpha-4-\alpha(b_n+\alpha-3)}{b_n+\alpha-3}$

←(分子) $=(1-\alpha)b_n-\alpha^2+4\alpha-4$

ゆえに　$b_{n+1}=\dfrac{(1-\alpha)b_n-(\alpha-2)^2}{b_n+\alpha-3}$ ……①

ここで, $(\alpha-2)^2=0$ すなわち $\alpha=2$ とすると, ① は

$$b_{n+1}=-\frac{b_n}{b_n-1} \quad \cdots\cdots ②$$ となる。

←$b_{n+1}=\dfrac{rb_n}{pb_n+q}$ の形を作るための条件。

$b_1=a_1-\alpha=1-2=-1$ であるが, ある自然数 n で $b_{n+1}=0$ であるとすると, ② から　$b_n=0$

ゆえに, $b_{n+1}=b_n=b_{n-1}=\cdots\cdots=b_1=0$ となり, これは矛盾。

よって, すべての自然数 n について $b_n\neq0$ である。

←逆数をとるために, $b_n\neq0$ $(n\geqq1)$ を示す。

←$b_1=-1\neq0$

② の両辺の逆数をとると　$\dfrac{1}{b_{n+1}}=\dfrac{1}{b_n}-1$

←$\dfrac{1}{b_{n+1}}-\dfrac{1}{b_n}=1$

数列 $\left\{\dfrac{1}{b_n}\right\}$ は初項 $\dfrac{1}{b_1}=-1$, 公差 -1 の等差数列であるから

$$\frac{1}{b_n}=-1+(n-1)\cdot(-1)=-n$$

←$a+(n-1)d$

ゆえに　$b_n=-\dfrac{1}{n}$

したがって　$\boldsymbol{a_n=b_n+\alpha=2-\dfrac{1}{n}}$

検討　漸化式の特性方程式 (a_{n+1}, a_n の代わりに x とおいた方程式) $x=\dfrac{x-4}{x-3}$ すなわち $x^2-4x+4=0$ を解くと

$x=2$ (重解)

このことから, $b_n=a_n-2$ または $b_n=\dfrac{1}{a_n-2}$ のようにおき換えの式を決めて解いてもよい。

練習 ④47 数列 $\{a_n\}$ が $a_1=4$，$a_{n+1}=\dfrac{4a_n+3}{a_n+2}$ で定められている。このとき，一般項 a_n を，$b_n=\dfrac{a_n-\beta}{a_n-\alpha}$ とおいたときに数列 $\{b_n\}$ が等比数列となる条件を調べる方法で求めよ。

$b_n=\dfrac{a_n-\beta}{a_n-\alpha}$ とおくと

$$b_{n+1}=\frac{a_{n+1}-\beta}{a_{n+1}-\alpha}=\frac{\dfrac{4a_n+3}{a_n+2}-\beta}{\dfrac{4a_n+3}{a_n+2}-\alpha}=\frac{(4-\beta)a_n-(2\beta-3)}{(4-\alpha)a_n-(2\alpha-3)}$$

←……の分母・分子に a_n+2 を掛ける。

$$=\frac{4-\beta}{4-\alpha}\cdot\frac{a_n-\dfrac{2\beta-3}{4-\beta}}{a_n-\dfrac{2\alpha-3}{4-\alpha}}\ \cdots\cdots①$$

←分母を $4-\alpha$，分子を $4-\beta$ でくくり，a_n の係数を1にする。

ここで，数列 $\{b_n\}$ が等比数列になるための条件は

$$\frac{2\beta-3}{4-\beta}=\beta,\quad \frac{2\alpha-3}{4-\alpha}=\alpha$$

←$b_{n+1}=●\dfrac{a_n-\beta}{a_n-\alpha}$ となればよい。

よって，α，β は2次方程式 $2x-3=x(4-x)$ の2つの解であり，
$x^2-2x-3=0$ を解くと，$(x+1)(x-3)=0$ から　　$x=-1,\ 3$
$\alpha>\beta$ とすると　　$\alpha=3,\ \beta=-1$

このとき，① は　$b_{n+1}=5b_n$　　また　$b_1=\dfrac{a_1+1}{a_1-3}=\dfrac{4+1}{4-3}=5$

←数列 $\{b_n\}$ は初項5，公比5の等比数列。

ゆえに　　$b_n=5\cdot5^{n-1}=5^n$　　　よって　　$\dfrac{a_n+1}{a_n-3}=5^n$

ゆえに　　$a_n+1=5^n(a_n-3)$　　よって　　$\boldsymbol{a_n=\dfrac{3\cdot5^n+1}{5^n-1}}$

検討　漸化式の特性方程式 $x=\dfrac{4x+3}{x+2}$　すなわち
$x^2-2x-3=0$ を解くと，$(x+1)(x-3)=0$ から　　$x=-1,\ 3$
このことから，$b_n=\dfrac{a_n+1}{a_n-3}$ のおき換えの式を決めてもよい。

←$b_n=\dfrac{a_n-3}{a_n+1}$ でもよい。

練習 ③48 数列 $\{a_n\}$ の初項から第 n 項までの和 S_n が，一般項 a_n を用いて $S_n=2a_n+n$ と表されるとき，一般項 a_n を n で表せ。　〔類　宮崎大〕

$S_n=2a_n+n$ …… ① とする。
① に $n=1$ を代入すると　　$S_1=2a_1+1$
$S_1=a_1$ であるから　　$a_1=2a_1+1$　　←a_1 の方程式。
よって　　$a_1=-1$
ここで　　$S_{n+1}-S_n=\{2a_{n+1}+(n+1)\}-(2a_n+n)$
$\qquad\qquad=2(a_{n+1}-a_n)+1$　　←S_{n+1} は ① の n に $n+1$ を代入。
$S_{n+1}-S_n=a_{n+1}$ であるから
$\qquad a_{n+1}=2(a_{n+1}-a_n)+1$　　←a_{n+1}，a_n だけの式。
ゆえに　　$a_{n+1}=2a_n-1$　　←漸化式 $a_{n+1}=pa_n+q$
よって　　$a_{n+1}-1=2(a_n-1)$　　←$\alpha=2\alpha-1$ を解いて $\alpha=1$
ここで　　$a_1-1=-1-1=-2$

数列 $\{a_n-1\}$ は初項 -2，公比 2 の等比数列であるから

$$a_n-1=-2\cdot 2^{n-1}$$

ゆえに　　$\boldsymbol{a_n=-2^n+1}$

練習 ③49　平面上に，どの 2 つの円をとっても互いに交わり，また，3 つ以上の円は同一の点では交わらない n 個の円がある。これらの円によって，平面は何個の部分に分けられるか。

n 個の円で分けられる平面の部分の個数を a_n とする。

$$a_1=2$$

$(n+1)$ 個目の円を加えると，その円は他の n 個の円のおのおのと 2 点で交わるから，交点の総数は $2n$ 個で，$2n$ 個の弧に分割される。

これらの弧 1 つ 1 つに対して，新しい部分が 1 つずつ増えるから，平面の部分は $2n$ 個だけ増加する。

よって　　$a_{n+1}=a_n+2n$

すなわち　$a_{n+1}-a_n=2n$

数列 $\{a_n\}$ の階差数列の一般項は $2n$ であるから，

$n\geqq 2$ のとき

$$a_n=a_1+\sum_{k=1}^{n-1}2k=2+2\cdot\frac{1}{2}(n-1)n$$

$$=n^2-n+2$$

これは $n=1$ のときも成り立つ。

ゆえに，求める個数は　　$\boldsymbol{(n^2-n+2)}$ **個**

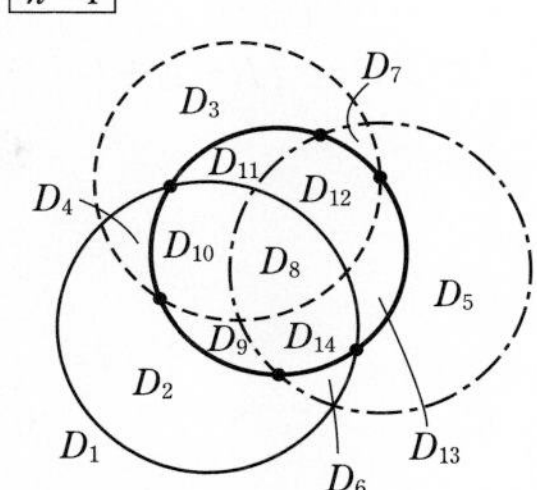

$a_1=2$　$(D_1,\ D_2)$
$a_2=4$　$(D_1\sim D_4)$
$a_3=8$　$(D_1\sim D_8)$
$a_4=14$　$(D_1\sim D_{14})$

←$n=1$ のとき
$1^2-1+2=2$
これは a_1 に一致する。

練習 ③50　直線 $y=ax\ (a>0)$ を ℓ とする。ℓ 上の点 $A_1(1,\ a)$ から x 軸に垂線 A_1B_1 を下ろし，点 B_1 から ℓ に垂線 B_1A_2 を下ろす。更に，点 A_2 から x 軸に垂線 A_2B_2 を下ろす。以下これを続けて，線分 A_3B_3，A_4B_4，…… を引き，線分 A_nB_n の長さを l_n とする。
(1)　l_n を n，a で表せ。
(2)　$l_1+l_2+l_3+\cdots\cdots+l_n$ を n，a で表せ。

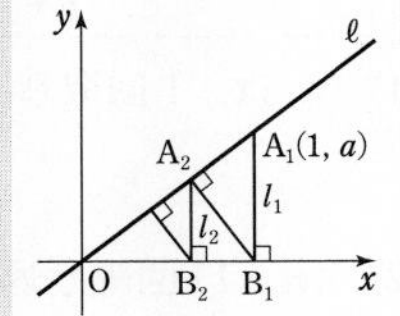

(1)　$l_1=A_1B_1=a$

また，$\angle A_1OB_1=\theta$ とすると

$$\cos\theta=\frac{OB_1}{OA_1}=\frac{1}{\sqrt{a^2+1}}$$

←問題文にある図を参照。

右の図において

$\angle A_nB_nO=\angle A_nA_{n+1}B_n=90°$

$\angle OA_nB_n=\angle B_nA_nA_{n+1}$ (共通)

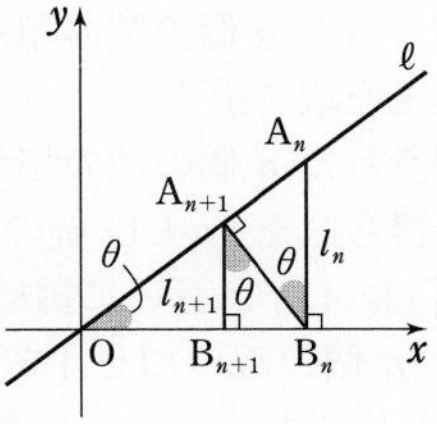

ゆえに　　$\triangle A_nOB_n\backsim\triangle A_nB_nA_{n+1}$

←相似な図形に着目して考えていく。

よって　　$\angle A_nB_nA_{n+1}=\angle A_nOB_n=\theta$

ゆえに　　$B_nA_{n+1}=A_nB_n\cos\theta=l_n\cos\theta$

また，$\angle B_{n+1}A_{n+1}B_n=\angle A_nB_nA_{n+1}=\theta$ であるから

←$A_nB_n /\!/ A_{n+1}B_{n+1}$

$$l_{n+1}=B_nA_{n+1}\cos\theta=l_n\cos\theta\cdot\cos\theta=l_n\cos^2\theta$$

したがって　　$l_{n+1}=\dfrac{1}{a^2+1}l_n$

←$\cos^2\theta=\dfrac{1}{a^2+1}$

よって，数列 $\{l_n\}$ は初項 a，公比 $\dfrac{1}{a^2+1}$ の等比数列であるから

$$\boldsymbol{l_n}=a\left(\frac{1}{a^2+1}\right)^{n-1}=\boldsymbol{\frac{a}{(a^2+1)^{n-1}}}$$

←$l_1=a$

(2) $a>0$ であるから $\dfrac{1}{a^2+1}\neq 1$

よって $l_1+l_2+l_3+\cdots\cdots+l_n=\dfrac{a\left\{1-\left(\dfrac{1}{a^2+1}\right)^n\right\}}{1-\dfrac{1}{a^2+1}}$

$$=\frac{a^2+1}{a}\cdot\frac{(a^2+1)^n-1}{(a^2+1)^n}$$

$$=\boldsymbol{\frac{(a^2+1)^n-1}{a(a^2+1)^{n-1}}}$$

等比数列の和 $r\neq1$ か $r=1$ に注意

←　　の分母・分子に a^2+1 を掛ける。

練習 ③51

1から7までの数を1つずつ書いた7個の玉が，袋の中に入っている。袋から玉を1個取り出し，書かれている数を記録して袋に戻す。この試行を n 回繰り返して得られる n 個の数の和が4の倍数となる確率を p_n とする。

(1) p_1 を求めよ。　(2) p_{n+1} を p_n で表せ。　(3) p_n を n で表せ。

〔類 琉球大〕

HINT (2) **n 回目と $(n+1)$ 回目に注目** n 回目までに得られた n 個の数の和が4の倍数の場合，4の倍数でない場合に分けて，p_{n+1} を p_n で表す。
4の倍数でない場合については，n 個の数の和を4で割った余りが1，2，3の各場合について，$(n+1)$ 回目にどのような数が出ればよいかを考える。

(1) p_1 は，1回取り出して4の玉が出る確率であるから

$$\boldsymbol{p_1=\frac{1}{7}}$$

(2) $(n+1)$ 回繰り返して得られる $(n+1)$ 個の数の和が4の倍数となる場合は，

[1] n 回目までに得られた n 個の数の和が4の倍数で，$(n+1)$ 回目に4の玉を取り出す

[2] n 回目までに得られた n 個の数の和が4の倍数ではなく，$(n+1)$ 回目までに得られた $(n+1)$ 個の和が4の倍数となる

のいずれかであり，[1]，[2] は互いに排反である。

[2] の場合について，n 個の数の和を4で割った余りが1のとき，$(n+1)$ 回目に取り出されるのは3または7の玉，n 個の数の和を4で割った余りが2のとき，$(n+1)$ 回目に取り出されるのは2または6の玉，n 個の数の和を4で割った余りが3のとき，$(n+1)$ 回目に取り出されるのは1または5の玉である。

よって $\boldsymbol{p_{n+1}}=p_n\cdot\dfrac{1}{7}+(1-p_n)\cdot\dfrac{2}{7}$

$$=\boldsymbol{-\frac{1}{7}p_n+\frac{2}{7}}\ \cdots\cdots ①$$

確率 p_n の問題 n 回目と $(n+1)$ 回目に注目

←どの場合も，$(n+1)$ 回目の確率は $\dfrac{2}{7}$

(3) ① を変形すると　$p_{n+1}-\frac{1}{4}=-\frac{1}{7}\left(p_n-\frac{1}{4}\right)$

数列 $\left\{p_n-\frac{1}{4}\right\}$ は初項 $p_1-\frac{1}{4}=\frac{1}{7}-\frac{1}{4}=-\frac{3}{28}$，公比 $-\frac{1}{7}$ の等比数列であるから　$p_n-\frac{1}{4}=-\frac{3}{28}\cdot\left(-\frac{1}{7}\right)^{n-1}$

したがって　$\boldsymbol{p_n=\frac{3}{4}\left(-\frac{1}{7}\right)^n+\frac{1}{4}}$

←特性方程式 $\alpha=-\frac{1}{7}\alpha+\frac{2}{7}$ を解くと　$\alpha=\frac{1}{4}$

←$\left(-\frac{1}{7}\right)^{n-1}=-7\left(-\frac{1}{7}\right)^n$

練習 ④52 硬貨を投げて数直線上を原点から正の向きに進む。表が出れば1進み，裏が出れば2進むものとする。このとき，ちょうど点 n に到達する確率を p_n で表す。ただし，n は自然数とする。
(1) 2以上の n について，p_{n+1} と p_n，p_{n-1} との関係式を求めよ。
(2) p_n を求めよ。

(1) 点 $n+1$ に到達するには
　[1] 点 n に到達した後，表が出る。
　[2] 点 $n-1$ に到達した後，裏が出る。
の2通りの場合があり，[1]，[2] の事象は互いに排反である。

よって　$\boldsymbol{p_{n+1}=\frac{1}{2}p_n+\frac{1}{2}p_{n-1}}$ ……①

(2) ① を変形すると　$p_{n+1}-p_n=-\frac{1}{2}(p_n-p_{n-1})$

$p_1=\frac{1}{2}$，$p_2=\frac{1}{2}p_1+\frac{1}{2}=\frac{3}{4}$ であるから

$$p_2-p_1=\frac{3}{4}-\frac{1}{2}=\frac{1}{4}$$

よって　$p_{n+1}-p_n=\frac{1}{4}\left(-\frac{1}{2}\right)^{n-1}$

ゆえに，$n\geqq2$ のとき

$$p_n=p_1+\sum_{k=1}^{n-1}\frac{1}{4}\left(-\frac{1}{2}\right)^{k-1}=\frac{1}{2}+\frac{1}{4}\cdot\frac{1-\left(-\frac{1}{2}\right)^{n-1}}{1-\left(-\frac{1}{2}\right)}$$

$$=\frac{2}{3}-\frac{1}{6}\left(-\frac{1}{2}\right)^{n-1}$$

この式は $n=1$ のときにも成り立つ。

したがって　$\boldsymbol{p_n=\frac{2}{3}-\frac{1}{6}\left(-\frac{1}{2}\right)^{n-1}}$

① **確率 p_n の問題　n 回目と $(n+1)$ 回目に注目**

←加法定理

←$x^2=\frac{1}{2}x+\frac{1}{2}$ を解くと　$x=1,\ -\frac{1}{2}$
1を解にもつから，階差数列が利用できる。

←階差数列型の漸化式。

←この確認を忘れずに。

練習 ⑤53 n を自然数とする。n 個の箱すべてに，[1]，[2]，[3]，[4]，[5] の5種類のカードがそれぞれ1枚ずつ計5枚入っている。おのおのの箱から1枚ずつカードを取り出し，取り出した順に左から並べて n 桁の数 X_n を作る。このとき，X_n が3で割り切れる確率を求めよ。〔類 京都大〕

k 回目に取り出したカードの数字を a_k $(k=1,\ 2,\ \cdots\cdots,\ n)$ とすると，X_n が3で割り切れるための条件は，
$a_1+a_2+\cdots\cdots+a_n$ が3で割り切れることである。
ここで，X_n が3で割り切れる確率を P_n，3で割って1余る確率を Q_n，3で割って2余る確率を R_n とする。

X_{n+1} が 3 で割り切れるのは,

[1]　X_n が 3 で割り切れ, $a_{n+1}=3$ となる

[2]　X_n が 3 で割ると 1 余る数で, $a_{n+1}=2,\ 5$ となる

[3]　X_n が 3 で割ると 2 余る数で, $a_{n+1}=1,\ 4$ となる

の 3 通りの場合があり, [1], [2], [3] の事象は互いに排反である。

よって　$P_{n+1}=P_n\cdot\frac{1}{5}+Q_n\cdot\frac{2}{5}+R_n\cdot\frac{2}{5}$

ここで, X_n は「3 で割り切れる」,「3 で割って 1 余る」,「3 で割って 2 余る」のいずれかであるから　$P_n+Q_n+R_n=1$

ゆえに　$P_{n+1}=\frac{1}{5}P_n+\frac{2}{5}(Q_n+R_n)=\frac{1}{5}P_n+\frac{2}{5}(1-P_n)$

$=-\frac{1}{5}P_n+\frac{2}{5}$

よって　$P_{n+1}-\frac{1}{3}=-\frac{1}{5}\left(P_n-\frac{1}{3}\right)$

また　$P_1-\frac{1}{3}=\frac{1}{5}-\frac{1}{3}=-\frac{2}{15}$

ゆえに, 数列 $\left\{P_n-\frac{1}{3}\right\}$ は初項 $-\frac{2}{15}$, 公比 $-\frac{1}{5}$ の等比数列であるから　$P_n-\frac{1}{3}=-\frac{2}{15}\left(-\frac{1}{5}\right)^{n-1}$

したがって　$\boldsymbol{P_n=\frac{2}{3}\left(-\frac{1}{5}\right)^n+\frac{1}{3}}$

n 桁　　$(n+1)$ 桁
P_n → P_{n+1} ($a_{n+1}=3$)
Q_n ($a_{n+1}=2, 5$)
R_n ($a_{n+1}=1, 4$)

←P_{n+1} を P_n で表す。

←特性方程式 $\alpha=-\frac{1}{5}\alpha+\frac{2}{5}$ を解くと　$\alpha=\frac{1}{3}$

練習 ④54　n は自然数とし, あるウイルスの感染拡大について次の仮定で試算を行う。このウイルスの感染者は感染してから 1 日の潜伏期間をおいて, 2 日後から毎日 2 人の未感染者にこのウイルスを感染させるとする。新たな感染者 1 人が感染源となった n 日後の感染者数を a_n 人とする。例えば, 1 日後は感染者は増えず $a_1=1$ で, 2 日後は 2 人増えて $a_2=3$ となる。

(1)　$a_{n+2},\ a_{n+1},\ a_n$ の間に成り立つ関係式を求めよ。　(2)　一般項 a_n を求めよ。

(3)　感染者数が初めて 1 万人を超えるのは何日後か求めよ。　〔東北大〕

(1)　$n+2$ 日後の感染者数 a_{n+2} は, $n+1$ 日後の感染者数 a_{n+1} に $n+2$ 日目の新規感染者数を加えた人数である。
$n+2$ 日目の新規感染者数は, n 日後の感染者数の 2 倍に等しいから　$\boldsymbol{a_{n+2}=a_{n+1}+2a_n}$ …… ①

(2)　① を変形すると

$a_{n+2}+a_{n+1}=2(a_{n+1}+a_n)$ …… ②

$a_{n+2}-2a_{n+1}=-(a_{n+1}-2a_n)$ …… ③

② より, 数列 $\{a_{n+1}+a_n\}$ は初項 $3+1=4$, 公比 2 の等比数列であるから　$a_{n+1}+a_n=4\cdot2^{n-1}$ …… ④

③ より, 数列 $\{a_{n+1}-2a_n\}$ は初項 $3-2=1$, 公比 -1 の等比数列であるから　$a_{n+1}-2a_n=(-1)^{n-1}$ …… ⑤

(④−⑤)÷3 から　$\boldsymbol{a_n=\frac{1}{3}\{4\cdot2^{n-1}-(-1)^{n-1}\}}$

←n 日後の感染者 a_n 人それぞれが, $n+2$ 日目に 2 人に感染させる。

←① の特性方程式 $x^2=x+2$ の解は, $(x+1)(x-2)=0$ から　$x=-1,\ 2$

←$a_1=1,\ a_2=3$

(3) n の値が大きくなると，a_n の値は大きくなる。

$$a_{13}=\frac{4\cdot2^{12}-1}{3}=5461<10000,\quad a_{14}=\frac{4\cdot2^{13}+1}{3}=10923>10000$$

であるから，感染者数が初めて1万人を超えるのは　**14 日後**

←2^{n-1} の値は単調増加，$(-1)^{n-1}$ は 1，-1 のどちらかの値。

練習 ①55　n が自然数のとき，数学的帰納法を用いて次の等式を証明せよ。

(1) $2^3+4^3+6^3+\cdots\cdots+(2n)^3=2n^2(n+1)^2$

(2) $\displaystyle\sum_{k=1}^{n}k(k+1)(k+2)(k+3)=\frac{1}{5}n(n+1)(n+2)(n+3)(n+4)$　〔島根大〕

証明する等式を ① とする。

(1) [1] $n=1$ のとき

$$(\text{左辺})=2^3=8,\ (\text{右辺})=2\cdot1^2\cdot2^2=8$$

よって，① は成り立つ。

[2] $n=k$ のとき，① が成り立つと仮定すると

$$2^3+4^3+6^3+\cdots\cdots+(2k)^3=2k^2(k+1)^2 \quad\cdots\cdots ②$$

←① で $n=k$ とおいたもの。

$n=k+1$ のときを考えると，② から

$$\begin{aligned}&2^3+4^3+6^3+\cdots\cdots+(2k)^3+\{2(k+1)\}^3\\&=2k^2(k+1)^2+\{2(k+1)\}^3\\&=2(k+1)^2\{k^2+4(k+1)\}\\&=2(k+1)^2(k+2)^2\\&=2(k+1)^2\{(k+1)+1\}^2\end{aligned}$$

←$n=k+1$ のときの ① の左辺。

←$n=k+1$ のときの ① の右辺。

よって，$n=k+1$ のときにも ① は成り立つ。

[1], [2] から，すべての自然数 n について ① は成り立つ。

(2) [1] $n=1$ のとき

$$(\text{左辺})=1\cdot2\cdot3\cdot4=24,\ (\text{右辺})=\frac{1}{5}\cdot1\cdot2\cdot3\cdot4\cdot5=24$$

よって，① は成り立つ。

[2] $n=m$ のとき，① が成り立つと仮定すると

$$\sum_{k=1}^{m}k(k+1)(k+2)(k+3)=\frac{1}{5}m(m+1)(m+2)(m+3)(m+4) \quad\cdots\cdots ②$$

←k は ① の中で既に使われているため，ここでは m を用いた。

$n=m+1$ のときを考えると，② から

$$\begin{aligned}&\sum_{k=1}^{m+1}k(k+1)(k+2)(k+3)\\&=\sum_{k=1}^{m}k(k+1)(k+2)(k+3)+(m+1)(m+2)(m+3)(m+4)\\&=\frac{1}{5}m(m+1)(m+2)(m+3)(m+4)\\&\quad+(m+1)(m+2)(m+3)(m+4)\\&=\frac{1}{5}(m+1)(m+2)(m+3)(m+4)(m+5)\end{aligned}$$

←$\displaystyle\sum_{k=1}^{m+1}a_k=\sum_{k=1}^{m}a_k+a_{m+1}$

←② を利用。

よって，$n=m+1$ のときにも ① は成り立つ。

[1], [2] から，すべての自然数 n について ① は成り立つ。

練習 ②56 すべての自然数 n について，$3^{3n}-2^n$ は 25 の倍数であることを証明せよ。〔関西大〕

「$3^{3n}-2^n$ は 25 の倍数である」を ① とする。

[1] $n=1$ のとき　$3^{3\cdot1}-2^1=27-2=25$

よって，① は成り立つ。

[2] $n=k$ のとき，① が成り立つと仮定すると

$3^{3k}-2^k=25m$ (m は整数) …… ② とおける。

←25 の倍数は 25×(整数)の形に表される。

$n=k+1$ のときを考えると，② から

$$3^{3(k+1)}-2^{k+1}=3^3\cdot3^{3k}-2\cdot2^k$$
$$=27(25m+2^k)-2\cdot2^k$$
$$=25(27m+2^k)$$

←$3^{3k}=25m+2^k$

$27m+2^k$ は整数であるから，$3^{3(k+1)}-2^{k+1}$ は 25 の倍数である。

←〰〰の断りを忘れずに。

よって，$n=k+1$ のときにも ① は成り立つ。

[1]，[2] から，すべての自然数 n について ① は成り立つ。

別解 1.　二項定理を利用

$$3^{3n}-2^n=27^n-2^n=(25+2)^n-2^n$$
$$=25^n+{}_nC_1 25^{n-1}\cdot2+{}_nC_2 25^{n-2}\cdot2^2+\cdots\cdots+{}_nC_{n-1}25\cdot2^{n-1}+2^n-2^n$$
$$=25(25^{n-1}+{}_nC_1 25^{n-2}\cdot2+{}_nC_2 25^{n-3}\cdot2^2+\cdots\cdots+{}_nC_{n-1}2^{n-1})$$

←$(a+b)^n=\sum_{k=0}^{n}{}_nC_k a^{n-k}b^k$

$25^{n-1}+{}_nC_1 25^{n-2}\cdot2+\cdots\cdots+{}_nC_{n-1}2^{n-1}$ は整数であるから，

$3^{3n}-2^n$ は 25 の倍数である。

別解 2.　合同式を利用

$3^3\equiv2 \pmod{25}$ であるから　$3^{3n}\equiv2^n \pmod{25}$

よって　$3^{3n}-2^n\equiv0 \pmod{25}$

ゆえに，$3^{3n}-2^n$ は 25 の倍数である。

←$a\equiv b \pmod{m}$ のとき，自然数 n に対し $a^n\equiv b^n \pmod{m}$

練習 ②57 n は自然数とする。次の不等式を証明せよ。

(1) $n!\geqq2^{n-1}$　〔名古屋市大〕　(2) $n\geqq10$ のとき　$2^n>10n^2$　〔類 茨城大〕

証明する不等式を ① とする。

(1) [1] $n=1$ のとき

（左辺）$=1!=1$，（右辺）$=2^0=1$

よって，① は成り立つ。

[2] $n=k$ のとき，① が成り立つと仮定すると

$k!\geqq2^{k-1}$ …… ②

$n=k+1$ のとき，① の両辺の差を考えると，② から

←$A\geqq B$ の証明 → $A-B\geqq0$ を示す。

$$(k+1)!-2^{(k+1)-1}=(k+1)\cdot k!-2^k$$
$$\geqq(k+1)\cdot2^{k-1}-2\cdot2^{k-1}$$
$$=(k-1)\cdot2^{k-1}\geqq0$$

←$k+1>0$，② から $(k+1)\cdot k!\geqq(k+1)\cdot2^{k-1}$

ゆえに　$(k+1)!\geqq2^{(k+1)-1}$

よって，$n=k+1$ のときにも ① は成り立つ。

[1]，[2] から，すべての自然数 n について ① は成り立つ。

(2) [1] $n=10$ のとき

$$(\text{左辺})=2^{10}=1024,\ (\text{右辺})=10\cdot 10^2=1000$$

よって，① は成り立つ。

[2] $n=k\ (k\geqq 10)$ のとき，① が成り立つと仮定すると

$$2^k>10k^2 \ \cdots\cdots \ ②$$

$n=k+1$ のとき，① の両辺の差を考えると，② から

$$\begin{aligned}2^{k+1}-10(k+1)^2&=2\cdot 2^k-10(k+1)^2\\&>2\cdot 10k^2-10(k+1)^2\\&=10(k^2-2k-1)\\&=10\{(k-1)^2-2\}>0\end{aligned}$$

ゆえに　$2^{k+1}>10(k+1)^2$

よって，$n=k+1$ のときにも ① は成り立つ。

[1]，[2] から，$n\geqq 10$ であるすべての自然数 n について ① は成り立つ。

←出発点に注意。

←$k\geqq 10$ を忘れずに。

←$k\geqq 10$ であるから $(k-1)^2-2\geqq(10-1)^2-2>0$

練習 ②58

$a_1=1$，$a_{n+1}=\dfrac{3a_n-1}{4a_n-1}$ によって定められる数列 $\{a_n\}$ について

(1) a_2，a_3，a_4 を求めよ。

(2) a_n を n で表す式を推測し，それを数学的帰納法で証明せよ。　〔愛知教育大〕

(1) $$\boldsymbol{a_2}=\frac{3a_1-1}{4a_1-1}=\frac{3\cdot 1-1}{4\cdot 1-1}=\boldsymbol{\frac{2}{3}}$$

$$\boldsymbol{a_3}=\frac{3a_2-1}{4a_2-1}=\frac{3\cdot\frac{2}{3}-1}{4\cdot\frac{2}{3}-1}=\frac{3\cdot 2-3}{4\cdot 2-3}=\boldsymbol{\frac{3}{5}}$$

$$\boldsymbol{a_4}=\frac{3a_3-1}{4a_3-1}=\frac{3\cdot\frac{3}{5}-1}{4\cdot\frac{3}{5}-1}=\frac{3\cdot 3-5}{4\cdot 3-5}=\boldsymbol{\frac{4}{7}}$$

←$n=1,\ 2,\ 3$ を順に代入。

(2) (1) から，$\boldsymbol{a_n=\dfrac{n}{2n-1}}$ …… ① と推測される。

[1] $n=1$ のとき　$a_1=\dfrac{1}{2\cdot 1-1}=1$ から，① は成り立つ。

[2] $n=k$ のとき，① が成り立つと仮定すると

$$a_k=\frac{k}{2k-1} \ \cdots\cdots \ ②$$

$n=k+1$ のときを考えると，② から

$$a_{k+1}=\frac{3a_k-1}{4a_k-1}=\frac{3\cdot\frac{k}{2k-1}-1}{4\cdot\frac{k}{2k-1}-1}$$

$$=\frac{3k-(2k-1)}{4k-(2k-1)}=\frac{k+1}{2k+1}=\frac{k+1}{2(k+1)-1}$$

よって，$n=k+1$ のときにも ① は成り立つ。

[1]，[2] から，すべての自然数 n について ① は成り立つ。

←$\dfrac{1}{1}$，$\dfrac{2}{3}$，$\dfrac{3}{5}$，$\dfrac{4}{7}$，……
分子は 1，2，3，……
⟶ 第 n 項は n
分母は 1，3，5，……
⟶ 第 n 項は $2n-1$
とそれぞれ予想できる。

←分母・分子に $2k-1$ を掛ける。

←$n=k+1$ のときの ① の右辺。

練習 ⑤59 自然数 $m \geqq 2$ に対し，$m-1$ 個の二項係数 ${}_m\mathrm{C}_1$，${}_m\mathrm{C}_2$，……，${}_m\mathrm{C}_{m-1}$ を考え，これらすべての最大公約数を d_m とする。すなわち，d_m はこれらすべてを割り切る最大の自然数である。
(1) m が素数ならば，$d_m=m$ であることを示せ。
(2) すべての自然数 k に対し，k^m-k が d_m で割り切れることを，k に関する数学的帰納法によって示せ。〔東京大〕

(1) [1] $m=2$ のとき
d_2 は1個の二項係数 ${}_2\mathrm{C}_1=2$ を割り切る最大の自然数であるから，$d_2=2$ であり，$d_m=m$ は成り立つ。
[2] m が3以上の素数のとき
${}_m\mathrm{C}_1=m$ であるから，${}_m\mathrm{C}_2$，${}_m\mathrm{C}_3$，……，${}_m\mathrm{C}_{m-1}$ が m の倍数であることを示せばよい。
$k=2,\ 3,\ \cdots\cdots,\ m-1$ のとき

$$ {}_m\mathrm{C}_k=\frac{m!}{k!(m-k)!}=\frac{m}{k}\cdot\frac{(m-1)!}{(k-1)!(m-k)!} $$

$$ =\frac{m}{k}\cdot{}_{m-1}\mathrm{C}_{k-1} $$

←$m!=m\cdot(m-1)!$，$k!=k\cdot(k-1)!$

←$\dfrac{(m-1)!}{(k-1)!\{(m-1)-(k-1)\}!}={}_{m-1}\mathrm{C}_{k-1}$

よって　$k\cdot{}_m\mathrm{C}_k=m\cdot{}_{m-1}\mathrm{C}_{k-1}$
ここで，m は3以上の素数であり，$2\leqq k\leqq m-1$ であるから，k と m は互いに素である。

←m の正の約数は 1 と m

よって，${}_m\mathrm{C}_k$ は m の倍数である。
したがって，$d_m=m$ は成り立つ。
[1]，[2] から，m が素数ならば，$d_m=m$ である。

(2) 「k^m-k が d_m で割り切れる」を ① とする。
[1] $k=1$ のとき
$1^m-1=0$ であり，$d_m\neq 0$ であるから，0 は d_m で割り切れる。
よって，① は成り立つ。
[2] $k=l$ のとき ① が成り立つ，すなわち「l^m-l が d_m で割り切れる」と仮定する。
$k=l+1$ のときを考えると

$$ \begin{aligned} &(l+1)^m-(l+1)\\ &={}_m\mathrm{C}_0 l^m+{}_m\mathrm{C}_1 l^{m-1}+{}_m\mathrm{C}_2 l^{m-2}+\cdots\cdots+{}_m\mathrm{C}_{m-1} l+{}_m\mathrm{C}_m-(l+1)\\ &=(l^m-l)+{}_m\mathrm{C}_1 l^{m-1}+{}_m\mathrm{C}_2 l^{m-2}+\cdots\cdots+{}_m\mathrm{C}_{m-1} l \end{aligned} $$

←二項定理を利用。

仮定から，l^m-l は d_m で割り切れる。
また，d_m は ${}_m\mathrm{C}_1$，${}_m\mathrm{C}_2$，……，${}_m\mathrm{C}_{m-1}$ の最大公約数であるから，${}_m\mathrm{C}_1 l^{m-1}+{}_m\mathrm{C}_2 l^{m-2}+\cdots\cdots+{}_m\mathrm{C}_{m-1} l$ は d_m で割り切れる。

←${}_m\mathrm{C}_1$，${}_m\mathrm{C}_2$，……，${}_m\mathrm{C}_{m-1}$ はすべて d_m で割り切れる。

よって，$(l+1)^m-(l+1)$ は d_m で割り切れる。
ゆえに，$k=l+1$ のときにも ① は成り立つ。
[1]，[2] から，① はすべての自然数 k について成り立つ。

検討 例題 **59** を合同式を利用して証明する。

←合同式の性質は，チャート式基礎からの数学Aを参照。

「n^p-n は p の倍数である」を ① とする。
[1] $n=1$ のとき　$1^p\equiv 1 \pmod{p}$
よって，① は成り立つ。

[2] $n=k$ のとき，① が成り立つと仮定すると

$$k^p \equiv k \pmod{p}$$

ここで，整数 a，b について

$$(a+b)^p = a^p + {}_p\mathrm{C}_1 a^{p-1}b + \cdots\cdots + {}_p\mathrm{C}_{p-1} ab^{p-1} + b^p$$

←二項定理利用。

$1 \leqq r \leqq p-1$ のとき

$$ {}_p\mathrm{C}_r = \frac{p!}{r!(p-r)!} = \frac{p}{r} \cdot \frac{(p-1)!}{(r-1)!(p-r)!} = \frac{p}{r} \cdot {}_{p-1}\mathrm{C}_{r-1}$$

ゆえに　$r \cdot {}_p\mathrm{C}_r = p \cdot {}_{p-1}\mathrm{C}_{r-1}$

p は素数であるから，r と p は互いに素であり，${}_p\mathrm{C}_r$ は p で割り切れる。

よって　$(a+b)^p \equiv a^p + b^p \pmod{p}$

ゆえに　$(k+1)^p \equiv k^p + 1^p \equiv k+1 \pmod{p}$

←$s \equiv t \pmod{m}$，$u \equiv v \pmod{m}$ のとき $s+u \equiv t+v \pmod{m}$

したがって，$n=k+1$ のときにも ① は成り立つ。

[1]，[2] から，すべての自然数 n について $n^p - n$ は p の倍数である。

練習 ④60　$\alpha = 1+\sqrt{2}$，$\beta = 1-\sqrt{2}$ に対して，$P_n = \alpha^n + \beta^n$ とする。このとき，P_1 および P_2 の値を求めよ。また，すべての自然数 n に対して，P_n は 4 の倍数ではない偶数であることを証明せよ。〔長崎大〕

(前半)　$\boldsymbol{P_1} = \alpha + \beta = (1+\sqrt{2}) + (1-\sqrt{2}) = \boldsymbol{2}$

また　$\alpha\beta = (1+\sqrt{2})(1-\sqrt{2}) = -1$

よって　$\boldsymbol{P_2} = \alpha^2 + \beta^2 = (\alpha+\beta)^2 - 2\alpha\beta = 2^2 - 2 \cdot (-1) = \boldsymbol{6}$

←基本対称式 $\alpha+\beta$，$\alpha\beta$ で表す。

(後半)　[1] $n=1$ のとき　$P_1 = 2$，$n=2$ のとき　$P_2 = 6$

よって，$n=1$，2 のとき，P_n は 4 の倍数ではない偶数である。

[2] $n=k$，$k+1$ のとき，P_n は 4 の倍数ではない偶数であると仮定する。

$n=k+2$ のときを考えると

$$\begin{aligned} P_{k+2} &= \alpha^{k+2} + \beta^{k+2} \\ &= (\alpha+\beta)(\alpha^{k+1} + \beta^{k+1}) - \alpha\beta(\alpha^k + \beta^k) \\ &= 2(\alpha^{k+1} + \beta^{k+1}) + (\alpha^k + \beta^k) \\ &= 2P_{k+1} + P_k \end{aligned}$$

←$\alpha+\beta=2$，$\alpha\beta=-1$

仮定より，P_{k+1} は偶数であるから，$2P_{k+1}$ は 4 の倍数である。また，P_k は 4 の倍数でない偶数である。

ゆえに，$2P_{k+1} + P_k$ は 4 の倍数でない偶数である。

←$2P_{k+1} = 4l$，$P_k = 4m+2$ から $2P_{k+1} + P_k = 4(l+m)+2$ （l，m は整数）

よって，$n=k+2$ のときにも P_n は 4 の倍数ではない偶数である。

[1]，[2] から，すべての自然数 n に対して，P_n は 4 の倍数ではない偶数である。

練習 ④61 $a_1=1$，$a_1a_2+a_2a_3+\cdots\cdots+a_na_{n+1}=2(a_1a_n+a_2a_{n-1}+\cdots\cdots+a_na_1)$ で定められる数列 $\{a_n\}$ の一般項 a_n を推測し，その推測が正しいことを証明せよ。

$n=1$ のとき　$a_1a_2=2a_1{}^2$

$a_1=1$ であるから　$a_2=2$

$n=2$ のとき　$a_1a_2+a_2a_3=2(a_1a_2+a_2a_1)$

よって　$1\cdot2+2a_3=2(1\cdot2+2\cdot1)$

ゆえに　$a_3=3$

$n=3$ のとき　$a_1a_2+a_2a_3+a_3a_4=2(a_1a_3+a_2a_2+a_3a_1)$

よって　$1\cdot2+2\cdot3+3a_4=2(1\cdot3+2\cdot2+3\cdot1)$

ゆえに　$a_4=4$

以上から，$\boldsymbol{a_n=n}$ …… ① と推測できる。

[1]　$n=1$ のとき

$a_1=1$ であるから，① は成り立つ。

[2]　$n\leqq k$ のとき，① が成り立つと仮定すると

$$a_n=n\ (n\leqq k)$$

このとき，条件式で $n=k$ とすると

$$a_1a_2+a_2a_3+\cdots\cdots+a_{k-1}a_k+a_ka_{k+1}$$
$$=2(a_1a_k+a_2a_{k-1}+\cdots\cdots+a_{k-1}a_2+a_ka_1)$$

よって　$1\cdot2+2\cdot3+\cdots\cdots+(k-1)k+ka_{k+1}$
$=2\{1\cdot k+2\cdot(k-1)+\cdots\cdots+(k-1)\cdot2+k\cdot1\}$　　←仮定を利用。

ゆえに　$\displaystyle\sum_{i=1}^{k-1}i(i+1)+ka_{k+1}=2\sum_{i=1}^{k}i(k+1-i)$　　←$i=k$ のとき $i(k+1-i)=k\cdot1$

したがって

$$ka_{k+1}=2\sum_{i=1}^{k}i(k+1-i)-\sum_{i=1}^{k-1}i(i+1)$$
$$=2\sum_{i=1}^{k}i(k+1-i)-\left\{\sum_{i=1}^{k}i(i+1)-k(k+1)\right\}$$

←第1項と第2項を $\displaystyle\sum_{i=1}^{k}$ でまとめる。

$$=\sum_{i=1}^{k}i\{2(k+1-i)-(i+1)\}+k(k+1)$$
$$=\sum_{i=1}^{k}i(2k+1-3i)+k(k+1)$$
$$=(2k+1)\sum_{i=1}^{k}i-3\sum_{i=1}^{k}i^2+k(k+1)$$
$$=\underline{(2k+1)\cdot\frac{1}{2}k(k+1)-3\cdot\frac{1}{6}k(k+1)(2k+1)}+k(k+1)$$

←＿＿$=0$ となる。

$$=k(k+1)$$

よって　$a_{k+1}=k+1$

ゆえに，$n=k+1$ のときにも ① は成り立つ。

[1]，[2] から，すべての自然数 n について ① は成り立つ。

EX ③1 初項が a_1 で，公差 d が整数である等差数列 $\{a_n\}$ が，以下の2つの条件(a)と(b)を満たすとする。このとき，初項 a_1 と公差 d を求めよ。
(a) $a_4+a_6+a_8=84$
(b) $a_n>50$ となる最小の n は 11 である。〔愛知大〕

$a_n=a_1+(n-1)d$ であるから，条件(a)より

$$(a_1+3d)+(a_1+5d)+(a_1+7d)=84$$

よって　$a_1=28-5d$ …… ①

条件(b)から　$a_{10}\leqq 50$，$a_{11}>50$

すなわち　$a_1+9d\leqq 50$，$a_1+10d>50$

①を代入すると　$4d+28\leqq 50$，$5d+28>50$

整理して　$4d\leqq 22$，$5d>22$

ゆえに　$\dfrac{22}{5}<d\leqq\dfrac{22}{4}$

公差 d は整数であるから　$\boldsymbol{d=5}$

したがって，①から　$\boldsymbol{a_1}=28-5\cdot5=\boldsymbol{3}$

HINT　条件(a)から，a_1 を d で表し，条件(b)から d の不等式を導く。

←a_1 を消去。

EX ②2 初項 a，公差 d の等差数列を $\{a_n\}$，初項 b，公差 e の等差数列を $\{b_n\}$ とする。このとき，n に無関係な定数 p，q に対し数列 $\{pa_n+qb_n\}$ も等差数列であることを示し，その初項と公差を求めよ。

$a_n=a+(n-1)d$，$b_n=b+(n-1)e$ であるから

$$pa_n+qb_n=p\{a+(n-1)d\}+q\{b+(n-1)e\}$$
$$=pa+qb+(n-1)(pd+qe)$$

よって　$pa_{n+1}+qb_{n+1}-(pa_n+qb_n)$

$$=pa+qb+n(pd+qe)-\{pa+qb+(n-1)(pd+qe)\}$$
$$=pd+qe\ (\text{一定})$$

ゆえに，数列 $\{pa_n+qb_n\}$ も等差数列である。

また　**初項は**　$\boldsymbol{pa+qb}$，**公差は**　$\boldsymbol{pd+qe}$

←$n-1$ について整理。

←第 $(n+1)$ 項は，第 n 項の式で n の代わりに $n+1$ とおいたもの。

EX ③3 等差数列 $\{a_n\}$ の初項 a_1 から第 n 項 a_n までの和を S_n とする。$S_{10}=555$，$S_{20}=810$ であるとき
(1) 数列 $\{a_n\}$ の初項と公差を求めよ。
(2) 数列 $\{a_n\}$ の第 11 項から第 30 項までの和を求めよ。
(3) 不等式 $S_n<a_1$ を満たす n の最小値を求めよ。〔類 星薬大〕

(1) 公差を d とすると，$S_{10}=555$，$S_{20}=810$ から

$$\frac{1}{2}\cdot10\{2a_1+(10-1)d\}=555,\quad \frac{1}{2}\cdot20\{2a_1+(20-1)d\}=810$$

よって　$2a_1+9d=111$，$2a_1+19d=81$ …… (*)

これを解いて　$a_1=69$，$d=-3$

すなわち　**初項 69，公差 −3**

(2) $S_{30}=\dfrac{1}{2}\cdot30\{2\cdot69+(30-1)\cdot(-3)\}$

$$=15(138-87)=765$$

したがって，求める和は

$$S_{30}-S_{10}=765-555=\mathbf{210}$$

←$5(2a_1+9d)=555$，$10(2a_1+19d)=810$

←(*)の(第2式)−(第1式)からまず d を求める。

(3) $S_n=\frac{1}{2}\cdot n\{2\cdot 69+(n-1)\cdot(-3)\}=-\frac{3}{2}n(-2\cdot 23+n-1)$

$=-\frac{3}{2}n(n-47)$

$S_n<a_1$ から　$-\frac{3}{2}n(n-47)<69$　　よって　$n^2-47n+46>0$

ゆえに　$(n-1)(n-46)>0$　　よって　$n<1,\ 46<n$

この不等式を満たす最小の自然数は　**47**

←$S_n=\frac{1}{2}n\{2a+(n-1)d\}$

←n の2次不等式を解く。

EX ③4

鉛筆を右の図のように，1段ごとに1本ずつ減らして積み重ねる。ただし，最上段はこの限りではないとする。いま，125本の鉛筆を積み重ねるとすると，最下段には最小限何本置かなければならないか。また，最小限置いたとき，最上段には何本の鉛筆があるか。

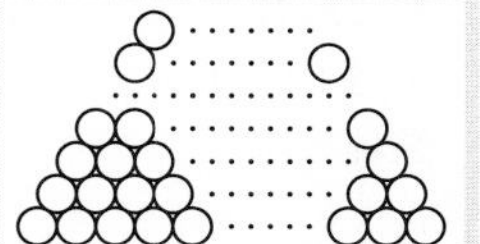

最下段を n 本，最上段を1本とすると，鉛筆の本数の総数は

$$1+2+\cdots\cdots+n=\frac{1}{2}n(n+1)$$

$\frac{1}{2}n(n+1)\geqq 125$ を満たす最小の自然数 n を求めると

$$\frac{1}{2}\cdot 16\cdot 17=136>125>\frac{1}{2}\cdot 15\cdot 16=120$$

ゆえに　$n=16$

ここで，最下段を16本として最上段が1本になるまで鉛筆を重ねると，本数は合計136本となる。

よって，この場合から $136-125=11$ (本) を除けばよい。

$$1+2+3+4=10,\ 1+2+3+4+5=15$$

であるから，125本の場合，最上段は下から $16-4=12$ (段目) であり，またその段には $5-1=4$ (本) の鉛筆がある。

したがって，**最下段には最小限16本** 置かなければならない。

また，16本置いたとき，**最上段には4本** の鉛筆がある。

HINT　最下段を n 本として，(本数の合計)$\geqq 125$ を満たす最小の自然数 n を求める。

←上から取る鉛筆の本数。

←$(16+15+\cdots\cdots+5)-1=\frac{1}{2}\cdot 12(5+16)-1=125$

EX ④5

200未満の正の整数全体の集合を U とする。U の要素のうち，5で割ると2余るもの全体の集合を A とし，7で割ると4余るもの全体の集合を B とする。

(1) $A,\ B$ の要素をそれぞれ小さいものから順に並べたとき，A の k 番目の要素を a_k とし，B の k 番目の要素を b_k とする。このとき，$a_k=$ ア□，$b_k=$ イ□ と書ける。A の要素のうち最大のものは ウ□ であり，A の要素すべての和は エ□ である。

(2) $C=A\cap B$ とする。C の要素の個数は オ□ 個である。また，C の要素のうち最大のものは カ□ である。

(3) U に関する $A\cup B$ の補集合を D とすると，D の要素の個数は キ□ 個である。また，D の要素すべての和は ク□ である。〔近畿大〕

(1) A の要素は　2, 7, 12, 17, ……

B の要素は　4, 11, 18, 25, ……

よって　$a_k=2+(k-1)\cdot 5=$ ア $\boldsymbol{5k-3}$,

$b_k=4+(k-1)\cdot 7=$ イ $\boldsymbol{7k-3}$

←$\{a_k\}$：初項2，公差5の等差数列。
$\{b_k\}$：初項4，公差7の等差数列。

また，$5k-3<200$ とすると　　$k<\frac{203}{5}$ $(=40.6)$

この不等式を満たす最大の自然数 k は　　$k=40$

ゆえに，A の要素のうち最大のものは　$a_{40}=5\cdot40-3=$ ウ**197**

したがって，A の要素のすべての和は，初項 2，末項 197，項数 40 の等差数列の和であるから

$$\frac{1}{2}\cdot40(2+197)=\text{エ}\mathbf{3980}$$

←$\frac{1}{2}\cdot40\{2\cdot2+(40-1)\cdot5\}$ として求めてもよい。

(2)　$a_k=b_l$ とすると　　$5k-3=7l-3$

よって　　$5k=7l$

5 と 7 は互いに素であるから，整数 m を用いて $k=7m$，$l=5m$ と表される。

ここで，k，l は自然数であるから，m は自然数である。

ゆえに，C の要素は $c_m=5\cdot(7m)-3=35m-3$ と表される。

$35m-3<200$ とすると　　$m<\frac{203}{35}$ $(=5.8)$

この不等式を満たす最大の自然数 m は　　$m=5$

よって，C の要素の個数は オ**5** 個であり，そのうち最大のものは　$c_5=35\cdot5-3=$ カ**172**

(3)　集合 X の要素の個数を $n(X)$ で表すと

$$n(D)=n(\overline{A\cup B})=n(U)-n(A\cup B)$$
$$=n(U)-\{n(A)+n(B)-n(A\cap B)\}$$

←$n(A\cup B)=n(A)+n(B)-n(A\cap B)$

$7k-3<200$ とすると　　$k<29$

$k<29$ を満たす最大の自然数 k は $k=28$ であるから

$$n(B)=28$$

(1)，(2) より，$n(A)=40$，$n(A\cap B)=n(C)=5$ であるから

$$n(D)=199-(40+28-5)=\text{キ}\mathbf{136}$$

また，U の要素すべての和は　　$\frac{1}{2}\cdot199(1+199)=19900$

B の要素すべての和は，初項 4，末項 $7\cdot28-3=193$，項数 28 の等差数列の和であるから　　$\frac{1}{2}\cdot28(4+193)=2758$

C の要素すべての和は，初項 32，末項 172，項数 5 の等差数列の和であるから　　$\frac{1}{2}\cdot5(32+172)=510$

ゆえに，D の要素すべての和は，(1) から

$$19900-(3980+2758-510)=\text{ク}\mathbf{13672}$$

←$A\cup B$ の要素すべての和は　$3980+2758-510$

EX ③6

自然数 $2^a3^b5^c$ (a, b, c は 0 以上の整数) の正の約数の総和を求めよ。

$2^a3^b5^c$ の正の約数は
$$(1+2+2^2+\cdots+2^a)(1+3+3^2+\cdots+3^b)(1+5+5^2+\cdots+5^c)$$
を展開したときに，すべて 1 回ずつ現れる。
したがって，求める和は
$$\frac{2^{a+1}-1}{2-1}\cdot\frac{3^{b+1}-1}{3-1}\cdot\frac{5^{c+1}-1}{5-1}=\boldsymbol{\frac{1}{8}(2^{a+1}-1)(3^{b+1}-1)(5^{c+1}-1)}$$

検討　一般に，$x^ly^mz^n$ (x, y, z は異なる素数；l, m, n は 0 以上の整数) の正の約数の個数は $\boldsymbol{(l+1)(m+1)(n+1)}$ で，その総和は $\boldsymbol{\frac{x^{l+1}-1}{x-1}\cdot\frac{y^{m+1}-1}{y-1}\cdot\frac{z^{n+1}-1}{z-1}}$ で表される。

検討　$2^a3^b5^c$ の正の約数の個数は，因数 2 の個数の定め方が $(a+1)$ 通り ($2^0=1$ を含めて)，因数 3 の個数の定め方が $(b+1)$ 通り，因数 5 の個数の定め方が $(c+1)$ 通りあるから，積の法則(数学 A)によって，全部で
$(a+1)(b+1)(c+1)$
個ある。

EX ③7

公比が実数である等比数列 $\{a_n\}$ において，$a_3+a_4+a_5=56$, $a_6+a_7+a_8=7$ が成り立つ。このとき，数列 $\{a_n\}$ の公比は ア□ であり，初項は イ□ である。また，数列 $\{a_n\}$ の初項から第 10 項までの和は ウ□ である。　〔類 大阪工大〕

数列 $\{a_n\}$ の初項を a，公比を r とする。

$a_3+a_4+a_5=56$ から　　$ar^2+ar^3+ar^4=56$
よって　　$ar^2(1+r+r^2)=56$ …… ①
$a_6+a_7+a_8=7$ から　　$ar^5+ar^6+ar^7=7$
よって　　$ar^5(1+r+r^2)=7$ …… ②

① を ② に代入して　　$56r^3=7$　　ゆえに　　$r^3=\frac{1}{8}$

r は実数であるから　　$r=$ ア $\boldsymbol{\frac{1}{2}}$

これを ① に代入すると　　$\frac{1}{4}a\left(1+\frac{1}{2}+\frac{1}{4}\right)=56$

これを解いて　　$a=$ イ $\mathbf{128}$

また，初項から第 10 項までの和は
$$\frac{128\left\{1-\left(\frac{1}{2}\right)^{10}\right\}}{1-\frac{1}{2}}= \text{ウ}\ \boldsymbol{\frac{1023}{4}}$$

←$r^3=\left(\frac{1}{2}\right)^3$
n が奇数のとき
$r^n=p^n$ (p は実数)
$\iff r=p$

EX ③8

自然数 n に対して，$S_n=1+2+2^2+\cdots\cdots+2^{n-1}$ とおく。
(1) $S_n{}^2+2S_n+1=2^{30}$ を満たす n の値を求めよ。
(2) $S_1+S_2+\cdots\cdots+S_n+50=2S_n$ を満たす n の値を求めよ。　〔摂南大〕

(1) S_n は初項 1，公比 2，項数 n の等比数列の和であるから
$$S_n=\frac{1\cdot(2^n-1)}{2-1}=2^n-1 \quad\cdots\cdots ①$$

$S_n{}^2+2S_n+1=(S_n+1)^2$ であるから　　$(S_n+1)^2=2^{30}$
これに ① を代入すると　　$(2^n-1+1)^2=2^{30}$
ゆえに　　$2^{2n}=2^{30}$　　よって　　$2n=30$
これを解いて　　$\boldsymbol{n=15}$

←$S_n=\frac{a(r^n-1)}{r-1}$

←**$a>0$, $a\neq 1$ のとき**
$p=q \iff a^p=a^q$
(数学Ⅱ)

(2)　① から，$S_1+S_2+\cdots\cdots+S_n+50=2S_n$ は

$$(2^1-1)+(2^2-1)+\cdots\cdots+(2^n-1)+50=2(2^n-1)$$

と表される。

これを変形すると

$$2(1+2+\cdots\cdots+2^{n-1})-n+50=2(2^n-1)$$

←$1+2+\cdots\cdots+2^{n-1}=S_n$

よって　$2(2^n-1)-n+50=2(2^n-1)$

これを解いて　$\boldsymbol{n=50}$

EX ③9

A 円をある年の初めに借り，その年の終わりから同額ずつ n 回で返済する。年利率を $r\ (>0)$ とし，1年ごとの複利法とすると，毎回の返済金額は□円である。〔芝浦工大〕

借りた A 円の n 年後の元利合計は　$A(1+r)^n$ 円

毎回の返済金額を x 円とすると，$r>0$ から n 回分の元利合計は

$$x+x(1+r)+x(1+r)^2+\cdots\cdots+x(1+r)^{n-1}$$

$$=\frac{x\{(1+r)^n-1\}}{(1+r)-1}$$

$$=\frac{x\{(1+r)^n-1\}}{r}$$

←初項 x，公比 $1+r\ (\neq 1)$，項数 n の等比数列の和。

よって，$\dfrac{x\{(1+r)^n-1\}}{r}=A(1+r)^n$ とすると

$$x=\boldsymbol{\frac{Ar(1+r)^n}{(1+r)^n-1}}\ (\text{円})$$

EX ②10

数列 $\{a_n\}$ は初項 a，公差 d の等差数列で $a_{13}=0$ であるとし，数列 $\{a_n\}$ の初項から第 n 項までの和を S_n とする。また，数列 $\{b_n\}$ は初項 a，公比 r の等比数列とし，$b_3=a_{10}$ を満たすとする。ただし，$a\neq 0$，$r>0$ である。このとき，$r=$ ア□ である。また，$S_{10}=25$ のとき，$a=$ イ□ であり，数列 $\{b_n\}$ の初項から第8項までの和は ウ□ である。〔類 関西学院大〕

$a_{13}=0$ から　$a+12d=0$　…… ①

$b_3=a_{10}$ から　$ar^2=a+9d$　…… ②

←$a_{13}=0$，$b_3=a_{10}$ から，a，d，r の方程式を作る。

① から　$d=-\dfrac{a}{12}$

② に代入して　$ar^2=a-\dfrac{3}{4}a$　　よって　$ar^2=\dfrac{a}{4}$

$a\neq 0$ であるから　$r^2=\dfrac{1}{4}$　　$r>0$ から　$r=$ ア $\boldsymbol{\dfrac{1}{2}}$

また，$S_{10}=25$ のとき　$\dfrac{1}{2}\cdot 10\cdot\{2a+(10-1)d\}=25$

←$S_n=\dfrac{1}{2}n\{2a+(n-1)d\}$

よって　$2a+9d=5$

これと ① を解いて　$a=$ イ $\boldsymbol{4}$，$d=-\dfrac{1}{3}$

数列 $\{b_n\}$ の初項から第8項までの和は

$$\frac{4\left\{1-\left(\frac{1}{2}\right)^8\right\}}{1-\frac{1}{2}}=2^3\left(1-\frac{1}{2^8}\right)=2^3-\frac{1}{2^5}=8-\frac{1}{32}=\text{ウ}\ \boldsymbol{\frac{255}{32}}$$

←$S_n=\dfrac{a(1-r^n)}{1-r}$

EX ④11

初項 $\frac{10}{9}$，公比 $\frac{10}{9}$ の等比数列 $\{a_n\}$ の初項から第 n 項までの和を S_n とすると，$S_n>90$ を満たす最小の n の値は ア□ である。また，数列 $\{a_n\}$ の初項から第 n 項までの積を P_n とすると，$P_n>S_n+10$ を満たす最小の n の値は イ□ である。ただし，$\log_{10}3=0.477$ とする。

〔類 立命館大〕

$$S_n=\frac{10}{9}\cdot\frac{\left(\frac{10}{9}\right)^n-1}{\frac{10}{9}-1}=10\left\{\left(\frac{10}{9}\right)^n-1\right\}$$

←$S_n=\frac{a(r^n-1)}{r-1}$

(ア) $S_n>90$ とすると　$10\left\{\left(\frac{10}{9}\right)^n-1\right\}>90$

よって　$\left(\frac{10}{9}\right)^n-1>9$　すなわち　$\left(\frac{10}{9}\right)^n>10$ …… Ⓐ

両辺の常用対数をとると　$\log_{10}\left(\frac{10}{9}\right)^n>\log_{10}10$

ゆえに　$n(1-\log_{10}9)>1$　すなわち　$n(1-2\log_{10}3)>1$

よって　$n>\frac{1}{1-2\log_{10}3}=\frac{1}{1-2\times0.477}=\frac{1}{0.046}$

$=21.7$……　…… Ⓑ

ゆえに，求める最小の n の値は　ア **22**

←$\log_a M^k=k\log_a M$，$\log_a\frac{M}{N}=\log_a M-\log_a N$
（$a>0$，$a\neq1$，$M>0$，$N>0$，k は実数）

(イ) $P_n=a_1\times a_2\times\cdots\cdots\times a_n$

$$=\left(\frac{10}{9}\right)\times\left(\frac{10}{9}\right)^2\times\cdots\cdots\times\left(\frac{10}{9}\right)^n$$

$$=\left(\frac{10}{9}\right)^{1+2+\cdots\cdots+n}=\left(\frac{10}{9}\right)^{\frac{1}{2}n(n+1)}$$

←等差数列の和
$1+2+\cdots\cdots+n$
$=\frac{1}{2}\cdot n\cdot(1+n)$

$P_n>S_n+10$ とすると　$\left(\frac{10}{9}\right)^{\frac{1}{2}n(n+1)}>10\left(\frac{10}{9}\right)^n$

よって　$\left(\frac{10}{9}\right)^{\frac{1}{2}n(n+1)-n}>10$　すなわち　$\left(\frac{10}{9}\right)^{\frac{1}{2}n(n-1)}>10$

(ア) と同様にして　$\frac{1}{2}n(n-1)>21.7$……

ゆえに　$n(n-1)>43.4$……

$7\cdot6=42$，$8\cdot7=56$ から，求める最小の n の値は　イ **8**

←Ⓐ で n を $\frac{1}{2}n(n-1)$ におき換えた不等式
⟶ 結果 Ⓑ で n を $\frac{1}{2}n(n-1)$ におき換える。

EX ③12

次の和を求めよ。〔(1) 学習院大〕

(1) $\sum_{k=2n}^{3n}(3k^2+5k-1)$　(2) $\sum_{k=1}^{n}\left(\sum_{i=1}^{k}2\right)$　(3) $\sum_{k=1}^{n}\left(\sum_{i=1}^{k}3\cdot2^{i-1}\right)$

(1) $$\sum_{k=1}^{n}(3k^2+5k-1)=3\sum_{k=1}^{n}k^2+5\sum_{k=1}^{n}k-\sum_{k=1}^{n}1$$

$$=3\cdot\frac{1}{6}n(n+1)(2n+1)+5\cdot\frac{1}{2}n(n+1)-n$$

$$=\frac{1}{2}n(2n^2+3n+1+5n+5-2)$$

←$\frac{1}{2}n$ でくくる。

$$=\frac{1}{2}n(2n^2+8n+4)=n(n^2+4n+2)$$

よって

$$\sum_{k=2n}^{3n}(3k^2+5k-1)$$
$$=\sum_{k=1}^{3n}(3k^2+5k-1)-\sum_{k=1}^{2n-1}(3k^2+5k-1)$$
$$=3n\{(3n)^2+4\cdot3n+2\}-(2n-1)\{(2n-1)^2+4(2n-1)+2\}$$
$$=3n(9n^2+12n+2)-(2n-1)(4n^2+4n-1)$$
$$=19n^3+32n^2+12n-1$$
$$=\boldsymbol{(n+1)(19n^2+13n-1)}$$

←$n(n^2+4n+2)$ において，$n=3n$，$n=2n-1$ とする。

(2) $\displaystyle\sum_{k=1}^{n}\left(\sum_{i=1}^{k}2\right)=\sum_{k=1}^{n}2k=2\sum_{k=1}^{n}k=2\cdot\frac{1}{2}n(n+1)$

$$=\boldsymbol{n(n+1)}$$

←(　)の中から計算。

(3) $\displaystyle\sum_{k=1}^{n}\left(\sum_{i=1}^{k}3\cdot2^{i-1}\right)=\sum_{k=1}^{n}\frac{3(2^k-1)}{2-1}$

$$=\sum_{k=1}^{n}(3\cdot2^k-3)=\sum_{k=1}^{n}3\cdot2^k-\sum_{k=1}^{n}3$$
$$=\sum_{k=1}^{n}6\cdot2^{k-1}-3\sum_{k=1}^{n}1=\frac{6(2^n-1)}{2-1}-3n$$
$$=\boldsymbol{3\cdot2^{n+1}-3n-6}$$

←﹏﹏ は，初項 3，公比 2，項数 k の等比数列の和。

←‐‐‐‐ は，初項 6，公比 2，項数 n の等比数列の和。

EX ④13 n が 2 以上の自然数のとき，1，2，3，……，n の中から異なる 2 個の自然数を取り出して作った積すべての和 S を求めよ。 〔宮城教育大〕

HINT 小さな値で **小手調べ**。$n=3$ のときは　$S=1\cdot2+2\cdot3+3\cdot1$
ここで，$(a+b+c)^2=a^2+b^2+c^2+2(ab+bc+ca)$ であるから，
$ab+bc+ca=\frac{1}{2}\{(a+b+c)^2-(a^2+b^2+c^2)\}$ を利用すると S が求められる。
一般に，$\boldsymbol{(a_1+a_2+a_3+\cdots+a_n)^2=a_1{}^2+a_2{}^2+a_3{}^2+\cdots+a_n{}^2+2(a_1a_2+a_1a_3+\cdots+a_{n-1}a_n)}$
が成り立つことを利用する。

求める和 S について，次の等式が成り立つ。

$$(1+2+3+\cdots\cdots+n)^2=1^2+2^2+3^2+\cdots\cdots+n^2+2S$$

よって

$$S=\frac{1}{2}\{(1+2+3+\cdots\cdots+n)^2-(1^2+2^2+3^2+\cdots\cdots+n^2)\}$$
$$=\frac{1}{2}\left[\left\{\frac{1}{2}n(n+1)\right\}^2-\frac{1}{6}n(n+1)(2n+1)\right]$$
$$=\frac{1}{2}\cdot\frac{1}{12}n(n+1)\{3n(n+1)-2(2n+1)\}$$
$$=\boldsymbol{\frac{1}{24}n(n+1)(n-1)(3n+2)}$$

←{　}内
$=3n^2+3n-4n-2$
$=3n^2-n-2$
$=(n-1)(3n+2)$

EX ③14

3つの数列 $\{x_n\}$, $\{y_n\}$, $\{z_n\}$ は，次の4つの条件を満たすとする。

(a) $x_1=a$, $x_2=b$, $x_3=c$, $x_4=4$, $y_1=c$, $y_2=a$, $y_3=b$

(b) $\{y_n\}$ は数列 $\{x_n\}$ の階差数列である。

(c) $\{z_n\}$ は数列 $\{y_n\}$ の階差数列である。

(d) $\{z_n\}$ は等差数列である。

このとき，数列 $\{x_n\}$, $\{y_n\}$, $\{z_n\}$ の一般項を求めよ。 〔信州大〕

HINT 条件(a), (b)から a, b, c を決定し，数列 $\{z_n\}$ の一般項を求める。

条件(a), (b)から　$c=b-a$, $a=c-b$, $b=4-c$

これを解くと　$a=0$, $b=2$, $c=2$

条件(c)から　$z_1=a-c=-2$, $z_2=b-a=2$

条件(d)より数列 $\{z_n\}$ は等差数列で，公差は $z_2-z_1=4$ である。

よって，数列 $\{z_n\}$ の一般項は　$\boldsymbol{z_n}=-2+(n-1)\cdot 4=\boldsymbol{4n-6}$

$n\geqq 2$ のとき

$$y_n=y_1+\sum_{k=1}^{n-1}(4k-6)=2+4\cdot\frac{1}{2}(n-1)n-6(n-1)$$
$$=2+2n(n-1)-6(n-1)=2n^2-8n+8$$
$$=2(n-2)^2 \quad \cdots\cdots ①$$

$y_1=2$ であるから，①は $n=1$ のときにも成り立つ。

ゆえに，数列 $\{y_n\}$ の一般項は　$\boldsymbol{y_n=2(n-2)^2}$

$n\geqq 2$ のとき

$$x_n=x_1+\sum_{k=1}^{n-1}(2k^2-8k+8)$$
$$=0+2\cdot\frac{1}{6}(n-1)n(2n-1)-8\cdot\frac{1}{2}(n-1)n+8(n-1)$$
$$=\frac{1}{3}(n-1)(2n^2-n-12n+24)$$
$$=\frac{1}{3}(n-1)(2n^2-13n+24) \quad \cdots\cdots ②$$

$x_1=0$ であるから，②は $n=1$ のときにも成り立つ。

よって，数列 $\{x_n\}$ の一般項は　$\boldsymbol{x_n=\frac{1}{3}(n-1)(2n^2-13n+24)}$

$\{x_n\}$: a, b, c, 4, …
$\{y_n\}$: c, a, b, …
$\{z_n\}$: z_1, z_2, …

初項は特別扱い

←$\sum k^2$, $\sum k$ の公式を利用するため，$y_k=2k^2-8k+8$ として計算する。

初項は特別扱い

EX ③15

数列 a_1, a_2, a_3, ……, a_n, …… の初項から第 n 項までの和を S_n とする。$S_n=-n^3+15n^2-56n+1$ であるとき，次の問いに答えよ。

(1) a_2 の値を求めよ。　(2) a_n ($n=2$, 3, ……) を n の式で表せ。

(3) S_n の最大値を求めよ。 〔防衛大〕

(1) $\boldsymbol{a_2}=S_2-S_1$

$$=-2^3+15\cdot 2^2-56\cdot 2+1-(-1^3+15\cdot 1^2-56\cdot 1+1)$$
$$=-59-(-41)=\boldsymbol{-18}$$

(2) $n\geqq 2$ のとき

$$\boldsymbol{a_n}=S_n-S_{n-1}$$
$$=-\{n^3-(n-1)^3\}+15\{n^2-(n-1)^2\}$$
$$-56\{n-(n-1)\}+1-1$$

←$S_2=a_1+a_2$, $a_1=S_1$ から。

←工夫して計算。

$=-\{n-(n-1)\}\{n^2+n(n-1)+(n-1)^2\}$
$\quad+15\{n+(n-1)\}\{n-(n-1)\}-56$
$=-(3n^2-3n+1)+15(2n-1)-56$
$=\boldsymbol{-3n^2+33n-72}$

←$a^3-b^3=(a-b)(a^2+ab+b^2)$

(3) $a_n>0$ とすると　$-3n^2+33n-72>0$
ゆえに　$n^2-11n+24<0$　すなわち　$(n-3)(n-8)<0$
よって　$3<n<8$
したがって　$n=1,\ 2,\ 9\leqq n$ のとき　$a_n<0$
$n=3,\ 8$ のとき　$a_n=0$
$4\leqq n\leqq 7$ のとき　$a_n>0$
ゆえに　$S_1>S_2,\ S_2=S_3,\ S_3<S_4<\cdots\cdots<S_7,$
$S_7=S_8,\ S_8>S_9>\cdots\cdots$
ここで　$S_1=-41,\ S_7=-7^3+15\cdot7^2-56\cdot7+1=1$
$S_1<S_7$ であるから，S_n は **$n=7,\ 8$ のとき最大値 1** をとる。

←S_n は n の 3 次式だから，S_n の式のまま考えるのでは最大値を求めにくい。
⟶ a_n の各項の符号に注目。

←これから，S_1 または $S_7=S_8$ が最大値である。

1章 EX〔数列〕

EX ③16

次の数列の初項から第 n 項までの和を求めよ。

$3,\ \dfrac{5}{1^3+2^3},\ \dfrac{7}{1^3+2^3+3^3},\ \dfrac{9}{1^3+2^3+3^3+4^3},\ \cdots\cdots$　〔東京農工大〕

数列の第 k 項の分子は　$3+(k-1)\cdot2=2k+1$
また，数列の第 k 項の分母は

$$1^3+2^3+3^3+\cdots\cdots+k^3=\sum_{l=1}^{k}l^3=\left\{\frac{1}{2}k(k+1)\right\}^2=\frac{1}{4}k^2(k+1)^2$$

よって，求める和は

$$\sum_{k=1}^{n}(2k+1)\cdot\frac{4}{k^2(k+1)^2}$$
$$=4\sum_{k=1}^{n}\frac{2k+1}{k^2(k+1)^2}=4\sum_{k=1}^{n}\left\{\frac{1}{k^2}-\frac{1}{(k+1)^2}\right\}$$
$$=4\left[\left(\frac{1}{1}-\frac{1}{4}\right)+\left(\frac{1}{4}-\frac{1}{9}\right)+\cdots\cdots+\left\{\frac{1}{n^2}-\frac{1}{(n+1)^2}\right\}\right]$$
$$=4\left\{1-\frac{1}{(n+1)^2}\right\}=\boldsymbol{\frac{4n(n+2)}{(n+1)^2}}$$

HINT　数列の第 k 項の分子，分母をそれぞれ k を用いて表す。

←部分分数に分解する。

EX ④17

自然数 n に対して $m\leqq\log_2 n<m+1$ を満たす整数 m を a_n で表すことにする。このとき，$a_{2020}=$ ア□ である。また，自然数 k に対して $a_n=k$ を満たす n は全部で イ□ 個あり，そのような n のうちで最大のものは $n=$ ウ□ である。更に，$\displaystyle\sum_{n=1}^{2020}a_n=$ エ□ である。　〔類 慶応大〕

$2^{10}=1024,\ 2^{11}=2048$ であるから　$2^{10}<2020<2^{11}$
各辺の 2 を底とする対数をとると　$10<\log_2 2020<11$
よって　$a_{2020}=$ ア**10**
$a_n=k$ のとき　$k\leqq\log_2 n<k+1$
ゆえに　$2^k\leqq n<2^{k+1}$ …… ①

←$\log_2 2^{10}=10,\ \log_2 2^{11}=11$

←$2^k\leqq 2^{\log_2 n}<2^{k+1}$

① を満たす自然数 n の個数は

$$(2^{k+1}-1)-2^k+1={}^{イ}\mathbf{2^k}\ (個)$$

① を満たす最大の自然数 n は　　$n={}^{ウ}\mathbf{2^{k+1}-1}$

また，$\log_2 1=0$ から $a_1=0$ である。

←$0\leqq\log_2 1<1$

よって　$$\sum_{n=1}^{2020}a_n=a_1+\sum_{k=1}^{9}(a_{2^k}+\cdots\cdots+a_{2^{k+1}-1})$$

$$+(a_{2^{10}}+a_{2^{10}+1}+\cdots\cdots+a_{2020})$$

$$=0+\sum_{k=1}^{9}k\cdot2^k+10(2020-2^{10}+1)$$

$$=\sum_{k=1}^{9}k\cdot2^k+9970$$

←$\overbrace{a_{2^k}=a_{2^k+1}=\cdots=a_{2^{k+1}-1}}^{2^k\text{個}}$
$=k$,
$a_{2^{10}}=a_{2^{10}+1}=\cdots=a_{2020}$
$=10$

ここで，$S=\sum_{k=1}^{9}k\cdot2^k$ とすると

$$S=1\cdot2+2\cdot2^2+\cdots\cdots+9\cdot2^9$$

両辺に 2 を掛けると

$$2S=\qquad 1\cdot2^2+\cdots\cdots+8\cdot2^9+9\cdot2^{10}$$

辺々を引くと

$$-S=1\cdot2+(2^2+\cdots\cdots+2^9)-9\cdot2^{10}$$

$$=2+\frac{2^2(2^8-1)}{2-1}-9\cdot2^{10}=-8\cdot2^{10}-2=-8194$$

ゆえに，$S=8194$ であるから　$\sum_{n=1}^{2020}a_n=8194+9970={}^{エ}\mathbf{18164}$

EX ③18

数列 1，1，3，1，3，5，1，3，5，7，1，3，5，7，9，1，…… について，次の問いに答えよ。ただし，k，m，n は自然数とする。〔名古屋市大〕

(1) $(k+1)$ 回目に現れる 1 は第何項か。

(2) m 回目に現れる 17 は第何項か。

(3) 初項から $(k+1)$ 回目の 1 までの項の和を求めよ。

(4) 初項から第 n 項までの和を S_n とするとき，$S_n>1300$ となる最小の n を求めよ。

与えられた数列を

$$1\,|\,1,\ 3\,|\,1,\ 3,\ 5\,|\,1,\ 3,\ 5,\ 7\,|\,1,\ \cdots\cdots$$

のように，第 k 群に k 個の項が含まれるように群に分ける。

(1) $(k+1)$ 回目に現れる 1 は，第 $(k+1)$ 群の最初の項である。

第 1 群から第 k 群までの項数は

$$1+2+3+\cdots\cdots+k=\sum_{i=1}^{k}i=\frac{1}{2}k(k+1)$$

$\frac{1}{2}k(k+1)+1=\frac{1}{2}(k^2+k+2)$ であるから，$(k+1)$ 回目に現れる 1 は，**第 $\frac{1}{2}(k^2+k+2)$ 項** である。

(2) $2n-1=17$ とすると　　$n=9$

←数列 1，3，5，……，17 で，17 は 9 項目。

よって，1 回目に現れる 17 は，第 9 群の第 9 項である。

ゆえに，m 回目に現れる 17 は，第 $(m+8)$ 群の第 9 項である。

第 1 群から第 $(m+7)$ 群までの項数は

$$\sum_{i=1}^{m+7} i=\frac{1}{2}(m+7)(m+8)$$

$\frac{1}{2}(m+7)(m+8)+9=\frac{1}{2}(m^2+15m+74)$ であるから，m 回目に現れる 17 は，**第 $\boldsymbol{\frac{1}{2}(m^2+15m+74)}$ 項** である。

← $\frac{1}{2}k(k+1)$ に $k=m+7$ を代入。

(3) 第 i 群に含まれる項の和は $\displaystyle\sum_{h=1}^{i}(2h-1)=i^2$

よって，初項から $(k+1)$ 回目の 1 までの項の和は

$$\sum_{i=1}^{k} i^2+1=\frac{1}{6}k(k+1)(2k+1)+1$$
$$=\frac{1}{6}(2k^3+3k^2+k+6)$$
$$=\boldsymbol{\frac{1}{6}(k+2)(2k^2-k+3)}$$

← 数列 1，3，5，……，$2i-1$ の和。

(4) 第 1 群から第 k 群までに含まれる項の和を T_k とすると

$$T_k=\frac{1}{6}k(k+1)(2k+1)$$

よって　$T_{15}=\frac{1}{6}\cdot15\cdot16\cdot31=1240$，$T_{16}=\frac{1}{6}\cdot16\cdot17\cdot33=1496$

また　$T_{15}+7^2=1289$，$T_{15}+8^2=1304$

ゆえに，初項から第 16 群の第 8 項までの和が初めて 1300 より大きくなるから，求める n の値は

$$\boldsymbol{n}=\sum_{i=1}^{15} i+8=\frac{1}{2}\cdot15\cdot16+8=\boldsymbol{128}$$

← 第 n 項が第 k 群に含まれるとすると $T_{k-1}<1300\leqq T_k$ ただし $k\geqq2$

← (3) から，数列 1，3，5，……，$2i-1$ の和は i^2 である。

EX ③19

座標平面上の x 座標と y 座標がともに正の整数である点 $(x,\ y)$ 全体の集合を D とする。D に属する点 $(x,\ y)$ に対して $x+y$ が小さいものから順に，また $x+y$ が等しい点の中では x が小さい順に番号を付け，n 番目 $(n=1,\ 2,\ 3,\ \cdots\cdots)$ の点を P_n とする。例えば，点 P_1，P_2，P_3 の座標は順に $(1,\ 1)$，$(1,\ 2)$，$(2,\ 1)$ である。

(1) 座標が $(2,\ 4)$ である点は何番目か。また，点 P_{10} の座標を求めよ。

(2) 座標が $(n,\ n)$ である点の番号を a_n とする。数列 $\{a_n\}$ の一般項を求めよ。

(3) (2) で求めた数列 $\{a_n\}$ に対し，$\displaystyle\sum_{k=1}^{n} a_k$ を求めよ。　〔岡山大〕

(1) i を正の整数とする。

線分 $x+y=i+1$，$x\geqq0$，$y\geqq0$ 上における x 座標と y 座標がともに正の整数である点は，x 座標が小さい順に

$(1,\ i)$，$(2,\ i-1)$，……，$(i,\ 1)$ の i 個ある。

点 $(2,\ 4)$ は直線 $x+y=6$ 上にあるから $i=5$ で，x 座標が 2 番目に小さい点である。よって，最初から数えると

$$1+2+3+4+2=\mathbf{12}\ (\text{番目})$$

また，P_{10} は $i=4$ で x 座標が最も小さい点であるから，その座標は　$\mathbf{(4,\ 1)}$

(2) 点 $(n,\ n)$ は直線 $x+y=2n$ 上にあるから $i=2n-1$ で，x 座標が n 番目に小さい点である。ゆえに，$n\geqq2$ のとき

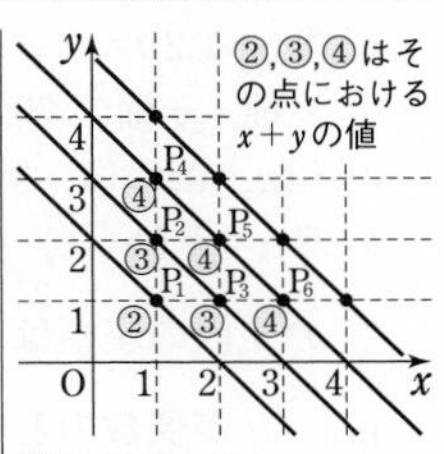

図に点 P_1，P_2，…… と順に書き込むと，直線 $x+y=i+1$ $(i=1,\ 2,\ \cdots\cdots)$ ごとに点を分けて考えるとよいことが見えてくる。

$$a_n=1+2+\cdots\cdots+(2n-2)+n=\frac{1}{2}(2n-2)(2n-1)+n$$
$$=2n^2-2n+1$$

よって　$a_n=2n^2-2n+1$ …… ①

$a_1=1$ であるから，① は $n=1$ のときも成り立つ。

したがって　$\boldsymbol{a_n=2n^2-2n+1}$

← 初項は特別扱い

(3) $\displaystyle\sum_{k=1}^{n}a_k=\sum_{k=1}^{n}(2k^2-2k+1)$

$$=2\cdot\frac{1}{6}n(n+1)(2n+1)-2\cdot\frac{1}{2}n(n+1)+n$$
$$=\frac{1}{3}n\{(n+1)(2n+1)-3(n+1)+3\}=\boldsymbol{\frac{1}{3}n(2n^2+1)}$$

EX ③20 3 または 4 の倍数である自然数を小さい順に並べた数列を $\{a_i\}$ とする。自然数 n に対して，$\displaystyle\sum_{i=1}^{6n}a_i$ を n で表せ。〔福島県医大〕

自然数の列 1，2，3，…… を

$12k-11$，$12k-10$，……，$12k$ $(k=1,\ 2,\ \cdots\cdots)$

のように 12 個ずつに区切り，k 番目の組を第 k 群とする。

第 k 群には 3 または 4 の倍数が小さい順に

$12k-9$，$12k-8$，$12k-6$，$12k-4$，$12k-3$，$12k$

の 6 個ある。これらの数の和は

$$(12k-9)+(12k-8)+(12k-6)+(12k-4)+(12k-3)+12k$$
$$=72k-30$$

求める和 $\displaystyle\sum_{i=1}^{6n}a_i$ は，第 1 群から第 n 群までの 3 または 4 の倍数の総和に等しいから

$$\sum_{i=1}^{6n}a_i=\sum_{k=1}^{n}(72k-30)=72\cdot\frac{1}{2}n(n+1)-30n=\boldsymbol{36n^2+6n}$$

←3 と 4 の最小公倍数は 12 ⟶ 1～12，13～24，25～36，…… のように，12 個ずつに分けて考える。

←1～12 ならば 3，4，6，8，9，12

EX ⑤21 n は自然数とする。3 本の直線 $3x+2y=6n$，$x=0$，$y=0$ で囲まれる三角形の周上および内部にあり，x 座標と y 座標がともに整数である点は全部でいくつあるか。

直線 $3x+2y=6n$ (n は自然数) …… ①

と x 軸，y 軸の交点の座標は，それぞれ $(2n,\ 0)$，$(0,\ 3n)$ である。

直線 $x=k$ $(k=0,\ 1,\ \cdots\cdots,\ 2n)$ と，

① の交点の座標は　$\left(k,\ 3n-\dfrac{3}{2}k\right)$

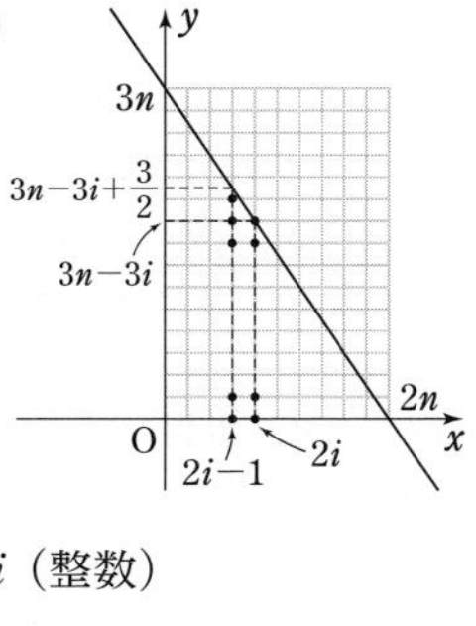

[1]　k が偶数のとき

$k=2i$ $(i=0,\ 1,\ \cdots\cdots,\ n)$ とすると

$$3n-\frac{3}{2}k=3n-\frac{3}{2}\cdot 2i=3n-3i\ (\text{整数})$$

よって，直線 $x=2i$ 上の格子点の個数は

$$(3n-3i)-0+1=3n-3i+1$$

座標平面において，x 座標，y 座標がともに整数である点を **格子点** という。

←交点の y 座標 $3n-\dfrac{3}{2}k$ が整数になるかならないかで場合分けして考える。

←x 軸上の点 $(2i,\ 0)$ も含まれることに注意。

[2] k が奇数のとき

$k=2i-1$ ($i=1,\ 2,\ \cdots\cdots,\ n$) とすると

$$3n-\frac{3}{2}k=3n-\frac{3}{2}(2i-1)=3n-3i+\frac{3}{2}\ (\text{整数ではない})$$

よって，直線 $x=2i-1$ 上の格子点は $(2i-1,\ 0)$，$(2i-1,\ 1)$，$\cdots\cdots$，$(2i-1,\ 3n-3i+1)$ で，その個数は

$$(3n-3i+1)-0+1=3n-3i+2$$

←x 軸上の点は含まれるが，直線 ① と直線 $x=2i-1$ の交点は含まれない。

[1]，[2] から，求める格子点の総数は

$$\sum_{i=0}^{n}(3n-3i+1)+\sum_{i=1}^{n}(3n-3i+2)$$
$$=3n+1+\sum_{i=1}^{n}(6n-6i+3)$$
$$=3n+1+(6n+3)\sum_{i=1}^{n}1-6\sum_{i=1}^{n}i$$
$$=3n+1+(6n+3)\cdot n-6\cdot\frac{1}{2}n(n+1)$$
$$=\mathbf{3n^2+3n+1}\ (\textbf{個})$$

←第 1 項の $i=0$ の場合だけ別に計算。また $\sum_{k=1}^{n}a_k+\sum_{k=1}^{n}b_k=\sum_{k=1}^{n}(a_k+b_k)$

別解 線分 $3x+2y=6n$ ($0\leqq y\leqq 3n$) 上の格子点 $(0,\ 3n)$，$(2,\ 3n-3)$，$\cdots\cdots$，$(2n,\ 0)$ の個数は　$n+1$

4 点 $(0,\ 0)$，$(2n,\ 0)$，$(2n,\ 3n)$，$(0,\ 3n)$ を頂点とする長方形の周上および内部にある格子点の個数は　$(2n+1)(3n+1)$

よって，求める格子点の個数は

$$\frac{1}{2}\{(2n+1)(3n+1)+(n+1)\}=\mathbf{3n^2+3n+1}\ (\textbf{個})$$

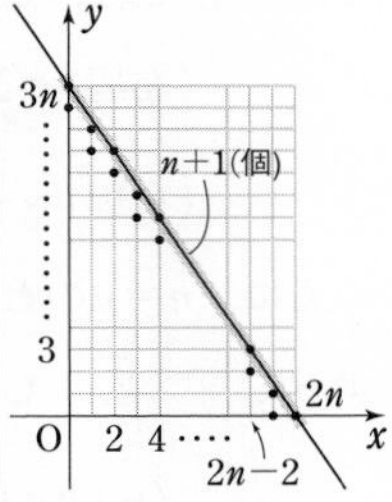

参考 ピックの定理を利用すると，次のようになる。

3 本の直線 $3x+2y=6n$，$x=0$，$y=0$ で囲まれる三角形を P とすると，P の頂点はいずれも格子点である。

←ピックの定理が適用できることを確認している。

P の内部，辺上にある格子点の個数をそれぞれ a，b とし，P の面積を S とすると，ピックの定理から　$S=a+\dfrac{b}{2}-1$

ここで　$b=n+1+(2n-1)+(3n-1)+1=6n$

$$S=\frac{1}{2}\cdot 2n\cdot 3n=3n^2$$

したがって，求める格子点の総数は

$$a+b=S+\frac{b}{2}+1=3n^2+3n+1\ (\text{個})$$

←$a=S-\dfrac{b}{2}+1$

EX ④22

異なる n 個のものから r 個を取る組合せの総数を ${}_n\mathrm{C}_r$ で表す。

(1) 2 以上の自然数 k について，${}_{k+3}\mathrm{C}_4={}_{k+4}\mathrm{C}_5-{}_{k+3}\mathrm{C}_5$ が成り立つことを証明せよ。

(2) 和 $\sum_{k=1}^{n}{}_{k+3}\mathrm{C}_4$ を求めよ。　(3) 和 $\sum_{k=1}^{n}(k^4+6k^3)$ を求めよ。　〔静岡大〕

(1) $k\geqq 2$ のとき

$${}_{k+4}\mathrm{C}_5-{}_{k+3}\mathrm{C}_5$$
$$=\frac{(k+4)(k+3)(k+2)(k+1)k}{5!}-\frac{(k+3)(k+2)(k+1)k(k-1)}{5!}$$

$$=\frac{(k+3)(k+2)(k+1)k\{(k+4)-(k-1)\}}{5!}$$

$$=\frac{(k+3)(k+2)(k+1)k\cdot 5}{5!}=\frac{(k+3)(k+2)(k+1)k}{4!}={}_{k+3}C_4$$

よって，${}_{k+3}C_4={}_{k+4}C_5-{}_{k+3}C_5$ が成り立つ。

←分子において，共通因数 $(k+3)(k+2)(k+1)k$ でくくる。

参考　$1\leqq r\leqq n-1$，$n\geqq 2$ に対して，${}_nC_r={}_{n-1}C_{r-1}+{}_{n-1}C_r$ が成り立つ。よって，${}_{k+4}C_5={}_{k+3}C_4+{}_{k+3}C_5$ から ${}_{k+3}C_4={}_{k+4}C_5-{}_{k+3}C_5$

(2)　(1) から，$n\geqq 2$ のとき

$$\sum_{k=1}^{n}{}_{k+3}C_4={}_4C_4+\sum_{k=2}^{n}{}_{k+3}C_4^{(*)}={}_4C_4+\sum_{k=2}^{n}({}_{k+4}C_5-{}_{k+3}C_5)$$

$$=1+({}_6C_5-{}_5C_5)+({}_7C_5-{}_6C_5)+({}_8C_5-{}_7C_5)$$

$$+\cdots\cdots+({}_{n+4}C_5-{}_{n+3}C_5)$$

$$=1-{}_5C_5+{}_{n+4}C_5={}_{n+4}C_5$$

$$=\frac{(n+4)(n+3)(n+2)(n+1)n}{5!}$$

(＊)　(1) の結果を利用することを考え，$k=1$ のときと $k\geqq 2$ のときで分ける。

すなわち

$$\sum_{k=1}^{n}{}_{k+3}C_4=\frac{1}{120}n(n+1)(n+2)(n+3)(n+4)\quad\cdots\cdots\ ①$$

また，① において，$n=1$ とすると

$$(\text{左辺})=\sum_{k=1}^{1}{}_{k+3}C_4={}_4C_4=1,$$

$$(\text{右辺})=\frac{1}{120}\cdot 1\cdot(1+1)(1+2)(1+3)(1+4)=1$$

ゆえに，$n=1$ のときも ① は成り立つ。

よって　　$\displaystyle\sum_{k=1}^{n}{}_{k+3}C_4=\boldsymbol{\frac{1}{120}n(n+1)(n+2)(n+3)(n+4)}$

(3)　$\displaystyle {}_{k+3}C_4=\frac{(k+3)(k+2)(k+1)k}{4!}=\frac{1}{24}k(k+1)(k+2)(k+3)$

$$=\frac{1}{24}(k^2+3k)(k^2+3k+2)$$

$$=\frac{1}{24}(k^4+6k^3+11k^2+6k)$$

←k と $(k+3)$，$(k+1)$ と $(k+2)$ を組み合わせると，共通の式 k^2+3k が現れ，展開しやすくなる。

ゆえに，$k^4+6k^3=24{}_{k+3}C_4-11k^2-6k$ であるから

$$\sum_{k=1}^{n}(k^4+6k^3)=\sum_{k=1}^{n}(24{}_{k+3}C_4-11k^2-6k)$$

(2) から　$\displaystyle\sum_{k=1}^{n}(24{}_{k+3}C_4-11k^2-6k)$

$$=24\cdot\frac{1}{120}n(n+1)(n+2)(n+3)(n+4)$$

$$-11\cdot\frac{1}{6}n(n+1)(2n+1)-6\cdot\frac{1}{2}n(n+1)$$

$$=\frac{1}{30}n(n+1)\{6(n+2)(n+3)(n+4)-55(2n+1)-90\}$$

$$=\frac{1}{30}n(n+1)(6n^3+54n^2+46n-1)$$

よって　　$\displaystyle\sum_{k=1}^{n}(k^4+6k^3)=\boldsymbol{\frac{1}{30}n(n+1)(6n^3+54n^2+46n-1)}$

EX ②23 次の条件によって定められる数列 $\{a_n\}$ の一般項を求めよ。

$a_1=r,\ a_{n+1}=r+\dfrac{1}{r}a_n$ ただし，r は0でない定数 〔お茶の水大〕

[1] $r \neq 1$ のとき，漸化式を変形すると

$$a_{n+1}-\frac{r^2}{r-1}=\frac{1}{r}\left(a_n-\frac{r^2}{r-1}\right)$$

また $a_1-\dfrac{r^2}{r-1}=r-\dfrac{r^2}{r-1}=-\dfrac{r}{r-1}$

よって，数列 $\left\{a_n-\dfrac{r^2}{r-1}\right\}$ は初項 $-\dfrac{r}{r-1}$，公比 $\dfrac{1}{r}$ の等比数列であるから $a_n-\dfrac{r^2}{r-1}=-\dfrac{r}{r-1}\left(\dfrac{1}{r}\right)^{n-1}$

ゆえに $a_n=\dfrac{r^2}{r-1}-\dfrac{r}{r-1}\left(\dfrac{1}{r}\right)^{n-1}=\dfrac{r^2}{r-1}\left\{1-\left(\dfrac{1}{r}\right)^n\right\}$

[2] $r=1$ のとき，漸化式は $a_{n+1}=a_n+1$

よって，数列 $\{a_n\}$ は初項1，公差1の等差数列である。

ゆえに $a_n=1+(n-1)\cdot 1=n$

よって **$r \neq 1$ のとき $a_n=\dfrac{r^2}{r-1}\left\{1-\left(\dfrac{1}{r}\right)^n\right\}$**

$r=1$ のとき $a_n=n$

←$\alpha=r+\dfrac{1}{r}\alpha$ を解くと，$(r-1)\alpha=r^2$ から $\alpha=\dfrac{r^2}{r-1}$

←$\dfrac{r(r-1)-r^2}{r-1}=\dfrac{-r}{r-1}$

←$-\dfrac{r}{r-1}\left(\dfrac{1}{r}\right)^{n-1}=-\dfrac{r^2}{r-1}\left(\dfrac{1}{r}\right)^n$

EX ④24 $a_1=1,\ a_2=6,\ 2(2n+3)a_{n+1}=(n+1)a_{n+2}+4(n+2)a_n$ で定義される数列 $\{a_n\}$ について

(1) $b_n=a_{n+1}-2a_n$ とおくとき，b_n を n の式で表せ。

(2) a_n を n の式で表せ。 〔鳥取大〕

(1) 漸化式を変形すると

$$(n+1)(a_{n+2}-2a_{n+1})=2(n+2)(a_{n+1}-2a_n)$$

$b_n=a_{n+1}-2a_n$ であるから

$$(n+1)b_{n+1}=2(n+2)b_n$$

よって $\dfrac{b_{n+1}}{n+2}=2\cdot\dfrac{b_n}{n+1}$

ゆえに，数列 $\left\{\dfrac{b_n}{n+1}\right\}$ は初項 $\dfrac{b_1}{1+1}=\dfrac{a_2-2a_1}{2}=2$，公比2の等比数列であるから $\dfrac{b_n}{n+1}=2\cdot 2^{n-1}$

したがって **$b_n=(n+1)\cdot 2^n$**

(2) $a_{n+1}-2a_n=(n+1)\cdot 2^n$ から $\dfrac{a_{n+1}}{2^{n+1}}-\dfrac{a_n}{2^n}=\dfrac{n+1}{2}$

$c_n=\dfrac{a_n}{2^n}$ とおくと $c_{n+1}-c_n=\dfrac{n+1}{2}$

よって，$n \geqq 2$ のとき

$$c_n=\frac{a_1}{2^1}+\sum_{k=1}^{n-1}\frac{k+1}{2}=\frac{1}{2}+\frac{1}{2}\sum_{k=1}^{n-1}k+\frac{1}{2}\sum_{k=1}^{n-1}1$$

$$=\frac{1}{2}+\frac{1}{2}\cdot\frac{1}{2}(n-1)n+\frac{1}{2}(n-1)=\frac{1}{4}n(n+1)$$

←漸化式の a_{n+1} の係数を $2(2n+3)=2\{(n+1)+(n+2)\}$ と変形。

別解 $b_{n+1}=\dfrac{2(n+2)}{n+1}b_n$

$=\dfrac{2(n+2)}{n+1}\cdot\dfrac{2(n+1)}{n}b_{n-1}$

$=\dfrac{2^2(n+2)}{n}\cdot\dfrac{2n}{n-1}b_{n-2}$

$=\cdots\cdots=\dfrac{2^n(n+2)}{2}b_1$

から b_n を求めてもよい。

←a_{n+1} と a_n の係数に着目して，両辺を 2^{n+1} で割る。

$n=1$ のとき，$\frac{1}{4}\cdot1\cdot2=\frac{1}{2}$ であるから，これは成り立つ。

したがって　$a_n=2^nc_n=\boldsymbol{n(n+1)\cdot2^{n-2}}$

❶ 初項は特別扱い

←$\frac{a_n}{2^n}=c_n$ から。

EX ③25

$a_1=2$，$a_{n+1}=a_n{}^3\cdot4^n$ で定められる数列 $\{a_n\}$ について

(1) $b_n=\log_2a_n$ とするとき，b_{n+1} を b_n を用いて表せ。

(2) α，β を定数とし，$f(n)=\alpha n+\beta$ とする。このとき，$b_{n+1}-f(n+1)=3\{b_n-f(n)\}$ が成り立つように α，β の値を定めよ。

(3) 数列 $\{a_n\}$，$\{b_n\}$ の一般項をそれぞれ求めよ。　〔静岡大〕

(1) 漸化式から，数列 $\{a_n\}$ の各項は正である。

よって，$a_{n+1}=a_n{}^3\cdot4^n$ の両辺は正であるから，両辺の2を底とする対数をとると

$$\log_2a_{n+1}=\log_2a_n{}^3+\log_24^n$$

ゆえに　$\log_2a_{n+1}=3\log_2a_n+2n$

$b_n=\log_2a_n$ とすると　$\boldsymbol{b_{n+1}=3b_n+2n}$

←$a_1>0$ および漸化式の形から明らか。

←$\log_24=2$

(2) $b_{n+1}-f(n+1)=3\{b_n-f(n)\}$ から

$$b_{n+1}=3b_n+f(n+1)-3f(n)$$

$f(n)=\alpha n+\beta$，$f(n+1)=\alpha(n+1)+\beta$ を代入して

$$b_{n+1}=3b_n+\alpha n+\alpha+\beta-3(\alpha n+\beta)$$

整理して　$b_{n+1}=3b_n-2\alpha n+\alpha-2\beta$

これと(1)の結果から　$-2\alpha=2$，$\alpha-2\beta=0$

この連立方程式を解くと　$\boldsymbol{\alpha=-1}$，$\boldsymbol{\beta=-\frac{1}{2}}$

←$2n=-2\alpha n+\alpha-2\beta$ を n の恒等式とみる。

(3) (2)から　$f(n)=-n-\frac{1}{2}$

$b_{n+1}-f(n+1)=3\{b_n-f(n)\}$ より，数列 $\left\{b_n+n+\frac{1}{2}\right\}$ は，初項 $b_1+1+\frac{1}{2}=\log_2a_1+\frac{3}{2}=\frac{5}{2}$，公比3の等比数列であるから　$b_n+n+\frac{1}{2}=\frac{5}{2}\cdot3^{n-1}$

←$\log_2a_1=\log_22=1$

ゆえに　$\boldsymbol{b_n=\frac{5}{2}\cdot3^{n-1}-n-\frac{1}{2}}$

$b_n=\log_2a_n$ から　$a_n=2^{b_n}$　すなわち　$\boldsymbol{a_n=2^{\frac{5}{2}\cdot3^{n-1}-n-\frac{1}{2}}}$

EX ③26

数列 $\{x_n\}$，$\{y_n\}$ は $(3+2\sqrt{2})^n=x_n+y_n\sqrt{2}$ を満たすとする。ただし，x_n，y_n は整数とする。

(1) x_{n+1}，y_{n+1} をそれぞれ x_n，y_n で表せ。

(2) $x_n-y_n\sqrt{2}$ を n で表せ。また，これを用いて x_n，y_n を n で表せ。　〔類 京都薬大〕

HINT (1) $x_{n+1}+y_{n+1}\sqrt{2}=(x_n+y_n\sqrt{2})(3+2\sqrt{2})$ を利用。

(2) (1)の結果を利用して，$x_{n+1}-y_{n+1}\sqrt{2}$ を x_n，y_n で表す。

$x_n+y_n\sqrt{2}=(3+2\sqrt{2})^n$ …… ① とする。

(1) $x_{n+1}+y_{n+1}\sqrt{2}=(3+2\sqrt{2})^{n+1}$

$=(3+2\sqrt{2})^n(3+2\sqrt{2})$

$=(x_n+y_n\sqrt{2})(3+2\sqrt{2})$ ←① を代入。

$=3x_n+4y_n+(2x_n+3y_n)\sqrt{2}$

x_{n+1}，y_{n+1}，$3x_n+4y_n$，$2x_n+3y_n$ は整数，$\sqrt{2}$ は無理数であるから　$\boldsymbol{x_{n+1}=3x_n+4y_n}$ …… ②，$\boldsymbol{y_{n+1}=2x_n+3y_n}$ …… ③

←a，b，c，d が有理数，$\sqrt{l}$ が無理数のとき $\boldsymbol{a+b\sqrt{l}=c+d\sqrt{l}}$ $\Longleftrightarrow$ $\boldsymbol{a=c}$，$\boldsymbol{b=d}$（数学Ⅰ）

(2) ②$-$③$\times\sqrt{2}$ から

$x_{n+1}-y_{n+1}\sqrt{2}=(3x_n+4y_n)-\sqrt{2}(2x_n+3y_n)$

$=(3-2\sqrt{2})x_n+(4-3\sqrt{2})y_n$ ←$4-3\sqrt{2}$ $=-\sqrt{2}(-2\sqrt{2}+3)$

$=(3-2\sqrt{2})(x_n-y_n\sqrt{2})$

ここで，$x_1+y_1\sqrt{2}=3+2\sqrt{2}$ であり，x_1，y_1 は整数，$\sqrt{2}$ は無理数であるから　$x_1=3$，$y_1=2$ ←$(3+2\sqrt{2})^1=x_1+y_1\sqrt{2}$

よって，数列 $\{x_n-y_n\sqrt{2}\}$ は初項 $x_1-y_1\sqrt{2}=3-2\sqrt{2}$，公比 $3-2\sqrt{2}$ の等比数列であるから

$\boldsymbol{x_n-y_n\sqrt{2}}=(3-2\sqrt{2})\cdot(3-2\sqrt{2})^{n-1}$

$\boldsymbol{=(3-2\sqrt{2})^n}$ …… ④

(①＋④)÷2 から　$\boldsymbol{x_n=\dfrac{1}{2}\{(3+2\sqrt{2})^n+(3-2\sqrt{2})^n\}}$ ←①，④ を x_n，y_n の連立方程式とみて解く。

(①－④)÷$2\sqrt{2}$ から　$\boldsymbol{y_n=\dfrac{1}{2\sqrt{2}}\{(3+2\sqrt{2})^n-(3-2\sqrt{2})^n\}}$

EX ③27

数列 $\{a_n\}$ が次の漸化式を満たしている。

$$a_1=\frac{1}{2},\ a_2=\frac{1}{3},\ a_{n+2}=\frac{a_na_{n+1}}{2a_n-a_{n+1}+2a_na_{n+1}}$$

(1) $b_n=\dfrac{1}{a_n}$ とおく。b_{n+2} を b_{n+1} と b_n で表せ。

(2) $b_{n+1}-b_n=c_n$ とおいたとき，c_n を n で表せ。

(3) a_n を n で表せ。〔東京女子大〕

(1) $a_{n+2}=\dfrac{a_na_{n+1}}{2a_n-a_{n+1}+2a_na_{n+1}}$ …… ① とする。

$a_1\neq0$，$a_2\neq0$ であるから，① より　$a_3\neq0$

これを繰り返して，すべての自然数 n について　$a_n\neq0$

←(1) のように，問題文で $b_n=\dfrac{1}{a_n}$ とおき換えの指示がある場合は，$a_n\neq0$ の説明を省いてもよい。

よって，① の両辺の逆数をとると

$$\frac{1}{a_{n+2}}=\frac{2a_n-a_{n+1}+2a_na_{n+1}}{a_na_{n+1}}$$

ゆえに　$\dfrac{1}{a_{n+2}}=\dfrac{2}{a_{n+1}}-\dfrac{1}{a_n}+2$

よって，$b_n=\dfrac{1}{a_n}$ とおくと

$$\boldsymbol{b_{n+2}=2b_{n+1}-b_n+2}$$

(2)　$b_{n+1}-b_n=c_n$ とおくと

$$\begin{aligned}c_{n+1}&=b_{n+2}-b_{n+1}=(2b_{n+1}-b_n+2)-b_{n+1}\\&=b_{n+1}-b_n+2\\&=c_n+2\end{aligned}$$

←(1)の結果を $b_{n+2}-b_{n+1}=b_{n+1}-b_n+2$ と変形してもよい。

したがって，数列 $\{c_n\}$ は公差2の等差数列である。

また　$c_1=b_2-b_1=\dfrac{1}{a_2}-\dfrac{1}{a_1}=3-2=1$

よって　$\boldsymbol{c_n}=1+(n-1)\cdot 2=\boldsymbol{2n-1}$

(3)　$b_{n+1}-b_n=2n-1$ であるから，$n\geqq 2$ のとき

←数列 $\{c_n\}$ は，数列 $\{b_n\}$ の階差数列。

$$\begin{aligned}b_n&=b_1+\sum_{k=1}^{n-1}(2k-1)\\&=2+2\cdot\frac{1}{2}(n-1)n-(n-1)\\&=n^2-2n+3\end{aligned}$$

$n=1$ のとき，$1^2-2\cdot 1+3=2$ であるから，これは成り立つ。

⚠ **初項は特別扱い**

したがって　$\boldsymbol{a_n}=\dfrac{1}{b_n}=\dfrac{\boldsymbol{1}}{\boldsymbol{n^2-2n+3}}$

EX ③28

数列 $\{a_n\}$ は $a_1=1$，$a_n(3S_n+2)=3S_n^2$ $(n=2,\ 3,\ 4,\ \cdots\cdots)$ を満たしているとする。ここで，$S_n=\sum_{k=1}^{n}a_k$ $(n=1,\ 2,\ 3,\ \cdots\cdots)$ である。a_2 の値は $a_2=$ア□ である。
$T_n=\dfrac{1}{S_n}$ $(n=1,\ 2,\ 3,\ \cdots\cdots)$ とするとき，T_n を n の式で表すと $T_n=$イ□ であり，$n\geqq 2$ のとき a_n を n の式で表すと $a_n=$ウ□ である。〔関西学院大〕

$a_n(3S_n+2)=3S_n^2$ …… ① において，$n=2$ とすると，

$S_2=a_1+a_2=1+a_2$ であるから

$$a_2\{3(1+a_2)+2\}=3(1+a_2)^2$$

←a_2 についての方程式。

よって　$3a_2^2+5a_2=3a_2^2+6a_2+3$

ゆえに　$a_2=$ア $\boldsymbol{-3}$

$n\geqq 2$ のとき，$a_n=S_n-S_{n-1}$ を ① に代入すると

←$n\geqq 2$ がつくことに注意。

$$(S_n-S_{n-1})(3S_n+2)=3S_n^2$$

整理すると　$2S_n-3S_nS_{n-1}-2S_{n-1}=0$ …… ②

② で，$S_n=0$ とすると　$S_{n-1}=0$

これを繰り返すと $S_1=a_1=0$ となり，これは矛盾。

よって，すべての n について $S_n\neq 0$ であるから，② の両辺を

S_nS_{n-1} で割ると　$\dfrac{2}{S_{n-1}}-3-\dfrac{2}{S_n}=0$

ゆえに　$2T_{n-1}-3-2T_n=0$　すなわち　$T_n=T_{n-1}-\dfrac{3}{2}$

よって，数列 $\{T_n\}$ は公差 $-\dfrac{3}{2}$ の等差数列で，初項は

$T_1=\dfrac{1}{S_1}=\dfrac{1}{a_1}=1$ であるから

$$T_n=1+(n-1)\left(-\frac{3}{2}\right)={}^{イ}\boldsymbol{-\frac{3}{2}n+\frac{5}{2}}$$

←$a+(n-1)d$

$T_n=-\dfrac{3n-5}{2}$ であるから　　$S_n=-\dfrac{2}{3n-5}$

したがって，$n\geqq 2$ のとき

$$a_n=S_n-S_{n-1}$$

$$=-\frac{2}{3n-5}+\frac{2}{3n-8}={}^{ウ}\boldsymbol{\frac{6}{(3n-5)(3n-8)}}$$

←$\dfrac{2\{-(3n-8)+3n-5\}}{(3n-5)(3n-8)}$

EX ④29

右図のように，xy 平面上の点 $(1,\ 1)$ を中心とする半径 1 の円を C とする。x 軸，y 軸の正の部分，円 C と接する円で C より小さいものを C_1 とする。更に，x 軸の正の部分，円 C，円 C_1 と接する円を C_2 とする。以下，順に x 軸の正の部分，円 C，円 C_n と接する円を C_{n+1} とする。また，円 C_n の中心の座標を $(a_n,\ b_n)$ とする。ただし，円 C_{n+1} は円 C_n の右側にあるとする。

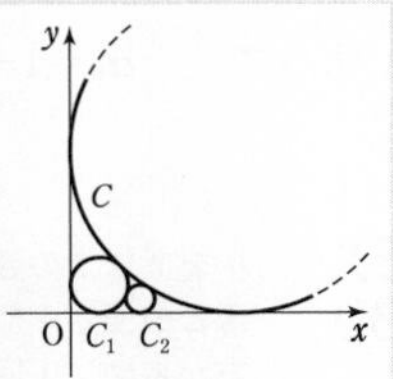

(1) $a_1={}^{ア}$□，$b_1={}^{イ}$□ である。

(2) a_n，a_{n+1} の関係式を求めよ。

(3) $c_n=\dfrac{1}{1-a_n}$ とおいて，数列 $\{a_n\}$ の一般項を n の式で表せ。　〔類　京都産大〕

HINT (2) 円 C と C_n，円 C_n と C_{n+1} がそれぞれ外接することに注目。具体的に図をかいてみるとわかりやすい。

(1) $\sqrt{2}\,a_1+a_1+1=\sqrt{2}$ であるから

←2 点 $(0,\ 0)$，$(1,\ 1)$ 間の距離に注目。

$$a_1=\frac{\sqrt{2}-1}{\sqrt{2}+1}={}^{ア}\boldsymbol{3-2\sqrt{2}}$$

また　　$b_1=a_1={}^{イ}\boldsymbol{3-2\sqrt{2}}$

←点 $(a_1,\ b_1)$ は直線 $y=x$ 上。

(2) 2 円 C，C_n は外接するから

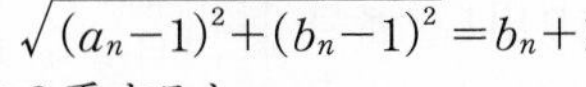

$$\sqrt{(a_n-1)^2+(b_n-1)^2}=b_n+1$$

←半径が r，r'，中心間の距離が d である 2 円が外接する $\Longleftrightarrow$ $\boldsymbol{d=r+r'}$

両辺を 2 乗すると

$$(a_n-1)^2+b_n{}^2-2b_n+1=b_n{}^2+2b_n+1$$

ゆえに　　$b_n=\dfrac{1}{4}(a_n-1)^2$ …… ①

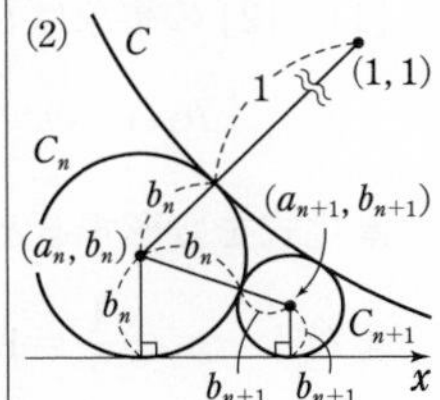

また，2 円 C_n，C_{n+1} は外接するから

$$\sqrt{(a_{n+1}-a_n)^2+(b_{n+1}-b_n)^2}=b_n+b_{n+1}$$

両辺を 2 乗すると

$$(a_{n+1}-a_n)^2+b_{n+1}{}^2-2b_{n+1}b_n+b_n{}^2=b_n{}^2+2b_nb_{n+1}+b_{n+1}{}^2$$

ゆえに　　$(a_{n+1}-a_n)^2=4b_nb_{n+1}$

① から　　$(a_{n+1}-a_n)^2=\dfrac{1}{4}(a_n-1)^2(a_{n+1}-1)^2$

$a_n<a_{n+1}$，$a_n<1$，$a_{n+1}<1$ であるから

←$A>0$，$B>0$ のとき $A^2=B^2 \Longleftrightarrow A=B$

$$\boldsymbol{a_{n+1}-a_n=\frac{1}{2}(1-a_n)(1-a_{n+1})}\ \cdots\cdots ②$$

(3) $c_n=\dfrac{1}{1-a_n}$ とおくと　$1-a_n=\dfrac{1}{c_n}$，$a_n=1-\dfrac{1}{c_n}$

よって，② から　$1-\dfrac{1}{c_{n+1}}-\left(1-\dfrac{1}{c_n}\right)=\dfrac{1}{2}\cdot\dfrac{1}{c_n}\cdot\dfrac{1}{c_{n+1}}$

整理して　$2(c_{n+1}-c_n)=1$　ゆえに　$c_{n+1}-c_n=\dfrac{1}{2}$

←等差数列型の漸化式。

また　$c_1=\dfrac{1}{1-a_1}=\dfrac{1}{1-(3-2\sqrt{2})}=\dfrac{\sqrt{2}+1}{2}$

ゆえに，数列 $\{c_n\}$ は初項 $\dfrac{\sqrt{2}+1}{2}$，公差 $\dfrac{1}{2}$ の等差数列であるから　$c_n=\dfrac{\sqrt{2}+1}{2}+(n-1)\cdot\dfrac{1}{2}=\dfrac{n+\sqrt{2}}{2}$

よって　$\boldsymbol{a_n=1-\dfrac{1}{c_n}=1-\dfrac{2}{n+\sqrt{2}}}$

EX ④30

n を 2 以上の整数とする。1 から n までの番号が付いた n 個の箱があり，それぞれの箱には赤玉と白玉が 1 個ずつ入っている。このとき，操作(＊)を $k=1$，……，$n-1$ に対して，k が小さい方から順に 1 回ずつ行う。

(＊) 番号 k の箱から玉を 1 個取り出し，番号 $k+1$ の箱に入れてよくかきまぜる。

一連の操作がすべて終了した後，番号 n の箱から玉を 1 個取り出し，番号 1 の箱に入れる。このとき，番号 1 の箱に赤玉と白玉が 1 個ずつ入っている確率を求めよ。〔京都大〕

番号 1 の箱と番号 k の箱から同じ色の玉を取り出す確率を p_k とすると，求める確率は p_n である。

番号 1 の箱と番号 $k+1$ の箱から同じ色の玉を取り出すのは，次のいずれかの場合である。

[1] 番号 1 の箱と番号 k の箱から同じ色の玉を取り出し，番号 $k+1$ の箱からも番号 1 の箱から取り出した玉と同じ色の玉を取り出す。

[2] 番号 1 と番号 k の箱から異なる色の玉を取り出し，番号 $k+1$ の箱から番号 1 の箱から取り出した玉と同じ色の玉を取り出す。

	箱1	箱k	箱$k+1$
[1]	赤	赤	白 1, 赤 2
	白	白	白 2, 赤 1
[2]	赤	白	白 2, 赤 1
	白	赤	白 1, 赤 2

[1]，[2] の事象は互いに排反であるから

$$p_{k+1}=p_k\cdot\frac{2}{3}+(1-p_k)\cdot\frac{1}{3}=\frac{1}{3}p_k+\frac{1}{3}$$

←上の図から，[1] の場合に条件を満たすように箱 $k+1$ から玉を取り出す確率は $\dfrac{2}{3}$，[2] の場合に条件を満たすように箱 $k+1$ から玉を取り出す確率は $\dfrac{1}{3}$

漸化式を変形すると　$p_{k+1}-\dfrac{1}{2}=\dfrac{1}{3}\left(p_k-\dfrac{1}{2}\right)$

また　$p_1-\dfrac{1}{2}=1-\dfrac{1}{2}=\dfrac{1}{2}$

よって，数列 $\left\{p_k-\dfrac{1}{2}\right\}$ は初項 $\dfrac{1}{2}$，公比 $\dfrac{1}{3}$ の等比数列であるから　$p_k-\dfrac{1}{2}=\dfrac{1}{2}\left(\dfrac{1}{3}\right)^{k-1}$　すなわち　$p_k=\dfrac{1}{2}\left\{1+\left(\dfrac{1}{3}\right)^{k-1}\right\}$

したがって，求める確率は　$\boldsymbol{p_n=\dfrac{1}{2}\left\{1+\left(\dfrac{1}{3}\right)^{n-1}\right\}}$

EX ④31

AとBの2人が，1個のさいころを次の手順により投げ合う。

1回目はAが投げる。

1，2，3の目が出たら，次の回には同じ人が投げる。

4，5の目が出たら，次の回には別の人が投げる。

6の目が出たら，投げた人を勝ちとし，それ以降は投げない。

(1) n 回目にAがさいころを投げる確率 a_n を求めよ。

(2) ちょうど n 回目のさいころ投げでAが勝つ確率 p_n を求めよ。

(3) n 回以内のさいころ投げでAが勝つ確率 q_n を求めよ。 〔一橋大〕

(1) n 回目にBがさいころを投げる確率を b_n とする。

$a_1=1,\ b_1=0$ である。

$(n+1)$ 回目にAが投げるのは，n 回目にAが投げて1，2，3の目が出るか，n 回目にBが投げて4，5の目が出るかのどちらかであるから $\quad a_{n+1}=\dfrac{1}{2}a_n+\dfrac{1}{3}b_n$ …… ①

$(n+1)$ 回目にBが投げるのは，n 回目にAが投げて4，5の目が出るか，n 回目にBが投げて1，2，3の目が出るかのどちらかであるから $\quad b_{n+1}=\dfrac{1}{3}a_n+\dfrac{1}{2}b_n$ …… ②

n 回目 $(n+1)$ 回目

A —1,2,3→ A，A —4,5→ B

B —1,2,3→ B，B —4,5→ A

①＋② から $\quad a_{n+1}+b_{n+1}=\dfrac{5}{6}(a_n+b_n)$

①－② から $\quad a_{n+1}-b_{n+1}=\dfrac{1}{6}(a_n-b_n)$

←連立漸化式の問題では，2つの漸化式の和や差をとるとうまくいくことがある。

数列 $\{a_n+b_n\}$ は初項 $a_1+b_1=1$，公比 $\dfrac{5}{6}$ の等比数列，数列 $\{a_n-b_n\}$ は初項 $a_1-b_1=1$，公比 $\dfrac{1}{6}$ の等比数列であるから

$$a_n+b_n=\left(\frac{5}{6}\right)^{n-1},\quad a_n-b_n=\left(\frac{1}{6}\right)^{n-1}$$

辺々を加えて2で割ると $\quad \boldsymbol{a_n=\dfrac{1}{2}\left\{\left(\dfrac{5}{6}\right)^{n-1}+\left(\dfrac{1}{6}\right)^{n-1}\right\}}$

(2) n 回目でAが勝つのは，n 回目にAが投げて6の目が出る場合であるから

$$\boldsymbol{p_n}=\frac{1}{6}a_n=\boldsymbol{\frac{1}{12}\left\{\left(\frac{5}{6}\right)^{n-1}+\left(\frac{1}{6}\right)^{n-1}\right\}}$$

(3) (2) から

$$\boldsymbol{q_n}=\sum_{k=1}^{n}p_k=\frac{1}{12}\sum_{k=1}^{n}\left\{\left(\frac{5}{6}\right)^{k-1}+\left(\frac{1}{6}\right)^{k-1}\right\}$$

$$=\frac{1}{12}\left\{\frac{1-\left(\frac{5}{6}\right)^n}{1-\frac{5}{6}}+\frac{1-\left(\frac{1}{6}\right)^n}{1-\frac{1}{6}}\right\}=\frac{1-\left(\frac{5}{6}\right)^n}{2}+\frac{1-\left(\frac{1}{6}\right)^n}{10}$$

$$=\boldsymbol{\frac{1}{10}\left\{6-5\left(\frac{5}{6}\right)^n-\left(\frac{1}{6}\right)^n\right\}}$$

←1回目のさいころ投げでAが勝つ，または，2回目のさいころ投げでAが勝つ，または，……，n 回目のさいころ投げでAが勝つ場合の確率。

EX ③32 n を正の整数，i を虚数単位として $(\cos\theta+i\sin\theta)^n=\cos n\theta+i\sin n\theta$ が成り立つことを証明せよ。〔類 慶応大〕

$(\cos\theta+i\sin\theta)^n=\cos n\theta+i\sin n\theta$ …… ① とする。

[1] $n=1$ のとき

$$(\cos\theta+i\sin\theta)^1=\cos\theta+i\sin\theta=\cos(1\cdot\theta)+i\sin(1\cdot\theta)$$

よって，① は成り立つ。

[2] $n=k$ のとき，① が成り立つと仮定すると

$$(\cos\theta+i\sin\theta)^k=\cos k\theta+i\sin k\theta \quad \cdots\cdots ②$$

$n=k+1$ のときを考えると，② から

$$\begin{aligned}(\cos\theta+i\sin\theta)^{k+1}&=(\cos\theta+i\sin\theta)^k(\cos\theta+i\sin\theta)\\&=(\cos k\theta+i\sin k\theta)(\cos\theta+i\sin\theta)\\&=(\cos k\theta\cos\theta-\sin k\theta\sin\theta)\\&\quad+i(\sin k\theta\cos\theta+\cos k\theta\sin\theta)\\&=\cos(k\theta+\theta)+i\sin(k\theta+\theta)\\&=\cos(k+1)\theta+i\sin(k+1)\theta\end{aligned}$$

よって，$n=k+1$ のときにも ① は成り立つ。

[1]，[2] から，すべての自然数 n について ① は成り立つ。

検討 等式 ① を **ド・モアブルの定理** という（数学 C の内容）。なお，この定理はすべての整数 n について成り立つことが知られている。

←$n=k+1$ のときの ① の左辺は $(\cos\theta+i\sin\theta)^{k+1}$

←$i^2=-1$

←三角関数の加法定理 $\cos(\alpha+\beta)=\cos\alpha\cos\beta-\sin\alpha\sin\beta$，$\sin(\alpha+\beta)=\sin\alpha\cos\beta+\cos\alpha\sin\beta$

EX ③33 $a_1=2$，$b_1=1$ および

$$a_{n+1}=2a_n+3b_n,\ b_{n+1}=a_n+2b_n\ (n=1,\ 2,\ 3,\ \cdots\cdots)$$

で定められた数列 $\{a_n\}$，$\{b_n\}$ がある。$c_n=a_nb_n$ とするとき

(1) c_2 を求めよ。 (2) c_n は偶数であることを示せ。

(3) n が偶数のとき，c_n は 28 で割り切れることを示せ。〔北海道大〕

(1) $a_2=2a_1+3b_1=2\cdot2+3\cdot1=7$，

$b_2=a_1+2b_1=2+2\cdot1=4$

よって $\boldsymbol{c_2=a_2b_2=7\cdot4=28}$

(2) [1] $n=1$ のとき

$c_1=a_1b_1=2\cdot1=2$ であるから，c_n は偶数である。

[2] $n=k$ のとき，c_k が偶数であると仮定すると，

$c_k=2m$ (m は整数) と表される。

$n=k+1$ のときを考えると

$$\begin{aligned}c_{k+1}=a_{k+1}b_{k+1}&=(2a_k+3b_k)(a_k+2b_k)\\&=2a_k^2+7a_kb_k+6b_k^2\\&=2a_k^2+7\cdot2m+6b_k^2\\&=2(a_k^2+7m+3b_k^2)\end{aligned}$$

$a_k^2+7m+3b_k^2$ は整数であるから，c_{k+1} は偶数である。

よって，$n=k+1$ のときも成り立つ。

[1]，[2] から，すべての自然数 n に対して c_n は偶数である。

(3) [1] $n=2$ のとき

$c_2=28$ であるから，c_n は 28 で割り切れる。

[2] $n=2k$ のとき，c_{2k} が 28 で割り切れると仮定すると，

$c_{2k}=28m$ (m は整数) と表される。

←各漸化式に $n=1$ を代入する。

←数学的帰納法で証明。

←$a_kb_k=c_k=2m$

←漸化式から，すべての n に対して，a_n，b_n は整数である。

←数学的帰納法で証明。$n=2,\ 4,\ \cdots,\ 2k,\ \cdots$ が対象である。

$n=2(k+1)$ のときを考えると

$$\begin{aligned}c_{2(k+1)}&=a_{2(k+1)}b_{2(k+1)}=(2a_{2k+1}+3b_{2k+1})(a_{2k+1}+2b_{2k+1})\\&=\{2(2a_{2k}+3b_{2k})+3(a_{2k}+2b_{2k})\}\\&\quad\times\{(2a_{2k}+3b_{2k})+2(a_{2k}+2b_{2k})\}\\&=(7a_{2k}+12b_{2k})(4a_{2k}+7b_{2k})\\&=28a_{2k}^2+97a_{2k}b_{2k}+84b_{2k}^2\\&=28a_{2k}^2+97c_{2k}+84b_{2k}^2\\&=28(a_{2k}^2+97m+3b_{2k}^2)\end{aligned}$$

←漸化式を再び利用。

←$c_{2k}=28m$ を利用。

$a_{2k}^2+97m+3b_{2k}^2$ は整数であるから，$c_{2(k+1)}$ は 28 で割り切れる。

←漸化式から，すべての n に対して，a_n，b_n は整数である。

よって，$n=2(k+1)$ のときも成り立つ。

[1]，[2] から，n が偶数のとき c_n は 28 で割り切れる。

EX ③34 n を自然数とするとき，不等式 $2^n\leqq{}_{2n}C_n\leqq4^n$ が成り立つことを証明せよ。〔山口大〕

$2^n\leqq{}_{2n}C_n\leqq4^n$ …… ① とする。

[1] $n=1$ のとき

${}_2C_1=2$ であるから　$2^1\leqq{}_2C_1\leqq4^1$

よって，① は成り立つ。

[2] $n=k$ のとき ① が成り立つと仮定すると

$$2^k\leqq{}_{2k}C_k\leqq4^k \quad \cdots\cdots ②$$

$n=k+1$ のときを考えると，② から

$$\begin{aligned}{}_{2(k+1)}C_{k+1}-2^{k+1}&=\frac{\{2(k+1)\}!}{(k+1)!(k+1)!}-2^{k+1}\\&=\frac{(2k+2)(2k+1)}{(k+1)(k+1)}\cdot\frac{(2k)!}{k!k!}-2^{k+1}\\&=\frac{2(2k+1)}{k+1}\cdot{}_{2k}C_k-2^{k+1}\\&\geqq\frac{2(2k+1)}{k+1}\cdot2^k-2^{k+1}\\&=2^{k+1}\left(\frac{2k+1}{k+1}-1\right)\\&=2^{k+1}\cdot\frac{k}{k+1}>0\end{aligned}$$

←${}_{2k}C_k=\dfrac{(2k)!}{(2k-k)!k!}$

←${}_{2k}C_k\geqq2^k$ を利用。

←$2^{k+1}<{}_{2(k+1)}C_{k+1}$ が証明された。

$$\begin{aligned}4^{k+1}-{}_{2(k+1)}C_{k+1}&=4\cdot4^k-\frac{2(2k+1)}{k+1}\cdot{}_{2k}C_k\\&\geqq4\cdot{}_{2k}C_k-\frac{2(2k+1)}{k+1}\cdot{}_{2k}C_k\\&=\left\{4-\frac{2(2k+1)}{k+1}\right\}{}_{2k}C_k\\&=\frac{2}{k+1}{}_{2k}C_k>0\end{aligned}$$

←$4^k\geqq{}_{2k}C_k$ を利用。

←${}_{2(k+1)}C_{k+1}<4^{k+1}$ が証明された。

よって，$n=k+1$ のときにも ① は成り立つ。

[1]，[2] から，すべての自然数 n について ① は成り立つ。

EX ③35

数列 $\{a_n\}$ は $a_1=\sqrt{2}$, $\log_{a_{n+1}}a_n=\dfrac{n+2}{n}$ で定義されている。ただし，a_n は 1 でない正の実数で，$\log_{a_{n+1}}a_n$ は a_{n+1} を底とする a_n の対数である。
(1) a_2, a_3, a_4 を求めよ。
(2) 第 n 項 a_n を予想し，それが正しいことを数学的帰納法を用いて証明せよ。
(3) 初項から第 n 項までの積 $A_n=a_1a_2\cdots\cdots a_n$ を n の式で表せ。 〔香川大〕

(1) $\log_{a_{n+1}}a_n=\dfrac{n+2}{n}$ であるから　　$a_n=a_{n+1}^{\frac{n+2}{n}}$

←$\log_a p=q \iff p=a^q$

よって　　$a_{n+1}=a_n^{\frac{n}{n+2}}$

ゆえに　　$\boldsymbol{a_2}=a_1^{\frac{1}{3}}=(2^{\frac{1}{2}})^{\frac{1}{3}}=\boldsymbol{2^{\frac{1}{6}}}$, $\boldsymbol{a_3}=a_2^{\frac{2}{4}}=(2^{\frac{1}{6}})^{\frac{1}{2}}=\boldsymbol{2^{\frac{1}{12}}}$,

$\boldsymbol{a_4}=a_3^{\frac{3}{5}}=(2^{\frac{1}{12}})^{\frac{3}{5}}=\boldsymbol{2^{\frac{1}{20}}}$

←$a_1=\sqrt{2}=2^{\frac{1}{2}}$

(2) (1) から，$\boldsymbol{a_n=2^{\frac{1}{n(n+1)}}}$ …… ①　と予想される。

←$2^{\frac{1}{2}}$, $2^{\frac{1}{6}}$, $2^{\frac{1}{12}}$, $2^{\frac{1}{20}}$, …… から，指数は $\dfrac{1}{2}$, $\dfrac{1}{6}$, $\dfrac{1}{12}$, $\dfrac{1}{20}$, ……, $\dfrac{1}{n(n+1)}$, 底は 2 と予想される。

[1] $n=1$ のとき　　$a_1=2^{\frac{1}{1(1+1)}}=2^{\frac{1}{2}}=\sqrt{2}$

よって，① は成り立つ。

[2] $n=k$ のとき，① が成り立つと仮定すると

$a_k=2^{\frac{1}{k(k+1)}}$ …… ②

$n=k+1$ のときを考えると，② から

$a_{k+1}=a_k^{\frac{k}{k+2}}=\{2^{\frac{1}{k(k+1)}}\}^{\frac{k}{k+2}}=2^{\frac{1}{(k+1)(k+2)}}$

←$n=k+1$ のときの ① の右辺。

よって，$n=k+1$ のときにも ① は成り立つ。

[1], [2] から，すべての自然数 n について ① は成り立つ。

(3) $\log_2 A_n=\log_2(a_1a_2\cdots\cdots a_n)$

$=\log_2 a_1+\log_2 a_2+\cdots\cdots+\log_2 a_n$

←$\log_a MN=\log_a M+\log_a N$

$=\displaystyle\sum_{k=1}^{n}\log_2 a_k=\sum_{k=1}^{n}\log_2 2^{\frac{1}{k(k+1)}}$

$=\displaystyle\sum_{k=1}^{n}\frac{1}{k(k+1)}=\sum_{k=1}^{n}\left(\frac{1}{k}-\frac{1}{k+1}\right)$

←部分分数に分解。

$=\left(1-\dfrac{1}{2}\right)+\left(\dfrac{1}{2}-\dfrac{1}{3}\right)+\cdots\cdots+\left(\dfrac{1}{n}-\dfrac{1}{n+1}\right)$

←途中が消えて，最初と最後だけが残る。

$=1-\dfrac{1}{n+1}=\dfrac{n}{n+1}$

よって　　$\boldsymbol{A_n=2^{\frac{n}{n+1}}}$

EX ④36

3次方程式 $x^3+bx^2+cx+d=0$ の3つの複素数解（重解の場合も含む）を α, β, γ とする。ただし，b, c, d は実数である。
(1) $\alpha+\beta+\gamma$, $\alpha^2+\beta^2+\gamma^2$, $\alpha^3+\beta^3+\gamma^3$ は実数であることを示せ。
(2) 任意の自然数 n に対して，$\alpha^n+\beta^n+\gamma^n$ は実数であることを示せ。〔兵庫県大〕

(1) 3次方程式 $x^3+bx^2+cx+d=0$ において，解と係数の関係により　$\alpha+\beta+\gamma=-b$, $\alpha\beta+\beta\gamma+\gamma\alpha=c$, $\alpha\beta\gamma=-d$
$-b$ は実数であるから，$\alpha+\beta+\gamma$ は実数である。
また　$\alpha^2+\beta^2+\gamma^2=(\alpha+\beta+\gamma)^2-2(\alpha\beta+\beta\gamma+\gamma\alpha)$
$=(-b)^2-2c=b^2-2c$
b^2-2c は実数であるから，$\alpha^2+\beta^2+\gamma^2$ は実数である。
$\alpha^3+\beta^3+\gamma^3=(\alpha+\beta+\gamma)\{\alpha^2+\beta^2+\gamma^2-(\alpha\beta+\beta\gamma+\gamma\alpha)\}+3\alpha\beta\gamma$
$=-b\{(b^2-2c)-c\}-3d=-b^3+3bc-3d$
$-b^3+3bc-3d$ は実数であるから，$\alpha^3+\beta^3+\gamma^3$ は実数である。

←3次方程式 $px^3+qx^2+rx+s=0$ の解を α, β, γ とすると
$\alpha+\beta+\gamma=-\dfrac{q}{p}$,
$\alpha\beta+\beta\gamma+\gamma\alpha=\dfrac{r}{p}$,
$\alpha\beta\gamma=-\dfrac{s}{p}$

(2) $x^3+bx^2+cx+d=0$ から　$x^3=-bx^2-cx-d$
両辺に x^n を掛けて　$x^{n+3}=-bx^{n+2}-cx^{n+1}-dx^n$
ゆえに
$$\left.\begin{array}{l}\alpha^{n+3}=-b\alpha^{n+2}-c\alpha^{n+1}-d\alpha^n\\ \beta^{n+3}=-b\beta^{n+2}-c\beta^{n+1}-d\beta^n\\ \gamma^{n+3}=-b\gamma^{n+2}-c\gamma^{n+1}-d\gamma^n\end{array}\right\}\ (*)$$
よって，$I_n=\alpha^n+\beta^n+\gamma^n$ とすると
$I_{n+3}=-bI_{n+2}-cI_{n+1}-dI_n$ …… ①
ここで，「任意の自然数 n に対して，I_n は実数である」を ② とする。
[1] $n=1$, 2, 3 のとき
(1)の結果から，② は成り立つ。
[2] $n=k$, $k+1$, $k+2$ のとき，② が成り立つと仮定すると，
b, c, d, I_k, I_{k+1}, I_{k+2} は実数であるから，
$-bI_{k+2}-cI_{k+1}-dI_k$ も実数であり，① より，I_{k+3} は実数である。
よって，$n=k+3$ のときにも ② は成り立つ。
[1], [2] から，すべての自然数 n について ② は成り立つ。
すなわち，任意の自然数 n に対して，$\alpha^n+\beta^n+\gamma^n$ は実数である。

←次数下げの方針。

←(*)の辺々を加える。

←出発点は $n=1$, 2, 3

←$n=k$, $k+1$, $k+2$ の仮定。

←$n=k+3$ のとき成立。

練習 ②62 白球が3個，赤球が3個入った箱がある。1個のさいころを投げて，偶数の目が出たら球を3個，奇数の目が出たら球を2個取り出す。取り出した球のうち白球の個数を X とすると，X は確率変数である。X の確率分布を求めよ。また，$P(0\leqq X\leqq 2)$ を求めよ。〔類 福島県医大〕

X のとりうる値は　$X=0,\ 1,\ 2,\ 3$

[1]　$X=0$ となるのは，偶数の目が出て赤球3個を取り出すか，奇数の目が出て赤球2個を取り出すときである。

よって　$P(X=0)=\dfrac{1}{2}\cdot\dfrac{{}_3C_3}{{}_6C_3}+\dfrac{1}{2}\cdot\dfrac{{}_3C_2}{{}_6C_2}=\dfrac{1}{2}\left(\dfrac{1}{20}+\dfrac{1}{5}\right)=\dfrac{5}{40}$

←偶→赤3の事象と奇→赤2の事象は互いに排反。
←加法定理。

[2]　$X=1$ となるのは，偶数の目が出て白球1個と赤球2個を取り出すか，奇数の目が出て白球1個と赤球1個を取り出すときである。

よって　$P(X=1)=\dfrac{1}{2}\cdot\dfrac{{}_3C_1\cdot{}_3C_2}{{}_6C_3}+\dfrac{1}{2}\cdot\dfrac{{}_3C_1\cdot{}_3C_1}{{}_6C_2}$

$=\dfrac{1}{2}\left(\dfrac{9}{20}+\dfrac{3}{5}\right)=\dfrac{21}{40}$

[3]　$X=2$ となるのは，偶数の目が出て白球2個と赤球1個を取り出すか，奇数の目が出て白球2個を取り出すときである。

よって　$P(X=2)=\dfrac{1}{2}\cdot\dfrac{{}_3C_2\cdot{}_3C_1}{{}_6C_3}+\dfrac{1}{2}\cdot\dfrac{{}_3C_2}{{}_6C_2}$

$=\dfrac{1}{2}\left(\dfrac{9}{20}+\dfrac{1}{5}\right)=\dfrac{13}{40}$

[4]　$X=3$ となるのは，偶数の目が出て白球3個を取り出すときである。

←球を3個取り出せるのは，偶数の目のときのみ。

よって　$P(X=3)=\dfrac{1}{2}\cdot\dfrac{{}_3C_3}{{}_6C_3}=\dfrac{1}{2}\cdot\dfrac{1}{20}=\dfrac{1}{40}$

[1]～[4] から，X の確率分布は次の表のようになる。

X	0	1	2	3	計
P	$\frac{5}{40}$	$\frac{21}{40}$	$\frac{13}{40}$	$\frac{1}{40}$	1

また　$\boldsymbol{P(0\leqq X\leqq 2)}=1-P(X=3)=1-\dfrac{1}{40}=\boldsymbol{\dfrac{39}{40}}$ ……（＊）

（＊）　$P(0\leqq X\leqq 2)$ $=P(X=0)+P(X=1)$ $+P(X=2)$ として求めてもよいが，余事象の確率を利用する方が計算はらく。

練習 ②63 2個のさいころを同時に投げて，出た目の数の2乗の差の絶対値を X とする。確率変数 X の期待値 $E(X)$ を求めよ。

2個のさいころを同時に投げたとき，目の出方は全部で　$6^2=36$（通り）

2個のさいころの目を a，b として $|a^2-b^2|$ の値を表に示すと，右のようになる。

b＼a	1	2	3	4	5	6
1	0	3	8	15	24	35
2	3	0	5	12	21	32
3	8	5	0	7	16	27
4	15	12	7	0	9	20
5	24	21	16	9	0	11
6	35	32	27	20	11	0

←$|a^2-b^2|=|b^2-a^2|$ であるから，表は右下がりの対角線に関して対称である。

この表から，X のとりうる値は

$X=0,\ 3,\ 5,\ 7,\ 8,\ 9,\ 11,\ 12,$
$15,\ 16,\ 20,\ 21,\ 24,\ 27,$
$32,\ 35$

また，$X=0$ のときの場合の数は 6 で，$X=0$ 以外のときの場合の数はそれぞれ 2 であるから

$$\boldsymbol{E(X)}=0\cdot\frac{6}{36}+(3+5+7+8+9+11+12+15+16+20+21+24+27+32+35)\cdot\frac{2}{36}$$

$$=245\cdot\frac{1}{18}=\boldsymbol{\frac{245}{18}}$$

←$P(X=0)=\frac{6}{36}$，$P(X=k)=\frac{2}{36}$ $(k\neq 0)$

←(変数)×(確率) の和

練習 ①64 1 枚の硬貨を投げて，表が出たら得点を 1，裏が出たら得点を 2 とする。これを 2 回繰り返したときの合計得点を X とする。このとき，X の期待値 $E(X)$，分散 $V(X)$，標準偏差 $\sigma(X)$ を求めよ。 〔類 東京電機大〕

表 2 枚のとき　$X=2$
表，裏 1 枚ずつのとき　$X=3$
裏 2 枚のとき　$X=4$
であり，X の確率分布は右の表のようになるから

X	2	3	4	計
P	$\frac{1}{4}$	$\frac{2}{4}$	$\frac{1}{4}$	1

$$\boldsymbol{E(X)}=2\cdot\frac{1}{4}+3\cdot\frac{2}{4}+4\cdot\frac{1}{4}=\frac{12}{4}=\boldsymbol{3}$$

$$\boldsymbol{V(X)}=\left(2^2\cdot\frac{1}{4}+3^2\cdot\frac{2}{4}+4^2\cdot\frac{1}{4}\right)-3^2$$

$$=\frac{38}{4}-9=\boldsymbol{\frac{1}{2}}$$

$$\boldsymbol{\sigma(X)}=\sqrt{\frac{1}{2}}=\boldsymbol{\frac{1}{\sqrt{2}}}$$

←$P(X=2)=P(X=4)=\left(\frac{1}{2}\right)^2$，$P(X=3)={}_2C_1\left(\frac{1}{2}\right)\left(\frac{1}{2}\right)$

←$\boldsymbol{E(X)=\sum x_k p_k}$

←$\boldsymbol{V(X)=E(X^2)-\{E(X)\}^2}$

←$\boldsymbol{\sigma(X)=\sqrt{V(X)}}$

練習 ②65 赤球 2 個と白球 3 個が入った袋から 1 個ずつ球を取り出すことを繰り返す。ただし，取り出した球は袋に戻さない。2 個目の赤球が取り出されたとき，その時点で取り出した球の総数を X で表す。X の期待値と分散を求めよ。 〔類 中央大〕

X のとりうる値は $X=2$，3，4，5 であり

$$P(X=2)=\frac{2}{5}\cdot\frac{1}{4}=\frac{1}{10}$$

←1 個目，2 個目とも赤球。

また，$X=3$ となるのは，赤球，白球，赤球　または
白球，赤球，赤球 の順に取り出される場合であるから

$$P(X=3)=\frac{2}{5}\cdot\frac{3}{4}\cdot\frac{1}{3}+\frac{3}{5}\cdot\frac{2}{4}\cdot\frac{1}{3}=\frac{2}{10}$$

←2 個目までに赤球，白球を 1 個ずつ取り出し，3 個目に赤球を取り出す。

同様に考えて

$$P(X=4)=\frac{2}{5}\cdot\frac{3}{4}\cdot\frac{2}{3}\cdot\frac{1}{2}+\frac{3}{5}\cdot\frac{2}{4}\cdot\frac{2}{3}\cdot\frac{1}{2}+\frac{3}{5}\cdot\frac{2}{4}\cdot\frac{2}{3}\cdot\frac{1}{2}$$

$$=\frac{3}{10}$$

←3 個目までに赤球 1 個，白球 2 個を取り出し，4 個目に赤球を取り出す。

よって　$P(X=5)=1-\left(\dfrac{1}{10}+\dfrac{2}{10}+\dfrac{3}{10}\right)$

$=\dfrac{4}{10}$

ゆえに，X の確率分布は次の表のようになる。

X	2	3	4	5	計
P	$\frac{1}{10}$	$\frac{2}{10}$	$\frac{3}{10}$	$\frac{4}{10}$	1

したがって

$$E(X)=2\cdot\frac{1}{10}+3\cdot\frac{2}{10}+4\cdot\frac{3}{10}+5\cdot\frac{4}{10}=\frac{40}{10}=\mathbf{4}$$

$$V(X)=\left(2^2\cdot\frac{1}{10}+3^2\cdot\frac{2}{10}+4^2\cdot\frac{3}{10}+5^2\cdot\frac{4}{10}\right)-4^2$$

$$=\frac{170}{10}-16=\mathbf{1}$$

←$P(X=3)$ や $P(X=4)$ を求めるのと同様にして計算してもよいが，ここでは余事象の確率を利用すると早い。

←$\boldsymbol{E(X)=\sum x_k p_k}$

←$\boldsymbol{V(X)=E(X^2)-\{E(X)\}^2}$

練習 ④66 n 本（n は 3 以上の整数）のくじの中に当たりくじとはずれくじがあり，そのうちの 2 本がはずれくじである。このくじを 1 本ずつ引いていき，2 本目のはずれくじを引いたとき，それまでの当たりくじの本数を X とする。X の期待値 $E(X)$ と分散 $V(X)$ を求めよ。ただし，引いたくじはもとに戻さないものとする。〔類　新潟大〕

X のとりうる値は $X=0,\ 1,\ 2,\ \cdots\cdots,\ n-2$ で，

$X=k$（$k=0,\ 1,\ 2,\ \cdots\cdots,\ n-2$）となるのは $(k+2)$ 本目が 2 本目のはずれくじとなる場合である。

まず，$P(X=k)$（$k=0,\ 1,\ 2,\ \cdots\cdots,\ n-2$）を求める。

n 本のくじから $(k+2)$ 本を選んで並べる方法は

${}_n\mathrm{P}_{k+2}$ 通り

←くじ 1 本 1 本を区別する。

次に，k 本の当たりくじと 2 本のはずれくじを，右のように初めの $(k+1)$ 本がはずれくじ 1 本と当たりくじ k 本，$(k+2)$ 本目がはずれくじとなるように並べる方法について調べる。

$(k+2)$ 本
当 当 … 当 は 当 … 当 は
$(k+1)$ 本　$(k+2)$ 本目

初めの $(k+1)$ 本のうち，1 本のはずれくじを並べる場所の選び方は　${}_{k+1}\mathrm{C}_1=k+1$（通り）

また，1 本目のはずれくじを並べる場所を決めた後，当たりくじとはずれくじを並べる方法は

${}_{n-2}\mathrm{P}_k\times{}_2\mathrm{P}_2=2\,{}_{n-2}\mathrm{P}_k$（通り）

←当たりくじ $(n-2)$ 本から k 本を選んで並べる方法は ${}_{n-2}\mathrm{P}_k$ 通り。

よって　$P(X=k)=\dfrac{(k+1)\times 2\,{}_{n-2}\mathrm{P}_k}{{}_n\mathrm{P}_{k+2}}$

$=2(k+1)\cdot\dfrac{(n-2)!}{(n-2-k)!}\cdot\dfrac{(n-k-2)!}{n!}$

$=\dfrac{2(k+1)}{n(n-1)}$　$(k=0,\ 1,\ 2,\ \cdots\cdots,\ n-2)$

←$\boldsymbol{{}_n\mathrm{P}_r=\dfrac{n!}{(n-r)!}}$

ゆえに

$$\boldsymbol{E(X)}=\sum_{k=0}^{n-2}k\cdot P(X=k)=\sum_{k=1}^{n-2}\frac{2k(k+1)}{n(n-1)}$$
$$=\frac{2}{n(n-1)}\sum_{k=1}^{n-2}(k^2+k)$$
$$=\frac{2}{n(n-1)}\left\{\frac{1}{6}(n-2)(n-1)(2n-3)+\frac{1}{2}(n-2)(n-1)\right\}$$
$$=\frac{2}{n(n-1)}\cdot\frac{(n-2)(n-1)}{6}\{(2n-3)+3\}$$
$$=\boldsymbol{\frac{2(n-2)}{3}}$$

← $\frac{2}{n(n-1)}$ は k に無関係であるから，Σ の外へ。

← $\sum_{k=1}^{n}k=\frac{1}{2}n(n+1)$
$\sum_{k=1}^{n}k^2=\frac{1}{6}n(n+1)(2n+1)$
で，n を $n-2$ におき換える。

また

$$E(X^2)=\sum_{k=0}^{n-2}k^2\cdot\frac{2(k+1)}{n(n-1)}=\frac{2}{n(n-1)}\sum_{k=1}^{n-2}(k^3+k^2)$$
$$=\frac{2}{n(n-1)}\left[\left\{\frac{1}{2}(n-2)(n-1)\right\}^2+\frac{1}{6}(n-2)(n-1)(2n-3)\right]$$
$$=\frac{2}{n(n-1)}\cdot\frac{(n-2)(n-1)}{12}\{3(n-2)(n-1)+2(2n-3)\}$$
$$=\frac{(n-2)(3n-5)}{6}$$

← $\sum_{k=1}^{n}k^3=\left\{\frac{1}{2}n(n+1)\right\}^2$

よって

$$\boldsymbol{V(X)}=E(X^2)-\{E(X)\}^2=\frac{(n-2)(3n-5)}{6}-\left\{\frac{2(n-2)}{3}\right\}^2$$
$$=\frac{(n-2)\{3(3n-5)-8(n-2)\}}{18}=\boldsymbol{\frac{(n+1)(n-2)}{18}}$$

練習 ④67 n を2以上の自然数とする。n 人全員が一組となってじゃんけんを1回するとき，勝った人の数を X とする。ただし，あいこのときは $X=0$ とする。
(1) ちょうど k 人が勝つ確率 $P(X=k)$ を求めよ。ただし，k は1以上とする。
(2) X の期待値を求めよ。〔名古屋大〕

n 人の手の出し方は全部で　3^n 通り

(1) [1] **$1\leqq k\leqq n-1$ のとき**
勝つ k 人の選び方は　${}_n\mathrm{C}_k$ 通り
その各場合について，勝つ人の手の出し方は，グー，チョキ，パーの3通りずつある。

← 負ける人の手の出し方は自動的に決まる。

よって　$P(X=k)=\frac{{}_n\mathrm{C}_k\times3}{3^n}=\boldsymbol{\frac{{}_n\mathrm{C}_k}{3^{n-1}}}$

[2] **$k\geqq n$ のとき**　$\boldsymbol{P(X=k)=0}$

(2) X のとりうる値は $X=0,\ 1,\ 2,\ \cdots\cdots,\ n-1$ である。

$$E(X)=\sum_{k=0}^{n-1}k\cdot P(X=k)=\frac{1}{3^{n-1}}\sum_{k=0}^{n-1}k\cdot{}_n\mathrm{C}_k=\frac{1}{3^{n-1}}\sum_{k=1}^{n-1}k\cdot{}_n\mathrm{C}_k$$

ここで，$1\leqq k\leqq n$ のとき

$$k\cdot{}_n\mathrm{C}_k=k\cdot\frac{n!}{k!(n-k)!}=\frac{n!}{(k-1)!(n-k)!}$$
$$=n\cdot{}_{n-1}\mathrm{C}_{k-1}$$

← ${}_n\mathrm{C}_k=\frac{n!}{k!(n-k)!}$

よって　$E(X)=\dfrac{n}{3^{n-1}}\displaystyle\sum_{k=1}^{n-1}{}_{n-1}\mathrm{C}_{k-1}$

$=\dfrac{n}{3^{n-1}}({}_{n-1}\mathrm{C}_0+{}_{n-1}\mathrm{C}_1+\cdots\cdots+{}_{n-1}\mathrm{C}_{n-2})$

ここで，二項定理により

$(1+1)^{n-1}={}_{n-1}\mathrm{C}_0+{}_{n-1}\mathrm{C}_1+\cdots\cdots+{}_{n-1}\mathrm{C}_{n-2}+{}_{n-1}\mathrm{C}_{n-1}$

ゆえに　${}_{n-1}\mathrm{C}_0+{}_{n-1}\mathrm{C}_1+\cdots\cdots+{}_{n-1}\mathrm{C}_{n-2}=2^{n-1}-{}_{n-1}\mathrm{C}_{n-1}$

$=2^{n-1}-1$

したがって　$E(X)=\boldsymbol{\dfrac{n(2^{n-1}-1)}{3^{n-1}}}$

練習 ①68　円いテーブルの周りに 12 個の席がある。そこに 2 人が座るとき，その 2 人の間にある席の数のうち少ない方を X とする。ただし，2 人の間にある席の数が同数の場合は，その数を X とする。
(1)　確率変数 X の期待値，分散，標準偏差を求めよ。
(2)　確率変数 $11X-2$ の期待値，分散，標準偏差を求めよ。

(1)　X のとりうる値は $X=0,\ 1,\ 2,\ 3,\ 4,\ 5$ で，
1 人を右の図の ◎ の席に固定して考えることにより

$P(X=0)=P(X=1)=P(X=2)=P(X=3)=P(X=4)$

$=\dfrac{2}{11}$

$P(X=5)=\dfrac{1}{11}$

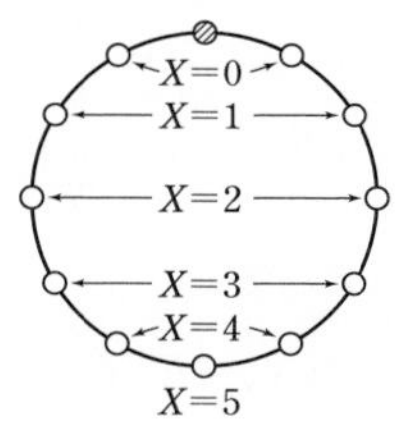

X の確率分布は右の表のようになる。

X	0	1	2	3	4	5	計
P	$\frac{2}{11}$	$\frac{2}{11}$	$\frac{2}{11}$	$\frac{2}{11}$	$\frac{2}{11}$	$\frac{1}{11}$	1

よって　$E(X)=(1+2+3+4)\cdot\dfrac{2}{11}+5\cdot\dfrac{1}{11}=\boldsymbol{\dfrac{25}{11}}$

←$E(X)=\sum x_k p_k$
$0\cdot P(X=0)$ は省略した。

$V(X)=\left\{(1^2+2^2+3^2+4^2)\cdot\dfrac{2}{11}+5^2\cdot\dfrac{1}{11}\right\}-\left(\dfrac{25}{11}\right)^2$

$=\dfrac{85}{11}-\dfrac{625}{11^2}=\boldsymbol{\dfrac{310}{121}}$

←$V(X)$
$=E(X^2)-\{E(X)\}^2$

$\sigma(X)=\sqrt{\dfrac{310}{121}}=\boldsymbol{\dfrac{\sqrt{310}}{11}}$

←$\sigma(X)=\sqrt{V(X)}$

(2)　$E(11X-2)=11E(X)-2=11\cdot\dfrac{25}{11}-2=\boldsymbol{23}$

←$\boldsymbol{E(aX+b)=aE(X)+b}$

$V(11X-2)=11^2V(X)=121\cdot\dfrac{310}{121}=\boldsymbol{310}$

←$\boldsymbol{V(aX+b)=a^2V(X)}$

$\sigma(11X-2)=11\sigma(X)=11\cdot\dfrac{\sqrt{310}}{11}=\boldsymbol{\sqrt{310}}$

←$\boldsymbol{\sigma(aX+b)=|a|\sigma(X)}$
(a，b は定数)

別解　$\sigma(11X-2)=\sqrt{V(11X-2)}=\boldsymbol{\sqrt{310}}$

練習 ③69　確率変数 X は，$X=2$ または $X=a$ のどちらかの値をとるものとする。確率変数 $Y=3X+1$ の平均値(期待値)が 10 で，分散が 18 であるとき，a の値を求めよ。　〔香川大〕

$P(X=2)=p\ (0\leqq p\leqq 1)$ とすると

$P(X=a)=1-p$

よって　$E(X)=2\cdot p+a\cdot(1-p)=(2-a)p+a$ ……①

確率分布
確率の総和は 1

また　$V(X)=\{2^2\cdot p+a^2\cdot(1-p)\}-\{E(X)\}^2$

$=(4-a^2)p+a^2-\{E(X)\}^2$　…… ②

ここで，$E(Y)=3E(X)+1$，$V(Y)=3^2V(X)$ であり，条件より $E(Y)=10$，$V(Y)=18$ であるから

$3E(X)+1=10$，$9V(X)=18$

よって　$E(X)=3$，$V(X)=2$

① から　$(2-a)p+a=3$　…… ③

② から　$(4-a^2)p+a^2=11$　…… ④

③×$(2+a)$−④ から

$(2+a)a-a^2=3(2+a)-11$

これを解いて　$\boldsymbol{a=5}$

よって，③ から　$p=\dfrac{2}{3}$

これは $0\leqq p\leqq 1$ を満たす。

←$V(X)=E(X^2)-\{E(X)\}^2$

←$E(aX+b)=aE(X)+b$，$V(aX+b)=a^2V(X)$（a，b は定数）

←（④ の p の係数）$=(2+a)(2-a)$ に注目して，p を消去。

2章 練習 [統計的な推測]

練習 ②70　袋の中に白球が 1 個，赤球が 2 個，青球が 3 個入っている。この袋から，もとに戻さずに 1 球ずつ 2 個の球を取り出すとき，取り出された赤球の数を X，取り出された青球の数を Y とする。このとき，X と Y の同時分布を求めよ。

球の取り出し方は，次の [1]～[5] のいずれかである。

[1]　白球 1 個，赤球 1 個を取り出すとき，$X=1$，$Y=0$ で

$P(X=1,\ Y=0)=\dfrac{1}{6}\cdot\dfrac{2}{5}+\dfrac{2}{6}\cdot\dfrac{1}{5}=\dfrac{2}{15}$

←白→赤 の場合と，赤→白 の場合がある。

[2]　白球 1 個，青球 1 個を取り出すとき，$X=0$，$Y=1$ で

$P(X=0,\ Y=1)=\dfrac{1}{6}\cdot\dfrac{3}{5}+\dfrac{3}{6}\cdot\dfrac{1}{5}=\dfrac{3}{15}$

←白→青 の場合と，青→白 の場合がある。

[3]　赤球 2 個を取り出すとき，$X=2$，$Y=0$ で

$P(X=2,\ Y=0)=\dfrac{2}{6}\cdot\dfrac{1}{5}=\dfrac{1}{15}$

←赤→赤 の場合。

[4]　赤球 1 個，青球 1 個を取り出すとき，$X=Y=1$ で

$P(X=1,\ Y=1)=\dfrac{2}{6}\cdot\dfrac{3}{5}+\dfrac{3}{6}\cdot\dfrac{2}{5}=\dfrac{6}{15}$

←赤→青 の場合と，青→赤 の場合がある。

[5]　青球 2 個を取り出すとき，$X=0$，$Y=2$ で

$P(X=0,\ Y=2)=\dfrac{3}{6}\cdot\dfrac{2}{5}=\dfrac{3}{15}$

←青→青 の場合。

[1]～[5] から，X と Y の同時分布は右の表のようになる。

X ＼ Y	0	1	2	計
0	0	$\frac{3}{15}$	$\frac{3}{15}$	$\frac{6}{15}$
1	$\frac{2}{15}$	$\frac{6}{15}$	0	$\frac{8}{15}$
2	$\frac{1}{15}$	0	0	$\frac{1}{15}$
計	$\frac{3}{15}$	$\frac{9}{15}$	$\frac{3}{15}$	1

←$(X,\ Y)=(0,\ 0)$，$(1,\ 2)$，$(2,\ 1)$，$(2,\ 2)$ となることはないから，その確率は 0 である。$P(X=0)+P(X=1)+P(X=2)=\mathbf{1}$ および $P(Y=0)+P(Y=1)+P(Y=2)=\mathbf{1}$ を確認。

練習 ②71 1枚の硬貨を3回投げる試行で，1回目に表が出る事象をE，少なくとも2回表が出る事象をF，3回とも同じ面が出る事象をGとする。EとF，EとGはそれぞれ独立か従属かを調べよ。

1枚の硬貨を3回投げるとき，表・裏の出方の総数は

$$2^3=8\text{（通り）}$$

また　$E=\{(\text{表},\text{表},\text{表}),\ (\text{表},\text{表},\text{裏}),\ (\text{表},\text{裏},\text{表}),\ (\text{表},\text{裏},\text{裏})\}$
$F=\{(\text{表},\text{表},\text{表}),\ (\text{表},\text{表},\text{裏}),\ (\text{表},\text{裏},\text{表}),\ (\text{裏},\text{表},\text{表})\}$
$G=\{(\text{表},\text{表},\text{表}),\ (\text{裏},\text{裏},\text{裏})\}$

←事象E，F，Gを具体的に書き表してみる。

よって　$P(E)=\dfrac{4}{8}=\dfrac{1}{2}$，$P(F)=\dfrac{4}{8}=\dfrac{1}{2}$，$P(G)=\dfrac{2}{8}=\dfrac{1}{4}$

ゆえに　$P(E)P(F)=\dfrac{1}{4}$，$P(E)P(G)=\dfrac{1}{8}$

また　$P(E\cap F)=\dfrac{3}{8}$，$P(E\cap G)=\dfrac{1}{8}$

←$E\cap F=\{(\text{表},\ \text{表},\ \text{表}),\ (\text{表},\ \text{表},\ \text{裏}),\ (\text{表},\ \text{裏},\ \text{表})\}$
$E\cap G=\{(\text{表},\ \text{表},\ \text{表})\}$

よって　$P(E\cap F)\neq P(E)P(F)$，$P(E\cap G)=P(E)P(G)$

ゆえに，**EとFは従属**であり，**EとGは独立**である。

別解　$P_E(F)=\dfrac{P(E\cap F)}{P(E)}=\dfrac{3}{8}\div\dfrac{1}{2}=\dfrac{3}{4}$

$P(F)=\dfrac{1}{2}$であるから　$P_E(F)\neq P(F)$

←$\boldsymbol{P_E(F)\neq P(F)}$ $\Longleftrightarrow$ EとFは**従属**

よって，**EとFは従属**である。

また　$P_E(G)=\dfrac{P(E\cap G)}{P(E)}=\dfrac{1}{8}\div\dfrac{1}{2}=\dfrac{1}{4}$

$P(G)=\dfrac{1}{4}$であるから　$P_E(G)=P(G)$

←$\boldsymbol{P_E(G)=P(G)}$ $\Longleftrightarrow$ EとGは**独立**

ゆえに，**EとGは独立**である。

練習 ②72 袋Aの中には白石3個，黒石3個，袋Bの中には白石2個，黒石2個が入っている。まず，Aから石を3個同時に取り出したときの黒石の数をXとする。また，取り出した石をすべてAに戻し，再びAから石を1個取り出して見ないでBに入れる。そして，Bから石を3個同時に取り出したときの白石の数をYとすると，X，Yは確率変数である。
(1) X，Yの期待値$E(X)$，$E(Y)$を求めよ。
(2) 期待値$E(3X+2Y)$，$E(XY)$を求めよ。

(1) Xのとりうる値は0，1，2，3で，$X=k$となる確率は

$$\frac{{}_3\mathrm{C}_k\cdot{}_3\mathrm{C}_{3-k}}{{}_6\mathrm{C}_3}=\frac{({}_3\mathrm{C}_k)^2}{20}$$

HINT　Yの各確率については，Aから白石を取り出す場合，黒石を取り出す場合に分けて考える必要がある。

また，Aから石を1個取り出すとき，白石である確率，黒石である確率はどちらも$\dfrac{3}{6}=\dfrac{1}{2}$である。

Aから白石を取り出したとき，Bは白石3個，黒石2個
Aから黒石を取り出したとき，Bは白石2個，黒石3個
となるから，Yのとりうる値は0，1，2，3で

$$P(Y=0)=\frac{1}{2}\times\frac{{}_2\mathrm{C}_0\cdot{}_3\mathrm{C}_3}{{}_5\mathrm{C}_3}=\frac{1}{20}$$

←B：白0，黒3が起こるのはA：黒の場合のみ。

$$P(Y=1)=\frac{1}{2}\times\frac{{}_3C_1\cdot{}_2C_2}{{}_5C_3}+\frac{1}{2}\times\frac{{}_2C_1\cdot{}_3C_2}{{}_5C_3}=\frac{9}{20}$$

←A：白 か A：黒 かで分ける。

$$P(Y=2)=\frac{1}{2}\times\frac{{}_3C_2\cdot{}_2C_1}{{}_5C_3}+\frac{1}{2}\times\frac{{}_2C_2\cdot{}_3C_1}{{}_5C_3}=\frac{9}{20}$$

←A：白 か A：黒 かで分ける。

$$P(Y=3)=\frac{1}{2}\times\frac{{}_3C_3\cdot{}_2C_0}{{}_5C_3}=\frac{1}{20}$$

←B：白 3，黒 0 が起こるのは A：白の場合のみ。

X，Y の確率分布は次のようになる。

X	0	1	2	3	計
P	$\frac{1}{20}$	$\frac{9}{20}$	$\frac{9}{20}$	$\frac{1}{20}$	1

Y	0	1	2	3	計
P	$\frac{1}{20}$	$\frac{9}{20}$	$\frac{9}{20}$	$\frac{1}{20}$	1

←X，Y は同じ確率分布に従う。

よって　$\boldsymbol{E(X)}=0\cdot\frac{1}{20}+1\cdot\frac{9}{20}+2\cdot\frac{9}{20}+3\cdot\frac{1}{20}=\frac{30}{20}=\boldsymbol{\frac{3}{2}}$

同様にして　$\boldsymbol{E(Y)=\frac{3}{2}}$

←$E(X)$ と同じ計算式で求められる。

(2)　$\boldsymbol{E(3X+2Y)}=3E(X)+2E(Y)=3\cdot\frac{3}{2}+2\cdot\frac{3}{2}=\boldsymbol{\frac{15}{2}}$

←$\boldsymbol{E(aX+bY)=aE(X)+bE(Y)}$
(a，b は定数)

また，X と Y は互いに独立であるから

$\boldsymbol{E(XY)}=E(X)E(Y)=\frac{3}{2}\cdot\frac{3}{2}=\boldsymbol{\frac{9}{4}}$

X と Y が互いに **独立** ならば
$\boldsymbol{E(XY)=E(X)E(Y)}$

練習 ①73　1 から 6 までの整数を書いたカード 6 枚が入っている箱 A と，4 から 8 までの整数を書いたカード 5 枚が入っている箱 B がある。箱 A，B からそれぞれ 1 枚ずつカードを取り出すとき，箱 A から取り出したカードに書いてある数を X，箱 B から取り出したカードに書いてある数を Y とすると，X，Y は確率変数である。このとき，分散 $V(X+3Y)$，$V(2X-5Y)$ を求めよ。

X の期待値 $E(X)$ と分散 $V(X)$ について

$$E(X)=(1+2+3+4+5+6)\cdot\frac{1}{6}=\frac{21}{6}=\frac{7}{2}$$

$$V(X)=(1^2+2^2+3^2+4^2+5^2+6^2)\cdot\frac{1}{6}-\left(\frac{7}{2}\right)^2$$

$$=\frac{91}{6}-\frac{49}{2^2}=\frac{2\cdot91-3\cdot49}{12}=\frac{35}{12}$$

←X の確率分布は

X	1	2	3	4	5	6	計
P	$\frac{1}{6}$	$\frac{1}{6}$	$\frac{1}{6}$	$\frac{1}{6}$	$\frac{1}{6}$	$\frac{1}{6}$	1

次に，Y の期待値 $E(Y)$ と分散 $V(Y)$ について

$$E(Y)=(4+5+6+7+8)\cdot\frac{1}{5}=6$$

$$V(Y)=(4^2+5^2+6^2+7^2+8^2)\cdot\frac{1}{5}-6^2=38-36=2$$

←Y の確率分布は

Y	4	5	6	7	8	計
P	$\frac{1}{5}$	$\frac{1}{5}$	$\frac{1}{5}$	$\frac{1}{5}$	$\frac{1}{5}$	1

X と Y は互いに独立であるから

$$\boldsymbol{V(X+3Y)}=V(X)+3^2V(Y)$$

$$=\frac{35}{12}+9\cdot2=\boldsymbol{\frac{251}{12}}$$

$$\boldsymbol{V(2X-5Y)}=2^2V(X)+(-5)^2V(Y)$$

$$=4\cdot\frac{35}{12}+25\cdot2=\boldsymbol{\frac{185}{3}}$$

←┈┈の断りを忘れずに！
X と Y が互いに **独立** ならば
$\boldsymbol{V(aX+bY)=a^2V(X)+b^2V(Y)}$
(a，b は定数)

2章 練習 [統計的な推測]

練習 ③74 白球4個，黒球6個が入っている袋から球を1個取り出し，もとに戻す操作を10回行う。白球の出る回数をXとするとき，Xの期待値と分散を求めよ。

k回目に白球が出たとき$X_k=1$とし，黒球が出たとき$X_k=0$とすると　$P(X_k=0)=\dfrac{6}{10}$，$P(X_k=1)=\dfrac{4}{10}$

よって　$E(X_k)=0\cdot\dfrac{6}{10}+1\cdot\dfrac{4}{10}=\dfrac{2}{5}$

$V(X_k)=\left(0^2\cdot\dfrac{6}{10}+1^2\cdot\dfrac{4}{10}\right)-\left(\dfrac{2}{5}\right)^2=\dfrac{6}{25}$

白球の出る回数Xは　$X=X_1+X_2+\cdots\cdots+X_{10}$

ゆえに　$E(X)=E(X_1)+E(X_2)+\cdots\cdots+E(X_{10})=10\cdot\dfrac{2}{5}=\mathbf{4}$

X_1，X_2，……，X_{10}は互いに独立であるから

$$V(X)=1^2\cdot V(X_1)+1^2\cdot V(X_2)+\cdots\cdots+1^2\cdot V(X_{10})$$
$$=10\cdot\frac{6}{25}=\mathbf{\frac{12}{5}}$$

←反復試行であるから，X_1，X_2，……，X_{10}は同じ確率分布(以下の表)に従う。

X_k	0	1	計
P	$\frac{6}{10}$	$\frac{4}{10}$	1

←この断り書きは重要。

検討　確率変数Xは，二項分布$B\left(10,\ \dfrac{4}{10}\right)$に従うから，期待値，分散は次のように求めることもできる。

$$E(X)=10\cdot\frac{4}{10}=\mathbf{4}$$
$$V(X)=10\cdot\frac{4}{10}\cdot\left(1-\frac{4}{10}\right)=\mathbf{\frac{12}{5}}$$

←Xが二項分布$B(n,\ p)$に従うとき
$E(X)=np$
$V(X)=npq$
$(q=1-p)$

練習 ③75 1つのさいころを2回投げ，座標平面上の点Pの座標を次のように定める。
1回目に出た目を3で割った余りを点Pのx座標とし，2回目に出た目を4で割った余りを点Pのy座標とする。
このとき，点Pと点$(1,\ 0)$の距離の平方の期待値を求めよ。

$\mathrm{P}(X,\ Y)$とすると，$\mathrm{OP}^2=(X-1)^2+Y^2$であり，$X$，$Y$，$(X-1)^2+Y^2$は確率変数である。
Xのとりうる値は0，1，2，Yのとりうる値は0，1，2，3であり，X，Yの確率分布は次の表のようになる。

X	0	1	2	計
P	$\frac{2}{6}$	$\frac{2}{6}$	$\frac{2}{6}$	1

Y	0	1	2	3	計
P	$\frac{1}{6}$	$\frac{2}{6}$	$\frac{2}{6}$	$\frac{1}{6}$	1

よって　$E((X-1)^2)=(0-1)^2\cdot\dfrac{2}{6}+(1-1)^2\cdot\dfrac{2}{6}+(2-1)^2\cdot\dfrac{2}{6}$

$=\dfrac{4}{6}$

$E(Y^2)=0^2\cdot\dfrac{1}{6}+1^2\cdot\dfrac{2}{6}+2^2\cdot\dfrac{2}{6}+3^2\cdot\dfrac{1}{6}=\dfrac{19}{6}$

したがって，求める確率は

$$E((X-1)^2+Y^2)=E((X-1)^2)+E(Y^2)=\frac{4}{6}+\frac{19}{6}=\mathbf{\frac{23}{6}}$$

1～6の各数を3で割った余り

数	1	2	3	4	5	6
余り	1	2	0	1	2	0

1～6の各数を4で割った余り

数	1	2	3	4	5	6
余り	1	2	3	0	1	2

←$(X-1)^2$，Y^2の期待値をそれぞれ求め，期待値の性質を利用する。

別解 点Pと点(1, 0)の距離の平方に関する確率分布を直接求める。

1, 2回目のさいころの目および点Pと点(1, 0)の距離の平方を表にまとめると, 次のようになる。ただし, ①, ② はそれぞれ1回目, 2回目のさいころの目である。

①＼②	1	2	3	4	5	6
1	P(1, 1) $0^2+1^2=1$	P(1, 2) $0^2+2^2=4$	P(1, 3) $0^2+3^2=9$	P(1, 0) $0^2+0^2=0$	P(1, 1) $0^2+1^2=1$	P(1, 2) $0^2+2^2=4$
2	P(2, 1) $1^2+1^2=2$	P(2, 2) $1^2+2^2=5$	P(2, 3) $1^2+3^2=10$	P(2, 0) $1^2+0^2=1$	P(2, 1) $1^2+1^2=2$	P(2, 2) $1^2+2^2=5$
3	P(0, 1) $1^2+1^2=2$	P(0, 2) $1^2+2^2=5$	P(0, 3) $1^2+3^2=10$	P(0, 0) $1^2+0^2=1$	P(0, 1) $1^2+1^2=2$	P(0, 2) $1^2+2^2=5$
4	P(1, 1) $0^2+1^2=1$	P(1, 2) $0^2+2^2=4$	P(1, 3) $0^2+3^2=9$	P(1, 0) $0^2+0^2=0$	P(1, 1) $0^2+1^2=1$	P(1, 2) $0^2+2^2=4$
5	P(2, 1) $1^2+1^2=2$	P(2, 2) $1^2+2^2=5$	P(2, 3) $1^2+3^2=10$	P(2, 0) $1^2+0^2=1$	P(2, 1) $1^2+1^2=2$	P(2, 2) $1^2+2^2=5$
6	P(0, 1) $1^2+1^2=2$	P(0, 2) $1^2+2^2=5$	P(0, 3) $1^2+3^2=10$	P(0, 0) $1^2+0^2=1$	P(0, 1) $1^2+1^2=2$	P(0, 2) $1^2+2^2=5$

よって, 点Pと点(1, 0)の距離の平方を X とすると, 次のような確率分布が得られる。

X	0	1	2	4	5	9	10	計
P	$\frac{2}{6^2}$	$\frac{8}{6^2}$	$\frac{8}{6^2}$	$\frac{4}{6^2}$	$\frac{8}{6^2}$	$\frac{2}{6^2}$	$\frac{4}{6^2}$	1

したがって, 求める期待値は

$$\frac{1}{6^2}(0\cdot2+1\cdot8+2\cdot8+4\cdot4+5\cdot8+9\cdot2+10\cdot4)=\frac{138}{6^2}=\mathbf{\frac{23}{6}}$$

検討 本冊 $p.528$ 重要例題 75 の 別解 (OP^2 の確率分布を直接求める方法)

さいころA, Bの出た目に対応する OP^2 の値を表にまとめると, 次のようになる。

A＼B	1	2	3	4	5	6
1	0^2+1^2 $=1$	0^2+0^2 $=0$	0^2+3^2 $=9$	0^2+0^2 $=0$	0^2+5^2 $=25$	0^2+0^2 $=0$
2	2^2+1^2 $=5$	2^2+0^2 $=4$	2^2+3^2 $=13$	2^2+0^2 $=4$	2^2+5^2 $=29$	2^2+0^2 $=4$
3	0^2+1^2 $=1$	0^2+0^2 $=0$	0^2+3^2 $=9$	0^2+0^2 $=0$	0^2+5^2 $=25$	0^2+0^2 $=0$
4	4^2+1^2 $=17$	4^2+0^2 $=16$	4^2+3^2 $=25$	4^2+0^2 $=16$	4^2+5^2 $=41$	4^2+0^2 $=16$
5	0^2+1^2 $=1$	0^2+0^2 $=0$	0^2+3^2 $=9$	0^2+0^2 $=0$	0^2+5^2 $=25$	0^2+0^2 $=0$
6	6^2+1^2 $=37$	6^2+0^2 $=36$	6^2+3^2 $=45$	6^2+0^2 $=36$	6^2+5^2 $=61$	6^2+0^2 $=36$

よって，次のような確率分布が得られる。

OP^2	0	1	4	5	9	13	16	17	25	29	36	37	41	45	61	計
P	$\frac{9}{6^2}$	$\frac{3}{6^2}$	$\frac{3}{6^2}$	$\frac{1}{6^2}$	$\frac{3}{6^2}$	$\frac{1}{6^2}$	$\frac{3}{6^2}$	$\frac{1}{6^2}$	$\frac{4}{6^2}$	$\frac{1}{6^2}$	$\frac{3}{6^2}$	$\frac{1}{6^2}$	$\frac{1}{6^2}$	$\frac{1}{6^2}$	$\frac{1}{6^2}$	1

したがって，求める期待値は

$$\frac{1}{6^2}(0\cdot9+1\cdot3+4\cdot3+5\cdot1+9\cdot3+13\cdot1+16\cdot3+17\cdot1$$
$$+25\cdot4+29\cdot1+36\cdot3+37\cdot1+41\cdot1+45\cdot1+61\cdot1)$$
$$=\frac{546}{6^2}=\mathbf{\frac{91}{6}}$$

練習 ②76 さいころを 8 回投げるとき，4 以上の目が出る回数を X とする。X の分布の平均と標準偏差を求めよ。

さいころを 1 回投げたとき，4 以上の目が出る確率は

$\frac{3}{6}=\frac{1}{2}$ であるから，$X=r$ となる確率 $P(X=r)$ は

$$P(X=r)={}_8C_r\left(\frac{1}{2}\right)^r\left(\frac{1}{2}\right)^{8-r}\quad(r=0,\ 1,\ 2,\ \cdots\cdots,\ 8)$$

よって，X は二項分布 $B\left(8,\ \frac{1}{2}\right)$ に従うから

$$E(X)=8\cdot\frac{1}{2}=\mathbf{4}$$

$$\sigma(X)=\sqrt{8\cdot\frac{1}{2}\cdot\left(1-\frac{1}{2}\right)}=\mathbf{\sqrt{2}}$$

① **二項分布 $B(n,\ p)$ まず，n と p の確認**

←X が二項分布 $B(n,\ p)$ に従うとき
$E(X)=np$
$V(X)=npq$
$\sigma(X)=\sqrt{npq}$
$(q=1-p)$

練習 ③77 (1) 平均が 6，分散が 2 の二項分布に従う確率変数を X とする。$X=k$ となる確率を P_k とするとき，$\frac{P_4}{P_3}$ の値を求めよ。 〔弘前大〕

(2) 1 個のさいころを繰り返し n 回投げて，1 の目の出た回数が k ならば $50k$ 円を受け取るゲームがある。このゲームの参加料が 500 円であるとき，このゲームに参加するのが損にならないのは，さいころを最低何回以上投げたときか。

(1) X が二項分布 $B(n,\ p)$ $(0<p<1)$ に従うとする。

X の分布の平均が 6，分散が 2 であるから

$$np=6\ \cdots\cdots\ ①,\quad np(1-p)=2\ \cdots\cdots\ ②$$

① を ② に代入して　$6(1-p)=2$

よって　$p=\frac{2}{3}$　これは $0<p<1$ を満たす。

$p=\frac{2}{3}$ を ① に代入して　$\frac{2}{3}n=6$　ゆえに　$n=9$

よって　$\frac{P_4}{P_3}=\frac{{}_9C_4\,p^4(1-p)^5}{{}_9C_3\,p^3(1-p)^6}=\frac{3p}{2(1-p)}$

$$=\frac{3}{2}\cdot\frac{\frac{2}{3}}{1-\frac{2}{3}}=\mathbf{3}$$

←n，p に関する連立方程式を作り，解く。

←$1-p=\frac{1}{3}$

←$P_k=P(X=k)$
$={}_nC_k\,p^k(1-p)^{n-k}$

$\frac{{}_9C_4}{{}_9C_3}=\frac{9\cdot8\cdot7\cdot6}{4\cdot3\cdot2\cdot1}\times\frac{3\cdot2\cdot1}{9\cdot8\cdot7}$
$=\frac{6}{4}=\frac{3}{2}$

(2) さいころを1回投げて1の目が出る確率は $\frac{1}{6}$

1の目が出た回数を X とすると

$$X=0,\ 1,\ 2,\ \cdots\cdots,\ n$$

$X=r$ となる確率 $P(X=r)$ は

$$P(X=r)={}_n\mathrm{C}_r\left(\frac{1}{6}\right)^r\left(\frac{5}{6}\right)^{n-r}\quad (r=0,\ 1,\ 2,\ \cdots\cdots,\ n)$$

よって，X は二項分布 $B\left(n,\ \frac{1}{6}\right)$ に従う。

X の期待値 $E(X)$ は　$E(X)=n\cdot\frac{1}{6}=\frac{n}{6}$

←$E(X)=np$

ゆえに，受け取る金額の期待値は

$$E(50X)=50E(X)=50\cdot\frac{n}{6}=\frac{25}{3}n$$

ゲームに参加するのが損にならないための条件は

$$\frac{25}{3}n\geqq 500$$

←期待値≧参加料
n に関する1次不等式を解く。

これを解くと　$n\geqq 60$

したがって，さいころを **最低60回以上** 投げたとき。

練習 ②78

(1) 確率変数 X の確率密度関数が右の $f(x)$ で与えられているとき，次の確率を求めよ。

$$f(x)=\begin{cases}x+1 & (-1\leqq x\leqq 0)\\ 1-x & (0\leqq x\leqq 1)\end{cases}$$

(ア) $P(0.5\leqq X\leqq 1)$　　(イ) $P(-0.5\leqq X\leqq 0.3)$

(2) 関数 $f(x)=a(3-x)\ (0\leqq x\leqq 1)$ が確率密度関数となるように，正の定数 a の値を定めよ。また，このとき，確率 $P(0.3\leqq X\leqq 0.7)$ を求めよ。

(1) (ア) $P(0.5\leqq X\leqq 1)=\frac{1}{2}\cdot 0.5\cdot 0.5$ …… (＊)

$$=\mathbf{0.125}$$

まず，$y=f(x)$ のグラフをかく。
(＊) (底辺の長さ)=0.5, (高さ)=0.5

(イ) $P(-0.5\leqq X\leqq 0.3)$

$$=1-P(-1\leqq X\leqq -0.5)-P(0.3\leqq X\leqq 1)$$

←**(全面積)=1** を利用。

$$=1-\frac{1}{2}\cdot 0.5\cdot 0.5-\frac{1}{2}\cdot 0.7\cdot 0.7$$

$$=1-0.125-0.245$$

$$=\mathbf{0.63}$$

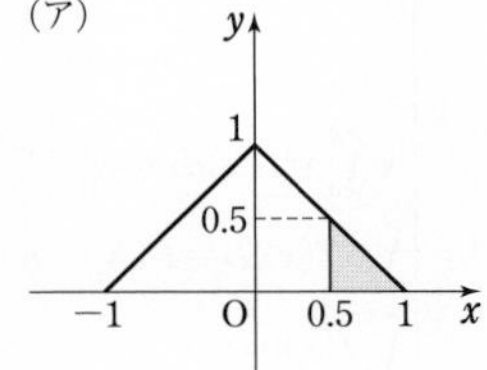

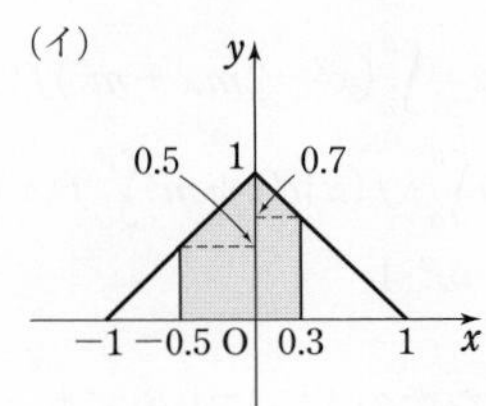

(2) 条件から $\int_0^1 a(3-x)dx=1$

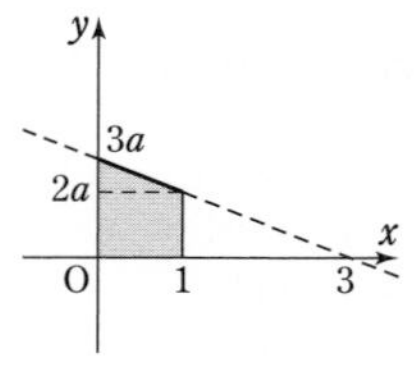

$\int_0^1 a(3-x)dx=a\left[3x-\frac{x^2}{2}\right]_0^1=\frac{5}{2}a$

ゆえに $\frac{5}{2}a=1$ よって $\boldsymbol{a=\frac{2}{5}}$

このとき

$$\boldsymbol{P(0.3\leqq X\leqq 0.7)}=\frac{a(3-0.3)+a(3-0.7)}{2}\cdot(0.7-0.3)$$

$$=\frac{5a}{2}\cdot 0.4=a=\frac{2}{5}$$

別解 台形の面積を考えて，$\frac{2a+3a}{2}\cdot 1=1$ から

$\boldsymbol{a=\frac{2}{5}}$

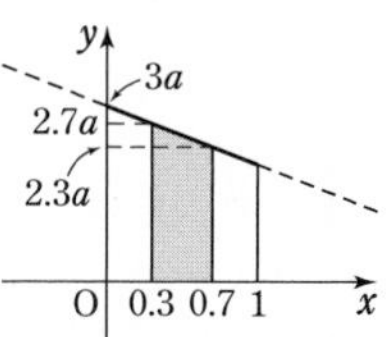

練習 ③79

(1) 確率変数 X の確率密度関数 $f(x)$ が右のようなとき，正の定数 a の値を求めよ。

$$f(x)=\begin{cases} ax(2-x) & (0\leqq x\leqq 2) \\ 0 & (x<0,\ 2<x) \end{cases}$$

(2) (1)の確率変数 X の期待値および分散を求めよ。

(1) $\int_0^2 f(x)dx=\int_0^2 ax(2-x)dx=a\int_0^2(2x-x^2)dx=a\left[x^2-\frac{x^3}{3}\right]_0^2$

$$=a\left(2^2-\frac{2^3}{3}\right)=\frac{4}{3}a$$

$\int_0^2 f(x)dx=1$ であるから，$\frac{4}{3}a=1$ より $\boldsymbol{a=\frac{3}{4}}$

① (確率の総和)=1 ⟺ (全面積)=1

(2) **期待値** $E(X)$ **は**

$$E(X)=\int_0^2 xf(x)dx=\int_0^2 x\cdot\frac{3}{4}x(2-x)dx=\frac{3}{4}\int_0^2(2x^2-x^3)dx$$

$$=\frac{3}{4}\left[\frac{2}{3}x^3-\frac{x^4}{4}\right]_0^2=\frac{3}{4}\left(\frac{16}{3}-4\right)=\boldsymbol{1}\ \cdots\cdots\ (*)$$

← $\boldsymbol{E(X)=\int_\alpha^\beta xf(x)dx}$
ここで，(1)から
$f(x)=\frac{3}{4}x(2-x)$

また，**分散** $V(X)$ **は**

$$V(X)=\int_0^2\{x-E(X)\}^2 f(x)dx$$

$$=\int_0^2(x-1)^2\cdot\frac{3}{4}x(2-x)dx$$

$$=\frac{3}{4}\int_0^2(-x^4+4x^3-5x^2+2x)dx$$

$$=\frac{3}{4}\left[-\frac{x^5}{5}+x^4-\frac{5}{3}x^3+x^2\right]_0^2=\frac{3}{4}\cdot\frac{4}{15}=\boldsymbol{\frac{1}{5}}$$

← $\boldsymbol{V(X)=\int_\alpha^\beta(x-m)^2f(x)dx}$
$[m=E(X)]$
$E(X)$ は (*) で求めた値を使う。

検討 連続型確率変数 X についても

$\boldsymbol{V(X)=E(X^2)-\{E(X)\}^2}$ が成り立つ。

← **(X^2 の期待値) −(X の期待値)^2**

(証明) X の確率密度関数を $f(x)$ $(\alpha\leqq x\leqq\beta)$ とし，

$E(X)=m$ とすると

$$V(X)=\int_\alpha^\beta(x-m)^2f(x)dx=\int_\alpha^\beta(x^2-2mx+m^2)f(x)dx$$

$$=\int_\alpha^\beta x^2f(x)dx-2m\int_\alpha^\beta xf(x)dx+m^2\int_\alpha^\beta f(x)dx$$

$$=E(X^2)-2m\cdot m+m^2\cdot 1$$

$$=E(X^2)-\{E(X)\}^2$$

← $\int_\alpha^\beta x^2f(x)dx=E(X^2)$
$\int_\alpha^\beta xf(x)dx=E(X)=m$
$\int_\alpha^\beta f(x)dx=1$

これを利用して，(2)の分散を次のように求めてもよい。

$$E(X^2)=\int_0^2 x^2 f(x)dx=\frac{3}{4}\int_0^2 x^3(2-x)dx=\frac{3}{4}\left[\frac{x^4}{2}-\frac{x^5}{5}\right]_0^2=\frac{6}{5}$$

よって　　$V(X)=E(X^2)-\{E(X)\}^2=\frac{6}{5}-1^2=\boldsymbol{\frac{1}{5}}$

練習 ①80

(1)　確率変数 Z が標準正規分布 $N(0,\ 1)$ に従うとき，次の確率を求めよ。
(ア)　$P(0.8\leqq Z\leqq 2.5)$　　(イ)　$P(-2.7\leqq Z\leqq -1.3)$　　(ウ)　$P(Z\geqq -0.6)$
(2)　確率変数 X が正規分布 $N(5,\ 4^2)$ に従うとき，次の確率を求めよ。
(ア)　$P(1\leqq X\leqq 9)$　　(イ)　$P(X\geqq 7)$

(1)　(ア)　$P(0.8\leqq Z\leqq 2.5)=P(0\leqq Z\leqq 2.5)-P(0\leqq Z\leqq 0.8)$
$=p(2.5)-p(0.8)$
$=0.4938-0.2881$
$=\mathbf{0.2057}$

(イ)　$P(-2.7\leqq Z\leqq -1.3)=P(1.3\leqq Z\leqq 2.7)=p(2.7)-p(1.3)$
$=0.49653-0.4032$
$=\mathbf{0.09333}$

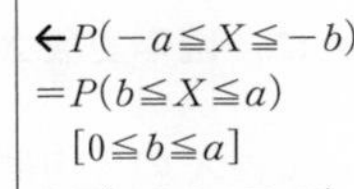
←$P(-a\leqq X\leqq -b)$
$=P(b\leqq X\leqq a)$
$[0\leqq b\leqq a]$

(ウ)　$P(Z\geqq -0.6)=P(-0.6\leqq Z\leqq 0)+P(0\leqq Z)=p(0.6)+0.5$
$=0.2257+0.5=\mathbf{0.7257}$

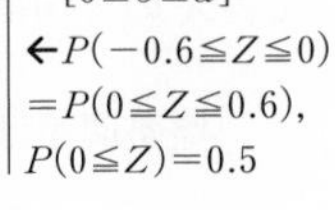
←$P(-0.6\leqq Z\leqq 0)$
$=P(0\leqq Z\leqq 0.6)$,
$P(0\leqq Z)=0.5$

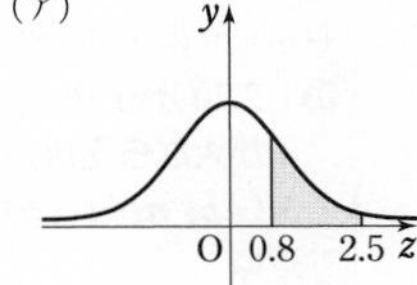

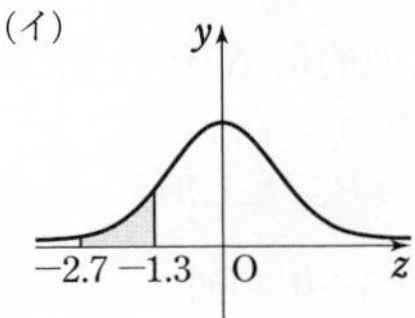

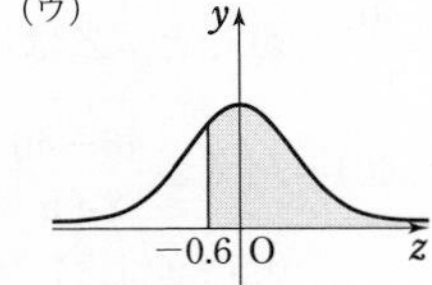

(2)　$Z=\frac{X-5}{4}$ とおくと，Z は $N(0,\ 1)$ に従う。

(ア)　$P(1\leqq X\leqq 9)=P\left(\frac{1-5}{4}\leqq Z\leqq\frac{9-5}{4}\right)=P(-1\leqq Z\leqq 1)$
$=2P(0\leqq Z\leqq 1)=2p(1)$
$=2\times 0.3413=\mathbf{0.6826}$

(イ)　$P(X\geqq 7)=P\left(Z\geqq\frac{7-5}{4}\right)=P(Z\geqq 0.5)=0.5-p(0.5)$
$=0.5-0.1915=\mathbf{0.3085}$

❶ $N(m,\ \sigma^2)$ は $Z=\frac{X-m}{\sigma}$ で $N(0,\ 1)$ へ [標準化]

練習 ②81

ある製品1万個の長さは平均 69 cm，標準偏差 0.4 cm の正規分布に従っている。長さが 70 cm 以上の製品は不良品とされるとき，この1万個の製品の中には何 % の不良品が含まれると予想されるか。　［類　琉球大］

この製品の長さ X は正規分布 $N(69,\ 0.4^2)$ に従うから，

$Z=\frac{X-69}{0.4}$ とおくと，Z は $N(0,\ 1)$ に従う。

よって　　$P(X\geqq 70)=P\left(Z\geqq\frac{70-69}{0.4}\right)=P(Z\geqq 2.5)$
$=0.5-p(2.5)=0.5-0.4938$
$=0.0062$

したがって，**0.62 %** の不良品が含まれると予想される。

❶ $N(m,\ \sigma^2)$ は $Z=\frac{X-m}{\sigma}$ で $N(0,\ 1)$ へ [標準化]

練習 ②82 さいころを投げて，1，2の目が出たら0点，3，4，5の目が出たら1点，6の目が出たら100点を得点とするゲームを考える。
さいころを80回投げたときの合計得点を100で割った余りをXとする。このとき，$X \leqq 46$となる確率$P(X \leqq 46)$を，小数第3位を四捨五入して小数第2位まで求めよ。〔類 琉球大〕

さいころを80回投げたとき，1点，100点，0点を得る回数をそれぞれx，y，zとすると，合計得点は

$$1 \cdot x + 100 \cdot y + 0 \cdot z = x + 100y$$

よって，合計得点を100で割った余りはxであるから

$$X = x$$

すなわち，Xは3，4，5の目が出る回数で

$$P(X=r) = {}_{80}\mathrm{C}_r \left(\frac{3}{6}\right)^r \left(1-\frac{3}{6}\right)^{80-r} \quad (r=0,\ 1,\ 2,\ \cdots\cdots,\ 80)$$

ゆえに，確率変数Xは二項分布$B\left(80,\ \frac{1}{2}\right)$に従う。

よって，Xの平均は　$m = 80 \cdot \frac{1}{2} = 40$

標準偏差は　$\sigma = \sqrt{80 \cdot \frac{1}{2}\left(1-\frac{1}{2}\right)} = 2\sqrt{5}$

ゆえに，$Z = \frac{X-40}{2\sqrt{5}}$とおくと，$Z$は近似的に$N(0,\ 1)$に従う。

よって　$P(X \leqq 46) = P\left(Z \leqq \frac{46-40}{2\sqrt{5}}\right) \fallingdotseq P(Z \leqq 1.34)$

$= 0.5 + p(1.34) = 0.5 + 0.4099$

$= 0.9099 \fallingdotseq$ **0.91**

←yは0以上の整数。

←$n=80$，$p=\frac{1}{2}$

←$n=80$は十分大きい。

二項分布$B(n,\ p)$ nが大なら正規分布$N(np,\ np(1-p))$で近似

練習 ①83 1，2，3の数字を記入した球が，それぞれ1個，4個，5個の計10個袋の中に入っている。これを母集団として，次の問いに答えよ。
(1) 球に書かれている数字を変量Xとしたとき，母集団分布を示せ。
(2) (1)について，母平均m，母標準偏差σを求めよ。

(1) 母集団から1個の球を無作為に抽出するとき，球に書かれた数字Xの分布，すなわち母集団分布は，次の表のようになる。

X	1	2	3	計
P	$\frac{1}{10}$	$\frac{4}{10}$	$\frac{5}{10}$	1

(2) $m = E(X) = 1 \cdot \frac{1}{10} + 2 \cdot \frac{4}{10} + 3 \cdot \frac{5}{10} = \frac{24}{10} = \mathbf{\frac{12}{5}}$

また　$E(X^2) = 1^2 \cdot \frac{1}{10} + 2^2 \cdot \frac{4}{10} + 3^2 \cdot \frac{5}{10} = \frac{62}{10} = \frac{31}{5}$

よって　$\sigma = \sqrt{E(X^2) - \{E(X)\}^2} = \sqrt{\frac{31}{5} - \left(\frac{12}{5}\right)^2}$

$= \sqrt{\frac{11}{25}} = \mathbf{\frac{\sqrt{11}}{5}}$

←$E(X) = \sum x_k p_k$

←$\sigma^2 = (X^2$の期待値$) - (X$の期待値$)^2$

練習 ②84

(1) 母集団{1, 2, 3, 3}から非復元抽出された大きさ2の標本$(X_1,\ X_2)$について，その標本平均$\overline{X}$の確率分布を求めよ。

(2) 母集団の変量xが右の分布をなしている。この母集団から復元抽出によって得られた大きさ25の無作為標本をX_1，X_2，……，X_{25}とするとき，その標本平均$\overline{X}$の期待値$E(\overline{X})$と標準偏差$\sigma(\overline{X})$を求めよ。

x	1	2	3	4	計
度数	2	2	3	3	10

(1) $\overline{X}=\dfrac{X_1+X_2}{2}$ の値を表にすると，右のようになる。

X_1 \ X_2	1	2	3	3
1		$\frac{3}{2}$	2	2
2	$\frac{3}{2}$		$\frac{5}{2}$	$\frac{5}{2}$
3	2	$\frac{5}{2}$		3
3	2	$\frac{5}{2}$	3	

よって，$\overline{X}$の確率分布は次の表のようになる。

$\overline{X}$	$\frac{3}{2}$	2	$\frac{5}{2}$	3	計
P	$\frac{1}{6}$	$\frac{1}{3}$	$\frac{1}{3}$	$\frac{1}{6}$	1

(2) 母平均mと母標準偏差σは

$$m=1\cdot\frac{2}{10}+2\cdot\frac{2}{10}+3\cdot\frac{3}{10}+4\cdot\frac{3}{10}=\frac{27}{10}$$

$$\sigma=\sqrt{1^2\cdot\frac{2}{10}+2^2\cdot\frac{2}{10}+3^2\cdot\frac{3}{10}+4^2\cdot\frac{3}{10}-\left(\frac{27}{10}\right)^2}$$

$$=\sqrt{\frac{85}{10}-\left(\frac{27}{10}\right)^2}=\sqrt{\frac{850-729}{100}}=\sqrt{\frac{121}{100}}=\frac{11}{10}$$

←$121=11^2$

したがって，$\overline{X}$の期待値と標準偏差は

$$\boldsymbol{E(\overline{X})=m=\frac{27}{10},\ \sigma(\overline{X})=\frac{\sigma}{\sqrt{25}}=\frac{11}{50}}$$

←$E(\overline{X})=m$，$\sigma(\overline{X})=\dfrac{\sigma}{\sqrt{n}}$

練習 ③85

A市の新生児の男子と女子の割合は等しいことがわかっている。ある年において，A市の新生児の中から無作為にn人抽出するとき，k番目に抽出された新生児が男なら1，女なら0の値を対応させる確率変数をX_kとする。

(1) 標本平均$\overline{X}=\dfrac{X_1+X_2+\cdots\cdots+X_n}{n}$の期待値$E(\overline{X})$を求めよ。

(2) 標本平均$\overline{X}$の標準偏差$\sigma(\overline{X})$を0.03以下にするためには，抽出される標本の大きさは，少なくとも何人以上必要であるか。

(1) 母集団における変量は，男なら1，女なら0という，2つの値をとる。

よって，母平均mは　　$m=1\cdot0.5+0\cdot0.5=0.5$

ゆえに　　$\boldsymbol{E(\overline{X})=m=0.5}$

(2) 母標準偏差σは

$$\sigma=\sqrt{(1^2\cdot0.5+0^2\cdot0.5)-m^2}=\sqrt{0.5-0.25}$$

$$=\sqrt{0.25}=0.5$$

よって　　$\sigma(\overline{X})=\dfrac{\sigma}{\sqrt{n}}=\dfrac{0.5}{\sqrt{n}}$

$\dfrac{0.5}{\sqrt{n}}\leqq0.03$ とすると，両辺を2乗して

$$\frac{0.25}{n}\leqq0.0009\qquad\cdots\cdots(*)$$

(＊) 小数を分数に直して考えてもよい。

$\dfrac{0.5}{\sqrt{n}}\leqq0.03$ から

$$\frac{1}{\sqrt{n}}\leqq\frac{3}{50}$$

よって　$\dfrac{1}{n}\leqq\dfrac{9}{2500}$

ゆえに　$n \geqq \dfrac{0.25}{0.0009}=\dfrac{2500}{9}=277.7\cdots\cdots$

この不等式を満たす最小の自然数 n は　$n=278$

したがって，少なくとも **278 人以上** 必要である。

練習 ②86 ある国の有権者の内閣支持率が 40% であるとき，無作為に抽出した 400 人の有権者の内閣の支持率を R とする。R が 38% 以上 41% 以下である確率を求めよ。ただし，$\sqrt{6}=2.45$ とする。

母比率 p は　$p=0.4$　　標本の大きさは　$n=400$

よって，標本比率 R の

期待値は　$E(R)=p=0.4$

標準偏差は

$$\sigma(R)=\sqrt{\frac{p(1-p)}{n}}=\sqrt{\frac{0.4\cdot 0.6}{400}}=\frac{\sqrt{6}}{100}$$

標本比率 R は近似的に正規分布 $N\left(0.4,\ \left(\dfrac{\sqrt{6}}{100}\right)^2\right)$ に従うから，

$Z=\dfrac{R-0.4}{\frac{\sqrt{6}}{100}}$ とおくと，Z は近似的に $N(0,\ 1)$ に従う。

ゆえに，求める確率は

$$\begin{aligned}P(0.38 \leqq R \leqq 0.41)&=P\left(\frac{0.38-0.4}{\frac{\sqrt{6}}{100}} \leqq Z \leqq \frac{0.41-0.4}{\frac{\sqrt{6}}{100}}\right)\\&=P\left(-\frac{2}{\sqrt{6}} \leqq Z \leqq \frac{1}{\sqrt{6}}\right)\\&=P\left(-\frac{\sqrt{6}}{3} \leqq Z \leqq \frac{\sqrt{6}}{6}\right)\\&\fallingdotseq P(-0.82 \leqq Z \leqq 0.41)\\&=p(0.82)+p(0.41)\\&=0.2939+0.1591=\mathbf{0.453}\end{aligned}$$

←$n=400$ は十分大きい。

❶ $N(m,\ \sigma^2)$ は $Z=\dfrac{X-m}{\sigma}$ で $N(0,\ 1)$ へ [**標準化**]

←$\sqrt{6}=2.45$ から $\dfrac{\sqrt{6}}{3}=0.8166\cdots\cdots \fallingdotseq 0.82$，$\dfrac{\sqrt{6}}{6}=0.4083\cdots\cdots \fallingdotseq 0.41$

練習 ②87 17 歳の男子の身長は，平均値 170.9 cm，標準偏差 5.8 cm の正規分布に従うものとする。
(1) 17 歳の男子のうち，身長が 160 cm から 180 cm までの人は全体の何 % であるか。
(2) 40 人の 17 歳の男子の身長の平均が 170.0 cm 以下になる確率を求めよ。ただし，$\sqrt{10}=3.16$ とする。

母集団は正規分布 $N(170.9,\ 5.8^2)$ に従う。

(1) 17 歳の男子の身長を X cm とする。

$Z=\dfrac{X-170.9}{5.8}$ とおくと，Z は $N(0,\ 1)$ に従うから

$$\begin{aligned}P(160 \leqq X \leqq 180)&=P\left(\frac{160-170.9}{5.8} \leqq Z \leqq \frac{180-170.9}{5.8}\right)\\&\fallingdotseq P(-1.88 \leqq Z \leqq 1.57)\\&=p(1.88)+p(1.57)\\&=0.4699+0.4418=0.9117\end{aligned}$$

したがって　**91.17%**

❶ $N(m,\ \sigma^2)$ は $Z=\dfrac{X-m}{\sigma}$ で $N(0,\ 1)$ へ [**標準化**]

←正規分布表を利用。

(2) 40人の17歳の男子の身長の平均を $\overline{X}$ とすると，$\overline{X}$ は正規分布 $N\left(170.9,\ \dfrac{5.8^2}{40}\right)$ に従う。

←$N\left(170.9,\ \left(\dfrac{5.8}{2\sqrt{10}}\right)^2\right)$

よって，$Z=\dfrac{\overline{X}-170.9}{\dfrac{5.8}{2\sqrt{10}}}$ とおくと，Z は $N(0,\ 1)$ に従うから

$$P(\overline{X}\leqq 170.0)=P\left(Z\leqq\frac{2\sqrt{10}\,(170.0-170.9)}{5.8}\right)$$
$$\fallingdotseq P(Z\leqq -0.98)=0.5-p(0.98)$$
$$=0.5-0.3365=\mathbf{0.1635}$$

←$\sqrt{10}=3.16$

←$P(Z\leqq -0.98)$
$=P(Z\geqq 0.98)$

練習 ①88 さいころを n 回投げるとき，1の目が出る相対度数を R とする。$n=500,\ 2000,\ 4500$ の各場合について，$P\left(\left|R-\dfrac{1}{6}\right|\leqq\dfrac{1}{60}\right)$ の値を求めよ。

相対度数 R は標本比率と同じ分布に従う。
n は十分大きいから，R は近似的に正規分布
$N\left(\dfrac{1}{6},\ \dfrac{1}{6}\left(1-\dfrac{1}{6}\right)\cdot\dfrac{1}{n}\right)$ すなわち $N\left(\dfrac{1}{6},\ \dfrac{5}{36n}\right)$ に従う。

←$N\left(p,\ \dfrac{p(1-p)}{n}\right)$ で $p=\dfrac{1}{6}$

よって，$Z=\dfrac{R-\dfrac{1}{6}}{\dfrac{1}{6}\sqrt{\dfrac{5}{n}}}$ とおくと，Z は近似的に $N(0,\ 1)$ に従う。

◐ $N(m,\ \sigma^2)$ は $Z=\dfrac{X-m}{\sigma}$ で $N(0,\ 1)$ へ [標準化]

ゆえに
$$P\left(\left|R-\frac{1}{6}\right|\leqq\frac{1}{60}\right)=P\left(\frac{1}{6}\sqrt{\frac{5}{n}}\,|Z|\leqq\frac{1}{60}\right)$$
$$=P\left(|Z|\leqq\frac{1}{10}\sqrt{\frac{n}{5}}\right)$$
$$=P\left(-\frac{1}{10}\sqrt{\frac{n}{5}}\leqq Z\leqq\frac{1}{10}\sqrt{\frac{n}{5}}\right)$$

したがって，求める値は

$n=500$ のとき
$$P(-1\leqq Z\leqq 1)=2p(1)=2\cdot 0.3413$$
$$=\mathbf{0.6826}$$

←$\sqrt{\dfrac{500}{5}}=10$

$n=2000$ のとき
$$P(-2\leqq Z\leqq 2)=2p(2)=2\cdot 0.4772$$
$$=\mathbf{0.9544}$$

←$\sqrt{\dfrac{2000}{5}}=20$

$n=4500$ のとき
$$P(-3\leqq Z\leqq 3)=2p(3)=2\cdot 0.49865$$
$$=\mathbf{0.9973}$$

←$\sqrt{\dfrac{4500}{5}}=30$

練習 ②89 砂糖の袋の山から100個を無作為に抽出して，重さの平均値300.4gを得た。重さの母標準偏差を7.5gとして，1袋あたりの重さの平均値を信頼度95%で推定せよ。

標本の大きさは $n=100$，標本平均は $\overline{X}=300.4$，母標準偏差は $\sigma=7.5$ で，n は大きいから，$\overline{X}$ は近似的に正規分布 $N\left(m,\ \dfrac{\sigma^2}{n}\right)$ に従う。

よって，母平均に対する信頼度 95％ の信頼区間は

$$\left[300.4-1.96\cdot\frac{7.5}{\sqrt{100}},\ 300.4+1.96\cdot\frac{7.5}{\sqrt{100}}\right]$$

←$1.96\cdot\frac{7.5}{\sqrt{100}}=1.47$

ゆえに　[298.93，301.87]

すなわち　**[298.9，301.9]　ただし，単位は g**

←小数第 2 位を四捨五入。

練習 ②90
(1) ある地方 A で 15 歳の男子 400 人の身長を測ったところ，平均値 168.4 cm，標準偏差 5.7 cm を得た。地方 A の 15 歳の男子の身長の平均値を，95％ の信頼度で推定せよ。
(2) 円の直径を 100 回測ったら，平均値 23.4 cm，標準偏差 0.1 cm であった。この円の面積を信頼度 95％ で推定せよ。ただし，$\pi=3.14$ として計算せよ。

(1) 標本の大きさは $n=400$，標本平均は $\overline{X}=168.4$，標本標準偏差は $S=5.7$ で，n は大きいから，$\overline{X}$ は近似的に正規分布 $N\left(m,\ \frac{S^2}{n}\right)$ に従う。

←母標準偏差 σ の代わりに標本標準偏差 S を用いる。

よって，母平均に対する信頼度 95％ の信頼区間は

$$\left[168.4-1.96\cdot\frac{5.7}{\sqrt{400}},\ 168.4+1.96\cdot\frac{5.7}{\sqrt{400}}\right]$$

←$1.96\cdot\frac{5.7}{\sqrt{400}}=0.5586$

ゆえに　[167.8414，168.9586]

すなわち　**[167.8，169.0]　ただし，単位は cm**

←小数第 2 位を四捨五入。

(2) 標本の大きさは $n=100$，標本平均は $\overline{X}=23.4$，標本標準偏差は $S=0.1$ で，n は大きいから，$\overline{X}$ は近似的に正規分布 $N\left(m,\ \frac{S^2}{n}\right)$ に従う。

←母標準偏差 σ の代わりに標本標準偏差 S を用いる。

円の直径について，信頼度 95％ の信頼区間は

$$\left[23.4-1.96\cdot\frac{0.1}{\sqrt{100}},\ 23.4+1.96\cdot\frac{0.1}{\sqrt{100}}\right]$$

すなわち　[23.3804，23.4196]　単位は cm

円の半径について，信頼度 95％ の信頼区間は

←(半径)＝(直径)÷2

[11.6902，11.7098]　単位は cm

←$\left[\frac{23.3804}{2},\ \frac{23.4196}{2}\right]$

円の面積について，信頼度 95％ の信頼区間は

$[3.14\times11.6902^2,\ 3.14\times11.7098^2]$

←(面積)＝$\pi\times$(半径)^2

すなわち　**[429.1，430.6]　ただし，単位は cm²**

←小数第 2 位を四捨五入。

練習 ③91
(1) ある工場の製品 400 個について検査したところ，不良品が 8 個あった。これを無作為標本として，この工場の全製品における不良率を，信頼度 95％ で推定せよ。
(2) さいころを投げて，1 の目が出る確率を信頼度 95％ で推定したい。信頼区間の幅を 0.1 以下にするには，さいころを何回以上投げればよいか。

(1) 標本比率 R は　$R=\frac{8}{400}=0.02$

$n=400$ であるから　$\sqrt{\frac{R(1-R)}{n}}=\sqrt{\frac{0.02\times0.98}{400}}=0.007$

よって，不良率に対する信頼度 95％ の信頼区間は

$[0.02-1.96\cdot0.007,\ 0.02+1.96\cdot0.007]$

←$1.96\cdot0.007\fallingdotseq0.014$

すなわち　**[0.006，0.034]**

←0.6％ 以上 3.4％ 以下。

(2) 標本比率を R，標本の大きさを n 回とすると，信頼度 95% の信頼区間の幅は $2\times1.96\sqrt{\dfrac{R(1-R)}{n}}$ で，$R=\dfrac{1}{6}$ とみてよいから

$$2\times1.96\sqrt{\frac{1}{6}\left(1-\frac{1}{6}\right)\cdot\frac{1}{n}}\leqq0.1$$

よって　$\sqrt{n}\geqq\dfrac{98\sqrt{5}}{15}$

両辺を 2 乗して　$n\geqq\dfrac{9604}{45}=213.42\cdots\cdots$

この不等式を満たす最小の自然数 n は　$n=214$

したがって，**214 回以上** 投げればよい。

←$\sqrt{n}\geqq\dfrac{3.92}{0.1}\sqrt{\dfrac{1}{6}\cdot\dfrac{5}{6}}$
$=\dfrac{392\sqrt{5}}{60}=\dfrac{98\sqrt{5}}{15}$

練習 ②92 えんどう豆の交配で，2 代雑種において黄色の豆と緑色の豆のできる割合は，メンデルの法則に従えば 3：1 である。ある実験で黄色の豆が 428 個，緑色の豆が 132 個得られたという。この結果はメンデルの法則に反するといえるか。有意水準 5% で検定せよ。ただし，$\sqrt{105}=10.25$ とする。

黄色の豆ができる割合を p とする。メンデルの法則に従わないならば，$p\neq\dfrac{3}{4}$ である。

ここで，メンデルの法則に従う，すなわち，黄色の豆ができる割合が $p=\dfrac{3}{4}$ であるという次の仮説を立てる。

仮説 H_0：$p=\dfrac{3}{4}$

仮説 H_0 が正しいとすると，560 個のうち黄色の豆の個数 X は，二項分布 $B\left(560,\ \dfrac{3}{4}\right)$ に従う。

X の期待値 m と標準偏差 σ は

$$m=560\cdot\frac{3}{4}=420,\ \sigma=\sqrt{560\cdot\frac{3}{4}\cdot\left(1-\frac{3}{4}\right)}=\sqrt{105}$$

よって，$Z=\dfrac{X-420}{\sqrt{105}}$ は近似的に標準正規分布 $N(0,\ 1)$ に従う。

正規分布表より $P(-1.96\leqq Z\leqq1.96)\fallingdotseq0.95$ であるから，有意水準 5% の棄却域は　$Z\leqq-1.96,\ 1.96\leqq Z$

$X=428$ のとき $Z=\dfrac{428-420}{\sqrt{105}}=\dfrac{8}{10.25}\fallingdotseq0.78$ であり，この値は棄却域に入らないから，仮説 H_0 を棄却できない。

したがって，**メンデルの法則に反するとはいえない。**

←①：仮説を立てる。判断したい仮説が「p が $\dfrac{3}{4}$ ではない」であるから，
帰無仮説 H_0：$p=\dfrac{3}{4}$
対立仮説 H_1：$p\neq\dfrac{3}{4}$
となり，両側検定で考える。
なお，緑色の豆ができる割合についての仮説を立てて，検定を行ってもよい。解答の後の 参考 を参照。

←②：棄却域を求める。

←③：仮説を棄却するかどうか判断する。

参考　緑色の豆に着目しても同様の結果が得られる。

緑色の豆ができる割合を q とし，仮説：$q=\dfrac{1}{4}$ を立てる。

この仮説のもとでは，560 個のうち緑色の豆の個数 Y は，二項分布 $B\left(560,\ \dfrac{1}{4}\right)$ に従う。

Y の期待値 m と標準偏差 σ は

$$m=560\cdot\frac{1}{4}=140,\ \sigma=\sqrt{560\cdot\frac{1}{4}\cdot\left(1-\frac{1}{4}\right)}=\sqrt{105}$$

よって，$W=\dfrac{Y-140}{\sqrt{105}}$ は近似的に標準正規分布 $N(0,\ 1)$ に従う。

有意水準 5% の棄却域は，Z と同様に

$$W\leqq-1.96,\ 1.96\leqq W$$

$Y=132$ のとき $W=\dfrac{132-140}{\sqrt{105}}=-\dfrac{8}{10.25}\fallingdotseq-0.78$ であり，

この値は棄却域に入らないから，仮説を棄却できない。

したがって，**メンデルの法則に反するとはいえない。**

練習 ②93 あるところにきわめて多くの白球と黒球がある。いま，900 個の球を無作為に取り出したとき，白球が 480 個，黒球が 420 個あった。この結果から，白球の方が多いといえるか。

(1) 有意水準 5% で検定せよ。　(2) 有意水準 1% で検定せよ。〔類 中央大〕

(1) 白球の個数の割合を p とする。白球の方が多いならば，$p>0.5$ である。

ここで，「白球と黒球の個数の割合は等しい」という次の仮説を立てる。

仮説 H_0：$p=0.5$

仮説 H_0 が正しいとすると，900 個の球のうち白球の個数 X は，二項分布 $B(900,\ 0.5)$ に従う。

X の期待値 m と標準偏差 σ は

$$m=900\cdot0.5=450,\ \sigma=\sqrt{900\cdot0.5\cdot(1-0.5)}=15$$

よって，$Z=\dfrac{X-450}{15}$ は近似的に標準正規分布 $N(0,\ 1)$ に従う。

正規分布表より $P(Z\leqq1.64)\fallingdotseq0.95$ であるから，有意水準 5% の棄却域は　$Z\geqq1.64$ …… ①

$X=480$ のとき $Z=\dfrac{480-450}{15}=2$ であり，この値は棄却域 ① に入るから，仮説 H_0 を棄却できる。

したがって，**白球の方が多いといえる。**

(2) 正規分布表より $P(Z\leqq2.33)\fallingdotseq0.99$ であるから，有意水準 1% の棄却域は　$Z\geqq2.33$ …… ②

$Z=2$ は棄却域 ② に入らないから，仮説 H_0 を棄却できない。

したがって，**白球の方が多いとはいえない。**

←「白球の方が多いといえるか」とあるから，$p\geqq0.5$ を前提とする。このとき，
帰無仮説 H_0：$p=0.5$
対立仮説 H_1：$p>0.5$
となり，片側検定で考える。

←$m=np,\ \sigma=\sqrt{npq}$
ただし　$q=1-p$

←片側検定であるから，棄却域を分布の片側だけにとる。
$P(Z\leqq1.64)$
$=0.5+p(1.64)$
$\fallingdotseq0.5+0.45=0.95$

←有意水準 1% の棄却域。
$P(Z\leqq2.33)$
$=0.5+p(2.33)$
$\fallingdotseq0.5+0.49=0.99$

練習 ②**94**

ある県全体の高校で1つのテストを行った結果，その平均点は 56.3 であった。ところで，県内の A 高校の生徒のうち，225 人を抽出すると，その平均点は 54.8，標準偏差は 12.5 であった。この場合，A 高校全体の平均点が，県の平均点と異なると判断してよいか。有意水準 5% で検定せよ。

HINT　A 高校の母標準偏差がわからないから，標本標準偏差を母標準偏差の代わりに用いて，検定を行う。

A 高校の生徒 225 人の平均点について，得点の標本平均を $\overline{X}$ とする。ここで，

　仮説 H_0：A 高校の母平均 m について $m=56.3$ である

を立てる。

←平均点についての仮説を立て，両側検定で考える。

標本の大きさは十分に大きいと考えると，仮説 H_0 が正しいとするとき，$\overline{X}$ は近似的に正規分布 $N\left(56.3,\ \dfrac{12.5^2}{225}\right)$ に従う。

$\dfrac{12.5^2}{225}=\left(\dfrac{5}{6}\right)^2$ であるから，$Z=\dfrac{\overline{X}-56.3}{\frac{5}{6}}$ は近似的に $N(0,\ 1)$ に従う。

←$Z=\dfrac{\overline{X}-56.3}{12.5}$ とするのは誤り！

正規分布表より $P(-1.96\leqq Z\leqq 1.96)\fallingdotseq 0.95$ であるから，有意水準 5% の棄却域は　　$Z\leqq -1.96,\ 1.96\leqq Z$

$\overline{X}=54.8$ のとき $Z=\dfrac{54.8-56.3}{\frac{5}{6}}=-1.8$ であり，この値は棄却域に入らないから，仮説 H_0 を棄却できない。

したがって，**A 高校全体の平均点が，県の平均点と異なるとは判断できない。**

EX ②37

3 個のさいころを同時に投げて，出た目の数の最小値を X とする。
(1) $X\geqq 3$ となる確率 $P(X\geqq 3)$ を求めよ。
(2) 確率変数 X の期待値を求めよ。

(1) $X\geqq 3$ となるのは 3 個とも 3 以上の目が出るときであるから

$$P(X\geqq 3)=\frac{4^3}{6^3}=\mathbf{\frac{8}{27}}$$

(2) X のとりうる値は　$X=1,\ 2,\ 3,\ 4,\ 5,\ 6$
$X=k\ (k=1,\ 2,\ 3,\ 4,\ 5)$ となるのは，3 個のさいころの最小値が k 以上で，かつ最小値が $(k+1)$ 以上でない場合であるから，その確率は

$$P(X=k)=P(X\geqq k)-P(X\geqq k+1)$$
$$=\frac{\{6-(k-1)\}^3}{6^3}-\frac{(6-k)^3}{6^3}$$
$$=\frac{(7-k)^3-(6-k)^3}{6^3}$$

$1,\ 2,\ \cdots,\ k,\ k+1,\ \cdots,\ 6$（$k,\ \cdots,\ 6$ が $X\geqq k$，$k+1,\ \cdots,\ 6$ が $X\geqq k+1$，k が $\boldsymbol{X=k}$）

←(1) と同じ要領。

また，$X=6$ となるのは 3 個とも 6 の目が出るときであるから

$$P(X=6)=\frac{1^3}{6^3}$$

よって，X の確率分布は次の表のようになる。

X	1	2	3	4	5	6	計
P	$\frac{91}{216}$	$\frac{61}{216}$	$\frac{37}{216}$	$\frac{19}{216}$	$\frac{7}{216}$	$\frac{1}{216}$	1

ゆえに　$E(X)=\frac{1}{216}(1\cdot 91+2\cdot 61+3\cdot 37+4\cdot 19+5\cdot 7+6\cdot 1)$

$$=\frac{441}{216}=\mathbf{\frac{49}{24}}$$

←**(変数)×(確率) の和**

EX ③38

0，1，2 のいずれかの値をとる確率変数 X の期待値および分散が，それぞれ 1，$\frac{1}{2}$ であるとする。このとき，X の確率分布を求めよ。〔宮崎医大〕

$P(X=k)=p_k\ (k=0,\ 1,\ 2)$ とすると，X の期待値 $E(X)$，分散 $V(X)$ は

X	0	1	2	計
P	p_0	p_1	p_2	1

$$E(X)=1\cdot p_1+2\cdot p_2=p_1+2p_2$$
$$V(X)=E(X^2)-\{E(X)\}^2$$
$$=1^2\cdot p_1+2^2\cdot p_2-\{E(X)\}^2$$
$$=p_1+4p_2-\{E(X)\}^2$$

←後で条件 $E(X)=1$ を利用するから，ここでは $E(X)$ のままにしておく。

$E(X)=1$ であるから　$p_1+2p_2=1$ ……①

$V(X)=\frac{1}{2}$ であるから　$p_1+4p_2-1^2=\frac{1}{2}$

すなわち　$p_1+4p_2=\frac{3}{2}$ ……②

また　$p_0+p_1+p_2=1$ ……③

① 確率分布
確率の総和は 1

①，② を解いて　$p_1=\frac{2}{4}$，$p_2=\frac{1}{4}$

よって，③ から　$p_0=\dfrac{1}{4}$

したがって，X の確率分布は右の表のようになる。

X	0	1	2	計
P	$\frac{1}{4}$	$\frac{2}{4}$	$\frac{1}{4}$	1

EX ⑤39

コイン投げの結果に応じて賞金が得られるゲームを考える。このゲームの参加者は，表が出る確率が 0.8 であるコインを裏が出るまで投げ続ける。裏が出るまでに表が出た回数を i とするとき，この参加者の賞金額は i 円となる。ただし，100 回投げても裏が出ない場合は，そこでゲームは終わり，参加者の賞金額は 100 円となる。

(1)　参加者の賞金額が 1 円以下となる確率を求めよ。

(2)　参加者の賞金額が c $(0\leqq c\leqq 99)$ 円以下となる確率 p を求めよ。また，$p\geqq 0.5$ となるような整数 c の中で，最も小さいものを求めよ。

(3)　参加者の賞金額の期待値を求めよ。ただし，小数点以下第 2 位を四捨五入せよ。

〔類　慶応大〕

(1)　参加者の賞金額が 1 円以下となるのは，1 回目に裏が出るか，または 1 回目に表，2 回目に裏が出るときであるから，求める確率は　$0.2+0.8\times0.2=\mathbf{0.36}$

←1 回のコイン投げで，表が出る確率は 0.8，裏が出る確率は 0.2

(2)　参加者の賞金額が k 円 $(k\geqq 1)$ となるのは，1 回目から k 回目まで毎回表が出て，$k+1$ 回目に裏が出るときであるから，その確率は　$(0.8)^k\cdot 0.2$

これは $k=0$ のときも成り立つ。

←$(0.8)^0\cdot 0.2=0.2$

よって　$\boldsymbol{p}=\displaystyle\sum_{k=0}^{c}(0.8)^k\cdot 0.2=\frac{0.2\{1-(0.8)^{c+1}\}}{1-0.8}=\mathbf{1-(0.8)^{c+1}}$

←初項 0.2，公比 0.8，項数 $c+1$ の等比数列の和。

$p\geqq 0.5$ とすると　$1-(0.8)^{c+1}\geqq 0.5$

ゆえに　$\left(\dfrac{4}{5}\right)^{c+1}\leqq\dfrac{1}{2}$

$\left(\dfrac{4}{5}\right)^{c+1}$ について

$c=2$ のとき $\left(\dfrac{4}{5}\right)^3=\dfrac{64}{125}>\dfrac{1}{2}$，$c=3$ のとき $\left(\dfrac{4}{5}\right)^4=\dfrac{256}{625}<\dfrac{1}{2}$

c の値が増加すると $\left(\dfrac{4}{5}\right)^{c+1}$ の値は減少するから，求める c の値は　$\boldsymbol{c=3}$

(3)　参加者の賞金額の期待値を E とすると

$$E=\sum_{k=0}^{99}k(0.8)^k\cdot 0.2+100\cdot(0.8)^{100}=\sum_{k=1}^{99}\frac{k}{5}\left(\frac{4}{5}\right)^k+100\left(\frac{4}{5}\right)^{100}$$

←100 回すべて表のときは賞金額 100 円。

ここで，$S=\displaystyle\sum_{k=1}^{99}\frac{k}{5}\left(\frac{4}{5}\right)^k$ とすると

←$\displaystyle\sum_{k=1}^{99}\frac{k}{5}\left(\frac{4}{5}\right)^k$ は（等差数列）×（等比数列）型の和 ⟶ $=S$ とおき，$S-rS$（r は等比数列部分の公比）を計算。

$$S=\frac{1}{5}\cdot\frac{4}{5}+\frac{2}{5}\left(\frac{4}{5}\right)^2+\frac{3}{5}\left(\frac{4}{5}\right)^3+\cdots\cdots+\frac{99}{5}\left(\frac{4}{5}\right)^{99}$$

$$\frac{4}{5}S=\qquad\frac{1}{5}\left(\frac{4}{5}\right)^2+\frac{2}{5}\left(\frac{4}{5}\right)^3+\cdots\cdots+\frac{98}{5}\left(\frac{4}{5}\right)^{99}+\frac{99}{5}\left(\frac{4}{5}\right)^{100}$$

辺々を引いて

$$\frac{1}{5}S=\frac{1}{5}\cdot\frac{4}{5}+\frac{1}{5}\left(\frac{4}{5}\right)^2+\cdots\cdots+\frac{1}{5}\left(\frac{4}{5}\right)^{99}-\frac{99}{5}\left(\frac{4}{5}\right)^{100}$$

よって　$S=\underline{\frac{4}{5}+\left(\frac{4}{5}\right)^2+\cdots\cdots+\left(\frac{4}{5}\right)^{99}}-99\left(\frac{4}{5}\right)^{100}$

$=\dfrac{\frac{4}{5}\left\{1-\left(\frac{4}{5}\right)^{99}\right\}}{1-\frac{4}{5}}-99\left(\frac{4}{5}\right)^{100}=4-104\left(\frac{4}{5}\right)^{100}$

←＿＿は初項 $\frac{4}{5}$，公比 $\frac{4}{5}$，項数 99 の等比数列の和。

ゆえに　$E=4-104\left(\frac{4}{5}\right)^{100}+100\left(\frac{4}{5}\right)^{100}=4-4\left(\frac{4}{5}\right)^{100}$

ここで，$\left(\frac{4}{5}\right)^4<\frac{1}{2}$ から　$\left(\frac{4}{5}\right)^8<\left(\frac{1}{2}\right)^2=0.25$

←$4\left(\frac{4}{5}\right)^{100}$ の大きさについて検討する。

よって　$\left(\frac{4}{5}\right)^{16}<\left(\frac{1}{2}\right)^4=0.0625$

すなわち　$\left(\frac{4}{5}\right)^{16}<\left(\frac{1}{2}\right)^4<0.1$

$\left(\frac{4}{5}\right)^{16}<0.1$ から　$\left(\frac{4}{5}\right)^{100}<\left(\frac{4}{5}\right)^{32}<0.01$

よって　$E>4-4\cdot0.01=3.96$　すなわち　$3.96<E<4$

したがって，参加者の賞金額の期待値の小数点以下第 2 位を四捨五入すると　**4.0**

EX ④40

赤い本が 2 冊，青い本が n 冊ある。この $n+2$ 冊の本を無作為に 1 冊ずつ，本棚に左から並べていく。2 冊の赤い本の間にある青い本の冊数を X とする。

(1) $k=0,\ 1,\ 2,\ \cdots\cdots,\ n$ に対して $X=k$ となる確率を求めよ。

(2) X の期待値，分散を求めよ。〔類　一橋大〕

(1) 2 冊の赤い本の間にある青い本 k 冊の選び方は　${}_n\mathrm{C}_k$ 通り

←最初に，赤い本の間にある青い本を選ぶ。

赤い本 2 冊とその間にある青い本 k 冊をまとめて 1 冊と考え，残りの青い本 $(n-k)$ 冊とまとめた 1 冊の並べ方は

$(n-k+1)!$ 通り

赤い本 2 冊とその間にある青い本 k 冊の並べ方は

$2!\times k!$ 通り

よって，求める確率は

$$\frac{{}_n\mathrm{C}_k\times(n-k+1)!\times2!k!}{(n+2)!}=\frac{n!\times(n-k+1)!\times2!}{(n-k)!(n+2)!}$$

$$=\boldsymbol{\frac{2(n-k+1)}{(n+1)(n+2)}}$$

←起こりうるすべての場合の数は　$(n+2)!$ 通り

別解　青い本 n 冊の並べ方は　$n!$ 通り

この n 冊に対して，赤い本を入れる場所の選び方は

左端と，左から k 番目と $(k+1)$ 番目の間，

左から 1 番目と 2 番目の間と，左から $(k+1)$ 番目と $(k+2)$ 番目の間，

……，

左から $(n-k)$ 番目と $(n-k+1)$ 番目の間と，右端

の $(n-k+1)$ 通りある。

よって，求める確率は

←青い本を○，赤い本を｜とすると

｜○……○｜○……○
　k 冊
○｜○……○｜○…○
⋮　k 冊
○……○｜○……○｜
　k 冊

$$\frac{n!\times(n-k+1)\times 2!}{(n+2)!}=\boldsymbol{\frac{2(n-k+1)}{(n+1)(n+2)}}$$

(2) (1)から，**Xの期待値は**

$$\sum_{k=0}^{n}\left\{k\times\frac{2(n-k+1)}{(n+1)(n+2)}\right\}$$

$$=\frac{2}{(n+1)(n+2)}\sum_{k=0}^{n}\{-k^2+(n+1)k\}$$

$$=\frac{2}{(n+1)(n+2)}\left\{-\sum_{k=1}^{n}k^2+(n+1)\sum_{k=1}^{n}k\right\}$$

$$=\frac{2}{(n+1)(n+2)}\left\{-\frac{1}{6}n(n+1)(2n+1)+(n+1)\times\frac{1}{2}n(n+1)\right\}$$

$$=\frac{2}{(n+1)(n+2)}\times\frac{1}{6}n(n+1)\{-(2n+1)+3(n+1)\}=\boldsymbol{\frac{n}{3}}$$

←kに無関係な$\dfrac{2}{(n+1)(n+2)}$をΣの前に出す。

また

$$\sum_{k=0}^{n}\left\{k^2\times\frac{2(n-k+1)}{(n+1)(n+2)}\right\}$$

$$=\frac{2}{(n+1)(n+2)}\sum_{k=0}^{n}\{-k^3+(n+1)k^2\}$$

$$=\frac{2}{(n+1)(n+2)}\left\{-\sum_{k=1}^{n}k^3+(n+1)\sum_{k=1}^{n}k^2\right\}$$

$$=\frac{2}{(n+1)(n+2)}\left\{-\frac{1}{4}n^2(n+1)^2+(n+1)\times\frac{1}{6}n(n+1)(2n+1)\right\}$$

$$=\frac{2}{(n+1)(n+2)}\times\frac{1}{12}n(n+1)^2\{-3n+2(2n+1)\}$$

$$=\frac{n(n+1)}{6}$$

←kに無関係な$\dfrac{2}{(n+1)(n+2)}$をΣの前に出す。

よって，**Xの分散は**

$$\frac{n(n+1)}{6}-\left(\frac{n}{3}\right)^2=\frac{3n(n+1)-2n^2}{18}=\boldsymbol{\frac{n(n+3)}{18}}$$

EX ②41

1から8までの整数のいずれか1つが書かれたカードが，各数に対して1枚ずつ合計8枚ある。Dさんが100円のゲーム代を払ってカードを1枚引き，書かれた数がXのとき$pX+q$円を受け取る。ただし，p，qは正の整数とする。

(1) Dさんがカードを1枚引いて受け取る金額からゲーム代を差し引いた金額をY円とする。確率変数Yの期待値をNとするとき，Nをp，qで表せ。

(2) Yの分散をp，qで表せ。また，$N=0$のときYの分散の最小値と，そのときのpの値を求めよ。

〔類 センター試験〕

(1) Xのとりうる値は$X=1,\ 2,\ \cdots\cdots,\ 8$で

$$P(X=k)=\frac{1}{8}\ (k=1,\ 2,\ \cdots\cdots,\ 8)$$

よって　$E(X)=(1+2+\cdots\cdots+8)\cdot\dfrac{1}{8}=36\cdot\dfrac{1}{8}=\dfrac{9}{2}$

←$E(X)=\sum x_kp_k$

$Y=pX+q-100$であるから

$$\boldsymbol{N}=E(Y)=E(pX+q-100)=pE(X)+q-100$$

$$=\boldsymbol{\frac{9}{2}p+q-100}$$

←$\boldsymbol{E(aX+b)=aE(X)+b}$ (a，bは定数)

(2) $V(X)=(1^2+2^2+\cdots\cdots+8^2)\cdot\frac{1}{8}-\left(\frac{9}{2}\right)^2$

$=\frac{1}{6}\cdot8\cdot9\cdot17\times\frac{1}{8}-\frac{81}{4}=\frac{2\cdot51-81}{4}=\frac{21}{4}$

よって　$V(Y)=V(pX+q-100)=p^2V(X)=\boldsymbol{\frac{21}{4}p^2}$ … ①

また，$N=0$ のとき $\frac{9}{2}p+q-100=0$ から　$q=100-\frac{9}{2}p$

p，q は正の整数であるから，p は偶数で，$100-\frac{9}{2}p\geqq1$ より

$p\leqq22$　すなわち　$p=2,\ 4,\ 6,\ \cdots\cdots,\ 22$

ゆえに，① から **$p=2$ のとき** $V(Y)$ は最小となり，**最小値**は　$V(Y)=\frac{21}{4}\cdot2^2=\boldsymbol{21}$

←$V(X)=E(X^2)-\{E(X)\}^2$

←$\sum_{k=1}^{n}k^2=\frac{1}{6}n(n+1)(2n+1)$

←$\boldsymbol{V(aX+b)=a^2V(X)}$（$a$，$b$ は定数）

EX ③42

X，Y はどちらも 1，-1 の値をとる確率変数で，それらは

$P(X=1,\ Y=1)=P(X=-1,\ Y=-1)=a$

$P(X=1,\ Y=-1)=P(X=-1,\ Y=1)=\frac{1}{2}-a$

を満たしているとする。ただし，a は $0\leqq a\leqq\frac{1}{2}$ を満たす定数とする。

(1) 確率 $P(X=-1)$ と $P(X=1)$ を求めよ。

(2) 2 つの確率変数の和の期待値 $E(X+Y)$ と分散 $V(X+Y)$ を求めよ。

(3) X と Y が互いに独立であるための a の値を求めよ。〔千葉大〕

(1) $X=-1$，$Y=-1$ となる事象と $X=-1$，$Y=1$ となる事象は互いに排反であるから

$\boldsymbol{P(X=-1)}=P(X=-1,\ Y=-1)+P(X=-1,\ Y=1)$

$=a+\left(\frac{1}{2}-a\right)=\boldsymbol{\frac{1}{2}}$

また　$\boldsymbol{P(X=1)}=1-P(X=-1)=1-\frac{1}{2}=\boldsymbol{\frac{1}{2}}$

X＼Y	1	-1	計
1	a	$\frac{1}{2}-a$	$\frac{1}{2}$
-1	$\frac{1}{2}-a$	a	$\frac{1}{2}$
計	$\frac{1}{2}$	$\frac{1}{2}$	1

(2) $X+Y$ のとりうる値は $X+Y=2,\ 0,\ -2$ で

$P(X+Y=-2)=P(X=-1,\ Y=-1)=a$

$P(X+Y=2)=P(X=1,\ Y=1)=a$

$P(X+Y=0)=1-P(X+Y=-2)-P(X+Y=2)$

$=1-a-a=1-2a$

よって　$\boldsymbol{E(X+Y)}=-2\cdot a+2\cdot a+0\cdot(1-2a)=\boldsymbol{0}$

$\boldsymbol{V(X+Y)}=E((X+Y)^2)-\{E(X+Y)\}^2$

$=\{(-2)^2\cdot a+2^2\cdot a+0^2\cdot(1-2a)\}-0^2$

$=\boldsymbol{8a}$

←余事象の確率を利用。

←$X+Y$ の確率分布は

$X+Y$	-2	2	0	計
P	a	a	$1-2a$	1

(3) (1) と同様にして　$P(Y=-1)=\frac{1}{2}$，$P(Y=1)=\frac{1}{2}$

X と Y が互いに独立であるための条件は，

$P(X=i,\ Y=j)=P(X=i)P(Y=j)$ …… ①

がすべての組 $(i,\ j)$ $[i,\ j=1,\ -1]$ について成り立つことである。

←$P(Y=-1)=P(X=1,\ Y=-1)+P(X=-1,\ Y=-1)=\left(\frac{1}{2}-a\right)+a=\frac{1}{2}$

なお，(1) の表からすぐわかる。

$i=1$, $j=1$ のとき，① から　　$a=\frac{1}{2}\cdot\frac{1}{2}$

$i=1$, $j=-1$ のとき，① から　　$\frac{1}{2}-a=\frac{1}{2}\cdot\frac{1}{2}$

$i=-1$, $j=1$ のとき，① から　　$\frac{1}{2}-a=\frac{1}{2}\cdot\frac{1}{2}$

$i=-1$, $j=-1$ のとき，① から　　$a=\frac{1}{2}\cdot\frac{1}{2}$

以上により　　$\boldsymbol{a=\frac{1}{4}}$

EX ③43

2つの独立な事象 A, B に対し，A, B が同時に起こる確率が $\frac{1}{14}$，A か B の少なくとも一方が起こる確率が $\frac{13}{28}$ である。このとき，A の起こる確率 $P(A)$ と B の起こる確率 $P(B)$ を求めよ。ただし，$P(A)<P(B)$ とする。

条件から　　$P(A\cap B)=\frac{1}{14}$，$P(A\cup B)=\frac{13}{28}$

$P(A\cup B)=P(A)+P(B)-P(A\cap B)$ から

$$P(A)+P(B)=P(A\cup B)+P(A\cap B)=\frac{13}{28}+\frac{1}{14}=\frac{15}{28}$$

←和事象の確率

事象 A, B は独立であるから　　$P(A)P(B)=P(A\cap B)=\frac{1}{14}$

←乗法定理

よって，$P(A)$, $P(B)$ は2次方程式 $t^2-\frac{15}{28}t+\frac{1}{14}=0$ すなわち $28t^2-15t+2=0$ の解である。

←x, y を解にもつ2次方程式は $t^2-(x+y)t+xy=0$

これを解くと，$(4t-1)(7t-2)=0$ から　　$t=\frac{1}{4}$, $\frac{2}{7}$

$P(A)<P(B)$ であるから　　$\boldsymbol{P(A)=\frac{1}{4}}$, $\boldsymbol{P(B)=\frac{2}{7}}$

EX ③44

1から9までの番号を書いた9枚のカードがある。この中から，カードを戻さずに，次々と4枚のカードを取り出す。取り出された順にカードの番号を a, b, c, d とする。千の位を a，百の位を b，十の位を c，一の位を d として得られる4桁の数 N の期待値を求めよ。　〔類 秋田大〕

$N=1000a+100b+10c+d$ であるから，期待値 $E(N)$ は

$$E(N)=E(1000a+100b+10c+d)$$
$$=1000E(a)+100E(b)+10E(c)+E(d)$$

←期待値の性質。

$a=k$ $(k=1, 2, \cdots\cdots, 9)$ となるのは，1枚目に番号 k のカードを取り出す場合であるから

←$\boxed{k}$ □□□　k：固定，□□□：${}_8\mathrm{P}_3$ 通り

$$P(a=k)=\frac{{}_8\mathrm{P}_3}{{}_9\mathrm{P}_4}=\frac{8\cdot7\cdot6}{9\cdot8\cdot7\cdot6}=\frac{1}{9}$$

同様にして　　$P(b=k)=P(c=k)=P(d=k)=\frac{1}{9}$

$(k=1, 2, \cdots\cdots, 9)$

←a, b, c, d は同じ確率分布（以下）に従う。

k	1	2	…	9	計
P	$\frac{1}{9}$	$\frac{1}{9}$	…	$\frac{1}{9}$	1

よって　$E(a)=E(b)=E(c)=E(d)=\frac{1}{9}\sum_{k=1}^{9}k=\frac{1}{9}\cdot\frac{1}{2}\cdot9\cdot10=5$

したがって　　$E(N)=(1000+100+10+1)\cdot5=\mathbf{5555}$

EX ④45

2個のさいころを投げ，出た目を X，Y $(X\leqq Y)$ とする。
(1) $X=1$ である事象を A，$Y=5$ である事象を B とする。確率 $P(A\cap B)$，条件付き確率 $P_B(A)$ をそれぞれ求めよ。
(2) 確率 $P(X=k)$，$P(Y=k)$ をそれぞれ k を用いて表せ。
(3) $3X^2+3Y^2$ の平均(期待値) $E(3X^2+3Y^2)$ を求めよ。 〔鹿児島大〕

(1) $X=1$ かつ $Y=5$ となる目の出方は (1, 5), (5, 1) の2通り。

←目の出方は全部で 6^2 通り

$Y=5$ となる目の出方は (1, 5), (2, 5), (3, 5), (4, 5), (5, 5), (5, 1), (5, 2), (5, 3), (5, 4) の9通り。

よって $\boldsymbol{P(A\cap B)=\dfrac{2}{6^2}=\dfrac{1}{18}}$，$P(B)=\dfrac{9}{6^2}=\dfrac{1}{4}$

❶ N と a を見つけて $\dfrac{a}{N}$

ゆえに $\boldsymbol{P_B(A)}=\dfrac{P(A\cap B)}{P(B)}=\dfrac{1}{18}\div\dfrac{1}{4}=\boldsymbol{\dfrac{2}{9}}$

(2) $1\leqq k\leqq 5$ のとき $P(X=k)=P(X\geqq k)-P(X\geqq k+1)$

ここで，$X\geqq k$ となるのは，2個とも k 以上の目が出る場合であるから $P(X\geqq k)=\dfrac{\{6-(k-1)\}^2}{6^2}=\dfrac{(7-k)^2}{36}$

$\overbrace{\,\,}^{X\geqq k}$ 1, …, k, $\underbrace{k+1, \cdots, 6}_{X\geqq k+1}$ （k が $\boldsymbol{X=k}$）

よって $P(X=k)=\dfrac{(7-k)^2}{36}-\dfrac{\{7-(k+1)\}^2}{36}$

$=\dfrac{13-2k}{36}$ …… ①

$P(X=6)=\dfrac{1}{36}$ であるから，① は $k=6$ のときも成り立つ。

また，$2\leqq k\leqq 6$ のとき

$P(Y=k)=P(Y\leqq k)-P(Y\leqq k-1)$

$\overbrace{1, \cdots, k-1, k}^{Y\leqq k}$, …, 6 （$1, \cdots, k-1$ が $Y\leqq k-1$，k が $\boldsymbol{Y=k}$）

ここで，$Y\leqq k$ となるのは，2個とも k 以下の目が出る場合であるから $P(Y\leqq k)=\dfrac{k^2}{6^2}=\dfrac{k^2}{36}$

ゆえに $P(Y=k)=\dfrac{k^2}{36}-\dfrac{(k-1)^2}{36}=\dfrac{2k-1}{36}$ …… ②

$P(Y=1)=\dfrac{1}{36}$ であるから，② は $k=1$ のときも成り立つ。

以上から $\boldsymbol{P(X=k)=\dfrac{13-2k}{36}}$，$\boldsymbol{P(Y=k)=\dfrac{2k-1}{36}}$

(3) $E(3X^2+3Y^2)=3E(X^2)+3E(Y^2)$

$=3\sum_{k=1}^{6}k^2\cdot\dfrac{13-2k}{36}+3\sum_{k=1}^{6}k^2\cdot\dfrac{2k-1}{36}$

$=\dfrac{1}{12}\sum_{k=1}^{6}k^2\{(13-2k)+(2k-1)\}=\sum_{k=1}^{6}k^2$

$=\dfrac{1}{6}\cdot 6\cdot 7\cdot 13$

$=\boldsymbol{91}$

←$\boldsymbol{E(aX+bY)=aE(X)+bE(Y)}$ (a, b は定数)

←$\boldsymbol{\sum_{k=1}^{n}k^2=\dfrac{1}{6}n(n+1)(2n+1)}$

EX ④46

座標平面上の点Pの移動を大小2つのさいころを同時に投げて決める。大きいさいころの目が1または2のとき，点Pをx軸の正の方向に1だけ動かし，その他の場合はx軸の負の方向に1だけ動かす。更に，小さいさいころの目が1のとき，点Pをy軸の正の方向に1だけ動かし，その他の場合はy軸の負の方向に1だけ動かす。最初，点Pが原点にあり，この試行をn回繰り返した後の点Pの座標を$(x_n,\ y_n)$とするとき

(1) x_nの平均値と分散を求めよ。　(2) ${x_n}^2$の平均値を求めよ。

(3) 原点を中心とし，点$(x_n,\ y_n)$を通る円の面積Sの平均値を求めよ。ただし，点$(x_n,\ y_n)$が原点と一致するときは$S=0$とする。

(1) 大きいさいころの1または2の目が出る回数をXとすると

$$x_n=1\cdot X-1\cdot(n-X)=2X-n$$

さいころを1回投げて1または2の目が出る確率は　$\frac{1}{3}$

←$p=\frac{1}{3}\left(q=\frac{2}{3}\right)$

Xは二項分布$B\left(n,\ \frac{1}{3}\right)$に従うから

$$E(X)=\frac{n}{3},\quad V(X)=n\cdot\frac{1}{3}\cdot\frac{2}{3}=\frac{2}{9}n$$

←$E(X)=np$, $V(X)=npq$

よって　$E(x_n)=E(2X-n)=2E(X)-n$

←$E(aX+b)=aE(X)+b$

$$=2\cdot\frac{n}{3}-n=\boldsymbol{-\frac{n}{3}}$$

$$V(x_n)=V(2X-n)=2^2V(X)=4\cdot\frac{2}{9}n=\boldsymbol{\frac{8}{9}n}$$

←$V(aX+b)=a^2V(X)$

(2) $V(x_n)=E({x_n}^2)-\{E(x_n)\}^2$ であるから

$$E({x_n}^2)=V(x_n)+\{E(x_n)\}^2$$

よって，(1)から　$E({x_n}^2)=\frac{8}{9}n+\left(-\frac{n}{3}\right)^2=\boldsymbol{\frac{n(n+8)}{9}}$

(3) $S=\pi({x_n}^2+{y_n}^2)=\pi{x_n}^2+\pi{y_n}^2$ であるから，面積Sの平均値$E(S)$は　$E(S)=\pi E({x_n}^2)+\pi E({y_n}^2)$ …… ①

←円の半径は$\sqrt{{x_n}^2+{y_n}^2}$

←$E(aX+bY)=aE(X)+bE(Y)$

小さいさいころの1の目が出る回数をYとすると

$$y_n=1\cdot Y-1\cdot(n-Y)=2Y-n$$

←(2)で，$E({x_n}^2)$は求めているから，y_nについて調べる。

さいころを1回投げて1の目が出る確率は　$\frac{1}{6}$

←$p=\frac{1}{6}\left(q=\frac{5}{6}\right)$

Yは二項分布$B\left(n,\ \frac{1}{6}\right)$に従うから

$$E(Y)=\frac{n}{6},\quad V(Y)=n\cdot\frac{1}{6}\cdot\frac{5}{6}=\frac{5}{36}n$$

よって　$E(y_n)=E(2Y-n)=2E(Y)-n$

←$E(aY+b)=aE(Y)+b$

$$=2\cdot\frac{n}{6}-n=-\frac{2}{3}n$$

$$V(y_n)=V(2Y-n)=2^2V(Y)=4\cdot\frac{5}{36}n=\frac{5}{9}n$$

←$V(aY+b)=a^2V(Y)$

$V(y_n)=E({y_n}^2)-\{E(y_n)\}^2$ であるから

$$E({y_n}^2)=V(y_n)+\{E(y_n)\}^2=\frac{5}{9}n+\left(-\frac{2}{3}n\right)^2$$

$$=\frac{n(4n+5)}{9}\ \cdots\cdots\ ②$$

ゆえに，①，②と(2)の結果から

$$E(S)=\pi\cdot\frac{n(n+8)}{9}+\pi\cdot\frac{n(4n+5)}{9}=\boldsymbol{\frac{n(5n+13)}{9}\pi}$$

EX ③47

確率変数 X の確率密度関数 $f(x)$ が右のようなとき，確率 $P\left(a\leqq X\leqq\frac{3}{2}a\right)$ および X の平均を求めよ。ただし，a は正の実数とする。　〔類 センター試験〕

$$f(x)=\begin{cases}\frac{2}{3a^2}(x+a) & (-a\leqq x\leqq 0)\\ \frac{1}{3a^2}(2a-x) & (0\leqq x\leqq 2a)\end{cases}$$

$$\boldsymbol{P\left(a\leqq X\leqq\frac{3}{2}a\right)}=\int_a^{\frac{3}{2}a}f(x)dx=\int_a^{\frac{3}{2}a}\frac{1}{3a^2}(2a-x)dx$$

$$=\frac{1}{3a^2}\left[2ax-\frac{x^2}{2}\right]_a^{\frac{3}{2}a}$$

$$=\frac{1}{3a^2}\left[\left\{2a\cdot\frac{3}{2}a-\frac{1}{2}\left(\frac{3}{2}a\right)^2\right\}-\left(2a\cdot a-\frac{a^2}{2}\right)\right]$$

$$=\frac{1}{3a^2}\cdot\frac{3}{8}a^2=\boldsymbol{\frac{1}{8}}$$

←$a\leqq x\leqq\frac{3}{2}a$ のとき $f(x)=\frac{1}{3a^2}(2a-x)$

また，確率変数 X の **平均は**

$$E(X)=\int_{-a}^{2a}xf(x)dx$$

$$=\int_{-a}^{0}x\cdot\frac{2}{3a^2}(x+a)dx+\int_0^{2a}x\cdot\frac{1}{3a^2}(2a-x)dx$$

$$=\frac{2}{3a^2}\int_{-a}^{0}x(x+a)dx+\frac{1}{3a^2}\int_0^{2a}x(2a-x)dx$$

$$=\frac{2}{3a^2}\left[-\frac{1}{6}\{0-(-a)\}^3\right]+\frac{1}{3a^2}\left\{\frac{1}{6}(2a-0)^3\right\}$$

$$=-\frac{a}{9}+\frac{4a}{9}=\boldsymbol{\frac{a}{3}}$$

←$\boldsymbol{E(X)=\int_\alpha^\beta xf(x)dx}$

←$\boldsymbol{\int_\alpha^\beta(x-\alpha)(x-\beta)dx=-\frac{1}{6}(\beta-\alpha)^3}$

EX ②48

正規分布 $N(12,\ 4^2)$ に従う確率変数 X について，次の等式が成り立つように，定数 a の値を定めよ。

(1) $P(X\leqq a)=0.9641$　(2) $P(|X-12|\geqq a)=0.1336$

(3) $P(14\leqq X\leqq a)=0.3023$

$Z=\frac{X-12}{4}$ とおくと，Z は $N(0,\ 1)$ に従う。

(1) $P(X\leqq a)=0.9641$ から　$P\left(Z\leqq\frac{a-12}{4}\right)=0.9641$

ここで，0.9641＞0.5 から　$P\left(Z\leqq\frac{a-12}{4}\right)=0.5+p\left(\frac{a-12}{4}\right)$

ゆえに，$0.5+p\left(\frac{a-12}{4}\right)=0.9641$ から　$p\left(\frac{a-12}{4}\right)=0.4641$

正規分布表から　$\frac{a-12}{4}=1.8$　よって　$\boldsymbol{a=19.2}$

←$P(Z\leqq 0)+P\left(0\leqq Z\leqq\frac{a-12}{4}\right)$

←$p(1.8)=0.4641$

(2) $P(|X-12|\geqq a)=1-P(|X-12|\leqq a)=1-P(|4Z|\leqq a)$

$$=1-P\left(|Z|\leqq\frac{a}{4}\right)$$

$$=1-2p\left(\frac{a}{4}\right)$$

←$|Z|\leqq\frac{a}{4}\iff-\frac{a}{4}\leqq Z\leqq\frac{a}{4}$

ゆえに，$1-2p\left(\dfrac{a}{4}\right)=0.1336$ から　　$p\left(\dfrac{a}{4}\right)=0.4332$

正規分布表から　　$\dfrac{a}{4}=1.5$　　よって　　$\boldsymbol{a=6}$

←$p(1.5)=0.4332$

(3)　$P(14\leqq X\leqq a)=P\left(\dfrac{14-12}{4}\leqq Z\leqq \dfrac{a-12}{4}\right)$

$=P\left(\dfrac{1}{2}\leqq Z\leqq \dfrac{a-12}{4}\right)$

$=p\left(\dfrac{a-12}{4}\right)-p(0.5)$

ゆえに，$p\left(\dfrac{a-12}{4}\right)-0.1915=0.3023$ から

←$p(0.5)=0.1915$

$p\left(\dfrac{a-12}{4}\right)=0.4938$

正規分布表から　　$\dfrac{a-12}{4}=2.5$　　よって　　$\boldsymbol{a=22}$

←$p(2.5)=0.4938$

EX ③49　ある企業の入社試験は採用枠 300 名のところ 500 名の応募があった。試験の結果は 500 点満点の試験に対し，平均点 245 点，標準偏差 50 点であった。得点の分布が正規分布であるとみなされるとき，合格最低点はおよそ何点であるか。小数点以下を切り上げて答えよ。　〔類　鹿児島大〕

応募者の入社試験の点数を X とすると，X は正規分布 $N(245,\ 50^2)$ に従うから，$Z=\dfrac{X-245}{50}$ とおくと，Z は $N(0,\ 1)$ に従う。

HINT　点数 X は正規分布 $N(245,\ 50^2)$ に従う。
⟶ まず，**標準化**。

合格最低点を x とすると　　$P(X\geqq x)=\dfrac{300}{500}$

ここで　　$P(X\geqq x)=P\left(Z\geqq \dfrac{x-245}{50}\right)$

よって，$P\left(Z\geqq \dfrac{x-245}{50}\right)=0.6$ から $\dfrac{x-245}{50}<0$ で

$P\left(\dfrac{x-245}{50}\leqq Z\leqq 0\right)=0.1$

すなわち　$P\left(0\leqq Z\leqq -\dfrac{x-245}{50}\right)=0.1$

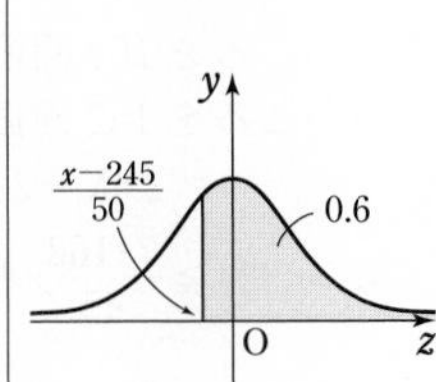

正規分布表より，$p(0.25)\fallingdotseq 0.1$ から　　$-\dfrac{x-245}{50}\fallingdotseq 0.25$

ゆえに　　$x\fallingdotseq 245-12.5=232.5$

したがって，合格最低点はおよそ **233 点** である。

EX ③50　学科の成績 x を記録するのに，平均が m，標準偏差が σ のとき，右の表に従って，1 から 5 までの評点で表す。成績が正規分布に従うものとして

(1)　45 人の学級で，評点 1，2，3，4，5 の生徒の数は，それぞれ何人くらいずつになるか。

(2)　$m=62$，$\sigma=20$ のとき，成績 85 の生徒にはどんな評点がつくか。

成　　績	評 点
$x<m-1.5\sigma$	1
$m-1.5\sigma\leqq x<m-0.5\sigma$	2
$m-0.5\sigma\leqq x\leqq m+0.5\sigma$	3
$m+0.5\sigma<x\leqq m+1.5\sigma$	4
$m+1.5\sigma<x$	5

〔類　東北学院大〕

(1) x は正規分布 $N(m,\ \sigma^2)$ に従うから，$Z=\dfrac{x-m}{\sigma}$ とおくと，Z は $N(0,\ 1)$ に従う。

評点 1，5：$P(Z<-1.5)=P(1.5<Z)=0.5-p(1.5)$
$=0.5-0.4332=0.0668$

←$P(x<m-1.5\sigma)$
$=P(Z<-1.5)$,
$P(m+1.5\sigma<x)$
$=P(1.5<Z)$

よって，評点 1，5 の人数はそれぞれ
$45\times0.0668\fallingdotseq3$（人）

評点 2，4：$P(-1.5\leqq Z<-0.5)=P(0.5<Z\leqq1.5)$
$=p(1.5)-p(0.5)$
$=0.4332-0.1915=0.2417$

よって，評点 2，4 の人数はそれぞれ
$45\times0.2417\fallingdotseq11$（人）

評点 3：$P(-0.5\leqq Z\leqq0.5)=2p(0.5)=2\cdot0.1915=0.3830$

よって，評点 3 の人数は　$45\times0.3830\fallingdotseq17$（人）

ゆえに　**評点 1 は 3 人，評点 2 は 11 人，評点 3 は 17 人，評点 4 は 11 人，評点 5 は 3 人。**

←人数の合計は 45 人。

(2) $m=62$，$\sigma=20$ のとき
$m+0.5\sigma=62+10=72$，$m+1.5\sigma=62+30=92$

←$0.5\sigma=10$，$1.5\sigma=30$

よって，$m+0.5\sigma<85\leqq m+1.5\sigma$ であるから，**評点 4** がつく。

←$72<85\leqq92$

EX ③51 原点を出発して数直線上を動く点 P がある。さいころを 1 回振って，3 以上の目が出ると正の向きに 1 移動し，2 以下の目が出ると負の向きに 2 移動する。さいころを n 回振った後の点 P の座標が $\dfrac{7n}{45}$ 以上となる確率を $p(n)$ とするとき，$p(162)$ を正規分布を用いて求めよ。ただし，小数第 4 位を四捨五入せよ。〔類 滋賀大〕

さいころを 162 回振って 3 以上の目が出る回数を X とすると，さいころを 162 回振った後の点 P の座標は

$$1\cdot X-2\cdot(162-X)=3X-324$$

$3X-324\geqq\dfrac{7\cdot162}{45}$ とすると

$$X-108\geqq\frac{7\cdot6}{5}$$

よって　$X\geqq108+\dfrac{42}{5}=\dfrac{582}{5}=116.4$

←これから，求める確率は $P(X\geqq116.4)$ である。

また，さいころを 1 回投げて 3 以上の目が出る確率は

$$\frac{4}{6}=\frac{2}{3}$$

ゆえに，X は二項分布 $B\left(162,\ \dfrac{2}{3}\right)$ に従う。

←$n=162$，$p=\dfrac{2}{3}$

よって，X の平均は　$162\cdot\dfrac{2}{3}=108$,

標準偏差は　$\sqrt{162\cdot\dfrac{2}{3}\left(1-\dfrac{2}{3}\right)}=\sqrt{36}=6$

ゆえに，$Z=\dfrac{X-108}{6}$ とおくと，Z は近似的に $N(0,\ 1)$ に従う。

よって，求める確率 $p(162)$ は

$$p(162)=P(X\geqq 116.4)=P\left(Z\geqq \frac{116.4-108}{6}\right)$$
$$=P(Z\geqq 1.4)=0.5-p(1.4)$$
$$=0.5-0.4192=0.0808\fallingdotseq \mathbf{0.081}$$

❶ 二項分布 $B(n,\ p)$ n が大なら正規分布 $N(np,\ np(1-p))$ で近似

←小数第4位を四捨五入。

EX ②52

1個のさいころを150回投げるとき，出る目の平均を $\overline{X}$ とする。$\overline{X}$ の期待値，標準偏差を求めよ。

さいころを1回投げるとき，出る目の数 X は，

$$P(X=k)=\frac{1}{6}\ (k=1,\ 2,\ \cdots\cdots,\ 6)$$

の確率分布に従う。母集団分布は大きさ1の無作為標本と一致するから，母平均 m は

$$m=E(X)=(1+2+3+4+5+6)\cdot\frac{1}{6}=\frac{21}{6}=\frac{7}{2}$$

←$E(X)=\sum x_k p_k$

また，母標準偏差 σ は

$$\sigma=\sqrt{(1^2+2^2+3^2+4^2+5^2+6^2)\cdot\frac{1}{6}-\left(\frac{7}{2}\right)^2}$$
$$=\sqrt{\frac{1}{6}\cdot\frac{1}{6}\cdot 6\cdot 7\cdot 13-\left(\frac{7}{2}\right)^2}$$
$$=\sqrt{\frac{35}{12}}=\frac{\sqrt{105}}{6}$$

←$\sigma^2=(X^2$ の期待値$)-(X$ の期待値$)^2$

←$\displaystyle\sum_{k=1}^{n}k^2=\frac{1}{6}n(n+1)(2n+1)$

よって，標本平均 $\overline{X}$ の期待値 $E(\overline{X})$，標準偏差 $\sigma(\overline{X})$ は

$$E(\overline{X})=\mathbf{\frac{7}{2}},\ \sigma(\overline{X})=\frac{1}{\sqrt{150}}\cdot\frac{\sqrt{105}}{6}=\mathbf{\frac{\sqrt{70}}{60}}$$

←$E(\overline{X})=m,\ \sigma(\overline{X})=\dfrac{\sigma}{\sqrt{n}}$

EX ③53

平均 m，標準偏差 σ の正規分布に従う母集団から4個の標本を抽出するとき，その標本平均 $\overline{X}$ が $m-\sigma$ と $m+\sigma$ の間にある確率は何％であるか。

標本平均 $\overline{X}$ は正規分布 $N\left(m,\ \dfrac{\sigma^2}{4}\right)$ に従うから，$Z=\dfrac{\overline{X}-m}{\dfrac{\sigma}{2}}$

とおくと，Z は $N(0,\ 1)$ に従う。

よって　$P(m-\sigma<\overline{X}<m+\sigma)=P(-2<Z<2)=2p(2)$
$$=2\cdot 0.4772$$
$$=0.9544$$

ゆえに　**95.44％**

❶ $N(m,\ \sigma^2)$ は $Z=\dfrac{X-m}{\sigma}$ で $N(0,\ 1)$ へ [標準化]

EX ③54 ある国の 14 歳女子の身長は，母平均 160 cm，母標準偏差 5 cm の正規分布に従うものとする。この女子の集団から，無作為に抽出した女子の身長を X cm とする。

(1) 確率変数 $\dfrac{X-160}{5}$ の平均と標準偏差を求めよ。

(2) $P(X\geqq x)\leqq 0.1$ となる最小の整数 x を求めよ。

(3) X が 165 cm 以上 175 cm 以下となる確率を求めよ。ただし，小数第 3 位を四捨五入せよ。

(4) この国の 14 歳女子の集団から，大きさ 2500 の無作為標本を抽出する。このとき，この標本平均 $\overline{X}$ の平均と標準偏差を求めよ。更に，X の母平均と標本平均 $\overline{X}$ の差 $|\overline{X}-160|$ が 0.2 cm 以上となる確率を求めよ。ただし，小数第 3 位を四捨五入せよ。〔滋賀大〕

(1) 母平均 $E(X)=160$，母標準偏差 $\sigma(X)=5$ から

$$E\left(\frac{X-160}{5}\right)=\frac{E(X)-160}{5}=\frac{160-160}{5}=0$$

←$E(aX+b)=aE(X)+b$

$$\sigma\left(\frac{X-160}{5}\right)=\left|\frac{1}{5}\right|\sigma(X)=\frac{5}{5}=1$$

←$\sigma(aX+b)=|a|\sigma(X)$

したがって，**平均は　0 cm**

標準偏差は　1 cm

(2) $Z=\dfrac{X-160}{5}$ とおくと，Z は標準正規分布 $N(0,\ 1)$ に従う。

←X は正規分布に従うから，標準化した Z は標準正規分布に従う。

$P(Z\geqq u)\leqq 0.1$ となる $u\,(u\geqq 0)$ の値を調べる。

$P(Z\geqq u)\leqq 0.1$ から　$0.5-P(0\leqq Z\leqq u)\leqq 0.1$

よって　$p(u)\geqq 0.4$

これを満たす最小の u は，正規分布表から　$u=1.29$

よって，$Z\geqq 1.29$ すなわち $\dfrac{X-160}{5}\geqq 1.29$ を解くと

$$X\geqq 166.45$$

←$1.29\times 5=6.45$

したがって，求める x の値は　$\boldsymbol{x=167}$

(3)
$$\begin{aligned}P(165\leqq X\leqq 175)&=P\left(\frac{165-160}{5}\leqq Z\leqq\frac{175-160}{5}\right)\\&=P(1\leqq Z\leqq 3)=p(3)-p(1)\\&=0.49865-0.3413=0.15735\end{aligned}$$

小数第 3 位を四捨五入して，求める確率は　**0.16**

(4) 標本平均 $\overline{X}$ の平均，標準偏差は

$$E(\overline{X})=E(X)=160$$

$$\sigma(\overline{X})=\frac{\sigma(X)}{\sqrt{2500}}=\frac{5}{50}=0.1$$

←$E(\overline{X})=m$，$\sigma(\overline{X})=\dfrac{\sigma}{\sqrt{n}}$

したがって，**平均は　160 cm**

標準偏差は　0.1 cm

ここで，$\overline{X}$ は正規分布 $N(160,\ 0.1^2)$ に従うから，

←X は正規分布に従うから，$\overline{X}$ も正規分布に従う。

$Z'=\dfrac{\overline{X}-160}{0.1}$ とおくと，Z' は $N(0,\ 1)$ に従う。

ゆえに
$$\begin{aligned}P(|\overline{X}-160|\geqq 0.2)&=P(0.1|Z'|\geqq 0.2)=P(|Z'|\geqq 2)\\&=2P(Z'\geqq 2)=2\{0.5-p(2)\}\\&=1-2\times 0.4772=0.0456\end{aligned}$$

小数第 3 位を四捨五入して，求める確率は　**0.05**

EX ③55 発芽して一定期間後の，ある花の苗の高さの分布は，母平均 m cm，母標準偏差 1.5 cm の正規分布であるとする。大きさ n の標本を無作為抽出して，信頼度 95% の m に対する信頼区間を求めたところ，[9.81, 10.79] であった。標本平均 $\overline{x}$ と n の値を求めよ。〔九州大〕

母平均 m に対する信頼度 95% の信頼区間が [9.81, 10.79] であるから

$$\overline{x}-1.96\cdot\frac{1.5}{\sqrt{n}}=9.81 \cdots\cdots ①,\quad \overline{x}+1.96\cdot\frac{1.5}{\sqrt{n}}=10.79 \cdots\cdots ②$$

←信頼区間の端の値に注目。

①＋② から　$2\overline{x}=20.6$

よって　$\boldsymbol{\overline{x}=10.3}$

$\overline{x}=10.3$ を ① に代入して整理すると　$\dfrac{2.94}{\sqrt{n}}=0.49$

ゆえに，$\sqrt{n}=\dfrac{2.94}{0.49}$ から　$\sqrt{n}=6$

両辺を 2 乗して　$\boldsymbol{n=36}$

EX ③56 ある町の駅で乗降客 400 人を任意に抽出して調べたところ，196 人がその町の住人であった。乗降客中，その町の住人の比率を信頼度 99% で推定せよ。

標本比率 R は　$R=\dfrac{196}{400}=0.49$

標本の大きさは $n=400$ であるから

$$\sqrt{\frac{R(1-R)}{n}}=\frac{\sqrt{0.49\cdot0.51}}{20}\fallingdotseq 0.025$$

←$\sqrt{0.2499}\fallingdotseq 0.5$

よって，住人の比率に対する信頼度 99% の信頼区間は

$$[0.49-2.58\cdot0.025,\ 0.49+2.58\cdot0.025]$$

←$2.58\cdot0.025=0.0645$

すなわち　**[0.426, 0.555]**

EX ④57 さいころを n 回投げて，出た目の表す確率変数を順に X_1, X_2, ……, X_n とする。$\overline{X}=\dfrac{1}{n}\sum_{i=1}^{n}X_i$ とするとき

(1) $\overline{X}$ の期待値 $E(\overline{X})$ を求めよ。　(2) $\overline{X}$ の分散 $V(\overline{X})$ を求めよ。

(3) $n=3$ のとき，$|\overline{X}-E(\overline{X})|\geqq 2\sqrt{V(\overline{X})}$ となる確率を求めよ。〔九州芸工大〕

(1) $E(X_i)=\dfrac{1}{6}\sum_{k=1}^{6}k=\dfrac{21}{6}=\dfrac{7}{2}\quad (i=1,\ 2,\ \cdots\cdots,\ n)$

←X_i は次の確率分布に従う ($i=1$, 2, ……, n)。

X_i	1	2	……	6	計
P	$\frac{1}{6}$	$\frac{1}{6}$	……	$\frac{1}{6}$	1

よって　$\boldsymbol{E(\overline{X})}=\dfrac{1}{n}\sum_{i=1}^{n}E(X_i)=\dfrac{1}{n}\cdot\dfrac{7}{2}n=\boldsymbol{\dfrac{7}{2}}$

(2) $V(X_i)=E(X_i^2)-\{E(X_i)\}^2$

$$=\frac{1}{6}\sum_{k=1}^{6}k^2-\left(\frac{7}{2}\right)^2=\frac{91}{6}-\frac{49}{4}=\frac{35}{12}$$

$(i=1,\ 2,\ \cdots\cdots,\ n)$

X_1, X_2, ……, X_n は互いに独立であるから

$$\boldsymbol{V(\overline{X})}=\frac{1}{n^2}V\left(\sum_{i=1}^{n}X_i\right)=\frac{1}{n^2}\sum_{i=1}^{n}V(X_i)$$

$$=\frac{1}{n^2}\cdot\frac{35}{12}n=\boldsymbol{\frac{35}{12n}}$$

←X, Y が互いに独立のとき　$V(aX+bY)=a^2V(X)+b^2V(Y)$ (a, b は定数)

2章 EX [統計的な推測]

(3) $n=3$ のとき，(2) から $\quad V(\overline{X})=\dfrac{35}{36}$

ゆえに，$|\overline{X}-E(\overline{X})|\geqq 2\sqrt{V(\overline{X})}$ とすると

$$\left|\frac{1}{3}\sum_{i=1}^{3}X_i-\frac{7}{2}\right|\geqq\frac{\sqrt{35}}{3}$$

よって $\quad \left|\sum_{i=1}^{3}X_i-\dfrac{21}{2}\right|\geqq\sqrt{35}$

ゆえに $\quad \sum_{i=1}^{3}X_i\leqq\dfrac{21}{2}-\sqrt{35}$ または $\sum_{i=1}^{3}X_i\geqq\dfrac{21}{2}+\sqrt{35}$ ←絶対値記号をはずす。

$4<\dfrac{21}{2}-\sqrt{35}<5$，$16<\dfrac{21}{2}+\sqrt{35}<17$ であるから ←$\sqrt{35}\fallingdotseq 5.9161$

$\sum_{i=1}^{3}X_i\leqq 4$ …… ① または $\sum_{i=1}^{3}X_i\geqq 17$ …… ② ←X_i は整数。

ここで，組 $(X_1,\ X_2,\ X_3)$ の総数は $\quad 6^3=216$（通り）

このうち，① を満たすものは

$(1,\ 1,\ 1)$，$(1,\ 1,\ 2)$，$(1,\ 2,\ 1)$，$(2,\ 1,\ 1)$ の 4 通り。 ←$1\leqq X_i\leqq 6$

② を満たすものは

$(5,\ 6,\ 6)$，$(6,\ 5,\ 6)$，$(6,\ 6,\ 5)$，$(6,\ 6,\ 6)$ の 4 通り。

したがって，求める確率は $\quad \dfrac{4+4}{216}=\mathbf{\dfrac{1}{27}}$

確率
まず，N と a の発見

EX ③58

ある大学には，多くの留学生が在籍している。この大学の留学生に対して学習や生活を支援する留学生センターでは，留学生の日本語の学習状況について関心を寄せている。

(1) 40 人の留学生を無作為に抽出し，ある 1 週間における留学生の日本語の学習時間（分）を調査した。ただし，日本語の学習時間は母平均 m，母分散 σ^2 の分布に従うものとする。
母分散 σ^2 を 640 と仮定すると，標本平均の標準偏差は ア□ となる。調査の結果，40 人の学習時間の平均値は 120 であった。標本平均が近似的に正規分布に従うとして，母平均 m に対する信頼度 95% の信頼区間を $C_1\leqq m\leqq C_2$ とすると $C_1=$ イ□，$C_2=$ ウ□ である。

(2) (1) の調査とは別に，日本語の学習時間を再度調査することになった。
そこで，50 人の留学生を無作為に抽出し，調査した結果，学習時間の平均値は 120 であった。母分散 σ^2 を 640 と仮定したとき，母平均 m に対する信頼度 95% の信頼区間を $D_1\leqq m\leqq D_2$ とすると，エ□ が成り立つ。エ□ に当てはまるものを，次の ⓪ ～ ③ のうちから 1 つ選べ。

⓪ $D_1<C_1$ かつ $D_2<C_2$　　① $D_1<C_1$ かつ $D_2>C_2$
② $D_1>C_1$ かつ $D_2<C_2$　　③ $D_1>C_1$ かつ $D_2>C_2$

一方，母分散 σ^2 を 960 と仮定したとき，母平均 m に対する信頼度 95% の信頼区間を $E_1\leqq m\leqq E_2$ とする。このとき，$D_2-D_1=E_2-E_1$ となるためには，標本の大きさを 50 の オ□ 倍にする必要がある。 〔類 共通テスト〕

(1) 母平均 m，母分散 640 の母集団から大きさ 40 の無作為標本を抽出するとき，標本平均の標準偏差は

$$\frac{\sqrt{640}}{\sqrt{40}}=\sqrt{16}={}^{ア}\mathbf{4}$$

←母分散を σ^2，標本の大きさを n とすると，標本平均の標準偏差は $\dfrac{\sqrt{\sigma^2}}{\sqrt{n}}$

また，母平均 m に対する信頼度 95% の信頼区間は

$$\left[120-1.96\cdot\frac{\sqrt{640}}{\sqrt{40}},\ 120+1.96\cdot\frac{\sqrt{640}}{\sqrt{40}}\right]$$

すなわち $\quad [120-1.96\cdot 4,\ 120+1.96\cdot 4]$ ←$1.96\cdot 4=7.84$

よって　　　[${}^{イ}\mathbf{112.16}$, ${}^{ウ}\mathbf{127.84}$]

(2) 標本の大きさのみが 40 から 50 に変わると，標本平均の標準偏差は小さくなる。ゆえに，標本平均と信頼度が変わらない場合，信頼区間の幅は小さくなる。
したがって，$D_1 > C_1$ かつ $D_2 < C_2$ が成り立つ。（^{エ}②）
また，標本平均と信頼度を変えずに，信頼区間の幅が等しいとき，母分散を σ^2，標本の大きさを n としたときの $\dfrac{\sqrt{\sigma^2}}{\sqrt{n}}$ の値は等しい。
よって，標本の大きさを 50 の k 倍にしたとき

$$\frac{\sqrt{640}}{\sqrt{50}} = \frac{\sqrt{960}}{\sqrt{50k}}$$

これを解くと　　　$k = {}^{オ}\mathbf{1.5}$

←$\sigma^2 = 640$，$n = 50$ のときの標準偏差と，$\sigma^2 = 960$，$n = 50k$ のときの標準偏差が等しいとして k の値を求める。

EX ②59 ある集団における子どもは男子 1596 人，女子 1540 人であった。この集団における男子と女子の出生率は等しくないと認めてよいか。有意水準（危険率）5% で検定せよ。　〔類　宮崎医大〕

男子の出生率を p とする。男子と女子の出生率が等しくないならば，$p \neq \dfrac{1}{2}$ である。
ここで，男子と女子の出生率が等しいという次の仮説を立てる。

$$仮説\ H_0 : p = \frac{1}{2}$$

この集団の子どもの数は $1596 + 1540 = 3136$ であるから，仮説 H_0 が正しいとすると，3136 人のうち男子の人数 X は，二項分布 $B\left(3136, \dfrac{1}{2}\right)$ に従う。
X の期待値 m と標準偏差 σ は

$$m = 3136 \cdot \frac{1}{2} = 1568,$$
$$\sigma = \sqrt{3136 \cdot \frac{1}{2} \cdot \left(1 - \frac{1}{2}\right)} = 28$$

←$m = np$，$\sigma = \sqrt{npq}$　ただし　$q = 1 - p$

よって，$Z = \dfrac{X - 1568}{28}$ は近似的に標準正規分布 $N(0, 1)$ に従う。正規分布表より $P(-1.96 \leqq Z \leqq 1.96) \fallingdotseq 0.95$ であるから，有意水準 5% の棄却域は

$$Z \leqq -1.96,\ 1.96 \leqq Z$$

$X = 1596$ のとき $Z = \dfrac{1596 - 1568}{28} = 1$ であり，この値は棄却域に入らないから，仮説 H_0 を棄却できない。
したがって，**男子と女子の出生率は等しくないとは認められない。**

補足　女子の人数に着目しても，同様の結論が得られる。

EX ②60

(1) あるコインを 1600 回投げたところ，表が 830 回出た。このコインは，表と裏の出方に偏りがあると判断してよいか。有意水準 5% で検定せよ。

(2) (1) とは別のコインを 6400 回投げたところ，表が 3320 回出た。このコインは，表と裏の出方に偏りがあると判断してよいか。有意水準 5% で検定せよ。

(1) 表が出る確率を p とする。表と裏の出方に偏りがあるならば $p \fallingdotseq 0.5$ である。

ここで，表と裏の出方に偏りがないという次の仮説を立てる。

仮説 H_0：$p=0.5$

仮説 H_0 が正しいとするとき，1600 回のうち表が出る回数 X は，二項分布 $B(1600,\ 0.5)$ に従う。

X の期待値 m と標準偏差 σ は

$$m=1600\cdot0.5=800,$$
$$\sigma=\sqrt{1600\cdot0.5\cdot(1-0.5)}=20$$

←$m=np$，$\sigma=\sqrt{npq}$ ただし $q=1-p$

よって，$Z=\dfrac{X-800}{20}$ は近似的に標準正規分布 $N(0,\ 1)$ に従う。

正規分布表より $P(-1.96\leqq Z\leqq1.96)\fallingdotseq0.95$ であるから，有意水準 5% の棄却域は　$Z\leqq-1.96,\ 1.96\leqq Z$

$X=830$ のとき $Z=\dfrac{830-800}{20}=1.5$ であり，この値は棄却域に入らないから，仮説 H_0 を棄却できない。

したがって，**表と裏の出方に偏りがあるとは判断できない。**

(2) (1) と同様に，次の仮説を立てる。

仮説 H_0：$p=0.5$

仮説 H_0 が正しいとするとき，6400 回のうち表が出る回数 Y は，二項分布 $B(6400,\ 0.5)$ に従う。

Y の期待値 m と標準偏差 σ は

$$m=6400\cdot0.5=3200,$$
$$\sigma=\sqrt{6400\cdot0.5\cdot(1-0.5)}=40$$

←$m=np$，$\sigma=\sqrt{npq}$ ただし $q=1-p$

よって，$W=\dfrac{Y-3200}{40}$ は近似的に標準正規分布 $N(0,\ 1)$ に従う。

正規分布表より $P(-1.96\leqq W\leqq1.96)\fallingdotseq0.95$ であるから，有意水準 5% の棄却域は

$$W\leqq-1.96,\ 1.96\leqq W$$

$Y=3320$ のとき $W=\dfrac{3320-3200}{40}=3$ であり，この値は棄却域に入るから，仮説 H_0 を棄却できる。

したがって，**表と裏の出方に偏りがあると判断してよい。**

参考　$\dfrac{830}{1600}=\dfrac{3320}{6400}$ $(=51.875\%)$ であるから，(1) と (2) の標本の表の出た割合は等しい。しかし，ともに有意水準 5% で検定した結果は異なる。

このように，表の出た割合だけでなく，標本の大きさも検定結果に影響を与えていることがわかる。

EX ③61 ある1個のさいころを500回投げたところ，4の目が100回出たという。このさいころの4の目の出る確率は $\frac{1}{6}$ でないと判断してよいか。有意水準（危険率）3% で検定せよ。〔類 琉球大〕

4の目が出る確率を p とする。4の目の出る確率が $\frac{1}{6}$ でないならば，$p \neq \frac{1}{6}$ である。ここで，4の目の出る確率が $\frac{1}{6}$ であるという次の仮説を立てる。

仮説 H_0：$p=\frac{1}{6}$

仮説 H_0 が正しいとすると，500回のうち4の目が出る回数 X は，二項分布 $B\left(500, \frac{1}{6}\right)$ に従う。

X の期待値 m と標準偏差 σ は

$$m=500\cdot\frac{1}{6}=\frac{250}{3},$$

$$\sigma=\sqrt{500\cdot\frac{1}{6}\cdot\left(1-\frac{1}{6}\right)}=\frac{25}{3}$$

←$m=np$，$\sigma=\sqrt{npq}$ ただし $q=1-p$

よって，$Z=\dfrac{X-\frac{250}{3}}{\frac{25}{3}}$ は近似的に標準正規分布 $N(0, 1)$ に従う。

正規分布表より $P(-2.17 \leqq Z \leqq 2.17) \fallingdotseq 0.97$ であるから，有意水準3% の棄却域は　$Z \leqq -2.17$，$2.17 \leqq Z$

←有意水準3% で検定を行うから，$P(|Z| \geqq u) \fallingdotseq 0.03$ すなわち，$P(-u \leqq Z \leqq u) \fallingdotseq 0.97$ となる u を求める。$P(-u \leqq Z \leqq u)$ $=2P(0 \leqq Z \leqq u)=2p(u)$ であり，正規分布表より $p(2.17) \fallingdotseq 0.485$ であるから $P(-2.17 \leqq Z \leqq 2.17)$ $\fallingdotseq 0.97$

$X=100$ のとき $Z=\dfrac{100-\frac{250}{3}}{\frac{25}{3}}=\dfrac{300-250}{25}=2$ であり，この値は棄却域に入らないから，仮説 H_0 は棄却できない。

したがって，**このさいころの4の目の出る確率は $\frac{1}{6}$ でないとは判断できない。**

EX ③62

現在の治療法では治癒率が 80% である病気がある。この病気の患者 100 人に対して現在の治療法をほどこすとき

(1) 治癒する人数 X が，その平均値 m 人より 10 人以上離れる確率

$$P(|X-m|\geqq 10)$$

を求めよ。ただし，二項分布を正規分布で近似して計算せよ。

(2) $P(|X-m|\geqq k)\leqq 0.05$ となる最小の整数 k を求めよ。

(3) 新しく開発された治療法をこの病気の患者 100 人に試みたところ，92 人が治癒した。この新しい治療法は在来のものと比較して，治癒率が向上したと判断してよいか。有意水準（危険率）5% で検定せよ。 〔類 和歌山県医大〕

(1) この病気の患者 100 人のうち治癒する人数 X は，二項分布 $B\left(100,\ \dfrac{8}{10}\right)$ に従う。

X の期待値 m と標準偏差 σ は

$$m=100\cdot\frac{8}{10}=80,$$

$$\sigma=\sqrt{100\cdot\frac{8}{10}\cdot\left(1-\frac{8}{10}\right)}=4$$

←$m=np$，$\sigma=\sqrt{npq}$ ただし $q=1-p$

よって，$Z=\dfrac{X-80}{4}$ は近似的に標準正規分布 $N(0,\ 1)$ に従う。

$|X-m|\geqq 10$ から $\left|\dfrac{X-80}{4}\right|\geqq\dfrac{10}{4}$

すなわち $|Z|\geqq 2.5$

ゆえに，求める確率は $P(|Z|\geqq 2.5)$

正規分布表より，$p(2.5)=0.4938$ であるから

$$\begin{aligned}P(|Z|\geqq 2.5)&=2\{0.5-p(2.5)\}\\&=2\cdot(0.5-0.4938)\\&=\mathbf{0.0124}\end{aligned}$$

(2) $|X-m|\geqq k$ から $\left|\dfrac{X-80}{4}\right|\geqq\dfrac{k}{4}$

←$m=80$ を代入した不等式 $|X-80|\geqq k$ の両辺を 4 で割って $\left|\dfrac{X-80}{4}\right|\geqq\dfrac{k}{4}$ この不等式の左辺の絶対値の中は，X を標準化した形になっている。

すなわち $|Z|\geqq\dfrac{k}{4}$

よって，$P\left(|Z|\geqq\dfrac{k}{4}\right)\leqq 0.05$ となる最小の整数 k を求めればよい。

k の値が大きくなると $P\left(|Z|\geqq\dfrac{k}{4}\right)$ の値は小さくなり，

$P(|Z|\geqq 1.96)=0.05$ であるから，$P\left(|Z|\geqq\dfrac{k}{4}\right)\leqq 0.05$ を満たす

k の値の範囲は $\dfrac{k}{4}\geqq 1.96$

ゆえに $k\geqq 7.84$

これを満たす最小の整数 k は $\boldsymbol{k=8}$

(3) 治癒率を p とする。新しい治療法が在来のものと比較して，治癒率が向上したならば，$p>\dfrac{8}{10}$ である。

←片側検定の問題として捉える。

ここで，治癒率が向上していない，すなわち，在来の治療法の治癒率と同じであるという次の仮説を立てる。

仮説 H_0：$p=\dfrac{8}{10}$

仮説 H_0 が正しいとすると，(1) から，患者 100 人のうち治癒する人数 X は，二項分布 $B\left(100,\ \dfrac{8}{10}\right)$ に従い，$Z=\dfrac{X-80}{4}$ は近似的に標準正規分布 $N(0,\ 1)$ に従う。

正規分布表より $P(Z \leqq 1.64) \fallingdotseq 0.95$ であるから，有意水準 5% の棄却域は　$1.64 \leqq Z$

$X=92$ のとき $Z=\dfrac{92-80}{4}=3$ であり，この値は棄却域に入るから，仮説 H_0 を棄却できる。

したがって，**治癒率は向上したと判断してよい。**

←$P(Z \leqq 1.64)$
$=0.5+p(1.64)$
$\fallingdotseq 0.5+0.45=0.95$

2章
EX
[統計的な推測]

EX ③63

ある種類のねずみは，生まれてから 3 か月後の体重が平均 65 g，標準偏差 4.8 g の正規分布に従うという。いまこの種類のねずみ 10 匹を特別な飼料で飼育し，3 か月後に体重を測定したところ，次の結果を得た。

67，71，63，74，68，61，64，80，71，73

この飼料はねずみの体重に異常な変化を与えたと考えられるか。有意水準 5% で検定せよ。

〔旭川医大〕

大きさ 10 のねずみの体重の標本平均を $\overline{X}$ とする。

特別な飼料で飼育したねずみ 10 匹の 3 か月後の体重の平均は

$$\frac{1}{10}(67+71+63+74+68+61+64+80+71+73)=69.2$$

ここで，この飼料はねずみの体重に変化を与えない，すなわち

仮説 H_0：ねずみの体重の母平均 m について $m=65$ である

を立てる。

仮説 H_0 が正しいとするとき，$\overline{X}$ は正規分布 $N\left(65,\ \dfrac{4.8^2}{10}\right)$ に従う。

$\dfrac{4.8^2}{10}=\left(\dfrac{4.8}{\sqrt{10}}\right)^2$ であるから，$Z=\dfrac{\overline{X}-65}{\frac{4.8}{\sqrt{10}}}$ は $N(0,\ 1)$ に従う。

正規分布表より $P(-1.96 \leqq Z \leqq 1.96) \fallingdotseq 0.95$ であるから，有意水準 5% の棄却域は

$Z \leqq -1.96,\ 1.96 \leqq Z$

$\overline{X}=69.2$ のとき $Z=\dfrac{69.2-65}{\frac{4.8}{\sqrt{10}}}=\dfrac{4.2}{4.8}\cdot\sqrt{10}=\dfrac{7\sqrt{10}}{8}$ であり

$$\frac{7\sqrt{10}}{8}>\frac{7\cdot 3}{8}=\frac{21}{8}=2.625$$

←実際の計算では，仮平均を 65 や 70 などに定めて計算するとよい。

←$Z=\dfrac{\overline{X}-65}{4.8}$ とするのは誤り！

←$\sqrt{10}>\sqrt{9}=3$

よって，この値は棄却域に入るから，仮説 $\mathrm{H_0}$ を棄却できる。
したがって，**この飼料はねずみの体重に異常な変化を与えたと考えられる。**

総合 1

a, r を自然数とし，初項が a，公比が r の等比数列 a_1, a_2, a_3, …… を $\{a_n\}$ とする。また，自然数 N の桁数を $d(N)$ で表し，第 n 項が $b_n=d(a_n)$ で定まる数列 b_1, b_2, b_3, …… を $\{b_n\}$ とする。このとき，次の問いに答えよ。

(1) $a=43$, $r=47$ のとき，b_3 と b_7 を求めよ。

(2) $a=1$ のとき，$1<r<500$ において，$\{b_n\}$ が等差数列となる r の値をすべて求めよ。

〔類 滋賀大〕

➡ 本冊 数学B 例題 11

(1) $a_n=43\cdot47^{n-1}$ であるから　$a_3=43\cdot47^2=94987$

a_3 は5桁であるから　$\boldsymbol{b_3=5}$

また　$a_7=43\cdot47^6$

よって　$40^7<a_7<50^7$

ここで　$40^7=2^{14}\cdot10^7=16384\cdot10^7=1.6384\cdot10^{11}>10^{11}$

$50^7=5^7\cdot10^7=78125\cdot10^7=7.8125\cdot10^{11}<10^{12}$

ゆえに　$10^{11}<a_7<10^{12}$

したがって，a_7 は12桁であるから　$\boldsymbol{b_7=12}$

(2) $a=1$ のとき　$a_n=r^{n-1}$

$a_1=1$ であるから　$b_1=1$

b_n は a_n の桁数であるから，自然数である。

また，$\{b_n\}$ が等差数列となるとき，公差を d とすると

$$d=b_2-b_1=d(a_2)-1=d(r)-1$$

$d(r)$ は自然数であるから，d は0以上の整数である。

ここで，$d=0$ とすると，すべての自然数 n に対して　$b_n=1$

また，$d(r)=1$ から　$2\leqq r\leqq 9$

このとき，$a_5=r^4\geqq2^4=16$ であるから　$b_5\geqq2$

これは $b_5=1$ に矛盾するから　$d\neq0$

すなわち，d は自然数である。

$10^{b_n-1}\leqq a_n<10^{b_n}$ であり，$b_n=1+(n-1)d$ あるから

$$10^{(n-1)d}\leqq r^{n-1}<10^{(n-1)d+1}\ \cdots\cdots\ ①$$

$n\geqq2$ のとき，① の各辺は正であるから

$$10^d\leqq r<10^{d+\frac{1}{n-1}}\ \cdots\cdots\ ①'$$

$1<r<500$ と d が自然数であることから　$d=1$, 2

$d=1$ のとき，①′ から　$10\leqq r<10^{1+\frac{1}{n-1}}\left(=10\cdot10^{\frac{1}{n-1}}\right)$

これが2以上のすべての自然数 n で成り立つような自然数 r は $r=10$ であり，このとき $\{b_n\}$ は初項1，公差1の等差数列となる。

$d=2$ のとき，①′ から　$100\leqq r<10^{2+\frac{1}{n-1}}\left(=100\cdot10^{\frac{1}{n-1}}\right)$

これが2以上のすべての自然数 n で成り立つような自然数 r は $r=100$ であり，このとき $\{b_n\}$ は初項1，公差2の等差数列となる。

以上から　$\boldsymbol{r=10,\ 100}$

←直接値を計算し，桁数を調べる。

←$40<43<50$, $40<47<50$ から。$43\cdot47^6$ の値は求めにくいから，**10の倍数で挟み**，40^7, 50^7 の桁数を調べる。

←$d=b_{n+1}-b_n$

←$d(r)$ は自然数 r の桁数。

←$d\geqq1$ となること（$d\neq0$ であること）を背理法で示す。

←**N の整数部分が k 桁 $\iff 10^{k-1}\leqq N<10^k$**

←① の各辺を $\dfrac{1}{n-1}$ 乗。

←$d\geqq3$ のときは，$10^d\geqq1000$ となり，不適。

←n の値が大きくなるほど，$\dfrac{1}{n-1}$ の値は0に近づいていく（必ず正）。よって，$10<10\cdot10^{\frac{1}{n-1}}<11$ となるような n が必ず存在する。

総合 2 n を自然数とする。1 から n までのすべての自然数を重複なく使ってできる数列を x_1, x_2, ……, x_n で表す。

(1) $n=3$ のとき，このような数列をすべて書き出せ。

(2) $\sum_{k=1}^{n} x_k=55$ のとき，$\sum_{k=1}^{n} x_k^2$ を求めよ。

(3) 不等式 $\sum_{k=1}^{n} kx_k \leqq \frac{n(n+1)(2n+1)}{6}$ を証明せよ。

(4) 和 $\sum_{k=1}^{n}(x_k+k)^2$ を最大にする数列 x_1, x_2, ……, x_n を求めよ。また，そのときの和を求めよ。

〔茨城大〕

➡ 本冊 数学B 例題 21

(1) **1, 2, 3； 1, 3, 2； 2, 1, 3； 2, 3, 1； 3, 1, 2； 3, 2, 1**

(2) 数列 x_1, x_2, ……, x_n は，数列 1, 2, ……, n を並べ替えたものであるから　$\sum_{k=1}^{n} x_k=\sum_{k=1}^{n} k=\frac{1}{2}n(n+1)$

$\frac{1}{2}n(n+1)=55$ とすると　$n(n+1)=110$

$10\cdot 11=110$ であるから　$n=10$

よって　$\sum_{k=1}^{n} x_k^2=\sum_{k=1}^{10} k^2=\frac{1}{6}\cdot 10\cdot(10+1)(2\cdot 10+1)=\mathbf{385}$

(3) k $(1\leqq k\leqq n)$ に対し，$1\leqq x_k\leqq n$ であるから　$(k-x_k)^2\geqq 0$

ゆえに　$kx_k\leqq \frac{k^2+x_k^2}{2}$

$k=1$, 2, ……, n として，辺々を加えると

$$\sum_{k=1}^{n} kx_k\leqq \sum_{k=1}^{n}\frac{k^2+x_k^2}{2}=\frac{1}{2}\left(\sum_{k=1}^{n} k^2+\sum_{k=1}^{n} x_k^2\right)$$

$\sum_{k=1}^{n} x_k^2=\sum_{k=1}^{n} k^2$ …… ① であるから　$\sum_{k=1}^{n} kx_k\leqq\sum_{k=1}^{n} k^2$

すなわち　$\sum_{k=1}^{n} kx_k\leqq\frac{n(n+1)(2n+1)}{6}$ …… ②

（等号が成り立つのは，すべての k で $x_k=k$ のとき）

(4) ①, ② から

$$\sum_{k=1}^{n}(x_k+k)^2=\sum_{k=1}^{n} x_k^2+2\sum_{k=1}^{n} kx_k+\sum_{k=1}^{n} k^2=2\sum_{k=1}^{n} k^2+2\sum_{k=1}^{n} kx_k$$

$$\leqq 2\cdot\frac{1}{6}n(n+1)(2n+1)+2\cdot\frac{n(n+1)(2n+1)}{6}$$

よって　$\sum_{k=1}^{n}(x_k+k)^2\leqq\frac{2}{3}n(n+1)(2n+1)$

等号は，すべての k で $x_k=k$ のとき成り立つ。

ゆえに，$\sum_{k=1}^{n}(x_k+k)^2$ を最大にする数列は $\boldsymbol{x_k=k}$ **(**$\boldsymbol{k=1}$**, 2, ……,** $\boldsymbol{n}$**)** であり，そのときの **和は**　$\boldsymbol{\frac{2}{3}n(n+1)(2n+1)}$

←もれなく，重複なく書き出す。

←どの x_1, x_2, ……, x_n に対しても $\sum_{k=1}^{n} x_k$ の値は同じ。

←n の値を求める。$n(n+1)=110$ を $n^2+n-110=0$ と変形してもよいが，$n(n+1)$ が単調増加であることを利用した。

←$\sum_{k=1}^{n} k^2+\sum_{k=1}^{n} x_k^2$ $=2\sum_{k=1}^{n} k^2$

←① を利用。

←② を利用。

総合 3

(1) k を 0 以上の整数とするとき，$\dfrac{x}{3}+\dfrac{y}{2}\leqq k$ を満たす 0 以上の整数 x，y の組 $(x,\ y)$ の個数を a_k とする。a_k を k の式で表せ。

(2) n を 0 以上の整数とするとき，$\dfrac{x}{3}+\dfrac{y}{2}+z\leqq n$ を満たす 0 以上の整数 x，y，z の組 $(x,\ y,\ z)$ の個数を b_n とする。b_n を n の式で表せ。〔横浜国大〕

➡ 本冊 数学B 例題 32

(1) $k=0$ のとき，$\dfrac{x}{3}+\dfrac{y}{2}\leqq k$ を満たす 0 以上の整数 x，y の組は $(x,\ y)=(0,\ 0)$ のみであるから　　$a_0=1$

$k\geqq1$ のとき，$x\geqq0$，$y\geqq0$，$\dfrac{x}{3}+\dfrac{y}{2}\leqq k$ の表す領域 D は，右の図の網の部分（境界線を含む）である。

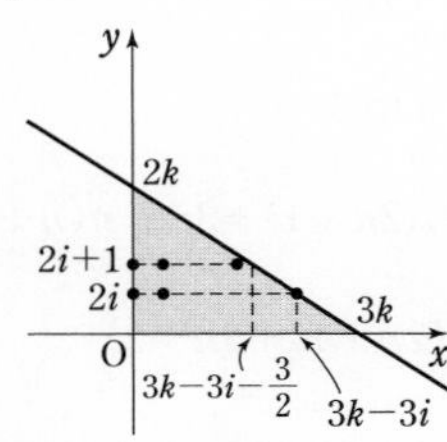

a_k は領域 D に属する格子点（x，y がともに整数である点）の個数である。

[1]　直線 $y=2i$ $(i=0,\ 1,\ 2,\ \cdots\cdots,\ k)$ 上の格子点について，x 座標は

$$0,\ 1,\ 2,\ \cdots\cdots,\ 3k-3i$$

であり，$(3k-3i+1)$ 個ある。

[2]　直線 $y=2i+1$ $(i=0,\ 1,\ 2,\ \cdots\cdots,\ k-1)$ 上の格子点について，x 座標は

$$0,\ 1,\ 2,\ \cdots\cdots,\ 3k-3i-2$$

であり，$(3k-3i-1)$ 個ある。

[1]，[2] から

$$a_k=\sum_{i=0}^{k}(3k-3i+1)+\sum_{i=0}^{k-1}(3k-3i-1)$$
$$=(3k+1)\sum_{i=0}^{k}1-3\sum_{i=0}^{k}i+(3k-1)\sum_{i=0}^{k-1}1-3\sum_{i=0}^{k-1}i$$
$$=(3k+1)(k+1)-3\cdot\frac{1}{2}k(k+1)+(3k-1)k-3\cdot\frac{1}{2}k(k-1)$$
$$=3k^2+3k+1\ \cdots\cdots\ ①$$

① において，$k=0$ とすると　　$a_0=1$

よって，① は $k=0$ のときにも成り立つ。

以上から　　$\boldsymbol{a_k=3k^2+3k+1}$

(2) $x\geqq0$，$y\geqq0$，$z\geqq0$，$\dfrac{x}{3}+\dfrac{y}{2}+z\leqq n$ を満たす整数 x，y，z の組 $(x,\ y,\ z)$ について，$0\leqq z\leqq n$ である。

$z=j$ $(j=0,\ 1,\ 2,\ \cdots\cdots,\ n)$ のとき，x，y は

$$x\geqq0,\ y\geqq0,\ \frac{x}{3}+\frac{y}{2}\leqq n-j\ \cdots\cdots\ ②$$

を満たす。

←直線 $\dfrac{x}{a}+\dfrac{y}{b}=1$ において，x 切片は a，y 切片は b である。

←[1]，[2] で格子点の個数が異なるから，場合分けをする。

←i に無関係な $3k+1$ などを $\sum$ の前に出す。

←まず，z を固定して考える。

ここで，$n-j$ は 0 以上の整数である。
よって，(1) から，② を満たす整数 x，y の組の個数は

$$3(n-j)^2+3(n-j)+1$$

ゆえに

$$b_n=\sum_{j=0}^{n}\{3(n-j)^2+3(n-j)+1\}$$

ここで，$n-j=l$ とおくと，$j=0$ のとき $l=n$，$j=n$ のとき $l=0$ であるから

$$\boldsymbol{b_n}=\sum_{l=0}^{n}(3l^2+3l+1)$$
$$=\sum_{l=1}^{n}(3l^2+3l+1)+1$$
$$=3\cdot\frac{1}{6}n(n+1)(2n+1)+3\cdot\frac{1}{2}n(n+1)+n+1$$
$$=\frac{1}{2}(n+1)\{n(2n+1)+3n+2\}$$
$$=\frac{1}{2}(n+1)(2n^2+4n+2)$$
$$\boldsymbol{=(n+1)^3}$$

←このことから，(1) と同じ設定（k を $n-j$ とおく）になり，(1) の結果を利用できる。

←これから，次のように考えてもよい。
b_n
$=(3n^2+3n+1)$
$+\{3(n-1)^2+3(n-1)+1\}$
$+\cdots+(3\cdot2^2+3\cdot2+1)$
$+(3\cdot1^2+3\cdot1+1)+1$
$=\sum_{l=1}^{n}(3l^2+3l+1)+1$

総合 4

n を正の整数とし，次の条件（＊）を満たす x についての n 次式 $P_n(x)$ を考える。

（＊）　すべての実数 θ に対して　$\cos n\theta=P_n(\cos\theta)$

(1)　$n\geqq2$ のとき，$P_{n+1}(x)$ を $P_n(x)$ と $P_{n-1}(x)$ を用いて表せ。

(2)　$P_n(x)$ の x^n の係数を求めよ。

(3)　$\cos\theta=\frac{1}{10}$ とする。$10^{1000}\cos^2(500\theta)$ を 10 進法で表したときの，一の位の数字を求めよ。

〔早稲田大〕

➡ 本冊 数学B 例題 55

(1)　$\cos(n+1)\theta=\cos(n\theta+\theta)=\cos n\theta\cos\theta-\sin n\theta\sin\theta$
　　$\cos(n-1)\theta=\cos(n\theta-\theta)=\cos n\theta\cos\theta+\sin n\theta\sin\theta$

よって　　$\cos(n+1)\theta+\cos(n-1)\theta=2\cos n\theta\cos\theta$

ゆえに　　$\cos(n+1)\theta=2\cos\theta\cos n\theta-\cos(n-1)\theta$

よって　　$\boldsymbol{P_{n+1}(x)=2xP_n(x)-P_{n-1}(x)}$ $(n\geqq2)$ …… ①

←加法定理

←$P_{n+1}(\cos\theta)$
$=2\cos\theta P_n(\cos\theta)$
$-P_{n-1}(\cos\theta)$

(2)　$P_1(x)=x$

$\cos2\theta=2\cos^2\theta-1$ から　　$P_2(x)=2x^2-1$

これらと ① から，$P_n(x)$ は帰納的に整数係数の n 次式といえる。

$P_n(x)$ の最高次 x^n の係数を a_n とすると　　$a_1=1$，$a_2=2$

また，① において，最高次の項の係数を比較すると

$$a_{n+1}=2a_n\ (n\geqq2)$$

ゆえに，数列 $\{a_n\}$ は初項 1，公比 2 の等比数列であるから

$$a_n=1\cdot2^{n-1}=\boldsymbol{2^{n-1}}$$

←$P_1(x)$：1 次式，
$P_2(x)$：2 次式から，
$P_3(x)$ は 3 次式である。
$P_2(x)$：2 次式，
$P_3(x)$：3 次式から，
$P_4(x)$ は 4 次式である。
……

(3)　$10^{1000}\cos^2(500\theta)$ を変形すると

$$10^{1000}\cos^2(500\theta)=\{10^{500}\cos(500\theta)\}^2=\{10^{500}P_{500}(\cos\theta)\}^2$$
$$=\left\{10^{500}P_{500}\left(\frac{1}{10}\right)\right\}^2$$

(2) から，$n \geqq 2$ のとき，$P_n(x)=2^{n-1}x^n+Q_{n-1}(x)$ と表される。
ただし，$Q_{n-1}(x)$ は $(n-1)$ 次以下の多項式とする。

よって　$10^{500}P_{500}\left(\dfrac{1}{10}\right)=10^{500}\left\{2^{499}\left(\dfrac{1}{10}\right)^{500}+Q_{499}\left(\dfrac{1}{10}\right)\right\}$

$=2^{499}+10N$（N は整数）

ゆえに　$10^{1000}\cos^2(500\theta)=(2^{499}+10N)^2$

$=2^{998}+10N'$（N' は整数）

よって，$10^{1000}\cos^2(500\theta)$ を 10 進法で表したときの，一の位の数字は，2^{998} の一の位の数字に等しい。

ここで，$2^1=2$，$2^2=4$，$2^3=8$，$2^4=16$，$2^5=32$，…… であるから，2 の累乗の一の位の数字は，2，4，8，6 を繰り返す。

$998=4\cdot 249+2$ であるから，2^{998} の一の位の数字は　4

したがって，$10^{1000}\cos^2(500\theta)$ の一の位の数字は　**4**

←$Q_{499}(x)$ は 499 次以下の多項式であるから，$x=10^{-1}$ のとき
$Q_{499}(x)$
$=ax^{499}+bx^{498}+\cdots\cdots$
$=a\cdot 10^{-499}+b\cdot 10^{-498}$
$+\cdots\cdots$
（a，b は整数）

総合

総合 5

右のような経路の図があり，次のようなゲームを考える。
最初は A から出発し，1 回の操作で，1 個のさいころを投げて，出た目の数字が矢印にあればその方向に進み，なければその場にとどまる。この操作を繰り返し，D に到達したらゲームは終了する。
例えば，B にいるときは，1，3，5 の目が出れば C へ進み，4 の目が出れば D へ進み，2，6 の目が出ればその場にとどまる。n を自然数とするとき

(1)　ちょうど n 回の操作を行った後に B にいる確率を n の式で表せ。
(2)　ちょうど n 回の操作を行った後に C にいる確率を n の式で表せ。
(3)　ちょうど n 回の操作でゲームが終了する確率を n の式で表せ。〔岡山大〕

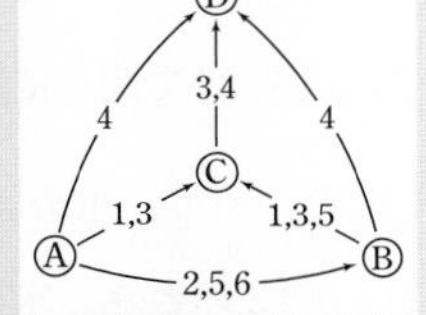

➡ 本冊 数学 B 例題 36, 53

(1)　ちょうど n 回の操作を行った後に B にいるのは，1 回目の操作で B に進み，n 回の操作を行った後まで B にとどまるときである。

よって，$n \geqq 2$ のとき　$\dfrac{3}{6}\left(\dfrac{2}{6}\right)^{n-1}=\dfrac{1}{2}\left(\dfrac{1}{3}\right)^{n-1}$ …… ①

ここで，1 回目の操作で B に進む確率は　$\dfrac{3}{6}=\dfrac{1}{2}$

$n=1$ のとき　$\dfrac{1}{2}\left(\dfrac{1}{3}\right)^{1-1}=\dfrac{1}{2}$

ゆえに，① は $n=1$ のときも成り立つ。

したがって，求める確率は　$\boldsymbol{\dfrac{1}{2}\left(\dfrac{1}{3}\right)^{n-1}}$

←A にとどまることはない。また，B にいるとき，2，6 の目が出ると B にとどまる。なお，A, B, C いずれもその場所を一度離れてしまうと，再びその場所にくることはない。

(2)　ちょうど n 回の操作を行った後に A，B，C にいる確率をそれぞれ a_n，b_n，c_n とすると

$$c_{n+1}=a_n\cdot\frac{2}{6}+b_n\cdot\frac{3}{6}+c_n\cdot\frac{4}{6}=\frac{1}{3}a_n+\frac{1}{2}b_n+\frac{2}{3}c_n$$

ここで，n 回の操作を行った後に A にいることはないから

$a_n=0$

また，(1) より，$b_n=\dfrac{1}{2}\left(\dfrac{1}{3}\right)^{n-1}$ であるから

確率 p_n の問題
n 回目と $(n+1)$ 回目に注目

$$c_{n+1}=\frac{1}{3}\cdot 0+\frac{1}{2}\cdot\frac{1}{2}\left(\frac{1}{3}\right)^{n-1}+\frac{2}{3}c_n$$

よって　$c_{n+1}=\frac{1}{4}\left(\frac{1}{3}\right)^{n-1}+\frac{2}{3}c_n$

←$c_{n+1}=\frac{p}{q}c_n+\frac{r}{q^{n-1}}$ 型の漸化式 ⟶ 両辺に q^{n+1} を掛けて $q^{n+1}c_{n+1}=pq^nc_n+rq^2$

両辺に 3^{n+1} を掛けて　$3^{n+1}c_{n+1}=2\cdot 3^nc_n+\frac{9}{4}$

$d_n=3^nc_n$ とおくと　$d_{n+1}=2d_n+\frac{9}{4}$

これを変形すると　$d_{n+1}+\frac{9}{4}=2\left(d_n+\frac{9}{4}\right)$

←$\alpha=2\alpha+\frac{9}{4}$ の解は　$\alpha=-\frac{9}{4}$

ここで　$d_1+\frac{9}{4}=3^1c_1+\frac{9}{4}=3\cdot\frac{2}{6}+\frac{9}{4}=\frac{13}{4}$

ゆえに，数列 $\left\{d_n+\frac{9}{4}\right\}$ は初項 $\frac{13}{4}$，公比 2 の等比数列であるから　$d_n+\frac{9}{4}=\frac{13}{4}\cdot 2^{n-1}$　　よって　$3^nc_n=\frac{13}{8}\cdot 2^n-\frac{9}{4}$

両辺を 3^n で割って　$c_n=\frac{13}{8}\left(\frac{2}{3}\right)^n-\frac{9}{4}\left(\frac{1}{3}\right)^n$

したがって，求める確率は　$\boldsymbol{\frac{13}{8}\left(\frac{2}{3}\right)^n-\frac{9}{4}\left(\frac{1}{3}\right)^n}$

(3)　$n\geqq 2$ のとき，求める確率は

$$a_{n-1}\cdot\frac{1}{6}+b_{n-1}\cdot\frac{1}{6}+c_{n-1}\cdot\frac{2}{6}$$
$$=0\cdot\frac{1}{6}+\frac{1}{2}\left(\frac{1}{3}\right)^{n-2}\cdot\frac{1}{6}+\left\{\frac{13}{8}\left(\frac{2}{3}\right)^{n-1}-\frac{9}{4}\left(\frac{1}{3}\right)^{n-1}\right\}\cdot\frac{1}{3}$$
$$=\frac{13}{24}\left(\frac{2}{3}\right)^{n-1}-\frac{1}{2}\left(\frac{1}{3}\right)^{n-1}$$

←$(n-1)$ 回後に A にいる場合，B にいる場合，C にいる場合に分けて確率を求める。

←$n=1$ のとき，この式の値は　$\frac{1}{24}$

また，1 回の操作でゲームが終了する確率は　$\frac{1}{6}$

よって，求める確率は　**$n=1$ のとき**　$\boldsymbol{\frac{1}{6}}$

$n\geqq 2$ のとき　$\boldsymbol{\frac{13}{24}\left(\frac{2}{3}\right)^{n-1}-\frac{1}{2}\left(\frac{1}{3}\right)^{n-1}}$

総合 6 n を正の整数とする。A，B，C の 3 種類の文字から重複を許して n 個の文字を 1 列に並べるとき，A と B が隣り合わない並べ方の総数を f_n とする。例えば，$n=2$ のとき，このような並べ方は AA，AC，BB，BC，CA，CB，CC の 7 通りあるので，$f_2=7$ である。

(1) A と B が隣り合わない並べ方のうち，n 番目が A または B であるものを g_n 通り，n 番目が C であるものを h_n 通りとする。このとき，g_{n+1}，h_{n+1} を g_n，h_n を用いて表せ。

(2) 数列 $\{f_n\}$ に対して，f_{n+2} を f_{n+1} と f_n を用いて表せ。

(3) $a_n=\dfrac{f_{n+1}}{f_n}$ により定まる数列 $\{a_n\}$ について，a_n と a_{n+1} の大小関係を調べよ。

〔東北大〕

➡ 本冊 数学 B 例題 54

(1) $n+1$ 番目が A または B であるものは，次の 4 つの場合がある。

←n 番目と $n+1$ 番目に注目。

[1] n 番目が A で，$n+1$ 番目も A

[2] n 番目が B で，$n+1$ 番目も B

[3] n 番目が C で，$n+1$ 番目は A

[4] n 番目が C で，$n+1$ 番目は B

←A と B が隣り合わない，に注意。

n 番目が A または B であるものは [1] と [2] を合わせて g_n 通りあり，n 番目が C であるものは [3] と [4] それぞれで h_n 通りずつあるから　$\boldsymbol{g_{n+1}=g_n+2h_n}$ …… ①

また，$n+1$ 番目が C であるものは，n 番目は A でも B でも C でもよいから　$\boldsymbol{h_{n+1}=g_n+h_n}$ …… ②

(2) ①，② から　$g_{n+2}=g_{n+1}+2h_{n+1}$，$h_{n+2}=g_{n+1}+h_{n+1}$

辺々を加えると

$$g_{n+2}+h_{n+2}=2g_{n+1}+3h_{n+1}=2(g_{n+1}+h_{n+1})+h_{n+1}$$
$$=2(g_{n+1}+h_{n+1})+g_n+h_n$$

←$g_\bullet+h_\bullet$ の形を作り出すように変形。

$f_n=g_n+h_n$ であるから　$\boldsymbol{f_{n+2}=2f_{n+1}+f_n}$ …… ③

(3) $f_{n+1}>0$ であるから，③ の両辺を f_{n+1} で割ると

$$\frac{f_{n+2}}{f_{n+1}}=2+\frac{f_n}{f_{n+1}}$$

よって　$a_{n+1}=\dfrac{1}{a_n}+2$

←$\dfrac{f_{n+1}}{f_n}=a_n$

ゆえに　$a_{n+2}-a_{n+1}=\left(\dfrac{1}{a_{n+1}}+2\right)-\left(\dfrac{1}{a_n}+2\right)=-\dfrac{a_{n+1}-a_n}{a_na_{n+1}}$

$a_n>0$，$a_{n+1}>0$ であるから，$a_{n+2}-a_{n+1}$ の符号と $a_{n+1}-a_n$ の符号は異なる。…… ④

←$f_n>0$ から　$a_n>0$

$f_1=3$，$f_2=7$ であるから，③ より　$f_3=2\cdot7+3=17$

よって　$a_2-a_1=\dfrac{f_3}{f_2}-\dfrac{f_2}{f_1}=\dfrac{17}{7}-\dfrac{7}{3}=\dfrac{2}{21}>0$

←$a_1<a_2$

これと ④ から　$a_3-a_2<0$，$a_4-a_3>0$，$a_5-a_4<0$，……

←$a_2>a_3$，$a_3<a_4$，$a_4>a_5$，……

したがって，a_n と a_{n+1} の大小関係は

n が奇数のとき $a_n<a_{n+1}$，n が偶数のとき $a_n>a_{n+1}$

総合 7

関数 $f(x)=\dfrac{2^x-1}{2^x+1}$ について，次の問いに答えよ。

(1) $f\left(\dfrac{1}{2}\right)$ を求めよ。

(2) $f(2x)=\dfrac{2f(x)}{1+\{f(x)\}^2}$ を示せ。

(3) すべての自然数 n に対して $b_n=f\left(\dfrac{1}{2^n}\right)$ は無理数であることを，数学的帰納法を用いて示せ。

ただし，有理数 r，s を用いて表される実数 $r+s\sqrt{2}$ は $s\neq 0$ ならば無理数であることを，証明なく用いてもよい。

〔大阪府大〕

➡ 本冊 数学B 例題 56

(1) $f\left(\dfrac{1}{2}\right)=\dfrac{2^{\frac{1}{2}}-1}{2^{\frac{1}{2}}+1}=\dfrac{\sqrt{2}-1}{\sqrt{2}+1}=\dfrac{(\sqrt{2}-1)(\sqrt{2}-1)}{(\sqrt{2}+1)(\sqrt{2}-1)}$

$=\mathbf{3-2\sqrt{2}}$

←分母を有理化。

(2) $$\frac{2f(x)}{1+\{f(x)\}^2}=\frac{2\cdot\dfrac{2^x-1}{2^x+1}}{1+\left(\dfrac{2^x-1}{2^x+1}\right)^2}=\frac{2(2^x+1)(2^x-1)}{(2^x+1)^2+(2^x-1)^2}$$

$$=\frac{2(2^{2x}-1)}{(2^{2x}+2\cdot2^x+1)+(2^{2x}-2\cdot2^x+1)}$$

$$=\frac{2(2^{2x}-1)}{2(2^{2x}+1)}=\frac{2^{2x}-1}{2^{2x}+1}$$

$$=f(2x)$$

(3) 「$b_n=f\left(\dfrac{1}{2^n}\right)$ は無理数である」を ① とする。

[1] $n=1$ のとき

(1) から　$b_1=f\left(\dfrac{1}{2}\right)=3-2\sqrt{2}$

$3-2\sqrt{2}$ は無理数であるから，① は成り立つ。

←$-2\neq 0$ から，$3-2\sqrt{2}$ は無理数である。

[2] $n=k$ のとき ① が成り立つ，すなわち $b_k=f\left(\dfrac{1}{2^k}\right)$ は無理数であると仮定する。

(2) で示した等式において，$x=\dfrac{1}{2^{k+1}}$ とすると

$$f\left(\frac{1}{2^k}\right)=\frac{2f\left(\dfrac{1}{2^{k+1}}\right)}{1+\left\{f\left(\dfrac{1}{2^{k+1}}\right)\right\}^2}\quad \text{すなわち}\quad b_k=\frac{2b_{k+1}}{1+{b_{k+1}}^2}$$

ここで，b_{k+1} が有理数であるとすると，$\dfrac{2b_{k+1}}{1+{b_{k+1}}^2}$ は有理数であり，b_k が無理数であることと矛盾する。

←有理数の和，差，積，商は有理数である。

よって，b_{k+1} は無理数である。

ゆえに，$n=k+1$ のときにも ① は成り立つ。

[1]，[2] から，すべての自然数 n に対して ① は成り立つ。

総合 8 x, y についての方程式 $x^2-6xy+y^2=9$ …… (＊) に関して

(1) x, y がともに正の整数であるような (＊) の解のうち，y が最小であるものを求めよ。

(2) 数列 a_1, a_2, a_3, …… が漸化式 $a_{n+2}-6a_{n+1}+a_n=0$ ($n=1$, 2, 3, ……) を満たすとする。このとき，$(x,\ y)=(a_{n+1},\ a_n)$ が (＊) を満たすならば，$(x,\ y)=(a_{n+2},\ a_{n+1})$ も (＊) を満たすことを示せ。

(3) (＊) の整数解 $(x,\ y)$ は無数に存在することを示せ。〔千葉大〕

➡ 本冊 数学B 例題 57, 58

(1) $y=1$ のとき，(＊) は　$x^2-6x-8=0$

よって　$x=3\pm\sqrt{17}$　この x の値は不適。

$y=2$ のとき，(＊) は　$x^2-12x-5=0$

よって　$x=6\pm\sqrt{41}$　この x の値は不適。

$y=3$ のとき，(＊) は　$x^2-18x=0$

よって　$x(x-18)=0$　$x>0$ とすると　$x=18$

したがって，求める (＊) の解は　$\boldsymbol{(x,\ y)=(18,\ 3)}$

←$x^2-6x\cdot1+1^2=9$

←解の公式を利用。

←$x^2-6x\cdot2+2^2=9$

←$x^2-6x\cdot3+3^2=9$

(2) $(x,\ y)=(a_{n+1},\ a_n)$ が (＊) を満たすから

$$a_{n+1}{}^2-6a_{n+1}a_n+a_n{}^2=9 \quad \cdots\cdots ①$$

数列 $\{a_n\}$ は $a_{n+2}-6a_{n+1}+a_n=0$ を満たすから

$$a_{n+2}=6a_{n+1}-a_n$$

よって　$a_{n+2}{}^2-6a_{n+2}a_{n+1}+a_{n+1}{}^2$

$$=(6a_{n+1}-a_n)^2-6(6a_{n+1}-a_n)a_{n+1}+a_{n+1}{}^2$$

$$=a_{n+1}{}^2-6a_{n+1}a_n+a_n{}^2$$

① から　$a_{n+2}{}^2-6a_{n+2}a_{n+1}+a_{n+1}{}^2=9$

したがって，$(x,\ y)=(a_{n+2},\ a_{n+1})$ も (＊) を満たす。

←(＊) に解を代入。

←$a_{n+2}=6a_{n+1}-a_n$ を代入。

(3) (1), (2) の結果から，$n=1$, 2, …… に対して，数列 $\{a_n\}$ を

$$a_1=3,\ a_2=18,\ a_{n+2}-6a_{n+1}+a_n=0 \quad \cdots\cdots ②$$

により定めると，すべての自然数 n に対して，$(x,\ y)=(a_{n+1},\ a_n)$ は (＊) の解である。

よって，② で定められる数列 $\{a_n\}$ の各項がすべて互いに異なる整数であれば，(＊) の整数解は無数に存在する。

以下，② で定められる数列 $\{a_n\}$ について，すべての自然数 n に対して　a_n, a_{n+1} はともに整数 かつ $0<a_n<a_{n+1}$ …… ③

が成り立つことを数学的帰納法により示す。

[1] $n=1$ のとき

$a_1=3$, $a_2=18$ から，③ は成り立つ。

[2] $n=k$ のとき，③ が成り立つと仮定すると，a_k, a_{k+1} はともに整数で　$0<a_k<a_{k+1}$

$n=k+1$ のときを考えると，② から　$a_{k+2}=6a_{k+1}-a_k$

a_k, a_{k+1} は整数であるから，a_{k+2} は整数である。

また　$a_{k+2}-a_{k+1}=(6a_{k+1}-a_k)-a_{k+1}=5a_{k+1}-a_k$

ここで，$0<a_k<a_{k+1}$ から　$0<a_k<a_{k+1}<5a_{k+1}$

よって　$5a_{k+1}-a_k>0$　ゆえに　$a_{k+1}<a_{k+2}$

よって，$n=k+1$ のときも ③ は成り立つ。

←(1) より，$(x,\ y)=(a_2,\ a_1)$ は (＊) を満たすから，(2) より $(x,\ y)=(a_3,\ a_2)$ も (＊) を満たす。このことを繰り返す。

←② から $a_{n+2}=6a_{n+1}-a_n$ これから ③ の不等式が思いつく。

[1]，[2] から，すべての自然数 n に対して，③ は成り立つ。
したがって，（＊）の整数解は無数に存在する。

総合 9 ある試行を1回行ったとき，事象 A の起こる確率を p $(0 \leqq p \leqq 1)$ とする。n を自然数とし，この試行を n 回反復する。X_i $(i=1,\ 2,\ \cdots\cdots,\ n)$ を「i 回目の試行で事象 A が起きれば値 100，起きなければ値 50 をとる確率変数」とするとき

(1) X_i $(i=1,\ 2,\ \cdots\cdots,\ n)$ の確率分布を表で示せ。

(2) X_i $(i=1,\ 2,\ \cdots\cdots,\ n)$ の平均と分散を求めよ。

(3) 確率変数 $Y=X_1+X_2+\cdots\cdots+X_n$ と $Z=100n-(X_1+X_2+\cdots\cdots+X_n)$ を考える。
$W=YZ$ とするとき

(ア) Y の平均と分散を求めよ。

(イ) W を Y の関数として表し，W の平均を求めよ。

(ウ) W の平均が最も大きくなるような確率 p と，そのときの W の平均を求めよ。〔横浜市大〕

➡ 本冊 数学B例題 74

(1) X_i $(i=1,\ 2,\ \cdots\cdots,\ n)$ の確率分布は，右のようになる。

X_i	100	50	計
P	p	$1-p$	1

(2) X_i $(i=1,\ 2,\ \cdots\cdots,\ n)$ について

$$\boldsymbol{E(X_i)}=100p+50(1-p)=\boldsymbol{50(p+1)}$$

また　$E(X_i^2)=100^2p+50^2(1-p)=2500(3p+1)$

よって　$\boldsymbol{V(X_i)}=E(X_i^2)-\{E(X_i)\}^2$

$$=2500(3p+1)-2500(p^2+2p+1)$$

$$=\boldsymbol{2500p(1-p)}$$

←$E(X_i)=\sum_{k=1}^{n} x_kp_k$

←$2500\times(3p+1-p^2-2p-1)$

(3) (ア) $\boldsymbol{E(Y)}=E(X_1+X_2+\cdots\cdots+X_n)=\sum_{i=1}^{n} E(X_i)=nE(X_1)$

$$=\boldsymbol{50n(p+1)}$$

←$E(X_i+X_j)=E(X_i)+E(X_j)$

また，$i \neq j$ のとき X_i と X_j は互いに独立であるから

$$\boldsymbol{V(Y)}=V(X_1+X_2+\cdots\cdots+X_n)=\sum_{i=1}^{n} V(X_i)=nV(X_1)$$

$$=\boldsymbol{2500np(1-p)}$$

←X_i と X_j が互いに独立ならば　$V(X_i+X_j)=V(X_i)+V(X_j)$

(イ) $\boldsymbol{W}=YZ=Y(100n-Y)=\boldsymbol{100nY-Y^2}$

よって　$E(W)=E(100nY-Y^2)=100nE(Y)-E(Y^2)$

$$=5000n^2(p+1)-E(Y^2)$$

ここで，$V(Y)=E(Y^2)-\{E(Y)\}^2$ であるから

$$E(Y^2)=V(Y)+\{E(Y)\}^2$$

$$=2500np(1-p)+2500n^2(p+1)^2$$

$$=2500n\{p-p^2+n(p^2+2p+1)\}$$

$$=2500n\{(n-1)p^2+(2n+1)p+n\}$$

←$E(Y^2)$ を求めるために，$V(Y)=E(Y^2)-\{E(Y)\}^2$ を利用。

ゆえに　$\boldsymbol{E(W)}=5000n^2(p+1)$

$$-2500n\{(n-1)p^2+(2n+1)p+n\}$$

$$=2500n\{2n(p+1)-(n-1)p^2-(2n+1)p-n\}$$

$$=\boldsymbol{2500n\{-(n-1)p^2-p+n\}}$$

(ウ) $f(p)=-(n-1)p^2-p+n$ とすると

$$f'(p)=-2(n-1)p-1=2(1-n)p-1$$

$n \geqq 1$，$0 \leqq p \leqq 1$ から　　$(1-n)p \leqq 0$

←$n=1$ のとき，$y=f(p)$ のグラフは右下がりの直線 ⟶ 単調減少。

よって，$0 \leqq p \leqq 1$ のとき，$f'(p)<0$ であるから，$f(p)$ は単調に減少する。

←$f'(p) \leqq -1$

したがって，$E(W)$ は $\boldsymbol{p=0}$ で最大となり，そのとき

$$E(W)=\boldsymbol{2500n^2}$$

総合 10 A，B を空でない事象とする。このとき，以下の 2 つの条件 p，q が同値であることを証明せよ。

p：A，B は独立である。

q：点 $\mathrm{O}(0,\ 0)$，点 $\mathrm{Q}(P(A\cap B),\ P(A\cap\overline{B}))$，点 $\mathrm{R}(P(\overline{A}\cap B),\ P(\overline{A}\cap\overline{B}))$ は同一直線上にある。ただし，$P(A)$ は事象 A が起こる確率を表すものとする。〔浜松医大〕

➡ 本冊 数学 B 例題 71

$$p \iff P(A\cap B)=P(A)P(B)$$

$P(A)=P(A\cap B)+P(A\cap\overline{B})$ であり，$P(A)\neq 0$ であるから

←$A \neq \varnothing$

$$(P(A\cap B),\ P(A\cap\overline{B}))\neq(0,\ 0)$$

よって，2 点 O，Q を通る直線の方程式は

$$P(A\cap\overline{B})\times x-P(A\cap B)\times y=0$$

←異なる 2 点 $(x_1,\ y_1)$，$(x_2,\ y_2)$ を通る直線の方程式は $(y_2-y_1)(x-x_1)-(x_2-x_1)(y-y_1)=0$

ゆえに　$q \iff P(A\cap\overline{B})P(\overline{A}\cap B)-P(A\cap B)P(\overline{A}\cap\overline{B})=0$ Ⓐ

ここで　$P(A\cap\overline{B})P(\overline{A}\cap B)-P(A\cap B)P(\overline{A}\cap\overline{B})$

$=\{P(A)-P(A\cap B)\}\{P(B)-P(A\cap B)\}$
$\quad -P(A\cap B)\{1-P(A\cup B)\}$ Ⓑ

$=P(A)P(B)-\{P(A)+P(B)\}P(A\cap B)+\{P(A\cap B)\}^2$
$\quad -P(A\cap B)+P(A\cap B)P(A\cup B)$

$=P(A)P(B)-P(A\cap B)\{P(A)+P(B)-P(A\cap B)\}$
$\quad -P(A\cap B)+P(A\cap B)P(A\cup B)$

$=P(A)P(B)-P(A\cap B)P(A\cup B)$
$\quad -P(A\cap B)+P(A\cap B)P(A\cup B)$

$=P(A)P(B)-P(A\cap B)$

Ⓐ 2 点 O，Q を通る直線上に点 R がある。

Ⓑ $\overline{A}\cap\overline{B}=\overline{A\cup B}$

←$P(A)+P(B)-P(A\cap B)=P(A\cup B)$

よって　　$q \iff P(A)P(B)-P(A\cap B)=0$

したがって，2 つの条件 p，q は同値である。

総合 11 ある高校の 3 年生男子 150 人の身長の平均は 170.4 cm，標準偏差は 5.7 cm，女子 140 人の身長の平均は 158.2 cm，標準偏差は 5.4 cm であった。これらはともに正規分布に従うものとする。男女の生徒を一緒にして，身長順に並べたとき，170.4 cm 以上，170.4 cm 未満かつ 158.2 cm 以上，158.2 cm 未満の 3 つのグループに分けると，各グループの人数は何人ずつになるか。必要ならば正規分布表を用いよ。〔山梨大〕

➡ 本冊 数学 B 例題 81

男子，女子の身長をそれぞれ x cm，y cm とすると，確率変数

$X=\dfrac{x-170.4}{5.7}$，$Y=\dfrac{y-158.2}{5.4}$ はともに $N(0,\ 1)$ に従う。

正規分布表から

$$P(x<158.2)=P\left(X<\frac{158.2-170.4}{5.7}\right)\fallingdotseq P(X<-2.14)$$
$$=0.5-p(2.14)=0.5-0.4838$$
$$=0.0162$$

←$P(X\geqq 0)-P(0\leqq X\leqq 2.14)$

$$P(y \geqq 170.4)=P\left(Y \geqq \frac{170.4-158.2}{5.4}\right) \fallingdotseq P(Y \geqq 2.26)$$
$$=0.5-p(2.26)=0.5-0.4881$$
$$=0.0119$$

また　$P(x \geqq 170.4)=P(X \geqq 0)=0.5$,

$P(y<158.2)=P(Y<0)=0.5$

したがって，身長 170.4 cm 以上の人数は

男子：$150 \times 0.5=75$
女子：$140 \times 0.0119=1.666 \fallingdotseq 2$
} 計 77

身長 158.2 cm 未満の人数は

男子：$150 \times 0.0162=2.43 \fallingdotseq 2$
女子：$140 \times 0.5=70$
} 計 72

$150+140-(77+72)=141$ であるから

170.4 cm 以上は　77 人

170.4 cm 未満かつ 158.2 cm 以上は　141 人

158.2 cm 未満は　72 人

←男女の合計人数は $150+140$（人）

総合 12　ある国の人口は十分に大きく，国民の血液型の割合は A 型 40%，O 型 30%，B 型 20%，AB 型 10% である。この国民の中から無作為に選ばれた人達について，次の問いに答えよ。

(1)　2 人の血液型が一致する確率を求めよ。

(2)　4 人の血液型がすべて異なる確率を求めよ。

(3)　5 人中 2 人が A 型である確率を求めよ。

(4)　n 人中 A 型の人の割合が 39% から 41% までの範囲にある確率が，0.95 以上であるためには，n は少なくともどれほどの大きさであればよいか。　〔東京理科大〕

➡ 本冊 数学 B 例題 82

(1)　$(0.4)^2+(0.3)^2+(0.2)^2+(0.1)^2=\mathbf{0.30}$

←例えば，2 人とも A 型である確率は　$(0.4)^2$

(2)　4 人を a，b，c，d とする。血液型が，例えば a：A 型，b：O 型，c：B 型，d：AB 型 となる確率は

$$0.4 \times 0.3 \times 0.2 \times 0.1=0.0024 \quad \cdots\cdots (*)$$

4 人に 4 種類の血液型を対応させる順列の総数は　$4!=24$

ゆえに，求める確率は　$24 \times 0.0024=\mathbf{0.0576}$

←＿＿以外の，題意を満たす血液型のパターンそれぞれについて，確率は (＊) に等しい。

(3)　1 人の血液型が A 型である確率は 0.4，A 型でない確率は $1-0.4=0.6$ であるから，求める確率は

$${}_5C_2(0.4)^2(0.6)^3=10 \times 0.03456=\mathbf{0.3456}$$

←反復試行の確率。

(4)　n 人中，A 型の人が X 人いるとすると

$$P(X=r)={}_nC_r(0.4)^r(0.6)^{n-r} \quad (r=0,\ 1,\ \cdots\cdots,\ n)$$

よって，X は二項分布 $B(n,\ 0.4)$ に従うから

$$E(X)=0.4n,\quad V(X)=n \times 0.4 \times 0.6=0.24n$$

X は近似的に正規分布 $N(0.4n,\ 0.24n)$ に従う。

←**二項分布 $B(n,\ p)$ は，n が大なら，正規分布 $N(np,\ np(1-p))$ で近似。**

また，A 型の人の割合 $\dfrac{X}{n}$ について

$$E\left(\frac{X}{n}\right)=\frac{1}{n}E(X)=0.4,\quad V\left(\frac{X}{n}\right)=\frac{1}{n^2}V(X)=\frac{0.24}{n}$$

ゆえに，$\dfrac{X}{n}$ は近似的に正規分布 $N\left(0.4,\ \dfrac{0.24}{n}\right)$ に従うから，

$Z=\dfrac{\dfrac{X}{n}-0.4}{\sqrt{\dfrac{0.24}{n}}}$ とおくと，Z は近似的に $N(0,\ 1)$ に従い

$$P\left(0.39\leqq\frac{X}{n}\leqq0.41\right)=2P\left(0.4\leqq\frac{X}{n}\leqq0.41\right)$$
$$=2P\left(0\leqq Z\leqq0.01\sqrt{\frac{n}{0.24}}\right)=2p\left(0.01\sqrt{\frac{n}{0.24}}\right)$$

よって，$2p\left(0.01\sqrt{\dfrac{n}{0.24}}\right)\geqq0.95$，すなわち，

$p\left(0.01\sqrt{\dfrac{n}{0.24}}\right)\geqq0.475$ であるための条件は，正規分布表から

$$0.01\sqrt{\frac{n}{0.24}}\geqq1.96 \qquad ゆえに \qquad \sqrt{n}\geqq196\sqrt{0.24}$$

両辺を2乗して　　$n\geqq196^2\times0.24=9219.84$

この不等式を満たす最小の自然数 n は　　$n=$**9220**

←$N(m,\ \sigma^2)$ は $Z=\dfrac{X-m}{\sigma}$ で $N(0,\ 1)$ へ　［標準化］

←$p(u)=0.475$ を満たす u の値は　$u=1.96$

総合 13

A店のあんパンの重さは平均105 g，標準偏差 $\sqrt{5}$ g の正規分布に従い，B店のあんパンの重さは平均104 g，標準偏差 $\sqrt{2}$ g の正規分布に従うとする。また，あんパンの重さはすべて独立とする。

(1) A店のあんパン10個の重さをそれぞれ量り，その標本平均を $\overline{X}$ (g) とする。同様に，B店のあんパン4個の重さの標本平均を $\overline{Y}$ (g) とする。このとき，$\overline{X}$ と $\overline{Y}$ の平均と分散をそれぞれ求めよ。

(2) A店とB店のあんパンの重さを比較したい。$W=\overline{X}-\overline{Y}$ の平均と分散をそれぞれ求めよ。ただし，$\overline{X}$ と $\overline{Y}$ が独立であることを用いてよい。

(3) W が正規分布に従うことを用いて，確率 $P(W\geqq0)$ を求めよ。ただし，次の数表を用いてよい。ここで，Z は標準正規分布に従う確率変数である。

u	0	1	2	3
$P(0\leqq Z\leqq u)$	0.000	0.341	0.477	0.499

(4) A店のあんパン25個の重さをそれぞれ量り，その標本平均を $\overline{X'}$ (g) とする。同様に，B店のあんパン8個の重さの標本平均を $\overline{Y'}$ (g) とする。$W'=\overline{X'}-\overline{Y'}$ とするとき，確率 $P(W'\geqq0)$ と確率 $P(W\geqq0)$ の大小を比較せよ。ただし，$\overline{X'}$ と $\overline{Y'}$ が独立であることと，W' が正規分布に従うことを用いてよい。

［滋賀大］

➡ 本冊 数学B 例題87

(1) A店のあんパンの重さは平均105 g，標準偏差 $\sqrt{5}$ g の正規分布に従い，B店のあんパンの重さは平均104 g，標準偏差 $\sqrt{2}$ g の正規分布に従うから　　$\boldsymbol{E(\overline{X})=105}$，$\boldsymbol{E(\overline{Y})=104}$

また　　$\boldsymbol{V(\overline{X})}=\left(\dfrac{\sqrt{5}}{\sqrt{10}}\right)^2=\boldsymbol{\dfrac{1}{2}}$，$\boldsymbol{V(\overline{Y})}=\left(\dfrac{\sqrt{2}}{\sqrt{4}}\right)^2=\boldsymbol{\dfrac{1}{2}}$

(2) $\boldsymbol{E(W)}=E(\overline{X}-\overline{Y})=E(\overline{X})-E(\overline{Y})=105-104=\boldsymbol{1}$

また，$\overline{X}$ と $\overline{Y}$ は独立であるから

$$\boldsymbol{V(W)}=V(\overline{X}-\overline{Y})=1^2V(\overline{X})+(-1)^2V(\overline{Y})=\frac{1}{2}+\frac{1}{2}=\boldsymbol{1}$$

←母平均 m，母標準偏差 σ の母集団から大きさ n の無作為標本を抽出するとき

$E(\overline{X})=m$，$\sigma(\overline{X})=\dfrac{\sigma}{\sqrt{n}}$

←$E(aX+bY)$
$=aE(X)+bE(Y)$
X と Y が独立なら
$V(aX+bY)$
$=a^2V(X)+b^2V(Y)$

(3) (2) の結果より，W は正規分布 $N(1,\ 1)$ に従うから，

$Z=\dfrac{W-1}{\sqrt{1}}$ とおくと，Z は $N(0,\ 1)$ に従う。

よって　$P(W\geqq 0)=P(Z\geqq -1)=P(-1\leqq Z\leqq 0)+P(Z\geqq 0)$

$=P(0\leqq Z\leqq 1)+P(Z\geqq 0)$

$=0.341+0.5=\mathbf{0.841}$

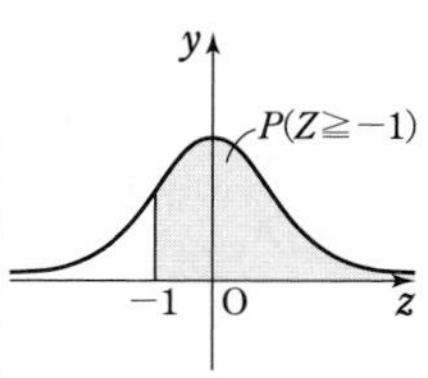

(4) (1), (2) と同様にして　$E(\overline{X'})=105,\ E(\overline{Y'})=104$

$$V(\overline{X'})=\left(\frac{\sqrt{5}}{\sqrt{25}}\right)^2=\frac{1}{5},\quad V(\overline{Y'})=\left(\frac{\sqrt{2}}{\sqrt{8}}\right)^2=\frac{1}{4}$$

よって　$E(W')=E(\overline{X'}-\overline{Y'})=E(\overline{X'})-E(\overline{Y'})$

$=105-104=1$

また，$\overline{X'}$ と $\overline{Y'}$ は独立であるから

$$V(W')=V(\overline{X'}-\overline{Y'})=1^2V(\overline{X'})+(-1)^2V(\overline{Y'})$$

$$=\frac{1}{5}+\frac{1}{4}=\frac{9}{20}$$

ゆえに，W' は正規分布 $N\left(1,\ \dfrac{9}{20}\right)$ に従うから，$Z'=\dfrac{W'-1}{\sqrt{\dfrac{9}{20}}}$

とおくと，Z' は $N(0,\ 1)$ に従う。

よって　$P(W'\geqq 0)=P\left(Z'\geqq -\dfrac{2\sqrt{5}}{3}\right)$

$-\dfrac{2\sqrt{5}}{3}<-1$ であるから　$P\left(Z'\geqq -\dfrac{2\sqrt{5}}{3}\right)\geqq P(Z\geqq -1)$

したがって　$\boldsymbol{P(W'\geqq 0)>P(W\geqq 0)}$

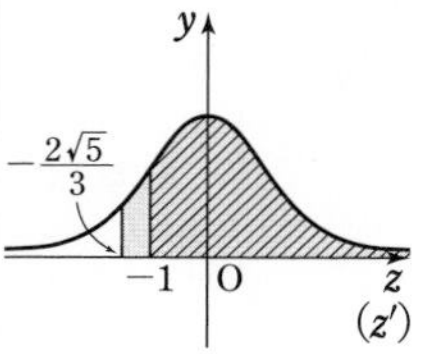

総合 14

ある試行テストで事象 A が起こる確率を $x\,(0\leqq x\leqq 1)$ とする。

(1) A が起こるときの得点を 10 点，起こらないときの得点を 5 点とするとき，この得点の分布の標準偏差が最大となるときの x の値を求めよ。

(2) (1) で求めた x の値を x_0 とする。実際に 100 回試行したとき，A に関する得点の平均値は 8.1 であった。このとき，「A が起こる確率 x は x_0 に等しい」といえるかどうか。有意水準 5 % の検定を利用して答えよ。100 回の試行は十分多い回数であり，この平均値の分布は正規分布として扱ってよい。

〔山梨大〕

➡ 本冊 数学B 例題 64, 94

(1) 平均値 m は　$m=10x+5(1-x)=5x+5$

←$m=\sum_{k=1}^{n}x_kp_k$

よって，標準偏差を σ とすると，分散 σ^2 は

$$\sigma^2=(10-m)^2x+(5-m)^2(1-x)$$

←$\sigma^2=\sum_{k=1}^{n}(x_k-m)^2p_k$

$$=(5-5x)^2x+(-5x)^2(1-x)$$

$$=25x\{(1-x)^2+x(1-x)\}=25x(-x+1)$$

$$=25(-x^2+x)=-25\left(x-\frac{1}{2}\right)^2+\frac{25}{4}$$

←x の 2 次式 ⟶ **基本形**に直す。

$0\leqq x\leqq 1$ であるから，σ^2 は $x=\dfrac{1}{2}$ のとき最大値 $\dfrac{25}{4}$ をとる。

したがって，標準偏差 σ は $\boldsymbol{x=\dfrac{1}{2}}$ のとき最大値 $\dfrac{5}{2}$ をとる。

←$\sqrt{\dfrac{25}{4}}=\dfrac{5}{2}$

(2) 100回試行したとき，A に関する得点の標本平均を $\overline{X}$ とする。
ここで，次の仮説を立てる。

仮説 H_0：A が起こる確率 x は $x_0=\dfrac{1}{2}$ に等しい

仮説 H_0 が正しいとするとき，$\overline{X}$ は近似的に平均値

$5\cdot\dfrac{1}{2}+5=\dfrac{15}{2}=7.5$，標準偏差 $\dfrac{\frac{5}{2}}{\sqrt{100}}=\dfrac{1}{4}=0.25$ の正規分布に従う。よって，$Z=\dfrac{\overline{X}-7.5}{0.25}=4\overline{X}-30$ は近似的に標準正規分布 $N(0,\ 1)$ に従う。
正規分布表より，$P(-1.96\leqq Z\leqq 1.96)\fallingdotseq 0.95$ であるから，有意水準5％の棄却域は　$Z\leqq -1.96$，$1.96\leqq Z$
$\overline{X}=8.1$ のとき $Z=4\cdot 8.1-30=2.4$ であり，この値は棄却域に入るから，仮説 H_0 を棄却できる。
すなわち，$\boldsymbol{A}$ が起こる確率 $\boldsymbol{x}$ は $\boldsymbol{x_0}$ に等しいとはいえない。

←「$x=x_0$ とはいえない」を検定する。

←$m=5x+5$ に $x=\dfrac{1}{2}$ を代入。標本標準偏差を利用。
←$\overline{X}$ は $N(7.5,\ 0.25^2)$ に従う。

総合

平方・立方・平方根の表

n	n^2	n^3	$\sqrt{n}$	$\sqrt{10n}$
1	1	1	1.0000	3.1623
2	4	8	1.4142	4.4721
3	9	27	1.7321	5.4772
4	16	64	2.0000	6.3246
5	25	125	2.2361	7.0711
6	36	216	2.4495	7.7460
7	49	343	2.6458	8.3666
8	64	512	2.8284	8.9443
9	81	729	3.0000	9.4868
10	100	1000	3.1623	10.0000
11	121	1331	3.3166	10.4881
12	144	1728	3.4641	10.9545
13	169	2197	3.6056	11.4018
14	196	2744	3.7417	11.8322
15	225	3375	3.8730	12.2474
16	256	4096	4.0000	12.6491
17	289	4913	4.1231	13.0384
18	324	5832	4.2426	13.4164
19	361	6859	4.3589	13.7840
20	400	8000	4.4721	14.1421
21	441	9261	4.5826	14.4914
22	484	10648	4.6904	14.8324
23	529	12167	4.7958	15.1658
24	576	13824	4.8990	15.4919
25	625	15625	5.0000	15.8114
26	676	17576	5.0990	16.1245
27	729	19683	5.1962	16.4317
28	784	21952	5.2915	16.7332
29	841	24389	5.3852	17.0294
30	900	27000	5.4772	17.3205
31	961	29791	5.5678	17.6068
32	1024	32768	5.6569	17.8885
33	1089	35937	5.7446	18.1659
34	1156	39304	5.8310	18.4391
35	1225	42875	5.9161	18.7083
36	1296	46656	6.0000	18.9737
37	1369	50653	6.0828	19.2354
38	1444	54872	6.1644	19.4936
39	1521	59319	6.2450	19.7484
40	1600	64000	6.3246	20.0000
41	1681	68921	6.4031	20.2485
42	1764	74088	6.4807	20.4939
43	1849	79507	6.5574	20.7364
44	1936	85184	6.6332	20.9762
45	2025	91125	6.7082	21.2132
46	2116	97336	6.7823	21.4476
47	2209	103823	6.8557	21.6795
48	2304	110592	6.9282	21.9089
49	2401	117649	7.0000	22.1359
50	2500	125000	7.0711	22.3607
51	2601	132651	7.1414	22.5832
52	2704	140608	7.2111	22.8035
53	2809	148877	7.2801	23.0217
54	2916	157464	7.3485	23.2379
55	3025	166375	7.4162	23.4521
56	3136	175616	7.4833	23.6643
57	3249	185193	7.5498	23.8747
58	3364	195112	7.6158	24.0832
59	3481	205379	7.6811	24.2899
60	3600	216000	7.7460	24.4949
61	3721	226981	7.8102	24.6982
62	3844	238328	7.8740	24.8998
63	3969	250047	7.9373	25.0998
64	4096	262144	8.0000	25.2982
65	4225	274625	8.0623	25.4951
66	4356	287496	8.1240	25.6905
67	4489	300763	8.1854	25.8844
68	4624	314432	8.2462	26.0768
69	4761	328509	8.3066	26.2679
70	4900	343000	8.3666	26.4575
71	5041	357911	8.4261	26.6458
72	5184	373248	8.4853	26.8328
73	5329	389017	8.5440	27.0185
74	5476	405224	8.6023	27.2029
75	5625	421875	8.6603	27.3861
76	5776	438976	8.7178	27.5681
77	5929	456533	8.7750	27.7489
78	6084	474552	8.8318	27.9285
79	6241	493039	8.8882	28.1069
80	6400	512000	8.9443	28.2843
81	6561	531441	9.0000	28.4605
82	6724	551368	9.0554	28.6356
83	6889	571787	9.1104	28.8097
84	7056	592704	9.1652	28.9828
85	7225	614125	9.2195	29.1548
86	7396	636056	9.2736	29.3258
87	7569	658503	9.3274	29.4958
88	7744	681472	9.3808	29.6648
89	7921	704969	9.4340	29.8329
90	8100	729000	9.4868	30.0000
91	8281	753571	9.5394	30.1662
92	8464	778688	9.5917	30.3315
93	8649	804357	9.6437	30.4959
94	8836	830584	9.6954	30.6594
95	9025	857375	9.7468	30.8221
96	9216	884736	9.7980	30.9839
97	9409	912673	9.8489	31.1448
98	9604	941192	9.8995	31.3050
99	9801	970299	9.9499	31.4643
100	10000	1000000	10.0000	31.6228

正規分布表

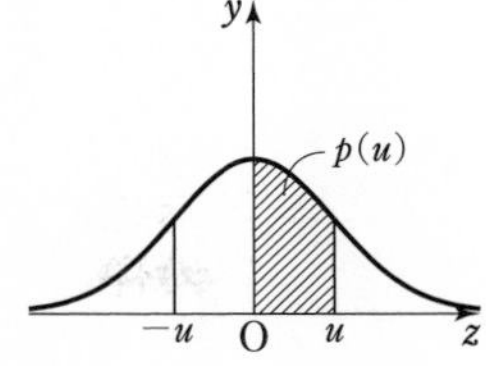

u	.00	.01	.02	.03	.04	.05	.06	.07	.08	.09
0.0	0.0000	0.0040	0.0080	0.0120	0.0160	0.0199	0.0239	0.0279	0.0319	0.0359
0.1	0.0398	0.0438	0.0478	0.0517	0.0557	0.0596	0.0636	0.0675	0.0714	0.0753
0.2	0.0793	0.0832	0.0871	0.0910	0.0948	0.0987	0.1026	0.1064	0.1103	0.1141
0.3	0.1179	0.1217	0.1255	0.1293	0.1331	0.1368	0.1406	0.1443	0.1480	0.1517
0.4	0.1554	0.1591	0.1628	0.1664	0.1700	0.1736	0.1772	0.1808	0.1844	0.1879
0.5	0.1915	0.1950	0.1985	0.2019	0.2054	0.2088	0.2123	0.2157	0.2190	0.2224
0.6	0.2257	0.2291	0.2324	0.2357	0.2389	0.2422	0.2454	0.2486	0.2517	0.2549
0.7	0.2580	0.2611	0.2642	0.2673	0.2704	0.2734	0.2764	0.2794	0.2823	0.2852
0.8	0.2881	0.2910	0.2939	0.2967	0.2995	0.3023	0.3051	0.3078	0.3106	0.3133
0.9	0.3159	0.3186	0.3212	0.3238	0.3264	0.3289	0.3315	0.3340	0.3365	0.3389
1.0	0.3413	0.3438	0.3461	0.3485	0.3508	0.3531	0.3554	0.3577	0.3599	0.3621
1.1	0.3643	0.3665	0.3686	0.3708	0.3729	0.3749	0.3770	0.3790	0.3810	0.3830
1.2	0.3849	0.3869	0.3888	0.3907	0.3925	0.3944	0.3962	0.3980	0.3997	0.4015
1.3	0.4032	0.4049	0.4066	0.4082	0.4099	0.4115	0.4131	0.4147	0.4162	0.4177
1.4	0.4192	0.4207	0.4222	0.4236	0.4251	0.4265	0.4279	0.4292	0.4306	0.4319
1.5	0.4332	0.4345	0.4357	0.4370	0.4382	0.4394	0.4406	0.4418	0.4429	0.4441
1.6	0.4452	0.4463	0.4474	0.4484	0.4495	0.4505	0.4515	0.4525	0.4535	0.4545
1.7	0.4554	0.4564	0.4573	0.4582	0.4591	0.4599	0.4608	0.4616	0.4625	0.4633
1.8	0.4641	0.4649	0.4656	0.4664	0.4671	0.4678	0.4686	0.4693	0.4699	0.4706
1.9	0.4713	0.4719	0.4726	0.4732	0.4738	0.4744	0.4750	0.4756	0.4761	0.4767
2.0	0.4772	0.4778	0.4783	0.4788	0.4793	0.4798	0.4803	0.4808	0.4812	0.4817
2.1	0.4821	0.4826	0.4830	0.4834	0.4838	0.4842	0.4846	0.4850	0.4854	0.4857
2.2	0.4861	0.4864	0.4868	0.4871	0.4875	0.4878	0.4881	0.4884	0.4887	0.4890
2.3	0.4893	0.4896	0.4898	0.4901	0.4904	0.4906	0.4909	0.4911	0.4913	0.4916
2.4	0.4918	0.4920	0.4922	0.4925	0.4927	0.4929	0.4931	0.4932	0.4934	0.4936
2.5	0.4938	0.4940	0.4941	0.4943	0.4945	0.4946	0.4948	0.4949	0.4951	0.4952
2.6	0.49534	0.49547	0.49560	0.49573	0.49585	0.49598	0.49609	0.49621	0.49632	0.49643
2.7	0.49653	0.49664	0.49674	0.49683	0.49693	0.49702	0.49711	0.49720	0.49728	0.49736
2.8	0.49744	0.49752	0.49760	0.49767	0.49774	0.49781	0.49788	0.49795	0.49801	0.49807
2.9	0.49813	0.49819	0.49825	0.49831	0.49836	0.49841	0.49846	0.49851	0.49856	0.49861
3.0	0.49865	0.49869	0.49874	0.49878	0.49882	0.49886	0.49889	0.49893	0.49897	0.49900

※解答・解説は数研出版株式会社が作成したものです。

発行所
数研出版株式会社

〒101-0052 東京都千代田区神田小川町2丁目3番地3
〔振替〕00140-4-118431
〒604-0861 京都市中京区烏丸通竹屋町上る
大倉町205番地
〔電話〕代表 (075)231-0161
ホームページ https://www.chart.co.jp
印刷 株式会社 加藤文明社
乱丁本・落丁本はお取り替えします。 240815

1 式と証明

□ **3次式の展開と因数分解**

$(a+b)^3=a^3+3a^2b+3ab^2+b^3$

$(a-b)^3=a^3-3a^2b+3ab^2-b^3$

$(a+b)(a^2-ab+b^2)=a^3+b^3$

$(a-b)(a^2+ab+b^2)=a^3-b^3$

□ **二項定理**

▶**二項定理**

$(a+b)^n={}_n\mathrm{C}_0a^n+{}_n\mathrm{C}_1a^{n-1}b+{}_n\mathrm{C}_2a^{n-2}b^2+\cdots$

$\cdots+{}_n\mathrm{C}_ra^{n-r}b^r+\cdots\cdots+{}_n\mathrm{C}_{n-1}ab^{n-1}+{}_n\mathrm{C}_nb^n$

一般項（第 $r+1$ 項）：${}_n\mathrm{C}_ra^{n-r}b^r$

▶**多項定理**　p，q，r は整数とする。

$(a+b+c)^n$ の一般項は　$\dfrac{n!}{p!q!r!}a^pb^qc^r$

$p+q+r=n$，$p\geqq 0$，$q\geqq 0$，$r\geqq 0$

□ **多項式の割り算**

$A\div B$ の商を Q，余りを R とすると

$A=BQ+R$　（R の次数 $<B$ の次数 か $R=0$）

□ **分数式**

$\dfrac{A}{B}\times\dfrac{C}{D}=\dfrac{AC}{BD}$，　$\dfrac{A}{B}\div\dfrac{C}{D}=\dfrac{A}{B}\times\dfrac{D}{C}=\dfrac{AD}{BC}$

$\dfrac{A}{C}+\dfrac{B}{C}=\dfrac{A+B}{C}$，　$\dfrac{A}{C}-\dfrac{B}{C}=\dfrac{A-B}{C}$

□ **恒等式，等式・不等式の証明**

▶**恒等式の性質**

$ax^2+bx+c=a'x^2+b'x+c'$ が x の恒等式

$\iff a=a'$，$b=b'$，$c=c'$

▶**実数の性質**　a，b は実数とする。

・$a^2\geqq 0$，　　$a^2=0 \iff a=0$

・$a^2+b^2\geqq 0$，　$a^2+b^2=0 \iff a=b=0$

▶**コーシー・シュワルツの不等式**

・$(a^2+b^2)(x^2+y^2)\geqq(ax+by)^2$

・$(a^2+b^2+c^2)(x^2+y^2+z^2)\geqq(ax+by+cz)^2$

▶**（相加平均）≧（相乗平均）**

・$a>0$，$b>0$ のとき　$\dfrac{a+b}{2}\geqq\sqrt{ab}$

等号は $a=b$ のとき成り立つ。

2 複素数と方程式

□ **複素数**

▶**複素数の性質**　a，b，c，d は実数とする。

・虚数単位 i　i は $i^2=-1$ を満たす数

$a>0$ のとき　$\sqrt{-a}=\sqrt{a}\,i$

・$a+bi=c+di \iff a=c$ かつ $b=d$

□ **2次方程式の解と判別式**

実数係数の2次方程式 $ax^2+bx+c=0$ の2つの解を α，β とし，判別式を $D=b^2-4ac$ とする。

▶**解の判別**

$D>0 \iff$ 異なる2つの実数解をもつ

$D=0 \iff$ 重解をもつ

$D<0 \iff$ 異なる2つの虚数解をもつ

▶**2次方程式の解と係数の関係**

・$\alpha+\beta=-\dfrac{b}{a}$，$\alpha\beta=\dfrac{c}{a}$

・$ax^2+bx+c=a(x-\alpha)(x-\beta)$ が恒等式

▶**2次方程式の実数解と実数 k の大小**

α，β が実数のとき，実数 k に対して

$$\left.\begin{array}{l}\alpha>k\\ \beta>k\end{array}\right\}\iff D\geqq 0,\ \left\{\begin{array}{l}(\alpha-k)+(\beta-k)>0\\ (\alpha-k)(\beta-k)>0\end{array}\right.$$

$$\left.\begin{array}{l}\alpha<k\\ \beta<k\end{array}\right\}\iff D\geqq 0,\ \left\{\begin{array}{l}(\alpha-k)+(\beta-k)<0\\ (\alpha-k)(\beta-k)>0\end{array}\right.$$

k が α と β の間 $\iff (\alpha-k)(\beta-k)<0$

□ **剰余の定理と因数定理**

▶**剰余の定理**　$P(x)$ は多項式とする。

$P(x)$ を1次式 $x-a$ で割ったときの余りは $P(a)$ であり，

$P(x)$ を1次式 $ax+b$ で割ったときの余りは $P\left(-\dfrac{b}{a}\right)$ である。

▶**因数定理**　$P(x)$ は多項式とする。

1次式 $x-a$ が $P(x)$ の因数である

$\iff P(a)=0$

1次式 $ax+b$ が $P(x)$ の因数である

$\iff P\left(-\dfrac{b}{a}\right)=0$

□ **高次方程式**

▶**高次方程式の性質**

実数係数の n 次方程式が虚数解 $a+bi$（a，b は実数）をもつならば，それと共役な複素数 $a-bi$ も解である。

▶**3次方程式の解と係数の関係**

3次方程式 $ax^3+bx^2+cx+d=0$ の3つの解を α，β，γ とすると

・$\alpha+\beta+\gamma=-\dfrac{b}{a}$，$\alpha\beta+\beta\gamma+\gamma\alpha=\dfrac{c}{a}$，

$\alpha\beta\gamma=-\dfrac{d}{a}$

・$ax^3+bx^2+cx+d=a(x-\alpha)(x-\beta)(x-\gamma)$ が恒等式